地下连续墙工程技术手册

Manual of Underground Continuous Diaphragm Wall

丛蔼森　主编

中国建筑工业出版社

图书在版编目（CIP）数据

地下连续墙工程技术手册 = Manual of Underground Continuous Diaphragm Wall / 丛蔼森主编. — 北京：中国建筑工业出版社，2024.5
ISBN 978-7-112-29711-5

Ⅰ. ①地… Ⅱ. ①丛… Ⅲ. ①地下连续墙 - 建筑工程 - 技术手册 Ⅳ. ①TU476-62

中国国家版本馆 CIP 数据核字（2024）第 063535 号

责任编辑：杨　允　李静伟　刘颖超
责任校对：赵　力

地下连续墙工程技术手册
Manual of Underground Continuous Diaphragm Wall
丛蔼森　主编
*
中国建筑工业出版社出版、发行（北京海淀三里河路 9 号）
各地新华书店、建筑书店经销
国排高科（北京）信息技术有限公司制版
北京中科印刷有限公司印刷
*
开本：787 毫米 × 1092 毫米　1/16　印张：87　字数：2170 千字
2024 年 5 月第一版　　2024 年 5 月第一次印刷
定价：**380.00** 元
ISBN 978-7-112-29711-5
（40851）

本书编委会

顾　问：钱七虎　陈湘生　康红普　王新杰

主　编：丛蔼森

副主编：杨晓东　陈　阵　李　涛　田　彬　祝　强
刘忠池　孔庆华　郑伟锋　曹高峻　王成明
杨忠财

编　委：郭传新　孙　余　李国芳　王福州　王宏坤
刘文朝　赵卫全　沈国勤　梁建民　王　翔
张良夫　高玉怀　王　鹏　张宝存　卢长海
韩寿文　郭英杰　刘金红　拓兆军　王　菲
王言旭　姜命强　甘昊杰　杨振宇　陈　刚
杨　光　朱建新

序

本书是一本系统叙述地下连续墙百年以来的发展概况、理论基础、试验研究、工程设计、设备和工法、施工要点、工程观测和应用实例方面的专著。

地下连续墙工程技术自1920年首次出现发明专利以来，发展很快。特别是“二战”以后，为了恢复城市建设和经济发展，地下连续墙这一新基础工程技术的发展步伐加快。1950年在意大利圣玛利亚水库大坝中，建成了深度达40m的地下连续墙，此后这项技术已经逐渐在水利水电、建筑、市政、桥梁、环保等部门得到了快速应用，现在已经是最具有活力的地基基础工程技术之一。

进入21世纪，《地下连续墙设计施工与应用》（丛蔼森，2001）和《深基坑防渗体的设计施工与应用》（丛蔼森，2012）先后出版，但目前还没有详细叙述地下连续墙涉及地下水和渗流方面的专著。本手册的出版，为工程技术人员所需，具有重要现实意义。

本手册的主编丛蔼森教授级高工，从1969年开始搞十三陵水库防渗墙设计施工以来，已经50多年了。他率先从意大利引进了当时国际上先进的地下连续墙施工装备和技术，包括“伸缩钻杆式液压抓斗”“伸缩导杆式旋挖钻机”“多用途锚杆钻机”“高压喷射灌浆机和高压灌浆泵”等20多台（套）装备和相应的规范技术；从日本引进国内第二台超声波测试仪以及国内缺乏的工程起重机。对各种装备进行学习、创新；1994年还主持试制了国内第一台可以正常工作的液压抓斗。所有这些都成为后来国内有关厂家进行装备开发和创新的样板。他还在设计创新的基础上，开发了非圆形大断面桩基，挡土、承重和防渗三合一的基坑地下连续墙和哑铃型接头管，进行了深基坑的上墙下幕结构、泥浆性能和槽孔混凝土成墙规律的试验研究和工程应用，获得了两项国家发明专利和省市级的多项奖励。

实践表明，深基坑事故80%～90%是由水引起的。作为水工建筑专业出身的主编丛蔼森特别注重地下水、地面水、洪水和海水等对地下连续墙和深基坑等深基础的影响，非常关注深基坑防渗和排水问题的研究。

他走遍了除西藏以外的全国各地数十个城市的工地（特别是地铁工地），精心对待工程设计施工和科研课题研究、技术评审、讲课和咨询工作；特别是解决当地深基坑和围堰等工程的渗流破坏和治理问题，对于减少深基坑的渗流事故，作出了不小的贡献。

本手册是在《地下连续墙设计施工与应用》《深基坑防渗体的设计施工与应用》《地下连续墙工程技术的回顾与展望》等著作的基础上，广泛吸收了各个有关单位提供的各方面的工程技术实例，由丛蔼森汇总统稿而成。

在基坑工程领域取得辉煌成就的同时，还要看到我们的基坑建设中存在不少问题和隐患，有的甚至造成了人员伤亡。主编在收集、分析国内外大量基坑事故实例和科研试验成果基础上，一直坚持深基坑设计“四原则”，即地基土、地下水和结构物相结合；基坑侧壁防渗、水平防渗与基坑降水相结合；工程安全、质量和经济效益相结合；由渗流稳定条件确定基坑最小入土深度。执行这“四原则”既保证了工程安全，又可使工程造价保持在合理区间。

本手册的特点在于理论密切联系实际，深入浅出，论证充分；列举大量设计施工工程实例不下几百个，包括成功和失败的实例，便于广大工程技术人员在设计施工中参考。不言而喻，该书的问世，将进一步推动地下连续墙技术发展和基坑工程学科进步，不但填补了国内的空白，也为该工程领域增添了佳作。

中国工程院院士

2023 年 07 月 03 日

前　　言

地下连续墙技术于1920年出现第一个专利，至今已经有一百多年的历史。第二次世界大战以后，各国急于恢复城市面貌和经济建设，对于新的地基基础技术需求旺盛。当时，打桩只能承载，不能防渗。钢板桩虽然可以防渗，但是只能应用在软土地区，对于“二战”留下的各种垃圾无能为力。而地下连续墙技术则可以把承载和防渗两种功能合二为一，能适应各种复杂地基。

1950 年意大利首先在圣玛利亚大坝的砂砾卵石地基中，建造了一道深 40m 的地下连续墙，这是世界上第一座采用泥浆护壁施工的地下连续墙。后来采用此种技术建造了米兰地铁和各种地下连续墙工程，并很快推广到德国、法国和日本，成为当代最重要的地基基础施工技术。1954 年开发了槽板式地下连续墙，1960 年代出现了液压抓斗，1970 年法国索列旦斯公司发明了双轮铣槽机。日本的地下连续墙技术也发展迅速，1980—2000 年达到了顶峰，建造了多座深度超过 140m 的地下连续墙和竖井，提出了地下连续墙深基础的概念和实施经验。

我国的地下连续墙工程始于 1958 年，建成了青岛月子口水库桩柱连锁式（咬合桩式）防渗墙。1960 年在密云水库白河主坝中建成了我国第一道（也是当时世界最深、最大）槽板式防渗墙，深度 44m，截水面积 2 万多平方米，开启了地下连续墙的“中国工法”时代。该工法使用乌卡斯冲击钻，采用“两钻一劈”（钻劈法）完成，此后几十年都在不断创新和应用此工法。

20 世纪 70 年代后期，国内开始研制地下连续墙的新的设备和工法，如多头钻、固定机架抓斗等，但是效果不佳。1977 年水电部召开了有国内各个行业参加的地下防渗墙（连续墙）经验交流会，大大推动了我国地下连续墙技术的发展。1980 年代后期开始，有些单位逐步引进国外的施工装备。北京水利规划设计研究院接受水利部有关部门的委托，于 1982—1985 年（“六五”）和 1991—1996 年（“八五”），开展了地下连续墙泥浆性能和槽孔混凝土成墙规律的试验研究以及地下连续墙现场施工技术试验研究。主编所在的北京京水建设集团公司，在 1991—1994 年的几年内，投资 450 万美元（是当时国内投入最多的）引进了意大利的先进地基基础施工装备 20 多台（套）和施工技术以及日本的超声检测仪和先进起重机，通过消化吸收和创新，很快取得了显著的技术经济效益。其中很多设备成为后来国内有关行业引进和研制的样板。1996 年长江三峡二期围堰工程引进了双轮铣槽机，参与二期围堰防渗墙施工；2003 年又引进了双轮铣槽机，建造了冶勒水电站的防渗墙。从 21 世纪初开始，引进和自制装备齐头并进，大大推动了我国的地基基础的发展。到目前为止，我国在某些方面已经走在世界前列，其中徐工集团基础工程机械有限公司的基础工程机械制造能力和产值已经是世界第一。

本手册是在《地下连续墙设计施工与应用》（丛蔼森，2001 年，186 万字，刘广智院士作序),《深基坑防渗体的设计施工与应用》(丛蔼森、杨晓东和田彬,2012 年,138 万字,钱七虎院士作序),丛蔼森的《地下连续墙工程技术的回顾与展望》(2021 年 3 月)和几十篇论文以及各位副主编、编委提供的多篇有关设计、施工装备、防渗材料等工程实例的基础上,共同完成的。

2021 年春天,为纪念中国共产党建党 100 周年,主编丛蔼森发起编写《地下连续墙工程技术手册》的建议,得到了有关部门和行业专家的支持。主编广泛汲取国内外很多工程的成功经验和失败教训、他人的研究成果,深入调查大量工程现场,先后编制了 23 个版本目录,对书稿进行了 7 次修订,历时三载完成了本手册。

本手册将继续总结历年来特别是近 20 多年的地下连续墙及相关专业的新装备、新技术、新材料和新工法,包括设计、施工、检测和相关的地基处理等方面的成功的工程实例和经验,并总结分析深基坑破坏事故的案例和教训。

自古人们逐水而居,村落、乡村和城镇临河而建;很多生存设施都离不开水;各种基础工程很多在低平地区修建,人类和水是密不可分的。但是,水能载舟,也能覆舟。暴雨冲毁了家园村落,洪水摧毁了河道堤坝,摧毁了城市生存设施。由此可以推想,很多基础设施的破坏是由水引起的,就不稀奇了。

实践已经证明,深基坑事故的 80%～90%是由水引起的。所以,理所当然地,我们应当把水(地下水、地表水、洪水和潮水)的问题作为本手册写作的重点。

目前,地下连续墙的领域还存在着一些理论、设计和施工方面的难题,需要大家通力协作,解决疑难,才能逐步取得新成果。

本手册的写作一如以往,本着理论联系实际、实事求是的精神,广泛吸收总结各方面的先进设计施工成果,总结先进经验和失败教训,希望能对今后的地基基础工程有所帮助。

在此感谢为本手册提供咨询、指导的各位专家和同行。特别感谢钱七虎院士、陈湘生院士、康红普院士、傅冰骏研究员和王新杰院长的指导;特别感谢郭传新、夏可风、雷斌、王碧峰等专家的指导,以及北京市水务局潘安君局长和水技术研究院的支持;特别感谢李国芳、王宏坤、刘文朝、梁建民、从涛、丛峰等参与资料收集、调研、翻译、打字、校对和联络。

目　录

第5篇
施工设备与工法

第 7 篇
地下连续墙工程实例

第 1 篇

Introduction of underground continuous diaphragm wall

地下连续墙导论

第 1 章　地下连续墙的基本概念

1.1　地下连续墙的定义

利用各种挖槽机械，借助于泥浆的护壁作用，在地下挖出窄而深的沟槽，并在其内浇注适当的材料而形成一道具有防渗（水）、挡土和承重功能的连续的地下墙体，称为地下连续墙。这种地下连续墙在欧美国家称为“混凝土地下墙”（Continuous Diaphragm Wall）或泥浆墙（Slurry Wall）；在日本则称为“地下连续壁”或“连续地中壁”或“地中连续壁”等；在我国则称为“地下连续墙”或“地下防渗墙”（表 1-1）。

地下连续墙名称表　　　　**表 1-1**

序号	国家/地区	名称	资料来源	备注
1	中国	地下连续墙，地下防渗墙	—	
2	日本	地下连续壁，连续地中壁，地中连续壁，地中壁，地下连续壁基础	—	
3	美国	泥浆槽墙（Slurry Walls，Slurry Trench）	—	最早见于 1974 年的书中
4	欧洲	Continuous Diaphragm Wall，Diaphragm Wall，Cut-off Wall，Diaphragm Cut-off Walls	—	
5	加拿大	Slurry Trench，Cut-off Walls	—	
6	其他国家	Antiseep Wall	土木工程杂志	1983 年

要想给地下连续墙下一个严格的定义是困难的，这是因为：

（1）由于目前挖槽机械发展很快，品种很多，与之相适应的挖槽工法层出不穷。

（2）有不少新的工法已经不再使用泥浆。

（3）墙体材料已经由过去以混凝土为主而向多样化发展。

（4）不再单纯用于防渗或挡土支护，越来越多地作为建筑物的基础。

此外，也有把上面所说地下墙分为以下两大类的，即凡是放有钢筋的、强度很高的有时用来作基坑支护的叫作地下连续墙（Diaphragm Wall），而那些无钢筋的和强度较低的叫作泥浆墙（Slurry Wall）。其实这种方法也不是很确切。

1.2　地下连续墙的优缺点

1.2.1　优点

（1）施工时振动小，噪声低，非常适于在城市施工。

（2）墙体刚度大，目前国内地下连续墙的厚度可达 0.6～1.5m（国外已达 2.8m），用于基坑开挖时，可承受很大的土压力，极少发生地基沉降或坍方事故，已经成为深基坑支护工程中必不可少的挡土结构。

（3）防渗性能好。由于墙体接头形式和施工方法的改进，使地下连续墙几乎不透水。如果把墙底伸入隔水层中，那么由它围成的基坑内的降水费用就可大大减少，对周边建筑物或管道的影响也变得很少。

（4）可以贴近施工。由于具有上述几项优点，使我们可以紧贴原有建（构）筑物建造地下连续墙。目前已有在距离楼房外墙 10cm 的地方建成地下连续墙的实例。

（5）可用于逆作法施工。地下连续墙刚度大，易于设置埋件，很适合于逆作法施工。比如法国巴黎某百货商店采用地下连续墙作为地下停车场（共 9 层，深 23.5m）的边墙和隔墙。在停车场的第一层楼板浇注完成之后，即同时进行上部和下部结构施工，使整个工程的工期缩短了 1/3。

（6）适用于多种地基条件。地下连续墙对地基的适用范围很广，从软弱的冲积地层到坚硬的岩层、密实的砂砾层，各种软岩和硬岩等所有的地基都可以建造地下连续墙。

（7）可用作刚性基础。目前的地下连续墙不再单纯作为防渗防水、深基坑围护墙，而是越来越多地用地下连续墙代替桩基础、沉井或沉箱基础，承受更大的荷载。

（8）用地下连续墙作为土坝、尾矿坝和水闸等水工建筑物的垂直防渗结构，是非常安全和经济的。目前仍然是处理有安全隐患土坝的主要技术手段。

（9）占地少，可以充分利用建筑红线以内有限的地面和空间，充分发挥投资效益。

（10）工效高，工期短，质量可靠，经济效益高。

1.2.2 缺点

（1）在一些特殊的地质条件下（如很软的淤泥质土，含漂石的冲积层和超硬岩石等），施工难度很大。

（2）如果施工方法不当或地质条件特殊，可能出现相邻墙段岔开不能对齐和漏水的问题。

（3）地下连续墙如果用作临时的挡土结构，比其他方法所用的费用要高些。

（4）在城市施工时，废泥浆的处理比较麻烦。

1.3 地下连续墙的分类和用途

1.3.1 分类

虽然地下连续墙工程已经有了 70 多年的历史，但是要严格分类，仍是很难的。

（1）按成墙方式可分为：①桩排式；②槽板式；③组合式。

（2）按墙的用途可分为：①防渗墙；②临时挡土墙；③永久挡土（承重）墙；④作为基础用的地下连续墙。

（3）按墙体材料可分为：①钢筋混凝土墙；②塑性混凝土墙；③固化灰浆墙；④自硬泥浆墙；⑤预制墙；⑥泥浆槽墙（回填砾石、黏土和水泥三合土）；⑦后张预应力地下连续墙；⑧钢制地下连续墙。

（4）按开挖情况可分为：①地下连续墙（开挖）；②地下防渗墙（不开挖）。

地下连续墙的分类如图 1-1 所示。

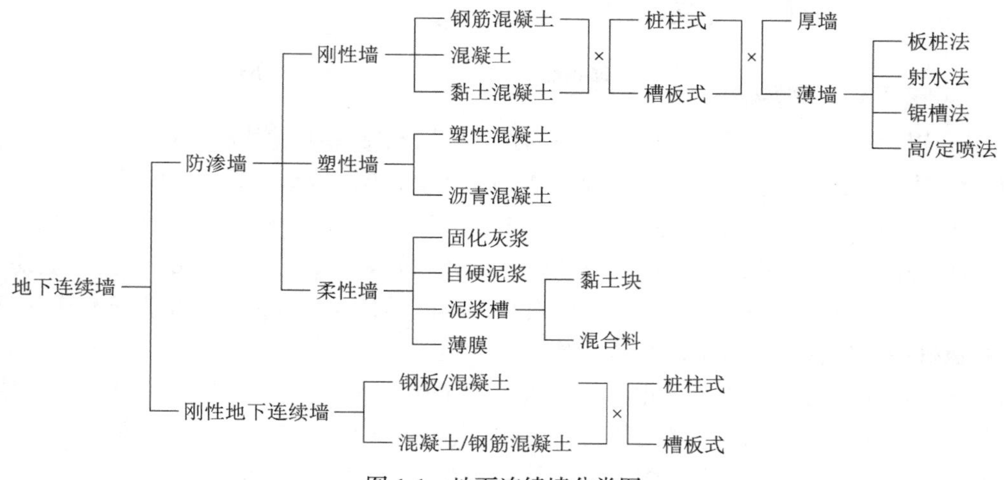

图 1-1　地下连续墙分类图

这里要说明一下这两种地下墙的区别在哪里。其实最初一段时间内，人们曾称它是防渗墙（Cut-off Wall）；只是到了这种地下墙进入建筑部门作为基坑支护以后，人们又多把它叫作连续墙（Diaphragm Wall）。为此，我们就把那些建成后要开挖暴露的地下墙（或者是作为建筑物深基础的地下墙）叫作地下连续墙；而把建成后不开挖、以防渗为主的叫作地下防渗墙。这里还需要指出的是，防渗墙承受的竖向和水平荷载是很大的，有时会超连续墙的几倍或十几倍，区别仅在于两者工作的状态不一样而已。

还要指出的是，目前经常采用一种上墙下幕的基坑结构，也就是上部采用地下连续墙，其下部采用帷幕灌浆的结构形式。

1.3.2　地下连续墙的用途

地下连续墙由于具有前面所说的许多优点，已经并且正在代替很多传统的施工方法，而被用于基础工程的很多方面。在它的初期阶段（20 世纪 50、60 年代），基本上都是用作防渗墙或临时挡土墙。通过开发使用许多新技术、新设备和新材料，现在已经越来越多地用它作为结构物的一部分或用作主体结构，最近十年更被用于大型的深基础工程中。

现把地下连续墙的主要用途简介如下：

（1）水利水电工程主坝、河道拦河坝、护岸、围堰等的防渗墙和地下连续墙。

（2）露天矿山和尾矿坝（池）和环保工程的防渗墙。

（3）建筑物地下室（基坑）。

（4）地下构筑物（如地下铁道、地下道路、地下停车场和地下通道以及地下变电站等）。

（5）市政管沟和涵洞。

（6）盾构等工程的竖井。

（7）泵站、水池。

（8）码头、护岸和干船坞。

（9）地下油库和仓库。

（10）各种深基础和桩基。

1.4 国外地下连续墙发展概况

1.4.1 欧美国家的发展概况

地下连续墙技术起源于欧洲。它是根据打井和石油钻井使用泥浆护壁和水下浇注混凝土的方法而发展起来的。1914年开始使用泥浆。1920年德国首先提出了地下连续墙专利（表1-2）。1921年发表了泥浆开挖技术报告，1929年正式使用膨润土制作泥浆。至于在泥浆支护的深槽中建造地下连续墙的施工方法则是意大利的C.维达尔（C.Veder）开发成功的。由于米兰（还有巴黎）的地基是由砂砾和石灰岩构成的，在这样的地质条件下，采用常规的打钢板桩或打板桩的方法来建造地下结构物，是非常困难的，于是出现了这种先用机械挖出沟槽，然后再浇注混凝土的地下连续墙工法（也叫米兰法）。1948年首次在充满膨润土泥浆的长槽中进行了试验，以便证实建造堤坝防渗墙（Cut-off Wall）的可能性。1950年在意大利两项大型工程中建造了防渗墙，其一是在圣玛丽亚（Santa Maria）大坝下砂卵石地基中建造了深达40m（130ft）的防渗墙；其二是在凡那弗罗（Venafro）附近由SME电力公司修建的储水池和跨沃尔托诺（Volturno）河的引水工程中，在高透水性地基中建造的深度达35m的防渗墙。这些防渗墙不仅用于隔断地下水流，同时还要承受垂直的和水平的荷载，而需具有足够的强度。按预定工期建成了地下连续墙后，经过从墙身取样试验和观测检查，确认其性能和精度及强度均符合要求，还证明了比采用钢板桩方案节省大量费用。

国内外地下连续墙初期开发应用简表 表1-2

序号	年份	国名	开发应用简况	备注
1	1920年	德国	提出在两侧打入一种圆管，在中间再打入一个鼓形套管，并充填混凝土，然后借助压缩空气拔出套管并振捣混凝土，就做成了地下连续墙的施工技术专利，这是世界上首次出现的有关地下连续墙的专利	
2	1932年	美国	取得了使用泥浆护壁的用可横向移动的螺旋钻及特殊的斗式挖槽机施工的地下连续墙施工方法及其配套机具的专利权	美国专利号：204870
3	1934年	法国	在尼斯（Nice）的天然气工厂进行了深30m的交叉柱列式地下连续墙的施工	
4	1938年	意大利	成立了世界上著名的ICOS公司	
5	1940年	法国	批准了使用链式挖槽机的地下连续墙施工方法专利	法国专利号：898413
6	1950年	意大利	ICOS公司申请使用冲击式正循环法柱列式地下连续墙专利，建造了两座地下防渗墙	
7	1951年	奥地利	取得了在地下打入长方形套管并振捣混凝土使之成为地下连续整体的地下连续墙施工方法的专利权	
8	1953年	意大利	维达尔博士首次在第三届国际土力学地基基础会议上发表了《泥浆在连续墙中的作用》论文，引起了与会者的重视	
9	1956年	墨西哥	从法国、意大利引进地下连续墙新技术	
10	1957年	加拿大	成立了ICOS公司，开始搞截水墙	
11	1958年	中国	在山东省青岛市月子口水库建设连锁桩防渗墙，在密云水库建设槽板式防渗墙	
12	1959年12月	日本	在中部电力坝体工程中用ICOS工法进行了防渗墙的施工	起步较晚，发展很快

续表

序号	年份	国名	开发应用简况	备注
13	1959 年	巴西	当时专门将地下连续墙技术应用于截水墙工程中	
14	1960 年	英国	在伦敦海德公园地下通道工程中采用了地下连续墙技术	
15	1962 年	美国	成立了 ICOS 公司，用旋转式挖掘机进行柱列式地下连续墙的施工，值得一提的是截水墙技术是美国的特长之一	
16	1964 年	匈牙利	从意大利引进了挖槽设备，于 1968 年在水利工程中开始采用地下连续墙技术	
17	1966 年	苏联	开始试制抓斗，1968 年开始在抽水站工程中采用地下连续墙技术	
18	1970 年	波兰	开始在厂房建设中采用地下连续墙技术	
19	1976 年	委内瑞拉	在首都加拉加斯的地铁工程中开始采用地下连续墙技术	

1950—1960 年的 10 年间，地下连续墙这项技术随着“二战”结束后经济大发展的脚步而取得了惊人的发展，包括挖槽机械、施工工艺和膨润土泥浆在基础工程中的应用。其中，意大利的 ICOS 公司把它成功地应用到各种工程领域。1954 年新型的槽板式地下连续墙开发成功。据不完全统计，意大利在 1954—1963 年共完成了 250 万 m^2 的地下连续墙。与此同时，建造地下连续墙的技术在全世界得到了推广应用。1954 年前后很快传到法国和德国及欧洲其他国家，1956 年传到南美各国，1957 年传到加拿大，1958 年传到中国，1959 年传到日本，1962 年（一说 1963 年）推广于美国。现在可以说，地下连续墙技术已经遍布全世界。

20 世纪 60 年代以后，各国大力改进和研究挖槽机械及配套设备，以便提高地下连续墙施工效率，向着更深、更复杂的目标进军。目前，欧洲以德国、意大利和法国在这个行业中实力最雄厚且竞争能力最强，现在最先进的挖槽机械——液压抓斗和双轮铣产自法国、德国和意大利。加拿大则致力于在水电开发中大量建造地下防渗墙，建成了目前世界上仍保持领先的地下防渗墙（马尼克-3），深达 131m。美国盛行泥浆槽法地下连续墙（Slurry Wall），他们常常用开挖料与水泥混合物来建造临时的或永久的防渗墙，有独到之处。英国则把预应力技术引入到了地下连续墙工程中。值得一提的是，经济不甚发达的墨西哥，采用地下连续墙施工技术，在 1960 年代中期（1967—1968 年）以惊人的速度，在 16 个月内建成了墨西哥城 41.5km 长的地下铁道工程。

截至 1977 年的统计结果表明，全世界已建成的地下连续墙面积超过 2000 万 m^2。

由意大利和法国公司于 1990 年代初期建成的位于阿根廷和巴拉圭交界处的雅绥雷塔（Yacyneta）水电站土坝下的防渗墙，长 65km，面积 90 万 m^2，是目前世界上最长和面积最大的防渗墙。它的墙身材料是无侧限抗压强度仅为 100kPa、渗透系数为 10^{-6}～10^{-5}cm/s 的自硬泥浆。

1.4.2　在日本的发展

日本于 1955 年前后，从当时的联邦德国引进了现场灌注桩的反循环钻机和技术。1959 年引进了用于地下连续墙施工的 ICOS 工法的抓斗技术，建造了中部电力公司所属的一个大坝下的防渗墙。

随着 20 世纪 60 年代日本经济的大发展，特别是 1964 年以后，建设工程的数量和规模日益扩大，为了解决大承载力桩基和建筑施工产生的噪声、振动、烟尘和地基下沉等公害问题，就地灌注混凝土桩和地下连续墙工法得到了迅速发展的机会，新技术、新设备、新材料层出不穷。

（1）如前所述，日本地下连续墙技术是从欧洲引进的。但是在引进之后，他们投入了大量的人力物力进行开发研究和创新工作，开发出了独具特色的工法，如OWS、GEO-S、ZBW工法等不下几十种。

（2）日本在地下连续墙施工机械和配套设备的开发上也下了大力气。以抓斗为例，1959年开始引进，1971年国产M型抓斗问世，1977年大型液压抓斗（MHL，CON）面世，1978年电液操作的MEH抓斗问世。1966年（一说1967年，笔者）研制成功了垂直多轴回转BW型钻机（多头钻）。水平多轴挖槽机（双轮铣，EM）也已经在1980年代中期用于施工。

（3）地下连续墙已经应用到了日本的各个工程建设领域中。1980年代日本在海边修建了很多贮存石油的大型地下油库，直径100多米，贮油上万吨。他们用深度超过100m、厚度超过1.2m的地下连续墙作为油库结构。到了1990年代，随着大型水平轴挖槽机（双轮铣）的出现，已经建成了厚2.8m、深136m的地下连续墙（到1993年年底），墙身混凝土强度已经超过了70MPa（实测83.8MPa）。

（4）从1959年起的35年内，日本建成了1500万m^2的地下连续墙，最多时每年的施工面积超过60万m^2。其中，建筑部门与土木部门之比约7∶3。地下连续墙的深度和厚度从1960年代初期的不到20m和0.5m，至1970年达到129m和2.88m，最近已达到170m和3.2m，垂直偏斜度只有1/2000～1/1000。薄的地下连续墙已于1993完成了深170m、厚仅20cm的生产试验。

进入21世纪以来日本经济建设速度大大放慢，很多地下连续墙施工设备闲置，已没有正在施工的大型超深地下连续墙工程了。

1.5　国内地下连续墙发展概况

1.5.1　我国发展概况

1958年湖北省明山水库学习武汉长江大桥的管柱桩做法，建造了预制连锁管柱桩防渗墙；白莲河水库试验了预填骨料压浆混凝土防渗墙。山东省峡山水库则用土法打井工具造孔，沉放黏土块，创造了黏土桩防渗墙。

我国于1957年派出代表团到意大利考察地下连续墙施工技术。1958年中国水利水电科学研究院在青岛市崂山的月子口水库，进行了国内第一道地下混凝土防渗墙的试验性施工。当时采用的是圆桩连锁式防渗墙，是把959个直径600mm、深18m的圆桩互相搭接200mm形成的。不难想象，当时的施工难度是很大的，但建成以后防渗效果很好。

1958年秋在密云水库的白河主坝黏土铺盖下进行了槽板式防渗墙试验性施工后，调集全国各行各业的100多台冲击钻机全面施工，至1960年5月建成了长785m、深44m的槽板地下防渗墙。这是当时世界上最深、最大的防渗墙，是利用当时国内的钻机开发出来的“中国防渗墙工法”，距意大利发明槽板式地下连续墙不到6年时间。地下防渗墙工法开发成功后，为解决当时我国很多病险水库存在的渗漏和稳定问题提供了安全、实用和经济的技术手段，直到目前仍然有不少病险水库采用此法来消除病害。

为了解决十三陵水库的坝基严重渗漏造成的干库问题，于 1969—1970 年间在主坝铺盖下建造了深 57.5m、厚 0.8m、截水面积 2 万多平方米的防渗墙，是当时国内外最深和最大的防渗墙。当时本书主编在北京市水利规划设计研究院工作，任设计负责人。我们广泛收集国内外地下连续墙资料，到水库周边进行详细调查和地质勘察，分析水库有关资料，经过技术经济比较，采用了合理的设计施工方案，取得了很好的效果；根据主编此前在设计院搞橡胶坝工程取得的经验，1970 年在此座防渗墙工程中成功地采用了胶囊接头管，这是国内首次采用接头管的地下连续墙工程；为以后的地下连续墙采用多种接头方式提供了经验。防渗墙竣工后 3d，坝后地下水位急剧下降，水库管理处没有水吃。自此以后，北京地区的多座水库都采用此法进行了防渗处理。

地下防渗墙技术对于大型的、复杂的水利水电大坝的地基处理来说，已经成为必不可少的技术手段，比如小浪底水利枢纽、长江葛洲坝水利枢纽和三峡水利枢纽工程中，都建造了几道地下防渗墙，最深达 73.5m，墙厚 1.2m，截水面积超过 4 万 m^2。

就像意大利等国家一样，我国也是先在水利水电工程中使用了地下连续墙施工技术，主要是因为这些水电工程面临的是比其他基建工程更加复杂而困难的地基问题，需要采用更加先进的设备和工法；而后推广到城市建设、交通航运等部门。1974 年北京京水建设公司承担建成了鹤岗煤矿的两个深度分别为 30m 和 50m、直径均为 5.5m 的通风竖井。这是国内在水利水电行业之外建造的第一个大型竖井地下连续墙工程，并推动了煤炭系统对此项技术的开发和应用，形成了煤炭行业的帷幕凿井技术，取得了很好的业绩。上海在 1970 年代中期（上海隧道公司自 1974 年，上海基础公司自 1977 年）开始自行研制挖槽机械，开始建造地下连续墙。航运部门先后在天津港和江阴以及上海等地也建造了试验性的地下连续墙工程。总的来说，工程规模还较小，施工效率还不高，质量不是很高。

1977 年由水电部有关部门主持，在南昌召开了首次全国防渗墙经验交流会。会上水利水电、城建、航运、煤炭、铁路等部门的代表互通信息，交流经验，极大地推动了我国地下连续墙技术的发展。丛蔼森为大会编写了 18 万字的《北京地区防渗墙资料汇编》（含设计施工图纸和照片）。在大会上首次提出了工程泥浆的技术指标和操作要领，成为后来编制规范条文的依据；同时根据很多工程的施工和试验的成果，对防渗墙墙体的质量缺陷进行详细分析，提出治理要求和措施。

1980—1982 年，北京市水利规划设计研究院接受冶金部环保司的委托，研究解决锦州铁合金厂铬渣场的污染问题。该场的污染地下水前缘已经渗流到锦州南山水厂不到几千米的地方，急需马上采取措施加以解决。丛蔼森作为设计团队负责人，和大家一起进行大量的调查研究，针对六价铬离子对混凝土防渗墙的污染机理和对混凝土的侵蚀机理，进行了大量的室内试验（化学分析、X 射线衍射试验和常规试验）和现场调查，提出了合理的设计施工方案，提出了采用塑性混凝土防渗墙围封铬渣场的设计。施工过程中，团队不怕地下水污染，常住工地配合施工，随时掌握污染情况和解决问题。施工后收到了显著的技术经济效果，获北京市优秀设计奖和科技奖，是当年锦州市的十大好事之一，团队还参与了有关规范的编制。这是地下连续墙技术在环保工程中的首次应用，此后很多环保工程都采用了锦州防渗墙的经验。2008 年汶川大地震一个月以后，中国核工业总公司邀请丛蔼森作顾问，主持位于地震区的 821 厂放射性废料堆场的治理工作；采用上墙下幕（即上边地下连续墙下接帷幕灌浆）的设计施工方案，经过将近一年半的时间，进行 3 万 m^3 的水泥和环氧树脂灌浆，解决了问题，效果很好。

到 1980 年代中后期，各地不再满足自制的地下连续墙设备效率低下的状况，纷纷从国外引进一些工程设备，比如日本的真砂抓斗、多头钻等，经过实践检验，效果不太理想，但意大利土力公司的抓斗效率高、质量好。

1990 年年底，主编被调入京水建设集团公司（原水利基础总队）任总工程师，负责技术改造和设备更新工作。主编根据原来在设计院就已经收集到的资料和设想，对意大利、英国、德国和日本制造的抓斗进行了详细调查和技术经济比较，提出了引进先进的地基基础装备和技术，实施技术改造的构想。在北京市经委和水利局的支持下，于 1991—1994 年，共投资 450 万美元（当时国内最多），分批引进了意大利土力公司的 20 台（套）设备和技术，其中包括伸缩式导杆旋挖钻、伸缩式导杆混合抓斗、多用途钻机、高压喷射灌浆设备、混凝土搅拌站、泥浆净化站等；同时从日本引进 DM-684 超声波测试仪和现代起重机。这些设备引进以后，马上投入施工现场，立即发挥作用，取得了很好的效果和社会反响。在国贸大厦东侧的打桩工地，R-15 旋挖钻的施工效率超过国内钻机 25 倍，引来众多参观者，总包单位的党委书记亲自把“京城第一钻”的红旗插到钻机上。从 1993—1995 年，这些设备在北京和天津地区完成了 8 个防渗墙、深基坑和非圆桩基础工程，也是天津市第一次采用引进抓斗施工的深基坑地下连续墙工程。这些装备的一部分（主要是抓斗和旋挖钻等）8 年内创造了 3 亿元的产值，在各地引起强烈反响。人们纷纷前来学习、交流，引进同型号的抓斗和旋挖钻等设备，推动了各地地下连续墙的设备更新和技术改造进程。

通过现场实践，我们建议土力公司更换柱塞液压泵，以便适应我国的多风沙环境；还建议国内外多家厂家采用土力公司的抓斗形式，即绘制新图纸，把抓斗斗体旋转 180°。已经得到了响应。

1996 年，长江三峡引进了德国双轮铣，由水电基础局用于三峡二期围堰防渗墙施工。2001 年，四川冶勒水电站引进德国矮式双轮铣，由水电基础局建造双层地下连续墙。1996 年，地矿部投资 600 万美元，引进德国利伯海尔抓斗，取得了较好的效果。

到 21 世纪初，国内一些厂家，吸收国外设备的优点和国内已经建成工程的经验，参考北京京水公司的同类型引进装备；大力进行地下连续墙工程机械的研制工作，比如伸缩式导杆旋挖钻和抓斗，多用途钻机、高喷设备等，取得了显著效果。近年来大力发展的双轮铣槽机和双轮铣搅拌机等新设备已经成为国内市场的主力。其中，徐工集团的设备和产值，已经成为世界第一。

从 1969 年主持十三陵水库防渗墙开始，主编参与了北京地区和外地的很多地下连续墙和深基础设计、施工、科研试验、规范编制和技术评审咨询等工作，编写了有关论文和书籍等 500 多万字。1982—1985 年和 1991—1996 年两次承担水利部实例科技基金项目，进行了“泥浆性能试验和槽孔混凝土成墙规律试验研究”和地下连续墙现场施工技术工作，提出使用了超泥浆（无土泥浆）。2008—2010 年承担了广州地铁总公司的“花岗岩风化层深基坑工程设计”的科研项目以及雅砻江桐子林水电站导流明渠的科研项目，都取得了很好的效果。后者获得了电力工程科学技术进步奖一等奖。

1996 年主编获得有关地下连续墙和深基坑工程的两项国家发明专利。

主编把仅用于防渗和临时支护的地下连续墙，开发成可以用来作为承重的基础桩或者集挡土、承重和防水于一身的“三合一”地下连续墙；还开发了非圆形大断面灌注桩施工技术。

在墙体材料方面，目前国内地下连续墙工程不仅使用了强度达 45～50MPa 的高强混凝土，也有的用仅 2～3MPa 的塑性混凝土以及强度更低的固化灰浆和自硬泥浆来建造地下连续墙，还有的使用土工膜和膜袋混凝土的防渗结构，以便适应不同功能的防渗墙。

我国地下连续墙的发展概况见表 1-3、表 1-4。

我国的地下防渗墙（早期）发展概况表 **表 1-3**

建造年份	坝名	防渗墙的作用	最大深度（m）	厚度（m）	防渗面积（m^2）	备注
1959 年	密云	坝基防渗	44	0.8	19000	
1962 年	毛家村	坝基防渗	44	0.8	7831	坝高 82.5m，1950 年代全国最高土坝
1967 年	龚嘴	围堰防渗	52	0.8	12382	首次应用于大型土石围堰防渗
1970 年	十三陵	坝基防渗	57.5	0.8	20790	
1972 年	碧口	坝基防渗	65.5	0.8 和 1.3	11955	两道防渗墙，厚度最大
1974 年	澄碧河	大坝防渗墙	55.2	0.8	14175	险坝处理
1975 年	柘林	心墙中建墙	61.2	0.8	33000	险坝处理
1981 年	葛洲坝	围堰防渗	47.3	0.8	74421	防渗面积最大
1984 年	铜街子	左深槽防渗墙	70	0.7	7954	两道主墙、五道隔墙组成框架结构，是一座承重式防渗墙
1990 年	水口	围堰防渗	43.6	0.8	17800	上、下游围堰，使用塑性混凝土
1993 年	小浪底	上游围堰防渗墙	74	0.8	18300	塑性混凝土
1993 年	小浪底	坝基右侧防渗墙	81.9	1.2	10540	混凝土强度 35MPa，深度最大
1993 年	三峡	一期围堰防渗墙	42	0.8	48000	
1996 年	三峡	二期上游围堰防渗墙	73	1	39000	上游围堰两道防渗墙
1996 年	三峡	二期下游围堰防渗墙	68	1.1	34000	
1997 年	小浪底	坝基左侧防渗墙	70.5	1.2	5101	混凝土强度 35MPa

国内防渗墙近期发展概况表 **表 1-4**

工程名称	施工时间	坝型	墙顶长（m）	最大墙深（m）	墙厚（m）	截水面积（m^2）
四川狮子坪水电站	2005 年 10 月—2006 年 10 月	碎石心墙堆石坝	85.38	101.8	1.2	5242
四川泸定水电站	2008 年 3 月—2009 年 4 月	黏土心墙堆石坝	425.3	125	1	29241
西藏旁多水利枢纽	2009—2013 年	沥青混凝土心墙坝	1073	158.47 试验段 201	1	125000

续表

工程名称	施工时间	坝型	墙顶长（m）	最大墙深（m）	墙厚（m）	截水面积（m^2）
四川黄金坪水电站	2012—2013年	沥青混凝土心墙堆石坝	276.2	129	1.2	23000
新疆小石门水库	2012年12月—2014年2月	沥青心墙坝	512.95	121.5	1	7934
西藏甲玛沟尾矿库	2014年6月—2015年5月	面板堆石坝	817	119	0.8～1	55000
西藏雅砻水库	2015年1月—2015年8月	碾压式沥青混凝土心墙砂砾石大坝	258.6	124.05	1	19195
云南红石岩水电站	2016年3月—2017年12月	堰塞湖整治	267.939	137	1.2	—
新疆大河沿水库	2015年11月—2017年10月	沥青混凝土心墙砂砾石坝	237.4	186.15	1	22505

1.5.2 地下连续墙的发展趋势

从上面简要介绍的国内外地下连续墙发展情况来看，可以得出以下几点看法：

（1）地下连续墙正在向着刚性和柔性两个方向发展。这当然是和它的使用部位、施工设备和工法以及地质条件等密切相关的。现在的刚性地下连续墙，混凝土强度已达50～80MPa，很多情况下还要配置大量钢筋，甚至使用钢材结构；而柔性地下连续墙采用的材料更是五花八门，其强度有时还不到1MPa，但是却具有很高的抗渗能力，渗透系数远小于10^{-6}cm/s。

（2）由于现代技术的发展，现在的地下连续墙的工程规模越来越大，可以做得更深达250m、更厚达3.2m，墙身混凝土体积已达几十万立方米。

（3）地下连续墙不再只用于处理深厚覆盖层和坝体渗漏，在软岩和风化岩中也越来越多地采用防渗墙，以代替过去常用的帷幕灌浆。这无疑改变了过去那种认为防渗墙无法解决基岩风化层渗漏问题的看法。

（4）在城市建设中，越来越多的地下连续墙被用于超大型基础工程永久性结构的一部分，其能起到挡土、防水和承受垂直荷载作用。

（5）地下连续墙的设备和工法，得到迅速发展，以不断适应工程建设的需求。

（6）综合考虑各种条件，并且以地下水的渗流稳定为前提，以支护结构的经济性为目标，这样做出的设计应当是更合理、安全的。

1.6 本书写作说明

1）本书主要内容包括防渗墙、地下连续墙、深基坑和深基础以及相应的结构和材料等。其中的基坑以深度大于15m的基坑为主，且以垂直边壁的基坑为主；对于放坡开挖的基坑一般涉及不多。

2）本书的重点是阐述深基坑（深基础）的渗流分析和防渗体设计施工及工程实例，较少涉及基坑支护结构的结构计算、稳定计算和内力配筋等，读者可参阅主编的《地下连续墙的设计施工与应用》和《深基坑防渗体的设计施工与应用》或其他资料。

3）本书写作时，力图理论结合工程实例，把成功经验和失败教训写入有关的章节中，以供借鉴。每章（节）末尾有主编写的小结，总结该章内容重点和应注意的事项。工程实例大多是主编亲自参与设计、施工、科研和咨询的，有些则是现场调查的。对于成功的和失败的工程实例，都进行了点评。

4）由于深基坑的相关计算中采用了很多经验公式，这些经验公式都是基于以往的试验条件及试验设备（如比重计等）获得的。

还请读者注意本手册中采用的技术规范、规程和标准等有新旧（年份）之分，采用各种数据时应慎重。

5）本手册包括地下连续墙工程技术的以下内容：

（1）地下防渗墙工程技术：用于水利水电工程的大坝、围堰；河道拦河坝、平原水库和河道护岸工程，露天矿山、尾矿坝、垃圾场、工业废物堆场的防渗隔离工程；各种石油、化工厂的周边防渗隔离工程。

（2）各种非圆形断面的条桩、方桩和墙桩的单桩或群桩工程，偶尔涉及圆桩或空心桩。

（3）各种井筒式深基础：闭合断面的大型深基础工程；大型的深基础以及悬索桥的锚碇工程。

（4）各种建筑和市政工程的大型深基坑工程。

为了保证深基坑工程的顺利、安全施工，特别强调深基坑的地基处理工作，首先是对地面上的施工平台和导墙进行加固。

对于基坑底部要进行的地基加固与防渗工作，还存在不少问题。深基坑等方面的理论还存在一些不确定性，在基本计算假定、设计荷载和计算、变形计算等方面都有一些问题需要探讨。就拿钢筋应力来说，几个工程的实测钢筋应力只有几十兆帕，而计算出来的应力高达 228MPa，相差很大。基坑事故中，只有湘湖地铁站的钢筋断了，而几百个基坑都没有发生此事故。1960—1980 年代，水电水利工程防渗墙计算出来的墙底都有拉应力；而实际在 1970—1980 年代至少在 6 个防渗墙中安装的仪器，测得的结果是均无拉应力。这些需要继续研究探讨。

计算结果差异很大的原因，主要是：

（1）基本数据不准确：我们知道地下连续墙的深度已经做到 250m，地基土（岩）分为好多层次，还有地下水，其设计参数（c、φ、E）肯定是随着墙深的增加而变化的；而目前即使是在野外现场进行试验，大多情况下，也不过是挖坑几米深而已，所以，计算采用的地基参数c、φ、E等，并不能代表深层地基的实际情况。

（2）计算方法、模型不同：各有所长，各有不同，计算结果差异较大。

正是因为如此，本手册中对结构计算方面有所省略。

第 2 章　地下连续墙的试验研究成果

2.1　槽孔混凝土成墙规律的试验研究

2.1.1　概述

地下连续墙是采用直升导管法在泥浆中浇注混凝土成墙的。这里应注意以下几点：

（1）混凝土是在泥浆中而不是在水中浇注的。泥浆的物理化学性能是随时间发生变化的，并且是很容易受到混凝土中钙离子的污染而使性能变坏的。

（2）混凝土是采用直升导管法浇注的，是不能振捣的，是依靠导管内混凝土与槽孔泥浆之间重度差形成的势能“自行”密实的。

（3）混凝土和泥浆一样，随着时间的增加，它的流动性变小，并且不可逆转，直到最后凝结成固体。

有了这三条基本认识，再来深入探讨一下槽孔混凝土成墙规律就不难了。掌握了这种变化规律，弄清地下连续墙窝（夹）泥的原因，以便采取合适的预防和处理措施。

本书主编从 1970 年代初就开始注意在泥浆中浇注混凝土问题，1980—1982 年在锦州铁合金厂铬渣场防渗墙工程中试验研究和使用了 3000t 膨润土粉制作的泥浆；并于 1982—1985 年和 1991—1996 年两次承担了水利部的科研试验课题，在广泛调查研究基础上，针对施工中出现的缺陷进行了几十组模型试验，取得了一批试验成果。现简述如下。

2.1.2　模型设计制作

1. 模型率

本试验主要研究混凝土流动规律问题，所以采用正态模型。正态模型能保证模型中的流动状态与原形基本相似。混凝土及泥浆均属于非牛顿流体，泥浆是一种溶胶（悬浮体系），它们的流动性与水这种牛顿流体是根本不同的。随着浇注时间的增加，混凝土流动性变小而硬结。槽孔内泥浆的性能也随时间及扰动情况减弱而改变；而水的流动性并不随时间的增加而有所变化，所以用于水流的相似条件不能直接用于我们这种试验中。

从已开挖的防渗墙中看到，防渗墙的墙面是凹凸不平的，墙面的不平整度与墙体所在部位的地质条件及施工工艺有关。在实际工程中由于使用泥浆固壁，壁面有一层密实的泥皮，泥皮使凹凸的壁面的糙率大大降低。本试验对于壁面的糙率不进行模拟，仅对设计槽孔的几何形状进行模拟。

导管法施工是通过垂直的导管，利用混凝土落下的重力作用浇注成墙的。试验室中的浇注方式大体与实际墙体相似。因而，利用这种模型研究成墙规律及墙体夹泥的发展趋势，并推断局部地区出现的夹泥情况是可行的。

根据制作材料的品种规格、受力情况、模型制作的工艺水平及试验室的条件，设计制作了两个模型。一个是参照实际工程的槽孔尺寸（长 8.8m、宽 1.0m、深 12.0m）制作成 1 : 10 的模型，模型槽槽长 88cm、宽 10cm、深 120cm（以下简称大模型）。另一个是模拟实际工程槽孔尺寸（长 10.8m、宽 0.8m、深 15.0m）制作成 1 : 20 的模型，模型槽孔长 54cm、宽 4cm、深 75cm（以下简称小模型）。

2. 模型结构及材料

模型的结构及材料是根据试验的要求设计的。前面已提到本试验的目的是研究成墙过程及各因素对墙体质量的影响，这就要求在模型外面能观察成墙的全过程，模型壁面应透明、装卸方便、变形较小、连接牢固、密封性好，不漏水、不漏浆，确保试验能顺利进行。

在选择槽壁材料时比较了透光率较好的几种材料：普通玻璃、钢化玻璃及有机玻璃。有机玻璃虽然变形大，价格较高，但透光率、抗冲击强度、机械强度均能满足要求，又容易与其他构件连接，可按设计要求裁剪及成型，便于制作加工，装卸安全方便，而变形较大的缺点可采取相应的结构措施加以克服，使变形控制在允许范围之内，所以选用有机玻璃作为壁面材料。导管用 1 寸钢管加工而成，节长分 20、10cm 两种，两端头分别加工成内外螺纹，便于节间连接，最顶端一节承托一个用黑色镀锌薄钢板焊接而成的进料漏斗。

小模型的结构基本与大模型相同，与大模型的主要区别是，槽孔两端用混凝土浇注而成，以便观察一、二期槽混凝土接缝的夹泥情况，导管用直径为 20mm 的钢管制成。每节长 10cm，两端分别加工成内外螺纹。

3. 试验材料

（1）浇注介质：清水、膨润土泥浆、当地黏土泥浆。膨润土采用张家口及黑山膨润土，膨润土的颗粒分析见表 2-1。当地黏土采用昌平县讲礼黏土，其颗粒分析结果见表 2-2。

膨润土颗粒分析表　　**表 2-1**

编号	颗粒组成（%）			质地命名
	0.01～0.1mm	0.001～0.01mm	＜0.001mm	
X_{01}（黑山）	35	21	44	粉砂质黏土
X_{02}（张家口）	22	22.7	55.3	胶体质黏土

当地黏土颗粒分析表　　**表 2-2**

试样编号	颗粒组成（%）			土的分类
	＞0.05mm	0.005～0.05mm	＜0.005mm	
J-1（讲礼黏土）	16	43.3	40.7	粉质黏土

（2）浇注材料：①水泥砂浆；②豆石混凝土；③掺粉煤灰水泥砂浆。水泥为北京琉璃河水泥厂生产的强度等级为 42.5 级的矿渣水泥和苏州光华水泥厂生产的 42.5 级白水泥，白度 30%。砂子为中砂。石子为小豆石，粒径不超过 5mm。

（3）孔底淤积物：①砂子；②黏土淤泥；③细度为 20～40 目的砖煤碎屑；④小豆石。

2. 1. 3　试验方法及内容

槽孔混凝土浇注试验共进行了 33 次，其中在清水下浇注 9 次，在泥浆下浇注 24 次，并有 10 次为重复试验，录像 3 次。试验时，改变导管间距、埋深、泥浆相对密度、淤积物和浇注顺序等试验条件，观察它们对墙体形成过程和质量的影响。试验采用的各影响因素的变化范围见表 2-3。

试验项目表 表 2-3

模型名称		项目	
		大模型（1∶10）	小模型（1∶20）
导管根数		2～3	1～4
导管间距	边距（cm）	1.4～1.9	0.45～2.7
	中距（cm）	2.9～5.8	1.5～3.9
卸管后导管埋深（cm）		1～6	0.3～4
槽内介质		清水、泥浆	
浇注方式		同时、交替	
孔底淤积		淤泥、砖末、煤末、豆石	

为了解混凝土在槽孔内的流动及夹泥形成的情况，把槽内泥浆、淤积物及浇注的混凝土配制成不同的颜色，并使用不同颜色的水泥拌制混凝土，以区分不同导管及不同时间浇注的混凝土。浇注过程中，从两侧面及两端部认真观察槽内混凝土及淤积物运动状态，并每隔一定的时间测绘墙面混凝土及夹泥分布图。浇注完毕，待混凝土具有一定的强度后，再拆开模型，将墙体取出进行切割，绘制切割面的带色混凝土分布及夹泥情况图。

槽孔浇注中有两组是浇注豆石混凝土，为便于墙体切割描述，其余均用水泥砂浆浇注，选用配合比为水泥∶水∶砂∶土∶塑化剂＝1∶0.7∶2.27∶0.33∶0.00。

因导管管径小，受管壁效应的影响，水泥砂浆不易通过，因此在实际操作中加水量较大，每次调整至水泥砂浆能顺利地通过导管为止。混凝土防渗墙是通过一根或几根间隔布置在泥浆中的导管，使混凝土进入槽孔中，并不断向周围流动以形成连续的墙体。槽孔模型混凝土浇注方式模拟实际工程施工顺序进行：

（1）小心插入导管到孔底以上的适当部位，并在导管顶端安装加料漏斗，导管用导管夹固定在槽顶板上。

（2）放入导注球及漏斗堵片。

（3）将砂浆倒满漏斗，开浇时拉开漏斗堵片并继续往漏斗内进料。砂浆在导管内借自重将导注球压下去，把管内泥浆从导管中排挤出来。

（4）导注球到底后，从导管内冲出来浮至浆面，回收洗净备用。混凝土随着导注球一起冲出导管，在槽孔底部铺开。随着混凝土面的上升，导管可逐节提升并拆除。就这样通过浇注混凝土和把导管提升、卸掉的反复作业，直至预定标高为止。

（5）混凝土浇注完毕，将导管全部拔出槽孔，因导管粘附有混凝土，应用水冲洗干净备用。

泥浆下浇注槽孔应注意的事项：

（1）混凝土必须具有良好的流动性与和易性，易于在管中流动。

（2）在混凝土浇注和运输途中，要注意不能使混凝土发生离析现象。在浇注导管内的混凝土时应当连续流下，导管底部必须埋入槽孔内一定深度。

（3）不能将插入混凝土中的导管横向强行拖拉，也不要使混凝土从孔口撒落到槽孔里去。对于这些基本要求，试验中均能严格遵守。

2.1.4　槽孔混凝土的流动形态

1. 对槽孔混凝土浇注特点的认识

防渗墙混凝土是采用直升导管法，在泥浆下浇注成墙的。在研究槽孔混凝土浇注特点的时候，必须注意以下几点：

（1）它是利用混凝土自重压力以及从导管内下落时产生的动能，在抵消导管外泥浆和已浇注混凝土的阻力（静压力）之后所产生的冲力（喷出压力），使混凝土从导管底口向周围流动的。在槽孔底部，混凝土的冲力大，流动得快而远，导管的控制半径大；随着混凝土面逐渐上升，特别是到了墙顶附近的时候，混凝土的冲力变小，流动得慢而近，导管的控制半径也变小了。

（2）混凝土的流动性是随时间的增加而变小的。几个地下连续墙工程的浇注情况都说明，虽然地下连续墙采用了坍落度很大的混凝土，但浇注以后的 3～4h，混凝土的流动性已经很小了。

（3）泥浆和水不同，它是一种胶体（悬浮液），有溶胶和凝胶两种状态。当它受到外界扰动以后，就由凝胶状态变为溶胶状态；当外界扰动消除以后，它又会从溶胶状态恢复到凝胶状态。泥浆的这种特性，叫作触（流）变性。所以，在泥浆中浇注混凝土，要比在水中浇注混凝土复杂得多。由于浇注混凝土时对泥浆的扰动已经不像造孔和清孔时那么强烈，泥浆就由溶胶状态逐渐向凝胶状态过渡，黏滞性逐渐增加，流动性变小，较粗的颗粒在重力作用下沉积到槽孔底部或槽孔混凝土顶面上。对于触变性（静切力）很小的泥浆，这个沉积过程尤其迅速，同时由于混凝土富含钙离子，当它和泥浆接触以后，因离子交换反应而使泥浆的黏土颗粒表面吸附了大量钙离子，使其水化膜厚度变小，使泥浆性能显著恶化：相对密度、黏度和 pH 值增大，凝胶化倾向增大，固壁性能急剧下降。

泥浆在浇注过程中的这些变化，使得槽孔混凝土面上的淤泥和附近的泥浆变得黏稠，很容易夹裹在混凝土内并粘附在槽孔壁上，在墙体混凝土内形成淤泥“包块”“狗洞”以及接缝夹泥。同时，淤泥堆积在槽孔混凝土顶面，增加了混凝土的流动阻力，降低了混凝土的水平扩散能力。

（4）混凝土是通过几根间隔布置的导管进入窄而长的槽孔内并向周围流动，以形成连续墙体的。所以，墙体混凝土质量的好坏，与导管的浇注要素（间距、进料量、埋深以及拔管和浇注过程中的变位和偏斜）有很大关系。如果导管间距过大，或者在浇注过程中发生偏斜而离开原来位置，那么混凝土的有效流动距离就会小于导管的间距，就会在两根导管中间部位的混凝土中产生夹泥。

为了保证槽孔混凝土的质量，要求导管底埋入槽孔混凝土内一定深度。由于槽孔混凝土面连续上升而导管只能间断地拆卸，所以随着槽孔混凝土面逐渐上升而导管埋深不断增加。一般要浇注 2～4h、导管底埋深 4～9m 后，才提升和拆卸导管。此时从导管底口出来的混凝土，就要克服很大阻力，才能向周围流动。当某根导管一次拆去 2～3 节（4～6m），管底埋深减少到 1～3m，而相邻的另一根导管仍在原深处未动，那么，再用这两根导管浇注混凝土时，肯定是埋深小的那根导管底口出来的混凝土流动性大，这部分混凝土就会爬到另一部分混凝土上去，而在两部分混凝土之间就可能产生夹泥。由于混凝土是在一个窄而长的深槽里流动，周边孔壁是凹凸不平的，无论是泥皮、黏土，还是砂卵石或岩石，都会对流动着的混凝土产生黏滞阻力而使混凝土的流动速度不尽相同。如果进料量、拔管时间和拆卸长度以及混凝土和易性这几个因素发生变化，或者是有的导管中途停浇，那么各导管之间混凝土的流动性更不会相同了。

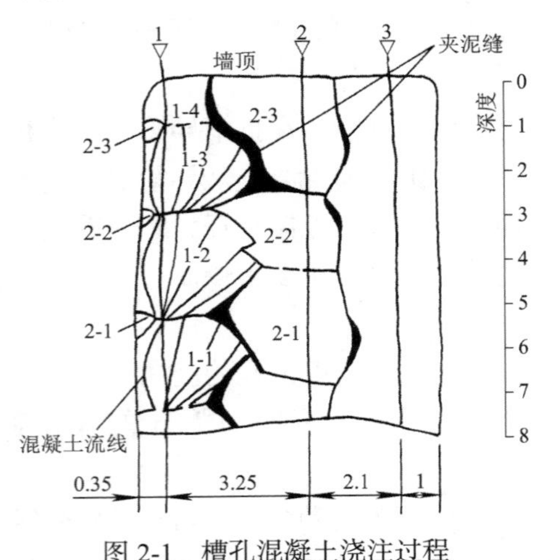

图 2-1 槽孔混凝土浇注过程

（密云水库围堰防渗墙，单位为 m）

1、2、3—导管编号；1-1 等—混凝土浇注及拔管次序

综上所述，槽孔混凝土的流动性受三个因素影响：一是随着浇注时间加长，混凝土逐渐硬结而流动性变小；二是随着槽孔混凝土面不断上升，混凝土从导管底的流（喷）出压力变小，从而混凝土的水平扩散能力逐渐变小；三是受周围边界条件的约束，混凝土流动得越远，所受阻力越大。这样，新浇入的混凝土总是分布在此导管周围，流动性大，而早期浇注的混凝土则已被挤向远离此导管的地方，流动性也逐渐变小了。也就是说，槽孔混凝土在垂直上升的同时又在水平方向扩散。同一根导管在某一时段内浇注的混凝土，在槽孔内大致呈“U”或“O”形分布（图 2-1）。对于布置有多根导管的槽孔，其混凝土面的变化规律是：在混凝土浇注总量最大的导管附近，槽孔混凝土面最高；在某一深度和在某一时段内，浇注强度大的导管附近混凝土面上升得快。从图 2-1 中可以看到，各导管混凝土之间有明显的分界面且其内夹泥，1 号导管浇注的混凝土像一串糖葫芦。还可以看到导管起拔和混凝土流动情况。

2. 单根导管浇注时的流动状态

1）基本流态

用单根导管浇注混凝土时，混凝土的基本流动状态可以归纳为以下三种，如图 2-2 所示。

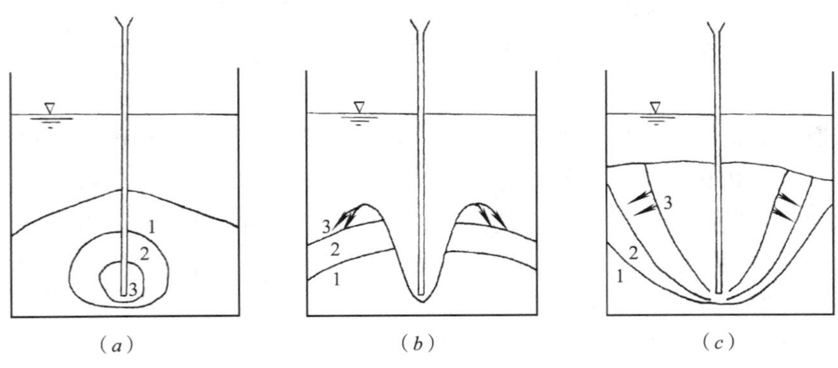

图 2-2 单根导管浇注混凝土时的流动状态

（a）内部举升式；（b）覆盖式；（c）挤升式

1、2、3—浇注次序

（1）内部举升式。最初浇入的混凝土始终处于最上层，与槽孔内的泥浆接触面一直稳定不变，后浇的混凝土居于先浇混凝土的内部，不与泥浆发生接触。当导管埋入深度足够而且管口位置不动时，呈流动状态。

（2）覆盖式。后浇入的混凝土沿导管周围上升，然后覆盖至先浇混凝土面上，形成导管周围及最上层是后浇入的混凝土层，此种流动状态在下列情况下出现：①导管埋深较浅；

②后浇混凝土的重度小于先浇混凝土的重度；③由于某种原因中途停浇时间较长，使已浇入的混凝土密实硬化，流动性减小，再继续浇入的混凝土，推挤不开先浇入的混凝土，故只好沿阻力小的导管外壁周围夺道而出。应避免此现象发生。

（3）挤升式。后浇入的混凝土把先浇入的混凝土逐步挤向周边，越挤越薄，越挤越往上伸展。这种作用能使最初浇注的底部混凝土沿周边一直挤升到 10～12m 高度，甚至到达槽孔顶部。这种流态是内部挤升式的延续，当内部浇入的混凝土量较多，内部的混凝土就会将初期浇入的混凝土从导管两边分开并将其推向顶部。这是大部分槽孔的浇注情形。

2）典型试验分析

当用一根导管浇注槽孔混凝土时，槽孔内混凝土的流态是上述三种基本流态的组合。混凝土流态的组合情况随导管间距、埋深、浇注过程中混凝土的均匀程度而异。

（1）图 2-3（*a*）表示一根导管浇注槽孔混凝土，每次拔管后埋深均相等，槽孔混凝土的流态基本上呈举升式，墙面混凝土的形状呈“O”形。如图 2-3（*b*）所示为拔管浇注形成的挤升式流动图。

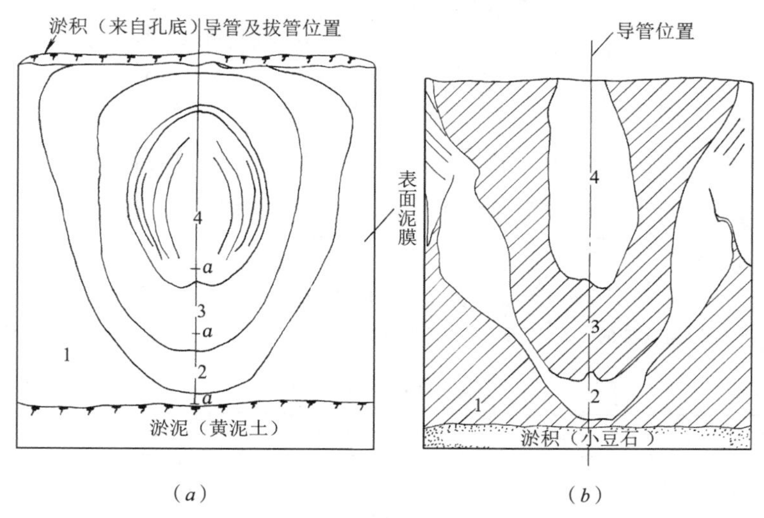

图 2-3　单根导管混凝土流动图

（*a*）混凝土交界面呈“O”形；（*b*）挤升式流动

1、2、3、4—浇注次序

（2）图 2-4 描绘了单根导管在不同浇注阶段的混凝土的流动状态。从图中可以清楚地看到混凝土面及各部分混凝土在槽孔内的演变过程。本例采用黑白两种水泥砂浆交替浇注。（1）～（4）浇注黑色砂浆，（5）～（12）浇注白色砂浆，（13）～（22）浇注黑色砂浆。拔管顺序按表 2-4 进行。

图 2-4（*a*）表示浇注 4L 黑色砂浆后的情况，此部分用“Ⅰ”表示。图 2-4（*b*）表示拔管后改浇注 2L 白色砂浆的情况，白色砂浆在“Ⅰ”内挤出一席位置，同时又沿导管周围向上呈覆盖式流动，覆盖在“Ⅰ”面上。继续浇入白色砂浆时，白色砂浆团向四周挤压“Ⅰ”而逐渐长“胖”，同时覆盖在“Ⅰ”上的量越来越多，覆盖范围越来越大，在这种下挤上压的作用下，终于使第“Ⅰ”部分在导管处向两边分开，第“Ⅰ”“Ⅱ”部分交界线呈“V”和“U”字形（图 2-4*c*、*d*），图 2-4（*e*）～图 2-4（*g*）表示改浇黑色砂浆后，它的流动又重复上述过程。

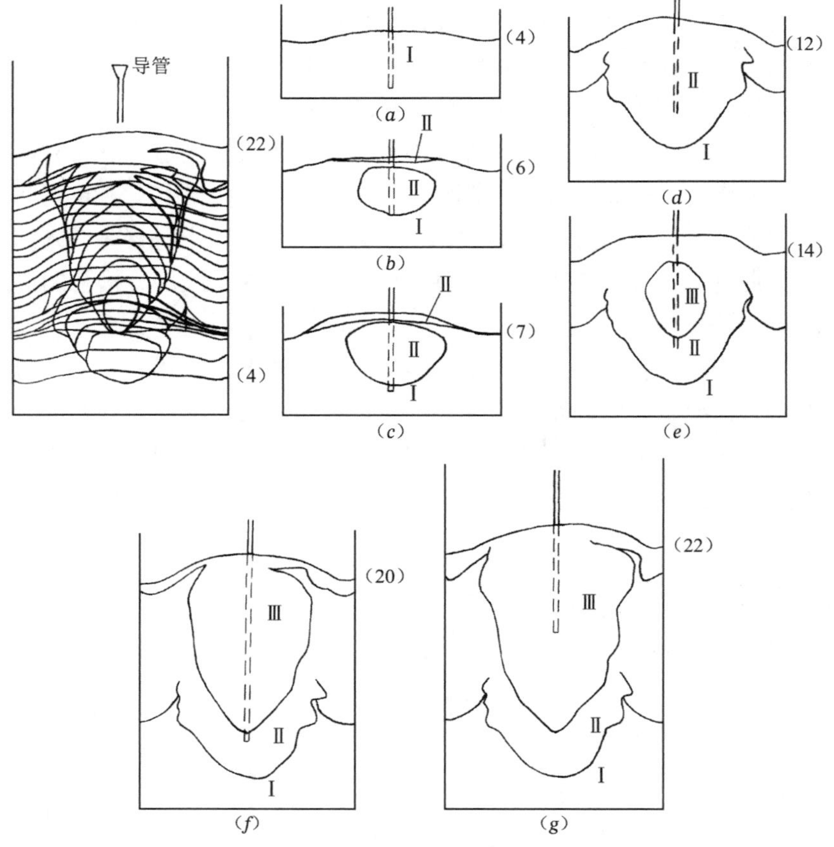

图 2-4 单根导管浇注时槽孔内混凝土流动情况

注：( ) 中的数字标明的线条表示浇注某一数量混凝土后的混凝土面及不同颜色混凝土的分界线。

拔管顺序表（cm） **表 2-4**

水泥砂浆面高	拔管长度	拔管后埋深
15	5	8
24	10	7
43	10	16
60	15	18

从图中还可以看到，槽孔表面并不是水平的，而是在导管处高，接近端部时最低，到端部处受到边界阻挡又往上翘起，导管附近的表面平缓，几乎呈水平状，离导管 10cm 左右，坡度变陡为 10°～30°。

总之，单根导管浇注时，正常情况下混凝土的流态就是前面所说的三种基本流态的组合。不同时间浇入的混凝土分界线不外乎“O”“V”“U”三种形状。

3. 多根导管浇注时的流动形态

1）基本流态

多根导管浇注时，混凝土的流态除各自具有单根导管浇注时的状态外，相邻导管的混凝土还会互相影响，有的相邻混凝土之间有一条明显的分界面，各导管进入的混凝土一般不互相混合，而有的却互相掺混，无明显的分界面。分界面的形状有以下几种，如图 2-5 所示。

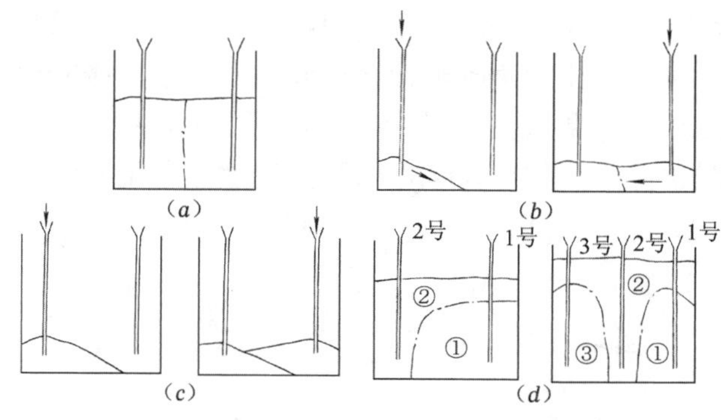

图 2-5　相邻导管分界线

注：——·——相邻导管浇注的交界线

（1）分界面居相邻导管中间部位，左右摆动不大（图 2-5*a*）。当各导管同时均匀浇注重度相等的混凝土时，各导管浇入的混凝土面上升均匀，交界面基本居中。

（2）互推式交界面（图 2-5*b*）。当各导管交替进料时，相邻导管浇入的混凝土之间的交界面左右来回摆动，但最终仍居于两根导管的中间部位。

（3）穿插式交界面（图 2-5*c*）。当各导管交替进料，但浇注量不相等或导管底高程不同时，相邻导管浇注的混凝土互相穿插。

（4）偏离式交界面（图 2-5*d*）。当相邻导管重度相差较大时，重度大的将重度小的挤向一边，使其所占位置变窄，同时将重度小的混凝土托举向上，所以重度小的混凝土在槽孔中所占据的位置是下小上大，而重度大的混凝土居于槽孔下部。

（5）各导管浇注的混凝土互相掺混，分界面不清。

2）典型试验分析

（1）图 2-6 所示为用两根导管浇注的情况。导管同时进料，混凝土面高度至 33cm 时，拔管 22cm，拔管后导管埋深 9cm，浇入的混凝土 1-2、2-2 分别将先浇入的混凝土 1-1、2-1 挤开，后浇入的居于先浇入的混凝土之中，各自有单根导管浇注时的挤升式流态。两根导管混凝土之间的交界面居中，左右摆动不大，近似垂直面。

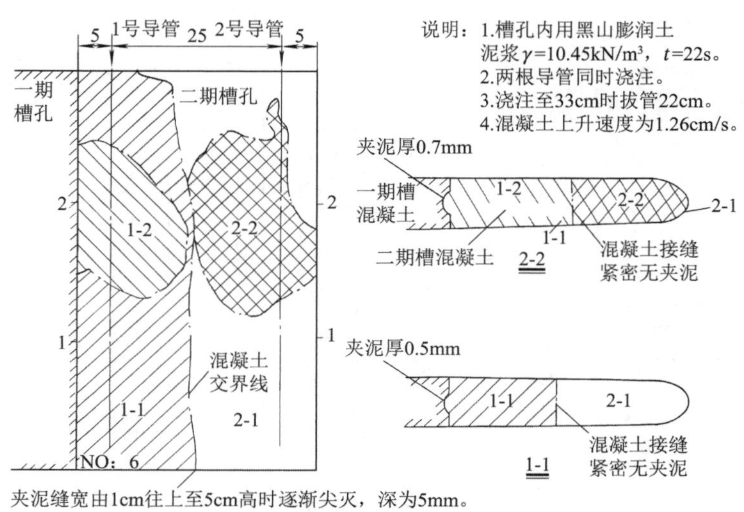

图 2-6　一、二期槽孔混凝土接缝夹泥

（2）图2-7所示为两根导管交替浇注的情况。两根导管浇入的混凝土交界面摆动大，成蛇曲形，从混凝土流动迹线可以看出，每根导管所浇的混凝土的流态也与单根导管浇注时的状态相似。不同时间浇入的混凝土交界线呈“O”“V”“U”形，从纵剖面图中可以看到墙体内部混凝土的分布情况，后浇入的混凝土居导管周围，越先浇入的混凝土离导管越远。先浇入的混凝土在槽孔中所占的水平长度随浇注土高度的上升而减小，到槽孔顶部只剩端部很窄的一条。

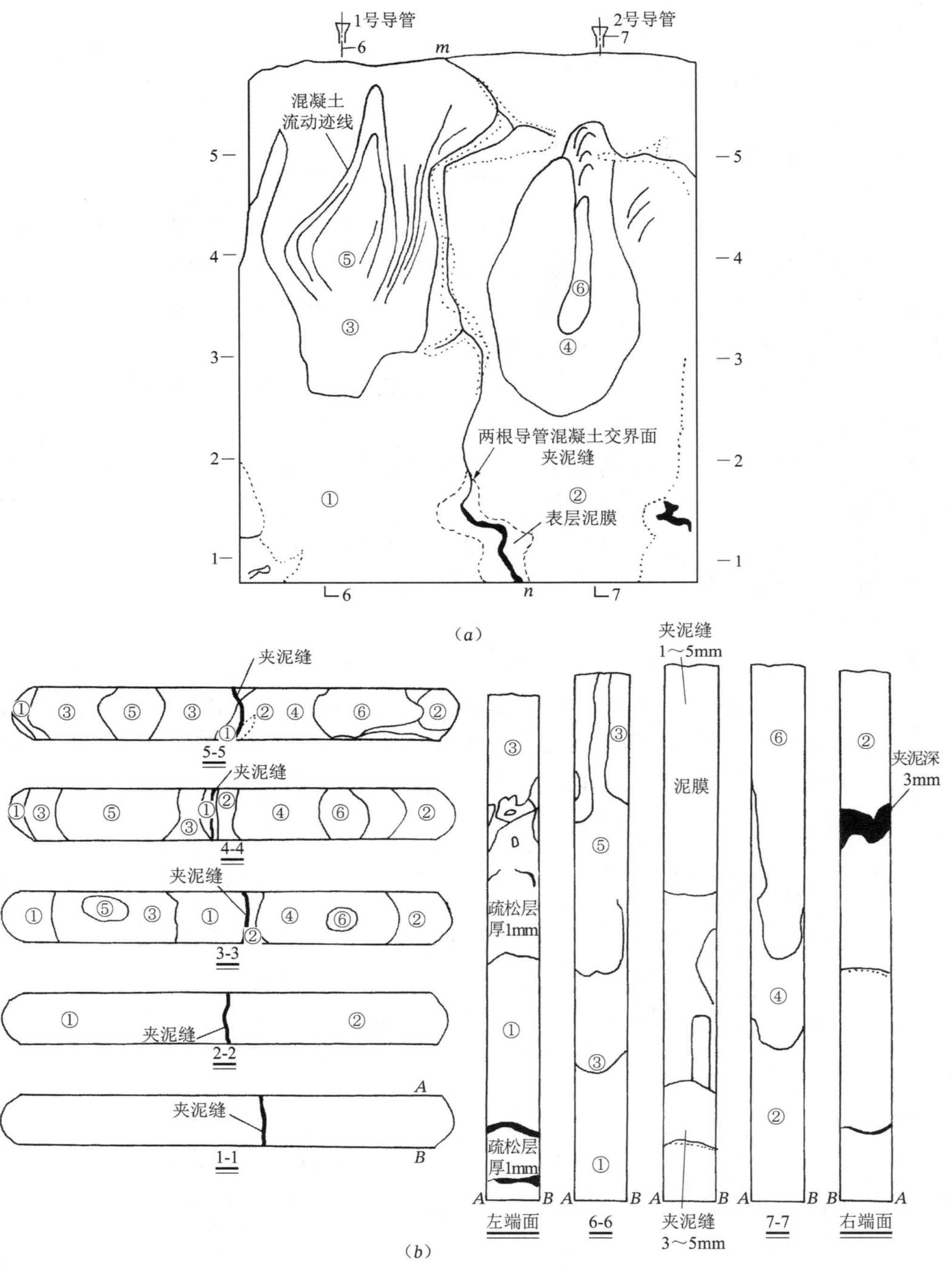

图2-7　双管浇注的墙体

（a）墙面混凝土及夹泥分布；（b）纵横剖面

（3）图 2-8 描绘了三根导管交替浇注时槽孔的流动情况。边导管距槽孔端部 15cm，中间两根导管之间的距离为 29cm。开始两根边导管同时进料，混凝土很快在槽底铺开，前端到达中间导管处。接着从中间导管进料，进入的混凝土由中间导管向两边挤推，使相邻导管浇入的混凝土的交界面居两根导管的中间部位。若交替浇注量相等，混凝土重度相等，相邻导管浇入的混凝土交界面就能保持垂直上升，左右摆动较小，见图 2-8（*c*）～图 2-8（*f*）。当加大中间导管的进料量后，中间部分的混凝土面抬高，与相邻导管浇入的混凝土面形成较大的高度差，中间部分的混凝土顺图 2-8（*g*）箭头所指方向向两边流动至*A*点，产生夹泥接着两边导管进料，由 3 号导管进入的混凝土将中间部分混凝土往中间部位挤推至*B*处，但未能完全推回到原来位置，使 2 号、3 号导管之间混凝土交界面互相穿插（图 2-8*h*）。当中间导管进料量再次加大时，上部混凝土又向两边流动（图 2-8*j*），相邻混凝土在混凝土面上的交界为*C*、*D*，此时再增加两边导管的进料量。由于导管埋深较大，浇入的混凝土不能推着*C*、*D*向中间导管方向移动，而是随着两边的混凝土面上升而抬高。由此可见，混凝土在槽孔内的流动状态是随进料顺序、进料量、导管埋深等条件的变化而改变的。

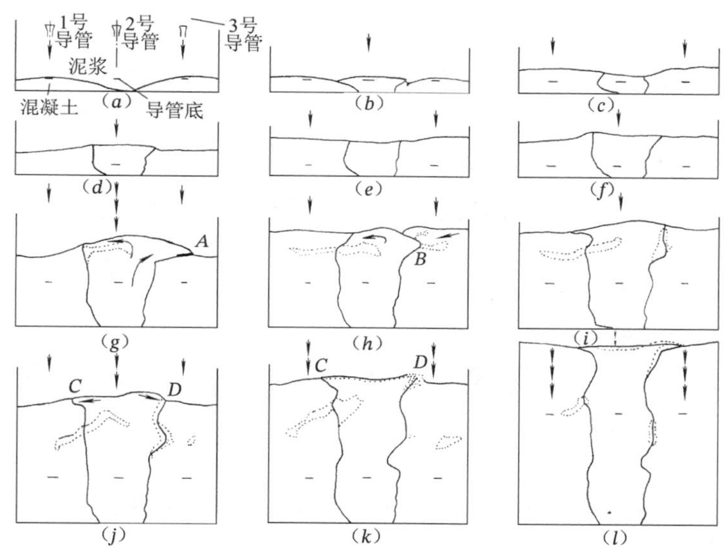

图 2-8　三根导管浇注过程（箭头位置表示浇注顺序，箭头数为浇注的量）

（4）当导管前后或左右偏离时，槽孔混凝土图形也不相同。

（5）图 2-9 给出了两根导管浇注的混凝土重度不相等的情况下的混凝土交界面图形。导管离槽端 10cm，两根导管相距 34cm，两根导管同时浇注。由 1 号导管浇注的混凝土重度为 17.4kN/m^3，由 2 号导管浇注的混凝土重度为 14.6kN/m^3。①、②两部分混凝土的垂直交界面偏向 2 号导管。1 号导管浇注的混凝土居槽孔下部，上面被 2 号导管浇注的混凝土覆盖，形成一条水平交界面，交界面的形状呈“L”形。

（6）如图 2-10 所示是三根导管浇注不同重度混凝土情况下的交界面图形。导管边距 14cm，相邻导管间距 30cm，边导管与中间导管轮换进料。开始时三根导管进入的混凝土重度相等，均为 18.5kN/m^3，浇至混凝土面离孔底 50cm 时，由三根导管进入的三部分混凝土在槽长度方向所占的长度均为 1/3。再继续浇注时，中间导管进入的混凝土重度变为 17.6kN/m^3，两边导管进入的混凝土重度保持不变。随着浇注量的增加，两边混凝土逐渐挤压中间部分混凝土，两边混凝土变宽，中间混凝土一边变细一边往上长，覆盖到两边导管混凝土面上，最终使中间混凝土在槽孔中成花瓶形状。

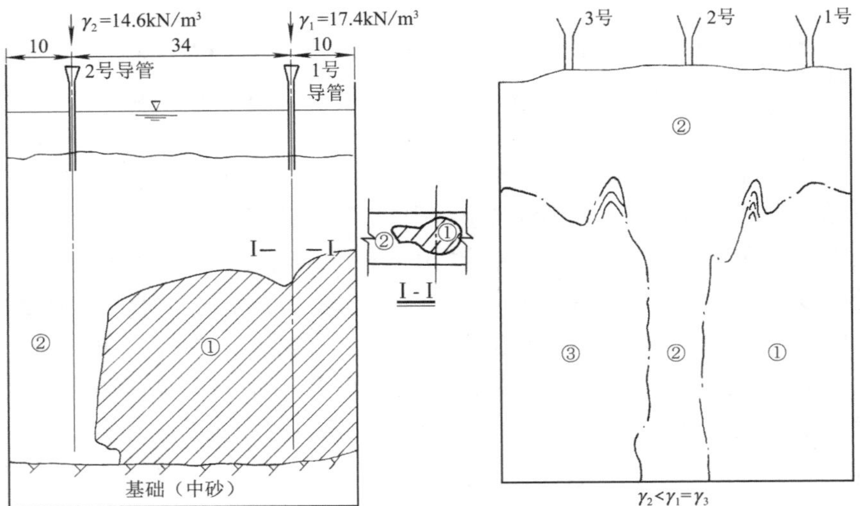

图2-9　混凝土重度不相等时的分布图　　图2-10　三根导管浇注的混凝土重度不相等时的槽孔混凝土分布图

2.1.5　在泥浆下浇注槽孔混凝土的几种现象

地下连续墙是在泥浆下通过导管浇注的，受导管、泥浆及淤积物的影响而与普通水上浇注的混凝土不同，在试验中发现以下几种新现象。

（1）常常见到有气泡由混凝土内穿过泥浆垂直上升至泥浆面后破灭。气泡上升时将水泥浆带入泥浆中，使泥浆性能恶化，而沉淀于表面，浮浆层越来越厚。这种现象曾在锦州铁合金厂铬渣场防渗墙及向阳闸防渗墙施工时发现过，本试验验证了这种现象。在潮河某隧洞防渗墙开挖现场观察到了这种现象造成的混凝土中的气孔，这种现象是普遍存在的，特别是在开浇及拔管后最多。

（2）开浇时，混凝土从导管底口喷出后，一部分水泥砂浆与槽内泥浆掺混，沉淀于混凝土表面成为浮浆层（图2-11）。

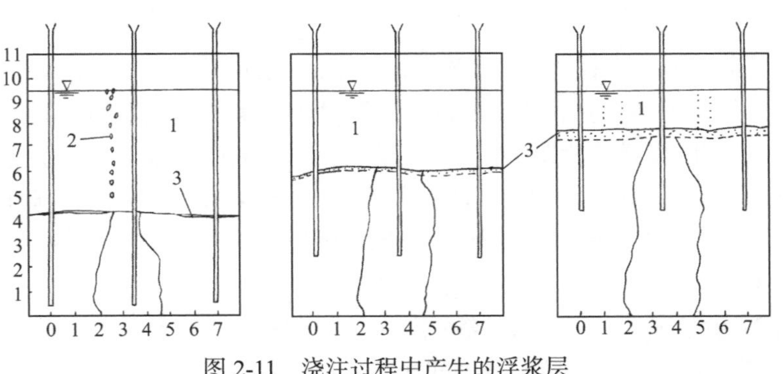

图2-11　浇注过程中产生的浮浆层

1—清水；2—气泡；3—浮浆层

（3）开浇时导管内的混凝土往下流动冲力很大，将底部淤积物冲起，有的与接踵而来的混凝土掺混，有的进入泥浆中，又沉淀在混凝土表面上。

（4）有孔底淤积物存在，墙底与基岩就不能紧密结合。

（5）孔底淤积物会夹裹在接头缝或交界面内而且还会被混凝土一直挤推上升到槽孔顶部，并覆盖在混凝土面上（图 2-3*a*）。

（6）浇注过程中，有时混凝土面呈锯齿状（图 2-18）。齿状裂缝内嵌入泥浆及淤积物，影响混凝土质量。

（7）在浇注过程中，如果混凝土浇注时间过长，导管埋深过大的话，从导管底口出来的新混凝土有可能把浇注时间长的老混凝土拉裂。此现象在四组模型试验中都见到了。

（8）泌水现象。当混凝土的和易性较差时就会产生这种现象，泌水向上流动，带走了混凝土中的水泥浆，这种含钙离子很高的水进入泥浆中，使泥浆性能变坏，甚至絮凝。浇注混凝土之前，曾测得该槽孔中泥浆的电导率为 $1.35 \times 10^3 \mu V/cm$；浇完混凝土后，泥浆的电导率增到 $4 \times 10^3 \mu V/cm$。也就是说，在混凝土的浇注过程中，由于混凝土与泥浆的接触、掺混，气泡及泌水又将水泥颗粒带入泥浆中；水泥中富含钙离子，使泥浆中钙离子增加，因而使泥浆的电导率增加了 2 倍多。留在墙体混凝土表面的那一层泥浆，在浇注过程中一直与混凝土面接触，污染最严重，有的很快沉淀，有的呈泥膏状。2h 后取沉淀后的上层水测得电导率为 $8.1 \times 10^3 \mu V/cm$，比刚浇完后泥浆的电导率又增加了 1 倍，说明虽然墙已浇注完毕，但泌水过程还未停止，泌水继续将混凝土中的水泥带出，使泥浆的电导率逐渐增高。

泌水现象大多发生在混凝土和易性不好的墙段。混凝土加水量太大或掺入粉煤灰易造成泌水。

2.1.6　地下连续墙质量缺陷的试验研究

1. 孔底淤积物对墙体质量的影响

槽孔底部淤积物是墙体夹泥的主要来源。混凝土开浇时向下冲击力大，混凝土将导管下的淤积物冲起，一部分悬浮于泥浆中，一部分与混凝土掺混；处于导管附近的淤积物易被混凝土挤推至远离导管的端部。当淤积层厚度大或颗粒大时，仍有部分留在原地未受扰动。悬浮于泥浆中的淤积物，随着混凝土浇注时间的延长，又沉淀下来落在混凝土表面上。一般情况下，这层淤泥比底部的淤积物细些，内摩擦角很小，比处于塑性流动状态下的混凝土有更大的流动性，只要槽孔混凝土面稍有倾斜，就会促使淤泥流动，沿着斜坡流到低洼处聚积起来（图 2-12*a*）。当槽孔混凝土面发生变化或呈覆盖状流动时，这些淤积最易被裹夹在混凝土中。被混凝土挤推至槽底两端的淤积物，有一部分会随混凝土沿槽段接缝向上爬升，甚至一直爬升到槽孔顶部。当混凝土挤压力小时，还会在接缝中滞留下来形成接头夹泥（图 2-12*c*）。由于混凝土的流线呈弧形，拐角处的淤积不可能完全挤升向上，所以拐角处绝大多数有淤积物堆积（图 2-12*b*、*c*）。

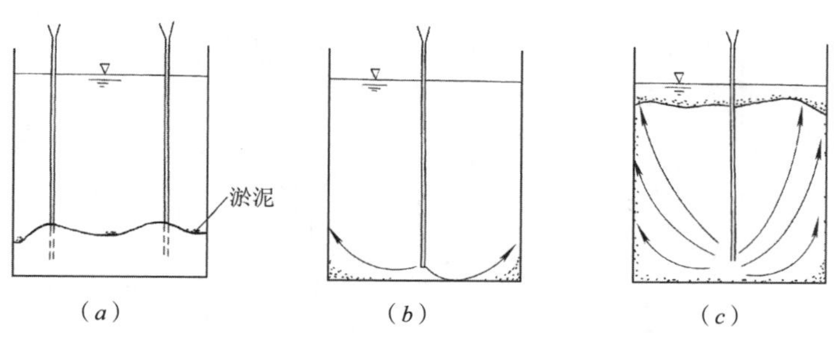

图 2-12　孔底淤积物对墙体夹泥的影响

（*a*）淤积物在混凝土表面低洼处聚积；（*b*）淤积物堆积在槽孔底两端拐角处；（*c*）淤积物由底部沿槽孔两端一直挤升到槽孔混凝土顶部

当多根导管浇注时，除了端部接缝处夹泥外，导管间混凝土分界面也可能夹泥（图 2-13）。这些夹泥来自孔底淤积物。

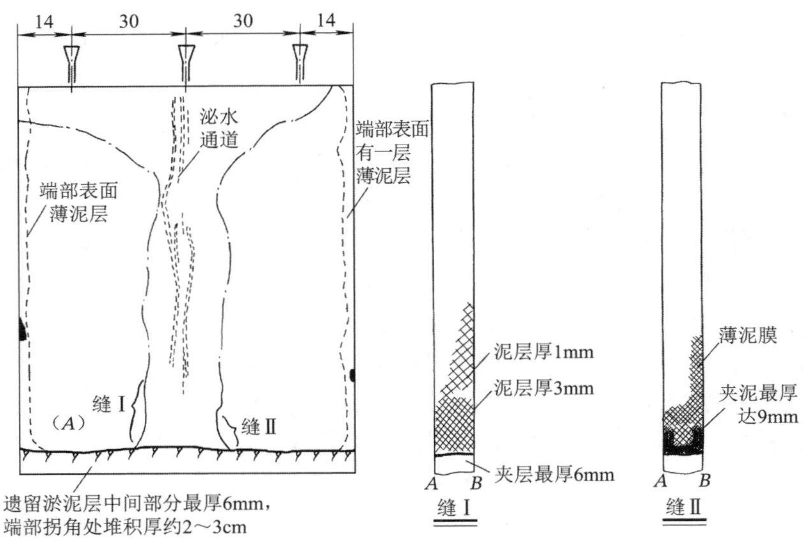

图 2-13 混凝土交界面夹泥情况

在试验中用不同的淤积物作试验，在夹泥缝中均发现有底部淤积物。结果表明，当淤积物颗粒较细（如黏土）时均造成两端部及导管之间混凝土交界面夹泥。而当淤积物颗粒较粗时，混凝土不能将其冲走，仍留在墙底，从图 2-14 可以看出，在混凝土垂直交界面上均有淤积物。在接近墙顶部的断面中，仍可见到直径约为 2cm 的黄土块。图 2-15 所示底为细砂，也被混凝土沿交界面携带至 10cm 高处，形成直径 40mm、厚 7mm 的砂窝（这种现象在雅绥雷塔防渗墙中就发现过）。底部豆石层几乎未扰动，仍呈散粒状。这些淤积物在墙底形成地下连续墙的薄弱层。试验结果见表 2-5。

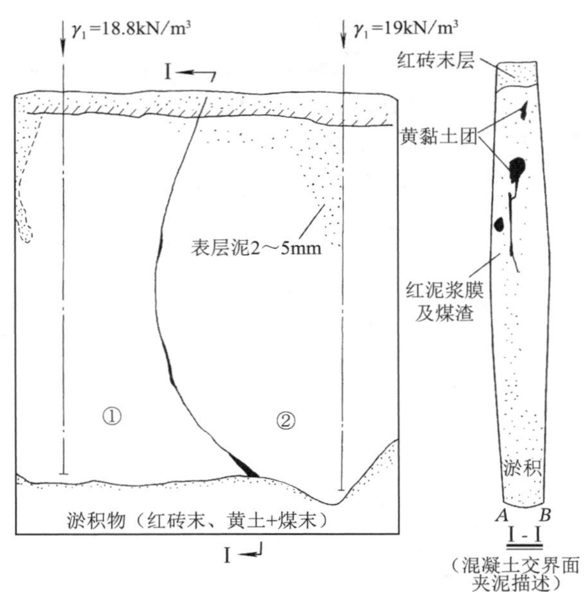

图 2-14 混凝土交界面夹泥分布图

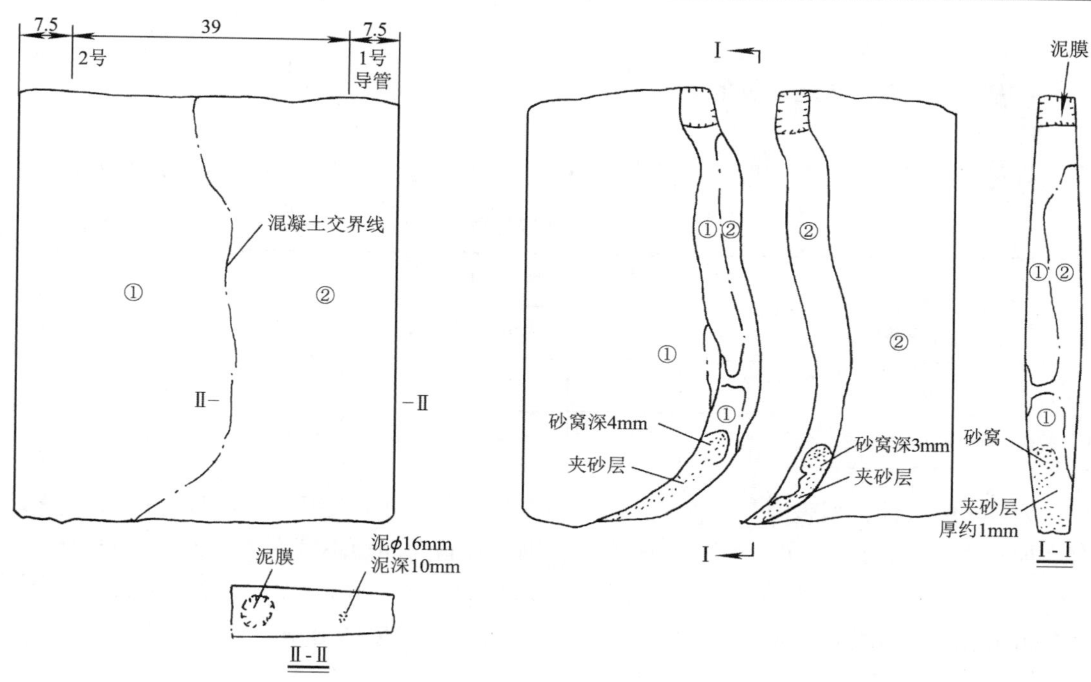

图 2-15　淤积物为细砂时的夹泥情况

①—白色；②—黑色

淤积物材料表　　　　**表 2-5**

淤积物种类	试验次数（次）	夹泥情况
当地黏土	6	夹泥严重
少量泥浆沉淀物	5	夹泥
砂层	3	细砂能被冲走，在混凝土分界面上夹泥，中砂冲不走，仍留底部呈散粒状
小豆石层	1	未冲走，小豆石仍在底部呈散粒状
煤末、砖屑	4	夹泥严重

淤积物的存在直接影响防渗墙的质量。

2. 浇注介质对防渗墙质量的影响

试验中比较了不同介质对防渗墙夹泥的影响。当槽内为清水时，墙内各部分混凝土的交界面结构紧密，只在墙顶有 3～5cm 的浮浆，用导管法浇注水下混凝土质量是有保证的。当槽内为膨润土泥浆，泥浆重度为 10.3～10.45kN/m^3 时，墙间混凝土交界面无夹泥，与一期槽混凝土接头缝处夹泥仅 0～0.7mm。当膨润土泥浆中含砂量增加，重度增至 10.6～10.8kN/m^3 时，接缝夹泥显著增加至 2～3cm，底部拐角及腰部窝泥厚达 2～5cm；使用当地黏土泥浆时夹泥严重，如图 2-16 所示，槽内为用讲礼地区黏土制备的泥浆，重度为 12.3kN/m^3，黏度为 18s。由于泥浆重度大，对混凝土的流动阻力大，流动不畅，两导管浇注的混凝土互相穿插将泥浆卷入混凝土内，分界面呈糖葫芦状。交界面夹泥厚 5mm，贯穿全断面。底部拐角和两端腰部均夹泥，墙中部还有严重的混浆区，夹泥及严重混浆区面积占 7.5%，浮浆层占 7.9%。

由此可见，泥浆重度小，其他性能也好时，夹泥或夹砂就少，而泥浆重度大时，夹泥严重。

3. 施工工艺对防渗墙质量的影响

1）导管间距

不同间距导管浇注的墙段，墙间夹泥面积占垂直断面面积的百分数统计见表 2-6。

夹泥面积统计表 **表 2-6**

试验用模型	大模型（1：10）			小模型（1：20）		
导管间距（cm）	50	30	15～16	25	32～34	39
试验次数（次）	3	3	3	1	3	3
接缝夹泥面积占断面面积百分数（%）	0.6	0.14	0.01	0.06	0.1	0.54

表 2-6 的统计数据表明，导管间距在 3m 以下时，断面夹泥很少；3～3.5m 时，夹泥略有增加；大于 3.5m 时，夹泥面积大大增加，因此导管的间距不宜太大。如图 2-16 所示，槽孔内为优良的膨润土泥浆，导管间距$l_{边} = 19cm$、$l_{中} = 50cm$，两根导管之间混凝土交接面严重夹泥，夹泥面积占断面面积的 69%，当拆开模型后墙体沿交界夹泥缝裂开。由于夹泥使墙体混凝土强度减小，形成渗漏通道。

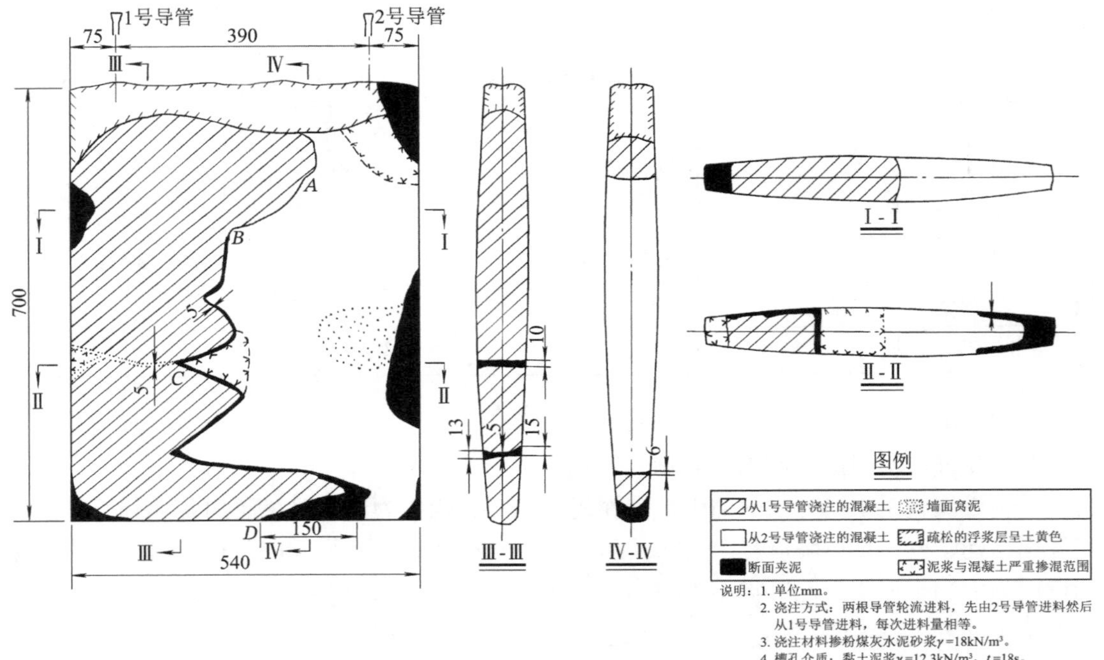

图 2-16 在大重度泥浆中浇注的情况

2）导管埋深

导管埋深影响混凝土的流动状态。埋深太小，混凝土呈覆盖状态流动，容易将混凝土表面的浮浆及淤积物卷入混凝土内，当埋深小于 10～20cm 时就可能在端部窝泥。本试验中拔管后埋深小于 10cm 时共 10 次，出现窝泥的 6 次。在图 2-17 中，拔管后埋深 1.34m，窝泥即在拔管时的混凝土面附近。

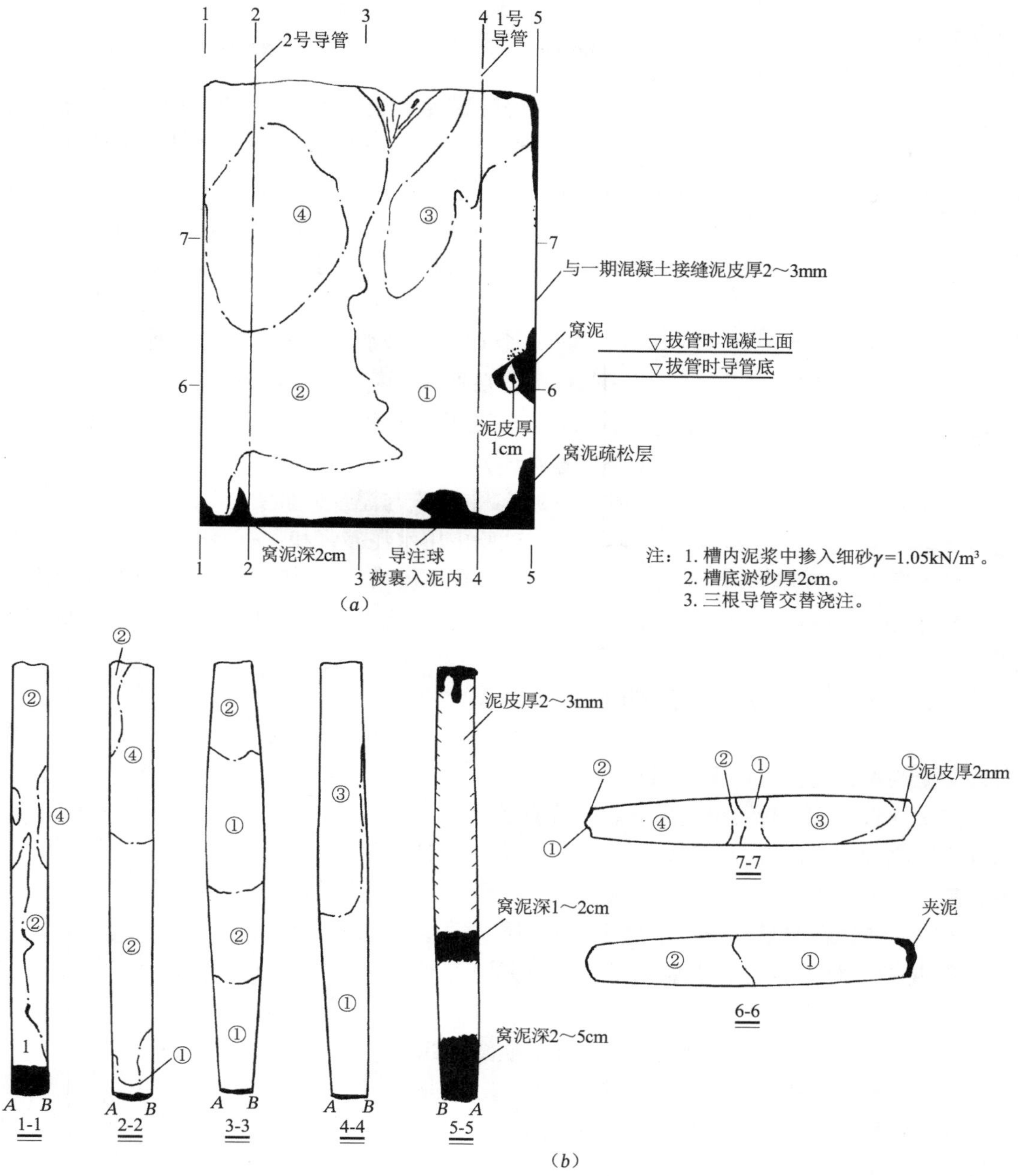

图 2-17　孔底和接缝夹泥情况

（*a*）端部窝泥；（*b*）断面图

导管埋深太深时，导管内外压力差小，混凝土流动不畅，当内外压力相平衡时，则导管无法浇入槽内，必须拔管以便混凝土继续流动。当小模型最大埋深达到 40cm，大模型达到 60cm 后，混凝土流动非常困难。

3）导管底的高差

不同时拔管造成导管底口高差较大，当埋深较浅的导管进料时，混凝土的影响范围小，只将本导管附近的混凝土挤压上升。与相邻导管浇注的混凝土面高差大，混凝土表面上的浮浆层及淤积物随着混凝土面的变动而流到较低洼处聚积，很容易被卷入混凝土内。

4）浇注速度

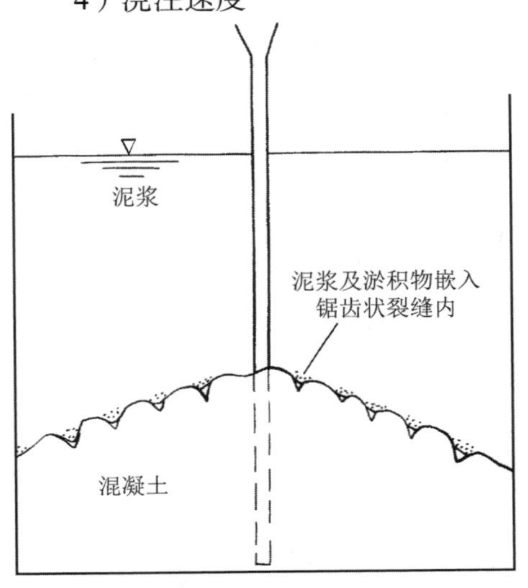

图 2-18 锯齿状表面

浇注速度太快，使混凝土表面成锯齿状裂缝，如图 2-18 所示，泥浆或淤积物会进入裂缝而影响混凝土质量。另外还发现当浇注速度太快时，混凝土向上流动速度快，对相邻的混凝土的拉力也大，有时会将其拉裂形成水平或斜向的裂缝。试验中曾发现流动的混凝土将邻近的已浇混凝土拉裂。裂缝长 18cm，裂缝处的水泥浆被泌水冲走而使砂石暴露在外。虽然随着混凝土浇注高度增加，在混凝土自重压力下裂缝会慢慢闭合，但裂缝处已成薄弱环节。

5）混凝土与泥浆的重度差

试验中用水泥砂浆和豆石混凝土两种材料进行模拟。砂浆重度为 17～19kN/m^3，而混凝土重度为 21～23kN/m^3，混凝土与泥浆的重度差大，混凝土流动能力强，推动泥浆的力量大，墙体混凝土质量较好。

6）施工事故对混凝土质量的影响

（1）由于淤积物深度测量不准确，导管底口埋入淤积内，造成导注球裹入淤泥中，而且混凝土与淤积物掺混严重（图 2-17）。

（2）导管发生堵塞，拔出后重新下管浇注。当导管插入已浇混凝土内继续浇注时，导管内的泥浆被带入，夹在混凝土内。

若重新下入的导管未插入混凝土内而继续浇注，则新老混凝土面上形成一条水平缝，缝内夹泥，如图 2-19 所示。当堵塞的导管停浇而其他导管继续浇注时，由于导管间距加大，致使夹泥严重，如图 2-20 所示。这是运用三根导管同时浇注，槽内混凝土 20cm 高时，1 号导管停止进料，其他两根导管继续进料，2 号、3 号导管相应控制的范围加大，造成混凝土交界面上夹泥。尤其到槽孔上部，混凝土浇注压力减小，更无力将由底部携带上来的淤泥挤出混凝土交界面，而留在交界面内。

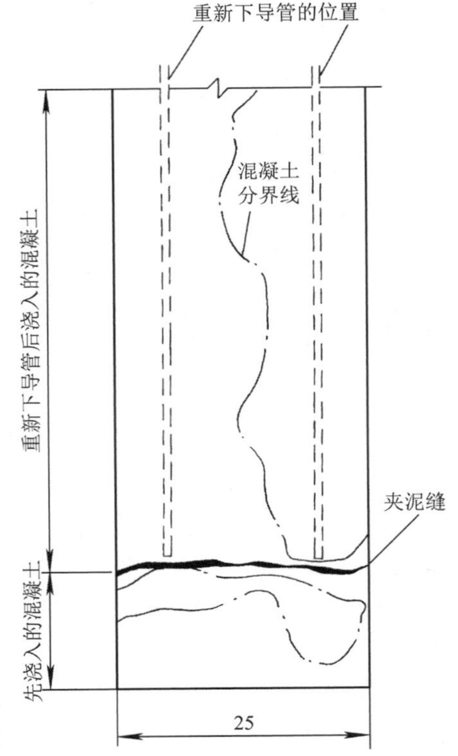

图 2-19 墙体水平夹泥缝

（3）相邻导管进料量或重度相差太大，造成混凝土面高差加大，而易卷入淤泥。图 2-8（*g*）的中间导管进料量猛然增加，使中间导管混凝土面高于相邻导管混凝土面，在*A*处裹卷入泥浆。如图 2-21 所示为三根导管浇注混凝土，中途由中间导管进入的混凝土重度减小，则中间部分的混凝土就被两边的混凝土挤成细脖状，在细脖A处大量混浆夹泥。

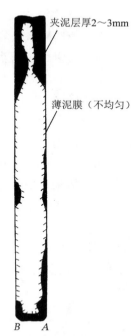

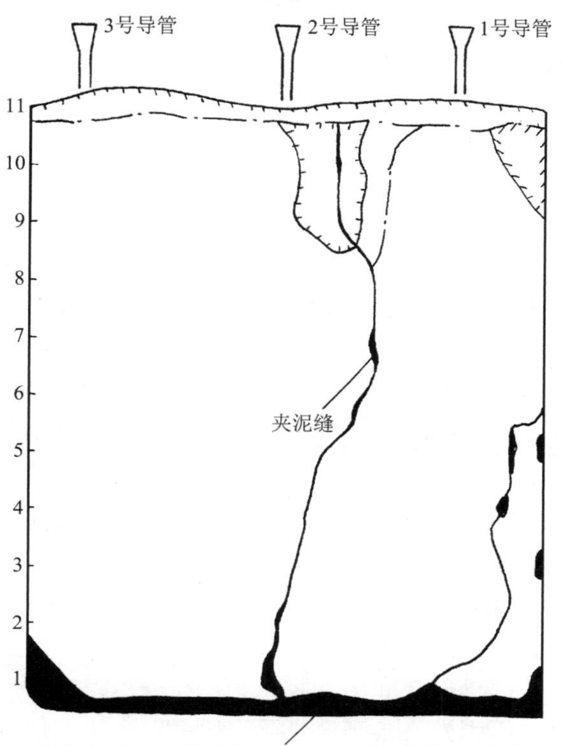

说明：模拟某工程的浇注事故。当混凝土浇注至20cm高度时，1号导管停止进料，其他两根导管继续浇注。

图 2-20　导管中途停浇槽孔混凝土情况

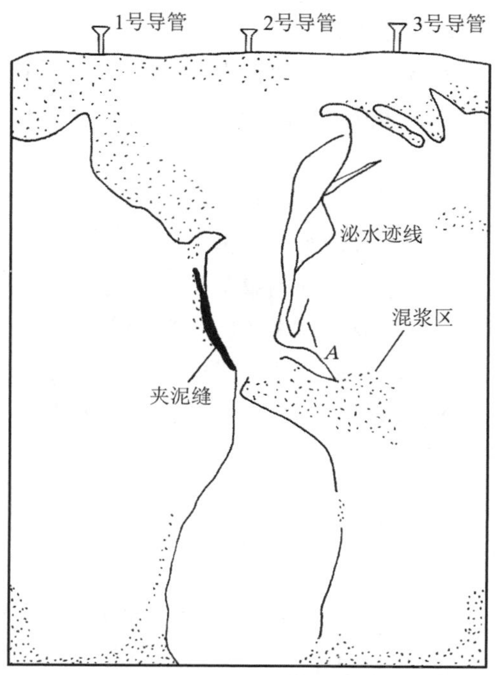

图 2-21　由混凝土重度差造成的墙体夹泥情况

2.2 地下连续墙的质量缺陷和预防

2.2.1 地下连续墙的质量缺陷

地下连续墙的质量缺陷问题包括以下几个方面：

（1）墙体几何尺寸偏差过大。

（2）墙体边界（墙底、顶部）窝泥。

（3）墙体接缝的夹泥和墙体内部窝泥。

（4）混凝土离析，粗骨料架空，影响墙体密实度和抗渗性能。

1. 地下连续墙夹泥的类型

早在20世纪60年代初期，在一些防渗墙工程中就已经出现了墙体内部及其边界上夹泥的问题。近年来，由于这种夹泥引起的工程事故时有发生，逐渐引起了各方面的重视。

按照夹泥产生的部位，夹泥可以分为以下三种形式：

1）相邻槽孔接头缝内夹泥，其厚度从几毫米到20cm或更大，在某些地区甚至出现了人都可以穿过的大洞。

2）墙底与地基之间存在着一层淤积物，是由残留或沉积在槽孔底部的岩屑、砂砾或黏土碎块与稠泥浆等组成的，其厚度从几厘米到几十厘米或更大。

3）墙身夹泥：

（1）沿墙的深度方向，底部混凝土较密实，夹泥较少；墙顶部混凝土密实性差，夹泥较多。

（2）沿墙的厚度方向，形成水平方向上的带状夹泥层，淤泥“包块”和“狗洞”，甚至有1～2m的大漏洞。

（3）沿墙的长度方向，导管附近的混凝土质量较好，导管之间的混凝土质量差，很容易产生夹泥，形成垂直方向上的带状夹泥。

一般情况下，墙身夹泥常出现在墙体表面上，或向墙体内延伸一定深度就消失了，但有时夹泥会贯穿墙体，在墙体内造成上下游连通的夹泥缝（洞）。

2. 地下连续墙夹泥的危害

地下连续墙的夹泥问题，造成了以下影响和危害：

（1）由于夹泥或淤积物在不太大的水头压力下，会失去稳定性，在墙体内或边界上形成集中渗漏通道，进而引起地基和其上建筑物的破坏，造成工程事故。有些建筑物基坑和水库发生的坝坡和黏土铺盖塌坑事故，就是由防渗墙的漏水引起的。

（2）减少了墙体的有效厚度，降低了墙承受荷载、抵抗化学溶蚀的能力。

由地下连续墙引起的工程事故，是由下面几个因素共同作用造成的：①地下连续墙质量；②作用水头；③地基的颗粒组成及其抵抗管涌的能力。所以，不能只根据墙体夹泥厚度的多少来判断工程安全与否。

3. 地下连续墙夹泥的形成

1）墙底淤积物的形成

按施工规范的要求，槽孔终孔验收合格后，还要刷洗接头和清孔。清孔合格后，一般要经过4～12h的准备，才能浇注混凝土。

清孔验收后，仍有一些砂子、岩屑和黏土团块等悬浮在槽孔泥浆中。随着槽孔停置时间加长，这些粗颗粒的一部分或大部分就会在重力作用下沉积到槽孔底部；泥浆质量越差，沉积物就越多，沉积越快。另外，下放接头管和钢筋笼、埋设观测仪器以及其他一些原因，也可能造成孔壁坍塌，增加了槽孔底部淤积物的厚度。等到开始浇注混凝土时，已经在孔底形成了一层少则几厘米多则几十厘米厚的淤积物，其结构松散、承载力低，在不太高的水头作用下就失去稳定性。开始浇注混凝土以后，位于导管底端及其附近的淤积物的一部分掺入到水泥砂浆和混凝土中去；一部分被卷到槽孔混凝土面上去并随着槽孔混凝土一起上升；一部分被推向远离导管的地方，最后留在墙底；或者当它们被推挤到槽孔两端（接头孔）和两侧孔壁底部时，也会被混凝土带着向上移动，成为墙体下部夹泥的主要来源。

如图 2-22 所示是根据笔者 1980 年在广州东圃的一个建筑基坑拍摄的照片而绘制的。该楼房基坑地下连续墙中曾发生孔底和接缝淤泥现象。该工程泥浆质量很差，清孔不彻底，导管间距约 4.0m，混凝土浇注速度很慢，导致严重质量缺陷。

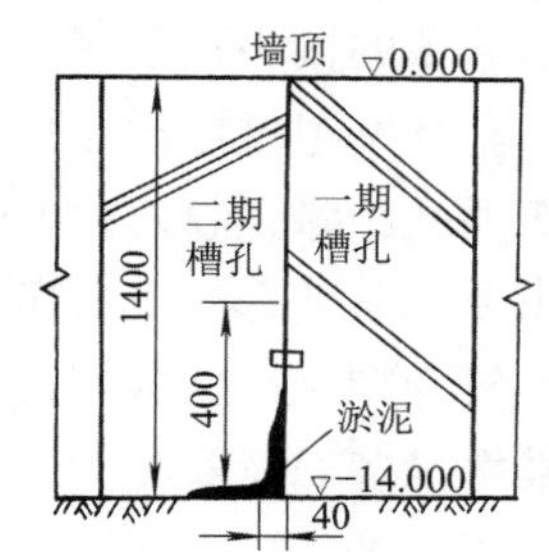

图 2-22　孔底淤积和接缝夹泥（cm）

2）混凝土顶面淤积（泥）的形成

在混凝土浇注过程中，常常在槽孔混凝土顶面上产生一层淤积（泥），它是由以下几个原因造成的。

（1）槽孔混凝土浇注初期，被卷到混凝土顶面上的孔底淤积物以及被上升的混凝土从槽孔四周孔壁上拖带上来的孔底淤积物。

（2）由于槽孔孔口封闭不严，使混凝土直接从孔口散落到槽孔混凝土顶面上。

（3）混凝土从导管底口喷射到泥浆中而后落到槽孔混凝土面上，形成不会固化的松散淤积物。

（4）槽孔的两侧壁及其上的泥皮崩落到槽孔混凝土表面或其内面。

（5）浇注过程中，泥浆中悬浮的粗颗粒在重力作用下，沉积到槽孔混凝土表面。

（6）由于絮凝反应形成的淤泥。

3）墙体夹泥的形成

上面所说的槽孔混凝土顶部的淤泥以粉粒和黏粒为主，含有少量砂粒和岩屑。一些较大的石子和卵石下落时，可穿过此层淤泥而进入下面的混凝土中。所以，在一般情况下，这层淤泥要比槽孔底部的淤积物细得多，它的内摩擦角极小，比处于塑性流动状态的混凝土（内摩擦角可达 20°～30°）有更大的流动性。也就是说，只要混凝土面稍有倾斜，就可促使淤泥流动，沿着斜坡流到低洼处聚积起来。当槽孔混凝土面发生变化时，这些淤泥又被带到另处或被夹裹在混凝土内。这种情况既可发生在两根导管中间的混凝土中，也可发生在槽孔两端的接缝处（图 2-23）。

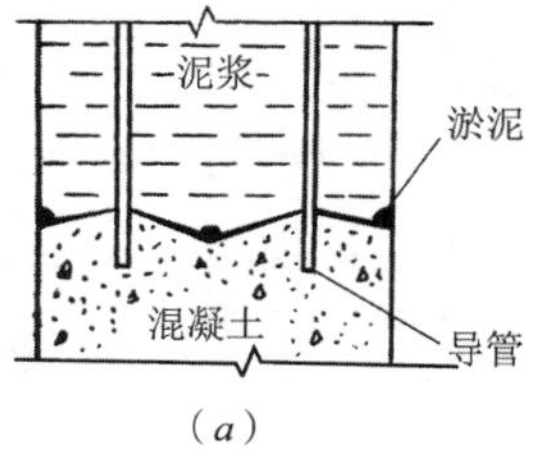

（a）

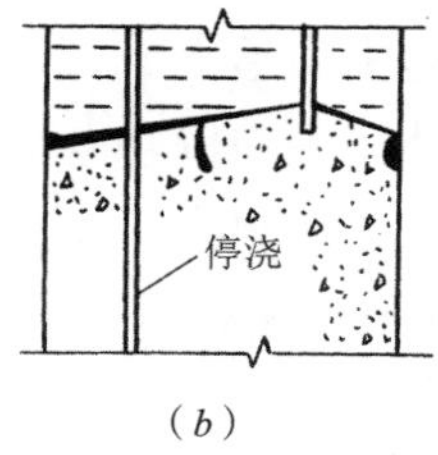

（b）

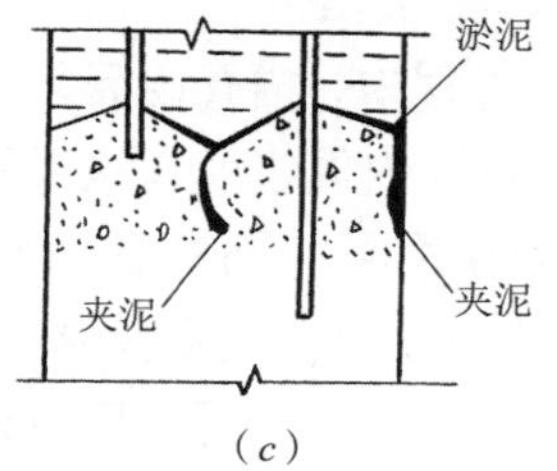

（c）

图 2-23　墙体夹泥形成过程

（a）淤泥在接缝处；（b）停浇产生的夹泥；（c）管底高差太大产生的夹泥

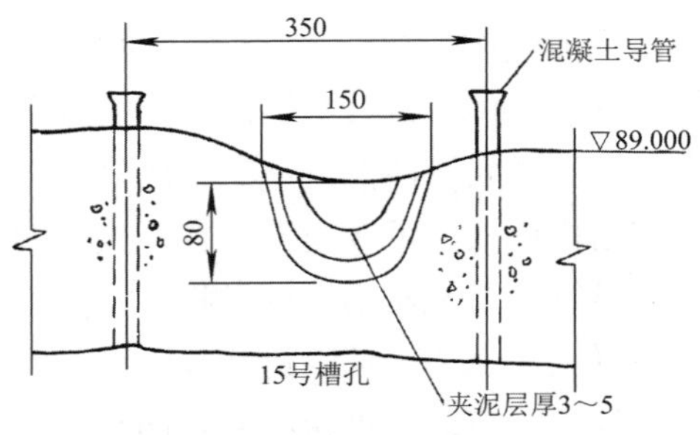

图 2-24 墙体顶部夹泥（cm）

密云水库潮河人防洞进口围堰防渗墙墙顶以下10m范围内，有不少导管混凝土之间都有这种夹泥缝。有些是上下游贯通，如图2-24所示是北台上水库防渗墙开挖后看到的夹泥现象。它表示两根导管的浇注情况相同，但在接近墙顶部位，由于导管间距大于混凝土有效流动半径而造成的"U"形夹泥。

4）槽孔接缝夹泥的形成

防渗墙的接头孔大多采用钻凿式接头，即把一期槽孔的端孔混凝土重新凿出后形成。这种接头孔孔壁很粗糙，再加上混凝土中钙离子的影响，在孔壁上形成了厚泥皮。另外，接头孔位于槽孔边缘且收缩为半圆形，离最近的混凝土导管0.8～1.5m，这一部位对流动混凝土的约束要比其他部位大得多。当混凝土无力把挤到接头孔中来的淤泥再排挤出去的时候，就在接头缝上留下了比较厚的淤泥，并被混凝土带着向上移动。这种现象地下连续墙也会发生。虽然很多工程采用十字、工字接头，但处在槽孔边缘的接头，形状复杂、边角曲折，不利于混凝土的流动，在接头的阴角处就会形成夹泥，减短了有效渗径，易被渗流冲刷带走。

玉马水库的接缝夹泥厚2～5cm，最厚20cm，含水率52.5%。在水位差2m时，就有漏水现象。5号和9号槽接缝夹泥，从墙顶往下延伸，5m以下未见尖灭。从侧面可以看到位于此缝上的岩心钻孔的ϕ127套管。其他接缝也有夹泥，透水性很大，其压水试验结果见表2-7。

墙体接缝压水试验表 **表2-7**

孔号	孔位	透水量［L/(min · m · m)］
1	14与15	0.523
2	14与13	7.0（注水）
5	11与6	0
8	7与8	12.25
10	5与9	0.045～0.079

根据实际观察和试验资料，可以把接缝夹泥分成两部分：第一部分是由于泥浆失水而在一期槽孔混凝土面上形成的泥皮；第二部分是浇注过程中被混凝土推挤到孔壁上的淤泥，见图2-25。

从渗透稳定方面来看，在浇注过程中形成的第二部分淤泥，最容易遭受渗透破坏，对防渗墙质量影响最大。施工中应设法减少这种情况。

在造孔过程中，槽孔内泥浆面总是高出地下水位以上，槽孔内泥浆就在这两种液体压力差以及电位差的作用下，向孔壁两侧透水地基中渗透，并逐渐凝结，而把地基颗粒牢固地联结起来，形成一道不透水泥皮。泥浆质量好时，形成的泥皮薄而密实；泥浆质量差时，形成的泥皮厚而松散。由这种泥皮保护的孔壁稳定性很差。

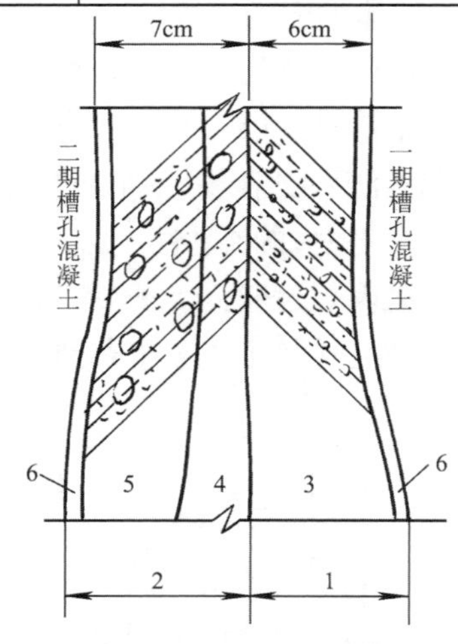

图 2-25 槽孔接缝夹泥详图

1—泥浆失水形成的泥皮；2—浇注过程中形成的淤泥；3—含小砾石的密实泥皮；4—含大块碎石的软泥；5—含小砾石的软泥；6—絮凝泥膜

在浇注过程中，由于混凝土上升时与粗糙不平的槽孔壁产生强烈摩擦，孔壁突出部位就会连同其上泥皮一起脱落下来，混入混凝土中。

防渗墙穿过的地层常呈多层结构，当地层中含有淤泥或砂的夹层时，由于相对密度、含水量和透水性不同，或者在砂砾地层内，由于密度、砾石含量、粒径和透水性不同，都有可能在交界面上出现孔壁坍塌，使槽孔壁成坛子形。浇注混凝土时，由于边界条件的突然变化，混凝土墙面上容易窝泥；交界面上的地层很容易坍落到混凝土中。导墙下面的槽孔，有时也会出现坍塌，如图 2-26 所示。

和槽孔接缝夹泥一样，孔壁泥皮的颗粒组成也随槽孔深度的增加而变粗，也可大体分为两部分：一是泥浆失水形成的泥皮；二是浇注过程中被混凝土推挤来的淤泥（图 2-27）。

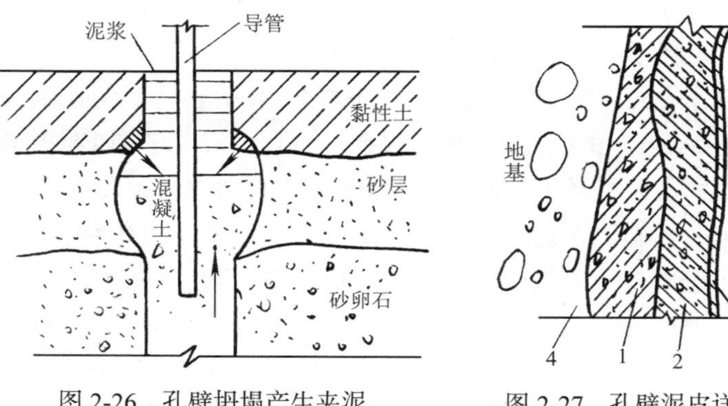

图 2-26　孔壁坍塌产生夹泥

图 2-27　孔壁泥皮详图

1—造孔泥皮；2—淤泥；3—混凝土墙面；4—槽孔孔壁

在第二部分淤泥表面上，常可看到明显的擦痕，这是槽孔混凝土带着淤泥上升时，与两侧孔壁强烈摩擦造成的。

2. 2. 2　其他质量缺陷及预防

1. 混凝土浇注造成的质量缺陷

1）混凝土浇注过程中造成的质量缺陷

混凝土地下连续墙是依靠混凝土在槽孔中不断流动建成的，它要求混凝土具有良好的和易性与流动性。实践证明，在其他条件不变的情况下，卵石混凝土要比人工碎石混凝土好，而卵石中又以针片状石子含量少的混凝土流动性好。在混凝土配比试验中发现含片状石子很多（15%以上）的混凝土，其扩散度要比圆卵石混凝土小 6～7cm，因而不能用来浇注槽孔。某些工程由于配比不当，施工质量控制不严或运距过长，常造成混凝土坍落度忽大忽小或骨料离析，致使石子堆积在导管周围，很难扩散开去，使导管附近的混凝土呈驼峰状（图 2-28），在水平距离 2m 以内混凝土面高差可达 3m 以上，降低了混凝土从导管底口流出速度，使淤泥都聚积到凹处，很容易被卷裹到混凝土中去，形成“包块”和“狗洞”，影响墙体密实度和抗渗性能。

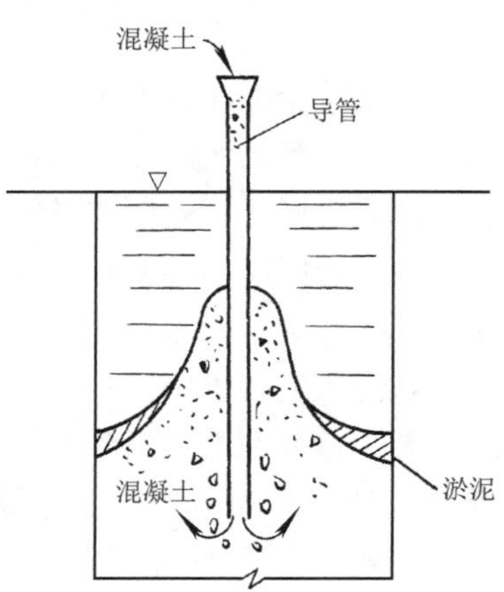

图 2-28　驼峰状混凝土

由于停电、设备故障等原因，使槽孔的浇注强度降低或中断，也会在墙体内造成夹泥。

2）清孔换浆

对于深大基坑来说，吊放地下连续墙钢筋笼是个非常危险而重要的工作，有的往往需要十几个小时才能完成。虽然在把笼子放好之后又进行了二次清孔，但很难达到标准，留在底部的淤积物对墙体质量影响很大。

2. 止水和防漏措施

1）防渗墙夹泥的预防措施

（1）泥浆质量的好坏直接影响到墙体质量，必须引起足够的重视。浇注混凝土时，应采用重度小、触变性能好、抗污染能力强的泥浆。一般情况下混凝土和泥浆重度之差不宜小于10kN/m^3。为了提高泥浆抗水泥污染的能力，可加入适当的外加剂。其中，纯碱（Na_2CO_3）价格低廉、抗污染能力较强，应优先选用。由于羧甲基钠纤维素（CMC）几乎不受水泥的影响，而且用量少、效果好，可在浇注混凝土的泥浆中掺入一些。清孔时，要用新鲜泥浆把槽孔内泥浆换出一部分或大部分。清孔应达到以下两个目的：一是要使孔底残留的淤积物最少，以减少夹泥；二是要使槽孔内泥浆指标尽量接近新鲜泥浆，以减少浇注过程中产生的夹泥。

采用回转钻机和泥浆循环方法时，应使用质量好的泥浆，做好泥浆的回收和净化工作。

（2）改进接头孔的施工工艺。国内已开始使用钢管接头和其他形式的接头。使用接头管，可以加快施工进度，节约投资，保证相邻槽孔之间有足够的搭接宽度，还可使孔壁平整光滑，避免了一期混凝土被钻头打酥，还可减少接头孔混凝土中钙离子对泥浆的污染，减少接缝泥皮的厚度。实践证明，墙顶以下 5～10m 夹泥最多，最容易遭受渗流破坏。如果能用接头管处理好这段接缝，对保证防渗墙体质量大有好处。现在在地下连续墙工程中都采用了非钻凿式接头。

要特别注意改善接头孔壁的刷洗质量，应当研究新的刷洗方法和刷洗设备。

（3）为了保证混凝土具有良好的和易性与流动性，混凝土配比必须通过试验确定，并建议：

①采用集中生产的机拌混凝土，以改善混凝土和易性，提高抗渗性等，还可掺入粉煤灰和膨润土粉。

②把砂率提高到 40%～45%。

③采用容量大、速度快的运输工具，避免二次倒运。

④混凝土浇注强度不宜小于 20～25m^3/h，槽孔混凝土上升速度不宜小于 2m/h。

（4）导管的运用和控制：

①采用厚壁钢管制造导管，采用密封止水。

②导管间距要控制在 3m ± 0.5m，要使各导管能够均匀进料，要尽量避免经常上下或左右提拉导管，以减轻附着在导管外面的水泥浆对泥浆的污染。要注意提管不能太多，以免泥浆混入混凝土中。

至于槽孔两端导管到两端或接头管的距离，应根据该工程混凝土的和易性、槽孔混凝土面上升速度和槽孔深度等因素，以及槽孔实际浇注情况来确定。导管距孔端距离太小（0.7m）时，反而会被混凝土推挤得远离孔端，造成导管偏斜而在墙体顶部出现水平夹泥层。导管距孔端的距离可采用 0.8～1.2m。

③导管埋入混凝土内的深度，要根据混凝土的流动性和上升速度来确定。一般情况下，导管埋入混凝土的时间不要超过 2h，导管的埋入深度以 2～6m 为好。如果埋管时间超过 2h，埋深大于 7～9m，则应提升和拆卸导管。过去拆卸导管时，有时忽略了导管埋入时间

的影响，发生了堵管事故。

④为了保证槽孔混凝土面均匀上升，还必须注意各导管要均衡提升和拆卸，要使相邻导管的埋深之差小于 2.0m。

（5）在槽孔顶部浇注混凝土时，要使槽孔混凝土面到导管进料口的高差始终大于 3m。可多拆卸几次导管，每次拆卸长度要小些，还可用起重机吊着导管，以适应墙顶混凝土上升缓慢的情况。应及时排除泥浆。

2）墙底淤积物处理

这些淤积物是一些淤泥加砂的混合物，沉降量大，且易漏水，成为地下连续墙的缺陷。浇注混凝土之前应尽量清除干净。在钢筋笼吊放完毕之后，必要时应进行二次清孔。

近年来，采用了在墙底灌浆的方法，使淤积物得到固结，有利于提高墙的承载力，降低墙底的漏水。

［本节内容引自丛蔼森的《地下连续墙设计施工与应用》和论文（《水利学报》，1983 年 11 月）］

2.3　多层地基和承压水深基坑的渗流问题探讨

2.3.1　引言

目前，我国经济建设飞速发展，各类基础设施和许多大型、超深的基坑工程正在进行设计和施工。由于设计、施工、地质勘察和运行管理方面的缺陷和失误，导致不少基坑发生了质量事故，比如上海、北京、天津、杭州和广州等地的深基坑工程事故，造成了不必要的损失。

根据多年从事地基基础工程设计、施工、科研和管理工作的体会，笔者认为目前大型深基坑工程还存在着以下一些问题和隐患：

（1）设计问题。应当说绝大部分的深基坑设计都是很好的，但也有一些基坑设计不够符合实际或者出现失误。比如在存在着地下水或者承压水时，只考虑满足基坑支护结构（如地下连续墙和排桩）的强度和稳定要求，未进行专门的渗流计算，而将墙底或防渗体底放在透水层中，成为“悬空”结构，因此发生了很多基坑透水、管涌和突涌事故。

（2）现有的规范条文已不能适应目前复杂的地质条件和基坑规模。比如目前的有关地基基础和基坑支护的规范条文，只是适应均匀地基和潜水（地下水）；如果基坑很深很大，或者是存在几层承压水时，这些公式是不适用的。规范中也没有提出进行渗流稳定核算的建议。有的规范条文前后矛盾，令使用者无所适从。

（3）工程地质和水文地质勘察精度不够，数据不准确，设计、施工人员对其认识不足，导致施工过程中发生事故。有的深基坑底部本来存在承压地下水，可是勘察没有确认，等到基坑底部发生突涌，才知道是承压水。

（4）施工草率，质量缺陷太多。特别是导致地下连续墙或其他防渗体（水泥搅拌桩、高压喷射灌浆、注浆等）底部出现裂缝，使基坑外侧地下水“短路”，直接涌入基坑。还有施工过程中，运行维护不够，降水（抽水）工作无法正常进行，造成事故。

基坑是否安全稳定是由多方面因素决定的。地下连续墙等支护结构具有足够的强度和钢筋用量固然是很重要的，但是各个行业的多个工程实例都证明，基坑破坏的主要原因不是钢筋配得太少，而是坑底入岩（土）不够深，与周边环境不协调；或者是对软弱地层和地下水认识有误，没有采取合理的防渗降水措施；或者是施工质量太差，从而造成管涌、“突水”事故后再引发滑动、踢脚等破坏，这样的例子举不胜举。在很多情况下，人们忽视了渗流造成的危害，因而付出了很大的代价。

对于岩石地基中的基坑或者底部位于岩石地基中的大型深基坑来说，渗流稳定问题仍然是存在的。基坑底部位于风化岩或软岩中，当坑内外水位差很大而支护结构底部嵌入深度不足时，就会出现坑底大量漏水而很难排干，或者渗水把岩体中的细颗粒或易溶于水的物质携带出来，导致基坑破坏；当承压水头很高时，可能会顶破上部软岩层或已浇注的混凝土而导致基坑破坏。这些事故都已经发生过了。

2.3.2　对基坑支护的基本要求

（1）应补充、完善有关工程地质、水文地质和周边环境等方面的设计基本资料。基坑支护结构与桩基础受力特点不同，所以对地基的要求也不尽相同。桩基础是以承受垂直荷载为主的，它对地基的主要要求是桩侧摩阻力和桩端垂直承载力；而基坑支护结构是以承受水平荷载为主的，它对地基的主要要求是抗剪强度、变形特性和透水特性等。因此，基坑工程地质勘察与桩基础应当有所区别。

（2）根据不同阶段的勘察报告及有关资料和支护结构的受力特点，结合工程地质和水文地质条件进行基坑渗流分析计算，进一步优化结构设计。

（3）必须进行专门的深基坑渗流稳定计算分析，以确保工程安全。很多深基坑工程地质条件复杂，其地下水位有时还受潮汐或波浪的影响，出现渗流破坏的可能性更大，尤应引起注意。

2.3.3　深基坑渗流特性

土体是由固体、液体和气体组成的三相体系。土中的自由水在压力作用下，可在土孔隙中流动，这便是渗流；而土体在外荷载或自重作用下，也会发生运动，对孔隙水也要产生作用力。因此可以说，水的渗流是土与水相互作用的结果。

随着基坑不断往下开挖，基坑内外土体的物理力学性能都发生了很大变化。其中，渗透水流对土体的作用和影响也发生了很大变化。此时，作用在基坑外侧的渗透水流的作用力是向下的（图2-29），它对土体产生了压缩作用；同时由于渗流的作用，作用在地下连续墙等支护结构上的水压力也小于静水压力。当渗流穿过墙底进入基坑内侧时，渗透水流的方向变成了向上，渗流水压力就变成浮托力，使土体重力密度减小；而它对支护结构的水压力将加大。

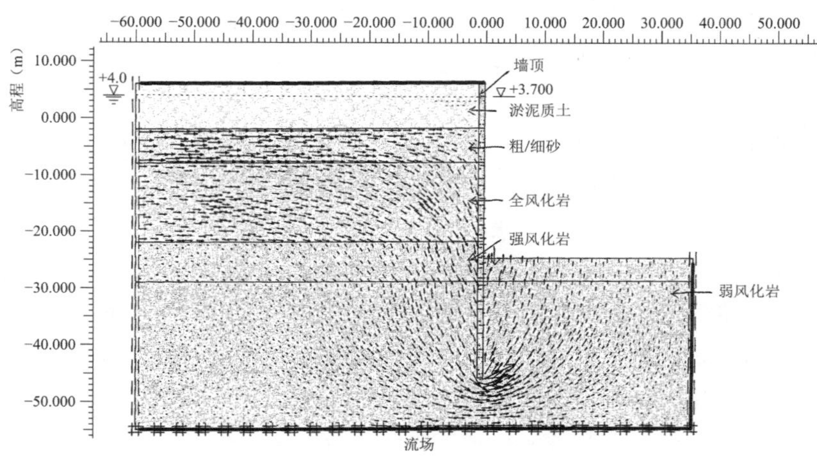

图2-29　基坑渗流示意图

2.3.4 基坑渗流计算

1. 基坑渗流计算和控制的目的

基坑渗流计算和控制应当达到以下几个目标：

（1）坑内地基中的任何部位在整个运行期间都不会发生灾难性的管涌和流土。

（2）基坑底部地层不会因承压水的顶托而产生突涌（水）、流土、隆起等不良地质现象。

（3）基坑四周和底部涌（出）水量不能太大，不能由于抽水量太大或抽水时间太长而影响基坑开挖和混凝土的浇注工作；也不能对周边环境造成影响和破坏。这种情况对于岩石透水性很强的基坑或者是很软弱的土基坑来说，是一个必须验算的项目。

（4）要使基坑内的软土（特别是淤泥质土）能够尽快地脱水固结，便于大型设备尽快进入坑内挖土，加快施工进度；避免软土的纵横向滑坡。

2. 渗流计算内容

渗流计算内容主要有：

1）基坑整体渗流计算。通过计算，给出各计算点的渗透水压力和坡降以及基坑内的渗透流量和总出水量。

2）核算基坑底面的渗流出逸坡降是否满足要求，是否会发生管涌。

3）检验地下连续墙墙底进入隔水层内的深度是否满足渗透稳定要求。

4）核算基坑底部抵抗承压水突涌的能力。此时，应进行下面两方面计算：

（1）核算基坑底部土体的总体抗浮稳定性。

（2）坑底为不均匀的成层地基，而不透水层厚度较小时，还必须进行土体渗透安全（渗透坡降）核算。

5）核算基坑的抽水井设计是否满足要求。

6）通过分析计算和方案比较，提出该基坑的渗流控制措施。

3. 对于深基坑来说，应进行专门基坑渗流计算

这里要指出的是，对于多层地基和承压水条件下的深基坑来说，现有的基坑设计规范中有关渗流的计算公式是不适用的，要进行专门计算。

4. 最不利的计算情况

（1）地基上部没有不透水层，砂层和透水基岩互相连通。

（2）薄弱地层（如淤泥、流砂）或不透水层突然变化部位。

（3）基坑局部超深部位或深度突然变化部位。

（4）基坑的几种支护结构的连接部位。

（5）承受特殊荷载部位。

通常，选取一个或多个最不利的断面进行分析计算；但有些时候，也可能需要针对整个基坑，进行整体稳定计算。

5. 三维空间有限差分法

1）基坑的渗流有限差分法

如图 2-30 所示，计算一个井壁不透水、井底透水、井壁临河的集水基坑。将河流视为单侧恒水头补给边界。基本水动力方程为不考虑降雨渗入的地下水渗流偏微分方程组，其中，河水位是考虑风暴潮造成的潮水位。方程组的解算方法为极坐标的三维有限差分法。垂直计算深度至基岩裂隙含水层底面。

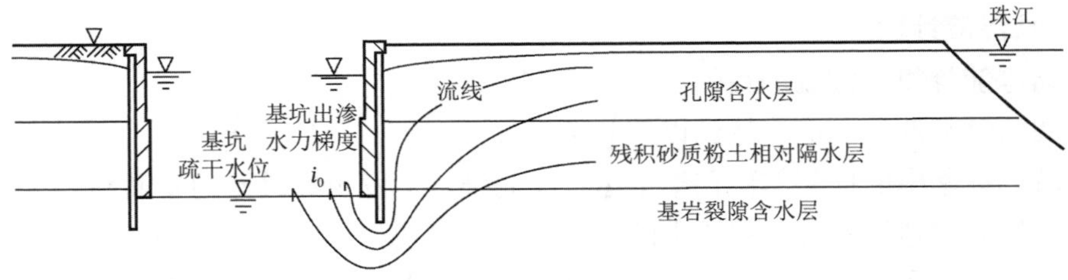

图 2-30 基坑有限差分法示意图

2）基坑的渗流计算结果分析

计算结果表明，当基坑入岩深度$h_d = 3m$时，北基坑最大出逸坡降$i_{max} = 2.151$，远远大于强风化层的允许坡降 0.7，会发生渗透破坏；在南侧基坑，其最大出逸坡降达$i_{max} = 1.568$，也会发生渗透破坏；同时，该基坑的最大涌水量达 6000m^3/d，将使基坑开挖和浇注很难顺利进行。可以说，最小入岩深度$h_d = 3m$是不安全的。

6. 平面有限元法

1）计算模式

用平面有限元法计算渗流，就是在基坑中选取一个或几个地质剖面，把渗流看成是二维水流问题来处理。可根据基坑深度、支护结构形式和地下水变化等资料，设定一个或多个计算情况，分别计算不同部位（特别是基坑底部和支护结构的底部）的渗流压力、坡降和渗透水流量等。

2）计算结果

这里只列出压力水头等值线，见图 2-31。

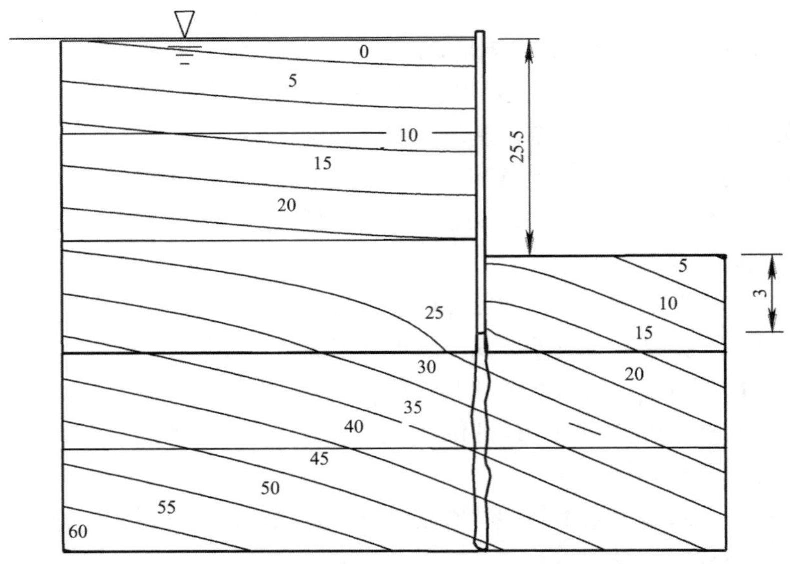

图 2-31 基坑压力水头等值线

计算结果表明，如果墙底帷幕灌浆深入到微风化层，则基坑是稳定的。

7. 简化计算法

基坑的水压力分布见图 2-32；图 2-33 是利用简化计算法绘制的多层地基基坑的渗透水压力图。该基坑是一个直径 73m、深 33m 的大型基坑，地下连续墙底深入到弱风化的花岗岩层中。其中的渗流水压力等于静止水压力的 58%。

8. 基坑底部渗流稳定计算

基坑底部的渗流稳定计算，应包括以下三个方面：

（1）当坑底上部为不透水层，而其下的透水层中有承压水时，应进行抗突涌和流土的稳定性计算，即要保证透水层顶板以上到基坑底部之间的土体重量大于水的浮托力P_w，安全系数按下式求得：

$$K=\frac{\gamma_{sat}t}{P_w}=\frac{\gamma_{sat}t}{\gamma_w h_w} \tag{2-1}$$

式中　γ_{sat}——土的饱和重度（kN/m³）；

t——透水层顶板到坑底的厚度（m）；

P_w——承压水的浮托力（kN）；

h_w——透水层顶板以上的水头（m）。

要求$K \geqslant 1.1 \sim 1.2$。

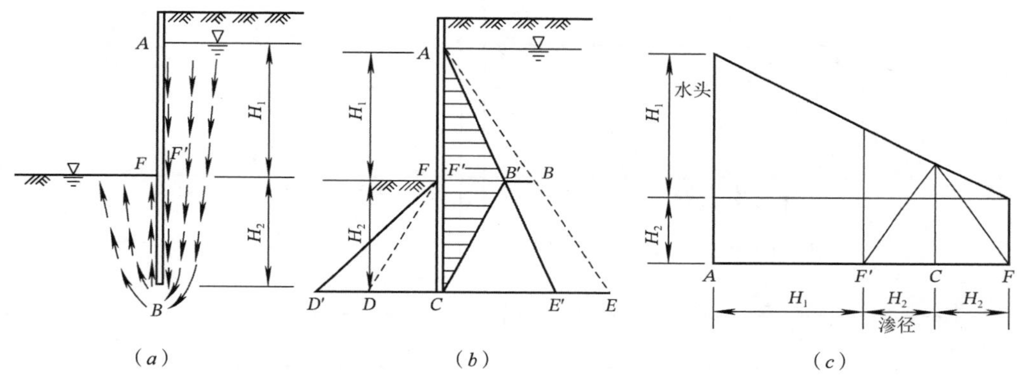

图 2-32　均匀土层水压力分布图

（*a*）渗径；（*b*）水压力分布；（*c*）水头分布

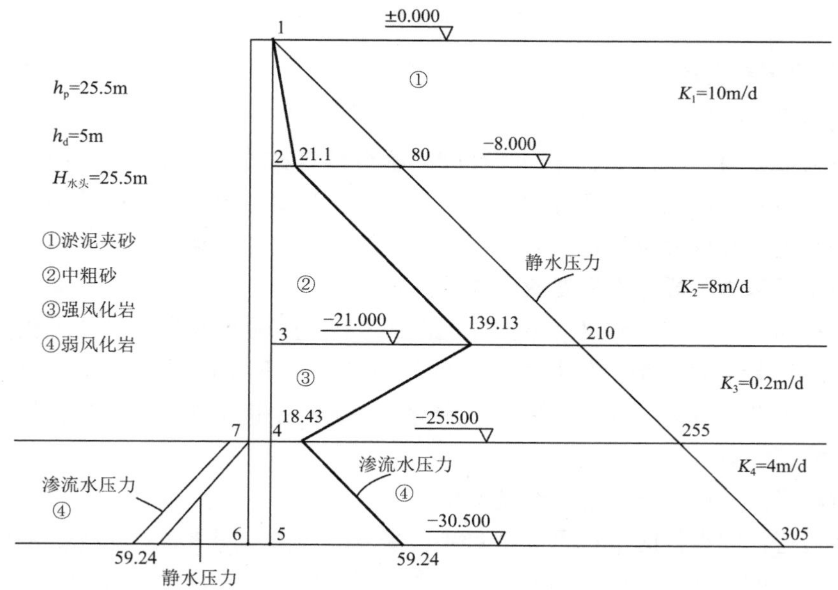

图 2-33　多层地基深基坑渗透水压力分布图（kPa）

（2）当坑底以下为粉土和砂土时，要验算抗管涌稳定性，也就是要使该地基的渗透比降i小于该地层的允许渗透比降$[i]$。通常粉细砂地基约为$[i] = 0.2$～0.3，有时$[i] = 0.1$。

（3）当基坑底部以下地基为黏性土与砂土层互层时，应进行上面两项渗流稳定核算（图 2-34）。特别是当黏性土很薄时，应当核算该层土的渗透坡降是否满足要求。

通过基坑渗流计算，可以了解它的重要性。在多数情况下，应当把渗流计算出来的h_d作为基坑地下连续墙入土（岩）深度的最小限值，以保证基坑不会发生渗透破坏事故。

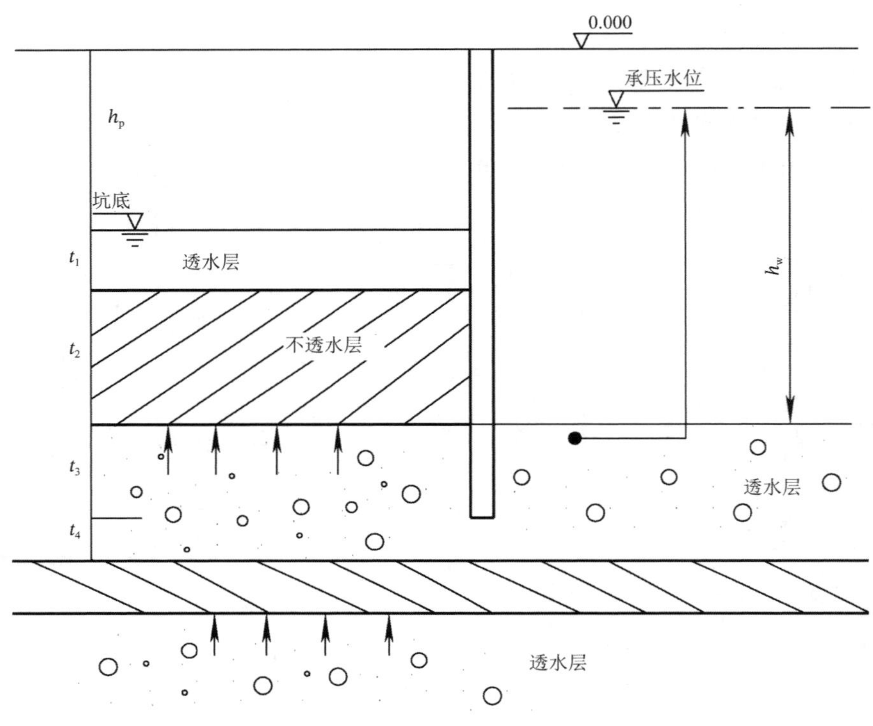

图 2-34 坑底渗流稳定图

2.3.5 深基坑抗渗设计要点

1. 参考已建工程经验进行对比分析

在取得基本资料——初勘、详勘和补勘的基本参数之后，可参考已建成工程的经验，特别是当工程地质条件复杂、基坑规模大、承受的荷载变化很大时，应选用多种计算参数和计算方法，进行计算分析对比，以保证设计、施工工作的顺利进行。

2. 对于岩石基坑，要考虑岩石透水性的影响

有些岩石的弱风化层的透水性不但比上部的全风化和强风化层大，甚至比第四系砂层还大。因此，不能认为渗透破坏只发生在第四系的软弱地层（如淤泥和砂层）中。实际上，在超深（如 40m 以上）基坑中，其底部透水性较大岩层中也可能发生渗透破坏，此时可采用水泥帷幕灌浆的方法加以解决。

3. 基坑防渗体与地下连续墙的合理深度

通常在进行抗渗设计时，都是要把对渗透水流的防渗和降水统一考虑。例如某个深基坑工程，基坑深度达 25～30m，地下水位很高且存在着几层承压水，有一部分地下连续墙墙底未深入隔水层内，使基坑就像一个没有底的水桶一样，其后果是造成降水工程很被动，

必须打很多水井，抽走很多地下水；而且由于抽取深层承压水过多，对周边环境（楼房和地下管线）造成很不利的影响，大大增加了工程投资。

从上例可以看出，地下连续墙深度不够，其支护结构的造价可以省一些，但是降低承压水的费用则会大大增加，而且可能造成不好的环境影响。这里就出现了一个问题：如何选择比较合理的防渗和降水方案。笔者认为，适当的地下连续墙的深度（通常是要加长一些）和足够的降水系统结合起来，使得工程投资较少、对周边环境影响较小的方案，才应看作是最合理的。这就是所谓的地下连续墙（或支护桩）合理（经济）深度。在某些情况下，取消大规模降水，而把墙体（防渗体）加深，可能是合适的。

4. 关于入土（岩）深度h_d和基坑防渗体的讨论

能否保证基坑开挖期间的渗透安全稳定，关键在于地下连续墙等支护结构的入土（岩）深度h_d的大小。对于任何一个深基坑来说，当它存在着渗流破坏问题时，都要根据该工程的具体情况，通过渗流计算确定一个最小入土（岩）深度h_d。h_d应保证基坑不会因渗流而发生大的事故。h_d的合理选择关系到基坑工程安全和工程造价，应当慎重选择。

笔者曾选取不同的h_d进行比较，发现h_d与墙体内侧弯矩成反比关系，即h_d越小，内侧弯矩越大。h_d越小，则墙底渗透比降也越大，越容易造成基坑涌水破坏。由此看来，应当综合考虑各方面的影响，进行分析比较计算，再选择合适的h_d。

应当把所说的入土（岩）深度的概念扩展一下，即它不是仅仅满足结构稳定的深度，而是满足渗流稳定的深度，也可以说是基坑防渗体的深度。在基坑下部专门用于防渗止水的部位，不再需要配置钢筋或是很大断面的混凝土；只要求它的透水性很小就行。这样的话，在原来地下连续墙或支护桩底部，再搭接上水泥灌浆或高喷灌浆的止水帷幕，就可以达到基坑防渗的目的，可避免地下连续墙在岩基中接长带来的施工难度和工程造价增加。

2.3.6　基坑渗流控制措施

1. 基坑渗流控制基本措施

（1）对于超深基坑来说，宜首先采用地下连续墙作支护；深度较浅的基坑，可采用咬合桩、灌注桩与高喷桩或水泥土搅拌桩、土钉墙作为支护结构，总之要因地制宜。但关键是一定要把防渗做好，确保基坑不会发生管涌、流土（砂）、突涌等破坏。

（2）主要防渗措施有：①结构底部加长；②底部灌浆（岩石地基）；③底部或在坑外（内）侧采用水泥帷幕灌浆或高压喷射灌浆（土层）；④坑内降水（承压水或潜水）；⑤坑外降水（承压水或潜水）；⑥基坑坑底加固（高压旋喷灌浆或水泥搅拌桩）；⑦在基坑外围施作防渗墙（帷幕）。

2. 结构底部接长

地下连续墙作为支护结构时，其结构强度（配筋）所需的入土深度常常较小，所以为了防渗需要而接长的那段内，一般不必配置钢筋。这种做法效果不错，已被多个基坑采用。

至于是否采用底部接长方案以及接长多少，应当通过比较后选定。

3. 支护结构底部的止水帷幕

前面已经说到，当支护结构深入岩石深度不够的时候，可考虑在其底部基岩中进行水泥帷幕灌浆，深度和其他参数由设计和现场试验定。在软土基坑中的支护结构底部，宜采用水泥帷幕或高压喷射灌浆。有时也可在支护结构外侧布置水泥帷幕灌浆或高压喷射灌浆帷幕或者是混凝土防渗墙，其好处是不需在结构内部预埋灌浆管，施工干扰少。当基坑周边的墙（桩）接缝或内部出现漏水通道时，也可利用这种方法进行堵漏。

这里要说明的是，近年来的多个地区实践表明，当帷幕深度较深时，高喷灌浆效果并不理想，常常造成透水事故。所以要慎重选用。

4. 基坑降水

当上覆土重不足以克服承压水的浮托力或不满足土的渗透坡降要求时，也可采用降低承压水的压力水头的方法。通常降水可在坑内进行，也可在坑外进行。降低深层承压水时，往往对坑外的周边环境造成不利影响。只有在周边环境允许的情况下，才能采用此法。

关于基坑底部最低水位问题，《建筑基坑支护技术规程》JGJ 120—1999 第 8.3.2 条要求"设计降水深度在基坑范围内不宜小于基坑底面以下 0.5m"，其他很多规范也是这样要求的。

也有人提出，只要保持开挖土体自重大于该位置水的浮托力（扬压力），即可继续挖土，甚至挖到基坑底部时在其上保持 10m 水头也无所谓！实际上，这样做风险很大。如果只是开挖一条管道，基坑底部保持一定的浮托力未尝不可；但是，对于大型的深基坑来说，在原本连续的地基中，建造防渗墙和支护桩围成的基坑已经破坏了地基的完整性；何况还要在坑内打上几十到几百根大口径灌注桩和临时支撑桩，很多根降水井和观测井以及勘探孔。上述这些人工构筑物在基坑底部地基中穿了很多孔洞，使承压水很容易沿着这些薄弱带向上突涌，酿成大事故。有的工程就是由于在基坑打了直径 5～6cm 的小钻孔而导致基坑发生大量突水事故。由此可见，对于大型的深基坑来说，必须妥善进行基坑的防渗和降水设计。

5. 对高喷灌浆水平封底的讨论

当基坑底部没有适当的隔水层可供利用时，则可采用对基坑底部进行水平封底的方法，形成一个相对隔水层。但实践证明，特别是武汉地区 20 世纪 90 年代的经验证明，在大面积的基坑底部使用高压旋喷桩形成的水平封底结构，它的透水性仍然非常大，有的基坑底部土体发生强烈突（管）涌，造成周边楼房和道路管线大量沉降和损坏，最后不得不采用大量深层降水的方法才解决了问题。所以，应当慎重使用此法。

2.3.7　小结

（1）深大基坑必须进行专门的渗流计算，以确定基坑的最小入土深度。

（2）基坑的防渗体应由地下连续墙等上部支护结构和灌浆/高喷等下部防渗结构组成。

（3）地下连续墙等上部结构应按合理深度进行设计。

（4）渗透破坏不只发生在第四系的软弱地层（如淤泥和砂层）中，也会发生在超深且透水性较大的岩石基坑中。

（5）目前的基坑支护规范的渗流公式不适用于多层地基和承压水的深基坑工程。

（引自丛蔼森论文（登载于《岩石力学与工程学报》，2009，28（10））和《深基坑防渗体的设计施工与应用》）

2.4　槽孔的稳定

2.4.1　概述

在很松散的地基中能否挖出一条窄而深的长槽（沟），而不使用常见的支撑结构？如何保持槽孔的稳定而不坍塌呢？本章将根据水力学、土力学和泥浆胶体化学原理，对地基土、地下水和泥浆这三者在槽孔开挖过程中的互相影响和作用问题加以分析研究，提出有效措施，以保证槽孔在任何情况下都不坍塌。

世界各国学者都对槽孔（沟槽）的稳定问题进行了深入研究，见表 2-8。

槽孔稳定性研究统计表　　**表 2-8**

学者	外力			抵抗力			地基	
	平面	空间	地基强度变化	泥浆压	泥皮	渗透压	非黏性土	黏性土
	槽段长有限	拱的作用	泥浆浸入地基，抗剪强度增加	泥浆的静水压	膨润土泥皮	电渗透现象		
纳什，等（Nash，et al.，1963）	○			○			○	○
维达尔（Veder，1963）	○			○	○		○	
斯科尼贝利（Schneebeli，1964）		○		○			○	
莫振特恩（Morgenstern，1965）	○			○			○	
皮斯科斯科，等（Piaskowski，et al，1995）		○		○			○	
浅川（1967）	○			○		○	○	
埃尔森（Elson，1968）	○		○	○			○	
西中川（1973）		○		○			○	
阿斯（Aas，1976）		○		○				○
金谷（1984）		○		○			○	○

2.4.2　非支撑槽孔的稳定性

这里所说的非支撑，也就是不使用泥浆。

1. 干砂层中挖槽

在纯净干砂中明挖沟槽，坡面与水平面的夹角i只有小于或等于砂在疏松状态下的内摩擦角φ时才是稳定的。坡面的滑动安全系数可用下式表示：

$$F_s = \frac{\tan\varphi}{\tan i} \tag{2-2}$$

不管高度如何，纯净砂体的坡面角i不能大于φ。因此，在砂层内，在无支撑条件下进行垂直开挖是不可能的。

2. 黏土层内挖槽

在黏性土层中，即使没有泥浆护壁，也可以挖出垂直沟槽来。

沟槽的稳定性可用如图 2-35 所示的条件来加以判断。图中AB为槽孔垂直壁面。由图可以得出水平压力为零时高度Z_0的公式：

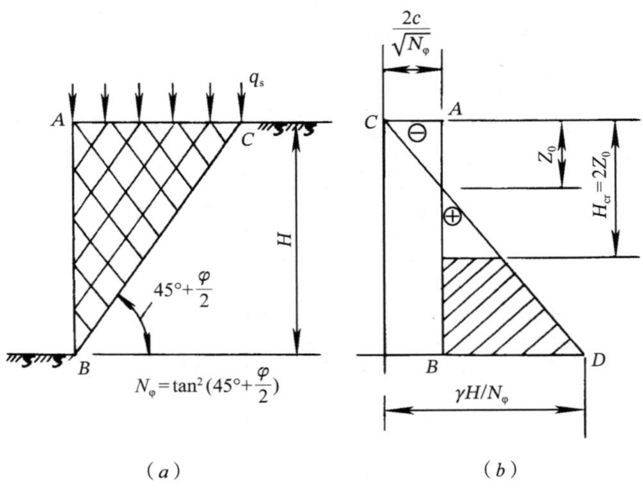

图 2-35 干黏土中挖槽示意图

$$Z_0 = \frac{2c}{\gamma}\tan\left(45° + \frac{\varphi}{2}\right) \tag{2-3}$$

$$H_{cr} = 2Z_0 = \frac{4c}{\gamma}\tan\left(45° + \frac{\varphi}{2}\right) \tag{2-4}$$

式中 Z_0——水平压力为0时的深度；

γ——土的重度；

c——土的黏聚力；

H_{cr}——土的临界开挖高度（安全系数 = 1.0）；

φ——土的内摩擦角。

在式(2-3)和式(2-4)中，如果令$\varphi = 0$，则可得到

$$Z_0 = \frac{2c}{\gamma} \tag{2-5}$$

$$H_{cr} = 2Z_0 = \frac{4c}{\gamma} \tag{2-6}$$

如果用不排水抗剪强度S_u代替c，则为

$$H_{cr} = \frac{4S_u}{\gamma} \tag{2-7}$$

当地面上有均布荷载q_s时，则可得到

$$H_{cr} = \frac{4c - 2q_s}{\gamma} \tag{2-8}$$

一般情况下，不考虑土体承受拉应力，在没有地面荷载的情况下，不产生拉裂的临界高度为

$$H'_{cr} = Z_0 = \frac{2c}{\gamma} \tag{2-9}$$

若存在上部荷载，则较小的上部荷载的作用会使张裂闭合。

假设$q_s > 2c$，可以用式(2-8)求出$H_{cr} < 0$，说明壁面不能自立。

在某些情况下，通过人工增强土的抗拉强度的办法，可使滑动推迟或暂时停止。在冻土地区，由于冰冻作用，也能产生上述效果。

当$\varphi = 0$时，理论上的滑动面就变成一个与水平面成 45°的斜面。如按圆弧滑动面分析，式(2-8)分子中的系数 4 变为 3.85。

2.4.3　黏土中泥浆槽孔的稳定

1. 稳定分析方法

1）稳定计算公式

在挖槽时，深槽内充满重度为γ_f的泥浆，会在孔壁表面上形成一层不透水泥（膜）皮将泥浆和地基土分开。

深槽的稳定分析图见图 2-36。作用在滑动楔体上的荷载有：自重（包括上部荷载）W、泥浆压力P_f、滑动面上的支撑反力R和抗剪力C。力的合成图见图 2-36（b）、图 2-36（c）。

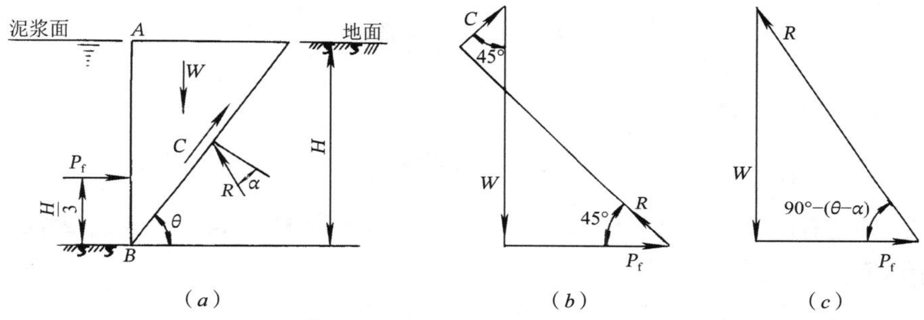

图 2-36　干黏土中的泥浆槽示意图

（a）受力分析；（b）$\varphi = 0$时力的合成；（c）$C = 0$时力的合成

我们可以由水平合力为 0 的原则得出

$$0.5\gamma_f H^2 + 0.5\gamma H^2 - 2cH = 0 \tag{2-10}$$

由此求出

$$H_{cr} = \frac{4c}{\gamma - \gamma_f} \tag{2-11}$$

当地面上有均布荷载q_s时，有

$$H_{cr} = \frac{4c - 2q_s}{\gamma - \gamma_f} \tag{2-12}$$

上面公式是在假定$\varphi = 0$、$\alpha = 0$和$\theta = 45°$条件下推导出来的。

式中　γ——土的重度；

γ_f——泥浆重度；

c——土的黏聚力；

H——槽深；

q_s——地面荷载；其他符号意义见图 2-36。

式(2-11)和式(2-12)与试验以及经验相一致。

上述公式说明：如果泥浆的重度大，临界高度也就大。但是H_{cr}的影响因素很多，不完全取决于它。比如膨润土泥浆重度虽然很小，但是由于泥皮（膜）的作用和泥浆的流变特性，槽孔仍是很稳定的。

式(2-11)和式(2-12)适用于下列情况：

（1）槽孔长度比深度大得多。

（2）黏聚力c沿全槽深方向都存在。

（3）槽内没有泥浆漏失。

2）关于$\varphi = 0$的讨论

当槽孔快速开挖，饱和土中水无法排除时，在黏土中采用$\varphi = 0$是可行的。对于一般的泥浆槽孔来说，槽孔开挖并用混凝土回填是个短暂过程，它比黏土中孔隙水压力的消散所需时间少得很多。在此情况下，可以采用$\varphi = 0$和不排水抗剪强度及式(2-11)、式(2-12)来核算槽孔的稳定性。不过，式中的C应该用不排水抗剪强度S_u来代替。通常S_u取无侧限抗压强度的一半。由此可以得出下面公式：

$$H_{cr} = \frac{4S_u}{\gamma - \gamma_f} \tag{2-13}$$

$$H_{cr} = \frac{4S_u - 2q_s}{\gamma - \gamma_f} \tag{2-14}$$

其中

$$S_u = \frac{q_u}{2} \tag{2-15}$$

关于短期的槽孔稳定问题，根据从天然地基中所选取的试样的$S_u = q_u/2$和$\varphi = 0$的假定，是偏于安全的。

如果开挖后要保留很长时间，将引起土体溶胀以及孔隙压力和有效应力的改变。此时有效应力的计算就是很粗略的了。

对于不饱和黏土以及地基内有些硬裂缝和软弱黏土的槽孔来说，上述$\varphi = 0$的假定是不适用的。

【例2-1】已知$S_u = 98\text{kN/m}^2$、$\gamma = 19.2\text{kN/m}^3$、$\gamma_f = 11.2\text{kN/m}^3$，试进行深槽稳定计算，求临界深度。取安全系数为1.5，不考虑张裂问题。

解：1）不使用泥浆的情况下，由式(2-7)得

$$H_{cr} = \frac{4 \times 98}{19.2 \times 1.5} = 13.6\text{m}$$

2）使用泥浆的情况下，由式(2-11)得

$$H_{cr} = \frac{4 \times 98}{(19.2 - 11.2) \times 1.5} = 32.6\text{m}$$

3）使用泥浆，上部荷载$q_s = 12.3\text{kN/m}^2$时，由式(2-12)得

$$H_{cr} = \frac{4 \times 98 - 2 \times 12.3}{(19.2 - 11.2) \times 1.5} = 30.6\text{m}$$

2. 黏土中挖槽的特殊问题

1）圆（环）形槽

在孔壁表面，环（切）向应力约等于垂直应力，随着离开孔壁表面距离的增加，其环向和径向应力均逐渐接近于静止土压力。

（1）浅的圆（环）形槽孔

对于深度与直径之比小于12的圆（环）形槽孔来说，麦叶浩夫（Meyerhoff）于1972年

给出了近似的表达式：

$$P_Z = (\gamma - \gamma_f)Z - 2C = (\gamma' - \gamma_f')Z - 2C \tag{2-16}$$

式中 P_Z——某深度Z处的完全饱和土的主动土压力。

对长时间挖土情形是适用的。对于浅孔来说，式中的系数 2 应用K来代替：

$$K = 2\left[\ln\left(\frac{2d}{b} + 1\right) + 1\right] \tag{2-17}$$

式中 d——深度；

b——槽宽（或直径）。

再将式(2-11)中的 $4C$用 $2KC$代替，可得到：

$$H_{cr} = \frac{2KC}{\gamma' - \gamma_f'} \tag{2-18}$$

式中，系数 $2K$随着深宽比d/b的增加而增加。式(2-17)所示函数曲线见图 2-37。图中$L/b = 1$～8，可用于圆（环）形槽孔。由图中可以看出，K与d/b并不是线性关系。相应的安全系数$H_{cr}/H_{实际}$也是随深度增加而增大的，因而开挖深度最大时也就是评价槽孔安全与否的最不利情况。

（2）深的圆（环）形槽孔

当深宽比$d/b > 12$ 以后，圆（环）形（或矩形）槽孔周边的土压力及其平衡问题，可以仿照上部有超载的深的条形基础的承载力的计算方法来求解，也就是等于静止土压力。麦叶浩夫于 1972 年给出了以下公式：

$$H_{cr} = \frac{NC}{K_0\gamma' - \gamma_f'} \tag{2-19}$$

式中 K_0——静止土压力系数；

N——条形深基础的承载力系数，取$N = 8.28$。

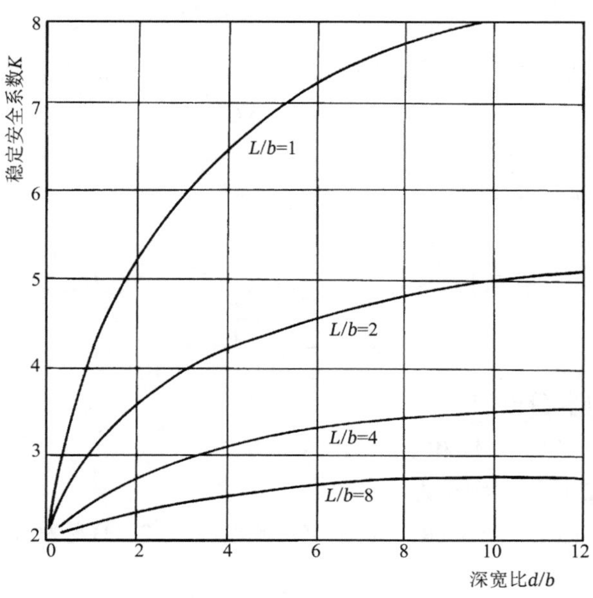

图 2-37 黏土中浅圆槽的安全系数K

L—长度；b—宽度；d—深度

由于上面分析中未包括槽孔底部侧向抗剪能力，因而计算结果偏于保守。如果计入这种影响，则N值可取为 9.34。这相当于把临界高度提高了 12%。

2）短的矩形槽孔

长度为L、宽度为b和深度为d的矩形槽孔，可近似并偏于保守地按下述方法进行分析。

参照式(2-17)，对K作如下变动：

$$d/b = 0\text{ 时，}K = 2\text{；}d/b > 0\text{ 时，}K = 2\left(1 + \frac{3b}{L}\right) \tag{2-20}$$

N用下式求得：

$$N = 4\left(1 + \frac{b}{L}\right) \tag{2-21}$$

上述K和N最大值均发生在最大深度时。中间深度的K、N值可用内插法求得（图 2-38）。

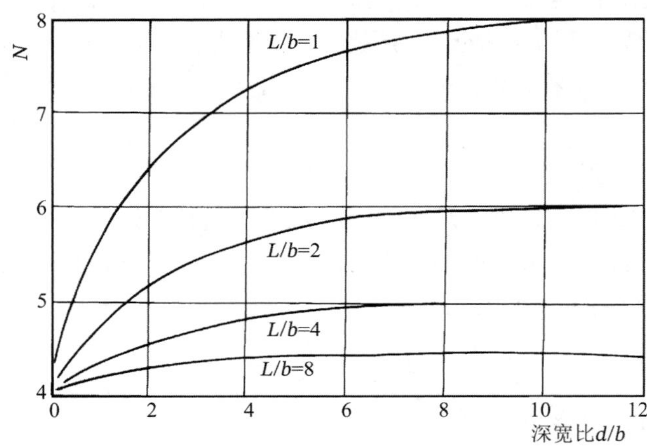

图 2-38 黏土中矩形槽的安全系数K

L—长度；b—宽度；d—深度

当地面有均布荷载q_s或者是在层状黏土中开挖时，前述公式应变为

$$P_t - P_f = NC \tag{2-22}$$

式中 P_t——最大水平荷载；

P_f——泥浆压力。

3）土的侧向位移

对于深圆（环）形槽孔来说，某一深度处的位移可用式(2-23)求出，即

$$\Delta = \frac{(1+\mu)P_Z b}{2E_i} \tag{2-23}$$

式中 E_i——土的初始弹性模量；

μ——土的泊松比，对饱和土$\mu = 0.5$；

P_Z——深度为Z时的土侧压力。

当槽孔内充满泥浆时，$P_Z = (K_0\gamma' - \gamma_f')Z$。此时，式(2-23)变为

$$\Delta = 0.75(K_0\gamma' - \gamma_f')\frac{2b}{E_i} \tag{2-24}$$

深的矩形槽孔长边中点的侧向位移可用式(2-25)求出，即

$$\Delta = 0.75(K_0\gamma' - \gamma_f')\frac{2L}{E_i} \tag{2-25}$$

2.4.4　砂土中泥浆槽孔的稳定

1. 干砂中泥浆槽孔的稳定性

参见图 2-39，可以推导出滑动面上反力R与法线间的夹角α的正切值：

$$\tan\alpha = \frac{\gamma - \gamma_f}{2\sqrt{\gamma\gamma_f}} \tag{2-26}$$

设安全系数$F_s = \frac{\tan\varphi}{\tan\alpha}$，代入上式可得到：

$$F_s = \frac{2\sqrt{\gamma\gamma_f}\tan\varphi}{\gamma - \gamma_f} \tag{2-27}$$

式中　γ——干砂重度；

γ_f——泥浆重度；

φ——砂的内摩擦角。

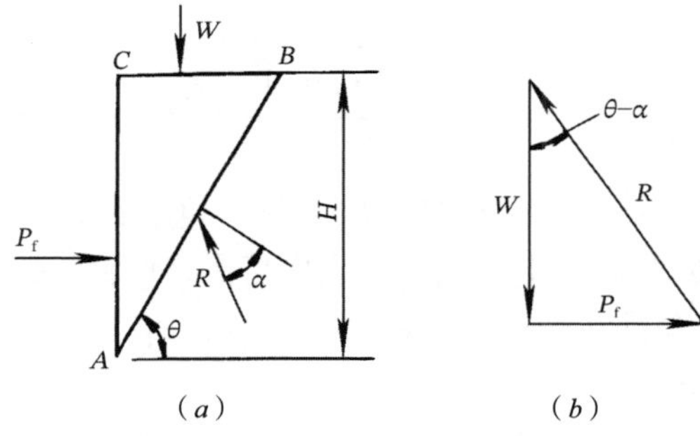

图 2-39　干砂中槽孔稳定图

式(2-27)表明，如果使用泥浆，就能在干燥砂层内垂直挖孔，决定其安全系数的因素是干砂的重度、泥浆的重度和砂的内摩擦角。

式(2-27)也可由作用在槽壁上的水平合力为零的条件推导出来，即

土压力$P_a = \gamma H^2 K_a/2$，泥浆压力$P_f = \gamma_f H^2/2$。由$P_a = P_f$（$F_s = 1$）可得，$K_a = \frac{\gamma_f}{\gamma} = \tan^2\left(45° - \frac{\varphi}{2}\right)$，则

$$\tan\varphi = \frac{\gamma - \gamma_f}{2\sqrt{\gamma\gamma_f}} \tag{2-28}$$

式(2-28)与式(2-26)相同，是$F_s = 1$ 条件下的公式。公式(2-27)也可用于有上部荷载q_s的情况。

【例 2-2】在$\varphi = 40°$、$\gamma = 19.2\text{kN/m}^3$ 的级配良好的紧密砂中，使用$\gamma_f = 11.2\text{kN/m}^3$ 的泥浆，用式(2-27)求得安全系数$F_s = \frac{2\times\sqrt{1.92\times1.12}\times\tan 40°}{1.92-1.12} = 3$，即有足够的安全度。

当为干燥松砂时，$\varphi = 28°$，如重度与以上计算相同，则可求得$F_s = 2$，也是十分安全的。

如果是非常松散的砂，因其重度小，浇注混凝土要比开挖槽孔危险得多。在深槽中浇注混凝土，在其凝固之前的流态混凝土同样会对孔壁产生很大的水平压力。此时，$\gamma - \gamma_f < 0$，即混凝土将向砂层内部挤出，直到砂层变形加大到能产生足够大的被动抗力为止，由此产生了反向稳定问题。

2. 含水砂层中泥浆槽孔的稳定性

当地下水位接近地表时，槽孔的稳定性是最差的，为此必须满足下列要求：

（1）地下水位应低于施工地面；

（2）建造更高的导墙，抬高泥浆面高程；

（3）使用重度大的泥浆；

（4）采取其他措施，如缩短槽孔长度以形成土体拱效应。

在粗砂及砂砾地层中挖槽，泥浆很容易渗透到周围地层中去。在进行稳定分析时，假定土压为有效土压力，孔隙水压为静水压的排水状态。由泥浆产生的水平力等于从周围地层传来的全部侧压力，即土压（以土的浮重度计算）与孔隙水压力之和。

$$\frac{1}{2}\gamma_f H^2 = \frac{1}{2}\gamma' H^2 K_a + \frac{1}{2}\gamma_w H^2$$

$$K_a = \tan^2\left(45° - \frac{\varphi}{2}\right) = \frac{\gamma_f - \gamma_w}{\gamma'} \tag{2-29}$$

令$\gamma_f' = \gamma_f - \gamma_w$，则可得到

$$F_s = \frac{2\tan\varphi\sqrt{\gamma'\gamma_f'}}{\gamma' - \gamma_f'} \tag{2-30}$$

式(2-30)也可由式(2-27)导出，只要把γ和γ_f换成γ'和γ_f'即可。

【例 2-3】同例 2-2，但假定地下水位与地表面持平，则$\gamma' = 9.2\text{kN/m}^3$，$\gamma_f' = 1.2\text{kN/m}^3$，$F_s = 0.7 < 1$。这种状态的深槽在理论上被认为是不稳定的。

关于泥浆重度γ_f的讨论：

由式(2-30)可以得到（取$F_s = 1$）

$$\gamma_f = K_a\gamma' + \gamma_w \tag{2-31}$$

对松散饱和的砂来说，$\varphi' = 28°$，$K_a = \frac{1-\sin\varphi'}{1+\sin\varphi'} = 0.4$，$\gamma = 18.4\text{kN/m}^3$，$\gamma' = 8.5\text{kN/m}^3$，取$F_s = 1$，则由式(2-31)求得

$$\gamma_f = 0.4 \times 8.5 + 10 = 13.4\text{kN/m}^3$$

当槽孔内地下水位和泥浆面高程均发生变化时（图 2-40），此时的泥浆重度由下式求出：

$$\gamma_f = \frac{\gamma(1-m^2)K_a + \gamma' m^2 K_a + \gamma_w m^2}{n^2} \tag{2-32}$$

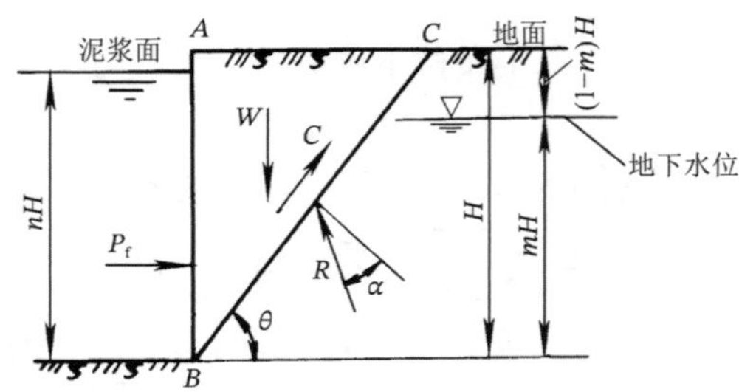

图 2-40 泥浆和地下水位变化的槽孔

若令$m = n = 1$，则式(2-32)变为式(2-31)。在干砂和饱和砂中均采用同一个φ值。

【例 2-4】法国某电站沿河流岸边修建挡水围堰，其堰顶超过河道最高洪水位，采用防

渗墙来解决渗透问题。设计参数为$H = 24\text{m}$，$n = 0.96$，$m = 0.87$、0.93、1，$\gamma = 18.5\text{kN/m}^3$。泥浆重度选为 12kN/m^3。

3. 粉砂及粉质砂土中的深槽

决定粉砂及粉质砂土地层中深槽的稳定条件与纯净砂层相同。

疏松状态的粉砂$\varphi' = 27°\sim30°$，紧密状态的粉砂$\varphi' = 30°\sim35°$。

粉砂和粉质砂土的渗透性比较小，使泥浆难以向地层内渗透。由于属于部分排水状态，通常使用有效应力进行分析，将孔隙水压力的分布简化为静水压力的分布状态。

4. 砂土中挖槽的特殊问题

1）稳定分析方法

槽孔稳定分析程序是在假定槽孔无限长，也就是可以忽略槽孔几何尺寸和形状影响的条件下建立的，并假定滑动楔体的下滑力超过泥浆水平力之后开始滑动破坏。在图 2-41 中不同深度上的土压力表示在图的右侧，而泥浆压力则示于图的左边。

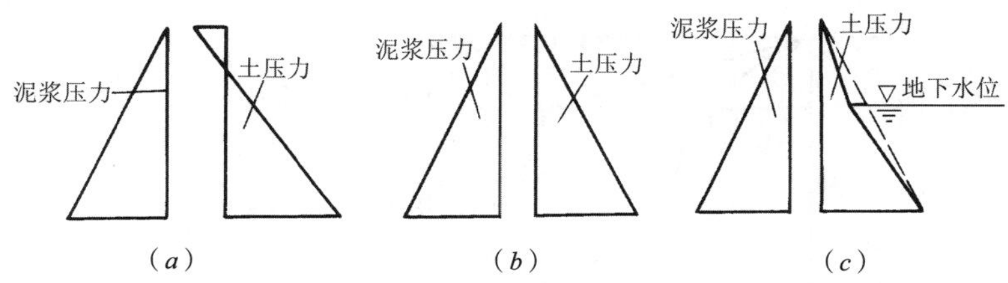

图 2-41　泥浆槽应力图

（a）黏土；（b）干砂或饱和砂；（c）含水砂层

稳定分析方法可以用单位应力（Unitstress）法和式(2-31)的总体滑动法，这些公式用于黏土时不太方便，但是用于砂土却是很方便的。

图 2-41（b）所示的情形与单位应力法相当，这与总体滑动法是等效的；但是图 2-41（c）所表示的情形并不相同。对于多层黏土来说，使用单位应力法更好些。

2）等效应力法

从图 2-42 可以得出下式：

$$P_f = P_w + P_a \tag{2-33}$$

式中　P_f——泥浆水平力；

P_w——地下水压力；

P_a——主动土压力。

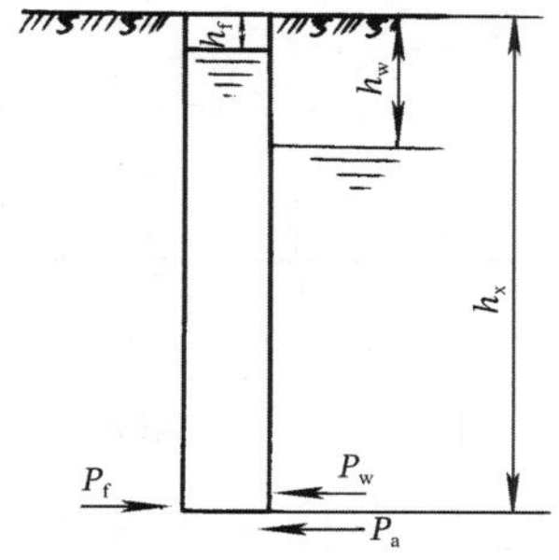

图 2-42　泥浆和地下水变化的砂层槽孔

$$P_{\mathrm{f}} = \gamma_{\mathrm{f}}(h_{\mathrm{x}} - h_{\mathrm{f}})$$

$$P_{\mathrm{w}} = \gamma_{\mathrm{w}}(h_{\mathrm{x}} - h_{\mathrm{w}})$$

如果$h_{\mathrm{x}} \leqslant h_{\mathrm{w}}$，则$P_{\mathrm{a}} = \gamma h_{\mathrm{x}} K_{\mathrm{a}}$

如果$h_{\mathrm{x}} > h_{\mathrm{w}}$，则$P_{\mathrm{a}} = [\gamma h_{\mathrm{w}} + \gamma'(h_{\mathrm{x}} - h_{\mathrm{w}})]K_{\mathrm{a}}$

如果$h_{\mathrm{f}} = h_{\mathrm{w}} = 0$，则$\gamma_{\mathrm{f}} = K_{\mathrm{a}}\gamma' + \gamma_{\mathrm{w}}$

3）土体拱效应

对于短的槽孔来说，孔壁周围土体在挖槽过程中会产生拱效应，从而减少了主动土压力，提高了稳定安全度。

在图 2-43 中，由于考虑了土体拱效应，使主动土压力减少到常规计算土压力的 30%左右，对槽孔的稳定极为有利。

4）地面的沉降

根据现场实测资料绘制的地面沉降与安全系数的关系曲线见图 2-44。

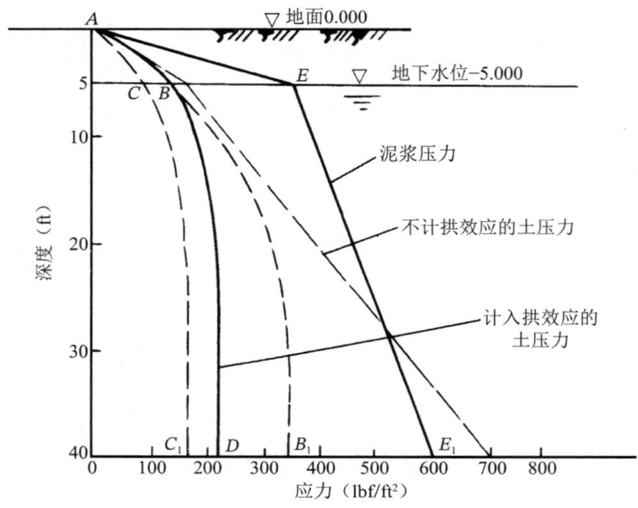

图 2-43 拱效应对土压力的影响

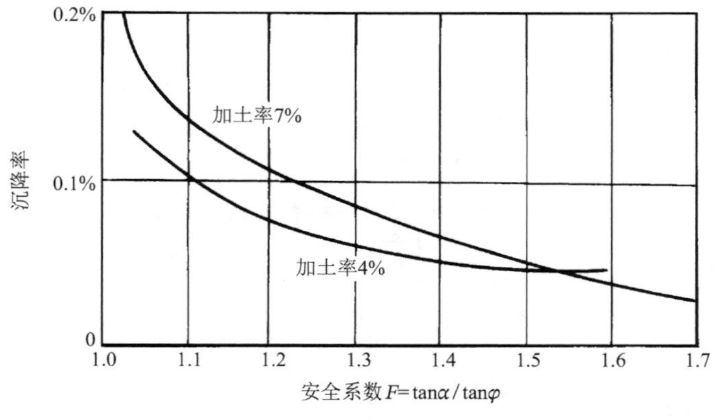

图 2-44 沉降曲线

这些资料并不能说明所有问题，但是可以看出当安全系数大于 1.5 以后，地面沉降量已降低到槽孔深度的 0.05%以下。

2.4.5　槽孔稳定性的深入研究

1. 黏土中的槽孔

从力的平衡条件出发可以核算槽孔的稳定性。在图 2-45（*a*）中，黏土的参数为γ、S_u、N_c，泥浆参数为γ_f，由水平合力为 0 的条件可得到

$$\gamma_f H + N_c S_u \geqslant \gamma H + q$$

式中，$N_c = 4 \sim 8$（地面为 4）。

如果$H = 30\text{m}$，$\gamma = 18\text{kN/m}^3$，$\gamma_f = 12.5\text{kN/m}^3$，$q = 0$，$\varphi = 0$，则可得到

$$\gamma_f H + N_c S_u = 12.5 \times 30 + 6 \times 27.5 = 540$$

$$\gamma H + q = 18 \times 30 + 0 = 540$$

此时可认为槽孔是稳定的（$F_s = 1$）。

有的资料提出，当$\frac{S_u}{\gamma' H} > 0.12$时槽孔才能保持稳定。

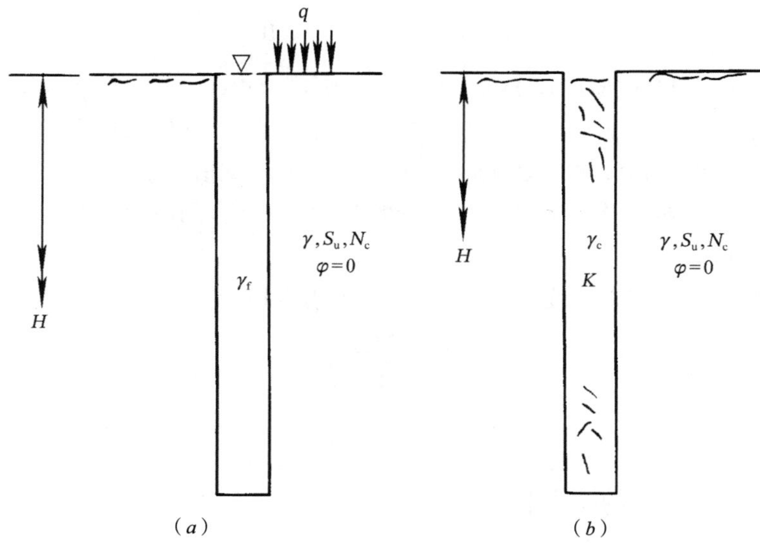

图 2-45　黏土中槽孔稳定示意图

（*a*）在泥浆中；（*b*）在新混凝土中

2. 浇注混凝土时的槽孔稳定

在黏土层中挖孔后，要浇注新的流态混凝土，此时周围的黏土能否承受住新鲜混凝土的水平推力呢？可以采用与前面相似的方法进行分析。在图 2-45（*b*）中，用γ_c与K表示混凝土的重度和应力折减系数，则可列出下面的平衡方程：

$$\gamma H + N_c S_u = K \gamma_c H \tag{2-34}$$

假定$\gamma_c = 24\text{kN/m}^3$，$K = 0.8$，则

$$\gamma H + N_c S_u = 18 \times 30 + 6 \times 27.5 = 705$$

$$K \gamma_c H = 0.8 \times 24 \times 30 = 576 < 705$$

可以认为是安全的。

在已建成的土坝中修建地下防渗墙时，尤其要重视这个问题。

3. 砂土中的深槽

下面探讨一下地下水位低于泥浆液面时的砂层中的深槽稳定问题。如图 2-46 所示，深

槽稳定平衡条件用下式表示：

$$\frac{\gamma_{\mathrm{f}}}{\gamma_{\mathrm{w}}}=\frac{\left(\frac{h}{H}\right)^{2}\cos\theta\tan\varphi+\left(\frac{\gamma}{\gamma_{\mathrm{w}}}\right)\cos\theta\left(\sin\theta-\cos\theta\tan\varphi\right)}{\cos\theta+\sin\theta\tan\varphi} \tag{2-35}$$

式中　γ_{f}、γ_{w}、γ——泥浆、水和土的重度。

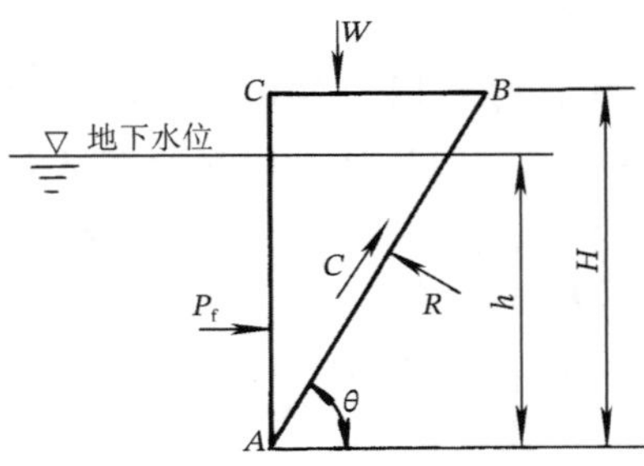

图 2-46　含水砂层的槽孔

当安全系数$F_{\mathrm{s}}=1$，取$h/H=0.96$，$\varphi=40°$，则可求得$\theta=62.5°$时，公式右边达到最大值 1.15，即$\gamma_{\mathrm{f}}/\gamma_{\mathrm{w}}=1.15$，$\gamma_{\mathrm{f}}=1.15$，$\gamma_{\mathrm{w}}=11.5\mathrm{kN/m^3}$，但这仍不是最稳定的。

下面从物理现象的角度来观察壁面的稳定。当土颗粒从槽孔壁面上脱落进入泥浆内时，膨润土泥浆对此有微弱的抵抗作用。可以将此作为两块硬板间的全塑性体的压缩问题来处理，进行以下分析。

取泥浆的微小单元加以研究（图 2-47），其平衡方程为

$$\frac{\partial\sigma_{x}}{\partial x}+\frac{\partial\tau_{xy}}{\partial y}=0 \tag{2-36}$$

$$\frac{\partial\sigma_{y}}{\partial y}+\frac{\partial\tau_{xy}}{\partial x}-\gamma_{\mathrm{f}}=0 \tag{2-37}$$

式中　γ_{f}——凝胶状态时的泥浆重度。

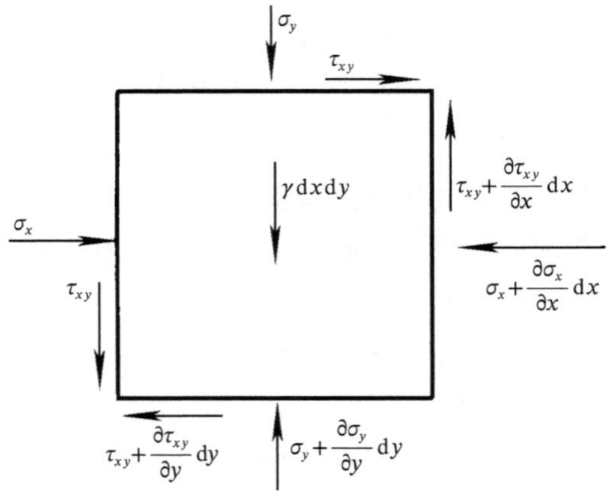

图 2-47　微分单元

当微分体应力状态满足下列屈服条件时，泥浆将发生塑性流动：

$$\left(\sigma_{x}-\sigma_{y}\right)^{2}+4\tau_{xy}=4C_{\mathrm{f}}^{2} \tag{2-38}$$

式中　C_f——泥浆凝胶的抗剪强度。

在合适的边界条件下，采用式(2-36)和式(2-37)就可求得静态应力。

对于宽度为 $2a$的深槽，水平应力σ_x为

$$\sigma_x = \gamma_f y + C_f \frac{y}{a} + \pi \frac{C_f}{2} \tag{2-39}$$

被动抗力P_p为

$$P_p = \int_0^H \sigma_x \, dy = \frac{1}{2}\gamma_f H^2 + \frac{C_f H^2}{2a} + \pi C_f \frac{H}{2} \tag{2-40}$$

若$C_f = 0$，则

$$P_p = \frac{1}{2}\gamma_f H^2$$

公式(2-40)可作为一般公式，用以分析深槽稳定状态。例如，对于黏土中的深槽，也可采用此公式推算其安全系数：

$$F_s = \frac{4S_u}{\gamma H - \gamma_f H - \frac{C_f H}{a} - \pi C_f} \tag{2-41}$$

若$C_f = 0$，则$F_s = \frac{4S_u}{\gamma H - \gamma_f H}$，与前面推导的公式相同。当$C_f \neq 0$ 时，F_s将增大很多（表 2-9）。表中的槽宽为 $2a$。

黏土层中的槽壁稳定安全系数　　**表 2-9**

C_f（kN/m²）	半槽宽a（m）			
	0.15	0.30	0.45	1.50
0.245	3.8	3.4	3.2	3.1
0.490	5.1	3.8	3.5	3.2
0.735	17.7	5.3	4.3	3.4

由表中可以看出，即使泥浆只有极小的抗剪强度，也有助于槽孔稳定。其次，开挖宽度越小，稳定性也越高。

4. 泥浆的渗透作用

由于黏土中存在着孔隙，导致槽孔中泥浆向周围地基中渗透，其范围取决于孔隙尺寸、水头和泥浆抗剪（凝胶）强度。泥浆在孔隙里凝结后，可提高黏土的抗剪强度。这种现象已被埃尔森（Elson）于 1968 年观测到（不考虑摩擦角变化的影响）。

图 2-48 所示是泥浆渗透范围内应力变化图。其中ABC表示没有考虑泥皮影响的应力图，而ACD则是考虑泥皮影响的应力图。设τ_f和r分别代表凝胶强度和黏土的平均孔隙半径。由三角形ABC中可求出：

$$C_a = \frac{2\tau_f l^2}{r \cos\theta} \tan\varphi \tag{2-42}$$

如果槽孔壁面上能形成泥皮，则C_a可由$\triangle ACD$求出：

$$C_a = \frac{4\tau_f l^2}{r \cos\theta} \tan\varphi \tag{2-43}$$

很显然，黏土的抗剪强度因此而提高了1倍。

此时C_a的水平分量可用下式表示：

$$C_h = 2C_a \cos\left(45° + \frac{\varphi}{2}\right) \tag{2-44}$$

或

$$C_h = \frac{8\tau l^2}{r} \tan\varphi$$

由于泥浆渗透和注入作用，肯定降低了主动土压力。

由于土的参数难以选定，所以式(2-44)仅供参考使用。

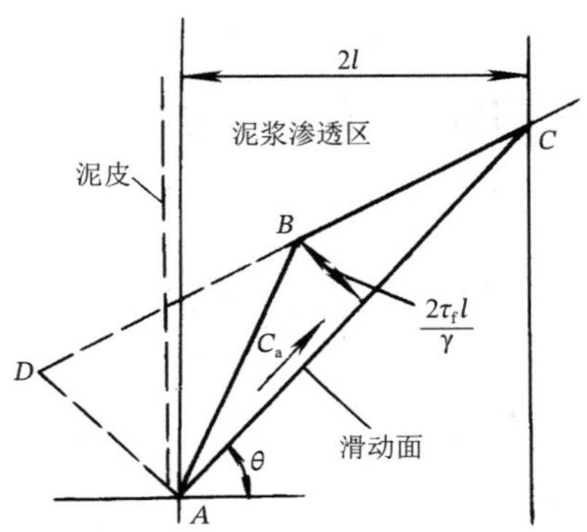

图2-48　泥浆渗透示意图

ABC—无泥皮；*ACD*—有泥皮

5. 泥皮对槽孔稳定的影响

穆勒-柯克巴尔于1972年给出了简单的解答。在图2-49中，h为水头，l为渗透距离，并令$i_0 = \frac{h}{l}$。

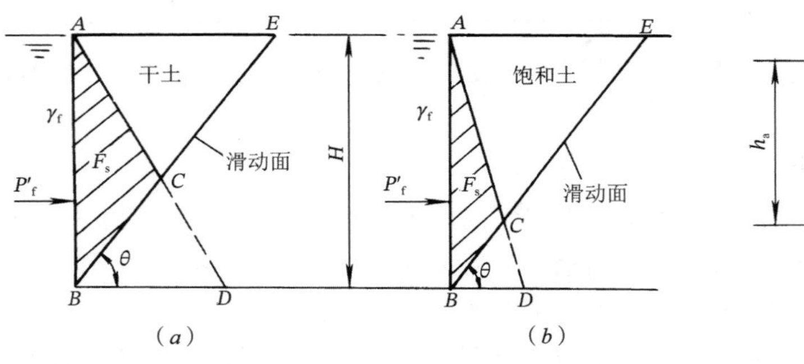

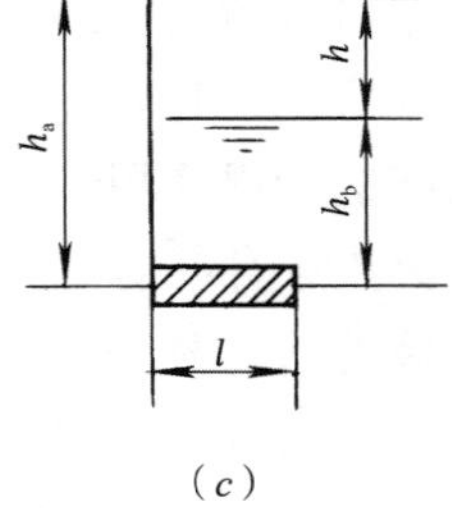

(*a*)　　(*b*)　　(*c*)

图2-49　泥浆渗透

(*a*)、(*b*) 没有泥皮的情况；(*c*) 渗透路径

在没有泥皮的情况下，图2-49（*a*）、图2-49（*b*）的泥浆水平力P_f'均可用下式计算：

$$P_f' = V i_0 \gamma_{fp} \tag{2-45}$$

式中　P_f'——没有泥皮的泥浆水平力（kN）；

V——滑动楔体泥浆渗透区的体积（△*ABC*）（m³）；

γ_{fp}——渗透区内泥浆重度（kN/m³），通常$\gamma_{fp} = \gamma_f$。

如果用F_s表示△ABC区域的面积，则

$$P_f' = F_s i_0 \gamma_f \tag{2-46}$$

还可得出

$$\frac{P_f'}{P_f} = \frac{\triangle ABC}{\triangle ABD}$$

可以看出P_f'比P_f小很多。同时由于泥浆流入，降低了黏土的内摩擦角φ而使安全系数大为降低。在有些情况下，φ值会减少 5°。

下面再来讨论一下有泥皮的情况。

由于泥浆失水和盐类混入黏土而在孔壁上形成泥皮。在这种情况下，泥浆的实际压力介于前述的P_f和P_f'之间。

一般说来，泥皮的密度、强度和变形特性与所使用的膨润土性能和用量以及地基条件有密切关系。有人曾用三轴模型试验来确定泥皮的抵抗变形的能力（图 2-50）。试验的目的是要确定一个直径 72mm、高 130mm 的砂样表面泥皮的强度。试样仅靠少量孔隙水压力维持平衡。在没有压力条件下，在膨润土泥浆中浸泡半天后，表面形成了泥皮。

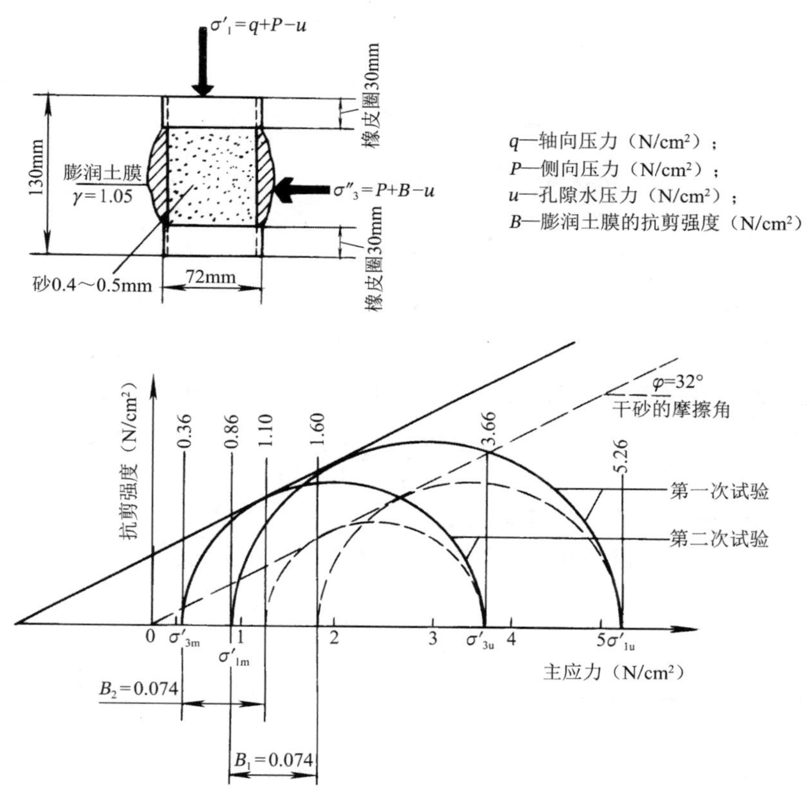

图 2-50　膨润土膜的三轴试验结果（根据维达尔的资料）

试样在三轴试验中虽然发生变形，但仍与泥皮结合着。试样表面的抗剪强度为 0.74N/cm²。这个力虽然很小，但却防止了砂子的坍塌。即使这样小的抗剪强度，也可以支持一个位于砂砾地层没有泥浆的高 2～3m 的沟槽，而不会坍塌。

以上分析说明，槽孔上有泥皮时，它的稳定性大大增加了。

6. 槽孔的圆弧滑动

在图2-51中，假定滑动破坏面近似于一个圆弧形表面。在这个滑动面上，存在着最大的滑动力矩和抗滑力矩。采用库仑理论并考虑摩擦力和黏聚力的影响，以找出最小安全系数的滑动面位置。作用在滑动体上的所有外力和荷载已画于图中。假定滑动力矩为M_0（沿BC面），抗滑力矩为M_r。M_r是由泥浆水平推力P_f、BC面上的摩擦力R_f和黏聚力R_c、圆柱面ABC上的抗剪力产生的。此时安全系数可表示为

$$F=\frac{M_r}{M_0}$$

圆弧滑动的分析方法已为人们所熟悉，这里不再详细介绍。

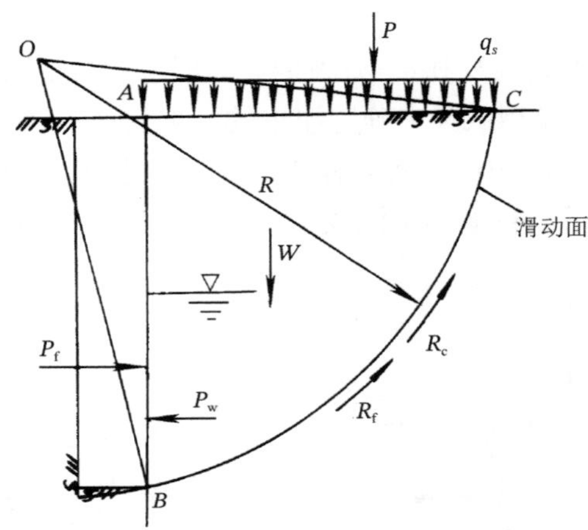

图2-51 圆弧滑动

7. 槽孔的稳定分析

1）计算图式

槽孔边墙上的作用力符号如图2-52所示，其稳定安全系数的表示式为

$$F=\frac{\tan\varphi_e}{\tan\varphi}=\frac{C_e}{C}$$

式中 $\tan\varphi_e$、C_e——土层的天然抗剪强度值；

$\tan\varphi$、C——土体沿破裂面的抗剪强度值。

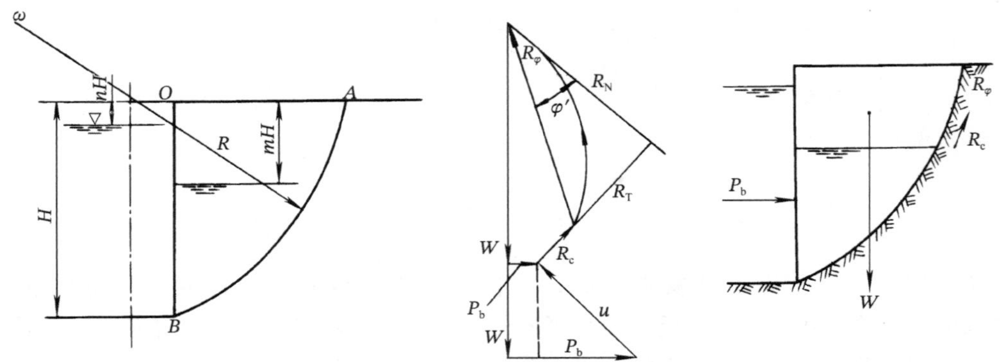

图2-52 槽孔边墙的稳定计算图式

为此应核算三组平衡方程，即各作用力的合力等于零（$\sum F = 0$，两组平衡方程），其合力矩也等于零（$\sum M = 0$，一组平衡方程），并应确定滑动面的位置。

在槽孔边墙内，应力沿滑动面的分布情况并非固定不变，而是有图 2-53 所示的两种极限情况。因此，边墙的稳定安全系数相应也有最大值和最小值。以下按圆弧形滑动面和直线滑动面两种情况，分别讨论各项因素对槽孔边墙稳定性的影响。

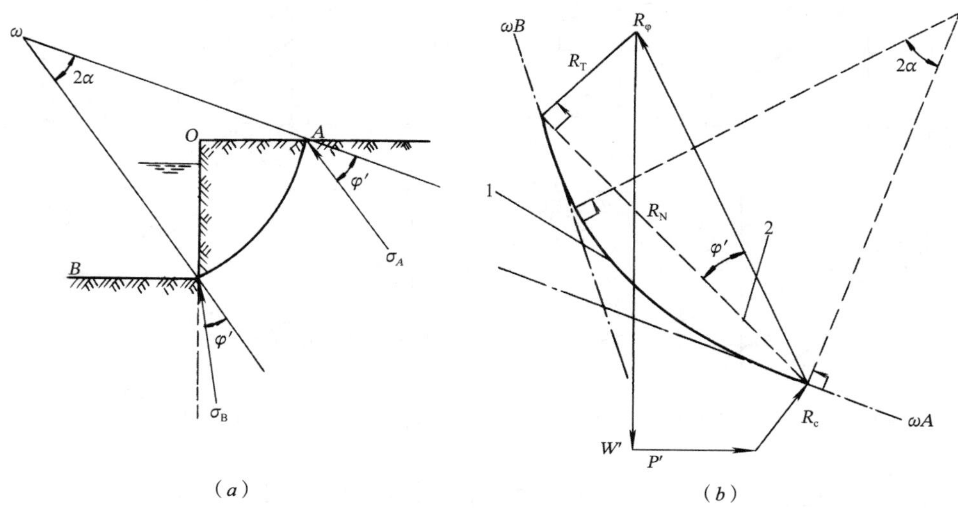

图 2-53　槽孔边墙稳定的计算情况

1—上限；2—下限

2）圆弧形滑动面的稳定计算

将土体视为均质土，按各作用力的合力和合力矩等于零的原则，按图 2-52 的计算图式，可列出向量方程：

$$\overline{W} + \overline{U} + \overline{R}_{C} + \overline{R}_{\phi} + \overline{P}_{b} = 0$$

$$W_{\text{力矩}} + R_{C\,\text{力矩}} + R_{\phi\,\text{力矩}} + P_{b\,\text{力矩}} = 0$$

则边墙的最小安全系数为

$$F_{\min} = (R_N R \tan\varphi_e + 2aR^2 C)/\left(W_{\text{力矩}} - P_{b\,\text{力矩}}\right)$$

式中，$R_N = R_\phi \sin\varphi$，而边墙的最大安全系数如图 2-53（b）所示。

按照以上公式，对于不同的地层、泥浆和地下水条件，对边墙稳定情况进行了系统计算，并通过编程计算，找出相应于最小安全系数的滑弧位置。计算结果见图 2-54、图 2-55，各曲线系相应于安全系数$F = 1$ 的情况。因此，按照图 2-54、图 2-55 所列的资料，可以计算出不同条件下的最大孔深，各项符号的解释见图 2-56。

3）关于槽孔稳定和最大墙深的几点讨论

所谓槽孔的最大深度系指一定特性（φ_e、C_e、γ、γ'）和一定的泥浆与地下水位条件下，当槽孔边墙稳定系数$F = 1$ 时的槽孔深度。

（1）土层性质的影响

对于纯黏性土，当泥浆重度为 11kN/m³，土层完全饱水时，$\frac{C}{\gamma H} = 0.13$，由图 2-54 得

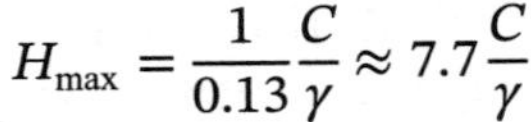

$$H_{\max}=\frac{1}{0.13}\frac{C}{\gamma}\approx 7.7\frac{C}{\gamma}$$

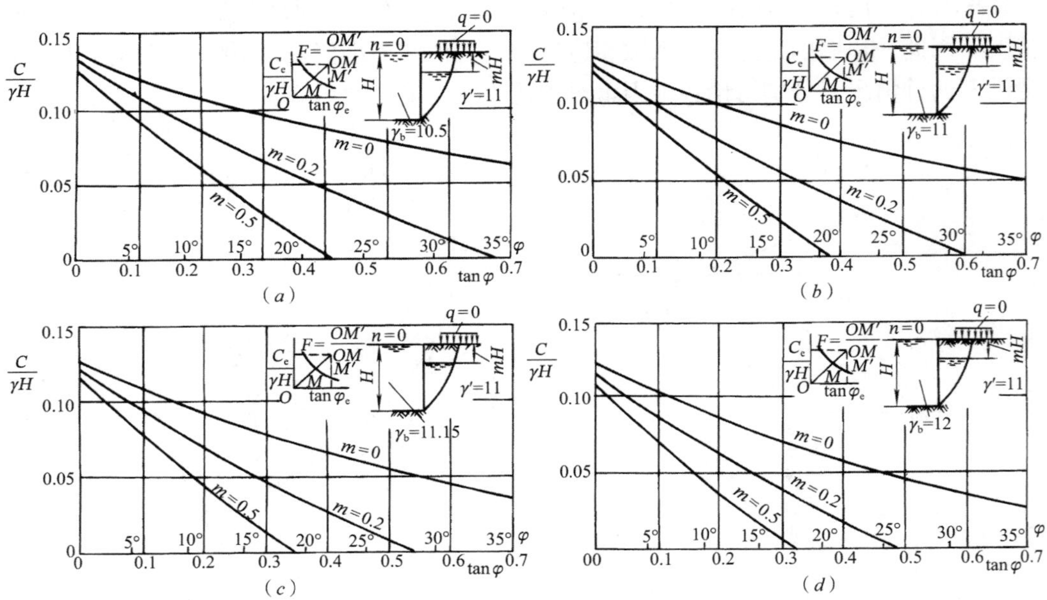

图 2-54 地下水位变化条件下的槽孔稳定计算成果（圆弧形滑动面）

（*a*）泥浆相对密度 1.5；（*b*）泥浆相对密度 1；（*c*）泥浆相对密度 1.15；（*d*）泥浆相对密度 1.2

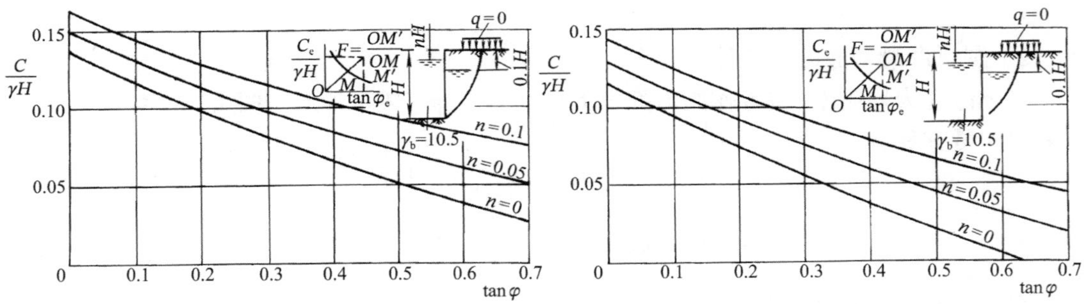

图 2-55 地下水位固定条件下的槽孔稳定计算成果（圆弧形滑动面）

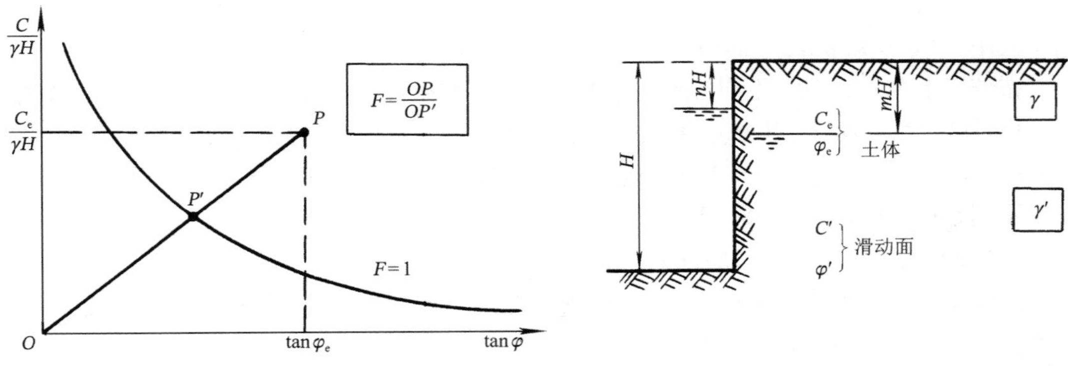

图 2-56 槽孔稳定计算的图解说明

若地下水位只达到 1/2 边墙高度（$m=0.5$）时，则

$$H_{max} = \frac{1}{0.13}\frac{C}{\gamma} \approx 8.3\frac{C}{\gamma}$$

在奥斯陆市的软黏土中，曾用重度为 12.4kN/m³ 的泥浆开挖深 28m 的槽孔。黏土的$\gamma = 19.0\text{kN/m}^3$，$\gamma' = 9.0\text{kN/m}^3$，$\varphi_e = 0$，$C_e = 30\sim40\text{kN/m}^2$。施工中曾观测和记录了两侧边墙的位移情况，发现在槽孔成孔后，边墙仍在继续变位，估计其安全开挖深度为 20m 左右。按图 2-54、图 2-55 所列资料计算得出的最大孔深为 17m。

对于无黏性土（$C = 0$），当泥浆的重度为 11kN/m³、$m = 0$、$n = 0$时，由图 2-54（a）可知，只有当土层具有一定的黏聚力时，边墙才能有较好的稳定条件。因此，饱水弱黏性土层中槽孔经常坍孔是有其原因的。但当地下水位下降后（如$m = 0.2$），边墙的稳定情况会有较大的改善。例如，在图 2-54（b）中，当$\varphi_e = 30°$、$C_e = 0$、$n = 0$、$m = 0.2$时，如果地下水位埋深为 2m，则$H_{max} = 2\text{m}/0.2 = 10\text{m}$，如果地下水位埋深为 4m，则$H_{max} = 20\text{m}$。

（2）地下水位的影响

为了方便比较，分别给定$H = 10\text{m}$，$\gamma = 20\text{kN/m}^3$，$\gamma' = 11\text{kN/m}^3$，$\varphi = 25°$，$C = 20\text{kN/m}^2$。若$m = 0.2$，即地下水位低于地表面 2m，按图 2-54（$a$）得出$F = 1.53$；若$m = 0$，即地下水位与地面齐平，则$F = 1.15$。由此可见，地下水位升高将显著影响槽孔边墙的稳定。这就是槽孔施工中一般要使地下水位埋深保持大于 2m 的原因。

法国罗纳河皮埃尔•伯尼特坝的防渗墙槽孔，即因洪水期内地下水位升高而产生坍孔事故。在施工的前期，地下水位的高程为 156.5m，泥浆的重度为 11.5kN/m³，$\varphi_e = 30°$，$H = 3.5\text{m}$，$C_e = 0$，$\gamma = 18.5\text{kN/m}^3$，$\gamma' = 11\text{kN/m}^3$，$n \approx 0$，槽孔孔口高程 160m，即$m \approx 1$，此时槽孔边墙有足够的稳定性。但当地下水位升高至 159m（$m = 0.2$）时，按图 2-54（c）所示的资料，边墙稳定性开始受到影响。罗纳河洪水期到来后，地下水位升高到 160m，$m = 0$，槽孔边墙即经常坍塌。如图 2-54（c）所示，当m小于 0.2 时，边墙的F值实际小于 1。

（3）泥浆重度的影响

加大泥浆重度，可使边墙稳定性增加的效果是显而易见的。仅比较γ等于 11kN/m³ 和 12kN/m³ 两种情况。设$\varphi_e = 25°$，$C_e = 30\text{kN/m}^2$，$H = 30\text{m}$，$\gamma = 20\text{kN/m}^3$，$\gamma' = 11\text{kN/m}^3$，地下水位埋深为 3m（$m = 0.1$），则得出的$F$值相应为 1.0 和 1.2。

此外，泥浆面的位置也是一项影响边墙稳定性的因素。

4）直线滑动面的稳定计算

在非黏性土中，滑动面具有很大的曲率半径，常常为槽孔深度的 100 倍，因而可看作直线滑动面。因此，对于非黏性土层还要讨论直线滑动面条件下的稳定计算方法。

边墙直线滑动面的稳定计算图式如图 2-57、图 2-58 所示，所用主要符号与图 2-52 相同。当滑动面为平面时，阻抗边墙滑动的摩擦力与圆弧形滑动面的情况不同，可简化为一个直线合力，而且边墙稳定安全系数并无圆弧滑动面具有的两种极限情况。

直线滑动面的稳定系数计算式为

$$F = (\tan\varphi_e + BC_e)/A$$

$$A = (W\sin\theta - P_b\cos\theta)/(W\cos\theta + P_b\sin\theta)$$

$$B = (H\cos\theta)/(W\cos\theta + P_b\sin\theta)$$

式中　θ——F为最小值时的滑动面与水平面所成的夹角，在多数情况下$\theta = \pi/4 + \varphi/2$。

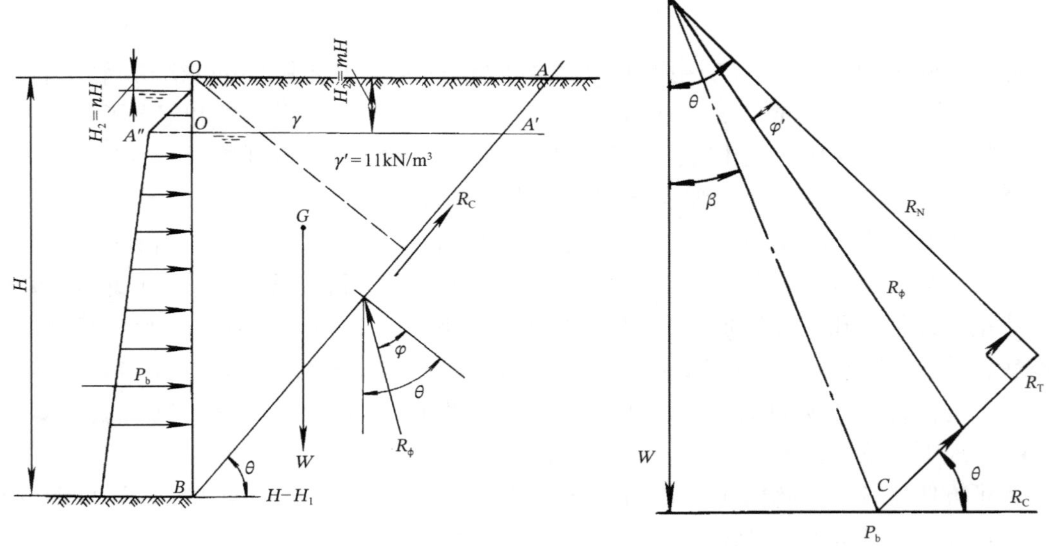

图 2-57 直线滑动面的稳定计算图式　　图 2-58 直线滑动面力的平衡

有关直线滑动面的稳定计算成果见图 2-59，地下水位为 $0.1H$（$m=0.1$），泥浆深度有变化（$n=0\sim0.1$），图 2-59（*a*）中泥浆重度为 10.5kN/m³，图 2-59（*b*）中泥浆重度为 12kN/m³。

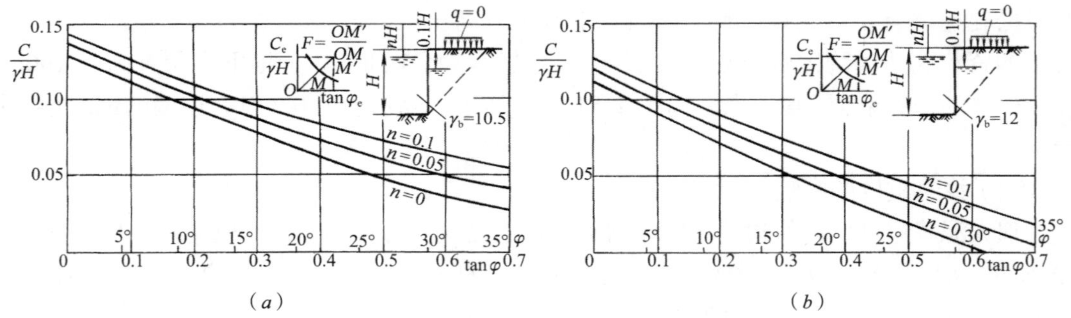

图 2-59 地下水位固定条件下的槽孔稳定计算成果（直线滑动面）

（*a*）泥浆重度为 10.5kN/m³；（*b*）泥浆重度为 12.0kN/m³

图 2-60 所示为θ角与土层φ_e值的关系曲线。由图可见，θ值与$\pi/4+\varphi/2$有时略有出入。

5）两种计算方法的比较

图 2-61 综合了图 2-55 和图 2-59（*a*）的资料，以便对圆弧法和平面法两种计算方法进行比较。

对于$\varphi_e=25°$、$C_e=20\text{kN/m}^2$、$H=10\text{m}$、$\gamma=20\text{kN/m}^3$、$\gamma'=11\text{kN/m}^3$、$m=0.1$、$n=0$的情况，用圆弧法计算$F=1.35$；用平面法计算，$F=1.4$。此外，对于纯黏性土（$\varphi_e=0$），当$n=0$、$m=0.1$时，则按圆弧法$H_{max}=(1/0.135)(C/\gamma)=7.4C/\gamma$；按平面法$H_{max}=(1/0.13)(C/\gamma)=7.7C/\gamma$。

因此，两种滑动面的计算方法，其结果是接近的（圆弧法稍低），建议对弱黏性土中的槽孔采用两种方法同时计算，以便互相比较。

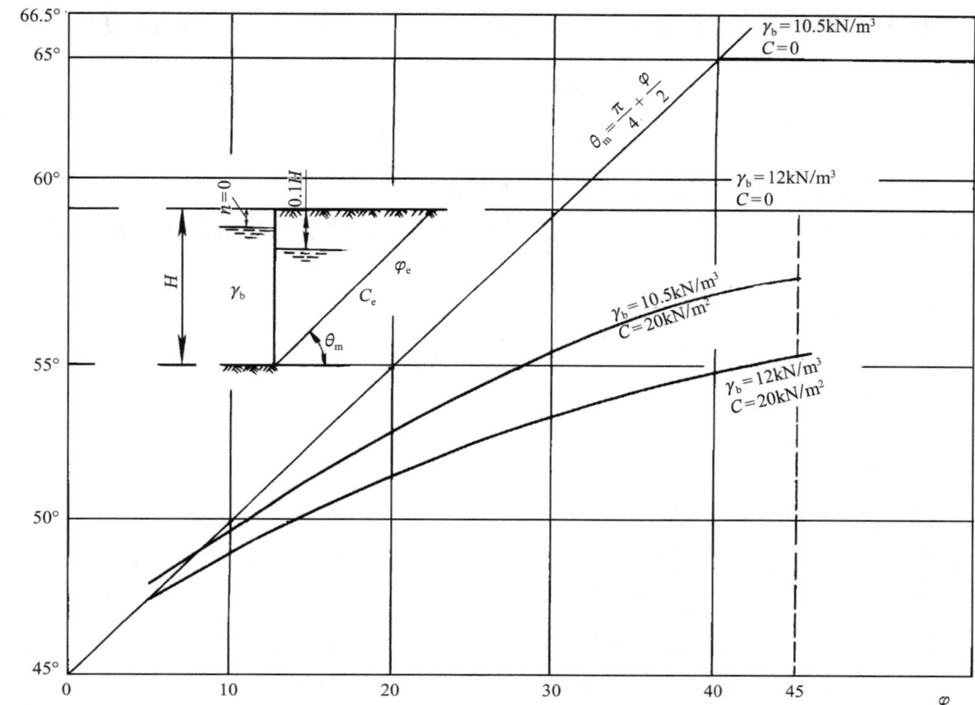

图 2-60　θ与土层φ_s值的关系曲线（直线滑动面）

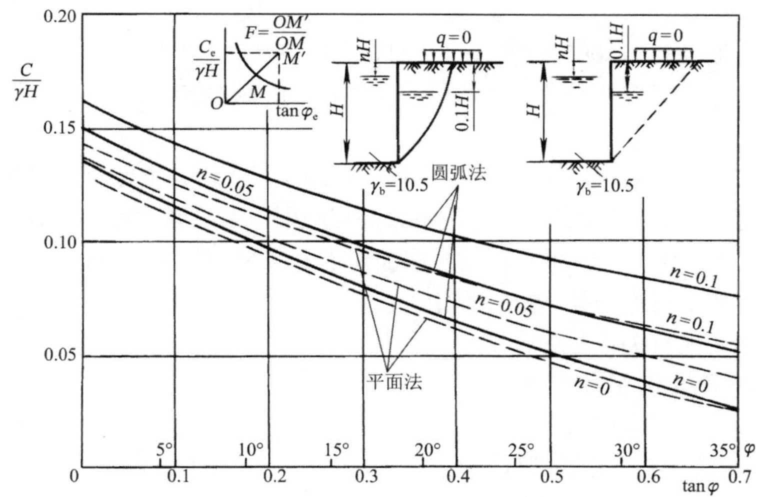

图 2-61　圆弧法与平面法计算成果比较

2.4.6　泥浆的流变性对槽孔稳定性的影响

对于绝大多数使用泥浆的槽孔开挖来说，泥浆总是处于或强或弱的不断的搅拌之中。在某些情况下，可能会有意地提高它的抗剪强度，使之凝固成防渗墙。泥浆具有很大的抗剪强度（如 0.4～0.6kN/m^2），能够改善槽孔的稳定状态。

对于高为H、宽为 $2a$的槽孔来说，它的水平压力可用下式求出：

$$P_f=\frac{1}{2}\gamma_f H^2+\frac{1}{2a}\tau_f H^2+\frac{1}{2}\pi\tau_f H \tag{2-47}$$

式中第一项相当于泥浆的液体压力，第二、三项则可理解成是由于泥浆的抗剪强度τ_f产生的黏聚力，即

$$C_f = \frac{\tau_f H^2}{2a} + \frac{1}{2}\pi\tau_f H \tag{2-48}$$

这两个公式是通用公式，可用来分析各种黏土。

在黏土层内，如果泥浆压力P_f与主动土压力相等，则槽孔是稳定的。由此推导出临界深度为

$$H_{cr} = \frac{\pi\tau_f}{\gamma K_a - \gamma_f - \tau_f/a} \tag{2-49}$$

也可将$\varphi = 0$和C值代入，得

$$H_{cr} = \frac{4C + \pi\tau_f}{\gamma - \gamma_f - \tau_f/a} \tag{2-50}$$

2.4.7 深槽周围的地面沉降

挖槽时排出地层土砂，灌入泥浆，这样就由泥浆的液压来代替初始静止土压力。因而可以预料到会发生某种变化。如果泥浆作用的力与土的主动土压力相同，则在土压由静止土压力转变到主动土压力之前，地层会发生位移。在这种情况下，槽段周围土体的沉降主要受土的密实度控制。密实砂的下沉量不到槽孔深度的 1/1000，几乎等于 0；可是在松散砂层中就要大得多。

实际上，膨润土泥浆的液压比主动土压力大得多，这又会影响土中应力与应变关系的变动。有人根据模型试验测定下沉量，建立它与安全系数的关系。当安全系数$F_a = 1.05$时，下沉量约为槽孔深度的 2/1000；当$F_a = 1.2$时，约为 1/1000；当$F_a = 1.5$时，则下沉量极少。

前面已经说过，当槽孔尺寸具有适当的长宽比时，就会产生拱效应，可以减少沉降和水平位移。

在非常松散（软）的地层中，又有巨大荷载作用于其上时，预计会出现有害的沉降。通常在槽孔开挖前，先对地基顶部用普遍注浆或高压喷射注浆或者是振冲的方法予以加固。黄河小浪底水库主坝防渗墙就是事先用振冲法加固了表层 8m 厚的粉细砂，取得了良好效果。

上面只是简要地讨论槽孔开挖过程中的沉降问题。基坑开挖时，地下连续墙产生的沉降与位移，将在后面有关章节中介绍。

2.4.8 泥浆与地基土的相互作用

在黏土或砂土地层中挖槽时，槽的四面孔壁因临空而失稳，可以采用向槽内注入泥浆的方法来保持槽孔稳定。注入泥浆以后，对原有地基的应力和变形都要产生影响。可以说，泥浆槽孔的稳定过程实际上是泥浆与地基土相互作用和影响的过程。本节将对固壁、渗透和电化学问题加以探讨。

1. 护壁

在槽孔开挖过程中，泥浆就像液体支撑一样，能使深槽保持稳定而不坍塌。泥浆之所以能够起到这种作用，主要原因就是它是一种具有触（流）变性的材料。所谓触（流）变性，简单地说就是指胶体物质受到搅动后强度减少而成为流体；而当扰动停止后，又会恢复原有强度而呈凝胶的特性。具体地说泥浆的护壁作用有以下几个方面。

1）泥浆在地基土的孔隙中凝胶化

泥浆渗入周围地基土的孔隙内部之后，由于不再受到扰动而形成凝胶，并将槽孔孔壁

表层一定范围内的土的孔隙填满，改变了土的原有结构状态，加大了土体的稳定性。

2）孔壁泥皮的形成和作用

在槽孔孔壁表面上形成的凝胶层叫作泥皮（膜）。泥皮形成的必要条件是泥浆渗入地层并能在壁面上产生滤饼，也就是地层必须具有一定的渗透性。因此，在砂质土层内容易形成泥皮，而在黏土中则很难。此外，泥皮的形成还受泥浆性能的影响。优良的膨润土泥浆能形成薄而韧的泥皮，密度大，抗渗性高，抗冲击能力强；而质量差的黏土泥浆则很容易形成厚而松散、透水性很大的泥皮。密实的泥皮牢固地贴附在孔壁上，既能防止泥浆大量漏失，又能防止地下水渗入到槽孔之内。

3）静液压力的作用

槽孔内的泥浆面通常高出地下水位以上，且泥浆重度大于水的重度，泥浆对孔壁的静液压力比地下水压力要大，通常泥皮对壁面产生支护作用。

4）电渗现象

经实际检测证明，由于槽内泥浆的静压力与地下水的压力差会在界面上产生电化学现象，这种电渗现象有利于泥皮和凝胶的形成。

为了研究膨润土泥浆对槽孔稳定的作用问题，国外有人在长 × 宽 × 深 = 12m × 0.5m × 5m 的砂土的槽孔中注满了膨润土泥浆，在孔口附近的地表加有 50kN/m^2 的荷载时，槽孔是稳定的。从而证明了在松散地基中，直接靠近已建的楼房及建筑物建造这种槽孔地下连续墙是可能的。米兰的地铁就是在这种情况下建成的。在与上述条件相同的条件下，注入重晶石泥浆时槽孔却坍塌了。可见，膨润土泥浆是有它的特殊作用的。专门的测量测得槽孔与孔壁土壤之间存在着 50～100mV 的电位差，这大约相当于产生了水力坡降为 50 的反渗透力，能使孔壁保持稳定而不会坍塌。

2. 渗透

前面已经谈到，由于泥浆向槽孔壁周围地层中渗透而形成泥皮，对槽孔稳定是有利的。如果地层的渗透系数很大，泥浆的触（流）变性能很差，那么泥浆就会流入砂砾卵石地层中很远的地方而不能形成凝胶，从而使大量泥浆流失掉了，这会造成槽孔内泥浆面迅速下降；还会使地下水大量进入槽孔内，降低了泥浆重度，槽孔很可能失去稳定性（图 2-62）。

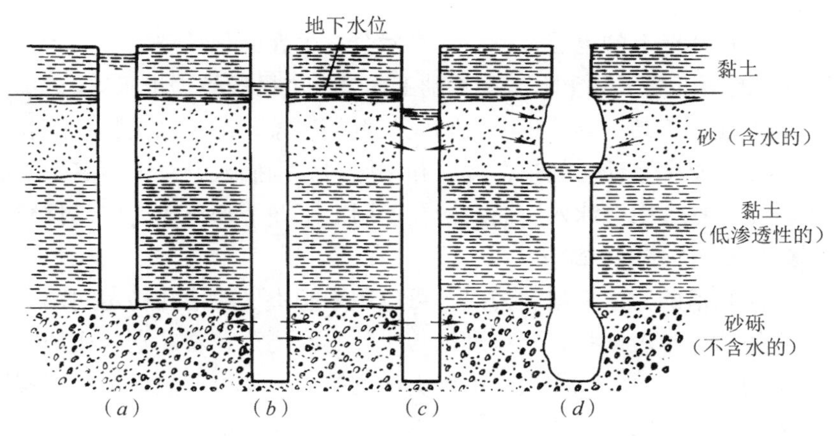

图 2-62　漏浆的影响

由图中不难看出，挖到砂砾层后，泥浆大量漏失，使泥浆面迅速下降，泥浆的水平压力不足以平衡地层的主动土压力，砂砾层开始坍塌；由于泥浆面降低，导致地下水涌入，又造成砂层向内坍塌。

上面这个例子说明挖槽时一定要保持泥浆面超过地下水位 1.5～2.5m；如果可能发生漏浆，则应预先采取措施，适当增加泥浆重度，使用特种外加剂和堵漏材料等。

下面探讨一下泥浆在砂砾渗透地层中的渗透理论问题。地下水流动仍服从达西定律，即

$$\nu = Ki$$

式中 ν——地下水流速；

K——渗透系数；

$i = h/L$——渗透坡降；

h——水头（压力损失）；

L——渗透路径。

K与土粒粒径D的平方成正比，可用下式来表示：

$$K = CD_{10}^2 \tag{2-51}$$

式中 D_{10}——有效直径（cm），即含量 10%的土的粒径。

对砂来说，$C = 81 \sim 117$，可取$C = 100$。

上式可简化成下式：

$$K = \frac{1}{S^2} \times 1.5 \times 10^4 \times \frac{n^3}{(1-n)^2} \tag{2-52}$$

式中 S——比表面积，即单位容积内颗粒的总表面积，据测定蒙脱土的$S = 800\text{m}^2/\text{g}$；

n——孔隙率。

向砂砾石地基中灌入黏土泥浆，特别是膨润土泥浆，可以大大降低地基的渗透系数到 1×10^{-7}cm/s 以下，有利于增加地层的稳定性。

如果土体孔隙很多很大、渗透坡降也很大的话，泥浆会不断向地层中渗流，形成漏浆现象。在这种最坏的条件下，有时经过很长时间也不能形成泥皮，或不能形成坚固的泥皮。

一般来说，膨润土泥浆形成的泥皮比普通黏土泥浆的泥皮好，但有时黏土泥浆能在短时间内形成泥皮；膨润土泥浆的泥皮在抵抗水力冲刷方面有时也不如普通泥浆。

3. 界面化学作用

膨润土泥浆与槽孔壁上的土层接触后，自然会发生界面化学现象。关于这种现象的理论在 1961 年召开的第五届国际土力学和基础工程学会上已经被提出来了。

在槽孔壁面上发生着黏土颗粒的浓聚和泥浆絮凝现象。由于黏土颗粒的表面带有负电荷，在电位差作用下发生运动。如果在泥浆和土层内分别插入电极（假定土中插入阳极），在电压作用下黏土颗粒会因电泳效应而在槽孔壁面上沉淀下来形成泥皮，对稳定是有利的。

2.4.9 关于槽孔稳定问题的讨论

前面讨论了泥浆槽的稳定理论和公式，可以用来解决一般槽孔稳定问题。但是由于这个问题尚处于半经验、半理论状态，在理论与实际之间还存在着差别。比如，本来槽孔是很稳定的，可是用公式一算，反而会得出要坍塌的结论；还可能是情况刚好相反。所以，要讨论一下影响槽孔稳定的有利和不利因素以及增加槽孔稳定的措施。

1. 有利于槽孔稳定的因素

（1）根据经验，泥浆产生的静压力只占使槽孔稳定的外力的 75%～90%（表 2-10），也

就是说由于其他一些因素产生的外力（如泥皮的抗剪力、电渗透力和槽孔的拱效应等），增加了槽孔的稳定性。

槽孔壁稳定因素表　表 2-10

项目	泥浆静侧压力	泥浆渗入带的抗剪强度	泥皮被动抗力	孔壁不透水层抗力	电渗透力
百分比（%）	75～90	10～25	5	很小	很小

（2）古典压力理论中对槽孔底部侧向土压力估计过高。

（3）槽孔内地层的坍塌往往只局限于一小部分地区，如导墙底部、粉细砂地层等。

2. 不利于槽孔稳定的因素

（1）地质勘察不细，对地层详细情况缺乏了解。

（2）雨季时地下水位急剧上升，或者是由于水库或河道放水，而造成地下水位抬升。

（3）泥浆质量达不到要求，或者是使用次数过多，性能变坏。

（4）槽孔壁附近地面上的外荷载大大超过了原设计值。

3. 提高槽孔稳定性的措施

（1）加大泥浆重度。在特殊情况下，可增加膨润土粉用量或者加入加重剂（如重晶石等），以提高泥浆重度。加入化学外加剂，改善泥浆性能。

（2）在槽孔稳定分析计算中，考虑泥浆的抗剪强度的影响。

（3）利用槽孔的空间效应（拱效应）。此时，槽孔的几何尺寸之间要保持一个适当的比例。

（4）考虑导墙的支撑作用。导墙高 1.2～1.5m，能使槽壁两侧土体的位移受到约束。

（5）考虑槽孔壁泥皮的抗剪强度。

（6）改善土的力学性能。泥浆渗进砂砾地层中的距离可达 1～2m，所产生的黏聚力可占到槽壁稳定所需力的 25%以上。必要时应对地表进行加固（如采用振冲、强夯和高喷等）。

槽孔稳定安全系数必须大于 1.5。

2.4.10　混凝土浇注过程中的槽孔稳定性

1. 非常松散的砂基

由于这种砂的重度很小，产生的水平抗力较小，混凝土浇注过程要比挖槽过程危险得多。在深槽中浇注混凝土，在其凝固前的液态混凝土同样会对槽壁产生很大的水平压力。由于混凝土的重度大于砂的重度，则此时$(\gamma - \gamma_f) < 0$。也就是说混凝土将向砂层内部挤压流出，直到砂层变形加大至足够大的被动抗力时为止。由此产生了槽孔的反向稳定问题。

2. 软土地基

对于像淤泥或淤泥质黏土、泥类土等软土来说，它的饱和抗剪强度非常小。在浇注混凝土过程中，也会受到流态混凝土的巨大挤压，甚至产生土体破坏。

3. 黏性土地基

在黏性土层中挖槽后，要浇注流态混凝土。此时的黏性土地基能否承受得住流态混凝土的挤压，可以采用第 2.4.5 节的式(2-34)加以分析。

对于软土来说，γ较小，S_u很小，会出现$\gamma H + N_c S_u < K\gamma_c H$，则此时是不安全的，可能会导致正在浇注的混凝土发生绕流现象。

关于浇注过程中发生混凝土绕流问题，可见后面章节。

2.4.11 工程实例

这里引用长江三峡二期围堰的槽孔稳定分析情况作为参考。

长江三峡二期围堰及堰基主要依靠混凝土防渗墙防渗，造孔总面积达8.3万m^2，是二期围堰的重要安全屏障。要求在1998年5月底以前完成第一道墙，最高月成墙面积达14700m^2。为确保高强度、高质量完成防渗墙任务，造孔成槽是关键。因此，分析造孔期间槽壁稳定性，提出防渗墙的合理设计与施工控制指标和确保造孔期槽壁稳定性的技术措施是十分重要的。

1. 槽壁稳定安全系数

影响防渗墙造孔期间槽壁稳定安全系数F_s的主要因素是槽壁土层的物理力学性质、槽孔轮廓尺寸及固壁泥浆力学性能，阐述如下。

不计土层拱效应，无地下水情况时：

$$F_s = \frac{2\sqrt{\gamma\gamma_f}\tan\varphi}{\gamma-\gamma_f} + \frac{2(2C-q)}{\left(\gamma-\gamma_f-\frac{C_f}{a}\right)H-\pi C_f} \tag{2-53}$$

不计土层拱效应，地下水与地面齐平时：

$$F_s = \frac{2\sqrt{\gamma'\gamma_f'}\tan\varphi}{\gamma'-\gamma_f'} + \frac{2(2C-q)}{\left(\gamma'-\gamma_f'-\frac{C_f}{a}\right)H-\pi C_f} \tag{2-54}$$

计入土层拱效应，无地下水情况时：

$$F_s = \frac{2\sqrt{K_s\gamma\gamma_f}\tan\varphi}{K_s\gamma-\gamma_f} + \frac{2(2C-q)}{\left(K_s\gamma-\gamma_f-\frac{C_f}{a}\right)H-\pi C_f} \tag{2-55}$$

计入土层拱效应，地下水与地面齐平时：

$$F_s = \frac{2\sqrt{K_s\gamma'\gamma_f'}\tan\varphi}{K_s^{\gamma'}-\gamma_f'} + \frac{2(2C-q)}{\left(K_s\gamma'-\gamma_f'-\frac{C_f}{a}\right)H-\pi C_f} \tag{2-56}$$

式中 γ、γ_f——槽壁土层、固壁泥浆的重度（kN/m^3）；

γ'、γ_f'——槽壁土层、固壁泥浆的浮重度（kN/m^3）；

φ——槽壁土层的不排水抗剪强度指标；

C_f——泥浆凝胶体的不排水抗剪强度（kPa）；

a——槽孔宽度的一半（m）；

H——槽孔深度（m）；

q——槽顶施工荷载（kN/m^2）；

K_s——拱效应折减系数。

深度系数n_1和$K_a\tan\varphi$的关系曲线见图2-63。

$$n_1 = \frac{z}{2b} \tag{2-57}$$

$$K_a = \tan^2\left(45°-\frac{\varphi}{2}\right) \tag{2-58}$$

式中 b——槽孔分段长度（m）；

z——计算点深度（m）;

K_a——主动土压力系数。

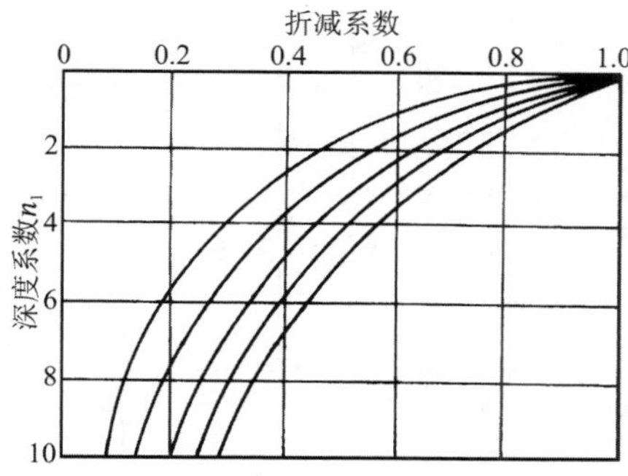

图 2-63　土压力折减系数K_s与深度系数n_1关系曲线

2. 采用的基本数据

根据室内试验，参照类似工程确定的槽壁土层，采用固壁泥浆的物理、力学计算数据见表 2-11。

槽壁土层及固壁泥浆的计算指标　　表 2-11

项目		等效粒径 d_{20}（mm）	孔隙率n	土粒相对密度G	重度（kN/m³）			内摩擦角φ	黏聚力c（kPa）	凝胶体抗剪强度C_f（kPa）
					干重度γ_d	饱和重度γ_s	浮重度γ'			
槽壁土层	水下抛填，未经振冲的风化砂	2.5	0.457	2.76	15	19.57	9.57	31	12	—
	水下抛填，经振冲加密的风化砂	2.5	0.384	2.76	17	20.84	10.84	32	30	—
	水上干填，分层碾压的风化砂	2.5	0.348	2.76	18	21.48	11.48	35	50	—
	水下平抛砂卵石	1.5～3	0.245	2.65	20	22.45	12.45	43	0	—
	天然淤砂	0.13	0.481	2.68	13.9	18.59	8.59	27	7	—
	围堰自重压密后的淤砂	0.13	0.392	2.68	16.3	20.22	10.22	29	13	—
固壁泥浆	膨润土泥浆	—	—	—	1.05	1.05	0.05	—	—	0.245
	加重泥浆	—	—	—	1.2	1.2	0.2	—	—	0.734

3. 槽壁稳定性计算成果及分析

造孔期间出现地下水位与地面齐平（最危险情况）时，在不同造孔深度、槽孔分段长度、固壁泥浆相对密度下，由式(2-54)及式(2-56)可计算出不同土层槽壁稳定性安全系数，见表 2-12。

不同情况下的槽壁稳定安全系数 F_s　　表 2-12

计算情况	不计槽壁两侧土层的拱效应（槽孔宽 1m）								计入槽壁两侧土层的拱效应（槽孔宽 1m）							
固壁泥浆相对密度	1.05				1.2				1.05							
造孔深度（m）	10	20	30	40	10	20	30	40	20				40			
槽孔分段长度（m）								3	5	7	9	3	5	7	9	

续表

计算情况		不计槽壁两侧土层的拱效应（槽孔宽 1m）								计入槽壁两侧土层的拱效应（槽孔宽 1m）							
不同情况下的槽壁稳定安全系数	水下抛填，未经振冲的风化砂	0.86	0.57	0.48	0.43	1.51	1.09	0.96	0.89	2.09	1.64	1.26	1.01	1.36	1.10	0.87	0.72
	水下抛填，经振冲加密的风化砂	1.51	0.89	0.69	0.59	2.34	1.49	1.21	1.07	3.6	2.79	2.11	1.67	2.09	1.65	1.28	1.03
	水上干填，分层碾压的风化砂	2.23	1.27	0.95	0.79	3.28	1.98	1.55	1.34	4.78	3.91	2.98	2.32	2.84	2.23	1.73	1.37
	水下平抛砂卵石	0.47	0.47	0.47	0.47	0.89	0.89	0.89	0.89	0.79	0.70	0.61	0.54	0.79	0.7	0.61	0.54
	天然淤砂	0.64	0.46	0.39	0.36	1.22	0.93	0.84	0.79	1.61	1.25	0.96	0.78	1.09	0.88	0.69	0.58
	经围堰自重压密后的淤砂	0.83	8.54	0.45	0.4	1.41	1.00	0.87	0.80	1.98	1.55	1.19	0.96	1.26	1.02	0.8	0.67

从表中可得出：

（1）上述计算成果与有限元分析成果基本一致。孔深在 20m 以内的浅槽，土压力及附加荷载主要由土体的土拱作用所支承，拱效应明显，泥浆的作用主要是挡住地下水位并预防侵蚀。随着造孔深度的增加，槽壁稳定性逐渐降低，但泥浆压力的余量提高槽壁稳定的作用逐渐增加。因此，适当提高泥浆相对密度对改善深部槽壁稳定性有明显效果。

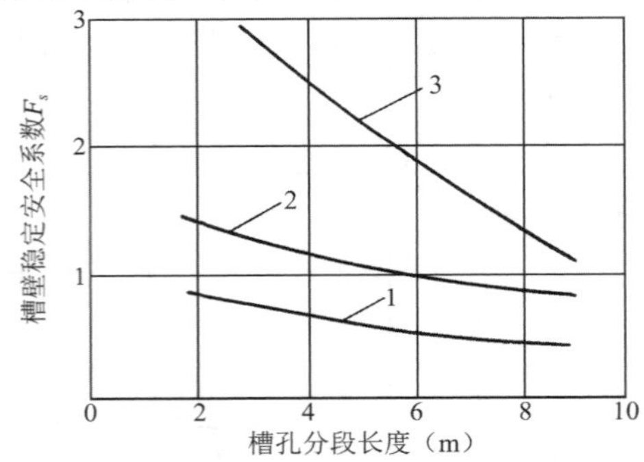

图 2-64　在水下平抛砂卵石中造孔的槽壁稳定性

1—固壁泥浆相对密度 1.05；2—固壁泥浆相对密度 1.1；3—固壁泥浆相对密度 1.2

（2）当采用对槽壁无加密加固作用的双轮铣及液压抓斗造孔时，以水下平抛砂卵石垫底的槽壁稳定性最差。须采用相对密度不低于 1.1 的优质泥浆固壁，槽孔分段长度不超过 7m，才能维持槽壁稳定（图 2-64）。冲击钻机造孔对槽壁土层具有冲击压实、挤密、振动加密、泥浆填充等效应。在砂卵石层中泥浆渗入槽壁内可达 1～2m，可提高槽壁稳定安全系数 25%以上。为提高钻进效率，减少沿架空砂卵石漏浆可能性，也可采用相对密度为 1.05 的优质泥浆固壁。

（3）水下抛填风化砂造孔期的槽壁稳定性较好。经过振冲加密后，槽孔分段长度可由 5～7m 增为 7～9m。

（4）围堰底部淤砂在填料自重作用下，强度增长，有利于提高槽壁稳定性。20m 深度以内的槽段长在 9m 以内。超过 40m 深度的槽段长宜为 5～7m。

2.4.12　评论

同济大学的黄茂松等在 2017 年 1 月发表于《岩土工程学报》上的论文中，对槽孔稳定的计算方法进行了评价，以下是评价结语。

其文首先分析了水平条分法与楔形体滑体模式之间的联系，并结合某一现场试验案例进行了分析对比。然后，通过对收集的 10 个工程案例进行成槽稳定性验算，探讨了二维和三维验算方法，以及强度指标的选取和水土压力的计算对地下连续墙槽壁稳定验算结果的影响，得到的主要结论如下：

（1）水平条分法与楔形体滑体破坏模式具有相同的理论基础，在均质地基条件下可以退化为楔形体滑体模式，是当前验算水平分层地基中槽壁稳定性较为适合的方法。但与三维极限分析有限元对比，仍存在不少改进空间。

（2）二维验算方法由于忽略了滑体侧面抗剪力而偏于保守，会低估槽壁稳定性。考虑到当前工程实践中成槽深度较大，二维方法已不宜用于地下连续墙槽壁稳定性验算。

（3）应优先采用有效抗剪强度指标并按水土分算原则对成槽稳定性进行验算。当无条件获取有效抗剪强度指标时，对黏性土也可采用固结不排水强度指标，并宜按水土分算原则进行验算。当采用直剪固结快剪强度指标验算时，宜按水土分算原则进行验算。

上述评价可供有关人员参考。

2.4.13　本章小结

槽孔的稳定是地下连续墙能否顺利建成的前提。本章叙述了国内外对槽孔稳定的理论分析、试验研究和现场观测成果，可以说是包括了地下连续墙槽孔稳定的各个方面。

本章中关注在挖槽过程中，槽孔孔壁的地基土（岩）在不利条件下，向孔内坍塌的问题；还专门分析了在软土地基槽孔中浇注混凝土时，可能产生混凝土向软土地基流动，绕过接头管而造成工程事故的问题。这一点已经在笔者亲历的很多基坑工程中得到证实。

2.5　深基坑支护工程应当考虑渗流稳定问题

2.5.1　当前基坑工程出现的一些问题

近年来，在大规模城市地铁建设和其他工程建设中，深大基坑的渗透破坏事故时有发生，引起了人们的重视。这些事故 80%～90%与水有关。尤其令人痛心的是，由于对渗流理解不深，发生了本来可以避免的工程事故。

从事故的原因来分析，涉及规划设计、地质勘探、施工工艺和管理、监理和质量控制以及运行管理等方面。但是，笔者认为，设计是一个很重要的环节。事故发生后，再回过头来看，发现原本有些设计就有问题，即使认真仔细地施工，仍然避免不了由渗流引起的事故。

设计所采用的基坑支护规程存在不少问题，这才是问题的根源所在。为此，很有必要对这些规程进行讨论，提出一些新的补充建议，以使今后的基坑工程施工更安全、更顺利些。

下面重点讨论《建筑基坑支护技术规程》JGJ 120—1999 的一些问题。

虽然新规程已经出版了，但是仍有问题值得讨论。

2.5.2 《建筑基坑支护技术规程》JGJ 120—1999 存在的一些不足之处

《建筑基坑支护技术规程》JGJ 120—1999（简称“原规程”）形成于 20 世纪 90 年代末期，对于当时大规模工程建设起到了很好的指导和规范作用。但是，随着基坑工程实践不断发展，出现了一些新情况、新问题，需要对此加以补充和充实。

主编经过多年的设计、施工以及科研实践，对已建成工程的调查和观察，发现原规程存在以下不足之处：

（1）原规程的有关渗流的公式只适用于浅层地下水和单一透水地基的基坑，对于很细颗粒和级配不良的透水地基不适用，对于透水的岩石地基和残积土地基不适用。

（2）原规程对于多层地基和承压水的基坑不适用。

（3）原规程的某些条文之间不协调。

（4）原规程第8.4节的条文对深基坑不适用。

（5）原规程没有提出明确的坑底渗流稳定的条文。

（6）原规程没有考虑入土深度对地下连续墙体应力和配筋的经济性影响。

详细情况将在后面各节加以说明。

2.5.3　对基坑渗流压力与静止水压力的理解

在天然地基中，土、水处于平衡状态之中。当开挖出一个基坑时，此时的土、水的应力状态就会发生很大变化。地下水在水压力作用下，就会从坑外向坑内较低处流动，这就产生了渗流。渗流是地下水在地基土体中的一种运动现象。渗流流动需要能量（水头）来克服土体的阻力。可以说渗流的过程就是基坑外水压力（水头）不断消耗、损失的过程。如果到了坑底出口处的压力还很大，而地基土体又不能承受，就会造成基坑土体的渗流破坏，进而可能引起整个基坑的破坏。这是设计者要竭力避免的情况。

由上述分析可知，渗流是不断消耗水压力和能量的过程，所以在基坑外地基中某个深度位置上的渗流水压力要小于该位置上的静止水压力；而在基坑内部，渗流水压力则大于静止水压力。

2.5.4　对承压水的理解

通常把地下水分为潜水和承压水两种。潜水是指具有自由水面的地下水，而承压水则是地基的两个不透水层之间的地下水。

当深基坑地基中存在着一层或多层承压水时，坑底的地基土可能因为自重不足或是内部渗流不稳定而发生破坏。在实际工程中，有不少基坑工程就是因为上述原因而发生事故的。

2.5.5　对基坑土体多样（层）性的认识

原规程基本上是按单层地基来考虑的，这可从对原规程的公式(4.1.3)的详细分析当中看出来。

实际上基坑地基都是由多层土体或风化的岩体构成的。一般的基坑应当由透水层和不透水层（隔水层）构成；也可能存在其中某一层缺失的情况。比如有个基坑，其上部的不透水层（隔水层）被挖掉，而下部70m内没有隔水层，基坑的防渗和降水都遇到了难题。

还有，基坑岩石表层覆盖的残积土层和其下的风化层的透水性是有很大差别的。残积土和其下的全风化层通常透水性较小，可看成是相对不透水层；而下面的强、中风化层则常常是透水层。花岗岩的这两层是富水带，当上部残积土或全风化层透水性很小时，此层水就变成了承压水。

原规程无法解决这种复杂基坑的渗流问题。

2.5.6　对入土深度 h_d 的讨论

1. 对原规程有关条文的解析

原规程条文主要有四条与入土深度有关，即第4.1.2条、4.1.3条、8.4.2条和8.4.3条。其中，前两条明确是针对地下连续墙的；而后两条则明确是针对帷幕的。在笔者看来，这四条规定对于地下连续墙和帷幕都应当是适用的，但条文内容尚需商榷。

2. 原规程条文解析

上述四条规定还不完善、不全面：

当基坑地基土的弹性模量很高，水平抗力比例系数m很大的时候，按公式求得的入土深度h_d会很小。此时就会按原规程第 4.1.2 条的规定，取$h_d = 0.2h$或 $0.3h$。但有一些人就忽略了还要满足第 4.1.3 条的要求，其结果是把地下连续墙设计短了。

原规程的第 4.1.3 条是很重要的条文，可是它本身也有问题。现在我们来看原规程第 4.1.3 条的公式（图 2-65）：

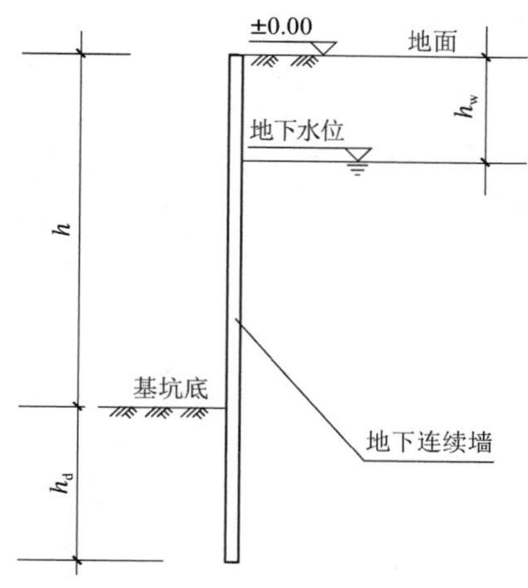

图 2-65　渗透稳定计算简图

$$h_d \geqslant 1.2\gamma_0(h - h_w)$$

如果$\gamma_0 = 1.1$、1.0、0.9，由此来推算地下连续墙的渗径长度L和平均渗流坡降i，如表 2-13 所示。

渗流计算成果表　　表 2-13

γ_0	$H_d/(h - h_w)$	L	i
1.1	1.32	3.64	0.27
1.0	1.20	3.40	0.29
0.9	1.08	3.16	0.32

注：渗径长度$L = 2h_d + (h - h_w)$；平均渗流坡降$i = (h - h_w)/L$

由此表可以得出以下三点看法：

（1）这个公式仅适用于一般砂砾透水地基。这种地基的允许渗透坡降可大于上述计算的渗透坡降值（0.27～0.32），是安全的；而对于粉细砂和粉土类以及级配不良的某些粗颗粒地基是不适用的。在这些地基中，允许渗流坡降只有 0.1～0.2 左右，远远小于上面计算的$i = 0.27$～0.32。也就是说，h_d还要加长，才能满足要求。

（2）这个公式不能用于多层地基和承压水状况。很显然，多层地基的渗流坡降不能用这么简单的公式进行计算，它的允许渗流坡降也不会符合 0.27～0.32 的范围要求。另外，在承压水条件下，它的h_d并不是用此式来确定的。

（3）这个公式也不适用于岩石残积土和风化层的基坑渗流计算。

3. 计算实例

这里选择两种地基的基坑见图 2-66 和图 2-67，按原规程第 4.1.3 条和第 8.4.2 条中的公式进行计算（表 2-14）。

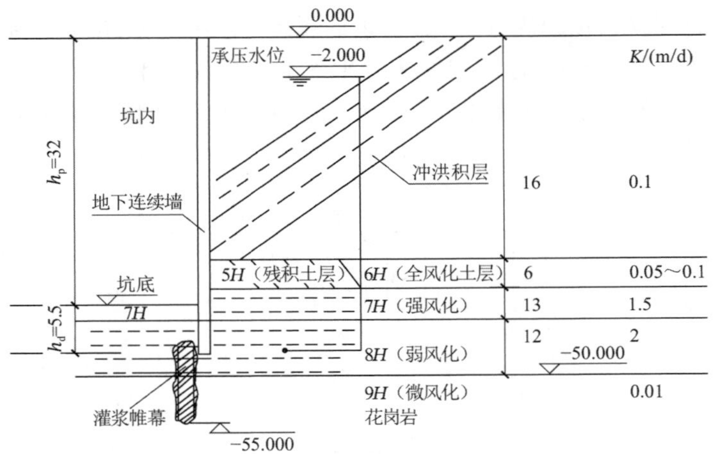

图 2-66 基坑 1 示意图

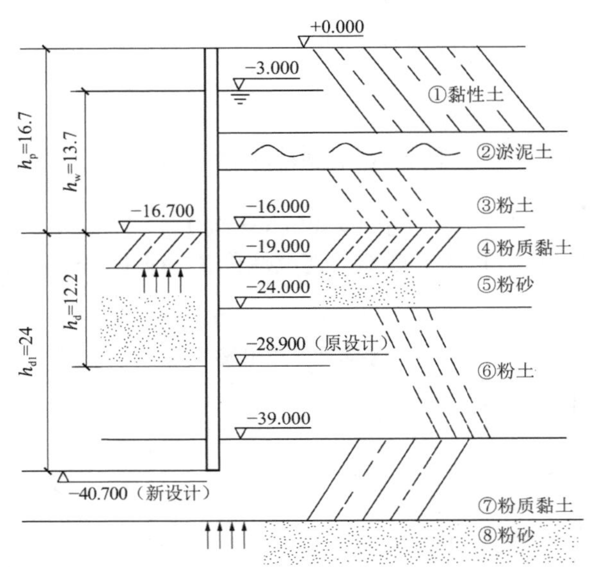

图 2-67 基坑 2 示意图

渗流计算成果表（实例）(m) **表 2-14**

	基坑 1	基坑 2
（1）基坑深度h_p	32	16.7
（2）地下水特性	承压水	承压水
（3）承压水头	30	13.7
（4）地基性质	岩石风化层	覆盖层地基
（5）原设计入土（岩）h_d	5.5	12.2
（6）原设计墙长 =（1）+（5）	37.5	28.9
（7）按第 4.1.3 条求h_{d1}	39.6	18
（8）计算墙长 =（1）+（7）	71.6	34.7
（9）按第 8.4.2 条求h_{d2}	5.5	6
（10）实际施工墙（幕）长	55	40.7

由上表可以看出，采用原规程的第 4.1.3 条计算出来的设计墙长（6）(37.5m、28.9m)，

与施工采用的数值（10）相差很大。其中，基坑 1 如果把地下连续墙由 37.5m 加上h_{d1}，得到计算墙长（8）为 71.6m，则进入微风化花岗岩内约 20m，其施工难度可想而知。基坑 2 的计算墙长（8）虽比设计长 5.8m，但不满足渗流稳定要求，所以要加长到 40.7m（这是实际施工长度），才能满足稳定要求，比设计墙长多了 11.8m。

可以看出，同样用原规程的第 4.1.3 条计算，岩石风化层的计算墙长偏大，而覆盖层的计算墙长偏小，此时第 4.1.3 条就不适用了。这个结论是否具有普遍性，还要通过多个实例来验证。

4. 笔者的建议

笔者认为，入土（岩）深度h_d应当同时满足基坑的渗流稳定要求和墙体结构强度两方面的要求，也就是：

（1）最小的入土深度应当通过专门的渗流分析和计算确定。

（2）墙体的深度（包括厚度）应控制在合理范围内（h_d不要太大），并且要考虑经济性要求。

（3）承压水条件下地下连续墙的入土（岩）深度h_d，通常不是由原规程的第 4.1.3 条来确定的，而是由坑底土体渗透稳定度条件确定的。

（4）在当前情况下，应当把h_d的概念延伸一下，即把原来主要是由结构受力条件确定的h_d，看成是基坑整个防渗体（指地下连续墙和其下的灌浆帷幕）在坑底以下的深度，并且在大多数情况下是进入不透水层的深度。

5. 底部进入不透水层的必要性

原规程第 8.4.3 条提出，当含水层渗透性强、厚度较大时，可采用竖向截水与坑内井点降水相结合或采用截水与水平封底相结合的方案。但原规程第 4.1.3 条并没有对墙底进入不透水层提出要求，所以这两个公式有矛盾。

对此，笔者提出以下几点看法：

（1）国内一些重要的深基坑进行水平封底的实践，效果很差，造成了不少事故，因此如果没有特殊的施工环境，最好不用。

（2）当深基坑周边环境非常复杂的时候，不宜在基坑内部大量抽水，即使悬挂式墙墙体很深，降水效果仍然很差，而且会造成周边环境的过大变形或破坏。这样的事故实例已经很多了。

（3）笔者建议深大基坑应当采用防渗为主的基本概念。即使基坑深度较大，也要采用地下连续墙与灌浆帷幕相结合形成防渗体的办法，把透水层的水截住。特别是周边环境复杂的承压水基坑，此法应是必须和首选的。

（4）如果基坑周边环境很简单，基坑降水不致对周边环境造成很大影响和破坏时，采用悬挂式地下连续墙和降水方案也是可行的。

（5）如果坑底不透水层埋藏很深的话，其基坑防护方案应经充分比较论证后再选定。

6. 入土深度对地下连续墙（或桩基）应力和配筋的影响

在原规程中没有这方面的条文。实际上，入土深度的大小对于地下连续墙体的内力和配筋是有很大影响的。这里就有进行技术、经济比较，来选用合理的、经济的入土深度的问题，而不能只根据基坑安全的要求来确定入土深度。

7. 对原规程附录 A 中表 A.0.2 的看法

此表只是根据圆弧滑动条件计算出来的，有地下水的基坑不能用。

2. 5. 7　基坑坑底的渗流稳定分析

1. 原规程的条文

原规程在基本规定的第 3.1.6 条提出要进行：①抗渗透稳定性验算；②基坑突涌稳定性

验算；③地下水控制计算。

原规程对①没有提出具体条文，对③的内容还不完善，将另外进行讨论。原规程对于②即基坑突涌问题没有给出明确的条文，在此有必要先加以探讨。

2. 坑底地基抗浮稳定和结构物抗浮有何区别

对于建（构）筑物的抗浮稳定核算，有关规范早有规定。但对基坑底部地基本身的抗浮稳定却少有提及。

坑底地基的抗浮稳定与其上部的钢筋混凝土结构的抗浮稳定是有很大区别的。

（1）从时间来看，建（构）筑物的抗浮稳定是永久运行期间的问题，而坑底地基的抗浮稳定则是施工期间的重要问题。

（2）从强度来看，地基土的强度显然是大大低于混凝土的强度。因此，建筑物混凝土不必考虑是否被承压水局部破坏的问题，而坑底地基则必须考虑受地下水或承压水顶托、管涌或流土等局部或整体破坏的问题。

从风险程度来看，施工期间坑底地基抗浮稳定总是更显得脆弱些，更应得到足够的关注。

3. 坑底抗浮稳定性的判断原则

1）目前有几种计算坑底抗浮的方法，多是以上部荷重与下部浮托力相平衡且有一定安全系数来考虑的。实际上这只是一种平衡（荷载平衡）。由于土的凝聚力不同而造成的内部抗渗透能力不同，所以还需要核算第二种平衡条件，也就是土体渗透坡降的平衡问题。

2）目前，基坑的平面尺寸已经做得很大，例如长度可达上千米，宽度可达200m以上，基坑面积十几万至二十几万平方米，基坑深度可达40～50m，基坑内部有几百至上千根大口径的深桩和很多降水井。这样的基坑，从空间来看，其工程地质和水文地质条件变化相当大，而且被人为切割、穿插，带来很多不确定性和风险，故必须考虑一定的安全系数来提高工程安全度。

3）坑底地基抗浮安全度的选取要根据具体问题来具体分析。

（1）如果基坑规模很小，深度不是很大，坑底土质好且连续的临时性基坑，则抗浮稳定安全系数等于1.0，也是可以施工的。一段基坑抗浮稳定安全系数可取1.1～1.2。

（2）对于特大型基坑，特别是一些滨河、滨海地区的基坑，由于海相、陆相交叉沉积，造成不透水层出现缺口漏洞，又受到承压水顶托时，基坑的安全风险很大，宜取较大的安全系数，最大可取2.5。

（3）对于岩石基坑，则应根据基坑底部位于残积土和风化层中的位置和承压水头的大小，来选取适当的抗浮安全系数。总的来看，可略小些。

4. 地基土抗承压水突涌稳定性的核算

按下面三种计算情况，核算基坑内部地基土的抗承压水突涌稳定性。

1）三种计算情况

（1）坑底表层为不透水层。

（2）上部不透水层全部被挖除，基坑底和地下连续墙底直接位于透水层中。

（3）成层（互层）地基情况。

2）计算内容

（1）核算地基土的抗承压水突涌的稳定性，要进行两个方面的核算：

①外部荷载平衡计算，即上部土的饱和重应大于承压水的浮托力，并保持有一定的安全系数。

②土体内部渗流计算，它的渗透坡降应当小于允许的渗透坡降。

（2）要核算承压水沿地下连续墙内壁的贴壁渗流计算，核算出口稳定性。通常情况下，这种贴壁渗流不是最不利的。

2.5.8　对基坑防渗体和地下连续墙合理深度的讨论

1. 关于基坑防渗体

原规程的第 8.4 节偏重于计算基坑的涌水量和单一的帷幕结构。

基坑地基组成和特性很复杂时，比如对于岩石残积土和风化层的基坑或者是第四纪覆盖层的含水层很深时，上述条文无法解决这种复杂基坑的渗流稳定问题，特别是无法解决坑底地基土的抗浮稳定问题。

为此，笔者提出了基坑防渗体概念，也就是在地下连续墙或其他支护结构下部进行水泥帷幕灌浆或高压旋喷灌浆，用墙和帷幕组成基坑的防渗体，这是用上部结构来承受基坑的荷载。基坑下部承受的荷载逐渐变得很小，不必再浪费造价很高的混凝土和钢筋了，只需用帷幕来解决基坑的渗流稳定问题。这样，可以避免单纯采用地下连续墙底部伸入不透水层过深带来的施工困难，可大量节约工程投资。此概念对于第四纪覆盖层和岩石的基坑都是适用的，笔者更倾向于在岩石基坑中采用这种概念。比如现在很多地下连续墙深度超过了 60m，施工难度很大。在条件适宜的情况下，可以考虑采用上墙下幕的设计方案。

2. 关于地下连续墙的合理（经济）深度

由于基坑下部的地下连续墙应力变小，不一定配置钢筋。从防渗角度考虑，不需要强度很高的混凝土地下连续墙，只需要能够防止渗水的灌浆或高喷帷幕，满足渗流稳定要求即可。地下连续墙做多深，帷幕做多深，应通过技术经济比较，来选定一个地下连续墙合理深度，既满足基坑的防渗要求，又可节约投资。笔者认为，适当的地下连续墙深度和足够的防渗帷幕或降水措施结合起来，使得基坑工程的总体造价较少，对周边环境影响较小的总体方案，才应看作是合理的。这样的地下连续墙深度，才是地下连续墙的合理深度。

2.5.9　关于基坑降水（水位）的讨论

1. 原规程的提法

原规程的第 8.3.2 条要求“设计降水深度在基坑范围内不宜小于基坑底面以下 0.5m”。

2. 关于基坑降水的讨论

对上述规程提出的水位降幅，有必要进行一些探讨。

有人提出，在基坑开挖工程中，只要保持开挖土体自重大于水的浮托力（扬压力），即可继续向下挖土，而不必降水；甚至挖到基坑底部时，在其上保持 10m 以上的承压水头也无所谓！

如果只是开挖一条管道，基坑底部为较厚的黏性土时，保持一定的浮托力，未尝不可；但是，对于大型的深基坑来说，这样做的风险是很大的。在原本就不是连续的地基中，建造了防渗墙和支护桩，在坑内打大口径灌注桩和临时支撑桩、降水井、观测井以及勘探孔等，这些构筑物在基坑地基中穿了很多孔洞，而使承压水很容易沿着这些薄弱带向上突涌，酿成大事故。只有在坑底不透水层的厚度很厚，渗透系数很小，承压水头较小的情况下，才可考虑在坑底以上保持一定的承压水头。

还有一些工程在坑内大量抽水，导致坑外建筑物和道路管线过大的沉降开裂而发生了不少事故。

由此可见，对于大型的深基坑来说，必须根据基坑地层结构和地下水特性，来合理进行基坑的防渗和降水设计，因地制宜确定地下水的降水幅度。

3. 地铁接地线施工要求的地下水位

地铁基坑打接地孔时，应当考虑会不会把下面承压水带到地面（突涌）。有的工程坑底是不透水的黏性土层，打了一个直径不超过 6cm 的小钻孔，就导致基坑发生大量突水事故。此时应把地下水位降到不透水层的底板以下或者是降到上部黏性土能够压住承压水的浮托力的程度。

与此类似的情况是二级基坑的开挖。如果需要在大基坑内再开挖规模小一点的基坑，如电梯井等，也必须把地下水降到足够深度以下。

4. 残积土基坑的降水水位

当基坑底部位于花岗岩残积土中时，如果残积土属于黏质砂土或粉土（砂）类时，很容易受到上涌的承压水作用而发生流土流泥。此时应注意以下几点：

（1）基坑降水必须彻底，否则残余的少量地下水和很小的水头，就能造成残积土的崩解和泥化。当残积土为细粒土时，用大口井降水，不能完全排除其内部的水。

（2）鉴于承压水从残积土地基下部自下而上突涌时，对残积土的崩解和泥化影响最大，所以，降水的时候不应仅仅低于基坑底 0.5m，而应低于残积土层的底面以下。

（3）在基坑开挖时应设置足够数量的降水井，先把弱、强风化层内的承压水降低到足够深度之下，才能安全顺利下挖。不要仅仅在残积土表面挖沟明排，那样虽然可把基坑挖到底，浇注混凝土垫层，但是已经把残积土扰动了，导致地下连续墙的入岩深度减少了，地基承载力变小了，对墙的受力和变形不利。

与此相近的情况是，基坑底部坐在淤泥和淤泥质土或粉细砂（土）层中时，也应当把承压水降到这些地层以下或者是承压水不会造成破坏的深度。

5. 承压水基坑的降水水位

通常，承压水条件下的基坑，其允许降水幅度应当大一些。国外有规范要求降到坑底以下 2m，国内也要求降到 2m 以下，有时可能要降到不透水层的底部。

还有一种情况需要注意，就是基坑开挖时，把承压水的顶部不透水顶板挖掉了，而在几十米深范围内找不到不透水的底板。在这种情况下，基坑内部完全暴露在承压水作用之下。此时如何降水，需要通过基坑的总体设计方案和渗流计算来确定。

总之，基坑的降水水位，应当通过综合论证分析后确定。

2.5.10 小结

（1）原规程已不能适用于当前多层地基和承压水的深大基坑渗流稳定分析计算和设计。

（2）周边环境复杂时的深大基坑应以防渗为主，并应进行专门的基坑渗流分析和计算。

对于潜水的地下水深基坑，应进行贴壁渗流计算，以出口不发生渗流破坏（管涌或流土）为控制条件，来确定地下连续墙或防渗体的深度；对于承压水的深基坑，则应进行土体内部渗流稳定计算，以坑底土体自重与水的浮托力相平衡和内部渗流稳定为控制条件，来确定地下连续墙或防渗体的深度。

（3）承压水条件下深基坑应进行坑底抗突涌的稳定计算。

（4）建议加快进行基坑支护技术规程的修订工作。

（选自丛蔼森《地下连续墙设计施工与应用》和《深基坑防渗体的设计施工与应用》）

第 2 篇

Basic concept of foundation soil (rock) and underground

地基土（岩）和地下水的基本理论

第 3 章　地基土（岩）和地下水

3.1　概述

为了后面叙述方便，特在本章对土（岩）和渗流的基本概念加以介绍。这里只选择性地列出了一些与本书有关的结论，而很少牵涉其证明或阐述过程。

3.1.1　土的基本概念

自然界的土，是指分布在地球表面自然形成的松散堆积物。土的主要物质是岩石风化的产物，其次是地球生物残骸分解的产物，它们组成土体的固体部分。土体孔隙一般由水或空气充填，从而形成由固相、液相、气相组成的三相分散系。土体中的孔隙绝大部分是相互连通的，孔隙水或气体可以流动。

3.1.2　土的矿物成分和特性

黏土矿物是组成土体次生矿物数量最多的一类。不同的黏土矿物结构是由硅氧四面体和铝氧八面体以不同的比例组合而成的，通常称为层状结构矿物，主要类型有高岭石、蒙脱石、伊利石等。

单个的蒙脱石晶体由几层到十几层的晶胞组成，两层晶胞之间的连接力很弱，水分子容易进入晶胞之间。因此，蒙脱石的晶体是活动的，吸水后会膨胀，体积可增大数倍，脱水后又会收缩。

膨胀土黏土矿物中含有较多的蒙脱石。通常认为该含量大于 5%，土就具有膨胀性。

3.2　土的基本性能

3.2.1　土的物理性质和化学性质

土的物理性质和化学性质主要是指不同矿物成分的土颗粒与水相互作用反映出来的一些性质。它必然影响着土的工程性质，并可以对土的工程性质的形成和变化机理作出解释。本节仅就与渗流有关的物理性质和化学性质进行简单介绍。

1. 土粒间的相互作用

土体中的每个土颗粒都处于内力和外力的共同作用下。外力作用包括荷载和重力的作用，它引起土体的应力和变形；内力作用包括土颗粒内部的作用和土颗粒之间的相互作用，它影响着土的物理性质和化学性质。这些作用力包括离子静电力、毛细力、静电力和渗透斥力等。下面介绍一下渗透斥力。

根据溶质势的概念，溶有离子的水与纯水之间将产生渗透压力，浓度越大渗透压力越大。当两个颗粒在水中相互靠近时，由于双电层的影响，它的离子浓度要比不受双电层影响的自由水中的大，因此两个土粒之间的渗透压力就大于自由水中的渗透压力。这种压力差就是能使两个土粒相互排斥的渗透斥力，斥力的大小与两个土粒中间水的离子浓度与自由水的离子浓度差成正比，土粒相距越近，离子浓度差越大，斥力越大。同样距离时，双电层越薄，离子浓度越小，斥力越小；双电层越厚，斥力越大。可见，影响双电层厚薄的各种因素，如土的矿物成分、水的离子浓度、价数、介电常数、pH 值等都将影响渗透斥力的大小。

2. 土的结构

土的结构是指土颗粒或集合体的大小和形状、表面特征、排列形式以及它们之间的连接特征；而构造则是指土层的层理、裂隙和大孔隙等宏观特征，也称为宏观结构。土的结构对土的工程性质影响很大。土的结构与土的形成条件密切相关，大体上可分为单粒结构、片架结构和片堆结构三种主要类型。

其中，单粒结构是组成砂、砾等粗粒土的基本结构类型，颗粒较粗大，比表面积小，颗粒之间是点接触，几乎没有连接，粒间相互作用的影响可忽略不计，它是在重力作用下堆积而成的。自然界粗粒土的颗粒大小不一，自然孔隙比约为 0.35～0.91。松散结构的土在动力作用下会使结构趋于紧密，如果此时孔隙中充满水，则将产生附加孔隙水压力，使砂粒呈悬液状，称为液化。单粒结构土的工程性质，除与密实程度有关外，还与颗粒大小、级配、土粒的表面形状及矿物成分类型有关。

片架结构（分散结构）和片堆结构（絮凝结构）是黏性土的结构形式。

3. 黏土颗粒的表面特性与带电性

1）比表面积

一定质量的散粒体，颗粒越细，表面积越大；颗粒与球形差别越大，表面积越大。按我国土的分类标准，把黏土颗粒定义为粒径小于 5μm 的颗粒；胶体化学中称小于 0.1μm 的颗粒为胶体颗粒，具有巨大的表面积。黏土颗粒的表面往往带有一定的电荷，这些电荷具有吸引外界极性分子或离子的能力，称为表面能。同样质量或同样体积的土，表面积越大表面能也越大，重力作用相对减小。

通常采用比表面积来表征土的表面积大小。比表面积可以用单位体积土的颗粒具有的表面积来表示，单位是 cm^2/cm^3；也可以用单位质量土所具有的总表面积来表示，单位是 m^2/g。像蒙脱石这类矿物的晶胞间连接力很弱，不仅具有外表面，同时还有巨大的内表面。土中常见黏土矿物的比表面积见表 3-1。

常见黏土矿物的比表面积（m^2/g）　　**表 3-1**

矿物名称	比表面积	矿物名称	比表面积
蒙脱石	810（其中内表面积 700～760）	高岭石	7～30
伊利石	67～100	水铝英石	200～300

2）电动现象

电子或离子在电场作用下的定向移动现象，称为电动现象。极细小的黏土颗粒本身带有一定量的负电荷，在电场作用下向正极移动，这种现象称为电泳。水分子在电场作用下向负极移动，这是由于水中含有一定量的正离子（K^+、Na^+、Ca^{2+}、Mg^{2+}等），水的移动实际上是水分子随这些水化了的正离子一起移动，见图 3-1。这种现象称为电渗。

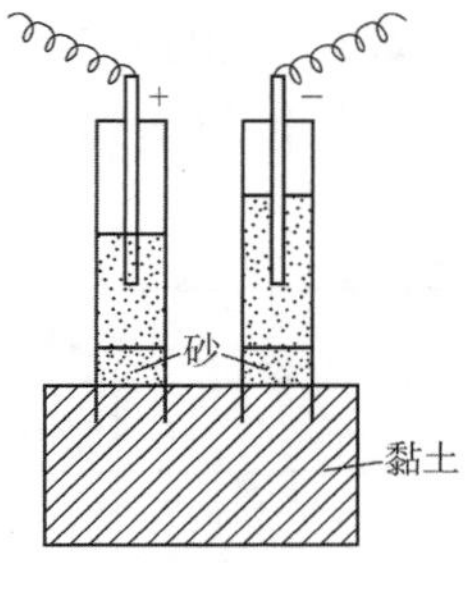

图 3-1　电动现象

电泳、电渗是同时发生的，统称为电动现象。根据电动现象的原理，可以用通电的方法来加固软黏土地基，进行边坡临时加固，或作为地下洞室开挖的临时稳定措施；用电渗法可使软土（淤泥土）的含水率降低，强度提高。这些方法在国内已有实际应用的例子。

3.2.2　土的基本力学性质

1. 土的黏性

土的黏性指土颗粒黏结在一起的性质，是黏性土的基本特征，它可以从抗剪强度中的黏聚力反映出来，其实质是土粒间各种作用力的综合体现。土的抗剪强度由摩擦力和黏聚力两部分组成。纯净的砂只有摩擦力而没有黏聚力，因其粒间作用力较之外力已小到可以忽略不计的程度，无黏性，故称为无黏性土。

土的黏聚力主要产生于如下作用中：

（1）结合水连接作用。

（2）胶结作用。

（3）毛细水及冰的连接作用。

土的黏性概念在本书中是个很重要的概念，对于理解地基的渗透特性很有帮助。

2. 土的塑性

黏性土随着含水量的变化可以处于不同的稠度状态——流态、塑态、固态。塑态时的土在外力作用下可以揉塑成任意形状而不破坏土粒间的联结，外力除去后能保持形状不变。黏性土的这种性质称为可塑性，也称为塑性。因此，黏性土也称为塑性土，无黏性的土就没有塑性。

不仅黏性土有固化黏聚力随时间增长的现象，胶结性不明显的砂土也有类似的黏聚力随时间增长的规律。

3. 黏性土的变形

黏性土受力作用后，其变形无论从宏观，还是微观观察，都表现出明显的不均匀性。

当黏性土的固化黏聚力还没有消失以前，或颗粒接触处的剪应力小于土体黏聚力（原始黏聚力与固化黏聚力之和）时，土体只会发生弹性变形。建筑物地基由于弹性变形产生的沉降很小。当土体受到较大压力使颗粒接触处的剪应力大于土体黏聚力时，土体将产生不可恢复的结构变形。

4. 土的膨胀性

（1）判定。《岩土工程勘察规范》GB 50021—2001 第 6.7.1 条规定：含有大量亲水矿物、湿度变化时有较大体积变化、变形受约束时产生较大内应力的岩土，应判定为膨胀岩土。膨胀岩土的自由膨胀率一般大于 40%。

（2）膨胀岩土的特殊试验项目：①自由膨胀率；②一定压力下的膨胀率；③收缩系数；④膨胀力。

3.2.3　土的分类

1. 按粒组划分（表 3-2）

粒组划分表　　　　**表 3-2**

粒组名称		粒径d范围（mm）	粒组统称
漂石（块石）粒		> 200	巨粒
卵石（碎石）粒		60～200	
砾粒	粗粒	20～60	粗粒
	细粒	2～20	
砂粒		0.075～2	
粉粒、黏粒		0.005～0.075	细粒
		< 0.005	

2. 土的分类和鉴定

（1）根据地质成因，土可划分为残积土、坡积土、洪积土、冲积土、淤积土、冰积土和风积土等。

（2）粒径大于 2mm、颗粒质量超过总质量 50%的土，应定名为碎石土。

（3）粒径大于 2mm、颗粒质量不超过总质量的 50%，且粒径大于 0.075mm、颗粒质量超过总质量的 50%的土，应定名为砂土。

（4）粒径大于 0.075mm、颗粒质量不超过总质量的 50%，且塑性指数小于等于 10 的土，应定名为粉土。

（5）塑性指数大于 10 的土应定名为黏性土。

黏性土根据塑性指数分为粉质黏土和黏土。塑性指数大于 10 且小于等于 17 的土，应定名为粉质黏土；塑性指数大于 17 的土应定名为黏土。

3. 土的特征粒径和特性参数

1）特征粒径

（1）d_{10}——有效粒径，小于该粒径的土重占总土重的 10%。哈增最早用它确定均匀细砂的渗透系数。

（2）d_{20}——等效粒径，小于该粒径的土重占总土重的 20%。在渗透性方面与粒径相同于d_{20}的均一土是等效的。

（3）d_{30}——分界粒径，小于该粒径的土重占总土重的 30%。土中小于或等于d_{30}的部分为填粒，大于d_{30}的部分为土的骨架。

（4）d_{60}——哈增最早提出的控制粒径，小于该粒径的土重占总土重的 60%。

（5）d_{70}——不均匀土中粗料开始起控制作用的粒径，小于该粒径的土重占总土重的 70%。

（6）d_{85}——太沙基的控制粒径，小于该粒径的土重占总土重的 85%。

2）特性参数

（1）不均匀系数C_u。$C_u = d_{60}/d_{10}$，是反映土的组成离散程度的参数，C_u越大表示土中包含的粒径级越多，粗细料粒径之间的范围较大，表示土越不均匀。它不能反映颗粒级配曲线的形状、类型及细料含量的多少。

（2）细料含量P是表示不均匀土中颗粒的孔隙被细颗粒填充程度的指标，以总土重的百分数计，一般以细粒占总重量的 30%作为界限指标。

3.2.4　几种特殊土

1. 分散性黏土

分散性黏土中的黏土矿物主要由蒙脱石、伊利石两种矿物组成。蒙脱石包括钙蒙脱石和钠蒙脱石。钙蒙脱石吸水膨胀到一定程度后停止，而钠蒙脱石则会继续膨胀水化，甚至分解成单个的晶胞，成为分散性土，而且在碱性环境中的分散度更高。

分散性黏土的胶粒（$d \leqslant 0.002$mm）含量高达 30%以上，其抵抗水流冲刷能力很差，钠蒙脱石的抗冲刷能力仅为 0.02～0.1m/s，而一般黏土可达到 0.5～2.7m/s。由此推测，分散性黏土的抗渗流冲刷的能力也是很差的。

2. 软土

1）软土的意义

《软土地区岩土工程勘察规程》JGJ 83—2011 规定，符合以下三项特征的即为软土：外观以灰色为主；天然含水率大于等于液限；天然孔隙比大于等于 1。

2）软土的物理力学性能

软土的土粒相对密度比一般黏土略小，天然含水率较高。软土的渗透系数小，一般小于 1×10^{-6}cm/s，竖向渗透系数小于水平渗透系数。孔隙比很大，压缩性很大。标贯击数很小，通常小于 2 击。

3）软土的性能指标范围

孔隙比$e = 1$～2.45；

含水率$w = 34\%$～89%或更大；

液限$w_L = 34\%$～65%；

压缩系数$a = 0.5$～23.3kPa^{-1}；

三轴不排水剪$\varphi \approx 0$，$c = 5$～25kPa；

垂直渗透系数$k_H = 1 \times 10^{-9}$～1×10^{-7}cm/s；

水平渗透系数$k_V = 1 \times 10^{-5}$cm/s（含薄层粉砂）。

3. 淤泥、淤泥质土

淤泥、淤泥质土是软土的一种，是一种经生物化学作用形成的黏性土。它含有有机质，天然含水率大于液限。当$e > 1.5$ 时称为淤泥；当 $1.0 < e < 1.5$ 时，称为淤泥质土。此外，还常常会遇到盐渍土、饱和粉细砂、灵敏性软土。有关饱和粉细砂的内容见本章第 3.8 节。

3.3　岩石的基本概念

3.3.1　岩石的分类

1. 按成因分类

岩石由多种矿物组成，也可由一种矿物组成。岩石按成因可分为岩浆岩（火成岩）、沉积岩（水成岩）和变质岩三大类。

1）岩浆岩

岩浆在向地表上升过程中，由于热量散失逐渐经过分异等作用冷凝而成岩浆岩。在地表下冷凝的称为侵入岩；喷出地表冷凝的称为喷出岩。侵入岩按距地表的深浅程度又分为深成岩和浅成岩。岩基和岩株为深成岩产状，岩脉、岩盘和岩枝等为浅成岩产状，火山锥和岩钟为喷出岩产状。

2）沉积岩

沉积岩是由岩石、矿物在内外力的作用下破碎成碎屑物质后，再经水流、风吹和冰川等的搬运、堆积，而后经胶结、压密等成岩作用在大陆低洼地带或海洋形成的岩石。沉积岩的主要特征是具层理。矿物成分除原生矿物外，还有碳酸盐类、硫酸盐类、磷酸盐类和高岭土等次生矿物。沉积岩的分类见表3-3。

沉积岩的分类　　表3-3

成因	硅质	泥质	灰质	其他成分
碎屑沉积	石英砾岩、石英角砾岩、燧石角砾岩、砂岩、粗砂岩、硬砂岩、石英岩	泥岩、页岩、黏土岩	石灰砾岩、石灰角砾岩、多种石灰岩	集块岩
化学沉积	硅华、燧石、石髓岩	泥铁石	石笋、石钟乳、石灰华、白云岩、石灰岩、泥灰岩	岩盐、石膏、硬石膏、硝石
生物沉积	硅藻土	油页岩	白垩、白云岩、珊瑚石灰岩	煤炭、油砂、某种磷酸盐岩石

3）变质岩

变质岩是岩浆岩或沉积岩在高温、高压或其他因素作用下，经变质而形成的岩石。原来的母岩经变质作用后，不仅矿物重新结晶，或变成新矿物，同时岩石的结构、构造也有变化，但一般情况下，仍保存着原岩的产状。

大多数变质岩具有片麻状、片状或片理，有的有变质矿物产生，这是识别变质岩的主要方法。

2. 按坚固程度分类

岩石按坚固程度的分类见表3-4。

岩石坚固性分类　　表3-4

类别	亚类	强度（MPa）	代表性岩石
硬质岩石	极硬岩石	＞60	花岗岩，花岗片麻岩，闪长岩，玄武岩，石灰岩，石英砂岩，石英岩，大理岩，硅质，钙质砾岩，砂岩等
	次硬岩石	30～60	
软质岩石	次软岩石	5～30	黏土岩、页岩、千枚岩、板岩、绿泥石片岩、云母片岩、泥质砾岩、砂岩、凝灰岩等
	极软岩石	＜5	

注：强度指新鲜岩块的饱和单轴极限抗压强度。

3. 按风化程度分类

岩石按风化程度的分类见表3-5。

岩石按风化程度的分类　表 3-5

岩石类别	风化程度	野外特征	风化程度参考指标		
			压缩波速度v_p（m/s）	波速比k_v	风化系数k_f
硬质岩石	未风化	岩质新鲜，未见风化痕迹	＞5000	0.9～1	0.9～1
	微风化	组织结构基本未变，仅节理面有铁锰质渲染或矿物略有变色，有少量风化裂隙	4000～5000	0.6～0.8	0.4～0.8
	中等风化	组织结构部分破坏，矿物成分基本未变化，仅沿节理面出现次生矿物。风化裂隙发育。岩体被切割成 20～50cm 的岩块。锤击声脆，且不易击碎，不能用镐挖掘，岩芯钻方可钻进	2000～4000	0.6～0.8	0.4～0.8
	强风化	组织结构已大部分破坏，矿物成分已显著变化。长石、云母已风化成次生矿物。裂隙很发育，岩体破碎。岩体被切割成 2～20cm 的岩块，可用手折断。用镐可挖掘，干钻不易钻进	1000～2000	0.4～0.6	＜0.4
	全风化	组织结构已基本破坏，但尚可辨认，并且有微弱的残余结构强度，可用镐挖，干钻可钻进	500～1000	0.2～0.4	—
残积土		组织结构已全部破坏。矿物成分除石英外，大部分已风化成土状，锹镐易挖掘，干钻易钻进，具可塑性	＜500	＜0.2	—
软质岩石	未风化	岩质新鲜，未见风化痕迹	＞4000	0.9～1.0	0.9～1.0
	微风化	组织结构基本未变，仅节理面有铁锰质渲染或矿物略有变色。有少量风化裂隙	3000～4000	0.8～0.9	0.8～0.9
	中等风化	组织结构部分破坏。矿物成分发生变化，节理面附近的矿物已风化成土状。风化裂隙发育。岩体被切割成 20～50cm 的岩块，锤击易碎，用镐难挖掘。岩芯钻方可钻进	1500～3000	0.5～0.8	0.3～0.8
	强风化	组织结构已大部分破坏，矿物成分已显著变化，含大量黏土质黏土矿物。风化裂隙很发育，岩体破碎。岩体被切割成碎块，干时可用手折断或捏碎，浸水或干湿交替时可较迅速地软化或崩解。用镐或锹可挖掘，干钻可钻进	700～1500	0.3～0.5	＜0.3
	全风化	组织结构已基本破坏，但尚可辨认并且有微弱残余结构强度，可用镐挖，干钻可钻进	300～700	0.1～0.3	—
残积土		组织结构已全部破坏，矿物成分已全部改变并已风化成土状，锹镐易挖掘，干钻易钻进，具可塑性	＜300	＜0.1	—

注：1. 波速比（k_v）为风化岩石与新鲜岩石压缩波速度之比。
2. 风化系数（k_f）为风化岩石与新鲜岩石饱和单轴抗压强度之比。
3. 岩石风化程度，除按表列野外特征和定量指标划分外，也可根据地区经验按点荷载试验资料划分。
4. 花岗岩强风化与全风化、全风化与残积土的划分宜采用标准贯入试验，其划分标准分为强风化（$N \geqslant 50$）、全风化（$50 > N \geqslant 30$）、残积土（$N < 30$）。

3.3.2　岩石的基本性能

1. 概述

岩土工程是一门以岩土力学为理论基础的综合性学科，它研究与岩土有关的工程技术问题，包括岩土工程勘察、设计与施工以及运行使用阶段的各种岩土工程问题。无论在哪一阶段，岩土工程技术工作都离不开对岩土的力学性状的试验研究、评价与预测。

岩土的力学性状问题涉及的面很广，它与试验有关，也与计算有关，全面地论述这个问题应包括对岩土的本构关系的讨论，这就涉及各种类型的本构模型。本章只讨论岩土力学性状的一些基本概念、特征以及经验数据。

2. 岩土体的原始状态

岩土体的原始状态，指岩土体在开挖卸载或加载以前的起始状态，包括物理状态和应力状态。通常情况下是指岩土体在天然埋藏条件下的物理状态和应力状态；但也可以理解为进行某项工程活动以前的原始状态，这种状态可能已受人类工程活动的影响，如老建筑物修复加固时土的原始状态就不是天然状态，又如工程活动产生的环境效应可能已改变了岩土体的天然状态。

1）岩体结构

岩体的原始物理状态主要是指岩体中存在的构造特征的类型及其重要性质。岩石之所以有别于许多其他工程材料，就在于它包含了使其结构不连续的各种类型的破裂面。因此，必须将岩石单元或岩石材料与岩体明确地区别开来。岩石材料是用于描述不连续面之间的完整岩石的术语。它可由供室内研究之用的试件或一段钻孔岩芯来表示。岩体是指含有层面、断层、节理、褶皱和其他构造特征的总体的原位介质。岩体是非连续的，并常具有非均质和各向异性的工程性质。

岩石质量指标是在确定不连续面间距时引入的一个概念，它由所钻取的岩芯来确定，并由下式给出：

$$\mathrm{RQD} = (100\sum x_i)/L \tag{3-1}$$

式中　x_i——长度大于等于10cm的岩芯长度（m）；

L——钻孔进尺总长度（m）。

根据岩芯或一个露头上进行不连续面间距测量的结果，采用下式可以估算岩石质量指标：

$$\mathrm{RQD} = 100\mathrm{e}^{-0.1\lambda}(0.1\lambda + 1) \tag{3-2}$$

当λ值在每米 6～16 范围内时，可以发现利用下列线性关系得出的岩石质量指标与实测的岩石质量指标值非常接近：

$$\mathrm{RQD} = -3.68\lambda + 110.4$$

贯通度、粗糙度和张开度是描述不连续面的参数，对岩体的工程性质有很大的影响。贯通度是用于描述一个平面中不连续面的面积范围或尺寸的术语，通过观察露头上不连续面的迹线长度可粗略地对贯通度进行定量，它是岩体最重要的参数之一，但又是最难确定的参数之一。

2）原岩应力状态

地下结构设计与地表结构设计的不同之处在于作用在结构上的荷载的性质不同。一般的地表结构，它的几何条件及工作状态规定了作用在结构上的荷载。但对于地下结构，岩石介质在开挖之前就受到初始应力的作用。作用在地下结构上的荷载，既取决于开挖所诱发的应力状态，也取决于原岩的应力状态。因此，确定原岩应力状态就成为研究岩体的十分重要的内容。

3.3.3　残积土和风化带

1. 概述

深基坑大多位于岩石的残积土和风化带内，本节将详细阐述岩石残积土和风化带内的深基坑渗流问题。

2. 残积土和风化岩的定义和划分标准

1）残积土和风化岩的定义

岩石在风化营力作用下，其结构、成分和性质已产生不同程度变异的应定名为风化岩。已完全风化为土状而未经搬运的，应定名为残积土。

不同气候条件下和不同类型的岩石具有不同的风化特征。比如湿润气候以化学风化为主，而干燥气候则以物理风化为主。花岗岩多沿节理面风化，风化厚度很大，且以球状风化为主；而层状（沉积岩）岩多受岩性控制，风化特性各有不同。

风化岩与残积土都是新鲜岩层在物理风化作用和化学作用下形成的物质，可统称为风化残积物。风化岩与残积土的主要区别是因为岩石受到的风化程度不同，使其性状不同。风化岩受风化程度较轻，保存的原岩性质较多，而残积土则受到风化的程度极重，极少保持原岩的性质。风化岩基本上可以作为岩石看待，而残积土则完全成为土状物。两者的共同特点是均保持在原岩所在的位置，没有受到搬运营力的水平搬运。

2）风化岩和残积土的划分标准

对风化岩和残积土的划分，可采用标准贯入试验或无侧限抗压强度试验，或采用波速测试或者其他方法，并根据当地经验和岩土特点确定。

岩石的风化程度可参考表 3-5。

3）花岗岩残积土与风化岩的划分

花岗岩残积土与风化岩的划分可按下列准则之一进行：

（1）标贯击数

$N < 50$ 击，为残积土；

50 击 $\leqslant N < 200$ 击，为强风化岩；

$N > 200$ 击，为中风化岩。

（2）风干试验的无侧限抗压强度q_u

$q_u < 800$kPa 为残积土；

$q_u \geqslant 800$kPa 为风化岩。

（3）剪切波速v_s

$v_s < 400$m/s，为残积土；

$v_s \geqslant 400$m/s，为风化岩。

4）花岗岩残积土的测试

为求得合理液性指数，应测试其中细粒土（粒径小于 0.5mm）的天然含水率w_f、塑性指数I_P、液性指数I_L。试验时应先筛去粒径大于 0.5mm 的粗颗粒。

对残积土，应进行湿陷性和湿化试验。

由于气候湿热，接近地表的残积土受水的淋滤作用，氧化铁富集，并稍具胶结状态，形成网纹结构，土质比较坚硬。而其下部强度较低。再往下则因风化程度减弱而强度逐渐增加。

3. 残积土的主要性能

在此以广州地铁3号线北延线的燕塘站、南方医院和同和站的花岗岩残积土和风化带为例，来了解一下它们的主要性能。

1）已有研究成果

通过对现场调查、已搜集的广州地铁历年勘探试验资料及本次钻探取样和一系列试验结果资料的分析整理，并进行了一系列定性分析与定量研究，取得的一些成果和规律性认识，现总结如下：

（1）花岗岩残积土属于第四系风化土类型（Q^{el}），分布于广州市的北部及东南部，主要涵盖广州市区2～6号地铁线路的部分区段。花岗岩残积土一般厚度5～15m，越秀山北侧风化土厚度最大，达32m。其分布与花岗岩和混合花岗岩母岩分布密切相关。这两种母岩分布于广州市区东北及东南。

（2）依据产出地质环境不同，广州地区花岗岩残积土有隐伏和出露两种产出类型。隐伏型花岗岩残积土一般位于第四系海陆交互相沉积层之下。出露型花岗岩残积土位于残丘和台地之上和其边缘。隐伏型花岗岩残积土含水层因其上覆有淤泥、黏性土和人工填土作为隔水层，其中的孔隙水具微承压性。

（3）根据广州地区的勘察资料显示，研究区内的花岗岩残积土按母岩类型不同分为$⑤_H$花岗岩残积土和$⑤_Z$混合花岗岩残积土两大类，每大类按照土的可塑性状态分为可塑性和硬塑性残积土两层，即$⑤_{H-1}$和$⑤_{H-2}$。其中主要包含三类土：黏性土、砂质黏性土和砾质黏性土。

（4）花岗岩残积土的土质类型较多，包括砂土、粉土和黏性土及其各亚类，据广州地铁勘察资料分析，包括砾砂、粗砂、中砂、粉砂、粉土、粉质黏土和黏土。不管是花岗岩残积土还是混合花岗岩残积土，都以粉质黏土分布最广，其次为粉砂。其他几类土分布不广，有的呈透镜状零星分布。

（5）花岗岩残积土各类土内部无沉积纹理和层理，各类土间呈渐变过渡，不存在划分土的类型的天然界线，这是花岗岩残积土分类不一致的重要原因，也是与冲积、洪积和坡积等成因的土体存在根本差异的地质特征。

（6）在地壳活动稳定、外动力侵蚀剥蚀作用微弱、风化壳保存完好的条件下，通常花岗岩残积土铅直剖面上的分布特征是：上部以细粒土为主，下部以砂土为主，不同类型土的界线大致与地表平行。

（7）广州地区花岗岩残积土中次生矿物主要为高岭石和伊利石，未见亲水性特别强的蒙脱石。试验表明，研究区花岗岩残积土自由膨胀率较低，不属于膨胀土。

（8）根据室外试验和室内崩解试验，花岗岩残积土具有不同程度的崩解性。一般粉砂土崩解性较强，黏性土崩解性较弱至无崩解性。另外，花岗岩残积土的崩解性与土中裂隙发育程度有关，裂隙发育者的崩解性比裂隙不发育者强。

（9）花岗岩残积土以中等压缩性为主，其次是高压缩性土。其中，砂类土以中等压缩性为主，具高压缩性者主要为黏性土。土的类型由粗至细，其压缩模量具有由大到小的特点。

（10）花岗岩残积土具有显著的软化特性，随着含水率的增加，其强度降低、压缩性增大。土体含水率的增加，使得土体中起胶结作用的游离氧化物的溶解量随之增加，从而导致土体强度降低、压缩性增大。

（11）花岗岩残积土抗扰动性较差。

（12）花岗岩残积土粒组成分和矿物成分具有明显的不均匀性，土体结构复杂，工程性质差异大。

（13）多次到正在开挖的基坑中实地考察，发现⑤$_{H-2}$、⑥$_H$、⑦$_H$的土的含量很小，土体很干燥，能够保持垂直坡坎而不塌。

在受到外来的地表和向上涌出的承压水的作用下，土体很快被泥化，泥泞一片。

2）对残积土定名的认识

根据规范要求，残积土的塑性指数是用小于 0.5mm 的颗粒（燕塘站约为 30%）进行试验而得到的，不是全部颗粒的性能，所以它不能完全代表这种土的真正特性。如果综合考虑一下，燕塘站的这种残积土的总体塑性指数应当小于 10，详见表 3-6。规范规定，当粒径大于 0.075mm 的颗粒含量不超过总重的 50%且塑性指数小于等于 10 时，应定名为粉土。本勘察报告提出的“砂质黏性土”是不符合实际情况的，给人以误导，不宜采用此称呼。

燕塘站地层特性对比表　表 3-6

地层	含水率（%）		粉粒平均（%）	黏粒平均（%）	d_{50}	不均匀系数C_u	塑性指数I_P
	平均	最小					
④$_1$	33.3	16					17.4
⑤$_{H-1}$	32.8	26.1	50.8	13.3	0.032	10.05	14.6
⑤$_{H-2}$	32.4	20.9	47.7	10.6	0.047	25.7	13.7
⑥$_H$	25.6	16.8	43.9	12.9	0.051	38.33	13.4
⑦$_H$	23.9	11.5	39.9	9.8	0.132	61.76	12.6

注：塑性指数值不是全部土体的，只是小于 0.5mm 的土粒的试验值。

从表中可以看出，残积土和⑥$_H$、⑦$_H$风化层的黏粒含量比较小，而砂粒和粉粒含量之和超过了 85%，所以这种土更接近于砂性土。从不均匀系数来看，随风化程度减弱而增加。从渗流观点来看，这种土是容易发生管涌或流土的土类。

从矿物成分来看，也不是膨胀土。这种土遇到外来流水的冲刷后，就会发生崩解、泥化现象。

3.4　地下水

3.4.1　地下水分类

地表以下的水，不论是岩土孔隙或裂隙中的水，还是土洞或溶洞中的水，统称地下水。

按照地下水的埋藏条件，地下水可分为包气带水、潜水和承压水。包气带水是地下水位以上到地表之间的水，对地下工程的影响不大，不在本书讨论之内。现将潜水和承压水叙述如下。

1. 潜水

地表以下具有自由表面的含水层中的水，叫作潜水。潜水一般埋藏在第四纪的松散沉积层或岩石风化层内。

潜水接受大气降水、地表水的补给，在重力作用下，潜水从位置（高程）高的地方向低处渗流。潜水水位受气候变化的影响而变化。潜水与河水有互相补给的作用。

2. 上层滞水

在潜水面之上存在局部隔水层（黏土或黏性土）时，其上部聚积的具有自由水面的重力水，叫作上层滞水。上层滞水分布最接近于地表，接收大气降水的补给，在城市则因上、下水道漏水而产生补给。因此，上层滞水的动态变化与气候、局部隔水层厚度及分布范围有关，也与城市上下水道管网的运行状态有关。

3. 承压水

充满于两个隔水层之间的含水层中的水，叫承压水。它承受一定的静水压力。当揭穿隔水层顶板后，承压水将上升到顶板以上一定高度，此高度就是压力水头。如果不揭穿此隔水层，则此高度就称为该层承压水的势能高度。此时高出顶板（底）以上的那个高程叫作自由水位。这里要说明的是，如果不揭穿隔水层，则此水位处并没有地下水；只是在打钻孔或降水井后，承压水才上升到此处，表现为真实的水。

承压水受到隔水层的限制，它与大气圈、地表水圈联系较弱，年度水位变化较小。

3.4.2 地下水特性

1. 岩土的水理特性

岩土的水理性质是指岩土与水相互作用时岩土显示出来的各种性质，主要有以下几种。

（1）容水性：岩土的容水性是指常压下岩土孔隙中能容纳一定水量的性能，以容水度表示。容水度即为岩土孔隙中能容纳水量的体积与该岩土总体积之比。当岩土的孔隙全部被水充满时，则水的体积即等于孔隙的体积。因此，除膨胀性岩土以外，岩土的容水度在数值上与孔隙率相近似。

（2）持水性：饱水岩土在重力作用下排水后仍能保持一定水量的性能称为岩土的持水性，以持水度表示。持水度是指饱水岩土在重力作用下释水后，所能保持水量的体积与该岩土总体积之比。按保持水形式的不同，持水度可分为分子持水度和毛细水持水度。

（3）给水性：指在重力作用下饱水岩土从孔隙中能自由流出一定水量的性能，以给水度表示。给水度指常压下饱水岩土在重力作用下流出来的水体积与该岩土体积之比。各类岩土的给水度的一般值见表3-7。

岩土的给水度 **表3-7**

岩土名称	给水度	岩土名称	给水度
砾砂	0.30～0.35	粉砂	0.10～0.15
粗砂	0.25～0.30	粉质黏土	0.10～0.15
中砂	0.20～0.25	黏土	0.04～0.07
细砂	0.15～0.20	泥炭	0.02～0.05

（4）毛细管性：指松散岩土中能产生毛细管水上升现象的性能，通常以毛细管水上升高度、毛细管水上升速度和毛细管水压力来表示。松散岩土毛细管水上升最大高度见表3-8。

松散岩土毛细管水上升最大高度 h_e　表 3-8

土的名称	粗砂	中砂	细砂	粉土	粉质黏土	黏土
h_e（cm）	2～4	12～35	35～120	120～250	300～350	500～600

各类松散岩土毛细管上升高度室内、野外均可测定，但数值差别较大，故最好是野外测定。

（5）透水性：指在水的重力作用下，岩土容许水透过自身的性能，通常以渗透系数表示。

岩土渗透性的强弱首先取决于岩土孔隙的大小和连通性，其次是孔隙度的大小。松散岩土的颗粒越细，越不均匀，则其透水性便越弱。坚硬岩土的透水性可用裂隙率或岩溶率来表示。同一岩层在不同方向上也往往具有不同的透水性。

岩土透水性的强弱可根据岩土的渗透系数k的值划分（表 3-9）。

透水性按渗透系数 k 的分类　表 3-9

类别	强透水	透水	弱透水	微透水	不透水
k（m/d）	> 10	1～10	0.01～1	0.001～0.01	< 0.001

2. 水在岩土中的存在形式

自然界岩土孔隙中赋存着各种形式的水，按其物理性质的不同可分为气态水、吸着水、薄膜水、毛细管水、重力水和固态水等。

（1）气态水。呈气体状和空气一起充填在非饱和的岩土孔隙中的水称为气态水。它可由湿度相对大的地方向小的地方移动。岩土温度降低到露点时，气态水便凝结成液态水。

（2）吸着水。被分子力吸附在岩土颗粒周围形成极薄的水膜称为吸着水，其吸附力高达一万个大气压，故又称为强结合水。该水的密度比普通水大一倍左右，可以抗剪切，但不传递静水压力，−78℃时仍不结冰。在外界土压力作用下，吸着水不能移动，但在用 105℃的温度将土烤干并保持恒温时，可将吸着水排除。黏性土仅含吸着水时呈现为固体状态。砂土也可含有极微量的吸着水。

（3）薄膜水。受分子力的作用包围在吸着水外面的一薄层水称为薄膜水，也称为弱结合水。其厚度大于吸着水的厚度。薄膜水在外界土压力下可以变形，可以由膜相对厚处向薄处移动，其抗剪强度较小。因蒸发薄膜水可由土中逸出地表，薄膜水可被植物根吸收。

黏性土的一系列物理力学性质都与薄膜水有关。砂土由于颗粒的比表面积较小以及其他原因，薄膜水含量甚微，可忽略不计。

（4）毛细管水。由于毛细管力支持充填在岩土细小孔隙中的水称为毛细管水。它同时受毛细管力和重力的作用，当毛细管力大于水的重力时，毛细管水就上升。因此，地下水面以上普遍形成一层毛细管水带。毛细管水能垂直上下运动，能传递静水压力。

（5）重力水。在重力作用下能在岩土孔隙中运动的水称为重力水，即常称的地下水。它不受分子力的影响，可以传递静水压力。

毛细管水和重力水又称为自由水，均不能抗剪切，但可传递静水压力，密度为 $1g/cm^3$左右。

（6）固态水。常压下当岩土体温度低于零度时，岩土孔隙中的液态水（甚至气态水）凝结成冰（冰夹层、冰锥、冰晶体等），称为固态水。固态水在土中起到胶结作用，可以形成冻土，提高其强度。因为岩土孔隙中的液态水转变为固态水时其体积膨胀，使土的孔隙增大，结构变得松散，故解冻后的土压缩性增大，土的强度往往低于冻结前的强度。

3. 土中水的能量

自然界的土连同孔隙中的水和气，可以看作是一个土水体系。土中水与其他物质一样，同样具有不同形式和数量的能量。若只考虑机械能，即势能和动能，由于土中水的运动速度很小，可以忽略动能的影响，只需考虑水的势能。这种势能取决于水所处的位置（高程）和内部条件，它是影响水的状态和运动的主要原因。土中水的能量就是指土中的势能，简称土水势。

饱和土中孔隙水的稳定渗流、非饱和土中的水分转移都是水从势能高处向势能低处的运动。当土体中各点的势能相等时，土中水就处于静态平衡状态。

土体内不同点的势能差就是孔隙水运动的动力，这种动力可能由各种因素引起，如重力作用，压力作用，土粒、水和空气界面上的张力作用，土中矿物成分对水的吸引力，水中离子浓度变化等，这些势能的代数和称为总的土水势。据此又把总土水势分成以下几个分量，即重力势、压力势、基质势、溶质势和荷载势。不同条件下，土水势的各个分量的组合是不一样的。

土水势的单位有以下三种，即单位质量水的势能、单位容积水的势能和单位重量水的势能。其中，单位重量水的势也叫重量势，它的单位为 m 或 cm，实际就是水头的概念。

3.4.3 地下水的作用

地下水作为土（岩）体的组成部分，直接影响着土（岩）的性状和动态变化，同时也就影响了建筑物的稳定性和耐久性以及安全性。

地下水对土岩体和建筑物的作用，可分为以下两个方面。

1. 力学作用

1）浮托作用

（1）由于抽排、集水和回灌引起地下水位或水压的变化，从而造成地面沉降或上浮。

（2）由于承压水的顶托作用，使基坑底部地基土体隆起、开裂或流土。

2）动水力（渗透水压力）作用

动水力表现为渗流。渗流可造成土体的流砂、流土、管涌破坏。

对于深基坑来说，坑底地基的渗流出口坡降超过允许值以后，就会发生管涌破坏。

3）静水压力

静水压力主要是指作用在基坑支护结构上面的水平静水压力，是支护结构上的主要荷载。当基坑存在渗流时，则产生动水压力，使坑外水压力减小，而坑内的水压力会增大。渗流也会使坑内外的土压力发生变化。

2. 地下水的物理化学作用

（1）含水率减少，可能会造成黏土（黄土）干裂、崩塌，使一些弱胶结的岩石崩溃失稳。

（2）含水率增加，会导致黏土的膨胀破坏；黄土泡水后会使原有稳定结构变弱；含水率过大会使砂土地基失去承载力。

（3）地下水能使土岩体中的石膏、石灰等溶解，会造成地下连续墙或其他构筑物混凝土或水泥的化学溶蚀；当溶解（溶蚀）作用不断加大后，可能造成可溶物的大量流失，形成所谓的化学潜蚀。

3.4.4　地下水对基坑工程的影响

1. 在降水和开挖过程中

基坑开挖之前的一段时间（一般不少于 15～30d），应进行先期排（降）水工作。在这期间，由于地基土中的孔隙水被排走，地基土被压缩，会产生较大的沉陷（降）变形，导致建筑物基础下沉，基坑周边的管线也会发生不同程度的沉降；同时，在地下水抽水影响半径范围内，沉降会从基坑边向外扩展。

随着基坑不断向下开挖，降水工作持续进行，上述沉降会持续加大，并且在水平土压力和水压力作用下，基坑支护结构（地下连续墙）会产生向坑内的水平位移和转动。当开挖快接近设计坑底时，基坑的变形和位移可能达到最大值，可能发生支护结构的破坏（通常是踢脚、抗倾覆和圆弧滑动等）。

挖到基坑底部时，如果渗流控制失误，则可能造成坑底地基土的管涌、流土（流砂）和隆起。如果是承压水地基，则坑底可能出现承压水突涌和隆起。

2. 地下水对混凝土垫层和混凝土底板的影响

由于承压水的突涌和顶托作用，可能使已经浇注的混凝土垫层和混凝土底板抬动、上浮或倾斜。

如果发生水泵失去动力（失电）或者由于井的滤水管堵塞，造成水泵停开，地下水位上升，则可能使垫层和底板抬动或倾斜。

还有一些工程，在基坑混凝土底板刚刚浇注完就停止了抽水，致使地下水从混凝土底板的裂缝中排出，有的把白色的氢氧化钙液体都带出来了，使底板的防渗性能完全丧失。

3. 运行期地下水的影响

建筑物建成运行后，地下水的影响有以下几个方面：

（1）由于设计、施工质量控制不严格，从一些止水接缝中漏水，或者从混凝土内部渗、漏水。

（2）由于邻近建筑物施工降水，导致本身建筑物和地基偏斜、沉降。

4. 地下水位突然变化的影响

在施工过程中和运行过程中，都有可能出现地下水位突然上升或下降现象。例如，1995 年北京市的官厅水库放水，引起北京从西向东的地下水位上升，上升幅度达到 2～3m。因此曾造成西客站某基坑底板上浮，中关村某个正在开挖的基坑冒水。而在东三环昆仑饭店附近的某基坑，改变了原来的渗井降水方案，重新在条桩（支护墙）间采用高压摆喷止水和在坑底打井降低承压水的方案。

3.4.5　岩石中的地下水

1. 概述

岩石中的地下水分布和变化规律比较复杂，这里只是介绍一下目前深基坑工程中常见的残积土和风化岩的地下水（潜水和承压水）的基本情况。

2. 残积土和风化岩中的地下水

基岩含水层通常可分为孔隙含水层、裂隙含水层和岩溶含水层。这里研究的是岩石表层风化层和残积土中的孔隙含水层，叫作风化裂隙水。

花岗岩风化岩和残积土中的地下水及其渗透性，因岩性和风化程度不同而有很大区别。例如，在粗粒花岗岩地区，它的表层风化产物多为砾砂、中粗砂，很少有黏性土生成；而在一些细粒火成岩的表层则会生成砂质黏性土或砾质黏性土，其透水性很小。

岩石的全风化层，风化破碎，结构基本破坏，此层接近于土状风化。而在强风化层和弱（中）风化层中，岩石结构大多破坏，切割成块状，充填物比较少。

在这种情况下，地下水的分布也是不一样的。其中，强、弱风化层的地下水的透水性常常很大，如在广州可达$K = 2$～4m/d，相当于砂子的透水性。而在全风化和残积土中，则由于黏性土成分较多，渗透系数K往往很小，为0.05～0.15m/d。

由于表层残积土的隔水作用，使得强、弱风化层中的地下水变成承压水，且富水性好。在粗粒花岗岩的表层为中粗砂的情况下，基岩风化层中不会形成承压水。但如果上部第四纪有黏性土作隔水层的话，仍可形成承压水状态。

由于岩体构造的不均匀性，存在着很多断层、裂隙、节理和软弱面等，所以岩体中的地下水更具不均匀性和方向性。

残积土和风化带中地下水的存在方式有潜水和承压水两种。这里要指出的是，当岩石表层的残积土层和其下的一部分全风化层为砾质黏性土时，其透水性很小，此时下面的强风化带或中风化带中的地下水就可能成为承压水。

3.5 土的渗透性

3.5.1 基本概念

1. 土中渗流的特点

土体是一个包括土颗粒、水和空气的三相体系。对处于地下水位之下的饱和土体来说，土体变为土颗粒和水的二相体系。由于土体中孔隙的存在（在某些特殊土中还可能同时存在裂隙空间，如岩石风化层和黄土中的裂隙），使得在水头差作用下，水可以通过土体中的孔隙或裂隙产生流动，这种现象通常称为渗流。土体被水透过的性能就称为土体的渗透性。土体渗透性的大小，取决于土体中孔隙或裂隙空间分布的状况和通过流体的性质。在此只讨论透过孔隙的水产生的渗流。土的渗透性与它的强度和变形特性一样，都是土力学中研究的主要力学性质，在土木工程的各个领域都有重要的意义和广泛的应用。

渗流问题是岩土工程中一个重要的课题，如边坡中的渗流、堤坝中的渗流、地基中的渗流，以及基坑渗流等（图3-2）。土体渗流研究的目的就在于研究土体中的渗流运动规律和渗流场的分布状况，确定水头、渗透坡降、渗流量、渗透水压力、渗流力等渗流要素，并判别渗流破坏的可能性及提出合理的防治措施。工程中常见的砂沸、流土、管涌等岩土破坏现象皆与土的渗流有关。渗流对土体的强度、变形还有重要的影响，如土体固结的快慢、荷载作用下土体中有效应力随时间的增加规律、荷载作用下强度的变化情况等皆与土体的渗透性有关。

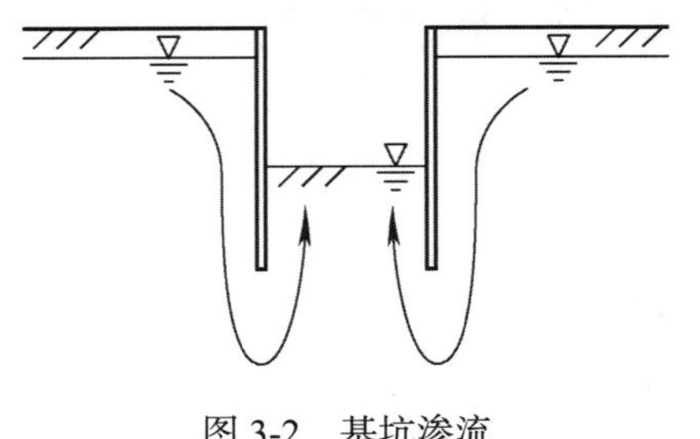

图3-2 基坑渗流

2. 渗透与渗流条件的简化

赋存地下水的孔隙土层或裂隙岩石称为多孔介质或裂隙介质。地下水在多孔介质或裂隙介质中的运动称为渗透。由于孔隙或裂隙的形状、大小、连通性不同，地下水在各个部位的运动状态各不相同。因此，无法直接研究个别液体质点的运动规律。从实用观点来看，只需研究孔隙或裂隙中流体的平均运动规律。假设用充满整个含水层（包括全部孔隙和岩石颗粒所占有的全部空间）的假想流体来代替只在孔隙内流动的真实水流，且假想流体具有下列性质：

（1）通过任意断面的流量与真实水流通过这一断面的流量相等。

（2）某一断面上的压力或水头与真实水流相等。

（3）在任意岩石或土层中所受的阻力与真实水流所受的阻力相等。

满足上述条件的假想水流称为渗透水流，简称为渗流。假想水流所占的空间区域称为渗流区或渗流场。为了描述渗流的特征，采用一些物理量如流量、流速、水头等来说明。

3. 渗透速度与实际流速

垂直于渗流方向的孔隙中充满着地下水的岩石或土层断面称为过水断面。整个过水断面的面积既包括孔隙的面积也包括岩土颗粒所占的面积。按渗流的特点不同，其形状可以是平面也可以是曲面。渗流在此断面上的平均流速称为渗透速度或渗流速度ν，即

$$\nu = Q/\omega \tag{3-3}$$

式中　ω——过水断面积（m^2）；

Q——渗流量（简称流量），即单位时间内通过过水断面ω的渗流体积（m^3/s）。它与真实水流通过同一过水断面的流量相等；

ν——渗透速度（m/s 或 cm/s）。

渗透速度是一种假想流速，它与实际地下水流在岩石孔隙间的实际平均流速不相等，它们之间的关系为

$$\nu = n\nu' \tag{3-4}$$

式中　n——岩石或土层的孔隙度；

ν'——实际平均流速。

3.5.2　土的渗透性和达西定律

1. 土体的渗透特性

1）土体的渗透特性

土体结构包括土体颗粒的排列方式及其颗粒之间的相互作用力。对于无黏性土来说，土体颗粒的排列方式主要受土颗粒自重作用控制，影响渗透性的主要因素是土体颗粒的级配与土体的孔隙率；而对于黏性土来说，土体颗粒的排列方式主要受土颗粒之间的相互作用力控制。土体渗透性除受土体的颗粒组成、土体孔隙率影响外，还与土颗粒的矿物成分、水溶液的化学性质有关。黏粒表面存在吸着水膜，会直接影响黏性土的渗透特性，该部分的水在通常条件下不能发生流动，对土体渗透性是不起作用的。此外，不连通孔隙中的水也不能发生流动，对土体渗流也是无效的。因此，在研究土体渗透性时，应采用土体的有效孔隙率。不特别指明的情况下，本书所指孔隙率即为有效孔隙率。土体的渗透特性还与通过的流体有关，其密度、黏滞性等直接影响土体的渗透能力。

2）连续介质假定

严格来说，土体渗流只发生在土颗粒之间的孔隙中，土体的渗透特性应该表现为非均质性和非连续性。但是为研究问题方便，常将水假想成充满整个介质空间，采用连续介质理论来分析。这就存在尺度效应的问题。只有研究范围达到一定的尺度空间，才可以将土体近似为连续介质。

通常所指渗流是基于宏观平均意义的、连续介质理论，渗透流速是指整个土体断面上的平均流速，而不是通过孔隙的实际流速。

2. 达西渗透定律

1）达西渗透试验

达西渗透定律是由法国工程师达西根据直立均质砂柱模型渗流试验成果提出的。试验装置如图3-3所示。由于砂柱顶底端之间存在水头差，水就透过砂体孔隙从顶端流向底端，当形成稳定渗流场后，测得通过砂土的流量Q大小与水头差（h_1-h_2）成正比，与过水断面面积A成正比，但与砂柱长度L成反比，可表示为

$$Q=KA(h_1-h_2)/L \tag{3-5}$$

式中 K——渗透系数（cm/s或m/d）。

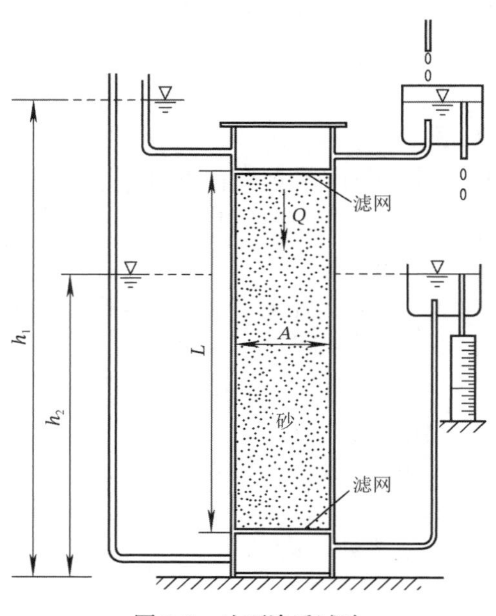

图3-3 达西渗透试验

如果定义渗透流速为整个过水断面上的平均流速，即$Q=\nu A$，并考虑到$i=(h_1-h_2)/L$为渗透坡降，则上式可简化为

$$\nu=Ki \tag{3-6}$$

式中 ν——渗透流速（cm/s或m/d），指整个过水断面上的平均流速；

i——渗透坡降，表示沿流程的水头损失率；

K——渗透系数（cm/s或m/d），表示单位渗透坡降时的渗透流速，是表征土体渗透性大小的重要参数。

渗透系数是反映土的颗粒组成、结构、紧密程度、孔隙大小等因素的综合指标。通过渗透系数可以确定土的一些其他性质，如黏性土的孔隙、平均直径和破坏渗透坡降等。对于无黏性土来说，土的渗透破坏坡降随着渗透系数的加大而变小。

式(3-6)即为著名的达西渗透定律，首次确立了渗透水流在土体中的流动速度与渗透坡降和土的性质这三者之间的相互关系。

注意：这里所指流速ν是一个假想流速，是指整个过水断面上的平均流速，而不是孔隙

中的实际流速ν'。

2）达西渗透定律的适用性

达西渗透定律适用于呈线性阻力关系的层流运动，总体来说它适用于细粒土。对于砂土，达西渗透定律是适用的；但对于颗粒较粗的砾石类土或黏性土会发生偏离现象，流速与渗透坡降之间可能不再是简单的线性关系，这称为非达西渗流。非达西渗流表现为两类，一类为低渗透率下的非达西渗流，另一类为高流速下的非达西渗流。对各种砂进行渗透试验，欧德给出了各种土中渗流符合达西定律的坡降关系，如表 3-10 所示。

土中渗流符合达西定律的坡降关系　　表 3-10

d_{10}（mm）	0.05	0.1	0.2	0.5	1
i（≤）	800	100	12	0.8	0.1

达西定律有效范围的下限，终止于黏土中微小流速的渗流，它是由土颗粒周围结合水薄膜的流变特性所决定的。

也有资料认为，只有在雷诺数 $1 < Re < 10$ 时，渗流才服从于达西定律。由图 3-4 可以看出，达西定律的适用范围比层流范围要小。即使如此，大多数天然地下水运动时仍服从达西定律。

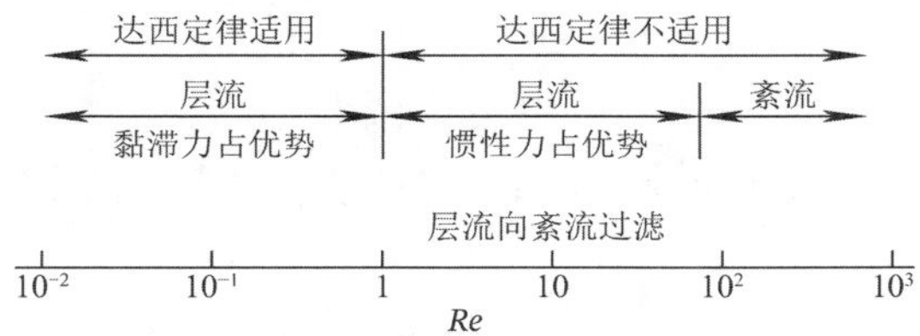

图 3-4　多孔介质中的水流状态

3. 残积土和风化岩中的渗流

由于残积土已经风化成土状，它与第四纪覆盖层的黏性土和砂性土的地下水没有明显的区别。

这里主要讨论岩石风化带中的地下水渗流特点。由于岩石中含有很多连续和不连续的裂隙，如节理、断层、剪切面、软弱面和接触面等，所以岩体中的渗流比第四纪的砂、砾地层中的渗流具有更大的不均匀性以及方向性。这已在很多岩石基坑的抽水试验和地下水位观测资料中反映出来。

3.5.3　渗流作用力

1. 概述

本节主要讨论渗流作用力，即静止压力和动水压力（或叫超静水压力）的相互作用问题。两者都是孔隙水传递的，它们通称为孔隙水压力。局部的管涌、流土等渗透变形或整体的滑坡问题，都与孔隙水流动的渗流作用密切相关，读者应当对此有所了解。

2. 单位渗流作用力的合成与分解

为了分析方便，常把作用在土体的渗流作用力分解成沿流线方向和竖直方向的两个分力（图 3-5）。其中，沿流线方向的分力即为动水压力作用到土体颗粒骨架上的渗透力，其值为$f = \gamma_w i$，可称为单位渗透力。另一分力是上举力或静水浮力，其方向竖直向上，即$u =$

$(1-n)\gamma_w$。这两个力是渗流场研究时使用的，它们不仅使土粒骨架本身受到浮力和拖引力，同样也使整块土体受到这两个力的作用。

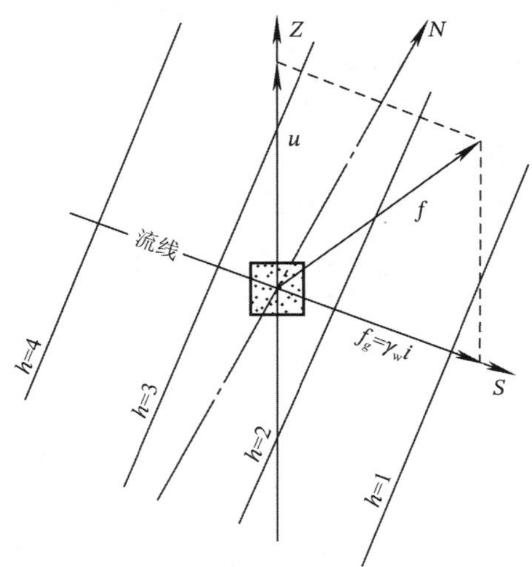

图 3-5 单位土体中颗粒所受渗流作用力的分解

除这两个渗流分解力之外，考虑到平衡计算，还要有土体的干密度γ_d，可用单位土体中的颗粒重表示为

$$\gamma_d=(1-n)G_s$$

这里G_s为骨架颗粒的重度。为计算简便，可把土重和浮力两个竖直方向的力叠加起来，记土的浮重为

$$\gamma_d'=\gamma_d-u=\gamma_d-(1-n)\gamma_w=(1-n)(G_s-\gamma_w) \tag{3-7}$$

式(3-7)表示的干土浮重或其颗粒浮重和其所受的浮力，都是指作用在单位土体骨架颗粒上的力，多用于研究管涌问题的群体颗粒启动平衡计算。但研究整体性滑坡问题时则以采用饱和土体的力（水土合算）为好，所以在饱和渗流区总是用单位土体浮重$\gamma_s'=\gamma_s-\gamma_w$来计算稳定性，$\gamma_s$为土的饱和重度。

3. 渗流的两个分力的讨论

上述两个分力（静水浮力与动水渗透力）往往被误解为静水压力就等于浮力，动水压力就是渗透力，这是值得注意的。说动水压力和渗透力相互等同是不恰当的。在概念上应当理解为：压力是作用在点、面上的，浮力、渗透力则是作用于体积的。有的对浮力和渗透力取代静水压力和动水压力的简便计算认识不够。下面讨论这两个分力各自之间的水力联系及其转换关系和在稳定性平衡计算中的应用。

1）静水压力与浮力

静水压力为土孔隙中静止状态下的水压传递，而对土粒间的接触情况或孔隙度以及土的剪应力等的力学性质不发生影响。不管土体潜水深度如何，土粒间的结构不受影响，就是说不发生任何变形。但静水压力的传递结果产生浮力，致使土粒的有效重量减轻，变为潜水浮重；同时，土体浸水饱和后的抗剪强度也大减，削减了抵抗局部冲蚀和整体破坏的能力，因而可以说浮力是一个消极的、间接的内水破坏力。从单位饱和土体来考虑其浮重度的不同参数的表达式为

$$\gamma_s' = \gamma_s - \gamma_w = (1-n)(G_s - \gamma_w) = \gamma_d - (1-n)\gamma_w = (G_s - \gamma_w)/(1+e) \tag{3-8}$$

式中　γ_s——饱和土体的重度（单位重）；

γ_w——水重度；

G_s——土粒重度；

γ_d——土体干重度；

n——土体孔隙率；

e——土体孔隙比。

比较式(3-7)和式(3-8)可知，浮重度$\gamma_s' = \gamma_d'$。

2）动水压力与渗透力

当饱和土体内发生渗流位势或水头差时，水就在土孔隙中流动，此超静水压力可称为动水压力，促使不平衡压差的两断面间发生渗流，导致土体中沿流动方向的渗透力，也就是由表面的水压力转变成体积的渗透力，它冲蚀土粒，拖动土体，因而可说是一个积极的、直接的渗流破坏力。从单位体积的土体考虑时，此单位渗透力沿流线方向表示为

$$f_s = -\gamma_w \frac{\mathrm{d}h}{\mathrm{d}s} = \gamma_w i \tag{3-9}$$

式中　i——渗流坡降。

对于体积为V的土体，沿流线方向的渗透力为

$$F_s = \gamma_w i V \tag{3-10}$$

此渗透力普遍作用到渗流场的所有土粒上。在岩体裂隙渗流中，此渗透力即是对裂隙壁面产生的剪应力，即$\tau = 0.5b\gamma_w i$，b为裂隙宽度。

4. 渗透力与边界水压力的转换关系

浮力是由周边水压力转换来的；同样，渗透力也是由边界上表面的水压力转变来的。于是在土体受力平衡计算中就可简化为：用一个渗透力与土体浮重相平衡，取代多个周边水压力与饱和土重相平衡的计算方法。这两种等价计算方法的概念很重要，可以大大简化计算。

5. 单位土体渗流各力的图示与平衡算法

把上述两项渗流破坏力（浮力与渗透力）都以单位重度表示来绘制图 3-6，表示土重、水重和渗流各力的相互关系，便于正确引用有关孔隙水的各力，计算土体的平衡关系。竖直线$ACDB$表示土体的饱和重度，由图可见，其值为土体浮重度与水的重度之和或土体干重度与单位土体孔隙中的水重度（即$n\gamma_w$）之和。竖直线$ACDB$及其左边表示式(3-8)静水压力下各重度之间的关系，体现了静水力学中把静水压力转换为浮力的阿基米德原理，可只计算土体或土粒的浮重而不计水的压力。竖直线$ACDB$右边的图表示的是动水力学部分，影线三角形BCF表示式(3-9)动水压力下土体单元周边水压力的合力BF（即$-\nabla P$）等于土体所受浮力BC（即单位土体相同体积水重的反向力$-\gamma_w$）与沿渗流方向CF的渗透力（即$\gamma_w i$）的向量和关系。虚线DG表示只作用在固相土粒上的动水压力，它等于土颗粒所受浮力DC与作用在颗粒表面上渗流摩擦剪应力CG的向量和，CG只是渗透力的一部分，即孔隙水流对颗粒表面的摩擦力$(l-n)\gamma_w i$；另一部分是作用在土粒上的动水压力GF，即$n\gamma_w i$；当水土合算作为整个单位土体考虑时，$n=0$，则渗透力CF为$\gamma_w i$。图 3-6 中的土体表面水压的合力BF是由平行于流向力BE和正交力EF所组成的，BE等于渗透力加上土体所受浮力（$-\gamma_w$）沿流

向的分力。然后可以由力的三角形ACF看出土体的稳定性关系，即单位土体渗透力$\gamma_w i$与土体浮重度γ_s'的合力$R=0$，或者向上渗流时$\gamma_w i \geqslant \gamma_s'$以及斜向渗流时$R$有向上的分力时，土体就开始浮动产生管涌流土现象。同样，由三角形ABF可以看出土体的稳定性关系，即用土体周边水压力BF与土体饱和重AB来考虑合力R时也得到相同的结果。

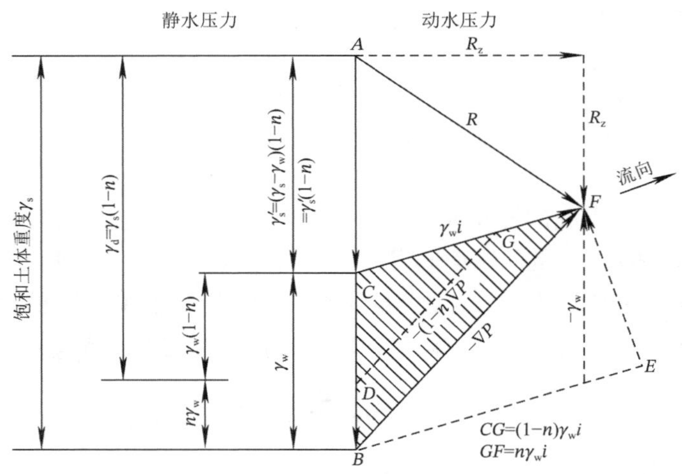

图3-6　饱和渗流单位土体的力的图示

因此，在稳定性分析计算中，可总结到一个重要法则是：采用渗透力时就必须与土体浮重相平衡，采用周边水压力时就必须与饱和重相平衡。

这里所说的浮重，因为它直接由土颗粒的接触点传递压力，完全作用在土体骨架上而影响骨架土粒的结构变形，故称为有效压力。另一种压力，即静水状态下的孔隙水压力，它只是借土粒间孔隙中的水传递压力，而与土粒间的接触情况或孔隙度无关，对土体骨架的结构形式以及对土的剪应力等力学性质不发生影响。可以称这种水的荷重为中性压力。饱和土某剖面上任何一点的总应力也可以认为是由土粒间传递的有效应力与孔隙水传递的中性应力两部分所组成的。

3.5.4　渗透系数的测定和参考建议值

1. 渗透系数的测定方法

渗透系数是描述土体渗透性的重要指标，它是达西渗透定律中流速与渗透坡降成线性关系的比例常数，其物理意义是渗透坡降等于1时的渗透流速。土体渗透系数大小不仅与颗粒的形状、大小和排列方式以及矿物成分有关，还与流体的性质有关。由于组成土体颗粒的粒径范围分布很广，土体渗透系数的变化范围很大，由粗粒到黏土，随着粒径和孔隙的减小，其渗透系数可由1cm/s降低到10^{-9}cm/s。

渗透系数直接影响渗流计算结果的正确性和渗流控制方案的合理性。确定渗透系数的方法主要有经验估算法、室内或现场试验法和反演法。

2. 现场试验法

对于较重要的工程，应进行现场试验。现场确定渗透系数的试验方法主要有抽水试验法、注水试验法以及压水试验法。

1）抽水试验

抽水试验是现场测定渗透系数的常用方法，根据抽水试验时水量、水位与时间的关系，可分为稳定流抽水试验和非稳定流抽水试验。稳定流抽水试验即是从抽水试验孔（如钻孔）中抽水，直至原来的地下水位面（虚线）逐渐下降形成一个稳定的降水漏斗（实线）；再利用抽水流量与孔中水位的关系，计算渗透系数。

2）注水试验

稳定流注水试验的原理与稳定流抽水试验相似，只是以注水代替抽水，连续向试验孔内注水，直至形成稳定的水位和注入量，再以此数据进行土体渗透系数的计算。试验装置示意图如图 3-7 所示。

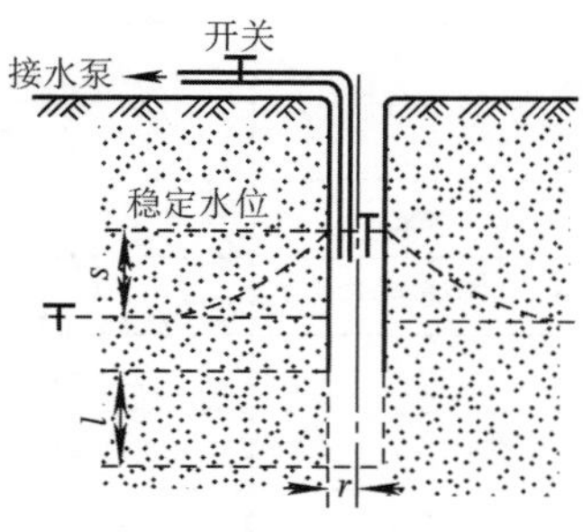

图 3-7　钻孔注水试验示意图

当在巨厚且水平分布较宽的含水层中进行常量注水试验时，可按下式计算渗透系数：

当$l/r \leqslant 4$时

$$k = \frac{0.08Q}{rs\sqrt{\frac{l}{2r} + \frac{1}{4}}} \tag{3-11}$$

当$l/r > 4$时

$$k = \frac{0.366Q}{ls}\lg\frac{2l}{r} \tag{3-12}$$

式中　l——试验段或过滤器长度（m）；

s——孔中水头高度（m）；

Q——稳定注水量（m^3/d）；

r——钻孔半径或过滤器半径（m）。

用以上两个公式求得的k值比用抽水试验求得的k值一般小 15%～20%。

若含水层具双层结构，用两次试验来确定每层的渗透系数。一次单层试验求得第一层渗透系数k_1，另一次混合试验求得k，而$kl = k_1l_1 + k_2l_2$，故第二层渗透系数$k_2 = (kl - k_1l_1)/l_2$。

在不含水的干燥岩（土）中注水时，若试验段高出地下水位很多，介质均匀，且 $50 < h/r < 200$，$h \leqslant l$时可按下式计算渗透系数k值。

$$k = 0.423\frac{Q}{h^2}\lg\frac{2h}{r}$$

式中　h——注水造成的水头高度（m）；

其余字母意义同上。

3）压水试验

岩石和风化层的渗透系数有时需要用压水试验法来测定。

岩石压水试验通常是在岩石钻进过程中，通常自上而下地用隔离装置（栓塞）将钻孔隔离成一定长度（通常为 5m）的封闭区段，再用不同压力向该区段内送水，测定其相应的流量值，由此计算出岩体的透水率q，并换算成渗透系数K。通常，K与q存在以下关系：

$$K = 1.5q \times 10^{-5} \tag{3-13}$$

这是一个经验公式，式中q的单位为吕荣（Lu），K的单位为 cm/s。

目前，压水试验多是采用吕荣试验方法。

3. 常用渗透系数参考值

1)《工程地质手册》建议值（表3-11）

岩土的渗透系数参考值 表3-11

岩土名称	渗透系数k		岩土名称	渗透系数k	
	m/d	cm/d		m/d	cm/d
黏土	＜0.005	$<6\times10^{-6}$	粗砂	20～50	2×10^{-2}～6×10^{-2}
粉质黏土	0.005～0.1	6×10^{-6}～1×10^{-4}	均质粗砂	60～75	7×10^{-2}～8×10^{-2}
粉土	0.1～0.5	1×10^{-4}～6×10^{-4}	圆粒	50～100	6×10^{-2}～1×10^{-1}
黄土	0.25～0.5	3×10^{-4}～6×10^{-4}	卵石	100～500	1×10^{-1}～6×10^{-1}
粉砂	0.5～1	6×10^{-4}～1×10^{-3}	无充填物卵石	500～1000	6×10^{-1}～1×100
细砂	1～5	1×10^{-3}～6×10^{-3}	稍有裂隙岩石	20～60	2×10^{-2}～7×10^{-2}
中砂	5～20	6×10^{-3}～2×10^{-2}	裂隙多的岩石	＞60	$>7\times10^{-2}$
均质中砂	35～50	4×10^{-2}～6×10^{-2}			

2)《基坑降水手册》建议值（表3-12）

渗透系数经验数值 表3-12

岩性	岩层颗粒		渗透系数k（m/d）	岩性	岩层颗粒		渗透系数k（m/d）
	粒径（mm）	所占比例（%）			粒径（mm）	所占比例（%）	
粉质黏土	—	—	0.05～0.1	粗砂	0.5～1	＞50	25～50
黏质粉土	—	—	0.1～0.25	砾砂	1～2	＞50	50～100
黄土	—	—	0.25～0.5	砾石夹砂	—	—	75～150
粉土质砂	—	—	0.5～1	砾卵石夹粗砂	—	—	100～200
粉砂	0.05～1	70以下	1～1.5	漂砾石	—	—	200～500
细砂	0.1～0.25	＞70	5～10	圆砾大漂石	—	—	500～1000
中砂	0.23～0.5	＞50	10～25				

3)《工程地质手册》黄淮海平原地区建议值（表3-13）

黄淮海平原地区渗透系数经验数值 表3-13

岩性	渗透系数（m/d）	岩性	渗透系数（m/d）
砂卵石	80	粉细砂	5～8
砂砾石	45～50	粉砂	2～3
粗砂	20～30	亚砂土	0.2
中粗砂	22	亚砂—亚黏土	0.1
中砂	20	亚黏土	0.02
中细砂	17	黏土	0.001
细砂	6～8	—	—

注：1. 此表系根据冀、豫、苏北、淮北、北京等省市平原地区部分野外试验资料综合而成。
2. 岩性一栏中，亚砂土现定名为砂质粉土，亚黏土现定名为粉质黏土。

4）冶金矿山设计参考资料（表 3-14）

渗透系数经验值　　**表 3-14**

岩性	粒径（mm）	所占比例（%）	渗透系数（m/d）
粉砂	0.05～0.1	＜70	1～5
细砂	0.1～0.25	＞70	5～10
中砂	0.25～0.5	＞50	10～25
粗砂	0.5～1	＞50	25～50
极细砂	1～2	＞50	50～100
砾石夹砂	—	—	75～150
带粗砂的砾石	—	—	100～200
清洁的砾石	—	—	＞200

注：此表数值为实验室中理想条件下获得的。当含水层夹泥量多时，或颗粒不均匀系数大于 2～3 时，取小值。

5）矿坑涌水量预测方法（表 3-15）

渗透系数经验值（矿坑涌水量预测方法）　　**表 3-15**

岩石名称	渗透系数（m/d）	岩石名称	渗透系数（m/d）
重亚黏土（粉质黏土）	＜0.05	中粒砂	5～20
轻亚黏土（粉质黏土）	0.05～0.1	粗粒砂	20～50
亚砂土（粉质砂土）	0.1～0.5	砾石	100～500
黄土	0.25～0.05	漂砾石	20～150
粉土质砂	0.5～1.0	漂石	500～1000
细粒砂	1～5	—	—

6）五机部勘测公司（表 3-16）

砾石渗透系数　　**表 3-16**

平均粒径d_{60}（按重量）（mm）	35.0	21.0	14.0	10.0	5.8	3.0	2.9
不均匀系数$\eta = d_{60}/d_{10}$	2.7	2.0	2.0	6.3	5.9	3.5	2.7
渗透系数（10℃）（cm/s）	20.0	20.0	10.0	5.0	3.3	3.3	0.8

7）渗透系数经验参考值（表 3-17）

渗透系数经验参考值　　**表 3-17**

土类	渗透系数（cm/s）	土类	渗透系数（cm/s）
粗砾	5×10^{-1}～1	粉土	10^{-4}～10^{-3}
砂质砾	10^{-2}～10^{-1}	粉质黏土	5×10^{-6}～10^{-4}
粗砂	10^{-2}～5×10^{-2}	黏土	$< 5 \times 10^{-6}$
细砂	10^{-3}～5×10^{-3}	—	—

8）《高层建筑施工手册》渗透系数经验值（表 3-18）

渗透系数经验值 **表 3-18**

地层	地层颗粒		渗透系数K（m/d）
	粒径（mm）	所占比例（%）	
粉质黏土	—	—	< 0.05
黏质粉土	—	—	0.05～0.1
粉质黏土	—	—	0.1～0.25
黄土	—	—	0.25～0.5
粉土质砂	—	—	0.5～1
粉砂	0.05～0.1	< 70	1～5
细砂	0.1～0.25	> 70	5～10
中砂	0.25～0.5	> 50	10～25
粗砂	0.5～1.0	> 50	25～50
极粗的砂	1～2	> 50	50～100
砾石夹砂	—	—	75～150
带粗砂的砾石	—	—	100～200
漂砾石	—	—	200～500
圆砾大浮石	—	—	500～1000

9）几种半经验半理论公式

（1）哈增公式

$$K = Cd_{10}^2 \tag{3-14}$$

式中 d_{10}——有效粒径（cm）；

C——系数，$C = AB$，其值为 100～150。

（2）柯森公式

$$K_{18} = 780\frac{n^3}{(1-n)^2}d_{Э}^2 \tag{3-15}$$

式中 K_{18}——温度 18℃时的渗透系数（cm/s）；

$d_{Э}$——等效粒径（cm）。

$$\frac{1}{d_{Э}} = \sum_{i=2}\frac{\Delta g_i}{d_i} + \frac{3}{2}\frac{\Delta g_i}{d_i} \tag{3-16}$$

（3）扎乌叶布列公式

$$K_{18} = C\frac{n^3}{(1-n)^2}d_{17}^2，C = 135 \sim 350 \tag{3-17}$$

（4）康德拉且夫公式

$$K_{18} = 105n(\eta D_{50})^2 \tag{3-18}$$

$$\eta = \frac{D_n}{D_{100-n}} \tag{3-19}$$

式中 D_n、D_{100-n}——颗粒粒径，小于该粒径的土重分别占总土重的n%和$t(100-n)$%；

n——土的孔隙率；

D_{50}——中间粒径（cm），小于该粒径的土重占总土重的 50%。

4. 渗透系数与黏土掺入量的关系

向有不同渗透系数（表 3-19）的砂砾试样中加入流限为 35%、塑限为 17%的粉质黏土后，渗透系数就逐渐减小。当黏土掺入量超过 20%以后，渗透系数就迅速下降到 5×10^{-8}cm/s，而呈现出黏土那样低的渗透性。

黏土加量对渗透系数的影响　表 3-19

黏土掺量（%）	0	10	20	30
试样 A	3.4×10^{-4}	1.1×10^{-7}	6×10^{-8}	5×10^{-8}
试样 B	9.5×10^{-1}	1.05×10^{-1}	2×10^{-7}	1.1×10^{-7}
试样 C	4.2×10^{-3}	1.05×10^{-6}	1.15×10^{-7}	6×10^{-8}

如果用膨润土泥浆来代替黏土，会有更显著的效果。例如，在粒径为 1.25～2cm 的砂砾的孔隙中充满上述泥浆，就会使渗透系数降低到只有 1×10^{-7}cm/s。在地层中挖槽时，因槽孔泥浆相对密度比水大，泥浆就向土中渗透，取代土体孔隙中的地下水，形成凝胶后，使地层的渗透系数降低，并把土的颗粒加以固定。

5. 渗透系数与打桩的关系

在上海地区，常用钢管桩作为高层建筑的桩基础。

抽水试验结果表明，由于主楼区桩基密布而且钢管桩施工时的击振使原有地基结构受到明显破坏，其结果是地基变得更加密实，渗透系数变小，且比较均匀；而裙房区桩比较稀疏，受施工击振影响小，所以渗透系数较大。

可以通过现场抽水试验求出这种变化了的渗透系数，由此进行坑内外降井数量的计算。

3.6　流网和电拟试验

3.6.1　概述

流网是研究平面渗流问题最有用且最全面的流动曲线，有了流网，整个渗流场的问题就得到解决。这里只限于讨论平面问题，就是说和这个流网平面相平行的其他各个平面上的流动图案都具有相同的式样，其法线方向的速度分量等于零。图 3-8 所示为基坑地基渗流的流网，由流线（实线）和等势线（虚线）两组互相垂直交织的曲线组成。流线在稳定渗流情况下表示水质点的运动路线；等势线表示势能或水头的等值线，即每一根等势线上的测压管水位都是齐平的，而不同等势线间的差值表示从高位势向低位势流动的趋势。

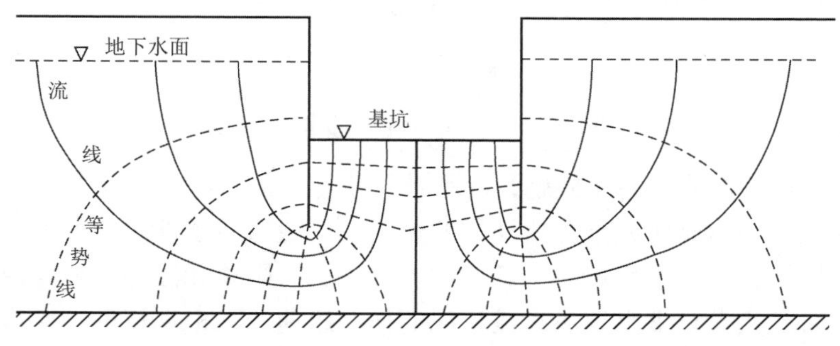

图 3-8　均质各向同性土体渗流流网图（基坑）

本节还将介绍另外一种渗流分析方法，即电拟试验方法。

3.6.2 描述稳定渗流场的拉普拉斯方程

现在从x-z平面流网中取出任一个小单元（图3-9）来研究稳定渗流的数学方程式。单元的宽度和高度分别为$\mathrm{d}x$、$\mathrm{d}z$，与纸面成正交方向的厚度为$\mathrm{d}y=1$，单元四边的测压管水头表明势能的高低和流动方向。假定土体和水体都是不可压缩的，以v_x、v_z代表水平和竖直方向的流速，则有

$$J_x=-\frac{\partial h}{\partial x},\ J_z=-\frac{\partial h}{\partial z}$$

J_x、J_z代表水平和竖直方向的渗流坡降，根据质量守恒定理，进出流量应相等，可得

$$\frac{\partial v_x}{\partial x}\mathrm{d}x\,\mathrm{d}z\,\mathrm{d}y+\frac{\partial v_z}{\partial z}\mathrm{d}x\,\mathrm{d}z\,\mathrm{d}y=0,\quad \frac{\partial v_x}{\partial x}+\frac{\partial v_z}{\partial z}=0$$

上式即为不可压缩情况下的连续方程。再以达西定律进行变换

$$v_x=-K\frac{\partial h}{\partial x},\ v_z=-K\frac{\partial h}{\partial z}$$

代入$\frac{\partial v_x}{\partial x}+\frac{\partial v_z}{\partial z}=0$，可得

$$\frac{\partial^2 h}{\partial x^2}+\frac{\partial^2 h}{\partial z^2}=0$$

这就是描述稳定地下水运动的拉普拉斯方程。

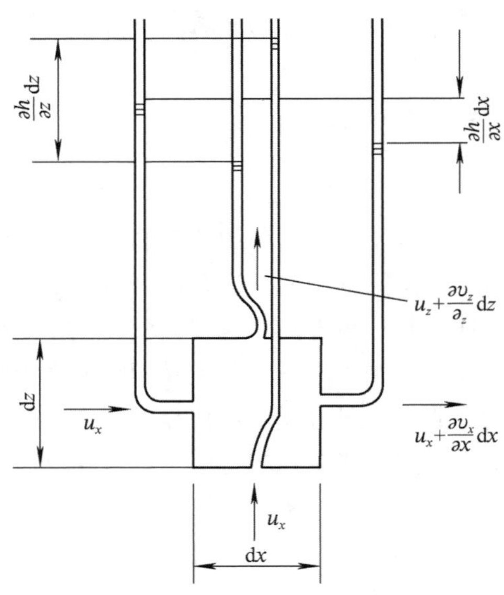

图3-9　x-z平面中任一单元的水压力示意

拉普拉斯方程所描述的渗流问题，应是：①稳定流的；②符合达西定律的；③介质是不可压缩的；④均匀介质或是分块均匀的流场。一般边界条件复杂的渗流场，很难通过积分求得解析解，多是采用近似计算（如差分法、有限单元法等）或电模拟试验、图绘流网法等，而且经常只求出等势线或流线的任一组曲线，根据流网的性质描绘另一组曲线。

均质地基流网示意图见图 3-10，非均质地基流网示意图见图 3-11。

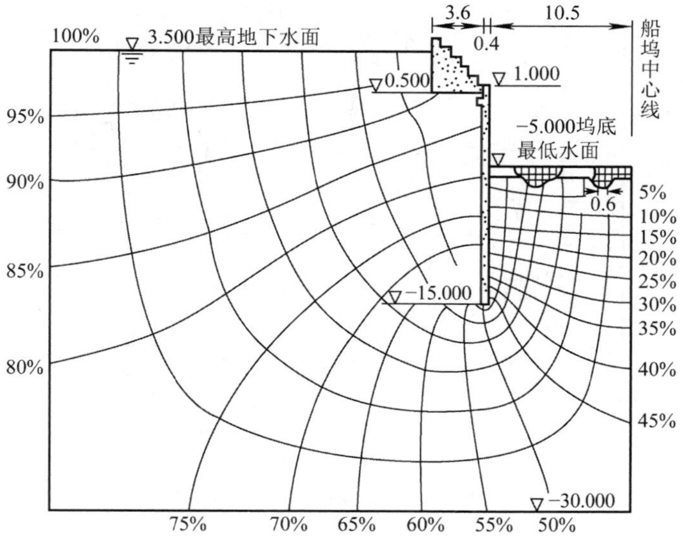

图 3-10　均质地基流网示意图

3.6.3　流网的一般特征

渗流场采用流网来描述。流网由两簇曲线交织而成，一簇为流线，一簇为等水头线。流线指示着渗流的方向，表示水质点渗流的路径。等水头线是渗流场中水头相等的点的连线。

对于均质各向同性土体，流网具有如下特征：

（1）流网中相邻流线间的流函数增量相同；

（2）流网中相邻等水头线间的水头损失相同；

（3）流线与等势线正交；

（4）每个网格的长宽比相同；

（5）各流槽的渗流量相等；

（6）等势线和流线的斜率互成负倒数，说明等势线和流线互相正交。

流网的另一个特性是如果流网各等势线间的差值相等，各流线间的差值也相等，则各个网格的长宽比为常数。

从上述对流网性质的分析可知，流线越密的部位流速越大，等势线越密的部位水力坡降越大。由流网图可以计算得到渗流场内各点的压力、水力坡降、流速以及渗流场的渗流量等各值，实际工程中下游出口坡降以及闸坝底板的浮托力或扬压力等均可求得，用以判断渗流的稳定性。

但对于非均质土体或各向异性土体来说，其渗流流网性质将发生变化。图 3-11 所示为一船坞的非均质各向异性地基的渗流流网图。从图中可见，对于非均质体，由于土体渗透性不同，为使流量保持不变，渗透性小的区域的水力梯度必将大于渗透性大的区域，因此当渗流从高渗透性区流向低渗透性区时，相邻等势线间的距离将变宽，使网格变得狭长，流线和等势线在区域分界面也将发生偏转。对于各向异性土体，其等势线和流线则不再保持正交。

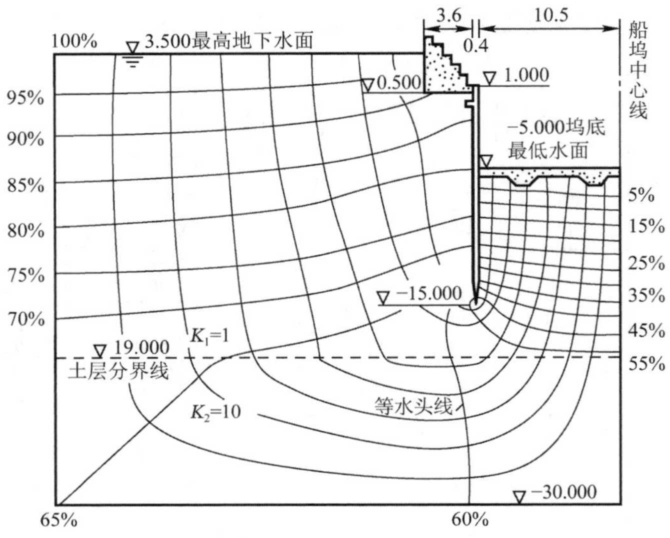

图 3-11 非均质地基流网示意图

3.6.4 电拟试验

这里介绍一下渗流分析的另外一种方法，即电拟试验方法。

1. 电拟试验的种类

电拟法分二向电拟试验和三向电拟试验两种，精度比较高，误差只有 0.1%～0.2%。电拟法的基础是拉普拉斯方程，并应用电流运动微分方程与渗透理论方程的相似性原理。电场与渗流场的相似关系如表 3-20 所示。

电场与渗流场的相似关系 表 3-20

电场	渗流场	电场	渗流场
欧姆定律$i=-c\dfrac{\partial V}{\partial S}$	达西定律$V=-K\dfrac{\partial h}{\partial S}$	电流强度I	渗透量Q
拉普拉斯方程式$\nabla^2 V=0$	拉普拉斯方程式$\nabla^2 h=0$	等位面 $V=$常数	等水头面 $h=$常数
导电系数c	渗透系数K	边界条件：绝缘表面$\dfrac{\partial V}{\partial n}=0$（$n$为表面的法线）	边界条件：不透水面$\dfrac{\partial h}{\partial n}=0$（$n$为表面的法线）
电位V	测压管水头h		
电流密度i	渗透速度V		

2. 电拟试验必须满足的相似条件

（1）渗透区域和电拟模型的外部边界应几何相似。

（2）渗透区域和电拟模型的边界处，水头和边界条件应相同。

（3）渗透区域中划分的不同地层界线与模型中用不同导电介质划分出来的边界应几何相似，各层之间的电导率与地层渗透系数之比应为常数。

3. 确定地基的渗流指标方法

1）等水头线和流线

将试验求得的各部位具有等位势值的数值点连接成平滑曲线，即为渗透的等水头线，并用流网图解法的原理补绘出等水头线正交的流线，从而形成流网图形。

2）渗透流量计算

渗透流量可根据模型测出的电阻值计算。

（1）空间渗透时

①单元渗透流量

$$Q_j = \frac{K\rho H\lambda_1}{\mu} I_j \tag{3-20}$$

②总的渗透流量

$$Q = \frac{K\rho H\lambda_1}{\mu} \sum_{j=1}^{n} I_j \tag{3-21}$$

（2）平面渗透时

水平面有压渗透的单位渗透流量为

$$q = \frac{K\rho H}{\delta R_{\mu}} \tag{3-22}$$

水平面无压渗透的单位渗透流量为

$$q = 0.5K\left(h_1^2 - h_1^2\right)q_{\mathrm{r}} \tag{3-23}$$

水平面有压—无压渗透的单位渗透流量为

$$q = \frac{(\phi_1 - \phi_2)\rho}{\delta R_{\mu}} \tag{3-24}$$

式中 K——地层的渗透系数（cm/s）；

ρ——模型的电流密度（Ω · cm）；

H——作用水头（上、下游水位差，cm）；

λ_1——模型的缩小比例；

μ——模型最大和最小水头的表面汇流极之间的电压；

I_j——模型单个汇点的电流强度；

n——模型中的汇点数；

j——汇点的顺序号码；

h_1、h_2——起点断面和终点断处的渗透水流深度（或水头）；

q_{r}——化引流量$\left(q_{\mathrm{r}} = \frac{\rho}{\delta R_{\mu}}\right)$；

δ——平面模型的厚度；

R_{μ}——模型的电阻（Ω）；

ϕ_1、ϕ_2——渗透水流起点和终点断面处位势值。

3）渗透坡降

可利用已绘成的流网图形按下式计算

$$i' = \frac{h}{l} \tag{3-25}$$

式中 i'——某计算点的平均渗透坡降；

h——计算点两侧等水头线差值；

l——计算点两侧等水头线沿流线方向上的距离。

3.7 渗流破坏类型和判别

3.7.1 概述

在渗透水流作用下，地基土体产生变形的现象叫作渗透变形，若继续发展，则可能产生渗透破坏。

深大基坑的渗流破坏方式可概括为四大类，即：

（1）局部破坏。局部破坏是指渗流沿着阻力最小的薄弱部位发生的集中渗流冲刷而导致的破坏，通常所说的潜水绕地下连续墙进入基坑产生的管涌或局部流土等即是这种破坏方式。

（2）整体破坏。如承压水水头过大引起的突涌和流土等。

（3）化学潜蚀破坏。化学潜蚀破坏是指在渗流水长期作用下，岩土中可溶盐类被溶解（蚀）带走的现象。

（4）建筑物内部的缺陷造成局部渗流破坏。这通常是指渗流从地下连续墙等支护结构内部薄弱的部位（如内部含泥孔洞或接缝夹泥）突涌出来，造成的基坑事故。

前面三项破坏主要是由地下水渗流在地基内造成的，而后一项破坏则是人工施工失误造成的。

渗流变形（破坏）会导致工程事故破坏。据统计，1998 年长江大洪水期间，长江中下游堤防发生险情总数为七万余处，其中渗透险情约占总险情的 88%；而影响较大的溃口中，有 70%是因渗透变形发展为渗透破坏的溃口。另外，在上海、杭州、天津、广州和武汉等地的一些深基坑中发生的破坏，80%～90%是和地下水渗流密切相关的。

可见，分析研究渗透变形的类型、产生条件，从而采取渗流控制措施，防止渗透破坏的产生，是非常重要的。

渗流变形（破坏）产生的条件有水力条件、地质条件、边界条件和构筑物缺陷等四种。

1）水力条件

即基坑内外地下水位的水头差。

2）地质条件

（1）从土性考虑，粉细砂、粉土、软土、砂卵石和风化岩等抗渗强度不高，易产生渗透变形。

（2）从地层结构看，单层砂性土、双层结构上层为砂性土、双层结构中上层为薄黏性土、多层结构，也容易发生渗透变形（破坏）。

（3）局部地质缺陷，如基坑挖土破坏了土层的原有结构，人类活动历史遗迹、生物洞穴、历史溃口、现代地下构筑物等，也都是渗透变形（破坏）多发部位。

3）边界条件

基坑紧邻河、海、地面（下）建（构）筑物等。

4）构筑物缺陷

基坑支护结构设计施工质量和运行缺陷。

3.7.2　土体渗流破坏形式

本小节讨论渗流引起的局部稳定破坏问题。根据渗透水流引起的局部破坏的机理不同，常将局部渗透破坏分为以下几种类型。

1. 无黏性土渗透破坏

1）管涌（潜蚀）

管涌是指在渗流作用下，土体中的细颗粒从骨架孔隙通（管）道流失的现象，这是一种渐近性质的破坏。随着细小颗粒被带走，孔隙不断扩大，渗透流速不断增加，较大颗粒也逐渐被渗流带走，最终导致土体内形成贯通的管道，造成土体下沉、开裂或坍塌。

天然条件下的管涌有时也称为潜蚀，主要发生在砂砾透水地基中，或者是黄土和岩溶地层中。

潜蚀可分为机械潜蚀和化学潜蚀两种。机械潜蚀是指在地下渗流的长期作用下，岩土体中的细小颗粒产生位移和淘空的现象。而化学潜蚀则是指易溶盐类（如岩盐、钾盐和石膏等）以及某些比较难溶的盐类（如方解石、菱镁矿和白云石等）在流动水的长期作用下，尤其是在地下水循环比较剧烈的地域，盐类逐渐被溶解或溶蚀，使岩土体颗粒之间的胶结力被削弱或破坏，导致岩土体结构松动、崩塌，直至破坏。

潜蚀产生的条件和预防措施与管涌相同。

2）流土

流土是指在上升的渗流作用下，当渗透水压力大于等于土的浮重度时，土粒间压力消失，土粒处于悬浮状态，随水流动，此现象叫作流土（流砂）。具体表现为局部土体表面隆起、顶穿，或者土粒群同时浮动而流失的现象。流土多发生于表层为黏性土与其他细粒土组成的土体或较均匀的粉细砂层中，流砂多发生在不均匀的砂层中。流土只有破坏坡降（临界坡降与其相近）。越细的砂越容易出现流砂。由于此时的细砂就像沸腾了一样，所以也叫“砂沸”。

3）接触冲刷

接触冲刷是指渗流沿着两种渗透系数不同的土层接触面或建（构）筑物与地基的接触面流动时，沿接触面带走细颗粒的现象。

4）接触流失

接触流失是指在层次分明、渗透系数相差悬殊的两个土层中，当渗流垂直于层面将渗透系数小的一层中的细颗粒带到渗透系数大的一层中的现象。基坑工程中会出现此现象。

实践表明，如果土层是由粗细相差较大的土粒组成，则在渗流作用下，当粗粒（直径为D）和细粒（直径为d）之比$D/d > 10$时，或当土层的不均匀系数$c_{\mathrm{u}} = d_{60}/d_{10} >$（5～10），或两种相互接触的土层的渗透系数$k_1/k_2 > 2$时，在地下水的渗透坡降$i > 5$且水流呈紊流时往往就会产生管涌或接触冲刷。

当土料中细颗粒（常指直径小于 1mm）含量较少时，则细颗粒在骨架（常指直径大于 2mm）孔隙中的流动阻力较小，容易发生管涌；当细颗粒含量达到 30%～35%以后，则可填满全部孔隙，移动阻力加大，故不易发生管涌。

2. 黏性土的渗透破坏

1）流土

表层为黏性土与其他细粒土组成的土体表面产生隆起、顶穿、断裂、剥落的破坏现象，就叫流土，主要发生在出口无盖重的情况下。对于基坑来说，当基坑开挖到坑底而混凝土底板尚未浇注或降水失效时，可能产生此破坏。

黏性土（包括黏土及粉质黏土）颗粒间有黏聚力，即使渗透压力达到土的浮重度，土体仍有强度，所以不会轻易发生流土。有些资料指出，只有当渗透坡降达到8以上时，才有可能出现流土。黏聚力越大，越不容易出现流土。淤泥土的重度小，黏聚力小，比一般黏性土更容易产生流土。

2）接触流土

在黏性土与粗粒土接触处，发生土体向粗粒土孔隙中移动的流土破坏现象。

3）剥落

当渗透水流流经黏性土，向设有盖重的另一侧粗粒土渗透时，未被盖重遮盖的部位逐渐产生剥落，形成深洼。剥落深度约为粗粒土孔隙直径D_0的1/2。在基坑工程中采用支护桩和桩间防渗时，如果防渗效果不好，就会发生两桩间的黏性土向临空面剥落的现象，就属于此种破坏。

4）接触冲刷

渗流沿相邻不同土层的层间流动时带走颗粒的现象。

5）发展性管涌

主要在分散性土中产生，基坑工程中少见。

3. 承压水条件下的渗流破坏形式

当基坑底部有承压水存在时，其渗流破坏表现为突涌（水），具体表现在以下几个方面：

（1）坑底地基土或已浇注的混凝土垫层或混凝土底板被顶裂（浮起），表面出现网状或树枝状裂缝，地下水从中涌出。

（2）自下而上的承压水流使地基土泥化，沿基坑表面流动。

（3）坑底多处大量涌水涌砂，成沸腾状，坑内大量积水积砂。

4. 管涌和流土的相互关系

上面介绍了渗透变形的几种形式，现在来谈谈它们之间的相互关系和演变。

管涌和流土既有共性，又各不相同。从受力条件来讲，它们都是作用在土单元上的力平衡受到破坏而产生的。对流土来说，土单元是指单位土体，而对管涌来说则指“单个颗粒”。对流土来说，作用力是单位土体的渗透力，对管涌来说，作用力则为单个颗粒的渗透力。前者从渗流的层流条件导出，而后者则越出了层流的界限。

土体孔隙中所含细粒的多少是影响渗透变形的关键。若孔隙中仅有少量细粒，则细粒自由处在孔隙之中，只需在很小的渗流坡降作用下，细颗粒便将由静止状态启动而随渗流流失。此时的临界坡降很小且变化范围也很小，约为0.17～0.20。若孔隙中细粒不断增加，虽然仍处在自由状态，但因阻力增大，则需要较大的渗流坡降才足以推动这些细粒运动。若孔隙全为细粒所填满，此时孔隙中的砂粒就像一个微小体积的砂土那样，互相挤在一起阻力更大，渗流在这些砂粒中的运动与一般砂土中的渗流运动完全一样，因而要推动这个砂体的运动，也就是流土变形，需要更大的渗流坡降。此时的破坏坡降在数值上接近土的浮重度，约为0.8～1.30。

从上述现象可以清楚地了解到土体渗透变形的全过程，以及为什么管涌的渗流坡降要比流土的渗流坡降小，为什么管涌的渗流坡降随着土体中细粒含量的增加而增大。还可以看出，流土破坏具有突然性，而管涌破坏则有一个发展过程。只有当土体中的细粒含量不断增加，直至将土体中骨架颗粒所形成的孔隙全部填满形成一个实体时，管涌才转化为流土。

对于任何建筑物及地基而言，渗透变形的形式可以是单一形式出现，也可以是多种形式伴随，出现于各个不同部位。

还要说明的是，当土体内黏粒含量超过 5%时，后面计算临界坡降的公式就不适用了。

5. 化学潜蚀

易溶盐类，如岩盐、钾盐、石膏等，以及某些难溶性盐类，如方解石、菱镁矿、白云石等，在流动水的长期作用下，尤其是在地下水循环比较剧烈的区域，矿物逐渐被溶蚀，引起流失，称化学潜蚀。断层带胶结物中如含有石膏和方解石，则其溶蚀速度比整个石灰岩层或石膏岩层更快。化学潜蚀的发生条件是：

（1）水中 HCO_3^{-1} 在压力流情况下，由于压力降低释放出 CO_2，形成 $CaCO_3$ 和 $MgCO_3$ 沉淀。反应式为

$$2Ca(HCO_3)_2 \longrightarrow 2CaCO_3\downarrow + 2CO_2\uparrow + 2H_2O$$

$$2Mg(HCO_3)_2 \longrightarrow 2MgCO_3\downarrow + 2CO_2\uparrow + 2H_2O$$

（2）在碱性条件下，部分溶于水中的硅在 pH 值降低或脱水时，硅的溶胶可聚合成乳白色、半透明絮状胶体物并在裂隙出口处淤堵。

（3）水中有侵蚀性 CO_2，使低价铁 Fe^{+} 变为 $Fe(HCO_3)_2$，在压力降低和温度升高时，在氧化条件下 CO_2 溶解度变小而分离出来，低价铁变高价铁而沉淀。

由于断层中物质的溶蚀而致毁损的实例尚不多见，但不能因此忽视溶蚀可能招致的危害。在红色岩层和华北奥陶系灰岩中，常有石膏夹层分布，经过不同水头下的溶滤试验表明，在不透水或弱透水的地层中，石膏溶滤速度是很缓慢的。但是机械作用伴随着化学作用发生，促使岩溶作用加快。因此，对于含石膏夹层的地基，一定要做好防渗。如美国某大坝由于岩层的接触带有一条强度较低的软弱带，坝基砾岩胶结很差，构造极其复杂，水位升高后，砾岩中的石膏被溶解，岩体崩解成黏土、砂、砾石等松散体，软化的砾岩被水压力挤出后，产生了大量的渗漏，形成一股泥水流，坝下被掏空导致失事破坏。

3.7.3　临界渗透坡降的计算

1. 流土型临界（破坏）渗透坡降的计算

从严格意义上讲，流土型渗流破坏只有破坏坡降，没有临界坡降。只是由于二者比较接近，为适应习惯用法，所以本书把流土和管涌两种临界状态下的坡降统称为临界渗透坡降。

1）太沙基公式

太沙基根据均匀地基中单位体积土体的有效重量和作用在该土体上的渗流力相平衡的条件，得到均匀无黏性土在向上渗流作用下流土的临界渗透坡降计算公式，即太沙基公式。

$$i_{cr} = \gamma'/\gamma_w = (G_s - 1)(1 - n) \tag{3-26}$$

式中　i_{cr}——临界渗透坡降；

G_s——土的相对密度；

n——孔隙率。

太沙基认为，土体受渗透力顶托时，一经松动，土粒间的摩擦力即不存在，故不考虑摩擦力的影响，以求安全。一般情况下，$n = 0.4$、$G_s = 2.65$时，可得$i_{cr} = 1$。均匀的砂土在室内进行渗透试验时，i_{cr}都在 0.8～1.2 之间，两者是相近的。

由上式计算出的i_{cr}偏小，大约小于试验值的 15%～25%，于是其他学者提出了修正公式。

2）扎马林公式

$$i_{cr} = (G_s - 1)(1 - n) + 0.5n \tag{3-27}$$

3）考虑土体侧面摩擦力的公式

南京水利科学研究院王韦提出的公式：

$$i_{cr} = (G_s - 1)(1 - n)(1 + \xi \tan\varphi) \tag{3-28}$$

式中 ξ——侧压力系数；

φ——土体内摩擦角（°）。

通过试验求得$1 + \xi \tan\varphi = 1.17$。

上式计算结果与扎马林公式的计算结果接近。

还有薛守义在《高等土力学》中提出的公式：

$$i_{cr} = (G_s - 1)(1 - n)(1 + 0.5\xi \tan\varphi) \tag{3-29}$$

公式中的符号意义同上。

4）沙金煊公式

沙金煊进一步考虑了土体颗粒形状的影响，提出了下面公式：

$$i_{cr} = \alpha(G_s - 1)(1 - n) \tag{3-30}$$

式中 α——土体颗粒的形状系数，指不规则颗粒与等体积球形颗粒两者的表面积之比。对于各种砂粒$\alpha = 1.16$～1.17，对于有锐角的不规则颗粒$\alpha = 1.5$，对于各种颗粒混合的砂砾料$\alpha = 1.33$。

5）《水利水电工程地质手册》的临界渗透坡降计算公式

（1）斜坡表面由里向外水平方向渗流作用时，流砂破坏的临界渗透坡降为：

无黏性土（按单位土体计算）：

$$I_v = G_w(\cos\theta \tan\varphi - \sin\theta)/\gamma_v \tag{3-31}$$

黏性土（按单位土体计算）：

$$I_v = [G_w(\cos\theta \tan\varphi - \sin\theta) + c]/\gamma_v \tag{3-32}$$

式中 G_w——岩土的浮重（即土的浮重度乘以土的体积，g/cm^3）；

γ_v——水的相对密度；

φ——土的内摩擦角；

c——土的黏聚力（kPa）；

θ——斜坡坡度。

（2）地基表面土层受自下而上的渗流作用时流砂破坏的临界渗透坡降为：

无黏性土：

$$I_v = \gamma_d/G_s - (1 - n) \tag{3-33}$$

或

$$I_v = \gamma_d/G_s - (1 - n) + 0.5n \tag{3-34}$$

黏性土：

$$I_v = \gamma_d/G_s - (1 - n) + c/G_s \tag{3-35}$$

式中 γ_d——土的干重度（t/m^3）；

n——土的孔隙度；

G_s——土的相对密度；

c——土的黏聚力（kPa）。

土的渗透系数（k）愈小，排水条件不通畅时，愈易形成流砂。砂土孔隙度（n）愈大，愈易形成流砂。

6）上海地区经验

上海地区当地下水的渗流条件符合$i \approx 1$时，下列土层易发生流砂：

（1）土颗粒组成中黏粒含量小于 10%，粉粒含量大于 75%。

（2）土的不均匀系数小于 5，一般在 1.6～3.2 之间时。

（3）土的孔隙比大于 0.75 或孔隙率大于 43%。

（4）土的含水率大于 30%。

（5）土层厚度大于 25cm 的粉细砂及粉土。

上海地区，当地下水位平均在地面以下 0.7m 左右，一般开挖深度大于 3m，且土质符合上述条件时，易产生流砂现象。

7）砂层中夹薄层黏土

当透水砂层中夹有薄层的黏土时，此时的实际渗透坡降的计算应当考虑黏土的影响，即把此层黏土化引成均匀厚度的砂层。此时的计算公式如下：

$$i = \frac{h}{t} \tag{3-36}$$

$$t = \left(\frac{t_1}{k_1} + \frac{t_2}{k_2}\right) k_2 \tag{3-37}$$

式中　h——水头；

t_1——夹层厚度；

k_1——夹层渗透系数；

t_2——砂层厚度；

k_2——砂层渗透系数。

2. 管涌破坏临界坡降的确定

计算管涌临界渗透坡降的公式目前还不太成熟，一般有条件时尽可能通过室内试验测定。

1）根据土中细粒含量确定临界坡降

管涌破坏临界渗透坡降与土中细粒含量的关系如图 3-12 所示。

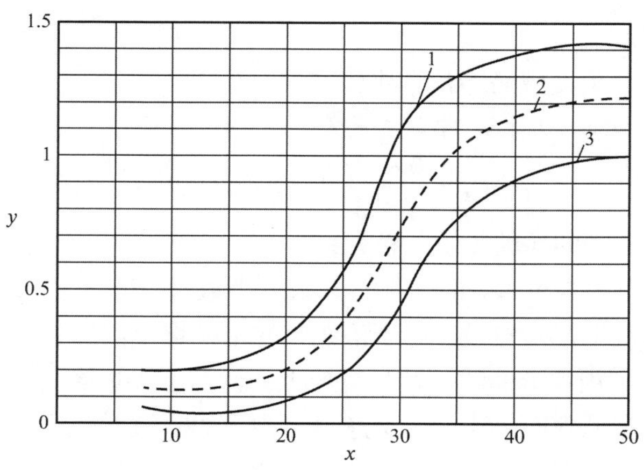

图 3-12　临界渗透坡降与细粒含量关系图

x—细粒含量（%）；y—临界水力坡降

1—上限；2—中值；3—下限

2）根据土的渗透系数确定临界坡降

应用图3-13时应注意，当土中细粒含量大于35%时，由于趋向于流土破坏，应同时进行流土破坏评价。

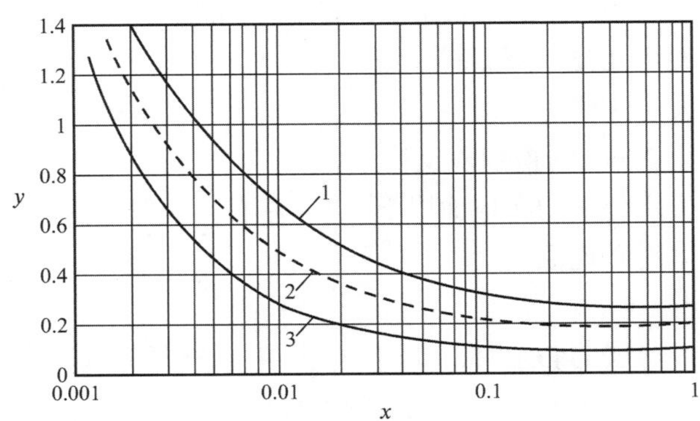

图3-13　临界渗透坡降与渗透系数关系图

x—渗透系数（cm/s）；y—渗透破坏临界坡降i_{cr}

1—上限；2—中值；3—下限

3）根据经验公式确定

（1）中国水利水电科学研究院的刘杰曾根据渗流场中单个土粒受到渗流力、浮力以及自重作用时的极限平衡条件，并结合试验资料分析的结果，提出了如下计算公式：

$$i_{cr} = 2.2(G_s - 1)(1 - n)^2 d_5 / d_{20} \tag{3-38}$$

式中　d_5——渗流可能带出的最大颗粒粒径，小于该粒径的土粒重量占总土重的5%；

d_{20}——等效粒径，小于该粒径的土粒重量占总土重的20%。

（2）南京水利科学研究院公式：

$$i_{cr} = 42d_3/(k/n^3)^{0.5} \tag{3-39}$$

式中　d_3——小于该粒径的土粒重量占总土重的3%，它是渗流可能带出的最大颗粒；

k——渗透系数；

n——孔隙率。

上式的计算结果精确度较高，计算比较方便。

（3）不均匀颗粒地基（长江科学院学报）：

$$i_{cr} = \frac{0.85d_i}{p_i d_{85}}(1 - n)(G_s - 1) \tag{3-40}$$

式中　d_i——被渗流冲动的颗粒（组）粒径；

p_i——颗分曲线上与d_i对应的土重百分数（小数）；

d_{85}——太沙基提出控制粒径，小于该粒径的土粒重量占总土重的85%。

此式比较好用，利用颗分曲线即可计算向上的渗流临界坡降。

这里要注意，平常见到的公式$i_{cr} = \gamma'/\gamma_w$（$\gamma'$为土的浮重度，$\gamma_w$为水的重度），只适用于均匀颗粒地基。如果是地基组成不均匀且有较强透水层时，则应使用式(3-40)。

3. 水平管涌的临界坡降

1）水平管涌

发生在地基内部的水平管涌，它的临界坡降可用下式表示：

$$i_{cr}(\text{水平}) = i_{cr}\tan\varphi \tag{3-41}$$

式中　i_{cr}——垂直管涌（渗流自下而上）的临界坡降；

φ——内摩擦角。

2）水平管涌的临界坡降

对于砂土，考虑水平管涌时，水平渗透力为$\gamma_w i_{侧}$（$i_{侧}$为水平渗透坡降），与土的自重$\gamma'\cdot 1$和垂直力$\sigma\cdot 1$引起的水平方向的摩阻力为（图 3-14）

$$\frac{2}{1-\mu}(\gamma'\cdot 1+\sigma\cdot 1)\tan\varphi$$

式中　φ——砂土的内摩擦角；

μ——砂土的泊松比。

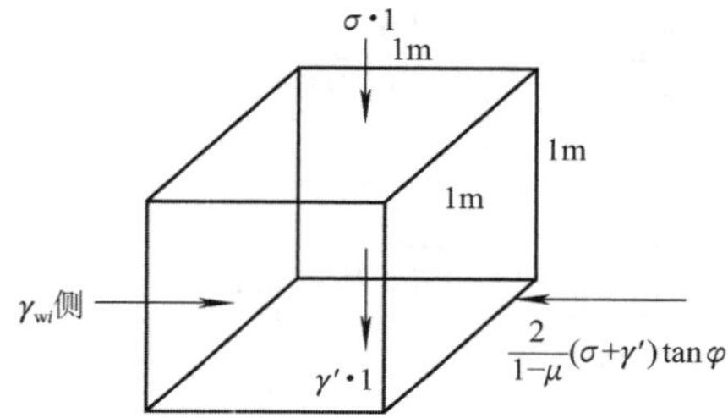

图 3-14　力的平衡图

水平渗透力与水平方向的摩擦力相平衡，得

$$\gamma_w i_{侧} = \frac{2}{1-\mu}(\gamma'+\sigma)\tan\varphi \tag{3-42}$$

当$\sigma=0$时，则

$$i_{侧} = \frac{2}{1-\mu}\frac{\gamma'\tan\varphi}{\gamma_w} \tag{3-43}$$

当然，也要考虑一定的安全系数k，这就要根据临界渗流坡降和破坏渗流坡降，选用不同的k值。

3.7.4　渗流破坏形式的判别

地基渗流破坏是一种复杂的工程地质现象，它不仅取决于不均匀系数、土粒直径和级配，而且也与土的密度、渗透性能等有关。因此，需采用多种方法来判别。

地基有渗透水流作用时，可按图 3-15 检验地基土发生渗流破坏的可能性。

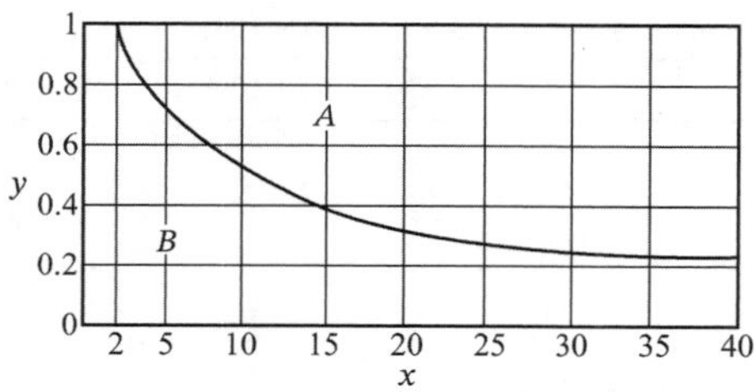

图 3-15　渗透破坏判别图

x—不均匀系数$C_u=d_{60}/d_{10}$；y—地基实际渗透坡降；A—渗流破坏比降范围；B—安全比降范围

破坏形式与不均匀系数的关系见表 3-21。

破坏形式与不均匀系数的关系　　表 3-21

不均匀系数C_u	渗透破坏类型
<10	一般产生流土破坏
$10<C_u\leqslant 20$	既可能产生流土破坏，也可能产生管涌破坏
>20	一般产生管涌破坏

地基破坏与颗粒级配和细粒土含量的关系见表 3-22。

地基破坏与颗粒级配和细粒土含量的关系　　表 3-22

颗粒级配情况	细粒含量	渗透破坏类型
缺少中间粒径	细粒含量大于 35%（比较均匀）	一般为流土破坏
	细粒含量 25%～35%	既可能是流土破坏，也可能是管涌破坏（取决于土的密度、粒径和形状等）
	细粒含量小于 25%	一般为管涌破坏
不缺少中间粒径	粗料D_{15}/细料$D_{85}\leqslant 5$	不产生管涌破坏，有可能产生流土破坏
	粗料D_{15}/细料$D_{85}>5$	产生管涌破坏

注：1. 细粒含量指粒径小于 1mm 的颗粒所占整个土重的比例。
2. 粗料D_{15}和细料D_{85}是先将土样按粗粒和细粒分开，然后分别求出粗粒土的粗料D_{15}和细料D_{85}（D为土粒直径，右下数字为该直径时的含量）。

1. 一般判别

流土和管涌是渗透破坏中最常见的两种基本形式。流土主要发生在渗流的溢出边界处，一般不发生在土体的内部；而管涌可能发生在渗流溢出处，也可能发生在土体的内部。流土在黏性土和无黏性土中都有可能发生，而管涌主要发生在砂砾等无黏性土中。土体发生渗透破坏的可能形式与土的性质、颗粒组成和细料含量等有关。例如，对于黏性土和均匀的无黏性土只可能发生流土，不可能发生管涌；而对于不均匀且细粒含量较少的无黏性土则很可能发生管涌。

无黏性土的可能渗透破坏形式可参照表 3-23 进行判别。

无黏性土的可能渗透破坏形式　　表 3-23

颗粒组成			渗流破坏形式
不均匀系数$C_u\leqslant 5$			流土
不均匀系数 $C_u>5$	级配不连续	$P>35\%$	流土
		$P<25\%$	管涌
		$P=25\%\sim35\%$	可能流土，可能管涌
	级配连续	$P\geqslant 1/[4\times(1-n)]\times100\%$	流土
		$P<1/[4\times(1-n)]\times100\%$	管涌

注：P为细粒含量，确定方法见后文。

2. 流土破坏的判别

1）流土的特性

流土多发生在颗粒级配均匀和颗粒较细的砂性土中，但是也有部分黏性土发生流土现象。其特征是：颗粒级配往往较好，颗粒多呈片状、针状或附有亲水胶体矿物颗粒。土的孔隙直径一般较小，孔隙间连通程度不好，排水性较差，且细粒含量在 35%以上（细粒指粒径在 0.01mm 以下的颗粒）。实践表明，流土现象多在粉砂土、细砂和含少量黏粒的土层中发生。具体流土条件包括：

（1）土体由粒径均匀的细颗粒组成，土中含有较多的片状矿物（如云母细片、绿泥石等）和亲水胶体颗粒，从而增加了吸水膨胀性，降低了土粒重量。

（2）渗透性能差，排水条件不畅。

（3）渗透坡降较大，动水压力超过土粒重量，使土粒悬浮流动。

2）流土的判别方法

（1）根据细粒含量判别

$$P \geqslant \frac{1}{4(1-n)} \times 100\% \tag{3-44}$$

式中　n——土的孔隙率；

P——土的细颗粒含量，以质量百分率计。

上式中，土的细粒含量可按下列方法确定：

①不连续级配的土，级配曲线中至少有一个以上的粒径级的颗粒含量小于或等于 3%的平缓段，粗细粒的区分粒径d_f采用平缓段粒径级的最大和最小粒径的平均粒径，或以最小粒径为区分粒径，相应于此粒径的含量为细粒含量。

②连续级配的土，区分粗粒和细粒粒径的界限粒径d_f可按下式计算：

$$d_f = \sqrt{d_{70} d_{10}} \tag{3-45}$$

式中　d_f——粗细粒的区分粒径（mm）；

d_{70}——小于该粒径的含量占总土重 70%的颗粒粒径（mm）；

d_{10}——小于该粒径的含量占总土重 10%的颗粒粒径（mm）。

③对于不均匀系数大于 5 的不连续级配土：

$$P \geqslant 35\% \tag{3-46}$$

④对于流土和管涌过渡型的土：

$$25\% \leqslant P < 35\% \tag{3-47}$$

（2）按水力条件判别

当土体渗流的实际坡降i大于允许的渗透坡降时，会产生流土渗透破坏。

3. 管涌破坏的判别

1）管涌土的特征

管涌土多为非黏性土，其特征是：颗粒大小比例差别较大，往往缺少某种粒径，磨圆度较好，土的骨架主要由粗粒组成，颗粒之间架空性好，孔隙直径大而互相通连，细粒含量较少，不能全部充满孔隙。颗粒多由密度较小的矿物构成，易随水流移动，有较大和良好的渗透水流出路等。具体条件包括：

（1）土中粗颗粒（粒径为D）和细颗粒（粒径为d）的粒径比$D/d > 10$；

（2）土的不均匀系数$d_{60}/d_{10} > 10$；

（3）两种相互接触的土层，其渗透系数之间的比值$K_1/K_2 >$（1～3）；

（4）渗透水流的渗透坡降i大于土的临界坡降i_{cr}。

2）管涌判别方法

（1）根据土的细粒含量（《水力发电工程地质勘察规范》GB 50287）

$$P < \frac{1}{4(1-n)} \times 100\% \tag{3-48}$$

式中符号意义同式(3-44)。

（2）对于不均匀系数大于5的无黏性土可采用下列方法来判别（中国水利水电科学研究院）：

①级配不连续时：$P < 25\%$时，发生管涌。

②级配连续时：采用以下两个方法判别管涌。

a. 孔隙直径法：$D_0 > d_5$，管涌型；

$D_0 < d_3$，流土型；

$D_0 = d_3 \sim d_5$，过渡型。

b. 细料含量法（%）：$P < 0.9P_{op}$，管涌型；

$P \geqslant 1.1P_{op}$，流土型；

$P = (0.9 \sim 1.1)P_{op}$，过渡型。

式中　d_3、d_5、d_{70}——小于该粒径的含量占总土重3%、5%、70%的颗粒粒径（mm）；

D_0——土孔隙的平均直径，按$D_0 = 0.63nd_{20}$估算；d_{20}为等效粒径，小于该粒径的土重占总土重的20%；

P_{op}——最优细粒含量，$P_{op} = (0.3 - n + 3n^2)/(1 - n)$，$n$为土的孔隙率。

其中，P的含义及求法同前。

4. 双层地基的接触流失的判别

对于双层结构的地基，当发生渗流向上的情况时，有可能发生接触流失。按照以下方式判别：

（1）若两层土满足$C_u \leqslant 5$，且$D_{15}/d_{85} \leqslant 5$；或者$C_u \leqslant 10$，且$D_{20}/d_{70} \leqslant 7$时，则认为不会发生接触流失。

（2）不满足上述条件时，就会发生接触流失。

其中，D_{15}、D_{20}分别为较粗土层中的某种粒径，小于该粒径的土粒含量分别为15%和20%；d_{85}、d_{70}则是指较细土层中小于该粒径的土粒含量为85%和70%。

5. 砂砾地基渗透变形形式判别方法

管涌和流土是砂砾石土的主要渗透变形现象。有的土在一定的渗透坡降下发生管涌现象，而有的土却在流土破坏以前的任何渗透坡降下都不发生管涌。但任何土料在一定的渗流坡降下，却都可能发生流土。

砂砾石土产生管涌坡降比产生流土坡降要小得多。为了确定砂砾石土的抗渗强度及允许坡降，首先需要判别产生管涌的可能性，确定是否为管涌土，判别方法有以下几种。

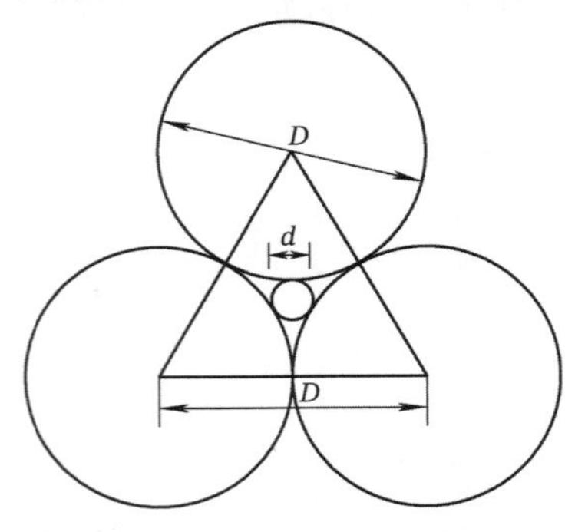

图3-16　均匀球形颗粒的孔隙直径

1）依据土的不均匀系数

理论上，均匀球形颗粒排列最紧密状态时，其孔隙直径为球形颗粒直径的1/6（图3-16）。只有小于此孔隙直径的细颗粒，才可能通过孔隙，产生管涌现象。在天然情况下，由于细粒形状和水膜影响，粗颗粒与细颗粒的粒径之比$d_{max}/d_{min} > 20$，才发生管涌。据此，苏联的依斯托明娜根据土体不均匀系数C_u大小，提出$C_u > 20$为管涌；$C_u < 10$为流土；C_u在10～20之间为过渡型，可为管涌或为流土。

由于土的不均匀系数主要表示土的不均匀程度，同一不均匀系数可以有不同的级配组成，因此，此法虽简便，但准确性差，仅适用于粒径组成符合正态律的稳定流态沉积下来的河砂，以及细粒含量小于 30%～35%的正常级配砂砾石。

2）依据土的渗透系数

渗透系数是反映土的颗粒组成和密实度的一种综合性指标。判断渗透变形形式的临界渗透系数k_{kp}可表示为

$$k_{\mathrm{kp}} = 1830nd_5^2 \tag{3-49}$$

式中　n——土体孔隙率；

d_5——小于该粒径的含量为 5%的粒径。

对于不均匀系数大于 5 的土，若其渗透系数$k < k_{\mathrm{kp}}$，出现局部流土；$k > k_{\mathrm{kp}}$或大于 0.025cm/s，出现管涌。

3）依据土体填料含量

南京水利科学研究院从土体细粒填料体积等于骨架孔隙体积这一概念出发，导得产生管涌破坏的最大细粒含量p_{z}的表达式为

$$p_{\mathrm{z}} = a\frac{\sqrt{n}}{1+\sqrt{n}} \tag{3-50}$$

式中　a——修正系数，取 0.95～1。

对双峰土和单峰土，土体中区分填料与骨架的界限粒径可取为 2mm。对缺乏中间粒径的双峰土，可以颗粒级配组成的微分曲线（分布曲线）上的间断点所对应的粒径作为界限粒径。若土体中实有填料含量小于p_{z}，为管涌土；否则为非管涌土，只可能产生流土。

当细粒填料含量超过土料总重的 35%时，骨架孔隙已全部被填料充填。土料的渗透系数及渗流破坏坡降主要取决于填料的性质，属非管涌土，渗透破坏主要形式为流土。细粒填料含量小于 25%时，粗粒骨架间的孔隙不能被填料充满，细粒与粗粒粒径又不符合反滤原则，土的渗透变形形式多为管涌。细粒含量在 25%～35%时，土的渗透破坏可能是流土或管涌，主要取决于土的密度、颗粒粒径和形状。

4）依据骨架孔隙率及骨架孔隙直径

康德拉契夫根据试验成果提出，当土的骨架孔隙率$n_{\mathrm{ck}} > 50\%$时，为非管涌土，渗透变形形式为流土：$n_{\mathrm{ck}} < 50\%$时，为管涌土，此时若骨架孔隙直径$D_0 > d_{\mathrm{z70}}$，为发展性管涌；$D_0 < d_{\mathrm{z70}}$，为非发展性管涌。式中d_{z70}为土的填料颗粒中相应于含量小于 70%的粒径，或取为容许带出粒径。

综合上述研究成果，建议按表 3-24 鉴别无黏性土的渗透变形形式。

天然无黏性土渗透变形形式鉴别　　表 3-24

分类	均匀土	不均匀土					
不均匀系数	< 5	> 5					
颗粒级配	较均匀	级配不连续			级配连续		
		$P > 35\%$	$P < 25\%$	$P = (25\%\sim35\%)$	$d_0 < d_3$	$d_0 > d_s$	$d_0 = (d_3\sim d_s)$
渗透变形形式	流土	流土	管涌	过渡	流土	管涌	过渡

注：P为细粒含量；d_0为孔隙直径。

3.7.5 砂砾地基的渗透变形特点

1. 结构特征

1）细粒含量

冲积类型的砂砾石，细粒含量多少及其填满骨架孔隙的程度，是衡量渗透变形形式的主要因素。细粒含量很少时，细料在粗料形成的骨架孔隙中呈疏松散粒状态，临界坡降小且变化范围小，约为0.17～0.2。细粒含量逐渐增加，细料在孔隙中的阻力、流失颗粒与其他细粒之间的夹挤力、弯拱作用或黏滞力也将增加，临界坡降及破坏坡降便迅速增加。当细粒含量超过骨架孔隙体积后，粗、细料均呈持力状态，渗流形式成为流土，破坏坡降在数值上接近土的浮重度，为0.8～1.3。

2）黏粒含量

在冰碛、冰缘相的泥流块碎石及砂层中，黏粒在细料中的相对比例对抗渗强度有显著影响。当黏粒含量大于4%时，黏粒能够加强粒间联结力；含量越多，联结越强，甚至可使细料联结成整体，土体的抗渗性能随黏粒的增加而有较大幅度的增长。但一经扰动，原有结构破坏，联结力降低，抗渗性便大为削弱。

3）级配特征

（1）连续级配。粗细料大多处于夹挤状态，能被渗流水自由带动的细粒较少，抗渗性能较强。

（2）不连续级配。缺乏一定区间的粒级，土体架空，颗粒夹挤不紧，渗流稳定性差。架空层中缺乏中间粒径区间越大，渗流稳定性越差；架空层中粗料越均匀，抗渗性能越差；架空层中细料越均匀，抗渗性能越差。如级配曲线呈多峰，渗流稳定性更差。

4）密实程度

只有比较密实的砂砾石，细料含量的增加才有助于提高砂砾石的抗渗性能。较松散的砂砾石中，细粒的增加虽也能提高抗渗强度，但一旦被冲动、流失，便会产生较大的孔隙率及较大的渗透流速，以致冲动处于夹挤状态的粗粒。

2. 成因类型

1）冲积砂砾石

冲积砂砾石一般以粗粒相为主，易形成不均质、松散、细料不足的架空层。由于细料含量小于骨架孔隙体积，密实度又不高，渗流呈紊流状态，变形形式以管涌为主（表3-25）。

冲积砂砾地基的渗透类型 表3-25

类型	颗粒组成及结构特征	不均匀系数	渗透系数（m/d）	渗透变形形式	实测临界坡降	允许渗透坡降
粗细砾	粗粒料以卵、砾为主，细料不连续，颗粒大小混杂，小于2mm颗粒含量高，颗分曲线连续，呈均匀斜线	＞200	1～20	以流土破坏为主	0.09～3.76	0.1～0.3
漂卵石夹砂（一般架空）	漂、卵粒级组成骨架。填料含量高，且以砂为主，黏粒少，颗分曲线连续，呈较缓斜坡	20～200	5～30	管涌	0.08～0.5	0.1～0.15
漂卵石夹砂（架空）	漂、卵粒级组成骨架，具不同程度架空，缺失粒径为1～2mm填料	20～50	40～70	管涌	0.06～0.25	0.07～0.1

续表

类型	颗粒组成及结构特征	不均匀系数	渗透系数（m/d）	渗透变形形式	实测临界坡降	允许渗透坡降
漂卵石大孔层	漂卵石呈架空结构，缺失粒径为 1～10mm 填料	＜20	＞100	管涌	—	0.07
漂卵石（漫滩部位特殊类型）	漂卵石呈大孔结构，缺失砾石粒级，颗分曲线不连续，曲线中段陡立	＞150	—	管涌	0.07～0.43	0.15～0.35
砂	含砾砂及砂土，颗分曲线陡立	＜10	—	流土	—	—

对于似线性结构的砂砾石，当细料含量大于骨架孔隙体积时，渗透特性以细料性质而定，孔隙细小，渗流呈层流状态，渗流稳定性较高，变形形式为流土。大孔结构的砂砾石，细料少，在一定动水压力下不足以冲动处于夹挤紧密的骨架颗粒，因此本身结构较稳定，主要渗透变形是与邻近接触面间的接触冲刷。

2）冰碛（泥砾）砂砾石

冰碛物粒级大小悬殊，小于 2mm 的细粒含量占 30%～50%，有较高的密实程度，易形成富含细粒的泥砾，渗透系数小于 0.2m/d，不均匀系数$C_u > 200$。冰碛层的特殊结构使其具有较高的抗渗强度。渗流变形经历一个较长时段的发展过程。渗透变形形式为流土，实测临界坡降为 1.8～2.3。

3. 场址的地形、地质条件

场址的地形、地质条件对地基的抗渗稳定性有很大影响，主要表现为以下几个方面：

（1）渗流逸出部位处于斜坡范围内时，增加了土粒自重在斜坡上的分力，不利于渗透稳定。

（2）不同透水性地层的组合，增加了渗流场势的复杂性。

（3）管涌土与管涌土接触时，使接触带水头等势线加密，促使管涌发展。

（4）渗透水沿透水性相差极大的双层介质接触带行进时，会造成接触冲刷。

（5）管涌土与非管涌土的透水层接触时，因后者具有反滤性能，而有利于场区的渗流稳定。

（6）具有一定伸展范围的大孔层，可造成集中渗流，大大降低相邻土层的渗透稳定性。

4. 胶结程度

稍胶结比无胶结砂砾石具有较高的抗渗性能，且铁锰质或钙质胶结比泥质胶结的抗渗性能强。对于泥质胶结，高亲水性的蒙脱石和伊利石黏土矿物遇水易软化，其抗渗性能比耐水性黏土矿物胶结的土层差。

5. 地下水动态

地下水呈层流，一般不会产生渗透变形。紊流是产生渗透变形的必要条件。水头的升高及持续时间的增长，均会使土体含水量增大，结构变松，甚至造成渗透破坏。

3.7.6　黏性土地基的渗透变形特点

黏性土的渗透破坏属于渗流出口的渗透力与土的抗渗强度的极限平衡问题，其抗渗强度与黏性土的粒径组成关系不大，主要取决于其黏土矿物成分（交换性阳离子的数量和成分、孔隙流体的含盐浓度和成分），以及土的含水率、密实度、有无裂缝和外部接触条件。

1. 黏土矿物成分

含有一定量钠蒙脱土的分散性黏性土，在纯净水中的团聚状黏性土会全部或大部分散成原级颗粒，抵抗纯净水的冲刷流速小于 0.1m/s。当土中有缝隙，出口又无合适的反滤层保护时，在很小的水力坡降下，也有可能发生渗透破坏（表 3-26）。

小浪底不同黏性土的针孔冲蚀试验成果 **表 3-26**

分类	分散性土	缓慢分散性土	非分散性土
土类	轻粉质壤土	中粉质壤土	重粉质壤土
抗冲蚀速度（m/s）	< 0.3	< 1.0	1.5～2.0
抗冲蚀坡降	< 1.5	< 8.0	11.0

2. 土的物理状态

在一定的反滤层保护下，土的抗渗强度随干密度的增加，呈双曲线函数关系增大，且位于下游水位以上部分的抗渗强度大于水下部分，表明防渗体及黏性土地基渗流破坏位置易出现在下游水位以下部位。

土体干密度大于液限干密度时，抗渗强度较高。液限大、塑性指数高的土，一般具有较高的抗渗强度。相同干密度，又在同一反滤层保护下，起始含水量低的试样的抗渗强度低于起始含水量高的试样。

接触流土的抗渗强度随土的液限及骨架重度的增大而增大。

3. 土体的结构状态

具有完整结构的、未破坏土体的抗拉断黏聚力、抗剪黏聚力均较结构已遭破坏的土体要大，抗渗强度也大于结构已破坏的土体。

4. 外界接触条件

黏性土若用一定的反滤料保护，抗渗强度将大为提高。非分散性黏土对反滤层的要求不像无黏性土那样严格。

接触流土的破坏坡降与上覆粗粒材料孔隙直径的关系：若铺在黏性土接触面上的材料孔隙相当大时，接触流土的破坏坡降约等于流土的破坏坡降。因此，反滤层粒径越小，土体抗渗强度越大。

若在填筑时土料有部分被压入反滤层，形成一薄过渡层，抗渗强度要比光面接触情况几乎高出一倍。

3.7.7 坑底残积土渗透破坏判别

在这里根据燕塘站岩土勘察报告的试验结果，来判别坑底残积土的渗透破坏形式，详见表 3-27。

燕塘站流土判别计算表 **表 3-27**

地层	相对密度G_s	$e_{大}$	$e_{小}$	$e_{平均}$	粉粒（%）	黏粒（%）	C_u	n	P_c	i_{cr}
⑤$_{H-1}$	2.70	1.153	0.907	1.028	20.8	13.3	10	0.507	50.7	0.84
⑤$_{H-2}$	2.69	1.078	0.602	0.903	47.7	10.6	25.7	0.474	47.5	1.03
⑥$_{H}$	2.68	0.967	0.557	0.799	43.9	12.9	38.3	0.444	45	1.08
⑦$_{H}$	2.68	0.982	0.481	0.769	39.9	9.8	61.8	0.435	44.2	1.10
说明	$n = e/(e+1)$，$p = 1/4(1-n) \times 100\%$，$i_{cr} = (G_s - 1)(1-n)$ 渗流破坏形式：流土									

从表中可以看出，各层土的细颗粒含量P_c均大于 35%，且C_u均大于 5，故本场地残积土的渗流破坏形式应为流土。

3.8　砂的液化

饱和粉细砂的特性与软土不同，它没有黏粒和胶粒，没有塑性，抗剪强度不是很低，压缩系数不是很大，但受到地震或其他反复振动影响时，粉细砂被加密，孔隙减小，导致孔隙水压力上升，有效应力降低。当孔隙水压力大于上覆压应力时，则发生喷水冒砂。建筑物的刚性基础有足够压力时不会喷水冒砂，但基础下的砂层可能从基础周围喷水冒砂，导致基础下沉偏斜。土堤、土坝路堤下的粉细砂则从堤坝趾部喷出，导致堤坝塌陷裂缝。

在地下连续墙或灌注桩施工过程中，由于挖槽机（或钻机）对槽（桩）孔中的粉细砂不断反复地冲击，造成粉细砂突然失水固结，将钻头紧紧抱住，而无法拔出。这些现象就叫作粉细砂的液化。

在 1998 年长江大洪水之后进行的堤防加固工程中，在江南岸的嘉鱼县地段的防渗墙挖槽过程中，由于抓斗不断反复地冲击粉细砂地基，导致粉细砂突然液化，前后有 6 台薄抓斗被固结的粉细砂紧紧抱住而被永久埋于地下。后来把该段防渗墙改成了高压喷射灌浆，才解决了问题。2009 年在同一个地段，又发生了盾构机被突然液化的粉细砂抱死而无法移动的事故，最后只有采用明挖的办法，将其拉出到地面。

级配均匀的粉细砂容易液化。中值粒径$d_{50}=0.05\sim0.1$mm，不均匀系数$C_u=2\sim5$的极细砂至细砂最易液化。中值粒径$d_{50}=0.02\sim0.5$mm，不均匀系数$C_u<10$的粉砂至粗砂都属于易液化砂。

除了级配以外，砂土的密实度、沉积时间、振动力的强弱都是影响液化的重要因素。砂土的相对密度愈大，愈不易液化。1975 年海城地震后，经调查水平地面下中细砂的情况，得出的结论是：相对密度大于 0.55 的砂层，Ⅶ度地震区未液化；相对密度大于 0.7 的砂层，Ⅷ度地震区未液化。在砂层地面上有 1.0m 土层覆盖的区域，Ⅶ度地震区未喷水冒砂，也就是表面有盖重压应力 20kPa，故不会液化。

《水力发电工程地质勘察规范》GB 50287—1999 建议，不同地震烈度下砂土不发生液化的临界相对密度如表 3-28 所示。如果小于表中的相对密度，当发生表中相应的地震烈度时砂层可能发生液化。

饱和砂土遇地震时可能发生液化破坏的临界相对密度　　表 3-28

地震烈度	Ⅵ	Ⅶ	Ⅷ	Ⅸ	Ⅹ
相对密度D_r（%）	65	70	75	80～85	90

注：《水力发电工程地质勘察规范》GB 50287—1999 未列地震烈度Ⅹ时相对应的相对密度，Ⅹ度地震的临界相对密度是一些专家建议。

GB 50287—1999 还建议了另一种判别砂土液化的方法，即按标准贯入试验击数判别，方法如下：

深度Z处的饱和砂土不发生液化的临界贯入击数N_c，用式(3-51)计算。

$$N_{cr}=N_c[0.9+0.1(Z-Z_w)]\sqrt{\frac{3}{\rho_c}} \tag{3-51}$$

式中 Z——砂土层深度（m）。若深度不足5m，以5m计；

Z_w——地下水位离地表深度（m）。当地面淹没于水下时，Z_w取0；

ρ_c——土的黏粒（粒径小于0.005mm）含量的重量百分比，当$\rho_c<3$时，取3；

N_c——当$Z=3m$，$Z_w=2m$，$\rho_c<3$时，饱和砂土的临界贯入击数，按表3-29取用。

饱和砂土的临界贯入击数 N_c 值 **表3-29**

地震烈度	Ⅶ	Ⅷ	Ⅸ	Ⅹ
近震	6	10	16	24
远震	8	12	—	—

注：坝址、厂址基本烈度比震中烈度小Ⅱ度或Ⅱ度以上称为远震。

若饱和砂土层的深度为Z，地下水位深度为Z_w，在该地层作标准贯入试验得到标准贯入击数为$N_{63.5}$，当$N_{63.5}<N_c$时，则该地层可能液化。

如果标准贯入试验是在建筑物施工以前做的，那时试验点深度为Z'，地下水位深度为Z'_w，标准贯入击数为$N'_{63.5}$，则工程建成正常运用后的$N'_{63.5}$可按式(3-52)校正。

$$N_{63.5}=N'_{63.5}\frac{Z+0.9Z_w+0.7}{2+0.9Z_w+0.7} \tag{3-52}$$

式中 Z、Z_w——标准贯入试验点在工程建成运用后的地层深度和地下水位深度（m）。

临界贯入击数式(3-51)中的Z、Z_w也按正常运用时的地层深度和地下水位深度计算。

标准贯入试验判别液化土层，只适用于$Z<15m$的土层。

以上判别液化土层的相对密度法和标准贯入击数法只适用于水平地面下的砂层。对于地形复杂或上部有建筑物的地基层要作砂土动力特性和振动孔隙水压力试验，并作静力动力有限元分析研究，得出液化度U_d/σ_3等值线图，其中U_d为动孔隙水压力，σ_3为静小主应力。砂质地基中某些点或区域计算的液化度大于95%，则判定该处会液化，应采取加固措施。

对可能液化地基的加固措施，有强夯、振冲挤密、振冲置换等增加砂层相对密度的工程措施，或采用压载增大上部压应力、围封防止砂层向建筑物轮廓外挤出或喷出的措施等。

3.9 本章小结

本章重点叙述了地基土、岩石和地下水各自的特性以及土水之间的关系，应注意以下几点。

3.9.1 土（岩）和地下水的相互作用和影响

1. 水对岩土体的作用

（1）地下水通过物理、化学作用改变岩土体的结构，从而改变岩土体的C、φ值大小。

（2）地下水通过孔隙静水压力作用，影响岩土体中的有效应力，从而降低了岩土体的强度。

（3）由于地下水的流动，在岩土体内产生渗流，对岩土体产生剪应力，从而降低岩土体的抗剪强度。

（4）由于地下水的作用，基坑产生过大的沉陷、水平位移和隆起。

2. 岩土体对地下水的作用

（1）由于岩土体结构性质不同，对地下水的渗流产生了不同程度的阻抗力。

（2）岩土体中的矿物溶入地下水中，从而改变了地下水的化学成分。

（3）由于岩土体的透水或隔水性能的差别，使地下水形成潜水和承压水形态。

岩土体在地下水作用下，常常导致其工程性质劣化，使岩土体发生软化或泥化和液化作用，使岩土体边界面润滑，联系力减弱，进而可能招致工程项目的事故和失败。

3.9.2　土的渗透破坏

土的渗透特性及渗透破坏的判别，是本章的重中之重，请注意以下几点：

（1）土的渗透性是地下水和地基土相互作用的结果。地下水的渗透流动需要一定的能量（压力）来启动，渗流过程实际上是地下水能量（压力）的损失过程。

（2）土体破坏通常可分为流土和管涌两种基本类型。本章中给出了不同类型和情况下的临界渗透破坏坡降的计算公式。根据求出的渗透破坏坡降，再除以安全系数，就能得到允许的渗透坡降值。本章同时给出了直接查表得到的允许破坏坡降值。

（3）当实际的渗透坡降大于上述允许值很多时，基坑地基就可能发生渗透破坏。

3.9.3　粉细砂的液化问题

前面已经谈到，粉细砂地基在抓斗和冲击钻机的反复冲击下，也会产生液化，造成事故。在这种地基中施工时，应当认真对待此问题。必要时，应对粉细砂地基进行加固处理，比如采用振冲方法加固地基。要使施工平台和导墙坐在坚实的地基上。

3.9.4　计算单位问题

本章采用了很多经验公式，使用的物理量及其单位与现行的国家标准可能不同，在使用计算公式时，请注意单位的换算。

3.9.5　对土、岩、水的再认识

1）基坑的水是从哪儿来的？

基坑地基中存在着上层滞水和潜水，承压水，还有不可忽视的外来水：

（1）超强降雨引起的洪水造成江、河、湖、水库水位上涨，淹没了基坑，或长时间保持高水位；

（2）天文大潮引起海水位上涨，淹没了基坑，或长时间保持高水位；

（3）相邻地段水位上涨引起本基坑水位上涨；

（4）相邻地段意外事故造成本基坑水位上涨；

（5）自来水管、下水道破裂造成坑外底下水位上涨，导致基坑破坏。

2）地下水的特性。

地下水属液相，有如下特点：

（1）遵循阿基米德定律，即水中任何一点的水压力的大小只和它的深度有关，而且同一个深度上的任何方向（上下左右）的水压力相同；

（2）地下水在土中流动产生的渗流，遵循达西定律，即渗流速度与它的渗流坡降成正比：$v=kz$；

（3）由于渗流要消耗能量（水头）才能流动，所以渗流产生的水压力要求小于静止水压力；

（4）地下水各层中水中，互相渗透补给，当开采深度加大，水头加大，承压水可能对上部地基产生顶托和破坏。

3）基坑中的地层土体是一种含有固、液、气三相的松散体，存在着各种大小不一的孔隙，地下水通过时，形成渗流，造成土体的流砂、流土和管涌流泥破坏。

4）目前，岩石风化层中的深基坑越来越多，有些人还有误解。

（1）岩石风化层的软弱强度和渗透破坏关系：

有人（包括有些规范）以为地下连续墙深入到花岗岩中风化层内，就没问题了，实际上花岗岩的强中风化层是透水层，很多找水打井的人都到这一层找水，这个在课本里早就已经说了，很多工程实例中，都证明了这一点。这一层是不能防渗的。笔者在燕塘站基坑中、风化层中就抽水试验得到$K = zm/d$（相当于粉土、细砂），今后一定不要再相信了。

（2）岩石的渗流特性，参考“工程岩石力学”建议，可近似按第四纪松散砂、砾来计算渗流。

（3）岩石风化层不要把防渗墙底插入微风化层中很多，可以采用上墙下幕的设计结构，见后面的有关篇章。

5）基坑的渗流水压力。

水在地基中流动，形成渗流，要消耗一定的能量（水头）才能做到；这就是说，渗流的水压力要比静止的水压力小，在后面的章节中，曾经得到作用在地下连续墙上的总压力只有静止水压力的58%，这个数值可能有变化，但是它说明渗流水压力小于静止水压力这一事实，今后在设计中应当考虑渗流水压力。

第 4 章　深基坑的渗流分析与控制

4.1　概述

4.1.1　渗流分析的目的

本章阐述了深基坑渗流分析和计算方法，给出了渗流场内各点的渗流参数（压力、流量和坡降等），特别是关键部位（如地层分界面、地下连续墙底和基坑底面）的渗流参数，据此核算基坑不同部位的渗流稳定性。对于可能产生渗透变形或破坏的部位，提出处理建议。

具体来说，渗流分析要达到以下目的：

（1）地基中不会发生严重的管涌和流土。这里所说的“严重”是指会引起基坑失稳的破坏性的管涌和流土。局部发生的不大的渗漏变形是可以设法制止的。

（2）坑底地基不会因承压水顶托而发生突涌（水）、流泥和隆起等渗流破坏。

（3）基坑周边和坑底涌水量不大，不会影响基坑开挖和混凝土浇注等后续施工。

（4）坑内的软土（淤泥质土）能较快脱水固结，以便尽早进行开挖工作。

4.1.2　渗流计算内容

根据基坑的工程地质和水文地质条件、周边环境（建筑、道路和管线等）条件以及基坑开挖深度、基坑运行时间等因素，选择合适的基坑支护和防渗结构，采用简化和详细的渗流分析和计算方法，选择多种计算方案进行技术经济比较，最后提出安全可靠、经济适用的防渗设计。

具体来说，应包括以下计算内容：

（1）基坑整体渗流计算。通过计算，得到各控制断面（点）上的渗透压力和渗透坡降、基坑内部总的渗透流量等。

（2）计算渗流的平均渗流坡降以及坑底渗流出逸坡降，判断是否会发生管涌、流土等。

（3）计算墙底进入不透水层内的深度。如不满足要求，则将墙底向下加深到新的不透水层内再行计算，直到满足要求为止。

（4）计算基坑底部地基抵抗承压水突涌的能力，也就是：①墙底以上土重是否大于承压水的浮力而且有足够的安全系数；②平均渗流坡降和地基内部土的渗流坡降是否在允许范围之内。

（5）进行基坑降水计算，降水井的数量要留有备用，要满足基坑开挖和安全要求。

（6）通过渗流计算和方案比较提出该基坑渗流控制措施。

4.1.3 渗流计算水位

通常坑外地下水位应根据施工工期、施工季节以及地下水位变幅等因素，综合确定。一般情况下，应取施工期最高地下水位。

坑内水位，按规程要求应低于基坑坑底 0.5m。但是对承压水来说，一般要求低于基坑坑底 1.0～2.0m。

上面说的是一般情况下的计算水位。此外，还有一些特殊情况下的坑内地下水位的确定方法。比如，对于地铁接地孔部位为承压水的隔水顶板时，降水应到此顶板以下；当基坑底部位于花岗岩残积土中时，则应降水到残积土或全风化层以下，详见后文。

还有一点要注意，就是在地下水中进行人工挖桩的问题。此时的地下水位在基坑开挖之前，就会降得很深，可能造成不利影响。详见后面第 4.7.1 节的说明。

关于渗流计算水头，应注意以下几点：

1）潜水情况下，计算水头H_1应等于潜水地下水位与基坑降水后水位的水位差。

2）承压水情况下的计算水头H_2有以下两种情况：

（1）承压水头等于承压水的自由水面高程减去含水层顶板高程，此即常说的承压水头。

（2）承压水头等于承压水的自由水面高程减去地下连续墙底高程，此水头用于核算坑底地基的渗透稳定性。

4.1.4 最不利的计算情况

（1）地基上部设有隔水层，下部砂层等与基岩风化层相连。

（2）地基上部不透水层全被挖除，基坑底和地下连续墙底全都位于透水层中。

（3）基坑局部超深或深度突然变化（阶梯状）部位。

（4）基坑的几种支护结构的连接部位。

（5）从平面上看，局部存在着薄弱地层（如淤泥、流砂等）部位或是不透水层突然变薄的部位。

此外，还要考虑以下几种计算情况：

（1）基坑分层开挖，分层降水。

（2）淤泥土的降水与固结。

（3）水泵失电（动力）或滤水管堵塞后，地下水位的恢复过程。

（4）其他事故的渗流分析与计算。

4.2 基坑渗流的基本计算方法

4.2.1 概述

本节阐述深基坑渗流计算的基本原理和方法。

在基坑支护结构前后存在着水位差而出现渗流现象的时候，渗流效应将使基坑水压力分布发生变化。

目前比较流行的基坑支护中的水压力，都是采用静水压力的全水头进行计算的。此时，作用在地下连续墙上的水平水压力很大，导致墙体配筋很多，第 4.2.6 节将讨论这一问题。

笔者认为应考虑作用在地下连续墙上的渗流水压力，下面是渗流水压力的计算方法（图 4-1）。

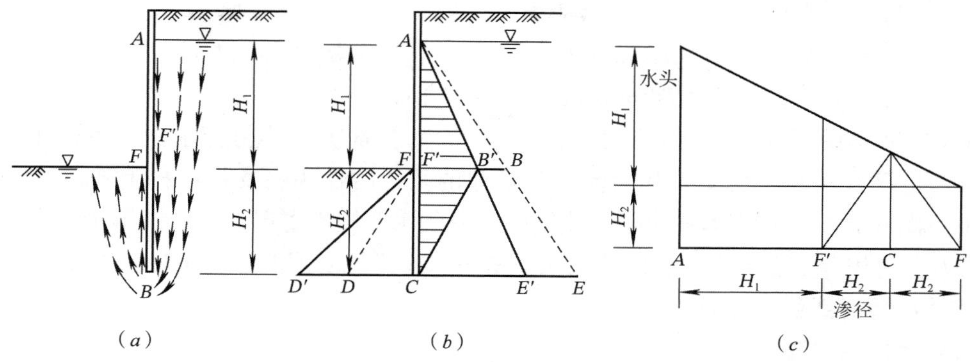

图 4-1　均匀地基渗流计算图

1）假定渗流遵守达西定律

$$v = ki \tag{4-1}$$

式中　k——渗透系数；

i——渗流坡降，也就是单位水头损失。

某段渗流水头损失为

$$\Delta H_i = h_i i_i \tag{4-2}$$

各段水头损失之和应等于总的水头H：

$$\sum \Delta H_i = \sum h_i i_i = H \tag{4-3}$$

2）渗透水流连续性假定

$$V = k_1 i_1 = k_2 i_2 = \cdots = k_i i_i$$

式中　$k_1, k_2, \cdots, k_i$——各地层渗透系数；

$i_1, i_2, \cdots, i_i$——各地层渗透坡降。

4.2.2　基坑渗流水压力计算

1. 均质土地基渗流计算

只要存在着水位差，就会产生渗流，而且任何一点的水压力应当是相同的。

现在来看图 4-1 所示的计算情况。在图中，假设坑内水位与坑底平齐，坑内外水位差为H_1。研究紧贴于墙壁的流线（这是最短的渗流路径）上的水压力分布情况，也就是潜水下的贴壁渗流情况。图中的流线自A点向下经F'，再向下绕过墙底B点后上升到F点。

渗径总长为$H_1 + 2H_2$。平均渗流坡降$i = H_1/(H_1 + 2H_2)$。

在图 4-1（b）中，AE和DF是不考虑渗流的静水压力分布线。

静水压力$F'B = \gamma_w H_1$，$CE = \gamma_w (H_1 + H_2)$，$CD = \gamma_w H_2$。

由于$CE > CD$，即B点左右水压力不相等，所以才会产生自右向左的渗流。而在考虑渗流水头损失后，墙后F'点的水头损失为：

$$\Delta H_1 = iH_1 = H_1^2/(H_1 + 2H_2)$$

实际渗流水压力则为$FB' = FB - \Delta H_1 = \gamma_w H_1 - \gamma_w H_1^2/(H_1 + 2H_2)$

或　$$FB' = 2\gamma_w H_1 H_2/(H_1 + 2H_2)$$

同理可得，　$$CE' = 2\gamma_w H_2 (H_1 + H_2)/(H_1 + 2H_2) \tag{4-4}$$

水流自图 4-1（b）的C点流到坑底F点时的水头损失为$\Delta H_2 = iH_2 = H_1 H_2/(H_1 + 2H_2)$，

C点左侧实际渗流水压力为

$$CD' = \gamma_w H_2 + \Delta H_2 = \gamma_w H_2 + \gamma_w H_1 H_2/(H_1 + 2H_2) \tag{4-5}$$

整理得，

$$CD' = 2\gamma_w H_2(H_1 + H_2)/(H_1 + 2H_2) \tag{4-6}$$

对比式(4-4)和式(4-6)，可以看出两者相等。也就是说C点左右渗流水压力相等，即$CE' = CD'$，这是符合阿基米德定律和渗流力学规律的。此时作用在支护结构上的总水压力为$\Delta AB'C$。图 4-1（c）是把紧贴墙壁的流线展开后的水头损失情况，由此图不难看出，墙底C点压力左右相等。也可看出，渗流水压力是由淹没于坑底下的浮力（H_2）和由水头H_1产生的渗透压力两部分组成的。

2. 层状地基渗流计算

可以利用水流连续原理，根据达西定律得出下式：

$$Q = A\nu = 常数$$

假定断面积A = 常数，则有：

$$\nu = K_1 i_1 = K_2 i_2 = \cdots = K_i i_i$$

式中 ν——渗透流速（cm/s）；

K_i，i_i——各层土的渗透系数和渗流坡降。

由此可得

$$k_1/k_2 = i_2/i_1, k_2/k_3 = i_3/i_2 \cdots \tag{4-7}$$

根据上面公式，先求得最小的i（K_i最大），再推求其余的i值，再分段求出水头损失值，最后可得到支护结构上的全部渗流水压力。

$$\sum \Delta H_i = \sum h_i i_i = H_1 \tag{4-8}$$

校核条件：式(4-8)两边相等或误差很小，即说明计算无误。

3. 承压水基坑的渗流计算

与潜水渗流不同的是，承压水渗流计算应当包括贴壁渗流、土体内部渗流和突涌（水）破坏等三种情况。

1）贴壁渗流

承压水位的自由面并不表示在那个高程上一定有真实的地下水存在，而是一种势能能量的表示。

但是，由于勘探打孔和坑外降水井的施工或者其他原因，有可能造成承压水向上与潜水连通；还可能由于承压水顶板隔水层存在缺口，导致地下水连通。此时承压水就具有了自由水位（面），由此产生的水头是真实存在的，它也会沿着地下连续墙的外、内边界产生贴壁渗流。因为此时渗流要穿过承压水的顶板黏性土层，水头损失比较大，降低了渗流变形和破坏的风险，可能不再是渗流计算的控制情况。从下面的例子就可看到。

在第 4.3 节的图 4-8 中，假定承压水具有自由水面。由图中可以看出，第一个承压水底板上的静水压力为 319.6kN；而渗流压力为 235.3kN，两者相差 84.3kN。这就相当于水流的势能损失了 84.3/319.6 = 26.4%。

本例中地下连续墙底穿过了第二个隔水层底部，成为“悬挂式”墙。按照贴壁渗流方法，得到墙底A点的渗流压力为 234.3kN，它比该处第二个承压水的静水压力 335.6kN 减少了 101.3kN，相当于静水压力损失了 30%。

通常情况下，可以认为承压水的贴壁渗流不是控制情况。

2）承压水的突涌破坏

在图 4-8 中，已经知道作用在墙底地基的第二隔水层底板上的承压水浮力就是该底板上的水头 = 35.06 − 6=29.06（m），而不是作用在基坑底的水头 19.66 − 6 = 13.66（m）了。

此时在承压水头 29.06m 作用下，如果上部土层饱和重小于承压水的浮托力，即有可能顶穿上部隔水层而突涌。

3）承压水引起的土体内部渗透破坏

当隔水层厚度较薄，而承压水水头较大时，承压水可能穿过此层黏土而产生渗透破坏。

由于此时渗流是在土体内部进行，应当采用黏土土体本身允许渗透坡降来核算地基的稳定性。通常黏性土体的允许渗透坡降可以采用$[i] = 3$～6，或更大，而当出口有盖重时，可取$[i] = 5$～8 或更大。

本章第 4.3.5 节对土体内部渗透稳定的实例进行了分析。

4）多层承压水

当地基中存在着多层承压水时，应根据每层承压水头和隔水层的厚度，分别核算该隔水层的抗浮稳定性和内部渗流稳定性。

4. 2. 3　基坑底部垂直渗流水压力计算

1. 计算情况

基坑底部水压力实际就是渗流的浮力。

根据地下水位特性，可分为潜水情况、承压水情况和非稳定流情况三种计算情况。

2. 潜水情况

潜水情况下，垂直水压力（浮力）计算比较简单。可以根据沿程水头损失ΔH和总水头H，求得某个位置（高程）上的渗流水压力H_i，即：

$$H_i = H - \sum\Delta H_i = H - \sum h_i i_i \quad (4\text{-}9)$$

此式对于均匀和非均匀地基都适用。

3. 承压水情况

在此情况下，垂直渗流水压力（浮力）的计算较为复杂。

1）计算水头的确定

与潜水渗流不同，计算部位（高程）不同时，承压水头压力也不相同，应当根据实际情况加以计算。比如在图 4-8 中，此时墙底已位于第二承压水层中，它对第二个隔水层底板的浮托力 = (35.06 − 6) × 10 = 290.6（kN），大于平常所说的基坑承压水头(19.66 − 6) × 10 = 136.6（kN）。

2）三种计算情况

（1）当坑底表层为不透水层，而其下的含水层有承压水时，此时不透水顶板承受全部承压水头h_w的作用，且其土体自重应大于承压水头h_w产生的浮力，才能保持稳定。

$$\gamma_{sat} t \geqslant F_c \gamma_w h_w \quad (4\text{-}10)$$

式中　γ_{sat}——土的饱和重度；

t——含水层顶板到坑底的厚度；

F_c——安全系数，根据工程重要性取值范围为 1.1～2.5，建筑基坑常用 1.1～1.3；

γ_w——水的重度；

h_w——含水层顶板以上的水头。

不透水层的渗透坡降：

$$i = h_w / L \leqslant [I_{土}] \tag{4-11}$$

式中 L——渗径；

$[I_{土}]$——黏性土的允许渗透坡降，通常$[I_{土}] = 3 \sim 6$，当出口上部有盖重时，可取$[I_{土}] = 5 \sim 8$或更大。

这里要注意以下几点：

①h_w的数值有时是从含水层顶部算起的，这就是常说的基坑承压水头。但是在有些情况下，此水头h_w是从地下连续墙底算起的，而且要计算墙底以上的全部土重。

②对于t值，应取墙底以上全部土层厚度。

③关于土的重度，有人取土的浮重度γ'，笔者认为地下水位以下应取饱和重度，地下水位以上应取天然重度。为简化计算，均取为饱和重度γ_{sat}。

（2）当基坑上部的不透水层全部被挖除，坑底以下均为粉土、砂土或卵砾石等透水层，而下部隔水层埋藏又很深时，此时基坑底部作用着很大的承压水头h_w。只有采用地下连续墙和降水井相结合的方法，才能把承压水位降到基坑底以下 1.0～2.0m，同时还要满足渗透稳定要求：

$$i \leqslant [i]$$

对于粉细砂地基，$[i] = 0.2 \sim 0.3$，而对于级配不良的地基，$[i] = 0.1 \sim 0.2$。

（3）当基坑下部为黏性土与砂土的互层地基时（图 4-2），则应进行下列计算：

$$\gamma_{sat}(t_1 + t_2) \geqslant F_s \gamma_w h_w \tag{4-12}$$

$$h_w / t_2 \leqslant [i_{土}] \tag{4-13}$$

$$h_1 / t_1 \leqslant [i_{砂}] \tag{4-14}$$

式中 h_w——承压水头；

h_1——出口段剩余水压力，可通过渗流计算得到；

$[i_{土}]$——黏性土允许渗透坡降，通常可取 3～6，出口有盖重时，可取 5～8；

$[i]$——透水层的允许渗透坡降，最小值 0.1～0.2；

F_s——安全系数，根据工程重要性，可取 1.1～1.3 或更大。

此时，要特别注意地基内部的渗透稳定问题，特别是当内部有很薄的黏土层时，尤应注意，也就是要使土的$i \leqslant [i_{土}]$。当黏土层中含有粉细砂夹层时，也要注意渗流稳定问题。

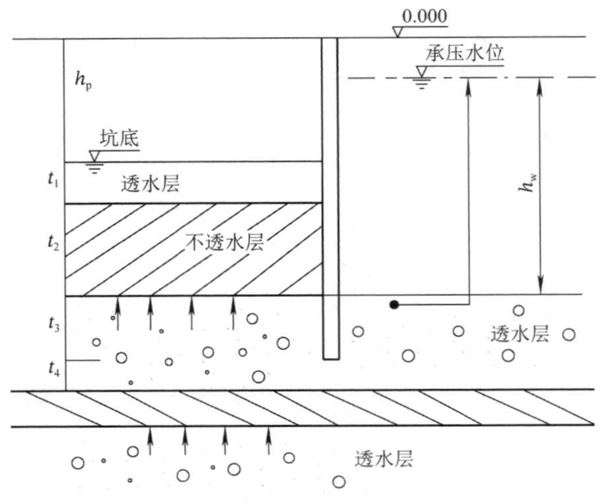

图 4-2 坑底抗浮稳定计算图

3）另一种计算坑底地基渗流的方法

前面讨论的是利用地基土与地下水的荷载平衡概念来计算和评价地基的渗透稳定性，现在利用地下水的渗透力与地基土浮重度的相互关系，来计算和评价地基的渗透稳定性。

从第 4.5.3 节（渗流作用力）可以知道，用渗透力与土体浮重相平衡，取代多个周边水压力（静水压力）与土体和饱和重度相平衡的计算方法，可以大大简化计算，即

$$\gamma' \geqslant \gamma_w i$$

式中　γ'——土体浮重度；

i——渗透坡降；

γ_w——水的重度。

这里所说的浮重度称为有效压力。由此可以得知，土的饱和重度γ_{sat}与浮重度γ'的不同用途。

具体计算与分析可参考后面的工程实例。

4. 非稳定流情况

这里所说的非稳定流，是指水泵突然停电或者是滤水管堵塞失效，造成地下水上升的一种特殊情况。如果地下水位（特别是承压水）上升过快，会造成基坑内外的破坏。这种现象和基坑的深度、坑底所在地基特性（黏性土或砂性土）、承压水头的大小有关。有的基坑在水泵停电半小时后就发生基坑渗流破坏，有的则停电十几个小时也没事。

这种现象可通过二维或三维渗流计算来了解或判断，第 3.3 节对此进行了计算和分析。

4.2.4　水下混凝土底板的抗浮计算

前面说的是基坑地基土（岩）的渗流计算，现在再来看看基坑底部水下混凝土的抗浮计算情况。

深基坑封底后，一般不应立即停止降水，要等到整个地下室施工完毕并且上部结构具有足够重量后才能停止降水。如果要提前停止降水，封底层的底板就会受到向上的漂浮力（即静水压力）作用。笔者亲见天津某基坑底板混凝土刚浇完就停止了降水，导致地下水沿混凝土底板被顶穿的裂缝上涌，把白色氧化钙（CaO）都带出来了。更有基坑混凝土垫层和底板断裂上浮的情况发生。这就要求封底混凝土与支护结构之间应有足够的强度和承受力来抵抗底板的上浮，以保证混凝土不被破坏。这实际上是一个从总体把握基坑渗透稳定性的大问题。

此外，有的工程采用水下开挖土石方，再浇注水下混凝土底板，待混凝土达到设计强度后，再将水抽干，再做上部混凝土结构。本节来讨论此类问题。

坑内外有水头差的基坑，其封底混凝土板要考虑下列两方面的验算。

1. 底板的抗浮验算

有降水措施的基坑抗浮力是由封底混凝土、支护结构自重与土的摩阻力来平衡的。如果按式(4-15)验算不能满足安全系数大于 1.05 时，就应加厚封底混凝土或在井内设减压井继续降水，直至基坑封底混凝土和结构施工后能满足抗浮要求才能停止抽水。

$$K = \frac{P_k}{P_f} = \frac{0.9P_h + \lambda L \sum f_i h_i}{P_f} \geqslant 1.05 \tag{4-15}$$

式中　K——抗浮安全系数；

P_k——总的抗浮力；

P_f——总的浮力；

P_h——支护、封底及已浇底板等的总重量；

λ——容许抗拔摩阻力与受压容许阻力的比例系数，根据工程的重要性、荷载、质量及土质情况等，可取0.4～0.7；

L——支护与土体接触的内外壁周长；

f_i、h_i——分别为支护侧各土层的容许摩阻力和土层的厚度。

2. 封底混凝土板的内力计算

封底混凝土板在静水压力作用下的内力计算，可近似简化为简支单向板的计算，封底层底板面在静水压力作用下产生的弯曲拉应力计算式为：

$$\sigma=\frac{1}{8}\frac{qL^2}{W}=\frac{L^2}{8}\frac{\gamma_w(h+\chi)-\gamma_c\chi}{\frac{1}{6}\chi^2}=\frac{3L^2}{4\chi^2}[\gamma_w(h+\chi)-\gamma_c\chi]\leqslant[\sigma] \tag{4-16}$$

式中　q——封底底面静水压力（kPa）；

L——基底小边尺寸（m）；

W——封底层每米宽断面抗弯模量（m^3）；

h——封底层顶面处水头（m）；

χ——假定的封底混凝土层最小厚度（m）；

γ_w——水重度（kN/m^3）；

γ_c——混凝土重度（kN/m^3）；

$[\sigma]$——封底混凝土的容许抗弯曲拉应力，一般采用C15～C20混凝土，因荷载作用时间短，可分别取1200～2000kPa。

目前有关封底混凝土底板的内力计算方法很多，读者可参考相关文献资料。

还要注意，如果基坑的面积很大，则土体与周边结构的摩阻力将被忽略，不起作用；封底混凝土的内力计算也没有实际意义，主要是抗浮稳定问题。

4.2.5　板桩基坑中的渗流计算

1. 板桩基坑中的平面渗流计算

计算图形如图4-3所示。假定3—3′和7—7′为等势线，则地基被分为Ⅰ、Ⅱ两段。第Ⅰ段与闸坝地基渗流计算中的进出口段有相同的形式，而第Ⅱ段相当于长为$2S_2$平面底板渗流阻力的一半（图4-4）。对这两种情况由流体力学的解可给出阻力系数值，如图4-5所示，其中ξ_1表示第Ⅰ段阻力系数，根据参数S_1/T_1由$T_1/b=0$的一条曲线确定。ξ_2为第Ⅱ段阻力系数，根据参数S_2/T_2及T_2/b确定。

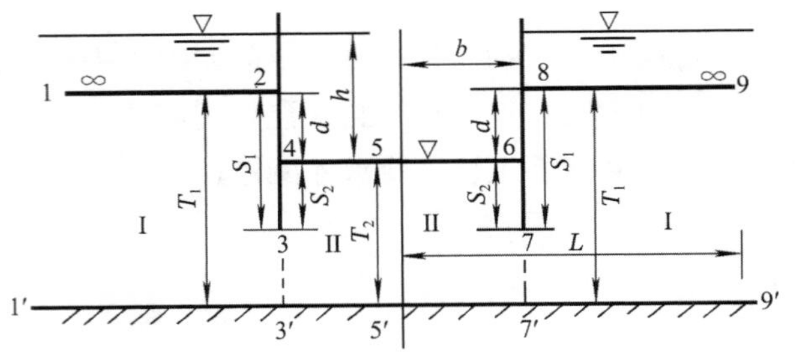

图4-3　板桩基坑分段计算图

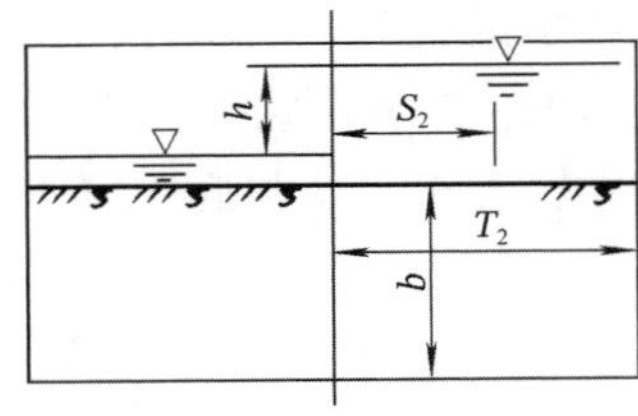

图4-4　第Ⅰ段示意图

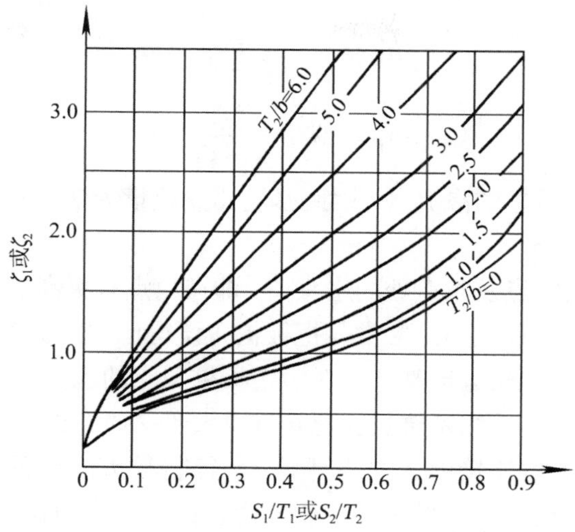

图 4-5　阻力系数曲线图

由此可知由板桩一侧渗入基坑的流量为

$$q = Kh\frac{1}{\xi_1 + \xi_2} \tag{4-17}$$

板桩尖点 3 或 7 的水头为

$$h_F = h\frac{\xi_2}{\xi_1 + \xi_2} \tag{4-18}$$

基坑底板出口平均坡降为

$$i_F = \frac{h_F}{S_2} \tag{4-19}$$

由上式即可校核基坑底面的渗透稳定性。把上式中的S_2用入土深度h_d代替，当临界渗流坡降$i_F = 1$时，则有

$$h_d \geqslant h_F \tag{4-20}$$

2. 板桩基坑中的空间渗流计算

根据大量电拟试验求得流入基坑的流量及板桩尖点的位势水头，再与按平面图形求得的相应计算值比较，可找出三向渗流相对平面渗流的修正系数，从而得到板桩基坑三向渗流的排水计算式。

对圆形基坑，其计算式为

$$q = 0.8Kh\frac{1}{\zeta_1 + \zeta_2} \tag{4-21}$$

$$h_F = 1.3h\frac{\zeta_2}{\zeta_1 + \zeta_2} \tag{4-22}$$

式中　q——绕过单位长度板桩的渗流量，因此基坑的总渗流量应为$Q = 2\pi rq$（r为圆形基坑板桩的半径）。

对正方形基坑，其计算式为

$$q = 0.75Kh\frac{1}{\zeta_1 + \zeta_2} \tag{4-23}$$

$$h_F' = 1.3h\frac{\zeta_2}{\zeta_1+\zeta_2} \tag{4-24}$$

$$h_F'' = 1.7h\frac{\zeta_2}{\zeta_1+\zeta_2} \tag{4-25}$$

式中 q——绕过单位长板桩的渗流量，因此基坑总渗流量为$Q=8rq$（r为基坑一边板桩长度之半）；

h_F'、h_F''——基坑一边的中点及角点处的水头值，即在角点有更高的水头值，因此靠近板桩角点处安全系数最小，常常需把板桩布设得比中部更深些，以保证安全。

对其他形式的基坑，如长方形基坑，对短边板桩角点的水头可用正方形基坑的计算式确定；而长边中点处的水头，当基坑长宽比接近或大于 2 时，即可用平面渗流的计算式确定而不修正。渗流量在长度比接近 2 的情况下，只需将长边按平面渗流计算式求得单宽值q，而计算总渗流量可忽略短边，得$Q=2Lq$（L为长边一条边的长度）。对多边形基坑，可将基坑看作是圆，其等效半径可依据下式确定：

$$\gamma_k = \sqrt{\frac{A}{\pi}} \tag{4-26}$$

对于长条形基坑 $$\gamma_k = \frac{L}{2\pi}$$

式中 A、L——基坑的面积和周长。

我们的目的是确定入土深度h_d，可将h_d代替上述公式的S_2进行计算。

为了确定入土深度，首先需确定以上各式中系数$\zeta_2/(\zeta_1+\zeta_2)$的取值范围。为此，根据图 4-5，计算后列入表 4-1 中。

$\zeta_2/(\zeta_1+\zeta_2)$的系数表 **表 4-1**

T_2/b	h_d/T_2				
	0.1	0.3	0.5	0.7	0.9
1	0.55	0.52	0.54	0.54	0.54
2	0.58	0.59	0.59	0.59	0.59
6	0.7	0.75	0.85	0.84	0.83

注：由于ζ_1及ζ_2数值存在误差，本表计算结果也略有误差。

在实际工程中，当T_2/b较小时，亦即基坑宽度较小时，一般为长方形基坑，其插入深度验算表达式(4-20)右边的h_F由式(4-18)确定，则

$$h_d \geqslant \frac{\zeta_2}{\zeta_1+\zeta_2}h \tag{4-27}$$

将表 4-1 中$T_2/b=6$对应的最大值代入式(4-27)，得长方形基坑坑底最大入土深度h_{dmax}为：

$$h_{dmax} \geqslant 0.85h \tag{4-28}$$

对于圆形基坑，由式(4-21)及式(4-22)，按以上分析方法可得

$$h_{dmax} \geqslant 0.85 \times 1.3h = 1.1h \tag{4-29}$$

对于正方形基坑，一般情况下$T_2/b<2$，故按式(4-18)可得：

$$h_{dmax} \geqslant 0.59 \times 1.7h = 1h \tag{4-30}$$

4.2.6　基坑支护水压力探讨

1. 概述

基坑支护的结构设计问题本不在本节讨论范围之内，但是进行渗流分析和计算过程中，作用在地下连续墙和其他支护结构上的水压力是很重要的外力，而且原规程（《建筑基坑支护技术规程》JGJ 120—1999）采用水压力计算模式颇有值得探讨之处，于是在此特作说明。

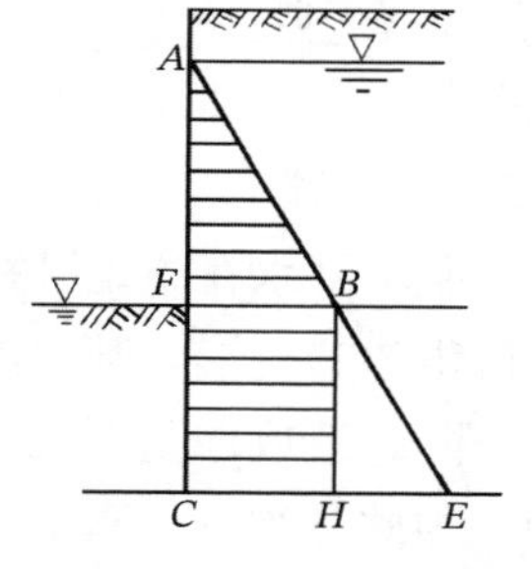

图 4-6　渗流水压力计算简图

目前，一些规范（程）大多是采用地下连续墙外、内静水压力之差进行设计的，见图 4-6。

由于采用的计算方法不同，作用在地下连续墙上的水压力相差也是不同的。

2. 工程实例

现在就以广州黄埔大桥南锚碇基坑的水压力计算实例来加以说明，该工程的详细情况见本书后面章节。

在图 4-7 中给出了基坑静水压力和渗流水压力作用线。根据图中数据，可以算出：

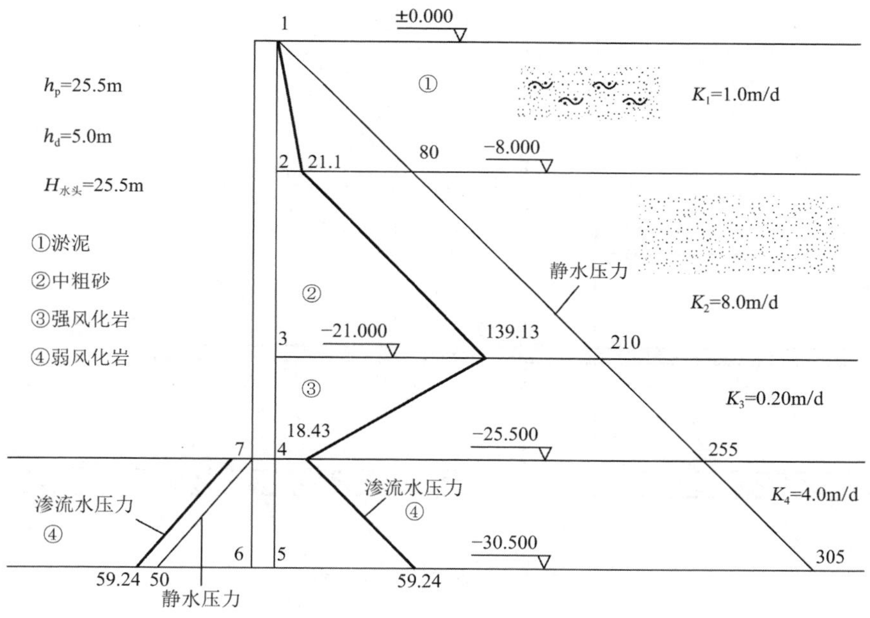

图 4-7　黄埔大桥锚碇基坑渗流计算图

（1）静水压力：外侧 3251.25kN，内侧 125.0kN，外内水压力差（即总水压力）3126.25kN。

（2）渗流压力：外侧 1995.75kN，内侧 171.2kN，外内水压力差（即总水压力）1824.55kN。

（3）总压力之比 = 总渗压力/总静压力 = 1824.55/3126.25 = 0.584

由此可见，考虑基坑渗流之后，作用在地下连续墙上的总水压力只有总静水压力的一半多一点。在多层地基的深基坑，这样的结果是很常见的。

在地下连续墙的外荷载中，水压力占有很大比例。现在水压力如果大大降低的话，那就意味着墙体配筋也可以大为减少了。所以说，按静水压力来搞基础支护设计，是不合理的。

4.3　深基坑综合渗流分析方法和实例

4.3.1　概述

基坑降水在施工开挖过程中改变了原来的地下水状态：基坑底部及其下面的弱透水层会产生渗透变形，甚至渗透破坏，危及基坑施工的安全；基坑降水也会造成周边的地下水位下降，造成地基下沉，影响周围建筑物的稳定安全。这些都是工程施工中极为关心的问题。为此必须进行基坑降水的渗流分析研究。

本渗流计算采用中国水利水电科学研究院研制的多功能三维渗流计算程序 STSA1，结合某建筑工程深基坑工程的基本资料来进行渗流分析。

4.3.2　基坑工程基本资料

（1）基坑剖面图见图 4-8。

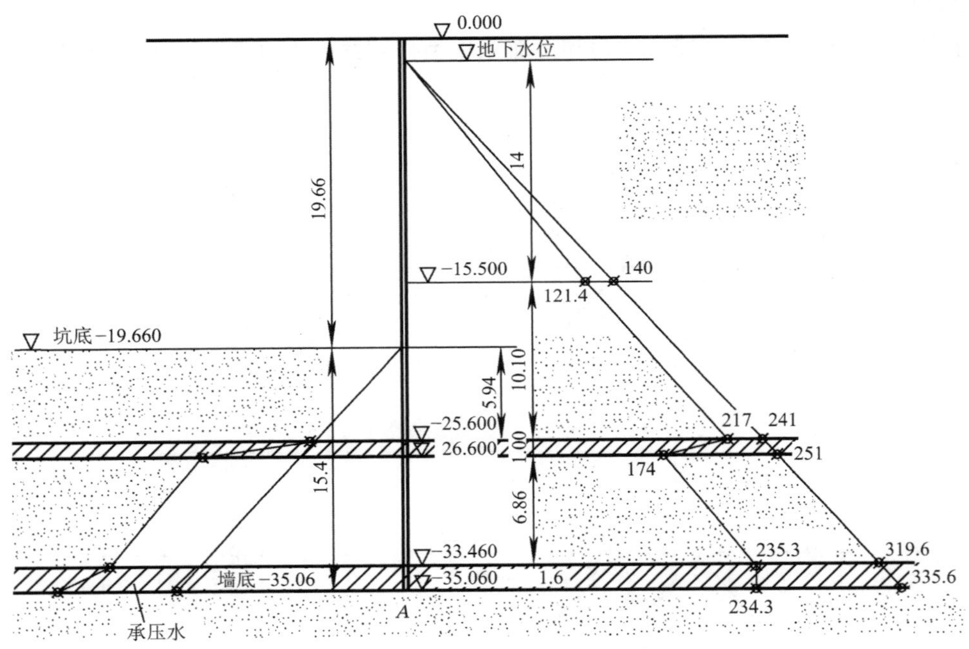

图 4-8　基坑剖面示意图

（2）渗透系数见后文。

（3）地下水位见后文。

（4）基坑平面尺寸为 80m × 60m，地下连续墙厚 0.8m，假定墙不透水。

（5）计算情况：坑内抽水到坑底下 0.5m 后，由于水泵失电或泵管堵塞，基坑停止抽水。

计算模拟范围各地层的渗透系数K如表 4-2 所示。

各地层的渗透系数 K　　表 4-2

地层	标高（m）	渗透系数K（m/d）
①	−15.5～0	0.4
②	−25.6～−15.5	1

续表

地层	标高（m）	渗透系数K（m/d）
③	−26.6～−25.6	0.01
④	−33.46～−26.6	0.5
⑤	−35.06～−33.46	0.05
⑥	−69.06～−35.06	0.5～1

地下水位：①潜水−1.5m；②承压水−3m；③坑内抽水到坑底下 0.5m，即−20.16m。

4.3.3　计算原理和方法

1. 计算假定

由于所研究的基坑的补给水源离基坑较远，一般为 1000～2000m，而基坑及地层厚度的尺寸相对较小，为了提高求解计算的精度，故在计算中采用二维的大范围模型和基坑附近区域的三维小模型相结合的方法，用大模型的计算结果作为小模型的边界条件，而用小模型网络来提高求解精度，特别是基坑的渗流量只有采用三维模型才能取得较准确的成果。

2. 基本方程和边界条件

对于各向异性、非均质的连续介质，服从达西定律的稳定渗流问题可归结为下列定解问题：

$$\frac{\partial}{\partial x}\left(k_x\frac{\partial h}{\partial x}\right)+\frac{\partial}{\partial y}\left(k_y\frac{\partial h}{\partial y}\right)+\frac{\partial}{\partial z}\left(k_z\frac{\partial h}{\partial z}\right)=0(在\Omega上) \tag{4-31}$$

$$H(x,\ y,\ z)=f(x,\ y,\ z)(在s_1上) \tag{4-32}$$

$$H(x,\ y,\ z)=Z(x,\ y)(在s_3和s_4上) \tag{4-33}$$

$$k_x\frac{\partial H}{\partial x}\mathrm{con}(n,x)+k_x\frac{\partial H}{\partial x}\mathrm{con}(n,x)+k_x\frac{\partial H}{\partial x}\mathrm{con}(n,x)=q(在s_2和s_3上) \tag{4-34}$$

式中　H——水头函数；

k_x、k_y、k_z——x、y、z主方向的渗透系数，坐标轴方向与渗透主方向一致；

Ω——渗流区域；

s_1——已知水头值的边界曲面；

s_2——给定流量边界曲面；

s_3——浸润面；

s_4——逸出段；

q——边界上的单位面积流量，这里$q=0$表示为无流量交换边界；

n——边界的外法线方向。

对于各向同性的介质即$k_x=k_y=k_z=k$，式(4-34)可简化为$\frac{\partial H}{\partial n}=0$。

3. 有限元法

（1）根据变分原理，上述定解问题的求解等价于求下列函数的极值问题，即

$$[H(X,Y,Z)] = \frac{1}{2}\iint\limits_{\Omega}\left[k_x\left(\frac{\partial H}{\partial x}\right)^2 + k_y\left(\frac{\partial H}{\partial y}\right)^2 + k_z\left(\frac{\partial H}{\partial z}\right)^2\right]\mathrm{d}x\,\mathrm{d}y\,\mathrm{d}z = \min \tag{4-35}$$

$$H(x, y, z) = f(x, y, z)(\text{在}s_1\text{上})$$

（2）把所研究区域进行离散化，建立插值函数，为了能够较好地适应复杂边界，本计算程序采用多种类型的等参数单元，最后形成求解各节点水头值的线性代数方程组。对于n个未知水头节点共有n个方程，用矩阵表示为：

$$[K]\{H\} = \{F\} \tag{4-36}$$

式中 $\{H\}$——未知水头节点的列向量；

$[K]$——渗透矩阵；

$\{F\}$——右端项。

4. 模型规划和网格划分

1）计算模拟范围

（1）二维计算模型：取坑内抽降后水位（即−20.16m）为计算模型坐标系Z的坐标原点，取基坑地下连续墙的内侧为计算模型坐标系X的原点；沿X轴方向，向坑内取至基坑中心线（即$X = -30$m），向坑外取至$X = 1200.8$m；沿 Z 轴方向，计算模型底部取至$Z = -48.90$m，计算模型上部取至原地下水位（即$Z = 19.16$m）；上游（坑外）水位为$Z = 20.16$m，下游（坑内）水位为$Z = 0.0$m；当基坑底部有承压水时，其承压水位为$Z = -18.66$m。

（2）三维计算模型：取坑内抽降后水位（即−20.16m）为计算模型坐标系Z的原点，取基坑地下连续墙的内侧为计算模型坐标系X的原点；取基坑地下连续墙的内侧拐角为计算模型坐标系Y的原点；并使X、Y、Z坐标形成右手系；三维计算模型沿X轴方向，向坑内取至基坑中心线（即$X = -40$m，长边），向坑外取至$X = 100.8$m。计算模型沿Y轴方向，向坑内取至基坑中心线（即$Y = -30$m），向坑外取至$X = 100.8$m。沿Z轴方向，计算模型底部取至$Z = -48.9$m，计算模型上部取至原地下水位（即$Z = 20.16$m）；当基坑底部有承压水时，其承压水位为$Z = -18.66$m。

2）计算模型网格剖分

根据上述工程的资料和计算要求，二维计算模型的网格剖分：沿X轴方向分为 632 个剖面，沿垂直方向（即Z轴方向）分为 40 个网格，共 24609 个单元，总节点数为 25280 个，单元采用 8 个节点的等参数六面体。将所研究区域分成 6 个渗透分区。三维计算模型的网格剖分：沿X轴方向分为 45 个剖面，沿Y轴方向分为 40 个剖面，沿垂直方向（即Z轴方向）分为 20 个网格，共 32604 个单元，总节点数为 36000 个，单元采用 8 个节点的等参数六面体。所研究区域仍分成 6 个渗透分区。

3）新坐标系的有关参数（表 4-3）

新坐标系的有关参数 **表 4-3**

地层	Z坐标（m）	渗透系数K（m/d）
①	5.16～20.66	0.4
②	−5.44～5.16	1
③	−6.44～−5.44	0.01
④	−13.3～−6.44	0.5

4.3.4　计算研究的成果分析

1. 渗流计算内容

（1）二维渗流计算进行了坑内抽水到坑底下 0.5m 时，不同距离的补给水源、有无承压水层、承压水层不同渗透性、基坑排水对于承压水层的不同影响半径（即基坑距离承压水位不变处的长度）等共 18 种方案。各方案的计算条件及计算成果详见表 4-4。

二维渗流计算成果表　　表 4-4

方案	距离补给水源（m）	基坑底承压层		基坑墙外地下水位（m）	最大平均渗透坡降		单宽渗流量 [m³/(d·m)]	不抽水基坑每天水位上升高度（m）
		渗透系数（m/d）	承压不变处与基坑距离（m）		基坑下弱透水层 K3	基坑底面渗流出口		
1	4	0.5	无承压	18.96	6.980	0.0694	2.011	0.067
2	10	0.5	无承压	18.611	6.965	0.0963	2.007	0.0669
3	30	0.5	无承压	17.571	6.837	0.068	1.97	0.0657
4	60	0.5	无承压	16.024	6.471	0.0644	1.865	0.0622
5	100	0.5	无承压	14.504	5.989	0.0596	1.727	0.0576
6	200	0.5	无承压	11.419	4.814	0.0479	1.388	0.0463
7	500	0.5	无承压	6.739	2.881	0.0287	0.831	0.0277
8	750	0.5	无承压	5.107	2.19	0.0218	0.632	0.0211
9	1000	0.5	无承压	4.036	1.742	0.0173	0.503	0.0168
10	1000	0.5	60	15.618	6.824	0.0679	1.969	0.0656
11	1000	1	60	16.183	8.363	0.0834	2.456	0.0819
12	1000	0.5	80	14.767	6.339	0.0631	1.829	0.061
13	1000	1	80	15.486	7.886	0.0787	2.316	0.0772
14	1000	0.5	100	13.857	5.916	0.0588	1.705	0.0568
15	1000	1	100	14.771	7.469	0.0745	2.193	0.0731
16	1000	0.5	200	10.718	4.565	0.0454	1.317	0.0439
17	1000	0.5	1000	4.281	1.842	0.0183	0.531	0.0177
18	1000	1	1000	5.062	2.579	0.0257	0.757	0.0252

（2）为了比较准确地了解基坑及其附近的渗流状况，在二维渗流计算的基础上又进行了坑内抽水到坑底下 0.5m 的三维渗流计算，利用二维渗流计算成果作为三维计算模型的边界条件进行了不同距离的补给水源、有无承压水层、承压水层不同渗透性、基坑排水对于承压水层的不同影响半径（即基坑距离承压水位不变处的长度）等共 16 种方案的计算。三维各方案的计算条件及计算成果详见表 4-5。

三维渗流计算成果表 表 4-5

方案	距离补给水源（m）	基坑底承压层		基坑墙外地下水位（m）	最大平均渗透坡降		1/4 的总渗流量（m^3/d）	不抽水基坑每天水位上升高度（m）
		渗透系数（m/d）	承压不变处与基坑距离（m）		基坑下弱透水层 K3	基坑底面渗流出口		
1	4	0.5	无承压	19.06	9.27	0.0919	104.88	0.0874
2	16	0.5	无承压	18.71	9.26	0.0919	104.8	0.0873
3	20	0.5	无承压	18.65	9.26	0.0919	104.71	0.0873
4	60	0.5	无承压	17.9	9.07	0.0901	102.63	0.0855
5	100	0.5	无承压	16.77	8.49	0.0846	95.99	0.0800
6	200	0.5	无承压	13	6.75	0.0662	76.34	0.0636
7	500	0.5	无承压	7.8	4.09	0.0404	46.30	0.0386
8	750	0.5	无承压	5.9	3.11	0.0313	35.25	0.0294
9	1000	0.5	无承压	4.6	2.41	0.0239	27.28	0.0227
10	1000	0.5	60	16.9	8.89	0.0882	100.57	0.0838
11	1000	1	60	17.2	9.95	0.0993	115.58	0.0963
12	1000	0.5	80	18.5	8.67	0.0864	98.13	0.0818
13	1000	1	80	16.9	9.77	0.0974	113.56	0.0946
14	1000	0.5	100	16.2	8.46	0.0846	95.73	0.0798
15	1000	1	100	16.7	9.62	0.0993	111.75	0.0931
16	1000	0.5	120	16.1	8.35	0.0827	94.48	0.0787
17	1000	0.5	1000	5.01	2.62	0.0257	29.62	0.0247
18	1000	1	1000	5.74	3.31	0.0331	38.42	0.032

（3）为了研究和了解坑内停止抽水时基坑及其附近的渗流状况，进行了坑内停止抽水时基坑水位上升 0.5m，即基坑水位恢复到与基坑底面高程相平时的二维渗流计算，进行了不同距离的补给水源、有无承压水层、承压水层不同渗透性、基坑排水对于承压水层的不同影响半径（即基坑距离承压水位不变处的长度）等共 18 种方案的计算。各方案的计算条件及计算成果详见表 4-6。

基坑水位上升 0.5m 二维渗流计算成果表 表 4-6

方案	距离补给水源（m）	基坑底承压层		基坑墙外地下水位（m）	最大平均渗透坡降		单宽渗流量 [$m^3/(d\cdot m)$]	不抽水基坑每天水位上升高度（m）
		渗透系数（m/d）	承压不变处与基坑距离（m）		基坑下弱透水层 K3	基坑底面渗流出口		
1	4	0.5	无承压	18.967	6.786	0.0675	1.955	0.0652
2	10	0.5	无承压	18.627	6.771	0.0673	1.951	0.065
3	30	0.5	无承压	17.617	6.647	0.0661	1.916	0.0639
4	60	0.5	无承压	16.117	6.292	0.0626	1.814	0.0605
5	80	0.5	无承压	15.206	6.018	0.0598	1.735	0.0578

续表

方案	距离补给水源（m）	基坑底承压层		基坑墙外地下水位（m）	最大平均渗透坡降		单宽渗流量 [m³/(d·m)]	不抽水基坑每天水位上升高度（m）
		渗透系数（m/d）	承压不变处与基坑距离（m）		基坑下弱透水层 K3	基坑底面渗流出口		
6	100	0.5	无承压	14.64	5.825	0.0579	1.68	0.056
7	200	0.5	无承压	11.625	4.679	0.0465	1.349	0.045
8	300	0.5	无承压	9.604	3.856	0.0384	1.112	0.0371
9	500	0.5	无承压	7.083	2.807	0.0279	0.81	0.027
10	750	0.5	无承压	5.486	2.134	0.0212	0.615	0.018
11	1000	0.5	无承压	4.445	1.699	0.0169	0.49	0.0163
12	1000	0.5	60	15.681	6.618	0.0658	1.91	0.0637
13	1000	1	60	16.229	8.286	0.0808	2.381	0.0794
14	1000	0.5	80	14.856	6.149	0.0611	1.774	0.0591
15	1000	1	80	15.553	7.646	0.0762	2.246	0.0749
16	1000	0.5	100	13.976	5.734	0.057	1.654	0.0551
17	1000	1	100	14.862	7.243	0.0722	2.127	0.0709
18	1000	0.5	200	10.908	4.43	0.0441	1.278	0.0426

注：基坑水位上升 0.5m，即基坑水位与基坑底面高程相平。

2. 二维、三维渗流成果分析

1）补给水源距离对基坑渗流场的影响

从表 4-4 二维渗流计算的方案 1～方案 9、表 4-5 三维渗流计算的方案 1～方案 9 和表 4-6 二维渗流计算的方案 1～方案 11 中可以看到：补给水源距离基坑越远，基坑的单宽渗流量越小，基坑底部弱透水层和基坑底面渗流出口的最大平均渗透坡降越小，基坑外连续墙的地下水位也越低。

（1）对于二维渗流基坑底部无承压水、补给水源距离基坑仅 4m（相当于墙体漏洞开口）时，基坑的单宽渗流量为 $2.011m^3/(d\cdot m)$（总渗流量约为 $321.76m^3/d$），基坑下面弱透水层的最大平均渗透坡降为 6.98，基坑底面渗流出口的最大平均渗透坡降为 0.0694，基坑外连续墙的地下水位为 18.96m，为原地下水位的 99%。而当补给水源距离基坑远达 1000m 时，基坑的单宽渗流量为 $0.503m^3/(d\cdot m)$（总渗流量约为 $80.5m^3/d$），见表 4-7。

基坑底部下面弱透水层的最大平均渗透坡降为 1.742，基坑底面渗流出口的最大平均渗透坡降为 0.0173。

水源补给距离对渗流场的影响表　　**表 4-7**

名称	补给距离（m）	q	Q	$i_{大}$	$i_{小}$	外水位
二维	4	2.011	321.7	6.98	0.069	18.96
	1000	0.503	80.5	1.472	0.017	4.036

注：q—单宽渗流量$[m^3/(d\cdot m)]$；Q—总渗流量（m^3/d）；$i_{大}$—最大平均坡降（第 3 层）；$i_{小}$—出口坡降；k—渗透系数（m/d）。

（2）对于三维渗流基坑底部无承压水，当补给水源距离基坑仅4m（墙体开口）时，基坑渗流计算成果见表4-8。

水源补给距离影响表　　表4-8

名称	补给距离（m）	Q	$i_{大}$	$i_{小}$	外水位
三维	4	419.5	9.27	0.092	19.06
	1000	102.1	2.41	0.024	4.60

这说明补给水源距离基坑越远，对基坑的安全稳定越有利。而当墙体开口或出现漏洞时，造成很不利影响。

2）基坑底部承压水对基坑渗流场的影响

从表4-4和表4-6的方案9和方案14的比较，以及表4-5的方案9和方案14的比较可以看到，对于二维渗流计算，补给水源距离基坑为1000m时，基坑底部有、无承压水的计算结果见表4-9。

（二维）有无承压水计算成果表　　表4-9

名称	补给距离（m）	承压水	q	Q	$i_{大}$	$i_{小}$	外水位
二维	1000	无	0.503	80.48	1.742	0.017	4.04
	1000	有（100m）	1.705	272.8	5.916	0.059	13.86

对于三维渗流计算，补给水源距离基坑为1000m时，基坑底部有、无承压水的计算结果见表4-10。

（三维）有无承压水计算成果表　　表4-10

名称	补给距离（m）	承压水	承压水距离	Q	$i_{大}$	$i_{小}$	外水位
三维	1000	无	0	109.1	2.41	0.024	4.6
	1000	有	100	382.9	8.46	0.085	16.2

这说明基坑底部有无承压水都对基坑渗流场有很大的影响。当基坑底部有承压水时，使渗流的各项指标增加很多，对基坑的安全稳定很不利。

我们还进行了承压水层压力不变处距离基坑为60、80、120、200和1000m的二维和三维渗流计算。与补给水源距离对基坑渗流场的影响一样，承压水层压力不变处距离基坑越远，基坑的单宽渗流量越小，基坑底部下面弱透水层和基坑底面渗流出口的最大平均渗透坡降越小，基坑外连续墙的地下水位也越低，详见表4-11方案12～方案18和表4-12方案10～方案16的计算成果。

3）基坑底部承压水层渗透性对基坑渗流场的影响

从表4-11方案10～方案18和表4-12方案10～方案18的计算成果的比较可以看到：基坑底部承压水层渗透性越大，基坑的单宽渗流量越大，基坑底部下面弱透水层和基坑底面渗流出口的最大平均渗透坡降越大，基坑外连续墙的地下水位也越高。具体比较结果见表4-13。

二维渗流计算各方案的计算条件及其成果表　表 4-11

方案	距离补给水源（m）	基坑底承压层		基坑墙外地下水位（m）	最大平均渗透坡降		单宽渗流量 [m³/(d · m)]	不抽水基坑每天水位上升高度（m）
		渗透系数（m/d）	承压不变处与基坑距离（m）		基坑下弱透水层 K3	基坑底面渗流出口		
10	1000	0.5	60	15.618	6.824	0.0679	1.969	0.0656
11	1000	1.0	60	16.183	8.363	0.0834	2.456	0.0819
12	1000	0.5	80	14.767	6.339	0.0631	1.829	0.0610
13	1000	1.0	80	15.486	7.886	0.0787	2.316	0.0772
14	1000	0.5	100	13.857	5.916	0.0588	1.705	0.0568
15	1000	1.0	100	14.771	7.469	0.0745	2.193	0.0731
16	1000	0.5	200	10.718	4.565	0.0454	1.317	0.0439
17	1000	0.5	1000	4.281	1.842	0.0183	0.531	0.0177
18	1000	1.0	1000	5.062	2.579	0.0257	0.757	0.0252

三维渗流计算各方案的计算条件及其成果表　表 4-12

方案	距离补给水源（m）	基坑底承压层		基坑墙外地下水位（m）	最大平均渗透坡降		1/4 的总渗流量（m³/d）	不抽水基坑每天水位上升高度（m）
		渗透系数（m/d）	承压不变处与基坑距离（m）		基坑下弱透水层 K3	基坑底面渗流出口		
10	1000	0.5	60	16.90	8.89	0.0882	100.57	0.0838
11	1000	1.0	60	17.20	9.95	0.0993	115.58	0.0963
12	1000	0.5	80	18.50	8.67	0.0864	98.13	0.0818
13	1000	1.0	80	16.90	9.77	0.0974	113.56	0.0946
14	1000	0.5	100	16.20	8.46	0.0846	95.73	0.0798
15	1000	1.0	100	16.70	9.62	0.0993	111.75	0.0931
16	1000	0.5	120	16.10	8.35	0.0827	94.48	0.0787
17	1000	0.5	1000	5.01	2.62	0.0257	29.62	0.0247
18	1000	1.0	1000	5.74	3.31	0.0331	38.42	0.0320

承压水层渗透系数影响计算成果表　表 4-13

名称	补给距离（m）	承压距离（m）	k	q	Q	$i_{大}$	$i_{小}$	外水位
二维	1000	100	0.5	1.71	272.8	5.92	0.059	13.86
	1000	100	1.0	2.19	350.9	7.46	0.075	14.77
三维	1000	100	0.5		382.9	8.46	0.085	16.20
	1000	100	1.0		447	9.62	0.099	16.70

这说明基坑底部承压含水层渗透性对基坑渗流场有明显的影响。当基坑底部承压水层渗透性增大时，基坑底部渗透坡降会增大，基坑的总渗流量也增大，这对基坑的安全稳定是不利的。

4）二维和三维计算成果对比

从表 4-14 二维渗流计算的方案 12～方案 18 和表 4-15 三维渗流计算的方案 10～方案 18 的计算成果的比较可以看到：三维渗流计算各方案计算的基坑渗流量、基坑底部下面弱透水层和基坑底面渗流出口的最大平均渗透坡降、基坑外连续墙的地下水位等都比二维渗流计算各方案的计算结果大，这是因为本工程基坑的尺寸长宽比小于 2，在基坑周围附近渗流场是三维渗流问题，采用二维渗流模型无法模拟基坑周围附近水流的绕渗。而三维渗流计算的结果比较接近工程的实际情况，故下面对工程的渗透稳定分析和安全评估均采用三维渗流计算的成果。

渗流计算各方案二维和三维的计算成果比较表 1 **表 4-14**

方案	距离补给水源（m）	基坑底承压层		基坑墙外地下水位（m）		最大平均渗透坡降			
						基坑下弱透水层 K3		基坑底面渗流出口	
		渗透系数（m/d）	承压不变处与基坑距离（m）	二维计算	三维计算	二维计算	三维计算	二维计算	三维计算
1	4	0.5	无承压	18.96	19.06	6.98	9.27	0.0694	0.0919
2	16	0.5	无承压	18.61	18.71	6.97	9.26	0.0963	0.0919
3	20	0.5	无承压	17.57	18.65	6.84	9.26	0.0680	0.0919
4	60	0.5	无承压	16.02	17.90	6.47	9.07	0.0644	0.0901
5	100	0.5	无承压	15.08	16.77	5.99	8.49	0.0596	0.0846
6	200	0.5	无承压	14.50	13.00	4.81	6.75	0.0479	0.0662
7	500	0.5	无承压	6.74	7.80	2.88	4.09	0.0287	0.0404
8	750	0.5	无承压	5.11	5.90	2.19	3.11	0.0218	0.0313
9	1000	0.5	无承压	4.04	4.60	1.74	2.41	0.0173	0.0239
10	1000	0.5	60	15.62	16.90	6.82	8.89	0.0679	0.0882
11	1000	1.0	60	16.18	17.20	8.36	9.95	0.0834	0.0993
12	1000	0.5	80	14.77	18.50	6.34	8.67	0.0631	0.0864
13	1000	1.0	80	15.49	16.90	7.89	9.77	0.0787	0.0974
14	1000	0.5	100	13.86	16.20	5.92	8.46	0.0588	0.0846
15	1000	1.0	100	14.77	16.70	7.47	9.62	0.0745	0.0993
16	1000	0.5	120	10.72	16.10	4.57	8.35	0.0454	0.0827
17	1000	0.5	1000	4.281	5.01	1.84	2.62	0.0183	0.0257
18	1000	1.0	1000	5.062	5.74	2.58	3.31	0.0257	0.0331

渗流计算各方案二维和三维的计算成果比较表 2　　表 4-15

方案	距离补给水源（m）	基坑底承压层		总渗流量（m^3/d）		不抽水时基坑每天水位上升高度（m）	
		渗透系数（m/d）	承压不变处与基坑距离（m）	二维计算	三维计算	二维计算	三维计算
1	4	0.5	无承压	321.76	419.52	0.0670	0.0874
2	16	0.5	无承压	321.12	419.20	0.0669	0.0873
3	20	0.5	无承压	315.20	418.84	0.0657	0.0873
4	60	0.5	无承压	298.40	410.52	0.0622	0.0855
5	100	0.5	无承压	276.32	383.96	0.0576	0.0800
6	200	0.5	无承压	222.08	305.36	0.0463	0.0636
7	500	0.5	无承压	132.96	185.20	0.0277	0.0386
8	750	0.5	无承压	101.12	141.00	0.0211	0.0294
9	1000	0.5	无承压	80.48	109.12	0.0168	0.0227
10	1000	0.5	60	315.04	402.28	0.0656	0.0838
11	1000	1.0	60	392.96	462.32	0.0819	0.0963
12	1000	0.5	80	292.64	392.52	0.0610	0.0818
13	1000	1.0	80	370.56	454.24	0.0772	0.0946
14	1000	0.5	100	272.80	382.92	0.0568	0.0798
15	1000	1.0	100	350.88	447.00	0.0731	0.0931
16	1000	0.5	120	210.72	377.92	0.0439	0.0787
17	1000	1.0	1000	0.531	29.62	0.0177	0.0247
18	1000	0.5	1000	0.757	38.42	0.0252	0.0320

4.3.5　坑底地基的渗透稳定分析和安全评估

基坑降水在施工开挖过程中改变了原来的渗流状态。基坑底部是否产生渗透变形；基坑底部下面的弱透水层是否因渗压过大而被顶穿破坏，危及基坑施工的安全；基坑一旦停止抽水基坑水位回复上升，基坑底部是否被淹没，这些都需要密切关注。下面以方案 14 的计算工况进行讨论分析。

1. 基坑底部的渗透稳定分析

从上述的三维渗流计算各方案的计算成果可以看到基坑底部渗流出口的最大平均渗透坡降都很小，均小于 0.1。对于一般地层来说，不会产生渗透变形和渗透破坏。故本工程渗透稳定问题的关键在于基坑底部下面的弱透水层是否因渗压过大出现顶穿破坏，危及基坑施工的安全。根据上述的三维渗流计算各方案的计算成果，可以看到基坑底部下面弱透水层（即地层③）是渗透稳定比较薄弱的环节，下面就此进行分析讨论。

判别地基中任一位置上单位土体的渗透稳定性的条件是由四个力决定的：

（1）土体的浮重度为$\gamma' = \gamma_w(1-n)(G_s-1)$；

（2）压力或沿渗流方向所受的渗透力$\gamma_w i$；

（3）土粒间的摩擦力（N）；

（4）单位土体所受的黏聚力（N）。

其中　G_s——土粒相对密度；

n——土的孔隙比；

i——渗透坡降。

为安全起见，一般略去土粒间的摩擦力和土体所受的凝聚力，故在研究渗透稳定问题时，经常只考虑饱和重度和浮力的关系或浮重度与渗透力的关系。

1）静水压力和浮力

地层③淹没于水中的土粒由于静水压力的作用而受有浮力，使土粒的重量减轻。同样，对于有渗流的土体，只要孔隙彼此连通并全部被水充满，由于各点孔隙水压力的存在，全部土体也将受有浮力，且等于各土粒所受浮力的累计总和。

地层③从整块土体表面水压力来考虑，单位土体的饱和重度γ_s为土体浮重度γ'与水的重度之和，或为土体干重度与单位土体孔隙中的水重（$n\gamma_w$）之和，即

$$\gamma_s = \gamma' + \gamma_w \tag{4-37}$$

或

$$\gamma_s = \gamma' + \gamma_w = \gamma_w(1-n)(G_s-1) + \gamma_w \tag{4-38}$$

2）动水压力和渗透力

当饱和土体中有水头差时，单位土体就受到沿渗流方向的渗透力$\gamma_w i$，其中i为渗透坡降。渗透力是由水流的外力转化为均匀分布的内力或体积力，或者说是由动水压力转化为体积力的结果。故土体所受的渗透力是由动水压力转化得到的。

2. 对本工程基坑底部下面弱透水层（即地层③）的渗透稳定评估

（1）根据三维渗流计算方案 14 的计算成果可知，最大平均渗透坡降i为 8.46，水的重度$\gamma_w = 9.81\text{kN/m}^3$，故总渗透力$\gamma_w i = 82.99\text{kN/m}^3$。

（2）土的相对密度决定于土的矿物成分，它的数值一般为 2.6～2.8，对于弱透水层（即地层③）这里暂取G_s为 2.65，土体的孔隙率n为 0.4，地层③的土体厚度t_1为 1m，故地层③的土体的浮重为$t_1 \times \gamma' = 1 \times 0.6 \times 1.65 \times 9.81 = 9.71$（$\text{kN/m}^3$）。

对于弱透水层上面的土体（即地层②），这里暂取G_s为 2.65，土体的孔隙率n为 0.4，地层②的厚度t_2为 5.44m，故土体的浮重为$t_2 \times \gamma' = 5.44 \times 9.81 \times 0.6 \times 1.65 = 52.83$（$\text{kN/m}^3$）。

对于基坑水位上面的土体（即地层②），这里暂取G_s为 2.65，土体的孔隙率n为 0.4，地层③地下水位以上的土体厚度t_3为 0.5m，故土体的浮重为$t_3 \times \gamma' = 0.5 \times 9.81 \times 0.6 \times 2.65 = 7.80$（$\text{kN/m}^3$）。

以上三者之和为 70.34kN/m^3，小于总渗透力 82.99kN/m^3，安全系数$k = 0.85 < 1.10$，故不安全。

3. 核算地基稳定的另一方法

本法采用土的饱和重量与浮力相平衡的概念来核算坑底地基渗流稳定性。

在本例中，土的饱和重度取为 2t/m^3，地下连续墙底以上的坑内土体厚度为$t = (35.06 - 19.66) = 15.4$（m），土体饱和重为 30.8t（↓），水的浮力为$(35.06 - 1.5) \times 1 = 33.56$（N）（↑）。可见土重＜浮力，安全系数$k = 0.9$，所以地基渗流不稳定。

4. 基坑一旦停止抽水的淹没情况

表 4-5 中三维渗流计算各方案的最大总渗量都小于 $480\text{m}^3/\text{d}$，基坑底部每天上升水位不超过 0.1m；方案 14 的总渗量为 $382.92\text{m}^3/\text{d}$，基坑底部每天上升 0.08m，即 5～6d 上升到坑底。在此情况下，基坑是安全的。

（本节摘自许国安的渗流电算报告）

4.3.6　小结

（1）本节采用二维的大范围模型和三维的基坑附近的小模型相结合的计算方法，用大模型的计算结果作为小模型的边界条件，而用小模型网络来提高求解精度，特别是采用三维模型来准确求解基坑的渗流量，这种计算方法是很不错的方法。

（2）通常对于潜水条件下的深基坑，常常是用控制渗流出口坡降i小于允许坡降$[i]$的方法来确定地下连续墙底的入土深度，即$i \leqslant [i]$。但从本工程实例的计算结果来看，出口渗流坡降约为 0.1，小于该层地基的允许坡降（约 0.2），是安全的。如果地基中没有⑤和③粉质黏土的存在，基坑底部会发生大的渗透破坏。地下连续墙入土深度需要加长到 35m，即地下连续墙的总长度达到 54m 以上才能使地基渗流稳定。

（3）本工程基坑底部粉质黏土层③厚度只有 1m，是个很薄的隔水层，在承压水作用下会被顶穿突涌。本节给出了在复杂的多层地层条件下，对承压水突涌的计算方法，可作为其他深基坑计算的参考。

（4）本节提出了计算水泵失电（失去动力）、故障或滤水管网堵塞条件下的深基坑渗流计算方法，特别提出了地下水恢复上升淹没基坑的问题。在本基坑条件下，地下水恢复速度很慢，对基坑稳定性影响不大。但是有的基坑地下水恢复很快，有的只有几十分钟就恢复到原来水位，不及时采取防护措施即可导致基坑事故，为此应引起注意。

4.4　三维空间有限元 1

4.4.1　概述

这里介绍的三维空间有限元的特点是：把渗流场划分为虚、实两种单元和节点以及过渡单元和节点三个部分，建立控制方程，来逐渐求解渗流的各项参数。

本软件主要包括输入模块、计算模块和后处理模块，可用于模拟各种地下水渗流问题，并在多个水利水电、城市基坑中应用，效果很好。

4.4.2　燕塘站基坑渗流计算

1. 模型范围及边界

燕塘站 6 号线深基坑长约 81m，宽约 28m，深约 16m，3 号线深基坑长 86m，宽约 24m，深 32m。两基坑十字交叉。根据基坑降水影响范围、钻孔分布和地下水位分布，确定了计算模型范围：以基坑为中心，将计算区域边界范围前后左右各延伸约 300m，形成长 635m，宽 629m 的矩形区域。深度取为标高−60m 的高程平面。四周边界条件为定水头边界，水头值取为 26.85m。顶部和底部边界为隔水边界，见图 4-9。

2. 网格划分

根据上述已知条件建立的计算模型，利用钻孔资料建立了研究区范围的地层分布（沿 3 号线基坑中心线），并采用有限元进行了网格划分，共划分单元 50700 个，节点 56364 个。

3. 计算参数

根据各岩土层的室内土工试验成果，结合 3 号线燕塘站抽水试验成果资料，并充分考虑当地工程经验，综合确定计算参数（详见表 4-16）。根据钻孔地质分层，本次对人工填土、粉质黏土、残积土、全风化岩、中风化岩和微风化岩进行分层，并选用岩土层渗透系数的建议值进行计算。

各岩土层特征及渗透系数建议值 表 4-16

层号	岩土名称	岩土特征	渗透系数K（m/d）		透水性
			室内试验	建议值	
①	人工填土	主要由黏性土、少量砂和碎石组成的素填土，欠压实—稍压实，孔隙度较大，透水性不稳定，局部地段存在上层滞水	—	0.2	弱透水
$③_1$	粉细砂	呈透镜体状零星分布，层位不稳定，含黏性土，富水性中等	0.065	1	中等透水
$③_2$	中粗砂	呈透镜体状零星分布，层位不稳定，含黏性土，富水性中等	—	10	中等透水
$④_1$	粉质黏土	土性为粉质黏土、黏土，含少量砂粒，富水性较差	8.3×10^{-3}～2.07×10^{-4}	0.08	弱透水
$④_2$	淤泥质土	零星状分布冲积洼地，富水性差，为相对隔水层	—	0.003	微透水
$⑤_{H-1}$ $⑤_{H-2}$	残积土	为砂质黏性土，含砂粒，富水性较差	7.3×10^{-4}～7.9×10^{-2}	0.08	弱透水
$⑥_H$	全风化岩	风化剧烈，呈砂质黏性土状，含未完全风化的石英颗粒，富水性较差	4.84×10^{-4}～1.3×10^{-1}	0.1	弱透水
$⑦_H$ $⑧_H$	强中风化岩	强风化岩呈半岩半土状，含砂质较多；中风化岩裂隙发育，破碎—较破碎，透水性较好	3.3×10^{-3}～8.47×10^{-1} 1.32～1.39	1.4	中等透水
$⑨_H$	微风化岩	埋藏较深，岩石较新鲜，裂隙一般不发育，微风化带富水性差	0.045	0.05	弱透水

4. 计算工况

按照计算任务书要求，本次共进行了三个工况的计算，详细工况计算见表 4-17。

计算工况表 表 4-17

序号	工况说明
1	地下连续墙深 37.5m，$h_d=5.5$m，墙体$k=10^{-8}$cm/s，无帷幕
2	地下连续墙和墙底灌浆帷幕深 17.5m，$k=10^{-4}$cm/s，其余同工况 1
3	地下连续墙，无帷幕，6 号线基坑布置 2 口抽水井，其余同工况 1

5. 工况 1 计算结果分析

为了详细了解各工况计算结果，本次给出了多个剖面的计算结果。

1）渗流坡降

沿 6 号线长度方向（剖面Ⅰ-Ⅰ）的渗流坡降变化情况见图 4-9。

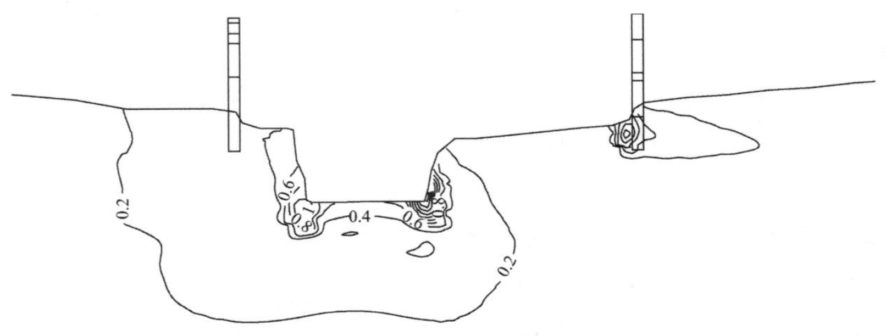

图 4-9 渗流坡降变化图（沿 6 号线方向）

工况 1 沿 3 号线方向（剖面Ⅱ-Ⅱ）的渗流坡降变化见图 4-10。

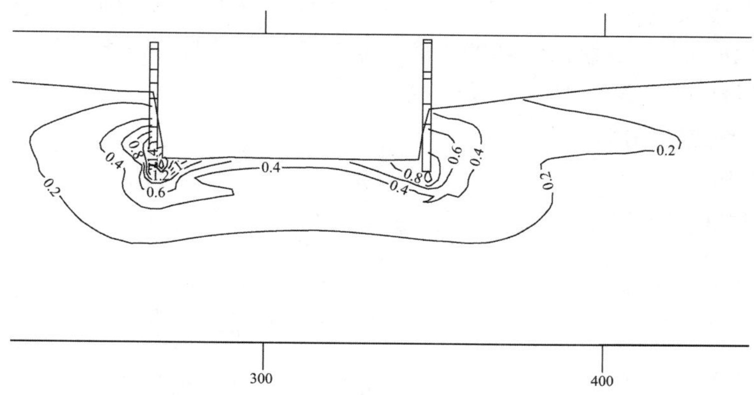

图 4-10　渗流坡降变化图（沿 3 号线方向）

控制断面渗流坡降见表 4-18。

工况 1 不同部位最大坡降　　表 4-18

区域		侧壁最大坡降	底部坡降
3 号线基坑	B	0.6	0
	O	0	0
	D	1.8	0
6 号线基坑	A	0.3	0.4～0.6
	C	0.6	0.4～0.6

2）压力水头分布（表 4-19）

工况 1 不同部位不同区域溢出点高程和压力水头分布表　　表 4-19

区域		基坑侧壁		基坑底部	
		溢出点高程（m）	压力水头（m）	溢出点高程（m）	压力水头（m）
3 号线基坑	B	−2	2	0	0
	O	−2	2	0	0
	D	−2	2	0	0
6 号线基坑	A	9	1	—	0～1
	C	10	2	—	0～2

3）涌水量计算成果（表 4-20）

不同工况基坑涌水量分布表　　表 4-20

工况	基坑涌水量（m^3/d）	
	3 号线基坑	6 号线基坑
1	1440	73
2	432	50
3	381	452

工况1计算结果分析：

只采用地下连续墙时，3号线和6号线基坑底部均有1～2m的压力水头，而出口段渗流坡降均大于允许坡降，有渗流破坏的可能。其中，3号线北端渗流坡降为0.6，南端为1.8，显示出南北段岩性风化程度和地下水位的差异。

6. 工况2计算结果分析

1）渗流坡降

沿6号线方向Ⅰ-Ⅰ剖面的渗流坡降见图4-11。

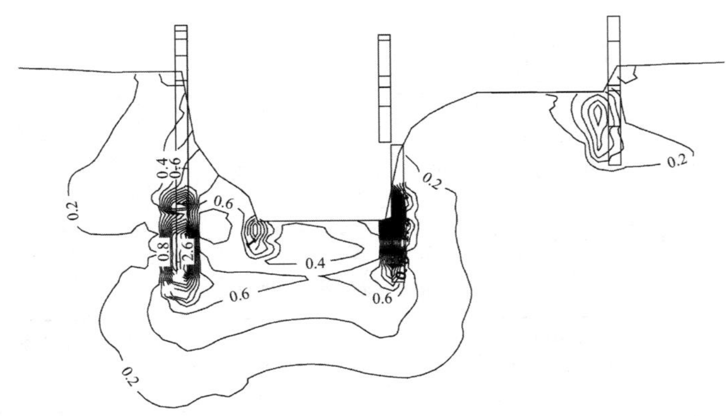

图4-11　渗流坡降变化图（沿6号线方向，工况2）

不同部位最大坡降见表4-21。

工况2不同部位最大坡降表　　表4-21

区域		侧壁最大坡降	底部坡降
3号线基坑	B	—	0
	O	—	0
	D	—	0
	防渗墙	2	—
	灌浆帷幕	5	—
6号线基坑	A	—	0
	C	—	1
	防渗墙	2	0
	灌浆帷幕	5.8	0

2）压力水头分布见表4-22。

工况2不同部位不同区域溢出点高程和压力水头分布表　　表4-22

区域		基坑侧壁		基坑底部	
		溢出点高程（m）	压力水头（m）	溢出点高程（m）	压力水头（m）
3号线基坑	B	−4	0	0	0
	O	−4	0	0	0
	D	−4	0	0	0
6号线基坑	A	8	0	—	0
	C	14	6	—	2～6

工况 2 计算结果分析：

（1）3 号线采用灌浆帷幕后，沿线地下水位均低于基坑底部。唯有 6 号线的东段坑底仍有 2～6m 的压力水头，且坡降为 1.0，大于允许值，这是 6 号线没做灌浆帷幕的结果。

（2）地下连续墙计算渗流坡降为 2.0，灌浆帷幕为 5.8，均小于允许坡降。

7. 工况 3 的计算成果分析

工况 3 在工况 2 基础上在 6 号线 C 区基坑布置两口抽水井，单井抽水量为 200m³/d，滤管标高为−8～−7m。

从工况 3 的计算结果可知：

（1）在 6 号线 C 区基坑内布置两口抽水井后，基坑内地下水位明显降低，基坑底部地下水位高程约 7m，低于基坑底部高程 1m 左右。

（2）工况 3 情况下，3 号线的基坑涌水量为 381m³/d，而 6 号线基坑总涌水量（含抽水井）为 452m³/d。

由此可知，按照工况 3 的防渗和降水方案，3 号线和 6 号线深基坑地下水位低于基坑开挖底部高程，满足设计和施工要求。

8. 小结

（1）采用工况 1（只有地下连续墙）的防渗方案，3 号线基坑地下水位低于基坑底部，但 3 号线中心 O 区深基坑的两侧（靠近 6 号线）存在溢出点；北（B）区的渗流坡降为 0.6，南（D）区的渗流坡降为 1.8。而 6 号线基坑西（A）区的渗流坡降为 0.3，东（C）区的渗流坡降为 0.6（表 4-18）。由此可知：3 号线和 6 号线深基坑的渗流坡降均大于允许值（0.5），在深基坑开挖过程中基坑侧壁存在发生渗透破坏的可能性。6 号线基坑由于没有切断与承压含水层的水力联系，致使基坑内水位较高，且基坑底部和侧壁渗流坡降较大，存在发生渗透破坏的可能。在施工现场，发生了大面积残积土泥化和流泥现象。

（2）采用工况 2 的防渗和降水方案，即在工况 1 的基础上，增加灌浆帷幕后，3 号线基坑地下水位明显低于基坑底部，防渗和降水效果较好。6 号线深基坑西区地下水位也明显低于基坑底，防渗和降水效果较好；而东区基坑因未设置帷幕，存在 2～6m 的水头压力，不满足降水设计要求。

（3）采用工况 3 的防渗和降水方案，3 号线和 6 号线深基坑内水位高程均低于基坑底部开挖高程 1m 以上。

（本节摘自水利部减灾所刘昌军的渗流电算报告）

4.5　三维空间有限元 2

4.5.1　概述

本节介绍的是按双重裂隙系统渗流原理而开发的计算程序。

本程序基于广义达西定律和渗流连续原理，把地基看成是可压缩的、各向异性的多孔介质，考虑双重裂隙（主干裂隙网络和裂隙岩块）系统，得到三维渗流模型，而后进行渗流分析与计算。

本程序已在多个水利水电工程和基坑工程中得到应用。

4.5.2　燕塘站计算结果及分析

1. 基本数据（表4-23）

地层参数　　表4-23

地层及防渗材料	渗透系数（m/d）	地层及防渗材料	渗透系数（m/d）
Q_4^{ml}	0.1	γ_5^{3-1}⑧$_H$弱风化	2
Q_3^{al+pl}	0.1	γ_5^{3-1}⑨$_H$微风化	0.01
Q^{el}⑤$_H$残积土	0.1	地下连续墙	0.0000864
γ_5^{3-1}⑥$_H$全风化	0.08	帷幕灌浆	0.0864
γ_5^{3-1}⑦$_H$强风化	1.5	—	—

2. 墙底无灌浆帷幕情况（工况1）

工况1沿3号线长度方向的流网计算情况见图4-12，局部流网的计算情况见图4-13。

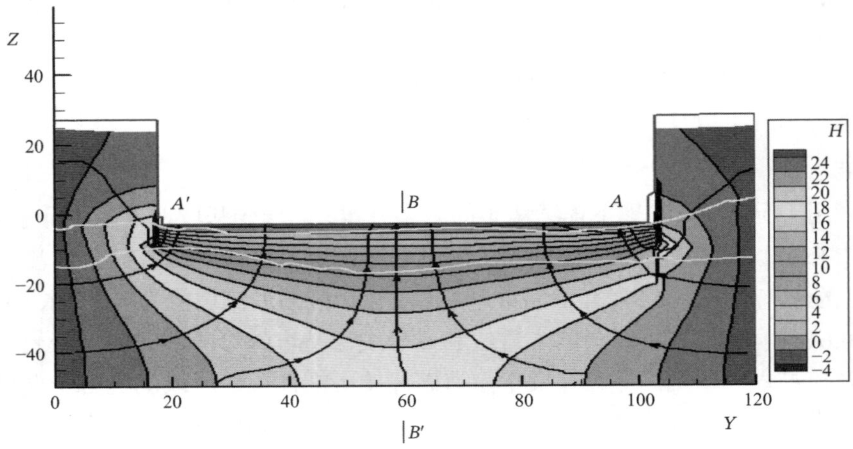

图4-12　3号线基坑沿3号线方向（$X=44.2$m）的流网

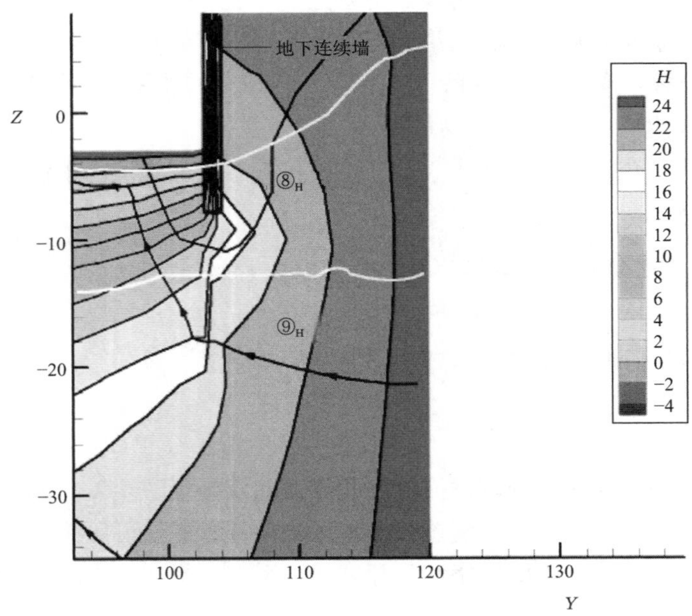

图4-13　局部放大的流网

*AA'*断面上的渗流压力和坡降计算结果见表 4-24。

工况 1 水平控制断面 *AA'*上的压力和坡降 **表 4-24**

*Y*坐标	压力（MPa）	坡降
20	0.143178	1.52
25	0.123872	1.46
30	0.115934	1.3
35	0.112308	1.22
40	0.109466	1.17
45	0.108192	1.14
50	0.107408	1.12
55	0.107114	1.13
60	0.10731	1.13
65	0.107702	1.14
70	0.108486	1.16
75	0.109858	1.19
80	0.112014	1.23
85	0.114758	1.28
90	0.118874	1.36
95	0.12691	1.48

*BB'*断面上的渗流压力和坡降计算结果见表 4-25。

工况 1 垂直控制断面 *BB'*上的压力和坡降 **表 4-25**

*Z*坐标	压力（MPa）	坡降
−45	0.61642	0.079
−40	0.563108	0.13
−35	0.506954	0.192
−30	0.447076	0.268
−25	0.382984	0.362
−20	0.31409	0.379
−15	0.238336	0.381
−10	0.148568	1.04
−5	0.043512	2.06
−3.6	0	2.06

3. 墙底有灌浆帷幕（工况2）

工况2沿3号线长度方向的流网计算情况见图4-14，局部流网的计算情况见图4-15。

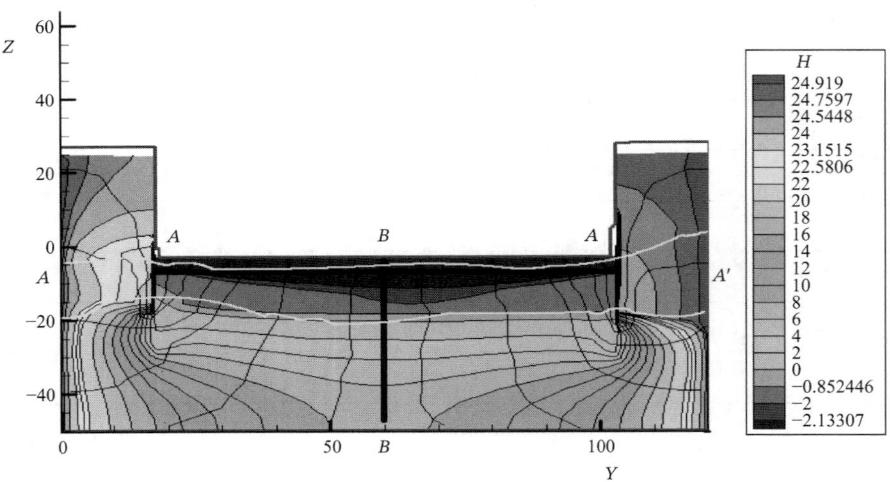

图4-14 3号线基坑沿3号线方向切面上（$X = 44.2$m）的流网

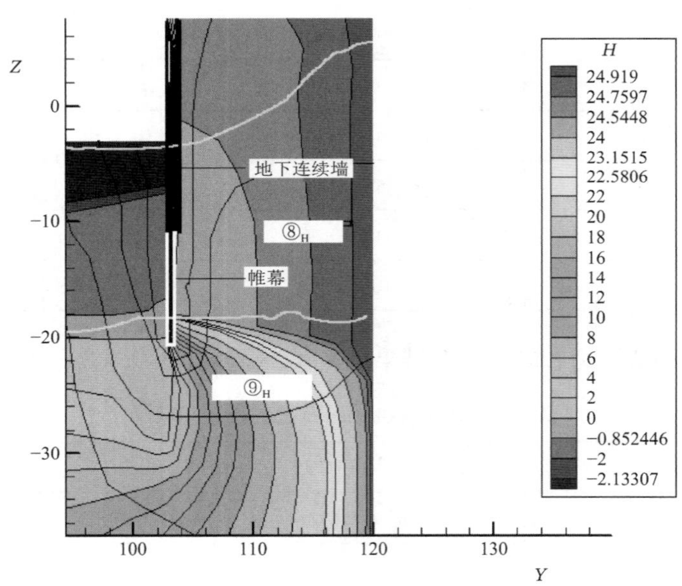

图4-15 局部流网图

AA'断面上的渗流压力和坡降计算结果见表4-26。

工况2水平控制断面AA'上的压力和坡降 表4-26

Y坐标	压力（MPa）	坡降
20	0.061936	0.262
25	0.058898	0.194
30	0.056934	0.154
35	0.05635	0.136
40	0.055762	0.123
45	0.05537	0.118

续表

Y坐标	压力（MPa）	坡降
50	0.055076	0.117
55	0.05488	0.116
60	0.054782	0.114
65	0.054684	0.11
70	0.054684	0.106
75	0.054782	0.108
80	0.055076	0.114
85	0.055468	0.124
90	0.056154	0.137
95	0.057036	0.155

*BB′*断面上的渗流压力和坡降计算结果见表 4-27。

工况 2 竖直控制断面 *BB′*上的压力和坡降　　表 4-27

Z坐标	压力（MPa）	坡降
−45	0.551348	0.211
−40	0.4557	0.268
−35	0.395038	0.333
−30	0.33026	0.382
−25	0.263228	0.408
−20	0.194726	0.436
−15	0.127302	0.196
−10	0.076244	0.102
−5	0.02205	0.141
−3.6	0	0.76

*BB′*断面上的渗流坡降变化见图 4-16。

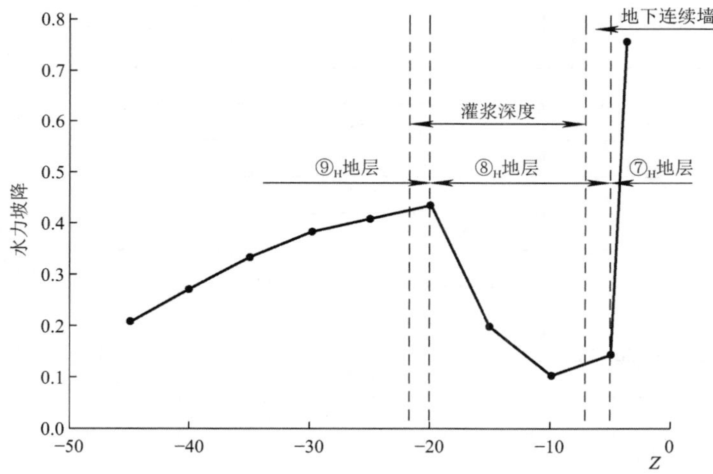

图 4-16　工况 2（有帷幕）时*BB′*断面上的渗流坡降

4. 方案对比

1）*AA′*断面

基坑底部涌水量见表 4-28。

两种工况下的基坑底部涌水量 表 4-28

工况	涌水量（m^3/d）
1（无帷幕）	1292.7
2（有帷幕）	824.2

控制断面的渗流压力和坡降，见表 4-29、表 4-30，以及图 4-17、图 4-18。

两种工况下控制断面 AA'上的压力 表 4-29

Y坐标	压力（MPa）	
	工况 1	工况 2
20	0.143178	0.061936
25	0.123872	0.058898
30	0.115934	0.056934
35	0.112308	0.056350
40	0.109466	0.055762
45	0.108192	0.055370
50	0.107408	0.055076
55	0.107114	0.054880
60	0.107310	0.054782
65	0.107702	0.054684
70	0.108486	0.054684
75	0.109858	0.054782
80	0.112014	0.055076
85	0.114758	0.055468
90	0.118874	0.056154
95	0.126910	0.057036

两种工况下控制断面 AA'上的渗流坡降 表 4-30

Y坐标	坡降	
	工况 1	工况 2
20	1.52	0.262
25	1.46	0.194
30	1.3	0.154
35	1.22	0.136
40	1.17	0.123
45	1.14	0.118
50	1.12	0.117
55	1.13	0.116
60	1.13	0.114
65	1.14	0.110
70	1.16	0.106
75	1.19	0.108
80	1.23	0.114
85	1.28	0.124
90	1.36	0.137
95	1.48	0.155

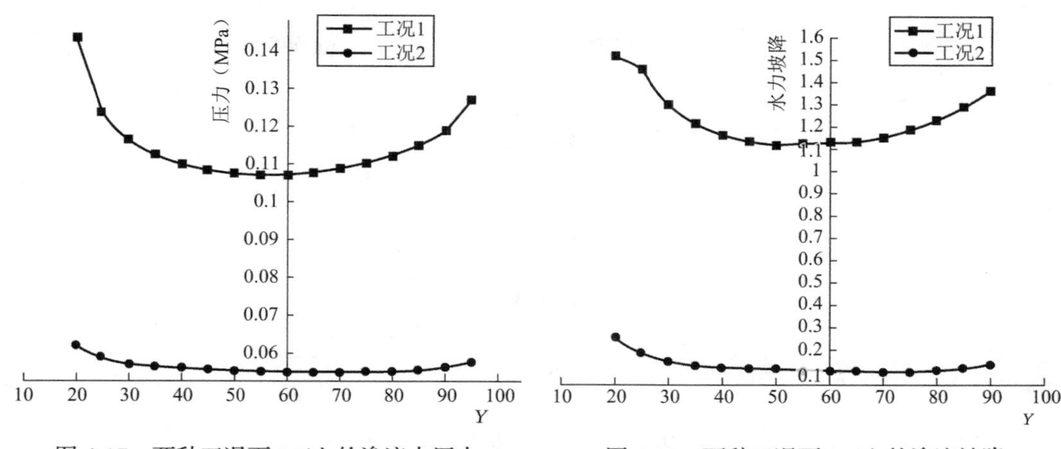

图 4-17　两种工况下AA'上的渗流水压力　　图 4-18　两种工况下AA'上的渗流坡降

2）BB'断面

渗流水压力见表 4-31。

两种工况下 BB'上的渗流水压力　　表 4-31

X坐标	压力（MPa）	
	工况 1	工况 2
−45	0.616420	0.551348
−40	0.563108	0.455700
−35	0.506954	0.395038
−30	0.447076	0.330260
−25	0.382984	0.263228
−20	0.314090	0.194726
−15	0.238336	0.127302
−10	0.148568	0.076244
−5	0.043512	0.02205
−3.6	0	0

渗流坡降见表 4-32 和图 4-19。

两种工况下 BB'上的渗流坡降　　表 4-32

X坐标	坡降	
	工况 1	工况 2
−45	0.079	0.211
−40	0.130	0.268
−35	0.192	0.333
−30	0.268	0.382
−25	0.362	0.408
−20	0.379	0.436
−15	0.381	0.196
−10	1.040	0.102
−5	2.060	0.141
−3.6	2.060	0.760

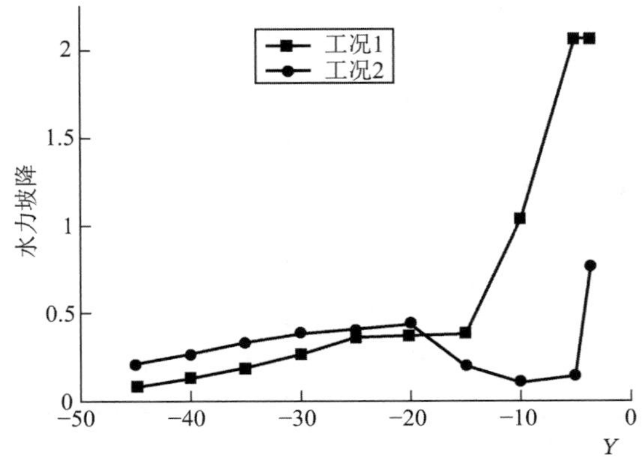

图 4-19　两种工况下*BB*′上的渗流坡降

5. 渗流稳定性评价及建议

1）渗流稳定性评价

3 号线北延线燕塘站基坑区域地层变化显著，地质情况复杂。弱风化地层γ_5^{3-1}⑧$_H$ 的渗透性比较大，为透水层。工况 1 由于连续墙入岩深度较浅，地层γ_5^{3-1}⑧$_H$ 中不能起到挡水的作用，所以导致基坑底部渗水量比较大，渗流坡降也远远大于地层的允许坡降（基坑底部为强风化γ_5^{3-1}⑦$_H$ 地层，允许坡降为 0.6）。数值分析结果表明，工况 1 存在渗透破坏问题。

工况 2 中，17.5m 的墙底灌浆有效地阻挡了弱风化地层γ_5^{3-1}⑧$_H$ 的渗水量，减少了基坑底部的渗水量，同时使基坑底部强风化γ_5^{3-1}⑦$_H$ 地层的水力坡降大大降低。但数值分析结果表明，在基坑底部某些部位，渗流坡降仍然略大于地层的允许坡降。

2）建议

通过工况 1 和工况 2 条件下基坑底部的渗流坡降比较（图 4-19 和图 4-20）可以看出，工况 2 能够大大降低基坑底部的渗流坡降。

在工况 2 中，采用以下三种方法可以进一步减小基坑底部的渗流坡降：

（1）改善灌浆工艺，进一步降低墙底灌浆帷幕的渗透性。

（2）加大灌浆深度。

（3）进行封底。

（本节摘自清华大学水电系李鹏辉的电算报告）

4.6　支护墙（桩）裂隙渗流计算

4.6.1　概述

当采用灌注桩加桩间防渗、钻孔咬合桩作为基坑支护结构时，当桩间接缝漏水或桩体内部空洞漏水时，此时的基坑侧壁渗流就会像电流短路一样，发生“短路漏水”，可能会造成基坑事故。

在此情况下，如何进行渗流分析，渗流对基坑的影响如何？需要通过渗流分析来加以判断。本节以一个切接灌注桩的基坑渗流为例，作一简要的阐述。

4.6.2　工程概况

某泵站的基坑平面尺寸为 32m × 28m，开挖深度为 27.5m。基坑支护采用切接灌注桩（图 4-20），桩深 45m。所谓切接，即相邻两桩相切或略有搭接。这种切接桩每桩均配钢筋，所谓搭接，不过几厘米而已。由于要能防渗止水，当两桩连接不好时，须用灌浆方法形成防渗帷幕（图 4-21）。

图 4-20　切接灌注桩平面图

实际上，这种切接灌注桩极易产生下列问题：

（1）第二序桩施工时，可能切割到第一序桩内的钢筋笼，既增加了施工难度，又可能切割掉第一序桩的主钢筋，降低支护结构的承载力。

（2）第二序桩可能偏离第一序桩而在两桩间产生漏洞，使外部地下水在某一高程上涌入坑内，造成基坑事故和周边环境恶化。

本工程的地质条件：基坑底以上均为砂夹漂石、卵石和人工抛填块体，中间部位夹有很厚的软弱的粉质黏土；基坑开挖面以下为花岗岩的残积土，全风化层及中、微风化层。水文地质条件：地下水埋深 3m。

4.6.3　桩间空隙的渗流计算

1. 计算假定和公式

由于施工原因，切接桩下部会出现缝隙。假定当基坑开挖至 20m 以下有宽度 0.2m 的缝隙，由此形成的渗流场按XZ平面二向渗流问题进行计算，考虑到缝隙的影响具有空间效应，计算时X方向的渗透系数用导水系数代替，即渗透系数k_x乘上补水长度πr。r为计算单元至缝隙的距离，其渗流支配方程为：

$$\frac{\partial}{\partial_x}\left(k_x \pi r \frac{\partial h}{\partial x}\right) + \frac{\partial}{\partial z}\left(k_x \frac{\partial h}{\partial z}\right) = 0 \tag{4-39}$$

缝隙处的导水系数为缝隙宽度乘以渗透系数，即 $0.2k_x$。

从XY平面来看，其渗流支配方程为：

$$\frac{\partial}{\partial x}\left(k_x H \frac{\partial h}{\partial x}\right) + \frac{\partial}{\partial y}\left(k_y H \frac{\partial h}{\partial y}\right) = 0 \tag{4-40}$$

式中　kH——导水系数；

H——弱透水层以上的水头。

2. 渗透系数的选取

在基坑开挖面 27m 以上可选用$k = 1 \times 10^{-2}$cm/s，基坑开挖面 27m 以下可选用$k = 1 \times 10^{-4}$cm/s。

4.6.4　渗流计算结果

选取切接钻孔桩平面 40m × 30m 的区域，一侧为开挖的基坑，开挖深度为 27m，另一侧为基坑外即地面，地下水位为地面下 3m，切接钻孔桩在 20m 以下有 0.2m 宽的缝隙，计算分为 1 条缝隙和 5 条缝隙的情况。

1. 只有 1 条缝隙的渗流计算

只有 1 条缝隙时如图 4-21 所示。假定缝隙处没有管涌破坏，水位不下降的瞬间，它的渗流场的等水头线及渗流坡降线如图4-22所示，最大的渗流坡降$i_{max}=13.8$，远大于土的允许渗透坡降，一般土在偶然性破坏时的允许平均渗透坡降$i_{允许}$如表4-33所示，因而必产生管涌。

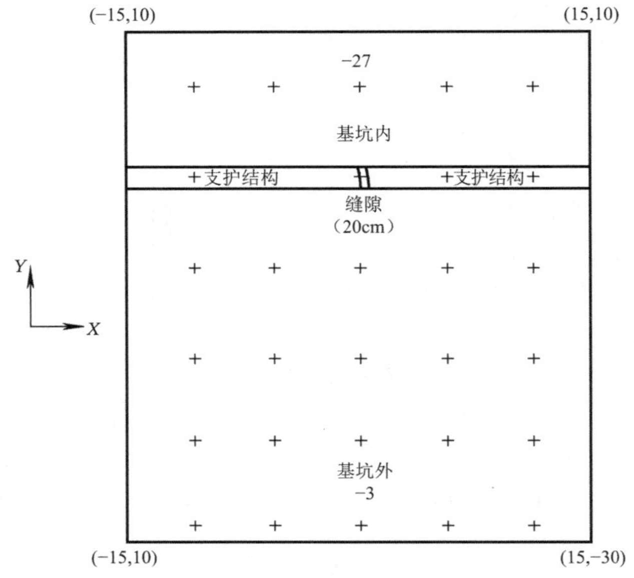

图4-21 XY平面渗流计算区域（1条缝隙情况）

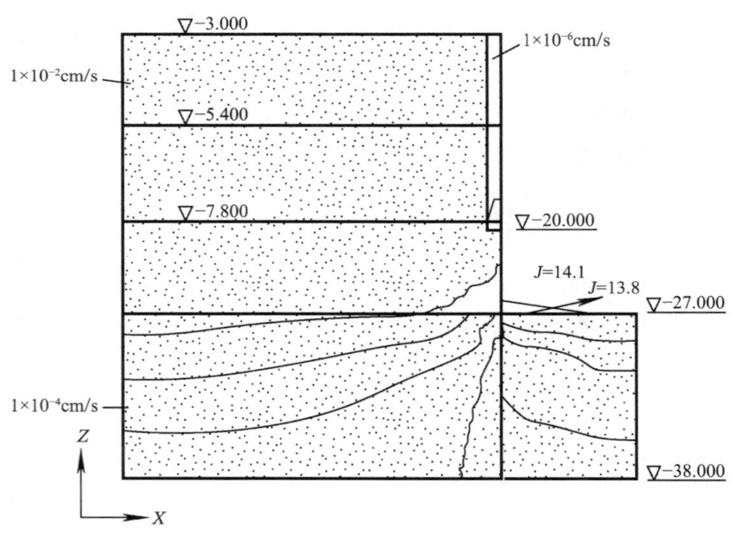

图4-22 缝隙深度为地面以下20m时的等水头线及渗流坡降线

地基土偶然性破坏的允许平均渗透坡降 $i_{允许}$ 表4-33

地基土的类别	建筑物的等级			
	Ⅰ	Ⅱ	Ⅲ	Ⅳ
细砂	0.18	0.20	0.22	0.26
中砂	0.22	0.25	0.28	0.34
粗砂	0.32	0.35	0.40	0.48
壤土	0.35	0.40	0.45	0.54
黏土	0.70	0.80	0.90	1.08

当稳定渗流不产生管涌破坏时，它的等水头线如图 4-23 所示，缝隙处水位下降 3m。当缝隙土体发生管涌破坏时，它的等水头线如图 4-24 所示，缝隙处水位下降约 22m，会引起附近地区的水位大幅度下降，砂、土涌入基坑内。

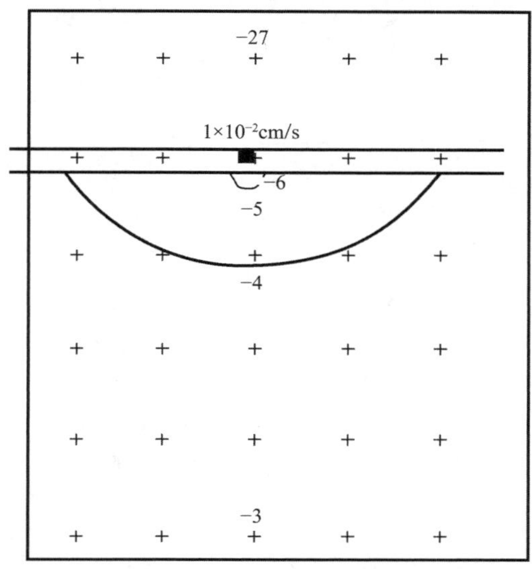

图 4-23　缝隙处土体未发生渗流破坏时的等水头线（缝隙处水位下降约 3m）

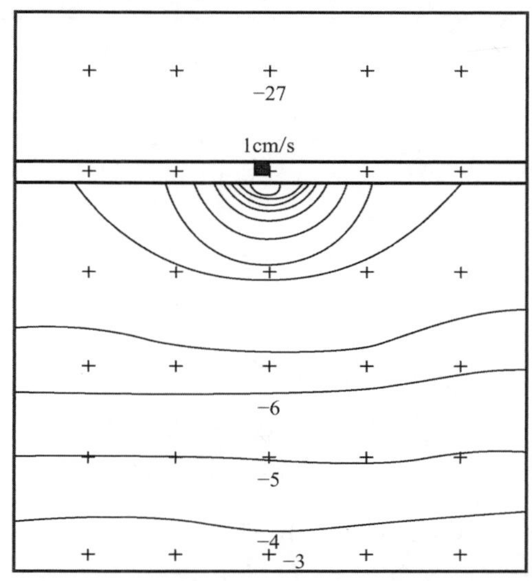

图 4-24　缝隙处土体发生渗流破坏后的等水头线（缝隙处水位下降约 22m）

2. 有 5 条缝隙的渗流计算

缝隙间距为 5m，如图 4-25 所示。当稳定渗流并假定不产生管涌破坏时，它的等水头线如图 4-26 所示，缝隙处水位下降约 5m。当缝隙处土体发生管涌破坏时，它的等水头线如图 4-27 所示，缝隙处水位下降约 23m。

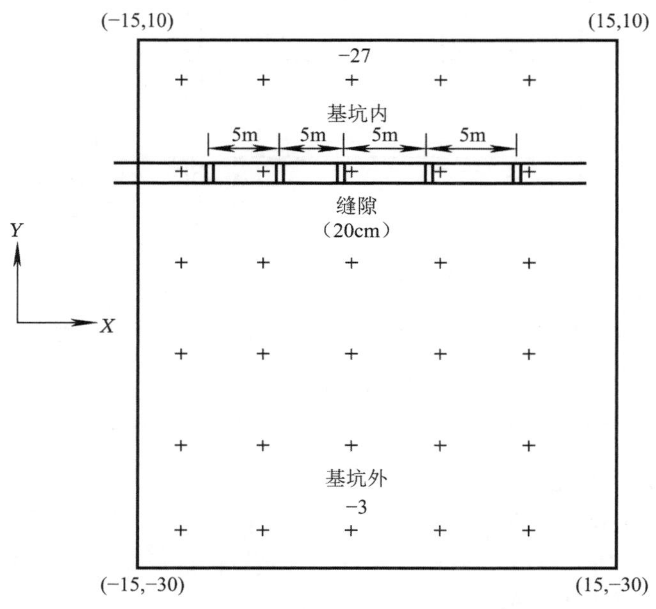

图 4-25　*XY*平面渗流计算区域（5 条缝隙情况）

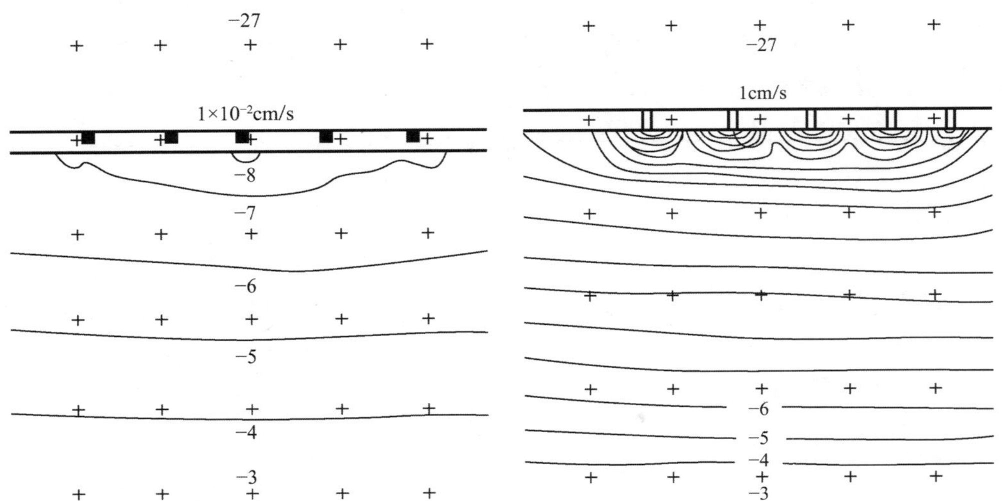

图 4-26 缝隙处土体未发生渗流破坏时的等水头线（缝隙处水位下降约 5m）

图 4-27 缝隙处土体发生渗流破坏后的等水头线（缝隙处水位下降约 23m）

3. 改变上部渗透系数

当仅改变 27m 以上土的渗透系数，即由$k=1\times10^{-2}$cm/s 改变为$k=1\times10^{-3}$cm/s 时，按照图 4-21 只有一条缝隙。当假定缝隙处没有管涌破坏，水位不下降的瞬时，它的渗流场的等水头线及渗流坡降线如图 4-28 所示，与图 4-22 比较，两者的差别很小。

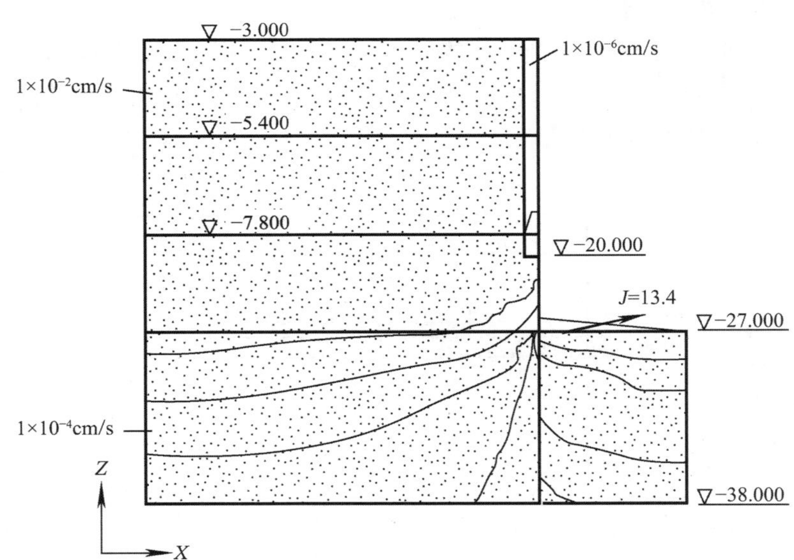

图 4-28 缝隙深度为地面以下 20m 时的等水头线及渗流坡降线

4. 桩间开缝的影响

由上述计算可看出，当钻孔桩间在 20m 以下有开缝，开挖至 27m 时，由于渗流坡降i很大，会产生管涌破坏，造成水和砂土大量涌入基坑内。此时，坑外水位大幅度下降，地基被掏空引起地面沉陷和建筑物倾斜。

在广州，曾经多次发生过这种涌砂、涌土、涌水入基坑内的工程事故。可分为以下几种情况：

第一类，采用地下连续墙支护，浇注槽孔混凝土时存在质量缺陷，如墙体内孔洞和接缝漏洞等。当基坑开挖至该处时，发生渗流“短路”，地下水以最短的路径冲开孔洞的泥团，携带大量砂土涌入坑内，造成附近建筑物和地面的沉陷，造成基坑内部施工停顿。

第二类，采用切接桩或咬合桩支护时，桩外常用高压喷射灌浆或水泥灌浆防渗帷幕。由于地基内有树根、石块，或是施工不当，造成帷幕有空隙。基坑开挖时，地下水大量涌入坑内。

第三类，当在支护桩间设有锚杆或锚索时，由于施工不当，水、砂从锚孔涌出，大量涌入基坑内，同样造成上述不良影响。

要避免上述不利影响，就得从基坑工程的设计和施工方面做好预防工作。

4.6.5　桩间灌浆帷幕的评价

前文所述的泵站基坑实例，也可以采用灌浆的方法来处理桩间接缝漏水问题。

灌浆的部位一般有两处：一是在钻孔桩的桩底与破碎岩石及节理裂隙中进行灌浆；二是在桩间侧面灌浆。两种灌浆可采用两阶段灌浆法，第一阶段用水泥、膨润土浆液，第二阶段可用水泥、水玻璃浆液。灌浆排数不宜少于 2 排。

这里关键的是桩间侧面灌浆。上述实例中，桩深 35～40m 以内的地层主要有三层，即夹砂的漂石及卵石层或人工抛填块体、极软的粉砂质黏土层（海相淤泥）和花岗岩残积土层及全风化层。

在夹砂的漂石及卵石层或人工抛填块体中灌浆，由于它们的空隙很大，在灌浆过程中浆液将会沿着压力坡降最大的方向运动，无法形成完整的固结体与相邻桩搭接，无法形成连续的防渗帷幕。

可以认为，在本工程的地质条件下，采用切接灌注桩和灌浆帷幕的方法是不成功的。

此外，在砂层中用同样的材料、同样的方法，用袖阀管灌注桩间的空隙，在广州沿江路某花园大厦也实施过。该大厦的地层中，上部为 2m 的填土，其下为厚约 10m 的中砂层，再下为微风化砂岩。基坑开挖深度 11.15m，支护桩用钻孔灌注桩，桩径为 520mm，桩中心距为 570mm，即桩间有 50mm 空隙，桩间用袖阀管灌浆防渗。当基坑开挖至 5m 时，桩间漏水较严重。当开挖至 9m 时，水和砂大量涌入基坑内，造成附近道路沉陷、房屋下沉，坑内施工停顿。

在粉砂层中灌浆，也很难形成防渗帷幕。

本节提出的桩间裂隙渗流计算方法，对于解决咬合桩、切接桩加防渗帷幕的接缝漏洞问题，地下连续墙的接缝或墙体内孔洞漏水问题有指导意义。

4.6.6　咬合桩防渗帷幕实例

1. 概述

有关咬合桩基坑支护出现事故的实例并不鲜见。所谓咬合桩，与上节所说的切接灌注桩差不多，区别在于咬合桩配筋桩和素混凝土桩连续配置，试图提高这种桩体的防渗性能。在条件适合的时候，可以起到基坑支护和防渗的作用。但是很多情况下，常因防渗效果不好而造成基坑渗流破坏事故。其原因在于：

（1）地基表面为杂填土或建筑垃圾时，钻孔时造成孔壁坍塌，使浇注的混凝土桩体膨大，造成二期桩体无法施工或偏斜，无法咬合。

（2）咬合桩分段分期施工，造成混凝土龄期变化较大，新老混凝土强度相差很大，无法咬合。

（3）由于桩的施工孔斜可能大于 1%，当桩体超过一定深度后，相邻桩之间会出现漏洞、开叉、无法咬合。

2. 工程实例

1）天津地铁 1 号线

天津地铁 1 号线某车站基坑支护，原设计用咬合桩作为基坑支护和防渗体，因地基上部杂填土和城市垃圾厚度太大，混凝土和砖石碎体太多，无法连续施工。后改为地下连续墙，解决了上述问题。

2）天津地铁 3 号线

天津地铁 3 号线某车站的咬合桩施工完成以后，在基坑开挖过程中，两个施工段桩间漏水，地下水涌入基坑，一两个月处理不完。

3）杭州地铁 1 号线某基坑

（1）工程概况

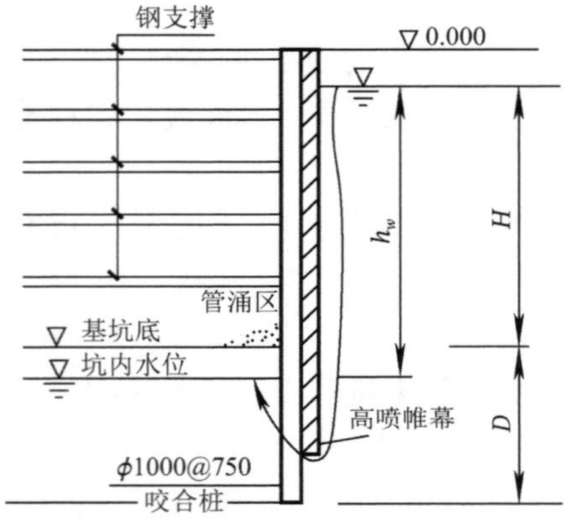

图 4-29　基坑剖面图

此车站下穿城内的新开河，长 259.6m，宽 18.9m。车站底板埋深 18m。车站支护采用ϕ1000mm@750mm的钻孔咬合桩，插入比为 0.8，见图 4-29。

（2）地质概况与基坑特点

本场区地下水分布为两个主要含水层，即浅层潜水和深层承压水。浅层潜水属孔隙性潜水类型，主要赋存于上部①层填土和②层粉土、粉砂中，地下水位埋深 0.85～3.45m。承压水主要分布于深部的$⑧_1$层细砂和$⑧_3$层圆砾夹卵石中，水量较丰富。隔水层为上部的黏性土层（⑤、⑥层），承压水头埋深约在地表下 5m。

综合场地地理位置、土质条件、基坑开挖深度和周围环境条件，本工程具有如下特点：

①基坑开挖深度较大，最深达到 18m。

②基坑周围地下管线密集，邻近建筑物多，环境条件较差。

③基坑开挖范围内主要为砂质粉土，极易产生开挖面隆起，引起边坡失稳及基坑涌水等。

④基坑底有淤泥质粉质黏土下卧层（顶面距基坑底约 5m），对坑底渗透稳定有利。

（3）管涌发生情况

该工程将车站分为东、西两区施工，中间设临时封堵墙（咬合桩墙），先进行东区基坑开挖和主体结构施工。

①第一次管涌。东区基坑开挖期间共出现两次管涌。第一次管涌时间为某日 17 时 10 分，管涌点位于第 11 段基坑南侧，273～274 号桩间坑底，3h 内共涌出泥砂约 240m^3。涌水前该段基坑已基本开挖到设计标高，并开始清底。273～274 号桩间渗漏处理也已接近基坑底。

管涌造成基坑南侧（距基坑边约 20m）一幢三层居民楼向北侧倾斜，围墙出现裂缝，裂缝宽度最大达 10cm 左右；南侧路面下沉，最大下沉量约 50cm；地下自来水管开裂，造成自来水供应中断。此次管涌波及 273～274 号桩，向南最远达 44.5m，向东约 39.7m，向西约 12m。

②第二次管涌。第二次管涌时间为某日 14 时 10 分，管涌点位于第 8 段基坑内部，靠近接地网沟槽处，距已浇注完成的第 9 段混凝土底板端头约 5m。管涌前第 8 段基坑垫层、防水板及细石混凝土保护层已施工完。4h 内共涌出泥砂约 40m^3。处理过程中发现基坑南侧距第一次管涌点以西约 10m 处地面出现轻微裂缝，最大裂缝宽约 5mm，长约 10m，沿基坑纵向分布，影响范围向南最远处达 20m 左右。地面最大沉降 3cm。未造成其他财产损坏。

（4）管涌原因分析

①第一次管涌发生的主要原因为咬合桩开叉。根据咬合桩施工记录，273、274 号桩成孔过程中因套管钻头变形，造成桩垂直度偏差过大。开挖后，8m 以下两桩之间出现开叉，开挖到坑底后开叉量达 15cm 左右。

基坑开挖到 7m 后，即在桩后逆作 3 根高压旋喷桩，旋喷深度根据经验确定为基底下 3m。如图 4-30 所示，笔者验算了基坑底部稳定性：

$$i < [i] \tag{4-41}$$

式中　i——坑底土体渗流坡降$i = h_w/L$（h_w为基坑内外水位差（m）；L为最小渗径长度（m），这里$L = 14.5\text{m} + 2 \times 3\text{m} = 20.5\text{m}$；

$[i]$——允许渗流坡降，对于粉土、粉细砂，可取$[i] = 0.2$～0.3。

经计算，$i = 14.5/20.5 = 0.71$，远远大于$[i]$，必然发生管涌。

应当注意，高喷桩的防渗质量也有问题。由于高喷孔位偏差和钻孔偏斜，高喷防渗体并未完全堵住咬合桩裂缝。如果高喷桩 3m 失效，则此时$i \approx 1.0$，已经与临界坡降（$i_c = 0.91$）不相上下。这恐怕是基坑涌砂 240m^3 和坑外巨大变形的主要原因了。

可以说，第一次管涌事故的原因为：咬合桩开叉；高喷桩深度不够和质量有问题。

②第二次管涌发生后立即将漏水点处防水板揭开，对渗流情况进行观察。用手触摸发现，漏水洞位于接地网沟槽处，直径约 20～30cm，水流方向自东向西（即由第 9 段底板下流出）。由于管涌前基坑内降水工作曾因停电而停止约半小时，使坑内水位迅速升高，地下水沿接地网沟槽涌出，并突破较薄弱的接地网沟槽（基坑最低处）垫层涌入基坑内。

管涌约 2h 后，测得位于该处的坑外监测孔 SW8 水位下降了 3m 多。据此推断，基坑附近的咬合桩在底板以下开了叉，基坑外潜水包括坑底承压水从基底以下咬合桩开叉处涌入基坑内，造成地面沉陷开裂。

此次管涌发生是由于坑底以下咬合桩开叉使坑内外地下水连通。10 日中午停电后，基坑内降水中断，使坑内水位迅速升高，结构较松散的接地网沟槽（基坑最低处）的回填土发生管涌或流土，形成空洞，使第 9 区已浇注混凝土底板下承压水沿着接地网沟槽涌入第 8 段垫层下涌出。

（5）抢补措施

为防止管涌对周围环境造成大的影响，施工单位会同有关专家积极商讨对策，暂停基坑开挖，采取“支、补、堵、降”的有效措施，迅速控制了险情。措施如下：

①对支撑结构（钢支撑、钢围檩等）进行排查补强，确保围护的整体安全。

②以渗漏点为中心，在四周堆码土袋墙反压封堵。

③在四周扩大土袋墙围堵范围并浇注混凝土，将土袋墙连为一个整体。

④基坑南侧禁止施工车辆通行。

⑤加强坑内降水措施。

⑥现场不间断地监测。

⑦及时采取高压旋喷及灌浆的方法，在渗漏点外侧进行防渗加固。

（6）施工监测

由于管涌的发生，支护结构变形较大，监测信息对工程施工运作起到了积极的作用。本工程监测项目有：围护结构水平位移、地面沉降、地下水位观测、支撑轴力观测。监测信息情况综合如下（以11月2日管涌为例）。

①基坑变形情况。支护结构水平位移：管涌前CX10累计最大位移29.02mm，管涌后最大位移为31.5mm，位于基坑深12.5m处（已开挖到第五道支撑）。CX6土体水平位移呈直线递增，由管涌前的32.12mm增大为52.16mm。第一道支撑轴力减少1.5t说明基坑支护结构有“踢脚”现象，第二、三道支撑轴力分别增加9t和14t，支撑总轴力仍在设计预加值以内，说明此次管涌对基坑安全影响不大。

②周边环境变化情况。漏水点处地面最大沉降量达500mm，距漏水点20m以外各测点最大沉降量在3～12mm之间。管涌对环境影响较大。

③水位变化情况。坑内水位无明显变化。坑外漏水点附近的SW8水位观测井管涌后陡降5m左右，此时坑内外水位差由15m减少到10m左右。抢补措施完成约3h后，水位又回升到原标高。SW8水位陡降证明止水帷幕在SW8附近存在缺陷，造成坑内外地下水连通。

（7）结语

①粉土、粉砂地层中基坑的防渗性能对基坑安全和环境保护至关重要，支护体一旦出现涌水、涌砂，波及范围多在2～4倍基坑开挖深度，对环境危害极大。

②对支护体渗漏点的补强加固方案，须进行渗流稳定性验算，不能仅凭经验行事。

③降水是深基坑工程施工的重要环节，应当设法保持基坑内长期、连续降水。第二次管涌是由于坑内降水停止造成的。

④坑外水位监测对基坑安全非常重要。当发现坑外水位变化异常时，应提前采取加固补强措施。

（本节摘自李长山《杭州地铁站东区基坑施工涌水涌砂分析》）。

4.6.7 防渗墙的开叉（裂缝）

1. 三峡二期围堰防渗墙工程

该围堰进行了墙体底部开叉（裂缝）的三维渗流计算。结果表明，在开叉处的最大渗流坡降达到40～60，局部影响很大，但对大面积的砂砾石地基来说，影响尚可接受。

2. 广东地区某基坑工程

某基坑连续墙在浇注混凝土时由于孔壁塌孔，在墙内夹泥。开挖后，由于水压力作用，水流冲破夹泥形成涌水砂大孔洞，使邻近建筑物沉降和倾斜。该基坑就是由于连续墙有 20cm 的孔洞（图 4-30）造成水位降低，砂料流入坑内，引起地面及建筑物沉降（图 4-31）。

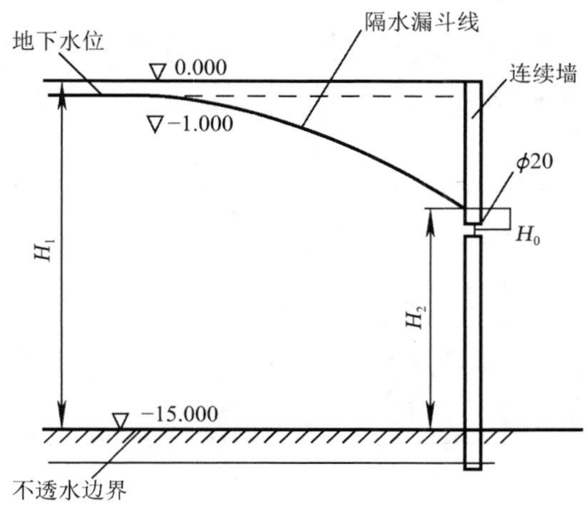

图 4-30　地下连续墙体漏洞图

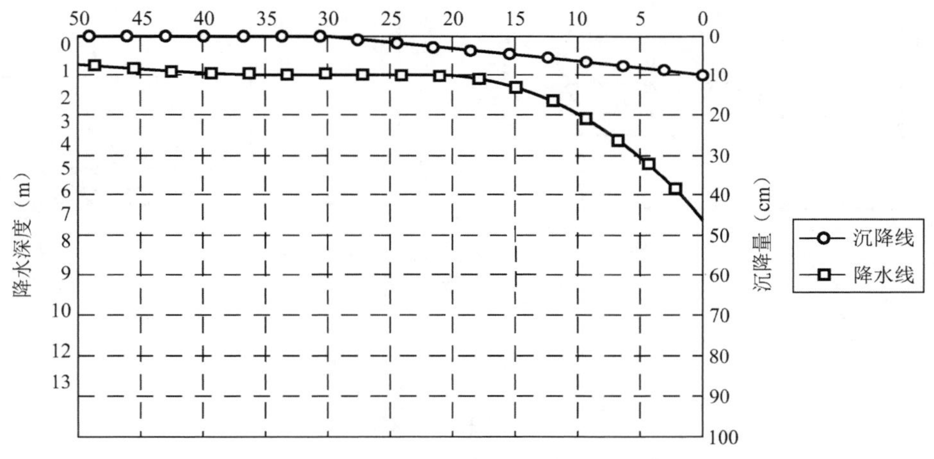

图 4-31　连续墙出现孔洞后水位下降及地面曲线图

4.7　潜水条件下基坑渗流分析小结

4.7.1　概述

大多数深基坑都采用封闭式（落底式）防渗帷幕，也有一部分采用悬挂式防渗帷幕。

工程中防渗止水做不好会引起基坑外的水位下降，若基坑外是软土且较厚时，会引起周围路面和建筑物沉降开裂、管道弯曲断裂，以及对桩产生负摩擦而引起建筑物的沉降。当软土层下有砂层时，其影响范围可达 100m 以上。

特别是当采用人工挖孔桩作建筑物工程桩时，由于人工挖孔桩开挖过程也是降水过程，虽然基坑开挖不深，但是为了挖桩，必须把地下水位抽降到基坑底部以下很深的位置，甚至超过了基坑防渗体底部，则其影响更为严重。

采用悬挂式帷幕时，则帷幕的本身防渗性能和防止地基土（岩）渗流破坏是相当重要的设计课题。

下面以四种情况为例，研究潜水条件下的基坑防渗设计问题。

4.7.2　地下连续墙悬挂在砂层中

当地基是砂层时，则要验算基坑开挖面的砂层，特别是粉细砂层是否会管涌，要核算入土深度D多长才不发生管涌破坏（图4-32a）。

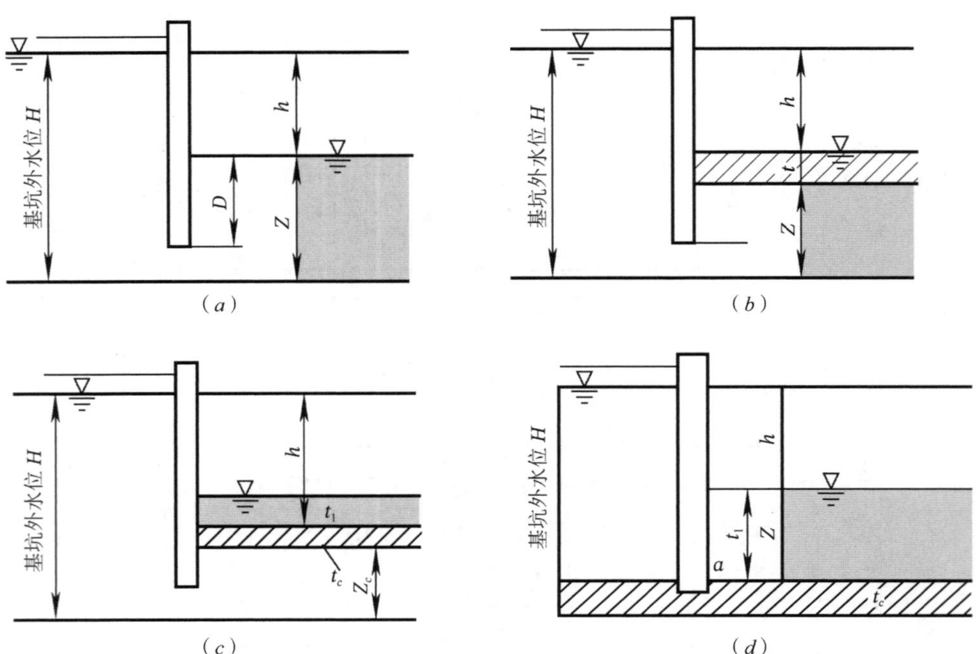

图4-32　计算模型图

由图4-32（a）可得

$$i=\frac{\gamma'}{\gamma_{\mathrm{w}}}=\frac{H-Z}{2D+h}=\frac{h}{2D+h} \tag{4-42}$$

即

$$(2D+h)\gamma'=\gamma_{\mathrm{w}}h \tag{4-43}$$

由此得到

$$D=\frac{1}{2}h\left(\frac{\gamma_{\mathrm{w}}}{\gamma'}-1\right) \tag{4-44}$$

当考虑抗管涌的安全系数k时，则

$$D=k\frac{1}{2}h\left(\frac{\gamma_{\mathrm{w}}}{\gamma'}-1\right) \tag{4-45}$$

上式中，$\frac{\gamma_{\mathrm{w}}}{\gamma'}$比较接近，求出的$D$值误差较大。可根据$i<[i]$的原理得出

$$\frac{h}{2D+h}\leqslant[i] \tag{4-46}$$

计入安全系数k后，可得到

$$D\geqslant\frac{kh(1-[i])}{2[i]} \tag{4-47}$$

可按此式进行计算。

4.7.3 地下连续墙悬挂在坑底表层有黏土的砂层中

当坑底有厚度为t的黏性土层时，要验算在水压力作用下，不会向上抬动的厚度（图 4-32b），可用下式求出：

$$t=\frac{(H-Z)\gamma_{\mathrm{w}}}{(\gamma_{\mathrm{s}})}=\frac{(h+t)\gamma_{\mathrm{w}}}{\gamma_{\mathrm{s}}} \tag{4-48}$$

式中 γ_{s}——土的饱和重度；

γ_{w}——水的重度。

当考虑抗管涌安全系数k时，则

$$t=\frac{k(h+t)\gamma_{\mathrm{w}}}{\gamma_{\mathrm{s}}} \tag{4-49}$$

4.7.4 地下连续墙悬挂在双层地基中

地下连续墙悬挂在双层地基中的计算可参见图 4-32（c）。

（1）当开挖面有厚度为t_1的砂层，特别是粉细砂层，其下有厚度为t_{c}的黏性土层，此时砂层不会管涌的厚度由式(4-50)求出：

$$t_1\gamma_1+t_{\mathrm{c}}\gamma_{\mathrm{c}}(H-Z_{\mathrm{c}})\gamma_{\mathrm{w}} \tag{4-50}$$

求得

$$t_1=\frac{(H-Z_{\mathrm{c}})\gamma_{\mathrm{w}}-t_{\mathrm{c}}\gamma_{\mathrm{e}}}{\gamma_1} \tag{4-51}$$

考虑安全系数k，则

$$t_1=\frac{k(h+t_{\mathrm{c}})\gamma_{\mathrm{w}}-t_{\mathrm{c}}\gamma_{\mathrm{c}}}{\gamma_1} \tag{4-52}$$

注意，此时$\gamma_1 t_1$是重力，抵消浮托力。γ_1是砂的饱和重度。

（2）若不透水土层t_{c}有足够抗渗透力时，则抗管涌安全系数k可由下式求得

$$k=\frac{\gamma_{\mathrm{c}}+\gamma_1 t_1}{(H-Z_{\mathrm{c}}+t_{\mathrm{c}})\gamma_{\mathrm{w}}} \tag{4-53}$$

式中 γ_{c}——黏土的饱和重度；

γ_1——砂土的饱和重度。

在本节所说的两种地基中，如果它们的厚度很薄，可能引起土体内部渗透破坏。此时可按 4.2 和 4.3 节的方法进行核算。

4.7.5 地下连续墙底深入黏土层内

地下连续墙深入黏土层内的计算可参见图 4-32（d）。

此时成为封闭式（落地式）的基坑防渗体。墙底进入黏土层内的深度t由该土层的接触渗流坡降来确定，当墙（幕）厚度为d时，可由下式估算t：

$$i=\frac{h_{\mathrm{w}}}{2t+d}\leqslant[i] \tag{4-54}$$

如考虑墙底淤积物影响，可令$d=0$，$t=\frac{h_{\mathrm{w}}}{2[i]}$

式中 $[i]$——黏土的允许接触渗透坡降，可取$[i]=4\sim7$。

当地基上部还有隔水层时，渗压水头h_{w}会变小。此时应采用简化法、二维、三维渗流计算程序进行详细计算，求出图 4-32（d）隔水层顶板上a点的实际水头h_{wa}，再进行相关

计算。

总之，式(4-54)只是一个估算公式。

4.7.6　小结

根据具体的工程问题、地质条件和防渗设计要求，正确选择渗流计算公式并进行全面的检验，由此给出基坑开挖线、计算墙底线和设计墙底线（图4-33）。

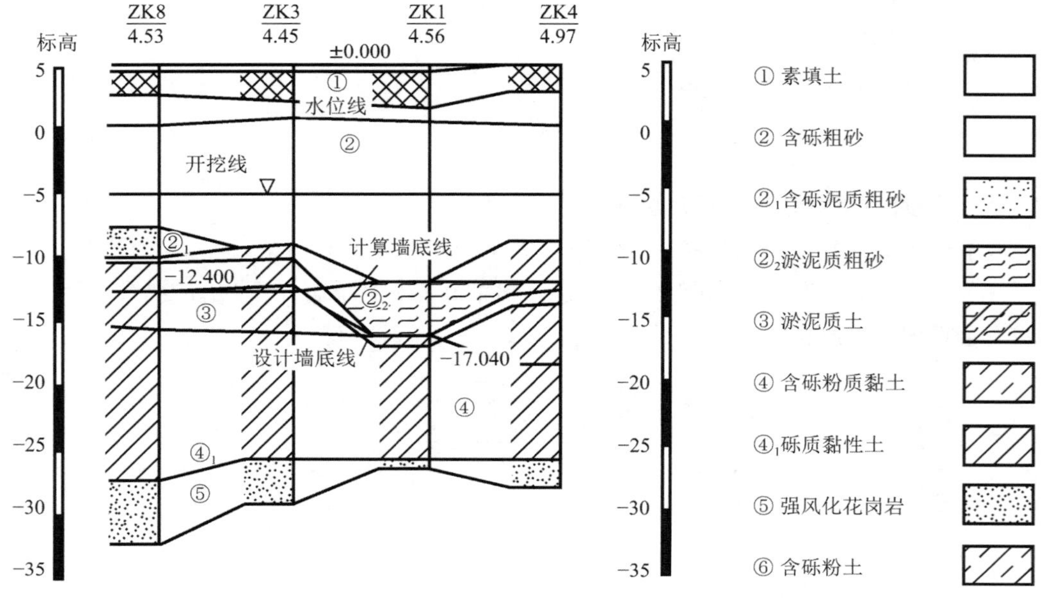

图4-33　基坑纵剖面图

4.8　深基坑防渗体渗流分析小结

4.8.1　概述

上一节讨论的是基坑底部地基土抗渗流厚度的计算问题。现在来讨论一下，深基坑防渗体总体的渗流分析和设计问题。

在某些情况下，深基坑防渗体需要做成上墙下幕形式。本节就来综合讨论一下这种防渗体的渗流分析问题。下面是笔者归纳总结出来的几种情况。

4.8.2　深基坑防渗体深度的确定

本节先考虑潜水条件下，采用《建筑基坑支护技术规程》JGJ 120—1999（简称旧规程）中的有关规定，确定基坑入土深度h_d，然后再与按简化法渗流计算得到的入土深度h_d'进行比较。

1. 覆盖层地基

1）当采用《建筑基坑支护技术规程》JGJ 120—1999的方法，按抗倾覆或圆弧滑动公式求出的入土深度h_d，刚好进入黏土层内时（图4-34），应按旧规程公式（8.4.2）确定其进入黏土层的深度l，即$l=0.2h_w-0.5b$。

2）由上面基于稳定条件计算出来的h_d位于透水层内时（图4-35），应将h_d加大，深入到黏土层内的长度l由旧规程公式（8.4.2）定。

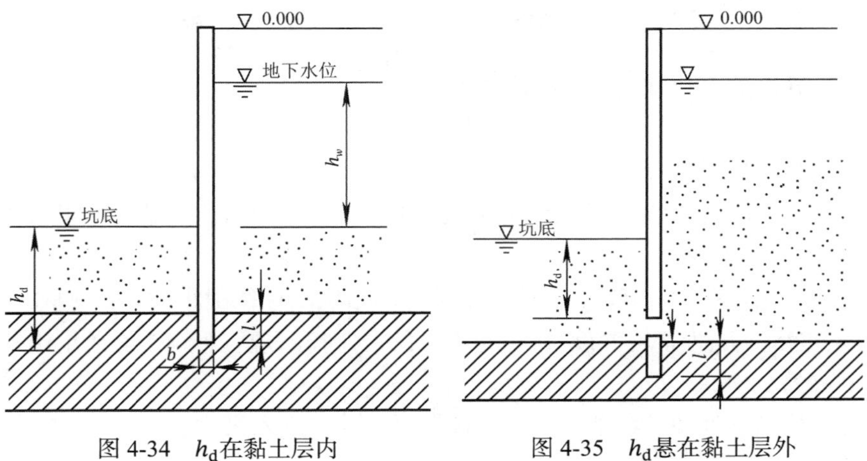

图 4-34　h_d在黏土层内　　图 4-35　h_d悬在黏土层外

3）当基于稳定条件计算出来的h_d小于简化法渗流计算得到的入土深度h'_d。

（1）如果此时h'_d已经进入黏土层内（图 4-36），则其入土深度l应由旧规程公式（8.4.2）定。

（2）如h'_d仍未进入黏土层内，可在其下设灌浆帷幕或高喷帷幕，其底部进入黏土层内1.5～2.0m（图 4-37）。

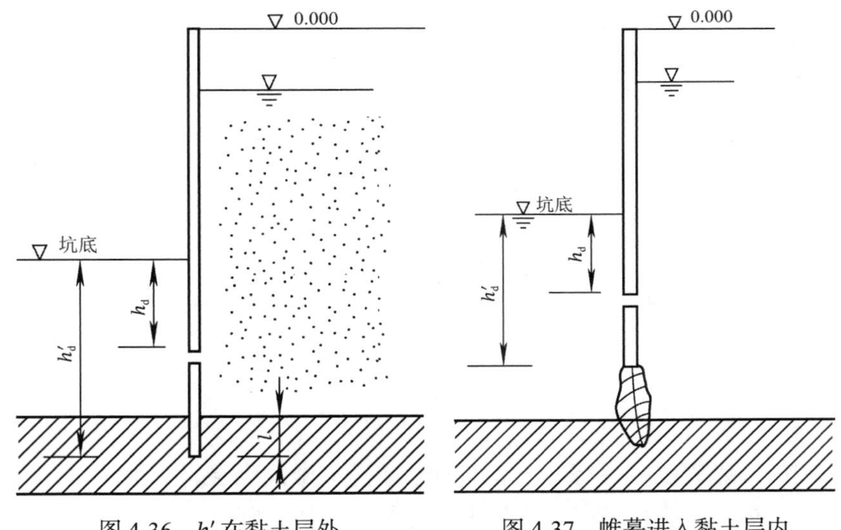

图 4-36　h'_d在黏土层外　　图 4-37　帷幕进入黏土层内

此时要注意防渗帷幕的完整性和连续性，防止帷幕体出现漏洞。

此时要进行以下方案比较：

（1）地下连续墙直接插入下面隔水层；

（2）悬挂式防渗体和水平防渗体组合方案；

（3）悬挂式防渗体和基坑降水组合方案。

要对三个方案进行技术经济比较，择优选择入土深度。

4）当基于稳定条件求出的h_d很小时。

这是由于砂砾卵石或风化岩石地基的地基反力系数m值很大而造成的，切记不要直接采用这个很小的h_d。此时应按渗流稳定条件推算入土深度，方法同上。

此时在潜水条件下的入土深度可由下式求出：

$$h_d = h_w/[i]$$

式中　$[i]$——砂砾卵石地基的允许渗流坡降；

h_w——水头（m）。

2. 残积土和风化岩石地基

在此仍把由抗倾覆和圆弧滑动计算的入土深度h_d与采用简化法基于稳定条件计算得到的h'_d进行比较后再行选择。

（1）由于风化岩石的m值很大，按稳定条件求出的h_d往往很小，按旧规程的第 4.1.2 条规定，$h_d = 0.2h_p$（h_p为基坑深度），这是不对的；应按旧规程第 4.1.3 条求出的入土深度$h'_d > h_d$。

此时可进行如下处理：将地下连续墙底向下延伸，进入风化岩层内 1～2m；如果下部岩石透水性很大的话，可在墙底下风化岩层内灌浆，帷幕底进入微风化层内 1.5～2m（图 4-38）。

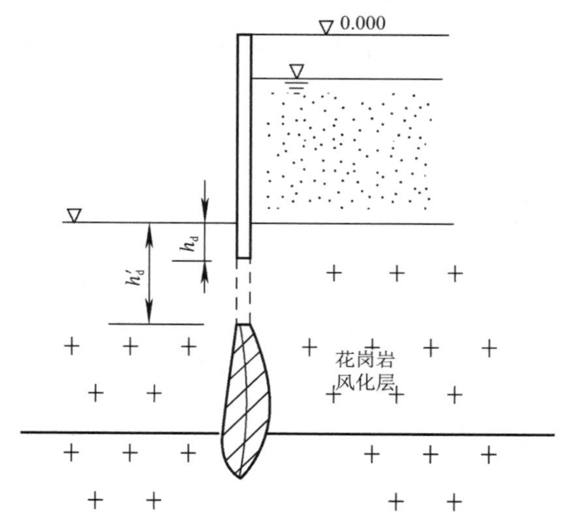

图 4-38　岩石基坑

（2）如果按旧规程第 4.1.3 条求出的h'_d很大，进入微风化层岩石很深时，此时也宜令地下连续墙底进入风化岩层 1～2m，并在其下逆作水泥灌浆帷幕。

总之，《建筑基坑支护技术规程》JGJ 120—1999 的第 4.1.2、4.1.3 和 8.4.2 条均不适用于岩石基坑。

4. 8. 3　渗流计算方法的选定

1. 简化计算法（见第 4.2 节）

此法比较简单易行，可核算渗流的关键部位（如渗流出口），不同地层交界面上的渗透压力和坡降，用以评价渗流稳定性。但是由于基坑平面尺寸往往很大，不同地层的连续性和厚度变化很大，有的黏土层甚至出现尖灭和缺口现象，此时采用简化计算法容易出现问题。

2. 平面有限元法

在地层特性和厚度分布比较稳定的长条形基坑中，采用平面有限元法进行渗流计算可以获得满意的结果。但是在地质条件变化很大的正方形或圆形基坑中，此法效果不佳。

3. 空间有限元法

这种方法适用于计算地层条件复杂的多层地基和承压水条件下的各种形状的基坑，比如很多悬索桥的锚碇基坑。此法可以给出地基内任何部位的渗流压力、坡降和渗流量，用以判断地基内部的渗流稳定性。

从第 4.4 和 4.5 节的渗流空间有限元计算结果可以看出，此法对不同的地层分布（南北有差异）、地下水（潜水和承压水）、防渗形式（防渗帷幕和降水），均能给出渗流计算结果，作出稳定状况分析。反之，平面有限元就不易做到。

在以下情况下，应进行空间有限元的渗流分析：（1）工程重要性高；（2）基坑深度很大；（3）基坑面积很大；（4）软土地基和多层地基；（5）残积土和风化岩石地基；（6）承压水或多层承压水地基；（7）周边环境复杂；（8）施工工期很长。

4.8.4　潜水和承压水的渗流计算方法

1. 概述

上面各节主要阐述潜水地下水的渗流分析和计算方法，现在来综合讨论一下潜水和承压水的渗流分析和计算问题。

承压水条件下的基坑主要问题常常是基坑底部地基土的抗浮稳定问题，但是有一些人忽略了地基内部的渗透稳定问题。本节将对这些问题进行讨论。

2. 潜水渗流计算方法

在图 4-39 中，∇_1表示的是潜水地下水位。笔者是按照地基土允许的平均渗流坡降的概念来确定地下连续墙入土深度的，这里用h_d表示。沿着地下连续墙外、内表面上的第一根流线长度最短，则求出的平均渗透坡降（$i = h_1/L$）最大（L为总渗径长度），所以基坑的管涌或流土破坏常常发生在墙底坑边。这就是所谓的“贴壁渗流”。它的计算方法前面已经说了很多了。

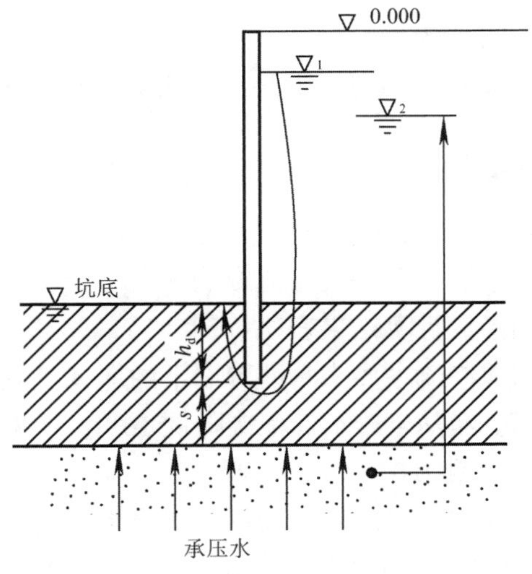

图 4-39　承压水渗流计算图

3. 承压水渗流计算方法

与潜水渗流不同的是，承压水渗流计算首先要确定计算部位的压力水头到底有多大。特别要注意基坑底部的压力水头与深部隔水层底板上的压力水头是不同的。

承压水渗流计算情况有三种：贴壁渗流、土体内部渗流和突涌（水）破坏。这里要注意以下问题：

（1）贴壁渗流要穿过承压水的顶板黏性土层，水头损失比较大，有的损失可达到20%～30%，大大降低了渗流变形和破坏的风险，所以不再是渗流计算的控制情况。还要注意，设计时不要轻易将地下连续墙底穿透底部的承压水隔水层，以便减少地下连续墙上的荷载。

（2）承压水的突涌破坏，特别要注意作用在墙底承压水隔水层顶板上的压力即浮力，应该是该顶板上的水头（如前例中的35.06m − 6m = 29.06m），而不是作用在基坑底的水头（前例中的19.66m − 6m = 13.66m）。

此时在承压水头29.06m作用下，如果上部土层饱和重小于承压水的浮托力，即有可能顶穿上部隔水层而突涌。

（3）承压水引起的土体内部渗透破坏。提到这个问题时，主要是指黏性土的渗透破坏。当黏土层厚度很薄，而承压水水头很大时，承压水可能穿过此层黏土而产生渗透破坏。

由于此时渗流是在土体内部进行，应当采用土体本身允许渗透坡降，来核算地基的稳定性。通常黏性土体的允许渗透坡降可以采用$[i] = 3～6$，而当出口有盖重时，可取$[i] = 5～8$。

本章4.3.5节曾对土体内部渗透稳定的实例进行了分析，这是一项很重要的渗流计算项目。

（4）当地基中存在着多层承压水时，则应根据每层承压水头和隔水层的厚度，分别核算该隔水层的抗浮稳定性和内部渗流稳定性。

4.8.5 水泵失电（动力）计算和防护

（1）本章第4.3节已经进行了水泵失电（动力）的渗流计算，提出了地下水回升过快造成的基坑淹没问题。

（2）对于承压水的减压井来说，如果承受的水头很大，那么水泵失电停止抽水后，地下水很快就会回升，以致淹没基坑。上海某基坑建议水泵停电时间不能超过10min。而杭州某地铁基坑（第4.6.6节）则因水泵停电30min，使地下水迅速回升而涌入基坑，造成事故。可见水泵失电的危害是很大的。

要避免上述现象，应当设有足够的备用井，保证供电连续不中断，做好基坑的防渗止水结构，减少渗漏缺陷。

4.8.6 岩石风化层对渗流的影响

岩石的风化层渗流特性是不一样的，特别是花岗岩的强风化层和弱风化层（也叫中风化层）的透水性较大，是富水层，对基坑渗流影响很大。

三峡二期围堰防渗墙的渗流计算结果表明：

（1）设置防渗墙后，围堰渗流主要来自防渗墙下的堰基渗流，因而围堰渗流量与防渗墙底部岩体透水性关系密切。当基岩透水性依次降低10倍、100倍时，相应围堰的单宽渗流量分别为原渗流量的0.11倍和0.022倍。

（2）3种防渗方案以双墙方案渗流量和渗透坡降最小，墙后地下水位最低。防渗墙后的粉细砂和风化砂的垂直和水平接触（出逸）坡降均小于0.03，即使在风化砂透水性为5.0×10^{-4}cm/s的不利条件下，深槽部位的新淤砂在墙后和堆石体处的最大水平坡降均为0.16，均小于其允许渗透坡降，能满足渗透稳定的要求。

（3）在单墙方案中，比较了防渗墙入岩深度对渗流的影响。若防渗墙只打到弱风化层表面，则其渗流量和墙后风化砂中的渗透坡降，均比嵌入弱风化带1m时增加了约50%，说明影响明显。同时，防渗墙未嵌入弱风化带时，其墙底渗流状态较恶劣，墙底裂隙中产生的集中渗流对堰基砂卵石和粉细砂的渗透稳定不利。因此，防渗墙还是应以嵌入到弱风化带中一段距离（0.5～1.0m）为宜。

计算表明，岩石基坑中的中（弱）风化层的厚度和渗透系数越大，基坑渗流量越大，对基坑的渗流稳定越不利。特别是当中风化层的裂隙或软弱带与墙底沉渣层相连时，会加大渗流强度，可能造成沉渣层的冲刷变形，使基坑渗流量加大。

（4）对于岩石风化层中的防渗墙，特别是花岗岩风化层内的防渗墙，建议采用上墙下幕结构，即上部防渗墙底部进入风化层内一定深度；而在下部采用帷幕凝浆结构，把二者相连。

4.9　深大基坑的渗流控制

4.9.1　渗流控制的基本任务

渗流控制的基本任务，就是把渗透压力、渗流坡降和渗流量三者控制在允许范围之内，也就是既要满足渗流稳定要求，又要使基坑涌水量不要太大。

4.9.2　渗流控制原则

1. 渗流控制的目的

（1）防止基坑及支护结构的渗透破坏。

（2）保证基坑底部地基的渗透稳定性。

（3）减少基坑内部的渗透水量。

（4）防止或减少结构物（地下连续墙、桩等）的薄弱部位漏水。

2. 基本措施

对地基来说，渗流控制可分成防渗、降水和反滤三大类。

防渗就是指在基坑周边设置防渗帷幕，进入不透水层，截断渗透水流。当无法全部截断渗流时，则可采用防渗与降水相结合的方式，来保持基坑的渗流稳定。反滤则是指在渗流出口设置砂、砾石等透水材料和压重材料，以防止渗流破坏的发生。

3. 防渗和止水

防渗又可分为水平防渗和垂直防渗两种。对于基坑工程来说，垂直侧壁（墙）和坑底水平防渗都是非常重要的课题。

对于结构物来说，要做好接缝止水和防漏设计，认真施工，防止渗漏破坏。

总之，应采取各种适当的措施，避免基坑的地基或地下连续墙本身的渗漏破坏。

4. 基坑降水

这里所说的降水，不但是指基坑开挖过程中的降排水，也是指降低基坑内外的承压水水位。当上覆土重不足以克服承压水的浮托力或不满足土的渗透坡降要求时，就需要降低承压水的压力水头。

通常降水宜在坑内进行。降低深层承压水时，往往对坑外的周边环境造成不利影响，有时需要在坑外设置回灌井，以减少坑外地下水的不利影响。

这里要注意，在有些基坑中，往往表层是透水性小的软土或淤泥土，而下部则是透水性很大的砂砾层，其渗透系数相差十几倍或更多。降水时强透水的砂卵石层中的水会先被大量抽走；而表层软土中的水排出很慢，土体固结得慢，不利于及早开挖。在这种情况下，基坑内的地下水不是一层一层往下降落的，应当引起注意。对于软土或淤泥土来说，用管井降水是达不到目的的。

5. 反滤

反滤是指在渗流出口段设置的反滤材料和透水材料的压重等措施。

对于深基坑的垂直侧壁来说，当基坑开挖到坑底时，可能出现管涌流土现象，此时可采用铺设土工布和透水材料（砂、砾等）压盖的方法来制止不太严重的管涌或流土（砂）。

当基坑存在斜向边坡时，可在边坡底部设置反滤材料和压重材料，预防管涌和流土的发生。

4.9.3 允许渗透坡降的参考值

1. 渗流安全准则

由第 4.7 节可知，当土体的渗流坡降i大于允许渗流坡降$[i]$时，土体就会发生渗流破坏。

土体在渗流作用下是否会发生渗透破坏与渗透坡降大小有关。当渗透坡降超过土体的允许坡降就会发生渗透破坏，即

$$\begin{cases}\text{当}i \leqslant [i]\text{时安全}\\ \text{当}i > [i]\text{时破坏}\end{cases}$$

其中，$[i]$为允许渗透坡降，可由临界渗透坡降（即土体濒临破坏时的渗透坡降）除以安全系数而得，即

$$[i] = i_{cr}/F_s$$

式中 i_{cr}——临界渗透坡降；

F_s——安全系数，其大小可根据工程类别按规范选取，对于 1 级堤防取 2.5，对于 2 级堤防可取 2.0，对于 3 级堤防可取 1.5，对于深基坑工程可取 1.5～2.0。

土体中各点渗透坡降的大小可通过渗流场水压力计算结果获得。临界渗透坡降的大小则与土体的性质和渗透破坏形式有关，宜根据试验确定。如无试验资料，可按第 4.7 节的方法进行计算。

一般情况下，厚度均匀土体向上渗流的临界渗透坡降试验值$i_{cr} \approx 1$，而实际采用的允许值$[i] = 0.5$～0.8。

对于粉细砂堤基的水平临界渗透坡降试验值$i_{cr} = 0.1$，实际采用的允许值$[i] = 0.07$。

对于无黏性土来说，其流土型允许渗透坡降较高，可达到 0.4；管涌型允许渗透坡降较低，一般为 0.1 左右；过渡型允许渗透坡降一般为 0.2 左右。对于粉砂和粉土，允许渗透坡降在 0.05～0.07 范围内。

此外，对于有承压水的深基坑，除了满足上述要求之外，其底部的地基土饱和度还应大于承压水的浮托力并有一定安全系数。

下面选用一些允许渗透坡降的资料供参考。

2.《水力发电工程地质勘察规范》GB 50287—2006 推荐值

《水力发电工程地质勘察规范》GB 50287—2006 推荐值推荐的允许渗透坡降经验值见表 4-34。

无黏性土允许渗透坡降经验值（出口无反滤） 表 4-34

流土			过渡型	管涌	
$C_u \leqslant 3$	$3 < C_u \leqslant 5$	$C_u > 5$		级配连续	级配不连续
0.25～0.35	0.35～0.50	0.50～0.80	0.25～0.40	0.15～0.25	0.10～0.20

从表中可以看出，旧规程中第 4.1.3 条的计算公式所采用的允许坡降约为 0.29～0.32，不能保护所有地层。

3.《水闸设计规范》SL 265—2001 推荐值

《水闸设计规范》SL 265—2001 推荐的允许渗流坡降值见表 4-35。

水闸设计规范水平段和出口段允许渗流坡降值　　**表 4-35**

地基类别	允许渗流坡降值（安全系数约为 1.5）	
	水平段	出口段
粉砂	0.05～0.07	0.25～0.30
细砂	0.07～0.10	0.30～0.35
中砂	0.10～0.13	0.35～0.40
粗砂	0.13～0.17	0.40～0.45
中砾、细砾	0.17～0.22	0.45～0.50
粗砾夹卵石	0.22～0.28	0.50～0.55
砂壤土	0.15～0.25	0.40～0.50
壤土	0.25～0.35	0.50～0.60
软黏土	0.30～0.40	0.60～0.70
坚硬黏土	0.40～0.50	0.70～0.80
极坚硬黏土	0.50～0.60	0.80～0.90

注：当渗流出口处设滤层时，表列数值可加大 30%。

4. 管涌土允许平均渗流坡降

由于施工质量、地基土的不均匀性、地基土的不均匀沉降，形成局部脱离基础底部轮廓线的渗流通道等偶然性因素影响，以及防止产生内部管涌，一般还要核算地基内的平均渗流坡降，应小于表 4-36 和表 4-37 所列的允许平均渗流坡降。

各种土基上水闸设计的允许渗流坡降　　**表 4-36**

地基土质类别		粉砂	细砂	中砂	粗砂	中细砾	粗砾夹卵石	砂壤土	黏壤土夹砾石土	软黏土	较坚实黏土	极坚实黏土
允许渗流坡降	水平段i_x	0.05～0.07	0.07～0.10	0.10～0.13	0.13～0.17	0.17～0.22	0.22～0.28	0.15～0.25	0.25～0.30	0.30～0.40	0.40～0.50	0.50～0.60
	出口i_o	0.25～0.30	0.30～0.35	0.35～0.40	0.40～0.45	0.45～0.50	0.50～0.55	0.40～0.50	0.50～0.60	0.60～0.70	0.70～0.80	0.80～0.90

注：1. 已考虑约 1.5 的安全系数。
2. 如果渗流出口有反滤层盖重保护，表列数据可适当提高 30%～50%。
3. 资料来源：毛昶熙. 电模拟试验与渗流研究[M]. 北京：水利出版社，1981。

控制地基土偶然性渗透破坏的允许平均渗流坡降　　**表 4-37**

地下轮廓形式		板桩形式的地下轮廓					其他形式的地下轮廓				
地基土质类别		密实黏土	粗砂、砾石	壤土	中砂	细砂	密实黏土	粗砂、砾石	壤土	中砂	细砂
坝的等级	Ⅰ	0.50	0.30	0.25	0.20	0.15	0.40	0.25	0.20	0.15	0.12
	Ⅱ	0.55	0.33	0.28	0.22	0.17	0.44	0.28	0.22	0.17	0.13
	Ⅲ	0.60	0.36	0.30	0.24	0.18	0.48	0.30	0.24	0.18	0.14
	Ⅳ	0.65	0.39	0.33	0.26	0.20	0.52	0.33	0.26	0.20	0.16

注：根据 B.丘加也夫实地调查成果分析。

5. 管涌土允许渗透坡降与含泥量的关系

试验结果表明，发生管涌的临界渗透坡降还与细粒中的含泥量有关。在浙江的宁波、台州和温州等地，地面10m以下砂卵石层中，其颗粒级配分选不好，缺少2.5～5mm的砂粒，不均匀系数达50～170，允许渗透坡降只有0.3左右。而在其下部的砂卵石中，由于含泥量（d小于0.05mm）逐渐加大，允许渗透坡降也逐渐加大。原状土的渗透试验结果表明：上部含泥量为10%，不均匀系数为30～120，允许渗透坡降为0.6～3.0；下部含泥量为15%，不均匀系数为100～180，允许渗透坡降为3.0。

以上结果说明，含泥量增加，土的抗渗强度也会增加，具体的数量关系则应根据具体工程的实际情况而定。

6. 黏性土体的允许渗透坡降

1）土石坝防渗体的允许渗透坡降

轻壤土（粉土）：$[i]=3\sim4$；

壤土（粉质黏土）：$[i]=4\sim6$；

黏土：$[i]=6\sim10$。

2）基坑工程黏性土的允许渗透坡降

一般情况下：$[i]=3\sim6$；

当出口有盖重防护时：$[i]=5\sim8$。

7. 临界与破坏坡降

管涌的临界破坏坡降与渗流方向有关。内部管涌还需要输运条件。

4.9.4 对基坑底部地基抗浮稳定的讨论

1. 坑底抗浮稳定和结构物抗浮的区别

对于建（构）筑物的抗浮稳定核算，有关规范早有规定。但对基坑底部地基本身的抗浮稳定却少有提及。

坑底地基的抗浮稳定与其上部的钢筋混凝土结构的抗浮稳定是有很大区别的。

（1）从时间来看，建（构）筑物的抗浮稳定是永久运行期间的问题，而坑底地基的抗浮稳定则是施工期间的重要问题。

（2）从强度来看，地基土的强度显然大大低于混凝土的强度。因此，建筑物混凝土不必考虑是否被承压水局部破坏的问题，而坑底地基则必须考虑被地下水或承压水顶托，因管涌或流土等原因而产生局部破坏。

（3）从风险程度来看，施工期间坑底地基抗浮稳定总是显得更脆弱些，应得到足够的关注。

2. 坑底抗浮的有利和不利因素

1）有利因素

（1）黏性土厚度大且分布连续、均匀；

（2）黏性土的黏聚力c较高；

（3）坑底地基土与周围的支护结构（墙、桩等）的摩阻力较大；

（4）条形或小型基坑。

2）不利因素

（1）不透水层厚度小，不连续，不均匀；

（2）承压水头大；

（3）土的透水性大；

（4）土的裂隙（如黄土等）发育；

（5）岩层节理裂隙发育，风化层透水性大；

（6）大面积基坑；

（7）地基被墙、桩、降水井和勘察孔切割、穿透。

3. 如何判断坑底抗浮稳定性

1）抗浮计算方法

目前有几种计算坑底抗浮的方法，多是以上部荷重与下部浮托力相平衡且有一定安全系数来考虑的。实际上这只是一种平衡（即荷载平衡）。前面已介绍了由于土的黏聚力不同而造成的内部抗渗透能力不同，所以还需要核算第二种平衡条件，也就是渗透坡降的平衡问题。

2）地质勘察工作

目前，基坑的平面尺寸已经做得很大，例如长度可达上千米，宽度可达 200m，基坑面积十几万到二十几万平方米，基坑深度可达 40～50m，基坑内部有几百到上千根大口径的深桩和很多降水井以及多个勘探孔。这样的基坑，其工程地质和水文地质条件变化相当大，给工程带来很多不确定性。要想准确判断坑底地基的抗浮稳定性，就必须获得足够的工程地质和水文地质资料。但是目前很多地段的地质勘察工作都没有达到施工图纸设计阶段要求的深度和广度。所以，要想保证基坑施工期间安全稳定，补充地质勘察工作是必不可少的。

3）如何选取坑底地基抗浮安全度？

渗透水流总是寻找流动阻力最小的孔隙、裂隙、夹层、空洞、通道和各种薄弱的界面流动，这些部位也正是容易产生渗透破坏的部位。但是这些部位往往无法事先预测到。在渗流控制设计时应当充分考虑这些偶然因素的影响，为此常常采用控制平均渗流坡降的方法，来防止渗透破坏的发生。

对这个问题，要采取具体问题具体分析的方法来解决。

（1）如果基坑规模很小，施工工期很短，深度不是很大，坑底土质好且连续，则抗浮稳定安全系数略小些，也是可以施工的。

（2）对于特大型基坑，特别是一些滨河、滨海地区，由于海相、陆相交叉沉积，互相交叉，造成不透水层出现缺口漏洞，又受到较高承压水顶托时，宜取较大的安全系数。

（3）对风化岩基坑，则应根据基坑底部位于风化岩和残积土中的位置和承压水头的大小，来选取适当的抗浮安全系数。总的来看，可略小些。

4.9.5　小结

（1）本节重点讨论了深基坑渗流控制的基本原则和基本措施，可供设计参考。

（2）本节提出了不同情况下的允许渗透坡降值。

（3）本节探讨了基坑底部地基的抗浮稳定问题和抗浮措施。

第 3 篇

Design for underground continuous diaphragm wall

地下连续墙工程设计

第 5 章　地下防渗墙设计

5.1　概述

5.1.1　地下防渗墙简要说明

世界上很多国家，包括地下连续墙技术的发源地意大利以及后来的德国、法国和较早使用此项技术的我国，都是首先把这项技术应用于水利水电工程中的防渗工程，而后逐渐推广到城市建设和交通、矿山和港口等建设工程中去的。

顾名思义，地下防渗墙就是修建在透水地基中，以防渗为主的地下连续墙；同时也是一种不开挖的地下连续墙（这是两者最根本的区别）；同时也是墙型和材料变化多端、施工方法各异的地下连续墙。在讨论地下防渗墙的问题时，我们必须充分认识上述这三点。从 1950 年代初意大利首先采用地下连续墙至今将近 72 年的时间里，地下防渗墙已经发展成为一种成熟的施工技术，无论是施工设备和工艺，还是墙体材料都有了很大的发展；不仅越来越多地采用地下防渗墙来处理深厚覆盖层地基以及坝体渗漏，而且在软岩和风化岩中也采用防渗墙，以替代灌浆帷幕（如阿尔翁坝）。

地下防渗墙的主要施工工序如下：①做导墙（导向槽）；②制泥浆；③挖槽和清孔；④浇注成墙；⑤接头施工。

还要看到，地下防渗墙已经不仅仅应用于水利水电工程的大坝、围堰、水闸和堤防，而且已经推广应用于大型矿山基坑、各种尾矿坝和工业废渣堆场的防渗工程以及竖井外围的防渗墙中。

地下防渗墙的墙体材料不仅有混凝土（钢筋混凝土）和黏土混凝土等刚性材料，而且已经开发使用了塑性混凝土、固化砂浆、自硬泥浆和黏土类混合料以及土工合成材料等多种塑性的或柔性的材料。

5.1.2　本章重点

在这一章里，将要说明在什么情况下选择地下防渗墙以及如何选择防渗墙的各种尺寸和技术指标。

由于众所周知的原因，目前地下防渗墙的设计理论和计算方法还不是十分成熟，计算成果与实测数值相差较大，鉴于本书以实用为目的，所以本章中只列出了一些主要的计算方法，而不进行深入讨论。有些比较实用的计算方法，在以后的有关章节中将有所介绍。

5.1.3　防渗墙设计的主要步骤和内容

防渗墙设计过程见图 5-1。

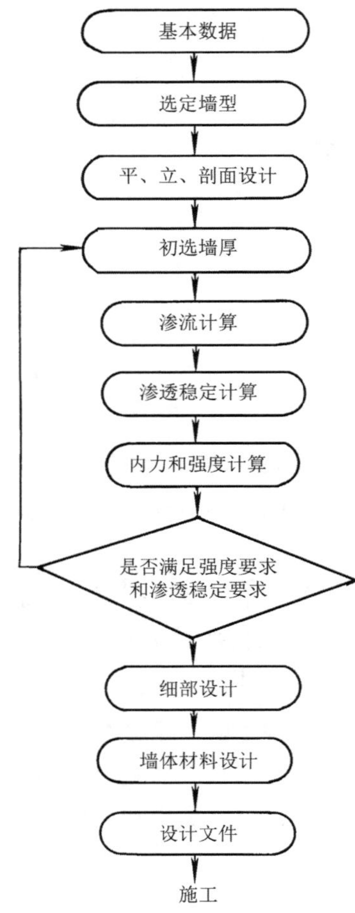

图 5-1　防渗墙设计过程图

（1）选择合适的墙型，并根据已经选定的坝（闸）形式在平面、纵剖面和横截面上进行布置。

（2）根据已建成工程经验和本工程实际情况，初步选定防渗墙的厚度和墙体材料。

（3）渗流稳定验算（坡降和渗漏量）。

（4）渗透稳定验算（化学溶蚀计算）。

（5）内力和强度计算。

（6）其他方面核算，如心墙式坝的抗裂稳定性和墙顶塑性区的计算，大型基坑（矿山）的边坡稳定核算等。

（7）墙体材料配比设计。

（8）细部设计，防渗墙与周边的基岩、坝体和岸坡等的连接设计。

（9）观测设计，在防渗墙中设置渗流、应力和荷载等方面的观测仪器和设备。

（10）编写设计说明书和防渗墙施工技术要求。

必须强调的是，防渗墙的主要任务就是防渗，它必须满足以下两个要求：

（1）必须有效地截断渗透水流，使地基的渗流比降和出逸比降均控制在安全范围之内不至于造成渗流破坏。

（2）必须有效地控制渗流量，避免大量漏失水量，造成基坑内大量涌水；保证水库（闸）的有效蓄水。

设计时必须抓住防渗这个关键问题，其他几项设计工作必须围绕这个中心来进行。

5.2　防渗方案的比较与选定

这一节我们将对水利水电工程中的土石坝或围堰、水闸（坝）、平原水库以及露天矿山、尾矿坝或废渣场等的防渗方案进行探讨。为了叙述方便，先从土石坝防渗说起。

5.2.1　土石坝的防渗措施

到目前为止，用来解决土石坝渗透稳定的措施可有以下几种（图 5-2）：

（1）天然黏土铺盖或人工黏土铺盖。

（2）黏土混凝土、沥青混凝土和土工膜防渗斜墙。

（3）黏土混凝土、沥青混凝土和土工膜防渗心墙。

（4）组合形式（如斜墙加铺盖等）。

当坝基下地层中存在着强透水层或像淤泥及粉细砂等不良地基而又无法用人工或机械挖除时，就需要采取垂直防渗措施，主要有以下几种：

（1）混凝土和黏土混凝土的刚性防渗墙。

（2）塑性混凝土防渗墙。

（3）泥浆槽防渗墙（混合料防渗墙）。

（4）固化灰浆和自硬泥浆的柔性防渗墙。

（5）高压喷射（旋、定和摆喷）防渗墙。

（6）水泥搅拌桩或双轮铣搅拌机防渗墙。

（7）锯槽法和钢板桩法的薄防渗墙。

（8）打入式钢板桩或木板桩、混凝土桩墙。

（9）水泥和黏土灌浆帷幕。

（10）人工开挖修建混凝土的或黏土的齿槽。

（11）其他形式（如土工膜等）。

在大多数情况下，都是把上部的和地基的防渗措施（有时不止一种）结合起来，使问题得到完满解决。

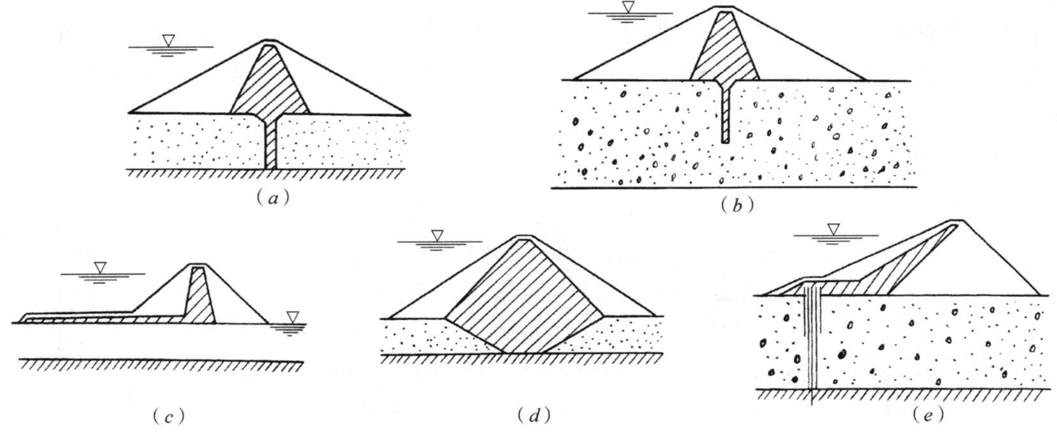

图 5-2　透水地基防渗措施

（a）心墙和防渗墙；（b）心墙和悬挂式防渗墙；（c）水平铺盖和心墙；（d）黏土心墙和截水管；（e）斜心墙和灌浆帷幕

下面对上述几种防渗方案加以简要评述。

（1）水平铺盖方案。配合下游适当的反滤排水盖重等措施，能有效地控制渗流，保持渗流稳定，减少渗漏损失。但是这种防渗措施，由于施工范围大，施工质量不易控制，而且与两岸接头不好处理。特别是坝基中存在着顶部强透水层（如北京十三陵水库）而下游地表存在不透水层时，即使水平铺盖很长（300m，$L/H>10$），仍不能解决坝基渗透稳定问题。再者，水平铺盖所能减少的渗透水量是很有限的，对于水资源日渐紧张的我国来说，水平铺盖已经不能作为主要的防渗措施了。比如北京地区在 20 世纪 50、60 年代建造的 10 座土坝，由于当时施工条件的限制，大都是采用黏土斜墙加水平铺盖的防渗措施，因漏水严重或坝基渗透不稳定，自 1960 年代中期以后的十几年中全部修建了混凝土防渗墙。

（2）明挖截水槽。当透水地基的深度较浅（一般不超过 15～20m）时，采用明挖回填黏土或混凝土做成截水槽的防渗方案是可行的，它比水平铺盖的效果更好，而且施工也很方便。在有支撑和采用机械的情形下，这种截水槽可做到深 30m 以上。例如，马来西亚阿耶依坦土坝（高 52m）黏土心墙下面接人工开挖到花岗岩面的混凝土齿墙，宽 1.83m，最深 33.5m，是在有支撑的情形下建造的。不难想象，在强透水地基中建造明挖截水槽，进行足够而充分的降水工作是多么重要。我国截水槽最深也达 33m。

（3）钢板桩。因其耗用钢材多，造价高，接头易漏水，遇到很深的覆盖层或含有孤石的地层，则很难施工。目前已经很少采用了。如果用后拔出钢板桩，那是可以考虑的。

（4）水泥（黏土）灌浆帷幕。用于处理强透水性砂砾卵石地基也是有效的办法，国内外均有成功经验。其缺点是工程量大，工期长，造价高，而施工质量难于控制和保证。由于防渗墙施工技术日见成熟，大有取而代之的势头，对坝基岩石裂隙的封堵，对大坝安全有着重要意义。尽管对基岩进行了灌浆处理，如果效果不佳，仍可导致像美国堤堂（Teton）坝那样的大坝失事。在德国的布龙巴赫坝和罗斯西坝的坝基中的砂岩充满裂隙，透水性强，渗透系数可达 10^{-3}cm/s，且强度并不高。采用灌浆帷幕时，必须控制灌浆压力。在采用3排灌浆帷幕对坝基进行处理后发现，只在库水位10m以下渗漏才是可接受的。这对于坝高39m、长1.7km的布龙巴赫坝来说是无法接受的。于是决定采用双轮铣槽机在坝基砂岩中建造了一道厚0.65m、面积8万 m^2 的防渗墙（图5-3）。与3排灌浆帷幕相比，防渗墙单价只相当于前者的67%，而抗渗性提高了10～100倍。用与此相同的方法，又对美国的韦塔内莱、纳瓦霍和穆得山三坝的坝基岩石进行了处理，取得了极好的效果。

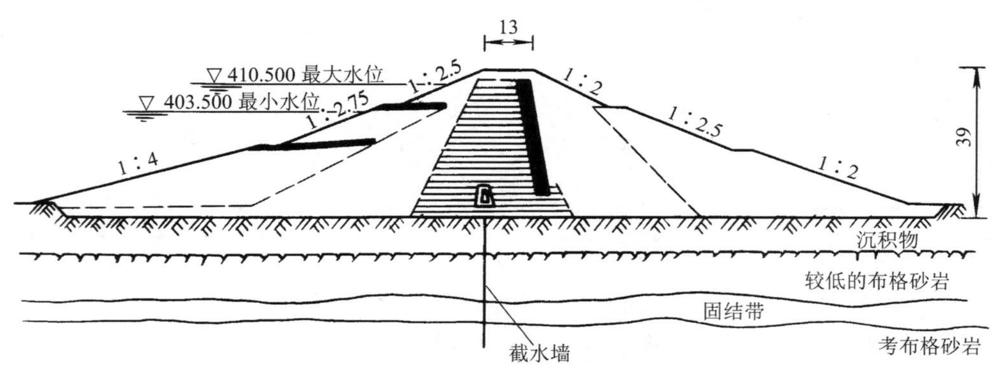

图5-3 布龙巴赫坝断面图

（5）防渗墙。经过近50年的发展，可以说防渗墙已经形成了一个系列，硬的和软的，深的和浅的，厚的和薄的……应有尽有。主要工作就在于结合每一个工程的具体条件和防渗墙工艺特性，选定一种防渗墙施工方法。

下面举两个工程实例加以说明。

【实例5-1】云南以礼河毛家村土坝。该坝为黏土心墙坝，坝高82.5m、长463.5m，河床冲积层厚10～25m，最大32m，以卵砾石为主，渗透系数 $K=6$～60m/d，最大105m/d，允许比降0.1。初设阶段曾考虑使用钢板桩解决坝基渗流问题。因发现地层中有孤石而放弃，遂改为水平黏土铺盖方案，总长690m，厚度1～20m，总土方量77万 m^3，还要挖岸坡50万 m^3，因设备不足和工期太长而放弃，于是又改为水泥灌浆帷幕。该帷幕由9排孔组成，排距3～3.25m，孔距2.5～3m，总厚度30m，灌浆压力0.4～3.5MPa。经过两年施工后只完成了上游3排孔灌浆工作，工期比预计长得多。后来借鉴月子口和密云水库建造防渗墙的经验，决定采用防渗墙和帷幕联合防渗方案（图5-4）。防渗墙全长277m，厚0.95～0.85m，最深44m。从1962年4月开工，至12月竣工，历时仅7个月。经多次蓄水考验，大坝渗透量和允许比降均比设计值小得多。从这个工程选择防渗方案的前前后后，不难看出混凝土防渗墙技术是一种多快好省的方案，是非常具有竞争能力的技术。

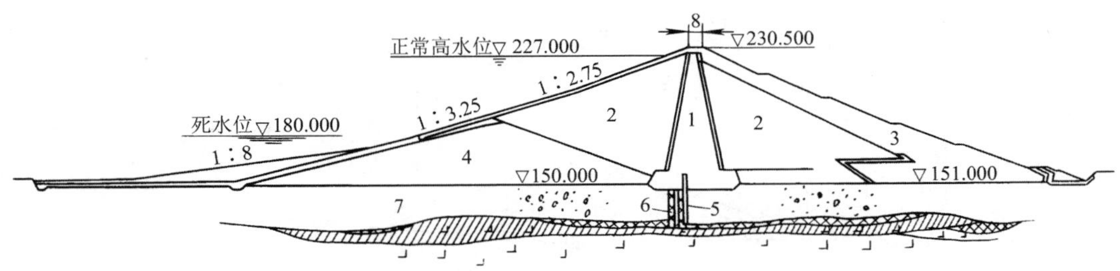

图 5-4　毛家村上坝墙幕联合方案

1—黏土料；2—半透水料；3—透水料；4—临时坝体；5—混凝土防渗墙；6—冲积层灌浆帷幕；7—河床冲积层

【实例 5-2】北京十三陵水库主坝防渗墙。十三陵水库是 1958 年“大跃进”期间仅用了 160d 就建成的中型水库。该水库拦河主坝为黏土斜墙坝，坝高 29m，坝长 627m，覆盖层深 57m，渗透系数$K = 100$～300m/d，以砾卵石为主。1958 年修建水库时，曾设想做一道深 12～16m 的黏土截水槽，进入地基中的相对不透水层（第三纪的含砾黏土），由于当时排水设备能力不足而无法实施。因工期紧张，遂改为水平黏土铺盖，长 300m，厚度 1～3m。水库建成蓄水后，坝下游渗流出露地表，形成沼泽，地表土有不稳定现象。1969 年决定采用混凝土防渗墙进行处理。防渗墙全长 554m，厚 0.8m，最深 57.5m，总面积 20790m^2，用了不到一年的时间就完成了这道当时国内最深和工程量最大的防渗墙（图 5-5）。防渗墙竣工后第三天，坝下游水井干枯，两个月后地下水位下降了 12m。原来生长茂盛的杨树、柳树和灌木一年后全部旱死，原来坝下的养鸭场改成了果园，可见防渗墙效果之显著。

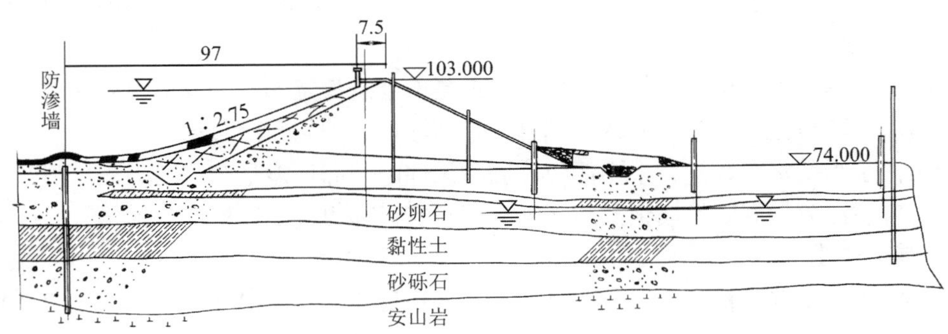

图 5-5　十三陵水库土坝标准断面（m）

上面介绍的几种防渗措施，可以单独使用，也可以联合使用。比如加拿大拉格朗德开发工程中的各堆石坝的冲积层防渗墙措施就是多种多样的（图 5-6）。当透水层深度不超过 7.6m 时，采用机械挖槽回填防渗土料，见图 5-6（*a*）。深度在 7.6～27.4m 之间时，采用泥浆槽防渗墙，见图 5-6（*b*）。深度超过 27.4m 时，采用灌浆帷幕，见图 5-6（*c*）。图 5-6（*d*）所示为混凝土防渗墙，厚 0.6m，深 70.1m。图 5-6（*e*）所示为黏土铺盖，该处透水层深 45.7m。

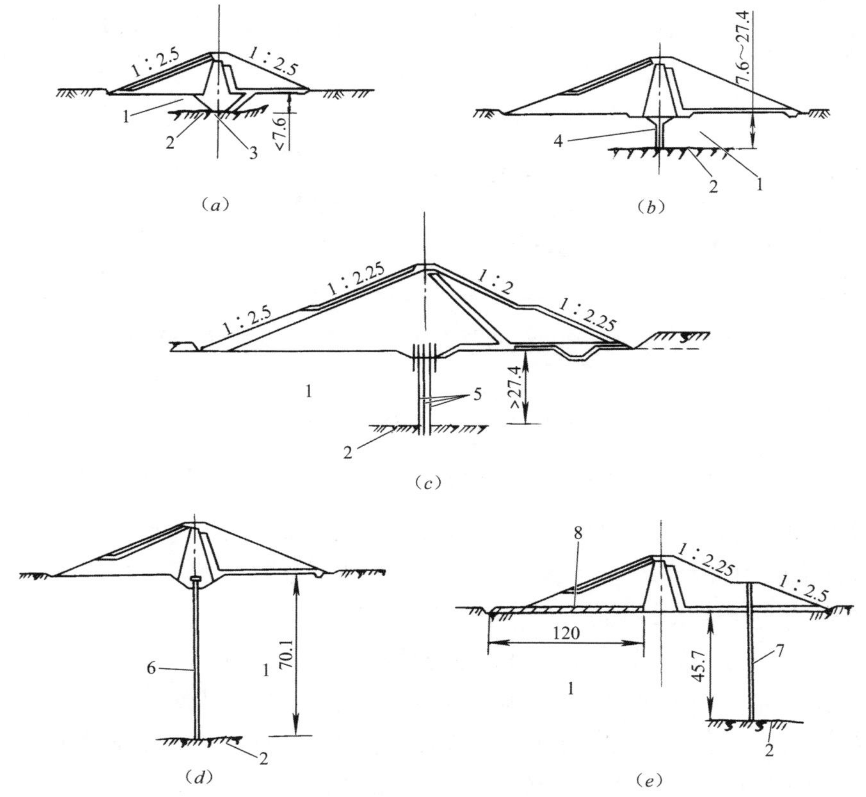

图 5-6　加拿大拉格朗德工程的透水地基防渗方案（m）

1—透水层；2—基岩；3—7.6m 深防渗槽；4—1.5m 厚泥浆槽；5—帷幕灌浆；6—0.6m 厚混凝土墙；7—自径 0.6m 排水井；8—压实冰碛土铺盖

5.2.2　水闸（坝）的防渗措施

总的设计原则与土石坝是相同的，但是由于水闸建在山区的较少，承受的水头也较少，以下一些问题应当引起注意：

（1）平原水闸地基中多粉细砂和软土，地基的渗透稳定问题尤其应引起注意，特别要解决绕渗问题。可能需要在水闸的四周都建造防渗墙，把它封闭起来。

（2）由于承受水头较少，采用薄防渗墙和柔性防渗墙可能是合理的。

（3）应该注意做好防渗墙顶部与水闸混凝土底板和边墙的连接。

5.2.3　露天矿山

大型露天矿山要挖深几十米到上百米，它的边坡稳定和防渗问题也是关系安全生产的大问题。用防渗墙来解决这两个问题，有着十分显著的技术经济和社会效益。比如内蒙古自治区赤峰市的元宝山露天煤矿，位于老哈河支流英金河河槽中，矿区面积 12km^2。英金河全长 194.6km，流域面积 10598km^2。矿区内河道覆盖层深 65～70m，埋藏有富水性很强的第四纪含水层，渗透系数最大超过 300m/d。该矿区原计划采用排水疏干的方法来开采地面以下 70 多米处的褐煤。在从 1990 年开始的不到两年时间里，总排水量已达 3.0 亿 m^3。虽然对于煤矿生产是有利的，但也带来了严重的社会和生态环境问题。每年把 1.8 亿 m^3 的地下水白白浪费掉，还要花费电费和赔偿费将近 3000 万元。为此该矿区又按防渗截流方案进行了可行性研究，并于 1992 年 10 月召开了研讨会。有好几个单位提出了防渗方案，主要有以下几种：槽孔防渗墙；锯槽法（薄）防渗墙；灌浆帷幕；高喷防渗墙等。经过技术经济比较，一致认为防渗墙方案比较优越。它用电少，工效高，节约材料，工程质量有保证。

5.2.4　工业废渣堆场的防渗措施

我国冶金、化工等行业产生的工业废渣已不下几亿吨，大部分未经处理露天堆放，造成了环境污染。我们采用地下防渗墙把堆渣场封闭起来的做法已取得成功(1982 年在锦州铁合金厂)。

设计这类工业废渣场防渗措施时，应当注意以下几个问题：

（1）应当取得详细的地质勘察和试验资料。

（2）一般情况下，这些工业废渣都会对环境造成污染，往往改变了当地地下水的水质。为此必须进行地下水对墙身材料影响的试验以及对施工用泥浆影响的试验。

此外，城市垃圾堆场也可采用地下防渗墙作为防渗措施，北京等地已有工程实例。

5.3　防渗墙的总体布置

5.3.1　防渗墙的布置方式

下面以土石坝防渗墙的布置方式（图 5-7）为例，来加以简要说明。

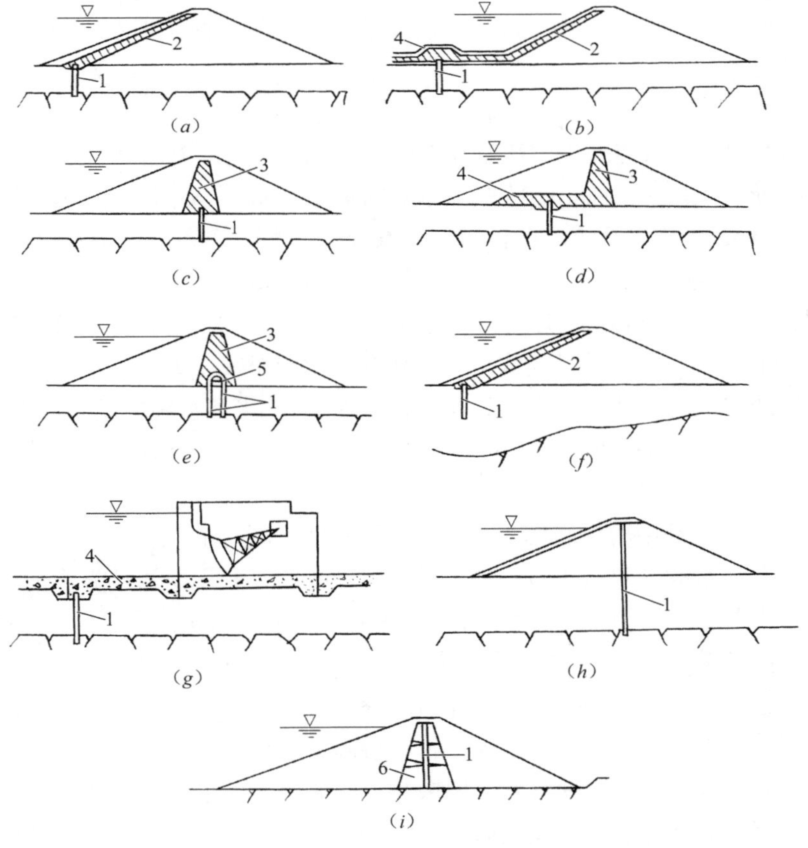

图 5-7　防渗墙剖面布置形式

(a) 斜墙-防渗墙；(b) 外铺盖-防渗墙；(c) 心墙-防渗墙；(d) 心墙-内铺盖-防渗墙；(e) 心墙-双排防渗墙；(f) 斜墙-悬挂式防渗墙；(g) 混凝土铺盖-防渗墙；(h) 心墙式防渗墙；(i) 复合防渗墙

1—防渗墙；2—斜墙；3—心墙；4—铺盖；5—廊道；6—开裂心墙

在进行第 5.2 节中所说的土石坝防渗方案技术经济比较阶段，就已经开始考虑防渗墙的布置方式了。一旦选用防渗方案后，此项工作应该细致而深入地进行下去。

由于坝型不同，防渗墙可设置于防渗心墙、斜墙和铺盖下，或者心墙与铺盖、斜墙与铺盖联合防渗体的下面。

我国的月子口坝防渗墙和崇各庄、西斋堂坝的防渗墙均放在斜墙下面，见图 5-7（*a*）；密云水库、十三陵水库防渗墙放在斜墙与铺盖下面，见图 5-7（*b*）；云南毛家村坝防渗墙放在心墙之下，见图 5-7（*c*）。

希腊的肯特朗和皮尼欧斯土坝均高 50m，地基条件也很相似，防渗墙均位于坝轴线上游 90m 的心墙与铺盖防渗体下面，见图 5-7（*d*）。采用这种方式有两个原因：一是把防渗墙放在没有很大的坝体剪应力的地方；据计算分析，在坝轴线上游 20～30m 的地方剪应力最大，而在 80m 左右的地方接近于 0。另一原因则是由于在当时是防渗墙技术发展不过十多年，如果发现防渗墙施工质量有问题，可以及早采取处理措施（如灌浆），而不会对坝体填筑施工造成很大影响。

加拿大马尼克 3 号坝，采用了如图 5-7（*e*）所示的双排防渗墙结构。该坝高 107m，防渗墙深 131m，两道墙均厚 0.61m，直接位于心墙之下，通过一条特别构造的廊道连接起来。这样做可以减少因不均匀沉降而产生的影响，并在必要时通过廊道进行灌浆处理。与之相似的工程还有我国的窄巷口拱坝上游双排防渗墙和印度的奥伯拉坝双排防渗墙，三峡上游围堰的双排防渗墙等。

在覆盖层的厚度很深而坝并不很高时，并不一定需要把防渗墙插入基岩中去，见图 5-7(*f*)。防渗墙的有效长度，应该能减少渗流量和降低逸出比降，满足渗透稳定方面的要求。例如，奥地利的佛莱斯特利茨（Freistrnz）坝，覆盖层深达 100m，防渗墙深度只有 47m，伸入细砂层（$K = 10^{-2}$cm/s）中。意大利的佐科罗（Zoccolo）坝，覆盖层深 100m，平均渗透系数 $K = 10^{-2}$cm/s，下部透水性比上部小。防渗墙虽只做了 50m，但运行了 3 年后，坝下游渗流量由 0.3m^3/s 降低到 0.35m^3/s，这种有规律的减少，是由于坝上游地基被细颗粒土淤积闭塞的结果。某些水闸也可以采用悬挂式防渗墙作为防渗板桩或下游防冲墙，一般情况下，这种不截断全部透水层的悬挂式截水墙，由于防渗性较差，当截水墙深度为透水层的 50%时，有 75%的透水通过；墙深为透水层的 90%时，仍有 38%的透水通过。因此，这种墙使用不多。

图 5-7（*g*）所示是用防渗墙作为水闸底板下的防渗板桩的工程实例。

图 5-7（*h*）表示的是建造土石坝的一种新方法。它是利用防渗墙做坝的防渗心墙。目前尚未见到在永久土石坝使用的实例，但在很多土石围堰中都被采用了。比如我国的葛洲坝、水口和三峡围堰都是这么做的。很显然，水下抛填砂砾卵石要比抛填土料容易而有效。而在现代施工条件下，在这种抛填料中建造防渗墙并非难事。当堰体高出水面一定高度之后，也可以用其他防渗材料（如土工膜）将其接高到设计高程。

图 5-7（*i*）表示的是另一种情形。如果黏土心墙（或其他防渗土体）因施工质量很差或设计不当而产生裂缝危及大坝安全时，可从坝顶（或从某一适当部位）建造一道防渗墙（有时还要穿过覆盖层进入基岩中），成为一个具有复合防渗体的土石坝。我国已有将近十座土石坝采用这种办法来解决它们在安全方面的隐患。比如澄碧河坝、金川峡坝和柘林坝等。

英国的巴尔德赫德坝和西班牙的阿尔翁坝都是在坝的防渗心墙出现问题后，用建造塑性防渗墙的办法解决了坝体稳定性方面的隐患。墨西哥的 4 座土石坝也是采用同样办法补强的。

国内外许多座高土石坝都把防渗墙放在心墙或斜心墙下面。如加拿大的马尼克 3 号和大角坝，我国的毛家村土坝和小浪底坝。这种布置方式具有防渗墙与岸坡连接方便、防渗效果可靠、节省坝体工程量等优点。

5.3.2　防渗墙的平面布置

在选择土石坝防渗墙的平面位置时，应当考虑以下几个要求：

1）坝基地质条件和水文地质条件。当坝基基岩（或作为隔水层的黏性土）岩性或地质构造沿水流方向有变化时，宜将防渗墙放在坚固而不透水的基岩或黏性土层中，尽量避开不利的地质构造（如断层等）。

当坝基覆盖层沿水流方向有很大变化时，也应考虑将防渗墙放在覆盖层较浅并容易施工的部位。

2）施工条件。当防渗墙放在已建成水库的上游坝脚的黏土斜墙或铺盖中时，则在防渗墙与坝脚之间应留出一定距离（其大小依钻机摆放位置而定），以便布置施工道路和设备。当土石坝上游坝脚地面起伏不平，难于施工时，可考虑将防渗墙布置在坝顶或上游坝坡上。这样做对内外交通和度汛都有利，如河北赤城水库防渗墙。

以上是针对已建土石坝中修建防渗墙而言的。当土石坝晚于防渗墙施工时，应着力解决两者施工的相互干扰问题。具体做法有以下两种：

（1）在坝体填筑之前建防渗墙。有的土石坝在清基平整后，就开始建造防渗墙。待防渗墙全部或部分建成后，进行坝体的全部填筑施工。这样做，相互干扰较少。

（2）在坝体填筑到一定高度后再建防渗墙。有些土石坝地表起伏不平，或者是地下水位太高，防渗墙无法在原地面施工。此时常常是先把坝体建筑到一定高度，也即上述两种不利条件被克服之后，再建造防渗墙（如西斋堂水库土坝）。这种做法可能带来一个问题：由于防渗墙施工时破坏了坝基上已经铺好的反滤料，渗透水流可能从防渗墙的薄弱部位（夹泥较多的接缝或墙体内漏洞）穿过流到下游坝基中去，并把失去反滤料保护的防渗土料带走，最后酿成事故。

3）水库渗漏损失。当防渗墙位于黏土铺盖中时，在满足施工要求的前提下，应尽量使防渗墙靠近坝体，以减少通过黏土铺盖的渗漏损失和铺盖加厚的工程量。

4）两坝头的防渗措施。应根据实际情况，使防渗墙与两岸相对不透水层的连接工程量最小，施工难度较小。还要尽量采用人工开挖做黏土截水槽的方法，以节省投资。有时为了避开深槽或难于施工部位，可将防渗墙布置成折线形。

5）防渗墙的受力条件。一般来说，把防渗墙放在受力较小的部位肯定是一个好办法，比如早期的皮尼欧斯和肯特朗坝就是这么做的。随着科学技术的发展，由于我们掌握了从很软到很硬的防渗材料施工技术以及采用灌浆廊道和塑性土区等附加措施，使得在高土石坝中采用防渗墙也非难事，可以说，受力条件对防渗墙布置的影响已经不是主要问题。

6）工程量和造价最少。

防渗墙在平面上的布置，大致有三种（图 5-8）：①直线形；②折线形；③弧形。

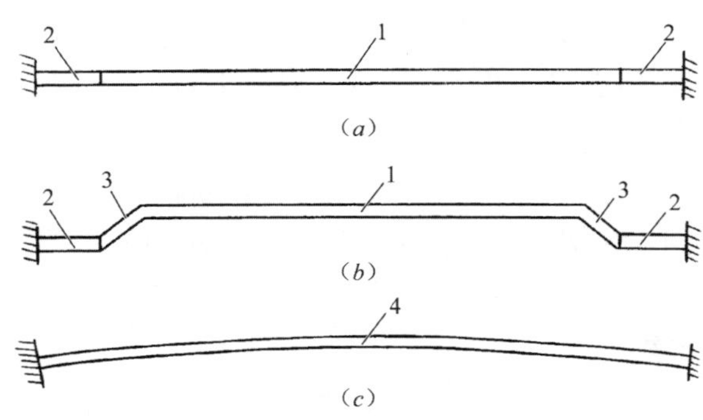

图 5-8 防渗墙平面布置

(a)直线式;(b)折线式;(c)弧形

1—防渗墙;2—两岸齿墙;3—斜段;4—弧形防渗墙

其中，直线形较多。折线形则常常由于某些特殊原因（如避开深槽，与灌浆帷幕连接等）而采用。

凸向上游的弧形布置是考虑到防渗墙受上游水压力作用后，可借助于拱的推力使各墙体接缝压紧，对防渗有利。如曲率较大，还能改善受力状况。国外有好几个防渗墙都是这样布置的，其中最典型的就是马尼克 3 号坝。狭窄河谷中承受水头较高的土石坝，采用这种布置方式尤为有利。我国三峡围堰也采取了弧形布置方式。

上面说到的布置原则，对于平原水闸（坝)、尾矿坝、矿山采场等工程的防渗墙也是适用的。

5.3.3 防渗墙的组合结构布置

在这一节里，将简要说明一下如何在各种不同施工设备与工法、墙体材料、地质条件、承受水头、墙的厚度和深度条件下，找出一种或两种以上的防渗墙组合结构，供我们在某一工程中使用。

1. 双道防渗墙

对于高土石坝来说，采用一道很厚的防渗墙，施工难度很大，安全度不高。有些水头很高或者是非常重要的土石坝采用了两道防渗墙，必要时还可在两墙之间灌浆。马尼克 3 号坝和三峡二期围堰都采用了两道防渗墙。

2. 防渗墙与灌浆帷幕

这两种防渗措施的结合，有以下四种情形。

(1）上墙下幕。一般是采用防渗墙处理上部覆盖层，用灌浆帷幕处理下部基岩渗漏；还有一种像密云水库那样，在覆盖层中建一道短的防渗墙，为灌浆提供盖重，同时避免了地表灌浆质量差的现象，而在下部覆盖层中采用灌浆帷幕。

(2）前幕后墙或前墙后幕。我国毛家村土坝原计划用 9 排灌浆帷幕作为坝基防渗结构。在完成了上游灌浆帷幕后就决定在其下游建造一道防渗墙，于是形成了前幕后墙的组合结构。

(3）两墙中间为灌浆帷幕。印度奥伯拉坝在两道混凝土防渗墙之间进行了帷幕灌浆（图 5-9)。

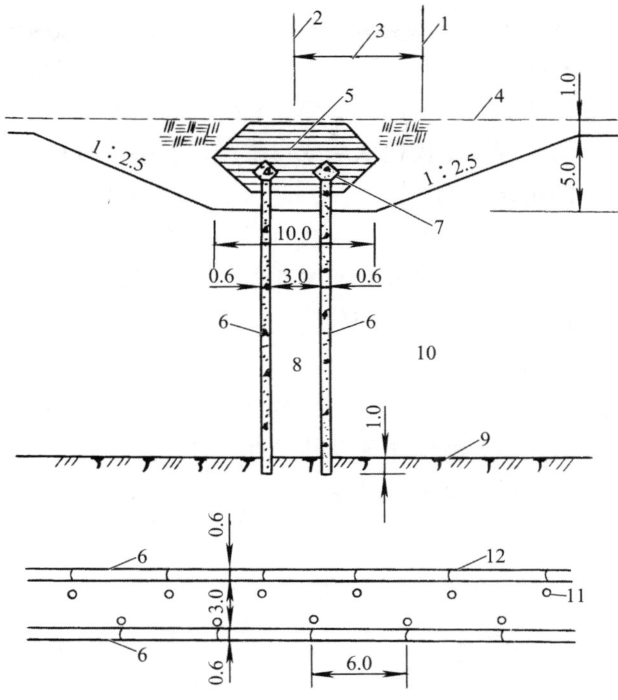

图 5-9　印度奥伯拉坝混凝土防渗墙

1—坝轴线；2—截水墙轴线；3—可变距离；4—河床；5—高塑性土；6—混凝土防渗墙加钢筋；7—钢筋混凝土帽；8—砂层灌浆；9—岩石；10—砂层；11—灌浆孔；12—防渗墙的接缝

（4）内墙外幕（图 5-10）。在防渗墙两侧进行灌浆，可以提高地基的刚度，减少墙体和两侧地基之间的沉陷差，提高防渗墙承载能力；同时还可起到补充防渗作用，改善防渗墙受力条件。

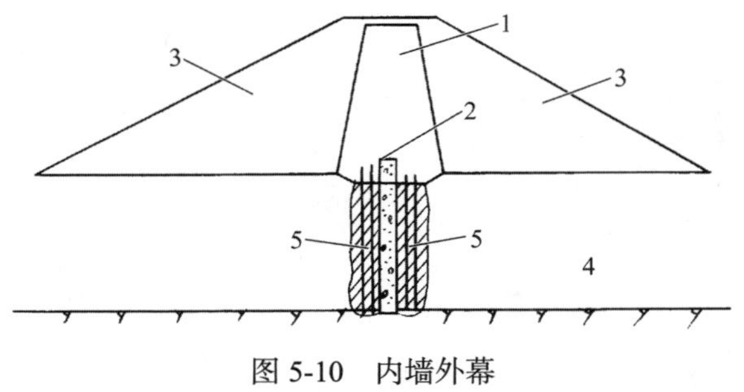

图 5-10　内墙外幕

1—心墙；2—防渗墙；3—坝壳；4—砂砾层；5—灌浆帷幕区

3. 防渗墙在垂直方向的组合

在同一道防渗墙中，可以根据其受力情况和深浅不同，在不同深度上采用不同的材料来建造。

（1）上硬下软。智利培恩舍坝防渗墙的混凝土强度等级为：上部 15m 为中等硬度的混凝土（$R = 22.5$MPa），其中顶部 6.5m 内加钢筋；下部为半塑性混凝土（$R_c = 8$MPa）。这种布置方式对于我国常用的钻凿接头孔（套接钻）是有利的，对于起拔接头管时降低摩阻力也是有利的（见后面图 5-37）。

（2）上软下硬。我国某水库的土坝坝体和覆盖层均有渗透不稳定问题，决定采用穿过坝体和覆盖层直达基岩的防渗墙进行处理。由于坝体心墙抗渗性能尚可，承受水头较小。最后采用了上软下硬的防渗墙。其上部为2.5MPa的塑性混凝土，而下部为10MPa的黏土混凝土。黏土心墙中的防渗墙采用固化灰浆或自硬泥浆等柔性材料也是可以的。

4. 防渗墙在平面上的组合结构

这里所说的防渗墙在平面上的组合，主要有以下几种情况。

（1）河道的横剖面上存在着深槽或者为V形峡谷，则深槽防渗墙为适应墙体受力和偏斜方面的要求，墙厚应适当增加。如美国穆德山坝下防渗墙采用了两个墙厚，即深槽段墙厚1.0m，而两岸浅槽段墙厚为0.85m。

另外，当深槽段很深而且含有大漂石时，通常的槽板式防渗墙因造孔和接头困难，防渗墙的结构形式也需加以调整，就像加拿大马尼克3号坝防渗墙（最深131m）那样，在两岸较浅（深度小于52m）段采用槽板式防渗墙，而在中部深槽段则采用桩柱连锁咬合桩防渗墙（图5-11）。

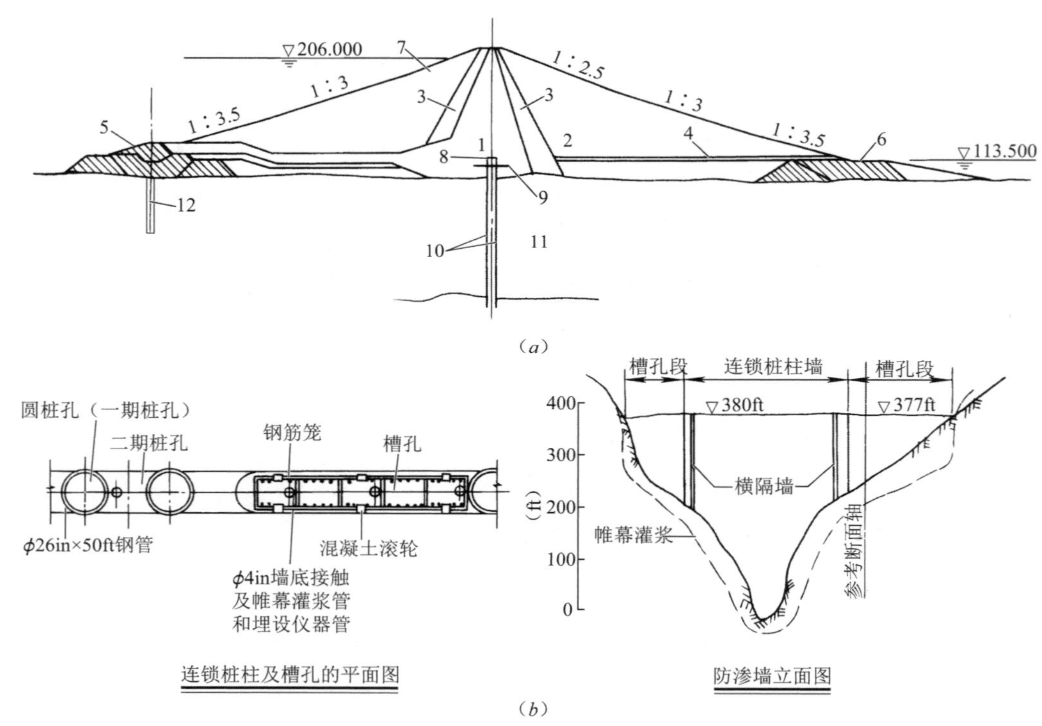

图5-11 马尼克3号坝防渗墙布置

（*a*）剖面；（*b*）平面及立面

1—碾压冰碛土；2—坝壳透水料；3—过滤层；4—排水层；5—上游围堰；6—下游围堰；7—抛石坝面；8—膨润土区及基础廊道；9—钢隔板；10—主防渗墙；11—冲积层；12—悬挂式防渗墙

（2）当两岸墙段比中间墙段承受水头较小时，可考虑在两岸段采用高压喷射灌浆防渗墙或者是其他方法施工的薄防渗墙；也可以把墙体材料改为固化灰浆等柔性材料；很浅的墙段则可采用人工开挖做黏土截水槽的方法等。

（3）还有一些土石围堰（如小浪底上游右岸段）的防渗墙，因第一阶段施工位于河漫滩上，工期可以长一些，所以采用了塑性混凝土防渗墙。而第二阶段施工段位于主河槽段，必须在枯水期内快速建成，为此改用高压喷射灌浆防渗墙。

（4）还有采用两岸为泥浆槽防渗墙和中间部位采用混凝土防渗墙（如加拿大拉格朗德水电站 20 号副坝），也有采用混凝土防渗墙（中间部位）和板桩灌浆防渗墙（如伊拉克德拉扎扎大堤）。

5.4　防渗墙的渗流计算和结构计算

5.4.1　防渗墙的渗流计算

1. 土坝中的防渗墙

1）黏土心墙-防渗墙式土坝的渗流计算（图 5-12）

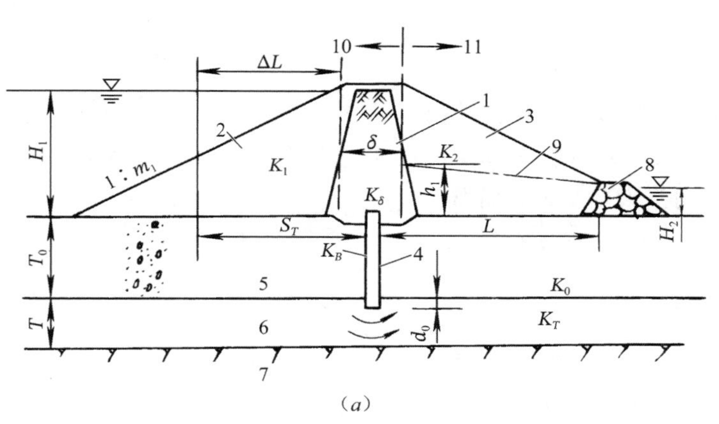

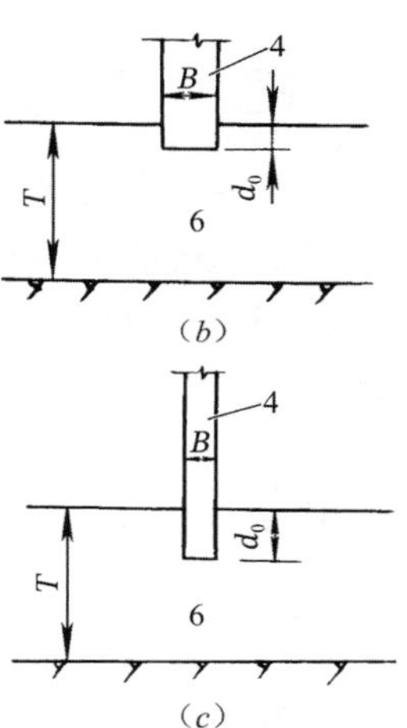

图 5-12　黏土心墙-防渗墙

1—心墙；2—上游棱体；3—下游棱体；4—防渗墙；5—砂砾层；6—基岩透水层；7—不透水层；8—排水棱体；9—浸润线；10—第Ⅰ段；11—第Ⅱ段

（1）通过上游棱体及黏土心墙的渗流量：

$$q_{11}=\frac{K_1\left(H_1^2-h_1^2\right)}{2S}q_{11}=\frac{K_1\left(H_1^2-h_1^2\right)}{2S} \tag{5-1}$$

$$S=S_{\mathrm{T}}+\left|\frac{K_1}{K_\delta}-1\right|\delta \tag{5-2}$$

式中　H_1——上游水位；

h_1——黏土心墙下游边的残余水头；

K_1——上游棱体的渗透系数；

K_δ——黏土心墙的渗透系数；

δ——心墙的平均厚度（与水面齐平的顶宽与底宽的平均值）；

S_{T}——心墙平均厚度的下游面至坝上游坡水边点的距离加上游棱体的化引长度ΔL。ΔL采用刘宣烈公式。

在这种情况下，其值为

$$\Delta L = \frac{a_3\sqrt{\frac{K_0}{K_1}} - a_1 a_2}{\sqrt{\frac{K_2}{K_1}} + a_1} \tag{5-3}$$

式中 K_0——砂砾层地基的渗透系数；

$a_1 = 2m_1H_1/T_2 + 0.44/m_1 - 0.12$；

$a_2 = m_1H_1/(2m_1 + 1)$；

$a_3 = m_1H_1 + 0.44T_0$；

m_1——上游坝坡的边坡系数。

（2）通过防渗墙的渗流量：

$$q_{12} = \frac{K_B(H_1 - h_2)}{B}T \tag{5-4}$$

式中 K_B——防渗墙的渗透系数；

B——防渗墙厚度；

T_0——坝基砂砾层厚度。

（3）通过墙下基岩表层的绕渗流量。研究两种情况：

①当防渗墙底部嵌入基岩深度d_0较小时，即$d_0 < B$，可将底部基岩的绕流视为平底板情况（图5-12b、c），由H.H.巴甫洛夫斯基公式解答：

$$q_{13} = K_T a_0(H_1 - h_1) \tag{5-5}$$

其中

$$a_0 = \frac{K'}{2K}$$

式中 K——当模数为λ时的第一类全椭圆积分，$\lambda = \mathrm{th}\left(\frac{\pi}{2}\frac{L}{2T_0}\right)$；

K'——当模数为λ'时的第一类全椭圆积分，$\lambda' = \sqrt{1-\lambda^2}$；

a_0值可由表5-1查出，求λ值时，需用B、T代L、T_0；

K_T——基岩表层渗透系数。

②当防渗墙底部嵌入基岩深度d_0较大时，即$d_0 > B$，可将底部基岩的绕流，视为单个不透水的悬挂板桩情况（见图5-12c），仍由H.H.巴甫洛夫斯基公式解答，q_{13}的计算同式(5-5)，但求a_0时，λ值需用下式计算：

$$\lambda = \sin\left(\frac{\pi}{2}\frac{d_0}{T}\right) \tag{5-6}$$

式中 d_0——防渗墙伸入基岩深度；

T——基岩表部透水层厚度。

由式(5-6)求出的λ值，仍可由表5-1查a_0值。

λ-a_0函数表 **表5-1**

λ	$a_0 = \frac{K'}{2K}$	λ	$a_0 = \frac{K'}{2K}$	λ	$a_0 = \frac{K'}{2K}$	λ	$a_0 = \frac{K'}{2K}$	λ	$a_0 = \frac{K'}{2K}$
0.00	∞	0.224	0.913994	0.447	0.680035	0.592	0.575457	0.707	0.500000
0.0^5100	4.838865	0.245	0.884144	0.458	0.671312	0.600	0.569841	0.714	0.495450
0.0^53162	4.472430	0.265	0.858769	0.469	0.662940	0.608	0.564333	0.721	0.490940

续表

λ	$a_0 = \frac{K'}{2K}$	λ	$a_0 = \frac{K'}{2K}$	λ	$a_0 = \frac{K'}{2K}$	λ	$a_0 = \frac{K'}{2K}$	λ	$a_0 = \frac{K'}{2K}$
$0.0^{4}1$	4.424269	0.283	0.836669	0.479	0.654887	0.616	0.558927	0.728	0.486464
$0.0^{4}3162$	3.739489	0.300	0.817068	0.490	0.647126	0.624	0.553617	0.735	0.481995
$0.0^{3}1$	3.373022	0.316	0.799437	0.500	0.639630	0.632	0.548395	0.742	0.477608
$0.0^{3}3162$	3.006542	0.332	0.783397	0.510	0.632379	0.640	0.543257	0.748	0.473220
$0.0^{2}1$	2.640083	0.346	0.768670	0.520	0.625352	0.648	0.538198	0.755	0.468856
$0.0^{2}3162$	2.273606	0.360	0.755044	0.529	0.618532	0.656	0.533212	0.762	0.464512
0.01	1.907137	0.374	0.742355	0.539	0.611904	0.663	0.528294	0.768	0.460186
0.031623	1.540595	0.387	0.730471	0.548	0.605454	0.676	0.523441	0.775	0.455875
0.100	1.173408	0.400	0.719287	0.557	0.599168	0.678	0.518648	0.781	0.451575
0.141	1.062284	0.412	0.708718	0.566	0.593035	0.686	0.513911	0.787	0.447285
0.173	0.996940	0.424	0.698691	0.574	0.587046	0.693	0.509226	0.794	0.443000
0.200	0.950335	0.436	0.689147	0.583	0.581189	0.700	0.504590	0.800	0.438718

（4）通过下游坝体的渗流量：

$$q_{12} = \frac{K_2(h_1^2 - H_2^2)}{2L} \tag{5-7}$$

式中 L——下游棱体的有效渗径长度；

K_2——下游棱体的渗透系数。

（5）通过下游坝基的渗流量：

$$q_{12} = \frac{K_0(h_1 - H_2)}{L} T_0 \tag{5-8}$$

式中 K_0——下游坝基的渗透系数。

由渗流的连续条件得：

$$q_{11} + q_{12} + q_{13} = q_{11} + q_{12} \tag{5-9}$$

整理得心墙下游面残余水头的计算公式为

$$h_1 = \frac{1}{2}\left(\sqrt{A_1^2 + 4A_2 - A_1}\right) \tag{5-10}$$

其中

$$A_1 = \frac{2SL}{K_1 L + K_2 S}\left(u_0 + \frac{K_B T_0}{B} + \frac{K_0 T_0}{L}\right)$$

$$A_2 = \frac{2SL}{K_1 L + K_2 S}\left(\frac{K_1 H_1^2}{2S} + \frac{K_B T_0 H_1}{B} + a_3 H_1 + \frac{K_2 H_2^2}{2L} + \frac{K_0 T_0 H_2}{L}\right) \tag{5-11}$$

下游坝基的平均坡降为

$$J = \frac{h_1 - H_2}{L} \tag{5-12}$$

坝体单宽总渗漏量为

$$q = q_{11} + q_{12} + q_{13} \tag{5-13}$$

或

$$q = q_{11} + q_{12}$$

防渗墙承担水头为

$$H = H_1 - h_1 \tag{5-14}$$

利用式(5-9)的条件，可校核计算的成果有无错误。同样，坝体的总渗漏量可采取分成几段分别计算渗流量，再求总和的办法求得。

2）黏土斜墙—防渗墙式坝的渗流计算

（1）通过黏土斜墙的渗流量：

$$q_{11} = \frac{K_\delta}{2\delta \sin\theta}\left(H_1^2 - Z_0^2 - h_1^2\right) \tag{5-15}$$

式中 K_δ——黏土斜墙的渗透系数；

δ——黏土斜墙的平均厚度（m）；

h_1——斜墙下游边的剩余水头（m）。

（2）通过防渗墙的渗流量，同式(5-4)。

（3）通过基岩表层的渗流量，同式(5-5)。

（4）通过坝体的渗流量：

$$q_{11} = \frac{K_1\left(h_1^2 - H_2^2\right)}{2(L - mh_1)} \tag{5-16}$$

式中 K_1——坝体渗透系数；

m——边坡系数，$m = \frac{1}{\tan\theta}$。

（5）通过坝基的渗流量：

$$q_{12} = \frac{K_0(h_1 - H_2)}{L - mh_1} - T_0 \tag{5-17}$$

式中 K_0——坝基的渗透系数。

根据渗流连续条件 $q_{11} + q_{12} + q_{13} = q_{11} + q_{12}$

整理得

$$-D_1h_1^3 + D_2h_1^2 + D_3h_1 = D_4 \tag{5-18}$$

其中

$$D_1 = 2mBK_\delta$$

$$D_2 = 2B(K_\delta + K_1\delta\sin\theta) - D_5D_6$$

$$D_3 = D_1\left(H_1^2 - Z_0^2\right) + D_5D_6H_1 + D_7(K_BT_0 + 2Ba_0) + 4\delta BK_0T_0\sin\theta$$

$$D_4 = 2D_6D_7H_1 + 2BK_\delta L\left(H_1^2 - Z_0^2\right) + 2B\delta\sin\theta\left(K_1H_2^2 + 2K_0T_0H_2\right)$$

$$D_5 = 4m\delta\sin\theta$$

$$D_6 = K_BT_0 - Ba_0$$

$$D_7 = 2\delta\sin\theta$$

坝基平均的渗透坡降：

$$J = \frac{h_1 - H_1}{l - mH_1} \tag{5-19}$$

防渗墙承担水头：

$$H = H_1 - h_1 \tag{5-20}$$

单宽总渗流量：

$$q = q_{11} + q_{12} + q_{13} \tag{5-21}$$

或　$$q = q_{11} + q_{12}$$

利用式(5-9)的条件，可校核计算的成果有无错误。

式(5-18)可用图解法求解（见图 5-13b）。即先计算出D_4，然后假定不同的h_1求$f(h_1)$并绘出h_1-$f(h_1)$曲线。根据已经求出的D_1即可从曲线上求出所需要的h_1来。

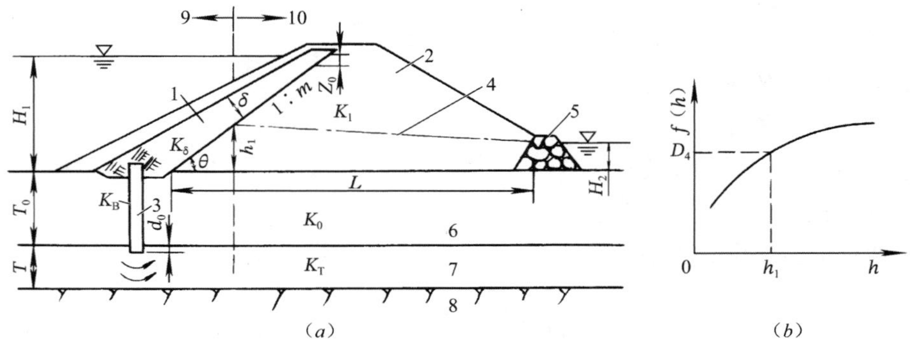

图 5-13　黏土斜墙-防渗墙

1—斜墙；2—坝体；3—防渗墙；4—浸润线；5—排水棱体；6—砂砾层；7—基岩透水层；8—不透水层；9—第Ⅰ段；10—第Ⅱ段

3）黏土斜墙、铺盖-防渗墙式土坝的渗流计算

黏土斜墙、铺盖-防渗墙式坝，也是工程上常见的一种布置形式，防渗墙一般布置在铺盖首端之下，如图 5-14 所示。

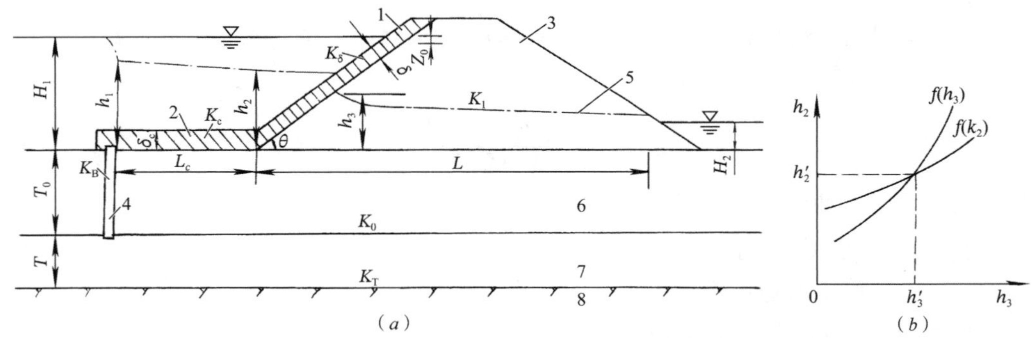

图 5-14　黏土斜墙、铺盖-防渗墙式坝

1—斜墙；2—铺盖；3—坝体；4—防渗墙；5—浸润线；6—砂砾层；7—基岩透水层；8—不透水层

渗流计算时，以防渗墙后、铺盖末端以及斜墙后为分界面，将坝体分为四段，未知残余水头用h_1、h_2、h_3表示，通过各部分的渗流量分别计算如下。

（1）通过防渗墙及基岩绕渗流量：

$$q_1 = \frac{K_B(H_1 - h_1)}{B} T_0 + K_{Ta_0}(H_1 - h_1) \tag{5-22}$$

式中　H_1——坝上游水位（m）；

h_1——防渗墙后残余水头（m）；

B——防渗墙厚度（m）；

T_0——坝基透水层厚度（m）；

K_B、K_T——防渗墙及基岩表层渗透系数；

a_0——根据图 5-12（b）、图 5-12（c），参照式(5-22)计算。

（2）通过铺盖渗流量。铺盖下渗流量是变化的，其值由铺盖首端为零累积至末端为最大。近似计算时，对于与斜墙相连的短铺盖，可由下式表示：

$$q_0 = \frac{K_c L_c}{\delta_c}\left[H_1 - \frac{1}{2}(h_1 + h_2)\right] \tag{5-23}$$

式中　K_c——铺盖的渗透系数；

L_c——铺盖长度；

δ_c——铺盖的平均厚度；

h_2——铺盖末端残余水头。

（3）通过铺盖下坝基的渗流量：

$$q_1 = \frac{K_0(h_1 - h_2)}{L_1} T_0 \tag{5-24}$$

式中　K_0——坝基冲积层渗透系数。

（4）通过斜墙渗流量：

$$q_\delta = \frac{K_\delta\left(H_1^2 - h_3^2 - Z_0^2\right)}{2\delta \sin\theta} \tag{5-25}$$

式中　K_δ——黏土斜墙渗透系数；

δ——黏土斜墙平均厚度；

H_1——上游水位；

h_3——斜墙下游边残余水头；$Z_0 = \delta\cos\theta$，θ为斜墙下游边与水平面夹角。

（5）通过斜墙下坝基渗流量：

$$q_s = \frac{K_0(h_2 - h_3)T_0}{mh_3} \tag{5-26}$$

式中　K_0——坝基冲积层渗透系数；

T_0——坝基冲积层厚度；

m——斜墙下游边坡度。

（6）通过坝体和坝基渗流量：

$$q_{1v} = \frac{K_1\left(h_3^2 - H_2^2\right)}{2(L - mh_3)} + \frac{K_v(h_3 - H_2)T_0}{L - mh_3} \tag{5-27}$$

式中　K_1——坝体渗透系数；

H_2——下游水位；

L——坝体有效渗径。

由渗流连续条件得

$$q_1 = q_1$$

$$q_c + q_{\mathrm{I}} = q_{\mathrm{II}}$$

$$q_3 + q_{\mathrm{II}} = q_{\mathrm{IV}}$$

由此得

$$q = q_1 + q_c + q_3 = q_{\mathrm{IV}} \tag{5-28}$$

整理后，得下述方程组：

$$(n_1 + n_2)h_1 - n_2 h_2 - n_1 H_1 = 0 \tag{5-29}$$

$$(n_2 - n_3)h_1 - (n_2 + n_3)h_2 - n_4 \frac{h_2}{h_3} + 2n_d H_1 + n_9 = 0 \tag{5-30}$$

$$n_9 \frac{h_2}{h_3} - (n_{10} + n_{11})h_3^2 - n_{12} h_3 + n_{13} = 0 \tag{5-31}$$

$$n_1 = \frac{K_B T_0}{B} + K_T a_0$$

$$n_2 = \frac{K_0 T_0}{L_c}$$

$$n_3 = \frac{K_c L_c}{2\delta_c}$$

$$n_9 = \frac{K_0 T_0}{m}$$

$$n_{10} = \frac{K_\delta}{2\delta \sin \sin \theta}$$

$$n_{11} = \frac{K_1}{2(L - mh_3)}$$

$$n_{12} = \frac{K_0 T_0}{L - mh_3}$$

其中

$$n_{13} = (n_{11} H_2 + n_{12})H_2 + n_{10}(H_1^2 - Z_0^2) - n_9$$

由式(5-29)得

$$h_1 = \frac{n_3}{n_1 + n_2} h_2 + \frac{n_1 H_1}{n_1 + n_2} \tag{5-32}$$

将式(5-32)代入式(5-30)得

$$n_{14} h_2 - n_9 \frac{h_2}{h_3} + n_{15} = 0 \tag{5-33}$$

其中

$$n_{14} = \frac{n_2(n_2 - n_3)}{n_1 + n_2} - (n_2 + n_3)$$

$$n_{14} = \frac{n_1(n_2 - n_3)H_1}{n_1 + n_2} + 2n_3 H_1 - n_9$$

用式(5-31)、式(5-33)、式(5-31)三式，便可分别解出未知数h_1、h_2、h_3。计算的步骤是先假定不同的h_3值，计算n_1～n_3及n_9～n_{14}诸系数，计算时须注意n_{11}、n_{12}也含有未知数h_3。由式(5-33)及式(5-31)可解出相应的h_2值并作两条相关曲线（同图 5-14*b*），曲线相交点的纵横坐标，即为所求的h_2、h_3值。将h_2值代入式(5-32)可求出h_1，利用式(5-28)或式(5-26)可求出单宽总渗流量。

防渗墙承担的水头为

$$H = H_1 - h_1 \tag{5-34}$$

下游坝基平均水力坡降为

$$J = \frac{h_3 - H_2}{L - mH_3} \tag{5-35}$$

2. 平原水闸和堤坝中的防渗墙

在很多平原地区的水闸和堤坝工程中，采用防渗墙作为防渗结构。这些工程的不透水层有时是很深的，其防渗墙多做成悬挂式的。这里我向读者推荐南京水利科学研究院最近推出的计算方法，他们在以往研究的基础上，对悬挂式有缝板桩渗透计算方法进行了研究，根据三向电算和电拟试验结果，由回归分析得到了悬挂式有缝板阻力系数的近似公式，为复杂地下轮廓线的近似渗流计算增加了一条途径。同时推导出了计算悬挂式无缝板桩阻力系数公式，用该公式的计算结果与数值计算、改进阻力系数法的近似计算结果相比较，结果尚为满意，可供设计、施工人员参考使用。

1）平底板下一道板桩的渗流近似解

（1）板桩无缝时。有缝板桩插入不透水层时流量和水头公式分别由复变函数保角变换求出，即

$$\frac{q}{KH}=\frac{1}{\frac{L}{b}+\frac{D}{m}+\frac{1}{\pi}\ln-\frac{2V}{1-\frac{\cos\pi m}{2b}}} \tag{5-36}$$

式中 q——通过板桩缝隙的单宽流量；

K——土体的渗透系数；

H——上下游水头差；

L——进出水段离板桩的距离；

b——板桩宽与缝隙宽之和的一半；

D——板桩厚度；

m——缝隙宽。

$$h=\frac{q}{2bk}\left(-y+L+\frac{2b}{\pi}\ln\frac{e^{\frac{\pi}{b}y}+1}{e^{\frac{\pi}{b}L}+1}\right)+H_1 \tag{5-37}$$

式中 h——底板下沿程水头；

H_1——上游水头。

无缝板桩的边界条件与图5-15完全一样，这样可借用式(5-36)、式(5-37)计算悬挂式无缝板桩渗流量和闸底板沿程水头分布。只要用$2q$、$(L_1+L_2)/2$、T、$2(T-S)$分别代替式(5-36)中的q、L、b、m即可得到流量公式。化简，得

$$\frac{q}{KH}=\frac{1}{\frac{L_1+L_2}{T}+\frac{D}{T-S}-\frac{4}{\pi}\ln\cos\left(\frac{\pi S}{2T}\right)} \tag{5-38}$$

式中 L_1、L_2、T、S——符号说明见图5-15。

同样用$2q$、L_i、H_i、T、$\pm X-(D/2)$分别代替式(5-37)中的q、L、b、H、y即可得到沿底板水头分布方程：

$$h=\frac{\pm q}{KT}\left[-\left(\pm x-\frac{D}{2}\right)+L_i+\frac{2T}{\pi}\ln\frac{e^{\frac{\pi}{T}\left(\pm x-\frac{D}{2}\right)}+1}{e^{\frac{\pi}{T}L_i}+1}\right]+H_i \tag{5-39}$$

$$|x| \geqslant \frac{D}{2}$$

式中　　x——正值时，正负号取上面，$i=2$；

x——负值时，正负号取下面，$i=1$；

$L_i(i=1,2)$、T、$H_i(i=1,2)$、x——符号说明见图 5-15。

（2）板桩有缝时。由于板桩不是一个整体，而是由许多板桩块组成，如图 5-16 所示。如果考虑板桩块之间缝隙的大小，则流过板桩的水头损失主要是通过板桩下面的绕渗以及通过板缝时流线收缩而产生的。

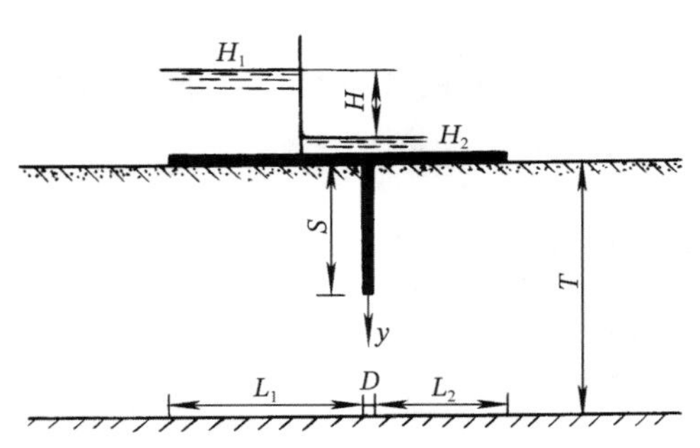

图 5-15　有限深平底板下一道无缝板桩的渗流

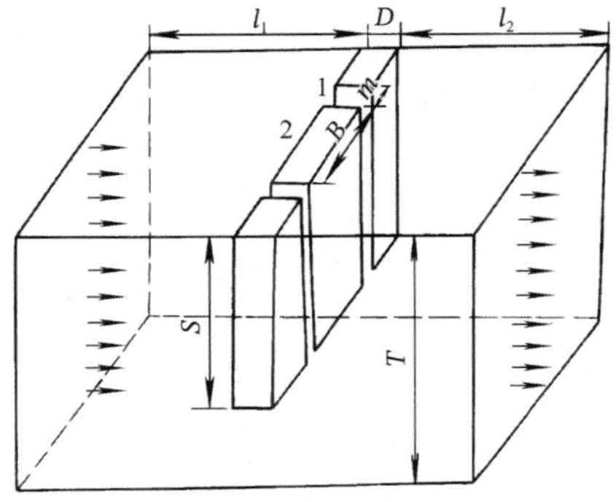

图 5-16　有限深平板底下一道有缝板桩的流量

根据电算、电拟试验资料分析，并参考无缝悬挂式板桩流量公式和深达不透水层有缝板桩流量公式，可以看出，渗流量与板桩到进、出口段的相对距离L_1/T、L_2/T、贯入度S/T、相对缝宽m/T、相对板桩厚度D/T有关，并且与贯入度S/T呈对数函数变化。

对图 5-16 所示的流动图形，改变m/B、D/T、S/T的值，求得了 36 组电算和 4 组电拟试验数据，见表 5-2。

电算、电拟试验数据汇总表　　**表 5-2**

m/B	S/T	$D/T=0.05$			$D/T=0.10$				$D/T=0.25$		
		电算值		式(5-46)	电算值		式(5-46)	电拟值	电算值		式(5-46)
		q/KH	ζ_y'	ζ_y'	q/KH	ζ_y'	ζ_y'	q/kH	q/kH	ζ_y'	ζ_y'
0.04	0.2	0.1528	0.095	0.096	0.1527	0.150	0.154	—	0.1520	0.329	0.332
	0.4	0.1512	0.164	0.164	0.1503	0.255	0.253	—	0.1477	0.519	0.520
	0.6	0.1481	0.301	0.299	0.1460	0.449	0.446	—	0.1400	0.893	0.891
	0.8	0.1424	0.572	0.570	0.1381	0.839	0.836	—	0.1267	1.645	1.637
0.02	0.2	0.1527	0.100	0.099	0.1525	0.156	0.158	0.153	0.1519	0.335	0.335
	0.4	0.1509	0.175	0.178	0.1500	0.267	0.266	0.150	0.1475	0.531	0.534
	0.6	0.1473	0.337	0.333	0.1453	0.481	0.480	0.147	0.1393	0.927	0.924
	0.8	0.1409	0.646	0.645	0.1367	0.917	0.911	0.137	0.1256	1.712	1.712
0.01	0.2	0.1527	0.100	0.102	0.1524	0.162	0.161	—	0.1517	0.341	0.338
	0.4	0.1505	0.193	0.191	0.1497	0.279	0.280	—	0.1472	0.543	0.547
	0.6	0.1467	0.368	0.367	0.1447	0.512	0.314	—	0.1387	0.962	0.958
	0.8	0.1395	0.720	0.720	0.1355	0.082	0.986	—	0.1245	1.780	1.787

注：电算值ζ_y'与通过式(5-46)计算值的误差小于 2%，电拟试验值$q(kH)$与电算值$q/(kH)$的误差小于 2%。

通过平底板下一道板桩的渗流量可写成

$$\frac{q}{KH}=\frac{1}{\frac{L_0}{T}+\frac{L_2}{T}+\zeta_y'} \tag{5-40}$$

式中　ζ_y'——通过有缝板桩的阻力系数，计算式为

$$\zeta_y'=\zeta_y'(S/T,m/B,D/T) \tag{5-41}$$

图 5-17 所示可认为是近似交于三个点的三组放射线，其方程为

$$\zeta_y'=K\left(-\ln\cos\frac{\pi S}{2T}\right)+\zeta_1 \tag{5-42}$$

K、ζ_1可通过查图 5-17 中ζ_y'曲线束确定。截距ζ_1与D/T的关系为图 5-18 的一条直线，其方程为

$$\zeta_1=0.994\frac{D}{T}+0.025 \tag{5-43}$$

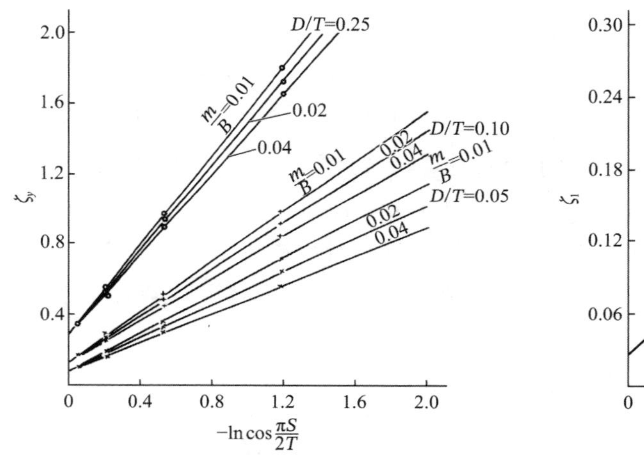

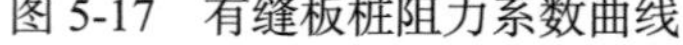
图 5-17　有缝板桩阻力系数曲线

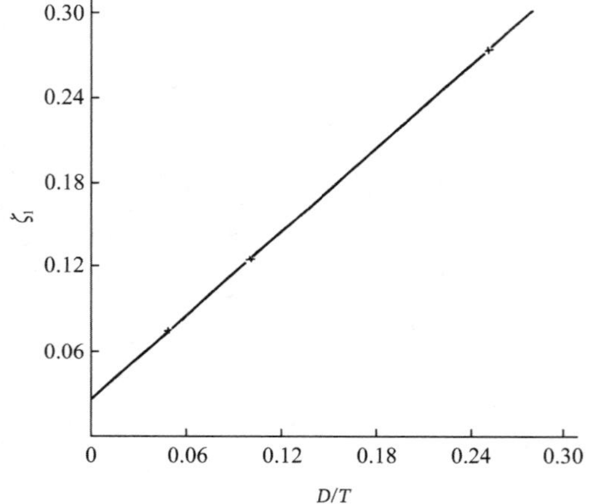

图 5-18　ζ_1-D/T关系曲线

斜率K与D/T的关系曲线如图 5-19 所示，曲线为一平行束，其方程为

$$K=3.696\frac{D}{T}+K_1 \tag{5-44}$$

$K_1-\ln(m/B)$的关系为一直线，见图 5-20，其方程为

$$K_1=0.092\left(-\ln\frac{\pi}{B}\right)-0.059 \tag{5-45}$$

将式(5-43)～式(5-45)代入式(5-42)，得到

$$\zeta_y'=\left(0.059-3.696\frac{D}{T}+0.092\ln\frac{m}{B}\right)\ln\cos\frac{\pi}{2}\frac{S}{T}+0.994\frac{D}{T}+0.025 \tag{5-46}$$

式(5-46)为悬挂式有缝板桩的阻力系数计算公式，用该公式计算出的阻力系数与电算值和电拟试验值相比较，相对误差小于 2%，其结果见表 5-2。

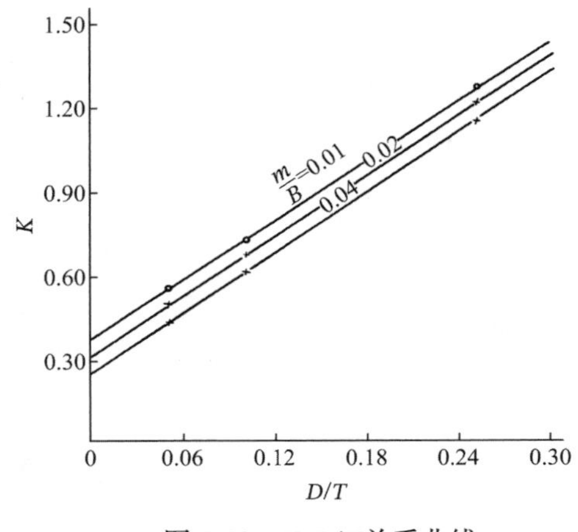

图 5-19　K-D/T关系曲线

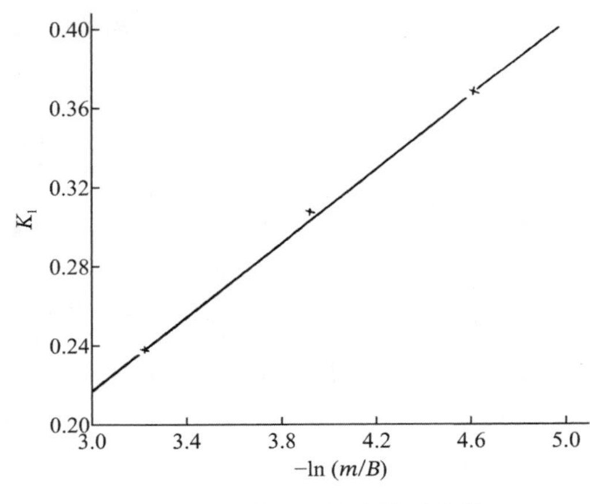

图 5-20　K_1-$\ln(m/B)$关系曲线

2）绕板桩渗流的阻力系数

（1）板桩无缝时

由公式(5-38)可知，通过板桩段的阻力系数为

$$\zeta_y = \frac{D}{T-S} - \frac{4}{\pi}\ln\cos\left(\frac{\pi}{2}\frac{S}{T}\right) \tag{5-47}$$

式中　ζ_y——通过无缝板桩的阻力系数。

（2）板桩有缝时

式(5-46)为悬挂式有缝板桩的阻力系数计算公式，由于一般情况下，$D/T \leqslant 1$，$\cos\left(\frac{\pi}{2}\frac{S}{T}\right) \leqslant 1$，因此得

$$\left(0.059 - 3.696\frac{D}{T}\right)\ln\cos\frac{\pi}{2}\frac{S}{T} + 0.994\frac{D}{T} + 0.025 = \frac{D}{T}$$

则式(5-46)可写成

$$\zeta_y' = 0.092\ln\frac{m}{B}\ln\cos\frac{\pi}{2}\frac{S}{T} + \frac{D}{T}$$

如果板桩前后地基深度不同，则ζ_y'可写成

$$\zeta_{y1}' = \left(0.03 - 1.848\frac{D}{T_1} + 0.046\ln\frac{m}{B}\right)\ln\cos\frac{\pi}{2}\frac{S_1}{T_1} + 0.497\frac{D}{T_1} + 0.013 \tag{5-48}$$

或

$$\zeta_y' = 0.046\ln\frac{m}{B}\ln\cos\frac{\pi}{2}\frac{S_1}{T_1} + \frac{D}{2T_1} \tag{5-49}$$

以上式中，$i = 1$，2；

ζ_{y1}、ζ_{y2}、S_1、S_2、T_1、T_2分别为板桩前后的阻力系数、板桩长度和地基深度。

3）复杂地下轮廓线的解法

对于复杂地下轮廓线的地基，采用分段法。对某段而言，求出该段的阻力系数，然后求出流量和沿底板某些关键点的水头值，阻力系数求解分为三个基本段，如图 5-21 所示。其阻力系数值为

进、出口段：

$$\zeta_0 = 1.5\left(\frac{S}{T}\right)^{3/2} + 0.44 \tag{5-50}$$

内部垂直段：

$$\zeta_y = -\frac{2}{\pi}\mathrm{lncos}\frac{\pi}{2}\frac{S}{T} + \frac{D}{2(T-S)} \tag{5-51}$$

$$\zeta_y' = 0.046\ln\frac{m}{B}\mathrm{lncos}\frac{\pi}{2}\frac{S}{T} + \frac{D}{2T} \tag{5-52}$$

水平段：

$$\zeta_x = \frac{L}{T} - 0.5\left[\left(\frac{S_1}{T}\right)^{2.3} + \left(\frac{S_2}{T}\right)^{2.3}\right] \tag{5-53}$$

当水平段的底板倾斜时，其阻力系数为

$$\zeta_s = \frac{L}{T_2 - T_1}\ln\frac{T_2}{T_1} \tag{5-54}$$

以上式中 T——大值一端地基深度。

这样，任意段的水头损失为 $h_1 = \zeta\left(\frac{q}{K}\right) = \sum\zeta_i\frac{H}{\sum\zeta}$ (5-55)

单宽流量为 $q/K = H\sum\zeta$ (5-56)

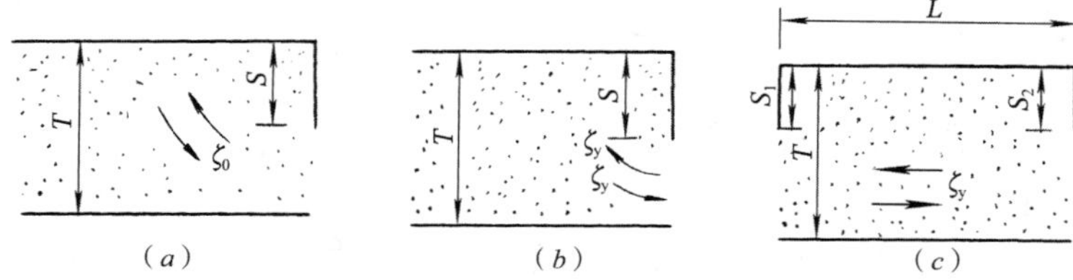

图 5-21 三个基本段示意图

（a）进、出口段；（b）内部垂直段；（c）水平段

当进、出口段板桩或截水墙很短时，该处水力坡线将呈急变曲线形式，此时计算结果应加以修正，只是水平段上水头损失不需修正。

经过引用某引洪闸算例，当板桩无缝时，将本节阻力系数公式计算结果与有限单元电算法和改进阻力系数法计算结果相比，各关键点水头值非常一致，误差在3%以内，而渗流量计算结果更较其他方法接近电算值。当板桩有缝时，缝隙宽与板桩宽之比$m/B = 1/25$时的计算结果，板桩后扬压力水头增加9.6%（有限单元法电算为9.8%），这是运用其他方法还不能可靠计算的。

4）结论

（1）悬挂式无缝板桩的阻力系数表达式为

$$\zeta_y = -\frac{2}{\pi}\mathrm{lncos}\frac{\pi}{2}\frac{S}{T} + \frac{D}{2(T-S)} \tag{5-57}$$

悬挂式有缝板桩的阻力系数表达式为

$$\zeta_y' = 0.046\ln\frac{m}{B}\cdot\mathrm{lncos}\frac{\pi}{2}\frac{S}{T} + \frac{D}{2T} \tag{5-58}$$

（2）复杂地下轮廓线近似计算时，水平段和垂直段的阻力系数建议用式(5-51)～式(5-53)计算，这些公式计算较精确，而且物理概念明确。

（3）如果板桩缝呈曲线和折线形，且缝宽均匀，只要将缝隙的长度代替本公式中的板桩厚度D即可。

5.4.2　防渗墙的渗透稳定分析

这里我们来谈谈防渗墙的允许水力梯度和耐久性问题。

1. 防渗墙的允许水力梯度（坡降）

这是防渗墙设计中的一个重要指标。从国内外已建成的黏土混凝土防渗墙工程来看，几个水力梯度最大的防渗墙为：

希腊的肯特朗水库，$J = 90$。

中国的明山水库（1957 年），$J = 90$；

月子口水库（1958 年），$J = 65$；

密云水库（1960 年），$J = 80$；

毛家村水库（1962 年），$J = 83$；

小浪底水库（1993 年），$J = 92$。

如果考虑防渗墙两侧的泥皮和墙体联合作用的话，其抗渗性能将大大提高。一般认为由于墙体两侧泥皮的存在，可使防渗墙的抗渗级别提高 1～2 级。

塑性混凝土中的水泥用量较少，而黏土用量增加较多，它的抗渗能力低于黏土混凝土。从国内外已建塑性混凝土防渗墙资料来看，它的渗透系数可达 10^{-7}cm/s，而黏土混凝土的渗透系数一般小于 10^{-8}cm/s。国外几个水力梯度较大的塑性混凝土防渗墙为：

智利的科尔文主坝，$J = 95$；

康文托·维约坝，$J = 44$。

法国的维尔尼坝，$J = 32$。

英国的巴尔德赫德坝，$J = 77$。

可以看出，两种混凝土的最大水力梯度相差无几。为安全计，塑性混凝土的允许最大水力梯度可取黏土混凝土的允许水力梯度的 75%左右，即可采用 70。

表 5-3 列出了混凝土结构的水力梯度参考值。

混凝土结构物水力梯度参考表　　**表 5-3**

序号	构件种类和工作状态	抗渗等级	水力梯度I
1	渠道混凝土衬砌	—	18～45
2	引水隧洞	—	10～70
3	堆石坝钢筋混凝土板（墙）	—	100～200
4	混凝土薄板	—	500
5	预应力钢筋混凝+高压水管	—	1000
6	非大体积混凝土（$L < 2$m）	P7	< 50
		P8～P9	50～200
		P10	> 200
7	混凝土试块（15cm × 15cm × 15cm）	P2	133
		P4	266
		P8	533
8	水泥灌浆帷幕	—	10～25

2. 防渗墙的耐久性问题

防渗墙的耐久性问题归根到底就是其墙体材料抵抗渗透水化学溶蚀能力的问题。

渗透水穿过墙体内的原生或次生微裂隙，淋溶混凝土中的游离氧化钙（CaO）等并将其带出到墙体外，使墙体酥松而失去原有的抗渗能力，导致墙体破坏。如果混凝土中水泥用量较多，在固化过程中会产生收缩，从而造成墙体内的原生微裂隙。墙体在外荷载作用下产生变形，这是墙体内次生微裂隙的主要根源。

塑性混凝土中水泥用量少，墙体柔性大，墙体内原生和次生微裂隙产生的可能性和数量比黏土混凝土要小得多，并且其裂隙自愈能力也比黏土混凝土强得多。因此，可以认为塑性混凝土的耐久性至少不会低于黏土混凝土。当然，这有待于今后进一步的试验研究工作来证实。日本的研究资料显示，龄期为 2.5 年的塑性混凝土，在电子显微镜下没有发现可溶性 $Ca(OH)_2$ 和蒙脱石的存在。X 射线衍射试验结果也证明了这一点。也没有发现未水化的 C^2S 和 C^3S。这说明，在塑性混凝土中没有发现有损于其耐久性的因素存在。

下面说明一下如何采用化学溶蚀法来进行防渗墙的抗溶蚀计算。

所谓化学溶蚀法也就是根据混凝土中的氧化钙（CaO）被渗透水淋溶而使强度降低 50%所需时间来选定墙厚的方法。此法适用于水泥用量较大的混凝土、黏土混凝土和塑性混凝土防渗墙工程中。苏联的梯比利斯建筑及水能研究所给出了计算上述时间的公式：

$$T = \frac{aCL^2}{K\beta H} = \frac{aCL}{\beta JK} \tag{5-59}$$

式中 T——强度损失 50%所需要的时间（a）；

L——墙厚（m），渗径长度；

H——水头差（m）；

J——比降，$J = H/L$；

K——渗透系数（m/a）；

C——水泥用量（kg/m^3）；

a——使强度减低 50%时，淋洗石灰（CaO）所需的水量，可取$a = 1.54$～$2.2m^3/kg$（水泥）；

β——安全系数，$\beta = 8$～20。

混凝土的透水程度用K_{15}来表示，它与 3d 末渗透系数的关系为$K_{15} = 0.3K_3$，而一年龄期的渗透系数$K = 0.06K_3$。

由上式求得的T值应小于允许使用年限（通常为 50 年）。

昆明水电勘测设计院根据室内试验资料，提出了以下公式：

$$T = 0.25\alpha \frac{VC}{Q(M - M_0)} \tag{5-60}$$

式中 α——胶凝材料中氧化钙总含量，对于矿渣水泥，可取$\alpha = 53.3\%$；

C——每立方米混凝土中的水泥用量（kg/m^3）；

V——防渗墙受水面上每平方米混凝土的体积（m^3）；

M——渗出液中氧化钙浓度（kg/m^3）；

M_0——试验水或环境水中氧化钙浓度（kg/m^3）；

Q——单位透水面积中一年内透水量（m^3/a），$Q = KAJt$；

K——渗透系数（m/a）；

A——面积（m^2）；

J——比降；

t——时间（a）。

上面介绍的是传统的分析方法。过去常常顾虑混凝土中的氢氧化钙会被渗水溶解而冲蚀，使混凝土墙体疏松而丧失防渗能力。但是当代很多混凝土面板的渗流（透）坡降已达 200 左右，也认为是安全的。

德国的 H.贝伊尔等人曾研究防渗墙抵抗内部溶蚀的能力问题，并给出了以下各种防渗墙的极限水力坡降$J_{极}$：

板桩防渗墙，$J_{极}=200$；

塑性混凝土防渗墙，$J_{极}=300$；

自硬泥浆防渗墙，$J_{极}=100$。

如果实际水力坡降超过上述极限值，防渗墙才会受到浸蚀而发生破坏。他建议安全系数可采用 2。实际工程采用的允许坡降比这小得多。

可以认为，我国大量应用的施工质量良好的黏土混凝土防渗墙在渗透稳定方面是足够安全的。

5.4.3　防渗墙的结构计算

1. 混凝土和黏土混凝土防渗墙

根据许多防渗墙的实际观测结果分析，防渗墙的实际受力状态与理论分析结果相差很大，主要原因是：

（1）长期以来防渗墙的理论分析大都采用文克尔假定的弹性地基梁等简化方法，后来又大量采用有限元分析方法。由于计算假定和材料的物理力学指标选择与实际状况出入很大，所以其计算结果很难与实际运行状况一致。

（2）黏土混凝土中水泥用量大，其墙体材料的变形模量虽然比同样强度的普通混凝土低一些，但仍然是偏高的，约为$(15\sim18)\times10^4$MPa，大约是砂砾石地基的变形模量（约为 100～300MPa）的 100～200 倍。在外荷载的作用下，地基的沉陷变形大大超过防渗墙的变形，产生了很大的差异沉降，在墙体内产生了很大的压应力。从表面看，为了满足防渗墙的强度要求，就必须提高强度等级；由此也同时提高了变形模量，使其柔性更低，更不利抵抗很大的变形。

近 20 年来，通过防渗墙的原型观测分析，现已基本了解了防渗墙实际承受的主要荷载。

（1）作用在墙顶上的竖向土压力，其大小与墙顶的结构设计有关。例如我国碧口坝防渗墙顶部的竖向荷载约为墙顶上土柱重量的 2 倍；而加拿大马尼克 3 号坝防渗墙顶部的廊道上部设置了塑性垫层，实测廊道顶部承受的竖向荷载仅为其上土柱重量的 0.6 倍（图 5-22）。

（2）防渗墙侧面受到很大的摩擦力作用，这是防渗墙及其两侧的坝基覆盖层在坝体荷载作用下，产生了很大的差异沉降（沉降差）而造成的。摩擦力的方向取决于两侧土体与墙的相对沉陷方向。在墙的中上部，两侧土体比墙的沉陷大，对墙面的摩擦力向下；在墙的下部，由于墙底淤积物的固结压缩，墙比两侧土体沉陷大，对墙面的摩擦力向上。按静态土压力计算的摩擦系数值与墙和两侧土体之间的相对沉陷差有关。例如，碧口坝（先建防渗墙，后建土坝）的沉陷差很大，实测向下的摩擦系数为0.1（一说为0.025～0.08）；而栢林坝（先建土坝，后建防渗墙）的沉陷差较小，向下的摩擦系数为0.06。碧口坝深墙观测断面处墙深68.5m，大坝建成后在距墙底26m处的平均压应力最大，约11MPa，其中60%是摩擦力产生的，33%是墙顶土压力产生的，7%是墙体自重和渗透浮托力产生的。栢林防渗墙观测断面处墙深60m，距墙底8m处平均压应力最大为3.7MPa，相应各项比例为70%、5%、25%。其中，墙顶土压力所占比重很少，这是和土坝与防渗墙的施工顺序有关系的。马尼克3号坝防渗墙受到的最大压力达25MPa，85%是由摩擦力产生的，摩擦系数为0.05～0.07。

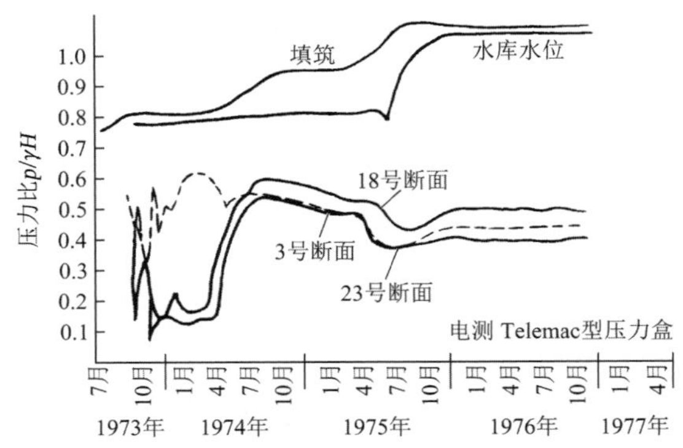

图5-22 廊道顶垂直荷载变化（马尼克3号坝防渗墙）

（3）防渗墙上游的水压力。

（4）侧向土压力。

在以上荷载的共同作用下，防渗墙产生压缩和主要指向下游的水平位移。实际观测也证明墙本身实际处在受压状态，从马尼克3号坝深防渗墙的应变观测以及图5-23的碧口坝深防渗墙钢筋应力计观测结果均可看出，几乎没有拉应力，或者说拉应力的数值和区域都是很有限的。而6只钢筋计测得的钢筋压应力均超过了250MPa。

碧口坝深墙（厚0.8m）墙顶向下游最大位移457mm，最大弯矩1550kN · m。墙的水平位移主要发生在土坝施工期，蓄水后相对较小。深墙水平位移主要发生在心墙区，河床砂砾石层则较小。在心墙壤土与河床砂砾石之间以及砂砾石与基岩之间的接触区附近的弯矩较大。栢林防渗墙下部向下游位移约10cm，上部在加高坝顶的土压力作用下向上游位移几厘米。在心墙与基岩接触区的弯矩最大，达200kN · m。

还要指出，在狭窄陡峭以及心墙的刚度较坝壳小得多的情况下，一定要考虑心墙的拱效应，才能正确得出防渗墙顶部的竖直荷载，这点是非常重要的。

还有些研究表明，防渗墙厚度增大，从墙的受力条件来看并不一定有利；薄墙的受力条件优于厚墙，它能增大摩擦力产生的压应力，改善墙的应力状况，所以趋向于建造薄墙。

通过上面的分析，可知以下两点应当引起我们的注意。

（1）以前防渗墙设计中常用的基于文克尔假定的计算方法不能反映墙体的实际变位和受力情况。实际观测证明，土坝、防渗墙和地基之间的关系是复杂的，受很多因素以及它们的不同组合的影响，诸如地形条件、坝体和墙体材料性能和施工程序等。

（2）以前设计中不考虑摩擦力（已经证明是防渗墙的主要荷载），造成防渗墙设计应力状态与实际状况不一致，由此产生以下不利后果：

①在高坝深墙情况下，如果不计摩擦力，算出的压应力很小，将会因降低对墙体抗压强度的要求而导致墙体被压碎。

②在高坝深墙情况下，如果不考虑摩擦力，势必使墙体承受的弯矩加大，为此可能需要在墙体内布设钢筋以抵抗拉应力；而实际上是不需要的。

③还有一点也应引起我们注意，那就是用冲击钻机建造地下防渗墙时，十字钻头的冲击刃对两侧砂砾石地基有约 2.5MPa 的水平挤压力，从而提高了地基抵抗外荷载和变形的能力。

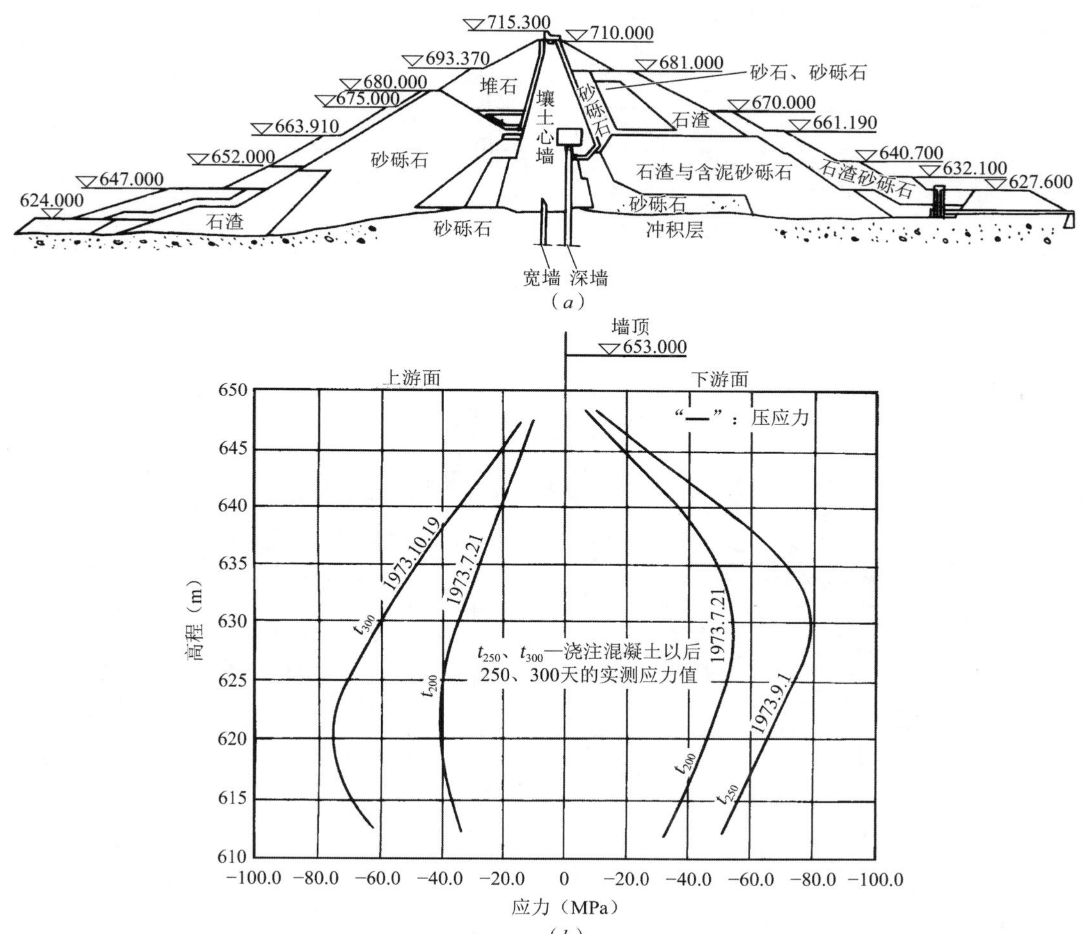

图 5-23　碧口坝深防渗墙应力分布

（a）最大横剖面；（b）实测钢筋应力及分布

2. 塑性混凝土防渗墙

国外从 1960 年代末到 1970 年代初，大规模地采用了一种低强度混凝土防渗墙，这种低强度等级混凝土就是塑性混凝土，也就是水泥用量大大减少的黏土混凝土。塑性混凝土的强度只有 0.5～4MPa，变形模量也只有 200～1500MPa，使墙体的柔性大为增加。

塑性混凝土的出现，促使防渗墙设计理论发生了一些变化：

（1）塑性混凝土防渗墙设计的主导思想就是使墙体和地基具有相同（近）的变形模量，这样就能避免或大大降低两者之间的不均匀沉降，使墙体承担的外荷载大大减少。计算结果表明，墙体和地基的变形模量之比在1～5之间时，效果比较理想。

（2）由于墙体变形模量小，柔性大，在外荷载作用下，墙体内产生的拉应力很小，甚至无拉应力出现。即使出现拉应力超过墙体材料极限而产生裂隙，其自愈能力也远胜于刚性混凝土防渗墙。所以，目前对防渗墙塑性混凝土的抗拉强度要求多是作为一种安全储备来考虑的。

（3）防渗墙柔性增加后，墙体材料强度必然降低，为保证在外荷载作用下墙体应力不致超载，防渗墙的结构设计也要进行一些改变。例如，必要的时候可在墙顶设置可压缩性黏土（膨润土）或其他柔性垫层（图5-24、图5-25）。

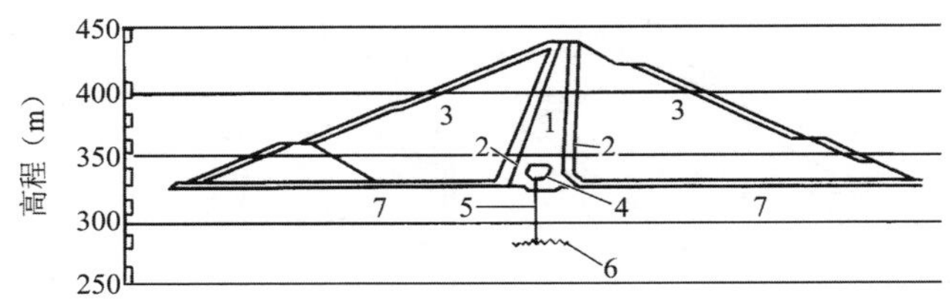

图5-24 智利科尔文主坝

1—心墙；2—过滤层；3—壳体；4—可压缩的黏土；5—防渗墙；6—基岩；7—冲积层

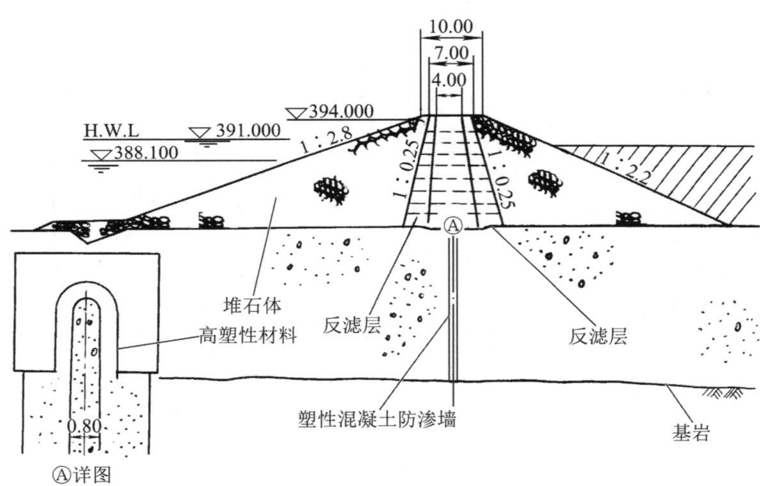

图5-25 日本只见水电工程

塑性混凝土防渗墙的计算可参考后面的有关内容。

5.5 防渗墙的厚度

5.5.1 防渗墙设计的基本要求

（1）墙体材料必须具有足够的抗渗性和耐久性。

（2）能满足各种强度和变形的要求。

（3）与周边的基岩、岸坡和坝体之间有可靠的连接措施。

5.5.2 影响防渗墙厚度的因素

防渗墙设计的一个主要内容，就是如何选择好合适的墙的厚度。主要影响因素有以下几个。

1. 渗透稳定条件

目前用两种方法来选择和核算防渗墙的厚度，即允许水力梯度（坡降）法和抗化学溶蚀法。

2. 强度和变形条件

根据第 5.4.3 节求出的内力（弯矩、剪力和轴向力），按偏心受压构件核算断面拉压应力是否能满足要求。当然这是针对刚性（塑性）防渗墙来说的，对于柔性防渗墙尚应注意它的变形是否能满足要求。

对于混凝土防渗墙来说，有些研究资料表明墙的厚度增大，并不一定有利，薄墙的受力状况反而优于厚墙，所以趋向于建造薄一些的防渗墙。

根据上面两个条件求出的墙厚是最小的墙厚。

3. 地质条件

地质条件对墙体厚度的影响，主要有以下几个方面：

（1）我们常常假定在外荷载作用下，防渗墙和地基共同起作用，此时地基的颗粒组成以及它们的物理力学特性指标对防渗墙的厚度肯定是有影响的。

（2）当地基中大漂石或孤石的含量太多时，太薄的防渗墙是极难施工的；太厚的防渗墙则会消耗大量的动力，也是很难施工的。

在软土地基中墙厚可小些，太厚的防渗墙则可能出现槽孔坍塌。

（3）当需要处理的地基很深时，太薄的墙则无法保证底部墙体连续。

4. 施工条件

就像各种机器一样，地下防渗墙施工机械也都有它自己工作效率最高的运行状态。这就要求我们在设计防渗墙厚度的时候，必须考虑现有的造孔机械在厚度和深度方面的适用范围。比如高压喷射（定、摆喷）机可以建造 10～200cm 的薄防渗墙；锯槽机、射水法成墙机可建造 20～40cm 的墙；冲击钻机可建造 60～120cm 的墙；液压抓斗可建造 0.5～2.0m 的防渗墙；再厚的墙则需要双轮铣槽机才能完成。

此外，各种钻机在造孔过程中，都会出现偏斜，并且随着孔深增大而加大，那会使墙底有效厚度变薄，而不能满足设计要求。

5. 墙体材料

很显然，不同的墙体材料，它们能够承受的荷载以及抵抗变形和渗透的能力是各不相同的；在承受相同水头的情况下，墙体厚度也是不同的。

6. 墙体薄弱部位

由于防渗墙是在水（泥浆）下建造的，容易在墙体中或其周边形成一些薄弱部位，会使墙的有效厚度减少。

（1）墙体接缝。二期槽孔浇注前，对混凝土孔壁上的泥皮没有刷洗干净；或者在浇注过程中，孔底的淤积物或槽孔混凝土顶面上的淤泥被推挤到两端接缝部位，使墙体的抗渗能力大为降低。

（2）使用冲击钻机造孔时，两侧孔壁上易出现梅花孔和探头石等，侵占了墙体设计厚度。另外，泥浆质量不好时，在孔壁上形成很厚的泥皮，也使墙的有效厚度变小。

这些不利因素，在设计墙厚时，也是必须考虑的。

5.5.3 防渗墙的经济厚度

下面我们来讨论一下使用传统的冲击钻机或回转钻机，用主副孔方法建造防渗墙时的经济厚度问题。我们知道，在这种传统的造孔方法中，钻头的直径就是防渗墙的厚度。也就是说，钻头直径加大后，使墙厚加大的同时，它占据防渗墙轴线方向的长度也增加了；反之亦然。那么，在防渗墙截水面积一定的情况下，加大墙厚，可减少造孔数量和总进尺，但增加了浇注混凝土量；当墙厚变小时，则造孔总进尺增加，混凝土方量减少。很显然，在使用冲击钻机和主副孔法造孔的条件下，墙厚（即钻头直径）太大或太小，都不会使该钻机在效率最高的情况下工作，因而工程造价不一定是最经济的。另外，根据北京地区的施工资料看，混凝土费用占总防渗墙造价的 15%～25%，而造孔费用高得多。所以，采用减少墙厚、增加造孔进尺的方法是不经济的。

由此可见，一定存在着这样一个防渗墙厚度，它使钻机在最高效率区内工作，使工程总造价最小。我们把这样一个厚度叫作防渗墙的经济厚度。对于 CZ-22 型冲击钻机来说，墙厚 0.6～0.9m 是比较合适的。对于目前配备了大功率电动机 CZ-22 和 CZ-30 钻机，它们的经济厚度比上述数字要大。

有些研究资料表明，从墙体受力条件来看，墙的厚度加大并不一定有利；薄墙受力条件反而优于厚墙。但是太薄的墙，在施工、质量控制和可靠度上还存在一些问题。这里也提出了选择一个合理的经济墙厚的必要性。

5.5.4 如何选定防渗墙的厚度

通常我们可以根据已成工程经验，先初选一个或两个墙厚，然后进行构筑物的渗透计算和渗透稳定分析以及强度和变形计算，看其是否满足这两方面的要求；否则重选墙厚再行计算。所选墙厚应当是使用现有钻机能够正常进行施工的，即使出现偏斜或接缝质量时也能满足设计要求。

在以后的章节中，将具体介绍不同墙体材料的墙厚选定问题。

5.6 防渗墙的深度

确定防渗墙深度时，应考虑以下几个方面的要求：

（1）防渗墙本身的支承条件、允许应力和不均匀沉降的要求。

（2）防渗墙墙底与基岩或相对不透水层之间接触带的渗透稳定和水量损失。

（3）施工要求，为便于造孔和浇注，各单孔孔底之间的高差不要太大。

（4）与其他防渗措施的配合。如想在防渗墙底部进行帷幕灌浆，则应考虑灌浆方面的要求。如果坝基表层岩石破碎，则墙底伸入基岩可大些，以避免孔内掉块或卡塞困难，影响灌浆工作。

【实例 5-3】十三陵水库主坝防渗墙伸入安山岩内。根据岩性、风化程度和河槽演变情况，对防渗墙嵌入基岩作了如下规定：

在主河槽段，或者黑色安山岩地段，岩石比较完整坚硬，入岩 0.5～1.0m；

在河漫滩部位，基岩为粉红色安山岩，岩石软弱破碎，一般入岩 2～5m；在两岸坡段，一般入岩 1.5～2.0m。

【实例 5-4】海子水库南副坝防渗墙墙底伸入裂隙发育、透水性很大的石灰岩中。原定墙底入岩 2m，其下进行帷幕灌浆。

5.7 防渗墙的细部设计

5.7.1 防渗墙底部与地基的连接

通常都将防渗墙底部伸入地基（岩石或土）内一定深度，以保证有足够的嵌入深度和防渗效果，至于其数值大小，则视地质条件、水头大小和灌浆与否而定。通常将墙底伸入弱风化（半风化）岩石内 0.5～0.8m，或伸入黏性土层内 1.5～2.0m 或更大。

在考虑嵌入深度时，还必须注意孔底淤积的影响。这些淤积物通常是由泥浆、岩石碎屑或软土（砂）组成，其厚度和性能与造孔泥浆质量优劣以及孔底清渣情况有关。优质泥浆在孔底形成的淤积少，抗渗能力高；劣质泥浆则易产生更厚的淤积。用液压抓斗挖槽或使用专用清孔器清孔时，淤积很少；而用冲击钻的抽筒清孔时则会留下较多淤积。

如果孔底淤积物厚度小于规范规定的 10cm 时，防渗效果是有保证的。如果淤积物厚度很厚而且抗渗能力差，在较高水头下就可能失去稳定而形成漏水通道。对此应进行专门论证和处理。一种办法是结合对基岩的灌浆，把这部分淤积物通过灌浆加固；另一种办法是采用优质泥浆，采用专门的清孔设备，把孔底淤积物彻底清除干净。

【实例 5-5】月子口水库土坝防渗墙采用膨润土泥浆，孔底淤积很少，从开挖区只看到一条缝。该防渗墙厚 0.6m，基岩情况良好，承受水头较小，设计入岩深度 0.3m，实际最小入岩深度仅 0.05m。

【实例 5-6】云南某土坝防渗墙采用当地黏土制泥浆，孔底淤积较厚，实地开挖测量为 10～30cm，从检查孔检查，平均淤积厚 0.391m。设计入岩深度为 0.5m，可见个别部位的墙底并未伸入基岩内。为此决定对墙底接触区与基岩表层作灌浆处理。

【实例 5-7】国外有不少高水头土坝的防渗墙，如加拿大的大角坝、马尼克 3 号坝，西班牙的阿尔翁坝，也都采用了在墙底进行接触灌浆或基岩表层进行帷幕灌浆的处理方法。

一般地，当基岩的单位吸水率大于 0.1L/（min · m · m）后，即应考虑用单排孔进行灌浆。

【实例 5-8】北京某水库土坝防渗墙，嵌入风化砂岩 0.5m，清孔验收时就发现很多槽孔的淤积厚度不合格。完工后在墙体内打检查孔发现孔底淤积厚度达 0.2～0.3m。压水试验时，在压力 0.03MPa 时开始漏水；压力达到 0.06MPa 时，最大单位吸水率达到 15.1L/（min · m · m）。最近已决定重建。

以上实例说明，防渗墙入岩深度太小是不利的，入岩 0.5m 偏小，建议适当加大。

有很多防渗墙底并不伸入基岩内，而是伸入黏性土层、粉土层或粉细层内一定深度。

【实例 5-9】苏联的巴浦洛夫水电站土坝是用细砂（$K=2\sim5$m/d）作为防渗心墙的，因其顶部低于正常高水位而决定将其加高，采用的是黏土混凝土防渗墙，承受水头约 3～5m，墙底伸入心墙的细砂层内 6～6.5m。

【实例 5-10】1990—1992 年施工的北京十三陵蓄能发电站下池防渗墙（图 5-26），经技术经济比较后，将其墙底伸入黏性土层内 1.5～2m，运行效果很好。

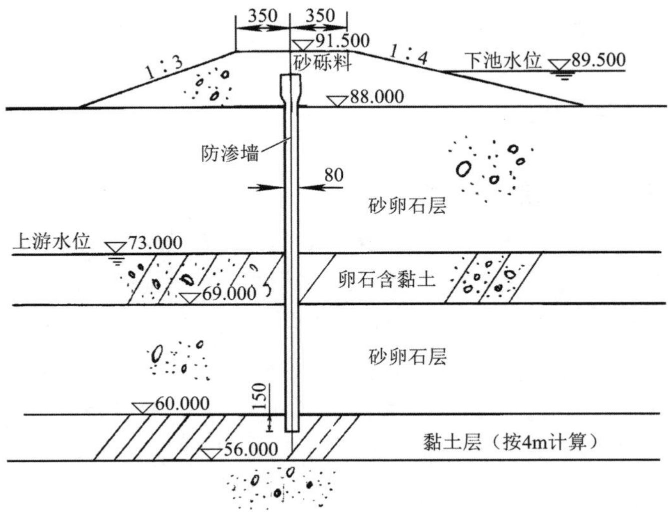

图 5-26 防渗墙标准图

通常可按允许接触比降不大于 5 的原则来选用墙底入土深度。这是针对一般黏性土而言的，当地基土的渗透性较大时，宜将允许接触比降减少一些。

【实例 5-11】密云水库白河主坝混凝土防渗墙位于河槽中部（覆盖层深达 44m）的部分，限于当时施工条件并未伸入基岩内，而是伸入 3 排帷幕灌浆内 7m（接触比降约 5）（图 5-27）。

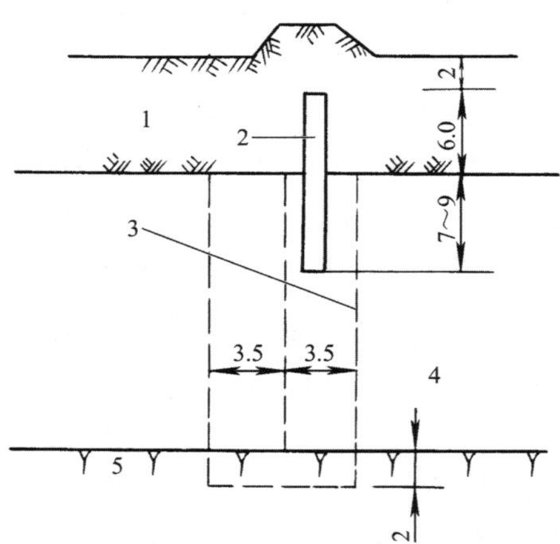

图 5-27 防渗墙与砂砾层灌浆的连接（m）

1—黏土铺盖；2—混凝土防渗墙；3—灌浆孔；4—砂砾石覆盖层；5—基岩

5.7.2 防渗墙与顶部防渗体的连接

下面分别对土坝、水闸和土石围堰等不同工程以及不同的顶部防渗墙结构形式加以说明。

1. 与顶部防渗土体的连接

防渗墙顶部伸入长度应当满足防渗土料本身的渗透稳定要求以及墙体材料（混凝土、塑性混凝土等）与土料之间接触渗径的要求。根据北京地区的经验，防渗土料的允许比降为 5～6，接触面比降为 4～5（表 5-4）。此外，还应尽量减少墙顶的竖直土压力，而又保证防渗体不会产生水力劈裂。

接触面比降表　　表 5-4

工程名称	防渗墙插入黏土深度（m）	允许接触比降J
密云	6	—
毛家村	9	4
碧口（深墙）	6	5
月子口	2	5
十三陵	2.5	5
小浪底	14	5

当防渗墙放在土坝前的黏土铺盖中的时候，可采用图 5-28 所示的构造形式。由于建墙后，下游水位下降，作用在铺盖上的水头将大大增加，有必要将此段铺盖加厚。

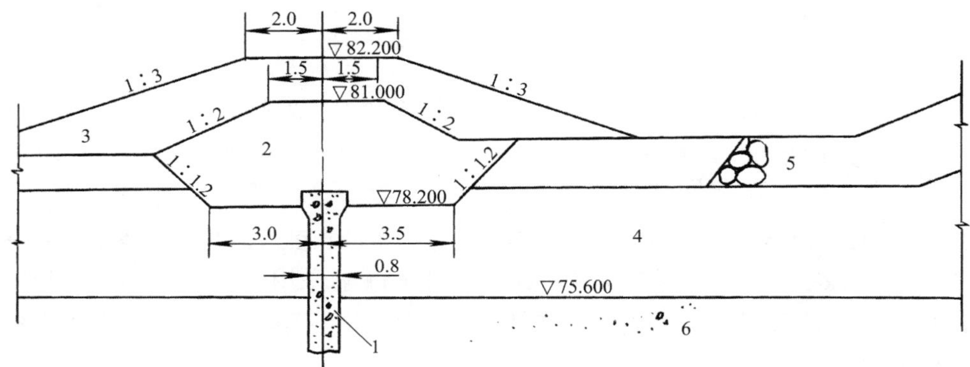

图 5-28　混凝土防渗墙与铺盖接头构造

1—混凝土防渗墙；2—回填黏土；3—砂砾料保护层；4—原黏土铺盖；5—坝坡干砌石；6—覆盖层

当黏土心墙或斜墙底部为砂卵石地基时，应结合清理防渗墙顶部质量差的混凝土或接高施工，向下开挖一定深度后回填黏土，做成黏土截水槽（图 5-29）。

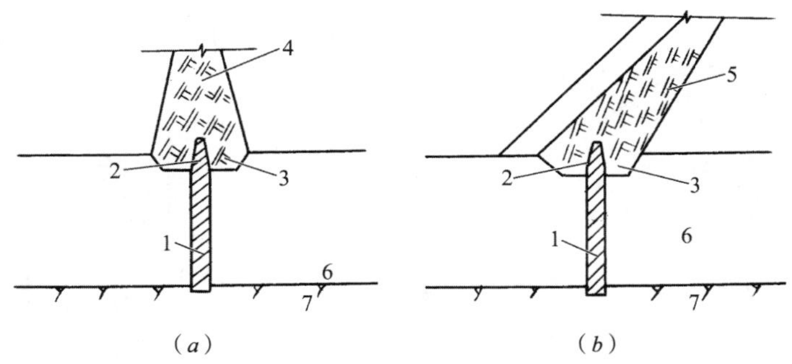

图 5-29　墙顶与黏土心墙、斜墙的连接

（a）黏土心墙；（b）斜墙

1—防渗墙；2—楔形体；3—防渗接榫；4—黏土心墙；5—黏土斜墙；6—砂砾层；7—基岩

防渗墙顶部最好做成楔形，这样有助于适应不均匀沉降，保证土体与墙体紧密贴合，不致架空漏水。有时还在墙面涂以沥青，便于与土体紧密结合。

防渗墙顶部伸入土体部分，常常是人工浇注接高的。根据国内已建成工程做法，有如下三种（图 5-30）：

（1）在接缝上设止水片。

（2）在接缝上设榫槽。

（3）只在接缝上凿毛。

还有把防渗墙顶部做成一个加厚的菱形体的，如希腊的皮尼欧斯坝和肯特朗坝的防渗墙顶部即是如此（图 5-31）。

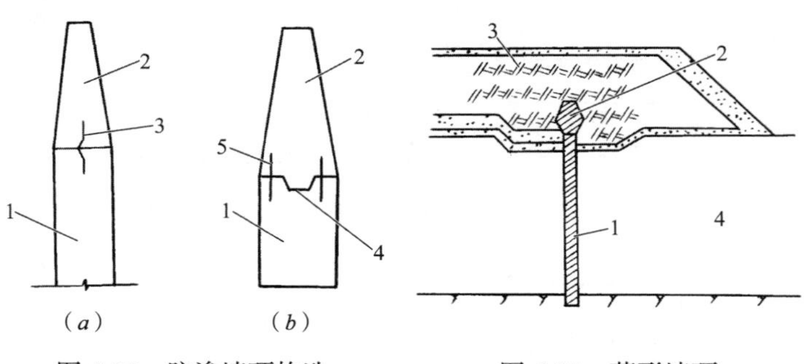

图 5-30　防渗墙顶构造

1—防渗墙；2—楔形体；3—止水；4—键槽；5—插筋

图 5-31　菱形墙顶

1—防渗墙；2—顶部加厚菱形体；3—黏土铺盖；4—砂砾层

还有把防渗墙顶部做成平板与防渗体连接的，平板的长度应满足接触渗径的要求。墨西哥的拉斯托尔多拉斯坝的泥浆槽防渗墙（墙厚 3.0m）就采用这种连接形式（图 5-32）。对于塑性混凝土防渗墙也是适用的。如果是刚性混凝土防渗墙则不宜采用，因平板容易开裂而失去防渗效果。

【实例 5-12】日本只见大坝为高约 20m 的不透水心墙堆石坝，坝基为厚约 20m 的冲积层，采用厚度为 0.8m 的塑性混凝土防渗墙进行处理。其顶部伸入黏土心墙内 1.9m，顶端做成半圆形，周边填充高塑性材料。为了提高防渗墙与黏土心墙之间接触带的防渗稳定性，在黏土心墙以下 5.0m 范围内，用湿磨水泥进行了灌浆（图 5-33）。

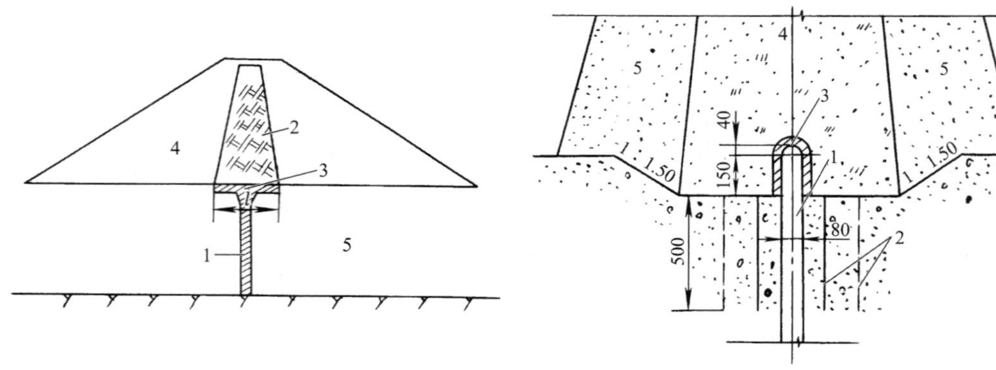

图 5-32　板式墙顶

1—防渗墙；2—心墙；3—防渗墙顶部扩大平板；4—坝壳；5—砂砾层

图 5-33　防渗墙顶部详图

1—膨润土混凝土防渗墙；2—湿磨水泥灌浆铺盖；3—高塑性材料；4—不透水心墙区；5—反滤层

对于那些由于坝体、防渗墙和地基相互作用而会产生很大的沉降（陷）差的高土石坝来说，常常需要在防渗墙顶部设置塑性土料区，以调整沉降差和限制坝体土料塑性变形区。加拿大马尼克 3 号坝、大角坝，我国的碧口坝、小浪底（斜心墙）坝等很多高土石坝，都设置了塑性土料区（图 5-34）。

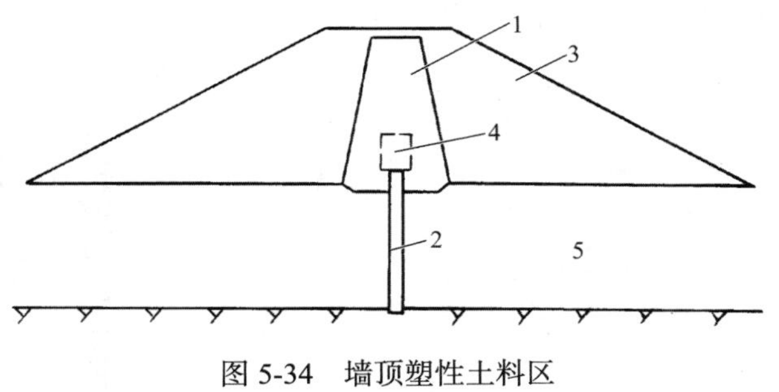

图 5-34　墙顶塑性土料区

1—心墙；2—防渗墙；3—坝壳；4—塑性土料区；5—砂砾层

塑性土料区一般用高塑性的土料填筑（有填筑纯膨润土的），必须具有足够的压缩性，应在较高含水率（大于最优含水率 2%）下压实。希腊皮尼欧斯土坝的这种高塑性土料的平均液限为 40%，在高于最优含水率 5%下压实。加拿大马尼克 3 号坝的设计者设计的两道深 131m 的防渗墙，在 107m 高坝体作用下，只被压缩了 6cm，而两侧冲积层沉陷达 150cm，沉陷差达 144cm。设计采用了如下措施来防止防渗墙对黏土心墙的不利影响（图 5-35）。

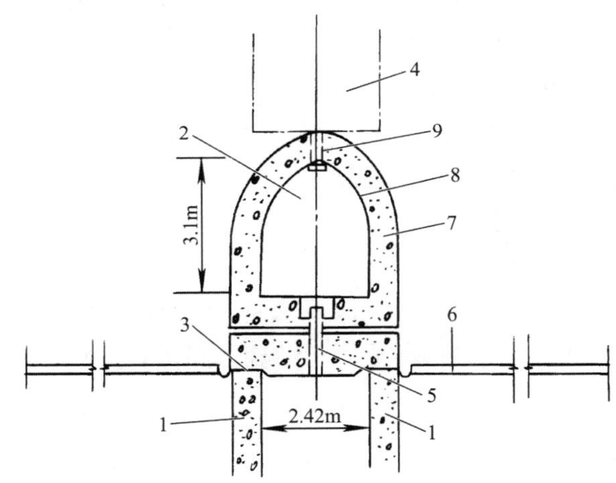

图 5-35　墙顶廊道图

1—双排防渗墙；2—基础廊道；3—防渗墙顶；4—膨润土区（3.1m × 6.1m）；
5—排水和灌浆管；6—钢隔板；7—混凝土；8—钢板；9—排泥管

（1）在两道防渗墙顶部设廊道，又在它的顶部设置了高 6.2m、宽 3.1m 的膨润土塑性土料区，其含水率大于塑限。

（2）廊道顶部每隔 2.1m 设一个直径 15cm 的排土减压管，当坝体土压加大超限后，膨润土即可由此管流出（或人工挖出）。

（3）防渗墙顶部上游 15m、下游 9.12m 设有由 4 层 3.2mm 钢板组成的水平钢板层，形成滑动结构。

加拿大大角坝防渗墙顶同样布置有高塑性膨润土区，顶部也放置了两侧各伸长 4.6m、厚 3mm 的钢板，钢板在防渗墙顶平头接缝处用氯丁橡胶连接，也能达到减少不均匀沉陷的作用（图 5-36）。

智利培恩舍土坝高85m，混凝土防渗墙深约60.5m，墙体混凝土上硬下软（见第5.3节）。在防渗墙顶部也设置了塑性土料区（图5-37）。

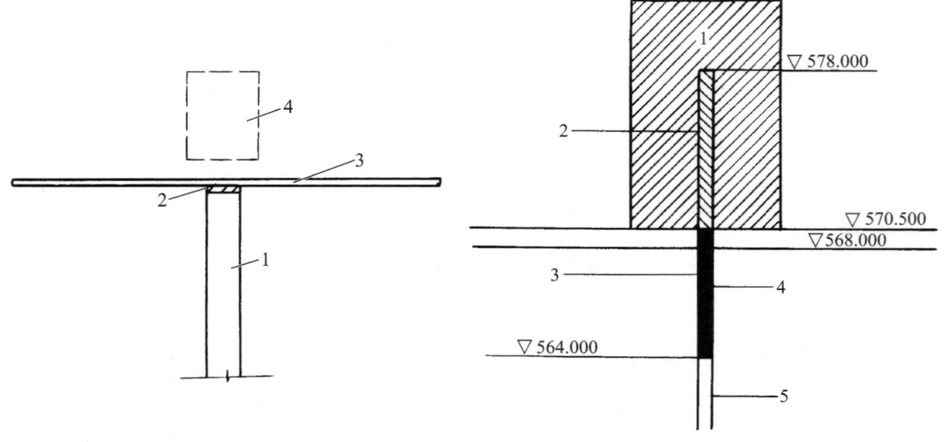

图5-36　墙顶水平钢板

1—防渗墙；2—氯丁橡胶板厚6.35mm；3—钢板厚3.18mm；4—膨润土区

图5-37　智利培恩舍坝防渗墙与上部钢筋混凝土墙结合部详图

1—黏土心墙；2—黏土心墙内的钢筋混凝土墙；3—浇注式防渗墙；4—加钢筋的上部墙体部分；5—不加钢筋的下部墙体部分

2. 与顶部刚性混凝土结构的连接

这里有两种情形，即大多数平原水闸（坝）中防渗墙与顶部钢筋混凝土底板之间的连接以及某些情况下与防渗墙顶部的廊道混凝土底板相连接。

1）平原水闸（坝）防渗墙与顶部混凝土底板的连接

可以归纳为以下两种形式：

（1）防渗墙建在混凝土底板下面，就像下苇甸、向阳闸、映秀湾、渔子溪和乌江渡水电站的防渗墙那样。有的工程还在两种混凝土结构之间做有止水片，或者填充沥青等柔性材料（图5-38）。

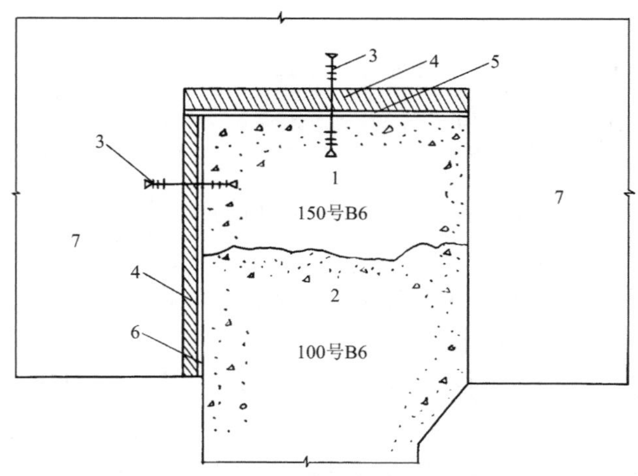

图5-38　下苇甸混凝土坝下防渗墙顶部构造（1∶20）

1—水上浇注混凝土；2—防渗墙混凝土；3—塑料止水；4—沥青锯末板；5—一层油毡；6—两毡三油；7—坝体混凝土

（2）防渗墙位于混凝土底板的侧面，猫跳河上的窄巷口拱坝前的两道（钢筋混凝土）防渗墙，就是建在混凝土底板的上游侧的（图 5-39）。

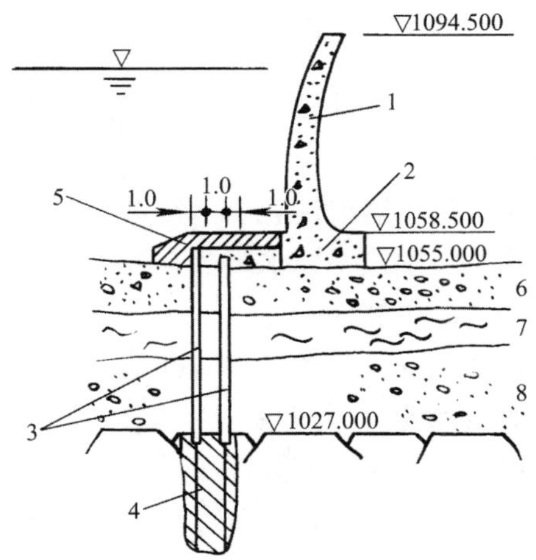

图 5-39　窄巷口电站的两道防渗墙布置（m）

1—拱坝；2—拱桥；3—混凝土防渗墙；4—灌浆帷幕；5—黏土铺盖；6—砂砾石层；7—淤泥层；8—砾石层

2）防渗墙与顶部廊道底板的连接

加拿大马尼克 3 号坝的两道防渗墙顶部与设于坝底的廊道相连接（图 5-35）。

3. 防渗墙顶的其他连接方式

1）防渗墙顶接土工布

有一些围堰防渗墙常采用这种方法，把防渗心墙接高，如水口水电站围堰那样（图 5-40）。

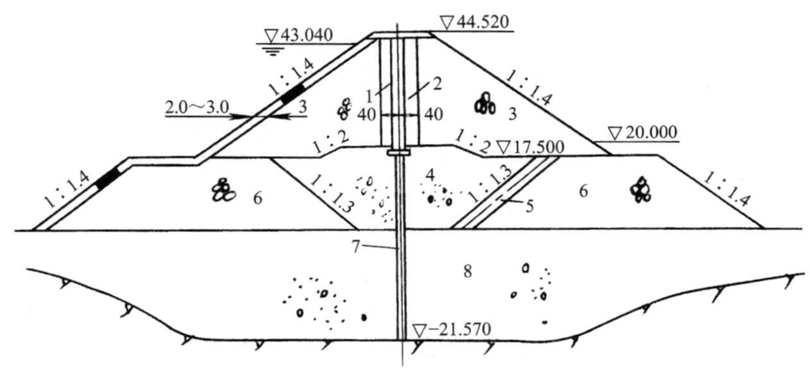

图 5-40　水口水电站二期上游主围堰（m）

1—土工膜；2—过滤层；3—堆石；4—砂砾石；5—反滤层；6—石渣；7—混凝土防渗墙；8—砂卵石覆盖层

2）把防渗墙顶接高做挡墙

例如，可将防渗墙顶加高作为水库防渗墙来使用。也可以像锦州铁合金厂防渗墙那样，接高后作为围墙。

3）墙顶不处理

某些土坝（如澄碧河）的防渗墙是后期从坝顶向下施工的，其高出库水位以上部分，不必作特别处理，但不得直接暴露于地表。

还有一些柔性（如自硬泥浆）防渗墙，其上部通常不承受较大荷载，建成后应及时用黏土或砂砾料将其覆盖起来，以免失水后干裂。

5.7.3　防渗墙与两岸的连接

可能会遇到以下几种情况：缓坡、陡坡（崖）、混凝土隔墩（墙）或混凝土坝段等。

1. 两岸（或一岸）为缓坡

按一般防渗墙的做法即可。这里需要注意以下几点：

（1）必须保证整个建筑物（特别是平原水闸）在绕流（渗）方面的稳定性，即墙的水平长度和深度（墙底高程）均应满足要求。

（2）由于岸坡上基岩岩性发生变化或者是同一种基岩在岸坡部位风化深度大，则其防渗墙入岩深度不应太小，有时可能要加深一些。

对于比较破碎的岩石，可考虑在两岸坡段墙底进行帷幕灌浆。

（3）当岸坡上覆盖层较浅、地下水量较小时可考虑将此部分覆盖层用人工开挖，做混凝土截水齿槽，回填黏土；防渗墙则插入混凝土齿墙的凹槽之内（图5-41）。

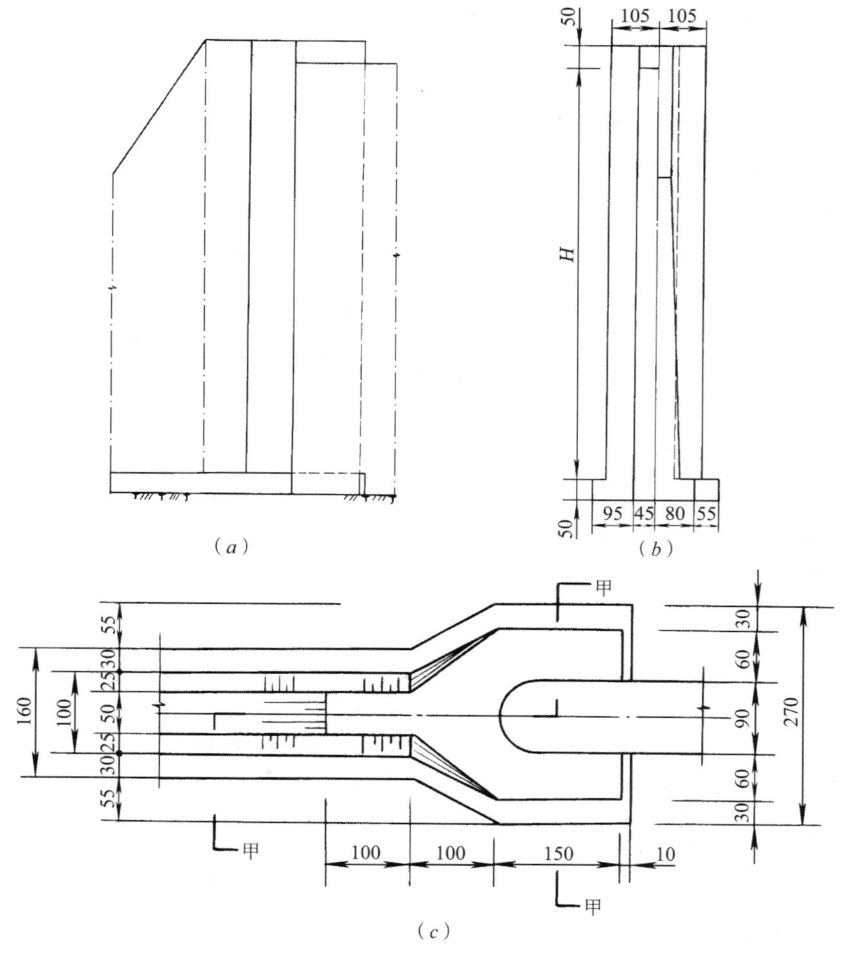

图5-41　十三陵水库混凝土防渗墙接头设计（cm，齿墙混凝土强度等级C15W6）

（a）接头立面图；（b）甲—甲剖面；（c）平面图

（4）有的水库岸坡的覆盖层顶面远远高出防渗墙设计墙顶之上，必须先挖出几个施工平台才能施工（详见施工部分）。

2. 两岸（或一岸）为陡坡（崖）

（1）由于基岩面起伏较大，冲击钻进时难于稳住钻头，可采用一些辅助工具和办法。

（2）如上述办法行不通时，可改用大型回转钻机，建造几个连锁的桩墙与槽孔防渗墙相接。

（3）也可在陡坡部位用高压喷射方法建造一排或多排的旋喷或定（摆）喷防渗墙。

（4）使用液压双轮铣挖槽，即使岩石倒悬或有断层都能够施工。

3. 与混凝土构筑物相连

此时可仿照前面介绍过的与岸边混凝土齿墙相连的办法（见图 5-41），把防渗墙插入预先设置的凹槽之中。必要时在结合部位进行灌浆或用高压喷射灌浆。

5.8　防渗墙的接头

从第一道混凝土防渗墙建成至今的 40 多年时间里，这里所说的接头形式和施工方法是变化最大的。由于很多种接头方式与后面的地下连续墙是通用的，我们将在后文专门加以介绍。本节只就防渗墙接头的选用问题加以说明。

1）近 40 年来，我们一直采用钻凿（套接一钻）接头，目前仍是绝大多数防渗墙首选的接头形式。采用这种接头形式，不必配备专用设备（除钢丝刷子外），用一种十字冲击钻头可完成全部造孔工作；在深度超过 50m、含大漂石的地基中建造防渗墙时，钻凿接头仍是切实可行的方法。

2）从 1969 年在十三陵水库主坝防渗墙研制成功胶囊接头管以后，国内第一次出现了不用钻凿的防渗墙接头方法，至今种类繁多，五花八门。但是可以说，能在 50m 以上防渗墙中使用的接头管，为数不多。

3）近年来，塑性混凝土以及像固化灰浆和自硬泥浆等柔性墙体材料的推广应用，使得液压抓斗和双轮铣等钻机直接在其中开挖成为可能，这样就形成了所谓的平接接头。实践已经证明，即使承受水头高达 100m 以上，这种平接接头仍是成功的。国内小浪底主坝防渗墙和三峡上游围堰防渗墙均采用了类似的接头形式。

4）近年来出现的一种防渗墙混凝土的新的分区方法，对于钻凿接头施工是有利的，值得我们借鉴。前面介绍过的智利培恩舍坝的防渗墙采用了三种混凝土：

（1）下部用半塑性混凝土（$R_c = 8$MPa）。

（2）上部 15m 为中等硬度混凝土（$R_c = 22.5$MPa），其上部 6.5m 内加入钢筋。

（3）伸入黏土心墙部分为现浇钢筋混凝土墙。

由于采用了上硬下软的混凝土结构，对于钻凿接头是很有利的。

5.9　墙体材料的选择

我们将在本书第 4 篇专门介绍墙身材料。为避免重复，本节只对如何选择墙体材料加以说明。

用于防渗墙的材料可大致分为以下三类：刚性、塑性和柔性材料。

5.9.1 刚性混凝土

钢筋混凝土、混凝土和黏土混凝土均属于这一类。它们是按照常规混凝土的概念配制和施工的。它们的物理力学和化学特性都可以采用常规的设计和试验方法。现在用于地下防渗墙的混凝土强度等级最高已达到 C40～C50，一般的黏土混凝土也在 C10 以上，弹性模量大于 15000MPa。

这些混凝土常被用于水平或垂直荷载较大的地方。二十世纪六七十年代施工的猫跳河窄巷口拱坝上游的防渗墙和碧口土坝中的防渗墙，都在墙中放置了钢筋。现已完工的小浪底主坝防渗墙也在顶部 12m 内放了钢筋。

5.9.2 塑性混凝土

国外二十世纪五六十年代就已使用，国内则是二十世纪八十年代以后开始使用的。其中，北京十三陵抽水蓄能电站下池防渗墙工程中使用了约 4 万 m^3 塑性混凝土，是当时国内最多的。

塑性混凝土实际上就是降低了强度等级的黏土混凝土，它也是由石子、砂子、水、水泥、膨润土和黏土等组成的，只不过水泥用得少，而黏土用得多而已。它的抗压强度为 2～5MPa（28 天），弹性模量为 500～1000MPa，变形能力比普通混凝土大得多。

塑性混凝土因其自己的特性而被广泛应用。国外已有超过 100m 的土石坝应用塑性混凝土的工程实例（智利科尔文坝）。国内在十三陵下池水口水电站围堰、山西册田水库，以及三峡围堰防渗墙使用了塑性混凝土。

5.9.3 柔性材料

这类材料包括以下几种：固化灰浆、水泥（砂）浆、自硬泥浆、黏土（块）、混合料（泥浆槽）。它们的共同特点是强度很低，但抗渗性强，变形能力大。

这些材料多被用于临时围堰防渗工程或者坝高和覆盖层地基均不太深的永久工程中。

5.9.4 合成材料

目前，国内外均已出现了把土工膜放入地基窄槽中作为薄防渗墙的工程实例。我国在 1980 年代已经采用，目前在环保工程中日渐增多。

5.9.5 关于选择墙体材料的几点建议

1）选择材料时，应考虑以下几个要求：

（1）与结构有关的要求，如强度和变形、抗渗透能力等。

（2）地质条件。

（3）施工条件。

2）各种材料的渗透系数 K（cm/s）：

（1）灌浆帷幕，10^{-4}；

（2）固化灰浆，10^{-6}～10^{-5}；

（3）塑性混凝土，10^{-7}～10^{-6}；

（4）黏土混凝土，10^{-8}～10^{-7}。

3）对于塑性混凝土能否用于高坝防渗墙问题，尚存在两种不同意见。国外已有用于高坝的实例。在设计、施工、科研和观测各方面协作下，塑性混凝土肯定会用于高坝防渗墙中。

4）可以在防渗墙的不同部位使用不同强度等级的混凝土（如云州和门楼水库防渗墙）。

5.10　大河沿超深防渗墙设计

5.10.1　概述

大河沿引水工程距大河沿镇 17km。工程主要由挡水大坝、溢洪道、灌溉洞及泄洪放空冲砂兼导流洞组成，是一座具有城镇供水、农业灌溉和重点工业供水任务的综合性水利枢纽工程。

5.10.2　地质条件

1. 地基岩性

大河沿引水工程水库总库容 3024 万 m^3，挡水建筑物采用沥青混凝土心墙坝，最大坝高 75.00m。

坝区基岩为石炭系火山碎屑岩类，岩性主要为火山角砾岩。

第四系覆盖层主要为：

（1）上更新统冲洪积堆积（Q_3^{al}），分布于Ⅳ级阶地。堆积为碎屑砂砾石，厚度 30～50m。

（2）全新统冲积堆积（Q_4^{al}），分布于河床及高漫滩，堆积为含漂石砂卵砾石层，呈“V”字形分布于深切河谷内，最大厚度达 173.8m。

（3）第四系坡积堆积（Q^{dl}）：为褐灰色碎、块石夹土，呈松散状，分布于两岸坡脚及冲沟内，厚度一般 1～5m。

河床覆盖层的最大厚度为 174m。

2. 地基特性

河床覆盖层为含少量漂石的砂卵砾石层，级配不良，存在不平均沉降和地震液化等问题。

5.10.3　深覆盖层基础处理研究

1. 基础防渗的选定

由于基础覆盖层深厚，设计针对坝基 150m 量级深厚覆盖层的防渗处理问题进行了专题研究，通过水平铺盖和垂直防渗方案从渗流、结构、施工、工期、造价以及运行管理等方面的综合比选，推荐采用防渗墙一墙到底防渗形式作为本工程的最佳防渗方案。

坝基防渗设计对于坝基渗漏量的控制标准根据坝基的地层条件和投资大小及实施的可行性，结合国内有关工程对坝基渗漏量的控制标准确定。如冶勒、下坂地等水电站大坝防渗控制渗漏量为河道多年平均年径流量的 1%，大河沿多年平均年径流量为 1.01 亿 m^3，大河沿工程设计采用坝基渗漏量的控制标准为多年平均流量的 1%，即不大于 2767m^3/d，工程的防渗难度很大。设计采用坝基砂砾石层允许水力坡降为 0.1。

对于坝基防渗处理，可研专题阶段设计针对 150m 深的覆盖层拟定了悬挂、全防渗等两种方案，其中全防渗方案又细分成全防渗墙方案、全帷幕方案和防渗墙加帷幕等 26 种不同的防渗方案，对不同防渗形式委托河海大学进行了三维渗流分析计算。

采用悬挂式防渗墙渗透比降能满足要求，但是不能满足控制坝基渗漏量的要求；水平铺盖加悬挂式混凝土防渗墙，在水平铺盖一旦失效的情况下，悬挂式混凝土防渗墙不能确保坝基的渗透稳定；长 2000m 的水平全库盘铺盖防渗也不能满足对控制坝基渗透流量和渗透稳定性的要求；在坝基做 80m 深的防渗墙的情况下，坝基渗漏量为 36815m^3/d，每年渗漏水量为 1343.7 万 m^3，占多年平均径流量的 13.29%。因此，坝基必须进行全防渗处理（表 5-5）。

沥青混凝土心墙 + 防渗墙计算分析成果表 表 5-5

	防渗墙深度（m）		坝体总渗漏量（m^3/d）	占多年平均径流量比例（%）	坝坡出逸处渗透坡降
沥青混凝土心墙 + 防渗墙	悬挂式	80	36815.04	13.29	0.0455
		100	30957.12	11.18	0.0451
		120	19180.80	6.93	0.0451
		130	12481.34	4.51	0.0456
		140	6652.80	2.40	0.0454
	封闭式	150	2799.36	1.01	0.0452

2. 混凝土防渗墙设计

根据《水工设计手册·第六卷·土石坝》(第二版)，防渗墙使用年限估算以梯比利斯研究所公式应用较多。渗水通过防渗墙混凝土使石灰淋蚀而散失强度 50%所需的时间T为：

$$T = \frac{abc}{k\beta J} \tag{5-61}$$

式中 a——淋蚀混凝土中的石灰，使混凝土的强度降低 50%所需的渗水量（m^3/kg），根据苏联学者 B.M.莫斯克研究，$a = 1.54m^3/kg$，按柳什尔的资料，$a = 2.2m^3/kg$；

b——防渗墙厚度（m）；

c——$1m^3$ 混凝土中的水泥用量（kg/m^3），根据初定的配合比取 $350kg/m^3$；

k——防渗墙渗透系数（m/a），取 0.00946m/a；

J——渗透比降，一般混凝土防渗墙为 80～100，取 80；

β——安全系数，2 级建筑物非大块结构（厚度小于 2m）时取 16。

根据防渗墙使用年限估算公式反算防渗墙厚度，防渗墙使用年限与大坝一致，根据《水利水电工程合理使用年限及耐久性设计规范》SL 654—2014，本工程为Ⅲ等中型工程，合理使用年限为 50 年。通过计算，$a = 1.54m^3/kg$ 时，防渗墙厚度b为 1.12m；$a = 2.2m^3/kg$ 时，防渗墙厚度b为 0.79m。从耐久性要求来讲，混凝土厚度不宜小于 0.79m。

1）容许水力梯度

防渗墙在渗透作用下，其耐久性取决于机械力侵蚀和化学溶蚀作用，因为这两种侵蚀破坏作用都与水力梯度密切相关。目前，防渗墙厚度主要依据其容许水力梯度、工程类比和施工设备确定，即

$$\delta = \frac{H}{J_p} \tag{5-62}$$

式中 δ——防渗墙厚度（m）；

H——最大运行水头（m）；

J_p——防渗墙容许水力坡降，刚性混凝土防渗墙可达 80～100，塑性混凝土防渗墙多采用 50～60。黄河小浪底工程混凝土防渗墙设计容许水力坡降J_p取 92，新疆下坂地坝基混凝土防渗墙设计容许水力坡降J_p取 80。

参照下坂地工程，防渗墙允许渗透坡降J_p取 80，选用 1m 厚混凝土防渗墙进行防渗处理，比照西藏旁多水利枢纽坝高 72.3m，混凝土防渗墙最大墙深 158m，厚度 1.0m，厚度比

较合理。

2）墙体材料及墙厚对应力的影响

（1）墙体材料

为了解防渗墙墙体的弹性模量对其应力的影响，取墙厚为 1m，墙体弹性模量分别为 30、28、25.5、10、1.0、0.5GPa，利用平面有限元方法进行了坝基防渗墙应力分析。墙体弹性模量与应力的关系平面有限元计算成果见表 5-6。

墙体弹性模量与应力的关系平面有限元计算成果（MPa）　表 5-6

墙体弹性模量	竣工期		蓄水期	
	最大压应力	最大拉应力	最大压应力	最大拉应力
30000	28.4	无	17.8	无
28000	27.8	无	17.6	无
25500	27.5	无	16.6	无
10000	23.3	无	15.6	无
1000	10.1	无	8.89	无
500	6.83	无	6.10	无

根据平面有限元计算结果，混凝土防渗墙弹性模量从 25.5GPa 提高到 30GPa，竣工期的最大压应力变化范围在 27.5～28.4MPa 之间，蓄水期在 16.6～17.8MPa 之间，表明墙体应力在常规混凝土 C30 的抗压强度范围内。考虑到混凝土强度随龄期会有一定增长，槽段防渗墙墙体混凝土设计指标采用 C30 混凝土，抗渗等级 W10，且$R_{180} \geqslant 35$MPa，混凝土弹性模量为 28GPa。

（2）墙体厚度

为研究防渗墙厚度对墙体应力的影响，取防渗墙弹性模量 25.5GPa，墙厚分别取 1.2、1.0、0.8、0.6m 进行二维有限元分析，防渗墙厚度对应力的影响见表 5-7。

防渗墙厚度对应力的影响（MPa）　表 5-7

防渗墙厚度（m）	竣工期		蓄水期	
	最大压应力	最大拉应力	最大压应力	最大拉应力
1.2	26.7	无	16.8	无
1.0	27.8	无	17.6	无
0.8	31.1	无	21.9	无
0.6	34.2	无	23.6	无

计算成果表明随防渗墙厚度的增大，防渗墙的最大应力逐渐减小。墙厚 1m 时墙体的最大压应力为 27.8MPa，从防渗墙受力角度看，采用常规混凝土、墙厚 1m 满足受力要求。

3. 防渗方案选定

为达到渗透稳定和对渗漏量控制的要求，垂直防渗必须全部截断坝基砂砾石层。对垂直防渗方案结合枢纽布置的优化，通过对国内外基础防渗工程施工情况的对比分析，本阶段重点研究如何实现截断 174m 深的河床砂砾石层的垂直防渗方案。根据当前垂直防渗方案通常采用的防渗处理形式、施工水平，参考西藏旁多水电站、新疆下坂地水电站及四川冶勒水电站等工程经验，结合大河沿坝基覆盖层地质情况，本设计综合考虑推荐一墙到底方案，见图 5-42。

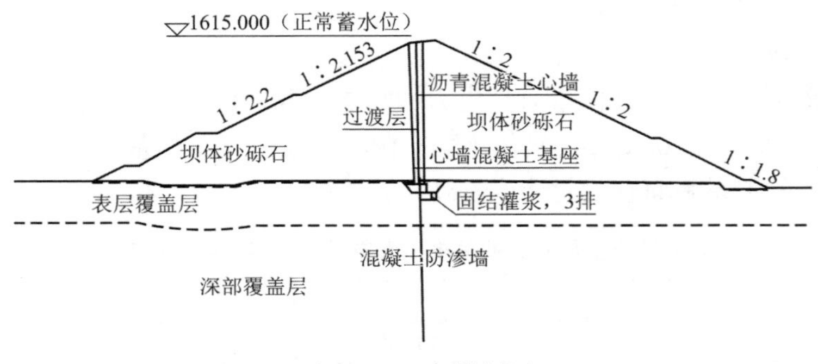

图 5-42 土坝横剖图

5.10.4 防渗墙的施工和效果

施工时间：2015 年 11 月—2017 年 10 月；

墙顶长：237.4m；

最大墙深：186.15m；

墙厚：1.0m；

截水面积：22505m²。

5.10.5 防渗墙施工缺陷敏感性分析

由于防渗墙较深，施工规范考虑防渗墙施工有一定的施工偏差，本次敏感性分析计算考虑防渗墙在 70m 深度以下开始出现开叉，直至基岩，偏移百分比分别取 0.3%、0.5%、1%，即防渗墙在底部分叉距离分别为 0.48、0.8、1.6m，各种工况渗漏量成果见表 5-8。

防渗墙底部开叉各工况渗漏量计算成果 表 5-8

	底部开叉长度（m）	渗透坡降（%）	坝体总渗漏量（m^3/t）
沥青混凝土心墙＋封闭式防渗墙	0.48	29.91	388.8
	0.8	23.53	1572.48
	1.6	20.86	3188.16

通过计算可知，开叉部位最大渗透坡降出现在上部最先开叉处，大于覆盖层的允许渗透坡降，因此防渗墙上部开叉部位可能会发生渗透破坏。

当防渗墙下部开叉偏移百分比为 1%，底部分叉长度达到 1.6m 时，渗透流量为 $3188.16m^3/t$，和全封闭防渗墙工况相比有明显增大。因此在防渗墙施工过程中，要严格控制防渗墙下部的偏移百分比，保证施工质量。

5.10.6 小结

深厚覆盖层勘察、设计、施工工作难度较大，大河沿引水工程基础处理复杂、困难等特点决定了需采取多种方法进行分析比较，并通过方案比选和对关键技术问题的分析研究，针对坝基的不同部位和覆盖层分布特点提出了综合处理措施，以保证工程技术可行并尽量节省工程投资。采用防渗墙一墙到底防渗形式作为水库坝基防渗方案，为深覆盖层基础处理提供借鉴。

（本节摘编自周亮、赵万强的论文）

5.11　小结

在这里，需要注意以下几点：

1）地下防渗墙与土石坝施工先后的区别。

（1）先建防渗墙，后修建土石坝或其他上部结构。在这种情况下，由于上部结构（土石坝）在修建过程中的变形（沉降和位移），防渗墙上的荷载是逐渐增加的。

（2）先建坝，后建防渗墙。大多情况下，先建的土石坝出现了质量问题，而采用防渗墙来补救，这种情况很多。此时由于土石坝大体沉降变形稳定，所以作用在防渗墙上的荷载较少。

2）本书中所说的地下防渗墙，实际上包括防渗墙和它们下面灌浆中的帷幕两部分。这就是所说的上墙下幕结构，我们把它们叫作防渗体。于 2001 年出版的《地下连续墙的设计施工与应用》一书第 44 页已经提出了这种概念。

过去水电规范中要求墙底伸入半风化岩石中 0.5m，是针对不透水岩石来说的。现在当面对超高水头作用下，岩石风化层的透水性很大（特别是花岗岩风化层）时，就不能光靠入岩 0.5m 来解决问题，而是要采取上墙下幕的防渗体了。至于防渗墙底入岩深度多少，还要考虑防渗墙的灌浆帷幕的需要而定。

3）超深防渗墙的结构形式。

近 20 多年来，超深防渗墙越来越多，受施工设备和工法的限制，采取了不同结构形式。

（1）大渡河支流冶勒水电站的防渗墙，在 2000—2002 年采用上下两段防渗墙相结合的方式。

把宝峨的矮式双轮洗槽机拖进施工廊道，进行下段隔渗墙施工。廊道上下均进行帷幕灌浆。

（2）新疆下坂地防渗墙，由于总深度大于 150m，经过多次研讨，采用了防渗墙和帷幕灌浆组合式的防渗体，土石坝下一共采用 4 道中帷幕灌浆，其中第 3 道为防渗墙。

（3）近年来，我国在西部地区的川、滇、藏和新建成了多道超深防渗墙，其中西藏旁多 158m，新疆大河沿 186m，深度超过 150m 的防渗墙有多座。它们的结构形式都是采用一墙到基岩（加灌浆）模式。采用冲击反循环钻机、重型钢标准抓斗、重型冲击值，来对付大弧石、大漂石恶劣地层。

第 6 章　深基坑设计要点

6.1　概述

6.1.1　发展概况

地下连续墙是由意大利在 1950 年首先应用到水库防渗墙工程中的，当时是以防渗（不开挖）为主要目的的地下连续墙。到了 20 世纪 60 年代末期和 70 年代初期，开始把地下连续墙（开挖后）作为各种建筑物或构筑物的基坑支护，或者作为永久结构的一部分，或者作为各种建（构）筑物的深基础。这些地下连续墙强度很高，断面尺寸比较大，结构刚度大。为了与防渗为主的地下连续墙相区别，把它叫作刚性地下连续墙，而深基坑工程又是应用刚性地下连续墙最多的。

1973 年，日本首先把地下连续墙作为地下储油罐的围护墙，开了刚性混凝土地下连续墙本体利用的先河。在此后的几年间，我国也开始了这方面的应用。1979 年日本开始使用地下连续墙刚性基础，标志着地下连续墙的应用已经从防渗和临时支护结构为主转向了永久性结构。与此同时，世界各国都花了很大力气来研制新型的挖槽机械和配套设备，其中水平多轴液（电）动铣槽机和超声波检测仪的使用，是刚性地下连续墙施工的一次革命性的进步，它使深度达到 150～170m、厚度达到 3.0m 以上的超深地下连续墙的施作成为可能，使地下连续墙施工技术获得了惊人的进展。图 6-1 为日本地下连续墙厚度和深度的发展情况。表 6-1 是日本近年来建造的大型刚性地下连续墙工程实例。

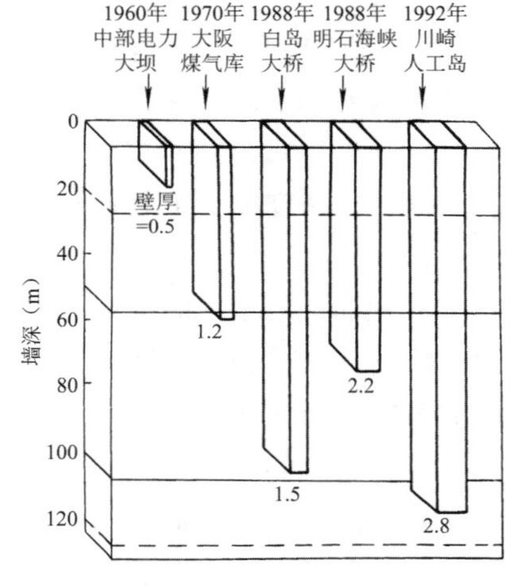

图 6-1　日本地下连续墙发展情况（早期）

日本主要大型地下连续墙实例（早期）　　**表 6-1**

序号	工程名称	深度（m）	厚度（m）	断面尺寸（m）	挖槽机	施工开始时间
1	关东地下连续墙，3 号竖井	140	2.10	—	EM	1994 年 1 月
2	关东地下连续墙，2 号竖井	129	2.10	—	EM	1993 年 11 月
3	东京湾人行道，川崎人工岛	119	2.80	外径 103.6	EM	1991 年 11 月
4	北海道，白岛大桥基础	106	1.50	外径 37.0	EM、HF	1989 年 1 月
5	东京都，江东水泵站	104	2.60	—	EM	1990 年 10 月
6	东京，川崎竖井	76.5	2.00	—	EM	1990 年 2 月
7	明石海峡大桥	75.7	2.20	外径 85.0	EM/HF	1990 年 1 月
8	东京电力，新丰州变电所	70.0	2.4/1.2	外径 144.0	EM	1993 年 2 月
9	大阪市，污水泵站	32.0	—	82.2 × 91.2	—	—

进入 20 世纪 90 年代以后，刚性地下连续墙和深基坑工程获得了更快的发展，主要表现在以下几个方面。

1. 大断面、大深度的基坑工程

日本在这方面处于领先地位。例如，明石海峡大桥的锚碇坑外径 85.0m，挖深 63.5m；大阪市下水道抽水站基坑外径 81.0m，挖深 40.9m；东京湾川崎人工岛基坑外径 103.6m，深度为海平面以下 70.0m；白鸟大桥基础外径 37.0m，挖深为海平面以下 73m；某大型地下变电站的基坑外径 144m，挖深 29.2m。此外，意大利某抽水蓄能电站的深基坑外径 30m，挖深 66m。这些超大型基坑都是采用圆环形结构。有些基坑则必须按非圆形（如矩形）来设计。我国近年来在大型输水隧洞采用了挖深 78.3m 和墙深 97.1m 的地下连续墙竖井。日本大阪市某污水泵站基坑平面尺寸为 82.2m × 91.2m 的矩形，挖深 32.0m。

2. 刚性地下连续墙的新技术和新材料

近几年来，高强度混凝土已经被用于地下连续墙工程。此外，钢制地下连续墙和钢—混凝土（SRC）地下连续墙也不断用来建造新的建筑物基础和深基坑。钢制地下连续墙是用型钢（如 H 型、工字型）和钢板构成主要框架，而以高强度混凝土填充其间建成的地下连续墙。它的强度高、刚性大、承载能力高，很适合于在狭小场地内施工。这种结构与以前已经大量采用的钢管混凝土桩是相似的，也是钢-混凝土组合结构新理论的实际应用。上面所说钢-混凝土地下连续墙的特点是在普通的钢筋混凝土中插入型钢（通常为工字钢），可以大大提高地下连续墙的抗弯抗剪能力（4～5 倍），减少支护墙水平位移，在深基坑工程中已被使用。

3. 软土基坑的加固

在软土中的基坑，往往因坑底土质太差，无法产生足够的被动土压力而导致支护墙变形过大甚至发生坍滑事故。现在越来越多的基坑对被动土压力区域进行加固处理，主要方法有水泥（或生石灰）搅拌法、旋喷（定喷）法以及化学注浆法等。

4. 信息化施工和安全管理

现代科学技术的发展，使得基坑工程的荷载和变形的实时测量、分析和监控成为现实，可大大降低施工风险，确保安全、顺利达到预想的目标。

6.1.2　我国发展概况

我国 1958 年首先在水库防渗工程中使用桩排式防渗墙获得成功，次年又开发应用了槽板式防渗墙作为土坝防渗墙，在水利水电工程中获得广泛应用后，防渗墙逐渐推广到其他行业部门。如 1974 年鹤岗煤矿的两个深度分别为 30m 和 50m 的地下连续墙通风竖井，先后建成投入使用至今。1977 年上海试制使用了导杆抓斗和多头钻等挖槽设备，标志着地下连续墙施工技术的开发和应用进入了新阶段。

我国于 20 世纪 80 年代中期建成的上海耀华皮尔金顿玻璃熔窑工程中采用了格构式地下连续墙作为永久性围护结构，是我国最有代表性的刚性地下连续墙工程之一。进入 1990 年代，在北京、上海、广州和天津等大城市，有为数不少的采用地下连续墙作为永久（或临时）的围护和承重结构的超高层建筑物和构筑物，把我国地下连续墙技术推向了新的阶段。

综合各方面信息，可以认为地下连续墙施工技术已经在下述几个方面取得了很大进展：

（1）新式挖槽机的开发应用和挖槽精度管理。

（2）泥浆新材料和槽孔稳定性的研究和应用。

（3）墙段接缝的研究和应用。

（4）混凝土技术。

（5）信息化施工技术。

（6）地下连续墙的本体利用。

刚性地下连续墙已经应用到以下工程中：

（1）基坑支护墙（或桩）。

（2）作为高层建筑物永久结构的一部分（本体利用）。

（3）挡土墙。

（4）地下构筑物的外墙或围护墙（如地下铁道、地下商场、下水道、管沟以及各种竖井等）。

（5）桩基础和刚性基础。

（6）隔振墙、防冲（刷）墙。

6.2 深基坑支护结构概况

6.2.1 概述

随着国内外大量的高层（超高层）建筑物和水电、铁路、公路、矿山和码头的建成，一门新兴的学科——基坑工程学也随之诞生了。

基坑工程学是涉及地质、土力学和基础工程、结构力学、工程结构、施工机械和机械设备等的综合学科。由于设计、施工和管理方面的不确定因素和周围环境的多样性，使基坑工程成为一种风险性很大的特种工程。

关于基坑深浅问题，目前还没有一个明确的定论。因为即使只有4～5m深的基坑，如果它是位于淤泥或淤泥质土中，那也是一个相当麻烦的基坑；相反地，位于砂卵石地基且没有地下水影响的基坑，即使它的深坑达到10多米，也不会造成严重的后果。

这里借用派克的判断原则，把大于6.1m的基坑看作是深基坑，实际上常把深度在6～8m以上的基坑看作是深基坑。本书只对大于15m的深基坑进行讨论。

用地下连续墙作为支护墙的基坑，一般都是深基坑，这是本章（也是本书）所阐述的重点。目前，我国高层建筑物的基坑最深已达30多米，开挖面积已达几十万平方米。

有支护的基坑工程应包括以下几个方面（工序）：①挡土支护结构；②支撑体系；③土方开挖工艺和设施；④降水或止水工程；⑤地基加固；⑥监测和控制；⑦环境保护工程。

基坑工程应当满足以下基本的技术要求：

（1）安全可靠性。要保证基坑工程本身以及周围环境的安全。

（2）经济合理性。要在支护结构安全可靠的前提下，从工期、材料、设备、人工以及环境保护等多方面综合研究其经济合理性。

（3）施工便利性和工期保证性。在安全可靠和经济合理的条件下，最大限度地满足施工便利和缩短工期的要求。

基坑工程设计阶段取决于主体工程的性质、投资规模和施工进度的要求，一般可划分为总体方案设计和施工图设计两个阶段。

重要的深大基坑应结合主体工程设计进行基坑总体方案设计，并从以下各点对基坑工程方案进行分析评价和对比选择。

（1）按主体工程地下室所处场地的工程地质及水文地质和周围环境条件，分析所考虑的基坑工程问题和相应的总体设计中的对策是否全面、合理。

（2）对主体工程地下室的建造层数、开挖深度、基坑面积及形状、施工方法、造价、工期与主体工程和上部工程造价、工期等主要经济指标进行综合分析，以评价基坑工程技术方案的经济合理性。

（3）研究基坑工程的支护结构是否兼作主体工程的部分永久结构，对其技术经济效果进行评估。

（4）研究基坑工程开挖方式的可靠性和合理性。

（5）对大型主体工程及其基坑工程施工的分期和前后期工程施工进度安排及相邻影响进行技术经济分析，以通过分析对比，提出适应于分期施工的总体方案。

基坑总体方案设计目前多在主体工程施工图完成后、基坑施工前进行。但为了使基坑工程与主体工程之间有较好的协调，使临时工程与主体工程的结合能够更经济合理，大型深基坑的总体方案设计应在主体工程的初步设计中就着手进行，以利于协调处理主体工程与基坑工程的相关问题，诸如部分工程桩兼作立柱桩；地下主体工程施工时，支撑如何换撑；基坑支护结构与主体工程的结合方式；支护结构如何适应地下主体结构施工的构筑方式（逆作或顺作）以及如何处理支模、防水等工序的配合要求。

总体方案设计要在调查研究的基础上，明确设计依据、设计标准，提出基坑开挖方式、支护结构、支撑结构、地基加固、土方开挖、支撑施工、施工监控以及施工场地总平面布置等各项方案设计。

施工图设计一般在主体工程（地下部分）施工图已完成及基坑工程总体方案确定后进行。施工图和施工说明的内容、各项具体技术标准依据和检验方法必须符合国家及各地区建筑行业管理部门的有关建筑法规、法令和技术规范、规程。

基坑工程方案总体设计中的一个重要内容，就是根据设计依据、设计标准，确定合理、便捷、安全、经济的基坑开挖方法，并在此基础上作出支护结构、支撑体系、地基加固和开挖施工等配套设计。

基坑工程开挖方法及特点见表 6-2。

基坑支撑开挖方法表　　　　**表 6-2**

方法		图例	特点
放坡开挖			1）放坡开挖较经济。 2）无支撑施工，施工主体工程作业空间宽余、工期短。 3）适合于基坑四周空旷处有场地可供放坡，周围无邻近建筑设施。 4）软弱地基不宜挖深过大，因需较大量地基加固
无支撑围护开挖	挡墙支护下开挖	插入部分	1）适合于开挖较浅工程，地质条件较好、周围环境保护要求较低的基坑。 2）无支撑施工，工期较短

续表

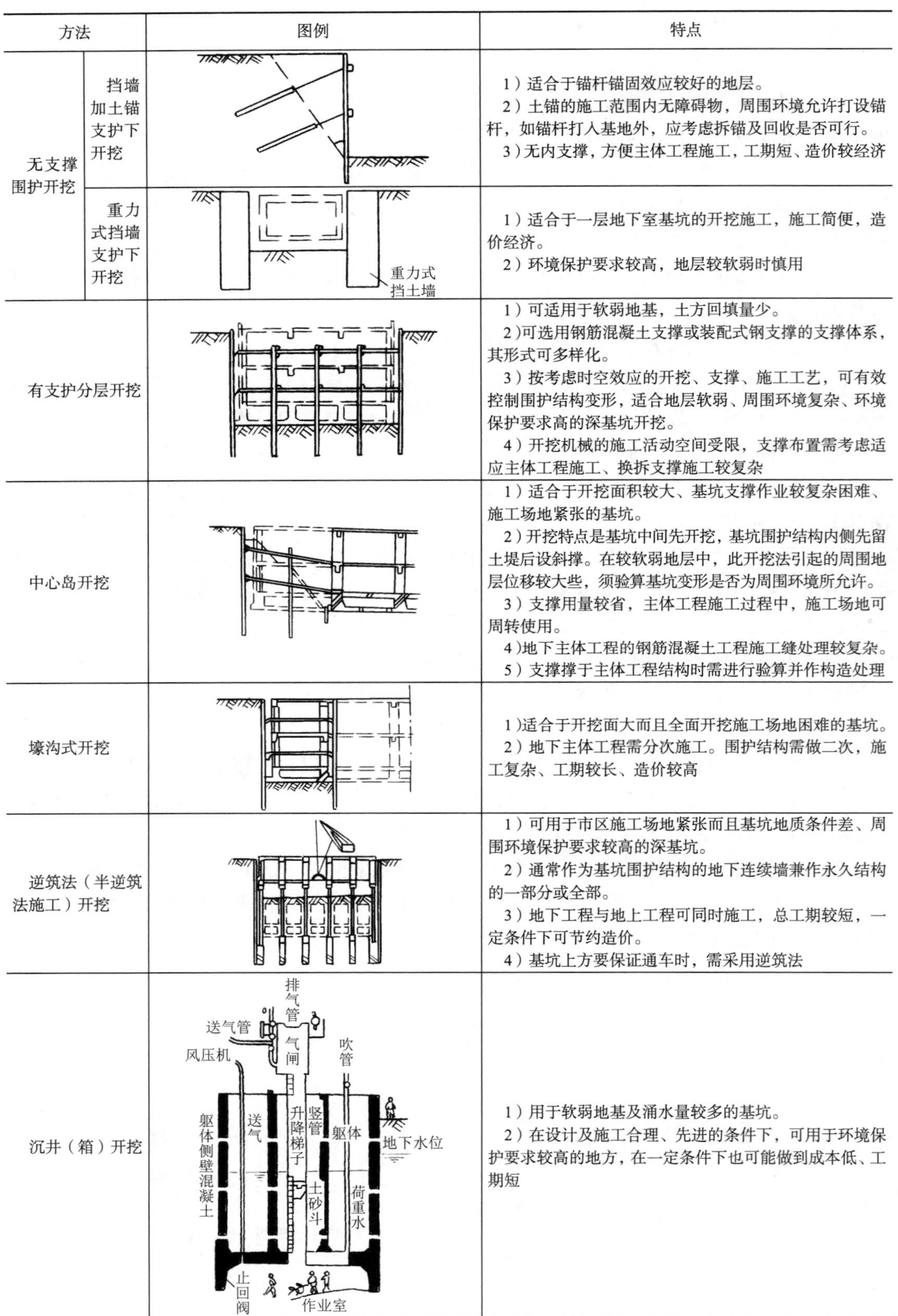

方法		图例	特点
无支撑围护开挖	挡墙加土锚支护下开挖		1）适合于锚杆锚固效应较好的地层。 2）土锚的施工范围内无障碍物，周围环境允许打设锚杆，如锚杆打入基地外，应考虑拆锚及回收是否可行。 3）无内支撑，方便主体工程施工，工期短、造价较经济
	重力式挡墙支护下开挖		1）适合于一层地下室基坑的开挖施工，施工简便，造价经济。 2）环境保护要求较高，地层较软弱时慎用
有支护分层开挖			1）可适用于软弱地基，土方回填量少。 2）可选用钢筋混凝土支撑或装配式钢支撑的支撑体系，其形式可多样化。 3）按考虑时空效应的开挖、支撑、施工工艺，可有效控制围护结构变形，适合地层软弱、周围环境复杂、环境保护要求高的深基坑开挖。 4）开挖机械的施工活动空间受限，支撑布置需考虑适应主体工程施工、换拆支撑施工较复杂
中心岛开挖			1）适合于开挖面积较大、基坑支撑作业较复杂困难、施工场地紧张的基坑。 2）开挖特点是基坑中间先开挖，基坑围护结构内侧先留土堤后设斜撑。在较软弱地层中，此开挖法引起的周围地层位移较大些，须验算基坑变形是否为周围环境所允许。 3）支撑用量较省，主体工程施工过程中，施工场地可周转使用。 4）地下主体工程的钢筋混凝土工程施工缝处理较复杂。 5）支撑撑于主体工程结构时需进行验算并作构造处理
壕沟式开挖			1）适合于开挖面大而且全面开挖施工场地困难的基坑。 2）地下主体工程需分次施工。围护结构需做二次，施工复杂、工期较长、造价较高
逆筑法（半逆筑法施工）开挖			1）可用于市区施工场地紧张而且基坑地质条件差、周围环境保护要求较高的深基坑。 2）通常作为基坑围护结构的地下连续墙兼作永久结构的一部分或全部。 3）地下工程与地上工程可同时施工，总工期较短，一定条件下可节约造价。 4）基坑上方要保证通车时，需采用逆筑法
沉井（箱）开挖			1）用于软弱地基及涌水量较多的基坑。 2）在设计及施工合理、先进的条件下，可用于环境保护要求较高的地方，在一定条件下也可能做到成本低、工期短

6.2.2　深基坑支护的主要形式

1. 概要

深基坑的支护结构是多种多样的。大体上可以把它分为挡土（水）和支撑两大部分。其中，挡土部分又可分为防水结构和透水结构两部分（图 6-2）。支撑（或拉锚）系统则是与挡土部分共同承受外力并能减少基坑变形的结构。

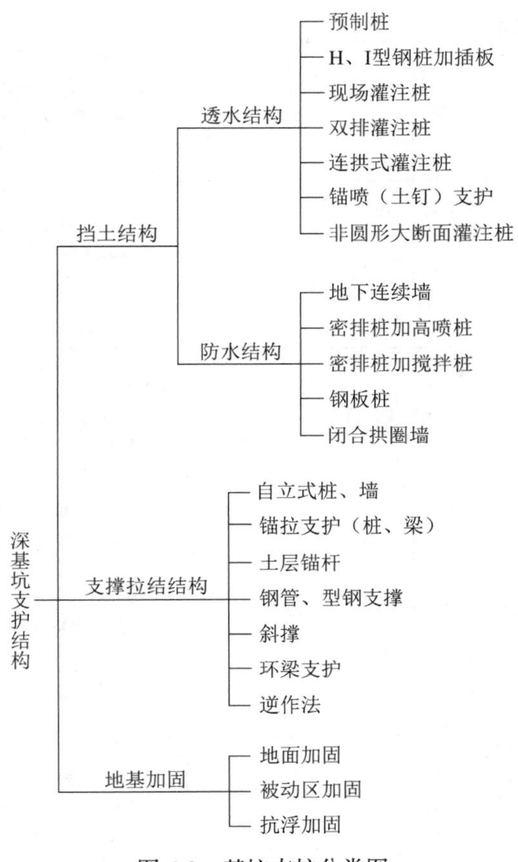

图 6-2　基坑支护分类图

有些挡土结构能够同时起到上述的挡土和支撑作用，这就是所谓的自立式挡土结构。这种结构常用大口径人工挖孔桩、地下连续墙（板状或丁字形）、双排灌注桩和重力式挡土墙等。

还有基坑是采用放坡开挖的，特别是大型的水利水电、矿山等基坑更是如此。根据支护结构的受力特点、施工方法和结构形式的不同，可把基坑结构分为如表 6-3 所示的几种类型。表中还列出了它们的适用条件。

基坑支护方案选择表　　**表 6-3**

序号	拟选择的支护结构	应考虑的因素			注意事项与说明
		施工、场地条件	土层条件	一般开挖深度（m）	
1	放坡开挖	1）基坑周围场地允许。 2）邻近基坑边无重要建筑物或地下管线	可塑	＜10	1）开挖深度超过 4～5m 时宜采用分级放坡。 2）地下水位较高或单一放坡不满足基坑稳定性要求时宜采用深层搅拌桩、高压喷射注浆墙等措施进行截水或挡土

续表

序号	拟选择的支护结构	应考虑的因素			注意事项与说明
		施工、场地条件	土层条件	一般开挖深度（m）	
2	重力式挡土结构	1）基坑周围不具备放坡条件，但具备重力式挡墙的施工宽度。 2）邻近基坑边无重要建筑物或地下管线	软塑	＜6	1）土钉墙开挖深度不宜超过12m，且土层较好的基坑支护工程。 2）土层较差且厚度较大时，特别是软塑至流塑土层，宜选择水泥土搅拌桩墙挡土结构
3	悬臂式挡土结构	基坑周围不具备放坡或施工重力式挡墙的宽度	可塑	＜8	1）开挖深度不大，或邻近基坑边无建筑物及地下管线，或土层情况较好时，可选用。 2）变形较大的坑边可选用双排桩或多排桩，门架式双排桩或加一道或多道拐角部位的斜撑。 3）土质好时，可加大开挖深度
4	支锚排桩挡土结构	1）基坑周围施工宽度狭小。 2）邻近基坑边有建筑物或地下管线需要保护	锚杆的锚固段要求有较好土层，其余不限	＜20	1）基坑平面尺寸较小，或邻近基坑边有深基础建筑物或基坑用地红线以外不允许占用地下空间，可选择基坑内支撑排桩式支护形式。 2）基坑周边土层较好（$N \geqslant 6 \sim 10$击的黏土等），且邻近基坑边无深基础建筑物或基坑用地红线以外允许占用地下空间，可选择拉锚排桩式支护形式
5	地下连续墙	1）基坑周围施工宽度狭小。 2）邻近基坑边有建筑物或地下管线需要保护	不限	—	1）地下连续墙宜考虑兼作永久结构的全部或一部分使用。 2）基坑开挖深度较大时，地下连续墙应设置内支撑或锚杆，其要求与支锚式排桩要求类似。 3）地下连续墙可结合逆作法或半逆作法进行施工
6	拱圈支护结构	1）基坑周围施工宽度狭小。 2）邻近基坑边无重要建筑物	硬塑	＜10	1）采用排桩支护结构较困难或不经济。 2）坑壁拱圈支护结构应结合逆作法进行施工。 3）基坑平面尺寸近方形或圆形
7	土钉或喷锚支护结构	1）基坑周围不具备放坡条件。 2）邻近基坑边无重要建筑物、深基础建筑物或地下管线等	可塑	—	1）土体内富含地下水，或可塑性较大的软土厚度超过3m，不宜采用喷锚支护结构。 2）在市区内，或基坑周围有需保护建筑物，应慎用喷锚支护结构
8	组合式支护结构	1）邻近基坑边有重要建筑物或地下管线。 2）基坑周围不具备放坡条件	不限	—	1）单一支护结构形式难以满足工程安全或经济要求时，可考虑组合式支护结构。 2）组合式支护结构形式应根据具体工程条件与要求，确定能充分发挥所选结构单元特长的最佳组合形式
9	环形内支撑桩墙支护结构	基坑周边施工场地狭窄或有相邻重要建筑物，基坑尺寸较大	可塑	＜20	有下列条件时，可选用有内支撑排桩支护结构： 1）相邻场地有地下建筑物，不宜选用锚杆支护。 2）为保护场地周边建筑物，基坑支护桩不得有较大内倾变形。 3）场地土质条件较差，对支护结构有较大要求时。 4）地下水较高时，应设挡土及止水结构
10	逆作法基坑开挖与支护结构	适用于各种土质的基坑	不限	—	1）逆作法为先进的施工方法，立体交叉作业应预先做好施工组织方案。 2）以地下室的梁板作支撑，自上而下施工，挡土结构变形小，节省临时支护结构，节点处处理较困难。 3）可按施工程序不同分为全逆作法或半逆作法
11	支护结构与坑内土质加固的复合式支挡	坑内被动土压区土质较差，或基坑较深，防止基坑支护结构过大变形或坑底土体隆起	可塑	＜12	1）被动区加固可用注浆法、旋喷桩法、搅拌桩法，根据施工条件选择合适方法。 2）加固区深度与宽度应通过比较确定
12	地面拉结与支护桩结构	1）场地周边开阔。 2）有条件采用预应力钢筋或花篮螺栓拉紧	不限	＜12	1）节省支护费用。 2）可与混凝土灌注桩或H型钢桩配合

表6-4列出了主要基坑支护结构的结构形式和施工要点。

基坑支护结构特性表 表 6-4

类型	形式	图例	特点
板桩式	钢板桩	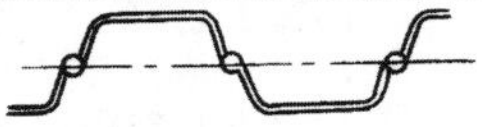 (1) U形钢板 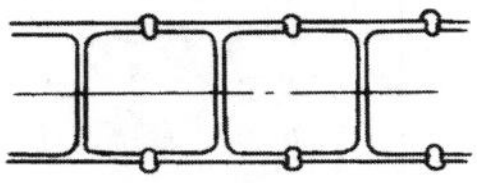 (2) H形钢板 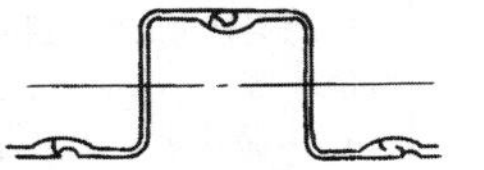 (3) Z形钢板 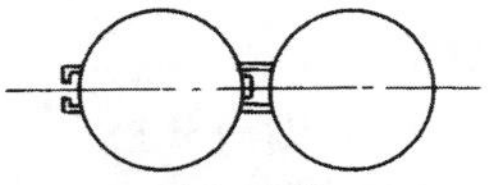 (4) 钢管	1) 钢板桩系工厂成品，强度、品质、接缝精度等质量有保证，可靠性高。 2) 具有耐久性，可回拔修正再行使用。 3) 与多道钢支撑结合，适合软土地区的较深基坑。 4) 施工方便，工期短。 5) 施工中须注意接头防水，以防止桩缝水土流失所引起的地层塌陷及失稳问题。 6) 钢板桩刚度比排桩和地下连续墙小，开挖后挠度变形较大。 7) 打拔桩振动噪声大，容易引起土体移动，导致周围地基较大沉陷
	预制混凝土板桩	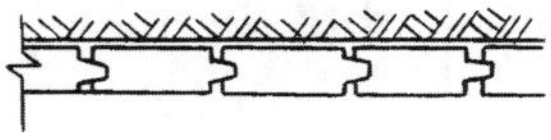	1) 施工方便、快捷，造价低、工期短。 2) 可与主体结构结合。 3) 打桩振动及挤土对周围环境影响较大，不适合在建筑密集市区使用。 4) 接头防水性差。 5) 不适合在硬土层中施工
	主桩横列板	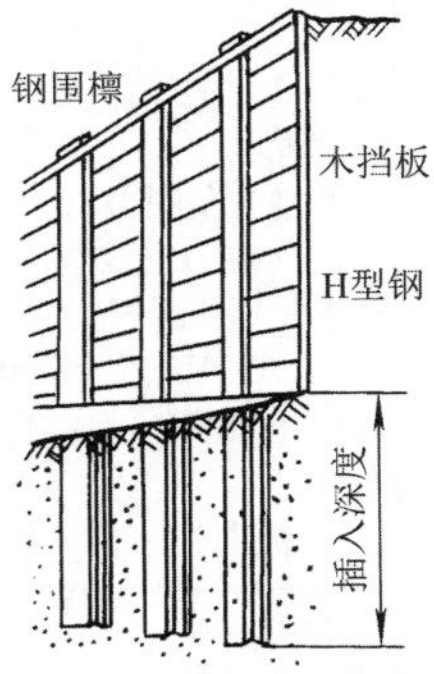 钢围檩 木挡板 H型钢 插入深度	1) 施工方便、造价低，适合开挖宽度较窄、深度较浅的市政排水管道工程。 2) 止水性较差，软弱地基施工容易产生坑底隆起和覆土后的沉降。 3) 容易引起周围地基沉降
柱列式	钻孔灌注桩	 (1) 一字形配置 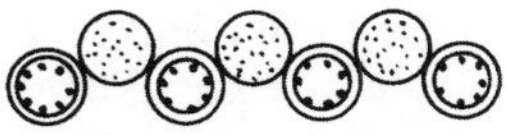 (2) 错缝配置 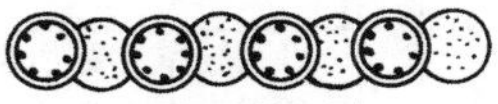 (3) 搭接配置	1) 噪声和振动小，刚度较大，就地浇制施工，对周围环境影响小。 2) 适合软弱地层使用，接头防水性差，要根据地质条件从注浆、搅拌桩、旋喷桩等方法中选用适当方法解决防水问题。 3) 在砂砾层和卵石中施工慎用。 4) 整体刚度较差，不适合兼作主体结构。 5) 桩质量取决于施工工艺及施工技术水平，施工时需作排污处理
	挖孔灌注桩	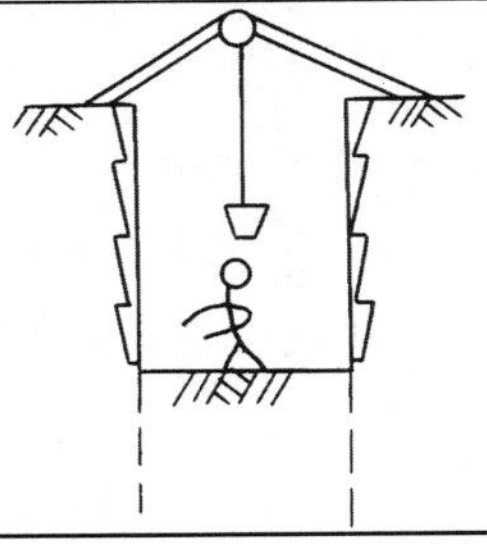	1) 施工方便，造价较低廉，成桩质量容易保证。 2) 施工、劳动保护条件较差。 3) 不能用于地下水位以下不稳定地层

续表

类型	形式	图例	特点
地下连续墙	—	 （1）地下连续墙A接头  （2）地下连续墙B接头  （3）地下连续墙C接头	1）施工噪声低，振动小，就地浇制，墙接头止水效果较好，整体刚度大，对周围环境影响小。 2）适合于软弱地层和建筑设施密集城市市区的深基坑。 3）墙接头构造有刚性和柔性两种类型，并有多种形式。高质量的刚性接头的地下连续墙可作永久性结构；还可施工成T形、Ⅱ形等，以增加抗弯刚度，作自立式结构。 4）施工的基坑范围可达基地红线，可提高基地建筑物的使用面积，若建筑物工期紧、施工场地小，可将地下连续墙作主体结构并可采用逆筑法、半逆筑法施工。 5）泥浆处理、水下钢筋混凝土浇制的施工工艺较复杂，造价较高。 6）为保证地下连续墙质量，要求较高的施工技术和管理水平
自立式水泥土挡墙	水泥土搅拌桩挡墙	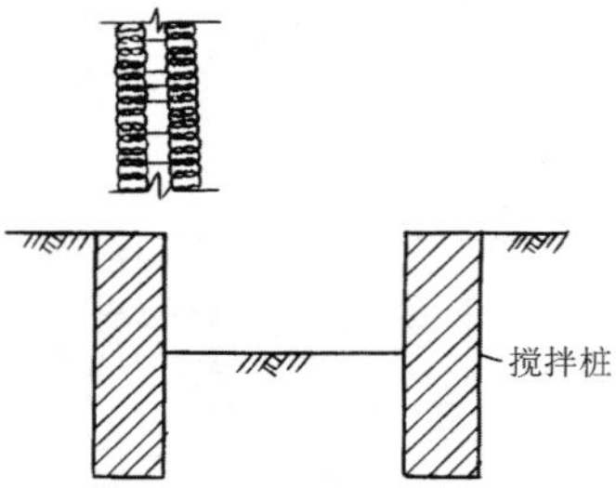	1）适合于软土地区、环境保护要求不高、深度不大于7m的基坑工程。 2）施工低噪声，低振动，结构止水性较好。 3）围护挡墙较宽，一般需3～4m，需占用基地红线内一部分面积
	高压旋喷桩挡墙	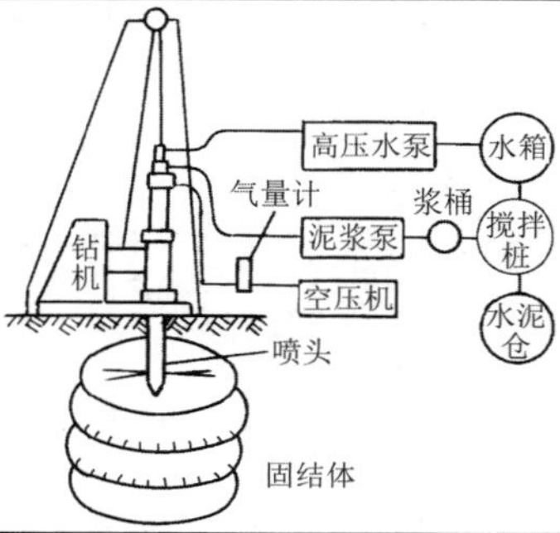	1）适合于软土地区环境要求不很高、挖深不大于7m的基坑。 2）施工低噪声、低振动，对周围环境影响小，止水性好。 3）如作自立式水泥土挡墙，墙体较厚，需占用基坑红线内一部分面积。 4）施工需作排污处理，工艺复杂，造价高。 5）作为围护结构的止水加固措施、旋喷桩深度可达30m
组合式	SMW工法	 （1）全孔设置 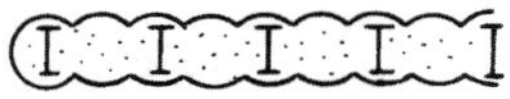 （2）隔孔设置  （3）组合式	1）施工低噪声，对周围环境影响小。 2）结构止水性好，结构强度可靠，适合于各种土层，配以多道支撑，可适用于深基坑。 3）此施工方法在一定条件下可取代作为围护的地下连续墙，具有较大的发展前景
	灌注桩与搅拌桩结合	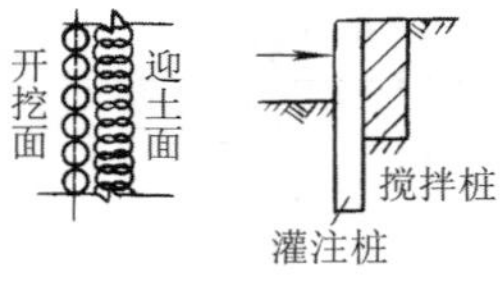	1）灌注桩作为受力结构，搅拌桩作为止水结构。 2）适用于软弱地层中挖深不大于12m的深基坑，当开挖深度超过12m且地层可能发生流砂时，要慎用。 3）施工低噪声，低振动，方便，造价经济，止水效果较好。 4）搅拌桩与灌注桩结合可形成连拱形结构，搅拌桩作受力拱，灌注桩作支承拱脚，沿灌注桩竖向设置道数适量的支撑。这种组合式结构可因地制宜，取得较好的技术经济效果
沉井法	沉井	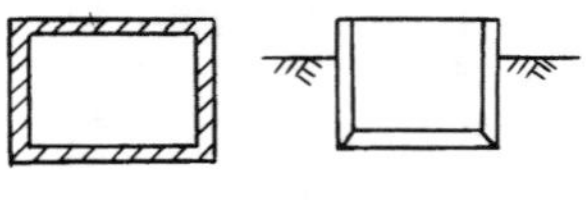	1）施工占地面积小，挖土量少。 2）应用于工程用地与环境条件受到限制或埋深较大的地下构筑物施工中。 3）只要措施选择恰当，技术先进，沉井施工法可适用于环境保护要求较高和地质条件较差的基坑工程

2. 主要基坑支护结构简介

下面把有代表性的支护结构介绍如下。

1）地下连续墙

地下连续墙刚度大，挡土结构变位小，整体性好，可以在各种地基条件下施工；既可作为基坑的挡土和防水（渗）结构，也能作为永久结构（如地下室外墙）的一部分。它可以采用自立式结构，也可以采用水平拉锚、土层锚杆、钢支承或混凝土梁作为水平支撑，还可以采用逆作法施工。它特别适用于深基坑工程。

地下连续墙也可采用闭合式断面，如圆筒形、矩形或多边形等。市政、桥梁的深基础或深的竖井常常采用这些闭合断面的地下连续墙。

1993 年在天津市冶金科贸大厦中采用的挡土、防水和承重三合一的地下连续支护墙，可以说是我国首次在高层（地上 28 层、地下 3 层）建筑物中，把基坑支护结构与永久结构合二为一的先例，这以后施工的金皇大厦（地上 47 层、地下 3 层）和华信大厦（建筑面积 18 万 m^2，地下 3 层）也都采用了类似的设计体系。上海的金茂大厦（地上 88 层、地下 3 层）也是这种临时与永久合一的地下连续墙。

地下连续墙的缺点是：需要专用挖槽机，单位成本高，泥浆易污染环境。

2）现场灌注桩

目前，我国基坑工程的 50%以上使用了各种形式的现场灌注桩。

我国钻孔灌注桩的钻机很多，钻孔成本很低，桩径大小、桩身长短和桩的间距可以随意调整，并且具有可以和深层水泥搅拌桩、压力注浆、高喷和摆喷桩相结合（图 6-3），组成防水（渗）的挡土结构等特点，使得钻孔灌注桩获得了广泛应用。

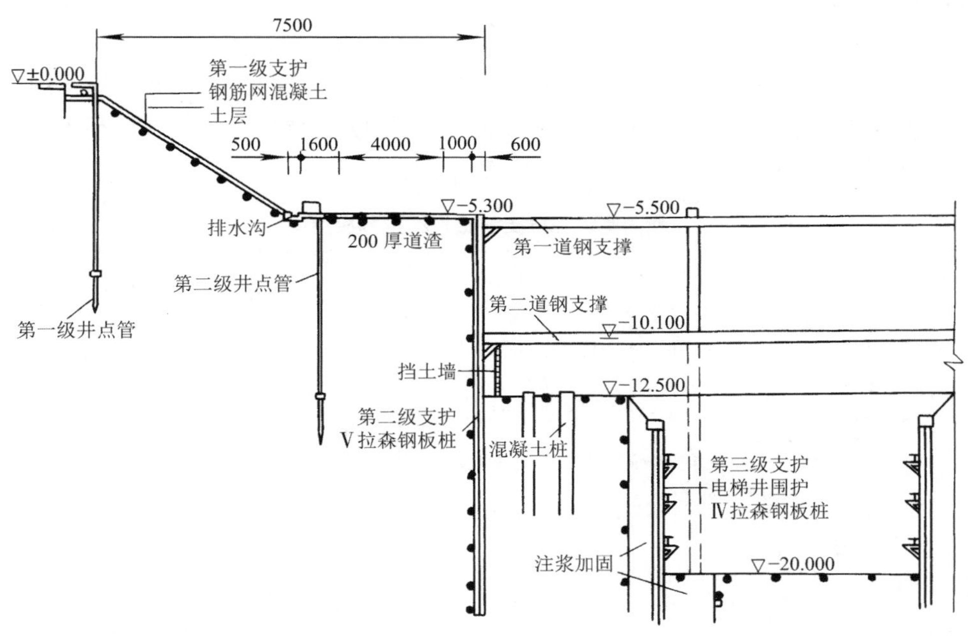

图 6-3　基坑支护

3）钢筋混凝土支撑

这是近年来开发使用的基坑内支撑结构。在软土地基中，基坑支护结构的承载和位移过大常常造成基坑和支护结构的不稳定或事故。使用钢筋混凝土作为基坑的水平内支撑，具有刚度大、整体性高、便于施工等优点，即使在形状不规则或有缺口的基坑内，也可获得较为理想的效果，所以应用日渐增多。目前，在天津、上海两地使用得较多。

环梁平面形状大多为单圆、双圆（图 6-4）或椭圆以及框架式。目前，最大环梁直径已超过 130m。

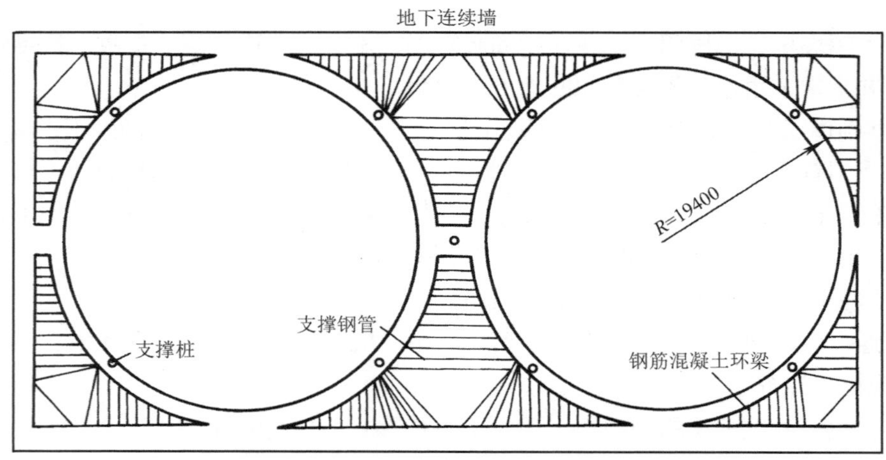

图 6-4　环梁支撑系统（平面）

6.2.3　支护结构选型

我国幅员辽阔，对于支护结构的施工工艺，各地不一，有传统的，有引进国外技术又结合当地情况改进的。因此，如何合理地选择支护结构的类型，应根据地质情况、周围环境要求、工程功能、当地的常用施工工艺设备以及经济技术条件进行综合考虑，因地制宜地选择支护结构类型。表 6-5 所示为我国目前对于不同开挖深度、不同地质环境条件下的支护结构可选择方案的归纳，可作为支护方案选型的参考。

我国基坑工程支护结构类型和应用　　　　表 6-5

开挖深度	我国沿海软土地区软弱土层，地下水位较高情况	我国西北、西南、华南、华北、东北地区地质条件较好，地下水位较低情况
≤6m（一层地下室）	方案 1：搅拌桩（格构式）挡土墙。 方案 2：灌注桩后加搅拌桩或旋喷桩止水，设一道支撑。 方案 3：环境允许，打设钢板桩或预制混凝土板桩，设 1～2 道支撑。 方案 4：对于狭长的排管工程采用主柱横挡板或打设钢板桩加设支撑	方案 1：场地允许可放坡开挖。 方案 2：以挖孔灌注桩或钻孔灌注桩做成悬臂式挡墙，需要时亦可设一道拉锚或锚杆。 方案 3：土层适于打桩，同时环境又允许打桩时，可打设钢板桩
6～11m（二层地下室）	方案 1：灌注桩后加搅拌桩或旋喷桩止水，设 1～2 道支撑。 方案 2：对于要求围护结构作永久结构的，则可采用设支撑的地下连续墙。 方案 3：环境条件允许时，可打设钢板桩，设 2～3 道支撑。 方案 4：可应用水泥土搅拌桩工法。 方案 5：对于较长的排管工程，可采用打设钢板桩，设 3～4 道支撑，或灌注桩后加必要的降水帷幕，设 3～4 道支撑	方案 1：挖孔灌注桩或钻孔灌注桩加锚杆或内支撑。 方案 2：钢板桩支护并设数道拉锚。 方案 3：较陡的放坡开挖，坡面用喷锚混凝土及锚杆支护，也可用土钉墙

续表

开挖深度	我国沿海软土地区软弱土层，地下水位较高情况	我国西北、西南、华南、华北、东北地区地质条件较好，地下水位较低情况
11～14m（三层地下室）	方案 1：灌注桩后加搅拌桩或旋喷桩止水，设 3～4 道支撑。 方案 2：对于环境要求高的，或要求围护结构兼作永久结构的，采用设支撑的地下连续墙。可采用逆筑法、半逆筑法施工。 方案 3：可应用水泥土搅拌桩工法。 方案 4：对于特种地下构筑物，在一定条件下可采用沉井（箱）	方案 1：挖孔灌注桩或钻孔灌注桩加锚杆或内支撑。 方案 2：局部地区地质条件差，环境要求高的可采用地下连续墙作临时围护结构，也可兼作永久结构，采用顺筑法或逆筑法、半逆筑法施工。 方案 3：可研究应用水泥土搅拌桩工法
＞14m（四层以上地下室或特种结构）	方案 1：有支撑的地下连续墙作为临时围护结构，也可兼作主体结构，采用顺筑法或逆筑法、半逆筑法施工。 方案 2：对于特殊地下构筑物，特殊情况下可采用沉井（箱）	方案 1：在有经验、有工程实例的前提下，可采用挖孔灌注桩或钻孔灌注桩加锚杆或内支撑。 方案 2：采用地下连续墙作为临时围护结构，也可兼作永久结构，采用顺筑法或逆筑法、半逆筑法施工。 方案 3：可应用水泥土搅拌桩工法

6.2.4　基坑安全等级分类

《建筑基坑支护技术规程》JGJ 120—2012 提出了基坑安全等级分类的概念，并提供了重要性系数（表 6-6）。

基坑安全等级和重要性系数表　　表 6-6

安全等级	支护结构破坏或土方开挖过程中地基土体位移的影响后果	重要性系数γ_0
一级	对周边环境和对本工程施工影响很严重	1.10
二级	对周边环境影响小，对本工程施工影响很严重	1.00
三级	对周边环境影响小，对本工程施工影响不严重	0.90

按表中要求对基坑进行分类并不是一件容易的事情。但是它明确地告诉我们，在进行基坑设计的时候，一定要考虑一旦支护结构破坏对周围环境和对本工程施工的影响。根据工程具体要求，必须选定是按稳定性（强度）要求、还是按变形要求进行设计。如果是后者，还要根据周边环境条件确定允许变形量。

6.2.5　设计基本原则

支护体系设计要坚持安全、经济、方便施工的原则。

设计人员在掌握基坑工程要求（平面尺寸和深度等）、场地工程地质和水文地质条件、场地周边环境条件等资料后，应对影响基坑工程支护体系安全的主要矛盾作出分析，确定影响支护体系安全的主要矛盾是土压力还是渗流。一般说来，地下水位较高的砂土地基中基坑工程渗流是主要矛盾，特别是有承压水时，矛盾更为突出。软黏土地基中基坑工程土压力是主要矛盾。在支护体系选型和设计中一定要注意处理好主要矛盾。

在基坑工程支护体系设计中，要重视支护体系失败或土方开挖造成周边地基变形对周边环境和工程施工产生的影响。当场地开阔、周边没有建（构）筑物和市政设施时，基坑支护体系的主要矛盾是本身的稳定性问题，可以允许支护结构及周边地基发生较大的变形。这种情况可按支护体系稳定性要求进行设计。当基坑周边有建（构）筑物和市政设施时，应对其重要性、地基变形的适应能力进行分析，并提出基坑支护结构和地面沉降的允许值。在这种情况下，支护体系设计不仅要满足稳定性要求，还要满足变形要求，而且支护体系设计往往由变形控制。

作用在支护结构上的土压力值与支护结构变形有关，因此按变形控制设计和按稳定性控制设计作用在围护结构上的土压力是不同的，在支护体系设计中应予以重视。

6.2.6 设计内容

基坑工程支护体系设计一般包括下述内容：

（1）支护体系的选型，包括支护结构形式和防渗体系。

（2）支护结构的强度和变形计算（对锚撑结构，包括锚固体系或支撑体系）。

（3）防渗体系的设计计算。

（4）基坑内外土体稳定性（含渗流稳定性）验算。

（5）基坑挖土施工组织设计。

（6）监测设计及应急措施的制订。

6.3 设计荷载和计算参数

6.3.1 概述

作用在基坑支护结构上的荷载有以下几种：

（1）由上部结构传递下来的垂直荷载、水平力和弯矩，以及施工期间可能产生的荷载。

（2）支护桩（墙）的自重。

（3）基坑顶面上的超载（堆土、模板、车辆和邻近建筑物等）。

（4）由地基土产生的水平土压力。

（5）由地面超载产生的水平土压力。

（6）水压力，大多数情况下是渗透水压力和浮力。

（7）地震产生的垂直和水平荷载。

上述各项荷载中，（4）中的土压力，是比较难于准确把握和计算的荷载，在设计计算和参数取值上常常采用直观、简单和偏于安全的方法。一般情况下不计地震产生的影响。

虽然传统的土压力计算理论不能计算基坑支护结构和土体的变形，不能完全适应当前基坑工程大发展的要求，但是由于弹性地基梁的m法和有限元法尚有其不成熟之处，计算机在深基坑支护设计中的应用也未普及，特别是它们还不能完全考虑地下水的存在与渗流对水压力和土压力的影响，因此传统的土压力设计理论不仅要保留，还要改进，以成为实用、有效的计算方法。

当前对黏性土的土压力计算问题，有水土压力分算与水土压力合算的分歧。在国外，常取黏性土$\varphi=0$，此时分算法与合算法的结果是一致的，但是采用$\varphi=0$的算法偏于保守。当前已比较一致地认为可取固结不排剪或固结快剪指标，即$\varphi>0$。在$\varphi>0$条件下，有分析认为水土合算法在理论上是不成立的。深基坑工程中渗流问题比较突出，而又常在工程中被忽视，有些水压力分布的提法是含糊不清甚至是不正确的，使水土分算法误差加大。

6.3.2 土的抗剪强度与强度指标的选定

1. 土的抗剪强度与试验方法

1）土的抗剪强度表示方法

土的抗剪强度是指在外力作用下，土体内部产生剪应力时，土对剪应力的极限抵抗能力。

按库仑定律，黏性土的抗剪强度表达为

$$\tau_f = c + \sigma \tan\varphi \tag{6-1}$$

式中　τ_f——土的抗剪强度（kPa）；

σ——作用于剪切面上的法向压力（kPa）；

φ——土的内摩擦角（°）；

c——土的黏聚力（kPa）。

无黏性土$c = 0$，故上式简化为

$$\tau_f = \sigma \tan\varphi \tag{6-2}$$

对于平面问题，可用一个莫尔圆表示土体中某点的应力状态，莫尔圆圆周上各点的横坐标与纵坐标分别表示该点在相应平面上的正应力和剪应力，如图 6-5 所示。在图 6-5（a）中，平面mn的正应力与剪应力可表示为

$$\sigma = \frac{1}{2}(\sigma_1 + \sigma_3) + \frac{1}{2}(\sigma_1 - \sigma_3)\cos 2\alpha \tag{6-3}$$

$$\tau = \frac{1}{2}(\sigma_1 - \sigma_3)\sin 2\alpha \tag{6-4}$$

式中　τ——剪应力（kPa）；

σ_1、σ_3——土体的大小主应力（$\sigma_1 > \sigma_3$）（kPa）；

α——平面与大主应力作用面的夹角（°），即图 6-5（b）中BC与BA的夹角。

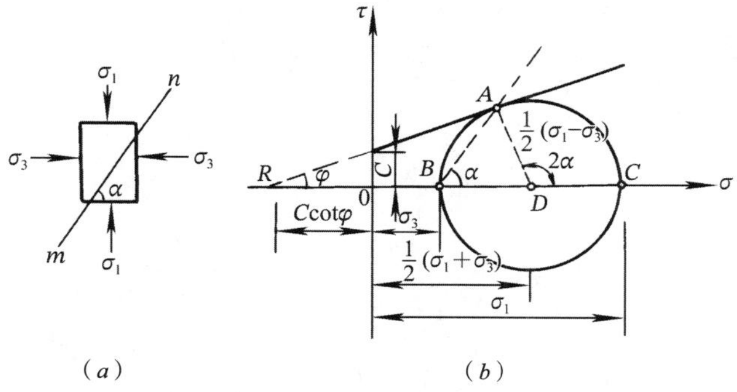

图 6-5　土体中一点达极限平衡状态时的莫尔圆

（a）单元微体；（b）极限状态时的莫尔圆

图 6-5（b）中，RA直线称为强度包线，当莫尔圆与强度包线相切时，切点A的$\tau = \tau_f$，表示切点A处于极限平衡状态。根据极限应力圆与强度包线之间的几何关系，可得到抗剪强度指标和主应力σ_1、σ_3之间的关系：

$$\sigma_3 = \sigma_1 \tan^2(45° - \varphi/2) - 2c\tan(45° - \varphi/2) \tag{6-5}$$

$$\sigma_1 = \sigma_3 \tan^2(45° + \varphi/2) + 2c\tan(45° + \varphi/2) \tag{6-6}$$

2）强度指标的测定方法

土的抗剪强度是土的一个重要力学性质。测定强度指标的方法有多种，在实验室内常用的有直接剪切试验和三轴剪切试验。

直接剪切试验采用直接剪切仪，图 6-6 所示为直剪仪的示意图，该仪器的主要部分由固定的上盒和活动的下盒组成，试样放在盒内上下两块透水石之间。试验时，通过加压板

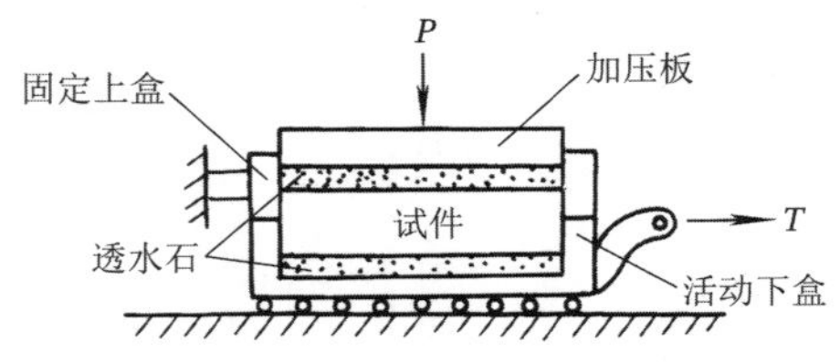

图 6-6　直剪仪

加法向力P，然后在下盒施加水平力T，使其发生水平位移，试样则沿上下盒之间的水平面上受剪切。在法向力P作用下，土样达到剪切破坏的水平作用力为T。若试样水平截面积为F，则正压力$\sigma = P/F$，土样抗剪强度$\tau_f = T/F$。

采用不同的法向应力，可得出不同的抗剪强度，将一组（一般为 4个）σ与τ_f的对应值画在坐标纸上，得到四个点，将其连成一条直线，该直线与横坐标的夹角即土的内摩擦角φ，直线在纵坐标轴上的截距即土的黏聚力c。

直接剪切试验仪器简单，操作方便，但存在以下问题：①剪切面限定在上下盒之间的平面，而不是沿土样最薄弱的面剪切破坏；②剪切面上剪应力分布不均匀，土样剪切破坏先从边缘开始，在边缘发生应力集中现象；③在剪切过程中，因上下盒发生错动使土样剪切面逐渐缩小，计算时却按土样原截面积计算；④试验时不能严格控制排水条件。

三轴试验是在三轴仪上进行，图 6-7 所示为三轴仪构造示意图，将土样加工成圆柱体套在橡皮膜内，放在密封的受压室中，然后加压，使试件在各向受到周围压力σ_3。然后再通过传力杆对试件施加竖向压力，直至试样剪切破坏。设剪切破坏时由传力杆加在试件上的竖向压力为$\Delta\sigma_1$，则试件上大主应力$\sigma_1 = \sigma_3 + \Delta\sigma_1$，由$\sigma_1 - \sigma_3$可画出一个莫尔圆，用同一种土的若干个试件（3 个以上，一般为 4 个）按上述方法分别进行试验，对每个试样施加不同的周围压力σ_3，可分别得出剪切破坏时相应的大主应力σ_1。将这些结果绘成一组莫尔破裂圆，画出该组莫尔破裂圆的公共切线（称破坏包线），就是土的抗剪强度线。该线与横坐标轴的夹角为土的内摩擦角φ，在纵坐标轴上的截距即为土的黏聚力c。

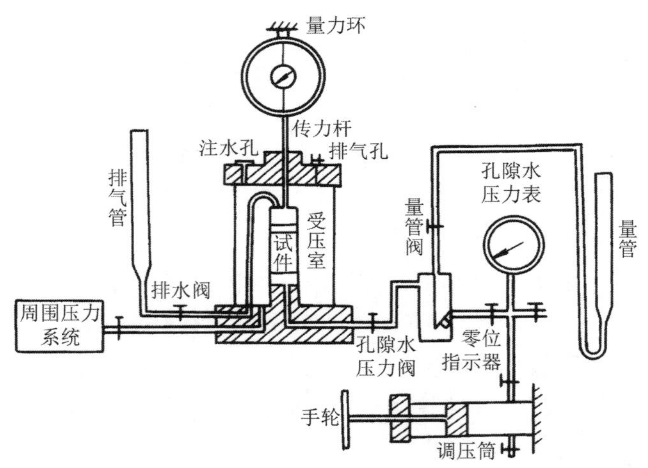

图 6-7　三轴仪

用三轴仪做试验，可控制排水条件，并测出孔隙水压力大小，且破裂面将出现在最弱处，结果比较可靠。但这种仪器构造较复杂，操作技术也比较高，故目前还未能广泛使用。

3）不同排水条件下的试验方法与结果

土的抗剪强度与土的固结度有密切关系，而土的固结过程就是孔隙水压力的消散过程，对同一种土在不同排水条件下进行试验，可得出不同的抗剪强度指标C和φ，试验条件的选取应尽可能反映地基的实际工作情况。

根据试验时的不同排水条件可分为三种试验方法，其结果也各不相同。

（1）不排水剪（在直剪试验中称为快剪）。这种试验方法在整个试验过程中试样保持不排水，如用直剪仪，则在试样的上下面均贴以蜡纸或将上下两块透水石换成不透水的金属板，并在加竖向压力后随即施加水平剪力，使试样迅速剪切破坏。当用三轴剪切仪时，则关闭排水阀门。在不同的周围压力σ_3作用下，破坏时的主应力差是相等的。将试验结果画出莫尔圆，则莫尔圆直径相等，因而强度包线是一条水平线，故内摩擦角$\varphi_u = 0$，则

$$\tau_f = C_u = \frac{1}{2}(\sigma_1 - \sigma_3) \tag{6-7}$$

直接剪切仪进行快剪试验常得出$\varphi_u = 1°\sim3°$，这主要是由于直接剪切仪不能严格控制不排水的缘故。

（2）固结不排水剪（在直剪试验中称为固结快剪）。在直剪试验中先将试样在一定的压力下完成固结，然后很快地施加水平剪力，使试样在基本不排水的条件下快速剪切破坏。在三轴剪切试验中，先施加等向周围压力σ_3，将排水阀门打开，让试样在排水的情况下完成固结，然后关闭排水阀门，再施加竖向压力，使试样在不排水的情况下剪切破坏。

对于不同的固结压力，剪切破坏力是不同的，但两者呈线性关系，强度包线的倾角以φ_{cu}（直剪仪的固结快剪也有另以φ_{cq}表示的）表示，而截距则以C_{cu}（或C_{cq}）表示。当用三轴仪进行试验时，还可以通过测定的各相应的孔隙水压力u，由$\sigma_1' = \sigma_1 - u$，$\sigma_3' = \sigma_3' - u$，可算得破坏时的有效大小主应力，再画出有效应力圆与其强度包线。同理，此强度包线的倾角即为有效内摩擦角φ'，截距为有效黏聚力c'。

（3）排水剪（直剪试验称为慢剪）。排水剪是在整个试验过程中都允许孔隙水充分排出的一种试验方法。如用直剪仪，则试样上下两面都放置透水石，在垂直压力作用下让试样完全固结后，再缓慢施加水平剪力，直至剪切破坏；在三轴剪切试验中，始终将排水阀门打开，并给予充分时间让试样中的孔隙水能够完全消散，这样就可以得到有效强度指标C'、φ'。对正常固结的饱和黏性土，其结果与固结不排水试验用有效应力法所得的强度指标比较接近。

许多资料表明，直接剪切试验的慢剪指标与三轴剪切试验的排水剪切试验结果比较接近。

4）超固结土与正常固结土的固结快剪强度指标

超固结土的前期固结压力P_c对固结快剪试验结果是有影响的。在固结快剪试验中，先让试样在一定压力下完成固结。三轴试验则在周围压力σ_3下固结，如果$\sigma_3 > P_c$，属于正常固结试样，如果$\sigma_3 < P_c$，则属于超固结试样。超固结土固结不排水剪切试验的破坏包线为图 6-8 中的ab段。由于前期固结压力P_c超过试验时的周围预固结压力σ_3，因此它的抗剪强度比正常固结土高。正常固结土的破坏包线如以总应力表示则为ebd，以有效应力表示则为abd。

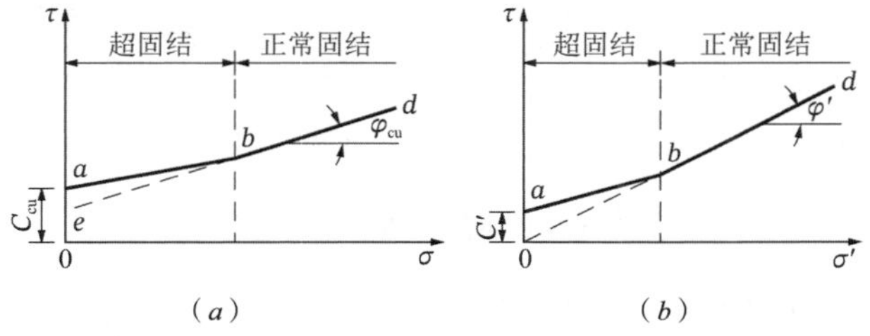

图 6-8　前期固结压力对饱和黏土固结不排水剪切试验结果的影响

（a）总应力法；（b）有效应力法

5）总应力法与有效应力法表示方法

抗剪强度试验成果一般有两种表示方法，一种是在σ-τ_f关系图中横坐标σ用总应力表示，称为总应力法，其表达式为

$$\tau_f = c + \sigma \tan\varphi \tag{6-8}$$

式中符号意义同前。

另一种是在σ-τ_f关系图中横坐标用有效应力σ'表示，称为有效应力法。

由于土中某点的总应力σ等于有效应力σ'和孔隙水压力u之和，即$\sigma = \sigma' + u$（或$\sigma = \sigma_u$），故在有效应力法中，抗剪强度的一般表达式为

$$\tau_f = c' + \sigma' \tan\varphi \tag{6-9}$$

或

$$\tau_f = c' + (\sigma - u) \tan\varphi' \tag{6-10}$$

式中　σ'——剪切破坏面上的法向有效应力（kPa）;

c'——土的有效黏聚力（kPa）;

φ'——土的有效内摩擦角（°）;

u——剪切破坏时的孔隙水压力（kPa）。

用有效应力法表示土的抗剪强度，可根据土的实际固结状态，估算总应力和孔隙水压力，得出较能反映实际情况的强度，但在试验中必须测量孔隙水压力，其设备和试验方法较复杂，必须用三轴仪才能完成；而用总应力法则无须测定孔隙水压力，试验方法简单、方便，它把孔隙水压力的影响包括在强度指标中，对于受排水条件影响不大的土，试验结果基本反映实际情况，故目前仍广泛应用。

6）峰值强度与残余强度指标

前面所描述的不同排水条件下土的强度，均为土的峰值强度，也就是土的最高强度。从应力应变的性状看，无论是正常固结土或是超固结土，甚至是重塑的黏土，强度达到峰值以后都会降低，直至在大应变下强度不再变化为止，如图6-9所示。在大应变下强度的稳定值，即为残余强度，这是由于强度达到峰值时，试样开始出现破裂面。随着应变进一步增大，破裂面上下发生错动，土体受到扰动，强度降低，应力值也逐渐降低。上海市基坑规范中，采用土的峰值强度。

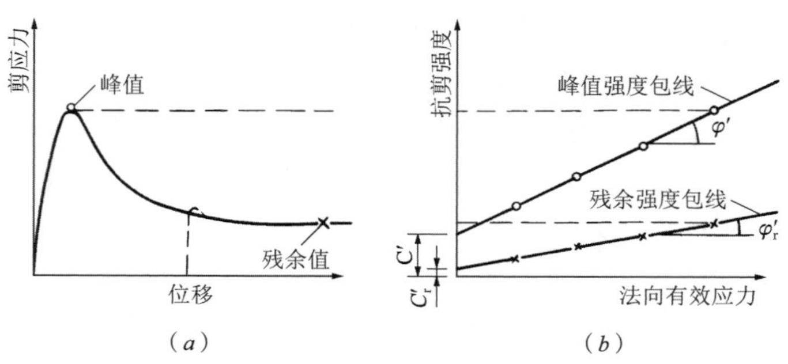

图6-9　高度超压密黏土的应力-应变和强度曲线

在基坑开挖中，当土体位移达一定值后，土体中就会产生破裂面。若位移继续增大，土的强度反而降低，此时土压力增大。因此，在发生大位移的条件下，应采用残余强度指标。

残余强度是在试样剪切变形达数厘米甚至几十厘米的条件下测得的，在常规的剪切试

验中，剪切变形不可能达到这么大，需要对现有试验方法加以改进。常用的方法有四种：①反复剪切的直剪试验；②事先把试样劈开的剪切试验；③三轴切面剪切试验；④环剪试验。

当无试验资料时，可参考下列资料估算残余强度及峰值强度。

黏性土的残余强度与黏粒含量有关，黏粒含量愈多，则残余强度降低愈多，残余强度$C_r = 0$或很小，φ_r比φ'约减小 1°～2°，塑性指数大的土可减小 10°。无黏性土的残余强度见表 6-7。

无黏性土的残余强度与峰值强度　　表 6-7

土的类别	残余强度φ_r（或松散砂峰值强度φ）	峰值强度	
		中密	密实
粉砂	26°～30°	28°～32°	30°～34°
均匀细砂、中砂	26°～30°	30°～34°	32°～36°
级配良好的砂	30°～34°	34°～40°	38°～46°
砾砂	32°～36°	36°～42°	40°～48°

2. 墙后主动区的强度指标选定

前面已指出，室内试验按试样的排水条件，可得出三种强度指标，即不排水剪或快剪指标$\varphi_u = 0$，$\tau_f = C_u$；固结不排水剪或固结快剪指标φ_{cu}、C_{cu}及排水剪或慢剪指标φ'、C'。

一般认为，强度指标的选定决定于土体的工作条件。由于土体的工作条件比较复杂，因此强度指标的选定也是一个比较复杂的问题。这里仅就深基坑工程的土体工作条件来讨论这一问题。

在支护桩或支护墙（以下均简称为支护桩或墙）设置之后，基坑开挖之前，地面以下深度为z的墙后土体中某点的应力状态如下：竖向应力为土自重应力，且为大主应力$\sigma_1 = \gamma z$，γ为土体重度；水平向应力为小主应力$\sigma_3 = K_0\sigma_1 = K_0\gamma z$，$K_0$为静止土压力系数。这就是天然土层中的应力状态，而且一般土为正常固结土。也就是说土在自重应力σ_1与σ_3的作用下，固结已经完成。只有新填土或沉积不久的土层，它在自重应力下固结未完成，称为欠固结土。

天然水平土层，土体处于平衡状态，互相约束，不可能产生侧向位移，也就是说土体在自重应力作用下处于侧限状态。

当基坑开挖开始后，墙前土被挖除，此时因有支护墙的支挡作用，如果支护墙因有支挡而无位移产生，则应力状态不改变，作用在支护墙上的土压力仍为$\sigma_3 = K_0\gamma z$，这就是所谓的静止土压力。但在一般情况下支护墙总会产生向坑内的位移，在此条件下，可认为σ_1保持不变，而σ_3则逐渐降低，直至达到极限平衡状态，即在破裂面上的剪应力等于土的抗剪强度。σ_3的降低过程也就是剪应力的增长过程。由于一般基坑开挖工期较短，对于黏性土，剪应力引起的孔隙水压力来不及消散，即来不及固结。这种应力路线基本上是和直剪仪的固结快剪试验一致的。因为试验过程也是让土样先在侧限（即K_0）条件下固结，而在剪切时是接近于不排水的，因此可以得出结论，在计算主动区由于土自重而产生的土压力时，采用固结快剪或固结不排水剪指标是比较合理的。

前面已指出，固结不排水剪的试验结果可以用总应力法的强度指标C_{cu}与φ_{cu}表示，也可以用有效应力法的强度指标C'与φ'表示。可是由于问题比较复杂，当前，一般还是采用总应力法的强度指标C_{cu}、φ_{cu}，其原因将在后面说明。当采用水土压力分算法时，宜将主动区土的φ值提高至 $1.2\varphi_{cu}$，被动区土的φ值提高到 $1.4\varphi_{cu}$，并令$C = C_{cu}$。

如果计算主动区由地面的临时荷载产生的土压力，情况就不一样了。这种荷载总是在支护结构已设置，并在基坑开挖开始之后短时间内施加完毕的，墙后黏性土来不及固结，因此计算土压力时应采用不排水剪或快剪指标。

此外，还有另外一种情况，就是在主动区的地面附近有已建的建筑物。要计算由此建筑物荷载引起的土压力，就要根据建筑物的建成年限具体分析。

以上各种情况均为对黏性土而言，对于砂土，由于排水固结迅速，任何情况下均可采用慢剪指标，或用固结不排水剪经孔隙水压力修正后的φ'、C'计算土压力。

对于黏性土，特别是软黏性土，也有人主张采用不排水剪的强度指标，即取$\varphi_u = 0$，$C = C_{cu}$。由于这是一种最保守的设计方法，因此对于任何一种荷载均可统一采用，这样也就使计算得到简化。但是当采用不排水剪强度指标时，一般不宜采用室内试验的结果。因为室内试验的试样受到扰动，强度指标偏低，因此最好采用十字板的原位测试方法得出的C_u。

此外，在处理基坑开挖出现的滑坡事故时，可能要设计新的支护结构。在设计中对滑动面通过的土层，应采用残余强度指标。有的工程，支护结构发生很大位移（例如大于300mm），工程出现险情，在考虑加固时，有时要验算土压力，此时采用的各土层的固结快剪指标应有所降低。

另外还有一种情况，即围护桩或工程桩采用打入或压入式的预制桩或沉管灌注桩，则土体将受到十分严重的扰动。虽然扰动之后，随着停歇时间的延长土体强度将逐渐恢复，但强度的恢复期很长，要达到100%的恢复，恢复期很可能要以年计。而对于深基坑工程，一般工期较短，因此，对于这种情况，应视工程实际条件，采用固结快剪的峰值强度与残余强度的某一中间值，或将原提供的峰值强度指标适当降低。

以上两点，在计算墙前区的被动土压力时也应同样考虑。

3. 墙前被动区的强度指标选定

墙前被动区土的强度指标一般也采用固结快剪或固结不排水剪强度指标。但是正如前面所指出的，当采用水土分算法计算有效被动土压力时，按理同样也要采用有效应力法的强度指标，即C'与φ'。可是目前一般还是采用固结快剪指标，这是不合理的，建议将被动区上的强度指标提高至$1.4\varphi_{cu}$。

此外尚需指出，墙前被动区土的应力路线与应力历史不同于墙后土。

今取原地面以下深度为z（此深度大于基坑开挖深度）的被动区土体中的某一点来讨论。该点在开挖前，其应力状态为$\sigma_1 = \gamma z$，$\sigma_3 = K_0 \gamma z$，且已完成固结。当基坑开挖到底后，如开挖深度为H，则由于上覆土体挖除而卸载，故竖向应力$\sigma_v = \gamma(z - H)$，较之开挖前的σ_1，减小很多；而水平向应力σ_h则因支护桩向坑内产生位移而挤压墙前被动区土体而增大。当达到极限平衡状态时，σ_h成为大主应力σ_1，而σ_v则成为小主应力σ_3。按极限平衡条件可得

$$\sigma_1 = \sigma_3 \tan^2(45° + \varphi/2) + 2C\tan(45° + \varphi/2)$$

由于$\sigma_3 = \sigma_v = \gamma(z - H)$为已知，求得的$\sigma_1$即该点的被动土压力。

从以上分析可知，墙前土体在基坑开挖之前和墙后土体一样，均处于正常固结状态，但开挖之后，坑底以下土体，因上覆压力减小而处于超固结状态。前面曾经指出，在相同上覆压力下，超固结土的强度高于正常固结土。如果不考虑这种超固结效应，则计算的被动土压力偏小，即偏于保守。

鉴于一般工程难以获得超固结土的强度指标，本章将在后面介绍一种由超固结比推求超固结土的强度指标的经验统计方法，可供参考。

超固结作用对于无黏性土的强度影响不大。因此，当墙前被动区为砂土时，仍采用有效内摩擦角φ'。

在深基坑工程中，墙前土的工作条件，除了上述的超固结效应外，一般尚有工程桩的作用，因为高层建筑大多采用桩基础。在基坑内，常有百根以至数百根的工程桩密布，由于桩在墙前土体中起到类似复合地基或抗滑桩的作用，将增大被动土压力及坑底土体的稳定性。由于目前尚无考虑这种效应的具体计算方法，因此常被忽略不计。但作为设计人员应当心中有数，可以在取用安全系数时适当予以考虑。

在深基坑工程中有时也会遇到因为工程桩的施工方法不同，反而使墙前土体处于不利的工作条件。有些地区，为了降低工程桩造价，在设置支护结构之后，先开挖基坑至接近坑底设计标高，然后在坑内施工人工挖孔桩。由于人工挖孔桩的施工方法是先挖孔后下钢筋笼、浇注混凝土，这种桩孔的最小直径为 1.1m，桩孔较大，常需降排水，因此在浇注混凝土之前，墙前土体处于十分不利状况，宜尽量避免采用这种后打工程桩的施工程序。如果采用这种工序，则设计取用强度指标及安全系数方面都要加以考虑。

4. 边坡稳定分析的强度指标选定

深基坑的边坡一般是由挖方而不是填方形成的，因此在选定边坡土体的强度指标时，与土压力的计算相似，可以采用固结快剪或固结不排水剪指标，但当采用有效应力法分析时，应采用有效内摩角与有效黏聚力。

在验算深基坑围护结构的整体稳定性时，一般采用固结快剪指标。但有时为了简化计算，也可以采用快剪或不排水剪指标，即用$\varphi = 0$ 的方法分析。

在考虑边坡坡顶附近的临时堆载时，按理也应将临时荷载与土体自重分开考虑，但这样计算比较麻烦。由于临时堆载一般不大，可以将固结快剪指标中的φ值适当降低 1°～2°而不必分开计算。对于砂土均采用有效内摩擦角。

6.3.3　土压力计算

1. 概要

在基坑工程的设计与施工中，为了维护基坑开挖边坡的稳定性，常要设置临时性或半永久性的支护工程。土压力是作用于支护结构上的主要荷载，如果能够正确地估算和利用它，对于确保工程的顺利施工具有非常重要的意义。

根据挡土结构变位的方向和大小的不同，作用于其上的土压力可分为三种，即静止土压力、主动土压力和被动土压力（图 6-10）。

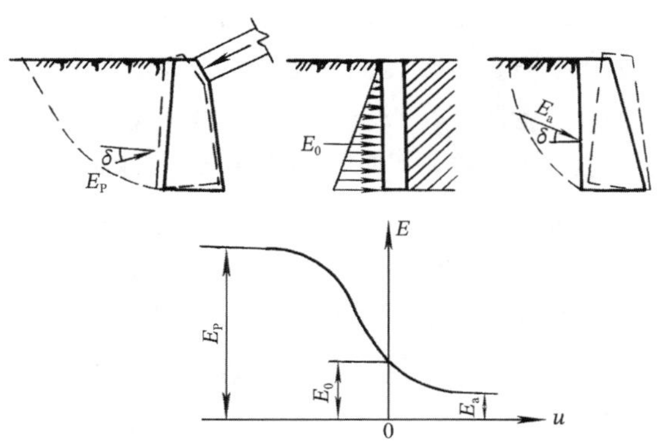

图 6-10　三种不同极限状态的土压力

（1）静止土压力E_0。挡土结构在土压力作用下，不可能产生侧向位移时，作用于结构上的土压力称为静止土压力。如建筑物地下室外墙，由于横墙和楼板的支撑作用，墙体变形很小，可以忽略，则作用于外墙上的土压力可以认为是静止土压力。

（2）主动土压力E_a。挡土结构在基坑外侧土压力作用下，向基坑内移动或绕前趾向基坑内转动时，随着位移的增加，作用于挡土结构上的土压力逐渐减小。当位移达到一定数量时，其后土体开始形成滑裂面，应力达到极限平衡状态，此时土压力最小，称为主动土压力。进入主动土压力状态的位移量一般是比较小的，大致只有墙高的千分之几（表6-8）。

产生主动和被动土压力所需的位移量 **表6-8**

土类	应力状态	位移形式	所需的位移量
砂土	主动	平移	（0.001～0.005）h
	被动	平移	＞0.05h
	主动	绕前趾转动	（0.001～0.005）h
	被动	绕前趾转动	＞0.1h
黏土	主动、被动	平移、绕前趾转动	（0.004～0.010）h

注：1. 表中数值根据西南交通大学彭胤宗教授等的试验研究成果（1991）进行补充。
2. 表中h为墙高。

（3）被动土压力E_p。挡土结构在外部荷载推动下，向墙背方向移动或转动。随着位移的增加，土体阻止其变形的抗力随之增加，使作用于结构上的土压力逐渐增加。当位移达到一定数量时，土体中也将形成滑裂面，应力达到极限平衡。此时土压力最大，称为被动土压力。进入被动状态的位移量比主动状态要大得多（表6-8）。

上述三种土压力是随位移变化的三种极限情况，由图6-10可知：$E_p > E_0 > E_a$。

作用在基坑支护上的土压力，根据结构形式、土体构成和变位状态，总会处于其中的某一状态，并在特定条件下发生转化。作用在基坑支护结构上的土压力通常介于E_a和E_0或E_p和E_0之间。

就基坑的支护墙而言，产生主动土压力和被动土压力的前提是土体必须处于极限平衡状态，而产生极限平衡状态的前提是支护墙必须有足够的位移。产生主动土压力和被动土压力所需的位移形式可能是平移，也可能是绕基底转动（图6-11）。对于无黏性土，平移产生主动和被动土压力所需的墙顶位移值分别为墙高的 1‰和 5%。对于黏性土则可以稍大些。当墙体背向基坑转动时，则需很大的位移才能使土体达到极限破坏状态，破裂面首先在靠近墙顶处出现，随着位移增大，破裂面在更深处出现。

实际大量监测资料表明，墙在基坑以下的位移大多在数厘米以内，远未达到表6-8 所要求的数值。为什么此时基坑还是稳定的呢？我们可以这样来解释。

（1）墙前土体处于原地面以下较深处，与一般挡土墙有很大差别。开挖之前，此部分土体处于超固结状态，且超固结比（OCR）很大，应力状态十分复杂。另一方面，达到被动土压力所需的位移与土体的刚度和变形模量有很大关系。高度超固结土的变形模量显然大于一般挡土墙墙前的正常固结土，因此它产生的被动土压力所需要的位移就比较小。

（2）在高层建筑深基坑中，往往有很多工程桩密布于墙前，这种复合地基的刚度显然大得更多。

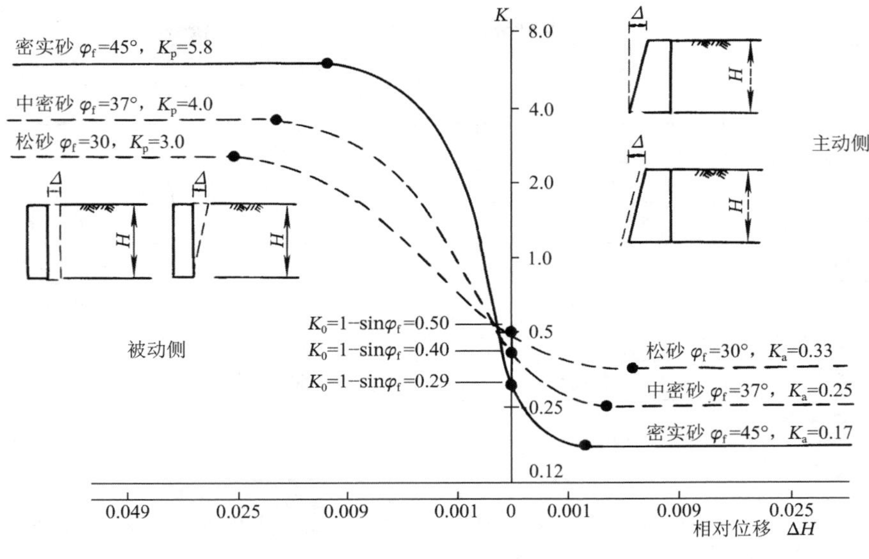

图 6-11　土的极限状态

从库仑于 1773 年提出土压力理论到如今的两百多年中，国内外众多学者和工程技术人员进行了大量的土压力试验研究工作，提出了很多种土压力计算理论。其中，库仑和朗肯土压力理论仍是应用最广泛的土压力理论。实践证明，这两个理论至今仍不失为有效的实用计算方法。

2. 静止土压力计算

如上所述，在支护墙无位移或位移很小时，作用在墙上的土压力可以按静止土压力计算。

1）有效静止土压力计算

有效静止土压力的计算方法是先计算竖向有效土自重应力，再乘以静止土压力系数，即

$$P_0 = K_0 \gamma z \tag{6-11}$$

式中　γ——土的重度。地下水位以下土层取有效重度，用γ'表示，$\gamma' = \gamma_{sat} - \gamma_w$，$\gamma_{sat}$为土的饱和重度，$\gamma_w$为水的重度（kN/m³）；

z——计算点在地面以下深度（m）；

γz——竖向有效土自重应力（kN/m²）；

K_0——静止土压力系数，是侧限条件下，土体或试样在无侧向位移时，水平向有效压应力与竖向有效压应力之比。

K_0可在侧压力仪或有特殊装置的三轴压缩仪中测定，在无试验资料条件下，可用以下经验公式计算，即

$$K_0 = 1 - \sin\varphi' \tag{6-12}$$

也可以参考表 6-9 选定。

表 6-9 为吴天行在《基础工程手册》一书中汇集的国外一些学者发表的有关静止土压力系数值。由表可见，虽然土类五花八门，但静止土压力系数变化并不大，从式(6-12)可以看出K_0仅为φ'的函数，而与土类无关。一般，砂土$\varphi' = 30° \sim 40°$，黏性土$\varphi' = 20° \sim 35°$。φ'决定于土的塑性，塑性指数越大，φ'就越小。高塑性黏土，φ'可取 20°。含水率高达 70%的淤泥，一些试验资料表明φ'仍在 25°以上，有的甚至达到 30°。

静止土压力系数 表 6-9

土的类别	液限ω_L（%）	塑性指数I_P	K_0
饱和松砂	—	—	0.46
饱和密砂	—	—	0.36
干的密砂（$e=0.6$）	—	—	0.49
干的松砂（$e=0.8$）	—	—	0.64
压实的残积黏土	—	9	0.42
压实的残积黏土	—	31	0.66
原状的有机质淤泥质黏土	74	45	0.57
原状的高岭土	61	23	0.64～0.70
原状的海相黏土	37	16	0.48
灵敏黏土	34	10	0.52

必须强调指出，由于K_0是水平向有效压应力与竖直向有效压应力之比，而γz则为竖直向有效土自重应力，因此二者的乘积$K_0\gamma z$即为水平向有效压应力。又因为它是在侧向无位移条件下的压应力，故称为有效静止土压力，常简称为静止土压力，其中不包括水压力。正因为这个缘故，故K_0远小于 1，大多在 0.5 左右，这个概念必须弄清，不可混淆。对于层状土，各层土的重度不同，则土自重应力γz应为各层土的重度γ_i与相应各土层厚度h_i的乘积和，即

$$\gamma z=\gamma_1 h_1+\gamma_2 h_2+\cdots+\gamma_n h_n=\sum_{i=1}^{n}\gamma_i h_i \tag{6-13}$$

2）超固结作用对墙前有效静止土压力的效应

前面曾经指出过，在基坑开挖前，坑底以下土在土自重应力作用下一般已完成固结，属于正常固结土。但在基坑开挖后，坑底以上土体被挖除，使坑底以下土体的现存土自重应力小于开挖前的土自重应力，因而处于超固结状态。开挖前的土自重应力与开挖后的土自重应力之比称为超固结比，此值以 OCR 表示。超固结土的抗剪强度高于正常固结土，同样，超固结土的静止土压力系数也高于正常固结土。因此考虑超固结的作用，对支护结构的设计是有利的。

超固结作用对于砂土影响不大，可不考虑。对于黏性土，静止土压力系数与超固结比的关系可用下式表示（Ladd 等，1977）：

$$(K_0)_{\propto}=K_0(\mathrm{OCR})m_1 \tag{6-14}$$

式中 $(K_0)_{\propto}$——超固结黏性土的有效静止压力系数；

K_0——正常固结黏性土的有效静止土压力系数；

OCR——超固结比。在基坑工程中，坑底下某一深度的土的OCR值即为该点开挖前土自重应力与开挖后土自重应力之比；

m_1——与土的塑性指数I_P有关的系数。一般土，$I_P<20$ 时，$m_1=0.41$；$I_P=40$ 时，$m_1=0.37$。

3. 朗肯土压力

1）基本公式

朗肯理论是从弹性半无限体的应力状态出发，由土的极限平衡理论导出。在弹性均质的半无限体中，任一竖直面都应是对称面，其上的剪应力为零，因此地表下任一点深度为z之处的应力为（图 6-12）

$$\sigma_z = \gamma z \tag{6-15}$$

$$\sigma_x = K_0 \gamma z \tag{6-16}$$

在自然状态下，K_0一般小于 1.0，则$\sigma_z > \sigma_x$，所以σ_z为最大主应力，σ_x为最小主应力。当土体沿水平方向伸展，使σ_x逐渐减小而达到极限平衡时，土体进入主动极限状态，如图 6-12（*a*）及图 6-12（*d*）中的圆 I 所示。当土体沿水平方向挤压，使σ_x增加而大于σ_z，则土体进入被动极限状态，如图 6-12（*c*）及图 6-12（*d*）中的圆Ⅲ所示。

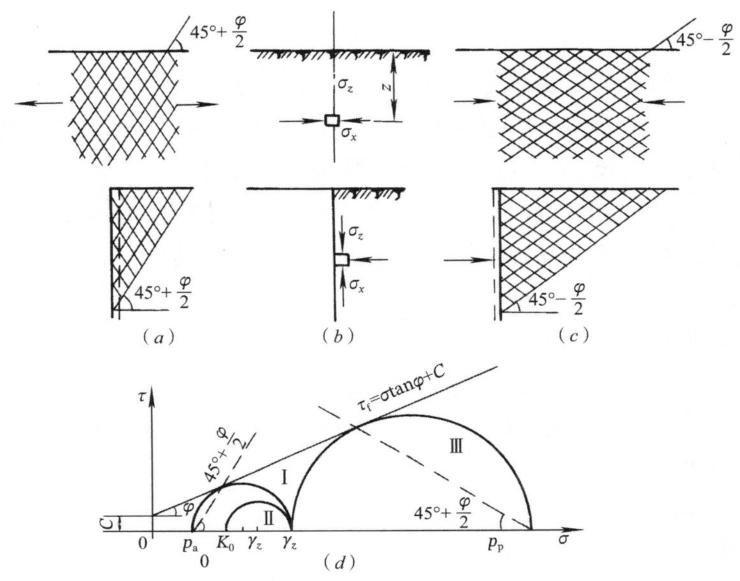

图 6-12　朗肯极限平衡状态

朗肯土压力公式如下：

$$e_a = \gamma z K_a - 2C\sqrt{K_a} \tag{6-17}$$

$$e_p = \gamma z K_p + 2C\sqrt{K_p} \tag{6-18}$$

其中

$$K_a = \tan^2\left(45° - \frac{\varphi}{2}\right) \tag{6-19}$$

$$K_p = \tan^2\left(45° + \frac{\varphi}{2}\right) \tag{6-20}$$

在主动状态下，当$z \leqslant z_0 = \dfrac{2C}{\gamma}\tan\left(45° + \dfrac{\varphi}{2}\right)$时，$e_a < 0$，为拉应力。若不考虑这个拉应力存在，可求得作用在墙背上的总的主动土压力为

$$E_a = \frac{1}{2}\gamma h^2 K_a - 2Ch\sqrt{K_a} + \frac{2C^2}{\gamma} \tag{6-21}$$

式中　h——墙的高度（m）。

土压力方向水平，作用点离墙底的高度为

$$z_E = \frac{1}{3}\left[h - \frac{2C}{\gamma}\tan\left(45° + \frac{\varphi}{2}\right)\right] \tag{6-22}$$

被动土压力呈梯形分布，总的被动土压力为

$$E_{\mathrm{p}}=\frac{1}{2}\gamma h^{2}K_{\mathrm{p}}+2Ch\sqrt{K_{\mathrm{p}}} \tag{6-23}$$

土压力方向水平，作用点为梯形形心，离墙底的高度为

$$z_{\mathrm{E}}=\frac{h}{3}\frac{1+\dfrac{6C}{\gamma h}\sqrt{K_{\mathrm{p}}}}{1+\dfrac{4C}{\gamma h}\sqrt{K_{\mathrm{p}}}} \tag{6-24}$$

2）几点说明

（1）朗肯土压力理论假定墙背是竖直光滑的，填土表面为水平，因此计算结果与实际监测结果有出入。由于墙背假定摩擦角$\delta=0$，计算主动土压力偏大（有的观测资料认为可达 20%），而被动土压力偏小，因此它的计算结果偏于保守。也正因为如此，在等值梁法中，采用了把被动土压力加以提高的方法，以求得更接近于实际的设计数据。

（2）朗肯理论不论砂土或黏性土，均质土或层状土均可适用，也适用于有地下水及渗流效应的情况。

（3）当基坑顶面作用着均布荷载q时，变为下式：

$$e_{\mathrm{a}}=(\gamma z+q)K_{\mathrm{a}}-2C\sqrt{K_{\mathrm{a}}} \tag{6-25}$$

式中　q——基坑顶面上的施工荷载（模板、散料、机械和混凝土罐车等），可取为 20～30kN/m^2。

4. 库仑土压力理论

1）基本公式

库仑土压力理论是 1773 年提出的，至今仍在广泛应用。库仑理论是在极限滑动楔体平衡的基础上推导出来的。它的基本假定是：

（1）墙后土体为均质且各向同性的无黏性土。

（2）挡土墙很长，属于平面变形问题。

（3）土体表面为一平面，与水平面夹角为β（图 6-13）。

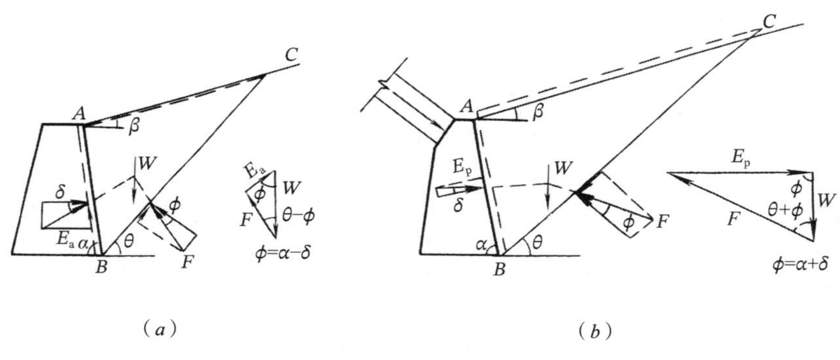

图 6-13　库仑土压力计算图式

（4）主动状态：墙在土压力作用下向前变位，使土体达到极限平衡，形成滑裂（平）面BC。

被动状态：墙在外荷载作用下向土体方向变位，使土体达到极限平衡，形成滑裂（平）面BC。

（5）滑裂面上的力满足极限平衡关系：

$$T = N\tan\varphi \tag{6-26}$$

墙背上的力满足极限平衡关系：

$$T' = N'\tan\delta \tag{6-27}$$

式中　φ——土的内摩擦角（°）；

δ——土与墙背之间的摩擦角（°）。

根据楔体平衡关系（图 6-13），可以求得主动和被动土压力为

$$E_a = \frac{\sin(\theta-\varphi)}{\sin(\alpha+\theta-\varphi-\delta)}\overline{W} \tag{6-28}$$

$$E_p = \frac{\sin(\theta+\varphi)}{\sin(\alpha+\theta+\varphi+\delta)}\overline{W} \tag{6-29}$$

式中　$\overline{W}$——滑楔自重（kN）。

$\overline{W}$可由下式表示：

$$\overline{W} = \frac{1}{2}\gamma\overline{AB}\,\overline{AC}\sin(\alpha+\beta) \tag{6-30}$$

其中，$\overline{AC}$是θ的函数。所以E_a、E_p都是θ的函数。随着θ的变化，其主动土压力必然产生在使E_a为最大的滑楔面上；而被动土压力必然产生在使E_p为最小的滑裂面上。由此，将E_a与E_p分别对θ求导，求出最危险的滑裂面，即可得到库仑的主动与被动土压力为

$$E_a = \frac{1}{2}\gamma h^2 K_a \tag{6-31}$$

$$E_p = \frac{1}{2}\gamma h^2 K_p \tag{6-32}$$

式中　γ——土体的重度（kN/m^3）；

h——挡土墙的高度（m）；

K_a、K_p——库仑主动与被动土压力系数。

K_a、K_p是α、β、φ与δ的函数：

$$\left.\begin{aligned} K_a &= \frac{\sin^2(\alpha+\varphi)}{\sin^2\alpha\sin^2(\alpha-\delta)\left[1+\sqrt{\dfrac{\sin(\varphi-\beta)\sin(\varphi+\delta)}{\sin(\alpha+\beta)\sin(\alpha-\delta)}}\right]^2} \\ K_p &= \frac{\sin^2(\alpha-\varphi)}{\sin^2\alpha\sin^2(\alpha+\delta)\left[1-\sqrt{\dfrac{\sin(\varphi+\beta)\sin(\varphi+\delta)}{\sin(\alpha+\beta)\sin(\alpha+\delta)}}\right]^2} \end{aligned}\right\} \tag{6-33}$$

库仑土压力的方向均与墙背法线成δ角。但必须注意主动与被动土压力与法线所成的δ角方向相反。作用点在没有超载的情况下，均为离墙踵高$h/3$处。

当墙顶的土体表面作用有分布荷载q（以单位水平投影面的荷载强度计），如图 6-14 所示，则滑楔自重部分应增加超载项，即

$$\overline{W} = \frac{1}{2}\gamma\overline{AB}\,\overline{AC}\sin(\alpha+\beta) + q\overline{AC}\cos\beta = \frac{1}{2}\gamma\overline{AB}\,\overline{AC}\sin(\alpha+\beta)\left[1+\frac{2q}{\gamma h}\frac{\sin\alpha\cos\beta}{\sin(\alpha+\beta)}\right] \tag{6-34}$$

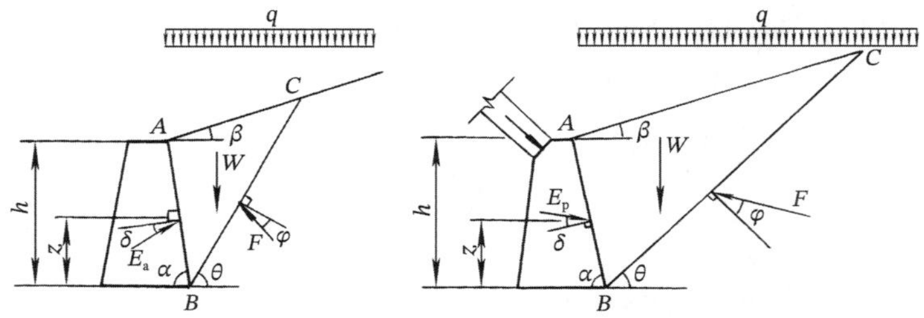

图 6-14　具有地表分布荷载的情况

如果令$K_q = 1 + \dfrac{2q}{\gamma h}\dfrac{\sin\alpha\cos\beta}{\sin(\alpha+\beta)}$，则

$$\overline{W} = \frac{1}{2}K_q\overline{AB}\,\overline{AC}\sin(\alpha+\beta) \tag{6-35}$$

同理，可求得库仑的主动与被动土压力为

$$E_a = \frac{1}{2}\gamma h^2 K_a K_q \tag{6-36}$$

$$E_p = \frac{1}{2}\gamma h^2 K_p K_q \tag{6-37}$$

其土压力的方向仍与墙背法线成δ角。由于土压力呈梯形分布，因此作用点位于梯形的形心，离墙踵高为

$$z_E = \frac{h}{3}\frac{2P_a + P_b}{P_a + P_b} = \frac{h}{3}\frac{1 + \dfrac{3}{2}\dfrac{2q}{\gamma h}}{1 + \dfrac{2q}{\gamma h}} \tag{6-38}$$

式中　P_a、P_b——墙顶与墙踵处的分布土压力（kPa）。

库仑土压力理论是根据无黏性土的情况导出的，没有考虑黏性土的黏聚力c。因此，当挡土结构后为黏性土作为填料时，在工程实践上常采用换算的等值内摩擦角φ_D来进行计算，如图 6-15 所示。换算方法有以下几种。

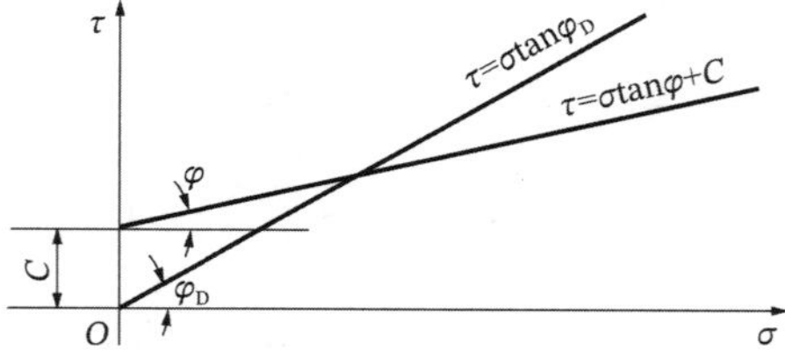

图 6-15　等值内摩擦角

（1）根据经验确定：

①一般黏性土取$\varphi_D = 30° \sim 35°$。

②黏聚力c每增加 0.01MPa，φ_D增加 3°～7°，平均取 5°。

（2）根据土的抗剪强度相等，取$\sigma = \gamma h$，则

$$\varphi_D = \arctan\left(\tan\varphi + \frac{C}{\gamma h}\right) \tag{6-39}$$

（3）按朗肯公式，土压力相等，有

$$\varphi_D = 90° - 2\arctan\left[\tan\left(45° - \frac{\varphi}{2}\right) - \frac{2C}{\gamma h}\right] \tag{6-40}$$

（4）按朗肯公式，土压力的力矩相等，有

$$\varphi_D = 90° - 2\arctan\left\{\left[\tan\left(45° - \frac{\varphi}{2}\right) - \frac{2C}{\gamma h}\right]\sqrt{1 - \frac{2C}{\gamma h}\tan\left(45° + \frac{\varphi}{2}\right)}\right\} \tag{6-41}$$

上述各种换算方法是无法全面反映土压力计算中各项因素之间的复杂关系的。不同的换算方法还存在着较大的差异。一般说，如图 6-15 所示，换算后的强度仅有一点与原曲线相重合。而在该点之前，强度偏低；在该点之后，强度偏高，从而造成低墙保守、高墙危险的状态。

2）适用范围

库仑土压力计算公式是以平面滑裂面为基础导出的，与实际的曲面滑裂面有一定的差异。主动状态滑裂面的曲度较小，采用平面滑裂面来代替，偏差不大；但在被动状态两者差异较大，采用平面滑裂面将会引起较大的误差，并且其误差随着δ角的加大而增加。根据太沙基的分析，当$\delta = \varphi$时，误差可达 30%。当$\delta > \varphi/3$ 时，必须考虑滑裂面的曲度。

此外，当有地下水，特别是有渗流效应时，库仑理论是不适用的。对层状土，则需将其简化为均质土后才能进行计算。

5. 被动土压力计算方法的讨论

（1）前面已经谈到，计算墙前黏性土的被动土压力时，宜采用超固结土的固结快剪指标。通常先按正常固结不排水剪或固结快剪指标计算出被动土压力，再乘以被动土压力提高系数$K_\propto$，即可得到超固结的被动土压力。当采用水土压力分算法计算有效的被动土压力时，可将φ值提高到 $1.4\varphi_{cu}$，而$K_\propto$则由$\varphi = \varphi_{cu}$确定。表 6-10 中列出了坑底以下 5m 以内的平均$K_\propto$（K_{oc}）值可供选用。当实际条件有出入时，可按比例以插入法取值。

超固结条件下被动土压力提高系数 K_{oc} 表　　**表 6-10**

基本条件编号	φ（°）	C_{cu}（kN/m²）	水位深度（m）	开挖深度（m）	K_{oc}	说明
1	16	8	1.5	10	1.31	1. 水位深度指开挖前。 2. 墙前水位均平坑底。 3. 开挖深度和水位深度越大，K_{oc}越大。 4. φ_{cu}越小，C_{cu}越大，K_{oc}越小。 5. 表中K_{oc}是坑底以下 5.0m 的平均值，如计算深度小于 0.5m，仍以 5.0m 计
2	16	8	1.5	5	1.18	
3	16	8	1.5	15	1.40	
4	16	8	1.5	10	1.16	
5	10	8	1.5	10	1.14	
6	16	8	4.0	10	1.40	
7	16	8	4.0	15	1.46	

（2）考虑墙面摩擦力的被动土压力修正系数。在计算带支撑的支护墙的内力和最小入土深度时，常常采用等值梁法。该法要点是要找出墙前后土压力相等点，也即土压力合力为 0 的点。该法认为，由于基坑开挖期间，支护墙的变形将使墙与土体之间发生位移和摩擦力，被动区的破坏体向上隆起，而支护墙则对其产生了向下的摩擦力，从而使被动土压

力有所增大。其增大幅度与土的内摩擦角和支护墙面的粗糙程度有关，计算时采用被动土压力修正系数来表示这种影响，见表 6-11。

墙前被动土压力修正系数表 表 6-11

内摩擦角φ	10°	15°	20°	25°	30°	35°	40°
钢板桩	1.2	1.4	1.6	1.7	1.8	2.0	2.3
钢筋混凝土排桩与墙	1.2	1.5	1.8	2.1	2.3	2.6	3.0

对于墙后区域，由于破坏棱体向下滑动，而墙对土体产生向上的摩擦力，将使墙后的主动土压力和最下端的被动土压力均有所减小。为安全计，主动土压力不减小，而将下端被动土压力予以折减，即乘以一个不大于 1 的修正系数（表 6-12）。

墙后被动土压力折减系数表 表 6-12

内摩擦角φ	10°	15°	20°	25°	30°	35°	40°
钢板桩	1.00	0.75	0.64	0.55	0.47	0.40	0.35

6.3.4 地下水对土压力的影响和计算

1. 概要

如前所述，作用在支护墙上的侧向压力包括水压力和有效土压力两种。

关于水压力计算，单纯计算一下静水压力是很简单的事情，但在支护墙前后存在着水位差而出现渗流现象的时候，渗流效应将使基坑水压力分布复杂化。至今仍有一些不明确的认识和做法。

目前，比较流行的基坑支护中的水压力分布如图 6-16 所示。它们都是采用静水压力的全水头进行计算的。

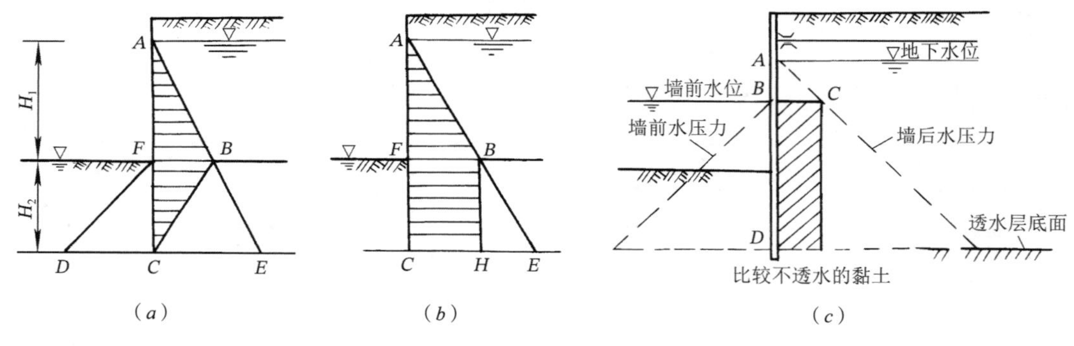

图 6-16 水压力分布图

2. 基坑水压力计算

1）均质土

实际上，即使在透水性很小的黏土层内，只要存在着水位差，就会产生渗流，水力联系是到处存在的，而且任何一点的水压力应当是相同的。现在来看图 6-17 所示的计算情况。在图中，设坑内水位与坑底平齐，坑内外水位差为H_1。下面研究紧贴于墙壁的流线上的贴壁渗流压力分布情况。图中的流线自A点向下经F'，再向下绕过B点后上升到F点上。渗径总长为H_1+2H_2。平均水力坡降$i=H_1/(H_1+2H_2)$。在图 6-17（b）中，AE和FD是不考虑渗流的水压力分布线，$F'B=\gamma_w H_1$，$CE=\gamma_w(H_1+H_2)$，$CD=\gamma_w H_2$。由于$CE>CD$，即B点左右水压力不相等。而在考虑渗流水头损失时，墙后F'点的水失损失为$iH_1=H_1^2/(H_1+2H_2)$，其实际水压力则为

$$F'B'=\gamma_w H_1-\gamma_w H_1^2/(H_1+2H_2)\quad (\text{见图 6-17}b) \tag{6-42}$$

或

$$F'B'=2\gamma_w H_1 H_2/(H_1+2H_2) \tag{6-43}$$

同理可得，

$$CE'=2\gamma_w H_2(H_1+H_2)/(H_1+2H_2) \tag{6-44}$$

水流自图 6-17（b）所示的C点流到F点时的水头损失为$iH_2=H_1H_2/(H_1+2H_2)$，C点实际水压力为

$$CD'=\gamma_w H_2+\gamma_w H_1H_2/(H_1+2H_2) \tag{6-45}$$

整理得，

$$CD'=2\gamma_w H_2(H_1+H_2)/(H_1+2H_2) \tag{6-46}$$

对比式(6-44)和式(6-46)，可以看出两者相等。也就是说C点左右水压力相等，这是符合渗流力学规律的。此时作用在支护结构上的净水压力为$\Delta AB'C$。图 6-17（c）所示是把紧贴墙壁的流线展开后的水头损失情况，由此图不难看出，墙底C点压力左右相等。

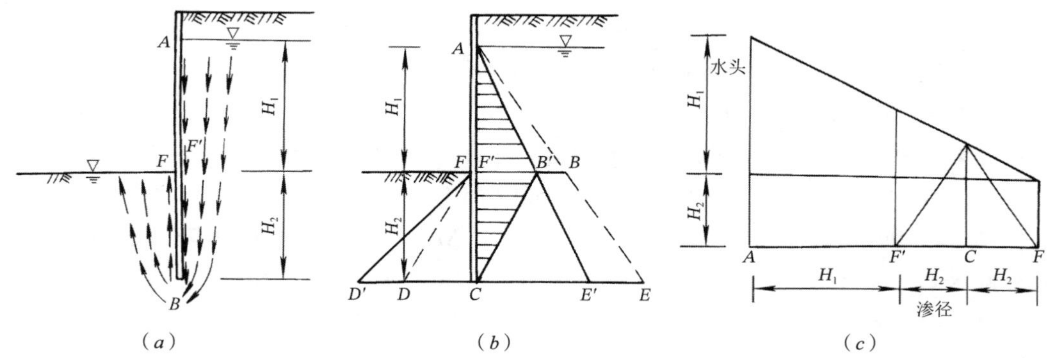

图 6-17　均匀土层水压力分布

2）层状土

当地基土为层状土层时，可以利用水流连续原理，根据达西定律得出下式

$$v=K_1i_1=K_2i_2=\cdots=K_ii_i \tag{6-47}$$

式中　v——渗透流速（m/s）；

K_i、i_i——各层土的渗透系数和水力坡降。

由此可得

$$K_1/K_2=i_2/i_1,\ K_2/K_3=i_3/i_2,\ \cdots \tag{6-48}$$

参照图 6-17，可得出总的水头损失计算公式为

$$\sum\Delta H_i=\sum h_ii_i=H_1 \tag{6-49}$$

根据上面两个公式，先求得最小的i（K_i最大），再推求其余的i值，再分段求出水头损失值，最后可得到支护结构上的全部水压力图。

【例6-1】 基本资料见图 6-18。设支护墙为不透水结构，求在渗流条件下的水压力分布。

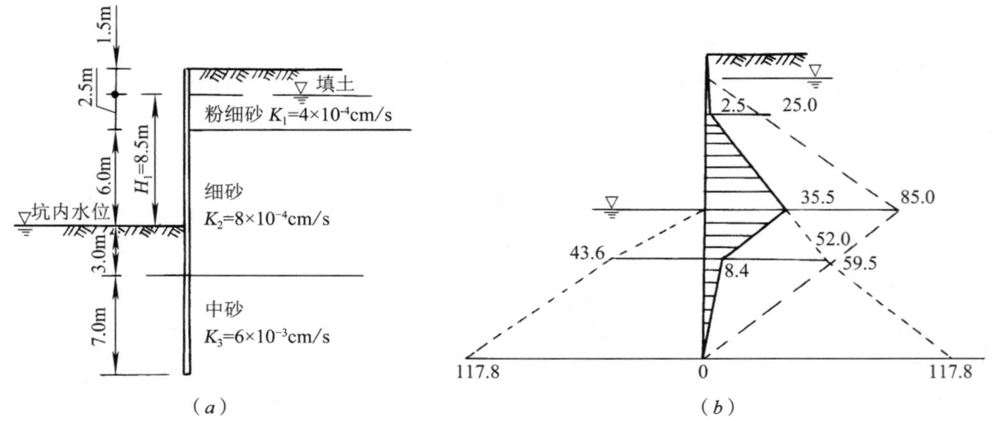

图 6-18　层状土剖面及水压力分布

(a) 剖面；(b) 水压力分布 (kN)

解：各土层渗透系数比值为$K_1:K_2:K_3=4:8:60=1:2:15$，因$i$与$K$成反比，则$i_1/i_3=K_3/K_1=15/1$，故$i_1=15i_3$，同理$i_2=7.5i_3$。根据上面水头损失计算公式$\sum h_i i_i=H_1$，可以得出下式：

$$2.5i_1+9i_2+7i_3+7i_3+3i_2=8.5$$

即$141.5i_3=8.5$，则$i_3=0.06$，$i_2=0.45$，$i_1=0.9$。

（1）$z=1.5$m 处：$P_w'=0$。

（2）$z=4$m 处：水头损失$\Delta H_1=h_1i_1=2.5\text{m}\times0.9=2.25$m；水压力$P_w'=\gamma_w h_1-\gamma_w\Delta H_1=(10\times2.5-10\times2.25)\text{kN/m}^2=2.50\text{kN/m}^2$。

（3）$z=10$m（坑底处）：在$z=4\sim10$m 区段，$\Delta H=6\times i_2=6\text{m}\times0.45=2.7$m；$P_{w2}'=P_{w1}'+\gamma_w\times6-\gamma_w\times2.7=(2.5+10\times6-10\times2.7)\text{kN/m}^2=35.5\text{kN/m}^2$。

（4）$z=13$m 处：$\Delta H=3\text{m}\times0.45=1.35$m；$P_{w3}'=(35.5+10\times3-10\times1.35)\text{kN/m}^2=52\text{kN/m}^2$。

（5）$z=20$m 处（墙趾）：$\Delta H=7i_3=7\text{m}\times0.06=0.42$m；$P_{w4}'=(52+10\times7-10\times0.42)=117.8\text{kN/m}^2$。

（6）$z=13$m 处（墙前，渗流向上）：$\Delta H=7i_3=0.42$m；$P_{w5}'=(117.8-10\times7\times0.42)\text{kN/m}^2=43.6\text{kN/m}^2$。

（7）$z=10$m 处（墙前坑底）：$\Delta H=3i_2=3\text{m}\times0.45=1.35$m；$P_{w6}'=(43.6-10\times3-10\times1.35)\text{kN/m}^2=0.1\text{kN/m}^2$（应为零，这是计算误差，此值可检验计算是否有差错）。

墙前后水压力部分可相消，得到坑底以下的墙后净水压力P_w'如下：

（1）$z=10$m 处：$P_w'=P_{w2}'=35.5\text{kN/m}^2$。

（2）$z=13$m 处：$P_w'=P_{w3}'-P_{w5}'=(52-43.6)\text{kN/m}^2=8.4\text{kN/m}^2$。

（3）$z=20$m 处：$P_w'=0$。

绘出的净水压力分布图如图 6-18（b）中的影线部分所示。图示最大净水压力位于坑底水位线上，随着土层的变化而有所转折，大轮廓仍接近于三角形。图中虚线表示按图 6-16（a）所示的三角形净水压力分布，说明二者差别很大。图中点线表示墙前与墙后渗流水压力。

3）几点说明

这里有一个重要问题要说明，即如上所述，渗流效应有两个方面：一方面使作用在支护墙后的水压力减小，使墙前的水压力增大，这是有利的；但另一方面，如前面所指出的，水在土中渗流时将对土的颗粒骨架产生渗透力，因而将对有效土压力产生效应。在墙后，渗透力基本上沿竖直方向而下，使竖直方向的土自重应力增大，因而也就增大了墙后的土压力；在墙前，渗透力基本上是向上的，使竖直方向的土自重应力减小，因而墙前的被动土压力将减小，这些又都是不利的。渗流效应的大小，与墙前后水位差有关，由于一般深基坑工程的水位差较大，因此考虑渗流效应是必要的。

本节已阐述了渗流引起墙上的水压力变化。至于渗流效应对有效土压力的影响，在这里可以作一简单的说明，即渗流效应对水压力的影响大于对有效土压力的影响。总的说来，考虑渗流效应是有利的。

最后尚有一个问题要说明，即如何确定墙后与墙前的水位。基坑设计应从最不利条件出发。基坑施工时期，一般应考虑到暴雨的可能性。对于墙后水位，应以工程勘察为依据。

3. 对黏性土水土压力合算法的讨论

所谓水土压力合算法，即对于地下水位以下的土，用饱和重度代替有效土压力计算公式中的有效重度（浮重度），以求得包括水压力在内的土压力。

分析表明，此法存在以下四个问题：

（1）计算求出的主动区水压力偏小，被动区水压力偏大。

（2）不能反映水位（头）高低的影响。

（3）无法考虑渗流效应对土压力的影响。

（4）在浅层土的C值较大的情况下，用水土压力合算法求出的土压力为零点深度（临界深度）z_0也很大，往往大于水位深度，这是不合理的。

可以说，水土压力合算法对于$\varphi \neq 0$ 的情况，从理论上说是不成立的，因此关于“砂土用水土分算法，黏性土可用水土合算法”的论点应当修改为：$\varphi = 0$ 或很小的软土可以采用水土压力合算法，一般均应采用水土压力分算法。

6.3.5　特殊情况下的土压力

这里所说的特殊情况有以下几种：

（1）均布荷载不从墙顶开始。

（2）地面上作用有集中荷载、条形荷载和线状荷载。

（3）地下某一深度处作用着一个荷载。

（4）地面倾斜。

（5）基坑上部局部开挖。

（6）其他特殊情况。

读者可参考《地下连续墙设计施工与应用》的有关章节。

6.3.6　土的常用参数及其选用

1. 常用土力学参数

几种常用参数见表 6-13～表 6-17。

内摩擦角由 φ_0 提高到 φ 值（简化计算土压力） **表 6-13**

土质	稍湿的		很湿的		饱和的		重度γ（kN/m³）		
	φ_0	φ	φ_0	φ	φ_0	φ	稍湿的	很湿的	饱和的
软的黏土及粉质黏土	24°	40°	22°	27°	20°	20	15	17	18
塑性的黏土及粉质黏土	27°	40°	26°	30°	25°	25°	16	17	19
半硬的黏土及粉质黏土	30°	45°	26°	30°	25°	25°	18	18	19
硬黏土	30°	50°	32°	38°	33°	33°	19	19	20
淤泥	16°	35°	14°	20°	15°	15°	16	17	18
腐殖土	35°	40°	35°	35°	33°	33°	15	16	17

注：φ_0为原值，φ为加大后值。

砂土的内摩擦角 **表 6-14**

砂的种类	孔隙比e	标准内摩擦角（°）	计算的内摩擦角（°）	砂的种类	孔隙比e	标准内摩擦角（°）	计算的内摩擦角（°）
砾砂、粗砂	0.7	38	36	细砂	0.7	32	30
	0.6	40	38		0.6	36	34
	0.5	43	41		0.5	38	36
中砂	0.7	35	33	粉砂	0.7	30	28
	0.6	38	36		0.6	34	32
	0.5	40	38		0.5	36	34

注：1. 表中所列φ值不包括石灰质（贝壳石灰岩）的砂类土及含云母黏土或有机物（泥炭、腐蚀质等）残余、含水率大于土的干的矿物颗粒重30%的砂类土。
2. 砂的含水率对φ角的影响很有限，实用上可以不考虑。

非黄土类土的粉土、黏性土的 C（kPa）、φ（°）的标准值 **表 6-15**

土的名称	液性指数	指标	孔隙比e						
			0.45	0.55	0.65	0.75	0.85	0.95	1.05
粉土	$0 < I_L < 0.25$	C	21	17	15	13	—	—	—
		φ	30	29	27	24	—	—	—
	$0.25 < I_L < 0.75$	C	19	15	13	11	9	—	—
		φ	28	26	24	21	18	—	—
粉质黏土	$0 < I_L < 0.25$	C	47	37	31	25	22	19	—
		φ	26	25	24	23	22	20	—
	$0.25 < I_L < 0.5$	C	39	34	28	23	18	15	—
		φ	24	23	22	21	19	17	—
	$0.5 < I_L < 0.75$	C	—	—	25	20	16	14	12
		φ	—	—	19	18	16	14	12
黏土	$0 < I_L < 0.25$	C	—	81	68	54	47	41	36
		φ	—	21	20	19	18	16	14
	$0.25 < I_L < 0.5$	C	—	—	57	50	43	37	32
		φ	—	—	18	17	16	14	11
	$0.5 < I_L < 0.75$	C	—	—	45	41	36	33	29
		φ	—	—	15	14	12	10	7

沉积砂土的黏聚力 c（kPa）、内摩擦角 φ（°）、变形模量 E（MPa） 表 6-16

砂质土	指标	孔隙比e				砂质土	指标	孔隙比e			
		0.45	0.55	0.65	0.75			0.45	0.55	0.65	0.75
砾砂	c	2	1	—	—	细砂	c	6	4	2	—
	φ	43	40	38	—		φ	38	36	32	28
	E	50	40	40	—		E	48	38	28	18
中、粗砂	c	3	2	1	—	粉砂	c	8	6	4	2
	φ	40	38	35	—		φ	36	34	30	26
	E	50	40	30	—		E	39	28	18	11

砂土的内摩擦角 φ（°，初设） 表 6-17

土类	剩余φ_r（休止角）	峰值φ_d		土类	剩余φ_r（休止角）	峰值φ_d	
		中密	密实			中密	密实
无塑性粉砂	26～30	28～32	30～34	级配良好砂	30～34	34～40	38～46
均匀细中砂	26～30	30～34	32～36	砾砂	32～36	36～42	40～48

其中表 6-13 是为了简化黏性土压力计算而使用的。将内摩擦角适当加大后（饱和状态不能加大），略去c的影响。

表 6-18～表 6-26 是地基反力(基床)系数参考表；表 6-27～表 6-31 是比例系数参考表。

黏性土的基床系数 K 值 表 6-18

地基分类	黏性土和粉性土				砂性土			
	淤泥质	软	中等	硬	极松	松	中等	密实
水平向基床系数（kN/m^3）	3000～15000	15000～30000	30000～150000	150000 以上	3000～15000	15000～30000	30000～100000	100000 以上

黏性土的基床系数 K 与 q_u 的关系 表 6-19

无侧限抗压强度	黏性土		
q_u（kN/m^2）	软 0.1～1.0	中等 1.5～4.0	硬 4.0 或以上
基床系数K_v（10^4kN/m^3）	（3～5）q_u	（3～5）q_u	（3～5）q_u

注：对于水平向基床系数，表中值乘以系数 1.5～2.0。

非岩石类土的基床系数 K 值 表 6-20

序号	土的分类	K（$\times 10^3$kN/m^3）	序号	土的分类	K（$\times 10^3$kN/m^3）
1	流塑黏性土（$I_L \geqslant 1$）、淤泥	1～2	4	坚硬、半坚硬黏性土（$I_L < 0$）、粗砂	6～10
2	软塑黏性土（$1 > I_L \geqslant 0.5$）、粉砂	2～4.5	5	砾砂、角砾砂、圆砾砂、碎石、卵石	10～13
3	硬塑性黏土（$0.5 > I_L > 0$）、细砂、中砂	4.5～6	6	密实卵石夹粗砂，密实漂卵石	13～20

岩石的基床系数 K 值 表 6-21

岩石单轴极限抗压强度$R_{压}$（kN/m^2）	K（kN/m^3）	岩石单轴极限抗压强度$R_{压}$（kN/m^2）	K（kN/m^3）
1000	3×10^5	$\geqslant 25000$	1.5×10^7

土的基床系数 K 值（一）　　表 6-22

土的种类	K（$\times 10^4$kN/m^3）	土的种类	K（$\times 10^4$kN/m^3）
松散土（流砂、松散砂、湿黏土）	0.1～0.5	致密石灰岩	40～65
中等密实土（块砂、松卵石、潮湿黏土）	1～5	砂质片岩	50～80
密实土（密实块砂、密实状卵石）	5～10	砂岩	80～350
极密实土（微实黏土、坚实黏土、磁石）	10～20	片麻岩	350～500
黏土片石	20～60	花岗岩	500～800

土的基床系数 K 值（二）　　表 6-23

土的种类	成分	K（$\times 10^4$kN/m^3）		土的种类	成分	K（$\times 10^4$kN/m^3）	
		密实	疏松			密实	疏松
砾石、砾质土	级配良好	15～20	5～10	砂、砂质土	级配良好	6～15	1～3
	级配差	10～20	5～10		级配差	5～8	1～3
	含有黏土	8～15	—		含有黏土	6～15	—
	含有淤泥	5～15	—		含有淤泥	3～8	—

水平向基床系数 K 值　　表 6-24

土的种类	K值范围（$\times 10^4$kN/m^3）	土的种类	K值范围（$\times 10^4$kN/m^3）
粉质细砂	8～10	软—中等黏土	10～14
中砂	8～13	密实砂及黏土	42～56

土体水平向基床系数 K_h　　表 6-25

地基土分类	K_h（kN/m^3）	地基土分类	K_h（kN/m^3）
淤泥质黏性土	5000	坑内工程桩为ϕ600～800mm 的灌注桩且桩距为 3～3.5 倍桩径，挡墙前坑底土的 0.7 倍开挖深度采用搅拌桩加固，加固率在 25%～30%	20000～25000
夹薄砂层的淤泥质黏土采取超前降水加固时	10000		
淤泥质黏性土采用分层注浆加固时	15000		

土体竖向基床系数 K_v　　表 6-26

地基土分类	K_v（kN/m^3）	地基土分类	K_v（kN/m^3）
淤泥质黏性土	5000～10000	密实的老黏土	50000～150000
软塑的一般黏性土	10000～20000	松散砂土（不包括新填筑砂土）	10000～15000
可塑的一般黏性土	20000～40000	中密的砂土	15000～25000
硬塑的一般黏性土	40000～100000	密实的砂土	25000～40000

地基土水平抗力的比例系数 m（《建筑桩基技术规范》JGJ 94—2008）　　表 6-27

序号	地基土类别	预制桩，钢桩		灌注桩	
		m（MN/m^4）	相应单桩在地面的水平位移（mm）	m（MN/m^4）	相应单桩在地面的水平位移（mm）
1	淤泥、淤泥质土、饱和湿陷性黄土	2～4.5	10	2.5～6	6～12
2	流塑（$I_L > 1$）、软塑（$0.75 < I_L < 1$）状黏性土，$e > 0.9$ 粉土，松散粉细砂，松散、稍密填土	4.5～6.0	10	6～14	4～8
3	可塑（$0.25 < I_L < 0.75$）状黏性土，$e = 0.75$～0.9 粉土，湿陷性黄土，中密填土，稍密细砂	6.0～10	10	14～35	3～6
4	硬塑（$0 < I_L < 0.25$）、坚硬（$I_L < 0$）状黏性土，湿陷性黄土，$e < 0.75$ 粉土，中密的中粗砂，密实填土	10～22	10	35～100	2～5
5	中密、密实的砾砂，碎石类土	—	—	100～300	1.5～3

注：1. 当桩顶水平位移大于表列数值或灌注桩配筋率较高（≥0.65%）时，m值应适当降低；当预制桩的水平向位移小于 10mm 时，m值可适当提高。

2. 当水平荷载为长期或经常出现的荷载时，应将表列系数值乘以 0.4，降低采用。

m 值　表 6-28

地基分类	m（kN/m^4）	地基分类	m（kN/m^4）
$I_L \geqslant 1$ 的黏性土、淤泥	1000～2000	$0.5 > I_L \geqslant 0$ 的黏性土、细砂、中砂	4000～6000
$1.0 > I_L \geqslant 0.5$ 的黏性土、粉砂、松散砂	2000～4000	坚硬的黏土、粉质黏土、砂质粉土、粗砂	6000～10000

注：I_L为土的液性指数。

非岩石类土的比例系数 m 和 m_0（公路桥涵设计采用）　表 6-29

序号	土的名称	m和m_0（MN/m^4）	序号	土的名称	m和m_0（MN/m^4）
1	流塑黏性土（$I_L \geqslant 1$）、淤泥	3～5	4	坚硬、半坚硬黏性土（$I_L < 0$）、粗砂	20～30
2	软塑黏性土（$1 > I_L \geqslant 0.5$）、粉砂	5～10	5	砾砂、角砾、圆砾、碎石、卵石	30～80
3	硬塑黏性土（$0.5 > I_L \geqslant 0$）、细砂、中砂	10～20	6	密实卵石夹粗砂、密实漂卵石	80～120

注：1. 本表用于结构在开挖面处位移最大值不超过 6mm 时；位移较大时，适当降低。
　　2. 当基础侧面设有斜坡或台阶，且其坡度或台阶总宽与深度之比超过 1∶20 时，表中m值应减少 50%。

非岩石土的比例系数 m 和 m_0（铁路桥设计采用）　表 6-30

土的名称	m和m_0（MN/m^4）	
	当地面水平位移大于 0.6cm 但小于及等于 1cm 时	当地面水平位移小于及等于 0.6cm 时
流塑性的黏土及砂黏土、淤泥	1～2	3～5
软塑性的砂黏土、黏砂土及粉土，粉砂以及松散砂土	2～4	5～10
硬塑性的砂黏土、黏砂土及粉土，细砂和中砂	4～6*	10～20
坚硬的砂、黏土、黏砂土及黏土，粗砂	6～10*	20～30
砾砂、角砾土、砾石土、碎石土、卵石土	10～20*	30～80

注：*对于密实的砂和黏砂土，表中数值可提高 30%。

土的比例系数 m（N/cm^4，港口工程设计采用）　表 6-31

土的名称	当地面处水平变位大于 0.6cm 但不大于 1cm 时	当地面处水平变位不大于 0.6cm 时
$I_L \geqslant 1$ 的黏性土、淤泥	0.01～0.02	0.03～0.05
$1 > I_L \geqslant 0.5$ 的黏性土、粉砂	0.02～0.04	0.05～0.10
$0.5 > I_L > 0$ 的黏性土、细砂、中砂	0.04～0.06	0.10～0.20
$I_L \leqslant 0$ 的黏性土、粗砂	0.06～0.10	0.20～0.80
砾石、砾砂、碎石、卵石	0.10～0.20	0.30～0.80
块石、漂石	—	0.80～1.20

注：当桩在开挖面处的水平变位大于 1cm 时，可采用表中第一栏的较小值或适当降低。

2. 关于等代内摩擦角的讨论

在计算黏性土的土压力时，为了简化计算，常令$C = 0$，而适当增大φ值。表 6-13 所示就是其中一种做法。表中将所有的黏性土均划分为三种状态，即稍湿的、很湿的与饱和的，这显然是脱离实际的。例如淤泥，按淤泥的定义，其天然含水量应大于液限，它必然处于饱和状态，不可能有稍湿的或很湿的淤泥。再就是表中第一种土即软的黏土及亚黏土，这些土在深基坑工程中，却是经常遇到的，对于这些土，由于是饱和的，查此表则发现全部$\varphi_0 = \varphi$。也就是说，所谓的等代摩擦角，实际上是不考虑黏聚力，这显然是不合理的，特别是当C值较大时就太保守了。

以下将对等代内摩擦角引起的问题与误差分几个方面进行讨论。

（1）有效土压力的误差。前面已指出，土压力应区分为水压力和有效土压力，对于地下水位在计算深度以下时，有效土压力即土压力。

按朗肯土压力理论，均质的黏土土压力分布如图6-19所示，墙后的土压力分布为EFD，E点以上土压力为零。按等代内摩擦角计算，按理不论何种土，包括淤泥，φ值均应有所提高，故其土压力分布应为ACK，即使采用等代内摩擦角能够凑合成土压力的合力相等。而对于支护墙的弯矩作用，则仍然不相同。当C值较大时，临界深度z_0也较大，则用等代内摩擦角计算，将使弯矩偏大甚多。对于墙前被动土压力，按朗肯土压力理论计算，其图形为$BB'GC$，按等代内摩擦角计算，其图形为BHC。由于B点附近的土压力大小对于支护墙的弯矩大小以及入土深度均有较大影响，而按等代内摩擦角计算，B点被动土压力为零，因此计算结果一般也是偏于保守。

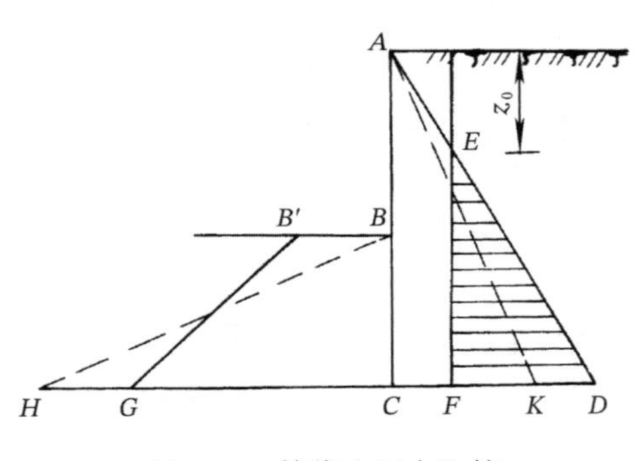

图6-19　等代土压力比较

（2）水压力的误差。前面已指出，对于黏性土，如采用水土压力合算法，因$\varphi > 0$，$K_a < 1$，$K_p > 1$，将使主动区的水压力自$\gamma_w h$（h为水头）减为$K_a\gamma_w h$而偏小很多，使被动区的水压力自$\gamma_w h$增至$K_p\gamma_w h$而偏大很多。如果采用等代内摩擦角，则因φ的增大，而使水压力的计算误差进一步扩大，更不合理。

（3）等代内摩擦角的涵义不明确。有人理解为土压力合力相等，也有人理解为在最大计算深度处的土压力强度相等。但无论怎样理解，如前面所指出的，由于土压力的分布大大改变，实际上是无法做到等效的。

（4）土压力的分布与开挖深度、水位高差均有密切关系，因此将C、φ等代为$C = 0$，$\varphi = \varphi_0$，要做到等代后基本等效，不仅与C、φ_0大小有关，而且与开挖深度、计算深度及水位深度有关。因此问题比较复杂，单独由C、φ_0决定φ有很大的盲目性，综合的误差大小很难判定。

等代内摩擦角一般用于按库仑理论的土压力计算，对于挡土墙设计较为合适。因挡土墙的水压力问题不突出，对于深基坑工程，地下水问题影响极大，如仍采用等代内摩擦角，计算工作虽略有简化，但误差大、不合理，而且目前也没有比较有依据的合理的图表可查，随意等代，往往不是冒险，就是过于保守。

3. 土的抗剪强度指标的取值

根据基坑支护结构形式、降水情况，可对土的抗剪强度进行如下调整。

1）当进行基坑降水并使土体固结的条件下，地面有排水和防渗措施时，土的内摩擦角可按下列规定选用：

（1）支护结构外侧，在地下水降水范围内，φ值可乘以 1.2～1.3 的系数，内侧可乘以

1.1～1.3 的系数。

（2）桩基内侧，在密集群桩深度范围内，φ值可乘以 1.2～1.4 的系数。

（3）支护结构内侧进行被动区加固处理，处理深度超过土压力作用范围时，φ值可乘以 1.1～1.3 的系数。

2）对于钢筋混凝土支护结构，可考虑土与支护结构之间的摩擦力影响，将黏聚力c乘以 1.1～1.3 的系数。若土压力计算时，已考虑墙、土之间的摩擦阻力，则c值不变动。

6.3.7　结构及土体参数的选用与计算

在用有限单元法进行支护结构分析时，需事先选定各种参数，如支撑弹簧系数、等值水平基床系数K值（张有龄法）、随深度直线增加水平基床系数的比例系数m值（m法）等。

1. 支撑弹簧系数

1）压缩弹簧系数

钢支撑时：

$$K_s = \frac{\pi\alpha EA}{ls} \quad 或 \quad K_s = \frac{2EA}{ls} \tag{6-50}$$

混凝土支撑时：

$$K_c = \frac{2EA}{ls} \quad 或 \quad K_c = \frac{2EA(1-\varepsilon_c)}{ls(1+\varphi_c)} \tag{6-51}$$

式中　K_s、K_c——支撑弹簧系数[kN/（m · m）]；

α——降低系数（日本土木学会 0.5～1，日本首都高速道路公园 1，日本东京都交通局 0.5）；

E——支撑材料弹性模量（kPa）；

A——支撑的断面积（m^2）；

l——支撑的长度（m）；

s——支撑的水平间距（m）；

φ_c——混凝土的徐变系数（日本营团 0.5）；

ε_c——混凝土干燥收缩系数（日本营团 15×10^{-5}）。

2）转动弹簧系数

当钢筋混凝土底板与地下连续墙固结时，需计算转动弹簧系数。

$$K_q = \eta EI/l \tag{6-52}$$

式中　K_q——钢筋混凝土底板的转动弹簧系数[kN · m/（rad · m）]；

η——由挡土墙相邻中间支点的固定形式所决定的系数（日本 JR3.5，日本营团 4）；

E——钢筋混凝土底板的弹性模量（kPa）；

I——相当于钢筋混凝土底板 1m 宽度断面的惯性矩；

l——从挡土墙断面中心到相邻中间支点的距离（m）。

2. 等值水平基床系数（K_0值）

1）查表法

交通运输部《港口工程荷载规范》JTS 144—1—2010 提出的K_0值，见表 6-32、表 6-33。

黏性土的 K_0 值 **表 6-32**

土的状态	极软	软	中等	硬	很硬	极硬
标准贯入击数N	＜2	2～4	4～8	8～15	15～30	＞30
K_0（N/cm³）	＜4	4～8	8～16	16～30	30～60	60～100

砂土的 K_0 值 **表 6-33**

土的状态	很松	松	中等	密实	极密
标准贯入击数N	＜4	4～10	10～30	30～50	＞50
K_0（N/cm³）	1～8	8～20	20～60	60～100	＞100

注：K_0为地面水平变位为1cm时的K值，当地面水平变位增大时，K值将减小，可用下式计算。

$$K = K_0\left(\frac{y}{y_0}\right)^{\frac{1}{2}} \tag{6-53}$$

式中 K_0——见表 6-32、表 6-33；

y_0——桩在地面处的单位水平变位值，$y_0 = 1\text{cm}$；

y——桩在地面处的水平变位值（cm）。

表中“土的状态”和“标准贯入击数”均指地面到$1/\beta$深度范围内的土层。

$$\beta = \sqrt[4]{\frac{Kb}{4EI}} \tag{6-54}$$

式中 EI——墙身刚度（N · cm²）；

b——墙身宽度，$b = 100\text{cm}$。

2）由地基变形模量与荷载宽度求水平基床系数的公式

$$K_h = \frac{1}{30}E_0\left(\frac{B}{30}\right)^{-\frac{3}{4}} \quad \text{(日本东京都交通局、首都高速道路公团)} \tag{6-55}$$

$$K_h = \frac{1}{30}\alpha E_0\left(\frac{B}{30}\right)^{-\frac{3}{4}} \quad \text{(日本铁道公团)} \tag{6-56}$$

$$K_h = \frac{\alpha E_0}{400} \quad \text{(日本土木学会)} \tag{6-57}$$

以上式中 K_h——水平基床系数（N/cm³）；

E_0——由各种试验求得的地基模量（N/cm²）。当用标准贯入击数N求解时，$E_0 = 250N$（日本东京都交通局，日本铁道公团），$E_0 = 280N$（日本首都高速道路公团）；

α——对E_0的计算方法修正系数，见表 6-34；

B——荷载宽度，$B = 500$～1000cm（日本土木学会、东京都交通局）或$B = 1000\text{cm}$（日本首都高速道路公团）。

变形模量计算表 **表 6-34**

E_0的计算方法	α	E_0的计算方法	α
平板载荷试验	1	标准贯入试验	1
钻探孔内载荷试验	4	经验值	1
单轴或三轴压缩试验	4		

注：数据来源于日本东京都交通局。

3）由地基变形模量与挡土墙的挠度值求水平基床系数公式

$$K_{h} = K_{h0}\sqrt{y_x} \tag{6-58}$$

$$K_{h0} = \frac{1}{25}\alpha E_0 \tag{6-59}$$

式中　K_h——水平基床系数（N/cm^3）；

y_x——由地面往下x点上的挡土结构挠度值（cm）；

K_{h0}——标准水平基床系数（N/cm^3）；

E_0——由各试验求出的地基模量（N/cm^2）；

α——对E_0计算方法的修正系数，见表 6-35。

E_0的计算　**表 6-35**

E_0的计算方法	α
钻孔内载荷试验	0.8
单轴或三轴压缩试验	0.8
标准贯入试验	0.2

3. 随深度呈直线增加的水平基床系数的比例系数m值

1）文献的m值

见表 6-31。表中的值为一般弹性计算法所用。

$$T = \sqrt[5]{\frac{EI}{mb_0}} \tag{6-60}$$

式中　EI——墙身的刚度（N · cm^2）；

b_0——相对的换算宽度，对地下连续墙，$b_0 = 100$cm；

m——土的m值，单位为 N/cm^4。

当为成层土时，地面以下 1.8T深度范围内各土层的m的加权平均值，例如地基为三层时（图 6-20）：

$$m = \frac{m_1 h_1^2 + m_2(2h_1 + h_2)h_2 + m_3(2h_1 + 2h_2 + h_3)h_3}{(1.8T)^2} \tag{6-61}$$

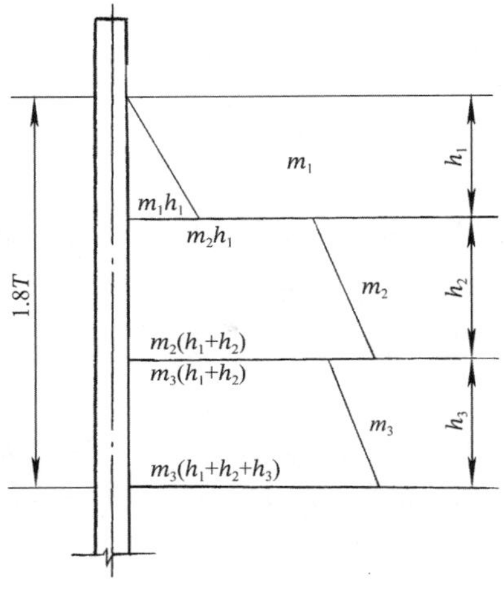

图 6-20　成层土 m 值计算图

2）《灌注桩基础技术规程》YS/T 5212—2019采用的m值

表6-36中数值可用于一般弹性计算中。当地基为可液化土层时，应按表6-37乘以折减系数。

土的m值　　表6-36

地基土类别	比例系数m（MN/m^4）	相应单桩在地面处水平位移（mm）
淤泥、淤泥质土、饱和湿陷性黄土	2.5～6	6～12
流塑（$I_L>0$）、软塑（$0.75\leqslant I_L\leqslant 1$）状黏性土，$e>0.9$粉土，松散粉细砂，松散稍密细砂	6～14	4～8
可塑（$0.25\leqslant I_L\leqslant 0.75$）状黏性土，$e=0.7$～0.9粉土，湿陷性黄土，中密填土，稍密细砂	14～35	3～6
硬塑（$0<I_L\leqslant 0.25$）、坚硬（$I_L\leqslant 0$）状黏性土，$e<0.7$粉土，中密的中粗砂，密实老填土	35～100	2～5
中密、密实的砾砂、碎石类土	100～300	1.5～3

注：1. 当桩顶水平位移大于表列值或桩身配筋率大于0.65%时，m值应适当降低。
2. 当水平荷载为长期或经常出现的荷载时，应将表列数值乘以0.4降低系数。
3. 当地基为可液化土层时，应将表列数值乘以表6-37的系数。
4. 当桩侧为几种土层组成时，求得主要影响深度范围内的加权平均值$\overline{m}$作为计算值。

在实际应用中，沿深度增大的基床水平反力系数mx（x为深度）并不是取沿深度无限增大，而是在某深度以下取为定值，此深度可取5m、1.8T或3（$d+1$）。

土层液化折减系数　　表6-37

$\lambda_n=\frac{N_{63.5}}{N_{cr}}$	自地面起液化土层深度d_1（m）	ϕ_L
$\lambda_n\leqslant 0.6$	$d_1\leqslant 10$	0
	$d_1>10$	1/3
$0.6<\lambda_n\leqslant 0.8$	$d_1\leqslant 10$	1/3
	$d_1>10$	2/3
$0.8<\lambda_n\leqslant 1.0$	$d_1\leqslant 10$	2/3
	$d_1>10$	1

注：$N_{63.5}$为饱和砂土标准贯入击数实测值，N_{cr}为液化判别标准贯入击数临界值。

6.4　地下连续墙设计

6.4.1　概述

现在来讨论一下支护墙（桩）的设计问题。由于篇幅有限，本节只讨论作为支护结构的地下连续墙以及由它派生出来的非圆形桩的设计问题。

6.4.2　地下连续墙的特点和适用条件

1. 地下连续墙的特点

地下连续墙技术之所以能得到广泛的应用与发展，是因为它具有如下的优点：

（1）可减少工程施工时对环境的影响。施工时振动少，噪声低；能够紧邻相近的建筑及地下管线施工，对沉降及变位较易控制。

（2）地下连续墙的墙体刚度大、整体性好，因而结构和地基变形都较小，既可用于超深支护结构，也可用于主体结构。

（3）地下连续墙为整体连续结构，加上现浇墙壁厚度一般不少于 60cm，钢筋保护层又较大，故耐久性好，抗渗性能较好。

（4）可实行逆作法施工，有利于施工安全，并加快施工进度，降低造价。

正如以往任何一种新的施工技术或结构形式出现一样，地下连续墙尽管有上述明显的优点，也有它自身的缺点和尚待完善的方面。归纳起来有以下几方面：

（1）弃土及废泥浆的处理问题。除增加工程费用外，如处理不当，还会造成新的环境污染。

（2）地质条件和施工的适应性问题。从理论上讲，地下连续墙可适用于各种地层，但最适应的还是软塑、可塑的黏性土层。当地层条件复杂时，会增加施工难度和影响工程造价。

（3）槽壁坍塌问题。引起槽壁坍塌的原因，可能是地下水位急剧上升，护壁泥浆液面急剧下降，有软弱疏松或砂性夹层，以及泥浆的性质不当或者已经变质，此外还有施工管理等方面的因素。槽壁坍塌轻则引起墙体混凝土超方和结构尺寸超出允许的界限，重则引起相邻地面沉降、坍塌，危害邻近建筑和地下管线的安全。这是一个必须重视的问题。

2. 地下连续墙在基坑工程中的适用条件

地下连续墙是一种比钻孔灌注桩和深层搅拌桩造价昂贵的结构形式。选用时必须经过技术经济比较，确实认为经济合理时，才可采用。一般说来，其在基坑工程中的适用条件归纳起来，有以下几点：

（1）基坑深度大于 10m 的有地下水作用的工程。

（2）软土地基或砂土地基。

（3）在密集的建筑群中施工基坑，对周围地面的沉降、建筑物的沉降要求需严格限制时，宜用地下连续墙。

（4）支护结构与主体结构相结合，用作主体结构的一部分，且对抗渗有较严格要求时，宜用地下连续墙。

（5）采用逆作法施工，内衬与护壁形成复合结构的工程。

3. 地下连续墙在基坑工程中的应用

1）在应用范围方面，有建筑物的基坑，如地下室、地下商场、地下停车场等；市政工程的基坑，如地下铁道车站、地下汽车站、地下泵站、地下变电站、地下油库等；以及工业构筑物基坑（如钢铁厂的镀锌薄钢板沉淀池）、盾构及顶管隧道的工作井、接收井等。

2）在应用地下连续墙的基坑规模方面，矩形基坑的宽度已达 1000m 以上，长度达 2000m 以上；圆形基坑的直径则已超过 144m。国内矩形基坑开挖深度已达 32m，圆形基坑达 60m。

3）在地下连续墙的厚度及深度方面，最常用于基坑围护结构的厚度是 60、80cm，个别基坑也用过 100、120cm，最厚已达 280cm；至于深度则已达 140m（国内 81.9m）。近年来，已开发了厚 20～45cm 的地下连续墙。

4）目前在基坑工程中应用的地下连续墙有以下几种形式：

（1）板式。这是应用得最多的地下连续墙形式，用于直线形墙段、圆弧形（实际是折线形）墙段，见图 6-21（*a*）、图 6-21（*b*）。

（2）T 形及 π 形地下连续墙。适用于基坑开挖深度较大，支撑垂直间距较大的情况，其开挖深度已达25m，见图6-21（c）、图6-21（d）。

（3）格式地下连续墙。这是一种将板式及T形地下连续墙组合成的结构，靠自重维持墙体的稳定，已用于大型的工业基坑，见图6-21（e）。

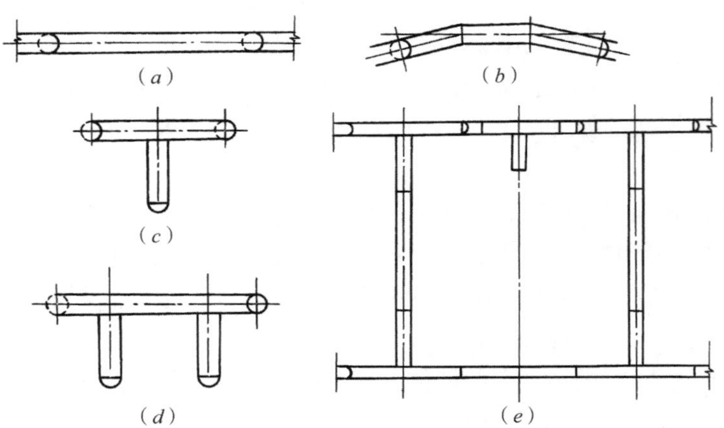

图6-21　基坑连续墙结构形式

（a）板式；（b）折线式；（c）T形：（d）π形；（e）格式

6.4.3　地下连续墙的细部设计

1. 概述

地下连续墙除应进行详细的设计计算和选用合理的施工工艺外，相应的构造设计也是极为重要的，特别是混凝土和钢筋笼构造设计，墙段之间如何根据不同功能和受力状态选用刚性接头、柔性接头、防水接头等不同的构造形式。墙段之间由于接头形式不同和刚度上的差别，往往采用钢筋混凝土压顶梁，把地下连续墙各单元墙段的顶端连接起来，协调受力和变形。高层建筑地下室深基坑开挖的支护结构，既可以作为临时支护，也可以作为主体结构的一部分，这样地下连续墙就既可以作为单一墙也可以作为重合墙、复合墙、分离双层墙等来处理，这就要求有各种相应的构造形式和设计。

所有构造设计，都应能满足不同的功能、需要和合理的受力要求，同时便于施工，而且经济可靠。

2. 深厚比

作为主要承受水平力的临时支护结构的地下连续墙，其深厚比主要根据水、土压力计算确定。其深厚比一般不严格规定。对于承受竖向垂直力的地下连续墙，根据工程实践经验，墙厚600mm时墙深最大达28m，当墙厚800mm时墙深最大达45m，当墙厚1000～1200mm时墙深达到50～80m。对于预制地下连续墙，墙厚500mm时墙深最大只能到16m。墙厚b与最下一道支撑或底板以下深度之比（以下称深厚比）宜符合表6-38的规定（对于地下连续墙外露部分支撑薄弱的，其值应计入全墙高度）。

承受竖向力的地下连续墙允许深厚比　　表6-38

传递竖向力类型	穿越一般黏土、砂土	穿越淤泥、湿陷性黄土	备注
端承	$H/b \leqslant 60$	$H/b \leqslant 40$	端承70%以上竖向力为端承型的地下连续墙
摩擦	不限	不限	

对于承受竖向力的地下连续墙不宜同时采用端承式和纯摩擦式，而且相邻段入土深度不宜相差 1/10。这种墙进入持力层深度对黏性土和砂性土按土层不同一般控制在 2～5 倍墙厚；对于支承在强风化岩层的，一般控制在 1～2 倍墙厚；对于中风化岩层一般可支承在岩面或小于 600mm。上述这种深度必须满足渗流稳定要求。

对于成槽施工，一般应进行槽壁稳定验算，必要时在确定槽段的长、宽、深后，在最不利槽段进行试验性施工，以验证稳定性的设计和采用泥浆相对密度的合理性。

3. 混凝土和钢筋笼设计

1）地下连续墙的混凝土

由于是用竖向导管法在泥浆条件下浇灌的，因此混凝土的强度、钢筋与混凝土的握裹力都会受到影响。也由于是浇灌水下混凝土，施工质量不易保证。地下连续墙的混凝土不宜采用太低的强度等级，以免影响成墙的质量。水下浇灌的混凝土设计强度应比计算墙的强度提高 20%～25%，且不宜低于 C20。个别要求较高的工程，为了保证混凝土质量，施工时的混凝土强度等级可以比设计强度等级提高 20%～30%，但必须经过技术经济效果论证后采用。水泥用量不宜少于 350kg/m^3，坍落度 18～22cm，水灰比不宜大于 0.60。

2）混凝土保护层

为防止钢筋锈蚀，保证钢筋的握裹能力，在连续墙内的钢筋应有一定厚度的混凝土保护层，一般可参照表 6-39 采用。异形钢筋笼（如 L 形、T 形）的保护层应取大值。

地下连续墙中钢筋保护层厚度　　　　表 6-39

规定要求	目前国内常用保护层厚度		冶金部地下连续墙的设计施工规程					
	永久使用	临时支护	现浇				预制	
			建筑安全等级			临时支护	长期	临时
			一级	二级	三级			
保护层厚（cm）	7	4～6	7	6	5	≥4	≥3	≥1.5

为防止在插入钢筋笼时擦伤槽壁造成坍孔，一般可用钢筋或钢板制作定位垫板且应比实际采用的保护层厚度小 1～2cm，以防擦伤槽壁或钢筋笼不能插入（图 6-22）。

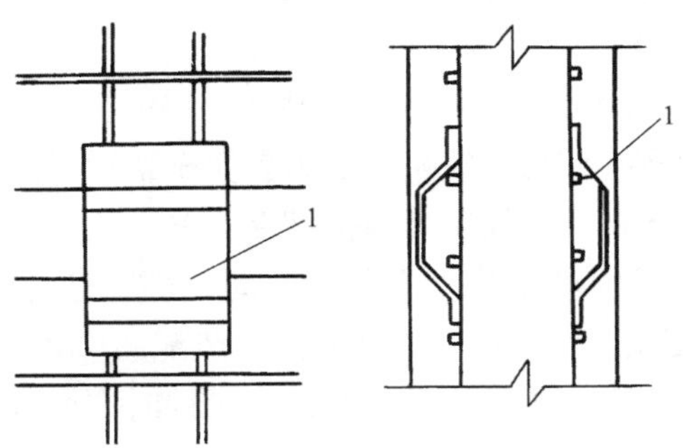

图 6-22　定位垫板或定位上位置示意图

1—定位垫板或定位卡

定位垫块或定位卡在每个单元墙段的钢筋笼的前后两个面上，分别在同水平位置设置两块以上，纵向间距约 5m。

3）钢筋选用及一些构造要求

泥浆使钢筋与混凝土的握裹力降低，一些试验资料表明，在不同相对密度的泥浆中浸放的钢筋，可能降低握裹力 10%～30%，对水平钢筋的影响会大于竖向钢筋，对圆形光面钢筋的影响要大于带肋钢筋。

因此，一般钢筋笼要选用变形小的钢筋（Ⅱ级钢），常用受力钢筋为ϕ20～32mm。墙较厚时最大钢筋也可用到ϕ32mm，但最小钢筋不宜小于ϕ16mm。

为导管上下方便，纵向主钢筋一般不应带有弯钩。对较薄的地下连续墙，还应设纵向导管导向钢筋，主钢筋的间距应在 3 倍钢筋直径以上。其净距还要在混凝土粗骨料最大尺寸的 2 倍以上。

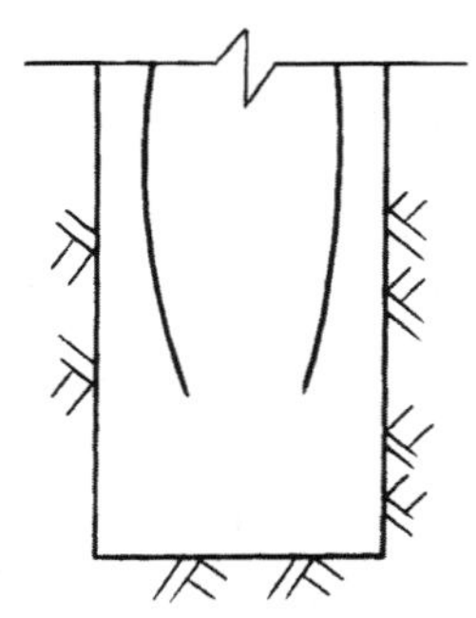

图 6-23　钢筋笼底端形状

钢筋笼的底端，为防止纵向钢筋的端部破坏槽壁，可将钢筋笼底端 500mm 范围内做成向内按 1：10 收缩的形状（以不影响插入导管为度，详见图 6-23）。

4）钢筋笼分段及接头

为了有利于钢筋受力、施工方便和减少接头工期及费用，钢筋笼应尽量整体施工。但地下连续墙深度太大时，往往受到起吊能力、起吊高度以及作业场地和搬运方法等限制，需要将钢筋笼竖向分成 2 段或 3 段，在吊放、入槽过程中，连接成整体，具体分段的长度应与施工单位密切配合，目前已施工的工程多为每 15～20m 一段。对槽深小于 30m 的地下连续墙的钢筋笼宜整幅吊入槽内。竖向接头宜选在受力较小处，接头形式有钢板接头、电焊接头、绑接接头。使用绑接的搭接接头长度一般不小于 45 倍主筋直径。当搭接接头在同一断面时，有将搭接接头长度加长到 70 倍钢筋直径，且搭接长度不小于 1.5m 的工程实例。

5）钢筋笼

地下连续墙的配筋必须按设计图纸拼装成钢筋笼，然后再吊入槽内就位，并浇注水下混凝土。为满足存放、运输、吊装等要求，钢筋笼必须具有足够的强度和刚度。因此，钢筋笼的组成，除纵向主筋和横向连系筋以及箍筋外，还需要有架立主筋用的纵、横方向的承力钢筋桁架和局部加强筋。钢筋笼应进行焊接，除纵横桁架、加强筋及吊点周围全部点焊外，其余可 50%交错点焊。

承力钢筋桁架，主要为满足钢筋笼吊装而设计，假定整个钢筋笼为均布荷载，作用在钢筋桁架上，根据吊点的不同位置，按梁式受力计算桁架承受的弯矩和剪力，再以钢筋结构进行桁架的截面验算及选材，并控制计算挠度在 1/300 以内。桁架间距 1.2～2.5m。

钢筋笼内还得考虑水下混凝土导管上下的空间，即保证此空间比导管外径至少要大 100mm 以上。导管周边要配置导向筋。钢筋笼的一般配筋形式详见图 6-24。

施工过程中为确保钢筋笼在槽内位置的准确，设计时应留有可调整的位置，宜将钢筋笼的长度控制在成槽深度 500mm 以内。

当钢筋笼上安装较多聚苯乙烯等附加部件，或者泥浆相对密度过大时，都会对钢筋笼产生浮力，阻碍钢筋笼插入槽内，特别是钢筋笼单面装有较多附加配件时会使钢筋笼产生偏心浮力，钢筋笼入槽容易擦坏槽壁造成坍孔。这种情况下可以考虑在钢筋笼上焊接配重，或在导墙上预埋钢板，以便用铁件将钢筋笼与预埋钢板焊接，作为抗弯和抗偏的临时锚固。

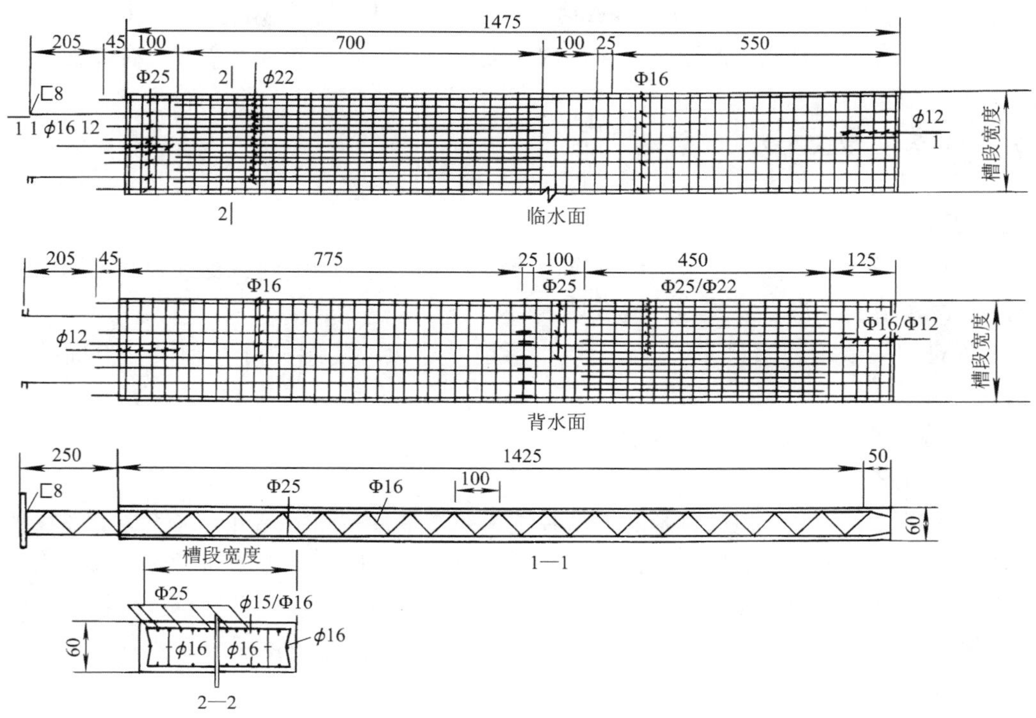

图 6-24　钢筋笼构造（cm）

4. 槽段间墙的接头

地下连续墙的槽段间的接头一般分为柔性接头、刚性接头和止水接头。

柔性接头是一种非整体式接头，它不传递内力，主要为了方便施工，所以又称为施工接头，如锁口管接头、V 形钢板接头、预制钢筋混凝土接头等。为了适应这种接头的特点，在构造上主要处理好钢筋笼的设计，使钢筋笼在凸凹缝之间、拐角墙、折线墙、十字交叉墙、丁字墙等处的钢筋笼端部能紧贴接头缝，同时又不影响施工为宜。

刚性接头是一种整体式接头，它能传递全部或部分内力，如一字形、十字形穿孔钢板式刚性接头，钢筋搭接式刚性接头等。

一字形穿孔钢板式的接头，由于它只能承受抗剪状态，故在工程中较少使用。十字形穿孔钢板式的接头能承受剪拉状态，在较多情况下可以使用，如格式、重力式地下连续墙结构的剪力墙上，各墙段间接头就同时承受剪力和拉力，这种形式的接头，在构造上又有端头板和无端头板之分。

当接头要求传递平面剪力或弯矩时，可采用带端板的钢筋搭接接头，将地下连续墙连成整体。

穿孔钢板的尺寸，宜根据试验的受力状况来确定，钢板厚度一般由强度计算确定，但不宜太厚。穿孔钢板在墙接缝处应骑缝对称放置，钢板在接缝一侧的墙体内的长度，一般为墙体水平向钢筋直径的 25～30 倍，钢板的穿孔面积与整块钢板面积之比宜控制在 1/3 左右为好。

止水接头在一般情况下可以使用锁口管和 V 形钢板等接头形式，也可以取得一定的止水防渗效果。对于有较高止水要求的地下连续墙接头，上海宝钢冶金建设第五工程公司研究成功了一种新型用橡胶止水带的止水接头，在一些工程实践中获得成功并取得专利。北京乾坤基础工程有限公司研究成功和应用了带止水片的沉降-伸缩缝接头，并且申报了专利。

以上只是简要地对地下连续墙的细部构造进行说明，后面各有关章节将有详细说明。

6.5 自立式支护设计

6.5.1 概述

在一些大型基坑工程中，采用内支撑困难很大，而锚杆的使用也受到限制。国内外已有不少工程采用了T形自立式地下连续墙。

现在通过一个工程实例来讨论一下 T 形地下连续墙的结构计算和设计方面的有关问题。

6.5.2 日本的T形自立式地下连续墙

1. 工程概况

在现代建设中，边长超过百米的大型基坑正在增多。在此情况下，采用内支撑在技术上和经济上的可行性正在受到挑战，采用锚杆支撑则因周围环境限制而无法实施。为此研究使用了T形自立式地下连续墙作为基坑的挡土墙。本节将提出两种计算这种挡土墙的方法，并根据实际观测资料进行修正，以便找出一种实用的计算方法。

2. 结构分析和预测

由于T形地下连续墙为空间结构，所以不能使用以前常用的平面问题的计算方法。

在工程开工之前，使用两种方法对T形地下连续墙进行结构计算和分析，了解它的变形和内力的变化规律，据此进行地下连续墙的断面设计。

A法：三次非线性有限单元法（FEM）。

B法：弹性地基梁的基床反力系数法。

1）结构计算

（1）A法。如图6-25所示，选定的计算模型为考虑了平面形状对称性的1/2模型。

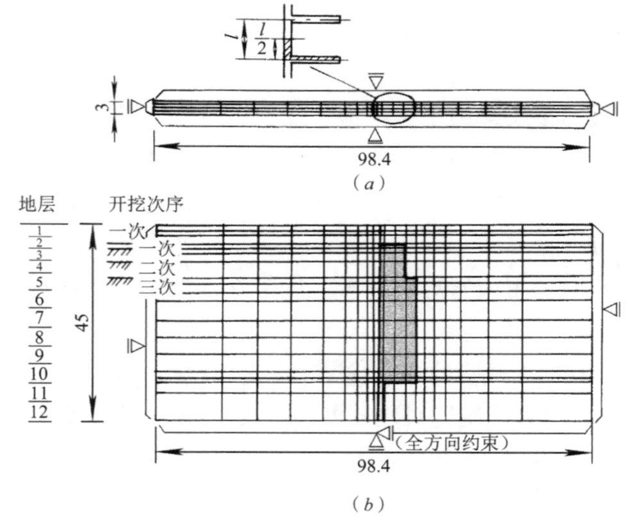

图6-25 A法模型（m）

（a）水平断面；（b）立面

虽然 T 形地下连续墙为弹性体，但考虑到非线性影响，根据邓肯-张的方法，提出了地基土的应力应变关系。计算所用的地基常数值见表 6-40。

A 法地基主要参数　　　　**表 6-40**

地层	应力应变关系	E（kN/m²）	ν	γ_t（kN/m³）	k（k_{ur}）	n	R_f	C（kN/m²）	φ（°）
1	弹性	2800	0.4	16	—	—	—	—	—
2	弹性	5600	0.38	17.8	—	—	—	—	—
3	邓肯-张	—	0.45	17.5	114（341）	0.67	0.89	26	4.8
4	弹性	19600	0.35	17.3	—	—	—	—	—
5	邓肯-张	—	0.45	16	34（101）	0.41	0.73	35	5
6	邓肯-张	—	0.45	16	112（336）	0.58	0.61	76	3.1
7	邓肯-张	—	0.45	16	492（1641）	0.38	0.58	87	5.7
8	邓肯-张	—	0.45	16	830（2767）	0.31	0.49	129	4.9
9	邓肯-张	—	0.3	18	1125（3376）	0.5	0.9	0	32
10	邓肯-张	—	0.4	18	659（1976）	0.5	0.9	124	0
11	邓肯-张	—	0.3	19	4907（14720）	0.5	0.9	0	55
12	邓肯-张	—	0.3	18	1869（5608）	0.5	0.9	0	46

首先，进行静荷载计算，设定地基初始应力状态。根据地质条件，确定作用在地下连续墙上的土压力系数为 0.6。其次，在各挖掘阶段中，按顺序去掉挖掘部分的地基因素，掌握了各阶段中挡土墙的受力状态。

（2）B 法。如图 6-26 所示，将 T 形地下连续墙当作是弹性地基上的梁，将作用于面板上的被动土压力以及作用在肋板两侧的摩阻力看作是弹簧，并就此进行了计算。计算所用的地基系数见表 6-41。

地基主要参数　　　　**表 6-41**

深度（m）	E_t (kN/m²)	C (kN/m²)	φ(°)	γ_t (kN/m³)
0	2000	15	10	16
	4000	0	28	18
5	1000	26	5	17
	3310	26	5	17
	10340	0	35	18
10	4110	35	5	16
	5670	35	5	16
15	11670	76	3	16
20	17670	87	6	16
25	30990	129	5	16
	12450	0	32	18
30	26560	124	0	18
	44270	0	55	19
35				

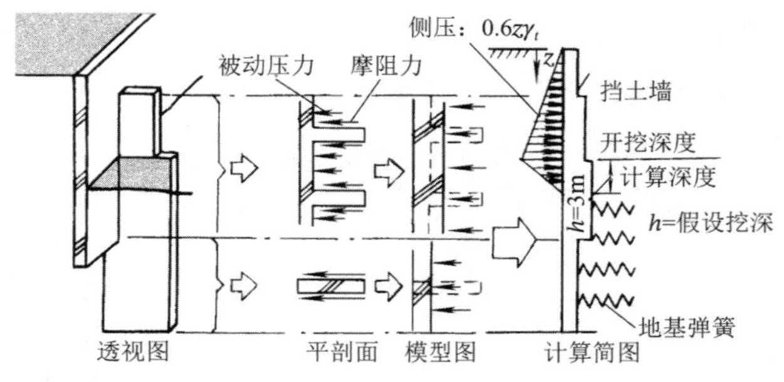

图 6-26 B 法模型

与 A 法一样，假定土压力系数为 0.6，其分布形状见图 6-26。另外，地下连续墙底部伸入砾石层内，其支承状态应介于固定和自由之间，比较难于判定，所以把底端的支承状态按固定、简支和自由支承三种形式进行了计算和对比。

2）地下连续墙性状的分析和预测

从图 6-27 可以看到，T 形自立式地下连续墙在不同开挖阶段的变形、弯矩和剪力的计算值和实测值。

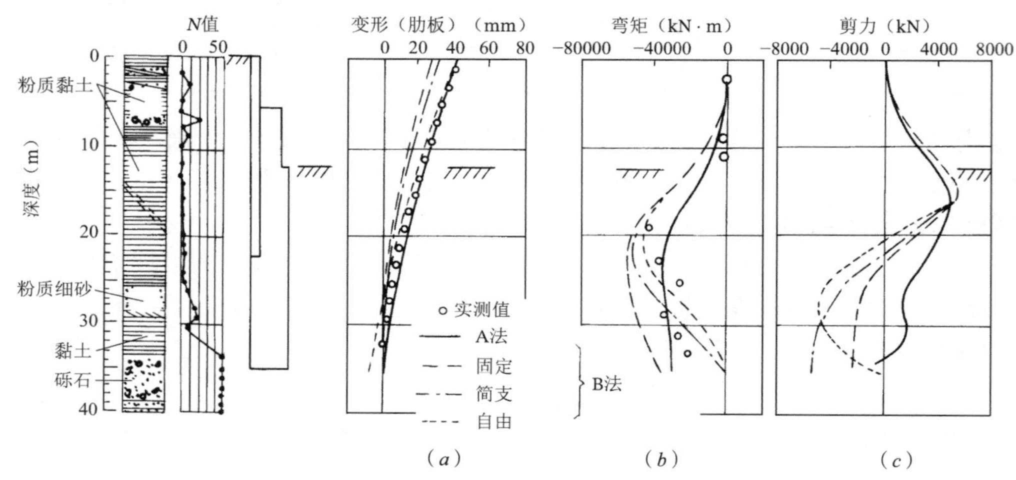

图 6-27 计算结果（3 次，测点 A）

（a）变形（肋板）；（b）弯矩（T 形跨度 6m）；（c）剪力

（1）关于变形情况。由于地下连续墙的刚度大以及不设支撑，T 形墙的变形特性与悬臂梁相同。还可以看出，墙的变形扩展到了墙的底端，其大小受底端约束状态的影响。用 B 法算得的墙顶位移约为 30mm；当底端处于自由支承状态时，A、B 两种方法的计算结果均表明，墙顶位移略有增加，约为 40mm。另外，A 法的计算结果表明，地下连续墙的底端处于弹性支承状态。

（2）关于弯矩变化情况。如图 6-27（b）所示，计算结果表明，与悬臂式地下连续墙的变形特性一样，弯矩的分布曲线也表明墙的背面是受拉的，而且在基坑底面至其以下 8m 之间达到最大（弯矩），再往下随着深度的继续增加，弯矩逐渐减少。墙底的弯矩则因其端部支承条件不同而有差异。在 B 法中，当墙底端为固定支承状态时，弯矩最大，约为最大弯矩的 60%；而采用 A 法按弹性支承时，弯矩值略小。B 法中墙底处于简支（铰接）和自由支承状态时，其弯矩为 0。

3）剪力的分布

如图 6-27（*c*）所示，计算结果表明，剪力在基坑底（深 12.2m）至深度 15.0m 左右处达到最大。这个深度与 B 法中假定的深度相对应（见图 6-26）。墙底端的剪力与弯矩一样，也因支承条件不同而异，而在墙底端处处于简支（铰接）状态时为最大。

3. 实测结果与计算结果的比较

先来观测 A 区在不同开挖阶段的应力和变形的实测状态，然后再来研究最终开挖阶段的应力和变形，并与计算结果加以比较。

1）侧压力

作用在 T 形地下连续墙的面板和肋板上的侧压力分布如图 6-28 所示。实测侧压力系数在开挖深度小于 12.2m 之前呈 0.4～0.6 的三角形分布，随着开挖深度的增加，侧压力有所下降。计算采用侧压力系数为 0.6，这是偏于安全的。如果采用 0.5，则更接近于实测结果。

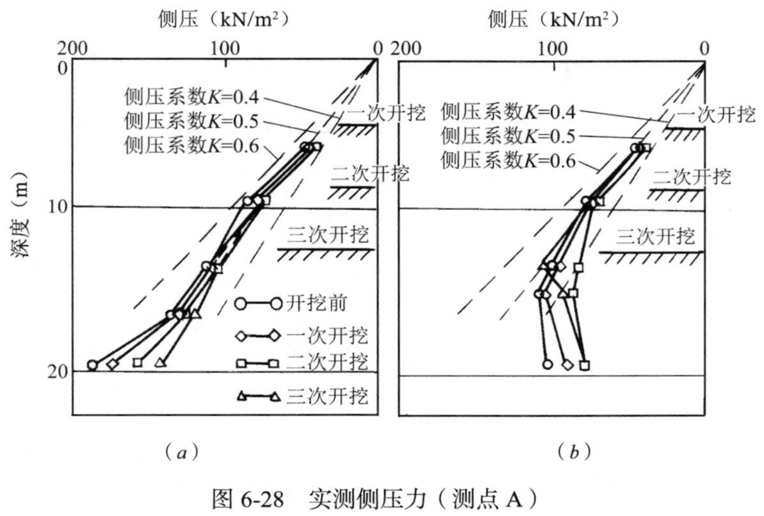

图 6-28　实测侧压力（测点 A）

（*a*）肋板；（*b*）面板

2）变形

T 形地下连续墙的实测变形分布如图 6-29 所示。面板的埋深为 22m，但在面板底部以下的地基中，测出了与肋板埋深（35m）相同深度处的水平位移。图中曲线表明，由于地下连续墙的刚度很大，肋板、面板的变形以及整个地下连续墙自身的挠度都很小，而整个地下连续墙以肋板底端为支点的转动变形较大。另外，关于肋板在最终开挖阶段的变形特点，在深度 5.5m 和 22m 处截面发生变化的部位，变形曲线的斜率也发生了变化，但是三个变形线段的斜率大体近似。

最终开挖阶段的实测变形与计算结果的比较见图 6-27。它表明 A 法的计算结果与实测值相当接近。另一方面，对于 B 法的计算结果，当墙底处于固定支承状态或简支状态时，其计算值大大小于实测值；当墙底为自由支承时，墙体下部的计算变形值并未减少。由此可以推测，墙底端应为固定支承与自由支承之间的弹性支承状态。

3）钢筋应力和弯矩

T 形地下连续墙的实测钢筋应力如图 6-30 和图 6-31 所示。在肋板形状发生显著变化的 5.5m 及 22m 深度附近，钢筋应力急剧增加。最大拉应力约为 10000N/cm²，发生在深度 25m 附近的挡土墙背面。另外，虽然同一截面上应力分布相当分散，但基本上仍为直线，即采用平面假定是成立的。另一方面，面板中的应力均为拉应力，应力值很小，最大也不过2000N/cm^2。

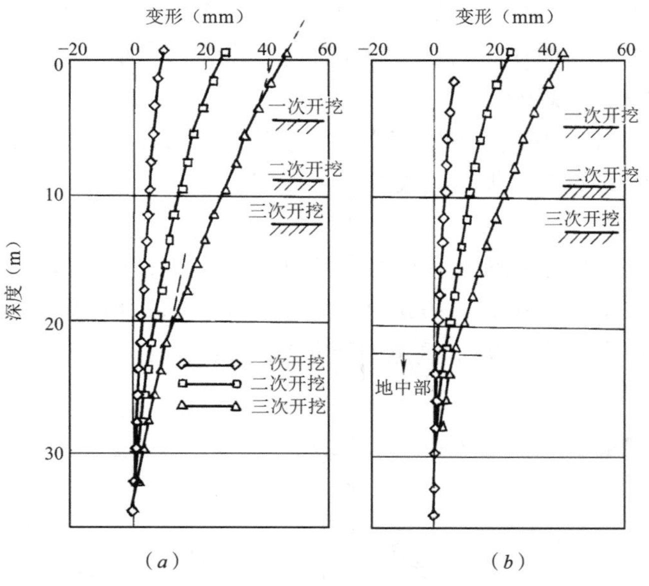

图 6-29 实测变形（测点 A）

（a）肋板；（b）面板

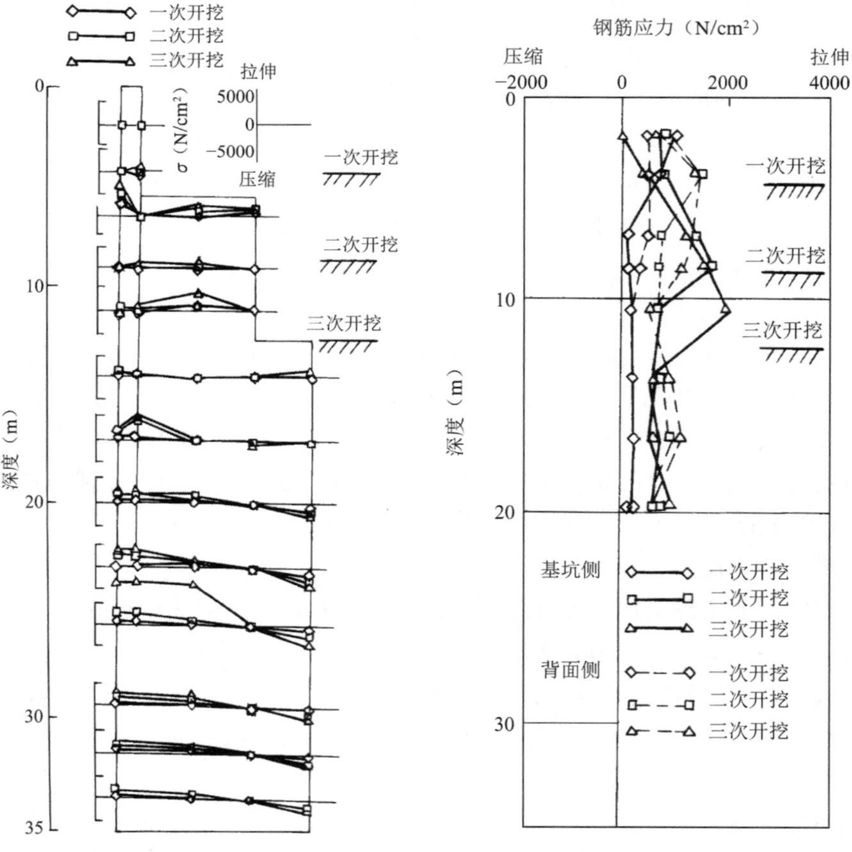

图 6-30 实测肋板钢筋应力（测点 A） 图 6-31 实测面板钢筋应力（测点 A）

最终开挖阶段由钢筋应力求得的弯矩与各种计算弯矩的比较如图 6-27 所示。由图中可以看出，用 A 法计算的弯矩值比实测值小；而在墙底部，计算弯矩却比实测值为大。另一方面，B 法计算的弯矩值中包含着最大弯矩；在深度 25m 处，其计算弯矩与实测结果非常接近，但在更深的部位，按墙底端为固定支承状态计算出的弯矩远大于实测弯矩。与此相反，当墙底端处于自由或铰接支承时，计算弯矩又远小于实测值。这种显著差别主要是由墙底的支承状态造成的。如果假定为弹性支承的话，就会更接近实际状态。

4）设计计算方法的评价

通过对 T 形地下连续墙的计算结果与实测结果进行对比和分析，从 A、B 两种计算方法中选择应用广泛的 B 法，并在墙底端设置转动弹簧和水平弹簧，用基床反力弹簧进行计算。这些弹簧的地基变形模量取为试验值的一半，是根据弹性理论得到的。另外，作为外力的侧压力，可根据实测结果取侧压力系数为 0.5。

根据上述条件得到的 T 形地下连续墙的实测变形、弯矩与计算值的比较如图 6-32 所示。该图同时表示了剪力的计算值。从图中可以看出，变形和弯矩的实测值与计算值是相互对应的。

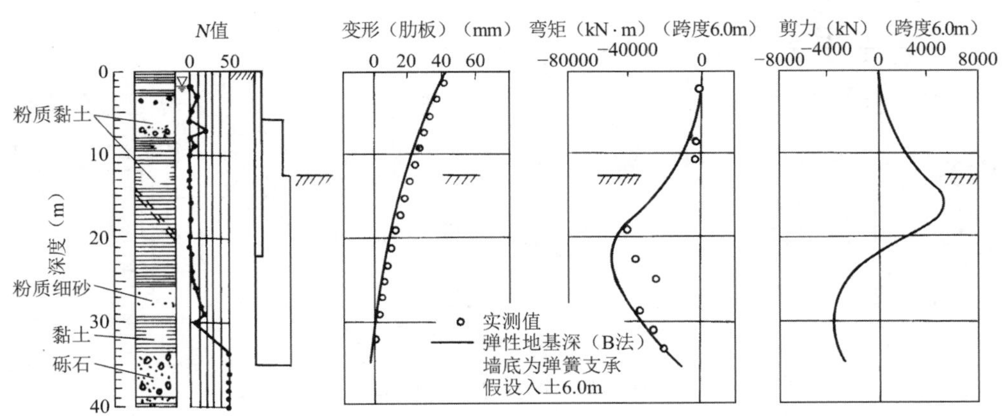

图 6-32　墙底为弹性支承时的计算结果（第三次开挖，测点 A）

由于 B 法中的墙底支承为弹簧支承，更接近地下连续墙的实际受力状态，可以作为一种实用的设计方法而加以利用。

6.5.3　我国的 T 形地下连续墙

1. 概要

随着基坑平面尺寸的不断加大，原有的基坑支撑方式（如钢、钢筋混凝土内支撑和锚杆等）有时无法满足要求。因此，采用自立式支撑结构已经是刻不容缓的事。这种自立式的基坑支护结构，可以有以下几种结构形式：①加厚的地下连续墙；②大直径桩；③人工挖孔桩；④连拱式排桩或多排桩；⑤逆作法施工；⑥逆作拱墙；⑦采用闭合断面（圆形、矩形）的基坑；⑧基坑土体加固；⑨采用 T 形、π 形、H 形或其他形式的地下连续墙。

下面介绍几个 T 形地下连续墙工程实例。

2. 上海国际贸易中心的 π 形地下连续墙

上海国际贸易中心大厦工程，基坑深 10.3m，国际招标，日本大林组提出用 SMW 护壁（即深层水泥搅拌法），壁厚 7.5m，深 41m，报价 800 万美元，工期 6 个月。上海基础公司提出用地下连续墙加肋，π 形支护方案，坑内不设支撑，坑外无锚杆，报价 600 万元人民币，工期 3 个月。

最后决定采用上海基础公司方案，地下连续墙共长 617m，共划分为 62 个单元槽段，如图 6-33（*a*）、图 6-33（*b*）所示。

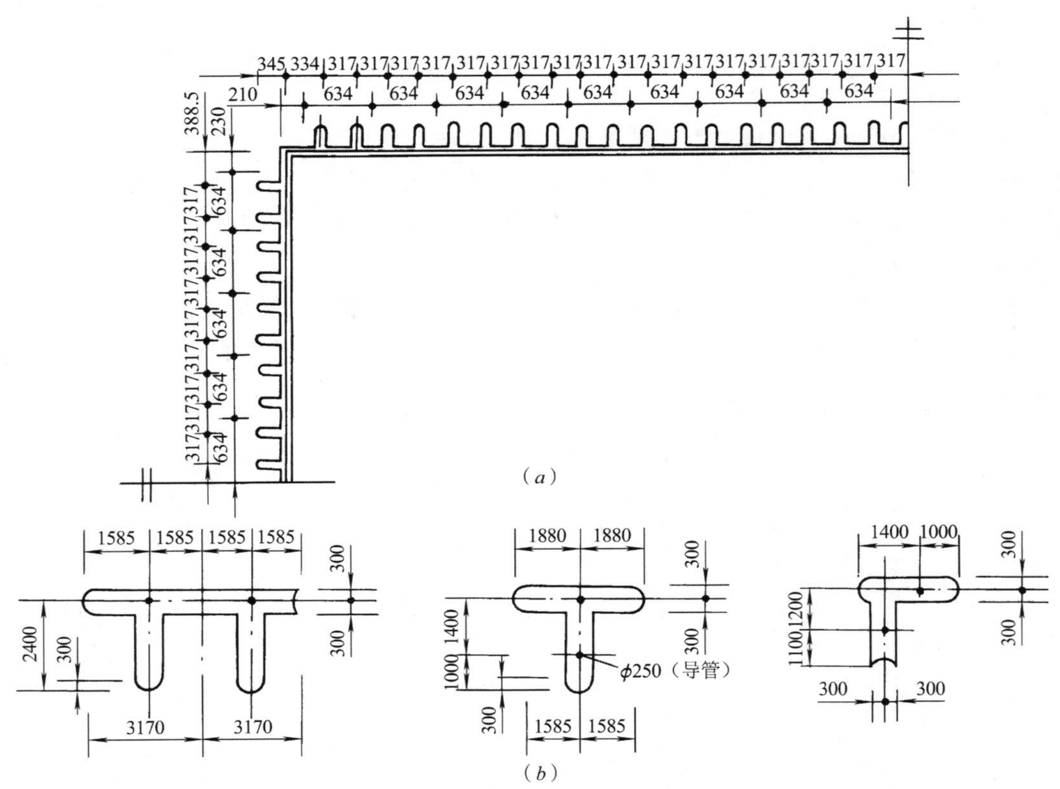

图 6-33 加肋式地下连续墙

（*a*）平面图；（*b*）肋大样

3. 钱塘江盐官闸的 T 形地下连续墙

该闸是太湖流域洪水向钱塘江的排洪闸，工程规模很大，两岸边相距 120m，不可能采用内支撑。由于处于软土地基之中，也无法使用土层锚杆。笔者建议，经过技术经济比较后，决定在最大开挖深度为 12.7m 的基坑中采用 T 形自立式地下连续墙（墙顶配以少量钢拉杆）作为基坑支护结构以及永久性的河岸挡土墙。T 形地下连续墙的最大深度为 27.0m，肋板长 5.0m，深 22.0m，墙厚均为 0.8m，如图 6-34 所示。

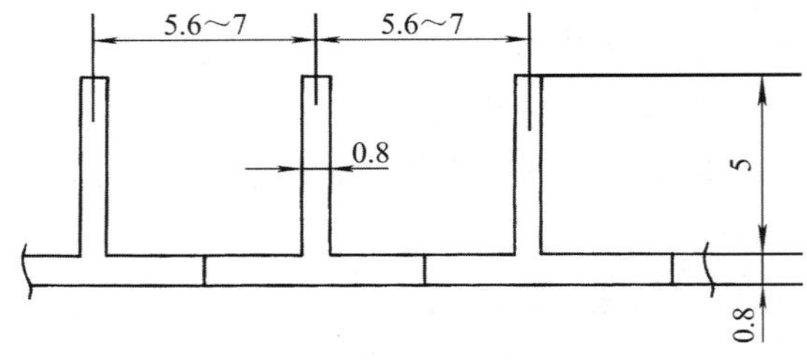

图 6-34 T 形地下连续墙（m）

4. 某工程的 T 形地下连续墙支护方案

该工程位于天津市内。由于周围环境和地质条件限制，笔者曾建议采用 T 形自立式地下连续墙，并考虑对基坑土体进行加固。最后形成了如图 6-35 所示的基坑支护方案，即周边采用 T 形地下连续墙，基坑内侧采用条形桩顶在地下连续墙内侧，相当于加固了被动区，可减少地下连续墙的墙顶位移；同时可在基坑内侧代替一部分承重桩。此方案结构受力明确，计算结果可信度高；可加快基坑土方开挖和结构施工速度，缩短工期。

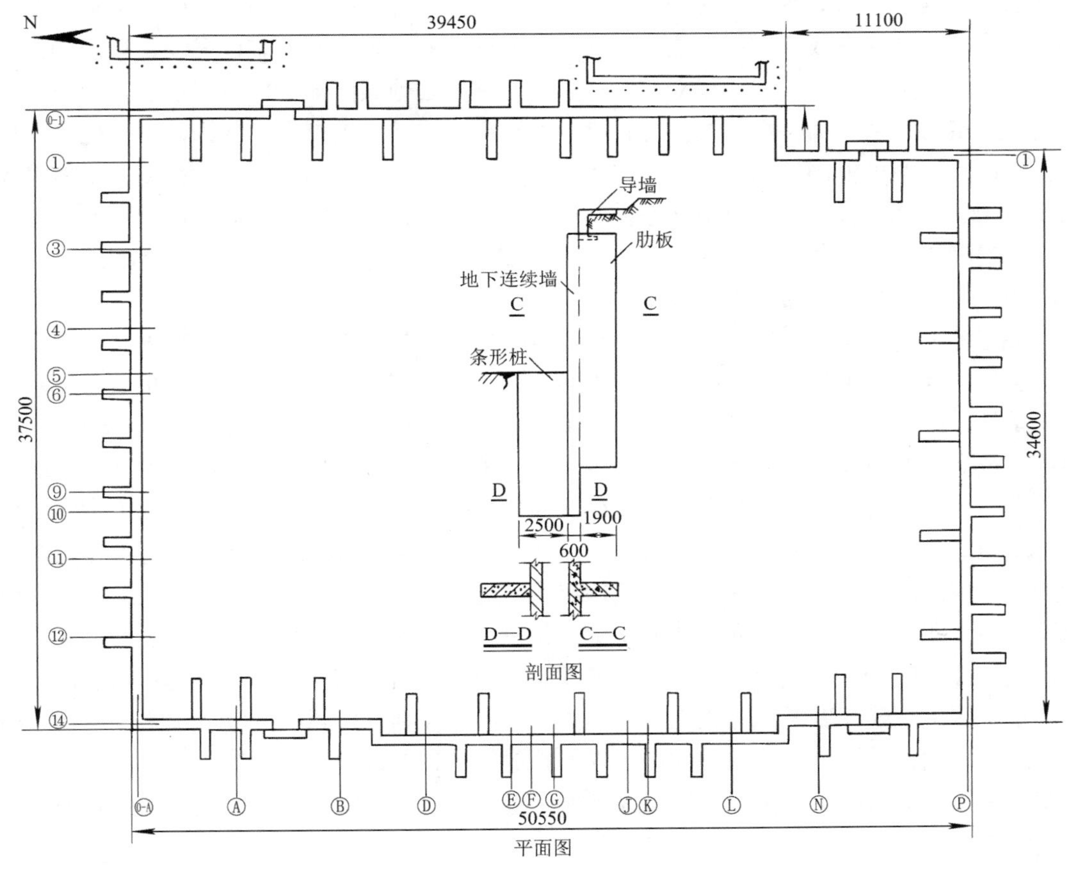

图 6-35　基坑支护

6.6　逆作法技术

6.6.1　概述

1980 年代以来，随着我国改革开放的进展，我国各大中城市的高层建筑不断地兴建，随着高层建筑高度的增加，由于结构抗震稳定性与建筑物使用功能的要求，地下室层数由一、二层发展到三层或多于三层，有的深达 40 多米。目前，高层、超高层建筑主要集中在市区，市区的建筑密度大，人口密集，交通拥挤，地下管线多。尤其是进入 1990 年代后，随着我国经济的迅速发展，城市房地产行业的崛起，城市地价不断上涨，业主为了提高土地有效利用率，除了地上增加建筑层数向空中发展外，在满足室外地下管线与构筑物布置的前提下，常要求地下室的外墙尽可能靠近城市规划红线修建，导致施工场地狭窄。对于沿海软土地区的上海、天津、福州、厦门等地，地基土的强度很低，渗透系数很小（一般为 $6\times10^{-7}\sim2\times10^{-6}$cm/s），透水性低，地下水位高，给深基础施工带来了诸多不利的因素。为了综合控制工程造价、施工进度、工程质量及邻近建（构）筑物安全，需要认真选择合理的深基坑围护结构的施工方案，这既关系到基坑围护结构本身安全，又涉及邻近建筑物与周围环境的安危，同时还直接关系到工程造价与施工进度。所以，深基坑围护是近年来建筑界关注和研究的重点课题。维护基坑边坡稳定，传统做法是钢板桩加内支撑或注浆外锚杆系统，这种方法固然可将支护材料回收，但却存在许多致命的弱点，诸如钢板桩刚度小、变形大，内支撑或外锚杆往往是在开挖之后施加的，以致变形难以避免，拔出钢板桩时仍旧会引起边坡土体进一步移动变形，引起基坑外围地面沉陷，仍对邻近建筑物与周围环境构成威胁。采用临时性的人工挖孔桩，钻孔灌注桩加内支撑支护结构，不仅耗费大量资金，而且，不可拆卸的挡土围护结构还给室外工程施工带来困难，同时，施工工期也较长，对于软土地基或地下水位高又是粉细砂、黏质粉土地基，如不采取特殊的技术措施，处理不当酿成事故，危及邻近建筑物与周围环境的安全，这样的例子时有发生。所以，深基坑的开挖，基坑的变形和周围地面沉陷是施工中亟待解决的问题。

多层地下室采用逆作法施工，是一种比较先进的深基坑围护技术，近年来，通过全国岩土工程师和结构工程师的共同努力探索和工程实践，根据各地区不同的工程地质和水文地质条件，结合具体工程特点与规模，周围环境以及当地施工条件与经验，因地制宜创造出了多种形式的地下工程逆作法施工新技术。基本思路是使常规的临时性支护结构变成为永久性地下结构的一部分，利用地下室自身结构层的梁板作围护结构内的水平支撑，省掉妨碍施工的临时性内支撑或“侵占”他人“地盘”的注浆外锚杆，从而既节省大量资金又能加快施工进度。由于地下室各层梁板构成水平支撑系统，其水平刚度大，变形小，既保证基坑内作业安全，又确保周围环境安全，所以在多层地下室的深基础工程中已得到广泛应用。在国外有 8～9 层地下室采用地下连续墙进行逆作法施工，如日本读卖新闻大楼 6 层地下室采用地下连续墙逆作法施工。在国内，上海、深圳、广州、天津、福州、厦门等地先后陆续采用这种新技术修建深基础工程，并取得了较明显的技术经济效益。目前，国内深基础采用逆作法施工的围护结构有地下连续墙、密排桩、钢板桩等，而使用最多的为地下连续墙。

工程实践证明：利用地下连续墙和中间支承柱进行逆作法施工，对于市区建筑密度大，邻近建筑物及周围环境对沉降变形敏感，施工场地狭窄，施工工期紧，软土地基面积大，三层或多于三层的地下室结构施工是十分有效的。

6.6.2 逆作法施工原理与施工程序及其优点

1. 逆作法施工原理

沿建筑物地下室四周外墙施工地下连续墙或密排桩（当地下水位较高，土层透水性较强，密排桩外围需加止水帷幕时），既作地下室永久性承重外墙的一部分，又作基坑开挖挡土、止水的围护结构，同时在地下室柱的中心和地下室纵横框架梁与剪力墙相交处等位置，施工楼层中间支承柱。从而组成逆作阶段的竖向承重体系，随之从上向下挖一层土方，利用地模或木模（钢模），浇注一层地下室楼层梁板结构（每一层留一定数量的混凝土楼板不浇注，作为下层的出土口与下料口）。已施工并达到一定强度的地下室楼层梁板作为围护结构的内水平支撑，以满足继续往下开挖土方的安全要求，这样直至地下室各层梁板结构与基础底板施工完，然后自下向上浇注地下室四周内衬墙混凝土、中间支承柱外包混凝土、剪力墙混凝土以及遗留下未浇注混凝土的楼板，完成地下室结构施工。这种地下室施工不同于传统方法，先开挖土方到底，浇注底板，以后自下而上逐层施工，故称为“逆作”。逆作法施工示意图见图 6-36。

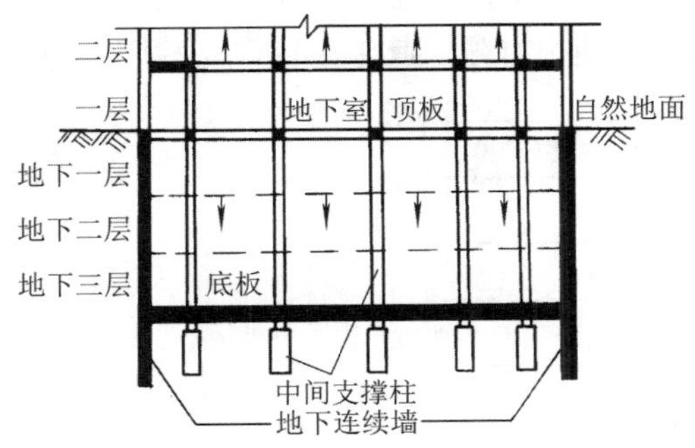

图 6-36　逆作法施工的示意图

2. 逆作法施工程序

逆作法施工程序一般要根据工程地质、水文地质、建筑规模、地下室层数、地下室承重结构体系与基础选型、建筑物周围环境以及施工机具与施工经验等因素，先确定采用封闭式逆作法施工（亦称全逆作法施工），还是采用开敞式逆作法施工（亦称半逆作法施工），或者采用“中顺边逆”施工。然后制定逆作法施工工艺流程。

1）封闭式逆作法施工程序

这种施工方法常用于地下层数多于 3 层的地下工程，围护结构采用地下连续墙，地下中间支承柱本身及其下面基础在底板封底之前，能够承受地下各层与地上预加控制的最多层数的结构自重与施工荷载。已完成的首层地面梁板结构，在地下连续墙顶部构成刚度巨大的水平支撑系统。从而以地面层为起始面，由上而下进行地下结构逆作施工，与此同时由下而上进行上部结构施工，组成上、下部结构施工平行立体作业。在建筑规模大，上下层数多时，大约可缩短 1/3 的施工总工期。其施工程序见图 6-37。当地下室四周场地条件允许放坡开挖土方，或地质条件较好，地下一层以上围护结构悬臂受侧压力顶点位移许可的，可从地下一层梁底以上开挖土方，利用地模施工地下一层梁板，从地下二层开始逆作法施工。这种逆作法施工特别适用于工程地质条件比较好，地下层数多，其外墙采用地下连续墙作围护结构，基础采用人工挖孔扩底桩，一柱一桩，桩又采用钢管混凝土柱（或±0.000 以下采用钢管混凝土柱）的高层、超高层建筑。如地上 33 层地下 3 层的广州好世界广场和地上 66 层地下 4 层的深圳赛格广场就是采用这种全逆作法施工的。

2）开敞式逆作法施工程序

这种施工方法与上述一样，只是为了使土方开挖的机械化作业和材料垂直运输方便，每次浇注地下楼层混凝土时，先施工 T 形楼盖的肋梁部分，有的同时浇注四周部分板带混凝土，使之与地下四周围护结构联结，组成水平框格式支撑系统，大部分楼板混凝土留待以后浇注，土方全部开挖完成后，先施工好底板。然后，自下而上逐层浇注四周围护结构的内衬墙、柱子外包混凝土、剪力墙和未浇注的楼板。水平框格梁在不影响水平支撑效果的情况下，亦可留出部分肋梁（次梁）暂不施工，更便利土方开挖和材料垂直运输。一般待围护结构的内衬墙、支承柱外包混凝土、剪力墙以及地面层楼板混凝土施工完并达到一定强度后，方可进行上部结构施工，地下一层及以下各层未浇注的楼板也可与上部结构平行立体作业，围护结构可以是地下连续墙兼作地下室承重外墙，也可以是密排桩与内衬墙组成桩墙合一的地下室承重外墙。一般情况下，软土地基宜优先采用地下连续墙，地质条件较好，地下水位较低，地下层数不多于 3 层，可采用密排桩（人工挖孔桩或钻孔灌注桩）。这种施工方法比较节省材料，但缩短施工工期很有限。其施工程序与封闭式逆作法施工程序相似。

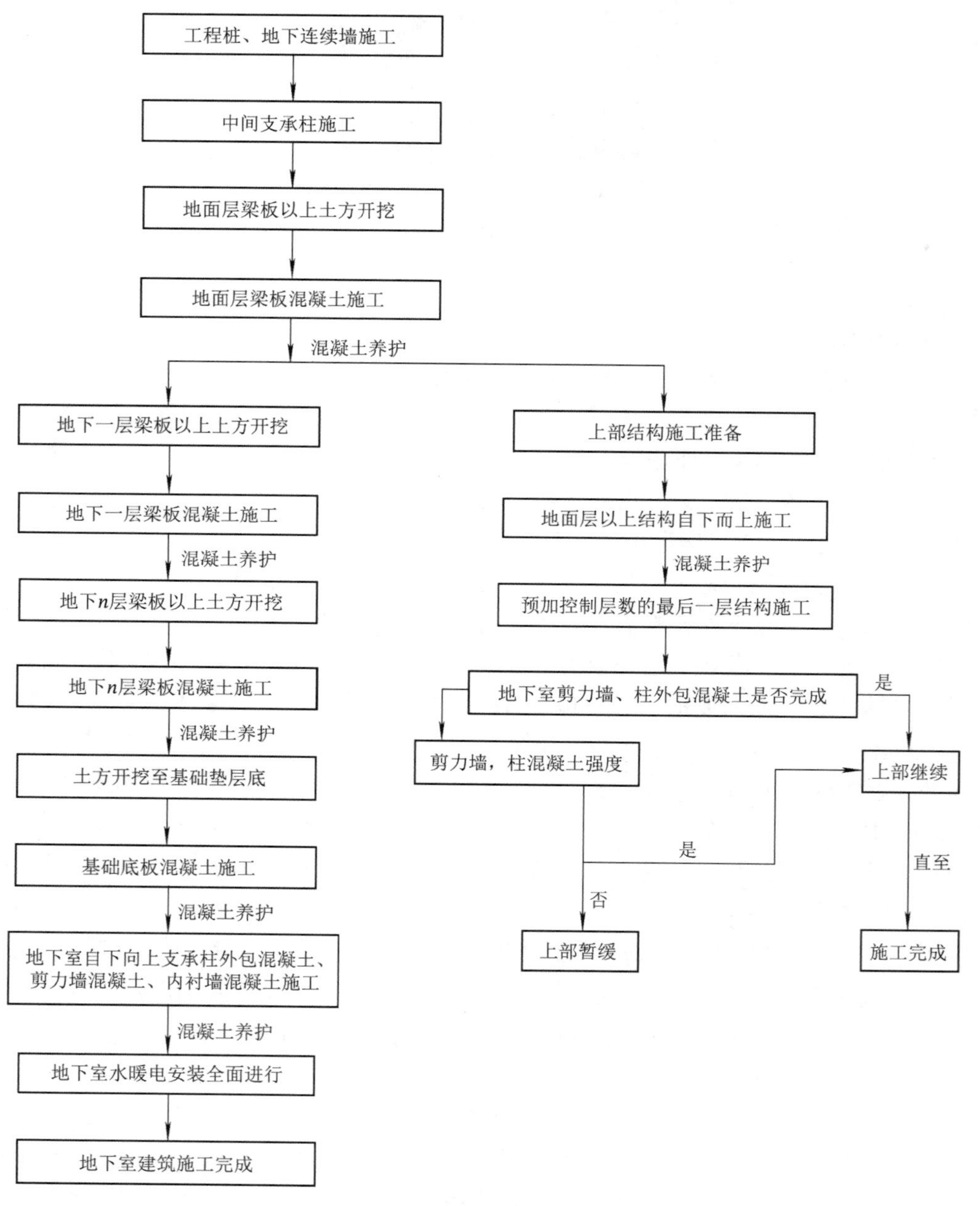

图 6-37 封闭式逆作法作业程序框图

3）“中顺边逆”施工程序

这种施工方法亦称为“中心岛-局部逆作法”，本施工法适用于建筑规模大，一至二层的地下室工程，围护结构可采用地下连续墙兼作地下室承重外墙，亦可采用密排桩与内衬墙组成桩墙合一的地下室承重外墙。其施工程序分述如下。

（1）一层多跨地下室“中顺边逆”施工程序

工程桩与围护结构施工→地下室中部土方开挖，保留四周一跨土方以平衡围护结构外侧压力→地下室中部桩承台板混凝土浇注→地下室中部柱或核心筒剪力墙混凝土顺（正）作法施工→首层梁板结构混凝土浇注，并与四周围护结构联结形成内水平支撑→混凝土养护→挖除地下室四周的保留土方，浇注四周基础底板和内衬墙混凝土→完成地下室结构施工→地上结构施工。

（2）地质条件较好的二层多跨地下室“中顺边逆”施工程序

工程桩与围护结构施工→地下一层以上土方开挖，围护结构悬臂受力，继续开挖地下室中部地下一层以下土方至基础底板垫层底，保留地下二层四周一跨土方，以平衡围护结构外侧压力→地下室中部桩承台板混凝土浇注→混凝土养护→地下室中部二层柱与剪力墙及地下一层梁板混凝土浇注→混凝土养护→开挖地下二层四周的保留土方→地下室四周底板、地下一层柱与剪力墙及首层梁板混凝土浇注→完成地下室结构施工→地上结构施工。

“中顺边逆”施工方法以保留四周土方平衡围护结构侧压力，减小围护结构施工阶段的内力和变形，节省围护结构材料费用，使大量土方能进行机械化作业，加快施工进度，同时还可以减少“逆作法”施工中连接节点处理难度与工程量。

6.7　深基坑的地基处理

6.7.1　地基处理的必要性

（1）要顺利建成深基坑工程，首先要对基坑上部地基进行必要的处理，包括挖出垃圾土、杂填土和浅层淤泥；对施工平台进行硬化处理可采用搅拌桩、高喷桩、灌注桩、钢结构，也就是要“站稳脚根”。

（2）对基坑深部需要进行抗浮、防渗、提高承载力等方面的地基处理，可以采用高压喷射灌浆、水泥帷幕灌浆等；在岩石的深基坑中，需要在墙底进行帷幕灌浆，形成上墙下幕结构，也就是要确保底部安全稳定。

6.7.2　深基坑地基处理措施

1. 防渗止水

根据基坑的重要性、地质条件、地下水（承压水）、周边环境，选择合适的、足够长度的防渗体。要保持基坑防渗线的连续性，深大基坑采用地下连续墙，在基坑较浅或地下水影响较小的情况下，可采用各种桩＋防渗结构措施，防渗效果有好有坏。

2. 双层地质结构的深基坑

上部的黏性土隔水层，往往被挖除；下部则是厚度达几十米的砂卵砾石或岩石透水层。需把地下连续墙做到 60～70m 深，才能防渗止水（天津于家堡商务区和天津地铁 5、6 号线）。有时需要采用上部地下连续墙，下部灌浆帷幕（上墙下幕）方案。

3. 综合地基处理措施

目前，有些基坑所在地基内存在着大范围粉细砂、淤泥或遇水泥化崩解的岩石层，需要选择几个方案，进行技术经济比较，采用换填＋加固＋防渗＋灌浆。

4. 深基坑地表有淤泥质土或粉细砂（流砂）

厚度较小时，可采用挖除换填；厚度很大时，可采用搅拌桩或旋喷桩下面的搅拌桩墙的咬合连续墙，穿过淤泥层直到下面的持力层内 1～2m，如天津于家堡开发区的地下连续墙导墙下面的搅拌桩墙。工程桩遇到此种情况时，宜将护筒加深到淤泥层或流砂层以下。

6.7.3 基坑施工平台和导墙加固

在城市中，在各种拆迁后的废墟上建造基坑时，常常要把地下室、管道等清除掉，把地表垃圾、杂填土挖除 1.5～2.5m，再修建施工平台；导墙底部要进入老土内。施工平台的地面应硬化，浇注 150～250mm 厚的混凝土。北京西单中国银行大厦的地下连续墙导墙深度达 8m，是采用厚度 490mm 的加筋砖墙做成的；北京嘉利来地下连续墙的导墙深度 4.8m。

6.7.4 施工平台加固

1. 天津市于家堡交通枢纽基坑剖面图

该枢纽位于海边的淤泥质地基上，在其上建造施工平台、堆场、周边道路时，必须对表层的淤泥质粉质黏土和淤泥进行加固处理，才能确保施工安全。

导墙下的搅拌桩防渗墙，采用搅拌桩咬合墙，对上部淤泥进行处理，桩底进入下层黏土中 1～1.5m，桩长 16～17m，桩径 600mm@400mm。

2. 小浪底施工平台的振冲加固

黄河小浪底水库主坝下的防渗墙上部有 8～12m 的新粗砂，采用振动水冲法加固地基，其上再做导墙和施工平台，效果很好。

6.7.5 深基坑底部的地基处理

1. 概述

底部地基处理的目的：

（1）防止地下水突涌、流砂、流泥。

（2）加固软弱地基，提高地基承载力。

（3）减少对相邻构筑物的影响。

2. 处理方法

（1）把地下连续墙加深，截断渗透水流。

（2）采用小半旋喷桩的隔水“盖板”。

（3）采用直升导管法浇注水下混凝土。

3. 水平旋喷桩

1）水平防渗体的施工难度大

基坑底部的防渗体，是一个平面很大的结构物，它与沿着基坑周边设置的线状防渗帷幕不同，它需要在平面的两个方向（X，Y）达到防渗的要求才行。这是一个技术经济比较的问题，应当和其他可行方案（如加长地下连续墙）综合比较以后，选定合理的方案。

2）如何做成水平旋喷桩

如果要在坑底采用搅拌桩或高喷桩形成连续的、抗渗透性高的防渗体，则必须：

（1）加大桩径，缩小中心距。

（2）放线准确，减少孔斜。

（3）降低施工平台高程，使其与防渗体顶面距离越近越好（如果基坑开挖和降水允许这样做）。

意大利某个竖井的水平加固体就是在无水条件下，在高 9m 的平台上做成功的。

3）沈阳地铁 2 号线水平防渗体

原设计高喷水平封底方案是想在基坑底下深 27～35m，利用互相套接的 8926 根高压旋喷桩，构成厚 8m 的隔水底板。旋喷桩直径 0.8m@0.6m。最大施工深度 35m；其中，空钻孔 24.1 万 m，旋喷桩 7.1 万 m，计划消耗水泥约 3 万 t。施工 200 根以后就停止了施工。此法不成功的原因是设计不当，无法施工。

6.7.6　底部浇注混凝土板和灌浆

（1）如果能降水，则混凝土底板不难做成。

（2）如果无法降水，则可以采用直升导管，水下浇注混凝土的方法建造混凝土底板；最好在其下面再采用水泥帷幕灌浆，可以确保形成不透水的底板。

穿黄竖井就是那样做的。也可采用浇注水下不分散混凝土的方法，形成底板。

川崎人工岛：

（1）人工岛是在 28m 的海水中建造的，直径 189m。其周边是用钢管桩和钢结构建造的框架结构；中心部位是一个内径 98m，深 119m 和厚 2.8m 的地下连续墙竖井。

（2）人工岛在水深 28m 以下的海底全是淤泥，−55m 以上的$N=0$，−70m 附近为砂质土和黏性土互层的洪积土层，−110～130m 之间为$N>50$ 的砂性土层、持力层。

（3）综合考虑上部荷载、地基承载力、基坑侧向荷载以及涌水管涌的安全问题，在基坑开挖深度为 69.7m 的条件下，墙底应到达−105m。

（4）但是考虑到此高程至不透水层还有一段距离，并为了减少基坑开挖期间的排水量，最后决定墙底加长 9m，到达−114m 为止。

6.7.7　基坑土体加固

1. 概述

1）基坑加固原因

当基坑底面以下的土层为软弱土层时，由于被动土压力不足，排（板）桩墙支护结构必须有很大的插入深度，才能确保其支护结构的稳定。即使这样，支护结构内力、变形仍然很大，常常不能满足周围环境的要求。而且，由于经济（造价）、地质因素、场地等条件的限制，使增加支护结构的插入深度或其他技术措施受到约束。

图 6-38 表示随开挖深度的增加，支护结构两侧土体塑性区的展开情况。坑内被动区土体的塑性区开展，直接影响支护结构的安全稳定。由此可见，坑内被动区土体的力学性质对支护结构的变形稳定起着十分重要的作用。

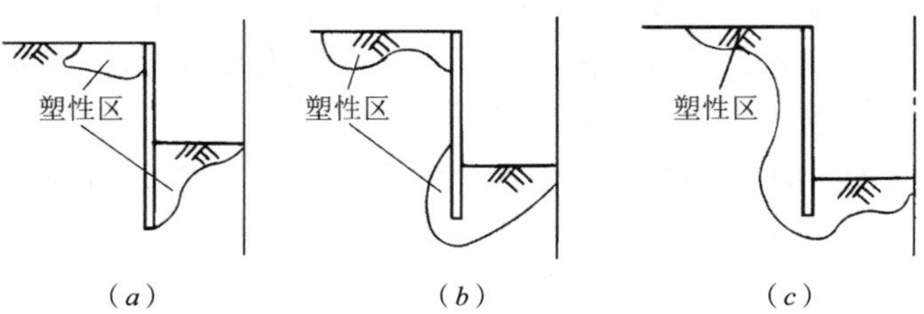

图 6-38　基坑支护墙两侧的塑性开展

（a）开挖 9m；（b）开挖 12m；（c）开挖 14m

基坑开挖后，由于土体卸载和地面隆起，对基坑底部和周边土体都造成了不少影响。

上海的试验研究结果表明：基坑底部约1倍基坑开挖深度范围内，土体强度降低约20%，变形模量也有所降低，有的侧向变形模量可能比竖向变形模量小，对基坑稳定更不利。

显然，对一些特殊的基坑土体进行加固处理是很有必要的。

2）加固部位

加固的基本原则是：合理地提高被动区土的抗力（被动土压力）或减少主动区的主动土压力。

实际施工时的加固部位有：

（1）墙前被动土压区。这是常用的加固部位。

（2）墙后主动土压区。通过加固这一部位的土体，可降低主动土压力。

（3）基坑封底加固。当基坑底部有较强承压水层而又无法降水时，对基坑底部进行防渗漏和防管涌加固，是很有必要的。

基坑土体加固后，无疑对提高土体的水平基床系数和基坑的稳定性以及减少支护结构的位移和内力，都能起到一定的作用。

理论研究和实际应用表明，加固坑内被动区的效果比主动区好。

3）加固范围的确定

经过深入的地质调查和计算分析，而后针对基坑地基的薄弱部位，预先进行可靠而合理的地基加固。必须加固的位置和范围要选在以下可能引起突发性、灾害性事故的地质或环境条件之处：

（1）液性指数大于1.0的触变性及流变性较大的黏土层。

（2）基坑底面以下存在承压水层，坑底不透水层有被承压水顶破之险。

（3）在坑底面与下面承压水之间存在不透水层与透水层互层的过渡性地层。

（4）基坑承受偏载的情形：①四周地面和地下水位高程有较大差异；②四周挡墙外侧有局部的松土或空洞；③基坑局部挡墙外侧超载很大；④基坑内外地层软硬悬殊；⑤部分挡墙受邻近工地打桩、压浆等施工活动引起附加压力。

（5）含丰富地下水的砂性土层及废弃地下室管道等构筑物内的贮水体。

（6）地下水丰富且连通、透水性很大的卵砾石地层或旧建筑垃圾层。

（7）基坑周围外侧存在高耸桅塔、易燃管道、地下铁道、隧道等对沉降很敏感的建、构筑物。

针对上述困难和风险较大问题，按具体的工程地质和水文地质条件及施工条件，预测基坑周围地层位移。当经过精心优化挡墙及支撑体系结构设计及开挖施工工艺后，周边地层位移仍大于保护对象的允许变形量时，则必须考虑在计算分析所显示的基坑地基薄弱部分，预先进行可靠而合理的地基加固。对于风险性特大部位的地基加固的安全系数应适当提高，并采取在开挖施工中跟踪注浆等防渐杜微的加固方法，以可靠地控制保护对象的差异沉降。对于有管涌和流土危险之部位则更须预先进行可靠的预防性地基处理。地基加固的部位、范围、加固后介质的性能指标及加固方式选择均应经计算分析，还要明确提出检验加固效果的规定。

实践证明，采用封底加固方法来解决承压水突涌问题是不成功的，是不可行的。

4）基坑加固目标

（1）减少挡土结构位移。

（2）增加抗坑底隆起的能力。

（3）抵抗坑底的砂土涌入。

（4）防止承压水穿破黏土层进入坑内的底鼓现象。

（5）对基坑挡墙起到“预支撑”或用以代替支挡结构。

（6）减少承受竖向荷载的位移。

（7）防止挡墙接头处漏水。

2. 基坑内被动区的加固方法

1）概要

坑内被动区土体加固，就是采用各种手段，对坑内被动破坏区范围内的软弱土体进行改良，使被动区土体的力学性质得到明显改善。

大量的工程实践及理论分析证明，加固坑内被动区土体是一种经济有效的技术措施，它能使坑底土的力学性质指标得到明显提高，起到减小支护结构的内力、水平位移、地面沉降及坑底隆起的作用，并能防止被动区土体破坏及流土现象。

坑内被动区土体加固法可用于坑底存在一定厚度软弱土层的各种形式的支护结构。

2）被动区加固方法

在邻近建筑物的流塑、软塑黏性土层的深大基坑中，为控制支护墙侧向位移过大，在基坑开挖前的一段时间内（相当于加固土体硬结时间），对被动区进行加固是很有必要的。

用于加固被动区土体的方法有：坑内降水、水泥搅拌法、高压旋喷、压力注浆、人工挖孔桩和化学加固法等，其中较为常用的是水泥搅拌法，因其较为经济且加固质量易于控制。

（1）坑内降水。当坑底土为砂性土或黏质粉土时，可采用坑内井点降水，以提高坑底土体的物理力学指标。

（2）水泥搅拌法。用于坑底土为软土的情况，加固形式可根据需要灵活布置。水泥掺合量一般为加固土体重量的 10%～15%，坑底以上采用空搅或注水搅拌。

（3）高压旋喷。对$N<10$的砂土和$N<5$的黏性土较适合，但造价较高。

（4）压力注浆。适用于粉质黏土。水泥掺合量为加固土体重量的 7%～10%。

（5）人工挖孔桩。当基坑底以上土体存在坚硬夹层或坚硬障碍物，搅拌桩无法穿透时，可用此法。坑底以上为空桩，坑底以下加固范围用 C10 素混凝土。

怎样用最少的工程量获得支护结构安全稳定性最大幅度的提高，这是一个值得探讨的问题。已有一些学者对此作了初步研究分析。如布朗（B.B.Broms）曾对软土基坑进行 3.0m 深的压浆加固，减少墙体水平位移和地表沉降约 50%，支撑轴力减小 40%，基底隆起减小 35%。同时，还作了加固 6.0m 深的比较，发现加固 6.0m 深的各项指标仅比加固 3.0m 的情况减小了 10%～20%，可见加固 3.0m 是经济合理的。目前，一般根据支护结构的变形性态及按一定经验确定加固范围和形式。如认为合理的加固深度约为开挖深度的一半，一般 3～4m 深就可得到较好的效果，加固范围约为 1/2 的支护结构插入深度，一般 3～5m。而加固宽度和加固间距（即加固置换率）可视加固手段、支护结构受力特性等因素确定。如采用压力注浆而基坑挖深又较大时，可沿支护结构内侧坑底形成一条基本连续的加固体；若采用水泥搅拌法加固，加固宽度 1.0～3.0m，加固间距按沿基坑周边中部密、端部疏的原则定。被动区土体局部加固形式见图 6-39、图 6-40。

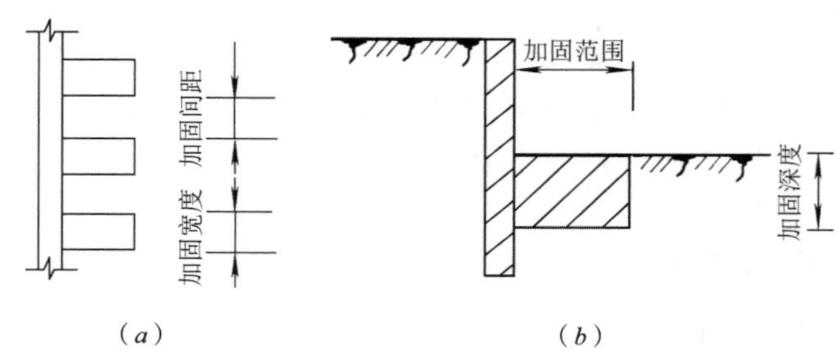

图 6-39 被动区土体局部加固

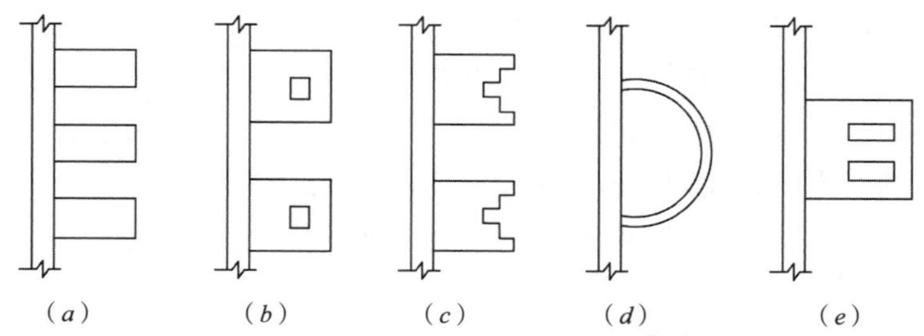

图 6-40 常用被动区土体局部加固形式（平面）

3. 基坑加固的其他方法

1）基坑外设防水帷幕

在地下水位以下的松散砂、砾或渗透性较大的地层中，基坑开挖前，必须根据地层透水性和流动性，在排桩式挡墙或密水性较差的挡墙外侧，采用搅拌桩、旋喷桩、水泥系列或化学注浆法做成防水帷幕，严防挡墙缝隙水土流失和挡墙底部管涌。防水帷幕在坑底以下的插入深度务必满足渗透稳定的安全要求。

我国早期建造悬索桥锚碇和竖井基坑的外围均设计有防渗止水帷幕（墙）。其防渗墙采用自凝灰浆墙，布置在地下连续墙外 10m 处，与地下连续墙呈同心圆，直径 93m。墙底穿过砂砾石层，深入基岩 0.5～1.0m，平均深度 51.5m。

根据圆形地下连续墙墙底基岩的裂隙及渗透系数，在设计最大水头差的情况下，计算基坑外向基坑内的渗水量。

圆形地下连续墙在施工过程中，其受力、变形得到很好的控制，基坑封水效果很好，每天抽水量仅为 200m^3，基底始终处于干燥状态。其施工速度之快，变形影响之小，创国内深基坑之最。

2）坑内降水预固结地基法

在市区建筑设施密集的地区，对密封性良好的支护墙体基坑内的含水砂性土或软弱黏性土夹薄砂层等适于降水的地层，合理布设井点，在基坑开挖前超前降水，将基坑地面至设计基坑底面以下一定深度的土层疏干并排水固结，以便于开挖土方，更着重于提高挡墙被动区及基坑中土体的强度和刚度，并减少土体流变性，以满足基坑稳定和控制土体变形要求。开始降水在开挖前的超前时间，按降水深度及地层渗透性而定。在上海夹薄砂层的淤泥质黏土层中，水平渗透系数为 10^{-4}cm/s，垂直渗透系数不大于 10^{-6}cm/s。当在此地层中的降水深度为 17～18m，自地面挖至坑底的时间为 30d 时，超前降水时间不少于 28d。

实践说明，降水固结的软弱黏土夹薄砂层强度可提高 30%以上，对砂性土效果则更大。大量工程的总结资料证明，适于降水的基坑土层，以降水法加固是最经济有效的方法。为提高降水加固土体的效果，降水深度要经过验算而合理确定。

6.7.8　小结

本章只是简要介绍深基坑地基处理的有关提要，详细可见后文有关章节。

编写本节的目的，在于提醒各位，做深基坑，不只是把地下连续墙、支撑做好就得了；不要忘记，各种大型重装备要在深坑旁边行走、停留，造成很大的压力和变形；基坑底部不确定因素很多，随时可能发生各种大大小小的事故。千万不要忘了，还要把深基坑的地基处理做好。

请注意，深基坑的最终设计成果要经过本篇其他章节的检验后最后确定。

6.8　小结

本章叙述了地下连续墙深基坑和竖井工程的基坑分类、地质条件、设计参数以及地基处理的设计要点，叙述了自立式基坑和逆作法的简要情况，提供了一些参考数值和指标。

这里要指出的是，由于地下连续墙和深基坑的设计理论还存在着一些不确定因素，与实际观测结果还有出入，所以本章没有提及深基坑的结构设计方面的资料，有兴趣者可参考之。

第 7 章　深基坑的防渗体设计

7.1　概述

7.1.1　设计要点

本章只考虑深基坑支护结构的防渗设计。

在取得初勘、详勘和补勘资料以及基坑基本参数之后，参考已建成工程的经验，选取基坑计算的地层参数，进行基坑渗流分析计算，求出最小入土深度；再进行基坑的各项稳定计算和内力计算；经多次试算，选用经济合理的入土深度等参数完成最后设计。当工程地质条件复杂、基坑规模大、承受的荷载变化很大时，应选用多种计算参数和计算方法进行计算分析对比，选用合适的入土深度，以保证设计、施工工作的安全进行。

对于岩石基坑，要考虑岩石透水性的影响。有些岩石（如花岗岩）的弱风化层的透水性不但比表层的全风化和强风化层大，甚至比第四系砂层还大。因此，不能认为渗透破坏只发生在第四系的软弱地层（如淤泥和砂层）中。实际上，在超深（如 30～40m 以上）基坑中，其底部透水性较大的岩层中也可能发生渗透破坏，此时可采用水泥帷幕灌浆等方法加以解决。

支护体系设计要坚持安全、质量、经济、方便施工的原则。

在掌握基坑工程特性（平面尺寸和深度等）、场地工程地质条件和水文地质条件、场地周边环境条件等资料后，应对影响基坑工程支护体系安全的主要矛盾进行分析，确定影响支护体系安全的主要矛盾是土压力还是渗流。一般来说，地下水位较高的砂土地基中基坑工程渗流是主要矛盾，特别是有承压水时，矛盾更为突出。软黏土基坑的主要矛盾是支护结构和土体的变形与控制问题。在支护体系选型和设计过程中一定要注意处理好主要矛盾。

在基坑工程支护体系设计中，要重视支护体系失常或土方开挖对周边环境和工程施工造成的影响。当场地开阔、周边没有建（构）筑物和市政设施时，基坑支护体系主要是本身的稳定性，可以允许支护结构及周边地基发生较大的变形。这种情况可按支护体系稳定性要求进行设计。当基坑周边有建（构）筑物和市政设施时，应对其重要性、对地基变形的适应能力进行分析，并提出基坑支护结构位移和地面沉降的允许值。在这种情况下，支护体系设计不仅要满足稳定性要求，还要满足变形要求，而且支护体系设计往往由变形控制。但是在上述两种情况下，都必须保证基坑的渗流稳定性。

7.1.2　深基坑防渗措施

1. 基本原则

一般情况下，对于深大基坑，特别是在承压水条件下，应优先采用以防渗措施为主的方案。

对于超深基坑来说，宜首先考虑采用地下连续墙作为支护；深度较浅的基坑，可采用咬合桩、灌注桩与高喷桩、水泥土搅拌桩组合作为支护结构。关键是一定要做好防渗，确保基坑不会发生管涌、流土（砂）、突涌和墙体漏水等破坏，确保基坑周边环境不致遭受大的破坏。

这里要指出的是，当采用桩间防渗方案时，由于灌注桩和防渗桩（高喷桩、水泥搅拌桩等，下同）钻孔偏斜度不一致，会使两种桩之间没有搭接上，无法形成连续的防渗帷幕。钻孔越深、偏斜越大、空隙越大，越可能成为漏水通道。

还有一点，由于灌注桩与防渗桩（帷幕）的刚度不同，在外荷载作用下，两者变形和位移不一致而被拉开缝，也会成为漏水通道。所以，对深度较大、重要性较高的基坑工程，不宜采用桩间防渗方案；同样原因也不宜采用咬合桩方案。如果真有必要采用时，必须经过认真论证，采取足够的保证措施。

对于承压含水层顶板高于基坑底的基坑，也不宜采用上述组合方案。否则的话，承压水可能从墙外侧击穿桩间防渗体而形成漏水“短路”，直接涌入基坑内。或者是从咬合桩接缝间进入基坑内。已经有不少基坑发生了此类事故。

2. 主要防渗措施

（1）地下连续墙底部加长（不放钢筋）或变截面。

（2）地下连续墙底部灌浆（岩石地基或砂砾石地基）。

（3）地下连续墙底部或在坑外侧采用水泥帷幕灌浆或高压喷射灌浆（土层）。

（4）在基坑外围建造防渗墙（帷幕）。

（5）咬合桩。

（6）基坑底部水平防渗（水下混凝土底板、高压喷射灌浆或水泥桩）。

（7）冻结法。

7.1.3　不透水层

在基坑防渗设计中，正确理解和认识基坑地基不透水层（隔水层）概念，是极为重要的。

1. 不透水层的概念

所谓不透水层（也叫隔水层），包括黏性土层和低透水率的岩石这两类地层。

1）黏性土作为不透水层

可作为不透水层的黏性土有黏土、粉质黏土，以及含有少量砾、砂的黏性土，还有残积土和冰碛土等。有时含黏粒较多的粉土也可作为不透水层。

它们可能是冲洪积的、残积的，以及海相或湖相沉积的。总的来说，它们的强度不高，易在强大渗流压力下产生流土（砂）、隆起和突涌等破坏。所以，它们必须具有足够的厚度和强度。

一般来说，作为不透水层的黏性土的渗透系数应当小于 10^{-5}cm/s。

2）低透水性的岩石

可作为不透水层的有黏土岩、砂岩、火成岩或变质岩的微风化层，或者是某些岩石的弱风化层。通常情况下，花岗岩等类岩石的弱风化层是富水层，不宜作为防渗体底部的不透水层，这从广州黄埔大桥的锚碇（见后文）、燕塘地铁车站（见后文）等工程可看得很清楚。

岩石风化层中往往含有一些充填物，在较高的水头压力时也会被冲刷出来形成渗漏通道。另外，强、弱风化层中水量丰富，如不采用降水，则挖到坑底时，由于涌水量大，可能无法进行后续施工。所以，不能以为地下连续墙底进入基岩就没事了。

2. 不透水层的连续性

无论是黏性土，还是低透水性的岩石，在平面和空间上都必须是连续无缺口的，其最小厚度要满足前面所说的坑底抗突涌的两个条件。

天津某地铁基坑采用地下连续墙支护，墙底大多进入黏性土中，但有一段地下连续墙底虽然进入粉质黏土中，可是此层黏土并不连续，在几十米以外就尖灭了。所以，该段墙底实际是悬在砂层中了。

3. 相对不透水层

（1）当上层渗透系数大于下层100倍以上时，可认为下层地层是相对不透水层。

（2）当上、下层的渗透系数相差在5倍以内时，可当作一层来对待，新渗透系数为两层的加权平均值。

（3）当下层土比上层土的渗透系数小一个数量级，即$K_{下} \leqslant (1/50 \sim 1/30) K_{上}$时，下层土可认为是相对不透水层，防渗墙或帷幕底可伸入其中。

（4）当上层土的渗透系数比下层土小一个数量级时，下层土内便可产生承压水。对于岩石基坑来说，其表层残积土和下面风化层的渗透系数之间就可能出现这种关系。

根据上述几条原则，在一些建筑材料匮乏的地区，可以使用粉土、粉砂来作为河堤或围堰的防渗墙，当然水头不能太高。但在基坑工程中，这些是不能作为不透水层来对待的。

7.2 基坑底部的防渗轮廓线

7.2.1 概述

在结构计算中要对各种外力和荷载的传递和转化路径进行明确的说明。

基坑的渗流稳定同样存在这个关系。对于体形很大、分区较多、地质条件复杂的基坑，需要对它们基坑底部的防渗轮廓线作出明确的安排。

7.2.2 防渗轮廓线设计要点

下面结合一些工程实例加以说明。

1. 天津某综合交通枢纽

此枢纽中设计有国家铁路1条、地铁线3条，配置有地面公交和出租车以及服务设施。总计基坑面积20多万平方米，基坑深度最深29.5m，最浅11m。其中的国铁线全部采用明挖施工，以坡道引进（出）国铁进入地下车站。坡道基坑深度由16m增加到29.5m。其他几个地段的基坑深度在20～25m之间，最浅的是出租车站基坑，只有11m左右。

从该枢纽站地质条件来说，20～22m以上全是淤泥质粉质黏土和杂填土等不透水层，以下全是透水的砂层，中间虽有黏性土透镜体，但不连续。

在深度58～63m的地层中，有3个不透水的黏性土层⑨$_1$、⑨$_3$、⑩$_1$互相交错分布，可作为隔水层。但在有些部位并不连续，有些部位很薄，不能作为连续的隔水层（图6-44）。

可以看出，除了出租车站基坑底部位于淤泥质土层中以外，部分基坑底部位于不透水的黏性土层中，部分基坑底部位于透水砂层中。

在这么大体形的基坑中，为了保持基坑稳定，就需要对基坑总体的地下防渗轮廓线进行缜密的设计。此时对于较浅的基坑来说，它的地下连续墙入土深度不再是由本基坑的结构计算决定的，而是由整个大基坑的总体渗流稳定要求来确定的。在坡道段的阶梯式地下连续墙下面，承压水有可能从阶梯的空档中突涌，造成基坑渗流破坏。

从基坑平面来看，由于拆迁等原因，各个标段不会同时开工。在各个标段之间应设置临时或永久的防渗隔断地下连续墙或帷幕，并且要满足在最不利条件下的渗流稳定要求。

2. 广州地铁某交会站

广州地铁某交会站，两条地铁线成十字交叉。上部地铁基坑深度为 16.0m，下部地铁基坑深度为 32.0m，位于花岗岩残积土和风化层中。

原设计上下两个基坑底部全部采用坑内降水和高压喷射灌浆加固地基方案，效果很不理想，且对周边环境影响很大。后在深基坑周边采用灌浆帷幕方法，封闭花岗岩风化层，效果很好。唯因浅层基坑周边未做灌浆帷幕，必须进行深层降水，造成周边楼房沉降；且下部预应力锚索穿透了防渗帷幕，破坏了防渗体的连续性，导致上部基坑漏水进入深基坑，影响其开挖。这就说明，在两个深度不同的交叉基坑内，应当把它们的防渗体互相连接起来，避免出现漏水通道。

在本例中，笔者认为，两个深浅不同的基坑均应采用灌浆帷幕方案，封闭承压水。开挖时只需把基坑内少量渗水排除即可。实践证明，对于这种残积土基坑坑底采用降水和高喷桩加固的方法是不可行的。

3. 天津某交通枢纽

此枢纽的基坑总面积约 9 万 m^2，主要基坑深度 25～32m，由 4 个标段组成，每个标段控制 2 万～3 万 m^2 地段。这个基坑地质条件的特点是：第二层承压水的隔水顶板在某些地段缺失，造成该段地下连续墙底悬在透水的砂子和粉土中（图 7-1）。此段缺失在地质剖面中并无展示，是从众多的勘探孔柱状图中查找出来的。有了这个经验，在以后各标段设计中，均把地下连续墙适当加长，使其真正进入不透水层中。在相邻两个标段之间采用素混凝土地下连续墙作为防渗隔断墙。

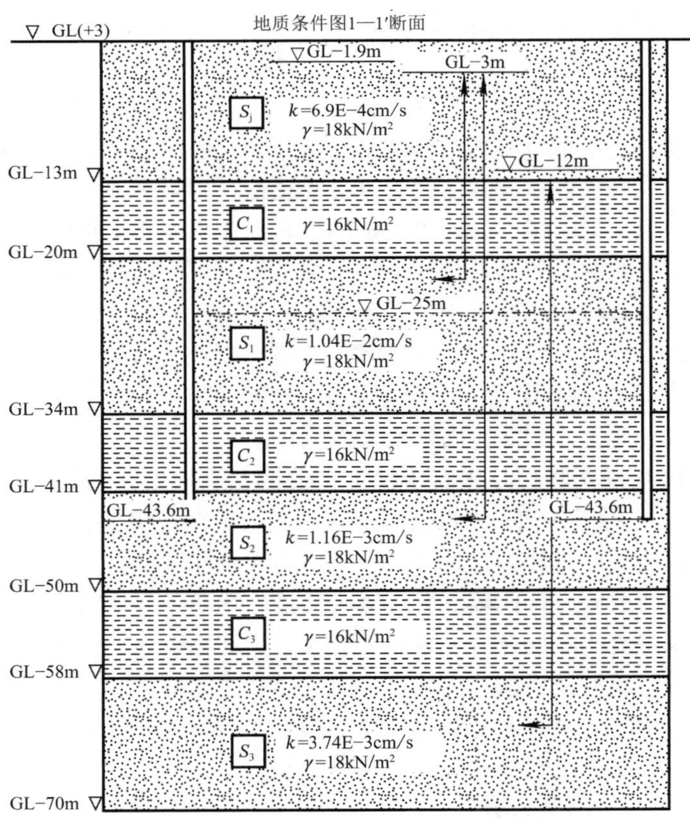

图 7-1　天津某基坑剖面图

4. 天津地铁3号线某车站基坑

原设计标准段和端头井段地下连续墙底均位于砂层中，基坑开挖过程中出现流砂事故。后来在外面补做一道素混凝土防渗墙，但端头井地下连续墙与新防渗墙之间仍然存在漏水通道，造成了基坑的大事故。

7.2.3 地下连续墙底进入不透水层的必要性

如果地下连续墙底未进入不透水层内，则坑内必须设降水井，同时抽取坑内外的地下水来降低坑内地下水位，以便顺利开挖；同时也降低了坑外地下水位，使坑外环境遭受影响。一旦抽水水泵失电或者是井管滤水段堵塞，则可能造成地下水位迅速回升，在短时间内就会使地下水携带砂或淤泥迅速涌入基坑内，失去稳定。特别当按《建筑基坑支护技术规程》JGJ 120—1999 的第4.1.3条设计时，墙底悬在透水层中风险更大。所以，在条件允许的情况下，特别是深基坑，均应把墙底深入到不透水层内。

7.2.4 小结

综合以上几个工程实例可以得出以下几点看法：

（1）基坑地下连续墙底部的总体地下轮廓线应当连续，并进入不透水层足够深度。

（2）对于阶梯式深度不同的基坑来说，要注意核算阶梯处渗流稳定性，要使防渗结构紧密连续连接。

（3）要仔细分析地质资料，研判不透水层的缺失，防止墙底“悬空”。

（4）防止预应力锚索（杆）或斜向的小桩穿透防渗体。

7.3 地下连续墙的入土深度

7.3.1 概述

所谓入土深度就是指基坑支护结构（地下连续墙、灌注桩等）在基坑底以下的深度，常用h_d来表示，也有叫嵌固深度的。它是基坑支护设计中最重要、最关键的指标。

基坑是否安全稳定是由多方面因素决定的。地下连续墙等支护结构具有足够的强度和钢筋用量固然是很重要的，但是各个行业的多个工程实例都证明，基坑破坏的主要原因不是钢筋配得太少，而是坑底入岩（土）深度不够，与周边环境不协调；或者是对软弱地层和地下水认识有误，没有采取合理的防渗降水措施；或者是结构施工质量太差，从而造成管涌、“突水”事故后再引发滑动、踢脚等破坏，这样的例子不胜枚举。在很多情况下，人们忽视了渗水造成的危害，因而付出了很大的代价。

能否保证基坑开挖期间的渗透安全稳定，关键在于地下连续墙底等支护结构的入岩（土）深度h_d的大小。对于任何一个深基坑来说，当它存在着渗流破坏问题时，都要根据该工程的具体情况，通过渗流计算，确定一个合理的入土深度h_d。

笔者曾选取不同的h_d进行比较，发现h_d与墙体内侧弯矩成反比关系，即h_d越小，内侧弯矩越大，则墙底渗透比降也越大，越容易造成基坑涌水破坏。由此看来，应当综合考虑几方面的影响，进行渗流分析和结构计算，再选择合适的h_d。

由渗流稳定确定的入土深度是基坑设计的最小入土深度。就是说，如果入土深度比这个数值还小，就会发生渗流破坏而导致基坑事故。

7.3.2 地下连续墙入土深度的确定

据了解，国内外已经提出了20多个入土深度计算公式，由此可见国内外同行的关注程度之高（见《第二届全国岩土工程实录交流会论文集》，第 463 页）。

应根据如下条件确定入土深度：

（1）在基坑内外土、水压力的作用下，坑底不隆起。

（2）基坑内土体在支护结构水平力作用下，有足够强度。

（3）支护结构不产生水平滑动（踢脚）和整体滑动。

（4）支护结构不倾覆。

（5）支护结构水平位移和沉降在允许范围内。

（6）基坑底部在潜水或承压水作用下，不发生管涌或突涌。

（7）基坑内降水时，不会影响坑外的周边环境安全。

（8）最小入土深度。

其中，第（2）点是指在悬臂式基坑中不会因支护结构向内倾覆，推挤坑底土体而造成支护结构失稳和基坑事故。通常这种形式的支护结构的入土深度应大些。

还要注意，当采用人工挖孔桩作为基坑支护时，由于桩长肯定大于基坑深度，在降水挖孔到达桩底时，降水深度加大，形成很大的降水漏斗，基坑所承受的水压力大大超过了原设计值。因此，在基坑开挖之前就可能导致周边建筑物或管线变形或破坏。

日本有资料指出，应当考虑以下几项影响因素来确定入土深度：

（1）根据土压力计算插入深度。

（2）根据弹塑性的土压力来计算插入深度。

（3）基坑底面的稳定（管涌、流土、突水和冻胀等）。

（4）挡土墙的支撑力。

（5）插入部分的弹性变形的限制。

（6）最小的插入深度。

图 7-2 表示的是基坑的基本破坏形式。除图 7-2（*a*）之外的几种破坏形式都与渗流有着直接或间接的关系，也就是和入土深度有着直接或间接的关系。

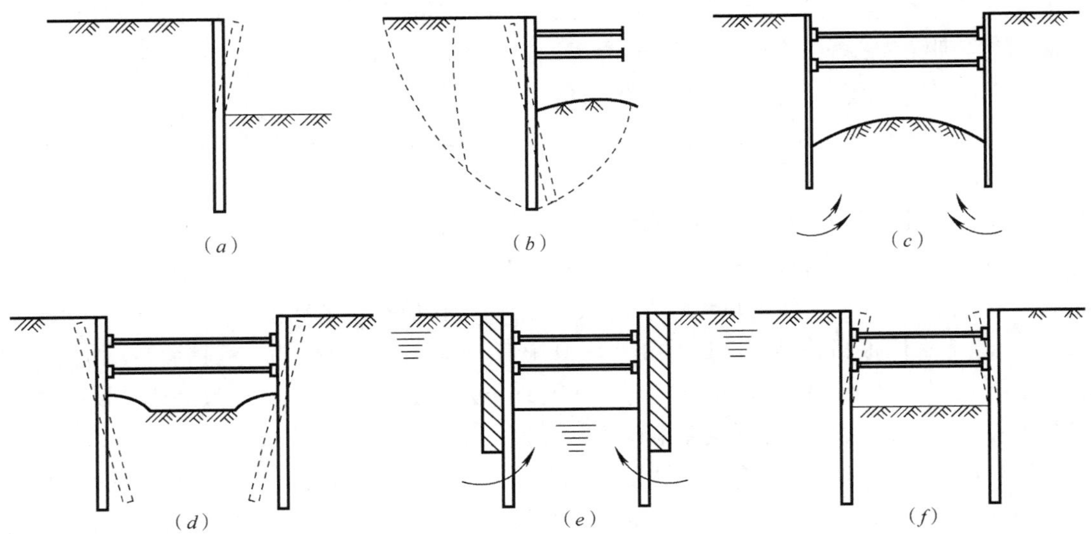

图 7-2　围护体系破坏基本形式

（*a*）墙体折断破坏；（*b*）整体失稳破坏；（*c*）基坑隆起破坏；（*d*）踢脚失稳破坏；（*e*）流土破坏；（*f*）支撑体系失稳破坏

7.4 深基坑防渗体的合理深度

7.4.1 概述

由前面叙述可知，在存在着地下水渗流条件的基坑中，基坑工程的入土深度不能只按《建筑基坑支护技术规程》JGJ 120—2012 来确定，还要考虑渗流稳定的要求。

现在把所说的入土（岩）深度的概念扩展一下，即它不仅满足结构稳定的深度，而且也满足基坑渗流稳定的深度。这个深度叫作基坑防渗体的深度。

在通常情况下，基坑支护结构上部承受荷载产生的内力较大，需要配置足够的钢筋和足够强度等级的混凝土才能满足要求；但在基坑支护结构的下部，承受的荷载和内力逐渐变小，不需要配置很多钢筋，甚至是素混凝土断面即可承受，只要求此段墙的透水性很小就行了。在此条件下，可以采用以下几种办法：

（1）上部为钢筋混凝土，而下部不配置钢筋（即素混凝土）墙体。

（2）上部墙体厚度大，而下部墙体厚度变小的断面形式。

（3）减少地下连续墙长度，在墙底进行水泥帷幕灌浆或高压喷射灌浆帷幕来防渗，也就是采用“上墙下幕”的做法。

总之，要使基坑支护结构的入土深度和防渗体深度同时满足基坑渗流稳定和基坑工程稳定、强度和造价合理的要求。

这里要指出的是，防渗体的概念比较适用于残积土和风化层中的岩石深基坑，这样就可以避免在岩石地基建造混凝土地下连续墙的施工困难，降低工程造价。

对于第四纪覆盖层中的防渗体，需要认真比较研究。对于粉土、粉细砂、淤泥土等软土地基和承压水地基中的深基坑，应当考虑万一墙下灌浆帷幕失效引起的基坑安全问题。此时的防渗体宜采用地下连续墙加长、不配筋混凝土墙加长，或墙体厚度变薄的结构形式。

这里提出的基坑防渗体的合理深度包含两层意思。一个就是在进行基坑防渗和降水的总体方案的技术经济和环境效益比较后得到的基坑总的防渗体系（包括地下连续墙和防渗帷幕）的合理深度；再一个就是确定基坑防渗体的深度时，如何选定基坑上部支护结构（上墙）和下部防渗帷幕（下幕）的经济合理的深度。

总的来说，这是一个基坑防渗和降水、混凝土墙体和防渗帷幕的技术经济和环境效益综合比较的问题。

7.4.2 基坑的防渗和降水方案的比较

一般情况下，在进行深基坑渗流控制设计时，应当把基坑防渗和降水问题统一进行考虑。但在以前设计中，有些并未顾及这点。比如天津市某个深基坑工程，基坑开挖深度16.7m，地下水位很高并且有2层承压水。其中有一部分地下连续墙（包括盾构端头井段）底部未深入到黏性土层内。基坑开挖过程中，地下水突涌入基坑内，造成周边小区的楼房严重倾斜和沉降，从而不得不改变地铁车站设计，增加了很多工程投资。

从上例可以看出，地下连续墙做短（浅）了，其支护结构的造价可以省一些，但是降低承压水的费用则会大大增加，补偿周边环境损失的费用大大增加，而且可能造成很坏的环境影响。这里就提出了一个问题：什么样的防渗和降水方案是比较合理的？笔者认为，适当长度的地下连续墙和防渗帷幕以及足够的降水系统结合起来，使得工程投资较少、对周边环境影响较小的方案，才是最合理的。这个深度就是所谓的地下连续墙和防渗体的合理（经济）深度，这种组合防渗结构就是所谓的“防渗体”。在某些情况下，取消大规模降水，适当加长墙体进入黏土层内，可以说是经济合理的。

7.4.3　防渗墙和帷幕的比较

前面已经谈到，基坑防渗体是由地下连续墙等受力结构和下部防渗帷幕组成。之所以这么做，主要原因是出于方便施工和降低工程投资的目标。

在深基坑的防渗体深度确定以后，可以选择两组或更多的地下连续墙深度和防渗帷幕深度方案进行设计施工和经济造价方面的对比，从中选出安全程度高、工程造价小、施工方便的组合方案，作为最终设计选用的地下连续墙和帷幕数据。

7.4.4　深基坑防渗体的合理深度

这里特别要注意以下几点：

（1）对于位于岩石中的深基坑来说，地下连续墙不能做得过深，墙底进入强风化或中（弱）风化层即可，其下采用灌浆帷幕，并进入到微风化或弱风化层一定深度（通常 2～4m）。这种方案的施工比较便利，工程造价较低，工期较短。

如果把计算得到的入岩深度h_d全部采用为地下连续墙，则墙底进入微风化层中很长，施工会很困难，工程造价也会大大提高，工期也会大大拖长。

（2）对于第四纪覆盖层中的深基坑来说，要特别注意基坑底部不透水层的连续性，特别是在承压水条件下的深基坑，尤其要注意这一点。如果坑底不透水层的厚度很薄，或者是不连续，可能导致坑底突水涌砂破坏。为此要把防渗体加长到下一个不透水层内。

（3）垂直防渗体的上部（上墙）和下部（下幕）的深度和结构特性（厚度、强度和抗渗性），应当根据基坑侧壁和坑底的结构强度、整体稳定、渗透稳定、沉降和位移、工程造价和工期等要求综合确定。

（4）上墙下幕的分界点应不小于根据支护结构的各种稳定性和内力计算得到的入土深度。

7.5　深基坑垂直防渗体设计

7.5.1　垂直防渗体设计要点

1. 垂直防渗体的主要形式

根据多年的设计施工实践，提出以下的主要垂直防渗体形式：

（1）地下连续墙本身兼作防渗墙。

（2）地下连续墙下接水泥灌浆帷幕。

（3）地下连续墙（桩）接高压喷射灌浆帷幕。

（4）现场灌注桩加桩间防渗和外排防渗帷幕。

（5）咬合桩结构。

（6）外围防渗墙（帷幕）。

（7）冷冻方法形成的防渗帷幕。

2. 设计要点

（1）必须进行深基坑渗流分析计算和结构计算，根据计算结果选定合理的防渗体深度。

（2）采用的防渗体结构形式必须在任何部位都能保证防渗体的连续性。必须考虑高压喷射灌浆、深层水泥搅拌桩的施工偏斜造成的不均匀、不连续的影响。

（3）选用的防渗体必须适合当地的工程地质条件和水文地质条件，必须满足周边建筑物和环境影响、工期和造价的要求。

（4）采用上墙下幕防渗体时，两种防渗体之间的搭接长度应满足接触渗流稳定的要求，并不宜小于2m。

（5）设计时可采用如下渗透系数：

地下连续墙：$k \leqslant 1 \times 10^{-8}$cm/s或更小；

水泥灌浆帷幕：$k \leqslant 1 \times 10^{-5}$cm/s；

高压喷射灌浆帷幕：$k \leqslant 1 \times 10^{-6}$cm/s；

水泥土搅拌防渗墙：$k \leqslant 1 \times 10^{-5}$cm/s，允许渗透坡降不大于50。

7.5.2 地下连续墙兼作防渗墙

1. 概述

地下连续墙本身的透水性很小，对于深基坑渗流来说，地下连续墙可看成是隔水墙。

地下连续墙的挖槽精度高，用导管浇注水下混凝土，各道施工工序和过程都是可控制的，它的成墙质量可靠，应当是基坑工程最安全可靠的防渗体。

以往的实践表明，地下连续墙基坑发生事故，大多是由于墙的深度不够，或者是因施工不当导致墙体接缝或内部漏水。本节将讨论这类问题。

对于地下连续墙来说，基坑以下一定深度内受力和配筋较多，再往下就没那么大了，此段就可不配受力钢筋，变成“素”混凝土段，也可把墙体做成上厚下薄的变截面形式。

深基坑采用地下连续墙的优点如下：

（1）地下连续墙的结构刚度大，能减少支护结构较大的水平位移。

（2）地下连续墙单元墙段长度6m以上，防渗止水效果很好，可减少基坑侧壁渗水短路的影响。

（3）采用地下连续墙加水平内支撑方式，可使地下连续墙成为“三合一”墙，可兼作地下室外墙，可增加地下室的空间使用面积，并可减少混凝土数量和施工工期。

（4）地下连续墙施工无振动、无噪声、污染小，对周边环境影响小。

（5）后期土方回填量小，工程费用少。

本节重点关注地下连续墙和基坑的抗渗设计，其他内容另详。

2. 深基坑地下连续墙的深度

根据上节的叙述，地下连续墙的最小深度应当由深基坑的渗流稳定分析计算结果确定，再结合墙体结构的强度、基坑和地基的稳定和经济条件来确定地下连续墙的设计深度。

这里需要注意以下几点：

（1）应当认真阅读、研究地质勘察报告的文字和图表，详细了解基坑的工程地质和水文地质条件，特别是潜水和承压水的分布和特性，地下水连通情况，承压水顶板地层的连续性、厚度和透水性，确保墙底伸入不透水层（或岩石）内足够深度。这一点非常重要。

（2）对于透水砂砾石层很深的基坑，地下连续墙不能进入下面的不透水层而成悬挂式时，此时的防渗墙的长度应当与基坑降水系统结合起来考虑。为了减少对周边环境的影响，宜采用坑内降水的方法。要使降水井底高于地下连续墙底部，这样可把基坑降水对坑外地下水位的影响降到最低。此时的地下连续墙深度要通过试算确定。

（3）对于软土地基的深基坑，宜慎用上墙下幕的防渗体、灌注桩或咬合桩支护，而应采用地下连续墙一墙到底的形式。

（4）英国规范 BS 8004（1986 年）的第 2.3.3 条对周边墙的要求是：贯入深度（即入土深度）应足以提供土的被动抗力要求，并防止墙底渗流造成的冲刷。

（5）根据钱塘江流域的经验，对于淤泥质土层中的深基坑，特别应当防止地下连续墙底部的踢脚和坑底隆起。有的墙底向内移动可达 20～60cm，引起坑外承压水携带淤泥或粉细砂涌入坑内，形成几米深的泥潭，造成很大事故。

（6）广州地区的某个深基坑，也曾因为地下连续墙底部踢脚，向坑内位移过大而造成事故。特别要注意，在开挖中因淤泥土的侧压力过大而造成支护桩和坑内工程桩的侧移破坏。

有的地方软土层很厚，例如澳门南方大厦淤泥厚达 14m（图 7-3），而钢板桩支护结构长度仅 12m，没有穿过淤泥层。当基坑开挖至−9m 时产生踢脚，桩底水平位移达 1.7m，淤泥在压力差作用下，推挤基坑内$d = 500$mm 的预应力管桩产生水平位移，最大达 1.5m。在此条件下，采用钢板桩显然是不合理的。

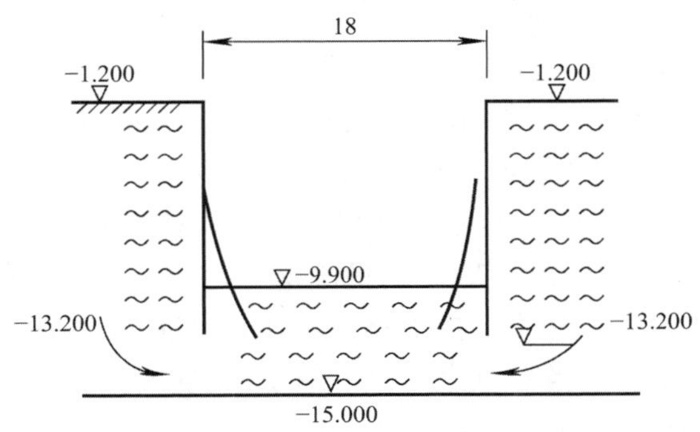

图 7-3　基坑侧墙踢脚图

综上所述，深基坑地下连续墙的深度应当在仔细分析地下水和地基土的特性并选用合适的支护结构，经多种计算方法比较之后加以选定，并应在设计值上再加长 2～3m，以策安全。

3. 地下连续墙下部变为素混凝土墙

由于某些原因，比如为了使地下连续墙穿过透水层进入下一不透水层（隔水层）时，地下连续墙的深度往往要增加很多。

在此情况下，墙体下部所受内力将大大减少，钢筋也可大大减少。此时墙的下部可做素混凝土结构，即不配受力钢筋，只根据埋设观测仪器和接头管的需要配置一些构造钢筋（图 7-4）。这种设计已在天津人才大厦、天津地铁大厦、天津站交通枢纽等地下连续墙中采用并实施，效果很好。

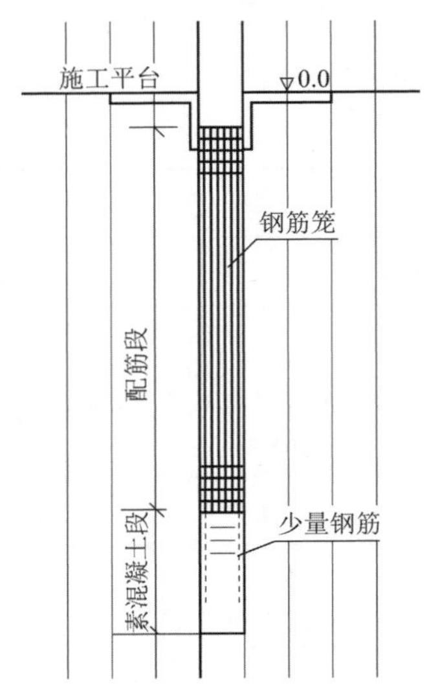

图 7-4　地下连续墙下段变“素”混凝土段

目前，“素”混凝土段的长度约为 6～15m。混凝土强度等级与上部墙体相同。还有一种情况，就是在同一个墙段内，浇注不同强度等级的混凝土。在国内不少病险水库土坝中新建防渗墙，往往在下部坝基中使用强度等级较高的黏土混凝土（C5～C10），而在上部黏土坝体部位只使用低强度的塑性混凝土（C2～C3）或自硬泥浆，以使新建防渗墙与老坝体保持变形一致。在基坑地下连续墙中也可考虑采用此种结构形式。

4. 深基坑地下连续墙的变截面设计

1）概述

当需要把地下连续墙下部改为“素”混凝土段的情况时，还可采用以下方法，即把地下连续墙做成上厚下薄的变截面形式。这里的关键问题是变截面分界点放在哪里合适？

笔者认为可以放在基坑支护计算时采用的“假想铰”位置。对于软土来说，此位置约为坑底以下 $0.3h$～$0.5h$（基坑深度）。具体数值可根据内力计算得到弯矩$M = 0$ 的深度来比较选定。

2）工程实例

由于城市用地紧张，人们开始把大型变电站建到地下去，这样还可增加它的自身安全度。比如日本东京电力部门就在海边修建了新丰洲 500kVA 的巨形地下变电站，它的竖井内径达146.5m，是当时世界上用地下连续墙修建的最大竖井，墙深70.0m，墙体上部厚2.4m，下部厚 1.2m（表 7-1、图 7-5、图 7-6）。墙底伸入固结黏土层内 2.0m 以上（实为 4.0m）。

竖井周长约 460m，分为 78 个槽段，分两期施工。一期槽段长 8.904m，二期槽段长 3.2m，见图 7-7。由于墙体上厚下薄，采用了以下施工方法：

上部地下连续墙用两台 EMX320 型铣槽机施工，下部则使用两台改装的 EMX150 型铣槽机，施工顺序见图 7-8。当上部厚 2.4m 的槽段挖完之后，即将改装的 EMX150 铣槽机放入槽内，在导向板 B 及 D 的支撑下，挖出厚 1.2m 的开口段，然后将导向板 D 收缩变窄为 C，继续向下挖掘 1.2m 槽孔，当 C 板全部进入厚 1.2m 的槽孔内以后，再将导向板 B 收窄为 A，则可继续向下挖掘到设计孔底。

该工程施工准备 4 个月，机械组装和试运行两个月，一期槽（39 个）施工用了 7 个月，二期槽施工用了 5 个月，总共浇注了 6.3 万 m^3 的 C30 混凝土，用了约 8000t 钢材，平均用钢量约为 130kg/m^3。

施工中控制挖槽精度小于 1/1000。施工过程中随时检测孔斜并进行纠偏，实测孔斜小于上值。

地下变电站竖井指标表 **表 7-1**

直径	146.5m	说明
深度	70m	
壁厚	2.4m（GL-44m） 1.2m（GL-70m）	
槽段数	78（先行，后行各 39）	周长约 460m
掘削土量	约 1360000m^3	
混凝土量	约 63000m^3	
钢筋量	约 8000t	平均 130kg/m^3
钢材量	约 2050t	

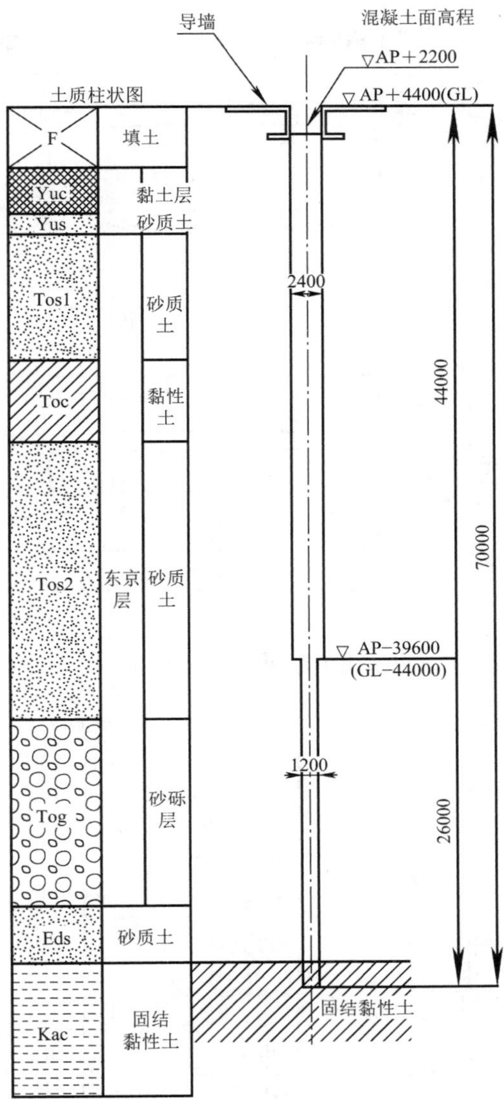

图 7-5　日本新丰洲变电所地下连续墙剖面图

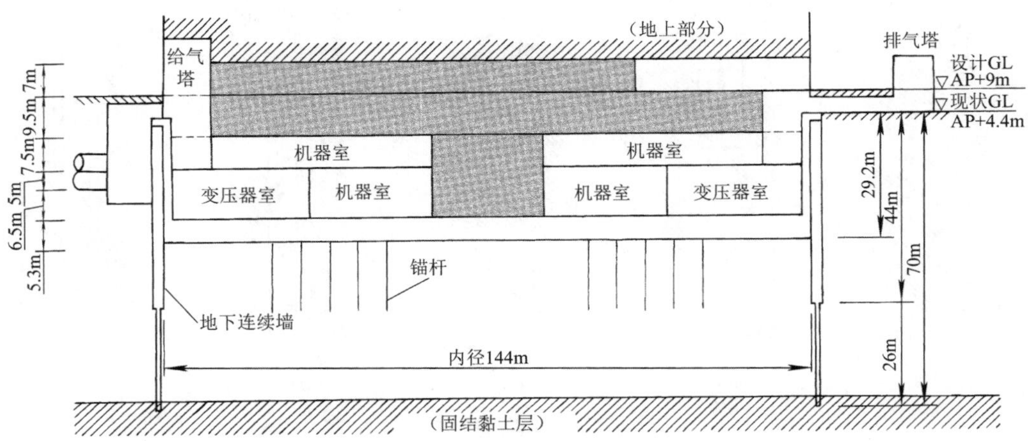

图 7-6　地下变电站剖面图

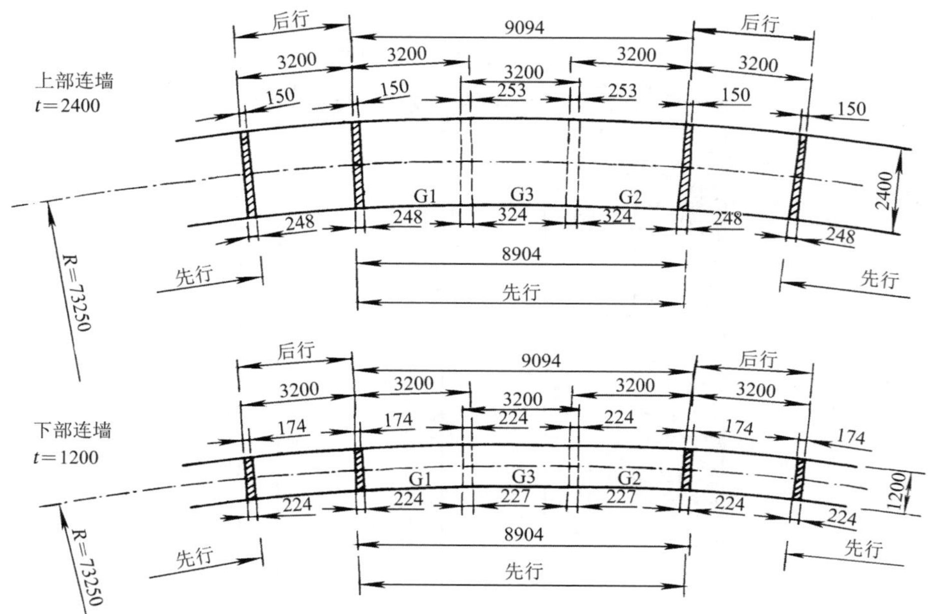

图 7-7　槽段划分图

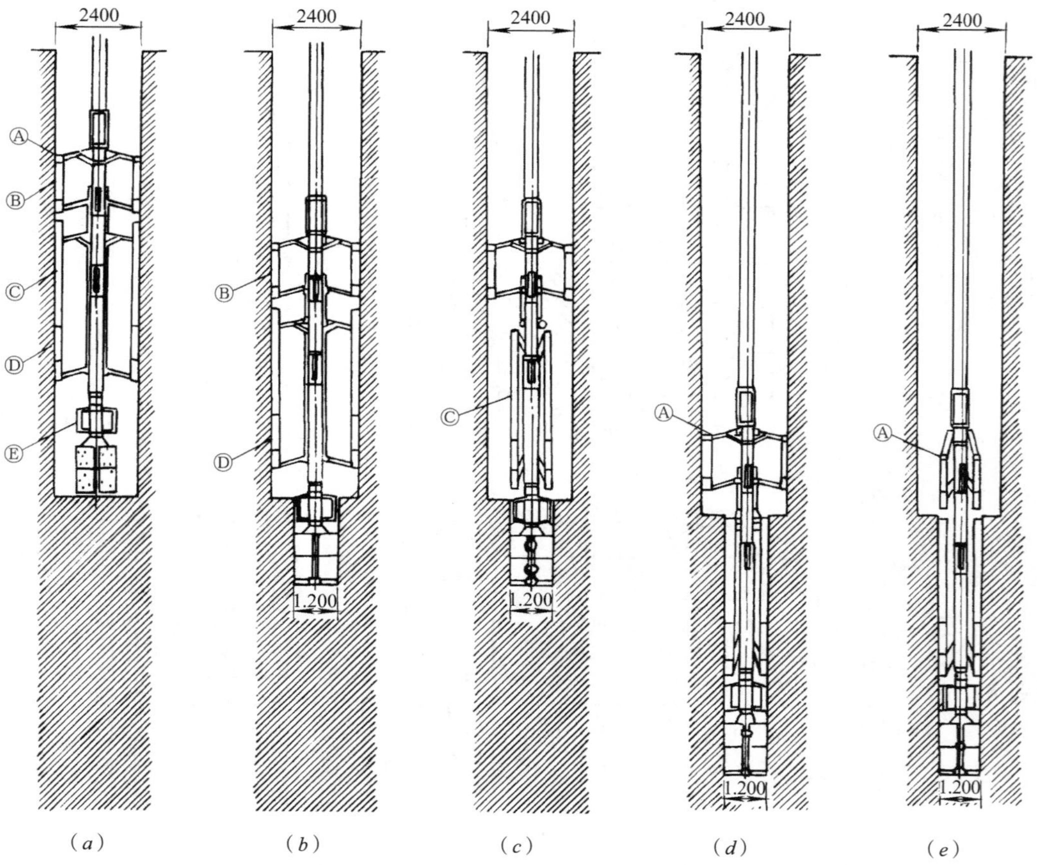

(a)　(b)　(c)　(d)　(e)

图 7-8　槽孔开挖图

(a) 挖厚槽；(b) 挖窄槽（一）；(c) 变窄导向板挖槽；(d) 挖窄槽（二）；(e) 继续挖窄槽

7.5.3　地下连续墙与灌浆帷幕

（1）本节讨论的是基坑地下连续墙与灌浆帷幕相结合的问题。

在水利水电工程中，很早就采用了地下防渗（连续）墙下面接水泥灌浆帷幕的防渗技术。对于高土石坝来说，常常是在防渗墙工程中埋设 1～2 排灌浆孔，待防渗墙完工后，再通过这些预埋孔向下部覆盖层中灌浆。有时大坝很高时，还需要在防渗墙的上游或下游从地面向下钻孔灌浆，如图 7-9 所示。

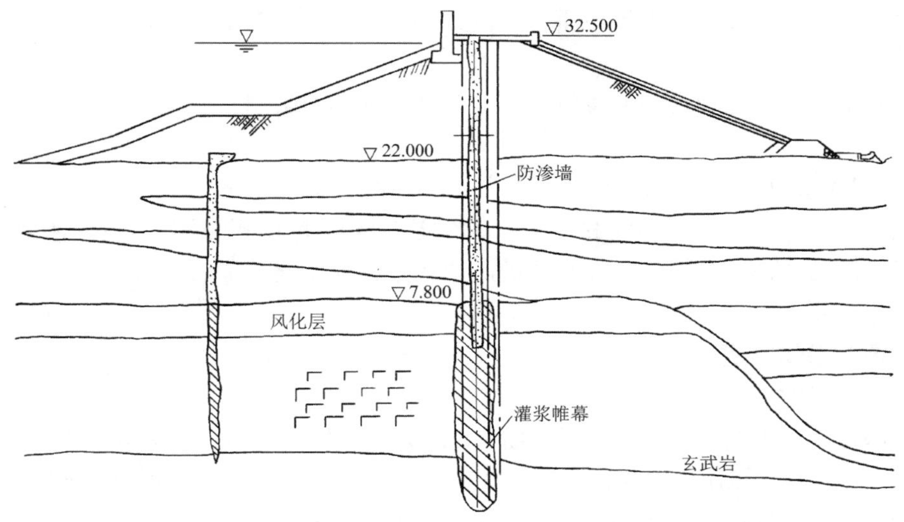

图 7-9　册田水库土坝剖面图

（2）对于深基坑工程来说，特别是对于岩石基坑来说，墙底如果进入微风化层，施工难度会很大，也不经济。最好的方案是把地下连续墙底放在岩石表层的强风化或中风化层内，其下再逆作灌浆帷幕，进入微风化层内。

7.5.4　深基坑外围防渗体的设计

1. 概述

本节所说的外围防渗体，是指在重要的、很深的基坑外围的防渗体，用以降低基坑挖掘期间由于基坑透水而造成的风险，是一种附加的深基坑防渗措施。

2. 外围防渗体的设计要点

1）轴线位置

一般来说，外围防渗体的轴线应离开原基坑边缘至少 10m。如果外围防渗体与基坑支护地下连续墙同时施工，则二者之间的距离应满足施工机械和相应设备存放和施工场地的要求，一般不宜小于 20m。

2）防渗体底部

一般情况下，外围防渗体的底部应进入土、岩的隔水层内。如果有困难时，也可采用以下办法：外围防渗体底部不进入隔水层内，成悬挂状态；在两道墙或帷幕之间设置降水井，把其中的地下水位降低到一定深度，使基坑支护结构承受的水压力大大降低，也能减少基坑开挖的风险。

3）防渗体的形式

（1）混凝土或塑性混凝土防渗墙

当深度很大时，宜采用这种混凝土防渗墙。因为不承受很大的水平荷载，故其强度等级可低些，通常为C3～C10。

（2）自硬泥浆防渗墙

这种防渗墙挖槽时是用掺有水泥的泥浆来护壁的，挖槽完成并经验收合格后，这种泥浆会自行硬化成低强度、低渗透性的防渗墙。国内已在两个工程中采用过。

（3）高压喷射灌浆防渗帷幕

这种帷幕受施工条件限制，不能做得太深。一般情况下，不宜采用单排的高喷桩帷幕，应根据孔深和钻孔孔斜来确定帷幕的排数和施工参数。当帷幕设计深度大于40m，宜用3排。

也可考虑采用定喷或摆喷防渗帷幕，由于孔深和孔斜限制，一定要保证帷幕底部的连续性。

（4）SMW或TRD防渗墙

在这两种防渗墙中均不必放置芯材。在深度40m以下也能取得良好的防渗效果。

如果外围防渗体与基坑地下连续墙的距离较近，那么此外围墙（幕）还可减少主体墙的一部分水平压力。

3. 外围防渗体实例

1）武汉阳逻长江大桥

武汉阳逻长江大桥位于长江二桥下游27km处，主桥采用单跨1280m的悬索桥。由于南锚碇覆盖层厚度达51m，离长江大堤仅150m，对大堤防洪安全影响大。为此在坑外10m处又建造了一道自硬泥浆防渗墙，墙厚0.8m，墙深51.5m，墙底入基岩0.5～1m。

基坑防渗效果很好，每天抽水量仅200m³（润扬大桥基坑的每天最大出水量为2926m³），基底始终处于干燥状态。其施工速度之快，变形影响之小，国内少见。

详细内容参见后文。

2）南水北调工程穿黄盾构北竖井工程

南水北调中线工程穿黄河盾构的北岸竖井，在其外围25.4m处修建了厚0.8m、深71.6m的自硬泥浆防渗墙，墙底入粉质土土层内。运行情况表明，防渗墙运行情况良好。详见后文。

3）上海某基坑外围防渗帷幕

基坑外围防渗帷幕见图7-10。

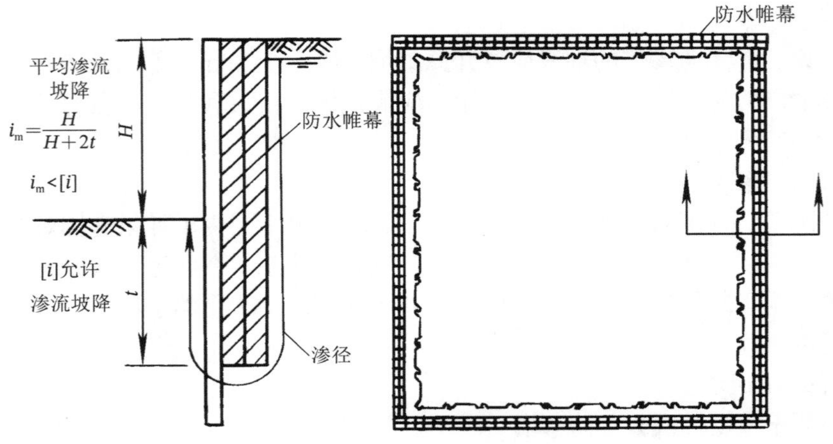

图7-10 基坑外围防渗帷幕

4. 小结

本节阐述的深基坑外围防渗体对开挖深度很大、重要性很高的大江大河岸边，并且有承压水作用的深基坑来说，是很重要的防范风险的措施之一。

从防渗体的结构形式来看，高压喷射灌浆帷幕抗渗性能要差些，深度超过 40～50m 以上的时候，底部连续性和抗渗性都会发生问题。所以，要适当控制其适用深度。

自硬泥浆（也叫自凝灰浆）防渗墙不受深度限制，但是墙太深了，施工操作就比较困难，墙体质量的均匀程度不好控制；也有可能漏水。墙深超过 50m 时应慎用。

塑性混凝土防渗墙可以适用各种深度，可靠度高，只是工程造价略高些。

7.6　基坑底部的水平防渗体设计

7.6.1　概述

当基坑底部没有适当的隔水层可供利用，在采用降水方案也不经济和可靠时，还可考虑采用对基坑底部进行水平封底的方法，形成一个相对隔水底板或水平防渗帷幕，与其他方案进行技术经济比较。具体做法有以下两种。

1. 混凝土封底

在沉井或者是地下连续墙竖井的底部没有不透水层或者是不透水层埋藏很深时，需要水下浇注混凝土来形成一个隔水底板和干式施工空间（图 7-11）。

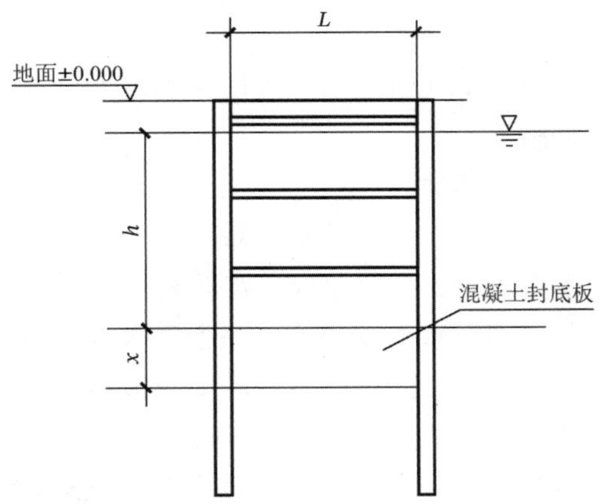

图 7-11　基坑水平封底板

混凝土底板应能承受住地下水的浮力，也不会因底板在地下水作用下向上挠曲而破坏。

混凝土底板应能靠其自重抵抗地下水的上浮，可按下式计算：

$$\gamma_c x \geqslant k\gamma_w(h+x) \tag{7-1}$$

式中　γ_c——混凝土的重度，可取 23kN/m^3；

γ_w——水的重度，取 10kN/m^3；

x——混凝土板厚度；

h——混凝土板顶面的水头；

$h+x$——扬压力；

k——安全系数，一般$k \geqslant 1.2$。

在基坑平面尺寸较小的情况下，可以考虑周边混凝土侧墙和地基土摩阻力的影响。

2. 水平防渗帷幕

在基坑底部没有合适的不透水层的情况下，采用水泥灌浆或高压喷射灌浆的方法建造一个水平防渗帷幕也是可以的。

这里要注意两点：

（1）水平防渗帷幕相当于复合地基，它的整体性和均匀性都不高，必须有足够的厚度和抗渗性才能压住地下水的浮力。

（2）由于施工机具的偏斜和孔位偏差，水平防渗帷幕很难在设计高程上形成严密搭接，深度越大，空隙越大（有的出现漏水通道），使其隔水性大打折扣。

武汉地区20世纪90年代的经验证明，在大面积的基坑底部，使用高压旋喷桩形成的水平封底结构，由于设计和施工原因，它的透水性仍然非常大，有的基坑底部土体发生强烈突（管）涌，造成周边楼房和道路管线大量沉降和损坏，最后不得不采用大量深层降水的方法才解决了问题。在上千座基坑中，没有一个采用此法取得成功的实例。

另外，南水北调穿黄倒虹吸的北竖井（设计开挖深度50m）中，曾设计在竖井底部50～60m深处采用高喷桩形成一个厚10m的封底。由于效果很差，开挖后无法挡住承压水的突涌，不得不在深度60m的水中浇注水下混凝土，形成一个厚度17.5m的混凝土封底板并在混凝土底板下对地基加固灌浆（深5m），才得以进行后续施工。

7.6.2 坑底水平防渗设计

1. 设置坑底水平防渗帷幕的条件与方案的选择

以下将针对各种不同条件加以讨论。

1）坑底以下存在承压水层。经验算，承压水层顶面以上的土自重压力无法平衡承压水的顶托力，则应采取加固措施。

（1）降低承压水头的办法有两种：

①在坑内与坑外设置若干减压井。坑外降水对周边环境影响太大，应经论证后再用。

②当承压含水层厚度不太大时，可将竖向防渗帷幕向下穿过此含水层，进入下一个隔水层内，截断此承压水。此时承压水头变成了下一个含水层的承压水头，比原计算水头增加了，需要重新进行坑底抗浮核算，注意此时采用土的饱和重度。

（2）增加承压水顶板隔水层的厚度。由于帷幕体的重度（约19～20kN/m^3）比原状土增大有限，垂直重量增大也有限。关键是要使水平防渗体具有足够的厚度和抗渗性，提高防渗体的抗渗透能力，可惜此目的很难达成。此时进行抗浮核算可能仍不满足要求，说明光采用水平防渗体解决不了坑底突涌问题，需要另外降水（图7-12）或加深垂直防渗体才行。

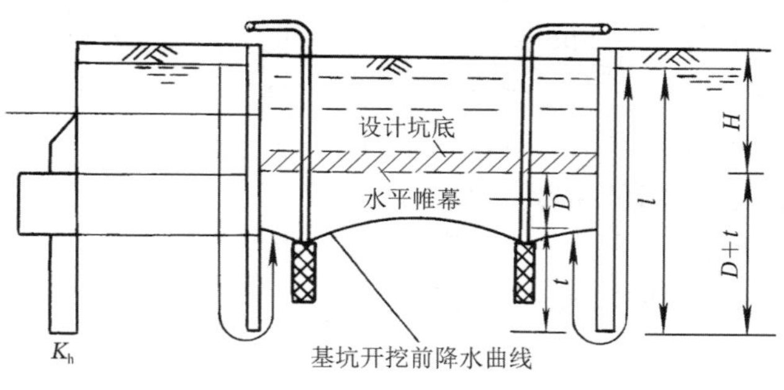

图7-12 基坑降水图

2）承压水层埋藏较浅，基坑开挖深度较大，基坑底面已进入承压水层。此时可采用以下方法：

（1）采用坑内降水方案，在这种条件下降水井也是减压井。此时竖向防渗帷幕应进入承压水含水层底部的隔水层内足够深度。

（2）当承压水含水层厚度不太大时，可用竖向防渗帷幕截断承压水。

（3）当承压水含水层厚度很大，基坑平面范围不大时，在基坑底面以下一定深度处设置水平防渗帷幕，并与竖向防渗隔水帷幕组成封闭式的防渗体。但是，这种方法成功率不高。

3）基坑处于深厚透水层中（无隔水层），此时的深基坑防渗体为悬挂式。如果基坑面积很大，则不宜采用水平防渗帷幕。

当基坑承压水的顶板（隔水层）在基坑开挖时已被挖掉，而承压水的底板隔水层埋藏很深时，基坑的垂直防渗体可做成悬挂式，再加上基坑内降水，应通过技术和经济比较，选定防渗方案。

2. 水平防渗体的厚度与深度

水平防渗体的厚度可根据抗浮稳定条件来确定，即

$$\gamma_s t \leqslant k\gamma_w h$$

式中　γ_s——土体的饱和重度（kN/m^3）；

γ_w——水的重度，取 $10kN/m^3$；

h——从防渗体底面算起的承压水头（m）；

t——水平防渗体厚度（m）；

k——安全系数，可取$k \geqslant 1.2$；

此时，$t = k\gamma_w h/\gamma_s$

当基坑内打设了很多桩，基坑平面尺寸较小时，可以考虑桩侧与土体的摩阻力，也可考虑基坑支护结构（墙、桩）与土体的摩阻力影响，此时可按下式来计算t：

$$\gamma_s t + Q \leqslant k\gamma_w h$$

式中　Q——摩阻力。

为了安全起见，建议不考虑上述影响。

7.6.3　坑底水平防渗措施

1. 水下浇注混凝土板

在某些条件下，或者是在基坑发生突涌（水）事故的情况下，可采用水下开挖的方法，即采用砂石泵把水砂混合物抽出，把基坑挖到预定深度，利用导管或其他方法浇注水下混凝土，使其与周边支护混凝土墙连成一体。有时还要在混凝土板下面进行灌浆，以增强防渗性。

2. 高压喷射灌浆帷幕

此法是利用相互搭接的高压喷射灌浆的桩体形成一个隔水的水平帷幕。由于设计施工等原因，这种帷幕并不是一个不透水的、质量均匀的底板。此法能否成功，取决于两个因素：

（1）设计是否合理。不少人只是在图纸上画了互相搭接的几个圆圈就完事了，往往忽略了在底部设计高程上是否搭接，是否连续。

（2）施工。由于桩位不好控制、钻机输出扭矩过小、孔斜过大，造成在设计高程上不搭接、不连续。

3. 灌浆帷幕

此法是利用水泥或化学灌浆方法，在设计高程上形成水平防渗帷幕。在可灌性较好的地层条件下，可获得较好的防渗体。

4. 日本的水平防渗帷幕

日本的水平防渗帷幕见图 7-13。

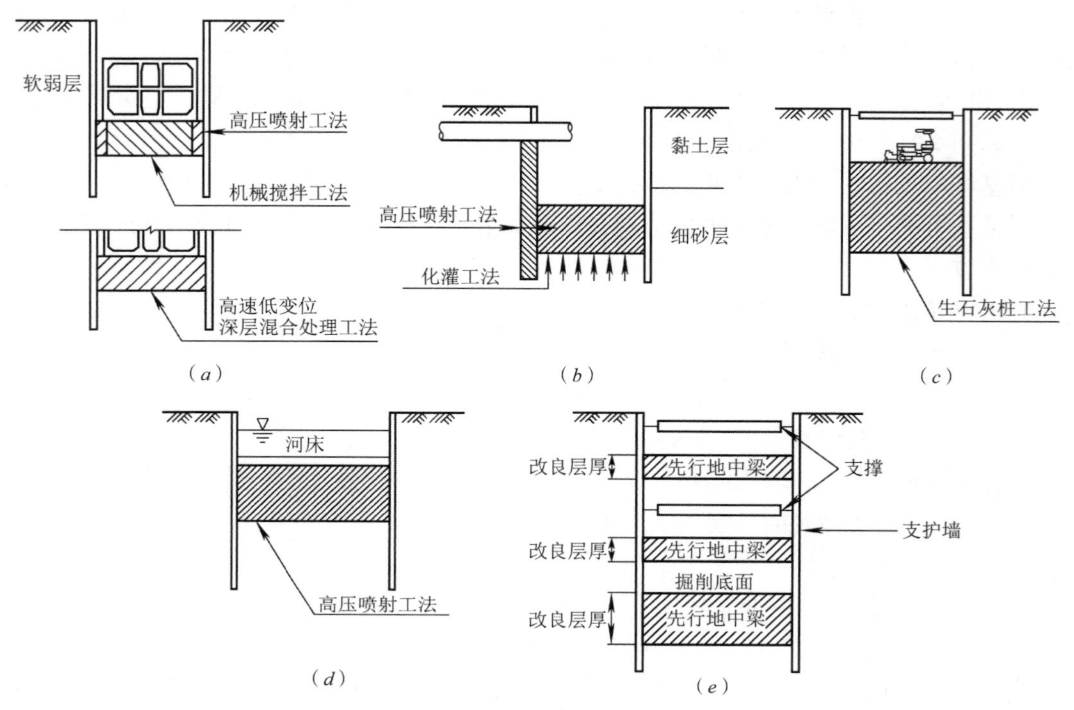

图 7-13　日本某工程水平防渗帷幕

(a) 减少主动土压力和位移；(b) 防渗，防流砂；(c) 防变位；(d) 增加被动土压力；(e) 开挖前先加固地基

5. 南水北调穿黄竖井的水平防渗帷幕

1）工程概况

南水北调中线输水以隧道倒虹吸方案穿过黄河，线路总长 19.30km。穿黄隧洞包括过河隧洞段和邙山隧洞段，过河隧洞段长 3450m，隧洞总长 4250m，双洞平行布置。根据盾构施工要求，隧洞南北两端各设有工作竖井。

北岸竖井为穿黄隧洞盾构机始发井，井口高程 105.6m，井底板顶高程 57.5m，开挖深度 50.1m，内径 16.4m，外径 20.8m。竖井壁外围为钢筋混凝土地下连续墙，厚度 1.5m，外径 18m，底部高程 29m，深 76.6m，混凝土强度等级为 C30。为保证竖井结构稳定及防渗要求，地下连续墙底部设单排帷幕灌浆深入基岩内，防渗标准$q \leqslant 10$Lu。用高压旋喷灌浆加固竖井底板下 10m 厚砂层，作为竖井底板下的水平防渗帷幕。竖井前部的盾构始发区及背洞口侧土体也进行高喷加固。竖井外围设有自凝灰浆防渗墙，厚 0.8m，深 71.6m，墙底深入黏土层内（图 7-14），距井中心 25.4m。

竖井内设置两口降水井，井底高程 42m，井外降水井的井底高程 78m。地下连续墙完成后，竖井内采用逆作法从上至下，每 3m 一层分层开挖，分层浇注钢筋混凝土内衬，内衬厚 0.8m。

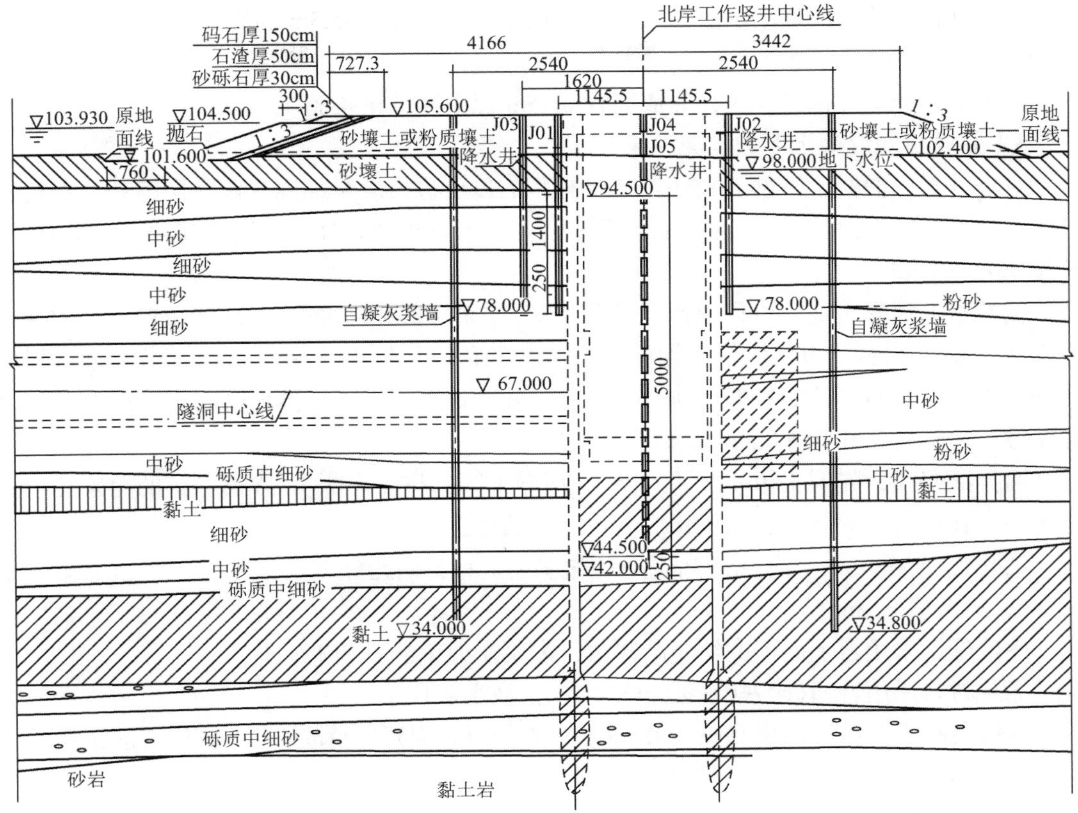

图 7-14　竖井结构布置图

北岸竖井地层上部为粉土、粉砂、细砂，松散—稍密状，强度较低，工程地质性质较差。竖井中部、底部为中砂和细砂、中砂、砂砾中粗砂，中密—密实，强度较高。地下连续墙底部位于粉质黏土层中，基岩为黏土岩。

2007 年 1 月初，竖井地下连续墙完成后，内衬逆作法施工开挖到 65.5m 高程（距设计井底 8m）时，在井内外地下水头差 32.5m 的情况下，井底涌水量较大（1200m^3/d），不能继续开挖。经研究决定在此高程平台上提前进行高喷封底（原定开挖至 63.5m 高程）。但钻孔时发现，穿透第一层黏土层后，地下连续墙 11～14 号墙段区域附近孔内涌水严重。钻 11 个孔后，竖井内涌水量达到 2000m^3/d 以上，旋喷施工无法进行，遂停止施工。

对漏水原因，一时分析不清，遂决定采用水下开挖方法进行施工。

2）水下开挖施工的要点

水下开挖和混凝土浇注施工的程序主要为：

（1）将竖井充水到 105m 高程。

（2）在井口搭设大型钢结构工作平台，在平台上布置水下开挖设备。

（3）用砂石泵将竖井内 65.5～45.5m 高程之间的土体抽出。

（4）进行井壁清理和井内障碍物处理，完成水下开挖。

（5）水下浇注 C20 封底混凝土，浇注厚度 10m（高程 45.5～55.5m）。

（6）水下浇注低强塑性混凝土，厚 7.5m（高程 55.5～63.0m），并在后续逆作法施工时将其挖除，仅起临时支撑地下连续墙和压住承压水的作用。

（7）进行竖井封底以下土层灌浆加固，加固范围40.5～45.5m高程。

（8）抽干竖井内的水。

（9）采用分层开挖逆作法，完成高程66.5m以下竖井结构施工。

3）井底封底混凝土下的水泥灌浆

对竖井封底混凝土下部40.5～45.5m高程的砂层进行灌浆加固。该砂层饱和、密实、级配不良，主要矿物成分为石英、云母等；局部夹有砾砂透镜体，该层顶部含有少量卵石，粒径4.0～8.0cm。

竖井水下混凝土浇注过程中预埋了灌浆管，灌浆管底标高46.5m，环状布置2排15根，中心部位布置5根，共20根，管径89mm，灌浆高程为40.5～45.5m，灌浆管通过焊接（59m）接长到地面，固定在竖井顶部平台上。井底地基灌浆通过预埋管进行，20个孔，每孔穿过预埋管后钻孔深6.0m，灌浆深度为5m。

两排灌浆孔，先施工第一排（外圈），后施工第二排（内圈）。在第一排的灌浆孔中，选定一个孔作为先导孔优先施工，之后再施工其他孔。

钻孔直径ϕ66mm，合金钻头钻进，泥浆护壁。每个钻孔分3段，第一段长1m，第二段长2m，第三段长2m。

灌浆施工采用自上而下的纯压灌浆法，灌浆压力1.5～2.5MPa。

灌浆材料采用普通硅酸盐水泥P.O32.5，浆液水灰比1：1。

封底混凝土与砂层的接触段（第一段），先行单独灌浆并待凝24h。其他各灌浆孔段结束后一般不待凝，即进行下一段灌浆。

灌浆结束条件为在设计压力下注入率小于3L/min，或注入量不大于5t/m。但第一段注灰量较大时，需待凝复灌。

灌浆结束后进行了检查孔压水试验，压水压力3MPa，试验段长2m，持续时间20min，注水量小于5L。检查结果表明灌浆效果很好。

4）对井底涌水原因的分析

竖井内水下开挖、混凝土浇注、井底灌浆完成3d后，对井内开始试抽水，抽至井内水位低于井外水位10m后，观察一天，未发现异常继续抽水。抽干后将暴露出来的地下连续墙墙壁洗刷干净，墙面平整无较大渗漏。随后采用原来的施工方法，进行逆作法施工，分层挖除塑性混凝土至55.5m高程，分层完成竖井混凝土内衬。从逆作法施工开挖出来的竖井井壁看，地下连续墙墙体质量与上部基本一致，墙段间接缝厚度一般小于2cm。封底混凝土与井壁结合紧密，接缝不渗不漏。

在水下开挖时，井内外能保持足够的水位差；竖井地下连续墙和自硬泥浆防渗墙之间水位保持在约80m高程，两墙间降水井出水量没有增加；自硬泥浆挡水墙之外水位保持在96～98m之间。

5）小结

根据以上情况，可分析如下：

（1）在竖井井内土层开挖施工后期，发生井底涌水的原因是：在井内外水头32.5m作用下，地下水穿过地下连续墙下部单排灌浆帷幕，再通过第⑩层砾质中细砂层的勘探孔，穿过第⑧、⑨层壤土层，进入竖井内部，发生了承压水的突涌事故。由于在施工过程中不断强行降水，击穿了原本薄弱且可能不连续的墙下灌浆帷幕；同时，勘探孔由于封堵不严密，也使承压水上涌阻力变小，冲刷和扩大了钻孔，最终导致井内大量涌水。

（2）地下连续墙墙体及墙间接缝不存在明显缺陷，外围自凝灰浆挡水墙质量也是好的。

7.6.4　对水平防渗帷幕漏洞的讨论

本节结合沈阳地铁 2 号线某车站基坑底部水平防渗帷幕设计施工情况，来阐述水平防渗帷幕的漏洞问题。

1. 概述

在现行《建筑地基处理技术规范》JGJ 79 中，要求高压喷射灌浆桩的孔位偏差不大于 50mm，而对孔斜无规定，采用水泥土搅拌桩的允许孔斜 1%来作相应计算。

高喷钻机的输出扭矩很小，在砂、砾卵石地基中钻孔时，孔斜是比较大的。对于防渗帷幕来说，极易出现底部漏洞、开口和不连续情况。

在本节中，笔者通过画图和计算来确定高喷桩底的偏差情况。

2. 某基坑底部防渗体设计实例

1）概况

某车站位于市主干道南段，西邻展览馆，东面为立交桥。车站主体是南北走向，总长度为 149.5m，车站标准段宽度 22.3m，开挖深度 24.71m；端头井宽度 25.9m 和 24.8m，开挖深度为 26.51m。

2）地质概况

（1）工程地质条件：地基上部全为透水的中粗砂、砾砂和圆砾，局部含有粉质黏土透镜体。地基下部为中更新统的冰积层泥砾，勘察中可见到两层（图 7-15）。

泥砾（⑦$_1$）：黄褐色、浅黄色，中密至密实状态，饱和。颗粒不均，颗分结果以圆砾及砾砂为主，局部为粉质黏土。卵砾石有风化迹象，具弱胶结性，含土量较大。该层分布连续，厚度 3.2～8m，层底埋深 42～49m，层底标高 −7.15～0.35m。

泥砾（⑦$_2$）：黄褐色、浅黄色，密实状态，湿—饱和。颗粒不均，呈泥包砾状，具胶结性，含土量较大，砾石风化严重。颗分结果以砾砂及粗砂为主，含砾石，局部为粉质黏土。该层分布连续，本次勘察未穿透该层，揭露厚度 4～13m。

（2）水文地质条件：本区段地下水类型为第四系松散岩类孔隙潜水，主要赋存在中粗砂、砾砂、圆砾层和泥砾层中，主要含水层的厚度为 30.2～30.9m。单井的单位涌水量为 784.16m^3/（d·m），属水量丰富区。

勘察期间实测水位埋深 10.80～12.10m。

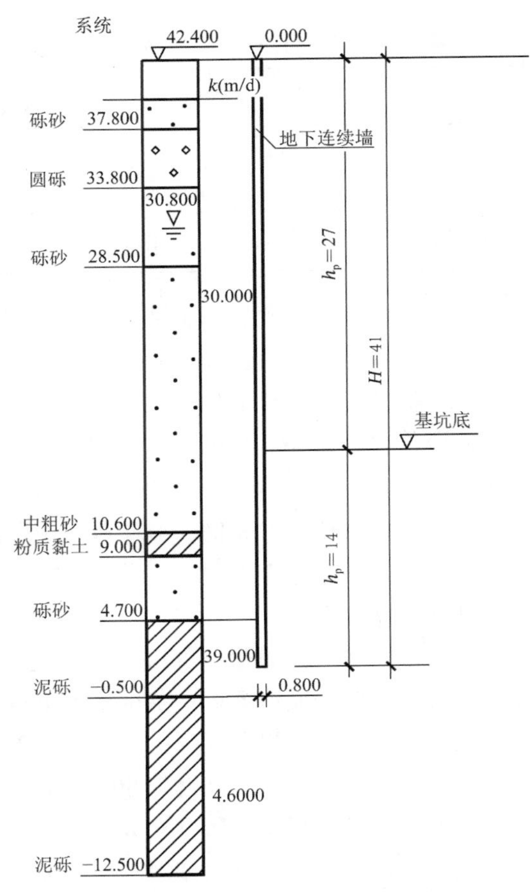

图 7-15　沈阳地铁 2 号线某车站基坑剖面图

补充勘察得到的渗透系数见表 7-2。

地基土渗透系数表　　**表 7-2**

层位	岩性	平均渗透系数K_{20}		透水性类别
		cm/s	m/d	
③$_4$	砾砂	3.88×10^{-2}	33.52	强透水
⑤$_4$	砾砂	3.60×10^{-2}	31.10	强透水
⑦$_1$	泥砾	4.28×10^{-2}	36.98	强透水
⑦$_2$	泥砾	0.47×10^{-2}	4.06	中等透水

从渗透系数表中可以看出泥砾⑦$_1$ 为强透水层，与原来对该层的评价“地下水的渗透系数较小，因此该层可起到隔水作用”的结论不符。

现场抽水试验结果见表 7-3 及表 7-4。

抽水试验结果表　　**表 7-3**

抽水孔编号	含水层厚度（m）	观 1 与观 2 组合		观 1 与观 3 组合		观 2 与观 3 组合		推荐值	
		K（m/d）	R（m）	K（m/d）	R（m）	K（m/d）	R（m）	K（m/d）	R（m）
SA-1002	34.30	71.34	98.24	73.30	103.71	76.56	109.20	80	110

2008 年 12 月抽水试验报告书中提出的渗透系数表　　**表 7-4**

降水部位	基坑面积（m^2）	含水层性质	初始水位埋深（m）	渗透系数（m/d）	基坑中心水位降深（m）	排水量（m^3/d）
站体部位	3271.2	潜水	13.5	39	13.2	46750

由表中可以看出现场抽水试验渗透系数比室内试验结果大得多。

⑦$_1$ 泥砾层渗透系数$K = 39$m/d。该报告还提出抽水中固体颗粒含量达 80mg/L。

3）基坑防渗和降水方案比较

原设计文件认为，泥砾渗透系数很小，可作为隔水层，以为将地下连续墙底伸入此层内 2～3m 即无问题。但是经过补充勘察和现场抽水试验，发现泥砾层是强透水层，再考虑到相邻车站大量抽水的先例，显然再采用原设计方案是不可行的。为此提出了以下三个方案：全降水方案；垂直水泥灌浆帷幕方案；高喷水平封底方案。

（1）全降水方案

根据 2008 年 12 月进行的现场抽水试验结果估算基坑的每天排水量约 50000m^3，鉴于周边建筑物较多，道路繁忙，基坑排水出路很难找到。另外，基坑大量抽水会影响相邻的展览馆和立交桥的位移和沉降；同时，由于泥砾层的不均匀系数高达 160 以上，基坑中的细颗粒会因抽水而排走（已发生 80mg/L）。综合以上情况，不宜采用深层降水方案。

（2）垂直水泥灌浆帷幕方案

此法是把灌浆帷幕深入到泥砾层中去。由于未进行深部地质勘探，无法确定不透水层深度，所以原设计没有考虑此方案。

（3）高喷水平封底方案

原设计高喷水平封底方案的主要参数是在基坑底下 27～35m 之间利用互相套接的高压旋喷桩，构成厚 8m 的隔水帷幕，见图 7-16。旋喷桩直径 0.8m，孔中心距 0.6m。最大施工深度 35m。一共约需 8926 根桩，主要工程量为空桩 24.1 万 m，实桩 7.1 万 m，消耗水泥 3 万 t。

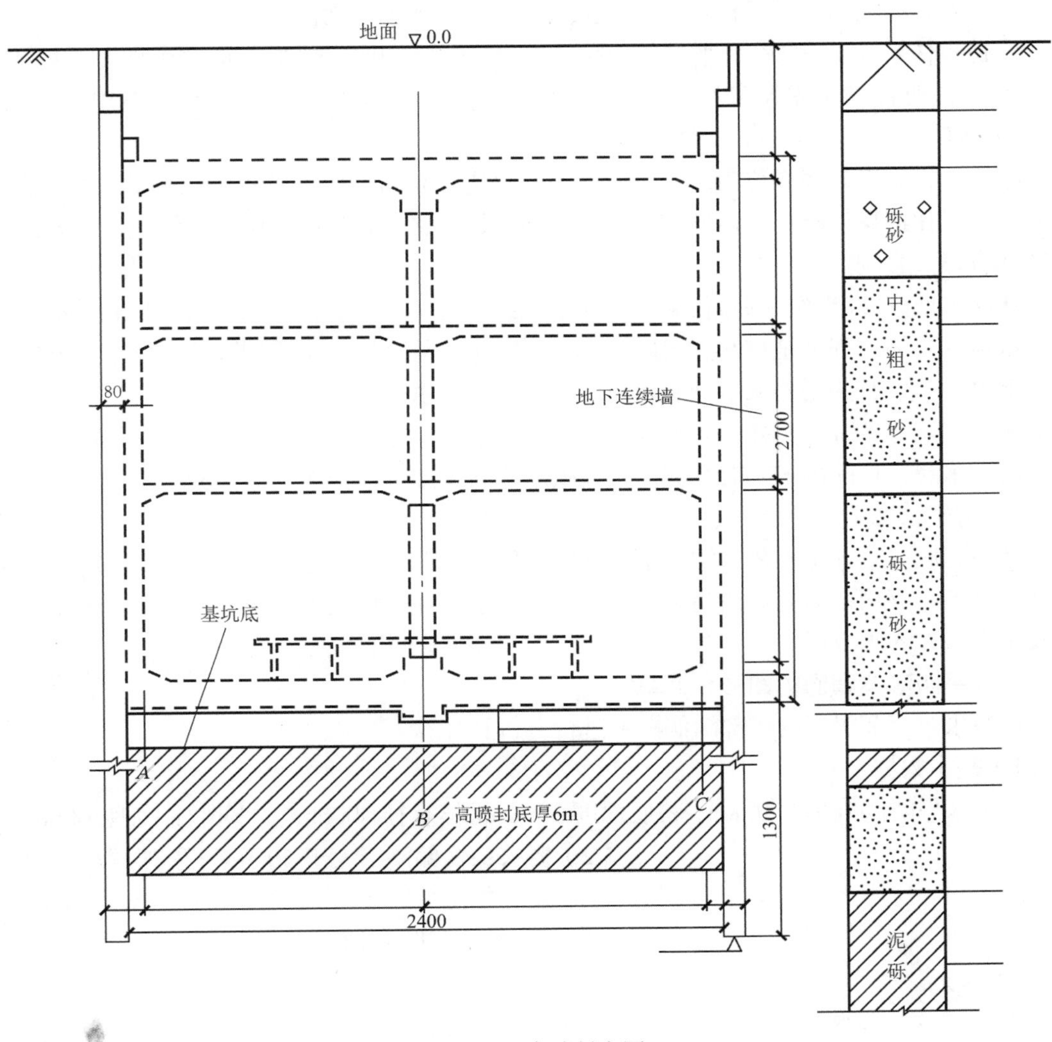

图 7-16　高喷封底图

从设计施工角度看，此设计存在以下几点不足：

①由于允许钻孔偏斜度为 1.5%，则到达孔底时可能最大偏斜 0.525m；在 30 多米的孔底的各孔之间会出现很多漏洞，根本不会互相搭接。

②由于地层阻力随孔深而加大，导致桩体成上大下小的胡萝卜状，由此也导致在孔底的各个桩之间无法搭接成密闭的水平帷幕。

南水北调工程穿越黄河隧道的竖井中曾进行高喷灌浆试验，经过对挖出的桩体进行检验后发现，上部 30m 以内大部分可以达到设计直径 1m；而 30～40m，其直径变为 0.6～1m；40～48m，其桩径只有 0.6～0.8m。

③由于孔位放线偏差也可导致孔底搭接的厚度变小。

由于以上三个方面的原因，如果采用桩径0.8m、孔中心0.6m的话，那么在孔底可能出现很多空洞，形不成连续的帷幕。

④由于钻孔中心距只有0.6m，可能在表层砾砂中出现坍孔。目前，基坑已大部分开挖到9m深，第一道支撑已经做完。有些部位钻机受到钢支撑的影响而无法到位或施工难度很大。另外，高喷的全部工作均需要在基坑内进行，施工干扰很大。

⑤初步估算，按一台钻机平均每天完成5根旋喷桩，则需要约1800个台日，如工期按100d计算，则需18台高喷灌浆设备。以每台设备功率为180kW计算，则每日用电负荷超过3000kW。

⑥本工程水平封底部位为砾砂，最大的卵石达80mm，且地层坚硬，重型触探击数达12.4击，只比泥砾层略小。由此推断，高喷钻孔施工也是相当困难的，对钻孔功效和桩体直径都有很大影响。

从武汉地区20世纪90年代采用高喷水平封底的实例来看，采用纯水平封底是不可能的。该地区很多工程都是在水平封底出现管涌突水事故之后，又采用降低承压水的方法，才能解决问题，有些则是从一开始就采用半封底半降水的方法才能解决问题。

南水北调穿黄隧道竖井的高喷封底（10m）也是不成功的。

总的来看，目前国内罕有纯粹采用高喷水平封底方案取得成功的实例。

4）实施情况

高喷封底方案开工不久，钻了不到200个钻孔就停工了。原因是地层太硬，施工效率太低，资金不够用，而且无法达到渗透系数的要求。在此情况下，由于工期要求太紧，只好改用大口井降水方案。

3. 水平防渗体漏洞的图形和计算

现在来对上节提出的底部漏洞图形进行分析和计算。

1）基本数据

（1）水平防渗帷幕厚度8m，幕底深度35m，桩体直径800mm，相邻桩中心距600mm。

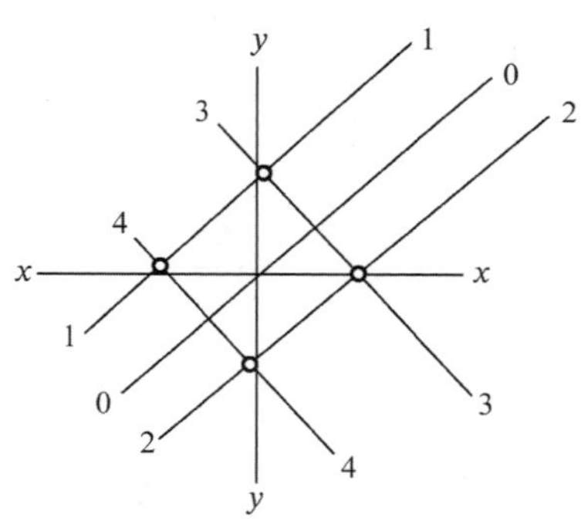

图7-17 偏斜方向图

x-x、y-y：坐标轴方向；0-0、1-1、2-2-45°方向；3-3、4-4-交叉90°方向

（2）要求：孔偏差不大于50mm，孔斜不大于1%。

（3）计算单元平面尺寸：只取$2m \times 1.4m = 2.8m^2$和$2m \times 2.1m = 4.2m^2$进行计算。

（4）计算情况：

①无孔斜，无偏差。

②沿坐标轴线（x轴或y轴）方向偏斜。

③与坐标轴（x、y）成45°偏斜，平行偏斜。

④与坐标轴（x、y）成45°偏斜，交叉（90°）偏斜，详见图7-17。

⑤漏灌比＝漏洞面积/总面积，可灌比＝1－漏洞面积/总面积，式中总面积$=2.8m^2/4.2m^2$。

2）绘制漏洞图

本节仅以坐标轴（x、y）方向偏差情况绘图，见图7-18。图中间部位的实线表示的是水平高喷帷幕中出现的漏洞。

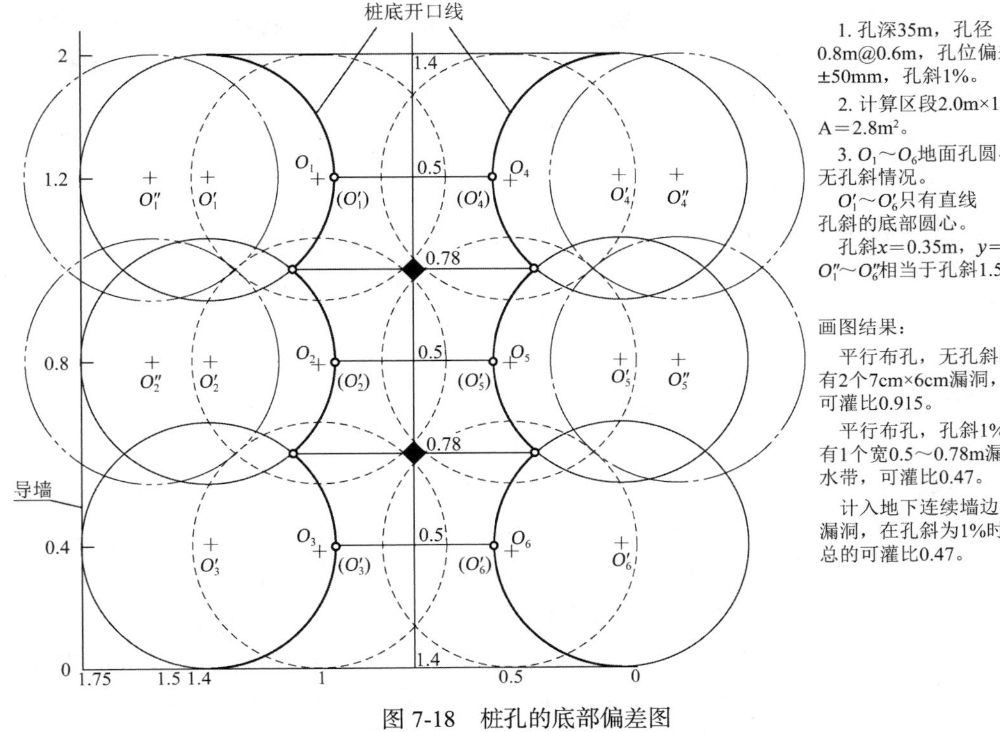

桩底开口线
导墙
1. 孔深35m，孔径0.8m@0.6m，孔位偏差±50mm，孔斜1%。
2. 计算区段2.0m×1.4m，A＝2.8m²。
3. O₁～O₆地面孔圆心，无孔斜情况。
O′₁～O′₆只有直线孔斜的底部圆心。
孔斜x＝0.35m，y＝0；O″₁～O″₆相当于孔斜1.5%。
画图结果：
平行布孔，无孔斜时，有2个7cm×6cm漏洞，可灌比0.915。
平行布孔，孔斜1%时，有1个宽0.5～0.78m漏水带，可灌比0.47。
计入地下连续墙边缘漏洞，在孔斜为1%时，总的可灌比0.47。

图 7-18　桩孔的底部偏差图

3）计算结果统计表（表 7-5）

单元漏洞情况统计表　　　**表 7-5**

计算情况	漏洞情况	最大宽度（cm）	漏灌面积（m²）	单元总面积（m²）	可灌比	说明
1	4 个	10 × 8～7 × 7	0.084	2.8（2.0 × 1.4）	0.915	
2	漏水带	50～78	1.48	4.2（2.0 × 2.1）	0.47	
3	漏水带	40～49	1.41	2.8	0.50	
4	漏水带	31～57	1.14	2.8	0.59	

4）分析和评论

（1）在设计孔位不错位（50mm）和无孔斜情况下，每 4 个孔相交处有一个 7cm × 7cm 或 10cm × 8cm 的漏灌区，基坑内共有 2250 个，总面积 11.025m²，沿地下连续墙边有约 600 个 60cm × 13.5cm 漏灌区，总面积 15.12m²。以上两项总计漏灌面积 26.145m²，占基坑总面积的 0.8%。再按砾砂和高喷体渗透系数的加权平均，取全封闭体渗透系数$K = 0.249$m/d，则相应渗水量达 3000～4000m³/d。

（2）实际上，施工时不可能做到每个孔位放线无偏差，钻孔时也不可能无偏斜。如果按规范要求的孔位偏差（±50mm）、钻孔偏斜（±1.5%）来控制的话，那么基坑漏水量会大大增加，以致高喷体的止水效果大大降低。如孔斜达到 1.5%时，在坑底可能出现边长 0.8～1.10m 的漏灌空洞。这里还没有计入高喷桩直径上大下小的影响。

（3）笔者按孔位偏差±50mm、孔斜 1%情况进行绘制和计算。从表 7-5 中可以看出，渗漏通道宽度可能达到 0.31～1.10m。在钻孔深度 35m 时，可灌浆面积只占基坑总面积的

47%～59%，那是绝对不可能形成连续防渗体的。这说明这种水平防渗体设计是不合理的。

（4）还有坑底渗流稳定问题。某些基坑因为打一个直径 6cm 的接地钻孔就造成基坑大量突水流砂事故，何况这种有 50%左右的漏洞基坑呢！

（5）如果要在坑底形成连续的、抗渗透性高的防渗体，则必须：

①加大桩径，缩小中心距。

②降低施工平台高程，使其与防渗体距离越近越好（如果基坑开挖和降水允许这样做的话）。意大利某个竖井的水平防渗体是在 5m 高的平台上施工的，效果不错。

（6）读者有兴趣的话，不妨亲自画图计算一下，不难得出上述结论。

7.7 深基础的基坑防渗设计

7.7.1 概述

现在深基础已经不仅仅是指墩基础、桩基础和沉井等常规结构了，而是更多地采用地下连续墙施工技术建成的大型超深的新型深基础，它们可以是非圆形大断面灌注桩，如条桩、墙桩或 T 形桩和十字桩等；也有很多是封闭的圆环形、矩形或其他形状的结构，统称为井筒式深基础。大型深基础的开挖深度已经超过了 110m。本节只讨论井筒式深基础。

井筒式深基础是把其深基坑内的土石方挖除后再进行后续的混凝土结构施工。要开挖深基坑，必然引起地下水的流动，也就是渗流。这个时候，深基础的施工也就变成了首先要进行深基坑的防渗设计和施工。这正是本节要讨论的问题，也就是井筒式深基础的基坑防渗设计问题。

7.7.2 井筒式深基础的基坑设计要点

（1）分析井筒式封闭深基础的基坑时，也必须遵守渗流分析的基本原则。

（2）对于上述基坑来说，由于基坑深度都比较深，地基大多为多层，大多会遇到一层或多层承压水。在此条件下，应当进行专门的渗流分析和计算，采用多种渗流计算（通常应是三维）程序和方法进行计算和对比，从中确定最优方案。

（3）位于岩石风化层中的深基础的基坑，在控制渗流压力和流量时，由于岩性的关系，对于压力和坡降控制较易办到，但是要注意控制渗流量不要太大，否则对坑底后续施工不利。也要防止残积土受承压水影响而泥化。

（4）基坑深度很大或者施工工期很长时，应当注意防止基坑底部岩石的化学浅蚀。

7.8 悬挂式防渗墙的基坑设计要点

7.8.1 何时用悬挂式防渗体

当工程所在地段从上到下都是透水层，无法在有限深度内找到可利用的隔水层，或者由于基坑开挖而将上部不透水层完全挖除以后，基坑全部暴露在透水地基中。在这种情况下，只能采用悬挂式防渗体或者是水平封底的方法。由于水平封底成功率不高，所以大多采用悬挂在透水地基中的防渗体和降水方法。

7.8.2 设计要点

（1）上述这两种地基，均需采用防渗体和降水相结合的方法。对于深大基坑的防渗体应采用地下连续墙或在其下部做灌浆帷幕的形式。此时降水系统则是很重要的措施之一。

（2）确定防渗体和降水井的参数。

在此应当进行方案比较，即假定几个防渗体深度，分别计算所需要的降水井数量、深度、出水量以及整个方案的工程造价和工期等，从中选出一个造价低、工期短、施工简便、安全可靠的方案，作为最后的设计依据。

根据上海地区经验，有条件时应采用坑内降水，并使井底滤水管底高出外围地下连续墙底一定高度。

采用悬挂式地下连续墙的基坑，要达到减少渗流量和降低出逸坡降两个目的。

应进行水泵失电时地下水非稳定流计算，取得地下水回复时间等资料，评价基坑的渗流稳定性。

抽水后的地下水位应比常规降水深一些，宜低于坑底 2m 以上，应当做好应急预案。

7.8.3　悬挂式基坑支护的防渗设计

当地基中透水层埋藏无限深时，或者是承压水层上部隔水层被挖掉而下部隔水层埋藏很深时，此时基坑支护地下连续墙就“悬空了”。

还有一种情况，就是基坑周边环境很简单，降水对其影响不大，此时也可把地下连续墙做成“悬空”的，同时在基坑内外降水，来解决基坑开挖施工的渗流稳定问题。此方案能否成立，关键在于其经济性和对周边环境的影响程度。

此时可根据《建筑基坑支护技术规程》JGJ 120—1999 的公式(4.1.3)来计算墙底入土深度h_d。但是要注意，此规程只能用于允许渗透坡降 0.3～0.4 的砂砾地基，对于细粒土地基或级配不良的地基并不适用。

对于潜水地下水条件的基坑，应按贴壁渗流情况进行渗流计算；而对承压水条件下的渗流，应主要以地基抗浮和土体内部渗流情况来计算。

7.9　本章小结

7.9.1　深基坑工程设计的基本原则

在进行深基坑工程设计时，不但要进行支护结构（如地下连续墙、支护桩、水平支撑和锚杆、锚索等）结构物的设计，也包括对基坑所在地域的地基处理的设计，如防渗、降水和加固等。

现代深基坑，大都是由多层（隔水层、含水层）多种（覆盖层、岩石）地基和多层地下水（潜水、承压水）构成的，周边环境也是很复杂的。

在这种条件下，深基坑工程的设计应注意以下几个基本原则：

（1）地基土（岩）、地下水和结构物相结合。

（2）基坑侧壁防渗、坑底防渗和基坑降水相结合。

（3）工程安全、质量和经济性相结合。

（4）设计、施工与监测相结合。

本章特别强调，在保证工程安全、可靠的前提下，通过技术经济比较，达到基坑支护工程的经济合理性。

7.9.2 以渗流控制为主的设计新思路

本书是根据满足深基坑侧壁和坑底地基的渗流稳定的要求，经渗流分析与计算，确定基坑的最小入土深度（也叫嵌固深度），而后再比较几个入土深度，计算支护结构的稳定和配筋情况，从中选定经济的入土深度，从而展开整个基坑工程结构设计和地基处理（防渗、降水和加固）设计。

显然这与以往的设计思路并不一致。

7.9.3 深大基坑应优先考虑防渗为主

这里讨论的是深度大于 15m 的大基坑，特别是在多层地基和承压水条件下的基坑。这些深大基坑大多位于城市市区或江河、海的岸边。

在这种复杂的地质和周边环境条件下，基坑渗流控制是个大问题。建议应当优先考虑防渗为主的设计方案。所谓优先，是指通过努力可以办得到。所谓防渗，一定是有把握做得到的连续的防渗体。

从规范规程来考虑的话，应当提出基坑防渗体的设计条文，而不是任其把墙底放在砂层等透水层内，成为“悬挂式”。

7.9.4 基坑入土深度的确定

本章提出基坑入土深度应满足以下几个条件：

（1）满足基坑的渗流稳定要求，由此求出入土深度的下限值，即最小值。

（2）满足支护结构的各项稳定要求。

（3）满足强度和配筋要求，满足经济合理和施工方便要求。

由于支护墙（桩）的最大弯矩与入土深度成反比，我们可以经过技术经济比较，选择经济合理而又方便施工的入土深度作为设计的入土深度。就是说基坑入土深度应以（1）、（2）项为前提，而在（1）或（3）项中比较选定。

7.9.5 深基坑防渗体的概念

本章提出了深基坑防渗体概念。所谓防渗体，就是指一个基坑的全部防渗结构的总称。它是基坑地下连续墙（上墙）和下部的垂直防渗帷幕（下幕）的总称。

防渗体概念的提出有助于明确基坑防渗的总体概念，可以使基坑防渗体设计更合理、更经济。

这里要明确指出，在岩石风化层中的深基坑，更适合于使用基坑防渗体概念，即做成上墙下幕的防渗体，可降低工程造价，便于施工，缩短工期。

对于第四纪覆盖层的深基坑工程，深基坑的防渗体设计应当考虑防渗帷幕的可靠度问题，即不能因为施工质量问题而造成基坑事故。比如，在淤泥土、粉细砂地基和承压水条件下，就不宜采用上墙下幕防渗体。在其他地基情况下，可以采用上墙下幕设计方案。在覆盖层中，把地下连续墙多向下挖一些，少配些钢筋，比采用帷幕造价高不了多少；也就是说，采用加长地下连续墙的方法，更合理些。

7.9.6 深基坑垂直防渗体设计

本章阐述了不同形式的深基坑垂直防渗体设计要点。这里要注意以下几点：

（1）对于开挖深度大于 15m 的深大基坑来说，应当慎用咬合桩或水泥土搅拌桩的防渗体，特别是在地基上部为建筑垃圾和生活垃圾时尤其不宜采用。由于孔位和孔斜的偏差过大，容易产生桩底不连续。

（2）地下连续墙兼作防渗体是最安全可靠的措施。可以考虑采用底部不配筋（或少配筋）或者是减小墙体厚度的措施来降低工程造价。

（3）对于水泥灌浆帷幕和高压喷射灌浆帷幕，在开挖深度或承压水头很大时，至少应采用 2 排或 3 排。由于高喷灌浆是控制浆液流动和扩散范围，故应认真考虑底部帷幕的连续性。

（4）目前已经引进的 SMW 和 TRD 技术，可以满足基坑防渗要求，但应注意其适用深度和位移控制问题。

7.9.7 坑底水平防渗帷幕

原来采用坑底防渗帷幕的初衷，不外乎是想增加上覆土体的自重和改变加固层土体的渗透性。其中，增加自重的想法没有实际意义，所增自重极为有限。而想通过灌浆改变透水层成为不透水层时存在两个问题：一是即使把该加固层变为不透水层，那也会把浮托力加大了一个相当于层厚的上浮水压力；二是受设计、施工等因素影响，很难把加固层变为不透水层，使上述设想难于实现。

据笔者了解，在深基坑坑底的水平防渗帷幕工程实例中，只有意大利的一个地下水电站基坑有过成功实例。但请注意，该工程是把开挖到距加固层表面只有 5m 的高程上，再向下用高喷方法形成坑底水平防渗帷幕的。国内在深基坑底部形成水平防渗帷幕的，则有上海地铁某个车站基坑承压水头小于 10m 的成功实例，实为罕见。

要做好坑底水平防渗帷幕，应注意以下两个问题：一是设计要严密布置钻孔，不留空隙（特别是桩、墙接触面），要考虑孔位和孔斜偏差引起的桩底不连续情况；二是要认真施工，严格控制孔位和孔斜，特别是尽量减小施工平台高程与设计加固高程的距离。

还有一种情况，就是当承压水的顶部黏土层被挖掉以后，深基坑底部位于透水层内，而承压水的底板埋藏很深的大基坑，不要采用水平防渗帷幕，可以采用地下连续墙和深基坑降水的方法。

总之，水平防渗帷幕方法是最容易想到的方案，也是最不容易成功的方案，必须慎重对待。

还要说明，采用水下混凝土的水平防渗底板是完全可行的。

7.9.8 深基础的基坑防渗设计

深基础的成功取决于其基坑能否顺利建成和运行。现在深基础的基坑深度已超过 100m，且多位于大江大河或海水中，多为软土地基，渗流稳定是个大问题。为此，应当采用可靠的防渗体。

7.9.9 悬挂式防渗墙

由于深部隔水层埋藏很深，不少深基坑采用了悬挂式地下连续墙（防渗墙）。在城市市区宜尽量避免这种设计。上海地区表层有深 20～30m 的不透水层，而深部隔水层埋藏很深，很多地方采用了悬挂式地下连续墙结合降水的设计方案，深层降水对地面造成的影响有限，效果不错。而在天津滨海地层，表层隔水层多被分割或被挖走，宜注意其不利影响。

第 8 章　深基础工程设计

8.1　概述

本章叙述地下连续墙特有的深基础结构形式以及设计要点。

本章涉及的地下连续墙特有的结构形式有：

（1）开式断面：非圆形大断面灌注桩，条桩、丁字桩、十字桩等。

（2）闭合断面：井筒式结构（圆形、矩形、多边形），有单井或多井之分。

详细的施工细节，将在后面的篇章加以说明。

8.2　非圆形大断面的地下连续墙深基础工程

8.2.1　前言

1. 发展概况

随着现代化的高大建筑物的不断涌现，基础工程的重要性受到人们的高度重视。基础工程的概念和技术领域已经发生了很大变化。

基础工程作为地下结构物存在于地下，它是由地基和上部工程结构以及钻孔机械、混凝土技术等组成的综合技术，是包括从勘察、规划到设计施工和监测多方面的技术体系。

自从 1950 年在意大利圣·玛利亚水库坝基首次采用地下连续墙以来，经过二十多年的推广和发展，到了 1970 年代已经成了重要的基础工程施工技术之一。地下连续墙技术在日本得到了快速的发展，从设计理论到造孔机械和施工工法方面，都达到了世界先进行列。是他们首先提出了地下连续墙基础这个新概念，并且首先付诸实施。1979 年在日本的东北新干线高架桥工程中采用的地下连续墙井筒式基础，代替了惯用的沉井式基础，开了地下连续墙深基础工程的先例。在此以后的 20 年中，地下连续墙深基础由于大型多轴水平铣槽机的研制成功而获得了更为迅速的发展，现在深度达 170m、厚度 3.2m 的深基础工程已经实现了。据统计，到 1993 年 7 月，日本已在 220 项工程中使用地下连续墙基础。日本的地下连续墙技术在世界上遥遥领先。

国外已经把矩形桩广泛用于桥梁桩基、高层建筑桩基等工程中。我国香港的摩天大楼——联合广场，一共打设了 287 根矩形桩，断面 2.8m × 1.5m～2.8m × 1m，最大深度 105m；我国台湾的某个高层建筑也曾采用了矩形桩。

主编从 1991 年主持引进了意大利土力公司的抓斗以后，首先在当年的北京东三环双井桥中采用了 2.5m ×（0.6～0.8）m 的条桩，代替直径 1.2m 的圆桩，接着又在天津冶金科贸大厦的 28 层大厦地基中采用了 52 根条桩……此后又把条桩应用到嘉利来广场和新的基坑支护工程中。

2. 地下连续墙基础的分类

基础的作用就是安全地把上部结构的荷载传递到地基中去。从荷载传递这个观点出发，可以把基础划分为图 8-1 所示的几种形式。

现在我们不仅可以用地下连续墙代替桩基，而且可以用来代替沉井，做成刚性基础。

根据基础的刚度和设计方法，可把基础按表 8-1 所示方式分类。

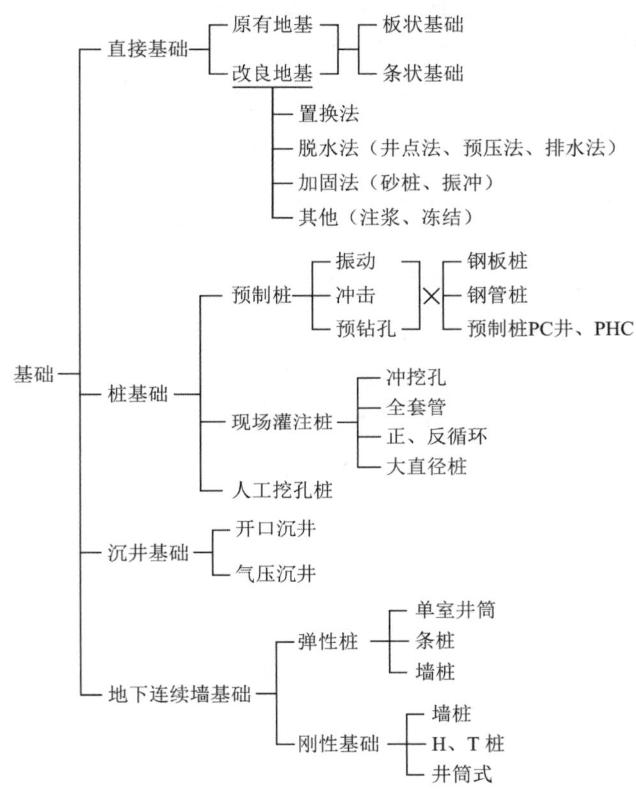

图 8-1　深基础分类图

深基础分类（刚度）　　**表 8-1**

基础形式		基础的刚性评价	βL
直接基础		刚体	1　2　3　4
沉井基础		刚体 （弹性体）	
钢管桩基础		弹性体	
桩基础	有限长桩	弹性体	
	半无限长桩		

注　L—基础的入土深度（cm）；β—基础的特性值（cm^{-1}），$\beta=\sqrt[4]{\frac{K_H D}{4EI}}$；$EI$—基础的抗弯刚度（$kgf\cdot cm^2$）；$D$—基础的宽度或直径（cm）；$K_H$—基础的水平地基反力系数（$N/cm^3$），$K_H=\frac{p}{\delta}=\nu\cdot\frac{E}{B}$；$p$—应力（$kgf/cm^2$）；$\delta$—变位量；$\nu$—泊松比；$E$—变形模量；$B$—荷载宽度。

地下连续墙基础的断面可能是闭合的口字形或圆环形结构，也可能是条状、片状或其他非闭合断面形式。从它的刚度来看，有时是像直接基础或沉箱基础那样的刚性体，有时则可能是弹性桩。

这里要指出的是，地下连续墙基础的刚度不仅取决于基础几何尺寸和材料特性（即βL值），而且取决于各单元墙段之间的接头形式，也就是说，只有采用刚性接头且$\beta L<1$时，才算是刚性基础；否则的话即使$\beta L<1$的承受水平荷载的基础也不是绝对的刚性基础，因为它不能传递全部剪力。这一点是地下连续墙基础所独有的。

从结构的断面形式来看，可把地下连续墙基础分为墙（壁）桩和井筒式基础两大类。其中，墙桩中的断面尺寸较小的桩又叫作条桩（片桩），参见图 8-2～图 8-4。

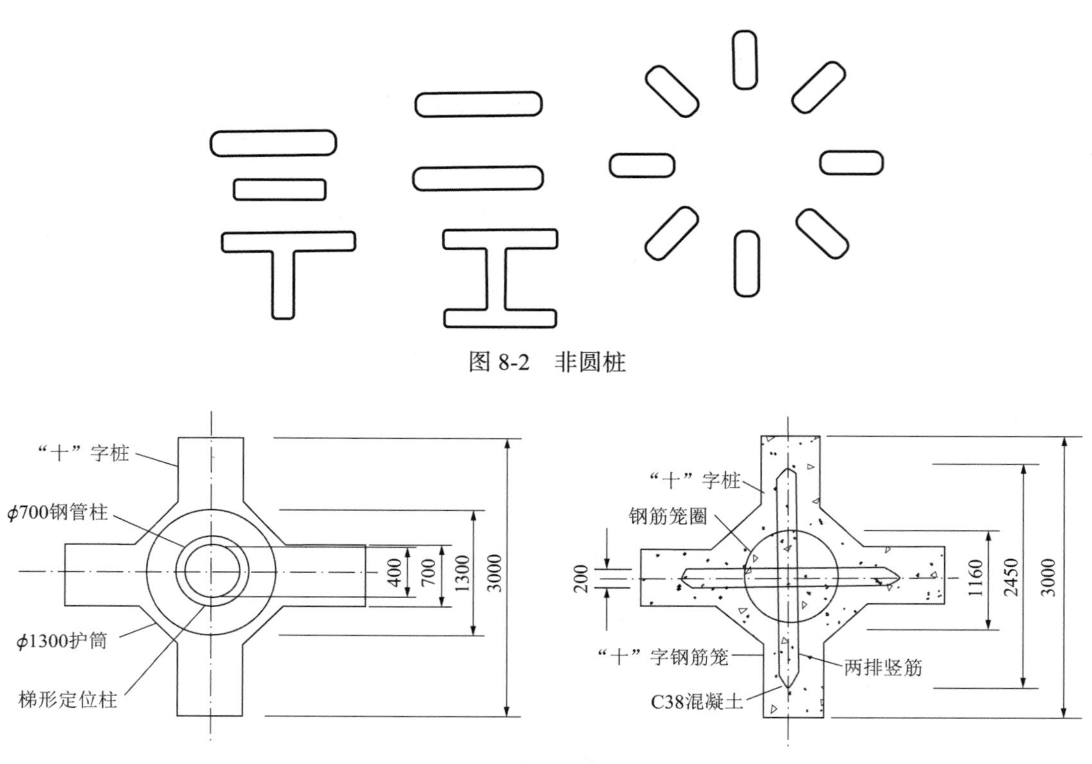

图 8-2　非圆桩

图 8-3　北京地铁某车站的"十"字形截面灌注桩

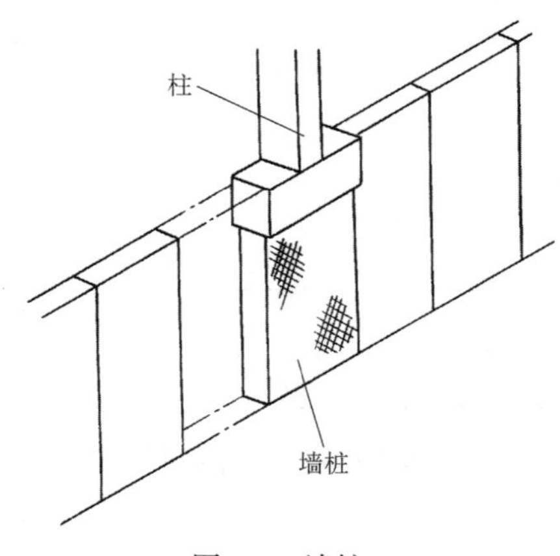

图 8-4　墙桩

8. 2. 2　井筒式地下连续墙基础

1. 概述

在这一节里将简述闭合断面的地下连续墙基础的设计方法。地下连续墙基础是利用构造接头把地下连续墙的墙段连接成一个外形为矩形、多边形或圆环形且其内部可分为一个或多个空格的整体结构，并在其顶部设置封口顶板，以便与上部结构紧密连接（图 8-5）。

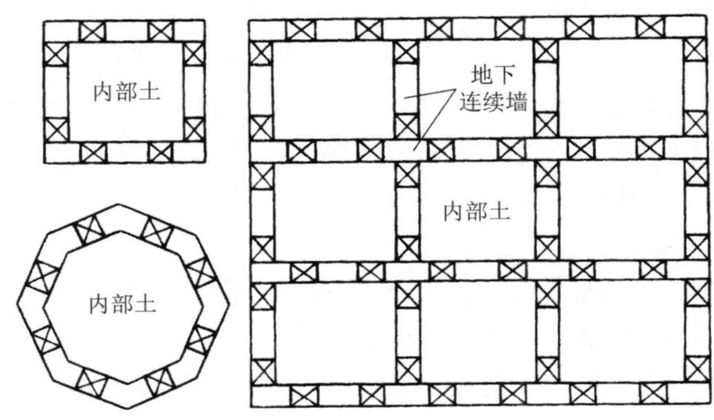

图 8-5　筒式深基础图

沉井结构也是中空的深基础结构，但是由于施工速度和安全方面的原因，应用越来越少了。从 1966 年到 1986 年的 20 年内，沉井在日本基础工程中占有的比例已由 26.1%迅速下降到只有 4.0%；而地下连续墙深基础的应用在 1976—1986 年的 10 年内几乎增加了 1 倍。那么，地下连续墙基础与沉井相比，究竟有哪些优点呢？主要有以下几点：

（1）地下连续墙基础能与地基牢固地连接在一起，基础的侧面摩阻力大。

（2）由于形成了矩形或多边形的闭合的断面结构，因而可以修建刚性很大的基础。

（3）几乎可以在任何地基中施工；也可以在水中施工。

（4）可以修建从很小的一直到超大型的任意截面的深基础工程，其最大深度可达 170m。

（5）在地表面上进行机械化施工，安全度比沉井法高出很多倍；而且施工噪声和振动均很小，减少社会公害。

（6）施工过程中不会破坏周围地基和建筑物，因而可以实施接（贴）近施工。

（7）可以大大缩短工期，整体上来说经济效益是显著的。

2. 设计要点和设计条件

1）计算方法

井筒式地下连续墙基础的应力和变位的计算方法有以下几种：

（1）日本旧国铁提出的方法。它把基础看成是一个刚体，周边地基用 8 种不同弹簧代换，按静力学方法进行计算。

（2）采用道路桥梁设计指示沉井计算方法，把基础看成是一个弹性体，基础周边地基用 4 种弹簧加以代换，由此计算出内力和变位。

（3）采用桩基础的计算方法，把基础看作弹性体，考虑基础正面的被动土抗力和侧面的摩阻力，进行内力和变位计算。

日本道路协会于 1992 年 7 月提出了《地下连续墙基础设计施工方针》，1996 年又进行了修订，由此确定了地下连续墙基础的标准设计方法。

2）设计条件

基础的设计条件包括使用材料、地质条件和荷载条件。当然，对每个设计条件都应仔细斟酌。

根据日本的统计资料分析，90%的地下连续墙基础的混凝土设计强度大于300kg/cm^2，个别的基础工程的混凝土设计强度大于500kg/cm^2，允许使用强度达到350～400kg/cm^2。

3）设计流程

通常需要对地下连续墙基础进行多次试算和设计。首先根据荷载条件与使用挖掘机械相应的单元长度，假定概略的平面形状，然后核算承载力、变位、构件应力，并进行稳定计算。平面形状的设定和稳定计算通常需进行三四次的试算才能完成。

4）基础的平面形状

日本《连壁基础指针》规定最小墙厚为80cm。关于最大墙厚，由于目前受挖掘机械的限制，只能达到320cm。因而目前地下连续墙基础的墙厚限定在60～320cm范围内。地下连续墙基础断面的最小尺寸应确保先期构筑的单元在一定长度（5m）以上，以保证施工期间的稳定。另外，单元截面的最大尺寸应在10m以下。这是因为，随着跨度加大，基础使用的混凝土和钢筋数量也将增加，施工将很困难。以上所述也适用于多室截面情况下的各室最大、最小尺寸的设定。

5）基础的稳定计算

（1）基础的稳定计算内容

①基础底面的垂直地基反力以及侧面地基垂直方向的剪切反力（将抵消垂直荷载）。

②基础正（前）面地基的水平地基反力、侧面地基的水平向剪切反力、底面地基的剪切反力（将抵消水平荷载）。

③地下连续墙基础的地基反力、变位及断面内力。

计算得到的基础正面及侧面的地基反力应小于各自的允许值。基础的垂直和水平变位量应不超过允许值。

通常假定基础本身为弹性体，计算模型中的弹簧分为基础正面水平弹簧、基础底面水平弹簧、基础底面垂直方向弹簧以及基础底面水平剪切弹簧等四种形式的弹簧。

（2）容许变位

这里所说的容许变位，包括容许垂直变位量（即沉陷）和容许水平位移量两部分。与其他形式的基础一样，地下连续墙基础的容许变位量包括上部结构的容许变位量和下部结构的容许变位量。所谓上部结构的容许变位量，是指对上部构造物不会造成有害影响的变位量。所谓下部结构的容许变位量，是指确保地下连续墙基础稳定的最大变位量。在设计地基面上，变位量不应超过基础宽的1%（最大5cm）。另外，在超高土压作用于基础上的情况下，平时应将水平变位量控制在1.5cm以下。

3. 细部设计

由于上述的地下连续墙基础稳定计算模型考虑了地基弹塑性弹簧的作用，手工计算地基反力强度和断面内力是很困难的，因此，通常使用电算程序计算求出基础的变位量、正面及侧面的地基反力以及基础本身垂直方向的内力。我们可利用算出的地基反力和断面内力进行有关垂直构件和水平构件的设计建造。

1）有效墙厚和设计墙厚

关于地下连续墙基础的设计计算，在进行稳定计算时应使用设计墙厚，在计算钢筋混凝土截面时应使用有效墙厚。地下连续墙基础施工中使用泥浆，挖槽过程中在沟壁表面形成泥膜。泥膜的一般厚度为 2～20mm 左右。因此，有效壁厚应低于设计墙厚（机械墙厚）。可将地下连续墙两侧各减少 2cm 共 4cm 后的墙厚，作为有效墙厚，也即设计墙厚 = 有效厚度 + 4cm。

近年来，随着地下连续墙施工技术的进步，墙体混凝土质量有了很大提高，有人建议有效厚度等于设计墙厚，而将主钢筋的保护层厚度适当加大一些。

2）钢筋配置

关于最小钢筋量的规定如下：

（1）当轴向力起支配作用时，配筋率应为计算上所需的混凝土截面积的 0.8%以上，而且为混凝土总截面积的 0.15%以上。

（2）当弯矩起支配作用时，垂直方向的最小抗拉钢筋配筋率为 0.3%，水平方向的最小抗拉钢筋配筋率为 0.2%。

主钢筋的保护层：考虑到沟壁表面凹凸不平以及钢筋和埋件安装精度情况，为确保最低限度的保护层，日本的钢筋中心至设计墙表面的间距必须在 150mm 以上，即钢筋净保护层在 130mm 以上。我国的净保护层约为 5～10cm。

（3）接头部位的配筋。

地下连续墙基础分一（先）期和二（后）期构筑两种形式。另外，有时还要把深度方向分成几段的钢筋笼连接在一起。因此，钢筋接头有两种，即垂直接头和水平接头。垂直方向接头多为搭接接头，接头长度应大于计算值，且应配置在受力较小处。同时，用横向钢筋加固接头部位也是很重要的。

水平方向的接头（单元间接头）与垂直方向一样，搭接接头配置在同一截面内，搭接接头长为钢筋直径的 40 倍，接头部横向钢筋的间距应在 100mm 以下。另外，刚性节点接头部的横向钢筋的配置应比结合面多 0.4%。

（4）垂直方向构件的计算。

根据上述计算模型算出的断面内力，利用有效墙厚来进行设计。土中的垂直应力因地下连续墙基础的自重而增加，虽然因侧面摩阻力而减少一部分，但由于影响较小，可忽略不计。因此，通常将作用于井筒下端（基础底面）的垂直力作为地下连续墙基础应力计算用的轴向力。另外，当地下连续墙基础突出于地表时，可通过其他方法确定轴向力。

（5）水平方向构件的计算。

根据算出的横向地基反力以及基础稳定性计算得出的基础底面剪切地基反力，进行有关横向构件的计算和设计。

关于加在计算模型上的设计荷载，一般取为计算深度的最大地基反力。但是，由于地基分成几层而导致水平向地基反力急剧变化时，可以利用等效地基反力进行计算。必须注意的是，不仅要考虑到基础底面水平地基反力的影响，还必须考虑到基础底面剪切地基反力的影响。

8.2.3　墙桩（条桩）的设计

1. 概述

前面说的是闭合断面的井筒式地下连续墙基础，现在来说明一下各种开式断面的地下连续墙基础，也就是所谓的墙桩或条桩以及它们的变种（如丁字桩、工字桩等）的设计。上面所提到的这些地下连续墙桩大都属于弹性桩范畴，只有在一些特殊情况下，比如短而粗的条形桩以及断面尺寸较大的十字桩或工字桩，有可能达到$\beta\lambda < 1$，成为刚性基础。为了叙述方便，我们把所有开式断面的地下连续墙基础都叫作地下连续墙桩或条桩。众所周知，建筑物或结构物的基础按其刚度大小可以分为：浅的刚体基础——直接基础；深的刚体基础——沉井以及深的弹性基础即桩基础。近年来开发应用的大口径现场灌注桩和预制混凝土板桩以及地下连续墙桩等，可以看作是介于深的刚体基础和深的弹性基础之间的基础结构。

墙（条）桩常用来作为建筑物、桥梁和其他结构物的大型桩基础。

2. 墙桩的设计概要

我国目前还没有专门的地下连续墙墙桩的设计规范。当采用墙桩时，往往采用现有的常用方法进行设计。

对于承受竖向荷载的墙桩来说，可以采用以下方法进行计算和设计。

1）静力计算法

根据桩侧阻力和桩端阻力的试验或经验数据，按照静力学原理，采用适当的土的强度参数，分别对桩侧阻力和桩端阻力进行计算，最后求得桩的承载力。

2）原型试验法

在原型上进行静载试验来确定桩的承载力，是目前最常用和最可靠的方法。在原型上进行动力法测试也可确定桩的承载力，但目前还不能代替静载试验。

水平承载桩的工作性能是桩—土体系的相互作用问题。桩在水平荷载作用下发生变位，促使桩周土体发生相应的变形而产生被动抗力，这一抗力阻止了桩体变形的进一步发展。随着水平荷载加大，桩体变位加大，使其周围土体失去稳定时，桩—土体系就发生了破坏。

对于承受水平荷载的单桩，其承载力的计算方法有地基反力系数法、弹性理论法、极限平衡法和有限元法等。地基反力系数法是我国目前最常用的计算方法。

桩的变位（沉降、水平位移和挠曲）也可参照有关规范进行计算。

上面提到的有限元法在岩土工程中已有较多的应用，但在水平承载桩的分析计算中的应用尚不普及。

日本在计算地下连续墙桩时，完全采用有限元和电算方法，大大提高了工作效率和工程安全度。他们把墙桩看作是弹性地基上的无限或有限长梁，进行内力计算，其计算模型见图 8-6。它把墙桩看成是由桩基、沉井和周围弹性体（地基）三部分组成的组合结构。

3. 墙桩工程实例

下面以日本某桥梁基础工程采用的墙桩为例，做一简要说明。该桥的 P12～P18 排桥墩左右（L，R）两个基础都采用了地下连续墙桩方案。根据所在部位的地形和地质条件，每个桥墩下面一般采用 2 根墙桩，个别部位采用 3 根墙桩。墙桩宽均为 10m，厚 1～1.2m，深 30～51m。桩底深入泥岩中。桥的布置见图 8-7。

墙桩的设计步骤大体如下：

首先对上部结构进行粗略计算，即根据静荷载、活荷载、温度变化荷载和地震荷载，求出作用在桩顶的上部荷载（弯矩、铅直力和水平力）；以此为根据，进行桩基的计算和设计，求出桩顶的变位；将此数据反馈回上部结构，进行详细计算，重新求出作用在桩顶上的荷载和变位（水平、铅直位移和转角）；再用上述数据进行基础的详细设计（图 8-7）。

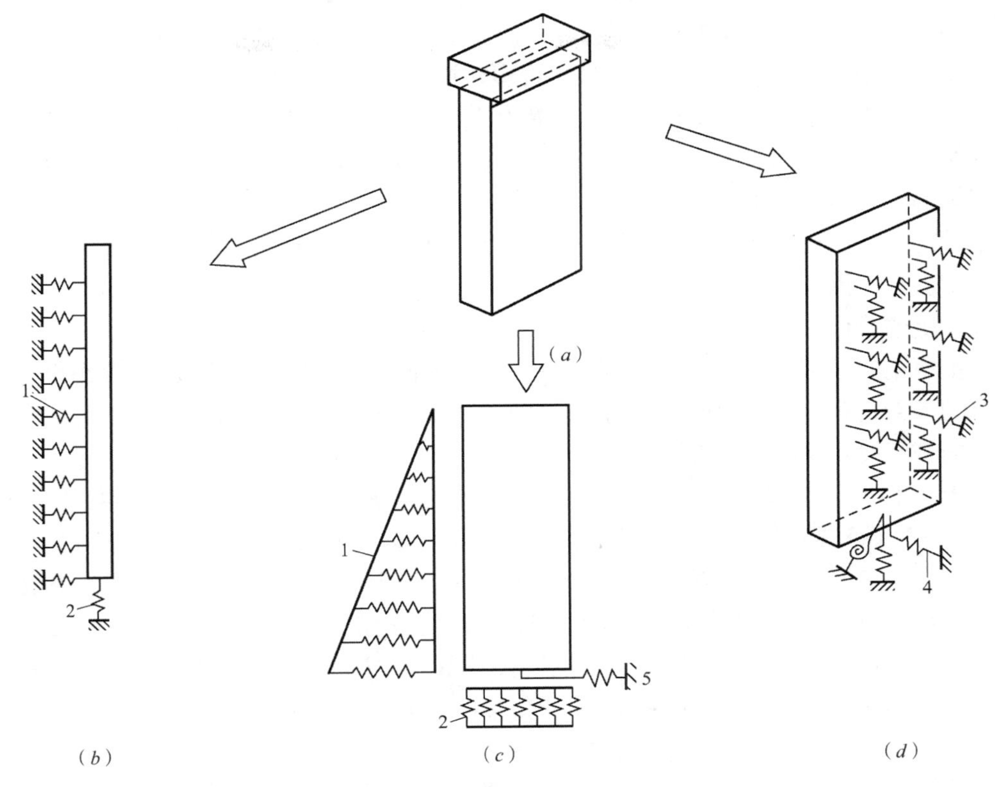

图 8-6　条桩计算简图

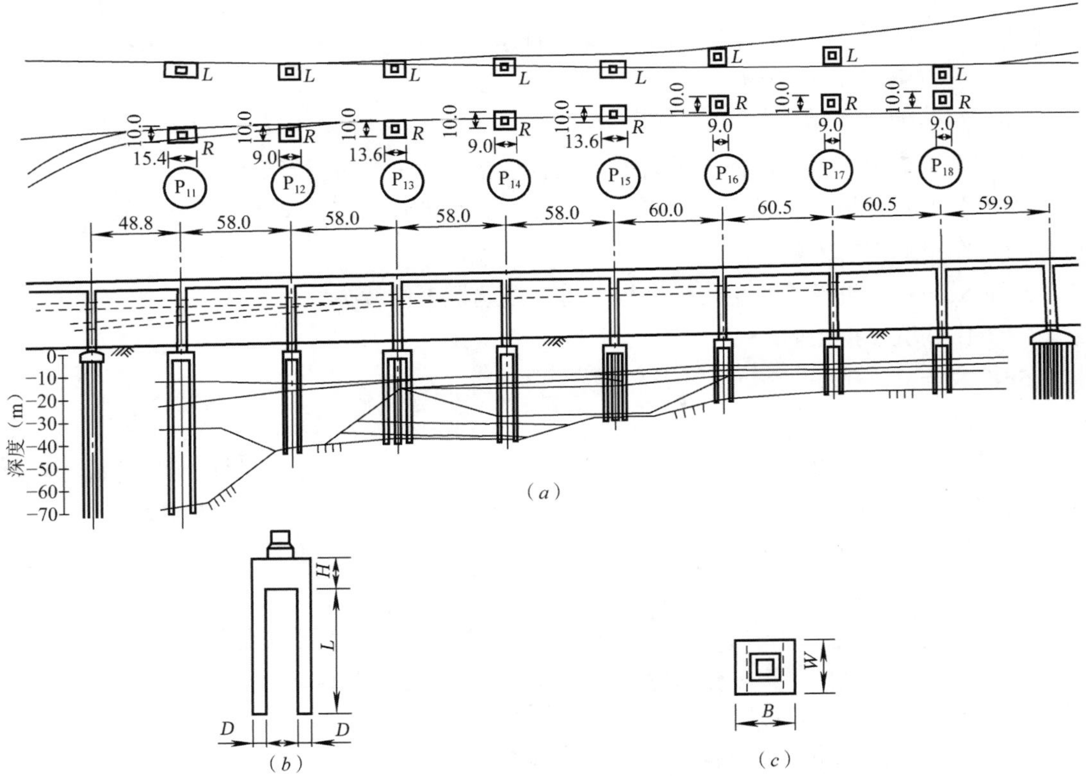

图 8-7　桥的设计图

由图中不难看出，此桥的基础采用的是两排或三排平行的墙桩。此时墙桩沿桥的长轴方向的刚度较小，弹性较大，可以适应上部多跨连续梁桥的温度影响。而在垂直于桥轴方向上，墙桩的刚度很大，完全可以承受地震荷载的影响，这种刚度有方向性的特点，正是地下连续墙桩所独有的。正是由于这个原因，这个工程没有采用常用的矩形或多边形闭合地下连续墙的井筒式基础。

基础的计算模型是沿桥轴方向为一个弹性门型框架，而在垂直于桥轴的方向则为一个刚体基础。这一设计方法值得借鉴。

4. 条桩的设计

这里所说的条桩也属于地下连续墙桩基础的一种，它的几何尺寸较小，常作为单桩基础。总的来看，条桩的刚度比前面的井筒式和墙式基础的刚度小得多，所以仍可采用现场灌注桩的桩基技术规范来进行设计。

由于施工机具和方法的不同，条桩的断面尺寸和深度也各有不同。它可以用回转钻机如BW多头钻、潜水钻机等施工，其端部为半圆弧形；也可用抓斗来施工，其端部可为半圆弧形或矩形。1993年笔者在我国首次使用液压抓斗在高架桥基础上建造了条桩，接着又在高层建筑地基中用条桩代替圆桩取得成功。现在这种条桩的应用范围和实施工程越来越多了。

我们知道在面积一定的情况下，圆的周长最小，正方形较大，长方形更大。在桩基工程中，在使用同样数量混凝土的条件下，长方形的桩能获得更大的侧面积以及侧面摩阻力，提高了摩擦桩的承载力。如果用长条形桩（条桩）代替圆桩，而保持承载力不变的话，则条桩可节约10%～15%的混凝土，提高施工效率5～10倍。此外，矩形断面的抗弯刚度比圆形断面大，而且在它的两个互相垂直的方向上，具有不同的抗弯刚度。我们可以利用这一特性，灵活布置条桩的位置和方向，既可保证工程安全，又可节省混凝土，降低工程造价。

条桩可应用于以下工程中：

（1）作桥梁的桩基。

当一个桥墩用一根条桩来支承时，可减少承台尺寸（有时可不要承台）。

当承台下有多根桩基时，可用条桩代替圆桩，并可减少承台尺寸和混凝土数量。

（2）作建筑物的桩基。

可做成一柱一桩形式，也可用多根条桩（或墙桩）代替圆桩。

（3）作基坑支护挡墙。

5. 扩底条桩

1）概要

近年来，在日本出现了扩底的条形桩，它的外形如图8-8所示，目前已经建成了一批扩底条桩的基础工程，其是一个用伸缩式导杆抓斗（Kelly）施工的新颖桩型。

2）扩底条桩的特点

（1）用同一台挖槽机完成常规挖槽和扩底工作，可提高工作效率。

（2）由于在Kelly抓斗中安装了强力的液压开关装置，因而可以在坚硬的地基中挖槽。

（3）使用计算机控制施工全过程，可以及时掌握挖槽进展情况。

（4）可以靠近建筑物或障碍物进行施工。

（5）可以在含有卵石和漂石的复杂地基中施工。

（6）桩的尺寸和形状可以改变，以适应不同的需求。

（7）由于桩的刚度具有方向性，因而可以通过配置桩的方向来达到合理设计。

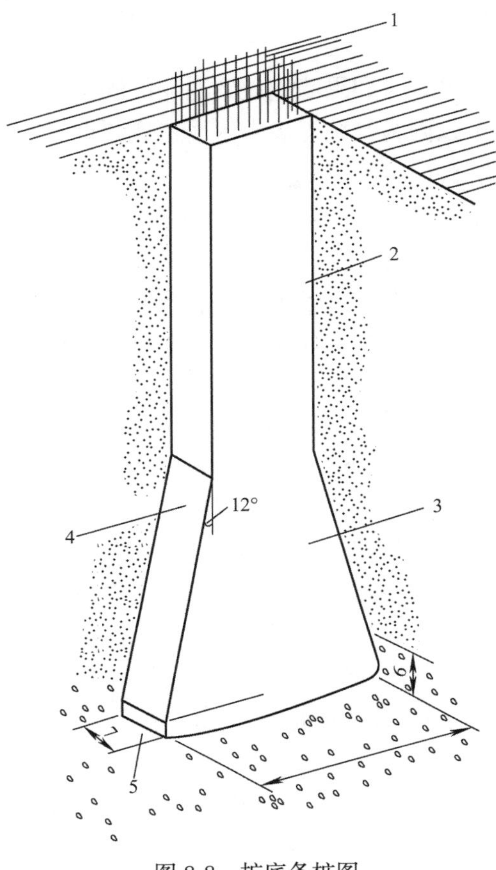

图 8-8　扩底条桩图

8. 2. 4　我国的应用实例

1. 概述

从 20 世纪 90 年代初期以来，已经在下列工程和部门中应用了地下连续墙基础：

（1）高层建筑的基础工程（墙桩和条桩）。

（2）桥梁承台下的条桩基础（代替圆桩）。

（3）地铁车站柱基下的桩基础（条桩和十字桩）。

（4）大型桥梁（如悬索桥和斜拉桥等）的井筒式基础。

（5）其他工程。

下面选择几个有代表性的地下连续墙基础工程加以说明。

2. 高层建筑的墙桩和条桩

1）概况

随着地下连续墙施工技术的不断发展和提高，原来用于基坑支护的地下连续墙，不再仅仅用来承受施工荷载和截渗，而且还被用来承受永久荷载，这样就变成集承重、挡土和防渗于一身的所谓三合一地下连续墙（桩）。

这种三合一地下连续墙（桩）具有如下特点：

（1）避免了排桩围护结构和降水井占地过多的缺点，可以充分利用红线以内地面和空间，充分发挥投资效益。

（2）由于地下连续墙抗弯刚度大，悬臂开挖的基坑深度大，因而可减少基坑内支撑的数量和截面尺寸；便于采用逆作法施工。

（3）地下连续墙防水效果好，如果墙底放到适当的隔水土层中，那么，基坑降水设备和费用就可大大降低，也不致因为基坑外边降水而造成邻近建筑物或管线的沉降变形。

（4）目前，地下连续墙桩可承受 80～100t/m² 或更大的垂直荷载，可减少工程桩的数量或单桩承载力，还可节省基础底板外挑部分（通常为 1.5～3.0m）的混凝土和相应的外排桩基工程量。

（5）地下连续墙施工单元较大，一般 6m 左右，它的造孔、清孔和浇注混凝土各道工序都是可以检查的，所以它的质量可靠度比较高；而排桩围护结构则因圆桩直径有限，施工单元（即根数）多，质量可靠度差一些。

（6）把临时围护用的地下连续墙（或排桩）用于永久承载，可节省基坑工程费用，而且工效高，工期短，质量有保证。所以，对开挖深度 15m 以上的基坑来说，应是首选的技术方案。

主编从 1992 年开始应用三合一地下连续墙技术解决了北京王府饭店东侧的新兴大厦基坑支护问题，接着于 1993 年用条形桩代替圆形桩建成了北京东三环路上的双井立交桥，同时在天津冶金科贸大厦基坑中采用了完全的三合一地下连续墙桩，把 31 层大厦的荷载直接作用在地下连续墙（墙桩）和条桩上面，这在国内尚属首次。此后又在多个工程中采用此种技术。总共完成这种地下连续墙（桩）的施工面积几十万平方米。

2）天津冶金科贸大厦的地下连续墙桩和条形桩基

（1）概况

本工程共完成地下连续墙 244m，43 个槽段，墙深 18～37m，墙厚 0.8m；条桩 68 根，深 27～37m，断面 2.5m × 0.6m；锚桩 2 根，深 47m；挖槽面积 14067m²。整个工程分主、副楼两期施工。天津冶金科贸大厦位于天津市友谊路北段路东，主楼地上 28 层，地下 3 层。笔者提出了改进的基础工程总体方案，主持了地下连续墙及桩基的施工图设计和施工工作。

（2）地质条件

本工程地表以下 1.6～4m，为人工杂填土层，主要由炉灰渣、砖块、石子等组成。其下为粉土、黏土和粉细砂。

地下水位于地面以下 0.8～1.2m。

（3）基坑支护和桩基方案的优化

①原设计方案

本工程由主楼、副楼和配楼三部分组成。主、副楼基坑长 70.2m，宽 31.2m，深 12m。基础底板厚 2.2m，为减少地基附加压力和不均匀沉降，将基础底板外挑 2.5m。

基础桩：ϕ0.8m 灌注桩，共 330 根，其中主楼 225 根，外挑段 43 根，桩长 36m（有效桩长 24m），间距 2.2m，单桩承载力 220t/根。

②基坑支护和桩基方案的优化

由于基坑周围有多座楼房和电力、电信管线，对基础沉降和水平变形很敏感，打桩会影响周围居民的正常生活；由于本工程施工场地很小，特别是主楼施工期间，不可能同时安排几台普通打桩机进场施工。经技术经济比较并报经天津市建委批准，最后，采用三合一地下连续墙桩和条形桩基方案（图 8-9），两种桩的比较见表 8-2。

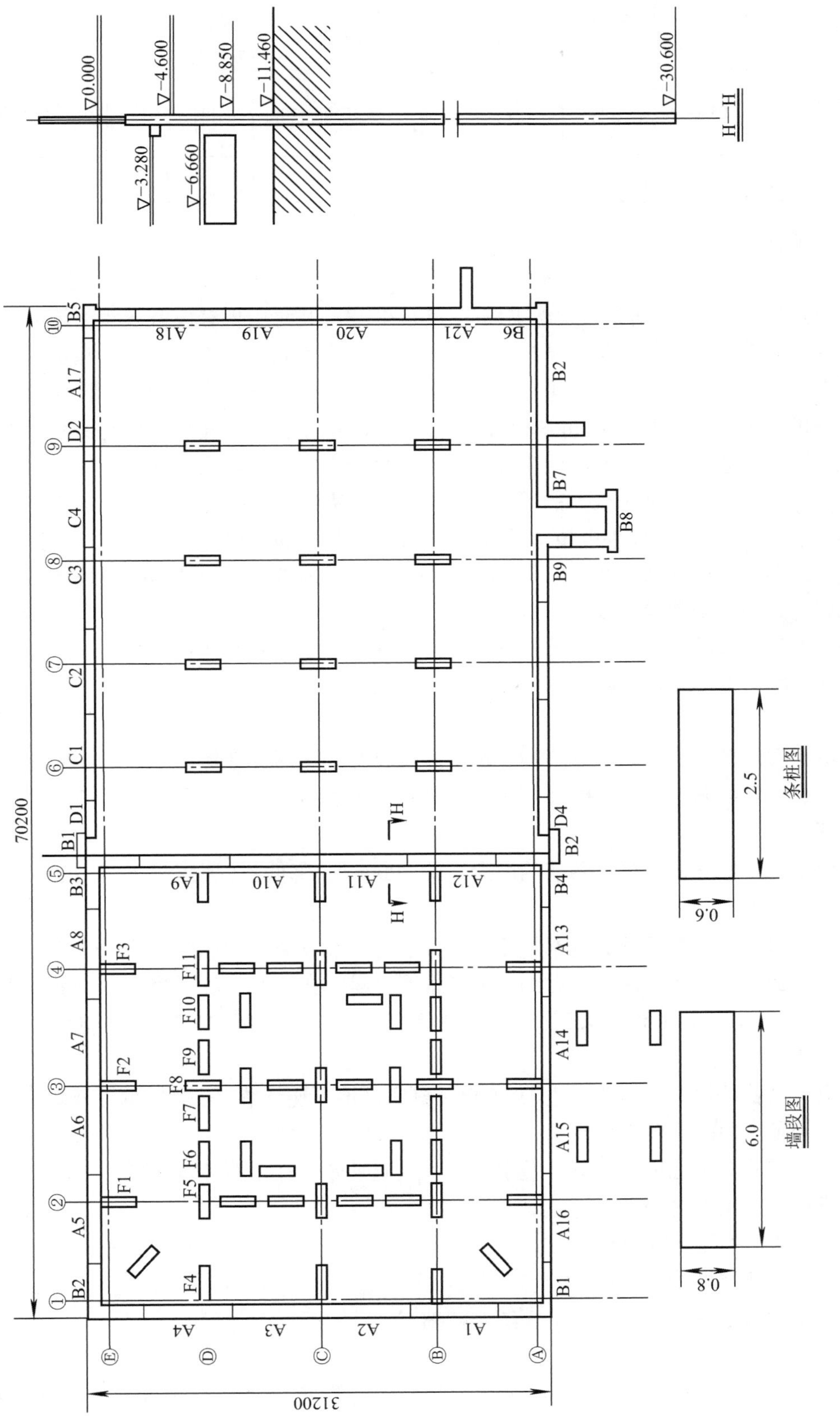

图 8-9　天津冶金科贸大厦基础平面图

条桩和圆桩对比表　表 8-2

类别	根数	断面（m）	有效长（m）	混凝土（m^3）	承载力（t）	静压承载力	单位混凝土承载力（t/m^3）	2期
条桩	54	2.5 × 0.6	24	1944	（估）750～850	1050～1300	29.2～36.1	1台抓斗 31d
圆桩	182	ϕ0.8	24	2184	220	—	18.3	6台钻机 30d（估）

③试桩

为了验证桩基承载力和沉降，本工程要求进行 2 根静压桩试验。经比较，最后采用了 2.5m × 0.6m 的条桩，估算其承载力约为 750～850t。此时用现有设备来测桩是可行的。

为不与基坑开挖相干扰，试桩在基坑外进行。为了利用试桩作为塔式起重机基础桩，把锚桩与试桩设计成不对称布置。其中，利用地下连续墙的 A14 和 A15 墙段作近端锚桩，远端锚桩则是利用 2 根深 47m，断面 2.5m × 0.6m 的条桩。由建科院地基所承担静压桩试验，经分析确定 2 根桩的极限承载力分别为 1600t 和 1800t。如果按允许沉降量为 10mm 来确定大直径桩基的允许承载力的话，那么它们分别达到了 1050t 和 1300t，即 1 根条桩相当 5～6 根ϕ0.8m 的圆桩。如果以单桩承载力（取小值）计算，则 52 根条桩总承载力将达 54600t，已经大大超过设计荷重（49500t）。另外，周长为 125m 的地下连续墙桩还可提供约 39000t 的承载力，使整个建筑物变得非常安全。

根据静压试验结果，可以求得桩身单位侧摩阻力为 6.6t/m^2（原采用 4t/m^2），桩端承载力可达 140～160t/m（原为 80～100t/m^2）。

④小结

本工程的基坑支护和桩基工程经过上述优化和改进后，在保证工程质量的前提下，快速、安全、文明施工，大大缩短了工期，降低了工程造价，减少了环境污染，得到了各界的好评。

根据初步估算，本项目共节约混凝土约 2000m^3，降低工程投资不少于 200 万元。

（4）效果

①经对主楼基坑开挖后观察和检测，证明地下连续墙已经达到了原来的“三合一”要求。墙表面平整，在天津地区做到这一点很不容易。在悬臂状态下挖深 6m 后，墙顶变位也仅为 1.5～2.0cm，挖到 10m 深，到达基坑底以后，在位移达到 2.5cm（电话大楼侧）后就不再增加了。

由于沿基坑地下连续墙周边的 15 根条桩紧贴地下连续墙，在墙体承受外侧土、水压力时，起到了有力的反向支承作用，这是墙体变位较小的原因之一。

②开挖后对条桩进行观测，发现其混凝土质量非常好，而且表面平整，角部垂直，其长边或短边的尺寸约增加 2～3cm。

③主楼已经于 1995 年 8 月封顶，基础桩和地下连续墙均已承受全部荷重，现已正常营业，未发现任何异常现象。

3. 桥梁和地铁车站中的地下连续墙基础

1）概述

为了适应目前基本建设工程中对大口径灌注桩的需要，为了实现桩基工程的快速施工，缩短建设工期，降低工程造价，减少环境污染，笔者根据多年来形成的技术设想，从 1992 年开始，利用引进的液压导板抓斗的特性设计、开发和应用了条形桩、T 形桩和十字桩等非圆形大断面灌注桩技术。到目前为止，已建成 2000 多根，浇注水下混凝土约 8 万 m^3，约相当于直径 0.8m 的圆桩 7000 多根。最大条桩断面积已达 $8.4m^2$，深度已达 53.2m。北京新建的几条高速路和城市快速路都使用了很多条桩。

2）非圆桩的应用实例

（1）北京东三环双井立交桥

这是国内第一次在桥梁基础中采用液压抓斗施工的非圆形大断面桩，每个桥墩的垂直荷载为 1000～1100t，原设 4 根ϕ1.2m 圆桩。经验算后，可用两根 2.5m × 0.8m 的条桩来代替。经现场试桩（2 根）验证，单桩极限承载力可达到 1500t 以上，一根条桩的允许承载力就超过了设计要求。采用条桩可节约 13%的混凝土。另外，本工程的地质条件较差，特别是底部的砂、卵砾石多且厚，回转钻或冲击钻施工很困难，平均 3d 左右才能完成 1 根ϕ1.2m 的桩，而条桩至少可以完成 3～4 根，其效率至少高 16～20 倍，因而大大缩短了工期，为后续工作提前腾出工作面。

在双井立效桥下采用了 52 根条桩（图 8-10），桩长 260～35m。使用 BH7 和 BH12 液压抓斗挖孔，总平均工效为 $73.5m^2/d$。施工工效最高达 $5.7m^2/h$。

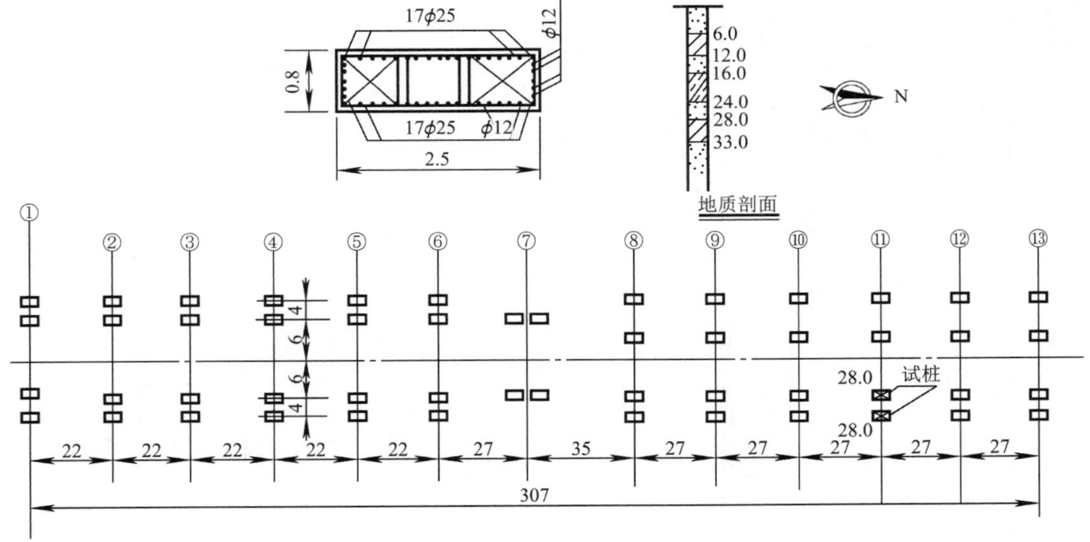

图 8-10　双井立交桥条桩平面图

（2）大北窑地铁车站十字桩

大北窑地铁车站是复—八（复兴门—八王坟）线地铁的一个大型车站。站场长度 217m，地下结构宽 21.8m，开挖深度 16.88m。本车站采用盖挖法施工，车站两侧地下连续墙已经完工，唯有中间的 56 根十字桩尚未完成。

十字桩的施工难度大，特别是要把两个分别开挖的条形槽搞得互相垂直，并且下入一个相当大的钢筋笼和十几米长的ϕ1.3m 的钢护筒（图 8-11），绝非易事。

原设计十字桩边长 3m，厚 0.6m，侧面积 $11.46m^2$，底面积 $3.77m^2$，与 BH12 抓斗开度（2.5m）不符合。

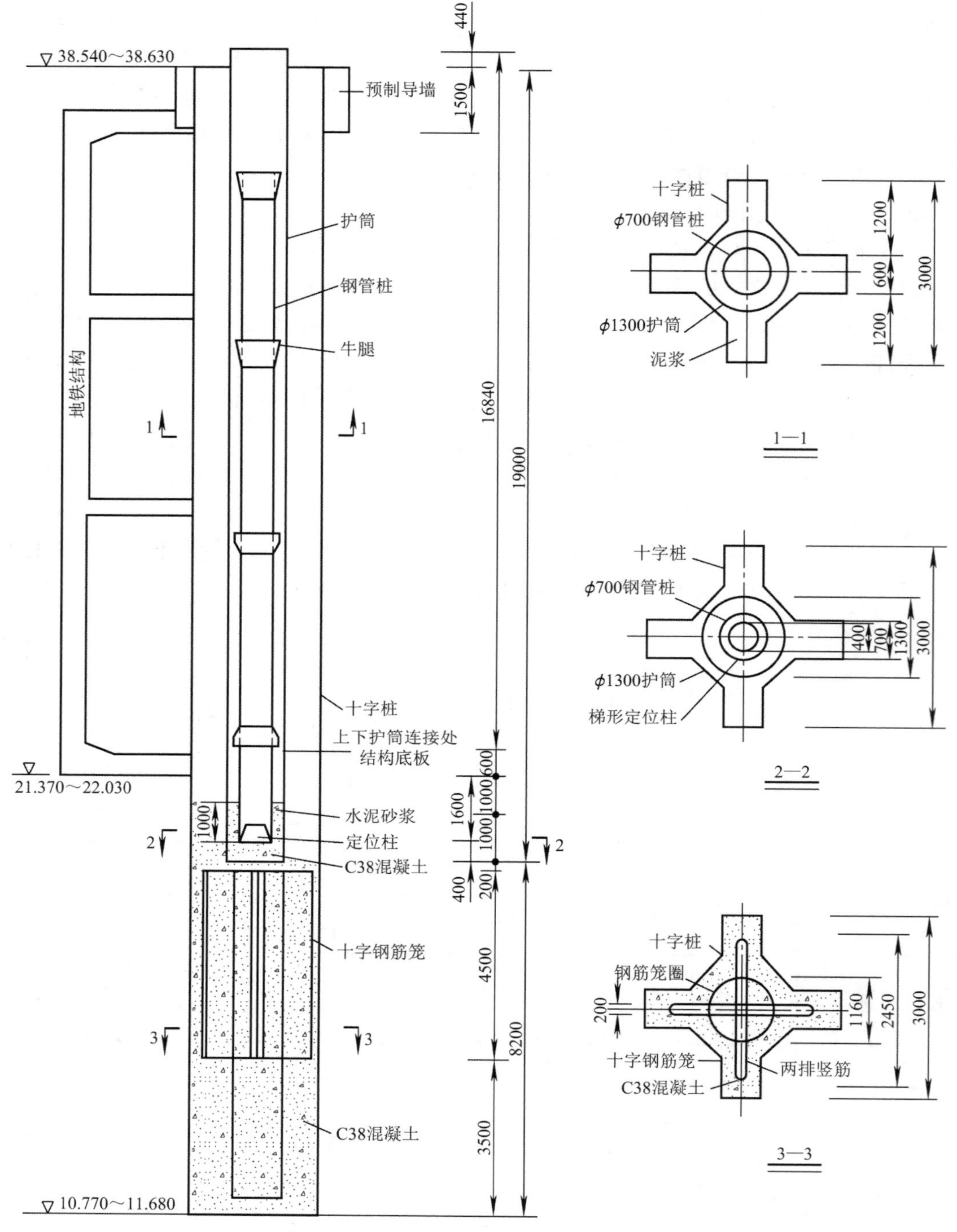

图 8-11　十字桩设计图

实际施工时，是按设计变更后的尺寸（2.85m×2.85m×0.6m）要求，在抓斗体外边各加上一个短齿，使展开后宽度达到2.85m，在导板外侧焊上导板，使其外缘总宽不大于2.8m。安装时要保证两个短齿安装高度之差不大于1.5cm。

施工中曾比较了几种抓孔方式：

①将某方向的条形孔一抓到底，再改变方向抓另一边。以这个方法抓第二边时，开始

的十几米总是抓空，到一定深度才能向外抓土，实践效果不怎么理想。

②两个条形孔同时交替往下挖。施工中采用此法。施工中还采用 CZ-22 冲击钻机带一个直径 1.37m 的长钻头来扩孔。

施工中使用了 BH12 液压抓斗，在 70d 内共完成了 39 个十字桩。

通过我们的努力，顺利地完成了国内首批十字桩的建造任务。

4. 井筒式基础

我们把那些用地下连续墙建成的圆形、椭圆形、矩形和多边形的（大型）井筒式地下构筑物，简称为竖井工程。请注意，这里所说的竖井工程的深度一般均应大于 30m，深宽比应大于 1。通常情况下的基坑工程不在此节的讨论之内。

世界上最早用地下连续墙建成的竖井工程当属苏联在基辅水电站施工过程中建造的辐射式取水竖井，稍后，则是墨西哥建成的排水竖井和意大利建成的竖井式地下水电站。20 世纪的 80 年代我国也在城市建设和煤矿建成了一批竖井。与上述这些构筑物不同，我们现在来介绍一下主要用作大型基础的井筒式构筑物，主要是指：（1）大型桥梁基础；（2）高耸结构的基础。

8.3　井筒式深基础工程设计要点

8.3.1　概述

随着现代化的高大建筑物的不断涌现，基础工程的重要性日益受到人们的高度重视。基础工程的概念和技术领域已经发生了很大的变化。

基础工程作为地下结构物存在于地下，它是由地基和上部工程结构以及钻孔机械、混凝土技术等组成的综合技术，包括从勘察、规划到设计施工和监测多方面的技术体系。

目前，地下连续墙基础主要应用于：①大型桥梁基础；②高耸建筑物（灯塔、水塔和电视塔等）基础；③超高层楼房基础。

为了方便以后设计计算工作，这里把基础工程常用材料和地基的主要特性指标列于表 8-3 中，供参考。

主要材料与地基的特性表　　**表 8-3**

项目		强度特性		变形特性	
		一轴强度（N/cm^2）	$A=\frac{最大值}{最小值}$	弹性（变形）模量（N/cm^2）	$B=\frac{最大值}{最小值}$
钢材		34000～150000	4～5	2.0×10^5	1
混凝土		1500～7000	4～5	$(1.5\times5.0)\times10^6$	3～4
地基	土	1～100	100	50～5000	100
	砂砾	10～300	30	3000～30000	10
	软岩	100～1000	10	20000～100000	5

本书仅限于讨论封闭式深基础的有关问题。这是因为很多此类深基础都要进行土方开

挖，于是就形成了深基坑，也就具有深基坑的各种特性。本章讨论深基础的结构设计施工等方面的问题。

8.3.2　井筒式基础的设计

1. 概述

1）概要

在这一节里将阐述闭合断面的地下连续墙基础的设计理论和方法。井筒式地下连续墙基础是利用构造接头把地下连续墙的墙段连接成一个外形为矩形、多边形或圆环形且其内部可分为一个或多个空格的整体结构，并在其顶部设置封口顶板，以便与上部结构紧密连接（图8-12）。

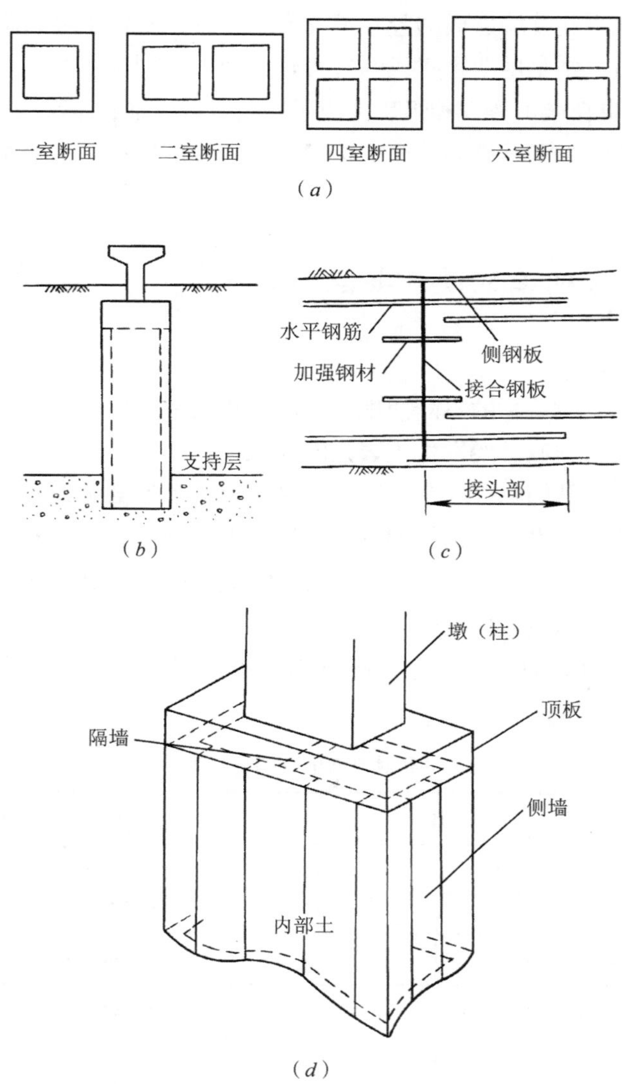

图8-12　井筒式基础

（a）矩形闭合断面；（b）布置图；（c）刚性接头；（d）透视图

2）设计要点

井筒式地下连续墙基础的计算模式和设计流程见图8-13。

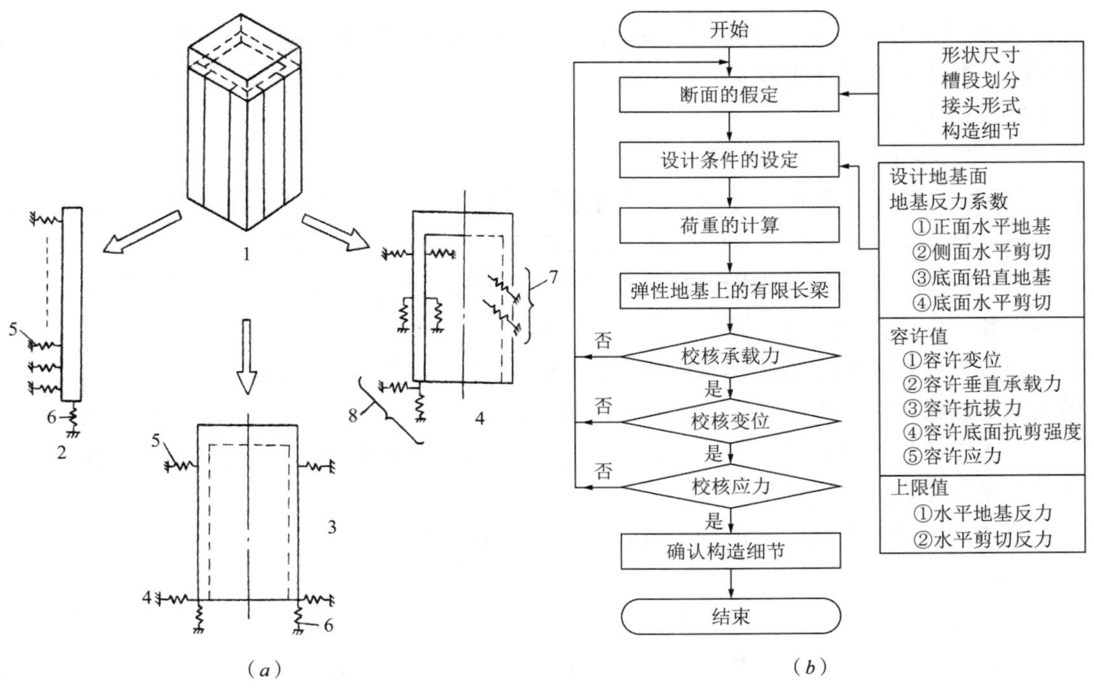

(a)　(b)

图 8-13　井筒式基础计算模型和设计流程图

(a) 计算模型；(b) 设计流程

1—井筒式基础；2—桩基础；3—沉井；4—基础侧面弹性体（刚体）；5—水平弹簧；6—铅直弹簧；7—侧面弹簧（内外面）；8—底面弹簧

2. 深基础的设计条件

基础的设计条件包括使用材料、地质条件和荷载条件。当然，对每个设计条件都应仔细斟酌。

1）使用材料

根据日本的统计资料分析，90%的地下连续墙基础的混凝土设计强度大于 30MPa，个别的基础工程的混凝土设计强度大于 60MPa。水下混凝土的设计强度见表 8-4，允许使用强度达到 35～40MPa 的混凝土，其容许值如表 8-4 所示。虽然也允许使用高强度混凝土的流动剂，但使用时必须进行充分的研究。顶板使用的普通混凝土的容许强度可按相关规范选用。

水下混凝土的容许值（日本规范，N/cm²）　**表 8-4**

强度等级		C30	C35	C40
水下混凝土设计基准强度		2400	2700	3000
容许压应力	弯曲压缩	800	900	1000
	轴向压缩	650	750	850
容许剪应力	只用混凝土承受剪切力时（$\tau_{\alpha1}$）	39	42	45
	由斜拉钢筋和混凝土共同承受剪切力时（$\tau_{\alpha2}$）	170	180	190
容许附着力强度（螺纹钢筋）		120	130	140

关于地下连续墙基础使用的钢筋应作出专门规定。另外，由于单元间的接头部位容易成为构造上的弱点且缺乏韧性，因此，将水下混凝土和钢筋的容许值降低 20%，以确保安

全。比如日本东京湾某深基础工程，地下连续墙最深 150m，混凝土的施工配比强度为56MPa，而设计强度只取为 42MPa。现场取样（6 个）实测平均强度达到 84.8MPa，超过设计强度 1 倍多。

2）地质条件

牢固的地基支承是构筑基础的重要前提，优良的支承（持力）层的标准为：砂土层、砾石层的N值应在 30 以上，黏土层的N值应在 20 以上（单轴压缩强度q_u在 40N/cm^{2}以上）。一般来说，地下连续墙基础埋置在优良支承层中是很必要的，但考虑到支承层的倾斜和表面不平整，应确保至少保持相当于壁厚的埋深。

当支承层较浅而不能确保基础稳定时，可利用地下连续墙基础侧面摩擦阻力大的优点，增大地下连续墙的深度，以保持其在支承层内适当的埋深，这比增大平面形状更为经济。但是，当支承层为坚硬的泥岩、软岩及硬岩时，挖槽机受到制约，因而还不能说在任何情况下，增加墙深都是经济的。

关于一般情况下的地基设计，有必要判断一下是否与其他地基一样，能保持长期稳定所具有的支承力。

地基反力系数的计算方法与其他类型基础的计算方法没有太大区别，但计算水平向地基反力系数时基础的换算承载宽度为基础的正（前）面宽，此点应予以注意。

3）荷载条件

关于地下连续墙基础设计所用的荷载及荷载组合应参照有关规范，选用最为不利的荷载组合进行设计。在稳定计算方面，应就平时、地震时、强（暴）风时的情况进行计算比较。另外，还必须考虑地震对基础以上部分的影响。

3. 设计流程

关于地下连续墙基础的设计，应满足如下基本要求：

（1）基础底面的垂直地基应力不能超过基础的容许垂直承载力以及容许抗拔力。

（2）基础底面的剪切应力不能超过基础底面的容许抗剪强度。

（3）基础的变位量不能超过容许变位。

（4）基础各构件产生的应力不能超过构件的容许应力。

有必要对地下连续墙基础进行多次试算设计。那就是根据荷载条件与使用挖掘机械相应的单元长度，设定概略的平面形状，然后核算其承载力、变位、构件应力，并进行稳定计算。平面形状的设定和稳定计算通常需进行三四次的试算才能完成。但是，实际上设定平面形状时，由于存在着与邻近建筑物的相互关系、所用挖掘机械以及接头部的施工法和结构尺寸等因素的影响，槽段长度受到限制，进而影响到平面形状。因此，如果没有掌握有关地下连续墙的全面知识，很难作出相关决定。

4. 基础的平面形状

正如设计流程表明的，应首先设定平面形状，在这里将对设定的一般性原则进行说明。如前所述，可以依据小型基础构筑大型基础，但实际在设计和施工方面还存在某种限制。其中应特别予以注意的首先是墙厚。日本《连壁基础指针》规定：最小墙厚为 80cm。关于最大壁厚，由于目前受挖掘机械的限制，只能达到 320cm。因而目前地下连续墙基础的墙厚限定在 80～320cm 范围内。其次是地下连续墙基础自身的最小尺寸。关于此点，应首先确保先期构筑的单元在一定长度以上，以及距地下连续墙基础施工时的内部土稳定面至少

5m 左右。另外，单室截面的最大尺寸应在 10m 左右。这是因为墙厚存在上限，随着跨度增大，基础使用的钢筋数量也将增加，在施工上将发生混凝土的填充不饱满等问题。以上所述也适用于多室截面情况下的各室最大、最小尺寸的假定（图 8-14）。

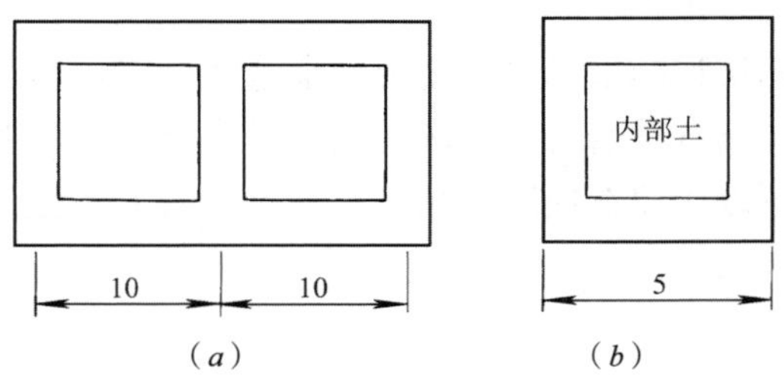

图 8-14　地下连续墙基础平面尺寸

（a）单室最大尺寸；（b）最小尺寸

5. 基础的稳定计算

1）计算模型

根据《连壁基础指针》，连壁基础稳定计算包括如下基本项目：

（1）基础底面的垂直地基反力以及侧面地基垂直方向的剪切反力（将抵消垂直荷载）。

（2）基础正（前）面地基的水平地基反力、侧面地基的水平向剪切反力、底面地基的剪切反力（将抵消水平荷载）。

（3）地下连续墙基础的地基反力、变位及断面内力，是考虑整个基础的抗弯刚度和按弹性地基上的有限长梁进行计算的，得到的基础正面及侧面的地基反力应小于各自的允许值。

考虑上述因素，选取计算模型如图 8-15 所示。

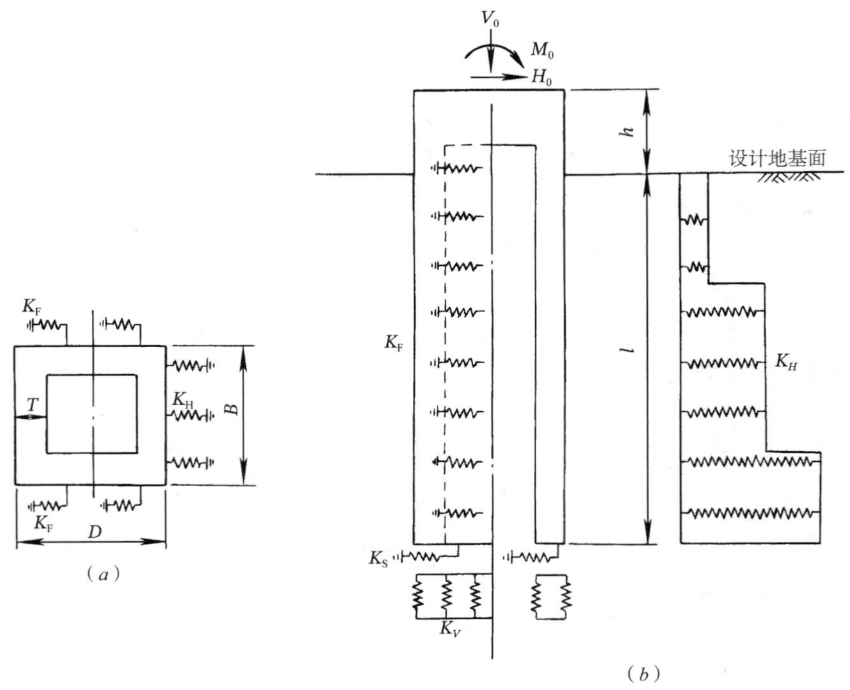

图 8-15　计算模型图

（a）平面；（b）立面

从图中可以看出，基础本身为弹性体，计算模型中的弹簧为基础正面水平弹簧、基础底面水平弹簧、基础底面垂直方向弹簧以及基础底面水平剪切弹簧四种形式的弹簧。

8.3.3　建筑深基础的设计要点

1. 概述

如今的现代化高层建筑物越来越多，规模越来越大，需要更大承载力的桩基来承受巨大的上部荷载。地下连续墙基础恰恰可以满足这方面的要求。它不但可以代替常规的圆桩来承受上部荷载，甚至可以用建在周边的围护地下连续墙来承受上部荷载，这可以说是名副其实的墙桩（图 8-16）。

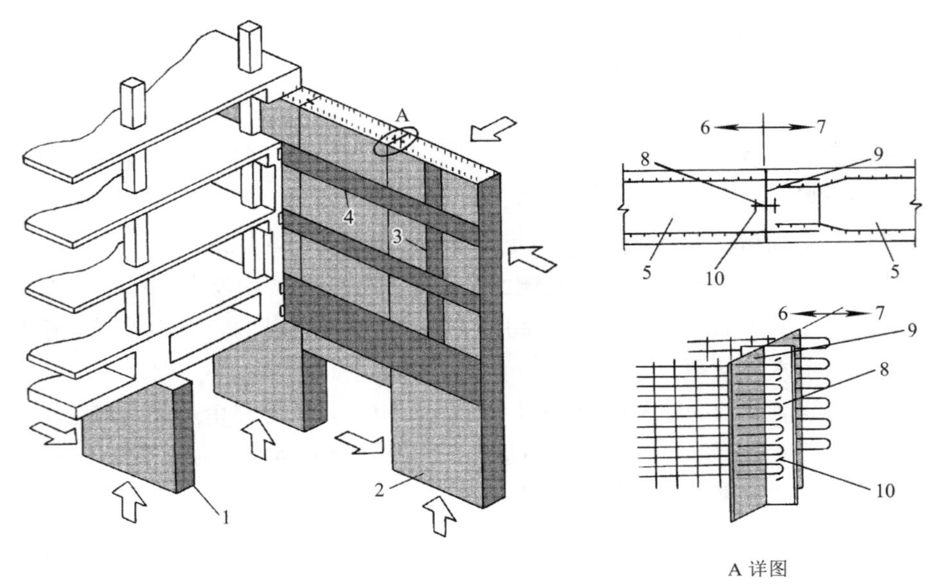

图 8-16　地下连续墙桩示意图

1—墙桩（条桩）；2—墙桩；3—与后浇柱结合面；4—与后浇梁结合面；5—墙段；6—一期槽；7—二期槽；8—抗剪钢板；9—接头钢板；10—锚固筋

建筑物的地下连续墙基础有以下几种形式：

（1）用周边的地下连续墙来承受荷载。

（2）用条桩作为桩基。

（3）周边地下连续墙和内部条桩（墙桩）或井筒地下连续墙基础组成的混合基础。

2. 周边地下连续墙桩

1）概要

这里讨论的是利用建筑物基坑周边的地下连续墙，作为承载桩的情况。根据上部结构和基础结构的形式与相互关系，可有以下几种地下连续墙桩的布置方式：

（1）上部为筒式（圆筒或方筒等）结构的楼层，全部的周边地下连续墙都来承受上部结构传下来的荷载（图 8-17）。

（2）上部为框架或框-剪结构，地下连续墙位于承载柱的外侧（图 8-18）。

（3）上部为框架或框-剪结构，承载柱位于地下连续墙中（图 8-19）。

在（2）和（3）中，地下连续墙中位于楼层边柱范围内的墙段承受垂直荷载，其他墙段则不一定。

2）受力特点

在建筑物周边设置地下连续墙，不但要承受竖直荷载，还要在基坑开挖期间（承受水平荷载），起到基坑支护和防水（渗）的作用。这一点与其他的墙（条）桩是不同的。

3）全部周边地下连续墙都承受垂直荷载

（1）基本数据

下面结合一个高层建筑物工程实例来阐述地下连续墙桩的设计方法。

如图 8-20 所示的建筑物为一个地上 14 层、地下 3 层的钢和钢筋混凝土组合结构。楼房地基为洪积砂砾和粉砂，桩基持力层为第三纪的粉砂岩。地下水位在地面以下 5m 左右。

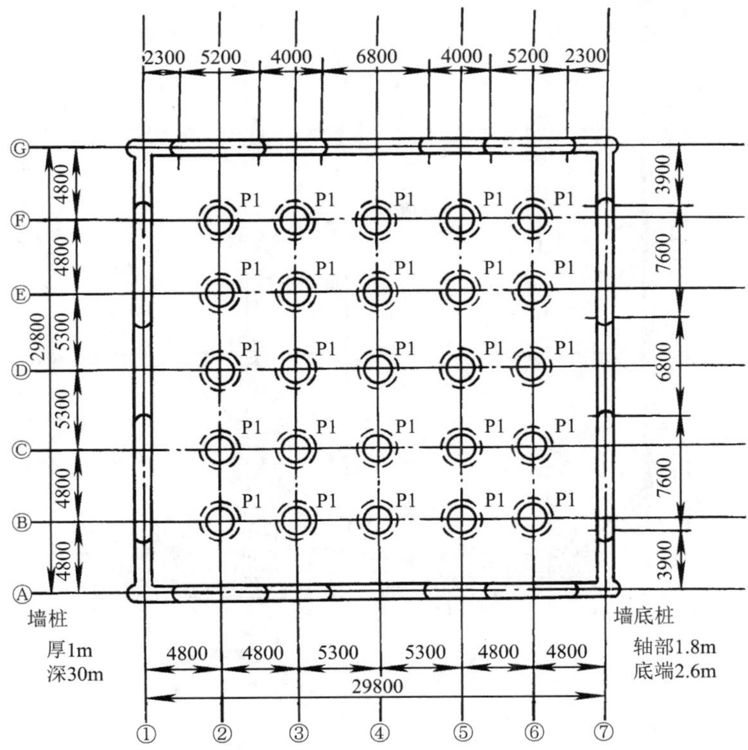

图 8-17　地下连续墙桩平面图

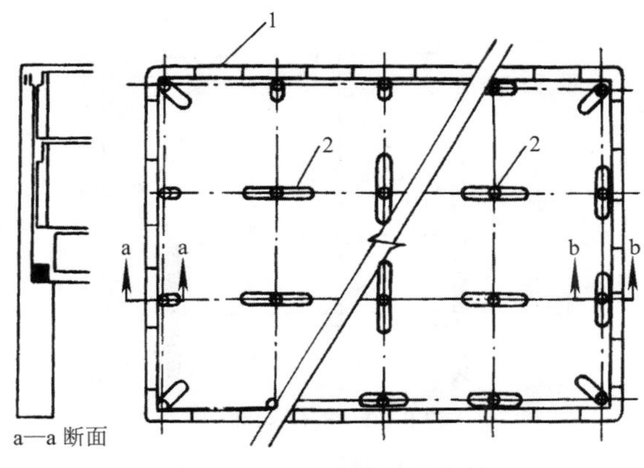

图 8-18　地下连续墙和条桩

1—地下连续墙；2—条桩

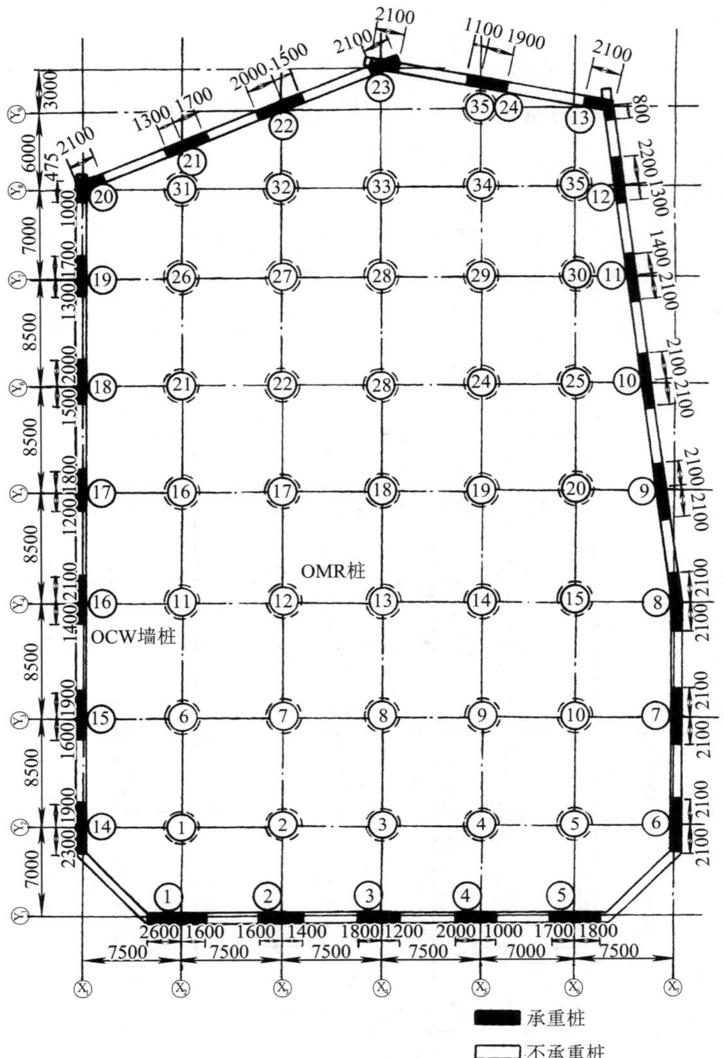

图 8-19 周边地下连续墙桩

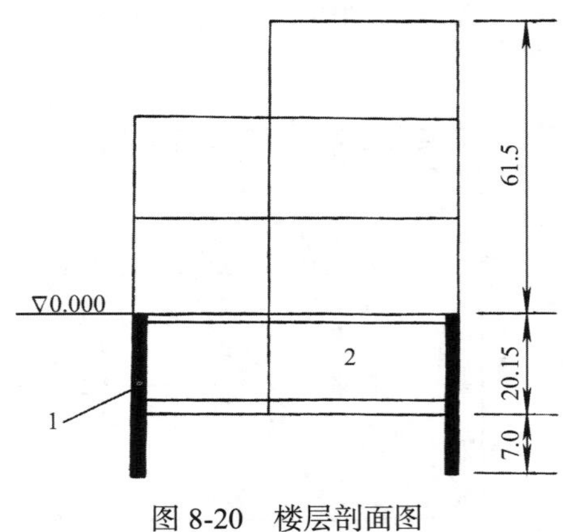

图 8-20 楼层剖面图

1—地下连续墙桩；2—地下室

大楼采用周边地下连续墙桩和圆桩基础。它的基础平面图见图 8-21，地下部分的结构形式见图 8-22。下面只说明地下连续墙桩的设计问题。

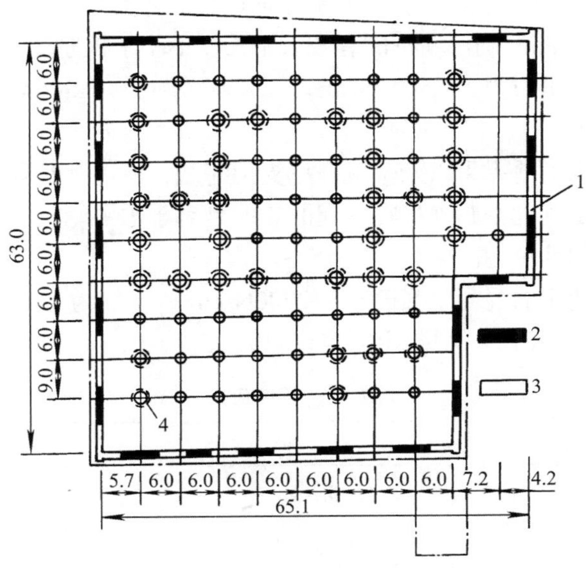

图 8-21　基础平面图

1—地下连续墙桩；2—一期槽段；3—二期槽段；4—扩底桩

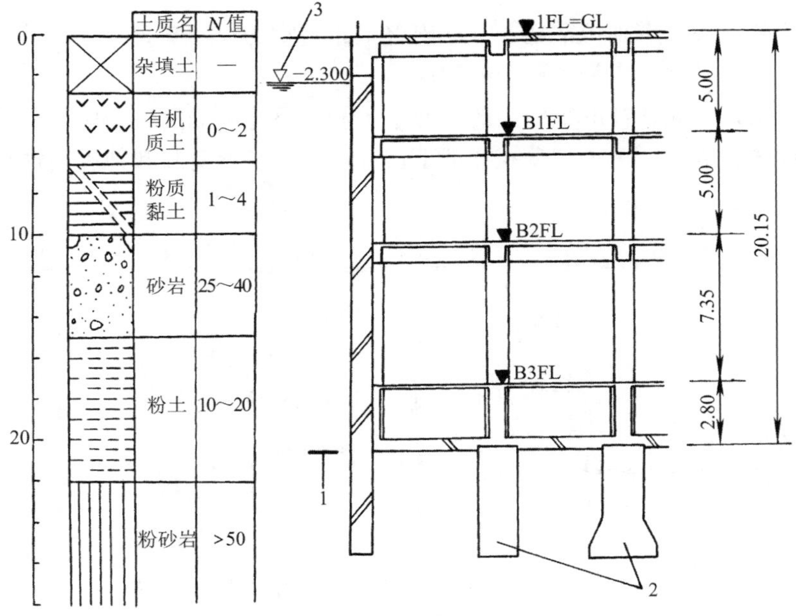

图 8-22　基础剖面图

1—地下连续墙桩；2—基础桩；3—地下水位

（2）地下连续墙桩的设计原则

①地下连续墙桩的概况。

在建筑物外围设置的地下连续墙，具有以下四种功能：a. 基坑开挖时的支护墙；b. 长期承受侧压力的地下外墙；c. 抵抗水平地震力的耐震墙；d. 桩基。

该工程中采用了中心岛式开挖和逆作法并用的施工工法。经研究比较，最终采用周边地下连续墙桩和内部深基础桩的基础设计。地下连续墙桩的厚度为 1m，深基础桩直径为 1.4～2m（扩底直径为 1.7～3.5m），所有的桩底均以粉砂岩为持力层。基坑深度为 20.15m，桩尖深度为 25.15～27.15m，确保墙桩的有效入土长度不小于桩厚的 5 倍。根据地基的承受能力，确定墙桩的长期承载力为 2500kN/m²，深基础桩为 2000kN/m²。

②墙桩的设计假定。

由于墙桩要承受水平地震力以及基坑开挖支护荷载，所以其必须具有防水性，因此整个周边地下连续墙都是刚性密封连接在一起的。但是对于水平侧压力来说，仍然是按深度方向的单向板来设计和计算的。

在地下连续墙中使用的混凝土强度$f_C = 2700\text{N/cm}^2$，钢筋为 SD345 级（ϕ19mm 以下）和 SD295A 级（ϕ16mm 以下）。混凝土的容许应力见表 8-5。

混凝土的容许应力 **表 8-5**

项目	压缩	剪切
长期	$\frac{f_C}{4}$（675N/cm²）	$\frac{f_C}{40}$且小于$\frac{3}{4}\left(5+\frac{f_C}{100}\right)$（57.7N/cm²）
短期	长期值的 2 倍	长期值的 1.5 倍

（3）墙桩的设计

①外荷载

a. 垂直荷载。要考虑到包括地下室在内整个建筑物的长期竖直荷载以及由地震产生的竖直荷载。通过结构分析得到各柱子的轴向力。

在该工程中，外周各柱的轴向力的偏心不大。地下连续墙的各个墙段都是通过刚性接头连接成整体的，垂直荷载均匀分布在地下连续墙上。长期荷载和地震附加荷载的分布见图 8-23、图 8-24。

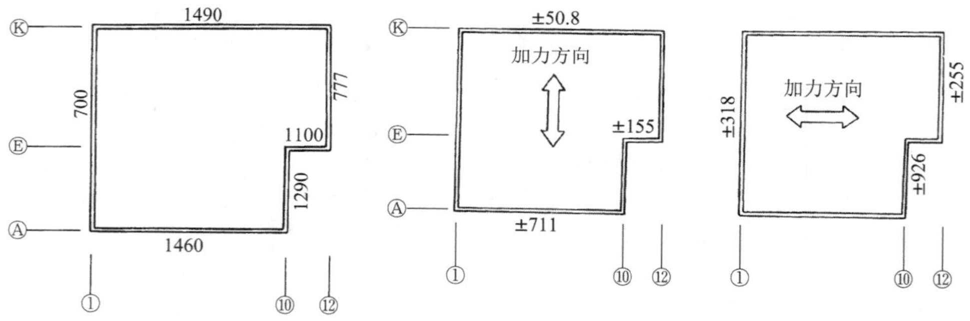

图 8-23 长期荷载分布图（kN/m） 图 8-24 地震荷载分布图（kN/m）

b. 基坑开挖时和运行期的侧压力。地面活荷载取为$q = 10\text{kN/m}^2$。开挖前和运行期间土压力按静止土压力进行计算，其静止土压力系数为 0.5。地下水压力按其深度 2.30m 计算。

在开挖基坑过程中，地下连续墙发生位移，土压力由静止土压力改变为主动土压力，即开挖后的土压力系数小于 0.5。

c. 地震水平力。作用在上部建筑物上的地震水平力是以动力分析结果作为参考，根据$C_B = 0.25$ 的A_i分布求得的；而作用于地下结构上的地震水平力则是根据建筑技术规范，通过下面公式求得的：

$$\left.\begin{aligned}K_i &= 0.1(1-H/40)Z\\ Q_i &= W_iK_i\end{aligned}\right\} \tag{8-1}$$

式中　K_i——水平地震系数；

H——从基础底部算起的深度（m）；

W_i——第i层以上的重量（kN）；

Z——地震的地区系数；

Q_i——第i层地震时的水平力（kN）。

通过计算，最后求得作用在本建筑物上的总地震水平力为 116000kN。

②应力计算。首先应选定荷载组合（表 8-6）。下面对几项荷载加以说明。

荷载组合表　　表 8-6

计算方向	荷载组合	容许荷载
垂直于墙轴方向（面外方向）	Ⅰ + Ⅱ	长期
	Ⅰ + Ⅱ + Ⅲ + Ⅳ	短期
沿墙轴方向（面内方向）	Ⅴ	短期

注：Ⅰ为长期垂直荷载产生的轴向应力；Ⅱ为长期侧向荷载产生的面外应力（切应力）；Ⅲ为垂直地震产生的轴向应力；Ⅳ为地震产生的面外应力（切应力）；Ⅴ为地震产生的面内应力（切应力）。表中的面外方向是指向基坑内方向。

a. 长期荷载产生的轴向应力。按图 8-23 所示的荷载，在墙厚 1.0m 时算得墙体内最大压应力（K轴）为 149N/cm^2。

b. 长期侧压力产生的垂直轴向应力（面外应力）。当把地下连续墙作为永久的结构外墙时，长期面外应力应当考虑基坑开挖过程的影响。图 8-25 所示是⑫轴的内力和位移计算结果。作为墙桩，要计算其低于基坑底部以下的内力。

c. 地震垂直荷载产生的轴向力。由图 8-24 可以求出地震垂直荷载产生的轴向应力。最大值和最小值均发生在⑩轴上，分别为 221N/cm^2 和 36.2N/cm^2，而且均为压应力。

d. 地震产生的垂直轴线方向（面外方向）应力。用式(8-1)计算基础的水平地震力时，应当考虑图 8-26 中所表示的抵抗地震水平力的几个要素的影响，并按各自的刚度大小进行分配。

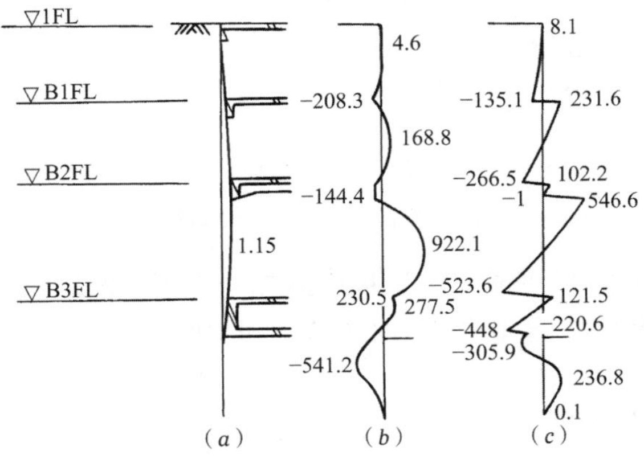

图 8-25　⑫轴内力和位移

（a）位移（cm）；（b）弯矩M（kN·m）；（c）剪力Q（kN/m）

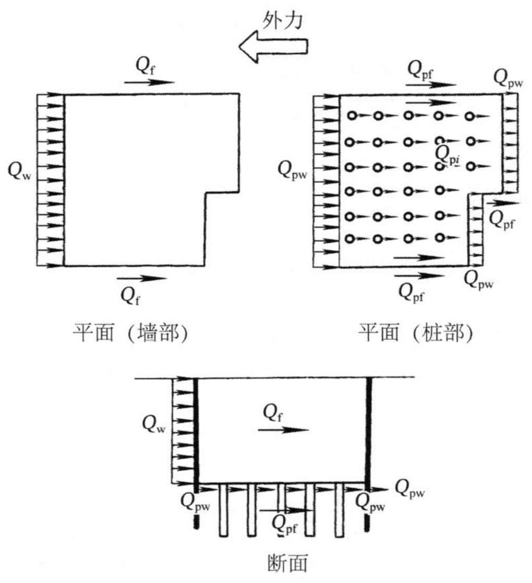

图 8-26　抵抗水平地震力的要素

Q_{pw}—墙桩的水平阻力（面外方向）；Q_{pf}—墙桩的水平阻力（面内方向）；Q_{pi}—基础桩的水平阻力；Q_w—外周地下连续墙正（前）面的被动阻力；Q_f—外周地下连续墙的侧面摩阻力

其中，墙桩面外方向（垂直于墙轴方向）的水平阻力和基础桩的水平阻力是按桩头固定、桩尖自由的弹性地基梁法求得的；墙桩在面内方向（即墙轴方向）的水平阻力是考虑了作用于侧面和底面的摩阻力而求得的。关于作用于地下连续墙正（前）面的被动阻力和侧面摩阻力，是参考了建筑设计指导书的要求，全部采用线性弹簧进行评估的。

墙桩在地震情况下的面外应力，是与上述Q_{pw}相对应的。图 8-27 表示的就是不同方向的Q_{pw}和相应的弯矩值。

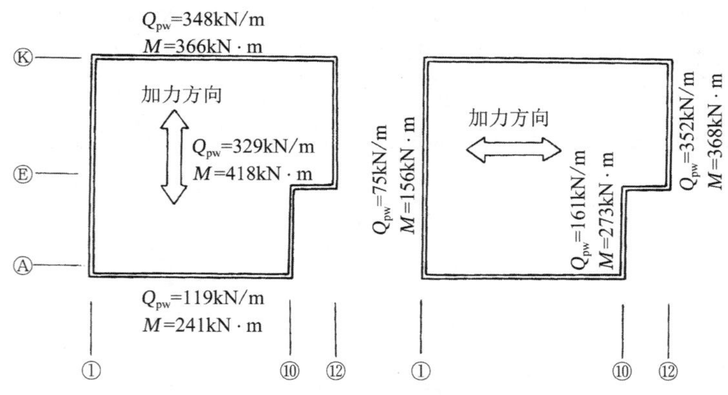

图 8-27　水平地震力引起的面外应力

e. 地震产生的面内剪力。地震产生的面内剪力（平行于轴线方向）就是与在图 8-26 中的面内水平阻力相应的剪力，其最大值发生在A、B和K轴产生水平阻力的时候，为 53700kN。

③断面设计：

a. 地基承载力。由②中的 a 和 c 两项最大压应力（长期 1490kN/m²，短期 2210kN/m²），均能满足容许地基承载力（长期 2500kN/m²，短期 5000kN/m²）的要求。

b. 面外方向（垂直于墙轴方向）。垂直方向的主钢筋数量是根据作用在墙桩上的面外弯矩以及轴向力计算出来的。其计算结果是，墙桩的计算配筋率为 0.2%，小于最小配筋率 0.4%。实际配筋率大于 0.4%。

最大剪应力发生在⑫轴，长期为 30.6N/m²，短期为 65N/m²，均小于混凝土的容许剪应力。

c. 面内方向。短期最大剪应力发生在*A*、*B*和*K*轴中，为 40N/cm²，小于混凝土的容许剪应力。

d. 墙段接缝。设计采用刚性接头，如图 8-28 所示，其目的就是为了使墙段接缝具有与墙体相同的刚度和承载能力。

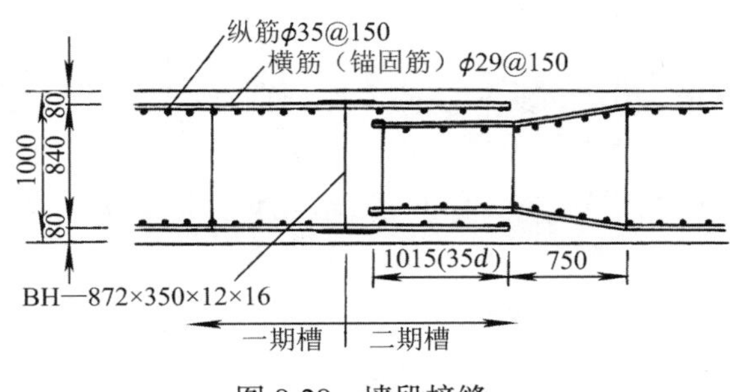

图 8-28　墙段接缝

④桩基沉降。该工程采用了周边地下连续墙桩和内部深基础桩相结合的基础形式。在沉降计算中，考虑了地基非线性的特点，计算出了两者在长期垂直荷载作用下的沉降量。对每段墙桩和每根深基础桩的沉降量都进行了核算。

沉降计算结果是：墙桩为 0.04～0.18cm，深基础桩为 0.06～0.08cm。另外，相邻的墙桩与深基础桩之间以及相邻的深基础桩之间的不均匀沉降均在 1/2000 以下。

（4）结语

上面通过一个实例，叙述了墙桩的设计概要。与普通桩基设计相比较，墙桩设计需要进行荷载组合。另外，应该注意的是，墙桩对于水平力的抵抗是有方向性的。在面内方向和面外方向上水平阻力的支持结构是不相同的。但是也有一些问题需要考虑。比如，布置成箱状的内部地基，是作为抵抗荷载要素的，那么它要保持多大范围（尺寸）才行？这是需要深入研究的。所以设计墙桩时，必须考虑地基条件与上层建筑物的基础之间的平衡和协调。

8.3.4　小结

当前，建筑、交通、铁道等部门的大型基础多用封闭式深基础的结构，如采用上部结构与周边地下连续墙基础直接相连，或者是在中间部分再设置一些条桩或墙桩，形成组合式深基础结构，承受更大的荷载。这种布置方式值得借鉴、推广。

大型桥梁的深基础，常常设计成矩形、圆形或多边形封闭结构，可为单室或多室的格状结构，一般不在内部设置桩基。此类井筒式深基础常常要挖去内部土（岩），再浇注混凝土，也是一种深基坑结构，在我国已经得到了应用。

第 9 章　防渗体接头和节点

9.1　概述

在地下连续墙工程中，槽段接头和结构节点一直是令人头疼的事情。人人都关心它们，希望它们不要出事，但是问题往往就出在它们身上，有时还会造成不可弥补的缺憾。所以，把它们分离出来，专门用一章来进行探讨，希望能对保证地下连续墙质量，减少工程事故有所帮助。

施工接头和结构节点所用的材料包括以下几种：

（1）钢管、钢板、钢筋、各种型钢和铸钢。

（2）预制混凝土结构（板、工字梁、V 形梁等）。

（3）人造纤维布和橡胶等。

（4）其他材料（如工程塑料和玻璃钢等）。

可以把施工接头分为以下几种：①钻凿式接头；②接头管；③接头箱；④软接头；⑤隔板接头；⑥预制混凝土接头；⑦铣接头；⑧其他接头。

我国对施工接头的研究工作起步较晚。在 20 世纪 60 年代里，当时地下防渗墙工程都是采用钻凿式接头。也就是在一期槽孔混凝土浇注后，再用冲击钻把它的两个端孔混凝土凿出来，作为二期槽孔的端头。1969—1970 年，主编在十三陵水库主坝防渗墙中采用的胶囊接头管，是第一次尝试用接头管来代替钻凿的混凝土。1970 年代末期钢管接头管开始使用，预制混凝土板也开始用作施工接头。到目前为止，在我国地下连续墙工程中使用的接头形式可说是五花八门了，特别是采用双轮铣的铣接头，应用很多。

9.2　对防渗体接头的基本要求

不管地下连续墙的接头形式如何，都应当满足以下基本要求：

（1）不能妨害已完成的一期墙段，不能影响后续墙段的施工，不能限制施工机械和设备的正常运行。

（2）浇注混凝土不得绕过接头而流到外边去。

（3）接头结构能承受得住流态混凝土的侧压力，并且不会产生过大的变形。

（4）需要的时候，接头应能传递剪力和其他外力，并且具有抗渗（水）性。

（5）接头不得窝泥，并且要易于清除。

（6）使用简单的工法和设备就能施工。

（7）接头在经济上也是可接受的。

（8）施工接头的施工和处理，不得影响槽孔内泥浆的技术性能。

（9）对于深地下连续墙，施工接头的施工应不受深度的影响。例如，施工接头不能因分段搭接错位而影响整体性和垂直性，以致影响后续墙段的施工。

（10）施工接头的结构形式应确保混凝土容易流动，密实填满每个角落。

9.3 钻凿接头

9.3.1 概述

所谓钻凿接头，就是把已浇注混凝土的槽段墙体的端部凿去一部分后形成后续槽段的端孔。

钻凿接头有以下几种形式（图 9-1）：

（1）套接接头。在防渗墙工程中，通常把一期槽孔的端孔部位混凝土全部凿掉，使一、二期混凝土之间通过半个圆弧面而套接起来。

（2）平接接头。用挖槽机（抓斗和铣槽机）把墙段混凝土切去一部分（通常为 20cm），形成平接接头。

（3）双反弧接头。使用专用的双反弧钻头，把相邻一期槽孔混凝土之间的地层挖掉而形成的接头。

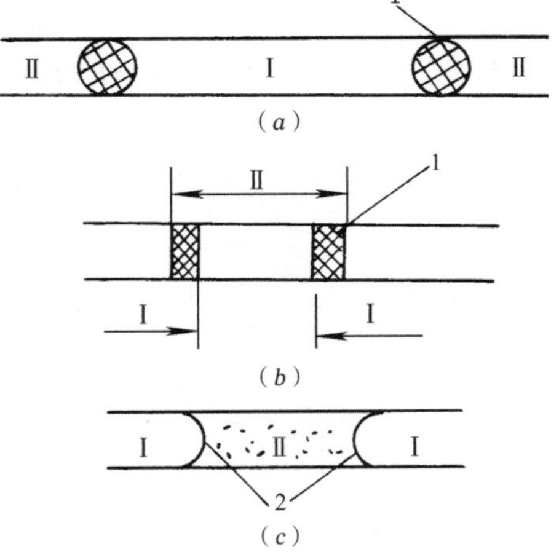

图 9-1 钻凿接头

（a）套接接头；（b）平接接头；（c）双反弧接头
1—切去部分；2—双弧
Ⅰ、Ⅱ—槽段分段

9.3.2 套接接头

这种接头是地下连续墙工程最早使用的也是最简便易行的接头。初期的地下连续墙深度不是很深，而且多为防渗墙，所以使用冲击钻来完成这种接头施工，还是适应当时施工水平的。人们对这种冲击钻机形成的接头对墙体混凝土的破损程度及其表面粗糙夹泥颇有争议。所以，除了防渗墙工程中采用外，在其他地下连续墙工程中都不采用。

关于二期接头孔的开凿时间几十年来变化很大，从 24～72h 不等。目前，在黏土防渗墙工程中，一般采用 24～36h，而在塑性混凝土防渗墙工程中则为 72h。采用固化灰浆防渗墙，则延迟到 7d 以后。

9.3.3 平接接头

1. 接头形式和适用条件

图 9-2 所示为几种平接接头形式。可以看出这种接头方式不能使一、二期墙体钢筋互相搭接起来，该处墙体刚度是较小的。再者，图 9-2（*a*）所示的接缝有可能造成渗水。图 9-3 是平接接头的施工过程图。

平接接头可用于地下防渗墙和临时地下连续墙。施工机械有：①液压（导杆）抓斗（矩形截面）；②电动或液压铣槽机（图 9-4）；③高压水枪（哥伦比亚的加塔维塔防渗墙）。

2. 应用实例

（1）十三陵蓄能电站下池防渗墙。

（2）北京新兴大厦基坑地下连续墙。

（3）三峡工程长江上游围堰防渗墙，冶勒防渗墙。

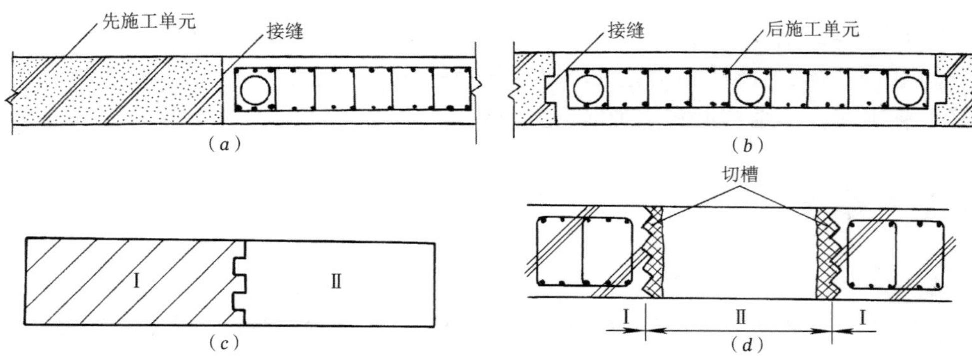

图 9-2　平接接头示意图

(a) 平接接缝；(b) 切榫式平接接头；(c) 切槽接头（一）；(d) 切槽接头（二）

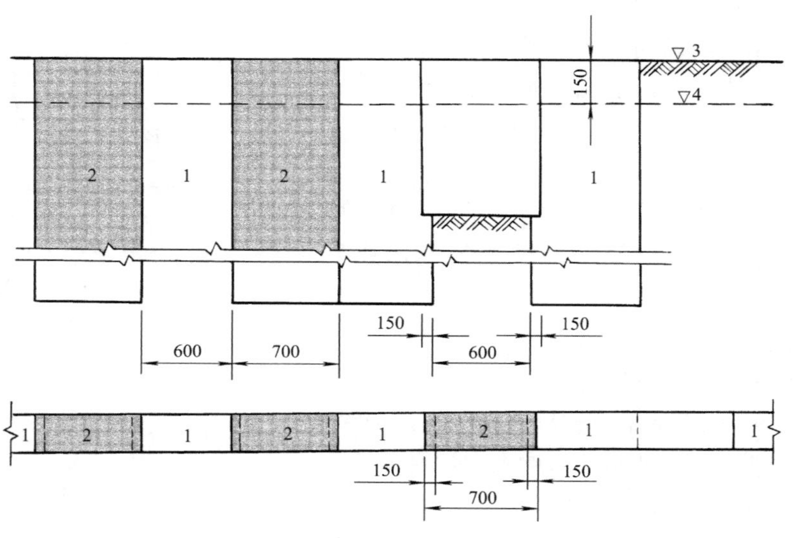

图 9-3　平接接头施工过程图

1—一期槽；2—二期槽；3—施工平台；4—导墙底

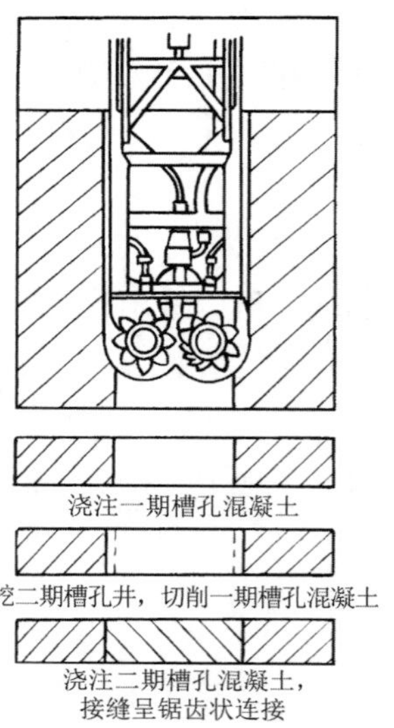

图 9-4　用液压铣槽机处理墙段接缝的施工工艺示意图

9.3.4　双反弧接头

从 20 世纪 50 年代初期开始，ICOS 公司就一直在使用双反弧钻头。1972 年用这种钻头建成了深达 131m 的当时最深的地下防渗墙。我国最早是在 1980 年的广州某基坑地下连续墙中使用的。后来在不少地下防渗墙工程中得到了应用。

图 9-5 所示是我国使用的双反弧钻头图和槽孔划分图。图 9-6 所示是其施工过程图。

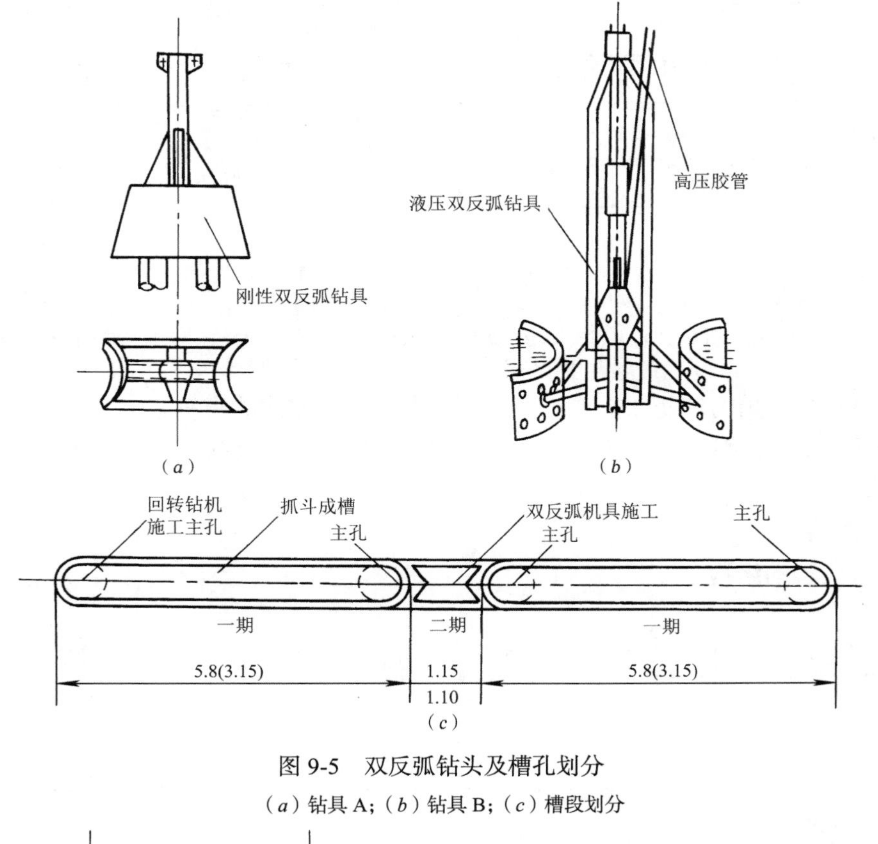

图 9-5　双反弧钻头及槽孔划分

(*a*) 钻具 A；(*b*) 钻具 B；(*c*) 槽段划分

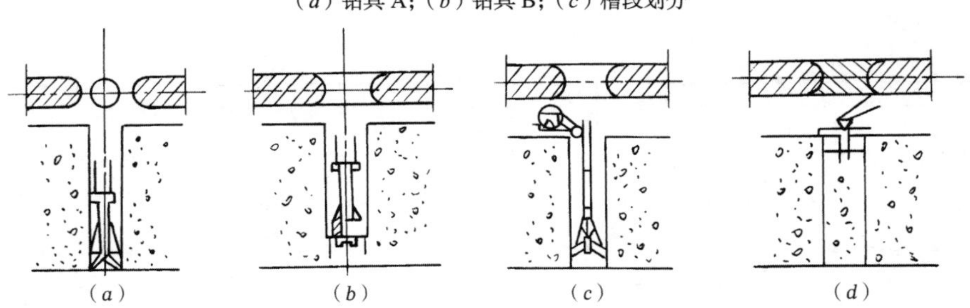

图 9-6　双反弧接头槽法工艺流程图

(*a*) 圆钻头钻主孔；(*b*) 刚性双反弧钻头修孔钻小墙；(*c*) 液压可张式双反弧钻具清除泥皮和地层残留物；(*d*) 清孔换浆后浇注混凝土

9.4　接头管

9.4.1　概述

接头管是应用最多的一种接头。它是把光滑的钢管放到槽段的两端或一端，用来挡住混凝土并形成一个半圆形的弧形墙面。从这个意义上来说，接头管和浇注普通混凝土的滑动钢模板的作用是一样的，它把流态混凝土限制在一定空间之内并最后形成所需要的墙面（图9-7），所以也有人把它叫作模管，也有叫连锁管或叫锁口管的。

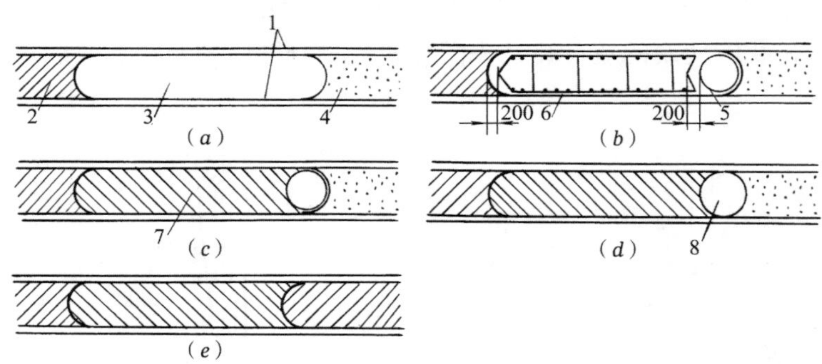

图9-7　接头管施工程序图

（a）槽段开挖；（b）吊放连锁管及钢筋笼；（c）混凝土灌注；（d）接头管拔除；（e）已建成槽段
1—导墙；2—已完工的混凝土地下连续墙；3—正在开挖的槽段；4—未开挖地段；5—接头管；6—钢筋笼；7—完工的混凝土地下墙；8—接头管拔除后的孔洞

接头具有抵抗剪力和防水（渗）的作用，但抵抗弯矩的能力较差。

本节所说的接头管，可分为以下几种形式：①圆管形；②排管（多管）式；③小管式（塑料接头管）。

9.4.2　圆接头管

1. 圆接头管的结构

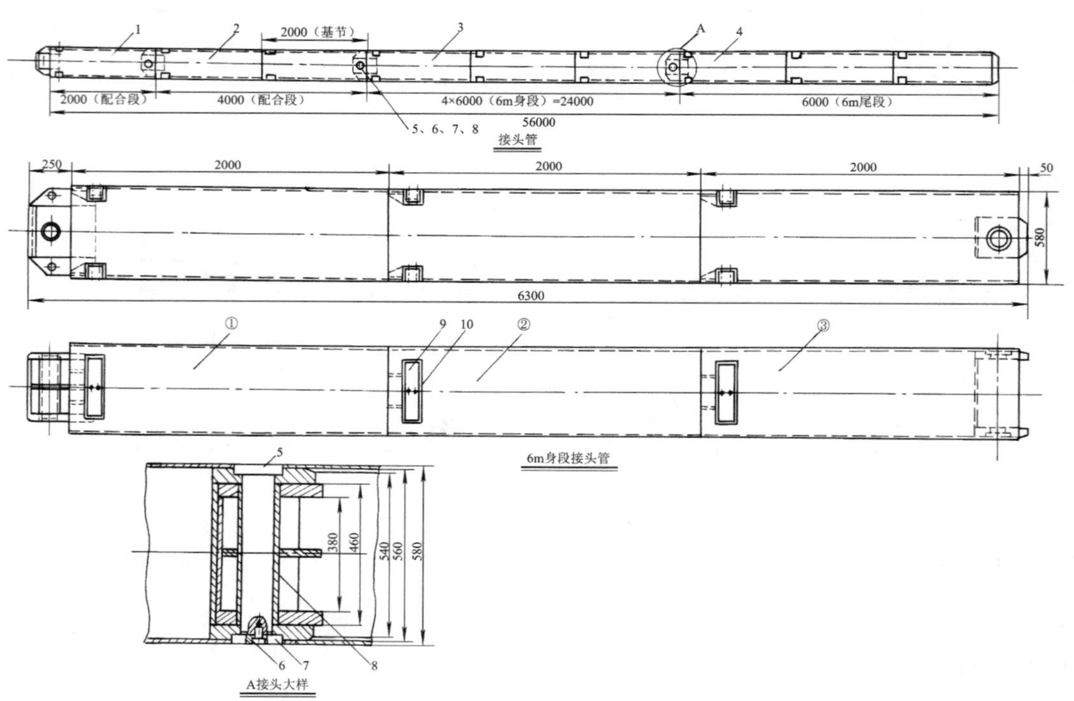

图9-8　圆接头管

1—2m管节；2—4m管节；3—6m管节；4—6m尾段；5—销子；6—内螺栓；7—封口盖；8—套管；9—牙板；10—内螺栓
①—上管节；②—基管节；③—下管节

圆接头管通常是用无缝钢管制作成的，钢管的壁厚 8～15mm 或更厚，每节长度 5～10m。

接头管的外径通常等于设计墙厚，也有比墙厚小 1～2cm 的。

接头管的连接形式有以下三种：①内法兰螺栓连接；②销轴连接；③螺栓-弹性锥套连接。

图 9-8 所示是一种承插式圆接头管结构图，图 9-9 所示是它的透视图，采用销轴连接。

图 9-10 所示是我国于 1982 年在长江葛洲坝工程围堰防渗墙中使用的圆接头管。接头管外径等于墙厚，为 80cm，管长 1.6～6.5m，用厚 8～10mm 的钢板卷焊而成，采用双销轴连接。为消除拔管负压影响，在管底安装有活门，拔管时可补气（水）。实测管壁与混凝土的摩阻力为 1600～4600N/m²。

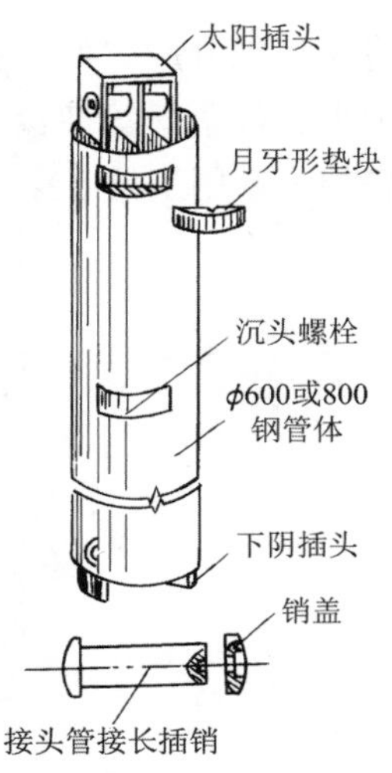

图 9-9　接头管透视图

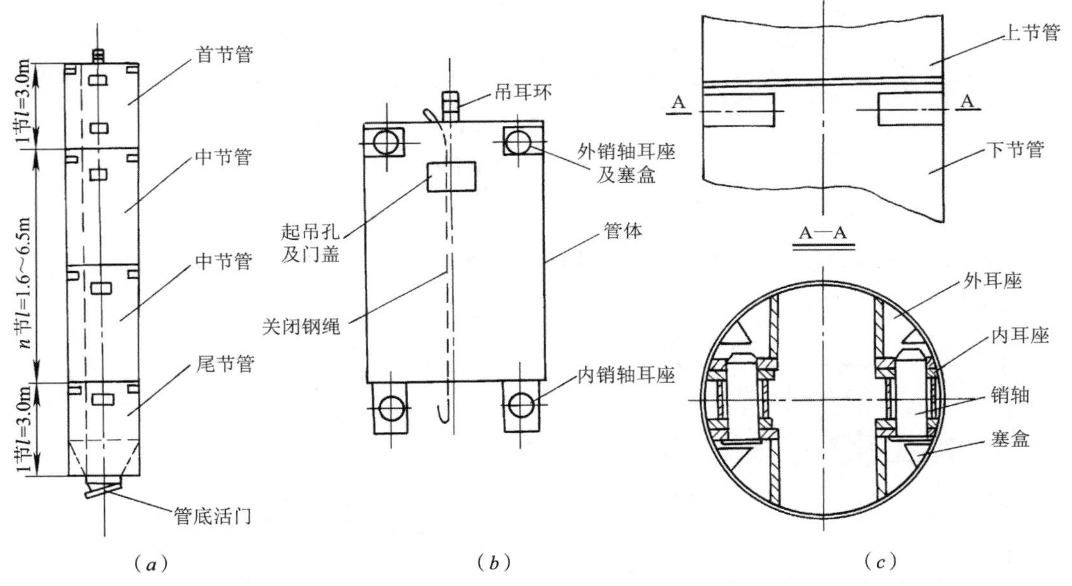

图 9-10　双销轴接头管示意图

(a) 接头管示意图；(b) 单节管构造示意图；(c) 双销轴连接示意图

2. 吊放和起拔设备

1）顶升架（拔管机）

（1）国产拔管（顶升）机。图 9-11 所示是国内使用的一种顶升架。它由底盘、下托盘、上托盘和柱塞千斤顶等几大部件组成。

图 9-11 中 5 为柱塞 5000kN 千斤顶，共两只，行程为 1.0m，活塞杆直径 180mm，油压为 2000N/cm²。图中 2、3 为下托盘及上托盘，它们由连接拉杆 4（共 4 根）连成一体，随油缸活塞而上下运动，两托盘相距为 1.0m。

托盘中央都设有圆孔，直径为 600mm（可换设直径 800mm 圆孔，在槽段宽为 800mm 时使用），使用时将接头管套入孔内。

底座：图中 1 的中央留有槽孔，槽宽为 800mm，顶升架可从一边移向接头管。使用时，将托盘顶升起，使下托盘高出接头管管顶，然后移动顶升架使接头管自底盘槽口处进入架中央，放落托盘使接头管穿入托盘之圆孔内。卸去接头管上端的一对月牙槽盖，将一对铁扁担（专用工具）穿入月牙槽内，并搁于下托盘上，此刻升起托盘，则随同将接头管拔起。

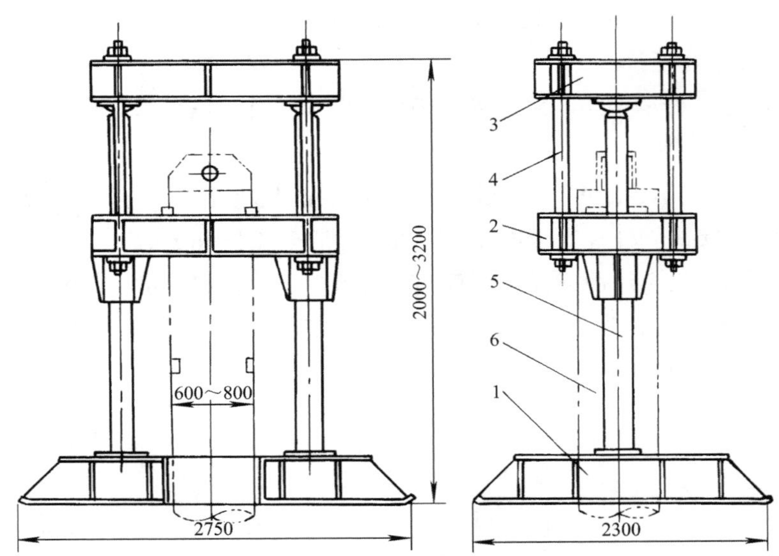

图 9-11　接头管顶升架

1—底盘；2—下托盘；3—上托盘；4—连接拉杆；5—柱塞 5000kN 千斤顶；6—接头管，管径 600～800mm

（2）国外的拔管机。图 9-12 所示是德国利弗公司生产的液压拔管机，其最大起拔力可达到 3500kN。

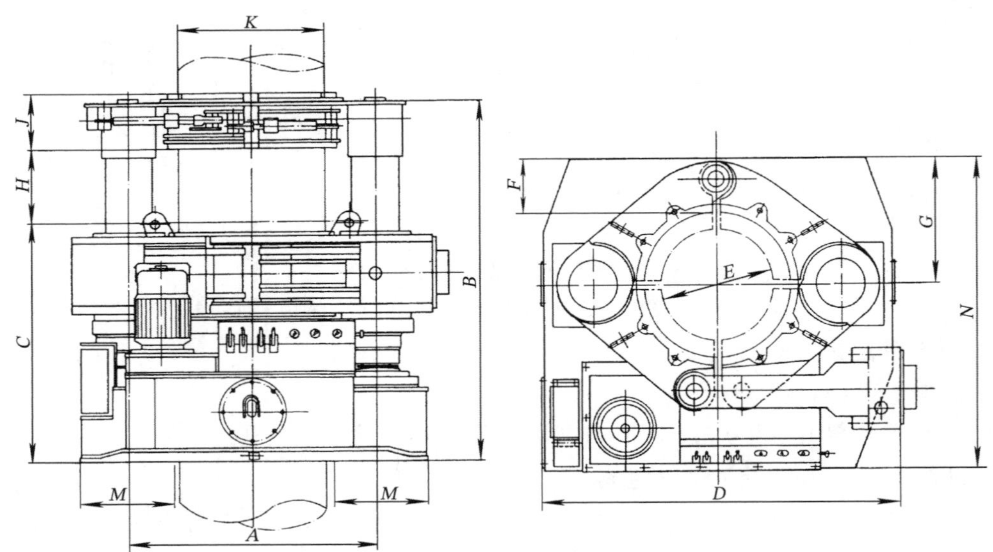

图 9-12　液压拔管机

2）大型起重机

我国长江葛洲坝防渗墙在起拔直径 0.8m、深 30m 的接头管时，使用了 WK-4 电动起重机或 90t 以上的汽车式起重机。其中，深 26m 的接头管的初拔力达到了 332.8kN（相当于混凝土侧面摩阻力为 5500N/cm²）。通常起重机的起重能力应高于设计起拔（摩阻力 + 管重）荷载的 1.5～2.0 倍。

3）振动桩锤

这是利用振动沉桩和拔桩的原理来拔除埋于混凝土中的接头管。据国外文献记载，尚无拔管失败的记录，是一种相当可靠的方法。它在槽孔混凝土浇注开始后某一时间，开始振动拔管。天津市人才大厦地下连续墙工程中，曾用振动锤协助拔除事故锁口管。

3. 圆接头管的应用

1）作模板用

这类接头管类似于滑动模板（滑模），在它从槽孔混凝土中缓缓拔出之后，就形成了由接头管的一部分形成的弧面或折线面的接头孔（图 9-13）。

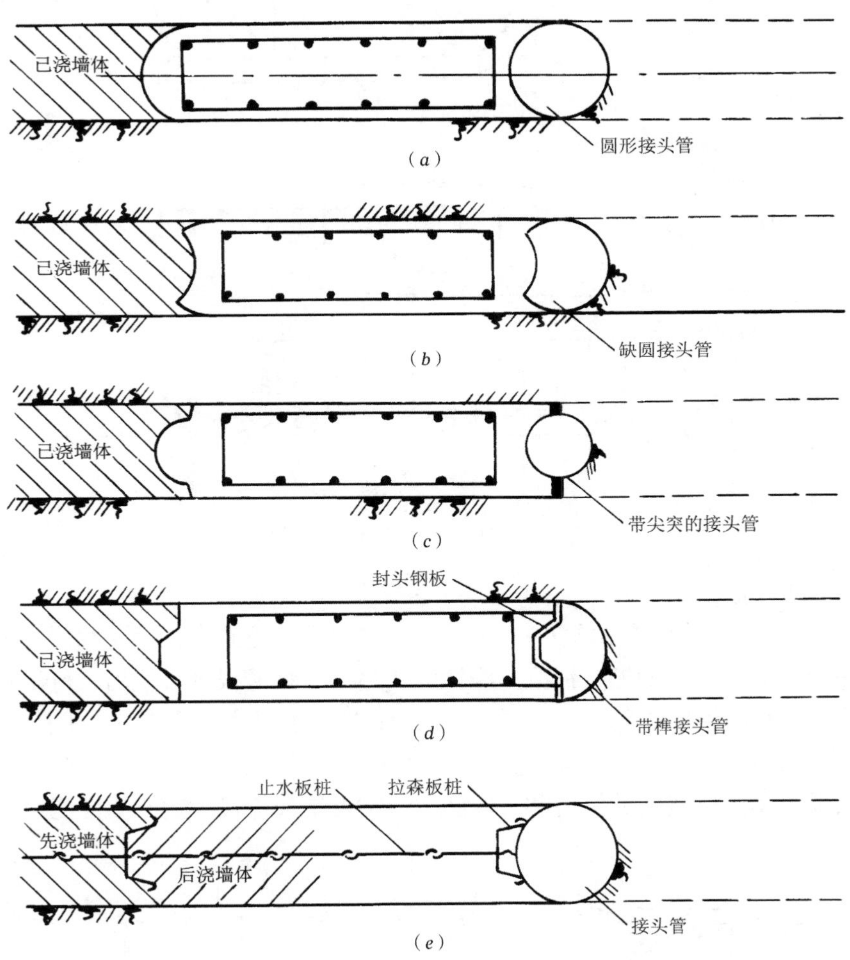

图 9-13　作模板用圆接头管

（*a*）全圆接头管；（*b*）缺圆接头管；（*c*）带翼缘接头管（不常用）；（*d*）带榫接头管（不常用）；（*e*）与止水板桩结合的接头管

2）防漏和支撑

在这种情况中，接头的外形不是由圆管或某一部分结构来决定的，而是由设置在一期槽孔钢筋笼上的构件来决定的。圆接头管所起的作用只是防止槽孔内流动混凝土绕过它流到外面去，造成二期槽孔施工困难。有时担心隔板在浇注混凝土过程中会因流动混凝土侧压力的作用而产生变形，所以在其外再放置圆接头管，给予支撑（图9-14）。

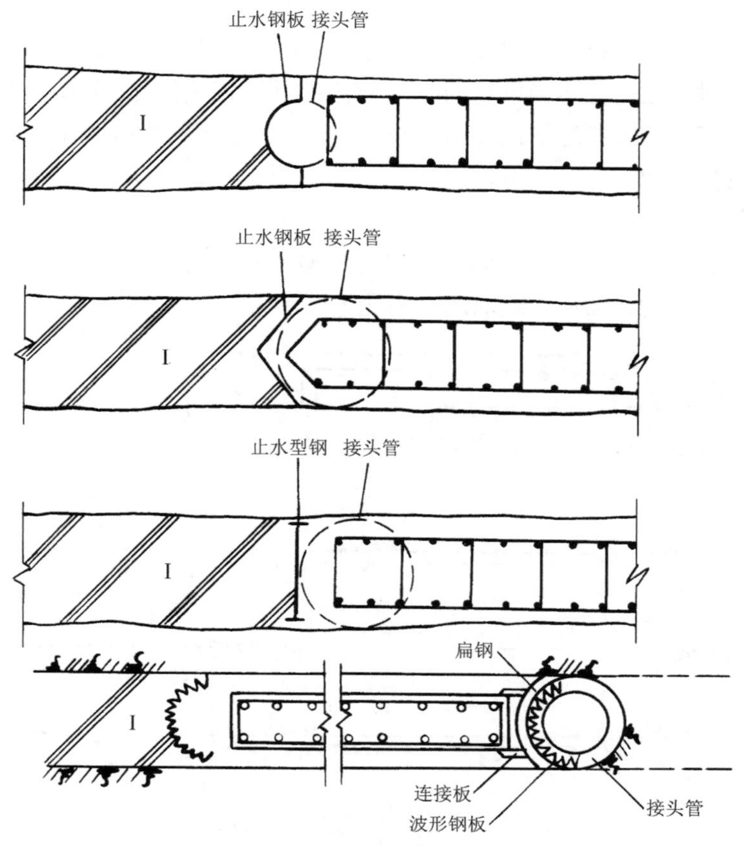

图9-14　防漏和支撑用圆接头管

3）改进的圆接头

图9-15所示是一种改进型圆接头。在浇注一期混凝土之前，在槽孔端部放入带缺口圆接头管和一个小管。在一期槽孔混凝土浇注完成之后，将两根管子拔出，待浇注完二期槽孔混凝土之后，在小管位置上用大于原管直径的钻头重新钻出一个钻孔（扩孔），以便把小管孔壁周围质量较差的混凝土清除掉，露出新鲜混凝土面，然后再用膨胀混凝土将其回填，这样的接头既可增强圆接头的抗剪和抗弯能力，又可增强该接缝的抗渗性能。

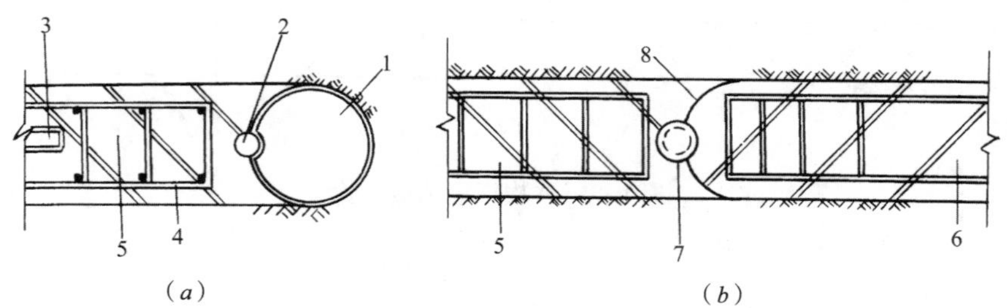

图9-15　改进型圆接头管

（a）一期槽孔施工图；（b）二期槽孔施工图

1—圆接头管（缺口）；2—小管；3—导管；4—钢筋笼；5——期槽孔；6—二期槽孔；7—扩孔后填膨胀混凝土；8—接缝面

9.4.3　排管式接头管

实践表明，使用圆接头管形成接缝面容易在浇注过程中窝泥，造成墙体接缝渗（漏）水。于是有人想到了用几根小管代替大管的办法。在意大利土力公司和卡沙特兰地公司都有此类产品和应用。图 9-16 所示就是其中一种。

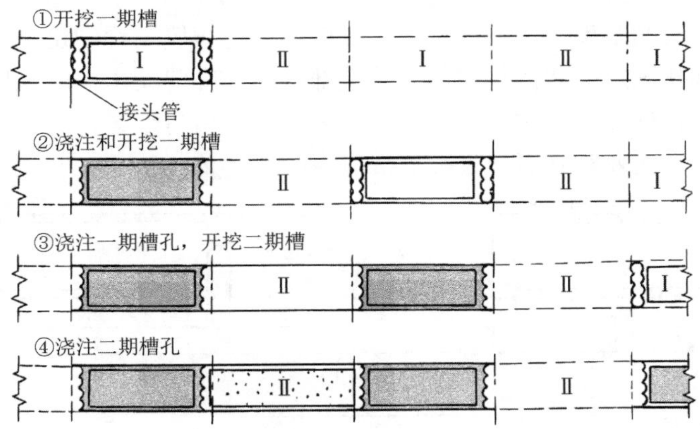

图 9-16　排管式接头管施工过程图

图 9-17 所示是国内使用的一种哑铃式接头管。它是用两根直径 219mm 无缝钢管和钢板组焊起来的，横断面形状像只哑铃的接头管。经过 10 个工程约 10 万 m^2 地下连续墙工程量的检验，证明这种接头管具有体积小、占用空间少、下放和起拔容易、接缝抗渗性高等优点，很适合于深度在 50m 以下的地下连续墙中使用。

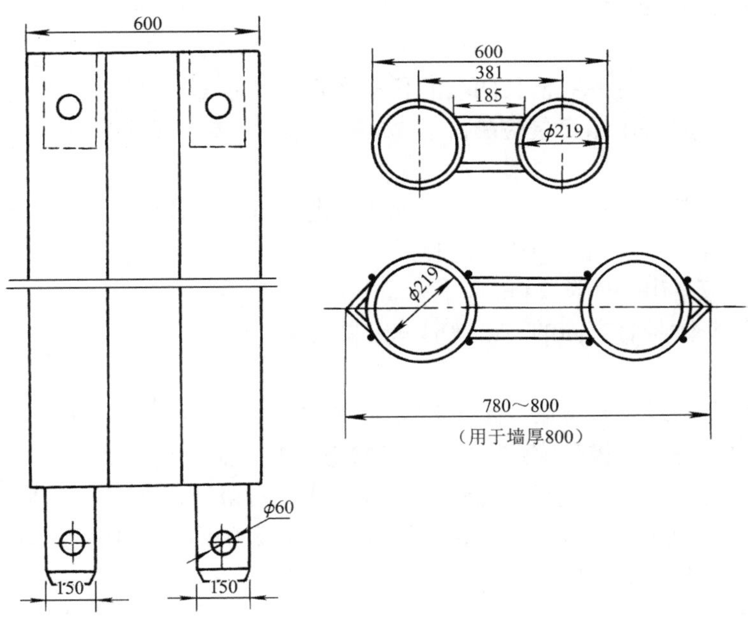

图 9-17　哑铃式接头管

9.4.4　塑料接头管

这里所说的小管接头管与圆接头管、排管接头管不同，这种小管接头管不是拔出来形成接头孔，而是设法将其破碎后形成的。如果说后两种接头管是一种滑模的话，那么这种接头管就是一种固定模板，或者说在槽孔混凝土中的预埋件。

这种接头方式之所以能实现，是因为它采用了容易被击碎的材料——塑料。这类接头管叫作塑料接头管，它的直径是可大可小的，它们的共同特点是，先打碎“自己”，再形成接头孔。这是在接头管系列中唯一使用工程塑料的地方。

图 9-18 所示是意大利土力公司在一个地下连续墙工程中使用直径 180mm 聚氯乙烯管作为墙段之间的接头的工程实例。北京新兴大厦地下连续墙工程中也采用了类似的接头结构。聚氯乙烯管绑扎固定一期槽孔钢筋笼的端部并浇注在混凝土中。二期槽孔开挖时，在抓斗侧边装上一个长的斗齿，一边向下挖槽，一边用长齿将聚氯乙烯管割碎取出孔外。在浇注二期混凝土前，还要对其表面进行清洗。

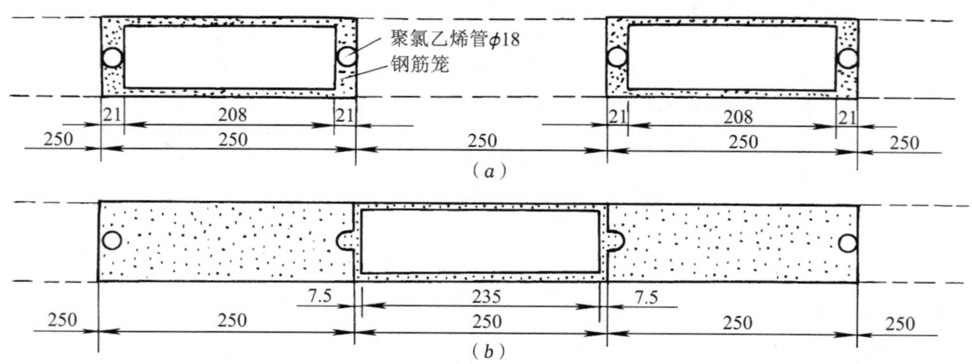

图 9-18 某工程的聚氯乙烯管接头（cm）

（a）一期槽施工；（b）二期槽施工

9.4.5 接头管的施工要点

1. 吊放

（1）吊放之前，一定要对槽孔两端的孔斜和有关尺寸（如墙厚、槽孔总长度和桩号）进行检测（有条件时可用超声波检测仪）。如果不能满足接头管下放要求，则应进行修补，直到满足要求为止。

（2）第一次使用接头管时，应事先在地面上进行组装试验，将各管节编上号码，有序堆放。在吊放过程中应严格检查接头连接是否牢固。

（3）接头管应露出导墙顶 2.0m 以上。

（4）有些接头管是有方向的，吊放时一定要对准方向。

2. 起拔

（1）起拔设备一定要有备用，至少要有两种起拔设备，可随时投入使用。

（2）起拔时间是决定拔管成败的关键。通常应当在开始浇注混凝土后的 1.0～2.0h 进行小幅度的拔动（微动），可将接头管抽动约 10cm 或左右扭动，以破坏混凝土的握裹力。

（3）接头管应匀速缓慢地拔出槽孔。如果设备起拔力不够，可适当降低槽孔混凝土上升速度，以减少混凝土的侧压力。

9.5 接头箱

9.5.1 概述

这种接头方法与接头管接头施工类似，在单元槽段挖完之后，在一端或两端吊放锁口管与敞口接头箱（也可以使用马蹄形锁口的接头箱），再吊放带堵头板的钢筋笼，在堵头板外伸出的钢筋就进入了敞口的接头箱中。当浇灌槽段混凝土时，由于堵头板的作用，混凝土不会流入箱内。拔出接头箱和接头管就形成了外伸的钢筋接头和空孔，在浇注下一槽段的混凝土时，就成为钢筋连续的刚性止水接头。其工艺过程详见图 9-19。

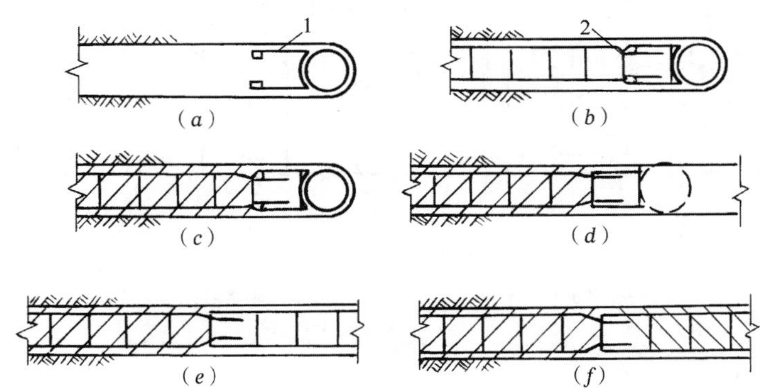

图 9-19　接头箱接头施工过程

（a）插入接头箱；（b）吊放钢筋笼；（c）浇注混凝土；（d）吊出接头管，挖后一个槽段；（e）拔出接头箱，吊放后一个槽段的钢筋笼；（f）浇注后一个槽段的混凝土形成整体接头
1—接头箱；2—焊在钢筋笼端部的堵头板

在这种接头中，接头管只用来给接头箱定位和作支撑。能起这种作用的，并不局限于圆管，也可以是其他形状的结构物，如图 9-20 中的定位块 2。

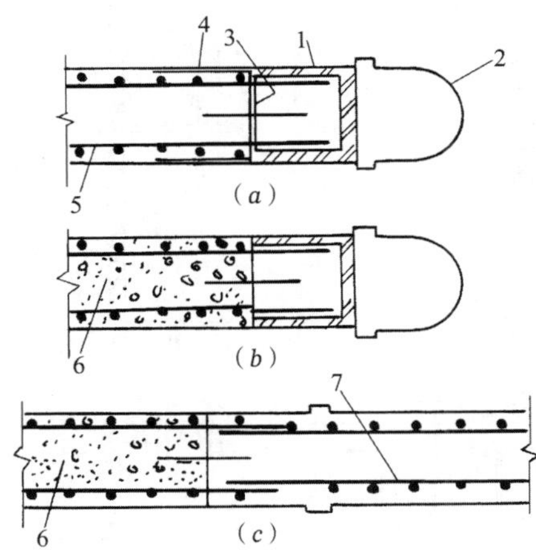

图 9-20　U 形接头箱

（a）吊放接头箱和钢筋笼；（b）浇注混凝土；（c）拔出接头箱，吊放二期钢筋笼
1—U 形接头箱；2—定位块；3—钢板；4—尼龙布；5—钢筋笼；6—混凝土；7—二期钢筋笼

9.5.2　接头箱实例

1. U 形接头箱

如图 9-20 所示，图中的定位块（接头管）能起到固定和支撑接头箱的作用，还可增加墙体在接头处的抗弯刚度。不过要在等厚的槽孔中向两侧地基中挖出一道并不很深的榫槽，也非易事。

2. 软管接头箱

如图 9-21 所示，图中的软管在浇注混凝土过程中充胀，可防止混凝土漏到另一侧。

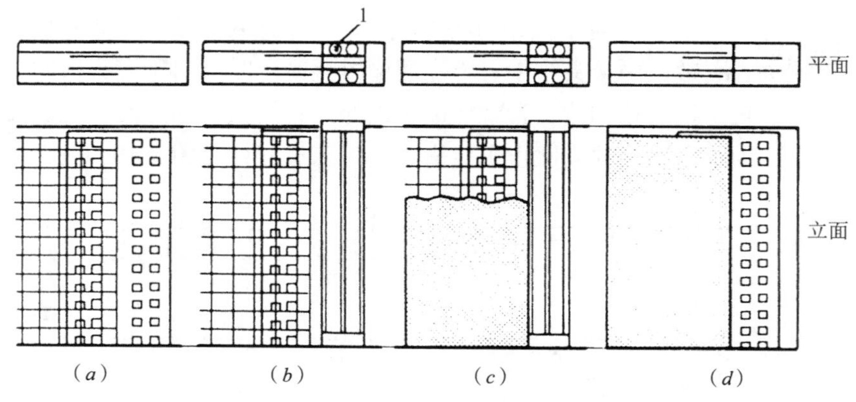

图 9-21 软管接头箱

（a）放钢筋笼；（b）放接头箱；（c）软管充胀堵漏；（d）拔管

1—软管

3. CWS 接头箱

此接头是利用钢制接头箱（梁）作为接头孔的端模（不再使用圆形接头管）（图 9-22）。在一期混凝土浇注之后，端模并不拔除而留在原位，以避免接头面上的混凝土受到泥浆污染或挖槽机碰撞，同时可作为二期挖槽的导向装置。当第二期槽段挖完之后，再利用挖槽机本身的装置剥离和拔出端模（接头箱）使两期混凝土能紧密接合。

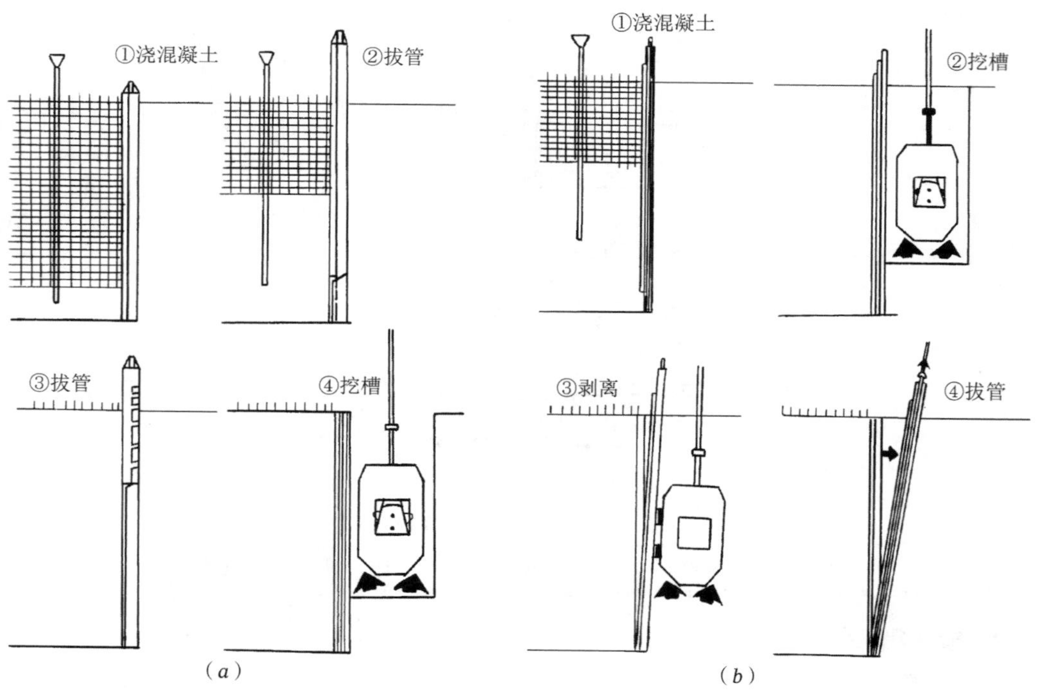

图 9-22 CWS 接头示意图

（a）圆接头管；（b）CWS 接头

用这种接头箱还可进行以下两种作业：

（1）在接缝内埋设止水带（图 9-23）。此时先把止水带埋入一期槽孔中，而另一半则在拔出端模之后，再浇入二期混凝土中，这样就形成一个完整的止水带。

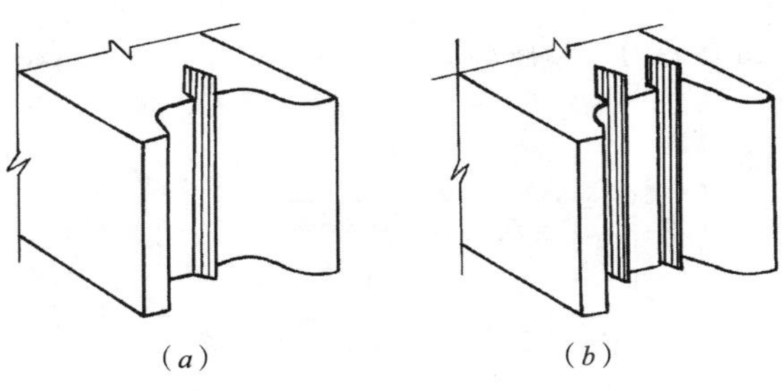

图 9-23　止水带

(a) 单叶止水带；(b) 双叶止水带

（2）装置特殊的液压锚杆（图 9-24、图 9-25）。如图 9-25 所示，所装锚杆将先后施工的两个相邻墙段锚固起来，借以传递剪力。每根锚杆的拉力可达 500～1000kN。

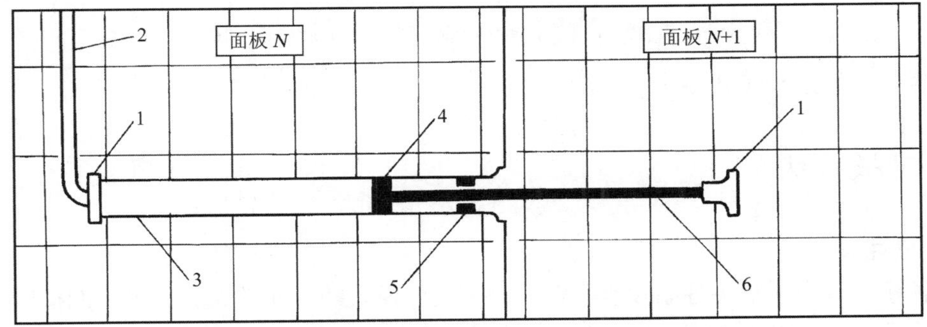

图 9-24　液压锚杆

1—锚板；2—给油管；3—活塞筒；4—活塞；5—限位块；6—锚杆

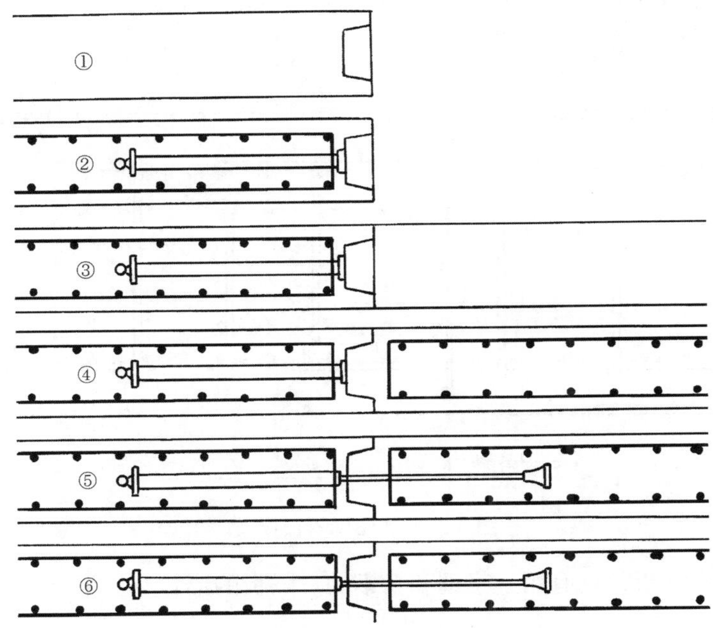

图 9-25　液压锚杆施工过程图

由于 CWS 接头的独特功能，获得了不少的应用和发展。据记载，在法国已有 10 万 m^2 的施工实绩。

4. FRANKI 接头（图 9-26）

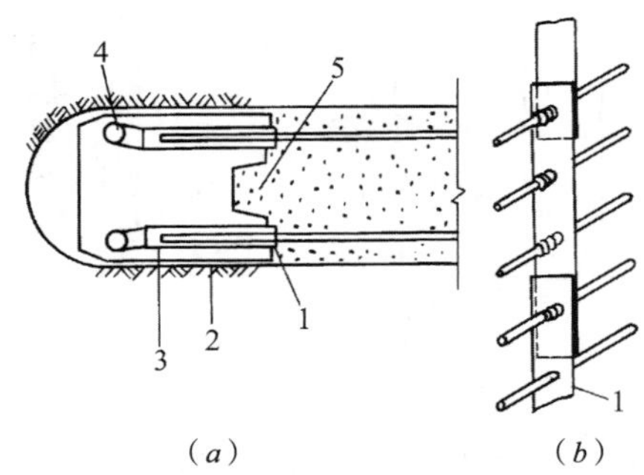

图 9-26 FRANKI 接头

（a）接头设计；（b）隔板大样

1—隔板；2—铸钢接头箱；3—水平筋插槽；4—冲水孔；5—剪力榫

这也是一种接头箱式接头。

9.6 钢板接头

9.6.1 概述

这种接头是为了解决各墙段水平钢筋的搭接而设置的。通常先施工的一期槽段的两端以钢板为端板，水平钢筋则伸出其外，此时端板就变成了隔离板，即一期槽孔混凝土浇注仅限于两个端板之间，且不容许漏到外面去。为防止外漏，常采用高强度纤维布或镀锌薄钢板与端板一起组成防止混凝土外漏的长方体盒子（图 9-27）。

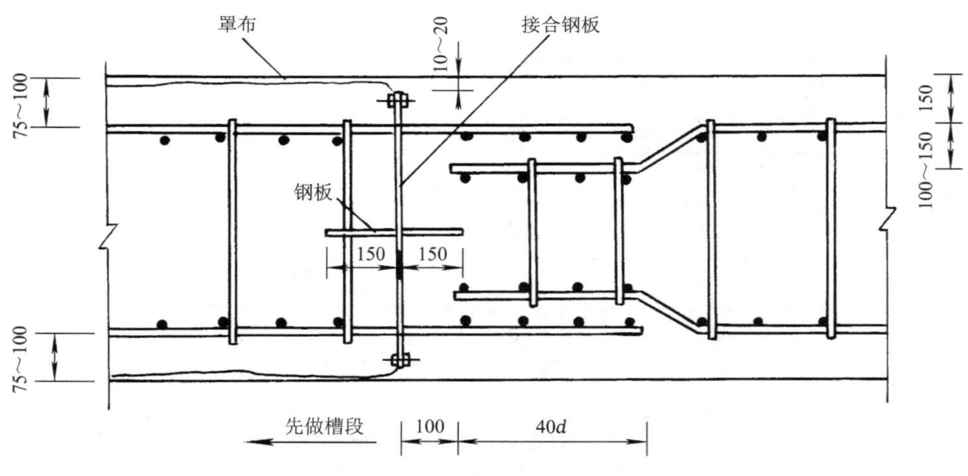

图 9-27 连续墙隔板接头

隔板多用钢板制成，也有用工字钢和槽钢的。隔板的形式有：平板形、十字形或双十字形、开口箱形。

根据水平钢筋搭接程度不同，隔板式接头有刚性连接和铰结连接之区别。

在正常施工条件下，隔板式接头水密性好并能传递各种横向力，是目前公认的最有效的地下连续墙接头方式。

9.6.2　隔板接头实例

1. 使用高强度纤维帆布作隔帘

图 9-28 所示是用高强帆布作隔帘的隔板接头。图 9-28（*a*）是一种改良接头，效果较好。

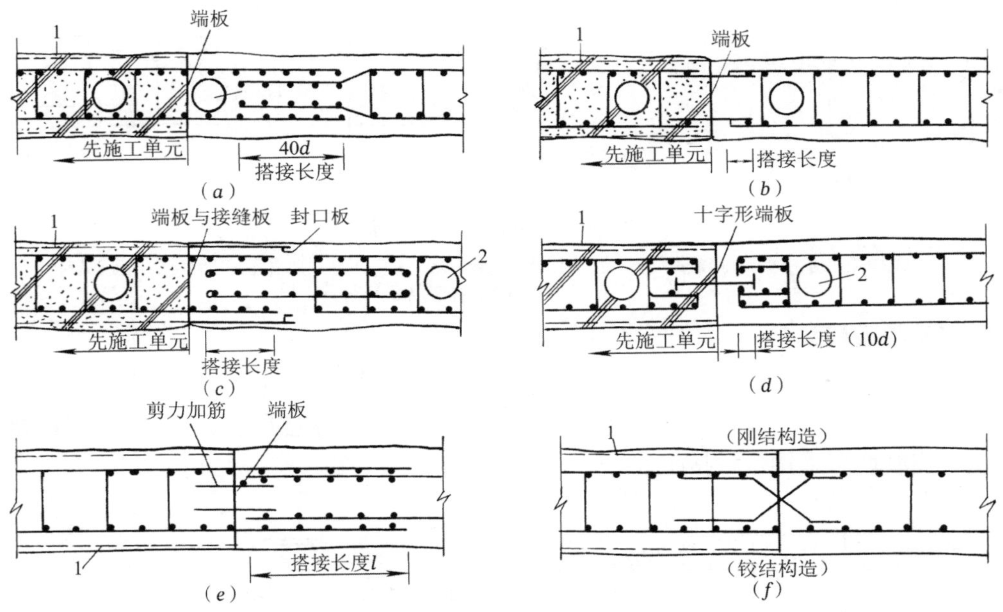

图 9-28　隔板接头

1—纤维帆布；2—导管

通常隔板的宽度宜比设计墙厚小 3～5cm，其长度宜比墙深大 30cm 左右，以便于隔板底部能插入土中，防止隔板移动。如果墙底位于砂砾地基中，则其超深应小于 30cm。隔板上的穿（钢筋）孔孔径应略大于螺纹钢筋外径，其间距和保护层厚度应满足设计要求。高强度（大于 2000N/cm^2）和高韧性的纤维帆布用螺栓与钢筋笼紧密连接（图 9-29）。

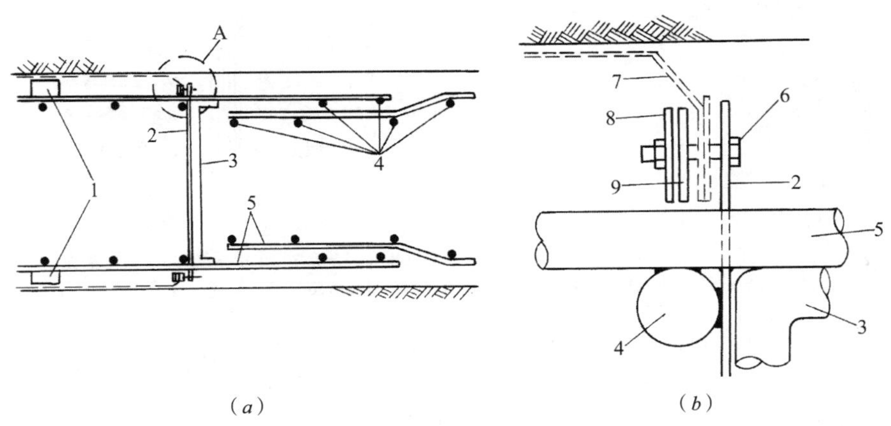

图 9-29　隔板详图

（*a*）接头布置图；（*b*）A 处详图

1—垫块；2—隔板；3—加强筋；4—主筋；5—水平筋；6—螺栓；7—帆布；8—钢板；9—橡胶片

2. 使用镀锌薄钢板作隔帘

有的地下连续墙工程用镀锌薄钢板（铁皮）代替帆布作为硬隔帘，不会轻易被割破撕裂，提高了接头的成功率。图 9-30 所示就是其中一种做法，薄钢板的厚度为 0.75～1.0mm。我国杭州某地下连续墙工程中曾使用此接头。

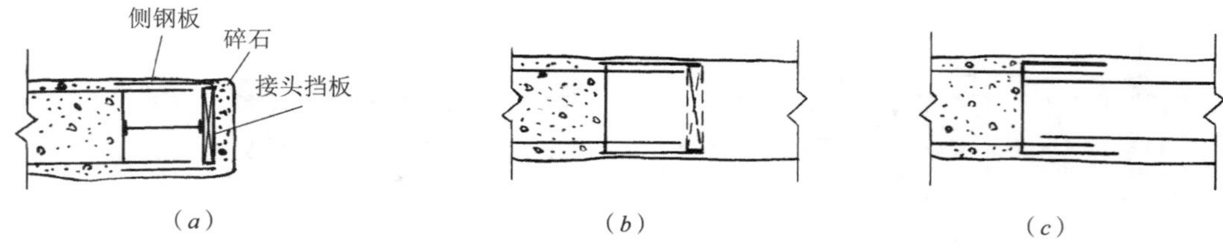

图 9-30 用钢板作侧面防护

（a）一期槽孔挖槽，清孔，吊放钢筋笼，接头挡板，浇灌混凝土；（b）挖二期槽孔，拔除接头挡板，清孔；（c）吊放钢筋笼，浇灌混凝土

3. 特殊隔板接头

（1）H 型钢接头，如图 9-31 所示。

（2）滑槽式接头，如图 9-32 所示。这是日本川崎人工岛地下连续墙中使用过的接头。钢制地下连续墙多采用这种接头。

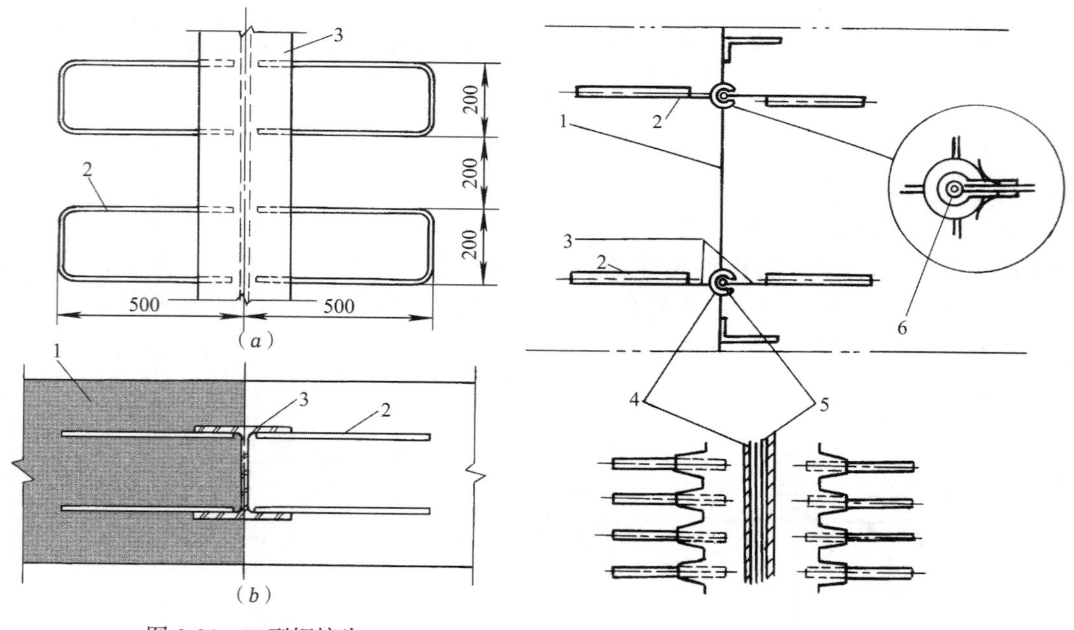

图 9-31 H 型钢接头

（a）立面；（b）平面

1—地下连续墙；2—U 形钢筋；3—H 型钢

图 9-32 滑槽式接头

1—钢板（12mm）；2—水平筋；3—多孔钢板；4—厚壁钢管（内径 114.8mm）；5—钢管（直径 38.1mm）；6—灌注砂浆

（3）组合式隔板接头，如图 9-33 所示。它把隔板、接头箱、圆接头管、帆布和填充碎石等措施都考虑在一起了。

（4）十字钢板接头，如图 9-34 所示。这是把隔板和穿孔钢板结合的接头，利用充气软管防止混凝土泄漏。

（5）帆布与钢板共用的隔板接头，如图 9-35 所示。

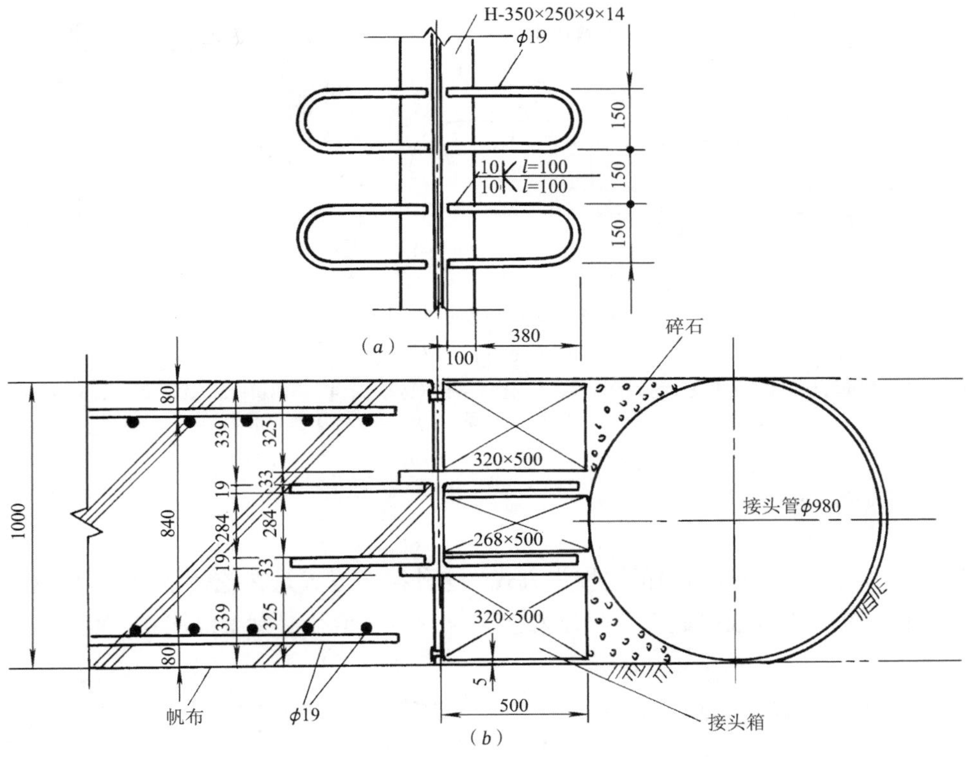

图 9-33　组合式接头详图

（a）立面；（b）平面

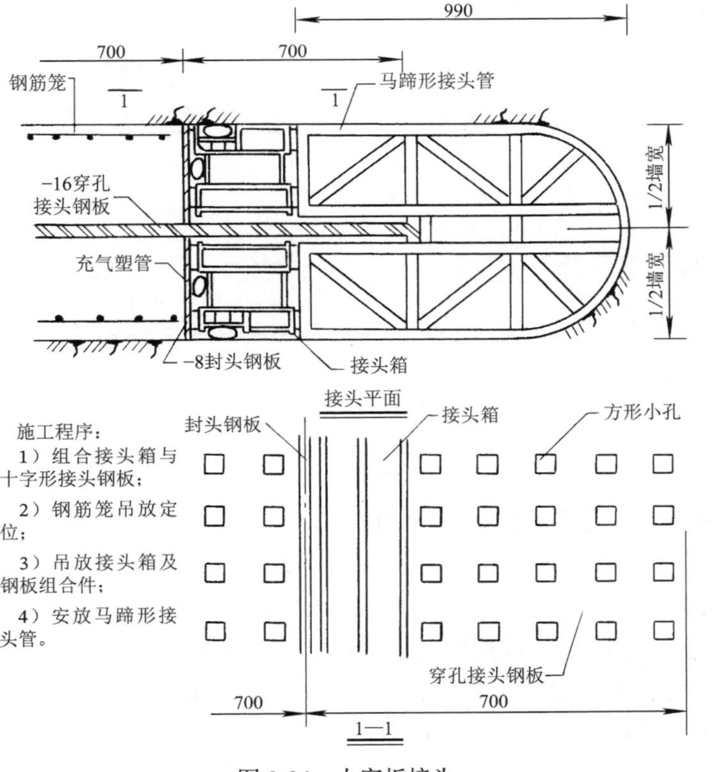

图 9-34　十字板接头

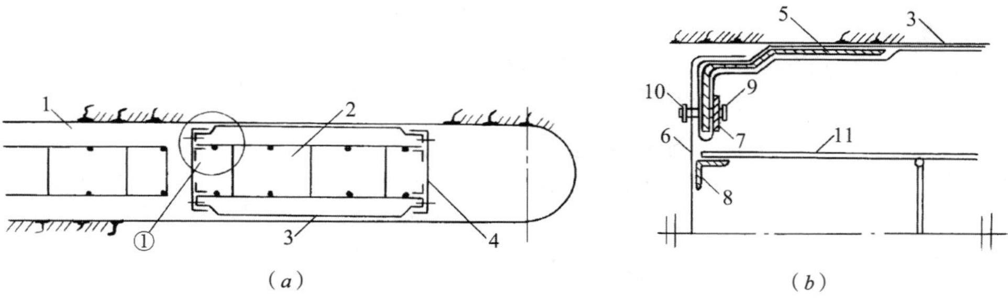

（*a*）　　（*b*）

图 9-35　帆布与钢板共用的接头

（*a*）平面；（*b*）①处详图

1—后浇注的单元墙段；2—先浇注的单元墙段；3—化学纤维织物薄布；4—平隔板；5—扁钢（一）；6—隔板；7—扁钢（二）；8—角钢；9—螺栓；10—螺母；11—钢筋笼

9.7　预制接头

图 9-36 所示是几种常用的预制接头方式。这种接头方式是在挖槽结束以后，用螺栓或插销把预制的混凝土块连接起来，吊放入接头位置，与槽孔混凝土浇注在一起。

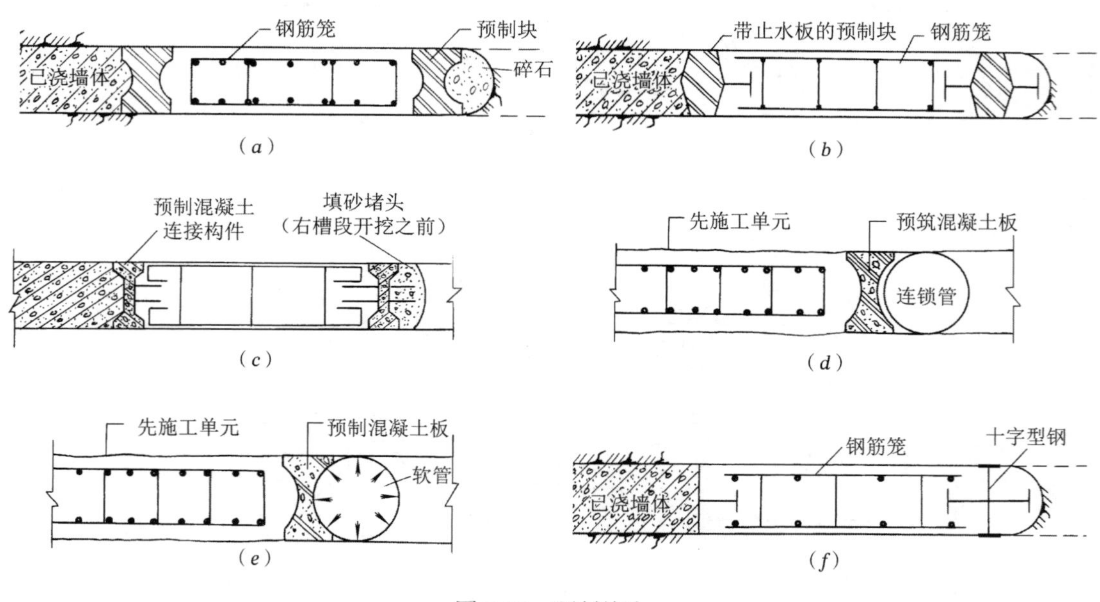

图 9-36　预制接头

（*a*）预制块插入式；（*b*）带止水板预制块插入式；（*c*）补强钢板；（*d*）预制板；（*e*）预制板和软管；（*f*）十字型钢插入式

为使预制接头能承受流动混凝土的侧压力，可在接头的另一侧回填砂砾料或碎石或用圆接头管以及充气软管顶住。

这种接头方式可在基坑开挖之后，凿出接头内的钢筋，与墙段的水平钢筋连接起来。需要注意的是，有时由于预制块或螺栓孔位偏差，可能会造成整个接头偏斜。

图 9-37 所示是上海金茂大厦地下连续墙中的预制混凝土接头。地下连续墙厚 1m，深 36m。预制接头分成 4 节（10m + 9m + 9m + 10m）制造。吊装时用 14 根高强螺栓连接，总体偏斜度不大于 0.3%。每隔 1m 开一方孔，作提升用。

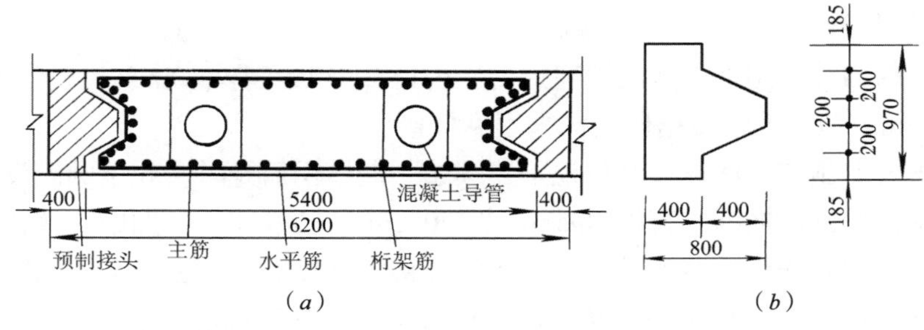

图 9-37　预制混凝土接头

(a) 槽孔吊装图；(b) 接头详图

9.8　软接头

9.8.1　概述

我国在防渗墙工程中，曾结合当时当地的实际情况，研制和使用了一些软性材料接头形式。

9.8.2　胶囊接头管

以往我国的防渗墙都采用套接一钻的钻凿法接头方式。这种接头施工速度慢，对墙体混凝土有一定程度的损害，还可能造成接头孔偏斜过大，使一、二期槽孔混凝土搭接宽度无法满足要求。并且，由于接头孔壁粗糙，凹凸不平，在浇注混凝土过程中，会把沿槽孔壁上升的淤泥滞留下来，形成接缝夹泥。为此，笔者利用设计橡胶坝的经验，和施工单位于 1970 年春在十三陵水库防渗墙工程中共同进行了接头试验，决定采用胶囊接头管。这是我国在地下连续墙工程中第一次采用接头管工艺。

胶囊接头是采用橡胶坝工程中使用的锦纶帆布，做成直径 55～70cm 的胶布口袋。在槽孔清孔合格后，放入一期槽孔两端的主孔位置上，向胶囊内充入相对密度很大的稠泥浆并使其孔口处保持一定的内压力。槽孔混凝土浇注完毕后 10～20h 排出胶囊内部泥浆，送入压缩空气，将胶囊浮出槽孔外（图 9-38）。

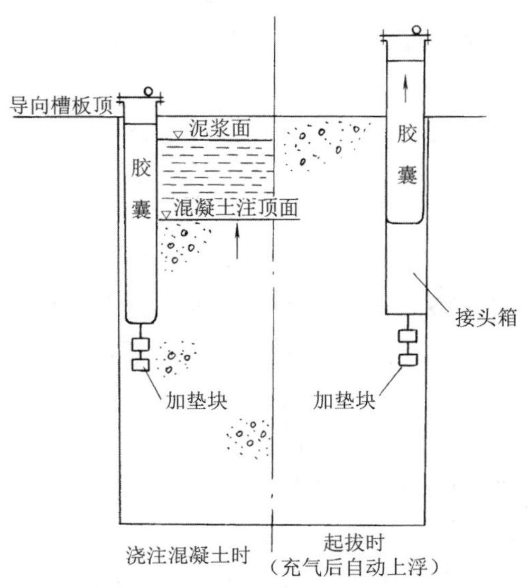

图 9-38　胶囊接头示意图

9.8.3 麻杆接头管

某水泵房的圆井是用地下连续墙建造的，内径21.70m，厚1.0m，共划分14个等长槽孔。墙深25.7m。地下连续墙槽段接头采用麻杆接头。

麻杆接头管的制作方法：在制作地下连续墙一期槽钢筋笼时，先于两侧设置固定弧状筋；然后将麻杆用钢丝捆绑成直径80cm、长200cm的圆柱体，每捆中间捆扎一定数量的黏土和砂，黏土和砂均用旧聚乙烯袋装。将麻杆接头管依次绑扎在一期槽钢筋笼两侧弧形筋上，并使麻杆接头管中心与二期槽单孔中心相吻合，随钢筋笼一起下放。麻杆接头管结构见图9-39。

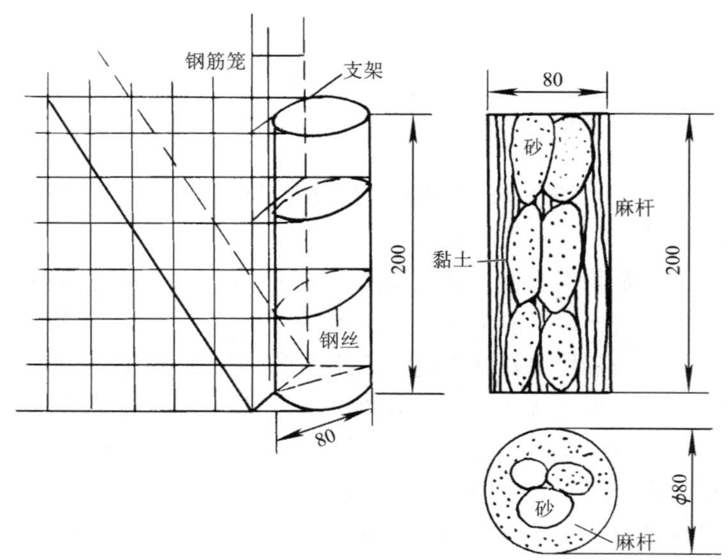

图9-39 麻杆接头管结构（cm）

在接头孔施工中，麻杆接头管起到了导向作用，用直径1000mm钻头钻进直径800mm麻杆接头管，将麻杆接头管材料充分清除，孔壁新鲜完整，不残留麻杆。因槽端钢筋笼具有足够的混凝土保护层，不会损坏钢筋笼。捆绑的麻杆随钻头的冲击破碎后，浮上孔口浆面上捞出。

9.9 双轮铣套铣接头

9.9.1 概述

双轮铣套铣接头，就是在双轮铣开挖地下连续墙二期槽孔时，把一期槽孔端部切下200～300mm的混凝土来，并在一期槽孔的壁上留下沟槽，以便使一、二期混凝土更好地结合。

9.9.2 双轮铣套铣接头的优点

（1）施工中不需要其他配套设备，如起重机、锁口管等。需要接头板、对称配筋。

（2）可节省昂贵的工字钢或钢板等材料费用，同时钢筋笼重量减轻，可采用吨数较小的起重机，降低施工成本且利于工地动力安排。

（3）不论一期或二期槽挖掘或浇注混凝土时，均无预挖区，且可全速灌注混凝土，无绕流问题，确保接头质量和施工安全。

（4）挖掘二期槽时双轮铣套铣掉两侧一期槽已硬化的混凝土。新鲜且粗糙的混凝土面在浇注二期槽混凝土时，形成水密性良好的混凝土套铣接头。

9.9.3　双轮铣的铣切厚度

（1）一般情况，铣切厚度为 200～300mm；根据孔深情况，可以适当增加铣切厚度（图 9-40*b*）。

（2）意大利土力公司 2012 年的试验槽孔中，套铣厚度为 300mm。套铣后混凝土表面情况见图 9-41。

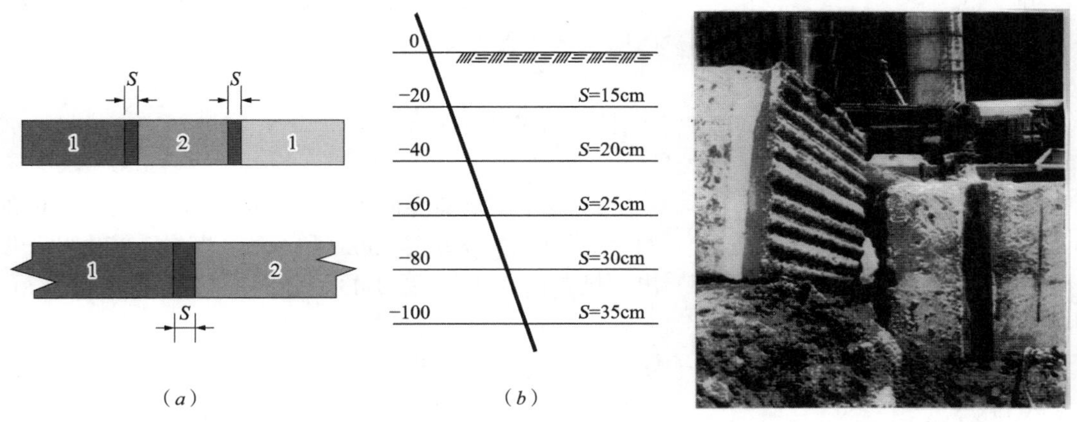

图 9-40　套铣接头平面和剖面图　　图 9-41　套铣处表面情况

搭接处被轮毂开挖出锯齿状的外形，在二期槽浇灌时会形成波纹形的防水层，止水效果更好。

9.10　大桩接头

2008 年，在四川雅砻江上的桐子林水电站的导流围堰防渗墙中主编提出使用大桩接头方式（图 9-42）。

根据该工程的特点，该围堰的出口段基础采用了地下连续墙与大口径桩组成的框格式结构。接头方式有十字形、T 形和拐角（90°）形等三种，其大柱直径 2.5m，先期施工，预埋钢板，与后施工的防渗墙连接，墙厚 1.2m。使用效果很好。

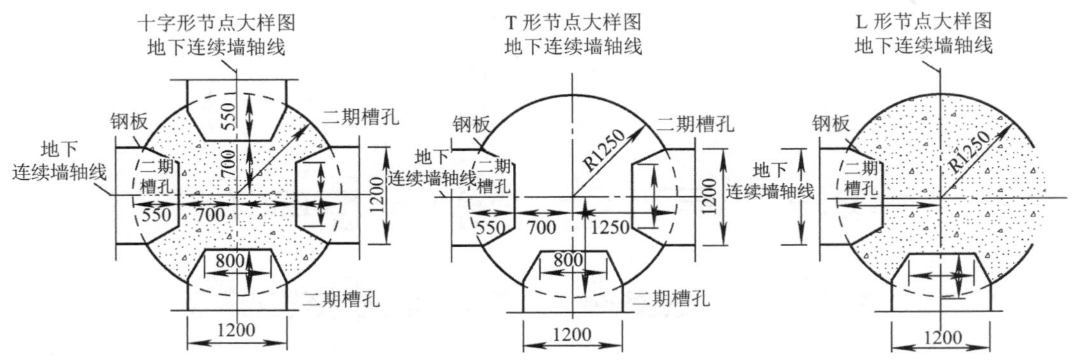

图 9-42　大桩接头（桐子林）

9.11 全套管全回转钻机接头

（1）1992年7月，在小浪底防渗墙工程中，墙体最深达80多米，接头施工难度很大，我们曾经考虑进口德国Leffer公司的全回转钻机，用来进行防渗墙的接头孔施工，它的扭矩大，起重能力强，孔斜好控制。当时报价很高，所以放弃了这个方案。

（2）目前，我国已经完全可以生产不同型号的全套管全回转钻机，完全有能力实现这个想法；特别是用在深墙的接头施工上。

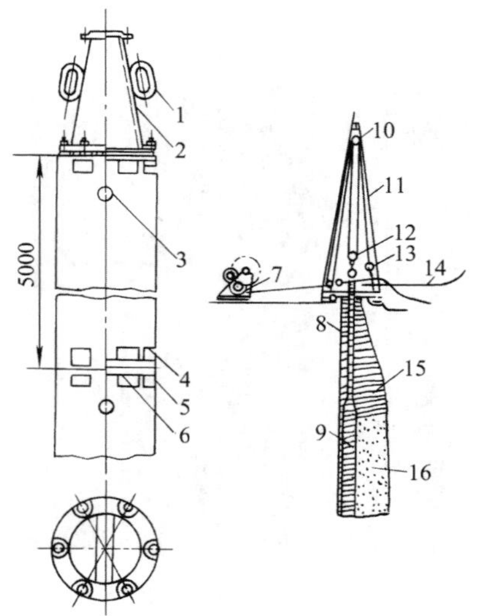

图 9-43 滑模接头管

9.12 滑模接头

1974年在鹤岗煤矿采用冲击钻建造了直径为5m的两个通风竖井，深度为30m和50m。煤炭系统由此开发出“帷幕凿井法”，图9-43所示是其接头形式。

9.13 横向接头

这是1993年在黄河小浪底水库防渗墙工程中，由法基公司开发使用的接头方式。

当地地基有很多卵漂石，防渗墙接头施工很困难。经研究，采用了横向接头方式（图9-44、图9-45）。

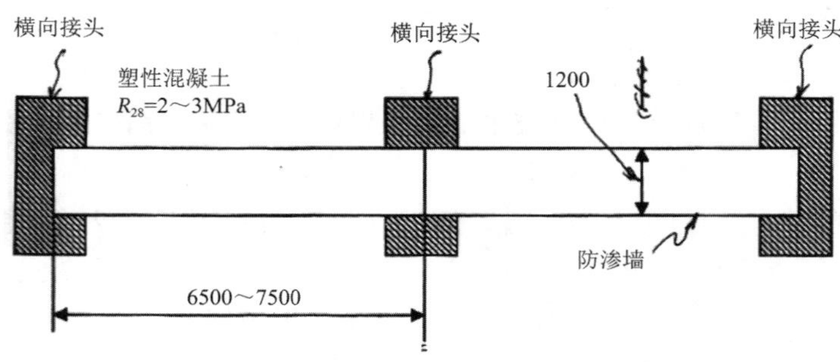

图 9-44 小浪底防渗墙横向接头方式

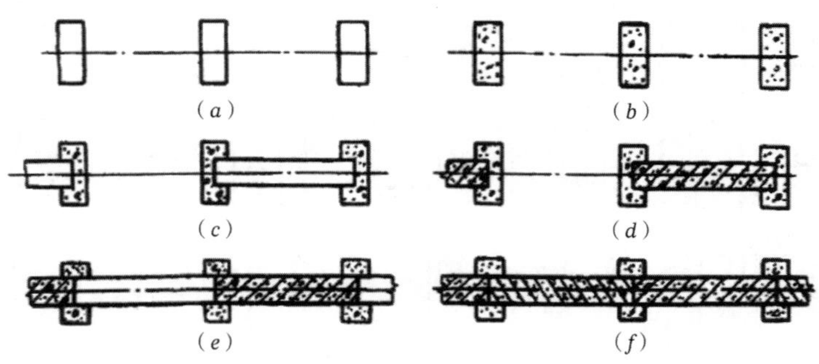

图 9-45 横向接头施工图

9.14　其他接头

1. 带止水片接头（图 9-46）

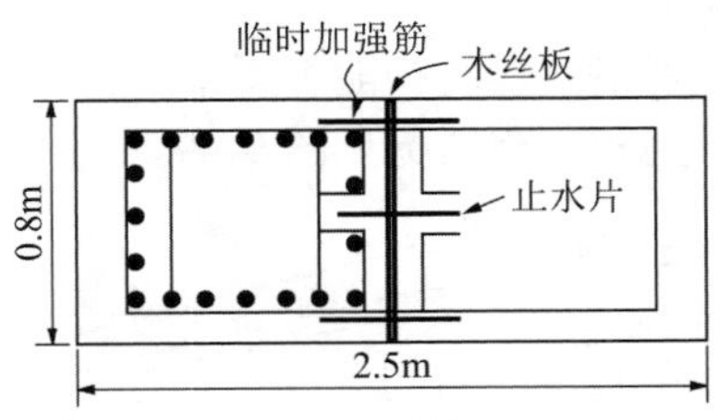

图 9-46　带止水片接头

这是主编在北京地区的地下连续墙中采用的接头方式。

2. 防水接头（图 9-47）

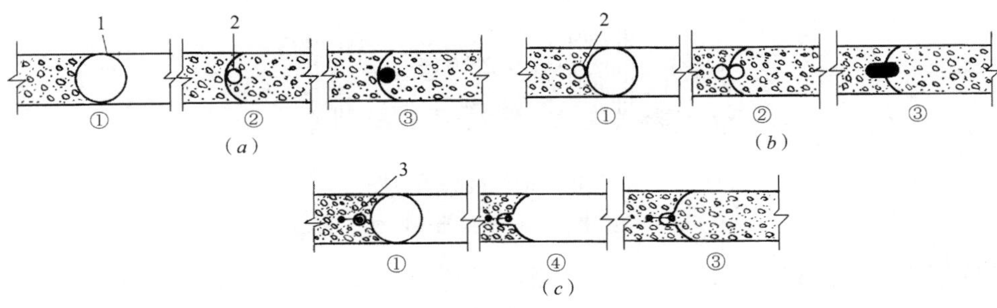

图 9-47　防水接头

(a) 单缝管；(b) 双缝管；(c) 止水片接缝

1—接头管；2—缝管；3—止水片

①—浇灌一期槽孔；②—浇灌二期槽孔；③—接缝灌浆；④—清理止水片

3. 充气接头

充气接头利用充气软管防止混凝土外流，这种接头方式国内外均有应用实例。图 9-48 所示也是一种充气软管接头。

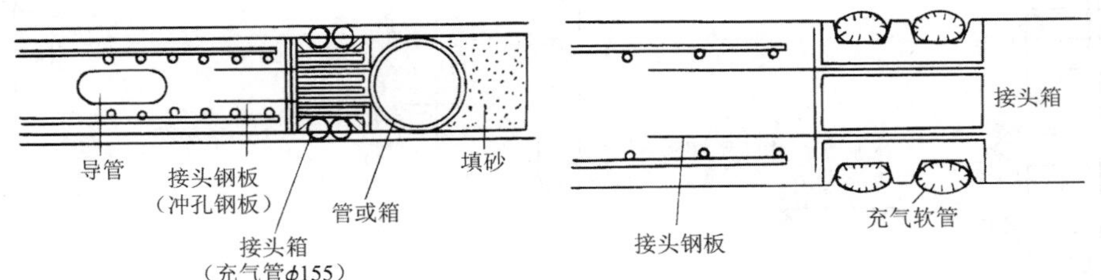

图 9-48　充气软管接头箱

9.15　结构节点

9.15.1　概述

本节除阐述结构接头做法外，还要说明如何在地下连续墙内设置沉降接头。

9.15.2 结构接头

1. 概要

这里所说的结构接头是当地下连续墙作为永久结构的一部分或全部的时候，为了传递结构荷载（剪力、轴力和弯矩），需要与结构底板（梁）、楼板、梁、立柱或墙体有效连接而在地下连续墙体内预埋或预留的埋件。

结构接头的质量好坏关系到整个建筑物能否正常运行，必须给以足够重视。

地下连续墙的结构接头种类和分布情况见图9-49。

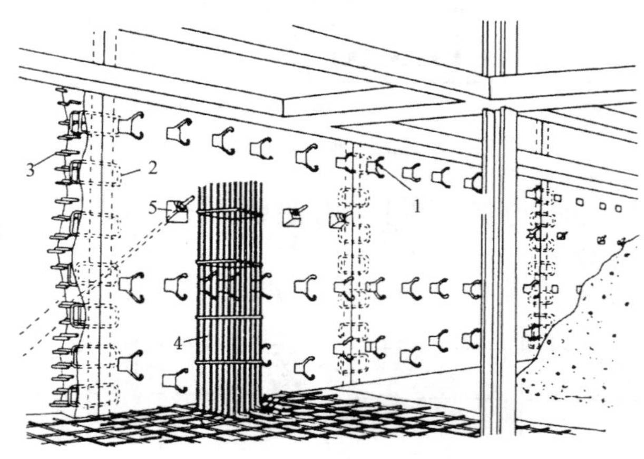

图9-49 结构接头示意图

1—剪力接头；2—施工接头；3—钢筋笼；4—立柱钢筋；5—锚杆

结构接头的形式有以下几种：①预埋钢筋；②预埋钢板；③预埋剪力接头；④钻孔埋筋；⑤套管连接器；⑥钢筋对焊法；⑦预留剪力槽。

2. 预埋连接钢筋方式

这种方式是把连接钢筋事先固定在地下连续墙钢筋笼上，并将其弯折在钢筋笼表面，用泡沫板盖住。待基坑开挖时，将泡沫板和预埋钢筋周围的混凝土凿除掉，再将预埋的连接钢筋扳起90°，成为直筋（图9-50）。

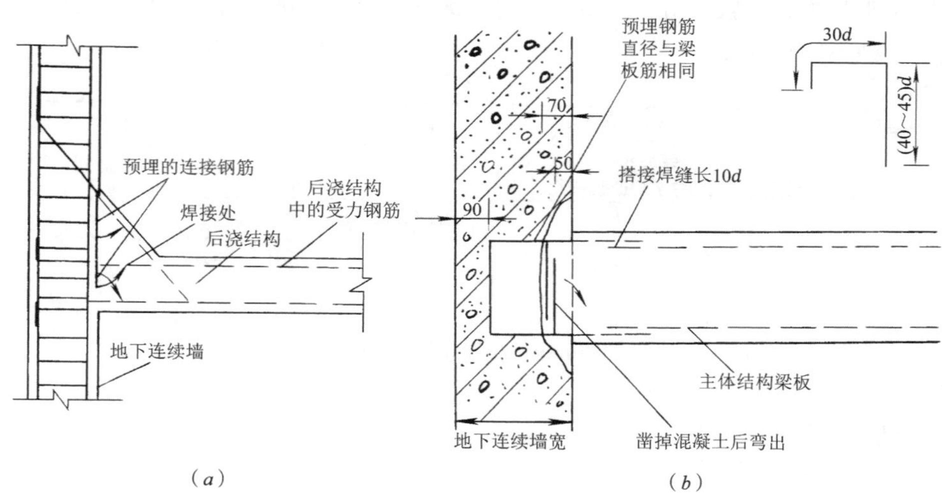

图9-50 预埋连接钢筋法

（a）示意图；（b）钢筋构造图

实践证明，用钢筋扳手扳直钢筋时，直径 16mm 及其以下的钢筋，可以容易地将其扳成直线形；而当其直径大于 22mm 时，很难将其扳成直线，很多情况下会出现 Z 状，变成了互相平行的两段钢筋。据有试验资料记载，直径 22mm 以上钢筋在常温下弯曲时会产生裂缝，当加温到 800℃左右弯曲则不会有问题，但强度会有所降低。这可以用增加钢筋数量或增大钢筋直径的方法加以弥补。此外，在搭接长度方面，也要留有一定余地。当钢筋直径大于 22mm 时，最好不用这种弯折方法。

预埋钢筋长度应考虑下列因素后选定：

（1）单根钢筋接长可采用单面搭接焊，其长度不小于 $10d$（d为钢筋直径，以下均同此）且同一区段（$l = 35d$）内接头数量不超过 50%，再加上一定的富裕长度，即可据此选定预埋钢筋外露长度，可取为（40～45）d。

（2）预埋钢筋在地下连续墙内的锚固长度，通常可取为（30～35）d。

有了上面两个长度，即可确定预埋钢筋的总长度。

此外，还可采用对接焊方法。可采用气压焊、熔接焊等方法，实现钢筋的连接。

3. 预埋钢板

前面已经谈到，预埋连接钢筋的做法存在一些困难。首先定位较难。与地下连续墙相连接的楼板的钢筋保护层厚度不过 20～40mm，基础底板保护层厚度也不过 70mm。在钢筋笼吊装定位过程中稍有偏差，或者是由于钢筋笼在浇注混凝土中下沉等原因，使预埋连接钢筋位置超出楼板混凝土面之外。同样的道理，由于钢筋笼的水平错位，使立柱或梁的预埋钢筋也离开了设计位置。其次是预埋连接钢筋的扳直和连接也有困难。

为了避免上述缺陷，可以采用预埋钢板的做法（图 9-51）。

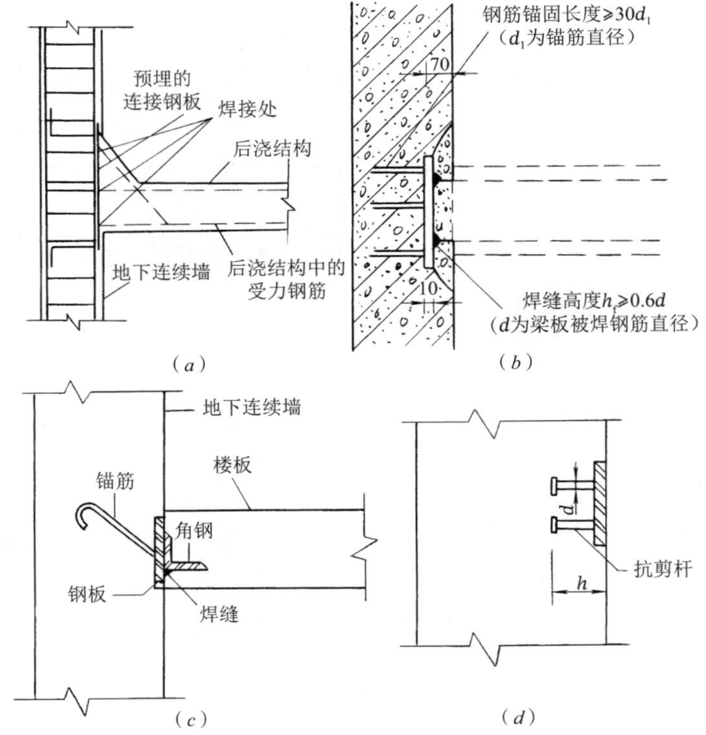

图 9-51　预埋连接钢板

（a）示意图；（b）钢筋做法图；（c）预埋钢板与角钢焊接图；（d）预埋钢板

图 9-52 所示是笔者在某工程地下连续墙中使用的预埋连接钢板图。钢板的周边尺寸要比梁的几何尺寸（长×宽）大 50～100mm，板厚 8～10mm。本工程是把钢板做成一个浅槽，槽深 100～200mm，可起到下面所说的剪力槽作用。钢板可焊在地下连续墙主钢筋后面，并要焊接和锚固牢靠，表面用泡沫板填实。基坑开挖后，再将泡沫板和混凝土凿除，之后再将梁内主筋圈焊于钢板上。图 9-53 所示是一种抗剪钢板示意图。

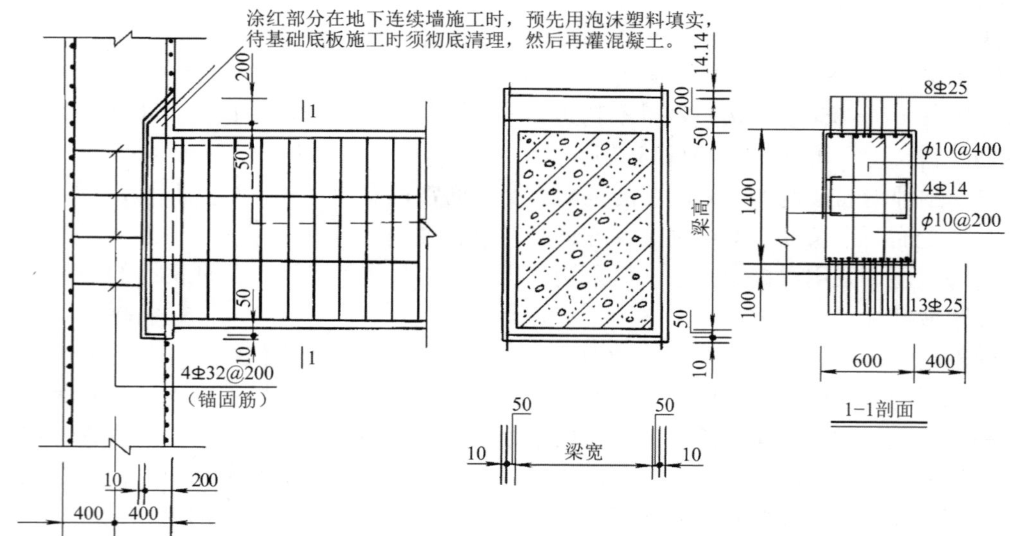

图 9-52　预埋钢板

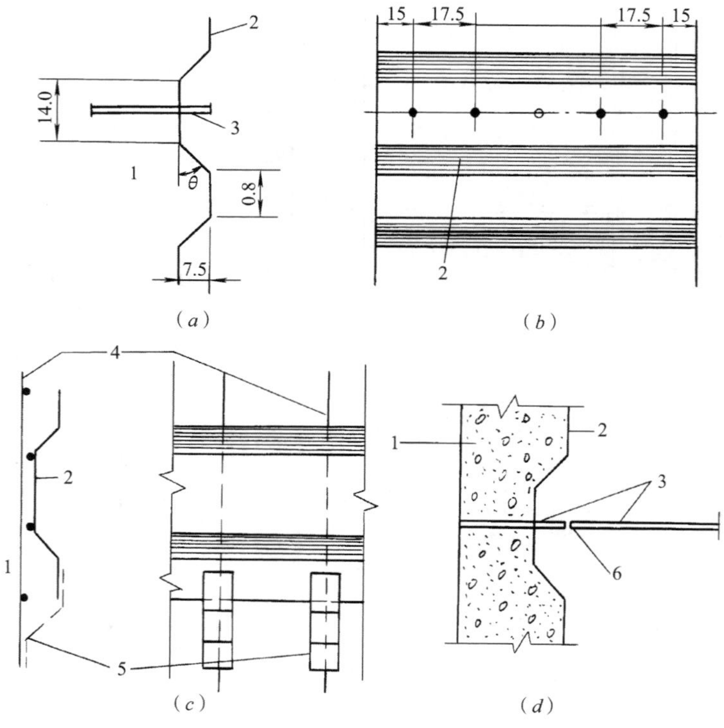

图 9-53　抗剪钢板（cm）

1—地下连续墙；2—钢板；3—锚筋；4—立筋；5—支架；6—焊接

4. 预埋剪力连接件

为了传递结构荷载，也可采用埋设剪力连接件的做法（图 9-54）。剪力连接件一端锚固于地下连续墙体内，另一端则卧在地下连续墙钢筋笼外表面上。待浇注混凝土和基坑开挖之后，再将其凿出扳直，浇注在永久结构的梁板中。剪力连接件的结构形式见图 9-55。

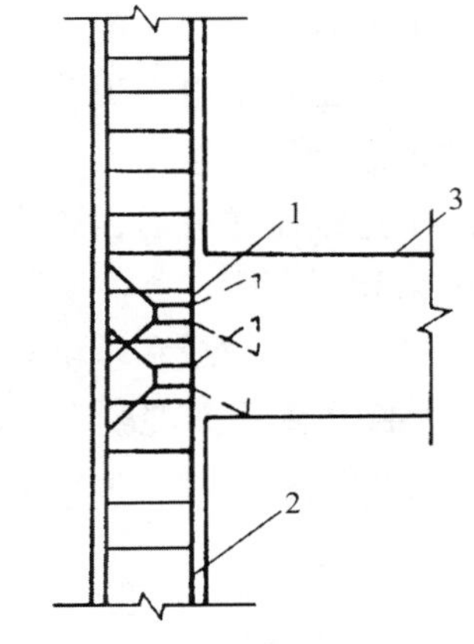

图 9-54　预埋剪力连接件

1—预埋剪力连接件；2—地下连续墙；3—后浇结构

5. 钻孔埋筋

这种方法是在地下连续墙建成和基坑开挖之后，在地下连续墙与永久结构板梁连接部位，按设计要求，用钻孔设备在墙面上钻孔后，将钢筋锚固在地下连续墙体里面（图 9-56）。此法已在一些工程中得到应用。特别是现在已经有先进的仪器可以测知地下连续墙体的钢筋位置，可以使钻孔避开钢筋。

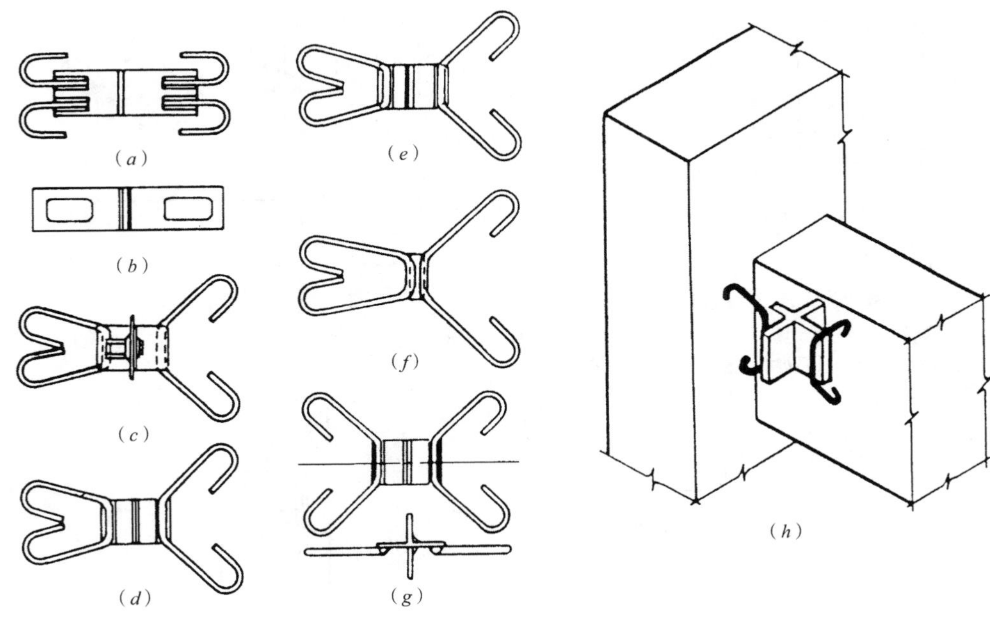

图 9-55　剪力连接件

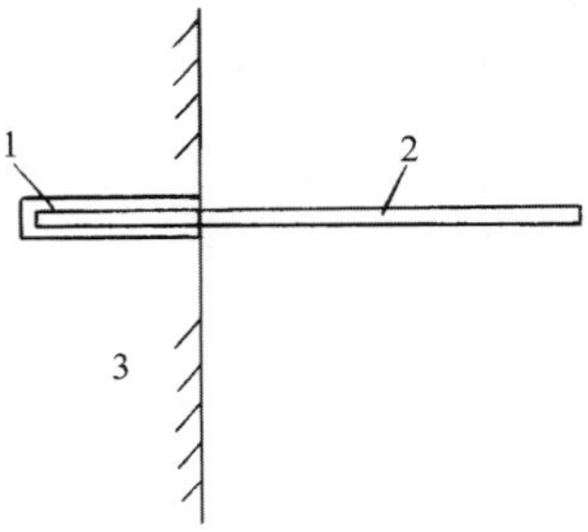

图 9-56　钻孔埋筋

1—钻孔；2—钢筋；3—地下连续墙

钻孔埋筋的方法位置准确，又不会损坏墙体内钢筋，是个很好的方法。现在此法已用来处理其他方法无法解决的部位或发生问题的部位的缺陷（如北京西单中国银行的基坑工程）。

6. 套管连接器

这种方法是利用预埋在地下连续墙体内的带内螺纹的套筒（管）来实现钢筋连接的（图 9-57）。近年来开始使用的锥形螺纹连接方法与此类似。

7. 钢筋对焊法

可采用气压焊或电渣焊等方法，来进行钢筋的连接工作。

8. 墙体之间的连接件

在地下连续墙建成后，要将其基坑侧表面凿毛，再浇注一层混凝土内衬。为加强两者之间的联系和紧密度，可在地下连续墙钢筋笼上预埋一些细钢筋，直径 8～12mm，将地下连续墙混凝土浇注完成和基坑开挖之后，再将表面混凝土凿去，露出细钢筋（俗名叫“胡子筋”），再浇注到后面混凝土之内（图 9-58）。也可在地下连续墙体内预留一些剪力槽，加强两道墙体的联系。对于重要工程，这样做是必要的（图 9-59）。

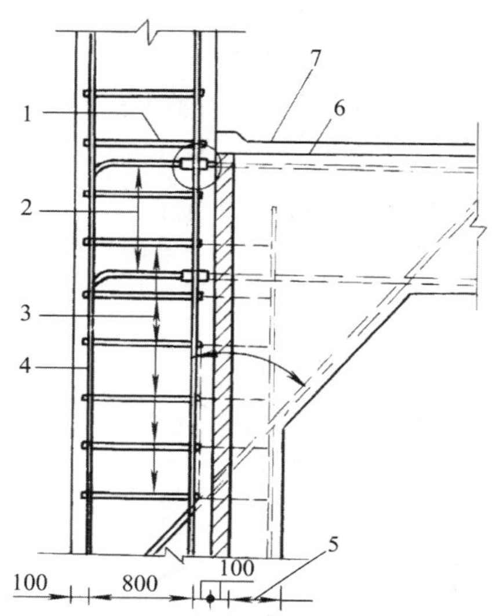

图 9-57　套筒连接法

1—套筒螺母；2—锚固钢筋；3—水平筋；4—立筋；5—主体结构；6—顶部防水层；7—混凝土保护层

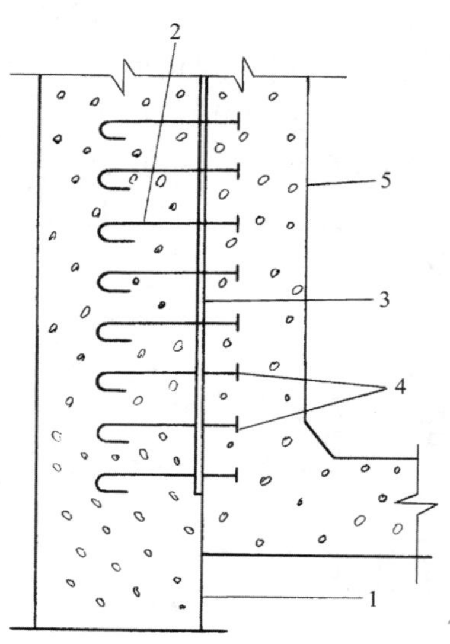

图 9-58　墙体连接筋

1—地下连续墙；2—锚筋；3—钢板；4—扩大头；5—内侧墙

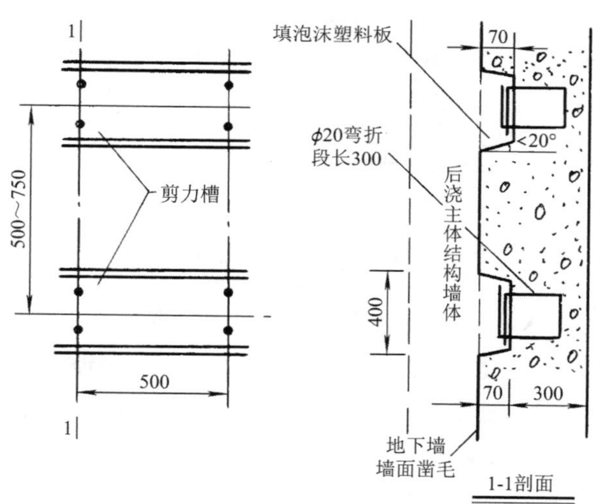

图 9-59　剪力槽

9.15.3　沉降接头

沉降接头也是一种墙体分段接头。但是因为沉降缝设置位置不一定就是我们通常所划分的槽段位置，它的构造也比较特殊一些，所以我在这里专门讲一讲它。

前面谈到施工接头时，总是想方设法使其能够传递更多的结构荷载，因而要求接头处要具有足够的刚度。现在谈到的沉降接头，则是要解决地下连续墙因其上部结构荷载差别很大而引起的不均匀沉陷的变形问题。

1. 北京首都机场货运路地下连续墙的沉降接头

在首都机场扩建工程中，要修建一条从其南部滑行道下面穿过的货运路，最后选定用两道地下连续墙作为两边桥台和桩基的方案。桥面宽 30m，从其上通过的满载的波音 747 飞机总质量达 500t。为了适应不同荷载、不同墙深和不同地基的变化，我们在桥台段地下连续墙与纯粹挡土而无垂直荷载的地下连续墙之间设置了沉降缝（图 9-60），现已正常运行多年。与此类似的地下连续墙已建成了 3 个。

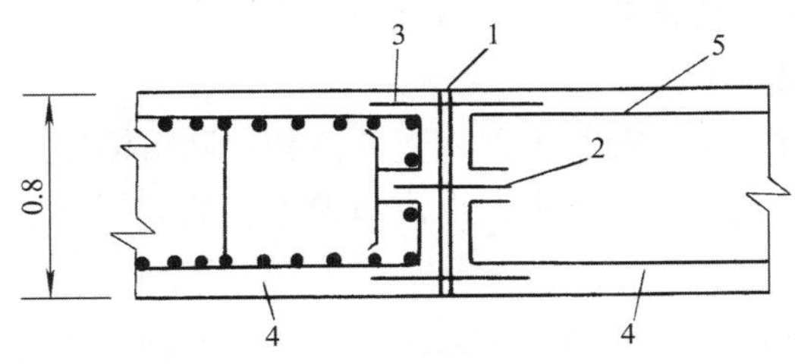

图 9-60　沉降接头

1—木丝板；2—止水片；3—临时加强筋；4—地下连续墙；5—水平钢筋

沉降缝设在墙体中间，一次浇注完成。临时加强筋在吊放钢筋笼过程中逐次切掉，也可设在槽孔端部。

2. 上海某工程的沉降缝

图 9-61 所示是上海某工地使用的沉降缝示意图。基坑开挖后切掉临时封堵钢板。当结构封顶时，再利用 7 号预埋螺栓固定住第三道橡胶止水带。沉降过大时，可以利用螺栓重新更换橡胶止水带。使用效果很好。

9. 15. 4　其他沉降缝构造

见图 9-62。

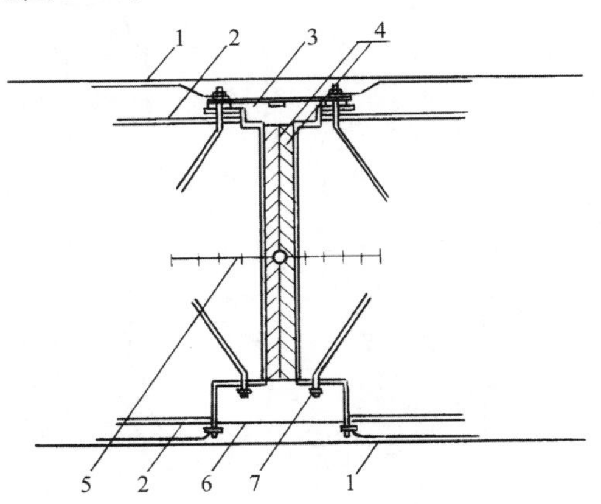

图 9-61　沉降缝实例

1—镀锌薄钢板封板；2—钢筋笼水平筋；3—迎土面止水橡胶带；4—浸透柏油木丝板；5—500mm 宽橡胶止水带；6—临时封堵钢板；7—预埋螺栓

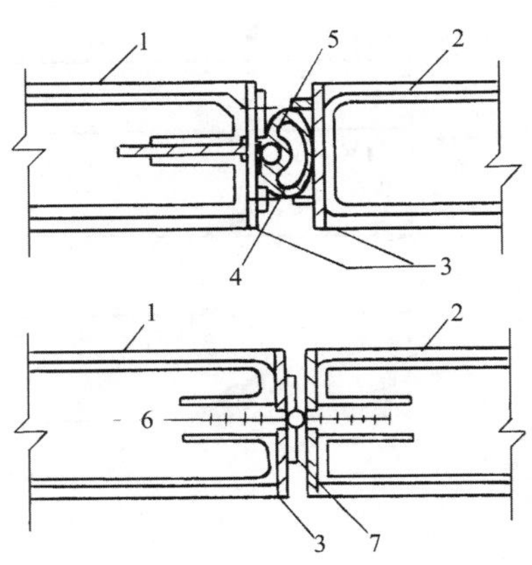

图 9-62　纵向沉降缝构造

1—地下连续墙前槽段；2—后槽段；3—端头钢板；4—充气气囊（施工后充气）；5—固定钢管；6—橡胶止水带（加长式）；7—平板橡胶垫

9.16 接头的缺陷和处理

1. 常见缺陷

各种施工接头，尽管构造上有差异，施工方法各不相同，但是质量的好坏完全在于设计思路和施工技术是否得当。

地下连续墙的施工过程大部分都在泥浆中进行，肉眼无法观察，仪器探测也不容易，质量好坏都得到基坑开挖之后或者是水库蓄水之后才能得出结论。这是地下连续墙施工最独特的地方。虽然地下连续墙的施工接头并非影响连续墙成败的唯一因素，却是最脆弱的一个环节，也是最容易发生事故的地方。不可否认，地下连续墙工法的特殊施工环境有其先天的不足，若在施工中出现偏差，必然造成种种缺陷。

1）圆接头管的常见缺陷

（1）在浇注混凝土过程中，混凝土顶面上的淤积物随着混凝土面上升而可能被挤向接头管的死角处，被混凝土包夹在孔壁上，形成厚薄不一的淤泥夹层，有可能沿此缝产生渗流现象（图 9-63*a*）。

如果泥（淤积物）附着在一期槽（先做槽）的孔壁表面，而清孔时又未彻底清除，则夹泥就会被包裹在施工接缝上。这种缺陷可能会造成严重后果（图 9-63*b*）。如果上述情况发生在接缝的某一部位，则形成局部窝泥现象（图 9-63*c*）。

（2）在夹有砂砾石的地层中施工时，槽孔可能在此部位产生坍塌而增加了槽宽。插入接头管后，此处尚有空隙。浇注混凝土时，就会绕过接头管而漏到外面去。待接头管拔出之后，就形成一个空心混凝土环（图 9-64）。外面半圆环的多余混凝土可能会给后面槽孔施工带来困难（挖不动）。

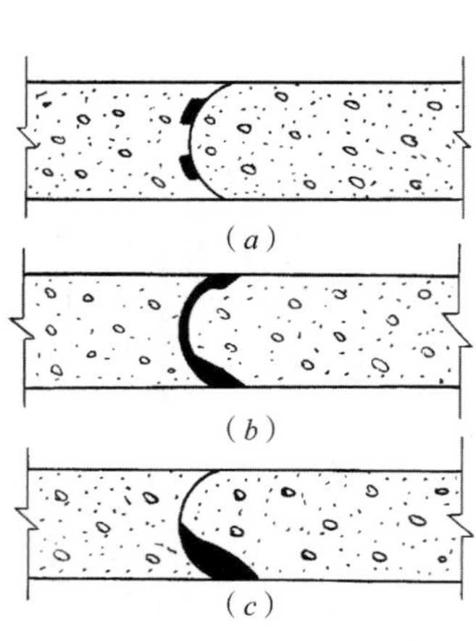

图 9-63 圆接头管常见缺陷

（*a*）接缝薄夹泥；（*b*）接缝带状夹泥；（*c*）接缝局部窝泥

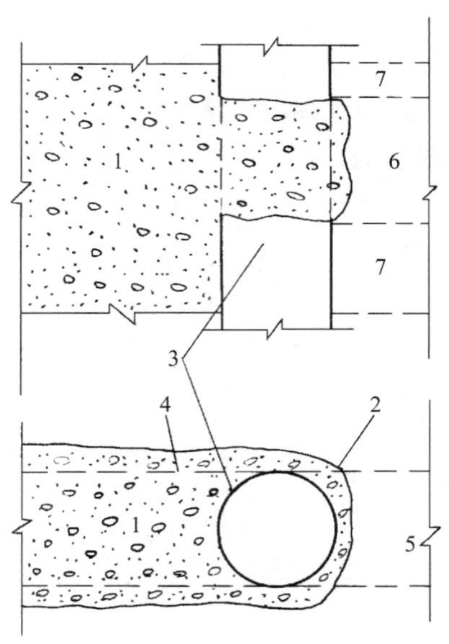

图 9-64 接头管漏混凝土

1—墙体；2—环状混凝土；3—接头管；4—设计墙面；5—二期槽孔；6—砂砾层；7—黏土层

2）隔板式接头常见缺陷

清孔时，中间部位隔板上的淤泥容易被清除掉，但水平钢筋或位于保护层部位的隔板上的淤泥却不易刮除掉。这些未经清除或清除未净的黏泥，在浇注混凝土过程中很容易被包于接缝处，轻微者像图 9-67 所示的那样形成局部窝泥，严重者则窝泥贯穿墙体，像图 9-68 所示的那样形成贯通的渗漏通道，带走这些窝泥和周围地基中的泥砂，导致地面坍陷和周边建筑物严重变位。有时泥浆、淤积物在施工接缝处与混凝土混合形成一种强度很低、水密性很差的膨润土混合物，虽比窝泥性能略好，但仍是墙体的严重隐患。

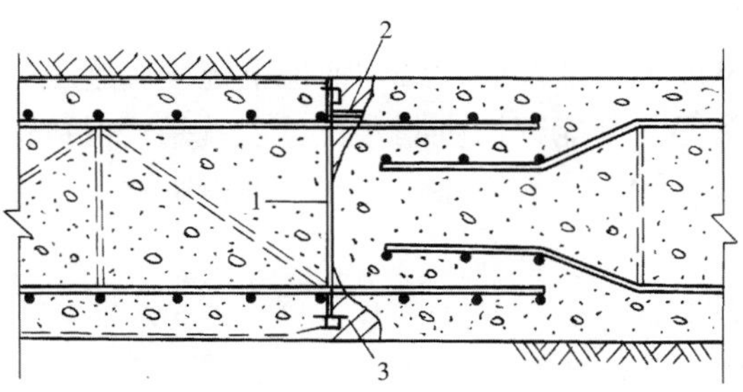

图 9-65　局部窝泥

1—隔板；2—止水板；3—窝泥

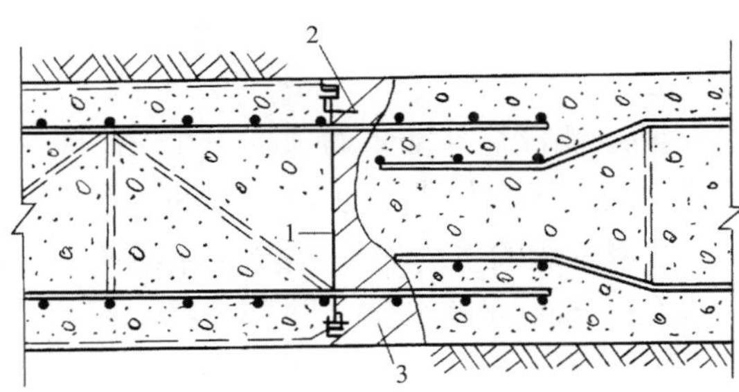

图 9-66　窝泥贯穿墙体

1—隔板；2—止水板；3—窝泥

有时候，由于吊放钢筋笼后因故迟迟不能浇注混凝土，则伸出隔板外钢筋外侧（保护层）部分已被淤泥充塞而无法清除，浇注混凝土又无法将其挤走时，就会造成此部分钢筋无保护层，对于地下连续墙使用寿命造成不利影响（图 9-69）。

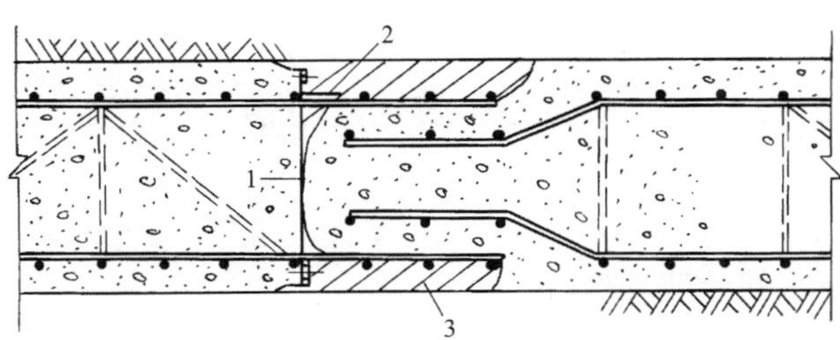

图 9-67　保护层窝泥

1—隔水板；2—止水板；3—窝泥

3）十字接头和王字接头的缺陷

（1）结构形式不合理，棱角部位多，不符合流动混凝土的流体力学要求。

（2）空间窄小，不便于清理淤泥或泥渣。

（3）十字接头的方形接头箱形状多棱角，起拔摩阻力大，容易出事故。2006年在京津高铁的天津后广场工地，就曾经发生起拔接头管时，因为操作不当，而把150t起重机拉倒在地的事故。

2. 缺陷的处理

1）概要

地下连续墙工法有其他工法所无法比拟的优点，但是它的缺陷常常带来一些损失。所以，各国都在研究解决这个问题。

要得到一个质量优良的地下连续墙，必须使地下连续墙施工的每一个环节（挖槽、泥浆、钢筋、混凝土和接头等）都能密切协同才行，也就是要保持地下连续墙施工的连续性和整体性。每个程序都做好了，才能排除各种不利因素影响，使地下连续墙接缝质量完美无缺。

2）圆接头管缺陷处理

（1）用特制的钢丝刷子，认真刷洗接缝面上的淤积物。

（2）有可能发生混凝土绕过接头管、形成空心混凝土环缺陷时，可在起始槽段和闭合槽段相连接的那个接头孔内重新造孔，或是用抓斗抓到槽孔底部，再用原地层材料或砂砾料回填到原孔位。

3）隔板式接头缺陷处理

这种接头的主要问题是隔板侧位移和漏浆的预防。在使用隔板接头时，防止侧位移是首先要考虑的问题。这里要说明漏浆的处理问题。图9-68所示是处理接缝上淤泥的一种方法。它用4根长10m的H型钢制成的重约3t的钢丝刷来清洗主筋内侧的淤泥，而在保护层（7.5cm）部分则用一个厚3～5cm的扁铁刷子进行清除。

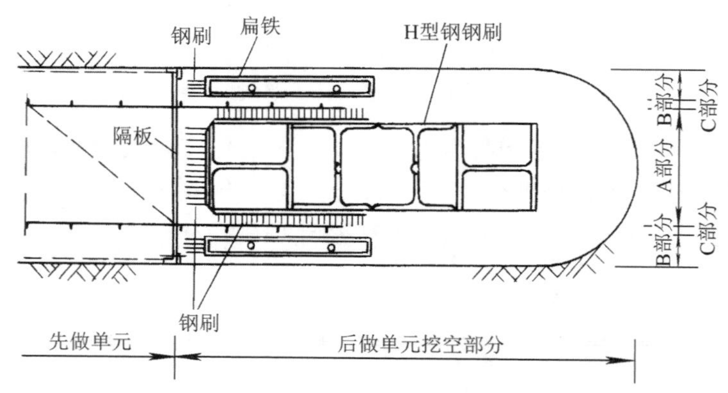

图9-68 隔板接头淤泥处理

4）接头漏（渗）水的处理

一般处理方法见图9-69。根据接缝漏水的程度不同，可以采用：高压注浆或高压喷射注浆，以及低压固结注浆。墙面渗水轻微时，需凿除淤泥和混合砂砾石，用膨胀水泥浆或混凝土填塞。近年来我国已有不少堵水材料可供选用。

当遇到漏水严重而可能危及基坑或周围建筑物安全时，应采取紧急措施，对其进行处理（图9-70）。

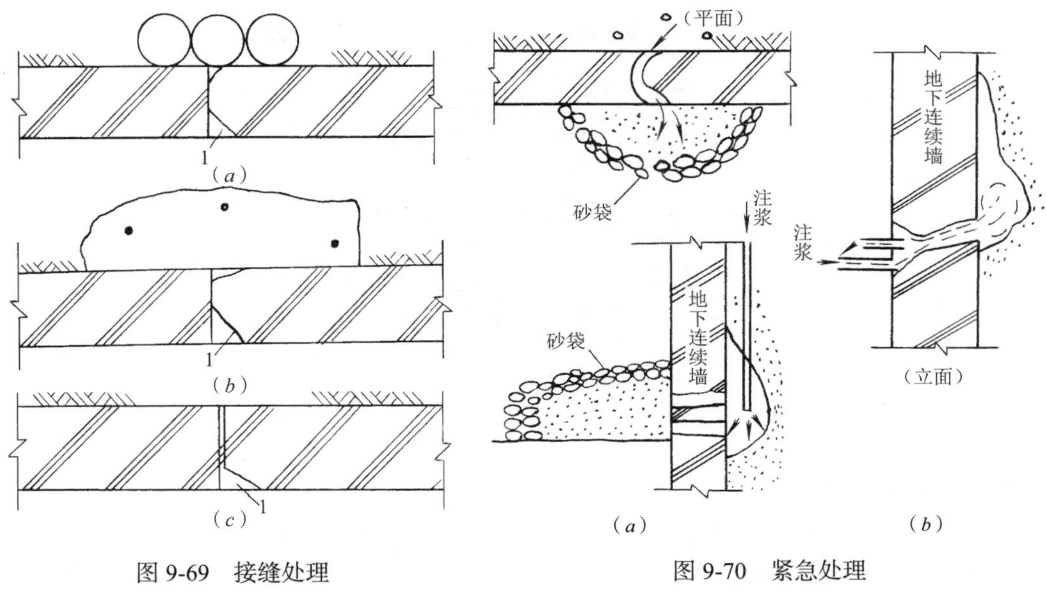

图 9-69　接缝处理

(a) 高压灌浆处理；(b) 低压固结灌浆；(c) 渗水处理

1—凿除杂物，回填无收缩水泥

图 9-70　紧急处理

(a) 开挖面外注浆；(b) 开挖面内注浆

9.17　本章小结

1. 概述

本章讨论了不同接头的特点以及施工缺陷的处理方法，还有以下几点需要在设计和施工中加以注意。

2. 水下混凝土在接头部位的流动特点

本书第 8.2 节和 8.3 节说明了地下连续墙混凝土墙体的成墙规律以及可能产生的缺陷。现在再来讨论一下水下混凝土在墙段接头（缝）处的流动状况。

从导管底口出来的混凝土，在水平方向扩散的同时又向上流动，并且总有新流出来的混凝土向外向上挤压前一段时间浇注的老混凝土，这样不断重复，就形成了整个墙体。

还要注意到，墙段底部还有一些淤积物，这是一些成分很不稳定、内摩擦角极小、很容易流动的稀泥，在水下混凝土浇注过程中会随着混凝土的流动而流动，会被水平流动的混凝土推挤到墙段槽孔的边缘（按头孔和侧壁），随着混凝土的上升而上升。当槽孔内混凝土面出现高差时，由于淤积物的内摩擦角比混凝土小得多，这些稀泥很容易流到低洼处或接头的死角处，并被混凝土包裹住而形成窝泥（图 9-71）。随着槽孔混凝土面不断上升，泥浆中的悬浮物以及散落于混凝土中的水泥、砂石会不断沉降到淤积物顶面上来，使淤积物不断增加。

再来看看接头部位的窝泥情况。水下混凝土是一种流体，只有当流经的界面光滑平整时它才更容易流动。如果接头结构表面不平整、不光滑，而是一些死角和拐弯，那么淤积物很容易被混凝土挤压，包裹在这些部位，无法排出，形成窝泥（图 9-71）。当基坑开挖到该部位附近时，地下水就会从墙外顶破窝泥，造成水的“短路”，水携砂大量涌入基坑。

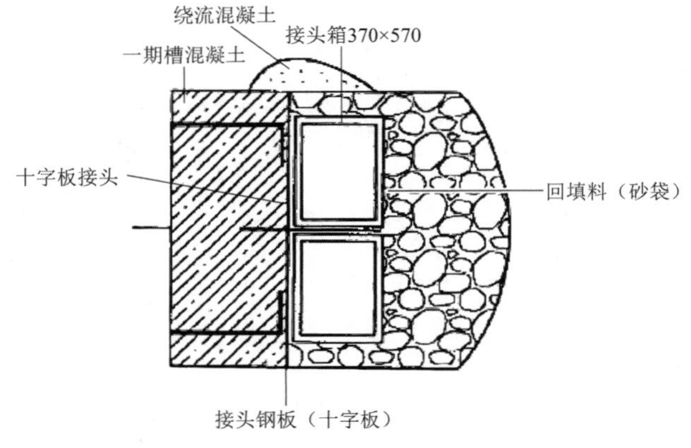

图9-71　十字板接头事故

3. 十字和工字接头

近几年流行一种做法，把新基坑地下连续墙的接头做成十字形、工字形、王字形或V形，目的是想增加流径，减少水的渗透，有的则是想增加接头刚度，以便传递剪力。

这些接头实施效果并不是很理想。

（1）王字、工字接头的外缘钢板保护层很小，仅2～3cm。对于永久性工程来说，钢板的抗腐能力肯定差。

（2）如果出现接头混凝土绕流的情况，这些接头会被混凝土包封住，很难进行清理。

（3）由于施工偏斜大，造成墙头接头不搭接而漏水，不得已采用灌浆或高喷桩进行处理。图9-72所示是某悬索桥北锚碇基坑地下连续墙的V形接头偏离引起的墙段不搭接平面示意图。

在天津某大型交通枢纽中，地下连续墙接头采用十字和工字形钢板。一是由于地基上部杂填土和淤泥土未经处理就修建了施工导墙，导致槽孔上部坍塌和混凝土绕流，包裹住接头；二是因接头部位回填的砂袋清理不干净而漏水；三是因接头拐角处窝泥而形成漏水通道。在同一个基坑工程中，出现了好几处漏水事故。

总的来说，应当根据场地的地质条件和工程特点，慎重选用王字、工字、十字钢板接头。采用这几种接头，利少，弊多。

4. 圆形接头管评价

圆形接头管表面平整光滑，适合于混凝土和淤积物的流动。很多工程都采用了这种接头方式。

以前不愿采用圆形接头管，是由于圆管不容易起拔，易出事故。现在新的大型拔管机已经研制成功，并且经受了很多考验。目前，直径1.0m、深150m的接头管已经成功，很多100m以上的圆形接头已在多个工程中成功拔管。

因此，在当前条件下，可以多采用一些圆形和哑铃形接头管。如果需要，可以在接缝处再进行灌浆或高压喷射灌浆，效果会更好。

5. 淤泥和流砂地段接头管的使用

这两种地层在地下连续墙造孔过程中，孔壁很容易坍塌，使墙段接头屡屡出现事故。因此，在这种地基中，应结合施工平台和导墙的加固对这种地基以及表层杂填地基进行处理，其底部要深入持力层内1.5～2.0m。尽量采用圆接头管。

特别值得注意的是，当前黏土泥浆和膨润土泥浆中的钠离子，容易和混凝土中的钙离子起离子反应，而使泥浆性能变坏使混凝土接缝夹泥，对各种接头都造成了不良影响，需要认真对待。

6. 推荐的接头方式

（1）超深地下连续墙采用双轮铣接头。

（2）有液压拔管机时，建议采用接头管，此法在水利水电工程中已经使用多年，在多个工地拔出 158m 接头钢管。

（3）可以采用全回转钻机拔管，提高拔管成功率。

（4）采用型钢接头时，建议采用工字钢接头，不宜采用十字或王字接头。

（5）地下连续墙深度小于 50～60m 时，可根据实际情况，采用合适的接头。

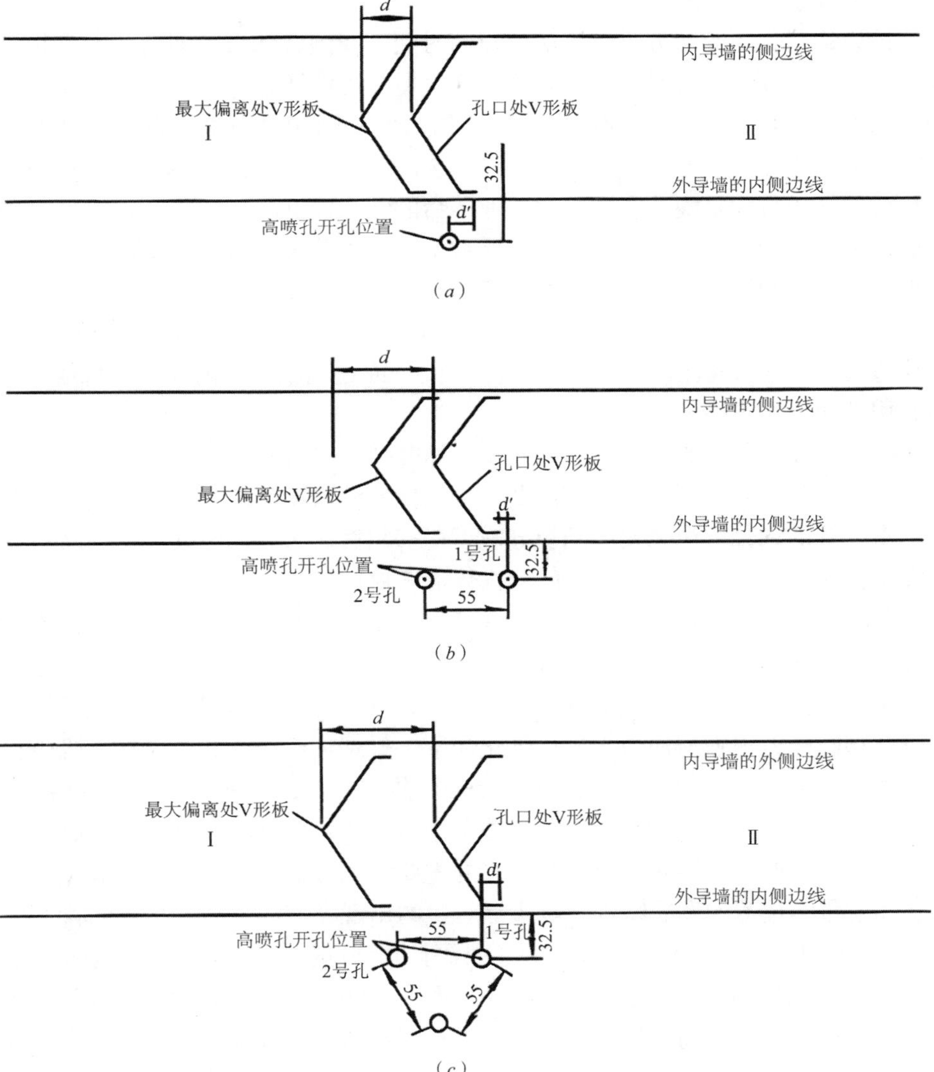

图 9-72　地下连续墙 V 形接缝偏离图（最大$d>50$cm）

（a）$d\leqslant 35$cm，$d'=d/2$；（b）35cm $<d\leqslant$ 50cm；（c）$d>50$cm

第 10 章　工程泥浆

10.1　工程泥浆概述

10.1.1　概述

1. 钻井与泥浆技术的发展

根据传说记载，距今四五千年以前的史前时期，我国劳动人民即已开始凿井解决饮水问题了。考古活动证明，古时已有打入木桩作房屋基础的活动。

确切的史料记载了公元前 250 年前后秦蜀郡太守李冰开凿盐井，此时已经采用向井内注水的方法来排除岩屑。至隋唐时，井深已达 80 多丈（隋唐时期 1 丈约 267cm）。

现代化的钻探技术是随着资本主义工业革命的到来而逐渐形成的，到 19 世纪末 20 世纪初又取得了很大的发展。与此同时，钻井冲洗液也得到了由简单到复杂、由小到大的发展。在近 100 年时间里，钻探冲洗液大体经历了以下几个发展阶段。

（1）现代钻井的萌芽时期，大体为 20 世纪的最初 20 年。此时冲洗液从使用清水发展到使用泥浆，也就是未经任何处理的“黄泥加水”，或是利用地层内的黏土自然造浆。1928 年开始使用膨润土泥浆。

（2）随着石油工业的发展和矿业的开发，钻井技术也进入了一个大发展时期，大体时间为 20 世纪 20 年代末期到二战结束。此时的钻探冲洗液不仅广泛地使用泥浆，而且泥浆的类型也由传统的细分散泥浆发展到粗分散型的抑制性泥浆。泥浆处理剂的品种也日渐增多。在泥浆性能测试方面，已有简单的测试仪器可供使用。

（3）二战结束以后，各国经济恢复发展很快，钻探事业有了飞速发展。钻探技术已经在实际经验积累的基础上总结出一些规律，形成了一些理论，钻探工作向科学化发展。与之相应的钻探冲洗液也有了较大的发展。随着高分子聚合物的出现，配制成了低固相聚合物泥浆以及抑制能力很强的油包水反相乳化泥浆。处理剂已经发展成包括无机、有机和高分子化合物的多类型商业产品。1980 年开始使用羧甲基钠纤维素（CMC），在泥浆测试方面，已经使用了包括旋转黏度计在内的整套仪器，这一时期大体为 20 世纪 50 年代到 60 年代末期。在这个时期内，所有关于钻井泥浆的重要课题可说是全部得到了解决。

（4）随着科学技术的发展特别是电子计算机的出现，推动了钻井技术向科学化和自动化方向发展。钻井向海洋和地球深部发展（最深钻孔深度已达 1 万 m），由此带动了钻井泥浆的发展，泥浆处理剂已经发展到了 200 多个品种 1500 多种商业产品。随着深井和地热钻井的发展，出现了一批抗高温抗污染的处理剂；泥浆从粗分散抑制型发展到不分散低固相泥浆和无固相钻井液；研制了可检测 55 个参数、可自动连续地检测和记录泥浆在循环过程中的各种性能参数的自动检测系统，电子计算机已开始用于钻井和钻井液的控制。

新中国成立前，我国的钻探事业比较落后。在钻井泥浆方面，只是从“黄泥加水”的自然泥浆发展为使用丹宁碱液处理的泥浆，基本上没有仪器去检测泥浆。

我国自新中国成立后到 20 世纪 60 年代中期，随着社会主义经济建设的大规模开展，钻探事业也有了很大发展。泥浆类型由细分散型发展为粗分散抑制泥浆，并开始研究深井泥浆。泥浆处理剂特别是有机处理剂已有多种产品，如煤碱剂、野生植物制剂等。1962 年前后，我国制成羧甲基钠纤维素（CMC），1963 年研制成铁铬木素磺酸盐（FCLS）等，可以用成套生产供应的仿苏仪器来测试泥浆性能。

我国自 20 世纪 70 年代末期以来，在对外开放政策的鼓舞下，钻井技术泥浆工艺有了较快发展。在 20 世纪 70 年代推广使用了聚丙烯酰胺不分散低固相泥浆；研制了包括抗高温的多种新型处理剂，更新了全部泥浆测试仪器；使用电子计算机进行了泥浆的设计和配方的优选工作。1980 年年初，主编人在锦州铁合金厂铬渣场防渗墙工程中大量使用膨润土泥浆。

2. 工程泥浆的发展概况

用于地下连续墙和各种桩基等基础工程的泥浆称为工程泥浆。这种泥浆与石油钻井和地质钻探等部门使用的泥浆有很大区别。

（1）工程泥浆的使用数量很大，消耗量大，但对它的基本性能要求并不像石油浆那样复杂。

（2）一般不存在高温高压和超深的工作环境。

（3）由于钻孔孔径较大，多处于浅表地层，所以容易产生孔壁坍塌现象。

（4）循环使用次数较少（详见表 10-1）。

工程泥浆特性表　　　　表 10-1

项目	石油泥浆	地质钻探泥浆	工程泥浆
孔壁渗透性	不得堵塞地层孔隙	1）钻探孔防坍、防漏； 2）供水井要求保持透水性	堵塞孔隙，减少渗透
深度	超深（＞10000m）	个别超深井	一般小于 100m，个别可达 200m
高温高压	常见	少见	极少遇到
泥浆数量	不大	不大	很大
孔径	小	不大	大至很大
质量要求	很高	较高	一般

与石油和地质部门使用的泥浆相比，我国工程泥浆的发展远远落后于前两者，直到 20 世纪 60 年代末 70 年代初，很多基础工程仍在使用“黄泥加水”式的泥浆。当时城市建设中多采用小口径预制桩，根本不需要泥浆，而大多的地基基础工程多在水利水电、铁道交通等工程中进行。这种工程项目场地开阔，料源充足，管理粗放，对泥浆性能的改进尚未深入开展起来。

20 世纪 70 年代中后期，随着四个现代化的不断深入，各种基础工程的规模和难度不断加大，对工程泥浆的研究日益被人们所重视。首先从工程泥浆使用最多的水利水电部门开始，投入人力物力进行试验研究并在工程实践中加以应用和改进；随着各种基础工程的不断增加，城市建设、道路交通等科研部门也开展了大量科研工作。可以说，现在已经形成了初步的工程泥浆的理论和应用系统。

1982—1985 年和 1991—1996 年，主编所在的北京市水利规划设计研究院，主持了水利部科技发展基金项目，“地下连续墙泥浆性能和混凝土成墙规律”，其中泥浆试验进行了 2200 多组，取得了 40000 多个数据，绘制了 3 组曲线。

3. 泥浆的基本术语和常用符号（表 10-2）

常用符号表 表 10-2

符号	名称	单位	说明
F.V	漏斗黏度	s	500/700mL，1500/946mL
P.V（η_p）	塑性黏度	厘泊（cP）	
A.V	表观黏度，视黏度	厘泊（cP）	
η_∞	极限黏度	厘泊（cP）	
τ_0，Y.V（Y.P）	动切力，屈服值	达因/厘米^2（dyn/cm^2）	
θ，τ_s，G.S	静切力，凝胶强度	达因/厘米^2（dyn/cm^2）	分 10s 和 10min 两种
F.L	失水量	毫升/30 分钟（mL/30min）	压力 70N/cm^2
K	渗失率	毫升/30 分钟（mL/30min）	
F.C	泥皮厚度	毫米（mm）	
X	电导率	μV/cm	电阻率的倒数
pH	—	—	—
$\Delta\gamma$	稳定性	g/cm^3	
	胶体率	%	

10.1.2 泥浆的功能和用途

1. 泥浆的功能

在天然地基状态之下，若竖直向下挖掘，就会破坏土体的平衡状态，槽壁往往有发生坍塌的危险。泥浆则有防止坍塌的作用。

虽然保持槽壁稳定是泥浆最重要的一个功能，但是除此之外，泥浆还有多种作用。泥浆的功能因地基状态、挖槽方式和施工条件不同而略有差异。泥浆的一般功能如下。

1）泥浆有防止槽壁坍塌的功能。这是最重要的一条，主要有以下几个方面：①泥浆的静水压力可抵抗作用在槽壁上的土压力和水压力，并防止地下水渗入；②泥浆在槽壁上形成不透水的泥皮，从而使泥浆的静水压力有效地作用在槽壁上，同时防止槽壁的剥落（图 10-1）；③泥浆从槽壁表面向地层内渗透到一定范围就粘附在土颗粒上，通过这种粘附作用可使槽壁减少坍塌性和透水性。

关于泥浆防止槽壁坍塌的作用问题，可以从砂层的坍塌试验结果中得到证明。

（1）清水试验。水浸入到砂土中的状态和砂土坍塌的过程如图 10-2 所示。从图中可以看到，玻璃箱从中间被隔开，左侧填满砂、土，右侧充满清水。又可看到抽掉中间的隔板之后，每隔 15s 的变化情况。斜线表示清水浸入的部分。60s 以后水完全浸没了砂土，同时砂土也完全坍塌了。

（2）泥浆试验。泥浆试验如图 10-3 所示。与清水试验相比，泥浆对砂土的浸入很少，而且在砂土的垂直面上形成了泥皮，砂土完全没有坍塌。

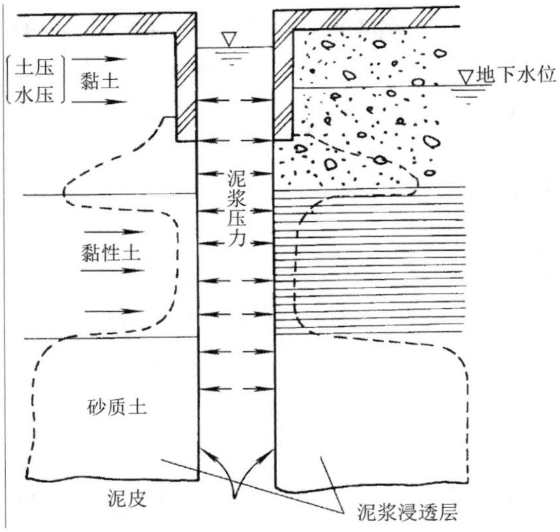

图 10-1　泥浆渗透和泥皮

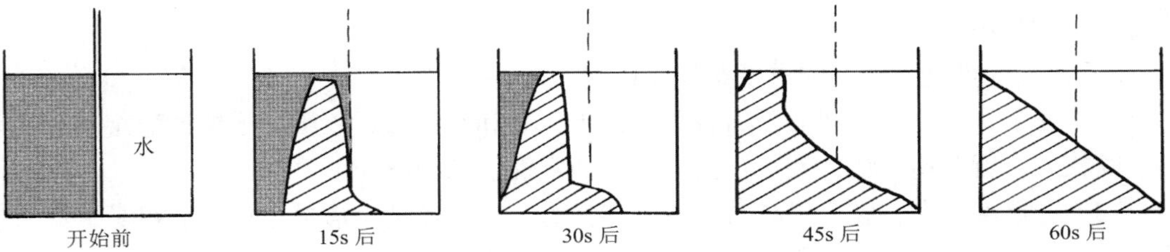

图 10-2　清水试验

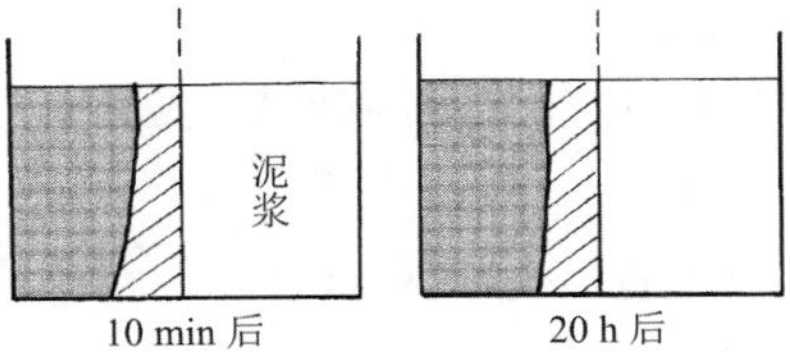

图 10-3　泥浆试验

（3）泥浆为什么能防止砂土坍塌？在地下水位以下的地基土中用泥浆护壁挖槽时，泥浆可以防止槽壁坍塌的原因可用图 10-4 说明：①泥浆充满了被挖掘的空间。②因为泥浆液面一般高于地下水位，所以泥浆通过压力差浸入到地基土内。这时地基土像过滤器一样，只使泥浆中的水分通过膨润土颗粒等填补地基土中的孔隙，逐渐堵塞了水的通道；同时提高了土的抗剪强度，增加了孔壁稳定性。③当水的通道完全被堵塞时，槽壁上便形成了一层薄薄的泥皮。

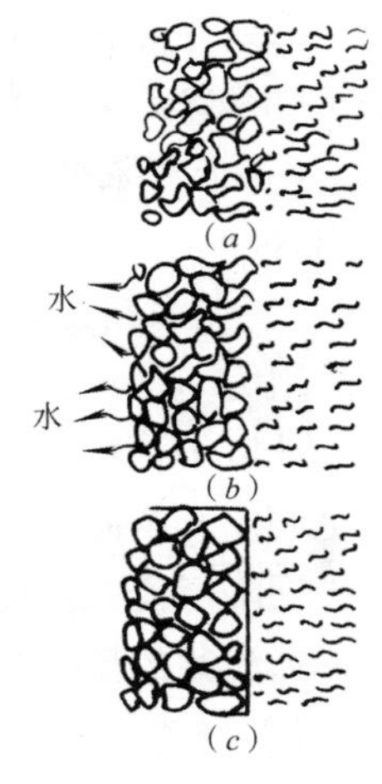

图 10-4　泥浆固壁过程

2）泥浆有悬浮土渣的功能。在挖槽过程中，土渣混在泥浆中，成槽之后逐渐沉积在槽底，它不但给插入钢筋笼造成困难，而且会影响混凝土的质量。如对泥浆进行适当管理则能够防止或减少这种沉淀堆积物的产生。

3）泥浆有把土渣携带出地面的功能。用钻头式挖槽机挖槽时，挖下的土渣是通过泥浆向地面循环而被推带出地面的。如果土渣不能迅速排出，就会降低挖槽机的功能，而且泥浆中土渣量的增多也会使泥浆循环的阻力增大，进一步降低挖槽效率。

4）工程泥浆有良好的抗混凝土和地下水污染的能力，可以长时间保持流动状态，在浇注过程中能被混凝土顺利地置换到槽孔外。

5）泥浆有冷却和润滑钻具的功能。

2. 泥浆需具备的性能

1）物理的稳定性（对于重力作用的稳定性）。泥浆即使静置相当一段时间，其性质也没有变化，这就是稳定性高。泥浆长时间处于静置状态，在重力作用下，其固体颗粒发生离析沉淀；在特殊情况下，泥浆的上部成为普通的清水。清水或者接近于清水的泥浆是没有维护槽壁稳定功能的。

2）化学的稳定性。若泥浆被反复使用，水泥、地下水（海水）以及地基土中的阳离子等会逐渐使泥浆的性质发生变化。这就是说泥浆将要从悬浮分散状态向凝集状态转化。当泥浆出现凝集时，呈悬浮胶体状态的颗粒就要增大，失去形成良好泥皮的能力，这时如果让泥浆静止不动，凝聚态的膨润土颗粒等就开始与水分离而沉降下来。这就要求工程泥浆要有足够的抗污染能力。

3）适当的重度。泥浆的重度有如下作用：

（1）泥浆和地下水之间的压力差可抵抗土压力和水压力，以维护槽壁的稳定。若泥浆的重度较大，就会增大压力差，提高槽壁的稳定性（图10-4）。

（2）若重度增大，就会提高对土渣的浮托力，有助于把土渣携出地面。可是，如果重度过大，就会产生泵的能力不足或妨碍泥浆与混凝土的置换。

4）良好的触（流）变性。这是衡量泥浆性能的一项重要指标。简言之，这是指泥浆在流动时只有很小的阻力，从而可以提高钻井效率，便于泵送泥浆；而当钻进停止时能迅速转为凝胶状态，静切力大为增加，避免其中的砂粒迅速沉淀；渗入周围地层中的泥浆因不受扰动而快速固结，从而提高孔壁稳定性。

5）良好的泥皮形成性。所谓良好的泥皮形成性是在槽壁表面形成一层薄而韧的不透水泥皮，并在槽壁表面附近的地基土内由于泥浆的渗透而形成浸透沉积层。这是泥浆的重要特性之一（图10-1）。

泥浆中如果含有适量的优质膨润土，即可形成薄而韧的不透水泥皮和良好的浸透沉积层。如果泥浆质量恶化，就会形成厚而松、透水性大的泥皮。

6）被泥浆携带到地面上来的地层颗粒应能容易地从沉淀池、振动筛或旋流器中被分离出来。

7）泥浆在钻具的扰动下不得产生过多的气穴（泡），在长距离管道内输送时应具有较小的阻力。

从以上叙述中可以看出，各种情况对泥浆性能的要求往往是不一致的。比如要使泥浆满足固壁和携砂的功能，就必须提高它的黏度和静切力；而要使泥浆容易流动，容易分离，就必须降低泥浆黏度，增加它的流动性。这一点是在选择泥浆配比时应该考虑的。

3. 泥浆的用途和分类

1）按使用方式划分

根据使用方式的不同，可把工程泥浆分为以下三大类：

（1）常规泥浆。用于各种灌注桩和地下连续墙等常见基础工程的泥浆。

（2）顶管用的触变（加压）泥浆。

（3）自硬泥浆。这是一种在钻进时当泥浆使用，而钻进结束后即可自行固化的泥浆。

2）按泥浆在槽孔中的流动方式划分

根据泥浆在槽孔中的流动方式，可分为静止方式和循环方式，后者又可分为正循环、反循环两种（图 10-5）。

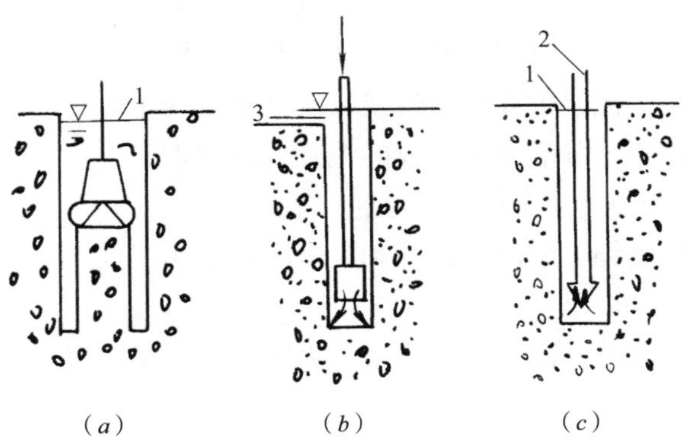

图 10-5　泥浆循环方式

（a）静止方式；（b）正循环；（c）反循环
1—供浆；2—吸出；3—溢出

（1）静止（不循环）方式。使用抓斗挖槽时即属于这种方式。随着挖槽深度的不断增加，不断向槽内补充新鲜泥浆，直到浇注槽孔混凝土时才被置换出来。

我国常用的冲击钻机造槽孔时也是不循环方式。

（2）循环方式。使用钻头或切削刀具挖槽时属于泥浆循环方式。在槽内充满泥浆的同时，用泵使泥浆在槽底与地面之间不断循环，把土渣排出孔外。

循环方式又可分为正循环和反循环两种。

①正循环方式。在这种循环方式下，用泵加压把泥浆送入孔底，地层中的细小颗粒（在钻进过程中会混入泥浆中）被上升的泥浆带出孔外。这是一种“有压进，无压出”的泥浆循环方式。不难想象，正循环只对细小颗粒才起悬浮作用，对长条形孔或直径很大的工程桩圆孔来说，都是难于使用的。

②反循环方式。反循环方式可以说是“无压进，有压出”，即泥浆自流入孔，而用泵（或）空气升液器把孔底泥浆抽出孔外。这是使用回转钻机在粗颗粒地层中造孔时常用的泥浆循环方式。目前，我国研制的冲击反循环钻机也是采用反循环方式的。

3）根据泥浆的分散介质划分

根据分散介质的不同，可分为水基泥浆和油基泥浆两种基本类型，即以水为分散介质的水基泥浆和以油为分散介质的油基泥浆。

（1）水基泥浆。以水为分散介质组成的泥浆，基本组成是黏土、水和化学处理剂。水基泥浆又可分为以下几种。

①细分散淡水泥浆。含盐量（NaCl）小于 1%，含钙量（Ca^{2+}）小于 120mg/L。

②粗分散抑制性泥浆。这是含盐或含钙量较高的泥浆，它又可分为：a. 钙处理泥浆，含钙量大于 120mg/L，依含钙量不同又有：石灰［$Ca(OH)_2$］泥浆、石膏（$CaSO_4$）泥浆和

氯化钙（$CaCl_2$）泥浆；b. 盐水泥浆，含盐量大于1%，依含盐量不同又有：盐水泥浆、海水泥浆和饱和盐水泥浆；c. 钾基泥浆，含氯化钾量（KCl）大于1%的钾体系的泥浆。

③不分散低固相泥浆。固相含量（包括黏土和岩屑）小于4%（体积百分数）的非分散型泥浆，一般加有选择性絮凝特性的高聚物。

④混油乳化泥浆。上述泥浆中混油1%～40%的泥浆，属水包油乳化泥浆。如岩芯钻探小口径金刚石钻进时，在泥浆中加入 0.5%～1%的乳化油而形成的小口径乳化泥浆；石油钻井混油（柴油或原油）量达10%～40%的水包油乳化泥浆。

⑤地热井及深井泥浆。用海泡石黏土配浆，并加有抗高温处理剂的耐高温泥浆。

⑥充气和泡沫泥浆。泥浆中充以空气或天然气形成的相对密度小于1的泥浆。

（2）油基泥浆。以油为分散介质组成的泥浆，其基本组成是有机黏土（或其他亲油粉末）、油和油溶性化学处理剂。常见的是油包水乳化泥浆。

工程中使用最多的是细分散淡水泥浆和少量的低固相泥浆。本章将阐述这两种泥浆的主要性能和使用问题。

根据泥浆组成原材料的不同，可把泥浆分为膨润土泥浆、聚合物泥浆、羧甲基钠纤维素泥浆和黏土泥浆（表10-3）。

工程泥浆的种类 **表10-3**

泥浆的种类	主要材料	一般外加剂
膨润土泥浆	膨润土、水	分散剂、增黏剂、防漏剂（加重剂）
聚合物泥浆	聚合物、水	不常用
羧甲基钠纤维素泥浆	膨润土、羧甲基钠纤维素、水	分散剂
黏土泥浆	当地黏土、水、纯碱、外加剂	分散剂、增黏剂

10.2 工程泥浆的原材料

10.2.1 概述

大多数泥浆是黏土颗粒（小于2μm）分散在水中形成的溶胶-悬浮体系。泥浆不是泥汤，只有具有一定造浆能力的黏土与合乎要求的水以及必要的化学处理剂，才能配制出适合钻进工艺要求的泥浆。有时为预防事故，还需加入加重剂和其他堵漏材料。

大多数泥浆是由黏土、水和各种处理剂组成的。从我国的实际情况来看，这里所说的黏土，是指普通的造浆黏土（简称当地黏土）和膨润土这两种土，本节将对这两种土分别加以介绍。我国幅员辽阔，发展水平各不相同，宜根据当地实际情况，进行技术经济分析，最后选定造浆黏土或膨润土。

10.2.2 造浆黏土和水

1. 黏土的组成和黏土矿物的种类

泥浆的主要成分是黏土和水。另外，还要加入一定量的化学处理剂。水基泥浆的特性与主要造浆材料——黏土和水的数量及其特性有密切的关系，因此在研究泥浆的性能之前，必须对造浆的主要材料有一定的了解。这里主要阐述黏土的组成、黏土矿物的构造及其特点，以及配浆用水。

1）黏土的成分和黏土矿物的种类

（1）黏土的成分

黏土的主要成分是黏土矿物。有的黏土中一种黏土矿物含量很大，其他黏土矿物含量甚微，如膨润土就是以蒙脱石矿物为主要成分的黏土。有的黏土主要含有两种黏土矿物，如水云母—高岭石黏土。相当多的黏土是多种黏土矿物的混合物。

黏土中除黏土矿物外，尚含有非黏土矿物，如长石、石英、方解石、方英石、蛋白石、黄铁矿、沸石等。这些非黏土矿物的含量不一，它们是泥浆中含砂量的来源。因此，这些含量应越少越好。

此外，黏土中还含有少量有机物和可溶性盐。有机物为树木屑、叶子及其他腐殖质等。可溶性盐为钙、镁、钠、钾的碳酸盐、硫酸盐、氯化物和硅酸盐等。黏土中可溶性盐含量大时，对泥浆性能影响很大。

（2）黏土矿物

黏土中的黏土矿物，以其单位晶层的叠置方式不同和层间离子的差别，可分为以下几类。

①高岭石族。代表性矿物为高岭石，包括埃洛石、地开石、珍珠陶土等，以高岭石矿物为主要成分的黏土称为高岭土。

②蒙脱石族。代表性矿物为蒙脱石，包括拜来石、绿脱石、皂石等，以蒙脱石矿物为主要成分的黏土称为膨润土。

③水云母族。代表性矿物为伊利石（伊利水云母），包括绢云母、水白云母等，以水云母矿物为主要成分的黏土称为水云母黏土或伊利土。

④海泡石族。代表性矿物为海泡石，包括凹凸棒石、坡缕缟石等，形成的黏土分别为海泡石黏土、凹凸棒黏土和坡缕缟石黏土。

（3）黏土矿物的化学成分

大多数黏土是多矿物的混合物。各种黏土矿物的单位晶层的叠置方式不同，但其化学组成却比较相近，它们均属于含水铝硅酸盐，只有海泡石族含镁较高，可称为含水镁硅酸盐。黏土的其他化学成分为金属氧化物。

表 10-4 列出了代表性黏土矿物的化学组成。

黏土矿物的化学成分含量（%）　　表 10-4

编号	黏土矿物	SiO_2	Al_2O_3	Fe_2O_3	CaO	MgO	Na_2O	K_2O	TiO_2	烧失量
1	高岭石（江西浮梁高岭村）	45.58	37.22	—	0.46	0.07	0.45	1.7	—	13.39
2	高岭石（江苏苏州阳山）	47.00	38.04	0.51	0.16	0.22	—	—	—	13.53
3	膨润土（辽宁黑山）	68.74	20.00	0.70	2.93	2.17	—	0.20	—	6.8
4	膨润土（浙江临安）	71.29	14.17	1.75	1.62	2.22	1.92	1.78	—	4.24
5	膨润土（美国怀俄明）	55.44	20.14	3.67	0.50	2.49	2.76	0.60	—	14.70
6	膨润土（山东潍坊）	71.34	15.14	1.97	2.43	3.42	0.31	0.43	0.19	5.06

续表

编号	黏土矿物	SiO_2	Al_2O_3	Fe_2O_3	CaO	MgO	Na_2O	K_2O	TiO_2	烧失量
7	膨润土（新疆夏子街）	63.70	16.43	5.45	0.28	2.24	2.57	1.94	—	5.57
8	伊利水云母	52.22	25.91	4.59	0.16	2.84	0.17	6.09	—	7.14
9	伊利水云母（湖南沣县）	64.21	20.13	2.12	0.26	0.52	—	—	—	8.27
10	凹凸棒石（美国佐治亚州）	53.64	8.76	3.36	2.02	9.05	—	0.75	—	20.00
11	凹凸棒石（江苏盱眙）	55.35	8.43	5.06	0.15	9.73	0.18	1.85	0.82	17.14
12	海泡石（江西乐平）	61.30	0.57	0.73	0.15	29.70	0.16	0.19	—	7.10
13	海泡石（澳大利亚南部）	52.43	7.05	2.24	—	15.08	—	—	2.4（FeO）	19.93

由表 10-4 可见，不同黏土或黏土矿物的化学成分（含量）是不同的，高岭石中的三氧化铝（Al_2O_3）含量较膨润土高，而二氧化硅（SiO_2）含量则较低。若观察不同黏土主要化学成分间的摩尔比，则高岭石 $SiO_2/(Al_2O_3+Fe_2O_3)$摩尔比约为 2，而膨润土的摩尔比约为 4，且氧化镁（MgO）含量较高。

表 10-5 所示是日本主要膨润土产品的化学组成。

日本膨润土的化学成分含量（%）　　　　**表 10-5**

产地	SiO_2	Al_2O_2	Fe_2O_3	MgO	CaO	Na_2O	K_2O	烧失量	备注
由形县	72.38	14.94	1.76	1.46	1.22	2.74	0.14	4.48	
群马县	65～35	12～15	< 3	< 3	0.5～4	0.5～4	3.8	—	
日本西部	64.0	21.0	3.5	2.8		3.0		—	碱性膨润土，溶胀大
日本南部	64.0	17.1	4.7	5.3		0.7		—	碱性膨润土，溶胀小

我国的膨润土矿主要分布在辽宁、吉林、河北、山东、浙江、新疆等地。目前，开采量较多的有山东、辽宁、河北、湖南和浙江等省份。几种主要产品的物理化学性能见表 10-6～表 10-8。

造浆黏土物理化学性能表　　　　**表 10-6**

产地	pH 值	蒙脱石含量（%）	SiO_2 含量（%）	Al_2O_3 含量（%）	Fe_2O_3 含量（%）	CaO 含量（%）	MgO 含量（%）	K_2O 含量（%）	Na_2O 含量（%）	TiO_2 含量（%）	烧失量（%）	硅铝比 $SiO_2/(Al_2O_3+Fe_2O_3)$
辽宁黑山	6.8～7.5	70～85	65～73	13～16	1～2.5	1.5～2.5	2～3	0.1～0.5	0.1～0.2	< 0.07	< 7	4.06～5.60
吉林九台	—	—	63.07	18.18	—	161	2.22	2.15	1.0	—	—	3.47
山东安丘	—	—	54.22	21.60	7.38	1.00	1.54	0.06	0.35	1.40	—	2.50
河北张家口	6～7	70～90	60	14	2	1.25	3.40	1	1.48	< 0.1	< 8	4.30
北京昌平	—	—	61.96	18.38	7.24	2.46	2.0	2.59	1.50	—	5.8	3.37

续表

产地	pH 值	蒙脱石含量（%）	SiO_2 含量（%）	Al_2O_3 含量（%）	Fe_2O_3 含量（%）	CaO 含量（%）	MgO 含量（%）	K_2O 含量（%）	Na_2O 含量（%）	TiO_2 含量（%）	烧失量（%）	硅铝比 $SiO_2/(Al_2O_3+Fe_2O_3)$
浙江临安	—	—	64.09	15.21	2.57	0.96	0.19	—	—	—	—	3.6
南京龙泉	—	—	61.75	15.68	2.15	2.21	2.57	—	—	—	—	3.4
内蒙古赤峰												

造浆黏土物理化学性能表 表 10-7

种类	产地	颜色	规格	通过率（%）	含砂量（%）	土粒相对密度	塑性指数	土的分类	土粉含水量（%）
膨润土粉	辽宁黑山	白	200 目	—	—	—	2.50	黏土	43.5
	吉林九台	浅黄	—	—	—	—	21.1	粉质黏土	—
	山东安丘	黄	—	≥97.5	—	—	—	黏土	<13
	河北张家口	红	—	≥95	0.6	—	—	黏土	≤15
	河北宣化	白	—	—	—	—	—	黏土	—
普通黏土	北京昌平	褐灰	—	—	—	2.69	15.5～83.5	粉质黏土	—
赤峰土粉	内蒙古赤峰	浅黄、白	—	—	—	—	—	—	—
浙江土粉									

膨润土粉（200 目）试验结果表（1983 年 4 月） 表 10-8

编号	产地	颗粒组成（%）			土的命名	X 射线衍射试验结果
		0.01～0.1	0.001～0.01	<0.001		
1	黑山	35	21	44	粉砂质黏土	黏土矿物全部为蒙脱石，方英石含量比 2 多些
2	张家口	22	22.7	55.3	胶体质黏土	黏土矿物全部为蒙脱石，有少量方英石

编号	产地	烧失量（%）	化学成分（%）								SiO_2/Al_2O_3
			SiO_2	Al_2O_3	Fe_2O_3	CaO	MgO	K_2O	Na_2O	TiO_2	
1	黑山	5.90	76.98	14.51	2.64	0.29	0.21	0.48	0.58	0.13	5.3
2	张家口	5.67	75.64	15.46	3.16	0.25	0.28	0.50	0.60	0.11	4.89

编号	产地	pH 值	代换性阳离子（meq/100g 土）				代换性（醋酸胺法）			EDTA 法代换量
			代换量	Ca^{2+}	Mg^{2+}	K^+	Na^+	Ca^{2+}	Mg^{2+}	
1	黑山	8.17	64.46	51.00	9.00	0.61	0.40	57.36	11.59	66.80
2	张家口	8.02	63.19	42.00	13.50	0.52	1.20	65.19	18.88	64.41

2）蒙脱石的晶体构造和特点

前面所说的几种黏土矿物中，只有蒙脱石含量高的膨润土最适合于制作工程泥浆。

蒙脱石的化学式是$(Al_{1.67}Mg_{0.33})[Si_4O_{10}](OH)_2 \cdot nH_2O$。蒙脱石矿物的晶体构造是由两层硅氧四面体中间夹有一层铝氧八面体组成，四面体和八面体由共用的氧原子联结，如图 10-6 所示。同样，在c轴方向可重叠，沿a、b轴方向可延伸。蒙脱石矿物的晶胞是由两层硅氧四面体和一层铝氧八面体组成，故称为2：1型黏土矿物。其晶胞底面距为9.6（吸水后可达21.4以上）。晶体构造单位中电荷也是平衡的。

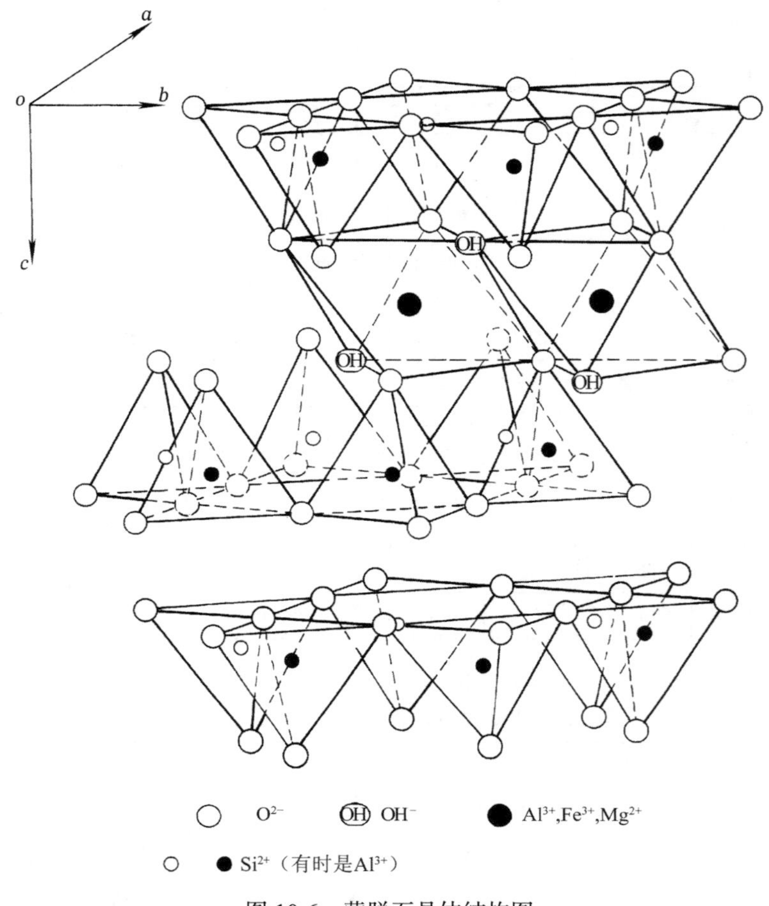

图10-6　蒙脱石晶体结构图

蒙脱石矿物晶体构造的特点如下：

（1）重叠的晶胞之间是氧层和氧层相对，其间的作用力是弱的分子间力。因而晶胞间联结不紧密，易分散，甚至可分离成片状的颗粒，一般小于1μm的颗粒达50%以上。

（2）蒙脱石矿物晶格的同晶置换现象很多，即铝氧八面体中的铝离子（Al^{3+}）可被镁离子（Mg^{2+}）、铁离子（Fe^{3+}）、锌离子（Zn^{2+}）等置换，置换量可达20%～35%。硅氧四面体中的硅离子（Si^{4+}）也可被铝离子（Al^{3+}）所置换，置换量则较小，一般小于5%。因同晶置换使蒙脱石晶胞带较多的负电荷，其阳离子交换容量大，可达80～150mep/100g土。

（3）蒙脱石黏土由于晶胞间联系不紧密，可交换的阳离子数目多，故水分子易进入晶胞之间，黏土易膨胀水化，分散性好，其造浆率高，每吨黏土可达12～16m³。同时，因吸引的反离子多，故接受处理的能力强，易用化学处理剂调节泥浆性能。

（4）在钻孔中钻到蒙脱石黏土或含蒙脱石的泥质岩层，易造成膨胀缩径等孔内复杂情况。

表10-9列出了主要黏土矿物的特性。

黏土矿物特性表　表 10-9

矿物名称	化学组成	晶胞结构	晶胞底面距（Å）	晶层排列情况	晶胞间引力	阳离子交换容量（meq/100g 土）	土粒相对密度	造浆特性
高岭石	$Al_4[Si_4O_{10}](OH)_8$	1：1	7.2	OH 层与 O 层相对	有氢键引力强	3～5	2.58～2.67	不易分散
蒙脱石	$(Al_{1.67}Mg_{0.33})[Si_4O_{10}](OH)_2 \cdot nH_2$	2：1	9.6～21.4	O 层与 O 层相对	分子间力引力弱	80～150	2.35～2.74	易分散，造浆率高
伊利石	$K < 1(Al,Fe,Mg)_2[(Si,Al)_4O_{10}] \cdot (OH)_2 \cdot nH_2O$	2：1	10.0	O 层与 O 层相对，间有 K^+	引力较强	10～40	2.65～2.69	不易分散
海泡石	$Mg_8[Si_{12}O_{33}](OH)_4 \cdot (OH_2)_4 \cdot 8H_2O$	2：1	12.9	双链状结构	—	20～30	—	抗高温及抗盐

膨润土的物理参数为：土粒相对密度为 2.4～2.95；粉末体的重度为 8.3～11.3kN/m³；液限为 330%～590%；12%溶解度时的 pH 值为 8～10；比表面积为 80～110m²/g。

2. 黏土水化与膨胀

黏土的水化与膨胀是指黏土颗粒的表面吸附水分子，黏土颗粒表面形成水化膜，黏土晶格层面间的距离增大，产生膨胀以至分散的过程（图 10-7）。黏土的水化膨胀对黏土的造浆，泥浆的性能和黏土质地层孔壁的稳定有重大影响。

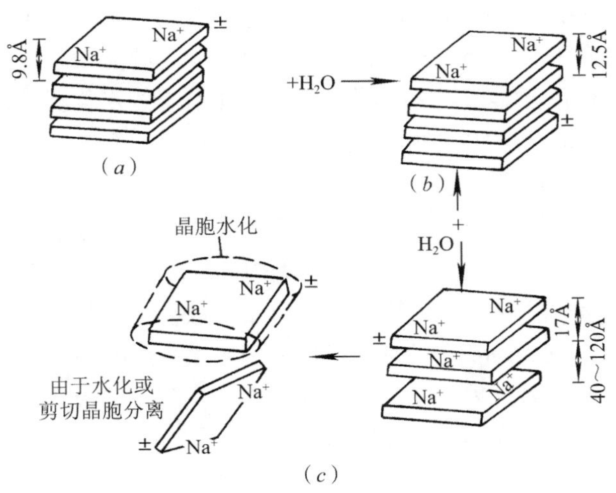

图 10-7　钠蒙脱石的水化作用

（a）在干空气中（晶胞间距 9.8Å）；（b）在湿空气中（晶胞间距 12.5Å）；（c）水的悬浮

1）黏土水化膨胀的原因

黏土颗粒与水或含电解质、有机处理剂的水溶液接触时，黏土便产生水化膨胀。引起黏土水化膨胀的原因如下：

（1）黏土表面直接吸附水分子。黏土颗粒与水接触时，由于以下原因而直接吸附水分子：①黏土颗粒表面有表面能，依热力学原理黏土颗粒必然要吸附水分子和有机处理剂分子到自己的表面上来，以最大限度地降低其自由表面能；②黏土颗粒因晶格置换等而带负电荷，水是极性分子，在静电引力的作用下，水分子会定向地聚集在黏土颗粒表面；③黏土晶格中有氧及氢氧层，均可以与水分子形成氢键而吸附水分子。

（2）黏土吸附的阳离子的水化。黏土表面的扩散双电层中，紧密地束缚着许多阳离子，由于这些阳离子的水化而使黏土颗粒四周带来厚的水化膜。这是黏土颗粒通过吸附阳离子而间接地吸附水分子而水化。

2）影响黏土水化膨胀的因素

黏土颗粒的水化膨胀程度受黏土矿物本身和外界环境等因素的影响，这些因素如下：

（1）黏土矿物本身的特性。黏土矿物因其晶格构造不同，其水化膨胀能力也有很大差别。蒙脱石黏土矿物的晶胞两面都是氧层，层间连接是较弱的分子间力，水分子易沿着硅氧层面进入晶层间，使层间距离增大，引起黏土的体积膨胀。伊利石黏土矿物的晶体结构与蒙脱石矿物的相同，但因层间有水化能力小的 K^+存在，K^+嵌在黏土硅氧层的六角空穴中，把两个硅氧层锁紧，故水不易进入层间，黏土不易水化膨胀。高岭石黏土矿物，因层间易形成氢键，晶胞间连接紧密，水分子不易进入，故膨胀性小。同时，伊利石晶格置换现象少，高岭石几乎无晶格置换现象，阳离子交换容量低，也使黏土的水化膨胀差。

（2）交换性阳离子的种类。黏土吸附的交换性阳离子不同，形成的水化膜厚度也不相同，即黏土水化膨胀程度也有差别。例如，交换性阳离子为 Na^+的钠蒙脱石，水化时晶胞间距可达 40Å，水化膜厚可达 100Å；而交换性阳离子为 Ca^{2+}的钙蒙脱石，水化时晶胞间距只有 17Å，水化膜厚只有 15Å。

（3）水溶液中电解质的浓度和有机处理剂含量。首先，水溶液中电解质浓度增加，因离子水化与黏土水化争夺水分子，使黏土直连吸附水分子的能力降低。其次，阳离子数目增多，挤压扩散层，使黏土的水化膜减薄。总体是使黏土的水化膨胀作用减弱。盐水泥浆和钙处理泥浆对孔壁的抑制作用就是依据这个原理。

3）黏土水化膨胀的过程

黏土的水化膨胀过程经历两个阶段，即表面水化膨胀和渗透水化膨胀。

（1）表面水化引起的膨胀。这是短距离范围内的黏土与水的相互作用，这个作用进行到黏土层间有四个水分子层的厚度，其厚度约为 10Å。在黏土的层面上，此时的作用力有层间分子的范德华引力、层面带负电和层间阳离子之间的静电引力、水分子与层面的吸附力（水化力），其中以水化力最大。这三种力的净能量在第一层水分子进入时的膨胀压强达到几千大气压。奥尔芬指出，欲将最后几个分子层的吸附水从黏土表面挤走，需要（2000～4000）× 0.101325MPa 的压强。

（2）由渗透水化引起的膨胀。首先，当黏土层面间的距离超过 10Å 时，表面吸附能量已经不是主要的了，此后黏土的继续膨胀是由渗透压力和双电层斥力所引起的。随着水分子进入黏土晶层间，黏土表面吸附的阳离子便水化而扩散到水中，形成扩散双电层。由此，层间的双电层斥力便逐渐起主导作用而引起黏土层间距进一步扩大。其次，黏土层可看成是一个渗透膜，在渗透压力作用下水分子便继续进入黏土层间，引起黏土进一步膨胀。由渗透水化而引起的膜膨可使黏土层间距达到 120Å，增加溶液的含盐量。由于浓度差减小，黏土膨胀的层间距便缩小，这也是用盐水泥浆抑制孔壁膨胀的原理。

黏土水化膨胀达到平衡距离（层间距大约为 120Å）的情况下，在剪切力作用下晶胞便分离，黏土分散在水中，形成黏土悬浮液。

3. 造浆黏土的鉴定和评价

1）概述

自然界的黏土种类很多，依造浆要求来考察，只有蒙脱石矿物含量较高的钠质膨润土才是最好的造浆用黏土。因此，寻找和确定某种黏土是否适用于造浆，必须经科学鉴定和评价。鉴定就是确定黏土矿物的种类，检查其是否属于以蒙脱石矿物为主的膨润土。评价就是按造浆要求确定其品级，计算其造浆率等。

（1）黏土矿物的鉴定。

①差热分析，这是鉴定黏土矿物的常用方法。

②X 射线衍射分析。

③化学分析法。化学分析是通过黏土矿物的全部化学分析，测算各种元素的含量，用以判断黏土性能。

二氧化硅与倍半氧化物的分子数之比K称为硅铝比，也可称为硅铝率，即

$$K = SiO_2/R_2O_3 = \frac{SiO_2}{Al_2O_3 + Fe_2O_3}$$

不同黏土矿物的K值是不同的：高岭石，$K=2$；伊利石，$K=2$～3；蒙脱石，$K \geqslant 4$。

根据硅铝比K可粗略判断黏土矿物的类型。笔者在 1969—1970 年发现，SiO_2/Al_2S_3 在 3～4 之间，黏土的造浆能力和泥浆性能都比较好，并已写入现行《水电水利工程混凝土防渗墙施工规范》DL/T　5199 中。现在看，这个值接近了蒙脱石膨润土K值的下限。今后有关规范的有关内容宜改为 SiO_2/Al_2S_3 应在 4 以上。

④其他方法。a. 染色法：可靠性差；b. 红外光谱分析：可用于晶体或非晶体；c. 电子显微镜法：可直接观察黏土颗粒的大小、形状和厚薄等外形，由此来鉴别黏土矿物。

（2）黏土的评价。

黏土在工业上有多种用途，如冶金的团矿、机械制造的型砂等，都需要一定质量的黏土。工程泥浆是黏土在水中的分散体系，从工程施工的要求出发，需要采用优质膨润土或黏土作为造浆材料。

2）造浆黏土的评价

对造浆黏土的评价，实际就是从造浆角度出发对膨润土的评价。

（1）钻进对造浆膨润土的要求。

从现代钻进技术要求出发，希望使用的泥浆应具有较小的重度、较好的流变、携带岩屑和清洗孔底淤积能力强、失水量小、泥皮薄而坚韧、抗污染能力高、成本较低的特性，以保证钻进效率高、孔内清洁、孔壁稳定。由此，对造浆膨润土的要求主要是：①最好用钠质膨润土或经改性处理的人工钠土；②蒙脱石含量高，阳离子交换容量大；③可溶性盐含量少，非黏土矿物含量少；④膨胀倍数大，分散性好，造浆率高；⑤配制的泥浆流变特性好，失水量小。

（2）造浆膨润土的评价项目及指标。

国外造浆用商品膨润土的质量标准，主要是美国石油协会（API）标准。此外，还有最近已被取消的石油公司材料协会（OCMA）标准、日本皂土工业协会标准（JBAS）和苏联标准等。我国尚未制定国家标准，而是采用国际通用的美国石油协会标准，其主要指标如下：

造浆率，大于 $16m^3/t$（A. V = 15cP 时）；

失水量，小于 13.5mL/30min；

含水量，小于 10%；

筛余量，小于 4%（200 目）；

屈服值（Y. V），3 倍塑性黏度（Y. V = 3P. V）。

上述质量标准反映了两个方面的要求：①加工质量方面的要求，如细度、水分和含砂量等；②从造浆角度对膨润土的要求，如造浆率、失水量、屈服值和塑性黏度等，它反映了膨润土的本质特征。

综合国内外的有关研究成果，对造浆膨润土的评价项目如下：①蒙脱石含量；②胶质价和膨胀倍数；③阳离子交换容量、盐基总量和盐基分量；④可溶性盐含量；⑤造浆率；⑥流变特性和失水特性等。

上述的造浆率是指泥浆的表现黏度为 $15 \times 10^{-3}Pa \cdot s$（15cP）时每吨膨润土粉所造出的泥浆数量，单位为立方米。而泥浆的流变特性和失水特性也是在上述标准条件下测试的，可查阅相应的规范和手册。

笔者曾主持了两次工程泥浆课题研究项目，对辽宁、吉林、河北、山东和北京地区的商品膨润土粉进行了深入试验研究。到目前为止，山东潍坊地区已经成了全国石油、地矿和工程泥浆的最大供应商，产品质量优良。

3）当地黏土的鉴定和评价

我国最早在 1958—1960 年在青岛和北京的水库防渗墙工程中使用膨润土泥浆。但是由于当时开采、加工和运输能力受限制，无法形成商品生产规模。在其后将近 20 年的时间内，国内防渗墙都是使用当地黏土制备泥浆，目前仍有不少的桩基和防渗墙工程仍在采用当地黏土来制备泥浆。因此，仍有必要针对我国的实际情况，对当地黏土的造浆特性进行介绍和评价。有关规范提出了以下一些要求：

（1）黏土颗粒（小于 0.005mm）含量大于 50%，塑性指数大于 25～30，含砂量小于 6%。

（2）SiO_2/Al_2O_3 应为 4 以上。

（3）含有较多的亲水性阳离子（Na^+、K^+等）。

（4）水溶液显碱性。

（5）可溶盐含量标准为：钙离子含量小于 70mg/L，氯化物含量小于 300mg/L。

根据上面所说的标准，在国内很多地方找到了适合地下连续墙造孔用的黏土，如河北峰土、北京小汤山地区的淤泥质粉土，云南以礼河的磨魁塘黏土等。有关这些当地黏土泥浆的性能还会在后面的有关章节加以介绍。北京地区及部分国家当地黏土的性能见表 10-10。

4. 泥浆用水

水质对工程泥浆的性能有重要的影响。除用淡水配浆外，有时只能用咸水或海水配浆。

水中含有各种盐类，主要有钙、镁、钠、钾的碳酸盐，重碳酸盐，硫酸盐和氯化物。其具体反映是水的总矿化度和水的硬度。

水的总矿化度是指水中离子、分子和各种化合物的总含量，通常以每升水在 105～110℃下烘干时所得干涸残重来表示。

北京地区及部分国家当地黏土的物理化学性质表　　**表 10-10**

序号	产地	颜色	塑性指数	分类	颗粒组成（%）			化学成分（%）								烧失量（%）	SiO_2/Al_2O_3	泥浆质量	使用工程
					＞0.05	0.005～0.05	＜0.005	SiO_2	Al_2O_3	Fe_2O_3	CaO	MgO	Na_2O	K_2O	TiO_2				
1		灰加黄锈	19.5～24.0	—	10	41	49	60.29	15.34	7.58	2.12	2.62	1.54	3.05	0.74	5.23	3.85		
2		灰绿	16.5	—	14	41	45	63.39	15.0	5.29	3.19	2.33	1.69	3.10	0.65	5.10	4.23		
3		褐	31.2	—	—	—	—	57.69	18.19	1.91	2.61	2.68	1.37	2.86	0.69	6.5	3.19		
4	昌平，小汤山	棕	22.5	—	11	44.5	44.5	61.96	18.38	7.24	2.46	2.0	1.50	2.59	—	5.8	3.31	泥浆质量较好：相对密度 1.16～1.22，黏度 18～25，含砂量 2%～4%	十三陵水库、桃峪口水库、西斋堂水库、北台上水库
5		灰绿加黄锈	15.5	—	15	49	36	56.32	15.33	5.75	1.31	2.49	1.61	2.95	—	8.4	3.71		
6		灰绿	19.5	粉质黏土	14	40.5	45.5	61.32	14.41	5.28	4.40	2.51	1.54	3.06	0.65	6.3	4.23		
7		褐	23.5	—	12	38	50	51.77	15.9	7.57	3.12	2.80	1.23	3.13	0.69	6.9	3.64		
8	昌平，红泥沟上	红	26.8	—	11.5	46	42.5	64.77	16.9	6.58	1.22	1.20	0.46	1.66	0.79	6.2	3.84		
9	昌平，红泥沟下	—	14.4	—	15.5	52.5	32	68.26	14.13	5.70	1.68	0.69	2.40	4.62	0.79	4.5	4.63	—	
10	房山，南尚乐	—	31.5	重黏土	17	11.3	75.7	41.48	31.11	13.41	11.3	1.51	0.08	1.83	—	10.5	1.33		
11	密云，金笸箩	—	25.2	粉质黏土	24.5	36.5	39	62.88	25.27	—	0.62	1.24	0.38	1.52	—	—	2.48		
12	密云，羊山	—	20.97	—	12.9	47.7	39.4	—	—	—	—	—	—	—	—	—	—	—	密云水库
13	吉林，九台	灰白	21.1	—	6	5.5	39	63.01	18.18	—	1.61	2.22	1.00	2.15	—	—	3.47		
14	中国五金矿产进出口公司	—	—	膨润土	—	—	—	68.0	13.0	2.50	—	—	—	—	—	—	5.25	—	
15	日本	—	—	—	—	—	—	72.53	14.11	2.10	1.51	1.84	2.04	1.07	0.10	4.6	5.10	—	
16	苏联	—	30.5	—	＞0.01 2	0.01～0.001	＜0.001 7.5	53.8	27.3	6.5	2.0	3.70	—	—	—	5.7	1.98	—	
17		—	25.0	—	5	8.3	12	63.9	16.0	4.8	5.6	1.70	—	—	—	8.1	4.0	—	

10.2.3 泥浆外加剂

1. 概述

泥浆的性能很大程度上取决于黏土颗粒的分散和水化程度，而化学处理剂的加入，从本质上讲会改变（增强）黏土的分散和水化能力。为了使泥浆性能适合于地基状态和施工条件，通常要在泥浆中加入适当的外加剂。这些外加剂大体可分为：分散剂、增黏剂、加重剂、防漏剂、防腐剂、盐水泥浆剂。

这些外加剂可以单独使用，也可以联合使用。它们的主要功能见表 10-11。

常用外加剂表 表 10-11

外加剂的种类	使用目的
分散剂	1）防止盐分或水泥等对泥浆的污染； 2）有盐分或水泥等污染之后，用于泥浆的再生； 3）增强防止地基坍塌的作用； 4）提高泥水分离性
增黏剂	1）增强防止地基坍塌的作用； 2）提高挖槽效率； 3）对于盐分或水泥等污染，有保护膨润土凝胶的作用
加重剂	增加泥浆重度，提高地基的稳定性
防漏剂	防止泥浆在地基中漏失
盐水泥浆剂	能在盐水中湿胀并提高黏度
防腐剂	防止羧甲基钠纤维素等有机外加剂在夏季高温时腐败变质

1）分散剂

分散剂的首要作用是使进入水中的膨润土颗粒分散开来，形成外包水化膜的胶体颗粒，减少了内部摩阻力。其次，泥浆中如果混入水泥的钙离子、地下水或土中的钠离子或镁离子等，泥浆的黏度提高，泥皮的形成性能降低，重度增加，膨润土凝集而泥水分离，有可能造成槽壁坍塌。使用分散剂可以排除这些施工上的障碍，控制泥浆的性能变化。

（1）分散剂的性能。

分散剂的种类很多，有不同的特性。一般分散剂的性能如下。

①提高膨润土颗粒的电位。分散剂吸附在膨润土颗粒的表面，提高其负电荷含量，增大其排斥力，降低颗粒凝聚趋向。

②有害离子的惰性化。通过与有害离子的反应，使其惰性化。

③置换有害离子。由于有害离子使质量降低了的膨润土泥浆，如果加入分散剂，那么在膨润土颗粒表面吸附着的有害离子就会被分散剂置换，泥浆又重新出现分散状态。

（2）分散剂的种类及其基本性能。

一般在基础工程中使用的分散剂的种类及其基本性能如下。

①复合磷酸盐类。本类包括六甲基磷酸钠（$Na_6P_6O_{15}$）和三（聚）磷酸钠（$Na_6P_3O_{10}$）。以前在石油钻井中使用，它能置换泥浆中的有害离子。通常使用的浓度为 0.1%～0.5%。

②碱类。一般使用碳酸钠（Na_2CO_3）和碳酸氢钠（$NaHCO_3$）。它们在水泥污染泥浆时，可与钙离子起化学反应，变成碳酸钙，从而使钙离子惰性化。但是它们没有使钠离子惰性化的作用，当有海水混入时，反而对膨润土泥浆有凝集作用。另外，对于被水泥污染的泥

浆，当掺加浓度较小时效果很好，然而掺加到一定的浓度以后反而会降低效果。这个浓度极限根据膨润土的种类不同而有差异，一般在 0.5%～1.0%。在此浓度以下，效果要比腐殖酸类及木质素类为好，可以达到复合磷酸盐类的相同效果。

③木质素磺酸盐类。一般采用铁铬木质素磺酸钠（商品名：泰尔纳特 FCLS）。这是一种以纸浆废液为原料的特殊木质素磺酸盐，呈黑褐色，易溶于清水或盐水。对于防止盐分对泥浆的污染，与磷酸盐类和腐殖酸类分散剂有同等的效果，但是对于防止水泥污染泥浆的效果较差。

④腐殖酸类。一般采用腐殖酸钠（商品名：泰尔纳特 B）。这是对褐煤等原料中加进稀硝酸之后得到的褐煤氧化物，再用苛性钠中和之后产生的，易溶于清水，但不溶于盐水而要发生沉淀，具有提高电位和置换有害离子的作用。防止盐分污染泥浆时，腐殖酸类与磷酸盐类或木质素类有同等的效果，然而防止水泥污染泥浆时腐殖酸类不如磷酸盐类的效果好。

2）增黏剂

一般均使用羧甲基钠纤维素作为增黏剂。虽然也偶尔把羧甲基钠纤维素单独当作泥浆材料使用，但一般将其作为改善膨润土泥浆性能的外加剂使用。羧甲基钠纤维素是化学处理纸浆的一种高分子化合物，溶解于水之后成为黏度很大的透明液体，触变性较小，接近于牛顿流体的性质。

在泥浆中掺加羧甲基钠纤维素之后，泥浆性能的变化如下。

（1）不管膨润土的种类如何，只要掺入 0.03%～0.1%的羧甲基钠纤维素，就能增加泥浆的黏度和屈服值。

（2）改善泥皮的性能。

（3）包裹住膨润土颗粒，具有胶体保护作用，防止水泥或盐分的污染。

市场上出售的羧甲基钠纤维素，按照高分子聚合程度的不同，从大到小可分为高、中、低三种黏度的商品。

3）加重剂

在通常情况下，如果膨润土泥浆在配制时的相对密度为 1.03～1.07，就能够充分保证槽壁的稳定。然而，在地下水位高或有承压水、地基非常软弱（$N<1$）、土压力非常大（在路下或坡脚处施工）时，在泥浆和地下水之间的水位差不能保证槽壁稳定的特殊条件下，作为一种措施可在泥浆中掺入加重剂，以便增加泥浆的相对密度。加重剂的种类有重晶石、铁砂、铜矿渣、方铅矿粉末等，常用的是重晶石。它取材容易，掺入泥浆中不易沉淀。重晶石是一种灰白色细粉末，相对密度为 4.1～4.2。把重晶石掺入泥浆之后，能够增大泥浆的黏度及凝胶强度。

4）防漏剂

所谓漏失就是在挖槽过程中，泥浆很快地流入地基土的空隙或流入透水层内的现象。使用防漏剂的目的是堵塞地基土的空隙。表 10-12 所示是挖地下连续墙的沟槽时使用的主要防漏剂。

5）防腐剂

含有羧甲基钠纤维素的泥浆，在夏季高温季节会发生腐败变质现象。可加入浓度为（100～300）$\times 10^{-6}$ 的硫化钠解决这个问题。

防漏剂的种类　　表 10-12

防漏剂		防漏效果
组成物质	商品名称	
棉花籽残渣	特尔斯托普（粉）	小
	特尔斯托普（粒），卡尔帕克	大
经石细粉末	特尔希尔（粒）	小
碎核桃皮	特尔布拉格	大
	塔夫布拉格	小
珍珠岩	珍珠岩	小
泥浆纤维	马特希尔，塞尔帕克，塞罗希尔	小
纤维蛇纹石黏土	希库列	小
锯末	—	大
稻草	—	大
水泥	—	小～中

2. 无机处理剂

无机处理剂大都是化工产品，包括各种盐和各种碱，个别情况也用一些酸。在泥浆处理中，无机处理剂大都与有机处理剂配合使用。

无机处理剂大都是电解质，它们在泥浆中起作用的基本原理是：首先，黏土颗粒通过离子交换，改变黏土颗粒表面吸附反离子的种类和浓度，从而改变双电层的结构、溶剂化膜的厚薄，使双电层斥力增大或减小，由此调节泥浆体系中黏土颗粒聚结或分散，使泥浆的性能适应钻井的需要。其次，无机电解质与有机处理剂发生中和、水解等反应，改变有机处理剂的官能团种类、分子形态，从而调节有机处理剂与黏土颗粒的吸附关系，达到调节泥浆性能的目的。

在泥浆化学处理中无机处理剂可起下列作用：

（1）分散作用。它是在离子交换中以低价离子取代黏土颗粒表面的高价离子，使黏土颗粒分散，电动电位升高，水化膜增厚，泥浆黏度升高，失水量下降。如钙膨润土用纯碱处理以提高造浆率；淡水泥浆被钙侵或水泥侵后加入纯碱促使黏土颗粒重新分散，恢复流动性。

（2）控制聚结。泥浆中加入高价盐使黏土颗粒处于适度聚结状态（配合有机处理剂护胶），既不高度分散，又不高度聚结成团块，泥浆呈稳定的粗分散状态，如配制钙处理泥浆等。无机处理剂的控制聚结作用，也可用于适当提高泥浆的切力和黏度，增大泥浆悬浮或携带岩屑的能力。泥浆中加入高价无机盐以提高黏度和切力也可用于微漏失层钻进。无机盐的聚结作用是抑制孔壁泥页岩和岩屑水化膨胀与分散，维护孔壁稳定，防止坍塌掉块的依据。

（3）调节泥浆的 pH 值。泥浆的 pH 值对泥浆有多方面的影响：泥浆中黏土颗粒的分散和稳定，有机处理剂在泥浆中的溶解度和处理效果，岩屑和孔壁泥页岩的水化膨胀和分散，泥浆对钻具的腐蚀等。每种泥浆都有自己较合适的 pH 值范围。泥浆中加碱或碱式盐可提高 pH 值，加酸或酸式盐可降低 pH 值。

（4）沉淀除钙和络合作用。泥浆中加入纯碱或碳酸氢钠可以形成碳酸钙沉淀而除去泥浆中过多的钙离子。加入六偏磷酸钠$(NaPO_3)_6$，可以与泥浆中的 Ca^{2+}进行络合

（Ca^{2+} + $(NaPO_3)_6 \longrightarrow Na_2[CaNa_2(PO_3)_6] + 2Na^+$）形成水溶性络合物 $Na_2[CaNa_2(PO_3)_6]$，它在水中电离成钠离子和络离子$[CaNa_2(PO_3)_6]^{2-}$。由于在络合离子中 Ca^{2+}很难再电离出来，故可使泥浆中的钙离子减少。络合作用还可用于提高部分处理剂的抗温性能，如加少量重铬酸钠（$Na_2Cr_2O_7$）可提高腐殖酸盐和木质素磺酸盐的抗温性能和抑制热分解。

（5）使有机处理剂溶解或水解。有些有机处理剂如丹宁酸、腐殖酸等在水中的溶解度很小，黏土不易吸收，用烧碱液处理，配成丹宁碱液和煤碱剂（有用成分为丹宁酸钠和腐殖酸钠），成为水溶性处理剂，易被黏土颗粒吸附，起稀释和降失水作用。

另一些含有可水解的极性基（如酯基、腈基、酰胺基等）的有机化合物，必须用无机化合物进行中和或水解，变成水溶性的有机物才能发挥其效用。例如，含有腈基（—CN）的聚丙烯腈在水中溶解，经烧碱水溶液中和变成水溶性的水解聚丙烯腈，方可作为降失水剂。

（6）交联和胶凝作用。链状多官能团的高分子化合物，可通过加入适当的高价无机盐进行交联，改善其失水特性和护壁性能，如聚丙烯酰胺与 $FeCl_3$、$Al_2(SO_4)_3$ 等进行交联而得的交联液，是小口径钻进用的无黏土相冲洗液的一种。一些无机盐在一定条件下起化学反应，可形成胶冻状的凝胶用于堵漏，如水玻璃与石灰、水玻璃与硫酸铝等。

（7）其他作用。无机化合物在泥浆工艺中还有许多种作用，如配制饱和盐水泥浆以抑制盐层的溶解；用作加重剂，如重晶石（$BaSO_4$）、方铅矿（PbS）、磁铁矿（Fe_3O_4）和石灰石（$CaCO_3$）等；用于堵漏，如云母片、蛭石等。

主要无机处理剂列于表 10-13 中。

泥浆无机处理剂　　表 10-13

类别	名称	分子式	20℃时溶解度（g/100g 水）	主要性能	主要用途
碱	氢氧化钠（烧碱、火碱、苛性钠）	NaOH	109.1	强碱，有强腐蚀性，易溶于水，易吸潮，吸收空气中 CO_2 后变成 Na_2CO_3，固体 NaOH 相对密度 2～2.2	调节泥浆 pH 值，中和有机处理剂，使泥浆分散等
	氢氧化钾（苛性钾）	KOH	111.4	强碱有强腐蚀性，易吸潮，白色固体	调节泥浆 pH 值，提供 K^+ 对页岩起抑制作用
	氢氧化钙（熟石灰、消石灰）	$Ca(OH)_2$	0.165	白色粉末，吸潮性强，碱性，有腐蚀性	提供 Ca^{2+}，配制钙处理泥浆，对页岩起抑制作用
碳酸盐	碳酸钠（纯碱、苏打）	Na_2CO_3	17.7	白色粉末状，水溶液呈碱性，吸潮后易结块	提供 Na^+对钙土进行改性，去钙软化水质，对泥浆起分散作用
	碳酸氢钠（小苏打、焙烧苏打）	$NaHCO_3$	9.6	白色结晶粉末，易溶于水，水溶液呈碱性	用于沉淀去钙，溶液 pH 值上升较小
	碳酸钾	K_2CO_3	112	无色单斜结晶，易潮解，易溶于水	钾泥浆的分散剂
磷酸盐	六偏磷酸钠	$(NaPO_3)_6$	97.3	无色玻璃状固体片，易潮解变质，溶于水，溶液呈弱酸性，易水解	可络合除钙，处理水泥和石膏效果好，是泥浆稀释剂
	三聚磷酸钠	无水物：$Na_5P_3O_{10}$，六水物：$Na_5P_3O_{10} \cdot 6H_2O$	35（瞬时溶解度）	易溶于水，水溶液呈弱碱性	可络合钙、镁离子，也是泥浆稀释剂
	四磷酸钠、酸式焦磷酸钠（SAPP）、焦磷酸四钠（TSPP）	$Na_6P_4O_{13}$、$Na_2H_2P_2O_7$、$Na_4P_2O_7$	3.16	白色粉末溶于水，呈酸性反应，无色透明颗粒溶于水，呈碱性	可用于除钙，泥浆的稀释分散剂

续表

类别	名称	分子式	20℃时溶解度（g/100g 水）	主要性能	主要用途
硅酸盐	硅酸钠（水玻璃）	$Na_2O \cdot mSiO_2$（或 Na_2SiO_3）		为黏稠状半透明液体，能溶于水，呈碱性，并能和盐水相混溶	用于配制无黏土冲洗液，速凝混合物，硅酸钠泥浆用于钻进膨胀性页岩
硫酸盐	硫酸钠（芒硝）	$Na_2SO_4 \cdot 10H_2O$	19.4	十水芒硝为无色针状结晶。100℃时焙烧失去结晶水成无水硫酸钠粉末，溶于水	用于去钙，有絮凝黏土的作用，可提高泥浆黏度、切力
	硫酸钙（生石膏）	$CaSO_4 \cdot 2H_2O$	0.242（18℃）	白色结晶，溶于水，但溶解度不大	配制钙处理泥浆，絮凝黏土，水泥添加剂
	铵明矾	$(NH_4)_2SO_4 \cdot Al_2(SO_4)_3 \cdot 2H_2O$	15	白色无定形结晶，溶于水，水溶液呈酸性	黏土絮凝剂
	钾明矾	$KAl(SO_4)_2 \cdot 12H_2O$	11.4	无色立方八面体，溶于水	用于抑制泥页岩膨胀
	硫酸铝	$Al_2(SO_4)_3$	36.3	白色结晶粉末，溶于水，呈酸性	交联剂，去孔壁泥皮剂
氯化物	氯化钠（食盐）	NaCl	36	白色结晶，易溶于水	用于配制盐水泥浆
	氯化钾	KCl	34.35	白色结晶，易溶于水	用于配制钾泥浆，抑制页岩膨胀
	氯化钙	$CaCl_2 \cdot 6H_2O$ 或无水	74.5	无水氯化钙是白色结晶，有强吸潮性，易溶于水	配制高钙泥浆，结构剂，沉淀黏土，水泥速凝剂
	三氯化铁	$FeCl_3 \cdot 6H_2O$	91.8	褐黄色晶体，易潮解	泥浆絮凝剂，交联剂
铬酸盐	重铬酸钠（红矾钠）	$Na_2Cr_2O_7 \cdot {}_2H_2O$	190	易潮解，有强氧化性	生成 Cr^{3+}与有机处理剂络合，提高其热稳定性
	重铬酸钾	$K_2Cr_2O_7$	102（100℃）	红色单斜或三斜晶体，有强氧化性，易溶于水	生成 Cr^{3+}与有机处理剂络合，提高其热稳定性，有抑制作用
硼酸盐	十水四硼酸钠（硼砂）	$Na_2B_4O_7 \cdot 10H_2O$	170（100℃）	无色单斜结晶，易溶于水	无黏土相冲洗液，交联剂
硫化物	硫化钠（硫化碱）	$Na_2S \cdot 9H_2O$	18.7	无色结晶，溶于水呈强碱性	泥浆除氧剂，腐蚀抑制剂
	二硫化钼	MoS_2	不溶	黑色光泽六方体	润滑剂

3. 有机处理剂

有机处理剂在工程泥浆中使用日渐增多，因此有必要对其进行简要介绍。

1）有机处理剂的种类

有机处理剂的种类繁多，可按不同方式进行分类。

按在泥浆中起的作用来分，有机处理剂可分为稀释降黏剂、降失水剂、絮凝剂、增黏剂、润滑减阻剂、起泡和消泡剂、页岩稳定剂等。按分子结构的特点有机处理剂可分为非离子型的、阴离子型的、阳离子型的和混合型的（混合型的可同时含有能电离的和不能电离的官能团，或含有阴离子和阳离子两种官能团）。成分有机处理剂可分为丹宁类、木质素类、纤维系类、腐殖酸类、丙烯酸类、多糖类和特种树脂类等。按来源不同有机处理剂又可分为天然高分子及其加工产品、合成高分子、生物制品等。

为讨论方便，阐述作用原理时按有机处理剂分子结构不同来讨论，在介绍常用有机处理剂时则按用途和成分不同分别介绍（有机处理剂的商品名称见表10-14）。

泥浆有机处理剂　表 10-14

处理剂分类	材料种类	名称	说明
分散和稀释剂	丹宁类	丹宁碱液及栲胶碱液（NaT、NaK）	抗温 80～100℃
		磺甲基化丹宁（SMT）及其铬盐（SMT—Cr）	抗温 180～200℃
		磺甲基化栲胶合成丹宁	
		各种植物丹宁（如松柏树皮、红根、柚柑树皮等）	
	木质素类	木质素磺酸钠、铬木质素磺酸盐	
		铁铬木质素磺酸盐（FCLS）	抗温 170～180℃
		无铬木质素磺酸盐复合物	
	丹宁、木质素复合物	丹宁—木质素磺酸盐（DMX）	抗温 180～200℃
	褐煤木质素复合物	铬制剂（腐殖酸铬与铬木质素磺酸盐复合）	亦可降低失水量
降失水剂	纤维素类	羧甲基钠纤维素（Na-CMC），降失水用中、低黏度的；速溶羧甲基纤维素（速溶 CMC）	抗温 130～140℃
		聚阴离子纤维素	
	聚醣类	预胶化淀粉，水解淀粉；羧甲基淀粉；糊清	抗温性能均较差，宜 100℃以下使用
		爪尔胶、海藻胶	
		黄原单胞杆菌多糖胶（生物聚合物）	
		野生植物胶（如香叶粉、钻井粉等）	
	腐殖酸类	煤碱液（NaC）	抗温 180～190℃
		铬褐煤、硝基腐殖酸	抗温 200～230℃
		磺化硝基腐殖酸；磺甲基化褐煤；磺甲基腐殖酸铬	抗温 200～220℃
		褐煤锌铬合物	
	丙烯酸衍生物类	水解聚丙烯腈（HPAN）；水解低分子量聚丙烯酰胺；聚丙烯酸钠磺甲基化聚丙烯酰胺，聚丙烯酸钙；丙烯酸共聚物	抗温 200～230℃
	树脂类	磺甲基酚醛树脂；磺化褐煤树脂	抗温 180～230℃
增黏剂	纤维素类	羟乙基纤维素（HEC）；羧甲基羟乙基纤维素（CMHEC）	
		甲基羧甲基纤维素（MCMC）；高黏度羧甲基纤维素；聚阴离子纤维素	
	聚醣类	羧甲基淀粉；羟乙基淀粉；高分子量生物聚合物	抗温性能低
		野生植物胶（如蒟蒻、田菁、香叶粉、钻井粉等）	
	丙烯酸类	高分子量水解聚丙烯酰胺	
	石棉类	石棉纤维、温石棉、高级温石棉	抗高温，用于地热井
絮凝剂	丙烯酸衍生物类	聚丙烯酰胺及其水解物；甲基丙烯酸与丙烯酰胺共聚物	
		甲基丙烯酸与甲基丙烯酰胺共聚物、甲基丙烯酸与甲基丙烯酸甲酯共聚物等	
	其他共聚物	顺丁烯二酸酐—醋酸乙烯酯共聚物等	
页岩水化膨胀抑制剂	木质素及腐殖酸类	木质素磺酸钾，铬木质素磺酸盐；铬制剂；腐殖酸钾	
	沥青类	磺化沥青、分散性硬沥青	
	其他共聚物	磺甲基聚丙烯酰胺；腐殖酸钾与聚丙烯酰胺共聚物	
		有机铝络合物	

续表

处理剂分类	材料种类	名称	说明
乳化剂	水包油乳化剂	各种阴离子和非离子表面活性剂，如油酸钠、松香酸钠、十二烷基苯磺酸钠、石油磺酸钠（OP-2、OP-10 等）	
		部分稀释剂、降失水剂的磺化体，如木质素磺酸盐；铁铬盐（PCLS）等	
		部分降失水剂和增黏剂	可作稳定剂
	油包水乳化剂	亲油性的表面活性剂，如司盘—80、石油磺酸铁等	
		有机酸的高价盐	
润滑减阻剂	表面活性剂	各种阴离子表面活性剂与非离子活性剂的复合物	
	石油炼制的残油或油渣的混合物	磺化残油；磺化沥青、磺化妥尔油沥青	
	有机高分子聚合物	纤维素，部分水解聚丙烯酰胺；植物胶等	

资料来源：引自《钻探工艺学（中）》的附录Ⅱ。

2）有机处理剂的特点

虽然各类有机处理剂的组成和分子结构各不相同，且分子量的变化范围很大，但它们的与无机处理剂相比又都具有大致类似的特点。正是这些特点决定了它们与黏土颗粒的关系，与无机处理剂不同或存在着根本性的差别。有机处理剂的特点大致有如下几个。

（1）分子量大，且往往由多个链节组成。有机处理剂的分子量小的也是几千到一万，大的可达 1000 万以上。其中，有些有机聚合物的分子是由许多结构相同的链节组成，一个分子含有的链节数从几十个直至几十万个。有机处理剂因其分子量不同，它们与黏土颗粒相互作用的方式也就不同。分子量为几千至几万的是以其官能团吸附在黏土颗粒表面（包括黏土颗粒的端部和层面部分）的方式起作用的；而分子量为百万到上千万的高分子，往往是黏土或其他固体颗粒被高分子链上的官能团吸附或捕获，或者高分子链在黏土颗粒上以多点吸附的方式起作用。处理剂分子大小的划分见表 10-15。

有机物分类表　　表 10-15

分子划分	分子量	碳原子数	分子长（nm）
低分子	16～1000	1～100	0.1～10.0
中分子	1000～10000	100～1000	10.0～100.0
高分子	10^6 以上	10^5 以上	10^4 以上

（2）分子的结构和形态复杂。有机聚合物处理剂的分子链很长，因而具有很高的柔性，分子卷曲像一个杂乱的线团，称为无规线团。同时，大部分处理剂的链节之间可相互旋转，因此在溶液状态，无规线团的形态在不断变化着，时而卷曲收缩，时而扩张伸长，显得十分柔顺。高分子的柔性与分子的结构有关。直链的碳架主链柔性最大，带有支链和环碳链时柔软性降低。当形成网状结构时，分子间受强的氢键束缚，链节僵硬。高聚物分子的形态还受水解度、pH 值和电解质种类及含量的影响。高聚物分子的结构和形态影响高聚物的溶解、溶液的黏度、流动性和吸附等特性。

（3）有多种作用基团。有机处理剂的作用基团可以是一种，但更多的是有多种作用基团，而且同一种作用基团的数量很大。如部分水解聚丙烯酰胺，不仅有众多的酰胺基，而且随水解度的不同，可以有一定数量的羧钠基，有时还可能有羧基。又如铁铬木质素磺酸盐，分子中含有多种作用基团：磺酸基、甲氧基、酚羟基、羟基等。有机高分子含有的作用基团的种类及其在分子结构中的位置不同，对有机高分子的吸附、水化、抗盐和抗温等特性产生的影响也不同。另外，有机处理剂的不同基团，其活泼性也各异，基团上的氢离子愈易电离则其活泼性越大，基团的水化或吸附能力越强。基团的活泼顺序为：磺酸基 > 羧基 > 甲酰胺基 > 羟基。

（4）液相黏度大。有机处理剂溶于水中使溶液的黏度有明显的提高，随着有机处理剂分子量和处理剂加量的增加，溶液黏度成比例地增大。泥浆液相黏度的增加，使泥浆增稠和失水量降低。故有机处理剂一般都有不同程度的降失水和增黏效应。

（5）pH 值应控制。泥浆的 pH 值不仅对泥浆中黏土颗粒的分散和稳定有影响，而且对处理剂在泥浆中的溶解度和吸附效果也有大的影响。因此，不同的有机处理剂应控制在不同的 pH 值时使用，才能发挥其较好的效用。

10.2.4 泥浆材料的选定

1. 水的选定

若能使用自来水是没有问题的，但在使用地下水、河水或海水等时，要对水质进行检查。对于膨润土泥浆，最好使用钙离子浓度不超过 100×10^{-6}、钠离子浓度不超过 500×10^{-6} 和 pH 值为中性的水。超出这个范围时，应考虑在泥浆中增加分散剂和使用耐盐性的材料或改用盐水泥浆。

2. 膨润土的选定

由于各种牌号的膨润土性能各不相同，所以要研究哪种膨润土更能满足工程要求。

钠膨润土与钙膨润土相比，其湿胀度较大，但容易受阳离子的影响。对于水中含有大量阳离子或在施工过程中可能会有阳离子的显著污染时，最好采用钙膨润土。

膨润土的种类不同，泥浆的浓度、外加剂的种类及掺加浓度、泥浆的循环使用次数等会有很大的差异，所以要选用可使泥浆成本比较经济的膨润土。

经过技术和经济方面的论证后，某些地下防渗墙工程采用当地黏土和适当的外加剂来制备泥浆。

3. 羧甲基钠纤维素的选定

预计会有海水混入泥浆时应选用耐盐性的羧甲基钠纤维素。当溶解性有问题时，要使用颗粒状的易溶羧甲基钠纤维素。关于羧甲基钠纤维素的黏度可分为高、中、低三种，越是高黏度的羧甲基钠纤维素价格越高，但是它的防漏效果好。

4. 分散剂的选定

为使泥浆在沉淀槽内容易形成泥水分离，应使用能够减小泥浆凝胶强度及屈服值的分散剂。对于工程泥浆来说，应首选使用纯碱（Na_2CO_3）。在透水性高的地基内，如果对已经变质的、过滤水量增多的泥浆再使用不适当的分散剂，就会进一步增大槽壁坍塌的危险性。所以，在这种情况下，最好使用尽管泥浆变质也不会增失水量的分散剂［碳酸钠或三（聚）磷酸钠等分散剂］。

由于膨润土的种类不同，分散剂的效果大不相同，所以要加以注意。

5. 加重剂的选定

一般来说，除重晶石以外，其他加重剂较难获取。

6. 防漏剂的选定

泥浆的漏失通常分为大、中、小三种情况，选用防漏剂时要根据漏失的规模和漏浆层的空隙大小而定。一般认为防漏剂的粒径相当于漏浆层土砂粒径的 10%～15%时效果最好。

10.3　泥浆的基本性能和测试方法

10.3.1　概述

1. 概述

本节将要阐述泥浆的主要技术性能（不是全部）和它们的测试方法。

对于工程泥浆来说，目前常用的测试方法有以下三种。

（1）在欧美地区实施的美国石油协会标准。它使用马氏（Mash）漏斗（1500/946mL）、旋转黏度计等仪器。

（2）日本土木建设部门使用的标准。它的最主要的特点是使用 500/500mL 的黏度漏斗。

（3）我国和苏联等国家使用的是苏联用于地质钻探系统的泥浆标准。它的最大特点是使用 700/500mL 的野外黏度漏斗，它的失水量和静切力测量的仪器比较简单，精度不高。

近年来，我国基本建设行业已经逐渐接受了先进的石油泥浆测试仪器和设备，使我国工程泥浆的应用和测试水平都有了很大的提高。唯独在最常用的漏斗黏度测试仪器上尚未有统一的标准，所以本书凡是涉及漏斗黏度数值，都要说明所用的漏斗是什么样子的。如无特别说明，则是指 700/500mL 漏斗。

可以把泥浆性能指标分成以下几类。

（1）流变（动）性指标。属于这个方面的指标有：①漏斗黏度；②表观黏度；③塑性黏度；④动切力（屈服值）；⑤静切力：初切力（10s）、终切力（10min）。这些指标都是用来衡量泥浆的流动性和触变性能的。

（2）泥浆的稳定性指标：①胶体率（泌水性）；②稳定性；③化学稳定性。这些指标用来评价泥浆的物理和化学稳定性。

（3）泥浆的失水和造壁性：①失水量；②渗失量；③泥皮（饼）厚度。这是评价泥浆的造壁（泥皮）和固壁能力的重要指标。

（4）泥浆的导电特性：电导率。这是用来判断泥浆性能的一项新指标。

（5）泥浆的其他性能：①重度；②含砂量；③pH 值；④固相含量。这些是泥浆的常规指标。它们对泥浆性能有举足轻重的影响。

笔者在 1982—1985 年间以及 1991—1996 年间曾两次主持工程泥浆的试验研究课题，与有关同事一起参照美国、欧洲和日本的有关规范，采用新的泥浆试验仪器和设备，对 6 种国产膨润土和北京地区黏土的泥浆性能进行了试验研究，共进行了 2200 多组试验，取得试验数据 40000 多个，并在十几项地下连续墙工程中进行了验证，效果不错。

本节将把国内外泥浆方面的有关经验加以介绍。本节及以后各节的试验曲线均取自上述两个试验报告。

2. 主要试验仪器

过去地下防渗墙泥浆试验仪器都采用仿苏联产品，有的仪器（如 1009 型失水量测定仪）已经不能满足要求。在工程地质部门颁发的《钻探泥浆性能主要测试仪器及方法的规定》和《钻探泥浆仪器配套标准》中已将此仪器淘汰了。有的仪器（如漏斗、电动切力计等）则无法测量膨润土泥浆的全部性能指标。

试验所用的主要试验仪器和设备见表 10-16。

主要试验仪器和设备表　　表 10-16

序号	名称	规格	数量	单位	用途	说明
1	旋转黏度计	ZNN-D6	1	台	泥浆流变性	—
2	高速搅拌机	QJ5-2	1	台	搅拌泥浆	15000r/min
3	电动搅拌机	60 型	1	台		6000r/min
4		JBS0-1	1	台		4000r/min
5	分析天平	—	1	台	称量外加剂	—
6	扭力天平	TN-100 型托盘式	1	台		—
7	台秤	AGT-10	1	台	称量土粉等	—
8	热鼓风干燥箱	DF205	1	台	烘干、恒温	—
9	定时计	12 档	1	台	计时用	—
10	秒表	—	3	块		—
11	电导率仪	IDS-11A	1	台	测电导率	—
12	具塞量筒	50～500mL	5	个	絮凝试验	—
13	漏斗黏度计	1006 型	2	个	测泥浆黏度（$F.V$）	700/500mL
14	含砂量测定仪	1004 型	2	个	测泥浆含砂量	—
15		ZNH	1	个		200 目
16	固相含量测定器	ZNG	1	个	测泥浆中固相含量	—
17	失水量测定仪	1009	2	个	测泥浆失水量和泥饼	—
18	泥浆失水仪	ZNS	1	台		小气瓶
19	打气筒失水仪	ZNS-2	1	台		—
20	静切力仪	1007	1	台	测泥浆静切力	—
21	毛细管黏度	—	—	—	测泥浆黏度	—
22	扭簧测力仪	NLJ-A	1	台	校正 ZNN-D6 用	—
23	标准筛	20～200 目	1	套	加工土粉	—
24	气瓶	—	1	个	装 N_2 或 CO_2	—
25	氧气表	—	1	个	减压	—
26	量筒	5～1000mL	—	—	—	玻璃
27	量杯	500、1000mL	—	—	—	搪瓷
28		5～100mL	—	—	—	玻璃
29	三角烧瓶	500、1000mL	—	—	—	—
30	烧杯	250、500、1000mL	—	—	—	—
31	干湿温度计	—	—	—	—	—
32	温度计	—	—	—	—	—

10.3.2 泥浆的流变特性

流变学是研究流体变形和流动的科学，属于物理、化学的一部分。对地下防渗墙泥浆来说，就是研究在外力作用下泥浆内部结构变形和流动的问题。泥浆黏度、动切力、静切力和触变性等都属于流变学的范围。泥浆流变性对钻进效率、孔壁稳定、岩屑的悬浮与排除有直接的影响。研究泥浆流变性已成为近代泥浆工艺的重要内容。

1. 工程泥浆的流变曲线与流型

根据流体的流变特性，可以把它们分为四个基本流型：牛顿流型、塑性流型、假塑性流型和膨胀流型（图 10-8）。其中，后三个都是非牛顿流型。从目前地下防渗墙施工情况来看，其泥浆流型基本属于牛顿流型和塑性流型这两种。各种流型的特点可以通过流变曲线表示出来。流变曲线是流速梯度（或叫剪切速率）dv/dx与剪切应力的关系曲线。

1）牛顿流型

水、甘油和大多数低分子溶液都属于牛顿型流体（见图 10-9 中曲线 1)。在试验中发现，某些黏土和电解质用量小的泥浆，在刚刚搅拌完的时候也属于这种流型。它们的流变曲线是一条通过原点的直线，在很小的切力作用下就发生流动，流速梯度与切应力成正比；在层流区内，黏度是常量，它的流变方程式为

$$\tau = \eta_{绝} \frac{dv}{dx} \tag{10-1}$$

式中 $\eta_{绝}$——牛顿流体的绝对黏度。

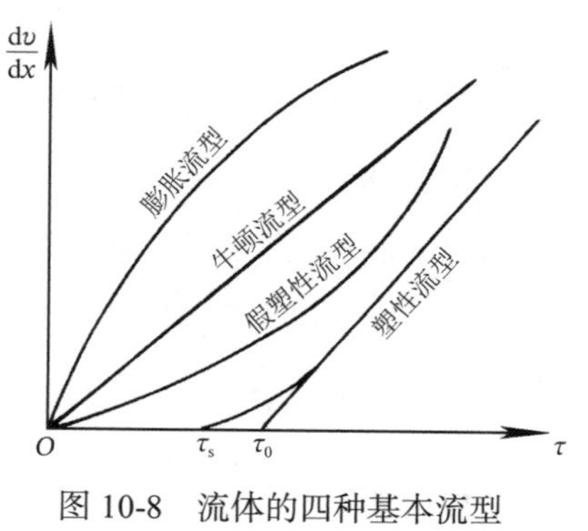

图 10-8 流体的四种基本流型

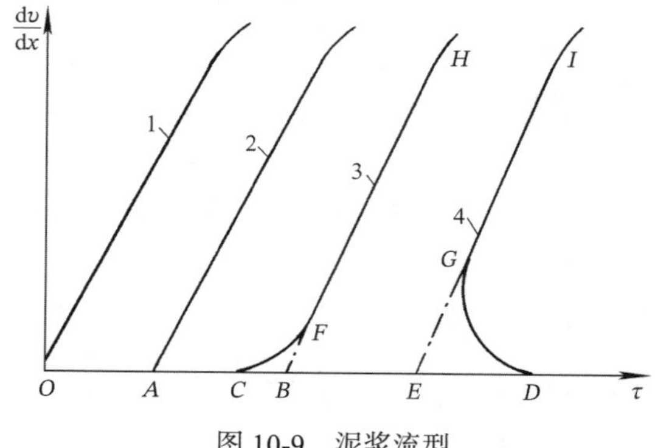

图 10-9 泥浆流型

1—牛顿流型；2—理想塑性流型；3—触变塑性流型；4—强力塑性流型

2）塑性流型

塑性流体是非牛顿流体，也叫宾汉（Binghan）流型。塑性流体与其他流体不同的是，它在静止时能形成空间网架结构并具有一定强度，流变曲线不通过原点。根据流变性的差别，可把塑性流型分成以下三种类型。

（1）理想塑性流型。这种流型的特点是动切力与静切力相等（见图 10-9 中曲线 2）。当加给泥浆的切力达到极限静切力θ时，泥浆就开始流动。而且，在开始流动时，其内部结构已经接近于全部破坏，所以它的流变曲线是一条不经过原点的直线。其流变方程为

$$\tau = \theta + \eta_{塑} \frac{dv}{dx} \tag{10-2}$$

含电解质和高分子物质较少的泥浆会发生这种流动。

（2）触变塑性流型。这种流型常叫宾汉流型（见图 10-9 中曲线 3）。它的流变曲线不通过原点，其直线（BFH）部分的流变方程（宾汉方程）为

$$\tau = \tau_0 + \eta_{塑} \frac{\mathrm{d}v}{\mathrm{d}x} \tag{10-3}$$

式中　$\eta_{塑}$——塑性黏度；

τ_0——动切力。

大多数泥浆都属于这种触变塑性流型。这种泥浆的流动过程如图 10-10 所示。

当加在泥浆上的作用力小于某一数值时，泥浆就像固体那样不发生流动。这个阻止泥浆流动的最大切应力，叫作极限静切力，简称静切力（也叫凝胶强度），用τ_s表示。当外力大于τ_s后，泥浆才缓慢流动，就像挤牙膏一样，只是接近泥浆管壁的泥浆结构发生了破坏，全部泥浆质点的运动如同一个整体，隔着一层薄膜靠近管壁滑动，称为塞流（或结构流），一直持续到切应力达到 $3\tau/4$（见图 10-11 的B点）为止。有的资料指出，AB段是一段直线。B点以后，泥浆变为不完全层流，直到C点为止（切应力为τ_M）。此时随着切应力的增加，黏度不断下降，流动性增加，其流变曲线是一段曲线。当外力大于τ_M后，其结构破坏速度等于结构恢复速度，二者呈动平衡，泥浆才达到了完全层流状态，流变曲线变成了一段直线，它的延长线与切力轴的交点坐标τ_0就是极限动切力（或叫动切力、屈服值）。此时的泥浆遵守宾汉方程：$\tau = \tau_0 + \tau_{塑}$。超过D点之后，泥浆变为紊流，不再遵守宾汉方程，其流变曲线也变成了曲线。

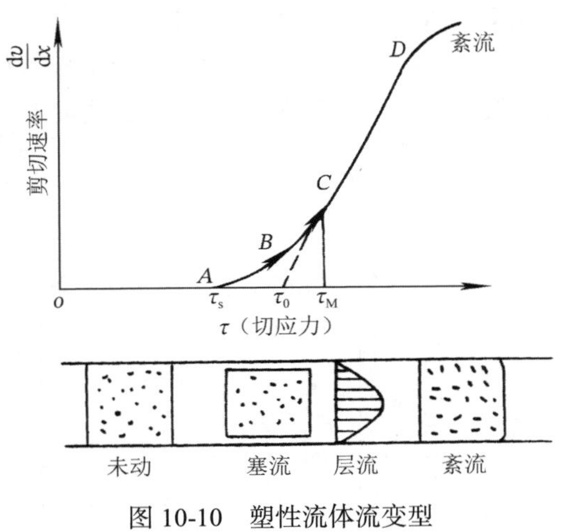

图 10-10　塑性流体流变型

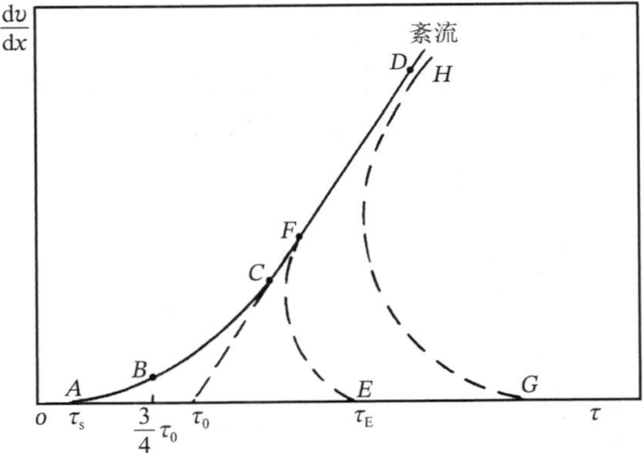

图 10-11　泥浆触变过程

（3）强力塑性流型。泥浆在静置过程中，黏土胶粒形成的空间网架结构的强度逐渐增加。如果再让泥浆开始流动，所需的外力就要大得多，甚至比维持泥浆正常流动所需的外力（即动切力或屈服值）还要大。当外力加到足够大并且速度达到一定数值以后，泥浆的流动才变成了触变塑性流动。这种塑性流型叫作强力塑性流型（图 10-9 中曲线 4）。

动切力是在泥浆流动情况下测得的黏土颗粒之间的作用力，它是泥浆塑性黏度保持不变所需要的最小切应力。τ_0本身并没有实际的物理意义，因为能使泥浆黏度变为常数的不是τ_0而是τ_M（图 10-10）。但是τ_0象征着泥浆结构力的大小和流动状态，且与悬浮和携带钻屑的能力有直接关系，所以在泥浆工艺中，把动切力作为泥浆的一个重要指标来看待。今后在工程泥浆中，应逐渐加强对这个指标的测量和控制。在满足携带岩屑要求的前提下，应使τ_0保持在较低数值范围内，以便加快地面净化和分离效率。通常可维持$\tau_0 = 15～30\mathrm{mg/cm^2}$。

泥浆静止时，黏土颗粒之间会形成某种空间网状结构，其结构强度随着静置时间的延长而增加；当泥浆受到扰动（搅拌、振动、外加电磁场等）后，这种结构就会破坏，使泥浆变得容易流动，而在扰动停止以后泥浆又会逐渐恢复它的结构。泥浆的这种特性叫作触变性，也有叫摇溶性的。一般用静切力或终切力（10min）与初切力（10s）之差来表示触变性的大小。用泥浆流变曲线来加以说明，如图 10-11 所示。图中*ABCFD*是在泥浆搅拌合格后立即测得的流变曲线，*A*点的切力值就是初切力（10s）。当把泥浆静置一段时间（10min）后再测量泥浆流变曲线，可能得到*EFD*。如果静置时间再长一些，则可能得到*GH*线，完全离开了原来的流变曲线。有时用很高的流速梯度（$\mathrm{d}v/\mathrm{d}x$）也很难使*GH*与*AD*两条曲线完全重合。这种现象的出现，就是由于随着静置时间的增加，泥浆的凝胶强度（也即静切力）不断增加造成的。在本图中，用$\tau_E-\tau_s$之差来表示这种泥浆的触变性。此外，向泥浆中加入电解质或高分子化合物、改变泥浆的温度等，都会使泥浆的触变性发生明显的变化。

笔者还用滞后环的方法研究了几种泥浆的触变性。由于泥浆结构的拆散和恢复速度在流速梯度连续增加和下降这两种情况下不一样，在测量中就会得到两条流变曲线，形成一个月牙形的滞后环。可以用月牙环的面积来表示泥浆触变性的高低（图 10-12）。

根据泥浆的触变性——恢复结构所需的时间和最终的凝胶强度（切力）的大小，可把泥浆分成四种典型情况（图 10-13）。图 10-13 中曲线 1 表示结构恢复时间很短，终切力很高但不再增长，可以称为较快的强凝胶。曲线 2 代表较慢的强凝胶。曲线 3 代表恢复时间较短而终切力也较小的情况，可以称为较快的弱凝胶。曲线 4 则代表较慢的弱凝胶。可以看出，曲线 2 和曲线 3 的 10min 静切力相差不大，但随着静置时间增加而显出很大的不同。这说明用 10min 的静切力来代表泥浆的触变性的局限性。在泥浆工艺中是用测量泥浆不同静置时间（最多到几天）的流变特性来评价泥浆的触变性的。

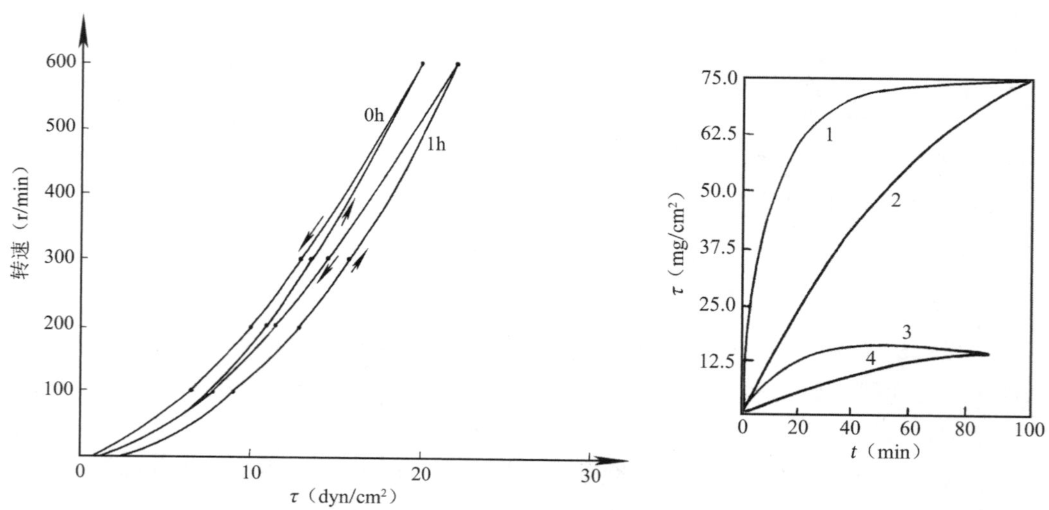

图 10-12　黑山 200 目膨润土粉泥浆滞后环曲线

图 10-13　泥浆触变性的四种典型情况

工程泥浆应具有良好的触变性。在施工中泥浆静置的时候，静切力应能较快地增大到某个适当的数值，防止槽孔中钻屑下沉。当泥浆循环使用时，宜采用图 10-13 中曲线 3 型的泥浆，以便泥浆中粗颗粒的分离，又不致使启动泵压过高。当泥浆不循环使用时，可采用图 10-13 中曲线 1 型的泥浆，以提高泥浆的悬浮和携带能力。

在其他条件相同的情况下，泥浆性能是时间和搅拌动力的函数。在试验中发现，泥浆的流型不是一成不变的，随着静置时间和搅拌动力的增加，泥浆的流型也发生变化。从图 10-14 中可以看出：随着静置时间的增加，泥浆由牛顿流体变形理想塑性流体变为触变塑性流体，而后又变为强力塑性流体，而在图 10-15 条件下，8-3 号泥浆从牛顿流体变为触变塑性流体。8-5 号泥浆在刚刚搅拌完时是一种理想塑性流体，但到 9h 后，它的初始静切力（10s）已经大大超过了动切力，使泥浆流变曲线出现了一种新形状，变成了强力塑性流体。随着搅拌动力（转速）的增加，泥浆流型也会发生很大的变化。

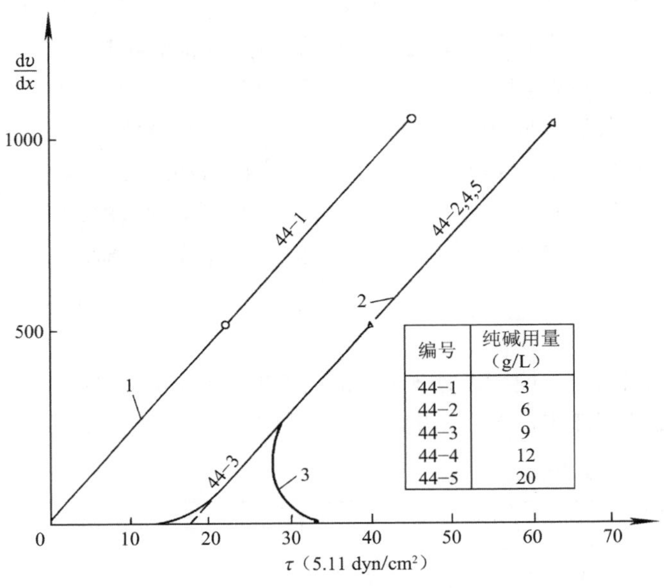

编号	纯碱用量（g/L）
44–1	3
44–2	6
44–3	9
44–4	12
44–5	20

图 10-14　大汤山 200 目流变曲线

1—牛顿流体；2—触变塑性流体；3—强力塑性流体

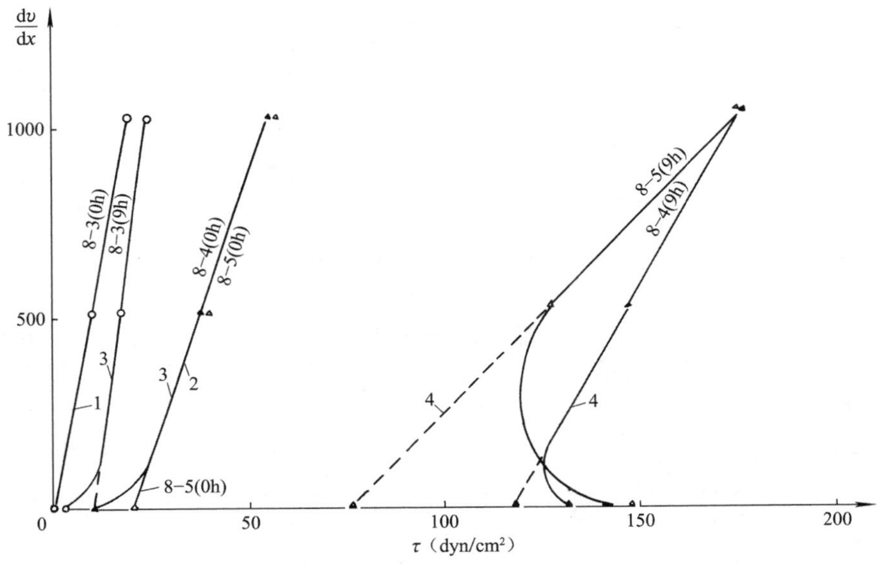

图 10-15　安丘 200 目膨润土粉泥浆流变曲线

1—牛顿流体；2—理想塑性流体；3—触变塑性流体；4—强力塑性流体

当然，影响泥浆流型的因素还不止这两种。比如，随着泥浆中用土量和外加剂用量的增加，会使泥浆流型发生显著变化。

2. 泥浆流变性指标的测量

泥浆流变性指标包括各种黏度指标、静切力和动切力。

以前在地下防渗墙工程中采用的漏斗黏度计和电动切力计等仪器，对于控制泥浆性能起了很好的作用，但是它们测不出泥浆的一些重要流变参数及其变化情况，而在当前对泥浆提出了更高要求的情况下，深入地探讨泥浆水力学与流变学（特别是塑性黏度和动切力），与提高钻进效益、改进防渗墙的成墙质量有着密切的关系。要实现上述目的，就必须采用先进的泥浆试验仪器。笔者使用国内已经生产的仿美国范德华氏 35SA 型的六速旋转黏度计（ZNN-D6）及其附属仪器作为基本试验设备，与其他仪器进行对比试验。

泥浆的黏度是泥浆流动时固体颗粒之间、固体颗粒与液体之间以及液体分子之间内摩擦的综合反映。泥浆的组成比较复杂，它是具有凝胶结构的胶体体系和具有触变性能的塑性流体，所以它的内摩擦现象也是相当复杂的。影响泥浆黏度的基本因素有：①黏土和其他固相含量；②土粒的分散度；③土粒的聚结稳定状况或絮凝强度；④化学处理剂的性质和浓度等。

1）漏斗黏度（F.V）

漏斗黏度计构造简单，使用方便，可以测量泥浆的相对黏度（表观黏度）。目前，国内外使用的漏斗黏度计有图 10-16 所示的三种（表 10-17）。

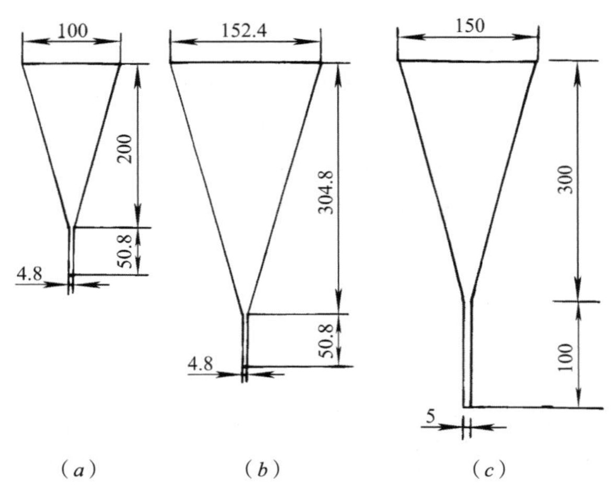

图 10-16　漏斗型黏度计

（a）500/500mL；（b）700/500mL；（c）946/1500mL

漏斗黏度计统计表　　　　表 10-17

名称	规格（mL）	21℃的清水黏度（s）	说明
马氏漏斗	1000/1500	28 ± 0.5	用于石油和基础工程
	946/1500	26 ± 0.5	
漏斗	500/500	19 ± 0.1	日本基础工程
	700/500	15 ± 1	我国地质基础工程

这三种漏斗黏度之间没有明确的换算关系，马氏黏度为 40s 时大约相当于笔者使用的

漏斗黏度 20～22s，但两者并非直线相关。一般情况下，当 F.V > 80s 以后，测得的漏斗黏度已不能准确反映泥浆的内摩擦情况。漏斗黏度计的缺点是不能在固定的流速梯度下测定不同稠度泥浆的表观黏度。由表 10-18 可以看出，虽然漏斗黏度变化不大，但是泥浆的有效黏度（A.V）却有很大变化，所以不宜用漏斗黏度计来测量比较黏稠的泥浆。

漏斗黏度特性表　　**表 10-18**

漏斗黏度 F.V（s）	25	30	35	40
流量Q（mL/s）	20	16.6	14.3	12.5
流速v_{cp}（cm/s）	102	85	73	64
流速水头$\frac{v_{cp}^2}{2g}$（cm）	5.3	3.6	3.2	2.1
雷诺数Re	650	400	220	
有效黏度 A.V（cP）	30	50	70	90

2）表观黏度（A.V）和塑性黏度（P.V）

这两种黏度都是用旋转黏度计测量出来的。表观黏度也叫有效黏度或视黏度，常用A.V来表示。斯托姆黏度也是一种表观黏度。塑性黏度也有叫结构黏度的，它是当塑性流体中的结构拆散速度等于恢复速度并且不随切应力的变化而变化时的黏度值，常用P.V来表示。

由式(10-1)可得$\frac{\tau}{\mathrm{d}v/\mathrm{d}x}=\frac{\tau_0}{\mathrm{d}v/\mathrm{d}x}+\eta_{塑}$，其中$\mathrm{A.V}=\frac{\tau_0}{\mathrm{d}v/\mathrm{d}x}$，$\mathrm{P.V}=\eta_{塑}$，则得$\mathrm{A.V}=\frac{\tau_0}{\mathrm{d}v/\mathrm{d}x}+\mathrm{P.V}$。

对于 ZNN-D6 旋转黏度计（图 10-17）来说，表观黏度（A.V）和塑性黏度（P.V）按下面公式求出：

$$\mathrm{A.V}=\frac{1}{2}\phi600$$

$$\mathrm{P.V}=\phi600-\phi300$$

式中　$\phi600$和$\phi300$——旋转速度为 600r/min 和 300r/min 时的读数。

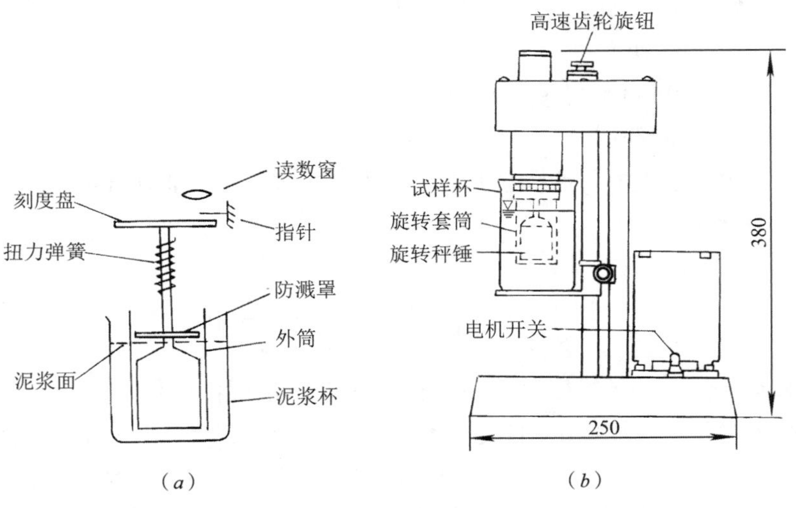

图 10-17　旋转黏度计

（a）工作原理示意图；（b）外形图

黏度单位为泊（P）或厘泊（cP），且 $1\text{cP}=\frac{1}{100}\text{P}$。P. V和F. V的关系见图 10-18，可以看出，两者非线性相关。

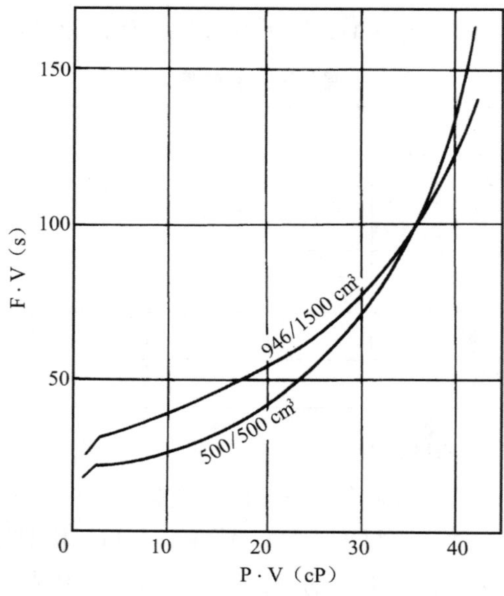

图 10-18 F · V与P · V关系曲线

3）静切力和动切力

在使用 ZNN-D6 旋转黏度计的情况下，可以按下面的公式求出静切力（G. S）和动切力（Y. V）。

$$\text{Y.V}=5.11(\phi300-\text{P.V})$$
$$=5.11(2\phi300-\phi600)$$
$$\text{G.S}_1=5.11\phi31$$
$$\text{G.S}_2=5.11\phi32$$

式中 $\phi31$——静置 10s 后转速 3r/min 的读数；

G.S_1——10s 的静切力；

$\phi32$——静置 10min 后转速 3r/min 的读数；

G.S_2——10min 的静切力。

在试验中采用的是美国石油协会的静切力测量标准（10s 和 10min），与目前采用的标准（1min 和 10min）不同。

4）卡森高剪黏度

$$\eta_\infty=\left[1.195\left(\sqrt{\phi600}-\sqrt{\phi100}\right)\right]^2$$

式中 $\phi600$和$\phi100$——旋转黏度计 600r/min 和 100r/min 时的读数。

卡森高剪黏度是剪切梯度$\mathrm{d}v/\mathrm{d}x$无限大时的一种特性黏度。由于在一定的固相含量及土水比情况下，固相的分散度（比表面积）是决定泥浆内摩擦（即黏度）的主要因素。在此情况下，η_∞的大小也说明了胶体的分散程度，η_∞越大，说明分散度越大。向泥浆中加入电解质（如 Na_2CO_3、NaCl 和水泥等）时，也是按照上述条件（固相含量和土水比不变）

影响泥浆性能的。可以找出η_{∞}的变化规律以确定最合理的电解质用量。

10. 3. 3　泥浆的稳定性

1. 概述

泥浆的稳定性是指泥浆的性能随时间而变化的特性。这也是评价泥浆质量的重要指标之一。泥浆所要求的很多性能和稳定性有密切关系。

泥浆的稳定性包括两个方面，即沉降稳定性（动力稳定性）和聚结稳定性。在重力场作用下，如果分散相颗粒不易下沉（或上浮）或下沉速度很小，可以忽略不计，就说这种泥浆具有沉降稳定性（或动力稳定性）。另一方面，不管分散相颗粒的浮沉速度如何，只要它们不易相互粘结变大，即不自动（行）降低分散度，就说这种泥浆具有聚结稳定性。

2. 沉降稳定性（动力稳定性）

影响泥浆沉降稳定性的因素有：分散度、相对密度、切力和黏度。同一种黏土，颗粒越小，分散度越大，下沉得越慢；泥浆的黏度越大，黏土颗粒越不容易下沉。

由于泥浆能形成一定的结构（有静切力），这种结构对黏土颗粒的下沉起阻碍作用，这是一种切力悬浮作用，显著地提高了泥浆的沉降稳定性。

另一个影响因素是黏土颗粒的布朗运动或扩散作用。对于尺寸小于 1μm 的颗粒来说，布朗运动越强烈，扩散能力越大；它与重力作用相反，可以使胶粒向上扩散而保持悬浮状态，使泥浆具有较高的动力稳定性。

根据斯托克斯（Stokes）公式，泥浆中匀速下沉的球形颗粒的速度为

$$v = \frac{2r^2(\rho - \rho_0)g}{9\eta}$$

式中　r——颗粒半径（μm）；

ρ、ρ_0——颗粒和分散介质的相对密度；

η——分散介质的黏度（Pa · s）；

g——重力加速度（m/s^2）。

取$\rho = 2.7$，$\rho_0 = 1.0$，$\eta = 1.5 \times 10^{-3}$Pa · s，沉降 1cm 所需时间列于表 10-19 中。

不同粒径颗粒的沉降速度　　表 10-19

颗粒粒径（μm）	沉降 1cm 所需时间	颗粒粒径（μm）	沉降 1cm 所需时间
10	31.0s	0.01	359d
1	51.7min	0.001	100y
0.1	86.2h		

由表 10-19 可以看出，颗粒大于 1μm 便不能长时间处于均匀悬浮状态。用普通黏土配制的泥浆，其中的黏土颗粒大都在 1μm 以上，故不加处理剂将难以获得稳定的泥浆。因此，欲提高泥浆分散体系的沉降稳定性，必须缩小黏土颗粒的尺寸，即应采用优质黏土造浆，以提高其分散度，其次应提高液相的相对密度和黏度。

3. 泥浆的聚结稳定性

泥浆的聚结稳定性是指泥浆中的固相颗粒是否容易自动降低其分散度而聚结变大的特性。泥浆分散体系中的黏土颗粒间同时存在着吸引力和排斥力，这两种相反作用力便决定着泥浆分散体系的聚结稳定性。

泥浆分散体系中黏土颗粒之间的排斥力是由于黏土颗粒都带有负电荷，黏土颗粒表面存在双电层和水化膜。具有同种电荷（负电荷）的黏土颗粒彼此接近或碰撞时，静电斥力使两个颗粒不能继续靠近而保持分离状态。同时，黏土颗粒四周的水化膜，也是两个颗粒彼此接近或聚结的阻碍因素。当两个颗粒相互靠近时，必须挤出夹在两个颗粒间的水分子或水化离子，进一步靠近时便要改变双电层中离子的分布。要产生这些变化就需要做功。这个功等于指定距离时的排斥能或排斥势能。

1）阻碍黏土颗粒聚结的因素

（1）扩散双电层的静电斥力。如前所述，黏土颗粒在移动时具有表示负电荷多少的电势。显然，电势越高，颗粒之间斥力越大，越难以聚结。

（2）吸附溶剂化层的稳定作用。吸附作用降低了固-液界面上的表面能，从而降低了颗粒聚结趋势。吸附溶剂化层的溶剂（水化膜的水）具有很高的黏度和弹力，构成了阻碍颗粒聚结的机械阻力。

2）引起颗粒聚结的因素

（1）颗粒之间的吸引力（范德华力）。这种吸引力的作用范围较大，有的资料介绍可达500Å 以上。当颗粒之间距离达到此吸力范围且吸力大于斥力时，黏土颗粒之间就可能发生聚结（或叫絮凝）。

（2）电解质的聚结作用。电解质的加入有压缩双电层、降低电动电位的作用。当电动电位降到一定程度，斥力小于吸力时，泥浆就会发生明显的聚结，出现沉淀或有凝胶生成。

胶粒开始明显聚沉的电动电位，叫作临界电动电位。这个电位很小，为 25～30mV（有人认为，此值为 10～15mV）。

使溶胶开始明显聚结所加入的电解质的最低浓度，称为聚沉值或絮凝值，一般用毫克分子每升为单位。钠蒙脱石和钙蒙脱石溶胶聚沉值见表 10-20。

钠蒙脱石和钙蒙脱石溶胶的聚沉值 **表 10-20**

溶胶（浓度 25%）	聚沉值（毫克分子/L）	
	NaCl	$CaCl_2$
钠蒙脱石	12～16	2.3～3.3
钙蒙脱石	1.0～1.3	0.17～0.23

由以上分析可知，黏土颗粒的聚结是两种互相矛盾的作用力（斥力和吸力）相互作用的结果。在低的和中等的电解质浓度下，当胶粒质点互相接近到某个距离时，斥力和吸力就同时出现了。随着距离进一步缩短，斥力起重要作用，势能上升；同时，胶粒间的吸力也因距离缩短而加大。当胶粒距离再接近时，越过能峰之后，势能开始下降，引力占绝对优势，胶粒就发生聚结了（图 10-19）。而在高的电解质浓度时，由于电动电位很低，斥力很小，甚至不存在能峰，胶粒在比较远的距离内就会因吸力的作用而聚结。

3）凝聚沉降状态

泥浆失去聚结稳定性以后，会导致泥浆体系动力不稳定而发生沉降，出现水土分层现象。这是由于：①电解质使黏土颗粒电动电位降低，失去静电斥力而相互粘结变大。有的资料介绍，一般稳定的胶体的电动电位$\xi = 70$mV，有时只要降到 15～10mV（一说 30～

40mV）就会发生凝聚。②高分子物质的吸附絮凝作用，也可使泥浆中的黏土完全絮凝沉淀，水土分层。在试验过程中曾多次发生这种现象，特别是加入水泥后，盛放在量筒中的泥浆有时会析出总体积 6%～8%的清水来。

凝聚沉降状态的泥浆已经失去了基本性能，是不允许使用的。

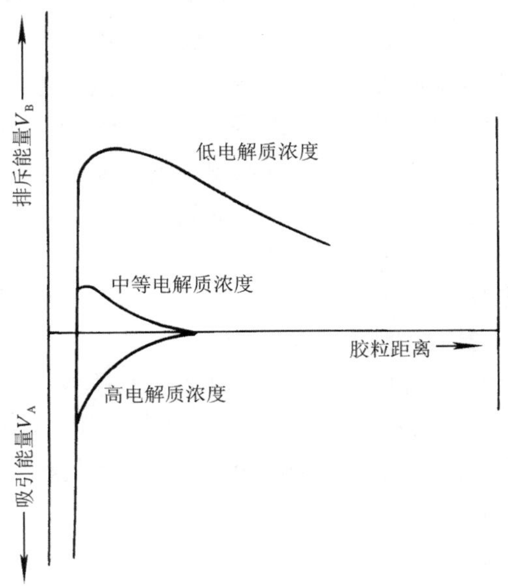

图 10-19　胶粒间净作用能与胶粒距离的关系

4）凝聚与分散的结合状态

当泥浆中的有用固相处于分散稳定状态，而颗粒较大的无用固相发生聚沉时，称为凝聚与分散的结合状态。不分散低固相泥浆中的选择性絮凝状态就是这种状态的典型。在目前的地下防渗墙工程中，还很少使用这种泥浆。

4. 泥浆的几种内部状态

1）分散状态

（1）细分散状态。具有沉降稳定性和聚结稳定性的泥浆属于这种分散状态，也有叫稳定状态或散凝状态的。在这种泥浆中，黏土颗粒的分散度很高，水化膜较厚，双电层中的电动电位较高，泥浆中没有很多的聚沉离子。特别是高价阳离子，在一定的固相含量和 pH 值条件下，能保持相对稳定。缺点是易受电解质（Na^+、Ca^{2+}等离子）的影响而失去稳定性。目前，地下防渗墙工程中使用的就是这一类型的泥浆。

（2）粗分散状态。向泥浆中加入或混入适量的电解质时，黏土颗粒的扩散层被压缩，电动电位降低，水化膜变薄，静电斥力变小，有一部分胶粒发生絮凝，形成充满泥浆体系的无数小絮凝块，其间包裹着自由水，这些自由水随同团块一起运动。由于这些絮凝团块尺寸较细分散泥浆的大，又能在水中分散，故称为粗分散体系。

2）凝胶状态

在某些情况下，泥浆会失去流动性，变成豆腐脑状的凝胶状态。黏土颗粒多为片状结构，其平面和端面处带电性质很不均匀。当体系中颗粒浓度很大并有过量电解质加入时，很容易使分散相彼此粘结，包住了全部液体，形成布满整个有效空间的连续网状结构，使

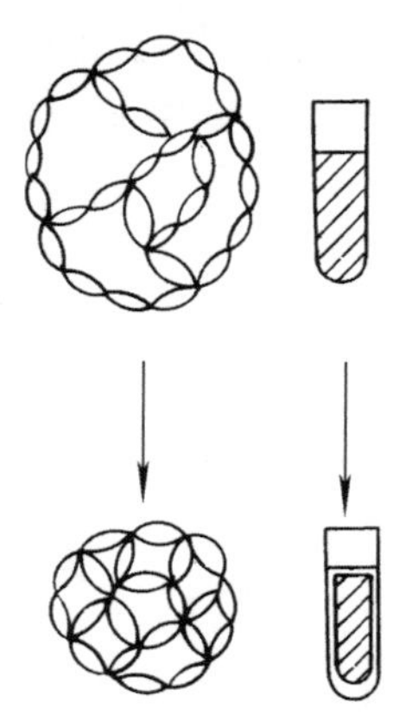

图 10-20 脱水收缩

体系失去了流动性。凝胶的一个重要特点是体系中分散相和分散介质处于连续状态。有时当防渗墙泥浆中加入过量水泥时，就会出现这种状态。

5. 凝胶的老化（陈化）现象

和其他胶体一样，泥浆的凝胶也会表现出老化（或陈化）现象，其中之一就是脱水收缩：生成的凝胶放置一段时间之后，会在大体上不改变凝胶外形的情况下，分离出其中包含液体（水）的一部分。其原因是形成网架结构时粒子间可粘结而未粘结部分的吸力还能进一步起到相吸作用，它改变着凝胶内部粒子间的相互位置，使各粒子间进一步粘结而缩小了网架结构中的空间，把其中包含的液体挤出一部分来（图 10-20）。

6. 泥浆稳定性测量方法

1）析水性（胶体率）试验（动力稳定性）

把泥浆试样放进玻璃量筒内静置 24h（也有 10h 的），如果顶面无水析出，则性能优良；虽有水析出，但不超高 3%～5%者，仍为合格，可以边使用边注意其性能变化。如果泥浆中有水泥混入，水极易析出，由此可以简单判断泥浆质量的优劣。通过试验达到合格的泥浆，还要进行下面所说的上下相对密度差试验。

2）稳定性（上下相对密度差）试验

将已经静量了 24h 的泥浆，分别从容器上部 1/3 和下部 1/3 取出泥浆试样测定其相对密度。如果上下相对密度差不大于 0.02，则认为合格。

3）悬浮分散性试验（化学稳定性）

这是新开发出来的试验方法，比较复杂，有兴趣的读者，可参考相关文献的内容。

10. 3. 4 泥浆的失水与造壁性

1. 基本概念

泥浆的失水与造壁性是泥浆的重要性能，它对松散、破碎和遇水失稳（如水化膨胀）地层的孔壁稳定有着重要影响。

水在泥浆中呈三种形态，即化学结合水、吸附水和自由水。自由水在压力差作用下向具有孔隙的地层中渗透，造成泥浆失水。随着泥浆水分渗入地层，泥浆中的黏土颗粒便附着在孔壁上成为泥饼（也有叫泥皮的），还有一部分颗粒进入到地层孔隙里面去了，这就反过来阻止继续失水。一般情况下，孔壁上的泥皮可在几分钟内形成。

泥浆失水的前提条件是：存在压力差和存在裂隙或孔隙的岩石或土层。

若泥浆中黏土细颗粒多而粗颗粒少，则形成的泥皮薄而致密，泥浆失水少。反之，粗颗粒多而细颗粒少，则形成的泥皮厚而疏松，泥浆失水量便大。

泥浆在孔内失水的全过程可分为三部分，即初失水、动失水和静失水。这是根据开始钻进、正常钻进和停止钻进等几个过程而划分的，详见图 10-21。

2. 泥浆的失水与造壁性

泥浆失水和造壁特性的影响因素比较多，主要有压力、时间、黏度、温度、固相含量和外加剂等。泥浆失水量随压力的增加而增加（图 10-22）。由图 10-23 可以看出，失水量随用土量的增加而变小，随试验用滤纸张数的增加而减少。失水量随静置时间的增加而变小。还对泥浆失水量的测量方法进行了比较，发现实测 30min 失水量比实测 7.5min 失水量的 2 倍相差 10%～20%或更多，今后作失水量试验时应当考虑这种影响。需要指出的是，由于国内滤纸质量较差且不稳定，用这种滤纸作出试验的失水量普遍偏大（表 10-21），不能反映泥浆的实际情况。此外，泥浆温度升高或加入电解质和高分子化合物时，它的失水量也要发生显著变化，将在后面加以说明。

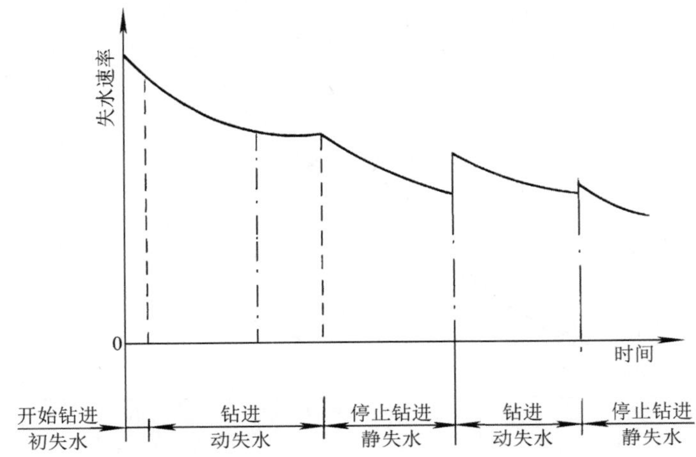

图 10-21　孔内失水过程

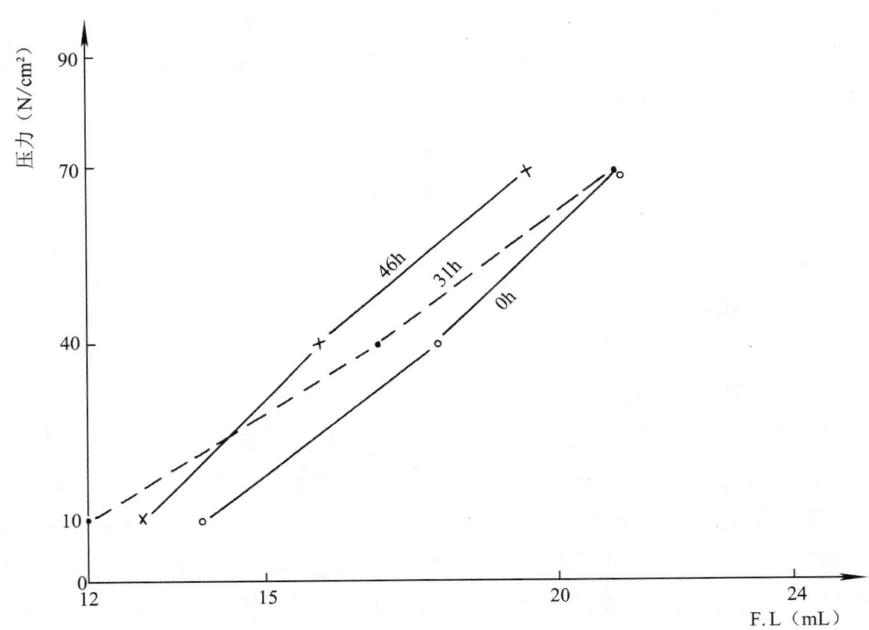

图 10-22　压力对失水量的影响

滤纸效果（失水量）比较表（mL）　　**表 10-21**

试验编号	定量滤纸	美国滤纸
锦 35	18	10
锦 36	20	11

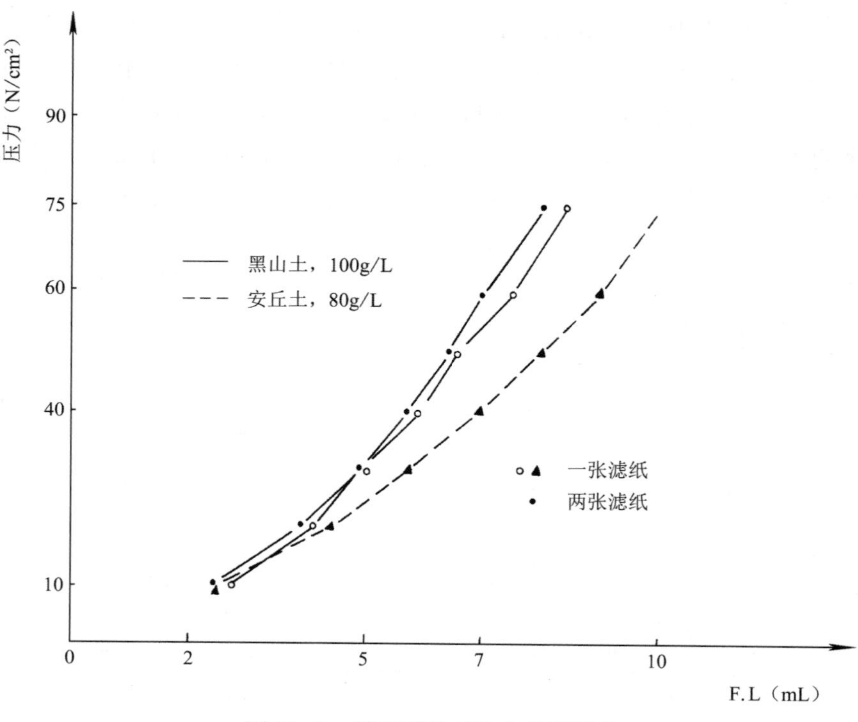

图 10-23　滤纸张数对失水量的影响

泥皮（泥饼）是泥浆在透水界面上渗透失水后留下的一层黏土颗粒和部分地层颗粒的混合物。在试验室中，把失水量试验留下的泥皮厚度作为泥浆的泥皮厚度，用F. C或M. F表示。

泥皮厚度h可用下面公式表示：

$$h=\frac{V_f}{A\dfrac{C_c}{C_m}-1} \tag{10-4}$$

式中　V_f——泥浆失水量；

A——渗滤面积；

C_c——泥饼中固相的体积；

C_m——泥浆中固相的含量。

可以看出，泥皮厚度不仅决定于失水量的大小，也和泥浆的固相含量及其类型有关。要降低泥皮厚度，不仅要降低失水量，还要从降低固相含量、改变固相性质等方面采取措施。随着失水量和固相含量的减少，C_c/C_m增大，泥饼厚度也将变小；当泥浆中固相含量不断增多，致使C_m接近于C_c时，泥皮厚度将急剧增加。过去有时使用质量比较差的黏土制造泥浆，用量很大，$C_m=20\%\sim30\%$，泥浆失水量很大，形成松散而厚的泥皮，对防渗墙的质量极为不利。向泥浆中加入过量的电解质，也会使泥皮厚度显著增加。图 10-24 所示是宣化膨润土泥浆加入 425 号矿渣水泥后测得的泥皮厚度变化曲线。可以看出，加入水泥会使泥浆的泥皮厚度显著增加。当水泥用量增加到 50g/L 时，试验用泥浆杯中的泥浆 260mL 全部漏光，泥皮厚度达 16.5mm。

一般情况下，泥皮厚度随着静置时间的增加而变小（图 10-25），随着压力的增加而变小（图 10-26）。泥浆受到过量水泥的污染时，它的失水量和泥皮厚度随着静置时间的增加而急剧增加。

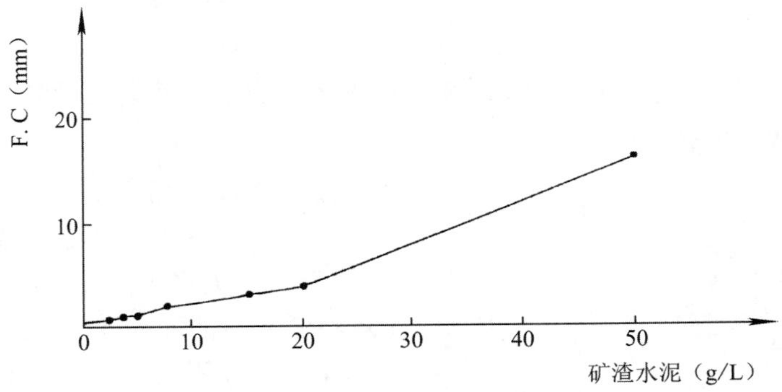

图 10-24　宣化膨润土泥浆泥皮厚度曲线

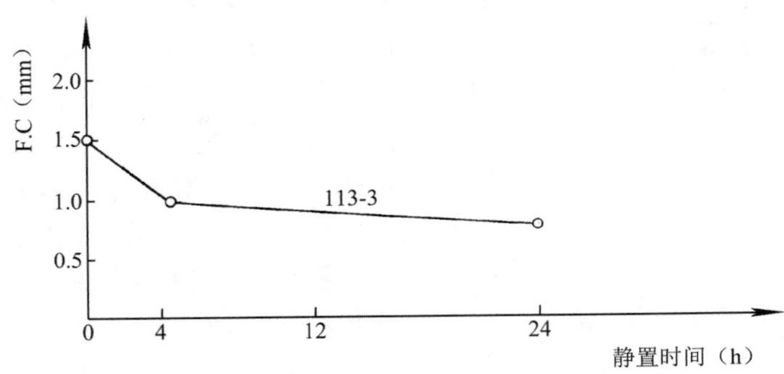

图 10-25　黑山膨润土泥浆泥皮厚度曲线

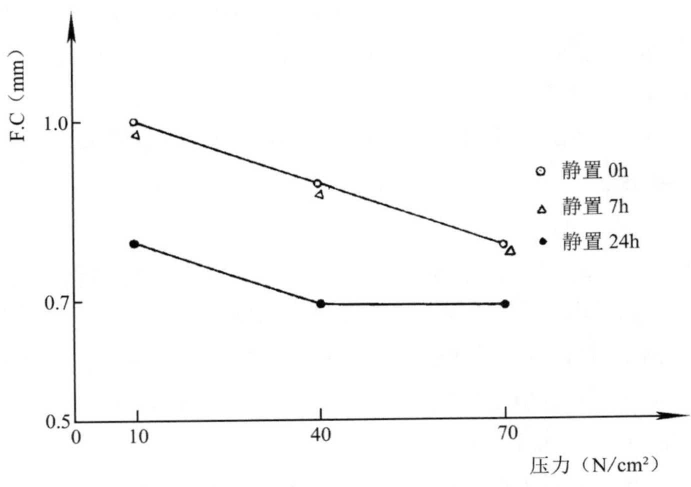

图 10-26　黑山泥浆压力和泥皮厚度曲线

试验研究表明，处于分散稳定状态的泥浆，能在透水地层上很快形成不透水的泥皮；而处于絮凝状态的泥浆，只形成厚而松散的透水量很大的泥皮。所以，为了提高泥浆的护壁能力，就应当使泥浆保持分散稳定状态。

通常采取的降低失水量和改善造壁性能的措施如下。

（1）使用优质膨润土或人工钠土造浆。它们的颗粒细，呈片状，水化膜厚，能形成致密、透水性小的泥皮，而且可以在固相较少的情况下满足对泥浆造壁性和流变性的要求。

（2）加入羧甲基钠纤维素或其他有机聚合物，以保护黏土颗粒，提高水化膜厚度，使失水量降低。

（3）加入一些极细的胶体粒子（如腐殖酸铝沉淀、磺化沥青等），堵塞泥皮孔隙，减少泥皮渗透性，降低失水量。

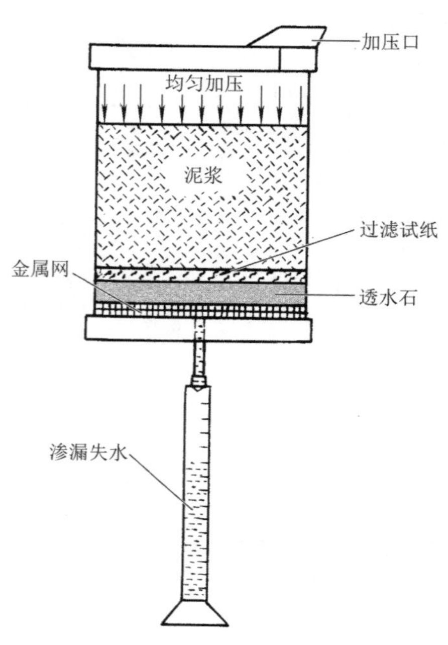

图 10-27　泥浆失水仪（API）

3. 失水量和泥皮的测量

测量失水量目前都是测定泥浆静失水，采用的是 ZNS-3 型气压式失水仪（图 10-27）。测试条件：压差 7.1×10^5Pa，过滤面积 45.3cm^2，温度 20～25℃（常温）。测量时连续测两个点（7.5min 和 30min）的失水量数据，代入公式$\theta=\theta_0+k\sqrt{t}$，可求得总失水量$\theta_{30}$、初失水量$\theta_0$和渗失率$K$三个参数。用渗失率$K$来表征泥浆失水特征，可以避免瞬时失水量的干扰，把泥浆的失水特性与泥皮的性能紧密联系起来。在温度、泥浆浓度和黏度等一定的情况下，胶体颗粒的级配和分散度是影响K值的主要因素。可以找出K值与泥浆中电解质加量之间的变化规律，以渗失率K最小为原则确定出该种电解质的最优用量。

由图 10-28 可以看出，如果根据 A.V、Y.V、G.S 以及 F.L 等指标来看，Na_2CO_3 的用量应为 5～7.5g/L 水。但是此时泥浆的性能很不好，不适于地下防渗墙工程使用。如果用η_∞和K来选择的话，Na_2CO_3 的用量应为 2.5～3.5g/L 水，此时的泥浆指标完全满足要求。今后，确定泥浆配比时，应将K值作为主要的技术指标加以评价。

泥皮厚度测量：在上述试验条件下，测量留在滤纸上的泥膜厚度，通常单位为“mm”。

10.3.5　泥浆的电导特性

1. 泥浆的电导特性

在泥浆中存在着带电离子。在电场作用下，由于这些离子的移动而使泥浆具有导电特性。在泥浆试验中，笔者用电导率来表征泥浆的导电性。电导率等于电阻率ρ的倒数，它的单位是西（门子）/cm，也有的写成 Ω^{-1}/cm（Ω^{-1} 是电阻 Ω 的倒数）或 mV/cm，实际上常用 mV/cm 或 μV/cm，它们之间的关系为

$1V/cm=10^3mV/cm=10^6\mu V/cm$

电导率的大小取决于溶液中电解质的组成和浓度。当泥浆的配比和浓度发生变化时，它们的电导率也要发生变化。

电导率可用下面公式来计算：

$$X=\alpha CF\left(u_{正}-u_{负}\right)$$

式中　α——离解度；

C——浓度；

F——法拉第数；

$u_{正}$、$u_{负}$——正负离子的绝对运动速度。

由上式中可以看出，泥浆中电解质浓度增大，导致泥浆中离子数目增加，在初期会使电导率随着增大。但是，随着离子数目增多，离子运动速度变小，离解度也变小。当泥浆中电解质达到一定数量时，上述两种因素的影响都很大，以至再增大浓度时，反而导致电导率下降（图 10-29）。

另外，在泥浆中电解质浓度达到某一数值以后，大多数电解质的电导率都有急剧上升的现象，泥浆的内部结构和流变性发生显著的变化。此时的电导率可以称为临界电导率，对于膨润土粉和 Na_2CO_3 与 NaOH 这两种外加剂来说，此值一般在 1000～2000μV/cm 内变动。这样就可以通过测量泥浆的电导率曲线来了解和判断泥浆性能的变化情况，特别是在泥浆中混入过量的电解质（如水泥）时，为判断泥浆性能提供了一个新手段。

2. 电导率的测量

采用 IDS-11A 电导率仪进行测试。

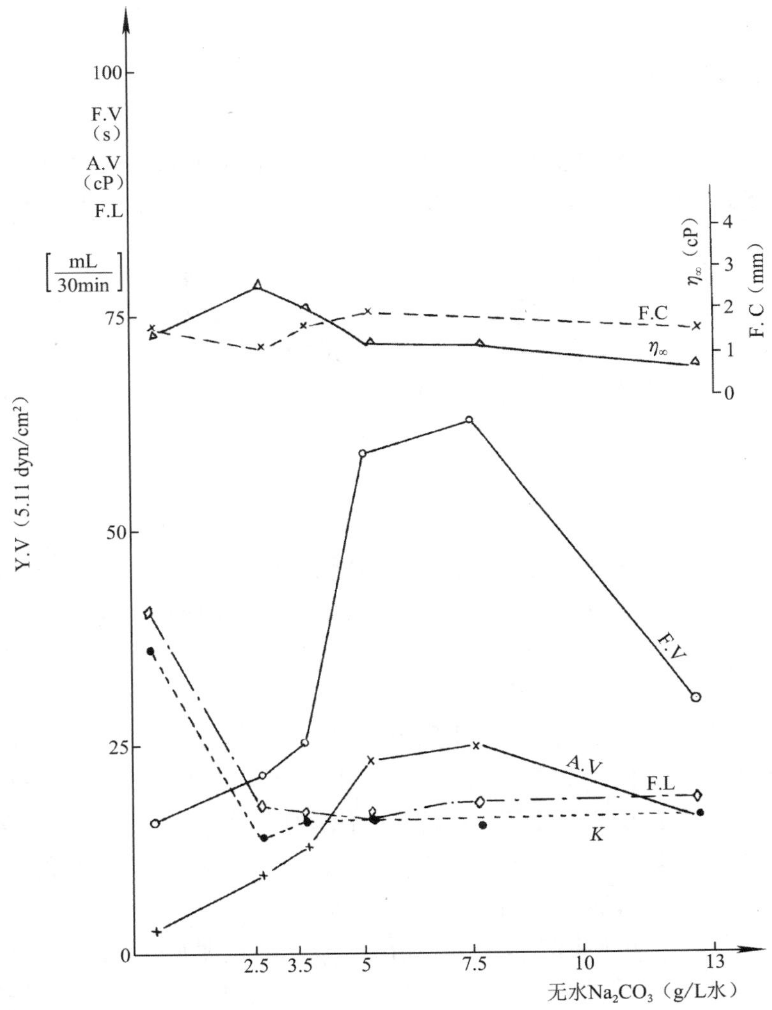

图 10-28　η_∞和K变化曲线（安丘土粉）

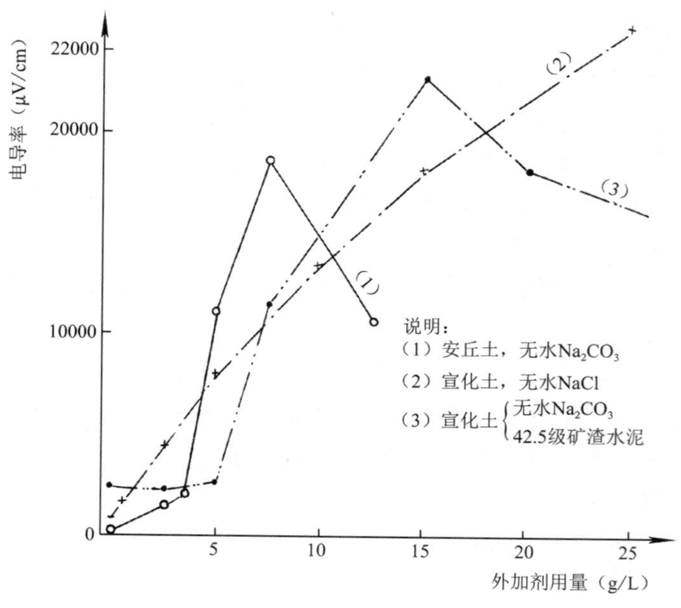

图 10-29 电导率曲线

10.3.6 泥浆的其他性能

1. 泥浆的相对密度

通常用比重计来测量相对密度。当泥浆中固相含量较多或颗粒尺寸较大时，可采用容积较大的量筒（500～1000mL）取样称重，求出泥浆的相对密度来。比重计的外形见图 10-30。

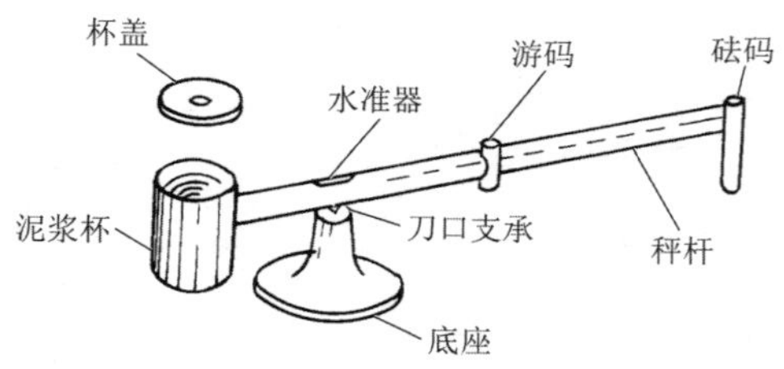

图 10-30 泥浆比重计

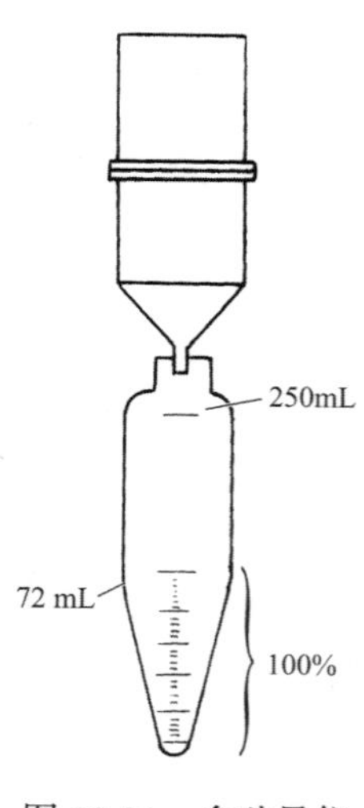

图 10-31 含砂量仪

根据过去的施工经验，用当地黏土制造的泥浆相对密度多在 1.15～1.20 或更大；使用膨润土粉制造的新鲜泥浆一般为 1.04～1.08，超过 1.08～1.10 的很少；不用土粉的聚合物泥浆相对密度为 1.002～1.02。

2. 泥浆的含砂量

现场施工时可采用 1004 型含砂量仪（图 10-31）测量含砂量。

使用 200 目以上的膨润土粉时，新制泥浆中含砂量很少，可以不测或少测。在挖槽过程中，泥浆中混入了地层颗粒后，含砂量才会有所增加，一般不超过 5%～8%，也有达到 15%～20%的。

3. 泥浆的 pH 值测量

可使用广范试纸和精密试纸来测量泥浆的 pH 值。泥浆中存在带电离子，而且很容易受外界电解质的作用使泥浆的电学特性发生变化，泥浆的 pH 值变化实际上反映了泥浆电化学特性的变化，也就是泥浆基本性能的变化，应当把 pH 值作为泥浆的经常性控制指标。

泥浆适于在碱性环境中使用，新鲜泥浆的 pH 值宜在 7.5～10.0 之间；当 pH 值在 10～10.5 之间时，泥浆变稠，性能变坏；pH 值 > 11 后，泥浆黏稠得无法使用。

pH 值与外加剂用量的关系见图 10-32。

4. 泥浆的固相含量

首先测定出泥浆的相对密度，然后用下列公式计算出固相含量：

$$n_s = \frac{G_S(G_B - 1)}{G_B(G_S - 1)} \times 100\%$$

式中　n_s——固相含量，$n_s = \frac{干燥物质重量}{总重量} \times 100\%$；

G_S——固态物相对密度，2.5～2.7；

G_B——泥浆相对密度。

假定几个不同的G_S值，可以从图 10-33 中查得相应的固相含量。

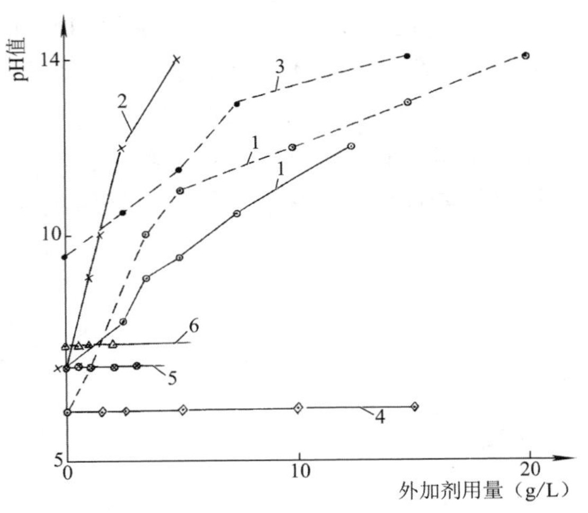

图 10-32　泥浆 pH 值

1—Na_2CO_3，安丘土，九台土；2—NaOH，黑山土；3—42.5 级矿渣水泥（Na_2CO_2，2g/L），安丘土；4—NaCl，黑山土；5—羧甲基钠纤维素，黑山土；6—Na-PAN，黑山土

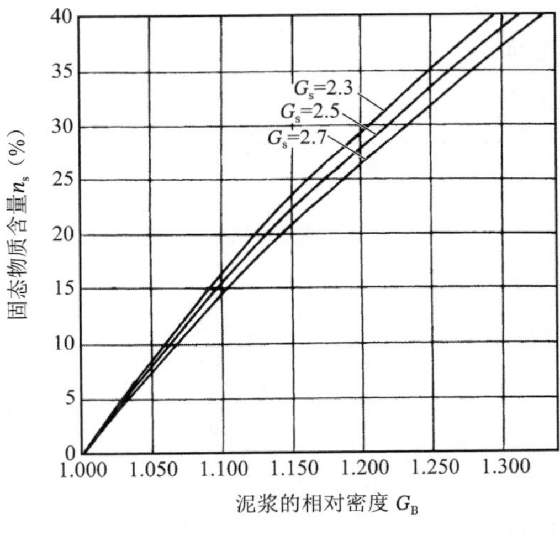

图 10-33　泥浆相对密度和固态物质含量的关系

还有一些泥浆性能指标，与工程泥浆关系不大，这里从略。

10.4　泥浆性能的变化与调整

10.4.1　概述

泥浆是一种具有触变性的溶胶—悬浮体系，它的很多性能都是随时间而变化的。此外，电解质、高分子化合物以及其他材料的加入，泥浆搅拌时间和速度，土的种类和用水水质，泥浆温度和养护方法等，都会使泥浆的性能发生变化。这一节将根据试验情况，谈谈影响泥浆性能的主要因素和控制方法。

影响泥浆性能的主要因素有：①搅拌速度和时间；②土的种类和用量；③静置时间；④温度；⑤水质；⑥外加剂的种类和数量；⑦水泥用量。

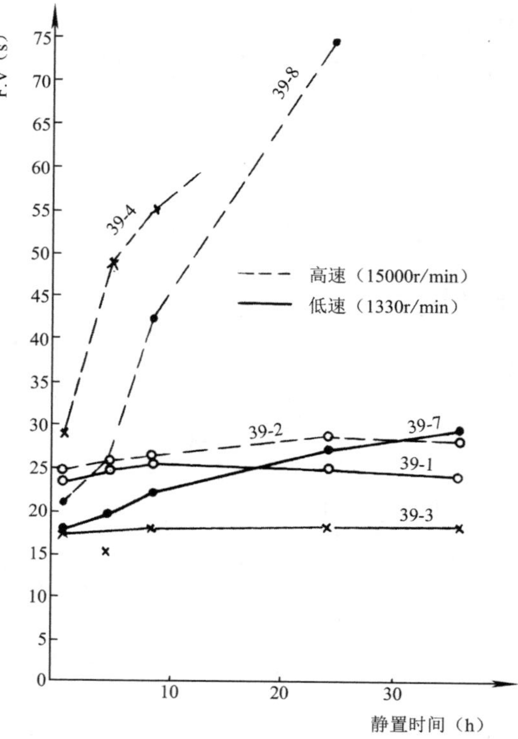

图 10-34　搅拌速度对漏斗黏度的影响

因限于篇幅，下面简单介绍一下各项因素的影响。

10.4.2　搅拌速度和时间

试验表明，在同样的条件下，增大泥浆搅拌机的速度，可以改善泥浆的流变性能，降低泥浆的失水量和泥皮厚度，提高泥浆的动力稳定性（图 10-34）。图中 39-1、3、7 和 39-2、4、8 的材料用量相同。增加泥浆搅拌时间也可以改善泥浆性能（图 10-35），但是搅拌时间过长，泥浆性能并没有显著改善，白白浪费了时间和能源。试验得到的膨润土泥浆的最优搅拌时间约为 10min。如果搅拌以后能够静置较长时间，则泥浆搅拌时间可为 7～10min。对于普通黏土来说，搅拌时间对泥浆性能影响不大，但是提高搅拌速度却可以使它的性能得到显著改善。这就是说，在当地普通黏土泥浆的生产过程中，应当从提高搅拌速度入手来获得性能良好的泥浆。

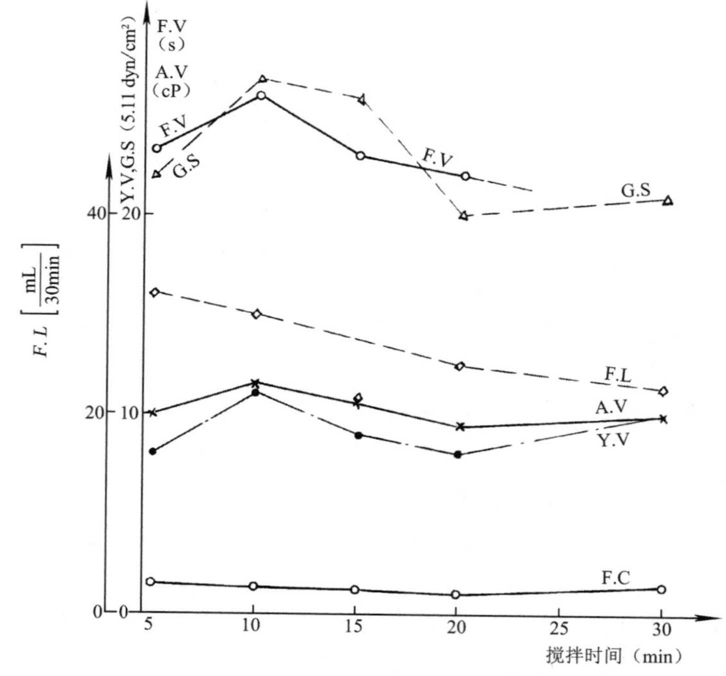

图 10-35　安丘 200 目膨润土粉泥浆搅拌时间试验曲线

10.4.3　土的种类和用量

土粉的细度对泥浆性能有一定的影响。泥浆的流变性能随着土粉目数的增加（细度变小）而增加。

在目前的地下防渗墙泥浆中，土的用量是决定泥浆性能的主要因素。图 10-36 和图 10-37 所示为膨润土泥浆在不同用土量时的性能曲线。可以看出，泥浆的流变性指标随用土量的增加而增加，电导率和失水量减少，泥皮厚度增加；泥浆的高剪黏度η_∞常常是达到一个最大值（此时泥浆流变性能最好）以后再下降。这说明用增加用土量的办法来改善泥浆性能，不一定能取得最佳效果。

从图 10-38 中可以看出不同产地的膨润土泥浆性能差别很大。

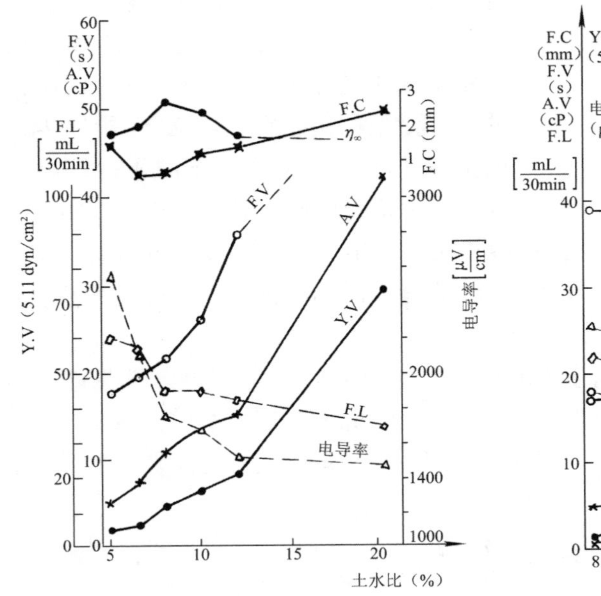

图 10-36　安丘 200 目膨润土粉泥浆用土量试验曲线

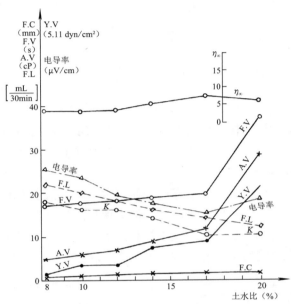

图 10-37　九台 200 目膨润土粉泥浆用土量试验曲线

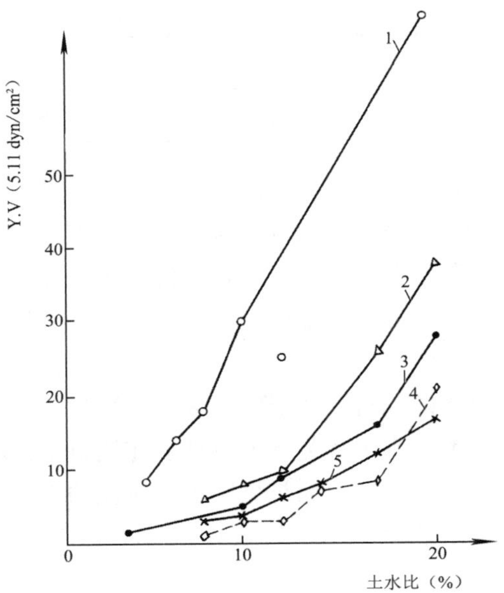

图 10-38　不同泥浆的动切力（Y.V）（静置时间：4h）

1—安丘土；2—黑山土；3—张家口土；4—九台土；5—宣化土

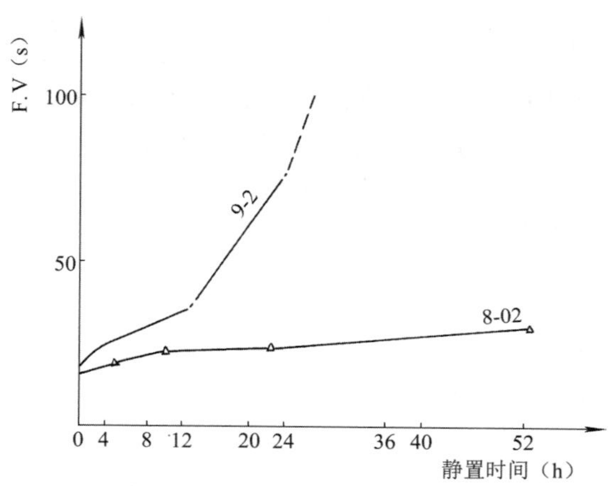

图 10-39　泥浆静置后的性能变化曲线

10.4.4　静置时间

一般情况下，新鲜泥浆的流变性能随静置时间的增加而增加，随失水量和泥皮厚度的增加而减少。但是如静置时间过长，会出现泥浆老化（陈化）现象，即流变性指标变小，失水量和泥皮厚度则不断增加。这种现象常发生在用土量和电解质（特别是水泥）用量比较大的情况下。这就说明新鲜泥浆的控制指标应当是有时间限制的，一般可采用搅拌后 8～24h（国外 24h）的指标进行控制。在泥浆不循环的情况下，如泥浆在槽孔内停留时间较长，则所选用的泥浆应能在长时间内保持性能稳定，从图 10-39 中可以看出，选用 8-02 配比较好。

由于普通黏土的物理、化学性能差别很大，所以泥浆的时间特性曲线也有很大差别。

10.4.5　温度

泥浆在生产、存放和使用过程中，由于周围环境温度的变化而使其性能受到影响。

泥浆温度升高后，大都出现高温分散现象（表 10-22）：黏度和切力增加，甚至会发生凝胶和固化现象；失水量和泥皮厚度增加。某些黏土用量少，土质较差的泥浆，则可能出现高温钝化（黏度和切力下降）现象。

温度对泥浆性能的影响　　表 10-22

项目		温度（℃）	F.V（s）	A.V（cP）	Y.V（dyn/cm²）	静置时间（h）
（1）	水：土：纯碱 = 1000：100：3	室温	23.5	11	8	5
	$\gamma = 1.05$	30	48.5	18	13	1
（2）	水：土：纯碱 = 1000：100：3	室温	21.8	11	10	5
	$\gamma = 1.05$	30	40.1	18	12	1

试验表明，泥浆的周围环境温度变化幅度大于 5℃时，某些泥浆的性能就会发生显著改变（图 10-40）。这就要求试验室在长时间内保持室温恒定。试验也说明在气温过高或低的地区建造防渗墙时，在泥浆生产、存放、运输和使用过程中，都要采用适当的措施，以减少环境温度对泥浆性能的不利影响。冬期施工时则应使其不受冻。

10.4.6　水质

泥浆生产用水中含有较多的高价阳离子时，会使泥浆性能变坏。试验表明，在其他条件相同的情况下，纯水（去离子水）拌合的泥浆性能比用自来水拌合的好。在实际施工过程中，可能会遇到各种各样的水。应当通过试验了解所用的水对泥浆性能的影响并采取适当的措施来达到所要求的泥浆性能。

10.4.7　外加剂

对目前水电防渗墙泥浆中可能使用的几种无机和有机外加剂进行了试验研究，得出了在试验条件下的外加剂最优用量，并对它们的作用机理进行了探讨。

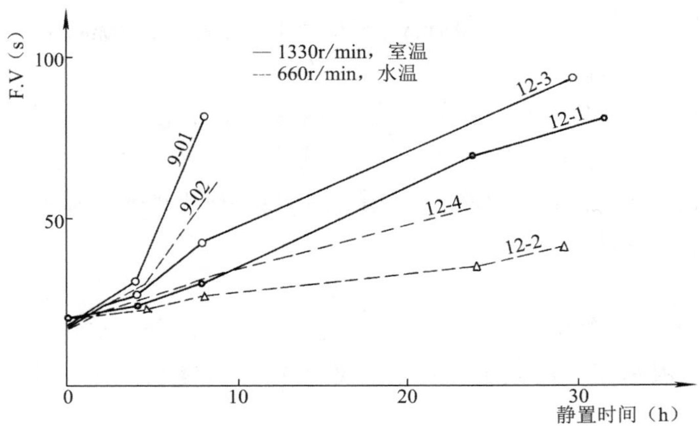

图 10-40　搅拌速度和养护温度对泥浆性能的影响

（室温 23～29℃，水温 20～23℃，安丘土粉）

试验表明，过去那种用钠质土和钙质土互相转换的观点来解释化学外加剂对泥浆性能的影响作用是不完全的。无机化学外加剂的作用机理有以下三个方面：

（1）阴离子（特别是高价阴离子）吸附使黏土晶体边缘的双电层带负电，这是化学外加剂的基本作用机理。

（2）在阳离子周围形成的阴离子云，使阳离子活度降低，降低了对带负电的黏土胶粒的吸引作用。

（3）离子交换吸附，改变了黏土胶粘表面水化膜的厚度。

试验表明：纯碱（Na_2CO_3）是一种比较好的无机分散剂，泥浆性能与纯碱用量的关系曲线见图 10-41。纯碱用量过多时，反而使泥浆性能恶化。对于某些含钠离子较多的黏土（如北京小汤山黏土）泥浆来说，不用加纯碱即可获得较好的泥浆，加纯碱后会使泥浆性能变坏。

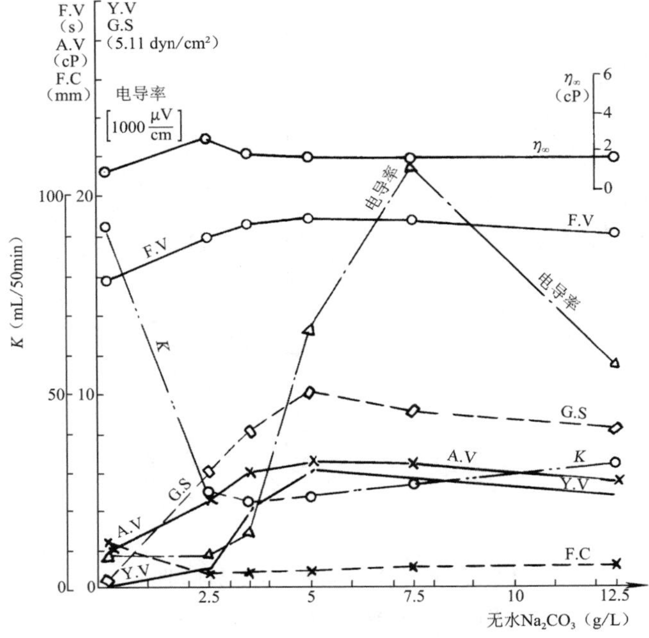

图 10-41　黑山 200 目膨润土粉泥浆（无水 Na_2CO_3）试验曲线

在地下连续墙泥浆中使用食盐（NaCl）和烧碱（NaOH），对泥浆性能的改善作用不大。一般情况下不要单独使用它们。

有些化学处理剂（如 $FeSO_4$）会降低泥浆的触变性能，使用时要慎重。

对羧甲基钠纤维素、铁铬木质素磺酸盐、水解聚丙烯腈钠盐和硝基腐殖酸钠等有机外加剂进行试验研究，用羧甲基钠纤维素和铁铬木质素磺酸盐改善泥浆性能，其效果是很显著的（图 10-42、图 10-43）。

10. 4. 8　水泥

对于各种水泥对泥浆性能的影响，从物理性能、化学成分、电化学和流变特性等方面进行了试验研究。被水泥中的钙离子严重污染的泥浆性能会发生以下变化（图 10-44、图 10-45）。

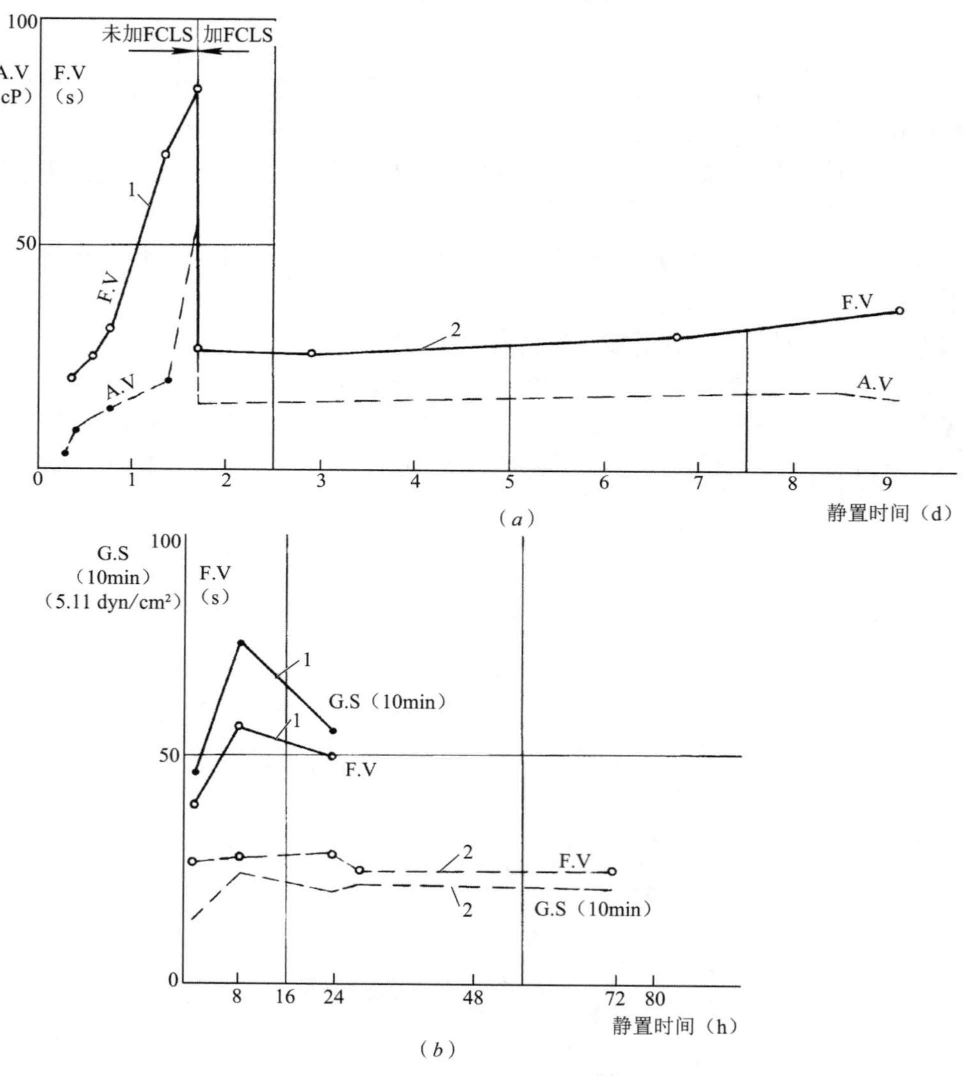

图 10-42　膨润土粉泥浆 FCLS 试验曲线

（*a*）安丘 200 目膨润土；（*b*）黑山 200 目膨润土

1—未加 FCLS；2—加 FCLS

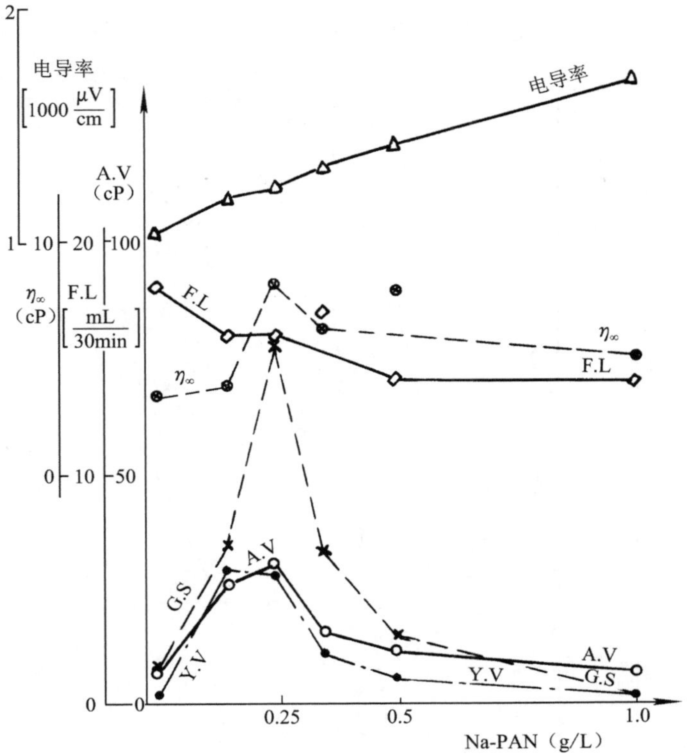

图 10-43　聚丙烯腈（Na-PAN）试验曲线

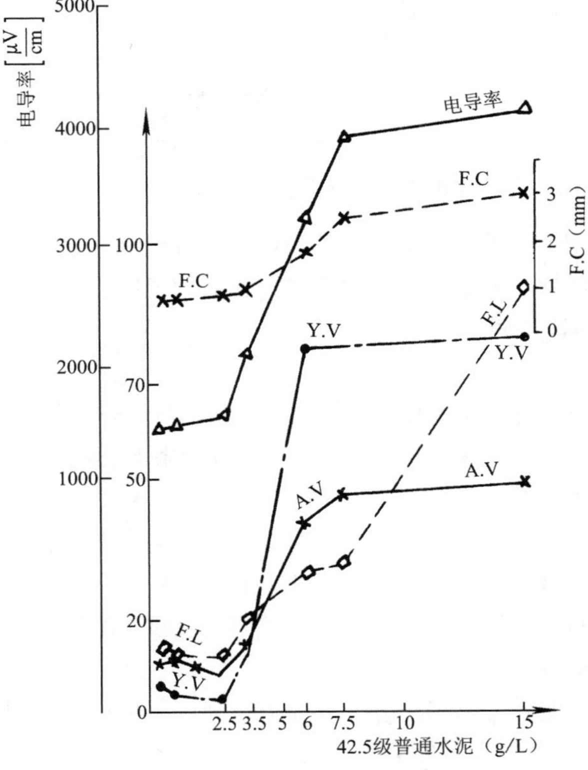

图 10-44　42.5 级普通水泥试验曲线

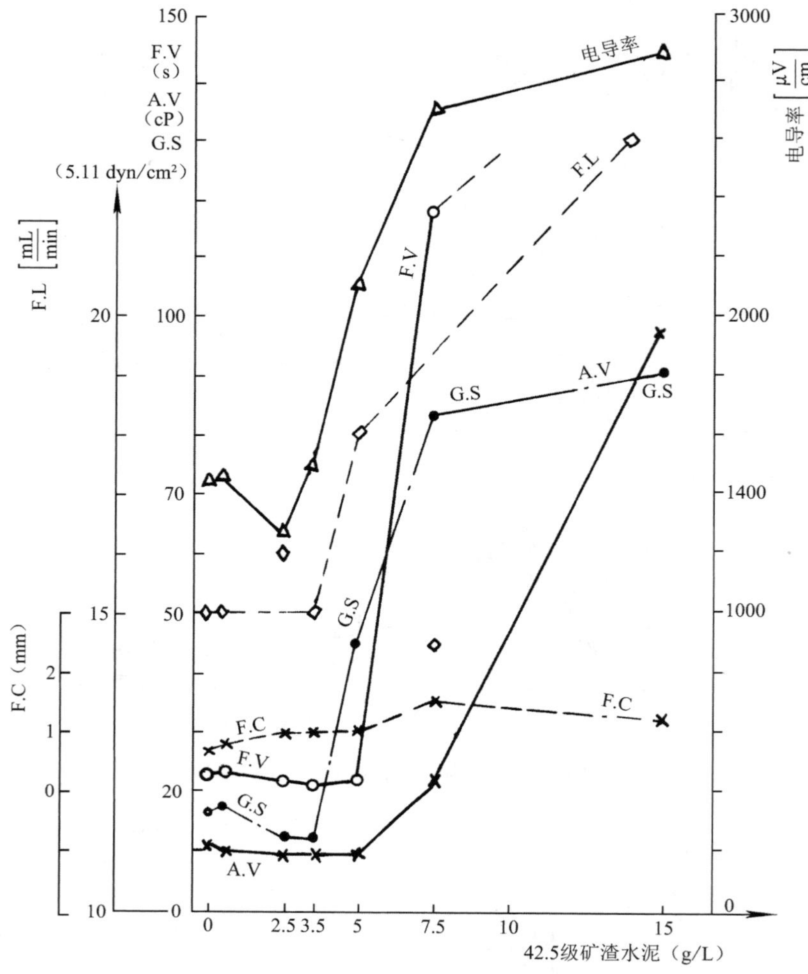

图 10-45 42.5 级矿渣水泥试验曲线

（1）黏度和切力增加，流动性变小，甚至形成凝胶或沉淀。

（2）失水量迅速增加，泥皮变得厚而松散，孔壁稳定性下降。

（3）pH 值和电导率增加。

试验表明：

（1）不是所有泥浆在加入水泥以后，都立刻受到不良影响，也不是只要加入一点水泥，泥浆性能就迅速恶化。一般地说，当地土泥浆受水泥的影响要小些。在使用的膨润土中，受水泥影响的程度是不同的。

（2）水泥品种（普通水泥和矿渣水泥）对泥浆的影响程度没有明显的差别。但是，由于过期水泥中游离石灰含量高，因而对泥浆的影响要大些。

（3）泥浆受水泥的影响程度，主要取决于膨润土或黏土的抗盐特性，土粉和化学外加剂用量以及水泥的用量等。

（4）为减轻水泥对泥浆的影响，应采取如下措施：①尽量减少用土量；②加入合适的外加剂，广泛使用纯碱，并根据具体情况采用羧甲基钠纤维素、铁铬木质素磺酸盐等；③改革浇注工艺，尽量避免混凝土或水泥砂浆对槽孔泥浆的扰动和掺混。

试验表明，膨润土泥浆和当地普通黏土泥浆的技术特性有着显著差别。在泥浆生产、存放和使用过程中，应当充分考虑这种差别。

10.5 泥浆质量控制标准

由于地下连续墙的功能和泥浆材料等各不相同，国内外对泥浆质量的控制标准也有不少出入。

10.5.1 中国控制标准

《水利水电工程混凝土防渗墙施工技术规范》SL 174—2014 第 5.0.8 条、第 5.0.9 条分别对膨润土和当地黏土泥浆提出了要求（表 10-23、表 10-24）。

新制黏土浆液性能指标（12h） **表 10-23**

项目	性能指标	试验仪器
密度（g/cm^3）	1.15～1.25	泥浆比重秤
漏斗黏度（s）	18～25	500/700 漏斗
含砂量（%）	≤5	含砂量测定仪
胶体率（%）	≥96	量筒
稳定性（g/cm^3）	≤0.03	量筒、泥浆比重秤
失水量（mL/30min）	＜30	失水量仪
泥饼厚（mm）	2～4	失水量仪
1min 静切力（Pa）	2.0～5.0	静切力仪
pH 值	7.0～9.5	pH 试纸或电子 pH 计

膨润土浆液性能指标（12h） **表 10-24**

项目	各阶段性能指标		试验仪器
	新制	供重复使用	
密度（g/cm^3）	1.03～1.08	＜1.15	泥浆比重秤
漏斗黏度（s）	35～55	32～70	马氏漏斗
塑性黏度（mPa · s）	≥8		旋转黏度计
动切力（Pa）	≥6		旋转黏度计
静切力（Pa）	≥9		旋转黏度计
失水量（mL/30min）	＜18	＜40	失水量仪
泥饼厚（mm）	＜2.5		失水量仪
10min 静切力（Pa）	1.4～10.0		静切力计
pH 值	7.5～10.5	8～11	pH 试纸或电子 pH 计

《建筑地基基础工程施工质量验收标准》GB 50202 提出的泥浆性能指标见表 10-25。这些控制指标对膨润土和黏土泥浆都是有效的。

泥浆的性能指标　　表 10-25

检查项目				性能指标	检查方法
新拌制泥浆		相对密度		1.03～1.10	比重计
		黏度	黏性土	20～25s	黏度计
			砂土	25～35s	
循环泥浆		相对密度		1.05～1.25	比重计
		黏度	黏性土	20～30s	黏度计
			砂土	30～40s	
清基（槽）后的泥浆	现浇地下连续墙	相对密度	黏性土	1.10～1.15	比重计
			砂土	1.10～1.20	
		黏度		20～30s	黏度计
		含砂率		≤7%	洗砂瓶
	预制地下连续墙	相对密度		1.10～1.20	比重计
		黏度		20～30s	黏度计
		pH 值		7～9	pH 试纸

10.5.2　国外控制标准

国外泥浆控制标准见表 10-26。

国外泥浆控制指标　　表 10-26

项目	英国	德国	日本	意大利	美国
相对密度	小于 1.1	小于 1.1	新浆小于 1.1，挖槽小于 1.2	小于 1.08，新浆；小于 1.15，浇注	（土 4%～12%）1.03（新浆）～1.25（浇注）
F.V（s）	（1500/946）30～90	（1500/946）30～50	500/500 20～30	—	（1500/946）28～50
静切力，（Pa，10min）	1.4～10	1.4～10	—	—	挖槽 6～40，浇注大于 7.5
pH 值	9.5～12	9.5～12	7.5～10.5	＜11.7	8～11
塑性黏度 P.V（cP）	—	小于 20	大于 8.0	20	挖槽 7～20，浇注大于 20
失水量（mL）	—	—	20～30	（0.7MPa）18	小于 40
泥皮厚（mm）	—	—	小于 2.0	小于 2.5	—
胶体率（%）	—	—	97	98	—
含砂量（%）	—	—	—	3～4	5～15

美国大多数地下连续墙工程使用的泥浆的膨润土用量为 4%～6%。通过以下几个方面的试证和论证来选定最终的泥浆配合比。

10.5.3　笔者建议

笔者的建议见表 10-27。

泥浆控制指标建议表　　表 10-27

项目	膨润土泥浆			黏土泥浆			聚合物泥浆		备注
	搅拌后	挖槽时	清孔后	搅拌后	挖槽时	清孔后	搅拌后	清孔后	
相对密度	1.03～1.08	1.05～1.30	1.10～1.20	1.1～1.2	1.15～1.35	1.20～1.30	1.01～1.03	1.02～1.10	
漏斗黏度 F.V（700/500mL）（s）	20～30	25～50	25～35	18～25	25～45	25～30	20～40	20～30	
塑性黏度 P.V（cP）	8～15	10～30	10～20	—	—	—	—	—	
动切力 Y.V（cP）	20～60	—	—	—	—	—	—	—	Y.V > G.S
静切力（10min，dyn/cm^2）	50～100	50～150	≥ 75～100	50～100	—	75～100	—	—	< G.S（10min）
失水量（mL/30min）	≤ 15～20	< 40	< 30	20～30	< 40	< 30	< 30	—	
泥皮厚（mm）	< 2～3	3～10	< 3.0	2～4	—	3～6	< 2.0	< 1.0	
pH 值	7.5～10.5	8.5～11.0	8.5～10.5	7～9	—	8～10	7.5～11.5	7.5～11.5	
含砂量（%）	< 1.0	—	≤ 5～8	< 5	—	< 5～8	< 5	< 1	
稳定性	≤ 0.03	—	≤ 0.03	< 0.03	—	—	—	—	
胶体率（%）	96～98	—	> 98	96～98	—	> 98	—	—	

注：应根据工程类别（防渗、承重）和膨润土质量，结合本工程情况选用适当的指标。

表 10-26 所示是各地泥浆控制指标表。

10.6　特种泥浆

10.6.1　概述

这里所说的特种泥浆，是针对以下几种情况而言的：

（1）近年来，在工程建设中逐渐开始采用无固相泥浆、聚合物泥浆和选择絮凝性泥浆等。

（2）特殊地基条件下使用的泥浆。

（3）特殊外部荷载作用下使用的泥浆。

（4）其他特殊情况。

10.6.2　超泥浆

近年来，在国外的基础工程中逐渐使用了没有（或很少有）膨润土粉的超泥浆（Super Mud，SM），笔者所在单位也从 1993 年开始对此进行了引进和试用，相信在今后城市施工的基础工程（地下连续墙和灌注桩）中可能会逐渐引入应用。

1. 超泥浆的基本性能

超泥浆是一种由高分子聚合物组成的高浓缩性乳液稳定液，用于地下连续墙或桩基施工，具有稳定沟槽的功能，可取代传统的膨润土。其分子量为 1.5×10^{7}～1.8×10^{7}，分子与分子之间通过交链彼此相连（图 10-46），遇水之后产生膨胀作用，因此可提高水的黏滞度（图 10-47），可在孔壁表面形成一层坚韧的胶膜，防止孔壁坍塌。

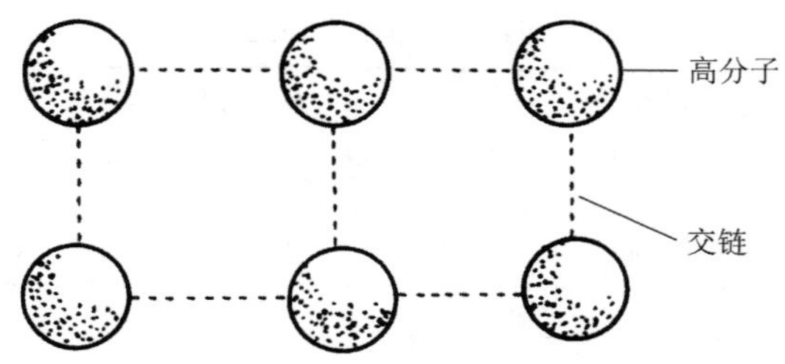

图 10-46 交链连接图

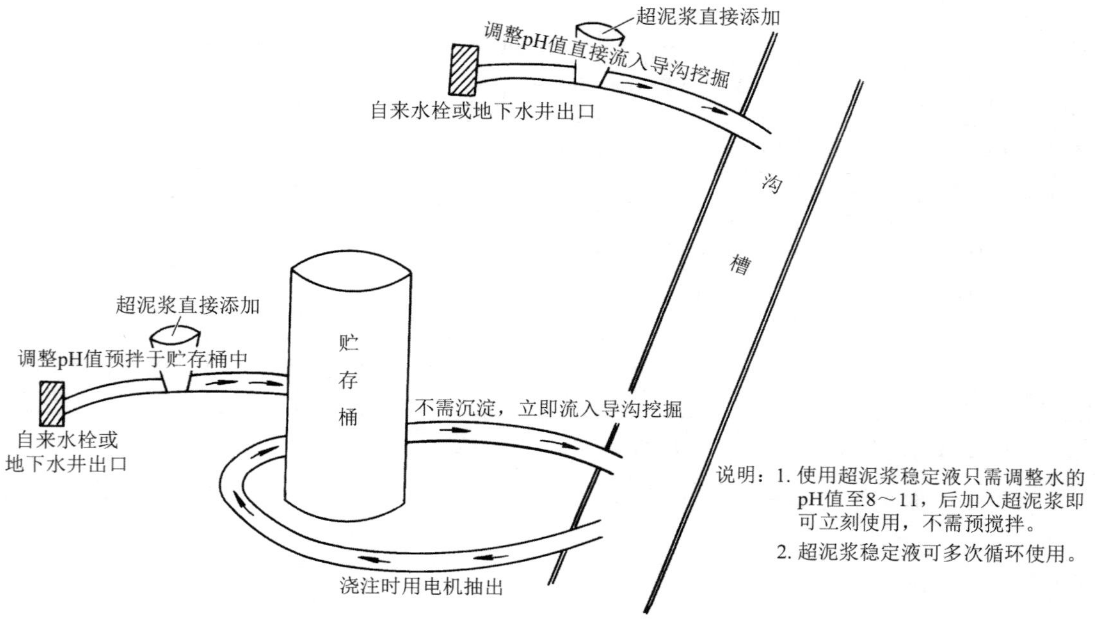

图 10-47 超泥浆使用方法

超泥浆材料的特性如下：

（1）成分：聚丙烯酰胺（Polyacrylamide）。

（2）物理、化学特性：①沸点：220°F（104℃）；②相对密度：1.0；③溶点：0°F（−18℃）；④蒸发速度：1（乙酸丁酯 1）；⑤水溶性：明显；⑥外观和气味：白色、黏性、不透明液体，具轻微气味。

（3）燃烧及爆炸数据：①闪点：大于 300°F（149℃）；②熄灭材料：使用酒精泡沫，干冰（CO_2）等；③特殊熄火步骤：戴上可单独使用的正压力呼吸器及安全防火服装。

2. 超泥浆的使用和回收

1）超泥浆的制备

（1）使用纯碱（Na_2CO_3）将水的 pH 值调整到 8～11。

（2）配比。超泥浆：水 = 1：（500～800）。

（3）黏度：马氏漏斗（946/1500mL）黏度应达到 32～60s。

2）使用方法

（1）直接使用。制备后直接进入沟槽中。

（2）循环使用。可以回收贮存，多次使用。

3）拌合机

这里要说明的是，使用通常采用的旋转式拌合机是无法把超泥浆材料那么长的分子链打碎的，但是利用射流或高频振动的方法是可以做到的。图 10-48 就是一种射流搅拌装置的示意图。

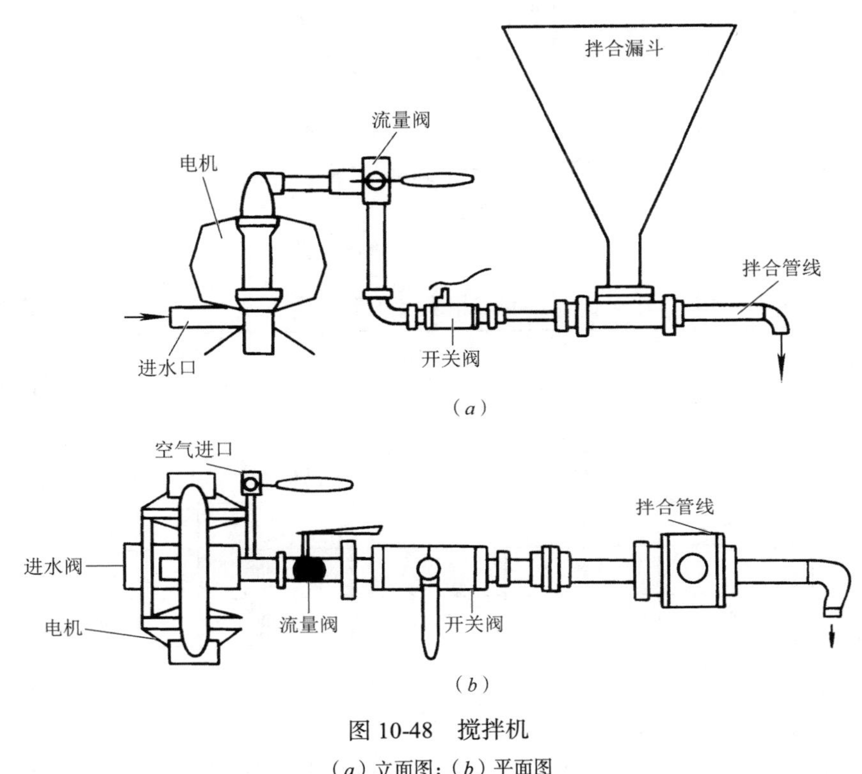

图 10-48　搅拌机

（a）立面图；（b）平面图

4）质量控制

挖槽之前，必须进行下列工作：

（1）检测 pH 值是否在 8～11 之间。若 pH 值 < 8，则应加入纯碱使其恢复到要求范围。

（2）检测黏度是否满足要求，否则应加入超泥浆，使其恢复到要求范围之内。

5）回收

使用超泥浆钻进时，不会与土砂颗粒混合，故泥浆中含砂量极低，可多次重复使用。用完后，可用胶管将泥浆抽回到贮浆罐（桶）中去，以供后续槽段使用。

3. 超泥浆的废弃

向欲废弃的泥浆中加入漂白粉（次氯酸钠）使其分解，24h 即完全变成中性，可以直接排入下水道或沟渠，不会污染环境。

4. 超泥浆对钢筋混凝土的影响

1）超泥浆不影响钢筋与混凝土的握裹力

将竹节钢筋放在按 1：800 配制的超泥浆中浸泡 30min，再与混凝土浇注成圆柱形试块，按规定的方法进行测试（图 10-49），发现超泥浆对两者之间的握裹力并无影响（表 10-28）。

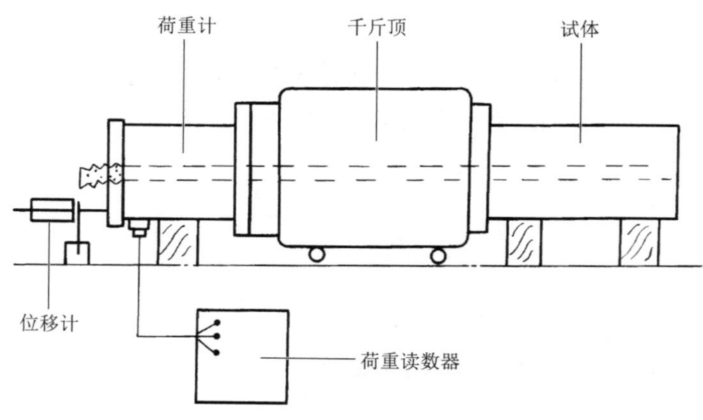

图 10-49　拉力试验示意图

试验结果综合表　　表 10-28

编号	钢筋直径（cm）	握裹长度（cm）	握裹表面积（cm^2）	拉力T（N）	握裹力τ（N/cm^2）	平均握裹力τ（N/cm^2）
涂水（1）	2.48	52	405.14	88000	217.2	218.1
涂水（2）	2.48	52	405.14	88700	218.9	
涂超泥浆（1）	2.48	53	412.93	55700	134.9	205.4
涂超泥浆（2）	2.48	53	412.93	105500	255.5	
涂超泥浆（3）	2.48	53	412.93	93300	225.9	

注：混凝土抗压强度为 1400N/cm^2。

2）超泥浆不会增加透水性

在清水和 1∶800 超泥浆条件下分别制作水泥浆试块，养护 28d 后进行三轴透水试验。结果表明，超泥浆并不增加其透水性。

5. 超泥浆使用实例

1）概况

超泥浆首先产生于美国，各地使用的基础工程很多。

2）日本的工程实例（桩基）

施工现场：神奈川县横须贺市内；

施工桩数：35 根（全扩底桩）；

钻渣量：约 15000m^3。

（1）柱状图和泥浆配比。图 10-50 所示为该现场地质柱状图。由图得知，地下水位在 4m 左右。地表至 3.5m 为填土，混有混凝土块和卵石。3.5～8m 为细砂和砂质粉土，该深度泥浆没有特别大的问题。8m 以下均为N值低的粉砂层，但混有固结粉砂，恐怕泥浆失水会造成剥落坍塌，需要注意泥浆失水量。桩的承载层为砂质固结粉砂层，N值非常大，担心扩底后会混入大量沉渣。另外，该现场离海非常近，而且旁边就有一条河，靠近河口，担心受盐污染。在这种现场施工，粉砂会逐渐混入泥浆中。盐混入泥浆后会使泥浆的流动性变差，密度进一步增大，沉渣清除困难。这将使施工时间延长，特别是在测定孔壁时需要替换泥浆，将浪费很多时间。

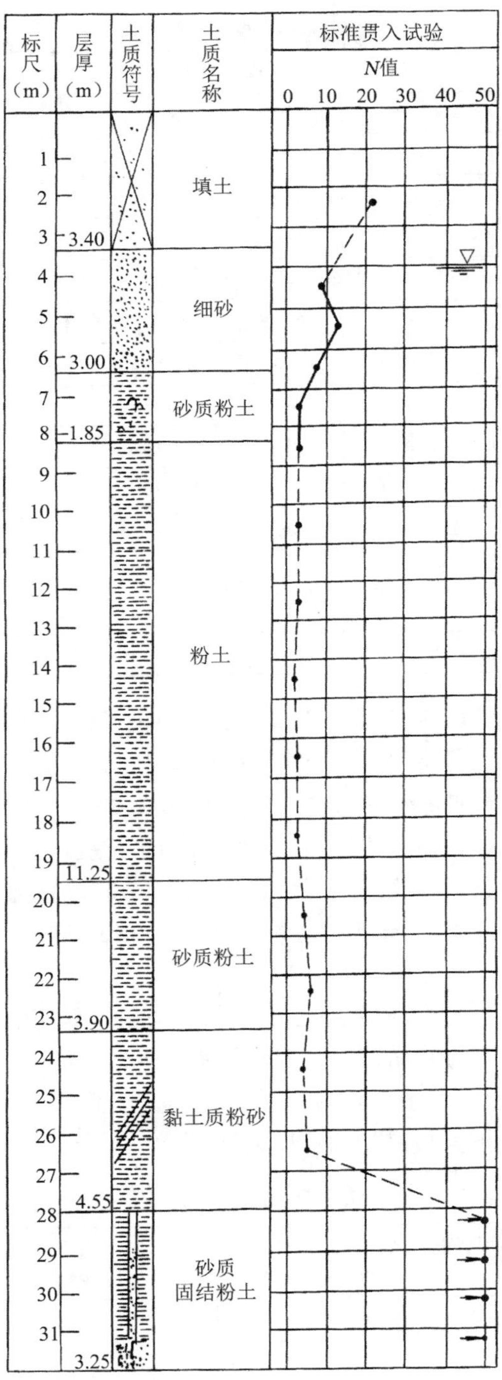

图 10-50　地质柱状图

为解决这个问题，施工单位采用了超泥浆。对于沉渣问题，利用超泥浆的黏聚性容易解决。对于耐盐性问题，通过采取现场旁边河中的水化验盐浓度，认为即使盐混入泥浆中，也不会超过 500mg/L。不同盐浓度对泥浆性能的影响见表 10-29。

泥浆配比如下：

膨润土：2%；超泥浆：0.15%；碳酸钠：0.1%。

不同盐浓度泥浆试验结果　表 10-29

盐浓度（NaCl 0mg/L）					
种类	黏度（s）	相对密度	失水量（mL）	泥皮厚度（mm）	pH 值
膨润土泥浆	27.7	1.025	14.4	1.07	10.55
羧甲基钠纤维素泥浆	36.8	1.015	10.1	0.91	10.30
超泥浆	28.4	1.010	14.2	0.40	10.11
盐浓度（NaCl 5000mg/L）					
种类	黏度（s）	相对密度	失水量（mL）	泥皮厚度（mm）	pH 值
膨润土泥浆	24.1	1.025	24.2	1.50	9.7
聚合物泥浆	32.8	1.015	18.7	0.90	9.4
超泥浆	27.8	1.010	16.8	0.50	9.8
盐浓度（NaCl 10000mg/L）					
种类	黏度（s）	相对密度	失水量（mL）	泥皮厚度（mm）	pH 值
膨润土泥浆	23.1	1.025	35.6	1.80	9.6
聚合物泥浆	31.7	1.015	21.5	0.80	9.3
超泥浆	25.1	1.010	18.2	0.50	9.5

（2）泥浆的性质及管理。施工前决定每施工 5 根桩进行一次回收泥浆的再搅拌处理，具体做法为：①确认回收泥浆量（以泥浆箱内剩余量核对）；②添加 0.1%的碳酸钠搅拌；③含砂量在 2%以上时，添加超泥浆 0.1%；④含砂量在 2%以下时，添加超泥浆 0.05%。

按上述计划开始钻进。第 1 个桩孔钻至约 8m 时上部孔段发生坍塌。原因是地质柱状图中标出的上部填土层实际深度近 9m，且大部分由碎渣和孤石构成。所以，填土层有很大空隙，很快就漏失坍塌。于是，采取措施将套管下至 10m，重新开钻，上部虽有暂时性漏失，但未成为问题。

（3）钻进引起的泥浆性质变化见表 10-30。推测第 1 个桩孔回收泥浆的盐浓度急剧上升和黏度下降，是填土层碎渣和孤石的空隙残留海水所致。采取的对策是，搅拌新泥浆时，改变约 40m³ 量的配比，以膨润土 3%、超泥浆 0.15%、碳酸钠 0.1%的比例配制泥浆，并与回收泥浆混合。以后的新泥浆按最初的配比配制。

钻进引起的泥浆性质变化　表 10-30

泥浆	相对密度	黏度（s）	失水量（mL）	泥皮厚度（mm）	含砂量（%）	pH 值	钙离子（mg/L）	浓度（mg/L）	备注
新泥浆	1.01	28.7	13.6	0.4	—	10.2	—	—	—
第 1 个孔的回收泥浆	1.02	25.4	13.8	0.5	0.1 以下	9.0	76	896	配制新泥浆 40m³；膨润土 ± 3%；SM0.15%；$Na_2CO_3$0.1%
第 10 个孔的回收泥浆	1.02	25.7	12.8	0.5	0.1 以下	9.5	128	1314	
第 20 个孔的回收泥浆	1.03	24.3	20.2	0.6	0.2%	9.4	82	2761	再搅拌：SM0.07%；$Na_2CO_3$0.1%
第 30 个孔的回收泥浆	1.03	25.4	18.2	0.6	0.2%	9.4	82	3066	未再搅拌

第 20 个桩孔泥浆回收时，因失水量有增加的趋向，仅将超泥浆的量改为 0.07%进行重新搅拌。

（4）钻孔后和清底后含砂量与密度的变化。使用超泥浆，沉淀物和砂凝聚粒化，容易进入钻斗内，扩底部分的沉渣和含砂量比以往减少，并能够用钻斗容易地排出孔外。该现场停钻后的作业顺序如下：

停钻→测深（确认深度）→静置30min→清底→测深→测定孔壁→测深→无沉淀（OK）→下钢筋笼→灌注混凝土→有沉淀（NO）→用泵置换→测深（OK）。

按该顺序进行施工，测定了第 1 个桩孔和第 20 个桩孔停钻和清底后密度与含砂量的变化，见表 10-31 和图 10-51。

第 20 个桩孔的测定结果　　**表 10-31**

钻进深度	相对密度		含砂量（%）	
	钻孔后	清底后	钻孔后	清底后
地表–15m	1.05	1.04	3.0	1.5
地表–20m	1.07	1.05	3.0	1.5
地表–25m	1.10	1.05	6.5	2.5
地表–30m	1.17	1.08	14.0	3.5
地表–31.5m	1.28	1.10	17.0	7.0

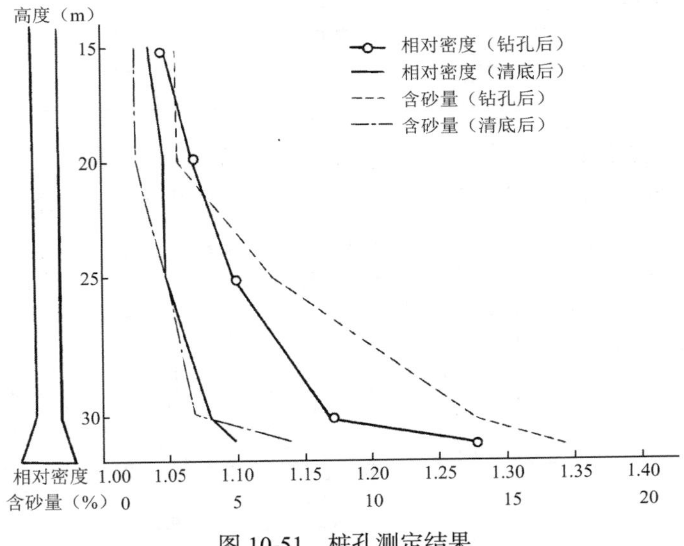

图 10-51　桩孔测定结果

由表 10-31 可知，停钻后的含砂量密度相当高，但经 30min 较短时间后两者都充分沉降，并通过清底排出孔外。

沉渣处理后，未进行泥浆置换就进行了孔壁测定。

10. 6. 3　海水泥浆

1. 海水的作用

膨润土受海水中盐分的（钠离子）污染。被污染的方式有两种，受污染后的泥浆的性质完全不同。

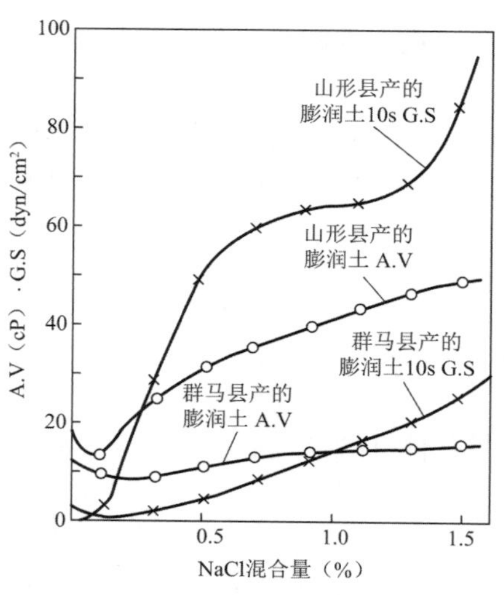

图 10-52 NaCl 对膨润土泥浆的作用

1）用一般的水（自来水等）搅拌膨润土（清水泥浆）出现膨润土泥浆黏度急剧上升、过滤水量增多以及泥皮厚度增大等性质变化。海水对泥浆性质的影响程度与膨润土质量有关，最好使用抗钠离子能力强的膨润土，NaCl 使泥浆变质的状态实例如图 10-52 所示。

如果泥浆受到海水的污染，再加上前面所述的各种污染，泥浆就会被地下水稀释，这样膨润土的浓度就会降低。

因而泥浆中的土渣以及膨润土等固态成分就会沉淀，致使砂层槽壁容易坍塌。对此，在提高膨润土浓度的同时还要使用抗海水污染能力强的分散剂。

2）用盐水搅拌膨润土（盐水泥浆）

用盐水搅拌时，膨润土的溶胀性非常小。膨润土的质量不同，所造成的泥浆的性质亦有差异，其变化倾向如表 10-32 所示。

盐分浓度与膨润土的性质 **表 10-32**

NaCl 浓度（%）	膨润土的种类	黏度	凝胶强度	屈服值	过滤试验		重力作用下的稳定性
					过滤水量	泥皮	
1.0 以下	山形县产	大	特大	大	少	薄	差
	群马县产	小	小	小	多	厚	好
3.0～5.0	山形县产	小	小	小	多	厚	差
	群马县产	大	大	大	少	薄	差

用盐水搅拌的膨润土泥浆（盐水泥浆）性质见表 10-33 和图 10-53。由于盐水泥浆在搅拌阶段就已经被阳离子污染，所以在施工过程中的污染较少，性能比较稳定。

用 NaCl 溶液搅拌的膨润土泥浆的性质 **表 10-33**

NaCl 浓度（%）	膨润土浓度（%）	时间	A.V（cP）	P.V（cP）	Y.V（dyn/cm²）	G.S（dyn/cm²）	
						10（s）	10（min）
0.5	13	0h	10.8	7.5	6.5	7.0	14.0
		1h	14.0	10.5	6.5	7.0	14.0
		3h	15.0	12.0	6.5	7.0	14.0
		5h	16.8	12.5	8.5	7.0	14.0
		1d	20.8	16.0	9.5	7.0	14.0
		3d	25.0	19.0	12.0	7.0	14.0
		7d	26.0	20.0	12.0	7.0	15.0
3.0	80	0h	19.8	9.0	21.5	19.8	9.0
		1h	21.0	9.0	21.5	21.0	9.0
		3h	23.5	10.0	21.5	21.0	11.5
		5h	23.5	10.0	21.5	21.0	11.5
		1d	24.3	13.0	22.5	24.3	13.0
		3d	26.0	13.0	27.0	26.0	13.0
		7d	27.0	13.0	28.0	27.0	13.0

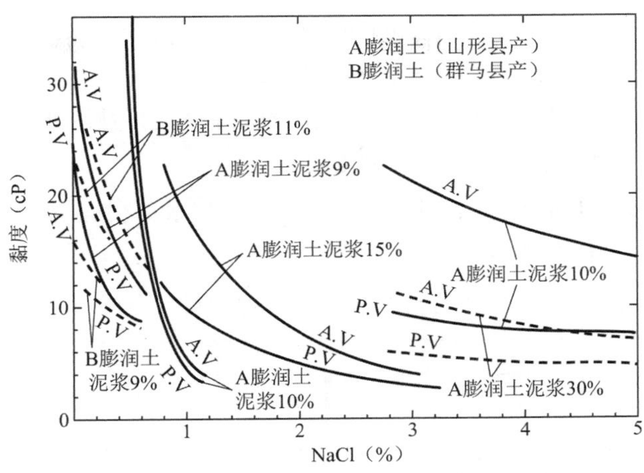

图 10-53　用 NaCl 溶液搅拌的膨润土泥浆

2. 对泥浆的选择（日本）

用海水或含有盐分的水搅拌的泥浆（盐水泥浆）和用普通水搅拌的泥浆（清水泥浆），由于性质完全不同，所以在有盐分污染的地基中采用哪一种泥浆的问题，对整个工程的安全性、经济效果和施工适应性等都有很大影响。表 10-34 所示是盐水泥浆和清水泥浆对整个地下墙工程的影响比较。在选用泥浆时必须充分考虑表 10-34 中的几点影响。

盐水泥浆和清水泥浆对地下墙工程的影响　　表 10-34

	用海水搅拌的泥浆（盐水泥浆）	用清水搅拌的泥浆（清水泥浆）
对地下墙施工的影响	由于从一开始就被盐分所污染，所以在施工过程中泥浆性质没有急剧的变化，泥浆的质量控制较容易，施工可顺利进行	由于在施工过程中地下水和土渣中的盐分很快污染了泥浆，所以要严格控制泥浆的质量，立即舍弃被污染了的泥浆，迅速补充新鲜泥浆。如果这些措施不完备，不仅会影响工程的顺利进展，而且有引起槽壁坍塌的危险
对泥浆材料费用的影响	虽然泥浆配合比的浓度高，但不存在盐分的污染，所以泥浆重复使用次数多。与清水泥浆相比材料费用几乎没有变化	虽然泥浆的配合比较低，但由于有盐分的污染，所以必须逐次舍弃。重复使用的次数少，材料费用与盐水泥浆相同
对于废泥浆处理的影响	重复使用次数多，废泥浆量少。 用真空车运输时，每 1m³ 泥浆的处理费用较便宜。 用废泥浆处理机处理时，由于药品处理技术较难、药品价格高，使用量多，所以每 1m³ 泥浆的处理费用就较高	重复使用次数少，废泥浆量多。 用真空车运输时，每 1m³ 泥浆的处理费用较高。 用废泥浆处理机处理时，虽然药品处理比较简单、药品价格较高，但是使用量少，所以每 1m³ 泥浆的处理费用较低

3. 泥浆材料和配合比

（1）清水泥浆

关于膨润土的种类以溶胀性小、对离子的吸附不太敏感的群马县产品为好。使用的外加剂有耐盐性 CMC 和在高浓度下抗盐分污染能力强的木质素类分散剂（例如铁硼木质素磺酸钠）。

膨润土或 CMC 的掺加浓度以通常泥浆的浓度为标准。分散剂的浓度为 0.3%～0.5%。

（2）盐水泥浆

一般盐水泥浆的材料有膨润土、CMC、分散剂和耐盐性黏土等。关于膨润土的种类，在盐分浓度高时（3%以上）以群马县产品为好；在盐分浓度低时（1%以下）以山形县产品为好。使用与膨润土性质不同的黏土，即使是在海水中也能和在清水中一样溶胀，这种耐盐性黏土有绿坡缕石、绢云母、绿泥石及纤维蛇纹石等。

由于希库列黏土无论是在清水中或在海水中都有较高的黏性,所以被当作增黏剂使用。CMC 作为增黏剂使用时，要使用耐盐性的 CMC。

一般使用的分散剂是抗盐分污染能力较强的木质素类分散剂（商品名为泰尔纳特 FCL）。表 10-35 所示是盐水泥浆的使用实例。

日本盐水泥浆的配合比实例 **表 10-35**

地点	神户市长田区
方法	HB
挖槽深度（m）	18.0
墙厚（m）	0.6
1个单元槽段长度（m）	4.3
特殊条件	离海岸200m
	地下水的盐分16000×10^{-6}

土质柱状图：

深度（m）	土质	N值
2～8	填土 含砾石的砂	▽ 5～7 50以上
10	砂	5
12～14	含砾石的黏土	6
16～18	砂	6～50
20～22	砂粉土	5～10
24	砂	—
26	砂粉土	10～15
28～30	砂	

		项目	材料	掺量
泥浆配合比	设计	膨润土	国胶▽-1	10%
		CMC	特尔塞罗兹TE-S	0.5%
		分散剂	摩尔纳特FCL	0.3%
		其他	希库列	1%～1.5%
	施工	膨润土	希库列	1%～1.5%
		CMC	希库列	1%～1.5%
		分散剂	希库列	1%～1.5%
		其他	用含盐分16000×10^{-6}的地下水搅拌	
施工中的泥浆变化		F.V（s）	24～28	
		相对密度	—	
		过滤水量（cc）	—	
		pH值	8.4～16	

10. 6. 4 海水泥浆

国内海水泥浆使用情况

总的看来，国内虽然海上基础工程很多，但是使用海水泥浆的并不多，有的还在使用淡水配制的泥浆。

这里简单介绍一下国内有关资料。

1）深中通道桩基工程使用海水泥浆结论

（1）聚丙烯酰胺（PAM），对海水泥浆不适应，絮凝海水中的杂质，降低泥浆的胶体率。

（2）纯碱（Na_2CO_3）应先掺入海水中，使 Ca^{2+}和 Mg^{2+}离子完全反应生成 $CaCO_3$、$MgCO_3$ 等沉淀，多余的纯碱调节泥浆的 pH 值至 8～10 之间，掺量应根据海水中的离子浓度确定，一般为海水质量的 0.1%～0.4%。

（3）羧甲基纤维素（CMC）的掺量应根据纯碱的掺量确定，一般为海水质量的 0.2%～0.4%；CMC 应先溶解于 40～50℃的水中，然后再加入海水中。

（4）膨润土的掺量应根据钻孔时所处地质条件确定，当泥浆相对密度偏低时，应添加膨润土；当含砂率在正常范围内，泥浆相对密度偏高时，应加入海水。

（5）聚合物泥浆调节剂调整泥浆性能优异，且掺量较低。

（6）推荐泥浆配比，淡海水时，淡海水：膨润土：CMC：纯碱 = 1L：150g：2g：1g；浓海水时，浓海水：膨润土：CMC：纯碱 = 1L：150g：3g：3g。

2）港珠澳大桥桩基使用的海水泥浆

在海桥桩基施工中，应根据不同地质条件配制不同材料的海水泥浆，在成孔过程中认真检测，使密度、黏度、胶体率等重要泥浆指标达到施工规范要求，对于海水泥浆，由于海水组成的特殊性，特别要注意胶体率指标，使其达到大于 95%的施工要求。港珠澳大桥地处海洋环境，采用海水造浆技术，不仅减少施工难度，而且加快施工进度。虽然海水造浆就材料成本而言，大大高于淡水造浆，但从综合成本上看，用海水造浆，缩短工期，极大地降低工程固定成本。经检测，本合同段 442 条桩基 I 类桩比例为 90%，说明海水造浆成孔质量好，完整性好，桩基质量可靠度大，在海桥施工中，采用海水造浆是可取的。

综上所述，海水造浆技术具有经济、安全、可操作性强等特点，在海洋桥梁工程实践中值得继续推广。今后，仍需对其进一步深入研究和学习，使这项技术能更好地应用于海桥建设中，也希望本项目的海水泥浆技术能为今后的同类工程施工提供参考。

泥浆配合比见表 10-36。

岩石层海水泥浆配合比表　　表 10-36

材料	海水	膨润土	CMC	聚丙烯酸胺	纯碱
配合比	100	16	0.14	—	0.25

经过试验分析，按照配合比配置出的泥浆各项测试性能见表 10-37。

泥浆各项测试性能表　　表 10-37

密度（$g \cdot mL^{-1}$）	含砂率（%）	pH 值	失水量（mL）	黏度（s）	静切力/($g \cdot cm^{-2}$)	胶体率	泥皮厚度（mm）
1.14	4	8.6	17	23	2.5	97.0	1.2

10.7　泥浆配合比设计

目前的工程泥浆绝大多数仍是以膨润土为主的淡水泥浆。本章就是以此为主要出发点，兼顾其他泥浆。

10.7.1　制备泥浆的基本原则

为使泥浆在整个工程施工期间能够充分发挥其应有的作用，在制备时，必须使它具有必要的性能。对泥浆性能的要求因地基条件和施工机械等各种条件不同而有差异。应在充分掌握这些条件之后，确定适合这些条件的泥浆制备方案。

泥浆制备程序和主要内容如下。

（1）掌握地基和施工条件。

（2）选定泥浆材料：①能否使用自来水；②选定膨润土的种类；③选定 CMC 的种类；④选定分散剂的种类；⑤决定是否用加重剂→选定种类；⑥决定是否用防漏剂→选定种类。

（3）决定必要的黏度（漏斗黏度）：①确定最容易坍塌的地基；②确定使最容易坍塌的地基保持稳定所必须的黏度。

（4）决定基本的配合比：①根据所需的黏度，决定膨润土及 CMC 的掺加数量；②决定分散剂的掺加数量；③决定加重剂的掺加数量；④决定防漏剂的掺加数量。

（5）泥浆的制备试验及修正：①是否有较高的稳定性；②是否具有良好的泥皮形成性能；③是否有适当的黏度、屈服值和凝胶强度；④是否具有适当的相对密度。

（6）最后决定配合比。

其中的泥浆材料部分已在前面作了说明。

10.7.2 对地基和施工条件的调查了解

1. 对地基的调查

（1）对地基柱状图的研究：①是否有坍塌性较大的土层，研究*N*值和土质的种类；②有无漏浆层（透水层、地层的裂缝、空洞等）；③有无影响泥浆管理和处理的土层，如有机质土层等。

（2）地下水的调查：①能否保证泥浆的水位高出地下水位 1.5m 以上；②了解承压水层、潜流水层和含水层以及地下水的流速；③地下水位的变化是否受潮汐的影响。

（3）地下水的水质：①测定盐分和钙离子等能使泥浆变质的离子含量；②有无化工厂的排水等流入；③pH 值的测定。

（4）其他的调查：①是否有化学溶液加固的地基，或属化学性的特殊地基；②地下有无气体；③有无承受偏压力的情况。

2. 施工条件

（1）施工机械：①适合地基条件的挖槽方法是哪一种，泥浆中含土砂的程度如何；②采用何种泥浆循环方式，泥浆排土的性能及沉渣处理的难易程度如何。

（2）附属设备：①能否设置泥浆再生装置（作业场地的面积大小和泥水分离器的性能）；②短时间内能否供给大量的泥浆（漏浆时）。

（3）施工条件：①挖槽的深度；②槽的宽度（墙厚）；③最大单元槽段长度（槽壁的稳定性）；④可放置的时间（槽壁的稳定性）。

10.7.3 所需黏度的确定

1. 对最容易坍塌土层的确定

一般地下连续墙工程常在软弱的冲积层中施工，而且很少有单一土质构成的地层。一般都是由黏土、粉土、砂和砾石等互层构成。对于这样的复合地基，应以最容易坍塌的土层为主确定泥浆的配合比。

土质和坍塌性的关系与土质的种类和有无地下水的关系很大，表 10-38 所示是实用经验的总结。

土质与坍塌性的关系 **表 10-38**

土质	坍塌性	
	无地下水时	有地下水时
黏土	无	一般无
粉土	一般无	略有
含粉土的砂	略有	有
细砂	有	略大
粗砂	略大	大

续表

土质	坍塌性	
	无地下水时	有地下水时
砂砾	大	很大
砾石	很大	很大

2. 必要的泥浆黏度

必要的泥浆黏度可保证地基的稳定性。当然，地基土质很重要，但有无地下水、挖槽方式以及泥浆循环方式不同，对泥浆黏度的要求也不同。从土质上来说，用于砂质土地基的泥浆黏度应大于黏性土地基，用于地下水丰富的地基的泥浆黏度应大于没有地下水的地基。

另外，在泥浆静止状态下挖槽，特别是用大型抓斗上下提拉的挖槽方式，易使槽壁坍塌，所以泥浆黏度要大于泥浆循环挖槽方式时的黏度。根据这些条件，各方面为了保证地基稳定所必须的泥浆黏度（漏斗黏度），分别发表了各自的经验数值。表 10-39 所示是在静止状态下使用的泥浆黏度实例。表 10-40 所示是在循环状态下使用的泥浆黏度实例。在地下水丰富或者在施工时槽壁的放置时间较长时（2d 以上），要采用各表中较大的黏度值。

保持地基稳定的泥浆漏斗黏度（泥浆静止工法）　　表 10-39

地基条件	泥浆性能	对策	漏斗黏度的经验数值（500/500mL）（s）
$N>2$ 软弱的黏土粉土层，所谓烂泥地基	泥浆效果不能充分发挥，需增大泥浆相对密度或增加水不能浸入的性能	用高浓度、高相对密度的膨润土，掺加重量石等	100 以上
$N>5$ 的黏土层（垆姆层）	一般情况下不需要用泥浆，也可用清水。当有地下水，多少有些不放心时，也可以用低浓度而失水量稍小的泥浆	膨润土浓度 4%～5%，少量掺加 CMC	20～30
N值较高，全都是黏土或粉土	保持最低的黏度和失水量，而黏土或粉土又不会被冲洗掉的程度	膨润土浓度 5%～6%，少量掺加 CMC	25～33
在黏土层中含有较大的砾石层，含砂量较多，但坍塌的可能性小	黏度可以低些，但是要有较小的失水量和较大的屈服值	膨润土浓度 6%～8%，可稍掺加一些 CMC	28～35
全部是N值较高的砂层和粉土层的互层	黏度可不用过高，但是用 CMC 调节失水量，使屈服值稍大一些	膨润土浓度 6%～8%，掺加少量的 CMC	28～35
一般的粉土层，含砂粉土层	黏度、凝胶强度和失水量都不用过高	膨润土浓度 7%～8%，掺加较少的 CMC	30～38
全部是N值较高的细砂—粗砂层	凝胶强度和失水量都不要过高，黏度不要过低	膨润土浓度 7%～9%，掺加少量的 CMC	28～32
一般砂层	黏度、凝胶强度和失水量都用标准质量，泥皮既薄又结实	膨润土浓度 8%～10%，掺加少量的 CMC	35～50
N值略低的砂层	黏度要稍高，使地基土不被冲刷。使用高黏度的泥浆，降低失水量	膨润土浓度 8%～10%，掺加少量的 CMC	40～60
全部地层N值较低，黏土质粉土较多	膨润土浓度较低，增多 CMC，防止冲刷地基土	膨润土浓度 7%～9%，掺加较多的 CMC	40～50
砂砾层	膨润土浓度较高，用 CMC 降低失水量	膨润土浓度 8%～10%，掺加 CMC 较多	45～80
有地下水流出或潜流（承压地下水，漏失泥浆），预计有坍塌层	增大泥浆的相对密度和掺加防漏剂，以提高其黏度	膨润土浓度 10%～12%，掺加 CMC、重晶石及其他外加剂	80 以上

根据笔者多年来的体会，只要使用静置24h（至少16～20h）的泥浆黏度（700/500mL）最小值在20～22s、最大值小于40s的膨润土泥浆，即可满足国内多数地区的挖槽稳定要求。

10.7.4　基本配合比的决定

1. 膨润土及CMC的掺加浓度

为保持易坍塌地基的稳定性，需确定必要的漏斗黏度，为获得这个黏度，需确定膨润土及CMC的掺加浓度，可参考前面几章的说明加以选择。

保持地基稳定的泥浆漏斗黏度（泥浆循环工法）　　表10-40

土质分类	漏斗黏度（500/500mL）（s）	土质分类	漏斗黏度（500/500mL）（s）
含砂静土层	25～30	砂层	30～38
砂质黏土层	25～30	砂砾层	35～44
砂质粉土层	27～34		

表10-41所示是针对各种不同地质条件，选用的具有代表性的配合比实例。

有代表性的配合比实例　　表10-41

土质	膨润土（%）	CMC（%）	分散剂（%）	其他
黏性土	6～8	0～0.02	0～0.5	—
砂	6～8	0～0.05	0～0.5	—
砂砾	8～12	0.05～0.1	0～0.5	防漏剂

2. 分散剂的掺加浓度

使用分散剂的浓度通常为0～0.5%。泥浆黏度可用膨润土或CMC的掺加量来调节。分散剂的种类、掺加浓度不同，其效果也不同。尽管有的分散剂增大了掺加的浓度，但在超过一定的浓度以后，也并不再增加分散效果，甚至有时反而会减小其效果。

10.7.5　泥浆试配和修正

根据前面确定的基本配合比进行泥浆的配制试验。泥浆是各种材料特性的综合产物。但是，它是否具有工程施工所需要的特性，还需进行试验。当它没有达到所需的泥浆特性时，要增减材料的使用量，修正基本配合比。研究配制出来的泥浆对于工程施工是否是最佳泥浆，要对泥浆所必须的各种特性进行检验以后才能确定。

1. 对稳定性的检验

用“胶体率试验”“稳定性试验”研究泥浆的稳定性。对于新鲜的泥浆可做这两种试验。在“胶体率”中，当有水析出，且泥浆和析出水之间的分界线较明显时，有可能是由于某种阳离子造成凝集，所以应考虑：水质不好、分散剂起到凝集剂的作用等原因。若泥浆和析出水之间的分界线不太明显，且越是上面清水越多时，则应考虑是：膨润土量较少、分散剂的掺加量较多等原因。如果在泥浆的“稳定性试验”中出现相对密度之差别，就要增加膨润土的掺加量。

2. 对形成泥皮性能的检验

作过滤试验，并测定滤过的水量和泥皮厚度，观察泥皮的强度。若试验结果在如下范围以内，则泥浆的该项性能是合格的：

30min 的失水量：20～30mL 以下。

泥皮的厚度：2～4mm 以下。

失水量较多时，需增加 CMC 的掺加量；泥皮较厚且软弱时，需增加分散剂和 CMC 的掺加量。

3. 对泥浆流动特性的检验

由于分散剂和增黏剂等外加剂会改变泥浆的黏度，所以必须按照配制试验以后的泥浆黏度重新研究其流动特性。

根据前面提到的保持地基稳定的泥浆漏斗黏度（表 10-40），检验泥浆是否达到了保持地基稳定所必须的漏斗黏度数值，并根据检验结果增减膨润土和 CMC 的掺加量。

对于屈服值和塑性黏度虽然还没有明确的标准，但可将以下范围作为大致的控制标准（膨润土）：

屈服值（Y.V）：4.88mgf/cm^2 以下；

塑性黏度（P.V）：8cP 以上。

4. 对泥浆相对密度的检验

新鲜膨润土泥浆的相对密度通常为 1.03～1.07，除特殊的地基及施工条件以外，上述相对密度范围基本上是没有问题的。在掺加加重剂时，要正确地测定其相对密度，如果与设计值不符，则增减加重剂掺加量。黏土泥浆相对密度通常为 1.15～1.25。

按上述顺序决定适合于工程施工的泥浆配合比并开始施工之后，若发现与当初预料的条件不同，应逐次对泥浆配合比进行修正。可以将最初的单元槽段作为试挖段，检验泥浆的性能。

10. 7. 6　泥浆用量计算

1. 泥浆配比材料计算

1）土粉（黏土）用量计算

配制 1m^3 相对密度为γ_2的泥浆，所需黏土质量q（kg）为

$$q=\frac{\gamma_1(\gamma_2-\gamma_3)}{\gamma_1-\gamma_3}\times 1000$$

式中　γ_1——黏土的相对密度，2.2～2.6；

γ_2——泥浆的相对密度；

γ_3——水的相对密度。

2）配浆用水量

配制 1m^3 泥浆所需要的水量V（L）为

$$V=1000-\frac{q}{\gamma_1}$$

应注意所用的当地黏土或膨润土本身含水量的影响，把由上面公式求得的用土量和用水量加以调整。

3）加重剂用量

每 1m^3 泥浆中加重剂用量W（kg）为

$$W=\frac{\gamma_B(\gamma_2-\gamma_0)}{\gamma_B-\gamma_2}\times 1000$$

式中　γ_B——加重剂相对密度；

γ_2——加重后泥浆相对密度；

γ_0——原浆相对密度。

4）降低泥浆相对密度所需加入的水量X（m^3）

$$X = \frac{V(\gamma_1 - \gamma_2)}{\gamma_2 - \gamma_3}$$

式中　V——原浆体积（m^3）；

γ_1——原浆相对密度；

γ_2——稀释后泥浆相对密度；

γ_3——水的相对密度。

2. 泥浆用量计算

1）膨润土泥浆用量计算

对施工中所需泥浆数量的计算，要考虑到在施工过程中发生的种种泥浆损失。主要的泥浆损失原因如下：①由于泥皮的形成而消耗的泥浆；②由于向地基土内渗透和漏浆而消耗的泥浆；③混在排除的土渣中而被消耗的泥浆；④由于泥浆变质等原因而被废弃的泥浆；⑤由于泥浆溢出导墙或飞溅等而消耗的泥浆。

日本计算泥浆需要量的方法有：参考过去的类似工程的泥浆重复使用次数进行计算的方法，以及从泥浆损失的原因中选出最重要的几项，估计每一项的泥浆损失量来进行计算的方法。在现阶段，这两种方法都难以称得上是完善的，仅仅是概略的估计而已。

（1）按泥浆重复使用次数进行计算的方法。泥浆的重复使用次数一般用下式求得：

$$\text{重复使用次数}(n) = \frac{\text{设计总泥浆方量}(m^3)}{\text{泥浆循环使用量}(m^3)} \tag{10-5}$$

参考过去在类似的地基和施工条件下泥浆的重复使用次数，由下式求出泥浆用量：

$$\text{泥浆的总需要量}Q(m^3) = \frac{V}{n} \tag{10-6}$$

式中　V——设计总泥浆方量（m^3）；

n——泥浆重复使用次数。

这个方法是把各种损失量都包括在泥浆重复使用的次数里，但是泥浆重复使用次数不仅由于土质条件和挖槽方式的不同而有差异，而且还有很多其他因素也会使重复使用次数不同，所以这个方法只能在大概的推算时使用。通常的泥浆重复使用次数为1.2～2.0之间。

（2）按各种泥浆损失量进行计算的方法。在这种计算方法中，可根据经验提出2～3个计算公式。对计算公式的考虑方法大致是一样的。但是在对各种损失率计算公式的导入方式上有若干差别。可以说这种计算方法是把上述按泥浆重复使用次数进行计算的方法又向前推进了一步。以下介绍两种计算式。

计算式一：

$$V = \frac{X}{n} + \frac{X}{n}\left(1 - \frac{k_1}{100}\right)(n-1) + \frac{k_2}{100}X \tag{10-7}$$

式中　V——所需泥浆用量（m^3）；

X——总挖土方量（m^3）；

n——单元槽段数量；

k_1——浇灌混凝土时的泥浆回收率（%）；

k_2——泥浆消耗率（%，由于泥浆循环、排土、泥皮的形成以及漏浆等产生的泥浆消耗比例）。

对于k_1、k_2的决定，除地基条件以外，通常要考虑表 10-42 所示的影响。表 10-43 所示是按照这种方法进行计算的实例。

分散剂及膨润土浓度对 k_1、k_2 的影响　表 10-42

	分散剂浓度		膨润土浓度	
	上升	下降	上升	下降
k_1（回收率）	大	小	小	大
k_2（消耗率）	小	大	大	小

所需泥浆用量计算实例（用计算式一的方法）　表 10-43

序号		1	2	3	4
工法		KCC	OWS.Soletanche	ELSE	ELSE
挖槽规模	总延长米	23m	213m	152m	816m
	土方量	512m^3	3300m^3	1280m^3	780m^3
	单元槽段重量	8	30	40	12
	深度，墙厚	32m，$t=0.7$m	23m，$t=0.6$m	11m，$t=0.75$m	16.5m，$t=0.55$m
配合比	膨润土	国胶 V-17%	国胶 V-18%	丰顺赤城牌 5%	国胶 V-15%
	CMC	TE-D0.1%	TE-S0.1%	TE-D0.1%	TE-D0.1%
	分散剂	泰尔纳特 B0.2%	FCL0.5%	泰尔纳特 B0.1%	泰尔纳特 B0.1%
k_1（回收率）		70%	85%	60%	80%
k_2（消耗率）		10%	20%	10%	10%
泥浆重复使用次数		$n=\frac{512}{250}=2.0$	$n=\frac{3300}{1250}=2.6$	$n=\frac{1280}{660}=1.9$	$n=\frac{780}{286}=2.7$

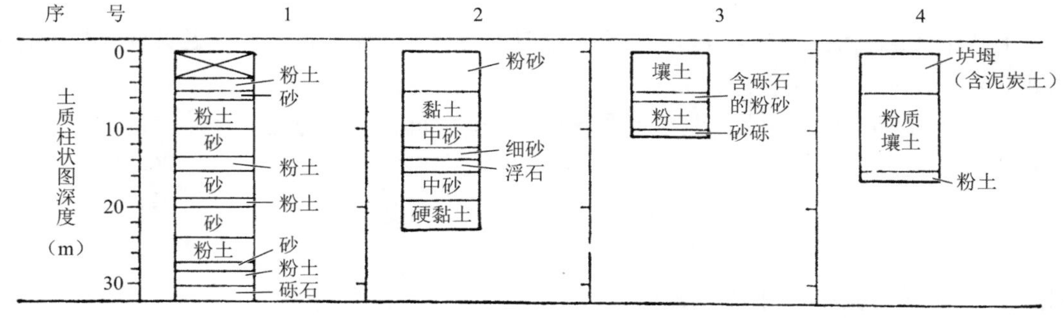

计算式二：

$$Q=\left[\frac{V}{E}m+\frac{k_1+k_2}{100E}(E-m)+\frac{k_3}{100}V\right]\left(1+\frac{\alpha}{100}\right)+\frac{k_4}{100}V \tag{10-8}$$

式中 Q——泥浆总需要用量（m^3）；

V——地下连续墙的设计总挖土方量（m^3）；

m——同时工作的挖槽机台数（台）；

E——单元槽段数目；

k_1——由于混凝土而引起的变质泥浆废弃率：使用分散剂时，$k_1=\frac{1.0}{挖槽深度(m)}\times 100\%$。不使用分散剂时，$k_1=\frac{2.0}{挖槽深度(m)}\times 100\%$；

k_2——其他原因造成的变质泥浆的废弃率（参照表10-44选取）；

k_3——随排除土渣而损失的泥浆和溢出导墙等损失的泥浆比例：静止方式时，为5%～10%；循环方式时，为10%～20%；

k_4——由于形成泥皮、向地基内渗透和漏浆等造成的泥浆的损失率：黏土、粉土，1%～3%；细砂、粗砂，5%～20%；砂砾，20%～30%；预计有漏浆时，对上述数值再增加5%～10%；

α——超挖率，黏土和粉土，5%～10%；砂和砂砾，10%～20%。

变质泥浆的废弃率 **表10-44**

土质	使用分散剂（%）	不使用分散剂（%）
细颗粒成分较多的地层	20	30
粗颗粒成分较多的地层	10	20

根据笔者在国内多个地下连续（防渗）墙工程中进行的统计，在使用优良膨润土泥浆的条件下，液压抓斗每从槽孔挖出1m^3土消耗的泥浆为0.2～0.3m^3，个别则达到0.3～0.4m^3。可以根据这种消耗量再加上富余量来估算某个工程使用的泥浆和膨润土粉数量。

3. 当地黏土泥浆用量

使用冲击钻机造孔时，它所消耗的当地黏土泥浆量是很大的，每钻进1m要消耗泥浆2.0～3.0m^3（依地质情况而变动），泥浆回收率也很低。每日需要的泥浆量可用下式表示：

$$Q_0=每米进尺用浆量\times 每日总进尺\times 1.2+每日清孔总容积\times(0.3\sim 0.4)$$

上式中考虑了清孔泥浆回收率可以达到70%～80%的程度并留有一定的富余度，而取系数0.3～0.4的。

可根据防渗墙工程量的大小、地质条件等，确定每日生产的泥浆数量：

$$Q=mQ_0$$

式中 $m=1.5\sim 2.0$。

10.8 制浆的设备和方法

10.8.1 制浆设备

为了安全且又顺利地进行地下墙工程的施工，在施工过程中必须确保供应优良的泥浆。根据工程现场的环境最好使用小型拌制装置，但是为了解决泥浆的漏失或变质等问题，却又要求拌制装置能在短时间内供给大量的泥浆。另外，在泥浆材料中，特别是 CMC，由于是难溶性的材料，所以对泥浆拌制装置的要求是相当严格的。

在选择泥浆搅拌装置时，要充分掌握各种施工条件，特别要注意如下几点：①要能保证必要的泥浆性能；②搅拌效率高，能够在短时间内供给所需用量的泥浆；③便于使用且无故障；④现场无噪声，无泥泞；⑤装置小型，便于搬运和安装。

1. 高速回转式搅拌机

最为常用的是叶片搅拌机（图 10-54），通过高速回转（200～1000r/min）叶片，使泥浆产生激烈的涡流，从而把泥浆搅拌均匀。

这类搅拌机是由圆筒形的搅拌罐和搅拌叶片组成，按照搅拌罐的布置可分为单罐式和双罐并列式两种。小型搅拌机的泥浆罐容量不超过 1m³，设置在贮浆槽的上面。大型搅拌机的泥浆罐容量为 3m³ 左右。一般来说，大型和小型的搅拌机在搅拌能力上有差别，但是，为了便于操作和搅拌试验等，常使用便于移动的小型搅拌机。

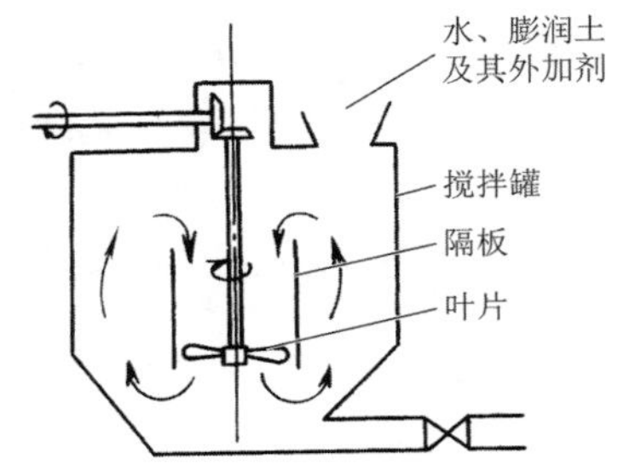

图 10-54　高速回转式搅拌机示意图

表 10-45 所示是日本各种高速回转式搅拌机的主要规格。

日本高速回转式搅拌机主要规格　　表 10-45

制造公司	型号	结构形式	搅拌罐容量（m³）	搅拌罐直径×高度（mm）	旋转速度（r/min）	电动机功率（kW）	尺寸（高×宽×长，mm）	质量（kg）
矿研式锤工业	HM-250	单罐式	0.2	700×705	600	5.5	1100×920×1250	190
	HM-500	双罐并列式	0.4×2	780×1100	500	11	1720×990×1720	570
三和机材	HM-8	双罐并列式	0.25×2	820×720	280	3.7	1250×1000×2000	400
	GSM-18	双罐并列式	0.5×2	1400×900	280	5.5×2	2400×1700×1600	900
日本钻机	MH-2	双罐并列式	0.39×2	800×910	1000	3.7	1470×950×2000	450
利根钻机	MCE-200A	单罐式	0.2	762×710	800～1000	2.2	1000×800×1250	180
	MCE-600B	单罐式	0.6	1000×1095	600	5.5	1600×990×1720	400
	MCE-2000	单罐式	2.9	1550×1425	550～650	15	2100×1550×1940	1200
东邦地下工机	MS-600	双罐并列式	0.48×2	950×900	420	7.5×2	1500×1200×2200	550
	MS-1000	双罐并列式	0.88×2	1150×1000	300	18.5×2	1850×1350×2600	850
	MS-1500	双罐并列式	1.2×2	1200×1300	300	18.5×2	2400×1350×2600	350

完全均匀地搅拌泥浆所需的时间根据搅拌机的搅拌能力、膨润土的质量以及加料的方法不同而有差异，所以原则上要根据搅拌试验的结果在现场决定搅拌时间。图 10-55 所示是高速回转式搅拌机的搅拌时间和膨润土溶解度之间关系的试验结果。膨润土溶解至 93% 时所需时间为 4min，100%溶解的时间是 9min。考虑到膨润土的溶胀，对于在使用之前可以放置较长时间的泥浆，其搅拌时间应为 7～10min。

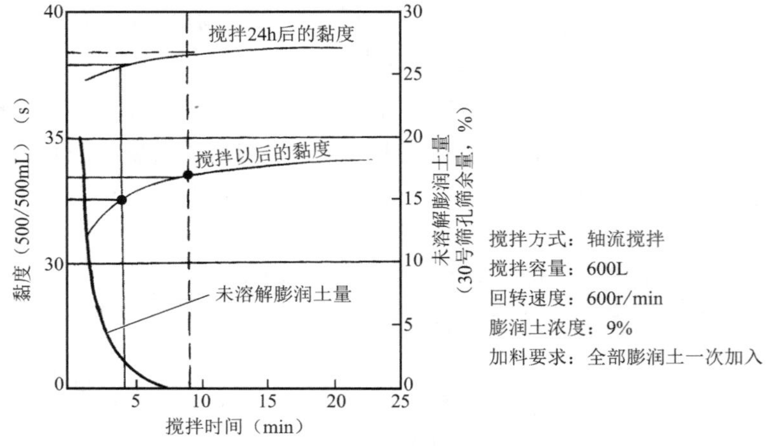

图 10-55　高速回转式搅拌机的性能

2. 喷射式搅拌机

这是一种利用喷水射流进行搅拌的搅拌机，比高速回转式搅拌机容易进行大容量的搅拌。其原理是用泵把水喷射成射流状，通过喷嘴附近的真空吸引力，把粉末供给装置中的膨润土吸出，同时通过射流进行搅拌。粉末供给装置有两种，图 10-56 所示是利用粉末的自重和由射流产生的真空吸引力进行搅拌；图 10-57 所示是从安放在地面上的粉末贮存罐中，用软管的真空吸引力把粉末送到射流喷嘴处。喷射式搅拌机按其混合搅拌的过程可分为循环式、非循环式和高速回转兼循环式三种。图 10-58 是各种混合搅拌过程的示意图。

图 10-58（*a*）所示为循环式。泥浆在达到设计浓度之前，按照图中箭头所示方向循环，同时吸入膨润土材料进行混合搅拌。这是使用得最多的一种形式。我国上海基础公司在1970 年代末期曾研制了类似的泥浆搅拌机。

图 10-58（*b*）所示为非循环式。它是根据控制压力水的流量和粉末供给装置的加料量，使之混合到一定的浓度后喷入到贮浆罐里。由于这种形式的控制比较困难，所以很少用于泥浆的搅拌，但是它在泥浆用量少的情况下，对于预先搅拌 CMC 等不易混合的材料是很方便的。

图 10-58（*c*）所示为高速回转兼循环式。它是把喷射循环式和高速回转式结合起来的一种组合形式。

表 10-46 所示为喷射式搅拌机的各项主要规格。

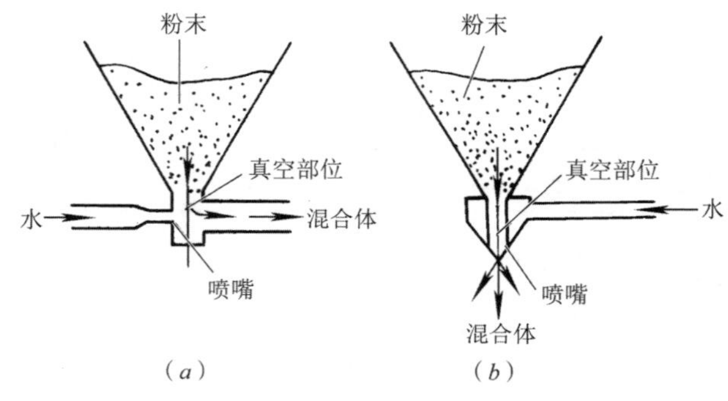

图 10-56　粉末供给装置

（*a*）水平型；（*b*）垂直型

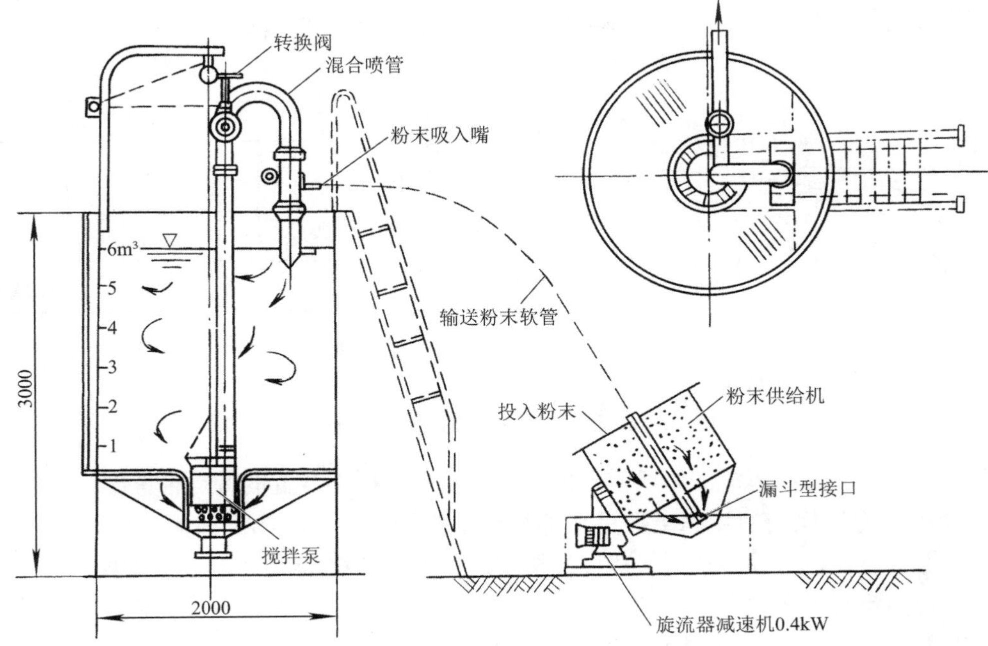

图 10-57　真空吸引式喷射搅拌机

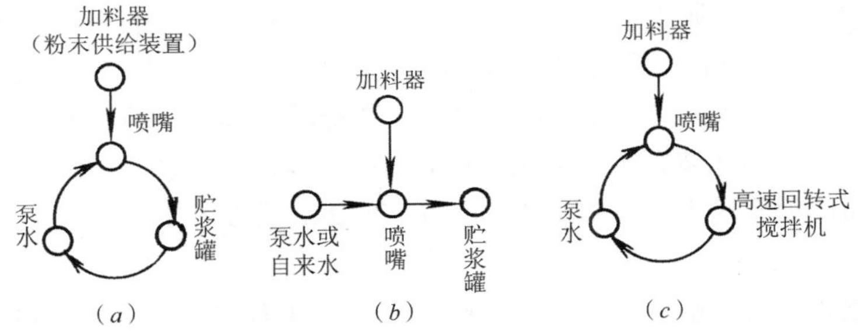

图 10-58　喷射式搅拌机混合搅拌过程示意图

（a）循环式；（b）非循环式；（c）组合式

喷射式搅拌机的主要规格　　**表 10-46**

制造公司	型号	搅拌形式	搅拌罐容量（m^3）	泵			搅拌能力（m^3/h）	备注
				口径（mm）	功率（kW）	外力（N/cm^2）		
建技研·藤田	—	循环式	1.5	—	7.5	30～40	10～20	贮浆槽 3.45m^3
	F-BEM	组合式（回转兼循环）	3.0	—	—	—	30～60	—
浜田	ILM-1	循环式（真空吸入）	6.0	100	5.5	—	8～12	膨润土浓度 6%～10%
	FM-2	循环式（真空吸入）	3.0	100	5.5	—	8～12	膨润土浓度 6%～10%

图 10-59 所示是喷射式搅拌机和高速回转式搅拌机的搅拌性能试验结果的比较。图中漏斗黏度是搅拌以后立即测得的数值。虽然图中两种膨润土浓度不同，但可以认为喷射式搅拌机较为有利。对于制备相同容量的泥浆，两者的耗电量不同。一般来说，喷射式搅拌

机较为省电，如果从搅拌效率来考虑，喷射式搅拌机较为经济。

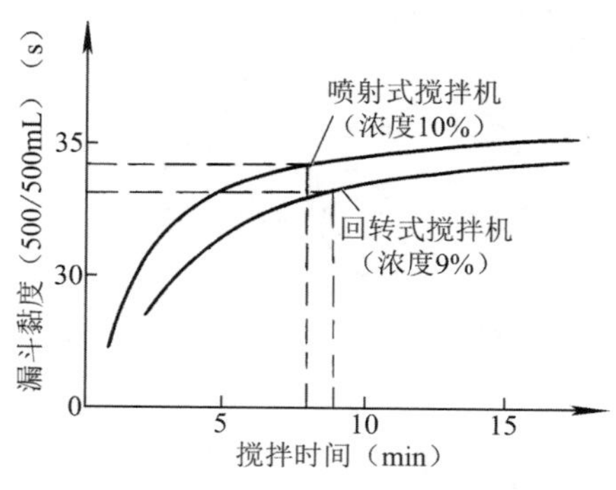

	浓度	容量	压力或回转速度	动力
喷射式	10%	1.5m^3	30N/cm^2	7.5kW
回转式	9%	0.5m^3	600 rpm	7.5kW

图 10-59　膨润土搅拌机的搅拌性能比较

对于膨润土完全溶解成泥浆所需要的时间，应根据搅拌装置的特点来考虑。虽然对喷射式搅拌机定为把规定的膨润土数量全部从粉末供给装置中吸出的时间为溶解泥浆的时间，但在原则上，也应和高速回转式搅拌机一样，根据搅拌试验的结果作出决定。

阿根廷的雅绥雷塔水利枢纽的防渗墙工程中，采用了喷射（文德利）泥浆搅拌机，每小时生产能力 50m^3，每日消耗泥浆 1000 多立方米。

3. 高速循环泥浆搅拌机

意大利产 BE-10 型泥浆搅拌机就是采用高速循环原理来制作泥浆的。这是一台长 2.05m、宽 1.7m 和高 1.5m、质量约 790kg 的可移动小型泥浆搅拌机，容量为 1.0m^3，5～6min 搅一桶浆，每小时可生产 10～12m^3 泥浆。电动机的功率为 8kW。

BE-10 是利用一台泥浆泵不断地从搅拌筒内抽出并送回泥浆，以使筒内泥浆得到充分的搅拌。搅拌后的泥浆送入贮浆罐（池）静置 12～24h 后方可使用。一台 BE-10 足够一台液压抓斗用浆。

当泥浆用量很大时，可考虑设立一个集中制浆站。其制备设备放在 20ft 长的集装箱内，安装拆卸和运输均很方便。

4. 锤片式泥浆搅拌机

这是一种用于连续破碎和搅拌黏土（块）的泥浆搅浆机（图 10-60）。其是由北京市京水建设集团公司于 1976 年研制和使用的。与原来的卧式 2m^3 泥浆搅拌机相比，具有以下优点：

（1）设备布置紧凑，占地面积小。

（2）安装简单，操作方便，维修费用少。

（3）可形成连续流水作业，连续出浆。

（4）机械化程度高，劳动力少。

（5）泥浆质量好，容易调整控制。

泥浆的生产流程如下：

用推土机（或人工）将土料推入进料斗，经由料斗底部的螺旋给料机和皮带机，送入 1 号机内，同时由水箱通过软管向 1 号机内送水，进行第一级破碎搅拌。由 1 号机出来的泥浆，经过管路进入 2 号机进行第二级搅拌后，再送入 3 号机内。3 号机的机壳适当加大，两侧布置循环水路，加长破碎搅拌时间，因而能起到调节泥浆性能的作用。自 3 号机流出的泥浆用泵（或以自流方式）送入泥浆池内。主要技术指标见表 10-47。

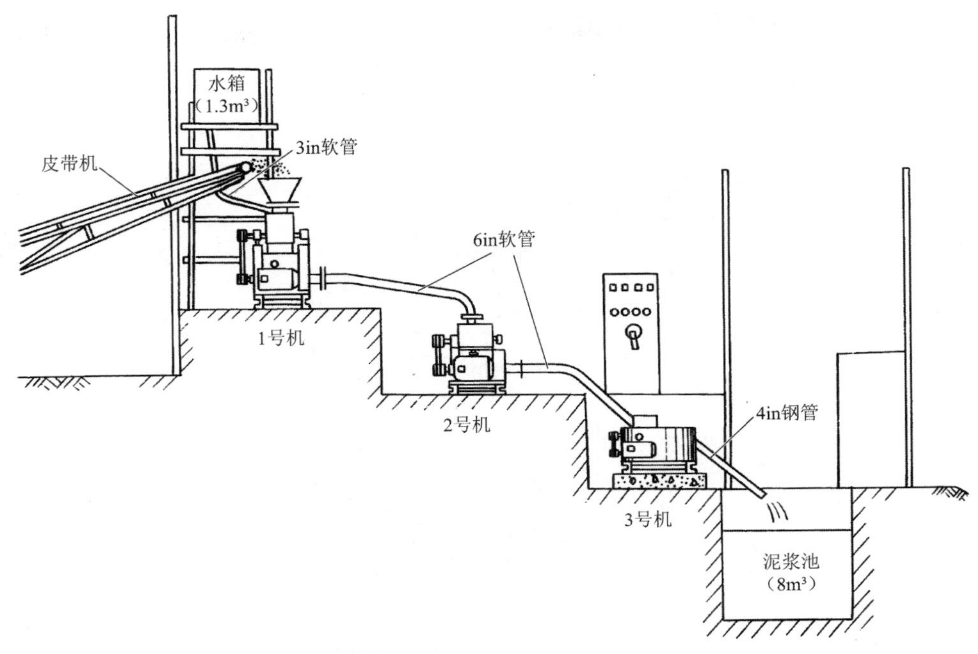

图 10-60　锤片式泥浆搅拌机工作流程

锤片式泥浆搅拌机的主要技术特性　　表 10-47

搅拌机编号	电动机功率（kW）	搅拌机转速（r/min）	锤片规格（长×宽×厚，mm）	筛网尺寸（孔径×间距，mm）
1 号机	30	1600	210×70×10	20×20
2 号机	30	1600	210×40×8	6×6
3 号机	13	1600～1800	250×4×8	1×1

为了便于制浆，冬期施工时应在冰冻期前多备一些土料，堆成大堆，尽量减少冻块。雨期施工时，也应把土料堆成大堆，做好防雨及排水工作，避免土料浸水后结成大块或粘在皮带上。

在连续搅拌泥浆的流水线上设置三级搅拌机，每台机都由底座、机壳、转轴和锤片以及筛网组成。转轴上固定有 3～6 个圆盘，周边有孔，用以吊挂锤片，具体数据见表 10-47。

经实际工程检测，流水线泥浆的生产效率为 12～15m³/h，最高可达 20m³/h，可满足 10～14 台冲击钻机正常钻进需要，并且比卧式搅拌机效率高，设备少，维修费用低（表 10-48）。

新、旧制浆系统技术特性比较表　　表 10-48

制浆系统	搅拌机台数	使用总功率（kW）	使用人数		基建面积（m²）	可供浆的钻机台数	月维修费（元）
			技工	民工			
锤片式搅拌机制浆系统	3	85.5	10	24	300	12	1000
卧式搅拌机制浆系统	12	160.0	2	120	800	7	4000

5. 简易泥浆搅拌池

有些工程就地取材，在施工现场用砖石和混凝土建成容积较大的立式或水平的池子，在其中安装功率强大的搅拌机，可以搅拌膨润土粉或者块状黏土，生产效率还是比较高的。图 10-61 所示就是其中一种，每 50min 可搅出泥浆 $15m^3$。

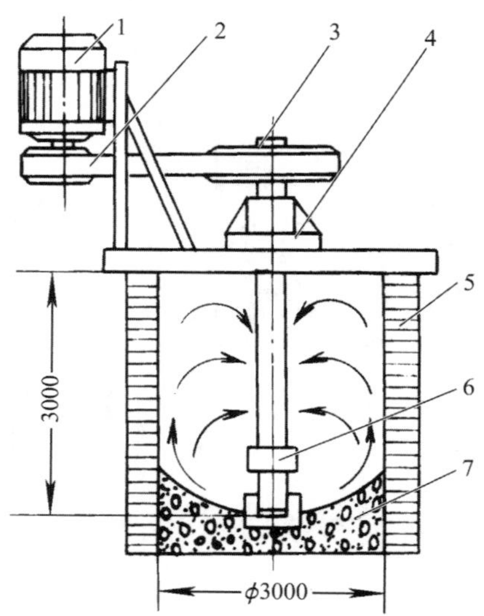

图 10-61 $15m^3$ 立式泥浆搅拌装置

1—电机；2—皮带；3—皮带轮；4—主轴座；5—砖砌筒体；6—搅拌立轴；7—混凝土底

10.8.2 制浆方法

泥浆的搅拌方法对膨润土的溶胀（膨润）程度影响很大。假如搅拌得不够充分，则对泥浆的黏度及失水量都会产生很大的影响，因此充分的搅拌对膨润土的溶胀程度是非常重要的。表 10-49 所示是日本、美国和我国膨润土泥浆的溶胀特性的对比（并非全部）。

膨润土泥浆的溶胀特性 **表 10-49**

	日本由形县	日本群马县	美国迈阿密	中国安丘
最低浓度	8	10	6	8
经过 0h	60	63	52	65
经过 1h	71	89	68	—
经过 3h	77	90	74	81
经过 5h	79	93	78	—
经过 1d	85	100	89	100
经过 3d	91	100	97	—
经过 7d	100	100	100	—

一般新鲜泥浆的搅拌时间可控制在 5～10min 之间，当加入难溶于水的外加剂或冬期施工时，应取较长的时间。

一般情况下，膨润土与水混合之后 3h 就有很大的溶胀。经过 1d 的时间之后，可以达到完全的溶胀。

膨润土比较难溶于水，但是如果搅拌机的搅拌叶回转速度在 200r/min 以上，则不管加料方法如何，都能使膨润土溶解在水中。

CMC 是很难溶解的一种物质，所以它的溶解方法是一个需要认真解决的问题。要使 CMC

溶解，可以在泥浆搅拌过程中，慢慢地、一点一点地往泥浆中掺加 CMC 粉末，这对增加泥浆黏度是最有效的方法。若一次过多地掺入 CMC，就容易形成不易溶解的泥团状物体，不能发挥外加剂的作用。若事先用清水溶解 CMC 成 1%～3%的溶液，然后再掺入泥浆里，就会很容易地混合起来。另外，为了提高 CMC 的溶解效率，最有效的搅拌方法是用喷射式搅拌机，一边自动地、一点一点地吸引 CMC 粉末，一边进行喷水射流搅拌。它不需要事先溶解 CMC。

在施工现场使用回转式搅拌机时，应备有一般形式的喷射式搅拌机（图 10-62），以便用作预拌 CMC。由于其他调节剂或外加剂都比 CMC 容易溶解于水，所以只要能够充分搅拌膨润土泥浆，即可一次投放到泥浆中进行搅拌混合。

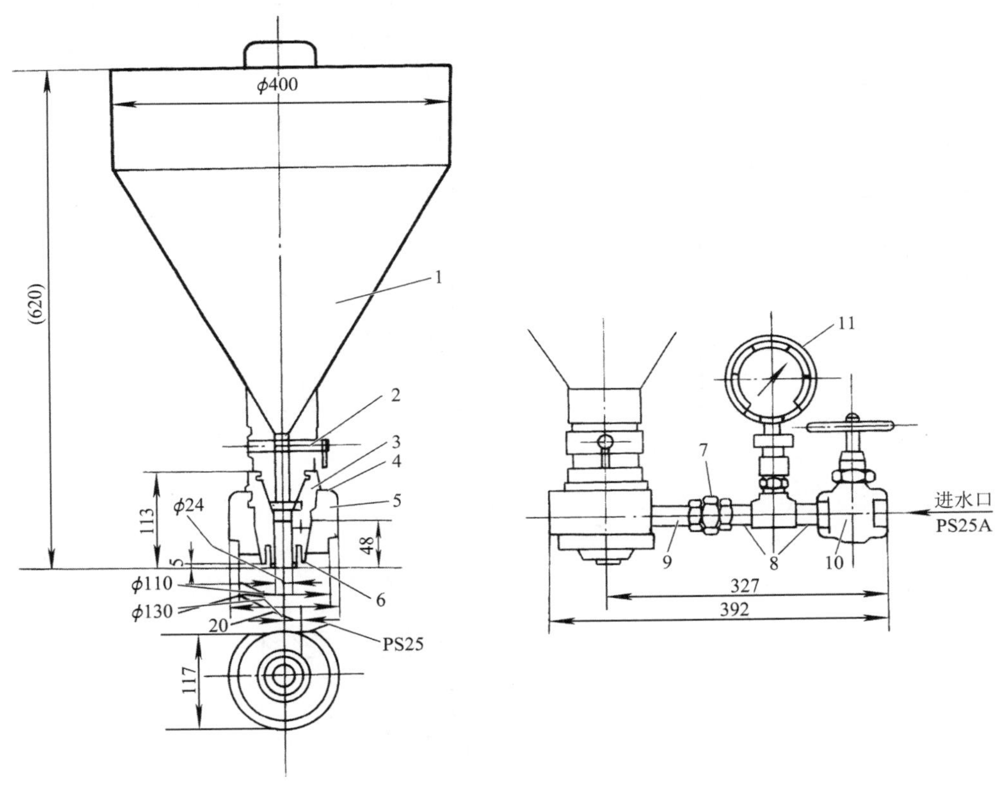

图 10-62　喷射式搅拌机

1—送料漏斗；2—闭锁装置；3—喷嘴本体；4—O 形圈；5—罩壳；6—切口；7—管接头；8—短螺纹接头；9—长螺纹接头；10—截流阀；11—压力表（$50N/cm^2$）

10. 8. 3　制浆顺序

一般制备泥浆时的添加顺序为：①水；②膨润土；③CMC；④分散剂；⑤其他外加剂。由于 CMC 溶液可能会妨碍膨润土的溶胀（膨润），所以要在膨润土之后放入。

10. 8. 4　泥浆的贮存

为了发挥泥浆的功能，最好在泥浆充分水化膨润之后再使用。在一般情况下，是用泥浆沉淀池使挖槽过程中混入泥浆里的土渣沉淀，同时该池又作为新鲜泥浆的贮浆池使用。但是这种方法在泥浆循环速度快的情况下，泥浆就会得不到充分的水化膨润时间。考虑到发生漏浆等事故时，会紧急需要大量的泥浆，所以最好尽量设置新鲜泥浆的专用贮浆池。

根据膨润土的膨润特性，泥浆在贮浆池内最少要贮存 12h 以上，最好 24h。

一般贮存泥浆采用钢制贮浆罐。若在地下挖坑作为贮浆池使用，必须注意防止地面水流入池内。

我们通常在工地上设置三种贮浆罐（池）：①新鲜泥浆池（刚搅完尚不能使用）；②待用泥浆池（罐），即可马上使用的，也叫工作池；③回收泥浆池。

图 10-63 所示是某工程的泥浆站布置图。图 10-64 所示则是某泥浆搅拌站的透视图。图 10-65 所示则是一种自制泥浆搅拌设备图。

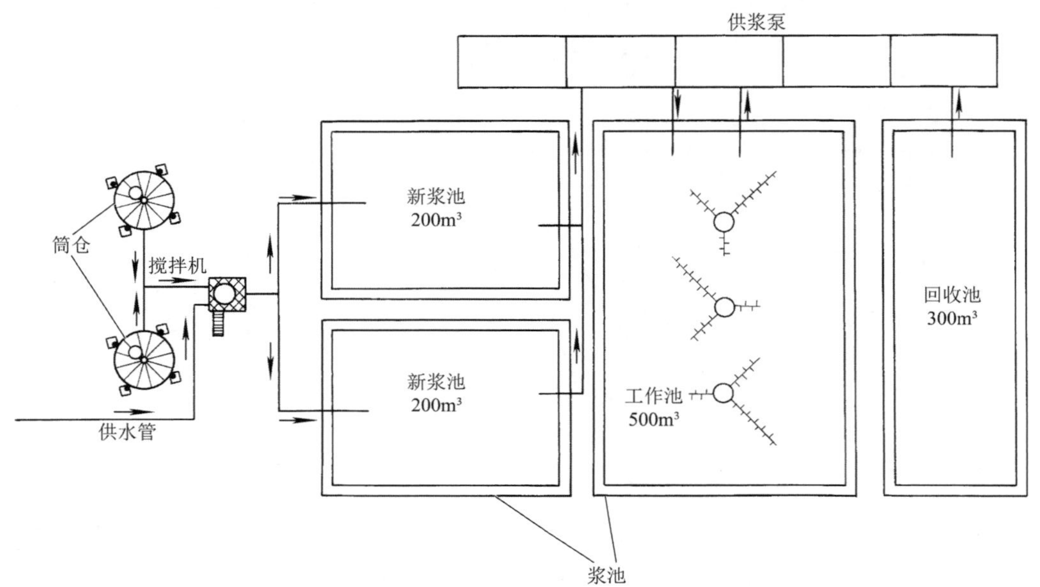

图 10-63 泥浆站布置图

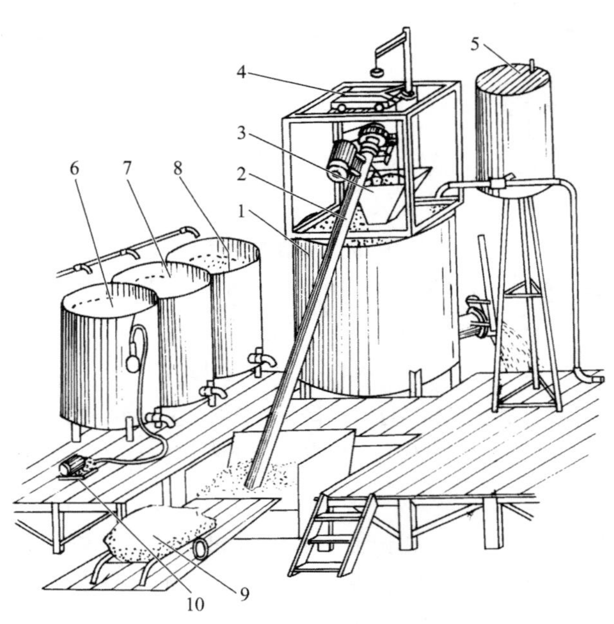

图 10-64 泥浆拌合系统

1—泥浆拌合机；2—螺旋输送器；3—称料斗；4—电控量秤；5—水箱；6—硝基腐殖酸钠桶；7—CMC 贮液桶；8—纯碱贮液桶；9—手提拌合器；10—陶土粉

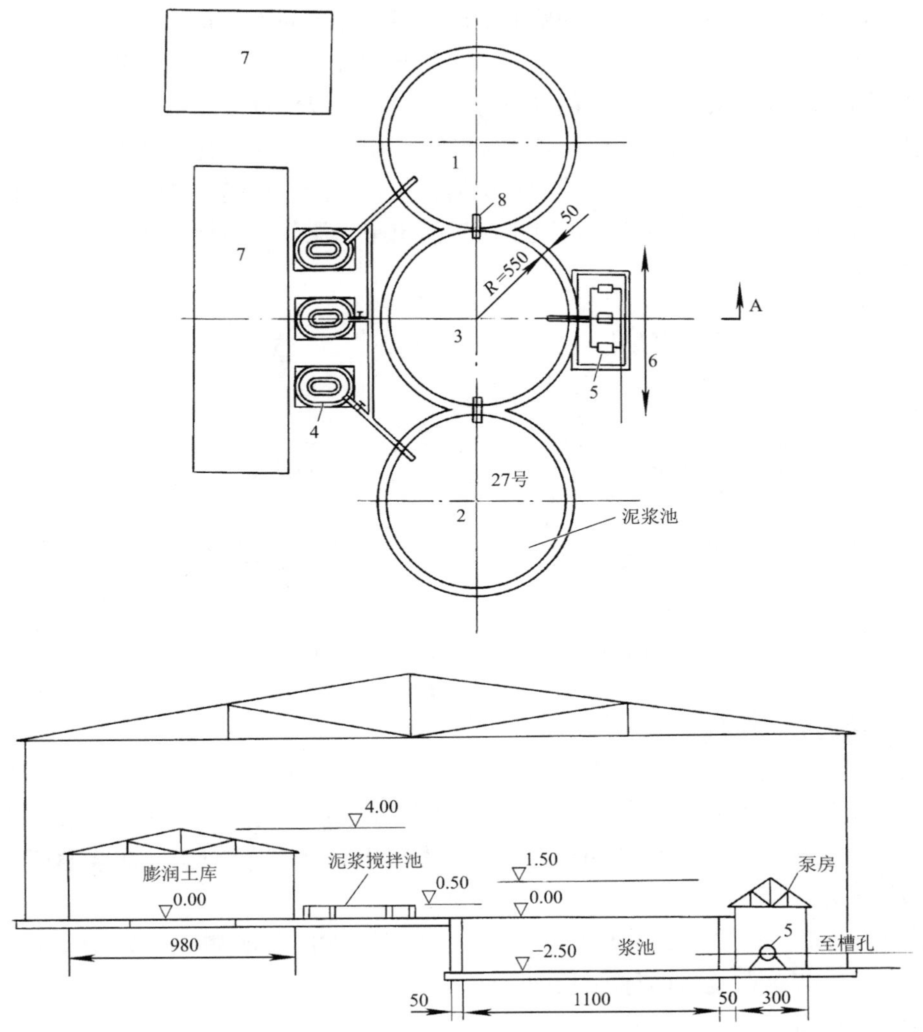

图 10-65 泥浆搅拌站（单位：高程，m；尺寸，cm）

1、2—贮浆池；3—供浆池；4—2m³ 泥浆搅拌池（3 个）；5—泥浆泵；6—ϕ150 输浆管；7—膨润土库；8—连通管

10.9 泥浆的净化和再生

10.9.1 泥浆性能变坏的原因

（1）挖槽（孔）过程中，泥浆中的膨润土和化学外加剂的一部分渗入地层内部或在孔壁形成泥皮，由此造成了泥浆配比成分的改变。

（2）地层中的黏土和砂子等细小颗粒混入泥浆中，改变了泥浆的配比和性能；而且，更为重要的是，这些土体颗粒和地下水中的阳离子混入泥浆，改变了原来泥浆中的电解质平衡。

（3）浇注混凝土过程中，水泥中的钙离子混入泥浆中以后，会显著（有时是急剧）地改变泥浆性能。

（4）雨水或地下水混入泥浆，使其稀释。

泥浆的劣化程度取决于挖槽方式（循环或不循环）、地基条件和混凝土浇注方法等施工条件。为此，需要针对泥浆劣化程度，决定废弃或者再生利用。

在制订使用泥浆的计划时，由于制备泥浆的费用较高，而且考虑到防止公害和不影响交通，泥浆的舍弃颇受限制，所以最好进行再生处理，以便重复使用。

再生处理的工序因挖槽方法而异：用泥浆循环挖槽方法时，是以处理含有大量土渣的泥浆和浇注混凝土所置换出来的泥浆为对象的；用直接出渣挖槽方法时，无需在挖槽过程中进行泥浆处理，而只需处理浇注混凝土所置换出来的泥浆。两种挖槽方法的再生处理工序如图 10-66 所示。

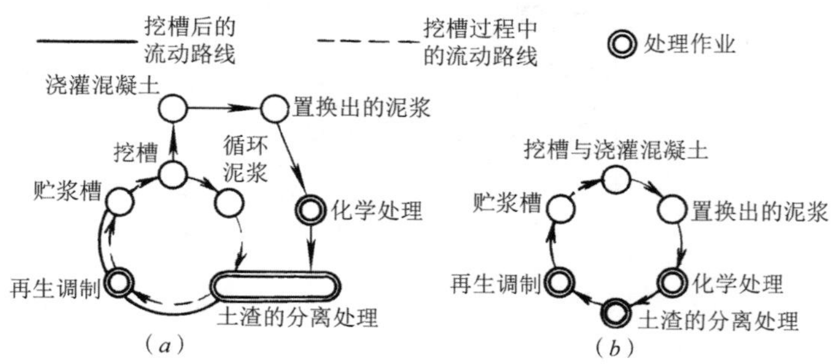

图 10-66 泥浆再生处理工序示意图

(*a*) 循环方式；(*b*) 静止方式

10.9.2 土渣的分离处理

泥浆中混入大量土渣时，容易出现下述弊病：①由于泥浆中混入土渣，所形成的泥皮厚而弱，槽壁的稳定性降低；②难以浇注良好的混凝土；③沉淀于槽底的沉渣增多，不能形成地下墙的良好基底；④泥浆的黏度增大，循环困难；⑤泵和管道等泥浆循环装置和部件的磨损增大。

分离土渣一般采用重力沉降处理和机械处理两种方法。不论哪一种方法，如单独使用其效率都低，所以最好是将两种方法组合使用。

1. 重力沉降处理

它是利用泥浆和土渣的相对密度差使土渣沉淀的方法。沉淀池的规模是容积愈大或停留时间愈长，沉淀分离的效果就愈显著。所以，只要现场条件（工程性质、面积、环境）允许，最好采用大沉淀池。一般为一个单元槽段的挖土量的 1.5～2.0 倍。但考虑到沉淀会减少有效容积，因而最少要设置容积为挖土量 2 倍以上的沉淀池。

沉淀池设在地上或地下均可。但要考虑循环、再生、舍弃、移动等工艺要求，结合现场条件进行合理配置。

2. 机械处理

目前，机械处理的方法通常是使用振动筛和旋流器。

1）振动筛

振动筛法是用振动筛来分离土渣和泥浆的。由所用的筛孔大小来决定可分离土渣的粒径，筛孔愈小，可分离的比率愈高，但效率愈低，所以一般用以除去 20 目（0.77mm）以上的砂或黏土块。

使用振动筛是再生处理的第一道工序，除去对旋流器有害的砾石等是使用这种设备的目的之一。根据现场实践经验，振动筛对各种土质的分离性能见表 10-50。

振动筛对各种土质的分离性能（反循环挖槽）　表 10-50

土的名称	泥浆中土渣的分离率（%）	土的名称	泥浆中土渣的分离率（%）
砂石	100	粉土	70～80
砂	30～15	粉土质黏土	80～90
砂质黏土	50～70	黏土	85～95

表 10-51 所示为通常所使用的振动筛的主要规格，外形见图 10-67。

振动筛的主要规格　表 10-51

型号	处理能力（m^3/min）	振动数（r/min）	筛子	尺寸（长×宽×高，mm）	动力
利根钻机 LWM—6	2.0	950	二段式 上段 10 目 下段 20 目	3000×2130×2360	5.5kW
利根钻机 1WM-8S	5.0	900	二段式 上段ϕ2mm×3mm×10mm（孔） 下段ϕ1mm×1.5mm（孔）	3150×2200×3050	11kW
TB-1	4.0	950	二段式 上段 10（14）（孔） 下段 20（24）（孔）	—	—

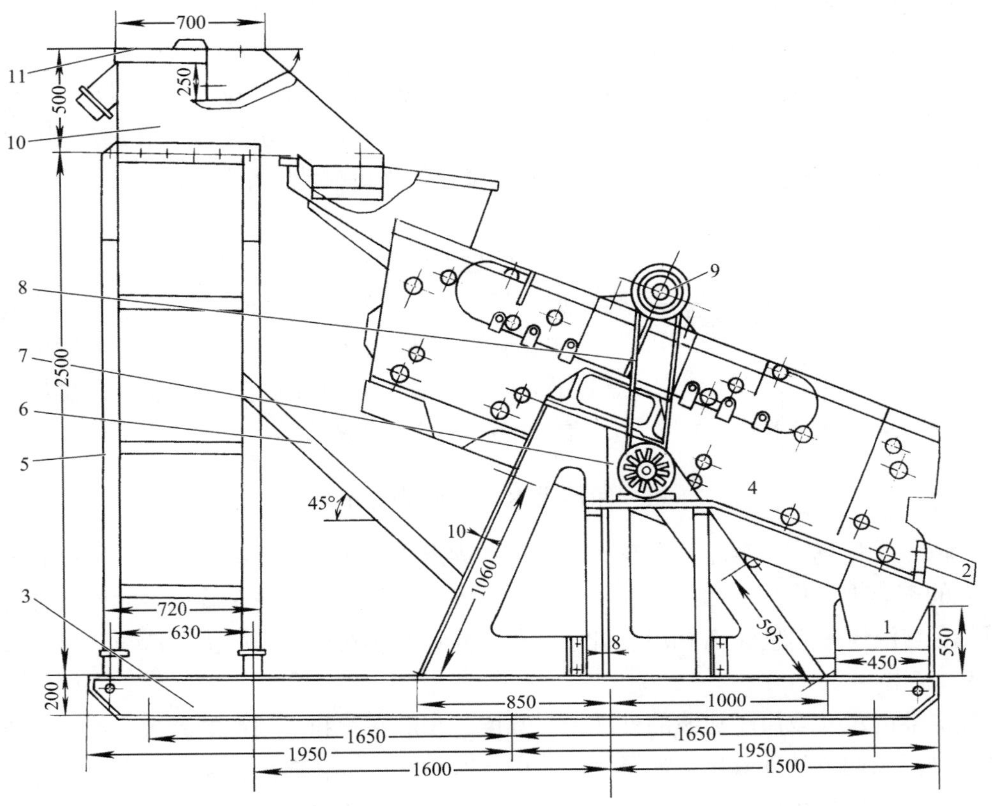

图 10-67　振动筛

1—流浆槽；2—出料口；3—底座；4—振动筛；5—支架；6—斜撑；7—电动机；8—三角皮带；9—振动器；10—消动箱；11—箱盖

表 10-52 所示的是意大利制造的配合液斗抓斗挖槽使用的小型除砂器主要指标，其上设有振动筛和小型旋流器。

BE-50 除砂器主要指标表 表 10-52

项目	单位	数量	说明
进浆量	m^3/h	50	
出浆量	m^3/h	12.5～37.5	
振动电机功率	HP	2×1	共 2 台
泵电机功率	HP	20	
泵压力	Pa	（1.5～2）×10^5	
外形尺寸（宽）	mm	1800	
外形尺寸（长）	mm	2300	
外形尺寸（高）	mm	2350	
质量	kg	4320	

振动筛是通过强力振动将土渣与泥浆分离的设备。其形式有两种：一种是双层单轴圆振动倾斜筛，筛网倾斜度一般为 15°～20°，这种形式适用于大块状土渣；另一种是双层双轴单向振动倾斜筛，筛网倾斜度一般为 5°，上下振动，振幅较小。

2）旋流器

经过振动筛除去较大土渣的泥浆，尚带有一定数量的细小砂粒。旋流器是使泥浆产生旋流，使砂粒在离心力作用下集聚在旋流器内壁，再依靠自重作用下沉排渣。给浆压力一般控制在 25～35N/cm^2。

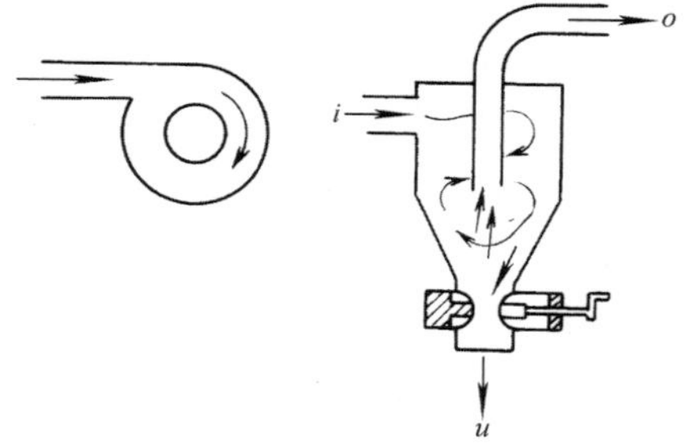

图 10-68 旋流器的构造

处理泥浆所使用的旋流器的构造如图 10-68 所示。由入口（i）送入液体和固态物的混合液，混合液在旋流器内高速旋转，受离心力作用，按图中箭头所示方向分为溢流（o）及底流（u）流出。旋流所产生的离心力F用下式表示：

$$F = \text{角速度} \times 2 \times \text{质量} \times \text{半径}$$

所以，质量越大，离心力就越大。液体和固态物相比，固态物质量大，所以固态物受到较大的离心力的作用。因此，粒径和相对密度大的固态物趋向于旋流器的外壁进行旋转并下降，与液体一起呈底流（u）流出。另外，粒径和相对密度小的固态特与液体一起呈溢流（o）流出。

旋流器的尺寸取决于泥浆的处理量、黏度、相对密度和土颗粒的混入率等，可通过调节底流阀门来调节处理效果。如果在泥浆中含有粗粒土，会损伤旋流器的内壁并使阀门堵塞，所以必须事先用振动筛或沉淀池除去粗粒土。一般使用的旋流器的规格见表 10-53。

图 10-69 所示是意大利一家公司生产的包括有旋流器和振动筛的泥浆净化机示意图，每小时可处理 200～300m^3 的泥浆。经旋流器处理后的泥浆中颗粒粒径小于 0.025mm。

日本“三菱”旋流器的规格 **表 10-53**

型号	MD-6	MD-9
圆筒内径（mm）	150	230
供液连接管管径（mm）	75	100
溢流连接管管径（mm）	75	100
概略处理量（m^3/min）	0.07～0.62	0.19～1.44
入口口径（mm）	36×48，24×48，12×48，12×24	50×80，36×80，23×80，10×80
溢流管口径（mm）	50，30，20	76，58，30
底流管口径（mm）	44，32，20	66，48，30

注：旋流器的大小，一般用容器圆筒内径来表示。

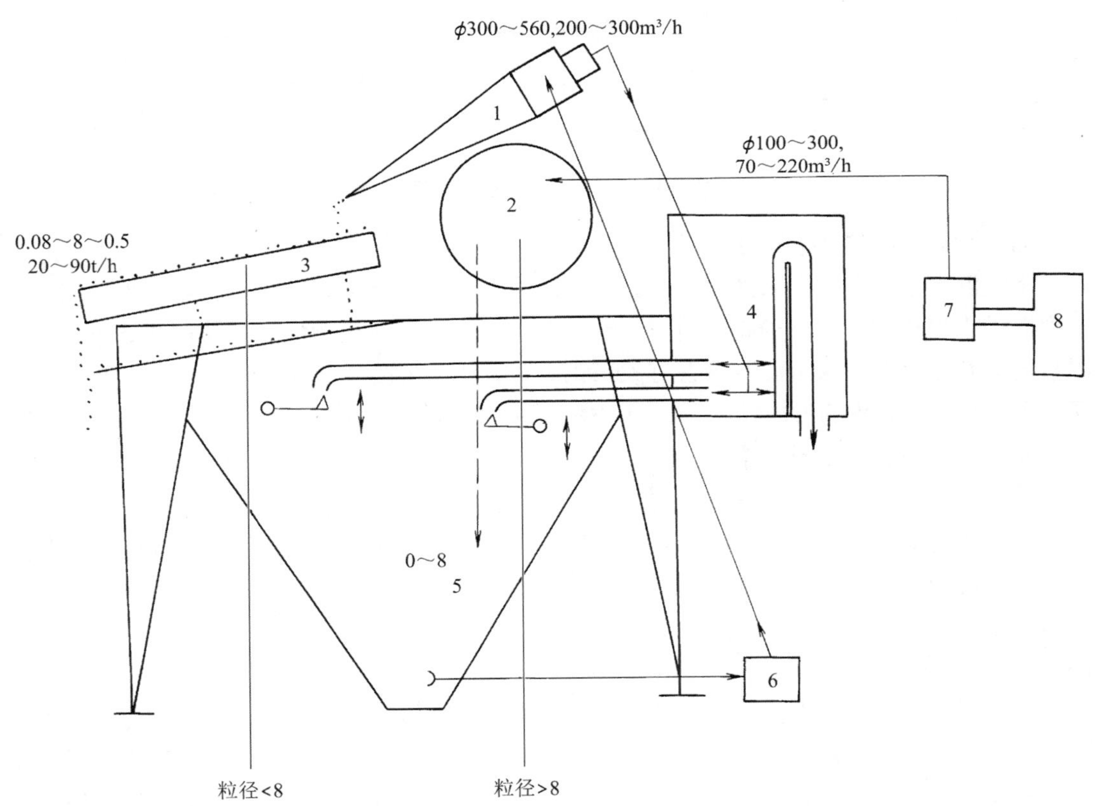

图 10-69 泥浆处理机

1—旋流除砂器；2—旋转筛；3—振动筛；4—水位平衡箱；5—泥浆处理箱；6、7—砂浆泵；8—连续墙槽

在多数情况下（特别是不用抓斗挖槽时），工地上需要净化的泥浆数量是很大的，往往要把上述几种办法搭配应用，才能取得较好的效果。如图 10-70 所示就是某个大型防渗墙工地上的泥浆系统布置图，它把重力沉淀池、振动筛和旋流器合理搭配，可使泥浆的回收利用率达到 70%以上。如图 10-71 所示则是在城市闹市区施工时，泥浆的回收、净化和脱水处理过程图，这样可以减少泥浆对环境的污染和外运工作量。

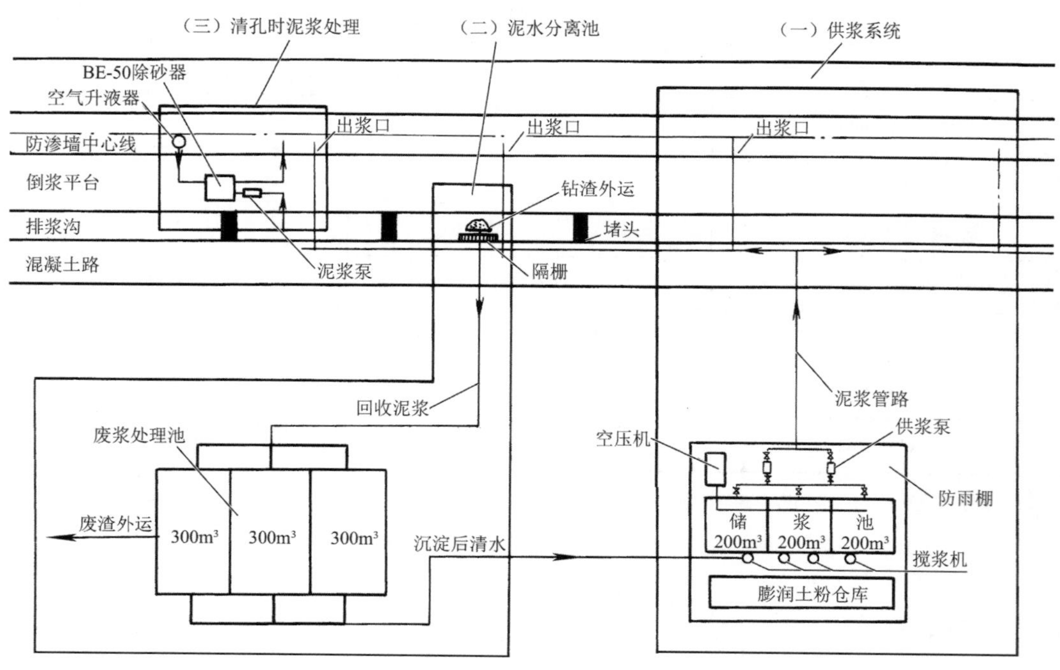

图 10-70 泥浆供应及回收系统

10.9.3 污染泥浆的化学再生处理

浇注混凝土所置换出来的泥浆，因有土渣的混入和混凝土相接触而恶化。当膨润土泥浆中混进阳离子时，阳离子就吸附于膨润土颗粒的表面上，土颗粒就容易相互凝集，增强泥浆的凝胶化倾向。在水泥浆中含有大量钙离子，浇注混凝土会使泥浆产生凝胶化，易出现如下弊病：①泥皮的形成性减弱，因而槽壁的稳定性减弱；②黏度增高，土渣分离困难；③在泵和管道内的流动阻力增大。

要再生上述恶化泥浆，一般使用分散剂。

对浇注混凝土所置换出来的泥浆，在进行化学处理之前，先进行上节所述的土渣分离处理后，再调制重复使用。槽孔混凝土顶面以上 1.5～2.0m 内的泥浆劣化严重，通常直接倒掉。

10.9.4 泥浆的再生调制

用泥浆试验方法，检验经过物理或化学再生处理之后的泥浆质量，决定补充材料的种类和掺入量，进行泥浆的再生调制。决定补充材料的种类和掺入量时，参考后面的泥浆质量控制标准。再生调制后的泥浆送入贮浆池，待新掺入的材料与泥浆完全溶合后再使用。

为了使泥浆能适应多种情况和提高工作效能，可在泥浆中加入掺合物（表 10-54），用以调整其性能。

泥浆的性能调整 **表 10-54**

目的	条件	方法	其他性质的变化
增大黏度	—	添加膨润土或掺入 CMC（增黏剂）	失水量减少，稳定性增大
减小黏度	—	加水	失水量增大，相对密度减小

续表

目的	条件	方法	其他性质的变化
增大相对密度	不宜增大黏度的情况下	与重晶石一起加入磷酸钠溶液或丹宁溶液	稳定性减小
减小相对密度	—	加水	黏度减小，失水量增大，稳定性减小
	不影响黏度的情况下	添加膨润土或掺入 CMC	黏度增大，稳定性增大
减少失水量	不宜增大黏度的情况下	与重晶石一起加入磷酸钠溶液或丹宁溶液	稳定性增大
增大稳定性	—	加膨润土或 CMC	黏度增大，失水量减少

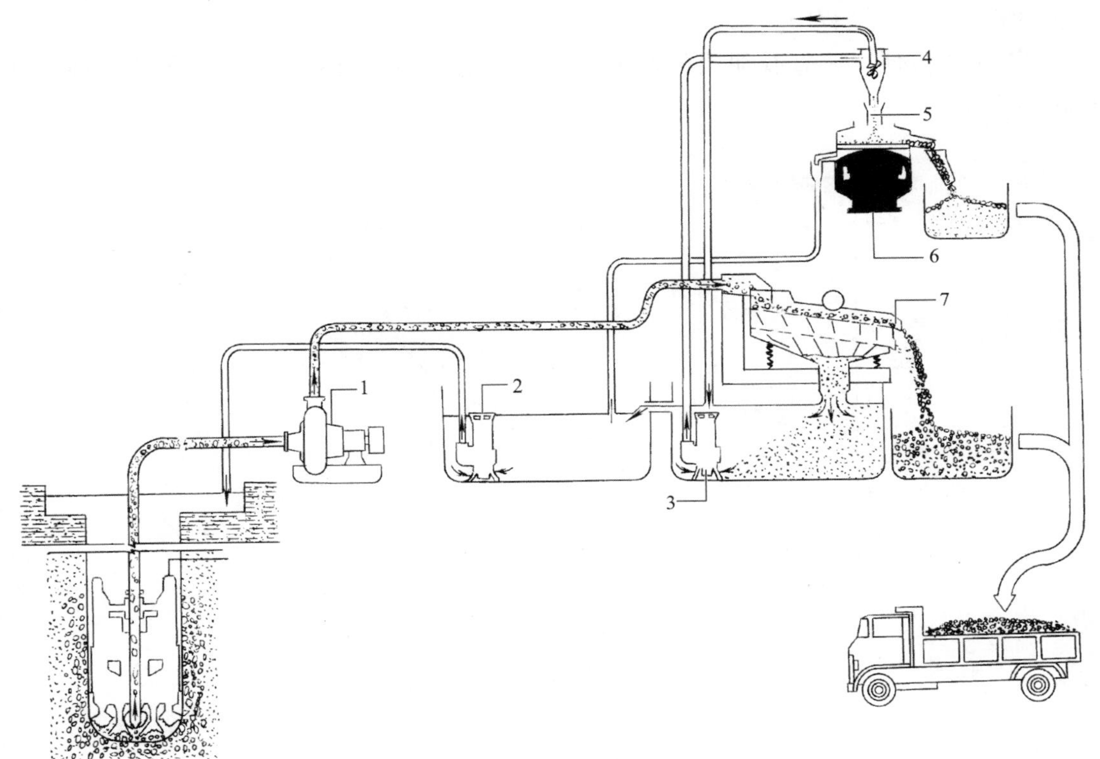

图 10-71　泥浆回收和净化

1—吸渣泵；2—回流泵；3—旋流器供给泵；4—旋流器；5—排流管；6—脱水机；7—振动筛

10.10　本章小结

本章比较详细地阐述了工程泥浆的基本原理、性能变化和调整、质量控制等方面的内容。这里特别强调以下几点：

1）黏土泥浆和膨润土泥浆是有区别的。

（1）黏土泥浆是靠重力来维持槽孔稳定的，它对外加剂的反应不敏感，有时甚至不加纯碱，黏土泥浆也能使用。

（2）膨润土泥浆则主要依靠化学力（还有重力）来维持槽孔稳定。这种泥浆必须加入外加剂，调节和改善其性能，才能具有良好的使用性能。

2）黏土泥浆可在搅拌完成后立即放入槽孔内使用，有时可直接将黏土块倒入槽孔内，经过钻机和抓斗搅动后，也能达到护壁作用。

3）膨润土泥浆在搅拌完成后不能立即放入槽孔内使用，它必须通过静置一段时间（通常 24h），待完全水化膨胀后才能发挥作用。此点是必须切记的。

4）纯碱（Na_2CO_3）是最好的分散剂，也是最经济的无机分散剂，在工程泥浆中少用氢氧化钠（NaOH）。

5）工程泥浆在浇注水下混凝土过程中，易被流动混凝土中的钙离子（Ca^{2+}）污染，使泥浆性能劣化，使用次数不宜超过 3～4 次。

6）超泥浆具有很高的抗海水污染特性，特别适用于对环境保护要求高的大江大河和滨海的桥梁及基础工程中。

7）为了方便大家查找泥浆的换算关系，特把主编总结的泥浆黏度关系曲线附后（图 10-72）。

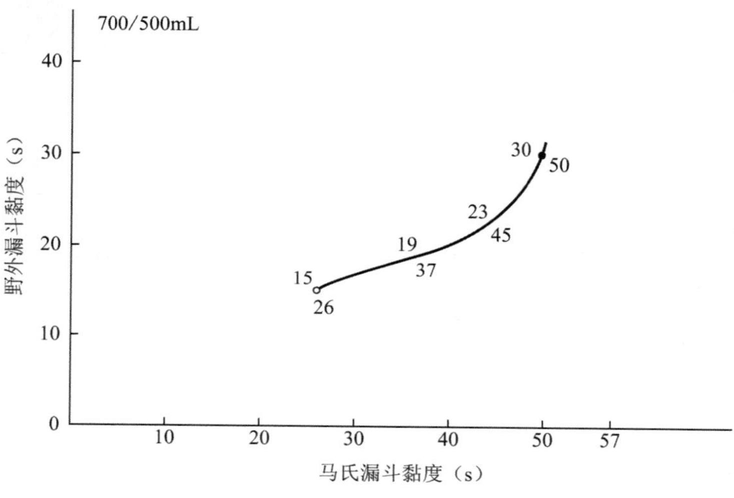

图 10-72　泥浆黏土关系曲线

第 11 章　深基坑降水

11.1　概述

首先要说明的是，本章仍然遵循这样一个原则，也就是本书所叙述的内容都是围绕着如何进行深基坑渗流分析和计算、防渗体设计和施工的原则来编写的。因此，在本章中，并不是把有关降水的内容全部提到，而是围绕着如何保持基坑中渗流稳定和施工顺利及安全来进行的，重点在于承压水的降水设计问题。

11.1.1　降水的作用

（1）截住基坑底部和坡面上的渗水。

（2）增加基坑侧壁和底部的稳定性，防止基坑渗流的渗透破坏。

（3）减少基坑的水平和垂直荷载，减少支护结构上的作用力。

（4）降低基坑内部土体（特别是淤泥和液泥质土）的含水量，提高内部土体开发过程的稳定性。

（5）防止基坑底部地基中渗流管涌、流土和隆起，防止承压水突涌。

以上是降水对深基坑工程的有利作用。但必须指出，降水对邻近环境会有不良影响，主要是随着地下水位的降低，在水位下降的范围内，土体的重度从浮重度增大至接近饱和重度。这样在降水水位影响范围内的地面，包括建（构）筑物就会产生附加沉降。

11.1.2　基坑渗水量估算

当工程规模不大，在中等水头情况下，可按表 11-1 和表 11-2 估算渗入基坑的水量。

渗水量工程经验值　　表 11-1

名称	渗水量[m³/(m²·h)]	名称	渗水量[m³/(m²·h)]
粉砂	0.04	粗砂	0.30～3.0
细砂	0.16	有裂隙岩石	0.15～0.25
中砂	0.24		

给水度经验值　　表 11-2

岩石	给水度	岩石	给水度
粉砂与黏土	0.10～0.15	粗砂及砾石砂	0.25～0.35
细砂与泥质砂	0.15～0.20	黏土胶结的砂岩	0.02～0.03
中砂	0.20～0.25	裂隙灰岩	0.008～0.1

11.1.3　降排水方法与适用范围

基坑的降排水包括降水和排水两方面内容。

排水是指基坑内的明沟排水，主要适用于以下情况：

（1）排除上层滞水。

（2）开挖过程中，开挖底面上的渗水或外部流入坑内的水。

降水是指土体内部的排水。根据地基土体性质（黏土、砂土）、渗透系数和基坑渗流水头等情况，分别选用轻型井点降水、管井降水、电渗以及渗井降水等方法。

降水方案一般适用于以下情况与条件：

（1）地下水位较浅的砂石类或粉土类土层。对于弱透水性的黏性土层，除非工程有特殊需要，一般无需降水，也难以降水。

（2）周围环境容许地面有一定的沉降。

（3）止水帷幕密闭，坑内降水时坑外水位下降不大。

（4）基坑开挖深度与抽水量均不大，或基坑施工工期很短。

（5）采用有效措施，足以使邻近地面沉降控制在容许值以内。

（6）具有地区性的成熟经验，证明降水对周围环境不产生大的不良影响。

常用降水方法和适用范围，见表 11-3。

常用降水方法和适用范围 **表 11-3**

适用范围 降水方法	适用地层	渗透系数（cm/s）	降水深度（m）
集水明排	含薄层粉砂的粉质黏土，黏质粉土，砂质粉土，粉细砂	1×10^{-7}～2×10^{-4}	＜5
轻型井点及多级轻型井点	同上	1×10^{-7}～2×10^{-4}	＜6，6～10
喷射井点	同上	1×10^{-7}～2×10^{-4}	8～20
电渗井点	黏土，淤泥质黏土，粉质黏土	＜1×10^{-7}	根据选定的井点确定
管井（深井）	含薄层粉砂的粉质黏土，黏质粉土，砂质粉土，粉土，粉细砂	＞1×10^{-6}	＞10
砂（砾）渗井	含薄层粉砂的粉质黏土，黏质粉土，砂质粉土，粉土，粉细砂	＞5×10^{-7}	根据下卧导水层的性质确定

11.1.4 事故停止抽水的核算

当水泵失去动力（失电）以后，地下水特别是承压水会很快恢复，水位上升后会对坑底地基土或已浇注的混凝土底板产生浮托作用，造成基坑底部不稳定。

水位恢复速度与地层渗透系数和水位降落幅度有密切关系，应当事先对此进行必要的核算。有的基坑水泵停电 30min 就造成承压水突涌。

当井的滤水管被堵塞、水泵无法抽水时，也会出现上述情况。在设计滤水管和砾料时，应当注意防止堵塞。

11.1.5 施工降水引起的地面沉降与变形

深基坑施工中的降水对周边环境的影响和防范是深基坑设计和施工过程中一个重要的环节。在软土地区的深基坑中，对地下水的控制是事关工程成败的大事。

对于深大基坑，在提供详细的工程地质和水文地质勘察资料的前提下，应当进行专门的防渗和降水设计。

在深基坑施工过程中进行人工降水，会改变原来的工程地质和水文地质条件，地层的应力场发生变化，受影响范围要比基坑占据的净空大得多。在此范围内，地下水位下降，地层发生位移，相邻建筑物和市政设施（管道、电缆等）产生附加变形，影响它们的正常运行。

随着地下水位下降，细颗粒会随水流走，同时土体的自重应力增加，引起地层的失水固结，造成地面塌陷、开裂和位移。

因此,对于深大基坑是否采用降水(特别是降承压水)方案,应当认真分析比较后再行决定。

11.2　基坑降水的最低水位

11.2.1　概述

《建筑基坑支护技术规程》JGJ 120—1999 的要求是“设计降水深度在基坑范围内不宜小于基坑底面以下 0.5m”。

有人提出，只要保持开挖土体自重大于该层水的浮托力（扬压力），即可继续挖土而不必降水，甚至挖到基坑底部时，在其上保持 10m 水头也无所谓。

实际上，这样做风险是很大的。如果只是开挖一条管道，基坑底部保持一定的浮托力未尝不可；但是，对于大型的深基坑来说，这样做的风险是很大的。对于大型的深基坑来说，必须专门进行基坑的防渗和降水设计。

应当注意，地下水位降低后，还要满足地基的渗透稳定要求。对于粉细砂类的地基来说，即使地下水位只降低了 0.5～1.0m，在某些情况下，也会发生管涌和流砂。

11.2.2　地铁接地线施工要求的地下水位

对于地铁基坑坑底往往要打接地孔。当坑底表层为黏性土（含残积土）时，打穿此不透水层后，会把下面的承压水带到上边来。此时降水水位应低于坑底不透水层底板以下，或是剩余黏土层的饱和重大于承压水浮托力的深度。

11.2.3　残积土基坑的降水水位

当基坑位于岩石的残积土和风化层中时，如果残积土属于黏质砂土或粉土（砂）类时，很容易受到上涌的承压水作用而泥化。此时需要把承压水位降到残积土底板以下。

11.2.4　承压水基坑的降水水位

上海市《岩土工程勘察规范》DBJ 08—37—2002 引用英国标准局的《场地勘察实施规范》，提出的降压后水位保持在坑底下 1～2m，在上海地区提出了这一要求。笔者认为此时还要满足坑底地基的渗透稳定要求。

11.3　基坑降水计算

基坑降水计算可参考常规的计算公式，这里从略。

《水利水电工程地质手册》推荐的影响半径的经验值，见表 11-4。

影响半径经验值　　**表 11-4**

岩石名称	主要颗粒粒径（mm）	影响半径（m）	岩石名称	主要颗粒粒径（mm）	影响半径（m）
粉砂	0.05～0.1	25～50	极粗砂	1.0～2.0	400～500
细砂	0.1～0.25	50～100	小砾	2.0～3.0	500～600
中砂	0.25～0.5	100～200	中砾	3.0～5.0	600～1500
粗砂	0.5～1.0	300～400	大砾	5.0～10.0	1500～3000

注：当粗砂粒径为 0.5～2.0mm 时，影响半径 R 为 100～150m。

根据单位出水量和水位下降值确定影响半径经验值，见表11-5。

影响半径 R 经验值　　表11-5

单位出水量 = Q/s_w	单位水位降低 = s_w/Q	
单位出水量[L/(s · m)]	单位水位降低[m/(L · s)]	影响半径R（m）
> 2.0	≤ 0.5	300～500
2.0～1.0	1～0.5	100～300
1.0～0.5	2.0～1.0	50～100
0.5～0.33	3.0～2.0	25～50
0.33～0.2	5.0～3.0	10～25
< 0.2	> 5.0	< 10

11.4　基坑降水设计要点

11.4.1　概述

由于基坑深度、支护形式、施工方法、地质条件、周边环境的不同，使得基坑降水设计工作变得非常复杂。

基坑降水设计，要综合考虑各种影响因素，首先要确定要降哪种类型的地下水和含水层？要维持哪种地下水和含水层的水位不变或少变化？

11.4.2　应掌握的资料

1. 工程地质和水文地质资料

通过勘察和室内外试验、测试，确定相应的参数。

2. 基坑工程的设计资料

（1）基坑的形状、大小、开挖深度和开挖方法等。

（2）基坑挡土结构的形式、尺寸、厚度、材料、入土深度、帷幕深度等。

（3）支持结构的形式、材料、尺寸等。

（4）设计工况。

（5）各工况条件下，可能引起的基坑和周边变形等。

3. 基坑周边环境的资料

（1）各种地下管线的类型、管径大小、重要程度、距基坑边的距离。

（2）地下建（构）筑物的规模、范围、埋深、走向、目前运行状况等。

（3）基坑周边环境，住宅、办公楼的基础深度、形式，目前的沉降和变形。

（4）基坑施工期间需要保护的对象和允许变形。

11.4.3　基坑降水设计过程

1. 基坑降水方案设计

此阶段现场勘察资料比较少，可参考现场附近已有的工程地质和水文地质资料来选用设计参数，也可采用经验数据。此时，可能需要好几个与设计工况对应的降水方案。另外，此阶段应提出现场抽水试验方案。

2. 抽水试验和优化设计

基坑降水设计方案被选定后，应当先行施工 2～3 口井作为试验井，一般采用单孔抽水、多孔观测的非稳定流试验。现场抽水试验获得实测的水文地质参数，对原降水设计方案进行优化，继续完成其他井的施工。

3. 降水运行阶段

根据上面优化后的设计方案，全部井群施工完成后进入基坑降水运行阶段。在此阶段，应进行部分降水井的群井抽水，将观测孔的计算资料与实际观测资料进行拟合，调整含水层参数。根据群井抽水的环境监测资料为基坑施工的各个工况制订降水运行方案。

11.4.4　基坑降水的要求

基坑降水会对坑内和坑外地基以及周边建（构）筑物和地下管线等造成不良影响，特别是在软地基和城市闹市区，这种影响会更大。

很多工程实践表明，深基坑降水应当以内降水为主，外降水为辅。在上海地区的基坑降水工程中，大多是这样做的。

上海复兴东路某电缆隧道为外径 18.57m 的圆形竖井，开挖深度 32.45m，周边地下连续墙厚 0.8m，深 44.3m，墙底并未贯穿承压含水层即⑦层粉砂，基坑底部在位于此透水层中需在内部设降水井，以降低承压水位。由于地下连续墙的防水（渗）性能高，使其对承压水的流动产生了很大的阻挡作用，就像在流动的水中插了一块板一样，因此在板的两侧也就是在圆形竖井内外造成了水位（头）差。

抽水资料表明：单井抽水时，内外水位差 6m；两井抽水时，内外水位差 10m；三井抽水时，内外水位差 13m。

也就是说，在三井抽水时竖井内部水头降低了 23m，而竖井外的承压水头只降低了 10m。这样既能满足井内开挖的要求，又大大降低了外部地基的沉降值，大大减少了对周边环境的影响。

11.5　井点降水

11.5.1　概述

井点降水是利用井（孔）在基坑周围同时抽水，把地下水位降低到基坑底面以下的降水方法。

当地下水位高出基坑底面较大，尤其是地层为松散的粉细砂、粉土或透水性较强的砂砾、卵石等地层，且地下水的补给比较充分，采用明沟排水易发生流砂、坍塌时，可采用井点降水。

井点降水可分为轻型井点、喷射井点、电渗井点、管井井点和深井井点等，各种井点的适用范围可按表 11-6 选用。

各类井点适用范围表　　表 11-6

井点类型	土层渗透系数（m/d）	降低水位深度（m）
轻型井点	0.1～50	3～6
喷射井点	0.1～50	8～20
电渗井点	＜0.1	5～6
管井井点（大口井）	20～200	3～5
深井井点	10～250	＞15

应根据土层的渗透系数、要求降低水位的深度以及工程特点，进行技术经济和节能比较后确定井点降水的方法。

1. 轻型井点

1）轻型井点降水系统装置

轻型井点主要由井点管（包括过滤器）、集水总管、抽水泵、真空泵等组成。

轻型井点沿基坑周围埋设井点管，一般距基坑边 0.8～1.0m，在地面上铺设集水总管（并有一定坡度），将各井点管与总管用软管（或钢管）连接，在总管中段适当位置安装抽水水泵或抽水装置。

2）轻型井点抽水原理

井点系统装置组装完成，经检查合格后，即可启动抽水装置。这时，井点管、总管及储水箱内的空气被吸走，形成一定的真空度（即负压），地下水被压入至井点管内，经总管至储水箱，然后被水泵抽走（或自流）。

目前，抽水装置产生的真空度不可能达到绝对真空。根据抽水设备性能及管路系统施工质量，系统应保持一定的真空状态。井点吸水高度按下式计算：

$$H=\frac{H_{\mathrm{v}}}{0.1}\times 10.3-\Delta h \tag{11-1}$$

式中　H_{v}——抽水装置所产生的真空度（MPa）；

Δh——管路水头损失（m），取 0.3～0.5m；

0.1——绝对真空度（MPa），相当于一个大气压，换算水柱高为 10.3m。

吸水高度不是基坑水位降低深度，两者的基本概念不同。

为了充分发挥轻型井点真空吸水的特性，对抽水装置的标高布置要给予充分的注意，其有两种布置形式：

（1）抽水装置安装在地面标高上，距地下水有一个距离高度。对降水而言，这个高度产生水头损失。因而，降低地下水位深度较浅。

（2）抽水装置安装标高接近原地下水位。这就发挥了全部的吸水能力，达到最大的降水深度。

3）轻型井点抽水设备

轻型井点抽水的主要设备为：

（1）井点管：直径为 38～50mm 的钢管，长 5～8m，整根或分节组成。

（2）滤水管：内径同井点管的钢管，长 1～1.5m。

（3）集水总管：内径为 100～127mm 的钢管，长为 50～80m，分节组成，每节长 4～6m，每一个集水总管与 40～60 个井点管用软管联结。

（4）抽水设备：主要由真空泵（或射流泵）、离心泵和集水箱组成。

低渗透性[$k=(0.1\sim10)\times10^{-4}$cm/s]的粉土和粉砂（$D_{10}=0.05$mm）应采用真空法井点系统，以便在井点周围形成部分真空，真空井点可增加流向井点的渗流坡降并改善周围土的排水性和稳定性。在真空井点中，在井点和填料中的净真空度为总管中的真空度减去降深（或井管长度）。因此，若降深超过 4.5m，则在井点系统中的真空度就相对很小了。再如，若井点系统中漏气，则必须加大真空泵以便抽气，从而保证真空降水的效果。真空井点所用的离心泵一般为 2BA-9A 或 BA-9A。

必须指出，在高原地带（离海平面高度大于 500m），空气稀薄，尚须减去 1.5m 的吸程。

在开挖接近基岩时，普通井点或真空井点常不能接近岩面，可辅用直径为 25mm、滤管长为 15cm 的袖珍井点，可将边坡角的渗透压力减至最小。

常用真空泵性能见表 11-7 和图 11-1。

真空泵性能比较　　**表 11-7**

型号（国家）	气缸尺寸		转速（r/min）	极限真空（Torr）	名义抽速（m^3/min）	所需功率（kW）	比功率[kW/(m^3 · mm)]
	直径（mm）	行程（mm）					
WL-200（中国）	400	180	320	10	12	15	1.25
W-5（中国）	455	250	300	10	12	22	1.83
PVT4520（日本）	450	200	320	20	18	22	1.22
VA360/200（瑞士）	360	200	310	5	9	17	1.88

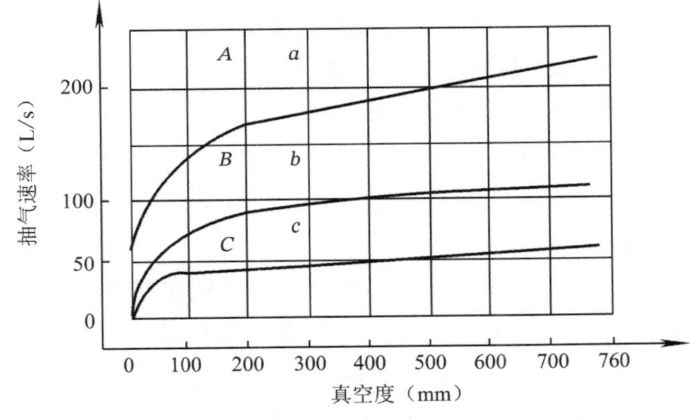

图 11-1　真空泵特性曲线

A—WL-200 特性曲线；*a*—W_5 特性曲线；*B*—WL-100 特性曲线；*b*—W_4 特性曲线；*C*—WL-50 特性曲线；*c*—W_3 特性曲线

4）井点管埋设方法

（1）水冲法。

利用高压水冲开泥土，井管靠自重下沉。在砂土中压力为 0.4～0.5MPa，在黏性土中压力为 0.6～0.7MPa。冲孔直径一般为 30cm，冲孔深度宜比滤水管底深 0.5m 左右。

（2）钻孔法。

适用于坚硬土层或井点紧靠建筑物的情况。当土层较软时，可用长螺旋钻成孔。

井点管下沉达设计标高后，在管与孔壁之间用粗砂、砾砂填实，作为过滤层。距地表 1m 左右的深度内，改用黏土封口捣实，然后用软管分别连在集水总管上。

在沉设井点中冲孔是十分重要的，故在冲孔达到设计深度时，须尽快减低水压，拔起冲管的同时向孔内沉入井点管并快速填砂，在距地面以下 1m（不宜过小）时，须用黏土封实以防止漏气。

一般冲孔时的冲水压力如表 11-8 所示。

冲孔所需的水流压力 表 11-8

土的名称	冲水压力（kPa）	土的名称	冲水压力（kPa）
松散细砂	250～450	松散中砂	450～550
软质黏土、软质粉土	250～500	黄土	600～650
密实腐殖土	500	原状中粒砂	600～700
原状细砂	500	中等密实黏土	600～750

2. 喷射井点

喷射井点是将喷射器安置在井管内，利用高压水（称喷水井点）或高压气（称喷气井点）为动力进行抽水的井点装置。这种井点不但具有轻型井点安装迅速简便的优点，而且降深大，效果好。

1）应用条件：适用于土层渗透系数为 0.1～50m/d 的地层，降深为 8～20m 的井点。

2）主要设备及性能：

（1）金属井点管：内部装有喷射器，使井点管内形成较高的真空度，提高降水效果。

（2）高压水泵或空气压缩机：产生工作压力，把 7～8 个大气压的高压水压入井点管内的喷射器里。国产高压泵型号有 SSM 型、DA 型及 TS 型等。

（3）循环水槽：保持一定的循环水量，保证高压水泵正常工作。

（4）低压水泵：把循环水槽多余的水抽走。

（5）导水总管：与井点管连接。

（6）滤水管。

3）井点管布置要求：

当基坑宽度小于 10m，水位降深要求不大时，可采用单排井点；当基坑宽度大于 10m 时，可采用双排井点；当基坑面积较大时，宜采用环形井点。

井点间距一般为 2～3m，孔径为 400～600mm，孔深应比滤水管底端深 1m 以上。井点管下入孔内后，填入粗砂滤料，其上面 1.5m 左右改用黏土封口捣实。

4）注意事项：

（1）下井点管前必须对喷射器进行检查。

（2）井点抽水后，若井点周围有翻砂、冒水现象，应立即关闭，进行检查处理。

（3）循环水槽中的水应保持清洁。

3. 电渗井点

电渗井点是利用黏性土的电渗现象而达到降水目的的降水方法。

1）适用范围：渗透系数小于 0.1m/d 的土层，如黏性土、淤泥和淤泥质黏性土。

2）主要设备有水泵、发电机、井点管和金属棒等。

3）原理及布置要求。

土壤通电后，土颗粒电荷自负极向正极移动，水分子由正极向负极移动，因电位差产生水位差。利用这一水位差形成地下水的流动，从而进行地下水的疏干。以井点管为阴极，另在土中埋设ϕ20～ϕ30 钢筋或ϕ50～ϕ75 钢管（金属棒）为阳极。它不仅能排除黏性土中的自由水，而且还能排除结合水。

把阴极井点管布置在基坑外侧，将阳极金属棒埋入坑内并与阴极成平行交错排列，间距为 0.8～1.0m（当采用喷射井点时，宜为 1.2～2.0m）。阳极出露地面 20～40cm，其下端入土深度应比井点管底端深 50cm 左右。阴、阳极数目应相等，分别接在直流电源上。地下水从坑内向坑外流入井点管，从井点管连续抽水。

电源电压一般应小于 60V，直流电源可用电焊机代替。直流电源设备功率为：

$$P = K\frac{FV\phi}{1000}$$

式中　P——直流电源设备功率（kW）；

K——设备安全系数，新电焊机为 1.2，旧电焊机为 1.6；

ϕ——选用的电流密度（A/m^2）；

V——选用的直流电压（V）；

F——异性电极间土体断面上的渗流帷幕面积（m^2），$F = sh$；

s——基坑周长（m）；

h——阴极埋置深度（m）。

4）施工注意事项：

（1）应连续不间断抽水，以防土粒堵塞井点管。

（2）通电前应将两极间地面处理干燥，以免大量电流从土体表面层通过，降低电渗效果。

（3）在保证砂滤层正常工作的情况下，井点成孔直径应尽量小，以免增加土体电阻，损耗电能。

（4）电渗真空降水时，宜采用间歇通电。一般可通电 24h 后，停电 2～3h。因为电解产生的气体能增大土体电阻，增加电耗，采用间歇通电可减少上述弊病，还能延长电极的使用年限。

（5）注意安全，严防短路事故，雷雨时工作人员应离开两极之间地带，维修电极应拉闸停电进行。

英国 BS 8004 规范对电渗排水方法提出了以下建议：正极采用一次性的金属杆，水流向设在井管上的负极。电极间距 4.5m，电压 40～180V，每口井要求的直流电流为 15～25A。此方法用于均匀的细粉土层中最有效。

4. 管井井点（大口井）

（1）适用条件：含水层渗透系数较大，水量丰富，而厚度不大时，可采用管井井点（或大口井）降水法。

（2）主要设备：直径 200mm 井管、滤水管、深水泵等。

（3）井点布置：井点数、间距、井深视地层、降深要求和基坑形状大小而定。一般沿基坑外围 10～50m 设一井管，每个井管安装过滤器，单独用一台抽水泵。有时，结合工程的需要，可将不同类型的井点灵活应用。

（4）井管的埋设：可采用钻孔法成孔，孔径应较井管直径大 200mm 以上。下井管前应先清孔。井管与井壁之间用 3～15mm 砾石充填作为过滤层，并及时洗井。

5. 深井井点

（1）适用条件：当含水层为渗透系数较大的砂砾、卵石层，且厚度较大（大于 10m）、降深要求也大（大于 15m）时，可采用深井井点法降水。

（2）主要设备：直径大于 300mm 的井点管、滤水管、深水泵等。

（3）井点布置：井数、井位、井深应根据含水层性质、降深要求和基坑位置、大小而定，也可根据地区经验而定。

（4）井管埋设：成孔方法可据含水层条件和孔深要求分别选用冲击钻、回转钻或水冲钻施工。孔径较井管直径大 300mm 以上。深度应根据抽水期内沉淀物可能沉积的高度适当加大。

11.5.2 井点降水设计

由于受很多不确定因素的影响，如地层的不均匀性，各种参数计算公式假定的局限性，井点系统布置不同，成孔方法、滤水管安装不同，抽水设备能力、抽水时间长短不同等，因此，理论上井点降水计算结果还不很精确。但是，只要选择适当的计算公式和正确的参数，还是能满足设计要求的。在降水经验丰富的地区，可按惯用的井点布置方法实施降水。

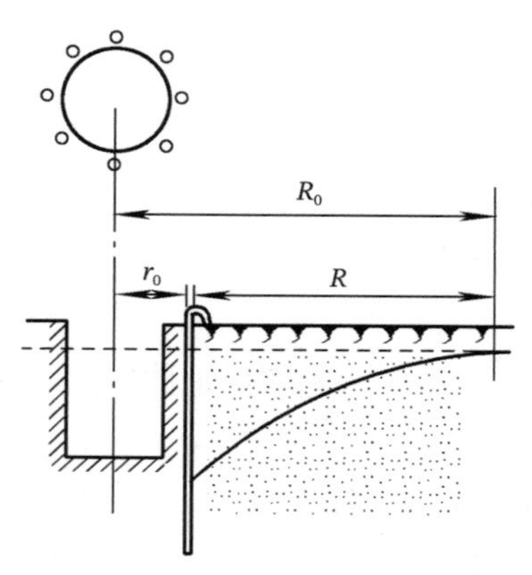

图 11-2 环形井点系统示意图

1. 井点设计需要的参数、资料

（1）含水层是承压水或是潜水；

（2）含水层的厚度及顶、底板高度；

（3）含水层渗透系数（抽水资料或经验值）；

（4）含水层的补给条件；

（5）地下水位标高和水位动态变化资料；

（6）井点系统是完整井还是非完整井等；

（7）基坑规格、位置、设计降深要求。

2. 井点降水设计步骤

根据降水范围，一般按假定间距算出井点根数，然后复算出水量及中心降深。

1）确定环形降水范围的假想半径r_0（图 11-2）

$$r_0 = \sqrt{\frac{F}{\pi}} \tag{11-2}$$

当基坑为长方形，$l/B > 2.5$ 时

$$r_0 = \eta \frac{(l+B)}{4} \tag{11-3}$$

式中 F——基坑面积（m^2）；

l——基坑长度（m）；

B——基坑宽度（m）；

η——系数，可查表 11-9 得到。

系数 η 与 B/l 的关系 表 11-9

B/l	0	0.2	0.4	0.6	0.8	1.0
η	1.0	1.12	1.16	1.18	1.18	1.18

2）确定井点系统的影响半径R_0（图 11-2）

$$R_0 = R + r_0 \tag{11-4}$$

式中 R——按有关公式求得或由经验公式确定的影响半径（m）；

r_0——环形井点到基坑中心的距离（m）。

3）设计降深

$$s = (D - d_w) + s_w \tag{11-5}$$

式中　s——基坑中心处水位降（m）；

D——基坑开挖深度（m）；

d_w——地下静水位埋深（m）；

s_w——基坑中心处水位与基坑设计开挖面的距离（m）。

4）基坑总出水量，按大井法计算

$$Q = 1.366k(2H - s)s/\lg\left(\frac{R + r_0}{r_0}\right) \tag{11-6}$$

式中　Q——基坑总出水量（m^3/d）；

k——渗透系数（m/d）；

H——井点管埋深（m）。

5）计算每根井点的允许最大进水量

$$q' = 120rL\sqrt[3]{k} \tag{11-7}$$

式中　q'——单井允许最大进水量（m^3/d）；

r——滤管半径（m）；

L——滤管长度（m）；

k——渗透系数（m/d）。

6）每根井点的实际出水量

$$q = \frac{Q}{n} \tag{11-8}$$

式中　n——设计井点管的数量。

7）井点管的长度

$$L = D - h + s_w + \frac{1}{10}r_0 \tag{11-9}$$

式中　h——井点顶部离地面的距离（m）。

若$q' > q$，则认为符合要求。

算出基坑总出水量Q，然后根据每根井点的允许进水量q'确定井点根数$n\left(n = \frac{Q}{q'} + 1\right)$，再根据基坑（或一圈井点的）周长算出井点的间距，并复核基坑中心水位降深是否符合设计要求。

3. 线状井点设计

（1）假定孔内降深s'，计算出井的影响半径R；假定井点的间距，算出所需井点根数。

（2）计算每根井点的出水量q（或一段井点的总出水量Q）。

（3）计算每根井点的最大允许进水量q'，且$q' > q$。

（4）计算垂直井点连线基坑最远边缘处的降深s（或水位H_0）。

（5）计算井点中间的降深（在井点相距较远时计算）。

（6）计算总出水量$Q = nq$。

轻型井点的布置见图 11-3 和图 11-4。

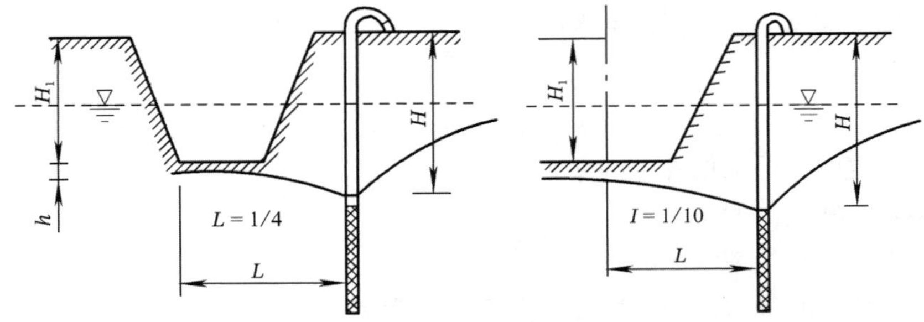

图 11-3 单排井点布置　　图 11-4 环形井点布置

4. 井点管埋深

井点管埋深H可按下式计算：

$$H \geqslant H_1 + h + LI \tag{11-10}$$

式中 H_1——基坑深度（m）；

h——基坑底面至降低后的地下水位距离，一般取 0.5～1.0m；

I——降落漏斗渗流坡降，环形井点可取 1/10，单排井点可取 1/4；

L——并联管至基坑中心或基坑远边的距离（m）。

11.5.3 滤水管的设计

滤水管是井点降水系统的重要部分，设计不好，不是造成大量进砂，影响正常抽水，就是进水不畅，形成过大的水跃值，直接影响抽降效果。所以，对滤网和填料要选好。

1. 滤管长度

$$l = \frac{Q}{dnv} \tag{11-11}$$

式中 Q——流入每根井管的流量；

d——滤管外径；

n——滤管孔隙比，一般用 20%～25%；

v——地下水进入滤管的速度，一般由经验公式$v = \sqrt{k}/15$求得。k为含水层渗透系数。

2. 滤管孔眼数（n）的确定

$$n = \frac{F}{\pi r^2}$$

$$F = \frac{Q}{v} \tag{11-12}$$

式中 F——孔眼总面积（mm^2）；

r——孔眼半径（mm）。

一般孔眼直径为 15～20mm，孔眼间距为 30～40mm。

3. 滤网做法

（1）先在滤管外缠一层纱网（钢纱网或塑料网），再在外面包一层棕皮，最后用钢丝每隔一段距离扎紧。

（2）再缠一层纱网，再在外面包一层无纺布，最后用钢丝扎紧。

（3）连续缠 2～3 层纱网，然后用钢丝扎紧。

不管用何种做法，纱网孔隙应满足：

$$d_c < 2d_{50}$$

式中　d_c——纱网孔格的间距（mm）；

d_{50}——含水层颗粒 50%的直径（mm）。

4. 填料的选择

砂滤层填料颗粒尺寸应控制在：

$$5d_{50} \leqslant D_{50} \leqslant 10d_{50}或D_{50} = (6\sim7)d_{50}$$

式中　D_{50}——填料的直径（mm）；

d_{50}——含水层颗粒的直径（mm）。

5. 滤管设计应注意的问题

井管上开孔大小、数量、滤网规格、滤料大小，均应满足渗流稳定的要求，既要具有较大的透水性，又要防止地层中细颗粒被抽出，造成周边地面沉降过大和施工事故。天津某冷轧工程的地下水池（深 6.8～7.5m）施工过程中，在粉细砂地基中打了深 12m、井径 0.4m、间距 15～20m 的降水井，井管外包一层 0.75mm 金属网，再包一层棕皮，滤料为 20～40mm 碎石。抽水后，漏砂量很大，平均每口井为 1～2m³。降水后一周，基坑尚未开挖，此时地面沉降已达 100～150mm；15m 以外砖墙裂开 20～50mm；15～20m 以外的民房因地面沉降过大导致严重变形和开裂，不得不迁移，造成了严重影响。后来改用土工布和棕皮包裹在井管外面，不再带出大量砂子，取得较好效果。

11.5.4　渗水井点的设计与施工

1. 概述

本法适用于在地层上部分布有上层滞水或潜水含水层，而其下部有一个不含水的透水层或有一个层位比较稳定的潜水或承压含水层，它的水位比上层滞水或潜水水位要低，且上下水位差较大，下部含水层（或不含水的透水层）的渗透性较好，厚度较大，埋深适宜。人工沟通上下水层以后，在水头差的作用下，上层滞水或潜水，就会自流渗入到下部透水层中去。若渗水通道良好，也可采用全充料式井点（即钻孔中全部填充粒料），见图 11-5。

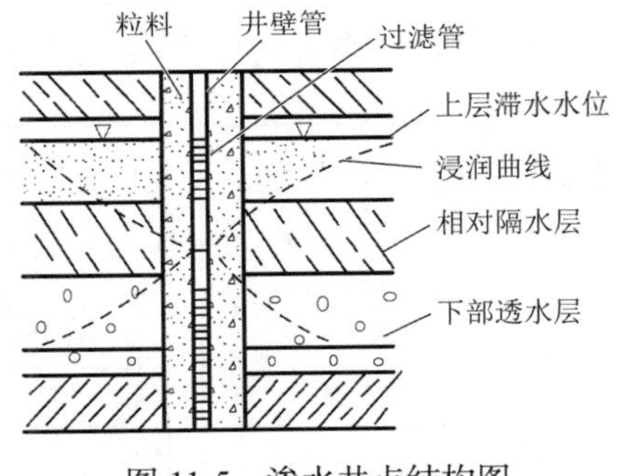

图 11-5　渗水井点结构图

2. 渗水井点设备

用钢管、塑料管制成（用于非全充料式井点中），主要用途是导水和观测水位。其管径一般为 25～300mm。井管上部和下部对应的含水部位和透水部位应钻孔，外缠镀锌钢丝或 20～40 目尼龙网。

自渗降水可省去水泵等设备，在工程降水中是一种较节省的降水方法。

3. 渗水井点的布置

基坑总涌水量确定后，再验算单根渗水井点的极限渗水量，然后确定所需渗水井的数量。可沿基坑周边每隔一定距离均匀布置渗水井。

4. 渗水井点的设计

（1）渗水井点设计水位埋深H按下式计算：

$$H = S + H_2 + iL \tag{11-13}$$

式中 S——要求水位降深值（m）；

H_2——上层滞水水位埋深（m）；

L——井点距基坑中心的水平距离（m）；

i——渗流坡降。

（2）降水量Q值的计算公式为

$$Q = \frac{\pi K(2H_1 - S)S}{nR/\chi_0} \tag{11-14}$$

式中 K——上部含水层渗透系数（m/d）；

H_1——上部含水层平均厚度（m）；

S——要求水位降深值（m）；

R——影响半径（m）；

χ_0——假想大井半径（m）。

（3）自渗后混合水位高度h'。

按完整承压注水井公式计算自底板算起的混合水位高度（图 11-6）：

$$h' = \frac{Q\ln(R/\chi_0)}{2\pi KM} + H_0 \tag{11-15}$$

式中 Q——降水量（m^3/d）；

H_0——自下部承压含水层底板算起的水头高度（m）；

M——下部自渗目的层的承压水层厚度（m）；

K——下部自渗目的层的渗透系数（m/d）。

（4）若自渗目的层为潜水层时，同样可按潜水公式计算h'（图 11-7）：

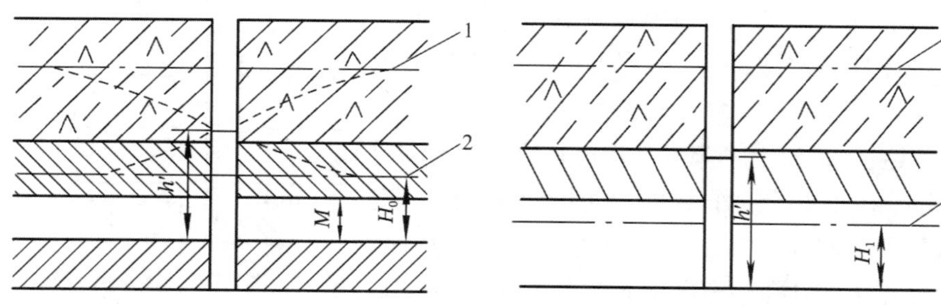

图 11-6 渗水井点结构图

1—上层滞水水位；2—下部承压含水层水位

图 11-7 渗水井点图

1—上层滞水水位；2—下部潜水层水位

$$h' = \sqrt{\frac{Q\lg(R/\chi_0)}{1.366K} + H_1^2} \tag{11-16}$$

式中 Q——拟降水量（m^3/d）；

H_1——下部自渗目的层潜水层厚度（m）。

5. 渗水井点成孔方法

1）钻孔和填料

可采用 30 型工程地质钻机下套管成孔，也可采用 CZ-22 型冲击钻机和旋转钻机水压钻探成孔。当渗水井点深度在 15m 以内时，也可采用长螺旋钻机水压套管法成孔。钻孔直径一般为 127～600mm。当孔深达到预定深度，将孔内泥浆掏净后，下入 127～300mm 由实管和过滤管组成的钢管，其过滤部分一定要与上部和下部透水层相对应。为了保证井点的渗水量，在钢管周围自上到下应全部回填粒料。若为全充料式渗水井点，则不需下入井管，只需全部回填粒料即可。

2）渗水井点的洗井

井管下入和回填粒料后，应用空压机或自来水洗井，至渗水井点内水清为止。

3）注意事项

对渗水井点，应充分了解上部和下部含水层和透水层各自的水位、岩性、透水性和埋藏条件，并对上部含水层的水量、自渗后的混合水位等进行预测计算，以便确定一个合适的自渗设计方案。

11.5.5 小结

（1）在深基坑工程中，很少使用轻型井点降水，但在深基坑采用多层放坡开挖时，可能用到此项技术。例如，宝钢镀锌薄钢板坑基坑就是这么做的。

（2）在北方地下水埋深较深的地区（如北京），常常使用自渗井的办法，来把上层滞水或潜水排到下面的地下水中，效果不错。

11.6 疏干井和减压井

11.6.1 概述

用于降水目的的管井称为降水井管，不同于供水、灌溉用的管井。

通常把降低潜水水位的降水井管称为疏干井，而把用于降低承压水水位的降水管井称为降压井或减压井。

一般情况下疏干井比较浅。由于承压水含水层埋深不同，基坑开挖深度不同，降压井深浅也不同。

11.6.2 疏干井设计

1. 主要用途

疏干井主要用于降低潜水和浅层承压水——潜水类型的地下水，主要用在：

（1）在放坡开挖中，用来降低基坑内周边边坡中的地下水位，以保证边坡稳定。

（2）在有防渗帷幕的基坑中，用于排除坑内的地下水，以保证基坑和支护的顺利施工。

2. 放坡开挖的降水设计

首先确定井群的排列方式，井距可在计算中有所变化，水位控制点选择在基坑中心、基坑角点、长条基坑的两端，要使该点降水后的水位满足设计要求。放坡开挖在坡顶应设截水沟，并要做好防渗，防止雨水流入基坑内。

边坡的坡面上应用钢丝网水泥喷浆护坡，防止降雨冲刷坡面和入渗。坑底四周设排水沟，将雨水及渗漏水及时排到坑外。

当在地下水位很高和黏土层很厚的基坑中施工时，可采取在坑底开挖纵横排水沟和集水井排水系统。在浇注底板前，用碎石（屑）和砂填平排水沟，将水引向集水井排到坑外。

3. 有防渗帷幕的降水设计

对于深基坑来说，大多应采用有防渗帷幕的基坑支护形式，大多情况下是采用地下连续墙和灌注桩结构。其中，地下连续墙是自身防渗，灌注桩常常要在桩间做止水防渗。

防渗帷幕的深度一般与支护结构的入土深度一致或更深。从基坑渗流来看，基坑的帷幕深度应当以进入不透水的土（岩）层为准，也就是防渗体深度应当大于支护结构深度。在此条件下，基坑内的含水层就会增加一个封闭的弱透水边界。

在这种条件下，疏干井布置在基坑内，均匀分布。此时，基坑的侧向补给水量很小。如果坑底有足够厚的黏土，涌水量也很小，这样的基坑降水，就像抽排土中可能抽走的静水量，此时井群布置可参考当地经验确定。上海地区的经验值是200～300m^{2}布1口井。此时，基坑内应抽出的水体积为：

$$W = FM\mu \tag{11-17}$$

式中 W——应抽出水体积（m^3）；

F——基坑面积（m^2）；

M——疏干井的含水层厚度（m）；

μ——含水层的给水度。

如果坑底为未完全封闭的砂类土，则应按坑底进水的大井法计算水量，然后将这些水量再均分到多口井上。

单个水井的井壁进水流速应当满足下式要求：

$$\nu_w \leqslant \nu_j$$

式中 ν_w——井壁流速，$\nu_w = Q/\pi D_k L$；

D_k——井径（m）；

L——井壁进水长度（m），当水位降到基坑底面以下设计深度时的进水高度；

Q——设计单井出水量（m^3/d）；

ν_j——井壁允许流速，$\upsilon_j = \sqrt{k}/15$；

k——渗透系数（m/d）。

还应注意及时排除基坑内的雨水。在本书所说的深基坑工程中，一般不会采用无防渗帷幕的支护结构，这里不再讨论。

4. 疏干井的深度

一般情况下，疏干井的深度应超过基坑设计开挖面以下3～5m，不宜超过帷幕深度，与下层承压水层顶板的距离应不小于2.0m。

在砂层中的疏干井，如果砂层厚度不大，井深可达到砂层底板。如果砂层厚度很大，井的深度应考虑井内的动水位深度，即：

（1）单井抽水的水位降；

（2）其他井抽水对该井的影响，即干扰水位降；

（3）自身井的水头（位）损失。

前两者可以计算得到，第三项则与井的设计与施工直接有关，各井不同。此时井的深度应在井内的动水位以下5～6m，泵的吸水口应保持在动水位以下2～3m。如果地下水不稳定，应以中心点水位降达到设计要求为前提，计算各个井点的最大动水位，作为确定井深的标准。

11.6.3　减压井降水设计

1. 基本原则

在天然情况下，承压含水层顶板上的水压力与上部地层的自重压力相平衡或小于上部自重压力，因而处于平衡状态。当一个深基坑从上往下逐层挖土，达到一定深度后，上覆土重逐渐减少到不足以平衡承压水压力时，承压水就会冲破上部地层涌入基坑内，形成突水（涌）。这种水来势凶猛，高压水带着泥砂涌入基坑，可能会造成地下连续墙下沉、倾覆、倒塌，内支撑破坏，基坑发生事故。

由此可以看出，承压水的降水设计应以上覆土层稳定为前提。

2. 承压水头降低值的计算

为了保证基坑底面地层的稳定，应当使其自重压力大于承压水压力。当不满足上述要求时，可采取以下措施：

（1）把地下连续墙或防渗体继续加深到下一个隔水层内，以增加上覆土体自重。

（2）用减压井把承压水的压力降低。

现在来讨论减压井设计问题。

根据上述原则计算出来的地下水位，可能仍然高出设计基坑底面好几米（比如有的工程高出 8～10m），这是不可以的。原因有以下几个：

（1）地层连续性较差，特别是大型基坑，它的隔水层并非铁板一块，在空间分布上会出现缺失，造成渗水通道。特别是一些滨海沿河地区，地层沉积互相交叉，更容易出现这种现象。

（2）很多深大基坑被地下连续墙或支护桩、锚索、工程桩、降水井、勘探孔穿插切割，承压水很容易沿着这些构筑物与地层的接触面薄弱点突涌，酿成事故。所以，应当把承压水位降到基坑设计底面下 1～2m 或其他要求的更深的深度上去。

3. 坑内降水和坑外降水

1）减压井的布置

当采用地下连续墙或防渗体（帷幕）把承压水含水层完全封闭的时候，此时降水井应布置在基坑内。

当承压水含水层未被封闭时，则坑内降压会影响坑外承压水位的变化。此时减压井的布置则有坑内和坑外两种方式，对此需要加以对比，然后选定。

2）减压井在坑内

当减压井布置在基坑内部时，如果井底滤水管不超过地下连续墙底或防渗体底部，由于坑外承压水流通过绕流进入基坑内，水头损失增加，可使各井的抽水量减少，基坑外水位降幅也减少，对周边环境影响也小。如果坑内滤水管深度超过了防渗体深度，则与减压井布置在坑外无异。

减压井设在坑内还会带来以下几个问题：

（1）基坑施工不便，开挖机械可能碰坏外露的井管，对施工干扰较大。

（2）外露的井管在无内支撑的情况下，难于固定、维护和保养。

（3）由于上部压重需要，减压井要等到上部结构做完几层后才能拆除，在此之前，在它穿过底板时需作止水防护，上面几层楼板则需预留孔洞。

（4）外露井管封井困难，注浆封井效果不好。

3）减压井在基坑外

坑外降水的优缺点正好与坑内降水的优缺点相反。这里要特别注意坑外降承压水时，对周边环境的影响，有时会比坑内降水大。

究竟是坑内降水，还是坑外降水，关键是看井的滤水管位置是否超过防渗帷幕底部。如果超过了，即使井管在坑内，那其渗流方式仍与坑外降水差不多。

采用坑内降水还是坑外降水，应该根据场地条件、支护结构形式、周边环境要求，通过技术经济比较后选定。

4. 减压井降水设计要点

深基坑在群井抽水条件下，防渗体（幕）深入到含水层什么部位，减压井的平面布置和滤水管的位置在什么深度，都会对地下水渗流场产生不同影响，对周边环境的影响也是不同的。一般可以简化为以下两种情况。

情况Ⅰ：基坑隔水帷幕的插入深度没有超过降压降水目的含水层的顶板（图11-8）。即在降压降水目的含水层中没有形成一个人为的隔水边界。为了降低基坑下部承压含水层顶板处的水头，可在坑内或坑外布置降压井群，计算在干扰抽水条件下，基坑底部各任意点的水位降，尤其是基坑中心和边缘角点处的水位降；也可以通过计算坑内外任意点的干扰水位绘制降压目的含水层的水头下降等值线图。厚度较大的含水层，用非完整井降水时，过滤器应放在紧靠含水层顶板的部位，计算任意点的水位或设置观测孔，监测该点的水位时应计算和观测承压含水层顶板处的水头。因为厚度很大的含水层中用非完整井抽水，含水层在不同深度上的水位降是不同的，对于降水目的含水层的下部和底板处的水位降就不必关注。在水平方向上，干扰井的布置应使坑外的水位尽可能地少下降，以减少对环境的影响。

这里要注意，当相对隔水层的自重小于承压水头时才采用此降水方案。

情况Ⅱ：基坑的隔水帷幕部分插入降压目的含水层中，在含水层内部形成了一个人为的侧向不透水边界。由于插入深度不同，降压井不同的布置方式在降压井群抽水的影响下，地下水渗流场发生不同的变化，地下水运动不再是平面流或以平面流为主的运动，而是形成三维流或以垂直流为主的绕流形式。地下水计算时应考虑含水层的各向异性，有些情况下用解析解无法求解，必须借助三维数值模型。情况Ⅱ又可分为两个亚型：

情况Ⅱ-1：基坑隔水帷幕插入降压目的含水层的上部，深入含水层中3～6m或插入含水层的深度占含水层厚度的20%～30%（图11-9）。在这种情况下，由于基坑隔水帷幕插入含水层中较浅，如坑内降水过滤器不超过隔水帷幕的深度，则滤水管太短，进水面积太小，单井出水量太小，在基坑面积较大的情况下需要布置较多的井才能达到降水的设计要求。如果井过滤器超过隔水帷幕的深度，井布在坑内或坑外并无太大差异，坑外降水的优点可充分显现出来，而坑内降水的缺点更为突出。因此，一般情况下选择坑外降水，降压井的过滤管顶部位置放在连续墙刃脚以下。由于非完整井抽水引起的三维流影响，尽管过滤管顶部离含水层顶板有一定距离，在群井干扰抽水的情况下，考虑含水层的各向异性，在基坑范围内承压含水层顶板处的水位降可以降到设计要求的深度。

情况Ⅱ-2：基坑隔水帷幕深入到降压目的含水层内达30%～80%且插入降压目的含水层10～15m或15m以上时（图11-10），采用坑内降水更为优先，降压井长12m左右的过滤器不超过隔水帷幕的深度，群井抽水后含水层的地下水通过隔水帷幕底部绕流进入井内。由于地下水流程增加，渗透坡度变小，基坑范围内承压含水层顶板处地下水位达到设计降深时，抽水量要比坑外降水小。坑外的承压水头下降小，对坑外因降水引起的环境影响小，坑内降水的优点得到充分发挥。

如果基坑面积很小，井在坑内影响施工或坑内无法支护固定井管，周围的环境要求并不十分严格，同时隔水帷幕底部离降水目的含水层底板有 10m 或 10m 以上时，也可考虑坑外降水（图 11-11）。

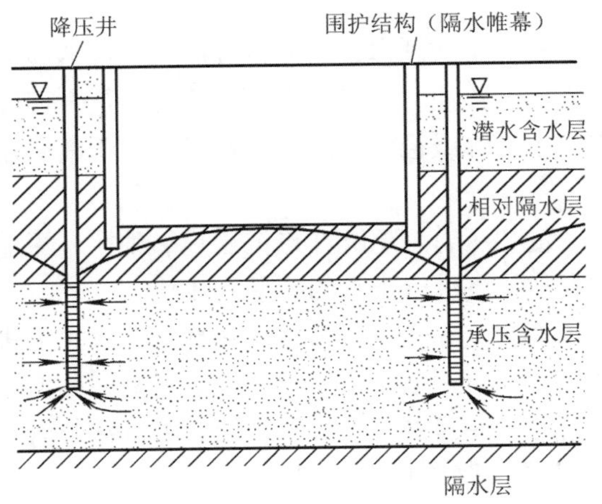

图 11-8 基坑隔水帷幕底未深入含水层中——情况Ⅰ

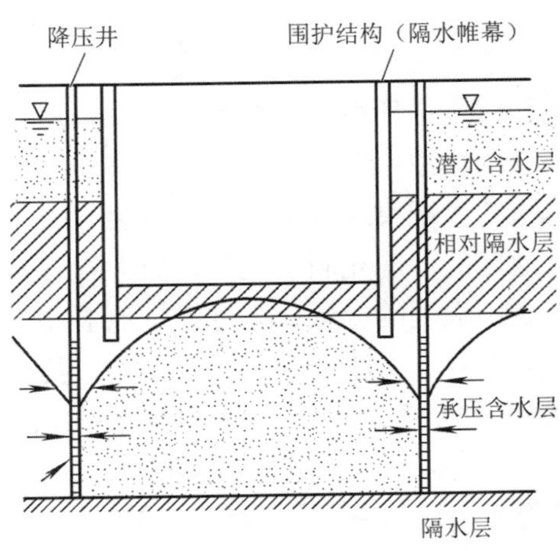

图 11-9 基坑隔水帷幕底部分深入含水层中——情况Ⅱ-1

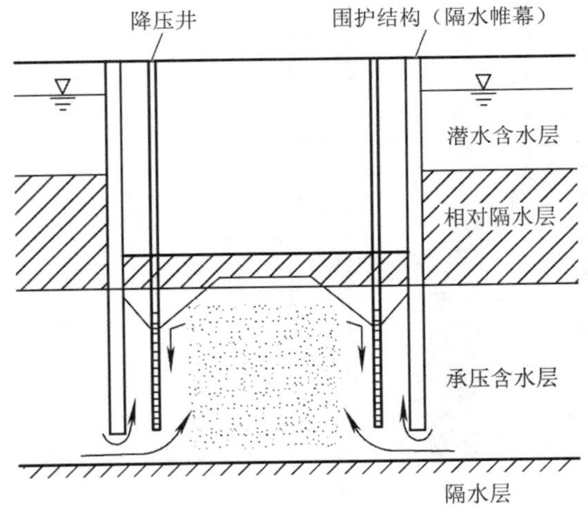

图 11-10 基坑隔水帷幕大部分深入含水层中——情况Ⅱ-2（一）

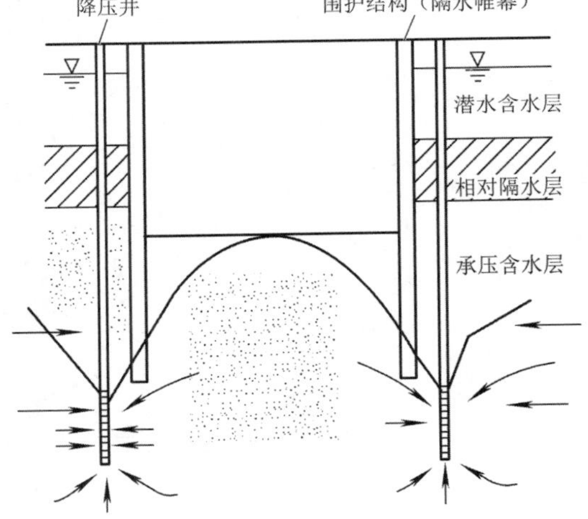

图 11-11 基坑隔水帷幕大部分深入含水层中——情况Ⅱ-2（二）

坑内降水，可以采用考虑含水层各向异性的三维渗流和地面沉降耦合模型进行坑外渗流场的计算和由此引起的坑外地面沉降的估算。

坑外降水计算可以按情况Ⅱ-1 的方法处理。降压井的过滤器可置于隔水帷幕底部到含水层底板之间，考虑含水层各向异性的非完整井，计算在干扰井群抽水的情况下，基坑范围内降水目的含水层顶板处的水位降。

11.6.4 小结

上海地区地表层 30m 内为连续的黏性土层，是良好的隔水层，减压降水井多位于基坑外侧，对地面及周边环境影响较少。而像天津和武汉的某些地区，由于隔水层连续性差，承压水和上层滞水连通性较好，并有补给，承压水减压井降水时，也会抽取上层滞水（或）承压水，引起地面和周边环境很大变动。为此减压降水井多放在基坑内。

11.7　超级真空井点降水

随着我国四个现代化建设的发展，深大基坑将会越来越多，它们造成的基坑渗流破坏问题和对周边环境的影响问题将会越来越受到人们的关注。超级井点工法将会在这方面发挥很好的作用。特别是它能使基坑外侧地下水位不下降或轻微下降这一特点，对于高层建筑林立的大城市来说是非常有吸引力的。

地球的周围充满了大气，而大气有其自身质量和压力。超级井点工法是一种在超深地层中利用大气的能量，通过保持地下井管内的真空状态进行排水的新型工法。

超级井点工法弥补了井点工法（强制排水）、深井工法（重力排水）和真空—深井工法（强制排水＋重力排水）的不足，同时吸取了以往排水工法的长处。简言之，它是一种把真空泵和深井泵结合起来的新的降水工法。由于它的过滤器采用了双重管构造（特殊分离式过滤器），使其在保持井管内真空的状态下，实现连续强制排水（图11-12）。

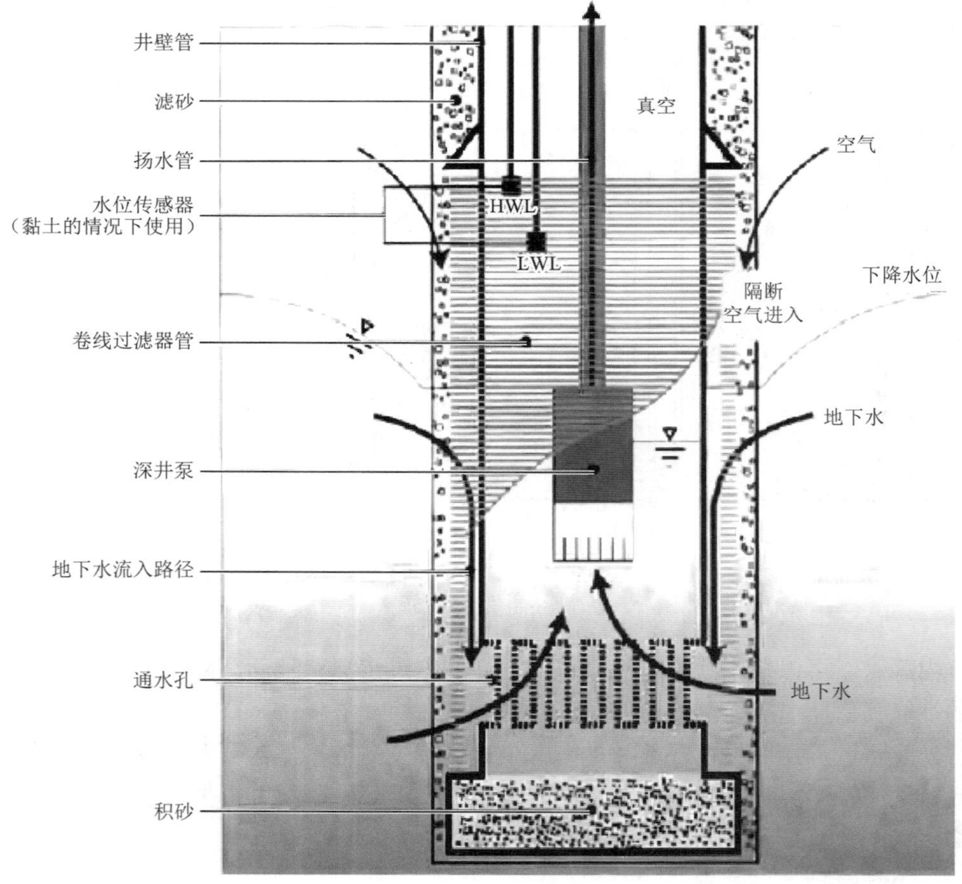

图11-12　工作原理图

11.8　回灌

11.8.1　概述

基坑开挖或降水以后，不可避免地要造成周边地下水位下降，从而使该地段的地面建筑物和地下构筑物因不均匀沉降而受到不同程度的损伤。为了减少这类影响，可以采取一些措施，减缓降水过程过快的影响，还可对保护区采取地下水回灌措施，具体有以下几种：

（1）建筑物离基坑远，且地基为均匀透水层，中间又无隔水层时，则可采用最简单、最经济的回灌沟、砂沟和砂井等方法。

（2）如果建筑物离基坑近，且为弱透水层或者有隔水层时，则必须用回灌井或回灌砂井。

11.8.2　回灌井的设计

（1）回灌井与抽水井之间应保持一定的距离。当回灌井与抽水井距离过小时，水流彼此干扰大，透水通道易贯通，很难使水位恢复到天然水位附近。根据华东地区、华南地区许多工程的经验，当回灌井与抽水井的距离大于等于 6m 时，可保证有良好的回灌效果。

（2）为了在地下形成一道有效阻渗水幕，使基坑降水的影响范围不超过回灌井并排的范围，阻止地下水向降水区流失，保持已有建筑物所在地原有的地下水位仍处于原有平衡状态，以有效地防止降水的影响，合理确定回灌井的位置和数量是十分重要的。一般而言，回灌井平面布置主要根据降水井和被保护物的位置确定。回灌井的数量根据降水井的数量来确定。

（3）回灌井的埋设深度应根据降水层的深度和降水曲面的深度而定，以确保基坑施工安全和回灌效果。回灌井的埋设深度和过滤器长度的确定原则为：回灌井底宜进入稳定水位以下 1.0m，且位于渗透性较大的土层中；过滤器长度应大于降水过滤器长度。

（4）回灌水量应根据实际地下水位的变化及时调节，既要防止回灌水量过大而渗入基坑影响施工，又要防止回灌水量过小，使地下水位失控影响回灌效果。因此，要求在基坑附近设置一定数量的水位观测孔，定时进行观测和分析，以便及时调整回灌水量。

回灌水一般通过水箱中的水位差自灌注入回灌井中，回灌水箱的高度可根据回灌水量来配置，即通过调节水箱高度来控制回灌水量。

（5）回灌砂井中的砂必须是纯净的中粗砂，不均匀系数和含水量均应保证砂井有良好的透水性，使注入的水尽快向四周渗透。灌砂量应为井孔体积的 95%，含泥量不大于 3%，不均匀系数为 3～5。

（6）需要回灌的工程，回灌井和降水井是一个完整的系统，只有使它们共同有效地工作，才能保证地下水位处于某一动态平衡，其中任一方失效都会破坏这种平衡。要求回灌与降水在正常施工中必须同时启动，同时停止，同时恢复。回灌水宜用清水。

回灌系统适用于粉土、粉砂土层，砂、砾等土层因透水性高，回灌量与抽水量均很大，一般不适用。

11.8.3　回灌井的施工

建筑物沿基坑一边采用回灌井，使建筑物保持原有地下水位。

由于地下水位降低，使得建筑物下的水位下降，若其下是软弱土层，则将因水位降低而减少土中地下水的浮托力，从而使软弱土层压缩而沉降。因此，使用回灌的办法使地下水位保持不变，以求邻近建筑物的沉降达到最小程度。在施工中最简单的回灌方法是采用回灌沟，如图 11-13（*a*）所示。图中建筑物离基坑稍远，且无隔水层或弱透水层时，则用回灌沟的方法较为经济易行。但若土层中存有黏质粉土夹层时，则用回灌沟就不适宜，如图 11-13（*b*）所示，此时应采用回灌井的方法，如图 11-14 所示。回灌井是一个较长的穿孔井管，和井点的滤管一样，井外填以适当级配的滤料，井口须用黏土封口，以防止空气进入。这种方法避免了回灌沟的水位形成增加的荷载作用于软弱的黏质粉土上（图 11-13*b*），从而有效地达到回灌地下水使其保持原有地下水位不变的作用。

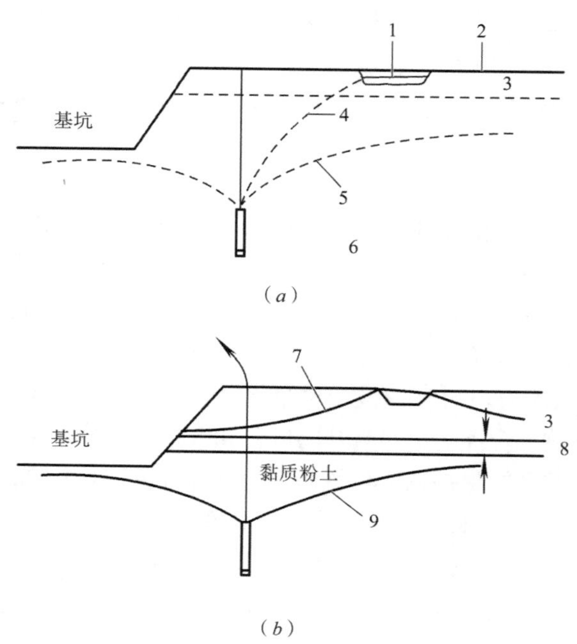

图 11-13　回灌沟

（*a*）无隔水层的回灌；（*b*）有隔水层的回灌

1—回灌沟；2—建筑物；3—原有地下水位；4—回灌后的水位降落曲线；5—无回灌时的水位降落曲线；6—压缩性土；7—回灌水位；8—黏质粉土沉降；9—井点水位降落曲线

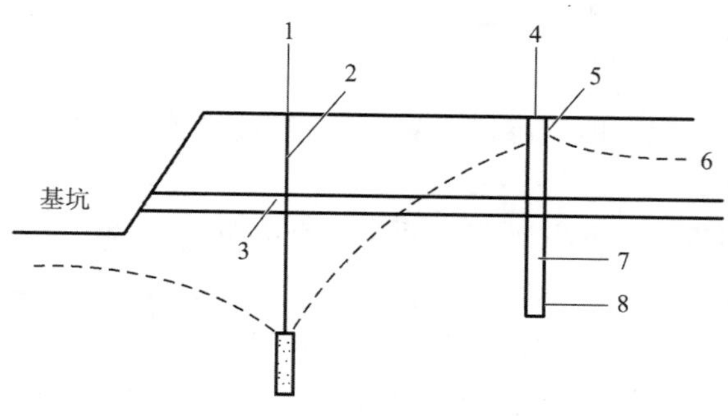

图 11-14　回灌井

1—排水；2—井点；3—黏质粉土；4—回灌水；5—封孔；6—原有地下水位；7—滤料；8—有孔回灌井管

回灌井水量计算的方法与一般井点的计算方法相同，但水位如何保持不变则须用观测井进行观测。另外，对回灌井灌入的水有时还要进行加压回灌，一般采用的压力为 100kN/m^2，或 10m 水柱。

11.9　辐射井降水

11.9.1　辐射井概念

所谓辐射井就是由若干条水平辐射管和一个竖直大井组成的辐射形抽（集）水系统。水平辐射管（井）用来汇聚附近含水层的地下水到竖井中，且往往是自流入井。竖井的作用有两点：一是汇集储存水平辐射管流入的地下水，并通过潜水泵将其抽到地面；二是在其上设置不同的施工平台，可以开采不同深度（高程）和不同地层的地下水，见图 11-15 和图 11-16。

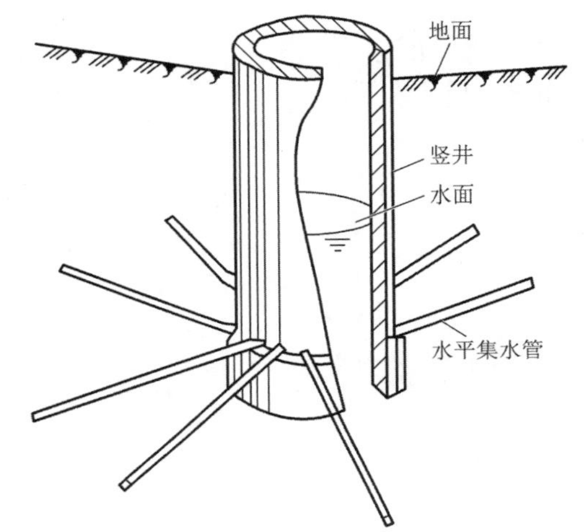

图 11-15　辐射井示意图（一）

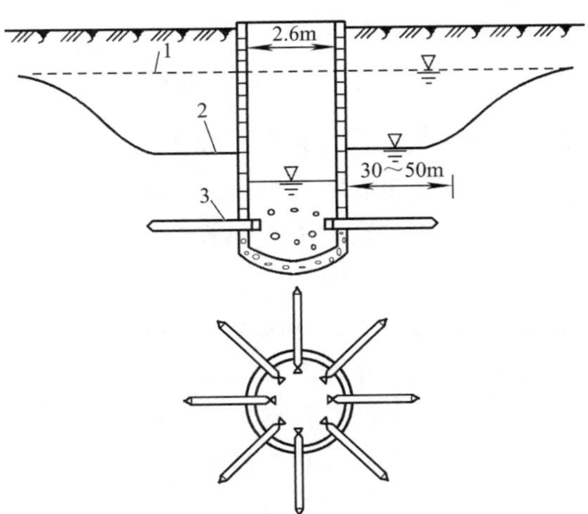

图 11-16　辐射井示意图（二）
1—静水位；2—动水位；3—滤水管

1. 辐射井的特点

（1）竖井体积小，井壁薄，施工速度快。

（2）竖井深度可达 30～40m 或更深，可开采多层地下水。

（3）出水量大。一个辐射井的出水量可相当于同等深度的管井 8～10 个，最大出水量可达 $1m^3/s$。

（4）成本低。北京地铁 5 号线工程采用辐射井降水，可比其他方法节省投资数亿元。

（5）适用地层和范围广。能在极细的粉土、粉细砂层中打水平管，也能在黄土层、砂砾石层中打出水平辐射管来。特别是对于一种所谓的“疏不干”地层，即一抽水就干，不抽水就有水，导致基坑无法开挖的地层来说，辐射井是一种最有效的降水方法。

（6）运行寿命长。

2. 辐射井的应用范围

（1）城乡供水。

（2）农田灌溉。

（3）综合治理农业旱、涝、碱灾害。

（4）基础和基坑工程降水，可以分层治理上层滞水、潜水和承压水危害。

（5）降低尾矿坝、挡水坝的坝体浸润线，确保坝体安全。

11.9.2 辐射井出水量的计算

1. 概述

辐射井出水量的计算，大都采用半经验半理论公式，本节介绍几种方法供参考。

2. 中国水利水电科学院提出的计算公式

1）潜水辐射井的出水量

根据图 11-17，可写出下列公式：

$$q = SVC$$

$$S = 2\pi r h_0$$

$$V = KI = K\frac{\mathrm{d}H}{\mathrm{d}R}$$

$$q = 2\pi rkh_0\frac{\mathrm{d}H}{\mathrm{d}R}C = \frac{1.365k\left(H^2 - h_0^2\right)}{\lg R - \lg r}C$$

式中 S——水流断面面积（m^2）；

V——断面上地下水流速（m/d）；

q——抽水流量（m^3/d）；

k——含水层渗透系数（m/d）；

H——地下水静水位至不透水层顶板厚度（m）；

h_0——竖井外地下水动水位至不透水层顶板的厚度（m）；

R——抽水最大影响半径（m）；

r——等效大口井半径（m）；

C——不完整井系数。

计算r的经验公式：

当水平滤水管管长L不相等时：

$$r = 2\sum L/3n$$

式中 n——滤水管根数；

$\sum L$——不等长的水平滤水管长度总和（m）。

C值的经验求法：

$$C = \sqrt{\frac{h_\mathrm{k}}{h_0}}\sqrt[4]{\frac{2h_0 - h_\mathrm{k}}{h_0}}$$

式中 h_k——动水位至最下部水平滤水管厚度（m）。

2）承压辐射井

$$q = \frac{2.73Km(H - h_0)}{\lg R - \lg r}C$$

式中 m——承压含水层的厚度（m）。

其他符号同前，见图 11-18。

C值的求法与上同。

3）井的非完整系数

井的非完整性系数C值可见表 11-10。

此公式计算结果与实际情况较接近，可以参考采用。

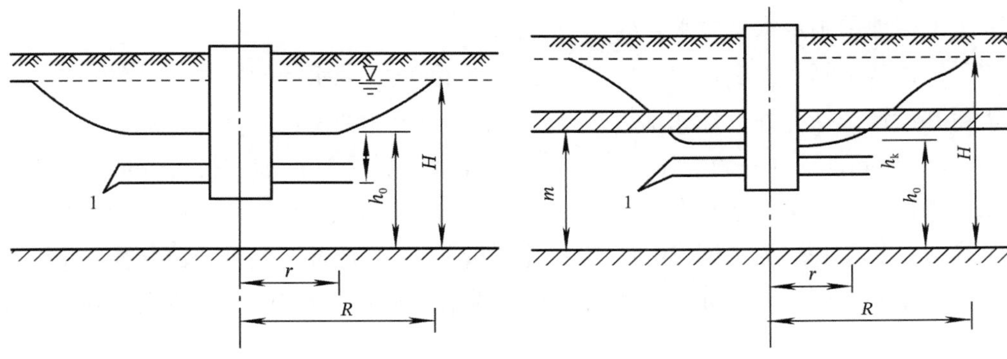

图 11-17 潜水辐射井抽水示意图

1—水平滤水管

图 11-18 承压辐射井抽水示意图

1—水平滤水管

C 值表 **表 11-10**

$\frac{m}{h_k}$或$\frac{h_0}{h_k}$	1.3	1.5	2.0	2.5	3.0	4.0	5.0	6.0	8.0	10.0
C	1.0	0.87	0.78	0.71	0.65	0.58	0.52	0.48	0.41	0.37

3. 用裘布依公式计算出水量

辐射井计算模型见图 11-19。

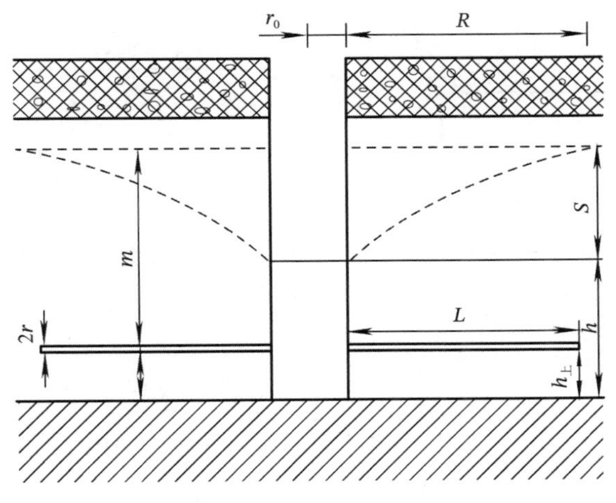

图 11-19 辐射井计算模型

计算公式：

$$Q = \alpha q n$$

适用条件为：①远离水体或河流；②l =30～50m。

式中 Q——辐射井总出水量（m^3/d）；

n——辐射管根数（根）；

q——单管出水量（m^3/d）；

α——折减系数。

11.9.3 辐射井设计要点

1. 布局基本原则

（1）根据基坑面积大小确定井的数量；

（2）根据地层确定水平滤水管的类型、长度；

（3）根据基坑降水深度和含水层层次确定井的深度、滤水管的层次和根数。

辐射井设计包括竖井设计和水平井设计。竖井设计主要考虑其直径、深度，直径一般设计为 2.6～3.0m，国外井的直径可达 5～6m；深度一般低于基坑底 1.5～2.5m。

水平井设计主要考虑钻孔直径、滤水管直径、长度（l）、水平井的数量（n）及水平井的施工高程，长度一般为 30～50m，水平井数量（n）综合考虑经验系数、基坑总涌水量（Q）、单管出水量（q）而确定，水平井布设在含水层底部上下 30cm 范围内，并可根据实际情况适当调整。

2. 单独使用辐射井降水系统

基坑降水所需辐射井数是由降水面积、降水区的水文地质条件、地表水情况以及使用的设备性能等决定的。大致有以下两种情况：

（1）基坑面积不大于 30m × 30m，地表没有不断渗入的水流，或者只有一侧渗水，这种情况可用一口辐射井布置在有地表水渗入基坑的一侧，见图 11-20（a）。

（2）基坑面积大于 30m × 30m，视基坑面积和根据地质条件、钻机可打进滤水管的长度进行布井，可考虑布置两口辐射井或更多，见图 11-20（b）。

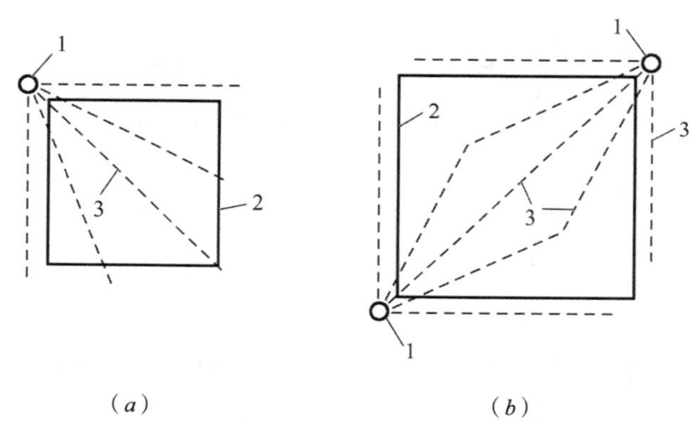

图 11-20　单用辐射井降水

（a）单井降水；（b）双井降水

1—辐射井；2—基坑；3—水平滤水管

3. 辐射井为主与其他降水方法相结合的布置

往往有这种情况，用一口辐射井深感不足，而两口井又觉不经济。此时可以与其他降水方法结合，以期达到经济合理的效果。

（1）辐射井与管井相结合。管井布置在辐射井的对面，即辐射井的水平滤水管所不及的地方，见图 11-21（a）。适用于渗透性较好的水文地质基坑降水。

（2）辐射井与轻型井点相结合。轻型井点布置在辐射井的对面，即辐射井的水平滤水管所不及的地方，见图 11-21（b）。它适用于渗透性较差、基坑较浅的水文地质地区。

（3）竖井底部打设滤水管（图 11-22）。

（4）竖井底部打设管井。除浅部有较好的含水层外，深部也有较好的含水层，即浅部用辐射井，深部用管井，见图 11-23。

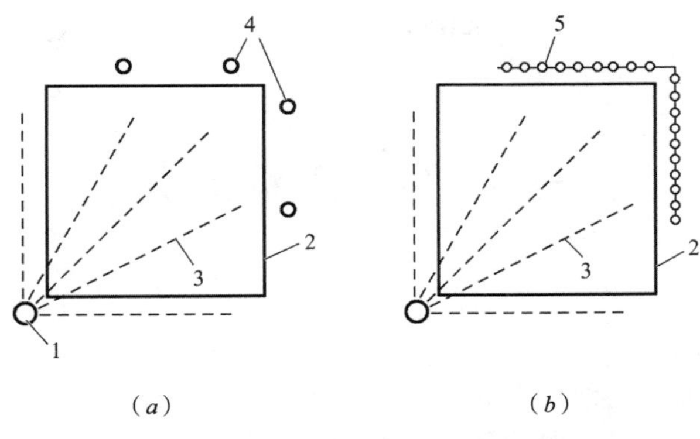

图 11-21　辐射井与其他方法并用

(a) 辐射井与管井相结合；(b) 辐射井与轻型井点结合

1—辐射井；2—基坑；3—水平滤水管；4—管井；5—轻型井点

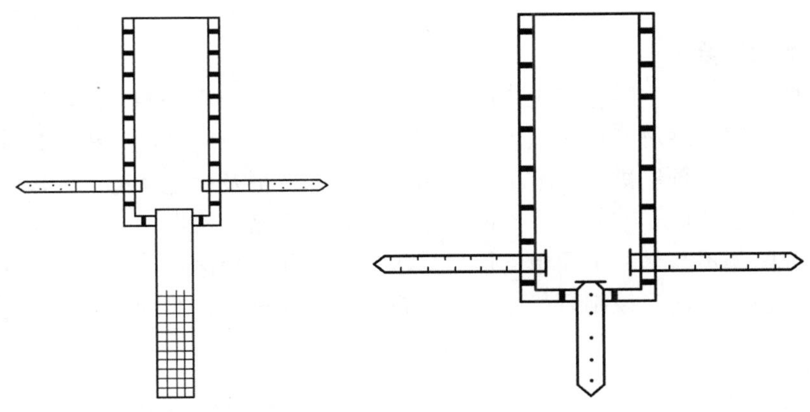

图 11-22　带竖向滤水管的辐射井

图 11-23　带管井的辐射井

11.10　本章小结

(1) 本章简要介绍了基坑降水的设计、施工方法。

(2) 本章特别强调，无论是疏干井还是减压井，都必须把地下水降到基坑底部以下设计要求的水位上，见第 11.2 节的说明。

(3) 减压井的设计要考虑周边环境和基坑施工方法等要求。

(4) 超真空井点法是一种最新降水方法，特别适用于黏性和细粒土地基。它可做到基坑外地下水位不下降。

(5) 本章专门介绍了辐射井降水技术。此法具有占地少、施工快、出水量大、适应地层广和成本低的特点，值得在深基坑降水工程中推广使用。

第 12 章　工程监测

本章简要叙述在地下连续墙中和基坑周边埋设观测仪器的方法，以及观测资料的整理和分析方法，简要叙述基坑监测项目设计和观测的基本要求。

12.1　基坑工程监测设计

12.1.1　监测设计要求

基坑工程监测是基坑工程施工中的一个重要环节，组织良好的监测能够将施工中的各方面信息及时反馈给基坑开挖组织者。根据这些信息，可以对基坑工程支护体系变形及稳定状态加以评价，并预测进一步挖土施工后将导致的变形及稳定状态的发展；根据预测判定施工对周围环境造成影响的程度，制订下一步施工策略，实现信息化施工。

基坑工程监测不仅是一个简单的信息采集过程，而是集信息采集及预测于一体的完整系统。因此，在施工前应该制订严密的监测方案。一般来讲，监测方案设计包括下述几个方面。

1. 确定监测目的

根据场地工程地质和水文地质情况、基坑工程支护体系、周围环境情况确定监测目的。监测目的主要有：

（1）通过监测成果分析，预估基坑工程支护体系本身的安全度，保证施工过程中支护体系的安全。

（2）通过监测成果分析，预估基坑工程开挖对相邻建（构）筑物的影响，确保相邻建（构）筑物和各种市政设施的安全和正常工作。

（3）通过监测成果分析，检验支护体系设计计算理论和方法的可靠性，为进一步改进设计计算方法提供依据。该项目具有科研性质。

不同基坑工程的监测目的应有所侧重。当用于预估相邻建（构）筑物和各种市政设施的影响时，要逐个分析周围建（构）筑物和各种市政设施的具体情况，如建筑物和市政设施的重要性、受影响的程度、抗位移能力等，确定监测重点。

2. 确定监测内容

在基坑工程中需进行现场测试的主要项目及测试方法如表 12-1 所示。

监测项目和测试方法　　**表 12-1**

监测项目	测试方法
地表、支护结构及深层土体分层沉降	水准仪及分层沉降标
地表、支护结构及深层土体水平位移	经纬仪及测斜仪
建（构）筑物的沉降及水平位移	水准仪及经纬仪

续表

监测项目	测试方法
建（构）筑物的裂缝开展情况	观察及量测
建（构）筑物的倾斜测量	经纬仪
孔隙水压力	孔压传感器
地下水位	地下水位观察孔
支撑轴力及锚固力	钢筋应力计或应变仪
支护结构上的土压力	土压力计

3. 确定监测点位置和监测频率

根据监测目的确定各项监测项目的监测点数量和位置。根据基坑开挖进度确定监测频率，原则上在开挖初期可几天测一次，随着开挖深度发展要提高监测频率，必要时可一天测数次。

4. 建立监测成果反馈制度

应及时将监测成果报告给现场监理、设计和施工单位，达到或超过监测项目报警值后，应及时研究、及时处理，确保基坑工程安全、顺利施工。

5. 制订监测点的保护措施

由于基坑开挖施工现场条件复杂，监测点极易受到破坏，因此所有监测点务必牢固，并配上醒目标志，与施工方密切配合，以确保安全。

6. 监测方案设计应密切配合施工组织计划

监测方案是施工组织设计的一个重要内容，它只有符合施工组织的总体计划安排才有可能得以顺利实施。

12.1.2 施工监测要点

做好施工监测工作是实行信息化施工的前提。施工监测要点如下：

（1）根据具体工程特点制订监测方案，包括监测项目、监测点数量、监测点位置和监测频率，以及监测项目报警值。

（2）严格按照监测方案实施监测，并及时将监测报告送交监理、设计和施工技术人员，指导下一步施工。发现险情应立即报告。

（3）对测试结果应综合分析。发现险情应及时采取有效措施，包括实施应急措施。

（4）监测工作结束后应提交施工监测总报告。

12.2 防渗墙的观测仪器

12.2.1 在防渗墙中埋设观测仪器

近些年来，我国在混凝土防渗墙内埋设观测仪器的技术与工艺有了很大进步，已先后在碧口、柘林、葛洲坝、邱庄、小浪底混凝土防渗墙内成功地埋设了应变计、无应力计、管式测斜仪、钢筋计等观测仪器，并且大都工作正常，积累了不少宝贵的观测资料，为科学监测防渗墙的运行情况、进一步完善设计理论提供了可靠的依据。

混凝土防渗墙是地下隐蔽工程，其运行状况的好坏直接关系着枢纽工程的安危，因此对其运行状况进行周密的监测尤其必要。凡是大型永久性混凝土防渗墙工程，都应当在墙身内埋设观测仪器。国外的永久性防渗墙工程对这一工作都是非常重视的。加拿大马尼克3号水电站在两道坝基混凝土防渗墙内埋设观测仪器就是一个很好的例子。

12.2.2 埋设方法

墙身内观测仪器埋设工作的内容有：观测断面的选择、仪器种类的选用及其埋设高程的选择、仪器的率定与检查、埋设前的各项准备工作和仪器的埋设等。观测断面应由设计单位在全线槽孔划分与布置完毕后加以选定，应布置在两根浇注混凝土导管的中央，以使仪器受到的混凝土的冲力与压力均匀。仪器的埋设工作应在清孔验收合格后，浇注混凝土之前的2～3h内完成。

我国在墙身上、下游面及墙身内埋设的观测仪器有：土压力盒、渗压计、差动电阻应变计、无应力计、钢筋计、管式测斜仪、测压管等（图12-1）。埋设于墙身上、下游面的土压力盒与渗压计可采用“挂布法”，即事先制作一个厚度略小于孔宽的钢筋框架，上、下游面焊有钢板制成的保护垫块，以保证框架下设位置准确并保护仪器不致碰撞孔壁。在其上、下游面挂上尼龙布，再将土压力盒或渗压计按设计位置粘牢在尼龙布上，浇注混凝土前将挂布的钢筋框架下入孔内，在框架内下设导管，浇注混凝土后即可使尼龙布及其上固定的仪器紧贴在墙的上、下游面。实践证明，采用挂布法埋设的仪器在孔壁较为平整的槽孔中完好率较高。在由冲击钻具造成的槽孔中，也可使用“液压顶推法”，其效果较好。

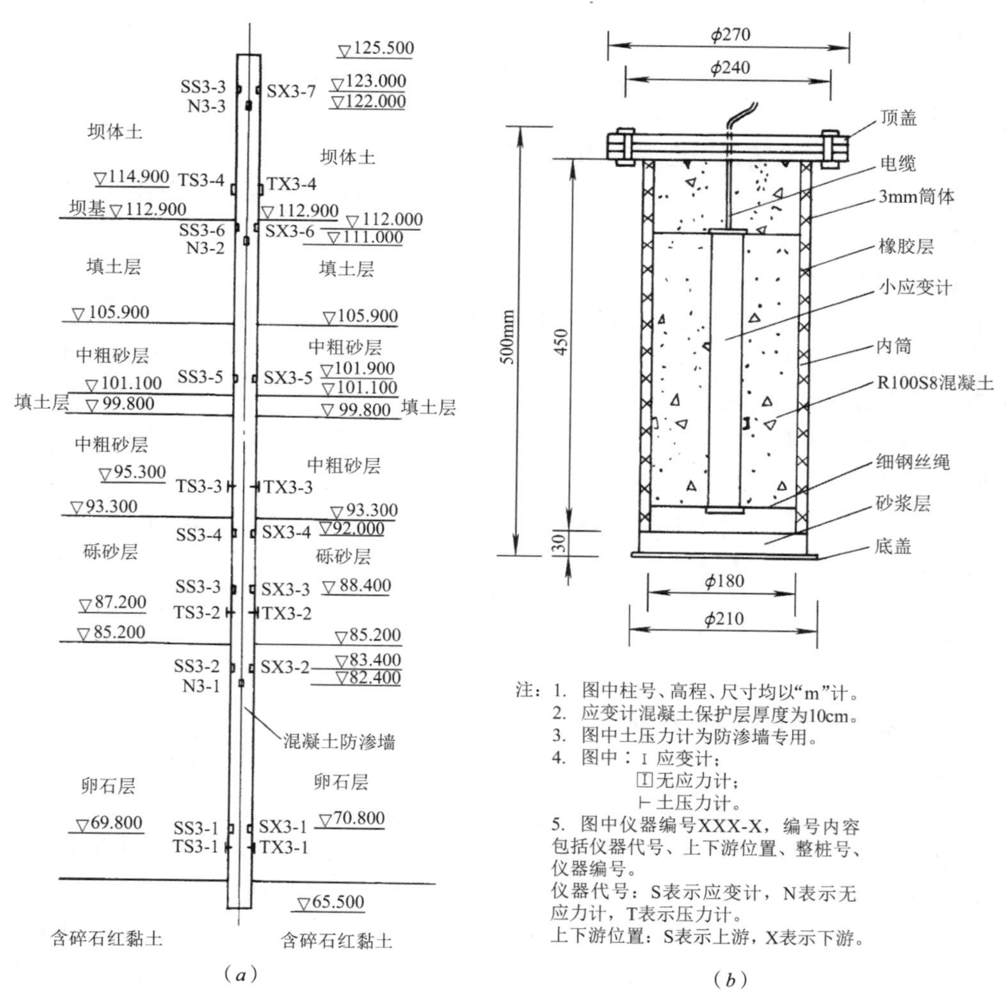

图12-1 防渗墙观测仪器埋设图

（a）剖面；（b）无应力计

埋设应变计、无应力计时，常采用“垂直吊装埋设法”（图 12-2）。用 4 根尼龙绳索起吊一质量约 1t 的长方形铸铁块下放入槽孔内，边下放边按设计高程将应变计或无应力计固定在 4 根尼龙绳的中央，从而控制仪表的位置。我国采用这一方法不仅成功地埋设了上百组垂直应变计，还在邱庄水库成功地埋设了水平应变计，使四向应变计组的埋设成为可能。

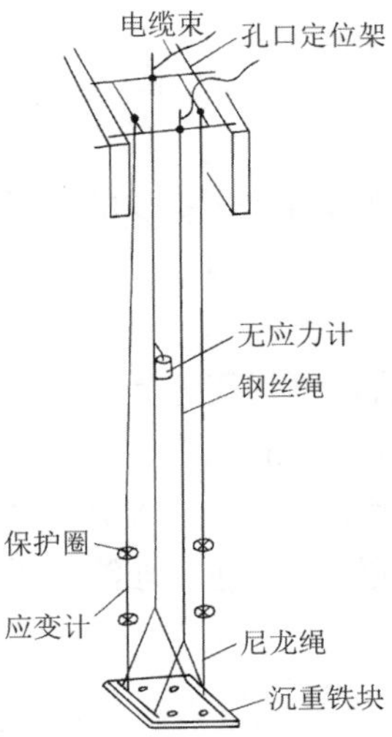

埋设管式测斜仪与测压管，常在混凝土墙体内起拔钢管形成预留孔，然后再将测斜管或自记水位计下入孔内。管模为直径 146～168mm 厚壁无缝钢管，起拔工艺与起拔接头钢管工艺基本相同。但要注意的是，由于管模直径相对较小，孔较深时，整根管模极易出现挠曲。为防止此现象，在浇注混凝土过程中要始终使整根管模处于受拉状态（可在底端吊重物）。

图 12-2　应变计预设示意图

为保证墙身内仪器埋设及观测工作顺利进行，应做好以下几项工作：

（1）埋设仪器槽孔的造孔作业应精心施工，孔壁应平整，不允许有较大孔斜、弯曲、探头石、梅花孔、波浪形等，孔宽、孔深应达到设计要求，孔底基岩也应平整，以满足沉放重块的要求。

（2）清孔作业应精心进行，清孔后任一孔深处的泥浆指标均应达到验收标准，孔底淤积厚度不应超过设计要求。

（3）每一组仪器的沉重块或钢筋框架均应事先试一下，确认没问题后，再正式下设。

（4）观测仪器埋设是一项复杂而又细致的工作，应由事先组建的专业班组承担。

（5）埋设有观测仪器的槽孔浇注混凝土时，在拌合机口及槽孔孔口，按不同孔深留取至少 4 组试块，进行 28d、90d 或更长龄期的抗压、抗拉（包括极限拉伸值）、弹性模量、抗渗、徐变等试验。

（6）一个墙段的观测仪器埋设完毕后，应测定仪器完好率及初始值，并应将电缆及时引到临时观测站，暴露部分要有稳妥、可靠的保护措施，防止施工过程中被损坏。

通过对碧口水电站两道坝基混凝土防渗墙及柘林水电站一道坝体混凝土防渗心墙的系统观测，初步可得出以下结论：

（1）以前的设计理论和计算方法得出的防渗墙的应力和水平位移值与实测值差异很大，说明防渗墙的设计理论与计算方法有待改进、完善。

（2）心墙土坝坝基中防渗墙顶土体发生塑性变形，按塑性变形区土体处于极限平衡状态计算得出的墙顶竖向土压力与观测值一致，约为 2 倍墙顶土柱重。

（3）两侧土体作用于墙面的摩擦力是防渗墙承受的主要竖向荷载之一，摩擦力的方向取决于墙身和两侧土体的相对沉陷方向，作用于单位面积墙面上的摩擦力的数值取决于垂直于墙面的侧向土压力与两侧土体的沉陷差。

（4）土石坝坝基防渗墙的水平位移主要发生在土石坝施工期，在不同土层交界面附近的墙体承受较大弯矩。增大墙厚会恶化墙的应力状况。

（5）防渗墙作为透水地基的防渗措施或土石坝坝体的防渗补强措施，其效果都很显著。

（6）由于混凝土应力应变关系的复杂性，由应变换算应力会产生一定的误差。

加拿大马尼克 3 号水电站和我国葛洲坝水利枢纽工程对地基中两道联合运用的防渗墙

的观测成果均证明：两道防渗墙的防渗性能是不均一的，同一道防渗墙的不同部位的防渗性能也是不均一的。

12.3 地下连续墙观测仪器

12.3.1 测斜仪的埋设和观测

1. 测斜仪工作原理

测斜仪是一种可精确地测量沿竖直方向土层或围护结构内部水平位移的工程测量仪器。测斜仪分为活动式和固定式两种，在基坑开挖支护监测中常用活动式测斜仪。在基坑开挖之前先将有四个相互垂直导槽的测斜管埋入支护结构或被支护的土体中。测量时，将活动式测头放入测斜管，使测头上的导向滚轮卡在测斜管内壁的导槽中，沿槽滚动，活动式测头可连续地测定沿测斜管整个深度的水平位移变化，如图12-3所示。

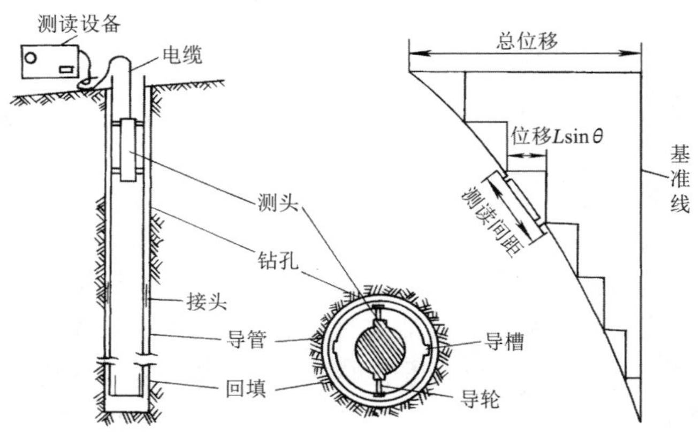

图12-3 测斜仪原理

测斜仪的工作原理是根据摆锤受重力作用后产生的弧角变化推算墙体偏斜。当土体产生位移时，埋入土体中的测斜管随土体同步位移，测斜管的位移量即为土体的位移量。放入测斜管内的活动测头，测出的量是各个不同分段点上测斜管的倾角变化ΔX_i，而该段测管相应的位移增量ΔS_i为：

$$\Delta S_i = L_i \sin \Delta X_i$$

式中 L_i——各段点之间的单位长度（m）。

当测斜管埋设得足够深时，管底可以认为是位移不动点，管口的水平位移值$\varDelta_n$就是各分段位移增量的总和：

$$\varDelta_n = \sum_{i=1}^{n} L_i \sin X_i \tag{12-1}$$

在测斜管两端都有水平位移的情况下，就需要实测管口的水平位移值$\varDelta_0$，并向下推算各点的水平位移值$\varDelta$，即：

$$\varDelta = \varDelta_0 - \sum_{i=1}^{n} L_i \sin X_i \tag{12-2}$$

测斜管可以用于测单向位移，也可以测双向位移。测双向位移时，由两个方向的测量值求出其矢量和，得到位移的最大值和方向。

2. 测斜仪的类型

活动式测斜仪按测头传感元件不同，又可细分为滑动电阻式、电阻片式、钢弦式及伺服加速度计式四种，如图 12-4 所示。

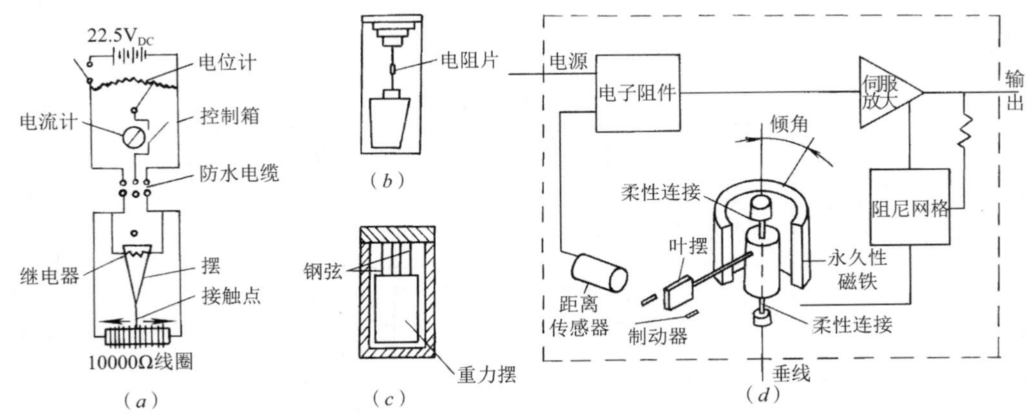

图 12-4　测斜仪原理示意图

（a）滑动电阻式；（b）电阻片式；（c）钢弦式；（d）伺服加速度计式

（1）滑动电阻式。测头以悬吊摆为传感元件，在摆的活动端装一电刷，在测头壳体上装电位计。当摆相对壳体倾斜时，电刷在电位计表面滑动，由电位计将摆相对壳体的倾斜角位移变成电信号输出，用惠斯顿电桥测定电阻比的变化，根据标定结果，就可进行倾斜测量。该测头优点是坚固可靠，缺点是测量精度不高（其性能受电位计分辨率限制）。

（2）电阻片式。测头是用弹性好的铍青铜弹簧片下挂摆锤，弹簧片两侧各贴两片电阻应变片，构成差动可变阻式传感器。弹簧片可设计成等应变梁，使测头的倾角变化与电阻应变仪读数呈线性关系。

（3）钢弦式。钢弦式测头是双轴测斜仪，可进行水平两个方向的测斜。它通过四个钢弦式应变计测定重力摆运动的弹性变形，进而求得倾斜值。

（4）伺服加速度计式。它的工作原理是检测质量块因输入加速度而产生的作用力与特殊感应系统产生的反力相平衡，感应线圈的电流与此反力成正比，根据电压大小可测定斜度，所以称其为力平衡伺服加速度计。

以上四种类型的测斜仪，在国内外都有厂家定型生产。目前，生产伺服加速度计式测斜仪的厂家较多，加速度计是用于惯性导航的元件，灵敏度和精度较高。我国地质和石油钻井测斜用的陀螺仪在土工监测中尚未看到应用的实例。

活动式测斜仪的组成大致可分为四部分：装有重力式测斜传感元件的测头、测读仪、连接测头和测读仪的电缆、测斜管。

（1）测斜仪测头：倾斜角传感元件。

（2）测读仪：应和测头配套选择使用，其测量范围、精度和灵敏度根据工程需要而定。在现场条件下，测斜仪测量结果的重复性一般应等于或优于 ± 0.01°。

（3）电缆：其作用有四个：①向测头供给电源；②给测读仪传递量测信号；③测头量测点距孔口的深度；④提升与下放测头的绳索。电缆除具有很高的防水性能，还不能有较大的长度变化，为此，电缆芯线中设有一根加强钢芯线。

（4）测斜管：一般由塑料或铝合金制成。测斜管直径大小不一，长度约2～4m，管接头有固定式和伸缩式两种。测斜管内有两对正交的纵向导槽，测量时，测头导轮坐落在一对导槽内并可上、下自由滑动。

目前，国内外使用的一些测斜仪见表12-2，国内现有的四种断面形式的测斜管见表12-3。

国内外部分测斜仪技术性能表 表12-2

型号	测头形式及尺寸（mm）	量程	位移方向	灵敏度（分辨率）	精度	温度（℃）	生产单位
CX-01型测斜仪	伺服加速度计式，$\phi 32\times 660$	0°+53°	水平一向	±0.02mm/500mm	±4mm/15m	−10～50	水利水电科学研究院、航天部33研究所（联合研制）
BC-5型测斜仪	电阻片式，ϕ36/650	±5°	水平一向	—	≤±1%F·S	−10～50	水电部南京自动化设备厂
EHW型测斜仪	—	0°～±11°，0°～±30°	水平一向	—	0.1mm/m	—	瑞士胡根伯（Huggenberger）公司
100型测斜仪	伺服加速度计式，$\phi 25.4\times 660$	0°～±53°	水平两向	±0.02mm/500mm	±6mm/30m	−18～40	美国辛柯（SINCO）公司
Q-S型测斜仪	伺服加速度计式，$\phi 25.5\times 500$	0°～±15°	—	（<40″）	0.5%	—	日本应用地质株式会社（OYO）
测斜仪	伺服加速度计式	—	—	1×10^{-4}基线长	±0.002%	−25～55	奥地利英特菲斯（Interfels）公司
MPF-1型测斜仪	—	—	水平两向	0.005%（零漂）	0.02%	−5～60	法国塔勒麦克（Telemac）公司
测斜仪	伺服加速度计式，$\phi 28.5\times 750$	0°～±30°	水平一向、两向	±0.01F·S/℃（零漂）	±0.02%F·S	−5～70	英国岩土仪器（Geotechnical Instrum）公司
	伺服加速度计式，$\phi 40\times 808$	0°～±30°	水平两向	（2in）	10in	−10～40	意大利伊斯麦斯（ISMES）研究所

国内现有的四种测斜管 表12-3

特性	丙烯腈-J二烯-苯乙烯管	聚乙烯管	聚氯乙烯管	高压聚乙烯管
内径（mm）	60	60	58	52
外径（mm）	72	69	70	60
E（N/cm²）（平均值）	152000	81000	146000	15700
刚度不均匀度	1.2	4.4	7.8	1.5

3. 测斜管的安装或埋设

测斜管可安装在地下连续墙或支护桩钢筋笼上，与钢筋笼一起浇注在混凝土中，也可钻孔埋设在支护结构或地基土体中。安装或埋设过程中的注意事项如下。

（1）测斜管现场组装后，安装在地下连续墙或支护桩的钢筋笼上，随钢筋笼浇注在混凝土中，浇注混凝土之前应在测斜管内注满清水，防止测斜管在浇注混凝土时浮起，并防止水泥浆渗入管内。

（2）在支护结构或被支护土体内钻孔，然后将测斜管逐节组装并放入钻孔内，测斜管底部装有底盖，管内注满清水，下入钻孔内预定深度后，即向测斜管与孔壁之间的间隙由下而上逐段灌浆或用砂填实，固定测斜管。

（3）安装或埋设时应及时检查测斜管内的一对导槽，确定其指向是否与欲测量的位移方向一致并及时修正。

（4）测斜管固定完毕或浇注混凝土后，用清水将测斜管内冲洗干净，将测头模型放入测斜管内，沿导槽上下滑行一遍，以检查导槽是否畅通无阻，滚轮是否有滑出导槽的现象。由于测斜仪的测头是贵重的仪器，在未确认测斜管导槽畅通时，不得放入真实的测头。

（5）量测测斜管导槽方位、管口坐标及高程，及时做好孔口保护装置，做好记录。

（6）对于安装在温泉或有地热地段的测斜管，应确定测斜管内的水温是否在测头容许的工作温度范围内。如果水温过高，应在孔口安装冷水洗孔装置。

4. 测斜仪测量侧向位移

（1）为保护测斜仪测头的安全，测量前先用测头模型下入测斜管内，沿导槽上下滑行一遍，检查测斜孔及导槽是否畅通无阻。

（2）连接测头和测读仪，检查密封装置、电池、仪器是否工作正常。

（3）将测头插入测斜管，使滚轮卡在导槽上缓慢下至孔底，测量自孔底开始，自下而上沿导槽全长每隔一定距离测读一次。每次测量时，应将测头稳定在某一位置上。测量完毕后，将测头旋转 180°插入同一对导槽，按以上方法重复测量，两次测量的各测点应在同一位置上，此时各测点的两次读数数值应该接近，而符号相反。如果测量数据有疑问，应及时补测。用同样方法可测另一对导槽的水平位移。一般测斜仪可以同时测量相互垂直的两个方向的水平位移。

（4）侧向位移的初始值就是基坑开挖之前连续三次测量无明显差异读数的平均值，或取其中一次的测量值作为初始值。

（5）观测间隔时间应根据侧向位移的绝对值或位移增长速率而定。当侧向位移明显增大时，应加密观测次数。

5. 侧向位移观测资料的整理

侧向位移观测记录及整理内容包括：工程名称，测斜孔编号，平面位置和导槽方位，水平位移实测值，最大位移值及发生的位置与方向，位移发展速率，观测时间，施工进度，观测、计算和校核责任人等。为了及时进行险情预报，对实测数据应立即分析处理后，反馈给施工现场管理人员。

12.3.2　土压力和水压力观测仪器的埋设和观测

1. 观测目的和内容

土压力是基坑支护结构周围的土体传递给挡土构筑物的压力。在基坑开挖之前，挡土构筑物两侧土体处于静止平衡状态。在基坑开挖过程中，由于基坑内一侧的土体被移去，挡土构筑物两侧土原始的应力平衡和稳定状态被破坏，挡土构筑物由相对静止的状态转化为变形运动的状态，在挡土构筑物周围一定范围内产生应力重分布。在被支护土体一侧，由于挡土构筑的移动引起土体的松动而使土压力降低，而在基坑一侧的土体由于受挡土结构的挤压而使土压力升高。但是这种变化不会无休止地发展下去。当变形或应力超过一定数值时，土体就产生结构性的破坏而使挡土结构坍塌。因此，土压力的大小直接决定着挡土构筑物的稳定和安全。影响土压力的因素很多，如土体介质的物理力学性质及结构组成、附加荷载的数值、地下水位变化、挡土构筑物的类型、施工工艺和支护形式、挡土构筑物的刚度及位移、基坑挖土程序及工艺等。这些影响因素给理论计算带来一定的困难。因此，仅用理论分析土压力大小及沿深度分布规律是无法准确表达土压力的实际情况的。而且，土压力的分布在基坑开挖过程中是动态变化的，从挡土构筑物的安全、地基稳定性及经济合理性考虑，对重要的基坑支护结构要进行必要的现场原型观测。

基坑开挖工程经常在地下水位以下土体中进行。地基土是多相介质的混合体，土体中的应力状态与地基土中的孔隙水压力和排水条件密切相关。静水压力不会使土体产生变形。当孔隙水渗流时，在孔隙水的流动方向上产生渗透力。当渗透力达到某一临界值时，土颗粒就处于失重状态，这就是所谓的“流土”现象。在基坑内采用不恰当的排水方法，会造成灾难性的事故。另外，当饱和黏土被压缩时，由于黏性土的渗透性很小，孔隙间的水不能及时排出，基坑承受很大的压力，这称为超静孔隙水压力。超静孔隙水压力的存在降低了土体颗粒之间的有效压力。当超静孔隙水压力达到某一临界值时，同样会使土体失稳破坏。因此，监测土体中孔隙水压力在施工过程中的变化情况，可以直观、快速地得到土体中孔隙水压力的状态和消散规律，作为基坑支护结构稳定性控制的依据。

通过现场土压力和孔隙水压力的原位观测可达到以下主要目的：

（1）验证挡土构筑物各特征部位的侧压力理论分析值及沿深度的分布规律。

（2）监测土压力在基坑开挖过程中的变化规律。由观测到的土压力急剧变化及时发现影响基坑稳定的因素，从而采取相应的保证稳定的措施。

（3）积累各种条件下的土压力规律，为提高理论分析水平积累资料。

土压力和孔隙水压力现场原型观测设计原则，应符合荷载与挡土构筑物的相互作用关系，并反映各特征部位（拉锚或顶撑点、土层分界面、滑体破裂面底部、反弯点及最大变形点等）以及挡土构筑物沿深度变化的规律。

2. 观测仪器和压力传感器

深基坑开挖支护工程现场土压力和孔隙水压力观测，在我国已进行多年，积累了不同类型工程的经验，也促进了各类压力传感器的发展。国内目前常用的压力传感器根据其工作原理分为钢弦式、差动电阻式、电阻应变片式和电感调频式等。其中，钢弦式压力传感器长期稳定性高，对绝缘性要求较低，适用于土压力和孔隙水压力的长期观测。

钢弦式压力传感器的工作原理如图 12-5 所示。当压力盒的量测薄膜上有压力时，薄膜将发生挠曲，使得其上的两个钢弦支架张开，钢弦将拉得更紧。弦拉得越紧，它的振动频率也越高。当电磁线圈内有电流（电脉冲）通过时，线圈产生磁通，使铁芯带磁性，因而激起钢弦振动。电流中断时（脉冲间歇），电磁线圈的铁芯上留有剩磁，钢弦的振动使得线圈中的磁通发生变化，因而感应出电动势，用频率计测出感应电动势的频率就可以测出钢弦的振动频率。为了确定钢弦的振动频率与作用在薄膜上的压力之间的关系，需要对压力盒进行标定。为此可以在实验室内用油泵装置对压力盒施加压力，并用频率接收器量测出对应于不同压力的钢弦振动频率。这样就可以绘出每个压力盒的标定曲线，如图 12-6 所示。当现场观测时，通过接收器量测钢弦的频率，根据标定曲线就可以查出该压力盒此时所受的压力。

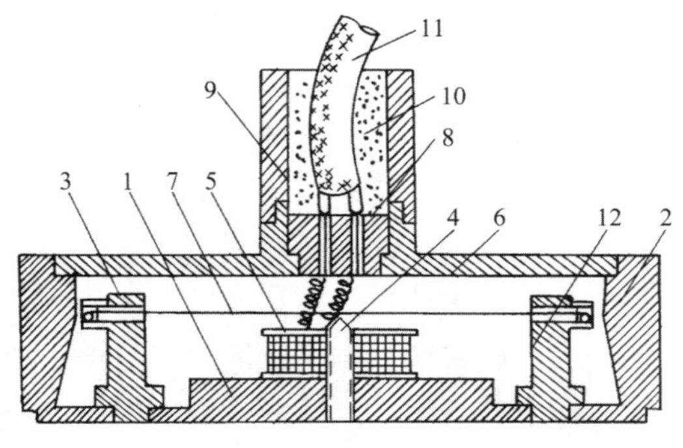

图 12-5　钢弦式压力传感器的工作原理

1—量测薄膜；2—底座；3—钢弦夹紧装置；4—铁芯；5—电磁线圈；6—封盖；7—钢弦；8—塞子；9—引线套筒；10—防水材料；11—电缆；12—钢弦支架

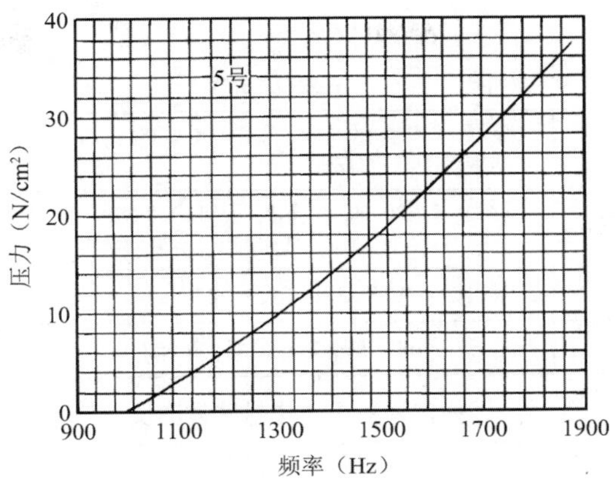

图 12-6 压力传感器标定曲线

国内常用的土压力传感器、孔隙水压力计以及相关测量仪器的型号及技术指标见表 12-4～表 12-6。

国内常用的土压力传感器 **表 12-4**

仪器名称及型号	主要技术指标	生产厂家
GJZ、GJM 型钢弦式土压力计	量程：250～2000kPa；分辨率：0.2%F · S； 精度：1%～2.5%F · S；温度误差：≤3Hz/10℃； 零漂：≤2Hz；接线长度：≥1000m	南京水利科学研究院土工所
钢弦式土压力计	最大量程：15000kPa；分辨率：0.25%F · S； 零漂：±2Hz；温度误差：0.3Hz/℃	南京水科院材料结构所
JXY、LXY—4 型振弦双膜式压力盒	最大量程：8000kPa；分辨率：1%F · S； 零漂：±1%F · S；温度误差：−0.42～0.28Hz/℃	丹东电器仪表厂
GYH—3 型振弦式土压力盒	最大量程：5000kPa；分辨率：0.15%F · S； 零漂：≤5%F · S；温度误差：≤0.1%F · S/℃	丹东三达测试仪表厂
YUA、YUB 型差动电阻式土压力计	最大量程：1600kPa；分辨率：＜0.5kPa； 精度：1.2%F · S	南京电力自动化设备厂
TT 型电阻应变片式土压力计	最大量程：2000kPa；分辨率：0.5%F · S； 精度：1%F · S；零漂：≤0.5%F · S	南京自动化研究所
TYJ20 系列钢弦式土压力计	量程：0.2～3.2kPa；分辨率：≤0.2%F · S； 不重复度：≤0.5F · S；综合误差：≤2.5%F · S； 工作温度：0～40℃	金坛市儒林土木工程仪器厂
YCX 型振弦式土压力计	最大量程：1.5MPa；稳定误差：±1.0%； 温度误差：±0.25%；灵敏度：0.1%	三航局科研所

国内常用的孔隙水压力计 **表 12-5**

仪器名称及型号	主要技术指标	生产厂家
SZ 型差动电阻式孔隙水压力计	量程：200、400、800、1600kPa； 精度：2%F · S，接线任意长工作温度−25～60℃	南京电力自动化设备厂
GKD 型钢弦式孔隙水压力计	量程：250、400、600、800、1000、1600kPa； 精度：2%F · S；零漂：±2Hz； 温度误差：±3Hz/10℃	南京水利科学研究院
JXS—1，2 型弦式孔隙水压力计	量程：100～1000kPa；分辨率：0.2%F · S； 零漂：＜±0.1%F · S； 温度误差：−0.25Hz/℃	丹江电器仪表厂
GSY—1 型弦式孔隙水压力计	量程：100～3000kPa；分辨率：0.1%F · S； 零漂：≤1%F · S；温度误差：−0.25Hz/℃	丹江三达测试仪器厂

续表

仪器名称及型号	主要技术指标	生产厂家
KXR 型弦式孔隙水压力计	量程：200～1000kPa；零漂：≤±1%F·S；温度误差：0.5Hz/℃	金坛传感器厂
TK 型电阻片式系列孔隙水压力计	量程：0～2000kPa；精度：≤1.5%F·S；分辨率：0.1%F·S；适用温度：−5～50℃	水电部南京自动化研究所
双管式孔隙水压力计	量程：0～1000kPa；精度：100kPa	南京水利科学研究所
水管式渗压计	量程：−100～900kPa；精度：200kPa	水利水电科学研究院

国内常用的压力传感器量测仪　　表 12-6

类别	仪器名称及型号	主要技术指标	生产厂家
钢弦式	SDP-Z 型袖珍钢弦频率仪	精度：±1Hz	常州市金坛儒林测试仪器厂
	多通道电脑振弦仪	精度：±1Hz；可对小 32 点（可扩展到 100 点）进行自动巡测或选点检测，并打印记录	南京水科院材料结构所
	智能钢弦仪	精度：±1Hz；可对 8 个传感器（可扩展）直接测量频率及数字显示或打印输出	南京水科院河港研究所
	JD1 型多路振弦仪	40 点（可扩展到 100 点）定点，选点检测数字显示，打印输出。有接口与 PC-1500 机联机	交通部第三航务工程局科研所
差动电阻式	SBQ-2 型水工比例电桥	量程：R 0～111.10Ω，Z 0～1.1110；工作条件：相对湿度≤80%；绝缘电阻≥50MΩ	南京电力自动化设备厂
	SBQ-4 型水工比例电桥	量程：R 0～111.10Ω，Z 0～1.1110；工作条件：相对湿度≤80%；绝缘电阻：≥50MΩ	南京电力自动化设备厂
	SQ-1 型数字式电桥	量程：R 0～120Ω，Z 0.9～1.1；工作条件：温度 0～45℃，湿度＜90%；基本误差：$R\leqslant\pm0.02\Omega$，$Z\leqslant\pm0.01\%$	南京电力自动化设备厂
	ZJ-4/5A 型电阻比检测仪	量程：Z 0.8000～1.2000，R 0.01～120.00Ω；精度：$Z\leqslant0.02\%$，$R<0.02\Omega$；显示数据：R_1，R_2，Z，R_t；遥测距离：2000m	南京自动化研究所

3. 压力传感器的标定

无论哪一种型号的压力传感器，在埋设之前都必须进行稳定性、防水密封性、压力标定、温度标定等检验工作。

（1）稳定性检查。传感器的稳定性是指在一定工作条件下，传感器性能在规定时间内保持不变的能力，包括时漂、温漂、零漂。装配好的压力传感器经低温时效、疲劳试验处理后静放 1～3 个月，从中选择无温漂、稳定性好的压力传感器再进行密封性检验。

（2）密封性检验。压力传感器在工作状态下均承受一定的水压力，因此，其防水密封性的好坏关系到其能否正常工作的问题。密封的关键是装配时压力传感器本身的密封和传感器与电缆接头的密封。密封检验方法是将传感器放在 300MPa 的水压力罐中进行防水密封试验。

（3）压力标定。将压力传感器放在特制的标定设备上，一般用油压标定，也有用水标定和用砂标定的。根据压力传感器量程的大小，按 20kPa 或 50kPa 分级加压和退压，反复进行两次，测定电阻或频率值。然后将压力—电阻或压力—频率曲线绘制在坐标纸上，绘出相关曲线，或将压力—频率值输入计算机，用最小二乘法求出压力标定系数。

（4）温度标定。将压力传感器浸入不同温度的恒温水中，改变水温测定压力传感器电阻和频率值，将测定值绘制在电阻—频率坐标纸上得出电阻修正系数。

（5）确定压力传感器的初始值。传感器的初始值是很重要的，在埋设前要进行多次测量，埋设后在传感器受力前仍需进行测量，根据多次测量确定压力初始值。

4. 压力传感器的现场安装

1）土压力盒的安装。

土压力是作用在挡土构筑物表面的作用力。因此，土压力盒应镶嵌在挡土构筑物内，使其应力膜与构筑物表面齐平。土压力盒后面应具有良好的刚性支撑，在土压力作用下不产生任何微小的相对位移，以保证测量的可靠性。

（1）钢板桩或预制钢筋混凝土构件。对于钢板桩或钢筋混凝土预制构件挡土结构，施工时多用打入或振动压入方式。土压力盒及导线只能在施工之前安装在构件上，受振动冲击比较严重，保护措施至关重要，一般采用安装结构进行安装，如图 12-7 所示。土压力盒用固定支架安装在预制构件上，固定支架、挡泥板及导线保护管使土压力盒和导线在施工过程中免受损坏。

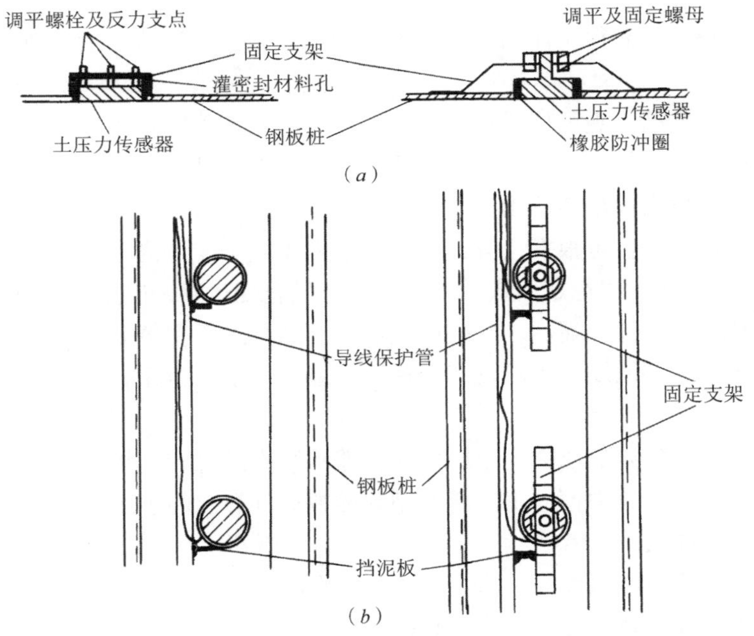

图 12-7　柔性挡土构筑物的传感器安装

（a）钢板桩土压力传感器安装；（b）钢板桩导线保护管设置

（2）现浇混凝土挡土结构。对于地下连续墙等现浇混凝土挡土结构，土压力盒采用幕布法安装，即在欲观测槽段的钢筋笼上布置一幅土工织布。幕布上土压力盒的安装位置事先缝制一些安装袋，土压力盒安装在帷幕上，随钢筋笼放入槽段内。幕布使现场浇注混凝土后土压力盒保持在挡土构件和被支挡土体之间。为使土压力盒均匀受力，且有较大的受力面积，土压力盒宜采用沥青囊间接传力结构。

2）孔隙水压力计的安装。

首先要根据埋设位置的深度、孔隙水压力的变化幅度等确定埋设孔隙水压力计的量程，以免量程太小而造成孔隙水压力超出范围，或是量程选用过大而影响测量精度。将滤水石排气，备足直径为 1～2cm 的干燥黏土球。其黏土的塑性指数应大于 17，最好采用膨润土，供封孔使用。备足纯净的砂，作为压力计周围的过滤层。孔隙水压力计的安装和埋设应在水中进行，滤水石不得与大气接触，一旦与大气接触，滤水石层应重新排气。埋设方法一般可采用以下两种：

（1）压入法。如果土质较软，可将孔隙水压力计直接压入埋设深度。若有困难，可先钻孔至埋设深度以上1m处，再将孔隙水压力计压至埋设深度，上部用黏土球将孔封至孔口。

（2）钻孔埋设法。在埋设处用钻机成孔，达到埋设深度后，先在孔内填入少许纯净砂，将孔隙水压力计送入埋设位置。再在周围填入部分纯净砂，然后上部用黏土球封孔至孔口。如果在同一钻孔内埋设多个探头，则要封到下一个探头的埋设深度。每个探头之间的间距应不小于1m，且应保证封孔质量，避免水压力贯通。

压力传感器现场安装后，应立即做好引出线的保护工作，避免浸泡在水中和在施工中受损。

5. 土压力和孔隙水压力的观测和资料整理

1）现场原型观测。

观测和资料整理是获得土压力和孔隙水压力变化规律的最后阶段，现场原型观测一般分为以下几个阶段：

（1）基坑开挖之前。观测压力传感器的安装受力状态，检验压力传感器的稳定性，一般2～3d观测一次，每次观测应有3～5次稳定读数。当一周前后压力数值基本稳定时，该数值可作为基坑开挖之前土体的土压力和孔隙水压力的初始值。

（2）基坑开挖过程。可根据土方开挖阶段、内支撑（或拉锚）施工阶段确定观测的周期，每次观测应有3～5次稳定读数。当压力值有显著变化时，应立即复测。

（3）土方开挖至设计标高后。基础底板混凝土灌注之前宜每天观测一次，随后可根据压力稳定情况确定观测周期，现场观测应持续至地下室施工至原有地面标高。

2）资料整理。

由土压力传感器实测的压力为土压力和孔隙水压力的总和，扣除孔隙水压力计实测的压力值，才是实际的土压力值。由现场原型观测数据计算出的土压力值和孔隙水压力值，可整理为以下几种曲线：

（1）不同施工阶段沿深度的土压力（或孔隙水压力）分布曲线。

（2）土压力（或孔隙水压力）变化时程曲线。

（3）土压力（或孔隙水压力）与挡土结构位移关系曲线。

当观测到土压力（或孔隙水压力）数值异常或变化速率增快时，应分析原因，及时采取措施，同时要缩短观测的周期，有条件时应采用计算机数据处理与分析、反馈系统对支护结构的内力和位移、土压力和孔隙水压力等进行系统监测。

12.3.3 钢筋应力计的埋设和观测

1. 监测范围

在基坑支护结构中有代表性位置的钢筋混凝土支护桩和地下连续墙的主受力钢筋上，宜布设钢筋应力计，监测支护结构在基坑开挖过程中的应力变化。

2. 监测点的布置

监测点布置应考虑以下几个因素：计算的最大弯矩所在位置和反弯点位置、各土层的分界面、结构变截面或配筋率改变截面位置、结构内支撑或拉锚所在位置等。

3. 应力传感器

基坑开挖工程的监测一般都要几个月的工期，宜采用振弦式钢筋应力计。振弦式应力传感器采用非电量电测技术，其输出是振弦的自振频率信号，因此具有抗干扰能力强、受温度影响小、零漂小、受电参数影响小、对绝缘要求低、性能稳定可靠、寿命长等特点，适应在恶劣环境中长期、远距离进行观测。振弦式钢筋计结构如图 12-8 所示。

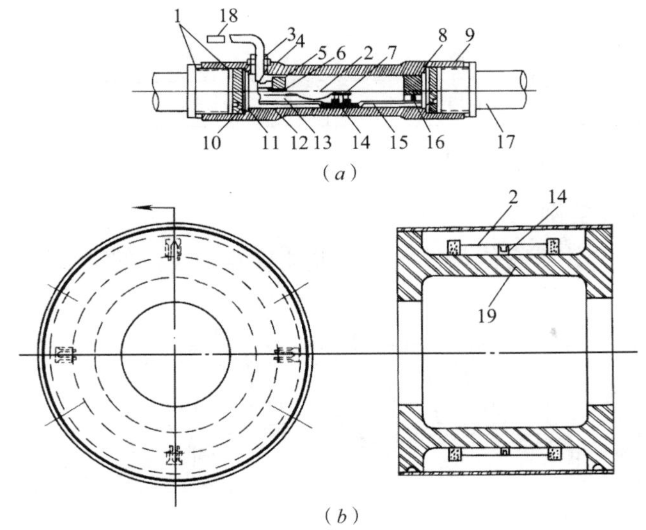

图 12-8　振弦式钢筋计和锚杆测力计

（a）钢弦式钢筋计；（b）振弦式锚杆测力计

1—壳体橡皮垫圈；2—钢弦；3—防水螺钉；4—橡皮垫圈；5—调弦端头块；6—调弦螺杆；7—铁芯；8—固弦端头块；9—外壳钢管；10—密封螺钉；11—密封垫板；12—调弦螺母；13—固弦栓；14—线圈；15—线圈板；16—沉头螺钉；17—焊接螺杆；18—电缆线；19—工字形缸体

4. 应力传感器的安装

（1）根据测点应力计算值，选择钢筋应力计的量程，在安装前对钢筋计进行拉、压两种受力状态的标定。

（2）将钢筋应力计焊接在被测主筋上。安装时应注意尽可能使钢筋应力计处于不受力的状态，特别不应使钢筋应力计处于受弯状态。将应力计上的导线逐段捆扎在邻近的钢筋上，引到地面的测试匣中。

（3）支护结构浇注混凝土后，检查应力计电路电阻值和绝缘情况，做好引出线和测试匣的保护措施。

5. 应力传感器的测量和资料整理

（1）基坑开挖之前应有 2～3 次应力传感器的稳定测量值，作为计算应力变化的初始值。

（2）基坑每开挖其深度的 1/5～1/4 应测读 2～3 次，或在每层内支撑（或拉锚）施工间隔时间内测读 2～3 次。

（3）基坑开挖至设计深度时，每两周测读 1～2 次，一直测到地下室底板混凝土浇注完毕，或最上层支撑拆除为止。

（4）每次应力实测值与初始值之差，即为应力变化。

原交通部三航局科研所 GCB 振弦式钢筋计的主要规格见表 12-7。

GCB 振弦式钢筋计 表 12-7

传感器变形段外径（mm）	截面积S（cm²）	相当于钢筋直径（mm）	力（kN）
21 ± 0.1	1.13	12	0～20
25 ± 0.1	2.54	18	0～45
28.5 ± 0.1	3.14	20	0～55
30.0 ± 0.1	3.8	22	0～70
32.0 ± 0.1	4.91	25	0～90
34.5 ± 0.1	6.15	28	0～110
38.0 ± 0.1	8.04	32	0～140

12.3.4 观测设备埋设实例

图 12-9 所示是一个比较有代表性的基坑监测仪器和设备的埋设平面图，可供参考。

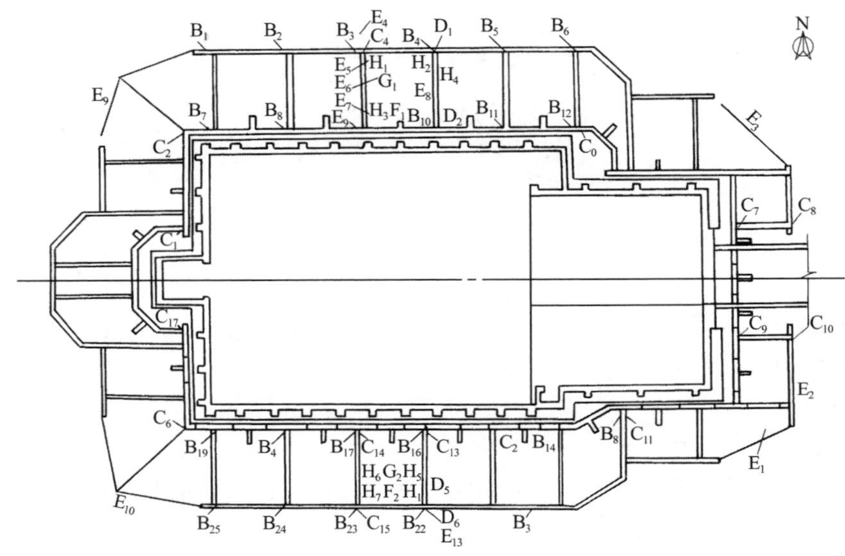

图 12-9 结构平面及测点布置

B_i—顶部水平位移观测点；C_i—沉降观测点；D_i—土压力盒平面埋设位置；E_i—地下水位观测孔；F_i—土层水平位移测点；G_i—深层土层倾斜测点；H_i—孔隙水压力测点

12.4 本章小结

在深基坑工程施工过程中，加强基坑各项参数，随时观测并对观测资料及时分析判断，是保证基坑工程顺利施工的重要环节之一。应当注意观测基坑开挖过程中，地下连续墙和水平支撑的位移、转动、偏斜和应力大小。

第 4 篇

Constructionai materiai of underground continuous diaphragm wall

墙体材料

第 13 章　刚性混凝土

13.1　墙体材料发展概况

地下连续墙施工技术是由意大利首先在 1950 年代初发展起来的。当时不管是用来承重，还是防渗，都是采用 C15 以上的混凝土和钢筋混凝土。

1950 年代末期，随着地下连续墙施工技术和材料研究水平的不断发展，它的墙体材料和施工技术开始向着两个不同方向发展：一种是承受各种垂直或水平荷载的刚性墙，抗压强度已经超过 80MPa；另一种则是主要用于防渗的柔（塑）性防渗墙，它的抗压强度最小的不足 1MPa，甚至只是厚度不足 0.5mm 的土工膜。到现在为止，用于防渗墙的材料不下几十种。

我国于 1950 年代末期开始研究使用的黏土混凝土，至今已经建成了几百座防渗墙，使用数量已达几百万立方米。1950 年代末期首先由意大利研究使用的塑性混凝土，到了 1970 年代以后才取得了广泛应用的机会。

首先由法国在 1960 年代末期研究使用成功的自硬泥浆施工技术，迅速推广到了世界各地。

美国和加拿大则善于采用泥浆槽（Slurry Wall）施工技术，他们喜欢用土方机械（如反铲）挖出长长的沟槽，然后用推土机把搅拌均匀的砾石水泥、黏土和泥浆的混合物推到沟槽中去。

在刚性墙方面，混凝土的抗压强度不断地提高，现在已有超过 80MPa 的；在日本则出现了用钢板（或型钢）作为连续墙垂直结构的工程实例；为了减少占用的结构空间和减少现场浇注的麻烦，预制连续墙（板）也有了不少应用机会；后张预应力地下连续墙已经在英国伦敦地铁中建成。

地下连续墙墙体材料种类和首次使用时间见表 13-1。墙体材料的种类见图 13-1，根据墙体材料的技术性能和施工方法的差别，可以分成刚性混凝土、塑性材料和柔性材料三大类。表 13-2 列出了它们的主要性能和特点。

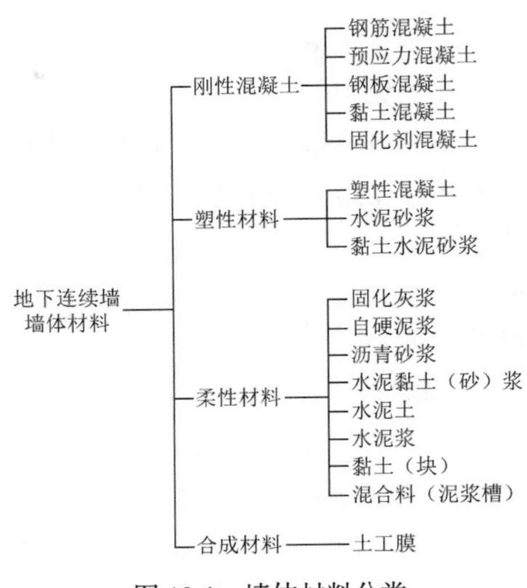

图 13-1　墙体材料分类

墙体材料首次使用时间表 表 13-1

序号	材料名称	首次使用年份	国家	说明
1	混凝土	1950年	意大利	
2	钢筋混凝土	1950年	意大利	
3	预制墙板混凝土（PC）	1970年	法国、日本	
4	后张预应力混凝土	1972年	英国	
5	钢-混凝土（SRC）	1986年	日本	
6	黏土混凝土	1958年	中国	含粉煤灰混凝土
7	塑性混凝土	1957年	意大利	
8	水泥砂浆	1964年	苏联	
9	沥青砂浆	1962年	意大利	
10	黏土水泥浆	1964年	法国、德国	
11	固化灰浆	1970年	法国、日本	
12	自硬泥浆	1969年	法国	
13	黏土块（粉）	1959年	波兰、中国	
14	混合料（泥浆槽）	1952年	美国、加拿大	
15	土工布（膜）	—	日本	

地下连续墙分类表 表 13-2

项目	刚性混凝土	塑性材料	柔性材料
主要用途	挡土、深基础、深基坑	防渗（承重）	防渗
抗压强度（MPa）	C10～C50（个别C80）	C2～C5	0.2～1.0（MPa）
弹性模量（MPa）	1500～3000	300～1000	10～150
渗透系数（cm/s）	$<10^{-8}$	10^{-8}～10^{-6}	10^{-7}～10^{-6}
主要材料名称	钢筋（钢板）混凝土、预应力混凝土、黏土混凝土	塑性混凝土、水泥砂浆	固化灰浆、自硬泥浆、混合料、黏土、水泥黏土浆、土工膜
主要施工方法	泥浆下挖槽和浇注		方法各种各样，有的不用泥浆

13.2 混凝土和钢筋混凝土

各国应用情况

1. 意大利

1950年代初，地下连续墙刚刚开始应用的时候，还未来得及对墙体材料进行深入研究，不管作什么用，一律都是使用混凝土和钢筋混凝土。一般情况下，混凝土中水泥用量都大于250kg/m³，钢筋混凝土则大于300kg/m³，都使用500号波特兰水泥，遇有侵蚀性地下水时，则使用火山灰水泥，石子最大直径30～40mm，钢筋的最大直径32mm，混凝土强度等级C5～C25。

2. 苏联

苏联在1960年代初期引进地下连续墙施工技术，相继建成了不少防渗墙。下面介绍几个有代表性的墙体材料组成和施工情况。

1960—1961 年建成的苏联沃特金水电站溢流坝和电站厂房前铺盖下的防渗墙，深6.5m，厚0.5m，是在半坚硬的砂岩和粉砂岩中用特殊的施工方法建造的，是把槽孔内的水抽干后，浇注混凝土并用振捣器振捣。混凝土强度等级 C25，坍落度 3～5cm，重度 23.3～23.9kN/m^3。

建成后进行压水试验，证明墙的透水性小于地基的 1%，但墙底与基岩接触带透水性较大，单位吸水率达 0.01～0.1L/(min · m · m)，经过灌浆处理后，透水性大为减少。

防渗墙 70d 龄期的混凝土强度为 2360～4320N/cm^2，抗渗等级大于 P8。

苏联基辅蓄能水电站上池土坝的防渗墙工程，在 1973—1974 年间完成了长约 1988m、深 17～25m、面积 38042m^2 的混凝土防渗墙，平均强度 3bar，抗渗等级 P8。

3. 日本

日本从 1959 年引入地下连续墙技术后，大力开发和应用此项技术，在 1960 年代的 10 年之中，共建造了 400 多万平方米的地下连续墙。此时使用的大多是钢筋混凝土和混凝土。日本的有关规范要求混凝土中水泥用量不小于 370kg/m^3，水灰比不大于 0.50，混凝土坍落度一般为 16～24cm，常用 18～20cm。

4. 欧美国家

法国用于地下连续墙混凝土中的水泥用量为 350～400kg/m^3，混凝土坍落度为 14～18cm，石子粒径不大于 25～35mm。

英国要求水泥用量大于 400kg/m^3，石子最大粒径 20mm，最好用河卵石，砂率为 35%～40%，水灰比 0.60，混凝土坍落度为 20cm。

美国则要求坍落度为 20～25cm。

如果混凝土运输时间超过 2h，就应该使用缓凝剂。

5. 中国

我国在二十世纪六七十年代的地下连续墙（如窄巷口电站）工程中所使用的混凝土和钢筋混凝土强度等级为 C10～C20，水泥用量为 300～350kg/m^3。1993 年施工的小浪底主坝防渗墙混凝土强度为$R_{28} = 35$MPa。

1970 年代中期以后，地下连续墙进入城建、交通部门，开始作为承重结构，混凝土和钢筋混凝土的强度等级不断提高到 C20～C35 或者更高，北京西单中国银行大楼地下连续墙的混凝土强度等级为 C50，上海金贸大厦地下连续墙的混凝土强度等级达到了 C50，上海中心地下连续墙的混凝土强度等级达到了 C55。

13.3　预应力混凝土

13.3.1　概述

在地下连续墙工程中采用预应力混凝土结构，可以大大减少或取消基坑内部支撑结构，增大建筑或施工空间。对于在城市闹市区施工的地下连续墙，可以减少很多麻烦。

本节所说的预应力混凝土结构，包括预制地下连续墙（Prefabricated Diaphragm Walls）和后张预应力地下连续墙（Posttensioned Diaphragm Walls）两种结构，预制地下连续墙是指预先在工厂加工成高强度的钢筋混凝土预制板（有时也可做成预应力结构），然后吊放到已经挖好的槽孔中，用自硬泥浆或固化灰浆加以固化，而形成连续墙。后张预应力地下连续墙则是把预应力锚索放入槽孔中，混凝土浇注完成并达到一定强度后，再施加预应力。

13.3.2 后张预应力混凝土

1. 发展概况

最早进行的后张预应力地下连续墙全面测试工作始于 1969 年。测试的地下连续墙长 5m，深 15m，厚 0.6m，施加的最大预应力为 3000kN（偏心 20cm），具体布置见图 13-2。监测工作共持续了 4 个月，测得了 5 个水平截面上的墙体应力状况。

1972 年布劳恩（Braun）设计了一道厚 0.8m、深 16m 的后张预应力地下连续墙，它不需要其他支撑。

后张预应力的混凝土通常应当是收缩和徐变都很小的高强混凝土。这种混凝土要用水下浇注的方法来形成，也就是它的拌合物要具有很高的流动度（坍落度）才行。很显然这两方面的要求是互相矛盾的，这需要把骨料粒径限制得很小才行。后张预应力混凝土的强度变化范围为 2750～3000N/cm^2。

后张预应力锚索在地下连续墙内部的排列见图 13-2。锚索布置成 U 形，两端用锚头加以锚定。一个标准墙体内放置两套预应力锚索，并置于特制的套管内，周围用钢筋加以固定。最大偏心达 30～40cm（最大弯矩处）。当混凝土强度至少达到 28d 强度的 80%以上时，即可开始施加预应力。

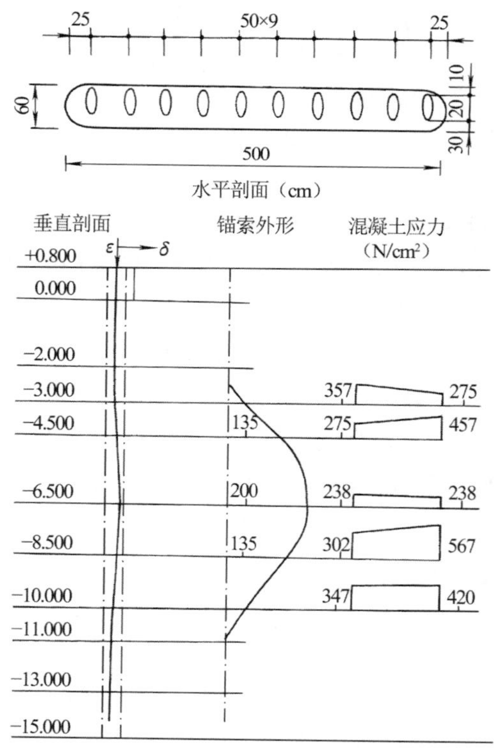

图 13-2 第一个后张预应力地下连续墙

2. 工程实例——伦敦的后张预应力地下连续墙

伦敦一外国大使馆扩建工程包括三层地下室，深度在现有路面以下约 10m，采用 Icos-Flex 新体系后张预应力地下连续墙。

这项革新表明，9m 深的地下室墙可以建成“自由直立式”的，而不用锚杆或支撑，这是一个经济的施工方法。在三层深地下室周边墙的范围内，完全没有障碍，可以快速开挖至所需的标高。Icos-Flex 体系的墙厚最小，不管高度如何，都能节省钢材。

Icos 方案在意大利和瑞士的使用经验表明，外柱能很容易地在周边墙的顶部任何需要的地方就位，且在开挖已经达到所需标高时，地下室里内柱的位置仍可以变更（在合理的范围内）。

值得提出的是，后张法自由直立式挡土地下连续墙，要求有适宜的埋入深度，在伦敦工程中为 7～8m。不过，这个尺寸仅代表一个现场的土壤条件，那里是硬质的黏土上覆盖 5m 厚的密实砾石。

埋入足够深使墙板具有良好的承载能力，这就解决了沿建筑物周界边线的支承问题。传统的基础施工方法在该处难以不扰动相邻的基础。地下连续墙的另一项优点是截断地下水具有显著效果。

（1）两种墙的厚度。该大使馆扩建工程有 105 延米的地下连续墙，其中 56m 墙的厚度为 0.9m，其余墙的厚度为 0.8m。后者的埋入深度为 13.04m，较厚的墙则规定为 16m。墙的厚度是由所需的悬臂高度（各为 7.22m 和 9.66m）来决定的。压顶梁的高度为 0.8～1.6m。梁的高度必须适应于相邻道路的标高，以维持交通流量不中断。

整个工程包括 28 块后张墙板和一块普通 Icos 板，按 3～3.5m 板的长度挖掘。挖槽作业配合以膨润土泥浆。地下连续墙的混凝土要求 28d 强度为 $32 \times 10^6 N/m^2$，压顶梁则为 $34.5 \times 10^6 N/m^2$。用导管浇灌的高强混凝土的坍落度为 175mm，以利于置换膨润土泥浆。

工程中采用了一种组装有后张应力筋束和锚具的预制钢筋骨架。灌浆作业时，在 1：2.25 的水泥净浆中掺入 Conbex 膨胀剂。

（2）应力筋束的布置。在钢筋骨架上牢固而准确地固定 BBRV 型后张应力筋束的方法，可以从技术上解决节省钢材和吊运困难二者之间的矛盾。组装要求附加临时加强筋，以防止巨大单件的变形。重复使用的附件和吊具在现场配置，以保证在钢筋骨架吊运和以后的作业中预应力钢索和锚具都不会变位。

每块墙板中放置两组带金属套管的 U 形应力筋束，并使各应力筋束沿墙的方向上的中心距为 750mm，带 BBRV 型锚具的端部伸入压顶梁内，精确地排列在地下连续墙的中心线上。要以同样的精度保证穿在套管中的应力筋束的偏心度。点焊要保证支承钢筋在钢筋骨架内准确的固定位置。

应力筋束的偏心度是渐变的，最大达 300mm。在墙板的这一区域内，设计上考虑地下室挖方完成时会产生最大的悬臂弯矩。为了适应两种不同的墙的厚度和悬臂高度，需要使用不同的钢索和锚具。

在墙体完成以后，用坍落度为 50～75mm 的混凝土浇注压顶梁。两台预应力千斤顶同时使用，U 形应力筋束的每个末端各用一台，当压顶梁的混凝土强度至少达到 $28MN/m^2$ 时，按三个阶段施加初始应力。按照设计规定：48 根ϕ7 的钢索张拉力为 2050kN，48 根ϕ6 的钢索则为 1500kN，详见图 13-3。

预加应力是沿着每根压顶梁的锚具进行操作的。灌浆是从应力筋束套管的一端压入，直至从另一端流出为止。

该工程在11个星期内完成，节约费用约30000英镑。

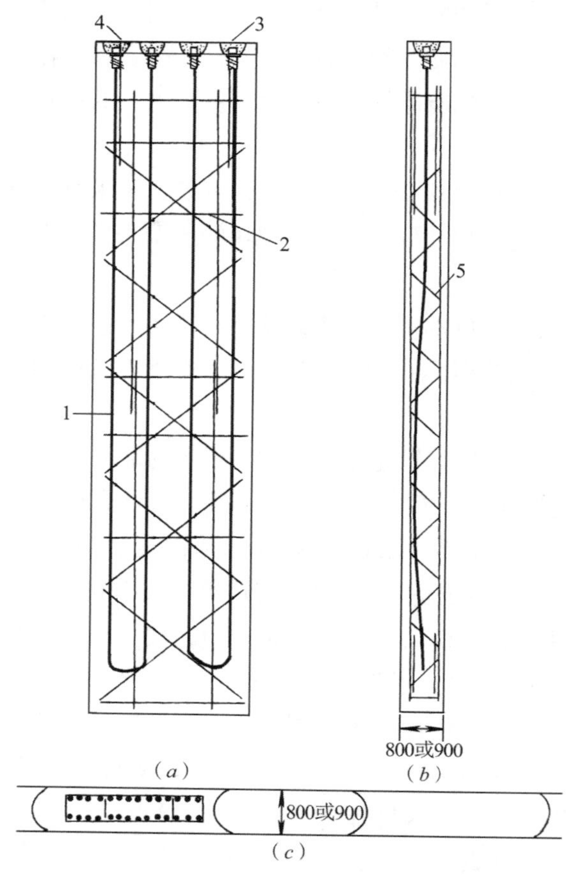

图13-3 后张预应力地下连续墙的情景排列（伦敦德国大使馆）

（a）立面图；（b）剖面图；（c）平面图

1—48根ϕ7mm钢丝，放入BBRV标准套管中；2—环筋；3—4个锚头（具）；4—灌浆后用砂浆填满；5—斜向加强筋

13.3.3 预制地下连续墙的混凝土

1970年3月在法国巴黎出现了第一个预制墙板装配式地下连续墙。到1973年3月的3年时间里，已在法国的15项工程中得到应用，总工程量达10万m^2。日本也是在1970年代初研发出了这种工法。

到目前为止，预制地下连续墙板的尺寸为：长15～20m、宽1.0～2.0m、厚0.25～0.50m，每块板重20～25t。混凝土强度等级C25～C35。

有关施工问题见本书后面有关章节。

13.4 固化剂混凝土

13.4.1 土壤固化剂简介

早在几十年以前，在水利和道路工程中就开始使用“水泥土”了。这种水泥土就是水泥和各种土（砂土、粉土）的混合物，凝固后具有一定的强度和抗渗性，用来做边坡的防护和基础的垫层等。用水泥来固化淤泥或淤泥质土就比较困难了。现在已经研制和使用了专门用来固化软土和松砂的材料——土壤固化剂，它的固化效果比水泥好。

从目前国内外使用的土壤固化剂来看，大体可以把它们分成两类，即水泥系（亲水性）材料和憎水性材料。

水泥系材料，遇水产生化学反应，把大量的自由水变成化合水（分子水），通过体积膨胀和填充孔隙的作用而达到防水的目的。

憎水性材料则是通过离子交换反应，在颗粒表面形成牢固的高效憎水性分子膜，阻止（排斥）水分从孔隙中通过，也能达到防渗止水的目的。上述两种材料国内均有生产。

对于水利工程的防渗工程来说，第一种材料是适合的。据了解，武汉水电大学研制的 HEC 土体固化剂是国内唯一一家通过产品研制、中间试验和生产性施工各个阶段并通过国家鉴定的土壤固化剂产品。该产品性能优于 525 号水泥，对于厚度 15～20cm 情况下的水池防渗工程，造价可以低于 20 元/m^2。它是和砂子、石子用搅拌机进行搅拌后再用振动碾压实的，施工质量较有保证。

对于防渗工程来说，为了降低工程造价，不可能把防渗层做得很厚，为此必须把防渗材料搅拌均匀、碾压密实，这是与道路垫层施工不一样的地方。因为道路垫层材料即使搅拌不太均匀，对于以承载为主要任务来说问题也不大。而对防渗层来说，就会形成很多漏水通道，可能导致整个工程防渗失效。

如果固化剂和砂石、骨料能用搅拌机搅拌并保持足够的和易性与流动性的话，那么，把它们用于地下防渗墙工程中，也是可能的。

我们认为评价某种土壤固化剂时，应注意以下方面：

（1）产品性能优越，它应当体现最新科技成果，它的物理力学指标（如强度、渗透系数、弹性模量等）应当优于同类产品。

（2）施工方便，对于有无地下水，冬期、雨期等施工环境有很大的适应性。

（3）社会、经济效益显著。

笔者从 1991 年开始，就使用苏联、日本和国内生产厂家的资料和产品，进行过河道土壤固化和防渗墙体材料的试验研究以及生产性试验工作。1998 年下半年又进行了土壤固化剂混凝土防渗（冲）墙的试验研究和实际工程应用工作，详见下面介绍。

13.4.2　现场试验研究

经协商，试验段选在永定河左岸南章客险工段向北延长部分，长 47m。该处地面高程为 41.30m，距防冲墙顶约 8.0m。施工时先将此处地面下挖 4.0m，然后做施工平台（高程 37.15m）。本次试验共完成防渗墙造孔 458.25m^2，浇注混凝土 226m^3，浇注砂浆 20m^3，墙设计深 6.0m，厚 0.6m。在不到一个月时间内，完成了现场试验。

经开挖检查，墙面平整，接缝密实，不夹泥块，质量优良。

固化剂砂浆配比见表 13-3。

固化剂砂浆试验配比表　　表 13-3

厂商	材料种类	每立方米用量（kg）			强度（MPa）	
		水	固化剂	砂子	7d	28d
奥特赛特	5084	415.5	467	1450	4.9	
固邦	GBW-2	335	350	1350	7.0	

试验结论：

（1）在永定河粉砂地基中用液压抓斗建造防冲齿墙是可行的。

（2）采用的两种固化剂均能满足本工程的技术要求。

（3）建议险工段防冲墙采用混凝土，而在防渗不防冲地段可考虑采用当地粉砂和固化剂的低强度砂浆，也可采用其他工法或固化剂材料来建造防渗墙。

13.4.3 工程实例

这里介绍的是北京市永定河险工段防冲齿墙使用土壤固化剂的工程实例。在 47m 的试验段取得成功之后，决定在永定河的五个险工段正式使用固化剂混凝土防冲齿墙（即防渗墙），总长约 3320m，墙深 6～11m，墙厚 0.6m，共需浇注 1.7 万 m^3 固化剂混凝土。防冲墙的设计见图 13-4，目前已全部建成。

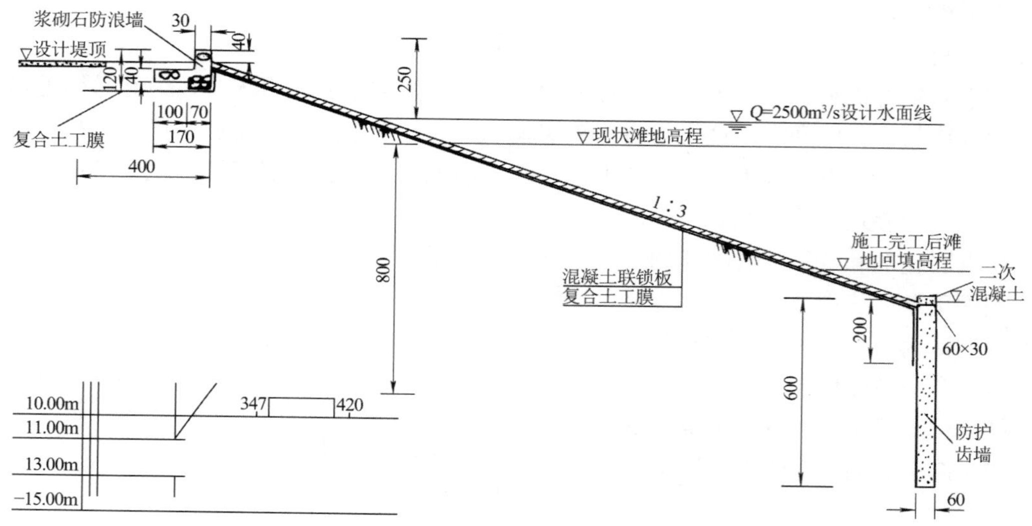

图 13-4　永定河防护齿墙设计图

13.5 黏土混凝土

13.5.1 概述

黏土混凝土是由我国最早研究使用的防渗墙体材料，至今使用量已经达到了几百万立方米。这里所说的黏土混凝土，是指抗压强度等级 C10 左右（C7～C12，也有 C5～C6 的），加入黏土或膨润土粉等材料以改善其和易性并提高其抗渗性的低强度等级混凝土。它的弹性模量平均在 1.7 万～2.0 万 MPa，和 C10 混凝土的弹性模量相差不大。其他物理力学特性也与其相近，所以我们把黏土混凝土也看作是刚性混凝土的一种。

这种黏土混凝土是介于纯粹的混凝土（钢筋混凝土）与塑性混凝土之间的一种防渗墙体材料，这是和当时的特殊条件分不开的。1958 年我国刚刚开始探索地下防渗墙施工技术的时候，我们的造孔机械就是 YKC-20、YKC-22 和 YKC-30 等一些冲击钻机，用它们很难在高强度等级混凝土中凿出一个合格的接头孔来；再者，在混凝土中加入黏土，可以提高混凝土的抗渗性，改善混凝土的和易性与流动性，减少水泥用量，降低成本。采用黏土混凝土不失为一种符合中国国情的好办法。到了 1980 年，当地下连续墙已经形成了刚性墙和柔性墙两个不同系列的时候，黏土混凝土作为一种过渡材料的使命，也就快要结束了。但是，这不是说今后不会再使用它了，在某些特定条件下，黏土混凝土仍有其不可替代之处。

13.5.2　黏土混凝土的材料和配比

1. 主要原材料

黏土混凝土是水泥、黏土、砂石骨料、水和外加剂组成的混合物，是用直径 20～30cm 的导管在水下或泥浆下浇注的，与地面上浇注的混凝土大不相同。因此，这种黏土混凝土对它的原材料提出了一些特殊要求。

1）水泥

所使用的水泥应当满足以下几个方面的要求：

（1）为保证混凝土的质量，使浇注工作顺利进行，宜选用颗粒细、泌水率小、收缩性小的水泥。

（2）当有地下水侵蚀时，应选择抗该种侵蚀的水泥。

（3）由于防渗墙达到承受设计荷载的时间很长，可以利用水泥的后期强度，以减少水泥用量。

（4）由于黏土混凝土要承受高水头的渗透水流的溶蚀（滤）作用，应选用水化生成物的 pH 值小、游离 CaO 较少的水泥，如矿渣或火山灰水泥。

对于黏土混凝土来说，选用矿渣水泥更为合适。它的后期强度增长比较大，而且游离 CaO 比较少。

（5）水泥强度等级一般以 32.5～42.5 为好。

2）黏土和膨润土

在混凝土中掺入黏土（膨润土），可起到如下作用：①降低强度和弹性模量，增加混凝土的塑性和变形能力；②改变混凝土的和易性与流动性；③提高混凝土的抗渗透能力。

（1）黏土。根据掺入办法不同，使用不同的黏土掺合料。

①当以泥浆形式掺入时，应使用黏土。因为黏粒含量高，泥浆容易保持稳定而不沉淀。

②当以自然土料形式掺入时，通常预先进行粉碎过筛去除大块。黏土不易粉碎均匀，不要采用。应当选用含水量适当的、易粉碎的粉质黏土或黏质粉土作为干式掺合料。

1969 年十三陵水库主坝防渗墙施工时，鉴于干掺黏土的混凝土质量不能满足要求，而且该工程需经历冬期和雨期，使用的黏土数量又很大，干掺黏土困难太大。为此，对 2 万多立方米的黏土混凝土的拌制方法进行了改进，采用造孔泥浆代替混凝土中的黏土和水这两种材料来拌制黏土混凝土。用泥浆拌制的混凝土混合物和易性与流动性好，抗渗性高。如十三陵水库主坝防渗墙的 51 组抗渗试块中有 26 组抗渗等级大于 P12，最高达到 P30。在配比大体相似的条件下，掺泥浆的黏土混凝土的抗渗等级大大提高了。而干掺黏土的很多小块未被水化分解，它们起的作用与砂砾差不多，于抗渗性无补。黏土性能见表 13-4。

黏土混凝土中的黏土颗粒成分表　　**表 13-4**

序号	工程名称	黏土名称	相对密度	塑性指数I_P	颗粒组成（%）				s
					＞0.10	0.05～0.10	0.005～0.05	＜0.005	
1	密云水库	粉质黏土	2.73	18.4	—	24	48	28	
2	毛家村水库	重粉质黏土	2.71	—	13.6	14.4	37.8	34.2	
3	十三陵水库	重粉质黏土	—	16～24	—	11	49.5	44.5	含粉粒多

用泥浆拌制混凝土，使造浆用的黏土与掺入混凝土中的黏土合用一种黏土，减少了勘察、运输和储存的麻烦。由于拌制混凝土用的泥浆相对密度较大，可利用从槽孔回收的泥浆。这样还可加大回收泥浆的利用率。

为了保持泥浆的稳定性，可在此类泥浆中适当加入一些膨润土粉。

（2）膨润土。近年来，随着膨润土泥浆的推广使用，在黏土混凝土中加入膨润土已经不是少数了，加膨润土的方法可以用回收的泥浆（相对密度较大）再加一些黏土拌制成稠泥浆，也可以直接把膨润土粉加入搅拌机中，此时应考虑由于膨润土粉吸水能力很大，可能对混凝土的流动性带来不利影响，所以不应加得太多，一般掺加干的膨润土粉 30～50kg/m^3。

3）粉煤灰

1980 年代以来，国内大力推广使用粉煤灰。在防渗墙中使用粉煤灰，可以起到降低混凝土的强度和弹性模量、改善混凝土的和易性的作用。

4）砂石骨料

砂子以河砂为好。细度模数 2.1～3.0。

石子宜选用河卵石，也可使用碎石。一般卵石最大粒径不大于导管直径的 1/4，碎石则不大于 1/5。通常限制卵（碎）石的最大粒径小于 4cm。

5）没有缓凝能力的混凝土是无法使用的。要求其初凝时间不小于 6h，终凝时间不宜大于 24h。

6）二期混凝土应不收缩或具膨胀性。这一条要求对普通的地下连续墙来说没有什么实际意义，因为我们知道，即使是一、二期混凝土接缝面已经刷洗得非常干净，它们之间至少还存在着 2～3mm 厚的泥皮，这是化学反应生成物，是可保证相邻墙体连接的紧密性的。

2. 黏土混凝土的配比原则

（1）防渗墙的混凝土配比应经试验选定。

（2）水灰（胶）比为 0.50～0.65，水泥用量为 250～350kg/m^3。水灰比是决定混凝土的强度和抗渗性的主要影响因素，要从几组不同水灰比的试验结果中，经过分析以后再最后选定。

（3）黏土和膨润土，以往的掺土率在 20%～30%或更多。今后掺土率超过 30%也是可行的，如果黏土不能满足要求，那么掺入一些膨润土也是可行的。其数量则应根据黏土质量确定，一般为 5%～20%。

（4）砂石骨料。砂率一般在 35%～45%之间（北京地区 38%～43%）。日本人使用的砂率为 40%～45%。石子的最大粒径不应超过 4cm。

（5）外加剂。一般情况下，混凝土的抗渗性是随着它的强度增加而提高的。但是黏土混凝土却是在强度很低的情况下达到很高的抗渗能力。这个矛盾不能通过增加水泥用量来解决，所以说外加剂对黏土混凝土来说是必不可少的原料。现在市场上各种用途的外加剂很多，可根据工程的具体情况，经过试验来选择合适的产品和用量。

（6）当防渗墙工程量较大，工期较长时，可把黏土混凝土的设计龄期由 28d 提高到 60d 或 90d。

（7）从 1980 年中后期开始，在一些防渗墙工程中，把粉煤灰掺入混凝土中，也能起到与黏土相似的作用。

13.5.3　黏土混凝土的力学特性

前面已谈过，黏土混凝土与同等强度的普通混凝土相比，它的弹性模量和变形能力没有明显的差别，所以它还是一种刚性混凝土。所有刚性混凝土的力学特性和变化规律，对于黏土混凝土也是适用的，只是数量上略有差异而已。因此，在这里只对不同之处加以说明。

1. 掺土率对强度和弹性模量的影响

一般情况下，随着黏土掺入量加大，混凝土的强度和弹性模量都随之降低（图 13-5）。在十三陵水库主坝防渗墙工程中，笔者曾对黏土混凝土抗压强度与弹性模量的相互关系进行了分析对比（图 13-6），发现当混凝土的 28d 抗压强度为 1000N/cm² 时，其弹性模量在 140 万～170 万 N/cm² 之间变化，平均值为 155 万～160 万 N/cm²，其模强比表示为：

$$E/R = 1400\sim1700$$

其他工程的黏土混凝土的模强比为 1600～1800。

毛家村防渗墙试验表明，掺土率达 30%时，其弹性模量可降低 30%～40%。

2. 外加剂对强度和弹性模量的影响

笔者在分析十三陵主坝防渗墙的黏土混凝土试验结果时发现，掺入塑化剂（减水剂）以后，黏土混凝土的抗压强度和弹性模量都有所降低（图 13-6）。云南毛家村防渗墙混凝土中掺入 1.5/10000 的加气剂，可使混凝土强度降低 30%左右。

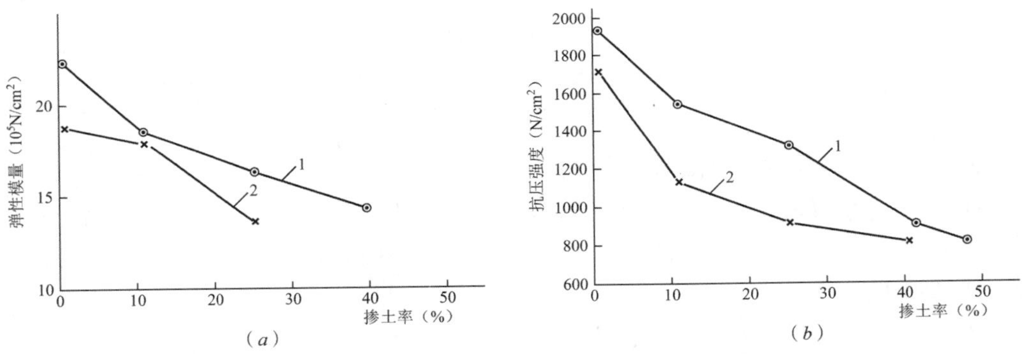

图 13-5　掺土率的影响曲线

（*a*）掺土率-弹性模量曲线；（*b*）掺土率-抗压强度曲线

1—不掺塑化剂；2—掺入塑化剂

13.5.4　黏土混凝土的抗渗性和耐久性

1. 评价耐久性的方法

对于黏土混凝土（包括普通混凝土）的耐久性，目前有两种方法来进行评价。

1）允许水力比降法

这种方法认为防渗墙的稳定性取决于墙身材料的颗粒会不会在长期水压力作用下被冲刷移动，形成渗漏通道而造成墙体破坏。如果假定水头为H，允许水力比降为J，则墙厚B'为$B' = H/J$。

我们结合各方面要求，最后选定一个墙厚B。根据国内外已建成防渗墙情况来看，黏土混凝土的允许水力比降可以达到 80～100。

2）化学溶蚀法

混凝土的化学溶蚀是由水流的渗透溶滤作用造成的。这种方法用渗透水流溶出混凝土中 25%的 CaO 并使强度降低 50%所需要的年限来评价它的化学稳定性。通常这一年限不应小于 50 年。根据这一原则，可以确定混凝土的最小渗透系数应小于 10^{-7}cm/s。

2. 黏土混凝土的渗透特性

影响黏土混凝土的渗透特性的因素有水灰比、砂率、掺土率和外加剂等。这里对掺土率和外加剂加以说明。

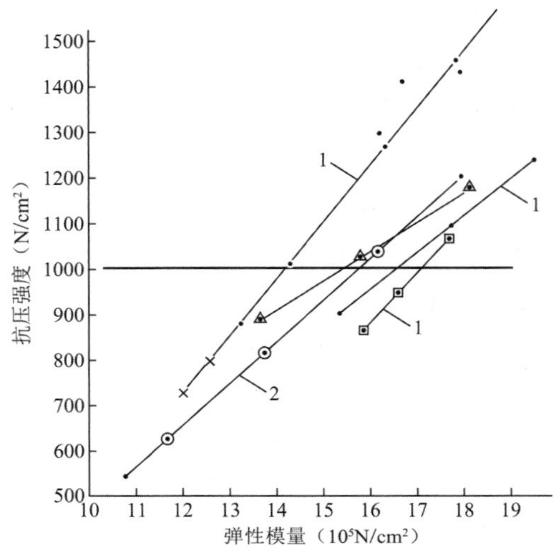

图 13-6 抗压强度-弹性模量关系曲线

1—现场取样；2—室内试验

1）土料的种类和掺入方法对渗透性的影响

实践证明，在混凝土中掺入黏土比掺入黏质粉土或粉质黏土好，能提高混凝土的抗渗能力。同样地，以泥浆形式掺入黏土比干掺要好，它能使混凝土拌合物更均匀，不离析，可提高混凝土的抗渗能力。

一般情况下，随着质量优良的黏土用量增加，混凝土的抗渗性相应提高。但是用土量达到一定程度之后，抗渗性便不再提高，而是下降了。这可能是由于黏土加多了，土与水泥的胶结强度降低，经受不住高水头压力而造成的。见图 13-7。

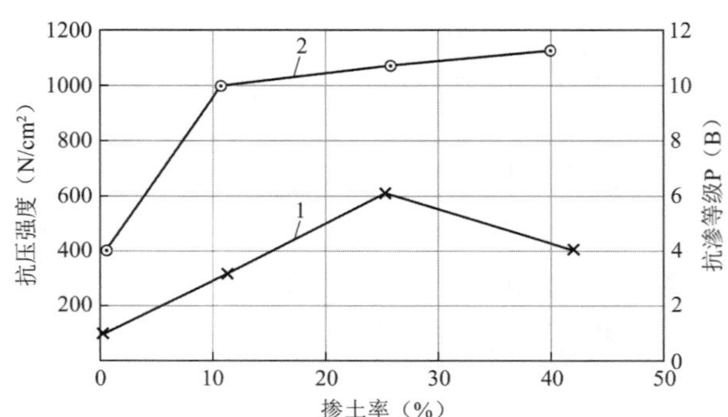

图 13-7 掺土率-抗渗等级曲线

1—不掺塑化剂；2—掺入塑化剂

2）外加剂对渗透特性的影响

外加剂对抗渗性的影响是显著的。由图 13-7 中可以看出，掺入塑化剂（减水剂）以后，黏土混凝土的抗渗等级成倍增加。

13.6　粉煤灰混凝土

13.6.1　概述

早在 20 世纪 20 年代，国外就已经在水利水电部门使用粉煤灰了。我国自 1950 年代开始在大坝中使用粉煤灰，取得了良好效果。

粉煤灰是火（热）电厂的副产品，是一种工业废渣，对环境有严重污染。但是粉煤灰却是黏土的一种代替材料。由于它可以工厂化生产，基本上不受天气环境和产地运输条件的影响，质量比较均匀。掺入混凝土中的方法也很简单，就像水泥一样，可以直接倒入搅拌机中。

下面来说明粉煤灰的基本性能，粉煤灰混凝土的主要性能和工程应用情况。

我国水电系统自 20 世纪 70 年代初开始试验研究和应用粉煤灰及外加剂的“双掺”混凝土。1981—1982 年在长江葛洲坝水利枢纽上游围堰的第二道防渗墙工程中，在 3.2 万 m^3 混凝土中掺用了粉煤灰。1983 年在北京向阳闸的防渗墙中曾用“双掺”混凝土浇注了一个试验槽孔。1984 年在铜街子水电站浇注了两个试验槽孔。1985 年在四川草坡河水电站防渗墙工程中进行了“双掺”混凝土的生产性试验，效果显著。

13.6.2　粉煤灰的基本性能

国家规范对粉煤灰的基本要求：Ⅰ级和Ⅱ级粉煤灰具有较高的减水增压和改善混凝土性能的效果，宜优先选用。

13.6.3　粉煤灰混凝土的基本性能

我国幅员辽阔，粉煤灰来源广泛，质量差异很大，对混凝土质量和力学特性有何影响？施工中存在什么问题？这些都要通过室内试验和现场施工试验，才能获得圆满解决。

1. 粉煤灰对混凝土拌合物的影响

（1）大量工程实践表明，粉煤灰掺入混凝土后，不会增加混凝土的单位需水量，却能改善混凝土的和易性与流动性，更利于槽孔混凝土浇注顺利进行。

（2）实践证明，粉煤灰混凝土有缓凝作用，其初凝时间可达 10～20h，比黏土混凝土的初凝时间（4～6h）要长得多，对深墙浇注尤其有利。

（3）对粉煤灰混凝土来说，它的早期强度低，但后期增加得比较多。如以 28d 强度为 1，则 90d 后为 1.3～1.5，180d 后为 1.5～1.9。

（4）适量的粉煤灰对改善混凝土抗渗性能有好处。总的来看，混凝土的抗渗性随着粉煤灰用量的增加而降低。

（5）实践证明，使用电厂湿排粉煤灰效果不如使用干灰好。

（6）由于粉煤灰相对密度（2 左右）比水泥小 1/3 左右，容易浮在混凝土拌合物表面而影响混凝土的质量，因而在施工过程中要注意。

2. 粉煤灰的掺用量

对于 28d 抗压强度 800～1200N/cm^2 的低强度混凝土来说，掺入 25%～30%的粉煤灰后，其抗压强度仍然超过设计强度的 20%～50%；掺入 50%～60%的粉煤灰以后，还会超标。但是掺入太多的粉煤灰后，抗渗性很快下降。综合考虑上述影响，粉煤灰掺入量可在 30%～50%范围内变化。

3. 粉煤灰混凝土的力学特性

（1）前面已经谈到，粉煤灰混凝土早期强度较低，但后期强度增加较快和较大。因此，可以考虑把它的设计龄期提高到 60d 或 90d 或更长些。

（2）防渗墙混凝土强度在 1000N/cm^2 左右时，它的弹性模量与抗压强度之比（简称模强比）为 150～200，比普通混凝土低。但初始弹性模量大于 1500MPa，仍属于刚性混凝土。

13.6.4 工程实例——葛洲坝水利枢纽上游围堰第二道防渗墙工程

本工程第一道防渗墙于1979年10月—1981年5月施工，原设计要求是：$R_{28} = 1000\text{N/cm}^2$，$E = 180$ 万～190 万 N/cm^2，抗渗性强度等级 > P8，坍落度 18～22cm。原打算掺入 30%的黏土来满足上述要求，后因掺加黏土的施工条件不具备，直接使用矿渣 42.5 级水泥（大坝用）来配制混凝土，其配比为（kg/m^3）：水泥 350，水 200，砂 950，小石 900，木钙 0.7。

实测试样 28d 抗压强度为 2600～3000N/cm^2，弹性模量为 260 万～280 万 N/cm^2，抗渗等级大于 W9。强度和弹性模量大大超标了。从墙体钻孔取芯试验和观察，发现墙的整体渗透性能很不均匀。为了改善墙体质量，节省水泥，经过试验研究，在 1981 年 6 月—1982 年 3 月施工的第二道防渗墙工程中，掺用了粉煤灰。限于当时条件，使用了电厂的湿排粉煤灰。所采用的混凝土配比（kg/m^3）为：42.5 级矿渣水泥，水 212，粉煤灰 105，砂 900，小石 900，木钙 1.05。

粉煤灰的掺入量为 43%。其筛余量小于 10%的部分用来代替水泥，大于 10%的部分则用来代替砂子，相应地调整两者的用量。

在此工程中一共使用了 3.2 万 m^3 粉煤灰混凝土，使用了约 5000t 粉煤灰，节约了约 4000t 水泥。

施工中发现粉煤灰在运输过程中离析，浮在混凝土表面。后来一些工程改用混凝泵来运送粉煤灰混凝土，情况大为改善。

13.7 水下自护混凝土

水下自护混凝土是一种全新的水下混凝土施工技术，利用水下保护剂对施工部位的水体进行改性，使改性水体与混凝土之间产生一定的相斥作用，降低水流对混凝土的冲刷，提高混凝土在水下的抗分散和抗冲散能力，减少其在水流环境中的流失，确保工程质量的可控性。高分子水下保护剂使水体改性，在水体中形成稳定的空间柔性网络，抑制浇筑入水的混凝土胶凝材料损失。因此，可直接在水体中浇筑自密实混凝土，使其依靠自重充分填充模板，穿越钢筋和堆石体空隙，形成满足性能要求的混凝土。

以上可见清华大学水电系金峰教授有关论文。

第 14 章　塑性混凝土

14.1　概述

14.1.1　发展概况

第一个采用塑性混凝土作为防渗墙体材料的，应当是意大利于 1957 年在纳尔尼地区的阿亚（Aja）河水电站前池工程中建成的围堰防渗墙了。

经过将近 50 年的长期试验研究和工程实践，刚性混凝土防渗墙已经在各种建筑土木工程中发挥重要作用，在国内外都得到了广泛的应用。但是也发现，在某些情况（例如高土石坝或深覆盖层）下刚性混凝土也存在着不少弱点，其中最主要的就是弹性模量太高，极限应变太小。目前，刚性混凝土的弹性模量一般都在 200 万～300 万 N/cm^2 及以上，比周围地基高出几百倍甚至上千倍。在上部荷载作用下，防渗墙顶部和周围地层的沉降差和变形差往往很大（加拿大马尼克 3 号坝此值高达 1.4～1.6m），使防渗墙受到额外的巨大垂直压力和巨大的侧摩阻力，致使墙体内部的实际应力有时会大大超过混凝土允许抗压强度，墙体的实际应变也超过混凝土的极限应变，从而导致刚性混凝土内部产生裂缝甚至被压碎，防渗效果大为降低。

还有一种属于中等高度的土石坝下的深覆盖层防渗墙，因受过大的拉应力和剪应力而造成墙体被拉裂或被剪切破坏，降低了墙体的抗渗性和耐久性。

在刚性混凝土中掺入黏土，就会降低它的强度和弹性模量，使其变形能力大为增加。意大利阿里电站围堰的塑性混凝土防渗墙就是一种尝试。我国在 1958—1959 年引进和开发防渗墙技术的时候，也提出了使用黏土混凝土新材料，当时虽然想通过掺入黏土来降混凝土的强度（特别是早期强度），但是主要出发点在于改善用冲击钻机打接头孔的施工难度。它的弹性模量为 170 万～200 万 N/cm^2，比 C10 普通混凝土的弹性模量低不了多少，所以它仍然属于刚性混凝土范畴之内。

塑性混凝土就是大大减少了水泥用量，大大增加黏土和膨润土用量的黏土混凝土。由于塑性混凝土具有良好的力学特性，大大改善了防渗墙的运行条件，因而从 1960 年代末开始，在国外得到发展和应用。其中，最为有名的是 1968 年用塑性混凝土防渗墙成功地治理了英国巴尔德赫德土坝心墙的渗漏问题。智利建成的塑性混凝土防渗墙也是比较多的，并且在坝高达 116m 的科尔文（Colbun）土坝下面建造了深达 68m 的塑性混凝土防渗墙。

我国的第一道塑性混凝土防渗墙是 1989 年 11 月完工的北京十三陵蓄能电站进出口围堰防渗墙，此后又于 1991—1992 年修建了总面积约 4.3 万 m^2 的永久性下池围堤防渗墙。水口水电站上下游围堰、山西册田水库副坝和隔河岩水电站围堰以及小浪底上游围堰也都使用了塑性混凝土防渗墙。1997—1998 年又建成了三峡二期围堰塑性混凝土防渗墙，总面积约 8 万 m^2，最深 74m。初步估测全国已建成塑性混凝土防渗墙的总面积已经超过了 15 万m^2。

塑性混凝土也有叫作水泥膨润土混凝土（CBC）的，还有叫作膨润土混凝土的。

14.1.2　塑性混凝土的特点

塑性混凝土是一种水泥用量很少的黏土混凝土，由水泥、水、黏土（膨润土）、砂、石和外加剂等配制而成。由于加入黏土（膨润土，有时还加粉煤灰）而降低了水泥胶结物的粘结力，因而其强度大大降低，并且具有较大的塑性。与普通混凝土相比，其初始（弹性）模量低，极限应变大，能适应较大变形，有利于改善防渗墙体的应力状态；能节省水泥，降低工程造价。同时，它仍具有必要的强度和抗渗性能。

虽然塑性混凝土防渗墙已经成功地应用在智利科尔文土石坝（坝高116m，墙深68m）的高坝深墙之中，但至今尚未在高土石坝和深覆盖层中得到推广。究其原因，主要有以下两个方面：一是从抗压强度方面来看，塑性混凝土的弹性模量降低后可大大降低防渗墙体的压应力，但是塑性混凝土本身的强度也明显较低；二是担心塑性混凝土的抗渗性和渗透稳定性不能满足要求。目前，国内外对这两方面的研究成果还不十分令人满意，进一步的研究工作是十分必要的。

北京市京水建设集团公司与清华大学水电工程系和原能源部、水利部北京勘测设计院合作，于1989年6月开始，对“塑性混凝土及其在防渗工程中应用研究”这个课题进行了两年多的试验研究和实际应用工作，在十三陵蓄能电站围堰和下池上游围堤（永久工程）中成功建造了约5万m^2的塑性混凝土防渗墙，并于1990年10月通过了专家鉴定。此项课题的试验研究和实际应用成果都是比较先进和具显著效益的，本章将对这些科研成果加以阐述。为了以后叙述方便，把这个联合体叫塑性混凝土课题组。

为了后面叙述方便，这里先把几个术语解释一下：

灰水比（C/W）：水泥与用水量之比。

水胶比：水与细料总和之比。细料是包括水泥、膨润土、黏土和粉煤灰在内的材料之和（通常指粒径小于0.01mm的颗粒总和）。

黏灰比：粒径小于0.01mm的黏土和膨润土（粉煤灰）重量之和与水泥用量之比。

模强比：变形模量与强度之比。

非线性系数$\lambda = E_1/E_{0.5\%}$：变形模量E_1与轴向应变$\varepsilon_1 = 0.5\%$的割线模量之比。这个指数用来控制塑性混凝土的应力应变曲线的线形，以便使其与周围地基相协调，改善防渗墙受力状态，提高其安全度。

14.2　塑性混凝土的材料和配合比

14.2.1　概述

选定一个合适的塑性混凝土配合比是十分重要的，这不仅仅是由于它与工程造价和施工难易密切相关，更重要的是它与结构物的安全和耐久性密切相关。

塑性混凝土是由多种材料组成的，要通过选定配合比来确定它们的材料用量和相互关系；更为重要的是，我们要通过调整塑性混凝土的配合比，改变它的强度、弹性模量和应力应变关系曲线来满足设计要求，以达到优化防渗墙体的受力状态和变形能力，以便提高结构安全度和工程的经济效益。这就大大增加了塑性混凝土配合比设计的难度和复杂性，需要花费更多的时间和人力物力。因此，研究塑性混凝土的时候，我们必须首先来研究它的配合比。

14.2.2　主要原材料

塑性混凝土的原材料包括：水泥、黏土、膨润土、砂石骨料、水、外加剂、粉煤灰。

下面对主要材料加以说明。

1. 水泥

目前，已建成的塑性混凝土防渗墙中使用的水泥，既有矿渣水泥，也有普通水泥，强度等级从 32.5 到 52.5 都有。由于塑性混凝土中水泥用量很少，而从保证其耐久性来看，又需要在塑性混凝土中保留一定数量的 CaO 储备，因此笔者认为，在永久塑性混凝土防渗墙工程中应使用普通水泥，而在临时性工程中，则不必限制。

所使用的水泥必须进行检验，合格后方可使用。

2. 黏土和膨润土

黏土和膨润土是塑性混凝土中必不可少的材料，是决定塑性混凝土强度和变形以及渗透性能的重要因素。为此，黏土和膨润土必须含有足够的黏粒（粒径小于 0.005mm）和胶粒（粒径小于 0.002mm）。一般来说，含黏量应大于 50%（表 14-1、表 14-2）。

土的颗粒分析表　　**表 14-1**

种类	相对密度 G	液塑限联合测定			液塑限搓条法			黏粒含量（%）		活动度 A
		液限 w_L	塑限 w_P	塑性指数 I_P	液限 w_L	塑限 w_P	塑性指数 I_P	< 0.005mm	< 0.002mm	
宣化膨润土	2.776	130	47.5	82.5	101	28.7	72.3	57	45	$\frac{1.83}{1.61}$
小汤山黏土	2.725	68	36	32	57.5	24	33.5	75	52	$\frac{0.65}{0.644}$
十三陵亚黏土	2.711	27.8	16.7	11.8	24.5	15.8	8.7	21.1	16	—

注：1. 活动度栏中，分子代表联合测定结果，分母代表搓条法结果。
2. 液限搓条法作参数。

土的化学成分表　　**表 14-2**

化学成分		SiO_2	Al_2O_3	Fe_2O_3	CaO	MgO	K_2O	化学成分		Na_2O	SO_2	可溶盐	有机质	烧失量	pH 值
含量（%）	膨润土	66.7	14.38	1.2	1.55	4.43	0.32	含量（%）	膨润土	1.59	—	—	—	—	—
	黏土	54.98	17.47	7.42	1.6	1.25	2.8		黏土	3.0	0.11	0.038	0.27	8.19	8.3

3. 粉煤灰

粉煤灰是具有一定活性的掺加料。掺入一定数量的粉煤灰，可以改善塑性混凝土的和易性与流动性，降低强度和弹性模量。所用的粉煤灰的筛余量应小于 20%。

4. 砂石骨料

塑性混凝土应具有较大的变形能力，又要具有相应的强度。在这里，砂石骨料的用量和粒径大小对此影响比较大。法国巴奇（Bachy）公司对塑性混凝土中骨料尺寸对其应力应变特性的影响做了对比试验。

通过大量试验，法国巴奇公司得到如图 14-1 所示的试验成果。从图 14-1 中可以看到，骨料粒径大的塑性混凝土所能承受的强度和变形能力比骨料粒径小的塑性混凝土要小得多，也就是说在塑性混凝土中应当使用粒径较小的骨料。结合我国实际情况，可以使用 0.5～

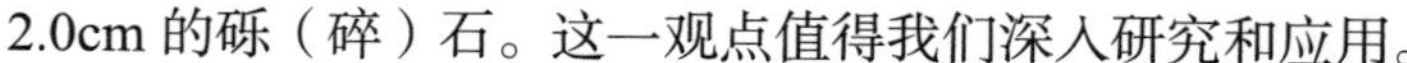

2.0cm 的砾（碎）石。这一观点值得我们深入研究和应用。

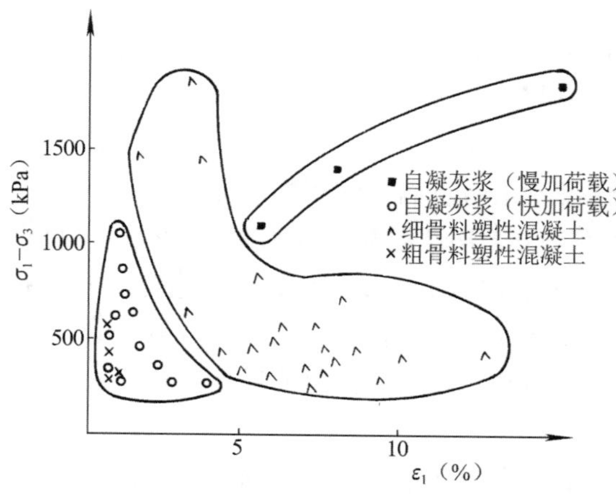

图 14-1 应力应变曲线

14. 2. 3 土的掺加方法

我们知道混凝土中加入的黏土或膨润土越多，它的强度降低得越多，变形越大。如何把总用量超过水泥用量的黏土和膨润土加入到塑性混凝土中去，才能使它们能够均匀地分散到混合物中，以得到低强度大变形的均匀的塑性混凝土呢?

为了解决这个塑性混凝土施工的关键问题，国内外都进行了一些试验研究工作。日本在 1970 年代进行过这方面的试验，主要成果有以下几点：

1）当膨润土以泥浆形式掺入（湿掺）时，则泥浆浓度宜控制在 10%～12%以下，并应放置 24h 再用。对于质量优良的膨润土粉，如果它的泥浆浓度超过 12%～14%时，很快就会形成凝胶状态，泥浆中的自由水均变成分子水而失去流动性。这就是说，当塑性混凝土中水的用量已经确定之后，那么以泥浆形式加入的膨润土粉数量也就确定下来了，其数量按泥浆浓度 10%～12%即可求出。但是这个数量远小于配比中需要的数量。

2）以干粉形式掺入膨润土粉。曾经采用以下两种办法：

（1）先拌水和膨润土，然后依次投入砂石骨料和水泥等进行搅拌。

（2）先干拌砂石骨料、水泥和膨润土，然后加水进行搅拌。

试验证明：在（1）的情况下，膨润土形成了粒径 10～30mm 的团块，不能形成泥浆，因而无法得到均匀的混凝土混合物。在（2）的情况下，曾预先使骨料表面含水量达到 1% 和 8%，试验发现以 8%为好，膨润土不再出现结块现象，分散得很均匀。但是为了达到同样的坍落度，膨润土粉比湿掺时多用了 1 倍（表 14-3），用水量也相应减少（没有水被约束在泥浆胶体之间）。因此可以说，干掺法是可以多掺入一些膨润土粉的。

膨润土掺入方法对比表 **表 14-3**

掺入方法	配合比							测定结果		
	砂率（%）	水灰比 W/C	用量（kg/m³）					坍落度（cm）	含气量（%）	抗压强度R_7（N/cm²）
			土粉B	水泥C	水W	砂S	石子G			
湿掺（泥浆）	47	2.51	25	120	301	761	894	19.5	0.85	58
干掺（粉状）	47	2.29	50	120	275	780	916	18.6	0.65	86

我们在北京十三陵抽水蓄能电站的进出口围堰和下池上游围堤共约 5 万 m^2 防渗墙工程中，对塑性混凝土进行了详细、深入的试验研究工作。这两项工程中都同时使用了黏土和膨润土，根据各自的工程特点，因地制宜地采用了如下掺土办法：

1）进出口围堰的塑性混凝土防渗墙是在 1989 年 8—11 月施工的，无冬、雨期施工的影响，采用了如下掺土方法：

（1）所需要的膨润土粉（40kg/m^3）称重后，倒入砂石料之中，即干掺进入搅拌机内。

（2）黏土总用量较大（240kg/m^3），其中一半为黏质粉土，经 2cm 方孔筛筛分并称重后进入搅拌机（干掺法），剩余的一半黏土则制成相对密度不少于 1.3 的稠泥浆，按一定的体积送入搅拌机内。

2）下池上游围堤防渗墙工程量大，浇注的塑性混凝土约 4 万 m^3，势必受到雨期和冬期施工的影响。如果采用干掺黏土的话，必须修建一个既能防雨淋又能防冰冻的存土场。根据该工程的具体情况，采用了以下办法：

（1）所需要的膨润土粉（35kg/m^3）干掺入搅拌机内。

（2）把所需要的黏土制成相对密度 1.2～1.3 的泥浆（为了防止泥浆沉淀，还加入了一些膨润土粉），泵送到搅拌机内。

总之，不管如何掺入黏土和膨润土，都必须以获得均匀的塑性混凝土拌合物为前提。一般来说，膨润土可以干掺也可以湿掺，以干掺为好；黏土可以干掺也可以湿掺，但以湿掺为好。

国外一些塑性混凝土防渗墙（如智利的几个）也使用黏土，其塑性指数大于 17～20，是把黏土烘干磨细，过 200 号筛后干掺进去的，这与国内掺用膨润土的方法是一样的，但国内尚无这样做的实例。

14.2.4　配合比设计

1. 设计施工参数

一般应根据防渗墙工程的重要性、承受水头和垂直荷载及地质条件，经过电算和分析研究，确定防渗墙的塑性混凝土设计施工参数，主要有以下几项：

抗压强度：（R_{28}，R_{60}，R_{180}）2～5MPa；

弹性模量：$E = 300$～1000MPa；

渗透系数：$K < A \times (10^{-6} \sim 10^{-8})$cm/s（$A = 1 \sim 9$）；

坍落度：18～22cm；

扩散度：34～38cm。

选择配合比时应因地制宜，就地取材，节约材料，降低成本，有利施工。

2. 主要材料用量

（1）水泥用量 70～200kg/m^3，宜采用普通水泥，强度等级 32.5～42.5 级。

（2）膨润土用量为水泥用量的 5%～20%，个别有高达 30%的，一般用量 20～50kg/m^3。黏土用量 150～300kg/m^3，含黏量多的少用。

（3）用水量的多少，受水泥、黏土和膨润土的品种及数量的影响，它还决定着塑性混凝土的流动性能和混凝土的物理力学性能。通常水灰比可控制在 2～4 之间。

（4）细料（包括水泥、黏土、膨润土和粉煤灰等）总量对塑性混凝土性能影响很大。通常把水胶比（水与细料总量之比）控制在 0.8～3 之间（一般为 1～2）。细料用量 200～

400kg/m³（国外有小于 200kg/m³ 的）。

（5）砂石骨料总量变化范围 1000～1700kg/m³。砂率为 40%～50%。

3. 试验项目及方法

（1）标准抗压强度试验。按新规范要求，试件为边长 15cm 的正方体。

（2）无侧限抗压强度试验。试件为直径 15cm、高 30cm 的圆柱体。

（3）变形模量及应力应变关系试验。

（4）三轴试验。可使用大型高压三轴仪（英国 WF-10072），固结排水加荷速率为 0.02mm/min。

（5）徐变试验。试件为直径 15cm、高 30cm 的圆柱体。龄期 28d 以后开始加荷。

（6）动力试验。试件尺寸为 71.1mm × 193mm，可在美制“拟静扭剪共振柱仪”上进行。

（7）渗透试验。由于塑性混凝土强度很小，承受不了常规混凝土抗渗透时的水压，原来使用的渗透模具和试验都不能使用。北京市京水建设集团公司与清华大学已经合作研制出一种专门用于塑性混凝土和自硬泥浆固结体渗透试验用的新仪器和相应试验方法。

14.2.5 流动性能

塑性混凝土的和易性与流动性仍可采用混凝土防渗墙规范的指标进行控制：

坍落度 18～22cm；

扩散度 34～40cm；

坍落度保持 15cm 以上的时间不小于 1h；

初凝时间应不小于 6h；

终凝时间不大于 24h。

实践证明，塑性混凝土达到上述指标并不难。如果不加膨润土，混凝土就会离析泌水，无法满足和易性要求。

14.3 塑性混凝土的强度和变形

14.3.1 概述

这一节将阐述塑性混凝土的力学特性以及影响这些性能的因素。

影响塑性混凝土力学特性的主要因素见表 14-4 和图 14-2。

由于塑性混凝土具有明显非线性的特征，因此我们对它的试验成果的分析，不仅要考察它的破坏强度$(\sigma_1-\sigma_3)_f$、初始变形模量E_1和极限（峰值）应变ε_{max}，还要研究其模强比$[(E_1/\sigma_1-\sigma_3)_f]$和非线性指数（$\lambda=E_1/E_{0.5\%}$）等参数的变化规律，以为后来的研究提供参考。

力学特性主要影响因素表 表 14-4

影响因素	强度$(\sigma_1-\sigma_3)_f$	变形模量E_1	模强比 $E_1/(\sigma_1-\sigma_3)_f$	极限（峰值）应变 ε_{max}	非线性指数 $\lambda=\frac{E_1}{E_{0.5\%}}$
增大水胶比	减小	减小	增大	增大	增大
增加水泥用量	增大	增大	减小	减小	增大
增加膨润土用量	减小	减小	增大	减小	增大
增大干重度	—	增大	减小	—	—

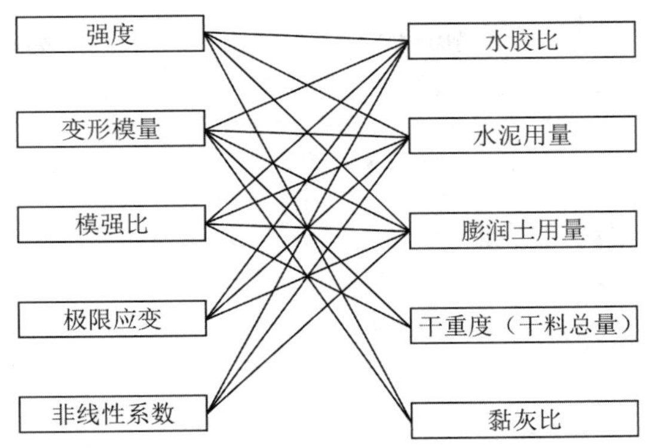

图 14-2　力学特性与影响因素关系

14.3.2　材料用量与力学特性

这里来讨论一下塑性混凝土中各组成材料用量以及它们之间的比例关系发生变化时，对塑性混凝土力学特性的影响：①水泥用量；②膨润土用量；③水胶比；④干重度（干料总量）；⑤黏灰比。

1. 水泥用量

1）水泥用量与强度

水泥是决定塑性混凝土强度的最主要材料。一般来说，水泥用量越高，塑性混凝土的强度也就越高。这与普通混凝土强度与水泥用量的关系是一样的。

请注意：上述的分析意见是在其他条件相同或相近的情况下得出的，后面的分析也要遵守此条原则。

2）水泥用量与变形模量

随着水泥用量的增加，塑性混凝土的变形模量也相应增加。

3）水泥用量与模强比

水泥用量增加时，模强比变小。

4）水泥用量与极限应变

水泥用量增加，极限应变降低。

5）水泥用量与非线性指数

水泥用量增加，非线性指数随之加大。

2. 膨润土用量

1）膨润土用量与强度

膨润土用量增加，塑性混凝土强度下降。这是不难理解的。因为膨润土与水泥不同，它是一种在凝胶和流体状态之间双向变化的胶体材料，它的凝胶强度也是很低的。

2）膨润土用量与变形模量

膨润土用量增加，变形模量下降。

3）膨润土用量与模强比

膨润土用量增加，模强比增加。

4）膨润土用量与极限应变

膨润土用量增加，极限应变减小。

5）膨润土用量与非线性指数

膨润土用量增加，非线性指数也随着增加。

3. 水胶比

1）水胶比与强度

水胶比增加后，强度随之降低。

2）水胶比与变形模量

水胶比增加，变形模量减少。

3）水胶比与模强比

水胶比增加，模强比随之增加。

4）水胶比与极限应变

水胶比增加，极限应变随之增加。

5）水胶比与非线性应变

水胶比增加，非线性应变增大。

4. 干重度（干料总量）

1）干重度与变形模量

这里所说的干重度的大小，实际上就是每 $1m^3$ 塑性混凝土内的干料总量，特别是粗骨料含量的多少。干重度增加，变形模量必然随之增加。要降低变形模量，就应当降低混凝土的干重度。

2）干重度与模强比

干重度增加，模强比变小。

5. 黏灰比

塑性混凝土的强度是由水泥形成的，而它的塑性变形则是由黏土颗粒引起的，它会降低混凝土的抗压强度。为了考察水泥和黏土对塑性混凝土的强度和变形的影响，我们引入了黏灰比这样一个概念。

所谓黏灰比，就是指塑性混凝土中，黏土、粉质黏土和膨润土等材料中粒径小于0.01mm的粉粒和黏粒的总重量与水泥重量之比。

通过对大量试验研究资料进行分析，证明塑性混凝土的抗压强度是随着黏灰比的增加而降低的。或者说，在其他条件不变时，其抗压强度随水泥用量增加而增加，随着黏粒含量的增加而降低。

塑性混凝土的变形模量也是随着黏灰比的增加而降低的。

14.3.3 塑性混凝土的静力学特性

在这里，我们来探讨外部环境（围压、龄期和加荷速率等）对塑性混凝土力学特性的影响。

1. 无侧限和三轴试验结果分析

一共对148个（现场取样41个）试样进行了无侧限试验。试验项目包括无侧限抗压强度q_u、初始弹性模量E_1和峰值（极限）应变ε_{af}。

（1）无侧限条件下，塑性混凝土主要破坏形式为压碎型的脆性破坏，峰值应变一般为0.4%～0.7%。试样强度较低时，如C组和D组试样，在其峰值之后的较大应变范围内，仍保持有较高的残余强度。

（2）在无侧限压缩试验中，一般抗压强度q_u越高，初始弹模E_1越大，可以表示为如图 14-3 所示的一条直线。E_1与q_u关系为：

$$E_1 = 320q_u \tag{14-1}$$

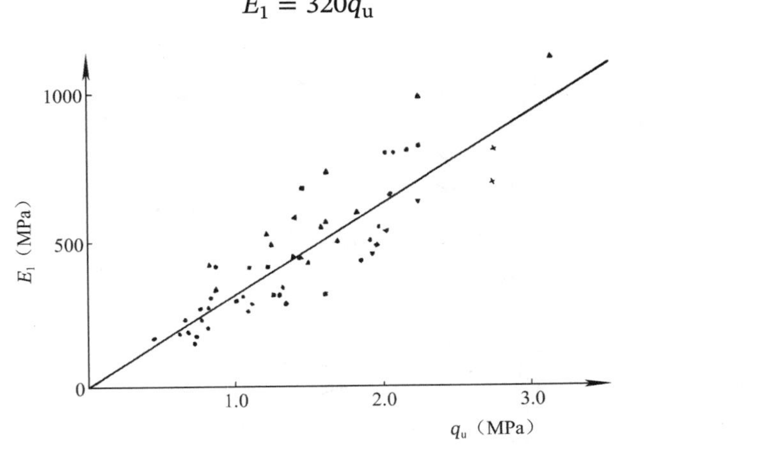

图 14-3　无侧限强度与初始模量关系

（3）围压对塑性混凝土力学特性的影响。塑性混凝土三轴试验中四周压力σ_3一般取 0.1、0.4、0.7、1.2MPa。曾对 28d 龄期的 10 组配比的试样进行了固结排水试验，此外还对龄期分别为 3 个月、5 个月和 1 年的试样进行了各一组试验。偏应力（σ_1-σ_3）—轴向应变ε_a—体应变ε_v关系曲线如图 14-4 和图 14-5 所示。试验结果表明，随四周压力σ_3加大，应力-应变关系由应变软化型曲线逐渐变成加工硬化型曲线，体变由剪胀逐渐变为剪缩。

小组试样在四周压力分别为 0、0.1、0.4、0.7、1.2MPa 时，其破坏时的轴向应力分别为 0.84、1.19、2.25、3.39、5.48MPa，其相应的初始模量分别为 413、190、281、276、305MPa，而峰值应变分别为 0.46%、2.0%、6.7%、9.0%、13.0%。这说明四周压力σ_3对塑性混凝土的力学特性有极其显著的影响。

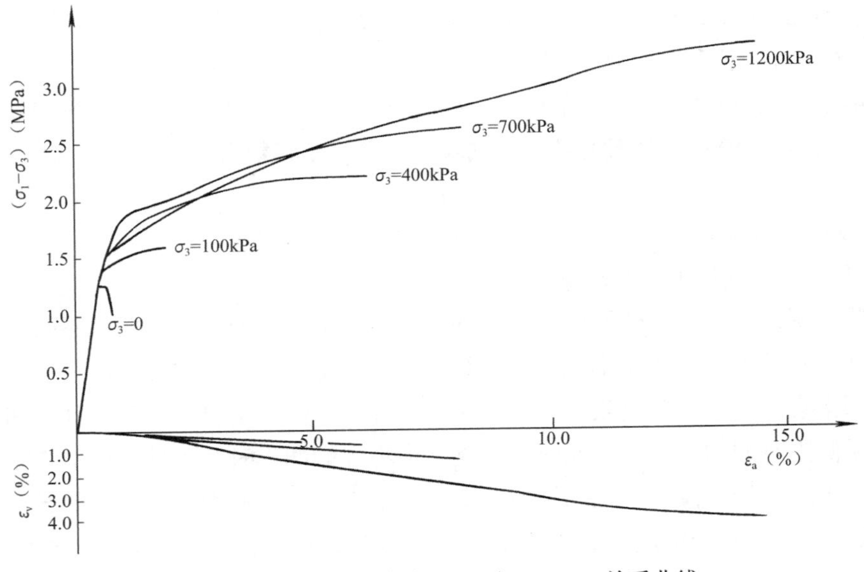

图 14-4　G_1三轴试验（$\sigma_1-\sigma_3$）—ε_a—ε_v关系曲线

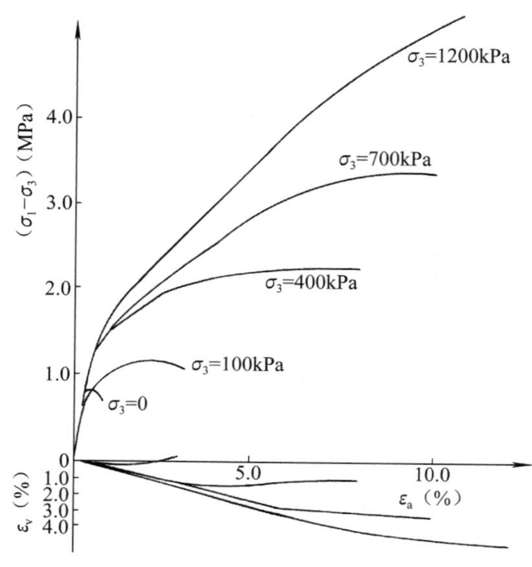

图 14-5 J_5三轴试验（$\sigma_1-\sigma_3$）—ε_a—ε_v关系曲线

四周压力σ_3对塑性混凝土强度及强度指标、初始模量E_1和峰值应变ε_{af}的影响分述如下。

1）四周压力σ_3对混凝土强度及强度指标的影响。塑性混凝土防渗墙在实际运用时将承受四周压力，因此无侧限强度并不能反映其真正的强度，四周压力σ_3的存在，将显著地提高破坏时的轴向应力。例如，四周压力为 1.2MPa 时，H_3 试样（90d 龄期）破坏时的轴向应力为无侧限强度的 2.45 倍；G_1、J_4、J_5、尾 $_{21}$ 试样（28d 龄期）破坏时的轴向应力分别为无侧限强度的 3.88、3.52、7.96、3.31 倍。

塑性混凝土试样在三轴条件下的破坏形式与无侧限条件下的破坏形式有明显的不同。三轴条件下，试样破坏属典型的塑性剪切破坏，破坏时试样中间鼓起，试样上有一明显的倾斜带状剪切面，因此，采用莫尔—库仑强度理论的指标——黏聚力c和内摩擦角φ来描述塑性混凝土的强度特性是合适的。根据十几组塑性混凝土的三轴试验结果可以看出，塑性混凝土的黏聚力c在 0.2～0.8MPa 范围内变化，内摩擦角φ在 25.6°～39.7°范围内变化。c、φ与塑性混凝土配合比和材料特性有关。

2）四周压力σ_3对初始弹模E_1的影响。一般土料的初始弹模E_1，随四周压力σ_3的增加而明显加大，Janbu（1963）根据大量土工试验资料建议用指数函数来描述两者之间的关系：

$$E_1 = KP_a(\sigma_3/P_a)^n \tag{14-2}$$

式中 K、n——试验常数，由一组常规三轴试验确定；

P_a——大气压力，与σ_3量纲相同。

但试验表明，与一般土料不同，塑性混凝土试样的初始模量E_1一般并不随四周压力的加大而增加，甚至反而有所减小，仅极少数试样的E_1略有增加。这种增减现象与配比中是否含有膨润土有关。统计资料表明，塑性混凝土凡含有膨润土时，三轴条件下初始模量平均值小于无侧限时的初始模量；而塑性混凝土中不掺膨润土时，三轴条件下初始模量平均值大于无侧限时的初始模量，无一例外。统计结果表明，两者均呈显著性差异。

3）四周压力σ_3对峰值应变ε_{af}的影响。在无侧限条件下，塑性混凝土试样的峰值应变（即极限应变）在 0.4%～0.7%间变化，虽比普通混凝土的极限应变增加数倍，但相对于防渗墙周围土体的应变仍然太小，仍属脆性破坏形式。如前所述，三轴试验比较符合现场防渗塑性混凝土的工作条件，因而分析三轴条件下的峰值应变ε_{af}很有必要的。

试验结果表明，试样的峰值应变随四周压力σ_3的增加而显著地增加，如图 14-6 所示为G_1和J_5两组试样三轴试验峰值应变ε_{af}与四周压力σ_3的关系。除无峰值应变情况外，ε_{af}与σ_3基本呈线性关系，即

$$\varepsilon_{af} = \lambda\sigma_3 - \varepsilon_{af0} \tag{14-3}$$

式中　λ——试验常数；

ε_{af0}——$\sigma_3 = 0$ 时的峰值应变。

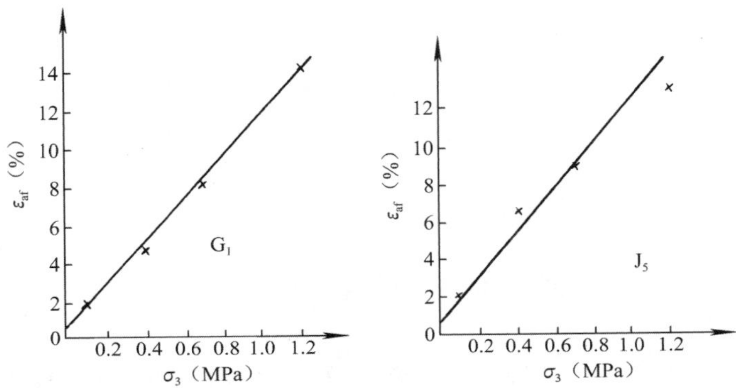

图 14-6　ε_{af}-σ_3曲线

塑性混凝土在无侧限条件下的破坏形式为脆性破坏，因此有人由此得出塑性混凝土不是塑性材料的结论。实际上，塑性混凝土防渗墙在运用中承受四周压力的作用，因而三轴条件下的力学特征更反映塑性混凝土防渗墙运用中真实的强度与变形特征。如前所述，四周压力σ_3对塑性混凝土的力学特性有很显著的影响：

（1）塑性混凝土的初始模量一般不随四围压力的增加而增加，加入膨润土后E_1在三轴条件下比无侧限条件下还有所降低，而防渗墙周围土体的初始模量却随四围压力的增加而有较大的增加，这相当于防渗的塑性混凝土与周围土体的初始模量之比随四周压力加大而不断减少，从而大大降低了墙内应力，缓和或消除了墙底与基岩、墙顶与廊道、廊道与心墙等接头处的应力集中或拉应力，大大改善了塑性混凝土防渗墙的工作特性。清华大学水电系曾对此进行过有限元分析，计算结果也证实了上述结论。曾计算小浪底土石坝斜心墙双防渗墙方案，防渗墙内最大主应力σ_{1m}与初始模量比E_0/E_a的关系如图 14-7 所示，σ_{1m}与E_0/E_a的关系可近似用下式拟合：

$$\sigma_{1m} = (2.7 + 8.95\lg E_0/E_a) \tag{14-4}$$

式中　E_0、E_a——分别为墙体及周围土体的初始模量（MPa）。

小浪底工程最大坝高 156m，覆盖层深 71m。E_a采用$\sigma_3 = 0.6$MPa 时覆盖层的初始模量。

计算时防渗墙采用线弹性模型，覆盖层采用非线性模型。由图 14-7 可看出，当E_0/E_a由 148 降为 1.95 时，σ_{1m}由 21.3MPa 降为 4.7MPa。如塑性混凝土采用非线性模型，σ_{1m}可进一步降低。

（2）随着σ_3的增加，塑性混凝土破坏时能承受的最大主应力σ_{1f}显著提高，因而采用莫尔-库仑强度准则是比较合适的。

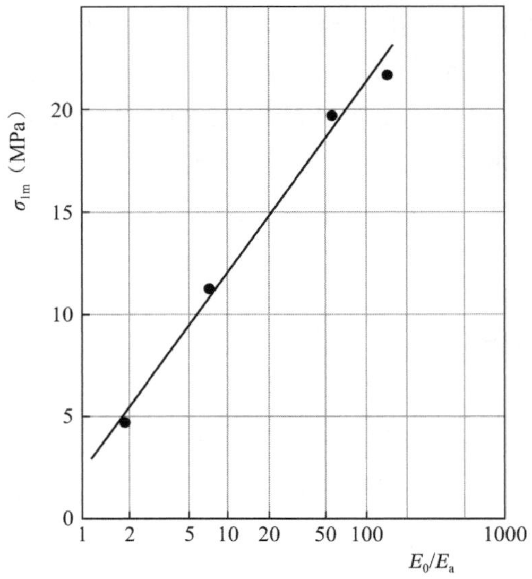

图 14-7 σ_{1m}—E_0/E_a关系图

如采用无侧限强度作为防渗墙抗压强度的设计值，即：

$$q_d = q_u = F\sigma_{1m} \tag{14-5}$$

式中，q_d为设计强度；q_u为无侧限强度；F为安全系数；σ_{1m}为墙体某单元承受的最大主应力。则认为墙体内某一单元破坏时的最大主应力为q_u；如采用莫尔-库仑强度理论，则认为墙体内某一单元破坏的最大主应力为：

$$\sigma_{1f} = \sigma_3 \tan^2(45° + \varphi/2) + 2C\tan(45° + \varphi/2) \tag{14-6}$$

式中，σ_3为该单元所受的小主应力；φ为材料内摩擦角；c为黏聚力。

不难得出，σ_{1f}与q_u有如下关系：

$$\sigma_{1f} = \sigma_3 \tan^2(45° + \varphi/2) + q_u \tag{14-7}$$

该单元实际安全系数为：

$$\frac{\sigma_{1f}}{\sigma_{1m}} = \frac{\sigma_0 \tan^2(45° + \varphi/2)}{\sigma_{1m}} + F \tag{14-8}$$

由水口电站主围堰防渗墙有限元分析的部分结果可以看出，采用塑性混凝土防渗墙时，σ_3几乎无变化，而σ_{1m}却随安全系数大大降低。可以看出，对于普通混凝土，采用莫尔-库仑强度理论得出的安全系数比采用无侧限强度得出的安全系数大 0.32，将这多出的部分作为安全储备是可以接受的。对于塑性混凝土，采用莫尔-库仑强度理论比采用无侧限强度得出的安全系数大 1.38。因而，普通混凝土防渗墙强度设计值可用无侧限强度q_u，而设计塑性混凝土防渗墙时，采用莫尔-库仑强度理论是比较合理的。

（3）随着σ_3的增加，塑性混凝土的极限应变大幅度增加，在σ_3较大时，塑性混凝土的应力-应变关系曲线变为加工硬化型曲线，这使得塑性混凝土防渗墙有很好的变形协调性。

综上所述，所谓“塑性混凝土不是塑性”，这一说法是由于未考虑其实际受力条件的结论，因而是不确切的、片面的。试验结果所揭示出的塑性混凝土的上述特性，为塑性混凝土在围堰、土石坝，尤其是中高土石坝深覆盖层基础防渗墙中应用的合理性提供了一个新的重要论据。

2. 龄期对塑性混凝土力学特性的影响

根据不同龄期试样的无侧限压缩试验成果，研究了龄期对塑性混凝土强度q_u、初始模量E_1和峰值应变ε_{af}的影响。此外，还进行了少量不同龄期试样三轴试验。几组不同龄期的无侧限应力-应变关系比较见图 14-8。

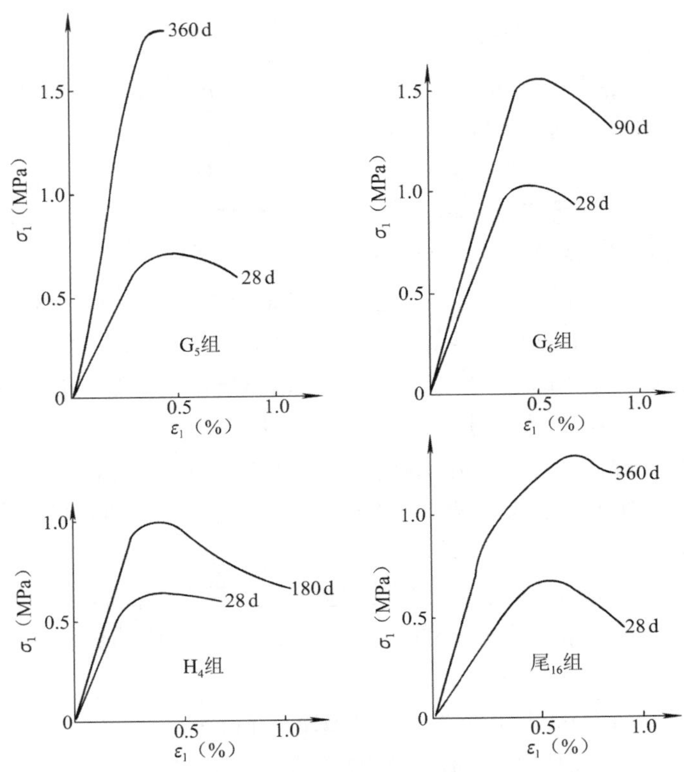

图 14-8　不同龄期无侧限试验应力-应变关系曲线

1）龄期对无侧限强度q_u的影响

试验结果表明，塑性混凝土无侧限强度随龄期而明显增加。以 28d 强度为基准，塑性混凝土 90d 强度约增长到 1.6 倍，180d 强度约增长到 2.0 倍，一年强度约增长到 2.7 倍，一年以后有继续增长的趋势。龄期在 28d 前后，强度增长系数R_q与t的关系可近似用下式描述：

$$R_q = \frac{q_{ur}}{q_{u28}} = \left(\frac{t}{28}\right)^n \begin{cases} t \geqslant 28, & n = 0.379 \\ t < 28, & n = 0.854 \end{cases} \tag{14-9}$$

式中，n为增长指数，由试验确定。

28d 龄期前，普通混凝土的强度增长系数与塑性混凝土大致相当，而龄期超过 28d 后，塑性混凝土的强度增长系数显著高于普通混凝土，例如龄期为一年时，塑性混凝土的增长系数为 2.7，而普通混凝土仅为 1.6。塑性混凝土防渗墙由龄期引起的安全储备显然要高于普通混凝土。

2）龄期对塑性混凝土的初始弹模E_1的影响

试验结果表明，塑性混凝土的初始弹模E_1随龄期增长而加大。模量增长系数R_E（塑性混凝土试样不同龄期t时的初始模量$E_{1,t}$与 28d 龄期的初始模量$E_{1,28}$的比值，即$R_E =$

$E_{1,t}/E_{1,28}$）与龄期t的关系可近似用下式拟合：

$$R_{\mathrm{E}} = E_{1,t}/E_{1,28} = (t/28)^{m},\ m = 0.349 \tag{14-10}$$

式中，m值与式(14-9)中n（$t \geqslant 28$）十分接近。$R_{\mathrm{q}}/R_{\mathrm{E}}$在 1.0 上下波动，说明强度与初始弹模的增长系数大致相等。

3）龄期对峰值应变$\varepsilon_{\mathrm{af}}$的影响

试验结果表明，$\varepsilon_{\mathrm{af}}$基本不随龄期而变化。试样不同龄期的峰值应变增长系数R_{q}在 1.0 上下波动，说明峰值应变基本不随龄期而变化。

对 H_3、H_4和尾$_{21}$三种配比的试样分别进行了 90、150d 和一年龄期的三轴试验，试验结果表明，塑性混凝土初始模量不随四周压力而变化的规律，不受龄期的影响。

4）加荷速率对塑性混凝土力学特性的影响

对 G_2、G_6 和 H_4 试样进行了不同速率下的无侧限压缩试验，速率变化范围为 2～0.0004mm/min，同时对 H_4 试样在四周压力$\sigma_3 = 0.1$MPa 时分别采用速率为 0.02mm/min 和 0.0004mm/min 进行了三轴试验。当速率为 0.0004mm/min 时，每一试验需进行 25d。

对成果进行统计分析，可以得出速率的影响有以下几点：

（1）速率等于 2mm/min 时，塑性混凝土试样的有关指标与速率为 0.2mm/min 时相比，强度变化不大，无侧限初始模量E_1有明显增加，而峰值应变$\varepsilon_{\mathrm{af}}$则明显减小。这可能与塑性混凝土的黏滞性有关。

（2）速率小于 0.2mm/min 时，无侧限试验各项力学特性指标与速率 0.2mm/min 时相比，无显著性差异（置信水平取$\alpha = 0.05$）。这表明，无侧限压缩试验采用 0.2mm/min 的速率是合适的。

（3）加荷速率分别为 0.02mm/min 和 0.0004mm/min 的三轴试验结果比较表明，试样的峰值强度、初始模量和峰值应变均无明显差别。

3. 主要结论

（1）三轴试验表明，四周压力将显著地提高塑性混凝土的强度，且试样为剪切破坏形式，应采用莫尔经度准则设计塑性混凝土防渗墙。

（2）四周压力σ_3对塑性混凝土的初始模量无明显影响。统计表明，当塑性混凝土配比中含有膨润土时，甚至三轴条件下试样的初始模量比无侧限条件下还小，并有显著性差异。

（3）塑性混凝土的峰值应变随四周压力的增加而加大，两者基本呈线性关系。

（4）塑性混凝土的强度和初始模量基本上随龄期同步增长。以 28d 强度为基准，塑性混凝土 90d 强度约增加到 1.6 倍，180d 强度约增加到 2 倍，一年强度约增加到 2.7 倍，一年后有继续增长的趋势。龄期大于 28d 的塑性混凝土随龄期的强度增长率明显大于普通混凝土。龄期对峰值应变基本无影响。

（5）不同速率试验表明，当速率小于 0.2mm/min 和 0.02mm/min 时，分别对塑性混凝土进行无侧限压缩试验和固结排水三轴试验，结果无影响。

14.3.4 塑性混凝土的动力特性试验

这里简要说明一下北京塑性混凝土课题组所作的动力特性试验成果。

1. 试验设备和方法

设备：美制“拟静扭剪共振柱”仪，仪器的主体结构见图 14-9。该仪器属单自由型，自由端部有集中质量作用。试件为水泥实心圆柱，直径 7.11cm，高 19.3cm。

2. 工作原理

声频信号发生器输出正弦波信号进入功率放大器，经放大后送入激振器，使试件顶部发生强迫振动（属扭转型）。调整信号发生器的输出频率，直至系统发出共振为止。测得共振频率，即可用下面介绍的方法求出试件的剪切模量，切断电源，测量电源信号的衰减曲线。可根据衰减速度计算出试件的阻尼比。全部操作和数据采集整理均由 IBM 计算机来完成。

根据试验结果，得出以下初步结论：用“拟静扭剪共振柱”仪对塑性混凝土的动力特性进行的试验表明，动弹性模量随四周压力σ_3增加而加大，且随水泥含量提高有明显的增加。在相同水泥用量时，水灰比变化对模量影响不甚明显。随着龄期加长，动模量加大，阻尼比明显下降。

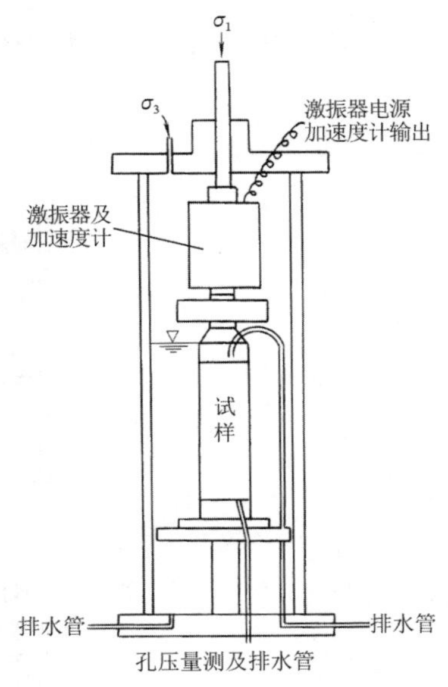

图 14-9　“拟静扭剪共振柱”仪

14.4　塑性混凝土的渗透特性

14.4.1　概述

前面已经说过，塑性混凝土的抗压强度是很低的，一般$R_{28}=2\sim3$MPa。用常规混凝土渗透仪（图 14-10）进行塑性混凝土的渗透试验时，由于试样为一个直径 175～185mm 和高 150mm 的截头圆锥体，常常在不大的渗水压力作用下，就会沿着混凝土试样与外面的金属筒之间的接触面发生破坏。另外，由于塑性混凝土本身的粘结力较差，试验密封材料与试样粘结不牢而出现微小间隙，形成渗水通道。

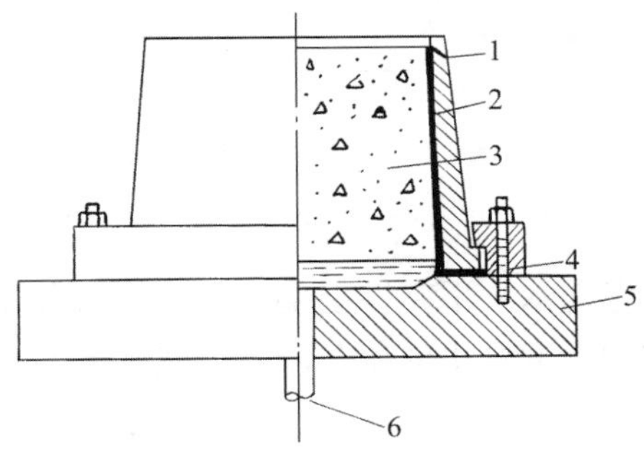

图 14-10　普通混凝土抗渗仪示意图

1—金属圆筒；2—止水材料：3—试样；4—橡皮垫圈；5—底座；6—压力水

国外有测试塑性混凝土渗透性的仪器，但试验历时过长，试验成果不是很准确。为了准确、快速、方便地测试塑性混凝土的渗透性能，前面所说课题组自行研制了一套用于塑性混凝土和固化灰浆、自硬泥浆渗透试验的仪器（以清华大学水电系为主要研制单位），它的主要组成有：塑性混凝土渗透仪；补偿式气压水压转换装置；控制加压面板；测量设备；

压力气源，见图 14-11、图 14-12。

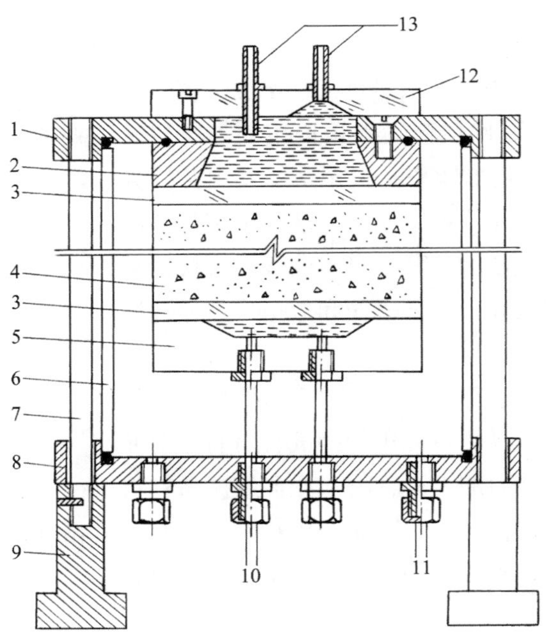

图 14-11 塑性混凝土渗透仪结构图

1—下底盘；2—底座；3—透水板；4—试样；5—顶帽；6—有机玻璃筒；7—螺杆；8—下底盘；9—把手；10—接内压管；11—接外压管；12—窗口盖板；13—接量管

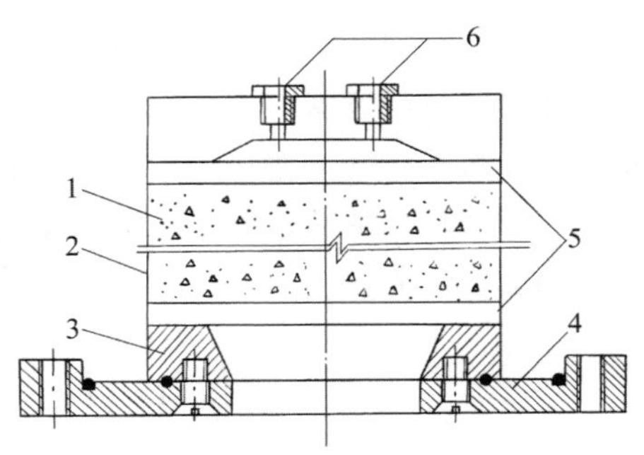

图 14-12 试样安装图

1—试样；2—乳胶膜；3—底座；4—下底盘；5—透水板；6—接内压管

本仪器可用于测定不同应力水平下塑性混凝土的渗透系数和破坏比降，还可确定各种影响因素。此外，还可测定塑性混凝土的耐久性。该仪器稍加改装即可进行混凝土的抗冲刷试验。除塑性混凝土外，该系统还可作普通混凝土和宽级配砾石土料的上述几种试验。

14.4.2 塑性混凝土渗透试验成果

利用所研制的塑性混凝土抗渗试验系统共测定了十三陵蓄能电站下池防渗墙的三种不同配比的 8 组 16 块塑性混凝土试样和三种不同配比的 4 块固化灰浆试样的抗渗性。

1. 塑性混凝土渗透系数测定

（1）外压不变，内压变化。如池 8（1）试样，外压保持为 600kPa，内压由 240kPa 逐渐增至 470kPa，再降至 120kPa，渗透流量Q与渗透比降J呈单一的线性关系，如图 14-13 所示，即渗透系数不变。

（2）内外压同步变化，而压差保持不变。如池 9（1）试样，内外压差保持为 240kPa 不变，内外压分别由 60kPa 和 360kPa 增加至 360kPa 和 540kPa，渗透流量与渗透比降呈线性关系，如图 14-14 所示，即渗透系数不变。

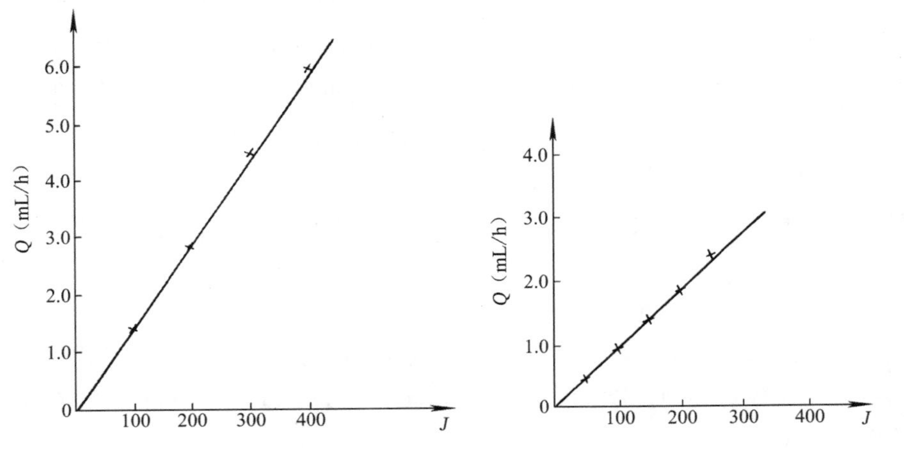

图 14-13　池 8（1）试样外压为 600kPa 时的Q-J曲线

图 14-14　池 9（1）试样压差为 240kPa 时的Q-J曲线

（3）外压、内压任意组合，只要外压大于内压，如池 9（2）试样，渗透流量与渗透比降基本呈线性关系，渗透系数无明显变化，如图 14-15 所示。

为研究试验历时的影响，曾进行过历时几天至 20 多天的渗透试验，在试验过程中，渗透流量一直很稳定，如图 14-16 所示。这说明试样在几小时后的渗流状态即是最终稳定渗流状态。

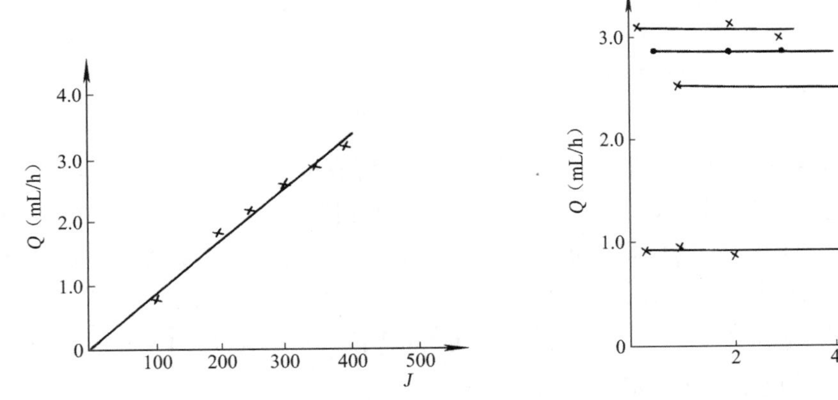

图 14-15　池 9（2）试样内外压任意组合时的Q-J曲线

图 14-16　流量随历时变化的曲线

2. 四周压力σ_3对渗透系数的影响

土料的渗透系数随四周压力的变化而发生明显的变化，土的渗透系数随试样内有效应力的增加而明显地减小。

对于塑性混凝土，在保持渗透比降不变时，改变四周压力σ_3，测定渗透系数，以研究四周压力的影响，如图 14-17 所示。对 K_2 试样内压保持为 240kPa，外压由 580kPa 再降至

320kPa，渗透流量保持不变，即渗透系数保持不变。

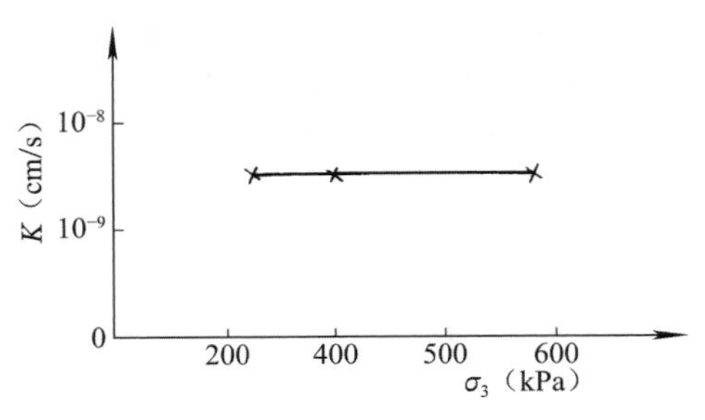

图 14-17　渗透系数随σ_3的变化曲线

土的渗透系数随试样内有效应力的增加而明显地减小，这是因为土样内有效应力越大，土体越趋于密实，土体内原有的缝面趋于闭合，从而降低了土的渗透性。而塑性混凝土的弹模一般为200～1000MPa，比土的弹模大得多，试样内有效应力虽有一定的变化，但体积变形却很小，即孔隙比变化很小，因而试样的渗透系数几乎没有变化。

至于试样内四周压力有更大变化时，塑性混凝土的渗透系数是否随之变化，尚待进一步研究。

3. 塑性混凝土破坏比降试验

为了进行塑性混凝土渗透破坏比降试验，在试样自由渗水面用了三种形式的支撑以模拟防渗墙后不同的支撑材料：①透水板支撑；②小石子支撑；③试样中间直径 100mm 范围内无支撑（图 14-18）。

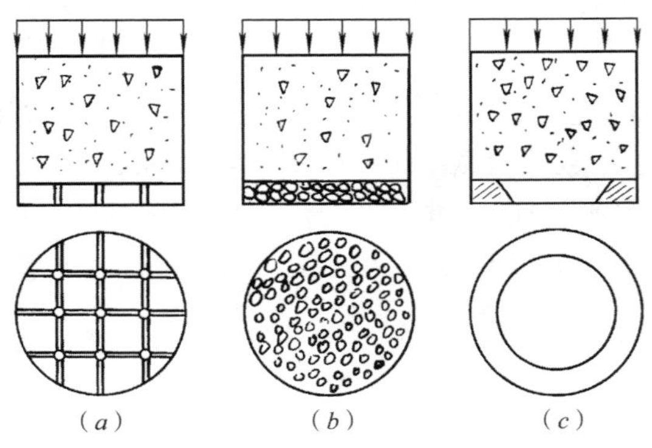

图 14-18　自由渗水面三种形式的支撑

（*a*）透水板；（*b*）小石子；（*c*）中空

透水板靠试样一面有纵横交错的小槽，深 1mm，宽 1mm，槽距 5mm，在部分交叉点上有通孔，水可自由流出。在自由渗水面有透水板支撑的情况下，K_2试样（150d 龄期）和池 8 试样（120d 龄期）在渗透比降达 400 时，渗透流量与水力比降仍是线性关系，渗透系数没有变化（图 14-13、图 14-14），则渗流仍符合达西定律（图 14-19）。

小石子粒径为 4mm 左右。在有小石子支撑的情况下，池 9 试样（120d 龄期）在渗透比降达 400 时，渗流仍符合达西定律（图 14-15）。

在透水面中空的情况下，池 9 试样（150d 龄期）在渗透比降为 500 时，渗流仍符合达西定律，即试样未发生物理性的渗透破坏，如图 14-20 所示。

可以看出，在以上几种情况下，具有 150d 龄期的试样均能承受很高的渗透比降而不发生物理性渗透破坏，在实际运用中，防渗墙承受的渗透比降一般不超过 100，且墙后有支撑，因而发生物理性渗透破坏的可能性极小。

至于塑性混凝土的抗化学溶滤性，有待进一步研究。

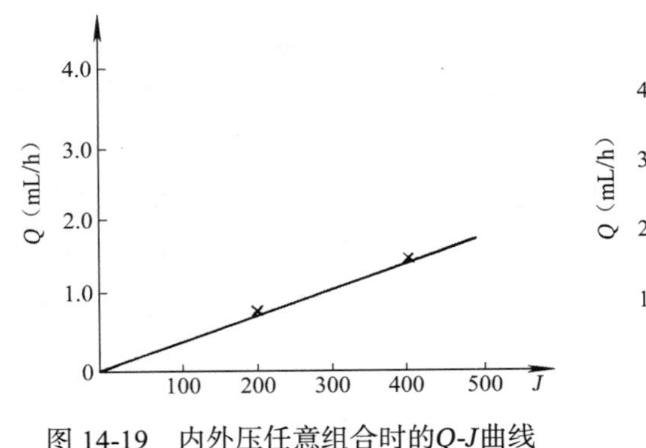

图 14-19　内外压任意组合时的Q-J曲线

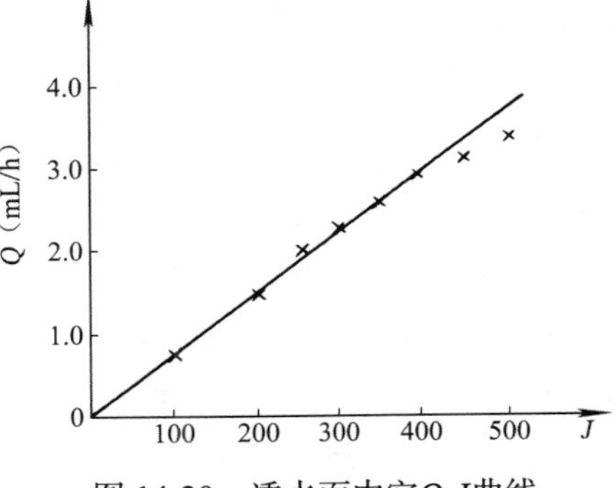

图 14-20　透水面中空Q-J曲线

4. 小结

（1）塑性混凝土具有很低的渗透系数，其数值一般在 5.66×10^{-9}～6.41×10^{-8}cm/s 之间，实际设计采用 10^{-8}～10^{-7}cm/s。从防渗角度来讲，能满足各种规模土石坝工程基础防渗墙的要求。

（2）在应力水平不很高时，塑性混凝土的渗透系数与试样所受的四周压力无关。

（3）塑性混凝土具有较高的破坏比降，如池 9 试样龄期为 150d 时，其破坏比降可达 500 以上。

上述试验结果表明，所研制的塑性混凝土渗透仪具有良好的使用性能。

14.5　塑性混凝土的耐久性

14.5.1　概述

塑性混凝土的耐久性问题至今仍是一个有待深入研究的课题，本节将对国外和国内的一些试验研究结果加以说明。

塑性混凝土一旦浇入槽孔之后，就长期地处于地下，并且大多情况下总是处于水下环境中，通常混凝土所遇到的冻融、干湿、收缩、膨胀等不利影响也就很少了。与前面的黏土混凝土一样，也需要从两个方面来研究塑性混凝土的耐久性问题：

（1）在水压力作用下的渗透稳定问题。

（2）渗透水流对混凝土的化学溶蚀问题。

塑性混凝土对失水收缩特敏感，在水下收缩约 1μm（常规混凝土在水下膨胀约 100μm）。为此，应注意其表面部位不要因失水而产生收缩裂缝。

14.5.2　塑性混凝土耐久性的研究及评估

1. 试验方法

中国水利水电科学研究院结构材料所是较早系统地对黏土混凝土防渗墙的渗透溶蚀问题进行试验研究的单位之一。1990 年代为了配合科技攻关项目，进行了塑性混凝土耐久性试验研究以及安全运行的评估、探讨。

根据以往的试验研究成果，对于防渗墙墙体材料的耐久性，主要采用溶蚀试验，亦即在一定渗漏量的情况下，实测墙体材料中 CaO 的溶蚀情况来评价墙体是否安全。对于塑性混凝土来说，仍然可以采用渗淋式溶蚀试验方法；也可采 X 射线衍射、扫描电镜和差热分析等方法进行微观分析。

2. 溶蚀试验结果

从塑性混凝土的 CaO 溶蚀速率曲线图和 CaO 累计溶蚀曲线中可以得出以下几点结论：

（1）塑性混凝土和普通混凝土的溶蚀规律基本相似，初期溶蚀速度快，溶蚀量大，而随会期的增加，溶蚀速度逐渐减缓，30d 以后溶蚀速度趋于稳定，溶蚀曲线变为平缓。

（2）在相同渗漏量（1000mL/d）情况下，塑性混凝土平均 CaO 溶出量为 154～188mL/d，普通混凝土则为 350mL/d，是塑性混凝土的 2.0～2.5 倍，而溶出总量为 1.86～2.26 倍。

（3）塑性混凝土的 CaO 溶出量为水泥总量的 36%～38%；普通混凝土为 27.4%，为塑性混凝土的 75.7%～71.7%。

塑性混凝土的 CaO 溶出百分比偏高，可能是由于掺用了大量黏土或膨润土等非活性材料，使材料密实度下降，结构较为疏松，渗透水流更容易通过，更容易把 $Ca(OH)_2$ 带走所造成的。

3. 塑性混凝土溶蚀的微观结构测试

可以进行下列各种微观测试分析：

差热分析——测定试样溶蚀前后化学成分的变化，特别是 $Ca(OH)_2$ 的变化。

扫描电镜——测试试样溶蚀前后水化产物的类型、形态和相对数量。

能谱分析——在扫描电镜基础上确定某一测点的化学成分。

X 射线衍射试验——测定试样的矿物成分或化学成分。

1）差热分析试验结果

塑性混凝土差热分析试验结果见图 14-21、图 14-22。

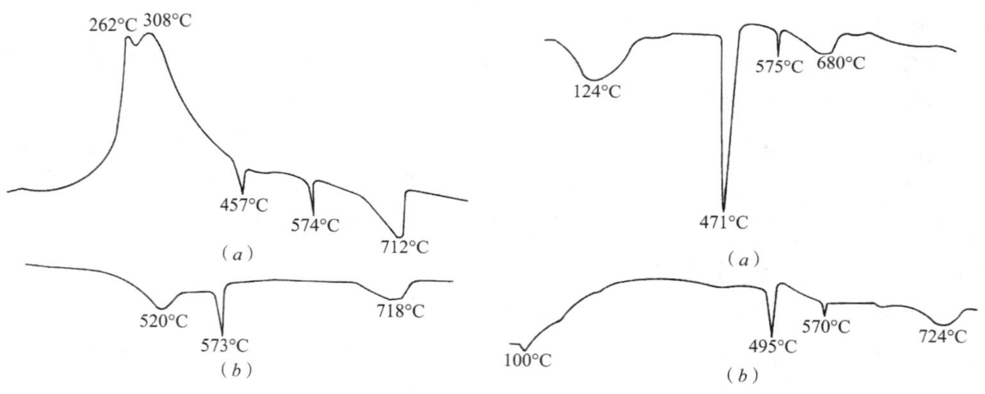

图 14-21 试样 C 溶蚀前后差热分析试验曲线
（a）溶蚀前；（b）溶蚀后

图 14-22 试样 D 溶蚀前后差热分析试验曲线
（a）溶蚀前；（b）溶蚀后

分析上面试验结果，可以看出：

（1）普通混凝土与塑性混凝土在溶蚀前均测定出明显的 $Ca(OH)_2$ 峰值；而且，水泥用量越高，水化产物中 $Ca(OH)_2$ 峰值越高，$Ca(OH)_2$ 的含量越多；经过溶蚀以后，水化产物中的 $Ca(OH)_2$ 峰值均明显降低，说明水化产物中的 $Ca(OH)_2$ 已被大量溶出。

（2）普通混凝土在溶蚀前，有明显的水化硅酸钙凝胶和钙矾石的峰值，而经溶蚀后，水化硅酸钙凝胶和钙矾石虽然有峰值但已明显降低，说明普通混凝土经溶蚀后，随着 $Ca(OH)_2$ 含量的逐步降低，水化硅酸钙等水化产物也随之分解，含量逐步降低，从而使水泥石结构逐步破坏。

（3）对于塑性混凝土，差热分析结果表明，溶蚀前水化硅酸钙凝胶和钙矾石的峰值就较低，在水泥用量为 140kg/m^3 的 B 试样中，水化硅酸钙凝胶峰值已经很不明显，说明塑性混凝土中凝胶含量本来就较低，经溶蚀后，随着 $Ca(OH)_2$ 的溶出，水化硅酸钙凝胶发生分解，含量进一步降低。因此，塑性混凝土溶蚀后的差热曲线上，反映不出水化硅酸钙凝胶的峰值。

2）扫描电镜和能谱测试结果

由扫描电镜照片可以看出，无论普通混凝土或塑性混凝土在溶蚀前，扫描电镜观测到的都是较密实的团块状水泥水化产物结构，而溶蚀后水化产物的结构就比较疏松，水化产物之间出现了明显的孔隙，在高倍放大下已可以明显看到剩余的单个 $Ca(OH)_2$ 结晶和钙矾石晶体。说明由于水泥结石中 $Ca(OH)_2$ 的溶蚀及其他水化产物的相应分解，使水泥结石由较密实的结构而变成了疏松多孔的结构，从而降低了混凝土的宏观特性。

能谱测试是在扫描电镜观察的基础上作单点的分析，从测试结果中 $Ca(OH)_2$ 相对含量溶蚀前后变化可以看出，虽然能谱分析为单点试验，有一定的局限性，但从整体上看无论是塑性混凝土或普通混凝土经溶蚀后水化产物中的 $Ca(OH)_2$ 含量均相对降低。

4. 塑性混凝土防渗墙的耐久性评估

1）评估准则及计算公式

我国原水电部昆明勘测设计院的研究成果认为，防渗墙混凝土的密实性，主要决定于是否产生渗漏及溶蚀，当混凝土中的 $Ca(OH)_2$ 溶出量达 25%时，混凝土的强度将降低 50%。由此来估算防渗墙的安全运行寿命，其计算公式为：

$$T = 0.25VCa/[Q(M - M_0)] \tag{14-11}$$

式中，T为防渗墙的安全使用年限（a）；V为防渗墙迎水面每平方米对应的墙体混凝土体积（m^3/m^2）；C为每立方米防渗墙混凝土中的水泥用量（kg/m^3）；Q为每平方米防渗墙一年内的渗漏量（m^3/m^2）；M为防渗墙渗漏水中的 CaO 浓度（kg/m^3）；M_0为地下环境水中的 CaO 浓度（kg/m^3）；a为水泥中 CaO 含量的百分率。

2）塑性防渗墙混凝土安全使用年限的评估

根据以上的评估准则和计算公式，在特定的工程中就可计算出该防渗墙的安全运行寿命。本次研究并不结合具体工程，仅仅对塑性墙体混凝土的耐久性进行初步的探讨，也即与普通混凝土墙体材料进行相应的比较。

假设：

（1）$T_{普}$为普通混凝土防渗墙的安全运行寿命（a）。

（2）$T_{塑}$为塑性混凝土防渗墙的安全运行寿命（a）。

（3）两种防渗墙所处地下环境水中的 CaO 浓度相同，并假设均不含 CaO，即$M_0 = 0$。

（4）对于通过防渗墙的渗漏量，假设为两种情况，一种是考虑到塑性防渗墙有良好的变形能力，可减少墙体受外界应力而产生裂缝的可能，从而使可能产生的渗漏量比普通混凝土防渗墙降低 50%，即$Q_{塑} = 0.5Q_{普}$；另一种情况则假设为两种墙体的年渗漏量相同；即$Q_{塑} = Q_{普}$。

（5）两种防渗墙单位迎水面积对应的混凝土体积相同，即$V_{塑} = V_{普}$。

（6）两种防渗墙由于采用同一品种水泥，因此水泥中的 CaO 含量a相同，即$a_{塑} = a_{普}$。

根据以上假设，按式(14-11)即可进行两种墙体材料的耐久性相对比较。

由以上计算结果可以看出，如果采用塑性混凝土防渗墙，由于抗裂性增加，在降低50%渗漏量的情况下，可使墙体安全运行寿命比普通混凝土防渗墙增加40%～60%（表14-5）。如果采用塑性混凝土防渗墙后，渗漏量与普通混凝土防渗墙相同的话，其安全运行寿命只是普通混凝土防渗墙的70%～90%，这是因为塑性混凝土虽然单位溶蚀量比普通混凝土有明显降低，但由于其水泥用量很低，CaO的储备太少，在相同渗漏量的情况下，就可能出现安全运行寿命缩短的情况。

混凝土安全运行年限比较表　　表14-5

项目	$Q_{塑}=\frac{1}{2}Q_{普}$	$Q_{塑}=Q_{普}$
$\frac{T_A}{T_D}$	1.622	0.811
$\frac{T_B}{T_D}$	1.614	0.90
$\frac{T_C}{T_D}$	1.449	0.724

5. 小结

（1）塑性混凝土在产生渗漏溶蚀的情况下，混凝土中CaO的溶蚀量较普通混凝土将有明显的降低。

（2）塑性混凝土产生溶蚀后，其微观成分和结构的变化与普通混凝土相似，均产生了$Ca(OH)_2$的流失和水化产物的分解，从而出现水化产物结构疏松、密实度下降的情况。

（3）塑性混凝土防渗墙由于其性能适应地基变形，有较好的抗裂效果，因此在降低渗漏量的情况下，可以延长防渗墙的安全使用寿命。

墙的渗透性，特别是自硬泥浆，在很大程度上取决于水泥掺用量，因而将水泥掺用量在实用范围内提高是可行的。由此导致的墙体变形能力减小的缺点，显然可以由降低透水性而增大抗溶蚀的安全性来补偿。因为破坏变形可达0.5%左右，所以不用担心墙体会产生裂缝，甚至其刚度比土基大很多，也不要紧。

应当指出，上述试验成果是较早期试验取得的。最新的试验研究表明，上述的极限水力坡降已经大大提高了，对于塑性混凝土来说其最大水力坡降可达到500，自硬泥浆墙和板桩灌注墙的极限水力坡度均有极大提高，不能以此作为设计依据（详见后文）。但是，最令人关心的是如何保证墙体施工质量，以降低施工造成的不利影响。

14.5.3　日本的研究成果

日本用电子扫描显微镜对塑性混凝土试样的内部结构进行观察，对其粉末进行X射线衍射分析。

在龄期为2.5年的塑性混凝土（CBC）的电子显微镜照片中（水泥掺量为125kg/m^3，膨润土掺量为25kg/m^3），可以看到六边棱柱状的水泥杆状结晶体和六角板状的硫铝酸钙以及硅酸钙的水化物（CSH）等。照片中未见到膨润土粒子的存在，这可能是由于膨润土中的蒙脱石与$Ca(OH)_2$发生了普佐兰反应生成的硅酸钙和铝酸钙造成的。另外，也没有见到水泥水化反应产生的$Ca(OH)_2$。

从膨润土和塑性混凝土的X射线衍射分析结果来看，原本存在于膨润土中的蒙脱石，在龄期达2.5年的塑性混凝土中消失了。这是由于普佐兰反应使蒙脱石结构发生了变化。

另外，在 32～34℃范围内没有发现未水化的水泥结构，可以认为水泥水化作用已经基本完成了。

此外，还进行了重复干湿交替试验、抗硫酸盐试验以及在纯水中的试验。所有这些试验结果都表明，塑性混凝土具有足够的耐久性。

14.5.4　几点看法

对于塑性混凝土的耐久性问题，可以得出以下几点结论：

1）塑性混凝土的耐久性应从两个方面，即在水压力作用下的渗透（漏）稳定和在渗透水流作用下的化学溶蚀稳定方面加以保证，只要防护得当，塑性混凝土一般不会受冻融、干湿交替和收缩膨胀的不利影响。

2）塑性混凝土中水泥含量很少，强度较低，易受水流的冲蚀破坏，但是实践证明，配比得当的塑性混凝土的抗渗透能力并不比黏土混凝土逊色，它的水力坡降可高达 500 或更大，允许渗透比降达 100～200 是可能的。从这一点说，这不是在高坝深墙中使用塑性混凝土的主要障碍。

3）对于塑性混凝土的溶蚀（滤）问题，至今的研究工作尚不深入，有些结论缺乏说服力，这才是妨碍人们在高坝深墙中使用它的最大问题。但以下几点结论是可以被大家接受的：

（1）溶蚀问题是由渗透水流引起的，渗透系数大于 10^{-6}cm/s 以后，溶蚀的危险就会明显增加。如果限制或减少了渗透水流的速度和流量，那么溶蚀问题即使发生，也不会超过允许限度。

（2）适当增加水泥用量，设法增加塑性混凝土的密实度，会显著提高抗渗性和耐久性。

（3）必须注意这样一个事实，即塑性混凝土的变形能力比普通混凝土和黏土混凝土的变形要高出很多倍，而与周围地基变形基本一致，在此条件下不能用刚性混凝土的理论和方法来对待塑性混凝土。这就要求我们的科研部门，把理论和实践结合起来，早日拿出塑性混凝土溶蚀问题的研究成果来。

14.6　塑性混凝土防渗墙的设计

14.6.1　概述

在这一节里，将要说明塑性混凝土防渗墙在外力作用下的受力和变形问题，以及设计中的一些问题。

14.6.2　高坝深墙的结构计算和分析

图 14-23 所示的直心墙堆石坝坝高 188m，覆盖层深 70m。设计采用两道净距为 3m 的混凝土防渗墙，厚 1.4m，最深 70m。原设计曾考虑了刚性混凝土和塑性混凝土防渗墙两种方案，并进行了结构内力计算。

分析采用清华大学的“THEPO”程序，按平面应变问题进行计算。对于混凝土防渗墙与基岩采用E-μ弹性模型；对于覆盖层、坝体的各类土石料，采用邓肯-张建议的双曲线弹性非线性E-μ模型。单元类型则采用四节点任意四边形等参单元。为了考虑防渗墙与泥皮之间的相互作用以及防渗墙与廊道垫座间充填物（高塑性沥青胶泥）的相互作用，采用了按照哥德曼接触面滑动模型的四节点一维接触面单元。计算网格共 398 个节点，400 个单元，包括 38 个接触面单元。

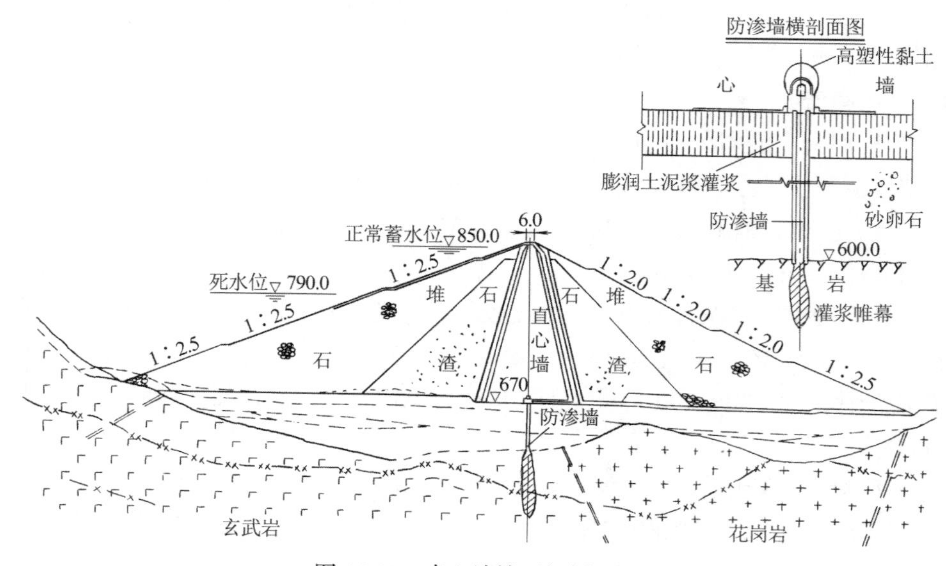

图 14-23　直心墙堆石坝剖面图

计算按分期增荷的方法来模拟坝的施工和蓄水过程。覆盖层为第一期荷载，蓄水期为最后一期，中间 6 个施工期，共分为 8 个增荷期。每一期又可分若干个微增量加载次数，共计 23个。

为了进行对比分析，防渗墙的混凝土材料分别采用了刚性混凝土（$E_W = 23.6 \times 10^5 N/cm^2$），三种塑性混凝土，其中两种为线弹性材料（$E_W = 10330N/cm^2$ 和 $20660N/cm^2$），分别为周围覆盖层变形模量的 1.2～1.6 倍；另一种则采用与覆盖层力学特性完全一致（即 $E_W = E_B$）的非线性E-μ模型，以研究塑性混凝土的非线性性质对其结构应力的影响。这里只给出防渗墙与廊道垫座间的接头形式为软式接头的结果，即在防渗墙与廊道垫座间留有 30cm 的空隙，并填充有高塑性沥青胶泥，随着坝体荷重的增加，接头间隙逐渐压紧，沥青胶泥通过垫座中的预埋管排入廊道。

根据分析，上下游墙在竣工期结束时，其垂直沉降和墙内最大主应力相差甚微；在蓄水期，在水压作用下，上游墙的最大水平位移仅比下游墙大 3%；墙内最大主应力随墙高的变化趋势一致，但下游墙更趋均匀，上游墙上部应力较下游墙为小，而下部应力较下游墙为大，其最大值约相差 10%。为叙述方便，表 14-6 仅以上游墙为例进行分析比较。

防渗墙最大位移比较表（cm）　　**表 14-6**

材料弹性模量			塑性墙（N/cm^2）			刚性墙（N/cm^2）
			$E_W = 10330$	$E_W = E_R$	$E_W = 20660$	$E = 23.6 \times 10^5$
竣工期	垂直	V_W	105.6	105.0	96.0	10.2
		V_B	102.1	105.0	95.0	75.0
	水平		−4.1	−3.3	−4.9	−11.8
蓄水期	垂直	V_W	85.4	81.3	80.5	2.9
		V_B	82.2	77.1	72.4	75.0
	水平		111.5	108.0	108.0	113.0

14.6.3　小论

（1）通过以上对塑性和刚性混凝土防渗墙的对比分析可以看到，当塑性混凝土的变形模量和应力-应变关系调整到与周围土层接近时，防渗墙在荷载作用下的变形与周围土体的变形是协调的，从而消除了刚性混凝土防渗墙中由于墙体和围土变形不同而可能产生的高应力状态，致使塑性混凝土防渗墙无论在受土坝荷重和高水头作用还是在地震作用下的应力都远比刚性混凝土防渗墙小得多，应力分布也好得多，从而可提高防渗墙应用的安全度。

（2）对于高土石坝心墙下的混凝土防渗墙，其最不利的荷载工况来自竣工时上部土体传来的巨大压力。刚性墙在竣工时的垂直沉降约为塑性墙的 1/10，比其周围土层沉降小 2～8 倍，周围土层所承担的上部荷重通过土层与墙体间的剪力转移到了刚性墙上，使墙内应力为塑性墙应力的 6～10 倍，是周围土体应力的 10～80 倍。因此，在这种情况下，最担心的是刚性墙的压碎破坏。而塑性墙的变位与周围土体的变位大致相同，应力基本一致，墙体与周围土层共同均匀地承担了上部坝体传来的荷重，其应力状态大大优于刚性墙。

（3）对于斜墙或为土坝补强而建造的混凝土防渗墙，这时上部传来的荷重较小，或者周围土体的沉降变形在建墙以前已经完成，其最不利的荷载工况是水库蓄水时承受的水压力。在这种情况下，当混凝土墙插入基岩中时，由于刚性墙与其后土体的变形模量相当大，使刚性墙承受较大的弯曲应力，特别在基岩与土层的交接部位会发生巨大的拉应力及剪应力而发生破坏。而对于塑性墙，随着其变形模量的减小，墙体所受的弯曲应力也随之减小。因而可调节塑性混凝土的弹性模量，使塑性墙不产生不利的拉应力，从而可大大提高墙体的耐久性。

（4）塑性混凝土防渗墙由于其柔度远大于刚性墙，因此在地震作用下有更好的抗震性能。

（5）塑性混凝土墙的应力状态，在很大程度上取决于塑性混凝土的变形模量和其应力应变关系与其周围土层的力学性能的适应状况，亦即取决于其适应周围土层变形的能力。因此，塑性混凝土防渗墙的设计问题从本质上来说是一个“结构优化与控制”的问题。为使其应力条件最好，必须使其与周围土体的力学性能、边界条件相适应，通过结构应力分析，确定最优的结构尺寸和材料的力学性能，进而确定塑性混凝土材料的各种最优配比。根据目前对塑性混凝土材料配比的研究，要人为控制其力学性能是能够做到的，这就为塑性混凝土防渗墙的广泛推广，提供了十分有利的条件。

第 15 章　柔性墙体材料

15.1　概述

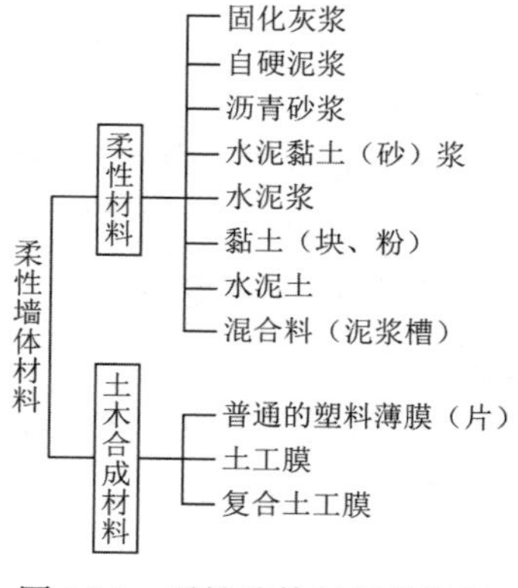

图 15-1　柔性墙体材料分类图

这里的所说的柔性墙体材料，一般是指那些弹性（变形）模量小于 100～150MPa 的不透水材料，以及近年来开始使用的土工合成材料（图 15-1）。

在本章里，将对上述墙体材料的组成、性能、设计和试验检测方法等加以说明，有关的施工工艺将在以后的有关章节加以说明。

有的墙体材料不但可以单独形成地下连续墙的墙体，如固化灰浆、自硬泥浆和土工膜（布）等，还可以和其他材料共同形成另外一种墙体，比如在预制墙板工程中，就会用到固化灰浆和自硬泥浆等。

15.2　固化灰浆

15.2.1　发展概况

固化灰浆这种防渗材料的出现，是与预制装配式地下连续墙板的发展分不开的。

装配式地下连续墙之所以能获得广泛应用，关键是解决了它在地基中的嵌固和防水问题。预制墙板插入槽孔内，总要留出至少几厘米的空隙，再使用一种合适的材料填充进去。能够很好地满足固定和防水要求的材料，就是所谓的自硬泥浆和固化灰浆，即由水、水泥、膨润土和缓凝剂以及某些掺加剂混合而成的“灰浆”。

所谓固化灰浆，实际上是一种由人工扰动（搅拌）而加速固结的水泥-膨润土混合物，这正是它和自硬泥浆的区别之所在。由于可在挖槽以后向槽孔内加入多种材料以改善浆体性能，可获得较高强度和抗渗能力，因而适用范围也更广泛一些。

固化工法（原位搅拌固化工法）最初是在 1974 年由日本独自研究开发的硅土施工法（KW 工法）。以后又陆续开发出了多种工法。

在这一节所介绍的固化灰浆，是直接用它来做成防渗墙体的材料。

和黏土混凝土一样，防渗墙用的固化灰浆也是我国所独创。本来使用自硬泥浆就能达到防渗目的，但是由于我们的造孔机械（以冲击钻为主）成孔效率非常低，不可能在十几或二十几小时间造出一个槽孔来；而且，膨润土泥浆在水电部门使用极不普遍，无法推广使用自硬泥浆。到 1980 年代，当我们需要建造柔性防渗墙的时候，只好先用固化的方法加以实施了。

我们这里主要介绍原位搅拌工法，即造孔和固化分开。造孔结束后，再投入水泥搅拌。这和日本的 KW 工法很相似。次要介绍置换法，相当于日本的 MF 工法。

15.2.2　原位固化机理和主要性能

1. 固化机理

固化灰浆防渗墙是在防渗墙造孔完成并验收合格后，向孔内加入水泥、水玻璃或砂子等固化材料及掺合料等，经过搅拌，使其固化所形成的防渗墙。

泥浆是膨润土（或黏土）、水和外加剂混合而成的溶胶—悬浮体。把水泥加入含有硅酸钠的泥浆中以后，根据离子交换吸附的原理，水泥中的钙离子要置换吸附于黏土表面上的钠离子。由于钙离子是二价的，它和黏土吸附的力量大于一价的钠离子，而难于被极性水分子“拉跑”，即不容易解离。所以，当钠质土转变为钙质土以后，黏土颗粒的水化程度降低，水化膜变薄（钙土的水化膜厚度只相当于钠土的 1/7）。由于这两种原因的共同作用，使得阻止黏土颗粒聚合的斥力变小，聚结—分散平衡向着有利于聚结的方向发展，使泥浆中的黏土颗粒聚结变粗。与此同时，水泥中的氧化物与泥浆中的自由水分子逐步发生水化作用，生成硅酸三钙、铝酸三钙、氢氧化钙等晶体水化物和硅酸二钙、硅酸钙等不定型胶质水化物。胶质物包围水泥颗粒和黏土颗粒形成胶凝团，随着水化作用继续深入，胶凝团逐渐增大并连成网状结构，从而使灰浆逐渐硬化，并具有稳定的状态，强度也不断增加。同时，在凝结过程中大量水分被吸收，自由水分子的数量和活动范围减小，因此浆体的水密性也逐渐增加。

必须指出，上述这些物理、化学变化是在外力（机械搅拌或压缩空气扰动）作用下进行的，使反应速度加快了。

2. 原位固化灰浆的主要性能

1）固化灰浆的流变特性

固化灰浆作为防渗墙的墙体材料，除要求具有一定的强度、变形模量和抗渗性能外，还必须控制浆液凝结前的黏度和凝结时间，以满足施工要求。混合浆液的黏度过大，流动性能差，则难以搅拌均匀；浆液初凝时间过短，则不能顺利完成施工全过程；终凝时间过长，则影响施工进度。此外，还必须控制浆液凝固过程中的泌水量，使浆体固化后的体积收缩减小到允许的范围内。过大的体积收缩，会造成墙段接缝脱开、墙体裂缝等问题，降低防渗墙的防渗效果和耐久性。

一般情况下，应使固化灰浆的初凝时间不少于 3h，终凝时间不大于 24h，要使浆液在 2～3h 内保持良好的流动度。

浆液的析水率应小于 1%，凝固后体积基本不收缩。

2）固化灰浆硬化体的主要性能

固化灰浆结石在外观上类似硬黏土，但性质却完全不同。灰浆结石的密度远低于一般洪积黏土，其含水率高达 80%～180%，孔隙比大于 3，而它的抗压强度、抗剪强度、压缩指数及抗渗性指标均较黏土砂浆及沉积黏土为高。固化灰浆在潮湿的环境中才能保持上述特性和体积的稳定，若置于干燥环境中，会很快失水崩解。

图 15-2 所示的是固化灰浆抗压强度随龄期增加而增加的关系曲线。可以看出，一年以

后，抗压强度仍可继续增长。也可以看出，选用90d作为设计龄期是合适的，可以充分利用材料的后期强度，从而节省材料使用量。

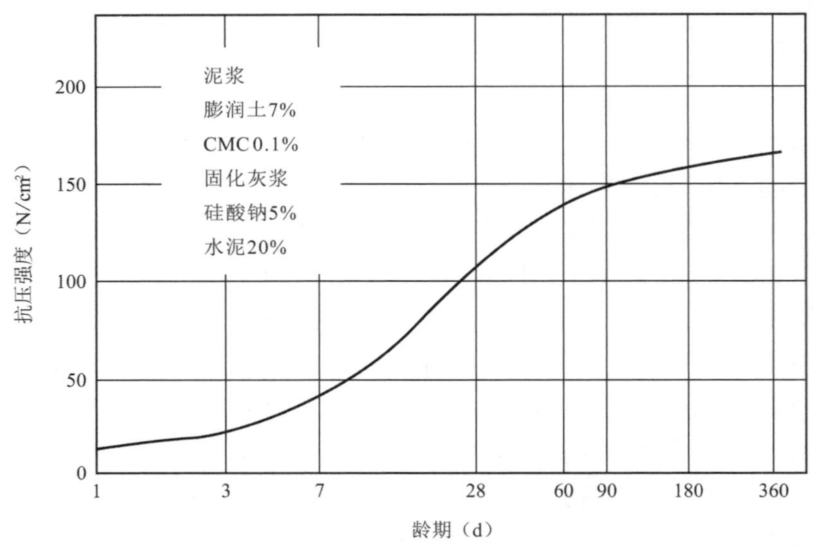

图15-2 固化灰浆强度增长图

综合分析各种资料以后发现，固化灰浆的主要性能如下：$R_7 = 10\text{N/cm}^2$，$R_{28} = 30$～70N/cm^2，一年后仍能增长。弹模$E = 4000$～10000N/cm^2，$E/R_{28} = 100$～110。$c = 17$～20N/cm^2，$\varphi = 20°$～$40°$。湿重度$\gamma = 12$～14kN/m^3。孔隙比为3～5。

现在我们来看看北京市十三陵蓄能电站下池防渗墙中固化灰浆的三轴试验的部分成果。试验采用饱和固结排水剪（CD），固结时间为20h，剪切速率为0.02mm/min。

试验结果表明，固化灰浆的硬化体干重度很小，只有5～7kN/m³，孔隙比很大。但是试样的固结排水剪试验所得到的抗剪强度（φ_d，c_d）却很高，其中平均$\varphi_d = 32°$，平均$c_d = 17\text{N/cm}^2$，个别可达35°和23N/cm²，相当于最佳密实状态下的粉质黏土或黏质粉土的强度指标。

固化灰浆材料的应力-应变曲线有独特之处（图15-3）。在围压σ_3小于30～40N/cm²时，应力-应变关系曲线上有峰值（最大值）出现，结构会发生破坏，且峰值前强度增长很快。当σ_3大于30～40N/cm²时，应力变成加工硬化型，应力-应变关系曲线近乎直线而无峰值出现，应变超过15%以后，仍是这样。其实这种现象也不难理解，在侧（围）压σ_3的作用下，固化灰浆硬化体就像被紧箍在一个筒中一样，围压σ_3加大（不得超过屈服极限）以后，这种箍的作用越显著，也就越不容易遭受破坏，或者说是把峰值大大推迟和提高了。如果没有围压或很小，那么固化灰浆硬化体在很小的压力作用下，就会变成一摊烂泥而流向四处了。弹性模量和体积模量如图15-4所示。

固结及剪切过程中排水量很大，体积应变ε很高，所排出的水中还夹有较多的气泡，这当然是现场使用气泡搅拌时混入浆体中而未排走的气泡。抗剪强度随龄期的增加而增加。

总之，实践证明固化灰浆是一种具有良好物理力学性能的防渗材料。

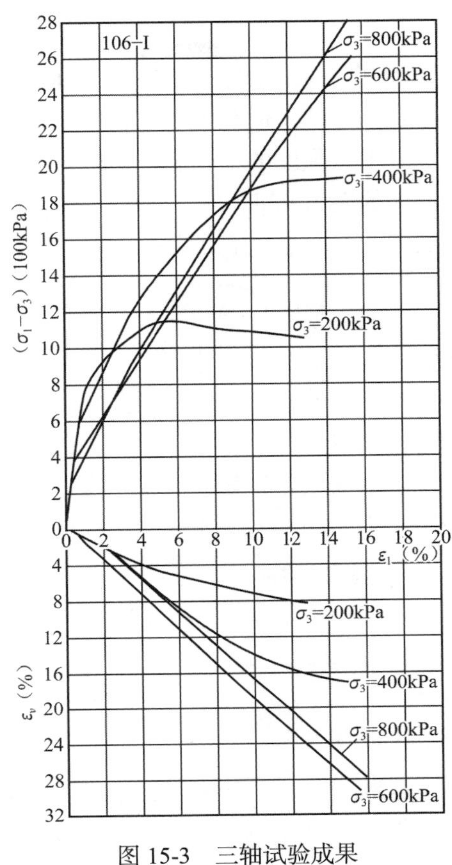

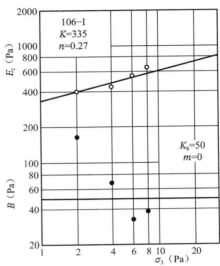

图 15-3　三轴试验成果

图 15-4　弹性模量K_b与体积模量

15.3　置换固化机理和主要性能

1. 固化机理

本工法是把开挖完毕的槽孔内的膨润土泥浆用泵抽到地面上的拌合机里面，再加入适量的水泥和砂子以及外加剂，拌合成水泥膨润土砂浆，然后用砂浆泵或混凝土泵送回到槽孔底部，把原来的纯泥浆逐渐置换出来。这是膨润土泥浆和水泥砂浆之间的等量置换。因此，此时防渗墙体的设计和普通的砂浆墙体设计是相近的。

2. 主要性能

像水下浇注的混凝土一样，这里所说的水泥膨润土砂浆也必须具有良好的和易性和流动性、随时间变化的强度、弹性模量和渗透系数等，其中尤以强度和渗透系数最为重要。

这里所说的和易性，主要是保持适于混凝土泵输送的流动性。要定量地测量砂浆的流动性,可采用日本土木协会介绍的方法,即采用容量和出口都比较大的漏斗,测定出1725mL砂浆全部连续自然流出所需要的时间。流动性保持在 14～20s 为好。如果不能满足此项要求时，则可以加入拌制混凝土用的硫化剂，改善其流动性。

所用的砂浆必须具有足够的重度，使其与槽孔中泥浆的相对密度差不小于 0.25。这样才能在槽孔中形成密实的砂浆层。还必须使用混凝土导管或混凝土泵直接把砂浆送到槽孔底部，再逐渐把上面的泥浆置换到槽孔之外。

图 15-5 所示的是硬化体无侧限抗压强度与龄期的关系曲线。可以看出，在龄期 30d 以内，此种砂浆与普通的混凝土或砂浆的变化规律是一样的。但是由于这种结构往往在完工之后几个月才承受上部荷载，而它处于湿润环境之中，强度的增长要经历较长时间，因此把它的设计龄期适当加长是合理的，通常采用设计龄期为 90d。

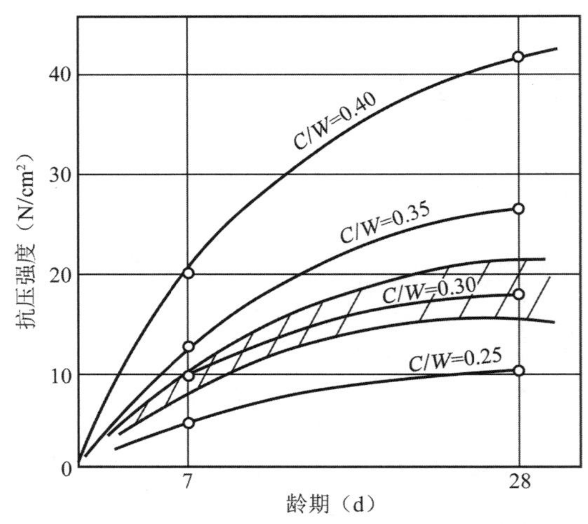

图 15-5 置换灰浆强度与龄期关系

当此种置换砂浆用于固化预制构件时，它承担着把作用在构件上的各种外力传递到两侧地基上，又把从地基传来的土（水）压力传递到构件上去。因此，我们希望硬化体的弹模介于混凝土和孔壁地基之中间值并接近于地基，变形能力要大于预制构件，脆性和渗透系数都要小些。对于固化灰浆来说，它的变形能力（即应变）约为 $1.3\times10^{-2}=0.013$，约为混凝土的 10 倍。

至于脆性度B_r，常用抗压强度σ_c与抗拉强度σ_t之比来表示：

$$B_r=\frac{\sigma_c}{\sigma_t}$$

一般情况下，混凝土的$B_r\approx10$，对于固化灰浆来说，$B_r=5$，渗透系数为$(0.3\sim2.0)\times10^{-6}$cm/s。它的弹性模量为 2000～3000N/cm²。

在水利水电和其他部门的防渗墙中，有时槽孔很长、很深，使用前面介绍的原位固化工法困难较大，如果采用本节介绍的置换工法就能很顺利地解决固化问题。此时主要是控制渗透系数和强度要满足设计要求，特别要控制渗透系数不能太大。

15.4 固化灰浆的材料和配比

1. 主要材料

1）水泥

水泥是泥浆固化的主要胶凝材料，水泥的品种、强度等级及用量对固化灰浆性能起着主导作用；泥浆中加入的活性胶凝材料越多，灰浆结石的强度、弹性模量和抗渗性越高，但造价也越高，所以选择水泥用量和型号是进行经济技术比较的主要项目。灰水比提高 1%，强度提高 2.2%～2.6%，弹性模量提高 2.9%～3.1%，渗透系数降低 2.9%～4.1%。一般情况下，可使用 32.5 级矿渣水泥。

2）磨细矿渣

当固化灰浆使用普通水泥时，水泥在水化过程中，快速释放钙离子和其他离子，会使膨润土泥浆快速絮凝而形成松散的团块状而无强度，从而降低了最终形成的硬化物的力学性能，强度虽高，但脆性大，抗渗性和耐久性差。

如果加入磨细的高炉水淬矿渣，则可以缓慢地向泥浆中释放高价阳离子，不会发生速凝。而它的硬化体强度反而比只用水泥的高，渗透性低。

3）水玻璃

水玻璃（硅酸钠）是原位固化工法的重要材料，可以说没有水玻璃，就没有目前使用的原位固化工法。

水玻璃与水泥中硅酸三钙的水化产物氢氧化钙作用，生成不溶于水的硅酸钙凝胶和氢氧化钠。其中，硅酸钙是一种稳定性较好，且不结晶的凝胶，它能增加固化灰浆的强度而不增加弹性模量；氢氧化钙的产生使浆液的碱度增加，从而增强了黏土颗粒吸附水分子的能力。水玻璃在固化灰浆材料中有增强、早强、降低弹性模量、提高抗渗性和控制泌水及体积收缩的作用。若不加水玻璃，灰浆将发生大量泌水，且长期不凝固。水玻璃溶液的模量以 2.4～2.8 为宜，浓度一般控制在 30～40（波美度）范围内。水玻璃掺量以水泥用量的 1/5 左右为宜。

4）膨润土

目前，辽宁、山东、河北和浙江等省均有商品膨润土粉出售。固化灰浆使用的膨润土以优质土粉为好。

5）粉煤灰

粉煤灰的化学成分以氧化硅及氧化铝为主，它们与水泥水化和水解时产生的氢氧化钙生成含水硅酸钙和含水铝酸钙，其化学性能稳定，具有增加固化灰浆结石强度、抗渗性、抗蚀性的能力；同时，对降低弹性模量、泌水量和缓凝也有一定的作用，有利于改善固化灰浆的力学性能和施工性能。掺用粉煤灰能节约大量水泥，是降低造价的主要措施之一，但掺量过多，早期强度显著降低，黏度大幅度增加。粉煤灰掺量以水泥的 20%～40%为好，90d 强度比 28d 强度能增加 30%左右。

6）砂子和石粉

在水泥用量和灰浆体积一定的情况下，含砂量增加，灰水比随之增加，结石强度和弹性模量也相应提高；但弹性模量提高的幅度大于强度提高的幅度。如灰水比不变，砂量增加使灰浆结石有效受力面积减小，强度反而减少，弹性模量却不能相应减小。加砂量多少对于灰浆结石的密度、抗剪强度和压缩变形有较大的影响，可根据需要选择，主要考虑因素是施工方法。若需加砂时，以加粗砂为宜，也可加入石粉。

7）外加剂

当固化过程长时，可加入一些缓凝剂，如木钙，其加入量为 0.2%～0.4%。

如果固化灰浆过于黏稠而影响其流动性时，可加入混凝土用的硫化剂。

2. 固化灰浆配比

表 15-1 是国内几个固化灰浆防渗墙工程的实际配比和性能表。

固化灰浆材料配比和性能表 表 15-1

序号	工程名称	坝高（m）	材料用量（kg/m³）							W/C	γ（kN/m³）	初凝时间（h）	终凝时间（h）	强度（N/m²）			弹模（N/cm²）	渗透系数（10^{-6}cm/s）	渗透比降	说明
			泥浆（m³）	水泥	矿渣水	粉煤灰	砂	水玻璃	木钙					R_7	R_{28}	R				
1	上海地铁	—	1.0	200	—	50～100		30～10	—	—	—	—	—	—	20～60		—	—	—	$R_{74}=810N/m^2$，$R_{1827}=1230N/m^2$
2	江阴船厂	—	—	130	—	—	130	21	0.5	—	13.3	—	—	—	—	—	—	—	—	—
3	铜街子纵向围堰	—	黏土 0.776	178	—	27	143	35	0.54	—	—	—	—	原型取样	70	—	8680	6.25	—	风压 40N/cm²
4	铜街子下游围堰	—	膨润土 0.76	200	—	30	160	36	0.6	—	—	—	—	—	—	—	—	—	—	—
5	棘洪滩水库	—	1.04～1.20	185～210	—	80～100	180	34～37	0.2～0.3	—	14～15	—	—	—	> 50	—	> 6000	10.8	> 300	—
6	十三陵蓄能电站下池	3.5	1.0	160～180	70～120	—	200	30～35	—	—	13.5～15	6	15	—	30～50	—	3000～5000	1～4	> 600	风压 30～40N/cm²
7	王甫洲水利枢纽	—	0.7	250	—	—	200	35	0.325	—	14.8	—	—	—	—	—	—	—	—	—
8	易县引水工程	—	1.0	180	—	72	90	32	0.36	—	14～15	5	20	—	50～60	—	4000～8000	—	> 200	—
9	太平驿电站围堰	—	0.76	215	95	—	95	40	0.45	—	12～12.5	—	—	—	—	—	—	—	—	固化灰浆F. V = 20～25s，s < 15%
10	苏联某基坑	—	—	165	—	—	—	—	—	0.5	12～15	—	—	—	—	—	—	—	—	机械搅拌（搅拌架，抓斗，砂泵）
11	土耳其塔塔里土坝	54.5	水 563.25，土粉 45.06	187.75	985.68	—	—	—	—	—	17.5～18	—	—	22.5	50～80	—	8100～8350	2.6	—	总压缩率 2%，两套导管（置换）

15.5　自硬泥浆

自硬泥浆（Self hardening muds），也有叫自凝灰浆的。日本叫自硬性安定液。笔者以为，这种先作为泥浆使用，而后自己固（硬）化成为防渗墙的材料，叫它自硬泥浆似乎更贴切一些，同时也可以与前面一节所说的固化灰浆有所区别。

1960 年代末期，法国软土防渗公司首次在水电工程中建成了自硬泥浆防渗墙，它是用水泥和膨润土粉掺加少量缓凝剂制成的，能够自行凝固。这种新材料和新工艺简化了防渗墙的施工程序，大大加快了建墙速度，降低了工程造价，改善了墙体质量。现在这一防渗墙施工技术已经从法国扩展到欧洲其他地区、美洲及亚洲很多国家和地区，主要用于新建土石坝的坝体或坝基的防渗，病险土石坝的加固和修复以及基坑防渗等工程。已经完成的工作量不下几百万平方米。现在还把它作为预制地下连续墙（板）的固化剂，并在日本得到了大量应用，相应工法叫作 PANOSOL、BELIT 和 SLAG 等。

15.5.1　自硬泥浆概况

自 1950 年代初期发明和使用地下连续墙施工技术以后，地基处理和基础工程得到了快速发展，取得了惊人的成就。但是此工法也存在一些缺点，比如施工工序烦琐，速度较慢，分段浇注，长度有限，接缝中夹泥，有时容易被渗水冲刷破坏，甚至造成地基基础的不稳定。另外，大量废弃的泥浆造成了环境污染。有鉴于此，自 1960 年代中期开始，法国在改进防渗墙施工技术和墙体材料方面，进行了很多新的探索，取得了可观的成果。自硬泥浆就是其中一项成果。

自硬泥浆是用膨润土、水泥、水和缓凝剂按一定比例制成的浆体。它是介于普通泥浆和水泥浆之间的一种水基浆体，具有较为特殊的物理力学性质。一方面它像泥浆，是一种具有触变性能的胶体—悬浮液，可以起固着孔壁和悬浮钻屑等作用；另一方面它又像水泥浆一样，可以自行硬（固）化成为防渗墙体并且具有足够的强度和抗渗透等性能。自硬泥浆中不含骨料（砂、石），它的弹性模量大大低于黏土混凝土，适应变形能力很强。

由于自硬泥浆所具有的上述特性，使我们可以把此类防渗墙的造孔和浇注（成墙）两道工序合二为一，形成了新的施工工艺，这就是所谓的一步施工法（图 15-6）。它具有以下几个特点：

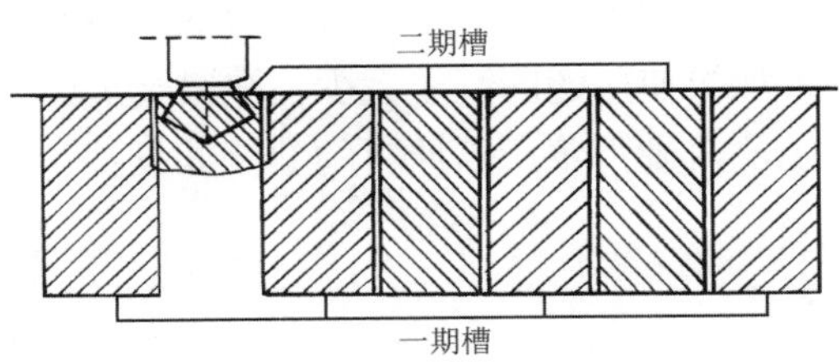

图 15-6　自硬泥浆防渗墙一步法施工图

（1）可以分段连续造孔成墙，施工工序简化为一道工序。建墙施工速度比同样条件下的槽孔混凝土防渗墙高 2～5 倍。从而可以大大缩短水利水电工程基础防渗或基坑开挖的工期，使过去需要一年多才能完成的工作量，可以在一个枯水期内完成。

（2）相邻槽孔之间采用切槽搭接。二期槽孔造孔时，相邻一期槽孔的墙体尚未终凝，因此一、二期墙体能够紧密结合而没有夹泥的接缝。

（3）墙体的弹性模量很低，为40～200MPa，能够适应土石坝体和坝基较大的变形而不会开裂，因而特别适于作为新建土石坝的坝内防渗墙或用于修补坝体漏水的防渗墙。

（4）自硬泥浆与纯的膨润土泥浆相比，造孔过程中只能在孔壁上形成薄而疏松的泥皮，因而使泥浆更容易渗透到两侧地层中去，形成一个灌浆带，可提高防渗墙的抗渗能力。

（5）由于施工简化，使施工成本大为降低，比槽孔混凝土防渗墙降低35%～50%。

（6）自硬泥浆的悬浮岩屑能力大于泥浆，孔底几乎没有淤积物，无须清孔，使墙体与基岩紧密结合。

自硬泥浆防渗墙的施工速度取决于它的造孔速度，而且造孔挖槽工作必须在泥浆凝固之前完成。同时，自硬泥浆墙的抗渗透能力也是比较小的。所有这些因素都限制它只能在墙深比较小的松散砂砾或黏性土地基中使用。近年来，由于采用了液压抓斗等一些先进机械来挖槽，使得自硬泥浆防渗墙已经应用到深度35～40m的复杂地基中去了。

15.5.2 自硬泥浆的流变特性

1. 膨润土-水泥-水体系

我们知道，膨润土泥浆是一种溶胶—悬浮体。把水泥加入其中之后，由于水泥中钙离子与泥浆中钠离子进行交换反应，使泥浆产生絮凝和析水现象，引起一系列物理和化学作用。那么，这三种材料是如何相互制约和影响，最终形成我们所需要的固化物的呢？这就是这里要解决的问题。

现在我们借助图15-7来探讨一下这个体系内部的变化情况。体系中的水泥是用来形成结构物的最终强度的。但由于它的初凝时间很短，无法适应挖槽进度需要。加入膨润土的目的，就是要延缓水泥的凝固时间，也就是保持整个（泥浆）体系的流动性和挖槽的持续时间；由于膨润土能够吸附大量的水形成不易自由流动的薄膜水，所以它又能维持（泥浆）体系不致离析分散。在前面给出的体系图中，根据这三种材料用量的多少，把整个体系分成六个部分：*a*区：不稳定的悬浮浆液；*b*区：在硬结前沉淀的半稳定悬浮浆液；*c*区：低强度浆液；*d*区：可泵送的稳定浆液；*e*区：黏度较大的稳定浆液；*f*区：黏度很大难以泵送的浆液。

从图15-7中可以看出，能够作为自硬泥浆使用的范围是有限的，它包含整个的*d*区和部分*c*区及*e*区。在这些区域内，自硬泥浆可以获得良好的流变性和物理力学性能。

从图15-7中可以看出，如果使用过多的膨润土或水泥，就会使浆太稠；如果水泥用得太少，那么浆就不会凝固；如果使用的膨润土太少，泥浆会沉淀并析出水来。

在具体实践中，生产1m^{3}自硬泥浆所需原料的数量如下：

膨润土：40～100kg；

水泥：100～350kg；

水：850～950kg。

所需膨润土的数量完全取决于它的质量。对优质的膨润土来说，每立方米只需不到40kg，然而劣质的膨润土每立方米则需100kg以上。

如果采用普通的波特兰水泥制浆，水泥浓度小于100kg/m^{3}时很少出现凝固现象。如果加进砂子等物来加强混合物的强度，那么少于50kg/m^{3}的水泥浓度也是可以采用的。

如果使用高炉矿渣或加进部分高炉矿渣的水泥，那么水泥含量为80kg/m^{3}的浆仍会凝固。

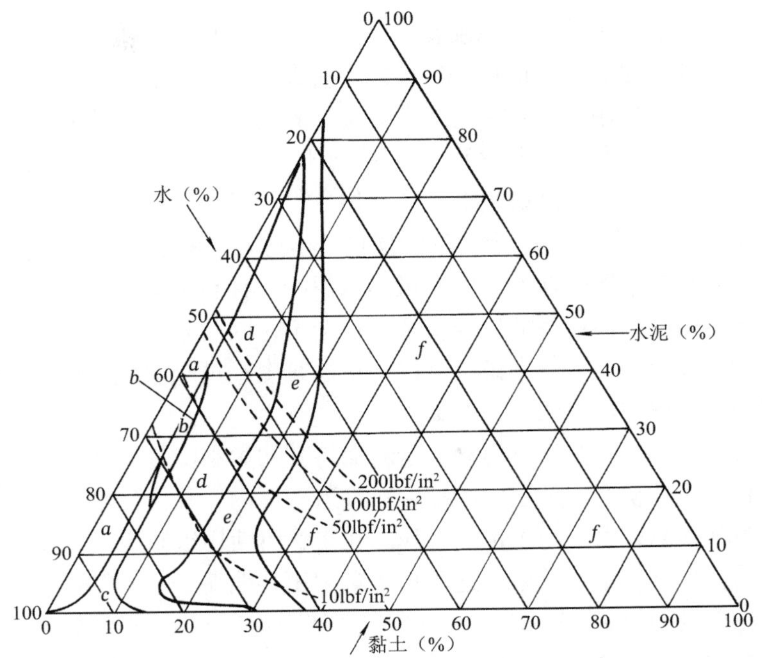

图 15-7　自硬泥浆体系图

（$1lbf/in^2 = 0.7N/cm^2$）

如水泥含量超过 350kg/m^3，这浆通常是太稠或凝固过速。它们将生产出高强度、高脆性的材料，这样就不能适应地面运动。并且，水泥含量这样高并不意味着有低透水性和良好的耐久性。

如上所述，部分水泥可用高炉矿渣来代替，甚至 90%的水泥可用矿渣来代替。这样的替换使得泥浆的使用时间加长（允许有较长的开挖时间）而不破坏其凝固性能。这种浆的强度比普通水泥混合物的强度高，相比之下透水性低。加入粉煤灰，也可以延长泥浆使用时间，提高浆体强度和抵抗化学溶蚀的能力；它使浆体终凝时间大大加长了，而对渗透能力的影响甚微。

2. 自硬泥浆的流变特性

一般泥浆的主要指标为相对密度、黏度、静切力、失水量、泥饼厚度、胶体率、稳定性、含砂量和 pH 值等。在泥浆中加入水泥以后，由于水泥的水化作用和其对泥浆的絮凝作用，其流变特性（主要是黏度和静切力等）发生很大变化，已经大大不同于原来的泥浆了。

为了同时满足造孔固壁和构成墙体两方面的要求，自硬泥浆应具有一定的流变特性和后期强度。从浆体的组成来看，膨润土、缓凝剂的用量和水泥用量分别对自硬泥浆的流变特性和后期强度有较大的影响。

1）自硬泥浆的流变特性

此种防渗墙造孔深度较小，多用抓斗或用冲击钻机以反循环方式作业，要求自硬泥浆起固壁作用，即在造孔过程中保持合适的流动特性，一方面使浆体不致过多漏失，另一方面不对钻具产生过大的阻力，使造孔作业得以顺利进行。根据造孔机具的施工效率，国外认为自硬泥浆的初始（马氏）黏度（1500/946mL）以 39～42s（相当于我国 700/500mL，黏度 20～25s）比较适宜。保持这个黏度的时间，按槽孔造孔时间计算，约为十几个小时。

法国软土防渗公司，曾用木质素（纸浆废浆）和食糖，把浆体的初凝时间推迟到 48h。

膨润土泥浆掺加水泥后，浆体流变特性的变化大体经历三个阶段：①由于水泥的吸水作用和对膨润土的絮凝作用，浆体黏度迅速增大，表现为“假凝”；②不断搅拌使假凝现象逐渐消失；③水泥的水化使部分钠膨润土变为亲水性较弱的钙膨润土，浆体黏度因而减小；④水泥颗粒开始初凝，浆体黏度稳定上升，浆体变稠。

自硬浆体注入槽孔前，经过一定时间的搅拌，其黏度已相当于第二阶段的末期。因此，一般将这时的黏度定为浆体的初始黏度。虽然水泥的品种和用量对自硬泥浆的黏度有一定的影响，但由于这两项指标系由墙体强度和造价确定，因此浆体的初始黏度多由改变膨润土的种类和用量加以控制。一般来说，浆体的初始黏度经过合理配方较易达到要求，更重要的是如何在造孔过程中保持浆体的低黏度。

注入孔内后，浆体不断受钻具搅动，这对保持其初始黏度是有利的。这时，影响黏度增大的因素，有水泥的初凝、地层中的细颗粒进入浆体内、浆体失水和固体颗粒沉淀分离等。其中，前两项影响较大。为了推迟水泥的初凝，可使用纸浆废液（亚硫酸盐木质素）和食糖等缓凝剂，具有一定的效果。这两种缓凝剂比其他高分子材料更便宜，其中纸浆废液的用量为水泥重量的 1‰～2‰，食糖为 2‰。为了防止土层中细颗粒的影响，应详细了解所钻进土层内的细颗粒含量，并据此适当调整膨润土的用量。当防渗墙通过黏土、淤泥和白垩地层时，要减少膨润土的用量。

图 15-8 所示的是自硬泥浆内部的反应过程。水泥遇水后，从水泥中离解出钙离子（二价，阳性），膨润土泥浆表面呈现阴性（负电荷）。二者混合之后，泥浆中的土颗粒被吸附到水泥颗粒周围。并且，由于钙离子和钠离子的交换吸附作用，使颗粒聚结，失水量加大。由于水泥的水化作用形成了晶体，而使浆体结构具有强度并随龄期增加而不断增加。

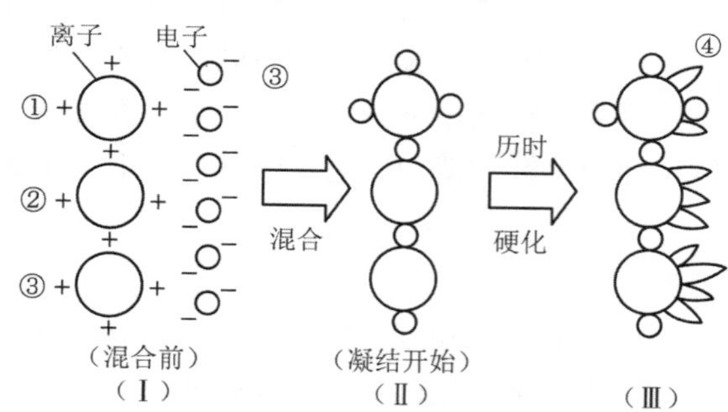

图 15-8 自硬泥浆反应图

①—水泥颗粒；②—矿渣颗粒；③—土颗粒；④—结晶体

水泥的絮凝作用还表现在造孔过程中使自硬泥浆形成泥皮的能力明显降低，浆体的泥皮薄而疏松。这虽然使浆液漏失量有所增加，但却带来了防渗效果的提高。

浆体自孔壁向外渗出的距离，主要与槽孔两侧地层的颗粒组成和渗透系数有关。在渗透系数为 200～300m/d 的砂卵石中，渗出距离为 1～3m；在粗砂和中砂层内，可渗出数厘米至数十厘米。这样在墙的两侧即形成一定厚度的灌浆带，带内地层的孔隙被液浆所充填，可以与自硬泥浆墙联合起防渗作用。

在透水性强的粗砂和卵砾石层中开挖槽孔，自硬泥浆的实际耗用量约为槽孔理论容积的 1.5～2.5 倍，而在中粒砂层中为 1.6～1.8 倍，在细砂层中这一数值进一步降低。

2）自硬泥浆的主要指标

（1）重度。浆体必须有足够的重度以产生稳定沟槽所必要的静水压力。加进水泥就可保证浆的重度比通常的膨润土浆的重度高。实际上，尽管浆体有较高的黏度，但其重度很少超过 13kN/m³，一般应控制在 11～13kN/m³ 之间。重度随龄期增加而增加，但 21d 后即不再变化。

就自硬泥浆来说，如果重度超过 13kN/m³，那就意味着浆的凝固过速，如果开挖没有结束，就只好将浆丢弃。

（2）pH 值。水泥—膨润土浆的 pH 值在 12～13 的范围内，这是含有水泥的必然结果。

（3）失水量。由于黏土颗粒的絮凝和团粒化，自硬泥浆的失水量不可避免地比普通泥浆高（有时高出 3～5 倍，见表 15-2），而且已不能使用普通泥浆失水量仪来进行测试。英国建议采用 10ltb/in²（约 69kPa）压力差作为自硬泥浆失水层的测试压力。

失水量对比　　表 15-2

项目	相对密度	黏度	失水量（%）
自硬泥浆	1.1～1.3	高	20～120
膨润土泥浆	1.04～4.1	低	10～20

自硬泥浆在槽壁上形成的泥皮渗透系数可达 $1\sim4\times10^{-6}$cm/s。

在具体实践中，失水量大就意味着浆体会自动变稠，并且槽孔内各部位的性能不会一致。

（4）析水量。对于膨润土—水泥浆来说，水与水泥之比在 11∶1～3∶1 的范围之内。如果没有膨润土，这样的水与水泥比率就会导致水泥快速沉降。在膨润土—水泥浆内膨润土凝胶结构能限制析水，可是如前所述水泥对膨润土起反作用，所以总会有些析水。

在控制析水过程中不但膨润土浓度至关重要，而且搅拌的顺序和形式也很重要。如果没有预先将膨润土水化 12h（也有 24h 的）以上（如果是高剪力搅拌机，只要 4h 也行），就会出现析水。也可采用高剪切搅拌机或长时间来混合水泥和膨润土，从而减少析水。连续不断的搅动（开挖）可以减少析水。正如所预料的那样，用矿渣或粉煤灰取代水泥可以减少析水。

一般情况下，自硬泥浆浆体失（泌）水率为 1%～10%。通常应使其小于 1%。当开挖后黏度达到 50s（马氏）时，要求其失水率小于 4%。

（5）含水率。一般来说，浆体含水量随龄期的增加而逐渐减少，直至稳定。曾有人做过试验，即对膨润土∶水泥∶水 = 50∶200∶1000 的自硬泥浆（初始含水率为 400%）进行观察。3d 后浆体含水率为 320%，7d 后为 317%，21d 后为 310%。竣工后 30、50、70 和 90d 的防渗墙试件含水率变化不大，保持在 300%左右（表 15-3）。

含水量与龄期的关系表　　表 15-3

时间	抗压强度（N/cm²）	含水率（%）
第 3d	3	320
第 7d	4.7	317
第 21d	11.8	310
第 90d	—	300

这里需要说明的是，上面所说的含水率是指试验室的结果。在实际施工过程中，由于地基中的黏土和砂混入自硬泥浆之中以及某些材料之间的化学反应引起的变化，使得浆体含水量大大降低，实际工程中浆体含水率一般在100%～200%之间。

（6）黏度。自硬泥浆的初始黏度应控制在40～60s（马氏），应比膨润土泥浆的黏度高出10～15s。在强透水地基中，自硬泥浆的初始黏度应高些，以减少它的漏失量。一般情况下，初始黏度为40s，开挖结束后马氏黏度可达到50s左右，极限情况下可达到60～70s。

3. 搅拌的影响

正如在析水量一节中所指出的那样，搅拌是很重要的。为了搅拌膨润土—水泥浆，要把水泥加入预先水化的膨润土泥浆中，并要先把泥浆搅拌一段时间后再倒入水泥。如果将膨润土加入水泥中，就很难取得均匀混合，因为水泥的体积可能是浆的1/10。

当水泥和膨润土接触时，由于它们的相互吸附作用而出现快速硬化。大约搅拌5min以后快速硬化被打破，由黏土颗粒聚集产生的膨润土凝胶结构破坏而出现更具流态的混合物；如果浆体变稠引起搅拌机停机，那就必须停止加入水泥，直到浆又变成流态后再加入。

如图15-9所示，由搅拌机所产生的剪切力会影响浆体特性。较弱的搅拌是在低速拌合机中进行的，叶片转速为50r/min。较强的拌合具有与此相同的配合比，但在一个高速拌合机中制备，其转速为4000r/min。由于存在未被分散开的水泥小结块，低速搅拌的强度较低。

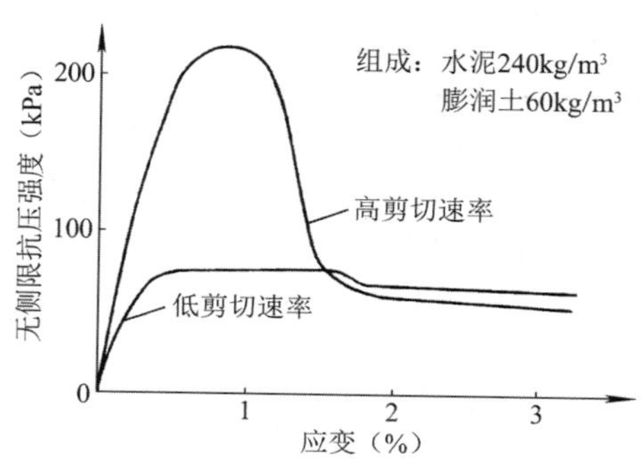

图15-9　剪切速率对自硬泥浆性态的影响

低速搅拌还具有较高的析水量，凝结后具有较高的透水性，高速混合的缺点是它对脱水干燥有较高的敏感性，大概是由于材料中较小的平均粒径在干燥过程中导致了较高的表面张力。

搅拌时间对抗压强度的影响：自硬泥浆在贮存设备、泵管和挖掘的槽沟中往往要流动若干小时以上，故要研究搅拌时间对棱柱体抗压强度的影响。压力强度随搅拌时间的变化见表15-4。

抗压强度与龄期关系表　　　　表15-4

搅拌时间（h）	抗压强度（N/cm²）	
	7d后	28d后
0	12	42
4	10	48
5	9	36
6	11	34

续表

搅拌时间（h）	抗压强度（N/cm²）	
	7d 后	28d 后
7	10	30
8	12	24
9	11	27
24.5		10

搅拌超过 4h 试件抗压强度降低，原因可归结于机械扰动。水泥凝胶化受到破坏，相互粘结的胶体受到机械作用而分离。在搅拌一段时间以后总是剩下少量未受水化作用的水泥颗粒，它们还能把胶体碎块胶结起来而具有强度。

4. 凝固时间的控制

如果不加控制的话，在膨润土泥浆中放入水泥以后，几小时就会凝固。但是即使用快速的抓斗等机械，也得几个小时甚至十几个小时才能挖好一个槽孔。所以，让水泥-膨润土浆液（C-B）推迟凝固（也即缓凝），就是很有必要的了。

缓凝的办法可有以下几种：

（1）进入槽孔之前，经常以低速搅拌泥浆。随着搅拌时间的增加，保持浆液的剪切强度不会显著增加，可推迟其凝固时间。

（2）延长槽孔开挖时间的最好办法就是用磨细矿渣或粉煤灰来代替一部分或大部分水泥，尽量少用水泥。

（3）掺入化学外加剂也是个不错的办法。法国人发现木质素（纸浆废液）和食糖的缓凝效果较好，可惜这些缓凝剂会使浆体最终强度下降很多。所以，多年以来，人们一直认为这些缓凝剂的作用不大，用得不多。最近几年来，人们对缓凝剂的认识又深入了一大步。在日本，尤其重视它的功用。比如从他们的试验资料（图 15-10）中发现，使用缓凝剂可以把自硬泥浆的凝固时间推迟几十小时，可见其效用之显著。

根据贯入阻力的大小，可把自硬泥浆分成三个区域（图 15-10）：流动区；塑性区；半固结区。

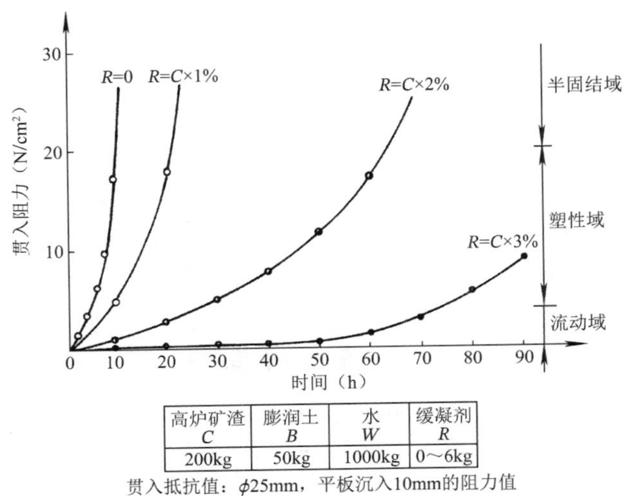

高炉矿渣 C	膨润土 B	水 W	缓凝剂 R
200kg	50kg	1000kg	0～6kg

贯入抵抗值：ϕ25mm，平板沉入10mm的阻力值

图 15-10 自硬泥浆流动图

在这里，为了对自硬泥浆性能加以判断和区分，提出了自硬泥浆可使用时间的概念。把加入水泥混合，并不断搅拌使其保持流动直到初凝为止的这段时间叫作可使用时间。那么，该如何判断自硬泥浆达到初凝状态了呢？日本采用了如下方法。

日本采用500/500mL漏斗（与马氏漏斗和我国使用的漏斗不同）来进行上述的判断工作。20℃的纯水从这种漏斗中流出的时间是20s，即漏斗黏度为20s。当自硬泥浆中加入缓凝剂时，漏斗黏度不大于100s时为液态，并把不小于60s的时间定为初凝时间；当自硬泥浆中不加入缓凝剂时，则把不大于150s定为液态，并把不小于100s的时间定为初凝时间。

一般情况下，应使自硬泥浆在10～20h内保持一定的黏度和流动度，以利于挖槽工作顺利进行。实践证明，当初始黏度为40s（马氏）时，开挖结束时可达到50s（个别为60～70s）。意大利土力公司则控制自硬泥浆在10h之内的抗剪强度小于500mg/cm²（50Pa）。当抗剪强度达到250Pa时，浆体就会终凝。

15.5.3 自硬泥浆的固结特性

1. 概述

自硬泥浆浆体固结以后，在强度、变形和渗透等方面均有它自己的特性，这里将按照图15-11所示的内容加以说明。

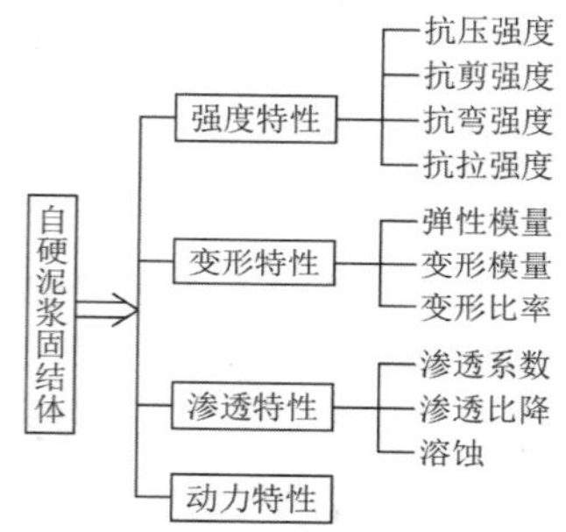

图15-11 自硬泥浆性能图

自硬泥浆固结体必须满足防渗墙的强度、变形和渗透稳定方面的要求，具体地应该满足以下两个方面的要求：①强度和变形；②渗透和冲刷。

自硬泥浆的设计龄期通常取为90d。

自硬泥浆固结体与低塑性的超固结的黏土很相近。

2. 固结体的强度特性

下面介绍几个估算公式。

1）法国软土公司的经验公式

（1）该公司根据多年的试验和实践经验，提出28d抗压强度与灰水比的关系公式为

$$R_{28} = 100(C/W)^2 \tag{15-1}$$

$$R_{80} = 1.5R_{28} \tag{15-2}$$

上式适用于$C/W = 0.1$～0.7。一般说来，若使用普通硅酸盐水泥，当$C/W = 0.1$时，其无侧限抗压强度约为$R = 10\text{N/cm}^2$；当$C/W = 0.4$时，$R = 150\text{N/cm}^2$。

如果使用矿渣水泥，强度可提高50%～100%。

随着龄期增长，强度也有所增加。90d的抗压强度约28d抗压强度的1.5倍。

为了防止墙体材料不被渗透水流冲刷破坏，固结体的抗压强度不得低于20～30N/cm²。

（2）抗剪强度随着水泥用量的增加而增加（表15-5）。

不断地搅拌浆液或者减少水泥用量，都会降低固结体的抗剪强度。

自硬泥浆抗剪强度表 **表15-5**

水泥用量（kg/m³）	100	150	200	230
90d抗剪强度（kPa）	5.8	49	80	180

2）日本的试验与施工经验

（1）无侧限抗压强度q_u。自硬泥浆固结体的强度随着龄期的增加而增加（图 15-12）。我们可以把这个过程分成三个时期，每个时期强度增长特性如下：①初期：C_3A 和 C_3S 受到抑制，水化缓慢，强度增长不快；②中期：C_3A 和 C_3S 开始形成雪硅钙石，强度有较大幅度的增加；③后期：C_3A 和 C_4AF 开始形成雪硅钙石，强度继续增长。

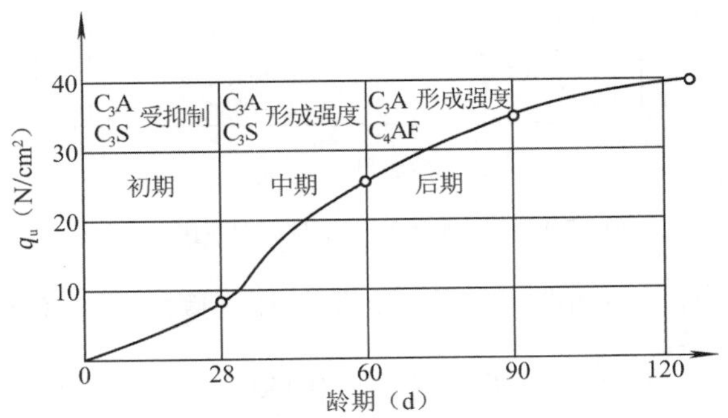

图 15-12　抗压强度与龄期关系曲线

图 15-13 和图 15-14 所示是两组长达 300d 以上的强度增长曲线。如果以 28d 强度为 1.0 的话，则 14d 为 0.3～0.5，50d 为 1.5～2.0，90d 为 1.8～3.0，280d 为 3.0～4.0。

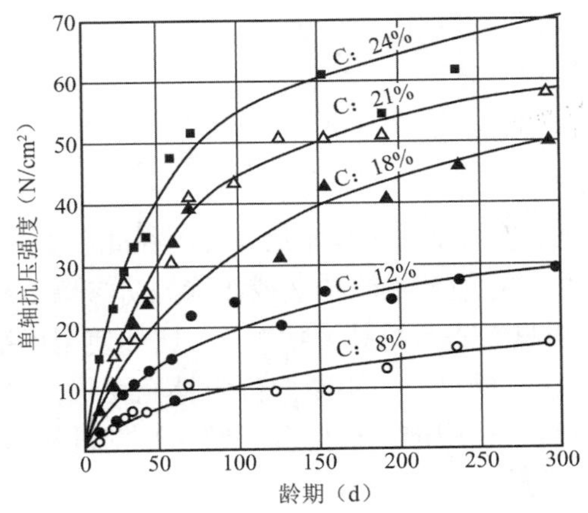

图 15-13　龄期与单轴抗压强度关系曲线

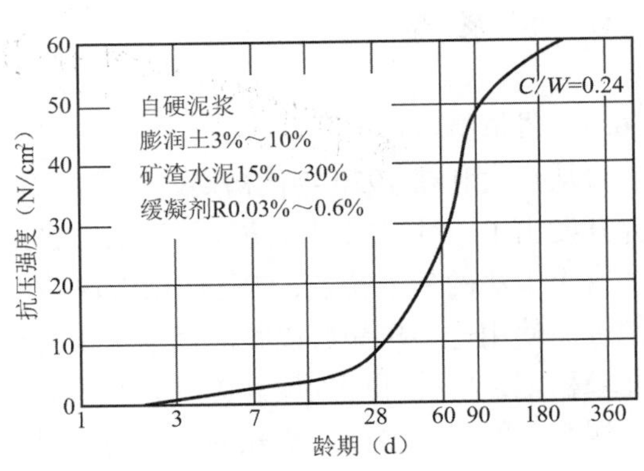

图 15-14　自硬泥浆固体三轴试验成果

无侧限抗压强度大体上与灰水比C/W呈线性关系（这与前面不同——笔者注）：

$$q_{90} = a + b\left(\frac{C}{W}\right) = -10 + 80\frac{C}{W} \tag{15-3}$$

当$C/W = 0.2$、$R/C = 0.01$、$B/W = 0.05$、$R/W = 0.002$ 时，$q_{90} = 50 \sim 70\text{N/cm}^2$；当$C/W = 0.3$ 时，$q_{90} = 140\text{N/cm}^2$。

上面式中，C—水泥，W—水，R—缓凝剂，B—膨润土。

通常情况下，R/C控制初凝时间，C/W控制强度增长。

要得到高强度固结体，就应当使用含 C_2S 和 C_4AF 的水泥。

无侧限抗压强度（单轴抗压强度）与水泥用量的关系是直线变化的（图 15-15），它是随着水泥用量的增加而增加的。

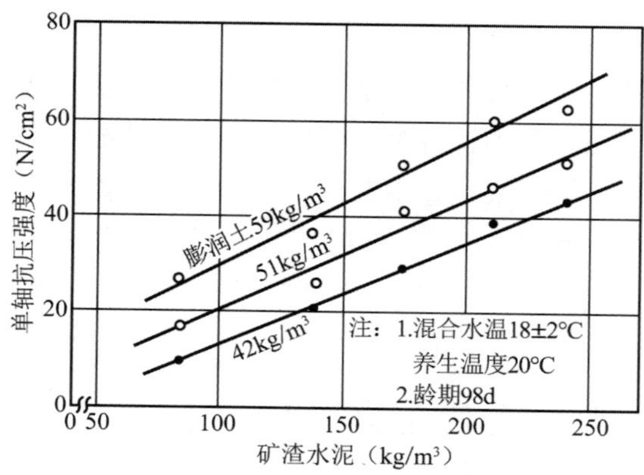

图 15-15 自硬泥浆固结体抗压强度曲线

（2）自硬泥浆固结体的抗折强度约为无侧限抗压强度的 0.3～0.4 倍（见图 15-15），即

$$Q_{\mathrm{t}} = \left(0.3\sim0.4\right)q_{\mathrm{u}} \tag{15-4}$$

混凝土的上述系数为 0.2，水泥土为 0.4～0.5。可见自硬泥浆固结体的性状介于两者之间。

（3）抗剪强度。自硬泥浆结构类似一种特殊的软土，我们用c、φ来表示它的抗剪强度。根据有关资料统计，在挖槽过程有砂子混入自硬泥浆之中的情况下，28d 的$\varphi = 2°\sim10°$，c 值变化很大，大体在 2～6N/cm² 之间。

15.6 泥浆槽

15.6.1 发展概况

自从意大利在 1950 年代初期研制和应用了地下连续墙施工技术后，美国在此后不久就研究开发出了一种专门用来防渗的施工方法，人们常把它叫泥浆槽法或叫掺泥防渗墙工法。

这个工法的最大特点，就是使用常规的土方机械来进行槽孔开挖工作，比如使用反铲、索铲等。使用这些机械可以长时间连续地挖槽，在挖槽过程中不断向槽内补充泥浆，以维持孔壁稳定；槽孔开挖到设计深度并经验收合格后，利用推土机把含有槽孔开挖料和膨润土（泥浆）的混合料推入槽孔内，最终形成一道不透水墙（图 15-16）。

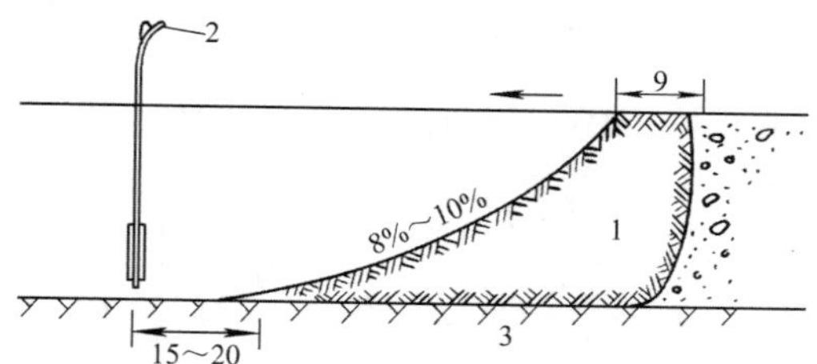

图 15-16 泥浆槽清孔及回填示意图（单位：m）

1—防渗土料；2—压缩空气清槽设备；3—基岩

15.6.2 固壁泥浆

泥浆槽施工中要使用固壁泥浆，用粉状钠膨润土与水拌合而成，使用优质泥浆可长时间保持不沉淀，有良好的触变性和较小的失水量，能形成强度高的薄泥皮，以利于起固壁

作用。泥浆的相对密度影响到回填料的分离和墙体的密实性，一般应保持在 1.04～1.24 的范围内，最大值不得超过 1.40。过稠的泥浆会引起回填料的分离。当泥浆中钙离子含量超过 500mg/L 和氯离子含量超过 3000mg/L 时，可掺加少量的碳酸钠或适当增加膨润土用量。

开始挖槽时，泥浆相对密度较小，但随着开挖料中细颗粒的混入而增大（表 15-6）。

槽孔内泥浆相对密度变化　　表 15-6

坝名	入槽前的泥浆	槽内泥浆实例
瓦纳甫	1.07～1.09	1.27
皮埃尔-贝尼特	1.025	1.20～1.25
乌开	1.04	1.08

新鲜泥浆中膨润土含量 5%～7%，美国用量较多。

回填料应具有良好的级配，符合表 15-7 的规定。

泥浆槽回填料性能　　表 15-7

美国标准筛号	粒径（mm）	过筛重量百分比（%）	美国标准筛号	粒径（mm）	过筛的重量百分比（%）
6	—	100	4	5	40～80
3	76	80～100	30	0.6	26～60
3/4	18	60～100	200	0.07	10～30

回填料的最佳流动度，以标准坍落度 8～10cm 为宜。太小则拌不匀，太大则石子易分离出去。回填料进入沟槽后，要和一部分泥浆混合。所形成的坡度约为 1：10。沟槽回填完成后，在墙顶上再加上相当于槽孔深度 5%的土料作为超载，至少 7d 以后，才能在沟槽上面进行铺盖的压实工作。

由于槽孔顶部的回填料太软，其上的铺盖得不到压实，造成防渗墙与铺盖结合不好，而在二者之间形成渗水通道。把槽孔回填后剩余的泥浆，散布在有可能产生渗漏的库底上。

15.7　黏土块（粉）

15.7.1　概况

现在使用地下防渗墙来解决地基的渗透稳定问题的工程越来越多，墙体材料的种类也越来越多。其中的一种就是用黏土作为防渗墙材料，我国早在 1959 年就做过这种尝试。

很显然，由于黏土本身抵抗渗透破坏的能力比较小，所以黏土防渗墙只能用于水头较小而且深度不大的工程中。

一般情况下，应使用膨胀性较大的黏土或者黏土与膨润土的混合物。

为了回填密实，都是把黏土做成块状或圆柱状，以便于在泥浆中迅速下沉。回填黏土块的数量应达到槽孔体积的 65%～80%。允许渗透比降为 5～10，重度 15～19kN/m^3，渗透系数应小于 10^{-7}～10^{-6}cm/s，内摩擦角$\varphi = 15°$～$30°$，黏聚力$c = 2$～10N/cm^2。

主要黏土防渗墙的工程实例和材料性能见表 15-8 和表 15-9。

黏土防渗墙工程实例表　　　　表 15-8

序号	工程名称	国别	建成年份	长度（m）	深度（m）	厚度（m）	面积（m^2）	水头（m）	比降	回填面坡度	主要设备、工法
1	峡山水库	中国	1959 年	—	—	0.60	—	—	—	—	—
2	戈列姆必诺夫水利枢纽	波兰	—	7460	31	1.4～7.0	83000	11.2～13	8～13.0	—	挖土机挖槽，回填
3	下卡姆斯克水电站	苏联	1970 年	600	16	—	10400	—	—	1：3	钻机造孔，排土机回填
4	基辅水电站上池	苏联	1972 年	990	17～22.5	0.53	19865	—	—	—	—
5	碧口水电站厂房围堰	中国	1971 年	50.8	12.4～25.0	0.80	—	24.0	30	1：5～1：7	冲击钻造孔，推土机回填
6	流光岭水库	中国	1985 年	—	19.5	—	—	—	—	—	—

黏土防渗墙主要性能表　　　　表 15-9

序号	工程名称	黏土特性	重度（kN/m^3）	含水率（%）	孔隙比	黏聚力c（N/cm^2）	内摩擦角φ（°）	变形模量（N/m^2）	渗透系数K（cm/s）	黏土块尺寸（cm）	回填率（%）
1	峡山水库	黏土	—	—	—	—	—	—	< B2	柱ϕ60	100
2	戈列姆必诺夫水利枢纽	高塑性中新世黏土块	—	40.5～43.2	—	2.5	—	—	2×10^{-7}	—	75～80
3	下卡姆斯克水电站	膨润土块	17～18	36～48	1.09～1.19	1～7	8～12	$\frac{300\sim1200}{2500}$	1×10^{-4}	30～40	—
4	基辅水电站上池	新第三纪黏土块	19～21	20～30	—	4～8	—	—	—	—	> 60
5	碧口水电站厂房围堰	重粉质黏土	湿 19.42	23.94	0.729	—	—	破坏比降 63	10^{-8}	块状＋粉状	64

15.7.2　材料配比和性能

一般情况下，都是把黏土预先制成长 30～40cm 的黏土块，从已造好的槽孔一端开始，用推土机逐渐推入槽孔之中，或者是用抓斗把它们吊入孔内，回填方量占槽孔体积的 65%～80%。由于所用的黏土具有很大的膨胀性，回填几个月之后，黏土块就能和槽孔内残存的泥浆混合成均匀的黏土墙体。

有的工程曾打算用黏土泥膏来回填槽孔，由于施工比较麻烦、造价较高而未采用。

目前，国外都采用膨润土或者是膨胀性大的当地黏土。曾采用壤土类回填，但未成功。如果用壤土块回填时，用钻头或抓斗等机具适当地捣实，还是可以获得良好的抗渗性能的。

我国白龙江碧口水电站的下游围堰和厂房围堰中，用回填黏土块的方法修建了两道防渗墙。黏土块尺寸为 30cm × 30cm 或 40cm × 20cm，塑性指数大于 25，黏粒含量大于 50%。回填过程中用钻头压实。最大的一道墙尺寸是厚 0.8m，长 50.8m，平均深度 19.5m，承受水头 24m 并未破坏，效果较好。

1959 年，山东省峡山水库曾建造了一道黏土柱防渗墙，土柱直径 60cm，高 50cm，用钻杆下入孔内。防渗效果较差，抗渗等级小于 W2。

波兰格但斯克附近的戈列姆必诺夫（位于尼斯河上）水利枢纽的防渗墙，全长 7.46km，截水面积 83000m^2，最大深度 31m。其中，位于河槽部分的 5.85km，建于含有约 1m^3 大孤石的冲积砾石层内。由于水头不大（$H < 11.2m$），决定采用当地的高塑性中新世黏土回填槽孔，按防渗墙的渗透比降小于 8 的要求，确定墙厚为 1.0～1.4m，墙底伸入黏土层 1.5m，或伸入渗透系数$K < 1 \times 10^{-4}$cm/s 的粉土中 4m。

用带有特制挖斗的万能挖土机造孔，黏土泥浆固壁，用斗容量 0.25m^3 的挖土机，将黏土块回填于槽孔中并将其压密，黏土块的实际回填量大于槽孔容量的 80%（设计要求 72%）。由于回填的黏土具有很大的膨胀性（直径 30cm、高 30cm 的黏土柱，在重度 11.3kN/m^3 及掺有 3.5%Na_2CO_3 的泥浆中放置 21d 后，当含水量为 34.4%时体积增长了 116%，当含水量为 40.3%时增长了 107%），所以在很短的时间（几个月）内，就能使槽孔内的黏土块形成均匀的整体，并使其具有必要的力学性能。

回填后 8～14 个月取样检查，发现黏土含水量已经稳定在 40.5%～43.2%，黏聚力 2.5N/cm^2。在最大水头（曾达到 13m）时，渗透系数$K < 2 \times 10^{-7}$cm/s。

用这种方法建造厚 1.0～1.4m 的黏土防渗墙，比在同样情况下，用混凝土或黏土水泥砂浆建造厚 0.5～0.8m 的防渗墙，造孔效率高得多，特别是当地基中含有大量孤石时，建造很薄的槽孔是很困难的。

防渗墙的水头损失达 70%，渗漏量减少了 80%。

15.8　水泥黏土浆

15.8.1　主要技术参数

很显然，水泥黏土浆作为防渗材料，只能用于中小水头的临时或永久的防渗工程中。

这里所说的水泥黏土浆与前面提到的固化灰浆和自硬泥浆很相似，只不过施工方法不一样，而对这种材料提出了一些特殊要求。比如本节所说的水泥黏土浆大都是使用泥浆泵，用一定压力灌注到地基中去的，因此对它的流动性（流变性）提出了特殊要求（表 15-10）。

对水泥黏土浆的特殊要求　表 15-10

重度	13～18kN/m^3
抗压强度R_{28}	30～80N/cm^2
弹性模量	10000～15000N/cm^2
变形模量	5000～10000N/cm^2
渗透系数	10^{-7}～10^{-6}cm/s
允许渗透比降	30
坍落度	18～20cm
扩散度	20～30cm
析水率	0.2%～0.6%

15.8.2　材料配比和性能

水泥黏土浆是薄防渗墙工程中经常采用的一种回填材料。它能节约水泥，施工简单，造价便宜，能很好地适应地基的变形。

在波兰，为了防止维斯拉河高水位时地下水涌入邻近的曼霍夫地区的矿井，建造了长

3.2km、深 9～16m、厚 0.5m 的防渗墙。槽孔长 15m，用泥浆和水泥的混合物回填，配比如表 15-11 所示。

波兰维斯拉河某防渗墙回填料配比 **表 15-11**

重度 12～14kN/m^3 的泥浆	1m^3
32.5 级水泥	30～125kg/m^3
特种外加剂	10～32kg/m^3

特种外加剂的作用在于加速水泥颗粒在泥浆中的凝固速度。

原联邦德国 1968—1971 年修建的累赫普雷姆水电站的沥青混凝土斜墙土石坝，坝高 18m，砂砾石透水层深度 10m，用薄防渗墙（墙厚略大于 12cm）防渗，墙底伸入湖相黏土和冰碛层内 1m，截水面积 16000m^2。施工时先把腹板厚度为 12cm 的焊接组合钢梁，用振动法打入到规定的深度。然后将梁抽出，用水泥、膨润土和水组成的浆液进行压力灌浆。每根梁互相重叠搭接，避免造成空隙。遇到孤石时，灌浆封闭。

匈牙利的一些不承重的防渗墙，也是用黏土（或开挖土料）或膨润土泥浆与少量水泥（80～120kg/m^3）拌合后建造的。

在用振动桩方法建造的薄防渗墙工程中，大都是用黏土水泥浆或膨润土水泥浆作为回填材料的。有时为了节约水泥，也掺用一些细砂、石粉或粉煤灰等填料。为了防止浆体失水收缩，有时掺入少量磷酸盐或其他有机盐。

伊拉克拉扎扎大堤防渗墙中，深度小于 10m（面积 30710m^2）的部分，是用一台配有 2t 重的打桩锤和液压拔桩器的打桩机，把一根长 15m、断面 0.3m × 0.3m 的工字形钢板桩，以 1m/min 的速度打入地层内。在拔桩过程中，用灌浆泵灌入膨润土水泥浆。相邻墙段搭接 0.1m，实际墙厚不小于 0.3m。防渗效果很好。

我国河南、上海等地的钢板桩薄防渗墙中使用了水泥黏土浆。

15.9 黏土水泥砂浆

国外使用这种材料的工程很多。伊拉克拉扎扎（Razzaza）大堤在 76d 中浇注了厚 0.5m、深 25m、面积为 30000m^2 的槽孔防渗墙，墙身材料的配比如表 15-12 所示。

伊拉克拉扎扎大堤槽孔防渗墙材料配比 **表 15-12**

水泥	50kg
膨润土	15kg
黏土	370kg
砂	550kg
水	500kg
重度	14.85kN/m^3

联邦德国在费尔密兹河上修建的两座心墙堆石坝，最大坝高 33m。由于用残积粉砂（基岩风化而成）填筑的心墙渗透性太大，为 1×10^{-4}cm/s，抗冲刷能力太弱，经过比较后，决定在心墙内建造一道厚度 40～60cm 的“水泥土”防渗墙，要求墙的渗透系数 $K \leqslant 1 \times 10^{-6}$cm/s，墙的变形特性应与两侧心墙土料一致。

根据试验结果，确定施工配比。

15.10　沥青混凝土和砂浆

15.10.1　概述

普通的混凝土防渗墙，与周围地基比较起来，强度高，刚性大，两者之间的变形很难协调一致，有鉴于此，人们很自然地想到变形能力很强的沥青混凝土和砂浆。

早在 1962 年意大利就进行了沥青砂浆防渗墙的生产性试验工作。那时使用的还是热沥青，虽然建成的防渗墙质量是不错的，但是对于深的、工程量很大的防渗墙工程来说，热沥青施工困难很大。所以，人们又开始研制冷沥青（即沥青乳剂）。一般的沥青乳剂，因受水泥的影响，抗渗能力不能满足要求，故不能使用。应当使用专门的沥青乳剂。

15.10.2　热沥青砂浆

1962 年春在意大利卡桑达达浇注了宽 50cm、深 12m 的沥青防渗墙，有 9.5m 是在水面以下。

于成槽过程中在槽内填满一种触变性膨润土泥浆，对散粒土起着固壁作用。槽的末端插入直径 50cm、每节长 2m 的钢管，一节节接起来，插到槽的底部作为接头管。槽孔完成后，将一根直径 25cm 的导管插到离槽底几厘米的位置。将玛瑞脂砂浆从漏斗中注入导管内取代膨润土泥浆充填槽孔，被替换的泥浆流入邻近的槽孔内重复利用。两套管子都涂上硅酸混合溶剂以防止粘结。

玛瑞脂砂浆的性能是考虑了浇注条件而制备的，如在泥浆中具有低的黏度，在 110～120℃的浇注温度下有较稳定的流动性，还能在浇注后维持墙的牢固状态，其配比如表 15-13 所示。

玛瑞脂砂浆的配比　表 15-13

粗河砂（1～5mm）	40%
石粉（0～3mm）	35%
熟石灰	10%
沥青 280/320（相当于牌号：180/200）	15%

开始时采用了沥青 280/320，温度为 110～120℃，后面采用的是较硬些的沥青，温度为 130～150℃。规定导管要逐渐拔起，在沥青面下要保留 1～2m 深度，这样沥青不会和膨润土泥浆接触，保证墙具有良好的不透水性。

从后来开挖出来一部分冷却后的沥青墙，观察到已形成了均匀、密实的不透水的墙体，具有很好的弹性，槽与槽之间也没有接缝痕迹。沥青墙对由于周围土体沉陷引起的裂缝在其自重作用下有自行愈合的倾向，证明可以在同样深度下像浇灌混凝土防渗墙一样浇注沥青防渗墙。

自此项工程后，先后又在亚马穆拉（Yanamkra）坝、索赫里（Sohri）坝和梅亚马（MaeYama）坝等防渗墙工程中使用了热沥青拌合物。

15.11 土工膜防渗

15.11.1 概述

土工合成材料在早期曾被称为“土工织物”(geotextile)和“土工膜”(geomembrane)。随着工程需要，这类材料不断有新的品种出现，例如土工格栅、土工网和土工模袋等，原来的名称已不能准确地涵盖全部产品，这样，在其后的一段时期内，把它们称之为“土工织物、土工膜和相关产品(related product)”。显然，这样的名称不宜作为一种技术名词或学术名词。为此，1994年在新加坡召开的第五届国际土工合成材料学术会议上，正式确定这类材料的名称为“土工合成材料”(geosynthetics)。

土工合成材料的原材料是高分子聚合物(polymer)。它们是由煤、石油、天然气或石灰石中提炼出来的化学物质制成，再进一步加工成纤维或合成材料片材，最后制成各种产品。制造土工合成材料的聚合物主要有聚乙烯(PE)、聚酰胺(PA)、聚酯(PER)、聚丙烯(PP)和聚氯乙烯(PVC)等。

聚乙烯是在1931年前后，首先由英国ICI公司研制成功的，1939年成为商品在市场上出售，它是聚合物中分子结构最简单的一种，可分为低分子量和高分子量两类。聚乙烯的相对密度为0.92，耐酸碱，抗化学剂能力强，吸湿性低，低湿时仍具柔性，电绝缘性极好。在1950年前后，又开发出了高密度聚乙烯(HDPE)材料，其相对密度、机械强度、熔点和硬度等都比低密度的为优。

聚酰胺约在1935年研制成功，俗名为尼龙，其吸湿性较高，干燥时有一定的绝缘性，机械性能好。

聚酯于1941年前后问世，它包括聚酯树脂、聚酯纤维和聚酯橡胶等。

聚丙烯于1954年研制出来，1957年成为商品出售。它的相对密度为0.90～0.91，耐温范围−30～140℃，耐化学剂性能较好，惰性强，价格低廉，是目前应用最多的原材料之一。

此外，常用的原材料还有聚氯乙烯，它的相对密度为1.4，具有极好的化学稳定性，不燃烧，可用于制造透明薄膜、管道、板材等。

以上五种原材料的性能对比如表15-14所示。

几种高分子聚合物性能对比　　表15-14

性能	高分子聚合物				
	聚乙烯	聚酰胺	聚酯	聚丙烯	聚氯乙烯
单位质量	低	中	高	低	高
强度	低	中	高	低	低
弹性模量	低	中	高	低	低
破坏应变	高	中	中	高	高
蠕变性	高	中	低	高	—
抗紫外线	低	中	高	中	高
耐碱性	高	高	低	高	高
耐霉，耐虫	高	中	中	中	高

应当指出，材料的强度还与纤维的制作方法有关。在应用土工合成材料时，其性能更受施工方法、应用环境和侧限压力大小的影响。

15.11.2　土工合成材料分类

土工合成材料分为以下四大类：土工织物、土工膜、土工复合材料和土工特种材料，它们又各分为数种。现择要介绍如下。

1. 土工织物

土工织物是一种透水性材料，按制造方法不同，可进一步划分为如图 15-17 所示的各种类型。

2. 土工膜

土工膜是一种基本不透水的材料。根据原材料不同，可分为聚合物和沥青两大类。为满足不同强度和变形需要，又有不加筋和加筋的区分。聚合物膜在工厂制造，沥青膜则大多在现场制造。

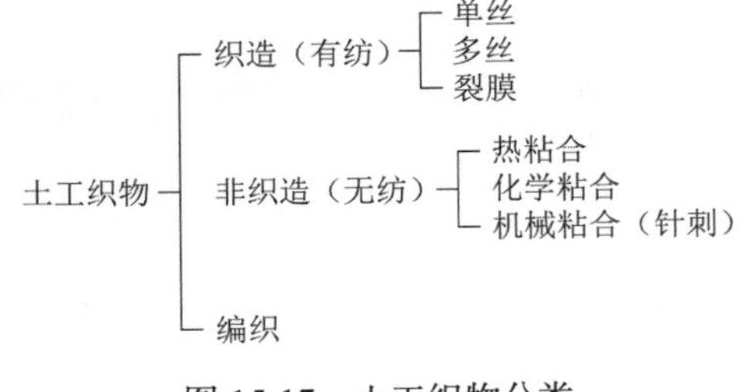

图 15-17　土工织物分类

制造土工膜的聚合物有热塑塑料（如聚氯乙烯）、结晶热塑塑料（如高密度聚乙烯）、热塑弹性体（如氯化聚乙烯）和橡胶（如氯丁橡胶）等。

工厂制造土工膜的方法主要有挤出、压延或加涂料等。挤出是将熔化的聚合物通过模具制成土工膜，厚 0.25～4mm。压延则是将热塑性聚合物通过热辊压成土工膜，厚 0.25～2mm。加涂料是将聚合物均匀涂在纸片上，待冷却后将土工膜揭下来而成。

现场制造土工膜是在地面喷涂或敷一层冷或热的黏滞聚合物而成。沥青土工膜用的是沥青聚合物或合成橡胶。

制造土工膜时还需要掺入一定量的添加剂，使在不改变材料基本特性的情况下，改善其某些性能和降低成本。例如，掺入炭黑可以提高抗日光紫外线能力，延缓老化；掺入铅盐、钡、钙等衍生物以提高材料的抗热、抗光照稳定性；掺入滑石等润滑剂以改善材料的可操作性；掺入杀菌剂可防止细菌破坏等。对于沥青类土工膜，其主要的掺入材料是一些填料或纤维。填料可为细矿粉，它能增加膜的强度且降低其成本；加入纤维，也是为提高膜的强度。

3. 土工复合材料

土工复合材料是两种或两种以上的土工合成材料组合在一起的制品。这类制品将各组合料的特性相结合，以满足工程的特定需要。不同的工程有不同的综合功能要求，故土工复合材料的品种繁多，可以说土工复合材料是当前和今后一段时期发展的大方向。

1）复合土工膜

复合土工膜是将土工膜和土工织物（包括织造和非织造型）复合在一起的产品。应用较多的是非织造针刺土工织物，其单位面积质量一般为 200～600g/m^2。复合土工膜在工厂制造时可以有两种方法，一是将织物和膜共同压成；二是在织物上涂抹聚合物以形成两层（俗称一布一膜）、三层（二布一膜）、五层（三布二膜）的复合土工膜。

复合土工膜有许多优点，例如：以织造型土工织物复合，可以对土工膜加筋，保护膜不受运输或施工期间的外力损坏；以非织造型织物复合，不仅对膜提供加筋和保护，还可起到排水排气的作用，同时提高膜面的摩擦系数，在水利工程和交通隧洞工程中有广泛的应用。

2）塑料排水带

塑料排水带是由不同截面形状的连续塑料芯板外面包裹非织造土工织物（滤膜）而成。芯板的原材料为聚丙烯、聚乙烯或聚氯乙烯。芯板截面有多种形式，常见的有城垛式、口琴式和乳头式等，如图15-18所示。芯板起骨架作用，截面形成的纵向沟槽供通水之用，而滤膜多为涤纶无纺织物，作用是滤土、透水。塑料排水带的宽度一般为100mm，厚度为3.5～4mm，每卷长100～200m，每米重约0.125kg。我国目前排水带的宽度最大达230mm，国外已有2m以上的宽带产品。

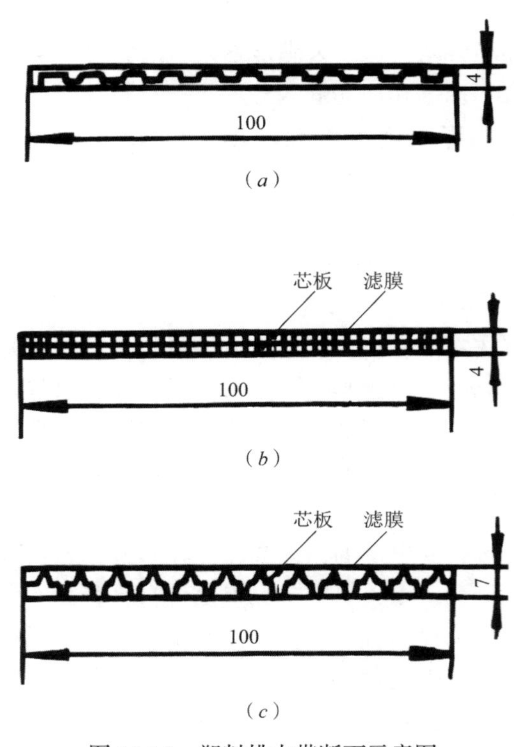

图15-18 塑料排水带断面示意图

（a）城垛式；（b）口琴式；（c）乳头式

塑料排水带的施工是利用插带机将其埋设在土层中的预定位置。

15.11.3 土工膜的防渗功能

1. 水利工程中的防渗功能

（1）堤坝的防渗斜墙或心墙。

（2）透水地基上堤坝的水平防渗铺盖和垂直防渗墙。

（3）混凝土坝、圬工坝及碾压混凝土坝的防渗体。

（4）渠道的衬砌防渗。

（5）涵闸、海漫与护坦的防渗。

（6）隧道和堤坝内埋管的防渗。

（7）施工围堰的防渗。

图15-19是一些防渗结构的示意。

土工膜完全可以替代传统的防渗材料。但是，为了保证土工膜发挥其应有的防渗作用，应该注意以下关键性问题。

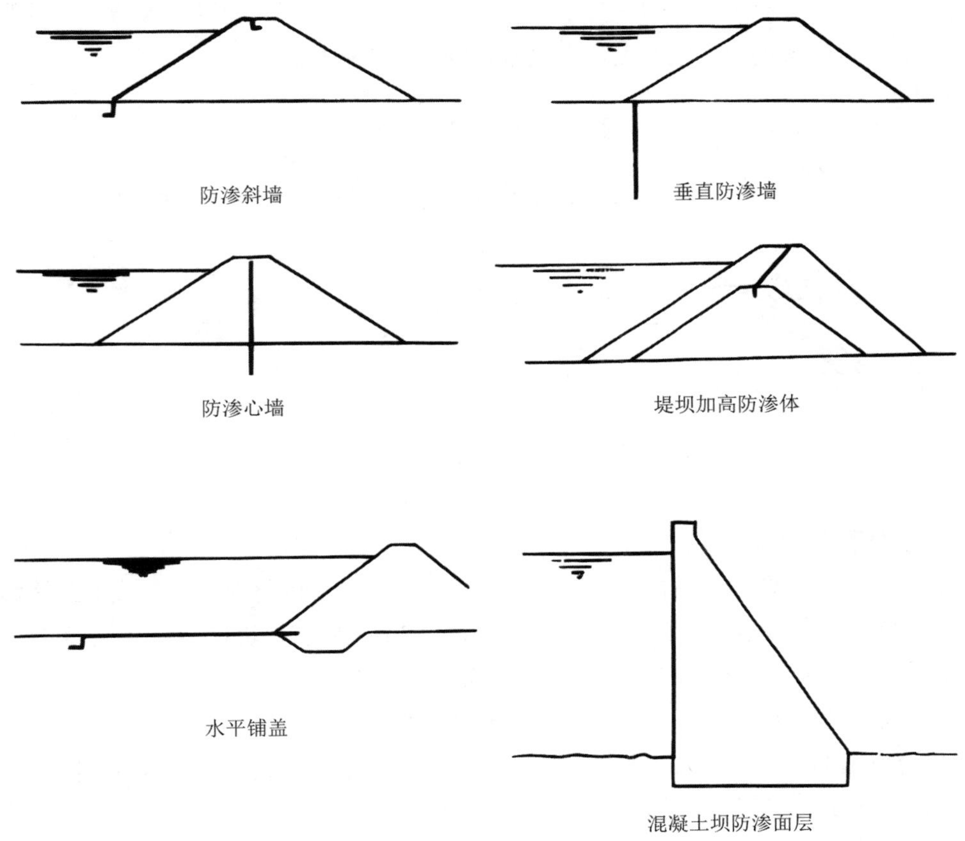

图 15-19　坝工中利用土工膜防渗

1）土工膜材质。

土工膜的原材料有多种，应该根据当地的气候条件等进行适当选择。例如在寒冷地带，应考虑土工膜在低温下会不会变脆破坏，是否会影响焊接质量；土质和水质中的某些化学成分会不会给膜材或胶粘剂形成不良影响等。

2）排水、排气问题。

铺设土工膜后，由于种种原因，膜下有可能积气、积水，如不将它们排走，可能因受顶托而破坏。

3）表面防护。

聚合物制成的土工膜容易因日光紫外线照射而降解或破坏，故在储存、运输和施工等各个环节，都必须时时注意封盖遮阳，特别是在施工过程中，应尽量缩短其外露时间，原则上应随铺随用土覆盖。

4）土工膜

土工膜是防渗主体，除要求有可靠的防渗性外，还应该能承受一定的施工应力和使用期间结构物沉降等引起的应力，故也有强度要求。土工膜的强度与其厚度直接有关，可通过理论计算或工程经验来确定。

单一土工膜表面光滑，摩擦系数小，铺在坡面上要考虑下滑的可能性。为此，在可能的条件下，一般要求采用复合土工膜，其表面的非织造土工织物与土的摩擦系数要比单膜的大得多；另外，也有地方将单膜加上纹路以增加糙度；再有则是从铺设方式上着眼，例如按锯齿形、台阶形铺设，或在坡面上设戗台等（图15-20）。

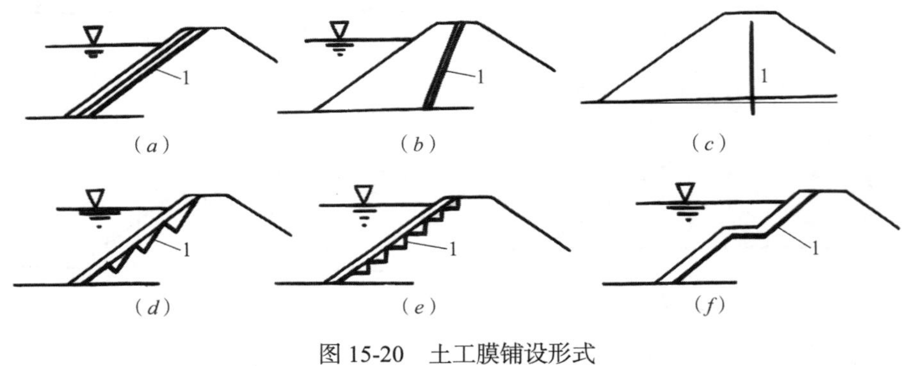

图15-20 土工膜铺设形式

1—土工膜

2. 地基垂直防渗墙

垂直防渗墙是在透水地基内造孔或挖槽，以透水性极低的材料填入建成的连续墙。我国堤坝中以往常用的混凝土防渗墙厚度为 0.6～1.3m，目前在堤防工程中的墙厚已减至0.3m，甚至更薄。建造这样的防渗墙，除需要造孔设备外，还要有浇注混凝土的专用机具，施工比较复杂。我国现在已经用土工膜完成多处垂直防渗墙工程。

修建防渗墙的土工合成材料可以采用土工膜、复合土工膜或防水塑料板。国外采用打钢板桩的技术和设备来插入高密度聚乙烯板，板的两侧附有锁口，用以将两块板连接在一起。锁口中的间隙则放入密封条，遇水后密封条膨胀，充满间隙，可以做到基本不漏水。安装时由振动打桩机实施，板前端有一铁靴，保护膜板的插入，深度可达40m。若采用插入土工膜，则膜厚度应不小于0.5mm。在目前的技术条件下，插入深度可以达到约15m，要求地基土中粒径大于5cm的粗颗粒不多于10%，最大颗粒粒径不大于15cm，否则将超出开槽宽度。

造墙的基本步骤是：首先用高压水冲，或链斗或液压式锯槽机开槽，以泥浆护槽壁，将与槽深相当的整卷土工膜铺入槽内，倒转轴卷，使土工膜展开，相邻两幅之间用搭接的方式连接；及时进行膜两侧的填土，并在槽底回填黏土，厚度不少于1m，目的是密封，以防止水从下部绕渗；接着填一般土，待其下沉稳定后，往槽内继续填土压实；最后待土工膜出槽后，立即将其与建筑物连接，不得外露。应当注意，在与建筑物连接处土工膜应留有足够的富余，以防建筑物变形时拉断土工膜。

15.11.4 工程实例

土工膜的铺设部位，对新建的土堤，可以铺在堤的中间（即心墙）或迎水面（即斜墙），两种形式各有特点。心墙布置方式比较省料，但施工时要求堤身填筑与土工膜心墙同时上升，而且土工膜应做成锯齿形铺设（图15-21），以适应堤身的沉陷，因此施工比较复杂。斜墙式布置的优点是堤身填筑完成后才铺膜，施工干扰小，铺膜质量较易保证。因此，国内外新建的堤防工程中大都采用斜墙形式的结构。但对于已建堤防的修补和加固工程，由于迎水面有水，为避免水下施工，故采用堤内开槽铺膜方法施工，筑成心墙。当然，若迎水面无水，则用斜墙形式更为方便。

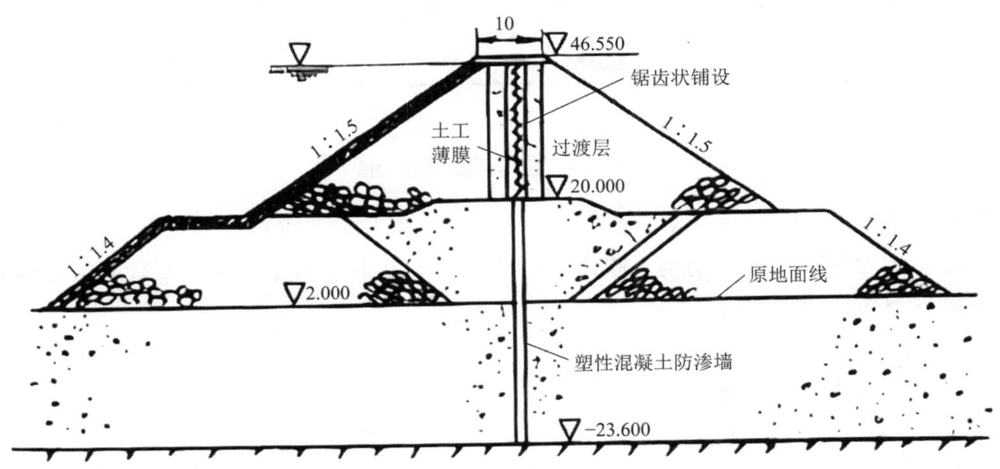

图 15-21 水口工程上游围堰断面图

土工膜不但在永久性坝工中应用有着满意的效果，更可以广泛地应用于临时性建筑物上，如挡水围堰。水口水电站的上下游围堰中用土工膜作为部分防渗心墙。三峡工程第二期上下游围堰采用双混凝土防渗墙的防渗设计，在墙的上部再接一段复合土工膜，以承担最上部分的防渗任务，承受的最大水头是 13.2m，见图 15-22。所用复合土工膜为二布一膜，膜厚 0.5mm，两侧无纺织物的单位面积质量为 350g/m^2。

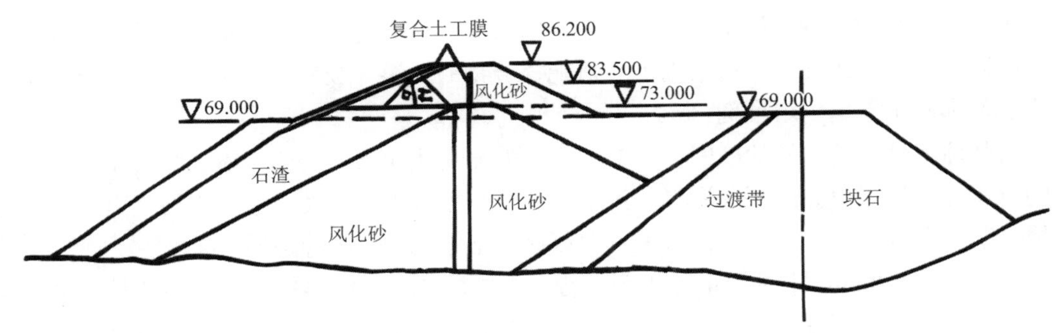

图 15-22 三峡二期围堰低双墙方案

王甫洲围堤的长度很大，故在堤前用复合土工膜铺盖延长渗径的防渗方案。该工程 1988 年 5 月开工，1999 年 4 月堤坝完工。共计完成斜墙部位二布一膜的复合土工膜 32.4万 m^2，铺盖部位一布一膜的复合土工膜 75.4 万 m^2。另外，在混凝土护坡接缝后面也铺了起反滤作用的 7.22 万 m^2 的非织造土工织物。合计在围堤范围用了土工合成材料 115万 m^2，是目前国内使用土工合成材料数量最大的堤坝工程，是水利部的示范工程。围堤的断面见图 15-23。

海拉尔拉尼河及赤峰元宝山的露天煤砂，采用 HDPE 土工膜防渗墙，最大墙深 47m，是目前国内最深的。

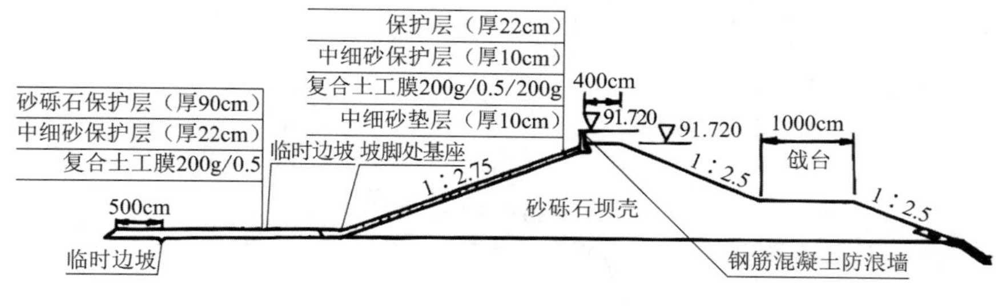

图 15-23　王甫洲围堤断面图

15.11.5　小结

目前，国内很多工程采用土工膜作为防渗体，本节中我们介绍了一下有关土工膜的知识，供读者参考。

15.12　新型防水材料

15.12.1　概述

郑州赛诺建材有限公司，于 2007 年创立，是一家以科技研发、技术创新为主的高新技术企业，主要为建筑工程提供可靠性密封技术和混凝土缺陷修复防护技术。公司立足，从多学科交叉综合解决问题的角度，针对目前国内渗漏频发的现象，提出了冗余密封理论，先后开发了冗余内防水技术，冗余外防水技术可靠性达 97%，城市生态农业技术、废弃物综合利用技术（可持续性发展技术），以较高的性价比，创造性地解决了工程领域的大量施工难题和系列环境问题，受到了客户的高度认可。

15.12.2　RD-43 土壤成岩剂说明

土壤成岩剂为一种水泥基的碎末粉剂，用来提高土壤的强度、密实度、抗渗性及增强土壤的固结性、抗压强度。可根据需要适配拌合物的抗渗等级，还可作为碎裂混凝土结构的压实剂和浸水土壤的增稠剂。

增强注入性建筑结构的稳固性，增加抗压强度高达 40%。增强土壤、混凝土、砖石结构的抗渗性。稳固填充田野、海岸、污水坑、地基等含水率高的土壤、岩石裂隙空腔、流砂体，防止形成水土流失、山体滑坡、泥石流、土体沉降塌陷等地质灾害。

应用赛诺土壤成岩技术，取施工现场普通土壤、水泥、RD-43、水，能将土壤强度提高至 30MPa，抗渗性能提高 50 倍。采用搅拌、喷浆、回填灌浆、摊铺、浇注、批抹等常用工法及机具施工，广泛应用于乡土景观道路、土体护坡、基坑支护、基础垫层、农田水利设施、美丽乡村建设、民宿改造、流态土回填、水利工程建设等领域。

1）技术数据：

（1）外观：深灰色、灰色粉状；

（2）密度：1300kg/m^3，即 81LB/CF；

（3）相对密度：2.16；

（4）pH 值：9～11。

2）特征及优势：

（1）因地制宜，就地取土，不须参配砂、石等粗骨料，降低成本，性价比高；

（2）干燥时无收缩裂缝，硬化后不变形；

（3）水化热降低 50%；

（4）3.5～5in 厚度的工作层即可使 EMC、EBS 建筑具备 100%的防止水渗透能力；

（5）对多孔、可渗透材料具有强黏附性；

（6）有效工作温度区间为−20～40℃之间；

（7）泵送能力增强；

（8）施工性能增强；

（9）收缩时无裂痕；

（10）无裂痕、剥落、起霜；

（11）最强抗化学和气候腐蚀性能；

（12）最强抗冻融性；

（13）无须养护。

3）应用领域：

（1）将产品通过注入、预混合、喷浆、吸附处理等方式，形成化学结构体，以先固化的颗粒作为粗填料；

（2）降低地下水位线；

（3）缓解地层、地表水对建筑物的渗透；

（4）露天体育场、飞机跑道、汽车及火车道路、运河、水渠、池塘等建构筑物已潮湿或已被水浸透部位的修复；

（5）地下、地表建筑结构的防渗工程，例如洞穴、隧道、井、道路等。

4）土壤成岩材料配合比：

（1）土壤：1m^3；

（2）硅酸盐水泥：100～300kg；

（3）RD-TR 冗余土壤成岩剂：5～10kg；

（4）水灰比：0.35～0.45（可根据土壤干湿程度，适当调整）。

5）预拌流态成岩土应用：

相当于广义上的“混凝土”，混凝土是利用水泥为主的胶凝材料固化粗颗粒土（砂子、石子等骨料），预拌流态成岩固化土是采用高效土壤成岩剂固化细颗粒土（淤泥质土、粉土、黏土、风化岩颗粒等）。根据施工设计要求，可设计不同强度等级的固化土；能有效填补预拌混凝土在超低强度领域的空白，流动性强于混凝土，施工无须振捣，又可有效地降低成本，快速完成施工。根据工程需要和岩土特性，将当地固体废弃物制备成专用高效土壤成岩剂；就地取土，加入土壤成岩剂和水，形成有一定流动性的混合料；通过浇注和养护，硬化后形成有一定强度的岩土工程材料。

采用特殊设备将土从地下取出后，经过地面机械破碎、筛分、预拌，形成预拌流态固化土浆，经搅拌车运输至指定地点可泵送、可溜槽施工。

6）预拌流态成岩土的适用范围——各类工程基槽回填：

在各类工程基槽回填施工过程中会遇到基槽回填空间狭窄、回填深度较大、回填土夯实质量不稳定、回填土要求质量高等难题，而近些年来，因回填土不密实造成建筑物散水、管道、入户道路等部位沉陷破坏，丧失使用功能的事故时有发生。同时，基槽回填受回填条件、空间等因素限制无法回填密实，会给高耸建筑物的抗震性能带来危害。

在狭窄空间施工，传统工艺多采用素土或者灰土分层，使用小型夯实设备，施工难度较大，回填工期较长，回填的质量难以控制。小型夯实设备无法正常施工，为确保回填质量采用素混凝土回填，而素混凝土回填造价较高，强度较大，给后期维修、维护带来难题。

预拌流态成岩土是针对以上难题而专门研究创新的一种新型建筑材料。

硬化后，体积稳定性好，干缩小，水稳性好；与天然土壤相比，抗渗性大幅度提升。

成岩土拌合时根据土质和设计要求加入外加剂。可以根据使用的要求调整配合比，来调整其强度及流动性。坍落度可控制在 80～200mm，可泵送也可溜槽施工，流动性强，浇注时一般无须振捣；造价成本低。而混凝土回填造价较高，强度较大，如后期维修、维护将带来更大难题。

硬化后强度：根据需要和经济成本，强度可以在 0.5～10MPa 之间调整，满足路基、地基、基坑回填的基本要求；强度发展快，只需 24h 即可达到上人进行下一步施工的强度。

7）预拌流态成岩土还可运用于以下方面：

采用特殊设备将土从地下取出后，经过地面机械破碎、筛分、预拌，形成预拌流态成岩土浆，并将其灌入或压入孔中形成预拌流态成岩土桩，可作为复合地基的增强体使用，或固化流塑状土体使用，也可形成预拌流态成岩土桩墙结构，作为止水帷幕使用。采用该工艺施工的预拌流态成岩土桩，具有拌制均匀、强度高、固化剂利用率高等特点，也可作为换填材料进行地基换填。

成岩土由于具有类似于混凝土的工作性能，可以作为施工垫层材料使用，也可以用于固化地面。

成岩土具有一定的强度和流动性，可作为市政道路或者施工道路的基层材料使用，该预拌流态成岩土具有自密性，在施工时不用再采用大型机械进行碾压处理，节约了施工成本。

深基础施工完成后肥槽部位的回填一直是施工的控制重点和难点，采用预拌流态成岩土，利用其流动性和强度可解决该问题。预拌流态成岩土还可以用于矿坑和地下采空区的回填。

预拌流态成岩土强度高，质量可控，成本低，适用范围广泛，环境友好，是性价比非常高的施工材料。

注意事项：

（1）盛装材料的容器应采用金属或塑料制品；

（2）施工时注意防护，戴上手套、护目镜等劳动防护用品。施工时注意保护眼睛和皮肤，如不慎入眼，请用大量清水清洗，并立即就医；具体工艺请遵循产品施工规范或在技术人员的指导下进行。

8）运输与贮存：

本产品为非危险品，无毒、不污染环境，能安全运输，避免雨淋和撞跌破坏包装；宜贮存在避光、阴凉（5～35℃）通风的仓库内，忌暴露在潮湿空气中，严禁与水接触。

开盖用料后，近期不使用的料存放时必须及时加盖密封。未开封产品保质期为两年。

15.12.3　边坡和河道防护设计

见图 15-24～图 15-26。

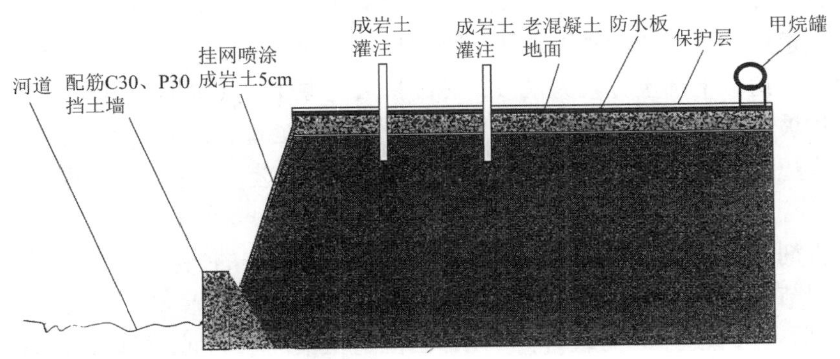

图 15-24　护坡和地面加固

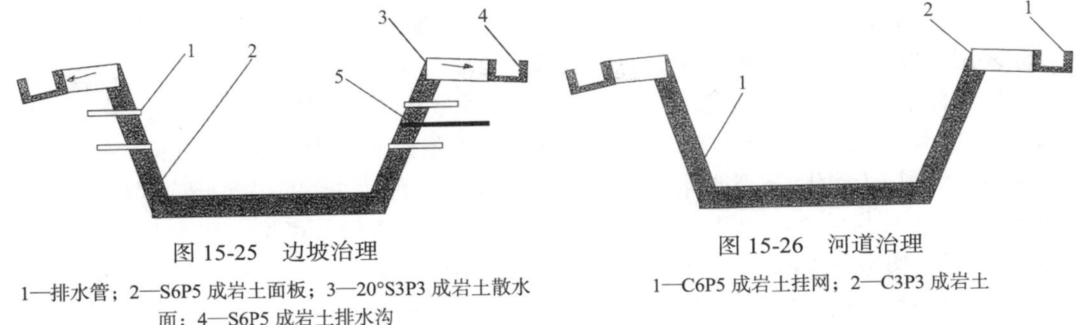

图 15-25　边坡治理

1—排水管；2—S6P5 成岩土面板；3—20°S3P3 成岩土散水面；4—S6P5 成岩土排水沟

图 15-26　河道治理

1—C6P5 成岩土挂网；2—C3P3 成岩土

15.12.4　成岩土技术在土质边坡水毁修复中的应用

1. 概述

在地形地质条件复杂的丘陵山区进行工程建设，高边坡的开挖和处理在所难免。而每年的雨季，高边坡都会遭受不同程度的水毁，因此如何根据当地气候、地质因地制宜地做好边坡的水毁防护尤为重要。本节力图通过对偃师粮库内高边坡水毁的修复治理的研究，为我们类似工程的分析与治理提供参考。

土质边坡的水毁原因多是土体较松散，裂隙发育，土体的抗渗性和耐浸泡性能差，遭遇雨季，雨水长时间渗入坡体，形成多条水流通道，造成水土流失，进而造成坡顶塌陷、坡面坍塌。边坡水毁多是局部的，但常规的修复多采用大开挖的笨方式，成本高，工期长，这一现状也亟待解决。针对上述工程问题，偃师粮库在高边坡水毁修复中，采用了新材料土壤成岩剂，将其与原土体进行结合、拌合，形成新的结构体，新的结构土体整体性好，密实度高，抗渗性好，抗压强度高，有效防止了水土流失，结合坡体良好的排水设计，将对土质边坡的水毁起到根治作用，具有显著的经济效益和工程价值。

2. 工程概况

工程位于洛阳市偃师市首阳山镇 X103 北环路南侧中央储备粮洛阳直属库有限公司偃师分库 22 号仓西，场地为高填方边坡，地形高差较大，土体具有湿陷性。临近扶壁砖砌挡土墙坡体土体主要为杂填土、素填土。杂填土，杂色，松散，大孔隙，上部为混凝土地坪，含较多的碎石，因受到雨水长时间渗透，含水量较大。素填土，呈灰黄、褐黄等色，稍湿，主要由粉质黏土及碎石组成。场地东西宽约20m，南北长约50m，西侧挡墙边坡深度为12m。

受“7·20”暴雨的影响，坡顶12cm厚的混凝土全部塌陷开裂，下方水土大量流走，原坡面泄水通道被冲毁，砖砌挡墙从腰部坍塌出一个大洞。经过仔细观察现场发现，原有土体下方存有水道，上部土方较为松散，砖砌护坡与原土体（原有裂缝）上部裂缝加大，对原有砖砌护坡与土体不接触区域采取流态成岩土灌浆处理，让砖砌护坡与原有土体贴合。

偃师分库边坡修复采用了土壤成岩剂的新材料、新工艺，对边坡土体进行了注浆加固、换填处理。

土壤成岩剂是一种水泥基的土壤密实剂，用来提高土壤的强度、密实度及抗渗性；可增强土壤的固结性、抗压强度，并可根据需要，适配拌合物的抗渗等级；含水率20%～30%的土壤，10h后就可通过40t的载荷；可用作已湿透土壤的增稠剂；可以稳固含水率高的土壤，防止水土流失、土体沉降塌陷等地质灾害。土壤成岩技术可以把普通土壤强度提高到2～30MPa，抗渗强度提高50倍。将成岩剂通过注入、预混合、喷浆、吸附处理等方式，形成新的化学结构体，耐浸泡，抗冲刷。因此，采用土壤成岩剂是一种性价比极佳的方案。

3. 采用土壤成岩技术进行土质边坡水毁修复处理

边坡土体下部深层采用流态成岩土注浆，上部浅层采用拌合成岩土换填，区域长40m，宽4.8～6.85m。土体塌陷情况如下：边坡排水道处塌陷深平均7～8m，南北向，局部深至10m左右。南侧土体沉陷开裂明显，常见20～30cm宽、深达2m的裂缝，局部塌陷坑深达3～4m；中间整体塌陷0.8～1.2m，且常见10cm左右宽度裂缝，可见深度达1～2m；北侧沉陷略小，靠近边坡处裂缝稍多，整体地面可见数条10cm左右宽度裂缝，可见深度达1m多。

1）边坡土体深层注浆加固处理

根据现场实际情况，对处理方案进行细化和优化，作了如下处理：靠近砖砌挡墙排水口及边坡垮塌区域，先分层回填、分层压实，后采用流态成岩土注浆加固，深度9m，宽度2.2m，长度16.5m，有326.7m^3；塌陷10m深坑区域，先回填，后采用流态成岩土注浆加固，宽度约2m，长度8.4m，深度3m，约有50.4m^3；塌陷深坑区域边线至道路边这部分区域采用流态成岩土注浆加固，宽1.5m，长度约22.49m，深度3m，约有101.2m^3。配比如下：2.5kg成岩剂，100kg普通硅酸盐水泥，水灰比0.6，混合不少于3min。

2）边坡土体浅层换填处理

坡顶土体深度约0.52m的浅层进行了拌合成岩土的换填，长度40m，平均宽度5.85m，约有121.68m^3。配比如下：10kg土壤成岩剂，300kg普通硅酸盐水泥，加入1500kg土壤，用振动器或橡胶轮胎滚压得到最终的密实度。对湿度小于10%的土壤，应在表面洒水15L/m^3。工艺流程如下：检验土料和成岩剂双组分的质量并过筛→成岩剂双组分与土拌合→槽底清理→分层铺成岩土→碾压密实→找平验收。

3）处理后效果

边坡土体深层流态成岩土注浆加固，浅层拌合成岩土换填处理以后的监测数据显示，坡顶水平位移和垂直位移的变化量很小，均在正常范围以内。坡顶土体所有部位均未出现裂缝。经过两次降水情况下观测发现，雨水不下渗，长时间降水情况下土体抗压强度依然很高，耐浸泡。上述对边坡土体的局部损毁处采用成岩土加固处理，避免了大开挖式大拆大建，节省了费用，缩短了工期，具有显著的工程效益。

4. 结语

（1）土壤成岩技术可提高土壤的强度、密实度及抗渗性，可增强土壤的固结性、抗压强度。将成岩剂通过注入、预混合、喷浆、吸附处理等方式，形成新的化学结构体，耐浸泡，抗冲刷，有效防止边坡水土流失。

（2）常规边坡水毁修复多采用大开挖方式，成本高，工期长。土壤成岩技术的使用，仅仅针对水毁处进行处理即可，为工程设计提供了新的思路和方法，且经济效益高。

（3）将土壤成岩技术和边坡体排水设计相结合，将对土质边坡的水毁起到根治作用，具有显著的经济效益和工程价值。

15.12.5　试验结果

使用土方量 25020m^3，41286kg。水泥为 600 元/t，成岩剂为 30 元/kg，调理剂为 30 元/瓶。

1. 正交方案（表 15-15）

正交方案数据　表 15-15

编号	水泥（与土的质量比，%）	成岩剂（与水泥的质量比，%）	调理剂（稀释 2000 倍，按实际面积换算用量，g/m^2）
1	2	5	1.5
2	2	4	4.5
3	2	3.3	2.25
4	4	5	4.5
5	4	4	2.25
6	4	3.3	1.5
7	6	5	2.25
8	6	4	1.5
9	6	3.3	4.5

2. 对照方案（表 15-16）

对照方案数据　表 15-16

编号	水泥（与土的质量比，%）	成岩剂（与水泥的质量比，%）	调理剂（稀释 2000 倍，按实际面积换算用量，g/m^2）
10	2	0	0
11	4	0	0
12	6	0	0

3. 试验结果（表 15-17、图 15-27、图 15-28）

试验结果　表 15-17

编号	28d 黏聚力（kPa）	28d 内摩擦角
1	48	25°10′25″
2	39.3	24°42′09″
3	33.7	23°16′04″
4	57.7	26°06′17″
5	56.3	25°38′28″

续表

编号	28d 黏聚力（kPa）	28d 内摩擦角
6	40	23°44′58″
7	87.3	25°38′28″
8	78	24°13′40″
9	72	23°16′04″
10	20.5	16°23′00″
11	37	16°48′16″
12	69.5	17°07′18″

优选 2 号，其达到堤防工程填筑土基本要求，植生效果好。且 2 号与 11 号改性效果接近，节约水泥用量。水泥与成岩剂在工程性质改善中起主要作用，调理剂在植生方面起主要作用。

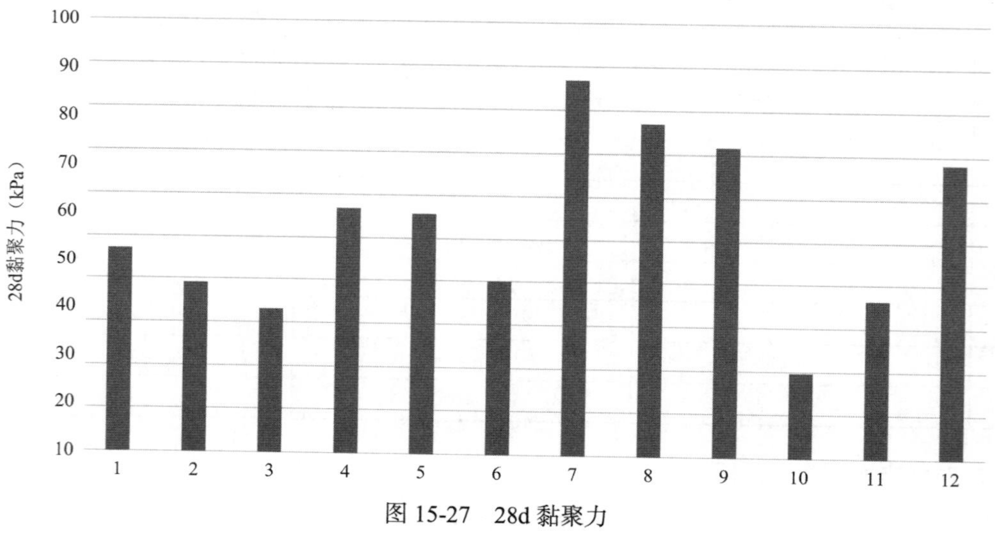

图 15-27 28d 黏聚力

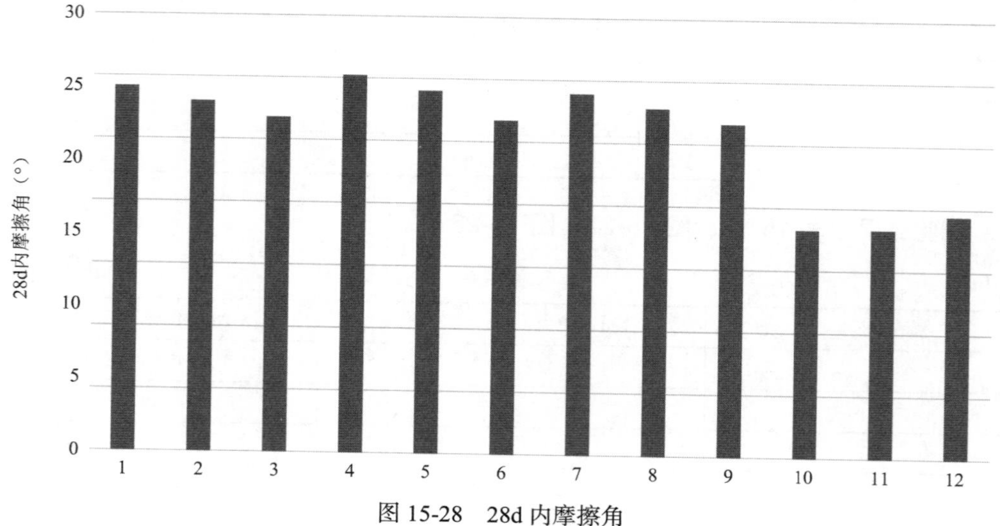

图 15-28 28d 内摩擦角

4. 成本结果（表 15-18）

成本结果　表 15-18

编号	水泥（元）	成岩剂（元）	总价（元）
2	495.432	990.864	1486.296
11	990.864	—	990.864

注：成本计算暂不考虑调理剂。

1）2 号成本

水泥：$41286 \times 0.6 \times 2\% = 495.43$ 元

成岩剂：$41286 \times 2\% \times 4\% \times 30 = 990.864$ 元

2）11 号成本

水泥：$41826 \times 0.6 \times 4\% = 990.864$ 元

15.12.6　小结

郑州赛诺建材有限公司，是一家高新技术公司，他们生产的土坡成岩材料，已经在“7·20”郑州暴雨之后的修复工程中，发挥了很大作用，可广泛用于道路地面和施工场地的地基加固，边坡的修复加固，挡土结构，防渗防水结构等各个领域，实为不可多得的防渗加固材料。值得学习、借鉴和大量应用。

应当特别指出，通过某现场试验检测结果，加入成岩剂以后，可使固液体的抗剪强度（c，φ）大大提高，其中黏聚力可达到 50～70kPa，内摩擦角可达 23°～26°，比同等配比的只加水泥的固液体高出 1 倍多。

第 5 篇

Equipment and construction guidelines of underground continuous diaphragm wall

施工设备与工法

第 16 章　概述

16.1　地下连续墙施工要点

在前文中曾提到了建造地下连续墙应当经过挖槽、固壁、浇注和连接四道主要的工序。也就是说，在泥浆的保护下使用各种挖槽机械挖出槽（桩）孔，并在其中浇注混凝土或其他材料以形成地下连续墙；还要采取适当的方式，做好墙段之间以及墙体与永久结构之间的连接工作。这一章主要阐述地下连续墙的主要工法以及它们的设备的主要性能和适用范围等。

由于地基的工程地质和水文地质条件、建筑物的功能、施工机械的技术性能的不同，地下连续墙的施工方法和所用机械设备也是各不相同的。到目前为止，地下连续墙的施工工法不下几十种。

根据使用功能的不同，地下连续墙可以分为图 16-1 所示的几种类型。

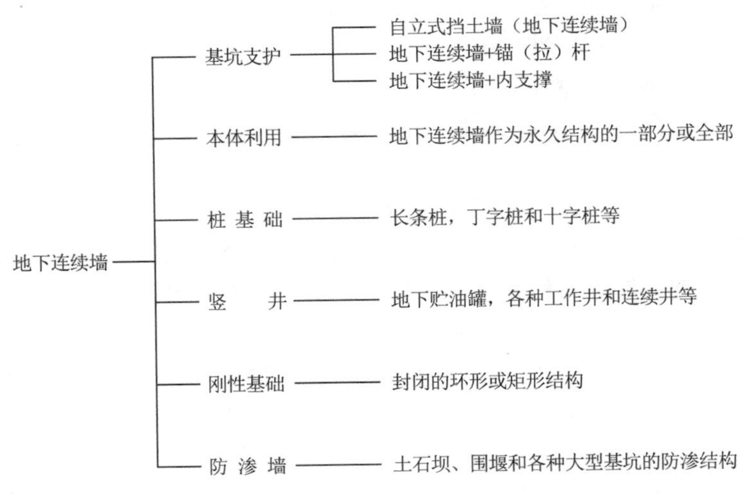

图 16-1　地下连续墙用途

地下连续墙的施工机械和设备包括：①造（挖）孔机械；②泥浆生产、输送、回收和净化设备；③混凝土的生产、运输和浇注设备；④钢筋加工、吊装机械和设备；⑤接头管的加工和吊放、起拔设备；⑥观测设备。

以后章节将陆续对上述机械和设备加以说明。本章主要说明施工方法和造孔设备。

本篇将主要阐述置换工法（也就是使用泥浆）的主要施工工法、设备和施工过程等。至于使用土方机械（反铲等）建造的防渗墙和不使用泥浆建造防渗墙的工法和设备只要作简要介绍。

16.2 常用工法概要

16.2.1 概述

根据地下连续墙使用功能、地质条件和施工设备的特点，可将其进行分类，然后再分别加以阐述。图 16-2 列出了地下连续墙的主要工法和设备。

根据墙体材料的特点，可以把地下连续墙分为以下三类：

（1）混凝土地下连续墙（使用泥浆）；

（2）水泥固化地下连续墙（使用泥浆）；

（3）水泥土地下连续墙（不用泥浆）。

地下连续墙原本是从桩柱式结构发展起来的，目前应用最多的是板墙（槽板）式地下连续墙。但是在某些特殊场合下，桩柱式地下连续墙仍有不可替代的优点，至今仍在使用。

16.2.2 桩柱（排）式地下连续墙工法

这种地下连续墙是由很多根互相搭接的桩组成的。近年来，这种工法往往做成桩间互相分开一定距离，其间空隙用其他方法进行防水处理，形成多种基础施工技术复合而成的地下连续墙。

桩柱式地下连续墙可以用钢筋混凝土（现场浇注或预制）、钢材（型钢）和水泥等固化材料来建造。

桩柱式地下连续墙的最大深度已经达到 131m（加拿大马尼克 3 号坝）。

桩柱式地下连续墙可用于基坑支护、桩基础、小型竖井工程。因其防水性较差，已经很少在高土石坝防渗墙工程中使用了。

16.2.3 钢筋混凝土地下连续墙工法

这是目前使用最多的板（墙）式地下连续墙，通常要经过挖槽、固壁、浇注和连接（接头）等工序才能建成。这种工法具有以下特点：

（1）振动和噪声污染小，对周围环境影响很少。

（2）适用多种地层。由于工法多，施工机械多，可以在从软弱土层到卵漂石层、从风化岩层到坚硬的花岗岩层等各种复杂的地层中施工，并能取得显著的技术经济效益。

（3）墙体质量好。由于采用了高品质的混凝土和连续浇注工艺，使得槽孔内的泥浆能被混凝土完全置换出来，以形成连续均匀的墙体。同时，由于连接（接头）措施的改进，使得墙段之间接缝既能满足强度要求，又能保持很高的防水性，墙体混凝土抗压强度已经超过了 80MPa。

（4）墙深和墙厚大。到目前为止，地下连续墙的深度已可达到 170m，墙的厚度为 40～320cm，最薄的墙厚只有 20cm。

（5）本体利用和刚性基础。钢筋混凝土地下连续墙不再局限于用作基坑临时支护和土石坝的防渗结构，而是越来越多地用于各种高强度、高刚度和任意断面形状的深基础，而且地下连续墙本身也可以作为永久建筑物的一部分或全部。

16.3 工法选择

见图 16-2。

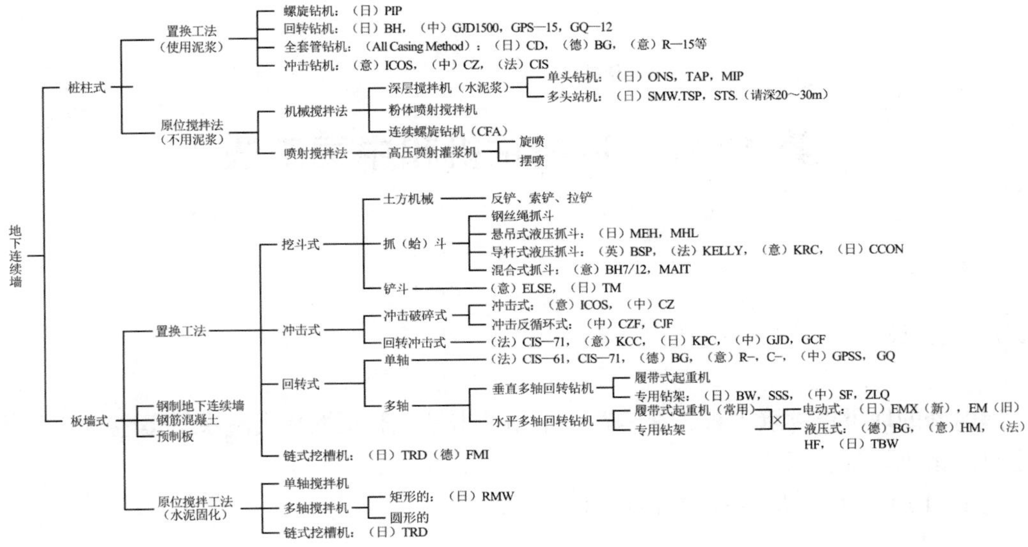

图 16-2　地下连续墙工法和设备示意图

第 17 章　冲击钻机和中国工法

17.1　概述

国内外的地下连续墙工程，都是首先采用冲击钻机和正循环出渣系统建造的。本章将叙述冲击钻机设备和工法。

表 17-1 所示是早期的各国冲击钻机对比表。

国内外冲击钻机机型比较（早期）　　表 17-1

项目			机型					
			参数					
			法国 CIS-71	日本 KPC-1200	意大利 MR-2	张探、地大 GCF-1500	水基局 CF-2	山探 CJF-20
钻孔直径（m）			0.6～1	0.65～2	0.8～2	0.8～1.5	0.5～1.5	0.8～2
钻孔深度（m）			40～60	100	80	50	85	80
适应地质条件			一般土质、软基岩、砂砾石、卵石、基岩					
冲击形式	连杆冲击	频率	—	—	—	—	—	36、46 次/min
		行程	—	—	—	—	—	（0.65、1.0、1.35）m
	卷筒冲击	频率	不详	4～50 次/min	不详	10～20 次/min	10～20 次/min	10～20 次/min
		提升速度	1m/s	0.43m/s	不详	0.6m/s	0.89m/s	0.75m/s
钻头质量（t）			2	6	1.8	2.5～4	2	4
钻机质量（t）			23	110	20	8.2	8.5	18
总功率（kW）			120	246	63	51	45	78
外形尺寸（长×宽×高，m）			7.5×2.5×8.2	5.1×3×12	7.7×3×9.1	7.1×2.9×8.8	4.3×2.2×6.8	6.8×2.8×8.8
钻头重/主机重			0.09	0.05	0.09	—	0.23	0.22
钻头重/总功率			0.01	0.02	0.02	—	0.04	0.05
排渣方式			泵吸、气举反循环	气举反循环	泵吸反循环	泵吸	泵吸	泵吸
排渣管	内径（mm）×长度（mm）		200×2500	250×300	200×300	145×3800	145×2800	147×3000
	连接形式		法兰	法兰	卡套	卡套	卡套	卡套

17.2　冲击钻机和中国工法

17.2.1　钢绳冲击式钻机

钢绳冲击式钻机（简称冲击钻）通过钻头向下的冲击运动破碎地基土，形成钻孔。它不仅适用于一般的软弱地层，亦可适用于砾石、卵石、漂石和基岩等坚硬地层。钢绳冲击式钻机结构简单，操作、维修和运输方便，价格低廉。因此，尽管效率较低，仍在我国水利水电和其他行业的中小工程中被普遍采用。

1. 钢绳冲击钻机的技术性能

我国使用的钢绳冲击钻机是从苏联引进的，主要型号有 CZ-20、CZ-22（图 17-1）和 CZ-30 型等，主要技术性能见表 17-2。各厂也都有一些改进的型号，技术性能稍有差别。

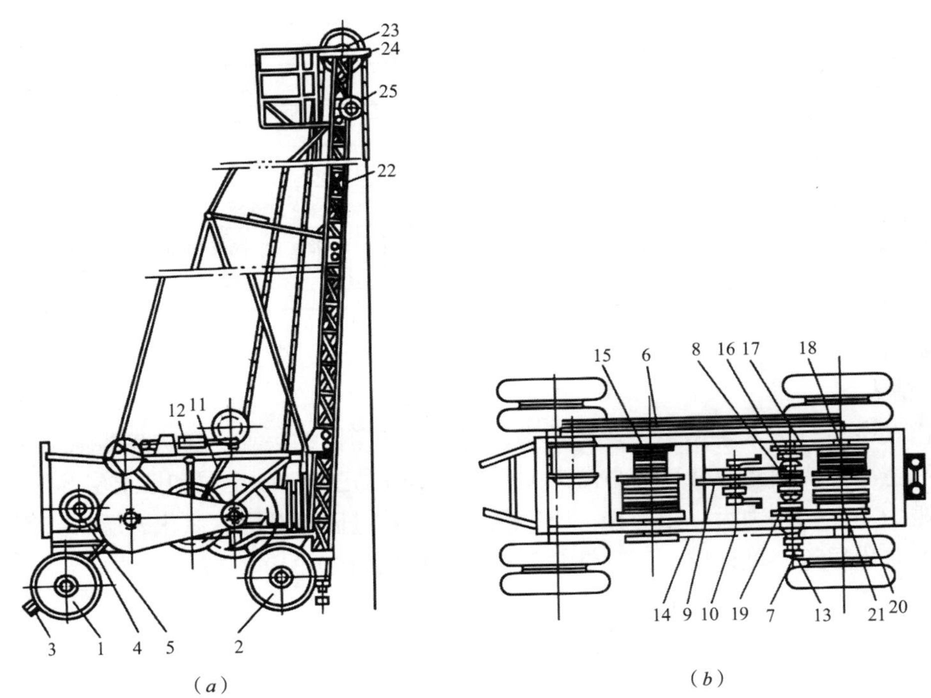

图 17-1　CZ-22 型钢绳冲击钻机

1—前轮；2—后轮；3—牵引杆；4—底架；5—电动机；6—三角皮带；7—主动轴；8—冲击离合器；9—冲击齿轮；10—冲击轴；11—连杆；12—缓冲装置；13—钻进工具用卷筒离合器；14—链条；15—钻进工具用卷筒；16—抽筒用卷筒离合器；17—齿轮；18—抽筒用卷筒；19—辅助滑车用卷筒离合器；20—齿轮；21—辅助滑车用卷筒；22—桅杆；23—钻进工具用钢丝绳天轮；24—抽筒用钢丝绳天轮；25—起重用滑轮

常用冲击式钻机的主要技术性能　　表 17-2

型号	CZ-20	CZ-22	CZ-30
开孔直径（mm）	635	710	1000
钻具的最大质量（kg）	1000	1300	2500
钻具的冲程（m）	0.45～1.00	0.35～1.00	0.50～1.00
钻具冲击次数（次/min）	40，45，50	40，45，50	40，45，50
钻进深度（m）	120	150	180
工具、抽砂、辅助卷扬起重力（kN）	15，10	20，13，15	30，20，30
工具卷筒平均绳速（m/s）	0.52，0.58，0.65	1.1～1.4	1.1，1.25，1.42
抽砂卷筒平均绳速（m/s）	0.96，1.08，1.27	1.2～1.6	1.21，1.38，1.68
辅助卷筒平均绳速（m/s）	—	0.80～1.00	0.95～1.22
工具卷筒钢丝绳直径（mm）	19.5	21.5	26.0
抽砂卷筒钢丝绳直径（mm）	13.0	15.5	17.5

续表

型号	CZ-20	CZ-22	CZ-30
辅助卷筒钢丝绳直径（mm）	—	15.5	21.5
工具卷筒容绳量（m）	250	250	350
抽砂卷筒容绳量（m）	250	250	350
辅助卷筒容绳量（m）	—	135	210
桅杆高度（m）	12.0	13.5	16.0
桅杆起质量（t）	5.0	12.0	25.0
电机功率（kW）	20	30	40
电机转速（r/min）	970	975	735
钻机质量（t）	6.27	6.87	11.15
工作状态的外形尺寸（长 × 宽 × 高，mm）	5800 × 1850 × 12300	5600 × 2300 × 14000	7700 × 2840 × 16000
牵引速度（km/h）	20	20	20

2. 钻具

1）钻头

冲击钻头可分为十字钻头、空心钻头、圆钻头和角锥钻头等。在防渗墙施工中常用十字钻头和空心钻头（图 17-2）。空心钻头主要用于钻进黏土层、砂土层和壤土层等松软地层，钻进时阻力小，切削力大，重心稳。十字钻头用于钻进砂卵石层、风化岩层、卵石层、漂石层以及基岩层等坚硬地层。两种钻头的技术参数见表 17-3、表 17-4。

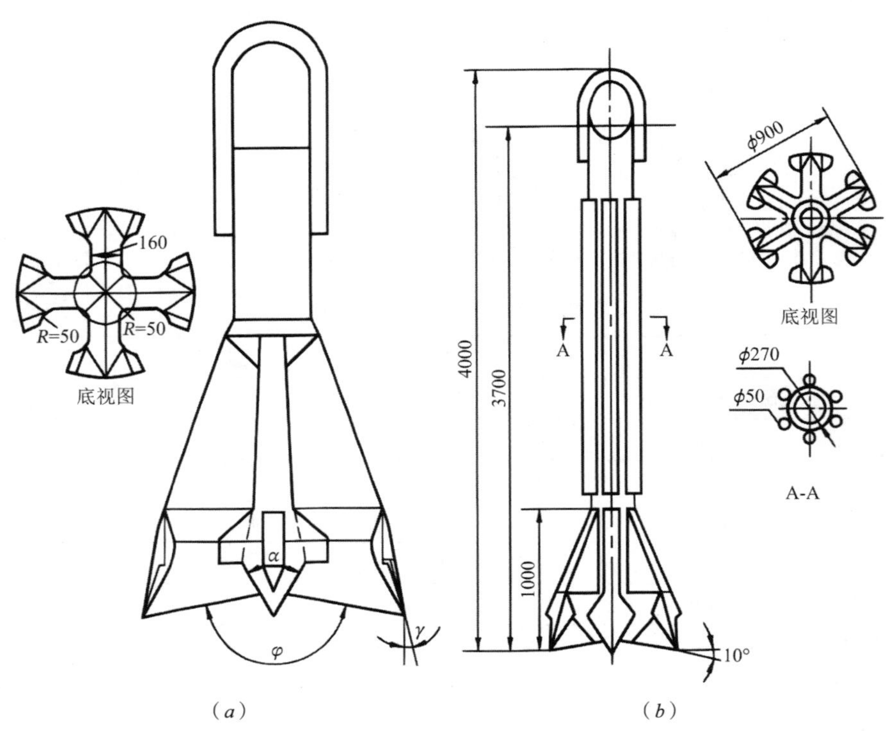

图 17-2 冲击式钻头

（a）十字钻头；（b）空心钻头

十字钻头与空心钻头的技术参数　表 17-3

钻头名称	钻头直径（mm）	底角（°）	摩擦角（°）	摩擦面宽度（mm）	水口宽度（mm）	冲击刃角（°）	底刃厚度（mm）
十字钻头	830～850	160～170	10～15	250～300	220～240	60	10～20
空心六角钻头	880～900	140～150	10～15	200～250	180～200	60	10～20
空心八角钻头	880～900	140～150	10～15	170～200	140～150	55	10～20
空心十角钻头	880～900	140～150	10～15	150～170	120～140	55～60	10～20

钻进不同土质时十字钻头的参数　表 17-4

土质	冲击刃角α（°）	摩擦面角β（°）	摩擦角γ（°）	底角ϕ（°）
黏土、细砂	70	40	12	160
堆积层砂卵石	80	50	15	170
坚硬漂卵石	90	60	15	170

2）钢丝刷

又称钢丝刷钻头（图 17-3），是用于对墙段接缝缝面进行刷洗，以清除泥皮的工具。一般用废旧十字钻头或工字钻头加工而成。

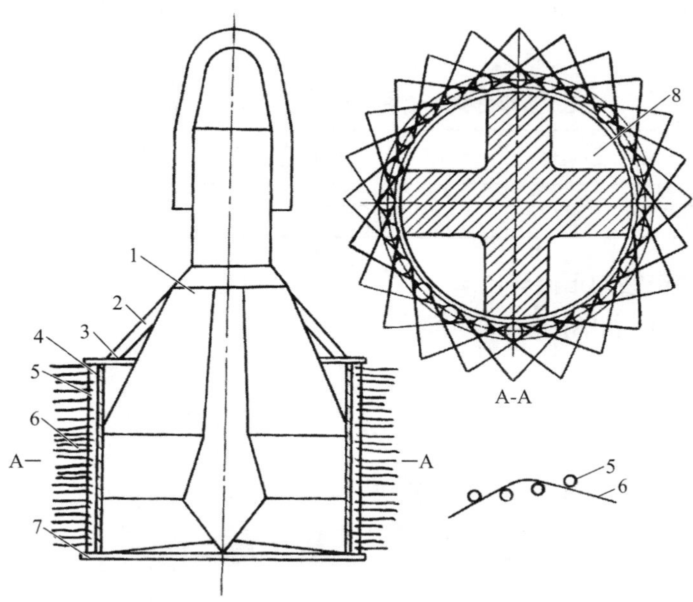

图 17-3　钢丝刷钻头

1—旧十字钻头体；2—固定拉杆；3—上圆盘；4—钢丝固定压条；5—钢丝穿编龙骨；6—钢丝；7—下圆盘；8—水道口

3）抽砂筒

抽砂筒（图 17-4）是抽排孔底沉渣的工具。钻机型号和钻孔直径不同，所用抽砂筒的规格也有所不同。

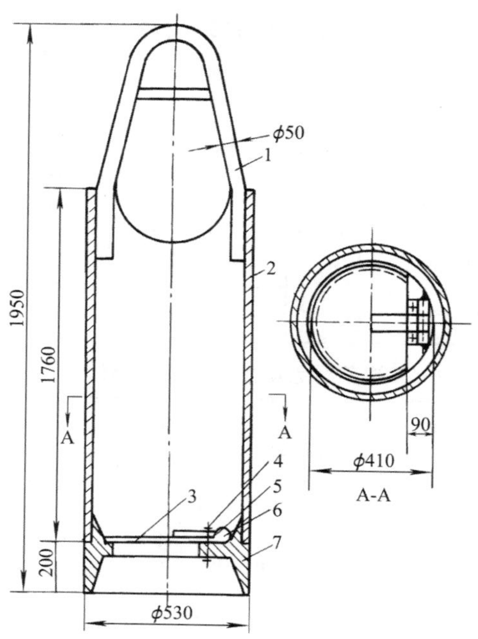

图 17-4 抽砂筒

1—提梁；2—筒体；3—底活门；4—螺栓；5—铰链；6—销轴；7—管靴

3. 施工效率

CZ-22 型冲击钻机按进尺计算的钻进平均工效（墙厚 0.8m，墙深 60m 以内）如表 17-5 所示，可供参考。

CZ-22 型冲击钻机钻进平均工效一览表（m/台班） 表 17-5

地层	黏土	砂壤土	粉细砂	砾石	卵石	漂石	基岩	混凝土接头
平均工效	2.80	3.70	1.50	1.70	1.30	0.80	0.70	2.03

17.2.2 钢丝绳冲击钻的正循环出渣

图 17-5 是钢丝绳冲击钻正循环出渣的示意图。

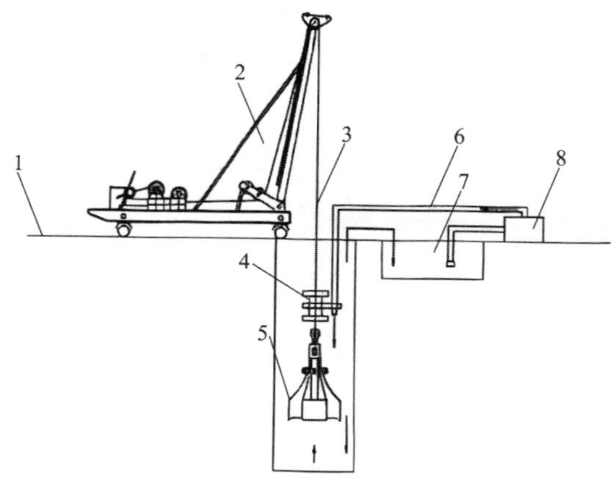

图 17-5 钢丝绳冲击钻正循环出渣示意

1—钻孔平台；2—冲击钻机；3—钢丝绳；4—卡管环套；5—锤头；6—送浆管；7—泥浆池；8—泥浆泵

图 17-6 所示是马尼克 3 号坝防渗墙使用作两种正循环出渣的冲击钻机。

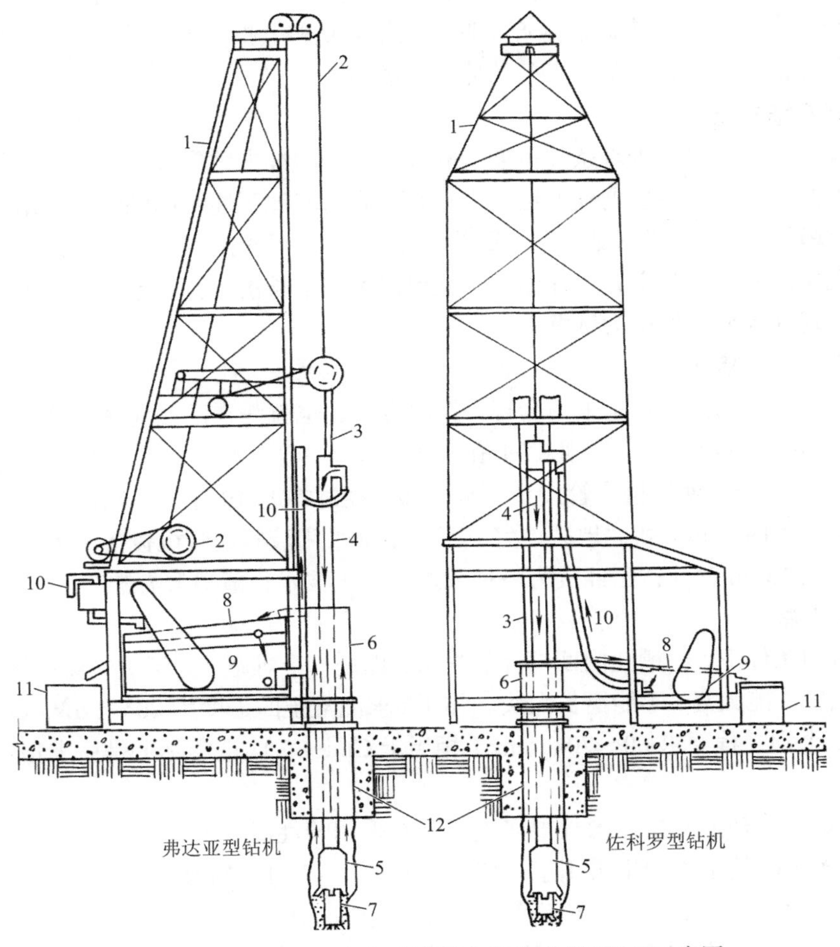

图 17-6　马尼克 3 号坝坝基混凝土防渗墙造孔钻机示意图

1—钻塔；2—导向钻头钢丝绳；3—扩孔钻头钢丝绳；4—导向钻头钻杆；5—扩孔钻头；6—溢浆口；7—导向钻头；8—振动筛；9—贮浆槽；10—进浆管；11—集渣箱；12—孔口导向管

17.2.3　地下连续墙的中国工法

地下连续墙源起于意大利，1957 年黄文熙教授赴意开会期间，考察了该国的地下连续墙。1958 年在青岛月子口水库进行了桩柱式（咬合式）试验和施工；与此同时，在密云水库开始进行槽板式地下连续墙的试验和施工；采用我国自行创造的“中国工法”，于 1960 年 5 月，在白河主坝下面建成了长度为 794m、深度为 44m 和厚度为 0.8m 的地下连续墙，成为当时的世界第一。

中国工法的主要内容如下。

1. 冲击钻

当时我国还没有形成自己的机械设计能力，采用了从苏联引进的冲击钻机，YKC-20\22\30 型冲击钻；100 多台钻机在当地的大漂石（渗透系数达 500～800m/s）中，艰难困苦地凿孔钻进，创造了世界奇迹！

可以说，在 1990 年以前，国内地下连续墙 80%～90%的成槽工程量都是由冲击钻完成的；到目前为止，仍然有30%～60%的成槽工程量是由冲击钻和相近的钻机完成的。

目前，冲击钻机有了新的发展。我国自行研制生产的多种冲击钻机，钻头的质量已经达到8～10t。1990年代以来研制生产了冲击反循环钻机，提高了钻孔效率；此外，还使用了可以进行冲击的抓斗，配备了专门的冲击重锤等。

2. 主副孔钻凿法

这也是我国在当时的困难条件下创造的成槽工法。冲击钻形成的是圆孔，如何形成板状的槽孔？当时试验采用主副孔方法，也就是首先沿着地下连续墙轴线划分出多个长 6～8m 的单元槽段；每个槽段先钻出几个圆孔（主孔），然后再采用劈打的方式，把两个主孔之间的副孔中的砂卵石凿空；如此循环，就形成了一个长槽形孔。这在当时不失为一个很好的做法。现在人们习惯称为钻劈法。

3. 槽孔混凝土接头

当时相邻槽段的接头，是采用套打一钻的方法，也就是在已经浇注的槽段端部，把主孔的混凝土凿掉，形成一个圆柱形接头孔。

1980年代，开始使用接头管接头；水电部门经过将近40年的不断改进，一直使用到现在，已经在大西南和大西北地区，完成了大量地采用液压拔管机拔接头管的工程实例，成功拔出多处158m钢管；已经成为一种成熟的施工技术，值得大力推广。

4. 黏土混凝土

在当时的条件下，向槽孔内回填什么材料，也是一个难题。为了适应套打接头的做法，混凝土的强度不能太高，不能增长太快。当时要求混凝土的强度为80～120kg/cm²（相当于C8～C12），个别工程要求60～70kg/cm²（相当于C6～C7）。这实际上是后来塑性混凝土的先行试验。

从1980年代初期开始，国外很多国家开始采用塑性混凝土作为防渗墙的回填材料，甚至在80多米高的土坝中也采用了。我国也开始试验使用低强度的塑性混凝土。1989—1991年，笔者所在的京水建设集团公司与清华大学合作，进行塑形混凝土的全面试验研究，并应用于十三陵抽水蓄能电站下池防渗墙等多处防渗墙中。这是一种很好的防渗材料。

5. 当地黏土泥浆

60年前，除了石油部门采用膨润土粉泥浆外，其他部门大多采用当地黏土泥浆。由于产地不同，泥浆质量有好有坏。

1980—1982年，主编人在锦州铁合金厂铬渣堆场的防渗墙设计施工中，首次使用了3000多吨的黑山膨润土粉，来制作泥浆。由此，使用膨润土泥浆的工程逐渐多了起来。

17.3 冲击反循环钻机和工法

17.3.1 工法特点

冲击反循环钻进原理：钻机的动力通过传动系统驱动曲柄连杆冲击机构，使钻头作冲击运动，悬吊钻头的双钢丝绳利用同步双筒卷扬设备调节动态与静态平衡，空心套筒式钻头中心设置排渣管，利用砂石泵组把钻渣与泥浆经排渣管及循环管路，从孔底连续地反循环排入设在地面的泥浆净化装置，振动筛除去大颗粒钻渣，旋流器除去粉细砂。净化后的泥浆直接或经循环浆池注入槽孔后循环使用。通过这一循环，钻机完成钻进及排渣作业，直至造孔完毕。

要使钻机由单一的冲击功能转化为既有冲击功能又有反循环排渣功能，特别是为了适应防渗墙槽段双反弧接头孔施工的需要，必须将传统钻机的单钢丝绳改为双钢丝绳来悬吊钻头。当遇到坚硬岩（土）体时，则施以一定频率和冲程的冲击，将岩（土）体捣碎或挤入孔壁周围地层内，再继续回转钻进和出渣。不难想象，由于这种钻进工法都是在坚硬地层中进行的，用正循环出渣是不可能的，只有气举法和泵吸反循环法才能把孔底较多的卵砾石碎块提升到地面上来。下面所述的一些回转冲击钻机都是使用泵吸（或气举）反循环方式出渣的。

17.3.2　设备

法国和意大利等国家早在 20 世纪 60、70 年代就研制使用了回转冲击反循环钻机，如法国索列旦斯公司的 CIS-71 型，意大利的 KCC 型、MR-2 型，以及日本 KPC-1200 型等。我国在 20 世纪 80 年代研制成功的 GJD-1500 型等，也属于此类钻机系列。

1. 钻机

冲击反循环钻机的主要特点是：

（1）钻机为机械传动，液压、电气联合控制和手动机械控制，差动同步主卷扬，性能稳定可靠。在动静工况下，均能保持悬吊钻头的双钢丝绳是平衡的。

（2）钻塔液压起落，能整机运输，安装方便。

（3）操作系统方便、可靠。设有连杆冲击、卷扬冲击两种功能，以连杆冲击为主，特殊情况时，可转换为卷扬冲击。根据进尺要求可任意调节冲程，并设有全自动、半自动、手动冲击装置。

（4）移位对孔方便、省力。整机采用道轨液压横向移位，钻塔液控调整前倾角度。

（5）高效的排渣系统。该机配有真空启动砂石泵组，启动不受深度影响，还可节省上下排渣管时间。

2. 钻具

冲击反循环工艺的实现和工效的高低在很大程度上取决于钻具的适用性和可靠性。CZF 系列冲击反循环钻机设计了三种不同结构形式的套筒式钻头，即套筒式阶梯钻头、双层弧板圆钻头以及平底六角钻头，分别适用于不同地层和不同孔径，并具有较高的效率。为了进行防渗墙接头槽孔施工，还研制了双反弧钻头。

对于冲击反循环钻机成槽施工，排渣管是重要的配套钻具之一，排渣管的结构形式、快速装拆的可行性、施钻过程中的可靠性、排渣时的密封性等，将直接影响钻机的施工效率。排渣管的接头形式有三种，即多齿键卡式密封接头、插装式螺纹连接接头、插装式软轴连接接头。CZF 系列钻机采用直径 150mm 卡式密封快速接头。

17.3.3　适用条件

冲击式反循环钻机适用于软土、砂砾石、漂卵石和基岩等多种地层。冲击式正循环钻机国内用得很少。

反循环抽渣方式有泵吸、气举及射流三种。泵吸法一般适用于孔深 50m 以内的钻孔，此时效率较高。深孔用气举法较好，30m 以内钻进效率较差。射水反循环在孔深 50m 以内效果较好。一般多泵吸与气举反循环配合使用。

17.3.4　主要技术性能

冲击式反循环钻机的工作原理如图 17-7 所示。CZF-1200 型冲击式反循环钻机的外形结构如图 17-8 所示。部分国产冲击反循环钻机的技术性能见表 17-6。

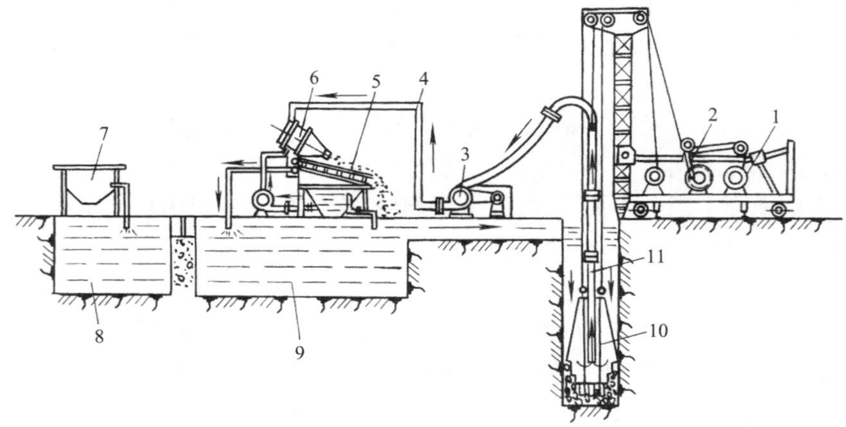

图 17-7 CZF 型冲击式反循环钻机工作原理图

1—同步双筒卷扬机；2—曲柄连杆冲击机构；3—砂石泵；4—循环管路；5—振动筛；6—旋流器；7—制浆站；8—储浆池；9—循环浆池；10—钻头；11—排渣管

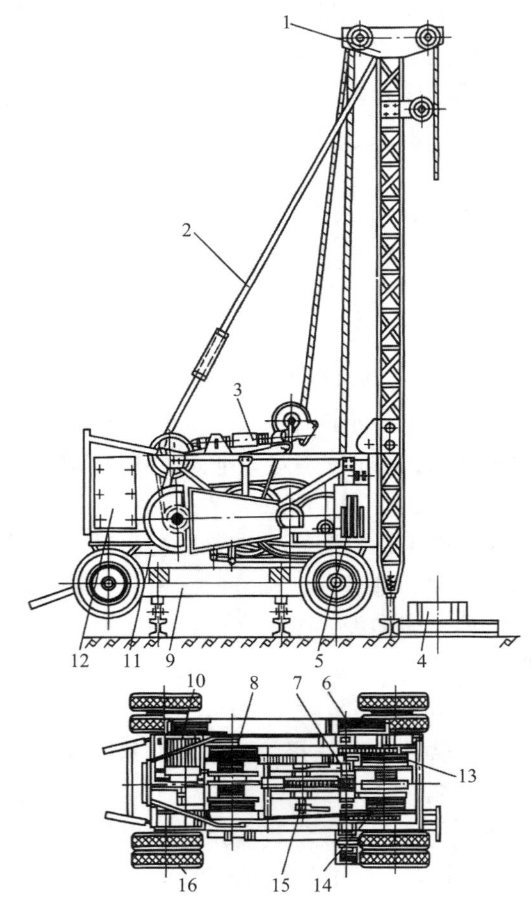

图 17-8 CZF-1200 型冲击式反循环钻机

1—桅杆；2—支撑杆；3—缓冲系统；4—孔口机构；5—操纵系统；6—传动系统；7—主传动轴；8—同步双筒卷扬机；9—平台车；10—电动机；11—底盘机架；12—电器箱；13—副卷扬机；14—辅助卷扬机；15—冲击机构；16—行走系统

部分国产冲击式反循环钻机主要技术性能　表 17-6

项目		机型		
		CZF-1200	CZF-1500	GJD-1500
1. 基本性能	最大造孔直径（mm）	1200	1500	1500（岩）；2000（土）
	最大造孔深度（m）	80	100	50
	最大冲击行程（mm）	1000	1000	100～1000
	冲击频数（次/min）	40	40	0～30
	主电动机功率（kW）	30	45	37～45
	钻机质量（t）	8.3	12.5	15.7
	外形尺寸（长×宽×高，m）	5.8×2.33×8.5，工作时；8.5×2.33×2.8，运输时	6.6×2.84×10，工作时；10×2.84×3.6，运输时	5.04 × 2.36 × 6.38，工作时
2. 同步平衡双筒卷扬机	提升能力（kN）	20	30	39.2
	提升速度（m/s）	1.5	1.6	4.08
	钢绳直径（mm）	19.5	24.0	—
3. 副卷扬机	提升能力（kN）	26	40	—
	提升速度（m/s）	0.65	0.61	—
	钢绳直径（mm）	15.5	17.0	—
4. 辅助卷扬机	提升能力（kN）	15	30	—
	提升速度（m/s）	0.81	0.95	—
	钢绳直径（mm）	15.5	15.5	—
5. 排渣系统 6PS-210 型砂石泵组	流量（m^3/h）	180	210	180
	扬程（m）	16		—
	吸程（m）	8		—
	砂石泵电机（kW）	30		—
	3PNL 泵流量（m^3/h）	108		—
	配用电机（kW）	22		—
	配用钻杆内径（mm）	150		150
	质量（kg）	1600		—
	外形尺寸（mm）	1750×1400×1010		—
6. 泥浆净化机		JHB-100	JHB-200	
	上层筛网除泥砂（t/h）	1.8～2.2（200 目）		—
	下层筛网处理泥浆（m^3/h）	150～220（74μm）		—
	总功率（kW）	17.2		200
	质量（kg）	2450		—
	外形尺寸（mm）	3187×1753×3200		—
7. 钻头	形式	套筒阶梯式、双层弧式、双反弧式等		冲击；刮刀；滚刀
	直径（mm）	600～1500		≤1500；≤1500；≤2000
	质量（t）	1.2～3.0		2.94

17.3.5 钻头

冲击反循环钻机所使用的钻头有圆形套筒式阶梯钻头、套筒式双层弧板圆钻头、套筒式平底六角钻头和双反弧冲击钻头（图17-9）等。

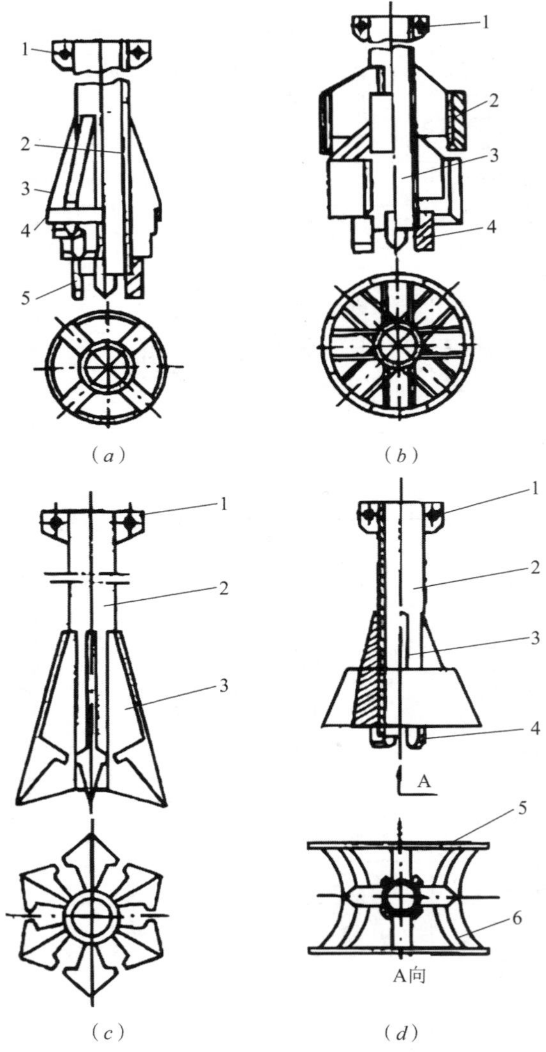

图17-9 冲击反循环钻机用钻头

（a）套筒式阶梯钻头 1—吊耳；2—芯管；3—冲击刃板；4—冲击圆环；5—超前冲击刃
（b）套筒式双层弧板圆钻头 1—吊耳；2—弧形冲击刃；3—芯管；4—超前冲击刃
（c）套筒式平底六角钻头 1—吊耳；2—芯管；3—冲击刃板
（d）双反弧冲击钻头 1—吊耳；2—芯管；3—冲击刃板；4—超前冲击刃；5—侧刃板；6—双反弧冲击刃

17.3.6 钻进工效

CZF-1200型冲击反循环钻机造孔平均工效见表17-7。

CZF-1200型冲击反循环钻机造孔平均工效 表17-7

试验或施工地点	地层	桩（槽）孔尺寸（m）	深度（m）	纯钻效率[m/(台·日)]	平均工效[m/(台·日)]
河南小浪底	粉细砂、漂卵石、砂岩	0.8×6.8，槽孔	68.0	10.02	6.38

续表

试验或施工地点	地层	桩（槽）孔尺寸（m）	深度（m）	纯钻效率［m/(台·日)］	平均工效［m/(台·日)］
三峡一期围堰	风化砂、粉细砂、块球体、花岗岩	0.8×（4.8～6.8），槽孔	平均 32.0	11.52	7.06
		0.8 主孔和 1.2 副孔各一个	22.0	15.96	11.23
四川冶勒水电站	粉质壤土、黏土、钙质胶结砾岩	1.0，桩孔	101.4	6.54	4.09
		1.0×5.4，槽孔	100.0	6.21	2.22
三峡杨家湾码头水上沉桩	粉细砂、砂夹块石、斜长花岗岩	0.8，桩孔	15.0	26.1	24.15
昆明新茶花宾馆连锁支护墙	人工填土、黏土、碎石土、黏性土夹粉砂	0.9，墙厚	24.5	45.2	20.0
北京地铁（东单、王府井站）灌注桩	砂卵石、砂质粉土、细砂	1.25，桩孔	28.5	14.7	6.33

17.3.7　连杆冲击反循环钻机

1. CJF-15 冲击反循环钻机（图 17-10）

图 17-10　CJF-15 冲击反循环钻机

CJF-15 冲击反循环钻机主要用于深基础工程（高层建筑工程、水利工程、桥梁工程）大口径钻孔灌注桩施工和地下连续墙施工。该机可用于较复杂的地层，在卵砾石层与岩石层中有较高的钻进效率。由于采用反循环排渣钻进工艺，可比 CZ 系列冲击钻机大幅度地提高施工效率，钻头的磨损也为之改善（表 17-8）。

产品特点：

（1）采用机械传动，液压电气联控，性能稳定、可靠，用户购置成本低。

（2）钻塔为液压控制起落，平稳、安全，操作、安装方便。

（3）具有连杆冲击、卷扬冲击两种功能，使用范围广泛。

（4）可选配液压步履机构前后、左右移动，移位方便。

CJF-15冲击反循环钻机技术参数 表17-8

额定钻孔直径（m）	1.5	主副卷扬机提升速度（m/min）	35
额定钻孔深度（m）	80	钻塔额定负荷（kN）	200
额定钻头质量（t）	2.5	钻塔有效高度（m）	8
钻头冲击行程（m）	1	排渣方式	正、反循环
钻头冲击频率（次/min）	40	主电机功率（kW）	45
主卷扬机提升能力（kN）	40	运输尺寸（m，不包括步履）	6.02×2.22×2.7
副卷扬机提升能力（kN）	30		

2. YCJF全液压冲击反循环钻机（图17-11）

YCJF全液压冲击反循环钻机已在多个工地使用，效果很好。

图17-11 YCJF系列全液压冲击反循环钻机

YCJF系列全液压冲击反循环钻机（外观专利号ZL 03 3 12043.9）是山东探矿厂研制的大口径全液压冲击反循环钻机，主要适用于深基础工程大口径钻孔灌注桩施工，该机可适用于各种地层，特别在卵砾石层和岩石层中较其他类钻机有更高的钻进效率和成孔质量（表17-9）。

产品特点：

（1）全液压传动，液压油缸冲击，冲击频率和冲击行程可无级调节。

（2）差动双卷筒卷扬机，锤头自动调平，不偏孔。

（3）配有液压步履，移动方便。

YCJF系列全液压冲击反循环钻机技术参数 表17-9

型号	YCJF-20	YCJF-25	YCJF-32
钻孔直径（mm）	700～2000	1200～2500	2000～3200
钻孔深度（m）	80	100	100
钻头最大质量（t）	6	8	22
冲击行程（mm）	300～1300	300～1300	100～1200

续表

型号	YCJF-20	YCJF-25	YCJF-32
冲击频率（次/min）	0～30	0～30	0～26
主卷扬机提升能力（kN）	100	120	280
副卷扬机提升能力（kN）	35	35	50
工具卷扬机提升能力（kN）	20	20	20
钻塔高度（m）	7.5	7.5	7.5
主电动机功率（kW）	55	75	220
传动方式	液压	液压	液压
整机质量（t）	14	19	28.5
运输尺寸（mm）	6500×2200×3300	7600×2800×3300	7800×3320×3600
排渣方式	泵吸/气举反循环		

17.4　液压抓斗的冲击功能

17.4.1　液压抓斗的冲击功能

意大利土力公司的液压抓斗在坚硬地层中挖槽时，可在抓斗上安装冲击齿，进行冲击行程 1～2m 和冲击频率 30～40 次/min 的冲击动作，以便把地层土体凿松，提高挖土效率，这是目前唯一能自动冲击的抓斗。图 17-12 所示左边就是冲击齿，可安装在右边抓斗斗体中间的圆孔内，冲击破碎坚硬土（岩）体。图 17-13 所示是用于冲击破碎硬岩的方形冲击锤。

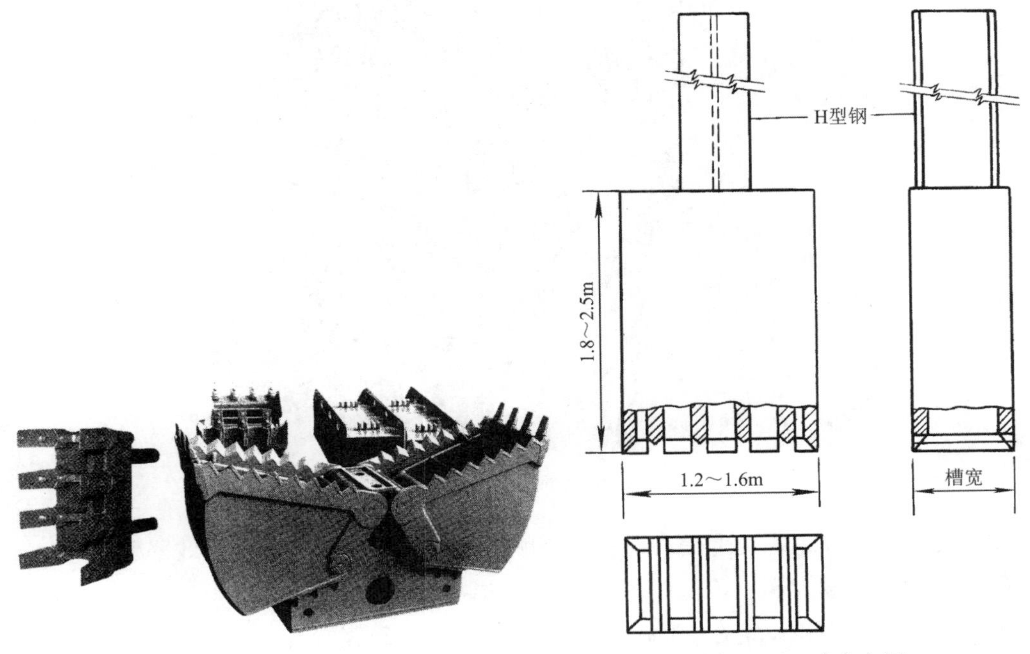

图 17-12　BH 抓斗的冲击齿　　图 17-13　冲击方锤

17.4.2　新型方形锤头

（1）图 17-14 和图 17-15 所示是一种专门为地下连续墙设计的方形锤头。一个好的锤头，应当具备以下要素：良好的导向性，单位面积冲击力高，以及过水面积大。

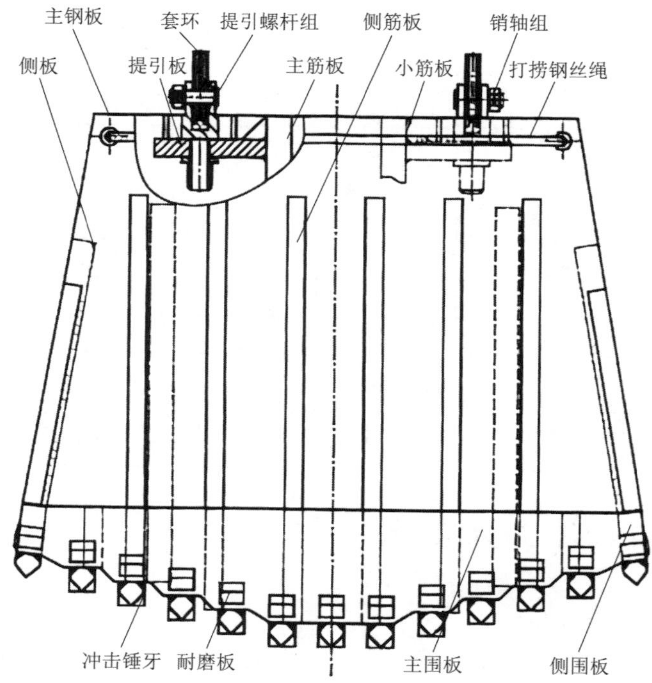

图 17-14 新型方形锤头结构

图 17-15 锤头建模模型

（2）锤头导向性越好，上提和冲击时越顺畅，发生事故越少，施工效率越高。新方锤设计质量为 8t，单位面积冲击力可达到 $5t/m^2$，可提高 30%。新方锤的过水面积设定在 60%，可以保证有效冲击破碎岩石。

（3）新方锤上海设有打捞结构。

（4）对新方锤进行了有限元分析，确定了各部件具有足够的强度。

（5）新方锤已经在几个工程中得到了应用和验证，效果很好。

（6）目前国内最重的方锤质量已达 10～16t，用 120t 起重机来吊装操作。

17.5　回转冲击设备和工法

17.5.1　概述

1. 反循环回转钻进的原理

泥浆反循环排渣是针对大口径全断面钻孔开发的关键技术，最大钻孔直径可达 3m 以上。反循环回转钻进的破岩方式与正循环回转钻进相同，但排渣方式不同，孔内泥浆的流向相反。反循环钻进时，钻杆（排渣管）内泥浆的压力小于钻杆外泥浆的压力；在内外压力差的作用下，孔内泥浆沿钻具与孔壁之间的环状空间流向孔底，与岩屑一起进入钻头吸渣口，通过钻杆内腔返回地面，经沉淀或机械净化处理后再流进孔内，从而形成循环。在钻进过程中，随着孔深的增加，不断向孔内补充新鲜泥浆。泥浆反循环的排渣能力主要取决于排渣管内外的压力差、排渣流量和排渣系统的通径。

2. 反循环钻进的特点

反循环钻进主要有以下优点：

（1）泥浆的回流速度比正循环要大得多，一般可达到 2～4m/s；而且不受孔径大小的影响；因此，它能直接排出粒径较大的钻渣，能满足大口径钻孔的排渣要求。

（2）减少了钻渣的重复破碎，排渣速度快，钻进效率高，钻头寿命长。

（3）钻孔环状空间冲洗液的流速慢，对孔壁的破坏作用小；钻孔的超径率比正循环小，减少了混凝土的灌注量。

（4）可自行清孔，清孔效果好，淤积厚度可不超过 5cm，有利于保证桩端承载力。

（5）除砂层和卵砾石层外，一般可用清水直接造孔，利用钻头的旋转在孔内自行造浆。

反循环钻进的主要缺点是：

（1）泥浆用量多，泥浆净化及废浆处理的工作量大，相应的动力消耗也较大；当钻进速度较慢、排渣量不大时，经济效果较差。

（2）当卵石粒径接近或超过排渣管路通径时，容易发生吸渣口和管路堵塞故障，处理较困难，影响钻进效率。

（3）对排渣系统的密封性要求较高，因泄漏引起的故障和工时消耗较多。

（4）配套设备较多，需占用较大的施工场地。

反循环钻进理想的应用条件是：①有较充足的水源；②地层中没有大于钻杆内径 4/5 的卵石或杂物，卵石含量不大于 20%；③地下水位适当，地下水位过高或过低都会带来不利影响；④没有自重湿陷性黄土层；⑤孔径 600～3000mm，孔深不大于 100m。

17.5.2　反循环钻进的类型和适用条件

按反循环成因和动力来源不同，反循环钻进可分为泵吸法、气举法和射流法三种类型。孔深 40m 以内泵吸法和射流法的排渣效率优于气举法；孔深超过 40m 时，气举法的排渣效率较高，且适用深度不受大气压的限制，但孔深 10m 以内气举法的排渣效果很差，不宜采用。

1. 泵吸反循环

泵吸反循环是利用离心式砂石泵的抽吸力，使钻杆内的流体上升的一种工作方式，其管路布置如图 17-16 所示。砂石泵工作时，在其吸入口处形成负压，在大气压力的作用下，孔内泥浆携带钻渣经钻头吸入口进入钻杆，并沿钻杆上升，最后经过砂石泵出口排至泥浆净化机或沉淀池中。

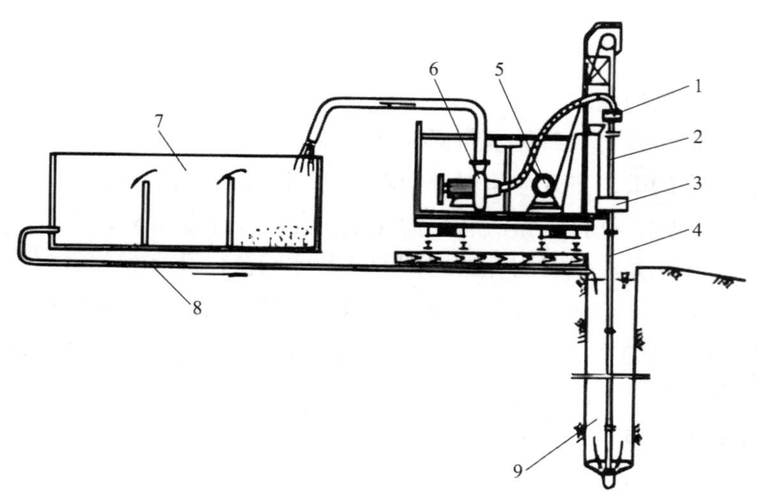

图 17-16　泵吸反循环钻机及管路

1—水龙头；2—主动钻杆；3—转盘；4—钻杆；5—卷扬机；6—砂石泵；7—沉淀池；8—泥浆管；9—桩孔

泵吸反循环是依靠排渣管内外的压力差来维持的，压力差的大小取决于泵的真空度，也即取决于泵的吸程。因为大气压力最大只有 0.1MPa，泵的吸程不可能超过 10m，一般只有 7～8m，加之泥浆的密度大于水的密度、管内含渣泥浆的密度大于管外泥浆的密度，所以能够用于推动管内泥浆上升的压力非常有限，一般只有 0.05～0.07MPa。在反循环钻进的过程中，泵吸所形成的压力差主要消耗于排渣管内泥浆在流动过程中的沿程损失，孔深越大消耗的压力越大。当管内泥浆流速为 3m/s 时，直径 150mm 的钢管大约每 10m 要损失 1m 水头的压力，受此限制泵吸反循环一般只适用于孔深 50m 以内的钻孔，超过此范围效率显著降低，甚至不能运转。灌注桩的孔深多在 50m 以内，这是泵吸法应用较广的原因。泵吸法的效率比射流法高，管路比气举法简单。

为了能将大粒径的卵石直接排出孔外和适应大口径钻孔的需要，泵吸反循环系统均采用大流量、大通径的离心式砂石泵作为泥浆抽吸设备。砂石泵启动时，要先对泵和管路抽真空或充浆排气。充浆可采用其他小型泥浆泵，也可设计成正、反循环两用系统，自行充浆。为了提高反循环系统的排渣能力和钻孔深度，应选用吸程较大的砂石泵（有的砂石泵吸程达 8m 以上），并尽量降低管路中的压力损失和砂石泵的安装高度。反循环对泵的扬程要求不高，因为排浆出口就在地面。

2. 气举反循环

1）气举反循环排渣的原理

气举反循环的原理是将压缩空气通过供气管路送至一定深度处的钻杆（排渣管）中与钻杆内的泥浆混合，从而使管内泥浆的密度和压力小于管外泥浆的密度和压力；在此压力差的作用下，管外泥浆携带孔底钻渣进入钻杆，并沿钻杆上升，最后排出孔外，经净化处理后再流回孔内。在排渣管的进气口处，一般都设有分散压缩空气的混合器；混合器以上为双管，以下为单管。在钻进过程中，混合器以下的排渣管内是固、液混合物；混合器以上的排渣管内则是固、液、气混合物。气举反循环的管路布置如图 17-17 所示。

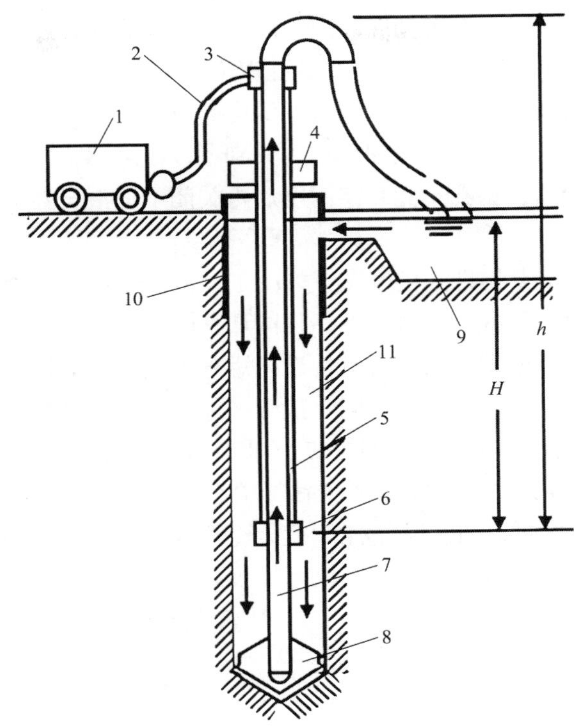

图 17-17　气举反循环钻进原理

1—空压机；2—风管；3—水气龙头；4—转盘；5—双壁钻杆；6—水气混合器；7—单壁钻杆；8—钻头；9—沉淀池；10—护筒；11—泥浆

气举反循环的工作压力来源于排渣管内外泥浆的密度差，它的大小取决于空压机的排气量和气液混合器的沉没深度与自混合器算起的扬程高度之比（沉没比$m = H/h$），与大气压力无关；供气量和沉没比越大，工作压力越大，排渣效率越高。由于孔内泥浆面以上的扬程是一定的，所以沉没比的大小主要取决于混合器的沉入深度；而混合器允许的沉入深度又与空压机的供气压力有关；混合器的沉入深度越大，要求的供气压力也越大。当孔深较小时，无法加大混合器的沉入深度，因而其排渣能力受到限制。当沉没比小于 0.5 时，气举反循环的升液效率很低，甚至不能升液。

2）气举反循环的特点

（1）工作压力较大，可以超过一个大气压，孔深越大排渣效率越高；钻孔深度不受大气压力的限制，只要空压机有足够的风量和压力就可以钻很深的孔。

（2）气举反循环的管路平直，加上有较大的驱动压力，管路不易堵塞；即使堵塞，也易于排除。

（3）带有岩屑的泥浆不流经任何工作机械，没有设备磨损和堵塞问题。

（4）不会因管路密封不严而使泥浆循环中断或不正常，也不会发生气蚀，故障较少。

（5）液流上返速度大，携渣能力强，能直接排出大粒径岩屑，故钻进效率较高。

（6）气举反循环的缺点是不能用它来开孔，浅孔段的钻进效率较低。因此，只有较深的桩孔才用气举反循环钻进。

3）气举反循环的供气方式

气举反循环供气管的布置主要有并列式、双壁钻杆式、同心式等方式。

（1）并列式。并列式供气布置如图17-18（*a*）所示，在单壁钻杆旁对称放置两根送气管，钻杆与送气管用共同的法兰盘连接。当钻孔深度在空压机额定压力的许可范围以内时，只设一个混合器，两根风管同时送风。当钻孔深度超过空压机额定压力的许可范围时，则需要随着孔深的增加先后在两个不同深度位置分别下设混合器，并由两根风管分别供风。钻孔时先用下面的混合器，钻孔达到一定深度后再关闭下面混合器的风管，同时启用上面的混合器。

（2）双壁钻杆式。双壁钻杆式供气布置如图17-18（*b*）所示，混合器以上采用双壁钻杆，混合器以下采用单壁钻杆，通过双壁钻杆的环状间隙向气液混合器供气，双壁钻杆与单壁钻杆的内径相同。双壁钻杆的外管起传递扭矩和轴向压力的作用，内管起隔离、输送压缩空气的作用；内、外管连成一体，同时接卸。单、双壁钻杆均采用锥形螺纹连接。双壁钻杆结构和双壁钻杆混合器结构详见图17-19和图17-20。

（3）同心式。供气管通过水龙头悬置于钻杆中心，不随钻杆转动（图17-18*c*）。这种供气布置的管路较简单，也便于调整混合器的沉没深度；但中心风管占据钻杆一定的截面积，较大直径的钻渣无法排出，容易造成堵塞故障，故只适用于小颗粒地层钻进。

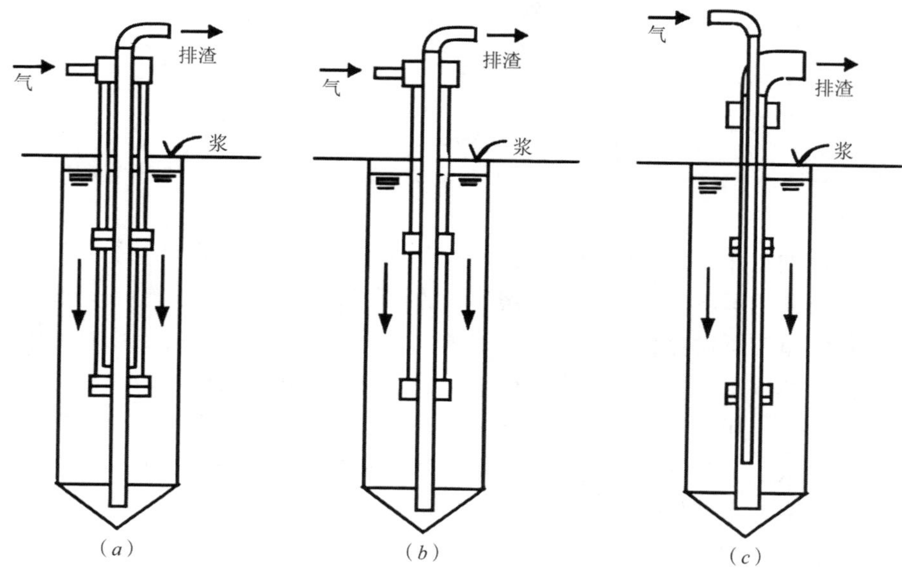

图17-18 气举反循环供气管的布置形式

（*a*）并列式；（*b*）双壁钻杆式；（*c*）同心式

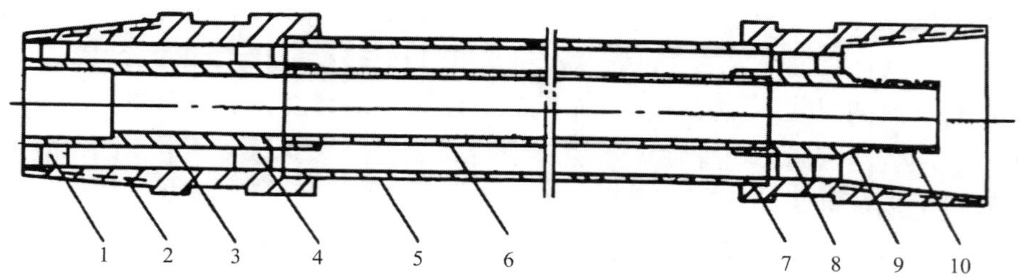

图17-19 双壁钻杆结构图

1—支承块；2—公接头；3—内管外接头；4—支承块；5—外管；6—内管；7—母接头；8—支承块；9—内管内接头；10—密封圈

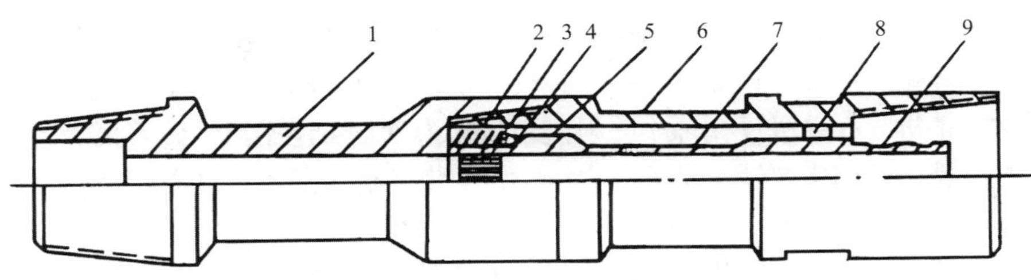

图 17-20　双壁钻杆气液混合器结构图

1—下接头；2—弹簧；3—气孔；4—钢球；5—支承块；6—上接头；7—内管；8—支承块；9—密封圈

3. 射流反循环

1）射流反循环的原理

射流反循环是利用安装在循环管路上的射流泵（也称喷射元件）的高速射流所形成的负压来驱动循环管路中的介质流动，从而形成泥浆反循环，不断地将孔底钻渣携出孔外。用于喷射的工作流体由高扬程、大流量的离心泵或柱塞泵压送。常用的工作流体有泥浆、水和压缩空气。射流反循环的管路布置如图 17-21 所示。

2）射流泵及其安装方式

在射流反循环中，为了使大颗粒岩屑能顺利通过射流泵，射流泵常采用多个喷嘴，环状布置，形成环状喷射（图 17-22）。射流泵在反循环管路中有三种布置形式：①将射流泵放在地表；②将射流泵放在水龙头下方；③射流泵潜入孔内，放在钻头上部。①、②两种安装方式的管路简单，但它是利用射流泵的真空度来驱动循环的，工作压力受大气压力的限制，只适用于钻进深度较小的桩孔。第③种安装方式是利用射流泵的扬程进行工作，因此循环驱动压力大于 0.1MPa，适用于深孔钻进。这种布置的缺点是钻具结构复杂，大多要采用双壁钻杆。

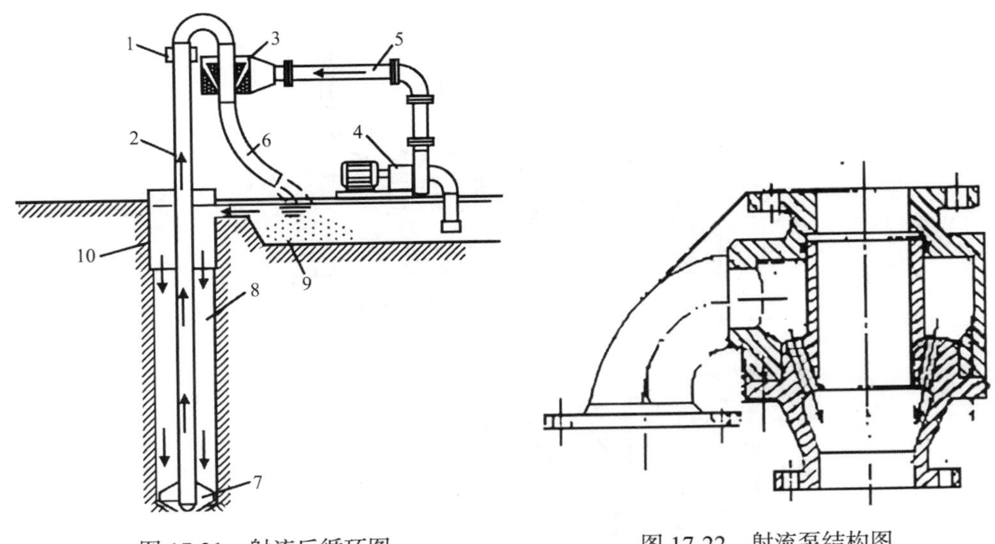

图 17-21　射流反循环图

图 17-22　射流泵结构图

3）射流反循环的特点

（1）与泵吸反循环相比，射流泵无运动部件，工作条件较好，磨损较小。

（2）射流泵既能抽吸液体又能抽吸气体，启动时能自吸，不需另设启动装置。

（3）射流泵工作流体的种类多，泥浆泵和空压机均可作为射流泵的动力源。这种随意性使它在反循环钻进中的应用非常灵活。在气举反循环开孔时，可用空压机作为动力源进行射流反循环钻进。在泵吸反循环中，射流泵可作为真空泵用于启动砂石泵。

（4）射流反循环的主要缺点是驱动力较小，效率较低，适用深度受到限制。

17.5.3 钻孔机具

反循环回转钻进所用的钻机和钻具，除增加了反循环排渣系统外，其他与正循环回转钻进所用的机具类似，但不完全相同。为了适应大口径钻孔和大粒径卵石直接排出孔外的要求，反循环回转钻进所用钻具的外形尺寸和排渣通径都比较大。故钻孔与排渣设备的功率、体积和质量也相应较大。这是反循环回转钻进机具的主要特点。

1. 钻机

反循环回转钻机由主机和排渣系统组成，其结构如图 17-23 所示。由于反循环排渣系统的体积和重量较大，故一般与主机分开，单独设置于地面，以便于操作和搬运。也有些小型反循环回转钻机将排渣系统与主机组装在一起，以便于转移。国产泵吸反循环工程钻机的主要型号及技术性能见表 17-10，按最大钻孔直径可分为小型、中型、大型三类，其技术性能的大致范围参见表 17-11。

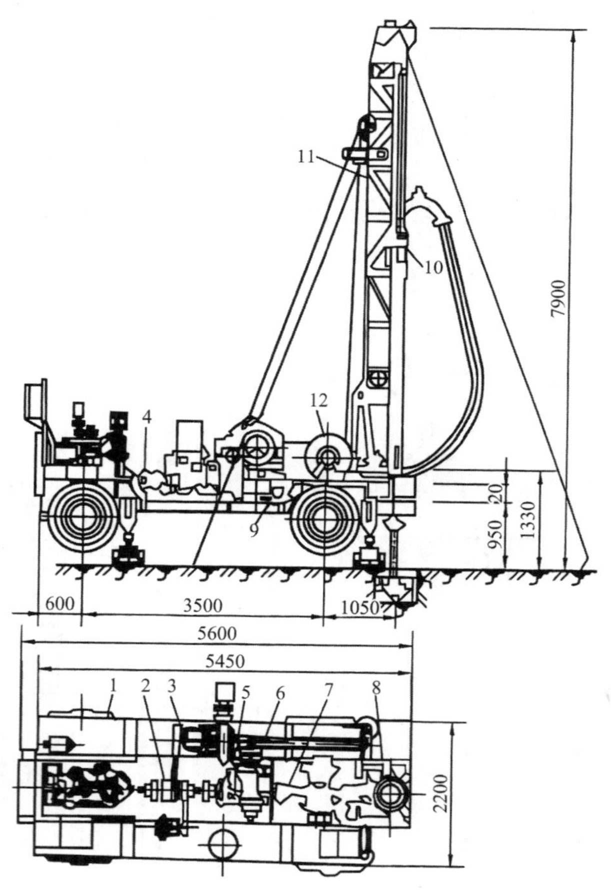

图 17-23 反循环回转钻机结构图

1—柴油机；2—传动轴；3—气水系统；4—弹性联轴节；5—减速箱；6—卷扬机及制动器；7—万向联轴节；8—转盘；9—车架及行走部分；10—水龙头；11—桅杆；12—副卷扬机及制动器

国产反循环回转钻机的主要型号和技术性能 表 17-10

类型	型号	最大孔径（mm）	最大孔深（m）	转速（r/min）	最大扭矩（kN·m）	主机动力（kW）	质量（t）	制造厂家
转盘式	GPS-15	1500	50	13～42	17.7	52	8	上海探矿机械厂
	GPS-20	2000	80	8～56	30.0	59	10	
	GJC-40HF	1500	40	40～123		118	15	天津探矿机械厂
	GJ-20	2000	80	13～42	20	35	15	衡阳探矿机械厂
	GPF-2000D	2000	100		25		11	张家口探矿机械厂
	GZY-3000	3000	90	0～16	200	210	55	洛阳矿山机械厂
	KP3500	3500	130	0～24	210	203	47	郑州勘察机械厂
	KP2000	2000	100	10～63	43.8	45	12	
	KP1500	1500	100	15～78	23.5	37	11	
	QJ250-1	2500	100	7.8～26	117.6	95	20	
	GW-25	2500	80	8～24	80	75	20	江西万通工程机械有限公司
	GW-30	3000	90	8～29	120	145	25	
	GF-300	3000	120	6～35	130	90	42	河北建设勘察研究院
	GM-20	2000	80	12～88	36	45	13	连云港黄海机械厂
	GPY-26	2600	100	8～24	80	75	20	
	ZY3000	3000	80	4～8	150	225	35	
	GPF-12	1200	80	24～78	10	30	6	河北裕隆机械有限责任公司（邯郸探矿机械厂）
	GPF-18	1800	80	14～45	20	37	8	
	GPF-24	2500	80	10～70	40	45	10	
动力头式	GSD-50	1200	50	12～32	16	55	8	北京探矿机械厂
	GJD-1500	2000	50	6.3～30.6	39.2		21	张家口探矿机械厂
	GQ-15	1500	50	13.5～98.5	22.1	37	5.9	重庆探矿机械厂
	GMD-18	2600	50	12～50	24	37		西安探矿机械厂
	GD-1200	1200	70	16.7～33.5	9.81	28	13.2	洛阳矿山机械厂
	GD-1500	1500	70	10.6～32.0	19.3	25×2	20.8	
	GZY-2500	2500	100	0～15	90	110	30	
	KT1500	1500	100	6.8～88	24.7	40	24	郑州勘察机械厂
	GQ-12	1200	50	21～80	12	30	4	西北探矿机械厂
	GQ-12B	1200	50	21～157	12	30	7.5	连云港黄海机械厂
	GQ-15A	1500	50	18～70	15	30	7.5	
	GJD-12	1200	50					上海探矿机械厂
	GJD-15A	1500	50	12.1～45.8	17.37	45	12	江汉建筑机械厂

反循环回转钻机的技术性能匹配范围 表 17-11

类型	最大孔径（mm）	最大扭矩（kN·m）	最低转速（r/min）	提升能力（kN）	主机功率（kW）	质量（t）
小型	< 1200	10～15	< 30	< 30	< 35	< 10
中型	1200～2000	15～50	< 20	30～80	35～70	10～20
大型	> 2000	> 50	> 10	> 80	> 70	> 20

1）主机

反循环回转钻机的主机由动力机、回转系统、升降系统、钻塔、底盘、行走机构等部分组成，各部分的类型、构造和工作原理与前述正循环回转钻机基本相同。

回转机构有转盘式和动力头式两种类型（不含潜水电钻），其中动力头又有电动机械式动力头和液压马达式动力头之分。转盘多为移动式的，以便于起下大直径钻具。反循环钻机回转机构的特点是扭矩大（一般在20kN · m以上，最大达210kN · m）、转速低（最低转速多在10r/min左右），以适应大孔径钻进的需要。较先进的钻机已采用变频调速动力头，实现了转速随扭矩自动调整。

钻具的升降有采用卷扬机和长油缸两种方式。中、小型的反循环钻机多采用卷扬机方式；大型的全液压钻机多采用长油缸方式。长油缸方式可利用钻机的自重加压钻进，且操作简便。采用卷扬机升降的钻机一般都设有主、副两套卷扬机。反循环钻机多为龙门式塔架，并在两侧塔柱上装有钻杆道轨，以保证钻孔的垂直度。中、小型钻机一般都带有自行移位装置，大型钻机多为组装式钻机。

动力机多为电动机，只有个别型号的钻机使用柴油机。

2）排渣系统

反循环钻机一般都配有泵吸反循环排渣系统；有的反循环钻机配有泵吸和气举两套排渣系统，以扩大其孔深适用范围。不配砂石泵的钻机，在浅孔时可在排渣管路上安装射流泵排渣，在深孔时可用气举反循环排渣，其动力源可用同一台空压机。

泵吸反循环排渣系统由砂石泵、注浆泵（或真空泵）、闸阀、蝶阀、排渣管等部件组成（图17-24）。砂石泵也称泥石泵，是反循环钻机的专用配套设备，其形式为单级单吸离心泵，吸入口直径与钻杆内径相同，有150、200、250、300mm等规格，根据钻孔直径和地层粒径选择。不同通径砂石泵的性能见表17-12。砂石泵的结构和性能不同于一般的泥浆泵、砂泵及灰渣泵。砂石泵的转速较低（600～900r/min），转轮只有两个叶片，过流部件都用耐磨材料制作。其性能特点是：吸程大（7.5～9.0m），扬程小（12～20m），可通过的卵石粒径大。砂石泵启动时一般采用3PNL型或2PNL型立式泥浆泵充浆排气。

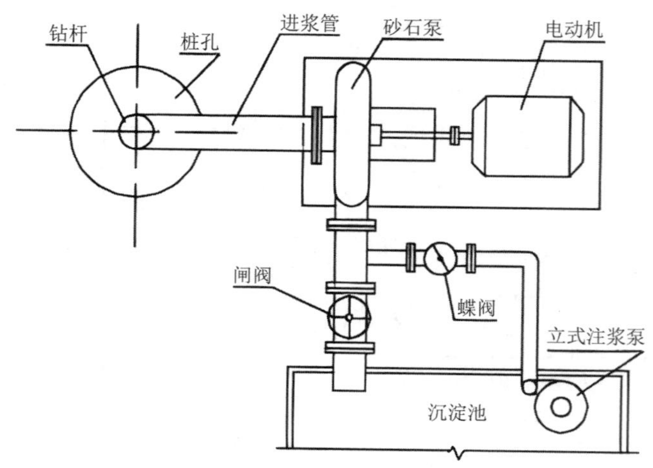

图17-24　泵吸反循环排渣系统示意图

采用气举反循环排渣时，空压机的压力和排气量可分别按式(17-1)和式(17-2)计算。当空压机的压力已定时，也可用式(17-1)反算液气混合器的允许沉没深度。表 17-12 中所列数据可作选择空压机风量时的参考值。

不同通径砂石泵的性能　　**表 17-12**

型号	通径（mm）	流量（m³/h）	流速（m/s）	功率（kW）	最大通过卵石粒径（mm）
4BS	100	70～80	2.48～2.83	17～22	80
6BS	150	180～200	2.84～3.14	25～30	120
8BS	200	350～400	3.09～3.54	45～50	170
10BS	250	600～650	3.39～3.68	70～75	200
12BS	300	900～1000	3.54～3.93	100～110	240

$$P=\frac{\gamma_a H}{1000}+\Delta P \tag{17-1}$$

式中　P——空压机的供气压力（MPa）；

γ_a——孔内泥浆密度（kg/m³）；

H——液气混合器的沉没深度（m）；

ΔP——供气管道压力损失，一般取 0.05～0.1MPa。

$$Q=(2\sim2.4)d^2 v \tag{17-2}$$

式中　Q——所需空气量（m³/min）；

d——钻杆内径（m）；

v——钻杆内混合流体的上返速度（m/min）。

2. 钻具

1）钻杆

灌注桩反循环钻机所用的钻杆由于要兼作排渣管，通径较大，且对密封性要求较高，故一般不采用标准规格的地质、石油钻杆，而由生产厂家根据钻机的性能配制，连接形式和尺寸规格也各不相同。钻杆的直径和壁厚根据最大钻孔直径和允许通过的最大地层颗粒确定，首先要根据钻孔直径确定所需的最小钻杆的直径和壁厚。钻杆内径大，钻进过程中的压力损失小，可增加钻进深度；同时，可通过的钻渣颗粒也较大，管路不易堵塞；但也不宜过大。一般建议钻孔直径与钻杆直径之比在 10 左右，但内径不宜小于 100mm。

钻杆接头除应满足强度要求外，还应装拆方便，连接可靠，以缩短起下时间，减轻劳动强度，减少掉钻事故。钻杆接头的结构形式有法兰螺栓式、锥螺纹式、花键螺纹式、六方花键式、渐开线花键式、矩形花键式等。法兰螺栓式和锥螺纹式是回转钻机初期使用的形式，目前只在轻型钻机上用。花键螺纹式接头（图 17-25）使用较普遍，花键用于传递扭矩，螺纹主要用于传递拉力。螺纹有三角形、梯形、锯齿形等形式，锯齿形螺纹兼有承载力大又不易松扣的优点。这种形式的接头扭矩不由螺纹传递，改善了接头的受力状况，所以装拆钻杆时省力。

反循环钻进须采用较短的钻杆和主动钻杆（一般为 3m），当孔深较大时，至少还要配备一节 1.5m 长的短钻杆。空压机风量与钻杆内径关系参见表 17-13，钻杆内径与钻孔直径的匹配关系参见表 17-14。

空压机风量与钻杆内径关系表 表 17-13

钻杆内径（mm）	94	120	150	200	250	300
空压机风量（m^3/min）	4	6	9	13	17	21

钻杆内径与钻孔直径的匹配关系表 表 17-14

钻孔直径（mm）	500～700	800～1200	1300～2000	2100～3000	>3000
最小钻杆内径（mm）	100	150	200	250	300

2）钻头

反循环回转钻进应根据不同的地质条件选用钻头，但更换钻头过于频繁会影响钻进工效，因此应尽可能选择地层适应性较强的钻头。常用的钻头类型有前述的翼形刮刀钻头（图 17-26）、组合牙轮钻头和滚刀钻头（图 17-27、图 17-28），其结构形式与正循环回转钻进所用的钻头基本相同，只是钻头直径和中心管的直径较大。刮刀钻头有三翼、多翼、平底、锥底、台阶等形式，每翼钻刃都镶有合金，刃齿的长度和宽度根据地层条件确定。刮刀钻头适用于颗粒较小的松软土层。当孔径不大于 1m 时多用三翼钻头，当孔径大于 1m 时宜用 4～6 翼钻头。组合牙轮钻头和滚刀钻头主要用于卵石、漂石和基岩地层的钻进。

反循环钻进所用钻头的吸入口应满足下列要求：①断面开敞，阻力小，便于泥浆和钻渣进入；②入口直径稍大于排渣管内径，以防堵塞排渣管和砂石泵；③吸入口距钻头底部不宜大于 250mm；④当钻头直径和泵量均较大时，宜设置两个吸入口。

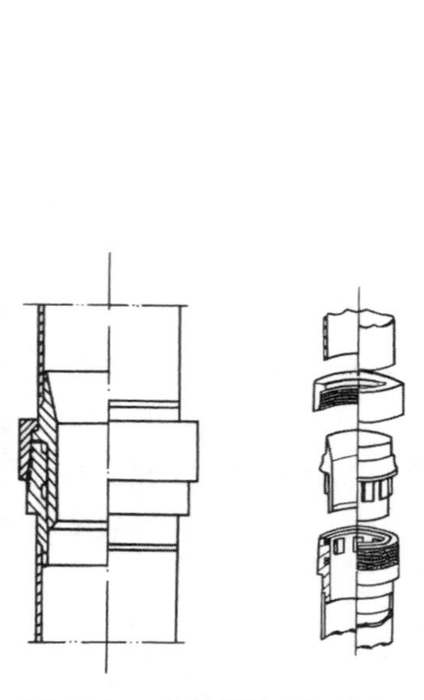

图 17-25 花键螺纹钻杆接头

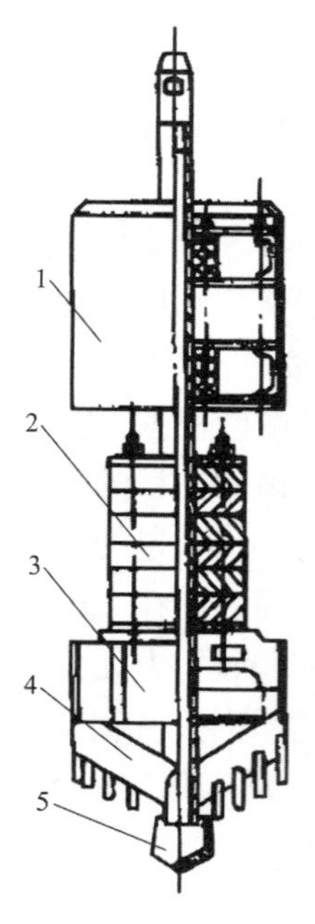

图 17-26 加重导向刮刀钻头

1—上导向器（非回转式）；2—稳定加重块；3—下导向器（回转式）；4—三翼刮刀；5—鱼尾切削齿

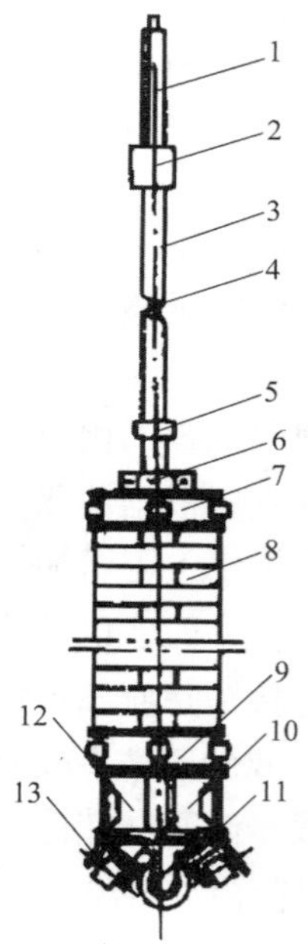

图 17-27 平底式滚刀牙轮钻头

1—方钻杆；2—接头；3—中心圆钻杆；4—风管；5—钻杆接头；6—导正夹板；7—上导向器；8—配重块；9—下导向器；10—刀盘；11—破岩牙轮；12—吸渣管；13—滚刀

17.5.4　反循环钻进工艺

1. 泵吸反循环钻进

泵吸反循环钻进成孔工艺的要求和注意事项简述如下。

1）根据地层合理地选择钻头

泵吸反循环钻进所用钻头与正循环基本相同，所不同的是钻头除切削岩土外，还要吸入钻渣。为此，施工中根据不同地层合理选用钻头是反循环钻进的关键。如在卵砾石层钻进中，宜选用筒式耙齿钻头和筒式打捞钻头。钻进时钻头齿刃松动切削地层，小的砂砾沿钻头吸渣口进入钻杆而排往地面，大直径卵石则进入筒内，最后随钻头一起提至地面。

2）保持孔内液面高度

泵吸反循环钻进时应保持孔内水位高出地下水位 2m 以上，利用水位差所产生的 0.02MPa 的静水侧压力稳定孔壁。为此，反循环施工所用泥浆要十分充足，能及时补充孔内液面高度，一般泥浆贮备应为钻孔容积的 1.5～3 倍。尽量采用自流式供浆的方式，如地下水位较高，护筒埋设高于自然地面，无法自流时可泵送泥浆。当采用泵送泥浆时，需要考虑砂石泵与抽水泵或泥浆泵的流量相匹配，并注意接长护筒，以防对孔壁的冲刷。泥浆的性能应视地层情况随时调节。

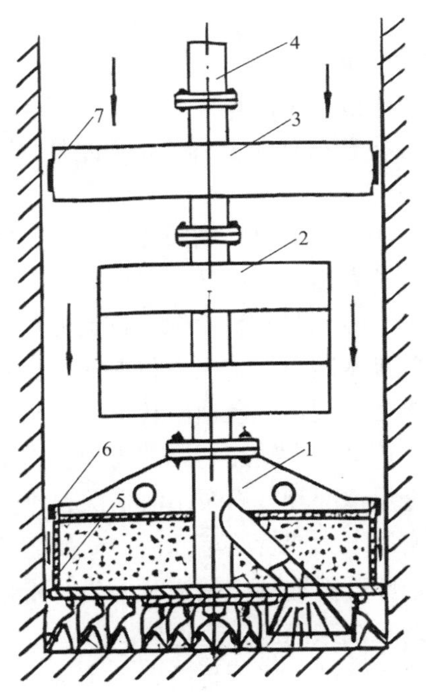

图 17-28　反循环组合牙轮钻头

1—PZ 型组合牙轮钻头；2—砝码式配重；3—圈式扶正稳定器；4—钻杆；5—合金块；6、7—扶正块（镶合金）

3）钻杆内流体的上返速度选择

钻杆内流体的上返速度越高，携带钻渣的能力越强。国外推荐采用 3～4m/s，从国内试验的情况来看，以 2.5～3.5m/s 为宜。流速过高会引起弯管部位磨损过快，同时管外流速过高对孔壁稳定不利。钻速越高，单位时间内产生的钻渣越多，泥浆的上返流速也应增高。

4）砂石泵流量选择

砂石泵的流量可按下式计算：

$$Q = 2827vd^2k \tag{17-3}$$

式中 Q——砂石泵的排量（m^3/h）；

v——钻杆内流体上返速度（m/s）；

d——钻杆内径（m）；

k——砂石泵工作时的余量系数，取 1.4～1.8。

5）钻渣含量的确定

钻渣含量的大小与所钻岩层性质、钻孔深度和循环介质的种类有关。孔浅时，钻渣含量可高一些；孔深时就要小一些。对于浅孔、软岩，使用泥浆钻进时的钻渣含量可达 10%～15%。深孔钻进时为防止管路堵塞，钻渣含量可控制在 1%～3%。一般地层，钻渣含量可控制在 5%～8%。

6）钻速控制

根据不同地层选择转速，在硬黏性土层钻进时，可用一档转速，放松起吊钢丝绳，自由进尺；在一般的黏土层或粉土层钻进时，可用二、三档转速自由进尺；在砂土、砾石层或含少量卵石的土层中钻进，宜用一、二档转速，并控制进尺；当遇到地下水丰富、易坍孔的粉砂地层时，宜用低档慢速钻进，并加大泥浆相对密度，提高作用水头。

7）钻进操作要点

（1）启动砂石泵。启动砂石泵前将钻头提离孔底 0.2m 以上。

采用注浆法启动时，先关闭砂石泵出口阀门，用注浆泵向砂石泵和管路注浆排气，待孔口浆面开始不冒气泡时，说明砂石泵和管路已充满泥浆，即可启动砂石泵，同时关闭注浆泵，打开砂石泵出口阀门。

采用真空泵启动时，先关闭砂石泵出口阀门和气包放水阀，并打开真空泵管路阀门，然后启动真空泵，抽吸砂石泵和管路中的空气，引进泥浆；当气包内的水面升到上部、真空表显示气压小于 0.05MPa 时，即可启动砂石泵，同时停真空泵，打开砂石泵出口阀门。砂石泵启动后，即可打开气包排水阀门，放出气包内的冲洗液。

（2）待反循环正常后，才能开动钻机慢速回转下放钻头至孔底。开始钻进时，应先轻压慢转，待钻头正常工作后，逐渐加大转速，调整压力，以不造成钻头吸入口堵塞为限。

（3）钻进时应仔细观察进尺情况和砂石泵出渣情况；排量减少或钻渣含量较多时，应控制钻进速度，防止因泥浆密度太大或管路堵塞而中断反循环。

（4）在砂砾石、砂卵石、卵砾石地层中钻进时，为防止钻渣过多，卵砾石堵塞管路，可采用间断钻进、间断回转的方法来控制钻进速度。

（5）加接钻杆时，应先停止钻进，将钻具提离孔底 80～100mm，维持冲洗液循环 1～2min，以清洗孔底并将管道内的钻渣携出排净，然后停泵加接钻杆。钻杆连接应拧紧上牢，在接头法兰之间应垫 3～5mm 厚的橡胶垫圈，防止螺栓、拧卸工具等掉入孔内。钻杆接好后，先将钻头提离孔底 200～300mm，开动反循环系统，待泥浆流动正常后再下降钻具继续钻进。

（6）钻进时如孔内出现坍孔、涌砂等异常情况，应立即将钻具提离孔底，控制泵排量，保持泥浆循环，吸除坍落物和涌砂；同时，向孔内输送性能符合要求的泥浆，保持浆柱压力以抑制继续涌砂和坍孔。恢复钻进后，泵的排量不宜过大，以防吸坍孔壁。

（7）砂石泵排量要考虑孔径大小和地层情况灵活选择调整，一般外环间隙泥浆流速不宜大于 10m/min，钻杆内泥浆上返流速应大于 2.4m/s。

桩孔直径较大时，钻压宜选用上限，钻头转速宜选用下限，获得下限钻进速度；桩孔直径小时，钻压宜选用下限，钻头转速宜选用上限，获得上限钻进速度。

（8）钻进达到设计孔深停钻时，仍要维持泥浆正常循环，吸除孔底沉渣，直到返出泥浆的钻渣含量小于 4%为止。起钻操作要平稳，防止钻头拖刮孔壁，并向孔内补入适量泥浆，保持孔内浆面高度。

2. 气举反循环钻进

1）气水混合室沉没深度

浅孔阶段混合室的沉没比至少要大于 0.5，深孔阶段混合室的沉没深度应根据风压大小、孔深及泥浆密度确定。上下混合室之间的间距与风压的关系可参考表 17-15。

气水混合室与孔深、风压关系表　　表 17-15

风压（MPa）	0.6	0.8	1.0	1.2	2.0
混合室间距（m）	24	35	45	55	90
混合室最大允许沉没深度（m）	50	70	88	105	180

2）尾管长度的选定

气举反循环装置的尾管长度L_W越小，管内浆柱压力越小，排渣效率越高，但需要的风压也越大。试验表明，尾管长度不大于 3 倍混合室沉没深度才能保证气举反循环正常运行。

3. 反循环系统故障的预防与处理

1）反循环系统启动后运转不正常

检查钻杆法兰、砂石泵盘根、水龙头压盖等有无松动、漏水、漏气。

2）管路堵塞，泥浆突然中断

在砂卵石层中钻进时，应防止抽吸钻渣过多使混合浆液的相对密度过大。宜采用钻进一段后，稍停片刻再钻的方法。为防止将大卵石吸进管内，钻头吸入口的直径应小于钻杆内径 10～20mm；也可在钻头吸入口中央横焊一根直径 6mm 的短钢筋，但这种方法对排渣粒径的限制过大。

发生堵管时，把钻头略微提升，用锤敲打钻杆及管路中的各处弯头，或反复启闭出浆控制阀门，使管内压力突增、突减，将堵塞物冲出。

17.6　冲击钻与旋挖钻机的组合工法

17.6.1　概述

旋挖钻机施工工艺和正循环冲击钻机施工工艺相结合，充分发挥了旋挖钻机施工土层速度快和正循环冲击钻机施工岩层速度快的优点，从而打破嵌岩桩施工的传统工艺，为大口径嵌岩桩施工提供经验和技术参考。通过某桩基工程采用旋挖钻机和正循环冲击钻机组合工艺的成功实例，介绍了该工艺的施工技术措施及注意要点。

17.6.2　旋挖钻机和冲击钻机的优缺点

1. 旋挖钻机

优点：最突出方面当属其施工土层速度快、移位快，可以满足工期要求较高的工程；

自带的平衡系统可以很好地控制、检查成孔垂直度。

缺点：自身没有安置钢筋笼和浇注混凝土的装置，需要配备挖掘机、起重机，一般旋挖钻机仅局限于挖取土层和强风化土层成桩，遇中风化岩层和地下障碍即无法成桩。

2. 冲击钻机

优点：最大的优点是适应性强，无论是土层，还是质坚的岩层，都可以顺利成桩，还可以自下钢筋笼、下导管灌注混凝土。

缺点：整体成孔效率低，移机速度慢，影响进度。在土层中施工极易出现倾斜、扩孔的状况，导致混凝土超灌，增加了材料成本，全程采用造浆护壁，增加文明施工措施费。

17.6.3 工程实例

1. 工程概况

镇江市体育会展中心体育场桩基工程，造价1390万元，桩数953根。因体育场工程的一半处于原蛋山山体，工程勘察报告揭示，近400根桩上部为土层，桩端为强风化或中风化岩层。桩径分别为800、1000、1400mm，平均桩长21m，土层约9m，入岩层约2m。本工程为镇江市重点大型基础公共工程，社会关注度高，质量、工期、安全文明施工要求高。

2. 工程地质

（1）素填土：人工堆积，灰黄色，松散，局部稍密；

（2）粉质黏土：黄褐、灰黄色，可塑，局部硬塑，土质欠均匀，局部夹少量灰白色的高岭土条带和黑褐色的铁锰质结核；

（3）粉质黏土：灰黄色，呈可塑状，局部软塑，土质欠均匀，较纯；

（4）粉质黏土：褐黄、黄棕色，可塑，局部硬塑，土质欠均匀，局部夹少量灰白色的高岭土条带和黑褐色的铁锰质结核；

（5）残积土：淡灰黄、淡土灰色，呈密实状，局部中密，土质欠均匀，一般由黏性土和角砾组成，局部夹有液石；

（6）泥岩（强风化）：一般为灰黄色，局部土灰色，密实—中密，欠均匀，一般呈土状，局部呈细砂状，手捏易碎；

（7）泥岩（中风化）：灰黄、灰色，中风化状，裂隙发育，部分胶结，坚硬程度为软岩，完整程度为较破碎，基本质量等级为Ⅴ级；

（8）安山岩（中风化）：黄灰色，裂隙发育一般，裂隙间未胶结，完整性一般，强度一般，坚硬程度为较软岩，完整程度为较破碎，基本质量等级为Ⅳ级；

（9）石灰岩：青灰、灰色，见裂隙，岩体较破碎，坚硬程度为较软岩，基本质量等级为Ⅳ级；

（10）石灰岩：青灰色，裂隙较发育，坚硬程度为较硬岩，岩体较完整，基本质量等级为Ⅲ级。

3. 施工工艺选择

本工程按设计要求，先施工3根试桩，目的是为了核对勘察报告提供的地质数据，检查设计单桩承载力，选择最佳施工工艺。试桩使用一台GPS-15型钻机，一台4PNL型泥浆泵，采用牙轮钻头。试桩结束后发现采用该施工方法存在以下问题：

①钻机成孔速度慢，尤其施工中风化岩层更加耗时间，平均成桩时间为4d，不能满足本工程工期要求；②使用牙轮钻头施工岩层，牙轮磨损严重，增加施工成本；③正循环泥

浆护壁施工工艺，需要大量水造浆，施工成本高；④正循环泥浆护壁施工工艺，把土置换成泥浆，泥浆外运费用高，文明施工管理难。本工程项目组针对本工程特点，权衡利弊，研究决定采用旋挖钻机施工土层至中风化岩层，再采用正循环冲击钻机施工中风化岩层至设计标高，两机结合，扬长避短。

17.6.4　主要施工设备及器具

主要施工设备及器具见表 17-16。

主要施工设备及器具配备　　表 17-16

序号	机械名称	规格、型号	数量	备注
1	旋挖钻机	SWDM16	1 台	
2	挖斗	800；1000；1400	3 个	各型号备用 1 套
3	冲击钻机	CZ-6D	5 台	
4	冲击锤	3.5T 空心锤	5 个	备用 3 个
5	泥浆泵	4PNL	5 台	备用 3 台

17.6.5　施工技术措施

1. 施工工艺流程

旋挖钻机与正循环冲击钻机组合工艺流程为：平整场地—测量放线—挖埋护筒，复桩位—旋挖钻机就位，校正—挖至岩层，移机—冲击钻机就位，旋挖钻机取土—冲击钻机成孔—造浆，成孔—终孔，一次清孔—下笼，下导管清孔—浇注商品混凝土。

旋挖钻机平均每根桩挖至风化岩需要 40min 左右，而冲击钻机每根桩冲击至设计深度平均需要 3h 左右。实际旋挖钻机工作半天即可满足 5 台冲击钻机的施工，其余时间旋挖钻机负责开挖嵌岩只需到强风化类型的桩。

2. 主要技术措施

1）放样、校样工艺

由专业测量人员测放桩位，报监理验收合格后进入下道工序。

2）埋设护筒

（1）在钻孔前，应埋设护筒，起定位、保护孔口等作用；护筒用 8～10mm 厚的钢板制作，其内径比钻头直径大 20cm，护筒顶端高出地面 30cm，埋入土中深度在 1.2～1.5m，在护筒顶部开设 1 个溢水口。

（2）为保持护筒的位置正确、稳定，护筒与坑壁之间应用无杂质的黏土填实；护筒中心与桩位中心偏差不大于 2cm。

3）成孔过程中的技术措施

（1）旋挖钻机取土过程中，利用挖机配合翻土。旋挖钻机成孔过程中利用旋挖钻机的平衡系统对成孔中心位置、垂直度等项目进行精确控制。

（2）旋挖钻机移至下根桩继续施工，冲击钻机就位，对桩位进行复核。旋挖成孔至预计孔深后形成的孔洞可以辅助冲击钻机，起到导向的作用。成孔的具体机理为采用冲击钻头冲击岩层成孔，冲孔产生的钻渣依靠循环的泥浆从孔底带出孔口，如此往复，直至设计孔深。

（3）因冲击钻机主要是冲击岩层，应调整泥浆密度，以保证钻渣的悬浮和孔壁护壁。

泥浆面应高于地下水位1m以上。

（4）当进入持力层时，应会同勘察、监理等单位判断持力层顶面位置，然后冲击至相应的入岩深度。

（5）成孔结束后，应对成孔中心位置、孔深、孔径、垂直度、孔底沉渣等情况进行检查，并请监理或建设单位现场代表复查，及时填写施工记录。

4）清孔工艺

采用泥浆循环清孔。清孔分两次进行，第一次清孔在孔深达设计标高后，钻头提离孔底20～30cm，轻质泥浆由孔口流入孔内，置换孔内浓泥浆，直至泥浆指标符合规范要求；第二次清孔在钢筋笼下入后，灌注混凝土前进行，二次清孔后要求沉渣厚度小于5cm，混凝土必须在二次清孔后30min内浇注。清孔后泥浆性能技术指标为：密度≤1.2g/cm^3，黏度≤28s，含砂率≤8%。

5）钢筋笼制作安装

主筋搭接采用单面搭接焊，加强筋与主筋接触部位采用双边点焊，螺旋筋用梅花状点焊。钢筋笼安装用冲击钻机安放，安装钢筋笼标高控制，用216吊筋悬挂于孔口固定。

6）水下混凝土灌注成桩工艺

二次清孔达标后，用导管进行水下混凝土灌注成桩。采用水下C35商品混凝土，浇注首批混凝土时，导管下口距孔底应保持在30～50cm，在满足首灌量的情况下将混凝土导入孔底，导管始终保持在混凝土内有3～6m埋深，随着孔内混凝土面上升不断提导管，拆卸导管，直至混凝土面达桩顶设计标高。孔内混凝土靠自重自落，导管反复捣插密实，此时应注意浮笼现象，发现应及时处理。

7）混凝土顶面控制

应反复测量混凝土面，按设计要求控制好桩顶标高。最终确保混凝土面应高出设计桩顶标高1倍桩径以上，确保凿除浮浆后桩顶混凝土强度能够满足设计要求。

17.6.6 施工注意要点

本工程安排了一台旋挖钻机辅助5台冲击钻机施工。为了确保各种机械设备有序交叉作业，在施工前，项目组安排专人研究图纸，在电脑CAD上精确演示，结合实地丈量数据，科学地制订出各类机械行走路线，泥浆池、泥浆沟位置，并标注在施工图纸上，督促施工员严格执行。

本工程土层为粉质黏土，土质适宜旋挖机干成孔作业和冲击钻机造浆用。本工程勘察为每桩一孔，考虑到冲击钻机的泥浆制备，项目部技术人员需提前计算土岩分界面的深度，旋挖钻机取土时直接预留1m左右的土层给冲击钻机造浆，有时为了加快施工速度，由旋挖钻机施工至中风化岩层，冲击钻机施工时，用泥浆泵抽取适量泥浆至孔内供造浆用。施工管理人员一般视现场机械作业情况，灵活安排。

17.7 结语

镇江体育场桩基工程采用旋挖钻机和冲击钻机配合成桩351根，降低了施工成本，并使工期提前了25d，取得了良好的经济效益和社会效益。

随着建筑科学的发展，高层建筑逐渐成为房建的发展方向，同时大口径嵌岩桩也成为高层建筑的首选基础。如何确保大口径嵌岩桩工程的质量和进度并控制成本，已成为大口径嵌岩桩施工必须重视的问题。本章通过工程实践验证了旋挖钻机和冲击钻机组合工艺在大口径嵌岩桩施工中的优点。旋挖钻机和冲击钻机组合工艺，打破了传统嵌岩桩采用单一机械施工的现状（原先采用水井钻机、冲击钻机、潜水钻机），不但加快了工程进度，节约了施工成本，确保了工地文明施工，而且为旋挖钻机施工大口径嵌岩桩探索出了捷径，为同类型的桩基工程施工积累了经验，有一定的推广价值。

17.8 小结

最早的地下连续墙是采用各种冲击钻机和正循环工法建造的。我国于 1960 年在唐云水库防渗墙施工中，创造了“中国工法”，至今还在应用中。

冲击钻机性能和型号不断改造，仍在重大地下连续墙项目中起着不可或缺的作用，是我们今后仍要重视和应用的设备和工法。

第 18 章　抓斗挖槽工法和设备

18.1　概述

最早用于地下连续墙挖槽的是意大利意可思（ICOS）公司研制的蚌式抓斗。20 世纪 50 年代的抓斗是用钢丝绳来悬挂并进行控制的，而且只能在轨道上行走。到了 1960 年代才逐渐使用履带式起重机来悬挂抓斗。1959 年日本引进意可思公司的抓斗技术以后，立即投入大量人力物力进行研究开发，在抓斗的研制和应用上成效显著。

这里所说的抓斗，通常都是指蚌（蛤）式抓斗。根据抓斗的结构特点，可把抓斗分成以下几种：①钢丝绳抓斗；②液压导板抓斗；③导杆式抓斗；④混合式抓斗。

18.2　钢丝绳抓斗

18.2.1　工法概要

钢丝绳抓斗是用钢丝绳借助斗体自重的作用，打开和关闭斗门，以便挖取土体并将其带出孔外的一种挖土机械。这种抓斗是用两个钢丝绳卷筒上的两根钢丝绳来操作的，其中一根绳用来提升或下放抓斗，另一根绳则用来打开和关闭抓斗。它最早用于地下连续墙的挖槽工作，由于其结构简单耐用、价格低廉，所以至今仍在使用着，特别适合于在含有大量漂石和石块的地基中挖槽。如智利的培恩舍（Pehuenche）坝的防渗墙，原用液压抓斗挖槽，因坝基中含大量漂石，效果不理想。后改用法国地基建筑公司（Soletanche Bachy）的 KL1000 重型钢丝绳抓斗，并配用重 10～12t 的重锤和局部爆破，顺利完成了该工程。三峡上游围堰也使用了钢丝绳抓斗。

18.2.2　设备

意大利、法国、德国和日本等的很多厂家生产系列化的钢丝绳抓斗，我国也有不少部门研制使用过钢丝绳抓斗。

1. 意大利的钢丝绳抓斗

意大利的土力、卡沙特兰地和迈特公司均生产这种抓斗。

（1）土力公司的钢丝绳抓斗。该公司可生产 4 种类型 21 个规格的抓斗。成墙厚度 0.4～1.5m，斗容量 0.7～0.8m^3，斗重 2.7～14t，可挖深 70m，单抓最大断面尺寸为 1000mm × 3200mm。

钢丝绳抓斗的斗体形式见图 18-1 和图 18-2。

（2）卡沙特兰地公司的钢丝绳抓斗。该公司生产两种类型（DH、DL）的钢丝绳抓斗。

（3）迈特（Mait）公司生产 GRL 和 GRH 型的钢丝绳抓斗。

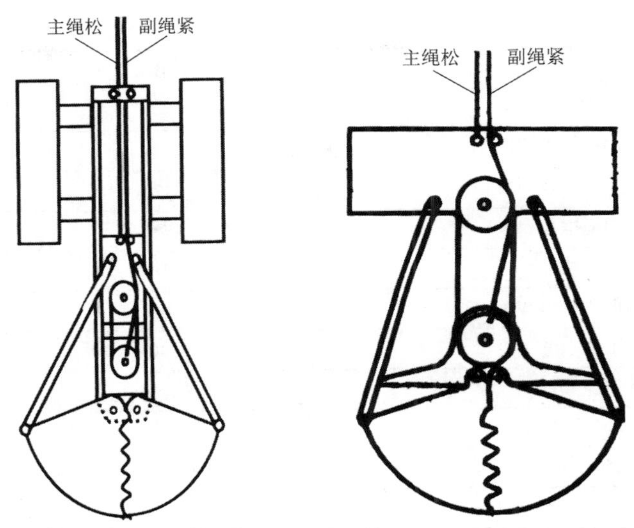

图 18-1　斗体推压式钢丝绳抓斗　图 18-2　中心牵挂式钢丝绳抓斗

2. 德国的钢丝绳抓斗

德国的宝峨（Bauer）、利弗和沃尔特（Wirth）公司都生产过钢丝绳抓斗。利伯海尔（Liebherr）公司生产的钢丝绳抓斗，在我国西部水电站防渗墙工程中起过重大作用。

3. 日本和法国的钢丝绳抓斗

日本真砂公司于 1971 年生产了 M 型和 ML 型的钢丝绳抓斗。法国的索列旦斯公司也生产钢丝绳抓斗。

18.3　液压导板抓斗

18.3.1　工法概要

国外大约从 20 世纪 60 年代后期开始使用液压导板抓斗。这里所说的液压，是指用高压胶管把高压油（大于 30MPa）传送到几十米深处的抓斗斗体，用以完成抓斗的开启和关闭的动力源；所说的导板则是指用来为抓斗导向以防偏斜的钢板结构。还要说明的是，本文所说的液压导板抓斗，都是用钢丝绳悬吊在履带式起重机或其他机架上的。

液压抓斗的闭斗力大、挖槽能力强，多设有纠偏装置，因此可以保证高效率、高质量地挖槽。由于挖槽时土体对斗体的反作用力（竖直向上的分力）也是很大的，因此必须有足够的斗体重量才能保持平衡。这在设计与制造过程中都必须考虑到。

18.3.2　宝峨公司的液压导板抓斗

宝峨公司生产的抓斗有 DHG 和 GB 两种类型。其中，GB24 和 GB50 两种抓斗已经引进我国，其主要参数见表 18-1。

GB 抓斗主要参数表　　表 18-1

项目		GB24	GB50
成槽深度（m）	MDSG	50	50
	HDSG	50	100
成槽宽度（m）		0.35～1.0	0.8～1.5

续表

项目	GB24	GB50
成孔直径（m）	1.2	2.5
最大提升力（kN）	240	500
主卷扬机单绳拉力（kN）	120	250
副卷扬机单绳拉力（kN）	75	120
发动机	康明斯	康明斯
额定输出功率（kW）	146	228
系统压力（kW）	30	30
主泵流量（L/min）	2×260	2×260
DHG 抓斗质量（t）	9～13	15～21
斗容量（m^3）	0.8～2.0	1.5～2.8
总质量（不含抓斗，t）	41	60

18.3.3 日本的真砂液压导板抓斗

真砂工业株式会社早在20世纪70年代就生产出了MHL液压导板抓斗，近年来又推出了MEH超大型液压导板抓斗，其最大闭斗力高达1725kN，可在砂卵石地基开挖深达150m和厚度达3m的地下连续墙。抓斗上配有测斜计和12块纠偏导板，以保证所挖槽孔的垂直度。图18-3所示为MEH液压导板抓斗。

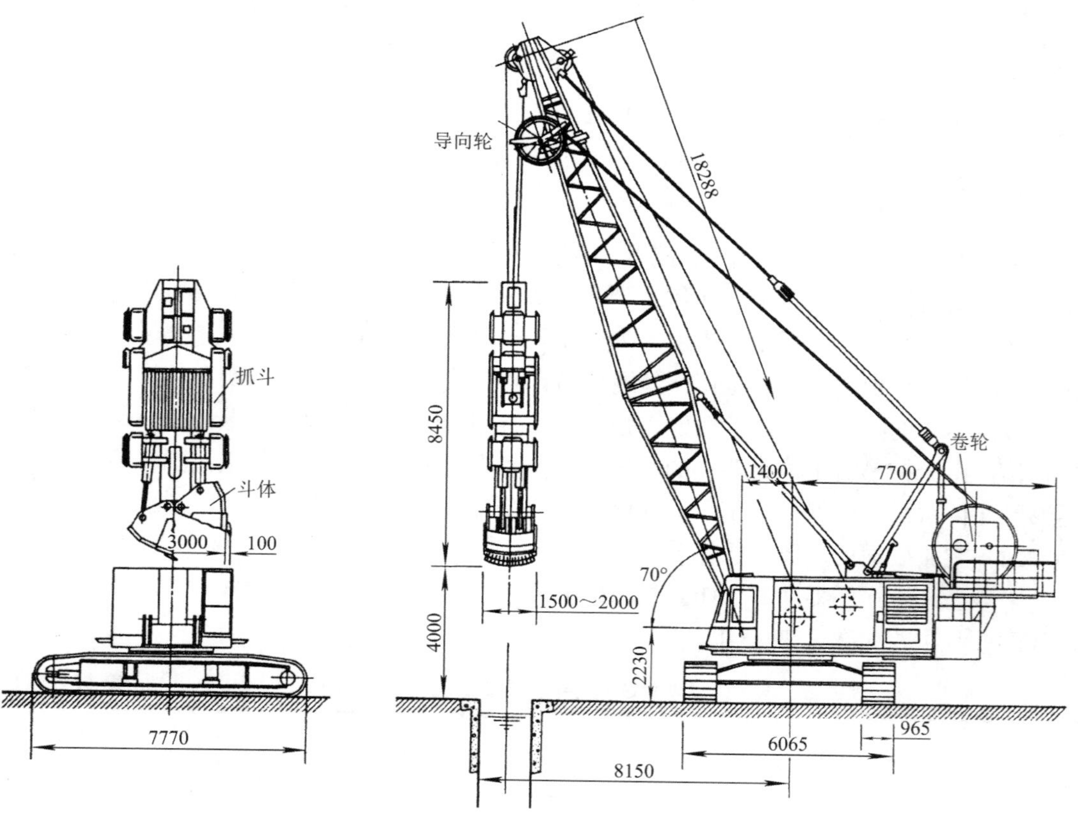

图18-3 MEH液压导板抓斗

18.3.4　利伯海尔公司的液压导板抓斗

利伯海尔公司是生产各种起重设备的公司，近年来研制生产新的液压导板抓斗与其先进的履带式起重机配套，加大了市场竞争能力。

1. 结构和操作

通过位于臂杆下部的软管卷盘上的软管把液压传递给抓斗，深度可达 70m。通过以下组件来操作抓斗的张开与闭合：①液压油缸；②抓斗体内部的推杆导向装置；③推杆；④抓斗的斗瓣。

抓斗两侧的斗齿数量相同，从而无须转动抓斗。抓斗的切削刃是用“Hardox”材料加工而成的，可保证其工作寿命长和挖掘的精确性。

该机在抓斗的顶部采用带吊钩滑车的抓斗悬吊装置。当需要的时候，可将抓斗机械地摆动±15°。并且，钢丝绳也采用了交叉悬吊的方式，也就是该机上有两个分层交错排列的动滑轮。这一独特设计有以下优点：（1）防止抓斗扭转。（2）当只有一个动滑轮工作时，仍可消除偏斜。（3）万一钢丝绳破断，仍可只用第二个动滑轮来提升抓斗。

2. 抓斗的纠偏装置

该装置用于调整抓斗内部结构。在操作室内控制两个液压油缸，可把抓斗斗体外形调整±2°，使抓斗回复到铅直位置上来。

抓斗上还设有数据记录装置。

18.4　导杆式抓斗

18.4.1　工法概要

这里所说的导杆式抓斗可以分为全导杆式和伸缩导杆式两种。

最早的导杆式抓斗是由英国国际基础公司研制生产的 BSP 全导杆抓斗，目前已不再生产。法国比较早地开发了 Kelly 伸缩式导杆抓斗。意大利的 KRC 和日本 CON 系列也是伸缩式导杆抓斗。

导杆式抓斗一般采用（伸缩式）方杆来传递动力。

导杆式抓斗开挖时噪声和振动很小，对周围地层及环境影响及扰动也小。因此，它是在松散砂层、软黏土或开挖时需严格控制剪切作用的灵敏性土中进行开挖的理想设备。这类抓斗多装有测斜和纠偏装置，因此成槽精度较高。

18.4.2　英国 BSP 全导杆抓斗

这是由英国国际基础公司研制使用的导杆式抓斗，应用于英国伦敦地下连续墙的施工。主要参数见图 18-4 和表 18-2。

此外，意大利的卡沙特兰地公司生产 KM 型全导杆抓斗。迈特公司也生产全导杆抓斗（KR160 型），它的最大断面尺寸达 2.5m × 1.0m，挖深 24～50m。

卡沙特兰地的导杆式抓斗

此公司以生产伸缩式导杆抓斗闻名于世。近年来又开发出能旋转 180°的导杆式抓斗，对于提高槽孔垂直度很有好处。两种新的抓斗斗体外形见图 18-5。

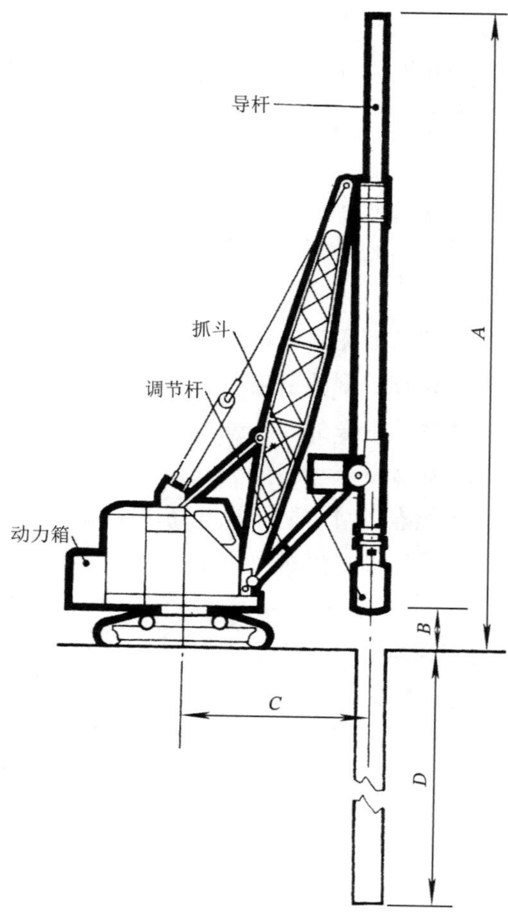

图 18-4 BSP 全导杆抓斗

BSP 全导杆抓斗主要参数 表 18-2

型号	S25	S35
挖槽深度D（m）	25	35
墙厚W（m）	< 1220	< 1220
钻架高度A（m）	21.74	26.62
卸土高度B（m）	2.0	2.0
设备重（t）	9.125	10.45
动力箱重（t）	1.27	1.27
功率（HP）	90	90
泵流量（L/min）	151～189	151～189
起重设备臂杆长（m）	15/16	19.5/21.5
提升力（kN）	10.0（W = 760mm）	13.0
	135（W = 1220mm）	153
	85.3（W = 760mm）	95
最小单绳拉力（kN）	114（W = 1220mm）	123.5

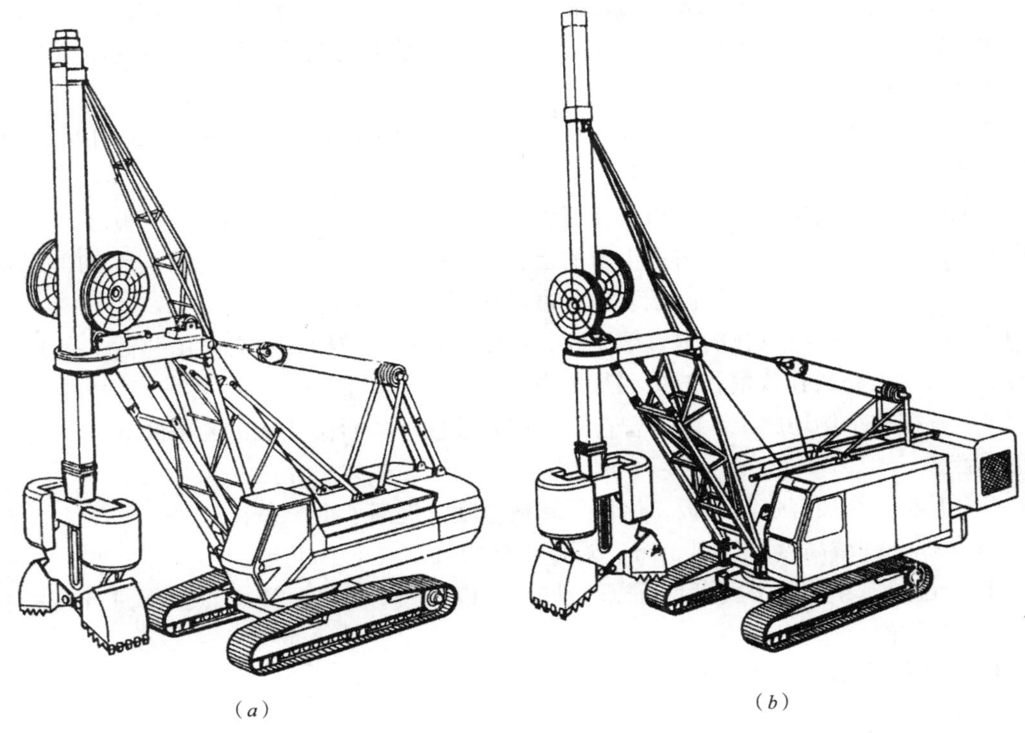

图 18-5　两种新抓斗
(a) KRC2HD；(b) KRC2HD（能旋转 180°）

18.5　土力公司的混合式抓斗

18.5.1　工法概要

这里所说的混合式抓斗是指把钢丝绳和导杆式液压抓斗结合起来而推出的一种新型抓斗。这是一种使用钢丝绳悬吊的导杆抓斗，也可以叫作半导杆抓斗。

意大利土力公司的 BH7/12 和迈特公司的 HR160 抓斗都属于这种混合式抓斗。我国已引进土力公司的 BH7/12 抓斗近 80 台，是引进最多的一种抓斗。

18.5.2　土力公司的混合式抓斗 BH7/12

这种抓斗是吸收了钢丝绳抓斗和导杆式抓斗的优点并加以改进而研制生产的，它的结构简单，操作方便，比较适合于我国当前的施工技术水平。

1. BH7/12 抓斗的特点

（1）伸缩式导杆可使抓斗快速地入槽和出槽，并使抓斗抓取顶部地层时，不致产生很大的偏斜；而在深部抓槽时，使用钢丝绳悬吊抓斗，能使其具有较高的垂直精度。

（2）只用一个油缸来操作抓斗开合，使其两边斗体受力平衡。其油缸推力达 1330kN，单边斗体闭合力矩达 410kN · m，是同类抓斗中最大的，可以穿过坚硬的砂卵石地层。

（3）导杆顶部设有旋转机构，使整个抓斗悬挂于其上；每抓两至三次，即用专设的液压马达使斗体旋转 180°，改变斗体两边斗齿个数（一边 3 个，一边 2 个），使抓斗平衡抓土，防止偏斜。

（4）抓斗的液压油管卷轮是通过两台液压马达操作的，它们总是给卷轴施以一个固定的扭矩，以保证油管和钢丝绳同步升降，并且通过储能器的调节来保持足够的压力，使油管不致突然下降。

（5）抓土系统（包括斗体、油缸及支架、导板和伸缩杆等）的质量大（8～12t），导板较长，使抓斗能平稳而有力地抓土。

（6）抓斗上专门配置了冲击齿，在遇到非常坚硬的黏土层或粉细砂（铁板砂）层时，可装上冲击齿进行冲击作业，再把击散的土料抓上来。用抓斗进行冲击作业是BH抓斗的一大特点。由于抓斗内装备了减振装置，可以保证各连接部位不致损坏。

（7）由于这种抓斗成孔的垂直精度高，可以直接抓土成槽，不必采用两钻（孔）一抓方式，可大大提高成孔效率，减少泥浆污染。

（8）可在狭小场地施工，笔者曾在距五层办公楼外墙面仅10cm的条件下，建成了地下连续墙。

（9）抓斗内部装有强制刮板，加快了卸料速度，提高了生产率。

（10）抓斗卸载高度可达到3.1m，可以直接向载重汽车中卸土。

（11）这种抓斗的履带底盘是可以转动的，可以在一个工位上开挖十字形、丁字形槽孔。

2. 主要性能

BH7/12抓斗结构图见图18-6，主要参数见表18-3。

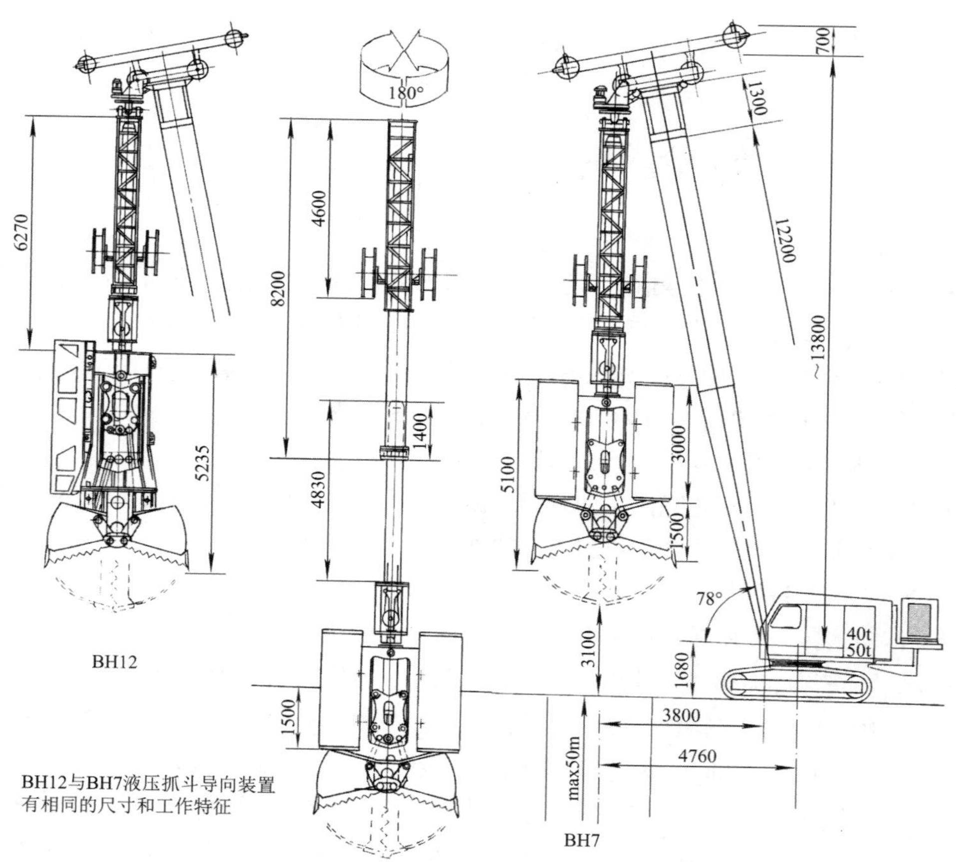

图18-6 BH7/12抓斗

BH7/12 抓斗主要参数　表 18-3

序号	项目	BH12	BH7	序号	项目	BH12	BH7
1	挖槽厚度（mm）	600～1200	600～1200	10	主油缸直径（mm）	240	240
2	斗体开度（mm）	2500	2500	11	主油缸推力（kN）	1360	1360
3	挖槽深度（m）	70	60	12	动力箱型号	2R—150	2R—100
4	配套起重机（t）	80（7080）	55（7055）	13	发动机型号	GM4/53	GM4/53
	发动机功率［kW/(r·min)］	180/2000	132/2000		发动机功率［kW/(r·min)］	123/2100	79.5/2100
5	正常工作压力（MPa）	21	21	14	供油量（L/min）	2×168	2×115
6	悬挂（斗＋杆）质量（t）	11	8	15	最大工作压力（MPa）	30	30
7	顶部导架质量（t）	4	4	16	油量调节方式	自动	自动
8	斗体容量（m^3）	≥1.2	≥1.2	17	油箱容量（L）	480	480
9	单边斗体闭合力矩（kN·m）	390	390				

3. 性能对比

表 18-4 对一些抓斗进行了调查和比较。从表中可以看出，BH7/12 抓斗开挖深度大，斗容量大，油缸个体较小，推力大，纠偏方法简单，而且价格是同类抓斗中较低的。

抓斗性能对比表（早期）　表 18-4

抓斗型号	BH7	BH12	MHL80120	S25	KCR2	SWG600/1000	DHG8
生产国家	意大利	意大利	日本	英国	意大利	德国	德国
生产厂家	土力	土力	真砂	国际基础公司	卡沙特兰地	利弗	宝峨
开挖深度（m）	60	70	55	25	—	—	30
开挖宽度（m）	0.5～1.2	0.8～1.2	0.8～1.2	0.61～1.22	0.5～1.2	0.6～1.0	0.8
斗齿开度（m）	2.5	2.5	2.5	1.88～2.13	2.2～3.1	2.8	2.8
斗齿数	2＋3	2＋3	2＋3～4＋3	4＋3	—	4＋3	—
滑轮组数	1	1	2	—	—	—	1
工作半径（m）	3.8/78°	3.8/78°	6.0/70°	5.3	—	—	—
抓斗类别	液压混合式	液压混合式	液压绳索	液压导杆	液压导杆	钢丝绳	液压绳索
钻架（导杆）高度（m）	13.8	13.8	15.24	导杆 33.0	—	—	16.0
悬挂质量（t）	8.0	12.0	8.3～11.9	10.7～13.0	8.8～13.2	8.2～8.8	13.9
斗体容量（m^3）	1.2～2.0	1.2～2.0	0.95～1.3	0.7～1.4	—	0.6～1.3	1.2
油路压力（MPa）	30	30	14	—	—	—	30
发动机功率（kW）	79.5	123	60	90	—	—	—
油缸个数/推力（kN）	1/1130	1/1830	2	—	2	—	1/120
闭合力（或力矩，kN·m）	390	390	656	—	—	—	570

续表

抓斗型号	BH7	BH12	MHL80120	S25	KCR2	SWG600/1000	DHG8
纠偏方法	悬挂，±180°	悬挂，±180°	12 块导板	导杆	导杆	绳索	—
载车型号	7055	7080	LS—118	TES	C40	SW311B	BS640
发动机功率［kW/(r·min)］	132/2100	180/2100	110/2100	—	179/2100	242/2100	142/2000

4. 纠偏措施

为了保障挖槽的垂直精度，BH 抓斗采取了以下几种措施：

（1）利用钢丝绳把挖槽系统（斗体加伸缩导杆）悬挂在顶部旋转头上。

（2）在挖槽过程中，利用设在旋转头部的液压马达，经常（每挖 2～3 次）使抓斗作±180°旋转（换边），避免向一个方向溜坡。

（3）采用长导板（大于 5m），在挖槽过程中导向。

（4）加大挖槽系统的质量（8～11t），以增加液压系统工作时的抓斗稳定性。

（5）采用了加长的伸缩导杆长度，以便在槽孔上部更容易保持垂直度。

（6）为了适应砂、卵石地基或超深孔挖槽时的稳定性，保持槽孔垂直度，笔者采用日本神户制钢所生产的 7055 和 7080 起重机，起重力大，底盘也大，保障抓斗工作时整体的稳定性。

5. 新型抓斗

1）型号系列

近年来，土力公司在原有 BH7/12 抓斗基础上又开发出了 BH8 和 BH15 两种抓斗，它们的外形尺寸分别与 BH7 和 BH12 相近，均可放在通用底盘上。新抓斗油缸推力均增高到 1360kN。此外，还开发了一些改进型抓斗，如全回转抓斗、小型抓斗和自动控制抓斗等。

2）通用动力底盘

该公司近年来研制通用动力底盘，在同一底盘可以安装抓斗、旋挖钻机或者作为起重机使用。例如，SM—760 和 SM—870 动力底盘上就可以完成上面所说的各种工作。

3）全回转抓斗

土力公司最早推出的液压抓斗都是把液压软管的卷筒轻放在伸缩式导杆架上的，并能旋转 180°以改变斗齿不对称（一边 3 个，一边 2 个）的现象，避免孔斜。但是在贴近建筑物施工的时候，由于卷轮在导杆架上的位置不是对称的，当贴近距离小到只有 10～30cm 的时候，旋转 180°就不可能了（笔者就遇到过这种情况）。这时候使用土力公司的新抓斗 ROTOGRAB12 就很方便了。这种抓斗可以旋转 360°，它的两个卷轮被移到了起重臂杆上。这种抓斗具有以下优点：

（1）软管卷筒容量大，可以挖深槽。

（2）卷筒放在起重臂杆上，更便于贴近高层建筑物挖槽。

（3）闭斗动力加大，更适于挖硬地层。

（4）斗体的快速开启。

（5）钢丝绳的张紧块能使钢丝绳在闭斗期间保持垂直。

（6）最大挖槽深度可达 70m。

这种抓斗可用于各种坚硬土层以及贴近建筑物的挖槽施工。

4）自动控制抓斗

在土力公司的 BH 型抓斗上均可安装自动检测、计量以及纠偏装置，使挖槽工作顺利、快速地进行，而不会出现大的偏差。

测量误差：深度，±0.1m；厚度，±0.02m；宽度，±0.02m；角度偏差，±0.3°。

调整（纠偏）范围：

导杆位移幅度：宽度，0.10m；厚度，0.06m；轴向偏角，±4°。

18.6　徐工基础的抓斗

18.6.1　概述

徐工地下连续墙液压抓斗，经过四代的发展历程，目前已经形成徐工 XG 系列连续墙液压抓斗，凭借四代设备的升级和丰富的施工经验，具有突出的技术优势：外廓型斗头结构，斗容增加 5%，达到高效的施工效率；可选±90°、0～180°抓斗回转装置，满足城市内狭小空间施工的要求；双卷扬单排绳结构，钢丝绳寿命提高 50%；抓槽闭斗过程钢丝绳自动胀紧系统，确保成槽精度等。可提供满足 800～1500mm 不同成槽厚度的抓斗，最大深度达到 85m。其以自动化程度高、提放速度快、闭合力大、成槽质量好的特点。

最新抓斗型号见表 18-5。

全新 E 系列 XG 系列连续墙液压抓斗　　表 18-5

型号	XG500E	XG600E	XG700E
成槽深度（m）	75	80/105	80/105
成槽厚度（mm）	300～1500	600～1500	800～1500
抓斗闭合力（kN）	1400	2000	2000
最大提升力（kN）	500	600	680
额定功率（kW）	298	298	315
整机质量（t）	105	123	128

主要抓斗型号见图 18-7。具有代表性的抓斗见图 18-8、图 18-9。

低净空配置
XG500E
XG65S
XG700E
XG800E
深度 | 55m | 75m | 70m | 80m | 100m
厚度 | 0.8～1.2m | 0.3～1.2m | 0.6～1.5m | 0.8～1.5m | 0.8～2.5m
功率 | 298kW | 315kW | 315kW | 399kW

图 18-7　抓斗型号

图 18-8　徐工代表性抓斗一

图 18-9　徐工代表性抓斗二

徐工地下连续墙液压抓斗型号见表 18-6、表 18-7。

XG700E 的参数　　表 18-6

型号：XG700E	参数	型号：XG700E	参数
最大提升力（kN）	700	发动机功率［kW/(r · min)］	315/1900
成槽深度（m）	80，单层	履带外侧距离（mm）	3500～4900
钢丝绳直径（mm）	36	履带底盘长度（mm）	6750
成槽厚度（mm）	800～1500	履带板宽度（mm）	800
抓斗质量（t）	26～36	整机高度（mm）	18900
发动机型号	TAD1352VE	主机质量（不含抓斗，t）	98

（1）履带底盘行业同型号尺寸最大，快速下放，冲抓工况更稳；
（2）卷扬最大速度可达到 80m/min，深槽施工效率更高；
（3）双卷扬单排绳结构，钢丝绳使用寿命更长；
（4）具有卷扬智能限速功能，施工更安全；
（5）长导向、低阻型模块化大闭合力推板抓斗，200t 闭合油缸，硬地层施工能力更强。

XG65S 的参数　　表 18-7

型号：XG65S	参数	型号：XG65S	参数
最大提升力（kN）	550	发动机型号	TAD1352VE
成槽深度（m）	70，单层	发动机功率［kW/(r · min)］	315/1900
钢丝绳直径（mm）	32	履带外侧距离（mm）	3500～4800

续表

型号：XG65S	参数	型号：XG65S	参数
成槽厚度（mm）	300～1500	履带底盘长度（mm）	6150
回转半径（mm）	4200	履带板宽度（mm）	800
回转速度（r/min）	3	整机高度（mm）	17500
抓斗质量（t）	18～28	主机质量（不含抓斗，t）	85

（1）伸缩式履带底盘，展开宽度 4800mm，施工安全、稳定；

（2）回转半径 4200mm，城市施工适应性好；

（3）模块化上置双卷扬结构，施工深度和钢丝绳直径可满足定制化需求；

（4）双卷扬单排绳结构，钢丝绳寿命长，降低设备使用成本；

（5）最大下放速度 80m/min，施工能力强，效率高；

（6）长导向抓斗体，施工精度好。

18.6.2　抓斗工程实例

1. 施工案例一：武汉市过江通道（解放大道—沿江大道段）工程

地质情况：20m 以上泥层，20～32m 泥砂层，32～40m 淤泥层，40～45m 铁板砂层，45～51m 岩层（15～25MPa，裂隙发育较好）。

工程概况：墙厚 1.5m，施工深度 51m，采用徐工 XG800E 地下连续墙液压抓斗直接抓取成槽，成槽精度 1/500，平均油耗 43L/h（图 18-10）。

图 18-10　徐工 XG800E 抓斗

2. 施工案例二：新加坡南北走廊（Marymount 地铁口）

地质情况：0～10m 为土层。

工程概况：厚1.2m，深10m，采用徐工XG500E抓斗直接抓取成槽（图18-11）。

图18-11 徐工XG500E抓斗

3. 施工案例三：广州地铁22号线

地质情况：0～22m为土层，22～26m为风化泥岩层。

工程概况：厚0.8m，深28m，6m槽段，工字钢接头，高压线下，施工红线7m，采用徐工XG500E低净空抓斗（高6.5m）直接抓取成槽，单个槽段耗时14h（图18-12）。

图18-12 徐工XG500E低净空抓斗

18.7 山河智能液压抓斗

18.7.1 地下连续墙液压抓斗

地下连续墙液压抓斗作为先进地下连续墙施工装备，具有设备造价低、施工噪声小、成本低、适用性广等特点，得到广泛应用，主要适用于$N < 40$的黏性土、砂性土及砾卵石土等。

地下连续墙液压抓斗主要由两大部分组成：专用主机和工作装置。专用主机与工作装置的连接方式有钢丝绳悬吊式、导杆式等。钢丝绳悬吊式液压抓斗在工作深度、经济性等方面优势更明显，因此目前国内使用广泛，工程应用也更为成熟。

工作装置（简称抓斗，见图 18-13）主要包括：1 吊头、2 基本斗体、3 导向架、4 纠偏机构、5 主推油缸、6 控制盒、7 滑块、8 连杆、9 斗头等。其中，9 斗头包含斗头支座、左斗瓣和右斗瓣等。

图 18-13　液压抓斗

专用主机主要包含：10 履带底盘、11 上车回转平台、12 配重、13 动力系统、14 主卷扬 1、15 主卷扬 2、16 控制系统、17 液压卷管装置、18 液压系统、19 下桅杆、20 上桅杆、21 鹅头、22 驾驶室、23 变幅系统、24 电缆卷管装置等。

地下连续墙液压抓斗的主要动作包含：履带行走、平台回转、抓斗变幅、斗瓣开闭合、工作装置的提升/下放等，主要工作循环包括：主机回转对槽口、抓斗下放、抓取、提升抓斗、主机回转、卸土、主机回转对槽口等。其工作原理如下：

5 主推油缸上端与 2 基本斗体连接，其下端与 7 滑块上端连接；8 连杆上端与 7 滑块下端相连，其下端与 9 斗头的左、右斗瓣连接，5 主推油缸活塞杆伸出推动 8 连杆使 9 斗头的左、右斗瓣闭合，5 主推油缸活塞杆缩回拉动 8 连杆使 9 斗头的左、右斗瓣张开，实现抓斗的抓取和卸土动作。抓斗 6 控制盒中装有倾角传感器，主机 22 驾驶室中装有显示器，可实时显示成槽的垂直曲线；抓斗一般装有前后左右 4 纠偏机构，在成槽出现倾斜时，4 纠偏机构包含纠偏油缸、推板等，通过油缸的伸缩以纠正抓斗成槽的垂直度。3 导向架采用模块化设计，可满足不同槽厚的施工要求。

抓斗 1 吊头与 14 主卷扬 1、15 主卷扬 2 通过钢丝绳连接，1 吊头有吊板式和滑轮式，主机配置自由抛钩式卷扬或单主卷扬式液压抓斗一般采用滑轮式吊头，当前国内开发的大型液压抓斗多采用吊板式吊头，配置双主卷扬，主卷扬可实现抓斗的提升或下放动作。

5 主推油缸有进油和回油，动作的实现通过电磁阀控制，地下连续墙液压抓斗施工深度达百米，因此液压抓斗会配置有17液压卷管装置和24电缆卷管装置，实现抓斗油管和电缆的收、放。工作时，钢丝绳、油管、电缆需同步工作，以确保抓斗施工的可靠性。

23 变幅系统需满足工作半径要求及倒桅和立桅，主机10履带底盘装有行走驱动装置实现行走功能，11上车回转平台装有回转减速机，实现主机回转。

18.7.2　抓斗外形

液压抓斗外形见图18-14。

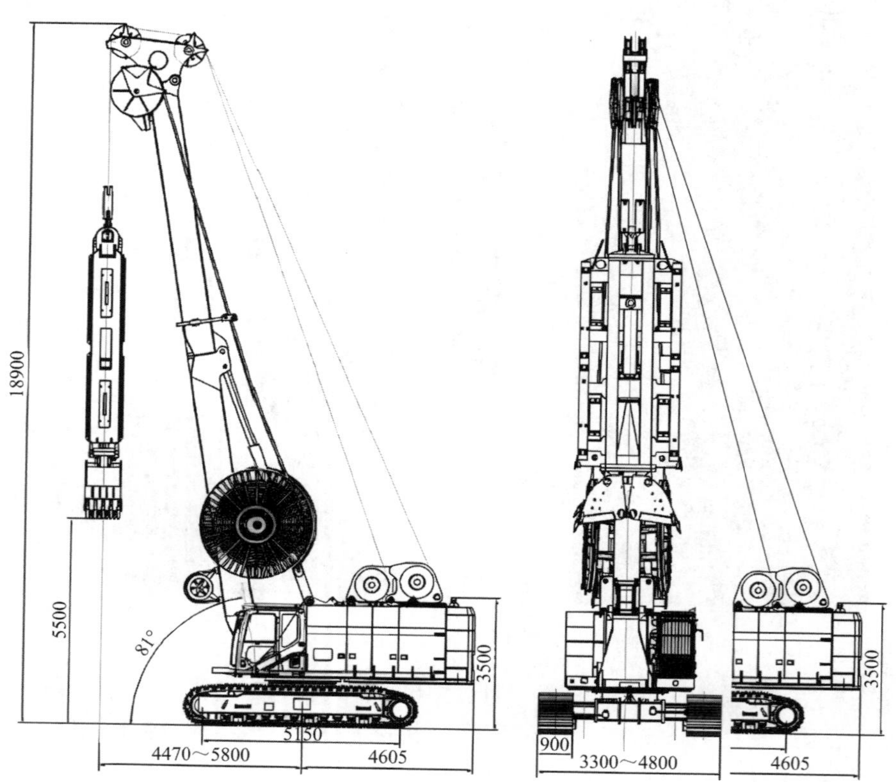

图18-14　液压抓斗外形图

18.7.3　产品技术参数

SWHG70主要技术参数见表18-8。

SWHG70主要技术参数　　表18-8

性能参数	产品型号	性能参数	产品型号
	山河SWHG70		山河SWHG70
最大提升力（kN）	2×350	成槽厚度（mm）	800～1800
钢丝绳直径（mm）	36	抓斗闭合力（kN）	2000
卷扬速度（m/min）	70/50	开斗（S）	7
发动机型号	QSX15	闭斗（S）	8

续表

性能参数	产品型号	性能参数	产品型号
	山河 SWHG70		山河 SWHG70
发动机功率（kW）	410/2100	抓斗质量（t）	18～35
系统压力（MPa）	35	工作高度（m）	18.9
展开宽度（mm）	3300～4800	回转半径（mm）	4605
履带两轮中心距（mm）	5150	工作半径（mm）	4470～5800
履带板宽度（mm）	900	工作离地高度（mm）	5500
行驶速度（km/h）	1.5	最大运输尺寸（长×宽×高，mm）	14589×3390×3500
最大成槽深度（m）	110/80	整机质量（不含抓斗，t）	105

18.7.4　主要创新点

行业首台成功应用全电控系统平台技术的地下连续墙液压抓斗，根据液压抓斗的使用工况，山河智能液压抓斗在产品工作稳定性、可靠性、施工效率、节能降噪、使用成本/便利性等方面作了大的提升。高立板平台方案，受力更合理，结构件使用寿命高，稳定性更好；电控系统直接控制液压泵，自适应液压油散热器可根据工况调节转速，降低能量损失，提高整机能量利用率 10%以上；大直径单排绳卷筒方案使钢丝绳使用寿命提升 50%以上；工作装置依据流体动力学理论进行优化，降低了抓斗提升、下放阻力，斗齿布局优化，极大地提升了抓斗的挖掘能力。

18.7.5　应用范围

地下连续墙液压抓斗主要应用于以下工程：

（1）地铁站点基坑施工。

（2）城市排水调蓄管道系统工程。

（3）城市高层建筑的基坑施工。

（4）水坝防渗墙和挡土墙。

（5）桥梁基础、基础方桩等多方面深基础工程。

山河智能系列地下连续墙液压抓斗研制出来后广泛应用于国内外基础施工工程。图 18-15 所示是液压抓斗施工现场图。

图 18-15　SWHG7 液压抓斗天津地铁站点施工现场

18.8　金泰液压抓斗

金泰液压抓斗见图18-16、图18-17、表18-9。

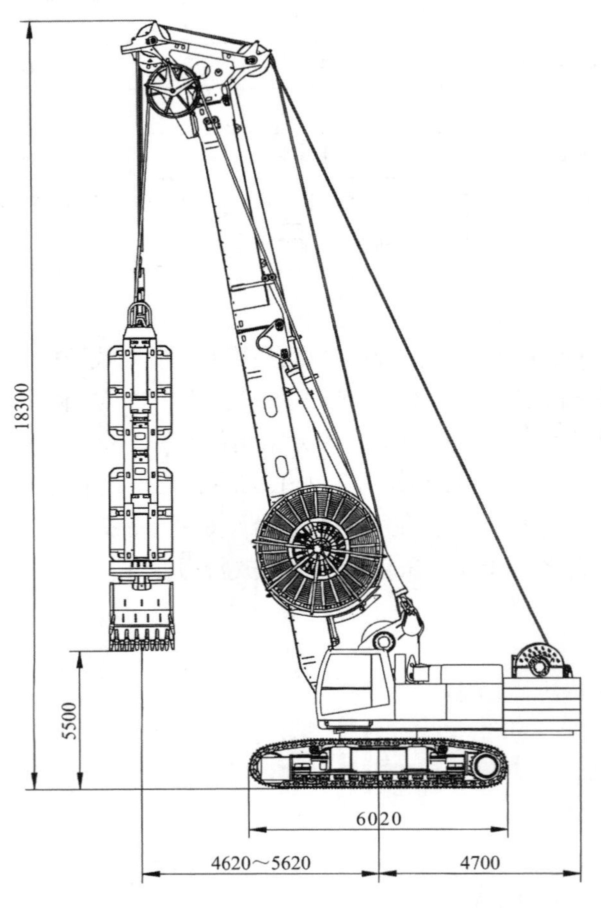

图18-16　金泰液压抓斗图

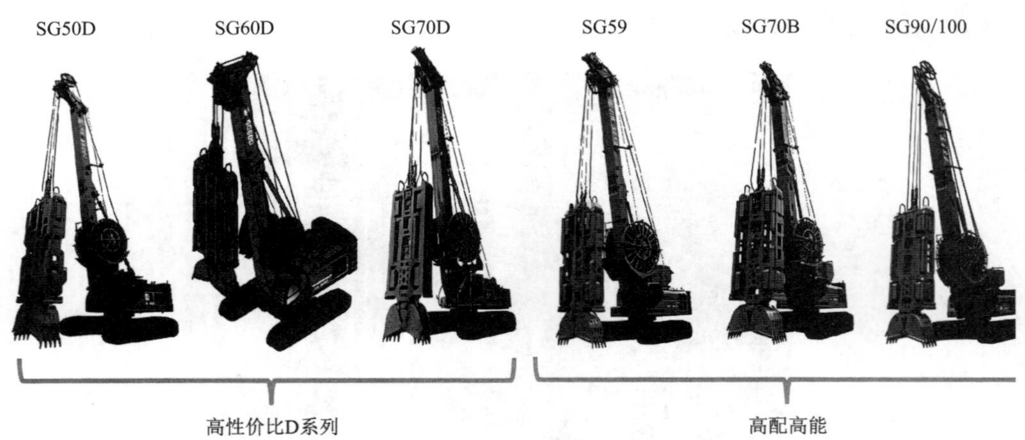

图18-17　金泰地下连续墙抓斗系列

金泰液压抓斗技术参数表　表 18-9

主机型号	SG 70	主要尺寸	
成槽宽度（m）	0.8～1.5	总高度（mm）	18300
最大成槽深度（m）	80	抓斗最大离地高度（mm）	5500
最大提升力（kN）	700	履带长度（mm）	6020
卷扬机单绳拉力（kN）	2×350	抓斗中心到回转中心距离（mm）	4620～5620
抓斗质量（t）	23～35	回转中心到机具尾部距离（mm）	4700
主机质量（不含抓斗）（t）	98		
主机		可伸缩底盘	
柴油发动机	QSM11-Tier3	履带底盘型号	JT90
发动机最大转速（rpm）	1900	履带外侧距离（mm）	3450～4600
发动机额定输出功率（kW）	300	履带板宽度（mm）	800
系统压力（MPa）	35	牵引力（kN）	700
系统流量（L/min）	2×380	行走速度（km/h）	1.5

18.9　中锐重科的 ZG70 液压抓斗

本节叙述中锐重科的 ZG70 液压抓斗，在宁波地铁交会站地下连续墙施工中的应用，重点是液压抓斗和旋挖钻机在硬地层中进行桩墙结合、组合工法的施工。

18.9.1　地下连续墙液压抓斗发展方向

1. 市场前景展望

随着我国基础工程施工事业的蓬勃发展，地下连续墙施工工艺被广泛地应用于城市地铁、高层建筑、地下停车场等地下空间以及大型水电站、悬索桥锚碇、码头、堤坝等众多工程项目中。我国在“十三五”期间将建设 3000km 左右轨道交通，将拥有总计 7000km 的城市轨道交通网络，表明我国城市轨道交通的建设总规模还会扩大，持续目前蓬勃发展的态势，前景喜人，市场广阔。

2. 市场需求

同样，随着城镇化步伐的加快，城市的土地资源越来越稀缺，城市也会逐步向下发展，向地下要空间。在未来的一段时间内，地下连续墙也逐步向更深、更厚方向发展，所应对的地层条件也会越来越复杂、越来越坚硬。面对当前充分竞争的市场环境，行业的技术以及施工价格往往都是透明的，施工竞争的本质变成了设备和施工管理的竞争，这就对地下连续墙施工设备的发展提出了更高的要求，市场迫切需要一款施工覆盖范围广、施工效率高、质量稳定、性价比高的好产品。

18.9.2 施工设备

1. ZG70 液压抓斗简介

根据本工程地质条件和业主对本工程工期、质量等的要求，选择中锐重科生产的 ZG70 地下连续墙液压抓斗进行施工。该产品采用进口康明斯发动机，根据实际工况条件，自动选择发动机的输出功率，施工油耗省；单排绳、大滚筒直径的进口双卷扬机，钢丝绳的使用寿命长；200t 的大推力油缸，适合复杂的地层、挖深槽，成槽效率高；高刚度、强度的多功能液压抓斗体，具备冲击功能，成槽质量好（图 18-18）。

图 18-18 ZG70 液压抓斗

2. ZG70 液压抓斗技术参数（表 18-10）

ZG70 地下连续墙液压抓斗性能参数 表 18-10

序号	项目	参数
1	成槽宽度（m）	0.8～1.8
2	成槽深度（m）	80
3	最大提升力（kN）	700
4	卷扬机单绳拉力（kN）	350
5	发动机额定输出功率（kW）	266/1900rpm
6	系统额定压力（MPa）	35
7	系统流量（L/min）	2×380
8	柴油发动机	CUMMINS QSM11
9	发动机最大转速（rpm）	1900
10	履带底盘型号	ZU 120
11	履带外侧距离（mm）	3450～4600
12	履带板宽度（mm）	800
13	牵引力（kN）	700
14	行走速度（km/h）	2
15	主机质量（t）	98
16	不含土抓斗质量（t）	24～32

3. 设备的特点

根据行业的施工经验和需求，按照设备的实际使用工况条件，与韩国现代公司合作开发的新型 ZH50 多功能底盘，布局合理，维修保养方便。配置欧洲进口的触摸屏电脑及多功能操控手柄，使得设备操控方便，燃油油耗低，经济效果好，符合当今环保要求。

大直径、长滚筒的卷扬机，选用德国进口的减速机和刹车，配置德国力士乐变量马达，机械、液压效率高，容绳长度长，大大提高钢丝绳的使用寿命，降低劳动强度，节约施工成本（图 18-19）。

根据施工经验设计开发的多功能斗体，结构简单，可方便调节斗体质量；销轴加粗，耐磨套加强、加厚，抓斗油缸最大闭合力可达 200t，施工效率快；可配置冲击抓斗用于硬地层施工；配置斗体旋转装置，用于异形槽施工（图 18-20）。

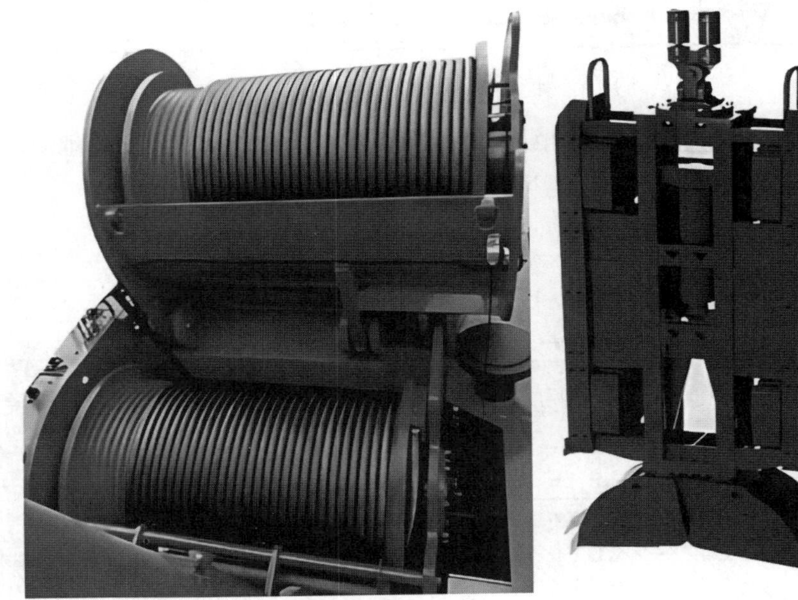

图 18-19　大直径、长滚筒的卷扬机　　图 18-20　多功能斗体

多功能斗体结构刚度好，使用寿命长。德国进口的测协仪，测量精度 0.01，通过 12 块推板，可以方便地控制槽子的垂直度在 1/500 以内。

18. 9. 3　工程概况

宁波市轨道交通 2 号线二期土建工程，包括红联站及招宝山站—红联站盾构区间。红联站是 2 号线二期终点站，与规划六号线“T”形换乘。2 号线总建筑面积 251324m^2，6 号线总建筑面积 27710m^2，采用明挖顺作法施工。

红联站 2 号线为地下两层、两柱三跨岛式车站，总长 481.12m。结构宽 21.2～22.5m，底板埋深 16.5～17.4m。围护结构采用地下连续墙＋内支撑体系，B 区基坑采用钻孔灌注桩＋内支撑体系。

红联站 6 号线为地下三层、两柱三跨岛式车站，总长 376m，结构宽 21.2～22.5m，底板埋深 24.1～24.7m，端头—结构宽 26.7m，底板埋深 25.6～26.4m。围护结构采用地下连续墙＋内支撑体系。6 号线设 3 个出入口、3 组风亭，均为一下一层，基坑深约 10m。围护结构均采用钻孔灌注桩＋止水帷幕支护，施工环境复杂，地质层主要包括杂填土、粉质黏土、淤泥质粉质黏土、强风化凝灰岩、中风化凝灰岩。施工示意图详见图 18-21。

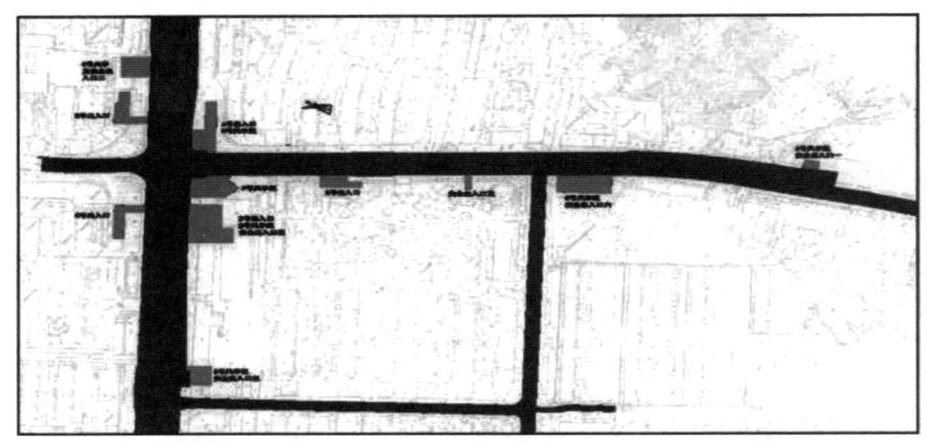

图 18-21　小港红联工地施工示意图

按照工程地质层的划分原则，地基土层分布规律和变化情况详见工程地质剖面图及钻孔柱状图。自上而下分述如下（图 18-22）。

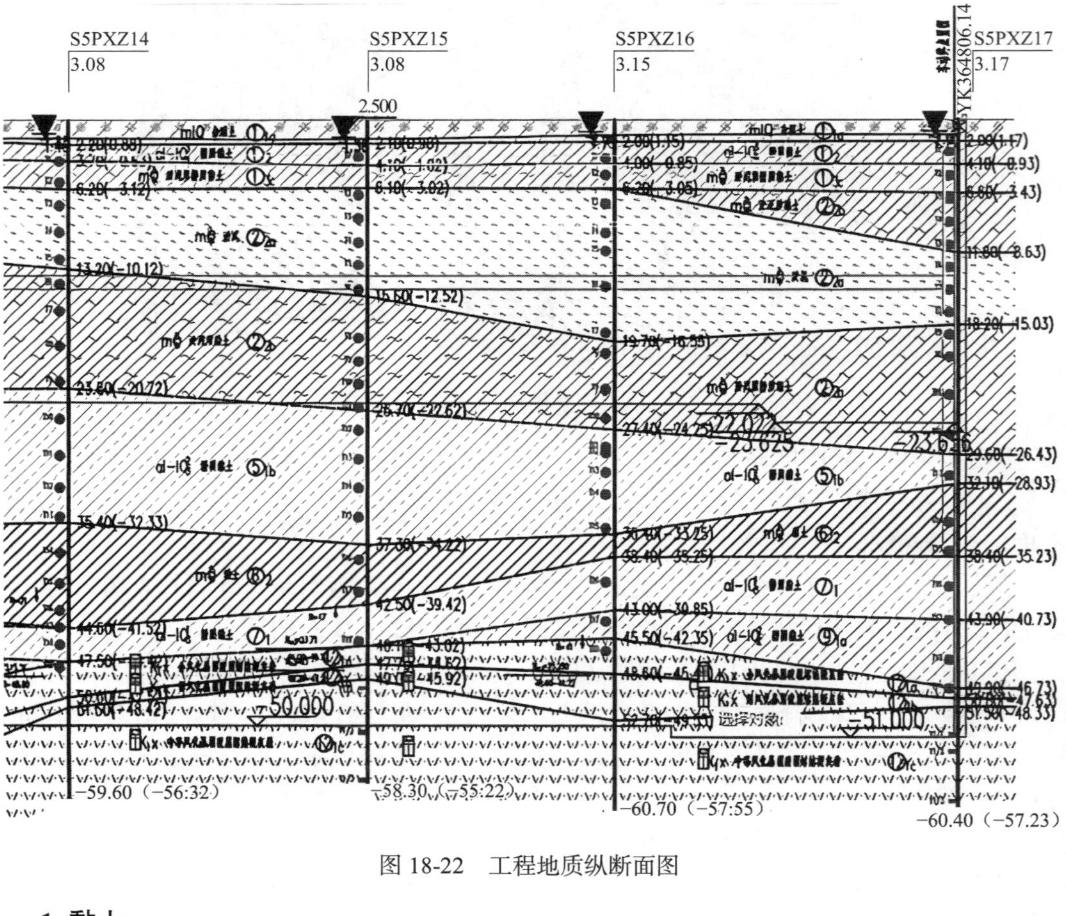

图 18-22　工程地质纵断面图

1. 黏土

灰黄、黄灰色，软，可塑，以黏土为主，部分为粉质黏土。

2. 淤泥质粉质黏土

灰色，流塑。厚层状，土质均匀，含少量腐殖质斑。该层全场分布，物理力学性质差，具高压缩性，属正常固结土。

3. 黏质粉土

灰黄、褐黄色，湿，稍密—中密，层状构造，具中等压缩性。

4. 强风化凝灰岩（KLx）

灰黄色，可塑—硬塑，岩石风化剧烈，原岩结构基本被破坏，岩石风化成粉质黏土或砂土状。标准贯入试验实测锤击数平均值$N = 38.7$击，具低压缩性。

5. 中风化凝灰岩

灰黄—青灰色，凝灰结构，块状构造，岩石坚硬，锤击声较清脆，锤击不易断裂，岩体较完整，RQD = 60%～90%；局部节理发育，岩芯较破碎，RQD = 30%～60%。岩石单轴饱和抗压强度值为 28.8～59.8MPa，平均值为 42.99MPa，属较硬岩。

18.9.4　地下连续墙设计及施工简介

1. 设计简介

地下连续墙设计墙深 55m，墙宽 1m，墙底入强风化岩不小于 2.5m，墙底桩嵌入中风化岩不小于 3.5m，设计采用桩墙结合形式，墙底钻孔桩桩径 1000mm，钻孔桩钢筋笼与地下连续墙钢筋笼焊接在一起整体下放。地下连续墙导管仓与钻孔桩桩位对应（图 18-23、图 18-24）。

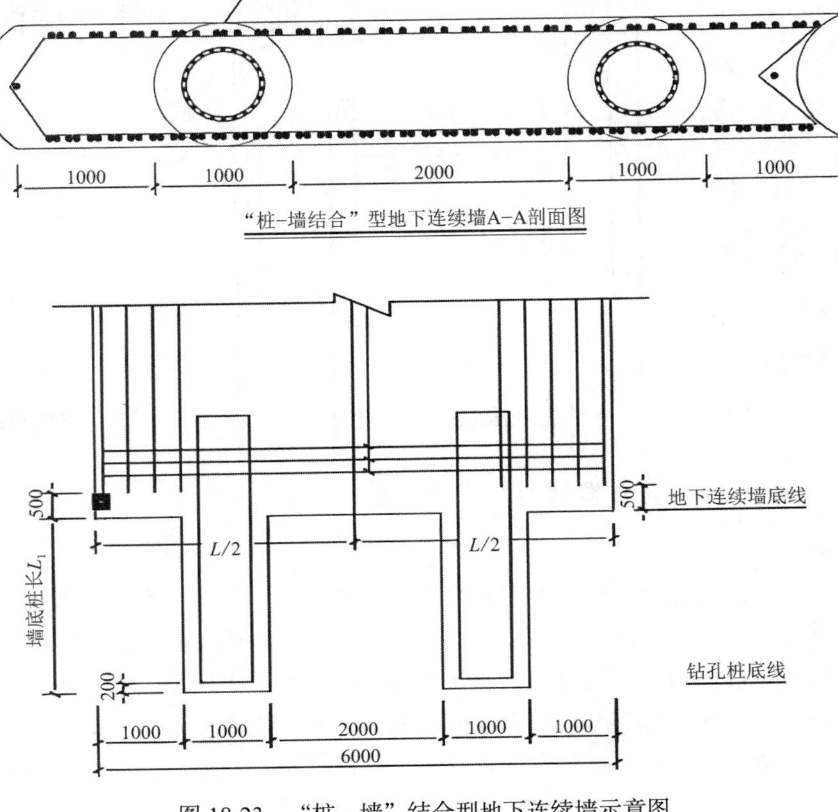

图 18-23　“桩—墙”结合型地下连续墙示意图

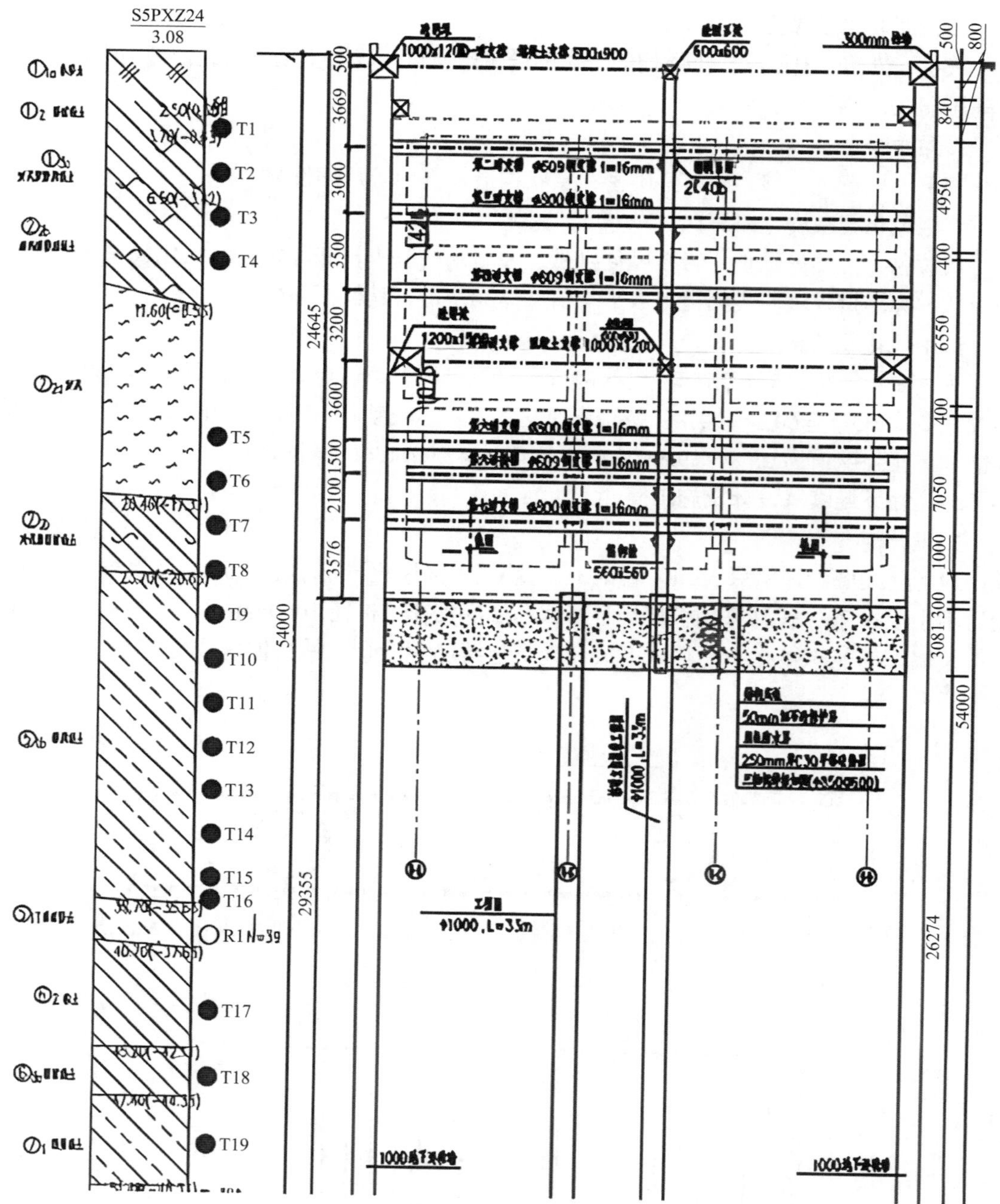

图 18-24 地下连续墙设计剖面图

2. 施工简介

（1）在导墙上精确定位出每幅地下连续墙的位置，标出接头位置。采用的 ZG70 液压抓斗，配有垂度显示器和纠偏装置。以“跳孔挖掘法”进行槽段施工，槽段按成槽先后次序分为首开幅、连接幅和闭合幅三种，非入岩地下连续墙采用抓斗成槽，入岩部分采用钻抓组合工法施工，施工工艺流程：槽壁加固→导墙制作→泥浆制备（图 18-25）→抓槽（旋挖钻桩锚孔、一清、刷壁）→钢筋笼制作吊装→锁口管安放→导管安放→二清→混凝土灌注→锁口管顶拔。

（2）先用液压抓斗完成上部土层部分（三抓成槽施工）和可以挖动的岩层并扫平，然后采用旋挖钻机对岩层部分的引孔施工（桩连墙的 2 个孔），抓斗入岩挖取直到设计要求后成槽。

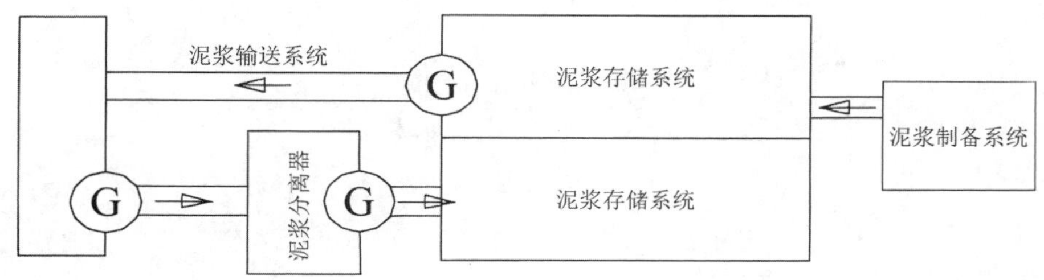

图 18-25　泥浆制备

（3）抓斗、旋挖钻采用交叉作业法提高工效。

（4）地下连续墙基槽清理完毕后进行锁口管的安放（图 18-26）。

图 18-26　锁口管的安放

（5）地下连续钢筋笼采用整体吊装法一次性吊装和分节吊装入槽，履带式起重机主吊为 350t，副吊为 180t。

（6）二清完成后进行混凝土浇注施工。

（7）在混凝土浇注过程中根据浇注时间进行锁口管的拔除。

18.9.5　设备的施工总结

小港红联工地地质情况复杂，中风化凝灰岩裂隙充填少量石英，局部裂隙面可见铁锰质渲染，岩石坚硬，单轴饱和抗压强度平均值为 42.99MPa。作为桩墙结合施工项目，从地下连续墙的槽段挖掘到旋挖钻的成孔，以及从钢筋笼的制作到浇注成墙，都给施工带来了一定的难度。其中，地下连续墙抓斗的施工效率和成槽质量的好坏，对整个项目来说，举足轻重。

图 18-27　抓斗抓出的块石

ZG70 地下连续墙液压抓斗在红联工地小试牛刀，抓取的强风化岩层，也达到了 5～8MPa（图 18-27）。槽的垂直度控制得非常好，精度高于 1/500（55m 的槽，垂直度偏差在 10cm 以内）。

目前，设备已经工作运行 760 多小时，总计施工方量 $13500m^3$，平均油耗 39L/h，钢丝绳外观良好，损耗很少，斗齿损耗也非常低。可以说 ZG70 液压抓斗的首场秀，得到了施工方和业主的一致好评，我们期待 ZG70 液压抓斗能够继续在小港红联项目的剩余工作中完美表现，为地下连续墙事业的发展贡献出一份力量。

（本节由中锐重科公司供稿）

18.10　垂直多头钻机和工法

18.10.1　工法概要

垂直多头回转钻机是首先由日本开发成功的。1967 年利根研制成功了俗名叫作长墙钻机的 BW 型垂直回转的多头钻机，现已在全世界的基础工程中得到推广应用，并且只有它一家生产这种钻机。日本的 SSS 工法也使用 BW 多头钻。

1970 年代末期，上海市基础公司曾研制了多头钻机 SF6080，并且在几个工程中得到了实际应用。大致与此同时，我国航运部门开始试用多个潜水电机组合成的机组来建造地下连续墙，新河钻机厂生产了 ZLQ 连续墙成槽机（多头钻）。

多头钻的工作原理是：利用两个或多个潜水电机，通过传动装置带动几个钻头旋转，切削土层，用泵吸反循环的方式排渣。

多头钻施工时无振动，无噪声，可连续进行挖槽和排渣，施工效率高，曾是一种很受欢迎的施工方法。

18.10.2　设备

表 18-11 列出了国内外几种多头钻的技术参数。图 18-28 所示是日本 BW 多头钻机结构图，图 18-29 所示是我国研制的 SF6080 多头钻机的钻头部分结构图，图 18-41 所示则是我国生产的组合潜水电钻 ZLQ 钻头结构图。

垂直多头回转钻机技术参数表 表 18-11

序号	项目	BWN5580	BWN80120（BWN90120）	SF6080	ZLQ
1	墙厚（＝钻头直径）（m）	0.55～0.80	0.80～1.20	0.6/0.8	0.40～1.2
2	一次挖槽长度（m）	2.47～2.72	1.40～3.6	—	—
3	有效长度（m）	1.920	2.80	2.35	2.25～3.20
4	高度（m）	4.525～4.555	5.505～5.555	—	—
5	挖孔深度（m）	50	50～130	40～60	50～80
6	钻头个数（个）	5	5	5	3～8
7	钻头转速（r/min）	35（50Hz）	25（50Hz）	30	—
8	吸泥口径（mm）	150	200	150	150
9	电动机功率×台数（kW×台）	15×2	18.5×2	18.5×2	22×8
10	电钻质量（kg）	10000	18000	9700/10200	—
11	适应地层	—	—	—	砾卵石
12	砂泵规格	—	—	—	Q4PS
13	砂泵效率（m^3/h）	—	—	—	190
14	生产厂	利根（日本）	利根（日本）	上海基础公司	新河钻机厂

目前，BW 型多头钻（BWN90120 和 BWN1500）已能挖深 130m，墙厚达 1.50m。

18.10.3 小结

多头钻的研制和应用，曾对地下连续墙的发展起了很大的推动作用。但是这种钻机只能掘削不太坚硬的细颗粒地层，因而适用性受到很大限制。随着水平多轴回转钻机的出现（它在花岗岩中也能挖槽），BW 已经受到了严重挑战。有人预料，水平多轴回转钻机迟早会取代垂直多轴回转钻机 BW。

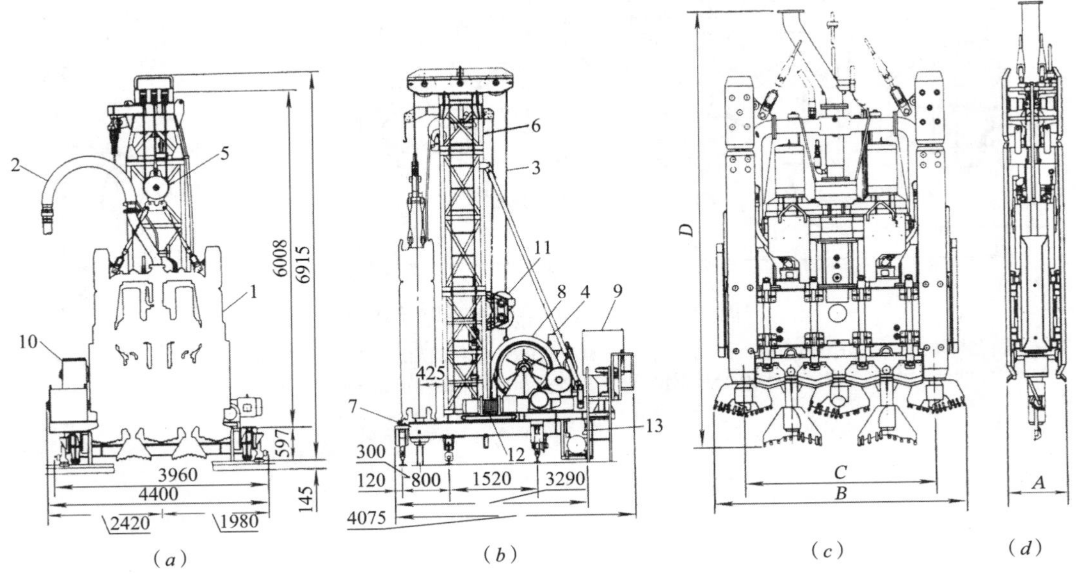

图 18-28 BW 多头钻机结构图

（a）正面图；（b）侧面图；（c）钻头正面图；（d）钻头侧面图

1—电钻；2—吸（排）泥软管；3—钢丝绳；4—给进指示器；5—动滑轮；6—机架；7—台车；8—卷扬机；9—配电盘；10—电缆卷筒；11—导轮；12—小型卷扬机；13—小型空压机

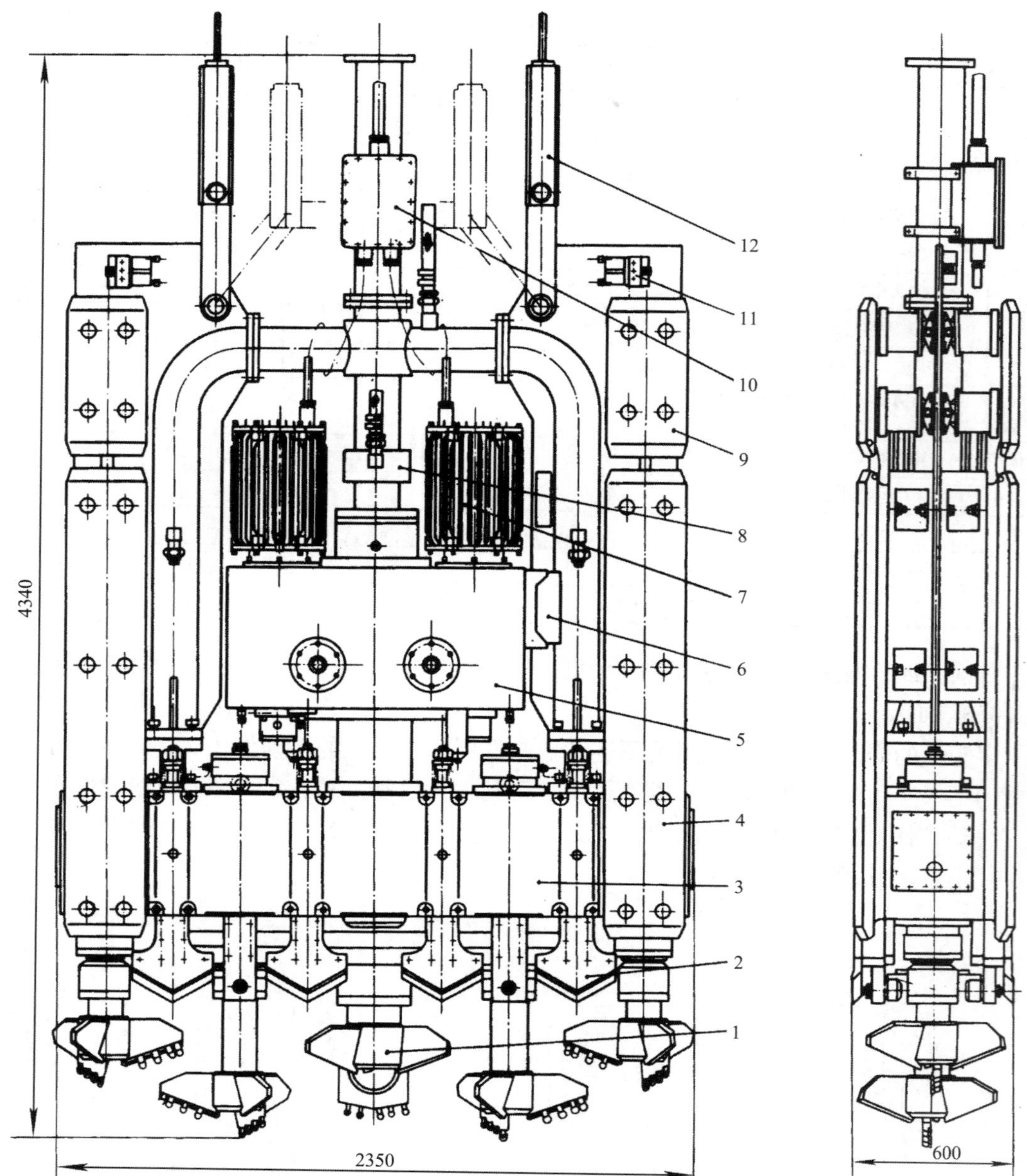

图 18-29 SF6080 多头钻机钻头结构图

1—钻头；2—侧刀；3—分配传动箱；4—导向板；5—减速箱；6—调压储油罐；7—潜水动力马达；8—高压空气扩散室；9—纠偏导板；10—电缆接线盒；11—电磁阀；12—钢索滑轮

第 19 章　旋挖钻机和工法

19.1　概述

旋挖钻机起源于 20 世纪 70 年代末期的欧洲。本文叙述的是伸缩式钻杆的旋挖钻机，它与直杆式前出平台的钻机不同。

1992 年，主编人所在的北京京水建设集团公司，经过调研论证，首先引进了意大利土力（Soilmec）公司的 R-15 旋挖钻机，马上投入北京市东三环道路在国贸大厦旁边的立交桥桩基施工，实践证明，它的效率比普通钻机高出 15～20 倍，深受欢迎，当时的总包单位市政二公司把一面“京城第一钻”的红旗插到了钻机顶端。这为以后其他单位引进、仿制和自制此类钻机起到了引领作用。

这种旋挖钻机对于地下连续墙来说，早期主要用于两钻一抓工法的钻主孔，现在可以用来建造咬合桩地下连续墙。

这种钻进工法，常常是通过专用的钻架和动力盘（头）来驱动各种钻具挖槽的。使用履带式起重机，移动和定位都很方便。

这种工法在未遇到地下水的情况下，可以用短螺旋抓斗或连续螺旋钻（CFA）直接挖土并送出孔外；遇到地下水时，则采用旋挖斗（筒钻）、CFA、全套管、振动沉管和摆（摇）管等钻具和设备来挖槽。无论用哪种方法挖槽，使用的泥浆均不循环使用，即静止使用方式，泥浆的主要作用是固壁和润滑冷却钻具，不再用来输送钻渣。这种办法叫作直接出土法。这种钻进工法在国外的应用已相当普遍，已经成了大直径柱基施工的主要机械设备了。

特别要注意的是，近年来有不少工厂开始以电代油，制造出电动旋挖钻机，如郑州的宇通重工公司那样值得推广。

19.2　旋挖成孔的特点及适用范围

19.2.1　工作原理

在泥浆护壁的条件下，旋挖钻机上的转盘或动力头带动可伸缩式钻杆和钻杆底部的钻斗旋转，用钻斗底端和侧面开口上的切削刀具切削岩土，同时切削下来的岩土从开口处进入钻斗内；待钻斗装满钻屑后，通过伸缩钻杆把钻斗提到孔口，自动开底卸土，再把钻斗下到孔底继续钻进，如此反复，直至钻到设计孔深。

19.2.2　旋挖成孔的特点

（1）在一般地层中要使用泥浆护壁，在无地下水的黏土层中可不使用稳定液。

（2）泥浆不循环，钻渣由钻斗直接提出孔外，泥浆只起护壁作用，因此泥浆的消耗量和处理工作量均较小，附属设施也较少。

（3）一般采用多层套装伸缩钻杆，钻进时不需接长钻杆，起、下钻速度快，操作简便，成孔效率高。一般在土层、砂层中的钻进速度可达8～10m/h，在黏土层中可达4～6m/h。

（4）一般采用履带式起重机作为装载主机，钻机移动和安装方便，但占地面积较大，钻机的价格和台班费用较高。

（5）由于钻具需频繁在孔内上下，其抽吸、刮削作用对孔壁稳定不利，因此对泥浆质量和泥浆管理的要求较高。

（6）当地基中有较大的承压水时，护壁困难，且成桩质量不易保证。

19.2.3 适用范围

（1）旋挖法在黏土、粉土、砂土等软土地层及粒径小于10cm的卵砾石层中均可施工，但在有承压水的地层中应用要慎重。

（2）旋挖钻孔直径一般为0.8～2.0m，最大可达3.0m；钻孔深度一般不超过50m，最大可达130m。

（3）配上潜孔锤，可以在岩石中挖孔。

19.3 钻机和钻头

19.3.1 旋挖钻机

一般由履带式起重机、钻架、导杆、转盘或动力头、加压装置等部分组成（图19-1）。转盘和动力头一般采用液压马达驱动，由履带式起重机提供动力。

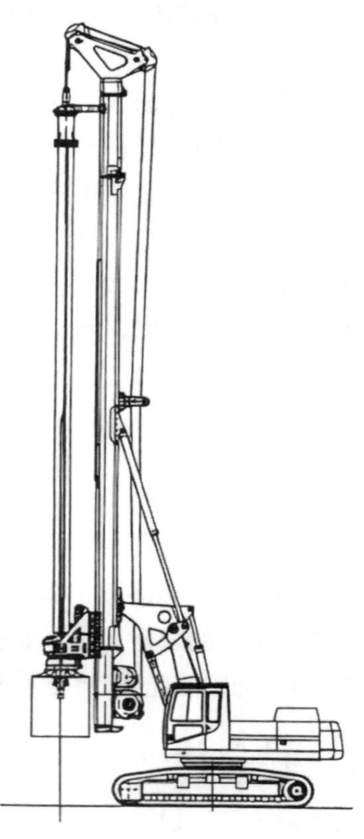

图19-1 旋挖钻机

新型的履带式全液压旋挖钻机，机、电、液一体化高度集中，结构紧凑，机械化、自动化程度高，有些还配备了先进的电脑操作系统。

操作灵活、方便。这些钻机均可一机多用，既可旋挖，也可用于长螺旋和短螺旋钻进。需要打斜孔时，导杆的倾角可以在一定范围内变换。

19.3.2 钻杆

1. 伸缩钻杆

配备伸缩钻杆可以减少钻进中的辅助工作时间，提高钻进工效，这是旋挖成孔的主要优势。伸缩钻杆由多层钻杆套装而成，可以像电视天线一样伸缩。由转盘或动力头驱动外层钻杆旋转，由外向内逐层传递扭矩，最里层钻杆与钻斗相连接，带动钻斗旋转。伸缩钻杆的层数越多，可钻孔深越大；一般为3～4层，最多的有5层。钻杆截面多为圆形，也可为方形；圆形钻杆的各层之间用花键传递扭矩。钻进中随着孔深的增加，钻杆在重力作用下逐层下伸；各层钻杆之间有互锁机构，在竖向压力作用下不会回缩。起钻时由与卷扬机连接的钢丝绳提吊内层钻杆，再由内层钻杆逐层带动外层钻杆回缩。需要时也可用导杆上的加压机构对钻具加压。

2. 普通钻杆

这是一种与普通小型钻机配套使用的单层外平钻杆，该钻杆的连接处没有台阶，钻斗可沿钻杆上下滑动。为了节省时间，起钻出渣时只提出钻斗，而不起卸钻杆。

19.3.3 钻斗

钻斗也称旋挖钻头，为圆桶形结构，其上部与钻杆连接。常规钻削式钻斗（图 19-2）底部都有带铰链和活舌式锁扣的下开底门，在底门上开有两道对称布置的扇形进渣口，有的钻斗在柱面的底部开有 1～2 个方形小进渣口；进渣口的切削刃上镶有硬质合金刀齿；钻斗内装有一根伸出斗顶的底门开锁杆。当装满渣土的钻斗提出孔口时，开锁杆受到外层固定钻杆底部挡板的碰压而产生开锁动作，底门自动打开卸土；卸土后下放钻杆使钻斗接触地面关门并自动锁紧。钻斗高度一般为直径的 1.3～1.5 倍。

钻进中遇到粒径较大的卵石和漂石时，则需要使用取石钻斗、冲击钻斗、环形牙轮钻斗等特殊钻具，其结构形式见图 19-3～图 19-5。

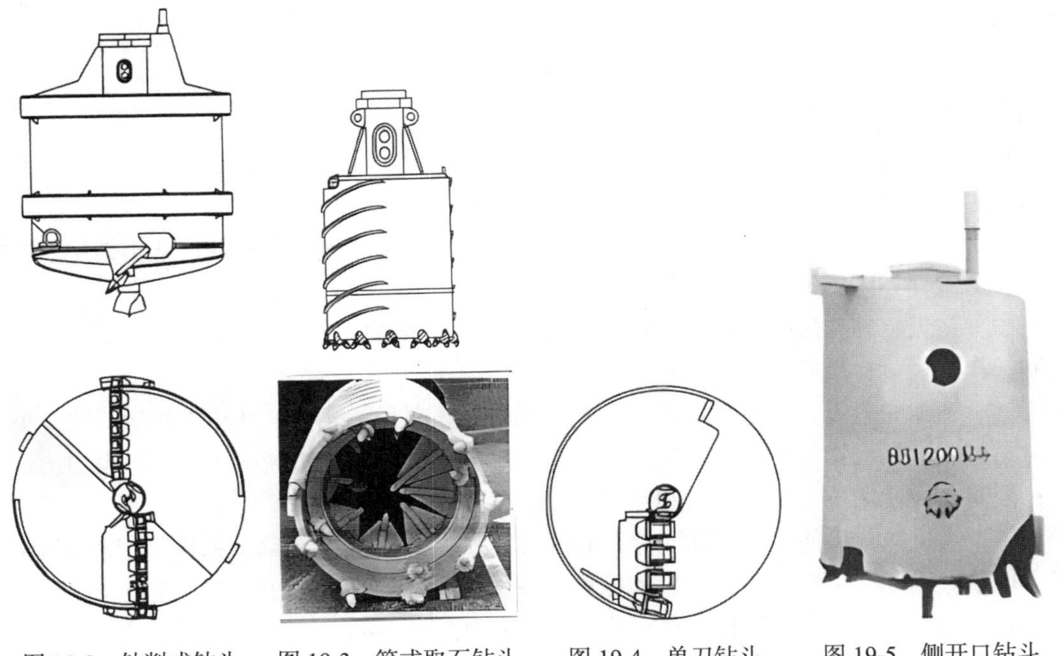

图 19-2 钻削式钻斗　图 19-3 筒式取石钻斗　图 19-4 单刀钻斗　图 19-5 侧开口钻斗

19.3.4 潜孔锤及配件

近年来，在旋挖钻机上配上潜孔锤，可以在岩石中挖孔，可以建造咬合桩地下连续墙，详见后面章节。

19.4 旋挖成孔工艺

19.4.1 护筒埋设

泥浆护壁旋挖成孔需要埋设深度较大的护筒（一般为 3～5m），护筒用厚壁钢管制作，护筒内径大于桩径 50～100mm。埋设时，先用直径与护筒外径一致或稍小的钻头钻够护筒埋设深度，然后在孔口放置护筒，再用钻机和不带钻头只带压盘的钻杆将护筒压入孔内。

19.4.2 施工要点

（1）钻进转速范围为70～50r/min，一般小于30r/min。孔径较小、地层较软时可用较大的转速，反之用较小的转速。

（2）对于粒径小于 100mm 的地层均可用常规钻削式钻斗取土钻进，钻进时应注意满斗后及时起钻卸土。

（3）钻进较软的地层时应选用小切削角、小刃角的楔齿钻斗，钻进较硬的地层时应选用大切削角的锥齿钻斗。

（4）当地层中含有粒径100～200mm的大卵石时，应采用单底刃大开口的取石钻斗钻进，或用冲击钻头击碎后再用钻削式钻斗钻进。

（5）遇到粒径大于 200mm 的漂石或孔壁上有较大的探头石时，应采用筒形取石钻斗捞取，或采用环形牙轮钻斗先从孔壁上切割下来再捞取。

（6）遇到硬土层时，为加快钻进速度，可先钻小孔，然后再扩孔。

（7）为防止孔斜和超挖过大，每次下钻都要对准孔位，最好采用原位卸土的方法。

（8）施工中要加强泥浆管理，严格保证泥浆质量，每次起钻后要及时补浆。

（9）遇到大漂石或硬岩层时，可采用潜孔锤配合旋挖钻，具体做法见后文。

19.4.3 常见故障的预防与处理

1. 卡埋钻具

1）发生原因及预防措施

（1）在较松散的砂卵石层或流砂层中，因孔壁坍塌造成埋钻。在钻进此类地层前应提前制订对策，如调整泥浆性能、加长护筒长度等。

（2）钻进软黏土层时一次进尺太多，因孔壁缩颈而造成卡钻。在钻进此类地层时，应控制一次进尺量，最好不超过40cm。

（3）钻斗的边齿、侧齿磨损严重，不能保证成孔直径，孔壁与钻斗之间的间隙过小，此时易造成卡钻。钻筒直径一般应比成孔直径小60mm以上，边齿和侧齿应适当加长、加高；同时，在使用过程中，边齿和侧齿磨损后要及时修复。

（4）因机械故障使钻斗在孔底停留时间过长，导致钻斗四周沉渣太多或孔壁缩颈而造成卡埋钻。因此，平时要注意钻机的保养和维修；同时，要调整好泥浆的性能，使孔底在一定时间内无沉渣；检修钻机前尽可能将钻斗提离孔底2m以上。

2）处理措施

处理卡埋钻主要有以下几种方法：

（1）直接起吊法。即用起重机或液压顶升器直接起拔。

（2）清除沉渣法。即用高压水冲出钻斗四周的沉渣，并用空气吸泥器（气举反循环）吸出孔底附近的沉渣。

（3）高压喷射法。即在原钻孔两侧对称打2个小孔（小孔中心距钻斗边缘0.5m左右），然后下入喷管对准被卡的钻斗高压喷射，直至两孔喷穿，原孔内的沉渣落入小孔内，即可回转提升被卡钻斗。

（4）护壁开挖法。当卡钻位置不深时，可用加深护筒等办法护壁，然后人工直接开挖，清理钻斗四周的沉渣。

2. 坍孔

主要是因为地层松散、地下水位较高，而又没有使用泥浆、泥浆供应不足、泥浆性能不好等原因所致。在易塌地层中钻进时，应使用密度和粘度较大、护壁效果较好的泥浆，并及时向孔内补泥浆，保持较高的浆面高度。同时，注意控制起、下钻具的速度，避免对孔壁产生过大的冲击、抽吸作用。

3. 主卷扬钢丝绳拉断

钻进过程中如操作不当，易造成主卷扬钢丝绳拉断。在起、下钻具时应注意卷绳和出绳不要过猛或过松，不要互相压咬，提钻时最好先用液压系统起拔钻具。当钢丝绳有较多断丝或有硬伤时，应及时更换。

4. 动力头漏油

发生这一现象的原因，除钻机的设计、安装存在缺陷外，主要是负荷超过设计能力、动力头内套过度磨损所致。所以，钻进前应了解钻机的设计挖掘能力，钻进中不要超负荷运行。

19.5 徐工基础旋挖钻机

19.5.1 概述

徐工 XR 系列旋挖钻机，主要分为 D 系列、E 系列两大系列产品，动力头扭矩涵盖 80～800kN · m。其中，D 系列旋挖钻机凭借 M7 工况单排绳主卷扬、专用 TDP 系列旋挖钻机底盘、动力头多档位控制模式等技术优势，并经过市场上千台设备的认证及施工考验，深受广大客户欢迎，目前徐工 XR280D 以上大吨位旋挖钻机市场占有率达到 60%以上，稳居行业第一；E 系列旋挖钻机凭借其独特的双动臂或大三角变幅机构、基于模块化设计的多功能工法配置、全新智能化电控系统平台等技术优势，参数全面提升，领先同行，在 2014 年一经推出，便受到市场关注，成为徐工集团的明星系列产品。

徐工 XR 系列旋挖钻机紧贴市场需求，可满足桥梁、铁路、公路、房建等工程的桩基础施工要求，并提供设备定制化服务，满足客户的特殊工程需求。徐工 XR 系列旋挖钻机承担了国内多个跨江、跨海大桥等重要项目的基础施工建设，其出色的施工作业能力，赢得客户青睐。

产品型谱见表 19-1

徐工旋挖钻机型谱表　　表 19-1

D 系列旋挖钻机						
产品型号	最大扭矩（kN · m）	最大孔径（mm）	最大钻深（m）	钻杆直径（mm）	整机功率（kW）	整机质量（t）
XR150DⅢ	150	1500	56	377	133	49
XR180D	180	1800	60	406	194	58
XR220D	220	2000	80	406	242	78
XR280D	280	2500	88	508	298	88

续表

D 系列旋挖钻机						
产品型号	最大扭矩（kN·m）	最大孔径（mm）	最大钻深（m）	钻杆直径（mm）	整机功率（kW）	整机质量（t）
XR320D	320	2500	90	508	298	95
XR360D	360	2500	102	508	298	92
XR400D	400	3000	110	575	373	132
XR460D	460	3000	120	630	447	158
XR550D	550	3500	132	630	447	180
全新 E 系列旋挖钻机						
XR80E	80	1000	24	299	116	28
XR130E	130	1500	50	355	169	43
XR160E	160	1500	56	377	150	49
XR200E	210	1800	65	406	212	63
XR240E	240	2200	80	440	270	82
XR300E	300	2500	94	508	315	100
XR360E	360	2600	103	508	345	110
XR400E	400	2800	103	530	373	115
XR800E	800	4800	150	720	641	310

19.5.2 XG 系列地下连续墙液压抓斗与 XTC 系列双轮铣槽机简介

徐工地下连续墙液压抓斗，经过四代的发展历程，目前已经形成徐工 XG 系列连续墙液压抓斗，凭借四代设备的升级和丰富的施工经验，具有突出的技术优势：外廓型斗头结构，斗容增加 5%，达到高效的施工效率；可选±90°、0～180°抓斗回转装置，满足城市内狭小空间施工的要求；双卷扬单排绳结构，钢丝绳寿命提高 50%；抓槽闭斗过程钢丝绳自动胀紧系统，确保成槽精度等。可提供满足 800～1500mm 不同成槽厚度的抓斗，最大深度达到 85m，因其自动化程度高、提放速度快、闭合力大、成槽质量好的特点，而得到客户的一致好评、认可。

徐工 XTC 系列双轮铣槽机是打破国外技术垄断，自主研发的大型地下连续墙成槽设备，硬岩成槽高效利器，主要应用于地铁车站、大桥锚碇及高层建筑地下室、停车场等深基础工程中防水墙、挡土墙、承重墙的施工，凭借其高效的施工能力、地层适应能力、高可靠性，广受市场青睐（图 19-6）。其中，XTC80/85、XTC80/65 等型号采用专用主机，实现了大流量、大颗粒水下泵举排渣；XTC80/55 一机两用，通用主机，可实现铣槽与抓槽两种功能间的切换，独特的铣轮传动方式，大大降低了传动件的成本，且备件易得。配合旋挖钻机及连续墙液压抓斗施工，已成为行业内设备成套化施工的典范。

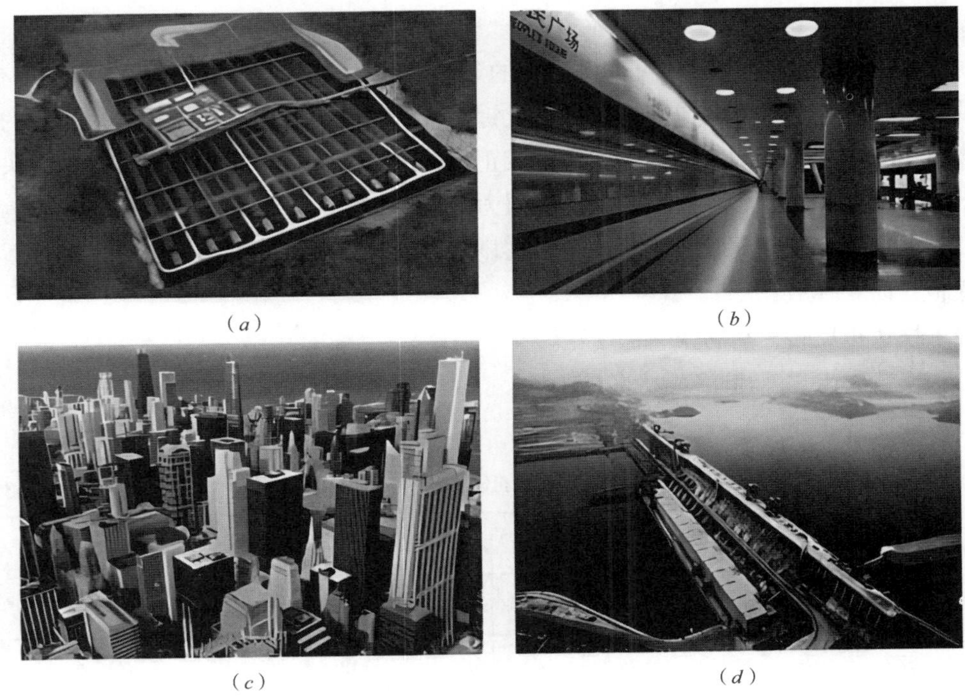

图 19-6
（a）地下油库；（b）地铁站；（c）建筑物基坑建设；（d）水利水电建设

19.5.3　钻具和工法

1. 钻具选择（表 19-2）

钻具选择　表 19-2

钻杆选择					钻头配置
钻杆编号	最大钻深（m）	扭矩（kN·m）	加压力（kN）	质量（kg）	ϕ1000mm 双底双开斗齿捞砂斗
MZ508-6×18.7（标配）	103	360	240	16090	

2. 施工工艺

由于上部土层的力学性质较差，基础工程正式施工时要予以挖除。因此，为了消除该段土层对后期桩身试验数据录入的影响，以及保证试桩钻孔的稳定性，施工方选用了一种较为先进的施工工艺——清摩阻双层套筒施工工艺，这里不作详细介绍。由于地层整体硬度不高，所以整个成孔过程只配备了双底双开斗齿捞砂斗一种钻头。上部不稳定地层采用护筒护壁，下部地层的状态为密实或者硬塑、坚硬，稳定性较好，使用泥浆进行简单护壁即可，对泥浆性能要求不高。

1）垂直度控制

（1）检查桅杆状态，通过经纬仪检测垂直度；

（2）平整施工场地，保证平整、坚实，必要时在履带下铺垫厚钢板；

（3）合理选择钻进参数，尽量避免持续踩踏放绳踏板。当钻压过大、进尺较快时，宜采用不加压或者点加压方式，控制好进尺速度。

2）打滑问题

“打滑”现象大多是在钻机配置摩阻杆的条件下发生的，这与摩阻杆的工作原理有关。摩阻式钻杆传递压力的方式是靠内节钻杆外键与外节钻杆内键之间的摩擦作用实现的，内外键摩擦力大小又与动力头的扭矩大小是成正比的，动力头输出扭矩的大小则由钻头切屑地层的阻力决定。因此，保持一定的地层阻力是避免打滑的关键：

（1）钻头接触硬黏泥时要突然加压，在显示压力升高时再持续加压，进尺到位后关闭钻斗底板，防止掉渣；

（2）快速正反转，然后快速加压正转；

（3）反装钻齿（斗齿），增大角度。

3. 效率统计（表 19-3）

效率统计 表 19-3

试桩桩号	钻进孔深（m）	检查垂直度（%）	成孔时间（h）
SZ1	100.5	0.21	21
SZ2	96	0.18	17
SZ3	102	0.13	18
SZ4	89	0.12	15.2

4. 案例小结

采用摩阻式钻杆钻进呈坚硬状态的淤泥、黏土类地层时，操作机手要注意以下两点：

①控制好单次进尺量，避免单次进尺量过大，造成钻渣从钻斗顶部冒出，将硬地层切入点覆盖；②在孔底提钻关闭斗门时，尽量避免多次反转，以免将钻齿切入点磨平。

对于易打滑地层，只要旋挖钻机操作者能够很好地做到上述两点，大多数情况下都能保证钻进正常进行；对于垂直度控制，需要良好的设备状态、坚实的施工场地以及丰富的操作经验共同保证。

19.5.4 铁路特大桥

1. 工程概况

椒江特大桥主航道桥采用（84 + 156 + 480 + 156 + 84）m 四线双塔索面钢桁梁斜拉桥。墩号为 47～52 号墩，其中 47、52 号墩为边墩，48、51 号墩为辅助墩，49、50 号墩为主墩。49 号墩下设 42 根ϕ2.5m 钻孔灌注桩，梅花形布置，按摩擦桩设计，设计桩长 114～116m，最大钻孔深度达 143m，采用徐工 XRS1050、XR400D、XR550D 旋挖钻机组合施工。

2. 地质信息

地层分布由上到下为：淤泥、淤泥质黏土（22m 厚）、细砂、细圆砾（23.7m 厚）、含砾粉质黏土与细圆砾土交替层（约 51m 厚）、全风化凝灰岩、中风化凝灰岩、弱风化凝灰岩。桩尖要求进入强风化凝灰岩，否则增加桩长，桩尖进入强风化凝灰岩 0.5m 或遇到中风化凝灰岩或钻孔深度达到 145m 时可终孔。

3. 机械设备及钻具配置（表 19-4）

机械设备及钻具配置　表 19-4

序号	设备名称	规格、参数	数量	备注
1	旋挖钻机	XR550D	2 台	徐工
2	旋挖钻机	XR400D	1 台	徐工
3	旋挖钻机	XRS1050	1 台	徐工
4	泥浆净化装置	250	2 台	三川德青
5	螺杆式空气压缩机	SFA132C	2 台	宁波欣达
6	履带式起重机	75t	1 台	徐工
7	履带式起重机	150t	1 台	中联
8	挖掘机	PC360	1 台	小松

4. 施工技术要求

（1）首先施工 49 号承台 42 根桩，1 台 XRS1050、1 台 XR400D、2 台 XR550D 配合施工。

（2）施工采用两组平行作业法：第一组 XRS1050 先钻进至 105m，XR550D 接力钻进至设计孔深；第二组 XR400D 钻进至 110m，另一台 XR550D 接力钻进至设计孔深。

（3）旋挖钻机换位过程中，桩心需要准确对位。

（4）严格控制钻孔速度，避免进尺过快发生孔斜。

（5）钻头方套和钻杆方头间隙不大于 2mm。

（6）钻斗上顶板和筒体加焊牢固，避免提放钻底板打开（通过甩开下底板进行卸土）。

5. 主要施工工艺

栈桥施工→钻孔平台施工→钢护筒施工→护筒内钻进→清刷护筒内壁泥皮→旋挖钻机继续钻进成孔→第一次清孔后终孔质量检测→吊装钢筋笼→二次清孔验收→浇注水下混凝土成桩→旋挖钻机清理桩头浮浆→桩质量检测→围堰施工→承台施工→墩身施工。

旋挖钻机和旋挖钻机在栈桥上施工见图 19-7、图 19-8。

图 19-7　旋挖钻机图

图 19-8　旋挖钻机在栈桥上施工

6. 成桩质量控制

（1）泥浆拌制及循环系统：泥浆在江岸搅拌完成后输送至主承台钢护筒内，多个钢护筒串联后构成泥浆存储、循环系统。泥浆输送管线均采用双管，根据需要进行循环输送或双管通向输送，确保优质泥浆的供应。

（2）采用ϕ400mm导管，使用前进行加水增压试验，压力试验合格后方可使用。

（3）一次清孔及二次清孔均采用螺杆式空气压缩机、泥砂分离器进行气举反循环清孔，保证了清孔质量和缩短了清孔时间。

（4）根据地层情况，合理控制进尺速度（本次施工中不同深度的钻进效率如图19-9所示）。

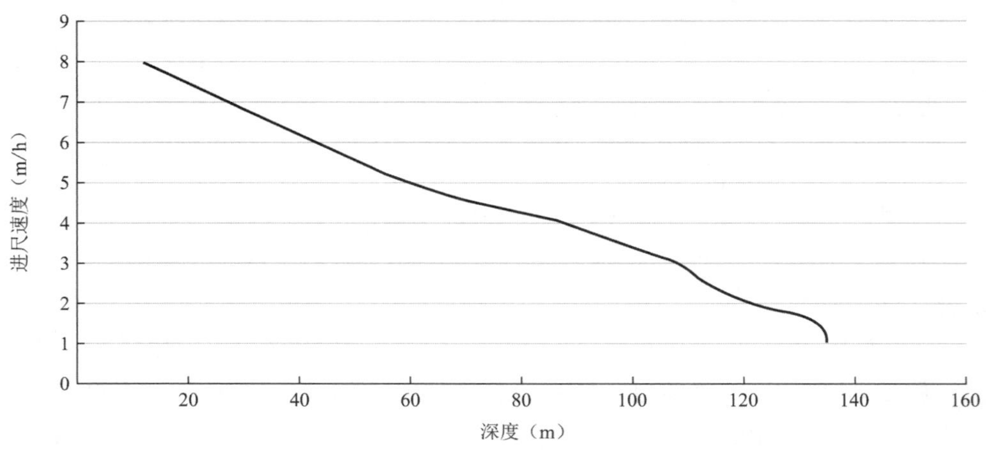

图19-9　本次施工中不同深度的钻进效率

7. 施工效率分析

每组2台设备施工各道工序需要时间如图19-10所示，考虑到现场平台面积小、工序衔接时间不确定等因素的影响，每组设备成桩效率取0.6根/d。

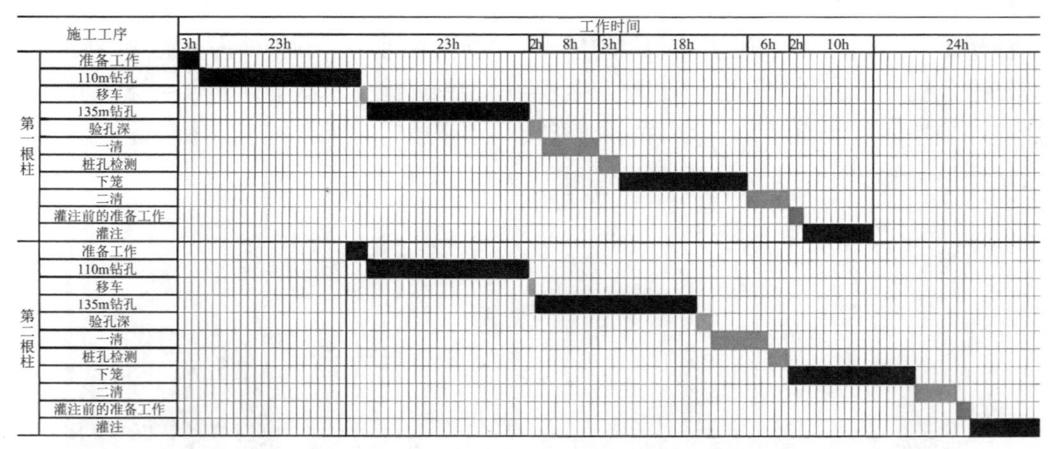

图19-10　每组设备施工各道工序需要的时间

8. 大桩深孔施工的技术关键点

（1）旋挖钻机主卷扬必须有较高的提升力。

（2）确保整机稳定性的条件下可增长桅杆，悬挂加长钻杆。

（3）钻杆节数达到6节，单节长度26.5m，钻杆材质和加工工艺必须满足恶劣工况需求。

（4）钻斗结构坚固，必要时尽可能满足单斗进尺不小于 50cm，且一钻到底，提高成孔效率。

19.5.5　高层建筑试桩

1. 工程概况

“春之眼”项目是云南昆明地标性建筑工程，位于北京路与金碧路交叉口，项目用地东至北京路，西临盘龙江，北至东风东路，南至金碧路。前期规划由一座 456m 主塔（后因轨道 6 号线值机大厅建设，用地规模减小，建筑高度相应调整为 407m）和 300m 副塔、大型商业裙楼和地下广场组成，业态涵盖了国际顶级写字楼、国际一线顶级酒店、高端商业、公寓等，是一个集商务、购物、居住、观光为一体的大型城市综合体项目。该项目当时由旋挖钻机施工的为其基础部分的试桩工程，桩数为 6 根，孔径为 1.0m，桩深 89～98m。

2. 地质情况（表 19-5）

“春之眼”项目地质情况　　表 19-5

序号	深度范围	地层描述	地下水位
1	0～6m	人工杂填土地层，总体上结构松散、成分复杂，固结程度差	在勘察期间，测得静止地下水位 2.30～4.80m
2	6～20m	为冲洪积形成的黏土、粉砂、圆砾等地层，黏土为可塑—硬塑状态；粉砂层，密实状态为稍密；圆砾层分布厚度均匀，稍密	
3	20～55m	主要为黏性土及砂性土，该段黏性土中以泥炭质黏土力学性质最差，具有高压缩性；砂性土力学性质较好，近于密实	
4	55～82m	为粉质黏土、粉砂及泥炭质黏土互层，粉质黏土为硬塑状态，局部为坚硬状态；粉砂呈密实状态；泥炭质黏土属硬塑状态	
5	82～102m	依次为粉质黏土、粉砂及泥炭质黏土，其中粉质黏土为硬塑—坚硬状态，粉砂呈密实状态，泥炭质黏土属硬塑状态	

3. 机型选择

该工程由于不需要入岩且桩径较小，所以钻进难度不是很大。但其最大 98m 的孔深，是一般的中小型旋挖设备无法达到的，因此施工方选用了最大钻深达到 102m 的徐工 XR360 旋挖钻机，配置摩阻式钻杆进行成孔钻进。钻头配置相对单一，只配有ϕ1000mm 的双底双开斗齿捞砂斗。

19.6　山河智能的旋挖钻机

19.6.1　概述

山河智能公司是国内重要的旋挖钻机生产厂家。它生产的旋挖钻机采用变量原和变量马达，先进的智能电控系统，配置了大直径潜孔锤、高压旋喷、搓管机等多种设备，实现一机多能（图 19-11）。

图 19-11　山河智能旋挖钻机外形图

19.6.2　主要技术参数（表19-6）

山河智能旋挖钻机性能表　　表19-6

参数		型号		
		SWDM450	SWDM550	SWDM600
钻孔	最大钻孔直径（mm）	3000	3500	3500
	最大钻孔深度（m）	121/78	135/88	145/95
发动机	品牌	Cummins	Cummins	VOLVO
	型号	QSX15-C600	Q5X15-C600	TAD1643VE-B
	拟定功率（kW/rpm）	447@2100	447@2100	555@1900
	排放	国Ⅲ	国Ⅲ	国Ⅲ
动力头	最大扭矩（kN·m）	450	550	600
	转速（rpm）	6～25	5～24	9～32
	高速扬土（选配）（rpm）	—	—	—
加压系统	最大加压力（kN）	420	480	480
	最大提升力（kN）	420	500	500
	最大行程（mm）	8000	10000	10000
主卷扬	最大提升力（kN）	490	600	640
	最大提升速度（m/min）	70	50	65
副卷扬	最大提升力（kN）	110	110	110
	最大提升速度（m/min）	65	65	65
钻桅	左右倾角（°）	±4	±4	±4
	前倾角（°）	5	5	5
底盘	履带宽度（mm）	900	1000	1000
	履带伸缩宽度（mm）	3400～5000	6000	6000
	底盘长度（mm）	7030	7640	7640
整机	工作高度（mm）	31055	35310	36285
	工作质量（t）	158	202	210

19.6.3　主要创新点

（1）专用伸缩底盘：坚固耐用，稳如磐石；采用自主研发的专用伸缩底盘，与旋挖工况载荷相适应，整机稳定性更高，可实现360°全方位施工。

（2）平台优化布局：管路整齐，空间宽敞，易于维护；平台围栏，提升设备安全性。

（3）专利回转制动装置与控制技术，解决大扭矩和复杂地层施工时，回转冲击大，导致机器稳定性差、施工质量低的问题。

（4）动力头导向精度高，密封性好：多重密封结构；专利加长型驱动键条，有效解决键条安装螺栓易断裂、难维修的问题，并与钻杆完美匹配，延长钻杆使用寿命10%以上。

（5）单层滚筒：大直径长滚筒，钢丝绳单层缠绕，使用寿命更长。

（6）高效智能：动力系统—负载功率完美匹配，动力头多档位一键切换，能耗与地层工况完美匹配，见图 19-12。

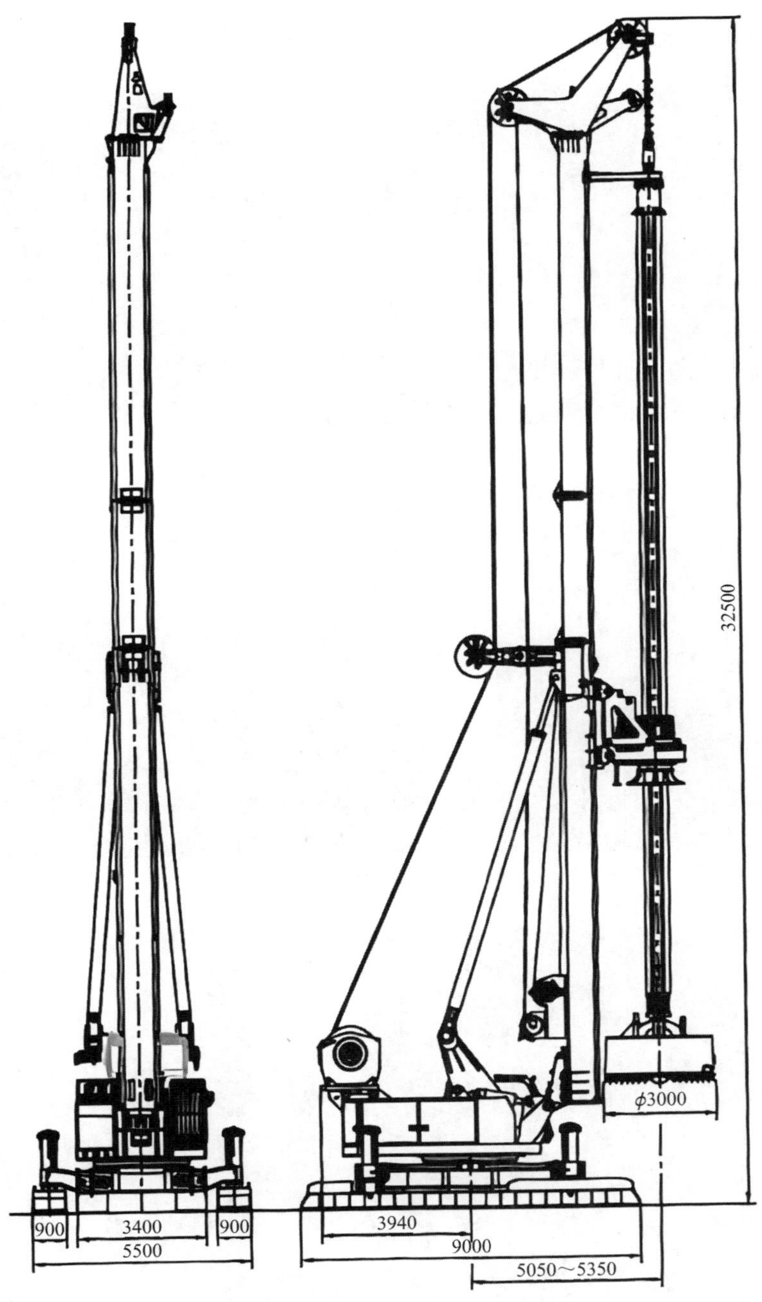

图 19-12　山河智能旋挖钻机结构图

19.6.4　主要配置及特点

（1）连续螺旋钻（CFA）；

（2）高压旋喷；

（3）大直径潜孔锤；

（4）搓管机；

（5）高效入岩。

19.6.5 典型工程案例

典型工程案例见图19-13～图19-15。

图19-13 管道竖井工程

图19-14 柳州火车站项目

图19-15 深圳地铁13号线留仙洞地铁站

19.7　意大利土力公司旋挖钻机系列

19.7.1　概况

自行安装，易运输，减少了拆卸和安装的费用。动力头具有套管驱动功能，可选择油缸加压或卷扬加压方式。土力自制底盘具有装配搓管机的预留接口。

19.7.2　主要技术参数（表 19-7、图 19-16）

EVO SR-30，SR-40，SR-60，SR-80。

EVO：多功能化钻机，被设计为在 LDP 和 CFA 工法具有最佳表现的系列。

ADV SR-45，SR-65，SR-75，

ADV：灵活自如的钻机被设计用于提供最佳钻孔解决方案的系列。

HIT SR-95，SR-115，SR-125，SR-135，SR-145。

HIT：多用途的钻机被设计用于提供最佳钻孔解决方案的系列。

土力公司系列产品技术参数　表 19-7

最大直径（mm）	3500	最大扭矩（kN·m）	473
最大深度（m）	140	设备质量（t）	150

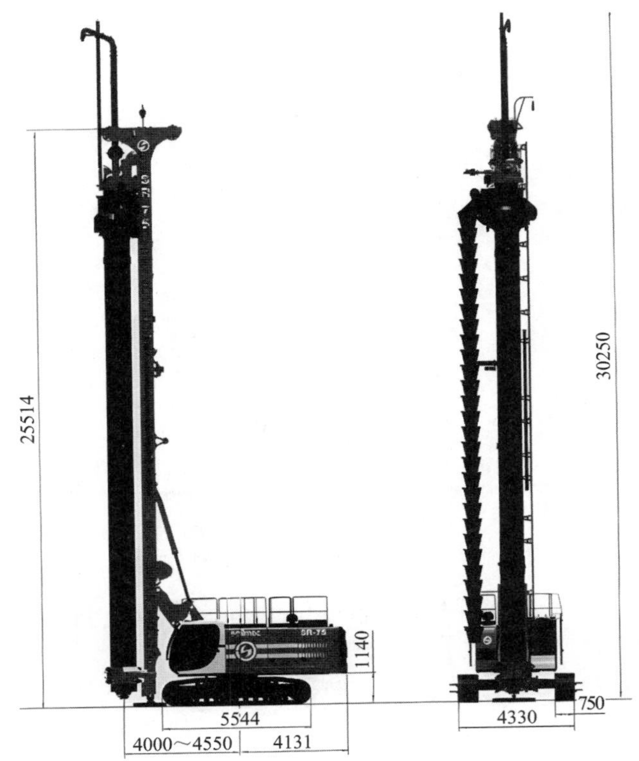

图 19-16　旋挖钻机图

工法:(1)大直径旋挖灌注(LDP);(2)长螺旋(CFA);(3)全套管咬合桩模式(CAP/CSP,表19-8);(4)置换桩(DP);(5)喷搅桩(TJ);(6)碎石桩(BFS)。

全套管咬合桩模式技术参数　　表19-8

CAP/CSP	套管桩/咬合桩	4层拉力
操作质量(特殊底盘,不含螺旋杆,不含套管)	84500kg	186290 lb
最大桩径	800mm	31.5 ir
最大桩深(含6m螺旋杆延伸)	245m	80.3 f
最大桩深(含清渣器,6m螺旋杆延伸)	235m	77 f
最大套管深度含/不含清渣器	17.4/184m	57/60.4 f
套管提拔力/加压力	408kN	1088075 lb
螺旋杆提拔力/加压力	787kN	176925 lb

第 20 章　双轮铣槽机

20.1　概述

20.1.1　双轮铣槽机发展的迫切性

（1）目前，我国的大型水利水电工程已经转移到大西南和大西北地区。那里环境恶劣，大多处于高山峡谷中，建坝地点多为坚硬的花岗岩或其他硬岩地区。那里的地下连续墙（防渗墙）有相当一部分是需要采用双轮铣槽机建造的。

有些防渗墙的两端岸坡非常陡峭（如美国穆德山大坝），甚至出现倒坡（如大渡河双江口大坝），采用目前的施工方法，施工非常困难，采用双轮铣很容易做到。

（2）现在跨越大江大河和海湾的特大桥越来越多，其中的悬索桥的锚碇结构国内外都是采用双轮铣槽机建造的，现在已经开通的虎门二桥长度为 12.8km，主桥有两座悬索桥，四座锚碇都是采用双轮铣槽机施工的。今后这种锚碇结构会有更多。

另外，大跨度的斜拉桥的深基础工程，也可以尝试采用双轮铣槽机来建造大断面条桩或竖井来代替大型圆桩基础。

（3）现在有很多穿越河海、桥梁和各种结构物的地下隧道和输水隧洞，需要建造多个竖井，来吊放盾构机和其他大型设备以及通风之用。这些竖井深度已经超过 80m，地层复杂且坚硬，目前只有双轮铣槽机可以承担此项工作，如滇中引水工程的某个隧洞的竖井深度已经达到 78.3m，地下连续墙深度超过 96.6m，是采用双轮铣槽机在坚硬岩层中施工完成的。

（4）城市排洪蓄洪工程的超深竖井。日本有些地方三十多年前已经采用超深超大竖井，来贮存汛期洪水；并且把各个竖井联通起来，可以调蓄更多洪水；这些洪水还可以留作他用。

最近上海地区已经启动了地下深隧工程，其中的竖井深度已经达到了 110m。

（5）城市的超深基坑和深基础工程。

很多城市的深基坑深度已经超过了 40m，在东南沿海的广州、东莞、深圳、厦门、福州、宁波和杭州等地，大多工程遇到了燕山期花岗岩地基，使深基坑和深基础施工遇到很大困难；有些已经开始采用双轮铣槽机和其他设备组合来进行施工。如正在施工的深圳恒大中心的基坑深度超过了 42.3m，其下还要进行 40m 左右的帷幕灌浆；采用了上墙下幕的设计理念。其上部地下连续墙位于微风化花岗岩中 2.5～12.5m，下部行进帷幕灌浆。施工中采用了大型双轮铣槽机、旋挖钻机（可钻硬岩）和液压抓斗的组合施工，才得以完成挖槽；采用克莱姆钻机进行下面的帷幕灌浆。

（6）大深度超厚地下连续墙施工。

早在1990—2000年代，日本引进和自制大型双轮铣槽机，建成了很多大型超深超厚的地下连续墙，实际完成的地下连续墙厚度2.8m，深度140m；曾经试验完成了深度170m和厚度3.2m的地下连续墙。

意大利土力公司2012年进行了250m深地下连续墙的试验施工。

所有这些地下连续墙都是采用双轮铣槽机建造的。

目前，国内地下连续墙抓斗的最大施工厚度为1.5m，深度80～90m，已经接近抓斗的深度极限；深度和厚度再大的地下连续墙只有双轮铣槽机能够完成。

（7）超深超厚地下连续墙接头。

目前，地下连续墙接头方式很多，精彩纷呈，但是地下连续墙深度超过90～100m以后，能够使用的接头就很少了。实践已经证明，采用双轮铣槽机切削一期槽孔混凝土200～300mm，形成地下连续墙接头的做法，效果很好。

（8）非圆形大口径灌注桩（条桩）。

条桩可以获得更多的桩基承载力，已经应用到实际工程中。采用双轮铣槽机可以在坚硬岩层内把这种条桩做得更深和更厚，可取得较好的技术、经济效益。法基公司已经采用双轮铣槽机，在香港建造了很多条桩基础。

目前，大型桥梁的桩基直径已经超过了8m，施工难度越来越大；担心在这么大体积的混凝土内部，会不会因为水化温升过高而造成温度裂缝？在此情况下，可否采用双轮铣槽机建造大口径竖井来代替实心桩基？

总之，双轮铣槽机可以在超深、超厚、超硬、超大（工程量）和接头等五个方面，在地下连续墙深基坑和深基础工程中得到广泛应用。

20.1.2 国外双轮铣槽机发展概况

（1）法国的索列旦斯（Soletanche，法基）公司于1971年获得专利权，生产的HF4000型双轮铣槽机，是最早得到广泛应用的铣槽机，在国内外承包了很多工程；1984年用于美国，1980—1990年代广泛用于日本超深超厚地下连续墙工程。

（2）意大利的Rodio公司在1980年代生产了Romill系列双轮铣槽机，1986年建造了都灵地铁站，1988年进行100m深槽试验。

（3）意大利的卡萨特兰地（Casagrande）公司1980年代生产的K系列双轮铣，可以钻进坚硬岩石。

（4）德国的宝峨（Bauer）公司1984年生产的BC、MBC系列铣槽机，已经在1990年代进入中国市场，占据了大部分市场份额。

（5）意大利土力公司1990年收购了Rodio公司技术并吸收了法基公司的经验，1997年生产了SC型铣槽机；2012年创造了深度250m地下连续墙记录。目前，在国内销售势头良好。

（6）日本生产两类铣槽机，即两种液压型铣槽机（TBW＋OCW），和两种电动铣槽机（EM＋EMX）。

这两种双轮铣在2000年曾多达50台，后来随着经济衰退，目前只剩下十几台了。

（7）韩国的三宝双轮铣槽机。据了解，韩国三宝集团公司 1992 年开始研制双轮铣，2015 年由其子公司推出 CSC 双轮铣。

（8）利勃海尔公司已在工厂内试验使用 FD 双轮铣。

20.1.3　我国双轮铣槽机发展概况

1996 年，三峡二期围堰施工时，引进了一台宝峨的 BC30 双轮铣槽机，参与了围堰防渗墙的施工。此后又引进了一台矮式低净空的 CBC25/MBC30 双轮铣槽机，参与冶勒大坝防渗墙的施工。

到 2008 年四川大地震，笔者为 821 工程选择施工装备时，统计发现当时全国只有 5 台双轮铣槽机。2015 年以后，国内引进的双轮铣槽机逐渐增加。

自 2017 年意大利土力公司向广州鑫桥公司销售 10 台 SC-135 双轮机以来，开启了中国双轮铣槽机的快速引进。2018 年我国双轮铣的保有量为 49 台，2019 年春天更是掀起了购置双轮铣的热潮，保有量大大增加。

20.1.4　如何应对双轮铣槽机的快速发展

1）地下连续墙是一种能够承受垂直荷载和水平力（土水压力等）及防止水流渗透的地下结构；是为了适应第二次世界大战以后的大规模经济建设而发展起来的；其中最重要的代表是 1950 年在意大利圣玛丽亚大坝下面建成了深度 40m 的地下连续（防渗）墙，这种结构至今已经有 72 年历史。

地下连续墙不是一成不变的工法，而是不断发展变化的技术和工法。

最早的工法就是著名的意大利的伊克斯—维达尔工法，叫桩柱连锁式地下连续墙，也就是目前我们所说的咬合桩地下连续墙。这种工法最著名的是修建了米兰地铁车站的基坑工程；1973 年修建了加拿大马尼克-3 大坝的拱形地下连续（防渗）墙，深度 131m，墙厚 0.6m，双排，堪称世界之最，独霸世界二十多年！从此以后，这种工法逐渐退出了地下连续墙的历史舞台；直到最近 10 多年来，由于结构材料和动力装置的发展，这种咬合桩技术才又重出江湖，受到人们的重视和应用；但是由于在工作原理、动力装置和地质条件方面的限制，即便到将来，咬合桩地下连续墙也很难做到双轮铣地下连续墙的深度。

由于咬合桩地下连续墙的缺陷，1960—1970 年代意大利等国家逐渐研制钢丝绳抓斗和液压抓斗，建造了我们经常采用的槽板式地下连续墙；到 1980 年代后期液压抓斗得到了广泛应用；至今也有 30 多年历史。由于遇到超深、超厚、超硬和接头等难题，抓斗也遇到了发展瓶颈。

目前，有一种可以主导地下连续墙发展的设备和工法，就是双轮铣槽机。

我们可以看出来，地下连续墙工法不是一成不变的，它的发展大体上经历了几个发展阶段，每个阶段盛行期大体上为 25～30 年而已。它的发展变化并不以我们的意志为转移，我们应当正面应对它的变化。

2）总的来看，双轮铣槽机并不是突然来到我们面前的。早在 1971 年法国就获得了双轮铣槽机的专利权；1973 年就生产了 HF4000 双轮铣槽机，先后在欧洲、日本（1980—1990 年）和美国（1984 年）的各种地下连续墙中得到了应用。我国在 25 年前就在长江三峡二期围堰和后来的冶勒大坝防渗墙使用了双轮铣，只是当时没有被社会上大多数人所注意。我在30多年前已经关注到双轮铣槽机设备和技术，并把它写进了我的第一本书《地下连续墙的设计施工与应用》（2001年出版）中。由于当时资金不足，没有列入引进采购清单。

2008年5月，水利部建管中心曾主持双轮铣研制工作，无果而终。

最近20多年来，双轮铣槽机的施工业绩逐渐被接受，国内厂家也开始研制双轮铣设备，使用效果不错；再加上国内现代化建设突飞猛进地发展，急需解决地下连续墙的超深、超厚、超硬、超大和接头问题，已经形成迫不及待的形势，因而出现双轮铣槽机的风潮是可以理解的。

3）双轮铣槽机能否迅速向前发展，还取决于以下一些因素：

（1）金融资本的支持。例如，生产加工设备和原材料投入，特别是耐磨、抗压、耐久原料和整机结构的进一步优化和科研及生产投入，工作人员（工程师、管理人员和熟练的工人技师）的培训和实际操作水平，购置设备的预付款和银行担保，设备的日常维护和大修等，这些都需要资本的有力支持。

（2）设备投入运行后，对当地地质情况（特别是硬岩）的适应与否以及为了改进设备性能而需要新的资本投入。

（3）生产厂家每月或每年的双轮铣产量，能否满足当时的社会需求。

（4）施工单位的工程师和技术工人能够在多长时间内掌握双轮铣技术，提高生产效率，提高竞争力，降低工程成本，缩短设备成本回收年限。

（5）双轮铣的一些不足之处，能否在短期内得到改进、改善。

满足了这些条件，双轮铣才能快速发展。

应当说明，国内大概有10多家公司已经大体掌握了此项技术，他们将是先行者和受益者。

4）如何应对双轮铣的竞争？

双轮铣出现后，会对各个方面产生影响：

（1）设计施工方面：需要面对双轮铣对地下连续墙结构设计和施工单元槽段长度的改变；双轮铣的孔斜控制较严格。

（2）双轮铣的接头方式通常采用铣槽法，与其他接头的竞争和配合问题。

（3）双轮铣在招标投标中的价格和技术性能的竞争优势。

（4）双轮铣遇到特殊地层时，需要其他设备配合。

（5）双轮铣槽孔的验收问题和事故处理。

（6）双轮铣不能一家包打天下，需要许多单位协作、合作。

（7）面对双轮铣即将开始的竞争，一些单位已经成立了联合体，共同应对未来的市场竞争。

（8）我国幅员广阔，各地的地质条件和环境条件千差万别，工程机械设备和工作工法，各有发展空间。

20.1.5　双轮铣不能“独打天下”

双轮铣槽机不能单独完成挖槽工作，因为它是采用反循环出渣，必须把泵体在槽孔中淹没 4～5m 或更深以后，才能正常工作。这个前期挖槽工作是由抓斗来完成的。另外，双轮铣常常是用来挖硬岩的，但是遇到太硬的岩石，双轮铣挖槽效率也会大大降低，而且钻齿的浪费很大，挖槽成本增加。为了提高挖槽效率，常常需要采用旋挖钻机或潜孔锤钻机来配合，即采用“两钻一铣”工法完成挖槽工作。由此可以知道，有了双轮铣槽机以后，还需要配置相关的抓斗、旋挖钻机、潜孔锤、大容量高风压空压机和配套的起重机等设备，才能完成地下连续墙的全部工作。

20.2　双轮铣槽机的特点与工作原理

20.2.1　双轮铣槽机的特点

这里所说的水平多轴回转钻机，实际上只有两个轴（轮），所以习惯称它们为双轮铣槽机。根据动力来源的不同，可以分成电动和液压两种机型。

最早是法国索列旦斯公司于 20 世纪 70 年代研制和应用的 HF4000 系列；近年来意大利（HM）、德国（BC、MBC）和日本（TBW、OCW）也相继开发出了双轮铣槽机。不过日本的铣槽机绝大部分（EM、EMX）都是电动的。

铣槽钻机的特点是：

（1）对地层适应性强，淤泥、砂、砾石、卵石、砂岩、石灰岩均可掘削，配用特制的滚轮铣刀还可钻进抗压强度为 200MPa 左右的坚硬岩石。

（2）能直接切割混凝土。在一、二序槽的连接中不需专门的连接件，也不需采取特殊封堵措施就能形成良好的墙段接头。

（3）利用电子测斜装置和导向调节系统、可调角度的鼓轮旋铣器来保证挖槽精度，精度高达 1‰～2‰。

（4）成槽深度大，一般可达 60m，特制型号已达 250m。

（5）挖掘效率高，在松散沉积层中，生产效率达 20～40m^3/h，在砂岩中可达 16.3m^3/h，在中等硬度的岩石中为 1～2m^3/h。

由于铣槽机的优越性能，它已广泛应用于地下连续墙施工中。例如，德国布龙巴赫大坝在坝基以下很深范围内发现布格砂岩，其透水性很强，用液压铣槽钻机在这种砂岩中建造了深 20m、共 40000m^2 的防渗墙，其造价比三排帷幕造价降低 50%且封堵混凝土的渗透系数小于 10^{-7}cm/s。接着又对美国丰塔内莱坝、纳瓦霍坝和穆得山坝进行了岩石封堵，效果很好。

日本利用铣槽机完成了大量的超厚和超深基础工程，最深已达 150m，厚度已达 2.8～3.2m，试验开挖深度已达 170m。可以说，目前世界上最深和最厚的地下连续墙都是使用铣槽机建成的。

20.2.2　双轮铣槽机工作原理

铣槽机工作原理见图 20-1。

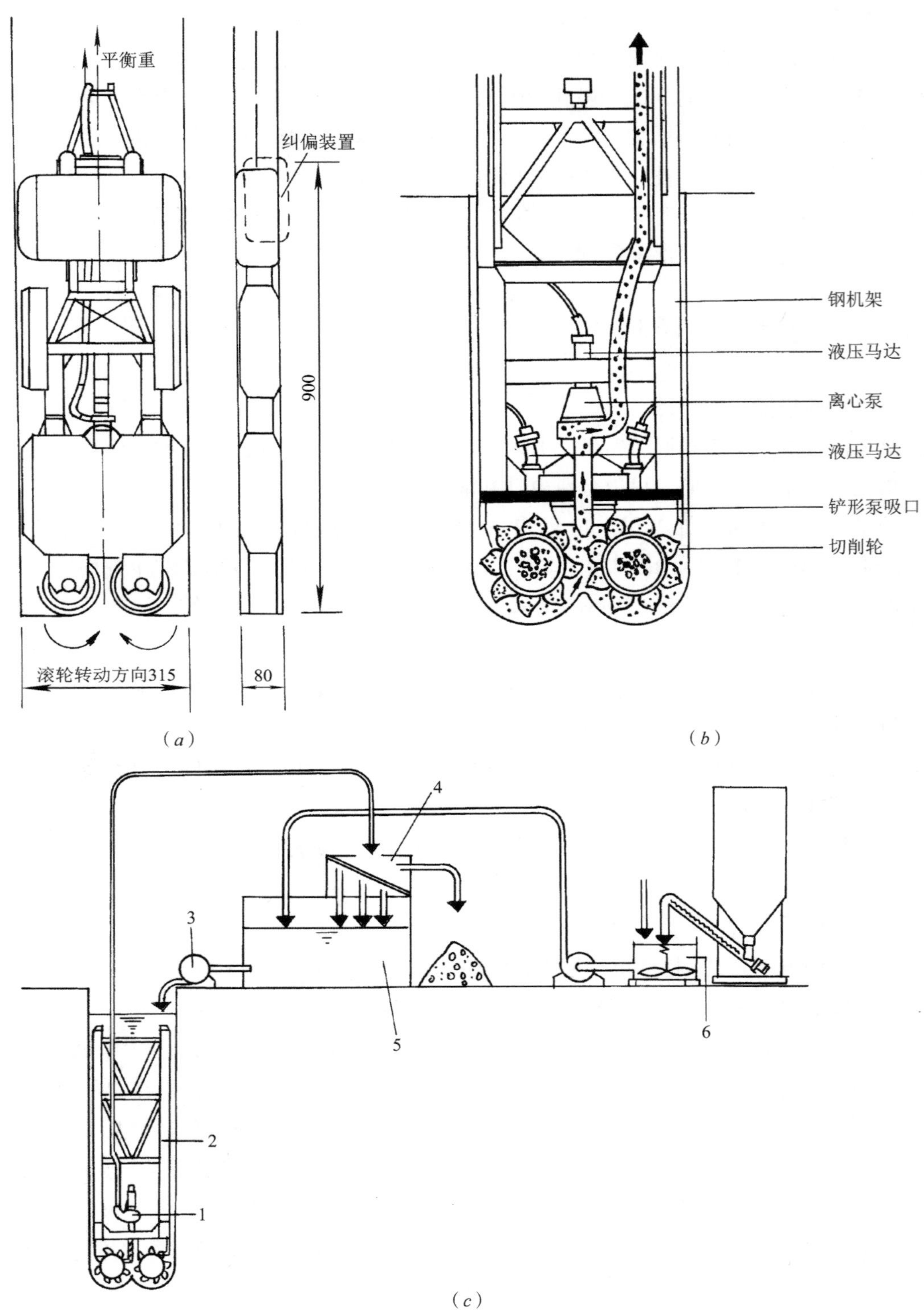

（*a*）

（*b*）

（*c*）

图 20-1 铣槽机工作原理（单位：cm）

（*a*）结构图；（*b*）切削原理图；（*c*）施工过程图

1—泥浆泵；2—铣槽机；3—泵；4—除砂器；5—贮槽；6—泥浆站

20.3　法基双轮铣槽机和工法

20.3.1　概述

这里所说的法基公司是指 Soletanche 与 Bachy 法国两家最大的地下岩土工程承建商，于 1997 年 7 月 1 日合并，成立了 Soletanche Bachy（中译名：法国地基建筑公司），并以超过 8 亿欧元的产值在其专业领域位居世界榜首。

法基公司于 1971 年取得专利权，开始生产双轮铣槽机并开始应用，这是国内外第一家双轮铣的生产和应用的公司，它的子公司遍布全球各地，其中以中国香港基地为大。

双轮铣槽机 1984 年进入美国，先后参与了穆德山水电站等的防渗墙施工。1988 年进入日本，参与修建明石海峡大桥的锚碇。

在国内，法基双轮铣槽机先后参与了黄河小浪底、润扬长江大桥和黄埔大桥以及珠江第二大桥的锚碇施工，效果很好。

这种大型液压挖掘机能适应大厚度、大深度地下连续墙的施工。这种挖掘机配备了 1 台大容量高扬程排泥泵，2 台液压马达，可开挖基岩和含有漂石的任何地层，甚至能开挖已建的地下连续墙。在粉土（砂）层开挖时为防止切刀上粘附土料及开挖残留岩渣，使用鼓形切削滚筒。由于挖掘机姿势的控制关系到开挖精度，因此该机通过自身装有的测斜计来检测机器的倾斜情况，同时利用 6 块修正板进行姿势的修正。施工管理采用能对各种施工数据进行有效处理的快速开挖管理系统。使用计算机进行集中管理，与挖掘机之间的信息交换采用了多重传递系统。同时，开挖速度的控制和故障判断采用了专家系统，并通过自动稳定管理装置来进行稳定浆液的管理。

20.3.2　双轮铣槽机简介

1. 传统型液压铣槽机

传统型液压铣槽机技术参数见表 20-1、表 20-2。

传统型液压铣槽机的技术参数　表 20-1

开挖长度（mm）	2400～2800	排渣泵最大压力（Bar）	7.5
开挖宽度（mm）	630～2000	机体质量（t）	30～50
排渣泵流量（m^3/h）	450	机体宽度（mm）	630～2000

铣轮马达技术参数　表 20-2

铣轮型号	转速（rpm）	扭矩（mbaN）	装备功率（kW）
HF4000	18～36	4000	110
HF8000	17～24	8000	220
HF12000	11～16	12000	220

2. 改进 02 型液压铣槽机

改进 02 型液压铣槽机是一种紧凑型的机械，能够在狭窄的空间内施工，施工深度达 70m。它安装了马达回转滑轮组，能够适应非常狭窄的作业空间。

该设备设计安装在 Liebherr 873 型履带式起重机上，如果客户有特殊要求，可以替换其他的底盘，也可以增加挖掘深度。

1）外形尺寸：

（1）宽度：4.90m（底部宽度）、8m（上部宽度），决定于底盘的型号。

（2）长度：11.50m（从槽孔中心线起计）。

（3）高度：18m，取决于底盘型号。

2）其他特点：

（1）设备总质量：167t（取决于底盘），包括约32t铣刀架和21t的卷轮。

（2）主钢丝绳直径：最小26mm。

（3）开挖宽度（平行于槽孔）：2400mm或2800m。

（4）槽孔宽度：630、800、1000、1200、1500mm。

3）自动监测仪的功能（图20-5）

（1）记录工作过程中的数据。

（2）监测工作过程中选定的参数。

（3）显示、记录和打印出不正常的数据和其他信息。

（4）存储和打印出作业报告。

（5）存储和打印出维修报告。

信息来源是操作者和周围环境，由操作者输入与工作程序有关的数据（工程名称、槽孔号、槽孔施工的开始时间等）或工作环境条件（选择显示参数、比例、显示方式），环境数据可被查询和自动存储（日期、时间、连接和操作外围设备、错误）。

3. 紧凑HC03型液压铣槽机

HC03 型液压铣槽机是一种带有三个潜入孔底的液压马达和泥浆反循环系统的开挖设备，可用于快速施工多种形式的矩形桩和现场浇注的地下连续墙。适用的地质条件非常广泛，从摩擦土质到硬岩。该设备在施工中几乎没有振动和摆动，因此是一种理想的城市施工设备（图20-2）。

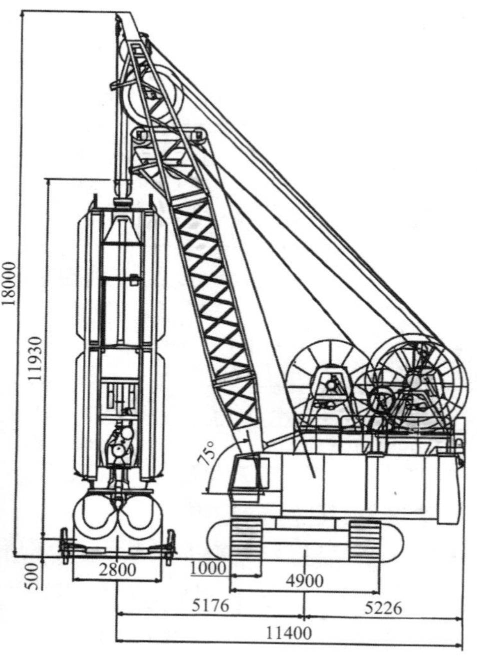

图20-2　HC03铣槽机

HC03 型液压铣槽机是一种紧凑型的机械，能够在狭窄的空间内施工，施工深度达 50m。它安装了马达回转滑轮组和可伸缩的桅杆，能适应非常狭窄的作业空间。

外形尺寸：

（1）宽度：3.5m。

（2）长度：9.45m。

（3）底盘长度：7.75m。

（4）桅杆伸出后的高度：5.35m（安装扭矩为 8000daN 的铣轮），5.10m（安装扭矩为 4000daN 的铣轮）。

（5）桅杆未伸出的高度：4.95m（安装扭矩为 8000daN 的铣轮），4.70m（安装扭矩为 4000daN 的铣轮）。

（6）运输时的高度（包括履带底盘）：4.25m。

其他特点：

（1）设备总质量：93t（包括约 20～25t 的铣刀架）。

（2）主钢丝绳的直径/长度：20mm/230m。

（3）铣刀架的提升速率：12m/min。

（4）挖掘宽度（平行于槽孔）：2400mm 或 2800mm。

（5）槽孔宽度：630、800、1000、1200mm。

HC03 型液压铣槽机的基本组成：

（1）履带板的宽度为 800mm，对地压力 1.21kg/cm^2。

（2）装备了 4 支液压支腿的可回转底盘，能够高速、精确地旋转。

（3）600mm 可滑动桅杆安装了 2 支液压油缸，支撑桅杆臂和液压软管卷盘。

（4）特殊专利技术，确保平行桅杆保持水平平衡两个压力恒定的液压驱动卷盘用于收放液压管和泥浆管（防止管子磨损）。

（5）装备了空调和暖风的操作室内能控制整套设备。

（6）两个张力恒定的液压卷盘用于收放液压软管。

（7）一个张力恒定的液压驱动卷盘用于提升钢丝绳。

（8）一个张力恒定的液压驱动卷盘用于收放 6in 的泥浆管。

（9）20t 提升液压铣的卷扬机，提升力 340kN（最外层）或 485kN（第一层）。

（10）全电脑控制。

（11）1700L 容量的柴油箱。

（12）三个内装式液压油箱，容量 1800L 的用于铣头，1000L 的用于底盘，400L 的为缓冲油箱。

（13）高压清洗机。

（14）提升吊臂。

4. 自动控制

液压铣槽机的电脑控制系统全面控制铣刀架的工作。当操作人员输入一个命令，它首先被传送到计算机，接着再驱动相关的激励器。

系统也同时监视作业情况。它通过安装在铣刀架上的仪器收集有关数据，如果勘测到存在错误将采取适当的行动，如果需要将关闭部分相关功能，与操作人员通过屏幕显示信息进行沟通（图 20-3）。

电脑控制系统控制所有通向铣刀架的动力，柴油发动机的启动、停机、加速和空转。它也控制压力和温度，监测滤芯和保险，提升系统的张力和在启动时控制平台的配置。它也及时反映严重的错误，紧急情况，缓冲油箱的供给和信息。

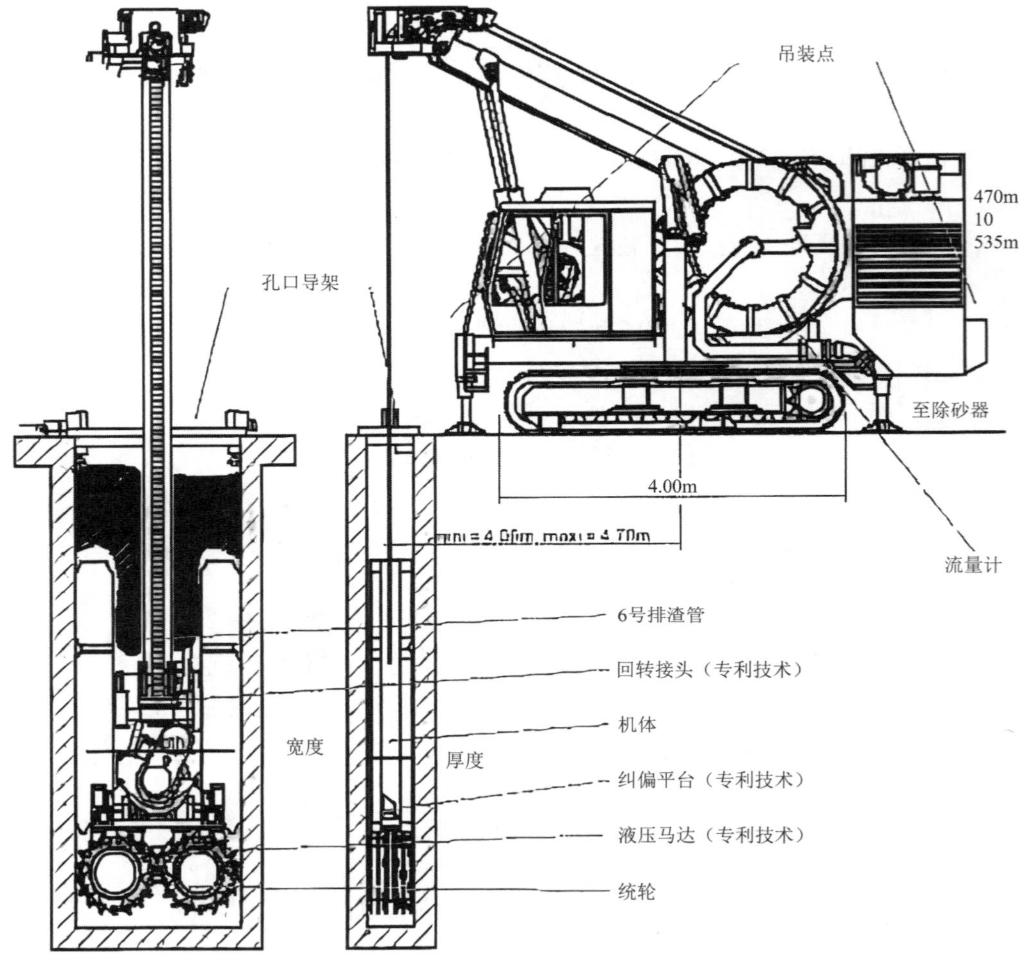

图 20-3　自动控制图

20. 3. 3　圆形和矩形锚碇的对比

我国的悬索桥锚碇，除了润扬大桥采用矩形锚碇，其余都采用圆环形锚碇。

下面是法基公司对黄埔大桥（图 20-4）、润扬大桥和阳逻大桥锚碇的分析对比。

根据广州市东二环绕城高速公路珠江黄埔大桥的工地地质条件和水文地质条件的特点，以及结合锚碇施工所采用的地下连续墙的结构和技术特点，根据中交公路规划设计研究院的设计方案，结合法国地基建筑公司数十年来的地下连续墙设计和施工的经验，提出建议和意见。

图 20-4　黄埔大桥锚碇平面图

1. 就工程设计方设计的圆形和矩形锚碇结构工程量进行对比（表 20-3、表 20-4）

矩形结构地下连续墙工程量统计资料　表 20-3

地下连续墙	南锚碇（66m × 54.7m）	北锚碇（66m × 54.7m）
轴线长度	241.4m	241.4m
深度（从地面计）	31.1m	31.9m
连续墙厚度	1.2m	1.2m
估算连续墙面积	7507.54m^2	7700.66m^2
估算连续墙体积	9009.05m^3	9240.79m^3

圆形结构地下连续墙工程量统计资料　表 20-4

地下连续墙	南锚碇（外径 71m）	北锚碇（外径 71m）
轴线长度	222.94m	222.94m
深度（从地面计）	32.1m	31.8m
连续墙厚度	1.2m	1.2m
估算连续墙面积	7156.37m^2	7089.49m^2
估算连续墙体积	8587.64m^3	8507.39m^3

可以看出，从工程量方面来看，圆形锚碇可以减少地下连续墙施工工程量约 8%。

2. 从其他方面可以作更深入的对比

（1）圆形地下连续墙在其内部开挖的过程中，整个墙体可以共同受力，相互作用，产生拱形效应。因此，连续墙内部的配筋对比矩形结构的地下连续墙则降低很多。通常，矩形地下连续墙的配筋要达到 220～250kg/m^3，而如果采用圆形地下连续墙则配筋量可以降到 120～140kg/m^3。以南北锚碇共计约 8587.64m^3 + 8507.39m^3 = 17095.03m^3 的开挖量来计算，可以节约 17095.03m^3 × 120kg/m^3 = 2051403.6kg 的钢筋，如果钢筋的价格按 2.8 元/kg 计算，则可以节约 574.393 万元。这还不包括内衬内的配筋和内部混凝土支撑的配筋。

（2）采用圆形地下连续墙，其内部无须浇注成满堂的混凝土内支撑，可以采用冠梁 + 圈梁的内部支撑方式，这个内衬的方式在国外工程中多次采用，最大的特点是能大大降低内部开挖过程中的施工难度和施工造价，大大提高内部开挖空间及开挖速度（图 20-5）。在内部填芯混凝土中无须配筋，与常规的内衬方式相比，也可以节约钢材。

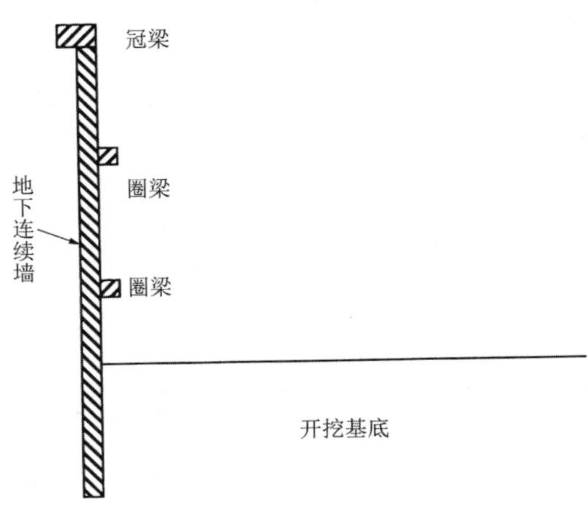

图 20-5　冠梁 + 圈梁的支撑方式

（3）圆形地下连续墙较矩形地下连续墙开挖过程中的变形小，国内以前施工的润扬大桥的北锚碇为矩形结构的地下连续墙，其墙体在开挖过程中的变形达到120mm以上。内部采用了非常密集的江道混凝土支撑的情况下仍然出现了非常大的变形和渗水，当然，这与施工单位的施工技术也有关系。而武汉阳逻大桥的南锚碇采用圆形地下连续墙，其内部开挖过程中的墙体变形只有31mm，变形非常小。所以，从以上的情况对比看还是很有说服力的。

（4）圆形地下连续墙较矩形地下连续墙的外侧沉降小。因为，圆形结构的变形小，对外围的土体的变形影响少，所以，沉降非常小。对大堤和其他构筑物安全不会构成影响。

（5）圆形地下连续墙本身较矩形地下连续墙的施工难度大一些，所以在选择施工单位时应该慎重一些。如果有一幅连续墙施工失败，整个圆形无法形成，对开挖的影响非常大。但只要慎重选择具备丰富圆形地下连续墙施工经验的单位，这就不会成为一个问题。

基于以上的对比，建议采用圆形地下连续墙，对降低工程造价，缩短施工工期都有好处。

最近了解到，江苏和四川有两个矩形锚碇，它们的施工方法不同。

20.4 徐工基础的双轮铣槽机

20.4.1 概述

徐工 XTC 系列双轮铣槽机是打破国外技术垄断，自主研发的大型地下连续墙成槽设备，硬岩成槽高效利器，主要应用于地铁车站、大桥锚碇及高层建筑地下室、停车场等深基础工程中防水墙、挡土墙、承重墙的施工，凭借其高效的施工能力、地层适应能力、高可靠性，广受市场青睐。其中，XTC80/85（图20-6）、XTC80/65等型号采用专用主机，实现了大流量、大颗粒水下泵举排渣；XTC80/55一机两用，通用主机，可实现铣槽与抓槽两种功能间的切换，独特的铣轮传动方式，大大降低了传动件的成本，且备件易得。配合旋挖钻机及连续墙液压抓斗施工，已成为行业内设备成套化施工的典范。

图20-6 XTC80/85双轮铣槽机

最新双轮铣型号见表20-5。

XTC系列双轮铣槽机 表20-5

型号	XTC80/55	XTC80/60	XTC80/60M	XTC80/85	XTC100/105
成槽深度（m）	55	60	60	85	105
成槽厚度（mm）	800～1200	800～1500	800～1500	800～1500	800～1500
铣轮最大扭矩（kN·m）	2×80	2×80	2×80	2×80	2×100
最大提升力（kN）	600	630	600	600	600
额定功率（kW）	298/2100	567/2100	567/2100	567/2100	567/2100
整机质量（t）	135	125	135	165	170
备注	一机两用	专用主机			

20.4.2　工程实例

1. 广州地铁 18 号线番南区间中间风井

1）工程概况

在建番南（番禺广场站—南村万博站）区间中间风井位于蔡二村北侧田地内，有效站台中心里程为 YDK38 + 487.636，起点里程为 YDK38 + 437.636，终点里程为 CK38 + 537.63，全站全长 100m。标准段基坑宽度 28.02m，深度约 39.56m；端头段基坑宽度 37m，深度约 41.97m。拟采用明挖顺作法施工。围护结构采用厚度为 1200mm 的地下连续墙加内支撑方案，槽段深度在 38～45m 之间。

2）地质情况（表 20-6）

地质情况　　**表 20-6**

岩土分层	岩土名称	单轴抗压强度标准值（MPa）			备注
		烘干	天然	饱和	
1	人工填土层	—	—	—	从 18～20m 深度范围内开始进入强风化层，从 20～25m 深度范围开始进入中风化层，从 35～46m 深度范围开始进入微风化层，部分槽段未进入微风化层
4N-2	冲洪积粉质黏土层	—	—	—	
5H-1	可塑状花岗岩残积土层	—	—	—	
5H-2	硬塑状花岗岩残积土层	—	—	—	
6H	花岗岩全风化层	—	—	—	
7H	花岗岩强风化层	—	—	—	
8H	花岗岩中风化层	40.0	30.0	25.0	
9H	花岗岩微风化层	80.0	65.0	55.0	

3）槽段划分（表 20-7）

槽段划分　　**表 20-7**

序号	槽厚（m）	槽段形式	规格（长度，mm）	槽段数量	墙深（m）	入岩深度（m）
1	1.2	A	6000	30	38～45	20～30
2		A	5000	10		
3		A	4100	2		
4		A	3000	2		
5		L-Ⅰ	2450 + 2450	5		
6		L-Ⅰ	2450 + 2800	4		
7		L-Ⅱ	2500 + 2800	4		

4）施工工艺

根据施工图纸，地下连续墙墙底以中风化花岗岩为主，岩石强度较高，且局部槽段深入微风化花岗岩 2～5m。综合考虑，建议采用旋挖钻机 + 双轮铣槽机的钻铣组合成槽方式，根据单元槽段长度的不同，以及首开、连接、闭合幅的不同要求，对不同槽段的引孔建议方式如图 20-7 所示。

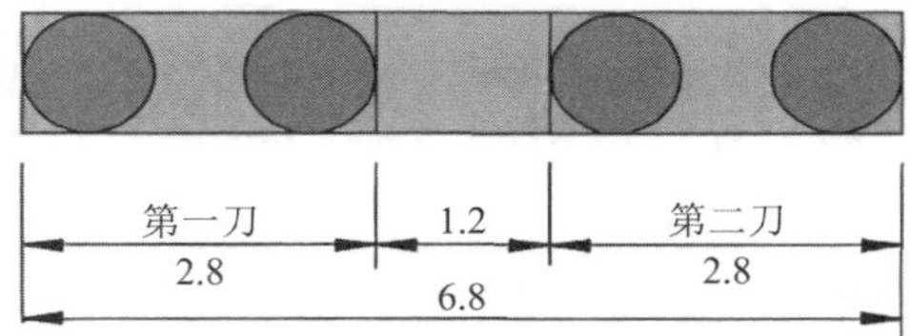

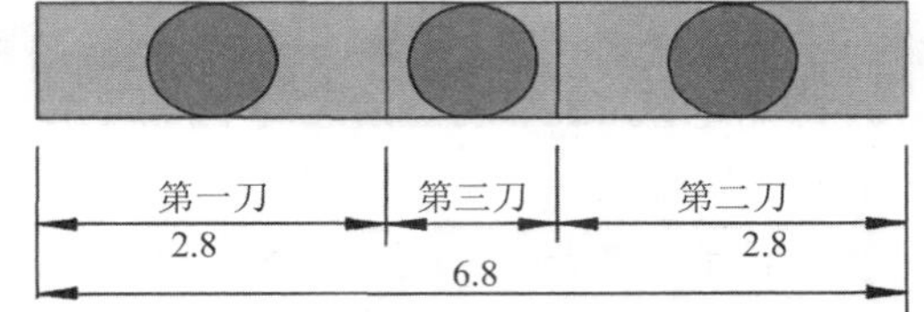

图 20-7　对不同槽段的引孔建议方式

5）关键技术——引孔布置要求

（1）位置要求——铣轮均匀受力

由于双轮铣对岩石的切削，依靠对向旋转的铣轮提供剪切力来破碎地层，在破碎岩层的同时，铣轮受到地层两个方向相反的作用力，当方向相反，作用力大小一致，即可相互抵消，保证铣轮刀架的垂直，从而保证切削的垂直度。但是如果铣轮受力不均，即会导致一侧铣轮受力过大，向一侧偏斜。因此，通常引孔布置的位置如图 20-8 所示（可因地制宜调整）。

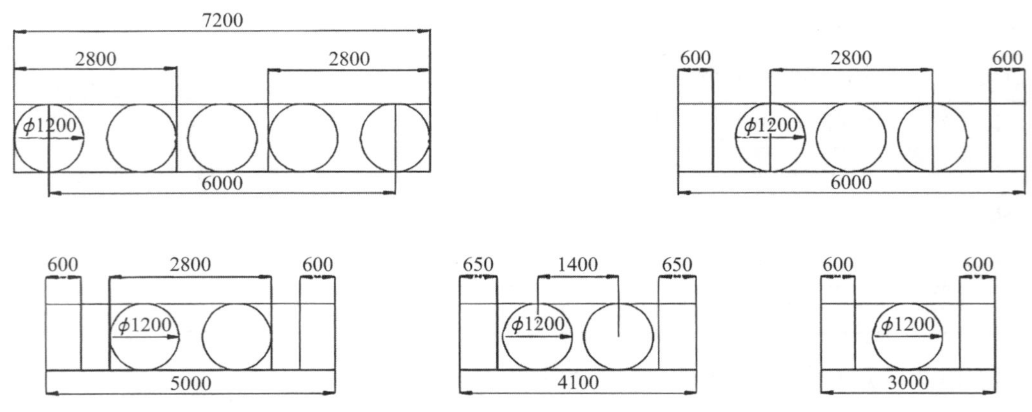

图 20-8　引孔位置的布置

（2）数量要求——节奏流水作业

钻铣结合工法最理想的工作状态，是达到节奏流水作业的状态。即综合统筹引孔设备和铣槽设备的施工效率，通常引孔后铣槽速度会远大于引孔速度，因此未保证钻铣流水作业的连续性，需要增加引孔设备台数，或者降低单槽引孔数量来实现二者之间的效率均衡。但是，鉴于增加引孔设备的成本与降低引孔数量增加的铣槽成本，推荐采用保证增加引孔设备的方式来实现节奏流水作业（图 20-9）。

图 20-9　双轮铣槽机施工图

（3）设备要求——效率、质量并重

现阶段桩基入岩设备均可用于引孔钻进。目前，常用的引孔设备有旋挖钻机和冲击钻机。采用旋挖钻机进行引孔具有成孔速度快、成孔垂直度高的优势，但是引孔成本相对较高。使用冲击钻机进行引孔，相对成本较低，并且可以同时使用更多的设备来弥补单台设备施工效率的不足，但是冲击钻机最大的缺陷是不能保证引孔质量——垂直度，对后续铣槽的垂直度有较大影响。另外，鉴于冲击钻机施工环保性较差，与双轮铣这种高技术含量营造的绿色环保氛围不相适应。因此，通常推荐使用旋挖钻机来完成引孔工作。

6）问题处理

据现场了解，采用旋挖引孔施工时，由于旋挖引孔速度过低，平均单台钻机需三四天才能完成引孔，故现场对施工引孔数量进行削减，以首开幅为例，更改后的引孔方案如图 20-10 所示，导致双轮铣铣轮受力不均匀，并且中间孔成孔后，与边刀预留的岩墙距离过小，难以成型，成槽垂直度难以控制，后续钢筋笼下放困难。针对现场实际情况，对引孔布置数量、位置均进行调整，调整后的布置方案如图 20-11 所示。

图 20-10　调整前的引孔方案及引孔　　图 20-11　调整后的引孔方案及引孔

7）施工效率（表 20-8）

广州地铁 18 号线番南区间中间风井施工效率　　**表 20-8**

序号	地层	深度范围（m）	成槽设备	未引孔耗时（h）	引孔后耗时（h）	旋挖引孔耗时（h）
1	第四系土层	0～18	抓斗	5	5	4
2	全风化岩层	18～20	抓斗			
3	强风化岩层	20～25	铣槽机	12	5	8
4	中风化岩层	25～39	铣槽机	70	32	56
5	微风化岩层	39～43	铣槽机	30	15	22

注：1. 上述耗时为长度 7m 的单元槽段成槽耗时；
2. 上述引孔数量为 2 个。

8）小结

经过实践，在硬岩成槽方面，采用钻铣工法的优势可归纳为以下几点：

（1）降低硬岩成槽设备损伤——水下液压传动风险向水下机械传动转移，并且降低引孔后的施工负荷，维护成本大幅降低；

（2）平行作业提高整体施工效率——除首末幅槽段以外，其余槽段的成孔、铣槽作业均可同时进行，利用平行作业不会额外增加施工时间，整体施工效率得到提升；

（3）充分发挥双轮铣优势——恶劣工况下的设备风险转移给性能更加可靠的成孔设备，双轮铣设备成槽质量好、套铣接头的优势能得到发挥。

2. 广州地铁广佛线

1）工程概况

金融城站位于天河区黄埔大道南侧规划的国际金融城起步区地块内，为地下两层无配线岛式车站。车站中心里程为DSK19＋851.00，起始里程为DSK19＋851.00，终点里程为DSK19＋999.20，车站长度286.73m，标准段宽度25.60m，主体结构基坑标准段开挖深度35.35m，端头井开挖深度38.45m，车站顶板埋深16.03～17.40m。基坑开挖围护结构采用厚度为1000mm的地下连续墙，墙体深度44m左右。共划分单元槽段46幅。

2）地质情况（表20-9）

地质情况　　**表20-9**

地层序号	岩土名称	深度范围（m）	地基承载力
①$_{0}$	人工素填土层	0～5	—
②$_{0}$	淤泥层	5～7.2	—
②$_{1-2}$	粉质黏土层	7.2～10.5	150kPa
⑦$_{1-2}$	强风化粉砂质泥岩	10.5～12.5	400kPa
⑦$_{1-3}$	中风化粉砂质泥岩	12.5～32.7	800kPa
⑦$_{2-3}$	中风化含砾砂岩	32.7～34.8	1000kPa
⑦$_{1-3}$	中风化粉砂质泥岩	34.8	800kPa

3）施工工艺

该工程施工方鉴于下部岩石强度，采用较为常规的抓铣结合工艺。由于选用的抓斗型号过小，抓斗只能抓取上部填土、淤泥以及黏土层，下部强风化、中风化岩层采用双轮铣纯铣法直接成槽。槽段连接形式采用工字钢接头（图20-12、图20-13）。

图20-12　双轮铣槽机图

图20-13　钢筋笼图

4）关键技术

（1）不同槽段铣削

施工单元槽段时，由于接头装置的存在，通常在设计尺寸上对单元槽段进行适当的外放，以便后续槽段能够顺利连接。针对设计长度为 6000mm 的一字形单元槽段及异形槽段（通常建议为首开幅），采用不同的顺序（首开、闭合、连接）施工时，依照使两个铣轮受力均匀的原则，考虑外放尺寸，不同槽段类型的铣削方式如图 20-14 所示。

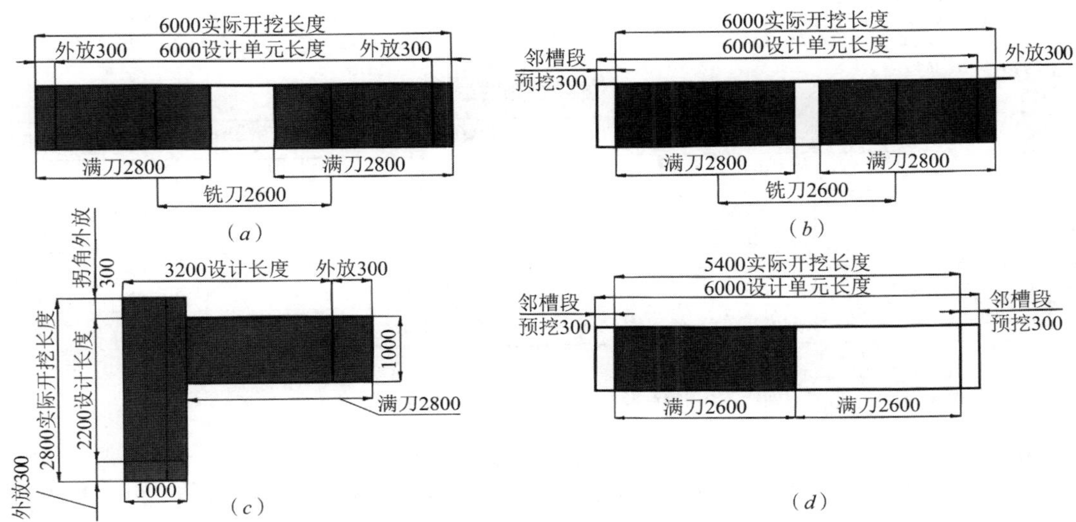

图 20-14　不同槽段类型的铣削方式

（a）首开幅槽段铣削方式；（b）连续幅槽段铣削方式；（c）拐角槽段首开铣削方式；（d）闭合幅槽段铣削方式

（2）外放绕流控制

同样，由于外放尺寸的存在，导致安放钢筋笼时，钢筋笼尺寸通常会小于实际开挖尺寸，如果不加以处理，在浇注混凝土时，外放尺寸存在混凝土绕流的风险。因此，通常采用现场填放碎石或砂袋的方式处理这种问题。如图 20-15 所示。

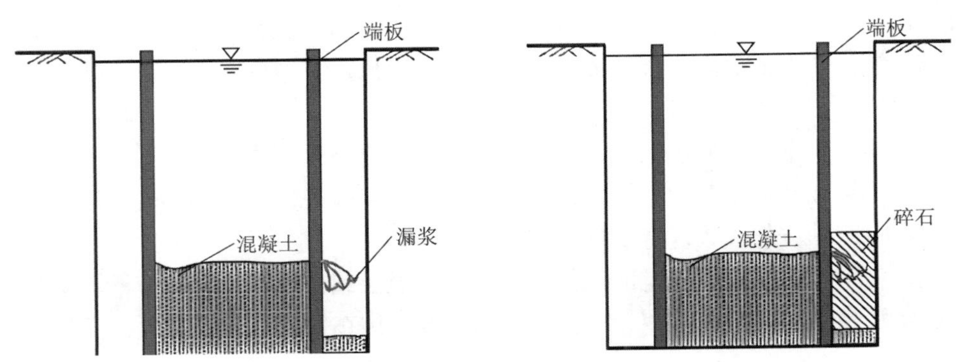

图 20-15　防砼绕流图

对于碎石、砂袋，要保证其填充的密实性。回填前先计算回填方量与回填高度的关系值，每 10m³ 左右用测绳进行量测，每填 15m 左右用接头箱夯实，夯实前对实际填筑砂袋的方量与理论计算的方量进行比较后再夯实，保证夯实的准确性（图 20-16）。

图 20-16 夯实用的接头箱

5）施工效率（表 20-10）

广州地铁广佛线金融城站施工效率 表 20-10

序号	地层	深度范围	成槽设备	耗时
1	第四系土层	0～10.5m	抓斗	2h
2	强风化粉砂质泥岩	10.5～12.5m	铣槽机	2h
3	中风化粉砂质泥岩	12.5～32.7m	铣槽机	50h
4	中风化含砾砂岩	32.7～34.8m	铣槽机	10h
5	中风化粉砂质泥岩	34.8～44m	铣槽机	20h

注：1. 上述耗时为长度 6.5m 的单元槽段成槽耗时；
2. 未采用引孔施工，考虑到部分地层糊钻影响。

6）小结

该工程未采用引孔施工方式，而是采用纯铣法施工，整体施工效率并不是很高。这种纯铣法的施工方式，未能充分发挥双轮铣的优势，存在以下弊端。

（1）设备维护成本过高

双轮铣功能实现的一项关键技术就是水下液压传动，这项技术的核心问题就是水下密封。水下施工的隐蔽性，再加之纯铣法硬岩工况下的负荷较大，导致施工时对设备的维护保养相当重要，相应成本也将大幅增加，这点对于进口设备尤为明显。

（2）经济效益不显著

与现阶段硬岩成槽通用的冲击成槽方式相比，即使采用纯铣法，其成槽效率也有很大的提升。但是，这里需要注意的是，双轮铣的使用成本与冲击钻成槽往往是一个数量级的差异。即纯铣法效率的提高与施工成本的增加不成正比。

（3）双轮铣的优势未凸显

双轮铣与目前常用的冲击成槽法相比，最大的优势是成槽质量好，并且可施工套铣接头。因此，如果耗费大量时间、精力，利用纯铣法来克服硬岩，得不偿失，没有充分利用设备资源，将双轮铣的最大优势发挥出来。

因此，为了充分发挥双轮铣的优势，改善硬岩地层纯铣法施工时，铣槽设备损伤大、效率低、经济性差的现状，在双轮铣施工时，推荐采用钻铣组合工法。

20.5 意大利土力公司的双轮铣槽机

20.5.1 土力双轮铣槽机的基本特点

根据其工作原理和与传统连续墙成槽设备的对比，表现出双轮铣成槽主要有以下工作优点和特性：

（1）对地层适应性强，淤泥、砂、砾石、卵石、砂岩、石灰岩、花岗岩均可铣削，配用特制的铣轮刀具还可钻进抗压强度 200MPa 左右的坚硬岩石。

（2）能直接切割混凝土。在一、二序槽的连接中不需专门的连接件，而采用铣接头方式形成良好的墙段接头。

（3）利用电子测斜装置和导向调节系统，可调角度的铣轮摆动，来保证铣槽精度，精度高达 1‰～2‰。

（4）成槽深度大，一般可达 50～60m，土力最大设备 SC200 可达 250m。

（5）铣削效率高，在松散沉积层中，生产效率达 20～40m^3/h，在砂岩中可达 16.3m^3/h，在中等硬度岩石中为 1～2m^3/h。

（6）运转灵活，操作方便。双轮铣的履带式起重机可自由行走，不需要轨道，在控制室可方便、安全操作。

（7）设备集成泵吸反循环系统，排渣的同时即清孔换浆，减少了混凝土浇注的准备时间。

（8）自动记录仪监控全施工过程，同时全部记录。

（9）低噪声，低振动，环保。

但同时由于工艺和设备限制其也存在一定的局限性：

（1）不适用于存在孤石、较大卵石等地层，此种地层下需和冲击钻或爆破配合使用。

（2）对地层中的铁器掉落或原有地层中存在的钢筋等比较敏感。

（3）自重较大，对场地硬化条件要求较传统设备高。

20.5.2 土力双轮铣槽机的主要特点

进口双轮铣设备中，土力设备 SC135（主机）+ SH40（刀架），是一套比较新的设备型号，针对现有设备的薄弱环节进行过系统性优化，设备功率、吨位、成槽能力都优于其他国内外同等机型，相比而言土力设备具有如下主要特点：

（1）双轮铣的刀架和主机液压系统分开（专利）。

万一刀架液压系统被泥浆污染，通过主机独立的液压系统还可以将刀架提起并让主机在工地上自由移动。即使液压系统被污染也降低了维修费用，因为主机未被污染；降低了因液压系统污染而导致的停机时间；降低了配件库存 20%左右；降低了柴油和能量损耗，润滑更充分，延长了主要部件的工作寿命。

（2）土力的铣槽机齿轮箱使用内嵌式的低速大扭矩马达，直接驱动齿轮箱，相比宝峨等的设备减少了铣轮传动装置，最大限度地把机械能转化为动能。所以，同样的扭矩范围内，土力的设备有更强大的破岩能力。

（3）泥浆泵是刀架上重要的工作组件，由于在水下工作，流量达到 450m^3/h，泥浆泵的稳定性至关重要。土力泥浆泵使用的是大蜗壳，低转速的抽吸形式。在低转速的情况下即能保证最快下放速度的抽吸要求，所以泥浆泵的使用寿命更长。

（4）独特的布齿结构使得土力设备截齿损耗小，开挖效率高。这一点在番禺广场项目得到有效验证，土力设备 60MPa 以上硬岩的入岩能力相较于其他设备有一定的优势。

20.5.3 土力双轮铣型谱

土力双轮铣及技术参数见图 20-17、表 20-11。

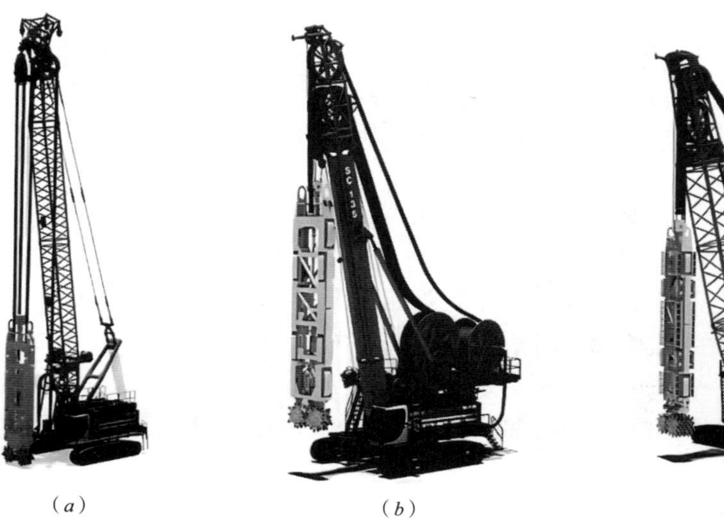

（a）　（b）　（c）

图 20-17　土力双轮铣

（a）SC-130 虎式；（b）SC-135 狮式；（c）SC-200 虎式

土力双轮铣技术参数　　**表 20-11**

型号	SC-130 虎式	SC-135 狮式	SC-200 虎式
发动机功率（kW）	571	708	450 + 450
铣削深度（m）	52（70*）	120（150*）	250
主机高度（m）	29.6（35.6*）	23.7	30
操作质量（t）	160	205	300
刀架型号	SH30/40	SH40	SH50

20.5.4　土力双轮铣工作原理

土力双轮铣施工系统主要由三部分组成：履带式起重机主机，刀架体，制浆及除砂系统（图 20-18）。

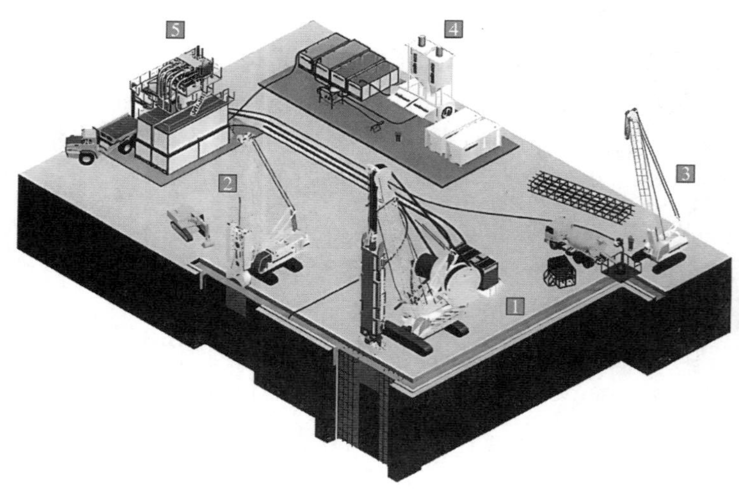

图 20-18　土力双轮铣施工系统的主要组成部分

铣削单元铣削泥土及岩石，进入槽中，安装在刀架体上的大功率泥浆泵（流量为 500m³/h）建立泥浆的反循环，将带有渣土的泥浆输送到除砂系统中。

除砂系统中的振动筛及旋流器将带有渣土的泥浆进行筛分，渣土将按照不同的颗粒直径从泥浆中分离出来。

筛分后的清洁泥浆再返回槽中，以保持槽中的泥浆液面满足使用高度（图 20-19）。

图 20-19　土力双轮铣工作原理

1—双轮铣；2—反循环泵；3—管路；4—振动筛；5—净浆管路；6—筛出渣；7—泥浆泵；8—泥浆钻

土力公司秉承提供最终解决方案的理念，研发了全系列的地下连续墙施工设备。根据多年的施工及制造经验所研发出来的设备，可以满足多样化的市场需求。所有的工程技术难题都可以在土力的产品梯队中找到解决方案。其可提供从多功能化的地下连续墙设备到世界最深铣槽纪录 250m 的双轮铣。液压双轮铣设备被认为是目前最先进的连续墙施工工艺装备。

20.6　山河智能的双轮铣槽机

20.6.1　山河智能双轮铣槽机概述

双轮铣槽机（以下简称双轮铣）因其技术复杂程度高、销售价格高、施工自动化程度高等特点被誉为桩工机械“皇冠上的明珠”。双轮铣适应范围广，可应用于淤泥、砂砾石、卵石、风化岩石层等，铣削岩石硬度 SPT 值高达 100MPa 以上；作业效率高，松软土层中以每小时三四十立方米的效率钻进，硬岩中的钻进效率也达每小时一二十立方米；双轮铣成槽质量好，槽体垂直度偏差在 3‰以下；双轮铣设备操作简单、自动化程度高，操作系统设计简单、便于操作，且采用微电脑记录监控系统，数据反馈及时，并可记录施工全过程。

双轮铣主要由两大部分组成：专用主机和工作装置。专用主机与工作装置一般通过钢丝绳连接，可实现百米以上的施工深度，目前双轮铣施工深度最深达到250m。

工作装置（简称铣刀架，见图20-20）主要包括1吊头、2基本刀架体、3导向架、4纠偏机构、5液压控制盒、6补偿器、7电气控制盒、8泥浆泵马达、9泥浆泵、10铣轮马达、11铣轮减速机、12铣轮等。

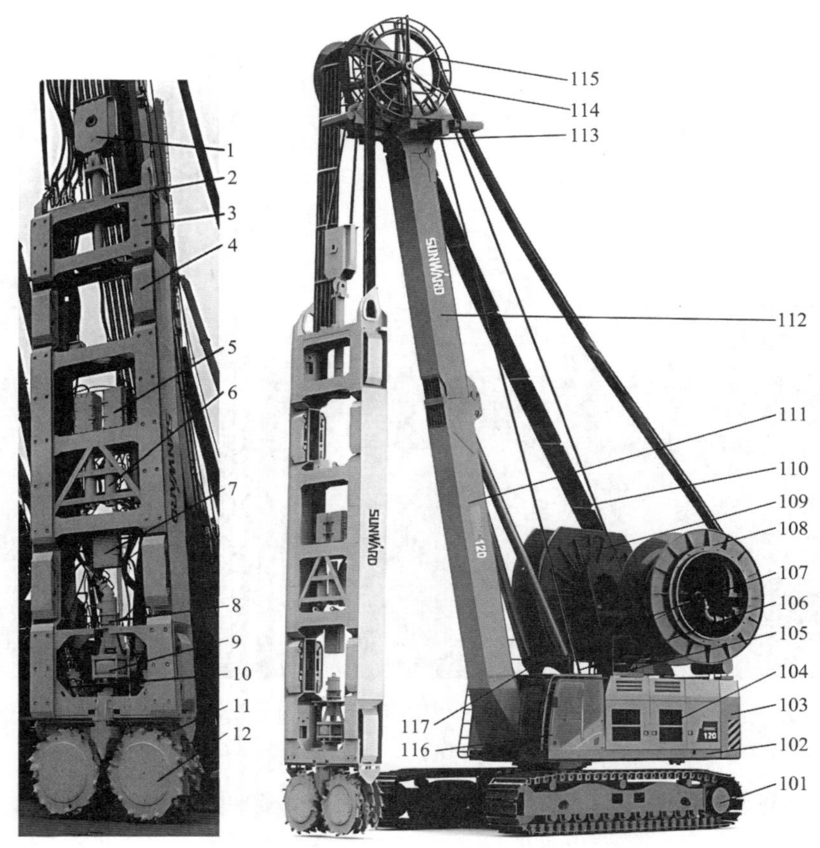

图20-20　山河智能双轮铣

专用主机主要包含101履带底盘、102上车回转平台、103配重、104动力系统、105主卷扬1、106主卷扬2、107控制系统、108泥浆卷管装置、109液压卷管装置、110液压系统、111下桅杆、112上桅杆、113鹅头、114泥浆管导向轮、115液压胶管导向轮、116驾驶室、117变幅系统等。

双轮铣主要动作包含：履带行走、平台回转、主机变幅、铣轮铣削、泥浆泵排渣、铣刀架的提升/下放等，主要工作循环包括：主机回转对槽口、铣刀架下放、自动铣削、铣刀架提升等，其工作原理如下：

10铣轮马达驱动11铣轮减速机使12铣轮转动，12铣轮上安装有铣齿，铣轮上一般安装有摆齿机构，实现全断面铣削，另外可根据不同地层选用适合的铣轮。8泥浆泵马达驱动9泥浆泵产生吸力将铣削完的渣土通过泥浆管排出到地面泥浆处理设备。铣刀架7电气控制盒中装有倾角传感器，主机116驾驶室中装有显示器可实时显示成槽的垂直曲线；铣刀架一般装有前后左右 4 纠偏机构（包含纠偏油缸、推板等），在成槽出现倾斜时，通过油缸的伸缩以纠正双轮铣成槽的垂直度。3 导向架采用模块化设计，可满足不同槽厚的施工要求。11 铣轮减速机和 9 泥浆泵内部安装有密封圈，在深槽施工时承受较大压力，为了提升密封圈的使用可靠性和寿命，需对其内部进行加压以平衡内外部压力，6 补偿器可根据外部压力自适应补偿内部压力。

双轮铣 1 吊头与 105 主卷扬 1、106 主卷扬 2 通过钢丝绳连接，1 吊头为滑轮式，主卷扬可实现铣刀架的提升或下放动作。

9 泥浆泵和 11 铣轮减速机均由液压马达驱动，动作的实现通过电磁阀控制，双轮铣施工深度达百米以上，因此会配置有 109 液压卷管装置；铣削产生的碎屑通过泥浆管从槽内导出到地面以上，泥浆管的收、放通过 108 泥浆卷管装置实现；钢丝绳、液压胶管、泥浆管需同步工作，以确保双轮铣施工的可靠性。

117 变幅系统需满足工作半径要求及倒桅和立桅。主机 101 履带底盘装有行走驱动装置实现行走功能。102 上车回转平台装有回转减速机，实现主机回转。

20.6.2　山河智能双轮铣结构

见图 20-21。

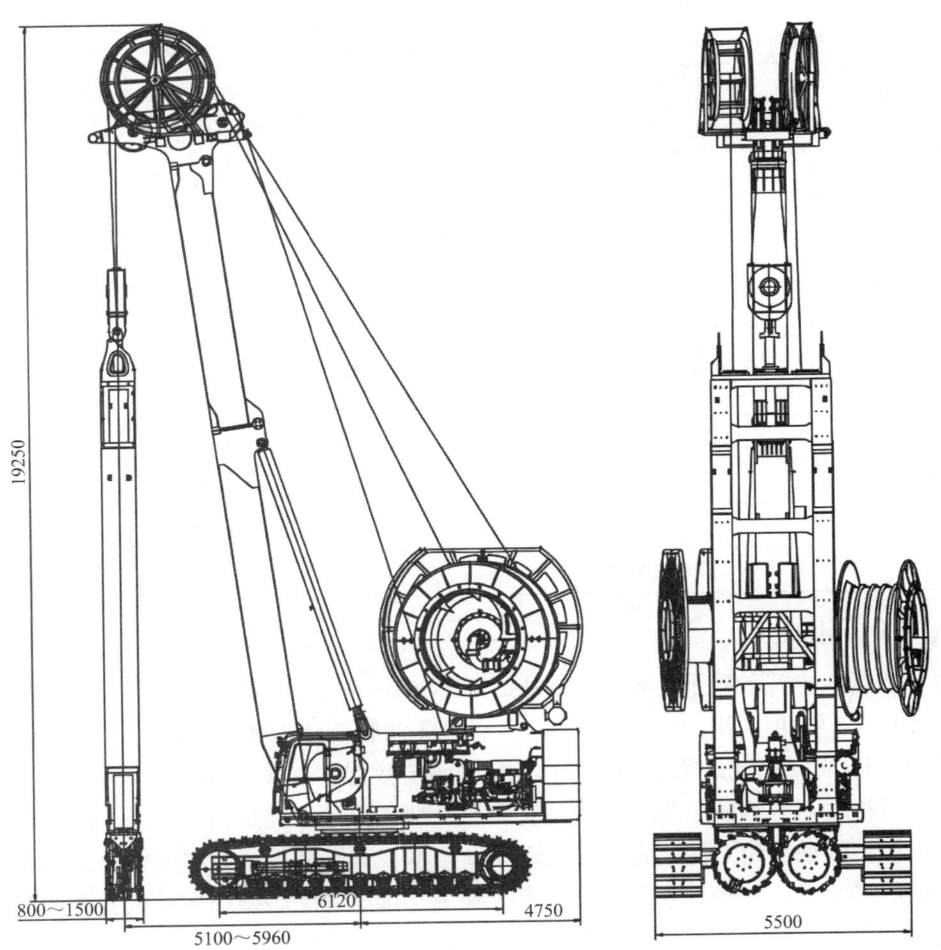

图 20-21　山河智能双轮铣结构图

20.6.3 山河智能双轮铣主要技术参数

见表20-12。

SWHC120 双轮铣主要技术参数 表20-12

项目			参数
最大成槽深度（m）			120/80
成槽厚度（mm）			800～1800
成槽宽度（mm）			2800
成槽精度（%）			0.1
排渣方式			泵吸排渣
铣轮最大扭矩（kN·m）			2×120
铣轮最大转速（r/min）			25
泥浆泵排量（m^3/h）			450
排渣管直径（寸）			6
推板数量（PCS）			12
工作半径（mm）			5100～5960
整机质量（不含铣刀架，t）			140
发动机	型号	VOLVO	TAD1643
	额定功率（kW/rpm）		565/1900
主卷扬	最大卷扬力（kN）		2×360
	最大卷扬速度（m/min）		65
	钢丝绳直径（mm）		ϕ36
液压系统	系统流量（L/min）		1200＋1050
	系统压力（MPa）		32
底盘	履带板宽度（mm）		1000
	履带伸缩宽度（mm）		3700～5500
	履带两轮中心距（mm）		5150
	牵引力（kN）		880
	行驶速度（km/h）		1

20.6.4 主要创新点

山河智能双轮铣是基于公司全电控平台技术推出的又一款智能化产品，集成山河祥云施工管理平台，解决了当前施工设备与施工管理无法智能化集成的难题，可实现无人操作、5G远程控制、实时在线故障诊断、自动定位、施工数据实时显示等，最大程度地避免人为误操作；可根据不同地质条件，自动调整转速、加压力等，提高施工效率。产品智能化水平居桩工机械领域首位。泥浆管卷盘自动摆动技术：为了满足施工深度要求，需要配置长达140m的排渣管，排渣管直径大，足有大腿粗，排渣管层层缠绕在卷盘装置上。通过攻克自动摆动技术，根据施工深度，实时调整卷盘的偏摆角度，解决了排渣管在卷绕过程中相互挤压磨损的难题，提升了排渣管的使用时间50%以上，降低了产品的使用成本。超深地下施工压力自动补偿技术：为了解决硬岩施工的难题，铣槽机需要输出大扭矩，因此所有铣槽机都会配置减速机，减速机的一端固定，另一端旋转，施工时，周围环境均为泥浆，为了防止泥浆进入减速机减少其使用寿命，需要采用密封措施以防止泥浆进入减速机。超深（施工深度达 100m）地下施工时，减速机外部压力大，密封圈不能承受大的压力而极易损坏，造成泥浆进入减速机降低寿命。为了解决此难题，攻克了压力自动补偿技术，在减速机外部压力增加的情况下，减速机内部压力也相应增加，使密封圈内外部压力基本相同，从而保证密封圈的可靠使用，提高了减速机的使用寿命。

20.6.5 应用范围

双轮铣主要应用于以下工程：

（1）地铁站点基础施工。

（2）城市排水调蓄管道系统工程。

（3）城市高层建筑的基础施工。

（4）水坝挡土墙、防渗墙。

（5）桥衔基础、基础方桩等多方面深基础工程。

（6）防渗要求高的套铣接头工程。

（7）竖井施工。

双轮铣是典型的高技术含量、高门槛、高附加值的产品，智能化程度极高，广泛应用于国家重点工程，比如三峡工程、上海苏州河深遂工程、南京江北城市地下空间工程、广州水资源工程、深圳 LNG 工程等，为行业内标杆性产品。

20.7 宝峨的双轮铣槽机

20.7.1 宝峨双轮铣概述

德国的宝峨公司 1984 年开始生产 BC、BCM 系列铣槽机，1990 年代后期进入中国市场，占据了大部分市场份额。

1997 年长江三峡二期围堰防渗墙工程引进了宝峨 BC 型铣槽机，此后又引进矮式低净空双轮铣，参与了冶勒水电站主坝防渗墙的施工。

宝峨主要双轮铣槽机型号见表 20-13。

宝峨双轮铣槽机规格表　　表 20-13

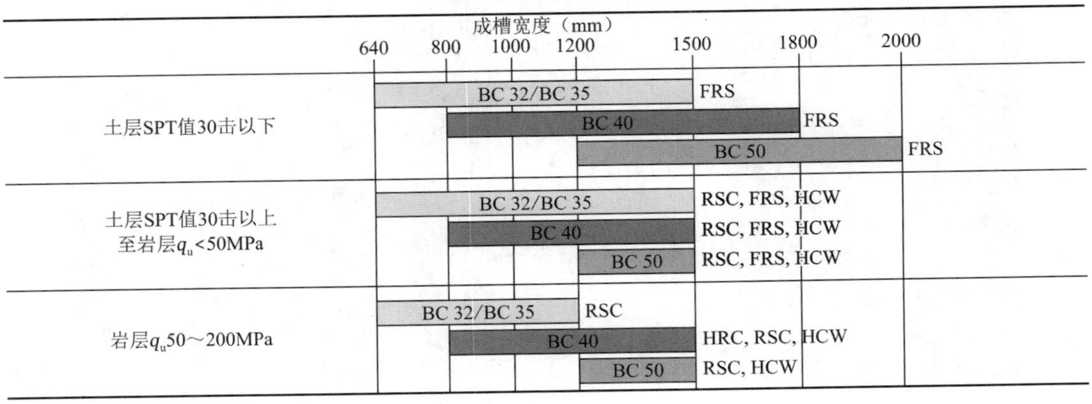

地层	型号	成槽宽度（mm）	铣轮
土层SPT值30击以下	BC 32/BC 35	640～1500	FRS
	BC 40	800～1800	FRS
	BC 50	1200～2000	FRS
土层SPT值30击以上至岩层 q_u<50MPa	BC 32/BC 35	640～1500	RSC, FRS, HCW
	BC 40	800～1500	RSC, FRS, HCW
	BC 50	1200～1500	RSC, FRS, HCW
岩层 q_u50～200MPa	BC 32/BC 35	640～1200	RSC
	BC 40	800～1500	HRC, RSC, HCW
	BC 50	1200～1500	RSC, HCW

注：FRS—标准铣轮，RSC—锥齿铣轮，HRC—牙轮齿铣轮，HCW—混合池铣轮。

目前，市场上使用的宝峨双轮铣有 BC32、BC35、BC40、BC50，还有矮式低净空 CBC25、CBC40 等。

宝峨双轮铣槽机主要性能见表 20-14，宝峨双轮铣槽机外形见图 20-22。

宝峨双轮铣槽机性能表 表 20-14

型号	BC32	BC35	BC40	BC50
齿轮箱	2×BCF8	2×BCF9	2×BCF10	2×BCF12
最大扭矩（kN·m）	81	91	100	120
转速（rpm）	0～25	0～25	0～25	0～25
铣头长度（mm）	2800～3200	2800～3200	2800～3200	2800～3200
铣头宽度（mm）	640～1500	640～1500	800～1800	1200～2000
总高度（m）	9.5	12.6	12.6	12.7
泥浆泵最大排量（m³/h）	450	450	450	450
泥浆管直径（mm）	152	152	152	152
总质量（t）	22.5～34	27.3～40	32.5～41	≥48

图 20-22 宝峨双轮铣外形图

20.7.2　宝峨双轮铣特点

标准型的 BC 32、BC 35、BC 40 及 BC 50 铣槽机都具有类似的结构。这些型号都具有以下基本特点：

（1）牢固的铣槽机机架；

（2）齿轮箱与铣轮之间配装减振器（专利技术）；

（3）所有关键部件均配有压力均衡系统（专利技术）；

（4）所有配电箱均有防水密封；

（5）独立操控纠偏板调节垂直度（选装）；

（6）用于测量X向与Y向垂直度偏差的测斜传感器；

（7）用于测量Z轴向旋转角度的回转仪（选装）；

（8）齿轮箱输出高扭矩驱动铣轮强力铣削；

（9）独立控制的卷扬系统精确调节进给力；

（10）B-Tronic 触摸式显示屏，及可视化监控系统；

（11）B-Report 评估软件，用于数据监控及施工报告的生成。

20.7.3　宝峨双轮铣深搅设备

这种创新设备于 2004 年开发成功，已经用于深圳地铁牛湖车站中（图 20-23）。

图 20-23　BC 40 双轮铣槽机在深圳地铁 4 号线三期牛湖站工地（2018 年 2 月）

宝峨 CSM 双轮铣深搅设备是在宝峨双轮铣技术上发展演化而来的一种深层搅拌系统。这一创新的系统于 2004 年最终得到了实现，并在当年的慕尼黑宝马展上展出，被授予创意奖。CSM 是一种经济、环保的施工方法，利用原位土壤作为施工材料，可以将现有的土壤和水泥或泥浆进行搅拌，形成低强度的水泥土地下连续墙。自 CSM 发明以来，宝峨 CSM

双轮铣深搅技术已经发展得非常完善。当使用同样数量的水泥时，垂直搅拌的方法比使用螺旋钻杆水平搅拌的方法更具优势。

20.7.4 宝峨的双轮铣接头

宝峨双轮铣槽机能配合各种接头形式，进行地下连续墙和防渗墙施工。除了传统的锁口管、工字钢和钢板接头，宝峨双轮铣还能凭借自身具备切削硬岩的能力，独立完成混凝土套铣接头（OCJ），对比其他传统式接头，套铣接头主要优势如下：①施工中不需要其他配套设备，如起重机、锁口管等；②可节省昂贵的工字钢或钢板等材料费用，同时钢筋笼重量减轻，可采用起重能力较小的起重机，降低施工成本且利于工地动线安排；③不论一期或二期槽挖掘或浇注混凝土时，均无预挖区，且可全速灌注，无绕流问题，确保接头质量和施工安全；④挖掘二期槽时，双轮铣套铣掉两侧一期槽已硬化的混凝土，新鲜且粗糙的混凝土面在浇注二期槽时形成水密性良好的混凝土套铣接头；⑤无深度限制。

20.8 日本的双轮铣槽机

20.8.1 概述

日本双轮铣槽机分为两种，一种是液压的，一种是电动的，1990年代曾经有50多台双轮铣槽机，随着经济衰落，现在不过十几台了。

20.8.2 电动铣槽机

日本利根公司研制出了电动铣槽钻机，1985年开始生产EM型，近年开始生产EMX型。这种钻机配有4个滚筒式切削刀和4个环形切削刀，在机体上安装了潜水排砂泵，能高效地把开挖的砂土排出地面。在机体的前后左右，边用可调导杆调整机体的姿势，边挖出高垂直精度的矩形槽孔。这种钻机的特点是：

（1）滚筒式切削刀交替排列，几乎没有残留部分，能很好地适应砂砾层、固结层及硬质基岩的开挖工作。

（2）使用潜水马达高效地驱动滚筒式切削刀。

（3）滚筒式切削刀的速度不变，因而开挖效率高。

（4）可切削混凝土块，因而接缝部位的截水性好。

（5）开挖成墙的厚度范围大。

（6）由于配备有垂直精度检测装置和液压纠偏装置，开挖精度高。

EMX是利根公司（新）系列的电动铣槽钻机编号。

此外，有旧型号的EM—240、EM—320型电动铣槽机。EM—320型电动铣槽钻机的成槽宽度也可达3.2m，成墙深度可达150m。这种世界上最大的连续墙施工机械已用于日本东京湾的高速公路地下连续墙工程中，该墙厚度达2.8m，深度达136m。在试验工程中，墙厚已达3.2m，墙深已达170m，轴压强度已超过100MPa。

20.8.3 日本的TBW液压铣槽机

这是日本竹中工务店从1966年开始研制的专用挖槽机械。挖槽时钻机在自重和液压推力作用下，两组横向并列的滚刀对地基土体进行切削。排渣采用强制循环方式（正反循环相结合）。它的技术参数见表 20-15。

TBW 液压铣槽机规格 表 20-15

<table>
<tr><td colspan="3">项目</td><td>TBW—1</td><td>TBW—2</td></tr>
<tr><td rowspan="6">主机</td><td colspan="2">外形尺寸（$W \times L \times H$）（mm）</td><td>600 × 1510 × 3700</td><td>600 × 1940 × 3460</td></tr>
<tr><td rowspan="2">滚刀</td><td>外径（mm）</td><td>705</td><td>920</td></tr>
<tr><td>转数（r/min）</td><td>0～25</td><td>0～19</td></tr>
<tr><td rowspan="2">侧刀</td><td>贯入力（kN）</td><td>220</td><td>220</td></tr>
<tr><td>移动量（mm）</td><td>200</td><td>150</td></tr>
<tr><td colspan="2">容许贯入力（kN）</td><td>250</td><td>250</td></tr>
<tr><td colspan="3">支柱</td><td>1m 的 1 根，6m 的 5 根</td><td>6m 的 6 根</td></tr>
<tr><td colspan="3">挖槽单元长度（m）</td><td>1.5～1.9</td><td>1.5～1.9</td></tr>
</table>

20.9 金泰双轮铣

20.9.1 概述

2014 年开发成功，用于南昌地铁 2 号线。

主要型号为：SX40-A、SX40-B 和 SX40-C（图 20-24、图 20-25）。

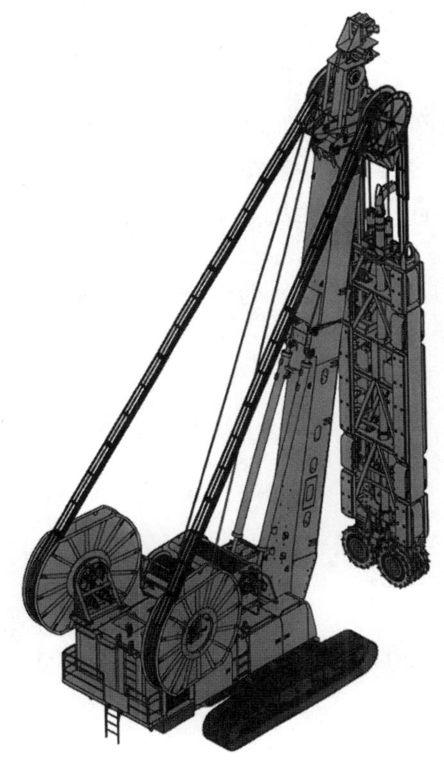

图 20-24 金泰双轮铣外形图

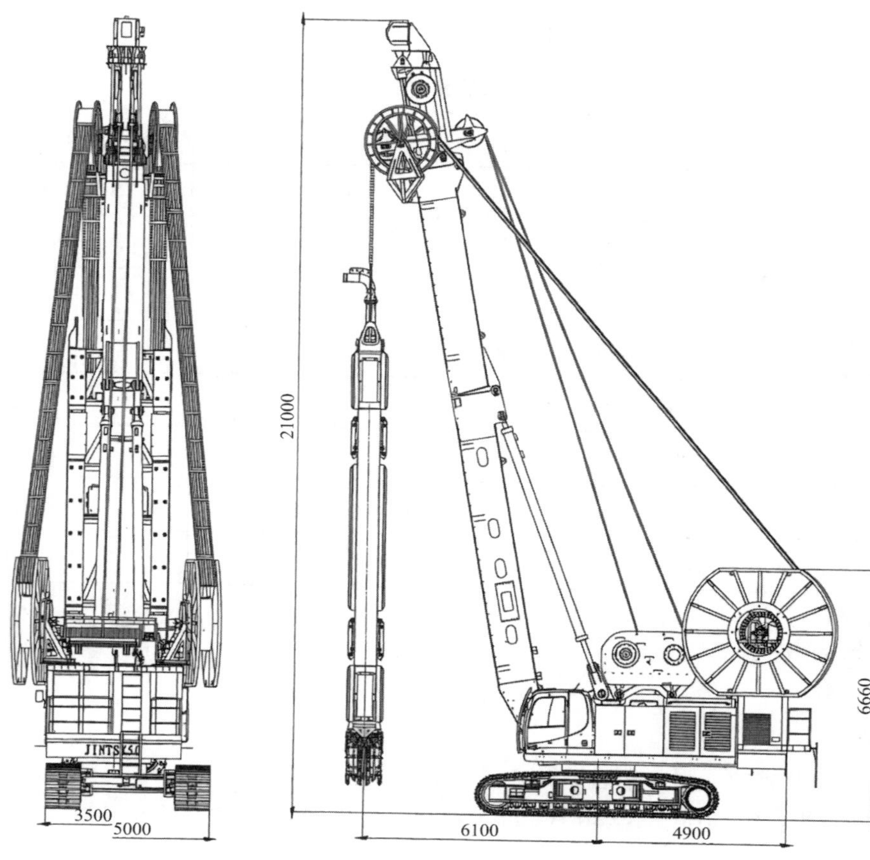

图 20-25 金泰双轮铣结构图

20.9.2 适用范围

（1）用于硬地层工况条件下，液压抓斗无法取土的地下连续墙成槽施工。

（2）地下连续墙成槽深度较深（一般在50m以上）且对地下连续墙垂直度及精度要求较高的建筑基坑工程（如超高层建筑基坑、城市地铁地下交换站等）。

20.9.3 特点

用于地下连续墙施工的SX50双轮铣与传统的地下连续墙施工技术（地下连续墙抓斗技术）相比具有极大的优势。

（1）适用于各种地层条件；

（2）精准的成槽垂直度；

（3）可靠的墙体接头；

（4）低噪声与低振动污染；

（5）渣土易于处理；

（6）人性化设计的操控系统。

20.10 中铁科工集团的双轮铣

20.10.1 概述

中铁科工集团装备工程有限公司是一家集装备研发和工程服务为一体的基础工程领域

施工综合服务企业，涉及铁路、公路、隧道、建筑、市政、轨道交通、桥梁工程等领域；同时，也是一家集预制装配式地铁车站的预制拼装件、地铁综合管廊管片、其他混凝土预制件及标准件制造安装服务为一体的国家高新技术企业。

该公司基础工程服务以地下连续墙工程服务为主，业务遍及深圳、广州、北京、南京、杭州、郑州、济南、武汉、南昌、福建等多地，典型地下连续墙项目 60 多个，其中北京城市副中心站工程为目前国内最大地铁车站，武汉国博南站工程地下连续墙为目前国内地铁车站纯抓斗施工最深的地下连续墙，广州新塘站的岩层是目前国内最硬的地铁岩层，并且岩层普遍存在斜岩及夹层。

该公司拥有一大批先进专业基础工程施工设备，现在拥有意大利卡萨 FD60HD 双轮铣 2 台、国产化 ZTSX100 双轮铣 10 余台、液压抓斗 20 余台、大型旋挖钻机 10 余台等各类基础施工专业设备。

20.10.2　初期引进的卡萨双轮铣

1. 概述

双轮铣槽机主要应用于城市轨道交通、大桥锚碇、高层建筑地下室、地下停车场、水库工程等深基础工程中防水墙、挡土墙、承重墙的施工。

公司组建初期，引进了意大利卡萨公司新产品。卡萨公司新一代双轮铣产品为 FD60HD，其以先进的设计、稳定的性能、良好的成槽精度和成槽效率得到广大用户的普遍认同。与以往的双轮铣相比，新一代 FD60HD 型双轮铣在坚硬地层的施工效率得到了很大的提升。

2. FD60HD 型双轮铣组成

FD60HD 型双轮铣如图 20-26 所示。

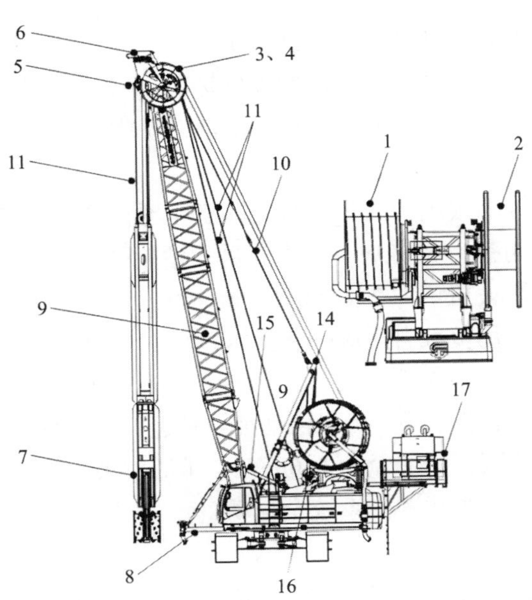

图 20-26　FD60HD 型双轮铣

1—泥浆管绕线机；2—软管绕线机；3—泥浆管底轮；4—软管底轮；5—绳索底轮；6—桅杆吊杆顶部；7—碎屑进料管道；8—液压供应软管；9—双轮铣槽机；10—支架；11—网格状吊杆；14—吊杆支撑结构；15—吊杆止动器；16—吊杆绞盘；17—液压动力装置

3. FD60HD 型双轮铣技术参数表（表 20-16、表 20-17）

FD60HD 型双轮铣铣头主要技术参数 表 20-16

最大高度（mm）	15000	铣轮轴扭矩（kN·m）	2×99
成槽长度（mm）	3150	铣轮转速（rpm）	0～21
成槽宽度（mm）	800～1200	泥浆泵流量（m³/h）	450
最大铣削深度（m）	100	泥浆管外内径（mm）	150
适应岩层硬度（MPa）	≤120	双轮铣质量（t）	35～38

FD60HD 型双轮铣主机参数 表 20-17

工作幅度（mm）	5500～6500
施加在铣头上的最大有效上拔力（kN）	600
总功率（kW）	480+194

4. 工作原理

FD60HD 双轮铣的主要工作部位为一个带有液压和电气控制系统的钢制框架（铣槽机），下部装有三个液压马达，水平交叉排列，两边马达分别驱动两个装有铣齿的铣轮，另外一个马达驱动泥浆泵。铣槽机为液压式操作机械，工作原理是工作时两个液压马达带动铣轮低速转动（方向相反），切削下面的泥土及岩石，利用切割齿把它们破碎成小块并向上卷动，同时与槽中稳定的泥浆混合，然后由另外的一个液压马达带动离心泵不断把土、碎石和泥浆泵送到泥浆筛分系统，泵送到地表的泥浆经过筛分系统处理后，干净的泥浆再被送回到基坑里。

20.10.3 自主研制的 ZTSX100 系列双轮铣槽机

1. 技术特点

（1）高性能铣削系统：高速液压马达加行星减速机驱动铣轮铣削方式，配合减振环，大扭矩破岩的同时，避免破岩对减速机的冲击破坏。

（2）优化的铣齿空间排布，具有特殊结构的活动摆齿，可高效、快速进行全断面破岩铣削。

（3）采用专用液压伸缩式履带底盘，行走性能优越，整机稳定性高，运输方便。

（4）主发动机额定功率为 653kW，动力充足，性能稳定。

（5）大扭矩：铣轮最大扭矩为 2×100kN·m，可满足硬度 130MPa 以下岩层施工。

（6）铣轮驱动马达采用负载自适应控制技术，可实现根据岩层硬度的变化自动调整铣轮扭矩和转速，获得最优铣削能力和效率，高效、节能。

（7）采用大容量压力补偿装置，确保浮动油封的运行可靠性，避免驱动装置进入泥浆。

（8）搭载大功率排渣泵，排渣量为 450m³/h，排渣效果非常突出，不易堵塞。

（9）泥浆管、液压管、电缆跟随系统全自动，张紧拉力深度自适应控制，实时跟进工作装置。

（10）孔形规则，成槽精度高：标配的 12 块自动纠偏装置，保证槽孔的垂直度，实现成槽精度 3‰以内。

（11）智能控制系统：包含工作状态监控系统、垂直度状态监控系统、泥浆流量监控系统、触摸式键盘主控制系统，系统运行的稳定性和可靠性高。

（12）兼容性和互换性强：可兼容目前市场上通用的各式刀齿，按照不同的地质情况选择不同的切削刀齿将有效地降低施工成本。

（13）司机室空间大：合理的平面布置和大尺寸司机室，维护方便，司机工作环境更加舒适。

（14）成槽宽度为 800～1500mm，最大成槽深度为 100m，满足国内地铁站、建筑基坑、大桥锚碇等工程的施工。

2. 施工工法（图 20-27）

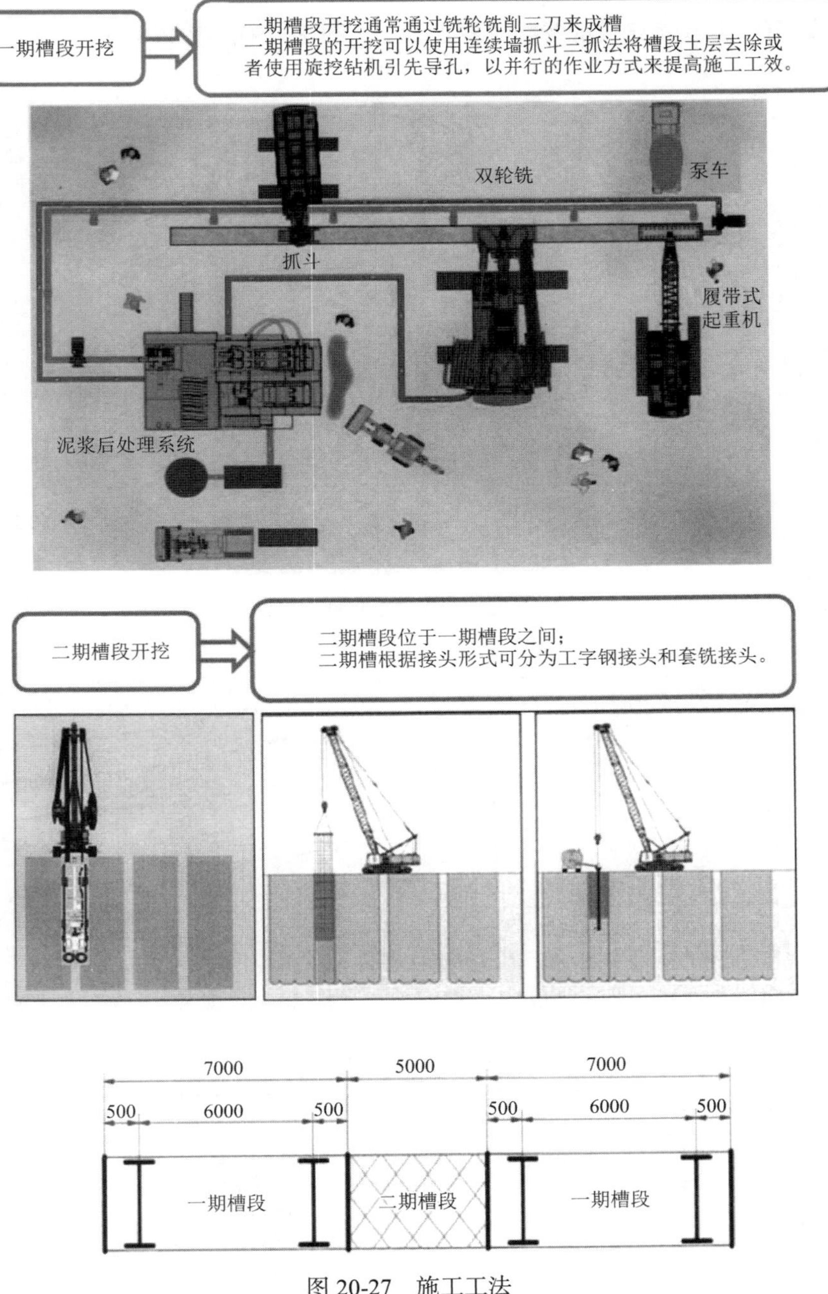

图 20-27　施工工法

1）工字钢接头

（1）工字钢接头是一种刚性接头方式；

（2）工字钢接头与钢筋笼制作在一起，作为永久结构无须拔出。

2）套铣接头

（1）二期槽施工时将一期槽墙体切削掉 30cm 混凝土，露出粗糙的新鲜混凝土面，使得一期槽和二期槽能够紧密接触，防渗效果好；

（2）套铣接头在铣槽机成槽以后，免除了接头管吊装、拔除、砂包回填、接头清刷等一系列工序。

3. ZTSX100 型双轮铣性能参数（图 20-28～图 20-30，表 20-18）

图 20-28　ZTSX100 型双轮铣

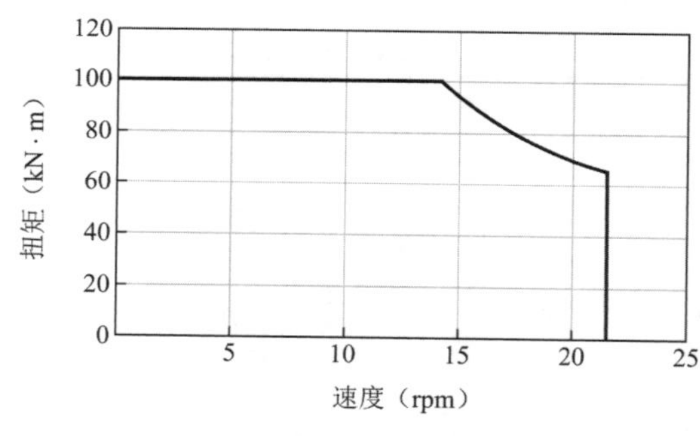

图 20-29　ZTSX100 型双轮铣扭矩—速度关系曲线

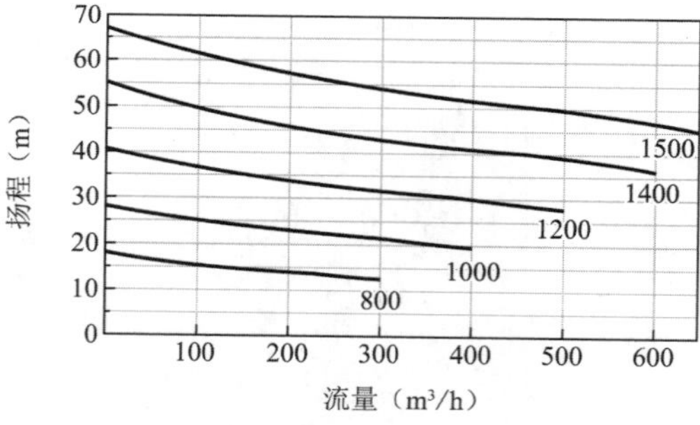

图 20-30　泥浆泵扬程—流量关系曲线

ZTSX100 型双轮铣技术参数　　**表 20-18**

成槽长度（mm）	3150	泥浆泵流量（m³/h）	450
成槽宽度（mm）	800～1200	最大提升力（kN）	700
最大铣削深度（m）	85	纠偏方式	*X*/*Y*/*Z*轴纠偏
铣轮最大扭矩（kN·m）	2×99	工作装置质量（t）	39
铣轮转速（rpm）	0～21	整机总功率（kW）	567

4. ZTSX100A 型双轮铣性能参数（图 20-31～图 20-33、表 20-19）

图 20-31 ZTSX100A 型双轮铣

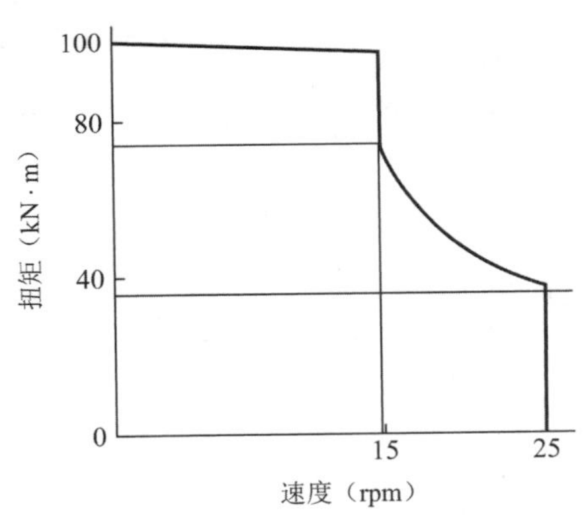

图 20-32 ZTSX100A 型双轮铣扭矩—速度关系曲线

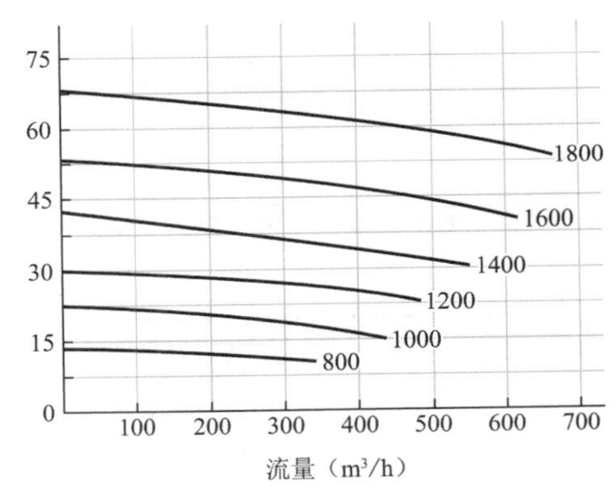

图 20-33 泥浆泵扬程—流量关系曲线

ZTSX100A 型双轮铣技术参数 表 20-19

项目名称	数值	项目名称	数值
铣头高度（mm）	13800	适应岩层硬度（MPa）	130
成槽长度（mm）	2800	泥浆泵流量（m^3/h）	450
成槽宽度（mm）	800～1500	泥浆管内径（mm）	150
最大铣削深度（m）	100	工作幅度（mm）	5560～6160
铣轮最大扭矩（kN·m）	2×100	行走速度（km/h）	0～1
铣轮转速（rpm）	0～25	回转速度（rpm）	0～1

续表

项目名称	数值	项目名称	数值
纠偏方式	*X*/*Y*/*Z*轴纠偏	最大提升力（kN）	700
成槽偏斜度控制	≤3‰	工作装置质量（t）	35
		整机总功率（kW）	653

5. 性能特点（表 20-20）

ZTSX100 系列性能特点 表 20-20

型号	ZTSX100 型	ZTSX100A 型
示意图	驱动轮 张紧轮 从动轮（铣轮）	马达输入 Z_6 Z_{56} Z_5
路线	低速大扭矩马达＋链传动	高速液压马达＋伞齿＋减速机
技术特点	驱动和铣轮上、下分体式布置，铣轮之间盲区用链齿铣削，结构简单，抗冲击性好，驱动系统使用寿命长，可靠性高，传动效率较低	减速器等集成在铣轮内部整体布置，铣轮之间盲区用摆齿铣削，机构复杂，抗冲击性差，驱动系统使用寿命较短，传动效率较高
维保要求	一般更换密封及轴封等易损件，可现场拆装、更换、维修	现场不可拆装、维修，一般是备驱动装置总成，维修需要返厂

6. 双轮铣施工项目列表（表 20-21）

双轮铣施工项目 表 20-21

序号	项目名称	总工作量（幅）	已完工作量（幅）	项目所在地	备注
1	大金钟站	34	34	广州地铁 11 号线	已完工
2	上涌公园站	104	104	广州地铁 11 号线	已完工
3	HP3/4 风井项目	128	128	广州地铁 18 号线	已完工
4	深圳春风隧道项目	65	65	深圳	已完工
5	安丰站	181	181	南昌地铁 4 号线	已完工
6	历黄路站	108	108	济南地铁 R2 号线	已完工
7	上沙沟站	86	86	南昌地铁 4 号线	已完工
8	朝阳站	280	46	广州地铁 13 号线	施工中
9	珠村站	105	60	广州地铁 13 号线	施工中
10	裕丰围站	110	7	广州地铁 7 号线	施工中
11	大沙东站	64	0	广州地铁 7 号线	施工中
12	7 号盾构井项目	12	0	广州	套铣

7. 双轮铣施工重点项目简介（图 20-34、图 20-35）

大金钟站

项目特点：岩层坚硬，平均单轴抗压强度为74MPa，最大单轴抗压强度达到140MPa。
成槽情况：槽厚1000mm，槽深33m。
施工时间：2017年12月至2018年9月。

图 20-34 双轮铣施工大金钟站项目

上涌公园站

项目特点：装配式车站，成槽深度较深，平均深度为46m，最大深度达到57m。
成槽情况：槽厚1200mm，槽深46m。
施工时间：2018年4月至2019年1月。

图 20-35 双轮铣施工上涌公园站项目

20.10.4 双轮铣在复杂岩层的成槽工法

1. 概述

广州地铁地下连续墙围护工程需在复杂硬质岩层下进行成槽施工，难度较大。选择新型链齿传动双轮铣槽机，结合钻铣组合成槽工艺，并通过现场成槽试验验证，成功解决了复杂硬质岩层下快速成槽的施工技术难题，取得了良好的社会和经济效益，可为相关工程提供有益参考。

2. 工程概况

大金钟站为广州市轨道交通 11 号线工程的第 12 个车站，东连云台花园站，西接广园新村站。车站为地下 3 层 11m 岛式站台车站，地下一层为站厅层，地下二层为设备层，地下三层为站台层，全长 232m。本站主体结构地下连续墙共计 90 幅，标准幅宽 6m，最大幅宽7.5m，墙厚1000mm，地下连续墙平均深度28.227m，其中最深35.44m。场区范围内揭露岩层为侏罗系下统金鸡组（J1j）岩系，岩石种类较多，主要有炭质页岩、灰岩、炭质灰岩及石英砂岩等岩石，各岩石软硬差异较大，抗风化能力差异较大；同时，场区紧靠广从断裂及三元里—温泉断裂，受构造应力影响，岩体普遍较为破碎。由此，风化岩层中存在岩石差异风化现象，表现为部分孔揭露强风化层中夹有中风化或微风化岩块。由于岩石风化程度差异，造成局部地段，中、微风化岩面埋深相差较大，同时该车站有溶洞揭露。岩石强度为43.0～116.3MPa，平均值为74.20MPa。

大金钟站地质条件复杂，岩层硬度高且岩面性质起伏突变，存在较多溶洞，成槽施工过程中垂直度控制难度大，容易造成偏孔。加上车站周边房屋密集，房屋距离施工场地较近，车站本身场地狭小，对双轮铣的施工性能及操作要求很高。此外，施工工期紧迫。因此，采用新型链齿传动双轮铣槽机进行施工具有较好的实际工程建设推广意义。

3. 链齿传动双轮铣槽机性能特点及铣槽工作原理

针对大金钟站岩层抗压强度值高、存在溶洞的特殊地质条件及场地的局限性，选择了意大利卡萨公司的FD60HD型双轮铣槽机（图20-36）。标准配置铣槽深度100m，铣槽宽度范围800～1200mm，一次铣削成槽横向长度3150mm，根据地质情况，更换不同形式的铣轮（标准齿铣轮、锥齿铣轮），可满足软土、粉砂岩、硬岩等各类地层中连续墙施工的需要；利用铣刀架上X、Y方向共6块纠偏板，可控制和调整铣头铣削姿态，可满足各种规格槽段及地层持续的进给铣削。

图20-36 FD60HD型双轮铣外形图

FD60HD双轮铣槽机主要由履带主机、铣头（入地的掘进钻头）、泥浆后处理系统三部分组成。铣头是铣槽机的主要工作部位，是带有液压和电气控制系统的钢制框架，下部装有三个液压马达，水平交叉排列，两边马达分别驱动两个装有铣齿的铣轮，负责切削并破碎岩土，另外一个马达驱动泥浆泵，负责把破碎的泥土、碎石泵送到地面的泥浆后处理系统。铣槽工作原理见图20-37。

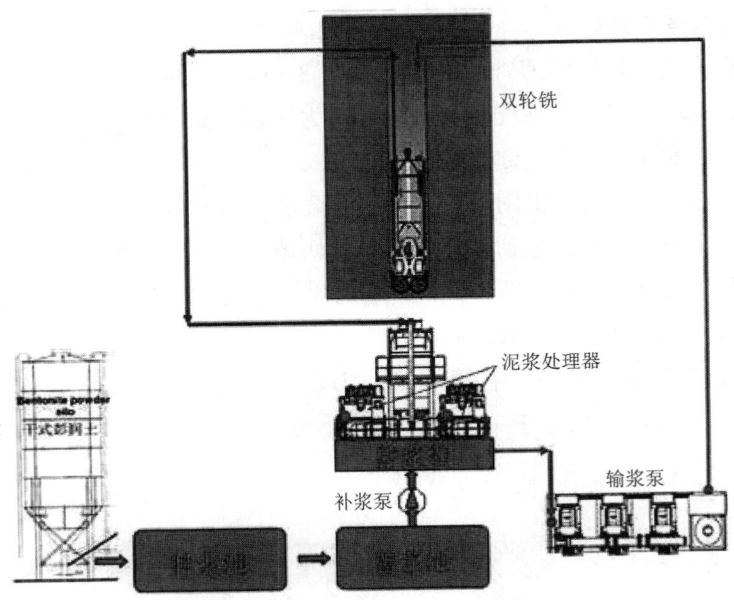

图 20-37 铣槽工作原理

该铣槽机最大的特点是采用链齿传动铣削系统，这种分体式的开式链传动方式，将直接接触岩石的铣轮与驱动装置分开，且采用张紧油缸张紧驱动链，张紧力随铣削负载自适应调节，从而起到对铣轮驱动机构的减振作用。由驱动链上的截齿完成中部盲区铣削，实现全断面成槽，如图 20-38 所示。由于此新型链齿传动双轮铣为国内首次使用，须进行其成槽施工工艺研究，验证其是否能适应我国华南地区复杂硬质岩层铣削，及成槽效率如何。此做法对该成槽工艺在我国大面积推广有着重要的实际意义。

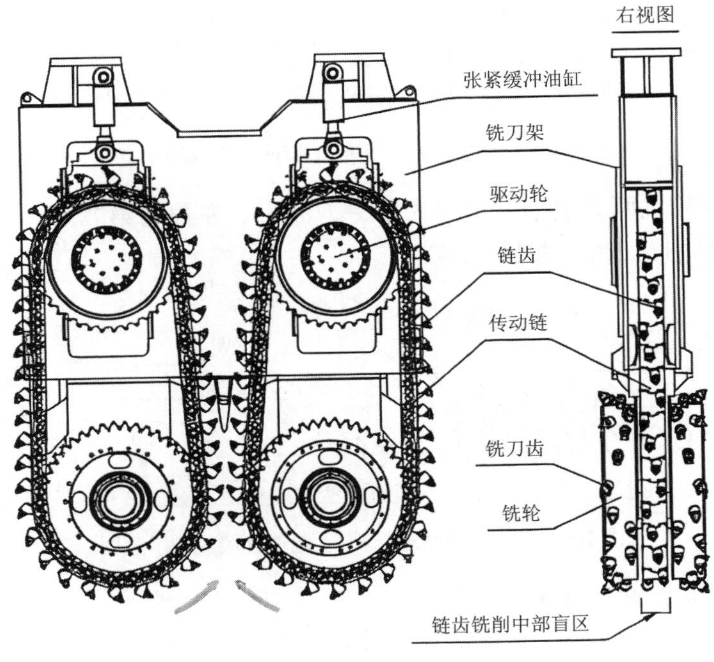

图 20-38 链齿传动铣削系统结构图

4. 钻铣组合成槽工法研究

FD60HD 双轮铣槽机的单刀铣削成槽长度是 3.15m，但大金钟站地下连续墙的设计单幅墙长度是 6m，双轮铣两铣刀就已经超过 6m，为了解决此问题，现场采用工字钢接头工艺来实现单幅墙长度 6m 的设计要求。

根据大金钟站围护结构施工图内容，所有连续墙入岩深度均达到连续墙深度的 50%以上，施工难度大。如何通过旋挖钻引孔使双轮铣快速、高效地完成计划任务，是施工的首要目标。下面根据此目标拟定了四套钻铣组合方案，进行现场成槽试验并分析试验结果。

1）拟定方案并进行现场成槽试验

方案一：双轮铣两刀成槽，右边为第一刀满刀，左边为第二刀（铣轮两边各多出 150mm），旋挖钻引孔两个均位于第一刀铣轮正下方，见图 20-39。

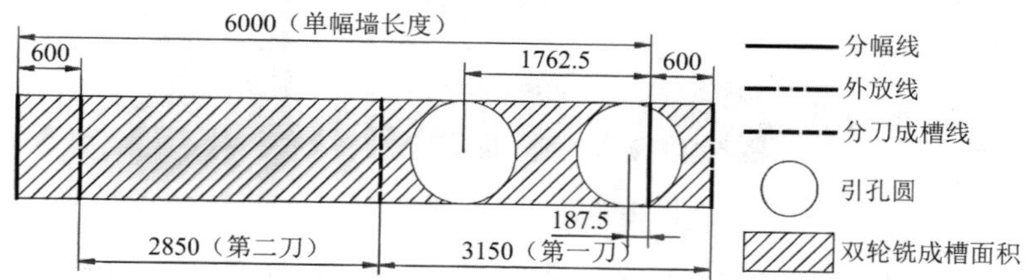

图 20-39　大金钟站编号第 79 幅连续墙成槽示意图

方案二：双轮铣两刀成槽，右边为第一刀满刀，左边为第二刀（铣轮两边各多出 150mm）。第一刀和第二刀双铣轮吸浆口正下方各一个旋挖钻引孔，见图 20-40。

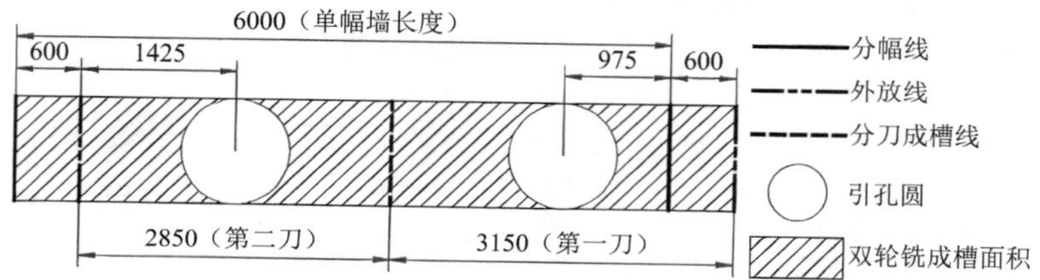

图 20-40　大金钟站编号第 81 幅连续墙成槽示意图

方案三：双轮铣两刀成槽，右边为第一刀满刀，左边为第二刀（铣轮两边各多出 150mm）。旋挖钻引孔三个，见图 20-41。

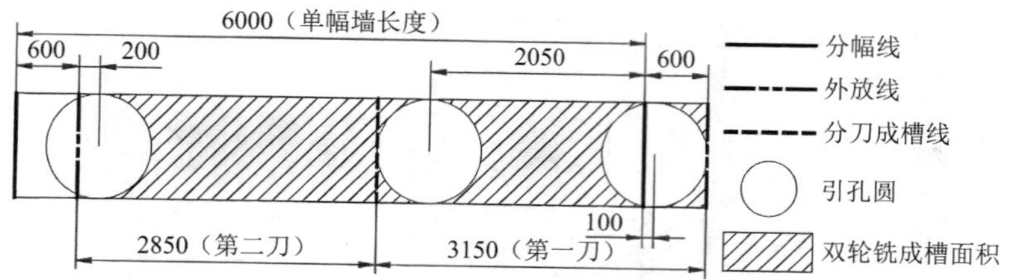

图 20-41　大金钟站编号第 84 幅连续墙成槽示意图

方案四：双轮铣两刀成槽，右边为第一刀满刀，左边为第二刀（铣轮两边各多出 150mm）。旋挖钻引孔两个，并且让双轮铣每一刀尽可能地去平分这两孔的面积，见图 20-42。

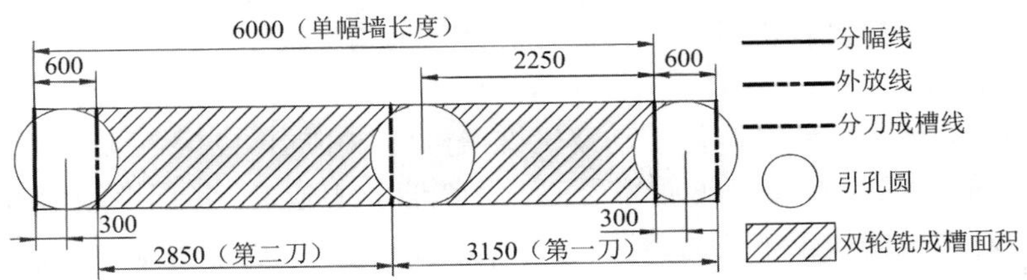

图 20-42 大金钟站编号第 75 幅连续墙成槽示意图

2）现场试验结果分析

试验统计结果见表 20-22。

方案试验结果对比表 表 20-22

方案	铣槽编号	单铣进尺（m）	单铣时间（h）	平均速度（m/h）
一	C79/1 右	13.98	9.33	1.5
	C79/2 左	14.60	30.58	0.48
二	C81/1 右	13.70	29.74	0.46
	C81/2 左	14.35	33.82	0.42
三	C84/1 右	16.35	16.58	0.99
	C84/2 左	15.80	18.18	0.87
四	C75/1 右	19.40	22.14	0.87
	C75/2 左	19.60	23.22	0.84

试验结果分析：方案一施工周期长，引孔位置对于双轮铣铣轮的固定作用较小，造成铣齿磨损过快；方案二施工周期更长，引孔位置使双轮铣铣轮无法固定，该方案不可取，并且不再采取吸浆口下方引孔方式；方案三双轮铣周期比方案一、二短，但受旋挖钻引孔速度影响，总周期拉长，在旋挖钻无法捞出工字钢附近砂袋时，选用该方案；方案四成槽效果较理想，施工周期比上述方案三略短，适合现有场地施工，并且旋挖钻引孔面积利用率高。

3）钻铣组合成槽工法理论分析

根据现场施工状况，对双轮铣成槽原理和铣削方式进行了分析，得出旋挖钻引孔对双轮铣成槽的影响因素。通过图 20-43 可以看出铣轮受到四个方向的力：

向右的力：$FX = F2_x + F3_x$；向左的力：$FX' = F1_x + F4_x$

向上的力：$FY = F1_y + F2_y$：向下的力：$FY' = F3_y + F4_y$

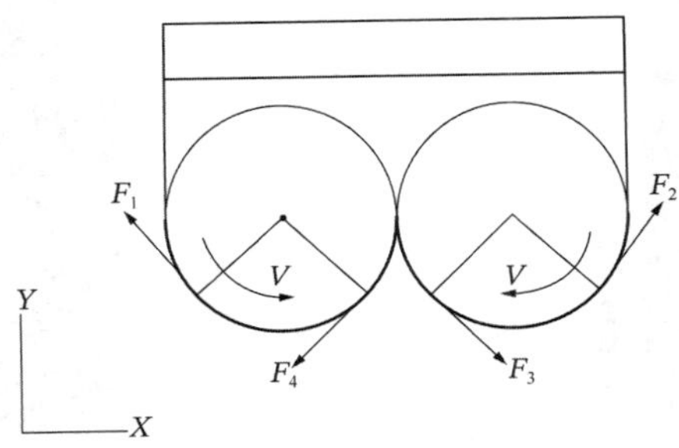

图 20-43 双轮铣铣削运动受力示意图

要使成槽进尺速度加快，应尽量减少铣轮受到向上的阻力FY。方案三、方案四的引孔方式都能够达到这个效果。但方案四比方案三少一个引孔，且方案四引孔的利用率更高，因此在双轮铣成槽位置上合理划分引孔位置能有效利用旋挖钻引孔面积和提高施工效率。

5. 成果应用

采用上述研究成果，新型链齿传动双轮铣槽机自2017年12月在大金钟站投入使用至2018年9月完成全部90幅复杂硬质岩层地下连续墙成槽施工，各项性能均达到设计指标。经过大金钟站对该成槽施工工艺的验证后，又成功应用于广州地铁11号线、18号线等多个地下连续墙项目施工，目前共计已有6台双轮铣槽机采用该研究成果。

6. 结束语

经过试验验证，链齿传动铣削方式双轮铣槽机完全适合我国华南地区复杂硬质岩层下的成槽施工，设备适应性强、操作简单且维保成本低，同时采用钻铣组合成槽工艺，施工效率更高。该成槽工艺成果将进一步推广双轮铣应用于我国地铁、大桥锚碇、高层建筑等地下连续墙基础工程建设，必将产生显著的经济效益和社会效益。

（本节由中铁科工公司供稿）

20.11　三宝双轮铣槽机

三宝建设机械（株）成立于1976年，位于韩国第一大港口城市——釜山，是一家国际化的建筑机械制造企业，也是全球领先的专业生产地下连续墙设备、钻孔灌注桩设备、海上及隧道设备以及相关基础机械的集研发、制造、销售与服务为一体的综合性制造企业之一。

公司主要产品有：双轮铣槽机、地下连续墙抓斗、反循环钻机、搓管机、锤式抓斗、除砂机、压滤机、自升式驳船和顶升系统、井架起重机、隧道挖掘机等（图20-44～图20-47）。公司始终秉承“诚信为基石、技术强积累、真诚的主人翁意识”的经营理念，为客户提供先进的技术、设备及服务，赢得了全球客户的信赖与尊重。

图20-44　CSC40 HDS80（一）

工作地点：香港；供货年份：2017年12月；切割深度：80m；沟宽：1200mm；最大扭矩：100kN · m；转速：0～25rpm；质量：35t。

图20-45　CSC40 HDS80（二）

工作地点：新加坡；供货年份：2018年1月；切割深度：80m；沟宽：1200mm；最大扭矩：100kN · m；转速：0～25rpm；质量：35t。

图 20-46　CSC40 HDS60

工作地点：韩国；供货年份：2015 年 11 月；切割深度：60m；沟宽：1200mm；最大扭矩：100kN · m；转速：0～25rpm；质量：35t。

图 20-47　SC40 HTS100

工作地点：中国；切割深度：100m；应用基础起重机：120～150t；动臂伸出：33m。

20.12　本章小结

前面已经介绍了一些常用工法和常用机械设备。现在的问题是，摆在面前的工法和设备那么多，该如何比较选择呢？本节就解决这个问题。

在选择地下连续墙的工法和设备时必须考虑以下几个因素的影响：①地层特性；②开挖深度；③墙体厚度和强度；④施工条件；⑤机械设备的特性。

下面简单谈谈如何考虑这些因素的影响问题。

20.12.1　地层特性

一般来说，地层有软与硬、透水与不透水、均匀和不均匀之分，所选用的工法和设备必须与之相适应。

（1）在透水性地基中建造防渗墙时，首先不应考虑桩柱式工法中，而应在板（墙）式工法中选用技术可靠、投资合理的。

（2）对于中等硬度的粉土、粉砂和最大颗粒粒径小于 10～15cm，含量不是很高的地层，使用回转式钻机是合适的。当地层比较软弱或有坍孔可能时，可用全套管钻进工法和设备。

（3）抓斗对地层的适应性很强，从软黏土到含有大漂石的冲击层均可使用抓斗挖槽。当大漂石含量很多时，使用特制的钢丝绳机械抓斗配以 8～10t 重的冲击锤，往往可以取得很好的效果。对于这种不均匀地基，液压或电动铣槽机有时也无能为力。

（4）现在在防渗技术方面出现了一种新趋势。这就是在有些透水岩石（如砂岩）中，原来使用灌浆方法处理但效果很差，现在则干脆把防渗墙做到岩石内部 20～30m，彻底解决表层风化岩石的渗透稳定问题。能胜任这项工作的，非液压或电动铣槽机莫属。

20.12.2 开挖深度和宽度

挖掘深度应该说没有明确的限制，例如无论是抓斗式还是回转式挖掘机械，只要加长悬吊用的钢索或钻杆并改进液压系统就可提高挖掘深度。对于大深度开挖，回转式挖掘机较为适用。因为如用抓斗进行深防渗墙槽孔开挖，下放和提升抓斗需要一定的操作时间，所以槽孔的开挖速度会随深度的增大而减慢，所穿越的地层越硬，操作次数就越多，深度对开挖的影响就越大。而回转式挖掘机具有连续排渣功能，随着开挖深度的增加开挖效率降低不多。表20-23列出了前面已提到的几种适合于大深度开挖的机型。

大深度挖掘机参数　　表20-23

机型	墙厚（cm）	开挖深度（m）
多头钻 BWN-90120	80～120	130
多头钻 BWN-1500K1	150	100
双轮铣 HF-4000（法）	63～150	150
双轮铣 HF-10000（法）	150～320	170
电铣机 EM-240（日）	120～240	150
电铣机 EM-320（日）	200～320	150
双轮铣 BC-70（德）	240～360	158
液压抓斗 MEH（日）	60～180	120

抓斗式挖掘机的挖掘宽度可以通过在允许范围内选择抓斗的大小来选择，此时机械的起吊能力决定开挖宽度。回转式挖掘机是通过回转钻头直径的变化来改变开挖宽度。

地下连续墙挖掘机开挖的墙深和墙厚的变化过程如图20-48所示。

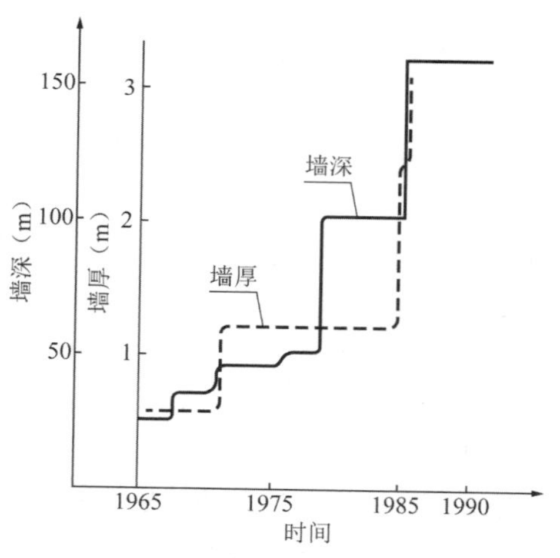

图20-48 地下连续墙开挖的墙深和墙厚变化过程

表20-24所示是地下连续墙工法适用表，可供参考。

表 20-24

地下连续墙工法适用表

选定条件		挖槽机								备注
		桩柱式		板（墙）式						
		一轴	多轴	抓斗		回转式				
		PIPW ONS	SMW TSP	悬垂式（MHL，MEH）	导杆式（凯氏）	垂直多轴（BW）	水平多轴			
							HF	EMX	BC	
使用机械		ONS 工法	DH608-120m（70D，90D）	MHL	kelly60m	BW5580	HF4000	EMX150，EMX240	BC30	
掘削深度 H（m）	$H \leqslant 20$	○	◎	◎	◎	○	○	○	○	①MHL55m 可能 ②MEH 可能 ③BW90120 可能 ④柱列式切削孔径 ⑤70D 为ϕ55～65cm，90D 为ϕ85cm 和ϕ90cm ⑥BW90120 可能 ⑦MEH180cm 可能 ⑧HF10000 可能 ⑨EMX320 可能
	$20 < H \leqslant 30$	○	◎	◎	◎	○	○	○	○	
	$30 < H \leqslant 40$	△	○	◎	◎	◎	◎	◎	◎	
	$40 < H \leqslant 50$	△	△	○	○	◎	◎	◎	◎	
	$50 < H \leqslant 60$	×	△	○①	○	×③	◎	◎	◎	
	$60 < H \leqslant 80$	×	×	×②	×	×③	◎	◎	◎	
	$80 < H \leqslant 100$	×	×	×②	×	×③	◎	◎	◎	
柱列式④切削孔径：ϕ（cm），板式壁厚：B（cm）	$\phi 7B \leqslant 60$	◎	◎⑤	◎	◎	◎	×	×	×	
	$\phi > 60$，$B \leqslant 80$	◎	◎⑤	◎	◎	◎	◎	◎	◎	
	$\phi > 80$，$B \leqslant 100$	○	◎⑤	◎	◎	×⑥	◎	◎	◎	
	$\phi > 100$，$B \leqslant 120$	×	×	◎	◎	×⑥	◎	◎	◎	
	$\phi > 120$，$B \leqslant 150$	×	×	×②	◎	×	◎	◎	◎	
	$\phi > 150$，$B \leqslant 240$	×	×	×⑦	×	×	×⑧	◎	◎	
	$\phi > 240$，$B \leqslant 320$	×	×	×	×	×	×⑧	×⑨	×	

续表

选定条件			挖槽机								备注
			桩柱式		板（墙）式						
			一轴	多轴	抓斗		回转式				
								水平多轴			
			PIPW ONS	SMW TSP	悬垂式（MHL，MEH）	导杆式（凯氏）	垂直多轴（BW）	HF	EMX	BC	
地层	黏性土⑩	软质	○	○	◎	◎	○	○	○	○	⑩黏性土的黏聚力要考虑 ⑪EM 不可 ⑫掘削中硬岩程度 ⑬SMW5000 型约 5m ⑭MHQ 型约 7m ⑮HF4000R 约 5m ⑯EMX150LH 约 8m ⑰MBC 约 5m 直线距离 要检测：一定要检测；防护 要注意：对周围环境的影响； 回转式掘削机、土砂分离设备的噪声防护
		硬质	△	△	○	○	○	◎	◎	◎	
	砂质土	中砂	◎	◎	◎	◎	◎	◎	◎	◎	
		密砂	◎	◎	△	○	○	◎	◎	◎	
	砾卵	150mm 以下	○	○	○	○	○	○	○	○	
		150～300mm	△	△	○	○	×	△	△	△	
	岩盘	$q_u \leqslant 500N/cm^2$	△	△	×	×	×⑥	◎	◎⑪	◎	
		$500 < q_u \geqslant 5000N/cm^2$	×	×	×	×	×	○	○⑪	○	
混凝土可否切削			×	×	×	×	×	○⑫	○⑫	○⑫	
现场条件		空头限制	约 20m	约 25m⑬	约 15m⑭	约 45m	约 8m	约 30m⑮	约 20mm⑯	约 35m⑰	
		设备用地	1000～1500m²	1000～1500m²	2500～3000m²	2500～3000m²	2000～2500m²	2500～3000m²	2500～3000m²	2500～3000m²	
噪声、振动		噪声	要检测	要检测	要检测	要检测	要注意	要注意	要注意	要注意	
		振动	要注意	要注意	要检测	要检测	要注意	要注意	要注意	要注意	
垂直精度			1/100～1/200（深 30m）	1/200（深 30m）	1/500～1/1000	1/500～1/1000	1/500～1/1000	1/500～1/3000	1/500～1/3000	1/500～1/3000	

注：◎：最适用；○：适用；△：可能适用；×不适用。

第 21 章　咬合桩工法

21.1　概述

21.1.1　概述

1950 年代的地下连续墙，实际上是一种联锁桩墙，也就是咬合桩墙。由于当时的机械加工水平低，施工麻烦，所以后来被槽板式地下连 续墙取代了。但是，俗话说“三十年河东，三十年河西”，经过否定之否定的过程，由于施工装备的设计制造水平的提升，咬合桩工法重新回到我们的视线中来了。

如今的咬合桩工法，已经应用到超深、超硬岩层的复杂地层中，取得了显著成效，令我们刮目相看，已经成为地下连续墙诸多工法中不可或缺的一种工法。

咬合桩工法的特点是：可以适应困难地层（超硬、超深、软土、溶洞）和复杂的周边环境；不使用泥浆，确保工程质量。

21.1.2　咬合桩工法的设备和工法

到目前为止，主要有以下几种设备和工法：（1）冲击钻机和工法；（2）全回转全套管钻机和工法；（3）旋挖全套管钻机和工法；（4）全回转钻机与旋挖钻机组合工法；（5）旋挖钻机和潜孔锤组合工法；（6）潜孔锤钻机和工法；（7）搓管钻机和工法；（8）长螺旋钻杆潜孔锤工法。

旋挖潜孔锤施工工序，如图 21-1 所示。

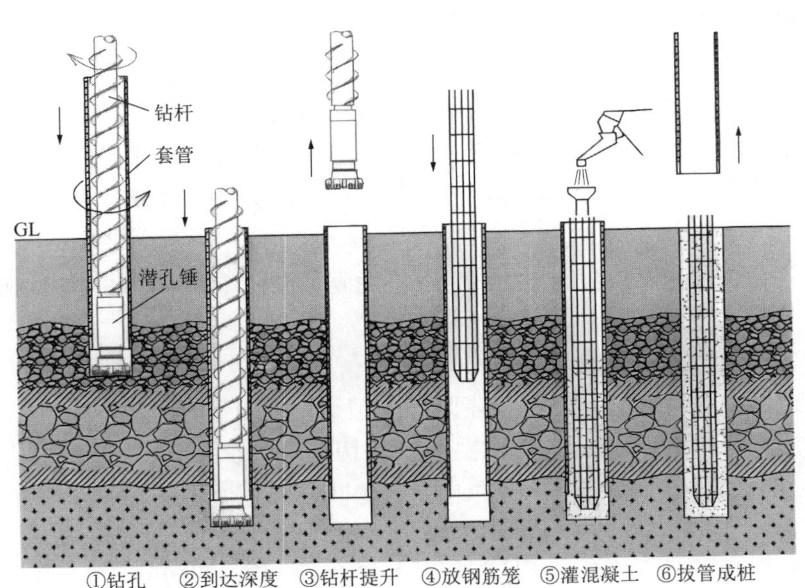

图 21-1　旋挖潜孔锤施工工序图

21.2 全回转全套管钻机和工法

21.2.1 概述

全套管钻孔灌注桩是国外应用最广的一种灌注桩施工技术。它的成孔方法是用大功率履带式钻机配以各种冲抓、旋挖、短螺旋等直接出渣钻具钻孔，同时以打、压、拧等方法沉入大型钢套管护壁，而不使用泥浆护壁和携渣，直至达到设计孔深；遇大漂石和基岩，则先用冲击钻头击碎后再用上述钻具取渣钻进。清底的方法根据具体情况而定。混凝土浇注方法与泥浆护壁钻孔灌注桩相同，也是采用直升导管法。在浇注混凝土的同时，用顶拔、振动等方法拔出套管。

在遇到松散易塌地层时，一般的冲抓、旋挖、短螺旋等钻孔方法均可全孔用钢套管护壁，但在沉拔管能力和成孔深度、孔径方面均存在一定的局限性。最具代表性、最能发挥套管作用的是贝诺特法，它的最大沉管成桩深度可达70m，桩径可达2m。

21.2.2 特点及适用范围

1. 施工特点

1）优点

（1）使用套管护壁成孔，不用泥浆护壁，避免了因使用泥浆所引起的费用、环境污染和质量问题。

（2）挖掘时可直观了解地层情况，持力层判断准确，便于确定桩长，承载力可靠。

（3）垂直度偏差小，孔壁不会坍塌，孔形圆整，超挖、超浇方量少，成孔质量高。

（4）成孔设备功率大，机械化程度高，成桩直径、深度较大，施工速度快，地层适用范围广。

（5）钢筋不受泥浆污染，无混凝土混浆和桩周夹泥的问题，桩身质量好。

（6）施工无噪声、无振动，作业面干净，现场文明。

（7）主机可以自行，在现场移动方便，可以靠近已有建筑物施工。

2）缺点

（1）需要使用大型机械和套管，机械设备费用高，施工时需要较大的场地。

（2）在水上施工需要搭设坚固、庞大的施工平台，以提供拧管反力，很不经济。

（3）遇到地下水位以下的、较厚的粉细砂层时，沉管和掘进都很困难，而且有拔不出套管的危险。

（4）受套管直径和沉拔管能力所限，还不能满足直径2m以上的灌注桩施工要求。

2. 适用范围

适用于各种土质，在漂卵石层和风化岩以及溶洞地层、流砂地层均可使用，特别适于在松散易塌地层中及对环境保护有严格要求的地区使用，还可用于打斜桩。

此种工法有软切割和硬切割咬合桩之分。软切割法一般用于软土地层或入岩小于1.5m的条件下施工；硬切割法则用于硬质地层或是嵌岩深度大，单桩成孔时间长的情况下（图21-2）。

据了解，目前国内生产全回转钻机的生产厂家主要有徐州盾安、景安公司和中联重科公司等。

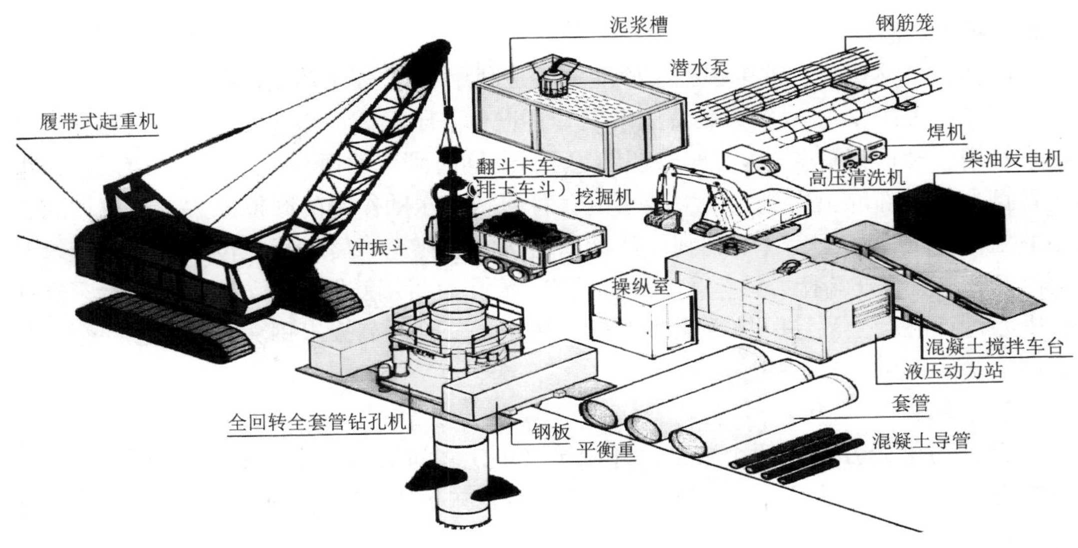

图 21-2　全回转钻机施工总平面图

主要设备及功能：

（1）全回转钻机：成孔。

（2）钢套管：护壁。

（3）动力站：提供全回转主机动力。

（4）反力叉：提供反力，平衡扭矩。

（5）操作室：操作平台，人员操控。

辅助设备：

（1）冲抓斗：取土、抓岩、清孔。

（2）驱动机构：旋转套管，并使之上下运动。

（3）履带式起重机：吊主机，动力站就位，压住反力叉平衡；吊冲抓斗进行冲抓取土；吊放钢筋笼，灌注混凝土等。

（4）冲击锤：冲击岩石等。

21.2.3　全回转钻机工作原理

1. 全回转钻机（图 21-3）

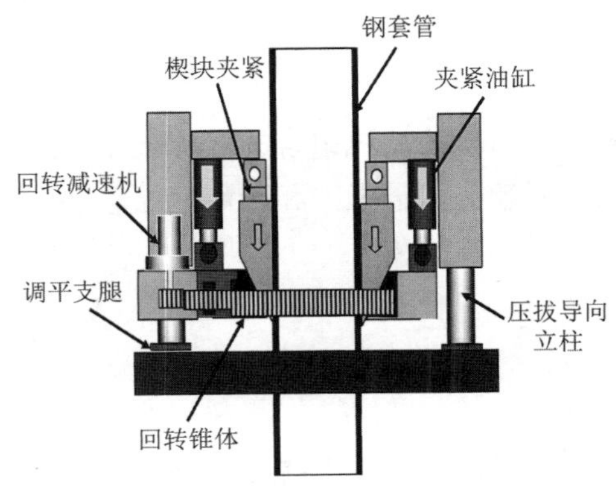

图 21-3　全回转钻机剖面示意图

2. 单桩工作原理

全回转钻机钻孔咬合桩单桩施工原理主要是利用ZRT全回转钻机的回转装置驱动钢套管进行360°回转，压入引拔装置驱动钢套管进行下压起拔动作，支腿调平装置保证钻机水平及钢套管垂直精度。施工时边回转边下压，同时利用冲抓斗、多头抓爪或旋挖钻机等进行钢套管内部取土作业，大大减小钢套管回转下压动作时的摩擦阻力，重复回转压入和取土作业工序直至套管下压到设计标高为止。成孔完毕后进行孔位中心标点校核及孔深测定，并确认桩端持力层，然后清除沉渣。清孔后将钢筋笼吊入，接着将导管竖立在钻孔中心进行混凝土灌注，边灌注边根据灌注深度及时逐节拔出钢套管及灌注导管，最后成桩。

3. 咬合原理

咬合桩的排列方式为两个素混凝土桩（A桩）之间依靠一个钢筋混凝土桩（B桩）相嵌咬合，施工时先将两个A桩施工完成，再去施工B桩，实现A桩与B桩的咬合目的。

4. 全回转钻机钻孔咬合桩施工实例

合肥市郎溪路（明皇路—裕溪路）高架快速路综合建设工程咬合桩施工。

工况：桩径1.5m，桩深23m，最大咬合量300mm，后期开挖16m。

难点：孔径大且为双笼咬合桩施工，AB桩型均下钢筋笼，一矩笼一圆笼。工期短，任务重。

21.3　旋挖全套管钻机和工法

原理：

（1）这是一种全护筒成孔法，它使用钻机本身的动力头将外套管挤入或拔出地层；

（2）在外套管护壁情况下，使用旋挖斗、短螺旋钻或岩芯钻等成孔；

（3）使用旋挖钻机的副卷扬吊放钢筋笼；

（4）使用导管浇注锚碇；

（5）使用动力头在浇注锚碇过程中，逐渐拔出钢护筒。

21.4　全回转钻机和旋挖钻机组合工法

21.4.1　工艺流程

这是把全套管回转钻机平台与旋挖钻机组合的一种设备和工法，可以使钢套筒回转钻进的动力更强大，更容易克服复杂的钻进阻力和困难地层。

21.4.2　工艺原理

1. 导墙施工

2. 咬合桩施工

1）咬合桩施工顺序

咬合桩分A桩和B桩，A桩为无钢筋笼的素桩，B桩为有钢筋笼的桩，先施工A桩，采用硬切割的咬合桩施工，等A桩强度达到30%后再施工两A桩之间的B桩。

2）A 桩（素桩）成孔施工

A 桩为素桩，无须咬合，根据工程的实际情况，在施工时旋挖全套管机或搓管机一次性成孔，在咬合桩软土层施工时必须使钢套管的深度比钢套管内的土面深 3～5m，防止出现土体管涌现象。施工中边旋转钢套管边抓土至孔底标高后浇注混凝土。

3）B 桩（荤桩）成孔施工

B 桩成孔，因 A 桩为素混凝土桩，可在 A 桩混凝土达到一定强度后，采用全回转钻机 + 旋挖钻机成孔，同样考虑土质情况为软土时，在咬合桩施工时必须使钢套管的深度比钢套管内的土面深 3～5m，切割咬合时当相邻两根素桩强度较大时，要控制好垂直度，放慢钻进速度，同时防止钻进时钛合金磨损太快而无法切割至桩底部。

4）咬合桩施工

等导墙有足够的强度后，拆除模板，重新定位放样排桩中心位置，将点位反到导墙顶面上，作为钻机定位控制点。移动套管钻机至正确位置，使套管钻机抱管器中心对应定位在导墙孔位中心。

21.5　搓管钻机和工法

21.5.1　搓管钻机（摇管机）

在 20 世纪 80 年代末期到 20 世纪 90 年代，国外已经开发出搓管机和工法，笔者曾经想引进意大利土力公司的搓管机，也曾想引进德国利佛公司的搓管机，作为地下防渗墙的接头管。

目前，国内市场上使用的搓管钻机有德国宝峨、利佛，国产 CGJ-2000S 多功能搓管机和 CGS-1500 型手动型搓管机等。

表 21-1 所示是国产搓管钻机的主要参数。

BST-C 型冲抓斗技术规格表　　**表 21-1**

A	闭斗直径（mm）	850	1050	1250	1550	1750	1900	2200
	桩径（mm）	1000	1200	1500	1800	2000	2200	2200
B	开斗高度（mm）	3915	4135	4315	4495	4685	4905	5155
C	闭斗高度（mm）	3515	3695	3845	4025	4215	4435	4685
D	闭斗总高度（mm）	5015	5195	5345	5525	5715	5935	6185
E	吊链高度（mm）	1900	1900	1900	1900	1900	1900	1900
	斗容（L）	84	180	317	472	780	1050	1450
	钢丝绳直径（mm）	20	20	20	20	22	24	24
	吊链重（kg）	337	337	337	337	337	370	370
	单绳抓斗重（kg）	3370	3675	3985	5175	6400	7360	8465
	双绳抓斗重（kg）	3085	3390	3700	4890	6115	7110	8213

21.5.2　工法原理

1. 能摇管的液压沉拔管机

液压沉拔管机，由升降机构、夹紧机构、摇管机构和底座组成。夹紧机构用于夹紧套管，升降机构用于下压和起拔套管，摇管机构用于沿圆周方向左右摇动套管，所有夹紧、升降、摇管动作均由各自的液压油罐驱动。三个动作机构均与底座连成一体，而摇管机构还以摇臂与主机相连。在下压、顶升或摇动套管之前，必须先夹紧套管，升降动作和摇管动作可同时进行，也可分别进行。下压和摇管时由主机提供反力，顶升时由地基提供反力。

在套管自重的作用下，下沉套管并不需要很大的压力，但拔出套管却要克服套管的自重和巨大的摩擦力。不停地摇动使套管与地层之间始终保持着一定的间隙，从而使摩擦力大大降低；但必须有大型主机的支承才能形成足够的摇管力矩。

2. 结构特殊的冲抓斗

由于不用泥浆循环排渣，配有适用于不同地层的冲抓斗，与其他钻具相比，冲抓斗的钻进操作对沉管作业的影响最小。这种专门设计的冲抓斗结构坚固，破岩能力强，出渣速度快，既可抓取又可冲击，操作十分灵活。它一般只有2个抓瓣，抓斗的升降和抓瓣的开闭多用一根钢丝绳操作；依靠自重、弹簧和脱钩机构的配合，冲抓斗下落时张开抓瓣，触地后自动闭合，再提时不会张开，提出孔口一定高度后又自动张开卸土。意大利土力公司制造的BST型冲抓斗技术规格见表21-2。

搓管机参数表 **表21-2**

技术参数	CGJ1200/S	CGJ1500/S	CGJ1800/S	CGJ2000/S
搓管直径（mm）	600～1200	800～1500	1000～1800	1200～2000
搓管扭矩（kN·m）	1200	1900	2560	2860
起拔力（kN）	1560	1880	2280	2280
夹管力（kN）	1500	1800	2250	2250
长×宽×高（mm）	4200×2100×1700	4280×2500×1750	5200×2900×1750	4865×3100×1750
质量（kg）	13000	18000	21000	22000

21.6 潜孔锤钻机和工法（一）

21.6.1 概述

近些年来国内对潜孔锤的研发也取得了很大进展，采用潜孔锤修建咬合桩的工程越来越多了。

不同地层有不同的成孔工艺，目前基本成孔工法主要有三类：抓斗式、冲击式和回转式。其中，回转式旋挖钻进工法用来打桩是一种比较先进、高效、适用的工法，被广泛应用于桩基施工领域，但在地下连续墙施工中遇到硬岩、溶洞和斜岩等特殊地质时，旋挖钻机破岩效率相对缓慢。

是否有更先进、更可行的破岩工法呢？潜孔锤工法就是一种。

1. 潜孔锤简介

潜孔锤全称为无阀冲击器，用潜孔锤配合钻机和相应的钻具进行冲击回转钻进，压缩空气通过钻杆进入潜孔锤产生一定频率的冲击力，对岩石进行破碎，同时利用排出的废气对锤头（钻头）进行冷却，并将凿下的岩屑排出孔外。

2. 潜孔锤优势

（1）加快施工进度，提高成孔质量。

（2）高效破岩，钻进坚硬岩层，钻孔不易偏斜。

（3）在保留原钻机功能的前提下，增加了潜孔锤功能。

21.6.2　旋挖潜孔锤钻机破岩基本原理

1. 潜孔锤的入岩机理

气动潜孔锤是以大流量高压空气作为动力，驱动冲击器的活塞高频往复运动，并将该运动所产生的动能源源不断地传递到钻头上，钻头在该冲击功的作用下，连续对孔底岩石实行冲击。岩石在球形压头应力集中作用下，产生弹性变形、裂痕、裂痕扩散、脆性崩裂，最后形成破碎体。

2. 旋挖钻机加装潜孔锤入岩基本机理

由加压切削变为气动冲击。

通常情况下，旋挖钻机的加压施工主要采用"恒定加压与点动加压相结合的方式"，恒定加压主要是产生静载，为磨削岩石提供恒定的加压力，点动加压主要形成对岩石的一定的冲击，实现岩石的局部破碎，这两种方式加压相互结合，实现岩石的快速切削。由于岩石的软硬不均，转速会随着负载发生变化，造成钻进的过程中产生快慢交替的情况，也对岩石造成一定的冲击作用，从而达到加速岩石切削的作用。

另外，在钻进的过程中要不断加注水或者泥浆，主要是起到润滑和对钻斗降温的作用，减少旋挖机钻头因为发热导致的设备损坏。

气动潜孔锤是以压缩空气为动力的一种气动冲击入岩设备。冲击力直接传递给钻头，脉动冲破岩石钻进。声音清脆，铿锵有力，穿透能力强。

21.6.3　潜孔锤性能对比

1. 国内外对比

2016 年 3 月海南省三亚市陵水县青水湾地基项目，微风化岩，桩长 18m。广州振宇 800mm 集束式潜孔锤与进口整体式潜孔锤，在设备成本、钻具消耗、能量消耗上、维护保养成本上的对比如表 21-3 所示。

国内外潜孔锤性能对比　　表 21-3

设备配置	国家厂商	
	中国广州振宇	进口
	集束式潜孔锤	整体式潜孔锤
施工速度	略快，每条桩平均 15min	略慢，每条桩 20～25min
施工质量	基本一致	基本一致
空压机配置	2 台，33～25	3 台，33～25
设备投入成本	低	高
维护保养	简单，方便，国产化	成本高

中国振宇集束潜孔锤节约了成本，提高了效益和效率。

2. 国内节能省油潜孔锤施工案例对比

项目情况：桩长 27～28m。孔径 800mm，入岩 10～12m（穿过夹层），岩石硬度 120MPa。

入岩引孔设备：广州振宇潜孔锤入岩钻机一台。

振宇集束式潜孔锤800mm/台，配振宇潜孔锤钻杆，振宇由雾器等潜孔锤钻具总成；空压机阿特拉斯两台，28m³—20kg（表21-4）。

国内节能省油潜孔锤施工案例对比 **表21-4**

钻具类别	空压机数量（台）	空压机型号	钻具配置要求及使用、寿命	钻进速度	对钻机整体设备的损害	引孔质量
集束式潜孔锤（广州振宇）	1台已经正常施工2台。钻进速度提高一倍	28—20（空气压力20kg）	1. 不需要单独配置冲击器。 2. 锤头任意，方便更换，不会报废	平均20～25min成孔一条	小锤头分别运动，振动小，损害小	优
以往非集束式潜孔锤	3台或者以上	33—25（空气流量要33m³以上，压力25kg以上）	锤头配置冲击器磨损快	平均38～40min成孔一条	大锤头整体运动，振动大，损害大	优

广州振宇集束式潜孔锤解决了以下问题：

（1）降低了入岩施工中的油耗；

（2）降低了钻具、钻机等设备的投入成本，延长了钻具的使用寿命；

（3）减少了钻机设备的损害：小锤头分别运动，振动小，损害小；

（4）降低了工程项目的成本投入；提高了施工效率、效益；提高了工程质量。

21.6.4 潜孔锤和配套钻机

1. 潜孔锤分类

1）整体式潜孔锤

特点：冲击器与单个锤头链接。整体强度对比于其他潜孔锤较高（图21-4）。

图21-4 整体式潜孔锤

2）灌注潜孔锤

特点：拥有特殊灌注风口，在引孔完成后可实现立马灌注，降低施工成本，还拥有反循环系统，施工灵活（图21-5）。

图21-5 灌注潜孔锤

3）集束式潜孔锤

特点：冲击器与多个锤头链接，每个小锤头可单独拆卸，后期维护费用低，高效节能，可实现特大口径制造（图 21-6）。

图 21-6　集束式潜孔锤（一）

4）环切潜孔锤

特点：可取芯钻进，当遇到高强度岩层时，能提高施工效率，快速成孔（图 21-7）。

图 21-7　环切潜孔锤

2. 潜孔锤和配套钻机

1）大孔径潜孔锤规格（图 21-8、表 21-5）

图 21-8　大孔径潜孔锤

大孔径潜孔锤技术参数表　　**表 21-5**

冲击器规格	适配锤头规格（mm）	外径（mm）	总长度（mm）	风压（MPa）	耗风量（m^3/min）	转速（r/min）	特殊时可配锤头（mm）	套管（mm）
ZY-10	240～310	220	1900	1.7	35	35	350～400	325
ZY-12	300～450	275	2000	1.7	40	30	500～550	406
ZY-14	350～550	330	2100	1.7	50	25	600～650	480
ZY-18	450～650	410	2200	1.7	70	25	700～800	610

续表

冲击器规格	适配锤头规格（mm）	外径（mm）	总长度（mm）	风压（MPa）	耗风量（m^3/min）	转速（r/min）	特殊时可配锤头（mm）	套管（mm）
ZY-24	600～800	530	2300	1.7	100	20	850～1000	762
ZY-28	800～1000	640	2400	1.7	115	15	1100～1200	920
ZY-34	900～1200	800	2500	1.7	190	10	1250～1350	1020

2）集束式潜孔锤规格（图 21-9、表 21-6）

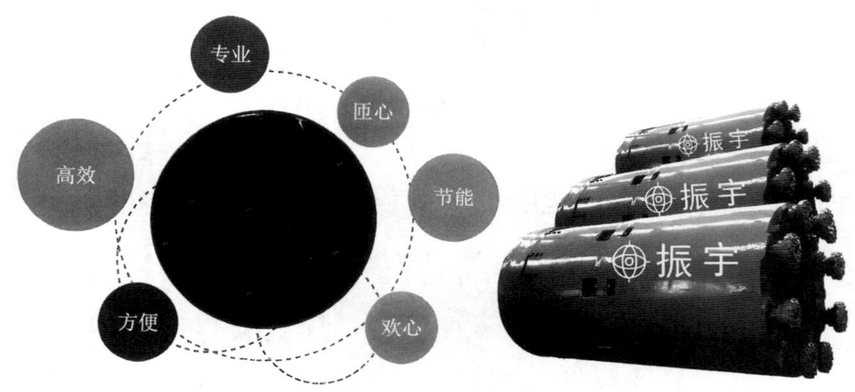

图 21-9 集束式潜孔锤（二）

集束式潜孔锤技术参数表 表 21-6

规格（mm）	锤体外直径（mm）	锤头数量	质量（kg）	气压（MPa）	耗风量（m^3/min）	建议工作方式
600	570	4	2600	1.7	60	灌注
800	770	8	4000	1.7	80	正反循环
1000	970	10	5000	1.7	90	正反循环
1200	1170	5	8000	1.7	110	环切
1500	1470	5	12000	1.7	130	环切
2000	1970	6	18000	1.7	150	环切

图 21-10 广东中科振宇研发的多功能钻机

3）配套钻机

广东中科振宇集团专门研发了多功能钻机（图 21-10），成功改装了长螺旋潜孔锤钻机 300 多套；还改装了多套旋挖钻机配套潜孔锤技术。

4）灌注潜孔锤

这是最近研发成功的一种潜孔锤。它是在完成钻孔的同时，又可以灌注混凝土，可以做一锤、一机、一孔、一桩的全部工序。也就是一锤两用。

（1）成孔灌注一体化；

（2）成孔速度快；

（3）产生的废弃渣土集中处理；

（4）不需要桩孔护壁措施；
（5）孔底清渣干净。
这种灌注潜孔锤可以用在：
（1）成分极不均匀的填土层，尤其是含大块硬质杂物的填土层；
（2）地下水丰富，取土桩施工护壁困难的地层；
（3）卵石、块石、漂石层；
（4）岩溶（溶沟、溶槽、溶洞、裂隙等）发育的地层；
（5）桩端需进入硬质岩层的场地。

（本节由广东中科振宇公司供稿）

21.7 潜孔锤钻机和工法（二）

21.7.1 工艺原理

山河智能公司的强力多功能钻孔咬合桩的施工，主要采用“强力多功能钻机 + 超缓凝型混凝土”方案。钻孔咬合桩的排列方式采用：第一序素混凝土桩（A 桩）和第二序钢筋混凝土桩（B 桩）间隔布置，先施工 A 桩，后施工 B 桩，A 桩混凝土采用超缓凝型混凝土，要求必须在 A 桩混凝土初凝之前完成 B 桩的施工，使其共同终凝，形成无缝、连续的“桩墙”。B 桩施工时，利用套管钻机的切割能力切割掉相邻 A 桩的部分混凝土，实现咬合。见图 21-11。

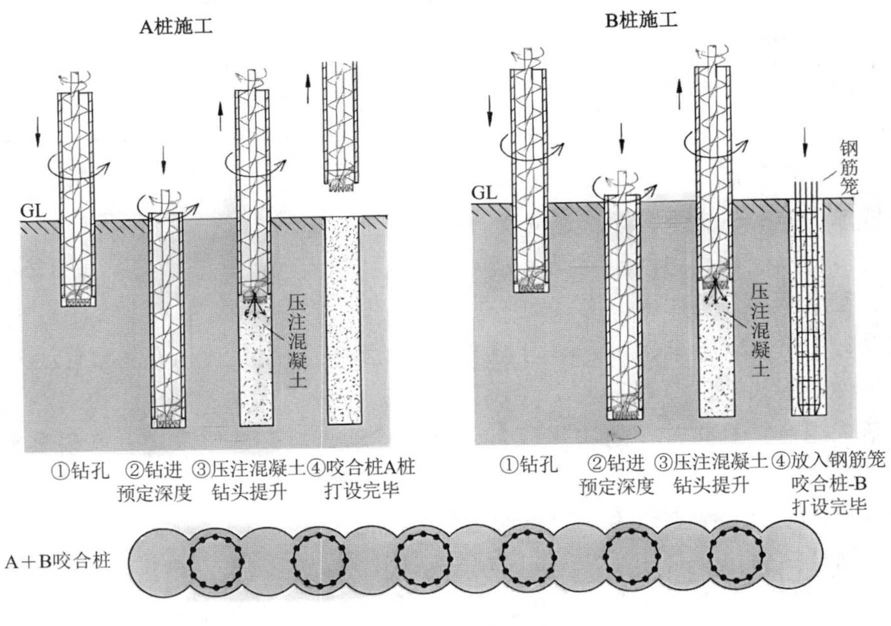

图 21-11 钻孔咬合桩施工

A—素混凝土桩；B—钢筋混凝土桩

21.7.2 外形图

双动力头强力多功能钻机见图 21-12。

图 21-12　双动力头强力多功能钻机

21.7.3　主要技术参数

钻机参数见表 21-7。

钻机参数表　　表 21-7

型号	立柱（m）	最大提升力（t）	最大行走质量（t）	动力功率（kW）
SWSD2512	36	80	180	194×2
SWSD3618	36	80	180	194×2
SWSD4630S	40	90	260	242×2
SWSD4628W	45	90	285	75+110×4
SWSD6638W	60	100	360	75+110×4

21.7.4　主要创新点

1. 双动力头——上下分离，逆向旋转

具有恒功率变量动力性能的双动力头，输出扭矩大、过载能力强，比电动式动力头体积更小、重量更轻、工作更平稳。

双动力头可上下分离相对运动，分别驱动内侧钻杆、潜孔锤和外侧套管逆向旋转钻孔，适用于多种工法的施工。

2. 新式组合钻孔方式：解决泥浆、入岩、扰动、复杂地层难题，实现多样化施工的关键

1）组合 1：螺旋钻杆钻头与外侧套管组合

螺旋钻杆钻头与外侧套管组合，采用外侧套管护壁，钻杆连续排土，整体刚性强，成孔精度高，施工速度快，可应对各种复杂地层强力钻削，适用于多种工法的施工。

2）组合 2：外侧套管和潜孔锤的组合

外侧套管和潜孔锤的组合，配置供气系统，实现大直径全断面、快速高效钻孔“入岩”；双动力头驱动螺旋钻杆辅助排渣、外套管旋转跟进护壁，形成近乎封闭的排渣通道，气量泄漏少、排渣顺畅、孔底干净、孔形规整，钻进速度快，效率高。

21.7.5　典型工程实例

典型工程实例见图 21-13～图 21-15。

图 21-13　徐州地铁咬合桩

图 21-14　青岛地铁 1 号线咬合桩（双动力头钻机驱动全套管＋潜孔锤入岩）

图 21-15　上海南外滩滨水岸线改造咬合桩工程

21.7.6　施工要点

1. 工艺流程图

咬合桩施工工艺流程见图 21-16。

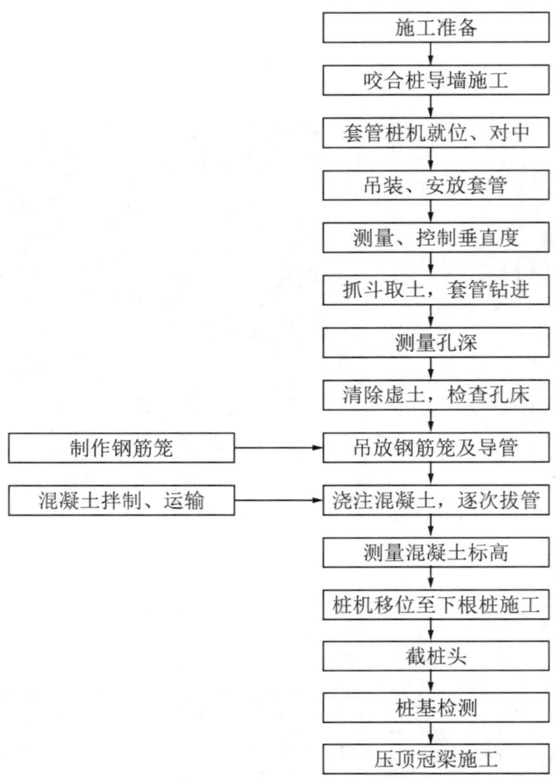

图 21-16 咬合桩施工工艺流程

2. 导墙施工

为保证钻孔咬合桩孔口的精确度，并提高就位效率，依据设计图纸要求及本工程所采用设备的特点，在咬合桩顶部设置混凝土导墙，见图 21-17。

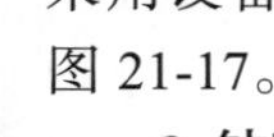

图 21-17 咬合桩导墙

3. 钻孔施工

咬合钻孔可以采用旋挖钻机、双动力头钻机、全回转钻机等设备进行，钻孔施工顺序：原则上是先施工 A1 桩（不含钢筋的混凝土桩），再施工 A2 桩（不含钢筋的混凝土桩），然后施工 B1 桩（钢筋混凝土桩），形成桩之间的互相咬合。成桩顺序：A1—A2—B1—A3—B2—A4—B3……如此循环（图 21-18）。

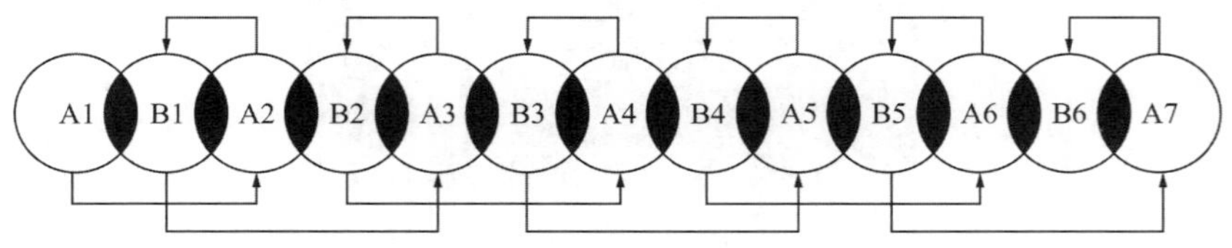

图 21-18 钻孔施工顺序

4. 钢筋笼制作及安装

钢筋笼制作见图 21-19。

图 21-19 钢筋笼制作

（本节由山河智能集团供稿）

21.8 长螺旋钻杆潜孔锤工法

21.8.1 概述

我国厂家经过试验，研究在长螺旋杆钻机上安装上了潜孔锤，可使硬岩中的钻凿后效率大大提高。

21.8.2 前言

在采用地下连续墙支护形式的深基坑工程施工中，有些地区基岩埋藏较浅，部分地下连续墙需进入岩层深度大，甚至进入坚硬的微风化花岗岩层中，施工极其困难。目前，地下连续墙入岩方法一般采用冲击破岩，对于幅宽 6m、入岩深度 10m 的地下连续墙成槽施工时间可长达 20～30d，且施工综合成本高。

近年来，深圳市工勘岩土集团有限公司承接了长沙市轨道交通 3 号线一期工程 SG-3 标清水路站（中南大学站），深圳市“B107-0009 地块”项目土石方、基坑支护、基础工程，国信金融大厦建设工程土石方基坑支护及桩基础工程，其基坑均采用地下连续墙支护，在成槽施工过程中，遇到最大入岩深度 16m，微风化岩抗压强度部分区域达 100MPa。针对以上项目地下连续墙施工的特点，结合现场条件及设计要求，深圳市工勘岩土集团有限公司开展了“地下连续墙深厚硬岩大直径潜孔锤成槽综合技术研究”，形成了“地下连续墙深厚硬岩大直径潜孔锤成槽综合施工工法”，申报实用新型专利一项。本工法的应用，较好地解决了地下连续墙进入深厚硬岩时的施工难题，实现了质量可靠、节约工期、文明环保、高效经济目标，达到了预期效果。

21.8.3 工法特点

1. 成槽速度快

根据施工现场应用，潜孔锤在中风化岩层（砂岩、灰岩）中单孔每小时可钻进 3～4m，在微风化岩层（砂岩、灰岩）中单孔每小时可钻进 1～2m，以入岩 16m 为例，每天可完成 2～3 个钻孔，可以实现 3～5d 完成 1 幅 6m 宽、800mm 厚且入岩深度 10～16m 的地下连续墙施工。而同等情况，如果全部采用冲孔桩破岩施工，将需要 20～30d 方可完成入岩施工。因此，采用大直径潜孔锤的施工效率得到了显著提高。

2. 质量有保证

本工法施工时间短，槽壁暴露时间相对短，减少了槽壁土体坍塌风险。同时，由于采用综合工艺对槽壁进行处理，潜孔锤桩机钻孔时液压支撑桩机稳定性好，操作平台设垂直度自动调节电子控制系统，自动纠偏能力强，有效保证钻孔垂直度，有助于地下连续墙钢筋网片顺利安装。另外，对槽底沉渣采用气举反循环工艺，确保槽底沉渣厚度满足设计要求。

3. 施工成本较低

采用本工法成槽施工速度快，单机综合效率高，机械施工成本相对较低。由于土体暴露时间短，槽壁稳定，混凝土灌注充盈系数小，并且施工过程中不需要采用大量冲桩机，机械用电量少。

4. 有利于现场安全文明施工

采用潜孔钻机代替冲孔桩机，泥浆使用量大大减少，废浆废渣量少，有利于现场总平面布置和文明施工。同时，潜孔锤钻机大大提升了入岩工效，减少了冲孔桩机的使用数量，有利于现场安全管理。

5. 操作安全、可靠

潜孔锤作业采用高桩架一径到底，施工过程中孔口操作少，空压机系统由专门的人员维护即可实现现场作业，整体操作安全、可靠。

21.8.4 适用范围

可适用于成槽厚度不大于1200mm、成槽深度不大于25～36m的地下连续墙成槽；适用于抗压强度不大于100MPa的各类岩层中入岩施工。

21.8.5 工艺原理

本工法的工艺技术原理包括大直径潜孔锤入岩引孔、冲击锤修孔、气举反循环清孔等工艺技术。

1. 大直径潜孔锤入岩引孔

1）破岩位置定位

在深度接近硬岩岩面时停止使用抓斗成槽机，在导墙上按200～350mm的间距定位潜孔锤破岩位置，减少潜孔锤施工时孔斜或孔偏现象，降低钻孔纠偏工作量（图21-20）。

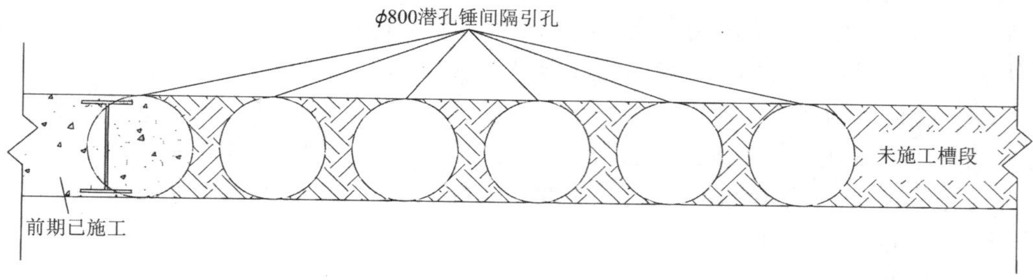

图21-20 潜孔锤入岩引孔平面布置

2）大直径潜孔锤破岩钻进

（1）大直径潜孔锤破岩

大直径潜孔锤在空压机的作用下，以压缩空气为动力介质驱动其工作，对硬岩进行高频率破碎冲击。在潜孔锤钻进过程中，高压空气驱动冲击器内的活塞作高频往复运动，并将该运动所产生的动能源源不断地传递到钻头上，使钻头获得一定的冲击功，钻头在该冲击功的作用下，连续地对岩石施行冲击。

多功能桩机提供持续的下压力实现一次成孔到底，下压力的主要作用是为保证钻头齿能与岩石紧密接触，克服冲击器及钻具的反弹力，以便有效地传递来自冲击器的冲击功。由动力头提供旋转动力，在特制的钻杆下悬挂风动式潜孔锤，潜孔锤冲击破碎岩石的同时，动力头带动钻杆及潜孔锤进行适度的钻压与回转钻进，既能研磨刻碎岩石，又能使潜孔锤击打位置不停地变化，使潜孔锤底部的合金突出点每次都击打在不同位置，达到快速破碎岩石的效果。

空压机的风压和供风量是大直径潜孔锤有效工作的保证，稳定、持续的气压和足够的供风量，可以为钻头提供稳定的动力。潜孔锤钻进过程中，配备 3 台大风量空压机，空压机的选用与钻孔直径、钻孔深度、岩层强度、岩层厚度等有较大关系，在长沙地铁 3 号线清水路站项目地下连续墙入岩施工过程中，选用了 3 台阿特拉斯·科普柯 XRHS415 型空压机并行送风，空压机产生的风量达 $54m^3/min$。选择采用长螺旋多功能桩机，确保钻杆高度能满足最大成孔深度要求，提供持续的下压力，直接用潜孔锤间隔引孔至设计标高。具体见图 21-21。

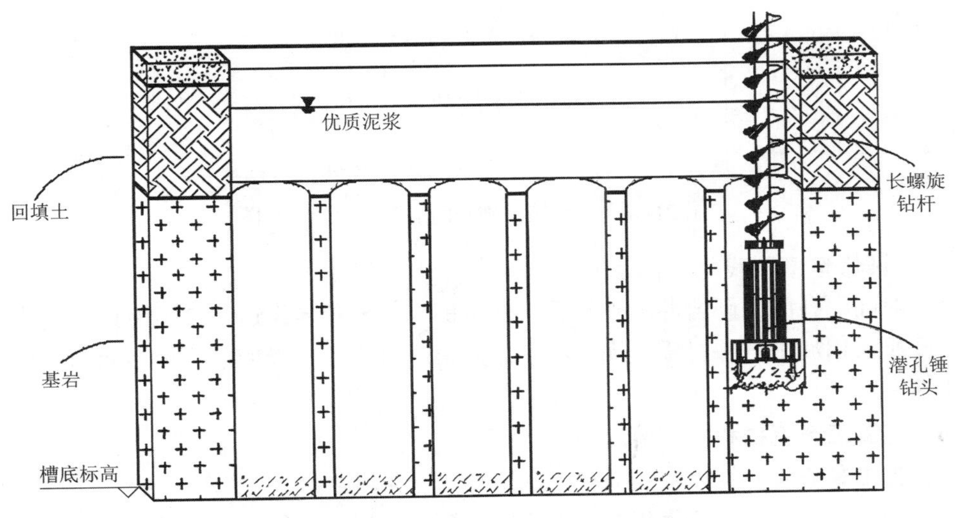

图 21-21 大直径潜孔锤入岩原理示意图

（2）大直径潜孔锤一径到底成槽

大直径潜孔锤钻头是破岩引孔的主要钻具，为确保在槽段内的引孔效果，选择与地下连续墙墙身厚度相同的大直径潜孔锤一径到底（图 21-22、图 21-23）。

图 21-22 $\phi800$ 大直径潜孔锤钻头

图 21-23 潜孔锤底部的破岩合金

2. 冲击锤修孔

1）圆锤冲击破碎间隔孔间硬岩

潜孔锤间隔引孔后，采用冲击圆锤对间隔孔间的硬岩冲击破碎。具体见图 21-24。

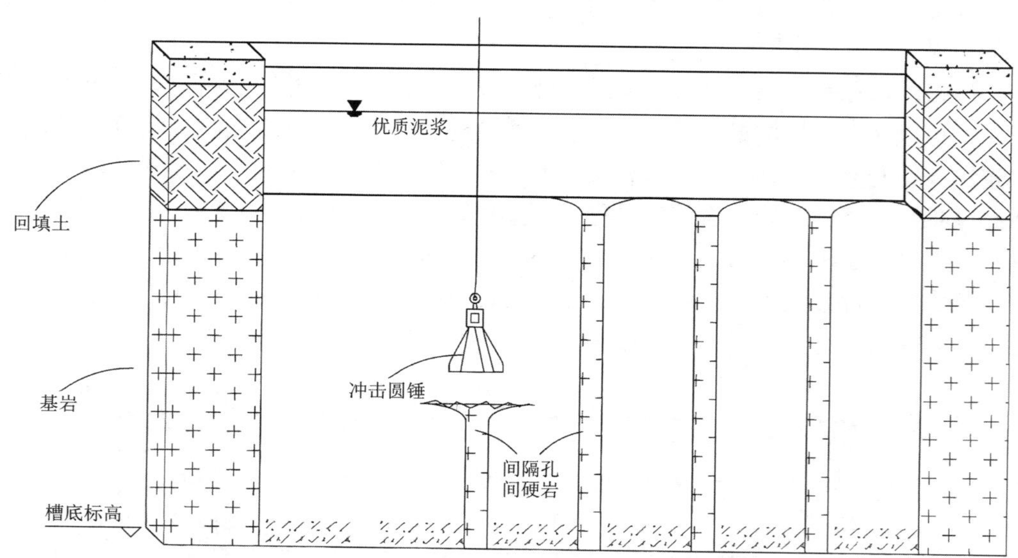

图 21-24　冲击圆锤破碎间隔孔间硬岩示意图

2）方锤修整槽壁残留硬岩齿边

圆锤对间隔孔间的硬岩冲击破碎后，残留的少部分硬岩齿边，会阻滞钢筋网片安放不到位，此时采用冲击方锤对零星锯齿状硬岩残留进行修孔，以使槽段全断面达到设计尺寸成槽要求。

21. 8. 6　施工工艺流程和操作要点

1. 施工工艺流程

经现场施工、反复总结优化，地下连续墙深厚硬岩大直径墙潜孔锤成槽施工工艺流程如图 21-25 所示。

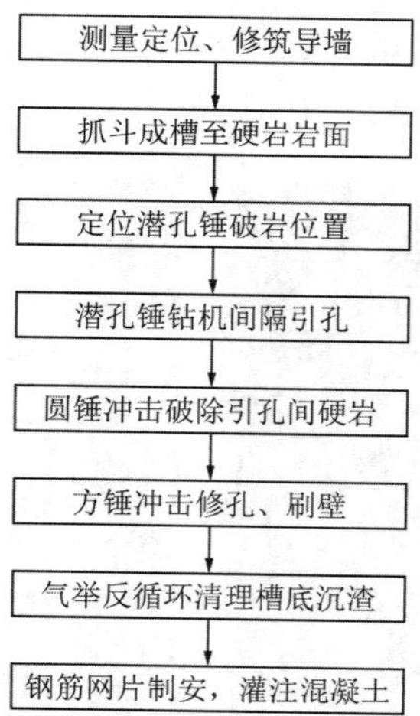

图 21-25　深厚硬岩地下连续墙潜孔锤成槽综合施工工艺流程图

2. 操作要点

1）测量定位，修筑导墙

（1）导墙用钢筋混凝土浇注而成，断面为“┒┎”形，厚度为 150mm，深度为 1.5m，宽度为 3.0m。

（2）导墙顶面高出施工地面 100mm，两侧墙净距中心线与地下连续墙中心线重合。

2）抓斗成槽至硬岩岩面

（1）成槽机每抓宽度约 2.8m，可在强风化岩层中抓取成槽；6m 宽槽段分三抓完成。

（2）本项目地下连续墙采用上海金泰 SG40A 型抓斗，其产品质量可靠，抓取能力强。

（3）挖槽过程中，保持槽内始终充满泥浆，随着挖槽深度的增大，不断向槽内补充优质泥浆，使槽壁保持稳定；抓取出的渣土直接由自卸车装运至场地指定位置，并集中统一外运。

（4）成槽过程中利用自制的小型分砂机进行分砂，避免槽段内泥砂率过大。

（5）抓斗提离槽段之前，在槽段内上下多次反复抓槽，以保证槽段的厚度满足设计要求，以免潜孔锤钻头无法正常下入槽底。

3）定位潜孔锤破岩位置（图 21-26）

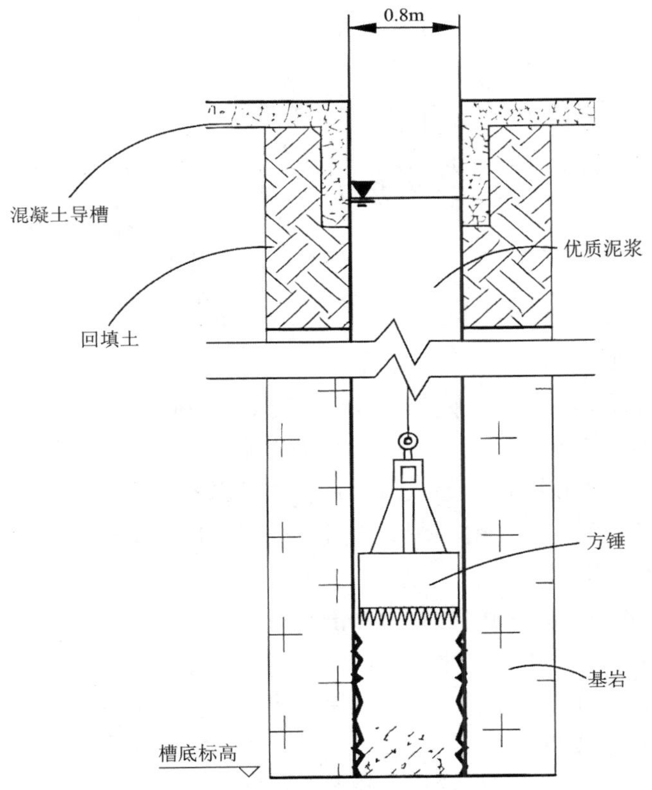

图 21-26　方锤修整槽壁示意图

4）气举反循环清孔

潜孔锤引孔、冲击圆锤及方锤修孔后，采用气举反循环清孔；在气举反循环清孔时，同时下入另一套孔内泥浆正循环设施，防止岩渣、岩块在槽侧堆积，有效保证清孔效果。

槽段内沉渣清理见图 21-27。

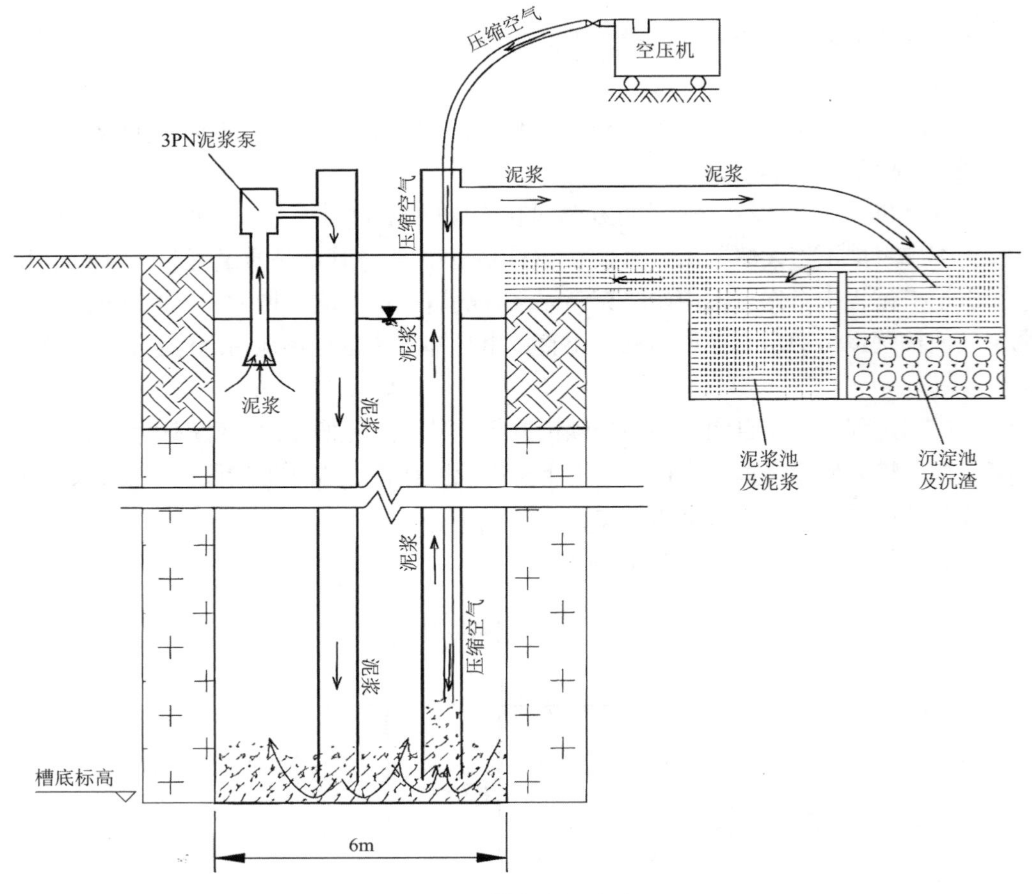

图 21-27　槽段内沉渣清理

5）潜孔锤钻机间隔引孔

（1）先将钻具（潜孔锤钻头、钻杆）提离孔底 20～30cm，开动空压机、钻具上方的回转电机，将钻具轻轻放至孔底，开始潜孔锤钻进作业。

（2）潜孔锤施工过程中空压机超大风压将岩渣携出槽底。

（3）采用潜孔锤机室操作平台控制面板进行垂直度自动调节，以控制桩身垂直度。

6）圆锤冲击破除引孔间硬岩

（1）采用冲击圆锤对间隔孔间的硬岩冲击破碎。

（2）冲击圆锤破岩过程中，采用正循环泥浆循环清孔。

（3）破岩完成后，对槽尺寸进行量测，保证成槽深度满足设计要求。

7）方锤冲击修孔、刷壁

（1）采用冲击方锤对零星锯齿状硬岩残留进行修孔，以使槽段全断面达到设计尺寸成槽要求。

（2）方锤修孔前，准确探明残留硬岩的部位；认真检查方锤的尺寸，尤其是方锤的宽度，要求与槽段厚度、旋挖钻孔直径基本保持一致。

（3）方锤冲击修孔时，采用重锤低击，避免方锤冲击硬岩时斜孔。

（4）方锤冲击修孔过程中，采用正循环泥浆循环清孔，修孔完成后对槽尺寸进行量测，以保证修孔到位（图 21-28）。

（5）后一期槽段成槽后，在清槽之前，利用特制的刷壁方锤，在前一期槽段的工字钢内及混凝土端头上下来回清刷，直到刷壁器上没有附着物（图 21-29）。

（6）如修孔过程中出现斜孔，应停止作业，及时填充优质的碎石块、黏土块或碎砖块，将歪斜的孔径部分填平，回填至偏孔开始处以上 0.5～1m，重新钻进，并检查桩机架下面是否足够稳固，防止桩架在施工过程中倾斜。

图 21-28 方锤修孔

图 21-29 刷壁器刷壁

8）气举反循环清理槽底沉渣

（1）本方案先采用成槽机抓斗抓取岩屑，在潜孔锤引孔、冲击圆锤及方锤修孔后，采用气举反循环清孔；在气举反循环清孔时，下入另一套孔内泥浆正循环设施，防止岩渣、岩块在槽侧堆积，有效保证清孔效果（图 21-27）。

（2）导管内安插一根长约 2/3 槽深的镀锌管，将空压机产生的压缩空气送至导管内 2/3 槽深处，在导管内产生低压区，连续充气使内外压差不断增大，当达到一定的压力差后，则迫使泥浆在高压作用下从导管内上返喷出，槽段底部岩渣、岩块被高速泥浆携带经导管上返喷出孔口。

（3）抓槽深度接近中风化岩面时，在导墙上按 200～350mm 成孔间距，定位出潜孔锤破岩位置，一幅宽 6m 的地下连续墙一般采用 6 个孔。

（4）采用移动式黑旋风泥砂分离机对成槽深度到位的槽段进行泥浆的泥砂分离，并采用事先配制的泥浆置换。

（5）清渣完成后检测槽段深度、厚度、槽底沉渣硬度、泥浆性能等，并报监理工程师现场验收。

9）钢筋网片制安，灌注混凝土

（1）钢筋网片采用起重机下入。现场吊装采用 1 台 150t、1 台 80t 履带式起重机多吊点配合同时起吊，吊离地面后卸下 80t 起重机吊索，采用 150t 起重机下放入槽。

（2）在吊放钢筋笼时，对准槽段中心，不碰撞槽壁壁面，以免钢筋网片变形或导致槽壁坍塌；钢筋网片入孔后，控制顶部标高位置，确保满足设计要求。

（3）钢筋网片安放后，及时下入灌注导管，同时灌注。灌注导管下放前，对其进行水密性试验，确保导管不发生渗漏；导管安装下入密封圈，严格控制底部位置，并设置好灌注平台。

（4）灌注槽段混凝土之前，测定槽内泥浆的指标及沉渣厚度，如沉渣厚度超标，则采用气举反循环进行二次清孔；槽底沉渣厚度达到设计和规范要求后，由监理下达开灌令灌注槽段混凝土。

（5）在水下混凝土灌注过程中，每车混凝土浇注完毕后，及时测量导管埋深及管外混凝土面高度，并适时提升和卸导管；导管底端埋入混凝土面以下一般保持 2～4m，不大于 6m，严禁把导管底端提出混凝土面。

21.8.7 材料与设备

1. 材料

本工法所使用材料分为工艺材料和工程材料。

（1）工艺材料：主要是清孔所需的泥浆配置材料，包括水泥、膨润土等。

（2）工程材料：主要是商品混凝土、钢筋等。

2. 设备

本工法主要机械设备配置见表 21-8。

主要机械设备配置 表 21-8

机械、设备名称	型号、尺寸	生产厂家	数量	备注
成槽机	SG40A	上海金泰	1台	土层段施工
潜孔锤钻机	CGF-26	河北华构	1台	深厚硬岩段施工
潜孔锤钻头	ϕ800	自制	1个	与连续墙同宽
冲孔桩机	CK-8	江苏南通	1台	成孔、修孔
冲击圆锤	ϕ700	自制	1个	修孔
冲击方锤	700mm × 1500mm	自制	1个	修孔
刷壁器	600mm × 600mm	自制	1个	刷壁
空压机	XRHS415	阿特拉斯·科普柯	3台	潜孔锤动力
履带式起重机	150t	神钢	1台	钢筋笼吊放
汽车式起重机	80t	三一重工	1台	
挖掘机	HD820	日本加藤	1台	清渣、装渣
泥砂分离机	TTX-19	恒昌	1台	泥浆分离处理
泥浆泵	3PN	上海中球	1台	清孔

21.8.8 质量控制

1. 质量控制措施

1）成槽施工质量控制

（1）严格控制导墙施工质量，重点检查导墙中心轴线、宽度和内侧模板的垂直度，拆模后检查支撑是否及时、正确。

（2）抓斗成槽时，严格控制垂直度，如发现偏差及时进行纠偏；液压抓斗成槽过程中，选用优质膨润土，针对地层确定性能指标，配置泥浆，保证护壁效果；抓斗抓取泥土提离导槽后，槽内泥浆面会下降，此时应及时补充泥浆，保证泥浆液面满足护壁要求。

（3）认真督促检查成槽过程中的泥浆质量，检测成槽垂直度、宽度、厚度及沉渣厚度是否符合要求。

（4）潜孔锤钻孔至中风化或微风化岩面时，报监理工程师、勘察单位岩土工程师确认，以正确鉴别入岩岩性和深度，确保入岩深度满足设计要求；潜孔锤入岩过程中，通过循环始终保持泥浆性能稳定，确保泥浆液面高度，防止因水头损失导致坍孔。

（5）潜孔锤钻进设计标高及冲击圆锤破碎孔间硬岩后，调用冲桩机配方锤进行槽底残留硬岩修边，将剩余边角岩石清理干净；冲桩过程中，重锤低击，切忌随意加大提升高度，防止卡锤；同时，由于硬岩冲击时间较长，如出现方锤损坏或厚度变小，及时进行修复，防止槽段在硬岩中变窄，使得钢筋网片不能安放到位。

（6）方锤修孔完成后，采用气举反循环进行清渣，确保槽底沉渣厚度满足要求。

（7）清孔完成后，对槽段尺寸进行检验，包括槽深、厚度、岩性、沉渣厚度等，各项指标必须满足设计和规范要求。

2）钢筋工程质量控制

（1）地下连续墙钢筋网片按设计和规范要求制作，严格控制钢筋网片加工尺寸，以及预埋件、插筋、接驳器等位置和牢固度，防止钢筋笼入槽时脱落和移位。

（2）钢筋网片制作完成后进行隐蔽工程验收，合格后安放；钢筋网片采用 2 台起重机起吊下槽，下入时注意控制垂直度，防止刮撞槽壁，满足钢筋保护层厚度要求。下放时，注意钢筋笼入槽时方向，并严格检查钢筋笼安装的标高；入槽时用经纬仪和水平仪跟踪测量，确保钢筋安装精度；检查符合要求后，将钢筋笼固定在导墙上。

3）混凝土工程质量控制

（1）槽段混凝土采用水下回顶法灌注，采用商品混凝土，设 2 台套灌注管同时灌注；初灌时，灌注量满足埋管要求；灌注过程中，严格控制导管埋深，防止堵管或导管拔出混凝土面。

（2）每个槽段按要求制作混凝土试块，严格控制灌注混凝土面高度并超灌 80cm 左右，以确保槽顶混凝土强度满足设计要求。

（3）施工过程中，严格按设计和规范要求进行工序质量验收，派专人做好施工和验收记录。

2. 施工质量控制标准

（1）设计图纸及技术要求；

（2）《建筑地基基础设计规范》GB 50007；

（3）《建筑基坑支护技术规程》JGJ 120；

（4）《建筑地基基础工程施工质量验收标准》GB 50202。

3. 质量控制主控项目和一般项目

地下连续墙质量控制标准如表 21-9 所示。

地下连续墙质量控制标准 表 21-9

项目	序号	检查项目	项目允许偏差或允许值		检查方法
			单位	数值	
主控项目	1	墙体强度	设计要求		查试件记录或取芯试压
	2	垂直度：永久结构		1/300	超声波测槽仪或成槽机上的监测系统

续表

项目	序号	检查项目		项目允许偏差或允许值		检查方法
				单位	数值	
一般项目	1	导墙尺寸	宽度	mm	$W+40$	用钢尺量，W为地下连续墙设计厚度，用钢尺量
			墙面平整度	mm	<5	
			导墙平面位置	mm	±10	
	2	沉渣厚度	永久结构	mm	≤100	用重锤测或沉积物测定仪测
	3	槽深		mm	+100	用重锤测
	4	混凝土坍落度		mm	180～220	坍落度测定器
	5	钢筋笼尺寸		见《建筑地基基础工程施工质量验收标准》GB 50202—2013 表 5.6.4-1		
	6	永久结构时的预埋件位置	水平向	mm	<10	用钢尺量
	7		垂直向	mm	<20	水准仪

21.9 小结

（1）近年来，咬合桩工法进展很快，在很多困难条件下，建成了不少咬合桩地下连续墙，效果很好。

（2）目前，咬合桩墙的主要工法有：冲击钻工法，回转工法和潜孔锤工法。其中，冲击钻工法因为质量问题，已经很少采用；回转工法在遇到超硬岩或岩溶溶洞时无法成功；只有潜孔锤配合其他钻机或设备，可以顺利完成钻孔。

（3）近年来，已经开发出灌注潜孔锤，可把钻孔和浇注工作一次完成，节约了时间和成本。

（4）咬合桩工法要浇注超缓凝性，是个关键因素，必须处理好，才能保证咬合桩墙的工程质量。

（5）长螺旋钻杆配潜孔锤工法与众不同，它需要使用泥浆护壁；其他一些工法也需要使用泥浆；使用全套管的时候，可以不用泥浆。

第 22 章　深基坑防渗体的设备和工法

22.1　概述

22.1.1　防渗措施

在确定深基坑工程围护体系时，应根据工程水文地质条件和环境条件，确认是否需采用防渗帷幕。防渗帷幕的形式应结合工程水文地质条件、基坑围护结构形式、场地条件、施工条件等综合考虑。防渗帷幕的主要工法有：灌浆帷幕法、高压喷射灌浆法、深层搅拌法和冷冻法等。

防渗帷幕工法的优缺点简介如下：

灌浆帷幕法适用地层较广，施工方便，目前国内灌浆帷幕深度已经达到 150m，是当前主要的防渗帷幕施工方法。

高压喷射灌浆法成幕质量好，适用土层广，但深度超过 30～40m 时成幕质量差。

当采用高喷与支护桩共同形成防渗帷幕时，要注意防渗帷幕对支护结构变形的适应性并采取正确的施工工艺，使形成的防渗帷幕有较好的连续性和完整性。

深层搅拌法成本低，但只适用于软土地基，适用深度 15～18m。

在选用时应因地制宜，综合分析，选择合理的防渗帷幕。

22.1.2　防渗帷幕施工应注意的问题

防渗帷幕施工应重点抓好以下四个环节。

1. 帷幕施工质量

（1）严格按规定的配合比和材料进行施工。

（2）严格按设计的孔距、孔深、垂直度、搭接长度、复喷的规定，保证帷幕体连续、密实。

2. 检验手段

（1）抽芯检查。重点检查搭接部位、帷幕底部、水平帷幕与竖向帷幕的连接部位。

（2）全部抽芯钻孔，需按原材料配比及时回填。

3. 施工方法

帷幕施工必须采取信息化施工法，严密监测，及时反馈信息，对水量、水位、帷幕体的变形等持续观测。必要时需在帷幕体内侧设水位观测孔，定期测量承压水头变化，指导渗流排水作业。

4. 应急应变措施

（1）对水泥土体帷幕应准备灌浆措施备用。

（2）基坑侧壁渗漏时，视水量大小用插管导流，用草袋堆砌或混凝土封堵，或采用灌浆封堵。

（3）坑底涌水时，采用速凝灌浆、埋管减压、反滤压堵等。

22.2 防渗灌浆帷幕

22.2.1 概述

1）本节讨论的是基坑地下连续墙与灌浆帷幕相结合的问题。

在水利水电工程中，很早就采用了地下防渗（连续）墙下面接水泥灌浆帷幕的防渗技术。对于高土石坝来说，常常是在防渗墙工程中埋设1～2排灌浆孔，待防渗墙完工后，再通过这些预埋孔向下部覆盖层中灌浆。有时大坝很高时，还需要在防渗墙的上游或下游侧从地面向下钻孔灌浆，如图22-1所示。

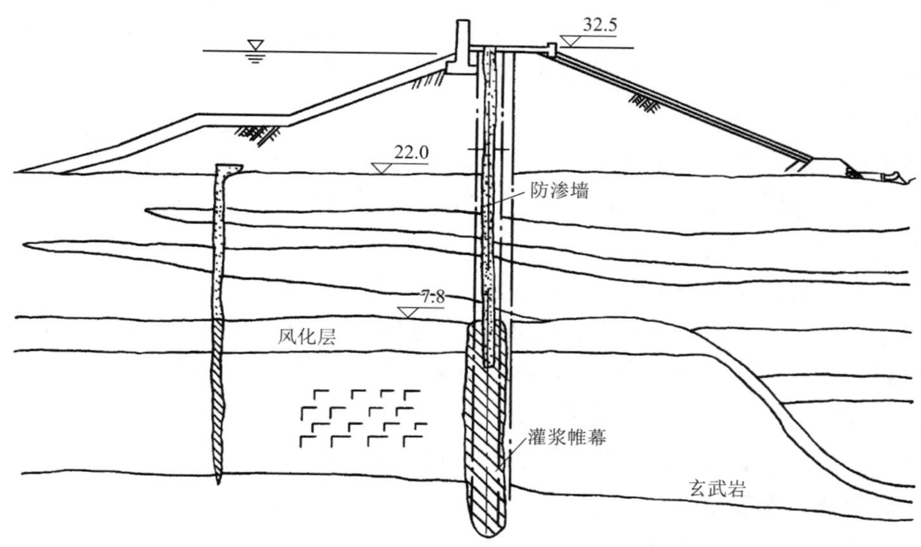

图22-1 册田水库土坝剖面图

2）对于深基坑工程来说，特别是对于岩石基坑来说，墙底如果进入微风化层，施工难度会很大，也不经济。最好的方案是把地下连续墙底放在岩石表层的强风化或中风化层内，其下再逆作灌浆帷幕，进入微风化层内。

3）对于第四纪覆盖层内的深基坑，当透水层很深时，也可考虑在地下连续墙下部接灌浆帷幕的方法。

4）对于地下连续墙底部位于软土（淤泥土）地层的深基坑防渗墙，其底部不宜采用灌浆帷幕。

5）灌浆方法

（1）充（回）填灌浆。在建筑物与地基之间的空洞或空隙进行充填灌浆，往往以减少涌水量和止水为目的，也有用以提高地基承载力和稳定性的。

（2）裂隙灌浆。此法用来封堵岩体中的裂隙渗水通路，多用于隧洞和竖井的开挖。

（3）渗透灌浆。此法使灌浆浆液渗透到土颗粒的孔隙内，凝固后起到加固和防渗的作用。在大孔隙和较大孔隙中，多使用水泥浆、水泥黏土浆进行灌浆，在中等孔隙如中砂地基中，则宜用化学浆液。

（4）脉状灌浆。此法用于透水性小的地基，如粉细砂及黏土层的灌浆。灌入的浆液几乎都是呈脉状渗透。

（5）在成层土地基中灌浆，浆液沿着层面渗透，用以提高土体强度，避免发生接触面渗流冲刷。

（6）挤密灌浆。此法是用很稠的浆液，将地层“劈开”而灌入地基中。

深基坑工程主要用作垂直和水平防渗帷幕，也用来堵漏和加固地基，主要采用的灌浆方法是裂隙灌浆（岩层）和渗透灌浆（覆盖层），可分为岩石灌浆和覆盖层灌浆。

6）地基的可灌性。

注浆法的适用范围以及对土质改良的结果，不仅取决于注浆材料的性质，也取决于灌浆的方法、灌浆工艺。灌浆方法的选择不仅是灌浆设备的选择，还要看试验结果，考虑注浆经验是否丰富、灌浆管理的方法是否可行等。在国外的工程实践中，常常采用联合的灌浆工艺，包括不同的浆材及不同的灌浆方法的联合，以适应某些特殊的地质条件和专门注浆目的的需要，因而灌浆法的适用界限变得更加复杂。

在砂砾土层中渗透灌浆时，尤其是当浆液的浓度较大时，要求浆液中的颗粒直径比土的孔隙小，粒状浆材中的颗粒才能在孔隙或裂隙中流动。但粒状浆材往往以多粒的形式同时进入孔隙或裂隙，这可导致孔隙的堵塞，因此仅仅满足颗粒尺寸小于孔隙尺寸是不够的。同时，由于浆液在流动过程中同时存在着凝结过程，有时也造成浆液通道的堵塞。此外，地基土是非均质体，裂隙或孔隙的大小不相同，粒状浆材的颗粒尺寸不均匀，若想封闭所有的孔隙，要求粒状浆材的颗粒尺寸必须很小，这从技术和经济的角度来看也是困难的。许多试验结果表明，灌浆材料能够顺利渗透到土颗粒间的条件是：

$$N=\frac{D_{15}}{d_{85}}\geqslant 10$$

$$N=\frac{D_{10}}{d_{95}}\geqslant 8$$

式中　N——注入比（可灌比）；

D_{10}、D_{15}——小于某粒径土颗粒质量占总土质量的 10%、15%所对应的粒径；

d_{85}、d_{95}——粒状浆材中，小于某粒径颗粒质量占总质量的 85%、95%所对应的粒径。

若土颗粒的粒径$D\geqslant 0.8$mm 的土体渗透系数为$K\geqslant 10^{-1}$cm/s 时，水泥浆材可能灌入。当孔隙的尺寸小于这一数值时，水泥浆液就不可能灌入；即使增加灌浆压力也不会得到理想的渗透灌浆效果。这时只有减小粒状浆材的颗粒尺寸，如采用超细水泥或化学浆材等，才能得到满意的结果。

7）岩石的可灌性。岩石裂隙宽度为灌入材料颗粒直径的 3 倍时为可灌，否则难于将灌浆颗粒灌入裂隙中去。

22.2.2　灌浆防渗帷幕设计

1. 概述

前面已经说到，一个深基坑，是单纯采用地下连续墙作为基坑的支护和防渗结构，还是采用上边是地下连续墙、下边是灌浆帷幕，应当通过设计方案分析、计算和经济比较后确定。

对墙底位于岩石风化层的深基坑来说，应优先考虑采用上墙下幕的设计方案。一般情况下，帷幕底部应进入相对不透水层。

2. 帷幕厚度的确定

1）岩基帷幕厚度的确定

防渗帷幕厚度应根据工程地质条件、作用水头及灌浆试验资料来确定。一般要求，当幕厚小于1m时，允许坡降为10；幕厚1～2m时，允许坡降为18；幕厚大于2m时，允许坡降为25。在设计时，根据岩体透水率的不同来确定允许坡降值，再与实际计算坡降对比，如不安全，再加宽帷幕。不同透水率的允许坡降值参见表22-1。

岩基不同透水率的允许坡降值　　表22-1

透水率（Lu）	＜5	＜3	＜1
允许坡降	10	15	20

在工程中，因为渗透坡降随深度加大而减小，帷幕可布置成阶梯形，即上部排数多、下部排数少的形状。

2）覆盖层帷幕厚度

一般情况下，覆盖层灌浆帷幕的允许渗透坡降为2.5～5；目前，在新疆下板地水电站中采用 6。在第四系覆盖层中，应根据注浆地层可灌性及注后均匀程度等因素来综合考虑帷幕厚度。

3. 灌浆材料选择

根据预定的材料进行灌浆试验后，选择符合要求的材料和配合比。当多种材料均符合要求时，可根据其综合经济技术性能指标进行选择。一般选择灌浆材料时须考虑：

（1）功能符合性。即能达到灌浆的功能指标，如抗硫酸盐侵蚀性、高变形适应性、微膨胀性、亲水固化性、浸润性、抗冻性、低温固化性、可灌性。

（2）经济适用性。多种材料同时满足功能性要求时，一般优先选择当地材料和造价较低的材料。

（3）环境影响。对于化学浆材，应优先选择没有或低污染材料。试验时应严格控制危害，尽量避免和减少环境污染，保证人员健康、安全。

灌浆材料应用最广泛的是水泥，黏土、粉煤灰常作为辅助材料使用，有特殊要求时可以使用超细、改性水泥。化学浆材可根据具体目的选用。

按灌浆的目的选择灌浆材料及对应的工艺方法可参考表22-2和表22-3。

按灌浆目的选择灌浆材料与工艺参考表　　表22-2

灌浆目的	浆材类型	施工工艺	浆液类型
岩基防渗	悬浮浆液，低强化学浆液	静压灌浆	普通水泥，改性水泥—超细水泥，聚氨酯改性环氧
岩基固结	悬浮浆液，高强化学浆液	静压灌浆	普通水泥，改性水泥，改性环氧等
地基土防渗	悬浮浆液，快速胶凝浆，化学浆液	静压灌浆，双液灌浆，电动化学灌浆，高喷灌浆	普通水泥，黏土，水玻璃或复合浆，聚氨酯
地基土加固	悬浮浆液，快速胶凝浆，化学浆液	静压灌浆，挤密灌浆，双液灌浆，电动化学灌浆，高喷灌浆	水泥浆，水泥水玻璃浆，聚氨酯浆，改性环氧浆液复合浆液

续表

灌浆目的	浆材类型	施工工艺	浆液类型
混凝土加固	高强度化学浆液	静压灌浆	改性环氧浆，聚酯浆
混凝土接缝，回填灌浆	悬浮浆液	静压灌浆，挤密灌浆	水泥浆，水泥砂浆
堵漏灌浆	快速胶凝浆	静压灌浆，双液灌浆	水泥水玻璃浆，聚氨酯浆，沥青浆
预注浆	悬浮浆液，化学浆液	静压注浆	水泥浆，水泥水玻璃浆
临时工程堵漏灌浆	悬浮浆液，化学浆液	静压注浆，双液注浆，挤密注浆，高喷注浆	—

灌浆材料的适用范围　　表 22-3

材料	组成成分的大小（mm）	地基的渗透系数（cm/s）	适用范围
水泥	＜0.08～0.1	$>10^{-2}$	砾砂、粗砂，裂隙宽度大于 0.2mm
膨润土、黏土	＜0.05	$>10^{-4}$	砂、砾砂
超细水泥	0.010～0.012	$>10^{-4}$	砂、砾砂、多孔砖墙，裂隙宽度大于 0.05mm 的混凝土、岩石
化学浆液	—	$>10^{-7}$	细砂、砂岩、微裂隙的岩石

4. 帷幕顶部与底部设计

一般情况下，帷幕顶部与地下连续墙底部的搭接长度不宜小于 2.0m。帷幕底部进入微风化层（有时也可能是中风化层）内 1.5～2.0m。进入覆盖层的黏土层内深度不小于 2～5m。

5. 灌浆方法

1）对于岩石地基来说，可采用以下方法：

（1）自上而下分段钻孔，分段压水，分段循环灌浆，分段检查透水率。

（2）孔口封闭，自上而下，分段钻孔，分段循环灌浆。

一般不用纯压灌浆法。在岩基中不宜用袖阀管灌浆法。

2）对于第四纪覆盖层的灌浆，可采用以下方法：

（1）自上而下，分段钻孔，分段纯压灌浆，分段检查。

（2）采用袖阀管灌浆法，自下而上灌浆。

这两种方法，在实际工程中都有采用。

6. 灌浆主要设计参数

1）排数

对于深基坑工程来说，它的设计灌浆深度大多在 30m 以上。为了保证帷幕质量，建议：

（1）对于岩石地基，不宜少于 2 排。

（2）对于覆盖层地基，宜采用 2～3 排；当灌浆深度很大或为粉细砂地基时，不宜少于 3 排。

（3）在深基坑工程中，灌浆帷幕的排距可在 0.8～1.2m。

2）孔距

一般一期孔距 2.0～3.0m，最小孔距 1.0m，可根据地层可灌性来调整。一般来说，单排灌浆难以形成连续的帷幕。

3）灌浆孔序

当采用单排帷幕时，可按Ⅱ序或Ⅲ序孔布置；当采用两排或多排帷幕时，以梅花孔布置为宜；每排仍可按Ⅱ序或Ⅲ序孔布置。

从施工程序上，单排孔应按Ⅰ→Ⅱ→Ⅲ序孔施工；两排孔时先施工迎水排，堵住来水，再施工背水排，以加强帷幕堵水效果。

三排或多排孔时，应先封闭周边排孔，最后施工中间排，以增强防渗功能。

7. 帷幕的防渗设计标准

防渗标准是指灌浆以后达到的防渗指标。对于重要工程或处于重要位置或重点防护的工程，应采用较高的防渗标准，对于一般工程则可适当放宽。

1）岩石地基的防渗标准

常用钻孔压水试验成果以单位透水率q表示，单位为吕荣（Lu）。其定义为：压水压力P为 1MPa 时，每米试验段长度每分钟注入水量Q为 1L 时，称为 1Lu。若压力不等于 1MPa 时，可按下式求出：

$$q = \frac{Q}{PL} \tag{22-1}$$

式中 L——试验段长度（m）。

水利水电工程的防渗标准为：大型工程为 1～3Lu，中型工程一般为 3～5Lu，小型工程为 5～10Lu。

2）松散地基的防渗标准

松散地基的防渗标准多采用帷幕的渗透系数k表示，要求灌浆以后帷幕渗透系数k达到 1×10^{-5}～1×10^{-4}cm/s 以下。

由于灌浆工程多采用钻孔压水试验成果表示，与渗透系数的关系大致可用下式表示：

$$k = 1.5 \times 10^{-5} q \tag{22-2}$$

式中 q——透水率（Lu）；

k——渗透系数（cm/s）。

3）深基坑工程的防渗标准

除了参考水利水电工程以外的深基坑防渗标准外，还应根据工程重要性、工程地质和水文地质条件，综合考虑后确定深基坑工程的防渗标准。现在介绍几个工程实例。

（1）某放射性废料的岩基灌浆帷幕工程。由于对抗渗性要求很高，在三排帷幕灌浆中，中间一排采用化学浆液。防渗标准为$q \leqslant 1$Lu。

（2）广州地铁 3 号线某地铁车站的风化花岗岩灌浆帷幕为两排的水泥灌浆。防渗标准为$q \leqslant 10$Lu。

4）帷幕的允许渗漏量

很多基坑提出允许渗漏量作为另一项防渗标准。其标准的大小，应根据渗漏量对地层稳定的影响和抽排水能力来确定。如果渗漏量太大，则应降低单位透水率标准，即减少帷幕的透水性。

22. 2. 3　防渗帷幕灌浆

1. 概述

1）防渗帷幕灌浆的应用

在基坑工程中，防渗帷幕灌浆用在以下几个部位：

（1）用作基坑支护结构（地下连续墙和支护桩等）底部以下的防渗体。

（2）用作支护桩之间的防渗体。

（3）用作基坑底部的水平防渗（帷幕）。

（4）用作基坑底部的被动土区加固体。

（5）用于基坑事故处理（如墙体漏水、坑底地下水突涌等）。

可以看出，基坑防渗灌浆帷幕主要用于三个方面：一是用于防渗止水，如上述的（1）、（2）和（3）；二是用于加固地基，如上述的（4）；三是用于事故处理，主要是堵漏，如上述的（5）。

在基坑工程中，大部分是在第四纪覆盖层中进行灌浆，也会在风化岩体中进行灌浆，如上面提到的（1）、（2）和（3）。

在大多数情况下，使用水泥类浆液即可满足大部分灌浆要求。只有进行堵漏灌浆时，才需要使用化学浆液。

2）岩石中的灌浆方法

在岩石风化层中灌浆时有以下几种方法：

（1）全孔一次灌浆法。

（2）自上而下分段灌浆法：用于岩石表面比较破碎时（图 22-2）。

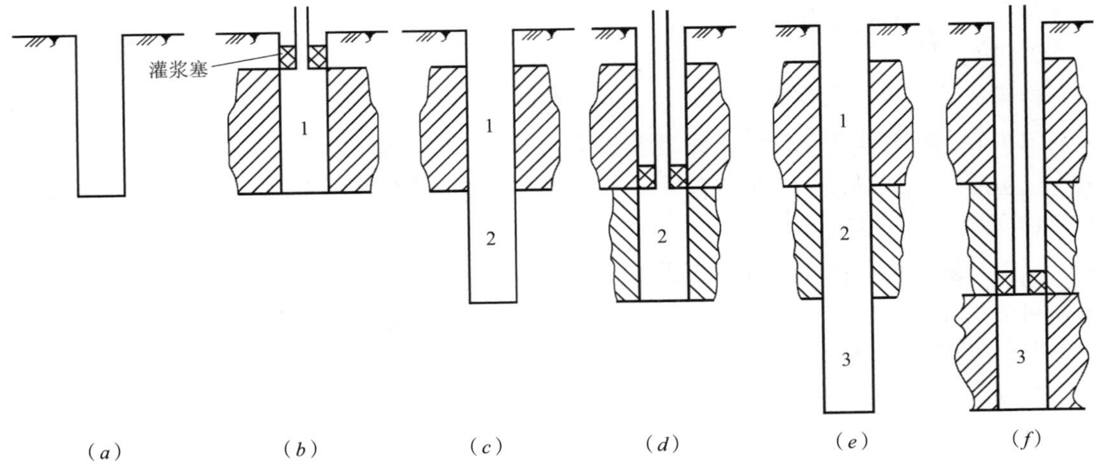

图 22-2　自上而下灌浆法

（a）第一段钻孔；（b）第一段灌浆；（c）第二段钻孔；（d）第二段灌浆；（e）第三段钻孔；（f）第三段灌浆

1、2、3—施工顺序

（3）孔口封闭灌浆法。

（4）自下而上分段灌浆法（图 22-3）。

（5）综合灌浆法。

3）覆盖层中的灌浆方法

在第四纪覆盖层中灌浆，则可选择以下几种方法：

（1）自上而下分段纯压式灌浆。

（2）自上而下分段循环灌浆。

（3）自下而上袖阀管分段灌浆。

本节将对上述各项作简要叙述。

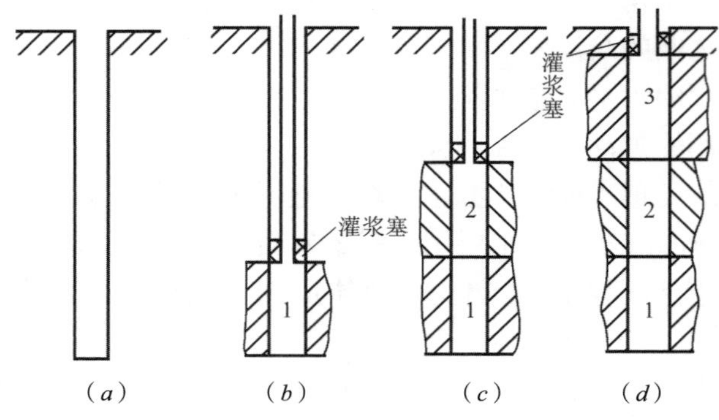

图22-3 自下而上灌浆法

（a）钻孔；（b）第一段灌浆；（c）第二段灌浆；（d）第三段灌浆

1、2、3—施工顺序

2. 水泥类灌浆材料

1）水泥

可使用硅酸盐水泥或普通水泥。灌浆用水泥品质应符合有关规范要求。

2）水

应符合拌制混凝土用水的要求。

3）掺合料

根据需要，可在水泥浆液中加入下列掺合料：

（1）砂：粒径小于2.5mm，细度模数不大于2.0。

（2）膨润土或黏性土：黏粒含量不小于25%，塑性指数不小于14，含砂量不大于5%，有机物含量不大于3%。

（3）粉煤灰：可用Ⅰ、Ⅱ或Ⅲ级粉煤灰，品质应符合要求。

（4）水玻璃：模数宜为2.4～3.0，浓度宜为30～45波美度。

（5）其他掺合料。

根据灌浆需要，还可加入下列外加剂：

（1）速凝剂：水玻璃等。

（2）减水剂。

（3）稳定剂。

4）水泥灌浆

水泥灌浆一般使用纯水泥浆，有需要时可使用下列类型浆液：

（1）细水泥浆液是干磨或湿磨细水泥浆、超细水泥浆。

（2）稳定浆液指掺有稳定剂，24h析水率不大于5%的水泥浆液。

（3）混合浆液指掺有掺合料的水泥浆液。

（4）膏状浆液指塑性屈服强度大于20Pa的混合浆液。

22.3　高压喷射灌浆设备和工法

22.3.1　概述

高压喷射灌浆防渗和加固技术适用于软弱土层，如第四纪的冲（淤）积层、残积层以及人工填土等。我国的实践证明，砂类土、黏性土、黄土和淤泥等地层均能进行喷射加固，效果较好。对粒径过大、含量过多的砾卵石以及有大量纤维质的腐殖土地层，一般应通过现场试验确定施工方法。对含有较多漂石或块石的地层，应慎重使用。

对地下水流速过大喷射浆液无法在喷射管周围凝固，无填充物的岩溶地段，永冻土和对水泥有严重腐蚀的地基，不宜采用高压喷射灌浆。

在水利水电建设中，高喷灌浆广泛应用于低水头土石坝坝基、堤防、临时围堰的防渗，边坡挡土，基础防冲，地下工程缺陷的修补等工程。

为了叙述方便，我们把一些国家的高喷工法加以归纳汇总（图 22-4），以便互相对照。

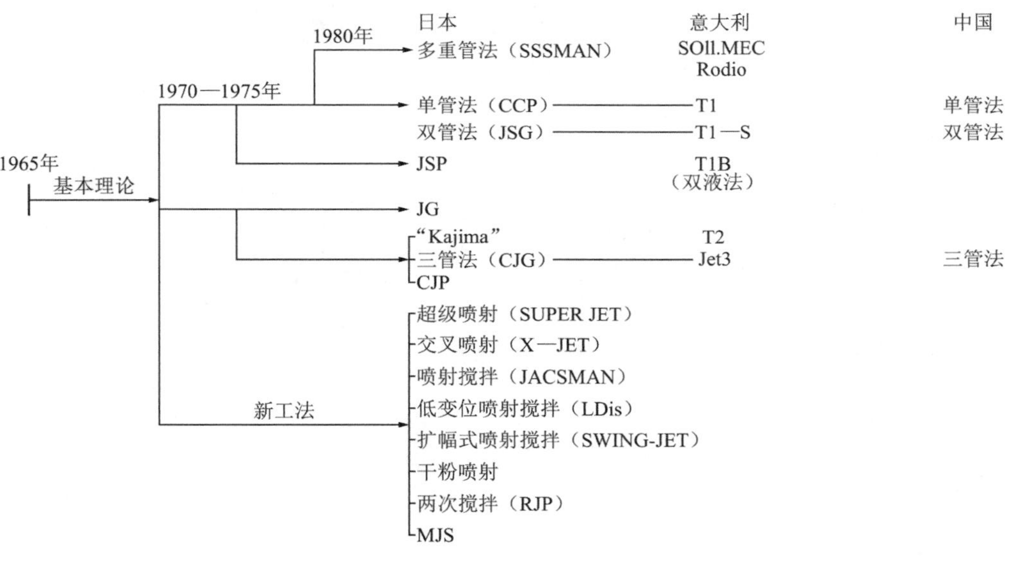

图 22-4　高喷工法对照图

22.3.2　高压喷射灌浆的基本原理

高压喷射灌浆法就是指把带有特殊喷嘴的灌浆管钻入预定深度后，再用高压喷射流冲击破碎周围土体，并在喷射水泥浆与其混合的同时，逐渐向上提升灌浆管和喷射浆液。待混合物凝结固化后，就形成了一定厚度的固结体。

固结体的形状与喷射方式有关系。一般可分为旋转喷射、定向喷射和摆动喷射三种（图 22-5*a*）。旋转喷射（旋喷）是指喷嘴一边喷射浆液一边旋转和提升，其固结体为圆柱状，主要用于加固地基，承受荷载（水平的或垂直的）；也可用它建成闭合的防渗墙，解决渗透稳定问题。定喷则是喷嘴一边喷射一边提升而不旋转，喷射方向是不变的。摆喷则是喷射流在一定角度内（25°～30°）来回摆动。这两种喷射方法形成的固结体呈薄壁形状或薄的扇形（图 22-5*b*）。通常用作防渗墙，解决低水头建筑物的渗流问题，也可用来加固地基或稳定边坡等。

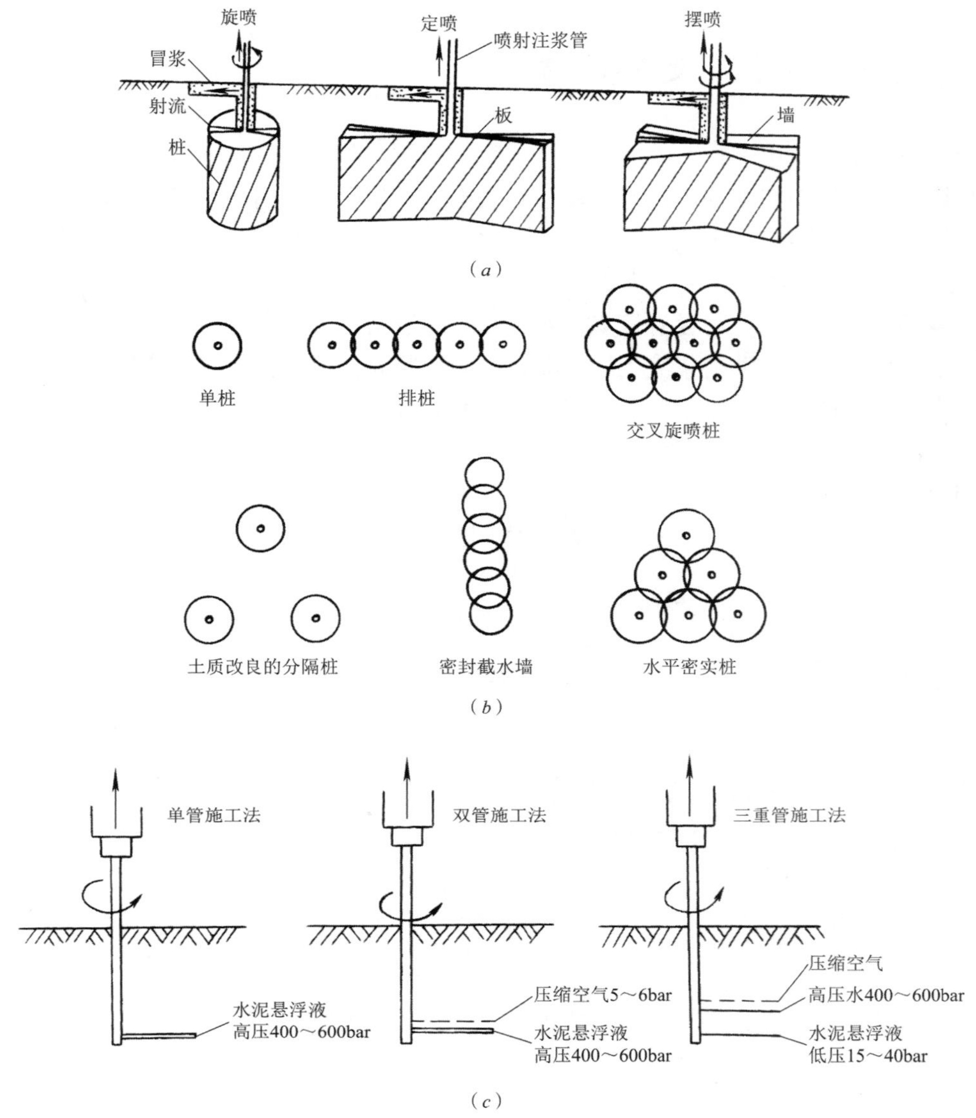

图22-5　高喷工艺示意图

(*a*)高压喷射灌浆形式;(*b*)旋喷桩的组合形式;(*c*)高压旋喷施工工艺

最近几年来,国内又出现了一种喷射角为90°～180°的扇形喷射工法,多用来加固一些局部薄弱的部位或用于基坑支护工程中。

根据目前了解的资料,可把喷射压力分成以下三个等级:

中压,$p=20$～40MPa;

高压,$p=40$～60MPa;

超高压,$p>60$MPa。

图22-5(*c*)所示的是高压喷射施工工艺。

随着我国30多年工程实践和理论研究的深入发展,高压喷射灌浆理论又取得了新的进展,现在综合介绍如下:

(1)冲切掺搅作用。高压喷射流直接对土体产生冲切作用,造成土体结构破坏,并使浆液与被冲切下来的土体颗粒混合。

（2）升扬置换作用。射流在冲切过程中沿孔壁产生的升扬置换作用是指进行水气、浆气喷射时，压缩空气除了起保护射流束的作用外，能量释放过程产生的气泡还能携带被冲切下来的土体颗粒沿孔壁升扬至孔口。这样，土体部分颗粒被升扬置换出地面。同时浆液灌入地层，使地层组成成分产生变化。这一作用是高喷灌浆至关重要的作用，可改善和提高浆液灌注的密实度和强度。

（3）充填挤压作用。射流束末端能量衰减，虽不能冲切土体，但对土体产生挤压力；同时，喷射结束后，静压灌浆作用仍在进行，对周围土体和浆液不断产生挤压作用，促使凝结体与周围土体结合得更为紧密。

（4）渗透凝结作用。喷射灌浆过程中除在冲切范围内形成凝结体外，还可以向冲切范围外的土体产生浆液渗透作用，形成渗透凝结层，其厚度与地层的级配及渗透性有关。在渗透性较强的砾卵石地层可达 10～15cm，在渗透性较弱的地层（如细砂层或黏土层），厚度则很薄甚至不产生渗透凝结层。当浆液向周围渗透作用停止或不产生浆液渗透作用时，则在射流冲切范围周边产生明显的浆液凝固层，可称作挤压层或浆皮层。

（5）迁移包裹作用（图 22-6）。试验表明，在射流冲切掺搅过程中，若遇大颗粒（如卵漂石等），则随着自下而上的冲切掺搅，在强大的冲击振动力作用下，大颗粒将产生位移，被浆液包裹，浆液也可沿着大颗粒间孔隙流动直接产生包裹凝结作用，这就是该法用于卵漂石地层及堆石体的依据。高喷固结体的组成见图 22-7。

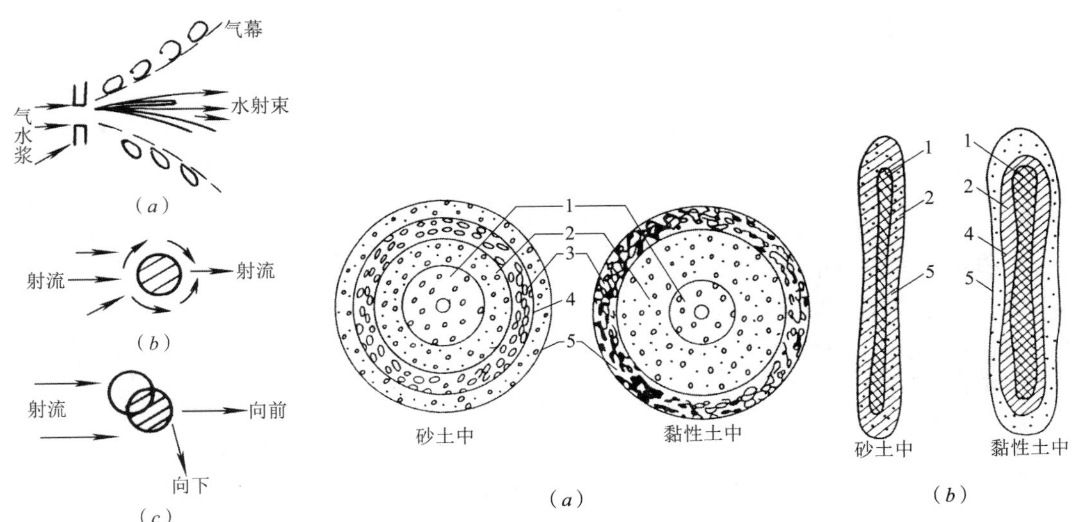

图 22-6　高压喷流理论图

（a）水气同轴喷射的卷吸作用；（b）射流对大颗粒的包裹作用；（c）射流的迁移作用

图 22-7　高喷固结体的组成

（a）旋喷固结体横断面示意图；（b）定喷固结体横断面示意图

1—浆液主体部分；2—搅拌混合部分；3—压缩部分；4—渗透部分；5—硬壳

高喷法适用于处理砂土、粉土、砂砾土、黄土、黏性土、淤泥和淤泥质土、人工填土和碎石土等地基。对于卵石含量较多甚至含有一些漂石的地基，也可采用高喷法进行处理。但是对于含有大量漂（卵）石、坚硬的黏土、大量植物根基或很多有机质的地基，必须进行技术论证和现场试验来确定是否能够使用高喷技术。

使用高压灌浆后，改良的土体在性能上有下列几项变化：

（1）提高土层的强度。软弱土层经改良后，其抗剪强度得到提高，因而增加了土层的承载能力、边坡的稳定性及土层的被动土压力等。

（2）减少土层的压缩性。改良的土体本身属于低压缩性的坚实材料。

（3）减少土层的透水性。高透水性的土层与浆液固结，其透水性降低。一般的改良土的透水系数为 10^{-7}～10^{-6}cm/s，故高压灌浆亦具有止水防漏的功能。

（4）增加液化土的抗液化能力。高压灌浆可将原易液化的土层重新组合排列并以水泥凝结，使其具有极佳的抗液化能力，改良后可视为不液化材料。

22.3.3 高喷垂直防渗帷幕的形式

1. 概述

高压喷射灌浆帷幕多与地下连续墙或灌注桩等组合使用，由地下连续墙或灌注桩等承受荷载，而高喷桩本身只用来防渗。

2. 旋喷桩防渗帷幕实例

1）长江堤防防渗工程中的高喷防渗帷幕

图22-8所示的是单排高喷防渗帷幕。这种防渗帷幕的深度取决于最小厚度20cm及实际施工孔斜的大小，总体来说不能太深。

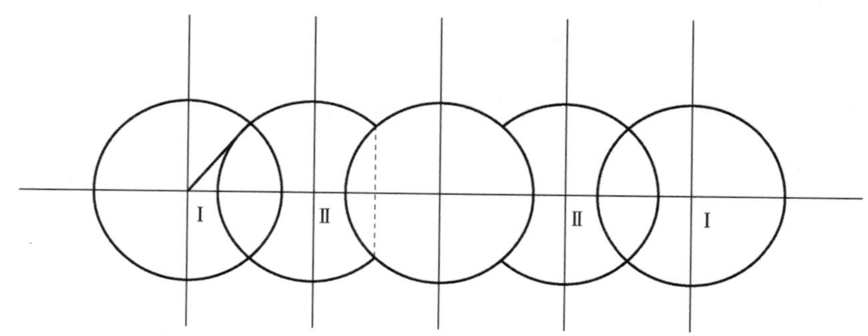

图22-8 旋喷墙体搭接示意图

高喷墙质量技术指标要求：

墙体有效厚度：20～40cm；

桩径：60cm；

搭接：20cm；

抗压强度：$R_{28} \geqslant 4$MPa；

墙体渗透系数：$k \leqslant i \times 10^{-7}$cm/s（$1 \leqslant i < 10$）；

允许渗透坡降：$i > 60$。

2）双排和三排高喷防渗帷幕

图22-9所示是某个工程采用的高喷防渗帷幕示意图。

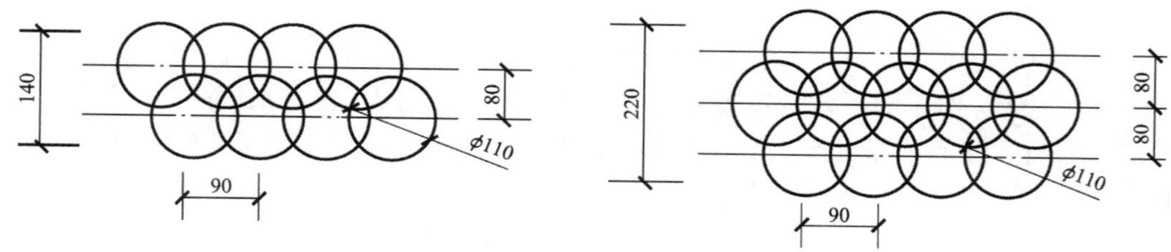

图22-9 双排墙、三排墙墙厚示意图

桩体必须满足如下技术指标要求：

渗透系数：$k \leqslant i \times 10^{-5}$cm/s；

抗压强度：$R_{28} \geqslant 2.0$MPa（风化岩层）或$R_{28} \geqslant 4.0$MPa（卵块石层）。

3）用高喷桩加固地下连续墙的施工导墙

图 22-10 所示是某水电站坝基防渗墙施工导墙加固图。由于导墙底部存在着约 30m 厚的粉细砂层，已经造成了导墙断裂、槽孔坍塌。采用高喷加固后，避免了上述现象，施工得以顺利进行。

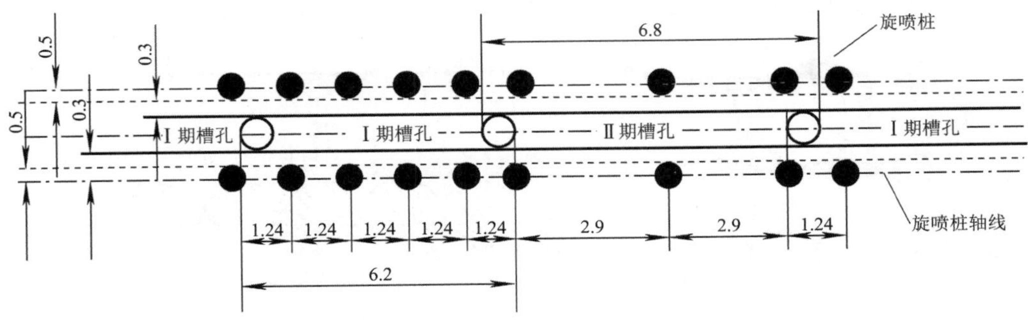

图 22-10　高喷孔位布置图

3. 定喷和摆喷防渗帷幕

1）防渗形式

定喷和摆喷防渗帷幕主要用作堤坝和基坑周边的防渗。图 22-11～图 22-13 所示的是几种定喷和摆喷防渗帷幕的结构形式。

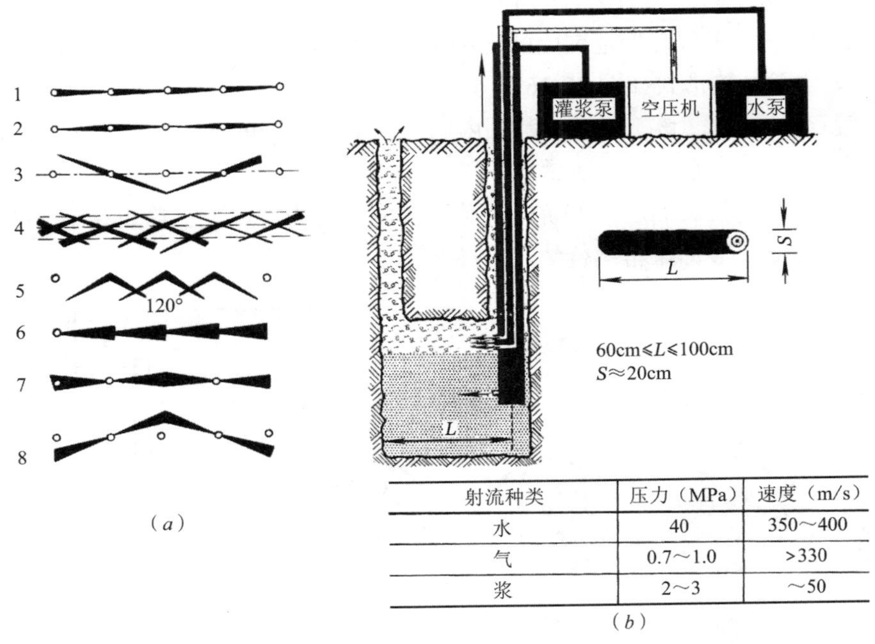

射流种类	压力（MPa）	速度（m/s）
水	40	350～400
气	0.7～1.0	>330
浆	2～3	～50

（b）

图 22-11　定喷示意图

（a）平面图；（b）定喷过程图

1—单喷嘴单墙首尾连接；2—双喷嘴单墙前后对接；3—双喷嘴单墙折线连接；4—双喷嘴双墙折线连接；5—双喷嘴夹角单墙连接；6—单喷嘴扇形单墙首尾连接；7—双喷嘴扇形单墙前后连接；8—双喷嘴扇形单墙折线连接

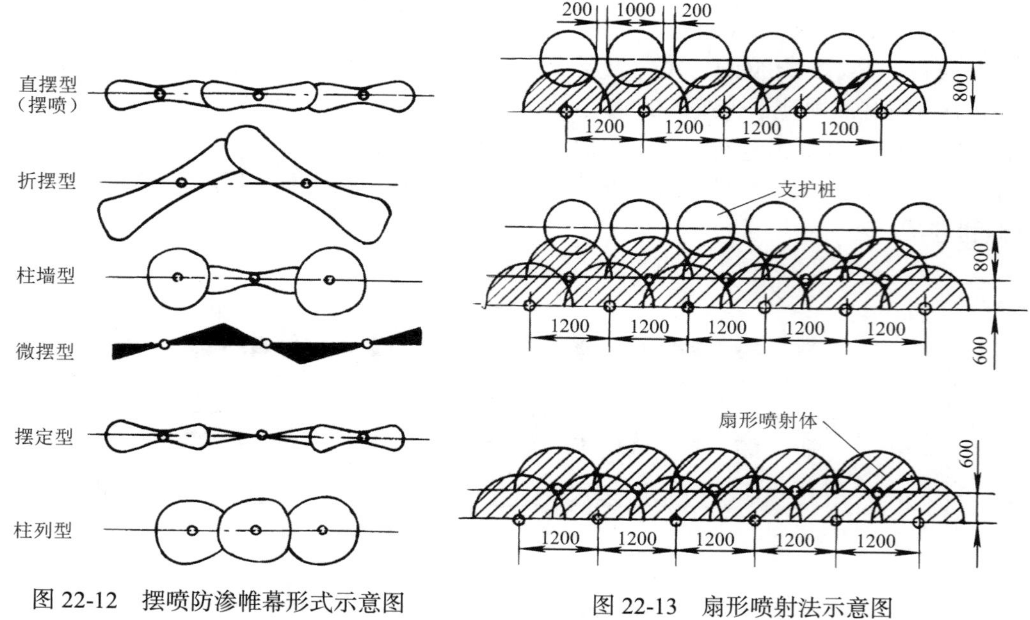

图 22-12　摆喷防渗帷幕形式示意图

图 22-13　扇形喷射法示意图

2）工程实例

（1）图 22-14 所示的是工程基坑采用的悬挂式防渗图。这种防渗帷幕只能用于深度不大的，无粉细砂和无承压水的基坑中。

（2）郑州金博大厦。该工程开挖范围内的土层条件为粉土和粉质黏土及细砂，基坑开挖 16m。防渗帷幕结构，如图 22-15 所示。

（3）武汉广场。工程开挖范围内的土层条件为杂填土、粉质黏土和粉细砂，基坑开挖深度 12.8m。帷幕结构形式如图 22-16 所示。

（4）武汉建银大厦。该工程开挖范围内的土层条件为杂填土、粉质黏土、粉土和粉砂，基坑开挖深度 14m，如图 22-17 所示。

（5）武汉香格里拉大酒店。基坑开挖范围内的土层为杂填土、粉质黏土、粉土和粉细砂，基坑开挖 14m。竖向帷幕结构形式如图 22-18 所示。

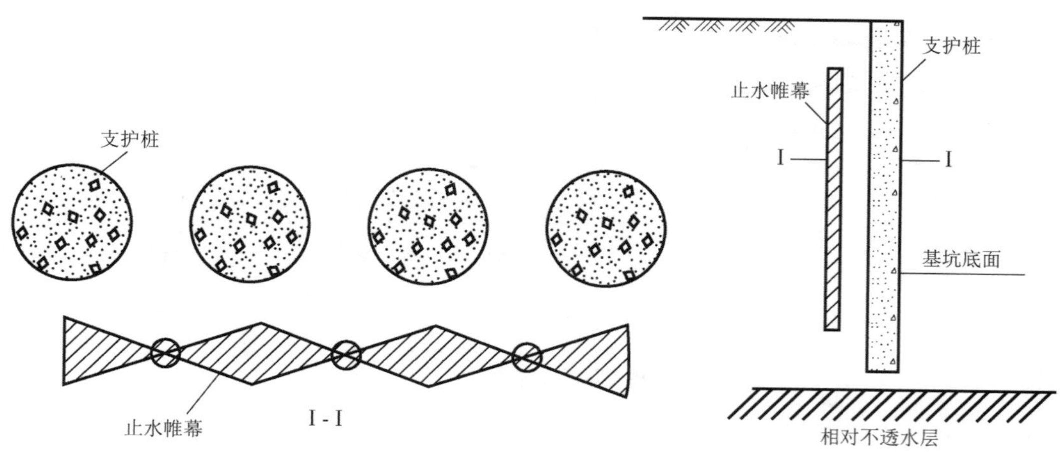

图 22-14　高喷悬挂式帷幕示意图

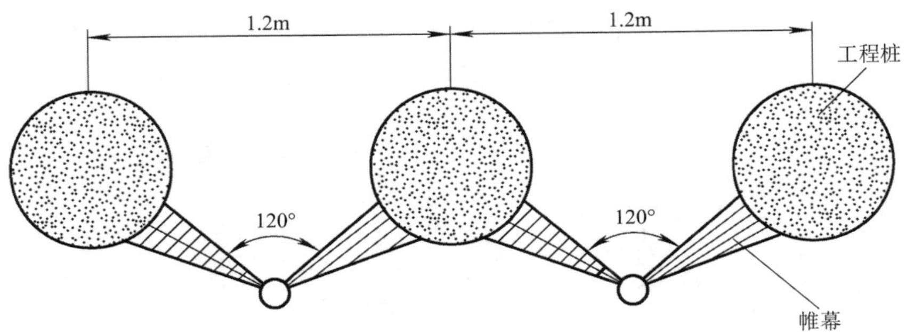

图 22-15　郑州金博大厦竖向帷幕结构示意图

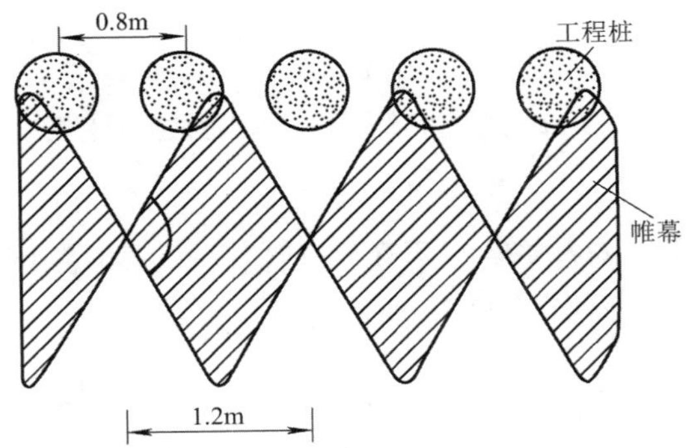

图 22-16　武汉广场竖向帷幕结构示意图

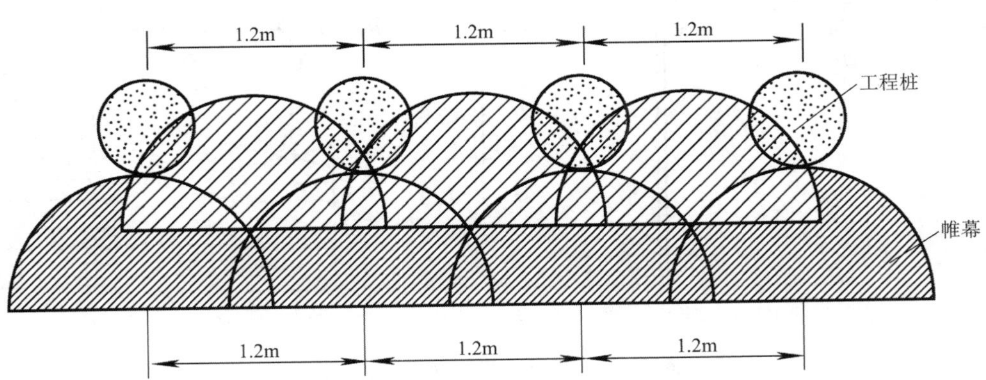

图 22-17　武汉建银大厦竖向帷幕结构示意图

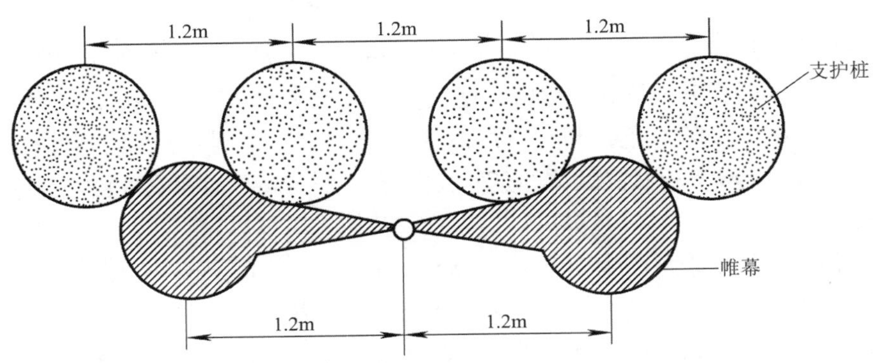

图 22-18　武汉香格里拉大酒店基坑竖向帷幕结构示意图

（6）武汉世贸大厦。该工程开挖范围内的土层条件为杂填土、粉质黏土和粉细砂。竖向帷幕结构如图22-19所示。采取这种结构形式的还有武汉百营广场深基坑、芜湖32号煤码头基坑等工程。

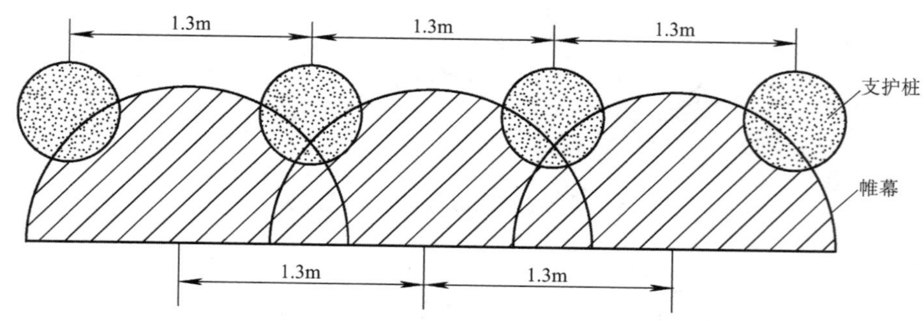

图22-19 武汉世贸大厦竖向帷幕结构示意图

22.3.4 高喷灌浆的方法

高压喷射灌浆方法常用的有单管、两管、三管三种，多管法国内尚少应用。

单管高喷灌浆的工艺流程如图22-20所示。

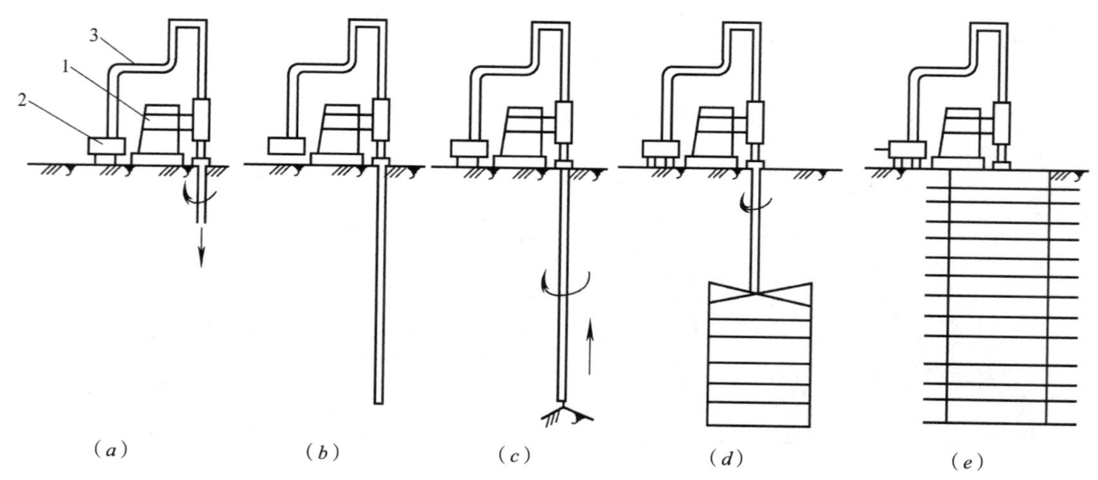

图22-20 单管旋喷法施工工艺流程

（*a*）钻机就位钻孔；（*b*）钻孔至设计标高；（*c*）旋喷开始；（*d*）边旋喷边提升；（*e*）旋喷结束成桩

1—钻孔机械；2—高压泥浆泵；3—高压胶管

单管法是用高压泥浆泵以20～25MPa或更高的压力，从喷嘴中喷射出水泥浆液射流，冲击破坏土体，同时提升或旋转喷射管，使浆液与被剥落下来的土石颗粒掺搅混合，经一定时间后凝固，在土中形成凝结体。这种方法形成凝结体的范围（桩径或延伸长度）较小；一般桩径为0.5～0.9m，板状凝结体的延伸长度可达1～2m；加固质量较好，施工速度较快，成本较低。

二管法是用高压泥浆泵产生20、25、38MPa的浆液，用压缩空气机产生0.7～0.8MPa的压缩空气，浆液和压缩空气通过具有两个通道的喷射管，在喷射管底部侧面的同轴双重喷嘴中同时喷射出高压浆液和空气两种射流，冲击破坏土体，在高压浆液射流和它外围环绕气流的共同作用下，破坏土体的能量比单管法显著增大，喷嘴一边喷射一边旋转和提升，最后在土体中形成直径明显增加的柱状固结体，其直径达 80～150cm。除上述情况外，二管法也有采用高压水和低压浆液两种介质的。二管法使用的喷射管都是一种同轴的双钢管，内管输浆，内管和外管之间的环形通道输气，故又称为二重管法，至今工业民用建筑行业仍沿用此名。

三管法是使用具有输送水、气、浆三个通道的喷射管，从内喷嘴中喷射出压力为 30～40MPa 或更高的超高压水流，水流周围环绕着从外喷嘴中喷射出的圆管状气流，同轴喷射的水流与气流冲击破坏土体。由泥浆泵灌注较低压力的水泥浆液进行充填置换。这种方法的水压力一般很高，在高压水射流和压缩空气的共同作用下，喷射流破坏土体的有效射程显著增大。喷嘴边旋转喷射边提升，在地基中形成较大的负压区，携带同时压入的浆液进入被破坏的地层进行混合、充填，在地基中形成直径较大、强度较高的旋喷桩凝结体，起到防渗或加固地基的作用。其直径一般有 1.0～2.0m，比二管法大，比单管法要大 1～2 倍。

新三管法是先用高压水和气冲击切割地层土体，然后再用高压力的水泥浆对土体进行二次切割和喷入。水、气喷嘴和浆、气喷嘴铅直间距为 0.5～0.6m。由于水的黏滞性小，易于进入较小空隙中产生水楔劈裂效应，对于冲切置换细颗粒有较好的作用。高压浆液射流对地层二次喷射不仅增大了喷射半径，使浆液均匀注入被破坏的地层，而且由于浆、气喷嘴和水、气喷嘴间距较大，水对浆液的稀释作用减小，使实际灌入的浆量增多，提高了凝结体的结石率和强度。该法高喷质量优于三管法，适用于含较多密实性充填物的大粒径地层。

近几年，在上述几种基本的喷射灌浆工法的基础上，日本、意大利等国又先后开发出了具有大直径的工法、交叉射流工法、多管工法以及改变技术参数的工法。

22.3.5　高喷灌浆工艺参数的选择

施工工艺技术参数的选择直接影响着高压喷射灌浆的质量、工效和造价。

高喷施工工艺技术参数包括水、气、浆的压力及其流量、喷嘴直径大小及数量、喷射管旋转速度、摆角及摆动频率、提升速度、浆液配比及密度、孔距与板墙的布置形式等。施工实践表明，要获得较大的防渗加固体，一般应加大泵压，但限于国内机械水平，常用的喷射水压力为 20～40MPa。

我国目前高喷灌浆常用的工艺参数见表 22-4。

高喷灌浆常用工艺参数　　表 22-4

项目		单管法	二管法	三管法	新三管法
水	压力（MPa）	—	—	35～40	35～40
	流量（L/min）	—	—	70～80	70～100
	喷嘴（个）	—	—	2	2
	喷嘴直径（mm）	—	—	1.7～1.9	1.7～1.9
压缩空气	压力（MPa）	—	0.6～1.2	0.6～1.2	1.0～1.2
	流量（m^3/min）	—	0.8～1.5	0.8～1.5	0.8～1.5
	喷嘴（个）	—	2	2	2
	喷嘴间隙（mm）	—	1.0～1.5	1.0～1.5	1.0～1.5

续表

项目			单管法	二管法	三管法	新三管法
水泥浆	压力（MPa）		22～35	25～40	0.1～1.0	35～40
	流量（L/min）		70～120	75～150	70～80	70～110
	密度（g/cm^3）		1.4～1.5	1.4～1.5	1.6～1.7	1.4～1.5
	喷嘴（出浆口）（个）		2	2	1～2	2
	喷嘴直径（mm）		2.0～3.2	2.0～3.2	6～10	2.0～3.2
	孔口回浆密度（g/cm^3）		≥1.3	≥1.3	≥1.2	≥1.2
提升速度V（cm/min）	粉土		15～25	15～25	10～15	15～30
	砂土		15～30	15～30	10～20	15～35
	砾石		10～20	10～20	8～15	10～25
	卵（碎）石		8～15	8～15	5～10	8～20
旋（摆）速度	旋喷（r/min）		宜取V^{**}值的0.8～1.0倍			
	摆喷（次/min）*		宜取V^{**}值的0.8～1.0倍			
	摆角	粉土、砂土	15～30			
		砾石、卵（碎）石	30～90			

注：*摆动一个单程为一次。**单喷嘴取高限，双喷嘴取低限。

高喷灌浆孔的孔距应根据墙体结构形式、墙深、防渗要求和地层条件，综合考虑确定。

高喷灌浆的工艺参数和钻孔布置初步确定以后，一般宜进行现场试验予以验证和调整。特别是重要的、地层复杂的或深度较大（≥40m）的高喷灌浆防渗工程，一定要进行现场试验。高喷灌浆试验可按照下述原则进行：

（1）确定有效桩径或喷射范围、施工工艺参数和浆液种类等技术指标时，宜分别采用不同的技术参数进行单孔高喷灌浆试验。

（2）确定孔距和墙体的防渗性能时，宜分别采用不同的孔距和结构形式进行群孔高喷灌浆试验。

22.3.6 浆液材料和机具

1. 浆液

高喷灌浆最常用的材料为水泥浆。黏土（膨润土）水泥浆有时在防渗工程中使用。化学浆液使用很少，国内仅在个别工程中应用过丙凝、脲醛树脂等浆液。

高喷用的水泥应根据灌浆目的和坝堤地基的地质情况而定。一般应采用较高的强度等级。在地下水有侵蚀性的地方应选用有抗侵蚀性的水泥，以保证防渗板墙或帷幕的耐久性。

为了提高浆液的流动性和稳定性，改变浆液的凝胶时间并提高凝结体的抗压强度，可在水泥浆液中加入外加剂。根据加入的外加剂及注浆目的不同，高喷水泥浆液可分为普通型、速凝—早强型、高强型、抗渗型。

在水泥浆中掺入2%～4%的水玻璃，其凝结体渗透性降低，如表22-5所示。如果工程以抗渗为目的，最好使用“柔性材料”，可在水泥浆液中掺入10%～50%的膨润土（占水泥重量的百分比）。此时不宜使用矿渣水泥，如仅有抗渗要求而无抗冻要求者，可使用火山灰水泥。日本采用的三种抗渗型浆液见表 22-6。

掺入水玻璃的水泥浆凝结体的渗透系数　表 22-5

土的类别	水泥品种	水泥含量（%）	水玻璃含量（%）	渗透系数（cm/s）
细砂	32.5 级硅酸盐水泥	40	0	2.3×10^{-6}
		40	2	8.5×10^{-8}
粗砂	32.5 级硅酸盐水泥	40	0	1.4×10^{-6}
		40	2	2.1×10^{-8}

注：水玻璃模数 2.4～3.0，浓度 30～45 波美度。

日本采用的部分抗渗型浆液　表 22-6

喷射浆液	配比（kg/m^3）	使用目的与范围	备注
水泥浆	水泥 760，水 760，添加剂 60	一般地及加固与防渗	
	水泥 760，水 750，混合剂 11.4	一般地及加固与防渗	一般强度型
	早强水泥 980，水 677，混合剂 14.7	承重地及加固与防渗	高强型
水泥黏土浆	水泥 80，水 693，膨润土 380，添加剂 50，混合剂 14.4	一般地及加固与防渗	低强型
水泥—水玻璃浆	A 液：水玻璃 250（L），水 250；B 液：水泥 200，膨润土 200，水 365，混合剂 123	地下水大时，地基加固与防渗	

普通水泥浆液可不进行室内试验，其他浆液根据需要进行一些必要的试验，如测定浆液的密度、含砂量、静切力、黏度、失水量、胶体率（或析水率）、酸碱度、流散直径、凝结时间等。

2. 钻孔机

高压喷射灌浆的施工机械设备由普通地质钻机或特种钻机、高压泵等组成。由于喷射方法不同，使用的机械设备也不尽相同。表 22-7 所示为不同喷射方法使用的主要施工设备表。

1）回转式钻机

各种回转式岩芯钻机均可在高压喷射灌浆造孔中应用。

2）冲击回转钻机（全液压工程钻机）

这种钻机机械化程度高，对地层的适应能力强，尤其在复杂的卵砾石地层造孔工效较高。国产的机型有 MG-200（河北宣化）、MGY-100（重庆探矿）、SM-3000（河北三河）、QDG-2（北京探矿）等，进口的机型有 SM305、SM400、SM505 等。

高压喷射灌浆主要施工机具表　表 22-7

设备名称	规格	单管法	两管法	三管法	新三管法*
提升台车	起重 2～6t，起升高度 15m。深孔或振孔高喷宜用高架台车或履带式起重机高喷台车	√	√	√	√
钻机	100～300m 型地质钻机、跟管钻进钻机等	√	√	√	√
高压水泵	最大压力 50MPa，流量 75～100L/min	—	—	√	√
灌浆泵	超高压泥浆泵，最大压力 60～80MPa，流量 150～200L/min	√	√	—	√

续表

设备名称	规格	单管法	两管法	三管法	新三管法*
灌浆泵	高压泥浆泵，最大压力 40MPa，流量 70～110L/min	—	—	—	√
	灌浆泵，压力 1～3MPa，流量 80～200L/min	—	—	√	—
搅拌机	卧式或立式	√	√	√	√
空气压缩机	气压 0.7～0.8MPa 或 1～1.5MPa，气量 $6m^3/min$	—	√	√	√
喷射管	单管	√	—	—	—
	二重管（二管）	—	√	—	—
	三重管（三列管）	—	—	√	√

注：*新三管法，同时喷射高压水和高压浆。

3）振动钻机

振动钻机适用于高喷灌浆的钻孔，能穿入覆盖层中的砂类土层、黏性土层、淤泥地层及砂砾石层。它的重量轻，搬运解体方便，钻孔速度快。国产机型有 ZHX-1 型（辽宁抚顺）、70 改进型和 76 型（铁科院）、XJ100 型（北京探矿）等。

3. 灌浆设备

高压喷射灌浆设备是按高压喷射灌浆施工工艺要求，由多种设备组合而成，如图 22-21 所示。

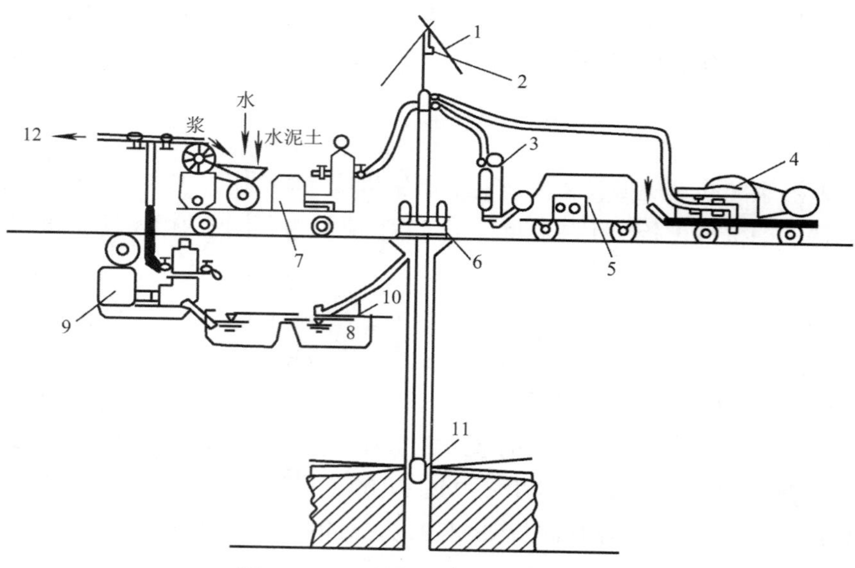

图 22-21 三管法高压喷射灌浆设备

1—三角架；2—接卷扬机；3—转子流量计；4—高压水泵；5—空气压缩机；6—孔口装置；7—搅灌机；8—储浆池；9—回浆泵；10—筛；11—喷头；12—供静压灌浆与钻孔用

1）搅浆机

搅浆机现常用的有卧式搅浆机和立式搅浆机两种。

2）灌浆泵

根据高压喷射灌浆的要求，对于三管高喷，一般压力应大于 0.8MPa，流量大于 80L/min。

但单介质喷射时需用较高压力的高压泥浆泵。笔者 1992 年引进的意大利产高压泥浆泵的工作压力可达 60MPa。

WJG80 型搅灌机是将搅浆机和灌浆机组装在一起的灌浆专用设备。

几种常用的灌浆泵技术性能见表 22-8。

几种常用灌浆泵技术性能表　　表 22-8

设备名称、型号		主要性能	生产厂家
通用灌浆泵	BW250/50 型	压力 3～5MPa，排量 150～250L/min，功率 17kW	—
	200/40 型	压力 4MPa，排量 120～200L/min	—
	100/100 型	压力 10MPa，排量 80～100L/min，功率 18kW	—
	HB80 型	单缸单作用柱塞泵，压力	—
高压灌浆泵	PP-120 型	压力 30～40MPa，排量 50～145L/min，功率 90kW	北京探矿机械厂
	SMC-H300 型	压力 10～30MPa，排量 150～750L/min，功率 132.5kW	—
	XPB-90 型	最大压力 60MPa，排量 90～160L/min，功率 90kW	天津聚能高压注浆泵厂
	GPB-90 型	压力 45MPa，排量 76～119L/min，功率 90kW	天津通洁高压泵公司

3）水泥上料机

水泥上料机有皮带上料机、气动上料机和螺旋上料机等许多种类，工地上常用的是螺旋上料机。

4）高压水泵和水管

（1）高压水泵。高压水泵的一般要求为压力 20～50MPa，流量 50～100L/min。高压喷射灌浆施工中常用的是 3D2-SZ 系列卧式三柱塞水泵。

（2）高压水管。高压水管一般选用 4 层或 6 层的钢丝缠绕胶管。常用的高压水管内径有 16、19、25、32mm 四种，工作压力为 30～60MPa。爆破压力一般为工作压力的 3 倍。胶管的连接可用卡口活接头或丝扣压胶管接头。

5）空气压缩机

两介质和三介质高压喷射灌浆需要压缩空气和主射流（水或水泥浆）同轴喷射，以提高主射流的效果。高压喷射灌浆常用的 YV 型活塞式普通空气压缩机的技术性能见表 22-9。

常用空气压缩机技术性能　　表 22-9

型号	排气量（m^3/min）	排气压力（MPa）	排气温度（℃）	冷却方式	动力（kW）	备注
YV3/8	3	0.8	＜180	风冷	电动，22	移动式
YV3/8	3	0.8	＜180	风冷	电动，22	
YV6/8	6	0.8	＜180	风冷	电动，40	移动式
CYV6/8	6	0.8	＜180	风冷	柴油，52.9	移动式
ZV6/8	6	0.8	＜180	风冷	柴油，29.4	

6）提升、卷扬及旋摆设备

提升、卷扬及旋摆设备包括卷扬机、提升台车、旋摆机构，用于控制喷射流运动，以形成要求性状的凝结体。

（1）卷扬机。卷扬机按速度可分为快速、慢速、手摇三种。

（2）提升台车。提升台车用于吊放喷射管，固定安装卷扬机和旋摆机构。对提升台车的要求是：①应有足够的承载能力，确保台车稳定性；②应有合理的高度，移动定位方便、准确；③自重轻，便于安装、拆卸和运输。高压喷射灌浆最普遍用的提升台车为四腿塔架型。台车由底盘、塔腿及天轮组成。一般架高 18m 时，底盘为 3m × 5m。

（3）旋摆机构。旋摆机构是使喷射装置定向、摆动和旋转的设备。通常采用的旋摆装置坐落在台车底盘上。转盘的工作转速为 5～10r/min。偏心轮上预制孔位置可按四连杆机构计算确定，一般按摆角为 10°、22°、30°、45°预制孔位，也可根据工程要求专门配制偏心轮。

利用 SSS-MAN 工法是如何把地层中某一部分按设计加以扩大以及不用灌浆法而是使用导管水下浇注法来形成桩体的。

4. 混喷法

采用特殊的二重管施工，先以高压水切削，然后用压缩空气将水泥粉、砂子及小石子与高压水混合后从内管喷出。这种方法具有节省水泥和提高强度以及增加桩径的优点。

5. 定喷法

利用单向喷嘴（1 个或 2 个）沿同一直线进行喷射，同时在提升时钻机不回转，喷射的浆液定向切削、混合，所形成的混合体呈板状或片状，我国已经利用此法建造了很多防渗墙。

6. 摆喷法

摆喷法与定喷法的不同之处在于钻杆提升时要左右摆动一个角度。通常用三管法进行摆喷施工，其摆角为 25°～30°。近来也有使用单管摆喷的，其摆角一般不超过 10°。

7. 扇形喷射法

这种喷射法的摆动角度为 90°～180°，形成扇形（半圆形）喷射面。由于这种喷射方向性强，很适于处理局部薄弱部位或用来增强固结体的强度和均匀性。

8. 椭圆喷（大摆喷）法

此法是把喷射钻杆来回摆动，摆角大于 180°，因往复摆动的作用使得桩体呈椭圆形。据说长轴可比短轴长出 0.3～0.5m。

22. 3. 7　高喷新技术

高喷新技术主要体现在以下几个方面：

（1）增加射流破碎能力，加大地层内细颗粒置换力度，并能在砂、卵石地层中建造出大直径桩体来。

（2）设法解决高喷法在地表附近质量较差的问题。

（3）解决高喷工地污染问题。

下面介绍高喷技术发源地日本的几种新技术和苏联的一种新技术。

1. 超级喷射法（Super JET）

本工法的最大特点是在压缩空气气膜（幕）保护下的水泥浆液压力高达 30MPa，而流量则高达 2 × 300L/min，是常规流量的 10 倍。在这种高压大流量的射流冲击下，它的桩径可以达到 5.0m。

2. 交叉喷射法（X-JET）

本工法的特点是它的喷嘴喷射方向不再是水平的，而是两组喷嘴射流方向交叉起来。这样可使射流的冲击和破碎作用更加有效，搅拌得更均匀，使得废浆污染大为减少。它的最大桩径可达到 2.3m（表 22-10、图 22-22）。

高喷新技术综合表　　**表 22-10**

基本概念	高压大流量射流（Super JET）	交叉射流（X-JET）	交叉射流+机械搅拌（JACSMAN）
概要	压缩空气 70N/cm² 水泥浆 3000N/cm² 2×300L/min 改良径（m） N值：砂质土 N≤50 / 50<N≤100；黏性土 N<3 / 3<N≤5 改良径：0～20m　5.0　4.5 深度z：>20　4.5　4.0	压缩空气 70N/cm² 水泥浆 400～500N/cm² 200L/min 超高压水 4000N/cm² 2×70L/min 改良径（m） N值：砂质土 0≤N≤100；黏性土 0≤N≤5 改良径：2.3	压缩空气 70N/cm² 水泥浆 3000N/cm² 4×150L/min 改良径（m） N值：砂质土 N≤15；黏性土 N≤3，C≤3/m²
改良体的特征	超大口径的改良体（改良体直径最大5m）	标准直径2.3m	改良体面积6.4m²
喷射时间	16min/m	12min/m	2min/m

3. 喷射搅拌法（JACSMAN）

本工法是前面所说的交叉喷射和深层搅拌两种工法结合产生的工法（表 22-10）。它是在深层搅拌机钻杆底部的搅拌叶端部布置了高压浆、气喷嘴，底部设有水泥浆喷嘴，见图 22-22。在搅拌叶对地基土进行机械搅拌的同时，进行交叉射流。

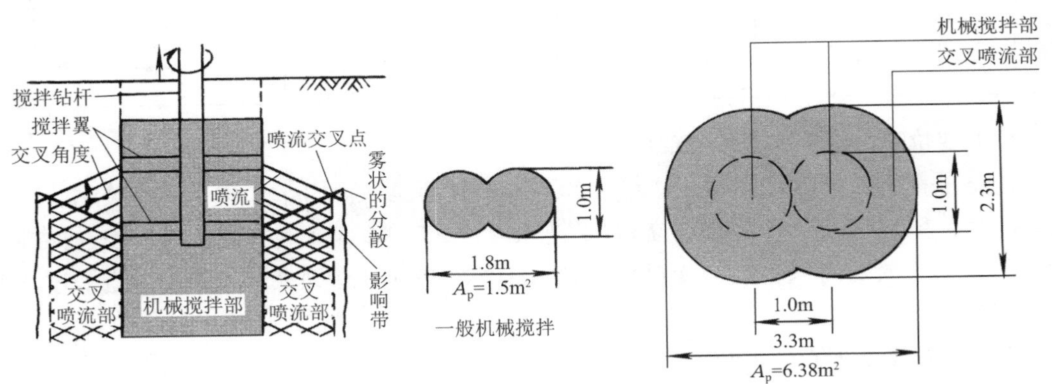

图 22-22　交叉喷流原理图

本工法有以下特点：

（1）可以获得大断面的桩体（每次成桩面积可达 6.4m²）。

（2）桩体质量更为均匀。

（3）施工效率高，可达到300～600m²/d，相当于机械搅拌工法的3～4倍。

该工法在日本4个工程中已完成了900多根桩，总进尺约1万m。平均造孔效率为0.5～1.0m/min，它的机械搅拌部分浆液压力为0.6MPa，流量为200～300L/min，而交叉喷射部分浆液压力为30MPa，流量高达600L/min。

上面三种工法的主要施工参数见表22-11。

新的高压喷射注浆工法比较表　表22-11

项目				工法名				
				Super JET	X-JET	JACSMAN	参考	
							GJG（二管）	JSG（二管）
上部喷嘴	水	压力	N/cm²	—	4000	—	4000	—
		流量	L/min	—	140	—	70	—
	固化材料	压力	N/cm²	3000	—	3000	—	2000
		流量	L/min	600	—	600	—	60
	压缩空气	压力	N/cm²	70～105	70～105	70～105	70	70
		流量	L/min	6.0～10.0	4.0～6.0	6.0～10.0	1.5～3.0	1.5～3.0
	个数			2	2	1	1	1
下部喷嘴	固化材料	压力	N/cm²	—	300	50～100	300	—
		流量	L/min	—	190	300～400	180	—
	压缩空气	压力	N/cm²	—	—	—	—	—
		流量	L/min	—	—	—	—	—
	个数			—	1	2	1	—
喷射切削状况	W：水→ C：固化材料→ A：压缩空气→			C+A C	W+A C	C+A C	W+A C	C+A

4. 低变位喷射搅拌工法（LDis）

这也是把机械搅拌和高喷工法结合起来的一种新工法。由于采用了高喷技术，可以大大减少机械搅拌工法产生的变位。它是把压力达35～40MPa的水泥浆液从设在搅拌叶端部的喷嘴中喷射出来，以加强机械搅拌效果。它的施工原理见图22-23，施工过程见图22-24。

本工法曾用来加固基坑底部的细砂和砂质粉土，以防止很高的地下水位造成基坑隆起。加固体可承受200kN/m²的荷载。桩直径1.2m，厚3.5m。

5. 扩孔式喷射搅拌工法（SEING-JET）

本工法的主要特点是：普通的机械搅拌叶是固定在钻杆底部的，而本工法的活动搅拌叶可在钻杆的任何深度位置上工作（转动）。本工法首先利用活动搅拌叶把钻孔扩大，然后注入水泥浆液。从搅拌叶端部喷嘴喷出的射流可把桩径进一步加大。

6. 喷射干粉工法

提高高喷固结体的整体质量的关键措施，就是尽量降低固结体的水灰比，增加水泥含量。如果喷射水泥干粉，效果更好。据了解，日本利用改性水泥（干粉），已成功地喷射水泥干粉来充填基岩裂隙（图 22-25）。我国也有喷射干的水泥粉的尝试。

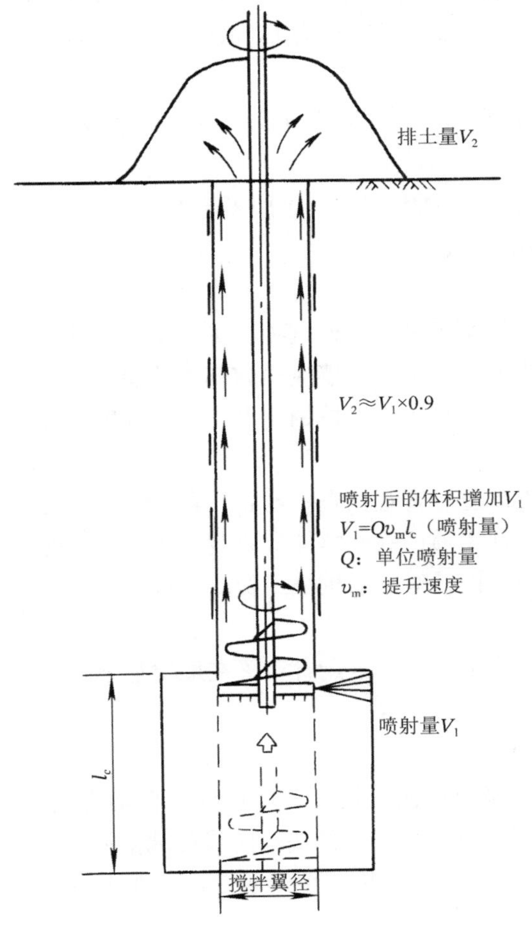

图 22-23　LDis 排土原理图

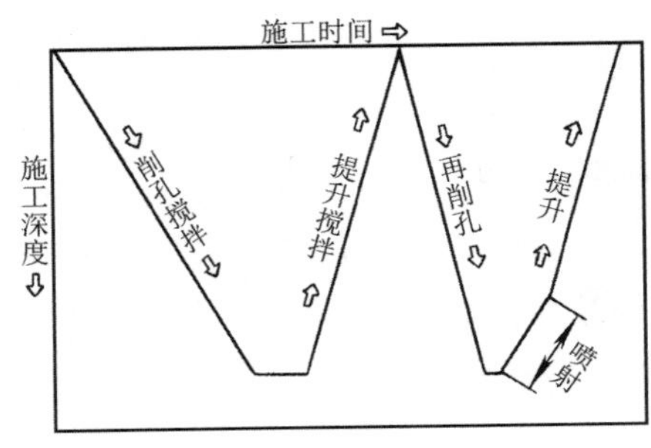

图 22-24　标准施工过程图

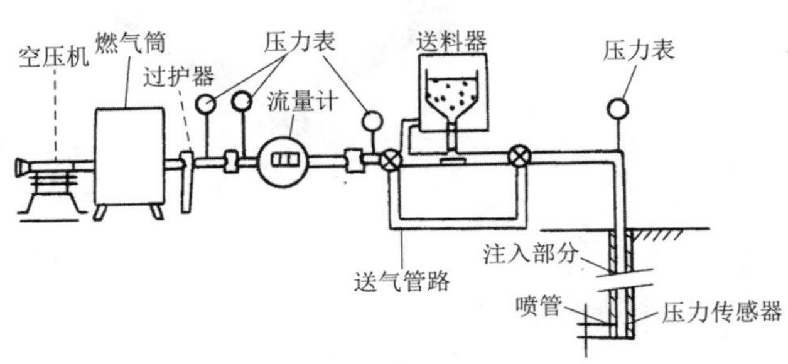

图 22-25　喷射干粉示意图

7. 两次搅拌法（RFP）

详见后面的说明。

8. 苏联的喷射冷沥青技术

由苏联开发成功的这种新技术，具有加快成墙速度和降低施工费的优点。冷沥青（沥青乳剂）通过喷射钻杆注入地层内。杆的侧面每隔一定距离开有喷射孔，孔内安装喷嘴。其出口直径仅为 1～2mm。在钻杆末端设有两个向下喷射水流的喷嘴。喷流压力目前采用 10MPa。整个施工过程与前面提到的高喷工艺相似。利用高压泵将沥青乳剂注入土层内，与被高速射流粉碎的土颗粒均匀混合、硬结后形成具有弹性和防水性的防渗体，可形成连续的防渗墙。

如果把喷射压力提高到 2000～3000N/cm^2，还可以在透水岩石中形成连续的防渗帷幕，有待继续试验。

此外，国内还引进开发了 MJS 工法，可用来施作大口径高喷桩。

22.3.8　质量检查和控制

1. 质量检查项目

一般防渗工程的高喷灌浆工程质量检查项目主要是墙体的渗透性，同时要求墙体连续、均匀，厚度符合要求。重要工程高喷板墙应检验其渗透稳定性和结构安全性。

当有特殊要求时，可检查高喷凝结体的密度、抗压强度、弹性模量、抗溶蚀性等。

2. 质量检查方法

高喷灌浆工程质量难以进行直观检查。通常采取的检查方法有：开挖观察、取样试验、钻孔取芯和压水试验、围井渗透试验、整体效果观察等。必要时应进行电探、渗流原型观测、载荷试验等。应当根据设计对喷射桩体或板墙的技术要求，选取适宜的方法对适当的部位进行抽样检验。

对于高喷防渗板墙，质量检查的重点宜布置在地层复杂的、施工过程中漏浆严重的或可能存在质量缺陷的部位。

3. 围井检查

围井是为检查高喷板墙质量而构筑的，以被检查板墙为其一边的封闭式井状结构物（图 22-26）。围井可适用于各种结构形式的高喷防渗板墙的质量检查。它的做法是在已施工完毕的板墙的一侧加喷若干个孔，与原板墙形成三边、四边或多边形围井。

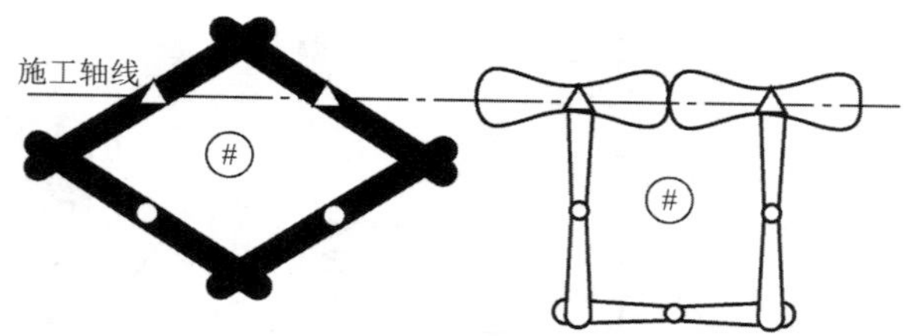

图 22-26　围井检查

△—已施工孔；○—加喷孔；#—检查孔

1）对围井的要求

（1）围井的数量可根据需要确定。

（2）围井各边的施工参数应与墙体结构一致。

（3）围井板墙内的平面面积，在砂土、粉土层中不宜小于 3m^2，在砾石、卵（碎）石层中不宜小于 4.5m^2。

（4）围井的深度应与被检查板墙的深度一致，悬挂式高喷板墙的围井底部应采用局部高喷的方法进行封闭。当围井用于注水试验，且注水水头高于围井顶部时，围井顶部应予以封闭。

2）围井试验

围井形成至少 14d 以后，可在井内开挖，对墙体进行直观检查，也可在墙体上取样进行试验。当需利用挖出的井体进行注（抽）水试验时，井内开挖的深度应深入到透水层内，也可在井内钻孔进行注（抽）水试验。

3）渗透系数的计算

利用围井进行渗透试验时，可按照《水工建筑物防渗工程高压喷射灌浆技术规范》的规定计算高喷板墙的渗透系数。

4. 在墙体上钻孔检查

厚度较大和深度较小的高喷板墙（旋喷或摆喷板墙）可采用在墙体上钻孔的方法检查工程质量。

5. 其他检查方法

（1）物探法检查。在防渗墙墙体上或上下游两侧钻孔，对墙体进行超声波探测，检查防渗墙的连续性和密实性。

（2）载荷试验。当高喷凝结体是用于加固地层，具有承载作用时，有时需要对旋喷凝结体进行垂直或水平的载荷试验。

（3）整体效果观测检查。通过观测对比防渗墙施工前后下游渗漏量的大小，观测上下游测压管水位的变化，检验高喷墙的整体防渗效果。

22.4　深层水泥搅拌桩防渗墙

22.4.1　概述

深层搅拌工法是利用搅拌机械把固化剂（水泥或石灰等）送入软土层深部，同时施以机械搅拌，使固化剂和软土拌合均匀，并在水的作用下，固化剂与软土之间产生一系列物理和化学反应，改变了原来软土的性状，使之硬结成水泥土或石灰土体。这种水泥土具有显著的整体性和水稳定性，其强度明显高于原状土。

深层搅拌法由日本人在 20 世纪 60 年代首创，20 世纪 70 年代后期引入我国，大量用于软土地基的加固和防渗。

深层搅拌法适用于处理淤泥、淤泥质土、粉土和黏性土地基，可根据需要将地基加固成块状、圆柱状、壁状、格栅状等形状，主要用于形成复合地基、基坑支挡结构、在地基中形成防渗帷幕及其他用途。深层搅拌法施工速度快，无公害，施工过程无振动，无噪声，无地面隆起，不排污、不排土、不污染环境，对相邻建筑物不产生有害影响，具有较好的经济和社会效益。本节只讲水泥防渗墙的简要情况。

我国的深层搅拌工法有湿法和干法两种。湿法以水泥浆为主，有时加减水剂（为木质素等）和速凝剂；干法以水泥干粉、生石灰干粉等为主。干、湿两法各有不同的适应性和利弊，单就概念上说，湿法搅拌较均匀，易于复搅，但水泥土硬化时间较长，在天然地基土含水量过高时，桩间土多余的孔隙水需较长时间才能排除。干法搅拌均匀性欠佳，很难全程复搅，但水泥土硬化时间较短，且一定程度降低了桩间土的含水量，在一定范围内提高了桩间土的强度。

国产搅拌机有以下几种：

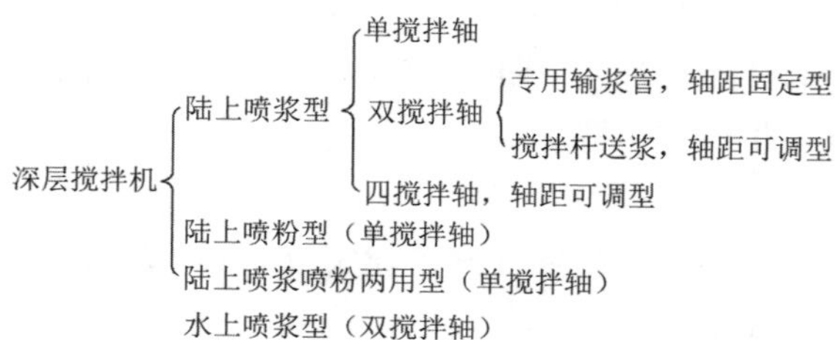

目前，最深的深层搅拌桩（墙）已可做到35m左右，但是能够确保防渗质量的深度在15～25m。

质量检验的主要方法如下：

（1）检查施工记录，包括桩长、水泥用量、复喷复搅情况、施工机具参数和施工日期等。

（2）检查桩位、桩数或水泥土结构尺寸及其定位情况。

（3）在已完成的工程桩中应抽取2%～5%的桩进行质量检验。一般可在成桩后7d内，使用轻便触探器钻取桩身水泥土样，观察搅拌均匀程度，同时根据轻便触探机数用对比法判断桩身强度，也可抽取5%以上桩采用动测法进行质量检验。

（4）采用单桩载荷试验检验水泥土桩承载力；也可采用复合地基载荷试验方法，检验深层搅拌桩复合地基承载力。

近年来，在采用深层搅拌法施工形成的水泥土中插入型钢用以形成加筋水泥土挡墙和防渗墙（日本称为SMW工法），在基坑围护工程中得到越来越多的应用。深层搅拌法工艺流程见图22-27。

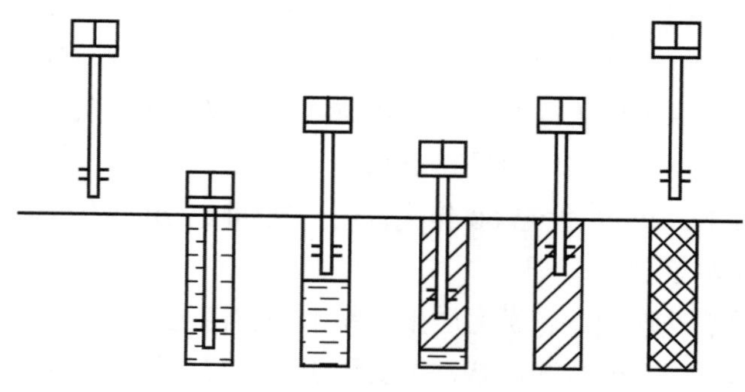

图22-27　深层搅拌法工艺流程

22.4.2　主要设备和工法

国内生产的施工设备很多。

上海工程机械厂的ZLD深层水泥搅拌机，最深可达30m，可用来建造防渗帷幕。

钻头外形见图22-28，动力头外形见图22-29。

该厂还生产一种DCM搅拌机，工作原理与上面类似。

图 22-28　钻头外形图　　　图 22-29　动力头外形图

22.4.3　施工时应注意的问题

1）严格控制桩位和桩身垂直度，以确保足够的搭接长度和整体性。施工打桩前需复核建筑物轴线、水准基点、场地标高；桩位对中偏差不超过 2.0cm，桩身垂直度偏差不超过 1.0%。

2）挖除表层障碍物，若埋深 3.0m 以下存在障碍物时，与设计人员商量，酌情处理。

3）水泥必须无受潮、无结块，并且有出厂质保单及出厂合格证。发现水泥有结块，严禁投料使用。

4）对湿法搅拌桩，应严格控制水灰比，一般水泥浆液的水灰比为 0.45～0.5。

（1）应用经过核准的定量容器加水，为使浆液泵送减少堵管，应改善水泥的和易性，增加水泥浆的稠度，可适量加入减水剂（如木质素磺酸钙，一般为水泥用量的 0.2%）。

（2）水泥浆必须充分拌合均匀，每次投料后拌合时间不得少于 3min，拌合必须连续进行，确保供浆不中断。

（3）水泥浆从砂浆拌合机倒入储浆桶前，需经筛过滤，以防出浆口堵塞；并控制储浆桶内储浆量，以防浆液供应不足而断桩。储浆桶内的水泥浆应经常搅动，以防沉淀引起的不均匀。

（4）制备好的水泥浆不得停置时间过长，超过 2h 应降低强度等级使用或不使用。

（5）成桩宜采用二次搅拌。二次喷浆施工时搅拌轴钻进提升速度不宜大于 0.5m/min，或钻头每转一圈的钻进或提升量不应超过 1.0～1.5cm。

（6）必须待水泥浆从喷浆口喷出并具有一定压力后，方可开始钻进喷浆搅拌操作，钻进喷浆必须到设计深度，误差不超过 5.0cm，并做好记录。

22.4.4　对深层搅拌法的评价

深层搅拌法只能用于软土地基加固和防渗，而且目前适用深度为 15～25m，可取得较好的防渗效果。深度再加大，虽可以施工，但质量难以保证。

22.5　SMW 工法

前面已经说明，SMW 工法是由日本发明并大量使用的，可以简要说，SMW 工法就是搅拌桩中插入增强芯材的工法，当然有时也可以不放芯材。

这是一种将水泥等硬化材料与其他外加剂与土体就地混合形成桩体或防渗墙的方法，简称为水泥土桩或防渗墙。

SMW 工法将从拌合站送来的浆液，通过螺旋钻的空心钻杆不断前进而被压入土层中。常采用普通水泥或矿渣来制作浆液，并可掺入 2%的膨润土粉，以改变水泥浆液的流动性。

SMW 工法是利用机械搅拌浆液和土体来形成连续的防渗墙体，它比高压喷射灌浆法更容易形成质量均匀、密实的桩（墙）体。它的施工工效高，不排泥（或极少），不污染环境，不受季节限制。在城市建设和地铁的基坑中，已经有不少工程实例。

SMW 工法的钻头直径为 550～850mm，最大施工深度可达 30m（图 22-30～图 22-33）。

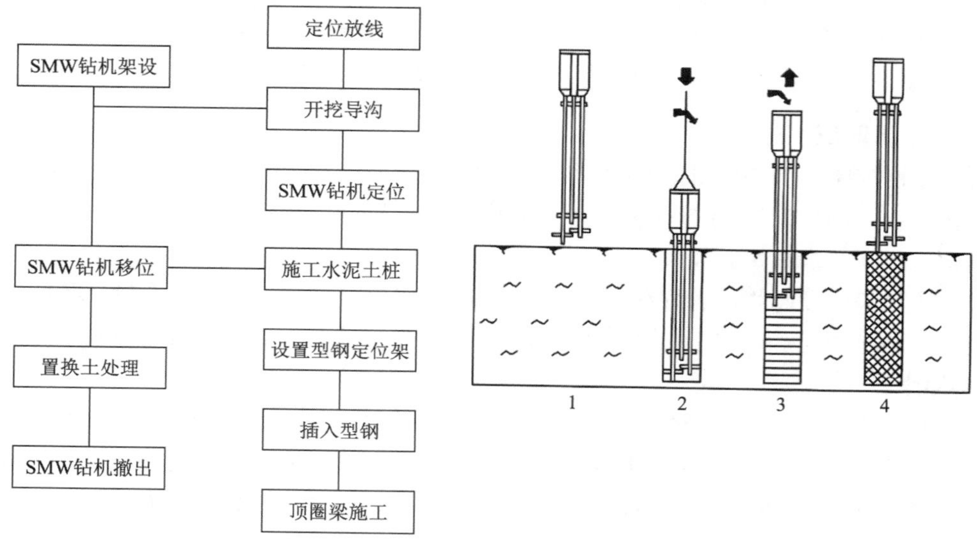

图 22-30　SMW 工法流程图

1—定位；2—喷浆、搅拌下沉；3—喷浆，搅拌上升；4—完毕，桩机移到下一桩位

图 22-31　三轴搅拌钻机施工图

图 22-32　SMW 工法钻杆及钻头

图 22-33　SMW 钻头

22.6 TRD 工法

22.6.1 概述

以往的原位搅拌水泥土排桩地下连续墙施工技术在深度增加后，施工难度加大，特别是垂直精度或墙壁质量成为问题。TRD 施工法是在以往施工方式的基础上研究改进而成的。它基本上属于原位搅拌系统，但兼有地下连续墙的形态，在确保施工精度、墙体质量均匀性、提高防渗性、降低钻进装置净高等方面有所改善。

TRD 工法由日本于 20 世纪 90 年代初研发，是能在各类土层和砂砾石层中连续成墙的成套先进工法设备和施工方法。主要应用在各类建筑工程、地下工程、护岸工程、大坝、堤防的基础加固、防渗处理等方面。2005 年 TRD-Ⅲ首次引进中国，2014 年行业标准《渠式切割水泥土连续墙技术规程》JGJ/T 303—2013 实施，2017 年 TRD 工法被列入《建筑行业 10 项新技术》。

TRD 工法适应黏性土、砂土、砂砾及砾石层等地层，在标贯击数达 50～60 击的密实砂层、无侧限抗压强度不大于 5MPa 的软岩中也具有良好的适用性。可广泛应用于超深止水帷幕、型钢水泥土搅拌墙、地墙槽壁加固等领域。

22.6.2 TRD 工法概要

1. 技术概要

TRD 施工法是使用插入地下的链锯式切削具，切削地基形成槽孔，同时在原位搅拌混合土与固化材料（水泥系固化材料、添加剂、水等混合成的悬浮液），构筑水泥加固地下防渗连续墙。

通过这种水平钻进、垂直搅拌方式能确保墙体的均匀性，有效地构筑无接缝、防渗性好的墙体。

钻机由钻进、搅拌、混合的本体和支撑本体的主机构成。导向架位于主机的侧面，导向架上配有能够水平移动的链锯式切削具。切削具由固定数个切削钻头的连续链、驱动马达和桅杆等构成。桅杆的内部装有向下端排出口输送固化液的数个配管和倾斜仪插入管。钻机高度低，最大仅 10m 左右，整体稳定性好。

2. 特点

（1）水平连续性。构筑的墙体无接缝，均匀，防水性好。

（2）竖向墙体质量均匀。垂直混合、搅拌全部土体，能够构筑竖向偏差小的均匀墙体。

（3）精度高，施工能力强。能自行移动，垂直性好，能够高精度施工。能够在砂砾、硬黏土层、砂质土、黏性土中发挥高钻进搅拌能力，特别是不需要以往施工法必须的预先钻孔。

（4）稳定性高。钻机高度低，施工中桅杆又插入地下，能够确保高稳定性。

（5）能够施工斜墙。能够施工从垂直至水平俯角 30°的斜墙。

（6）能够施工等厚墙体。因为墙体水平方向等厚、均匀，能够以任意间隔设置芯材，与同排柱墙相比能减少总钻进工作量。TRD 钻机外形见图 22-34，其工法特点见图 22-35。

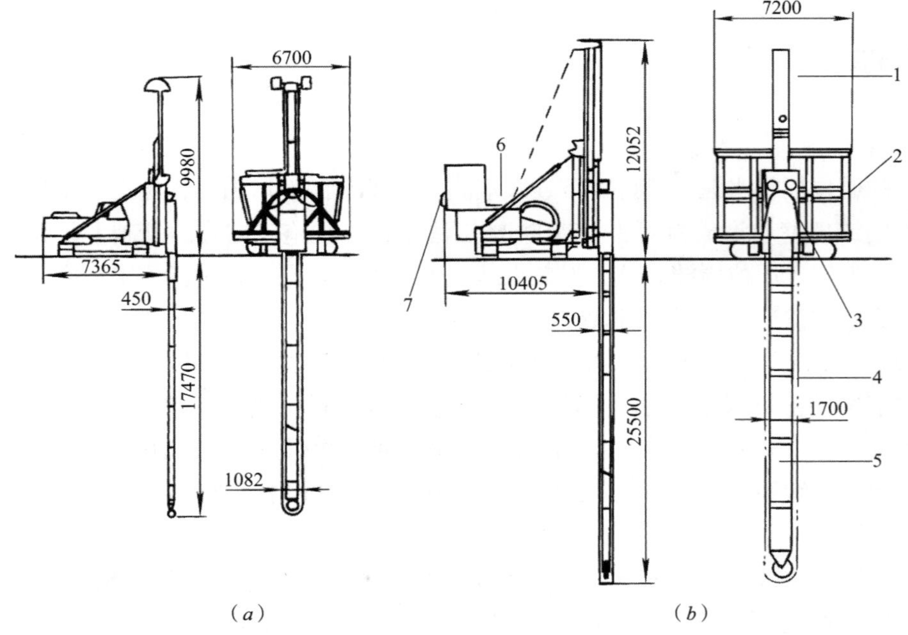

图 22-34　TRD 工法机械外形图

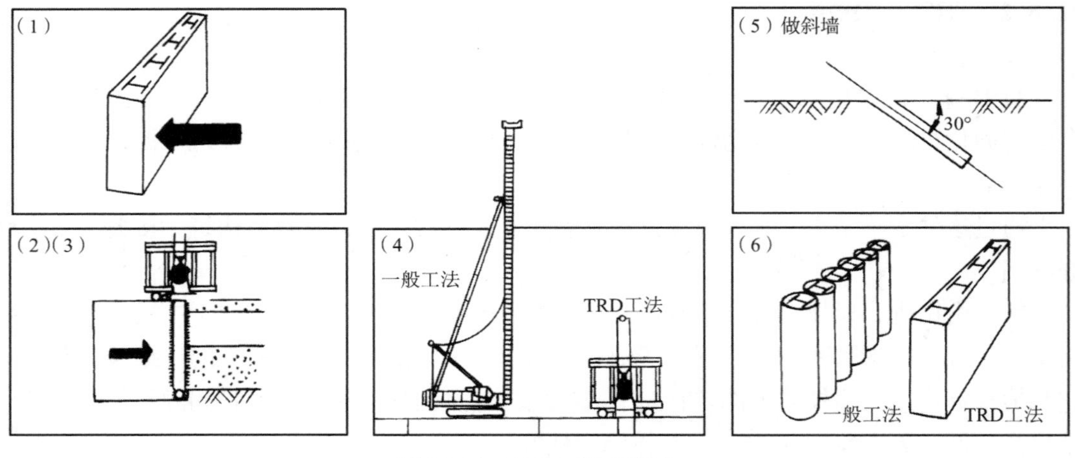

图 22-35　TRD 工法的特点

3. 钻机

TRD 施工法用钻机有日本 TRD-15 型和 TRD-25 型两种（表 22-12）。目前，已生产出深度大于 50m 的钻机。

TRD 施工法用钻机主要性能　　表 22-12

机型	TRD-15 型	TRD-25 型
作业时质量（t）	60.5	127.0
平均接地压力（kPa）	91	158
尺寸（高×宽×长，m）	9.98×6.70×7.37	12.05×7.20×10.41

（1）施工深度和壁厚。TRD 施工法的施工深度和壁厚的适用范围如表 22-13 所示。超

过适用范围的深度、壁厚时，对钻机进行一些改造后也能够施工。此外，还能进行曲线施工，曲线施工需要以 1m 切削具行程为单边的多角形施工，已有以 52 角形施工直径 16.4m 圆形墙的实例。目前最深已达 53m。

TRD 施工法的适用范围　表 22-13

机型	施工深度（m）	壁厚（cm）
TRD-25 型	25.5	50～70
TRD-15 型	17.5	45～50

（2）土质。适用于硬黏土层、砂砾、砂质土、黏性土等多种土质。地下含有卵石或有障碍物时，需事先调查研究能否施工，并讨论适当对策。卵石层有粒径 25cm 左右的施工实例。

TRD 工法可在渗透系数$k = 10^{-2}$cm/s 的砂、砾地层中，形成渗透系数$k = 10^{-8}$～10^{-7}cm/s 的防渗墙。

（3）芯材。芯材通常使用 H 型钢，能够以任意间隔插入配置。根据施工目的，还能够插入预制板、钢板桩和预制桩等。

（4）邻近构筑物施工时，TRD-25 型钻机在前面及侧面能以距墙边 65cm 的距离施工，在背面能够以距墙边 10.5m 以上距离施工。TRD-15 型钻机的规模小，前面及侧面距墙边的施工距离均为 45cm，背面距墙边的施工距离为 7.5m。

（5）净高受限制的施工。TRD 施工法因为钻机整体高度低，能够在净高受限制的情况下施工，见表 22-14。

TRD 施工法的作业高度表　表 22-14

机型	装置的高度（m）	作业高度（m）
TRD-25 型	12.052	13.0
TRD-15 型	9.980	10.5

（6）斜墙施工。经过改造的专用钻机可在以下范围施工：

施工墙长度：15m；

施工墙厚度：45cm；

墙倾角：垂直至水平俯角 30°；

适用土质：主要为黏土和砂土。

TRD 施工法已通过日本建设机械化协会的技术审查。

22.6.3　TRD 工法实例

1. 概况

日本某排水泵基坑，开挖深度 24.7m，采用地下连续墙作为围堰结构，壁厚 0.6m，墙深 53m，周长 164m，周边墙面积 8669m^2，插入长 30.5m 的 H 型钢 H-450 × 300 共 324 根。

地质：上部（−24～0m）为$N \leqslant 10$ 的砂质土；

中部（−47～−24m）为$N > 60$ 的砂卵砾石层；

下部（−53～−47m）为$N > 60$ 的砂砾石和$N = 10$ 左右的不透水层。

地下水位（潜水）在地面以下 2m，地下 30m 有承压含水层。

2. 基坑防渗设计

由上可知，基坑存在承压水和砂砾石透水层，为此必须控制挖槽机械的偏斜度，墙体的透水性也要少，这样才能达到防渗止水的目标。

表 22-15 所示是桩排式防渗墙和坑底水平防渗、桩排式防渗墙及 TRD 防渗墙三个设计方案的比较。

基坑防渗方案对比表　　表 22-15

方案名称	①桩排式防渗墙 + 坑底水平防渗	②桩排式防渗墙	③TRD 防渗墙
主要指标	为抵抗扬压力，对底部透水层防渗	加大墙深，抵抗扬压力	同左
防渗墙深度（m）	40	53	53
平面图	SMW 工法		
特点	坑底防渗体很厚，很难形成不透水帷幕，施工成本高	钻孔偏斜大，易导致孔底墙体分开，漏水	可连续成墙，比 SMW 防渗墙的垂直度高，防渗性好
经济性	3.64	1.02	1.0
评价	不好	尚可	好

经过技术经济比较，最后选用了 TRD 防渗墙。

3. 墙体材料

墙体设计强度：0.5N/mm²；现场管理强度（28d）：0.63N/mm²；改进强度（28d）：1.05N/mm²。

通过室内试验，选用的两种浆液配比如表 22-16、表 22-17 所示。

搅拌浆液配比表　　表 22-16

膨润土	水	注入率	流动度	失水率
35kg/m³	600kg/m³	61.3%	200mm	1.16%
管理标准			200 ± 30mm	< 3%

固化浆液配比表　　表 22-17

高炉矿渣 B	水灰比	水	注入率
290kg/m³	117%	340kg/m³	43.5%
控制指标	流动度 ⩾ 150mm/3h，失水率 < 3%，q_{28} = 1.05N/mm²（设计 0.5N/mm²）		

4. TRD 防渗墙施工

1）地基加固

用于本工程的 TRD 钻机重达 130t，接地压力较大，故须对施工平台和导向槽的地基予以加固，加固范围长 9.26m，加固厚度为 1.5～0.75m。加固后地基承载力要求达到 0.4N/mm² 和 0.2N/mm²（后部）。

2）施工机械和现场布置

采用 2 台 TRD 钻机，施工现场平面尺寸为 70m × 50m，内部配置浆液搅拌站、芯材堆放和加工场、各种仓库、试验和维修设备等。

3）孔斜控制

要求孔斜小于 1/250。现场观测结果表明，墙体实际孔斜值仅 1/1000～1/500，远远小于允许值。这样使 H 型钢芯材能够顺利下放到指定位置。

4）浆液配比的现场变更

采用室内配比，由于强度较大，浪费水泥较多，所以对原配比进行了变更，见表 22-18，采用后期固化液配比进行施工。

固化浆液配比表　　**表 22-18**

项目	水泥（kg/m³）	水灰比（%）	流动度（mm）	q（N/mm²）
初期	290	117	200	0.44～1.27
中期	280	107	186	0.83～2.10
后期	270	96	183	0.36～0.84
控制指标			≥150	q_u ≥ 0.63

5. 基坑开挖情况

经基坑开挖证实，防渗墙墙面平整，无漏水，无凹凸，一直安全开挖到坑底。

6. 评价

对比表 22-15 和本工程的防渗体设计方案，可以看到采用短的桩排式防渗侧墙与坑底水平防渗帷幕的组合方案，由于要抵抗很大的承压水浮托力，需要很厚的水平防渗帷幕才行，而且要形成这种不透水的防渗帷幕也相当困难。这种桩排式防渗侧墙由于孔斜关系，两根桩间可能出现漏洞或根本连接不上，使防渗墙整体失效。而且，它的成本也比 TRD 高出 2.64 倍。TRD 防渗墙是连续成槽，墙体均匀连续，质量有保证，因此它比短墙加水平帷幕的设计方案更可取。

所以，要把基坑侧壁和基坑底的防渗问题综合考虑，才能取得较好的技术经济效益。

22.6.4　我国的开发情况

1. 概要

2005 年 TRD 钻机首次引入我国，国内一些公司和厂家进行研究，2010 年以后先后推出了一些我国生产的双轮铣槽机。

2. 上海工程机械厂的双轮铣槽机

2013 年，我公司根据国内的地质特性和作业工况，自主开发了 TRD-D 工法机，是国内首创独立开发、适合国内地层条件和施工现状的专业设备，施工效率超越国外同类产品，并荣获上海市科技进步一等奖、国家科技进步二等奖等荣誉称号。2017 年，又成功推出了全电动力的 TRD-E 型工法机，满足市区施工时的低噪声要求，并可实现与 D 型机动力柜互换，进一步拓展了 TRD 工法的施工适应性（表 22-19～表 22-21）。

实例表　　**表 22-19**

项目名称	工程目的	壁厚（mm）	深度（m）	工程难度
上海国际金融中心项目	止水帷幕	700	53	需进入标贯大于 50 击的第⑦$_2$粉砂层 11.6m
上海虹桥商务核心区一期项目	止水帷幕	800	48	三层承压含水层厚度较大，层底埋深约 68m，其他设备难以保证质量
上海前滩企业天地项目	止水帷幕	700	35	对墙体垂直度的要求较高，一般工法工艺难以达到
天津富华国际广场项目	止水帷幕	850	24	拐角搭接处离周边建筑物较近，其他设备无法完成

TRD 工法适用范围表　　表 22-20

1	临时支护防渗墙	大厦地下室、地下水处理设施、开凿隧道、地铁工程等
2	永久性防渗墙	水库、堤坝加固防渗、地下水坝、工业废弃物处理设施等
3	其他地基改良	建筑物地基、坝体地基措施、石油储备罐、下沉防止墙等

TRD-D/E 工法机主要技术参数表　　表 22-21

部位	项目	单位	参数					
			TRD-60D	TRD-60E	TRD-70D	TRD-70E	TRD-80E	TRD-80EA
动力参数	主动力功率	kW	345（柴油机）	300 + 37（电动机）	345（柴油机）	300 + 37（电动机）	110 × 4 + 2 × 7.5（电动机）	110 × 4 + 2 × 7.5（电动机）
	副动力功率	kW	90（电动机）	90（电动机）	110（电动机）	110（电动机）	5.5 + 110（电动机）	5.5 + 110（电动机）
	总功率	kW	435	427	435	427	570.5	570.5
	液压系统额定压力	MPa	25	25	25	25	25	25
	总流量	L/min	1044	1044	1044	1044	1450	1450
切削参数	最大切削深度	m	61	61	70	70	86	86
	成墙宽度	mm	550～850	550～850	550～900	550～900	900～1100	900～1200
	链条线速度	m/min	7～70	7～70	7～70	7～70	7～70	7～70
	切割力	t	34	34	34	34	50	50
	轨链的破断拉力	t	110	110	110	110	260	260
	驱动部升降行程	mm	5000	5000	5000	5000	6000	6000
	提升力/压入力	kN	882/470	882/470	1200/520	1200/520	1400/400	1460/700
	驱动部横向行程	mm	1200	1200	1200	1200	1200	1200
	横向推/拉力	kN	627/470	627/470	690/510	690/510	760/515	760/515
	斜撑油缸行程	mm	1000	1000	1000	1000	1000	1000
	立柱左右倾斜角度	°	±5	±5	±5	±5	±5	±5
	门架前后倾斜角度	°	±6	±6	±6	±6	±6	±6
底盘参数	步履最大离地高度	mm	400	400	400	400	400	400
	立柱导轨间距	mm	850	850	850	850	1000	1000
	横移步长	mm	2200	2200	2200	2200	2200	2200
	纵移步长	mm	600	600	600	600	600	600
	配重质量	t	25	25	25	25	36	36
整机参数	整机质量（除切割箱）	t	≈ 115	≈ 115	≈ 120	≈ 120	≈ 135	≈ 136
	外形尺寸（地面以上）	mm	11418 × 6800 × 11070	11418 × 6800 × 11070	11418 × 6800 × 11070	11418 × 6800 × 11070	13460 × 6800 × 13100	13560 × 6800 × 13100

3. 德泓建设的双轮铣槽机

德泓建设现有日本三和机材步履式 TRD-EN 三台，抚顺挖掘机厂重工履带式 TRD-850

两台（表 22-22、表 22-23、图 22-36、图 22-37）。

TRD 钻机表　　表 22-22

	TRD-850	TRD-EN
电动机	—	√主机：600kW
柴油机	√	—
步履式	—	√
履带式	√	—
最大深度（m）	60	70
成墙厚度（mm）	550～950	

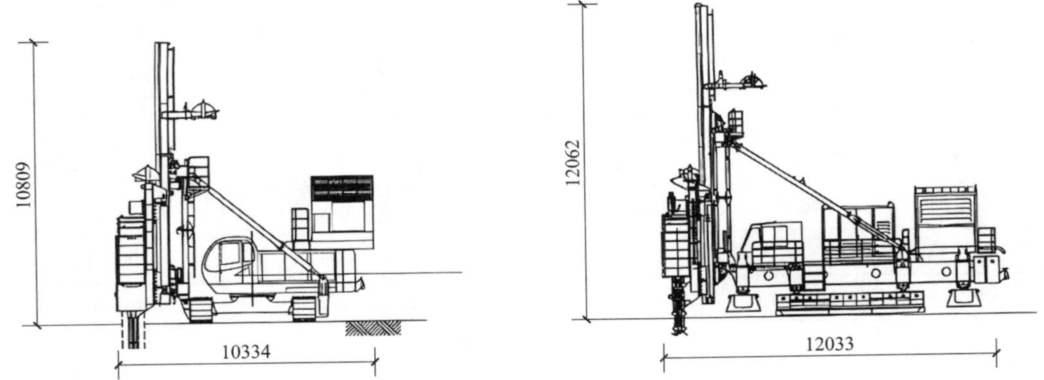

图 22-36　TRD 钻机外形图

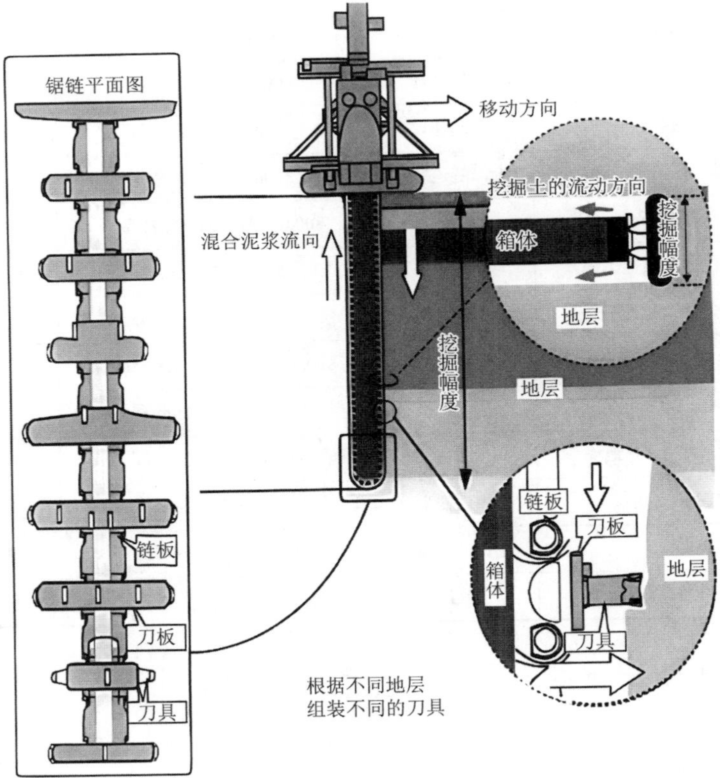

图 22-37　TRD 钻机细部图

工程实例表 表 22-23

工地名称	总包单位	墙体厚度及深度	施工特点
中信泰富南京市清凉门大街项目	中建八局	700mm 厚，63m 深	大深度，邻近地铁
南京正荣 NO.2015G64 项目 B 地块	南京建工	700mm 厚，56m 深	大深度
苏地 2012-G-129 号地块土壤治理	江苏建工	700mm 厚，50m 深	大深度，邻近地铁
上海火车站北广场 D 地块	上海基础	700mm 厚，48m 深	大深度，邻近地铁
北京绿心三大建筑	北京建工	800mm 厚，48m 深	大深度
上海徐家宅变电站项目	舜元建设	800mm 厚，46m 深	大深度
上海建工办公楼项目	上海建工	700mm 厚，46m 深	大深度，高压线下
苏州狮子山改造提升	中建三局	650mm 厚，46m 深	大深度，邻近地铁
常州钟楼区五中地块	中铁十九局	800mm 厚，44m 深	大深度，邻近地铁
陆家嘴御桥科创 04A-01	中建八局	700mm 厚，43m 深	槽壁加固，邻近地铁
苏地 2016-WG-46 号地块	中亿丰建设	700mm 厚，42m 深	邻近河道、地铁
杭州恒隆广场	中建八局	800mm 厚，41m 深	邻近建筑
杭州艮山东路过江隧道项目	中铁十四局	800mm 厚，34m 深	接收井端头加固
南通轨交 2 号线汽车东站	通州建总	800mm 厚，36.1m 深	高压线下施工
南通轨交 1 号线能达商务区站	中交隧道	850mm 厚，25m 深	高压线下接插 H 型钢
南京地铁 7 号线永胜路站	中铁三局	600mm 厚，23m 深	高压线下施工
南京地铁 7 号线雨润路站	中铁北京局	600mm 厚，23m 深	高压线下施工
南京地铁 7 号线永初路—雨润路	中铁一局	600mm 厚，23m 深	高压线下施工
苏州地铁茅蓬路站	宏润建设	850mm 厚，28m 深	高压线下施工
海门市城区黑臭水体治理工程	上海隧道股份	800mm 厚，26m 深	邻近河道
阿里巴巴江苏总部	中建八局	800mm 厚，34m 深插型钢	邻近地铁
扬州运河南北路快速化改造工程	中铁十局	850mm 厚，24m 深	高压线下，邻近建筑
苏州阳澄湖第二水源引水工程三标	上海隧道股份	850mm 厚，21.5～28.65m 深	邻近京沪高铁
苏州阳澄湖第二水源引水工程四标	苏州市政	850mm 厚，21.5～28.65m 深	邻近京沪高铁
萧山机场三期	中建八局	850mm 厚，29m 深	邻近地铁
宁波江北区 JB0-03-02-a、b 地块	宁波建工	700mm 厚，21m 深	邻近地铁
杭政储出【2018】60 地块	中铁四局	800mm 厚，18m 深	邻近地铁
江阴地铁外滩站	中铁一局城轨	850mm 厚，41～45m 深	止水隔断，长江边
杭州地铁 6 号线杭州东站	中铁四局	850mm 厚，14.5～33m 深	邻近建筑，插型钢

22.7 双轮铣搅拌机和工法（CSM）

22.7.1 概述

双轮搅工法（CSM），是一种结合了双轮铣槽机和深层水泥土搅拌的施工技术而开发出来的一种新的防渗墙施工技术（图 22-38）。

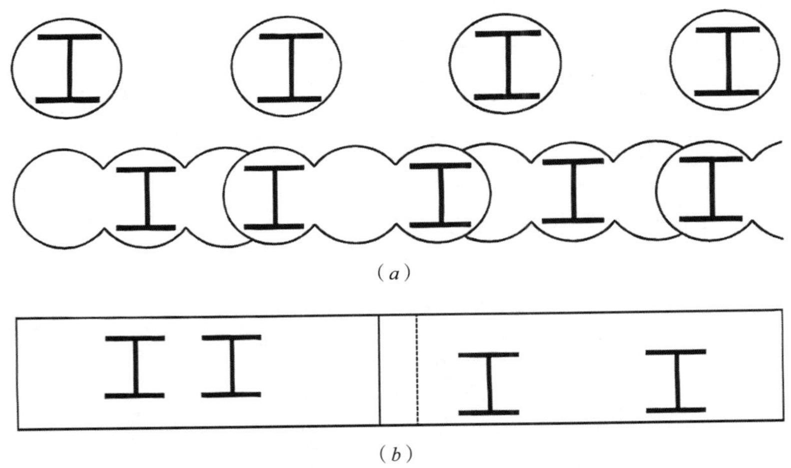

（*a*）

（*b*）

图 22-38　双轮搅对比

（*a*）传统深搅拌工艺——工字钢仅能置放在圆柱形桩体中心；（*b*）双轮铣深搅工艺——工字钢能置放在槽段内

据了解，目前国内生产双轮搅拌机的厂家有三家：徐工基础、金泰和温中振中公司。

河海大学的陈永辉等引进欧洲 ALLU 的三维强力搅拌头（PMX），结合自主研发的自动定量供料控制系统、GPS 定位控制系统等组成部分，提出了强力搅拌土体固化技术（陈永辉，等，2015；王颖，等，2016），在处理围海工程吹填土、道路浅层软基等工程领域都得到了有效应用，在污染土的固化处理与隔离、边坡稳定等领域也有着较好的应用前景（图 22-39）。

（*a*）　　（*b*）

图 22-39　国产自动供料控制系统

（*a*）国内匹配的后台供料设备；（*b*）定量供料设备

（资料来源：陈永辉，等，2015）

2003 年，德国宝峨机械公司（Bauer）和法国地基建筑公司（Bachy Soletanche）结合传统深层搅拌方法和沟槽切割系统（Hydromill Trench Cutter System）的特点，开发了双轮铣削深层搅拌工法（Cutter Soil Mixing），简称 CSM 工法。该工法使用带有切削转轮的搅拌工具对土壤进行切削和搅拌土壤。相较于传统搅拌方法，其可以穿过含大直径颗粒（大于 20cm）的较硬土体，并且切割转轮可以切入无侧限抗压强度达到 34.5MPa 的岩石，因此其可以使水泥土防渗墙底部嵌入非风化岩层，形成横截面为矩形的固化土体结构。相较于传统搅拌桩的圆形截面，矩形截面具有费用低、桩间搭接处少以及型钢形状选择较灵活的优点。2004年1月，该工法的首台样机设备在德国进行了现场测试，并于同年获得了相关专利；该方法保持了深层搅拌法效率高、有效利用原位土、废土少、振动小、对环境影响小的特点。目前，该方法广泛地被应用于止水挡墙、挡土墙以及地基处理等领域。

双轮铣削搅拌工法的施工步骤，如图22-40所示。

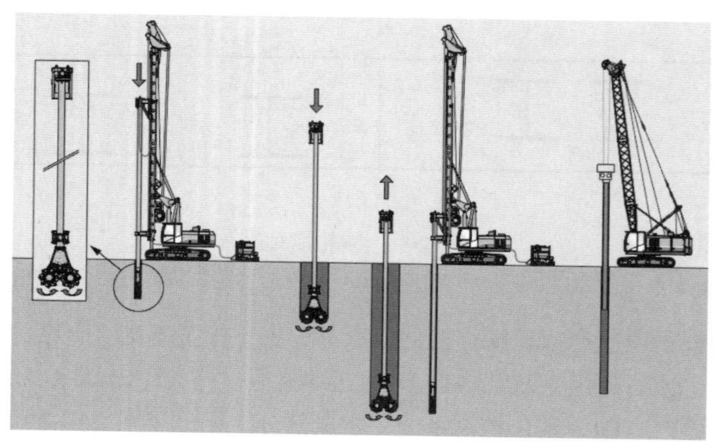

图22-40 CSM工法施工步骤示意图

（1）预先开挖沟槽，将切削铣轮对准预搅拌区域的轴线。

（2）下降钻杆，同时启动铣轮（图22-41），两组铣轮中间处的导管开始泵入泥浆，开始土体切削。铣轮旋转过程中，操作员可以通过调整铣轮的下降速度以及浆液泵入量对搅拌质量进行控制。

图22-41 CSM工法切割铣轮

（3）钻杆下沉至设计深度时，开始提钻，继续泵入水泥浆。铣轮持续旋转以确保成桩均质、密实。

（4）根据实际工程建设的需要，可以选择在水泥土尚未固化以前插入型钢，以确保墙体的稳定性（Bauer，2010）。

1. CSM 工法分类

CSM 工法施工系统可分为单相施工系统（One-phase System）（图 22-42）和双相施工系统（Two-phase System）（图 22-43）两种。

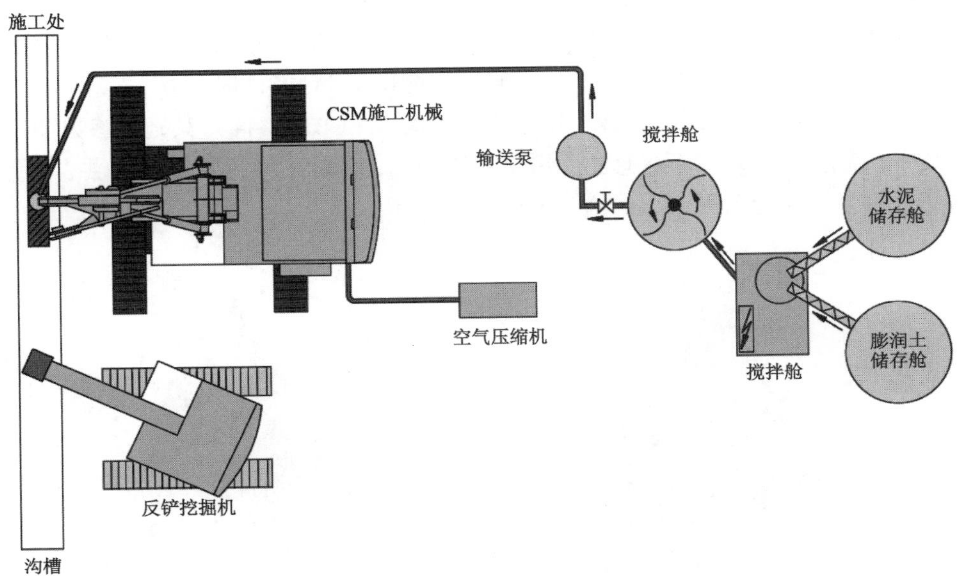

图 22-42　单相施工系统施工平面图

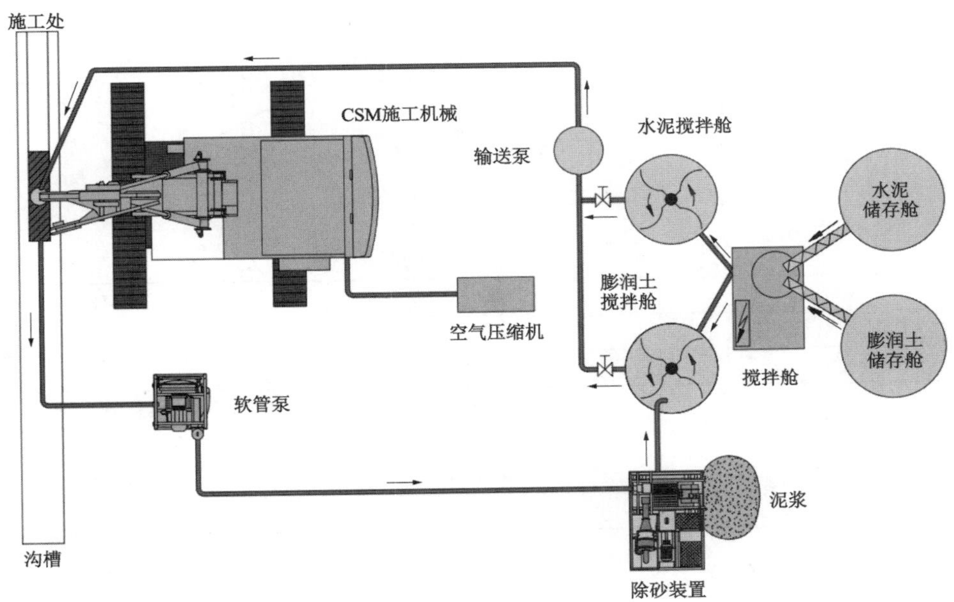

图 22-43　双相施工系统施工平面图

1）单相施工系统

单相施工系统通过压缩气体输送水泥浆进行切割、搅拌工作。施工回流的泥浆被引至预挖掘的沟槽中或储存在沉淀池中，以便稍后从现场移除。由于大部分泥浆已经在下降阶段与土壤充分混合，当搅拌工具达到最大施工深度后，停止泵入压缩空气，因而铣轮上升速度可以快于下降速度。

2）双相施工系统

双相施工系统同时使用压缩气体和膨润土浆液输送水泥浆液。回流的浆料和膨润土将被泵入除砂设备中，除砂完成后继续利用。当回流浆料密度较大不能泵送时，可以通过挖掘机将其运送至除砂设备内。当切割铣轮下降至设计深度后，膨润土浆液泵入即行停止。调整铣轮上升速率以及浆料泵入速率，以确保泥浆用量符合设计值。

CSM 工法的主流切削设备为 BCM5 和 BCM10 两种（图 22-44），其施工参数如表 22-24 所示。其中，铣轮的选择直接受施工土层的性质影响，宝峨 CSM 施工系统提供 3-1 型和 3-2 型两种齿轮，基本满足常见土层的施工要求。

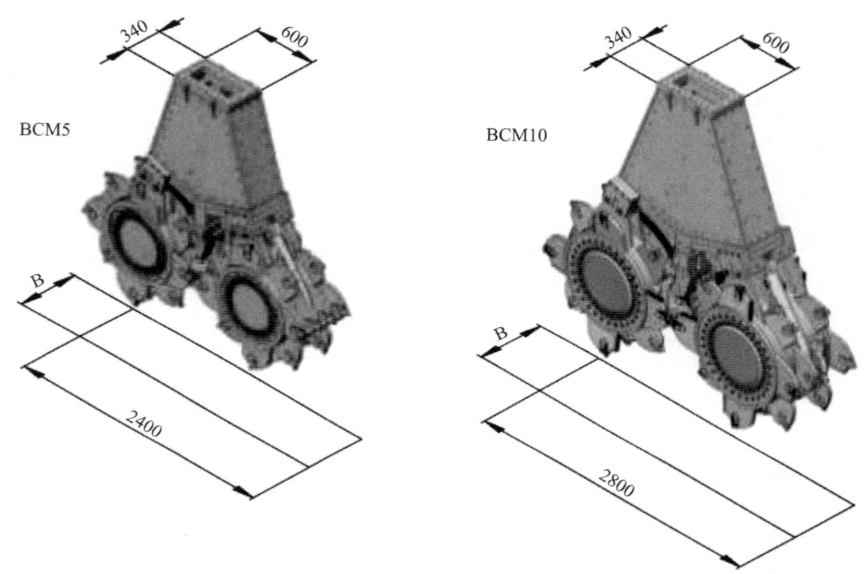

图 22-44 BCM5/10 型铣齿

铣槽机（BCM5/10）部分参数表 表 22-24

型号	BCM5	BCM10
扭矩（kN·m）	0～57	0～100
旋转速度（rpm）	0～35	0～35
高度（m）	2.35	2.8
切削面长度（m）	2.4	2.8
切削面宽度（m）	0.55～1	0.46～1.2
齿轮质量（kg）	5.1	7.4

2. CSM 工法施工平台分类

目前，宝峨 CSM 工法施工平台主要可分为三类，即圆形钻杆施工平台、矩形钻杆施工平台和小型施工平台，三类平台各自有其适用范围。

1）圆形钻杆施工平台

圆形钻杆施工平台适用于体积较小的钻机，其钻杆直径为 368mm，最大施工深度为

20m。钻杆通过两组导轨连接到钻机的桅杆上，以保证对齐。铣槽机能够转动+45°～−90°。操作人员通过钻杆控制铣槽机的移动和旋转。圆形钻杆施工平台主要包括 BG28、RG19T 和 RG20S 等设备（图 22-45）。

2）矩形钻杆施工平台

矩形钻杆施工平台适用于施工深度较深的场合，其钻杆截面为矩形（600mm × 340mm），内部由液压软管、浆料管和空气软管组成。施工时通过分段安装套管延长钻杆，管间连接处覆盖有保护罩以确保表面顺滑。钻杆质量约为 18t（30m）或 23t（40m），操作人员通过钻杆控制铣槽机的移动和旋转。矩形钻杆施工平台主要包括 BG28、BG40 和 RG25S（图 22-46）等设备。

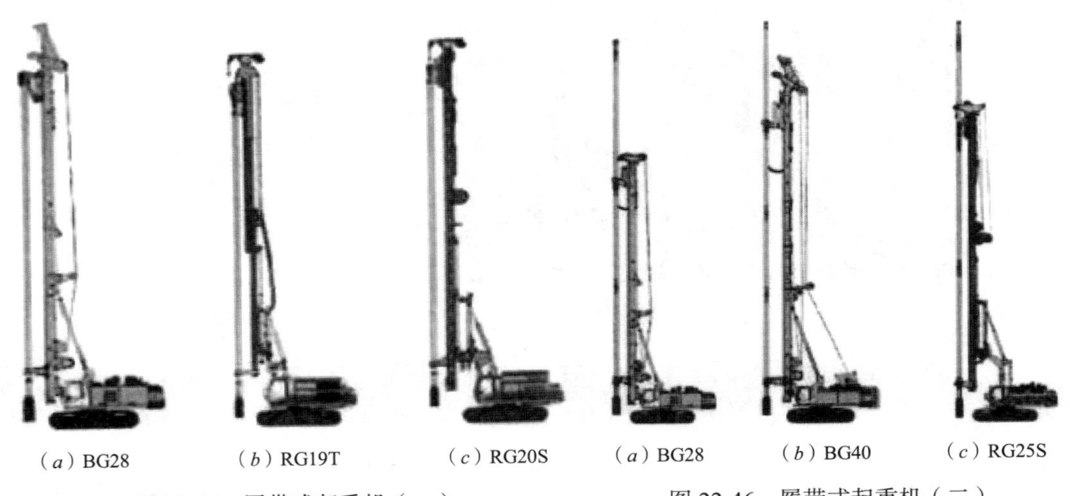

（*a*）BG28　（*b*）RG19T　（*c*）RG20S

图 22-45　履带式起重机（一）

（*a*）BG28　（*b*）BG40　（*c*）RG25S

图 22-46　履带式起重机（二）

3）低净空施工平台

Quattro Cutter 低净空施工平台（图 22-47）适用于操作深度较深（大于 60m）、上部设备高度受到场地制约的情况（设备高度需小于 5m）。其切削部分由上下两组 BCM5 铣槽机组成。铣槽机通过钢丝绳与置于履带式起重机上的软管卷筒相连，其在大深度条件下成桩质量及垂直度依然可以得到保证。Side Cutter 小型施工平台（图 22-48）的工作原理与 Quattro Cutter 施工平台基本相似，不同之处在于上部的软管卷筒和滑轮可以进行旋转，操作宽度可进一步降低至 4.5m。

图 22-47　Quattro Cutter 施工平台

（资料来源：Bauer，2010）

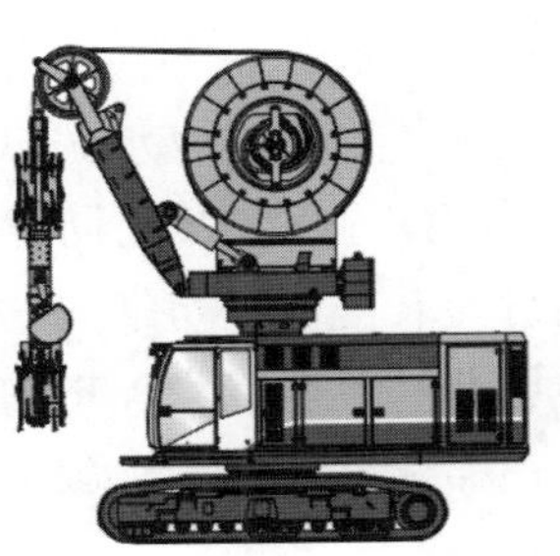

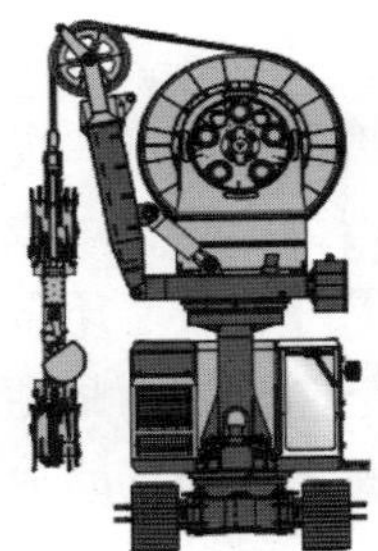

图 22-48　Side Cutter 施工平台

（资料来源：Bauer，2010）

宝峨双轮铣深层搅拌法施工平台内置有B-Tronic监测系统（图22-49），其可以实时监测、控制、记录注浆过程中的主要参数（钻入深度、泥浆体积、软管中的泥浆压力、沟槽中的泥浆压力、水泥浆体积—时间/深度曲线、倾斜度、搅拌机速度等），保证施工过程的可控性、稳定性；操作面板位于施工机械的操作室内，实现了数据的实时可视化；提供数据导出服务，施工人员可通过USB接口将数据导出；可以自动生成相关图表、报告，方便查用（图22-50）。

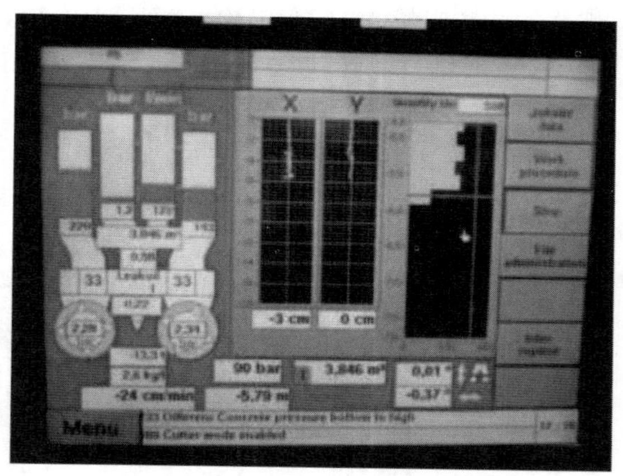

图22-49　B-Tronic监测系统界面

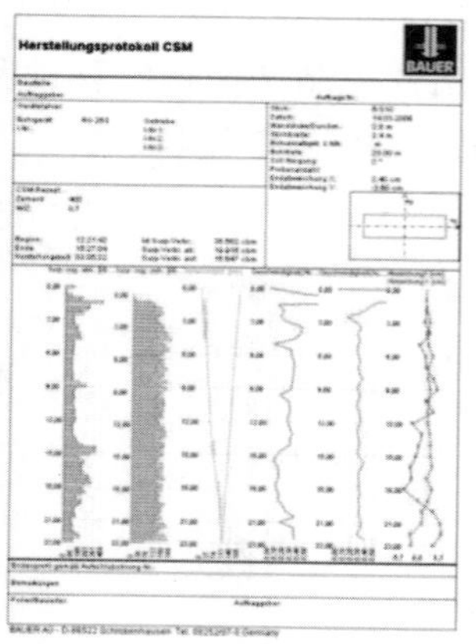

图22-50　生成文档界面

作为一项新型搅拌墙施工技术，CSM工法由于其施工效率高（可达$30m^3/h$）、成墙质量好（28d无侧限抗压强度可达1.0～5.0MPa）、垂直度高（可达1/500）、适用土层广泛、机械结构较为灵活的特点在世界各地得到了大量运用，但是其也存在一些缺点。此外，相较于其他施工技术，CSM工法的成本较高，这也成为制约其运用的一个重要因素。

在我国，上海金泰工程机械有限公司已于2004年完成设备的研制和试验，同年将该工艺申请专利，在长期实践中因地制宜地开发了一系列施工设备（液压铣铣头、C60铣削搅拌机、C80铣削搅拌机、SC35B铣削搅拌机和SC50铣削搅拌机），有效地推动了该项技术的进步。目前，该工法在我国已完成了大量施工实例，得到了推广应用。

（本节由厂家供给资料）

22.7.2　徐工基础双轮搅应用实例

1. 概述

双轮搅工法（简称CSM），是一种结合了双轮铣成槽和原状土搅拌的施工技术，通过双轮铣头铣削、搅拌土壤，同时注入水泥浆液进行搅拌，从而形成防渗墙、挡土墙或对地层进行改良，可以广泛应用于各类地下防渗墙和挡土墙的施工，具有地层适应性广、防渗效果好、成墙质量高等显著优势。与常规的多轴搅拌成墙工艺相比，该工艺最为突出的特点是能够铣削坚硬地层并且具有较为理想的施工效率，同时还可以实现更大的施工深度，在未来的地下防渗墙、挡土墙等施工领域发展前景广阔。

2. 工艺特点和优势分析

CSM工法与目前水泥土搅拌墙施工中应用最多的SMW多轴搅拌工法相比，在地层适应性、施工深度、成墙外形、施工质量等方面都具有显著优势。

1）工况适应性强

双轮搅设备的工作装置与双轮铣槽机的铣轮极为相似（图 22-51），该设备通过液压系统直接驱动地下的铣轮旋转切削地层，液压系统可以为铣轮提供强大的铣削动力，从而可以有效地切削硬地层，因而使用双轮搅施工可以将止水帷幕防渗墙嵌入岩层底板，实现良好的封闭止水效果。该工艺切削岩层的强度和施工效率都远远大于传统的多轴搅拌设备，极大地提高了水泥土搅拌墙的地层适用范围。

图 22-51　双轮铣搅拌机图

常规的多轴搅拌钻机通过顶驱动力头直接驱动钻杆旋转实现切削搅拌，施工受到设备的结构限制，多在 45m 以内。而双轮搅设备借助液压驱动的优势，可以通过导杆或钢丝绳悬吊工作装置，液压管路提供动力的方式，实现更大深度的墙体施工。目前，导杆式施工深度最大可达 50m，悬吊式施工深度最大可达 80m。

2）质量控制好

CSM 的质量控制提升主要体现在墙体的垂直度控制方面。通过在双轮搅上安装垂直度检测装置，可以实时采集数据，监控X、Y方向垂直度，操作手在驾驶室内实时修正设备运行参数，从而有效保证施工墙体的垂直度。目前，成墙垂直度普遍能控制在 1/300 左右，部分墙体能达到 1/1000。而传统的多轴搅拌钻机往往只能通过严格控制桅杆垂直度来保证墙体的施工垂直度，无法直接监测，同时也不具备纠偏功能。

3）施工损耗少

双轮搅是通过两个铣轮绕水平轴旋转切削搅拌，形成的墙体截面为规则的长方形，而多轴搅拌设备则采用绕竖向轴旋转搅拌的原理，形成的墙体截面为多个相互咬合的圆形，详见图 22-52。前者的主要优点有以下两方面：

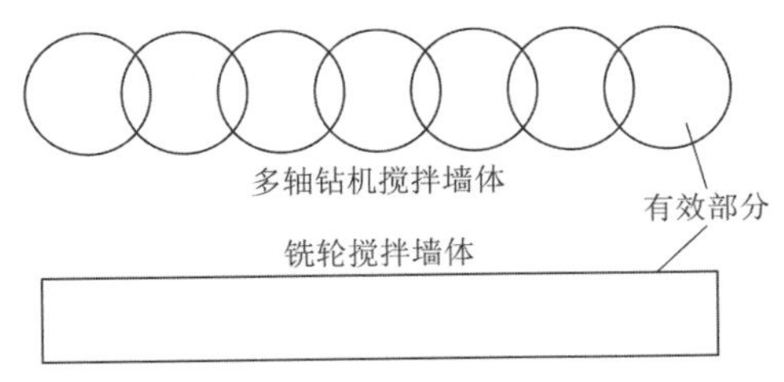

图 22-52　墙形对比

（1）消除了墙体的无效部分。墙体的防渗能力往往取决于墙体厚度最小的部分，因此多轴搅拌形成的墙体的有效厚度往往需要按咬合部分的厚度计算，而多余的无效部分就造成了材料的浪费。以形成有效厚度600mm的墙体为例，常见多轴搅拌工艺施工的墙体面积约是有效面积的128%。

（2）减少了施工的搭接长度。CSM和多轴搅拌工法的相邻墙幅之间都需要相互咬合搭接，双轮搅两幅墙体的搭接长度通常为30～40cm，搭接比例通常小于20%。而最为常见的三轴搅拌钻机施工搭接比例高达33.3%（搭接一个圆形钻孔），远大于双轮搅的咬合比例。

综合以上两点，双轮搅可以有效降低施工损耗，同时也提高了施工效率。

4）芯材布置方便

为增强水泥土墙体的支护强度，可以在水泥土搅拌墙体内插装芯材，如常见的H型钢。传统的多轴搅拌钻机施工形成的墙形截面是连续咬合的圆柱形，因此往往只能在圆柱中心位置插装芯材，芯材的间隔和数量都会受到一定的限制。而双轮搅形成的墙体截面为规则的长方形，可以根据实际需求合理设计芯材数量和间隔，不受墙形的限制，因而更加方便施工。

3. 双轮搅设备在嵌岩防渗墙施工中的应用

1）工程简介

位于湖南长沙市中心的某建设项目，基坑的围护结构设计为钻孔排桩＋CSM等厚水泥土搅拌墙止水帷幕＋预应力锚索的支护方案，其中等厚度水泥土搅拌墙底需嵌入中风化板岩有效深度不少于1m（需结合现场试成墙结果最终确定嵌岩深度），墙体厚度700mm，总深度约15m，墙体搭接宽度不小于400mm，现场使用徐工双轮搅XCM40进行施工。

2）地质条件

施工区域地质情况自上而下依次为：0～1.3m为杂填土；1.3～8.6m为粉质黏土；8.6～9m为中砂；9～9.7m为圆砾；9.7～14.2m为强风化板岩；14.2m以下为中风化板岩，中风化板岩平均强度约为17MPa。勘探期间，地下水水位埋深4～5m，水位及水量受邻近浏阳河河水的影响呈季节性变化。

该项目的工程地质条件较复杂，其中圆砾层、强风化板岩以及中风化板岩地层若采用传统的SMW多轴搅拌工法施工困难极大，因此采用CSM进行施工。

3）施工工艺流程

双轮搅水泥土搅拌墙止水帷幕施工工艺流程见图22-53。

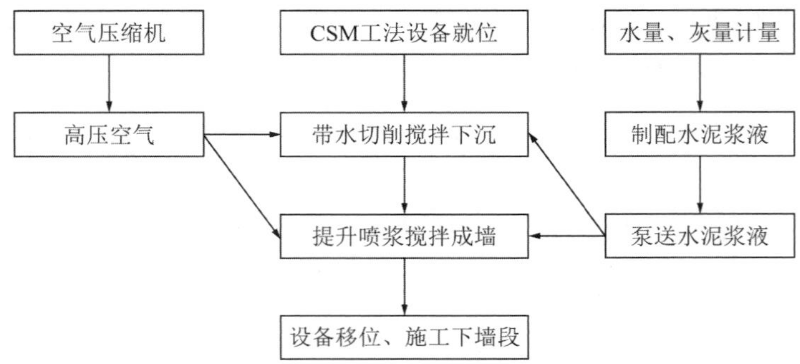

图22-53 双轮搅水泥土搅拌墙止水帷幕施工工艺流程图

4）施工工艺技术参数

（1）双轮搅墙体幅间咬合搭接不小于 0.4m，跳幅施工。

（2）等厚度水泥土搅拌墙采用 42.5 级普通硅酸盐水泥，水灰比 1.2～1.5，浆液不得离析，泵送必须连续，不得中断。

（3）施工过程中泵送压力 0.5～3.0MPa，空压机送风 0.7～1.0MPa 且泵送流量要求恒定。

（4）成墙施工过程中，下沉速度建议 50～80cm/min，提升速度不大于 30cm/min，具体提升速度需结合成墙试验最终确定。

（5）铣轮首次下沉至墙底时，应停留在墙底搅拌喷浆不少于 5min 后再进行提升，并对墙底以上不小于 5m 范围进行复搅，即当首次喷浆搅拌提升至墙底以上不小于 5m 后，再喷浆搅拌下沉至墙底，然后再喷浆搅拌提升，直至墙顶，以确保等厚度水泥土搅拌墙底部的成墙质量。

5）施工效率

此次 CSM 施工效率统计如下：

上部软土层钻进速度约 30cm/min，强风化板岩约 7.5cm/min，中风化板岩约 1.7cm/min，提钻搅拌 45cm/min，平均成槽时间约 2.5h。

经过试桩数据统计分析，采用双轮搅施工，每天可施工 4～5 幅墙，推进约 12m 长度。

4. 结语

（1）从地层适应性和施工深度方面考虑，CSM 不仅可以满足国内各类常规防渗墙、挡土墙施工需求，同时对于部分施工深度大、地层复杂性高的工程，就如同案例中需要嵌入岩层的防渗墙工程，CSM 同样可以有效施工，从而极大地拓展了水泥土搅拌墙工艺的应用领域。

（2）CSM 的搅拌形式，提高了水泥土搅拌墙体的规则性和整体性。与传统多轴搅拌相比，CSM 施工的防渗墙、挡土墙既节省了施工材料，同时也有利于合理地布置芯材，提高了水泥土墙设计的灵活性。通过铣削咬合的方式也可以实现相邻墙幅之间良好的结合，防止施工接缝的产生。

（3）对比传统的多轴搅拌工艺，CSM 施工往往使用更先进的主机设备和控制系统，能够监测各项施工参数并且部分设备还具有纠偏的能力，可以有效提高墙体施工垂直度，是施工质量控制的有力保障。

（本节由徐工基础公司供稿）

22.7.3　温州振中的双轮搅拌机

1. 概述

双轮铣削搅拌钻机是温州振中公司借鉴国外先进技术，创新研发的一项新产品，其核心技术在国内属于首创，已获得四项国家发明专利。

多轮铣削深层搅拌技术是一种创新性深层搅拌施工方法。此技术源于德国宝峨公司的双轮切铣工艺，是结合现有液压铣槽机和深层搅拌技术进行创新的岩土工程施工新技术。通过对施工现场原位土体与水泥浆进行搅拌，用于防渗墙、挡土墙、地基加固、止水帷幕、槽壁加固、土壤改良、地下有害物治理等工程。与其他深层搅拌工艺比较，对地层的适应性更高，可以切削坚硬地层（卵砾石地层、岩层）。

双轮铣削搅拌钻机主要由：铣头装置、上夹持提升装置、下夹持加压装置、刀轮钻具、方钻杆、液压泵站系统、电液控操作系统、步履或履带式桩架、后台系统等构成。

双轮铣削搅拌钻机由铣头驱动，采用独特的方钻杆与双铣轮平行轴逆向双回转方式钻进，可实现最大程度的铣削搅拌，槽壁形状质量好，垂直精度高，施工速度快。尤其是铣削搅拌头配置不同形式、适合各种地质的铣刀轮后，能很好地解决“切削坚硬地层”桩基础的问题。

双轮铣削搅拌钻机克服了传统打桩机的噪声、振动、泥浆污染等问题，施工低噪声、无环境污染，有利于文明施工、安全施工，是环保型绿色高效钻机（图 22-54）。

2. 适用范围

（1）适用范围：止水桩，槽壁加固桩、地基加固桩，长方形咬合桩，地基改良，地下有害物治理，特殊工法桩。

（2）适用地层：各种土层，流塑性淤泥层，砂层（板结砂层、流砂层），卵砾石层，风化岩石层。

（3）适用桩径/孔径：2800mm × 700mm，2800mm × 800mm，2800mm × 1000mm。

（4）铣孔深度：10～55.5m。

3. 工作原理

1）左右铣轮同时逆向旋转切削

水平平行轴逆向旋转，同时进给切削，恒功率，大转矩。

左右铣轮同时逆向旋转切削，进行双回转驱动，铣头可同时进行水平平行轴逆向旋转；根据施工工艺需要，调整铣轮的工艺参数。

采用电液驱动，根据负载自动调整转速，铣头在不同转速下也具有较大的功率，动力性能优异，输出转矩大，过载能力强。

2）独特的铣孔方式——水平平行轴逆向旋转、转矩自平衡

在铣头驱动下，水平平行轴以逆向旋转方式铣削；铣头（图 22-55）产生的铣削转矩方向相反、相互抵消、自行平衡，使铣孔过程稳定，无噪声、振动。

图 22-54　双轮铣削搅拌机图

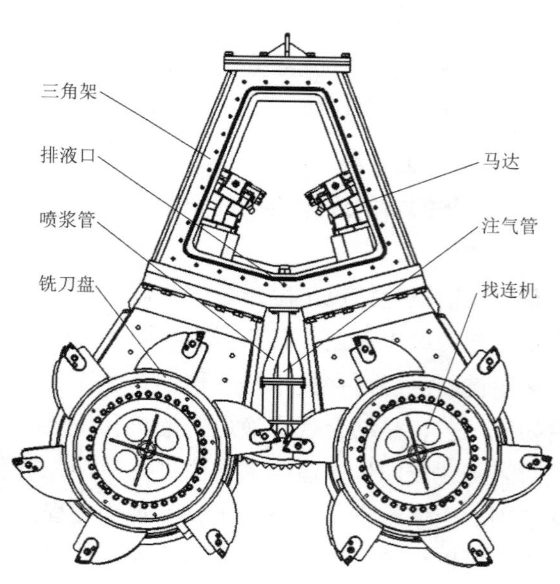

图 22-55　铣头图

3）新式多样化铣刀轮——刚性强，精度高，铣削搅拌效率高

铣头连续铣削搅拌，铣刀轮整体刚性强、钻削力大、成孔精度高，施工速度快，可应对各种复杂地层的强力铣削搅拌。

此外，还可配置不同的切削刀轮完成不同地质的铣削搅拌，实现高效率施工。

4）整机采用电驱动

动力性能优异，绿色、环保、无污染的现场施工。

5）步履底盘

稳定性高，安全、可靠。

国内外同类机型稳定性第一。

6）先进的控制系统

应用先进的智能控制技术，采用高可靠性的工程机械控制器和真彩 LCD 显示屏、智能控制系统，其集成度高，控制平稳、快速、精确。简化了操作手柄和操作动作，全中文人机界面，操作简便，使用可靠。

4. 工法特点

施工过程更加环保：直接将原状地层作为建筑材料，弃土和弃浆总量小，节能环保，符合基础施工技术发展的趋势。

施工阶段扰动低：施工阶段几乎没有振动，采用原位搅拌，对周边建筑物基础扰动小，可以贴近建筑物施工。

墙体的深度更大：导杆式双轮铣削深搅设备，施工深度可达 55.3m；悬吊式双轮铣削深搅设备，施工深度可达 86m。

据了解，重泰的双轮搅可沿曲线施工。

22.8　MJS 工法

22.8.1　概述

本工法是由日本首先研发成功的，引入我国以后，又进行了创新，使其使用范围越来越大。

22.8.2　MJS 工法原理和特点

1. 工法原理

MJS 工法（Metro Jet System）又称全方位高压喷射工法，MJS 工法在传统高压喷射注浆工艺的基础上，采用了独特的多孔管和前端造成装置（习惯称之为 Monitor），实现了孔内强制排浆和地内压力监测，并通过调整强制排浆量来控制地内压力，使深处排泥和地内压力得到合理控制，使地内压力稳定，也就降低了在施工中出现地表变形的可能性，大幅度减少了对环境的影响，而地内压力的降低也进一步保证了成桩直径。和传统旋喷工艺相比，MJS 工法减小了施工对周边环境的影响（图 22-56）。

2. 工法特点

1）可以“全方位”进行高压喷射注浆施工

MJS 工法可以进行水平、倾斜、垂直各方向、任意角度的施工。特别是其特有的排浆方式，使得在富水土层、需进行孔口密封的情况下进行水平施工变得安全、可行。

2）桩径大，桩身质量好

喷射流初始压力达 40MPa，流量 90～130L/min，喷射流能量大，作用时间长，再加上

稳定的同轴高压空气的保护和对地内压力的调整，使得MJS工法成桩直径较大，可达2～2.8m（砂土$N<70$，黏土$C<50$）。由于直接采用水泥浆液进行喷射，其桩身质量较好，加固软弱黏土，强度指标大于1.5MPa。

3）对周边环境影响小，超深施工有保证

传统高压喷射注浆工艺产生的多余泥浆是通过土体与钻杆的间隙，在地面孔口处自然排出。这样的排浆方式往往造成地层内压力偏大，导致周围地层产生较大变形、地表隆起。同时，在加固深处的排泥比较困难，造成钻杆和高压喷射枪四周的压力增大，往往导致喷射效率降低，影响加固效果及可靠性。MJS工法通过地内压力监测和强制排浆的手段，对地内压力进行调控，可以大幅度减少施工对周边环境的扰动，并保证超深施工的效果。国外现在超深做到100m，目前我国施工深度可以达到60m。

4）泥浆污染少

MJS工法采用专用排泥管进行排浆，有利于泥浆集中管理，施工场地干净。同时，对地内压力的调控，也减少了泥浆"窜"入土壤、水体或是地下管道的现象。

5）自动化程度高

转速、提升、角度等关系质量的关键问题均为提前设置，并实时记录施工数据，尽可能减少人为因素造成的质量问题。

6）可进行水下施工

孔内强制排泥的实现，使水下施工成为可能。

3. MJS工法桩的工艺流程

MJS工法桩的工艺原理及工艺流程见图22-56、图22-57。

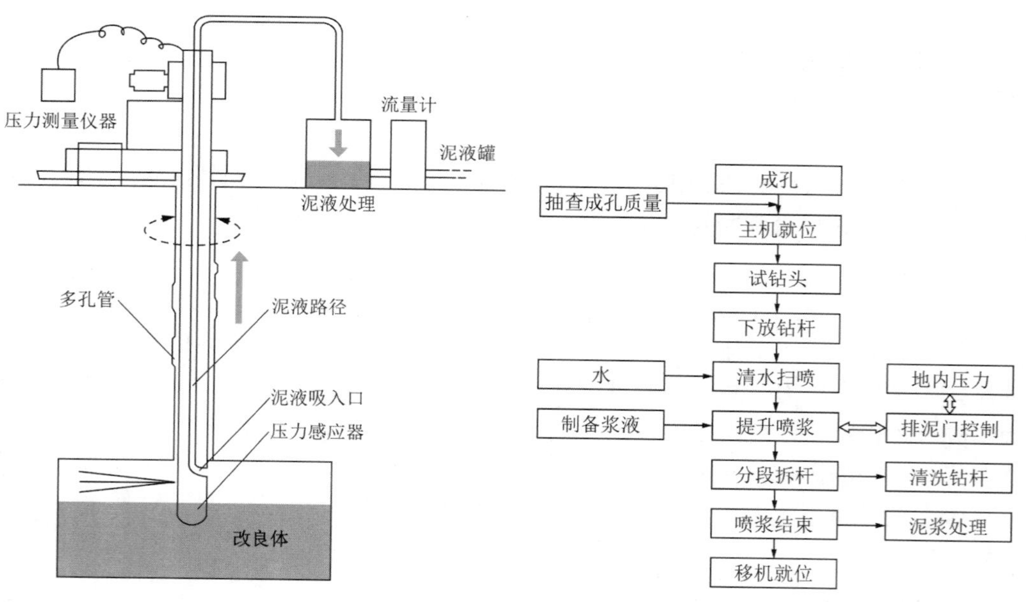

图22-56 MJS工法桩的工艺原理图

图22-57 MJS工法桩的工艺流程图

22.8.3 主机和配套设备

1. 主机

MJS工法主机和流程见图22-58。

2. MJS 工法施工设备组成

设备组合见图 22-59。

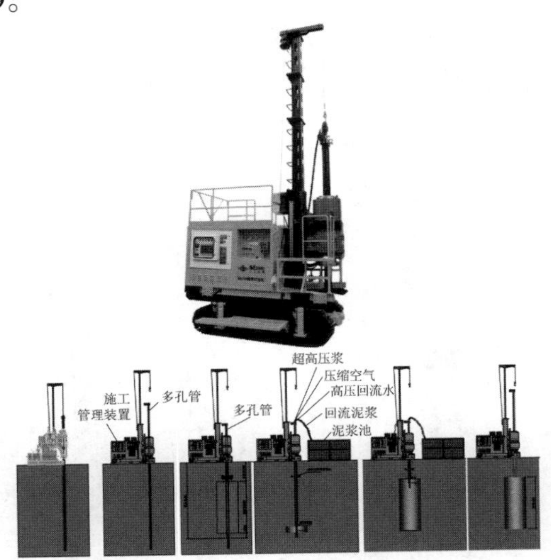

图 22-58　MJS 工法主机和流程图

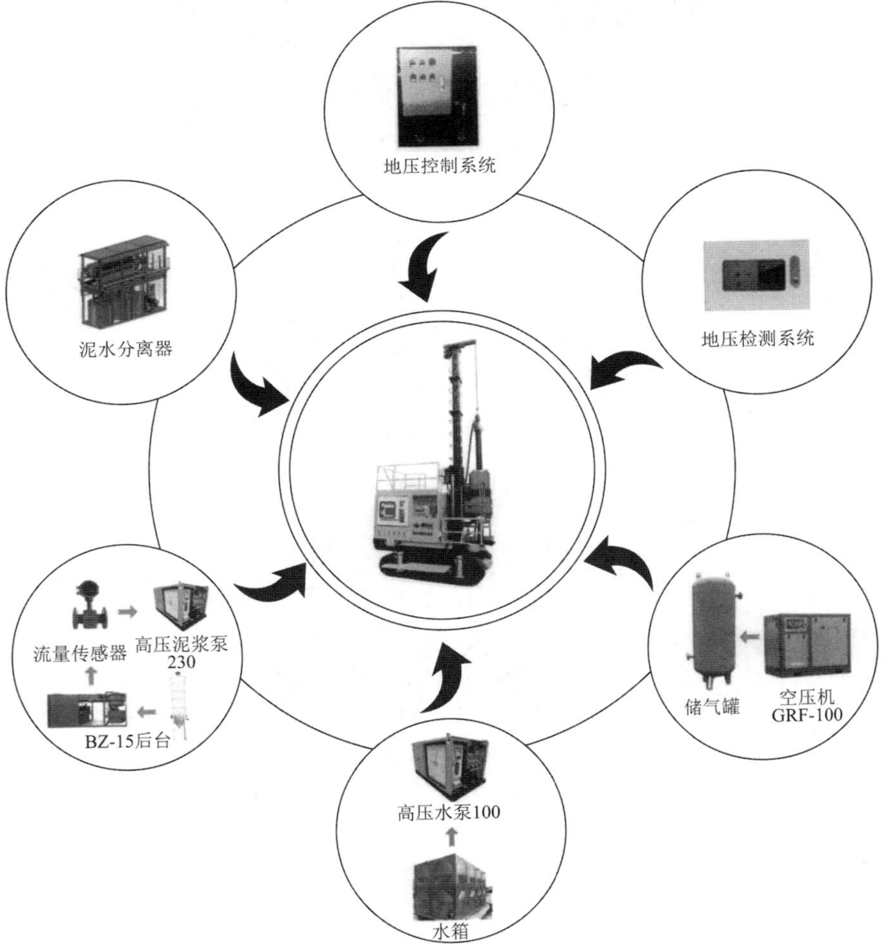

图 22-59　设备组合图

3. SMJ-120 履带式钻机

SMJ-120 履带式钻机可适用于 MJS 工法施工，具有：全方位高压注浆喷射施工能力，成桩直径大、成桩质量好，加固深度大，泥浆污染少等特点，是一种能进行水平、垂直及倾斜和 360°全方位地基加固的施工工法设备（图 22-60、图 22-61）。

图 22-60 SMJ-120 履带式钻机

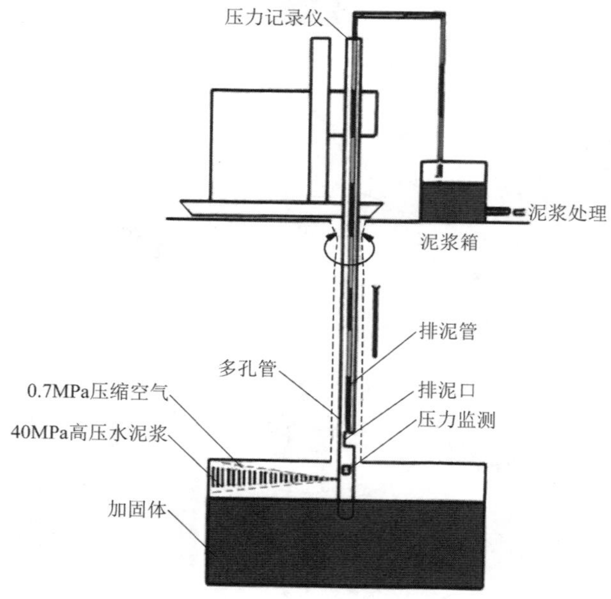

图 22-61 MJS 工法原理

SMJ-120 履带式钻机针对 MJS 工法施工有如下主要技术特点。

1）全方位高压注浆喷射施工

实现水平、垂直及倾斜和 360°全方位角度施工。

2）桩径大，成桩质量好

砂浆喷射初始压力达到 40MPa，流量 90～130L/min，使用单嘴喷射时，平均提升速度

2.5～3.3cm/min，喷射能力大，作业时间长，伴以稳定的 0.7MPa 同轴圆柱高压空气保护射流和对地内压力调整，使得 MJS 工法成桩直径较大，桩径可达 2.0～2.8m（砂土$N<70$，黏土$C<50$），桩身均匀、质量好。

3）加固深度大

最深施工深度可达到 100m，由于前端切削装置配备地内压力传感器、多功能多孔管（水气复合强制排泥），使得喷射条件始终处于最佳状态，使超深施工成为可能。

4）泥浆污染少

由于采用了专用泥浆管排泥，有利于泥浆集中管理，减少泥浆地面污染；增加了地内压力检测，防止泥浆向周边扩散。

5）对周边环境影响小

通过对地内压力检测和强制排浆，实时监控地下泥浆压力，可以大幅减少对周边环境的影响。

4. MJS 工法主要设备

1）MJS 工法水龙头（图 22-62）

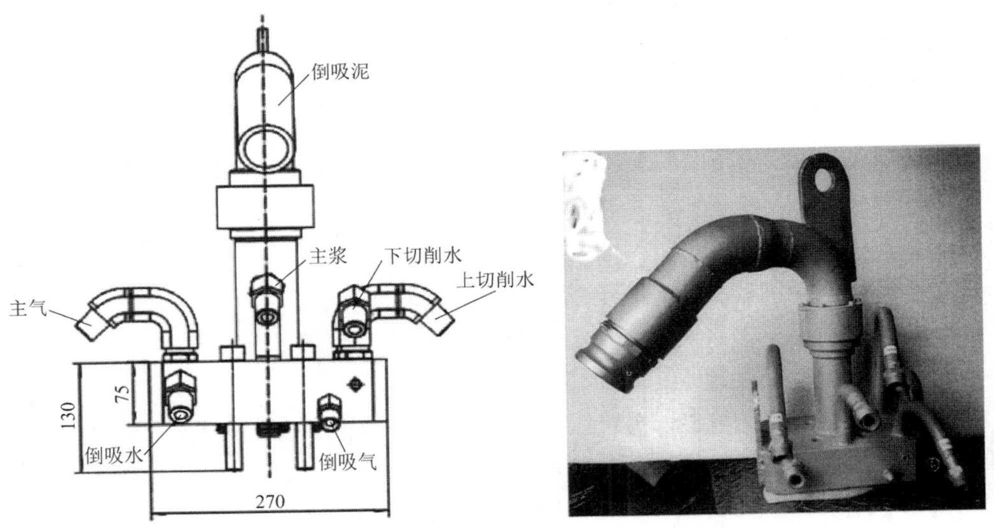

图 22-62　主要配件

2）多孔管（与专用工具管后端连接，图 22-63）

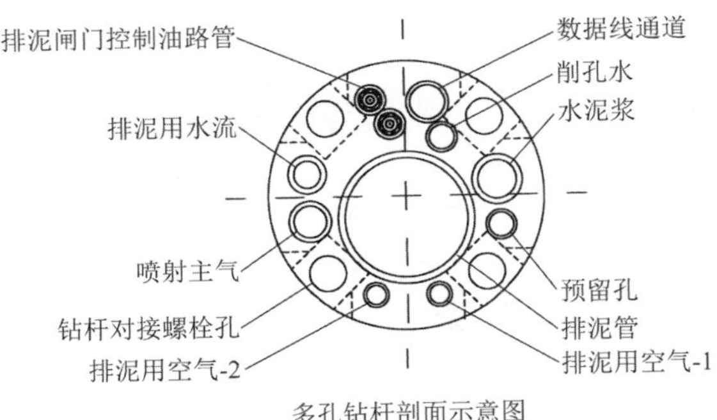

图 22-63　不同于传统旋喷钻管的多孔管设计

22.8.4　工程实例——南京地铁三号线常府街站（3号出入口）MJS工法桩

1. 工程概况

常府街站为2011年设计施工，现为已运营车站，周边道路均已通行，车站预留了3号口的施工条件。3号出入口为地下一层结构，基坑长约41m，标准段宽6.5m、深9.6m，呈折线型布置，均采用明挖法施工。采用600mm厚地下连续墙作为围护结构，由于110kV电力管沟的存在，地下连续墙不能在位于电力管沟的地方施工，因此地下连续墙围护结构在110kV电缆沟北侧形成2.68m断口，在110kV电缆沟南侧形成1.62m断口。受施工条件限制，其中断口位置基坑围护施工受周边构筑物电力管沟影响，无法进行常规地下连续墙工法施工，改为MJS＋型钢。同时，需要采取如下加强措施：

（1）该处地下连续墙沿主线施工至距电力管沟50cm处，中间采用MJS高压旋喷桩连接将基坑封闭，桩身与该处围护结构桩长相同，MJS旋喷桩直径2200mm，长27.4m，水泥掺量不小于40%。管线两侧内插H700mm×300mm×13mm×24mm型钢（后期不拔除）。

（2）围护结构断口处和电力管沟之间的空隙，在开挖前采用MJS旋喷桩加固，以增强土体的强度及稳定性，MJS旋喷桩直径2200mm，长27.4m，水泥掺量不小于40%。管线两侧内插H700mm×300mm×13mm×24mm型钢（后期不拔除）。

2. 围护结构平面图

3. 工程地质和水文地质

1）地层

自上而下分别为：杂填土、粉土、粉细砂、淤泥质黏土、卵砾石、泥质粉砂岩。

2）水文地质

（1）上层为潜水。

（2）承压水：粉细砂，卵砾石层等。

（3）基岩裂隙小，富水性差，水量极少。

4. 地下连续墙缺口处理

根据地勘报告此处约9.8～16.3m，有6.5m厚的砂质粉土，渗透性好，基坑开挖至16m时漏水量大，按图示桩位置先引直径400mm孔，然后施工MJS桩。MJS桩共设9根，直径1500mm，长25m，间距1000mm。止水效果很好（图22-64）。

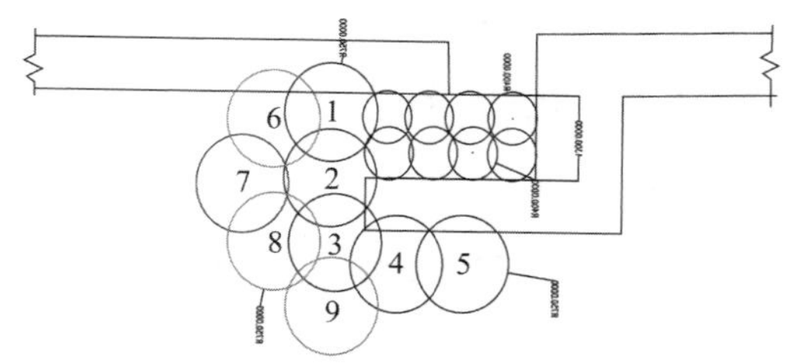

图22-64　MJS桩设置

22.9　矿山竖井防渗止水工法

22.9.1　概述

湖南白银集团创办于1992年，是一家集新型建材研发、生产、销售施工于一体的集团公司。拥有湖南省白银新材料有限公司和湖南省白银注浆防水工程有限公司。湖南省白银注浆防水工程有限公司采用“白银牌”高性能无收缩注浆料、早凝早强高强注浆料、遇水不分散注浆料、瓦斯密封孔专用注浆料、聚合物抢修防水防腐砂浆，承接隧道矿井地下工程预注浆、突水抢险注浆、壁后回填注浆、破碎带加固注浆、巷道加固注浆、软岩流砂层注浆、煤层加固注浆、深坑基础堵水加固注浆、防水密闭墙、斜井混凝土路面抢修 18h 通车、外墙开裂漏水翻新；公司通过了 ISO 9001：2008 国际质量管理体系认证和国家环境标志认证，公司是《隧道工程防水技术规范》CECS 370：2014、《水泥基灌浆材料应用技术规范》GB/T 50448—2015 和《建筑外墙防水工程技术规程》JGJ/T 235—2011 的参编单位，白银公司是隧道矿井地下工程注浆防水堵漏加固行业和建筑外墙防水行业领军企业。

22.9.2　唐家会煤矿注浆堵漏

1. 工程概况

淮河能源西部煤电唐家会煤矿位于内蒙古自治区鄂尔多斯市准格尔旗大路镇，年产煤 900 万 t，井口标高+1282.8m，井底标高+771m，垂高 511.8m，可采煤层为⑥煤层，煤层厚度 18～20m，⑥煤层顶板是砂岩含水层，底板下 50m 左右是奥陶纪石灰岩含水层，是准格尔旗重点水患矿井；⑥煤南回风大巷，于 2019 年 8 月遇 DF1 断层，断层错位高差约 20m，宽约 2m，2019 年 9 月 26 日至 2020 年 7 月 15 日先后两次用水泥、水泥水玻璃注浆治理，终因水泥与泥、砂、煤、岩石粘结强度不够，导致掘进时多次发生抽冒垮塌而失败；2021 年 4 月 6 日开始采用白银牌系列注浆防水堵漏加固材料，按湖南省白银注浆防水工程有限公司设计方案施工。

2. 使用注浆材料名称

BY12-Ⅵ型遇水不分散注浆料、BY12-ⅠA 型早凝早强高强注浆 A 料、BY12-ⅠA 型早凝早强高强注浆 B 料、BY12-Ⅰ型高性能无收缩注浆料、BY3 型堵漏王。

3. 使用设备

BY12-1000L 型注浆搅拌成套设备 2 台套、潜孔钻机 2 台、28 风钻 2 台、帮锚机 2 台。

4. 设计与施工

在迎头和岩壁上设计布置了 17 个钻孔（图 22-65、图 22-66），钻孔呈喇叭口形向前方、向外围扩 8m，钻孔长度 51m；用潜孔钻机，直径 133mm 的钻头开孔，钻孔 11m，插入直径 108mm 的孔口管 10m，用 BY3 型堵漏王和废棉纱拌水成糊状封堵孔口管 300mm，10min 后往孔口管内大量注水清洗孔内岩层裂隙，然后用 BY12-ⅠA 型早凝早强高强注浆料 A 料注浆，注浆终端压力不小于 6MPa，稳压 10min 或附近漏浆就停止注浆；待浆液凝固 4h 后，用直径 94mm 的钻头扫孔钻孔 51m，再往孔口管内大量注水清洗孔内岩层裂隙，然后再用 BY12-Ⅰ型高性能无收缩注浆料注浆，注浆终端压力不小于 10MPa，稳压 1h 或附近漏浆就停止注浆；待浆液凝固 24h 后，再用直径 94mm 的钻头扫孔钻孔 51m，再往孔口管内大量注水清洗孔内岩层裂隙，插入直径 64mm 的废钻杆 50m，然后再用 BY12-Ⅰ型高性能无收缩注浆料注浆，注浆终端压力不小于 10MPa，稳压 1h，以此类推，把 17 个孔全部注浆完毕；浆液凝固 24h 后，再迎头布置 8～16 个钻孔（图 22-67、图 22-68），用 28 风钻，直径 42mm 的钻头，钻孔直径 42mm，钻孔深度 3m，钻孔角度 30°～90°，插入直径 42mm、长度 2m 的孔口管，再往孔口管内大量注水清洗孔内岩层裂隙，然后用 BY12-Ⅵ型遇水不分散注浆料和 BY12-ⅠA 型早凝早强高强注浆料 A 料双液注浆封闭孔口管，加固封闭表面岩层；待浆液凝固 1h 后，用帮锚钻机，直径 32mm 的钻头扫孔钻孔 8m，再往孔口管内大量注水清洗孔内岩层裂隙，然后再用 BY12-ⅠA 型早凝早强高强注浆料 B 料注浆，注浆终端压力不小于 6MPa，稳压 10min；待浆液凝固 24h 后，用帮锚钻机，直径 32mm 的钻头扫孔钻孔 8m，再往孔口管内大量注水清洗孔内岩层裂隙，然后局部插入直径 25mm 的螺纹钢 8m，再用 BY12-IA 型早凝早强高强注浆料 B 料注浆，注浆终端压力不小于 6MPa，稳压 10min。以此类推把 8～16 个孔全部注浆完毕。待浆液凝固 24h 后，开始掘进 2～3m，按此程序累计进行了 5 个循环，最后平安、顺利地通过了 DF1 断层。

5. 注浆防水堵漏加固原理

通过掘进可以清楚地看到，曾经松散的泥、砂、煤、石头岩体内存在的孔隙、裂隙、断层被白银牌 C80 高强度注浆料和直径 64mm、长度 50m 的钻杆重新胶结成整体，提高围岩内部的粘结力和内摩擦角，增大煤岩体内部块间相对位移的阻力，发挥了“1＋1”远远大于 2 的作用，最终有效地改变岩体的物理力学性质，实现利用围岩本身作为支护结构的一部分，最后才平安、顺利地通过了 DF1 断层。

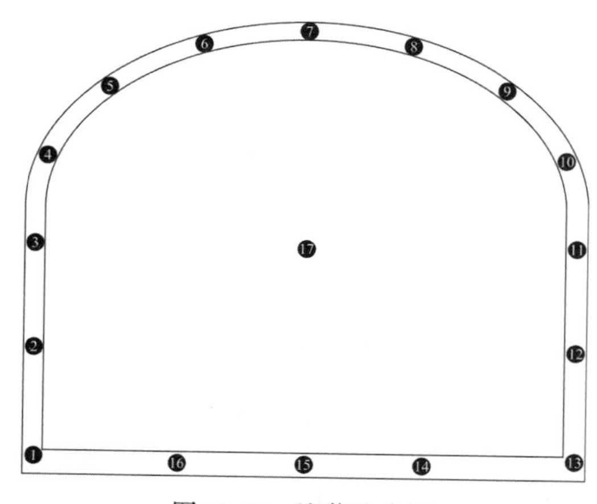

图 22-65　注浆孔位图

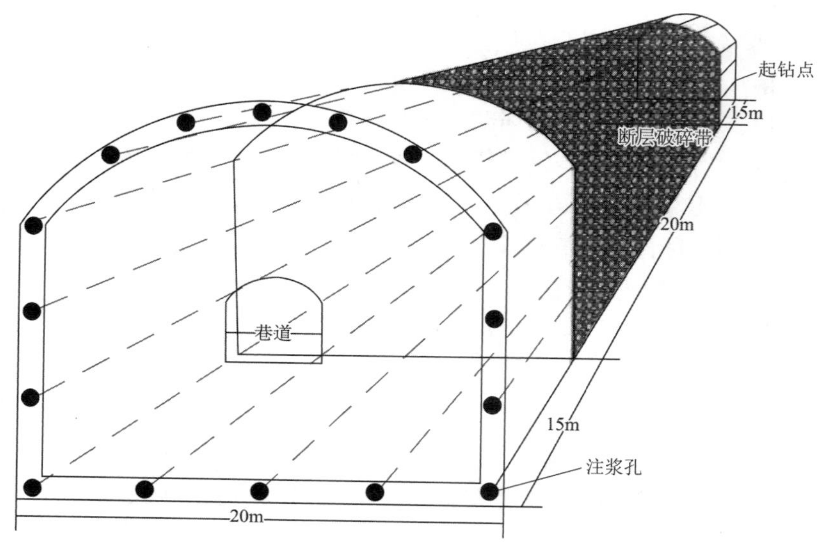

图 22-66　注浆堵漏设计图

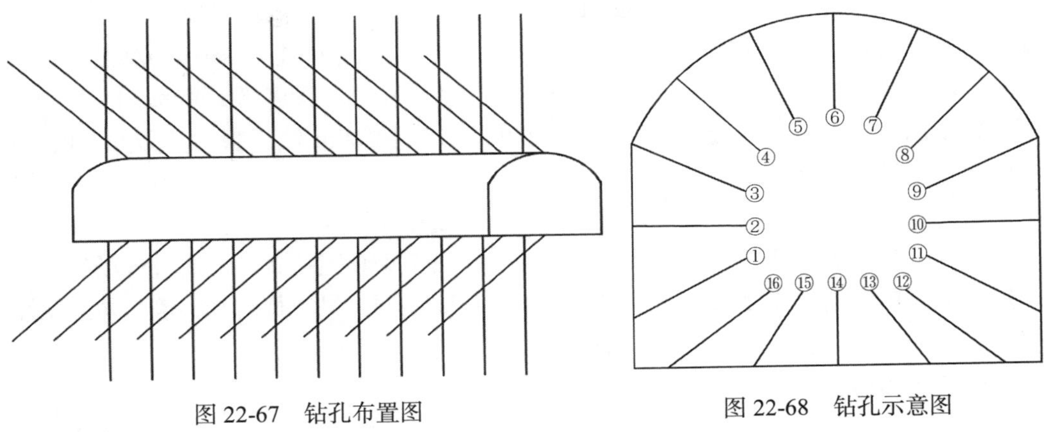

图 22-67　钻孔布置图　　图 22-68　钻孔示意图

6. 工期

50d。

7. 白银注浆材料用量

360t。

8. 验收意见

2021 年 6 月 1 日，华兴能源有限责任公司唐家会煤矿总工程师高银贵组织机电安装工区、机电工程管理部、调度所、生产技术部、地测通防部、安全监察部有关人员对⑥煤南回风大巷掘进过 DF1 断层期间采用白银新型注浆材料加固工程进行了验收，形成如下意见：

（1）⑥煤南回风大巷掘进前断层注浆加固共注白银新型注浆材料 126.95t（钻探队注）；巷道掘进过 DF1 断层期间，共注白银新型注浆材料 4.32t（机电安装工区注）；⑥煤南回风大巷共计注白银新型注浆材料 131.27t。

（2）截至 2021 年 6 月 1 日，⑥煤南回风大巷已安全掘进过完 DF1 断层 3.3m，巷道揭露该断层时，断层带宽约 2m，带内充填粗砂岩及水泥充填物；断层面清晰，附近顶板淋水较小。

（3）根据巷道掘进过 DF1 断层资料，本次注浆加固治理效果明显，治理合格，满足了巷道掘进的安全要求，且巷道已安全掘进过完断层，予以验收。

22.9.3　川煤大宝顶煤矿岩溶水害治理——川煤集团攀煤公司大宝顶煤矿井口巷道内岩溶水害治理工程竣工验收意见

2018 年 12 月 14 日，大宝顶煤矿总工程师刘海涛组织生产技术部、安全监察部、通防部、物资供应部、施工单位等部门相关人员参加的验收组，对+1400m 水平主平硐井口巷道内 120～160m 处岩溶水害治理工程进行了竣工验收，验收通过现场查看，并以会议方式听取汇报和翻阅资料，讨论后形成以下验收意见。

1. 工程概况

四川川煤华荣能源股份有限公司大宝顶煤矿位于四川省攀枝花市西区金沙江南岸海拔 1800 多米的宝顶山上。矿井地理坐标为：东经 101°36′10″，北纬 26°32′20″。以宝顶为起点，南距昆明 387km，北距成都 770km，与成昆铁路线接轨于三堆子车站的 2201 支线，通过金沙江的北岸到格里坪，并在矿区的巴关河洗煤厂和格里坪洗煤厂均设有车站，矿区公路干线贯穿井田南北，工业广场坐落于攀枝花市西区干坝塘社区，距巴关河洗煤厂 18km，距市中心 28km。井田面积 24.7km²。矿井于 1967 年建矿，属国家三线建设的重点煤矿，隶属于川煤集团攀煤公司。2017 年核定生产能力 135 万 t/a，核定通风能力 180 万 t/a。

+1400m 水平主平硐为矿井主要井口，井口为水平巷道，巷道宽 2.45m、高 2.6m，通过掘进施工用石块砌筑和混凝土砌碹而成。在巷道 120～160m 处，50 年来以每小时 20m³ 左右的流量，淋水不断，人员每次出、入井都要经过这 50m 的水帘洞，衣服都要被淋湿，前辈们用了很多堵漏治水的办法均未成功，无奈最后用钢板支撑挡水棚过了几十年，但始终未能彻底解决淋滴水问题。2018 年 8 月 16 日，由川煤集团技术中心通过现场勘察：提议采用湖南省白银新材料有限公司注浆防水堵漏加固新型材料进行治水，该公司提供注浆搅拌设备和技术人员现场跟班指导，煤矿负责施工，治理 40m 岩溶水害。

2. 主要工程内容

该治水工程于 2018 年 8 月 26 日进场准备，10 月 26 日正式开工，调节每天 0:00—5:00 轨道车辆不出、入的时间进行施工，具体施工工序如下：

（1）先用 BY12-1A 型早凝早强高强注浆料与 BY12-7 型瓦斯密封孔专用注浆料双液喷浆密封加固表层 30～50mm 厚，预防减少表层漏浆。

（2）先钻浅孔 1.5m 深，预埋注浆管，用 BY12-Ⅵ型遇水不分散注浆料与 BY12-ⅠA 型早凝早强高强注浆料双液注浆快速止水加固表层，期间漏浆用 BY3 型堵漏王迅速堵漏。

（3）再钻深孔 3m 深，预埋注浆管，用 BY12-Ⅰ型高性能无收缩注浆料填充渗透进入岩石裂隙堵水粘结加固岩石。

（4）再钻检查孔 2m 深，预埋注浆管，用 BY12-Ⅰ型高性能无收缩注浆料注浆。

（5）前后共钻孔预埋注浆管 47 根，注入 62t 白银公司材料，于 12 月 13 日工程竣工。

3. 工程投资

该工程总投资约 55.55 万元，其中注浆材料费为 54.95 万元，其他辅助及安全技术措施费约 0.6 万元。

4. 工程质量

项目施工过程中每班有通风人员现场跟班监督协调，白银公司技术人员每班现场指导，负责工程质量达到规范要求、堵水材料各方面性能符合相关规范，工程质量合格。

5. 项目效果

验收人员用铁器敲打表面喷浆层和流出来的浆液，发出清脆的声音，说明喷浆层高强、致密；40m 巷道内零星滴水在 20kg/h 左右，小于规定的 100kg/h 渗漏水的指标要求。

6. 验收结论

大宝顶煤矿井口+1400m 水平主平硐井口巷道内 120～160m 处岩溶水害治理工程质量合格，指标达到协议要求，项目资料完善，达到验收标准，验收组同意该工程通过竣工验收。

第 23 章　地下连续墙的施工

23.1　概述

23.1.1　施工过程图

挖槽是地下连续墙工程最重要的一道工序（作业）。本章将深入阐述槽孔开挖施工过程和清孔方法、孔斜控制和泥浆的施工管理等。

前面曾经谈到地下连续墙的主要施工过程分为挖槽、（泥浆）固壁、浇注和连接（接头）等四道主要工序。一般地下连续墙的施工过程见图 23-1。

本章阐述刚性混凝土地下连续墙的施工全过程。一般来说，要完成以下几项工作：

（1）测量放线。

（2）修建施工平台、导墙和临时建筑。

（3）设备运输、安装和试运转。

（4）购买原材料和零配件。

（5）搅拌泥浆并静置 24h。

（6）挖槽和清孔以及废渣和废浆处理和外运。

（7）钢筋和埋件加工及吊放。

（8）混凝土的生产、运输和浇注。

（9）接头管（箱）的吊放和起拔。

（10）墙体质量检测。

23.1.2　施工计划

1. 概述

根据 ISO 9000 的要求，一个土建（基础）工程在施工前应提交以下文件：施工组织设计和项目质量计划。后者是指为了预定的质量目标，在不同阶段（过程）应当遵循的质量标准；而前者则是为了实现上述质量目标以及经济效益目标而采用的技术和管理方面的措施与手段。这里着重说说施工组织设计的编制问题。

1）施工组织设计

根据收集和调查得到各种资料和信息，结合本单位和本工程的具体条件，研究比较和选择技术安全可靠、施工方便和经济合理的施工方案，是施工组织设计的首要任务。

施工组织设计应包括以下内容：

（1）工程概况。

（2）工程地质和水文地质条件。

（3）主要施工机械的型号和台数。

（4）施工准备工作计划，包括：

①现场障碍物（地上与地下的）拆除和平整。

②内部和外部（必要时）交通道路的修筑。

③临时生产设施和生活设施的搭设。

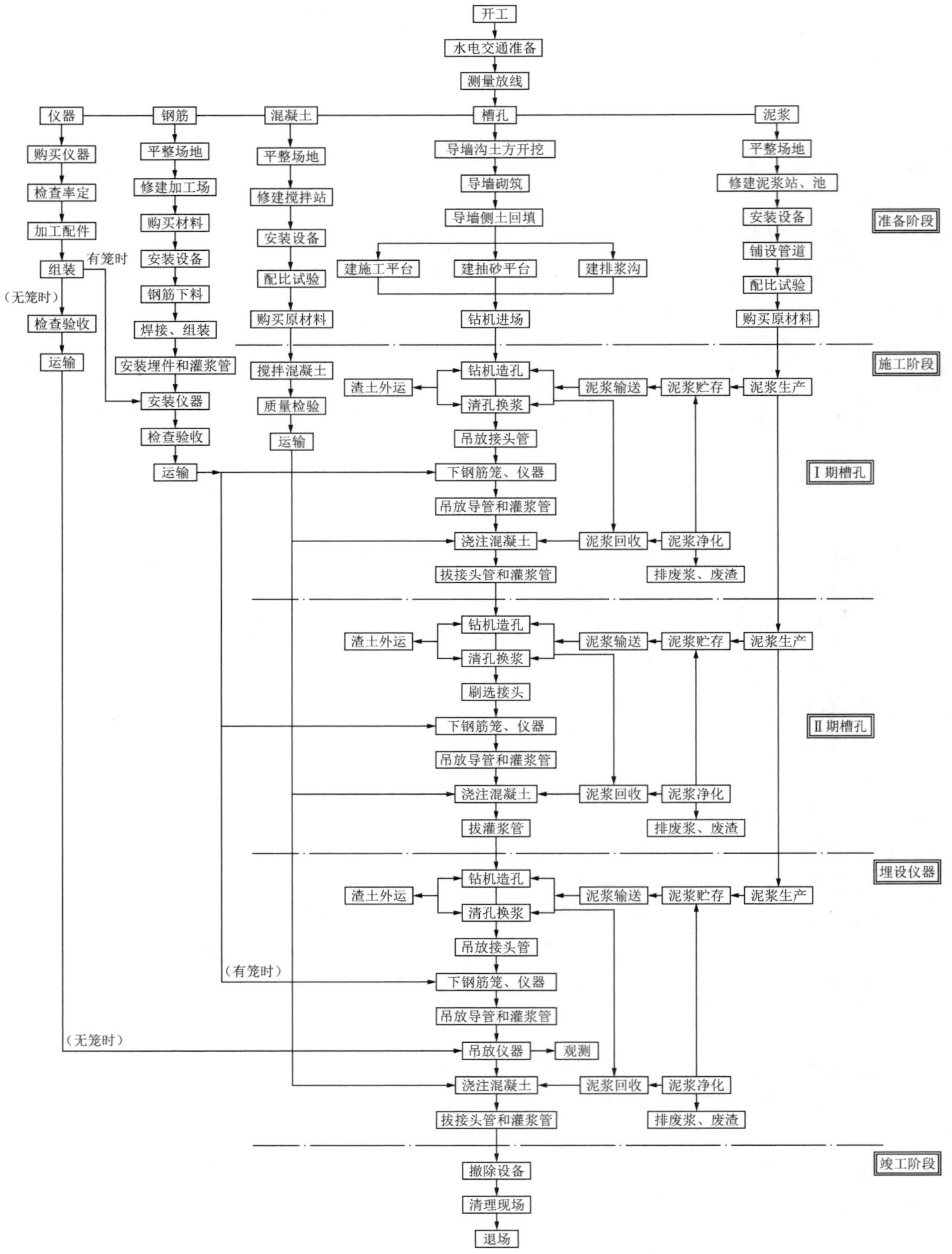

图 23-1 地下连续墙的施工过程

（5）施工现场布置及总平面图。

（6）各种材料、机械设备、用电、用水和劳动力的用量和分阶段供应计划。

（7）施工顺序与过程计划，对各道工序的施工顺序和过程，以及互相衔接问题，应包括：

①基坑降水和回灌方案。

②土方开挖方法、顺序及施工技术要求，弃土计划。

③桩基或地下连续墙施工和技术要求。

④基坑支护方法、顺序和技术要求。

（8）冬、雨期和汛期施工方案和措施。

（9）施工总进度计划，包括绘制网络图以及编写施工进度说明。

（10）施工监测方案及实施方案。

（11）工程质量要求和质量保证措施。

（12）施工安全和文明施工措施。

（13）事故处理和应急措施。

2）修改和调整

施工过程中，应随时监测和检验，一旦发现施工过程与原计划有较大出入，应及时分析研究，进行必要的调整、修改，甚至推翻原来的施工组织设计，提出符合实际情况的新方案，使工程质量、工期和效益目标都能实现。

2. 地下连续墙的施工组织设计

应包括以下主要内容：

（1）选定挖槽机械。

（2）导墙设计。

（3）单元槽段（槽长）的划分。

（4）挖槽方法和泥浆生产、回收计划。

（5）沉渣清理计划。

（6）钢筋的加工、运输和吊装计划。

（7）混凝土的浇注计划。

（8）施工接头的试验与调整计划。

（9）质量及施工管理计划。必须准备好下列图纸和必要的文字说明：

①施工平台和导墙设计图。

②槽段划分图。

③总平面布置图。挖槽机、钢筋加工场、泥浆搅拌站和废弃泥浆池等的平面布置图和设备布置图。

④临时道路和给水排水设计图。

⑤供电、配电设计图。

⑥钢筋和埋件加工图。

⑦施工顺序和过程图。

23.2 施工平台与导墙

23.2.1 施工平台

地下连续墙的施工机械化程度是很高的,有的时候要动用很多大型机械设备进入现场。如何保证各种机械设备安全、顺利地运转，并且不会对槽孔稳定造成不良影响，这是本节要解决的问题。

本节将说明如何选择施工平台的高程和有关尺寸,导墙的高度、结构形式和有关尺寸,修筑平台和导墙时应注意的事项。

1. 施工平台高程的选定

地下连续墙的挖槽机和混凝土运输以及吊装机械等大型设备，都必须放在平整和加固的场地上，才能保证施工顺利进行。这个场地就叫作施工平台或工作平台。在施工平台上还要修建为挖槽机导向用的导墙(导向槽)。导墙顶部高程与施工平台高程基本相同，这里先来确定施工平台高程。

在确定施工平台高程(即导墙顶高程)时，应遵守以下几个原则:

(1)应比地下连续墙的设计顶部高出0.5～1.0m以上。

(2)高出地下水位1.5～2.0m以上。

(3)当在江河湖海(水库)施工时，应高出施工期的最高水位或潮水位，并根据工程的重要性，留有足够的安全超高。对于江河中的围比来说，施工平台应高出地连墙合拢后产生的最高水位。

(4)应能顺利地排除废浆、废水、废渣和弃土。

(5)应便于挖槽机、起重机和混凝土罐车等大型机械顺利地进出现场，道路坡度不宜过大。

(6)基坑的地下连续墙施工平台高程，应进行经济比较后再加以确定，要考虑土方开挖、支撑形式和施工、地下连续墙造价等因素的影响。比如在城市施工时，常常可以把表层土挖去2～3m或更多些，这样可把杂填土和地下障碍物清除掉，使导墙坐落在密实地基上；地下连续墙深度小了几米，造价降低了，也便于支撑体系的施工。

(7)应使导墙坐落在密实的原状土或经过辗压夯实的填方地基上。

(8)还要注意到(特别是对防渗墙工程),随着工程接近尾声，施工现场的地下水位会有明显变化，会造成挡水侧水位上升，使导墙地基含水率增加，稳定性降低。必须考虑到这种水位变化带来的不利影响，必要时要把施工平台的高程抬高些。

2. 平台的主要尺寸和施工技术要求

施工平台是挖槽的工作平台、运输道路和现场仓库。在场地狭小的时候，它也是泥浆站、泥浆池和除砂器的工作场所。施工平台应平坦、坚固、稳定，并且要有足够的场地供各种机械和设备使用。

平台的宽度取决于挖槽机的类型及其布置方式，泥浆系统及墙体材料搅拌站的位置和布置方式，一般宽度为15～25m。

施工平台一般用当地土料和砂砾级配料铺筑而成。修建施工平台时，应根据实际情况在表面铺筑砂砾级配料，并要注意保持雨期或冬期能够正常施工。

在一些大城市里，基坑和桩基施工工程量往往很大，多台机械在场内施工，地面非常泥泞。现在很多工地上都在实施硬底施工，也就是把施工场地上普遍铺设一层 10cm 左右厚的低强度等级混凝土，可减少环境污染，加快施工进度。

在粉细砂或淤泥地区，由于地基承载力和沉降变形不能满足要求，应采用挖除或加固的办法，使地基承载力和变形能力达到要求。

3. 施工平台的布置

（1）应选择坚硬、密实的地基建造导墙，导墙的位置、高程和分段应与其他临建设施和工序协调配合，不产生干扰。

（2）当使用轨道（18kg/m 轻轨）时，所有轨道均应平行于防渗墙的中心线，轨枕间应填充道渣碎石，不得产生过大或不均匀沉陷。

（3）临时道路应畅通无阻，并应确保雨期和冬期施工正常进行。

（4）倒浆平台可用浆砌块石或现浇混凝土修建。

（5）随着施工接近尾声，地下水位逐渐上升，有可能危及某侧导墙地基安全时，应把挖槽机放在另一侧导墙的地基上。

（6）在城市施工时，往往只能在导墙一侧留出 10～15m 的场地作为施工平台（图 23-2）。

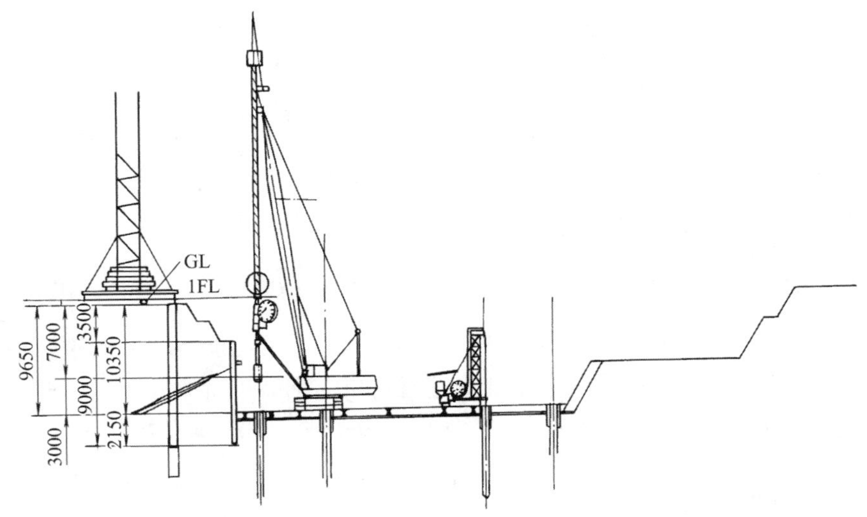

图 23-2　施工平台布置

4. 施工平台和导墙的加固

现代地下连续墙使用大型施工机械，对施工现场地基的承载能力（应大于 100kN/m^2）和变形能力要求是很高的。即使采用冲击钻机挖槽，当墙很深时，往往也要用两三个月或更长的时间才能挖完一个槽孔，对地基的要求也是较高的。因此可以说，施工平台和导墙的质量及稳定乃是地下连续墙顺利施工的必要前提。当施工平台和导墙不能满足要求时，就必须进行加固和处理。

（1）换土和填方。将地基表层不是很厚的软土、粉细砂挖除，然后回填砂砾料或黏土（分层夯实）。地基表层的杂填土应全部挖除。当地下水位较高、挖方不易进行时，可采用填方的方法，使平台顶高程至少高出地下水位 2.0m 以上。

（2）地基处理。当软弱土层深度较大、地下水位较高时，还可采用深层地基处理办法，常用的有：①振冲加固粉细砂地基（图 23-3）；②高喷；③深层搅拌和水泥土搅拌桩法；④强夯。

（3）在施工平台表面铺设砂砾料、建筑垃圾、风化坡积料、泥结砾石和低强度等级混凝土等，也是一种有效方法。

（4）在大江大河或滨海地区的施工平台临水一侧，应采用抛石、浇注混凝土边坡等方式予以加固和防护。

【例 23-1】小浪底主坝防渗墙施工平台加固（图 23-3）。

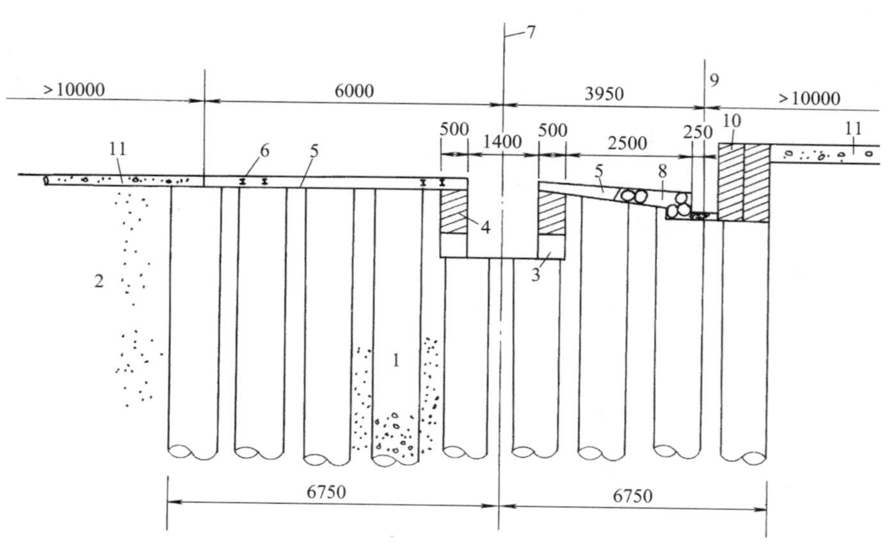

图 23-3　小浪底主坝附近防渗墙施工平台加固图

1—振冲碎石桩；2—粉细砂；3—钢筋混凝土底梁；4—加筋砖墙；5—混凝土板；6—轨道（4 条）；7—防渗墙中心线；8—浆砌石；9—排水沟中心线；10—砖墙；11—砂砾卵石

小浪底主坝防渗墙（墙厚 1.2m）的右岸滩地部分，坐落在厚约 8m 的松散粉细砂地基中，在施工过程中很容易造成坍孔。为此决定对这层粉细砂进行振冲处理。振冲的范围是防渗墙中心线两侧各 6m，长 297m，处理面积为 3564m^2，总方量约 28500m^3。要求加固后地基重度不小于 19kN/m^3。按此要求布置 10 排振冲孔，孔距 1.5m，排距 1.33m，共计 1980 根。用粒径不大于 150mm 的砂卵石回填。使用两台（25t 和 16t）起重机吊挂 ZCQ—55 和 ZCQ—30 型振冲器，装载机运填料。

振冲加固后，取得了良好效果。在平台临水一侧，则用抛石加以防护。在施工平台上行走和操作的有工作荷载达 80t 的 BH12 抓斗、6m^3 的混凝土罐车、40t 的起重机等，并经历了两个汛期洪水的考验，建在粉细砂地基上的施工平台和导墙安稳如初。

23.2.2　导墙

1. 概述

导墙（也可称导向槽）是用钢、木、混凝土和砖石等材料在施工平台中修建的两道平行墙体。它是地下连续墙施工中一个很重要的临时构筑物，绝大多数地下连续墙施工工法都需要这道导墙，只有使用土方机械、远离沟槽施工的泥浆槽法才不需要导墙。

导墙可以起到以下几种作用：

（1）标定地下连续墙位置的基准线，为挖槽施工导向。

（2）加固和固定槽口，保持土体稳定和泥浆面高程，防止槽口土体和槽内土体坍塌，防止废泥浆、雨水、污水进入槽孔内。还可作为泥浆储存池使用。

（3）作为钢筋笼和埋件、混凝土导管、接头管和埋设仪表的吊放导向和操作平台，并可作为上述物件的支承和固定物。有时也作为挖槽机的支承平台。

（4）作为检测挖槽精度、标高、水平及垂直尺度的基准和验收设备（如 DM-684）的操作平台。

2. 导墙形式和结构

1）概要

近 50 年来，随着施工机械和技术的不断发展，导墙的结构形式也不断变化，特别是我国从 1958 年的木导板发展到今天的各种材料建成的导墙，变化非常显著。

导墙可由以下几种材料建成：（1）木材。厚 5cm 的木板和截面 10cm × 10cm 的方木，深度 1.7～2.0m。（2）M7.5 砂浆砌 MU10 砖。常与混凝土做成混合式结构。（3）钢筋混凝土，深度 1.0～1.5m。（4）钢板。（5）型钢。（6）预制钢-混凝土结构。（7）水泥土。

当地层承载力较低，而施工钻机荷载很大时，常将导墙顶部向两边加长为混凝土板。

2）导墙设计和施工

（1）导墙设计应注意的事项

①表层地基状况：土体是密实的还是松散的，有无地下埋设物，回填土状况。

②荷载情况：挖槽机的重量与安装方法，荷载形式（分布、集中）及与导墙的距离，钢筋笼与埋件的重量以及在导墙顶上的支承点位置，混凝土罐车的重量及作用位置。

③相邻建筑物与导墙的相互影响。

④地下水位状况：是否会有水位的急剧变动。

⑤导墙应做成便于拆除的结构。

⑥当导墙作为基坑支护结构的压顶梁时，应配置足够的水平钢筋。

⑦导墙完工后，应立即在内侧撑上短支撑或者是向内填土代替支撑。

（2）导墙的施工要点

导墙的位置、尺寸准确与否，直接影响地下连续墙的平面位置和墙体尺寸能否满足设计要求。导墙间距应为设计墙厚加余量（4～6cm）。允许偏差±5mm，轴线偏差±10mm，一般墙面倾斜度应不大于 1/500。

导墙竖向面的垂直程度是决定地下连续墙能否保持垂直的首要条件。

导墙的顶部应平整，以便架设钻机机架轨道，并且作为钢筋笼、混凝土导管、接头管等的支承面。

导墙后的填土必须分层回填密实，以免被泥浆淘刷后发生孔壁坍塌（图 23-4）。

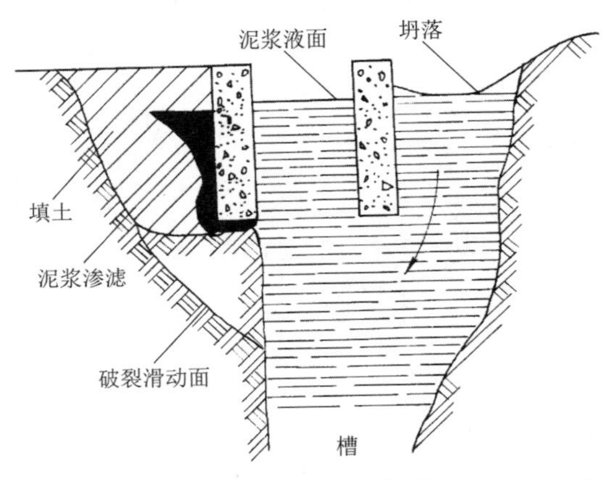

图 23-4　导墙的坍塌

3）导墙实例

（1）钢筋混凝土导墙

①日本常用的导墙。图 23-5 所示是日本

的几个常用导墙工程实例，图 23-6 所示是日本的几种特殊条件下的导墙结构图。

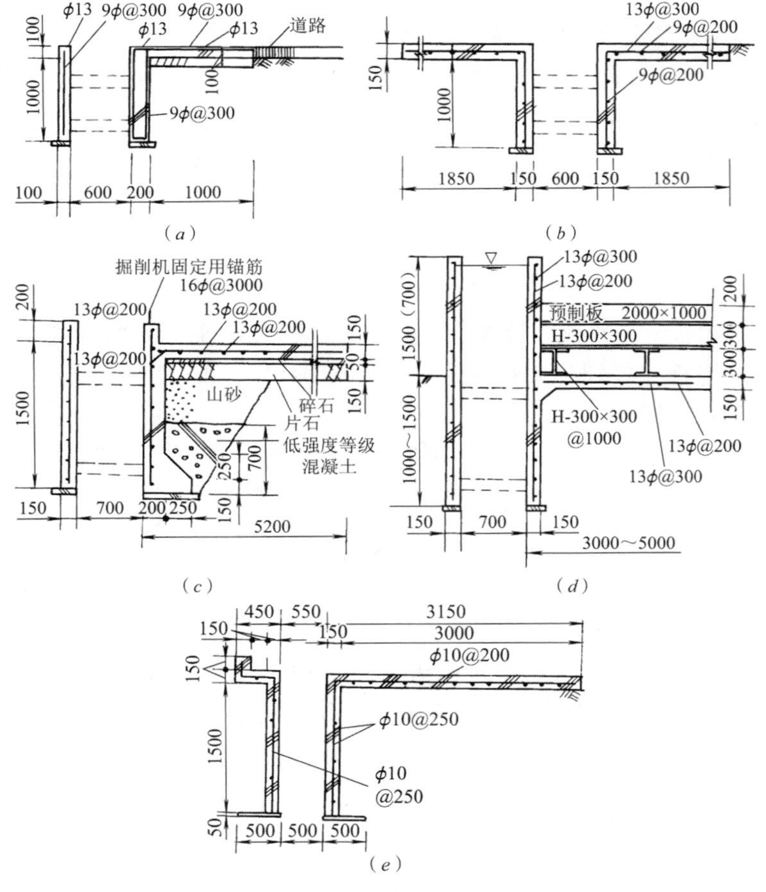

图 23-5 日本常用导墙实例

(*a*) 单侧施工，挖方；(*b*) 双侧施工，挖方；(*c*) 单侧施工，填方；(*d*) 单侧施工，加强导墙；(*e*) 单侧施工，挖方

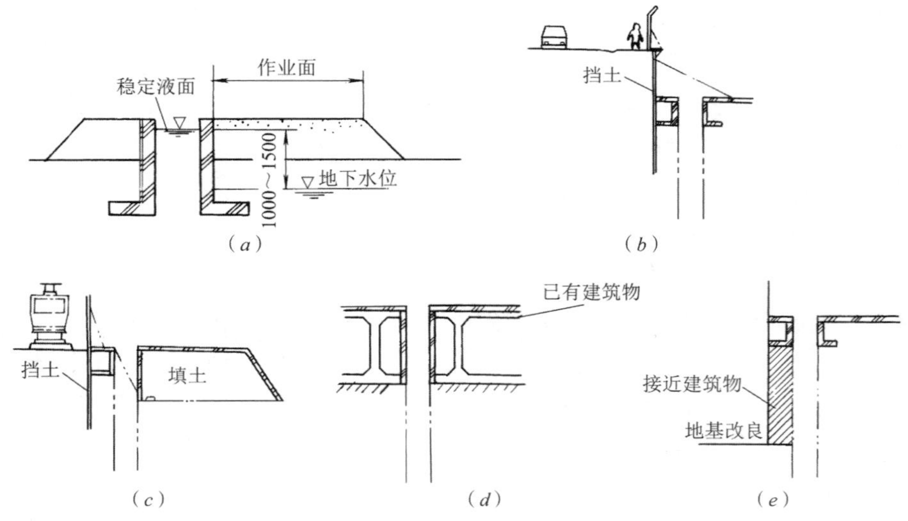

图 23-6 日本特殊条件下的导墙结构

(*a*) 地下水位高；(*b*) 高差大；(*c*) 接近铁道；(*d*) 内有建筑物；(*e*) 接近建筑物

②美国在地下建筑物中施工用的导墙结构，见图 23-7。

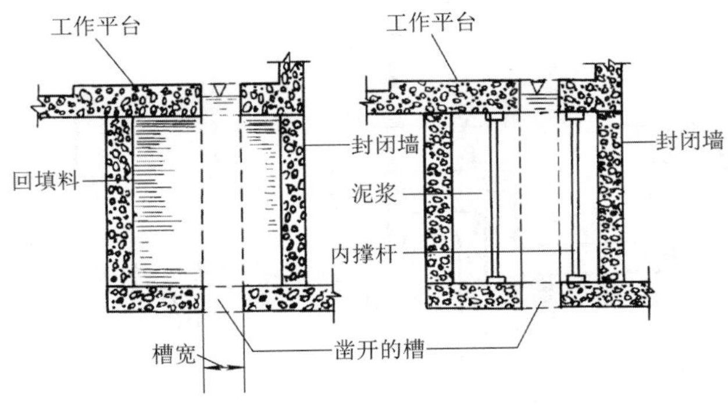

图 23-7　美国地下结构中的导墙结构

③意大利等国家更喜欢厚的钢筋混凝土导墙，见图 23-8。

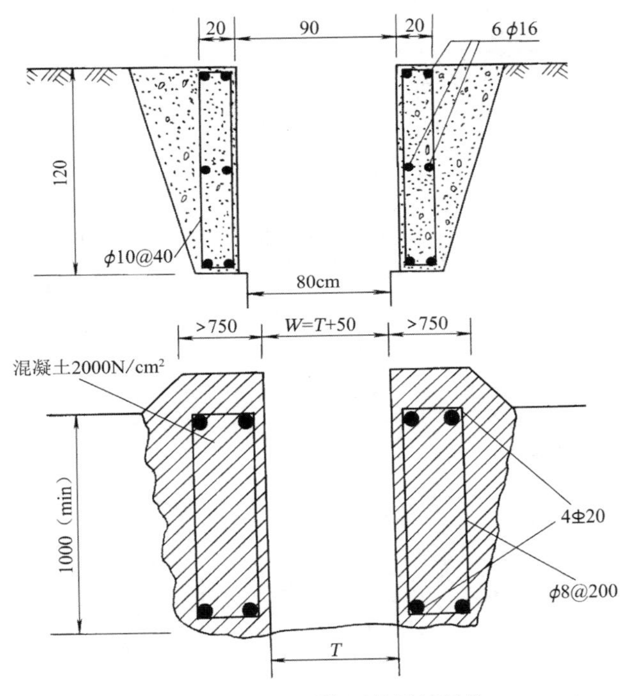

图 23-8　意大利等国的导墙结构

④图 23-9 所示是我国钢筋混凝土导墙中的一例。

（2）砖混凝土导墙

整体式钢筋混凝土现浇导墙的缺点是拆除很难。根据施工经验和体会，笔者陆续使用了三段式的砖混凝土导墙，它是由钢筋混凝土底板、砖立墙和钢筋混凝土顶板组成的（图 23-10）。底板长度为 0.5～2.0m，厚度为 15～20cm。当导墙是挖方修建时，则底板长度可以大大缩短，有时就使用一道地梁。混凝土强度等级 C10～C15。

砖立墙一般是用 M7.5 砂浆砌筑 MU10 机砖建造的。墙的厚度从 24cm 到 50cm 不等，以适应荷载的变化。砖立墙最大高度 3～4m。为了增强导墙的承载和变形能力，常在砖墙内插入φ6 钢筋，做成加筋砖墙，并把上下两层混凝土联系起来。还有的每隔 2～4m 在导墙内设钢筋混凝土柱子，效果不错。

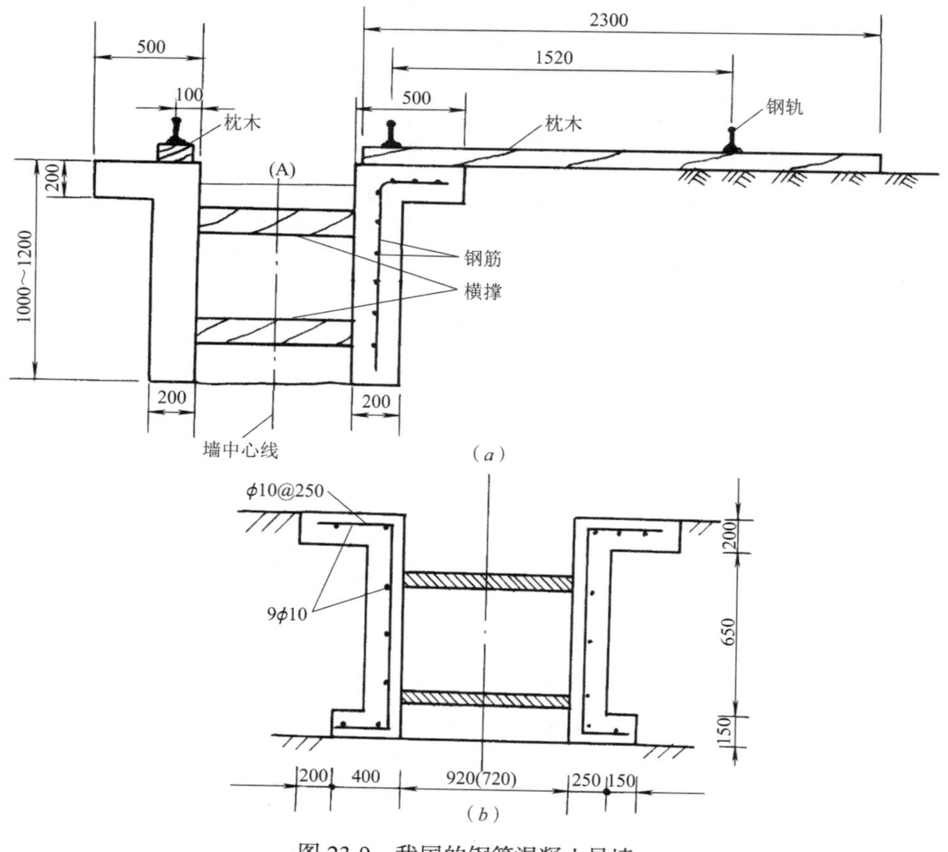

图 23-9 我国的钢筋混凝土导墙

(a) 铺设导轨；(b) 加强式导墙

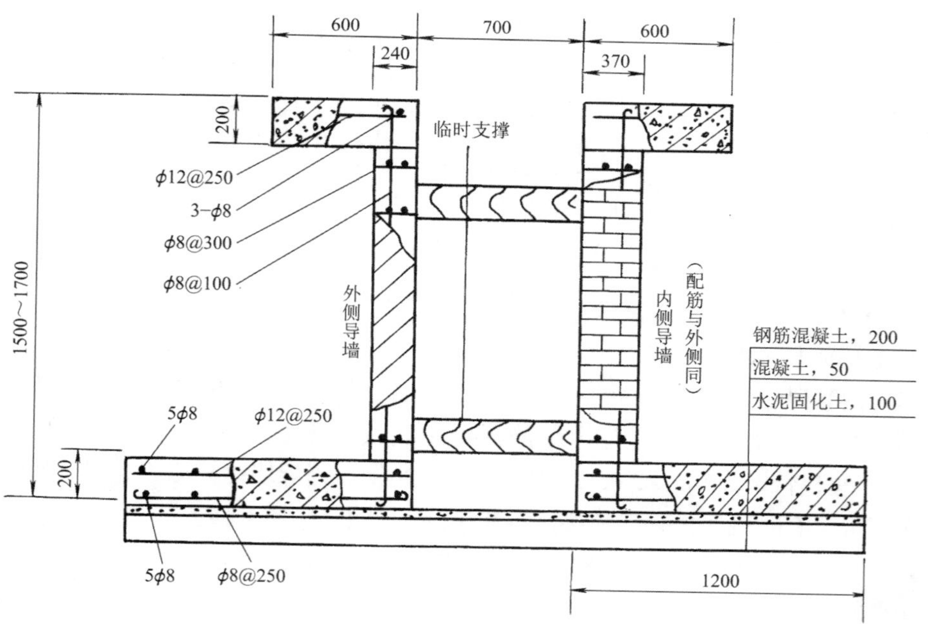

图 23-10 砖混凝土导墙

混凝土顶板可以起到防护导墙受集中荷载的损害作用。一般在装载车（装土用）和混凝土罐车经常靠近的一侧，板长 0.6～1.0m，板厚 0.15～0.20m；另一侧在不使用冲击钻的情况下，板长 0.4～0.8m，板厚 0.12～0.15m 即可。

这种混合式导墙的另一个特点是拆除很方便。

（3）钢导墙

图 23-11 所示是笔者曾经使用的钢板导墙。实践证明，这种导墙用于冲击钻造孔是合适的，因为冲击钻上下提升次数较少，而且导墙间距较大（通常比设计墙厚 20cm），很少撞击导墙钢板。但是用抓斗挖槽时，每间隔几分钟抓斗就要上下一次，而且抓斗斗体有好几吨重，对导墙钢板的冲击次数和动量都很大，容易把导墙钢板向上顶起推翻。所以，这种钢板导墙对于抓斗来说是不适用的。但是，这种钢板导墙改造后，对于抓斗挖槽来说是完全可行的。在图 23-12 中，用型钢和预制混凝土钢板组合而成的导墙对于各种挖槽机械都是适用的。

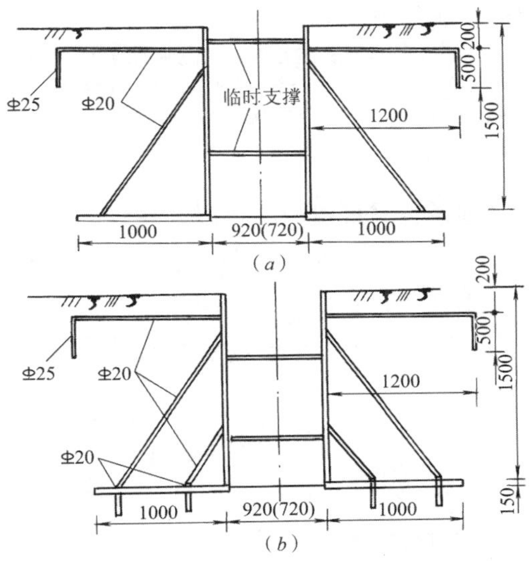

图 23-11 钢板导墙

（a）普通墙；（b）加强壁

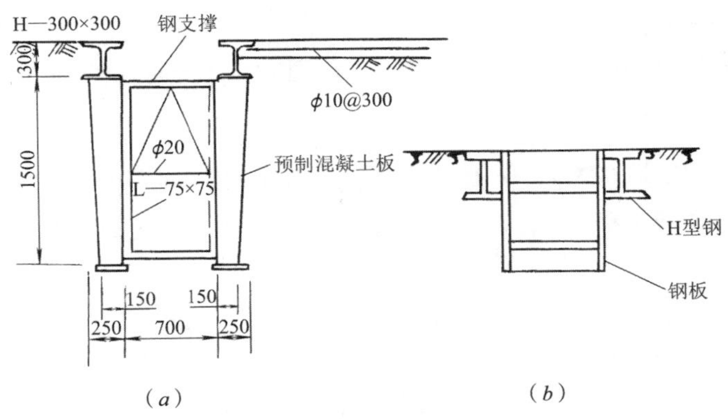

图 23-12 钢导墙

（a）预制混凝土板与型钢；（b）H 型钢与钢板

（4）木板导墙

我国从1958年开始采用地下连续墙技术，到1970年代末期将近20年的时间里，防渗墙工程中一直使用木板导墙（当时叫导向槽），1980年代已很少使用，现在已经没人再用木板导墙了。

图23-13所示是木板导墙的实例。

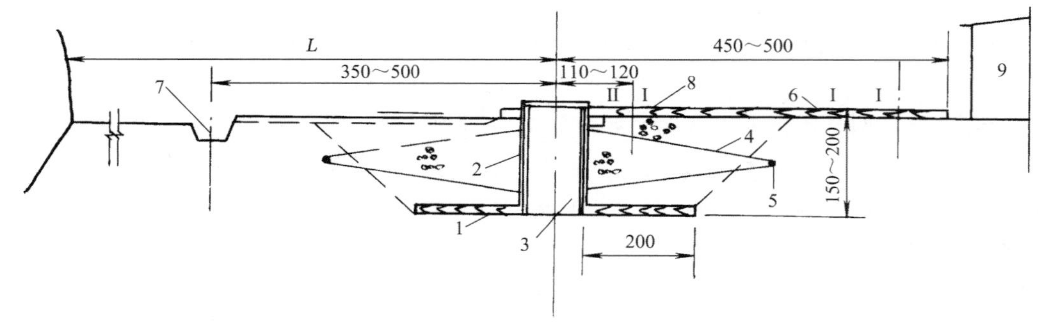

图23-13　施工平台布置及木板导墙示意图（单位：cm）

1—挑梁（15mm×15mm×200mm）；2—槽板（厚度5mm）；3—立带5mm×（15～18）mm×（170～200）mm，间距70～100mm；4—锚绳，双股直径6mm的钢筋；5—锚木，直径不小于10mm；6—枕木15mm×15mm×（400～500）mm，间距约60mm；7—排浆沟；8—窄轨，轨距762mm或610mm；9—工具棚

（5）预制导墙

当地下连续墙很长而其他条件又许可时，可以采用预制导墙结构，分段建造导墙，分段挖槽成墙。我国从20世纪70年代末期开始在一些城市地下连续墙工程中采用过预制混凝土的导墙，但效果不甚显著，一直未推广开。图23-14所示是一种用预制混凝土板组合起来的导墙，可以重复使用。图23-15所示也是一种预制导墙，可以重复利用。

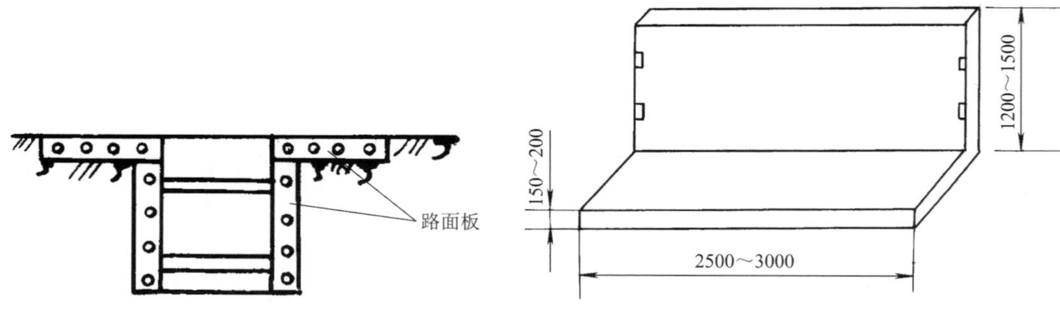

图23-14　可重复使用的预制混凝土板组合导墙

图23-15　可重复利用的预制混凝土导墙

（6）其他导墙

①软土地基中的导墙（图23-16）。为了提高导墙和轨道底板的承载力并减少沉陷变形，在轨道一侧导墙后每隔1.85m打入10m深的型钢桩，在另一侧每隔0.9m打入1根角钢，作为导墙的支承。

②水泥土导墙（图23-17）。这种导墙可以防止槽孔上部孔壁坍塌，在粉细层或软弱软土（淤泥）层中使用是很有好处的。

③桩柱式导墙（图23-18）。可以想象，这种导墙也有防止孔壁坍塌的作用。

④导向板结构。当地下连续墙深度不大、地基土质较好、槽段施工工期较短时，就可以用两块现浇好或预制的混凝土平板作为导墙（图23-19），在苏联、我国均有使用实例。

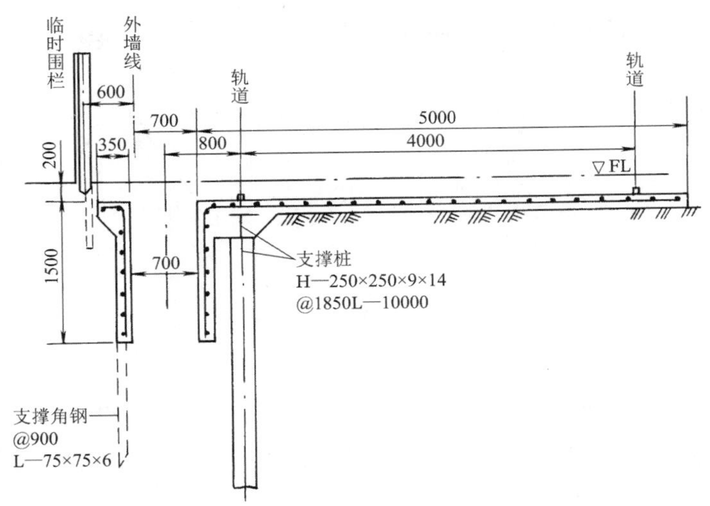

图 23-16　软土地基中的导墙

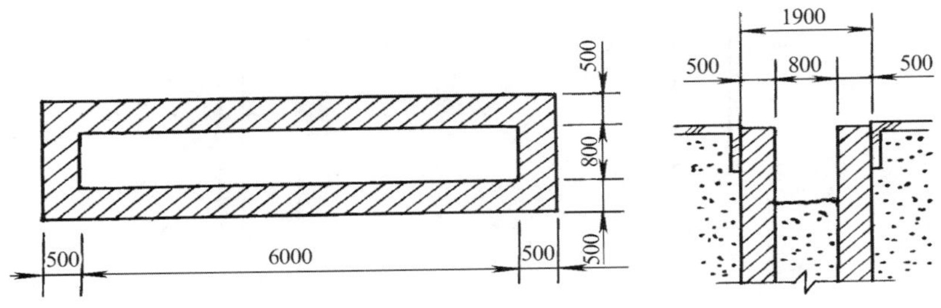

图 23-17　水泥土导墙

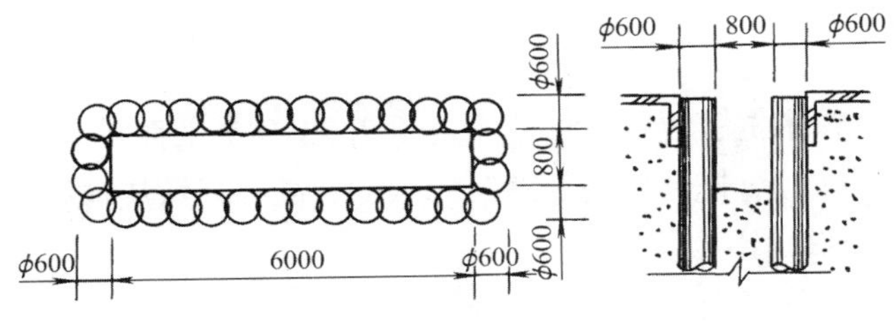

图 23-18　桩柱式导墙

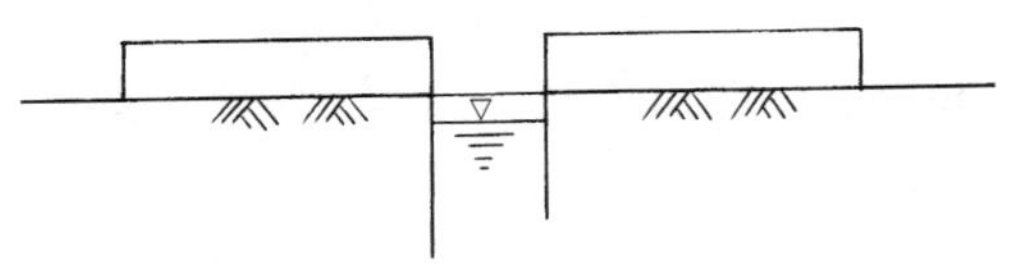

图 23-19　平板导墙

4）导墙的稳定措施

在施工过程中，由于地质条件、上部荷载、泥浆质量等原因，会造成导墙坍塌。

为了使地下连续墙施工得以顺利进行，应当注意以下几点：

（1）槽孔开挖过程中，泥浆面不得低于导墙底以下。

（2）导墙要有足够的深度（1.2～2.0m），填土要密实。导墙太浅、填土太松，就会在浇注后的地下连续墙体表面上留下瘤子（图 23-20）。对于表层松散的地基来说，要把导墙加深些，或在底部浇注低强度等级的混凝土，如图 23-20（*d*）所示。

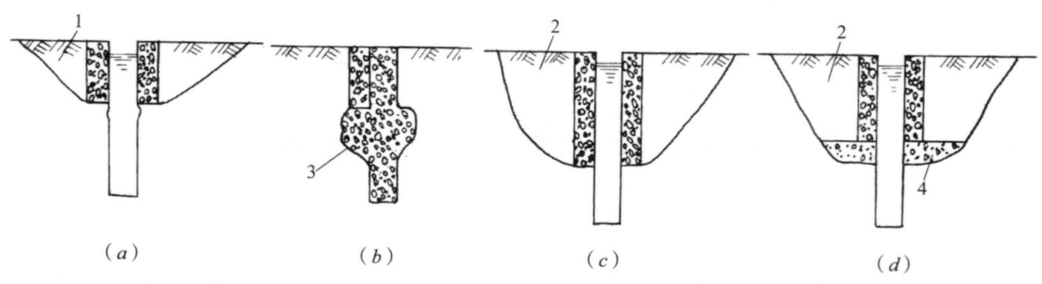

图 23-20　导墙做法

1—松散填土；2—密实填土；3—墙体鼓包；4—低强度等级混凝土

（3）当地表附近有大漂石时，如果可能的话可先将其挖出再回填黏性土，或者用土壤固化剂加以固化，然后再做导墙（图 23-21）。

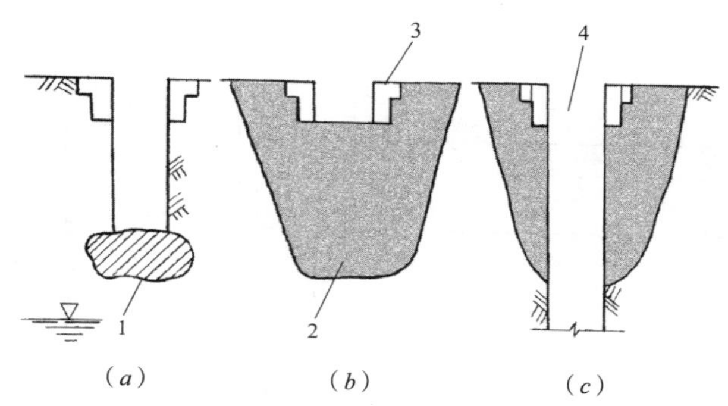

图 23-21　导墙地基处理

1—大漂石；2—回填土；3—导墙；4—8～10d 后挖槽

（4）把导墙支承在木桩、混凝土桩或钢桩（图 23-18）上面。

（5）在软弱地基中，可把导墙底部地基用振冲、高喷或深层搅拌等方法予以加固，然后再修建导墙（图 23-22）。

（6）施工过程中，最好把混凝土墙顶浇注高程（注意不是设计高程）提高到导墙底部以上 0.3～0.5m，以保持导墙稳定。如果浇注后的墙顶达不到以上要求，也就是通常所说的“空桩头”太大的话，可以采用如下办法：①回填砂砾料；②将上部空余部分的泥浆加入水泥，予以固化；③在固化部分插入型钢（图 23-23），提高导墙施工期间的稳定性。待基坑开挖和主体结构完工后，再将其割掉。

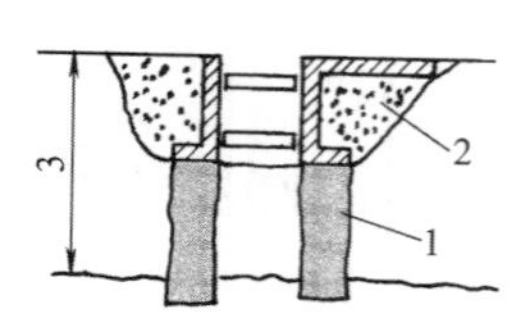

图 23-22　软弱地基中的导墙

1—加固的地基；2—填土；3—软弱地基

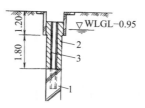

图 23-23　导墙的稳定

1—地下连续墙（$t = 800$mm）；2—固定灰浆；3—型钢（H—300mm × 300mm）

23.2.3　川崎人工岛的钢护筒

日本川崎人工岛是在海水中建造的，直径 189m。其中心部位是一个内径 98m，深 119m 和厚 2.8m 的地下连续墙竖井，是采用双轮铣施工的。

人工岛在水深 28m 以下的海底全是淤泥，−55.0m 以上的$N = 0$，−70.0m 附近为砂质土和黏性土互层的洪积土层，−130～−110m 之间为$N > 50$ 的砂性土层，也是本工程的持力层。

为了建造深海淤泥中的地下连续墙围井，先在地下连续墙两侧打设钢护筒，筒底伸入持力层，深度 75m 左右；然后在钢护筒中间再进行搅拌桩加固，再在中间开挖地下连续墙槽孔。

23.2.4　特种导墙

在我们的设计施工实践中，遇到了不少特殊的导墙，现在简介一下。

1. 加筋砖深导墙

在 20 世纪 90 年代修建西单中国银行的地下室时，由于拆除了原来楼房的两层地下室，在当时无地下水的情况，采用加筋砖墙修建了高度 6m 以上，厚度 0.5m 的导墙，回填到施工平台高程。

2. 超深搅拌桩导墙

在天津地区的基坑工程中，很多情况下，采用水泥搅拌桩，深入到淤泥下面的持力层内 1.5～2.0m。

在武汉地区的基坑中，由于淤泥太深，所以把水泥搅拌桩加深到 37～38m，插入下部持力层内；抓斗在这种深沟中抓土成槽。

3. 钢筒导墙

日本川崎人工岛的地下连续墙的导墙是采用两个同心圆的钢筒建造，穿过海水和淤泥层，深度超过 69m。双轮铣槽机在这样一个钢筒走廊中挖槽。

23.3　槽段的划分

23.3.1　概述

一般情况下，地下连续墙都不是一次就能完成的，而是把它分隔成很多个不同长度的施工段，用 1 台或是许多台挖槽机按不同的施工顺序分段建成的。这种施工段叫作槽段，它的长度则叫作槽段长度和槽孔长度，已建成的墙则叫作墙段（长度）。

实际上，大多情况下一个槽段也是用 1 台或几台挖槽机分几次开挖出来的。每次完成的工作量叫作一个单元，它的长度就叫作单元长度。通常，使用抓斗时，它的单元长度就是抓斗斗齿开度（2.5～3.0m），习惯上就把这种抓斗单元叫作“一抓”。通常地下连续墙的槽段由 3～4 个单元（抓）组成，也有两抓或一（单）抓成槽的。

当采用两钻（孔）一抓或冲击钻机采用主副孔法造孔时，常把每个槽段划分为主孔（导孔）和副孔两种单元。

在上述情况下，一道地下连续墙是由许多墙（槽）段组成的，而每个墙（槽）段则是由一个或几个单元构成的，这些单元又常常是采用跳仓的方法，分为一、二期单元先后施工的。

当采用分层水平挖槽和反循环出渣工法（如索列旦斯公司的工法）时，槽段内没有单元之分。它只是沿深度方向，把槽孔分成好多层，分层开挖，每次都从槽的一端挖到另一端。

23.3.2 槽段（孔）长度的确定

1. 概述

一般来说，加大槽孔长度，可以减少接头数量，提高墙体的整体防渗性和连续性，还可以提高施工效率。但是泥浆和钢筋以及混凝土用量也相应增加，给泥浆和混凝土的生产和供应以及钢筋笼吊装带来困难，所以必须根据设计、施工和地质条件等，综合考虑后确定槽孔长度。

2. 影响槽孔长度的因素

1）设计条件

（1）地下连续墙的使用目的、构造（同柱子及主体结构的关系）、形状（拐角、端头和圆弧等）。

（2）墙的厚度和深度。一般来说，墙厚和深度增大时，槽孔稳定可能有问题，槽长应小些。

2）施工条件

（1）对相邻建筑物或管线的影响。

（2）挖槽机的最小挖槽长度，即单元长度。

（3）钢筋笼及其埋件的总重量和尺寸。

（4）混凝土的供应能力和浇注强度（上升速度应大于2m/h）。

（5）泥浆池的容量应能满足清孔换浆和回收浇注泥浆的要求（通常泥浆池容量不小于槽孔体积的2倍）。

（6）在相邻建筑物作用下，有附加荷载或动荷载时，槽长应短些。

（7）必须在规定时间完成一个槽段时，槽长应短些。

3）地质条件

挖槽的最关键问题是槽壁的稳定性，而这种稳定性则取决于地质和地形等条件。遇到下列情况时，槽长应采用较小数量值：①极软的地层；②极易液化的砂土层；③预计会有泥浆急速漏失的地层；④极易发生坍槽的地层。

此时，最小槽孔长度可小些，可只有一个抓斗单元长度（2.5～3.0m）。实际上，槽孔最大长度主要受三个因素制约，即：①钢筋笼（含埋件）的加工、运输和吊装能力；②混凝土的生产、运输和浇注能力；③泥浆的生产和供应能力。

一般槽长为5～8m，也有更长或更短的。国内外的标准槽长都在6m左右。

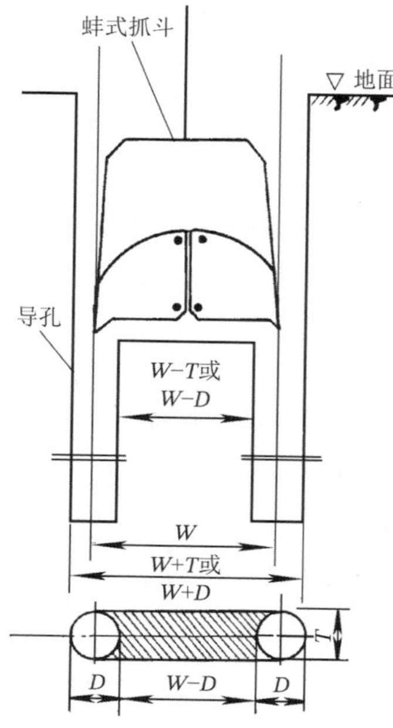

图 23-24 单元挖槽长度

W—抓斗张开宽度；D—导孔直径；T—设计墙厚（$T=D$的情况）

3. 副孔长度的确定

1）副孔长度的计算

这里所说的副孔，不仅仅是指冲击钻机施工中所说的副孔，也是指用两钻（孔）一抓方法施工时用抓斗挖土的中间那部分土体。在上面这两种情况下，副孔的形状是一样的，是一个两侧面向内凹进的板块（图23-24）。在图中，两边先钻出来的孔叫主孔或导孔，两主孔之间的部分就叫副孔。此时一个单元总长度为

$$L' = W + D \tag{23-1}$$

式中　L'——单元总长度；

W——抓斗的开斗宽度；

D——主孔直径（或墙厚）。

实际施工中，各个单元都是互相搭接一个主孔直径的。为了计算和使用方便，常常把两相邻主孔中心距离取为单元长度L_0，并且应满足下面关系：

$$L_0 \leqslant W \tag{23-2}$$

2）影响副孔长度的因素

副孔长度对挖槽效率的影响是很大的，应根据墙厚、地质条件、槽孔深度和副孔施工方法及设备确定合适的副孔长度。一般来说，墙厚（主孔直径）小时，副孔要短一些；地层松散时，副孔可长些；地层坚硬时，副孔宜短些；槽孔很深时，副孔要短些。

对于冲击钻机来说，副孔长度为主孔直径的 1.5～1.7 倍（表 23-1）。日本使用 ICOS 冲击钻时则为墙厚的 2.0 倍。副孔过长时，会降低钻孔效率，易打成梅花孔和小墙，很难清理掉。

冲击钻副孔长度参数　　**表 23-1**

主孔直径（m）	孔深（m）	
	＜30～35	＞40
0.8	1.2～1.3	1.20
0.7	1.2～1.3	1.1～1.2

对于抓斗来说，上述原则也是适用的。在这种条件下，要注意选择合适的抓斗的斗齿开度（以下简称抓斗开度）。

4. 槽孔长度的确定

1）主副孔法（两钻一抓法）

在此情况下，单元长度L_0等于抓斗的开度，槽孔的施工长度为：

$$\left.\begin{aligned} E' &= nW + D = E + D \\ E' &= nW + T \end{aligned}\right\} \tag{23-3}$$

或

式中　n——单元数；

D——主孔直径；

T——墙厚；

W——斗齿开度；

E——槽孔标准长度。

E可由下式求出：

$$E = nL_0 = nW \tag{23-4}$$

槽孔标准长度就是地下连续墙建成后，墙段接缝之间的长度。槽孔总数由下式求出：

$$N = L/E \tag{23-5}$$

式中　N——槽孔数；

L——地下连续墙长度。

当槽段两端导孔直径大于墙厚时（图 23-25），式(23-3)变为：

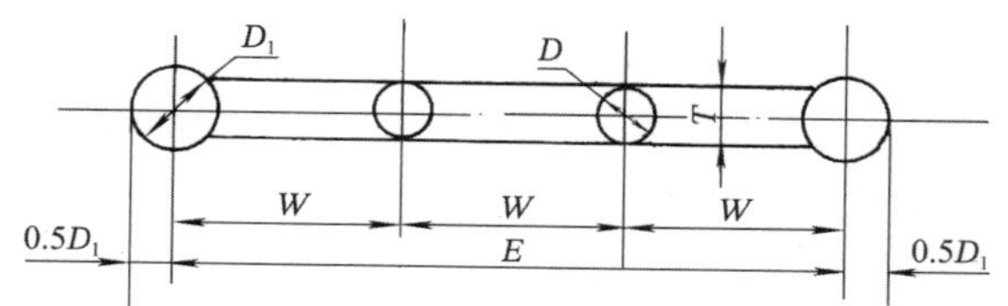

图 23-25　两钻一抓（$D_1 > T$）的槽长

$$E' = nW + D_1 \tag{23-6}$$

式中　D_1——端导孔直径；

n——总单元数，图中$n = 3$。

2）矩形抓斗（铣槽机）成槽时

在很多情况下，可以直接用抓斗（常用液压抓斗）和液压（电动）铣槽机直接挖土成槽。此时槽段中的单元长度就是抓斗的开斗宽度或是铣槽机的有效宽度（图 23-26）。

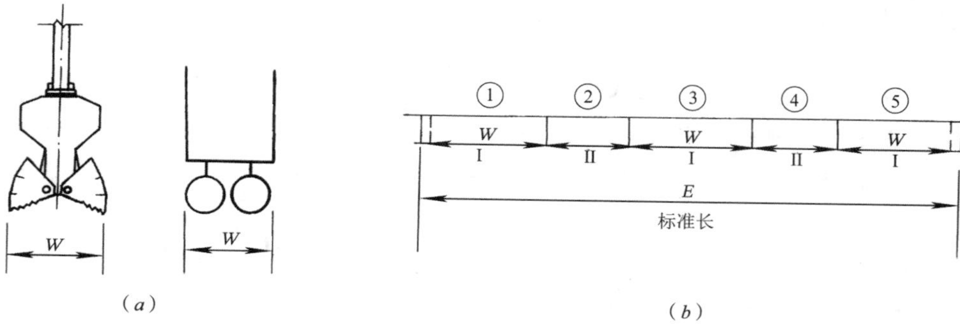

图 23-26　矩形抓斗槽孔长度

（a）单元长度/开度；（b）划分图

$$E = nW \tag{23-7}$$

式中，$n = 1$、2、3、4、5。一般情况下，$n \leqslant 5$，并且$n = 1$、3、5 为好。当一个槽孔是由几个（3 个或 3 个以上）单元组成时，为了使挖出的槽孔在轴线上保持平直，通常槽孔两端的单元和中间的一期单元长度等于抓斗开斗宽度W，其他单元（二期单元）长度L'_0均小于W，可取

$$L'_0 = (0.3\sim0.7)W \tag{23-8}$$

上式中，仅当地质条件不好时才取上限值。此时槽孔标准长度和施工长度分别为

$$E = n_1 W + n_2 L'_0 = \left[n_1 + (0.3\sim0.7)n_2\right]W$$

$$E' = \begin{cases} E + t & (\text{一期槽}) \\ E & (\text{二期槽}) \end{cases} \tag{23-9}$$

式中　E——标准长度；

E'——施工长度；

n_1——标准单元（一期单元）个数；

n_2——非标准单位（二期单元）个数；

t——接头管厚度或是切取一期墙体的厚度（注意，此时常用板状哑铃形接头管，所以$t < D$或$t < T$）。

上式对于使用预制钢筋混凝土接头的情况也是适用的，此时t为预制件的厚度。

3）弧形抓斗和多头钻机成槽时

弧形抓斗就是水平断面为圆弧形的抓斗。这种挖槽机能独立挖槽，不需别的钻机。为了保持槽孔的平直度，二期单元长度也要小于抓斗的开斗宽度。此时，槽孔的标准长度（图 23-27）为：

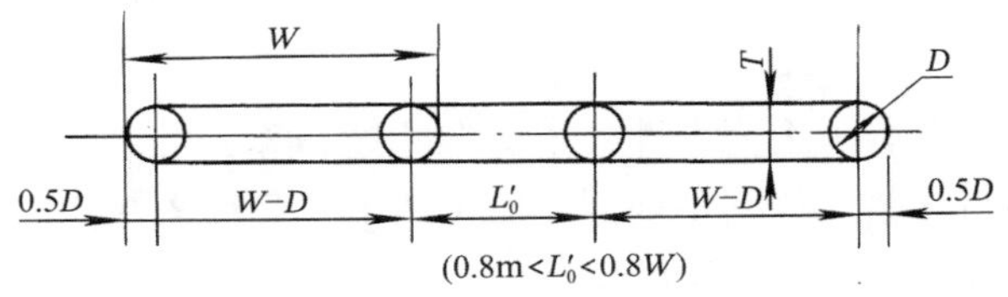

图 23-27　弧形抓斗槽孔长度

$$\left.\begin{array}{l}E=n_1(W-D)+n_2L'_0(T=D\text{时})\\E'=n_1(W-D)+n_2L'_0+D\end{array}\right\}\tag{23-10}$$

式中符号意义同前。

4）采用刚性接头（箱）时

此时结构上有传递水平剪力的要求，要埋设钢筋和预埋件等，所以接头（箱）预留的空间较大，此时槽孔长度要加大。

表 23-2 所示是日本使用的槽孔长度，可供参考。

槽孔长度参考表　表 23-2

掘削机械	壁厚（mm）	单元长L_1（m）	槽段长（m）		
			1 单元	3 单元	5 单元
MHL 液压抓斗	500～1200	2.50	2.50	6.0～7.0	9.5～11.5
电动油压抓斗（MEH）	800～1800	3.50	3.50	8.0～9.8	—
导杆抓斗（Kelly）	400～1500	2.20	2.20	5.4～6.2	8.6～10.1
导杆抓斗（BSP）	800～1200	2.50	2.50	6.0～7.0	9.5～11.5
水平多轴回转钻机（液压）	630～3200	2.40（3.20）	2.40（3.20）	5.8～6.7	9.2～11.0
水平多轴回转钻机（电动液压）	1200～3200	2.40（3.20）	2.40（3.20）	5.8～6.7	9.2～11.0
垂直多轴回转钻机（BW）	800	2.72	2.72	6.4～7.6	—
	100	3.80	3.80	8.6～10.6	—
	1200	4.00	4.00	9.0～11.2	—

23. 3. 3　槽孔的划分

1. 概述

由于结构物的形状、挖槽机、接头结构和施工方法的差别，槽孔的划分方法也各不相同，可以分为以下几种情况加以阐述：

（1）使用圆形接头管。各种两钻一抓工法、弧形抓斗以及各种垂直回转钻进工法都属于这种类型。

（2）使用平板状接头结构或平接接头。各种液压铣槽机、矩形抓斗等工法属于此种类型。

（3）使用预制的钢筋—混凝土结构接头。

（4）使用冲击钻机钻凿接头。

划分槽孔时应当考虑以下几个原则：

（1）应使墙段分缝位置远离墙体受力（弯矩和剪力）最大的部位。

（2）在结构复杂的部位，分缝位置应便于开挖和浇注施工。

（3）在某些情况下，可以采用长短槽段交错配置的布置方式，以避开一些复杂结构节点（墙与柱、墙与内隔墙等），这在一些深厚的地下防渗墙中也较为常见。把短槽作为二期槽，便于处理接缝。

（4）墙体内有预留孔洞和重要埋件，不得在此处分缝。

（5）槽段分缝应与导墙（特别是预制导墙）的施工分缝错开。

（6）在可能的条件下，一个槽段的单元应为奇数；如为偶数，挖槽时可能造成斜坡。

2. 使用圆形接头管的槽孔划分

图 23-28 所示是一些使用圆接头管的地下连续墙槽孔划分图。图 23-28（*a*）是以挖槽机的最小挖掘长度（一个单元长度）作为槽段长度，适用于减少相邻结构物的影响、必须在较短的作业时间内完成一个单元槽段，或必须特别注意槽壁的稳定性等情况。

图 23-28（*b*）所示为较长的单元槽段，一个单元槽段分几次完成，但在该槽段内不得产生平面弯曲现象。通常是先挖该单元槽段的两端，槽段内进行跳仓式挖掘。

图 23-28（*c*）所示为开挖地下墙内侧的基坑后，使墙体和柱子连接起来，将墙段接头设在柱子的位置上，但也有时将接头和柱子位置错开。

图 23-28（*d*）所示为通过浇注混凝土使柱子和地下墙成为一个整体，地下墙的接头设在柱和柱的中间。

图 23-28（*e*）所示为钝角形拐角，最好使用一个整体钢筋笼。为避免因拐角而造成墙体断面不足，可使导墙向外侧扩大出一部分。

图 23-28（*f*）所示为直角形拐角。钢筋笼和图 23-28（*e*）所示相同，最好是一个整体形状，但有时将钢筋笼分割开插入槽内。

图 23-28（*g*）所示为 T 字形。为便于制作和插入钢筋笼，单元槽段的长度不能太大。

图 23-28（*h*）所示为十字形。和图 23-28（*g*）相同，不宜采用较大的单元槽段。由于在这种情况下导墙不易稳定，所以需要对导墙进行加固，或在导墙附近不得有过大的荷载，而且必须特别注意槽壁的稳定和挖槽精度。

图 23-28（*i*）所示为圆周形状或曲线形状的地下墙。如用冲击钻法挖槽，可按曲线形状施工；如用其他方法挖槽，可用短的直线段连接成多边形。

图 23-28（*j*）所示为长短槽段的组合形式，适合特殊接头（构造接头）的情况下使用。一般先施工长槽段，在短的槽段内设置接头装置。

图 23-28（*k*）所示为偶数单元的不利影响和改进措施。

在图 23-29 中，请注意二期单元的净宽不大于 0.61m，这是为了保持槽孔孔壁平直而采用的。在实际施工中，还应考虑二期单元这块土体是否能在挖槽过程中保持稳定问题。比如在图 23-29（*c*）中，当 1 号单元挖完后再挖 2 号单元时，如果 5 号单元太薄，就可能在 2 号单元施工过程中被挤入已挖好的 1 号单元内，那么 2 号单元也就无法在原位上挖到底。这就是说，5 号单元必须有足够的长度。不应小于抓斗开度W的 0.3 倍［式(23-6)］，或不小于 0.6～0.7m（京津地区经验，日本为不小于 0.8m）。

当地下连续墙穿过第四纪覆盖层进入基岩时，常用两钻一抓的方法。图 23-30 所示是笔者在某工程中采用的方法，使用三种钻机来建造基坑的 T 形地下连续墙。图 23-31 所示则是在某水库防渗墙中使用的方法。

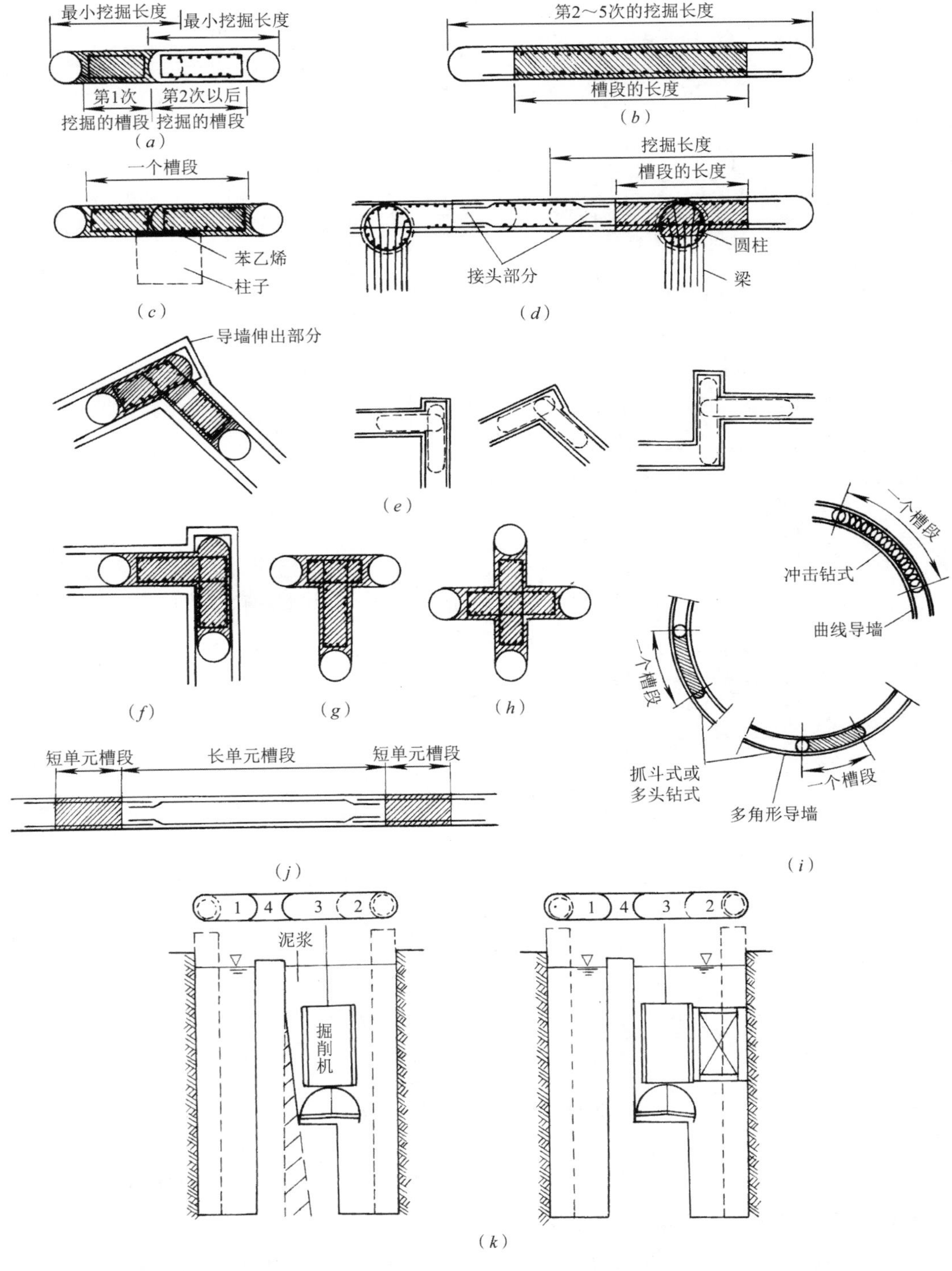

图 23-28　圆接头管槽孔划分

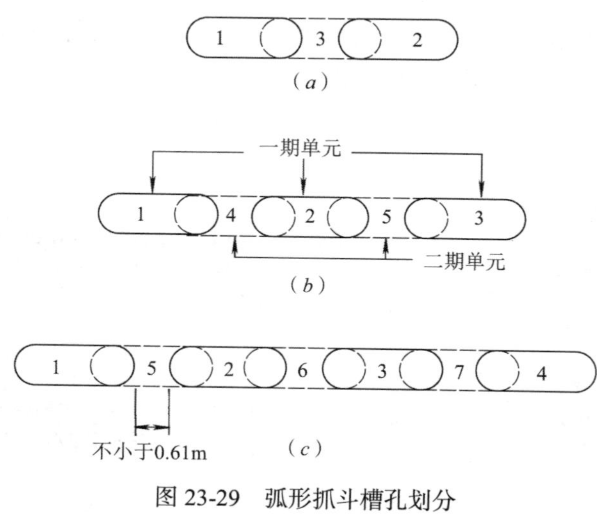

图 23-29 弧形抓斗槽孔划分

(a)三抓;(b)五抓;(c)七抓

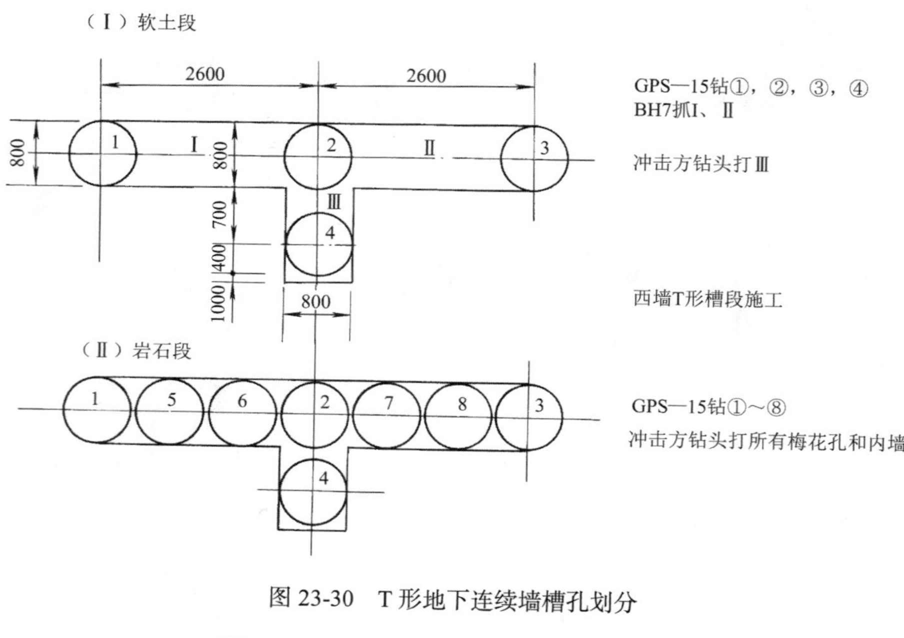

图 23-30 T形地下连续墙槽孔划分

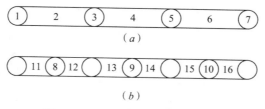

图 23-31 入基岩防渗墙槽孔划分

(a)覆盖层内挖槽;(b)基岩内挖槽

1、3、5、7、8、9、10—主孔;2、4、6、11、12、13、14、15、16—副孔(抓斗)或小墙(冲击钻机)

3. 使用平板状接头或平接接头的槽孔划分

使用矩形抓斗成槽时,槽孔端部不是半圆弧,而是矩形。所使用的接头管大多为平板状或者小直径的聚氯乙烯管,也有直接切割一期墙段的混凝土而形成的接头。总之,在这种情况下，槽孔接头宽度应小于墙的厚度，在狭小施工空间或某些特殊部位，它比圆接头管更好用。

图 23-32 所示是最常见的液压抓斗三抓成槽工序图。图中的抓斗开斗宽度$W = 2.5$m，首先抓出两边单元（一期单元），然后再抓中间单元（二期单元），槽孔内随时充满泥浆。为了保持墙面平直，中间一抓长度比两端单元长度小，为$(0.3\sim0.7)W$。这种槽孔施工长度多为 6～7m，它的混凝土用量和钢筋笼的尺寸及质量比较适应现有的混凝土和吊装机械能力，所以使用得比较多。

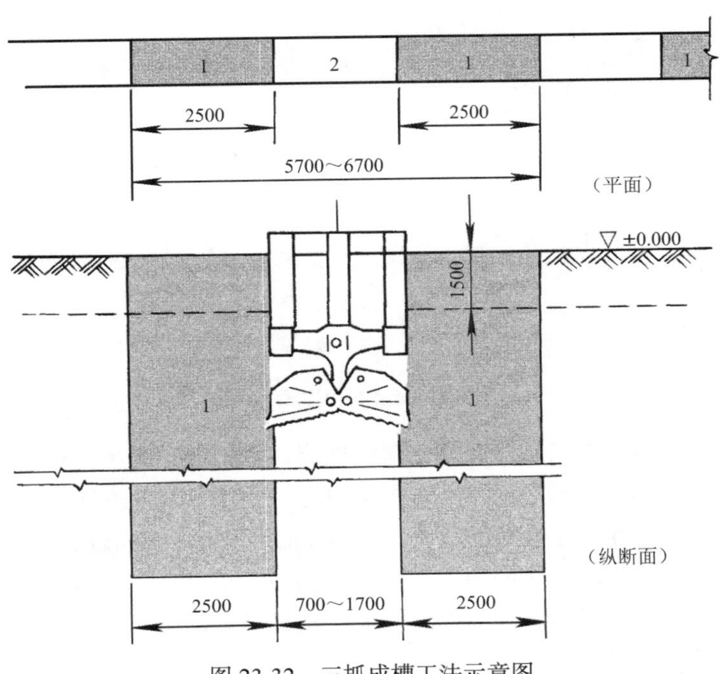

图 23-32　三抓成槽工法示意图

当地下连续墙贴近某些建筑物或管道等结构物施工时，应缩短槽段长度（通常取一个抓斗开度W），以便在最短时间内完成一个槽段，并采用间隔施工的方法，避免大面积槽孔壁面承受侧向土压力的作用和产生过大位移。图 23-33 所示就是这样一种布置方式。此时常使用平板状接头管。

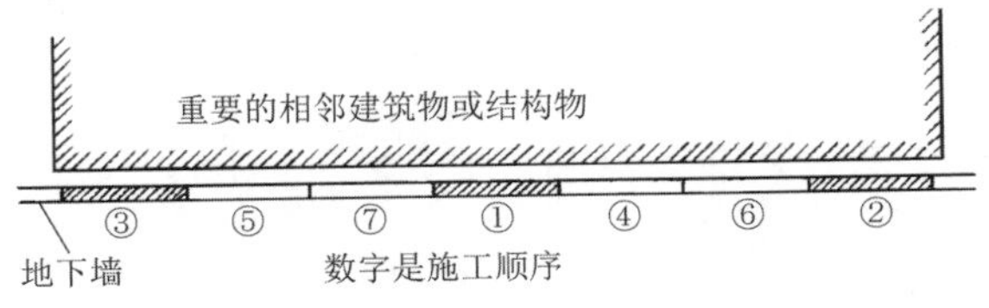

图 23-33　贴近施工的槽孔划分

地下连续墙拐角处应单独划分出一个槽段（图 23-34），并且至少有一边导墙向外延伸 0.2～0.3m。角槽上不要安排两个等长的挖槽单元，以避免第二抓时槽壁偏斜和坍孔。比如图 23-34（b）中一边长 2.5m，另一边长应大于$W + 1.7T$。这样在第二抓抓完之后，还能保留有 40～60cm 的小墙（土柱），可减少交角处土体坍塌。考虑起重机吊装钢筋笼的能力和吊放难度，角槽不能太长。

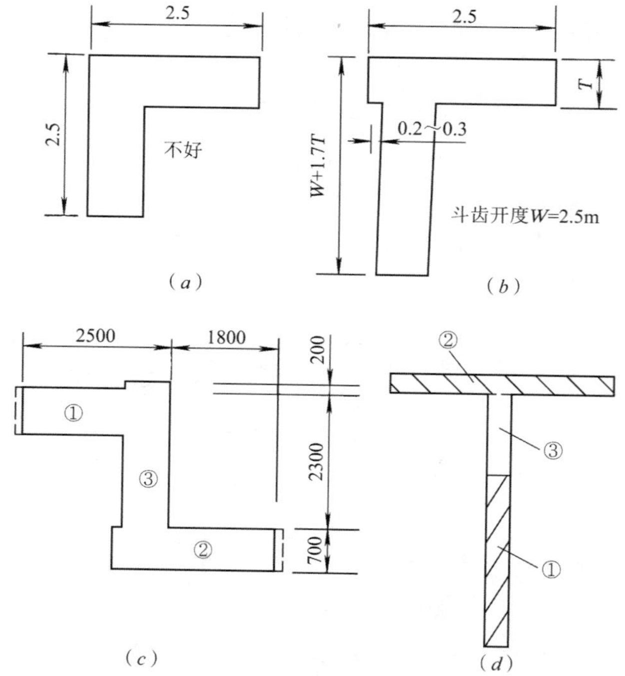

图 23-34 拐角段槽孔

由于建筑物的结构形式和尺寸以及挖槽机性能各不相同，应当针对具体的某个实际情况来划分槽孔。图 23-35 所示是天津冶金科贸中心主体楼基坑地下连续墙槽段划分图。为了解决后浇带、吊物孔和与变电站的联系，采取了多种槽孔分段形式。天津滨江商厦（二期）工程的边柱直接位于地下连续墙墙顶。为了满足柱子两侧至少 2.0m 范围内不得分缝的要求以及原来一期工程残留预制桩的拆除要求，经反复比较，选定长短槽段组合的槽孔分段方式，保证了顺利施工。

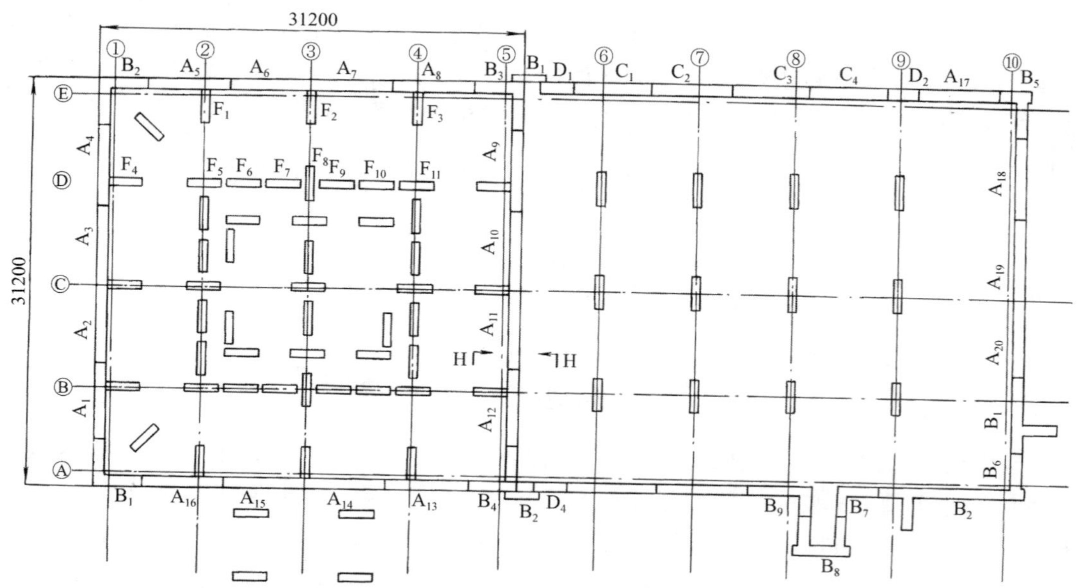

图 23-35 天津市冶金科贸中心主体楼基坑槽孔划分

对于封闭式结构，要注意使槽段分缝避开结构受力最大的部位，见图 23-36。

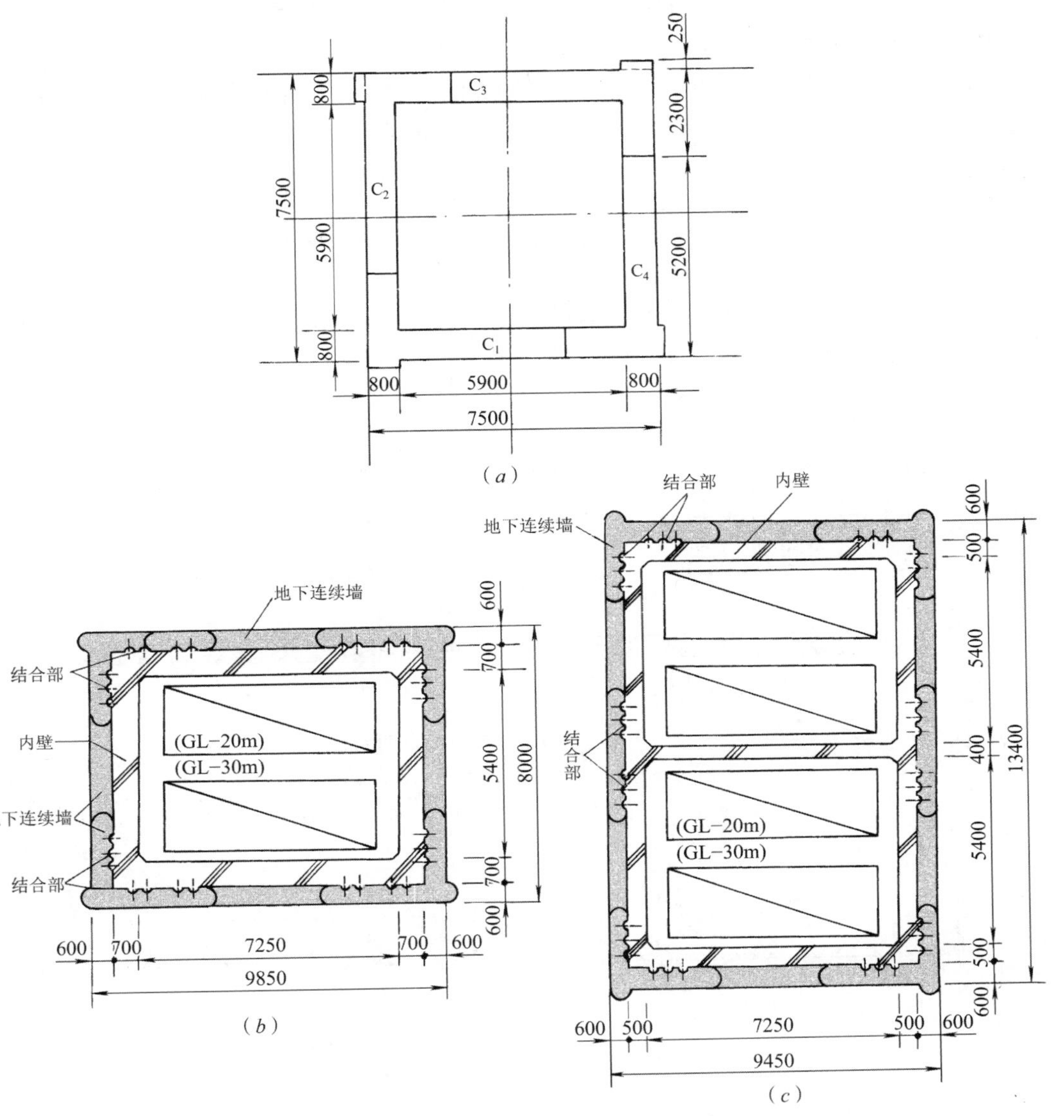

图 23-36　竖井地下连续墙槽段划分

(*a*) 某工程；(*b*)、(*c*) 日本某工程

4. 特殊结构的槽孔划分

图 23-37 所示是按地下连续墙与桩基的关系划分槽段的。图 23-37（*a*）所示为接缝位于桩基之上，可提高地下连续墙的承载力和减少沉降变形。图 23-37（*b*）所示的则是由桩承受主要垂直荷载。

图 23-38 所示则是与永久结构连接时的槽孔划分图。图 23-38（*a*）所示为内外结构分开施工，图 23-38（*b*）所示则是内外墙体合一。

图 23-39 所示是自立式 T 形基坑挡土墙的槽孔布置图。

图 23-40 所示是码头挡土墙的结构分缝图。可以看出分缝不在受力最大的部位。

图 23-41 所示是在墙段分缝处的内侧打桩，以补强墙段分缝处的抗剪强度，同时也加

强了基坑内侧地基，对提高土的被动抗力有好处。

图 23-42 所示则是一种 T 形自立挡土墙的墙段划分图。注意：这里的加劲肋板是放在基坑内侧的，这样做的好处是可以把这些肋板作永久结构的一部分，可降低工程造价。

图 23-43 所示是槽段采用平接时的槽段划分图。它的一期槽可用抓斗或铣槽机来开挖，而二期槽既可用抓斗在两个一期槽端部开挖，也可用铣槽机开挖（切去两边一期槽混凝土各 0.2m）。

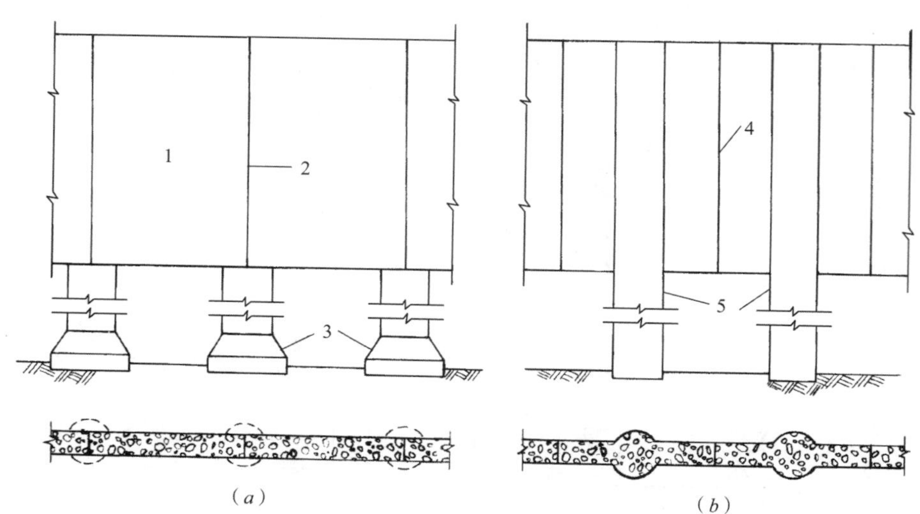

图 23-37 地下连续墙与桩的布置

（a）地下连续墙支撑在桩上；（b）桩基作承重结构

1—地下连续墙板；2—墙体接缝；3—支承桩；4—接缝在墙内；5—支撑桩

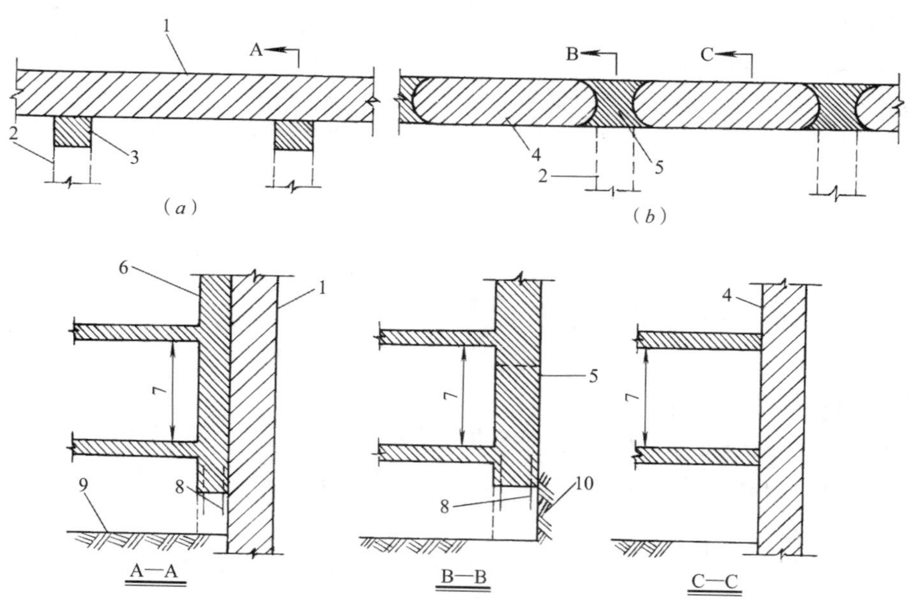

图 23-38 地下连续墙与永久结构布置

（a）常规做法；（b）特殊做法

1—地下连续墙；2—肋（墙）；3、5—柱子；4—条墙；

6—内衬墙；7—基础层楼板；8—插筋；9—基坑底；10—基坑开挖支撑

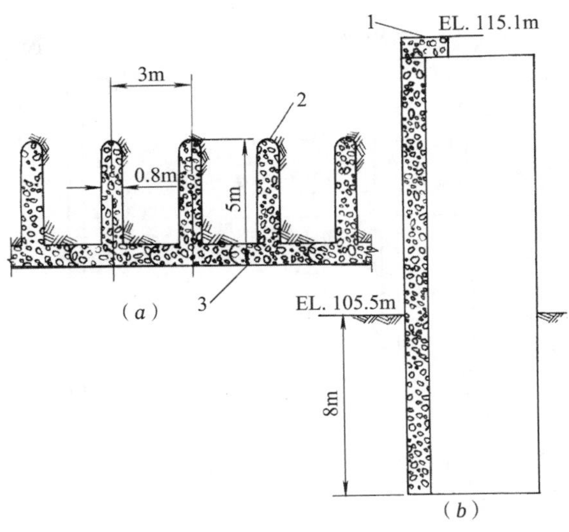

图 23-39 T 形自立式基坑挡土墙分段

(a)水平截面；(b)纵剖面

1—顶面；2—肋；3—板

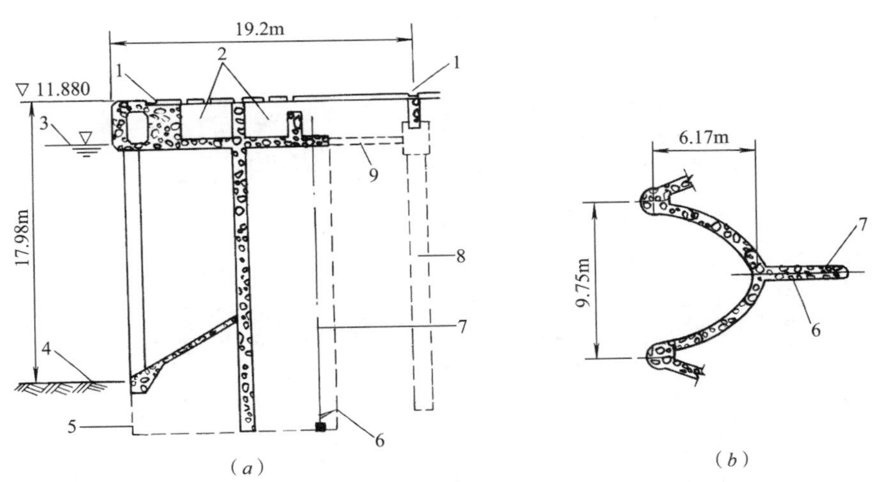

图 23-40 码头挡土墙分段

1—起重机轨道；2—砂箱；3—蓄水位 9.14m；4—疏浚后高程−6.1m；
5—入砂土最少 0.9m；6—后墙；7—65t 锚杆；8—直径 1.37m 的桩，桩底−6.5m；9—ϕ30 拉杆

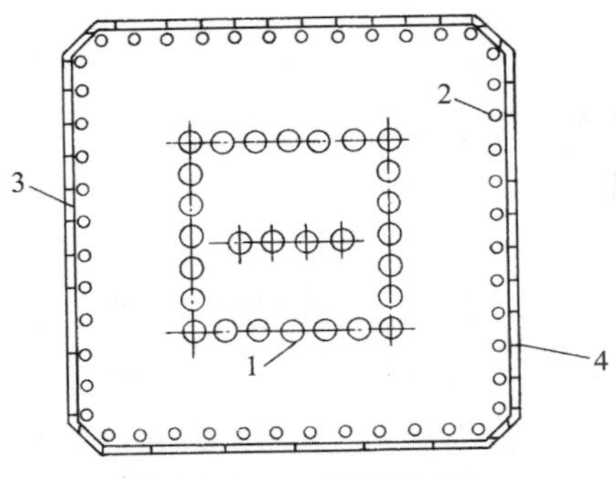

图 23-41 槽段划分

1—基础桩（ϕ2.0m）；2—补强桩（ϕ1.0m）；3—地下连续墙（$t=600$）；4—分缝

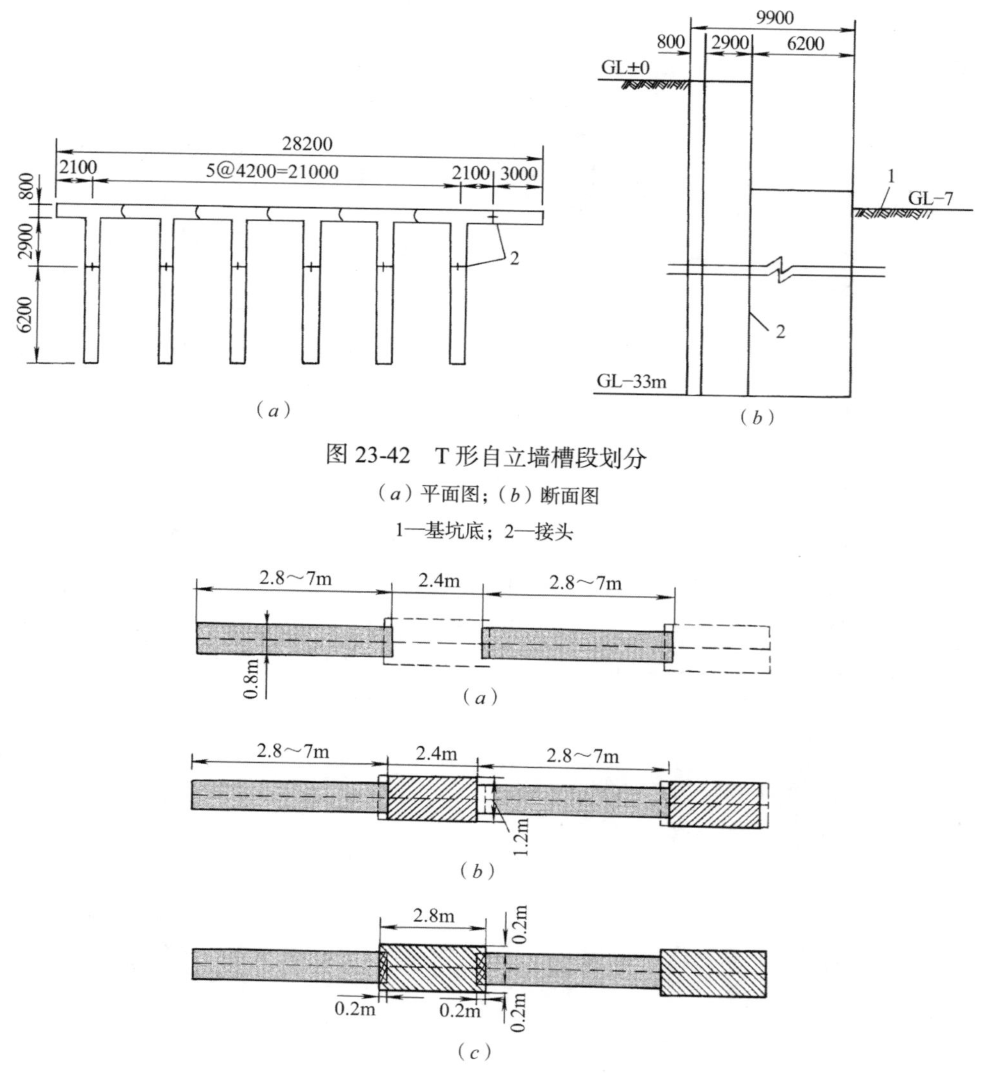

（*a*）

（*b*）

图 23-42 T形自立墙槽段划分

（*a*）平面图；（*b*）断面图

1—基坑底；2—接头

（*a*）

（*b*）

（*c*）

图 23-43 平接时的槽段划分

（*a*）一期槽孔（用抓斗或铣槽机）；（*b*）二期槽孔（用抓斗）；（*c*）二期槽孔（用铣槽机）

23.4 挖槽施工要点

23.4.1 概述

在本节中将对一些主要挖槽关键点加以说明。

1. 槽孔尺寸和挖槽工法

1）槽孔深度

各种挖槽机都有不同的挖槽深度极限，超过这个极限，挖槽效率就会降低。

对各种形式的抓斗来说，随着孔深的增加，它的升降时间会加长，挖槽效率逐渐降低，其挖槽深度就有一个极限。对于水下挖槽机（如多头钻或铣槽机等）来说，机械提升力和高油（水）压的密封结构问题是影响其挖深的主要因素。

到目前为止，抓斗的最大挖槽深度不超过 120m，而 BW 型多头钻的最大挖槽深度可达 130m，电动铣槽机的深度可达到 170m。我国冲击钻机的最大挖深已经突破了 200m。

2）挖槽宽度（墙厚）

各种挖槽机都规定有最大和最小的挖槽宽度，可根据这种变化范围来选择所需要墙厚和施工工法。

一般来说，地下连续墙用作临时挡土墙时，其厚度以 40～60cm 为多，用作结构墙时为 60～120cm，随着地下连续墙深度的增加，其厚度可达 150～250cm 或更大。

由于把地下连续墙用作永久结构的越来越多，墙厚也在逐渐加厚。另一种倾向是采用预制地下连续墙，减少钢筋保护层厚度；或者通过施加预应力，减少墙体厚度，提高其经济效益。这对于城市闹市区施工是很有好处的。

在任何情况下，墙体厚度的最后实际（完工）尺寸不得小于设计墙厚。如果挖槽机宽度与设计墙厚一致，一般来说，由于超挖的影响，实际槽宽不会小于设计墙厚。但是由于在软弱地基中挖槽时可能产生"缩颈"现象，或者是由于泥皮质量不好而在孔壁上形成了很厚的泥皮，从而会使墙体的实际厚度小于设计墙厚。此时，会出现以下情况：

$$实际挖槽宽度 \geqslant 设计墙厚 \geqslant 实际墙体厚度$$

在实际工程中，常令挖槽机的宽度比设计墙厚小 1～2cm，再计入挖槽时的超挖量，实际槽孔宽度（墙厚）一般会大于设计墙厚。

2. 挖槽要点

在以上所说的各项准备工作完成后，应按施工计划进行下列作业（工作）。

1）制备泥浆

按事先已经试验验证的材料配合比，在泥浆站内搅拌泥浆，其数量应为槽段体积的 1.0～2.0 倍，并要静置 24h 左右。挖槽前向导沟内放满泥浆。

2）钻导孔

采用两钻一抓工法时，应提前钻出一些导孔。导孔质量决定墙段接头质量，所以一定要认真地对好孔位，以合适的钻进参数进行钻孔，要保证孔斜和孔径能满足规范要求。

3）挖槽

由于现代挖槽机外形尺寸和质量都很大，下面专门来谈谈它们的承载底盘问题。

挖槽机具的装备方式可分为通用的起重机和专用机架两种方式。其中，起重机方式又可分为汽车式起重机和履带式起重机两种。挖槽机的悬吊方式可分为钢索式和导杆式两种。由于上述种种不同，挖槽机的安装方法和移动方法也不相同。

（1）起重机方式

通常使用履带式起重机。起重臂长因挖槽机具（如抓斗等）的差异而不同，为 13～20m。起重臂倾角通常为 65°～75°。倾角太大的话，起重机本身稳定性好，但其过分靠近导墙，会影响地基的稳定，同时对抓斗出土装车造成不便。

起重机履带方向与导墙成直角时稳定性最好，但因其靠近导墙，使导墙承受荷载加大，所以也有平行布置履带的方式，还有横跨导墙两侧进行挖槽的，这两种布置方式适合于施工场地比较狭窄的情况。只有意大利土力公司的抓斗可以在与导墙斜交的情况下挖槽。

对于回转起重机进行抓斗排土装车的方式，要避免改变起重臂角度，以免带来不利影响。现在使用的一种办法是让起重臂悬吊抓斗只做垂直上下（挖土和出土）动作，而让装载机到抓斗下面去接土，然后再装到汽车上去或运到暂存土场中去（图 23-44）。

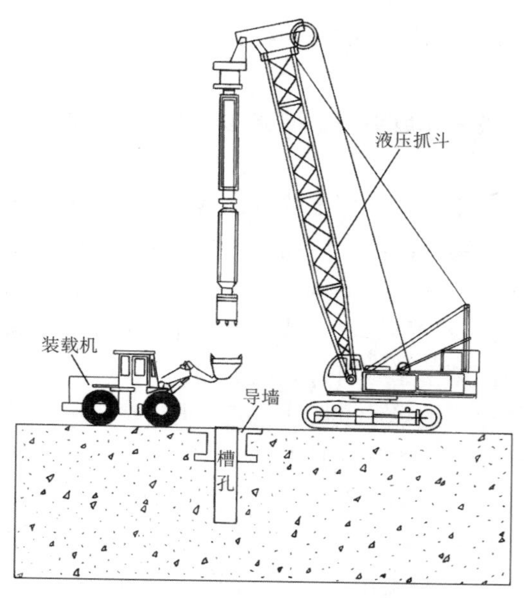

图 23-44　抓斗挖槽出土示意图

起重机必须位于平整、密实的地面上，稳定性好，旋转起重臂时不得碰撞他物。

（2）专用机架方式

专用机架通常组装于能在轨道上移动的自行台车上。专用机架装在机道上，稳定性高，定位方便，但机动性差。

使用专用机架时应注意以下几点：

①由于轨道是安装机架的基准，所以铺设时一定要确定正确的位置并保持水平。

②所有挖槽机械的荷重都要作用在导墙和施工平台上，它们必须具有足够的强度和变形能力。

③悬吊挖槽机具的钢索和导杆，必须在导墙中心线上成铅直状态，同时要使顶部滑轮容易改变位置。

④轨道位置不得影响钢筋笼的吊入和混凝土的浇注作业。

3. 排渣方式和挖槽速度

1）排渣方式

根据泥浆的循环方式，可把排渣方式分为以下几种：①正循环排渣；②反循环排渣；③抽筒排渣；④直接出土。

各种方法的特点见表 23-3。

排渣方式表　　　　**表 23-3**

序号	排渣方式	泥浆循环方式	工作原理	适用条件	适用深度
1	正循环	正循环	靠泥浆向上压力将土渣浮托出地面上	导孔施工，细颗粒地层	—
2	反循环	反循环	用泵（或压气）抽吸孔底土渣和稠泥浆到地面上	导孔、槽孔，砂、砾卵石地层	压气法大于 10m；潜水泵 30～40m；离心泵 75m 左右
3	抽筒排渣	不循环	用抽筒一次次地掏出土渣和稠泥浆到地面上	导孔、槽孔，各种地层	—
4	直接出土	静止	用抓斗、筒钻等直接把原状土挖出地面	用于槽孔，各种地层	—

2）挖槽速度

挖槽速度取决于挖槽机对地质条件的适应性和排渣能力。一般在软土地基条件下，挖槽速度不会超过排渣速度，因此软基挖槽速度由排渣速度决定。用抓斗直接排渣时，抓斗容量和升降速度决定挖槽速度。使用泥浆反循环排渣时，泵送能力和泥浆中混入土渣的数量及粒径决定其挖槽速度。

在硬质地基条件下，挖槽速度因挖槽装置对地质条件的适应性不同而有很大差别。一般来说，垂直单轴回转钻机对硬质地基适应性差；冲击钻是适用的，但排渣速度慢，如改用反循环排渣会好些。抓斗也是可用的，液压抓斗由于不会使作用在斗齿上的压力降低，所以挖土能力远大于钢丝绳抓斗。

由此可见，应根据不同的地质条件和挖槽深度来选用挖槽机。

反循环排渣是常用的一种排渣方式。有时需要把从槽孔内抽吸上来的土渣和泥浆一起送到远处的除砂器去分离净化。泵送土渣的距离取决于泵的总扬程、流量和管道摩阻等，目前很难进行精确计算。根据经验，只要泥浆相对密度和黏度都保持较低值[相对密度 1.10，黏度 40s（500/700mL）]，则吸泥泵泵送距离为 200m，压气法输送距离为 50m。

实际观测证明，超过一定深度（34m）后，用压气法（空气升液法）排渣更有利。

还要说明一点，实际挖槽速度与包括浇注混凝土和起拔接头管等工序在内的某个槽段的成墙施工效率是不一样的。如果考虑到移动机械、处理土渣作业时间和可能的相互干扰，实际的成墙效率肯定比挖槽效率小得多。还要注意到，为了槽孔稳定，提高挖槽精度，有时必须有意识地放慢挖槽速度。必须放弃那种只求速度、数量，不求质量的做法。

4. 挖槽顺序

最初的地下连续墙挖槽都是按跳仓法进行的，也就是两期挖槽法，即先挖单数槽孔，后挖双数槽孔，最后建成一道连续墙体。

近年来出现了一种新挖槽法，它除了在第一个槽孔内放两根接头管（箱）外，从第二个槽孔开始，按序号（2，3，4，5…）一路做下去。此时每个槽孔内只需放置一根接头管。这种挖槽法可叫顺序挖槽法。

这两种挖槽方法都是可行的。两期挖槽法的二期槽孔不需放接头管，施工简易些；顺序挖槽法每次只用一根导管，但每槽都用。应根据工程的实际情况来选用适当的挖槽法。

挖槽顺序如图 23-45 所示。

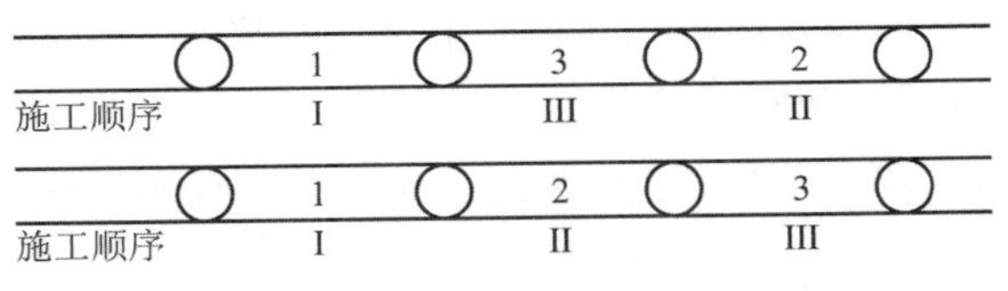

图 23-45 挖槽顺序

23.4.2 复杂地层中的挖槽

1. 概述

这里所说的复杂地层（基）是指：①含漂石和大孤石的第四纪覆盖层；②透水性很大的地基；③软弱地基（淤泥和流砂）；④超载很大的地基；⑤岩石地基；⑥拐角段挖槽。

本节将主要阐述上述前三种情况。

2. 含漂石和大孤石的覆盖层

这种地层多出现在地下防渗墙工程中，而且往往这种地层很深，建造的防渗墙也很深。比如我国的小浪底和三峡工程，美国的新瓦德尔坝和智利的培恩舍坝的覆盖层地基都含有数量很多的漂石和大块石，有的大块石粒径达到4～6m，尤以花岗岩球状体最硬最难处理。

在这种含有漂石和大孤（块）石的地基中，如何进行地下连续墙的挖槽工作呢？以下几种办法可供选择。

1）选择合适的挖槽机

在这种地基中，单单使用冲击钻机，钻进速度太慢，用大型回转钻机是不可能的。液压抓斗也不好用，因为它的液压系统经不起坚硬岩块的冲击。最好的挖槽方案是采用重型冲击锤和重型钢丝绳抓斗联合挖槽。冲击锤长达7m以上，重达8～11t，而钢丝绳抓斗自重可达十几吨。

2）采用适当的挖槽方法

施工时，一般是用抓斗挖槽，它可把较大漂（块）石直接抓出孔外。但是当块石太大、粒径超过槽孔宽度时，可改用重型冲击锤将其击碎成块体，再用抓斗将其掏出。总之，要善于使用抓斗和冲击锤，两者互相配合，可加快挖槽效率。

3）打回填

有时在槽孔边缘上卡了一些特大岩块，造成槽孔向某方向溜坡。此时可向槽孔内回填坚硬的卵漂石或大块石到卡石部位以上，然后用重型冲击锤头猛烈冲砸这些块石，以便把卡在槽边的大岩块砸碎，再用抓斗挖出去。这种做法在我国叫作“打回填”。在上述美国和智利两个防渗墙挖槽过程中，也是这么做的。

另外，由于猛烈冲砸会导致槽孔坍塌，此时可根据实际情况而采用回填砂砾料或低强度等级混凝土以及固化灰浆的方法加以处理，然后再用抓斗继续挖槽。

4）爆破

使用前面所说三个办法可以解决绝大部分含大孤石地基的挖槽问题，但是在很小的一些部位上，则必须使用爆破的方法来解决挖槽施工以及纠正槽孔偏斜的问题。

爆破有两种方法：①在挖槽前进行全面预爆破；②在挖槽过程中对孔身内部作局部爆破。

（1）全面预爆破

此法要求先在防渗墙轴线附近打钻孔，装上聚氯乙烯管，管内装药卷进行爆破。当墙厚超过600mm时，一般要钻两排爆破孔。

这种方法只适于深度较小（10～20m）的情况下，太深则爆破效果不好，且经济效益不佳。

（2）孔内局部爆破

这里又可分为孔内钻孔爆破和孔内定向聚能爆破两种方法。

①孔内定向聚能爆破。试验证明，当药包具有一定形状、一定内置凹槽的情况下爆炸时，将在凹槽的轴线方向产生聚能作用。药包爆炸的总能量虽然并没有增加，但却可以使爆炸能量积蓄、汇合，并集中在一定的方向上。因而，它的爆破威力比一般爆破的威力要大许多倍，而且具有较强的穿透能力。

②孔内钻孔爆破。造孔过程中，当孔底遇到大孤石时，先用岩心钻机在大孤石中钻孔，再将普通爆破筒放入钻孔内爆破，将槽孔范围内的孤石破碎成粒径小于 30～40cm 的碎块，叫作孔内钻孔爆破。

③对爆破方法的几点说明。

a. 在开挖过程中，在槽孔内某一深度上采用局部爆破方法，对加快施工进度和纠正偏斜来说，是可供选择的最后一种手段。

b. 采用爆破方法来矫正槽孔的局部缺陷时，卡在孔壁上的岩石可能很难炸掉，此时可先回填块石到爆破部位，然后再准确钻孔爆破。

c. 局部爆破可能位于浇注的混凝土墙段附近，这就要求大大减少装药量（采用微迟爆破），以便使邻近混凝土中的振动波速不大于 50mm/s（这是美国规范规定的新建筑物的风险界限）。国外在邻近混凝土中取芯情况表明，即使一些振动波速超过了危险界限 50mm/s，也没发现裂隙。

d. 关于槽孔孔壁在爆破过程中的稳定问题，至今还未发现有任何孔壁坍塌的情况（即使在爆破部位以上）。这可能是因为这些地层总的来说是稳定的，而局部爆破的荷载又很小所致。

5）地下连续墙的特殊做法

当地下连续墙遇到大孤石时（图 23-46），可以先用低强度等级混凝土（或固化灰浆）将槽孔回填，然后在大孤石周围注浆（有必要时），再降水挖土把大孤石挖出来。挖到设计底高程后，再立模板浇注混凝土，形成连续墙。

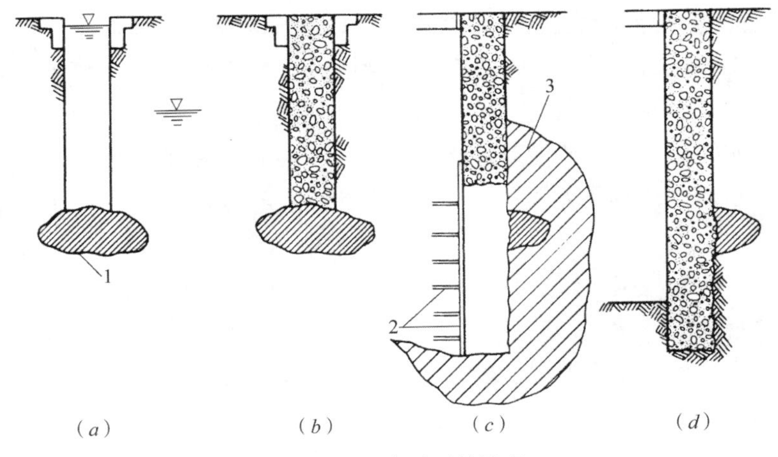

图 23-46　大孤石的处理

（a）遇到大孤石；（b）回填低强度等级混凝土；（c）开挖，立模，浇注；（d）形成地下连续墙

1—大孤石；2—模板；3—灌浆

3. 强透水地基

强透水地基是指渗透系数大于 100m/d 的砂砾石、卵石或漂石地层，有些地基中会出现架空现象，其渗透系数可达 800～1000m/d（如密云水库的白河主坝防渗墙地基），还有溶洞发育的石灰岩地基。

在强透水地基中挖槽时，泥浆往往会大量漏失，造成泥浆面迅速下降，甚至引起槽孔坍塌。这种现象叫漏浆。在石灰岩地区以及某些质量很差的土石坝中挖槽时，一个槽孔的几百立方米泥浆会突然在极短时间内漏得一干二净，造成导墙、轨道和很大范围的土体坍塌。

在强透水地基中挖槽时，应注意以下几点：

（1）事先分析漏浆的可能性，采取适当的措施，准备足够的堵漏材料和设备。

（2）槽段不要太长，采用间隔（2～3个槽段）施工、逐渐合拢的施工方法。通过提前进行的试验槽段不断总结挖槽施工经验，指导下一步挖槽。

（3）泥浆应具有较高的黏度、较好的造壁性和较小的相对密度。宜采用优质膨润土泥浆，并加入适当的堵漏剂。

（4）在挖槽过程中，在快要到达漏浆部位时，可向槽孔内投放黏土球（块），使其在钻头冲击挤压下，堵住漏浆通道。必要时可投入一定数量的水泥，使泥浆迅速变稠。

（5）在严重漏浆部位，可在其周围一定范围内进行静压注浆或劈裂注浆，堵塞漏浆通道，然后再挖槽。

4. 软弱地基

这里所说的软弱地基是指淤泥或淤泥质土以及粉细砂一类的地基，它们具有如下特点：①承载力很低，沉降变形大；②易发生流土、液化和管涌。

在这种地基内挖槽，应注意以下几点：

（1）应对施工平台和导墙部位进行加固处理，可根据地基情况，采用振冲、搅拌和注浆等方法进行加固，加固深度应深入到下面的地基持力层中，加固的效果应使地基承载力达到80～100kN/m^{2}或以上。

（2）槽长宜短些，提高地层的水平拱效应。对于抓斗或铣槽机来说，可以采用一个挖槽单元就是一个槽段的方法，避免挖槽机等重型机械长时间地在一个槽段停留，快速挖槽，快速浇注混凝土。

（3）使用优质泥浆，特别要注意提高泥浆的流变性和造壁性，提高泥浆相对密度。

（4）施工平台应高出地下水位1.5～2.5m，以保持足够的泥浆静压力，增强泥浆渗透能力。

（5）对于非常软的地基（如淤泥），在挖槽过程中可能出现坍塌或产生“缩颈”时，应事先对该地层进行加固处理。

（6）混凝土罐车和起重机不得靠近导墙，挖槽机履带应平行于导墙，尽量减少附加荷载对导墙的影响。

5. 拐角挖槽

拐角挖槽以后，其内侧（阳角）土体呈两面临空状态，很容易发生坍塌（图23-47）。特别是此部位导墙在回填不密实的地基中，由于某些原因导致地下水位上升，或者有重型机械（如挖槽机、起重机或混凝土罐车）在它附近作业时，更容易出现坍塌，而外侧（阴角）孔壁一般不会坍塌。为防止内侧孔壁坍塌，可采取以下措施：

（1）内侧导墙墙底一定要坐落在老土上。

（2）消除地下水上升的不利因素。

（3）重型机械不要靠近作业，如果必须靠近作业时，应做成坚硬地面或铺设厚钢板。

（4）拐角槽段不要太长，力争快速施工完成。

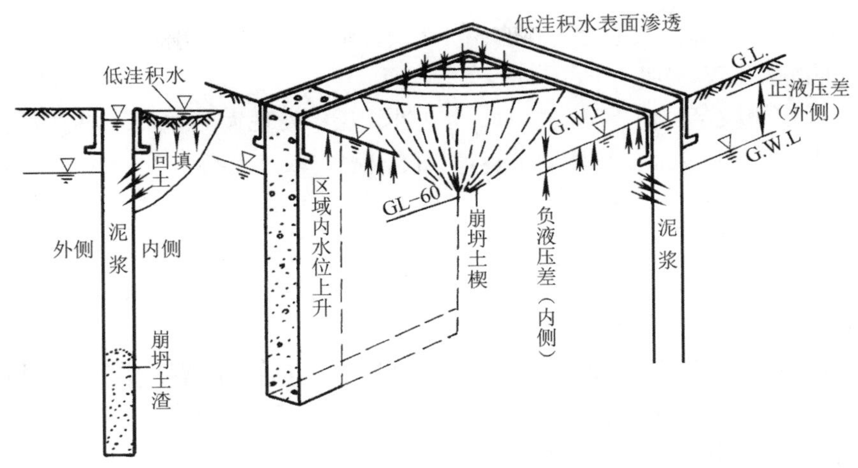

图 23-47　拐角内侧孔壁坍塌

23.4.3　挖槽的质量保证措施

以下这些措施都是在挖槽中必须重视和执行的：

（1）导墙的施工可能损坏邻近建筑的基础。为此，应事先采取措施，如注浆、微桩加固、插入木桩或钢轨等。

（2）回填土是不稳定的，可能在挖槽中坍塌。这时可用置换回填土层、注浆、调整泥浆性能和压力来解决，但是最有效的方法是使导墙的基础穿过回填土层，坐落到老土上去。

（3）当施工与邻近基础太接近时，连续墙与基础之间的土可能被挖去，此时建议用微桩或深导墙稳定这部分土体。

（4）浅层的松砂在挖槽过程中可能坍塌，为此泥浆最好能渗透进去，使松砂稳定，挖槽作业穿过该层也应放慢速度使泥浆充分渗透。固结注浆也可用于稳定松砂地层。

（5）在非常软的黏土层中，由于机械振动，槽段可能发生挤入或坍塌，地基改良或预固结技术可增进槽段的稳定性，增加泥浆压力或采用减小槽段宽度也是有利的。

（6）泥浆流失在砂砾层中是常见的现象，严重时可导致槽段坍塌。对于可能产生泥浆流失的场地，建议在泥浆中加入堵漏材料并增加泥浆的黏度。

在上层是充满地下水的饱和砂层、中层是黏土层、下层是缺少地下水的砂砾层的地层条件下挖槽，经常碰到砂层中的地下水渗入和在砂砾层中的泥浆损失问题。要防止地下水的渗入，必须增加泥浆的压力。然而这样一来将导致砾石层中更多的泥浆流失。换句话说，如果要减少泥浆流失，泥浆的压力就应比较低，这时要承担槽段坍塌的风险。当地下水位比较高且和泥浆流失同时发生的时候，最好在泥浆中加入泥浆流失控制剂，并同时提高泥浆的压力。这些经验值得借鉴。

（7）低含水量的黏土可能在槽段开挖中遇到泥浆后膨胀，最好采用高密度的聚合物泥浆。

（8）地下水位的升高可能导致突然的槽段坍塌，这种情况常常发生在小场地中地下连续墙施工快结束的时候。这时应控制地下水位，可设置井点进行降水。

（9）在地层含有承压水的地方，当连续墙槽段开挖到这一层时可能坍塌，这时最好事先安置泄压井以减少承压水的压力。

（10）如果地下水含有大量的钙、钠、铁元素，泥浆会很快变质。这时建议用聚合物泥浆，因为这种泥浆比较稳定。

（11）当开挖槽段穿过地下障碍物时，常在冲积层中发现大的木块，这时需要将这些木块破碎。碰到大漂石时，部分导墙要被拆掉以腾出地方取走漂石。

23.5　清孔和换浆

23.5.1　概述

这里所说的清孔，是指挖槽结束并经终孔验收合格以后，把槽孔中的不合格泥浆以及残留在孔底和孔壁上的淤泥物清除掉的工序（作业）。

清孔工作包括以下三个方面：

（1）把槽孔内不合格的泥浆置换出去，换成合格泥浆。

（2）清除孔底淤积物，使其厚度不大于规范要求。

（3）清除一期墙段混凝土接头面上的泥皮和淤积物，以满足规范要求。

对于钢筋混凝土地下连续墙来说，由于钢筋笼和埋件吊放时间过长，孔底淤积物厚度再次超过规定时，需要进行第二次清孔工作。清孔过程如图23-48所示。

23.5.2　土渣的沉降和分离

挖槽停止以后，悬浮在槽孔泥浆中的土渣就会分离沉淀出来，增加了孔底淤积物厚度。影响土颗粒沉降的主要因素有：①土渣的大小和形状；②泥浆和土渣的相对密度；③泥浆的流变特性。

根据日本滕田会社的试验资料，在用FEW抓斗挖槽结束后12min和13h，分别在不同深度上采取泥浆试样，测定泥浆相对密度和含砂量，其结果如图23-49所示。所用泥浆的膨润土浓度为8%。图23-50所示是孔底淤积厚度与静置时间的关系线。图23-51所示是淤积物的颗粒分配曲线。从图23-51中可以看出，粒径大于0.1mm的颗粒占68%以上。

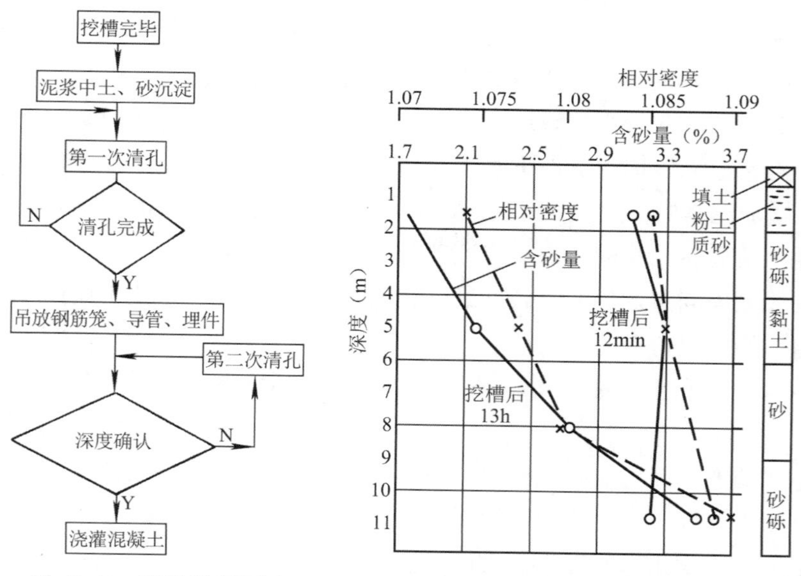

图23-48　清孔程序框图　　　图23-49　槽内泥浆相对密度和含砂量的分布

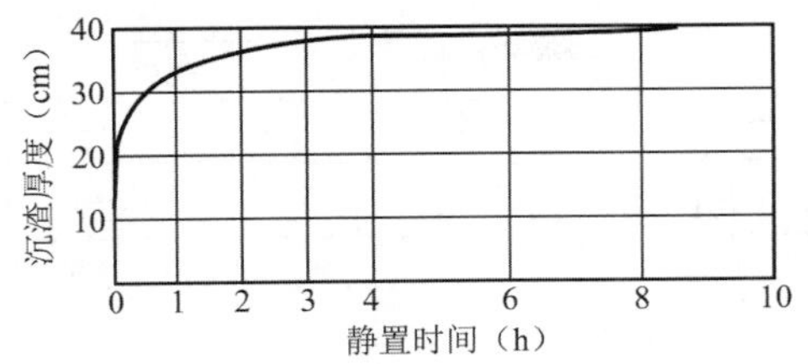

图 23-50　沉渣厚度过程线

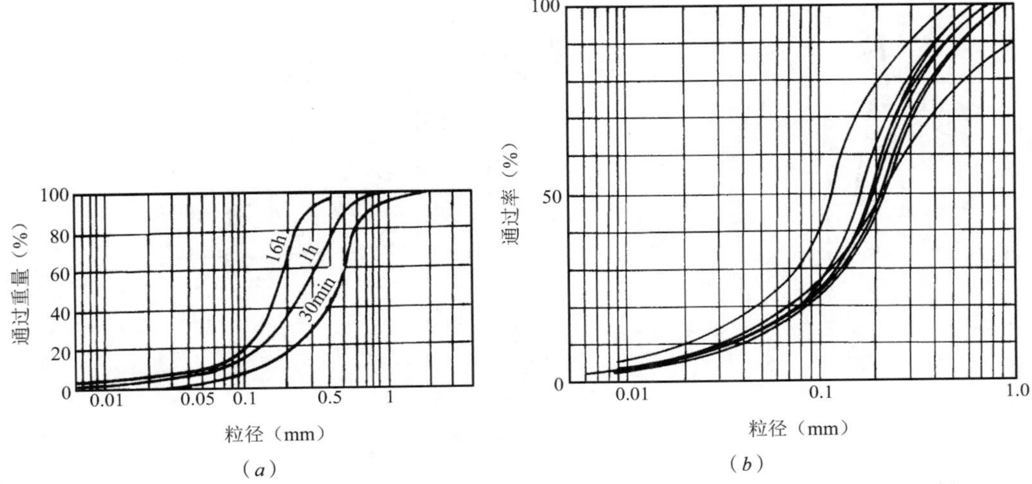

图 23-51　沉渣试验结果

由此可知，不能悬浮在泥浆中而要沉降的砂粒，在挖槽后 2h 即可沉淀 80%，经过 4.5h 几乎全部沉淀完毕。粒径越大，沉降速度越快。另外，悬浮在泥浆中不会沉淀的微细砂，会随静置时间增加，而密集在槽底附近，使泥浆相对密度加大。

对于孔底淤积物厚度，可以采用如图 23-52 所示的测锤进行检测。其中图 23-52（*a*）是我国水利水电系统使用的，图 23-52（*b*）是日本常用的。也可采用电测方法（图 23-53）来测淤积物厚度。

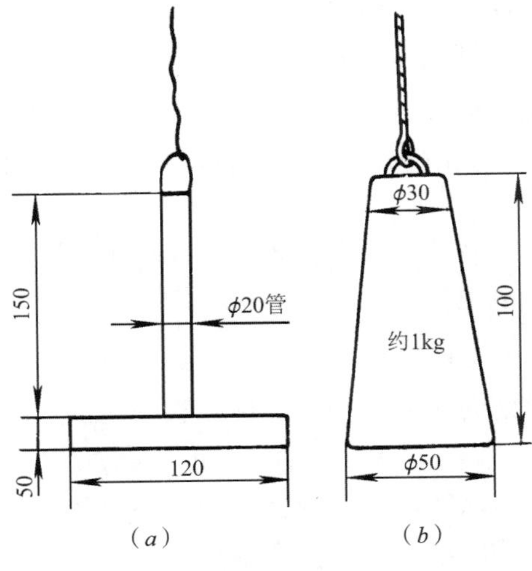

图 23-52　测深锤

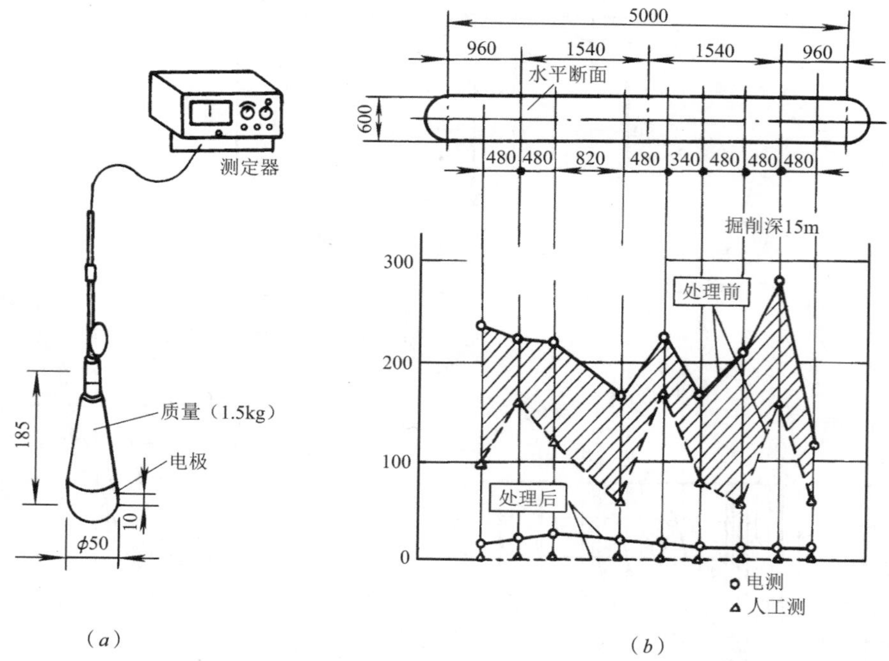

图 23-53 电测沉渣

（a）装置；（b）测量结果

23.5.3 换浆和清底

1. 换浆和清底的必要性

前面已经说到，挖槽后泥浆中的粗颗粒会沉淀到孔底，不断增加淤积物厚度。此外，在挖槽过程中未被清理的土砂，以及吊放钢筋笼接头管和预埋注浆管及埋设仪器的时候，从孔壁上刮落的泥皮和土砂等也要堆积到孔底。这些淤积物都必须清理掉。

在槽底有淤积物存在的状态下，如果插入钢筋笼和浇注混凝土，淤积物会给地下连续墙带来种种重大缺陷，以致影响地下连续墙的使用。主要有以下几个方面的影响：

（1）淤积物很难被混凝土置换出地面，绝大部分残留在槽孔底和侧壁上，成为墙底与持力层之间的软弱夹杂物，使墙体承载力下降，沉降加大。另外，淤积物会影响墙底部承载和防渗能力，有时也是造成管涌破坏的一个原因。

（2）淤积物混入混凝土内部之后，会降低墙体混凝土的均匀性和强度。另外，在浇注过程中，由于混凝土的流动会使淤积物集中到槽段接头处，降低了接头部位的抗渗性和结构强度。

（3）如果槽孔混凝土顶部有大量的淤积物，会降低混凝土的流动性和浇注速度，有时可能造成钢筋笼或其他埋件上浮。

（4）淤积物会造成混凝土上部质量变差。

（5）淤积物过多，会使钢筋笼或接头管、预埋管等无法放到预定位置，可能使底部的钢筋失去保护层。

由此可以看出，把孔底淤积物彻底清除掉是十分必要的。如果采取适当的措施，可以减少淤积的发生。比如在挖槽结束时，认真清除残留的土渣；在钢筋笼外侧加上垫块，使其下端向内弯曲，接头管底端直径变小等。但是悬浮在泥浆中的土渣是不断沉淀到孔底的，有时数量相当大，是孔底淤积物的主要来源。在浇注混凝土之前和过程中，都会产生很多沉淀。因此，把槽孔内不合格的部分（有时可能是全部）泥浆清除置换出来，并用合格泥浆来代替，就是很有必要的了。可以说清底和换浆都是必不可少的。

2. 清底和换浆方法

1）沉淀法和置换法

可以把清除孔底淤积物的方法分为沉淀法和置换法两种基本方法。

沉淀法是待土渣沉淀到槽孔底部之后再进行清底；置换法则是在挖槽结束后，对槽底土渣进行清除，在土渣还没来得及再次沉淀之前，就用新泥浆把槽孔内泥浆置换出槽外。

清底方法不同，清底时间也不同。置换法是在挖槽结束后立即进行，所以对于泥浆反循环工法的挖槽施工，可以在挖槽后立即清底。

沉淀法应在钢筋笼或埋件吊装之前进行。但若等待浇注时间太长，可能需要在浇注混凝土之前再次清底。此时由于钢筋笼和埋件的妨碍，很难清干净。

2）清底方法

清底方法有以下几种（图 23-54）：

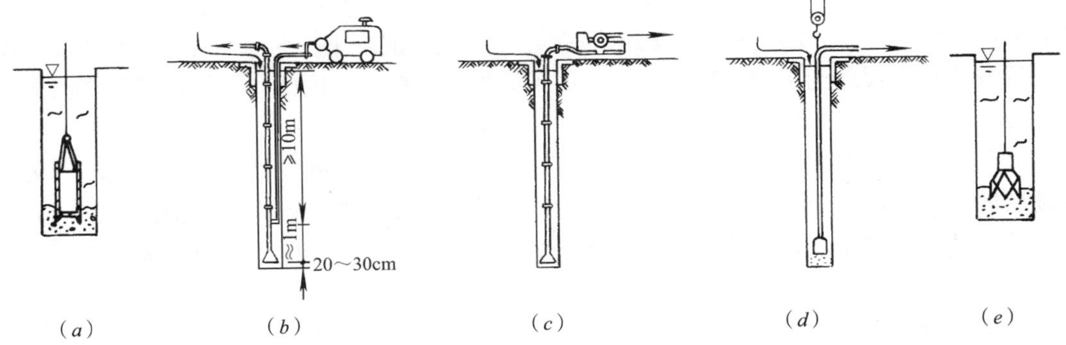

图 23-54　清底的施工方法

(a) 抽筒换浆法；(b) 空气吸泥法；(c) 导管吸泥法；(d) 潜水泵吸泥法；(e) 抓斗清底

(1) 抽筒换浆法。这是在防渗墙施工中仍在大量采用的清孔方法。它把抽筒（容量约 $0.3m^3$）下到孔底后，不断冲击孔底淤积物，使其通过底伐进入筒内，达到一定数量后，连同进入筒内的泥浆一并提出槽外倒掉。如此反复循环多次，可达到减少孔底淤积物和置换不合格泥浆的目的。

一般情况下，用抽筒清孔时，按槽孔体积计算，清孔效率可达 $100 \sim 150m^3/d$。

(2) 空气吸泥法（压气法）。这是使用空气升液（压气）法来抽吸孔底淤积物和稠泥浆，送到槽孔外，经净化处理后再回到槽孔内。

在较浅的槽孔内，使用空气吸法的效率是比较低的。一般应在大于 10m 深的槽孔内使用。

(3) 导管吸泥法。这是利用浇注混凝土用的导管，将其上端接入砂石泵，作为泵的吸水管放入槽孔内，通过移动导管来抽吸孔底淤积和稠泥浆。因为混凝土导管本身是不透水的，所以做泵的吸水管正好合适。

有时因吊放钢筋笼、接头管或注浆管以及埋设仪器等，使槽孔不能在短时间（4h 以内）浇注混凝土，孔底淤积物厚度就会增加而超出标准值。此时，就可利用已放在孔内的混凝土导管进行上述清孔吸泥工作。

这个方法在槽孔深度小于30m左右是可行的，效率较高。如果槽孔太深，移动导管就会比较困难。

（4）潜水泵吸泥法。潜水泵从孔底吸泥，清孔效率较高。

（5）抓斗清底。抓斗可以直接把孔底残留的淤积物带出孔外，清底效果比其他方法好。实践证明，用抓斗挖槽时，可以把绝大部分土体以固体方式排出槽孔外，它的泥浆相对密度和含砂量变化不大，而且残留在孔底的土渣也是很少的，所以这种槽孔的清孔工作很快就可完成。

（6）反循环钻机吸泥法。当使用反循环钻机（挖槽机）挖槽时，它的清孔工作也是很方便的。只要在挖槽结束后，继续抽吸孔底残留土渣和稠泥浆，并用合格泥浆补入槽孔中，很快就会满足要求。

23.5.4 接头刷洗

1. 刷洗接头的原因

这里所说的接头是指地下连续墙墙段之间的接缝，其是为了施工需要而设置的。接头的种类很多，大体可分为钻凿式接头和非钻凿式接头。钻凿式接头就是用挖槽机在一期槽孔墙两端混凝土中再钻凿出一个等于或小于设计墙厚的空间而形成。为了减少施工困难程度，常常在混凝土浇注20～30h后就开始钻凿接头孔，使混凝土中尚未水化完成的$Ca(OH)_2$与泥浆发生化学反应而生成较厚的泥皮。由于这种钻凿接头表面凹凸不平，很难把泥皮清除干净。

此外，接头孔壁上的淤积物还可能来自以下方面：二期槽孔挖槽时，由于钻具（头）对地层的冲击、挤压而使黏泥挂到孔壁上，浇注混凝土顶部的淤积物被推挤到孔壁上。

接头孔壁上的淤积物如不清除，会降低墙体抗渗性和结构强度，由此酿成的重大质量事故并不鲜见。

2. 接头刷洗方法

刷洗接头的方法有以下几种：

（1）用特制钢丝刷子沿接头孔壁，分段上下往复刷洗，直到刷子不见淤泥为止。

（2）用特制刮板刷洗，如图23-55（*a*）所示。

（3）用高压水冲洗，如图23-55（*b*）所示。

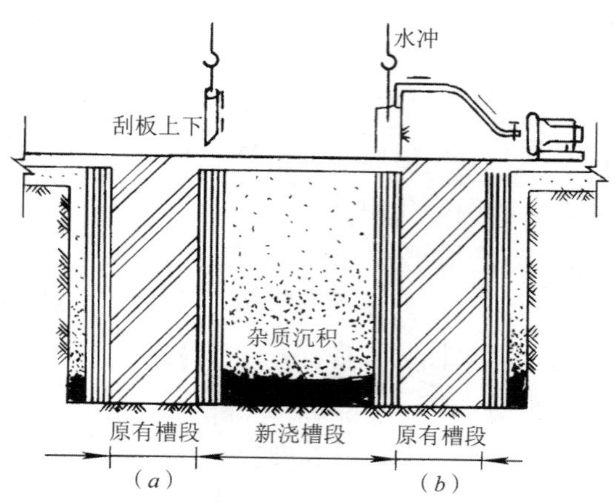

图23-55 用刮板刷洗接头

（4）利用抓斗刷洗，如图 23-56 所示。

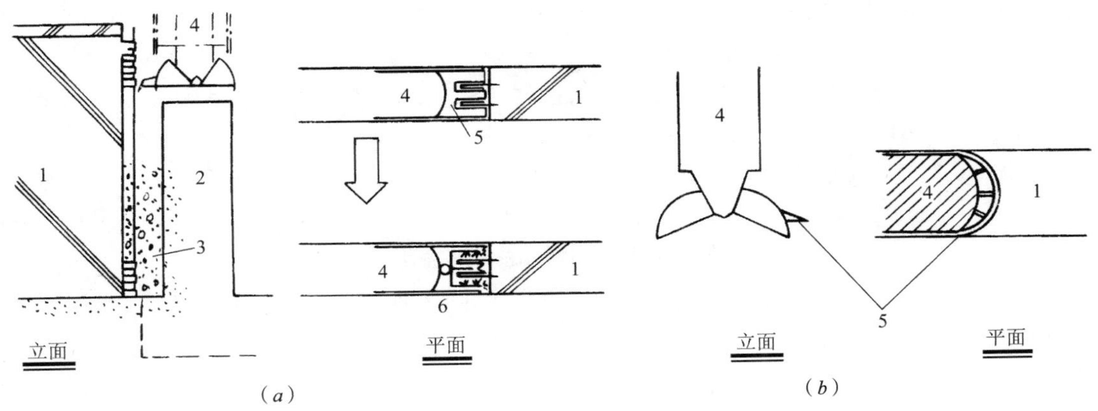

图 23-56　用抓斗刷洗接头

（a）平缝；（b）弧形缝

1——期槽；2—二期槽；3—碎石；4—抓斗；5—刮齿；6—高压水

（5）利用特制的接头清洗机。

（6）利用 H 型钢制成刷子清洗。接头的刷洗应在清底之前进行。如果吊放钢筋笼以后还要二次清孔，可下入钢管或利用浇注导管来抽取孔底淤积物。

23.6　检测和验收

23.6.1　概述

挖槽精度很大程度上决定了地下连续墙的质量好坏。由于挖槽施工是在泥浆下进行的，看不见，摸不到，很难发现问题。只有随时进行检查和纠正，才能使挖槽工作顺利进行。

对挖槽质量的检查可分为日常检测和验收两种形式。施工单位的质量检查部门和挖槽班组负责日常检测工作，在自检合格的基础上，由监理和上级质量部门负责验收事宜。

23.6.2　检测

在日常挖槽施工中，应注意检查以下项目。

1. 孔位（槽段位置）

槽段中心线应与设计墙体中心线平行，孔位（分缝位置）偏差应小于 1～3cm。冲击钻机施工时，对轨道和导墙的变位影响很大，此时应特别注意测量基准线变化情况。

2. 槽宽（墙厚）

槽宽必须大于墙的设计厚度。这对于用抓斗和各种回转钻机挖槽来说不成问题。但是用冲击钻造孔时，如果主、副孔尺寸和造孔方法选择不当的话，就会造成波浪孔形（图 23-57）。可采用一个高和长均为 1.5 倍墙厚、厚度为 1 倍墙厚的钢筋框架检验是否等宽。

3. 孔斜

钻孔或槽孔在某一深度处的实际孔位中心与设计孔位中心的距离就是该孔深处的孔斜

偏斜值，偏斜值与孔深之比就是孔斜率。

简易测量孔斜的方法通常采用孔口偏差值换算法（图 23-58）。

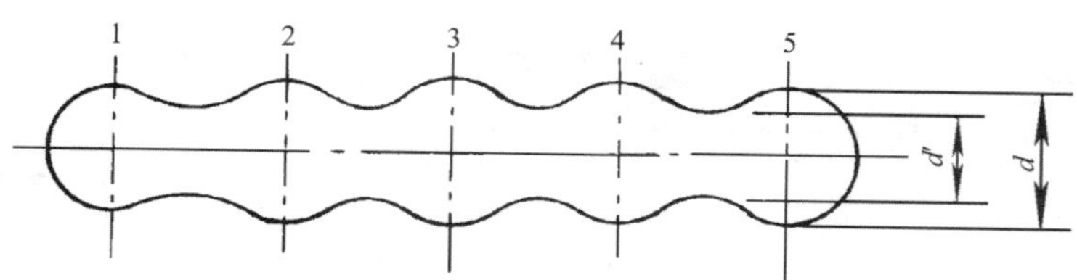

图 23-57　槽形孔孔壁的波浪形

1、3、5—主孔孔位；2、4—副孔孔位

d′—主副孔之间的孔宽；d—主孔或副孔孔位处的孔宽

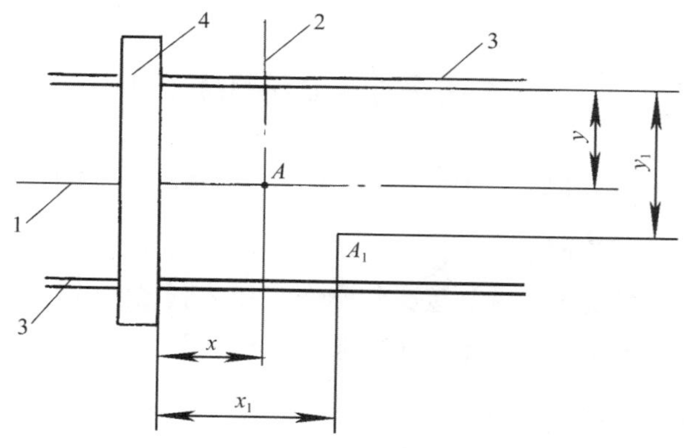

图 23-58　测量偏差值示意图

1—墙轴线；2—孔位中心线；3—孔口导向板；4—直尺

在距孔位中心一定距离处垂直于导向槽放一直尺，组成临时直角坐标系，在钻头下入孔内不受孔壁影响的情况下，将钢丝绳或钻杆中心相对位置的两个坐标记录下来，钻头缓慢下降，每下降 2m 记录一次，直至下至距孔底 0.5m 处，测量结束，即可计算出不同孔深处孔位中心的孔口偏差值。再根据相似三角形即可计算出对应某一孔深处的偏差值和孔斜率。

下面讨论一下如何计算槽孔的偏斜。如果通过检测求得了孔口偏斜值A，则根据相似三角形，孔底偏斜值B为：

$$B = \frac{H + h}{h} A \tag{23-11}$$

式中　B——孔底偏斜值（cm）；

H——孔深（m）；

h——桅杆钻架高度（m）；

A——孔口偏斜值（cm）。

在某些情况下，孔底偏斜值已被限定为已知数值，也可求出相应的孔口偏斜值A：

$$A = \frac{h}{H + h} B \tag{23-12}$$

要想快速而精确地测量，需借助超声波测斜仪。

目前，我国对地下连续墙孔斜没有统一的要求，允许接头孔孔斜值从 2/1000～1/100，相差很大，但是必须满足接头套接孔的两次孔位中心在任一深度的偏差值不得大于设计墙厚的 1/3。如使用接头管（箱），则不受此限制。

4. 孔深

施工孔深是指自导墙顶面向下到槽孔底部的深度，它通常要大于设计孔深。可用钢尺逐节丈量钢丝绳或钻杆长度来测得精确孔深，为鉴定基岩、清孔验收和计算工程量提供可靠数据。

对于墙底深入基岩内部的地下连续墙，还必须确认墙底入岩深度是否满足了设计要求。这就需要进行如下基岩鉴定工作：

（1）根据已经采取的岩样，确认是否已经到达或进入基岩以内。

（2）如确认已进入基岩内，则应确认基岩面顶部高程及其深度。

（3）根据基岩面起伏变化情况，确定实际入岩深度，以保证在任一部位的入岩深度均不小于设计深度。

（4）填写鉴定表和保留岩样。

基岩鉴定是项困难工作，应慎重进行。

5. 孔形

用冲击钻机造孔时，最容易在槽孔孔壁和孔底出现梅花孔、探头石和小墙（图 23-59）等不良孔形。这些对墙体的均匀性和抗渗性都是不利的。

在使用抓斗等挖槽机施工时，上述现象一般不会出现。但是这种槽孔也会出现一些不良孔形（图 23-60）。图中的地下连续墙表现为移位、偏转和厚度不均匀，在立面上则表现为墙顶偏斜、结构埋件移位等。

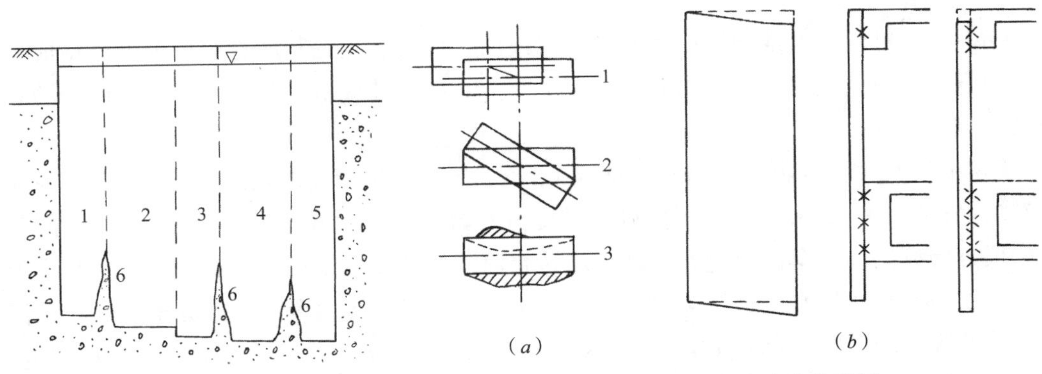

图 23-59　槽形孔孔底小墙示意图

1、3、5—主孔；2、4—副孔；6—孔底小墙

图 23-60　地下连续墙孔形图

（a）平面；（b）立面

1—平移；2—扭转；3—厚度变化

目前，已经有很多工程采用先进的超声波检测仪来检测槽孔孔形、孔深及孔斜，为地下连续墙施工提供了很好的帮助。有关超声波检测仪情况将在下面加以说明。

23.6.3　超声波检测仪的应用

为了快速、准确地检查已成钻孔或槽孔的几何形状，以便为下钢筋笼或钢管以及浇注混凝土等工序创造良好的条件，可使用超声波检测仪。日本电子研究所（KODEN）生产的 DM 型超声波检测仪已被世界各国所应用。下面说明一下已经引入我国的 DM-684 检测仪的工作原理和使用情况：

（1）地下连续墙槽孔是一个窄而深的长槽，用超声波检测仪能同时测试出槽的宽度、厚度和深度，以及尺寸偏差和孔壁形状。

（2）各种测试数据均可记录在特种记录纸上，可同步绘出图形，能简便、直观地看出槽孔问题。

（3）当使用当地黏土泥浆造孔，孔底泥浆相对密度较大时，也能量测准确。

（4）仪器性能优越。DM-684 检测仪由日本电子研究所制造，是电子学和超声波技术的结晶。

（5）利用控测器发射并接收从槽孔壁反射回来的超声波，确定超声波传播时间，推算出探测器到槽孔壁的距离，并把测得的孔壁形状绘于电感光记录纸上，如图 23-61 所示。

DM-684 的主要功能和特点：

（1）测量深度：100m。

（2）测量范围（平面尺寸）：0～8m。

（3）泥浆相对密度：1.2。

（4）量测方向：x—x'和y—y'同时测量，全自动控制，可进行快速测量和记录。

（5）绞车：电缆和钢丝绳能同步转动，0～20m/min。

（6）特殊信号处理电路能分辨墙面和悬浮物。

（7）干性电感光纸可以防止记录成果的退色和消失。

（8）电源：交流电电压 220V，频率 50～60Hz。

（9）超声波频率 100kHz。

（10）测量精度±0.2%。

DM-684 可以有效地用于测量各种冲击或回转钻机、土钻和所有用护筒方法钻成的孔以及用各种抓斗或钻机开挖的槽孔。检测地下连续墙槽孔或桩孔，也可指导钢筋笼顺利下到槽（桩）孔内。

DM-684 检测仪在泥浆相对密度达到 1.2 时，仍能测出清晰的孔形，墙面情况记录在电感光纸上；可在x—x'和y—y'方向同时量测，并很容易地转换方位；在记录纸上量测的各种数据很方便读出；绞车的电缆卷筒和钢丝绳卷筒同步转动；绞车上装有上限开关和下限开关，以便潜水探测器在测量结束时自动停下来。DM-684 还设置了用来分辨墙面和悬浮物的信号特殊处理电路。为了安全使用 DM-684 检测仪，该机装备了断路器，高压保护电路，记录笔尖具有自动停止功能；电感光纸可防记录成果的退色和消失；该机可通过全自动绞车实现快速测量和记录；水下传感器的深度可连续地显示在数字深度指示器上。DM-684 检测仪最大测深 100m，最大测径 16m，检测精度可达±0.2%，可在−10～50℃环境温度内进行测试。仪器工作过程如下：

（1）将已调试好的绞车连同探测器固定到钻孔护筒或防渗（连续）墙的导墙顶部，对准中心。

（2）用电缆把绞车与记录器连接起来，接通电源。

（3）选择合适的孔径或槽宽的测量范围，选定送纸方式和送纸速度。

（4）选定孔壁标志线：要使所测孔壁限定在标志线之内。

（5）将探测器下放到地面以下 2m 处，校定超声波波速以及其他一些项目。

（6）接通记录器电源，打开必要的开关。开动绞车，将探测器下入孔内，测试不同深度时的槽孔或圆孔壁形状并随时绘图于电感光纸上。

一旦探测器碰到孔底，绞车立即停止下降，振动反向开关，把探测器提出孔外。

DM-684 检测仪可对抓斗抓成的试验槽孔进行测试，找出问题，进行改进。在使用抓斗施工初期，曾发现下放钢筋笼不畅。经检测，都往同一方向偏斜，原因是抓斗在抓土时没有转向造成的，在剩余的施工过程中进行了调整，使工程得以顺利进行。

DM-684 可检测出不同深度上槽（桩）孔的形状、直径以及偏斜和扭曲情况。可以利用得到的孔壁图形或计算数据来指导施工。例如，1994 年在检测北京市第三制药厂直径 2m、深 101.5m 的曝气井时发现，如果按照原来给出的孔口中心向下放入ϕ1.4m 曝气管，就会在半路上撞上孔壁而卡管；如果按照实测孔壁形状，将孔口中心稍作移动，则管子可以顺利下到孔底（图 23-62），这就避免了不必要的返工。又如在用 DM-684 检测某个用回转钻机建造的长 5.5m 的矩形槽孔时，发现在 30m 深处有一个突出的“小墙”，U 形曝气管无法下放，随即进行处理，很快解决了问题。

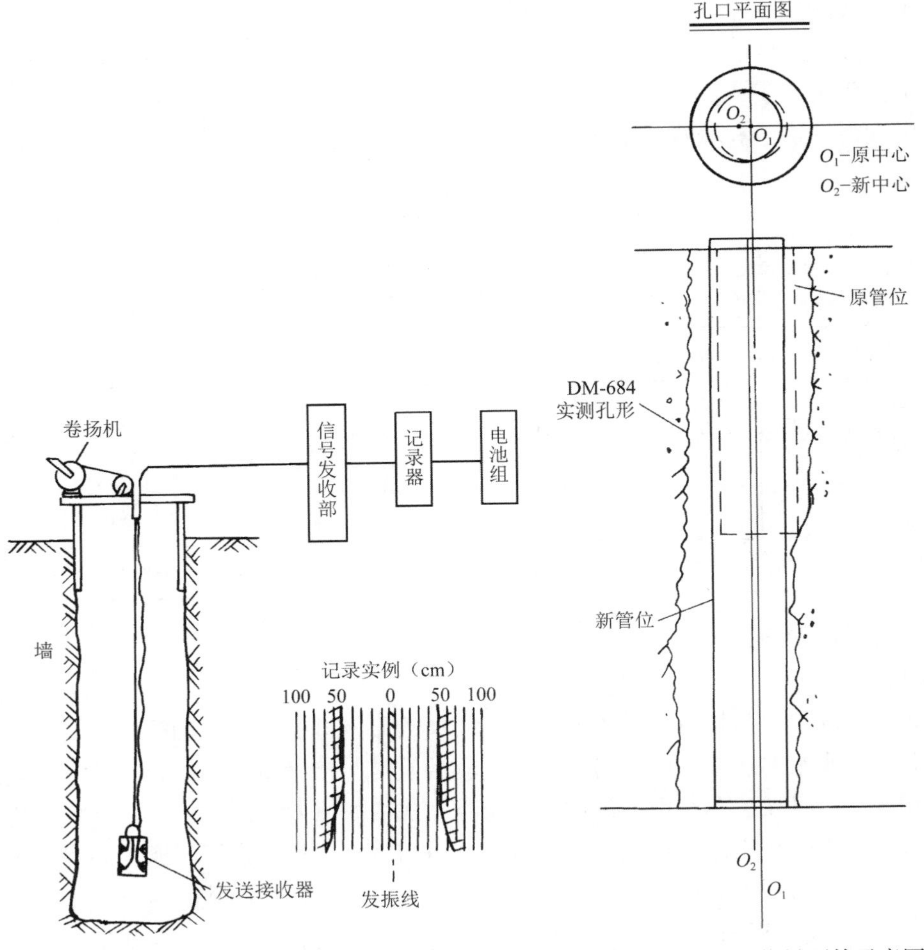

图 23-61　DM-684 检测仪工作简图

图 23-62　DM-684 指导下管示意图

23.6.4 验收

根据目前的施工规范要求，地下连续墙在挖槽施工过程中要进行三次验收，即单孔验收、终孔验收和清孔验收。

1. 单孔验收

对于那些墙底入岩或深入黏土隔水层的防渗墙来说，常常通过先行施工的单孔（主孔）来查明地质情况，确定基岩或黏土所在位置和高程。所以，要进行单孔验收，验收的项目如前面所说。验收的重点是确定基岩面或黏土层面。

对于不入岩的地下连续墙来说，常不进行单孔验收。

2. 终孔验收

应包括以下内容：

（1）孔位、孔深、孔斜、槽宽。

（2）基岩岩样和入岩深度。

（3）一、二期槽孔接头的搭接厚度（指钻凿接头）。

3. 清孔验收

应包括以下内容：

（1）孔底淤积厚度。

（2）槽孔泥浆性能。

（3）接头刷洗质量。

我国现行的水电和城建系统的规范对上述指标要求不一样，详见表23-4。

清孔指标 **表23-4**

项目	《水利水电工程混凝土防渗墙施工技术规范》SL 174—2014	《建筑地基基础工程施工质量验收标准》GB 50202—2018
孔底淤积厚度（cm）	≤10	≤20
黏土泥浆密度（g/cm^3）	≤1.30	≤1.20
黏度（s）	≤30	—
含砂量（%）	≤10	—
取样时间（h）	1.0	1.0
取样深度（m）	未规定	孔底以上0.2

23.6.5 成墙质量检查

1. 概述

成墙质量的检查是指对一整道混凝土连续墙的质量进行一次总的检查，其项目有：墙段墙身混凝土质量的检查，墙段与墙段之间套接质量与接缝质量的检查，墙底与基岩结合质量的检查，墙身顶留孔及埋设件质量的检查，成墙防渗效率的检查等。在检查之前，首先要对施工过程中积累的工程技术资料进行查对与分析，从中发现问题，并对各项质量得出初步的结论。通常需要查对与分析的工程技术资料有：每个槽孔的造孔施工记录和小结（包括事故情况及处理结果），主要单孔的基岩岩样鉴定验收单及终孔通知单，槽孔终孔验收成果记录及合格证，槽孔清孔验收成果记录及合格证，每根导管的下设、开浇、拆卸记录表，孔内泥浆下混凝土浇注指示图（即混凝土顶面上升指示图，包括混凝土顶面反映出的方量与实浇方量的每时段核对曲线图），拌合站及孔口混凝土质量检查成果，每个槽孔混凝土浇注施工小结（包括事故情况及处理结果），造浆黏土的物理、化学、矿物、阳离子交换容量分析试验成果，造孔及清孔泥浆性能指标，混凝土原材料的物理、化学、矿物分析试验成果，混凝土配合比试验成果，混凝土试块试验成果，墙内埋设件埋设记录，坝体测压管及墙身观测仪器的初步观测成果等。属于每一个槽孔的成果资料，施工单位应逐孔装订成册，并加印封面。

下面分别简述每个项目的具体检查方法。

2. 墙身混凝土质量的检查与评定

在墙段混凝土浇注 28d 之后，应在对质量有疑问的墙段、浇注质量较差的墙段，以及浇注质量较好的、具有代表性的墙段，慎重选定检查孔位，用岩芯钻机钻检查孔取混凝土芯，一方面检查混凝土芯中有无裂缝、夹泥、混浆等质量问题，另一方面对混凝土芯的重度、抗压和抗拉强度、弹模、抗渗等级等物理力学性能进行试验。钻检查孔过程中还应分段进行注水或压水试验，得出墙身混凝土的透水性资料。

通过钻检查孔检查与评定墙身混凝土的质量是一种较为直观与可靠的方法。常采用岩芯钻机，孔径 108～127mm，钢粒或合金钻进。应由有经验的技工精心操作，不然稍一不慎，检查孔极易于偏出墙外，因此，一般认为这一方法仅适用于深度为 40m 左右的混凝土地下连续墙。检查孔的数量不宜过多。一道地下连续墙挑选有代表性的质量较好的数个墙段钻 1～3 个检查孔；对质量有疑问的墙段应选择有代表性的单孔，钻 1～2 个检查孔；对质量较差的墙段，应归纳为几种类型，每种类型选择一个有代表性的墙段，钻 1～2 个检查孔。检查孔中压水试验的压力一般以采用 10N/cm^2 为宜，经过论证后最大也不宜超过 20N/cm^2，以免把墙身混凝土压穿。宜尽量采用 3 个压力阶段压水（但也允许采用一个压力阶段压水）。检查孔完成检查任务后，应当用水泥砂浆自下而上有压封孔，并填好封孔记录表，存档备查。

3. 墙段与墙段之间套接质量与接缝质量的检查

此处重点介绍墙段间接缝质量的检查。

墙段间接缝是墙身的薄弱环节，因此，对墙段间接缝质量的检查必须严格、细致。质量不良的接缝中充满着软塑状黏泥，一般规律是墙顶部缝最宽，随着深度的增加，缝宽逐渐变小，但也不能忽视有少数接缝的缝宽自孔口至孔底几乎是等宽度的。对墙段间接缝质量进行检查的具体方法有开挖法与检查孔法，两种方法应当结合采用。

防渗墙体质量检查，在条件允许时应首先将墙顶以下 1～2m 的墙身两侧的土石挖除，并将暴露出来的墙顶部分刷洗干净，用钢卷尺测量每一个接缝在墙顶处及墙顶以下 1～2m 处的缝宽。逐缝做好记录，对较宽的接缝应绘出素描图。一般要求缝宽应小于 0.5cm，而且沿半圆弧水平走向应当是不连续的。对于质量不合格的墙段间接缝，应当选择有代表性的部位，骑缝钻岩芯检查孔，取出混凝土芯，分段进行注水或压水试验。骑缝检查孔的偏斜方向应当与接缝的偏斜方向一致，以尽量做到沿缝钻进。骑缝钻检查孔的意义有两点，一是为了较准确地检查接缝质量，二是为了确定处理深度。

近年来，有的工地先在接缝两侧的墙身中各钻一个检查孔，然后试用超声波检测法，综合利用声波波速与声波衰减两个指标来检测接缝的宽度，但目前只能得出定性的结论，今后仍应进一步开展这方面的研究工作。

4. 墙底与基岩结合质量的检查

槽底嵌入基岩（或持力层）中的深度从单孔基岩鉴定验收单及终孔通知单中可以得出较为准确的数值。但是，大多数情况下墙底与基岩并没有直接接触，其间夹有一层由黏土颗粒与岩屑组成的淤积层。也就是说，槽底嵌入基岩（或持力层）中的深度并不等于墙底嵌入的深度。因此，尚需检查墙底混凝土与基岩（或持力层）顶面之间的实际距离，即检查浇注混凝土后的孔底淤积层的实际厚度，以及该段淤积层的透水情况。一般均通过墙身预留检查孔或专门钻孔进行检查。钻孔检查时，只要精心操作，即可较准确地测量出墙底以下淤积层的厚度；通过墙身预留灌浆孔则难于直接测量，一般要采用孔内水下电视或录像来观测淤积层厚度。

墙底以下淤积带的透水性需采用压水试验的方法进行测定。止水顶塞应卡在紧靠淤积带上部的混凝土墙内，压水压力以不大于 $20N/cm^2$ 为宜。淤积带的渗透系数大都小于 $10^{-6}cm/s$，但其抗冲刷能力很差。压水试验测得的透水性实际上是淤积带与表层基岩共同的透水性。

5. 墙身埋设件质量的检查

这项检查包括对起拔预埋钢管管模形成的预留基岩灌浆孔质量、钢筋笼埋设质量、观测仪器埋设质量的检查。

预留基岩灌浆孔质量的检查项目有：孔位中心、孔斜、孔深。实际孔位中心与设计孔位中心允许误差一般为±3cm，量大孔斜率应小于或等于 5‰，孔深以钢尺实际丈量数为准。

钢筋笼埋设质量不允许用钻孔进行检查，应检查其原材料、焊接、下设质量、混凝土开浇前孔底淤积层厚度、混凝土浇注质量等，综合分析后即可得出结论。

观测仪器埋设质量的检查，一般在墙段混凝土浇注完毕 36h 后进行，应逐个测定仪器的完好率，还应检查孔口以上电缆的保护措施是否符合设计要求。

6. 成墙防渗效率的检查

对成墙防渗效率的估算，一般采用以下两种方法：

（1）计算同一水头下，建墙后渗流量的减少值与未建墙时的渗流量之比率。例如，马尼克水电站根据观测资料估算出，穿过防渗墙的渗流量为 $0.017m^3/s$，还估算出未建墙时的渗流量为 $0.4m^3/s$，由此估算出防渗墙的效率为：

$$E_Q = \frac{0.4-0.017}{0.4} \times 100\% = 96\%$$

（2）计算渗流通过防渗墙的水头损失与同一时间上下游水位差之比率。例如，碧口水电站拦河土坝 1975 年年底开始蓄水，当年冬季水库正常蓄水位运行时，河床段上下游水位差 87m。观测资料表明，通过两道防渗墙的水头损失为 83m，由此估算出防渗墙的效率为：

$$E_P = \frac{83}{87} \times 100\% = 95\%$$

7. 墙面平整度检查

墙面经开挖暴露之后，应达到以下质量标准：

（1）墙面垂直度应满足设计要求，一般不大于$\frac{H}{200}$（H为墙深）。

（2）墙体中心线偏差不大于 30mm。

（3）墙面应平整，局部突起（均匀黏土中）不大于 100mm。

（4）接头搭接厚度满足设计要求，无软弱夹层或孔洞，无渗水。

通过对成墙质量的检查，当发现有足以影响连续墙安全运行的质量缺陷时，必须进行补强处理。在选择补强处理方案时，既要处理好有质量缺陷的墙段，又不要影响周围质量良好墙段的完整性。因此，事先要进行处理方案比较，选取其中的最优方案。曾经采用的补强处理措施有：①用冲击钻打掉有质量缺陷的墙段或接缝两侧的混凝土，重新造孔，重新浇注混凝土，简称为“钻凿法”；②紧贴有严重质量缺陷墙段的上游建造新墙，简称为“上游建墙法”；③在有严重质量缺陷墙段上游的覆盖层中进行水泥黏土灌浆或化学灌浆，形成灌浆帷幕，简称为“灌浆法”。对于墙身上部的质量缺陷，也可采用局部凿除，立模补浇混凝土进行处理。无论采用哪种补强处理措施方案，都要严格控制质量，不允许发生新的质量问题。处理完毕后，对其质量仍要再进行一次全过程检查。

23.7　钢筋的加工和吊装

23.7.1　概要

这一节里，将阐述地下连续墙钢筋图设计要点，钢筋的加工以及吊装施工过程和注意事项。

钢筋的加工和吊装过程见图 23-63。

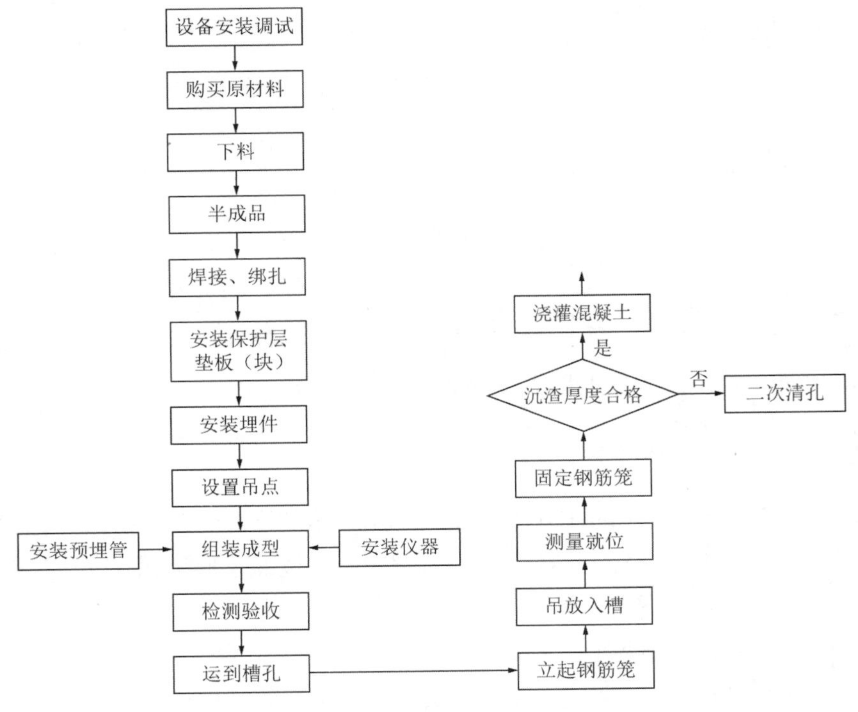

图 23-63　钢筋加工和吊装施工过程图

23.7.2 钢筋施工图

1. 基本要求

地下连续墙的钢筋笼与普通在地面上施工的钢筋网架不同，它要放到槽孔泥浆中去，和混凝土浇注在一起成墙。这种钢筋笼不但要满足结构应力方面的要求，还要在加工、存放、运输、立直和吊放过程中具有足够强度，不会发生过大的弯曲和扭曲变形，还要有足够的混凝土保护层厚度，避免在任何部位发生露筋现象。

2. 钢筋笼的主要尺寸和构造要求

1）钢筋笼的外形尺寸

图23-64所示是钢筋笼构造的一般形式。前面已经谈过，钢筋笼的大小是决定槽段长度的主要因素。

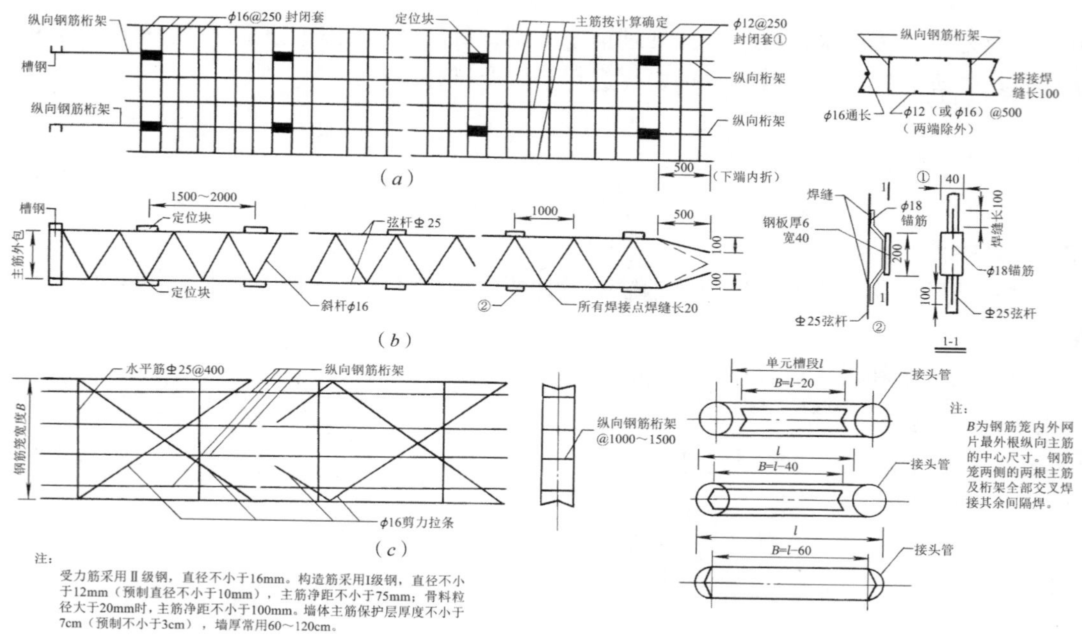

图23-64 钢筋笼的构造和尺寸

（a）一般钢筋形式；（b）纵向钢筋桁架；（c）钢筋笼的加强（槽段较宽时）

为了有利于钢筋受力、方便施工和加快成墙速度，钢筋笼应尽量整体加工和吊装（墙深小于30m）。如果地下连续墙的厚度、深度都很大，有时候槽段长度也必须很长时，则整体钢筋笼的尺寸和重量太大，而无法适应起吊能力、作业场地和运输方面的要求，此时可采用以下两种办法：

（1）沿墙的深度方向把钢筋笼分成两段或三段。在吊放入槽过程中，将它们连接成整体，分段长度以15～20m为宜。天津市冶金科贸中心大厦的条形桩深47m，是把钢筋笼分成三段（18、17和12m）下入槽孔的。

竖向接头宜放在受力较小处，接头形式有钢板接头、电焊接头、绑扎接头、锥形螺纹接头等，还有使用钢丝绳卡子固定钢筋的接头。绑扎接头的搭接长度不小于45d，当搭接接头在同一断面时，搭接长度应加长到70d，且不小于1.5m。

（2）沿地下连续墙长度方向把槽段钢筋笼分成两片或三片，吊放时一片一片地入槽。这种实例在国内外都有。为了防止各片钢筋笼下放时卡住，可在先下放的钢丝笼侧用钢筋（或圆钢）做上两道滑轨。

实践证明，采用第一种方法分段时，钢筋接头数量很大，连接花费时间长，弄不好还得二次清孔，不到万不得已不要采用。沿水平方向分片的方法，可以快速完成钢筋笼吊放入槽工作，是个值得推广的经验。当地下连续墙作为永久结构使用并且有传递水平剪力的要求时，此种分片方法则应慎用。

2）钢筋桁架

地下连续墙的钢筋笼与普通的钢筋网（架）不同，它必须在存放、运输和吊装过程中具有足够的强度和刚度，才能顺利入槽就位。

为此，除了按设计要求配筋外，还要对钢筋笼进行加固。

（1）钢筋桁架。这是最重要的一条加固措施。它是由两侧受力钢筋和附加的垂直和斜向弦杆组成。当某一侧主筋直径较小时，有时换成粗些的钢筋。受力钢筋直径为 22～25mm 即可满足要求。每个槽段钢筋笼内间隔 1.0～1.5m 设一道钢桁架，注意不要影响导管的位置。桁架的挠度应小于 1/300。

（2）水平加固筋。每隔 2.0m 布置一道闭合的水平箍筋，直径为 14～22mm。大型钢筋笼应全部采用闭合水平箍筋。

（3）剪刀加固筋。这种钢筋无论放在外层还是内层，都会减少钢筋笼的有效利用空间，不宜采用。可通过加大钢筋桁架的直径或增加数量来代替斜向布置的剪刀筋。

（4）孔口加固。在钢筋笼顶部的吊装部位加密钢筋或加大直径，还可采用型钢。

（5）采用焊接节点。在下列部位采用 100%的焊接节点：①钢筋笼两端；②受力最大部位；③起重吊点部位。其他部分可 50%点焊。绑扎少用。

（6）设置拉（钩）筋。根据钢筋笼尺寸和重量，用几排直径 12～16mm 的钢筋把两侧钢筋网连接起来，其间距为 200～500mm，排距为 1.2～1.5m。槽长 6m 时，可设 4 排拉筋。

根据笔者的施工实践和对多处施工现场的观察，发现这些短的水平筋有渗水现象。为了某种需要把局部表层保护层内的混凝土凿掉之后，或者修正墙体偏斜而将大部分墙面混凝土凿除之后，就会发现这些现象。此外，预埋结构接头钢筋也有同样现象发生。这主要是由于泥浆中土砂沉淀淤积在钢筋表面上形成了渗水通道。可以采取以下措施来改善：

（1）清孔要彻底，泥浆性能要好。

（2）减少水平短钢筋用量，特别是两端不要做弯钩（必要时可做直角弯钩）。

（3）改进预埋钢筋做法。

3）保护层

水下混凝土的钢筋保护层可保护钢筋免受地下水、泥浆和地基中有害成分的影响。关于现浇混凝土与泥浆接触引起的质量恶化问题，据日本资料介绍，经 X 射线反复探测分析，可以确认质量受影响的厚度是很小的（1～3cm 以下）。因此可以说，目前采用的钢筋保护层是足够的。

关于主钢筋的保护层，一般认为 7～8cm 即可。也有采用以下数据的：临时地下连续墙大于 6.0cm，永久地下连续墙大于 8.0～10.0cm，钢板地下连续墙的保护层通常在 15cm 以上。

墙段接头之间的钢筋应有 10～15cm 的保护层，以避免因接头孔偏斜而造成保护层减少。

钢筋笼底端与槽孔底的距离应控制在 30～50cm 以上。

为了保持钢筋的保护层，一般是在主筋上焊接高度为 5～6cm 的钢筋耳环或薄钢板（厚 2～3mm）做成的垫板（图 23-65）。垂直方向每隔 3～5m 设一排，每排每面 2～3 个，垫板与槽孔壁之间留有 2～3cm 间隙，以免钢筋笼下放时擦伤槽孔壁，保证位置准确。过去曾使用水泥砂浆滚轮作为定位垫块，因其易被挤碎并刮伤孔壁泥皮，现已极少使用。

4）构造要求

（1）为混凝土导管预留空间。在钢筋笼施工图中要预先确定导管的位置并留有足够的空间，其沿墙的长度方向不得少于 50～70cm，笼子越长，留出的空间应越大，导管周围应设置箍筋或拉筋以及导向筋（$\phi12$～$\phi16$）。为防止水平钢筋卡住导管，应将受力主筋放在内侧，水平分布筋放在外侧。

（2）钢筋笼主钢筋的最小间距。主筋最小间距为 7.5～10cm。最小净距宜大于 5cm。

水平钢筋的间距应为 15～20cm。如非受力部位，其间距可达到 30～50cm。

（3）钢筋笼底部钢筋应向内收拢，以免下放钢筋笼时刮伤孔壁，其底端应做成闭合三角形，可增强底部刚度。

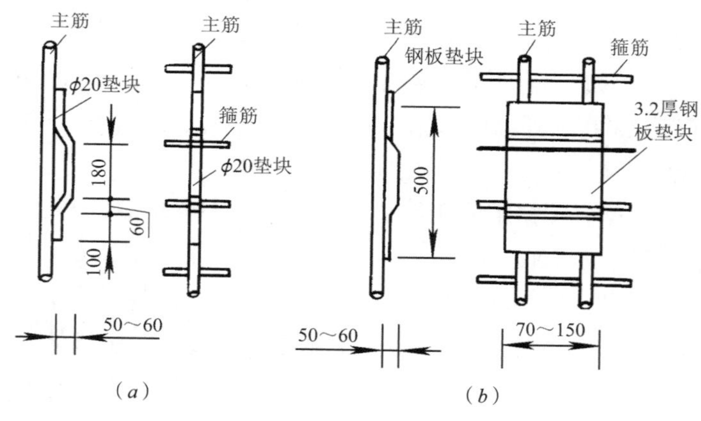

图 23-65　钢筋笼定位垫块

（a）钢筋耳环垫块；（b）钢板垫块

（4）受力筋宜使用 HRB335 级钢筋，直径通常为 22～28mm，个别有用直径 32mm 的主筋，最小直径宜不小于 16mm。水平筋可用 HRB335 级钢筋，直径不小于 12mm，也可采用 HPB235 级钢筋。

（5）拐角部位的钢筋布置形式如图 23-66 所示。图 23-67 所示是比较典型的拐角钢筋设计图。在钢筋布置上，应注意以下几点：

①挡土面水平筋直径加粗，内侧不变。

②挡土面竖向筋直径不变，内侧加粗。

③为增加吊装刚度和稳定性，应设置直径 22～25mm 的斜撑，待下笼时逐根切割掉。

④一定要在地面上找好角槽钢筋笼的重心，再平稳下放到位。

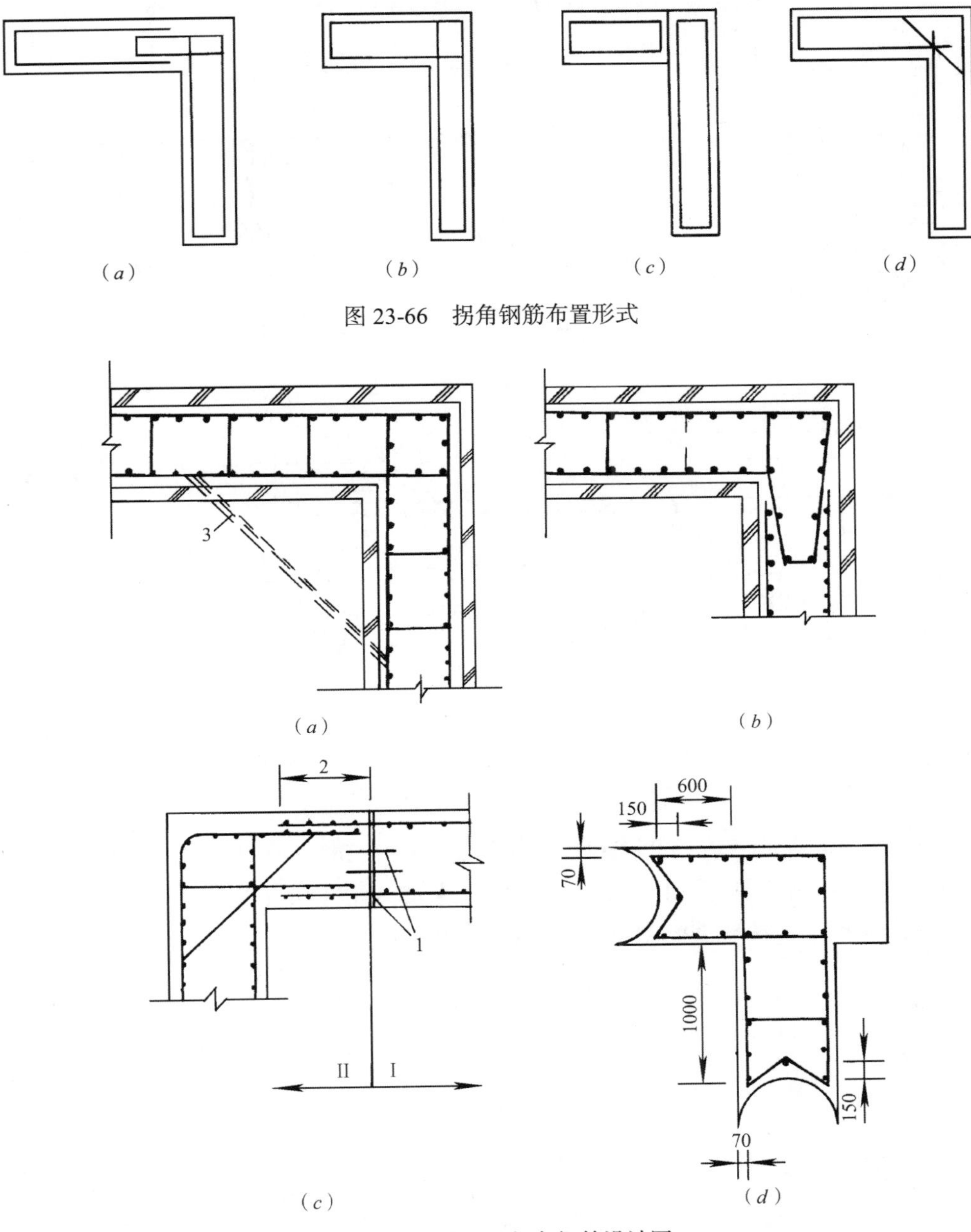

图 23-66　拐角钢筋布置形式

图 23-67　典型的拐角钢筋设计图

(a)、(c)、(d)—L 形；(b)—分离型

Ⅰ—一期槽孔；Ⅱ—二期槽孔；1—接头钢板；2—搭接；3—临时加固筋

3. 地下连续墙钢筋施工图实例

1）日本川崎人工岛地下连续墙钢筋图

1991 年日本修建的东京湾高速公路的川崎人工岛地下连续墙工程，其槽段长 9.277m（二期），墙厚 1m，墙深 119m，见图 23-68（a）。其钢筋全长 116m，是分 6 节制作后组装的，钢筋笼总质量 166.6t，最长一节长 22.5m，质量 35.7t。一期槽的钢筋笼总质量 270.2t

（含工字钢接头），单件最大质量61.8t。其主筋直径35～51mm，间距17.5cm。采用隔板式接头。设计混凝土强度3600N/cm²，现场钻孔取样26组的平均强度为8380N/cm²。

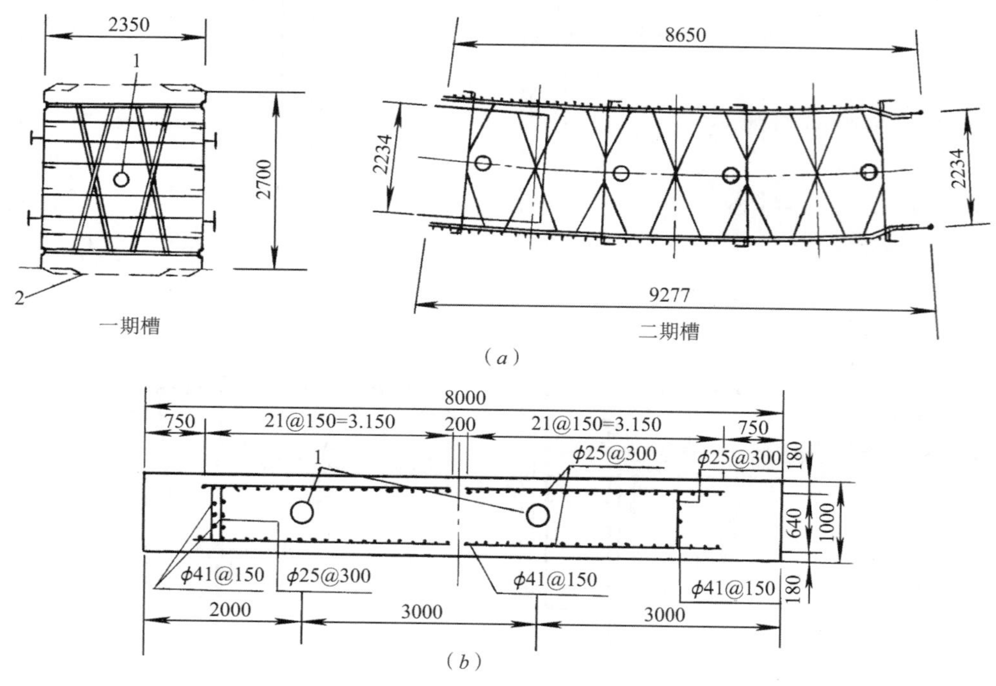

图23-68　超深钢筋笼图

（a）川崎人工岛地下连续墙钢筋图；（b）某超深墙钢筋图

1—导管；2—土土织物

图23-68（b）所示也是一个超深防渗墙的配筋图。主筋直径为41mm，间距15.0cm，对称配置。经现场钻孔取芯检验，试块平均强度达83.8MPa/cm²。

2）我国的地下连续墙钢筋图（图23-69、图23-70）

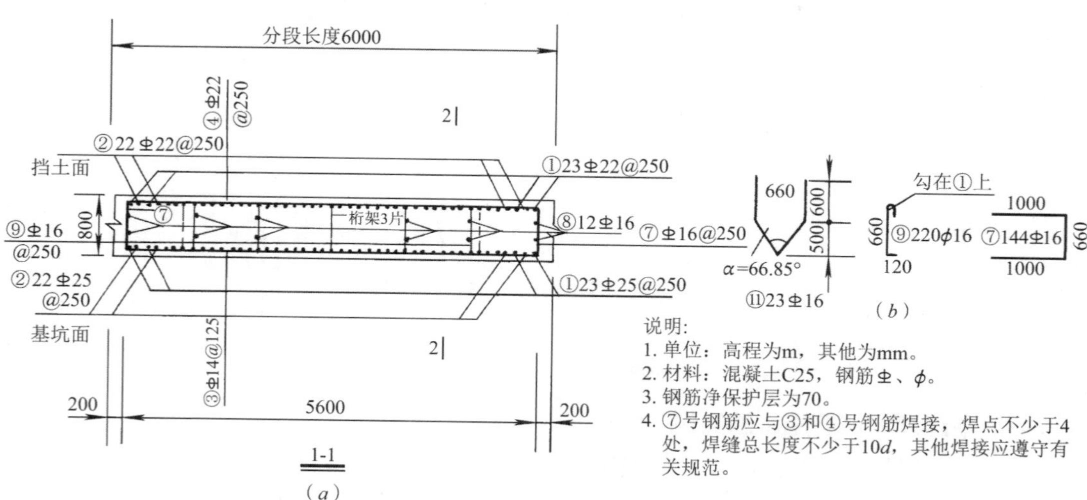

图23-69　北京西北三环地下连续墙钢筋图

（a）剖面图；（b）直槽段

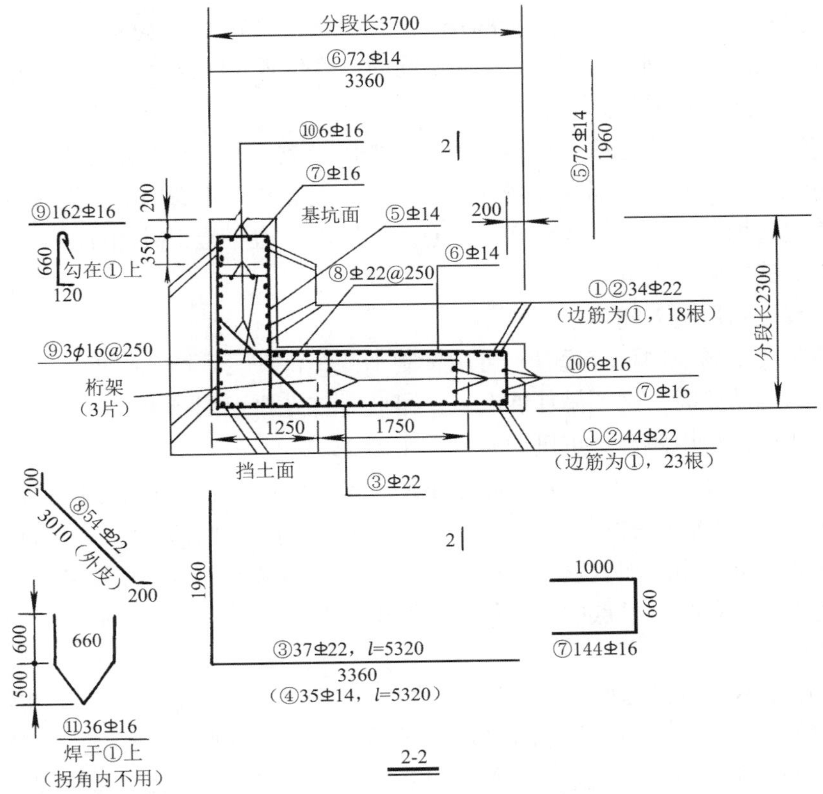

图 23-70 北京西北三环地下连续墙角槽段钢筋图

23.7.3 钢筋加工和组装

1. 主要作业内容

（1）钢筋下料。切断、接长，主钢筋应采用对焊或锥形螺纹连接。

（2）钢筋半成品加工。如弯钩、箍筋、拉筋、弯直角或斜角等。

（3）组装焊接。

（4）设置保护层垫板（块）。

（5）安装接头箱、连接钢板、止水钢板等预埋件，用泡沫板加以防护。

（6）安装其他埋件和观测仪器等。

（7）装贴罩布（防混凝土进入）等。

（8）设置吊点。

2. 钢筋加工

（1）主钢筋尽量不采用搭接接头，以增大有效空间，有利于混凝土流动。

（2）有斜拉钢筋时，应注意留出足够的保护层。

（3）主钢筋应采用闪光接触对焊或锥形螺纹连接。

（4）钢筋应在加工平台上放样成型，以保证钢筋笼的几何尺寸和形状正确无误。

（5）拉（钩）筋两端做成直角弯钩，点焊于钢筋笼两侧的主钢筋上（图 23-71）。

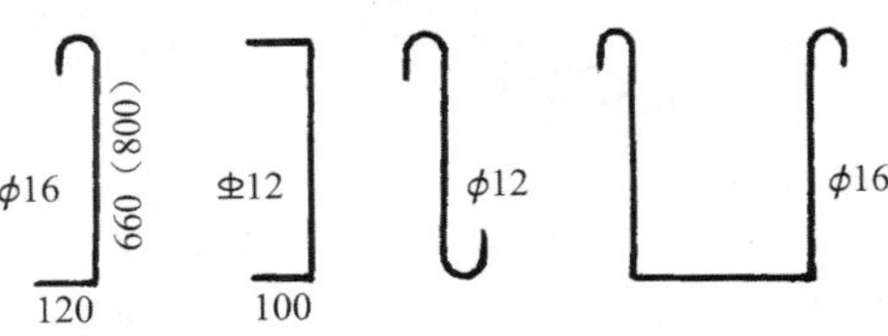

图 23-71 拉筋图

3. 钢筋笼的制作

（1）应按图纸要求制作钢筋笼，确保钢筋的正确位置、根数及间距，绑扎或焊接牢固。

（2）钢筋交叉点可采用点焊。

（3）钢筋笼制作完成之后，按照使用顺序加以堆放，并应在钢筋笼上标明其上下头和里外面及单元墙段编号等。当存放场地狭小需将钢筋笼重叠堆置时，为避免钢筋笼变形，应在钢筋笼之间加垫方木。堆放时必须注意施工顺序，避免施工时倒垛。

23.7.4　钢筋笼吊装入槽

1. 水平移位和吊装入槽

当钢筋笼加工场距槽孔较远时，可用特制平台车将其运到槽孔附近。

水平吊运钢筋笼时，必须吊住四个点。吊装时首先要把钢筋笼立直。为防止钢筋笼在起吊时弯曲变形，常用两台起重机同时操作（图 23-72）。为了不使钢筋笼在空中晃动，可在其下端系上绳索用人力控制，也有使用一台起重机的两个吊钩进行吊装作业的（图 23-73）。为了保证吊装的稳定，可采用滑轮组自动平衡重心装置，以保证垂直度。

大型钢筋笼可采用附加装置——横梁、铁扁担和起吊支架等（图 23-74）。

钢筋笼进入槽孔时，吊点中心必须和槽段中心对准，然后缓慢下放。此时应注意起重臂不要摆动。

如果钢筋笼不能顺利入槽时，应该马上将其提出孔外，查明原因并采取相应措施后再吊放入槽。切忌强行插入或用重锤往下压砸，那会导致钢筋笼变形，造成槽孔坍塌，更难处理。

还要特别注意：整体钢筋笼下放到孔底后，底部是悬空的，要用几根横梁把它架设在导墙顶面上；横梁要有足够的刚度和强度，防止浇注后钢筋笼下放，把埋件的位置也改变了。

在吊放入槽过程中，应随时检测和控制钢筋笼的位置和偏斜情况，并及时纠正。

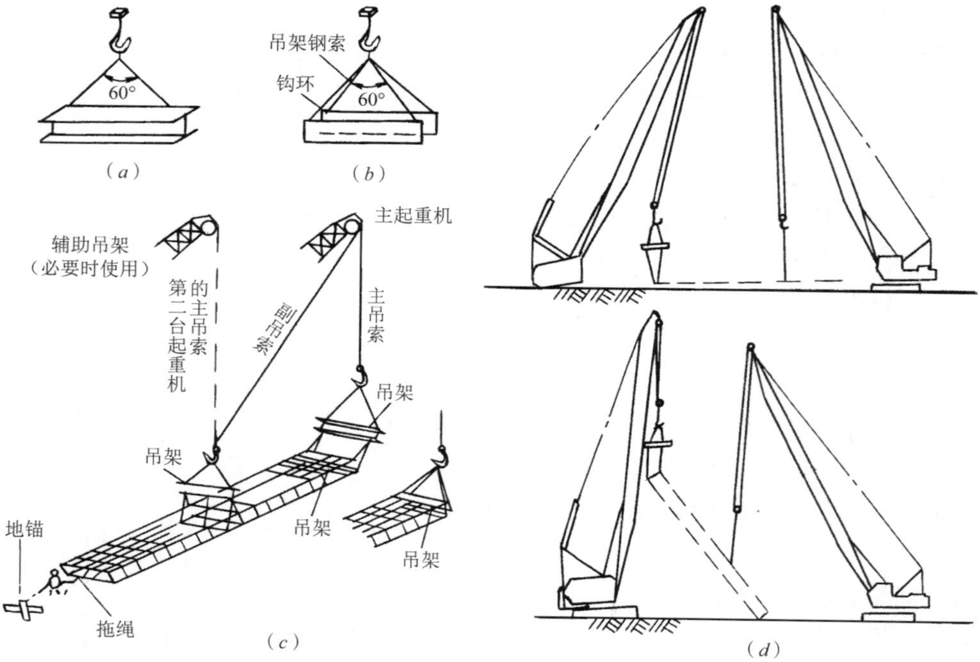

图 23-72　吊入钢筋笼的方法

（a）二索吊；（b）四索吊；（c）起吊方法；（d）双机起吊

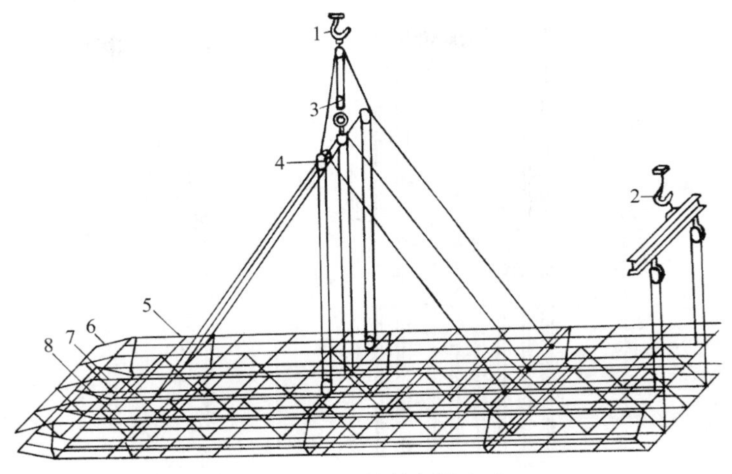

图 23-73 钢筋笼起吊方法

1、2—吊轮；3、4—滑轮；5—卸甲；6—端部向里弯曲；7—纵向桁架；8—横向架立桁架

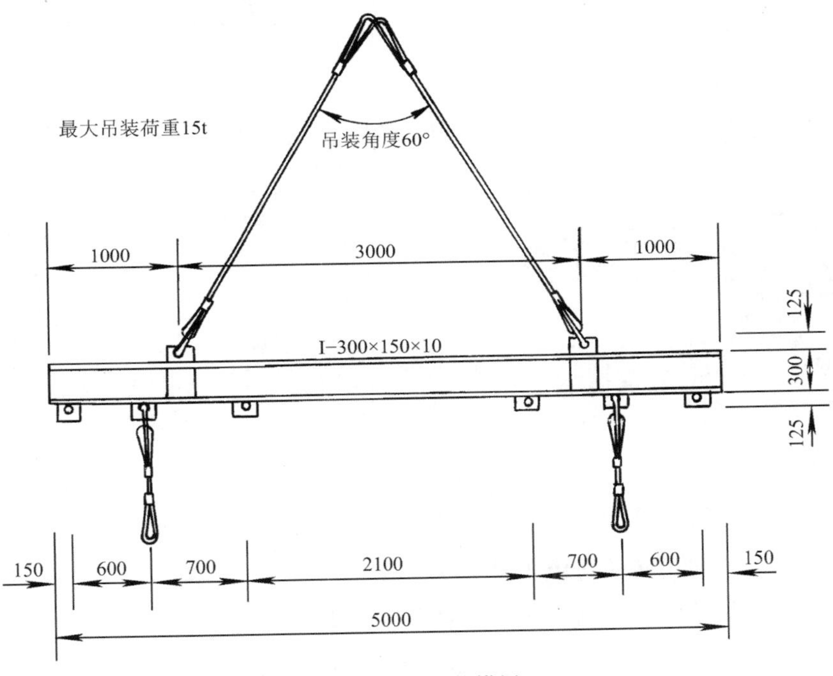

图 23-74 吊装横梁

2. 钢筋笼分段连接

当地下连续墙深度很大、钢筋笼很长而现场起吊能力又有限时，钢筋笼往往分成两段或三段。第一段钢筋笼先吊入槽段内，使钢筋笼端部露出导墙顶 1m，并架立在导墙上，然后吊起第二段钢筋笼，经对中调整垂直度后即可焊接。焊接接头一种是上下钢筋笼的钢筋逐根对准焊接，另一种是用钢板接头。第一种方法很难逐根对准钢筋，焊接质量没有保证而且焊接时间很长。后一种方法是在上下钢筋笼端部将所有钢筋焊接在通长的钢板上，上下钢筋笼对准后，用螺栓固定，以防止焊接变形，并用同主筋直径的附加钢筋@300mm 一根与主筋点焊以加强焊缝和补强，最后将上下钢板对焊即完成钢筋笼分段连接。图 23-75、图 23-76 所示也是分段连接实例。经检测，接头强度不小于钢筋笼的设计强度。

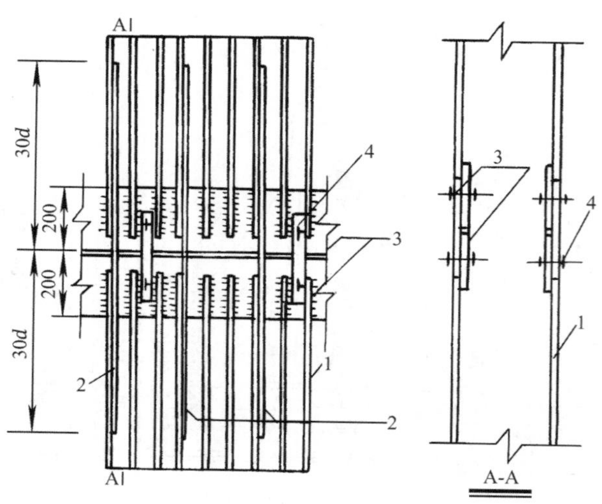

图 23-75 钢筋笼分段连接构造图（一）

1—主筋；2—附加筋同主筋直径，长度 60 倍主筋直径@300mm 一根；3—连接钢板厚度根据主筋等截面计算，不足部分附加筋补；4—定位钢板 300mm × 60mm × 16mm 用ϕ20 螺栓定位及防焊接变形

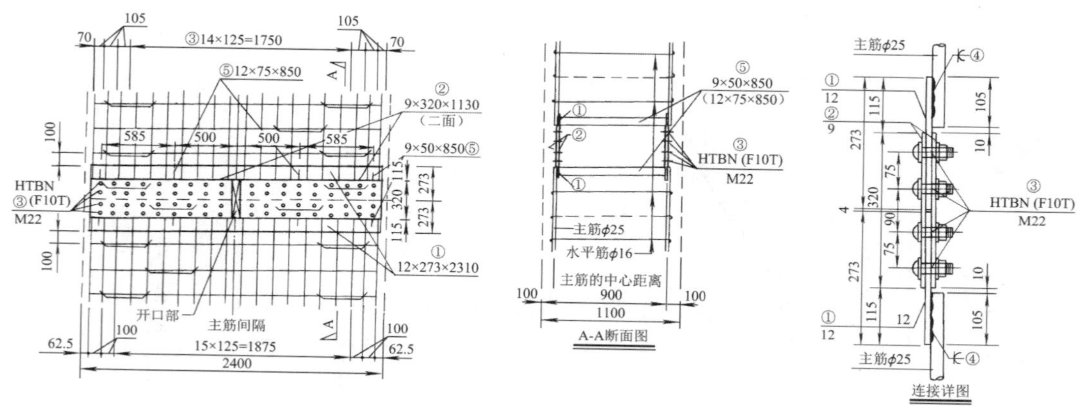

图 23-76 钢筋笼分段连接构造图（二）

①—接合板；②—加强板；③—连接螺栓 M22；④—焊缝（8mm）；⑤—补强板

23.7.5 钢筋笼制作与吊装的质量要求

钢筋笼制作与吊装偏差控制具体质量要求见表 23-5。

钢筋笼制作与吊装偏差控制要求 表 23-5

序号	项目内容	容许偏差（mm）	序号	项目内容	容许偏差（mm）
1	竖向主筋间距	±10	5	钢筋笼吊入槽内中心位置	±10
2	水平主筋间距	±20	6	钢筋笼吊入槽内垂直度	2‰
3	预埋件位置	±15	7	钢筋笼吊入槽内标高	±10
4	预留连接筋位置	±15			

23.8 水下混凝土浇注

23.8.1 墙体材料简介

地下连续墙施工技术是由意大利首先在 20 世纪 50 年代初发展起来的。当时不管是用来承重还是用来防渗，都是采用强度等级 C15 以上的混凝土和钢筋混凝土。

20 世纪 50 年代末期，随着地下连续墙施工技术和材料研究水平的不断发展，它的墙体材料和施工技术开始向着两个不同方向发展：一种是承受各种垂直或水平荷载的刚性墙，抗压强度已经超过 80MPa；另一种则是主要用于防渗的柔（塑）性防渗墙，它的抗压强度最小的不足 1MPa，甚至只是厚度不足 0.5mm 的土工膜。到现在为止，用于防渗墙的材料不下几十种。

我国 20 世纪 50 年代末期研究使用的黏土混凝土已经建成了几十座防渗墙，使用数量已达几十万立方米。也是在 20 世纪 50 年代末期首先由意大利研究使用的塑性混凝土，到了 70 年代以后才取得了广泛应用的机会。

首先由法国在 20 世纪 60 年代末期研究使用成功的自硬泥浆施工技术，迅速推广到了世界各地。

美国和加拿大则善于采用泥浆槽（Slurry Wall）施工技术。他们喜欢用土方机械（如反铲）挖出长长的沟槽，然后用推土机把搅拌均匀的砾石水泥、黏土和泥浆的混合物推到沟槽中去。

在刚性墙方面，混凝土的抗压强度不断地提高，现在已有超过 80MPa 的。在日本则出现了用钢板（或型钢）作为连续墙垂直结构主要部分的工程实例。为了减少占用的结构空间和减少现场浇注的麻烦，预制连续墙（板）也有了不少应用机会。后张预应力地下连续墙已经在英国伦敦地铁项目中建成。

地下连续墙墙体材料详见第 13.1 节。

23.8.2　水下混凝土浇注

1. 概述

地下连续墙的混凝土是靠导管内混凝土面与导管外泥浆面之间的压力差和混凝土本身良好的和易性与流动性，不断填满原来被泥浆占据的空间而形成连续墙体的。由此可见，要得到质量优良的地下连续墙，必须具备以下几个条件：

（1）要生产出品质优良的混凝土拌合物，要具有良好的和易性与流动性以及缓凝（延迟硬化）的特性。

（2）要连续不断地供应足够数量的混凝土。

（3）槽孔泥浆性能要好，即相对密度要小，稳定性好（沉渣少），抗污染能力强。

2. 主要施工机械和机具

1）混凝土搅拌机

为了适应不同混凝土的搅拌要求，搅拌机已发展了很多机型。按其工作过程可分为连续式和周期式，按工作原理可分为自落式和强制式，主要代号意义如下：

自落式：JG（鼓形）；JZ（反转出料）；JF（倾翻出料）。

强制式：JQ（涡浆）；JX（行星）；JD（单卧轴）；JS（双卧轴）。

搅拌机的主要性能指标是搅拌筒的生产容量，即搅拌筒每次能搅拌出的混凝土的容积，它决定着搅拌机的生产率，是选用搅拌机的主要依据。

2）混凝土的运输设备

（1）混凝土搅拌运输车。目前，大量采用的是容量为 6.0m^3 和较小的搅拌运输车，它是由普通汽车底盘改装而成的，由汽车发动机引出动力，以液压传动驱动搅拌筒。

（2）自卸汽车或改装的普通汽车。在工程量不大或边远地区使用。

（3）小型翻斗车。

（4）混凝土泵。混凝土泵的种类很多，按驱动方式可分为柱塞式、挤压式和风动式。随着液压技术的发展，柱塞式中的机械式泵将被液压式泵所取代，而柱塞泵又有被挤压泵取代的趋势。

3）水下混凝土的浇注设备

（1）混凝土搅拌运输车直接倒入导管。

（2）混凝土泵（车）。可用混凝土泵从搅拌机出口直接输送到混凝土导管内，输送距离200～400m。为保证浇注连续进行，应有备用泵。

混凝土泵也适于在狭小空间内使用。

（3）专用浇注架。使用专用浇注架，可以完成以下动作：①将料斗提升，把混凝土倒入导管；②安装和拆卸导管；③使导管在浇注过程中，以一定幅度上下往复运动，有利于混凝土扩散。

（4）用起重机和吊罐联合作业。这种方法也是经常使用的。

4）浇注小机具

（1）混凝土导管。

混凝土导管是由长2～3m、直径200～300mm或更大的薄壁钢管（或椭圆形钢管）组装而成的输送混凝土的管道。

①材料。我国最早使用的混凝土导管是用厚3～5mm的薄钢板卷焊而成的。近年来，则采用热轧无缝钢管。

②管长和管径：

a. 我国最早使用的导管内径230mm，标准管长2.0m，另配有长0.3、0.5、0.8和1.0m的短管。法兰外径336mm。

b. 无缝钢管的导管。使用的无缝钢管的内径有200、250和300mm等几种。标准导管长度也是2.0m。

c. 日本在薄防渗墙中使用扁的（15cm × 50cm）混凝土导管。

③管节连接有以下几种方式：a. 法兰连接，为防止漏水，应放橡胶片；b. 螺纹连接；c. 外螺母连接；d. 卡绳连接。

目前，法兰连接仍在一些工程中继续使用。在钢筋用量很大的地下连续墙工程中，使用卡绳式导管的情况日益增加。但是，当导管使用长度超过30m以后，切忌用起重机把它们全部吊起来再放入槽孔中。那样做的话，可能造成事故。

（2）孔口用具。

孔口用具包括大小井架、长短绳套、导管夹板、漏斗、皮球等。

①接料漏斗。漏斗上口较大，便于接受混凝土进入导管内部，有圆形和长方形两种。

②钢丝绳套。有长短两种。长绳套长2.5～3.5m，主要用于升降混凝土导管；短绳套长1.3～1.5m，用于提升井口的小机具。

③大小井架。大井架用于支承导管及其上的小机具，可用12cm × 15cm方木或型钢制成。

④导管夹板。这是吊放和起拔导管的夹具，常用6mm钢板热锻而成。

⑤隔离器。这是用来隔断导管内泥浆和混凝土联系的必备物件，可用木材、混凝土和金属结构制成。近年来，多用包以胶布的排球内胆，效果不错。

（3）储料斗和溜槽。

当地下连续墙需要使用两根以上导管进行浇注时，为了满足混凝土连续浇注、把导管底部埋住的要求，常要准备大的储料斗以及溜槽，以便把混凝土及时顺利注入指定的任意导管中。

3. 常用参数计算

1）首批混凝土数量

为保证防渗墙混凝土浇注质量，必须保证在开浇阶段通过导管浇注的首批混凝土在管外的堆高不小于 0.8～1m。根据这一要求并参考图 23-77，可得槽孔内所需首批混凝土量为：

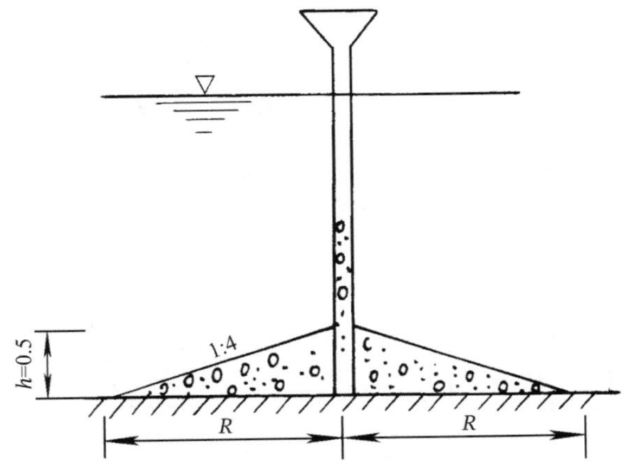

图 23-77 首批混凝土数量（单位：m）

$$V_0 = 2 \times \frac{1}{2}RhB = RhB \tag{23-13}$$

式中 V_0——首批混凝土数量（m^3）；

R——导管作用半径（m）；

h——混凝土堆高（m）；

B——槽孔宽度（m）。

一般地，首批混凝土拌合物的坍落度较小。若取混凝土的坡率为 1∶4，$h = 1\text{m}$，则$R = 4h$，可得：

$$V_0 = 4hhB = 4B \tag{23-14}$$

当$B = 0.8\text{m}$时，$V_0 = 3.2\text{m}^3$，即当槽孔宽度（即墙厚）为 0.8m 时，首批混凝土量应不少于 3.2m^3 与导管内混凝土量V_1之和。

$$V = V_0 + V_1 \tag{23-15}$$

式中的V_1是未知的，可用式(23-16)求。

开导管时储斗内必须储存的混凝土量应保证完全排出泥浆，以使导管出口埋于一定高度（一般要求 0.8m 以上）的流态混凝土中，防止泥浆混入混凝土中。

$$V_1 = h_1\frac{\pi d^2}{4} + H_c A \tag{23-16}$$

其中

$$h_1=\frac{H_{\mathrm{w}}\gamma_{\mathrm{w}}}{\gamma_{\mathrm{c}}}$$

式中　d——导管直径（m）；

H_{c}——首批混凝土要求浇注深度（m），见图23-78；

h_1——槽段内混凝土达到H_{c}时，导管内混凝土柱与导管外水压平衡所需高度（m）；

H_{w}——预计浇注混凝土顶面至导墙顶面高差（m）；

γ_{w}——槽内泥浆重度，取12kN/m^3；

γ_{c}——混凝土重度，取24kN/m^3。

在浇注最后阶段，导管内混凝土柱要求的高度h_{c}可按下式计算：

$$h_{\mathrm{c}}=\frac{p+H_{\mathrm{w}}\gamma_{\mathrm{w}}}{\gamma_{\mathrm{c}}} \tag{23-17}$$

式中　p——超压力（kN/m^2），在浇注高度小于4m的槽段时，不宜小于50～80kN/m^2。

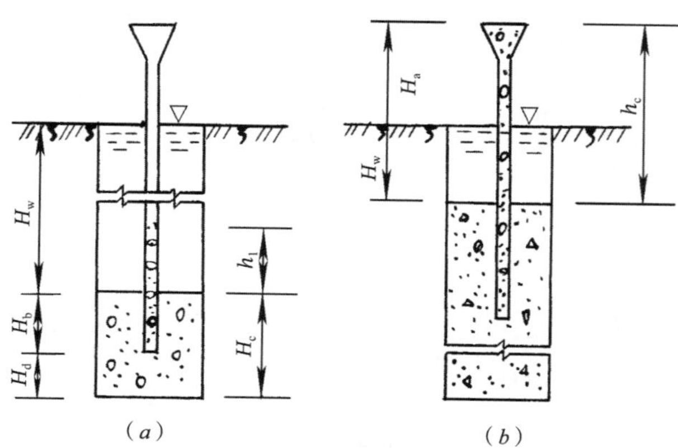

图23-78　开浇和终浇计算图

（a）储斗容量计算；（b）储斗高度计算

2）导管布置高度

由于防渗墙混凝土是在泥浆中浇注，为保证混凝土能顺利通过导管下注，必须使管内混凝土在其底部出口的压力大于管外泥浆压力（这在工程中通常称为超压力）。

由图23-79可知，要使混凝土拌合物顺利沿导管下注，导管内混凝土柱产生的压力和使管内混凝土流出管底的超压力之间应满足下式：

$$\gamma_{\mathrm{c}}H_{\mathrm{c}}\geqslant p+\gamma_{\mathrm{w}}H_{\mathrm{cw}} \tag{23-18}$$

式中　γ_{c}——混凝土拌合物重度（kN/m^3）；

H_{c}——导管顶部至槽内已浇混凝土面高度差（m）；

p——超压力（kPa），其值一般取为73.5kPa；

γ_{w}——槽孔中泥浆重度（kN/m^3）；

H_{cw}——槽孔内泥浆高度，即泥浆液面与槽孔内已浇混凝土面之高差（m）。

由式(23-18)可得：

$$H_{\mathrm{a}}\geqslant\frac{p-(\gamma_{\mathrm{c}}-\gamma_{\mathrm{w}})H_{\mathrm{cw}}}{\gamma_{\mathrm{c}}} \tag{23-19}$$

式中　H_{a}——导管顶部高出槽孔内泥浆液面的高度（m）；其余符号意义同前。

式(23-19)是整个浇注过程中均要满足的条件。事实上，当$H_{cw}=0$时，即混凝土即将浇出泥浆液面时，所需的H_a值最大。因此，在布置导管及承料漏斗时，通常以下式确定导管的设置高程：

$$H_a=\frac{p}{\gamma_c} \tag{23-20}$$

防渗墙混凝土的重度一般不低于 20.6kN/m^3，故粗略估计，导管顶部高程应高于槽孔泥浆液面 3.6m。

下面是另外一种计算方法（图 23-80）。

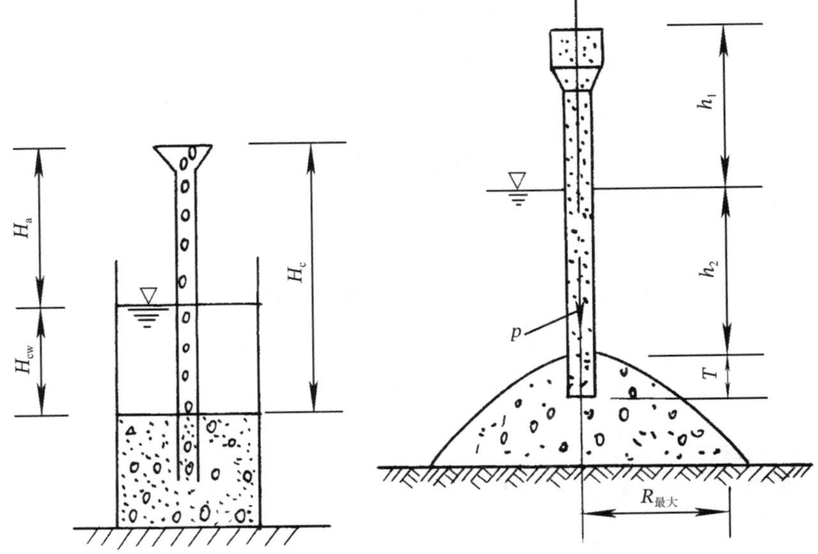

图 23-79　导管顶部最小高度　　图 23-80　导管灌注法工艺参数示意图

导管的作用半径取决于导管的出水高度。出水高度可按下述压力公式计算：

$$p=0.25h_1+0.15h_2$$

即
$$h_1=4p-0.6h_2$$

式中　p——导管下口处混凝土柱的超压力，也即重力减去浮力后的净压力（kPa）；

h_1——导管出水高度（m）；

h_2——混凝土面至水面高度（m）。

为保证作用半径，超压力值不得小于表 23-6 中的规定。

超压力最小值　　**表 23-6**

竖管作用半径（m）	超压力值（N/cm^2）	竖管作用半径（m）	超压力值（N/cm^2）
4.0	25	3.0	10
3.5	15		

3）承料漏斗斗容

承料漏斗的斗容，一般不小于开浇时首批混凝土数量V。由于槽孔内泥浆压力的存在，一般在首批混凝土下注时，导管内总要留有一定量的混凝土（图 23-81）。

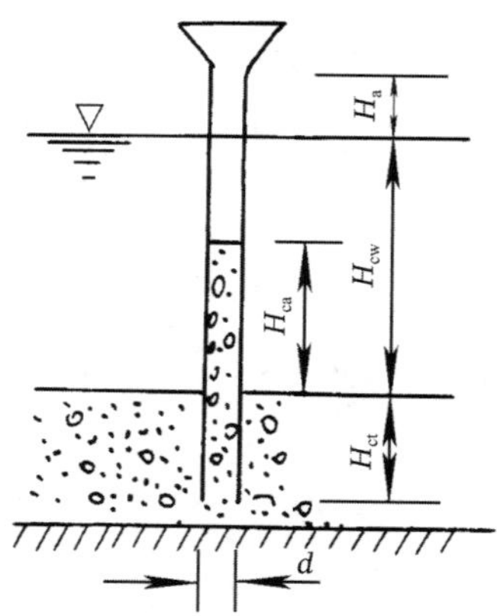

图 23-81 承料斗容积计算示意图

由图 23-81 可知，导管内混凝土柱与管外泥浆压力平衡时，有：

$$\gamma_c H_{ca} = \gamma_s H_{cw} \tag{23-21}$$

即

$$H_{ca} = \frac{\gamma_s}{\gamma_c} H_{cw} \tag{23-22}$$

式中 H_{ca}、H_{cw}——见图 23-81（m）；其余符号意义同前。

由此，得承料漏斗容积应满足下式：

$$V \geqslant V_0 + -\frac{\pi}{4} d_t^2 \cdot \frac{\gamma_w}{\gamma_c} H_{cw} \tag{23-23}$$

式中 V——承料漏斗容积（m^3）；

d_t——导管内径（m）；其余符号意义同前。

4）导管作用半径

混凝土在离开导管后向四周扩散，接近管口的混凝土比远离管口的混凝土质地均匀，强度也高。为保证墙体混凝土的整体质量，应考虑作用半径R的问题。混凝土扩散半径$R_{最大}$与保持流动系数K、混凝土灌注强度I、混凝土柱的超压力p、导管的插入深度T及平均混凝土面坡度i等因素有关。根据经验公式，混凝土的最大扩散半径$R_{最大}$为

$$R_{最大} = KI/i \tag{23-24}$$

式中，i值当导管插入深度为 1.0～1.5m 时，取 1/7。I的单位为 $m^3/(m^2 \cdot h)$。

导管有效作用半径R与最大扩散半径的关系为

$$R = 0.85R_{最大} = 0.85 \times \frac{KI}{1/7} = 6KI$$

当基底不平及情况复杂时，作用半径应缩小，一般最大值不超过 4m。

5）导管插入深度

导管插入深度与混凝土表面坡度和作用半径有关。插入深度小，则表面坡度变大，作用半径减小，混凝土扩散不均，易分层离析。

导管的插入深度与混凝土灌注强度、保持流动系数、灌注深度等有关，可用下式计算：

$$T = 2KI \tag{23-25}$$

若以$I = \frac{R}{6K}$代入，则得

$$T = 2K\frac{R}{6K} = \frac{R}{3}$$

式中　T——导管插入深度（m）；K、I意义同前。

一般插入深度T不得小于 0.8m。施工时，最好控制最小插入深度大于 1.0～1.5m。

4. 混凝土系统的作业方式

混凝土的供料、搅拌、运输和浇注这几道工序的总和叫混凝土系统。近年来，比较常用的混凝土系统有以下几种：

（1）自建混凝土搅拌站，用混凝土罐车运送并注入槽孔内。在城市内施工时，不能自建搅拌站，可购买商品混凝土（图 23-82）。

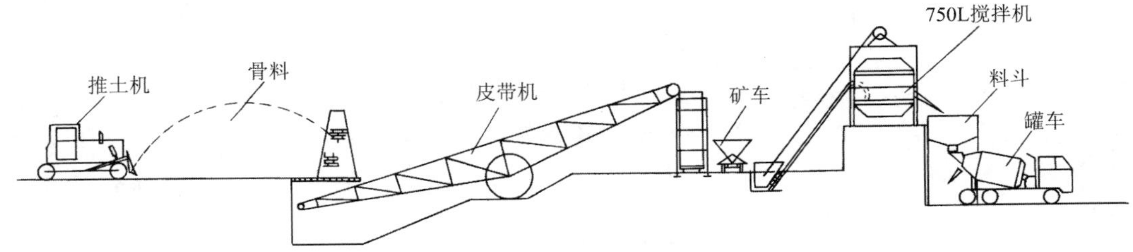

图 23-82　混凝土浇注工艺流程

（2）自建混凝土搅拌站，用小翻斗车（容量 0.3～0.6m^3）或汽车运到现场，装入吊罐，用起重机吊入槽孔内，这在防渗墙工程中是常用的。

（3）自建混凝土搅拌站，用小翻斗车或改装的汽车运送到现场，爬上浇注平台后，再倒入料斗内。这在小型防渗墙工程中是常用的。

（4）用人工小推车运送混凝土。

5. 水下混凝土浇注

1）对混凝土的基本要求

（1）对混凝土拌合物的要求。

①具有良好的流动性，其坍落度应为 18～22cm，扩散度应为 34～40cm。坍落度保持 15cm 以上的时间不少于 1h。

②具有良好的和易性和黏聚性，以减少砂浆的流失和拌合物分层（沉淀）。黏聚性可用析水率（ΔB）来表示：

$$\Delta B = \frac{V_w}{V_c} \times 100\% \tag{23-26}$$

式中　V_w——析水体积；

V_c——混凝土体积。

当$\Delta B = 1.3\%$～1.7%时混凝土拌合物最稳定，适于水下混凝土的浇注。增加水泥特别是细骨料用量，能获较小的析水率。

③具有延迟固化（缓凝）的特性，初凝时间不小于 6h，终凝时间不大于 24h。

④对于防渗墙工程，其水胶比不宜大于 0.65，水泥强度等级不低于 32.5 级，胶凝材料不宜少于 350kg/m^3；对于地下连续墙工程，水灰比不应大于 0.6，水泥用量不少于 370kg/m^3，水泥强度等级不低于 32.5 级。

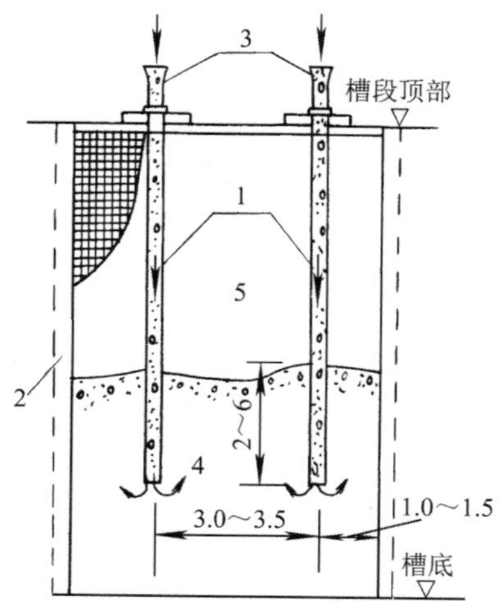

图 23-83　混凝土导管布置图
1—导管；2—锁口管；
3—漏斗；4—混凝土；5—泥浆

⑤石子粒径应小于 40mm，对于钢筋较多的钢筋混凝土地下连续墙来说，石子直径不宜大于 25mm。

⑥应掺用适量的减水剂（如木质素等），以减少用水量和离析。

（2）导管的布置。

①导管间距不得大于 3.0～3.5m（图 23-83）。导管直径小于 200mm 时，间距不大于 2.0m。

②导管与一期槽孔端或接头管的距离为 1.0～1.5m，距二期槽端为 1.0m。

③当槽底高差大于 25cm 时，导管应放在其控制范围的最低处。

④导管底口与槽底距离应为 15～25cm。

⑤导管应密封，不漏水。

⑥导管总长度应比槽孔深度长出 0.5～1.0m，并应在两端设置几节短管。

⑦地下连续墙厚与导管直径的关系见表 23-7。

地下连续墙厚与导管直径的关系　　　　表 23-7

墙厚（cm）	圆形导管内径（cm）	墙厚（cm）	圆形导管内径（cm）
50～70	20	100～150	30
80～90	25		

浇注钢筋混凝土地下连续墙时，导管直径应大于石子粒径的 8 倍。

2）水下混凝土浇注

（1）清孔合格后 4h 内应开始浇注混凝土，如需下入钢筋笼和埋件时，也不宜超过 6～8h。此时在钢筋笼和各种预埋件下入槽孔后，可能需要二次清孔。二次清孔合格以后，方可进行浇注准备工作。

（2）搭设浇注平台，准备好泥浆泵，混凝土搅拌站做好开盘准备。

（3）各项准备工作做好以后，开始搅拌和运输混凝土到现场，在注满大料斗以后，即可开始浇注混凝土，其要点如下（图 23-84）：

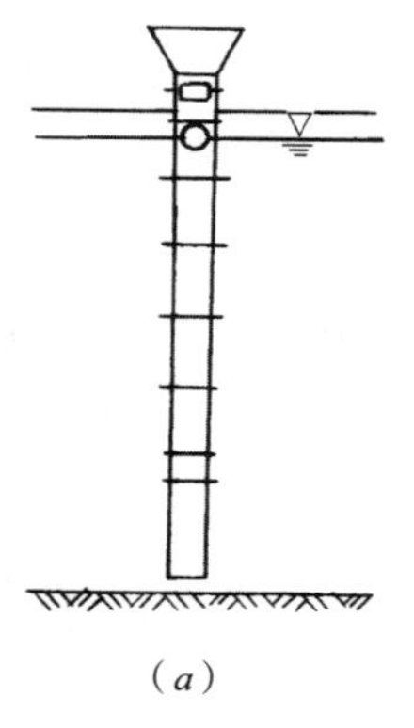
（a）

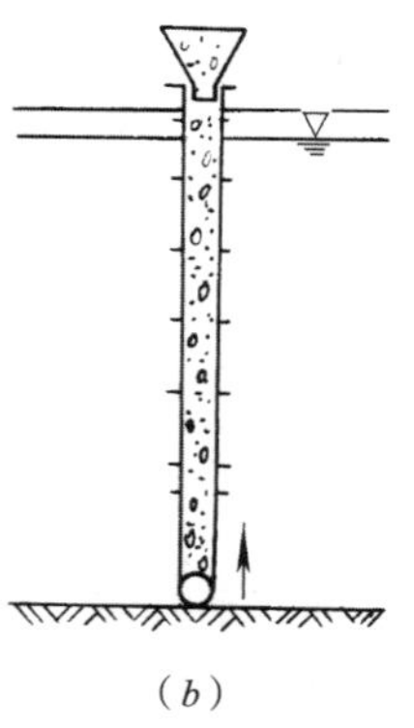
（b）

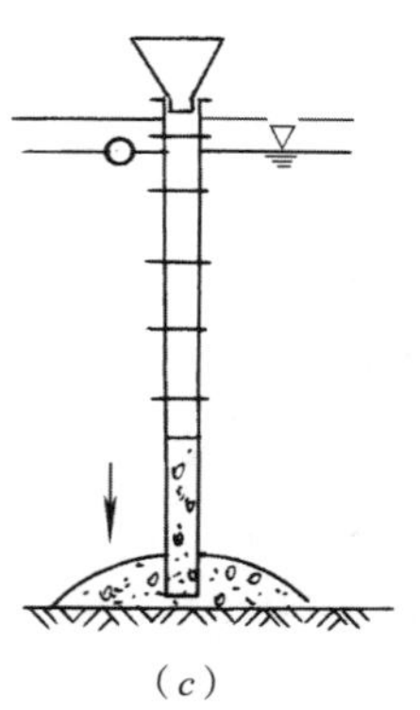
（c）

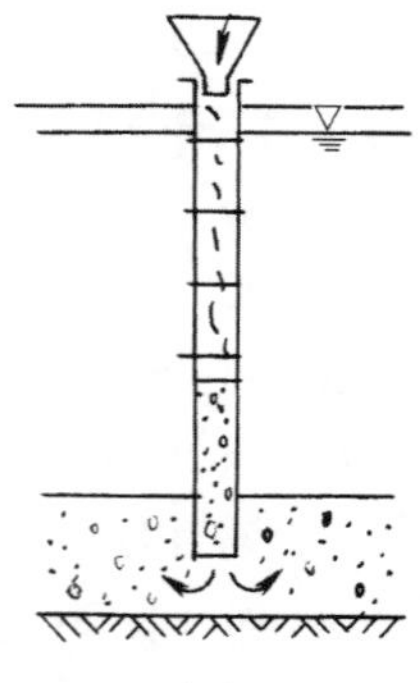
（d）

图 23-84　混凝土浇注施工过程

图 23-84（*a*）：把导管下到距槽底 15～25cm 处，导管内放入木球或排球内胆（导管内径 230mm 时，放 220mm 木球），以便开浇时把混凝土和泥浆隔离开。

图 23-84（*b*）：开浇时，先用坍落度为 18～22cm 的水泥砂浆，再用大于导管容积的同样坍落度的混凝土，一下子把木球压至管底。

图 23-84（*c*）：满管后，提管 25～30cm，使木球跑出管外，混凝土流至槽孔内，再立即把导管下到原处，使导管底部插入已浇注的混凝土中。

图 23-84（*d*）：迅速检查导管内是否漏浆，若不漏浆，立即开始连续浇注混凝土。随着混凝土面的不断上升，导管相应提升，断续拆管，连续浇注。

（4）在浇注过程中，导管埋入混凝土内的深度应控制在 2.0～6.0m。有多根导管时最好同时拆卸同样长度的导管（1～2 节）。如不能同时拆卸，也要控制导管底口的高差不大于 1.5～2.0m。要保持槽孔混凝土面高差不大于 0.3～0.5m。

（5）每 0.5h 测定一次槽孔混凝土面至少三处的深度，每 2h 测定一次导管内混凝土面的深度，及时填绘槽孔混凝土浇注进度图，以便核算混凝土浇入量，判断浇注是否顺利进行。

（6）槽孔孔口设置盖板，避免混凝土散落槽孔内。

（7）在浇注过程中，可使导管作 30cm 的上下往复运动，有利于混凝土的密实。但不得横向运动，以免泥浆和沉渣混入混凝土内。

（8）混凝土浇注应连续进行，因故中断时不得超过 30～45min。流动性（坍落度）及和易性不合格的混凝土不得进入槽孔。槽孔混凝土上升速度不得小于 2.0m/h（地下连续墙应大于 3.0～3.5m/h）。

（9）浇注过程中，后续混凝土应徐徐进入导管内，以免把空气带入混凝土内，形成高压气囊。

（10）被混凝土置换出来的泥浆，应及时进行处理。

（11）混凝土面接近孔口 3～5m 时，浇注速度会放慢。应采取措施（如抽出稠泥浆，抬高管口等），保证浇注工作顺利进行。

（12）设计高程以上再浇注 0.3～0.5m（个别达 1.0m）。

6. 孔底浇砂浆问题

我国现行的施工技术规范中规定开浇前先在槽孔底部浇注水泥砂浆。这条规定的原意是希望混凝土和槽底地基结合得更紧密一些。实际上这是难以达到的。

目前，防渗墙大多使用当地黏土泥浆，清孔合格后，其重度可达 13kN/m³，浇注的砂浆重度为 18～19kN/m³，二者的重度差是比较小的，不可能均匀平铺在槽孔底面上，有相当一部砂浆与底部稠泥浆混合后呈悬浮状态；由砂浆送来了很多水泥中的钙离子，更加速了槽底泥浆的絮凝聚结。在浇注过程中，这些重度小的、易流动的淤积物的相当多的部分就会被混凝土从孔壁上携带上升（图 23-85），在某些特定条件下就会混入混凝土内部或接缝部位，而造成墙体质量有问题。

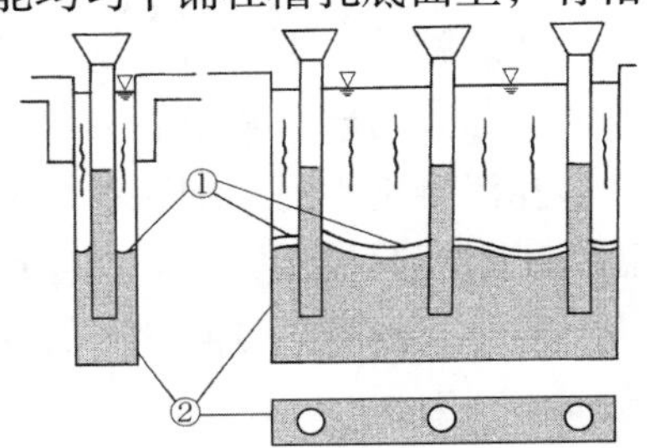

图 23-85　孔底砂浆去向
①—混凝土顶面；②—孔壁面

7. 双层导管

采用钢导管时，施工中易发生故障，混凝土易产生分层离析。国外近年来采用双层管进行灌注，效果很好。双层管由加料斗、主管及底部管组成（图23-86）。主管由有细孔的刚性外管和柔性内管构成，内外管两端加以固定。在底部内管末端装有单向阀门。当混凝土流出时阀门开启，混凝土流完时就自动关闭。在施工过程中，管的下端从混凝土中拔出而浸在水中时，水也不会浸入内管。同时，由于水压作用，内管在无混凝土时被压扁，混凝土不易出现离析现象。

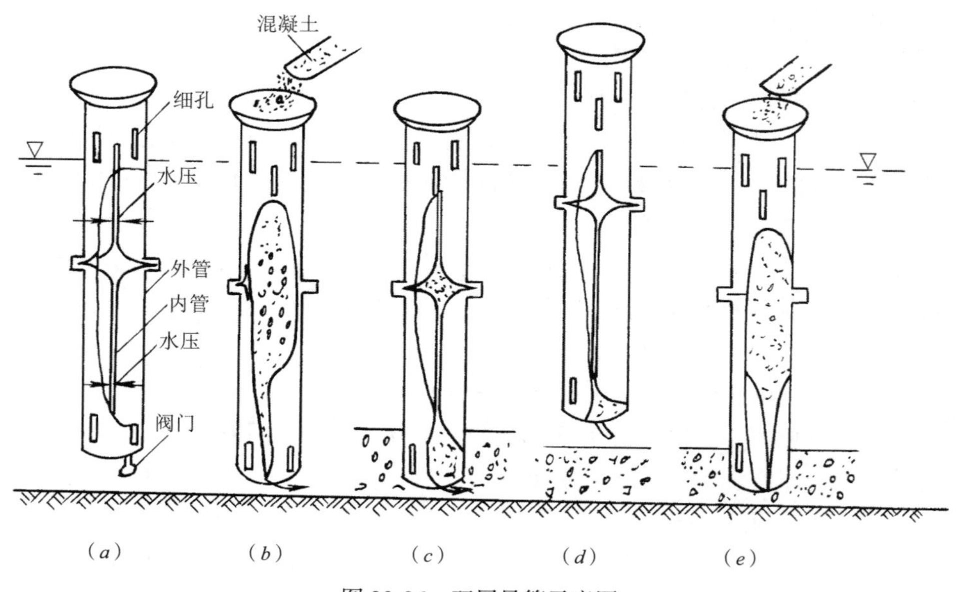

图23-86　双层导管示意图

(*a*) 双层管构造；(*b*) 浇注混凝土；(*c*) 浇注间歇时；(*d*) 中途提起灌注管进行浇注；(*e*) 插入混凝土中浇注

23.9　超深防渗墙浇注

23.9.1　概述

当槽的深度达到70～80m或更深时，从导管底口出来的混凝土将具有很大的速度和动能。假设墙深为75m，混凝土重度为23kN/m^3，槽孔内泥浆重度为12kN/m^3，则此时导管底口上混凝土净压力为$p=(23-12)\text{kN/m}^3\times 75\text{m}=825\text{kN/m}^2$。底口混凝土流速可按下式估算：

$$v=\phi\sqrt{2gH}$$

式中　ϕ——流速系数，考虑到泥浆的摩阻作用，取$\phi=0.5$。

在这种情况下，从导管底口流出的混凝土不是像希望的那样平铺在槽孔底部，而是有很大一部分与槽底碰撞后又向上射流，其射流高度可达7～15m。射流大部分又落回到后浇的槽孔混凝土表面，细颗粒则悬浮在泥浆中，加大了泥浆的相对密度。并且，由于水泥中钙离子对泥浆的污染，使其变得更加黏稠和更易混入混凝土中，对槽孔混凝土质量影响极大。另外，混凝土具有的巨大动能对槽孔壁的稳定性也是不利的。这种现象已被模拟试验所证实（图23-87）。在某工地施工时，按照常规方法浇注混凝土。成墙后发现，墙顶8～9m都是不硬化的混合物，究其原因是浇注后期测量混凝土顶面高程时，把淤积物表面当成了真正的混凝土表面，这些淤积物的大部分来自混凝土喷射物。

有鉴于此，笔者认为在浇注超深槽孔混凝土时，应对常规方法加以改进。

23.9.2　超深槽孔混凝土的浇注措施

（1）采用大直径导管，其内径应达到 25～30cm。

（2）取消孔底先浇水泥砂浆。

（3）导管埋深，如表 23-8 所示。

（4）导管底口高差。孔深大于 60m 以后，相邻导管底口的高差不得大于 2m（一节管长）；各导管的底口总高差不得大于 4m。

（5）孔深大于 60m 以后，要控制混凝土罐车的入槽时间不能太快，不宜少于 5～8min。

（6）改变测锤形状和重量，以测得真实混凝土表面。

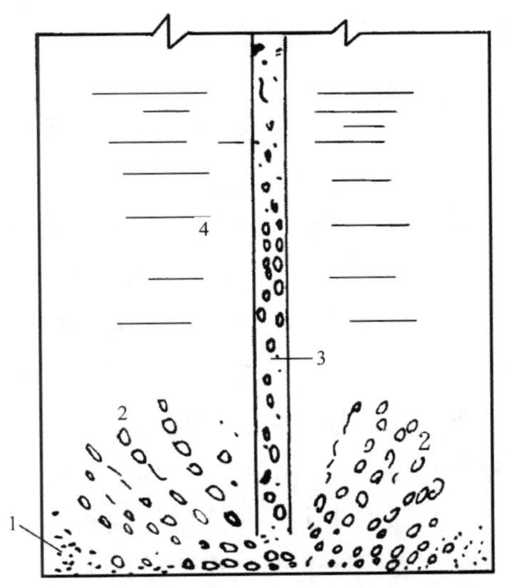

图 23-87　超深槽孔混凝土喷射示意图

1—孔底淤积物；2—混凝土射流；3—导管；4—泥浆

导管埋深与槽孔深对应关系　表 23-8

槽孔深（m）	导管埋深（m）	槽孔深（m）	导管埋深（m）
＞60	≥8	20～30	2～6
36～60	3～8	＜20	2～4

23.9.3　浇注过程中的质量缺陷

在浇注过程中可能产生以下质量缺陷（图 23-88）：①骨料分离；②断面缩减；③混入淤泥土砂。

要避免这些质量缺陷，就必须严格执行操作规程，及时检测，正确判断槽孔浇注情况，才能得到均匀、密实的连续墙体。

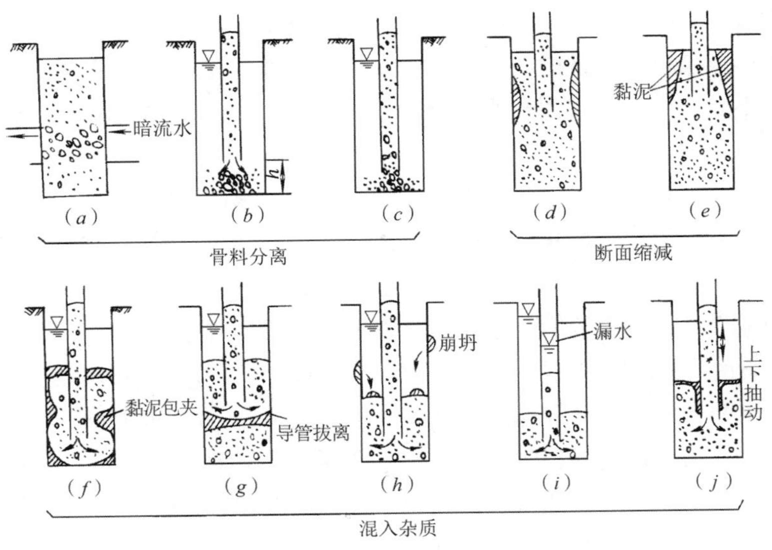

图 23-88　浇注过程中的质量缺陷示意图

（a）暗流水冲刷；（b）拔管过高；（c）骨料分离；（d）坍落度不足而内坍；（e）升力不足；（f）泥浆卷入；（g）拆拔错误；（h）坍孔；（i）导管漏水；（j）过分上下抽动

23.9.4 超深槽孔浇注实例

1. 概述

西藏旁多水利枢纽大坝基础处理工程创造了防渗墙墙体深度 201m、墙段连接拔管深度 158m 和水下浇注混凝土深度 201m 三项国内外业界深度纪录，取得了巨大成果，为以后深墙施工积累了丰富的施工经验。但超深防渗墙施工技术比较复杂，超出了现行规范的技术边界，必然会存在一些需要解决的技术问题。旁多水利枢纽大坝工程随着工程的进展，前期完成的防渗墙体上部需要开挖一定深度，墙体的开挖使深墙浇注施工存在的问题也随之显现，表现为墙体顶部及以下一定深度墙体内普遍存在砂浆集中区域和软弱夹层。为确保防渗墙的整体防渗功能和作用，对上部缺陷墙体进行凿除，补浇新墙体，处理深度一般为 10～20m，局部深度达到了 30m。

上部墙体出现严重质量缺陷的原因主要是墙体浇注过程中误判混凝土面深度所致。对混凝土面深度的误判将严重影响墙体施工质量，且处理缺陷需要耗费大量的人力、物力和财力，又很难达到混凝土一次性连续浇注的成墙效果。所以，准确测量和判断深墙浇注过程中混凝土面深度，指导导管的拆卸，保证导管埋入混凝土合理深度是防渗墙混凝土浇注过程中至关重要的环节，也是需要解决的一项技术问题。

2. 误判混凝土面深度的主要原因

深墙浇注的特殊性是造成混凝土面深度误判的主要原因，其特殊性主要表现在：

（1）浇注时间长。一期槽段在控制浇注速度的情况下（小于 4m/h），墙身以 150m 计，浇注历时约 40h，二期槽段的浇注平均历时也要 20h 左右。浇注时间过长且槽孔内泥浆方量大，泥浆内的泥砂不断地在混凝土顶面沉积，致使测量混凝土面的测针不能到达混凝土面，不能测出混凝土面实际深度。

（2）墙体深。由于墙体超深，所以每个槽段的施工历时长，一般需要 70d 左右时间完成一个槽段的成槽施工；若遇到坍孔、孤石等特殊地层，则需要更长施工时间，约达到 100d。这就意味着附着在孔壁上的泥皮体积庞大，浇注过程中泥皮会不断被混凝土挤刮下来附着在混凝土面上形成淤积。浆液中的含砂沉积及被刮下来的泥皮所形成的淤积厚度会随浇注过程的持续而不断增加，有时泥皮所形成的淤积厚度会达到 3～5m，极易导致混凝土面测量失准而误判其深度。

（3）形成坚硬絮凝物。在浇注过程中，混凝土中的水泥中的大量钙离子会与泥浆中的钠离子起化学反应，形成絮凝物，且由于浇注时间过长导致这种絮凝物的厚度和强度不断增加，最终在混凝土面上形成厚度很大的“硬壳”，致使测量混凝土面的测针不能穿过这层“硬壳”准确测量到混凝土面深度。这种絮状物硬层一旦形成很可能使混凝土面的高度误测过高，起拔导管时导致导管拔脱，进而导致混浆出现夹层现象。另外，这层“硬壳”致使泥浆面与混凝土面分离，即使导管底口从混凝土内拔出处于沉积物和絮凝物内，孔口也不容易发现，从而失去最佳的处理时间。而且，这层硬层强度较高、密度也很大，在浇注临近孔口时由于混凝土重力势能降低，浮托力减小，从而导致混凝土浇注困难或根本浇不到孔口，需要二次处理。

3. 准确测量混凝土面深度的方法与相应控制措施

（1）按深度和浇注时间选择不同的测量工具。根据深槽浇注不同时期的特点可以选择不同的测量工具，从而适应深槽浇注时间长、变化多的特点。在浇注开始的 20h 以内，浇注过程比较顺利，混凝土面上升较快，孔底的淤积物较少，可以选择测饼测量，防止测件进入混凝土内，避免测量误差。浇注 20h 或以上，孔底的各种淤积物开始增多增厚，此时应将测饼换为质量较重的测钎，保证测钎穿过淤积层到达混凝土面，准确测出混凝土面高度，从而合理控制导管埋深。混凝土浇注 40h 或以上，孔内的泥浆已经很黏稠，混凝土面上的淤积和絮状物已经很厚和坚硬、密实，这时利用测钎已经不能准确测出混凝土面深度，而且浇注即将接近尾声，要准确地估计需要混凝土的方量，以保证不会造成大的浪费和长时间的待料现象。这时就应该采用中空的有一定强度的钢管，在槽孔内不同位置探测混凝土面的高度，通过不同物质的摩擦力的不同和管内取出物可以比较准确地判断混凝土面的深度。

（2）从根源上去解决。不能准确测出混凝土面深度导致浇注困难的直接原因就是淤积物的影响，最根本的解决办法是减少淤积。防渗墙孔底淤积的主要来源有三方面：

第一，泥浆含砂量所形成的淤积，所以严格控制清孔质量是减少淤积的关键。在旁多水利枢纽大坝基础防渗墙工程中，清孔验收标准采用高于规范要求淤积物厚小于 10cm，含砂量小于 6%的标准，而将淤积物厚控制在小于 5cm，含砂量小于 1%的标准。从另一个角度看，现阶段防渗墙使用的最为先进的清孔设备只能将浆液含砂量控制在 1%左右，而深度达 150m 的一个二期槽段内浆液量 1000m^3 以上，也就是说含砂量控制在 1%，槽内还含有 10m^3 左右的细砂。如果这些细砂完全沉积在槽底将使淤积厚度增加 1m 以上，所以深槽清孔多更换新鲜的浆液是关键。新浆能够有效地减少含砂量，从而可控制淤积，获得较好的浇注质量。

第二，混凝土浇注过程中，混凝土面上升挤刮附着在槽壁上的泥皮，导致泥皮脱落在混凝土面上形成淤积。泥皮可以维持槽孔稳定，但泥皮过厚会导致浇注过程淤积增加，浇注过程困难，难于准确检测混凝土面深度，所以深槽施工需使用优质泥浆。

第三，浆液稳定性问题。深槽施工护壁泥浆与常规深度时存在不同，为确保护壁及控制浆液的漏失，往往在浆液中掺加一定比例的外加剂，改善泥浆性能，以达到超深槽孔护壁和防漏失的作用，但要兼顾浆液稳定性与浇注时长的关系，确保在浇注时段内浆液稳定性能基本不发生改变，浆液在混凝土浇注结束前不发生质的变化，以满足浇注要求。另一方面，应优化成槽设备配置，加快施工进度。

4. 理论指导实际，实际完善理论

浇注指示图，是指导浇注施工的重要依据，一定要在浇注每车混凝土后或适当时间内认真填写、描绘。一旦发现有异常情况及时查找原因进行分析，防止意外发生。另外，分析已浇注槽段资料，根据对浇注过程混凝土面上升均匀状况及槽段浇注方量与理论方量的分析，可以掌握该地区地层成槽后的扩孔系数，从而把握每方混凝土浇注后正常的上升高度，再与测量的实际上升高度对比，如果差别很大，就需要再次测量或查找其他原因。同时，对连续几个混凝土上升不正常的槽段进行分析，可以了解该段地层是否容易坍孔，在哪个部位和深度容易坍孔，对临近槽段的混凝土浇注施工起到一定的指导作用。且在每个槽段施工过程中详细记录该槽段的坍孔位置并根据槽孔内混凝土上升高度估计坍孔方量，在浇注过程中重点关注该位置的混凝土上升情况。混凝土上升至该位置可以加快浇注速度，压缩浇注时间，从而减少絮凝物的产生和沉淀的积累，保证整个浇注工程顺利进行。

5. 后续墙体施工质量情况

通过采取有效方法指导后期防渗墙施工，使浇注过程中混凝土面深度的准确性测量得到有效控制，后期完成的防渗墙基本未出现质量缺陷情况，质量控制得到了明显改观。

6. 小结

在深墙浇注过程中如何准确地测量混凝土面高度是控制浇注速度，准确掌握导管拆卸时间和埋入混凝土的深度的前提，对整个浇注过程起到十分重要的作用。掌握混凝土上升面的有效测量方法和控制措施，可为以后深墙施工起到一定的指导作用。

主编人在1993年浇注小浪底水库防渗墙深槽孔（深81.8m）时，初期也曾遇到过上文所说的类似情况。今后超深防渗地下连续墙越来越多，这种经验值得借鉴。

23.10 本章小结

（1）本章重点阐述了刚性地下连续墙的施工过程及应注意的事项。地下连续墙的主要施工过程，可分为挖槽、（泥浆）固壁、（钢筋混凝土）浇注和连接（接头）四道主要工序。

（2）本章强调要重视施工平台和导墙的地基加固问题。在淤泥等软土地基和粉细砂地基以及地下水位很高的情况下，均应考虑该处地基加固，而且必须使其底部伸入到持力层内1.5～2.0m。

（3）本章给出了地下连续墙槽（墙）段的划分方法和很多实例，对于挖槽、钢筋笼、检测等各道工序提出了不少建议，尤其强调做好槽段水下混凝土浇注工作，防止出现大的质量事故。

第 6 篇

Special method of underground continuous diaphragm wall

特种地下连续墙施工

第 24 章　预制地下连续墙

24.1　预制地下连续墙的发展概况

24.1.1　概述

这里所说的预制地下连续墙是指在挖槽和清孔以后，把预制好的墙板吊放入槽孔内加以固化而形成的地下连续墙。

这种预制地下连续墙（通常叫 PC 地下连续墙或 PC 板墙）不用在施工现场绑扎或焊接钢筋笼，也不必在现场浇注水下混凝土，它把地下连续墙的两道主要工序（钢筋和混凝土）都简化了。显而易见，这样做可以大大减少现场施工占用地面和空间，避免了混凝土在市区运输困难以及浇注中可能产生的墙体质量问题。因此，这种工法对于市区中的狭小空间条件下的地下连续墙是非常适用的。

这种 PC 地下连续墙具有很高的强度，常常做成预应力结构。总之，PC 板通常都比同样条件下现浇地下连续墙的厚度小得多，因而减少了占地面积和空间。

这种 PC 板墙是用一种水泥和膨润土的混合浆液来将其固化在槽孔中的。这种混合物通常叫作固化灰浆和自硬泥浆，它们都使用槽孔中的泥浆作为主要材料，因而，可以大大减少泥浆的处理和废弃工作量，减少了对周围环境的污染。

可以说，没有固化灰浆或自硬泥浆的发明，就不会出现预制（PC）地下连续墙。PC 板墙的发展又反过来推动了固化材料的发展。

1960 年代末期，法国开发成功了自硬泥浆和固化灰浆防渗墙。此后将这两种材料用于预制地下连续墙，形成了 Panosol（自硬）工法和 Prefasif（置换）工法。

日本于 1970 年引进了上述两个工法，1974 年开发使用了 K-W（原位固化）工法，1980 年开发了 PB（Precast Basement）工法。日本把这些固化工法统统叫作安定液固化工法或泥浆固化工法。

我国于 1978—1980 年间在天津塘沽港和上海地铁试验段施工中开始使用原位固化的预制地下连续墙。1980 年代中期以后固化灰浆防渗墙在水利水电工程中得到了应用。

1998 年一种预制混凝土板水力成墙技术在黄河口河岸整治工程中开发成功。

24.1.2　固化工法的分类和特点

图 24-1 列出了固化工法的分类和形成过程。固化工法可以分为以下三种：

（1）自硬泥浆工法。此工法使用一种特殊泥浆，在挖槽时它能起到泥浆的作用；在挖槽结束后，它能自行固化硬结。

（2）原位固化工法。此工法使用普通泥浆挖槽，在挖槽结束，放入预制墙板以后，再放入搅拌管路，用压缩空气或泵搅拌送入槽孔的水泥（砂）浆，使其与槽孔内的泥浆混合成固结体。

（3）置换固化工法。此工法是用水泥（砂）浆来置换槽孔内的全部泥浆。

有时把（2）和（3）统称为固化工法。在日本通常叫作硅土施工法。

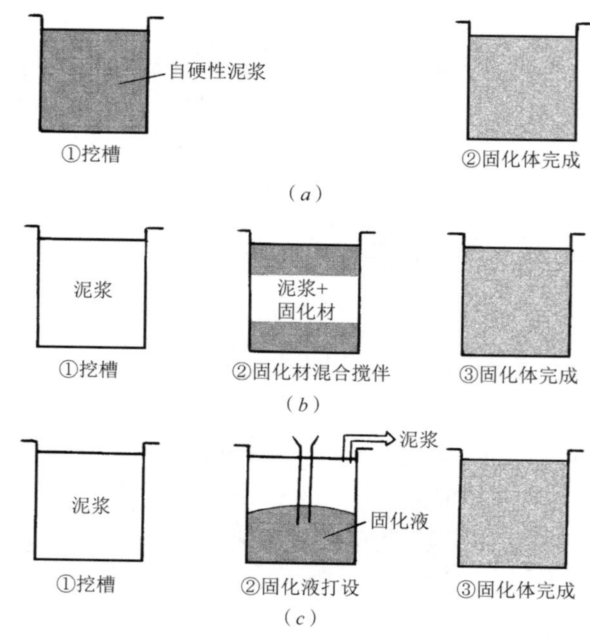

图 24-1 固化工法分类

（a）自硬泥浆方式；（b）原位固化方式；（c）置换固化方式

PC 地下连续墙具有以下特点：

（1）对挖槽精度要求不是很高。

（2）废泥浆处理工作量很少。

（3）PC 板墙厚度较薄，垂直度高，可作为本体利用，因而可使地下空间得到有效利用。

（4）现场占用面积小。

（5）钢筋配置准确，保护层薄；混凝土浇注质量有保证，因而可以大大提高承载能力。

（6）各种埋件位置准确，便于与梁、板和柱的连接。

（7）止水性、防水性高。

（8）现场管理简单，工期短，经济效益好。

（9）缺点：深度还受限制，变更 PC 板长较困难。

24.1.3 本章重点

关于固化工法的材料已在前面作了详细说明，关于固化灰浆和自硬泥浆防渗墙的施工细节将在后面作详细说明。

本章的重点是作为基坑支护和承重结构的预制地下连续墙的设计施工以及工程实例。关于固化材料，只是简要说明与本章内容相关的材料。

24.2 预制地下连续墙的工法简介

24.2.1 概述

表 24-1 列出了预制地下连续墙的种类和特征。

预制地下连续墙分类表　　表 24-1

编号	种类	主要材料	平面形状	说明
1	板桩式地下连续墙	H 型钢		临时
2	钢板桩地下连续墙	U 形钢板桩		
3	预制桩地下连续墙	混凝土或钢管桩		
4	PC 地下连续墙	PC 板		永久（临时）

前面三种地下连续墙都只用在临时工程中，而第四种则大都用在永久工程中（本体利用），极少用在临时工程中。

预制地下连续墙和固化工法的用途如图 24-2 所示。除了用作基坑支护和作永久结构的一部分使用之外，还可应用固化工法来进行局部地基处理，如盾构接收井的孔口加固、沉井底端地基加固以及地下连续墙的孔口导墙甚至是整个槽孔的加固等；还可用来充填空间，如地下连续墙（桩）顶以上的空余部分、沉埋方沟和下水管道等；还可用来建造防渗墙等。

24.2.2　自硬泥浆固化工法

自硬泥浆工法（PANOSOL）原由法国人发明使用，日本引进后又开发了 PB（图 24-3）工法等。

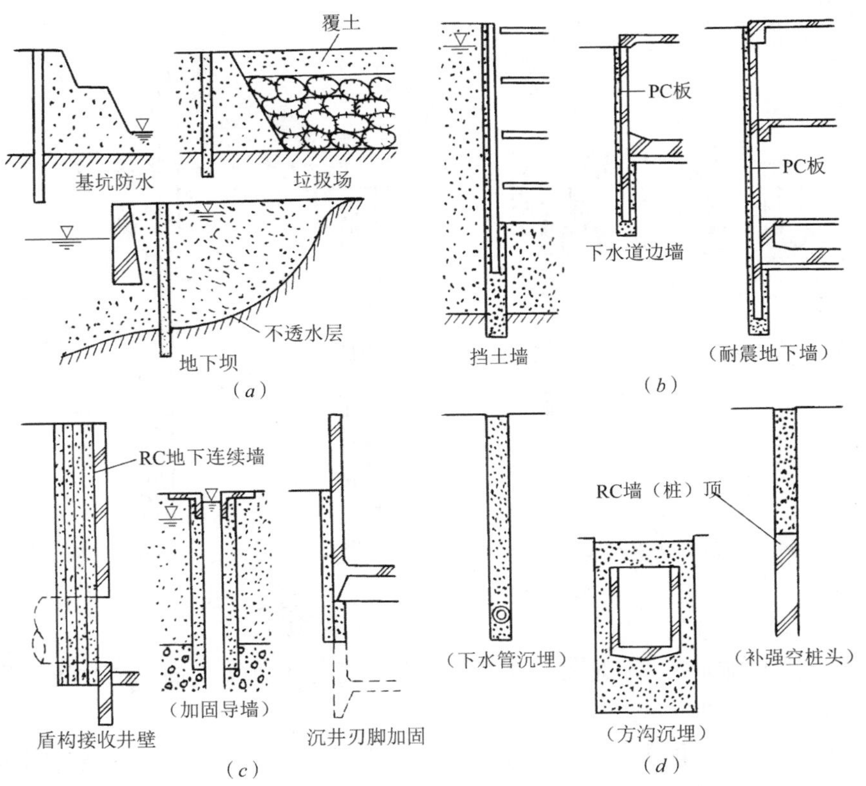

图 24-2　预制地下连续墙和固化方法的应用

（a）防渗墙；（b）支护墙、地下墙；（c）地基处理；（d）埋设管道

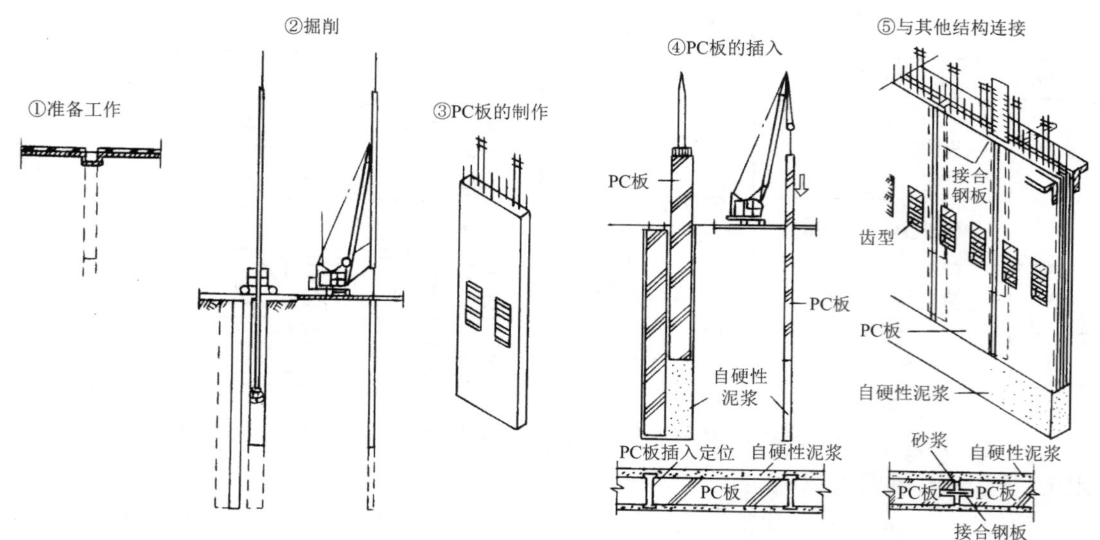

图 24-3 PB 工法施工过程示意图

自硬泥浆固化工法通常是不转换槽孔泥浆而进行固化的。要达到延迟固化的目标，可以采用硬化速度慢的胶凝材料（如 Belit 工法）或者是加入缓凝剂（如 Panosol 工法），或者是采用自硬性泥浆（如 TSS 工法，图 24-4）。由于墙体是在工厂预制并已具有很高的强度，而在槽孔内固化泥浆也只需 1～2d，因而可以大大缩短工期。

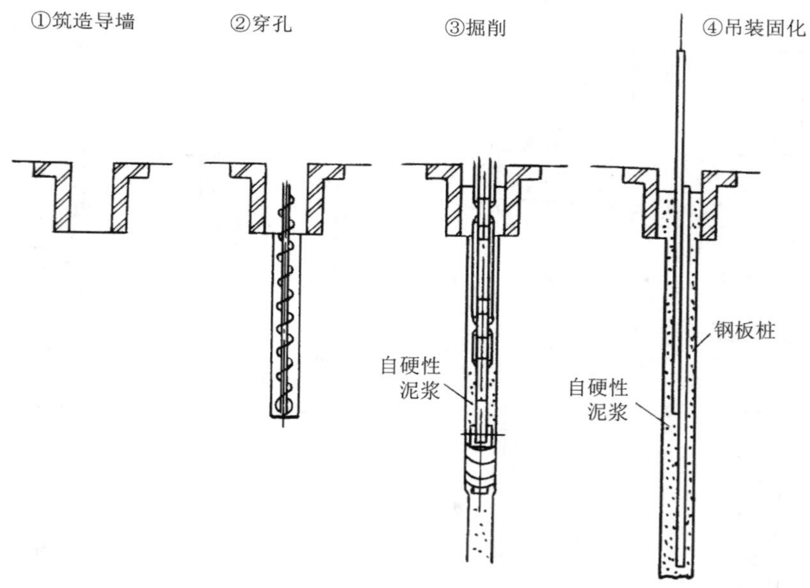

图 24-4 TSS 工法施工过程示意图

随着挖槽深度增加或者是地层施工难度增加，都会增加槽孔的挖槽时间。此时使用自硬性泥浆的难度也会加大。

自硬性泥浆的黏度通常根据地下连续墙的挖槽要求来选定。随着挖槽时间增加，泥浆逐渐变得黏稠，钻进阻力加大，直到最后完全固化。砂卵石地层和漏水大的地层，有利于泥浆失水固结，有利于提高自硬泥浆的早期强度。

24.2.3　原位搅拌固化工法

原位搅拌固化工法是挖槽结束后，把浆液或粉状的固化材料倒入槽孔内，利用压缩空气或其他搅拌机械，把固化材料和槽内泥浆混合均匀，在短期内形成固化体。MTW 工法和熊谷组的 K 系列工法以及 DJW 工法（粉体）均属于原位固化工法。

图 24-5 所示是用气泡（压缩空气）搅拌固化的工法（MTW 工法）。

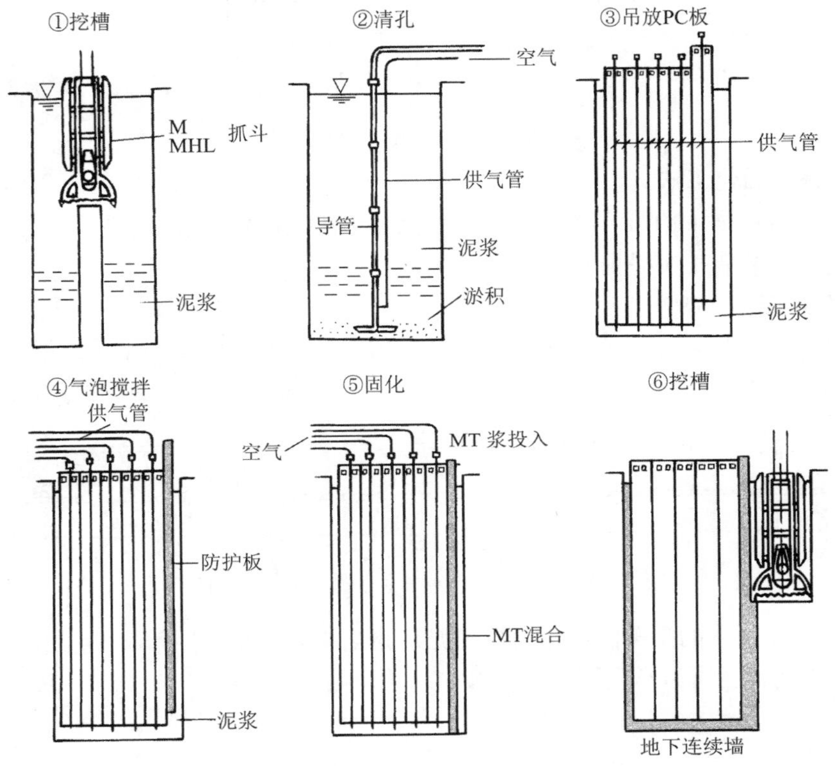

图 24-5　MTW 工法的施工过程（气泡搅拌方式）示意图

24.2.4　置换固化工法

置换固化工法就是在挖槽结束以后，用一种固化材料（通常是水泥砂浆或水泥膨润土浆），通过水下导管，把槽孔泥浆全部或部分置换出来，而将预制墙固定的一种工法。

图 24-6 和图 24-7 所示也是置换固化工法。两者的固化材料都是膨润土水泥砂浆（CBS）。请注意：后者是采用接头管来分隔一、二期槽孔的。

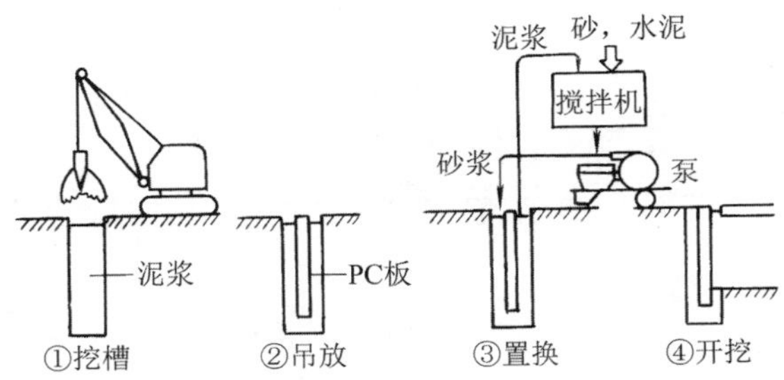

图 24-6　OMF 工法施工过程示意图

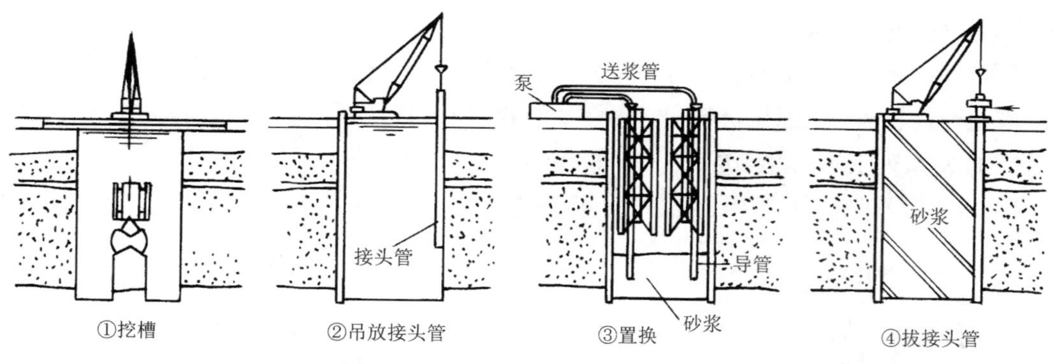

图 24-7 FSW 工法施工过程示意图

24.2.5 K 系列固化工法

日本熊谷组最早（1974 年）开发出原位固化工法（K-W 工法）。其中，预制预应力混凝土抗震地下连续墙工法得到各方面好评。

24.2.6 其他工法

（1）图 24-8 所示的是意大利土力公司开发使用的 PC 地下连续墙施工示意图。预制板长 15～20m，宽 2.5m，厚 0.6m，采用承插口接头，用固化灰浆或自硬泥浆作为固化材料。

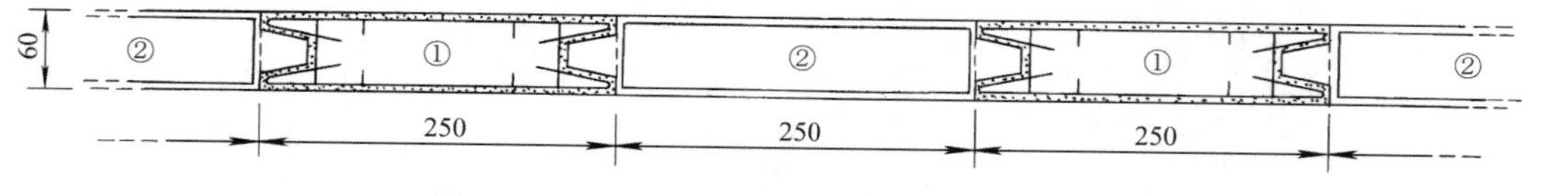

图 24-8 PC 地下连续墙示意图（单位：cm）

（2）图 24-9 所示的是美国常用的自硬泥浆固化的 PC 地下连续墙。它使用预制桩柱和预制墙板两种构件，可以承受更大的荷载，基坑可做得深一些。

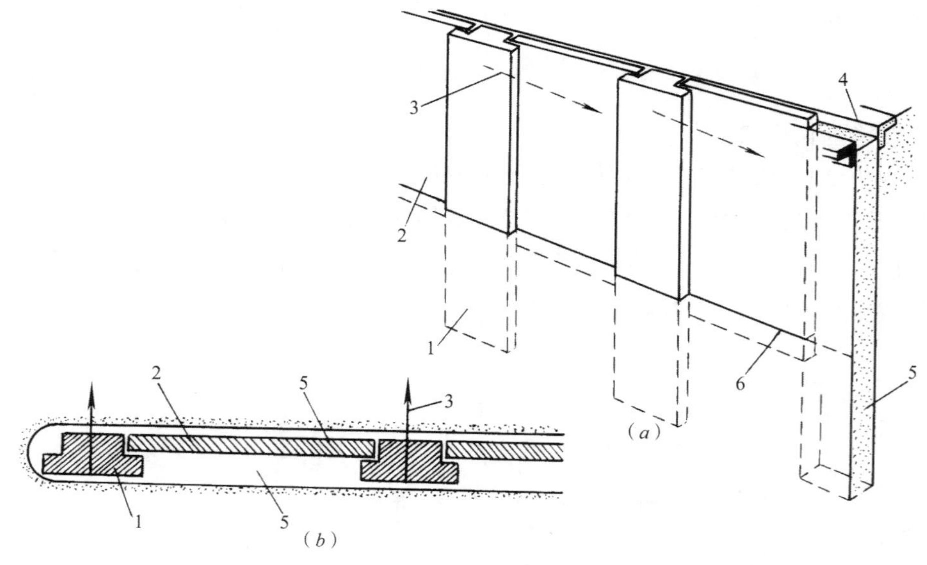

图 24-9 PC 地下连续墙施工图

（a）立面；（b）平面

1—预制桩柱；2—PC 板；3—锚杆；4—导墙；5—自硬泥浆；6—基坑底

24.3　预制地下连续墙的固化材料

24.3.1　配合比

表 24-2 所示是自硬泥浆的配合比。自硬泥浆一般应加入缓凝剂，以增加挖槽时间。表 24-3 则列出了原位固化灰浆的强度指标和所用材料用量的关系。

自硬泥浆配合比　表 24-2

用途	膨润土	水泥
防水墙	50～150	120～240
挡土墙	50～100	160～280
地基处理	50～75	120～200
空洞充填	50～75	100～240

固化灰浆强度与材料的关系　表 24-3

<table>
<tr><th rowspan="3">预制方法</th><th colspan="8">q_u（28d）</th></tr>
<tr><th rowspan="2">< 50N/cm^2</th><th colspan="3">50～100N/cm^2</th><th colspan="3">100～200N/cm^2</th><th rowspan="2">> 200N/cm^2</th></tr>
<tr><th>a</th><th>b</th><th>c</th><th>a</th><th>b</th><th>c</th></tr>
<tr><td>膨润土种类</td><td>任意</td><td>选定</td><td>任意</td><td>任意</td><td>任意</td><td>选定</td><td>选定</td><td>选定</td></tr>
<tr><td>细硅粉</td><td>不要</td><td>不要</td><td>混合</td><td>不要</td><td>混合</td><td>不要</td><td>混合</td><td>混合</td></tr>
<tr><td>水泥种类</td><td>普通</td><td>普通</td><td>普通</td><td>高炉</td><td>高炉</td><td>高炉</td><td>普通</td><td>高炉</td></tr>
</table>

注：q_u为单轴压缩强度。

固化灰浆常加入水玻璃（硅酸钠）4%～6%，水泥 15%～25%。还可加入一定数量的细硅粉，以改善固化灰浆性能。

置换固化材料的配比可参照原位固化灰浆配合比选用。

应注意：所有这些固化材料均应根据室内外或现场试验结果来选定配合比。

24.3.2　固化体的性能

固化体的性能指标经综合分析有关测试报告之后，提出以下变化值：

变形模量$E_{50} = 100～200q_u$

泊松比$\nu = 0.4$

弯曲抗拉强度$\sigma_t = 0.2～0.4q_u$

式中：q_u为单轴压缩强度。

由于各工法的差异和现场施工条件的不同，固化体的性能也会产生很大差异。

图 24-10 所示的是固化体强度与龄期的关系。可以看出固化体的后期强度是比较大的。

图 24-11 则表示了固化体单轴压缩强度与渗透系数之间的关系。可以看出随着单轴强度的增加，其渗透系数变小。

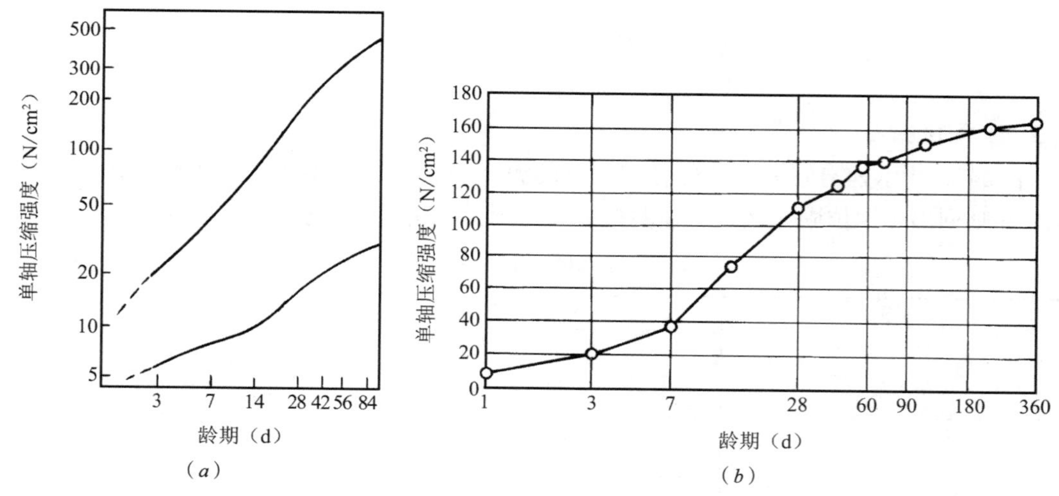

图 24-10 固化体的强度与龄期关系

(*a*) 自硬泥浆；(*b*) 固化灰浆

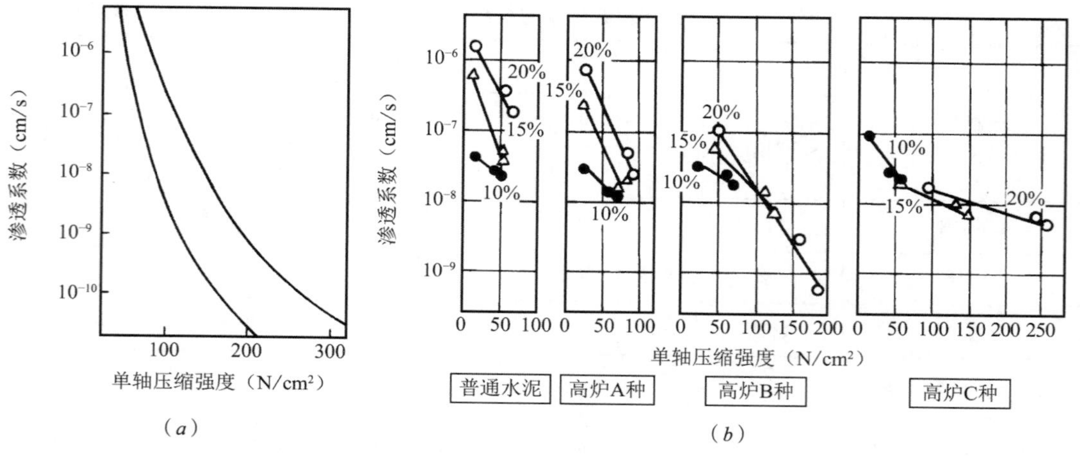

图 24-11 单轴压缩强度与渗透系数的关系

(*a*) 自硬泥浆；(*b*) 固化灰浆

24.4 日本的预制墙板

24.4.1 PC 板的制造

PC 板通常都是在工厂制造的，并且多是预应力构件。

PC 板的短边尺寸常为 1～2m，长边多为 20m 左右，其中抗震 PC 板长约 15m，个别 PC 板长也有达到 30～40m 的。一般板厚比较薄，抗震 PC 板厚为 250～400mm，也有厚 150～200mm 的。

PC 板制作时要埋设很多埋件，比如与后期工程有关的预埋件、模板预埋件、水平支撑的预埋钢板以及土压力盒和倾斜仪固定装置等。

表 24-4 列出了 PC 板制作的管理项目。图 24-12 所示的是 PC 板加工图。

PC 板制造管理项目表　表 24-4

序号	检查项目、试验项目	管理项目	检验批量	记录方式
1	模板	装配尺寸，精度	新模板进厂时，首块开始制造时	检查表
2	养护湿度	养护湿度	10 月一次，间隔 1 小时测 1 次	记录表
3	混凝土强度试验	脱模时压缩强度，发货时压缩强度，28d 压缩强度	10 日连续，以后 1 周 1 次全数	管理图
4	脱模检查	外观形状，精度	换型时，20 块取 1 组	检查表

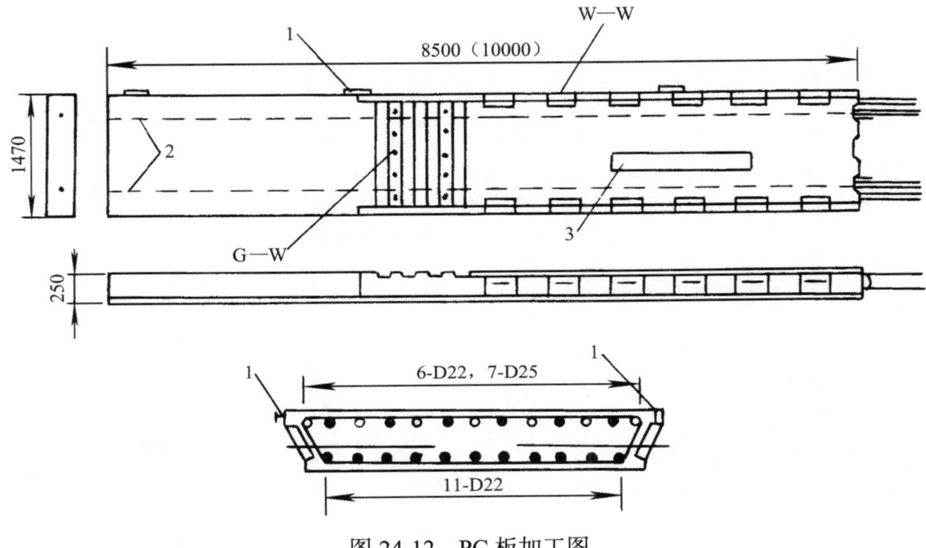

图 24-12　PC 板加工图

1—吊装埋件；2—送气管；3—腰梁预埋钢板

24.4.2　PC 板的接头

图 24-13 所示的是 PC 墙板的几种接头形式。

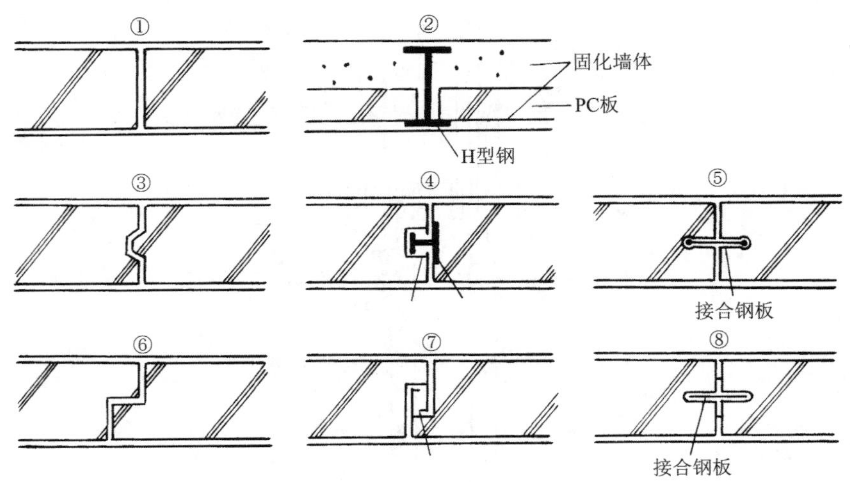

图 24-13　PC 板的接头形式

24.4.3　PC 板的施工

PC 板的施工顺序已在前面有所说明，这里再作一些补充说明。

PC 地下连续墙的槽段长度应根据地质条件、挖槽速度、起重机吊装能力等条件，综合选定。一般槽长可选为 5～8m。

PC 板吊装时应使吊点牢固、可靠，起吊过程中不得使 PC 板底端触地，起吊方法见图 24-14 和图 24-15。

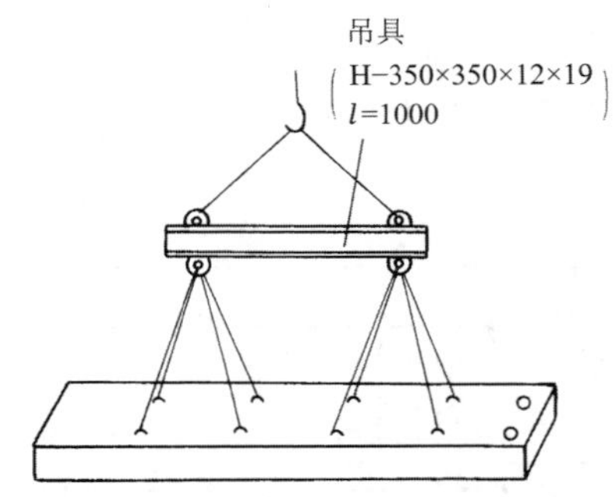

图 24-14 PC 板的脱模和移动

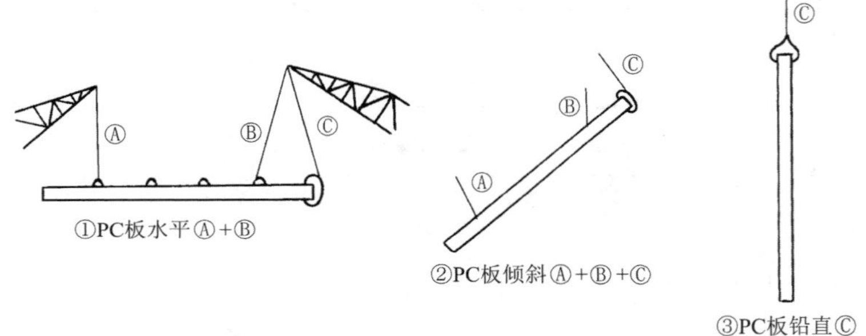

图 24-15 PC 板起吊方法

PC 板吊入槽孔后，要准确定位，将其固定在孔口设置的托架上（图 24-16）。

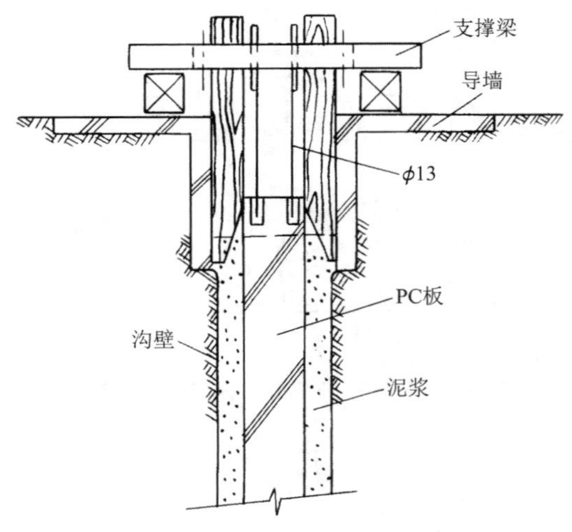

图 24-16 PC 板的固定

图 24-17 所示的是自硬泥浆固化地下连续墙施工过程，请注意，这里自硬泥浆是把原来槽孔内的普通泥浆全部置换出来后，自行硬化的。

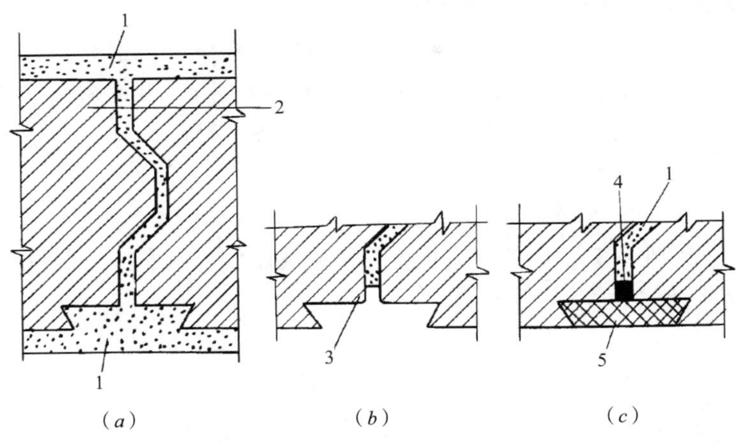

图 24-17　基坑开挖后的处理

（a）尚未开挖前；（b）开挖后，清理表面；（c）防水处理

1—水泥土；2—PC 板；3—清理表面；4—防水胶泥；5—砂浆

24.5　预制地下连续墙工程实例——PC 板与 H 型钢的预制地下连续墙

1. 概要

下面列举的预制地下连续墙工程实例是日本札幌地铁站的一道基坑支护墙。此预制地下连续墙是 PC 板和 H 型钢的组合墙，施工方法独特，值得学习借鉴。

该处地铁基坑长 490m，宽 10.6～14.5m，深为 14m 和 17m。预制地下连续墙长 983.4m，厚 0.6m，面积 1.9 万 m^2，墙深 18～21.5m，槽段 197 个。

2. 地质条件

地表表层为含水量很大的泥炭和腐殖土层，其下则是软弱黏性土和细砂互层。深度 14～16m 以下为$N > 50$ 的洪积砂砾石层，渗透系数$K = (1～2.8) \times 10^{-1}$cm/s。

3. 墙体设计

墙体断面和接头设计如图 24-18 所示。为了承受很大的水平外荷载，采用了 PC 板和 H 型钢的组合结构型，这样可使墙的抗弯能力和刚度大为增加。一期槽孔内放 4 块 PC 板，5 根 H 型钢。二期槽也放 4 块 PC 板（宽 850mm）。

本工程采用圆钢管（锁口管）接头方式。

4. 施工方法和过程

本工程采用置换固化工法（OMF 工法，也有叫 MF 工法的——笔者注）。施工过程如图 24-19 所示。

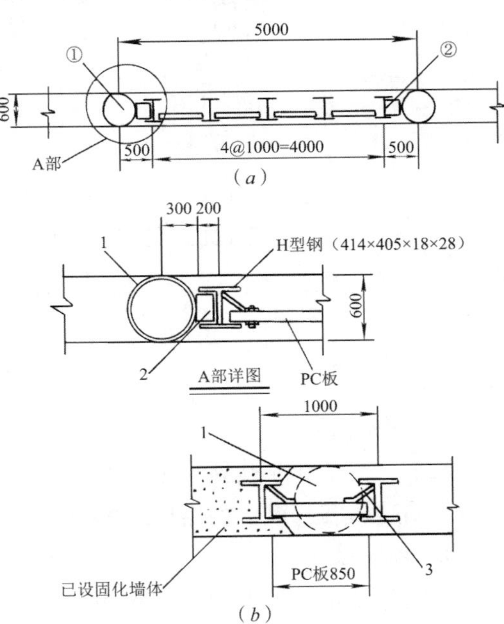

图 24-18　施工顺序

（a）一期（先行）槽施工；（b）二期（后行）槽施工

1—接头管；2—锁口箱；3—构件

5. 施工主要机械和设备

本工程使用的主要设备有：MHL液压抓斗2台，35t和50t起重机各1台，水泵4台，ϕ600mm接头4组（88m），3m^{3}泥浆搅拌机1台，每小时生产20m^{3}砂浆搅拌机1台，输送砂浆的直径101.6mm管子240m，泥浆净化和处理设备1套。

6. 挖槽

1）挖槽机

采用MHL液压抓斗2台。抓斗直接把挖出来的土倒入汽车或装载机中运走，省去泥浆循环净化的麻烦。

2）槽段划分

采用一、二期孔施工法。一期槽长5.0m，二期槽长5.0m。采用直径600mm圆钢管作为接头管。槽孔的施工顺序见图24-19和图24-20。施工时是按照三序孔的原则建造槽孔和形成墙体的。

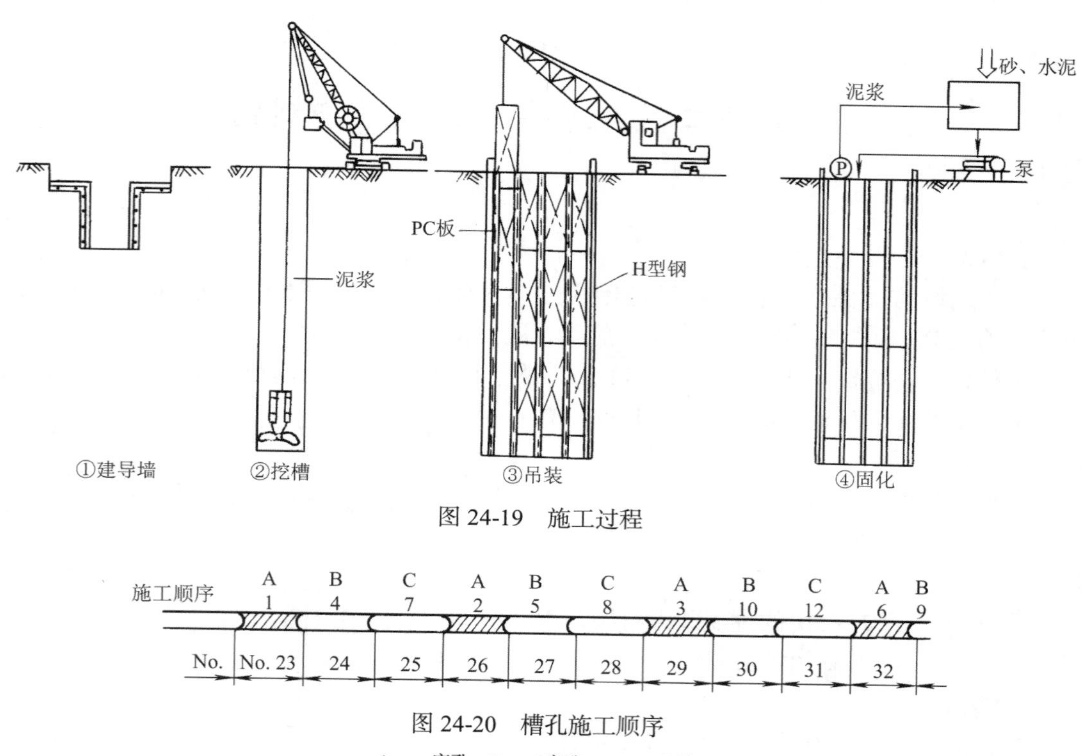

图24-19　施工过程

图24-20　槽孔施工顺序

A—一序孔；B—二序孔；C—三序孔

3）挖槽精度

该工程挖槽控制孔斜小于1/300。

采用超声波测试仪测出槽孔偏斜小于1/300。

4）超挖量

经检测证实，深度15～20m的砂砾石层内的挖槽超挖量为5～10cm。

7. 泥浆

该工程使用膨润土泥浆。为防止冬季管路冻胀事故，采用了夜间泥浆在管道不停地循环的方法。

8. 吊装

PC 板宽 85cm，厚 10～12cm，制造段长 3～4m。每 3～4 节组装成 1 个单元的 PC 板。PC 板用图 24-21 所示吊具进行吊装。

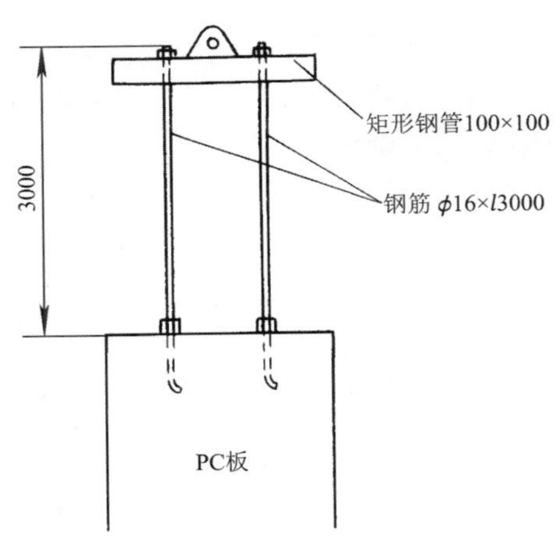

图 24-21　PC 板吊具

9. 固化材料

本工程的固化材料采用水泥系列固化剂、细骨料、外加剂和泥浆混合而成，习惯上把这种混合物叫作膨润土水泥砂浆或简称 CB 砂浆。

施工之前，进行了砂浆的配比试验以及不同养护温度（5～20℃）试验。试验结果说明，如果在低温（5℃）下养护，它的单轴压缩强度仍能大于设计强度（50N/cm²），施工配合比见表 24-5。

CB 砂浆基本配合表　　表 24-5

泥浆			固化剂（kg）	细骨料（kg）	单轴压缩强度 q_u（N/cm²）			
					养护（20℃）		养护（5℃）	
水（L）	膨润土（kg）	CMC（kg）			7d	28d	7d	28d
379	46	0.3	203	898	43	103	29	56

施工过程中，测得不同深度时的砂浆温度，如图 24-22 所示。可以看出，深度大于 4m 以后，砂浆温度可达 15～18℃，比多年平均地温要高。

施工中主要控制砂浆的单轴压缩强度和渗透系数，其测试结果见表 24-6。图 24-23 所示则是实测的砂浆单轴压缩强度的增长曲线。可以看出 28d 压缩强度达 70～80N/cm²，大于设计强度（50N/cm²）。其他各项指标均能满足设计要求。

砂浆试验结果　　表 24-6

流动度（s）	析水率（%）	单位体积质量（g/cm²）	单轴压缩强度 $q_{u,28}$（N/cm²）	透水系数 K（cm/s）
13～17	1.0	1.73	72～85	10^{-7}～10^{-6}

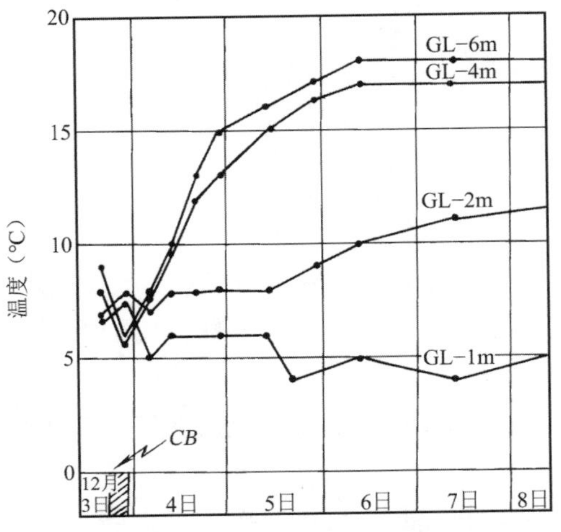

图 24-22　砂浆温度测定结果

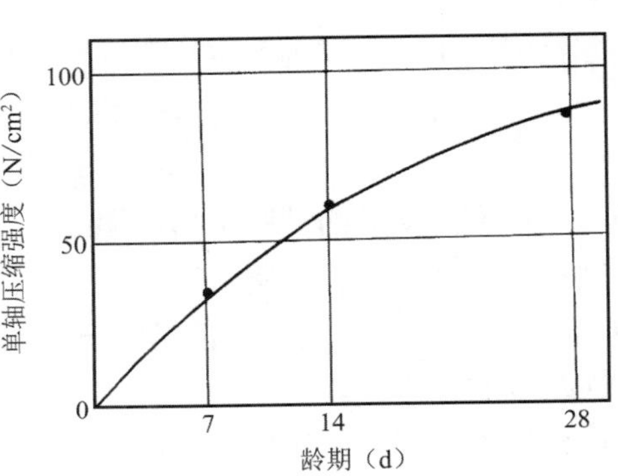

图 24-23　砂浆强度增长曲线

10. 固化施工

该工程的固化工作可以自动连续进行。图 24-24 所示是用砂浆泵和软管向槽孔内输送 CB 砂浆的情形。

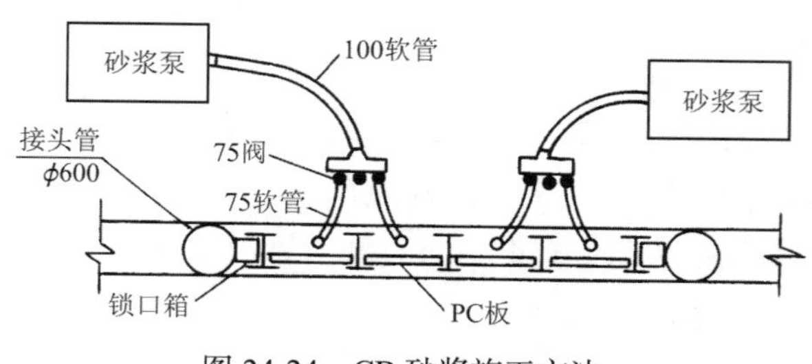

图 24-24　CB 砂浆施工方法

24.6　我国的预制地下连续墙

目前，在我国使用的预制地下连续墙工程为数很少。下面介绍几个实例。

24.6.1　上海地铁车站端头的试验

预制地下连续墙是在现浇地下连续墙基础上发展起来的一种先进的施工方法。其做法是先在预制场内将预制钢筋混凝土加工好，预制的尺寸一般由起吊能力所决定。然后，将一幅幅的钢筋混凝土预制件依次吊入充满泥浆的槽内。最后，把槽内预制件间的泥浆固化，泥浆固化后所要求的强度一般与预制件周围土体的强度相同。泥浆固化后就成为预制钢筋混凝土的地下连续墙。

我们在某工地上施工的预制地下连续墙全长 10.6m，深 14m，共由 20 幅预制钢筋混凝土件组成，每一幅预制件的尺寸为：长 12.3m，宽 0.5m，厚 0.4m。

将预制件依次吊入槽内后，加入固化剂并进行充分的搅拌使泥浆固化。固化剂的主要成分是：水泥、水玻璃及粉煤灰等，采用压缩空气进行搅拌，时间需 10～20min。泥浆固化的时间为 2～3d。

地下墙形成后，我们开挖了由地下墙围成的基坑。开挖深度至 7m，使 7m 深的地下墙一侧全部暴露出来。经检查：壁面光滑，排列整齐，预制件间没有渗水现象，相邻壁面平整度最大误差为：±2.6cm。

固化物的抗压强度为：$\sigma_7 = 3.1\text{kg/cm}^2$

$$\sigma_{14} = 4.5\text{kg/cm}^2$$

$$\sigma_{28} = 5.3\text{kg/cm}^2$$

24.6.2　黄河入海口的预制板挡土墙

这种成墙技术是在预制 PC 板时预留管道，利用高压水冲割 PC 板底端下的土层，逐渐将 PC 板沉入地下；板与板之间的接缝进行灌浆处理，板顶浇注连续圈梁（压梁），以提高地下连续墙的整体性。

这种技术实现了工厂化生产混凝土板，机械化施工吊装，灌浆处理接缝，施工速度很快。墙体抗冲刷能力强，工程质量可靠。

PC 板厚 25cm，长 15～20m。在均匀土、砂层中，插入 1 块长 15m、宽 0.8～1m 的 PC 板只需 30～60min。此法只能用于砂性土、淤泥质土等均质土中。已在堤防险工、挑流丁坝和海堤护岸工程中得到应用。在城市的基坑支护中也可应用。

图 24-25 所示是该工法的施工工艺和结构形式图。

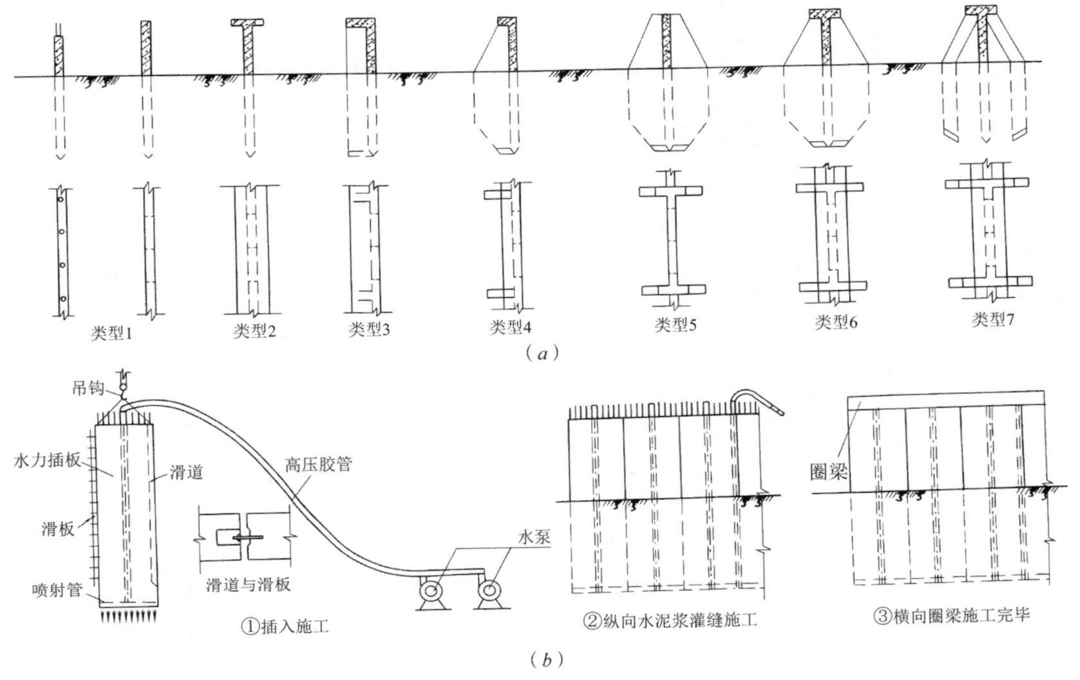

图 24-25　水力插板法

(a) 结构类型；(b) 施工工艺

24.6.3　连锁混凝土预制桩墙

这是把原有的混凝土预制空心桩加以改进，成为连锁式桩墙。

连锁混凝土预制桩具有抗弯刚度大、质量稳定可靠的特点，只要施工时保证桩的垂直度，就能保证止水效果，达到支护和止水一体，省去了止水帷幕，与传统的灌注桩支护结构相比，能明显降低造价，缩短工期。随着绿色建筑理念的提出，建筑工业化的不断推进和对工期、造价指标要求的提高，预制构件在支护结构中的应用越来越多。国外，特别是日本，很早就将预制桩用于基坑支护和永久性支护。国内，在云南、浙江、江苏也有一些基坑支护采用了连锁混凝土预制桩墙施工，墙面光滑、平直，止水效果较好。此外，连锁混凝土预制桩墙支护技术的采用，还可减少泥浆等工业污染，且施工噪声小，环保又经济，社会效益突出。预制桩特别是连锁混凝土预制桩作为支护桩发展趋势良好，会有很好的应用前景。

连锁混凝土预制桩墙支护结构是一项创新的支护结构，连锁混凝土预制桩的生产、试验、检测及连锁混凝土预制桩墙的设计、施工及检测目前均无国家标准来规范，因此制定规范能使该项新技术顺利推广（图 24-26、图 24-27）。

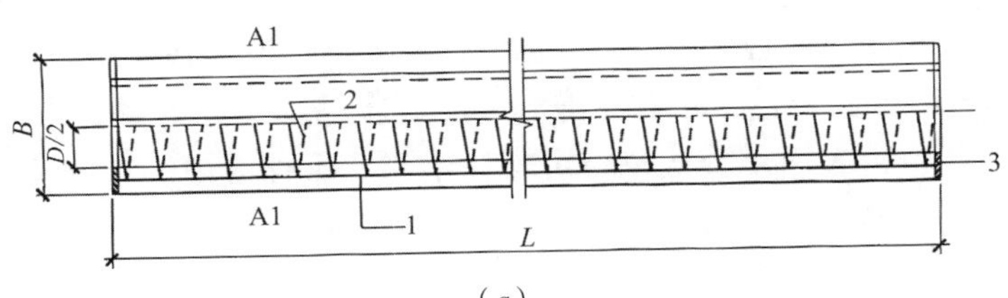

(a)

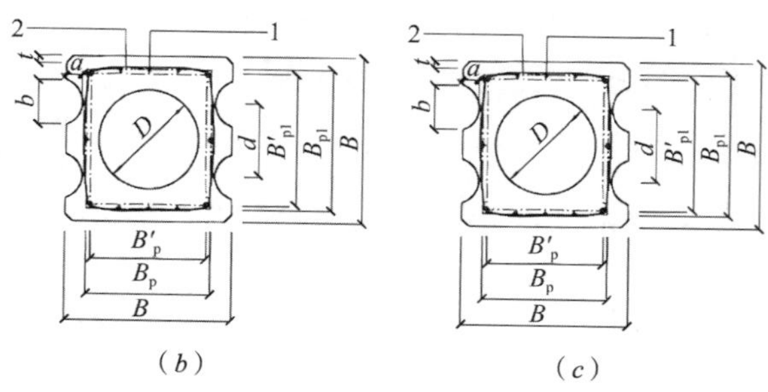

图 24-26　连锁混凝土预制桩图

（*a*）连锁桩桩身构造示意图；（*b*）边长 400mm 连锁桩 A-A 剖面结构示意图；（*c*）边长 450mm 连锁桩 A-A 剖面结构示意图

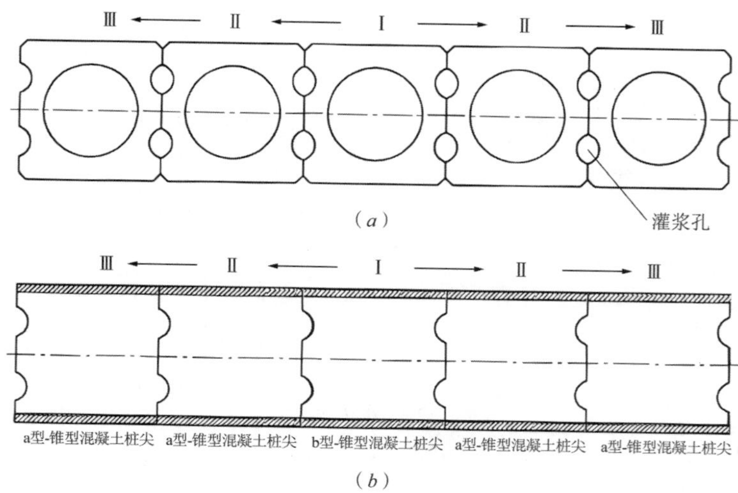

图 24-27　连锁墙施工顺序平面示意图

（*a*）桩顶俯视；（*b*）桩尖排布

24.7　螺锁式预应力混凝土板的应用实例

24.7.1　概述

1. 工程概况$h_p=6.05$m

某项目用地面积 11542m²，总建筑面积 43279m²（其中，地上建筑面积 34743m²，地下建筑面积 8726m²）。拟建工程主要由 1 幢 26 层主楼、2 层裙房及南侧 3 层教学用房组成，设 1 层地下室。项目设计±0.000 标高为 8.750m（黄海高程），1 层地下室底板设计相对标高−5.000m，相当于黄海标高 3.750m。基坑开挖深度为 6.05m。

2. 工程地质及水文条件

根据地勘提供的资料，将场地土层划分为 7 个工程地质层：①$_1$层素填土，层厚 0.7～3.4m，灰或灰黄色，松散—稍密，稍湿，主要由碎块石、角砾和粉质黏土等组成。①$_2$层耕植土，层厚 0.2～0.9m，灰色，松软，饱和，以粉质黏土成分为主。②$_1$层粉质黏土，层厚 0.6～3.3m，灰黄色，表面部分灰色，可塑，饱和，干强度中等，中等压缩性，中等韧性。②$_2$层黏质粉土，层厚 0.4～11.6m，灰色，稍密，湿，干强度低，中等压缩性，低韧性。③层淤泥质粉质黏土，层厚 3.7～16.6m，灰色，流塑，饱和，干强度中等，高压缩性，中等韧性。④$_1$层粉质黏土，层厚 0.4～2.1m，灰绿或灰黄色，可塑，饱和，干强度中等，中等压缩性，中等韧性。⑤$_1$层圆砾，层厚 1.4～6.4m，灰或灰黄色，稍密—中密，饱和，卵砾石以圆或亚圆状为主，粒径一般 1～3cm，成分以砂岩和凝灰岩为主，质坚硬（表 24-7）。

本场地勘探深度范围内地下水类型主要为第四系孔隙潜水、承压水和基岩裂隙水。地下水位受季节影响有一定变化，根据本区多年勘察资料，一般年变幅不大于 2.0m。勘察期间实测场地混合地下水位埋深在 0.8～2.3m 之间（相当于黄海标高 5.850～7.280m），高于地下室底板设计标高。

土层设计参数建议值　　**表 24-7**

层号	岩土名称	天然重度（kN/m³）	渗透系数		抗剪强度（固快峰值）	
			垂直k_v（cm/s）	水平k_h（cm/s）	c_{cq}（kPa）	φ_{cq}（°）
①$_1$	素填土	22.5	—	—	0.0	12.5
①$_2$	耕植土	18.2	—	—	12.0	9.0
②$_1$	粉质黏土	18.8	3.70×10^{-6}	4.40×10^{-6}	34.4	14.7
②$_2$	黏质粉土	18.6	3.40×10^{-4}	4.10×10^{-4}	8.3	25.4
③	淤泥质粉质黏土	17.3	3.60×10^{-7}	4.40×10^{-7}	9.9	8.4

3. 周边环境

基坑周边环境较复杂，北侧为市政道路，基坑距道路边线为 14.00～18.00m；西侧为市政道路，基坑距道路边线 16.5～18.5m，西侧道路下有处于运营阶段的地铁线路，基坑距地铁盾构隧道 26m，对基坑开挖的土体变形要求极为严格；东侧、南侧为已有建筑，基坑距已有建筑为 10m 左右。基坑周围空间比较狭窄。

24. 7. 2　基坑围护做法

（1）沿所有基坑周边上部放坡约 1m，根据场地许可设置 1～2m 宽的平台，起到卸土作用的同时方便现场施工。坡面喷射混凝土面层强度等级为 C25，锚喷面层厚度为 100mm。坡面处配ϕ6.5mm@200mm 双向钢筋网，钢筋网与坡面间必要时可采用短钢筋进行固定。

（2）采用渠式切割法施工连续的等厚度水泥土搅拌墙，厚度 700mm。水泥掺量不小于 22%，水灰比 1.5，挖掘液采用钠基膨润土拌制，被搅土体掺入约 100kg/m³ 的膨润土。等厚度水泥土搅拌墙 28d 无侧限抗压强度标准值不小于 0.8MPa。

（3）在水泥土搅拌墙中植入预应力混凝土板桩，形成复合墙结构，其中连续水泥墙体用于止水，混凝土板桩用于受力。基坑围护做法如图 24-28 所示。

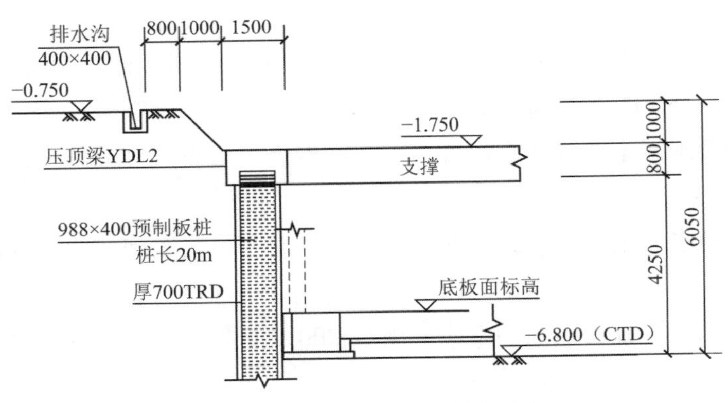

图 24-28　基坑围护设计剖面图

（4）混凝土板桩的构造形式如图24-29所示，板桩宽度988mm，厚度400mm，内部设置两个370mm×240mm的孔洞，两根相邻板桩在连接处分别设置凹凸槽，方便连接。板桩混凝土强度等级为C60，板桩根据受力需求采用不对称配筋，纵向受力筋采用抗拉强度不小于1420MPa、35级延性低松弛预应力螺旋槽钢棒，坑内侧配筋为11ϕ12.6，迎土侧配筋为11ϕ9.0，螺旋箍筋采用一级普通钢筋ϕ6mm@100mm/200mm。板桩总长为20m，配桩桩长分别为13m和7m（含桩尖），接桩采用螺锁式机械接头，为满足设计要求，长短桩交替作为第一节桩，保证桩接头不在同一标高处。

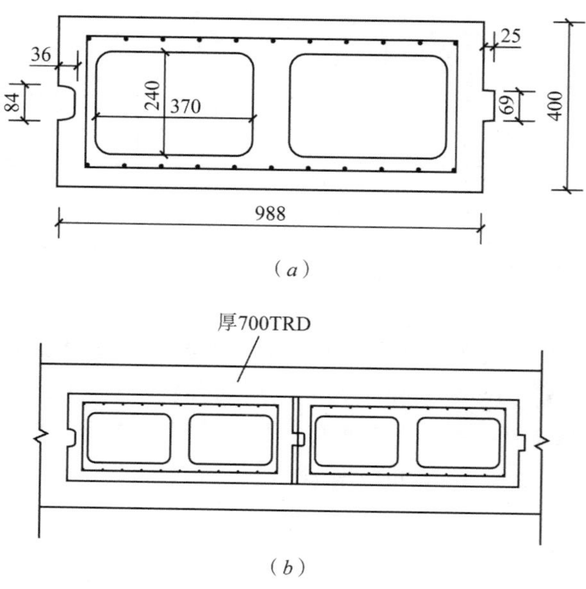

（a）

（b）

图24-29　混凝土板桩构造形式及连接

（a）混凝土板桩构造形式；（b）混凝土板桩连接

（5）本项目设置一道混凝土水平支撑，板桩顶部与压顶梁通过灌芯做法连接。

24.7.3　基坑围护施工要点

（1）等厚度水泥土搅拌墙正式施工之前，应进行现场等厚度水泥土搅拌墙成墙试验，以检验等厚度水泥土搅拌墙施工工艺的可行性以及成墙质量，确定实际采用的挖掘液膨润土掺量、固化液水泥掺量、水泥浆液水灰比、施工工艺、挖掘成墙推进速度等施工参数和施工步骤等。

（2）等厚度水泥土搅拌墙的垂直度偏差不大于1/250，墙位偏差不大于50mm，墙深偏差不得大于50mm，成墙厚度偏差不得大于20mm。

（3）渠式切割水泥土连续墙宜连续施工，如遇停机后再次接续施工，需回行切割已施工墙体500mm以上。

（4）渠式切割水泥土连续墙施工遇到坚硬土层时，可采取旋挖取土或其他钻掘设备预取土的辅助措施。

（5）预制板材的垂直度偏差均不应大于1/200，混凝土预制板材平面允许偏差不应大于50mm，顶标高偏差不应大于50mm。

（6）混凝土预制板材起吊应满足构件抗裂要求。

24.7.4　混凝土板桩形式优化

为了更好地控制混凝土板桩施工质量以及提高混凝土板桩自身的防水效果，对图 24-29 所示的构造形式进行优化，如图 24-30 所示。将图 24-29 中的凹凸槽连接优化为燕尾槽连接，板桩施工定位更精确；相邻板桩间留置注浆孔，清孔后可进行二次注浆，注浆孔中可插入橡胶止水片，该做法大大提高了板桩自身的止水效果，使得混凝土板桩不仅可作为基坑围护挡土墙使用，还有作为地下室永久外墙使用的可能性。

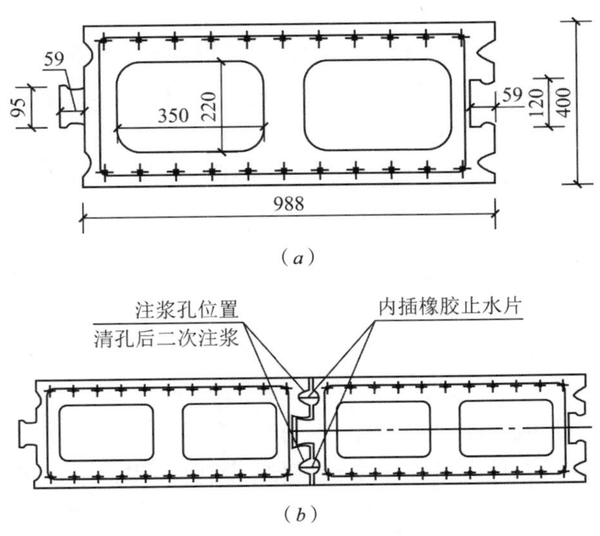

（a）

（b）

图 24-30　新型混凝土板桩构造形式及连接

（a）新型混凝土板桩构造形式；（b）新型混凝土板桩连接

24.7.5　结论

（1）在等厚度水泥土搅拌墙中植入混凝土板桩，形成集挡土与止水功能于一体的钢筋混凝土地下连续墙，较现有支撑形式在施工质量、施工工期、施工成本上均有较大优势。

（2）螺锁式连接的预应力混凝土板桩，为工厂化生产的预制构件，施工质量有保证，现场通过螺锁式机械接头连接，接桩快速，质量可靠。

（3）内部留置孔洞的矩形截面混凝土板桩，在能提供较大弯矩的同时还能节约混凝土用量，构造形式合理。

（4）优化的新型混凝土板桩，燕尾槽连接使得板桩施工定位更精确，相邻板桩间留置注浆孔可进行二次注浆，并可插入橡胶止水片。该做法提高了板桩自身的止水效果，使得混凝土板桩有作为地下室永久外墙使用的可能性。

24.8　上海的预制地下连续墙

近年来，预制地下连续墙技术成为国内外地下连续墙研究和发展的一个重要方向。所谓预制地下连续墙技术即按常规的施工方法成槽后，在泥浆中先插入预制墙段、预制桩、型钢或钢管等预制构件，然后以自凝泥浆置换成槽用的护壁泥浆，或直接以自凝泥浆护壁成槽插入预制构件，以自凝泥浆的凝固体填塞墙后空隙和防止构件间接缝渗水，形成地下连续墙。采用预制地下连续墙技术施工的地下连续墙墙面光洁、墙体质量好、强度高，并可避免在现场制作钢筋笼和浇混凝土及处理废浆。

在常规预制地下连续墙技术的基础上，上海地区又研究和发展了一种新型预制连续墙，即不采用昂贵的自凝泥浆而仍用常规的泥浆护壁成槽，成槽后插入预制构件并在构件间采用现浇混凝土将其连成一个完整的墙体，该工艺是一种相对经济又兼具现浇地下墙和预制地下墙优点的新技术。

该技术已在实际工程中进行了成功的尝试和应用，初步形成了独特的预制地下连续墙技术。本文主要以上海地区的工程应用为背景，介绍预制地下连续墙结合现浇接头技术的研究和应用。较之传统现浇地下连续墙，预制地下连续墙有以下特点：

（1）工厂化制作可充分保证墙体的施工质量，墙体构件外观平整，可直接作为地下室的建筑内墙，不仅节约了成本，也增大了地下室面积。

（2）由于工厂化制作，预制地下连续墙与基础底板、剪力墙和结构梁板的连接处预埋件位置准确，不会出现钢筋连接器脱落现象。

（3）墙段预制时可通过采取相应的构造措施和节点形式达到结构防水的要求，并改善和提高地下连续墙的整体受力性能。

（4）为便于运输和吊放，预制地下连续墙大多采用空心截面，减小了自重，节省材料，经济性好。

（5）可在正式施工前预制加工，制作与养护不占绝对工期；现场施工速度快；采用预制墙段和现浇接头，免掉了常规拔除锁口管或接头箱的过程，节约了成本和工期。

（6）由于大大减少了成槽后泥浆护壁的时间，因此增强了槽壁稳定性，有利于保护周边环境。

24.8.1 工法流程

首先选择合适的场地预先制作地下连续墙墙段，同时在施工现场构筑导墙，待预制墙段进入现场后，由液压抓斗挖土成槽、静态泥浆护壁，成槽结束后进行清槽、泥浆置换工序，然后采用测壁仪对槽段的深度、垂直度进行检测，最后吊放预制墙段入槽。施工一定幅数的墙段后即对相邻预制墙段接头进行处理，并在墙底与墙背两侧注浆，形成整体地下构筑物的基坑围护墙体。预制地下连续墙施工工法流程如图24-31所示。

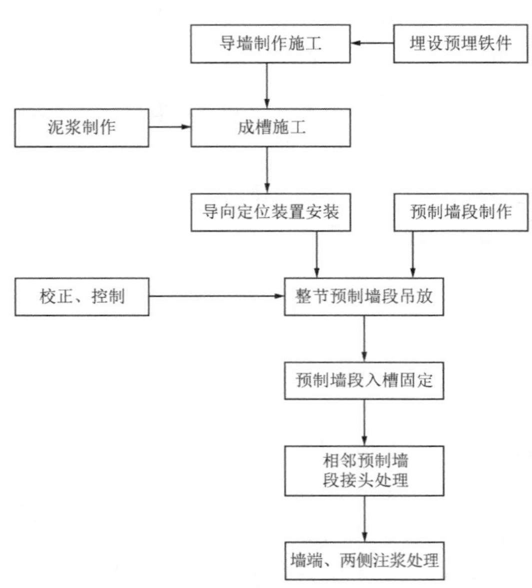

图24-31 预制地下连续墙施工工法流程图

24.8.2 设计与施工技术

1. 截面形式及设计

由于采用地面预制，并综合考虑运输、吊放设备能力限制和经济性等因素，预制地下连续墙通常设计成空心截面。在截面设计中可按初步确定的截面形式和相应的抗弯刚度，计算在水土压力等水平荷载作用下各开挖工况的墙体内力和变形，根据计算内力包络图确定设计截面、开孔面积和截面空心率，并进行竖向受力主钢筋和水平钢筋的配筋设计。预制地下连续墙墙段典型截面形式如图24-32所示。

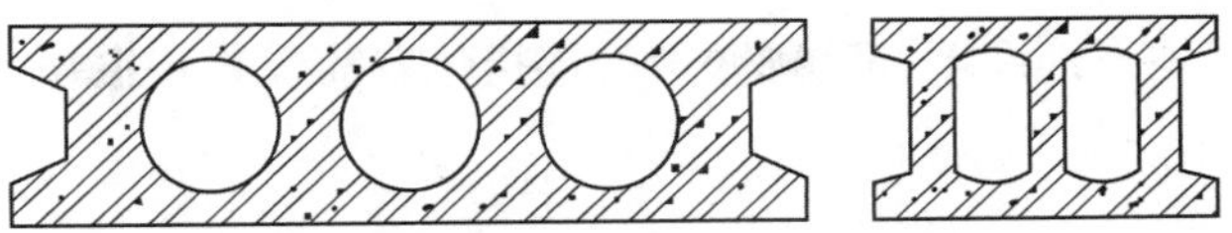

图 24-32　预制地下连续墙墙段典型截面图

目前，预制地下连续墙施工需采用成槽机成槽、泥浆护壁、起吊插槽的施工方法，因此墙体截面尺寸受成槽机规格限制。通常预制墙段厚度较成槽机抓斗厚度小 20mm，墙段入槽时两侧可各预留 10mm 空隙便于插槽施工。

2. 接头设计

预制地下连续墙接头可分为施工接头和结构接头，施工接头是指预制地下连续墙墙段之间的连接接头，结构接头是指按照两墙合一设计时预制地下连续墙与主体地下结构构件的连接接头。

1）施工接头

由于预制地下连续墙需分幅插入槽内，墙段之间的接头处理既要满足止水抗渗要求，又要满足传递墙段之间的剪力要求，是预制地下连续墙设计和施工的关键。预制墙段施工接头可分为现浇钢筋混凝土接头和升浆法树根桩接头。单幅墙段的两端均采用凹口形式。

现浇钢筋混凝土接头施工中两幅墙段内外边缘尽量贴近，待两幅墙段均入槽固定就位后，在接缝的凹口当中下钢筋笼并浇注混凝土用以连接两幅墙段，其深度同预制地下连续墙。现浇接头的止水性能较好。为进一步提高槽段接缝处的止水可靠性，可采取一定的构造措施（图 24-33）。

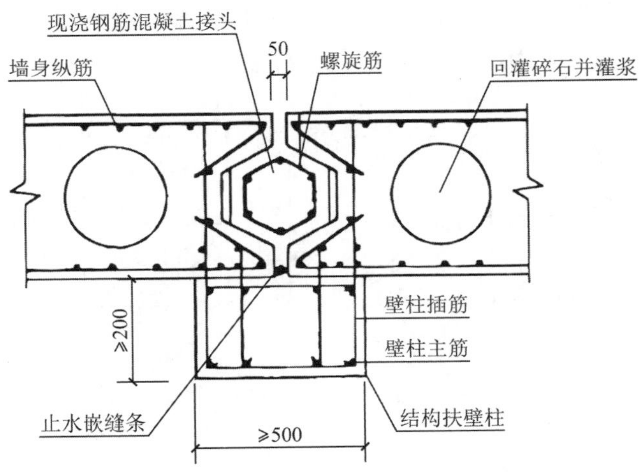

图 24-33　现浇钢筋混凝土施工接头节点构造示意图

升浆法树根桩接头与现浇钢筋混凝土接头施工方法相似，区别在于树根桩接头是在接缝的凹口当中下钢筋笼，以碎石回填后再注入水泥浆液用以连接两幅墙段。

2）结构接头

预制地下连续墙结构接头的设计和构造与现浇地下连续墙基本相同，均需在连续墙内部相应位置预留结构构件所需的钢筋连接器或插筋；与现浇地下连续墙不同之处在于，预制地下连续墙墙身设计的空心截面在与主体结构连接位置难以满足抗弯、抗剪的设计要求，因此在与主体结构连接位置一般采用实心截面，该实心截面的范围和配筋由连接节点的计算确定。此外，预制地下连续墙与基础底板的连接位置需设置止水片或其他有效的止水措施（图24-34）。

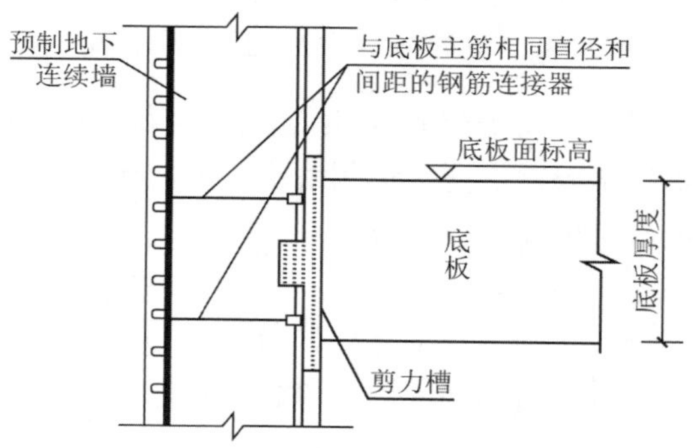

图24-34 预制地下连续墙与基础底板连接示意图

3. 分节连接节点

深基坑工程中当连续墙墙体较深较厚时，在满足结构受力的前提下，综合考虑起重设备的起重能力以及运输等方面的因素，可将预制地下连续墙沿竖向设计成为上、下两节或多节，分节尽量位于墙身反弯点位置。由于反弯点位置剪力最大，因此必须重点进行抗剪强度验算。通常可采用钢板接头连接，即将预埋在上下两节预制墙段端面处的连接端板采用坡口焊连接并结合钢筋锚接连接。工厂制作墙段时，在上节预制墙段底部实心部位预留一定数量的插筋，在下节墙段顶部实心部位预留与上节插筋相对应的钢筋孔。现场对接施工时，先在下节墙段预留孔内灌入胶结材料，然后将上节墙段下放使钢筋插入预留孔中，形成锚接，再将连接端板采用坡口焊连接（图24-35）。

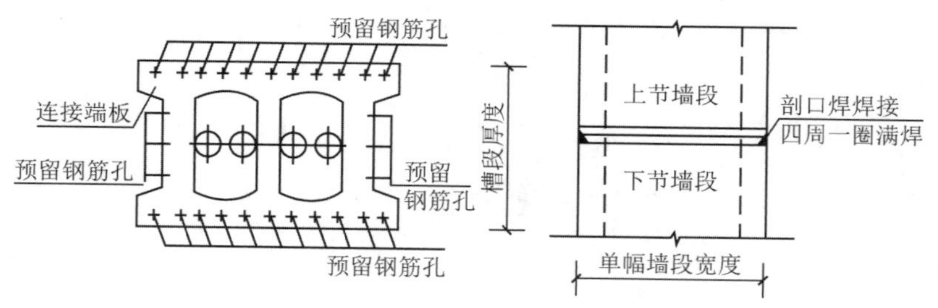

图24-35 钢板连接节点构造示意图

4. 承载力恢复

在预制地下连续墙的成槽施工过程中，为便于墙板顺利入槽，墙侧和墙底通常都与土体之间留有空隙，而对预制地下连续墙的端阻力和侧摩阻力造成了一定的损失。因此，需采取措施恢复墙底土体端承力和墙体侧壁摩阻力。

为便于墙底土体承载力的恢复，一方面，在成槽结束后及墙段入槽之前，往槽底投放适量的碎石，使碎石面标高高出设计槽底5～10cm，待墙段吊放后，依靠墙段的自重压实槽底碎石层及土体以提高墙端承载力。另一方面，则通过在单幅墙板内预先设置的两根注浆管，在墙段就位后进行注浆，直至槽内成槽泥浆全部被置换，从而加固墙底和墙侧土体，提高端阻力和侧壁摩阻力，满足预制地下连续墙作为主体地下结构的受力和变形要求。

5. 空心截面回填

预制地下连续墙的空心截面一方面有利于减轻构件自重，节省材料，提高预制地下连续墙的经济性，但另一方面也存在正常使用阶段的抗渗防水问题。通常预制地下连续墙均作为两墙合一的永久结构外墙，其在空心截面位置较薄的混凝土侧壁往往不能满足在一定水头压差作用下的永久抗渗要求，必须对底板面以上的截面空心区域进行回填，材料可采用素混凝土或密实黏土。从工程使用情况来看，能达到永久结构抗渗的设计要求。

6. 成槽和吊放

因受起重设备性能的限制，预制地下连续墙墙段划分宽度一般为 3.0～4.0m，亦可结合基坑外形尺寸及起重设备的起重性能来确定。成槽时，一般按先转角幅，后直线幅的顺序施工，槽段间连续成槽。

为确保墙段顺利吊放就位及保证垂直度（垂直度控制在 1/300 以内），成槽时须精心施工。通常导墙宽度需比预制墙段的厚度大 4cm 左右，成槽深度需大于设计深度 10～20cm。

墙段的吊放应根据其重量、外形尺寸选择适宜的吊装设备，吊放时要确保预制墙段的定位准确和控制垂直度的要求，须采取切实可行的技术措施，尤其应根据墙段设计的平面位置，在导墙上安装垂直导向架，以确保平面位置准确。采用横吊梁对预制墙段进行单端起吊时，应用经纬仪观测预制墙段墙面上弹出的控制线，根据所测得的垂直偏差值，通过横吊梁两端的导链对预制墙段的宽度方向进行校正，使预制墙段的宽度方向垂直度得到控制。预制墙段厚度方向的垂直度则主要通过成槽时的垂直度、垂直导向架来控制。预制墙段的竖直向设计标高则是通过导墙上搁置点标高、专用搁置横梁高度、临时定位吊耳及墙段的长度来控制的，操作时可把预制墙段外伸主筋（可接长）作为临时定位吊耳，通过横梁搁置于导墙上，这样便可实现对预制墙段竖直向标高的控制。

7. 辅助措施

预制地下连续墙槽段之间的接头处理，需同时满足抗渗和受力要求，是预制地下连续墙设计和施工中的关键问题。目前，常用的预制地下连续墙接头有现浇钢筋混凝土接头和升浆法树根桩接头等。多项工程的实践结果表明，采用升浆法树根桩接头和小口径导管浇注的现浇钢筋混凝土接头抗渗止水效果一般良好，均能达到工程使用的一般要求，但由于两种接头实质上均为柔性连接，尚不能完全满足墙体承受剪力的要求，因此需在接头位置墙板内侧设置嵌缝式止水条、接缝外侧加固封堵以及在地下室内部设置结构扶壁柱等构造措施。在增强槽段之间连接整体性并提高抗剪能力的同时，也在建筑内部设置了抗渗止水的预备措施。

24. 8. 3　工程实践

迄今为止，上海地区预制地下连续墙技术先后在建工活动中心、明天广场、达安城单建式地下车库和瑞金医院单建式地下车库等工程中实施和应用。其中，在建工活动中心和明天广场两项工程中，仅进行了部分槽段采用预制地下连续墙的试验研究工作，以此积累并总结经验。而在达安城单建式地下车库和瑞金医院单建式地下车库工程中则全面实施了预制地下连续墙技术，并取得了良好的效果。以下主要介绍预制地下连续墙技术在瑞金医院单建式地下车库工程中的应用。

1. 工程概况

瑞金医院地下车库工程地处上海市瑞金医院内，为单建式单层地下车库，车库埋深

5.8m，平面尺寸约为 40m × 90m，总面积约 3500m²。顶板以上覆土约 1m，作为绿化及健身娱乐场所。院方要求在保护绿地周围原有大树的前提下最大限度地利用该地块的地下空间，以满足医院日益紧张的停车需要，同时由于医院的特殊性，必须文明施工，尽可能减少对环境的影响。此外，院方对造价和工期也提出了较高要求。针对本工程的特点，经反复比较，决定采用预制地下连续墙技术。

2. 设计方案

本工程采用主体结构与支护结构相结合的方案，利用预制地下连续墙既作为地下车库施工阶段的基坑围护墙，在正常使用阶段又作为地下室结构外墙，即“两墙合一”。本工程地下结构采用逆作法施工，施工阶段利用地下结构梁、板等内部结构作为水平支撑构件，采用一柱一桩即钻孔灌注桩内插型钢格构柱作为竖向支承构件。

墙体设计中采用预制地下连续墙结合现浇钢筋混凝土接头工艺，预制地下连续墙厚度为 600mm，槽段墙板深度为 12m，槽段宽度一般为 3～4.05m，共有 73 幅槽段（图 24-36）。由于采用了与主体结构相结合的结构形式，地下室结构梁板作为水平支撑，水平刚度大，墙体的变形和内力均大为减小，因而墙体截面设计和配筋较为经济。本工程在每两幅墙体的接缝处均设置壁柱，既加强了墙体的整体性，又有利于墙体的抗渗。

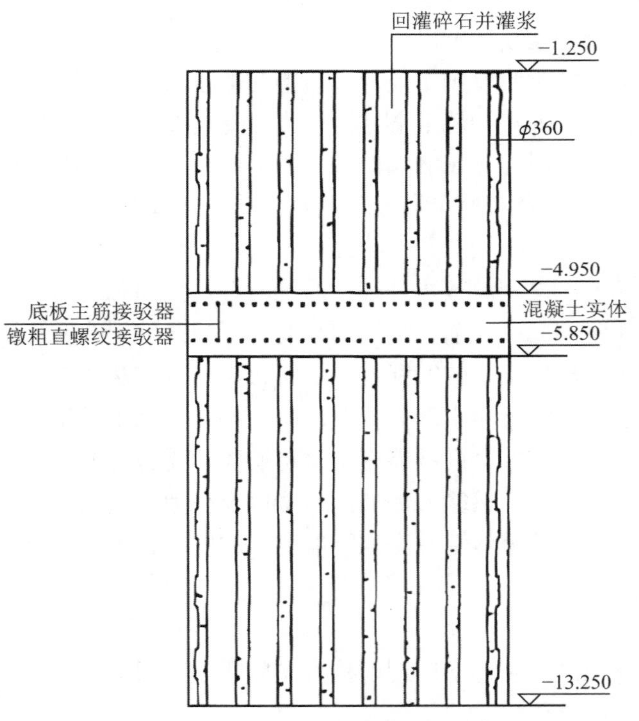

图 24-36 预制墙段典型立面图

预制地下连续墙顶设置顶圈梁且与顶板整浇。地下连续墙在与底板连接位置设计成实心截面，并在墙段内预埋接驳器与底板主筋相连，同时沿接缝设置一圈水平钢板止水带以防止接缝渗水。每幅预制地下连续墙墙底设置两个注浆管，水泥浆液注入总量不小于 2m³，且应上泛至墙顶。该措施有效控制了墙身的沉降，工程结束后经检测地下连续墙墙身累计沉降量较小（图 24-37、图 24-38）。

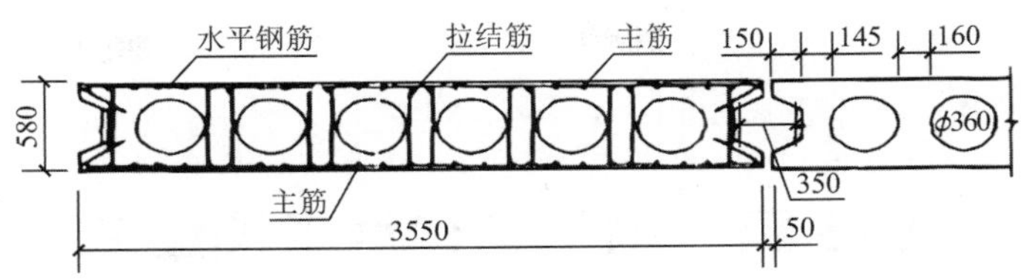

图 24-37　预制墙段配筋典型剖面图

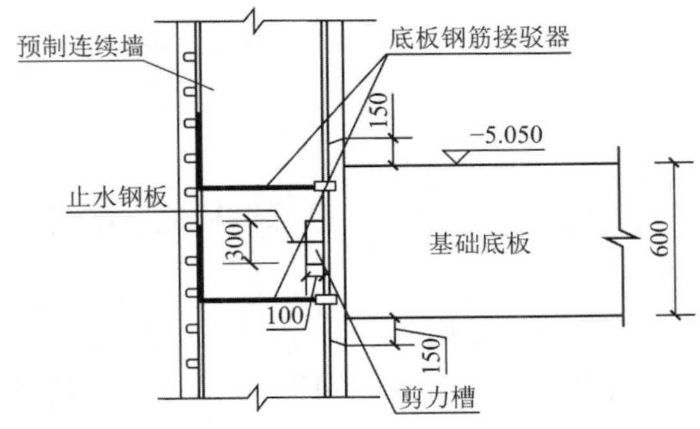

图 24-38　预制墙段基础底板预埋件详图

3. 实施与使用效果

在基坑施工过程中地下管线累计最大沉降量 6.0mm，平均沉降量为 2.96mm，地下管线水平位移最大为 3.0mm，平均位移为 1.0mm。预制连续墙墙体的水平位移监测显示，在开挖到基坑底部位置的时候位移值最大，为 10.84mm（在地面下约 6.5m 深度）。施工阶段一柱一桩的立柱桩平均隆起量为 2.3mm，最大隆起量为 4.6mm。

基坑工程施工基本未对结构梁板产生不良影响，在正常使用阶段结构整体状况良好。预制地下连续墙在进行内部防水处理后，基本无渗漏现象产生，完全能够满足地下室的正常使用要求。

24.8.4　结语

现阶段由于受到起重吊装能力、运输等多方面因素的限制，预制地下连续墙工程大多采用单节墙段。单节墙段总长度受到一定限制，一般仅用于 6～7m 以内的浅基坑，因此其在基坑工程中的应用范围受到了一定限制。如何将预制地下连续墙应用于深基坑工程中，并解决一系列关键技术问题，成为预制地下连续墙的一个主要研究方向。

预制地下连续墙通常在工厂中制作，为预应力技术在预制地下连续墙中应用提供了便利条件，如将预应力技术应用于预制地下连续墙，对提高墙体的抗裂和受力性能，减小地下连续墙的厚度，减轻单节预制地下连续墙的质量，具有非常重大的意义。如何将预应力技术成功地应用于预制地下连续墙，成为另一个重要的研究方向。

预制地下连续墙在技术上的可行性已经得到工程实践的验证，与现浇地下连续墙相比，经济性也相当突出，有着其进一步的发展前景。但是现有规范基本上还没有关于预制地下连续墙的内容，随着预制地下连续墙工法的发展和工艺的日益成熟，要求在大量工程实践的基础上制定新的设计和施工规范，为预制地下连续墙的设计和施工提供理论指导和依据。

（本节转载自《地下空间与工程学报》2005 年 8 月，王卫东等论文）

第 25 章　钢材结构地下连续墙

25.1　概述

这一章里介绍的是钢材结构地下连续墙（简称钢材地下连续墙）的试验研究和设计施工的有关问题。

所谓钢材地下连续墙是指用钢结构承受主要荷载的地下连续墙。这里所说的钢结构是使用钢板或型钢（主要是 H 型钢）加工制成的箱形、H 形或其他形状的钢结构地下连续墙。钢材地下连续墙通常是按钢结构的设计方法来设计的。这也是本章所要阐述的重点。

钢制地下连续墙是从日本发展起来的，1990 年代初期开始用于实际工程，发展势头强劲。到 1995 年年底，已建成 16 项工程，2 万多平方米，最深 68m，墙厚 40～90cm。有鉴于此，日本于 1992 年 11 月由 32 家建筑承包商和生产厂家联合成立了全国性的钢制地下连续壁协会，组织人员收集资料，总结经验，很快编制了《钢制地下连续墙工法》（1992 年）和《钢制地下连续墙设计施工指针》（1996 年），以指导和规范钢制地下连续墙的设计和施工。表 25-1 列出了钢制地下连续墙初期的工程实例。

钢制地下连续墙工程实例表　　表 25-1

序号	时间	工程名称	用途	基坑深（m）	墙深（m）	墙厚（mm）	墙长（m）	钢结构（mm）	槽段长度（m）	槽孔数	混凝土强度 R_{28}（N/cm^2）
1	1991 年 4 月	（日）日照站改建工程	基坑支护（边墙）	—	23.0	600	20.3	NS-BOX（厚 350）	1.4682.008	13	3710
2	1993 年 10 月	（日）盾构顶管接收井	基坑支护（圆形）	16.65	28.5	800	31.8	GHR-500	—	6	3850
3	1997 年 8 月	（日）地铁换气口	竖井外墙（矩形）	38.15	41.35	1100	33.8	GHR-900	5.7～5.8	4	—
4	—	（日）东京地下停车场	竖井外墙（矩形）	38.0	49.0	640	—	NS-BOX（厚 400）	—	—	固化灰浆

在现代城市，特别是在闹市区，高楼林立，道桥纵横，不断发展的城市对有限的城市空间的利用提出了苛刻的要求。楼越盖越高，基础越做越深；地上空间不够用了，又在迅速地向地下空间发展。基坑尺寸越来越大，越来越深，在狭窄空间内修建的基坑支护结构无法做得很厚。在这种条件下，使用传统的钢筋混凝土地下连续墙也难于满足上述要求。于是，一种断面尺寸小、强度高、刚性大的以钢结构为主体的钢材地下连续墙随之出现了。日本正在计划修建深 92m（坑深 61m）的钢制地下连续墙工程。

钢制地下连续墙的主要特点是：

（1）能够充分利用狭窄的建设用地（空间），对周围环境影响小。

（2）以钢结构为主要受力构件，承载力高，刚度大，结构安全度高。

（3）墙段之间采用刚性接头，提高了地下连续墙抵抗水平荷载的能力。

（4）可作为永久结构的一部分或全部。

（5）墙厚仅为常规钢筋混凝土地下连续墙厚度的 0.5～0.7 倍，可节约泥浆和混凝土用量。

（6）钢结构采用工厂预制构件，可以减少现场熟练工人（焊工）数量；可以减少现场施工面积；构件尺寸小，吊装容易。

25.2　试验研究

25.2.1　概述

由于钢制地下连续墙刚刚开始应用。很多技术问题需要通过试验求得解决办法。

试验研究包括结构荷载试验和施工试验两部分，下面分别介绍。

25.2.2　荷载试验

1. 概要

本节我们来探讨钢制地下连续墙在铅直和水平方向，沿墙体长度方向（面内方向）和墙体厚度方向（面外方向）的受力特点。

钢制地下连续墙的接头常常做成刚性的，使其在铅直和水平方向均能承受足够的荷载和变形，成为双向板受力构件。本节叙述钢制地下连续墙的弯曲试验结果。钢制地下连续墙的外形如图 25-1 所示。

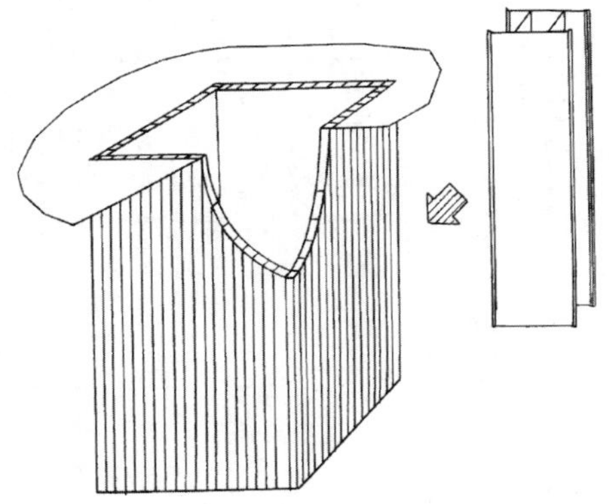

图 25-1　钢制地下连续墙示意图

2. 关于支护结构的空间效应

对于深基坑来说，它的平面尺寸对基坑支护结构受力状况是有很大影响的。

对于平面规模较小的基坑来说，由于地层的水平成拱效应，可使主动土压力减少，而被动土压力增加。

本次试验不考虑基坑空间效应问题。

3. 荷载试验

1）试件

表 25-2 列出了本次试验所采用的三种试件。其中，T_1 和 T_2 两种试件采用压缩型钢板桩接头，T_1 中充填有水泥砂浆，T_2 则不充填。有关尺寸见图 25-2。

试件统计表　　表 25-2

编号	试件名称	接头形式
T_1	BX-A	嵌合式（充填砂浆）
T_2	BX-N	嵌合式（不充填砂浆）
T_3	PL	组合式（比较用）

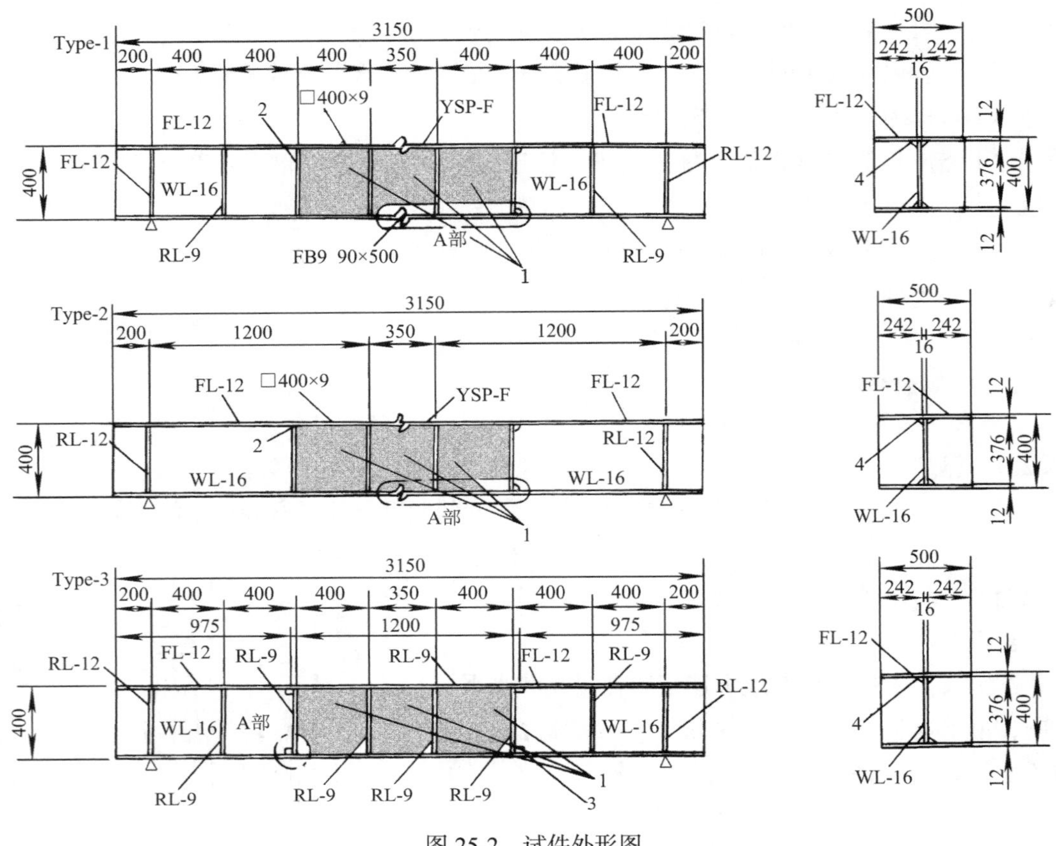

图 25-2　试件外形图

1—充填混凝土；2—承插口（$R = 30$mm）；3—承插口（50mm × 30mm）；4—焊缝R_{30}

2）材料

试验用混凝土配合比见表 25-3。混凝土的 7d 强度为 2400N/cm²，使用早强剂。表 25-4 所示是实测的 7d 抗压强度、弹性模量和泊松比。每个试件均制作 3 个试块，取其平均值作为实际参数值。表 25-5 列出了使用钢材的型号和物理力学指标。

混凝土配合比表　　　　表 25-3

粗骨料最大粒径（mm）	坍落度（cm）	水灰比（%）	砂率（%）	单位体积质量（kg/m³）				
				水泥 C	水 W	细骨料 S	粗骨料 G	外加剂
20	18.0	48.0	43.7	373	179	754	505	37.3

注：细骨料：山砂；粗骨料：高炉矿渣；外加剂：AE 减水剂，75 号。

实测混凝土特性表　　　　表 25-4

编号	T_1	T_2	T_3
试体名	BX-A	BX-N	PL
制模日期	5 月 28 日	6 月 9 日	5 月 28 日
试验日期	6 月 7 日	6 月 16 日	6 月 3 日
压缩强度（N/cm²）	2530	2660	2240
静弹性系数（N/cm²）	2.15×10^6	2.22×10^6	2.15×10^6
泊松比	0.199	0.211	0.199

钢材的种类和特性值　　表 25-5

钢材种类	板厚 9mm SS400	板厚 12mm SS400	板厚 16mm SS400	平面钢板（9.5mm）SY295	矩形钢管（9mm）STKR400
屈服点（N/cm^2）	32300	30300	30100	39700	39200
	32000	30700	27800	38500	40300
	32150	30500	28950	39100	39750
抗拉强度（N/cm^2）	42400	42500	42000	57600	46600
	41000	42000	41200	57200	47200
	41700	42250	41600	57400	46900
伸长率（%）	32	34	36	25	19
	33	35	36	26	19

3）试件制作

试件是由钢板桩、矩形钢管和厚钢板制成的。焊缝采用气体保护焊。混凝土浇注后，在空气中养护。为模拟槽孔施工时泥浆对钢和混凝土之间粘结力的影响，在试件内部涂上泥浆。

4）试验方法

（1）加载装置。图 25-3 所示为试件抗弯试验装置。总加压荷载不小于 3600kN，试件两端为简支。采用两点加载法。

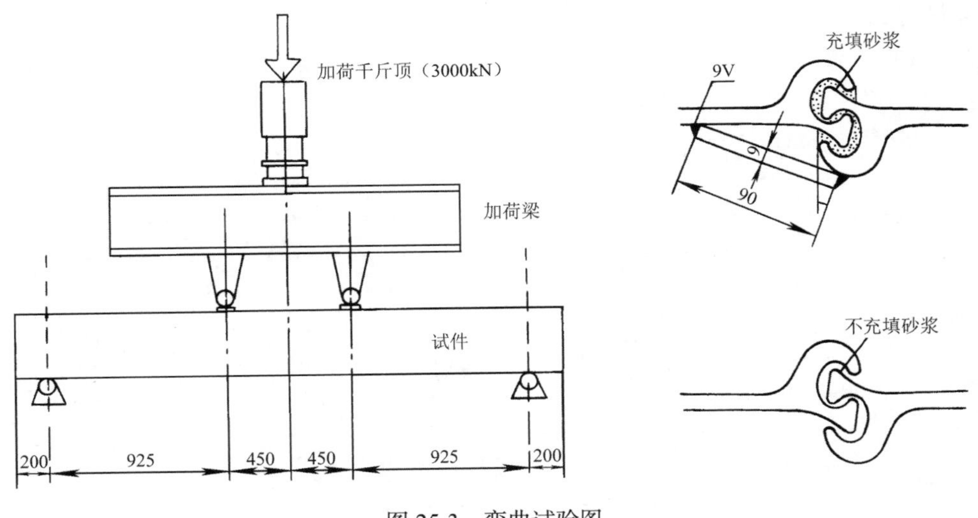

图 25-3　弯曲试验图

（2）加载方法。在两个加载点施加垂直荷载，两点间即为纯弯曲状态。两个加载点之间距离为 900mm。

（3）加载等级。首先加 30kN 预备荷载，再将其卸掉。然后以每 30kN 为一个加载段（弹性阶段以内）。

5）量测方法

（1）量测项目和观察项目：①内部混凝土应变；②钢制构件总应变；③变位；④内部混凝土切割后状况。

（2）观测仪器配置。图 25-4 所示的是 T_1 和 T_3 两个试件仪器布设情况。T_2 布设与 T_1 相同。观测项目和使用的仪器见表 25-6。

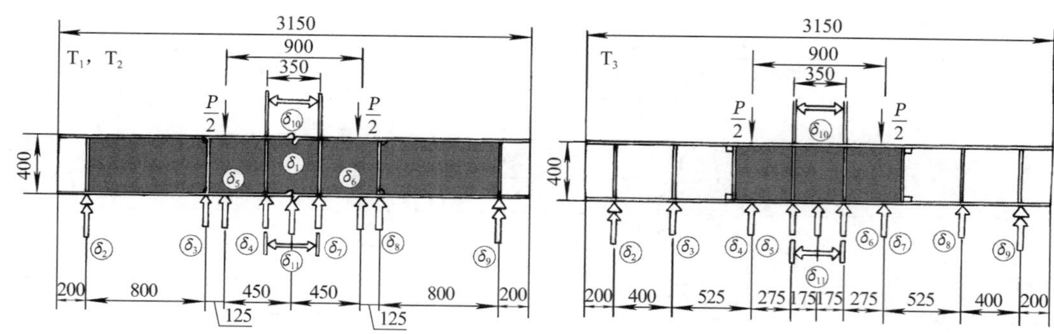

图 25-4 测试仪器布置图

检测项目和仪器 **表 25-6**

测定项目	测定仪器及方法	精度
载荷荷重	载荷仪	1000N 以下
混凝土应变	应变计	10^{-6}
钢板应变	应变计	10^{-6}
垂直度	变位计	1/100 以下
裂缝分布	目视	—
破坏状况	目视	—

4. 试验结果

1）试验结果

见表 25-7。

试验结果表 **表 25-7**

项目		T_1	T_2	T_3
试件尺寸	宽度b（mm）	500	500	500
	高度h（mm）	400	400	400
	有效高度d（mm）	395	395	396
	长度l（mm）	3150	3150	3150
	剪切段长a（mm）	925	925	925
	a/d	2.34	2.34	2.34
材料	使用钢材	钢板		
	厚度（mm）	9.5	9.5	9.5
	材质	SY295	SY295	SS400
	屈服点（N/cm²）	39100	39100	32150
	抗拉强度（N/cm²）	57400	57400	41700
混凝土	压缩强度（N/cm²）	2530	2660	2240
	总弹性系数（N/cm²）	2150000	2220000	2150000
	泊松比	0.199	0.211	0.199
荷重	屈服荷重（kN）	1200	1110	840
	作用荷重的最大值（kN）	1263	1470	1044
	裂缝发生荷重（kN）	780	120	120

2）试件破坏情况

图 25-5 中裂缝旁边的数字表示的是该条裂缝刚发生时的荷载值（tf）。

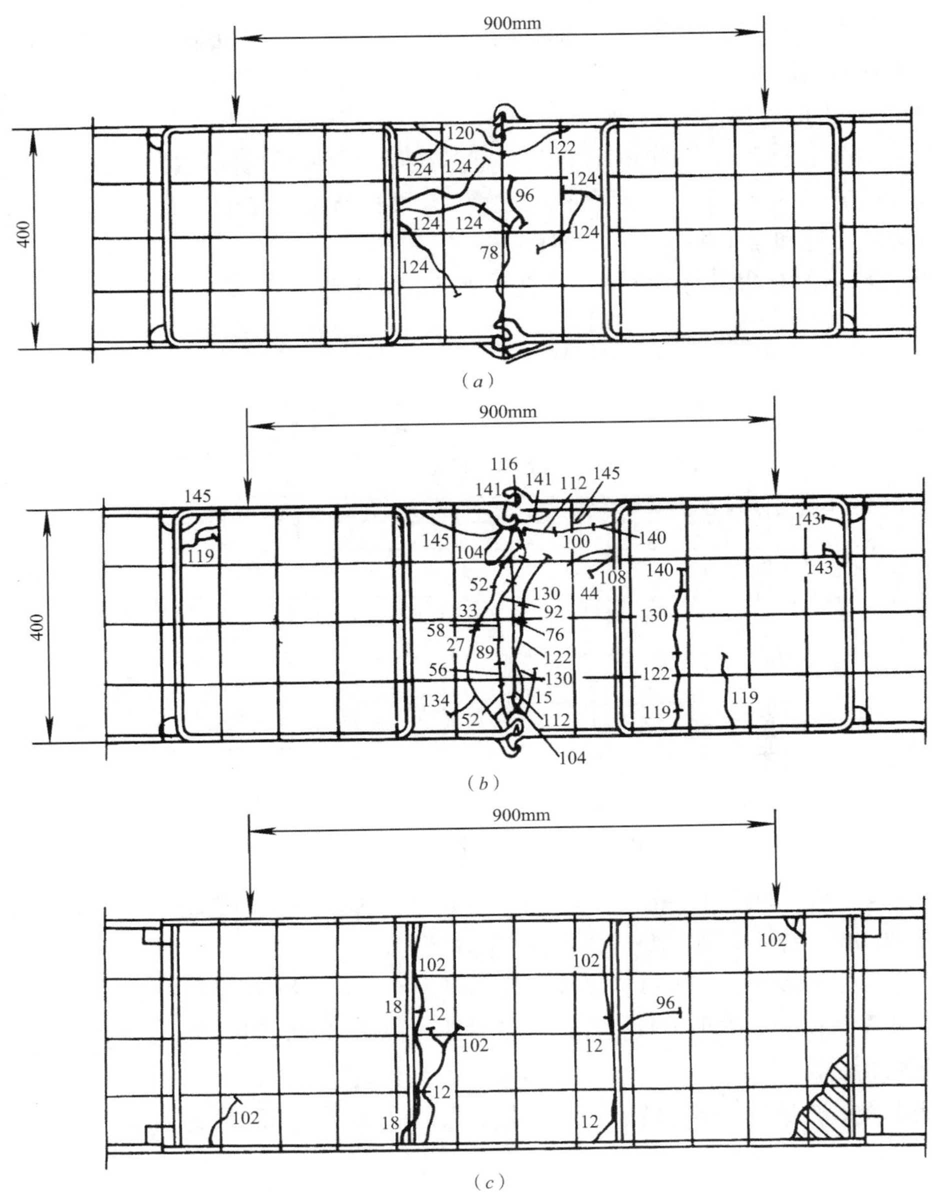

图 25-5　裂缝状态图

(a) T_1；(b) T_2；(c) T_3

图 25-5（a）所示是试件 T_1 的裂缝开裂状况。当荷载加到 780kN 后接头处开始裂缝；荷载加到 960kN 后裂缝向内部延伸；荷载超过 1000kN 后钢材发生明显的弯曲变形；荷载超过 1200kN 后，混凝土内部出现多条裂缝。梁中央最大弯曲变位达 60mm。

图 25-5（b）所示是试件 T_2 的裂缝状况。当荷载加到 12tf 时，受拉侧接头处的混凝土开始裂缝；此后随荷载的增加，裂缝不断扩展，一直到达受压侧钢板。当荷载达到 111tf 时，受压侧混凝土才开始出现裂缝，钢材的弯曲变形变得显著。此后，随着荷载和变形的增加，到试验终了时梁中部的最大变位达 90mm。

图 25-5（c）所示是 T_3 试件的裂缝状况。当荷载达到 12tf 时，在纯弯曲区段的受拉侧混凝土中出现斜向裂缝。此后裂缝随荷载增加而向上发展，直到局部混凝土被压坏。集中

荷载作用点下的钢板发生明显变形，而在纯弯曲区段下侧受拉区的钢材已进入屈服状态。此后，随着荷载的增加，变形急剧增加，梁中央的最大变位达 70mm。

3）弯曲刚度的评价

本试验中采用全跨不等截面刚度的试件，故难于评价试件的刚度特性。不过我们可以从纯弯曲段的曲率变化推算出试件的抗弯刚度（还要进行适当修正）。通过试验，可以测定出荷载点处的变位和梁中央的曲率，即可进行上述计算。

图 25-6 所示的是弯矩与纯弯曲区段曲率之间的关系曲线。

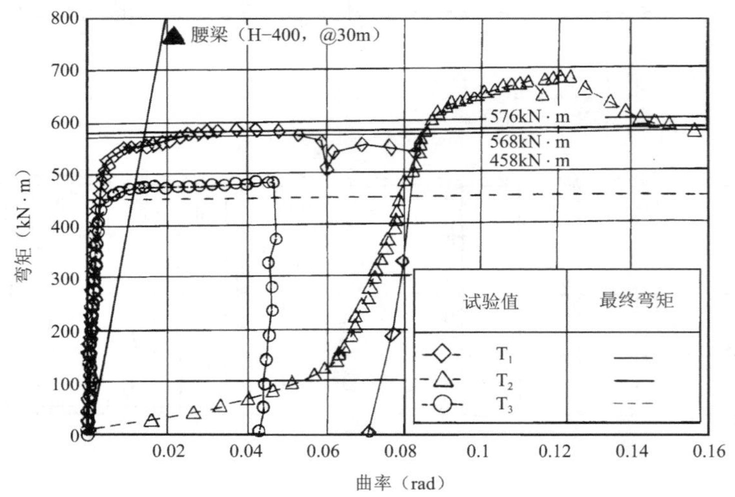

图 25-6 弯矩与曲率关系曲线

试件支承（撑）间距 2.75m，厚 0.5m，高 0.4m。基坑支护用的腰梁采用 H-400mm × 400mm × 13mm × 21mm 的 H 型钢，垂直方向间距 3m。

从图 25-6 中可以看出，T_2 试件初期抗弯刚度很小，变位很大，抗弯能力也很小，而 T_1 和 T_3 两个试件则在变位很小（只有几毫米）时就能快速达到它们的最大抗弯能力。

4）抗弯能力的评价

图 25-7 表示的是三个试件的外荷载与其中央部位变位的关系曲线。

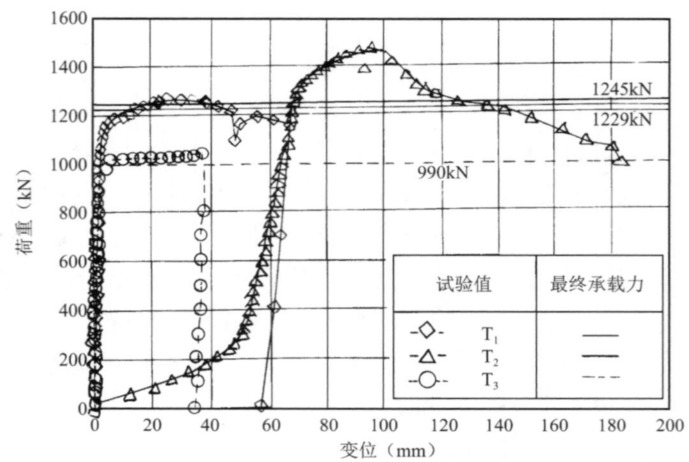

图 25-7 外荷载与中央变位的关系

根据纯弯曲区段的曲率计算出断面的抗弯刚度EI，然后可求得全跨等刚度梁的跨中变位。但是该试验用的试件并非全跨等刚度，要求得全跨等刚度梁的跨中变位，还要进行修正。T_2受荷初期变位很大，今后设计时应考虑它的这一特点。

5. 小结

接头形式各不相同的三种试件的弯曲试验表明，内部填充混凝土的钢制地下连续墙可以作为双向受力板来使用。

（1）地下连续墙的施工接头补强（煤接翼缘板）以后，可提高墙的横向（墙厚方向）的承载能力和刚度。施工时，可在钢构件下放过程中，逐次焊上接头处的补强钢筋（板），就像 T_1 试件那样。

（2）钢构件采用钢板桩嵌合式接头（如 T_2 试件），它的横向承载能力较差。

（3）嵌合式接头的钢构件的变位比预料为大，施工时可采用调整（缩小）支撑间距的办法，来使像 T_2 试件那样的地下连续墙能满足要求。

25.2.3　混凝土浇注试验

1. 目的

为了使钢制地下连续墙经久耐用，必须在其周围填充混凝土或砂浆，使其与水隔离。为此进行了钢制地下连续墙的清水下混凝土浇注试验。

浇注试验的目的在于：

（1）研究混凝土性能。

（2）检测混凝土的和易性、流动性和充填空间的性能，以便选择最优浇注参数。

（3）检验钢构件的尺寸、开孔尺寸、接头形状和连接件尺寸等。

2. 试验方法

试验装置如图 25-8 所示。试验模型是一个高约 3.0m 的长方形的槽子。两侧为聚丙烯透明板，借以观察浇注情况。试验模型的平、立面图如图 25-9 所示。在 GH-R 型钢构件的肋板上开有孔洞，以便混凝土流动。

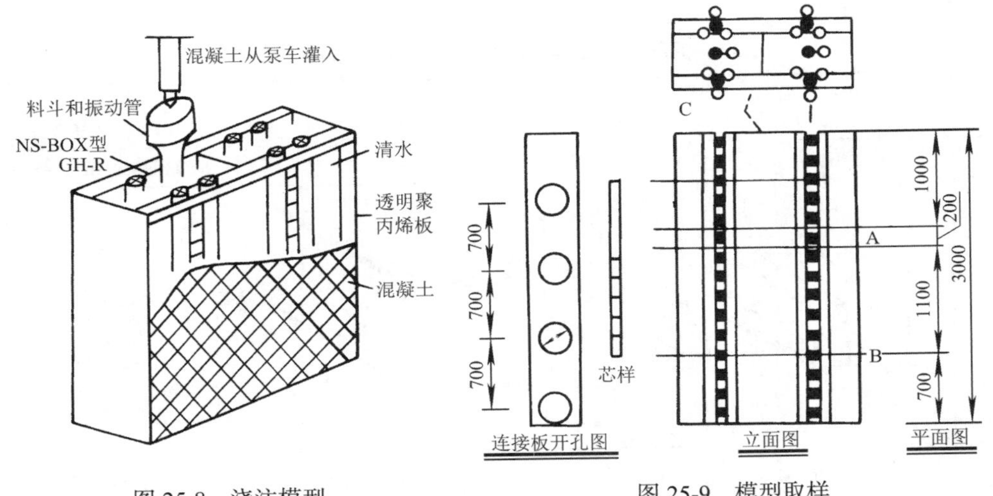

图 25-8　浇注模型　　图 25-9　模型取样

试验时，先向模型内灌入清水，放入钢结构件和浇注导管等。混凝土通过振动导管以 5m/h 的速度灌进槽内钢构件内部，再通过钢板上的孔洞流到外面来。其浇注情况可通过两侧的透明挡板，随时进行观察和记录。待混凝土凝固后，拆模，钻取混凝土芯，并将样品进行切割和检测。对接头处的混凝土也要进行观察和检测。

混凝土的性能如下：

最大石子粒径 20mm，水灰比 0.396，砂率 0.514，含气量±1%，流动落差 55 ± 5cm（从钢构件内部流到外部的落差）。

混凝土的主要材料用量（kg/m³）为：水 182，水泥 460，细料 831，石子 830，AE 外加剂 8.28。

3. 试验结果

混凝土顶面以近似水平的状态上升，顶面高差约 1.0cm（坡度 1/50～1/9）。没有发现槽内混凝土分层现象。取芯强度超过 40MPa，换句话说，用此法能够浇注出均匀的高强度混凝土。

根据上述试验结果，可以认为采用 GH-R 型钢构件尺寸和布置方式是合适的，所采用的混凝土配比也是可用的。已经用于实际工程中。

25.3　钢制地下连续墙的设计要点

25.3.1　概述

本节将叙述钢制地下连续墙的结构形式、材料特性和设计方法以及细部构造等。

钢制地下连续墙的主要构件是一种箱式结构（NS-BOX，New Steel Boxstructure for Diapragm Wall），本节将详细加以说明。

25.3.2　钢构件的种类和性能

根据地下连续墙的厚度和承受外荷载能力的不同以及制造方法的差异，可把 NS-BOX 构件分成如表 25-8 所示的几种，即 BX、BH、GH-R 和 BH-H 等形式。从表 25-8 中可以看出，所有 NS-BOX 构件都有两道互相平行的外（墙）板，并且构件端部均留有接头，以便互相连成整体。

钢制地下连续墙构件 NS-BOX 的种类　　表 25-8

	BX 型（箱式）	BH 型（组装成 H 型）	GH-R 型（大型的 H 轧辊型）	BH-H 型（组装成 H 蜂窝型）
设计法	钢结构设计法	钢结构设计法	钢结构设计法	钢筋混凝土设计法
结构			接头结构例	
有效宽度（mm）	700～1000	100～500	800～900（标准 850）	900～1000
构件高度（mm）	300～600	300～600	350～1300	400～900
材质	相当于 SS400、SM400、SM490			

GH-R 构件又可分为两种结构形式（图 25-10）：标准型和双销型。后者用的插销是为了加固地下连续墙接头处的横向刚度。GH-R 的主要技术参数见表 25-9，其弯矩与墙厚关系曲线见图 25-11。图 25-12 所示的是几种 GH-R 钢构件的布置方式。图中的标准型和两爪型构件的区别在于嵌合件的放置方法不一样。一般采用图 25-12（*a*）所示的交互配置标准型和两爪型构件的方法。图 25-12（*b*）所示结构用于有特殊要求的地方，或者用来调整最后闭合时出现的误差。图 25-12（*c*）用于圆形基坑，图 25-12（*d*）则用于矩形闭合基坑的地下连续墙结构中。图 25-12（*e*）和图 25-12（*f*）则是两种特殊组合构件。

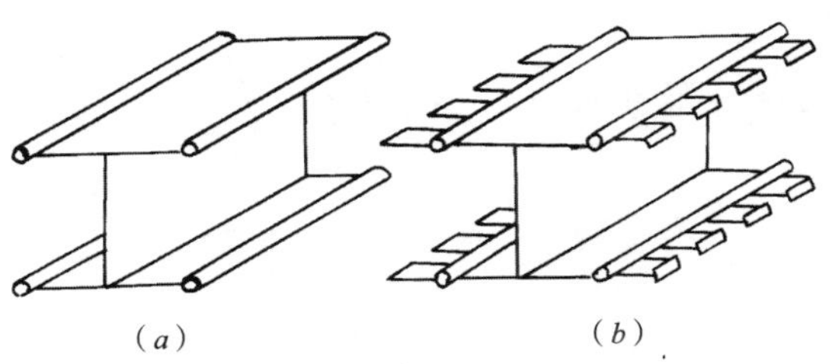

图 25-10　GH-R 型构件的结构

（*a*）标准型；（*b*）双销型

GH-R 型构件的主要参数表　　**表 25-9**

项目		GH-R
设计方法		钢结构设计方法
应用深度		达到 80m
尺寸（mm）	构件高度	350～1300
	有效宽度	800～900（标准：850）
	长度	3000～20000
安装间隙（mm）	与墙同方向	40～50
	与墙相垂直的方向	15～20
材料（JIS）		与 SS400、SM400、SM490 相当

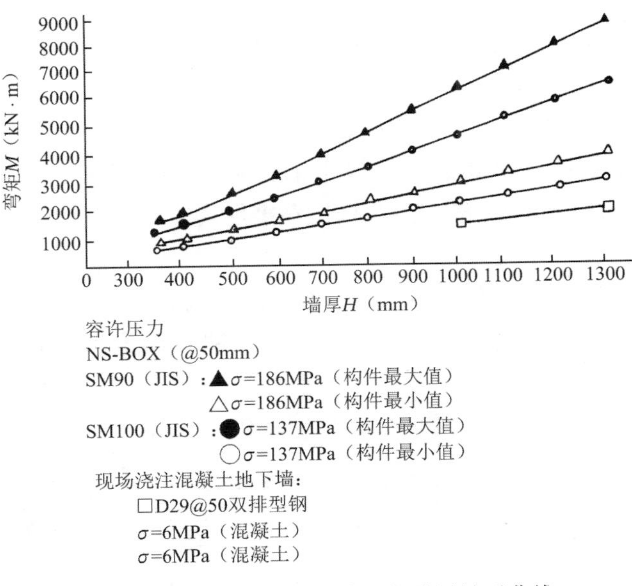

图 25-11　GH-R 构件的弯矩与墙厚关系曲线

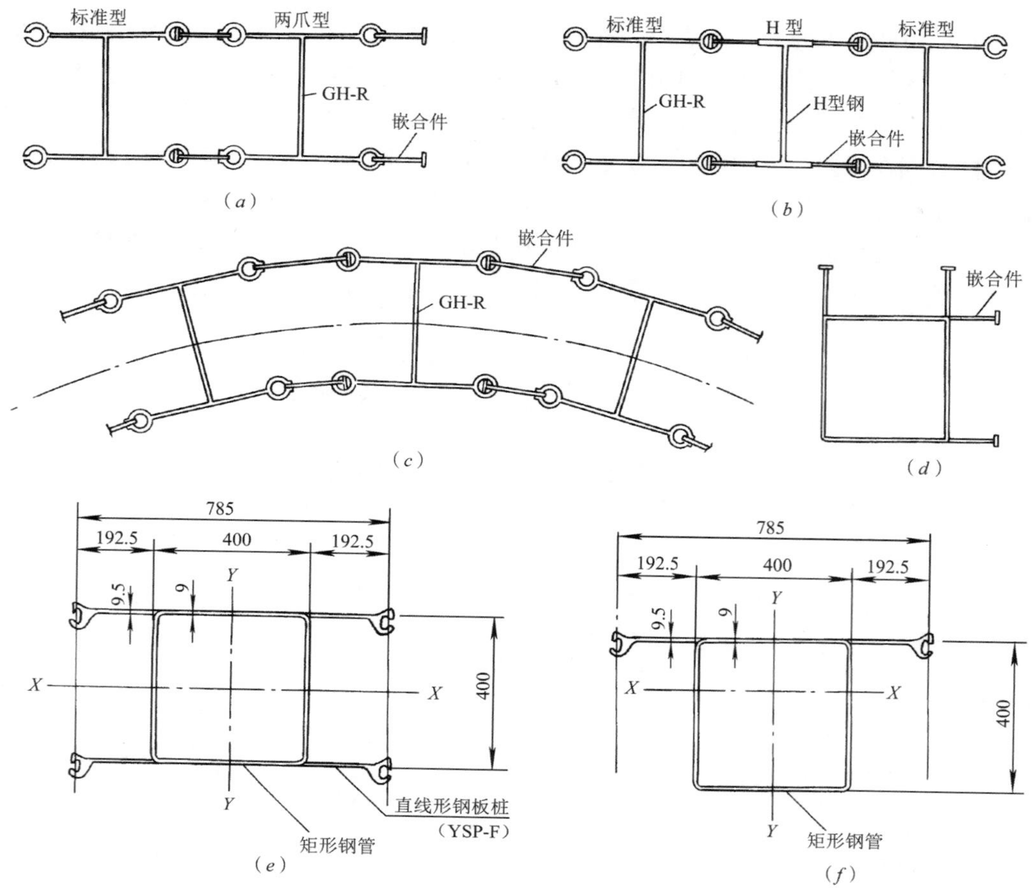

图 25-12 NS-BOX 钢构件外形图

(*a*) GH-R(标准 + 两爪型);(*b*) GH-R + H;(*c*) 弧形 GH-R;(*d*) 拐角 GH-R;(*e*) 组合式;(*f*) 特殊组合

25.3.3 钢制地下连续墙的设计

1. 结构形式

钢制地下连续墙都是作为主体结构的一部分或全部的,它与本体利用的地下连续墙一样,也可分为以下三种形式:

(1)单一墙。用钢制地下连续墙作为主体结构的全部结构,多用于场地狭窄的情形中。

(2)重叠墙。钢筋混凝土(RC)结构贴着钢制地下连续墙修筑,按刚度比例分担荷载。

(3)整体墙。钢制地下连续墙与后浇注的钢筋混凝土结构完全结合成整体(可以传递剪力)。

通常采用单一墙式的钢制地下连续墙,以尽量节省占地空间。为了保持墙面平整,常在钢制地下连续墙开挖面上浇注一层厚 15~20cm 的钢筋混凝土内衬。

2. 容许应力

GH-R 钢构件的容许应力(正常运行时)见表 25-10(日本道路协会标准)。

正常运用时的容许应力 表 25-10

规格	容许拉压应力(N/cm²)	容许剪切应力(N/cm²)
SS400、SM400	14000	8000
SM490A	19000	11000

对于临时支护结构，容许应力可提高到不超过 1.5 倍。本体利用时要考虑残余应力的影响。

NS-BOX 钢构件被混凝土从外包裹起来，防止钢材被腐蚀。如果钢制地下连续墙的工作环境很恶劣的话，则在设计时应当考虑专门的防护措施。

3. 墙体刚度和应力计算

1）墙体刚度计算

沿 GH-R 钢构件深度方向的墙体刚度按表 25-11 所给出的公式进行计算。其中的刚度修正系数$\alpha=0.4$是根据试验结果选定的。

墙体刚度表　　**表 25-11**

项目	充填混凝土	固化灰浆
EI	$E_sI_s-\alpha E_cI_c$	E_rI_r

注：E_r为钢材的弹性模量（N/cm²）；I_r为钢材的惯性矩（cm²）；E_c为混凝土的弹性模量（N/cm²）；I_c为混凝土的惯性矩（cm⁴）；α为混凝土的刚度修正系数，常用$\alpha=0.4$。

2）应力计算

GH-R 钢制地下连续墙沿深度方向的应力，一般采用普通钢结构应力计算方法进行计算，通常假定只由钢结构承受外荷载，混凝土不受力。也有按钢筋混凝土结构理论进行强度检验的。此外，还可按弹塑性结构来进行内力计算。钢材的容许应力见表 25-10。

4. 地基承载力

钢制地下连续墙的地基承载力也是由端阻力和侧摩阻力组成的，计算方法见地下连续墙设计施工指针或其他规范。要注意充填混凝土或固化灰浆时对端阻力的不同影响。有时先在墙底浇注一部分混凝土，然后进行固化灰浆施工。

5. 施工接头

施工接头是一种刚性接头。应按等应力原则进行设计，所承受的弯矩则不应少于 NS-BOX 结构的 75%。还有，施工接头应避开受力最大部位，并不得在同一水平上布置。

图 25-13 所示是一种用高强螺栓连接的施工接头。

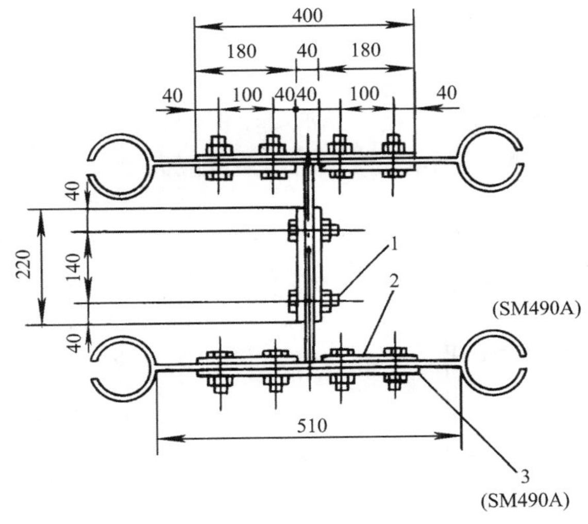

图 25-13　施工接头

1—螺栓；2—垫板；3—加强板

6. 混凝土楼板与钢制地下连续墙的连接

混凝土楼板与钢制地下连续墙之间的连接，可根据节点处的弯矩、剪力和构造要求来设计。图 25-14 所示就是其中的几个实例。图 25-14（*a*）所示是把钢筋直接焊在 NS-BOX 钢构件表面上。为了加强其强度和刚度，增加了补强钢板。抗剪断钢筋也直接焊于钢板上。图 25-14（*b*）所示则是在 NS-BOX 上预先焊上套筒螺母并加以防护。待地下连续墙浇注后开挖基坑时，再将钢筋拧进套筒螺母内，即可完成连接工作。抗剪钢筋也可预先埋设。

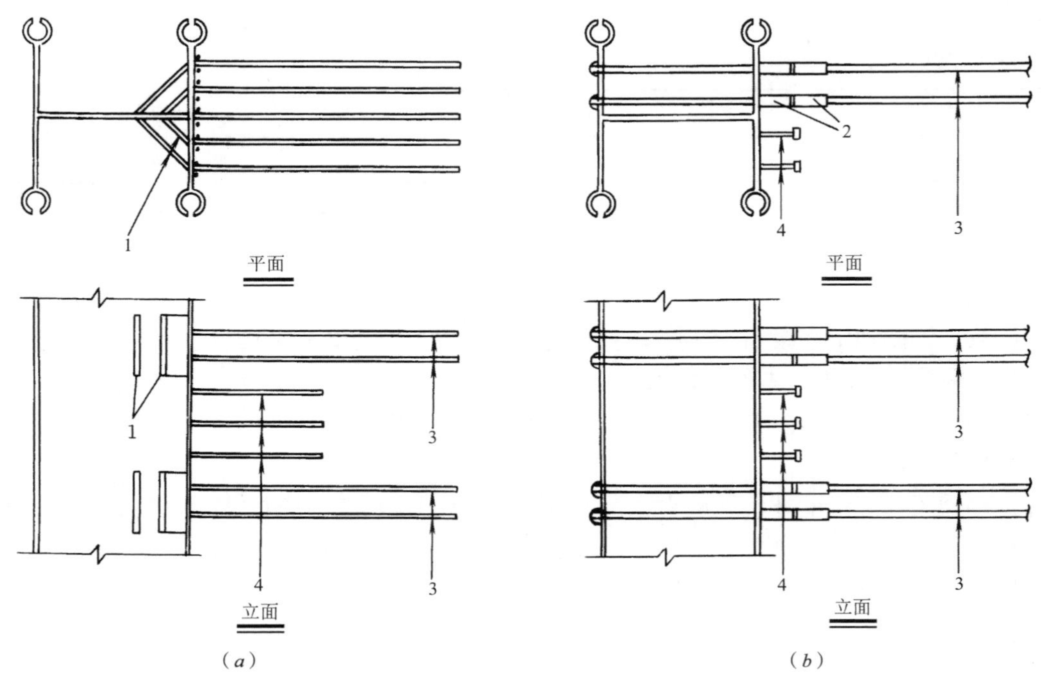

图 25-14　地下连续墙与楼板的连接

（*a*）焊接钢筋法；（*b*）套筒螺母法

1—补强钢板；2—套筒；3—抗弯钢筋；4—抗剪钢筋

7. 细部构造

1）保护层

一般情况下，GH-R 钢制地下连续墙的混凝土保护层为 150mm，使用固化灰浆时则为 100mm。在墙厚大于 60cm 时，充填混凝土的坍落度应大于 100mm（图 25-15）。

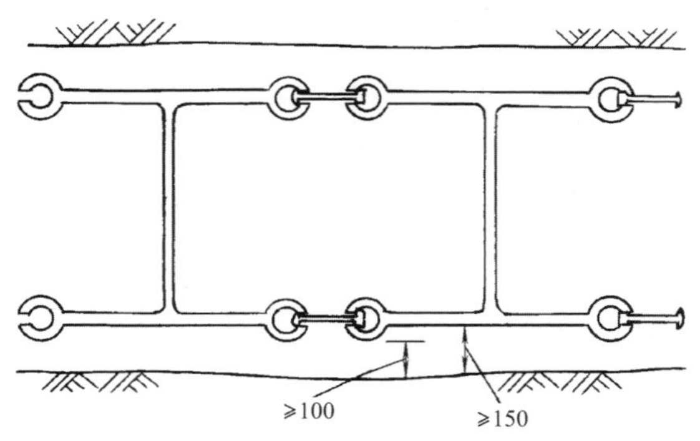

图 25-15　保护层

2）接头嵌合件的间隔

通常间隔为 10～100cm。当嵌合件需要具有一定强度时，其间隔不宜大于 10cm（图 25-16）。

3）接头间隔

充填混凝土时，其间隔不大于 100mm；使用固化灰浆时，其间隔不大于 50mm（图 25-17）。

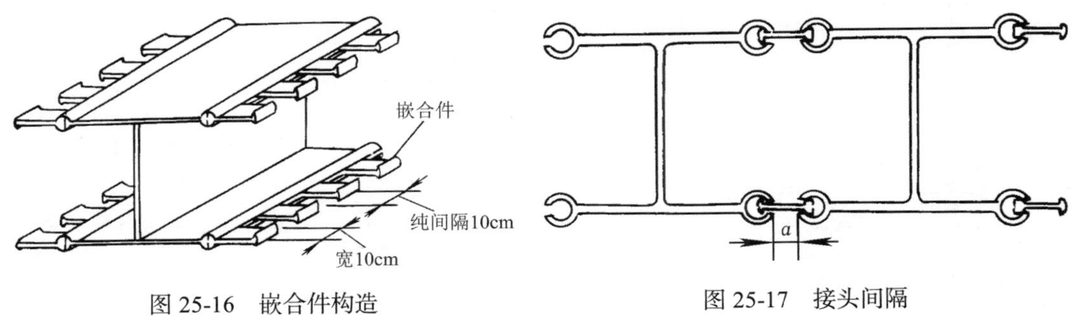

图 25-16　嵌合件构造

图 25-17　接头间隔

4）拐角做法

如图 25-18 所示，图中地下连续墙拐角部位采用圆钢管桩作为过渡构件。

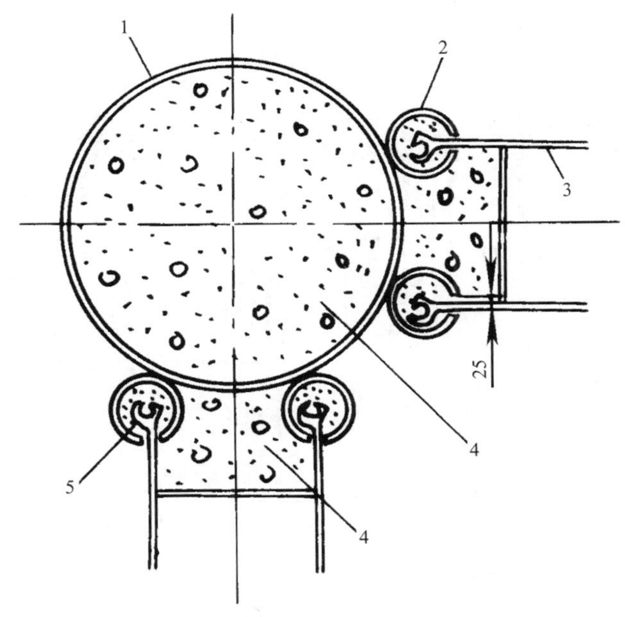

图 25-18　转角做法

1—钢管桩（ϕ828 × 12）；2—钢管接头（ϕ165.2 × 11）；3—NS-BOX 钢构件；4—混凝土；5—砂浆

25.4　施工要点

25.4.1　施工过程

钢制地下连续墙的施工过程见图 25-19、图 25-20。与普通地下连续墙相比，钢制地下连续墙要下入多根导管，以使混凝土能连续、均匀地充满槽孔。

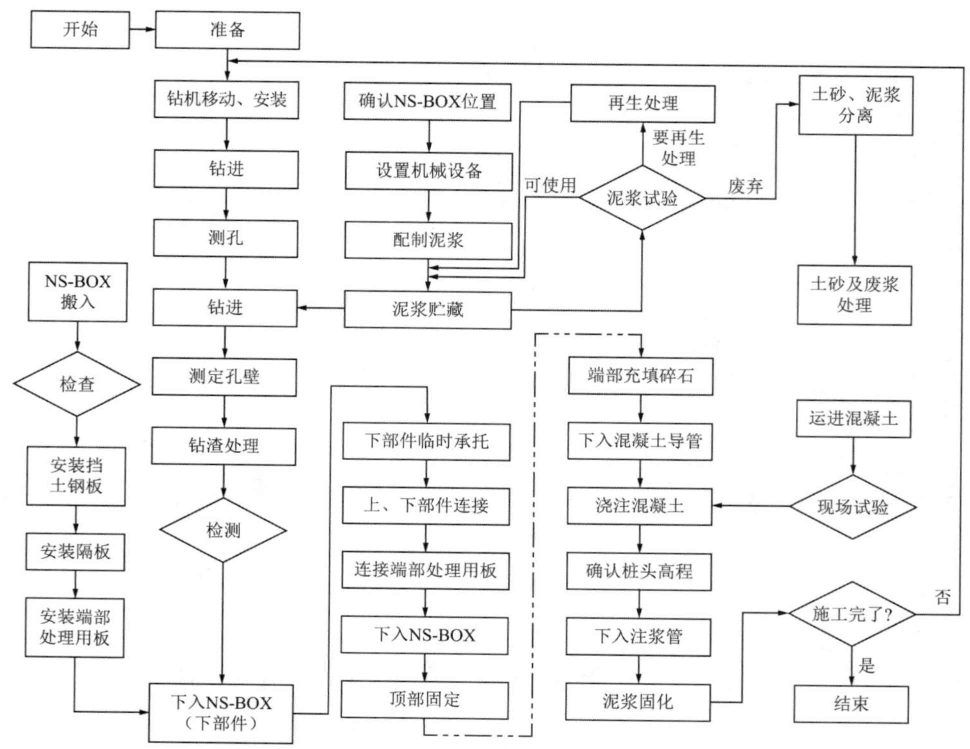

图 25-19　施工顺序

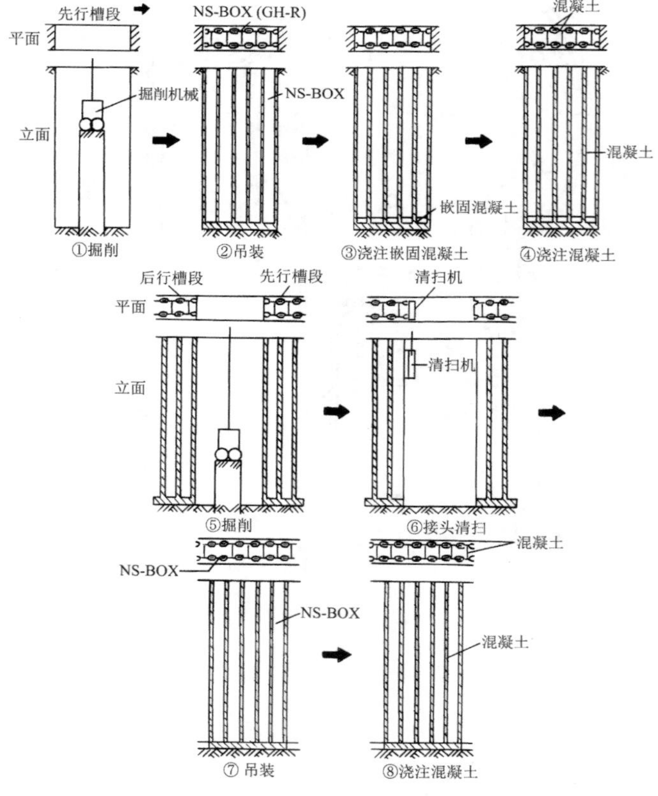

图 25-20　施工过程示意图

25.4.2　槽孔尺寸

槽孔尺寸应当根据地下连续墙的结构尺寸、地质条件和挖槽机的种类以及性能等条件，综合考虑技术、经济条件后选定。通常槽段长度为 3～5m。通常一个槽段可吊放 5～6 个 NS-BOX 单元。

根据槽段的施工顺序，可分为以下两种（图 25-21）：

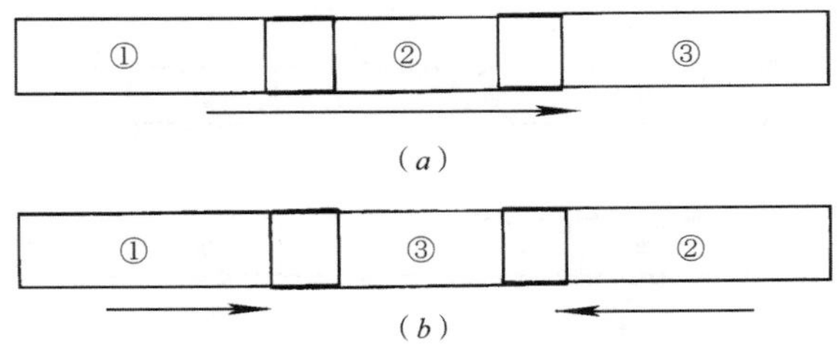

图 25-21　槽段分类图

（a）顺接槽段；（b）分期（跳仓）槽段

（1）顺接槽段。

（2）分期（跳仓）槽段，槽孔划分为一期（先行）和二期（后行）两种。

25.4.3　钢构件吊装

吊装 NS-BOX 构件时，应注意以下几个问题：

（1）垂直精度的测量和调整。

（2）现场施工接头的连接和质量控制。

（3）构件重心与槽孔中心线的控制。

槽孔 NS-BOX 安装顺序和构件种类见表 25-12。

槽段施工顺序表　表 25-12

形式		备注
一期标准	③②①④⑤	从中央①向两侧
二期标准	①③⑤④②	从两侧向中央
两爪型	①③②⑤④	③、⑤上有两爪
顺接型	①②③④⑤	顺接

25.4.4　墙段接头

为了保证各墙段单元按顺序进行施工，需注意以下几点：

（1）一期（先行）槽孔浇注混凝土时，不得从接头处漏到另一侧去。

（2）一期（先行）槽孔端部的构件在流态混凝土的侧压力作用下，不会发生移动或产生过大变形。

（3）二期（后行）槽孔吊放 NS-BOX 构件之前，应将接头孔壁刷洗干净，孔底淤积物要清除掉。

（4）二期（后行）槽孔开挖时，不得损坏墙段接头构件。

（5）混凝土配比见表 25-13。水泥用量不得少于 350kg/m^3。导管内径应不小于 20cm。导管间隔不得大于两个单元（图 25-22）。

混凝土配比表 表 25-13

水泥品种	石子最大尺寸（mm）	W/C（%）	砂率（%）	单位量（kg/m³）				高性能 AE 减水剂（%）
				水	水泥	细骨料	粗骨料	
高炉 B 种	20	39.6	51.4	182	460	831	830	1.8

当采用混凝土充填槽孔时，一期槽孔端部的 NS-BOX 构件应能防止混凝土流到另一侧去，如图 25-23 所示。

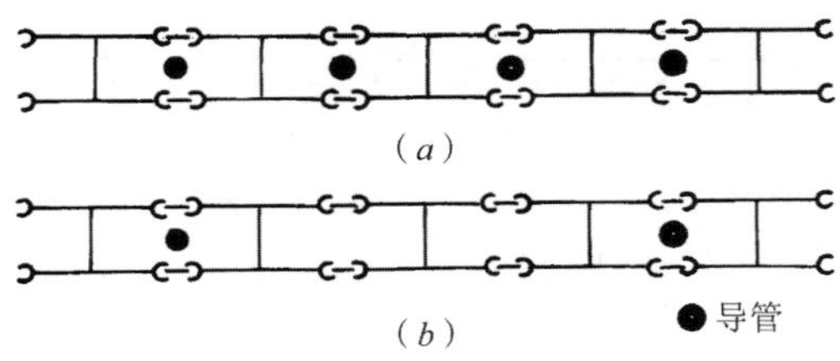

图 25-22 导管配置图

（a）隔板上不开孔；（b）隔板上开孔

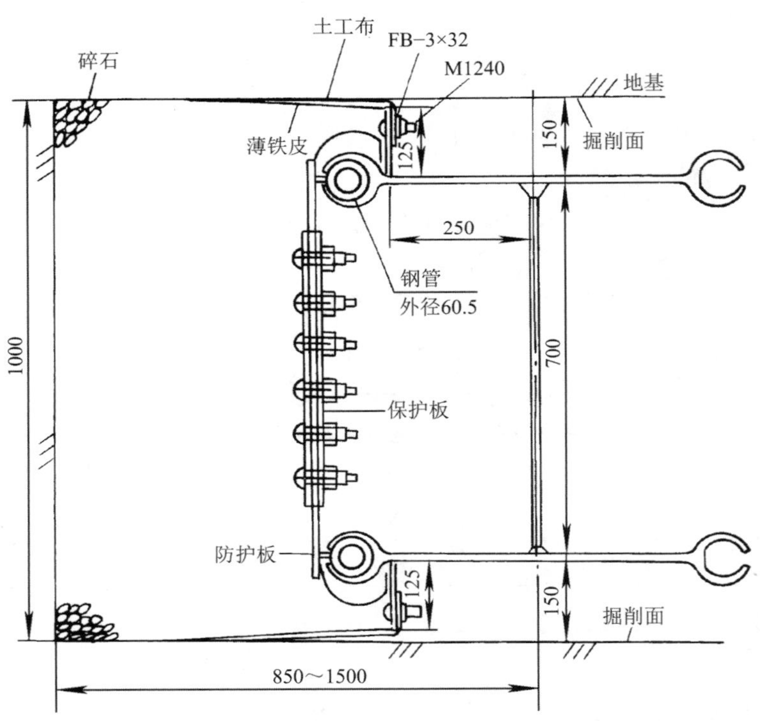

图 25-23 一期槽孔端部图

当采用固化灰浆充填槽孔时，可采用专用隔板放到槽孔两端，待固化完成后，再将隔板拔出。

25.4.5 基础混凝土

一期槽孔混凝土浇注之前，应先将 NS-BOX 构件固定住。通常先用混凝土把 NS-BOX 底端埋入 0.5m 左右，但是这些混凝土不得妨碍二期（后行）槽孔的开挖。应使一期槽孔比二期槽孔深一些（不超过 1.0m）。这部分基础混凝土施工时，不得造成 NS-BOX 构件移位。为此，预先将 NS-BOX 顶部加以固定。

25.4.6　槽孔充填

1. 浇注混凝土

按水下混凝土进行配合和控制，应满足以下几点要求：

（1）坍落度大于 50mm（偏小——笔者注）。

（2）石子最大粒径应小于 25mm，一般应使用 20mm 以下的石子。

（3）一期混凝土浇注速度应小于 5m/h。

（4）顶部混凝土浇注高程应比设计高出一些。

2. 固化灰浆

我们已经在有关章节中谈到了固化灰浆的材料和施工问题，这里只简单说几句。

固化灰浆的施工方法有三种：①原位搅拌法；②置换固化法；③自硬泥浆法。其中，以原位搅拌法应用最多。常用固化灰浆配合比见表 25-14 和表 25-15。固化体强度一般为 100N/cm^2。

原位搅拌固化配合比　　表 25-14

材料	用量（kg/m^3）	材料	用量（kg/m^3）
水泥	200～300	膨润土	50～75
水玻璃	40～60		

置换固化配合比　　表 25-15

材料	用量（kg/m^3）	材料	用量（kg/m^3）
水泥	200～500	膨润土	50～70
加重剂	0～900		

25.5　SRC 地下连续墙设计施工要点

25.5.1　概述

这里所说的钢—钢筋混凝土地下连续墙（TBW-SRC）是由日本竹中工务店开发应用的一种新型地下连续墙，它是在一般地下连续墙的钢筋笼中再安装上 H 型钢而建成的高强度、小变形的刚性地下连续墙（图 25-24）。它比普通地下连续墙的厚度减少了很多，因而适用于狭窄的空间。它的刚度大、强度高，可以减少基坑支护工程量和施工周期；减少了槽孔开挖和混凝土浇注量。总之，SRC 地下连续墙特别适用于墙深大于 30m 的基坑支护工程。

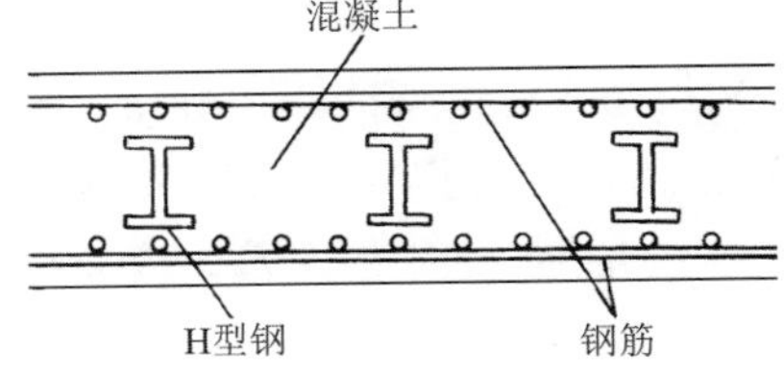

图 25-24　SRC 地下连续墙水平断面

图 25-25 所示是用 1：3 模型试验得到的抗剪强度与试件转角的关系曲线。由图 25-25 中可以看出：

（1）SRC 结构的抗剪强度比普通混凝土提高了约 2 倍。

（2）普通的混凝土结构在变形（转角）达到一定极限（约 0.1rad）后，急剧破坏，表现为脆性破坏特征；而 SRC 结构在达到屈服极限以后，虽然变形增加，但仍能保持足够的抗剪能力。

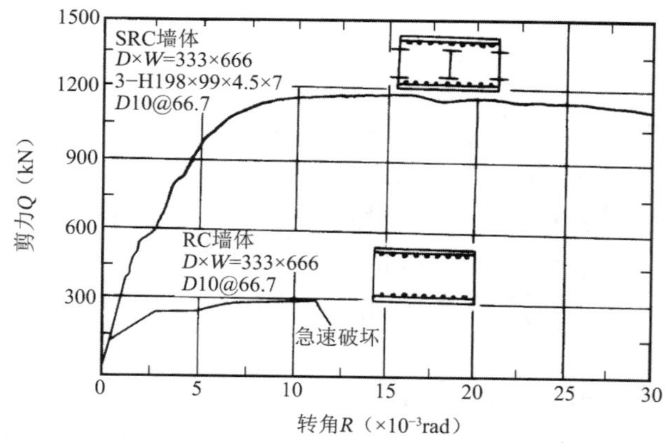

图 25-25　抗剪能力比较

25.5.2　SRC 结构设计要点

1. 概要

通过前面的说明，可以看出 SRC 结构与普通的混凝土结构以及钢制构件 NS-BOX 都不相同。NS-BOX 不考虑混凝土的受力作用，而 SRC 则是同时考虑钢材（筋）和混凝土共同承受外荷载的作用的。

2. 结构计算

可参考日本建筑学会的《钢架钢筋混凝土构造计算标准》（SRC 标准）进行墙的厚度方向（面外方向）的内力计算。

SRC 地下连续墙的容许弯矩可按钢架部分和 RC 部分分别计算再叠加的方法求得，而它的容许剪切力可按柱（墙）的公式进行计算。

沿墙体长度（面内）方向的容许剪切力可按 RC 标准中的防震墙的计算公式进行计算，但不计入钢架的作用。

至于钢架的间距，应使其能够承受相邻钢架（H 型钢）之间的墙体外荷载。

钢架间距的上限值按下式计算：

$$b \leqslant 2(sh + t) \tag{25-1}$$

$$sh \geqslant 0.4T \tag{25-2}$$

式中　b——钢架间距（m）；

t——钢架保护层厚度（mm）；

sh——钢架厚（高）度（mm）；

T——墙体壁厚（mm），如果是重叠墙，则应计入 SRC 和 RC 两墙厚度。

这里作几点补充说明于下：

（1）关于计算面积。假定从钢架翼缘两端起有 45°扩散角，可将此部分面积计入承载面积之内。

（2）由式(25-1)求得的是钢架间距的最大值。为了保证钢架之间的混凝土能充填密实，规定钢架翼缘的净距不得小于 50cm。

（3）为使钢架能有效地抵抗外荷载，钢架的高（厚）度应不小于由式(25-2)计算出来的数值。为保证混凝土能够均匀充满钢架和钢筋之间的空间，规定其最小净空应大于 2.5cm，且不小于石子最大粒径的 1.25 倍。

3. 墙段接头

SRC 地下连续墙是一种刚性地下连续墙，它的墙段接头能够传递水平荷载（弯矩、剪力）。图 25-26 所示的是它的墙段接头图。从图 25-26 中可以看到，为了传递水平力，接头上设置了山形钢材和 U 形钢筋等。

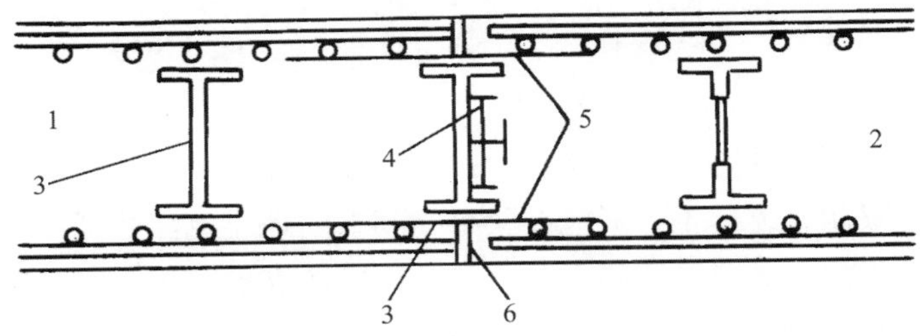

图 25-26　SRC 的墙段接头

1—先行墙段；2—后行墙段；3—H 型钢；4—山形钢材；5—U 形钢筋；6—止水板

25.5.3　施工要点

施工过程如图 25-27 所示。在挖槽和清孔工作结束后，放入钢筋笼/钢架（H 型钢）和混凝土导管等，即可浇注混凝土。需要注意的是，相邻钢架之间都要设置导管，以使混凝土均匀地充满整个槽孔。

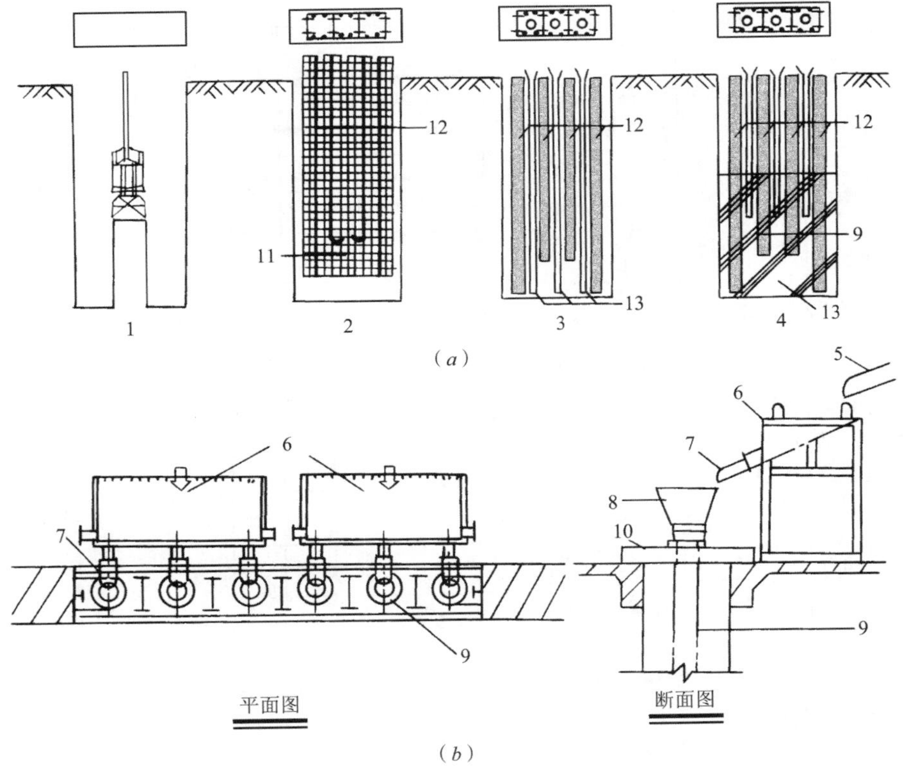

图 25-27　SRC 的施工过程

（a）施工过程；（b）浇注混凝土

1—挖槽；2—清孔，吊放钢筋、钢架；3—吊放导管；4—浇注；5—混凝土运输车；6—料罐；7—溜槽；8—料斗；9—导管；10—支架；11—钢筋笼；12—H 型钢；13—混凝土

25.6　工程实例

25.6.1　概述

本节将选取几个有代表性的钢制地下连续墙的工程实例提供给读者。

25.6.2　地下车站边墙

1. 工程概况

为了缓和东京到横滨铁路线的拥挤情况，正在实施复线工程。其中的目黑车站必须改建。因其周围环境限制，改建工程只能在狭窄空间下向地层更深处延伸。由于车站边墙邻近高层建筑物或铁路线，需要采用高承载力和高刚度的支护结构。经比较，最后放弃了排桩式地下连续墙方案，采用了钢制地下连续墙。共完成钢制地下连续墙 473.8m^2。

2. 地质条件

图 25-28 所示的是工程地质情况。地表分布着$N = 2$ 左右的厚层填土。其下面为$N = 1 \sim 2$ 的黏土层。再下面是含黏土的细砂层和含有细砂的粉土层；其下为粒径 10～50mm，最大粒径 100mm 左右的亚圆砾石为主的$N > 50$ 的砾石层。

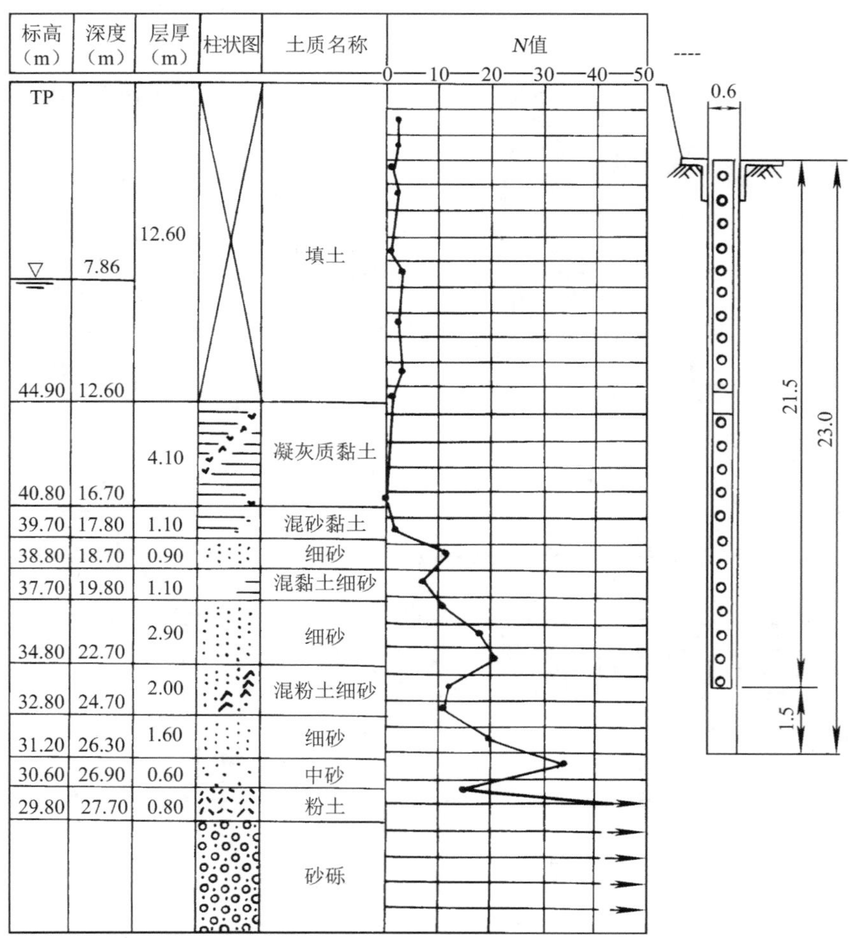

图 25-28　地质剖面图

3. 设计

1）构件选择

NS-BOX 构件能够形成具有坚固的连接接头的箱形结构，并且在内部浇注高强度等级混凝土，使得墙体具有足够的水平刚度和抵抗水平荷载的能力，成为一种双向板结构。在该工程（图 25-29）的条件下，不需要水平腰梁，使施工进度加快，成本降低。

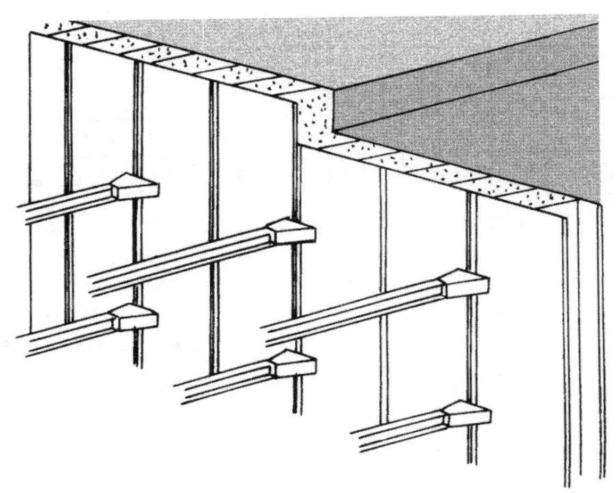

图 25-29　双向板墙示意图

施工前，对四种接头结构进行了梁的模型弯曲试验，掌握了有接头的钢制地下连续墙水平弯曲机理。根据试验结果，选用了 NS-BOX 构件。表 25-16 列出了钢制地下连续墙的主要技术参数。

钢制地下连续墙参数表　　　　**表 25-16**

钻机形式	垂直多轴回转式钻机
槽段数量	13
壁厚	600mm（NS-BOX 构件高度 350mm）
墙延长	20.3m
槽孔深度	23m
开挖面积	473.8m^2
NS-BOX 数量	122

2）设计概要

以前的地下连续墙大多是按单向板设计的。但是水平方向刚度很大的钢制地下连续墙作为双向板使用是合适的。

双向板的计算方法，可采用上述梁弯曲试验得出的水平弯曲特性，求出其内力；也可采用二维梁弹塑性方法进行计算。这种方法不能用于小规模的竖井基坑。

为简化计算，本工程采用简单的模型求出内力，并按下列方法进行修正：①二维梁的弹性解析；②计算横撑反力；③计算水平方向弯曲应力；④核算承压、冲剪应力。

为了解决承压和冲剪问题，设置了横梁承压板（PL—600mm × 600mm × 25mm），有效面积为 45cm × 45cm。

4. 施工

1）NS-BOX 的配置

为保证槽孔稳定，根据三维圆弧滑动计计算结果，选定槽孔长度为 3.0m，每个槽段内布置 3 个 NS-BOX 单元。一共设置了 13 个槽孔和 28 个 NS-BOX 单元，见图 25-30。

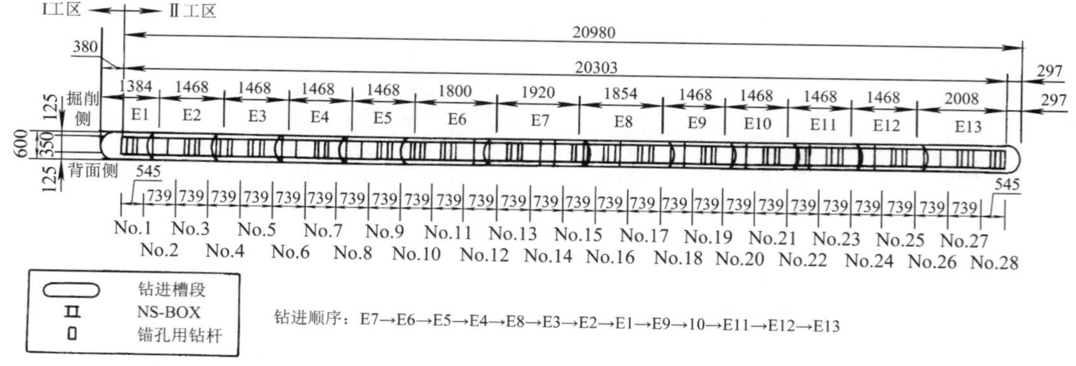

图 25-30 槽段布置图

2）施工顺序和时间

从中间的 E7 槽开始，分别向两边进行单向施工。

每个槽段用时如下：挖槽 1d，吊放 NS-BOX0.5d，混凝土浇注和泥浆固化 1d，共 2.5d。

3）挖槽

因场地狭窄，宽仅 4.5m，必须使用小型钻机。该工程采用小型化的 BW 钻机。

4）吊放 NS-BOX

使用 16t 履带式起重机，吊放 NS-BOX 构件。要求吊放精度为 1/1000，使用经纬仪和超声波测试仪进行控制。

NS-BOX 每根分为上下两部分，上部长 9.5m，下部长 12.0m，使用时打入销接头，防止折弯。上下部件运输和连接时间共约 40min，其中用 TC 螺栓连接时间为 10min。

5）浇注混凝土

表 25-17 列出了水下混凝土配比和强度。在 NS-BOX 腹板上每隔 1.0m 开一个直径 200mm 的孔，以便混凝土流动。用 1 根导管同时向两个构件浇注混凝土。试块 28d 抗压强度为 3710N/cm²。

水下混凝土的配比（设计标准强度 2400N/cm²） **表 25-17**

坍落度（cm）	粗骨料最大尺寸（mm）	水灰比（%）	砂率（%）	单位用量（kg/m³）				
				水泥	水	细骨料	粗骨料	混合剂
21	20	49.5	46.6	380	188	785	918	0.95

6）固化灰浆

固化灰浆是用来充填混凝土顶面以上的空间的。当混凝土浇注完成后，就向 NS-BOX 内注入水泥浆等固化材料，将此部位泥浆置换一部分后加以固化。开挖侧的固化灰浆在基坑开挖时将其挖掉，其 28d 抗压强度为 50N/cm²（表 25-18、表 25-19）。

泥浆配比（质量比）　表 25-18

清水	膨润土	CMC	分散剂
1000	60	1	1

泥浆管理标准值　表 25-19

项目	标准值
相对密度	1.02～1.15
黏度	21～30s
失水量	30mL 以下
泥皮厚度	5mm 以下
含砂量	5%以下
pH 值	7～11

固化灰浆中使用了高炉矿渣水泥（200kg/m^3）和黏土（100kg/m^3），实测单轴抗压强度为 28N/cm^2（28d）。

7）墙段接头

图 25-31 所示为钢制地下连续墙的槽（墙）段接头示意图。为了防止混凝土和固化灰浆侵入槽段接头，在 NS-BOX 与孔壁之间设置了防漏密封板。另外，为了防止流态混凝土推挤 NS-BOX 产生过大位移或变形，以及避免二期施工时钻机碰坏接头结构，而在槽孔端部空隙中充填了碎石。

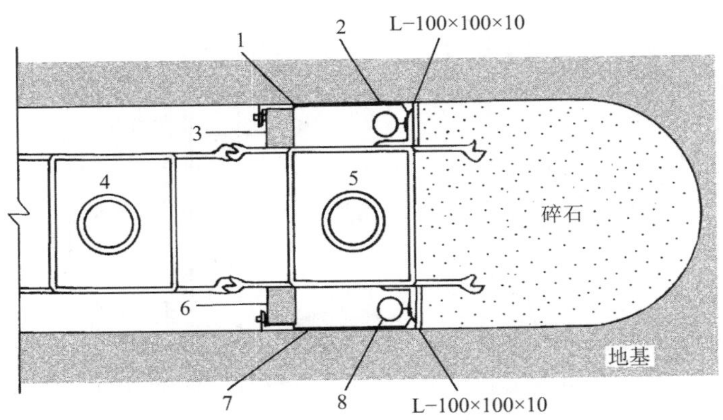

图 25-31　槽段间接头的处理

1、7—防漏板；2、8—注浆管；3、6—隔板；4、5—混凝土导管

25. 6. 3　盾构接收井

1. 工程概况

为了建设共同管道沟工程，在日本东京地区用盾构法修建长度为 2548m、外径为 6.34m 的共同沟工程。该工程 1993 年 10 月开工，1997 年 7 月完工。其中，1 号盾构接收井采用钢制地下连续墙作竖井外墙。

2. 结构设计

1）施工环境

施工现场非常窄小，出入交通很不方便（图 25-32）。

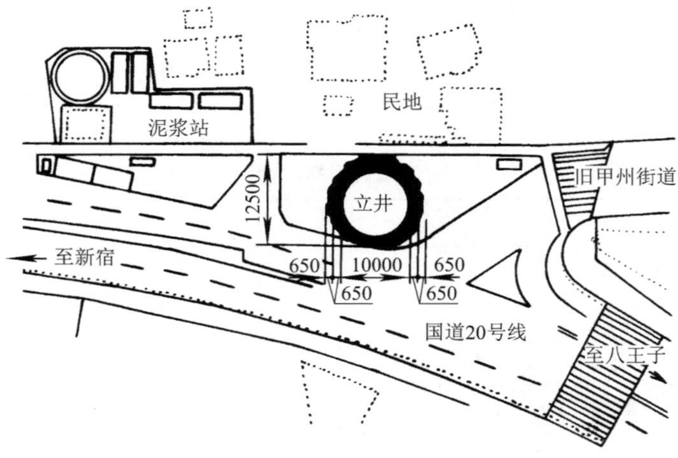

图 25-32 盾构接收井平面图

2）地质条件

现场地层以砂砾和砂为主，漂石最大粒径为 500mm。地下水位在地面以下 8m（图 25-33）。

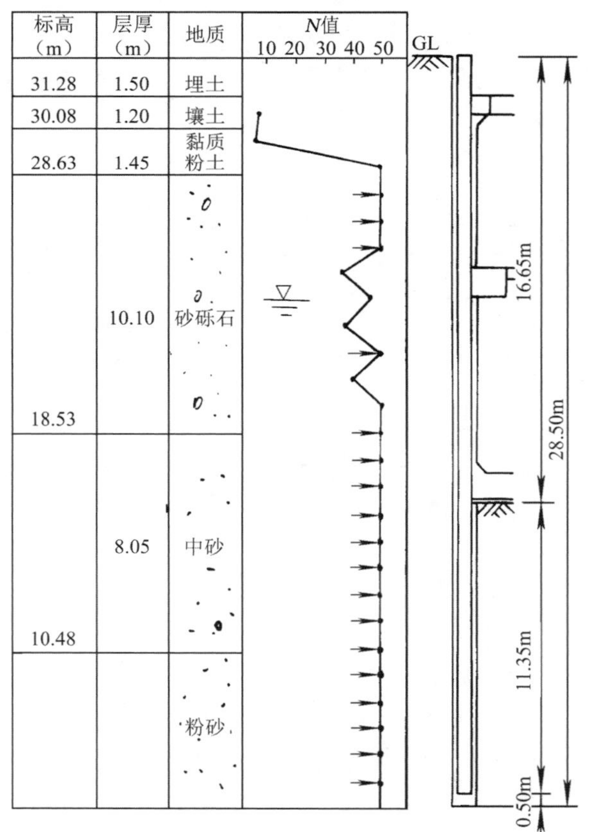

图 25-33 地质剖面图

3）结构选择

该工程进行了钢筋混凝土（RC）和钢制地下连续墙的技术经济比较，详见表 25-20。

地下连续墙墙体断面方案比较表　　表 25-20

项目		RC 地下连续墙 + RC 内墙（重叠墙）	钢制地下连续墙 + RC 内衬（单一墙）
示意图		RC地下连续墙；内墙（RC）；1300；600；100；600；单位：mm	钢制地下连续墙 GHR-500×19×9×12；500；800；150；500；150；内衬（RC）；单位：mm
平面规模	占有面积	$\pi\times6.3\times6.3=124.69$（$m^2$）（100%）	$\pi\times5.8\times5.7=105.68$（$m^2$）（84.8%）
	支护墙	外径 12～60m，内径 11.4m	外径 11.6m，内径 10m
	内壁	外径 11～20m，内径 10m	外径 10.3m，内径 10m
挖槽方量		$2\times\pi\times0.6\times0.6\times28=633.35$（$m^3$）	$2\times\pi\times0.8\times5.4\times28=760.01$（$m^3$）（120%）
内壁混凝土		$2\times\pi\times0.7\times5.35\times28=658.85$（$m^3$）	$2\times\pi\times0.15\times5.075\times28=133.93$（$m^3$）（20.3%）
壁体用钢材		钢筋约 51.1t（地下连续墙约 29.5t）	约 260t
接头		锁口管（8 处）	接头防护板 + 碎石（6 处）
必要作业面积		992.3m^2	687m^2（69%）
总工程费		标准	略高
工期		标准	短
综合评价		○	◎

注：( ) 内的百分数，是以 RC 墙为 100%。

从以下几个方面进行比较：

（1）本体利用形式。钢制地下连续墙刚度大，承载力高，可以做成单一墙，墙厚可比 RC 结构减少 50cm。

（2）竖井尺寸。采用钢制地下连续墙的单一墙形式，竖井基坑外径可减少 1m。

（3）施工面积。采用钢制地下连续墙，现场不必设置钢筋加工场，施工面积可缩小 30%。

（4）工期。采用钢制地下连续墙，工期可缩短 20%。

（5）工程费用。钢制地下连续墙的临设费、混凝土费用降低但钢材用量增加，总的工程费用比 RC 地下连续墙略高。

根据以上比较，决定采用钢制地下连续墙，其主要参数见表 25-21。

钢制地下连续墙参数表　　表 25-21

立坑平面形状	圆形（内径 10mm）
槽宽	812mm
槽深	28.5m
面积	967m^2

续表

挖槽机	液压抓斗（MHL）
单元数	6（18 角形）
NS-BOX 种类	GH-R500mm × 19mm × 9mm × 12mm
NS-BOX 用量	260t

3. 施工

1）槽段划分

圆筒形竖井地下连续墙的内侧和外侧周长是不一样的（图 25-34），分段时要注意如何调整 NS-BOX 构件尺寸，以满足上述要求。另外，从挖槽稳定性来看，槽长 5.0m 以内是安全的。根据上述情况，最后划分为 6 个槽段，按均匀十八角形地下连续墙进行施工。

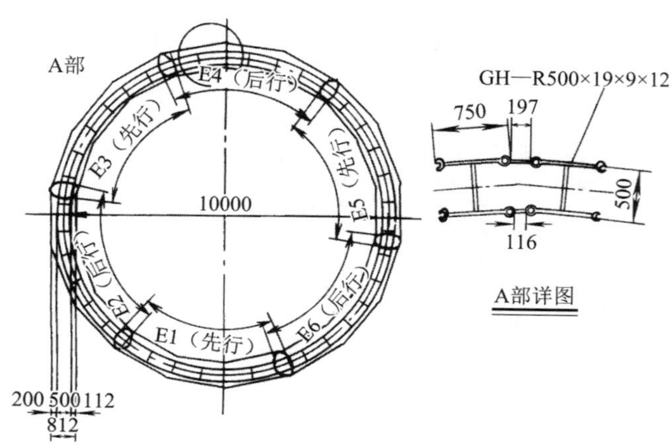

图 25-34 槽段划分图

施工时先施行 E1、E3 和 E5 槽，然后再施工剩余 3 个槽。

2）挖槽

施工采用了 MHL 液压抓斗。遇到了直径 30cm 以上的漂石。一期槽孔比二期槽孔深 50cm。

3）吊放 NS-BOX 构件

用 25t 履带式起重机吊钢构件，一期（先行）槽由中间向两边吊放，二期（后行）槽则由两边向中间吊放。吊放时控制垂直度小于 1/1000，用超声波测试仪进行测量和控制。每个槽孔含有 3 个弧段，全部形成一个十八角形的竖井。

4）浇注混凝土

表 25-22 列出了混凝土的配合比。本工程使用了水下不分散剂。

混凝土配合比（$R_{28}=3000\text{N/cm}^2$） 表 25-22

水泥品种	粗骨料最大尺寸（mm）	水灰比（%）	砂率（%）	单位用量（kg/m³）					
				水泥	水	细骨料	粗骨料	高性能减水剂	水中不分离性混合剂
高炉 B 种	20	47.5	43.7	400	190	689	969	16	1.6

在 NS-BOX 腹板上每隔 1.0m 开一个直径 20cm 的圆孔，1 根导管可同时浇注两个 NS-BOX 单元。28d 混凝土强度达到 3850N/cm^2。

5）墙段接头

如图 25-35 所示，墙段接头处采用防护板和碎石，以隔离混凝土的入侵。

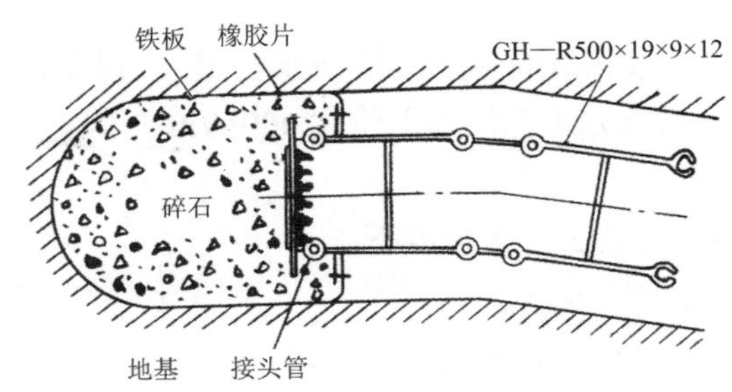

图 25-35 墙段接头图

25.6.4 通风井

1. 工程概况

这里介绍日本大阪地铁通风井采用钢制地下连续墙的情况。这个通风井位于两条盾构隧道的中间（图 25-36），平面布置为矩形。

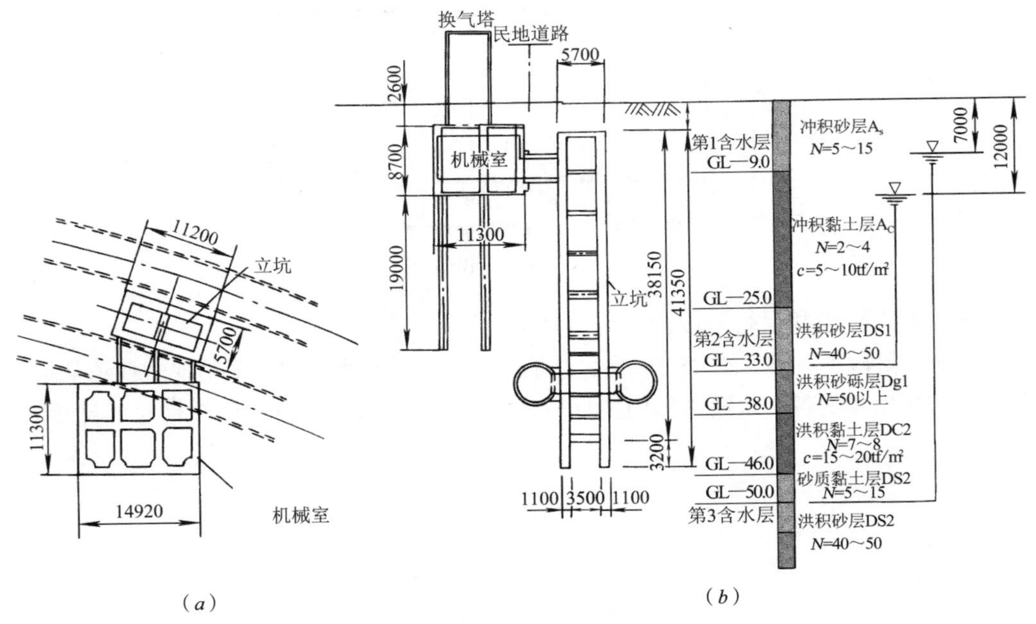

图 25-36 通风井图

（*a*）平面图；（*b*）断面图

通风井所在位置的地质条件：表层为冲积砂层，$N=5\sim15$；其下是冲积黏土和砂的互层。有两个含水层是承压的，其中第三层承压达 35m。

2. 竖井设计

1）结构形式

如前所述，通风井夹在两个隧道之间，可利用空间很有限，墙壁越薄越好。在此情况

下，采用钢制地下连续墙是很有好处的（图25-37）:

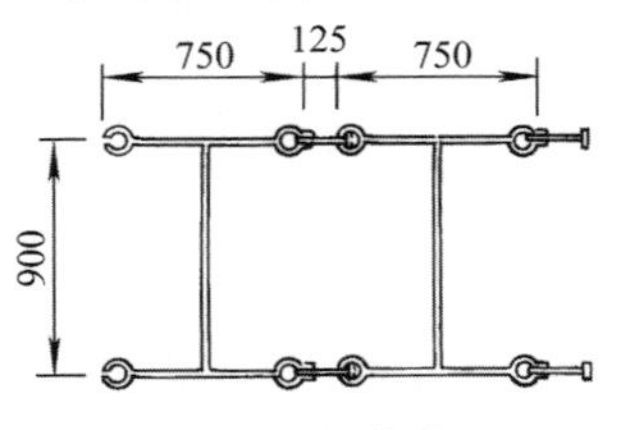

图25-37 钢构件图

（1）断面设计灵活，墙厚比RC地下连续墙薄。

（2）支撑工作简单。

（3）现场施工方便。

2）承压地下水对策

第三含水层的承压水头很大，基坑底部的黏土层底部承受的水压力（上浮力）将达400N/m²。为此采用了以下措施：

（1）抽水降低承压水头。

（2）地下连续墙底伸入到第3含水层以下。

（3）采用高压喷射工法加固地基。

经比较，采用了加长地下连续墙深度的办法。

3）断面设计

图25-38所示的是通风井地下连续墙的平面设计及构件配置图。沿深度方向，每隔5m在井中放置一道钢撑杆。

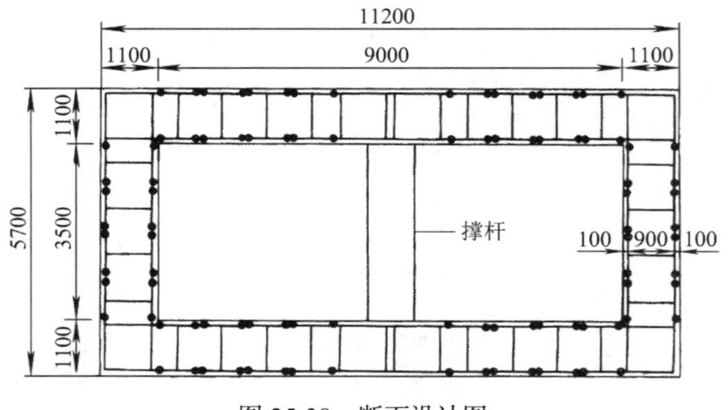

图25-38 断面设计图

分别对施工阶段和运行阶段内力进行计算。

（1）施工阶段的计算。图25-39所示的是施工阶段的计算条件。采用弹塑性法从挖槽开始到主体结构建成的各个阶段进行内力计算和断面设计。图25-40是弹塑性法的计算简图。

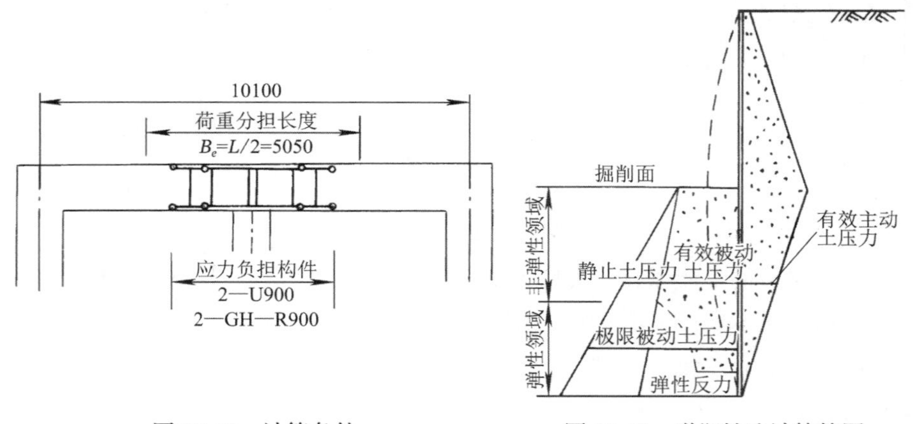

图25-39 计算条件　图25-40 弹塑性法计算简图

（2）运行阶段的计算。水平方向按闭合框架进行计算（图 25-41）。

垂直方向的计算简图如图 25-42 所示。荷载和应力的计算长度见图 25-39。

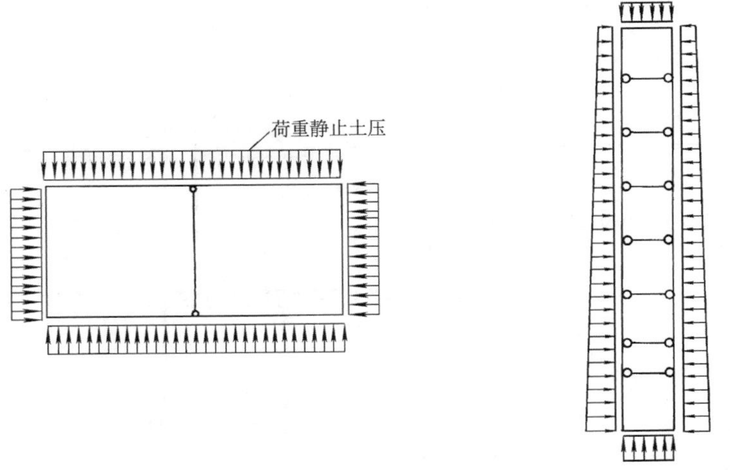

图 25-41　水平方向计算简图（运行时）　图 25-42　纵断方向计算简图（运行时）

3. 竖井的施工

1）地下连续墙的施工

（1）挖槽。槽段划分和构件布置如图 25-43 所示。地下连续墙槽孔距离隧道边缘只有 30cm，因此挖槽必须保持非常高的精度才行。

采用水平多轴铣槽机（EM）进行挖槽，它可随时测量和控制孔斜。实测孔斜只有 1/2000，绝对误差仅 1～2cm。

（2）吊放和浇注。NS-BOX 构件长 45m，分为 3×15m 进行吊放。构件具体尺寸见表 25-23。用 80t 履带式起重机吊放构件，矩形长边中央用 360t 起重机吊放。

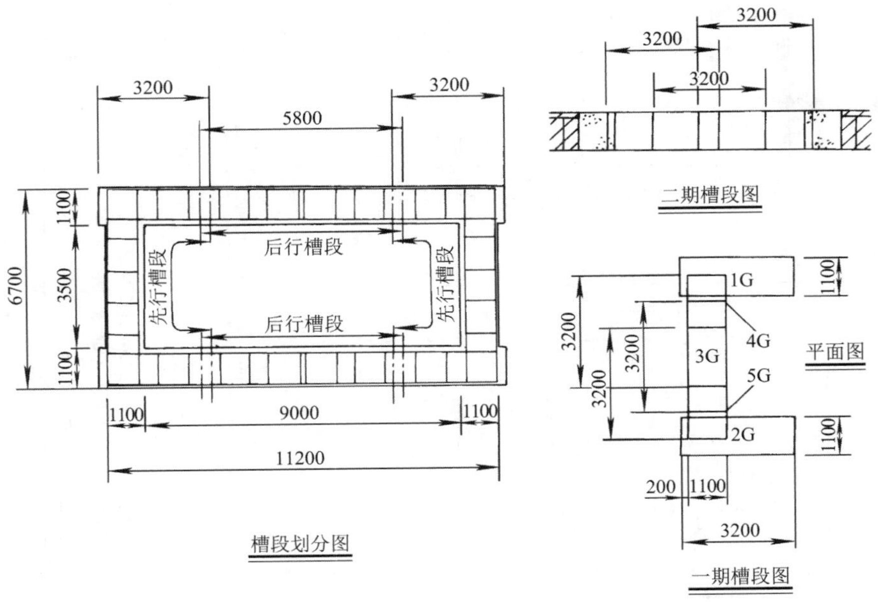

图 25-43　槽段划分

钢构件规格表 **表 25-23**

部位	钢材（mm）	断面	质量（t）
一般部位	GH-R 900 × 12 × 12 × 16（SM490）		13.8
长边中部	（矩形钢管）900 × 900 × 22（SM490）		55.1
拐角部位	（矩形钢管）900 × 900 × 16（SS400）		18.8

一期（先行）和二期（后行）槽孔内均放入3根导管浇注水下混凝土。一期槽孔端部填入碎石，防止钢构件位移或变形。

2）竖井开挖

介绍从略。

4. 观测

1）观测项目

见图25-44。

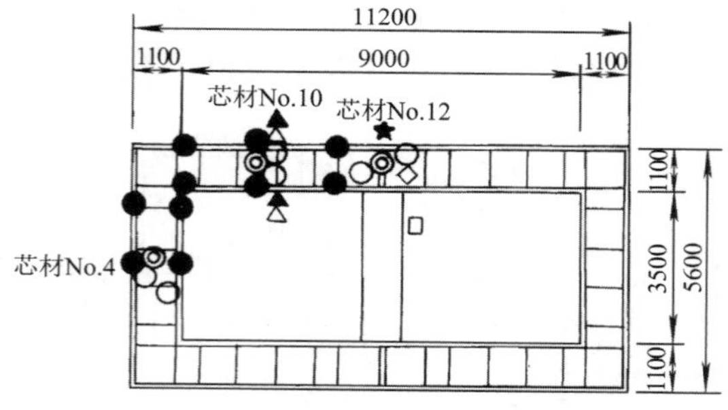

	计测项目	计　器	记号	数量
地下连续墙	作用侧压	土压计	★	1
		孔隙水压计		1
		差动式土压计	△	6
		差动式水压计	▲	6
	墙体变形	插入式倾斜计	◎	4
	铅直方向墙体应力	差动应变计	○	42
	水平方向墙体应力	应变计	●	68
	*XY*方向墙体应力	应变计	◎	16
	墙体温度	白金抵抗式温度计	◇	2
支撑	切梁轴力	差动应变计	□	22
	切梁温度	白金温度计		11

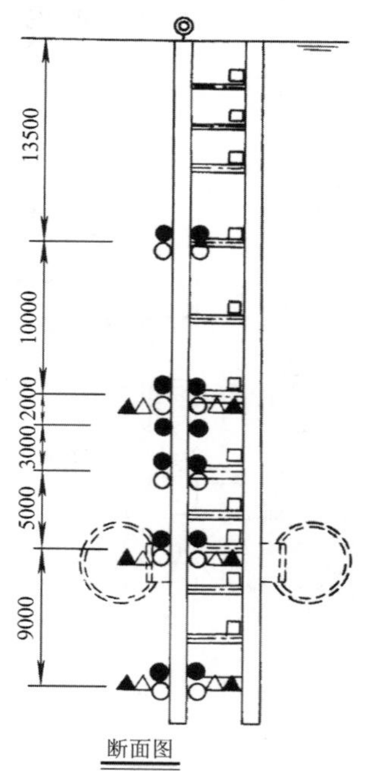

图25-44 观测设计

2）观测结果分析

表 25-24 列出了主要挡土方向的最大应力和变位，这些实测数据都很小，其中 12 号构件是按弹塑性法设计的，实测变位只达到设计值的 9%，而弯矩只达到 23%。

实测变位和应力表　　**表 25-24**

构件	最大变位（mm）	最大应力（N/cm²）
4 号构件	2.4	2440
10 号构件	5.1	9660
12 号构件	5.2	5160

图 25-45 所示为运行阶段的水平弯矩图。负弯矩只有设计值的 25%左右。

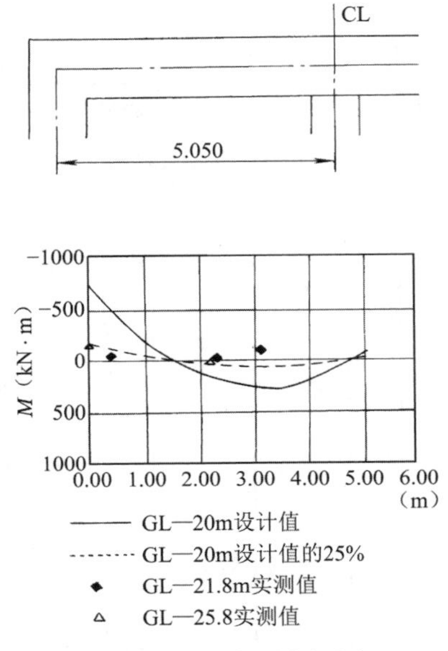

图 25-45　水平弯矩图

图 25-46 所示是利用地基反力（弹簧）系数法计算的计算简图。计算时只考虑内部混凝土断面刚度的 40%，中间撑杆不考虑，同时考虑弹塑性计算方法。

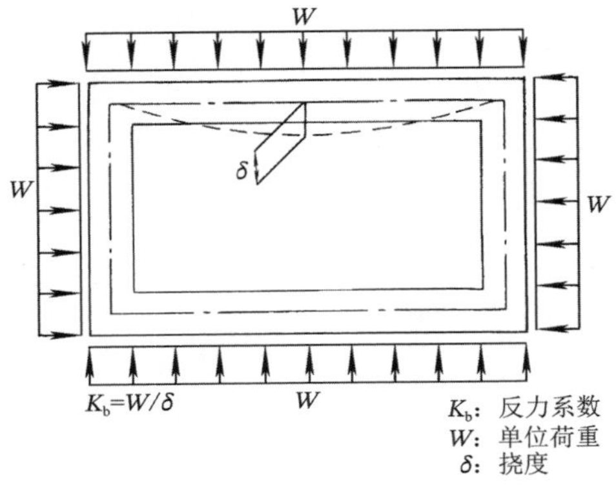

图 25-46　反力系数法计算简图

图 25-47 和图 25-48 所示是地下连续墙变位和弯矩的实测值与设计值的比较。从中可以看出，即使考虑 100%K_b，其计算变位值仍比实测值大 2 倍。对于弯矩来说，考虑 50%K_b 时，实测值与设计值接近。

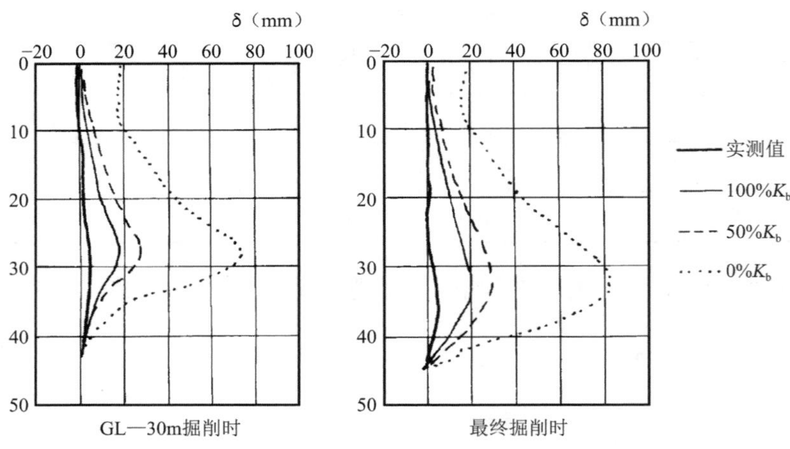

图 25-47 变位比较图

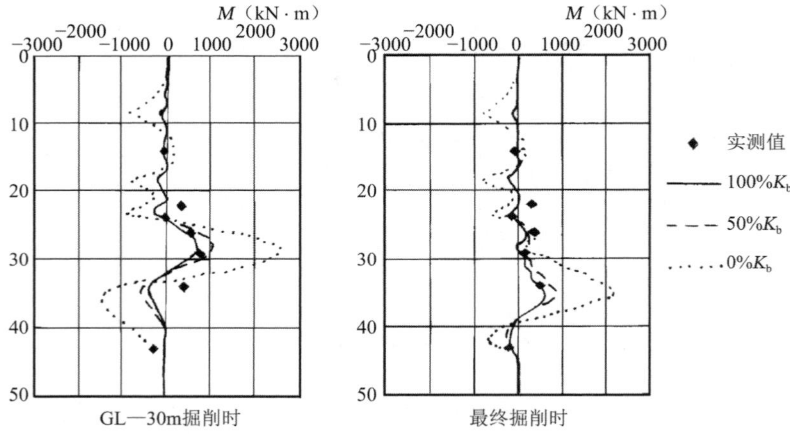

图 25-48 弯矩比较图

第 26 章　特种防渗墙的施工

26.1　概述

本章所指的特种地下连续墙，主要是指采用柔性墙体材料建造的地下连续墙，也包括采用特种工法建造的地下连续墙。

柔性墙体材料已经在前面有关章节做过介绍了，本章主要介绍它们的工程施工方法。

这里所说的柔性墙体材料，一般是指那些弹性（变形）模量小于 100～150MPa 的不透水材料以及近年来开始使用的土工合成材料。

在本章，将对有关的施工工艺加以说明。

有的墙体材料不但可以单独形成地下连续墙的墙体，如固化灰浆、自硬泥浆和土工膜（布）等，还可以和其他材料共同形成另外一种墙体。比如在预制墙板工程中，就会用到固化灰浆和自硬泥浆等。

26.2　固化灰浆防渗墙

26.2.1　概述

有关固化灰浆的理论、设计等情况已经在前面叙述了，本节选择有代表性的工程实例加以介绍。

有关固化灰浆的应用情况见图 26-1。

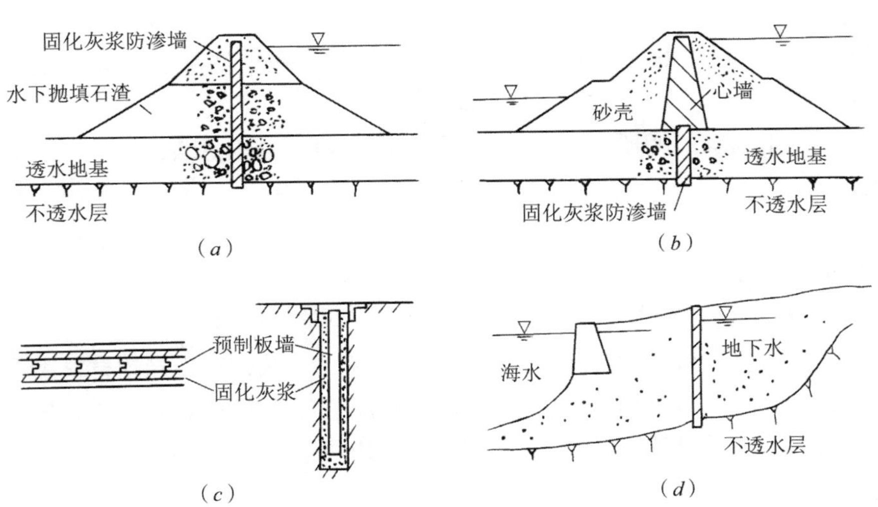

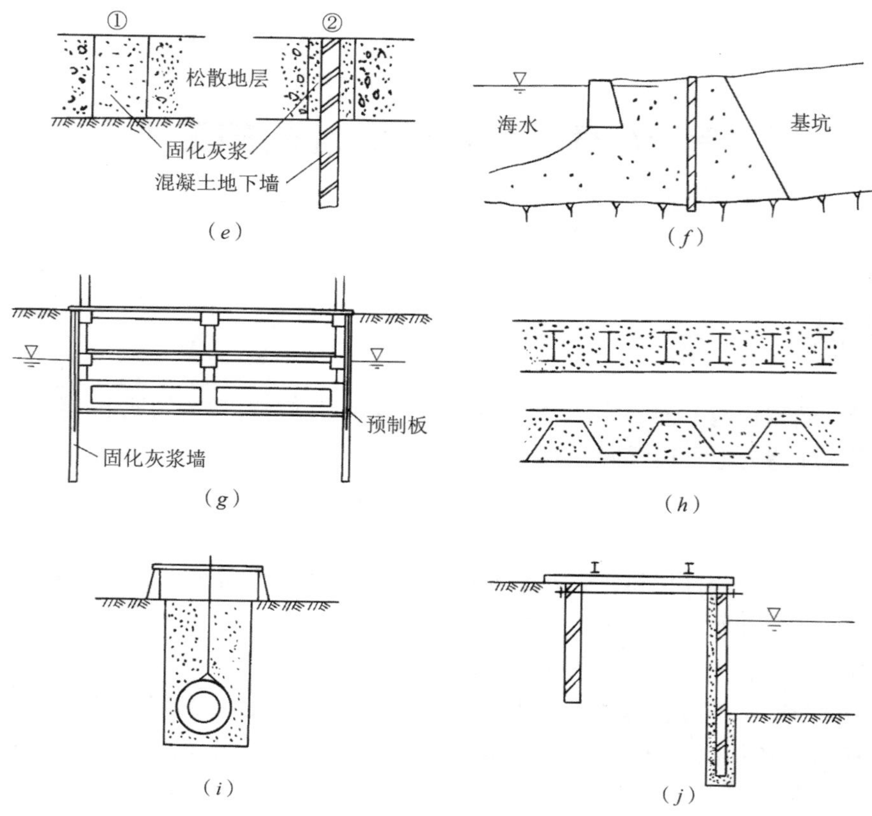

图 26-1　固化灰浆材料的应用

(a) 临时围堰防渗墙；(b) 低水头坝基防渗墙；(c) 预制地下连续墙；(d) 地下水截水墙；(e) 松散地层中地下墙施工；(f) 基坑开挖；(g) 组合式地下连续墙；(h) 钢板桩地下连续墙；(i) 地下管道埋设；(j) 挡土工程

26.2.2　十三陵蓄能电站下池防渗墙中的固化灰浆

1. 概况

十三陵抽水蓄能电站是北京市人民政府为了改变供电紧张局面而投资建设的。电站下池利用原来的十三陵水库。为了减少水库渗漏损失和改善十三陵地区的旅游环境，决定在水库的库尾建造防渗墙和挡水坝。经技术经济比较，采用笔者的优化方案，即在大坝上游2.8km处修建一道长约1300m、底部深入黏土层的塑性混凝土防渗墙。其中，有22个槽孔使用了固化灰浆，有1个槽孔使用了自硬泥浆。

在22个固化灰浆的槽段中，一共使用了约2700m^{3}固化灰浆，墙厚0.8m，最深达31m。

大部分槽孔是采用液压抓斗挖槽的。单抓（2.5m）成槽，相邻两槽搭接10～15cm。

2. 室内配方和模型试验

1）试验材料和配方筛选

参考以往有关资料和新材料特点，利用正交试验的方法，对不同的材料用量、不同的搅拌方法和成型方法、不同的龄期共103组试验的强度、弹性模量和渗透系数以及其他一些物理力学指标进行了测量和检验，初步筛选出几组可能的配比（表26-1），再通过室内模型试验加以检验。

固化灰浆材料试验表　　　　**表 26-1**

顺序号	试件编号	组成成分						原浆性能				固化材料性能						抗压强度（N/cm²）	
		原浆（mL）	水泥（g）	水（g）	砂子（g）	水玻璃（g）	矿渣粉（g）	相对密度	黏度（s）	含砂量	pH值	相对密度	流动度（cm）	初凝时间（h）	终凝时间（h）	弹性模量（N/cm²）	渗透系数（cm/s）	14d	28d
L425	1.28.1	946	240	120	140	40	216	1.205	24.5	0.2	9	1.365	18.0	5	17	6200	1.34×10^{-6}	11.4	79
	1.28.2		54	135	180	40	216	1.205	24.5	0.2	9	1.375	18.7	5	17	6200	2.63×10^{-7}	118.6	175
	1.28.3		84	150	220	40	216	1.205	24.5	0.2	9	1.445	18.0	5	17	6200	1.6×10^{-7}	240	268
	1.28.4		24	75	180	40	126	1.205	24.5	0.2	9	1.375	16.7	5	17	6200	2.78×10^{-6}	3	34
	1.28.5		54	90	220	40	126	1.205	24.5	0.2	9	1.38	18.0	5	17	6200	2.02×10^{-6}	32	53
	1.28.6		84	105	140	40	126	1.205	24.5	0.2	9	1.41	18.1	5	17	6200	不渗水	94	112
	1.28.7		24	40	220	40	56	1.205	24.5	0.2	9	1.33	18.0	5	17	6200	3.27×10^{-6}	2	12
	1.28.8		54	55	140	40	56	1.205	24.5	0.2	9	1.346	17.6	5	17	6200	2.36×10^{-6}	14	16
	1.28.9		84	70	180	40	56	1.175	24.5	0.2	9	1.34	17.9	5	17	6200	3.27×10^{-6}	20.6	24
	1.28.10		180	90	180	40	56	1.175	24.5	0.2	9	1.34	17.9	5	17	6200	3.3×10^{-6}	19.3	35

2）室内模型试验

利用有机玻璃模型，其外形尺寸为 120cm × 10cm × 80cm，可以很方便地拆开和组装。

由于固化灰浆的质量受现场施工条件影响很大，为了找出一套合理的施工操作方法并验证材料配比的准确性，利用这个模型在试验室内进行了 21 组的模拟试验。模型试验的一般步骤是：

（1）组装模型并检查渗水情况，如渗水，应予解决。

（2）根据配比要求，计算各种材料用量。

（3）拌制水泥砂浆。

（4）泥浆是从施工现场取来的，试验前搅拌均匀，并向模型倒入所需泥浆，启动气泵搅拌 10min（压力 0.1MPa）。

（5）在气拌的同时向模型倒入水玻璃。

（6）徐徐倒入砂浆，气拌不停。

（7）从倒完砂浆起，每隔 1h，取一次试样，装模成型，并测定黏度、流动度和初终凝时间。

（8）随时观察、记录模型内的流动、混合情况和稠度变化。

（9）养护一定时间之后，打开模型，从已经固化的模型体上的有关部位切取试块，并观察记录整个模型体的均匀程度等情况。

（10）达到要求龄期时，测定强度、弹性模量和渗透系数等。

3）几点认识和体会

（1）根据材料配比试验结果，结合实际应用工程的具体情况，把固化灰浆的主要技术指标控制在以下范围内：

$R_{28}=0.3\sim0.5$MPa；$E\geqslant50$MPa；$K\leqslant10^{-6}$cm/s。

（2）影响固化灰浆质量的各种因素。通过本课题的试验研究，我们认为影响固化灰浆的主要因素有以下几个方面：①水泥和其他胶凝材料的种类和用量；②水玻璃的种类和用量；③砂子用量；④外加剂（木钙等）的种类和用量；⑤风管的形状和风压、风量；⑥搅拌时间和方式；⑦材料的加入方式（水玻璃）。

试验结果表明，水玻璃分两次加入为好，也就是在砂浆倒入模型之前和之后，分两次把所需要的水玻璃加入进去。

我们还对风管出口形状对固化灰浆试块的影响进行了试验（表 26-2）。

风管形状影响表　　　　**表 26-2**

风管形状	抗压强度R（N/cm²）			渗透系数
	28d	90d	109d	K（cm/s）
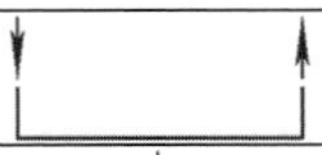	19.2	21	—	9×10^{-6}
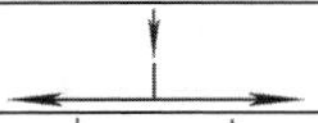	28.9	34	41	4.6×10^{-6}
	50	68	—	5.5×10^{-6}

其中，U 形风管是从一边进风，一边出风，搅拌不匀，强度低，渗透系数大。用两个倒 T 形风管，搅拌均匀，孔底淤积少，强度高，渗透系数小。实际施工中宜采用两个或三个倒 T 形风管。

试验表明，气拌时间一般不宜超过 2h，此时可使浆体保持较高的强度和较低的渗透系数，当气拌时间超过 4h 时，透水性将迅速增加（表 26-3）。由表 26-3 中可以看出，浆体的后期强度（R_{90}）还是比较一致的，相差不过 20%，尽管R_{14}相差达 60%以上。

气拌时间对强度和透水性的影响　　　　**表 26-3**

试件编号		1	2	3	4	5	6
气拌时间（h）		0	1	2	3	4	5
重度（kN/m³）		13.65	13.65	13.35	13.45	13.60	13.50
抗压强度（N/cm²）	14d	33	32	24	19	23	24
	28d	45	40	49	38	46	47
	90d	63	73	76	60	71	72
渗透系数（cm/s）		0.5×10^{-6}	1.79×10^{-6}	0.76×10^{-6}	0.55×10^{-6}	1.48×10^{-6}	3.74×10^{-6}

（3）磨细矿渣的开发和应用。当固化灰浆中水泥含量较高时，水泥在水化过程中快速释放 Ca^{2+}和其他离子，会使膨润土泥浆迅速絮凝而形成松散的团块状，从而降低了最终形成的水泥黏土体的性能。比如在常用的膨润土泥浆中（失水量$F.L=15\text{cm}^3/30\text{min}$）加入 10%～15%的水泥并搅动 6h 后，其失水量迅速增加到 100mL/30min。它的最终生成物虽然强度很高，但是脆性很大，抗渗性和耐久性反而要差些。

如果加入磨细的高炉矿渣，则它们以很慢的速度向泥浆中释放离子，不会像纯水泥那样发生速凝。如果上述固化灰浆中的水泥用量的 80%用矿渣来代替，则相应的失水量将降低到 60mL/30min 以下，其渗透系数$K\leqslant10^{-6}$cm/s，它的抗压强度则比普通水泥的混合物还高。由于反应速度较慢，就可以把槽孔做得大些，而不会中途固化。

粉煤灰也能起到类似磨细矿渣的作用，但是由于它的固化时间太长，而无法在实际工程中单独使用它。

常用的矿渣水泥中虽然也含有矿渣，但是由于它们的颗粒较粗（180 目），达不到上述使用效果。

由此可见，要解决固化灰浆的这些问题，必须使用磨细的矿渣。

在笔者提出磨细矿渣这一方案后，找到了能够把首都钢铁公司生产的高炉水淬渣磨细到 325 目的工厂，加工了一批矿渣。首钢高炉水淬渣的主要化学成分见表 26-4。

水淬矿渣化学成分表　　**表 26-4**

项目	SiO_2	Al_2O_3	Fe_2O_3	CaO	MgO	Na_2O	K_2O	烧失量
百分比（%）	34.86	10.96	0.79	40.27	10.46	0.60	0.5	0.10

图 26-2 所示是用上述磨细高炉矿渣做的试验结果。可以看出，在水泥和矿渣混合物总量相同时，矿渣含量高的，其后期强度增长得多，而且比只用水泥时（180kg/m³）的强度也要高出很多。

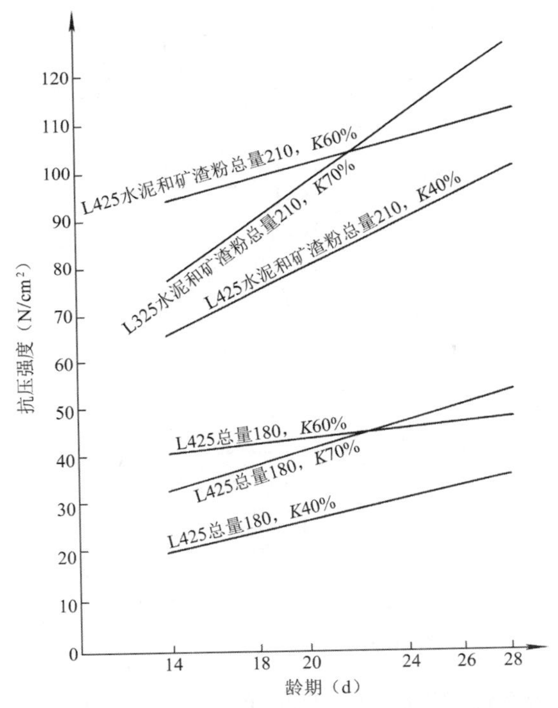

图 26-2　掺矿渣的固化灰浆强度与龄期关系曲线

3. 中间（工艺）试验

1）概况

为了验证室内配方和模型试验成果，特别是探索适合于固化灰浆的施工工艺，1991 年 9—11 月期间，在十三陵抽水蓄能电站下池防渗墙中进行了 5 次中间试验（表 26-5）。其中，107～115 号槽段都是在槽孔内已经浇注的塑性混凝土顶面到导墙底之间的槽孔内进行的，也就是在设计防渗墙顶高程（92.0m）之上进行的，31 号槽段则是在主河床段中进行的。

试验部位表 表 26-5

槽孔号	试验日期	试验深度孔口以下（m）	试验内容	说明
115	1991 年 9 月 24 日	5.7	气拌法工艺	高程 92.000m 以上
111	1991 年 10 月 5 日	6	气拌法工艺	高程 92.000m 以上
107	1991 年 10 月 21 日	5	气拌法工艺	高程 92.000m 以上
113	1991 年 10 月 24 日	14.5	气拌法工艺	高程 92.000m 以上
31	1991 年 11 月 5 日	全槽 31	原位搅拌（气拌）+ 部分置换	整个槽孔均进行固化

2）施工工艺

除了 31 号槽段之外，其他 4 槽段均采用原位搅拌（气拌）法，主要施工过程如图 26-3 所示。

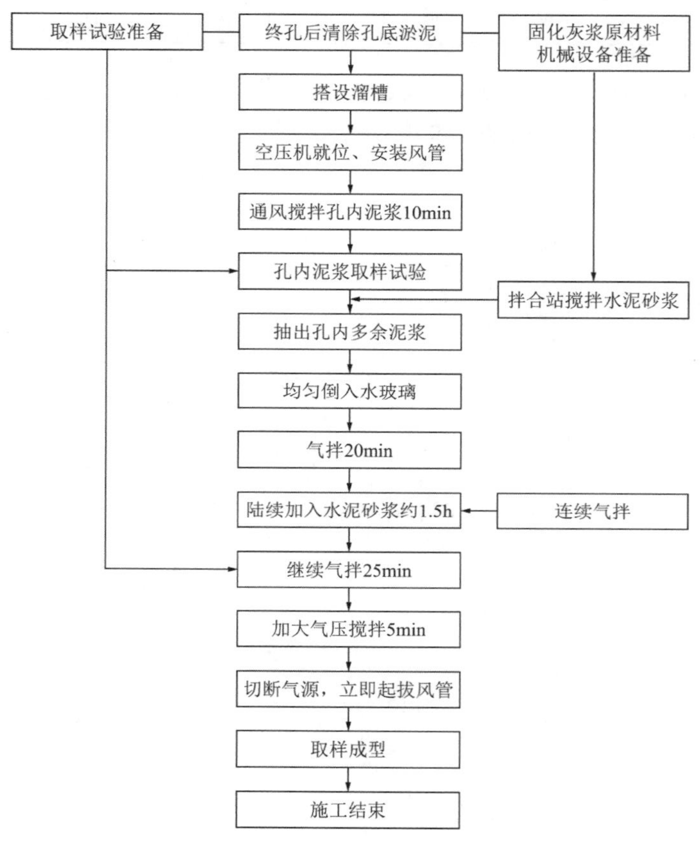

图 26-3 固化灰浆施工流程图

施工过程中应随时观察记录槽孔内、外的有关现象和情况。

至少一个月以后，选择适当部位，用岩芯钻机钻取试样（强度、弹模）进行压注水试验，以检查墙体的透水性。

加入水泥后，槽内表层会出现浆液变稠现象，经过一段时间后，又会变稀，这是所谓的“假凝”现象。

槽孔内浆液较稀时，风压、风量不要过大，以免淘刷孔壁；浆液变稠后，再适当增大风压、风量。

气拌不能中途停顿，否则重新启动困难。

31 号采用了原位气拌和置换法两种工艺。施工时先把槽孔上部泥浆抽出 2～3m；把在搅拌站生产的稠水泥砂浆用罐车运到现场，把从槽孔中新抽出的泥浆送入罐车搅拌后，再送入槽孔，依次进行下去，直至完成整个槽孔的固化工作。

通过在上述几个槽孔中的中间试验（表 26-6），已经达到了验证室内配比和完善现场施工工艺的目的。

固化灰浆槽孔取样试验结果表　　表 26-6

试件编号	取样深度（m）	原浆相对密度	固化灰浆材料用量（kg/m³）				技术指标						备注
			水泥	砂子	水	硅酸钠	重度γ（kN/m³）	抗压强度（N/cm²）		弹性模量E（N/cm²）	渗透系数K（cm/s）	渗透破坏比降i	
								R_{28}	R_{87}				
115_{-2}	—	1.27	180	200	900	35	—	24.2	31.3	—	1.26×10^{-6}	560	
115_{-3}	表面	—	—	—	—	—	15.15	30	34.7	—	2.2×10^{-6}	475	
111_{-1}	表面	1.425	180	200	900	35	15.4	31	—	3890*	1.68×10^{-5} 1.74×10^{-6}	335 550	试件前几天未养护
111_{-2}	2	—	—	—	—	—	—	40.7	—	—	—	> 600	
107_{-1}	表面	1.167	160	200	800	30	14.45	16	—	3500*	3.95×10^{-6}	> 600	
113_{-1}	表面	1.14	200	200	800	30	13	15	—	2000*	4.8×10^{-6}	> 600	
113_{-2}	6						13.3	—	—	—	—	> 600	
31_{-1}	表面	1.049	—	—	—	—	12.7	$R_{24}=6$	$R_{46}=62$	—	2.01×10^{-6}	300	压力表故障
31_{-2}	10	1.075	180	200	900	30	13.12	5	63	—	1.65×10^{-6}	600	
31_{-3}	26.5	1.1	—	—	—	—	15.01	7	75	—	—	—	

注：表中“*”的数据为清华大学水电工程系实验室所得。

4. 现场生产性试验和应用

利用 1991 年底至 1992 年春天这段时间，对前一段的试验研究工作进行了总结，并且加大了对磨细矿渣等新材料的试验研究工作，最后选定矿渣作为主要添加料，进行了生产性试验。待抓斗试运转结束，转入正式施工时，则利用 BH7 抓斗的单抓成槽方法，建造 17 个槽孔的固化灰浆防渗墙（表 26-7），取得了成功。

十三陵下池防渗墙固化灰浆应用表　　表 26-7

序号	槽孔号	槽孔长度（m）	平均深度（m）	面积（m²）	单孔进尺（m）	固化灰浆方量（m³）	说明
1	106	8.8	5	44	55	48.4	矿渣，顶部
2	109	8.8	5	44	55	48.1	矿渣，顶部
3	159	2.5	26.5	66.25	82.8	58.3	
4	160	2.5	26	65	81.3	57.2	
5	161	2.5	26.5	66.25	82.8	58.3	
6	162	2.5	26.5	66.25	82.8	58.3	
7	163	2.5	26.5	66.25	82.8	58.3	
8	164	2.5	26	65	81.3	57.2	
9	165	2.5	26	65	81.3	57.2	
10	166	2.5	26	65	81.3	57.2	
11	167	2.5	26	65	81.3	57.2	
12	168	2.5	26	65	81.3	57.2	
13	169	2.5	26	65	81.3	57.2	
14	170	2.5	26.3	65.75	81.6	57.86	
15	171	2.5	26	65	81.3	57.2	
16	172	2.5	26	65	81.3	57.2	
17	173	2.5	26	65	81.3	57.2	
合计				1068.75		959.86	

这样我们一共在下池防渗墙工程中建造了22个槽孔，共2700m³的固化灰浆防渗墙。

5. 结构计算和成果分析

1）工程概况

十三陵抽水蓄能电站利用十三陵水库作为下池，为了满足电站对水量和水位的要求，确定对库区上游古河道进行防渗处理。防渗线地面高程88m左右，设计下游水位（水库内）90m，地下水位87m，上游最枯水位75m，防渗墙厚0.8m。计算断面见图26-4。

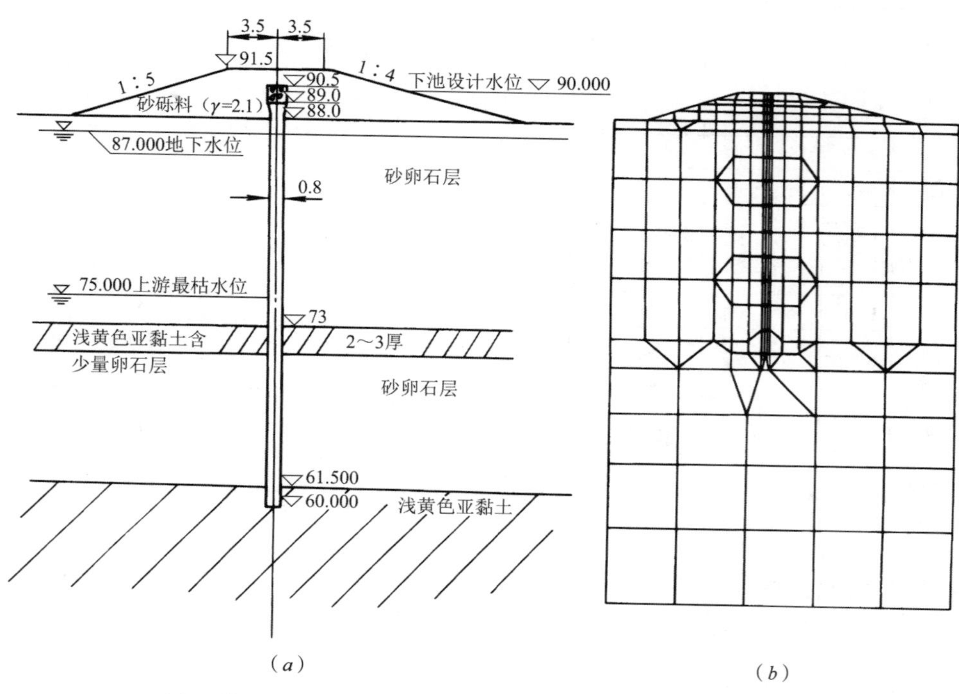

图26-4 十三陵抽水蓄能电站下池防渗墙断面及网格划分图

（a）剖面图；（b）网格图

本文主要分析了防渗墙材料分别采用塑性混凝土和固化灰浆时墙体的应力、变形情况。所用程序为清华大学水电系的COWDAF93（FEADAM84的改进版）。

2）计算模型和参数

（1）该计算中，所有材料均用邓肯E-B模型，其弹性模量E和体积模量B为

$$E = KP_a\left(\frac{\sigma_3}{P_a}\right)^n\left[1-\frac{R_f(1-\sin\varphi)(\sigma_1-\sigma_3)}{2C\cos\varphi+2\sigma_3\sin\varphi}\right]^2$$

$$B = K_bP_a\left(\frac{\sigma_3}{P_a}\right)^m$$

卸载时

$$E_{ur} = K_{ur}P_a\left(\frac{\sigma_3}{P_a}\right)^n$$

式中 K、K_b、K_{ur}——弹性模量系数、体积模量系数和卸载弹性模量系数；

n、m——弹性模量指数和体积模量指数；

c、φ——黏聚力和内摩擦角；

P_a——大气压强。

（2）在防渗墙和土体之间，采用 Goodman 滑动模型，其切线劲度系数K_{st}为

$$K_{st}=\left(1-\frac{R_f}{\sigma_n\tan\delta}\right)^2 K_s\gamma_w\left(\frac{Q_n}{P_a}\right)^n$$

式中　γ_w——水重度；

P_a——大气压强；

σ_n——法向正应力；

K_s、n、R_f——由直剪试验确定的参数。

（3）材料参数见表 26-8。

材料参数表　　表 26-8

材料名称		重度（kN/m³）		K	K_{ur}	n	R_f	K_b	m	c（kN/m²）	φ（°）	$\Delta\varphi$（°）	K_0
		γ	$\gamma_浮$										
坝基黏土		—	10.4	195	290	0.45	0.8	60	0.50	36	24.0	0	0.44
坝基砂砾石		21.0	12.8	554	660	0.35	0.7	180	0.12	12	36.5	5	0.40
坝身砂砾石		21.0	13.0	700	1000	0.62	0.7	350	0.50	0.0	40.0	5	0.42
墙体	塑性混凝土	22.0	12.0	4000	6000	0.00	0.4	3000	0.00	370	25.0	0	0.35
	灰浆	15.0	5.0	56.7	1050	0.532	0.18	21.7	0.432	8.0	34.4	0	0.50

类别		K_s	n_s	R_{fr}	C_n	δ（°）
接触面	灰浆与土之间	500	0.6	0.8	0.0	15
	塑性混凝土与土之间	1400	0.8	0.8	0.0	15

（4）网格划分和计算步骤。计算范围向上、下游各延伸 4m，向下延到地面以下 60m。以四节点单元为主，防渗墙分三排单元，在墙体上下游面与土体间各设一排 Goodman 滑动单元，共有单元 240 个、节点 249 个。

计算步骤：①计算基础初始应力；②打入防渗墙；③填筑小堤；④分两期蓄水加载，上游水位降至 75.0m，下游水位升至 90.0m。

①、②、③中水位为地下水位 87.0m，水位以下单元用浮重度。

3）计算成果

（1）小堤及基础的应力和位移

a. 塑性混凝土墙：竣工期土体的σ_1、σ_3等值线基本上以墙为轴线对称分布，小堤内σ_1小于 60kN/m²，σ_3小于 30kN/m²。

蓄水后，下游水位上升，致使下游土体σ_3普遍下降，最大下降了 40kN/m²，σ_1变化很小；上游水位骤降，致使上游土体σ_1、σ_3均大幅度提高，σ_1最大增加了 110kN/m²，σ_3最大增加了 125kN/m²。

竣工期堤身、堤基位移很小，且基本以墙为轴线对称分布。蓄水后，墙和土体向下、向上游移动，水平位移大致以墙为轴线对称分布，最大位移 3.1cm，发生在墙顶附近。上游土体比下游土体的垂直位移大得多，最大位移发生在小堤下原地下水位处，其值分别为：上游 18.3cm，下游 15.8cm。

以上各种变化，越往地基深处，其变化趋势越小。

b. 固化灰浆墙：应力情况与塑性混凝土墙时相近，位移略有不同。蓄水期上游土体的垂直位移比塑性墙时更大，而水平位移更小。下游土体的垂直位移与塑性混凝土时相差不大，但水平位移比塑性墙时大，这是由于固化灰浆模量低、自身变形大所致。

（2）防渗墙墙体的应力和变形

a. 墙体应力。由图26-5、图26-6可见，竣工期防渗墙上、下游面竖向应力σ_y基本一致。蓄水以后，对自凝灰浆墙，σ_y均增大，但上下游面σ_y相差不大。对于塑性墙，高程75m以下墙体σ_y增加，而75m以上墙体σ_y却减小。这与水荷载引起的墙体的变位是一致的（参见图26-7和图26-8）。各期防渗墙上、下游面最大竖向应力σ_y见表26-9。

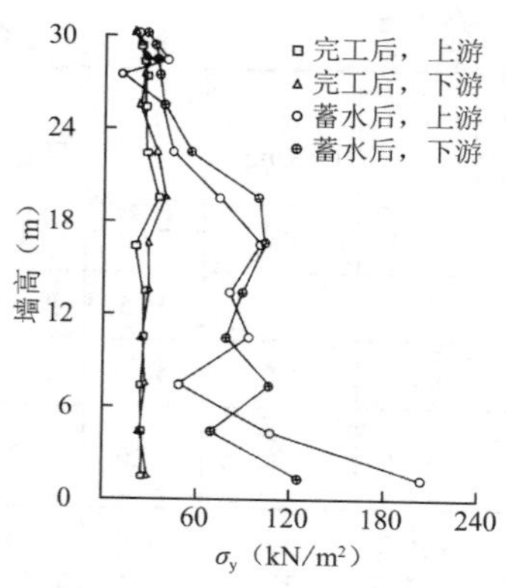

图26-5　蓄水后自凝灰浆墙σ_y沿墙高的分布

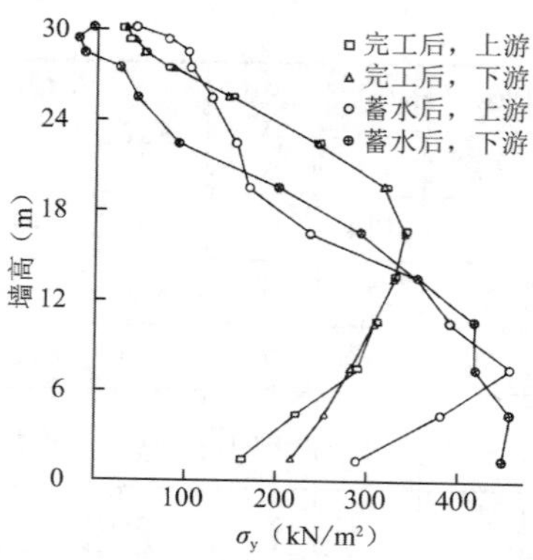

图26-6　蓄水后塑性混凝土墙σ_y沿墙高的分布

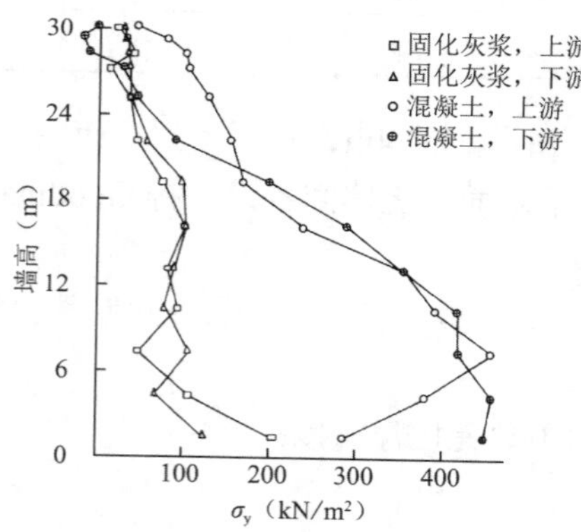

图26-7　蓄水前防渗墙σ_y沿墙高的分布

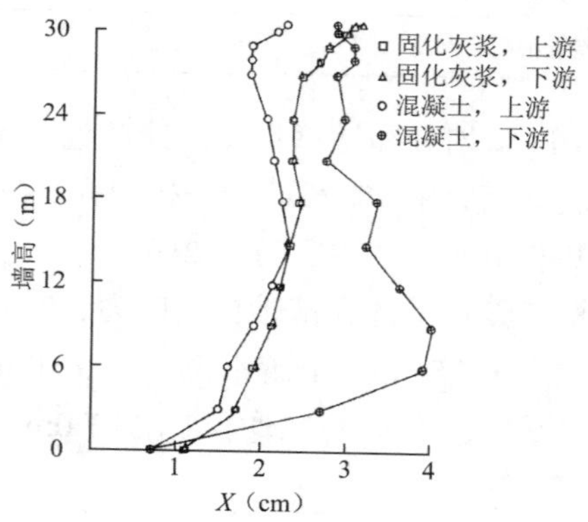

图26-8　蓄水前防渗墙水平位移沿墙高的分布

最大垂直应力　　　　表26-9

分期	位置	塑性混凝土墙（kN/m²）	固化灰浆墙（kN/m²）
竣工期	上游面	340.7	33.8
	下游面	333.9	37.7
蓄水期	上游面	455.7	203.7（106.8）
	下游面	456.4	125.7

b. 墙体位移。竣工期，无论是塑性墙还是固化灰浆墙，墙和与墙接触的土体的垂直位移基本相同，蓄水以后，上游土体的垂直位移最大，下游土体最小，墙介于其间。墙体最大垂直位移发生在原地面处。塑性混凝土时，最大达到15.9cm，固化灰浆时达到20.8cm。应该注意的是，

固化灰浆由于模量较低，墙身被压缩达 8.9cm，而塑性混凝土因其模量较高，墙身压缩只有 1cm。

竣工期墙体基本上无水平位移，蓄水后，墙体向上游移动。当用塑性混凝土时，墙体上、下游面水平位移相同，最大值在墙顶，达 3cm；用固化灰浆时，上游面最大值为 2.3cm，发生在墙中部；下游面最大值达 3.9cm，发生在墙高的 1/3 处。墙体自身在水平方向被压缩了 1～2cm（图 26-9）。

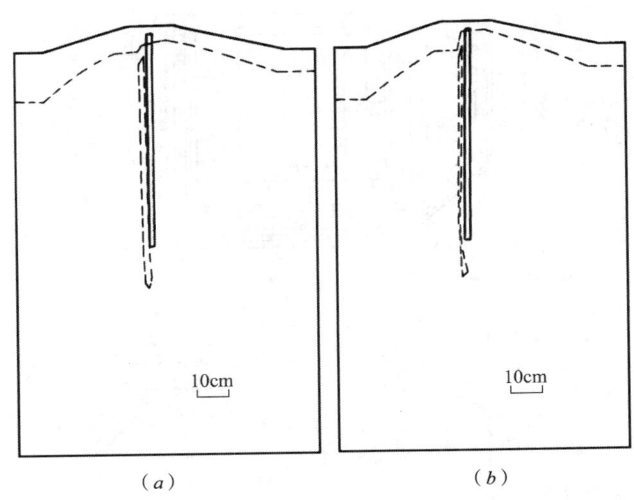

图 26-9　蓄水期围堤及防渗墙位移图

（a）塑性混凝土墙；（b）固化灰浆墙

4）结论

（1）竣工期小堤及地基的应力和位移均较小，但蓄水后，由于上游水位的降低，将引起上游土体的大面积沉降，使土体σ_1、σ_3均有提高。

（2）由表 26-9 可知，无论是塑性混凝土还是固化灰浆作墙体材料，其墙体应力都小于材料抗压强度。

（3）蓄水后，仅在塑性混凝土墙的下游面顶部 2m 内出现 0～20kN/m^2 的拉应力。

（4）由于基础为砂砾石（$K = 554$）和黏土（$K = 195$），防渗墙悬浮其中，当上游水位下降时，土体有较大沉陷，墙体也随之沉陷。墙体沉降达 20cm，故在施工中应注意预留足够高度。

（5）采用自硬泥浆时，墙身横向被压缩，最大达 2.3cm。

（6）如表 26-10 所示，两种不同材料防渗墙接头处产生较大变位差，水平位移差 1.9cm，竖直位移差 4.92cm，可能会产生一些不利影响。

两种不同材料防渗墙接头处变位差　　**表 26-10**

项目	水平位移（cm）						竖直位移（cm）					
位置	上游面			下游面			上游面			下游面		
类别	塑性混凝土	灰浆	差值	塑性混凝土	灰浆	差值	塑性混凝土	灰浆	差值	塑性混凝土	灰浆	差值
竣工期	0.09	−0.31	−0.4	0.08	0.53	0.45	8.04	10.9	2.86	8.04	10.9	2.94
蓄水期	2.70	1.80	−0.9	2.05	3.95	1.90	15.9	20.8	4.92	15.8	20.1	4.6

注：水平位移向上游为正，竖直位移向下游为正。

26.2.3　用机械搅拌工法施工的泵站基坑防渗墙

这里介绍一个用机械搅拌工法施工的固化灰浆防渗墙。

苏联古采夫斯克市工业取水泵房位于莫斯科河右岸，基坑平面尺寸为36m×27m，深12m。基坑支护采用板桩墙和固化灰浆防渗墙（图26-10、图26-11）。

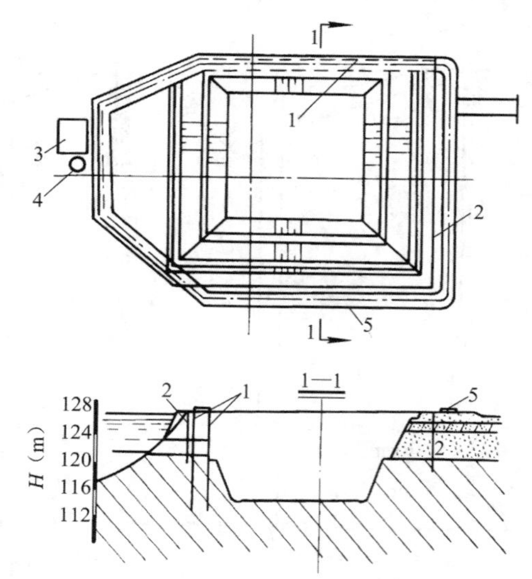

图26-10　泵站基坑防渗墙布置图

1—板桩墙；2—防渗墙；3—拌合站；4—水泥筒仓；5—钻机轨道

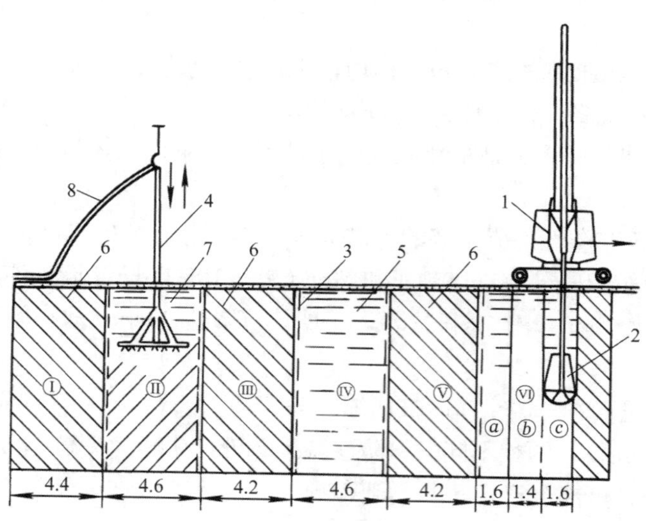

图26-11　机拌固化灰浆施工工艺

1—挖土机架；2—抓斗；3—导向槽；4—悬挂在起重机上用来输送和搅拌水泥砂浆的搅拌架；5—充满着泥浆的已造出的槽孔；6—已经浇注的槽孔；7—正在浇注的槽孔，把膨润土水泥浆和砂浆掺合起来；8—输送水泥砂浆的软管

Ⅰ、Ⅲ、Ⅴ—已经浇注完的槽孔；Ⅱ—正在浇注的槽孔；Ⅳ—用膨润土水泥浆固壁的槽孔；Ⅵ—正在开挖的槽孔

ⓐ、ⓑ、ⓒ—单孔

基坑穿过砂、砂壤土和黏土互层的现代冲积层，总厚约10.8m，渗透系数为1.7～40m/d。防渗墙全长350m，厚0.5m，墙深8～10.5m。墙底伸入老侏罗纪黏土内1～1.5m。

施工时使用了斗门开度1.6m、宽0.4m、容量0.2m^{3}的液压抓斗和5.1m×0.4m的钢丝绳大抓斗各 1 台。挖槽时先挖一期槽，再挖二期槽。一期槽长 4.6m，二期槽长 4.6m，搭接 0.2m。

固化灰浆配比：每 $1m^3$ 使用硅酸盐水泥 100kg 或矿渣水泥 120kg，制成$W/C=0.5$ 的水泥砂浆，再倒入槽孔膨润土泥浆中。

在拌合站分别拌合膨润土泥浆和水泥砂浆，分别用直径 40mm 的钢管送到槽孔中。

槽孔是用搅拌架来进行固化的，它比气拌法或软管泵送法要好。搅拌时，把机械搅拌架放入槽孔底部，向槽内泵送水泥砂浆，不断地上下活动搅拌架，把两种浆液混合均匀。有时也用抓斗来进行搅拌工作，那要把抓斗上下活动 8～10 次。经过改进后，采用了开挖和固化相结合的方法。在快要挖到设计槽底时，向槽孔底部输送纯水泥（砂）浆。这样抓斗在开挖地层土料时，也就起到了搅拌作用。这是一个很好的经验。每平方米防渗墙消耗泥浆 $0.45～0.6m^3$。

对固化后的墙体进行了有关的检验。它的相对密度和水泥含量从上往下是变化的。比如，墙顶部位相对密度为 1.15～1.32，中部为 1.26～1.43，底部为 1.43～1.54。水泥含量从上到下为 $285～80kg/m^3$。

固化灰浆在槽孔内最合适的硬化时间为 10～20d。9d 以后开挖相邻槽孔时，已完槽孔不会失去稳定性。

小抓斗平均挖槽效率 $21m^2$/台班，最大 $43m^2$/台班。大抓斗分别为 26、$53.5m^2$/台班。

26.2.4　用置换工法建成的土耳其的塔塔里坝防渗墙

1. 概况

塔塔里坝是土耳其西部某市供水工程的水库挡水坝（黏土心墙堆石坝），坝高 54.5m，建在深厚的强透水地基中。由于种种原因，不可能采用常规防渗墙，对灌浆、连锁桩等方案进行了比较，找到了强度、变形和渗透性能都能满足要求的材料，这就是一种低强度混凝土，也就是我国所说的固化灰浆，这是用置换方法施工的固化灰浆。

在黏土心墙下面要建造两道相距 10m 的固化灰浆防渗墙（图 26-12）。

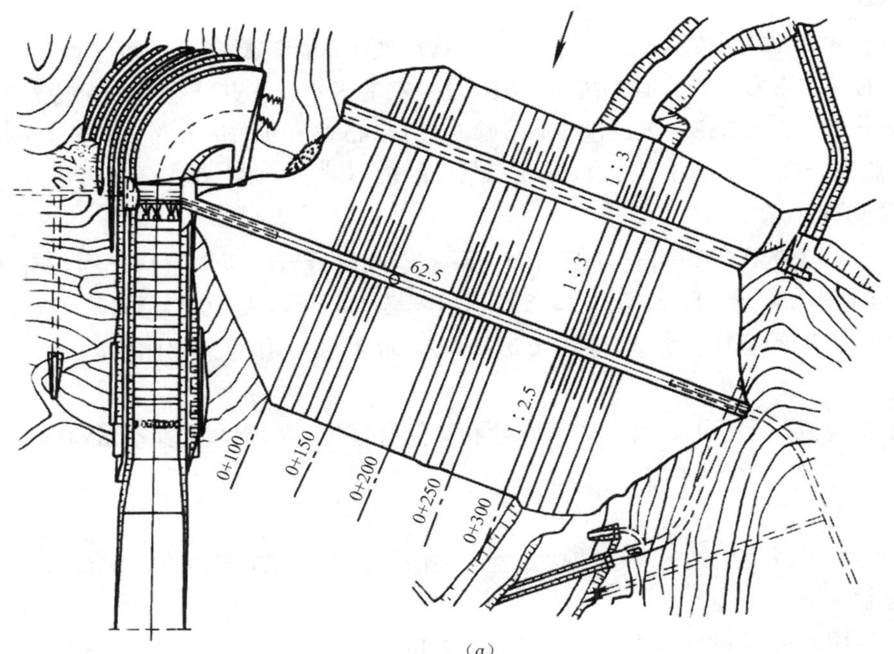

(a)

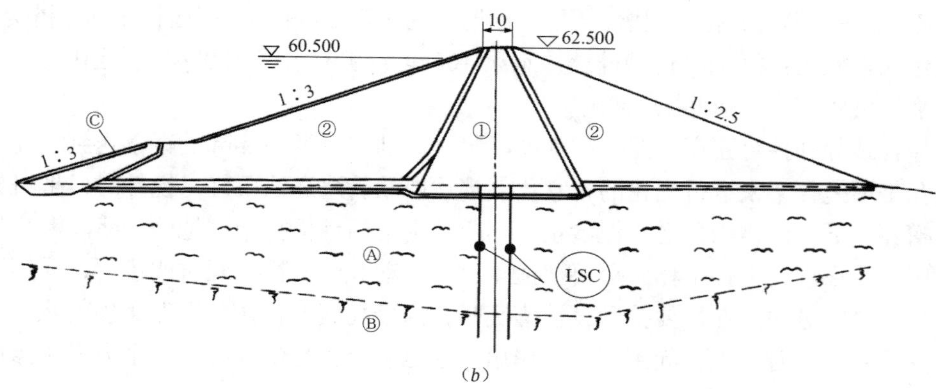

图 26-12 塔塔里坝总布置图和剖面

(*a*)平面图;(*b*)横剖面

河床冲积层的最大深度为 50m，是一种含有淤泥、黏土和砾石的混合物，渗透系数变化范围为$K = 10^{-3} \sim 10^{-2}$cm/s。

固化灰浆防渗墙厚 0.64m，最大深度 49m，总面积 8000m²。

在本节里，将说明如何利用混凝土导管，进行水泥膨润土砂浆的置换固化施工。

2. 材料配比和性能

使用的主要材料是水泥、膨润土、矿渣、水和缓凝剂等。

1）水泥

塔塔里坝防渗墙施工，使用波特兰水泥（KCP325），它能抗硫酸盐水的侵蚀并含有降低水化热的添加剂，但是抵抗冰冻的能力差一些。

2）膨润土

采用膨润土泥浆有两个目的：一是在开挖期间用它充满槽孔，以防止坍方；二是用它制造固化灰浆。

在实验室里，对大批样品进行了试验，以选择使用最佳的膨润土。通过研究和已得的资料，确定的最佳膨润土是带有钠离子的蒙脱土，它能吸水膨胀并能在水中保持悬浮状态。

在湿筛分析中，要求膨润土通过 200 号筛（0.074mm 筛孔）的最大筛余量是 1.5%；在干筛分析中，膨润土通过 100 号筛（0.149mm 筛孔）的最小量是 98%，含水量按重量计为 10%。

3）矿物填料（矿渣）

用于拌合物中的矿物填料是开挖出来的石灰岩或白云岩。矿物填料大约含有 95%的 $CaCO_2$，不含有铝和黏土，且不溶于水，含水率最大是 4%。颗粒要 100%通过 8 号筛（2.3mm 筛孔），43% ± 5%通过 100 号筛，34% ± 5%通过 200 号筛（相当于极细砂）。

4）水

拌合用水应该是干净的，且不含有碱盐和其他有害化学物质。实验室试验确定水质是合适的。

5）缓凝剂

当需要时，可以使用如木质磺酸盐、氢氧化钠等，作为缓凝剂来改善浆液性能。

3. 拌合物

配制和使用两种不同的拌合物：膨润土泥浆和水泥膨润土砂浆（以下简称砂浆）。

1）膨润土泥浆拌合物

用挖掘机开挖墙槽必须用膨润土泥浆充填，使之不发生坍方。膨润土泥浆的黏度不要太高，以免减慢开挖工作；也不要太低，以免渗漏到冲积层中。黏度用马氏漏斗按照 API 的标准量测，最小值应是 40s。配制泥浆用 $1m^3$ 的水和 60～80kg 的膨润土，在 1200r/min 的搅拌机中搅拌，直到它变成胶体状，然后倒入存贮池内用泵搅拌。在存贮池内放置 24h 以后，方能使用。膨润土泥浆中的粗颗粒材料（如开挖的砂、岩屑等）最大含量为 3%，膨润土泥浆的 pH 值是 8（误差−0.5～+1）。膨润土泥浆的比重与土的类型和用量有关，为 1.05～1.15。

2）砂浆的配合比、制备和性能

（1）砂浆的制备。砂浆是由水泥、膨润土、矿渣填料和水组成。泥浆须至少在浇注混凝土 24h 以前制备。拌制使用的泥浆应是稀薄而熟化的。搅拌的顺序是先加膨润土泥浆，其次是水泥，最后是矿渣。首先要准确地称出材料，然后在 1200r/min 的搅拌器内搅拌，再用泵灌入开挖的槽孔中。

（2）砂浆的配合比。防渗墙是在坝体下部起作用的，承受坝体的作用力和坝体的自重。因此，墙体的变形应与冲积土受这些荷载作用时发生的变形一致，其强度应相当于冲积土的承载能力，并且不能由于在抵抗这些作用力时产生塑性变形而使渗透性有任何变化。

墙体的密度和冲积土的密度，应尽可能接近。

为了长期使用，所用建筑材料和施工方法应保证结构物牢固，无论什么原因也不能发生裂缝或折断。

为了保证所有这些性能，进行了以下设计工作：为了确定砂浆材料的配合比，在实验室内用 1200～1400r/min 的搅拌器制备了若干种拌合物。对每一种拌合物规定一个黏度值和密度值。在拌合物设计时，只改变一种成分的数量，而其他成分保持不变。如此变化，对拌合物的影响见表 26-11。

各种成分对固化灰浆性能的影响 表 26-11

材料增加	抗压强度	弹性模量	黏度	密度	渗透性
矿渣	增加	增加	减少	增加	减少
膨润土	减少	减少	增加	减少	增加
水泥	增加	增加	增加	增加	增加
水	减少	减少	减少	减少	减少

每一种拌合物都制备 8cm × 8cm × 8cm 的立方体样品和 15cm × 30cm 的圆柱形样品。这些样品放入养护箱的水中，经 7d 或 28d，然后从水中取出，立刻进行试验。

对试件进行了单轴抗压强度和弹性模量试验，并量测最大荷载作用下的总压缩量。

对这些试验结果进行分析和评价，用于塔塔里坝防渗墙的固化灰浆的配合比如下（每盘）：膨润土：48kg；水泥：200kg；矿渣：1050kg；水：600kg（$1m^3$ 拌合物用 45.06kg 膨润土、563.25kg 水、187.75kg 水泥和 985.68kg 矿渣）。

（3）固化灰浆的特性。上述配合比的拌合物的性能如下（试件为 15cm × 30cm 圆柱形）：单轴抗压强度：22.5N/cm^2（7d 龄期），50～80N/cm^2（28d 龄期）；黏度：18～22.5s；密度：1.75～1.80g/cm^3；最大荷载下的总压缩率：2%；弹性模量：8100～8350N/cm^2；渗透系数：2.6×10^{-6}cm/s。

26.3　自硬泥浆防渗墙

26.3.1　雅绥雷塔土坝的自硬泥浆防渗墙

1. 工程简介

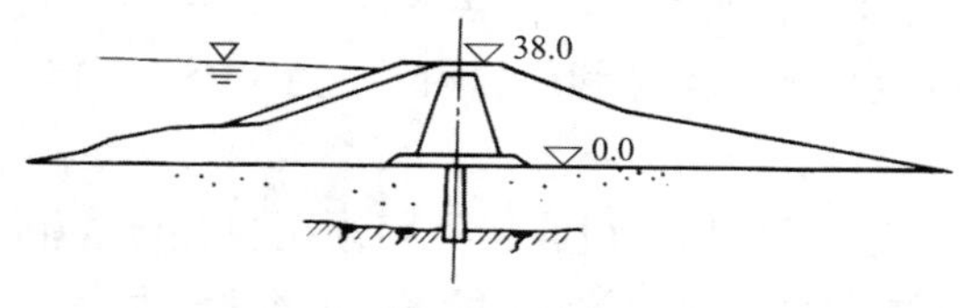

图 26-13　雅绥雷塔土坝剖面图

雅绥雷塔（Yacyneta）水电工程位于阿根廷的巴拉那河上，建造 65km 长的土坝以形成水库。最大坝高为 38m。采用一道长 47.7km、截水面积 90 万 m^2 的自硬泥浆（水泥-膨润土）防渗墙来控制坝基的渗漏，墙底深入基岩或不透水的土层内（图 26-13）。

防渗墙的施工分包合同于 1985 年 6 月生效，由法国的索列旦斯公司、意大利的特维（Trevi）公司和若地欧（Rorio）公司等实施。1990 年完成了 96%的工作量。

坝基中厚 8～25m 的粗中砂和细砂层是主要渗漏通道。

2. 防渗墙设计

曾研究比较了以下几个坝基渗流控制方案：①天然和人工铺盖；②上游铺盖和下游排水沟；③铺盖、排水沟和减压井；④黏土-膨润土防渗墙；⑤自硬泥浆（水泥-膨润土）防渗墙，带和不带排水沟和减压井。

经过技术经济评价之后，选定了以自硬泥浆（C-B）防渗墙为主，在坝下游布设排水沟和减压井的渗流控制方案。

防渗墙的墙底伸入到残积黏土或冲积黏土层中。设计墙厚 60cm，最深 35m，平均深 20.4m。

设计要求墙体渗透系数小于 5×10^{-6}cm/s。

本防渗墙使用自硬泥浆（水泥-膨润土），主要材料配比如下：水，100%；水泥，16%；膨润土，3%～4%。

3. 防渗墙的施工

1）材料。

膨润土是 200km 以外阿根廷国内某公司生产的，符合 API 石油钻井液材料的技术要求。水泥也是阿根廷国产的低碱（矿渣）水泥。

2）挖槽设备。

主要设备有：Poclain350 型反铲，2 台，挖槽；Linkbelt318 型起重机，4 台，挖槽；Linkbelt418 型起重机，2 台，凿岩。

主要钻具有：反铲，宽 60cm、容量 1.0m^3 的铲斗，可开挖 15m 深的加长杆；318 型起重机，40m 长的伸缩方钻杆，宽 60cm 的液压抓斗；418 型起重机，重 8t 的一字形钻头（用以凿穿砾岩）。

3）自硬泥浆（C-B）配比和生产。

沿防渗墙中心线，每隔 3km 设置一个泥浆生产厂。膨润土泥浆（B-W）和自硬泥浆（C-B）均在该厂生产，通过直径 100mm 钢管把自硬泥浆抽送到工作面。因泥浆稠度大和输送距离（1500m）过长，改为一个主厂和两个小厂的布置方案，即把新设的两个小厂放在距原来主厂 1000m 的两侧，使送浆距离缩短到 500m 左右。

主厂内设有 4 台拌合机，2 台拌合膨润土粉和水（W-B），2 台拌合水化后的膨润土泥浆和水泥（C-B）。在拌合机之间安装了 7 台大型筒罐（约 60m^3），分别供给拌合机所需的水（1 台）、膨润土粉（2 台）、水化泥浆（1 台）和水泥（3 台）。配料和拌合都是自动化的。小厂设置拌合机 2 台，用来拌合水化泥浆和水泥（C-B）；筒罐 1 台（用于储存水化泥浆）。还有 3 台筒罐贮存水泥。

膨润土和水是在主厂用两台高扰动的文德利拌合机拌合的，每批 2m^3。拌合机的生产能力可达 50m^3/h。水化池要经常用泵循环扰动，可加速水化进程。

水化合格后的泥浆（B-W）泵送到主厂或小厂的筒罐中贮存。当工作面需要时，把已水化的泥浆放入拌合机内，在机内自动进行水泥的配料与拌合 90s。需要时，可通过直径 100mm 的泥浆管线，把自硬泥浆泵送到槽孔。每台拌合机的生产能力最大可达 40m^3/h（19 批次）。

4）施工过程。

首先在最高地下水位以上 1.3m 的地方建造施工平台，其表面 1.5m 填筑不透水土料，以后就成为坝体的一部分。工作平台宽 12～22m，表层填筑厚 30～50cm 的砂砾（或碎石）料，以便雨天施工。

挖槽时，先用反铲挖到 8～12m 深，随时用 C-B 泥浆充满槽孔，无论何时，泥浆面均应高出地下水位 1.0m 以上，不得低于孔口以下 0.3m。

当反铲水平开挖长度大于 8～12m 以后，即可用液压抓斗开挖反铲留下的部分，直到设计底高程。

抓斗挖槽采用间隔槽段（跳仓）法进行施工作业（图 26-14）。初期标准单元槽段长度为 6.9m。每个槽段挖槽 3 次，清孔 4 次。

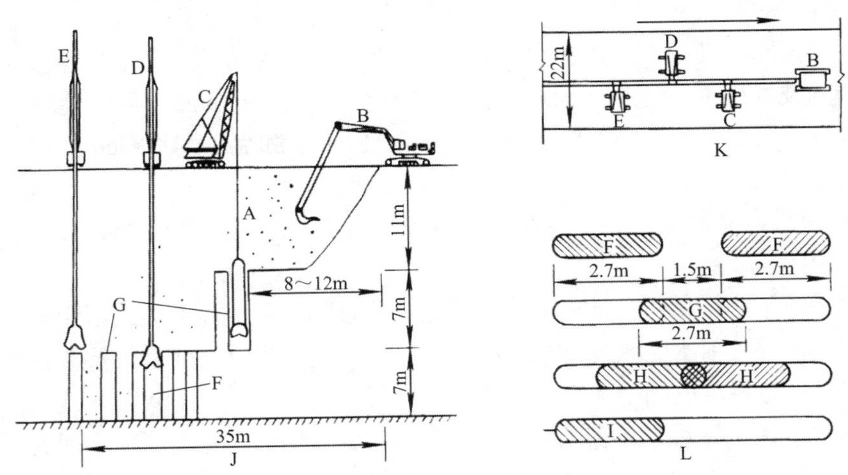

图 26-14　开挖设备和程序（方法）

A—新拌的水泥—膨润土泥浆；B—加长斜杆的反铲；C—机械式蛤壳式抓斗；D—带有 1 号（凯氏）方钻杆的液压式蛤壳式抓斗；E—带有 2 号（凯氏）方钻杆的液压式蛤壳式抓斗；F—一期槽段（2.7m）；G—二期槽段（1.5m）；H—三期槽段；I—四期槽段；J—在断面上设备的布置；K—平面布置；L—槽段的施工顺序

最初开挖的是长为 2.7m 的一段槽段 F，在槽段之间留下的距离为 1.5m。在两个一期槽段挖完后，再开挖二期槽段 G。因为二期槽段长 1.5m、抓斗为 2.7m，则每一相邻槽段的搭接长度为 0.6m。这种搭接保证了泥浆槽的连续性，当一期和二期槽段达到其最终深度以后，一、二期槽段之间的接触面用三期槽段H清理，清理方法是把抓斗张开夹着接触面，然后清理底部。在两接触面都清理后，把剩余的一期槽段再清理一次，即四期槽段I，以便进一步保证泥浆槽的连续性。

26.3.2 漏水土石坝的修复与处理

有些土石坝在蓄水运行一段时间之后，出现渗漏流量增加：机械冲刷，渗水中出现固体颗粒；坝下游测压管水位升高；坝顶发生超过允许值的沉陷；坝的上游面或下游面出现坍坑等现象。如不及时进行处理，有可能发展导致溃坝失事。如墨西哥的拉贡纳均质土坝（原建于1912年，坝高18m，顶长750m），由于坝基内的一个强风化玄武岩透镜体被渗流冲刷，渗透流量逐渐加大，1969年10月当渗漏流量达到62.7L/s时，左岸坝体突然溃决，形成一个宽50m的缺口。

对于漏水土石坝，国外过去多采用黏土灌浆或水泥灌浆进行处理，但由于坝体中的渗水通道很不规则，浆体材料与土料颗粒结合也不紧密，灌浆往往达不到预期的加固补强效果。

自硬泥浆防渗墙具有与黏性土料相近的强度与弹性模量，能够适应坝体的变形而不开裂，并能形成整体的挡水防渗结构，因而在基坑围堰防渗应用成功之后，很快便用于漏水土石坝的修复加固处理。在这方面墨西哥和西班牙已取得了一些成功的经验。

26.4 高压喷射灌浆工程

26.4.1 概述

高压喷射灌（注）浆技术（Jet Grouting，以下简称高喷技术）起源于日本。1970年发明喷射（旋喷）桩即CCPI法以后，这种技术才得到实用化的应用和发展，而且在几年之内被引进到欧美各国。其中，意大利的高喷技术独树一帜，在灌浆设备和施工技术方面都取得了很多新的技术成果，土力（Soilmec）、卡沙特兰地（Casagrande）和罗地欧（Rodio）是比较有代表性的公司。此外，英格索兰（Ingersoil Rand）和克雷姆（Klemm）公司（德国）也是生产高喷设备的著名公司。

我国在1970年代初期开始引进和开发应用此项技术，进入1980年代以后，这项技术得到了较快发展。

高压喷射灌浆法就是指把带有特殊喷嘴的注浆管钻入预定深度后，再用高压喷射流冲击破碎周围土体并喷射水泥浆与其混合的同时，不断向上提升注浆管，待混合物凝结固化后，就形成了一定厚度的固结体。

固结体的形状与喷射方式有关系。一般可分为旋转喷射、定向喷射和摆动喷射三种。旋转喷射（旋喷）是指喷嘴一边喷射浆液一边旋转和提升，其固结体为圆柱状，主要用于加固地基，承受荷载（水平的或垂直的）；也可用它建成闭合的防渗墙，解决渗透稳定问题。定喷则是喷嘴一边喷射一边提升而不旋转，喷射方向是不变的。摆喷则是喷射流在一定角度内（25°～30°）来回摆动。这几种喷射方法形成的固结体呈薄壁形状或薄的扇形。通常用来作为防渗墙，解决低水头建筑物的渗流问题，也可用来加固地基或稳定边坡等。

26.4.2 高喷施工和质量控制

高喷法主要施工流程为：放线、就位、钻孔、下喷管、喷射和提升、冲洗、移机等

（图 26-15、图 26-16）。

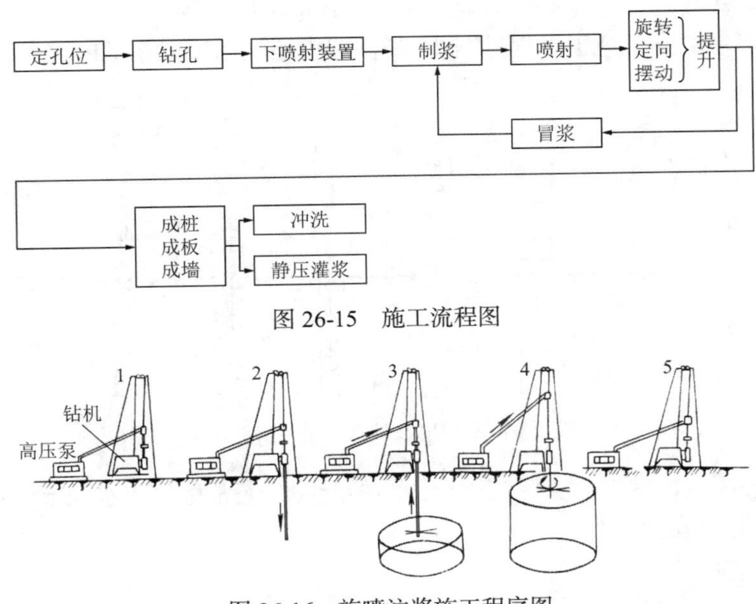

图 26-15　施工流程图

图 26-16　旋喷注浆施工程序图

1—钻机就位；2—钻孔及插管；3—旋喷形状；4—旋喷中止；5—冲洗及移动钻具

26.5　搅拌桩防渗墙（SMW）

26.5.1　概述

深层搅拌工法是利用搅拌机械把固化剂（水泥或石灰等）送入软土层深部，同时施以机械搅拌，使固化剂和软土拌合均匀，并在水的作用下固化剂与软土之间产生一系列物理和化学反应，改变了原来软土的性状，使之硬结成水泥土（或石灰土体）。这种水泥土具有显著的整体性和水稳定性，其强度明显高于原状土。

深层搅拌法由日本人在 1960 年代首创，1970 年代投入工程实践。1970 年代后期引入我国，大量用于软土地基的加固和防渗。在水利水电系统中以淮河流域应用最多。

我国的深层搅拌工法有湿法和干法两种。湿法以水泥浆为主，有时加减水剂（为木质素等）和速凝剂；干法以水泥干粉、生石灰干粉等为主。干、湿两法各有不同的适应性和利弊，单就概念上说，湿法搅拌较均匀，易于复搅，但水泥土硬化时间较长，在天然地基土含水量过高时，桩间土多余的孔隙水需较长时间才能排除。干法搅拌均匀性欠佳，很难全程复搅，但水泥土硬化时间较短，且一定程度降低了桩间土的含水量，在一定范围内提高了桩间土的强度。

本节主要阐述湿法搅拌桩防渗墙的设计和施工以及质量检测的有关内容。

目前，国内生产深层搅拌桩机的厂家很多，有单头和双头之分，桩径大多为 500～700mm，桩长大多在 10～20m。最近通过鉴定的多头小口径深层搅拌桩截渗墙技术，桩径只有 200～300mm，桩长也可做到 12～20m，可以在堤防中做薄防渗墙。本节主要介绍常规的深层搅拌桩防渗墙做法。

在工业与民用建筑基坑中，使用深层搅拌桩作为主要的或辅助的防水截渗墙已经不是新鲜事了。在水利工程中使用这种搅拌桩防渗墙的还不多。

深层搅拌工法在日本叫SMW工法，在日本获得了广泛应用。

搅拌桩防渗墙的主要施工过程见图26-17。图中还显示可以在桩内插入钢筋。

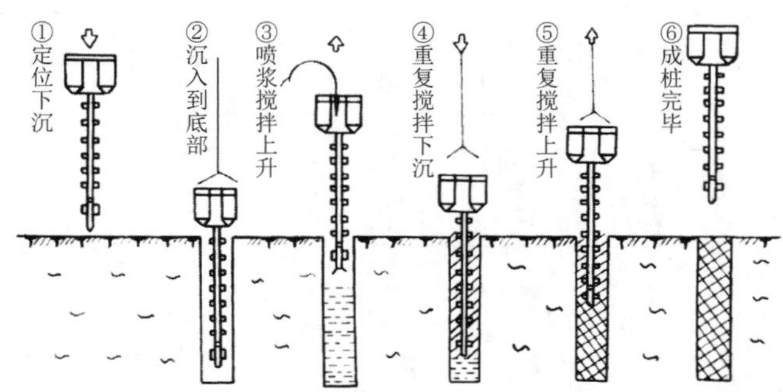

图26-17　深层搅拌截渗墙工艺流程

搅拌桩防渗墙是由水泥与土深层拌合固结的产物，通常称之为水泥土。水泥土的强度和变形必然受到土质的影响。

26.5.2　工程实例

搅拌桩防渗墙在堤坝工程中的应用（山东省分沂入沭调尾拦河坝工程）

山东省分沂入沭调尾拦河坝工程坝基普遍存在4.0～5.0m的卵砾石和中粗砂层，截渗采用深层搅拌桩连续墙。通过室内试验确定水泥掺入比为15%～18%，截渗墙桩径不小于50cm，桩距30cm；桩体倾斜误差小于0.5%，桩位误差小于3cm，施工中采用的机械是PH—5B搅拌机。施工中，着重对桩径、桩距、桩体垂直度、桩长进行控制。通过对截渗墙进行检测知，各项指标均满足设计要求。

26.5.3　温州振中公司的搅拌桩机

1. 三轴水泥搅拌钻机（图26-18）

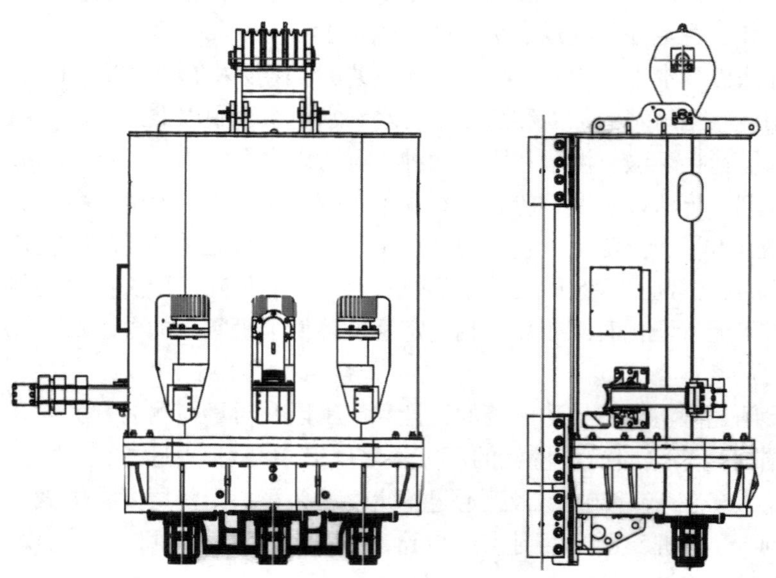

图26-18　三轴水泥搅拌钻机

（1）动力头采用变频电机，实现转速可调，对应不同地层，可选择不同的转速；同时，该电机启动转矩高，输出转矩大，过载能力强，绝缘等级高；电机最大转矩倍数及堵转转矩均达到额定值的 3 倍以上，具有优异钻进动力性能。而且，动力头变频器控制启动，负载稳定。

（2）目前，多数基坑围护结构工法桩、挡土墙、止水帷幕、地基加固等的施工以传统的三轴钻机为主，其具有对周围地层影响小、抗渗性好、施工噪声小、无振动、废土产生量少、无泥浆污染、大壁厚、大深度、适用土质范围广、技术经济指标好等优点。

温州振中公司与中国建筑科学研究院、北京建筑机械化研究院联合开发的三轴式连续墙钻孔机，经过二十几年的历史沉淀，安全可靠、品质稳定，具有表 26-12 所示特点。

温州振中机械三轴钻机特点　　表 26-12

机架高度和自重	标配高度 42m，桩架自重 145t
卷扬机	标配三台卷扬机：两台 12t 卷扬机＋一台 4.5t 卷扬机，起架不需要钢丝绳来回拆，多一台 4.5t 吊物卷扬机（可插型钢使用）。 双速卷扬机绳速分别为 0～26m/min、0～32m/min
支腿油缸	支腿油缸直径 280mm，顶升 1.2m
动力头	国内最早用变频启动技术的企业之一
稳定性	大船 1.3m 比同类产品宽 10cm，接地比压大，主机比同类产品长 1.5m，整体稳定性更好
后台	全自动后台，带直接清洗功能

三轴钻机适用范围如下：

（1）地下工事开挖中作防水挡土墙，用工字钢或钢板桩作加强筋。

（2）河流改造工事中作防水墙。

（3）在大坝下面防止河流水的渗入。

（4）埋设管道时作保护墙。

2. 五轴钻掘双喷搅拌钻机

ZF 系列五轴钻机是温州振中公司与上海城地公司合作的产品，全称为五轴钻掘双喷搅拌钻机（以下简称五轴钻机）（图 26-19）。

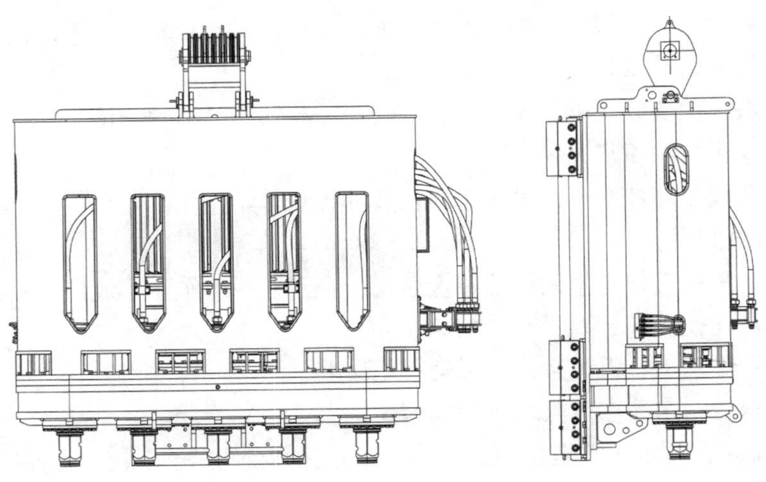

图 26-19　五轴钻机（一）

它广泛应用于基坑围护结构工法桩、重力式挡土墙、止水帷幕、地基加固，也可用于插入型钢做工法桩等施工。

相比于传统的三轴钻机，五轴钻机具有省水泥（可省 50%）、无置换渣土产生、节能高效（效率提升 100%）等特点，是一种绿色节能的施工设备（图 26-20）。

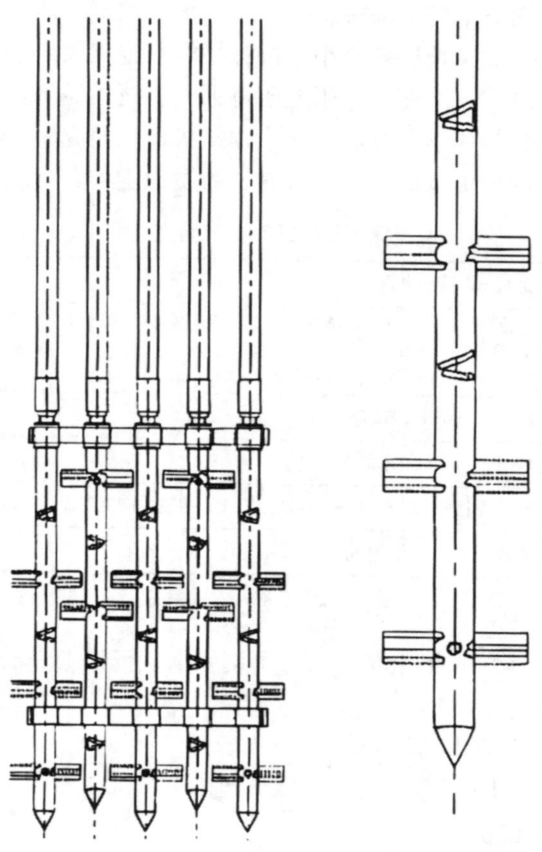

图 26-20　五轴钻机（二）

1）五轴钻机的技术特点

（1）钻头处喷浆口采用上下喷浆模式，通过钻杆正转与反转打开不同的喷浆口，实施喷浆；五根钻杆同时喷浆且过程中不打气。

（2）动力头采用变频电机，搅拌钻速可调，最高钻速可达 28rpm。

（3）后台采用变频喷浆方式。

（4）选配智能化监控系统，对输送的浆液进行实时监控。

2）五轴钻机的优点

（1）高效：采用五根并排钻杆的布置形式，提升了一次作业工效，有效减少搭接冷缝的出现；且可高速搅拌。

（2）环保：不出土，无泥浆，无污染；无噪声。

（3）省材料费：水泥掺量低，节约成本。

（4）成本低：采用桩土非置换模式（不出土），无须处理渣土，较三轴搅拌桩造价更低。

（5）高质：成桩搭接冷缝少，降低漏水概率。

3）五轴钻机的施工案例（图 26-21～图 26-24）

图 26-21　宁波鄞州区项目

图 26-22　杭州商用地块

图 26-23　浙江大学医学院附属邵逸夫医院绍兴院区

图 26-24　杭州南站

26.6　泥浆槽防渗墙

本节所要写的内容，最关键的就是那些以土方施工机械（如反铲和索铲、推土机等）为主要施工设备，可以进行连续、长距离挖槽和回填的泥浆槽防渗墙的施工方法和经验。图 26-25 所示的就是它的典型工况之一。

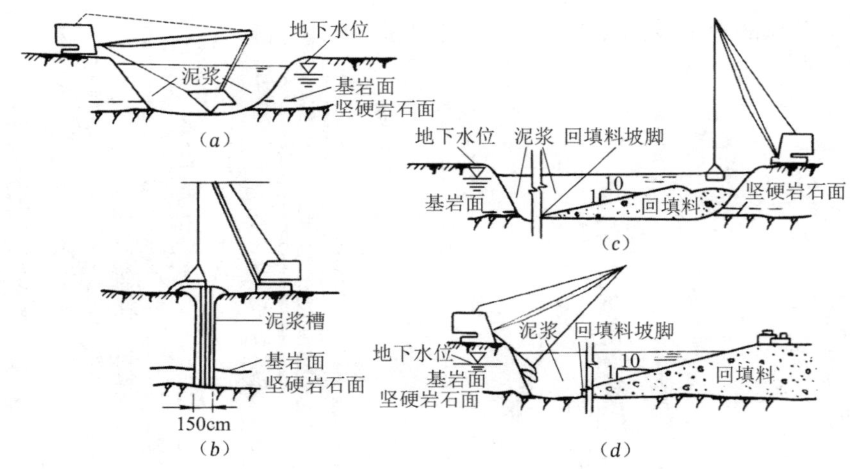

图 26-25 泥浆槽防渗墙的施工过程

(*a*)开始开挖；(*b*)用压气泵清理槽底；(*c*)开始回填；(*d*)继续进行开挖和回填

泥浆槽防渗墙的施工过程是：①在泥浆保护下挖槽：②清理槽孔底部；③回填混合料；④继续挖槽和回填。

槽的开挖深度小于 12m 时，反向铲是快速、经济的施工机械。较深时可用液压或机械抓斗，也可使用索铲。对于坚实和很深的地层，可用冲击式或回旋式的反循环钻机。

槽子开挖完成后，用防渗土料回填。先用抓斗将土料放入槽底，填置成一个 8°～10°的底坡，然后再用推土机将土料顺此坡度推入，逐渐挤开泥浆。要防止土料与泥浆掺合。采用的防渗土料，可用槽内开挖的土料经筛分剔除粗料，并掺加膨润土拌合后使用。根据加拿大的经验，这种泥浆截水槽比混凝土防渗墙节约投资 40%，并可缩短工期。

26.7 岩石中的地下连续墙

26.7.1 概述

过去人们一直把在基岩中建造防渗墙的槽孔看作是一件非常困难的事：施工难度大，工期长，造价高，质量难于保证；需要想方设法减少墙底伸入基岩的深度。过去总是认为防渗墙只能解决第四纪覆盖层的问题，基岩的问题应当通过灌浆去解决。而现在技术已经有了很大发展：

（1）已经有能力在一些软岩或在风化层内建造防渗墙。

（2）在基岩表层进行帷幕和固结灌浆时，效果有时很不理想。此时可通过把防渗墙更多地深入基岩内部的办法来解决基岩表层的渗透稳定性问题。

现在能够在岩石中造槽孔的施工机具已经使用多年了，特别是法、德、意、日的液压（或电动）铣槽机等新设备的出现，使在基岩中造槽孔不再是难事了。

（3）过去只是用在土石坝中的防渗墙，现在在混凝土坝中也开始用防渗墙代替传统的灌浆。

国外有些资料指出，在风化的花岗岩和砂岩地区，采用防渗墙来控制管涌，其效果比普通的灌浆要好。看来，今后在岩石地基中建造防渗墙会逐渐多起来。

表 26-13 所示是收集到的一些工程实例，可供参考。

岩石中地下连续墙统计表　　表 26-13

<table>
<tr><th>序号</th><th>工程名称</th><th>时间</th><th>国家</th><th>坝高（m）</th><th>墙厚（m）</th><th>墙深（m）</th><th>墙长（m）</th><th>岩性</th><th>抗压强度（MPa）</th><th>入岩深度（m）</th><th>墙体强度（MPa）</th><th>施工机械</th><th>工效</th></tr>
<tr><td>1</td><td>狼溪坝</td><td>1977 年</td><td>美国</td><td>79</td><td>0.66</td><td>85</td><td>610</td><td>石灰岩</td><td>—</td><td>24</td><td>21</td><td>抓斗</td><td>—</td></tr>
<tr><td>2</td><td>蒙特奇克（莫纳新）</td><td>1984 年</td><td rowspan="3">法国</td><td>57</td><td>—</td><td>5～15</td><td>600</td><td rowspan="3">花岗岩</td><td rowspan="2">40</td><td>5～15</td><td>—</td><td>—</td><td>—</td></tr>
<tr><td>3</td><td>蒙特奇克（埃堂）</td><td>—</td><td>30</td><td>—</td><td>6～20</td><td>87</td><td>6</td><td>—</td><td>潜孔锤</td><td>—</td></tr>
<tr><td>4</td><td>拉甫拉德</td><td>—</td><td>27</td><td>10.35</td><td>16</td><td>—</td><td>—</td><td>16</td><td>—</td><td>—</td><td>—</td></tr>
<tr><td>5</td><td>布龙巴赫</td><td rowspan="2">1986 年</td><td rowspan="2">德国</td><td>39</td><td>0.65</td><td>30</td><td>1700</td><td rowspan="4">砂岩</td><td>5</td><td rowspan="2">10～15</td><td>—</td><td rowspan="5">双轮铣</td><td>16m²/h</td></tr>
<tr><td>6</td><td>罗斯西</td><td>—</td><td>0.65</td><td>30</td><td>1700</td><td>—</td><td>—</td><td>—</td></tr>
<tr><td>7</td><td>丰塔内莱</td><td>1988 年</td><td rowspan="3">美国</td><td>40</td><td>1</td><td>55</td><td>1500</td><td>—</td><td>55</td><td>—</td><td>—</td></tr>
<tr><td>8</td><td>纳瓦霍</td><td>—</td><td>110</td><td>1</td><td>120</td><td>1000</td><td>—</td><td>120</td><td>—</td><td>—</td></tr>
<tr><td>9</td><td>穆德山</td><td>1991 年</td><td>128</td><td>0.65～1.0</td><td>122.5</td><td>250</td><td>安山岩</td><td>140</td><td>30～50</td><td>—</td><td>—</td></tr>
<tr><td>10</td><td>四川小江水电站</td><td>—</td><td rowspan="2">中国</td><td>35</td><td>0.8</td><td>15</td><td>214</td><td>砂岩、石英岩</td><td>—</td><td>15</td><td>C20</td><td>冲击钻</td><td>—</td></tr>
<tr><td>11</td><td>北京密云水库</td><td>1998 年</td><td>20</td><td>0.8</td><td>30</td><td>—</td><td>安山岩</td><td>—</td><td>30</td><td>10</td><td>冲击钻</td><td>—</td></tr>
</table>

在岩石和地基中采用人工或机械挖槽建造截水墙的做法，不在本节叙述。

26.7.2 美国狼溪坝的防渗墙

狼溪（Wolf Creek）坝位于美国肯塔基州的坎伯兰德河上，大坝是混凝土重力坝和碾压土坝的混合形式（图 26-26）。混凝土重力坝段长 548m，其中包括闸门控制的溢洪道，发电进水口和左右非溢流段。右边非溢流段与土坝相连接并嵌入土坝段内。土坝段长 1200m，高 79m。大坝在 1941 年 8 月开始修建，到第二次世界大战爆发而停工，至 1946 年 9 月继续施工，于 1951 年 8 月完成。

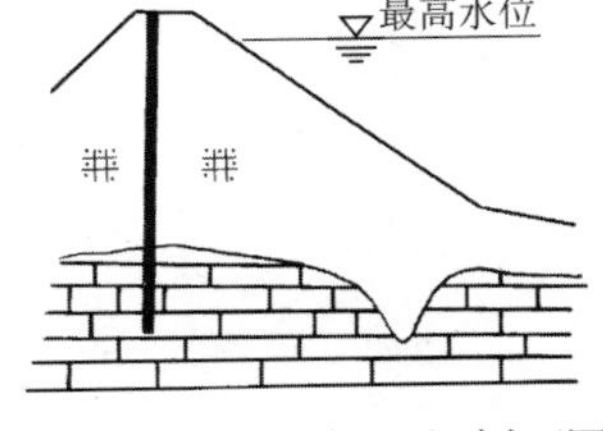

图 26-26　狼溪坝土坝剖面图

坝基地质为页岩和石灰岩岩层。右岸台地土坝坝基覆盖层下面的石灰岩被溶蚀。1968 年在坝的下游坡脚附近出现一个陷坑，在电厂下游尾水渠还出现浑浊水流。

根据地质研究，施工记录、钻孔和测压管水位资料以及水温观测等，说明浑浊水流和陷坑是由水库的渗漏造成的。原因找出以后，乃决定将水库水位下降 12m，下降 8 个月，并在尽快的时间内进行补救灌浆以停止管涌。1970 年 6 月完成了灌浆工作。灌浆达到了阻止继续冲刷的效果，从而防止了土坝可能的失事。

但是根据后来专门小组的研究结果，虽然前后灌注了 1.5 万 m^3 的浆液，认为灌浆补救措施尚不能保证土坝的整体性，不能作为永久性的补救措施。严重的问题在坝基中。建议在严重渗漏区加修一道混凝土防渗墙，从混凝土坝段开始向台地延伸，长 610m，穿过 61m 高的土坝坝身，深入岩基 24m，同时水库保持蓄水状态。

混凝土防渗墙由连锁桩排构成。第一序钻挖圆柱形桩，中心间距 137cm，套管直径 66cm，内灌注混凝土（强度为 $2100N/cm^2$）。第二序钻挖第一序桩间部分，第二序桩做成两侧平面和两端凹圆的截面形状，凹圆面与第一序桩桩面相吻合。第二序桩厚 61cm。

防渗墙施工的关键是第一序桩的设置必须保证完全垂直，只有这样才能使第二序桩与第一序桩相密合，没有间隙。为了实现上述目标，一序孔是在直径660～1295mm的5重套管的保护下完成的。施工过程见图26-27和图26-28。

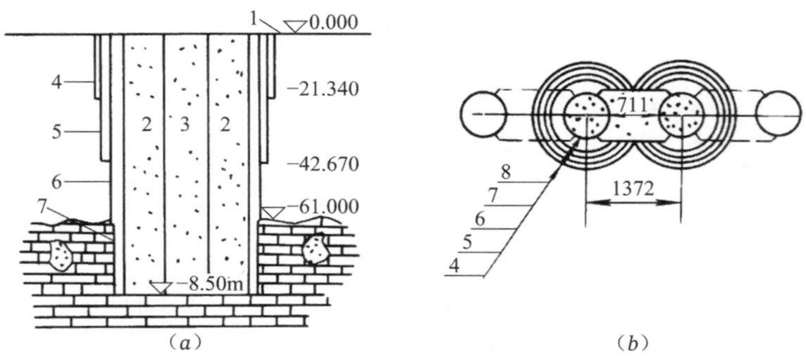

图26-27 一期孔施工图

（a）立面图；（b）平面图

1—坝顶；2—一期孔；3—二期孔；4—ϕ1295mm；5—ϕ1194mm；6—ϕ1041mm；7—ϕ900mm；8—ϕ660mm

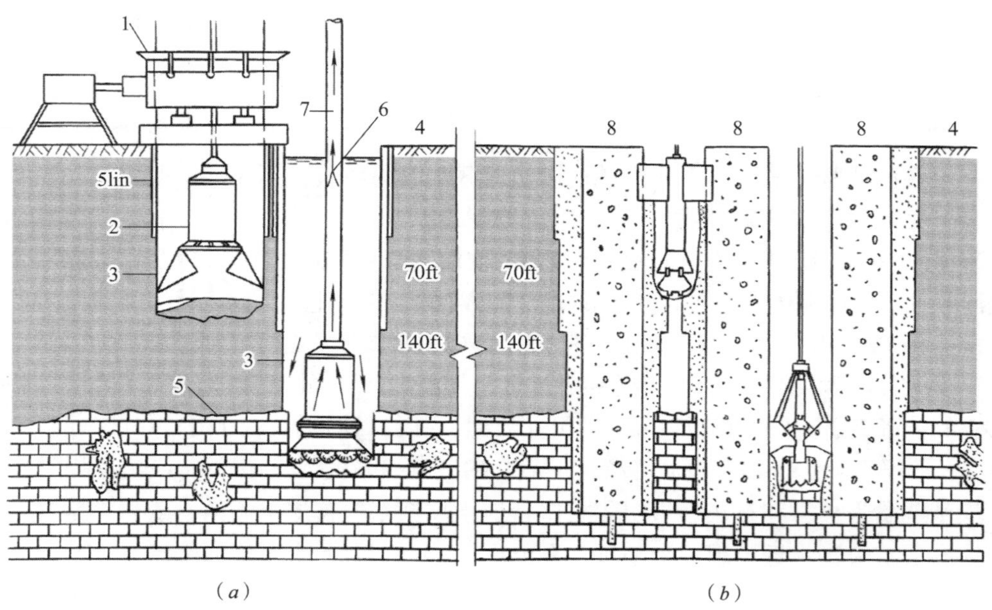

图26-28 地下防渗墙施工过程图

（a）一期孔施工；（b）二期孔施工

1—套管驱动器；2—抓斗；3—套管；4—坝顶；5—石灰岩顶，61m；6—泥浆；7—空气升液器；8—一期孔

在已建成的土坝中设置这种混凝土防渗墙，穿过坝身，深入岩基24m，是罕见的。这种技术也为在坝址条件比较差的地方创造了建坝的可能性，它同时为补救某些坝基问题提供了实际方法。

承建这项防渗墙工程的是美国的ICOS公司，在1975年6月和1977年7月前后承包了全部工程。

26.7.3 用双轮铣在岩石中造槽孔

1. 概况

液压双轮铣槽机很适于在岩石中造孔，在抗压强度小于50MPa的砂岩或风化花岗岩中钻进效率是很高的，可以用来解决灌浆方法无法解决的难题。

德国纽伦堡地区的一项跨流域引水工程中，要兴建布龙巴赫（Brombach）和罗斯西（Rothsee）两座土坝。两坝坝基都存在着透水砂岩。如果采用常规灌浆方法来处理这些充满裂隙的砂岩，虽可取得比较满意的效果，但其造价太高，工期过长。在探索新的基岩防渗措施时，最终选用了液压双轮铣建造混凝土防渗墙的方案，并且它的造价比灌浆还要低，改变了人们一向以为防渗墙比灌浆费用高，以及防渗墙不能解决基岩渗漏问题的老想法。

2. 工法和设备

该工程采用法国索列旦斯公司研制的液压双轮铣挖槽孔机。关于机子的具体结构和功能已经在前面有关章节中介绍过了。

防渗墙分成长 7m 的一期槽孔和长 2.7m 的二期槽孔。先施工一期槽孔，二期槽孔要等到一期槽孔建成 1 或 2 周后，再将两个一期槽孔端部的混凝土各切削掉至少 20cm 以上，以形成连续的防渗墙。在一、二期槽孔之间不需要专门的连接，也不需要采取特殊的封堵措施。

槽孔的位置和几何尺寸，是由操作人员通过设在导架上的测孔仪来进行检测并加以调整的。在槽孔深度达到 10m 后，切削架完全浸没在槽孔内，槽孔内的位置可以利用垂直于防渗墙轴线的液压力进行校正；防渗墙轴线的偏差可以依靠两个切削轮的不同扭矩来校正，从上部一直校正到墙的底部。垂直于防渗墙轴线的切削器的转向机构已获得进一步改进，这一改进使得切削轮可以相对于掘削导架倾斜达 10°。在所有的沟槽已经完全到达底部后，可以采用超声探测器（如 Kodesol 装置）来测量和记录可能产生的偏差。

26.8　双轮铣搅拌机防渗墙

26.8.1　概述

1. 双轮铣搅拌机工法概述

双轮铣搅拌机工法是一种非取土搅拌成墙的设备和工法。它是通过双轮铣头铣削地基土的同时，通过导杆内部输送高压水泥浆和压缩空气到铣削头部喷出，与地基土充分搅拌形成防渗体；是一种高效的施工新技术，见图 26-29。

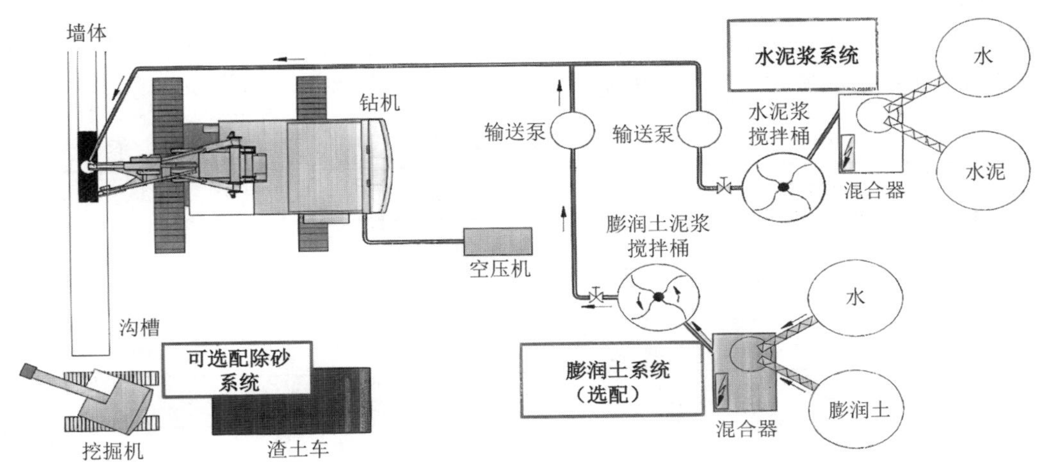

图 26-29　铣削搅拌工法连续墙施工工艺示意图

2. 徐工基础双轮铣削搅拌机技术优势

（1）旋挖钻机主机；

（2）方形导杆式铣削装置结构，确保施工精度；

（3）铣削头可实现油缸加压，有效提高其入岩搅拌能力；

（4）双油缸钻杆加紧结构及导向结构，有效保证施工垂直度；

（5）可实时监视、控制施工过程中所注入的水泥浆、高压气流量及速度等；

（6）可快速实现“一机两用”，即旋挖钻机与双轮铣削搅拌钻机通用主机可快速切换。

26.8.2　工程实例

1. 项目概况

在建长沙绿地马栏山 380m 超高层项目规划为湖南省第二高楼，地处浏阳河边，三面临水，紧靠浏阳河大堤，属浏阳河淤积区，地下水丰富。

工程设置整体地下室，用作地下车库，普遍设置三层地下室，地下结构周边需设置基坑围护体。基坑总面积约 28000m^2，基坑支护周边延长米为 750m。

由于本工程场地地质条件复杂，等厚度水泥土搅拌墙需要穿越卵石层和岩层，且长沙地区采用该种工艺的经验少。因此，在正式施工之前，要求进行现场非原位等厚度水泥土搅拌墙的试成墙试验。试成墙墙深不少于设计深度，延长米不小于 7.6m（三幅），墙体搭接宽度 400mm，见图 26-30。

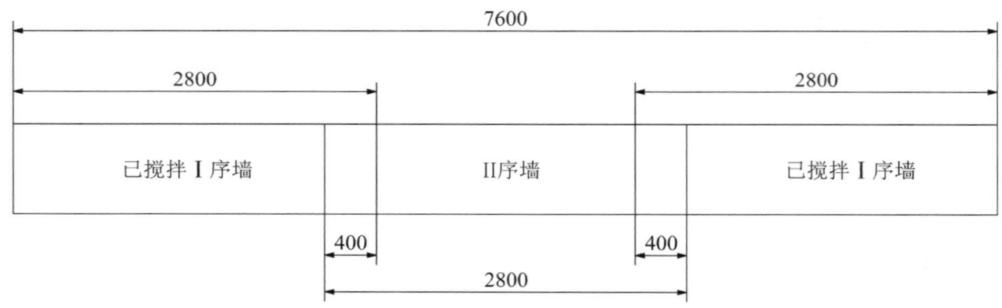

图 26-30　挖槽次序图

2. 地质条件

施工区域内，地质条件从上至下依次为杂填土、粉质黏土、中砂、圆砾、强风化板岩、中风化板岩。试桩区域的地层分层描述如表 26-14 所示。

地基特性表　　　　　　　　　　　　**表 26-14**

1	杂填土	松散—稍密	1.30
2	粉质黏土	可塑—硬塑	5.40
3	粉质黏土	可塑—软塑	8.60
4	中砂	中密	9.00
5	圆砾	稍密—中密	9.70
6	强风化板岩	5.2～6.8MPa	14.20
7	中风化板岩	16.3～34.7MPa	15.50

3. CSM 墙体参数

基坑围护结构为灌注桩排桩 + CSM 等厚度水泥土搅拌墙止水帷幕 + 预应力锚索。其中，CSM 工法墙厚度为 700mm，深度要求搅拌墙墙底应确保进入第 7 层中风化板岩内不少于 1.7m，且有效墙底（扣除两铣轮间轮齿未削切到的底部三角形“R 角”区域）嵌入中风化层深度不少于 1m（表 26-15）。

搅拌墙体要求　　表 26-15

水泥强度等级	42.5 级新鲜普通硅酸盐水泥
水泥掺量	不小于 22%
水灰比	1.2～1.5
膨润土掺量	50～100kg/m^3
垂直度	1/250
搅拌墙体 28d 无侧限抗压强度	不小于 0.8MPa

4. 拟定施工参数

设计单位提供的施工图纸要求采用双浆液模式，即在下沉过程中采用膨润土泥浆作为挖掘液，不注浆；提升阶段注浆。图纸建议施工参数如表 26-16 所示。

图纸建议施工参数　　表 26-16

泥浆泵送压力	0.5～3.0MPa
空气泵送压力	0.7～1.0MPa
下沉速度建议	50～80cm/min
提升速度建议	不大于 30cm/min
墙底复搅	5m 范围内二喷二搅

在实际施工中，要综合考虑水泥掺量、水灰比、泥浆泵送速度，来综合控制提升速度；下沉速度主要取决于地层破碎阻力。

5. 施工效果

共完成了 27 个槽段，效果很好。

26. 8. 3 宝峨双轮铣搅拌机实例

2020 年下半年，由福建省汀江水电工程有限公司总承包的 2020 年度莲北圩复堤堵口工程开工，江西秉信机械设备有限公司采用一台宝峨 CSM35 双轮铣深搅设备参与关键的防渗墙的建设。设计的 CSM 防渗墙厚度为 640mm，深度约为 27m，采用双轮铣套铣接头。该项目典型的地质条件如下：−9～0m 为密实黏土；−13～−9m 为砂层；−26～−13m 为密实砂层或砂砾石，−26m 以下为泥质粉砂岩。为确保防渗墙止水性，设计的墙体入岩深度至少 1m。

尽管存在大厚度密实砂层及砂砾石层，且需要嵌岩至少 1m，宝峨 CSM35 双轮铣深搅设备仍表现优异，一般 4.0～4.8h 即能完成一幅槽，包括液化土壤、搅拌均匀、注浆各个环节，且墙体可以满足1/400垂直精度要求。由于良好的现场管理，设备安全、平稳、无故障运营，较高的施工质量及较好的工期保障，使得江西秉信机械设备有限公司也收获了来自总包方的一面锦旗，以表达对他们出色工作的认可。

值得一提的是，这台宝峨CSM35双轮铣深搅设备由江西秉信机械设备有限公司于2019年8月购置，在过去的1年多时间内，完成了3个重要工程项目，设备平稳运行了6600h，且无大修，关键部件仅有一次维保记录。

首个项目为信江八字嘴杭电枢纽工程左岸库区防护工程BW3标项目，由江西路港工程有限公司总承包。其中，CSM防渗墙总长度约7km。

图26-31　开挖图

图26-31所示为一侧经过开挖的CSM防渗墙，墙体具有良好的平整度、垂直度，墙体套铣接头搭接完好，经过实验室取芯测试，墙体强度达到3～6MPa，渗透系数小于1×10^{-6}cm/s，墙体质量满足施工设计要求。由于施工效果好、墙体搭接及墙底止水问题能够得到较好的解决、施工过程较为环保、几乎没有排浆，CSM防渗墙工艺得到了相关参建单位的认可。

除了通过排水之后的效果可以看出来CSM防渗墙的质量，现场取芯、实验室测试也进一步验证了CSM防渗墙墙体的均匀性、墙体强度及防渗效果。宝峨双轮铣深搅（简称CSM）技术是德国宝峨公司于2003年研发成功的，是一种将双轮铣技术应用于深层搅拌的、新的基础施工工艺，并获得多项发明专利。该工艺原理是通过大扭矩转动宝峨双轮铣搅拌头，对原状土壤进行充分搅拌，并注入水泥浆，从而构筑一道具有一定力学性能及防渗效果的墙体。因为在成槽效率及墙体质量具有明显的优势（包括：墙体均匀性、浆液材料吸收率、垂直度精度、墙体搭接接头及墙底止水性），宝峨CSM双轮铣深搅工艺广泛应用于大坝及水库防渗墙、挡土墙（可插入型钢）等水泥土墙，也可用于土体加固、地基改良和土壤修复等目的的各种工程。

26.9　土工膜防渗墙

26.9.1　概述

随着化学合成材料和土工织物技术的发展，过去用作土坝（堤）表层防渗的土工膜（或复合土工膜）也被用作垂直的防渗结构。现在让我们来看一看这种超薄的防渗墙是如何施工的。

薄膜防渗墙的施工方法主要有：①射水法；②开槽法；③插板法；④填埋法。

这里所说的薄膜指的是土工膜或复合土工膜，可用聚乙烯（PE）、高密度聚乙烯（HDPE）、聚氯乙烯（PVC）或聚丙烯制造，也有使用丙纶机织布的。它的渗透系数很小，一般为10^{-12}～10^{-11}cm/s。

26.9.2　开槽法埋设土工膜

由山东省水利科学研究所研制的开槽机有往复式、刮板式和旋转式三种类型，它是埋设土工膜的主要施工机械。本法施工速度快，造价低，很有推广前景，已在山东、河南和新疆等地完成了80多万平方米的薄膜防渗墙（表26-17）。

垂直铺塑完成工程量表 表 26-17

序号	工程名称	铺塑面积（万 m^2）	完成时间	业主名称
1	山东东调工程沂河柴口段铺塑截渗工程	1.7	1992 年 7 月	山东省郯城县东调工程指挥部
2	山东东调工程沂河贸易庄段铺塑截渗工程			
3	山东东调工程沂河张贺城段铺塑截渗工程			
4	胜利油田孤东水库垂直铺塑截渗工程	6.8	1992 年	胜利油田供水公司滨海分公司
5	胜利油田孤东水库村铺塑堵漏工程		1994 年 6 月	
6	胜利油田孤东水库围坝防渗工程		1997 年 5 月	
7	胜利油田孤东水库垂直铺塑截渗工程		1994 年 6 月	
8	胜利油田孤东水库围坝防渗工程	9.5	1997 年 12 月	
9	河南固始县史灌河险堤段垂直铺塑截渗工程	6.9	1994 年 6 月	河南固始县沿淮治理指挥部
10	山东沂沭河险堤段垂直铺塑截渗工程	1.6	1994 年 6 月	沂沭泗管理局沂沭河管理处
11	东营南郊水库垂直铺塑截渗工程	3.2	1994 年 10 月	东营市自来水公司
12	新疆疏附县红旗水库垂直铺塑截渗工程	3.5	1996 年	新疆疏附县水利局
13	山东庆云县严务水库坝基垂直铺塑截渗工程	4.1	1995 年 7 月	山东庆云县水利局
14	引黄济青输水河截渗工程	1	1995 年 8 月	东营市引黄济青管理局
15	江苏省骆马湖南堤垂直防渗工程	12.8	1996 年 4 月	江苏省水利厅项目办
16	阳信县幸福水库围坝防渗工程	2.3	1996 年 8 月	阳信县自来水公司
17	沭河左岸月庄铺塑截渗工程	0.1	1996 年 8 月	沂沭泗管理局沂沭河管理处
18	新疆卡拉水库垂直铺塑截渗工程	8.2	1996 年 10 月	新疆农二师水利局
19	宿迁大控制封闭堤垂直铺塑截渗工程	1.2	1997 年 6 月	沂沭泗管理局骆马湖管理处
20	山东东调分沂入沭截渗工程试验段	0.7	1997 年 7 月	山东省水利厅基建处
21	黄河睦里庄至常旗屯段防渗工程	0.3	1997 年 7 月	济南市黄河河务局
22	新沂河大小陆湖段垂直铺塑截渗工程	12.1	1997 年 12 月	江苏省水利勘测设计院
23	新疆莎车东方红水库垂直铺塑截渗工程	4.6	1998 年 8 月	新疆莎车县水电局
24	新沂河韩山险工段垂直铺塑截渗工程	0.8	1998 年 5 月	沂沭泗管理局骆马湖管理处
合计		81.4		

1. 施工过程

首先，做好施工前的各项准备工作，如平整场地、检查水管、连接电路等。经检验一切正常后，接通电源和高压水泵，使开沟造槽机空转数分钟，检查开沟造槽机及其辅助设备运转是否正常。检查合格后，先在原地开沟造槽。待开槽深度达到设计要求后，启动慢速卷扬机，牵引开沟造槽机前进 2～3m，把卷有塑料薄膜的钢管垂直放入开好的沟槽内，并随着开沟造槽机的前进，将塑料薄膜垂直、平展地铺在开好的沟槽内。

两捆塑膜采用缝合的方法进行搭接，其折叠宽度不小于 10cm。施工中为减少塑膜接头，可昼夜不停地进行连续作业。若不能连续施工，在停止作业时，提出刀杆，将橡胶管插入槽底，向槽内灌入大相对密度泥浆，保持浆位基本与地面齐平。间隔时间长时，需进行人工搅拌，以防泥浆沉淀。待铺下一捆塑膜时，将刀杆插入槽底，原地工作，让沟槽内沉淀泥砂浮起抽出，同时注入清水。达到设计深度后，放入第二捆塑膜，使之与已铺的塑膜搭接长度不小于1m。

开沟造槽垂直铺塑的速度快慢，主要取决于工程地质条件。若土质密实，黏性大，开沟造槽的速度较慢，为7～8m/h。若土质砂性大、疏松，开沟速度可达10m/h。平均开沟速度一般为8～9m/h。

由表26-18及图26-32可以看出：①薄膜防渗帷幕上、下游水位产生明显变化，说明垂直铺塑后，有效地延长了渗径，消减了水头，减小了出逸坡降；②帷幕下游测压管水位普遍下降0.4～0.8m（库水深2.7m时），改善了下游坝体长期处于饱和状态的工作条件，提高了下游坝坡的稳定性和安全度。

铺膜前后测压管水位　　　　**表26-18**

断面桩号	测压管编号	铺膜前（m）	铺膜后（m）	降低（m）	备注
1+920	1	3.83	1.39	0.56	库水深2.7m
	2	3.52	2.69	0.83	
	3	2.91	2.53	0.38	
2+750	2	9.88	3.06	0.80	
	3	3.76	2.99	0.77	
	4	2.90	2.47	0.43	

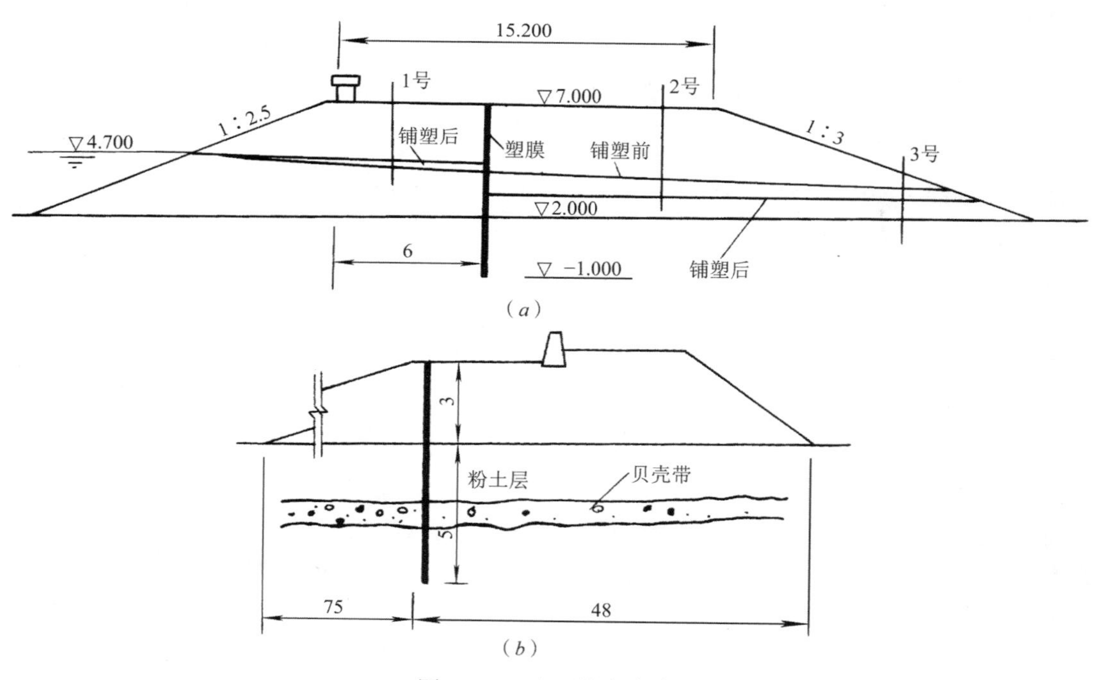

图26-32　土工膜防渗墙

（a）孤东水库土坝防渗墙；（b）孤东水库坝基防渗墙

2. 江苏省骆马湖南堤垂直铺膜防渗加固工程

1）概况

骆马湖位于江苏省宿迁市境内，是沂沭泗洪水的重要调蓄水库之一，其南堤紧临中运河，西起皂河枢纽，东至马陵山麓小王庄，全长 18.3km。堤身断面为：堤顶平均高程 25.8，顶宽 6m 左右，堤身高 5～6m，内坡（迎湖面）坡比 1∶2.5～1∶3，外坡（迎中运河面）坡比 1∶3～1∶4（图 26-33）。

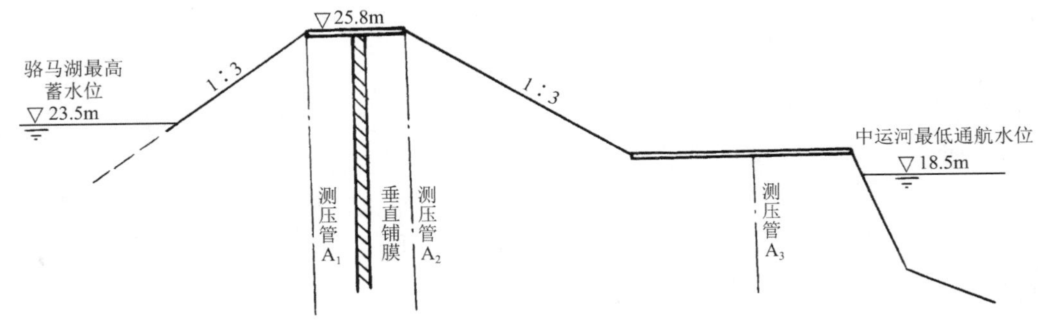

图 26-33　骆马湖南堤垂直铺膜剖面图

堤身土质以粉土、轻粉质壤土、黏土、重粉质壤土为主，个别堤段土类混杂，堤身中尚埋有涵洞、块石等障碍物，在埋深 6.7～10.2m 处有黏土、粉质黏土层，透水性较小，渗透系数在 10^{-7}～10^{-6}cm/s，该层可视为相对不透水层。

该堤系 1950 年代初修建，1958 年蓄水运用。历史上曾多次发生过决口，最严重的一次是 1971 年，当湖水位为 23.08m、中运河水位为 19.4m 时，在桩号 4＋200 处背水坡脚（中运河左堤）出现管涌、砂沸，随后发生决堤，决堤长度达 100m。1995 年南水北调要求骆马湖常年水位从 23.0m 提高到 23.5m，中运河水位则从 19.5m 降至 18.5m，在南堤上、下游水位差加大的情况下，该堤必须进行防渗加固处理。铺塑施工自 1995 年 9 月 20 日至 1996 年 4 月 24 日全部完工，工期共 218d，完成铺膜面积 12.8 万 m^2。

2）设计

从防渗效果及大堤安全考虑，土工膜防渗帷幕中心线确定在堤中心线上游侧 1.5m 处，并使土工膜紧贴沟槽上游侧，标书要求沟槽宽度不大于 0.25m（实际开槽宽度 0.18～0.2m），其底部插入相对不透水层 0.5m，铺塑深度一般为 6～11.2m。由于本工程地质条件复杂，地下障碍物较多（如涵洞、滚水坝、堆石等），施工时采用高压喷射灌浆帷幕与塑料薄膜帷幕连接。经开挖检验，两者粘结牢固，整体防渗效果良好。

3）防渗效果分析

（1）表面观测。骆马湖南堤在未进行垂直铺膜防渗加固以前，有些堤段渗漏比较严重，如位于下游堤坡滩地处的骆马湖乡中学篮球场，经常被渗出的湖水浸泡，无法使用；1＋900 堤后贴坡排水管常年流淌。垂直铺膜后，骆马湖乡中学篮球场地面干燥，贴坡排水管断流，这些都说明垂直铺膜截渗效果明显。

（2）0－350～0＋000 堤段地质勘探结果。在桩号 0－140 出现堤身湿陷后，由江苏省工程勘测研究院对该段进行了地质勘探和注水试验，试验结果已铺湿陷段 0－140～0－350 土体渗透系数为 2×10^{-5}cm/s，未铺膜段渗透系数为 3×10^{-3}cm/s。可见，垂直铺膜不仅有显著的防渗效果，同时还对堤（坝）土体有一定的密实作用。

（3）与射水法混凝土连续墙比较。为验证土工膜防渗帷幕截渗效果，施工前在桩号11＋700的垂直铺膜与11＋430的混凝土地下连续墙两断面安置了测压管，由于两断面几何形状接近，地质条件相似，其观测资料具有可比性，在骆马湖水位22.30m、中运河水位19.55m时，江苏省骆马湖南堤加固工程验收委员会对两断面测压管进行了现场观测，结果垂直铺膜上、下游测压管水位差为2.49m，与混凝土连续墙相比，虽堤身浸润线尚在回落中，但已达到了混凝土连续墙的效果。随着时间的推移，浸润线还会继续降低。其成本只有混凝土防渗墙的1/4左右。

4）结语

垂直铺塑防渗技术从1990年胜利油田孤东水库试验成功以来，经过不断的改进、完善，逐步形成了土层和砂砾石地层中从设计到施工的成套技术，先后在山东、河南、新疆、江苏等地推广应用，取得了良好的经济效益和社会效益。实践证明，对于截渗深度不大的平原水库围坝、江河堤防等中小型水利工程进行垂直铺塑截渗是一种行之有效的防渗措施。

3. 用液压开槽机铺设土工膜

河南黄河河务局开发使用的YK90液压开槽机，也可用来铺设土工膜，建造薄膜防渗墙。1995年曾在某河堤进行了长50m、深11m的铺膜防渗墙试验。

试验过程中，利用液压开槽机在前面连续开槽（宽0.25m），后面则把土工布连续放入槽孔中并将其平整地展开，用与其连在一起的砂袋（直径0.3m）固定在槽孔中（每4m一个）。最后用人工把粉土或壤土填入槽孔内，把土工布完全固定住（图26-34）。

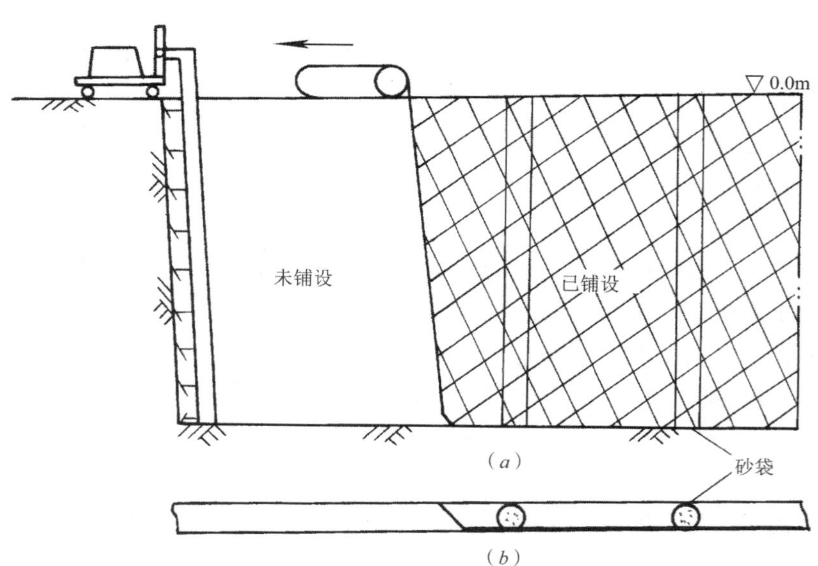

图26-34 铺膜过程图

（a）纵剖面；（b）平面

试验时选用无锡生产的高强丙纶机织布，并在工厂内加工成长22～30m的施工用布幅。接缝采用勾缝工艺，布边采用包缝工艺（图26-35）。在拼接好的布块上每隔4m缝上一个直径0.3m的长袋，就是上面所说的砂袋。

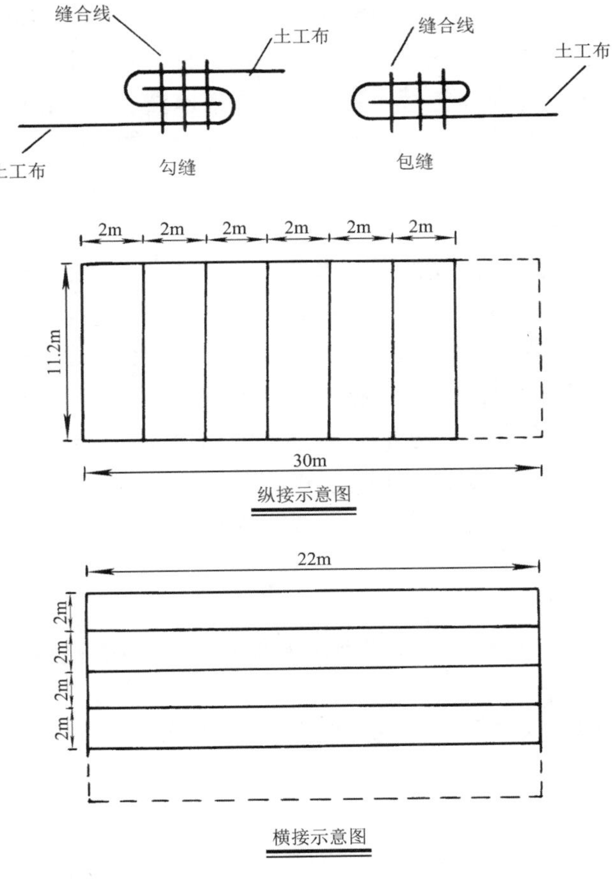

图 26-35　土工布加工图

26.9.3　射水法埋设土工膜

1. 用射水法钻机埋设土工膜

土工膜是土工聚合物的一种，常被用于防渗，近年来生产土工聚合物的厂家逐渐增多，土工膜品种也越来越多，它已被广泛应用在水利、铁道、建筑、交通等部门的各种工程上。水利水电行业多将土工膜用作水平、斜面、垂直防渗。

福州市自 1988 年以来，在中央、省有关部门的大力支持下，进行闽江下游防洪堤一、二、三期加固工程，对防洪堤进行墙厚加高、基础处理、涵闸改造。除了应用射水法、高喷法、插板法等建造各种刚性防渗墙计 26 万 m^2 外，还在应用土工膜作垂直防渗方面作了一些尝试，试验建造了 $1762m^2$ 的土工膜防渗帷幕，对堤基防渗起了一定的作用（表 26-19），现介绍如下。

土工膜垂直防渗应用情况表　　表 26-19

方法	射水法土工膜				插板法复合膜	
地点	甘蔗堤	建新北堤	荆溪堤	南通堤	建新南堤	竹岐堤
长度（m）	27.2	67	73	50.2	17	10
面积（m^2）	272	355	548	335	102	60
小计	长 217.4m，面积 $1510m^2$				长 27m，面积 $162m^2$	

1）材料和设备

土工膜是黑膜，厚0.3mm。施工设备主要是两大件，一是由福建省水利水电科学研究所研制的通过射水造孔建造地下连续垂直防渗墙的射水法二代造孔机，二是由省水管中心研制的专门用来将整卷的土工膜放入造好的槽孔中并展开铺好的铺膜机。另外，还有供行驶的轨道、隔离板等。

2）工艺过程和原理

①放样定位，造孔机到位，调左右、水平。②射水造孔，在放样基础上，开动水泵，水射流冲切搅掺土层，将土粒随水流带到地面上，从上往下造孔，到达设计深度。形成宽22cm、长204cm的单个槽孔。③连续造孔，两孔之间留约0.6m的埂，以防止造后一孔时砂土回淤到前一个已造好的孔中。④造孔约8延米后，造孔机回头来切割，使各个单槽孔连通，形成8m的长条形孔。⑤铺膜机到位，铺设土工膜；每8m左右设一挡土柱；挡土柱是用土工布长管袋水下灌砂制成的。⑥回填土方，使土工膜与防洪堤身成为一体。⑦重复上述工序，铺好第一卷后，放第二卷膜。两幅膜接头采用防水胶粘剂粘结，搭接长度2m，并靠挡土柱挤压接头，以确保粘结可靠。

3）特点

①造价低：综合单价70.4元/m^2。比刚性防渗墙的射水法、高喷法均低很多。②防渗性能好：土工膜K值为2.8×10^{-12}，比一般设计的垂直防渗墙要求1×10^{-6}，远小得多。③施工简单，易掌握，一般工人经简单培训后即能操作，每台班现可完成150～200m^2。④适应地基变形，不会开裂。

4）质量控制

目前，主要从以下几方面来保证工程质量：一是土工膜，其性能要作抽样试验，更不允许有孔洞、断裂存在；二是射水法造孔的垂直度，要求孔斜率不大于1/250；三是两幅土工膜之间的接头，一定要小心操作。

5）应用范围

该法主要适用于土层、砂土层、含少量小块石的砂石土层，不能用于卵石、碎石层，对于难溶于水的高岭土也有一定困难。目前，已施工过的最大造孔深度为近20m。

2. 水力冲沉埋设土工膜

水力冲沉土工膜的施工方法，就是用水平沉管中喷射出的高压水流，将要铺土工膜的地基冲成深槽，沉管带土工膜同时下沉，到达设计高程后，把竖管和水平沉管一齐提出地面，将防渗土工膜铺在深槽中，形成土工膜防渗帷幕。安徽省寿县水利局正是用这种方法对正南淮堤进行除险加固的。

1）水力冲沉复合土工膜设计

正南淮堤三里桥险段在淮河右岸，铺膜长度为800m，根据堤基的地质资料，确定截渗深度为7.5m，需要作防渗处理的总面积为6000m^2。这6000m^2的防渗帷幕，由近200块高7.5m、宽6m的复合土工膜块连接而成，块与块之间的搭接宽度为1m。每一块复合土工膜由三幅高7.5m、宽2.0m的复合土工膜粘结而成，幅与幅之间的粘结宽度为5cm（胶粘剂由厂家提供）。

为满足堤基防渗的设计要求，确定选用复合土工膜为防渗材料。经多方比较决定采用山东省淄博丙纶厂生产的聚丙烯复合土工膜（一膜二布），其幅宽2.0m，薄膜厚度0.3mm，各项技术指标为：渗透系数5×10^{-10}cm/s，断裂强度大于300N/5cm，断裂伸长率30%～

40%，梯形撕裂大于 140N/cm，圆球顶破大于 300N/cm。

2）水力冲沉复合土工膜施工

（1）主要施工设备。水力冲沉复合土工膜施工中所需的主要设备，有 115m 扬程的高压水泵 4 台、210kW 的柴油发电机 3 台和 2 套工作架。工作架由 4 根长 7.5m、直径 50mm 的竖向钢管和一根长 8m、直径 75mm 的横向钢管焊接成一整体。在 8m 长的横向钢管下边焊有 17 个喷嘴（在每个喷嘴上打 3 个直径 4mm 的射流孔），并打 3 排平行向下的直径 3mm 的射流孔，其孔距为 10cm。在横向钢管的上方，打 26 个直径 3mm 的射流孔，用于向地面提升工作架时喷水，以减少阻力。

（2）施工工序。首先做好各项准备工作。平整场地，并开挖一条宽 40～50cm、深 1～1.5m 的槽子，将工作架立在槽子内。把 6m 宽的复合土工膜用 10mm 厚的钢板横向固定在工作架上。做好一切准备后，接通电源和高压水泵，使水通过 4 根竖向钢管送到水平沉管，高压（1MPa）水流经水平沉管上的喷嘴和射流孔将地基冲成槽，沉管带土工膜随之下沉。待沉到设计高程后，将竖管与水平沉管一齐提回地面。留在沟槽中的复合土工膜被沉积的泥砂固定在堤基内，形成防渗帷幕。

水力冲沉复合土工膜截渗是垂直防渗新技术，它具有截渗效果好，施工简单、操作方便，施工速度快、工效高，造价低、投资省等优点。施工中不受地下水位影响，适用于防渗深度较浅的砂土和粉土层。

26.9.4　插板法埋设土工膜

该法在闽江下游防洪堤二、三期加固工程中进行了生产性试验。

1. 材料和设备

复合土工膜是二布一膜，即两边为 100g/m^2 的无纺土工布，夹在中间的是不透水的 PVC 膜，总共厚度是 1.33mm。所用设备一是由埋设塑料排水板的插板机演变而来的插板机。它由四个部分组成：①底盘和机架；②动力装置；③钢插板垂直下插装置；④平衡反力配重（60t）。二是拔板机，由三个部分组成：①可行走的机架；②抽拔钢插板的动力装置；③吊装装置。另有钢插板——两片组成一副钢插板，每副长 2m、宽 1m、厚 9.7cm，垂直方向上由工字钢和角钢联结，水平方向上靠插板两侧的公母槽咬合。此外，还有灌浆机、轨道、枕木等。

2. 工艺过程

（1）插板。插板机到位，机架调平，调左右，安装沉降条、复合膜和钢插板，下插钢插板，到达设计深度。连续插 5～6 幅钢插板。

（2）浇注砂浆柱。搅拌 M10 水泥砂浆，下灌浆管，灌满槽孔，用砂浆联结和固定相邻的两幅复合膜。

（3）拔板。待砂浆有一定强度后，移走插板机，拔板机到位，安装压板条，松动钢插板，然后一片一片地将它拔出来，使复合膜留在土层中。

（4）回填插孔。将砂土搅拌，封堵孔、裂缝和洞穴。

3. 特点

（1）造价低，约 70 元/m^2。

（2）不污染环境，干式作业，没有黄泥浆、水泥浆四周漫溢，用水量少。

（3）质量可靠。尤其是两幅之间钢插板靠公母槽互相咬合，不会出现开叉现象，从而保证接头良好。

4. 质量控制

目前，主要从以下几方面来保证工程质量：一是复合膜的材料质量，抽样作性能试验；二是插板垂直度，主要是第一幅，要求斜度小于$L/100$；三是拔板时要仔细，不能弄破复合膜；四是砂浆灌注时要捣实，以保证接头良好。

26.9.5 填埋法埋设土工膜

有一些水利工程的施工围墙，往往在某一填筑高程以下采用混凝土防渗墙来防渗，而往上接高部分，过去采用木板、钢筋混凝土板或黏性土料作为防渗心墙。随着土工膜织物的大量应用，已有一些工程采用复合土工膜作为防渗心墙。此时埋设土工膜，不要专门开槽，只是在墙（坝）体向上填筑过程中，把土工膜也向上接高即可。这就是所谓的填埋法。

水口水电站围墙防渗墙如图 26-36 所示。

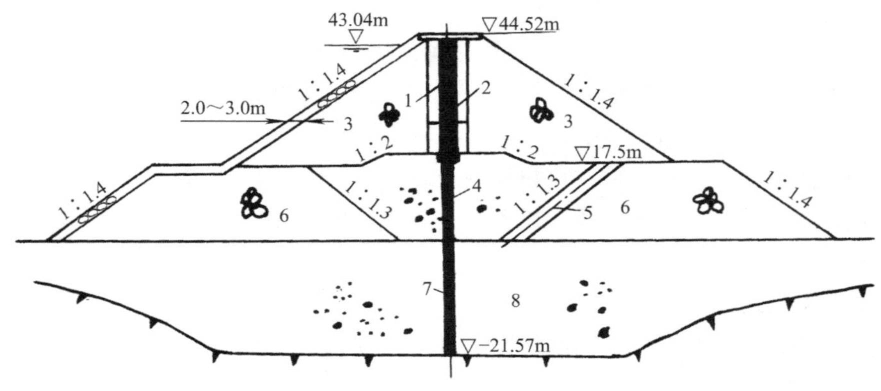

图 26-36 水口水电站二期上游主围堰（m）

1—土工膜；2—过渡层；3—堆石；4—砂砾石；5—反滤层；6—石渣；7—混凝土防渗墙；8—砂卵石覆盖层

该工程施工时，先用水下抛填方法，把围墙填筑到高程 17.5～20.0m，以此为施工平台，建造防渗墙。待防渗墙完工后，将其表面凿除 30～50cm，浇注混凝土基座，然后在向上填筑墙体的同时，将土工膜逐渐埋入。

26.9.6 意大利的锁口塑料板桩

1. 工程概况

大坝位于意大利南部的 Valle Comuta 河上，坝址附近河谷两岸山坡陡峻，坝顶河谷宽约 100m。大坝填筑时的沉降引起了原防渗设施的破坏而造成渗漏，估算渗流量每天达 155m^3，表明原防渗设施水力阻抗不足，已危及水库的安全。为保证大坝的稳定，需在坝址设置一道新的连续墙，如图 26-37 所示。

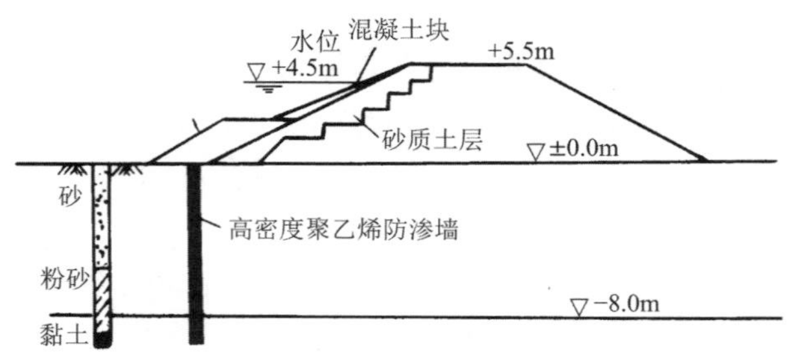

图 26-37 防渗墙布置图

2. 地质情况

根据地表露头，河谷基岩属上新世—更新世的海相沉积岩层。深 30m 的钻孔资料表明，坝基下有厚达 8m 的透水砂层，其下是相对不透水的粉质黏土，再其下是不透水的黏土。

3. 塑板垂直防渗墙方案

该工程选用锁口板桩作为防渗墙，其由荷兰（Geotechnics Holland）公司与 Cofra 公司合作设计并获专利，是一种由高密度聚乙烯组成的塑料板桩，两侧有锁口，锁口间隙使用密封条密封，可达到基本不漏水的接合。塑料隔板必须符合下列要求：①底部必须全部能密封止水；②当地基产生允许沉降时仍具有柔韧性；③适合于各类土中安装，安装程序简单；④保证隔板不出现裂缝；⑤寿命长，至少 100 年；⑥适当的安装深度（达 40m）；⑦抗植物生长，抗化学和微生物腐蚀。

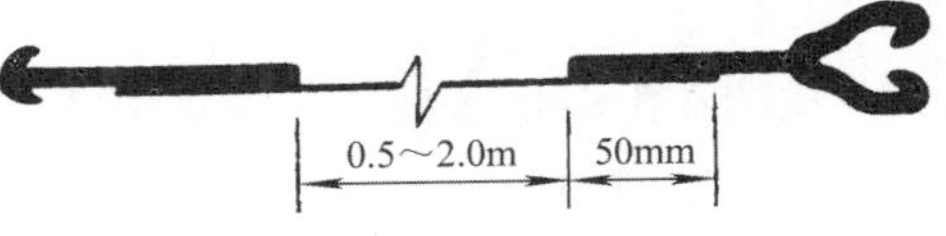

图 26-38　板桩横断面

板桩的断面如图 26-38 所示，由高密度聚乙烯的片材（1.5～3mm）和板材（厚度不小于 5mm）所组成。片材纯用作防渗，板材作为连接用，需做成锁口的锁头。片材与板材之间用热焊接法相接。片材指标单位质量为 $2kg/m^2$，屈服抗拉强度为 34kN/m，锁口处抗拉强度为 $50kN/m^2$，弹性模量为 $800N/mm^2$，渗透系数为 $10^{-13}m/s$。高密度聚乙烯的材质还可根据特殊要求和周围环境等进行配方。一般掺入炭黑，以增加抗紫外线的能力。板桩检测可按照 ASTMD1693-70 进行曝晒，经过温度 50℃和化学溶液浸泡 200h 不发生破裂。

安装前的膨胀止水条

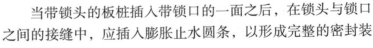

图 26-39　用止水条密封示意图

板桩的宽度视地质条件而定，一般宽 0.5～2m，厚度多为 2mm（片）和 5mm（板），为保存与运输方便，其长度以 12m 最适宜，但根据工程需要已有 4～30m 的应用范例。

当带锁头的板桩插入带锁口的一面之后，在锁头与锁口之间的接缝中，应插入膨胀止水圆条，以形成完整的密封装置。见图 26-39。

膨胀止水圆条系氯丁橡胶制成，不受化学腐蚀，浸泡在地下水中可膨胀至原体积的 12～16 倍，但有一定缓胀时间，而有利于安装工作的顺利进行。胶条的密度为 $1.3g/cm^3$，抗拉强度为 $2.9N/mm^2$，延伸率为 700%。

4. 施工方法

根据土层性质、埋深和数量，有两种施工方法：

（1）振动插板法是利用高频振动机，将两块钢板和底部的靴组成插板装置，内放板桩同时插入土中，靴是尖锐密闭的，起挤进作用，但上提时可以开启。该法适用于埋深 8m 及板宽 1m 的情况，3h 内可插入板桩 20～40m，在砂、黏性土或泥炭土，甚至砂砾土中均可采用。

（2）射水振动法是将板桩置于导架上，上部挂住，下部垂直锚住，导架随射水振动机边射水边振动而下沉。此法一般可插深 15m，一次插入板宽 2m，每天可插进板桩 300～$500m^2$。

26.9.7　小结

从上面的介绍中不难看出，薄膜防渗墙的发展是很快的，其由于施工速度快、造价低、防渗性能高的特点已经越来越引起人们的重视。随着土工织物（土工膜）的技术性能和制造水平的不断提高以及专门铺设土工膜机械性能的不断改进，相信深度更大、施工更简便的薄膜防渗墙会在越来越多的江河堤坝防渗工程中得到应用。

在应用过程中，以下两点应引起注意：

（1）土工膜是在把堤顶挖开一道沟槽后再铺设的，同时还向槽中回填土料以固定土工膜。由于回填土料往往达不到设计要求的密实度，所以在相当长的一段时间内，堤（坝）被一分为二了，对于堤防的稳定是很不利的。

（2）如何防止土工膜被獾、鼠等咬坏，也是一个必须认真对待的问题。

目前，土工膜防渗墙应用越来越多、越深，详见后面有关章节。

26.10　滨海地区抛填块石地基的防渗墙

26.10.1　概述

我国在沿海地区修建了很多电厂、码头和核电站，多数为淤泥地基。

滨海地区的地基处理方式有以下几种：

（1）淤泥地基处理；

（2）粉细砂地基处理；

（3）抛填块石淤泥地基处理；

（4）岩石地基处理。

本节重点说说在滨海抛填块石的淤泥地基中修建基坑防渗墙的问题。

（1）由于淤泥性能很差，所以在海边修建大型建（构）筑物时，常常需要开山填海，抛填块石，抬高地面高程，在海平面以上形成一片建筑场地；同时，利用抛填的大小块石来加固淤泥地基，大块石通常会沉入淤泥内15～17m，使淤泥地基得到了一定程度的加固。

（2）开山石块大小不一，大的粒径可达到1～2m，级配很不均匀，空隙很大且有架空现象，给后期地基处理造成很大困难。

26.10.2　青岛东方影都大剧院的地基处理

1. 工程概况

本项目位于青岛东方影都的核心区域，大剧院总建筑面积约2.4万m^2，地下2层，地上4层，建筑高度37m，包含一个2200座的剧场及相应的配套服务空间。基础形式采用桩基，上部结构为现浇钢筋混凝土框架结构与外幕墙钢桁架结构结合形式，局部及主舞台屋面采用钢桁架结构承重轻型屋面体系。主要功能为电影节各项演出活动，各种表演需要：大型演艺演出、歌舞剧要求以电声为主。

2. 工程地质条件

上部为花岗岩碎（块）石抛填进入淤泥组成填土层，深层为淤泥层，底部为泥质粉砂岩的强、中风化层。软基总厚度18～20m。

3. 水文地质条件

工程场区原为近岸浅海区，为近期回填而成，勘察期间，场区仍在继续回填中，回填材料以大直径的碎块石为主，根据钻探揭露，推测最大粒径约1.5m，粒径20cm以上的碎块石约占回填材料的20%～50%。勘察期间，场区钻探深度范围内揭露有稳定分布的地下水，地下水类型主要为孔隙潜水，主要赋存于第①$_1$层碎（块）石素填土中，勘察期间于钻孔钻探完成2～24h内测得孔内稳定水位埋深1.7～7.5m，绝对标高−5.12～1.09m。场区内地下水与海水相连通，地下水位随潮汐变化而变化。

4. 会议中心基坑防渗方案论证

本项目的防渗方案自 2014 年 2 月—2015 年 3 月，一共进行了 8 次专家论证，其中后 3 次由丛蔼森主持，在 2014 年 8 月 6 日的论证会上，最后确定了设计施工方案（表 26-20），根据丛的意见又进行了 4 项补充试验（表 26-21）。第 7、8 次论证会则是针对施工的。

论证表　　**表 26-20**

序号	论证时间	论证人	论证方案
1	2014 年 2 月 14 日	陈良奎、闫明礼等	在基坑外侧设置高压旋喷桩止水帷幕（南侧单排、其他三面一长一短双排）+ 放坡支护设计方案
2	2014 年 3 月 7 日	贾绪富、陈峰等	正式帷幕为素桩 + 高喷的止水帷幕方案。试验 3 区调整为两侧压密注浆加高喷。因试验 2 区不返浆时加入膨润土效果差，取消试验 2 区
3	2014 年 3 月 12 日	顾国荣、刘德进等	北侧近海处采用黏土桩，其他侧采用黏土桩或双排旋喷桩，台仓及秀场采用咬合桩落地帷幕
4	2014 年 3 月 13 日	中交一航局专家刘德进	近海处仍采用素混凝土桩中间加高压旋喷桩，远海处采用黏土桩或高压旋喷桩
5	2014 年 6 月 20 日	闫君、张昌太等	试验 5 区及类似地质条件下，建议采用混凝土素桩间进行压密注浆，桩内侧进行单排高喷的止水帷幕
6	2014 年 8 月 6 日	丛霭森、盖建国等	确定“封降结合”的原则，采用混凝土咬合桩连续防渗墙，并以高压旋喷桩、注浆等多种组合方式局部补漏，辅以降水井等措施进行降排水

补充试验表　　**表 26-21**

序号	试验内容	目的及意义	需要解决的主要难题
1	素桩间压密注浆 + 内侧高喷	探索北侧近海①单元及台仓区域素桩间的 400mm 间隙封堵的解决办法	结合试验 5 区进行试验，解决成孔及工序衔接问题
2	素桩间水泥土桩	寻求进一步降低施工成本及保证质量的途径	冲击成孔施工对原素桩的影响及施工工效问题
3	素桩间双液高喷	寻找减少工序、降低施工难度的办法	设备改造，试验最佳配合比，既能顺利施工，又要保证在可控时间内凝固
4	连续咬合水泥土桩	对后续业态的施工提供借鉴	解决工序之间的衔接，降低施工难度

根据多次现场施工试验结果，进行了方案对比，见表 26-22。

防渗帷幕方案对比　　**表 26-22**

序号	方案名称	优缺点分析	施工时间	平面延米造价（万元/延米）	备注
1	咬合素桩连续墙	成桩可靠，工艺成熟，现有设备可完成，且造价较低。底部及外侧存在搅拌不均匀情况	—	3.61	
2	连续咬合水泥土桩	需对工艺进行改进，因增加了一道粉喷工序，造价略高	7 月 2 日—7 月 7 日	5.69	
3	单排高喷桩	工艺成熟，成本较低，质量可控度不高，需采取预防及应急措施	2 月 27 日—7 月 14 日	2.66	
4	双排高喷桩	工艺成熟，与原方案一致，能较好结合，质量上有一定可靠度，成本较高	2 月 26 日—4 月 28 日	5.45	

可以看出：

（1）咬合素桩连续墙方案成桩可靠、造价较低，为首选方案。

（2）连续咬合水泥土桩造价高，工艺复杂；双排高喷造价高，工艺成熟，但在近海区、大块石回填区应用效果差。

（3）单排高喷桩帷幕造价低，工艺成熟，不宜单独使用。

2015年1月30日，主持论证会，确定了方案1。

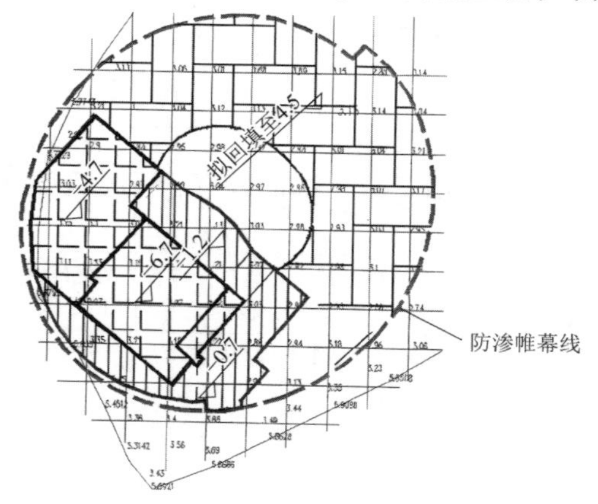

图26-40　防渗帷幕平面图

（1）结合之前的试验成果，本工程基坑工程采用低强度混凝土咬合桩加单排高压旋喷桩方案组合。

（2）为避免防渗与工程桩冲突，降低防渗帷幕失效漏水风险，从而造成质量隐患、工期延误等影响，防渗帷幕应沿建筑单体外围布置（图26-40）。

（3）基坑支护方案建议采用自然放坡。坑中坑支护形式可结合施工工序综合考虑确定，选择直立支护或自然放坡方案。

（4）该方案支护简单，施工速度快，造价低。

（5）帷幕中心线长361m，防渗面积9870m^2。

（6）帷幕采用一排素桩＋一排旋喷桩，既保证防渗效果，同时降低造价。

（7）该方案3、4单元帷幕位于基础桩外侧，不与基础桩发生冲突。避免了止水帷幕桩与基础桩冲突，移桩、补桩及基础桩施工振动对帷幕完整性的不利影响。

最后确定的基坑深度为4.6～12.7m，基坑周边可以考虑放坡开挖。

5. 基坑支护与防渗设计

根据现有帷幕设计图纸及专家论证意见，本工程设计共划分为4个单元，采用素混凝土桩＋高压旋喷桩组合的帷幕形式。

止水帷幕各单元分区如图26-41所示。

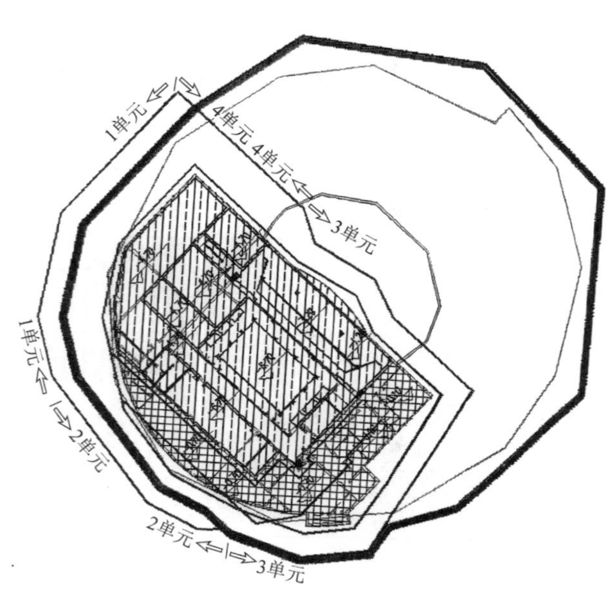

图26-41　止水帷幕各单元分区图

设置素混凝土灌注桩＋高压旋喷桩，素混凝土桩直径 1000mm，桩间距 800mm；素混凝土桩内侧设置旋喷桩，有效直径不小于 800mm，灌注桩混凝土强度等级 C15，掺加缓凝剂，采用冲击成孔施工工艺。旋喷桩采用二重管法施工工艺，水泥掺入量暂按 800kg/m。旋喷桩、素混凝土桩底均以嵌入⑯层泥质粉砂岩强风化带 0.5m 为控制标准；止水桩平面布置见图 26-42。

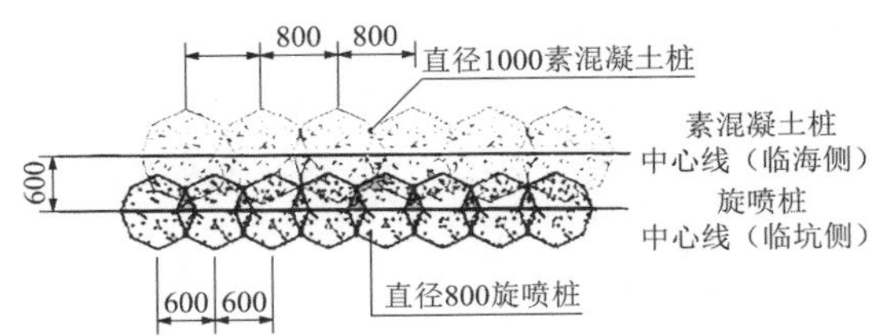

图 26-42　止水桩位平面布置图

基坑支护设计参数见表 26-23。

基坑支护设计参数表　　表 26-23

层号	岩土层名称	f_{ak}（kPa）	模量（MPa）	γ（kN/m³）	C（kPa）	φ（°）
①$_1$	碎（块）石素填土	—	—	20	5	30
①$_2$	含淤泥素填土	—	—	18	5	18
⑫	中粗砂	320	$20/E_0$	21	—	*36
⑫$_1$	粉质黏土	250	$6.2/E_s$	19	23.8	12.8
⑯	泥质粉砂岩强风化带	500	$30/E_0$	23	—	*45
⑰	泥质粉砂岩中等风化带	2000	$5\times10^3/E$	24	—	*50

6. 施工要点

素混凝土桩采用冲击钻机施工（图 26-43），高喷桩采用二管法施工（图 26-44）。

图 26-43、图 26-44 中箭头表示机械设备挪移方向，为保证素桩及高喷成桩质量，高喷采用隔孔分序施工，素桩成孔间隔跳打。

素混凝土桩施工的关键点：

这是一个滨海抛填形成的施工平台，高出海平台 3m 以上。在临海的边缘全是大块石，与海水连通。在这些部位如何钻孔，如何形成咬合桩？

经过多次讨论、试验，最后采用了以下办法：

（1）本工程采用重型冲击钻机钻孔，击破块石并挤入周边地层中。

（2）使用当地黏土泥浆，相对密度大于 1.2。

（3）在造孔过程中，不断向孔内倒入细的砂砾料和黏土，形成稠浆，堵塞漏洞。

（4）在漏浆严重地段，只是冲击碎石，回填细料和黏土，一直到不漏浆为止；此孔不浇注混凝土；二期孔照样处理。可能的情况下，可以浇注混凝土，回过头来，再重新钻出一期孔，浇注混凝土。

（5）这样做，效果很好，节省了费用。

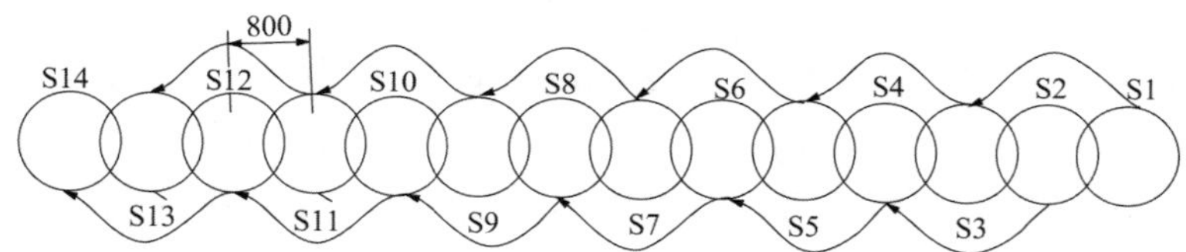

图 26-43　冲孔钻机施工顺序示意图

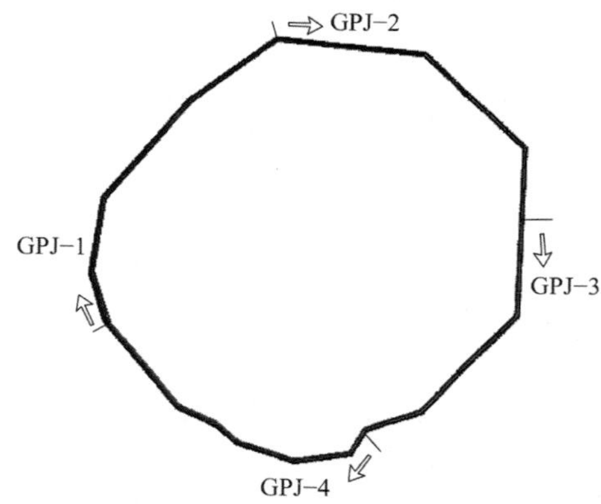

图 26-44　高喷机布置图

7. 小结

本工程历经两年的试桩论证，再试桩，再论证，终于确定了采用一排素混凝土咬合桩和一排高喷桩的组合基坑支护防渗结构。在潮水的不断影响下，采用冲击钻机反复冲击、回填细料、再冲击、最后成孔的方法，克服在潮水冲击下无法成孔的困难，终于建成了长达 361m 的基坑防渗帷幕，并且取得了很好的防渗效果，着实不容易。这为今后类似的抛填块石淤泥地基的处理，提供了可贵经验。

26.11　小结

原来采用混凝土地下连续墙或混凝土浇注桩作为基坑支护结构，现在某些情况下，可以采用 CSM 或 TRD 作为支护结构，它们不用高强度的混凝土，只是在搅拌地基土，形成低强度的防渗体，而在其中插入整钢作为主要受力结构。

这样，可以就地消纳开挖出来的弃料，同时还可以把整钢拔出，循环使用，降低工程造价，而且不使用泥浆，不产生废浆，节能环保。

第 7 篇

Application of underground continuous diaphragm wall

地下连续墙工程实例

第 27 章　大宁水库防渗墙和倒虹吸优化

27.1　概述

北京市南水北调工程市区界内长度 80km，全部为暗涵、暗管工程，2014 年正式完工通水。本章选择大宁水库防渗墙和东干渠盾构工程，作为典型实例加以叙述。

大宁水库原为永定河滞洪水库的一部分，当时没有做防渗工程，只是作为蓄洪滞洪之用。南水北调工程要把它作为调蓄水量之用，必须考虑渗漏损失。由于大宁水库的库底坐在砂卵石透水地基上，而且多年来一直作采砂场使用，防渗方案经多次咨询，评审和各项试验，最后采用塑性混凝土防渗墙（局部灌浆）；并且采用水平帷幕灌浆，成功穿越永定河倒虹吸，取得了良好的防渗效果。

北京市沿着西四环和南、东、北五环地下修建了输水隧洞。其中，东干渠有 44.7km 尚未完工。为了赶在 2014 年建成通水，要求 1 年内完成隧洞掘进通水。为此要在 44.7km 线路上，修建 18 个竖井，吊入 20 台 TBM 盾构机，加快施工进度。由于施工速度很快，很多问题尚未完全解决，委托主编（南水北调顾问）对 18 个竖井进行技术评审。为此，主编通过 2 个月时间的调研，审看图纸，提出了评审意见。

27.2　大宁水库的防渗墙和倒虹吸设计变更与优化

27.2.1　概述

大宁水库位于北京市房山区大宁村北，与其下游的稻田水库及马厂水库组成永定河滞洪水库，共同滞蓄永定河超过 2500m³/s 的洪水。南水北调工程总干渠永定河倒虹吸由大宁水库库区穿过，总干渠大宁调压池通过退水暗涵与大宁水库相连。大宁水库库容、水位等工程条件具备调蓄南水北调来水，提高北京城市供水保证率的条件。因此，本次工程要求大宁水库在承担原设计防洪任务的基础上，增加作为南水北调调蓄水库的功能，以充分发挥水库防洪、供水效益。工程内容主要包括库区防渗，新建泵站及库尾橡胶坝，改造及维护库区现状建筑物等。

大宁调蓄水库通过暗涵与总干渠大宁调压池相接，综合分析大宁调压池特征水位及水库现状工程条件等，确定大宁调蓄水库正常蓄水位与调压池设计流量对应水位一致，为 56.4m，相应调蓄库容 3116 万 m³；调蓄水库最高蓄水位为 58.5m，相应调蓄库容为 3753 万 m³。大宁调压池来水可自流进入调蓄水库。从不影响大宁水库承担防洪任务出发，汛限水位即为水库设计库底高程 48m。水库设计洪水位维持原设计洪水位 61.01m，水库校核洪水位维持原校核洪水位 61.21m。

大宁水库库区地质结构基本为卵岩二元结构，上部第四系卵砾石覆盖层厚度一般为 10～30m，下部为第三系半胶结泥岩、砂岩/砾岩，工程地质条件较为简单。上部卵砾石层厚度不大，下部第三系泥岩、砂岩/砾岩透水性相对较差，透水率一般不大于5Lu，可视为相对不透水层。

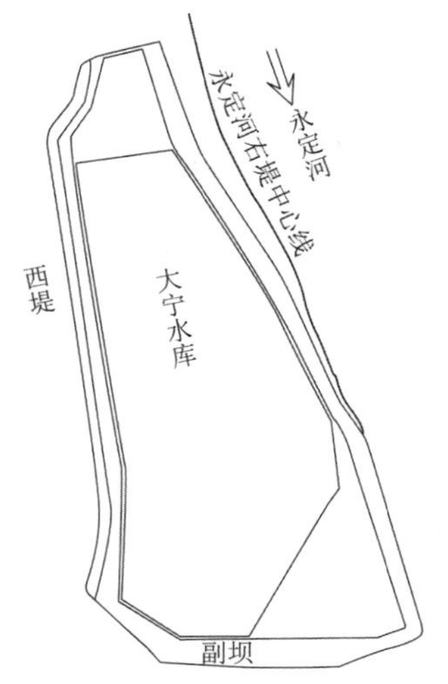

图27-1 大宁水库坝址平面布置图

大宁调蓄水库工程为Ⅱ等工程，主要建筑物按2级建筑物设计，洪水标准为100年一遇洪水设计。大宁调蓄水库作为南水北调的调蓄水库，解决南水北调来水与本地用水流量不匹配时的调蓄问题，调节容量为3753万m^3，水面面积270万m^2。建筑物包括进水闸、泄洪闸、小哑巴河橡胶坝、永定河倒虹吸、大宁调压池、提水泵站、西堤截污管道、塑性混凝土防渗墙等。大宁调蓄水库采用塑性混凝土防渗墙垂直防渗，沿水库中堤、西堤、副坝及库尾橡胶坝底部新建塑性混凝土防渗墙，防渗墙轴线总长约7.84km，在副坝和中堤穿永定河倒虹吸部位采用帷幕灌浆方式（图27-1）。大宁调蓄水库于2011年7月27日开始蓄水。

由于南水北调的永定河倒虹吸已经建成，大宁水库的防渗墙如何穿越倒虹吸，也是必须解决的问题。

27.2.2 大宁水库防渗设计的优化

1. 问题的由来

原设计的大宁水库防渗方案是采用土工膜水平防渗。铺设面积为3.17km^2（317万m^2）。

这个水平防渗墙存在不少问题：

（1）这个水库的所在地区原来是北京市最大的砂石料场，已经使用了几十年，坑内高高低低，最大坑深超过30m，坑内大漂石很多，有的地方已经回填了垃圾。此次施工，需要填平大大小小的坑，回填不密实，时间久了，会发生很大的不均匀沉降，拉裂土工膜焊缝而漏水。

（2）施工天气影响。

主编人曾在2000年前后，在永定河卢沟桥下铺设了30万m^2的复合土工膜，深知天气的影响。当时，工地上春天刮大风，砂、尘满地；夏天下雨，无法施工；冬天严寒，无法施工。

所以，必须考虑天气对土工膜施工和检测的影响。

（3）水生芦苇和小灌木的影响：在浅水区和水位变动区，必须考虑这些水生植物对土工膜的穿刺影响。

（4）水库底土工膜的检查、维修困难。

（5）土工膜的老化影响寿命。

（6）永定河水位上升的影响。

当永定河发生洪水时，或者官厅水库放水较多时，会使此段永定河水位高出大宁水库水位很多，这样的话，就会使大宁水库的土工膜上浮，鼓包而破坏。这在好几个土工膜工程中都发生过了。这种影响可能是经常见到的。

（7）最后采用的土工膜参数为：两布一膜（300/0.6/300），面积3.17km^2（317万m^2），水头12m，焊缝长度52.3万m（523km）。

（8）为了验证土工膜的防渗效果，曾在水库选取了25万m^2的场地，铺设土工膜后，蓄水150万m^3，结果2000年年底全部漏光。在此情况下，不应坚持土工膜设计方案了。

2. 垂直防渗方案

2008年3月，主编与朋友聊天时得知，大宁水库要采用水平铺设土工膜的方式来防渗，认为问题很多，不宜使用。事后主编向当时主管的孙国生副局长汇报了此事，他要求设计院认真考虑防渗方案变更的事。主编认真分析了大宁水库的地质报告，特别请地质人员专门分析论证，明确库底两种岩石接触面是正常“整合”，没有断层破碎带。

当年 11 月下旬，正式批准采用防渗墙。要求继续进行墙体材料、穿越倒虹吸、管线改移等问题的研究试验。

防渗墙的主要技术指标：墙厚 0.8m，深约 40m，水头 12m，截水面积约 25.2 万 m^2。

综上所述，从地质条件、工程管理和安全等方面考虑，大宁水库采用垂直防渗方案优于水平防渗方案。

27.2.3　塑性混凝土防渗墙的试验设计

1. 防渗墙材料的比较

垂直防渗墙的墙体材料，可以选用以下几种：

（1）粗土混凝土：$R = 5\sim10$MPa。

（2）塑性混凝土：$R = 2\sim5$MPa。

（3）自硬泥浆和固化灰浆：十三段，竖井外围防渗墙。

（4）土壤固化剂防渗墙：2000 年在永定左岸。

（5）高压喷射注浆帷幕。

（6）覆盖层水泥灌浆帷幕。

由于此工程的地基为卵砾石和泥砾岩，有些工法不适宜，考虑到水库防渗的重要性，所以本次只考虑黏土混凝土和塑性混凝土两种材料作对比。

2. 原设计墙体材料

原设计采用的墙体材料为R_{28}C15W8。设计的出发点是要求混凝土不产生拉应力。实际上，我国从 1960—1980 年代在很多防渗墙体内都埋设了观测仪器，结果均没有观测到拉应力，特别是在长江葛洲坝围堰中，也没有观测到拉应力。

经过多次请专家咨询、评审，最后放弃了黏土混凝土，同意采用塑性混凝土。在来不及试验的情况下，先按$R_{28} = 5$MPa，$K = 10^{-6}$cm/s 施工，待试验结果出来后，再调整。

3. 塑性混凝土试验

1）试验过程和结果

在建设过程中，曾经多次专家会，进行咨询，提出了主要试验要求。专家咨询意见：$R_{28} \geqslant 2$MPa，$E_{28} \leqslant 1500$MPa。试验控制指数：$R_{28} = 3\sim4$MPa，$E_{28} \leqslant 1200$MPa。

根据规范，设计强度标准值取 2.0MPa，保证率 95%，查得$t = 1.65$，$C_V = 0.33$，配置强度取为 4.4MPa。据此拟定试验配比，进行各项试验，结果见表 27-1。

塑性混凝土性能试验结果　　表 27-1

配比编号	胶水比	砂率（%）	单位材料用量（kg/m³）			抗压强度（MPa）		弹性模量（MPa）	渗透系数（cm/s）
			用水量	水泥	膨润土	7d	28d		
09-1	1.22	55	280	150	80	3.0	5.3	1449	5.3×10^{-8}
09-2	1.18	55	280	150	88	2.9	5.6	2173	3.1×10^{-9}
09-3	1.14	55	280	150	95	2.6	5.5	1510	2.4×10^{-9}
09-4	1.12	55	280	170	80	3.6	7.7	1243	1.9×10^{-8}
09-5	1.09	55	280	170	88	3.5	7.5	1849	2.5×10^{-8}
09-6	1.06	55	280	170	95	3.5	7.9	1508	2.4×10^{-9}
09-7	1.04	55	280	190	80	4.3	7.8	1053	1.4×10^{-7}

续表

配比编号	胶水比	砂率（%）	单位材料用量（kg/m³）			抗压强度（MPa）		弹性模量（MPa）	渗透系数（cm/s）
			用水量	水泥	膨润土	7d	28d		
09-8	1.01	55	270	190	88	4.8	8.1	1050	3.8×10^{-9}
09-9	0.98	55	270	190	95	5.0	8.5	1104	4.6×10^{-8}
09-10	1.29	55	270	130	80	1.8	3.6	948	9.4×10^{-9}
09-11	1.23	55	270	130	90	1.9	4.0	868	2.1×10^{-8}
09-12	1.17	55	270	130	100	1.8	4.4	1127	1.3×10^{-9}
09-13	1.08	60	270	170	80	3.4	7.0	1211	4.6×10^{-8}
09-14	1.05	60	270	170	88	3.3	6.6	981	6.4×10^{-8}
09-15	1.04	60	270	170	90	2.4	5.0	842	8.1×10^{-9}
09-16	1.18	60	280	150	88	2.6	6.3	1732	2.9×10^{-7}
09-17	1.26	75	290	130	100	2.0	3.9	574	9.2×10^{-9}
09-18	1.30	80	300	130	100	1.6	3.2	579	4.6×10^{-8}
09-19	1.48	100	340	130	100	1.5	2.9	523	6.4×10^{-8}

2）试验结果分析

（1）胶水比与抗压强度的关系，见图 27-2。

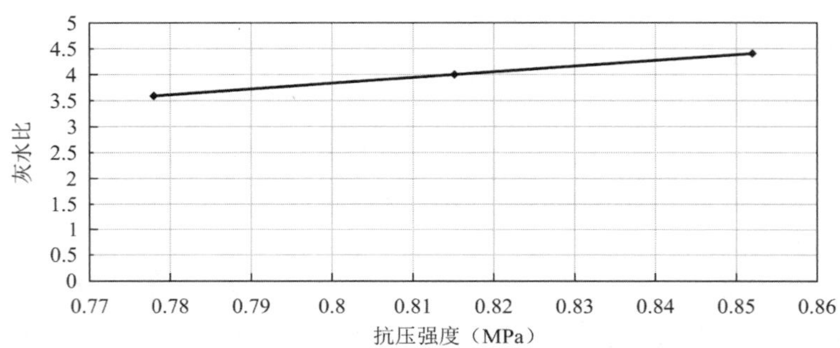

图 27-2　09-10～09-12 胶水比与抗压强度的关系

（2）塑性混凝土强度与弹性模量的关系，见图 27-3。

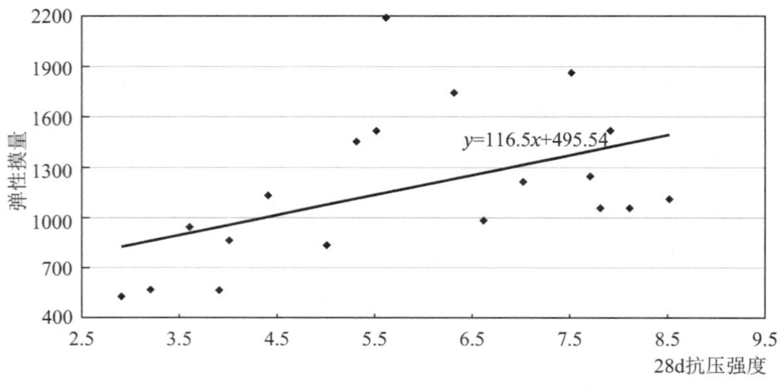

图 27-3　28d 抗压强度与弹性模量的关系曲线

从图 27-3 可看出，塑性混凝土 28d 弹性模量和抗压强度基本上呈线性关系，抗压强度越大，弹性模量越大。

（3）塑性混凝土配合比选定

根据试验过程中拌合物情况、抗压强度、弹性模量、渗透系数等数据及经济性考虑，推荐了 09-12 配合比作为临时配合比，见表 27-2。

选定配合比 表 27-2

序号	水灰比	水泥（kg/m³）	膨润土（kg/m³）	水（kg/m³）	人工砂（kg/m³）	天然砂（kg/m³）	石（kg/m³）	砂率（%）	引气减水剂（kg/m³）
09-12	1.17	130	100	270	465	465	761	55	4.60

（4）塑性混凝土配合比验证试验

为了验证推荐配合比的施工可靠性，在搅拌站进行塑性混凝土配合比试拌，试验结果见表 27-3。

配合比验证试验结果 表 27-3

坍落度（cm）	扩散度（cm）	含气量（%）	密度（kg/m³）	抗压强度（MPa）		弹性模量（MPa）	渗透系数（cm/s）
				7d	28d		
21.5	37	0.7	2180	2.7	6.8	882	1.3×10^{-9}

试验结果表明，混凝土配合比完全满足大宁水库防渗墙工程的塑性混凝土技术指标要求。由于弹性模量与抗压强度呈线形正比关系，故此建议 28d 抗压强度宜控制在 6.5MPa 以内。

3）结论及建议

大宁水库防渗墙工程塑性混凝土配合比试验并无规范可依，在此情况下，试验人员发扬自主创新、吃苦耐劳的精神，总结出了一套对塑性混凝土试验切实可行的试验模式。

试验结论如下：

（1）经过验证试验及后续的施工过程取样试验，推荐的配合比（表 27-2）完全满足大宁水库防渗墙工程塑性混凝土的技术指标要求。

注：任何原材料变化均需重新进行配合比验证试验。

（2）率先采用全自动高压三轴仪进行弹性模量试验，大幅度地减少了人为因素对试验结果的影响，试验结果更能接近真实。

（3）开发了一款专门应用于塑性混凝土渗透系数试验的装置（图 27-4），该装置最大可进行 0.7MPa 压力下的渗透试验，完全可以模拟工程实际情况。

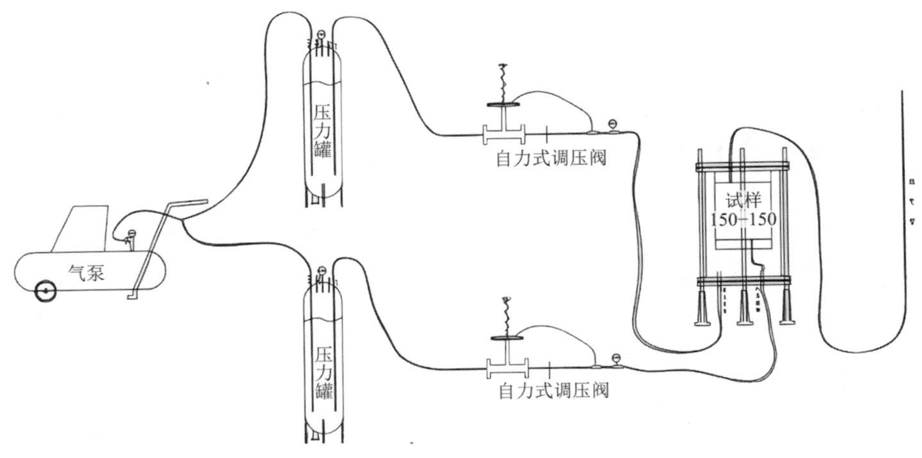

图 27-4 渗透试验原理图

（4）塑性混凝土弹性模量与抗压强度呈正比关系。

27.2.4 穿越倒虹吸的水平帷幕灌浆

1. 概述

北京南水北调总干渠永定河倒虹吸工程已经做好，大宁水库的防渗墙与之交叉，需穿越240m，见图27-5。

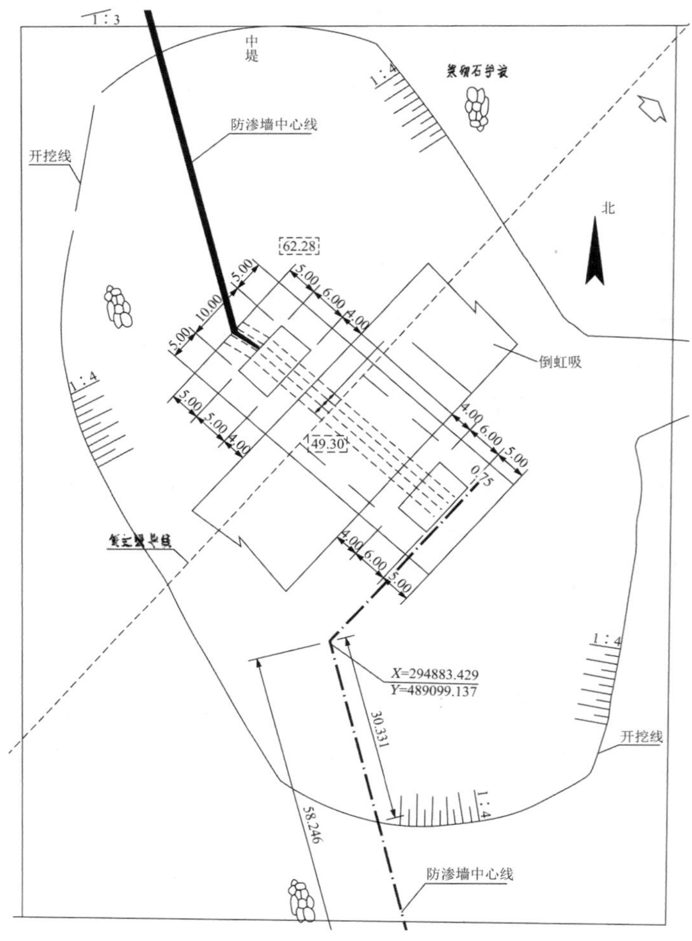

图27-5 灌浆廊道平面图

为了解决防渗墙与倒虹吸交叉引起的防渗墙被隔断问题，提出了三个方案：

1）在倒虹吸下面，利用浅埋暗挖的方法，修建灌浆廊道，从廊道内自上而下进行帷幕灌浆，与两边防渗墙连接。此法相当于在倒虹吸下面形成一道"硬梁"，对倒虹吸永久运行不利；还有就是，当时地下水位已经上升到37m，淹没了灌浆廊道，已经无法实施在倒虹吸下面挖灌浆廊道。

2）把已经建好的倒虹吸拆掉一节，修建防渗墙，再恢复倒虹吸。此法的缺点是：

（1）把尚未正式验收的倒虹吸工程拆掉一段，不合适。

（2）在此段实施防渗墙，离不开冲击钻和抓斗，特别是冲击钻冲击砂卵石地层，会引起振动，对未拆的倒虹吸不利。

（3）施工期间，切断了北京市供水水源。

3）在倒虹吸下面进行水平帷幕灌浆。此法虽有难度，但是完全可行；但是需要进行补充勘探和试验工作。

2. 方案比较选定

（1）对于穿倒虹吸方案争论很多。主编根据以前在几个工程（昌平线过京密引水库）中的设计施工经验，力主在倒虹吸两侧开挖竖井，在井内进行水平和倾斜灌浆的方案。在目前国内条件下，完全有能力完成此项工作。

（2）经过多次讨论、评述，最后选定了倒虹吸下面采用双竖井水平灌浆的方案。正式水平灌浆前，先在西竖井的北壁上进行试验灌浆，对灌浆成果进行评审以后，最后确定了施工单位（水电基础局）提出的方案作为施工依据。

3. 水平帷幕灌浆

1）工程概况

大宁水库位于北京市房山区大宁村北，与其下游的稻田水库、马厂水库组成永定河滞洪水库。南水北调工程总干渠永定河倒虹吸从大宁水库库区东南角穿过，分别穿越副坝和中堤处。沿大宁水库周边设置防渗墙，在副坝段和中堤段防渗墙与倒虹吸发生交叉。永定河倒虹吸为 4 孔 3.8m × 3.8m 暗涵。专家对倒虹吸处三种防渗方案经过了多次论证，方案一是将该部位倒虹吸移除，修建防渗墙与水库防渗墙相接，此方案需要切断对北京市供水，因此被否决。方案二是先开挖竖井，然后在倒虹吸下方开挖平洞，在洞内再进行垂直防渗。此方案存在洞室形成困难、平洞尺寸受限以及难以保证倒虹吸在开挖后的变形安全等因素，也难以实施。最终专家论证认为在倒虹吸下方采取水平灌浆防渗帷幕可满足防渗要求，此方案对总干渠建筑物影响最小，见图 27-6。

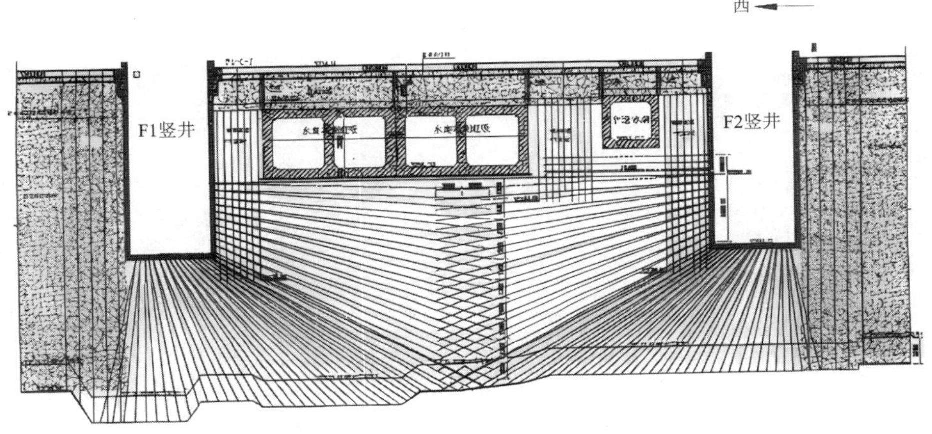

图 27-6　副坝段水平帷幕灌浆孔布置图

北京大宁水库砂卵石水平帷幕灌浆工程在国内还不多，施工技术方案制订、灌浆工艺、材料选择都比较复杂。为了更好地完成本工程，灌浆前进行了专项的科研性试验，通过试验及专家对试验结果的评价，优化了技术方案及施工工艺，优选了灌浆材料等，为砂卵石水平帷幕灌浆提供了强有力的技术支持。

2）工程地质

地质资料成果显示，大宁水库坝区地层分布有第三系始新统长辛店组（E_{2C}）泥岩、砂岩及砾岩层，第四系全新统冲积、洪积（$Q_4^{al\text{-}pl}$）卵砾石及全新统坡积、洪积（$Q_4^{dl\text{-}pl}$）粉土含碎石地层及人工堆积物（Q_r）。

第三系始新统长辛店组（E_{2C}）基岩岩性以紫红色泥岩、砾岩为主，中加浅紫色砂岩，泥岩（透水率值$q = 0.03$～7.67Lu）、砾岩与砂岩（透水率值$q = 0.06$～9.5Lu）呈不规则分布。该地层与上覆第四系卵砾石地层呈角度不整合接触。

第四系全新统冲积（$Q_4^{al\text{-}pl}$）地层，广泛分布于库区，岩性以卵砾石层为主，中密—密实，卵石含量一般30%～60%，粒径一般4～8cm，大者12～15cm，含漂石，一般粒径为25～30cm，充填物以砂为主，其含量20%～25%，该地层厚度为8.8～33m，与下伏第三系基岩呈角度不整合关系。副坝段第四系覆盖层厚度一般13.6～29.7m，其中上半部分布黏质粉土/粉质黏土层，褐黄色—黄色，可塑—硬塑，钻孔揭露厚度3.7～7.2m，层底高程46.15～49.35m。下部卵砾石层厚度一般8.7～29.7m，层底高程24.74～39.88m。其中，中细砂层渗透系数$K = 11$～19m/d（1.3×10^{-2}～2.2×10^{-2}cm/s），卵砾石层渗透系数$K = 50$～75m/d（5.8×10^{-2}～8.7×10^{-2}cm/s）。

竖井开挖地质条件：通过竖井开挖了解到试验区覆盖层以砂卵石为主，中间以砂为主填充物并夹杂有粉质黏土/黏质粉土，同一高程地层变化较大，孔隙分布不均匀，地层可灌性差距较大。

3）灌浆试验

根据专家意见，要求灌浆前先进行灌浆试验，试验区位于副坝段F1竖井北侧井壁上，共布置10个水平灌浆试验孔，分三序施工，垂直向分3排，水平向分4排，按排分序逐级加密施工（图27-7、图27-8）。

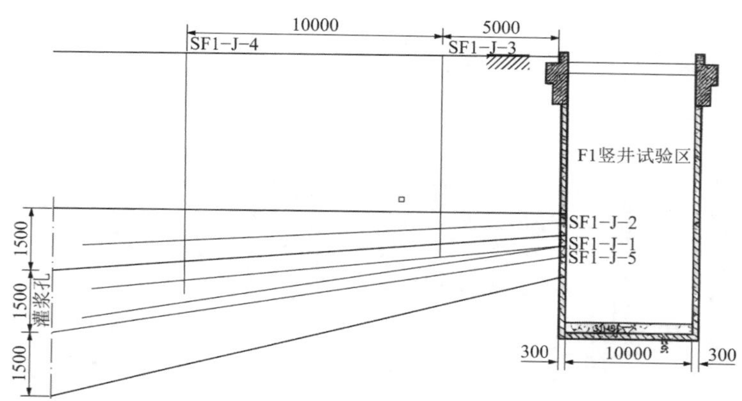

图27-7　F1竖井水平帷幕灌浆试验孔剖面图

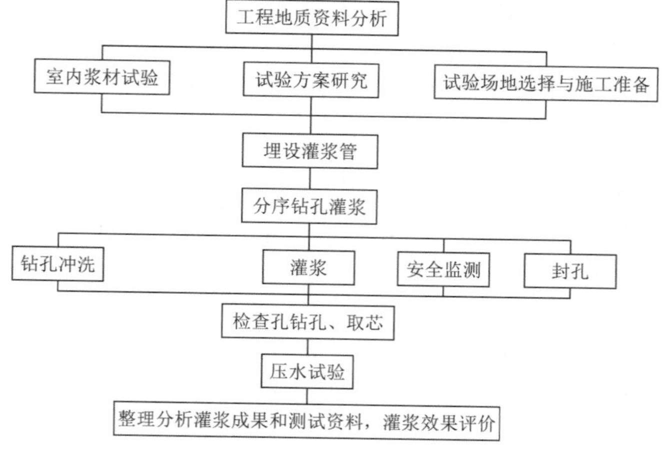

图27-8　灌浆流程图

灌浆试验小结：

通过此次灌浆试验，使我们更加清楚地了解了倒虹吸范围内砂卵石覆盖层的地质特性、可灌性和灌浆效果，重点研究并论证了灌浆材料、浆液配合比、钻孔和灌浆施工工艺、灌浆技术参数等。通过灌浆试验，优选了灌浆材料、浆液配合比和施工工艺，比选并确定了水平砂卵石灌浆的质量检查方式、方法，为下一步倒虹吸帷幕灌浆设计与全面施工提供了可靠的依据，同时验证了水平防渗方案的合理性和可靠性。取得的主要成果和经验如下：

（1）对于以砂卵石为主，中间充填砂及黏土等物质的覆盖层，其特点是地层变化较大，孔隙分布不均匀，地层可灌性差距较大。这种地层经灌浆处理后帷幕渗透系数可以达到 $i\times10^{-4}$cm/s，总体达到$i\times10^{-5}$cm/s 难度较大。根据灌浆试验成果，设计重新论证并确定了水平砂卵石灌浆的防渗标准为$i\times10^{-4}$cm/s。

（2）风动潜孔钻机跟管钻进成孔技术特别适用于水平（缓倾角）砂卵石帷幕钻孔施工，效率高，孔斜保证率好。

（3）袖阀管灌浆方法不受段次限制，并可对任意部位进行重复灌浆，对砂卵石层特别是缓倾角砂卵石层灌浆是适宜和可行的灌浆方法，管体强度高、阻塞方便、密实、设计科学合理、灌浆效果好。

（4）夹圈料配比和强度的控制是砂卵石地层灌浆施工的关键工序，施工中要根据灌浆施工的强度和进度情况调整夹圈料强度，宗旨是保证能顺利开环，同时还不能出现串、漏浆现象。

（5）灌浆段长与地层有密切关系，卵石含量高、渗透量大的部位要尽量缩短灌浆段长，相反可适当加长段长，但不宜超过 2m。本次灌浆试验，前三段分别为 1m，第四段及以下各段均为 2m，从试验效果看是可行的。

（6）灌浆采用水泥膨润土浆液，在卵石含量较大的地段，注浆量较大，灌浆效果较好。对于砂土含量大的局部地段，注浆量较小，灌浆效果较差，可以采取加大膨润土掺量的方法加以改善。

（7）通过袖阀管静水头单点法、袖阀管泵压单点法、清水回转钻进静水头单点综合压水法三种压水方式所得数据对比，认为袖阀管静水头单点法所得数据偏小，与实际数据偏差较大；清水回转钻进静水头单点综合压水法，因钻孔过程对地层扰动大，坍孔现象严重，造成孔内情况复杂化，使压水数值偏大，并时常出现本段压水流量减上段灌后流量出现负值现象，使流量无法参与透水率计算；袖阀管泵压单点法所得压水数据居于前两者之间，并能够反映出该试段透水地层的一般规律，与灌前压水相同条件下对比，数据趋于合理。因此，建议在水平砂卵石灌浆质量检查中使用袖阀管泵压单点法较为合理。

（8）在重要建筑物下进行帷幕灌浆施工要特别注意安全监测，本次试验采用了高精度位移数显传感器与灌浆自动记录仪配合使用，成功实现了对倒虹吸箱涵的实时动态预警监测，取得了理想效果。

4）水平帷幕灌浆施工

（1）水平帷幕灌浆施工布置

水平帷幕灌浆施工位置为：穿永定河倒虹吸副坝段和中堤段，副坝段防渗桩号 FB0＋598.291～FB0＋648.977，中堤段防渗桩号 ZD2＋738.41～ZD2＋788.03。

①中堤、副坝段竖井开挖

为辅助水平帷幕灌浆防渗施工，在距倒虹吸两侧约 4m 的位置各修建长 10m、宽 6m 的竖井。副坝段竖井深 14.3m，竖井底板高程 40.55m，倒虹吸结构底板高程 46.0m；中堤段竖井深 13.6m，竖井底板高程 36.02m，倒虹吸结构底板高程 41.7m。

②水平帷幕灌浆孔孔位设计

倒虹吸水平帷幕灌浆孔按 4 排布置，以防渗帷幕轴线对称分布，①②排和③④排排距为 1.5m，②③排排距为 1.2m，井壁开孔孔间距为 0.5m，以终孔孔距 1.5m 控制各灌浆孔开孔角度，孔底呈梅花形布置，倒虹吸箱涵下最上排灌浆孔距暗涵底板 0.2m，斜灌浆孔及垂直灌浆孔进入基岩 2m，双侧灌浆孔交叉长度约 4m。

（2）水平帷幕灌浆施工方法

①预埋孔口管

在竖井井壁固定钢格栅后，按设计的灌浆孔和检查孔的钻孔方向，利用竖井给出的高程线和防渗轴线确定孔口管角度和方位，在钢格栅上固定孔口钢管。钢管的外径为 180mm，长度为超过混凝土井壁厚度，孔口露出 10cm。孔口管埋设孔位中心位置距防渗轴线偏距不大于±10cm。各竖井底板孔双排孔副孔孔位，不受此要求限制，以实际下设尺寸为准。

②钻孔

灌浆孔施工采用风动潜孔跟管钻进技术，套管外径 127～146mm，钻杆直径 89mm。因灌浆工艺需求，钻孔深度在灌浆深度基础上增加 0.66cm。

检查孔施工采用风动潜孔跟管钻进与回转清水钻进相结合方法，钻孔直径为 110～146mm。

钻孔孔斜测量采用光源法，通过地质罗盘测量孔口套管下设角度，角度偏差以不大于±2°为宜；孔斜率计算：例如套管内径 126mm，当钻孔深度达到 12.6m 时，孔内下设手电至孔底，孔口能看见光源，证明孔斜满足 1%孔斜率要求（此标准为垂直基岩灌浆标准，砂卵石水平帷幕灌浆可依照此标准适当放宽孔斜检测标准）。

钻孔施工不受孔序限制，可根据施工具体情况，分区分片钻孔一次完成。灌浆过程中严格按照排序、孔序逐级加密施工。

③下设套阀管

终孔验收后起拔套管前，下设花管。预埋套阀管直径为 60mm，材质选用 ABS 管；套阀孔径 10mm，每环 4 个孔，环距 33cm，袖阀管下设长度根据终孔验收深度配置搭接。

④灌注夹圈料

由于本工程采用套阀管灌浆法，故要对套阀管进行夹圈料的灌注。夹圈料强度的高低直接影响灌浆时能否正常开环，属于灌浆施工重点控制环节，本灌浆以夹圈料 3d 强度 0.1～0.3MPa 为控制原则，根据这一强度要求，共做夹圈料配比试验 31 组，经过优化比选最终确定两组，见表 27-4。

夹圈料配合比及物理性能　　　　表 27-4

配比编号	水泥（kg）	膨润土（kg）	水（L）	密度（g/cm³）	流动度（mm）	3d 抗压强度（MPa）	7d 抗压强度（MPa）	备注
1	1	3	4	1.44	106	0.22	0.52	
2	1	3.5	4.5	1.48	101	0.17	0.39	备用

⑤开环、钻孔冲洗与压水试验

开环：使用单环长度双栓注浆器对灌浆段之内的套阀孔，逐次进行开环，通过灌浆泵逐渐增大压力，当出现流量明显增大、压力明显降低时，开环即结束。

开环结束灌浆段均采用纯压式冲孔，然后进行简易压水试验。冲孔不少于 10min，简易压水试验采用灌浆压力的 80%，且不大于 1MPa，压水时间不少于 20min，用最后流量数值计算透水率。

⑥水泥基浆灌浆法

a. 灌浆方式：灌浆方式采用套阀管纯压式，灌浆方法为分段综合式。

b. 灌浆压力和段长划分：根据灌浆试验成果确定灌浆压力和划分灌浆段长，见表 27-5。

灌浆压力和灌浆段长　　表 27-5

段次		第 1 段	第 2 段	第 3 段	第 4 段	第 5、6 段	以下各段
段长		1	1	1	2	2	2
灌浆压力（MPa）	Ⅰ序	0.3	0.6	1	1	1.5	2
	Ⅱ、Ⅲ序	0.5	1	1.5	1.5	2.5	2

表中所列灌浆压力值在施工中根据倒虹吸抬动预警情况进一步修订。在保证倒虹吸安全前提下，针对地面的抬动情况、串浆与冒浆现象相应调整灌浆压力，使灌浆压力和注浆流量协调使用。

由于副坝段倒虹吸箱涵出现较大抬动，抬动数值一度超出设计允许范围，致使施工出现停滞等现象。经召开专家咨询会，确定以保证倒虹吸箱涵安全为前提，根据倒虹吸箱涵抬动情况确定灌浆压力，以低灌浆压力起灌，灌浆压力初始值为 0.3MPa，经过两次调整，现整孔灌浆压力调整为：副坝Ⅰ序 0.4MPa，Ⅱ序 0.5MPa，Ⅲ序 0.6MPa。

中堤段水平帷幕灌浆压力初始以副坝段灌浆压力为参照，经短时间灌浆抬动观测，灌浆压力连续三次调整，现灌浆压力调整见表 27-6。

中堤段水平灌浆压力　　表 27-6

垂直孔深（m）	5.0			10.0			15.0		
最大灌浆压力（MPa）	0.6			0.7			0.8		
孔序灌浆压力（MPa）	Ⅰ	Ⅱ	Ⅲ	Ⅰ	Ⅱ	Ⅲ	Ⅰ	Ⅱ	Ⅲ
	0.5	0.55	0.6	0.6	0.65	0.7	0.7	0.75	0.8

c. 灌浆浆液：灌浆浆液采用膨润土掺量为水泥重量的 20%的水泥基浆，见表 27-7。

水泥基浆液配比　　表 27-7

水固比	材料			
	水泥（kg）	膨润土（kg）	水（kg）	浆液密度（g/cm³）
5 : 1	100	20	600	1.13
3 : 1	100	20	360	1.20
2 : 1	100	20	240	1.28
1 : 1	100	20	120	1.49
0.8 : 1	100	20	96	1.58
0.6 : 1	100	20	72	1.71
0.5 : 1	100	20	60	1.82
（0.45～0.4）: 1	100	20	54～48	1.86～1.89

d. 浆液变换：灌浆施工采用八级浓度的水泥基浆液，即水固比为5：1、3：1、2：1、1：1、0.8：1、0.6：1、0.5：1、（0.45～0.4）：1。变换标准为：当灌浆压力保持不变，注入率持续减少时，或当注入率不变而压力持续升高时，不改变水固比；当某一比级浆液的注入量已达600L以上或灌注时间已达30min，而灌浆压力和注入率均无改变或改变不显著时，改浓一级；在注浆量不大的情况下，尽可能延长较稀浆液的灌注；控制注入率不大于30L/min，且连续灌注时间不应超过30min，反之采取间歇措施，间歇时间不少于30min；当灌浆段干料注入量累计达到1.0t/m时，采取限流、间歇措施。

e. 灌浆结束标准：根据灌浆采用的浆液的类型，考虑采用不同的结束标准。膏状浆液灌注时，在设计压力下，达到基本不吸浆时结束本段灌浆。采用其他比级浆液灌注时，在设计压力下，当注入率小于1L/min时，继续灌注30min，结束本段灌浆。

f. 特殊情况处理：当对灌浆孔进行灌浆时，孔口管处发生窜、漏浆，在孔口采取封堵无效时，可先对孔口1.5m处进行灌浆，灌浆压力值取该灌浆段最大压力值或根据井壁安全监测变形值确定灌浆压力值，灌浆结束后采取待凝措施；当透水率较大，灌浆注入量较小时，可根据井壁安全监测值或地面抬动监测值采取提高该段灌浆压力值，以保证有效灌浆注入量；灌浆过程中，如发生抬动，立即采取降压、限流处理，无效时，应停止灌浆，冲孔后待复灌，待查明原因后，方可进行灌浆。

5）灌浆效果分析

（1）灌前透水率情况分析

压水试验是得知地层透水情况后采取的一种手段，通过压水试验，了解灌浆前、后地层透水率减少的程度，综合评价灌浆效果。

根据副坝段F1、F2竖井与垂直孔各次序孔灌前压水数据得知，灌前压水呈现一定的递减规律，递减趋势较明显，表现为：F1竖井：Ⅰ、Ⅱ序孔透水率递减17.9%，Ⅱ、Ⅲ序孔透水率递减18.6%。F2竖井：Ⅰ、Ⅱ序孔透水率递减18.3%，Ⅱ、Ⅲ序孔透水率递减31.1%。垂直孔：4排Ⅰ、Ⅱ序孔透水率递减32.7%，单排Ⅰ、Ⅱ序孔透水率递减31.1%。

根据中堤段Z3、Z4竖井和垂直各次序孔灌前压水数据得知，灌前压水呈现一定的递减规律，递减趋势较明显，表现为：Z3竖井：Ⅰ、Ⅱ序孔透水率递减21.4%，Ⅱ、Ⅲ序孔透水率递减33.5%。Z4竖井：Ⅰ、Ⅱ序孔透水率递减18.1%，Ⅱ、Ⅲ序孔透水率递减34.1%。中堤垂直灌浆：Ⅰ、Ⅱ序孔透水率递减30.9%。

以上透水率数据反映出，灌前透水率随着灌浆孔序逐渐增加呈现递减规律，符合灌浆规律。

（2）灌浆单位注入量分析

副坝段两个竖井13个单元与垂直孔各次序孔单位注入量，在单元汇总数据上呈现一定的递减规律，灌浆达到一定的效果，其具体表现如下：F1竖井：Ⅰ、Ⅱ序孔单位注入量递减62.4%，Ⅱ、Ⅲ序孔单位注入量递减8.5%。F2竖井：Ⅰ、Ⅱ序孔单位注入量递减25.8%，Ⅱ、Ⅲ序孔单位注入量递减31.5%。垂直孔：4排Ⅰ、Ⅱ序孔单位注入量递减40.8%，单排Ⅰ、Ⅱ序孔单位注入量递减45.2%。

中堤段两个竖井12个单元和垂直灌浆2个单元各次序孔单位注入量，在单元汇总数据上呈现一定的递减规律，灌浆达到一定的效果，其具体表现如下：Z3竖井：Ⅰ、Ⅱ序孔单位注入量递减30.6%，Ⅱ、Ⅲ序孔单位注入量递减32.1%。Z4竖井：Ⅰ、Ⅱ序孔单位注入量递减 13.1%，Ⅱ、Ⅲ序孔单位注入量递减 37.1%。中堤垂直孔：Ⅰ、Ⅱ序孔单位注入量递减 44.9%。

6）灌浆质量检查成果

（1）检查孔施工：灌浆孔结束待凝 14d 后进行检查孔施工，检查孔孔数为灌浆孔数的 5%或每单元布置一个检查孔。检查孔钻孔采用跟管钻进、清水回转钻进两种方法。根据钻孔方式的不同，按工艺要求进行分段取芯和压水试验，段长为 1.0～2.0m。压水试验的基本方法如下：

跟管钻进套管直径为 127～146mm，一次性成孔，终孔验收合格后，下设套阀管注入夹圈料，待凝 3d，开环后进行压水试验，压水试验采用单点纯压式、自下而上分段卡塞。

（2）清水回转钻进孔径为 110mm，采用自上而下单点综合压水法，孔口卡塞，整孔压水，本次压入流量减去上段灌后流量作为计算流量。

检查孔压水试验采用压力稳定的单点法压水，压力为 0.25MPa。在稳定状态下，每 5min 测读一次压水流量，取最后流量值作为计算流量。

7）压水试验检查成果

检查孔按灌浆孔数量的 5%布置，即每单元布置 1 个，位于 2、3 排灌浆孔之间的防渗轴线上，压水采用单点法。压水方式采用静压方式和泵压方式，当静水头压力不满足 0.25MPa 时，只采用泵压方式。

副坝段布置 16 个检查孔，中堤段布置 14 个检查孔，共 30 个检查孔。经压水计算每段透水率并换算成渗透系数，从所有压水试验段结果看，渗透系数最小值为 6.47×10^{-5}cm/s，最大值为 1.06×10^{-4}cm/s，均满足$K\leqslant i\times10^{-4}$cm/s 的设计要求。

8）结语

北京大宁水库砂卵石水平帷幕灌浆国内尚属首例，设计防渗指标要求较高，施工期没有可参照的相关行业规范，也没有可借鉴的工程经验，工程从最初方案制订到组织施工都有很大难度。施工中受倒虹吸箱涵抬动的影响，灌浆压力多次调整，参建单位群策群力，克服施工困难，取得了良好的防渗效果，工程已顺利通过专家验收，此工程可谓国内覆盖层水平灌浆的经典案例，值得同类工程参考和借鉴。

27.2.5　大宁水库防渗效果及评价

1. 工程概况

大宁调蓄水库位于北京市房山区大宁村北，与其下游的稻田、马厂水库组成永定河滞洪水库，共同滞蓄永定河超过 2500m^3/s 的洪水。南水北调进京后，为提高北京城市供水保证率，大宁水库在承担原设计防洪任务的基础上，增加作为南水北调调蓄水库的功能。

大宁水库坝顶高程 62.5m，设计库底高程约 43m，南水北调总干渠大流量输水时，大宁调压池对应水位 58.92m，考虑库区来水自大宁调压池自流入库，确定水库最高调蓄水位为 58.5m，相应最大可调蓄库容为 3753 万 m^3。库区右岸和主、副坝坝基为强透水中密～密实状态卵砾石层，渗透系数约 0.1cm/s。库区东堤为现状永定河主河道右堤，以粉土、粉细砂为主，渗透系数 8×10^{-4}～2×10^{-3}cm/s，属中等透水土层。按工程类比法估算，原水库最高调蓄水位下的渗漏量近 37 万 m^3/d，坝体及库区渗漏严重，为实现大宁水库作为南水北调调蓄水库的功能，对库区进行了防渗处理。

大宁调蓄水库防渗工程设计为塑性混凝土防渗墙加复合土工膜，防渗墙长度约

7.84km，环库区封闭布置，墙体厚度分0.8和0.6m²两种，墙深9.0～33m。塑性混凝土材料主要技术指标为28d抗压强度不小于2MPa，弹性模量不大于1500MPa，渗透系数小于1×10⁻⁶cm/s。左、右岸由堤顶向下嵌入基岩，主、副坝区为减少对坝体结构扰动，防渗墙自坝脚上游5m位置向下嵌入基岩层，坝坡铺设复合土工膜，与防渗墙墙顶连接形成完整封闭的防渗体，复合土工膜铺设面积约6万m²，为300g/0.6mm/300g两布一膜形式。

2. 库区地下水位监测

1）地下水位监测点分布

大宁调蓄水库环库区安装有72支测压管，用于监测库区周边地下水位，依据地下水位变化情况分析判断防渗工程的应用效果。库区东堤全长约3600m，设置监测断面11个，每断面垂直防渗墙轴线方向布置3支测压管，测压管距防渗墙5～25m，为对比防渗墙内外水位，部分测压管安装于防渗墙内；主坝坝顶长度约560m，副坝与南端滞洪水库进水闸区总长约1300m，主副坝共设置监测断面10个，每断面垂直防渗墙轴线方向布置测压管2～3支，测压管均位于坝体背水面坝坡或坝脚；西堤长约2800m，设置10个监测断面，每断面安装测压管1支，10支测压管均位于防渗墙外5m。环库区测压管布置位置如图27-9所示。

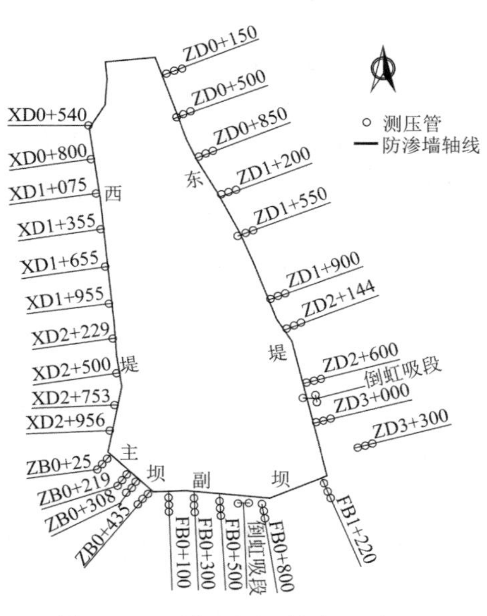

图27-9 环库区测压管布置平面图

2）地下水位监测数据分析

（1）库外地下水位与库水位对比。地下水位和库水位监测数据表明，防渗墙内测压管水位与水库蓄水位高程和变化规律基本一致，库外地下水位与水库蓄水位之间存在明显的水头差，水库水位上升和下降，库外地下水位未产生对应变化。2015—2019年最高库水位与同期典型断面地下水位对比如表27-8所示。库外地下水位与水库水位之间无明显的相关性，防渗墙和复合土工膜起到了阻止库水向周边渗漏的作用。

2015—2019年最高库水位与同期典型断面地下水位高程（m） 表27-8

时间	最高库水位	主坝水位	副坝水位		西堤水位			东堤水位		
		ZB0+308	FB0+300	FB0+800	XD0+800	XD1+655	XD2+500	ZD0+500	ZD1+900	ZD3+000
2015年	55.77	44.12	42.10	40.31	45.85	45.80	48.04	41.93	38.45	36.42
2016年	55.07	44.59	4758	47.96	45.57	45.51	48.09	42.51	4231	42.65
2017年	49.12	46.54	40.69	40.94	46.00	46.76	47.76	41.93	39.98	38.29
2018年	49.21	45.52	38.99	40.15	45.37	46.08	48.10	41.65	38.03	36.50
2019年	55.76	43.70	41.94	42.28	48.08	47.78	47.97	43.93	41.64	40.55

（2）稻田水库补水对周边地下水位影响。大宁水库南侧通过滞洪水库进水闸与稻田水库相连，大宁水库蓄水以来曾多次通过进水闸向稻田水库补水。补水过程引起临近稻田水库的大宁水库副坝外地下水位快速上升，2018年3—4月补水过程，40d内地下水位持续上升幅度近6m。停止向稻田水库补水后，以上区域地下水位持续快速回落。由于稻田水库未

进行防渗处理，库区补水向周边渗漏，引起临近区域地下水位抬升，距离稻田水库越近，地下水位变化越明显。稻田水库与大宁水库工程地质条件相近，由以上地下水位变化过程，可以看出稻田水库的库区渗漏明显，较大宁水库严重，进一步表明大宁水库防渗工程效果显著。大宁水库副坝外典型监测断面地下水位变化过程曲线如图 27-10 所示。

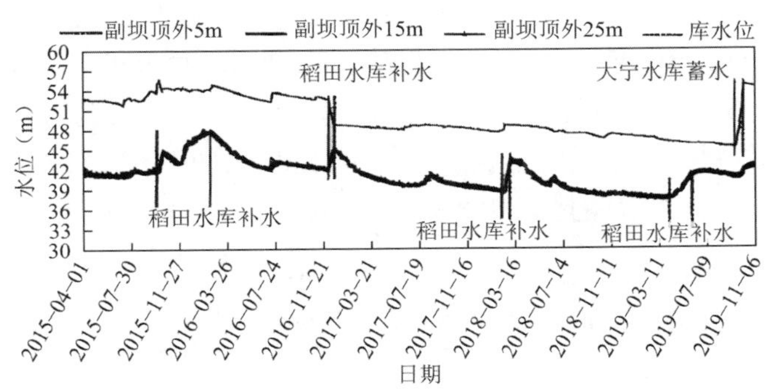

图 27-10　副坝 FB0 + 500 断面地下水位与库水位监测过程线

（3）永定河河道补水对周边地下水位的影响。大宁水库东堤为现状永定河主河道右堤，南端与大宁水库副坝相接，防渗墙位于堤顶靠近水库一侧，全长约 3.3km。地下水位监测结果表明，东堤防渗墙外地下水位变化同样受到稻田水库补水入渗影响，同时与永定河河道来水和夏季强降雨过程密切相关。2019 年 4—6 月永定河春季生态补水期间，东堤防渗墙外测压管监测到的地下水位持续快速上升，上升幅度 6～9m（由于防渗墙的阻隔作用），部分测点的地下水位值已超过库内水位，形成反向水位差，永定河补水过程结束后，各监测点地下水位随即开始持续回落。上述过程表明，永定河东堤防渗墙起到了较明显的防渗效果，防渗墙外地下水位与库水位之间无明显的相关性，相较于库内水位的影响，防渗墙外地下水位的变化受库外客水的影响更为敏感。东堤典型断面地下水位变化过程曲线如图 27-11 所示。

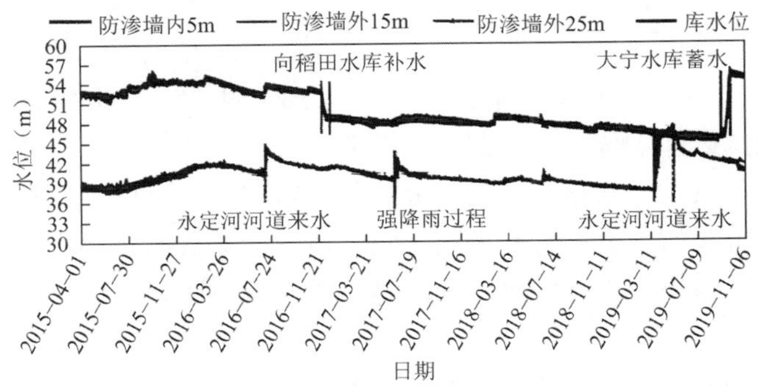

图 27-11　库区东堤 ZD1 + 550 断面地下水位与库水位监测过程线

3. 水量平衡法渗漏计算

1）历年渗漏量计算结果

水量平衡法的基本原理如式(27-1)所示，即初始水库蓄水量加总进水量等于计算期水库蓄水量加总出水量，其中总进水量包括调蓄入库水量和库区降雨量，总出水量包括泄出水量、水面蒸发量和渗漏量。利用以上水量平衡原理，结合水库的水位—水面面积关系曲线，可推导出库区渗漏计算方法如式(27-2)所示，式中蓄入水量、泄出水量根据流量计量数据确定，水位变化由计算期内库水位实测值确定，蒸发和降雨量采用库区气象观测站实测数据。

$$Q_0 + Q_{进} = Q_1 + Q_{出} \tag{27-1}$$

$$Q_{渗} = \Delta H \times S + Q_{蓄} - Q_{泄} + P \times S - E \times S \tag{27-2}$$

上两式中，Q_0为初始库水量（m^3）；Q_1为计算期库水量（m^3）；$Q_{进}$为总进水量（m^3）；$Q_{出}$为总出水量（m^3）；$Q_{渗}$为渗漏量（m^3）；ΔH为库水位变化（m）；$Q_{蓄}$为蓄入水量（m^3）；$Q_{泄}$为泄出水量（m^3）；S为对应水面面积（m^2）；P为降雨量（m）；E为蒸发量（m）。

为减小观测误差对计算结果的影响，采用多日观测数据平均值，按上述水量平衡方法计算大宁调蓄水库日平均渗漏量，2015—2019 年全年日平均渗漏量统计结果如表 27-9 所示。

水量平衡法计算库区历年日平均渗漏量　　**表 27-9**

时间	2015 年	2016 年	2017 年	2018 年	2019 年
水位范围（m）	51.76～55.77	52.46～54.95	48.26～49.12	47.16～49.21	45.95～47.34
日平均渗漏量（m^3/d）	13915	13153	8977	7915	8232

注：表中水位和渗漏量计算结果未计入冬季结冰期数据。

2）最高蓄水位渗漏量推算及评价

根据工程类比法推算，无防渗措施的情况下，大宁水库最高调蓄水位下的日渗漏量约 37 万 m^3/d；采用 Modflow 有限差分软件进行数值模拟计算，防渗处理后水位在 46～58m 之间的库区渗漏量为 0.5 万～1.5 万 m^3/d。水量平衡法依据实测出入库流量和气象数据，计算结果更接近于实际渗漏值，大宁水库蓄水以来最高库水位为 55.77m，根据库水位实测数据绘制 46～55.5m 范围内日渗漏量计算结果曲线，如图 27-12 所示。考虑到库区蓄水以来未达到设计最高调蓄水位，暂时无法以实测数据按水量平衡法进行渗漏量计算，因此以库水位与日渗漏量关系曲线变化趋势推算，最高调蓄水位 58.5m 时日渗漏量约为 2.5 万 m^3/d。水量平衡法计算结果较有限差分软件模拟计算值偏高，但相对于无防渗措施时的推算值，渗漏量减少约 93%。以上结果表明，塑性混凝土防渗墙和复合土工膜综合防渗体系对于减少大宁水库的渗漏，应用效果明显。

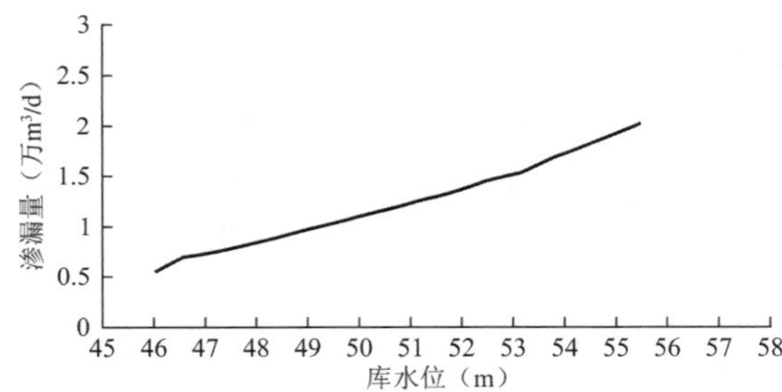

图 27-12　库水位与日渗漏量关系曲线

4. 结论

本节采用大宁调蓄水库实测监测数据，通过定性分析和定量计算，对塑性混凝土防渗墙加复合土工膜的综合防渗工程应用效果进行评价，主要结论如下：

（1）周边地下水位监测结果表明，环库区地下水位与库水位之间存在明显水位差，库外地下水位的变化主要受到临近的稻田水库和永定河河道来水影响，与库水位之间无明显相关性，防渗工程发挥了阻止库内水向周边渗漏的作用。

（2）依据实测进出库水量和库区降雨、蒸发等气象观测数据，结合水位—水面面积关系曲线，采用水量平衡方法对库区渗漏量进行定量计算，建立了库水位—日平均渗漏量关系曲线，并据此推算最高调蓄水位下的库区渗漏量，结果表明，与无防渗措施时相比，库区渗漏量减少约 93%，防渗工程应用效果明显。

27.2.6　小结

大宁水库的防渗工程是水库能否正常运行的关键，各方面都很重视，在长达半年时间里，各方人员提出建议和具体的设计方案，进行了调查研究和相关的试验研究工作，最后采用了在倒虹吸开挖竖井，进行水平帷幕灌浆设计的施工方案，在各方面努力下，取得了良好的技术经济效益，防渗效果非常好，值得很好地总结推广。

27.3　东干渠的盾构竖井

27.3.1　概述

北京市南水北调工程的东干渠，是最后施工的干线工程。为满足 2014 年通水需要，要求 1 年内完成 44.7km 的盾构施工。其中，布设盾构竖井 18 个，下入 20 台盾构机施工。

本节重点有 2 个，一是对 18 个盾构竖井防渗设计的风险评估，再一个是针对最大的盾构井的设计施工加以介绍。

南水北调配套工程东干渠工程输水隧洞走向为自朝阳区花虎沟沿北五环向东，至广顺桥向南折向东五环，沿东五环向南，至亦庄桥与五环路分离，下穿凉水河至亦庄调节池，工程地理位置如图 27-13 所示。隧洞总长度约 44.7km，管底最大埋深约 34m。东干渠输水隧洞为内径 4.7m 的钢筋混凝土圆涵（双层衬砌结构）。输水隧洞施工为盾构法掘进，工程布置 18 座盾构始发井，38 座二衬施工竖井。

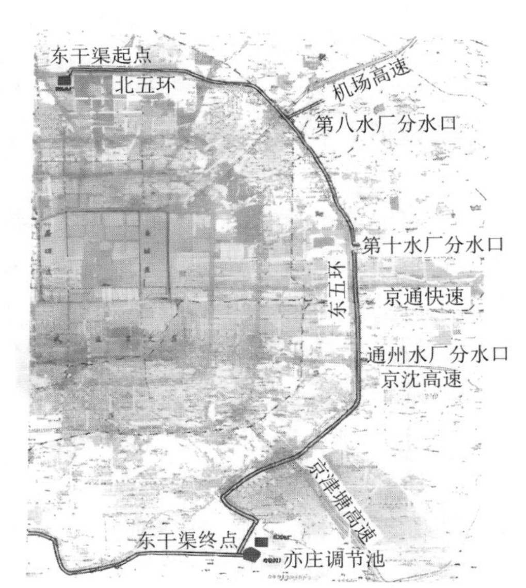

图 27-13　工程地理位置示意图

东干渠隧洞工程穿越北京城区东部大部分地区，工程涉及深大基坑支护开挖，穿越东部地面沉降带、垃圾填埋场，地下轨道交通、交通路桥等，给工程勘察工作带来极为复杂的问题和困难，涉及大量繁杂的环境、水文、地质问题，对工程设计、施工影响很大。

27.3.2　盾构井的设计要点——工程地质条件

1. 地层岩性

根据供水隧洞的场地勘察土质鉴别，场区除表层为人工填土（Q_r）外，主要由古河道及现代河道沉积地层、一般第四系冲洪积（Q_4^{al-pl}）地层组成。现由上至下简述如下：

（1）人工填土：分布在工程区地表，分布较为广泛。主要为粉砂、黏质黏土、碎石填土，偶见杂填土。一般厚度为 0.7～3.0m，局部厚度较大。

（2）第四系冲洪积堆积物：分布在现状河道附近及古河道。主要有清河现状河道及古河道、永定河冲洪积、凉水河现状河道，主要岩性为粉质黏质粉土、细砂及砾石。

一般第四系冲洪积堆积物广泛分布于工程区，为工程区主要地层，岩性主要为黏质粉土、砂土及圆砾、卵砾石（表 27-10）。

工程地质条件 表 27-10

	起止位置	地下水分布层数	地下水类型	地下水位埋深（m）	地下水位高程（m）	地下水分布特征	主要赋水地层岩性
Ⅰ、Ⅱ	起点—仰山桥	3 层地下水	台地潜水	5.01～5.51	39.90～39.40	连续分布	③$_1$粉土
			第一层间水	9.85～10.87	35.06～34.03	局部分布	⑤粉黏中含水岩组粉土、细砂
			潜水—承压水	11.20～17.70	26.69～23.8	连续分布	⑥细中砂和⑥$_1$卵石
Ⅲ	仰山桥—环铁桥	3 层地下水	台地潜水	1.66～4.51	37.93～30.85	连续分布	③$_1$粉土
			第一层间水	5.89～8.84	33.70～26.50	连续分布	④细中砂和④$_2$卵石
			潜水—承压水	25.23～25.78	14.38～14.21	连续分布	⑥细中砂和⑥$_1$卵石
Ⅳ	环铁桥—西直河桥南	3 层地下水	台地潜水	1.96～9.22	27.95～22.19	局部分布	③$_1$粉土、③粉黏中含水岩组粉土、细砂
			第一层间水	1.75～13.90	28.20～17.13	连续分布	④细中砂和④$_2$卵石
			潜水—承压水	14.14～26.70	15.89～3.29	连续分布	⑥细中砂和⑥$_1$卵石
Ⅴ	西直河桥南—终点	2 层地下水	潜水—承压水	19.19～21.46	10.99～5.58	连续分布	⑥细中砂和⑥$_1$卵石
			承压水	29.10～32.50	1.57～-2.40	连续分布	⑧细中砂和⑧$_1$卵石

2. 地下水水位动态规律

1）浅层地下水水位动态规律

浅层地下水天然动态类型为渗入—蒸发、径流型。地下水水位多年来变化不大，始终在多年平均水位上下波动，与相对较为稳定的多年大气降水对地下水的补给量相一致。地下水水位动态变化规律为：在一个水文年中，一般 6～9 月份（汛期）受集中降水影响，地下水位较高，其他月份水位较低，水位年变幅一般在 2～4m，与区域大气降水的季节性变化规律基本一致。

2）层间水—承压水水位动态规律

拟建隧洞沿线赋存的潜水—承压水在水位较低时表现为潜水，水位升高时表现为承压水，其动态类型属径流—开采型。近 10 年来该层地下水水位有下降的趋势。该层地下水的水位动态变化规律一般为：10 月—来年 3 月份水位较高，其他月份相对较低，年自然变化幅度为 2～6m。

3. 水文地质参数建议值

根据水文地质各种试验方法取得的渗透系数计算结果，结合已有类似赋水地层的试验成果和相关工程经验综合分析，提出隧洞沿线对施工可能有影响的各主要赋水地层的水文地质参数建议值，如表 27-11 所示。

隧洞沿线赋水地层水文地质参数综合建议值 表 27-11

成因年代	赋水地层编号	地层岩性	含水层影响半径建议值（m）	允许水力比降i允许	渗透系数综合建议值（m/d）
第四纪沉积	③$_1$	粉土	6～8	0.45～0.50	0.5～1
	④、⑥	细砂、中砂	100～200	0.30～0.35	3～20
	④$_1$、⑥$_2$	圆砾、卵石	800～1200	0.15～0.20	50～80

27.3.3　盾构竖井防渗设计要点

1. 盾构竖井的基本数据

一共 18 个盾构竖井，最深 34.7m，最浅 20.1m，有 2 个竖井要下入 2 个盾构机（表 27-12）。

2. 原盾构竖井设计不足之处

（1）有的基坑渗流不稳定（5 个）。

（2）有的地下连续墙墙底位置不合理，需要向上或向下调整。

（3）有的地下连续墙长度过长，需要减短；有的则需要加长。

（4）井底防渗处理。

3. 基坑渗流计算要点

1）地下水为潜水时

此时深基坑应计算贴壁渗流稳定状况，也就是沿着地下连续墙壁两侧最短渗径方向的渗流稳定。当地基为均匀透水地基时，平均渗流坡降l按下式计算：

$$l = h_w/(h_w + 2h_d) \leqslant [i]$$

$$i = \frac{h_w}{h_w + 2h_d} \leqslant [i]$$

式中　h_w——基坑内外水位差，有时还要加上降水引起的地下水位下降值，通常为 0.5～1m；

h_d——地下连续墙在基坑底部以下的入土深度；

$[i]$——允许坡降。在本工程中，细中砂$[i] = 0.3$～0.4，卵砾石$[i] = 0.15$～0.2。

请注意，潜水基坑的渗流破坏只发生在靠近地下连续墙边的局部地方（宽度 $= 0.5h_d$），不必向 18 号竖井那样，把整个坑底地基全面高喷封底。

2）地下水为承压水时

通常要进行以下计算：

（1）荷载平衡计算

即含水层顶板以上的地层材料重量应不小于承压力的浮托力：

$$\gamma_s t \geqslant k\gamma_w h_w$$

式中　t——地层厚度（全部上覆土）（m）；

γ_s——地层的饱和重度，不是浮重度（kN/m^3）；

γ_w——水的重度（kN/m^3）；

h_w——含水层顶板以上的承压水头（m），不一定是基坑内外水位之差；

k——安全系数，取$k = 1.1$。

（2）上覆地层内部的渗透稳定计算

当含水层顶板以上不但有隔水层，还有透水层交互存在时，如果其中某一种地层的厚度很薄或抗渗性能很差时，则除了上述（1）项核算外，还应该核算该地层的渗流坡降是否小于允许值。此时，黏性土的允许坡降可采用 5～8；对于砂性土，则根据土的性质差异，而采用不同数值，如本工程粉细砂，$[i] = 0.3$～0.4，卵砾石$[i] = 0.15$～0.2 等。

根据笔者分析，在东干渠的深基坑中，大多数基坑不必核算（2）项内部稳定，只要满足（1）项要求即可。

北京市南水北调配套工程东干渠盾构出发井主要指标表

表 27-12

标号	东 1	东 1	东 2	东 2	东 3	东 4	东 4	东 5	东 5	东 6	东 6	东 7	东 8	东 9	东 10	东 11	东 12	东 13
竖井号	1	2	3	4	5	6	7	8	9 双井合一 10		11	12	13	14	15	16	17	18
冠梁顶高程	43.83	38.99	40.63	38.53	35.93	32.70	34.55	31.15	31.80	31.80	31.70	29.85	30.59	29.26	29.92	32.83	32.37	31.99
井底高程	21.00	16.55	14.04	13.24	12.20	2.82	8.83	4.31	5.31	5.31	11.60	1.66	7.86	2.23	1.76	3.61	4.59	7.38
坑底高程	19.70	15.25	12.74	11.94	10.90	1.52	7.53	3.01	4.01	4.01	10.30	0.36	6.56	0.93	0.46	2.31	3.29	6.08
墙底高程	9.00	6.55	2.04	1.24	0.20	−12.18	−3.27	−7.69	−6.69	−6.69	−4.40	−12.24	−4.14	−9.77	−13.24	−11.39	−10.41	−4.62
开挖深度h_p	22.83	22.44	26.59	25.29	23.73	29.88	25.72	26.84	26.49	26.49	20.10	28.19	22.73	27.03	28.16	29.22	27.78	24.61
入土深度h_d	12.00	10.00	12.00	12.00	12.00	15.00	12.00	12.00	12.00	12.00	16.00	14.00	12.00	12.00	15.00	15.00	15.00	12.00
墙长	34.83	32.44	38.59	37.29	35.73	44.88	37.72	38.84	38.49	38.49	36.10	42.19	34.73	39.03	43.16	44.22	42.78	36.61
墙厚	1.00	1.00	1.20	1.20	1.20	1.20	1.20	1.20	1.20	1.20	0.80	1.00	1.00	1.20	1.20	1.20	1.20	1.00
底板厚	1.20	1.20	1.20	1.20	1.20	1.20	1.20	1.20	1.20	1.20	1.20	1.20	1.20	1.20	1.20	1.20	1.20	1.20
墙外边（$a \times b$）	5.16 × 16	5.16 × 16	52 × 16.4	52 × 16.4	52 × 16.4	52 × 16.4	52 × 16.4	52 × 16.4	101.6 × 16.4		51.2 × 15.6	51.2 × 15.6	51.6 × 16	52 × 16.8	52 × 16.4	52 × 16.4	52 × 16.4	51.6 × 16
二衬内（$a' \times b'$）	—	—	—	—	—	—	—	—	—	—	—	—	—	48 × 15.2	—	—	—	48 × 12.4
二衬厚度	—	—	—	—	—	—	—	—	—	0.80	—	—	—	0.80	—	—	0.80	0.80
地下水	第一层承压水	承压水	第三层承压水	第三层承压水	第三层承压水	承压水	承压水	承压水	第三层承压水	承压水	承压水	承压水位平井底	承压水	第二层承压水	承压水	潜水	承压水	潜水
h_w（坑底以上）	4.00	—	与坑底相平	低于坑底 2.00	与坑底相平	9.00	4.00	1.00	5.00	5.00	坑底下 6.00m	1.50	5.0（坑内）	6.13	2.00	5.12	4.00	0.90
墙底入土	⑦粉质黏土 7.00	⑦粉质黏土 2.00	⑦粉质黏土	⑦粉质黏土	⑥细中砂 ⑥圆砾	细中砂	圆砾	粉砂	细中砂	细中砂	细砂	⑥细中砂	⑥细中砂	⑦粉质黏土	细中砂	细中砂	卵砾石	细砂
高喷封底	—	—	—	—	—	—	封底 5.00	封底	—	—	—	—	封底 5.00	—	—	—	封底 5.00	封底 5.00
建议	墙底上抬 3.00	墙底上抬 3.50	墙底抬高 3.00	墙底加长 1.00	墙底上抬 6.00	—	墙底加长 5.00	墙底加长 4.70m 或灌浆	—	—	墙底上抬 6.00	减压降水	减压降水或帷幕	墙底上抬 2.00m	墙底上抬 4.00m	降水	墙底加长 5.00m	深层降水
评论	—	—	—	—	—	—	渗流不稳定	渗流不稳定	—	—	—	—	渗流不稳定	—	—	渗流不稳定	—	渗流不稳定

4. 主要竖井防渗设计建议

1）深基坑底部的渗透稳定措施

如果深基坑底部的渗流稳定不能满足要求时，通常可以采用以下几种措施：

（1）把地下连续墙底加长到隔水层（本工程为粉质黏土层）内 1.5～2m；当底部没有连续的粉质黏土隔水层时，则加长的长度视地基的渗流稳定条件来确定。

（2）在基坑周边设两排垂直灌浆帷幕，其底部深入粉质黏土隔水层内 1.5～2m；当没有粉质黏土层时，应根据地基的渗流稳定条件来确定其深度，通常应大于 8～10m。宜采用控制灌浆（膏浆）。具体灌浆参数经试验确定。

（3）减压降水

当基坑内外地下水连通时，可采用坑内降水的办法，把地下水位降到坑底以下 0.5～1m。

此法在粉砂或细砂地基中很难达到理想效果。

（4）坑底水平封底

采用高压喷射灌浆的方法来封闭基坑底部的透水地基，已经有很多工程做过，包括南水北调穿越黄河隧道竖井工程，沈阳地铁二号线工程以及武汉地上百座建筑基坑工程等，但是没有一个是成功的。在东干渠工程中，采用高喷水平封底也很难达到预想效果。

从前面介绍的渗流理论来看，在潜水情况下的基坑中，就像东干渠 13 标 18 号盾构始发井那样，主要是解决基坑支护结构（渗径）的长度问题，也就是当渗流坡降不能满足要求时，只要加长地下连续墙或帷幕长度即可，而不需要大面积处理地基，提高整体防渗性能。根据太沙基地理论，潜水的管涌破坏只发生在距墙边 0.5 倍开挖深度的范围内。

在承压水条件下的基坑，需要的是增加上覆土的重量，但高喷做不到这一点。

目前，水利水电工程在覆盖层中采用控制灌浆，也就是灌膏浆的方法，效果很不错。

如果把这种方法应用到水平封底中，效果也不会很差，但目前尚无实际应用的工程实例。

总的看，在东干渠工程中，采用前三种措施，即墙底加长、周边垂直灌浆帷幕和减压降水相结合的办法，是可行的。

2）高喷灌浆和控制灌浆的比较

（1）高喷灌浆是在有限范围（直径）内，采用高压对地层土料进行喷射搅拌，以形成一个固结体。出了这个有限边界之外，喷射压力就会迅速衰减，对地基起不到加固作用。根据所用的高喷设备和灌浆压力、提速等参数不同可以形成不同直径大小的固结体。由此可见，要想让这些固结体互相搭接起来，就必须采用大直径、小间距和小偏斜的方法才能办得到。某工程采用的是ϕ600mm@450mm 来封闭透水层，在钻孔深度 30～40m 的情况下，其底部根本搭接不到一起（详见图 7-18）。在一个不足 2000m^2 的基坑中，打入 3000 多根相距 0.45m 的高喷体，难度相当大。

（2）在覆盖层中采用控制灌浆（膏浆）的方法，在水利水电工程中已经大量采用并取得成功。这种灌浆是一种渗透—扩散灌浆，它的灌浆浆液是沿着地层的孔隙流动、扩散而逐渐固结的。可以想见，它的扩散范围比高喷法要大，要远些，通常其扩散半径大于 1.5～2m。这样的话，在同样基坑面积下，我们就可以少用很多根钻孔来达到封闭透水层的目的，它的工期、质量和造价都会优于高喷法。

建议采用两排灌注帷幕，排距0.8～1.0m，孔距1.5～3.0m，建议在基坑开挖快到坑底地下水位以上时，在坑内灌浆。具体参数经灌浆试验确定。

3）地下连续墙接缝的防渗措施评估

好多地方的深基坑，因为地下连续墙接缝渗水，发生了不少事故。例如，某城市地铁深基坑的三个标段，有两个就是因为地下连续墙接缝漏水而发生事故，一两个月都封堵不住。当时地下水埋深4.0m，在墙体接缝深22m处（水头18m）水砂突然由接缝夹泥处喷入基坑内。探究其原因，主要是地下水头很大，地基多为淤泥或淤泥质土、粉土或粉细砂等，地下连续墙接缝防渗止水措施不力等。

对于东干渠来说，虽有多层地下水，但每层地下水的水头不过几米，还有不少地下水深埋在基坑底部以下，而地基多为粉质黏土、卵砾石或细中砂，易产生流砂、管涌的地层不多。由于地基大体均匀，造成地下连续墙施工坍塌以致形成绕流混凝土的不多（实际如此）。因此，从总体上来看，东干渠地下连续墙接缝处理措施可要可不要。

在本工程地下连续墙设计中，在接缝处采用2根ϕ600mm@300mm的搭接桩体来防止接缝漏水，是不可能的。因为设计在地面上搭接300mm，但是到墙底（35～45m）的时候，由于放线偏差（允许50mm）和孔斜偏差（1%）的综合影响，它们在40m深处的桩体最大净距已达600mm；更不必说放线和孔斜的实际偏差还要大很多了。

笔者的看法是：

（1）不必设置这两根止水桩。

（2）必须设置的话，应采用多根大直径高喷桩。可采用3根ϕ1000mm@500mm高喷桩，或采用覆盖层水泥灌浆（至少三根）取代高喷灌浆。

4）盾构机进出口的加固和防渗

从东干渠盾构井进出口的地质情况来看，所承受的水头不过几米，加固和防渗的难度并不太大。但要注意以下几点：

（1）盾构进出口位于粉质黏土层内，如1～5号始发井，加固和防渗要求不是很高。

（2）盾构井出口底部位于细砂、细中砂中，如1、8、9、10、12、16号井等，其顶部为粉质黏土，出洞条件较好。这些基坑应注意对底部砂层的加固和防渗质量。

（3）盾构井的进出口顶部为细砂、细中砂类，如11、13、14、17、18号井，根据外地经验，容易顶部坍塌，漏水，所以加固和防渗措施及质量要严格掌握。

可采用的加固和防渗措施有：

①有些基坑采用ϕ600mm@300高喷桩不能达到设想效果，建议采用大直径、小间距的高喷桩；

②对要求严格的（3）类情况，建议采用覆盖层水泥灌浆帷幕的方法。

5）对基坑支护结构形式的讨论

本工程地基中虽然存在着多层地下水，但水头并不高，不过几米。地基中没有对开挖施工影响很大的淤泥质土或流砂。所以，采用矿山法修建竖井的临时支护结构是可能的。这种方法在北京的地铁和南水北调工程已经应用很多了。

我建议在本工程中采用圆形的盾构临时支护结构。为什么要采用圆井呢？因为在面积相同的情况下，圆的周长最小；这样，基坑围护工程量和造价也小。我们需要吊装的盾构机的轮廓尺寸已经确定。根据上述边界尺寸，我们就可以画出一个外接圆，其控制边界半径为 6.9m。如果取井的结构厚度为 0.8m，则井的其他尺寸和工程量即可计算出来。此时内圆面积为 149.5m^2，周长为 43.33m；外径为 7.7m，面积为 186.17m^2，周长为 48.36m；水平圆环面积为 36.67m^2。采用矿山法施工，墙深按开挖深度 26.49m（9/10 号井）再加上 1.5m 计算，则工程量为 $36.67 \times 27.99 = 1026.8$m^3。

原设计矩形基坑内衬尺寸为 13.9m × 14.0m，底面积为 194.6m^2；地下连续墙外边尺寸为 16.9m × 16.4m，底面积为 277.16m^2；仍以 9/10 号井为例，其地下连续墙深度为 38.49m，混凝土工程量为 $38.49 \times (277.16-194.6) = 3175.4$m^3。

可以看出，圆井的混凝土工程量只相当于矩形井的 32.3%。即使采用两次衬砌做法，即在圆井外边再做一道临时支护，假定厚度仍为 0.8m，按矿山法施工，其工程量为 $40.73 \times 28 = 1140.44$m^3，再加上二衬工程量，共 2167.24m^3，也只相当于矩形井的 68.2%。

关于支护结构形式的讨论：

（1）采用圆形支护结构，可以使结构受力更合理些，工程量（混凝土和钢筋）少些，深基坑工程安全度更高些，还可取消多道水平内支撑，提供更大的施工空间，降低工程造价。

（2）圆井的施工方法有两种，一种是采用圆形地下连续墙，施工起来麻烦一些，但是国内外已经建成了很多圆形竖井，困难不是很大；另一种是采用矿山法施工，这是比较方便的一种施工方法，北京的很多地铁工程都有采用。南水北调工程南干渠也采用过。在地下水影响小的地区，采用矿山法修建圆形竖井还是比较方便的。

至于究竟哪个基坑可以采用圆形竖井，需要根据该基坑所在的工程地质和水文地质条件、基坑开挖深度、周边环境等具体情况，进行技术经济比较以后，再做决定。

还有一点，地下连续墙的厚度和水平钢筋混凝土支撑的断面尺寸，显得大些。本工程的地下连续墙主要水平荷载是水压力。但是有一点需要注意，东干渠所在地区的地下水，虽有多层，但很多情况下并不相通，水头不大；所以作用在地下连续墙上的水压力是分段的，不是从上到下一个压力作用于其上。似乎设计断面还有优化的余地。

27.3.4　典型盾构竖井的建议

1. 东三标 5 号井

1）基本情况

本基坑位于粉质黏土中，分布有两层地下水。第一层地下水可在开挖过程中疏干。第二层为承压水，含水层为细中砂和圆砾，地下水位高程为 9.8～11.91m，位于基坑底部以下。

本基坑底部位于粉质黏土中；地下连续墙底位于透水层的细中砂和圆砾中，局部位于粉质黏土中。

2）渗流分析

本基坑渗流稳定，安全度高。

承压水位低于基坑底部，对基坑稳定无影响。

注意：开挖到底部时，开挖排水沟槽（内填石屑）。

3）建议

鉴于本基坑位于很厚的粉质黏土中且承压水位低于基坑底部的地质条件，可将地下连续墙底上抬 6m，到高程 6.2m。

2. 东四标7号井

1）基本情况

本基坑分布有两层地下水，上层为潜水，下层为承压水，含水层为细中砂，坑底以上的水头约4m。

本基坑底部位于细中砂层内；地下连续墙底位于圆砾层内。原设计在坑底下布置有厚5m的高喷封底。

2）渗流分析

本基坑属于悬挂式基坑。由于上覆的粉质黏土均被挖除，坑底地基直接承受承压水的上浮力。

高喷封底起不到防渗止水作用。

3）建议

本基坑属于渗流不稳定地基，建议采用以下几种措施：

（1）将地下连续墙底加长5m，进入下部粉质黏土内1.5～2m，变为封闭式基坑，疏干降水即可。

（2）也可在基坑周边设置灌浆帷幕，深入下部粉质黏土内。

（3）打井进入圆砾层内，减压降水（图27-14）。

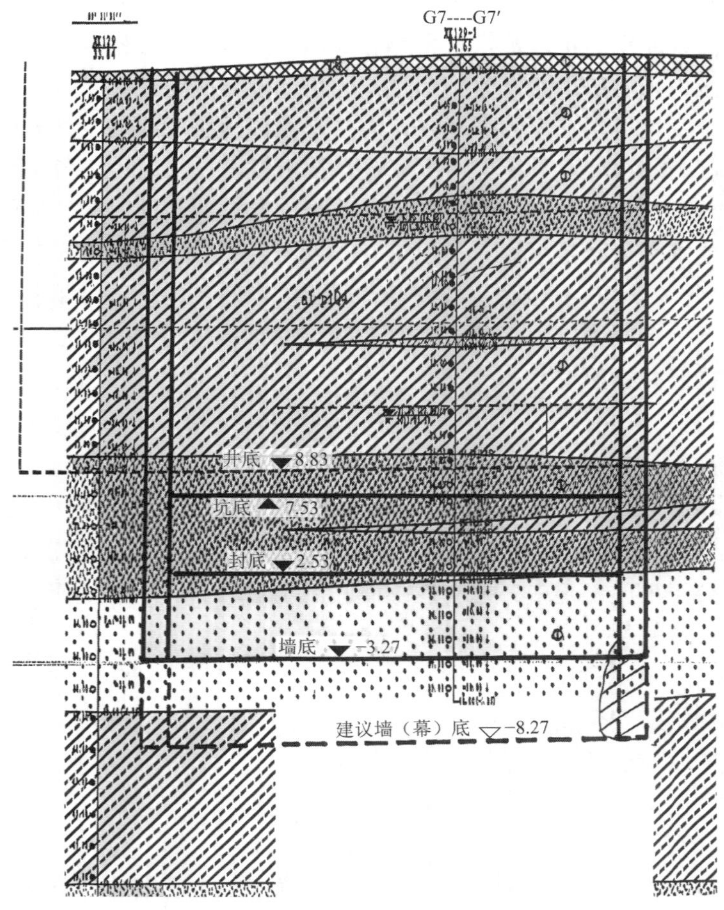

图27-14　7号盾构始发井工程地质剖面图

3. 东十三标 18 号井

1）基本情况

本基坑分布有一层地下水，为潜水，坑底以上水头约 0.9m，含水层为细砂。底部高程 −16～−18m 以下分布有粉质黏土，钻孔穿透。

本基坑底部位于细砂层中；地下连续墙底位于细砂层和卵砾石层中。

本基坑底部设计有 5m 厚的高喷水平封底。

2）渗流分析

本基坑底部和墙底均位于透水层内，属于悬挂式基坑。

如果不做地基处理，则开挖到坑底时，细砂必会发生扰动。

采用高喷水平封底的方法不可行，此时的基坑渗流仍不稳定。本基坑为潜水基坑，只要做到贴壁渗流稳定，即可保证基坑的整体稳定，不必对坑底进行全面封底。

3）建议

可采用以下措施：

（1）将地下连续墙加长到粉质黏土内，将基坑封闭，前提是粉质黏土连续。

（2）在基坑周边布置两排灌浆帷幕，贴地下连续墙内壁而设，帷幕在墙底以下的深度不小于 8m。

（3）在卵砾石层内布置降水井，将地下水降到坑底以下。

综合考虑现场情况，可以采用降水方案或灌浆方案。高喷水平封底难于达到防渗要求，可不用。详见图 27-15。

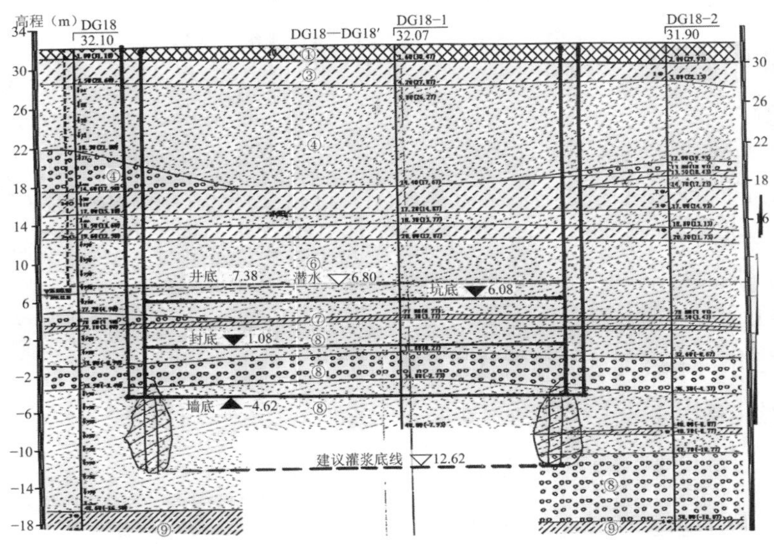

图 27-15　18 号盾构始发井工程地质剖面图

27. 3. 5　同一竖井内两台盾构相向始发的施工

在一个长度为 49.6m 的竖井中顺利始发两台盾构机，同时运行四列水平运输车的施工如何组织？本文以南水北调配套工程东干渠工程施工 18 号盾构井两台盾构相向始发为例，详细叙述了如何组织两台盾构的始发、掘进工作，同时水平运输从一辆到四辆的变化，为以后类似工程提供了一个解决此类问题的思路和途径。

1. 工程概况

北京市南水北调配套工程东干渠工程施工第十三标段，输水洞线桩号 K40 + 817.22～K44 + 722.040，全长 3904.82m。隧洞始于凉水河右岸的 2 号盾构接收井，至东干渠 3 号盾构接收井（南干渠工程 6 号盾构井）。沿线地形较为平坦，地貌单元主要为永定河冲洪积扇东北边缘，地面高程 30.12～37.43m。

主要工程量包括：标段内的输水盾构隧洞和现浇隧洞，18 号盾构双始发井（简称 18 号井），56 号（37 号二衬竖井）、57 号、58 号排气阀井（38 号二衬竖井）等。

据勘察资料显示，本区间穿越主要地层为⑤粉质黏土、$⑤_1$ 粉土、⑥细中砂，少量$⑥_1$ 卵砾石，隧洞底设计高程 4～15m，隧洞内分布一层地下水，高程 4.8～10.58m。

18 号盾构始发井长 49.6m，宽 14m。两侧各有一个端头，端头内净空尺寸为长 14.5m，宽 14m，中间段内净空尺寸为长 20.6m，宽 8.2m，井内总面积为 574.92m²。18 号井平面图如图 27-16 所示。

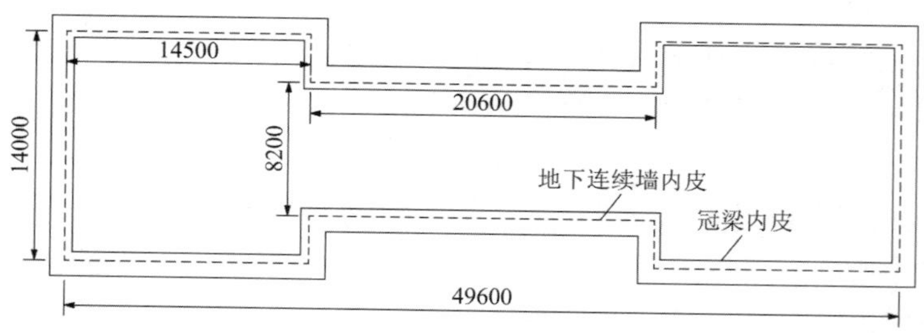

图 27-16 18 号盾构双始发井平面图

2. 施工安排

1）总体筹划安排

根据合同工期和总施工进度计划要求，我区间共计投入盾构机 2 台。

1 号盾构机率先从 18 号井南端头分体始发，进行 20 号盾构区间隧道（18 号盾构双始发井～3 号接收井）的掘进施工，沿线穿越 38 号二衬竖井和亦庄分水口及 2 号调压井，最终到达 3 号盾构接收井。

在 1 号盾构机始发 50d 后，2 号盾构机在 18 号井北端头开始组装并分体始发，沿线穿越 37 号二衬竖井，最终到达 2 号盾构接收井。

18 号盾构井盾构区间工程筹划图如图 27-17 所示。

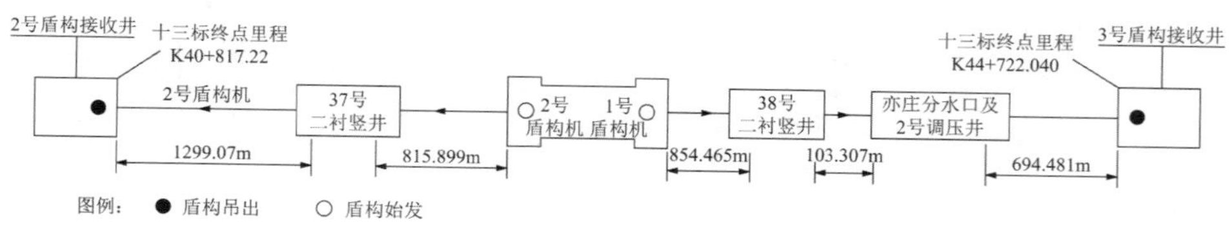

图 27-17 18 号盾构井盾构区间工程筹划图

2）18 号井内布置

洞内水平运输车辆为电瓶车编组，采用电力牵引机车外加渣土车、浆液车和管片车的组合形式，分为整列、半列和盾构始发列，具体配置如下：

（1）整列配置为 1 辆牵引机车外加 3 辆渣土车、2 辆管片车和 1 辆浆液车，长 43.5m。

（2）半列配置为 1 辆牵引机车外加 3 辆渣土车，长 29.3m，或 1 辆牵引机车外加 2 辆管片车和 1 辆浆液车，长 21.8m。

（3）始发时电瓶车编组配置为 1 辆牵引机车外加 1 辆管片车和 1 个小土斗，长 11.7m。

电瓶车编组示意图如图 27-18 所示。

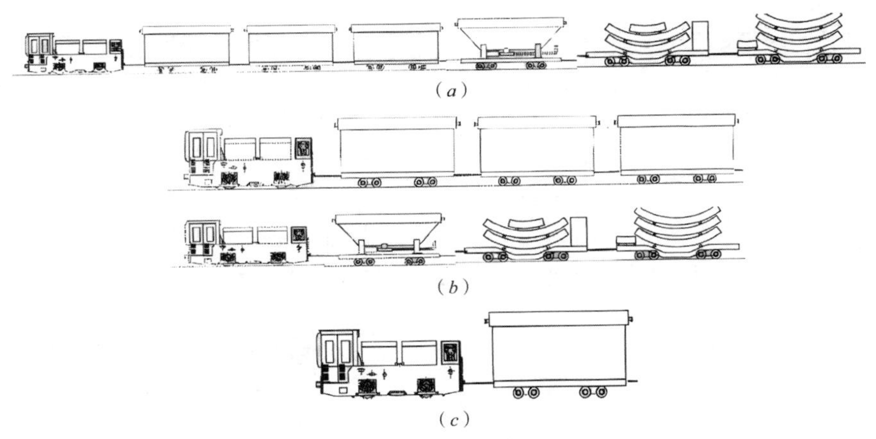

图 27-18　电瓶车编组示意图

3）具体实施安排

第一阶段：始发。

1 号盾构机在南端头分体始发，考虑到负环、反力架和竖井钢支撑的影响，并结合井的长度和出泥口的位置，决定水平运输采用 1 辆牵引车加 1 辆管片车，配合小土斗出土的方式，同步浆液通过管道直接输送至台车的浆液罐中。

当盾构掘进 30m 后，将剩下的两节台车吊至井下进行组装；当盾构掘进至 80m 时，水平运输采用整列电瓶车进行作业。

第二阶段：第一次安装道岔。

当 1 号盾构机掘进 720m 后，2 号盾构机开始组装、分体始发，水平运输方式同 1 号盾构机。

此时 1 号盾构机停机，拆除部分轨道，在距离南端头连续墙外皮 23m 和 66m 处（道岔中心位置）分别安装一 Y 形道岔。此后，1 号盾构机水平运输采用两个半列车进行运输施工。

2 号盾构机正线掘进 80m 后，水平运输车采用整列电瓶车进行作业，1 号盾构机水平运输仍采用两个半列车进行运输施工。

第三阶段：第二次安装道岔。

待 2 号盾构机盾尾进入隧洞 100m 后，拆除靠近南端头洞门处的 Y 形道岔，将其安装在距北端头连续墙外皮 50m 处（道岔中心位置），在两个道岔之间铺设四股轨道，形成双列水平运输形式。

为了更形象地说明这三个阶段的工作，我们用以下的示意图来解释一下：

（1）1 号盾构机始发。

（2）1 号盾构机掘进 80m，完成剩余两节台车的组装，并使用整列电瓶车进行作业。如图 27-19 所示。

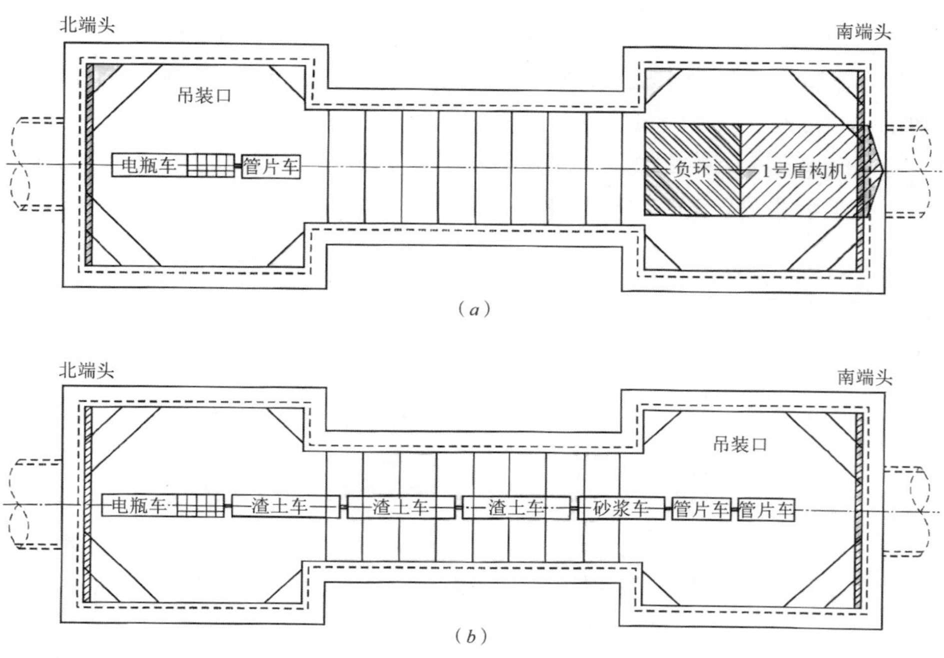

图27-19　第一阶段

（3）1号盾构机掘进至720m后停机，在靠近南端头连续墙外皮23m和66m处各安装一组道岔，使用两个半列进行水平运输。

（4）2号盾构机分体始发。如图27-20所示。

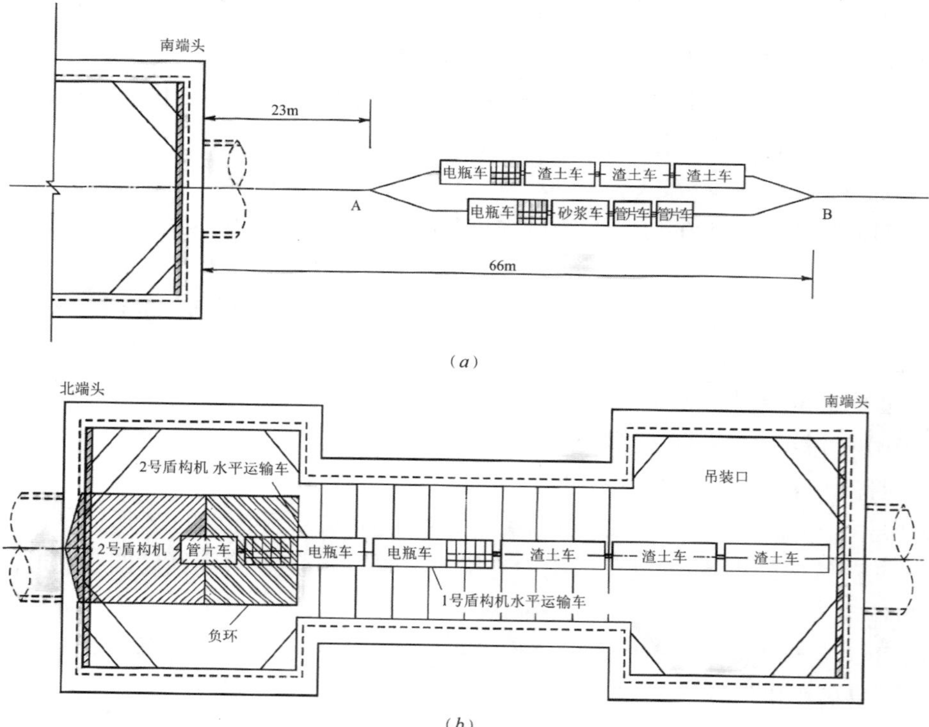

图27-20　第二阶段

（5）2号盾构机盾尾进洞100m后，拆除A道岔，将其安装在距北端头连续墙外皮50m处。

（6）井内铺设四股轨道，形成双列运输。如图27-21所示。

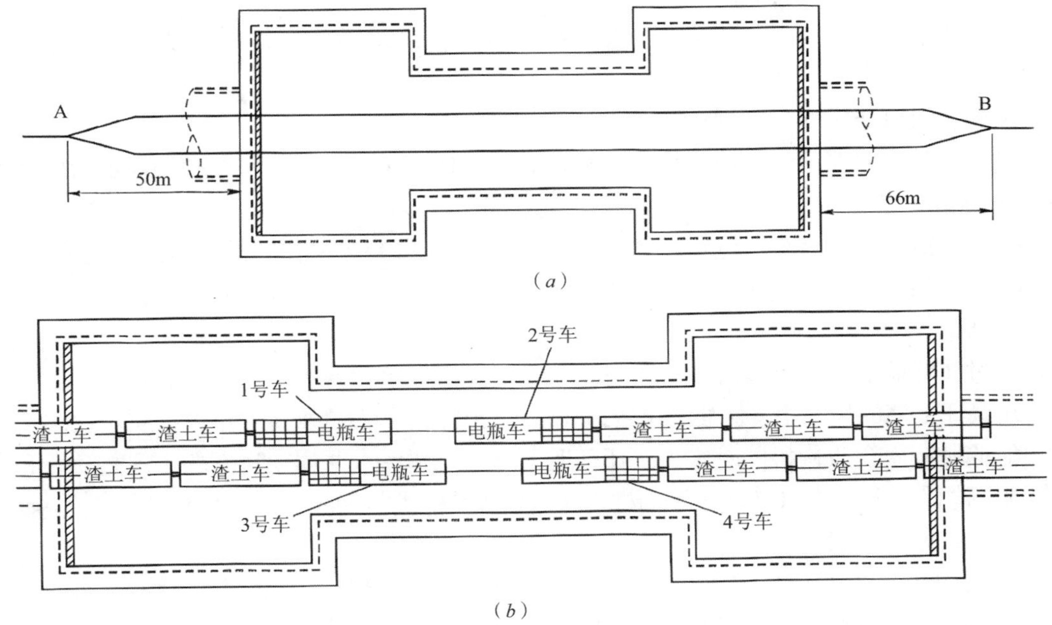

图 27-21　第三阶段

3. 技术措施

（1）靠近中间的两股轨道在不引起错车碰撞的前提下，设定距离为车与车间距300mm，如图27-22所示。

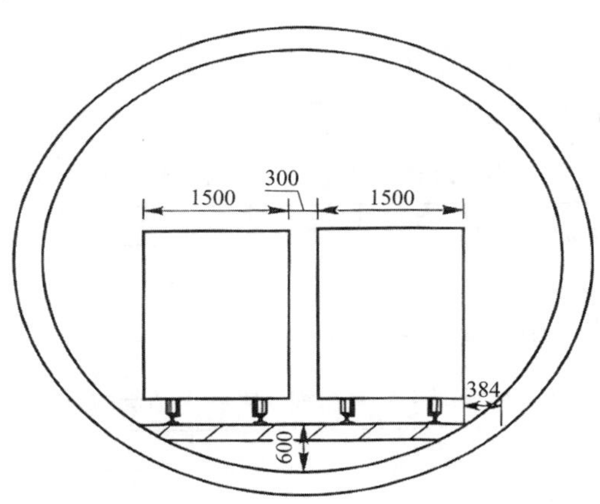

图 27-22　双列运输车的相对关系

（2）当1号盾构机轨道完成恢复时，即可投入生产，2号盾构机运输车（11.7m）和1号盾构机的半列电瓶车（较长的一个，29.3m）的和没有超过井长（49.6m），因此不存在降效窝工等问题。

4. 安全保障

本段隧洞有如下特点：

（1）总线路较长。盾构机平均掘进长度为1950多延米。

（2）曲线段较多。共有曲线段6处，最小半径350m（3处），最大半径1000m（1处）。

（3）坡度较大。最大坡度27‰。

（4）调度难度大。安装道岔后，井内共有四列牵引车，对信号工的协调能力有更大的要求。

因此，对电瓶车作如下规定：

（1）在进入曲线段前100m处设置5km/h的限速标识，使牵引车在驶入弯道后的速度保持在5km/h以内。

（2）在道岔区域停车的位置设置停车线，并安排专人在道岔位置进行道岔的变轨控制。

（3）加强对电瓶车的保养，尤其是制动系统的围护和蓄电池电压的控制。

5. 结语

通过实际验证，两台盾构机日均掘进20环，未发生重大事故，达到了预期的目标。并且，在保证工期的情况下，保质、保量地完成了3057环的盾构施工，不仅证明了在同一个井中能够协调两台盾构机同时施工，还证明了北京城建南水北调项目部的主观能动性和高效的协调能力。不仅为自己做出了榜样，也为今后其他类似问题提供了思路和解决的途径。

27.3.6　结论和建议

1）东干渠十八个盾构始发井，大多数是渗流稳定的，只有5个基坑渗流稳定存在问题。

2）有5个基坑（7、8、13、17、18）坑底采用ϕ600mm@450mm高压喷射灌浆封底。根据已经建成的多个工程实际的经验，高喷封底难于达到设想的防渗效果，故建议取消不做。特别是18号竖井地基地下水是潜水，更没必要全面封底。

3）采用高压喷射灌浆处理地下连续墙接缝，也不能达到防渗效果，建议取消。

4）盾构井进出口段的加固与防渗措施，建议采用水泥帷幕灌浆的方法代替高喷灌浆方法。

5）十八个竖井地基处理建议：

（1）地下连续墙底上抬（缩短），见表27-13。

地下连续墙底上抬（缩短）的竖井　　表27-13

井号	1	2	3	5	6	11	14	15
抬高（m）	3	3.5	3	6		6	2	4

（2）地下连续墙（或采用灌浆帷幕）加长，见表27-14。

地下连续墙（或采用灌浆帷幕）加长的竖井　　表27-14

井号	4	8	17
加长（m）	1	4.7，或灌浆	5.0，或灌浆

（3）减压降水，井号为12、13、16、18。

（4）取消11号井的地下连续墙底部的6m素混凝土。

6）团城湖调节池防渗设计，建议将底部砂砾料改为粉质黏土，其上部也改为粉质黏土或混合料，碾压适度即可。

7）研究采用矿山法修建圆形竖井的可行性。

第 28 章　水利水电的地下连续墙工程

28.1　概述

地下连续（防渗）墙广泛用于水利水电工程的以下项目中：

（1）新建土坝的垂直防渗结构或其一部分，位于黏土（混凝土）铺盖、斜墙、心墙（斜心墙）或均质土坝中。

（2）病险水库的防渗处理。

（3）作为平原闸坝的垂直防渗板桩，或易液化地层的围封墙。

（4）作为水工建筑物的下游防冲墙。

（5）作为河道岸墙或防渗（防冲）墙。

（6）作为施工围堰的防渗（防冲）墙。

（7）作为一种新的填筑砂、砾坝的防渗结构，即先用砂砾料或块石填筑坝体或围堰体，然后在坝顶建造防渗墙。

从地下防渗墙的墙体材料来看，也是五花八门。从刚性、半刚性混凝土到塑性混凝土和砂浆以及各种固化灰浆、自硬泥浆和土工膜（布）等柔性材料，无所不有。墙体材料的设计强度等级已经超过了 C45。进入 21 世纪后，我们遭遇到了深度超越 100m 的地下防渗墙的挑战。表 28-1 列出的是国外地下防渗墙工程实例。

我国的地下连续墙工程最早始于青岛月子口水库的咬合式防渗墙，1960 年我国采用“中国工法”建成了密云水库白河主坝下深度 44m 的防渗墙，是当时世界上规模最大、深度最深的防渗墙。

所谓“中国工法”，就是采用乌克斯冲击钻机，双钻一劈（钻劈法）工法建成的具有中国特色的地下连续墙。当前我们仍然采用这种经过改进的施工装备和工法，建造我国大江大河、高山深谷中的地下防渗墙，这种工法仍然起着主力军的作用。

我国最早引进的国外先进的地基基础装备和技术，也是从水利水电行业开始，比如 1980 年代引进了日本真砂、抓斗，1990 年代初引进了意大利的旋挖钻机、液压、抓斗和多用途的钻机；建造了城市建设工程中的多座深基坑深基础工程。引进了宝峨双轮铣槽机，建造了长江三峡二期围堰和冶勒水电站防渗墙。目前，我国水电能源开发和建设仍在全力进行中，很多大型水电站的地下连续墙工程，仍然占据很大比重。表 28-2 和表 28-3 所示是我国防渗墙发展概况。

表 28-1

国外已建成防渗墙（$H>30m$）情况表

编号	坝名	国名	完成时间	坝型	坝高（m）	覆盖层深（m）	墙型	防渗墙最大深度（m）	墙厚（m）	防渗墙面积（m²）	深入基岩（m）	地层情况	施工方法、设备	接头	孔斜（‰）	槽孔尺寸	墙体材料	抗压强度（MPa）	备注
1	圣玛丽亚	意大利	1950年	土坝	90.0	>100	桩柱式	40.0	—	—	—	砂卵石	—	—	—	桩柱式	混凝土	—	
2	马利亚拉奇	意大利	1954年	堆石坝	30.0	35	桩柱式	41.9	0.6	7500	—	含大孤石的砂卵石层	—	—	—	—	混凝土	15.0～18.0	水泥 300kg/m³，粉土 206kg/m³
3	佐科罗	意大利	1960年	斜墙土石坝	66.5	100	桩式	55.0	0.6	33100	—	—	—	—	—	—	—	—	
4	蒙塔	芬兰	1963年	心墙堆石坝	26.0	40	桩式	40.0	0.6	—	—	—	—	—	—	—	—	—	
5	利诺	法国	1963年	闸基	9.1	—	槽板式	40.0	0.8	6000	—	—	—	—	—	—	—	—	
6	加塔维塔	哥伦比亚	1963年	黏土斜墙土坝	54.0	92	槽孔墙	78.6	0.8	—	—	表层12m松散黏土，下部80m砾卵石层	钻抓法	用水枪开挖	—	槽长6～12m，主孔@2～4m	混凝土	—	
7	塞斯基勒	哥伦比亚	1964年	心墙堆石坝	52.0	100	桩柱式和槽板式	76.0	0.55	—	—	—	钻抓法	—	—	—	—	—	
8	阿勒格尼	美国	1964年	堆石坝	51.0	55	槽板式	56.0	0.76	10700	0.61	砾石层	—	丰圆管，38.1m	—	槽长5.03～5.79m，主孔@2.13m	混凝土	—	
9	马尼克5号上围堰	加拿大	1964年	连拱坝土石围堰	72.0	76	桩式和槽板式	76.3	0.61	2760	—	含大孤石的砂卵石层	钻抓法、抓斗、桩排法	—	—	—	混凝土	—	
10	箭湖	加拿大	1965年	斜墙土石坝	35.0	51	槽板式	52.0	0.75	—	—	砂卵石，淤泥、黏土	抓斗	—	—	—	—	—	围堰
11	弗莱斯特利茨	奥地利	1965年	沥青盖板堆石坝	22.0	>100	槽板式	47.0	0.5	32000	悬挂式	—	—	—	—	—	—	—	
12	矢木泽副坝	日本	1966年	堆石坝	6.0	>50	桩式	41.3	0.6	3550	1.8	砂砾石、粉土	桩排式	—	—	—	—	—	钢筋ϕ28mm
13	埃贝尔拉斯特	奥地利	1967年	沥青心墙堆石坝	26.0	>124	槽板式	47.0	—	15000	—	—	—	—	—	—	—	—	

续表

编号	坝名	国名	完成时间	坝型	坝高（m）	覆盖层深（m）	墙型	防渗墙最大深度（m）	墙厚（m）	防渗墙面积（m^2）	深入基岩（m）	地层情况	施工方法、设备	接头	孔斜（‰）	槽孔尺寸	墙体材料	抗压强度（MPa）	备注
14	拉·维力太	墨西哥	1968 年	心墙堆石坝	60.0	80	桩式和槽板式	88.0	0.6	15000	—	—	—	—	—	—	混凝土	—	在深 25m 内灌浆
15	包尔德赫德	英国	1968 年	心墙堆石坝	55.0	—	槽孔墙	46.4	0.6	8240	接旧墙	黏土心墙，但含大卵石	直抓成槽	ϕ600mm 管	5	—	塑性混凝土	—	
16	第一瀑布	加拿大	1969 年	斜心墙土石坝	38.0	60	槽板式	60.0	0.75	5500	—	—	钻抓法、抓斗	—	—	—	混凝土	—	
17	马尼克 3 号上围堰	加拿大	1970 年	土石围堰	—	—	槽板式	48.0	0.61	5500	悬挂式	砂卵石	钻抓法、抓斗	—	—	—	—	—	
18	特南哥	墨西哥	1972 年	土坝	—	—	—	50.0	—	10670	—	—	—	—	—	—	自硬泥浆	—	
19	马尼克 3 号	加拿大	1972 年	心墙土坝	108.0	130.4	桩式和槽板式	131.0	2×0.6	20740	0.61	含孤石的砂砾卵石	钻抓法、抓斗	ϕ0.61m 钢管	—	—	混凝土	$R_{28}=34.0$	上部 17.6m 埋钢筋笼
20	大角坝	加拿大	1972 年	心墙堆石坝	91.0	70.0	槽板式	73.0	0.61	3296	0.61～9.2	含漂石的砂卵石	（钻抓法、直抓法）抓斗 4 台	ϕ0.61m 钢管，弧形钻头	3	小于 37m 为 4.6m，大于 37m 为 3.0m	混凝土	$R_{28}=28$	上部 6m 埋钢筋笼
21	杰克逊湖	美国	1988 年	土石坝	12	40.0	深层搅拌桩墙（SMW）	30	0.611	160000	—	淤泥	深层搅拌桩，双轴、3 轴	—	—	单桩，ϕ864mm	水泥土	1.4	水泥 298kg/m^3，$W/C=1.35$
22	勒克萨帕	墨西哥	1972 年	心墙堆石坝	—	—	—	44.0	—	9700	—	—	—	—	—	—	—	—	
23	波埃乔斯	秘鲁	1973 年	心墙土坝	48.0	46.0	槽孔墙	47.0	0.6	—	—	—	—	—	—	—	—	—	
24	邦纳维尔	哥伦比亚	1976 年	厂房扩建围堰	—	45.0	槽孔墙	33.5～46.0	0.6	24000	—	—	—	—	—	—	—	—	
25	康文托（Convento Viejo）	智利	1977 年	心墙土坝	40.0	55.0	槽孔墙	55.0	0.8	16412	—	砂卵石（>0.2m^3）	8～11t 抓斗直接成槽	平接 0.3m	—	槽长 7.5m（三抓）	塑性混凝土	$R_{28}=4.5$ $E=1250$	8t 抓斗冲击，局部爆破
26	狼溪坝	美国	1979 年	均质土坝	79.0	较薄	桩柱式	85.0	0.61	49080	21.4	灰岩	—	—	—	—	—	—	

续表

编号	坝名	国名	完成时间	坝型	坝高（m）	覆盖层深（m）	墙型	防渗墙最大深度（m）	墙厚（m）	防渗墙面积（m^2）	深入基岩（m）	地层情况	施工方法、设备	接头	孔斜（‰）	槽孔尺寸	墙体材料	抗压强度（MPa）	备注
27	维尔尼	法国	—	土石坝	—	75.0	槽孔墙	50.0	1.2	—	悬挂式	—	15t抓斗直接成槽	—	—	槽长2.7m	塑性混凝土	R_{28} = 1.0～1.2	E_{28} = 2000～3000，K = 10^{-8}～10^{-7}
28	苏达依	意大利	—	土坝	18.0	—	圆孔防渗墙	40.0	—	—	—	—	—	—	—	—	—	—	
29	科尔文（Coibun）哥伦比亚	智利	1982年	—	116	—	槽孔墙	68.0	1.2	12889	—	砂卵石（>0.2m^3）	8～11t绳索抓斗直接成槽	平接0.3m×2	—	槽长7.5m（三抓），每抓2.7m	塑性混凝土	—	8t抓斗冲击，8t冲击钻头
30	梅拉多（Melado）	智利	1988年	—	—	—	槽孔墙	64.0	1.0	5960	—	砂卵石（>0.2m^3）	8.7t抓斗直接成槽	接头管	—	槽长4.4～6.5m，每抓2.8m	混凝土	—	5000kN油压千斤顶拔接头管，9t和11t冲击钻头，岩面爆破
31	坦塔利（Tantali）	土耳其	—	心墙堆石坝	54.5	48	槽孔墙（双墙）	49	0.64	共16000	1.5	砂砾石 $K = 10^{-3}$～10^{-2}	铣槽机	平接0.2m	2	每一钻2.6m	固化泥浆	R_7 = 0.22，R_{28} = 0.5～0.8	用导管浇注混凝土48，水泥200，矿渣1050，水600，首次埋管12m
32	新瓦德尔（New Waddell）	美国	—	土石坝	—	—	槽孔墙	51	1.0	约4300	安山岩大于1.5	粗颗粒地层，安山岩150MPa	自动制导抓斗，爆破，重型抓斗和冲击锤	滑模管	—	—	混凝土	R_c > 20	局部爆破
33	培恩舍（Pehuenche）	智利	—	土坝	85	55～60	槽孔墙	62	1.0	约5100	安山岩大于1.0	大块石地层，安山岩150MPa	自动制导抓斗，爆破，重型抓斗和冲击锤	滑模管	—	—	混凝土	15m以上22.5并加筋，15m以下8	冲击钻头击碎大块石

续表

编号	坝名	国名	完成时间	坝型	坝高（m）	覆盖层深（m）	墙型	防渗墙最大深度（m）	墙厚（m）	防渗墙面积（m²）	深入基岩（m）	地层情况	施工方法、设备	接头	孔斜（‰）	槽孔尺寸	墙体材料	抗压强度（MPa）	备注
34	只见	日本	1987 年	堆石坝	23	20	槽孔墙	25	0.8	约 7000	—	砂砾(最大 60cm)，E_0 = 170MPa	抓斗直接成槽Ⅰ、Ⅱ	—	—	槽长 5.475m（Ⅰ）、6.15m（Ⅱ），共 42 个	塑性混凝土	$R_{91}=2.0$	
35	穆德山（Mud）	美国	1991 年	土坝	128	—	槽孔墙	122.5	0.61～1.2	约 7000	安山岩大于 4.5	砂、砾、卵漂石，安山岩 140MPa	Ⅰ、Ⅱ期，铣槽机（45t）	搭接 36cm	2	槽长 = 切削头宽 = 2.8m	混凝土	—	压密灌浆处理心墙裂缝，防渗墙穿过 50m 心墙
36	雅绥雷塔（Yacyneta）	阿根廷	1990 年	土坝	38	25	槽孔墙	35	0.60	86.58 万	砾岩	海相淤泥、砂	反铲、抓斗、冲击钻	搭接 0.6m	—	Ⅰ期 2.7m，Ⅱ期 1.5m	自硬泥浆	$R_{49}=0.1$	
37	纳瓦霍	美国	1987 年	心墙土坝	110	—	槽板式	120	1.0	11000	—	砂岩	双轮铣，单槽（2.8m）	平接，0.65m	1	—	混凝土	—	
38	德莱汉	伊朗	—	心墙土坝	103	—	槽板式	40	0.8	—	—	砂卵石	—	—	1	—	混凝土	—	水 360，砾石 1300，砂 100，水泥 200
39	布龙巴赫	德国	1986 年	心墙土坝	39	—	槽板式	30	0.65	40000	—	砂卵石、砂岩	双轮铣，单槽（2.8m）	平接	2	—	塑性混凝土	—	
40	埃堂	法国	1989 年	土坝	30	—	桩墙式	20	$\phi0.35$	1000	—	花岗岩（风化）	潜孔锤	—	—	—	混凝土	—	工程在泰国
41	新南江	韩国	1989 年	面板堆石坝	34	14	槽板式，双排	11.3	0.6～1.2	7000	—	粉砂	—	—	—	—	钢筋混凝土	—	
42	哈特	加拿大	1985 年	水闸	10.6	70	高喷墙，双排	14.0	$\phi0.6$	—	—	粉细砂（易液化）	钻孔，高喷	—	10	—	—	—	两岸为泥浆槽墙
43	阿尔翁	西班牙	1987 年	心墙堆石坝	30	40	槽板式	32	0.65	—	—	冰碛土	单抓成槽，2.0m	—	—	—	自硬泥浆	0.4	12h 后固化

国内早期地下防渗墙发展概况 表28-2

建造年份	坝名	防渗墙的作用	最大深度（m）	厚度（m）	防渗面积（m²）	备注
1959年	密云	坝基防渗	44	0.8	19000	
1962年	毛家材	坝基防渗	44	0.8	7831	坝高82.5m，1950年代全国最高土坝
1967年	龚嘴	围堰防渗	52	0.8	12382	首次应用于大型土石围堰防渗
1970年	十三陵	坝基防渗	57.5	0.8	20790	
1972年	碧口	坝基防渗	65.5	0.8和1.3	11955	两道防渗墙，厚度最大
1974年	澄碧河	大坝防渗墙	55.2	0.8	14175	险坝处理
1975年	柘林	心墙中建墙	61.2	0.8	33000	险坝处理
1981年	葛洲坝	围堰防渗	47.3	0.8	74421	防渗面积最大
1984年	铜街子	左深槽防渗墙	70	0.7	7954	两道主墙、五道隔墙组成框架式结构，是一座承重式防渗墙
1990年	水口	围堰防渗	43.6	0.8	17800	上、下游围堰，使用塑性混凝土
1993年	小浪底	上游围堰防渗墙	74	0.8	18300	塑性混凝土
1993年	小浪底	坝基右侧防渗墙	81.9	1.2	10540	混凝土强度35MPa，深度最大
1993年	三峡	一期围堰防渗墙	42	0.8	48000	
1996年	三峡	二期上游围堰防渗墙	73	1.0	39000	上游围堰两道防渗墙
1996年	三峡	二期下游围堰防渗墙	68	1.1	34000	
1997年	小浪底	坝基左侧防渗墙	70.5	1.2	5101	混凝土强度35MPa

国内防渗墙近期发展概况 表28-3

工程名称	施工时间	坝型	墙顶长（m）	最大墙深（m）	墙厚（m）	截水面积（m²）
四川狮子坪水电站	2005年10月—2006年10月	碎石心墙堆石坝	85.38	101.8	1.2	5242
四川泸定水电站	2008年3月—2009年4月	黏土心墙堆石坝	425.30	125	1.0	29241
西藏旁多水利枢纽	2009年7月—2013年	沥青混凝土心墙坝	1073.00	158.47，试验段201	1.0	125000
四川黄金坪水电站	2012年1月—2013年	沥青混凝土心墙堆石坝	276.20	129	1.2	23000
新疆小石门水库	2012年12月—2014年2月	沥青心墙坝	512.95	121.5	1.0	7934
西藏甲玛沟尾矿库	2014年6月—2015年5月	面板堆石坝	817.00	119.00	0.8～1.0	55000
西藏雅砻水库	2015年1月—2015年8月	碾压式沥青混凝土心墙砂砾石大坝	258.60	124.05	1.0	19195
云南红石岩水电站	2016年3月—2017年12月	堰塞湖整治	267.939	137	1.2	在建
新疆大河沿水库	2015年11月—2017年10月	沥青混凝土心墙砂砾石坝	237.40	186.15	1.0	22505

28.2 密云水库坝基防渗设计与施工

密云水库位于北京市密云县境内的潮河与白河上，总库容43.75亿m³。主坝为壤土斜墙砂砾石坝（图28-1），最大坝高66m，坝顶全长957.5m。

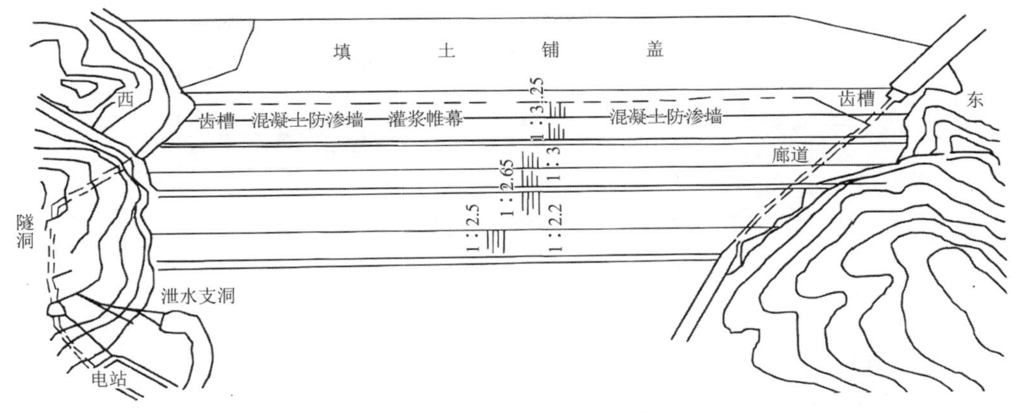

图 28-1 密云水库白河主坝平面图

28.2.1 工程地质概况

大坝建在冲积层上，坝址处河床冲击层共分 4 层，平均厚度 33m，最大深度 51.0m，自下而上分为：砂质黏土层、砂层、砂卵石层和砂卵砾石层。空隙大、渗透性强，个别地段有架空现象，渗透系数一般为 500～800m/d，最大达 1078m/d。基岩多为石英正长斑岩，东部有片麻岩，透水性微弱，一般为 5Lu，个别地段达 29～303Lu，分布较少的石英岩透水性较大，一般大于 5Lu，最大达 464Lu。底部有粒径 1～4m 的大孤石。

28.2.2 地基防渗设计

坝基防渗处理线长 999.136m，总截水面积 27400m^2。采用混凝土防渗墙、帷幕灌浆以及挖截水槽的综合处理方法，组成上墙下幕结构（图 28-2）。两岸覆盖层浅于 15m 的地段采用开挖齿槽修建钢筋混凝土齿墙回填黏土的方法。混凝土防渗墙总长 784.861m，其中西端墙长 150m（包括与西齿墙搭接段长 10m），东段墙长 408.861m。防渗墙厚度 0.8m，东西两端墙体嵌入半风化基岩 0.5m。河床中部砂砾石层最深，在坝基中下部采用灌浆帷幕，其长为 240m。防渗墙与中部灌浆帷幕水平搭接 7m（图 28-3），其中包括 2m 的扩散长度，东部混凝土防渗墙接头位于灌浆帷幕中间排和上游排之间，西部接头从中间排和下游排之间插入。

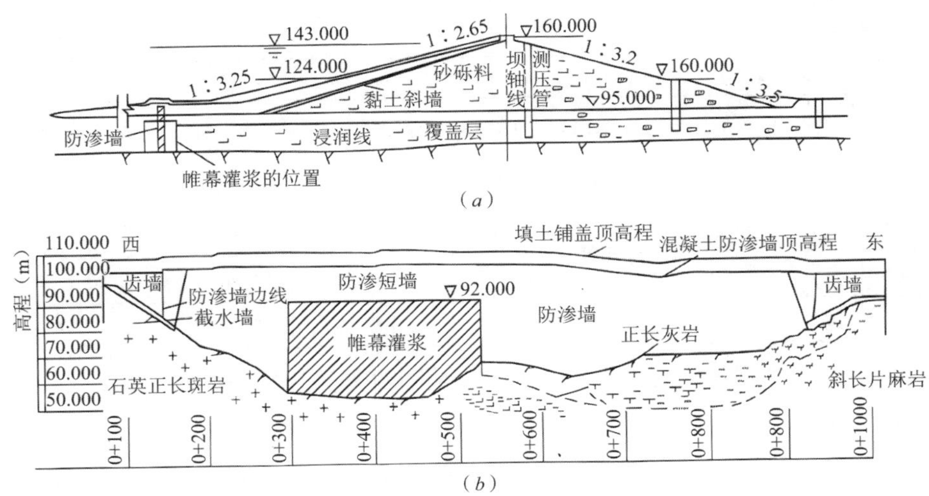

图 28-2 白河主坝横剖面及防渗体纵剖面图

（a）大坝横剖面图；（b）大坝纵剖面图

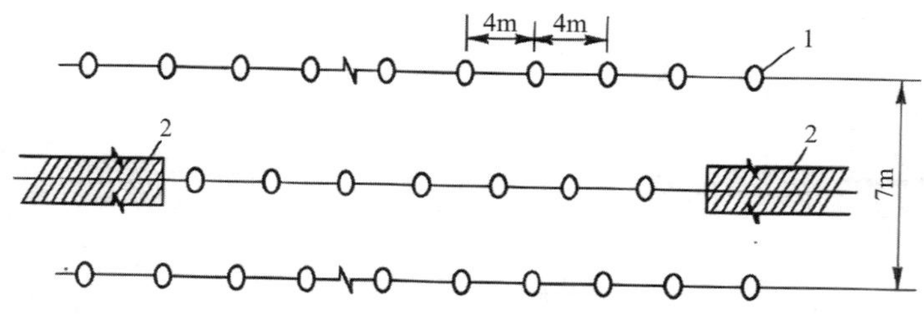

图 28-3 防渗帷幕灌浆孔布置图

1—灌浆孔；2—混凝土防渗墙

28. 2. 3 防渗墙施工

混凝土防渗墙总计工程量为造孔进尺 35573.7m，总面积 18876m^2，浇注混凝土 20707.21m^3。施工自 1959 年 11 月 7 日开始，至 1960 年 5 月 13 日完成。

1. 施工机具

防渗墙造孔采用 98 台 YKC（经常开动的为 84 台）钢丝绳冲击钻完成，其中 20 型 72 台，22 型 5 台，30 型 21 台。采用十字钻头冲击钻钻进主孔。副孔劈打成槽，当地黏土泥浆固壁，抽砂筒和接砂斗出渣。槽段长度为 5.0、7.1、9.2m，副孔长度为 1.3m。实际施工时最大槽段长度达 30.22m，槽段接头采用钻凿法。

采用 2m^3 和 4m^3 混凝土搅拌机制作泥浆，搅拌时间为 30min。设备不足时，也采用过人工搅拌。

每次浇注采用 3～4 台 0.4m^3 混凝土拌合机在槽口孔拌制混凝土，手推车水平输送，直接倒入置于导管口上的浇注漏斗中。浇注采用直升导管法，导管直径 210mm，法兰盘螺栓连接。浇注速度为每小时上升 1.0～3.5m。

2. 固壁泥浆及混凝土配合比

固壁泥浆的性能指标见表 28-4。混凝土的配合比及力学性能见表 28-5。

密云水库防渗墙固壁泥浆性能 表 28-4

黏度（s）	密度（g/cm^3）	含砂量（%）	失水量（mL/30min）	胶体率（%）	稳定性	静切力		pH 值	泥皮厚（mm）
						1min	2min		
24.5～31.4	1.19～1.23	4～10	9～58	90～100	0.004～0.007	4.4～5.23	4.66～7.99	6～11	1.5～3

注：黏土来自几个产地，性能有所差异，采用不同的浆液配比，加土率为 18%～25%，加碱率为 0.2%～1.0%。

密云水库防渗墙混凝土配合比及力学性能 表 28-5

混凝土材料用量（kg/m^3）					水胶比	砂率（%）	混凝土力学性质			
水泥	黏土	石子	砂	水			R_7（MPa）	R_{28}（MPa）	E（GPa）	S
375	75	1075	580	240	0.64	35	4.8	10.1	21	＞P8

注：水泥为 32.5 级矿渣硅酸盐水泥，黏土以泥浆形式加入，混凝土坍落度为 19.5～21cm。

3. 墙段连接

本工程施工过程中墙段连接开始使用的钻进灌浆法和预埋花管法，经过一段时间的施工实践，效果均不理想。后来采用“套打一钻”方法，即在已浇注完混凝土的一期槽孔端头，再在原钻孔位置，套打一钻，把混凝土掏出来，并把孔壁清洗干净以后，再将钻机移向已浇注的混凝土的一侧，将特制的刷子紧贴井壁，所用的刷子外径不得大于槽孔宽度，以防将两壁的泥皮刷掉。刷时自下而上进行，每一接头刷 20 次以上，一般一个接头需 1～2h。

4. 工效分析

在施工中曾遇到粉细砂层，钻进十分困难，后采用投入加有石子的黏土球的方法予以克服。采取加黏土球的措施后钻进效率为原来的 3.75 倍（图 28-4）。

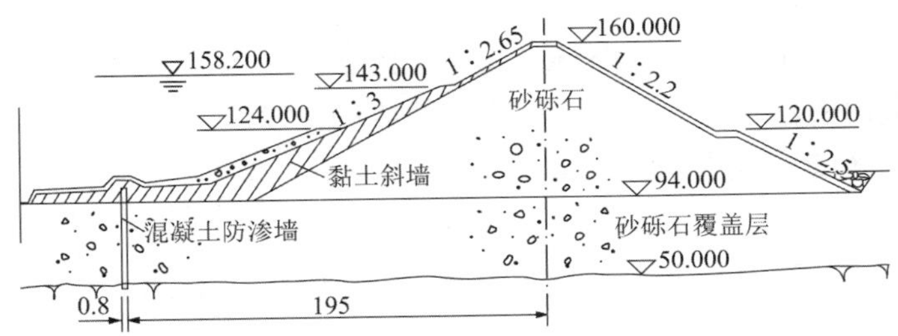

图 28-4　密云水库白河主坝剖面图

5. 质量检查

在施工过程中，对槽孔进行了孔径、孔深、孔斜、清孔泥浆及孔底淤积的检查，部分槽孔进行了混凝土的机口取样及 7d 和 28d 抗压强度及抗渗等级的试验。成墙后，对部分墙段和墙间接缝进行了钻孔取芯和钻孔压水试验检查。结果表明：

（1）各处墙厚均不小于 0.6m，最大 1m，墙面呈波浪形。共计 534 个单孔，98.5%的孔底淤积物厚度小于 20cm，162 个单孔没有淤积。混凝土机口取样的抗压强度为$R_7 = 2.57$～4.1MPa，$R_{28} = 7.08$～11.2MPa；抗渗等级为 P6～P9。对墙身的钻孔取芯检测表明，墙身顶部 5m 以内密实度较差，密度为 1.96t/m^3，15m 以下密度逐渐增大，为 2.1～2.95t/m^3，对钻孔进行压水试验知$q = 4.57$Lu，墙底与基岩接触处$q = 4$Lu，墙间接缝$q = 162$Lu。

（2）经多年的运行，包括经受超高水头和地震的考验，防渗墙防渗作用可靠，坝内浸润线位置很低，坝身处于干燥状态。

6. 小结

密云水库白河主坝混凝土防渗墙是我国第一座槽孔式混凝土防渗墙。它的建成具有重要的历史意义。在施工工艺上，创造性地采用了主孔冲击钻进、副孔劈打的分段成槽方法，以及套钻一孔的接头方法，这就是“中国工法”，比桩柱式防渗墙大大提高了工效和成墙质量。在材料上采用当地黏土代替当时昂贵的膨润土制作固壁泥浆，从而大幅度地降低了造价。密云水库防渗墙为我国后来的防渗墙施工提供了宝贵的经验，获 1978 年全国科学大会奖。

28. 2. 4　小结

密云水库白河主坝地下防渗墙工程，是我国自行研究试验和建造的水库防渗墙，是当时世界上最深的防渗墙。这个工程中采用的二钻一劈（钻劈法）是“中国工法”，对于后来的防渗墙施工有很大的推动作用。

28. 3　十三陵水库的三道防渗墙

28. 3. 1　概述

从 1969 年开始到 1992 年为止，十三陵水库周边一共修建了三道防渗墙，其中坝基防渗墙和库区防渗墙是本书主编人丛蔼森设计、施工的。它们的设计和施工过程，在一定程度上体现了我国防渗墙工程在造孔机械、泥浆材料和墙体材料等方面的发展过程。具体表现为：

（1）造孔机械由冲击钻机向液压导板抓斗的发展。

（2）泥浆材料由当地黏土变为质量优良的膨润土粉，泥浆搅拌机也向快速、高效方面发展，并且大规模地回收和净化泥浆。

（3）墙体材料由黏土混凝土向塑性混凝土、固化灰浆和自硬泥浆发展。

（4）造孔方法由主副孔法向两钻一抓或直抓成槽法发展。

28.3.2　坝基防渗墙的设计施工和运用

1. 概况

十三陵水库位于北京市昌平区境内的温榆河支流东沙河上，控制流域面积223km²，总库容8100万m³。整个枢纽由黏土斜墙土坝、开敞式岸边溢洪道、坝内放水管和水电站组成。土坝最大坝高29m，坝上游有长300m、厚1～3m的黏土铺盖。坝基地质剖面图如图28-5所示，土坝的典型剖面见图28-6。

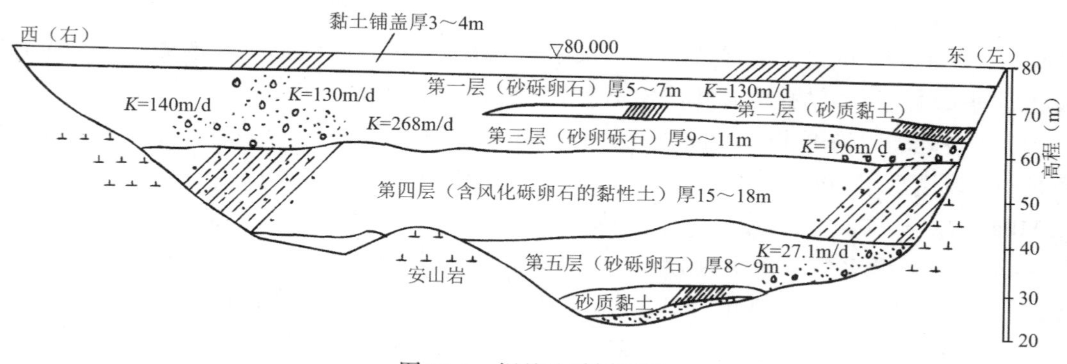

图28-5　坝基地质剖面图

水库于1958年6月建成，当年汛期即拦洪蓄水。由于库区存在着古河道，上游来水的大部分在入库之前就从古河道中漏走了；坝基的渗漏损失也很大，致使水库经常在较低库水位或干库情况下运行。为了充分发挥水库效益，于1969—1970年在坝基中建造了一道穿过第四纪覆盖层而伸入基岩内的混凝土防渗墙。经过50多年的蓄水运用和观测，证明防渗墙的效果很好，达到了设计要求。

2. 水文地质条件

十三陵水库修建在东沙河进入平原之前的山口内，库区地形略呈盆状，其左岸为陡峻的高山，右岸大宫门一带为低缓残山。库区内分布着寒武纪和侏罗纪的页岩、板状灰岩和安山岩等。库区底部及其边缘地带分布有第四纪的坡积、洪积和冲积的黏性土和砂性土（常夹有砾石和碎石）以及砂砾卵石等。

水库的主要渗漏通道有两条：库区古河道和现代河床的第四纪覆盖层。

大宫门古河道的总宽度达1800m，基岩最大埋深100多米。古河道地表以下40～50m深度内为黏性土与砂砾卵石互层，深度50m以下以砂砾卵石为主，渗透系数可达100～200m/d。从库区地下水观测资料中可以看出，水库流域内的径流在进入库区之前，就有很大一部分从古河道漏走了；当库水位抬高，回水到达古河道入库进口时，正是古河道的出露处，又有相当一部分库水沿着古河道向外渗漏。据估算，水库蓄水第一年从大宫门古河道漏走的水量可达 1500 万～2000 万 m^3。

坝基现代河床的第四纪覆盖层由呈层状分布的砂砾卵石和黏性土组成（图 28-6），总厚度 56.2m。现将防渗墙中心线上地质条件简介如下：

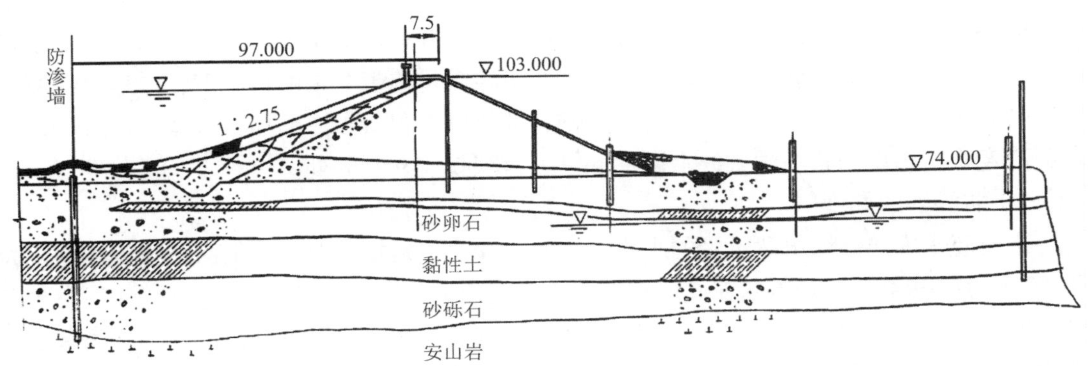

图 28-6　十三陵水库剖面图

第一层：厚 5～7m，主要是粒径 5～10cm 的砂砾卵石，漂石的粒径可达 70～80cm，渗透系数为 130～150m/d。水库蓄水后，库水直接补给此层，渗漏损失较大。1959 年汛后水库水位达 92.95m（为防渗墙建成前的最高库水位），坝后水位高出地面 0.3～0.5m，局部地段成为沼泽。

第二层：厚 3～5m，主要是亚黏土。此层自东向西逐渐变薄至尖灭，起不到隔水层的作用。

第三层：厚 8～11m，主要是砂砾卵石，卵石含量大于 60%，底部卵石增多，东段常见粒径 50～60cm 的漂石。此层透水性极强，渗透系数可达 150～300m/d（最大 372m/d）。此层地下水补给充足，排泄通畅，是坝基主要渗漏通道。

第四层：厚 13～14m，是透水性很不均一的黏性土夹风化卵砾石，其颗粒组成和分布情况比较复杂。由测压管观测资料可以看出，此层不能作为坝基防渗处理的相对隔水层。

第五层：厚 7～9m，主要是砂砾卵石，卵石粒径可达 10cm，局部含有粒径达 40～50cm 的漂石。此层因含有黏性土，透水性较小，为 30～60m/d。

坝址基岩为侏罗纪的安山岩和安山集块岩，岩石透水性较小。防渗墙所在部位的基岩中，发现了几条断层破碎带。

用断面法估算，坝基渗漏量为 1500 万～2000 万 m^3/年。1969 年汛期曾在库区进行水文观测，通过水量平衡计算，求得的坝基渗漏量与估算结果相近。

3. 坝基防渗墙设计

1969 年在选择十三陵水库防渗处理方案时，因大宫门古河道的基岩埋深大，处理工程量大，近期尚难处理；而坝基覆盖层深度较浅，且其渗漏量与库水位关系密切，故决定首先解决坝基渗漏问题。

根据中国水利水电科学研究院的渗流模型试验及实际运用情况，在十三陵水库这种组成颗粒上粗下细，透水性上大下小的复杂地基中，采用黏土铺盖作为坝基防渗措施并不理想。

自1960年密云水库建成了槽孔混凝土防渗墙后，我国在深透水地基的处理技术方面取得了很大进展，已具备对十三陵水库这种深达50m以上的透水地基进行处理的技术条件。于是决定采用混凝土防渗墙对十三陵水库坝基进行处理。经过技术经济比较分析，最后选用的方案见图28-6。

1）防渗墙中心线的确定

因修建坝基防渗墙时，十三陵水库土坝已经建成并运用多年，坝体和坝基的沉陷变形已经稳定，因此，确定防渗墙中心线的位置时，在满足施工要求的情况下，应尽量缩短防渗墙与黏土斜墙之间的距离，以减少黏土铺盖的加厚工程量和渗漏损失水量。经过分析比较，决定将防渗墙布置在坝轴线上游92m、上游坝脚前9.27m处。

2）防渗墙的厚度

十三陵水库防渗墙虽然承受的水头仅32～34m，但是坝基覆盖层很深，防渗墙深度大于50m的约占40%（是国内在砂卵石地基中建造的第一道深防渗墙）；而且，地层中含有很多的漂石巨砾，给施工带来很多困难。从施工方面考虑，为使各槽孔混凝土之间有足够的搭接长度，墙的厚度应大些。最后采用墙厚为0.8m，墙体材料选用100P8（C10W8）的黏土混凝土。此外，对防渗墙的受力情况和渗透稳定也进行了核算。

3）防渗墙的终孔深度

根据墙底支承和受力情况，墙底和基岩接触带的渗透稳定以及施工方面的要求，考虑岩性、风化程度和河道演变过程等情况，对防渗墙的终孔深度作了以下规定：

（1）在主河槽段以及黑灰色安山岩地段，岩石风化层很薄，比较完整、坚硬，透水性小，将墙底嵌入半风化基岩内0.5～1m。

（2）在防渗墙中段（相当于河漫滩部位），基岩是粉红色安山岩，软弱破碎，土状风化层很厚。为保证防渗墙的渗透稳定，墙底嵌入基岩的深度一般大于5m。

（3）在接近岸边的部位，墙底嵌入半风化安山岩内1.5～2m。

（4）施工中共发现四条大的断层破碎带，凡此部位的防渗墙底均伸入5m以上，尽量少改变原来的水文地质条件，以保持这些松散材料的渗透稳定。

（5）尽量使槽孔底部平整，以利于清孔和浇注。

4）防渗墙与黏土铺盖的连接

防渗墙伸入土坝防渗体（铺盖、斜墙或心墙）内的长度，应满足坝体防渗材料本身的渗透稳定要求和其与防渗墙之间的接触渗透稳定的要求。为此将防渗墙顶部的原有铺盖加厚2～2.4m，以满足渗透比降和接触比降的要求。

防渗墙建成后，作用在原铺盖上的水头将大大增加，所以将防渗墙到地坝坝脚墙之间的铺盖厚度由原来的3m加厚到4.5m，以满足渗透比降不大于7的要求。

5）防渗墙与两岸坡的连接

防渗墙两端用黏土截水槽与两岸坡基岩连接。左岸黏土截水槽长度不到4m，是在防渗墙建成后，人工开挖到基岩面，然后回填壤土并将防渗墙包住一部分，未做混凝土齿墙。右岸的黏土截水槽与放水管引水渠的左边墙相连，是先于防渗墙施工的。为了解决冬期黏土施工困难，采用深混凝土齿墙，底部回填砂砾石，上部回填黏土。混凝土齿墙采用（C15、P6）混凝土，与黏土的接触比降采用$J = 5$。混凝土齿墙与防渗墙之间采用承插式接头。

6）槽孔接头

防渗墙大多采用“套接一钻”的接头方式，还有部分采用胶囊接头管。这是我国在地下连续墙工程中第一次采用接头管工艺。

胶囊接头是采用橡胶坝工程中使用的锦纶帆布，做成直径 55～70cm 的胶布口袋。在槽孔清孔合格后，放入一期槽孔两端的主孔位置上，向胶囊内充入相对密度很大的稠泥浆并使其孔口处保持一定的内压力。槽孔混凝土浇注完毕后 10～20h，排出胶囊内部的泥浆，送入压缩空气，将胶囊浮出槽孔外（图 28-7）。

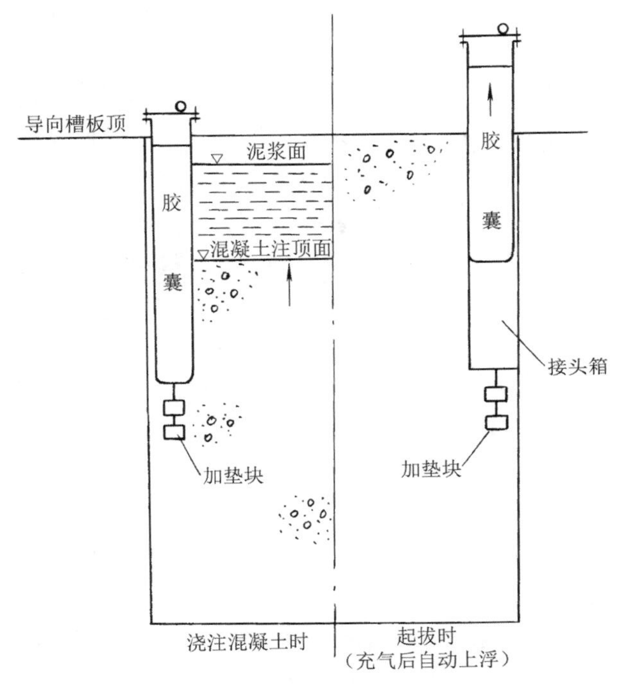

图 28-7　胶囊接头示意图

4. 坝基防渗墙施工要点

防渗墙是采用主副孔方法（也叫钻劈法）造孔的，它是在已经划定的槽孔地段上，先钻凿出几个相距 1.8～2m 的圆孔（即主孔），这样，相邻主孔之间的土体（即副孔）就有了两个临空自由面，可以采用劈打法把它们清除掉，当所有的主孔和副孔都钻进完毕后，再进行修孔和清孔换浆等工作，验收合格后即可浇注混凝土。

1）槽孔尺寸的确定

（1）防渗墙的施工厚度（钻头直径）。防渗墙的施工厚度应使墙体有效厚度不小于设计墙厚，但也不要超过太多。十字钻头开孔直径可取为设计墙厚的 1.05～1.1 倍。

（2）槽孔长度。选择槽孔长度时，应考虑工程地质和水文地质条件、各钻机的技术水平和施工工期的要求、混凝土的搅拌和运输能力以及气候条件等。

十三陵水库防渗墙最大孔深为 64m，地层比较复杂。施工采用的槽孔长度以 6.8m 和 8.8m 为主，最长的 14.8m，工程量最大的槽孔长 10.8m，深 56m，单孔进尺 734m，浇注混凝土 550m^3。

（3）副孔长度。副孔长度对造孔效率的影响很大，应根据主孔尺寸、地层岩性、槽孔深度和副孔劈打方法，确定合适的副孔长度。十三陵水库防渗墙的副孔长度为1.2m。实践证明，采用这种副孔长度是合适的。

（4）导向槽尺寸。导向槽顶部高程应高出防渗墙顶设计高程1m；高出地下水位2.5～3m；高出原地面0.5～1m。沿十三陵防渗墙中心线，原铺盖地面高程为79～80.5m，库底地面高程为75～78m，导向槽高程为80～81m，满足上述要求。坝前的黏土铺盖有利于维持槽孔在施工过程中的稳定。

2）造孔

该工程使用20、22和30型冲击钻机共27台，钻头质量分别为1～1.3t、1.3～1.5t和2～2.5t。

造槽孔时，先把各个主孔钻进到设计高程并经验收合格后，方可终孔。副孔采用劈打法施工，当孔深小于30～35m时，采用劈两钻和接砂斗出渣；孔深超过35～40m后，则采用三钻钻进和抽筒掏渣方法。要求接头孔斜小于0.2%，其他孔斜小于0.5%，不得出现梅花孔、探头石和小墙等。

由于该工程基岩风化深度变化很大，断层破碎带比较多，基岩鉴定工作比较难，在施工中，对防渗墙终孔深度非常重视。为此将槽孔中的个别主孔作为勘探孔提前钻进，以提供准确的基岩资料。还注意从副孔内取出的岩样进行鉴定，并多次对防渗墙的终孔深度进行研究。完工后的统计结果表明，在全部68个槽孔中，只有4个接头孔斜超过了设计要求，最大孔斜为1%，这些孔斜大都发生在防渗墙伸入基岩较多的部位，所以对防渗墙整体性不会有很大的影响。

3）混凝土的配比和浇注

根据强度和抗渗等方面的要求，采用C10、P8的黏土混凝土。考虑到本防渗墙施工期较长，施工期间承受的水头较小，施工后期采用了60d龄期的黏土混凝土，每立方米混凝土节约水泥15%。为了改善混凝土的和易性和流动性，提高混凝土的抗渗性，首次以泥浆形式向混凝土内加入为水泥用量25%～30%的黏土和0.5%的塑化剂。采用0.5～3.2cm的一级配石子。每立方米混凝土的材料用量见表28-6。

混凝土配比表 表28-6

龄期（d）	抗渗等级	水泥品种	水灰比	砂率（%）	坍落度（cm）	掺土率（%）	掺土方式	每立方米混凝土材料用量（kg）					塑化剂（%）
								水泥	黏土	水	砂子	石子	
28	100P8	32.5级矿渣水泥	0.65	36	18～22	25	泥浆	320	80	260	595	1058	0.5
60	100P8	32.5级矿渣水泥	0.75	37	18～22	33.6	泥浆	268	90	268	620	1054	0.5

在施工过程中，使用造孔泥浆代替黏土和水来拌制混凝土，得到了和易性、流动性好，抗渗性高的混凝土。拌制混凝土用的泥浆相对密度较大，可以使用清孔或浇注混凝土时回收的泥浆，使废泥浆也得到了利用。

清孔验收合格后，经过2～4h的准备，进行混凝土浇注。一般浇注混凝土量为350～500m^3/孔，2～3班浇注完毕。平均浇注强度25.4m^3/h，最高为39.6m^3/h；平均浇注混凝土上升速度 3.36m/h，最高 5.96m/h。由于浇注时间短，槽孔内泥浆的沉淀淤积少，使孔内混凝土始终处于良好的流动状态，提高了槽孔混凝土质量。冬期施工时，采取加热和保温措施，混凝土的出机温度达到 14～17℃，进入槽孔时的温度为 5～13℃。

在浇注过程中有 51 个槽孔制备了混凝土试块。试验测得混凝土平均抗压强度为 12MPa，抗渗等级合格的有 43 组，其中有 34 组大于 P8，26 组大于 P12，18 组大于 P20。在水泥用量比较少的情况下，获得了质量较好的混凝土。

4）泥浆

吸取了已建成防渗墙的泥浆方面的经验，提出用黏土矿物成分作为选择造浆黏土的主要指标，已被水利水电防渗墙施工规范引用。

（1）含黏量大于 40%～50%，塑性指数 17～25，含砂量小于 5%～8%。

（2）SiO_2 与 Al_2O_3 的比值为 3～4，钠离子含量尽可能多些。

（3）水溶液呈碱性，即 pH 值大于 7。

（4）钙、镁可溶盐含量少。

经过调查选用了距工地 20km 的小汤山淤泥质粉质黏土，其物理、化学性能很好。这种土的塑性指数虽不大，但含砂量小，适于造浆的粉粒和黏粒含量大，钠离子含量高，而且 $SiO_2/Al_2O_3 = 3.4～4.2$，比较合适，所以泥浆性能好，造浆能力大，可以不加任何化学处理剂即能满足造孔要求，既提高了防渗墙质量，又节约了工程投资。

对泥浆的要求见表 28-7。施工中泥浆的性能见表 28-8。

泥浆控制指标表　　**表 28-7**

相对密度	黏度（s）	含砂量（%）	失水量（L/30min）	胶体率（%）	静切力（mgf/cm²）		泥皮厚度（mm）	稳定性	pH 值
					1min	10min			
1.16～1.2	18～23	<5	<25	>97	35～50	45～60	<4	<0.03	>7

造孔泥浆性能表　　**表 28-8**

取样地点及编号		相对密度	黏度（s）	含砂量（%）	胶体率（%）	失水量（mL/30min）	稳定性	泥饼厚（mm）	静切力（mgf/cm²）1min	静切力（mgf/cm²）10min	pH 值	加碱率
小汤山黏土	钻场出浆管口	1.16	17.5	1.4	97.0	24	0.016	2.5	48.0	53.0	6	0
		1.185	18.0	2.0	99.5	17.8	0.011	1.8	35.0	42.5	7	0
		1.19	18.0	2.4	99.5	21.8	0.007	2.0	39.2	44.8	6	0
		1.17	17.5	—	99.5	17.0	0.002	2.0	42.0	49.0	6.5	0
	搅拌机出口	1.185	18.7	2.4	99.0	25.2	0.035	3.0	—	42.0	7	0
		1.219	19.2	1.6	97.5	15.0	0.012	2.0	42.0	49.0	—	0
	人工搅拌	1.25	22.2	3.0	97.5	11.0	0.033	3.0	56.0	63.0	—	0
	回收废浆	1.18	20.5	2.0	96.0	40	0.01	5.0	42.1	51.0	7	0

5. 防渗墙的运用效果

十三陵水库防渗墙建成以后，防渗效果很显著。

1）库水位和蓄水量的变化

1970 年 9 月底防渗墙建成时，上游河道已经断流，但库水位仍以每天 3～4cm 的速度上升，这是由于防渗墙切断了坝下渗漏通道、拦蓄地下径流造成的。防渗墙建成后，在库水位很低（82m）的情况下，大坝承受的水头由处理前的 8m 提高到处理后的 21.2m，为原设计水头的 90%。建防渗墙前后水库的水文特性见表 28-9。1973—1979 年连续 6 年库水位都保持在 87～97m 之间（平均 90m 左右），可以维持一定的游览水面。

建防渗墙前后水库的水文特性表 表 28-9

项目时间		库水位（m）	库容（万 m^3）	年降水量（mm）	库容增量（万 m^3）	水头（m）	库容差（万 m^3）
1959 年（建墙前）	7 月 5 日（最低）	84.225	720	779.4	2280	18	1130
	10 月 3 日（最高）	92.945	3000				
1974 年（建墙后）	7 月 13 日（最低）	89.06	1600	720.8	3410	32.2	
	9 月 7 日（最高）	97.28	5010				

2）测压管水位变化

防渗墙完工后一个月，测压管水位最多下降 6m；两个月后，与历年相同库水位相比，最大降落达 12m。坝后地基中大部分第一、二透水层都是干的，只是在靠近左坝头的测压管内，由于受到左坝头泉水等的影响还能见到地下水。坝基第三透水层虽然有水，但从这一层的 453 号测压管水位与库水位的关系曲线上来看，该管水位也下降了 8～12m。

3）坝后地面的变化

1959 年水库水位为 92.945m，是防渗墙建成前的最高库水位。当时坝后局部地面成为沼泽，低洼处出现很多水坑，有的测压管水位高出地面 4～5m。坝后地面生长着茂盛的杨树、柳树和各种灌木、水草等。防渗墙建成后，当 1974 年库水位高达 97.28m 时，坝后地下水位也未出露地表。在防渗墙建成后不到两年的时间内，坝下游 500～1000m 河滩上的大片树林全部枯死。从 1972 年起，已经陆续改建成了果园。

28.3.3 电站进出口围堰塑性混凝土防渗墙

1. 工程概况

十三陵抽水蓄能电站位于十三陵水库东岸，由上池、下池（十三陵水库）、引水管道和地下厂房等组成。电站的进出水口设在水库东岸斜坡上。由于九龙游乐园的需要，不能放空水库施工，须在进水口的前面修建一道围堰，以便在其内开挖和浇注施工。

围堰所在部位的砂卵石层厚约 20m，底部岩层为安山岩及安山砾岩。围堰布置成 U 形（图 28-8），轴线长 292m。按 20 年一遇洪水进行设计，确定顶部高程为 97.5m，最大高度约 20m。围堰用砂砾石填筑，分两期施工，一期填筑到高程 87.5m，二期填筑到高程 97.5m。

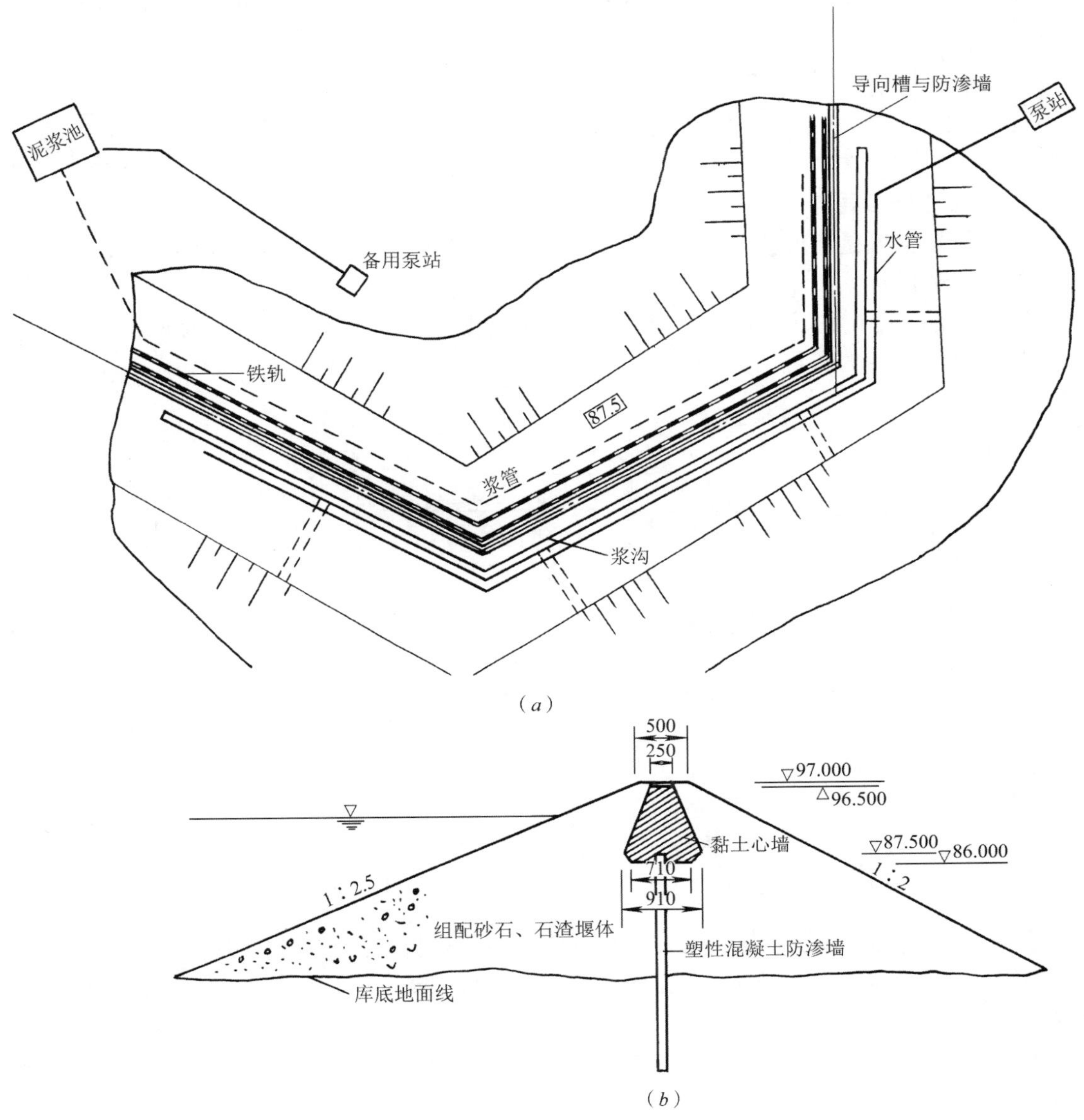

图 28-8 围堰防渗墙设计图

（a）平面图；（b）剖面图

本工程采用塑性混凝土防渗墙作为防渗结构，墙顶设计高程为 86.5m，其上再接黏土心墙到堰顶。防渗墙厚度为 0.8m，最深 31.6m。

2. 防渗墙的塑性混凝土

本防渗墙采用塑性混凝土，其主要技术指标如下：

180d 抗压强度$R \geqslant 200\text{N/cm}^2$；

弹性模量$E \leqslant 80000\text{N/cm}^2$；

抗拉强度$R_L \geqslant 15\text{N/cm}^2$；

抗渗等级大于水电 W6。

混凝土的施工配合比见表 28-10。

混凝土配合比 表 28-10

方案	水灰比	砂率（%）	水（kg/m³）	水泥（kg/m³）	砂子（kg/m³）	黏土（kg/m³）	膨润土（kg/m³）	粉煤灰（kg/m³）	壤土（kg/m³）	小石（kg/m³）
1	3.1	60	436	140	575	240	6	160	1	383
2	3.1	50	436	140	479	240	6	160	60	479
3	3.0	55	360	120	710	120	40	1	120	630

3. 防渗墙施工要点

（1）该防渗墙是 1988 年用 12 台 C2-22 冲击钻修建的。共完成进尺 6550.9m，浇注水下混凝土 5564.8m³。

（2）导墙（导向槽）和施工平台。导墙采用钢板（1m × 1.5m）和大槽板两种材料，分段建成。施工平台的布置见图 28-9。

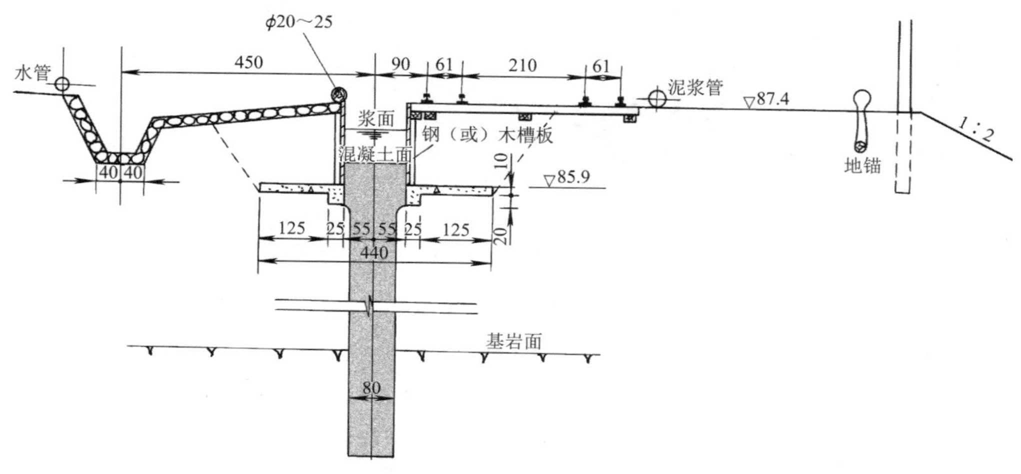

图 28-9 导向槽设计图（高程：m，尺寸：cm）

（3）槽段划分。施工初期担心二期槽孔浇注时间过长，会影响接头质量，所以采用一期槽长 8.8m，二期槽长 2.8m。施工过程中发现塑性混凝土质量很好，乃将二期槽长改为 6.8m。总共划分 33 个槽孔。

（4）泥浆。使用了小汤山地区的粉质黏土加适量的纯碱和水制成泥浆。泥浆的主要技术指标为：

相对密度 1.13～1.20；黏度 18～30s；含砂量小于 12%；失水量小于 20～30mL/30min；稳定性小于 0.03。

泥浆站建在高程 92m 的高坡上，可以自流到导向槽内。站内设 4 台 4m³ 搅拌机。

（5）塑性混凝土的搅拌和输送。砂子、石子和水泥用皮带送入搅拌机料斗；壤土先经 2cm 方孔筛再称重后进入搅拌机；黏土则先在泥浆搅拌机内搅成稠泥浆，再泵送到搅拌机内。用第三个配比时，膨润土粉直接进搅拌机内。

使用 HB30 型混凝土泵把塑性混凝土送到槽孔内。

4. 效果

设计要求基坑日漏水量小于 3000m³，实测只有 198m³。

28. 3. 4 下池塑性混凝土防渗墙

1. 概述

这里所说的是十三陵抽水蓄能电站的下池，也就是十三陵水库。电站要求在连续枯水年时，库水位不得低于 85.0m。

十三陵水库于 1969—1970 年在坝基中建成了混凝土防渗墙，切断了水库从坝基下的渗漏，取得了显著效果。但是由于水库上游库区存在着一条通往库外的古河道（图 28-10），流域内产生的径流直接从古河道中流走。如果不治理古河道，水库将很难维持 85.0m 的最低水位。

笔者根据多年来在十三陵水库进行设计和施工积累的经验，对下池混凝土防渗墙设计方案进行了优化和改进设计，得到了批准，将其付诸实施，取得了良好效果。

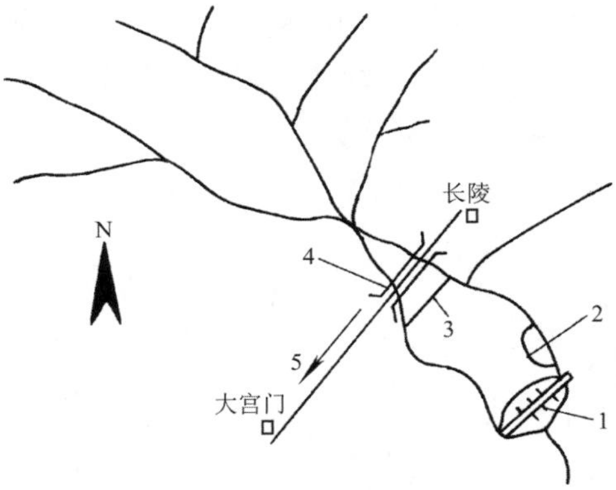

图 28-10　十三陵水库平面图

1—主坝和防渗墙；2—进出口围堰防渗墙；3—下池防渗墙；4—七孔桥；5—古河道

2. 对原设计方案的优化和改进

1）原设计方案简介

十三陵抽水蓄能电站是华北电网中重要的调峰电站，是解决北京市用电困难的 9511 工程的重要组成部分，总装机 80 万 kW，年发电量 12 亿 kW · h。它利用原十三陵水库作为下池，而上池则位于 400 多米高的山沟中。

如前所述，要保证在连续枯水年的情况下，下池（水库）水位仍能维持在 85.0m，必须在库区末端对古河道进行防渗处理。

原设计单位对此非常重视，进行了大量的钻探和室内外试验工作，对水库的渗漏问题进行了详细的论证和估算，对防渗及补水工程方案进行技术经济比较后，提出了在水库中建造防渗墙（2 线）和从左岸做补水暗渠的方案，该方案的主要技术经济指标如下：

在距水库大坝上游 1500m 处修建一道高 9m、长 1060m 的围堤（图 28-10），堤中修建一道最深 68m、厚 0.8m 的混凝土防渗墙，其总面积 5.03 万 m^2，造孔进尺 7.05 万 m。沿岸区左岸修建一条长 2670m 的引水渠，引水流量 $6m^3/s$（表 28-11）。

三种防渗方案主要数据表　表 28-11

项目	原方案		采用方案
	1 线	2 线	3 线
到大坝距离（m）	2200	1500	2800
长度（m）	1610	1060	1291.8
深度（m）	77.5	68	35.4
总截水面积（m^2）	101910	50300	42943
造孔进尺（m）	140130	70500	50000
围堤高（m）	6.5	9	3.5
引水渠长（m）	3230	2670	1200
正常水位（m）	87	88	90
水面面积（万 m^2）	214	137	300
最低水位（m）	85	85	85
调节库容（万 m^3）	405	404	1200
投资（万元）	8553	6000	3998

在当时九龙游乐园已经运行、水库蓄水较高的情况下，高 9m 的围堤和深 68m 的防渗墙施工难度极大，而且对旅游景观影响很大；另外，水库水位每日变幅 3.0m，造成岸坡和

土坝边坡冲刷，影响观瞻。

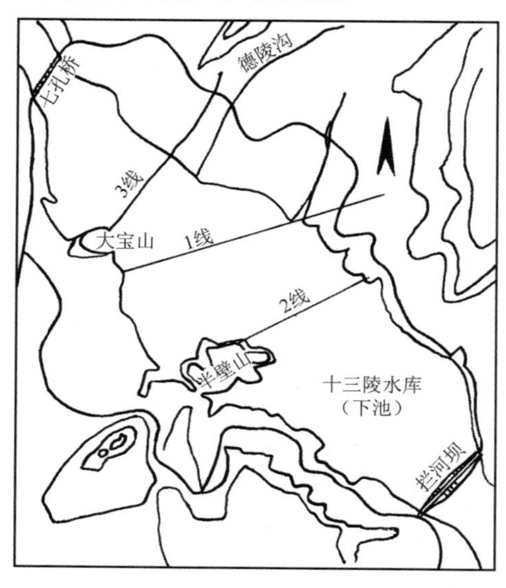

图 28-11　下池防渗墙位置图

2）原方案的改进和优化工作

从1989年8月起，笔者原来所在的设计研究院接受十三陵抽水蓄能电站筹建处的委托，根据主编者自1964年以来多次在十三陵水库进行水库扩建、坝基防渗墙以及北京九龙游乐园设计施工过程中，对十三陵水库流域和库区水量平衡方面积累的经验，并对历年水文观测资料和近70个钻孔资料进行分析之后，提出了把防渗墙建在库区上黏土层内的防渗方案（即3线方案）。主管部门邀请专家多次审查，最后确认了这个方案。随即开展了相当规模的补充地质勘探（共17孔，800m）和物探工作，并进行了相关的水文地质和土力学试验。最后查明，库区在高程40～85m内确实存在连续的相对隔水黏土层，平均厚度20m，渗透系数为10^{-8}～10^{-5}cm/s，可以做防渗隔水层。1991年3月2日，邀请有关专家和领导对3线方案（图28-11）进行审查，最后批准按此方案进行施工图设计和施工。

3. 补充勘察和渗漏分析

1）概况

3线方案是以库区黏土层作为相对隔水层的，所以该黏土层的分布连续性、厚度和透水性就成为本方案成立与否的关键。为此在分析已有钻探资料的基础上，又在防渗墙轴线上特别是两岸钻了17个钻孔（进尺800m），进行了有关的试验和物探工作。至此，我们就可对防渗墙3线的地质情况做如下的阐述。

2）库区的工程地质和水文地质条件

十三陵盆地处于山区和平原的过渡地段。十三陵水库位于大宝山、汉包山和蟒山之间，宽约1.5km，长约4km。

根据收集的和补充勘探的83个钻孔资料，可以看出库区的第四系地层大致可分为三种成因类型：冲积层、洪积层和坡积层（图28-12）。

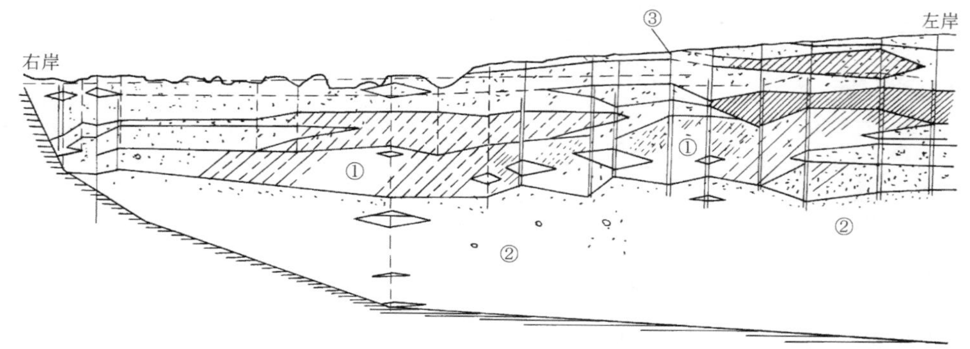

图 28-12　防渗墙地质剖面图

①—黏土—粉质黏土；②—砂砾卵石；③—钻孔

（1）冲积层。主要分布在库区底部，其上层为砂卵石层，渗透系数 74～230m/d，是本区主要透水层，厚度 20～35m，卵石含量 40%～80%，粒径 5～10cm，最大 40cm，局部夹黏性土透镜体。15m 以下普遍含有浅黄色黏性土，厚约 10m。

中层为黏土—粉质黏土层，浅黄色，可塑硬塑状，平均厚度 20m 左右，最厚可达 30～40m。分布很广，所有钻孔均见到了此层黏性土。黏性土层的渗透系数较小，经室内试验和现场注水试验测定，平均渗透系数为 0.014m/d，平均液性指数$I_L = 0.24$，即是一种可塑至硬塑的中等压缩性的黏性土。

下层为砂卵石层，分布于黏土层之下至基岩面之间，厚度 40～50m。卵石含量 40%～60%，粒径 3～7cm，常夹有黏土透镜体，渗透系数 40m/d。

（2）洪积层。主要分布于库区左岸德陵沟附近，并且也具有与上述冲积层相似的砂卵石—黏土—砂卵石三层结构。

（3）坡积层。分布在水库四周较高地段上，以粉质黏土、黏质粉土含碎石为主，与冲积层交错联结，透水性较小。

水文地质条件：库区地下水主要为第四系孔隙水，大体分为上下两层。上层为第一层砂卵石的潜水，其水位主要受水库水位控制，两岸地下水位则逐渐抬高，右岸约高于库水位 1～4m，左岸则高出 10 余米。下层为第三层砂、卵石层中的承压水，其承压水位一般略低于上层潜水 1～2m，局部则高于潜水位，最大可达 5m（331 号钻孔）。根据历次钻探资料及等水位线图，可以看出左岸地下水位均高于库水位，明显地呈现出向水库排泄和补给的规律；而库水位与上游地下水位之间的关系则较为复杂。如丰水年时上游地下水补给库水，使库水位在即使没有地表径流入库的情况下，仍能不断上升（1974、1979 年），而枯水年则转变为库水向地下水补给，造成水库的渗漏损失（如 1990 年），详见图 28-12 和图 28-13。

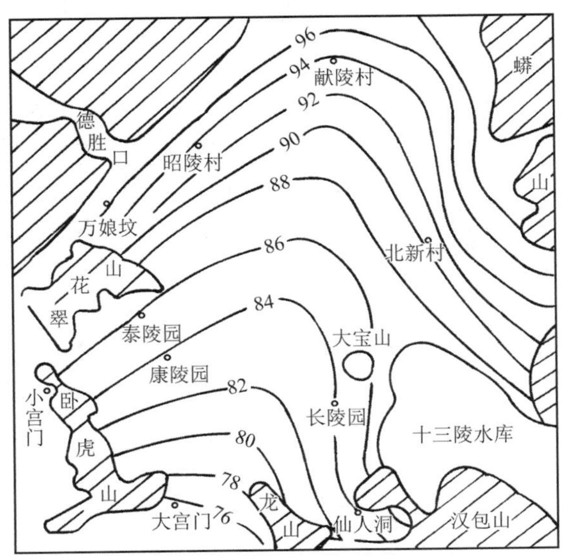

图 28-13　十三陵水库库区丰水年潜水位线（1979 年 6 月）

分析建库后历年水文资料可以看出，在冬季地下水丰水期，当库水位低于 91.0m 时，库水位是逐渐上升的，以至库尾有相当长的一段水面不结冰；当库水位高于 91.0m 时，库水位虽呈下降趋势，但下降缓慢。

3）对库区黏性土的评价

（1）黏性土的连续分析。根据十三陵水库坝址地质剖面图和提供的地质资料，可以看出在库盆中普遍存在一层黏性土层，其顶面埋深为20～40m，其厚度从数米到25m左右，最厚达30～40m。其成分为黏土、粉质黏土夹少量卵砾石（卵砾石由灰岩、砾岩、砂岩及火山类岩石组成），其成因为冲积黏性土。黏性土层与上下的岩层构成三层结构：第一层砂卵石层，第二层黏性土层，第三层砂卵石层。第三层以下为基岩，黏性土层从上游至下游大体呈由薄到厚和向下游倾斜的趋势，符合沉积规律。右岸山势较缓，大量的洪积及坡积黏性土堆积在岸边，根据304、305、306、320号等钻孔资料，库区黏性土层直接与岸边土层相接，形成了一个整体。左岸分布一、二级阶地，阶地多是几十米厚的黏土夹砂砾卵石组成，由于左岸汇水面积大，山势较高，冲沟较多，尤其在I-I′线以东几条大沟汇集库岸，因而形成了与库盆不同的坡积、洪积堆积区，其特点是卵砾石、砂与黏性土互层的多层结构，与库区洪、冲积地层呈犬牙交错状结合。但是，由于沟门附近地势已缓，细颗粒大量堆积，黏土间隙变小，厚度增加，从G15、332、333、314、325、15、16号等钻孔资料看，岸边及冲沟中的黏性土大部分与库盆中的黏性土合为一体，难以区分其不同的成因类型了。本次勘察共布钻孔17个，最近距离控制在40m左右，在黏土层较薄的4号孔附近加密了钻孔，勘探结果表明黏土层是连续的。

通过以上分析及现有的钻孔资料，可以认为库区中的黏土层的分布是比较稳定、连续的。

（2）黏土层的隔水性。现场注水和室内渗透试验结果，最大的渗透系数为 2.4×10^{-5}cm/s，最小的渗透系数为 1.9×10^{-8}cm/s，大部分在 10^{-6}cm/s以下，黏土层最薄处厚度为4.25m。其水力坡降为3.5，小于允许水力坡降（$[J]=5$），在电站下池运行期间，黏土层不会被渗流击穿，所以此黏土层可以作为相对隔水层。

（3）左岸的绕渗问题。根据早期的地质报告对十三陵地区地下水水位观测所绘制的等水位线如图28-13和图28-14所示。

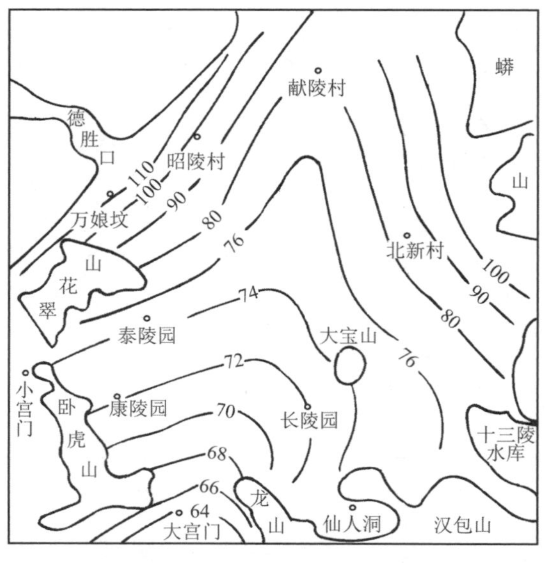

图28-14 十三陵水库库区枯水年潜水位线图（1984年5月1日）

建库后地上水由左岸向库区补给，等水位线大致平行于库岸，而且在北新村附近（3线末端)。地下水位在枯水年 1984 年 5 月为 88.0m 高程，这次勘探 15 号孔地下水为 92.31m，比工程要求的 88.0m 库水位高出 4m 以上，而实际库水位仅为 84.70m，说明在绕渗方向上存在地下水分水岭。又由于在 11 号孔到 16 号孔，深度 20m 左右、高程 87m 处有一层厚 10m 的黏土含卵石，此层的渗漏系数$K = 7.808 \times 10^{-6}$cm/s，完全可以作为隔水层看待(图 28-12)，防渗线只要向左岸延伸达到一定长度即可以封闭库区与库外地下水的联系，防止渗漏。

4)渗漏计算与评价

(1)现状渗漏计算。在水库没有放水而地表没有径流入库，也没有降雨的条件下，水库渗漏损失量应等于水库库容损失值与地下水补给量之和再减去蒸发量的差值。即：

$$Q_{渗} = 库容损失 + Q_{补} - Q_{蒸}$$

以 1990 年 9 月份为例，此时上游地下水位低于库水位，不会补给水库，仅左岸存在着侧向补给。按上述公式求得水库渗漏损失为 4.33 万 m^3/d 或 1580 万 m^3/a。如用达西公式$Q = KJW$并以 1990 年观测数据$J = 0.01$，$K = 58.3$m/d，$W = 1300\text{m} \times 81\text{m}$求得$Q = 2240$万 m^3/a。如只计算上层砂卵石且取$K = 150$m/d，则$Q = 1441$万 m^3/a。可以看出上层强透水层的渗漏量约占 2/3。

(2)3 线方案建成后渗漏量计算。按双层结构卡明期基公式

$$Q = \frac{B \cdot \Delta H}{\dfrac{2b}{K_2 T_2} + 2\sqrt{\dfrac{T_1}{K_1 K_2 T_2}}}$$

其中，$\Delta H = 9$m(∇87.0−∇78.0)，$2b = 4.8$m(最短渗径)，$K_1 = 0.014$m/d(黏土层)，$T_1 = 18.0$m，$K_2 = 40$m/d(下层砂卵石)，$T_2 = 43.0$m，$L = 1300$m。

求得$Q = 246.57$万 m^3/a。

如计入水库蒸发损失，则库水位 87.0m 总损失水量为 419 万 m^3/a，库水位 89.0m 时为 511 万 m^3/a。

(3)对防渗效果的预测。根据观测资料及计算分析，认为现状水库渗漏水量基本上是从上层砂卵石层流走的。1990 年库区一带降雨量小，没有径流入库，库水完全由白河堡水库补给，经分析计算，当库水位为 87.0m 时，水库年渗漏总量为 1441 万～1580 万m^3。

建下池防渗墙后，计算年渗漏量为 247 万m^3，建墙后的渗漏量仅为建墙前的 16%～17%，防渗效果比较理想。

对各方面资料进行综合分析之后，我们认为水库的渗漏损失不会超过 300 万 m^3/年。

4. 设计方案的变更和选定

1)设计方案的比较和选定

我们曾对 1、2、3 线不同布置和处理方案进行了分析比较。为避免深墙施工难题，我们曾经进行过浅墙(只入黏土层内)和防水片、浅墙和定喷联合的方案比较，最终选定了 3 线浅墙方案。此方案的主要特点是：

(1)由于采用了深入黏土层的悬挂式防渗墙，其工程量和墙深均不到原 1 线的一半，可以大大降低工程造价，缩短工期。

(2)3 线方案可使水库水面达到 3.0km^2，水面长度可达 3.0km。由于取消了围堤，保持了水库的天然状态。在库区进行适当的绿化和美化后，可以满足各方面(包括高尔夫球场)

对环境的要求。

（3）3线方案最低地面高程为88.0m，可在无水条件下施工，节省了施工围堰费用，降低了施工难度和对九龙游乐园的影响。

（4）当水库遇枯水年，水位在88.0～90.0m之间运行时，可完全满足蓄能电站的用水要求，并将每日水位变幅由3.0m降低到1.6m，从而减轻对库岸和周围环境的影响。

（5）由于采用悬挂式防渗墙，对库区的地下水动态没有根本性改变，地下水可进（补给）可出（渗漏），可以满足九龙游乐园、蓄能电站和昌平区对用（地下）水的不同要求。

（6）3线不仅节省了大量投资，而且对引水工程、绿化美化工程均作了切实可行的安排，从而进一步提高了供水保证率，美化了环境，使投入的不足原1线投资50%的资金得到更为合理的运用。

总之，我们认为选定3线悬挂式防渗墙方案在技术上是可行的，经济上是合理的，质量上是有保证的，工期是最短的。

2）防渗控制水位的选定

对防渗控制水位88.0、90.0m进行了计算，电站下池水位为88.0m时，由于其相应库容较小，日最低水位在86.5m以下，龙宫洞露出水面有碍观瞻。水位90.0m时，电站运行日最大变幅约为1.6m，年最低水位为87.4m。基本上能满足九龙游乐园的最低运行水位的要求。因此，确定防渗水位为90.0m。

3）下池防渗（3线）工程设计要点

（1）防渗墙的布置。根据十三陵抽水蓄能电站所处的位置和目前水库现状，防渗墙工程的设计需满足电站的技术要求和综合考虑十三陵风景区的景观要求，并考虑下述条件：①地形条件；②地质条件；③工程量和造价；④拆迁、砍树，占地；⑤施工条件。

为获得较大的水库水面面积和库容，并在尽量少损失水的前提下，防渗线尽可能地向库尾推移。经多个方案技术经济比较后选用3线方案（图28-11）。从地形条件看，右岸大宝山上游地形较为开阔，防渗线往大宝山上游布置将加长100余米，因此布置于防渗墙右端，紧邻大宝山北侧陡崖，墙体嵌入基岩内。左岸为德陵沟，防渗线若在沟东南侧则将德陵沟截至池外，下池将得不到德陵沟地下水的补给。沟西北侧地形逐渐抬高，沟旁现有成吉思汗宫、高压线及桃园。为减少工程量及拆迁，防渗线左岸布置在沟西北侧与成吉思汗宫之间，从成吉思汗宫围篱南角穿过至5号钻孔处转折17.41°，从两根高压线杆之间及桃园间小路通过。该线最短，工程量少，拆迁少。

防渗墙距大坝2.8km，防渗墙中心线长1291.8m，总面积42943m^2。

（2）墙体材料。本防渗墙承受荷载较小，初步分析应力不大。根据本工程的实际情况曾对黏土混凝土和塑性混凝土两种材料进行了比较。北京京水建设集团公司与清华大学合作进行了塑性混凝土的试验研究，选择了塑性混凝土防渗墙。近几年来，国内许多单位也开展了对塑性混凝土防渗墙材料的研究，并运用到大型的水电工程中，取得了良好的效果。塑性混凝土比黏土混凝土的弹性模量小，在外荷载作用下墙体产生拉应力的可能性大为降低，甚至无拉应力出现。塑性混凝土材料中的水泥掺量大大减少，使该种墙比黏土混凝土墙更为经济，最后决定采用塑性混凝土作为墙体材料。

塑性混凝土的技术指标参照已建工程，特别是条件类似的工程确定，设计墙体塑性混凝土指标为：

$$R_{28} = 2\text{MPa}$$
$$E = 500 \sim 800\text{MPa}$$
$$K = 1 \times 10^{-8}\text{cm/s}$$

（3）墙厚。墙的厚度取决于渗透稳定条件、受力情况以及造孔设备等施工条件。

防渗控制水位为 90m，设计墙体承受最大水头为 15m。水力梯度$J = 15/0.8 = 18.75$，是比较小的，大大地小于目前已收集到的国内外工程的水力梯度值，故认为该墙的渗透稳定条件不控制墙厚。

该工程墙厚按施工设备条件采用 80cm。

（4）墙深。设计防渗墙底部插入黏土层，深度按允许接触比降控制。

当允许比降为 5 时，计算的插入深度为 1.15m，考虑施工工艺因素，设计插入深度应适当加大，故采取插入深度为 1.5m。

近大宝山墙段，墙底插入基岩，设计插入弱风化基岩 0.8m。由导向槽底面向下计算，最大造孔深为 35.4m。

（5）地面以上建筑物。防渗线地面高程一般为 88.0m，地面以上修筑小堤，堤高 3～3.5m，堤长 660m。

小堤的作用是抬高下池水位，它与其下的防渗墙联合作用，截断库尾渗漏通道。小堤堤顶高程为 91.0～91.6m，堤顶宽 7m。水库侧边坡为 1：1，背水侧边坡为 1：3（图 28-15）。

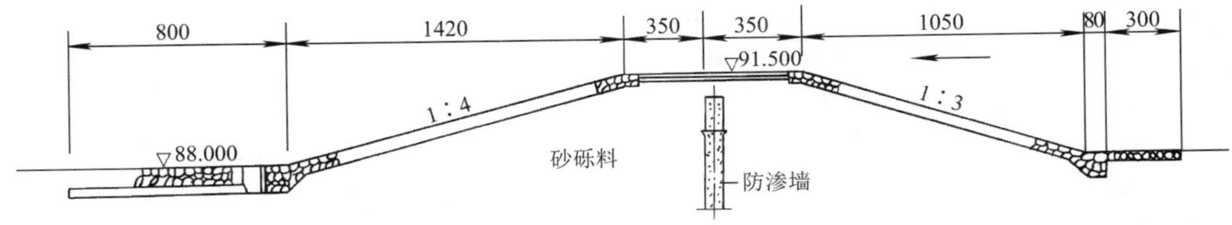

图 28-15　围堤设计图

小堤顶部高程沿轴线长度方向设计成中部低两边高的形式，中间段 100m 堤顶高程为 91.0m，两边为 91.5m，两段之间设渐变段，坡度为 0.05。堤两端与管理路顺接。

该堤横卧在库尾河床上，洪水季节当堤外库满之后将漫过堤顶进入内库。该堤应能抵抗洪水冲刷。经研究，为节省工程投资，考虑筑坝材料就地取材，堤壳用库床中的砂卵石料填筑，其防渗体采用混凝土心墙，堤坡作防冲护砌。

5. 防渗墙及围堤的施工

1）施工概况

1991 年 2 月 20 日进场作准备，5 月 1 日正式开工，1992 年 7 月 31 日防渗墙工程完工。

由于进口抓斗 BH7 发货推迟和国内起重机配套不及时，开工初期使用 CZ—22 冲击钻，按传统的主副孔法进行施工。1992 年 3 月进口抓斗 BH7 在本工地试运转成功后，立即投入正常运行。首次在本工地进行了液压抓斗直接抓槽试验并取得成功。

本工程采用塑性混凝土，进行了两方面改进和变更：①用大相对密度泥浆代替土粉来搅拌混凝土，效果更好；②把混凝土强度等级提高到$R_{28} = 2$MPa，以适应本工程是永久性防渗墙这一具体情况。

这两点改进是可行、有效的。

此外，从1992年春天开始，我们还进行了固化灰浆的生产性试验工作，共进行了15个槽孔3721m²（2438m³）的试验。此外，还进行了自硬泥浆的生产性试验。

通过施工，确实证明了地基中的黏性土层是连续的，而且保证墙底均能插入该黏土层中1.5m（右岸约100m，墙底深入基岩内0.8m）。

该工程实际完成的工程量有：

混凝土防渗墙42943m²，塑性混凝土36137m³，固化灰浆及自硬泥浆2600m³，围堤土石方3000m³，无纺布垫层10400m²，混凝土预制连锁板4360m²，砌石9100m³，路面混凝土2200m³。

2）施工总体布置和临时设施

根据现场地形地貌和三通一平以及度汛条件，在尽量少占耕地的前提下，采用合理、有效的现场施工布置方案。

根据本工程特点，采用钢板导向槽和砖砌导向槽两种，槽宽1.1m，高1.5m。钢板导墙长度约占1/3。由于抓斗进场之前，要用冲击钻施工，所以上部结构都是按冲击钻施工要求做的。

根据防渗墙沿线地形高差变化大的特点，为减少工作平台的挖填方量并考虑到施工期间能顺利排除废水、废渣及便于浇注混凝土，将导向槽分成了6段（表28-12）。

导向槽分段　　**表28-12**

段号	桩号	段长（m）	槽顶高程（m）
1	0＋008.8～0＋661.2	652.1	90
2	0＋661.2～01849.2	188	94.5
3	0＋849.2～1－044.2	195	97
4	1＋044.2～1＋156.2	112	99
5	1＋156.2～1＋205.2	49	104
6	1＋205.2～1＋300	94.8	105.4
合计		1291.2	—

3）混凝土防渗墙施工

（1）该工程防渗墙全长约1300m，右边的一半左右位于原东沙河河道中，左岸有相当一部分位于德陵沟出口，因此如何安全度汛而又不影响正常施工，是首先要考虑解决的问题。我们充分利用当年水库水位很低（85m以下）的有利时机，集中全力抢建主河床段防渗墙。终于在洪水到来之前，把主河道防渗墙抢建完成，为后期工作争得了主动权。

前面已经谈到，由于进口抓斗到货较迟，该工程的主要造孔是用CZ-22冲击钻机完成的，高峰时使用24台，最少时只用6台。对于这种钻机，基本上是采用传统施工方法：根据不同地层选用十字钻头或管钻，采用主副孔方法，泥浆护壁，浇注水下混凝土的工艺建造防渗墙。主孔直径0.8m，副孔长1.2m，标准槽长8.8m（占80%以上），个别有6～10m的。一、二期槽孔混凝土接头仍采用套接一钻的方法，在槽孔的塑性混凝土浇注72h后开凿接头孔。该工地冲击钻的总平均工效为6.62m³/台日。

（2）从1992年3月起，进口BH7全液压导板抓斗逐渐投入使用。我们试用了两钻一抓及抓斗直抓成槽（槽长2.5m）工法，使防渗墙的施工速度大大加快，到1992年7月底就完工了。

（3）在该工程防渗墙施工中，我们特别注意加强防渗墙底伸入黏土层的鉴定和检查验收工作。施工时不但要满足墙底伸入黏土层内不小于1.5m的要求，还不能把此黏土层打穿。经工地取出的几百组土样鉴定表明，本防渗墙下面的黏土隔水层确定是连续的，透水性很小。

（4）该防渗墙工程取得另一个显著成效的就是泥浆回收和重复利用工作。一般来说，回收泥浆经过沉淀和再加入适当土粉及碱面搅拌后，就可成为合格泥浆，不必使用振动筛。

在 BH7 抓斗施工时，我们也采用了利用进口的潜水泵将孔底稠泥浆泵送到 BE—50 除砂器内净化后，再直接送回槽孔中使用，效果很好。

由质检部门对回收泥浆随时进行质量监测，不符合质量要求及未经处理的不得使用。

回收泥浆的质量标准是：相对密度小于 1.15，含砂量小于 5%，黏度 25～35s。

在该工程中共生产了约 5 万 m^3 新泥浆，回收了约 8 万 m^3 的泥浆，满足了造孔需要。

（5）该工程的混凝土浇注工作，都是采用常规做法。

4）关于液压导板抓斗施工

我们从意大利土力公司引进的 BH7 抓斗，是该公司在 20 世纪 80 年代初期开发成功的，它集钢丝绳抓斗和全导杆抓斗各自的优点于一身，取得了良好的效益。

根据地质勘探资料和前期用冲击钻机施工的情况，可知左岸台地段的防渗墙正好位于德陵沟出口部的冲积扇中，地层中有很多大漂石。在此条件下，我们采用了两钻一抓的施工方法，也就是用冲击钻机打主孔（ϕ0.8m）之后，再用 BH7 抓斗去抓副孔。施工槽段大多为 8.8m，也有 6m 和 10.8m 的。

经过一段时间的施工实践之后，认为抓斗直接抓土成槽也是可能的。同时，也考虑到当时工地上正准备试验固化灰浆。这种材料强度不高，用抓斗直接在一期混凝土两边切下 10～15cm 做成平接接头也是可行的。于是在施工后期，又在 159～173 号槽段中采用抓斗单抓成槽的方式，配合固化灰浆工艺建造了平接头的防渗墙（应当说明，此段防渗墙承受水头很小，只有几米）。一期槽长 2.5m，待固化灰浆达到一定强度之后，再用抓斗从一期槽两边各抓去 0.1～0.15m 和中间的地基，形成二期槽孔，再用固化灰浆回填槽孔成墙。

BH7 抓斗能在这种含有大漂石的地基中挖槽成功，这是人们始料未及的。图 28-16 展示的就是 BH7 从地基中抓出的大漂石，图 28-17 则显示的是 BH7 在地基中把长 1.4m 的花岗片麻岩拦腰切开，又把它抓出孔外。

图 28-16 BH7 抓斗挖出的漂石堆

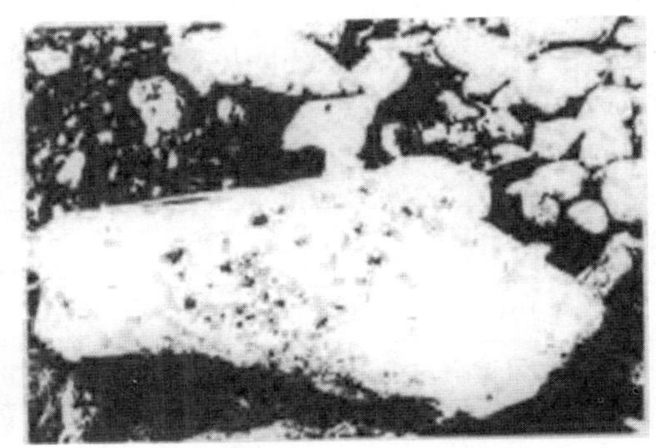

图 28-17 BH7 抓斗挖出的大漂石

抓斗成槽后，对成槽质量进行了检测，符合质量标准。

从该工程的施工情况来看，抓斗的施工工艺简单，不用铺设轨道，也不必设排浆沟，节省了大量人力、物力。抓斗抓出的土（石）料含水量很少（黏土层可抓出成块的土），用推土机或铲车推走，有利于其他工作的进行。

经统计分析，抓斗平均造孔效率为 88m^2/台日，而冲击钻为 6.6m^2/台日，两者相差 13

倍。要知道，抓斗只是刚刚投入运行不到100d，后来在其他工地施工，实现了原来用一台液压抓斗代替15～20台冲击钻的设想。

6. 工程质量评价和运行效果

1）防渗墙和围堤工程

单元工程质量评定：根据有关规定，该工程作为一个单位工程，下分7个分部工程，其中防渗墙为6个分部工程，围堤为1个分部工程。防渗墙的每个槽孔作为1个单元工程，围堤分为4个单元工程。评定结果为优良（表28-13）。渗透试验结果表明，试块渗透系数$K=(0.6\sim2.3)\times10^{-8}$cm/s，满足了设计要求。

分部工程、单元工程汇总表　　**表28-13**

分部名称	项目					
	桩号	单元数		单元工程合格率	单元工程优良品率	质量等级
		总数	其中优良个数			
第一分部	0+000～0+650	82	75	100%	91.46%	优良
第二分部	0+650～0+850	23	20	100%	86.96%	优良
第三分部	0+850～1+042	24	23	100%	95.62%	优良
第四分部	1+042～1+154	14	12	100%	85.71%	优良
第五分部	1+154～1+204	6	5	100%	83.30%	优良
第六分部	1+204～1+300	7	6	100%	85.7%	优良
路堤分部	小堤0+000～0+650 路面0+000～0+438.4	7	4	100%	100%	优良
总计	墙0+000～1+172	160		100%	90%	

2）水位变化

（1）水库渗漏量和水位变化。表28-14所示的是下池防渗墙建成前后库水位变化对比。从元旦以前和以后的库水位变化区段中可以看出，建墙前后库水位的变化是有很大区别的，建墙后每日水库水位均比建墙前下降了30%～40%，在实际观测资料中，建墙后曾经多次出现每10d库水位只下降1.5～2.0cm（建墙前每天下降1.5～2.0cm）的情况。

下池水位变化表　　**表28-14**

序号	时间	库水位（m）	水位差（cm）	历时（d）	水位差（cm/d）	防渗墙修建情况	备注
1	1991年1月1日—3月8日	85.58～81.84	74	67	1.15	前	
2	1992年1月1日—3月31日	85.31～86.68	63	90	0.70	施工中	
3	1993年1月1日—3月31日	86.72～85.88	84	90	0.93	后	
4	1994年1月4日—3月1日	85.78～85.24	54	60	0.90	后	
5	1990年9月1日—12月1日	87.36～85.94	112	92	1.54	前	
6	1991年9月1日—12月1日	86.68～86.60	108	92	1.17	施工中	
7	1992年9月1日—12月1日	87.93～86.97	96	92	1.04	后	
8	1993年9月1日—12月1日	87.22～86.11	111	92	1.20	后	年降水量大
9	1994年9月1日—12月4日	87.82～87.23	59	92	0.60	后	年降水量大

（2）测压管水位的变化从设在下池以外的两个测压管的水位观测资料来看，两个测压管水位均与库水位变化呈现明显的直接相关关系。

（3）防渗墙下游井水位变化。当地居民反映，防渗墙竣工后，井水位下降较快，且恢复不到建墙前的水位。

28.3.5 小结

（1）水库主坝坝基防渗墙和下池防渗墙，都是主编负责设计并参与施工的，效果很好。

（2）主坝防渗墙穿过全部覆盖层而进入安山岩内；可以截住约 250 万 m^3/a 的渗漏水量，相当于减少了水库年蒸发量。

（3）经过补充地质勘察和多方论证，下池防渗墙底部大部分进入黏性土层中，而在底部留有渗漏通道，是为了当地水资源平衡而采取的措施，大大节约了工程量和投资。

（4）在后面两个防渗墙工程中，北京京水集团公司与清华大学合作进行了塑性混凝土的试验研究并应用到现场实际工程中，是我国国内首次进行的工程实践。

（5）下池防渗墙工程采用了国内首次引进的意大利液压抓斗，发挥了很好的技术经济效益。

（6）主坝防渗墙采用了 5 万 t 当地黏土制作泥浆，不用外加剂，取得了很好的效果。

28.4 长江三峡二期围堰和基坑工程

28.4.1 概况

1. 枢纽概况

长江三峡水利枢纽位于西陵峡中的三斗坪镇。枢纽由大坝、电站、船闸和升船机等组成，是世界上最大的水利水电工程。

大坝为混凝土重力坝，最大坝高 183m，全长 2309.47m。电站由两座坝后式厂房组成，装机 18200MW。

船闸位于左岸，为双线连续五级船闸。升船机位于它的右边。

2. 导流和围堰概况

三峡工程采用三期导流方式，分三期施工，计划总工期 17 年。一期围堰在中堡岛的右边，主河槽继续过流通航，此阶段主要施工纵向围堰和导流明渠。使用时间为 1993 年至 1997 年 11 月大江截流结束。

二期围堰在中堡岛左边大江和岸边。在二期围堰保护下，修建河床段泄洪坝段、左岸厂房坝段及电厂等。使用时间为 1997—2003 年，共 7 年。

三期围堰是对导流明渠进行截流，施作碾压混凝土围堰，施作剩余建筑物。

可以看出，二期围堰是总体施工的关键部位。

3. 二期围堰概况

三峡工程二期围堰由上、下游土石围堰和右岸混凝土纵向围堰组成（图 28-18），共同保护二期主体工程溢流大坝和电站大坝的施工，使用年限 7 年，是三峡工程最重要的临时建筑物之一。土石围堰断面采用两侧石渣中间夹风化砂堰体和垂直防渗的结构型式。其中，上游围堰全长 1439.6m，堰顶高程 88.5m，最大高度 82.5m，防渗墙 4.22 万m^2，墙顶高程 86.2m，帷幕灌浆 7789m，土工膜 3.72 万 m^2，振冲 4.39 万 m^2。基坑承受的最大水头超过95m。

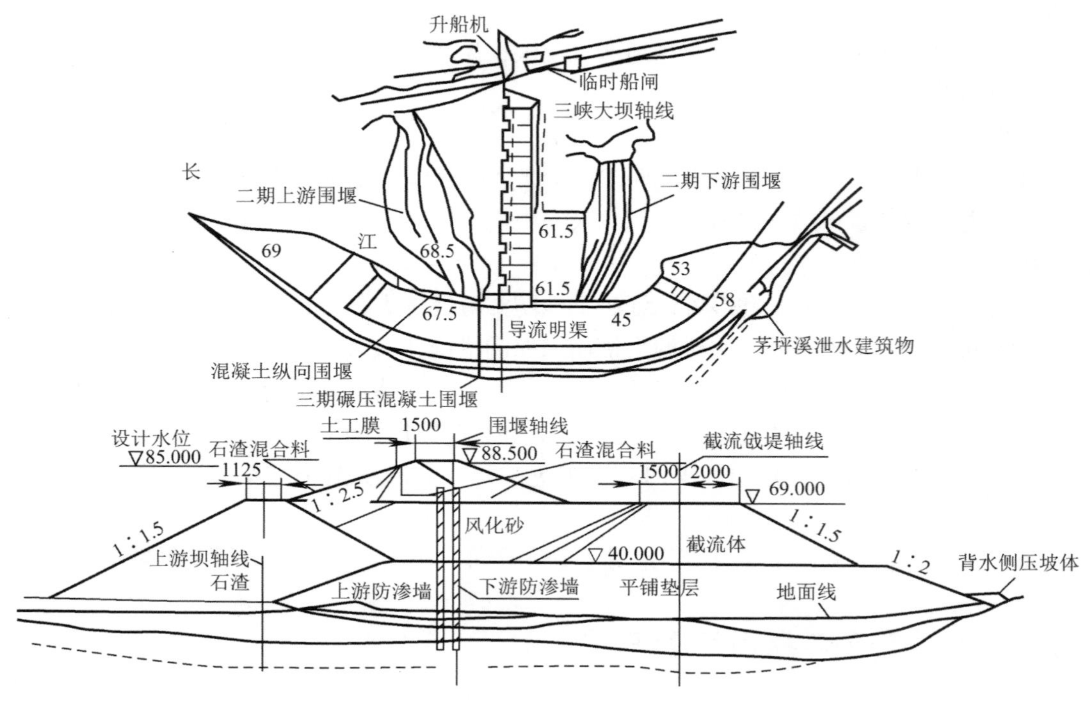

图28-18 长江三峡二期围堰平面及上游剖面图

围堰地基地质条件复杂。表层为厚5～10m的粉细砂层，影响围堰地基的渗透稳定性。原河漫滩残积冲积层内有花岗岩石质的块球体，基岩全、强风化层中也有包裹着的块球体，块径一般1～3m，最大5～6m，石质坚硬完整，饱和抗压强度达100MPa。基岩为闪云斜长花岗岩，弱风化层岩体坚硬。河床左侧基岩面有倾向河心和下游、倾角大于70°的双向陡坡陡坎，上下高差近30m。这些条件对防渗墙施工极为不利。

堰体防渗结构为塑性混凝土防渗墙上接土工合成材料，墙下透水岩体采取帷幕灌浆处理。上游围堰有162m长的深槽段，采用双排防渗墙，两墙中心间距6m，最大深度73.5m，墙厚1.0、0.8m，嵌入岩石深度0.5～1m。墙体材料抗压强度$R_{28}=4～8$MPa，抗折强度$T_{28}\geqslant 1.5$MPa，初始切线弹模$E_0=700～1000$MPa，渗透系数$K=1\times10^{-7}$cm/s，允许渗透坡降$i>80$。

28.4.2 设计方案和渗流分析

1. 二期围堰设计方案

围绕着三峡的导流和围堰问题，国内外很多单位在几十年时间内进行了大量试验研究工作。限于篇幅，本节只综述实际采用方案的基本情况。

2. 二期围堰渗流分析

1）渗流分析主要内容

（1）建立三维饱和-非饱和渗流计算模型。

（2）确定非饱和计算参数。

（3）建立二维和三维非稳定渗流计算模型。

（4）对三峡二期围堰不同的施工运行状态和防渗墙进行模拟计算和渗流控制优化分析。

（5）对防渗墙开叉和裂缝等特殊状态开展有限元计算与物理模型试验，分析缺陷对二期围堰的影响和控制措施。

2）二期围堰饱和条件渗流分析

（1）地质条件。

二期上游围堰下伏的基岩为闪云斜长花岗岩，并有中细粒花岗岩脉和辉绿岩脉穿过。堰基下有数条断裂分布，构造岩胶结较好。根据岩体水文地质类型、渗透性差异及渗流场特性，分为四种水文地质结构类型。

基岩表面有厚薄不一的风化带，其中全风化带厚度一般为 0～4m，强风化带厚度一般为 0～20m，弱风化带厚度一般为 8～30m。

全风化带渗透系数一般为 0.1～2.6m/d，最大为 6m/d；强风化带渗透系数一般为 0.1～4m/d，最大为 11m/d；二者差异不大，同属 a 类岩体，其渗透系数一般为 1～5m/d。

二期上游围堰左堰肩位于牛场子小沟内，沟底高程为吴淞（下同）80～90m，堰基为坡积砂质壤土，厚 1～4m。左漫滩宽 200～300m，滩面高程为 41～66m，向河床倾斜，堰基除部分基岩裸露外，还分布有冲积粉细砂层、砂砾石层和夹砂块球体层（厚 2～7m），以及残积块球体层（厚度一般为 1～5m）。

原河床底高程一般为 20～41m，沿轴线最低高程为 14m。堰基河床覆盖层为冲积粉细砂和砂砾石层，两侧较薄，厚度一般为 1～4m，其上部为厚 1～2m 的粉细砂层。围堰轴线下游有长约 150m、宽 300m 的深槽，顺江河床最低高程为 6m。河床中心槽部位覆盖层较厚，一般为 7～15m，其中上部为粉细砂层，一般厚 6～10m，最厚 13m；下部为砂砾石层，一般厚 3～10m。沿轴线基岩面最低高程约 2m，深槽部位基岩面最低高程 −6.3m。

右漫滩宽 320～380m，滩面高程为 41～65m，覆盖层以粉细砂层为主，厚度一般为 1～4m，最厚 9.4m。部分地段为块球体或块球体夹砂层，厚度一般为 2～5m，最厚 9m。

覆盖层各土层渗透性如表 28-15 所示。架空块球体渗透系数极大，葛洲坝水库蓄水后，块球体间的空洞已被粉细砂充填，其渗透性与“块球体与夹细砂”大致相当，河床砂卵石层上部空隙由细砂充填，渗透系数有较大降低。

覆盖层渗透系数勘探结果　　**表 28-15**

岩性	位置与厚度	渗透系数K（m/d）	
		葛洲坝蓄水前	葛洲坝蓄水后
细砂	漫滩一般为 5～12m，最大 17.6m	最大 13.3，最小 3.2，一般为 4.3～8.7	—
块球体	漫滩 3～10m	25.7（155 孔）	—
夹细砂砂卵石	河床一般为 0.5～5m，最大 18.5m	35.3（156 孔）、182.2（968 孔）、100.22（162 孔）、55.4（967 孔）、17.8（605 孔）	13.16（2166 孔）、9.74（2168 孔）

上述岩层中，曾对粉细砂和风化砂进行过渗透变形试验。由粉细砂表面冲刷试验测得，其启动流速为 6.3～12.9cm/s。粉细砂和风化砂垂直渗透允许坡降为 2，水平冲刷渗透坡降为 1.5，风化砂和 5～150mm 过渡带的接触渗透允许坡降为 2，粉细砂的垂直渗透允许坡降为 0.56。

（2）二期上游围堰的工程布置及堰体材料渗透性。

①三峡水利枢纽为一等工程。二期上横围堰虽是临时建筑物，但因使用期长、围堰高、基础地质条件复杂、拦蓄库容大（达 20 亿 m^3），故定为二等工程。围堰整体结构为：河床深槽部位采用双排混凝土防渗墙土石围堰，左右岸采用单排混凝土防渗墙土石围堰（简称为双墙方案）。另有两个比较方案：单排塑性混凝土防渗墙加土工膜斜墙和单排塑性混凝土防渗墙方案。三种防渗方案的防渗墙均伸入基岩弱风化带 1m。

②堰体填料及其渗透性。三种围堰防渗形式均考虑了最大限度地利用当地储量丰富的风化砂材料。根据前述地质部门提供的堰基各岩层的渗透特性，参数列于表 28-16 中。

堰体填料和堰基渗透性　　　　表 28-16

编号	填料或全强风化带	采用渗透系数（cm/s）
k_1	风化砂或全强风化带	5×10^{-3}、5×10^{-4}
k_2	石渣	5×10^{-2}、5×10^{-3}
k_3	新淤砂	5×10^{-4}、5×10^{-3}
k_4	砂卵石层	5×10^{-2}、5×10^{-3}
k_5	弱风化带	2×10^{-4}、2×10^{-5}、2×10^{-6}
k_6	微风化带	2×10^{-5}、2×10^{-6}、2×10^{-7}
k_7	混凝土防渗墙	1×10^{-7}、1×10^{-8}
k_8	截流体	0.1
k_9	土工膜（厚 5mm）	1×10^{-10}、1×10^{-11}

③设置防渗墙后，围堰渗流主要来自防渗墙下的堰基渗流，因而围堰渗流量与防渗墙底部岩体透水性关系密切。当基岩透水性依次降低 10 倍、100 倍时，相应围堰的单宽渗流量分别为原渗流量的 0.11 倍和 0.022 倍。

④三种防渗方案以双墙方案渗流量和渗透坡降最小，墙后地下水位最低。防渗墙后的粉细砂和风化砂的垂直和水平接触（出逸）坡降均小于 0.03，即使在风化砂透水性为 5×10^{-4}cm/s 的不利条件下，深槽部位的新淤砂在墙后和堆石体处的最大水平坡降均为 0.16，均小于其渗透坡降，能满足渗透稳定的要求。

⑤在单墙方案中，比较了防渗墙不同深度对渗流的影响。若防渗墙只打到弱风化带表面，则其渗流量和墙后风化砂中的渗透坡降均比嵌入弱风化带 1m 时增加了约 50%，说明影响明显。同时，防渗墙未嵌入弱风化带时，其墙底渗流状态较恶劣，墙底裂隙中产生的集中渗流对堰基砂卵石和粉细砂的渗透稳定不利。因此，防渗墙还是应以嵌入到弱风化带中一段距离（0.5～1.0m）为宜。

28.4.3　小结

三峡是国人一百多年来的梦想，几十年努力奋斗的结果。各方面的人员进行了艰苦卓绝的科学研究和现场试验，取得了世人瞩目的成就。

（本节选自《砂砾石地基垂直防渗》（宋玉才等编著）和《长江三峡深水高土石围堰的研究与实施》等有关内容，在此表示感谢）

28.5　双江口水电站围堰防渗墙

28.5.1　概述

随着中国经济建设的持续、快速发展，我国水电站建设也达到高峰期，一批批重大水电工程项目目前已全面进入建设期或收尾期，施工环境及地质条件相对较好的部位大多已在建或完建，后期水电站的建设绝大部分将处于深山峡谷中，环境将越来越恶劣，地质条件也会越来越复杂，开发难度也将越来越大，对于防渗墙施工势必遇到一系列地层更加复杂、特殊的处理技术难题。针对特殊地层防渗墙施工总结先进的施工工艺及处理方法，能更好地为后期类似防渗墙施工提供参考数据及指导施工工艺。

双江口水电站位于大渡河上源河流足木足河与绰斯甲河汇合口以下约 2km 处，地处高寒地区，海拔在 2500m 以上，最低气温达−15.6℃。电站采用坝式开发，水库正常蓄水位 2500m，总库容 28.97 亿 m^3，调节库容 19.17 亿 m^3，控制流域面积约 39330km^2，多年平均流量 502m^3/s。

拦河大坝为砾石土心墙堆石坝，坝顶高程 2510.0m，河床部位心墙底高程 2198.0m，最大坝高 312.0m，坝顶宽度 16.0m，坝顶长度 639.0m，基坑最大深度 113m，基坑渗流量 159m^3/h。上游围堰布置于坝轴线上游侧 467m 处，堰顶高程 2308.0m，宽度 12m，下游围堰布置于坝轴线下游侧 540m 处，堰顶高程 2308.0m，宽度 10m，上下游围堰相距 1007m。上游水位高程 2263.4m，水流量 139m^3/s，上游围堰基础混凝土防渗墙承受最大水头 80m。

坝址区内上、下游部位两岸山体雄厚，河谷深切，谷坡陡峻达 40°～55°，临河坡高 1000m 以上。左岸下部基岩裸露，上部崩积堆积块碎石土；右岸下部为崩积块碎石土，上部基岩裸露，两岸出露基岩为燕山期似斑状黑云母钾长花岗岩，岩石致密、坚硬（图 28-19、图 28-20）。

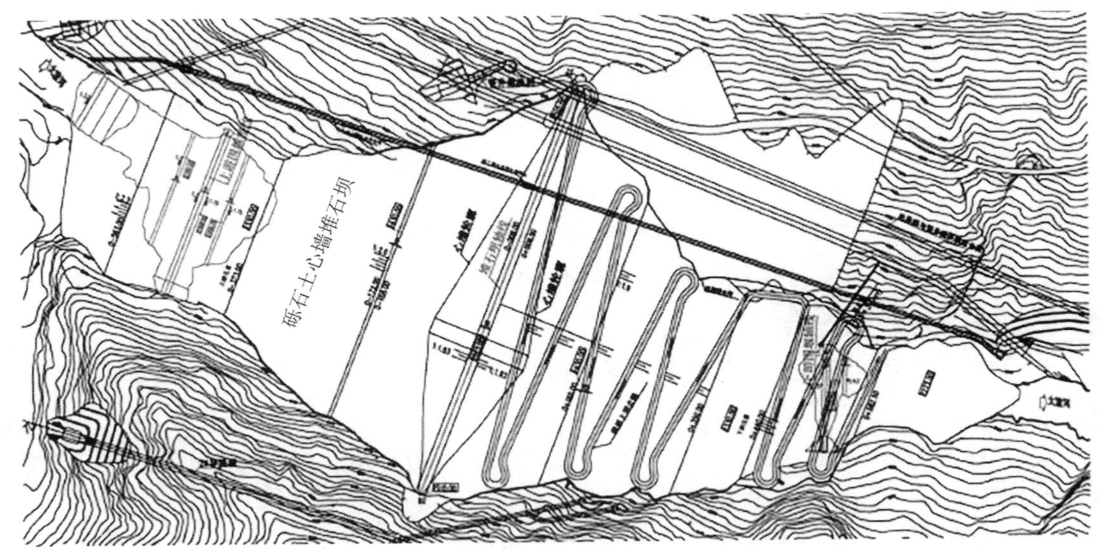

图 28-19　双江口水电站平面布置图

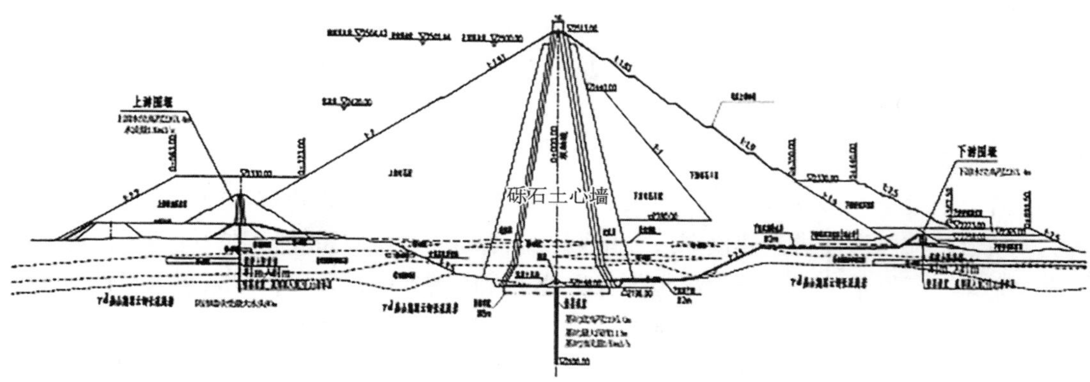

图 28-20　大坝横剖面图

上、下游围堰防渗墙墙厚为 1m，最大深度为 75.95m。施工过程中揭示上、下游围堰右岸及河床深切部位均存在大量巨漂孤石，已探明最大孤石直径在 15m 左右；上、下游左岸部位存在倒悬体及陡坎，特别是上游左岸部位倒悬体顶部基岩厚度深达 17.5m 左右，陡坎部位落差达 35～40m，坡度 70°～85°几乎为垂直体（图 28-21）。

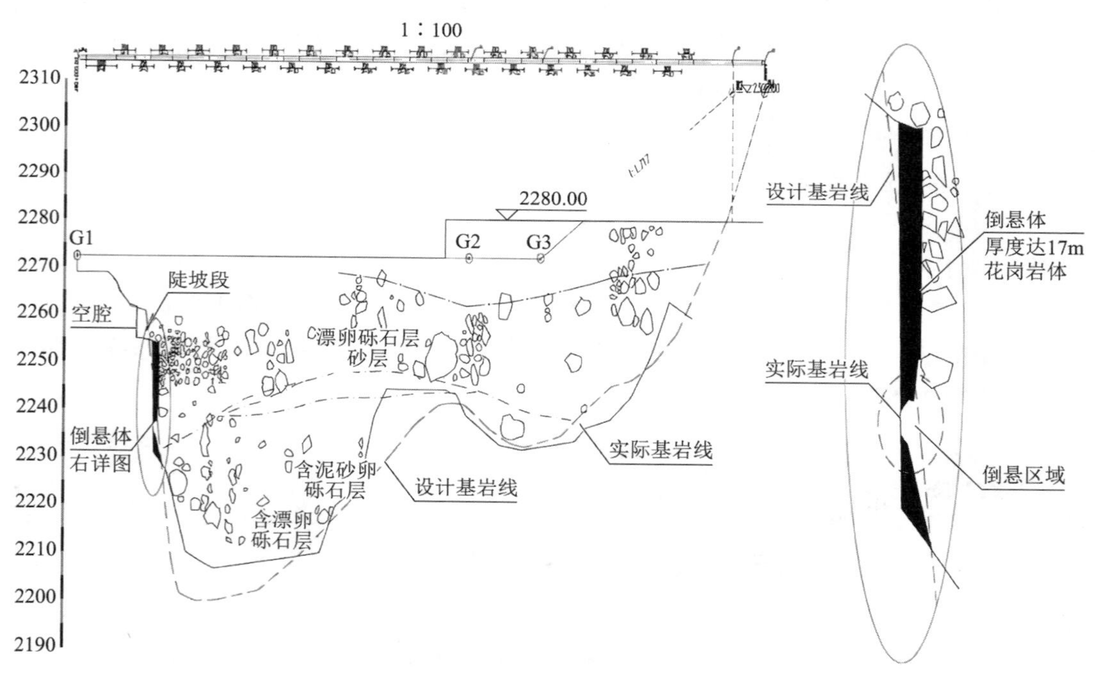

图 28-21　双江口水电站上游围堰防渗孤石、倒悬体示意图

28.5.2　施工难点

（1）工程地质复杂，地层存在大量巨漂孤石，已探明最大孤石直径在 15m 左右，施工难度极大。

（2）谷坡陡峻，施工中揭示岸坡段存在超高陡坎（坡度 70°～85°几乎为垂直体），防渗墙嵌岩难度大，如何保证入岩是质量控制的关键。

（3）岸坡段存在超厚倒悬体，已探明倒悬体厚度达到 17.5m，施工中须击穿倒悬体（图 28-22）。

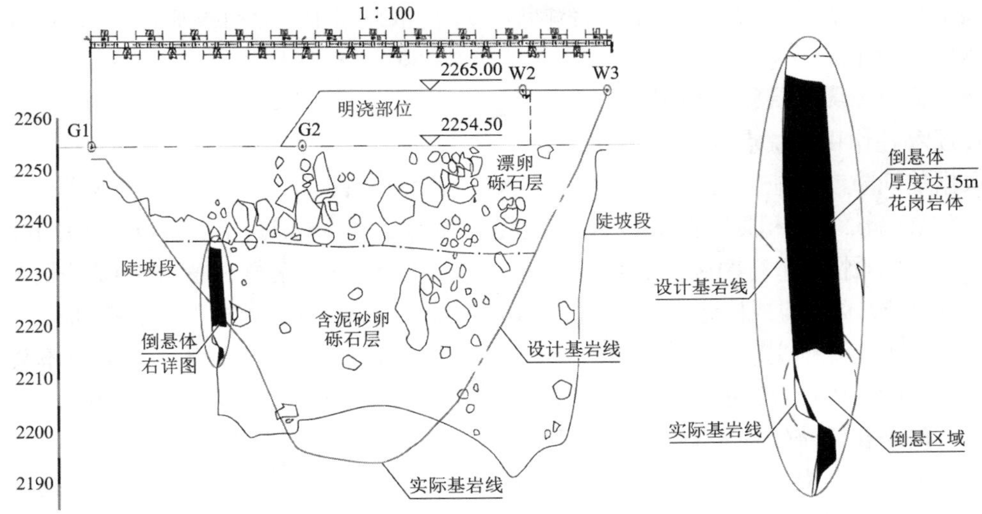

图 28-22　双江口水电站下游围堰防渗墙孤石、倒悬体施工难点

28.5.3　防渗墙施工工序

见图 28-23。

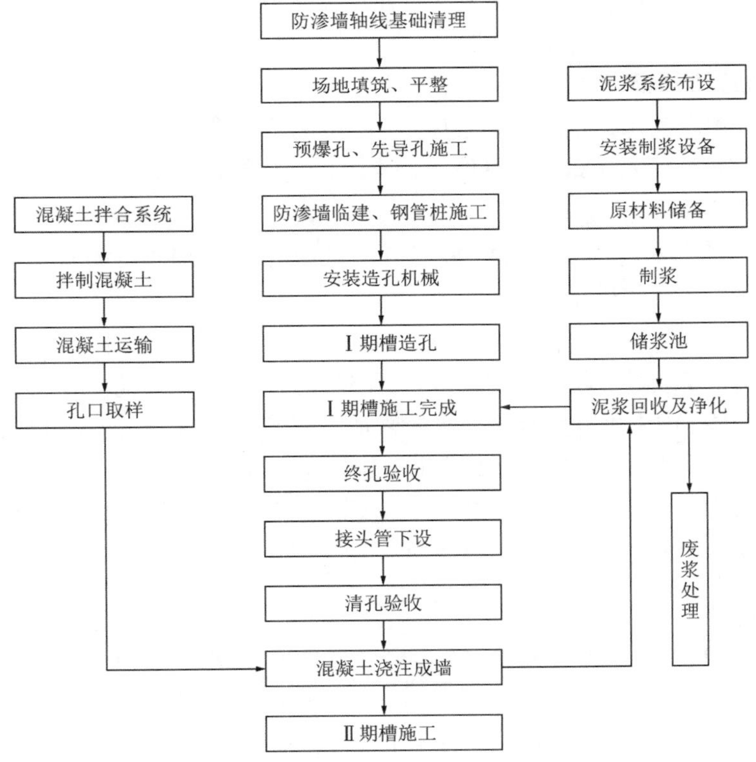

图 28-23　防渗墙施工工序图

28.5.4　施工设备选择

结合双江口水电站上、下游围堰防渗墙地质资料，针对防渗墙轴线孤石含量高、直径大及基岩岩面坡度陡、石质坚硬的特点，除使用防渗墙主要造孔设备 CZ-9D 型冲击钻机

外，还采用2台XY-2型地质钻机、2台阿特拉斯全液压履带式钻机及2台XHP900WCAT型空压机配合施工。

28.5.5　孤石巨漂地层钻孔预爆

1. 预爆孔作用及优点

根据前期防渗墙施工经验，结合双江口水电站地质资料，确定在防渗墙施工前对上、下游围堰防渗墙轴线河床段及基岩陡坡段实施钻孔预爆处理。预爆孔主要有以下作用和优点：

（1）对地质情况进行勘探，与前期设计提供的地质资料进行复核，提前探明地质情况及对孤石进行爆破，可减少成槽施工中的干扰、工时消耗、材料损耗，缩短工期，节约施工成本。

（2）由于钻孔预爆时防渗墙施工平台尚未修建，成槽施工尚未开始，爆破时不会产生任何不利影响，因此爆破孔的布置和爆破参数、措施的选择更为灵活，效果更好。

（3）预爆孔可兼作补充勘探孔，及时发现地层中孤石的分布情况及基岩面的大概位置，为后续防渗墙施工提供比较详细的地质资料，从而避免成槽施工中大部分的补充勘探干扰和基岩面误判情况。

2. 施工方法

预爆孔施工主要方法为：测量放样防渗墙轴线→布置补勘孔→补勘孔钻进（ϕ140mm套管跟管钻进）→根据勘探情况将遇大孤石、漂石的补勘孔作为预爆孔→加密布置预爆孔→加密预爆孔钻进（ϕ140mm套管跟管钻进）→在预爆孔ϕ140mm套管内下设ϕ90mmPVC管→拔出ϕ140mm套管→装药→连线→起爆。

3. 预爆孔布置原则及方式

（1）为保证预爆效果，预爆孔布置原则为：预爆孔必须准确探明大孤石、漂石的具体位置、大小，若遇有特大孤石、倒悬体等特殊部位则根据现场实际情况进行加密布置。

（2）预爆孔布孔方式

上、下游围堰防渗墙预爆孔，间距为2.0m，若遇有特大孤石、倒悬体等特殊部位，则根据实际情况适当加密孔排距。

4. 装药

本工程采用手工装药，药卷采用ϕ32mm乳化炸药，在装入炸药前要注意结块，防止结块堵塞炮孔。预爆孔内由竹片配合普通导爆索加工成药串起爆，炸药采用ϕ32mm乳化炸药连续不耦合装药（采用3节ϕ32mm型乳化炸药装药），特大孤石、漂石及倒悬体部位加强装药（采用4节ϕ32mm型乳化炸药装药），起爆药包和起爆管要放在孔底炮孔中间。堵塞材料使用黏土或砂加黏土，严禁用石块堵塞（图28-24）。

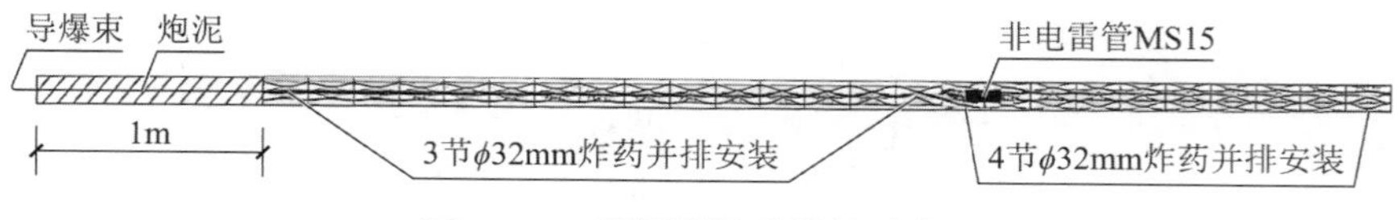

图28-24　预爆孔装药结构示意图

主要采用深孔爆破，采用孔内微差控制爆破技术，以改善爆破效果，减少震动，保证爆破施工作业的安全。

起爆网络的连接和防护是关系到爆破成败很重要的一个环节，应由经专门培训并考核合格的爆破员进行联网，并由主管技术的爆破工程师负责网络的检查。网络连接完成并经检查无误后，利用包装炸药的纸箱片进行覆盖绑扎保护。

5. 起爆爆破

采用电力导爆管联合起爆法，即在孔内、孔外均采用导爆管起爆法，最后起爆时采用电力起爆法引爆。

6. 爆破参数

爆破参数的确定对爆破效果将产生直接影响，它受钻孔设备能力、爆后块度要求和环境要求等因素的限定。生产中可按下列设计参数进行试爆。

（1）孔径：$D = 140$mm；

（2）孔深：原则上钻穿第一层漂卵石层；

（3）炮孔堵塞长：$L = 1.0$～1.5m；

（4）装药密度：2.4kg/m；

（5）单孔装药量：根据孤石大小及孔深确定。

28.5.6 倒悬体处理方法

1. 倒悬体探测

根据前期预爆孔及地质钻取芯施工对地层进行勘探，发现上游 SF-3 号槽及下游 XF-6 号槽存在倒悬体。其中，上游 SF-3 号槽倒悬体位于 1～3 号孔之间，顶部基岩厚度约 17.5m，倒悬体底部腔体最大深度约 3m；下游 XF-6 号槽倒悬体位于 1～2 号孔之间，顶部基岩厚度约 10m，倒悬体底部腔体最大深度约 1.5m。

2. 布孔

在发现倒悬体部位，按照孔距 0.5m、排距 0.3m 梅花形布置三排爆破孔，中间排爆破孔布置在防渗墙轴线上。

3. 施工方法

倒悬体处理方法为：布置爆破孔→阿特拉斯钻机钻进（ϕ140mm 套管跟管钻进至基岩面）→阿特拉斯钻机使用偏心钻头裸钻进入基岩，孔深控制在距离倒悬体空腔顶部 0.5m→在预爆孔ϕ140mm 套管内下设ϕ90mmPVC 管→拔出ϕ140mm 套管→装药→连线→起爆。装药、连线、起爆等施工方法与上述预爆孔相同。

28.5.7 高陡坡嵌岩施工

针对基岩面陡坡段防渗墙施工，首先使用冲击钻机钻进，穿过上部回填层、覆盖层后，采用 XY-2 型地质钻机钻孔取芯 15m，以确定基岩面的准确深度。然后使用地质钻机配十字钻头采用间断冲击法，冲砸出台阶，下设定位管（ϕ108mm 排污管），再用地质钻机配ϕ76mm 钻头钻爆破孔，钻孔深度控制标准为最高点入岩 1m。钻孔后根据基岩发育程度及基岩深度确定装药量，一般按 2kg/m 控制。然后下置爆破筒，提升定位管进行爆破。爆破后用冲击钻机冲击破碎，直至终孔。

28.5.8 施工效果

防渗墙墙体质量检查采用检查孔钻孔取芯、注水试验、物探体测等方法。

上、下游围堰防渗墙共计有抗压试件 113 组，抗渗试件 17 组，抗冻试件 3 组，弹性模量计 7 组，分别按相应规范要求进行了 28d 龄期抗压强度、抗渗及抗冻试验。28d 龄期共计 70 组，统计检验结果得出围堰防渗墙抗压强度：最大值$R_{28\max} = 34.7$MPa，最小值$R_{28\min} = 27.2$MPa，平均抗压强度$R_{28} = 30.1$MPa；抗渗性能：检测结果大于 W10；抗冻性能：检测结果大于F100。结果表明，混凝土抗压、抗渗及抗冻指标满足设计要求，合格率100%，混凝土质量优良。

防渗墙墙体施工质量检查孔共9个（上游6个，下游3个），钻孔孔径130mm，其位置由监理部根据施工过程情况确定。

检查孔注水情况：注水48段，合格47段，渗透系数最大4.40×10^{-6}cm/s，最小6.68×10^{-9}cm/s，合格率97.9%。S-J-6检查孔有一段不满足设计要求，试段位置在0.0～5.0m，且位于上游右堰端头EL.2280m，对工程整体防渗效果影响甚微，后期经过业主、设计同意，对该段加强灌浆，二次注水检查合格。

防渗墙物探检测由四川大渡河双江口水电站开发有限公司委托中国电建集团成都勘测设计研究院有限公司承担，采用单孔声波、对穿声波、声波CT、钻孔全景图像的物探方法对上、下游围堰防渗墙墙体质量和墙体底部与基础接触部位的质量进行检测。具体检查情况见表28-17和表28-18。

双江口水电站上、下游围堰防渗墙工程物探检测工作量表　　表28-17

工程部位	项目名称	完成工程量	备注
上游围堰防渗	单孔声波检测（m）	181.6	防渗墙墙体检查孔
墙墙体施工质量检测	对穿声波检测（m）	2424	
	声波CT检测（检波点炮）	19077	
	钻孔全景图像检测（m）	329.7	防渗墙墙体检查孔，180.7m
	注水试验（段、次）	30	
	墙体底部与基础接触部位施工质量检测	—	
	对穿声波检测（m）	282.5	含陡坎段灌前灌后
	钻孔全景图像检测（m）	258.7	
下游围堰防渗墙墙体施工质量检测	单孔声波检测（m）	98.2	防渗墙墙体检查孔
	对穿声波检测（m）	2095.4	
	声波CT检测（检波点炮）	10089	
	钻孔全景图像检测（m）	266	防渗墙墙体检查孔，95.2m
	注水试验（段、次）	17	
	墙体底部与基础接触部位施工质量检测	—	
	对穿声波检测（m）	325.8	含陡坎段灌前灌后
	钻孔全景图像检测（m）	159.4	

双江口水电站上游围堰防渗墙墙体对穿声波综合统计表　　表28-18

部位	声波速度（m/s）			备注
	平均波速	大值平均	小值平均	
防渗墙体	4243	4302	4176	
接触部位	4050	4244	3845	不含陡坎
墙下帷幕	4841	5096	4559	
防渗墙体低速带	3963	4162	3814	
陡坎段接触部位灌前	4582	4780	4338	
陡坎段接触部位灌后	4652	4819	4427	

28.5.9　结束语

随着我国经济的迅速发展，近年来水利、公路、铁路等基础设施不断建设，基础处理施工技术不断提高，已越来越普遍采用防渗墙的方式进行地基处理。尽管防渗墙施工在我国水电工程实践中取得了一系列的成果，但在恶劣的环境和复杂的地质环境条件下，工程投资、施工工期、质量已经成为关系整个电站总投资、总进度和工程蓄水安全的重要因素。防渗墙施工与地质环境的相关理论，复杂地层的钻进工艺，在孤石巨漂密集地层、倒悬体及陡坎处理措施工艺等的研究仍显不足，在很大程度上制约了防渗墙施工技术的发展。双江口水电站围堰防渗墙的施工难度极大，本工程地层中所含的巨漂孤石（直径 15m），倒悬体（埋深 17.5m，厚度 2.5m）、岸坡陡坎（落差 35～40m），防渗墙孔深（最深 75.95m）在基岩为花岗岩的围堰防渗墙施工中尚属国内首次，本工程对于今后的类似工程极具参考、指导意义。

本节针对存在特大巨漂孤石、超厚倒悬体、深切河床及超高陡坎地层的防渗墙施工，依托双江口水电站特殊的地质条件，对该地层防渗墙施工关键技术进行研究和创新，总结出了一套针对这种特殊地层先进的施工工艺及处理方法，对我国西南地区水电工程建设有指导意义。

28.6　乌东德和白鹤滩水电站围堰防渗墙

28.6.1　概述

在我国水电能源建设工程中，由长江三峡、葛洲坝以及金沙江的乌东德、溪落渡、白鹤滩和向家坝组成的世界最大的清洁能源走廊，为西电东送发挥了巨大作用。

本节仅对其中有代表性的乌东德和白鹤滩两座水电站的围堰防渗墙进行简要的介绍。

28.6.2　乌东德水电站大坝围堰防渗墙

1. 工程简介

乌东德水电站大坝上、下游围堰均采用“复合土工膜 + 塑性混凝土防渗墙 + 墙下灌浆帷幕”的防渗方案。上游围堰防渗墙轴线长度为 247.41m，共划分 50 个槽段，防渗墙施工平台高程为 832.500m，防渗墙施工深度为 8.9～97.5m，厚度 1.2m；灌浆帷幕底线高程 727.000m，防渗帷幕沿两岸堰肩接堰顶高程 873.000m 灌浆平洞，灌浆帷幕最大孔深 130m（左岸堰肩）。下游围堰防渗墙轴线长 138.4m，共划分 29 个槽段，防渗墙施工平台高程 829.000m，防渗墙施工深度为 3.0～91.4m，厚度 1.2m；灌浆帷幕底线高程 728.000m，防渗帷幕沿两岸堰肩接堰顶高程 847.000m 灌浆平洞，灌浆帷幕最大孔深 101m（河床）。大坝上游围堰沿防渗轴线纵剖面图见图 28-25，上、下游围堰防渗墙结构及布置图见图 28-26、图 28-27。

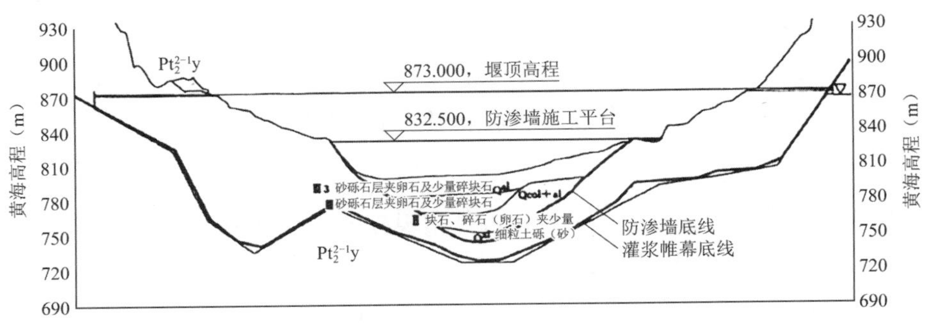

图 28-25　大坝上游围堰沿防渗轴线纵剖面图

基坑开挖深，最大深度97m，超过三峡大坝基坑，是世界上最深的水电站基坑。围堰防渗墙承受最大水头达150m，混凝土防渗墙平均深度大于60m，最大深度达97.54m，是世界上承受水头最大、最深的围堰防渗墙。工程地层结构复杂，坝基覆盖层最大厚度达90m以上，地层中含厚度达7.18m的漂石体，属于强透水层，且堰基河床覆盖层下伏基岩及边坡岩石走向80°～100°，倾角75°～85°，相邻两孔（水平间距1.5m）最大基岩面高差达23.6m，陡坡嵌岩成墙施工难度大。为了保证围堰防渗体系的安全，超深厚覆盖层、强透水地层防渗墙的成槽，防渗墙在陡岩条件下的深嵌岩，深厚覆盖层防渗墙基岩面判定，超深防渗墙墙体预埋管下设，深厚防渗墙槽段间的墙体连接等技术是本工程的关键技术。

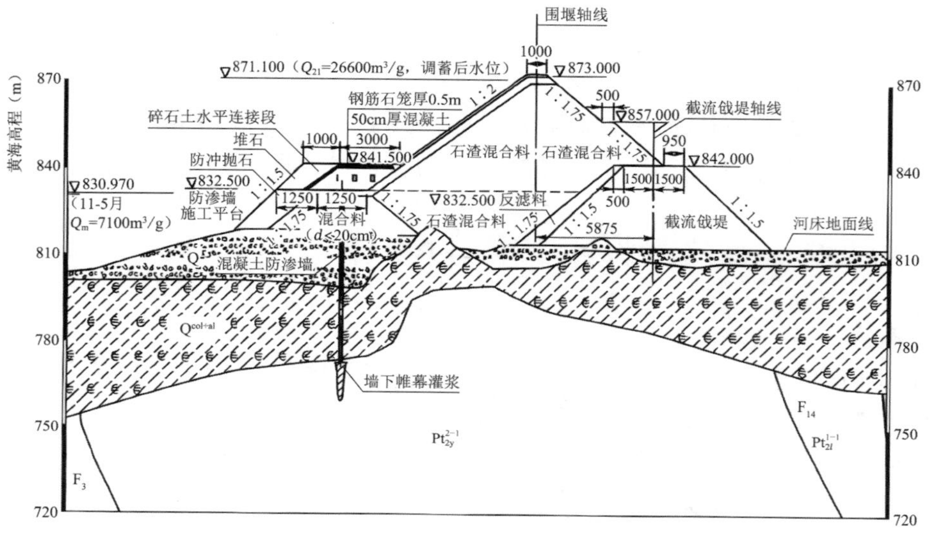

图28-26　大坝上游围堰防渗墙结构及布置图

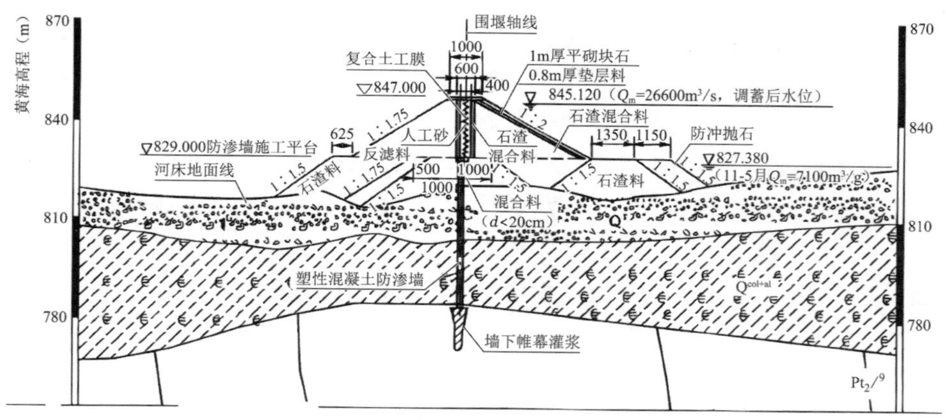

图28-27　大坝下游围堰防渗墙结构及布置图

国内外技术现状：

在水利水电行业，我国现已建成数以万计常规深度的防渗墙工程，但是国内外目前已完成墙厚达1.2m，孔深超过90m以上的围堰防渗墙不多，尤其是在含超大块石、漂石和大量陡岩存在的、孔深超过90m的围堰防渗墙。尽管国内外防渗墙工程在处理深度上已有一些达到100m以上的实例，但是它们都是坝基主体防渗墙，不是围堰防渗墙。围堰防渗墙地质条件复杂和深度的增加都使得施工难度增大，发生缺陷甚至事故的可能性大大增加。超过 90m 深度的超深围堰防渗墙的设计和施工大都依赖于以前一般防渗墙的工程经验，其施工尚无先例，迫切需要在进行理论分析的基础上，结合工程实际解决一系列关键技术问题。

依托金沙江乌东德水电站大坝围堰防渗墙工程，进行乌东德水电站大坝围堰防渗墙施工关键技术研究，并将成果应用于工程实践中，为保证施工安全、加快施工进度提供重要的技术支持，对确保乌东德水电站大坝超深基坑的顺利开挖和确保基坑内土建的安全施工具有重要意义。

2. 工程特点与难点

1）地质条件复杂，施工难度大

本工程大坝围堰地质条件复杂，上、下游围堰上部覆盖层含有较多直径 1.5m 以上的大块径孤石，属强透水地层，地勘资料揭示最大漂石达 7.18m，限制了抓斗等高效率设备在施工中的应用和发挥，制约了防渗墙快速成槽施工。同时，也降低了槽孔安全度，形成安全隐患。

2）地形复杂，墙体深，质量要求高

本工程施工区地形复杂，峡谷深切，大坝基坑开挖深，从高程 815.000m 到建基面高程 718.000m，深度 97m，属超深基坑。坝基覆盖层最大厚度达 90m 以上，下游围堰防渗墙最大深度分别为 97.54m 和 93.45m，属于超深混凝土防渗墙，为国内外同类工程之最。上、下游围堰防渗墙承受最大水头为 150m，围堰防渗显得尤为重要，不仅围堰防渗墙要真正嵌入基岩，而且还要确保混凝土防渗墙墙段连接的质量，保证墙下帷幕预埋管的下设成活率，保证墙下帷幕灌浆的顺利施工。

3）陡坡嵌岩施工难度大

下游围堰防渗墙左右两岸槽段均有倾角超过 80°的陡坡基岩存在，由于基岩面坡度较陡，基岩硬度较高，冲击钻钻进十分困难，要保证防渗墙墙体嵌入基岩任一点均满足不小于 1m 的设计要求，施工难度大。

4）预埋管下设精度要求高

在平均深度大于 60m，最大深度达 97.54m 的防渗墙中下设预埋灌浆管，预埋管加工及下设过程中对孔斜的要求更高，否则会导致失败，并直接影响墙下帷幕灌浆施工质量和进度。

3. 研究方法及技术路线

（1）针对地质条件，结合相关超深防渗墙施工经验，选取合适的造孔机具及施工方法，解决因接头孔孔斜不易控制而发生孔内事故的问题，避免钻凿法对一期槽已浇注墙体混凝土造成损伤或破坏。研制快速处理孔内事故的扩孔装置，保证成槽质量，提高施工工效。

（2）结合先导孔施工，研究准确的基岩鉴定方法，准确判定覆盖层与基岩面界线，确保防渗墙完全嵌入基岩，使其防渗效果达到最佳性能。

（3）研究陡坡嵌岩施工工艺，解决陡坡段混凝土防渗墙造孔成槽困难的技术难题，大幅提高陡坡段造孔成槽的施工工效。

（4）针对帷幕灌浆钻孔深度大的特点，研究预埋管接头连接方法，保证预埋管下设垂直度，提高预埋管成活率。

（5）针对乌东德水电站大坝围堰防渗墙墙体深、厚度大、承受水头大的特点，采用先进的墙体连接施工工艺，保证墙体连接，从而保证质量，节约成本，保证工期。

（6）采用多种方法对超深混凝土防渗墙处理效果进行检测，对处理效果进行综合分析，并进一步研究、改进、总结超深塑性防渗墙施工的方法和经验，达到期望的目标。

4. 深厚覆盖层围堰防渗墙成槽工艺

为了解决在深厚覆盖层（孔深超90m）强透水地层造孔成孔难、进度慢的问题，我们研究了国内外现有工程深厚覆盖层防渗墙工程实践成果，利用冲击钻与抓斗配合施工，在“两钻一抓法”的基础上，采用“两钻一抓循环钻进法”并结合“钻劈法”“平打法”等传统成槽施工方法，对混凝土防渗墙成槽工艺进行研究。

1）槽段划分

对孔深小于60m且基岩缓坡段，一、二期槽均按7.2m划分，三主二副，副孔宽1.8m；对孔深大于60m或基岩陡坡段，一期槽按4.2m划分，一主二副，二期槽按7.2m划分，三主二副，副孔宽1.8m；槽段之间相互套接。典型槽段划分如图28-28、图28-29所示。按照此原则，上游围堰共划分50个槽段，下游围堰划分29个槽段。

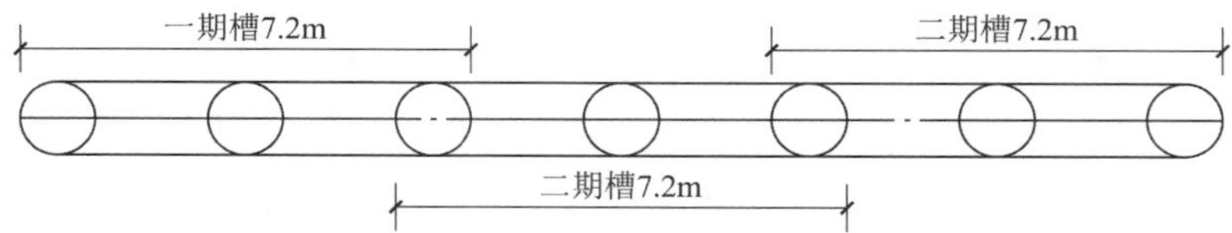

图28-28　孔深小于60m且基岩缓坡段槽段划分示意图

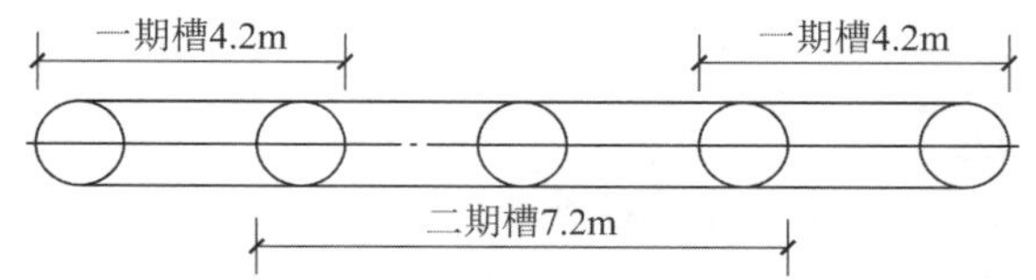

图28-29　孔深大于60m或基岩陡坡段槽段划分示意图

2）成槽施工

根据本工程的地质条件，防渗墙成槽施工主要采用“循环钻进两钻一抓法”，辅助“劈打法”和“平打法”进行。“循环钻进两钻一抓法”是在研究“两钻一抓”基础上发展而来。“循环钻进两钻一抓法”成槽施工方法是将深厚覆盖层防渗墙成槽施工划分为若干个循环、分段成槽施工。每10m槽深作为一个施工循环。各循环内成槽施工时，也划分为主孔、副孔，在泥浆固壁的条件下，先用冲击钻施工主孔，再抓挖副孔。主、副孔深度错开不小于5m。一个循环施工完毕后，再进行下一个循环施工，直至终孔。通过上述方法完成防渗墙成槽施工，每个循环的成槽深在10m以内，槽内主、副孔高差在10m以内，相差较小，如果孔内发生卡钻、埋钻及漏浆、坍塌等事故，处理起来相对容易。不管是施工主孔还是副孔，如果槽孔发生漏浆，采取向孔内回填堵漏材料堵漏，只需向正在施工的孔及两侧的孔回填，向孔内充填泥浆，就可以堵死渗漏通道。由于主副孔高差不大，回填的堵漏材料较少，重复钻进的工程量较小。如遇有卡钻、埋钻等的情况，也可以很容易快速处理，从而提高施工工效。由于每一循环内的主、副孔及小墙施工完毕后才进行下一循环施工，也有效防止了波浪形小墙出现，保证了防渗墙施工质量。

当抓斗抓挖副孔遇大块石时，采用冲击钻“劈打法”施工。副孔底部基岩采用冲击钻“平打法”施工。

5. 陡坡嵌岩施工技术

在防渗墙一期槽施工阶段，针对陡坡嵌岩研究并采用了“四＋二爆破法”陡坡嵌岩施工工艺。“四＋二爆破法”即相邻三个一期槽的四个主孔与相邻两个二期槽的两个 3 号孔，采用冲击钻钻孔至基岩面后改用岩芯钻机进行基岩段钻进取芯至孔底，在基岩段装药爆破后，再采用冲击钻钻至终孔。爆破法施工后槽孔扩孔系数变化十分明显，爆破后的一期槽孔充盈系数大于没有采取爆破的槽孔。二期槽陡坡槽段因考虑爆破对一期槽墙体造成损伤或破坏，采用“平打法”施工，根据其相邻两边一期槽孔孔深，大致可以确定二期槽的两端孔孔深，由此也推算出该槽孔孔深落差，局部中间主孔或副孔存在的陡坡部分可采用先导孔具体勘探其深度，在槽孔深度未确定之前，由高到低逐渐推进施工，先施工较浅的主孔、副孔，接着逐级施工深孔。采用“四＋二爆破法”陡坡嵌岩施工工艺结合“平打法”施工，解决了陡坡段混凝土防渗墙造孔成槽困难的技术难题，陡坡嵌岩效果明显，大幅提高了陡坡段造孔成槽的施工工效。

6. 深厚覆盖层防渗墙基岩面判定技术

为了准确判定覆盖层与基岩面界线，采用先导孔基岩鉴定结合声波检测与孔内摄像的方法，以确保混凝土防渗墙完全嵌入基岩，满足设计要求，使其防渗效果达到最佳性能。

先导孔施工后，由设计、监理、施工三方地质工程师会同建设单位地质专家组成的围堰防渗墙基岩鉴定小组确定基岩面深度，并据此指导其他主孔和副孔的施工。对断层破碎带或全、强风化基岩较厚的槽孔的墙底入岩深度由基岩鉴定小组确定最终深度。对基岩面判定困难的先导孔，辅助超声波检测或孔内摄像，对个别槽孔两种方法结合应用进行基岩鉴定。

7. 超深防渗墙墙体预埋管埋设技术

研发一种套筒箍焊进行预埋管接头连接的方式，采用套筒对上下节预埋管进行连接和加固（以往防渗墙墙下帷幕灌浆预埋管下设及加工时，2 根预埋管对接或已加工好的预埋管下设过程中上下节预埋管连接采用钢筋帮焊预埋管直接对接连接）。确保预埋管管体下设的整体垂直度，同时有效控制了预埋管在浇注时发生位移或上浮等现象，也避免了浇注过程中混凝土和泥浆等进入管内，保证了预埋管下设质量及后期施工中的利用率。

经检查，上游围堰下设预埋管 187 根，共成活 177 根，成活率 94.6%；下游围堰共下设预埋管 116 根，成活 110 根，成活率 94.8%。

8. 深厚防渗墙槽段间的墙体连接技术

防渗墙槽段之间的墙体连接是一个较大的难题，关系到施工成本、质量、工期。乌东德水电站大坝防渗墙厚度大，墙体强度高，采用“钻凿法”和“双反弧桩柱法”施工进度慢，套接厚度不易保证，且浪费混凝土，成本高。针对乌东德水电站大坝围堰防渗墙墙体深、厚度大、承受水头大的特点，为了提高施工效率，减少接头孔混凝土用量，降低施工成本，本项目选用自主研制的 YGB400/1100-3 型液压拔管机，采用目前国内外防渗墙接头施工中较为先进的拔管法施工工艺。

槽段连接采取接头管法，即在清孔换浆结束后，在一期槽两端孔位置下设ϕ110cm 钢制接头管，孔口固定，在混凝土浇注过程中，根据混凝土初凝时间、混凝土面上升速度及上升高度起拔接头管。混凝土浇注后接头管部位形成二期槽端孔，待混凝土龄期达到24h后对拔管后的二期槽端孔进行扩孔和扫孔，使二期槽端孔孔形、孔壁满足设计及规范施工要求，待相邻的一期槽施工完后再回头施工二期槽孔。防渗墙施工中接头墙的施工质量主要是二期槽接头孔的刷洗情况，接头孔的刷洗采用具有一定重量的圆形钢丝刷子，通过调整钢丝绳位置的方法使刷子对接头孔孔壁进行施压，在此过程中，利用钻机带动刷子自上而下分段刷洗，从而达到对一期槽混凝土孔壁进行清洗的目的。待二期槽成槽后，浇注二期槽混凝土连接成墙。

上游拔管后成孔率97.35%，下游拔管后成孔率99.26%，总体平均成孔率98.09%，节省了工时，节约了成本，保证了防渗墙的施工进度及接缝质量。

9. 水下混凝土浇注施工

1）混凝土墙体材料指标

混凝土主要物理性能指标：入槽坍落度20～24cm，坍落度保持15cm以上的时间不小于1h；扩散度34～40cm；初凝时间不小于6h，终凝时间不大于24h；密度不小于2100kg/m^3。

2）水下混凝土灌注

混凝土灌注采用直升导管法。混凝土在清孔合格后4h内开始浇注，并连续进行。若不能按时浇注时，应重新按以上规定进行检验，必要时按要求再次进行清孔换浆，检验合格后才能浇注。

28.6.3 乌东德水电站围堰防渗墙质量检查和评价

1. 混凝土防渗墙墙体质量检查

上下游围堰防渗墙施工过程中和结束后进行了质量检查。

1）墙体混凝土试样检测

上游围堰防渗墙混凝土设计强度4MPa，强度检测共计131组，平均值为4.89MPa，满足规范要求；上游混凝土渗透系数共检测11组，其指标均小于1×10^{-7}cm/s，满足设计要求；弹性模量共计检测3组，分别为1121、518、830MPa，其指标满足设计要求的500～1500MPa。

下游围堰防渗墙混凝土设计强度4MPa，强度检测共计40组，平均值为5.18MPa，满足规范要求；下游混凝土渗透系数共检测3组，其指标均小于1×10^{-7}cm/s，满足设计要求；弹性模量共计检测2组，分别为1109、607MPa，其指标满足设计要求的500～1500MPa。

2）墙体接缝孔取芯检查

为检查一、二期槽混凝土搭接情况及墙体质量，结合监理指令选取上游围堰SF26、SF27号槽进行墙体接缝取芯检查，钻进过程中孔内未见失水，取出芯样较完整，胶结体密实坚硬、较均匀。

3）墙体物探检查

防渗墙墙体物探检查采用超声波检测仪，利用墙体内的预埋灌浆管进行超声波透射检测；声波共检测32组，其中墙体检测7组，墙间接缝检测25组；弹性波CT检测2组，墙体检查孔声波检测5组，孔内摄像检测4组。检测结论：墙体无明显缺陷；墙体混凝土密实。

2. 主要技术研究成果

本项目以乌东德大坝围堰混凝土防渗墙施工技术问题为研究对象，主要取得了以下成果：

（1）采用“两钻一抓循环钻进法”并结合“钻劈法”“平打法”等传统成槽施工方法，节约了成本、保证了施工质量，同时加快了超深防渗墙成槽施工进度。

（2）采用“四 + 二爆破法”陡坡嵌岩施工工艺结合“平打法”施工，解决了陡坡段混凝土防渗墙造孔成槽困难的技术难题，陡坡嵌岩效果明显，大幅提高了陡坡段造孔成槽的施工效率。

（3）采用先导孔基岩鉴定结合声波检测与孔内摄像的方法，精准判定超深防渗墙基岩面，确保混凝土防渗墙完全嵌入基岩，使防渗效果达到最佳性能。

（4）采用一种套筒箍焊进行预埋管接头连接的方式，对上下节预埋管进行连接和加固，保证预埋管下设垂直度，提高了超深防渗墙墙下帷幕预埋管成活率。

（5）采用目前国内外防渗墙接头施工中较为先进的拔管法施工工艺，解决了因接头孔孔斜不易控制而发生孔内事故的问题，避免了钻凿法对一期槽已浇注墙体混凝土造成损伤或破坏，节约了混凝土工程量和钻孔时间，节约了成本，缩短了工期。

3. 分析与比较

与国内同类防渗墙工程比较，乌东德水电站大坝围堰防渗墙施工技术具有以下特点：

（1）采用孔内定向爆破、钻孔爆破、重凿（锤）冲砸、钻头镶焊耐冲击高强合金刃块等措施，提高了施工效率和成槽质量。防渗墙造孔、成槽及接头处理过程中，针对墙深超过 90m 的槽段，根据所遇情况，精细化施工工艺，改造钻具，采用个性化的施工工艺及设备，确保了混凝土接头部位结合的质量，大大减少了混凝土浪费的情况；针对岸坡陡坡部位槽段入岩难度大的问题，采用浅孔深钻、先导孔位旁靠、结合先导孔进行钻孔定位爆破的方法，确保有效嵌岩深度。

（2）研制的防渗墙槽型检测装置，能检测钻孔是否倾斜及小墙清理是否彻底，保证防渗墙槽孔施工质量。

（3）预埋管接头部位采用套筒箍接工艺，克服了传统的焊接法造成预埋管容易脱落或折断的问题，确保了预埋管的垂直度，埋管成活率显著提高，有利于确保墙下基岩帷幕灌浆质量。

（4）防渗墙接头管拔管工艺先进，在上游围堰防渗墙工程 26 号 Ⅰ 期单元槽段，一次成功下设深度达 97.25m，并成功拔出，打破了葛洲坝集团股份公司此前创造的防渗墙接头管下设 86.3m 的最深纪录。

（5）乌东德水电站河床围堰防渗墙工程共评定 78 个单元，78 个单元全部合格，合格率 100%，其中优良单元 73 个，优良率 93.6%。本工程中未出现任何质量事故，各工序施工质量均满足相应国家规范、规程，各项技术指标都达到了设计要求。

4. 小结

乌东德水电站大坝上下游围堰防渗墙工程，为国内目前深度和厚度最大的围堰防渗墙，其地质条件复杂、施工难度大、强度高、任务重。通过采用先进的施工工艺及个性化过程控制，在保证防渗墙施工质量及施工安全的前提下，成功完成上下游围堰防渗墙汛前节点计划目标，大坝基坑挖到建基面高程时几无渗水，防渗效果良好。

本水电站围堰防渗墙的最大深度为 90m，承受的最大水头达到 150m，防渗墙最深 97.25m，都是国内第一。

28.6.4 白鹤滩水电站上游围堰防渗墙

1. 概述

全球在建规模最大，单机容量最大，技术难度最高的白鹤滩水电站全部 16 台机组于 2022 年 1 月 21 日投产发电。

白鹤滩水电站开发任务以发电为主，兼具防洪、改善航运、促进地方经济社会发展等综合效益。

白鹤滩水电站初期导流为 50 年一遇洪水标准，上游围堰为 3 级建筑物，堰顶设计高程为 658.000m，堰前水位 655.58m，采用复合土工膜斜墙土石围堰，最大堰高 83m，堰顶宽 12m，堰顶轴线长约 208m。围堰 615m 以上采用复合土工膜斜墙防渗，防渗墙施工平台高程为 615.000m，高程 615.000m 以下采用塑性混凝土防渗墙防渗，防渗墙轴线长 110m，墙厚 1m，最大墙深 53m。白鹤滩水电站上游围堰防渗墙是整个围堰施工的关键，具有地质条件复杂、控制工序繁多、墙深大、施工强度高及工期紧等特点。

2. 水文和地质条件

白鹤滩坝址平均流量为 4170m^3/s，平均降水量为 715.9mm。金沙江流域实测最大洪峰流量为 25800m^3/s，实测第二大洪峰流量为 23800m^3/s。坝址所处为亚热带季风区，多年平均气温 21.9℃，平均风速 1.8m/s，平均相对湿度 66%。

水电站上游围堰位于大坝上游约 300m 处，枯水期江水位 591m。河床底面高程 572.000～582.000m，覆盖层厚度 4.5～14.4m 不等，层间错动带 C3 分布于左岸 595.000m 高程左右，堰基范围无大规模断层发育。河床基岩顶板高程 561.000～578.000m，基岩主要出露峨眉山组玄武岩和隐晶质玄武岩、微晶质玄武岩、杏仁状玄武岩及角砾熔岩，强卸荷带岩体透水率一般为 10Lu，为中等透水，弱卸荷带岩体透水率一般为 3～10Lu，平均 5Lu。覆盖层主要为漂石夹卵（砾）石，覆盖层渗透系数为 10^{-3}～10^{-1}cm/s，属中等透水层。

3. 上游围堰防渗墙设计

1）防渗形式选择

高喷灌浆、刚性混凝土防渗墙以及塑性混凝土防渗墙，三者在技术和应用上都比较成熟，由于堰基处漂石占 80%～90%，同时考虑上游围堰挡水水头高，为确保防渗效果，堰基采用全封闭混凝土防渗墙。为减少围堰的渗水量，确保渗透稳定，防渗墙下设置灌浆帷幕。

2）防渗墙的设计

上游围堰基础覆盖层厚 4.5～14.4m，围堰设计挡水水头约 95m，如果采用高弹模的刚性混凝土防渗墙，在上部荷载的作用下，周围土层的沉降比防渗墙大得多，使得墙体承受巨大的周围土体的侧面拖拽力，可能引起墙体内部产生巨大的压应力，压应力过大将造成防渗墙墙体破坏。三峡工程二期围堰的实践表明，围堰防渗墙采用高强度、低弹模的塑性混凝土能较好地与周围土体协调分配荷载，防渗墙的应力状态较好，因此上游围堰基础防渗选择弹模低、适应变形能力强的塑性混凝土材料。

混凝土防渗墙的渗透破坏主要取决于墙体的水力梯度，须使墙体承受的最大水力梯度小于墙体的允许梯度，本次设计根据防渗墙破坏时的水力梯度确定墙厚，上游围堰防渗墙设计成果见表 28-19。

上游围堰防渗墙设计成果表　**表 28-19**

项目	上游围堰
防渗墙承受水头	84.1m
防渗墙破坏时最大水力梯度	200
安全系数	2
防渗墙允许水力梯度	100
墙体厚度	1m

防渗墙厚度的确定应考虑围堰堰基地质情况及机械设备因素，墙体应力、应变、耐久性、抗渗指标等均应满足要求，通过计算及参考类似成功经验，确定上游围堰塑性混凝土防渗墙厚度为 1m，塑性混凝土防渗墙各项指标见表 28-20。

塑性混凝土防渗墙设计性能指标　**表 28-20**

项目	性能指标
28d 抗压强度	≥ 5MPa
弹性模量	≤ 1750MPa
渗透系数	≤ 1×10^{-7}cm/s
28d 破坏渗透比降	≥ 200
墙体嵌入基岩深度	≥ 1m

3）墙下帷幕灌浆设计

（1）设计标准

上游围堰设计挡水水头为 95m，围堰防渗墙至关重要，同时考虑上游围堰的基础水文地质条件，层间错动带 C3 分布于左岸 595m 高程左右，为解决堰肩和堰基基岩透水层防渗问题，在防渗墙下部设置防渗帷幕，防渗帷幕贯穿 3Lu 线以下深度 3～5m（同时保证帷幕贯穿左岸及堰基 C3 埋深较浅部位），并将防渗帷幕向两岸延伸。

（2）灌浆帷幕参数选取

上游围堰防渗墙墙下灌浆界线为 3Lu 线，采用单排孔，灌浆帷幕防渗标准见表 28-21。防渗墙下灌浆帷幕采用预埋灌浆管方法实施。

灌浆帷幕防渗标准　**表 28-21**

项目	防渗标准
灌浆孔距	1.5m
帷幕厚度	≥ 2m
透水率	≤ 3Lu
允许渗流梯度	≥ 20
渗透系数	≤ 3×10^{-5}cm/s

4. 防渗墙实施过程

1）施工工艺流程

上游围堰防渗墙成槽采用“钻劈法”施工工艺，槽孔分为一、二期槽，其中一期槽为两个主孔、一个副孔，二期槽为三个主孔、两个副孔，墙段之间连接采用“接头管法”；清孔换浆采用膨润土泥浆，采用以抽筒法为主、气举法为辅的清孔方式；墙下帷幕灌浆采用预埋 ϕ110mm 钢管实施；防渗墙混凝土浇灌采用直升导管法，先浇低处，后浇高处（图 28-30）。

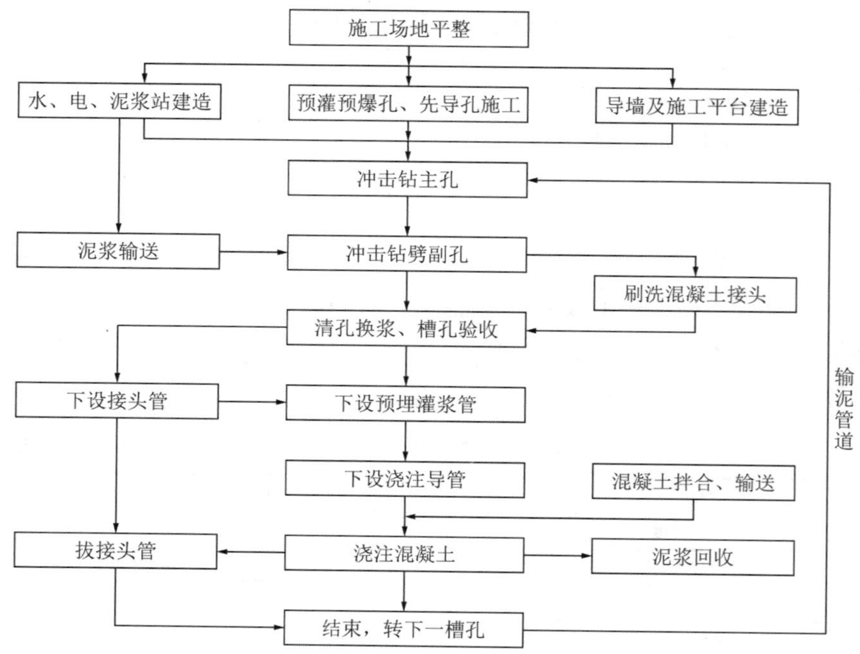

图 28-30　防渗墙施工工艺流程图

2）槽段划分

上游围堰防渗墙槽段分两序施工，Ⅰ、Ⅱ序槽孔间隔布置，遵照“Ⅰ期小槽，Ⅱ期大槽”的原则，在中间深槽部位Ⅰ期槽长度为4m，两岸孔深较浅的部位一期槽长度为7m；二期槽长度均为7m。

工程防渗墙轴线长110m，共划分为24个槽段，槽段划分示意如图28-31所示。

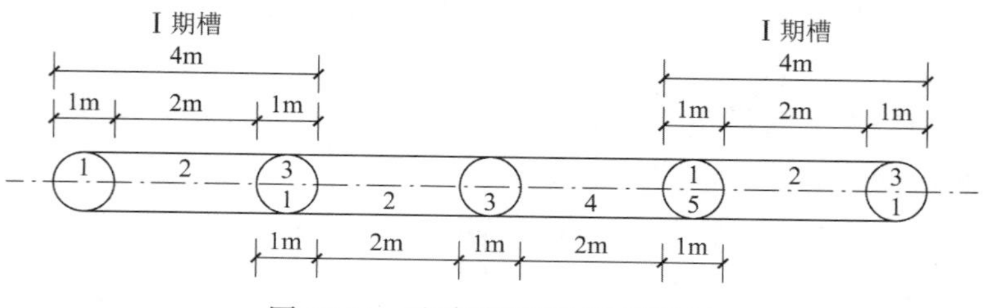

图 28-31　防渗墙槽段划分示意图

3）防渗墙造孔

（1）先导孔

上游围堰防渗墙轴线每隔10m布设一个先导孔，共计13个，对地质情况进行复勘，准确确定基础基岩面。上部采用潜孔锤跟管钻进，当预计钻进至基岩面0.5m时，更换地质钻机进行钻孔取芯，直至入岩10m为止。

（2）预灌预爆孔

“预灌、预爆”孔间距3m，布置在上游围堰防渗墙轴线上。本工程共布置36个“预爆、预灌”孔。钻孔采用全液压钻机，配置高频冲击器进行跟管钻进，当遇有漂孤块石时，进入岩体内，下设炸药，起拔套管2m，启爆炸药，爆破后继续钻进，依次循环。

预灌浓浆是有效预防和处理大孤石底层强漏浆必要和有效的措施，为了堵塞渗漏通道，当钻孔至设计深度后，向孔内注入一定量的水泥黏土浆，防渗墙施工结果表明，先进行过预爆和预灌浓浆的部位，在进行防渗墙造孔时，漏浆、坍孔情况大大减少，取得了较好的实施效果。

（3）一般地层造孔

本工程为在深覆盖层中进行混凝土防渗墙施工，覆盖层主要为细石料、崩塌料、河床覆盖层，针对地质特点和槽孔分布情况，采用“钻劈法”成槽工艺。主孔造孔完成后，进行副孔施工，最后凿除孔间小墙，贯通成槽。

（4）陡坡段基岩造孔

上游围堰防渗墙基岩边坡局部呈陡坡状，由于陡坡岩硬，钻孔极易顺坡溜钻、偏斜，导致防渗墙嵌入基岩困难。本工程施工中面临陡坡入岩的槽段均为边槽，并与混凝土趾板相邻，同时因陡坡槽段施工难度较大，造孔效率低，临近一期槽段已浇注混凝土，实施爆破时可能会对左右已浇注混凝土造成破坏性影响，陡坡段基岩造孔未采用爆破的方式，而是纯冲击钻进，实际入岩结果良好。

4）基岩面鉴定及终孔深度确定原则

上游围堰防渗墙要求嵌入基岩不小于 1m，防渗墙孔底基岩鉴定十分重要。工程参建各方要准确地鉴定基岩面，保证混凝土防渗墙确实嵌入基岩。

本工程围堰防渗墙基岩面鉴定主要根据先导孔、抽取岩样及施工记录等综合判断。主要方法为通过前期先导孔绘制新的基覆分界线，防渗墙单孔钻进距离基覆分界线 5、3、2、1m 以及入岩后每隔 0.3m 各抽取一次岩样，经参建方现场联合鉴定。

槽段具体入岩判定标准为：①槽段主孔基覆线深度根据槽孔内抽取的岩样进行判定，加深 1m 为终孔深度。②判定副孔基覆线时，先取样判定实际基覆线，为确保副孔两侧的小墙同步深入基岩，副孔的实际终孔深度根据相邻两主孔鉴定基覆线边对边连线向下 1m，并结合副孔单孔鉴定基覆线，以二者较深线位置为准。③小墙参照左右主副孔，并以主副孔边对中连续向下 1m 确定。④对于陡坡槽段，参照上述方法单独鉴定。

上游围堰防渗墙成型断面如图 28-32 所示。

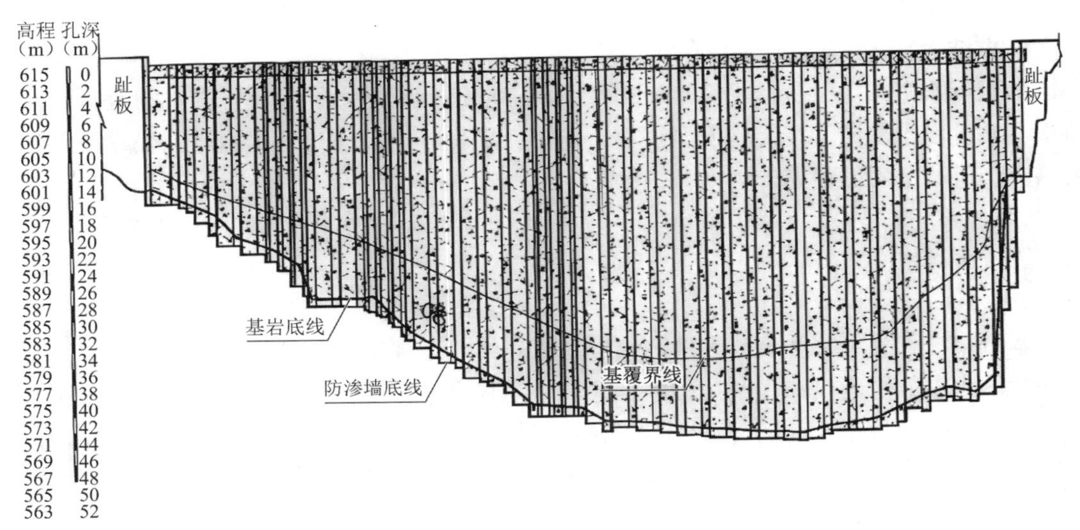

图 28-32　防渗墙成型断面图

5. 防渗墙运行情况

1）质量检查

（1）机口、槽口取样

防渗墙混凝土浇注过程中，在机口或槽口随机取样，进行混凝土施工性能的检查，检测结果满足设计要求。

（2）检查孔取芯

上游围堰防渗墙共布置了 2 个钻孔取芯检查孔。检查孔取出的岩芯完整、致密，无夹泥。同时，对防渗墙墙顶进行了开挖，结果表明混凝土防渗墙浇注质量可靠，墙段之间接缝咬合紧密，无任何缝间夹泥现象。

（3）注水试验

上游围堰防渗墙共布置了 2 个钻孔取芯检查孔进行墙体注水试验。防渗墙检查孔注水试验结果满足渗透系数$K \leqslant 10^{-7}$cm/s 的设计要求。

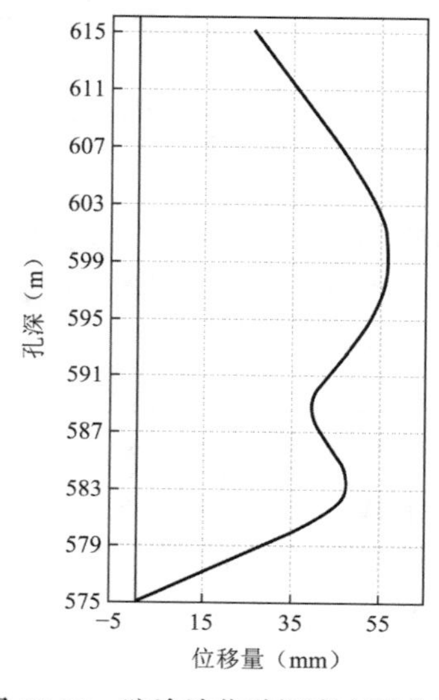

图 28-33 防渗墙位移深度变形曲线

（4）超声波透射

超声波透射检测就是根据混凝土声学参数测量值分析、判别其缺陷的位置和范围。上游围堰防渗墙通过帷幕灌浆预埋管，进行了 8 个孔间声波层析成像测试，声波波速值范围为 1.9～3.4km，局部出现零星低速区，未发现连通性低速区，表明墙体无明显缺陷，成型质量较好。

2）运行监测

防渗墙内共布置 1 套固定式测斜仪、12 组两相应变计、10 支渗压计用于监测运行情况。固定测斜仪最大位移为 54.67mm，最小位移为 27.68mm，位移均为向迎水面方向，防渗墙竖向应变为−1337.75～36.91με，水平向应变为−135.75～633.74με，各仪器变形、应力应变、渗压测值变化均无异常，说明防渗墙运行正常。

防渗墙位移深度变形曲线如图 28-33 所示。

6. 小结

白鹤滩水电站上游围堰已经运行3 年，防渗墙运行正常，经受住了洪水的考验。白鹤滩水电站上游围堰防渗墙结构安全可靠，防渗性能良好，设计与施工满足工程建设需要，可供类似工程参考、借鉴。

28.7 总结

本章中，列举了一些有代表性的水电地下连续墙工程实例。可以看出，这些地下连续墙在我国水电能源建设和水利工程中，起着举足轻重的作用。其中，乌东德水电站的上游围堰防渗水头超过了 150m，位列世界第一，对于水电站的建设，起着相当重要的作用。

今后，还要继续努力，戒骄戒躁，把我国的水利水电防渗墙做得更好。

第 29 章　深基坑工程

29.1　深基坑工程施工要点

29.1.1　概述

深基坑施工是完成地下工程和地面建筑物的重要工序，是保证工程质量和安全的重要前提。由于工程地质和水文地质条件、周边环境、基坑支护结构形式以及土方开挖深度等因素的差异，在施工过程中会遇到各种技术难题，比如坑壁的稳定性、坑外地面变形、坑底土体稳定和地下水的突涌与渗漏以及它们对周边建筑物和地下管网安全的影响，都会影响深基坑施工的安全性、可靠性、经济性和施工进度。

一些软土地区的工程实践与试验研究表明，基坑开挖过程中存在着时间和空间效应问题。它与开挖工作面的布局、开挖顺序、每次（段）开挖速度与深度、基坑静置时间以及地下水处理状况等都有着密切的关系。一些岩石风化层和残积土层中的深基坑则出现了坑底残积土泥化、流泥和突水的现象。这些不利因素都需要认真对待。

本节的目的在于帮助读者了解深基坑施工要点，有利于后面各节的工程实例的叙述。

29.1.2　施工组织设计

1. 概述

一个深基坑施工能否成功，关键在于地下水处理、土方开挖、支护结构质量和变形监测工作是否准确完成和密切配合。因此，施工前必须认真研究施工方案，编制好施工组织设计，在施工过程中认真组织实施，保证质量和安全控制到位。

确定深基坑工程的施工方案必须根据地下结构的特点，如平面尺寸、开挖深度等，结合工程地质和水文地质条件、场地周边环境、施工设备和技术水平等进行综合研究比较，优化方案，提出合理的施工组织设计。

深基坑工程应当满足以下基本的技术要求：

（1）安全可靠性。要保证基坑工程本身的安全和周边环境的安全。

（2）经济合理性。要在基坑支护结构安全可靠的前提下，从工期、材料、设备、人工以及环境保护等方面综合研究其经济合理性。

（3）施工便利性与工期保证性。在安全可靠和经济合理的条件下，最大限度地满足施工便利和缩短工期的要求。

2. 施工组织设计要点

深基坑的施工组织设计应当包括以下内容：

（1）总体施工方案。

（2）施工平台高程和尺寸的确定。

（3）基坑支护结构的施工方案和技术要求。

（4）基坑降水和回灌方案。

（5）基坑开挖方案和弃土计划。

（6）冬、雨期及汛期的施工方案和措施。

（7）施工总进度计划及说明。

（8）工程质量要求和质量保证措施。

（9）施工安全和文明施工措施。

（10）基坑内部和外部环境监测及实施方案。

（11）事故处理和应急预案。

其中，对于滨海滨河的深基坑，其施工平台高程应高出地下水位 1.5～2m，还要考虑波浪或潮汐对施工平台的影响和淘刷。

在应急预案中，特别要提出基坑底部突然发生突涌（水）时的应急预案。

29.1.3 基坑的施工方式

1. 基坑的施工分段

对于一些特大型的基坑，或者是有特别需要（如不能同时施工）的基坑，可将整个基坑划分成几个区段（标段），按照需要分期施工。

在不同标段之间需要设置临时的挡土和防渗结构（如地下连续墙、钢板桩、灌浆帷幕等），以保证基坑开挖期间不受相邻标段的影响。

2. 基坑的施工方式

根据基坑面积、开挖深度、支护结构形式、工程地质和水文地质条件、周边环境等因素的影响程度，基坑施工基本上可分为正作法、逆作法和混合法三大类。

所谓正作法，就是指由上而下开挖基坑和逆作水平支撑或锚杆（索）到坑底，而后再自下而上施作结构本体。具体来说，有下面几种方法：放坡开挖、分层开挖、分段开挖、中心岛式开挖和盆式开挖。

逆作法是指自上而下，分层进行基坑的土方开挖和结构本体施作，利用结构本体（梁板）作为水平支撑，如此一直做到坑底，也称为盖挖法。逆作法又分为全逆作法和半逆作法两种。半逆作法是指先把地下一层土方挖掉，施作结构本体和顶板，然后再向下逆作的方法。逆作法常用于城市交通繁忙的地铁工程中，也常用在高层建筑基坑中，可缩短工期。

混合法是指地下结构（基坑）一部分或大部分采用正作法施作地下结构，然后利用已做好的结构本体作为水平支撑的一部分，用逆作法施作剩余的地下结构，直到最下面底板。在基坑面积比较大而水平支撑刚度较弱的软土基坑常采用此法，如杭州解放路百货商城的基坑就是采用此种方法施工的。

29.1.4 基坑土方开挖

1. 基坑土方开挖施工组织设计

深基坑工程的土方开挖施工组织设计，是指导现场施工活动的技术经济文件，是基坑开挖前必须具备的。在施工组织设计中，应根据工程的具体特点、建设要求、施工条件和施工管理要求，选择合理的施工方案，制订施工进度计划，规划施工现场平面布置，组织施工技术物资供应，以降低工程成本，保证工程质量和施工安全。

在制订基坑开挖施工组织设计前，应该认真研究工程场地的工程地质和水文地质条件、气象资料、场地内和相邻地区地下管线图和有关资料以及邻近建筑物、构筑物的结构、基础情况等。深基坑开挖工程的施工组织设计的内容一般包括如下几个方面。

1）开挖机械的选择

除很小的基坑外，一般基坑开挖均优先采用机械开挖方案。目前，基坑工程中常用的挖土机械较多，有推土机、铲运机、正铲挖土机以及反铲、拉铲、抓铲挖土机等，前三种机械适用于土的含水量较小且基坑较浅时，而后三种机械则适用于土质松软、地下水位较高或不进行降水的较深大基坑，或者是在施工比较复杂时采用，如逆作法施工等。总之，挖土机械的选择应考虑到地基土的性质、工程量的大小、挖土和运输设备的行驶条件等。

2）开挖程序的确定

较浅基坑可以一次开挖到底，较大的基坑则一般采用分段分层开挖方案，每次开挖深度可结合支撑位置来确定，挖土进度应根据预估位移速率及气候情况来确定，并在实际开挖后进行调整。为保持基坑底土体的原状结构，应根据土体情况和挖土机械类型，在坑底以上保留 15～30cm 土层用人工挖除。

3）施工现场平面布置

基坑工程往往面临施工现场狭窄而基坑周边堆载又要严格控制的难题，因此必须基于有限场地对装土运土及材料进场的交通线路、施工机械放置、材料堆场、工地办公及食宿生活场所进行全面规划。

4）降、排水措施及冬期、雨期、汛期施工措施的拟定

当地下水位较高且土体的渗透系数较大时应进行井点降水。井点降水可采用轻型井点、喷射井点、电渗井点、深井井点等，可根据降水深度要求、土体渗透系数及邻近建（构）筑物和管线情况选用。地面排水措施在基坑开挖中的作用也比较重要，设置得当可有效地防止雨水浸透土层而降低土体的强度。

5）施工监测计划的拟定

施工监测计划是基坑开挖施工组织计划的重要组成部分。从工程实践来看，凡是在基坑施工过程中进行了详细检测的工程，其失事率远小于未进行检测的基坑工程。

6）应急措施的拟定

为预防在基坑开挖过程中出现意外，应事先对工程进展情况进行预估，并制订可行的应急措施，做到防患于未然。

2. 施工前的准备工作

（1）勘察现场，了解现场地形、地貌、水文、地质、地下埋设物、地上障碍物、邻近建筑以及水电供应、运输道路情况，作为计算土方工程量，选择施工方案及组织降水、排水的依据。

（2）将施工区域内的障碍物，如高压线、地上和地下管线、电缆、坟墓、树木、沟渠及房屋、基础等进行拆除、清理。

（3）按照设计和施工要求，做好施工区域内的“三通一平”工作。对不宜留作回填土的软弱土层、垃圾、草皮等应全部挖除。

（4）按照施工组织设计要求，凡需采取人工降水措施的工程，应按要求设置降水设施，

并在施工区域内设置地面排水设施。

（5）做好测量放线工作。在不受基础施工影响的范围，设置测量控制网，包括轴线和水准点。根据龙门板桩上的轴线，放出基坑灰线和水准标志。龙门板桩一般应离基坑边缘1.5～2m设置。灰线、标高、轴线应进行复核检查，验收合格后方可破土施工。

（6）基坑施工所需的临时设施，如水电源、道路、排水和暂设设施等，应按施工平面布置图设置就绪。

29.1.5 基坑施工的环境效应及控制

1. 概述

基坑工程环境效应包括围护结构和工程桩施工，降低地下水位、基坑土方开挖各阶段对周围环境的影响，主要表现在下述几方面：

（1）基坑土方开挖引起围护结构变形以及地下水位降低造成基坑四周地面产生不均匀沉降和水平位移，甚至影响相邻建（构）筑物及市政管线的正常使用。基坑围护体系破坏可能引起灾难性事故，这类事故可以通过合理设计、采用正确的施工方法、施工过程中加强监测、实行信息化施工予以避免。这类事故的治理往往需要付出巨大的代价。

（2）支护结构和工程桩若采用挤土桩或部分挤土桩，施工过程中挤土效应将对邻近建（构）筑物及市政管线产生不良影响。采用合理的施工顺序、施工速度可以减小挤土桩和部分挤土桩的挤土效应，必要时还可通过在周围采取钻孔取土、设置砂井等措施减小挤土效应造成的不良影响。

（3）基坑开挖过程中的土方运输可能对周围交通运输产生不良影响。合理安排开挖土方速度，以及尽量利用晚间施工可减少土方运输对交通运输的影响。

（4）施工机械和工艺可能对周围环境产生施工噪声污染和环境卫生污染（如由泥浆处理不当引起等）。选用合适的施工机械和施工工艺可减小施工噪声污染和环境卫生污染。

（5）因设计、施工不当或其他原因造成围护体系破坏，导致相邻建（构）筑物及市政设施破坏。

由基坑土方开挖引起支护结构变形以及地下水位降低造成地面产生沉降和不均匀沉降，导致对周围建（构）筑物和市政设施的影响，是基坑工程环境效应的主要方面，应特别引起工程技术人员重视。基坑工程对周围环境的影响是不可避免的，技术人员的职责是减小影响并采取合理对策，以保证基坑施工过程中相邻建（构）筑物和市政设施安全、正常使用。

本节主要讨论基坑开挖引起地基土体变形产生的环境效应及对策，对其他方面不再作进一步讨论。

2. 基坑开挖引起的地面沉降量估算

基坑开挖引起的地面沉降可能由下述五部分组成：

（1）支护结构水平位移造成的沉降。

（2）基坑底面隆起造成的沉降。

（3）地基土体固结沉降。

（4）抽水引起土砂损失造成的沉降。

（5）砂土通过围护结构挤出造成的沉降。

后两种可以从施工工艺、施工管理上加以控制和消除，前三种视具体工程情况也不尽相同。例如，固结沉降主要由地下水位下降引起；砂土地基固结沉降小，软土地基固结沉降大；软土地基固结沉降发展还与地基土渗透性和开挖历时有关。

长期工程实践的观察测定发现，地表沉降主要有两种分布形式。图 29-1（*a*）、（*b*）所示为三角形，图 29-1（*c*）、（*d*）所示为凹槽形。图 29-1（*a*）所示的情况主要发生在悬臂式支护结构；图 29-1（*b*）所示的情况发生在地层较软弱而且墙体的入土深度不大时，墙底处显示较大的水平位移，紧靠墙体的地表出现较大沉降；图 29-1（*c*）和（*d*）所示则主要发生在设有良好的支撑，而且支护结构插入较好土层或支护结构足够长时，这时地表最大沉降点离基坑边有一定距离。

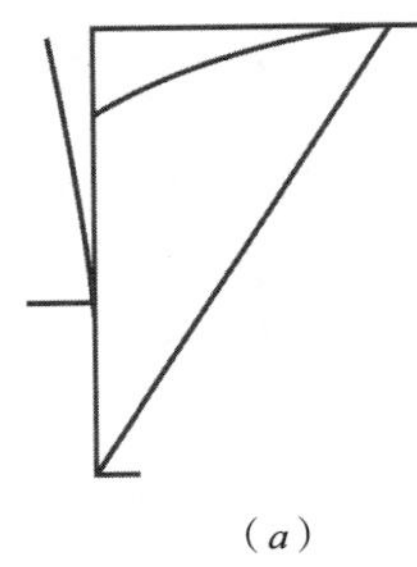
（*a*）

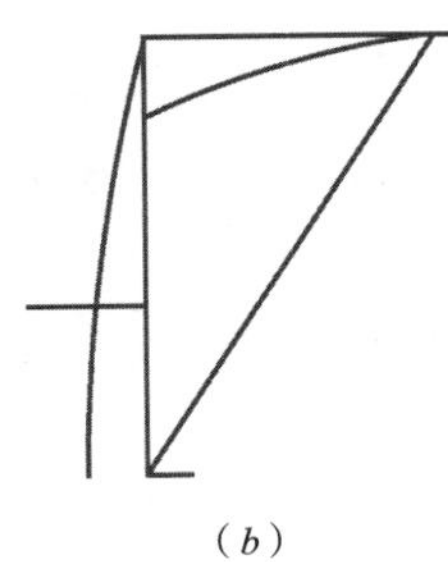
（*b*）

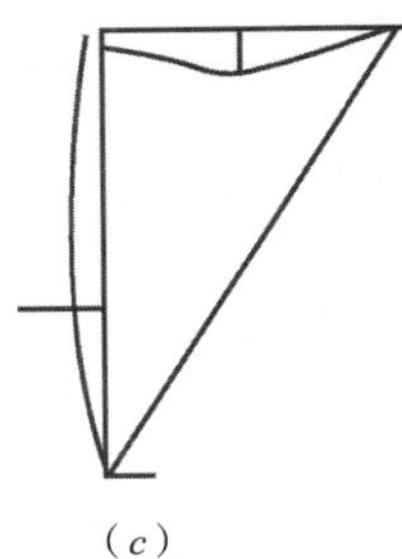
（*c*）

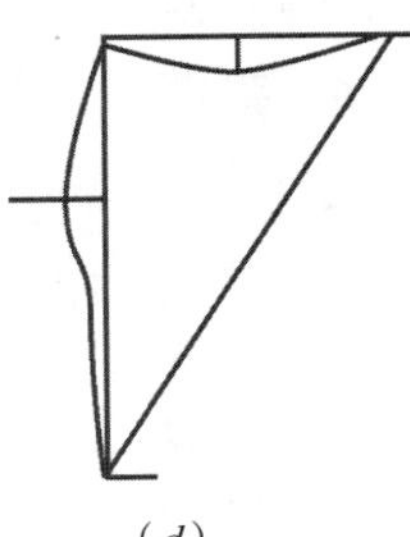
（*d*）

图 29-1　基坑变形模式图

基坑开挖引起地面沉降的估算方法大致有三种：经验方法、试验方法、数值分析方法。

1）经验方法

对于三角形分布形式，派克建议采用地面沉降与距离关系图来估算基坑开挖引起的地面沉降量。地面沉降影响范围为 4 倍开挖深度。根据工程实践对派克关系曲线法提出修正，建议采用下式计算地面沉降：

$$\delta = 10K_1 aH \tag{29-1}$$

式中　K_1——修正系数。地下连续墙$K_1 = 0.3$，排桩式围护墙$K_1 = 0.7$，板桩墙$K_1 = 1$。对于地下连续墙，当采取大规模降水时，$K_1 = 1$；

H——基坑开挖深度（m）；

a——地表沉降量与基坑开挖深度之比，以百分数表示。

2）试验方法

主要有模型试验和原位试验两种方法。

3）数值分析方法

其中有限元是最灵活、适用和有效的方法。对于基坑开挖问题，更有其他方法无法比拟的优势。

3. 基坑工程环境效应和对策

这里讨论基坑施工过程产生的环境效应，包括以下几个方面：

（1）因土方开挖和抽排地下水引起的周边地面沉降和位移。

（2）土方运输产生的环境污染。

（3）施工引起的噪声。

这里主要讨论因土方开挖和抽排地下水引起的周边地面沉降和位移问题。

为了保证基坑施工期间邻近建（构）筑物和市政设施的安全，需要做好以下工作：

（1）详细了解邻近建（构）筑物和地下管线的分布情况、基础类型、埋设、材料和接头方式等，分析确定其变形允许值。

（2）根据上述确定的变形允许值，采用合理的基坑支护结构体系，并对基坑开挖造成的周边沉降进行估算，判断周边环境是否安全，必要时应当采取工程措施。

（3）在基坑整个施工过程中进行现场观测，主要有地面和地下管线沉降、支护结构内力和水平位移、地下水位、建（构）筑物的沉降和倾斜等。通过监测分析来指导工程施工，实行信息化施工。

（4）必要时，采用逆作法和半逆作法施工，有利于减少基坑开挖造成的周边地面沉降，减少环境影响。

29.1.6 基坑施工应注意的问题

1）悬臂的支护结构的弯矩与开挖深度的三次方成正比。因此，超深开挖将影响结构安全以及位移的增加。

此外，基坑底的土由于上层土开挖而释放作用于其面上的压力，引起土的膨胀，必须注意防止在水的作用下土产生软化。

2）必须及时施工锚杆或支撑。如果超深开挖后再安装支撑或施工锚杆往往造成事故。

3）必须控制邻近基坑的地面超载，堆土和堆料超过设计要求造成事故的例子是很多的。

4）为什么往往在暴雨后支护结构产生新的位移？主要是有些开挖工程采用人工挖孔桩作为支护结构，在施工过程中已降低了地下水位，在计算支护结构内力和位移时不考虑水压力的作用。但挖孔桩之间往往是局部止水的，暴雨后水位提高，而水压的作用比土压的作用大得多，会产生新的位移。因此，在设计时应该考虑一定的水压力或安装排水孔，注意地面雨水排泄，防止化粪池漏水和其他水源渗入到土中。

5）在软土开挖工程中，止水往往是必须的。止水的方法一般采用高压摆喷墙（定喷墙）或水泥搅拌桩法，但水泥搅拌桩法很难搅拌软土标贯击数$N > 14$的黏性土，因而摆喷墙应用较多，但有些工程却不止水，原因是：

（1）高压摆喷墙遇到砾石、孤石、障碍物时，墙体有孔洞，会漏水。

（2）摆喷墙与支护桩之间为软土。当基坑开挖时，摆喷墙受到的水压力与土压力会使软土压缩，摆喷墙会产生弯曲，开裂漏水。

（3）先施工摆喷墙，然后施工支护结构的人工挖孔桩时需注意：

①若基坑不降水人工挖桩孔时，由于软土或粉细砂的存在，容易坍孔。这样，在摆喷墙与支护结构间将产生空隙、孔洞，在水压力及土压力作用下，摆喷墙将产生弯曲破坏，造成漏水。

②若基坑不降水人工挖桩孔时，可塑的黏性土或残积层都会因为开挖较深而在挖孔桩内涌泥，这是因为人工挖桩孔内的土面垂直应力为0，即$\sigma = 0$，而$\tau = (c + \sigma \tan\varphi)$，而在水压力作用下土产生膨胀、软化，内聚力$c$将减少，抗剪强度$\tau$接近0，因而土向孔内涌入，会使摆喷墙与支护结构间产生孔隙。在水压力、土压力作用下，摆喷墙破坏而漏水。

③若基坑内先降水才施工人工挖桩孔，此时摆喷墙一侧受到水压力，另一侧没有受到水压力。由于摆喷墙支承于软土中，其弯矩可使摆喷墙裂缝而漏水。

29.1.7 本章小结

本章阐述了深基坑施工组织设计和施工方式选择方面的一些建议，提出了深基坑施工的主要流程及施工注意事项。本节着重指出，施工前应做好施工方案，施工过程中应密切加强观测和控制工作，防止突发事件的发生。

29.2 天津市冶金科贸中心大厦（1995 年）

29.2.1 概况

（1）本工程首次采用挡土、防水和承受垂直荷重三合一的地下连续墙和非圆形大断面桩（条桩）技术，用于天津高层（28 层）楼房的深基坑（础）工程中，经过设计、施工等有关方面的共同协作，顺利建成并经检测证明，工程质量是很好的，为推广这一新技术作了贡献。

本工程共完成地下连续墙 244m，43 个槽段，墙深 18～37m，墙厚 0.8m；基坑截水面积 14067m^2。条桩 68 根，深 27～37m，断面 2.5m × 0.6m；锚桩最深达 47m。总共挖出土方 10053m^3。整个工程分主、副楼两期施工。其中，主楼部分在 84d 内完成了造孔面积 10000m^2 和约 7000m^3 土方，效率是很高的。

（2）天津市冶金科贸中心大厦位于天津市友谊路北段路东，周围与交通管理中心、835 电话局办公楼和居民楼相邻。它的总建筑面积约 3 万 m^2，主楼地上 28 层，地下 3 层，是一座集办公、娱乐和公寓为一体的综合大厦。该中心由天津市冶金科贸公司投资兴建，由天津市第三建筑公司总承包。主体结构由北京有色冶金设计研究总院承担。笔者参加了基础工程总体方案和地下连续墙及桩基的施工图设计工作，北京水利工程基础总队承担了地下连续墙和条桩桩基的施工。

（3）笔者根据我们引进设备和技术的特点以及本工程的地质、施工场地、周围环境和红线限制等条件，提出了“三合一”即挡土、防水和承重相结合的地下连续墙方案，并把已在北京市东三环道路改造工程中采用的条桩技术应用到本工程的承载桩基中。这两种技术的成功采用，给本工程的基础工程带来了明显的技术、经济和社会效益。

（4）我们于 1993 年 4 月开始介入本工程基础方案和可行性研究工作，7 月中旬经天津市有关专家多次审查通过了初步设计，8 月中旬后审查通过了基础工程设计方案之后，我们开始了施工图设计，同时施工队伍进场作准备，由于居民干扰，推迟到 10 月 21 日才开始挖槽，至 12 月 13 日完成地下连续墙施工，至 1994 年 1 月 13 日完成 56 根条桩施工。

副楼基坑工程是在主楼施工到地上 6 层时，即 1995 年春天进行的。

（5）主要工程量见表 29-1。

天津市冶金科贸中心大厦基坑工程量 表 29-1

部位	类别	数量（个）	周长（m）	面积（m^2）	挖方量（m^3）	抓槽天数（d）	说明
主楼	地下连续墙	21	121.6	4690	3752	53	墙厚 0.8m
	条桩	56	—	5184	3110	31	断面 2.5m × 0.6m
副楼	地下连续墙	22	122.4	3372	2698	—	—
	条桩	12	—	821	493	—	—

续表

部位	类别	数量（个）	周长（m）	面积（m^2）	挖方量（m^3）	抓槽天数（d）	说明
合计	地下连续墙	43	244	8062	6450	—	—
	条桩	68	—	6005	2603	—	—
总计	—	—	—	14067	10053	—	—

29.2.2 地质条件

（1）本工程地表以下1.6～4m为人工杂填土层，主要由炉灰渣、砖块、石子等组成。其下为粉土、黏土和粉细砂。

（2）地下水位位于地表以下0.8～1.2m。经水质化验，地下水对混凝土无侵蚀性。

29.2.3 基坑支护和桩基方案

1. 原设计方案

本工程由主楼、副楼和配楼三部分组成。桩基础和基坑工程是分为主楼、副楼和配楼先后施工的。主、副楼基坑长70.2m，宽31.2m，深12m。基础底板板厚2.2m，平面尺寸为70.2m×31.2m。为减少地基附加压力和不均匀沉降，将基础底板外挑2.5m。

基础桩：直径0.8m灌注桩，共330根，其中主楼225根，外挑段43根，桩长36m（有效桩长24m，间距2.2m），单桩承载力2200kN/根。圆桩造孔进尺8100m，挖方约4100m^3，水下混凝土4050m^3。

2. 新基坑支护和桩基方案

由于基坑周围有多座楼房和电力、电信管线，对基础沉降和水平变形很敏感，打桩会影响周围居民的正常生活（后来事实证明了这一点）；由于本工程施工场地很小，特别是主楼施工期间，场地面积不过40m×40m，不可能同时安排几台普通打桩机进场施工。

经过技术经济比较并报经天津市建委批准，最后，采用三合一地下连续墙和条形桩基方案。

3. 基坑支护方案

（1）根据有关方面的意见和本工程具体特点，我们曾和设计单位一起，提出以下一些可行的基坑开挖、支护和结构施工方案：①地下连续墙和钢支撑；②周边地下连续墙、中筒地下连续墙和钢支撑；③地下连续墙和楼板支撑（逆作法）。

（2）经多方比较，最后采用方案①，即三合一地下连续墙和钢支撑方案。前面已谈到，笔者根据我们引进国外先进设备和施工技术的特点，在北京新兴大厦基坑地下连续墙工程已经取得成功的基础上，推荐在本工程基坑中采用挡土、防水和承重三合一地下连续墙并经有关方面批准实行。这种三合一地下连续墙可以取消原基础周边外挑的2.5m底板，共可节约混凝土1000m^3（占底板混凝土总量的20%）；还可节约支承外挑底板的43根ϕ0.8m桩，节约混凝土519m^3；还可节约地下室外墙（厚500mm）混凝土的一部分，约720m^3。这种地下连续墙还能起承重桩基的作用，为800～1000kN/延米。

我们还与设计、筹建和施工单位配合，把基坑深度由原来的12m减少到10m，取得了显著的技术经济效益。

根据本工程施工特点，参考上海地区施工经验，我们推荐钢管支撑方案。它是利用本工程为煤气管道准备的ϕ377mm 钢管，可以一物两用，节约投资。

（3）桩基方案（图 29-2、图 29-3）。

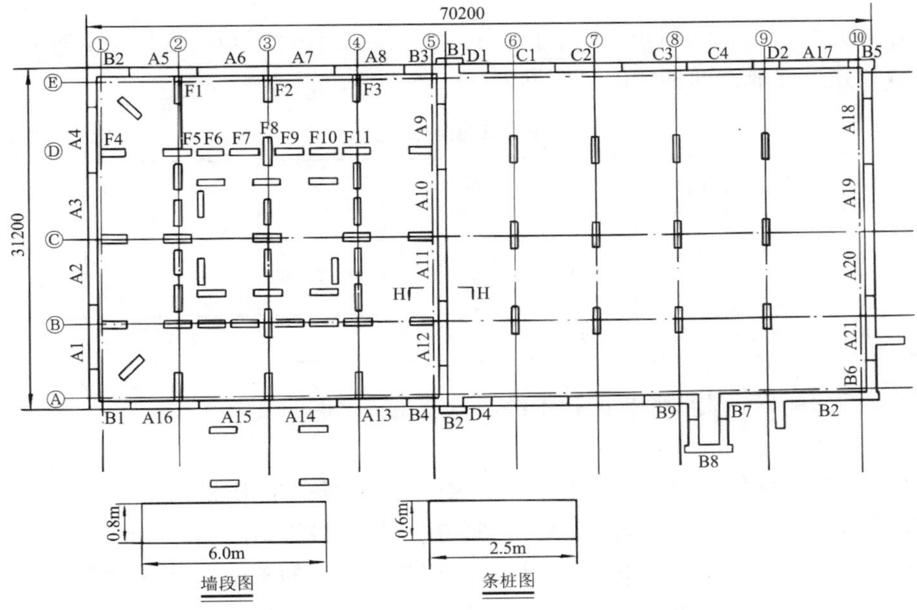

图 29-2 天津市冶金科贸中心大厦基础平面图

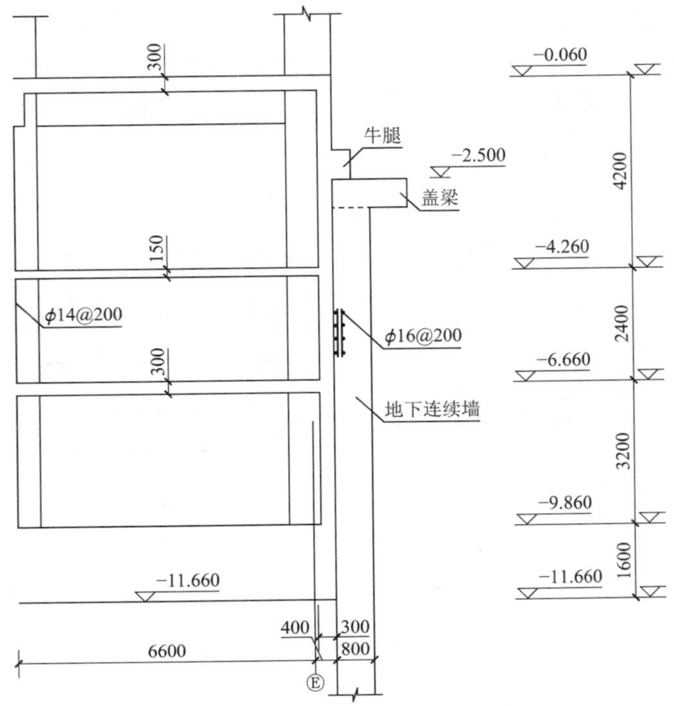

图 29-3 地下连续墙与内衬墙搭接图

根据估算，需使用 6 台反循环钻机，才能在一个月内完成主楼的 225 根ϕ0.8m 桩基工程。而在当时施工现场不到 40m × 40m 的条件下，这是不可能做到的。它所产生的大量废浆废渣的堆放和外运都将严重影响天津市重要外事道路——友谊路的环境。

为了满足建设单位的要求，根据已在北京取得的经验，笔者提出了用非圆形大直径灌注桩（即条桩）代替圆桩的方案。具体地说就是在这么一个窄小的工地上，在周边地下连续墙施工完成之后，立即用同一台液压抓斗，把断面 2.5m × 0.6m、深 37m 的条形桩（共 56 根）快速建造完成。两种桩的比较见表 29-2。

条桩和圆桩对比 **表 29-2**

类别	根数（根）	断面（m）	有效长（m）	混凝土（m^3）	承载力（kN）	静压承载力（kN）	单位混凝土承载力（t/m^3）	工期
条桩	54（实）	2.5 × 0.6	24	1944	7500～8000（估）	10500～13000	292～361	1 台抓斗 31d
圆桩	182	ϕ0.8	24	2184	2200	—	183	6 台钻机 30d（估）

经实际静压测桩，说明条桩的技术经济效益是显著的。

（4）关于试桩。

为了验证桩基承载力和沉降，本工程要求进行 2 根条桩静压桩试验。

本来在考虑本工程桩基方案时，曾准备采用一柱一桩方案。那样的话（单桩承载力将达 13000～15000kN），用抓斗施工并无困难，但是找不到静压试桩设备，而予放弃，最后采用了断面较小的 2.5m × 0.6m 的条桩，估算其承载力为 7500～8500kN。此时采用中国建筑科学研究院地基基础研究所的现有静压桩设备是可行的。

为不与基坑开挖相干扰，商定试桩在基坑外进行。为了利用试桩作为塔式起重机基础桩，把锚桩与试桩设计成不对称布置。其中，利用地下连续墙的 A14 和 A15 墙段做近端锚桩，远端锚桩则是利用两根深 47m，断面 2.5m × 0.6m 的条桩。有关试桩平面布置和试验结果如图 29-4、图 29-5 所示。

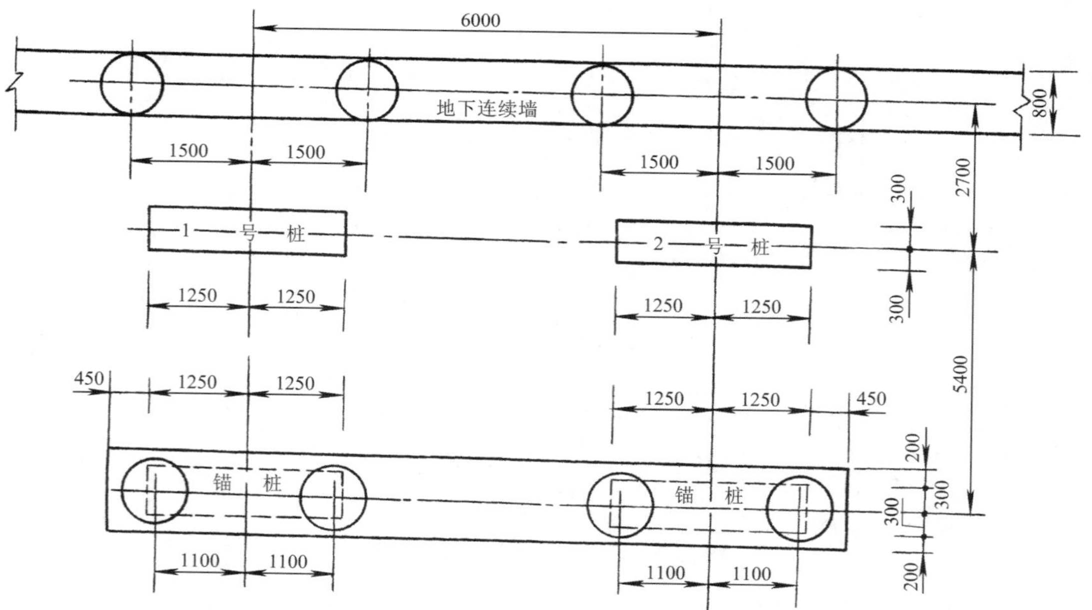

图 29-4 试桩平面布置

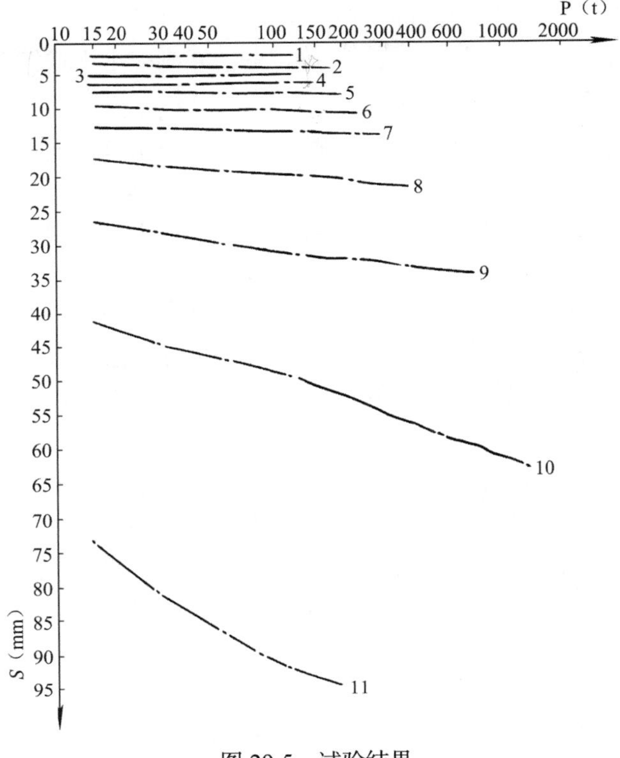

图 29-5　试验结果

由建研院地基所承担静压桩试验，经分析确定两根桩的极限承载力分别为 16000 和 18000kN。如果按允许沉降量为 10mm 来确定大直径桩基的允许承载力的话，那么它们分别达到了 10500 和 13000kN，即 1 根条桩的承载力相当 5～6 根直径 0.8m 的圆桩。如果按单桩承载力 10500kN（取小值）计算，则 52 根条桩总承载力将达 546000kN，在不计入周边地下连续墙的承载力的情况下，已经大大超过设计荷重（495000kN）。这就为将来结构增层（高）提供了良好的基础。

根据静压试验结果，可以求得桩身单位侧摩阻力为 66kN/m^2（原采用 40kN/m^2），桩端承载力可达 1400～1600kN/m^2（原采用 800～1000kN/m^2）。

（5）本工程的基坑支护和桩基工程经过上述优化和改进后，在保证工程质量的前提下，快速、安全、文明施工，大大缩短了工期，降低了工程造价，减少了环境污染，得到了各界的好评。

根据初步估算，本项目共节约混凝土约 2000m^3，降低工程投资不少于 200 万元。

29. 2. 4　施工图设计

（1）经过将近 4 个月的时间，反复进行比较和多次审查认定，确定主、副楼基坑长 68.5m，宽 31.2m（计入吊物孔为 35.8m），深 10m。地下连续墙厚 0.8m，主楼深 37m，副楼深 27m。混凝土强度等级为 C25。

（2）条桩断面均为 2.5m × 0.6m，主楼深 37m，52 根，副楼深 27m，12 根。另在基坑南侧设有 4 根试桩和锚杆，兼作塔式起重机基础桩，深度分别为 37 和 47m。

（3）本工程基坑采用正作法施工。采用一道ϕ377mm 钢管作内支撑，立桩为ϕ355mm × 8mm 钢管，其下端埋入条桩内 0.5m。

（4）为了避免主、副楼之间过大的不均匀沉降，设计上在两者之间设置了一条宽 1.05m 的后浇带，主、副楼的地下连续墙也是断开施工的，在副楼地下连续墙施工后期，用两个短槽将两段地下连续墙连接起来。

根据本工程的地质条件、地下连续墙结构尺寸、混凝土浇注强度等级和起重能力等因素，来选择墙段长度。本工程的标准槽长为 6.0m，钢筋笼重 11～12t。

主、副楼地下连续墙共划分为 43 个槽段（其中主楼 21 个，副楼 22 个）。

29. 2. 5　施工

（1）在本工程中使用从意大利进口的 BH7 液压抓斗（配日本 7055 起重机）和 BE—10 泥浆搅拌机及配套设备和机具，进行地下连续墙和条桩的挖槽工作和泥浆的生产与回收工作。该抓斗可抓深 60m、厚 0.5～1.2m 的槽孔，单边闭合力矩为 390kN · m，单抓槽长（开度）2.5m。

BH7 抓斗能够自行完成切削和抓土、运送土料并将其很方便地装车运走。它的效率比使用冲击钻机高出 15～20 倍。在城市地下连续墙施工中，通常都采用直接抓土成槽，它的切削能力和挖孔精度完全可以满足要求。在标准槽长为 6m 的槽孔中，通常采用三抓成槽方法，即先在槽的两端各抓一段(长 2.5m)，然后再抓中间的土体，其精度可以达到墙 1/300，桩 1/200。

（2）由于本工程表层土质条件差，地下水位较高，因此采用了 L 形钢筋混凝土导向槽，其净宽分别为 0.92m（地下连续墙）和 0.72m（条桩），高 1.7m，导墙为 L 形。北侧电缆沟处因两者相距太近，外侧导墙改为直墙（厚度加大）。导向槽混凝土强度等级为 C25。施工平台的地面应填筑 30cm 厚砂砾料或石渣并应碾压夯实。导墙拆模后，应立即在其顶、底加上方木支撑，当附近有车辆通过时，应在导向槽内回填砂砾料，顶上铺钢板。

（3）本工程采用山东安丘的 200 目膨润土粉制造泥浆，每立方米水中放入土粉 85～95kg，纯碱 2.5～3.5kg，新泥浆相对密度为 1.04～1.06，一般要静置 24h 以后再用。用过的泥浆要回收利用。清孔标准为：泥浆相对密度小于 1.15，含砂量小于 10%，黏度小于 35s，沉渣厚度小于 10cm。此外，我们还使用美国的超泥浆（Super Mud）进行了试验。

（4）本工程采用我们自行设计和制造的哑铃式接头管和拔管机。这种接头管占地少，起拔力小，防水效果好。在一期槽孔的两端放入接头管，在混凝土浇注过程中随混凝土面上升和凝固时间加长而逐渐拔出此管，即可在两端形成两个半哑铃形接缝。在二期混凝土浇注之前，则用特制的刷壁器将壁上泥皮反复刷洗干净。

（5）标准槽段的钢筋笼长 17.06m，宽 5.6m，重 11～12t，在专门的平台上加工成型。为了防止吊装时变形，在钢筋笼中设置了三道加劲钢筋桁架以及加强上下两片钢筋联系的钩筋。为了加强接缝两端混凝土强度，在笼的两端也设有竖向和水平钢筋；下设导管的部位，其周围设有导向钢筋。钢筋起吊和放入槽孔时，使用 40t 和 16t 两台起重机互相配合，将整个钢筋笼放入槽孔内。

（6）在泥浆下浇注混凝土，必须具有良好的和易性和流动性，其坍落度为 18～22cm，扩散度为 34～38cm。施工时控制每小时槽孔混凝土上升速度不少于 2m，导管埋深 2～6m，混凝土面高差不大于 0.5m。

29. 2. 6　效果

1）对主楼基坑开挖后进行观察和检测，证明地下连续墙已经达到了原来的“三合一”

要求。墙表面平整，在天津地区做到这一点很不容易。施工单位为了抢工期，在没有做上钢管支撑的情况下，在悬臂状态下挖深 6m 后，墙顶变位也仅为 1.5～2cm，挖到 10m 深，即到达基坑底，位移达到 2.5cm（电话大楼侧）后，就不再增加了。

笔者认为，由于沿基坑地下连续墙周边的 15 根条桩紧贴地下连续墙，在墙体承受外侧土、水压力时，起到了有力的反向支承作用，这是墙体变位较小的主要原因之一。

2）开挖后对条桩进行观测，发现其混凝土质量非常好，而且表面平整，角部垂直，其长边或短边的尺寸增加 2～3cm。

3）缺陷及处理：

（1）由于停电和处理其他事故的影响，A9 槽的接头管没有来得及拔出来，结果造成了接头管与墙体之间被拉开的裂缝漏水，后经过在墙外灌浆处理而停止。

（2）A11 槽因车辆挤压，导墙坍塌，导致边上一抓抓偏而在基坑造成了约 40cm 的突起。好在没有影响边柱的尺寸和施工。

（3）局部墙面露筋。

（4）开挖基坑过程中还发现，渗水能沿着墙内钢筋周边流到基坑里，虽然只是一些“洇”水点，但对底板和边墙防水来说仍需处理。

在浇注结构混凝土之前，我们用防水胶粉进行了防水处理，效果不错。

4）主楼已经于 1995 年 8 月封顶，基础桩和地下连续墙均已承受全部荷重，1997 年正常营业，未发现任何异常现象。

29.2.7　结语

（1）所引进的设备和技术可以适应天津地区复杂的地质条件，按设计要求，在天津软土地基中建成了深达 47m 的条桩和挖深 10m 的高层楼房的基坑地下连续墙（深度 27～37m）。

（2）我们首次在高层建筑基坑中采用了临时围护与永久使用相结合的“三合一”（挡土、防水和承重）地下连续墙，并获得成功。这种基坑形式对地下连续墙的施工作业提出了更高要求，而使用我们的引进设备和技术是完全可以做到的。

（3）根据我们引进的设备和技术特点，结合国内桩基施工现状，从 1993 年开始，开发使用条桩（矩形桩）。我们承担了天津市冶金科贸中心大厦条桩基础的设计和施工任务，经静力压桩检测和基坑开挖观察，条桩质量优良，一根条桩的承载力约为ϕ0.8m 圆桩的 5～6 倍。

（4）实践证明，我们引进的设备和技术是适合于在大城市进行基础工程施工的。在闹市区施工，首先遇到的问题就是噪声不能太大，再者泥浆和废渣土对地（路）面不能造成污染。对于设备自身来说，必须是快速高效，移动灵活方便，还必须是自带动力（柴油机）。可以说我们引进的设备和技术都具备了这些要求，因而能顺利完成像天津冶金科贸中心大厦这样的基础施工任务。

（5）我们一直坚持这样一条原则，即无论是地下连续墙，还是桩基础施工，不考虑泥浆的正循环、反循环或者是不循环（冲击钻用）的输送地层土料的方式，而是采用“直接取土”，也就是在地下连续墙（含条桩）施工中直接用抓斗挖取近于原状的土料提出孔外，或在桩基施工中直接用筒式钻具（或螺旋钻具）旋挖土料提出孔外，装入汽车或装载机运走。其结果是由于泥浆不再承担输送土料的任务（只管护壁和润滑）而用量大大减少，费用下降，特别是污染大大减少。这些优点正被一个又一个已经完成的工程所证实，也正被越来越多的人士所接受。

29.2.8　点评

（1）这是作者与设计单位合作设计并主持施工的天津市第一个用进口液压抓斗施工的基坑地下连续墙和条桩工程，1995 年完成。

（2）这是国内第一个集挡水、防水和承重“三合一”的地下连续墙；本工程首次采用了哑铃形接头管；已经申报了国家专利。

（3）国内第一个采用非圆形大断面灌注桩（条桩）的建筑桩基础工程。

（4）这是一个单一式（整体式）地下连续墙，墙身混凝土与内衬紧密连接。

（5）由于地下连续墙深度较大，不存在渗流破坏。

（6）本工程技术经济和社会效益优良，工程运行多年无故障。

29.3　盐官排洪闸的地下连续墙（1996 年）

29.3.1　概述

盐官排洪闸位于浙江省海宁县盐官镇的钱塘江左堤上，是为了解决太湖流域洪水出路而修建的重点工程项目。这里是观潮胜地，要在钱塘江左堤上打开 120m 宽的口门来兴建排洪闸，颇不容易。

为了减少土石方开挖，加快施工进度，设计单位计划采用地下连续墙作为闸边墙的主体。原设计的地下连续墙不便于施工，经主编人丛蔼森建议修改后，改为 T 形地下连续墙方案，如图 29-6、图 29-7 所示。

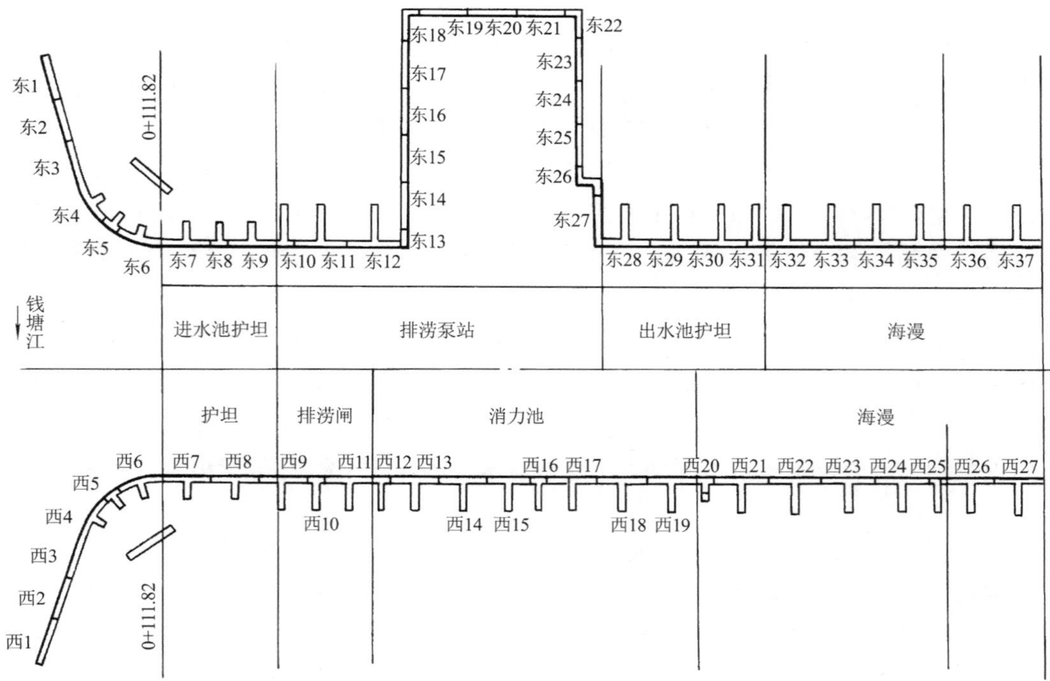

图 29-6　盐官排洪闸的地下连续墙槽段平面图

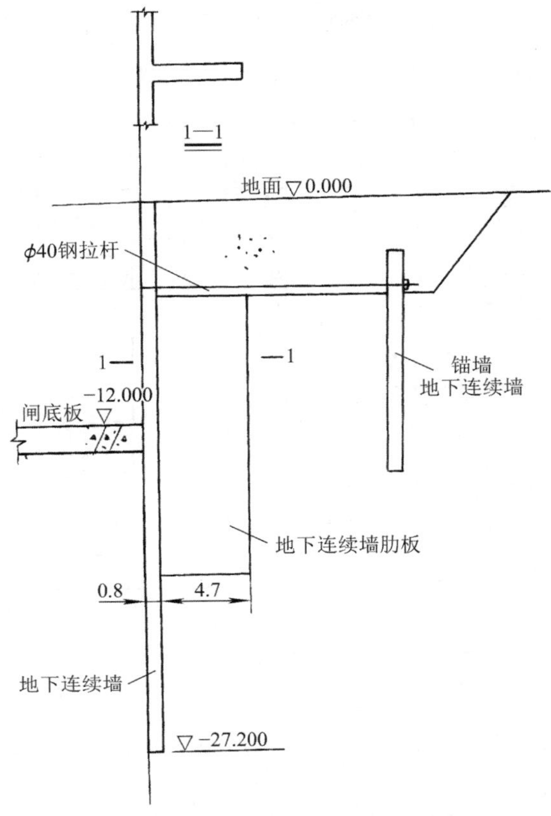

图 29-7　盐官下河站闸边墙结构图

地质简况：地表以下 10～15m 均为淤泥质粉质黏土，标准贯入值 1～3，挖槽时经常发生坍塌。

29.3.2　设计要点

根据本工程的具体特点，结合我们的施工经验，对原地下连续墙设计进行了如下改进：

1）把原来长 8.0m、厚 0.5m 的肋板尺寸加以改变，以适应地下连续墙抓斗施工的需要。实际采用的肋板长度为 2.5m 和 5.8m。原肋板布置不太合理的，也作了调整。

2）把原设计在进口圆弧段、修配车间北侧等部位的封闭式挡土墙改为开敞式挡土墙，节省了混凝土和投资，也便于施工。

3）对原设计挡土墙进行了较大改动。槽段划分原则是：

（1）每个槽段都必须有一个肋板，而且肋板必须位于中央，左右偏差不大于 20cm。

（2）肋板一般情况下不到墙底，同一槽段上下两部分挖槽方法必须协调一致。

（3）小槽（一抓槽）不得两个连在一起，以保证抓斗能够站位挖槽。

（4）肋板水平长应小于 5.5m，以保证抓斗挖远端槽孔时，臂杆倾角不小于 70°～75°。

（5）槽段尺寸不能太大，使现场起重机能吊起最大钢筋笼，混凝土拌合站能供应充足的混凝土，浇入槽孔内。

根据以上原则，反复进行修改和调整，最后采用槽孔平面参数如表 29-3、表 29-4 所示，有代表性的槽段开挖次序见图 29-8、图 29-9。这里要说明的是，由于墙和肋板挖槽深度不一样，所以同一槽段上下两部分的挖槽方法必须协调才行。图 29-9 中的 B 型挖槽法用得不少。

盐官排洪闸地下连续墙槽孔分段表（东岸） 表 29-3

序号	槽号	次序	断面尺寸（m）	主墙深（m）	肋板深（m）	浇注高程（m）	抓槽面积（m^2）	开挖方量（m^3）	说明
1	东1	Ⅱ	6.5×0.8	9	—	4.5	—	39	上游翼墙
2	东2	Ⅰ	6×0.8	12	—	4.5	—	50.4	上游翼墙
3	东3	Ⅱ	6×0.8	14.5	—	4.5	—	62.4	上游翼墙，缝1
4	东4	Ⅱ	6.44×2.5×0.8	22.5	10.5	4.5	—	120.43	圆弧段
5	东5	Ⅱ	2.28×2.5×0.8	22.5	10.5	4.5	—	50.54	圆弧段
6	东6	Ⅱ+Ⅰ	6.44×2.5×0.8	22.5	10.5	4.5	—	120.43	圆弧段，缝2
7	东7	Ⅰ	6.36×3.3×0.8	24.7	13.3	4.5	—	141.64	进水池
8	东8	Ⅱ	2.28×3.3×0.8	24.7	13.3	4.5	—	65.92	进水池
9	东9	Ⅰ	6.36×3.3×0.8	24.7	13.3	4.5	—	141.64	进水池，缝3
10	东10	Ⅱ	2.28×5.8×0.8	27.2	14.7	4.5	—	99.68	进水平台，缝3
11	东11	Ⅰ	7.06×5.8×0.8	27.2	—	4.5	—	197.95	进水平台
12	东12	Ⅱ+Ⅰ	7.06×5.8×0.8	27.2	—	4.5	—	197.95	进水平台，缝4
13	东13	Ⅱ	5.7×0.8	13.5	—	4.5	—	22.94	装配场，副厂房，缝4
14	东14	Ⅱ	6.7×0.8	13.5	—	4.5	—	62.3	装配场，副厂房
15	东15	Ⅱ	5.7×0.8	13.5	—	4.5	—	62.3	装配场，副厂房
16	东16	Ⅰ	5.7×0.8	13.5	—	4.5	—	62.3	装配场，副厂房
17	东17	Ⅱ+Ⅰ	5.7×0.8	13.5	—	4.5	—	62.3	装配场，副厂房
18	东18	Ⅱ	3.41×2.39×0.8	13.5	—	4.5	—	57.12	装配场，副厂房
19	东19	Ⅰ	6.37×0.8	13.5	—	4.5	—	61.15	装配场，副厂房
20	东20	Ⅱ	6.38×0.8	13.5	—	4.5	—	61.25	装配场，副厂房
21	东21	Ⅰ	6.37×0.8	13.5	—	4.5	—	61.15	装配场，副厂房
22	东22	Ⅱ	3.41×2.39×0.8	13.5	—	4.5	—	51.94	装配场，副厂房
23	东23	Ⅰ	5.7×0.8	13.5	—	4.5	—	57.6	装配场，副厂房
24	东24	Ⅱ	57×0.8	13.5	—	4.5	—	57.6	装配场，副厂房
25	东25	Ⅰ	6.21×0.8	13.5	—	4.5	—	57.9	装配场，副厂房
26	东26	Ⅱ	2.39×3.31×2.39×0.8	13.5	—	4.5	—	62.3	装配场，副厂房
27	东27	Ⅱ+Ⅰ	6.91×0.8	13.5	—	4.5	—	66.34	装配场，副厂房，缝5
28	东28	Ⅱ	6.4×5.8×0.8	13.5	—	4.5	—	154.51	出水池，先于东27
29	东29	ⅡⅡ	6.4×5.8×0.8	24.1	11.2	4.5	—	154.51	出水池
30	东30	Ⅱ	6.41×5.8×0.8	24.1	11.2	4.5	—	154.69	出水池
31	东31	Ⅱ	2.28×5.8×0.8	24.1	11.2	4.5	—	80.02	出水池，缝6
32	东32	Ⅰ	5.88×5.8×0.8	22.3	9.3	4.5	—	129.04	海漫
33	东33	ⅡⅡ	5.88×5.8×0.8	22.3	9.3	4.5	—	129.04	海漫
34	东34	Ⅱ	5.88×5.8×0.8	22.3	9.3	4.5	—	129.04	海漫
35	东35	Ⅱ	5.88×5.8×0.8	22.3	9.3	4.5	—	129.04	海漫，缝7
36	东36	Ⅱ	6.5×5.8×0.8	24.5	9.3	4.5	—	150.8	海漫
37	东37	Ⅱ	6.5×5.8×0.8	27	11.8	4.5	—	173.8	施工平台，9

盐官排洪闸地下连续墙槽孔分段表（西岸） 表 29-4

序号	槽号	次序	断面尺寸（m）	主墙深（m）	肋板深（m）	浇注高程（m）	抓槽面积（m^2）	开挖方量（m^3）	说明
1	西1	Ⅱ	6.5×0.8	9	—	4.5	—	39	上游翼墙
2	西2	Ⅱ	6×0.8	12	—	4.5	—	50.4	上游翼墙
3	西3	Ⅱ	6×0.8	14.5	—	4.5	—	62.4	上游翼墙
4	西4	Ⅰ+Ⅱ	6.44×2.5×0.8	22.5	10.5	4.5	—	120.43	圆弧段
5	西5	Ⅱ+Ⅰ	2.28×5.6×0.8	22.5	10.5	4.5	—	50.54	圆弧段

续表

序号	槽号	次序	断面尺寸（m）	主墙深（m）	肋板深（m）	浇注高程（m）	抓槽面积（m²）	开挖方量（m³）	说明
6	西 6	Ⅱ + Ⅰ	6.44 × 5.6 × 0.8	22.5	10.5	4.5	—	120.43	圆弧段
7	西 7	Ⅰ + Ⅱ	6.22 × 3.3 × 0.8	22.8	10.5	4.5	—	117.01	护坦
8	西 8	Ⅱ + Ⅰ	6.3 × 3.3 × 0.8	22.8	10.5	4.5	—	118.31	护坦
9	西 9	Ⅰ + Ⅱ	6.3 × 3.3 × 0.8	22.8	10.5	4.5	—	125.35	护坦
10	西 10	Ⅰ	2.28 × 3.3 × 0.8	22.8	10.5	4.5	—	56.85	护坦
11	西 11	Ⅱ	6.3 × 3.3 × 0.8	22.8	10.5	4.5	—	125.35	护坦
12	西 12	Ⅱ + Ⅰ	2.28 × 5.8 × 0.8	21.1	9.8	4.5	—	68.95	闸室，缝 10
13	西 13	Ⅰ	6.46 × 5.8 × 0.8	21.1	21.1	4.5	—	181.41	闸室，缝 10
14	西 14	Ⅱ + Ⅰ	6.22 × 5.8 × 0.8	21.1	21.1	4.5	—	174.2	闸室，缝 10
15	西 15	Ⅱ	5.66 × 5.8 × 0.8	21.1	9.8	4.5	—	121.95	闸室，缝 10
16	西 16	Ⅰ	2.28 × 5.8 × 0.8	22.8	10.5	4.5	—	74.85	消力池，缝 11
17	西 17	Ⅰ + Ⅱ	6.57 × 5.8 × 0.8	22.8	10.5	4.5	—	147.95	消力池，缝 11
18	西 18	Ⅱ + Ⅰ	6.58 × 5.8 × 0.8	22.8	10.5	4.5	—	148.12	消力池，缝 11
19	西 19	Ⅱ	6.57 × 5.8 × 0.8	22.8	10.5	4.5	—	147.95	消力池，缝 11
20	西 20	Ⅰ	2.28 × 5.8 × 0.8	22.3	9.3	4.5	—	69.14	海漫，缝 12
21	西 21	Ⅱ	5.56 × 5.8 × 0.8	22.2	9.4	4.5	—	123.72	海漫，缝 12
22	西 22	Ⅰ + Ⅱ	2.39 × 2.5 × 0.8	22.2	9.4	4.5	—	61.25	海漫，缝 12
23	西 23	Ⅰ	6.17 × 4.8 × 0.8	22.2	9.1	4.5	—	122.72	海漫，缝 12
24	西 24	Ⅱ	7.06 × 5.8 × 0.8	22.2	9.3	4.5	—	148.68	海漫，缝 12
25	西 25	Ⅰ	7.06 × 5.8 × 0.8	22.2	9.3	4.5	—	148.68	海漫，缝 12
26	西 26	Ⅱ	2.28 × 5.8 × 0.8	22.2	9.3	4.5	—	69.14	海漫，缝 12
27	西 27	Ⅱ	6.5 × 5.8 × 0.8	24.5	9.3	4.5	—	150.8	海漫，缝 12
28	西 28	Ⅱ	6.5 × 5.8 × 0.8	27	11.8	4.5	—	173.8	海漫，缝 12
29	西 29	Ⅰ	7 × 0.8	15.2	—	4.5	—	85.2	孔口，7.0

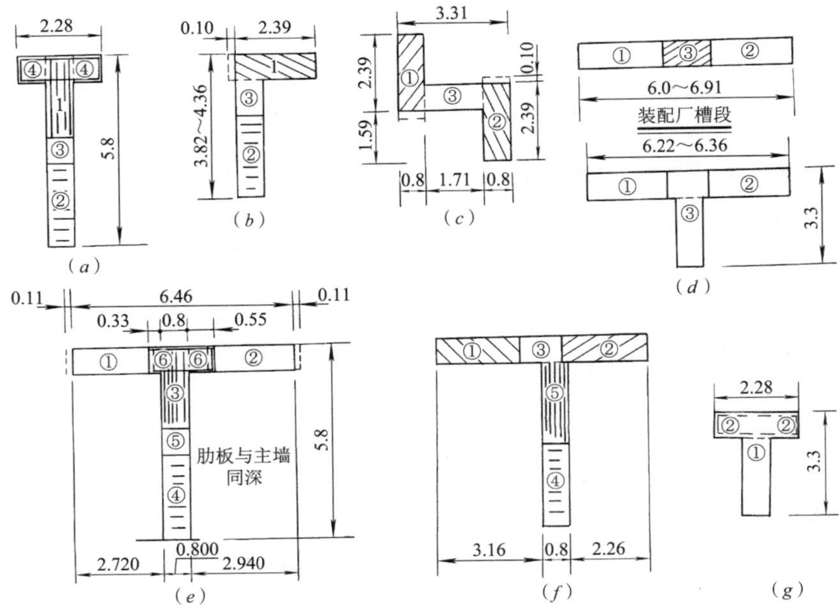

图 29-8　槽段挖槽次序图

(a) 小槽挖槽；(b) 角槽挖槽；(c) 东 26 槽；(d) 西 7～西 11；(e) 西 13（Ⅰ）；(f) 西 14（Ⅱ+Ⅰ）；(g) 西 10

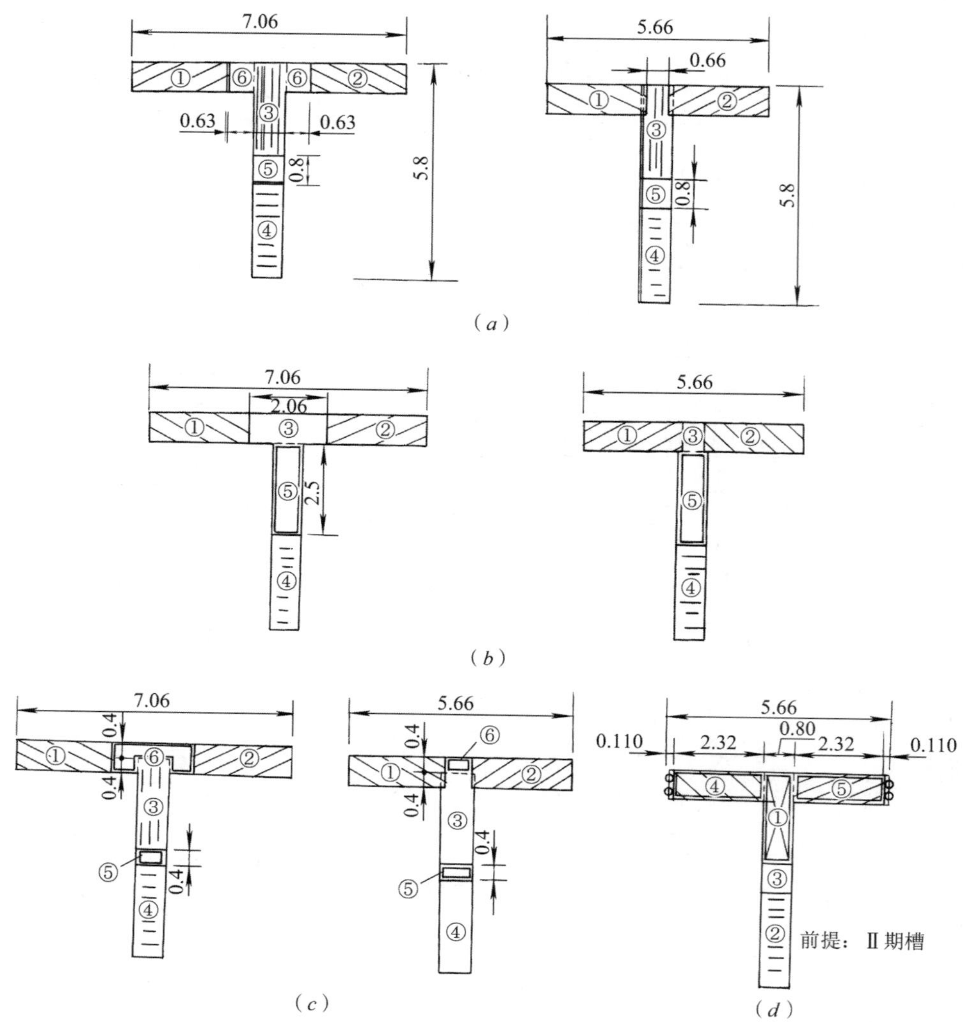

图 29-9　标准槽段开挖次序图

整个地下连续墙共划分 69 个槽孔，总长 695m，挖槽面积 10250m²，浇注混凝土 9000m³。最大的 T 形槽孔长 7.06m，肋长 5.8m，墙深 27.2m，面积 350m²，混凝土 280m³，用钢筋 25t，钢筋笼长 25.7m。

4）变形缝

采用沥青木板做变形缝，把它绑在二期槽段钢筋笼的端面上，下入槽孔。

5）钢筋笼分片

肋长 5.8m 的槽段，钢筋笼尺寸大，很重，不好吊放。为此将墙与肋的钢筋分成两片下放。

29.3.3　施工要点

（1）本工程地表附近是淤泥质土，又赶上雨期施工，导墙是很重要的。导墙底应放在坚实的老土地基上。根据地质情况，可适当加大导墙的厚度或长度。局部填平原河沟地段，填土很软，无法承载，可采用短木桩处理之。木桩直径 12～15cm，底部深入老土内 0.8～1m，如图 29-10 所示。

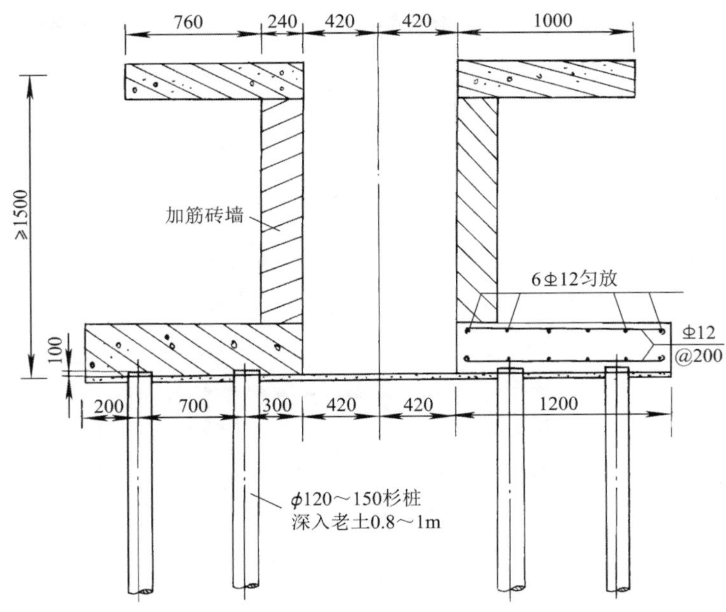

图 29-10　深沟段导墙图

（2）本工程所在地区虽生产膨润土，但质量较差。为了保证施工期槽孔的稳定、安全，我们采用了原来用于顶管的一种特殊泥浆。这是一种膨润土粉与特种外加剂混合的泥浆。它的 200 目过筛率大于 85%。浓度大于 6.4%时，胶体率大于 98%，漏斗黏度 25～35s，表现黏度（A.V）15～20cP，失水量 18～23mL/30min。泥浆触变性能很好。

（3）关于圆弧段施工注意事项。

由于抓斗是矩形的，在圆弧形导墙施工时，无法造出连续的槽孔来。实际上，应当把导墙做成不等宽的折线形（见图 29-6），才能造出连续墙来。

29.3.4　小结

盐官排洪闸工程中，首次于闸墙结构中采用大量的 T 形地下连续墙，通过主编丛蔼森优化修改设计、精心施工，取得了良好效果。这种 T 形地下连续墙可以提高挡土墙的承载力和抗弯能力，值得类似工程使用。

29.4　广州地铁 3 号线燕塘站

29.4.1　概述

1. 工程概况

燕塘站是地铁 3 号线北延线和 6 号线的交会站，成十字形，长宽约 131m × 85.6m。其中，6 号线基坑深度 16～23m，地下连续墙深 22～29m；3 号线基坑深 32m，地下连续墙深 37.5m。施工方法为明挖法，孔口地面标高 26.5～28.95m，结构底板标高−3.5～−3.8m。

两个基坑高差 16m，为此在交叉处的 6 号线方向，采用灌注桩和预应力锚索以及高喷桩止水帷幕来封堵此段缺口。但由于预应力锚索穿透了西边地下连续墙下的水泥灌浆帷幕以及轨排井西边的高喷止水帷幕，从总体设计方面并未形成完整的防渗结构，造成了地下水自坑外向坑内的渗漏。

6 号线基坑底部位于⑤$_H$残积土和⑥$_H$全风化层中；而 3 号线坑底则位于⑥$_H$全风化层及⑦$_H$强风化层中。

基坑平面布置如图 29-11 所示，剖面如图 29-12 所示。

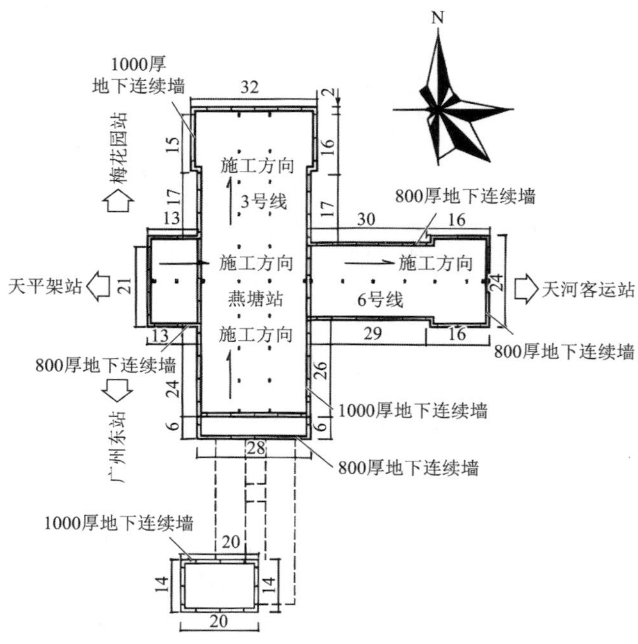

图 29-11　基坑围护平面图

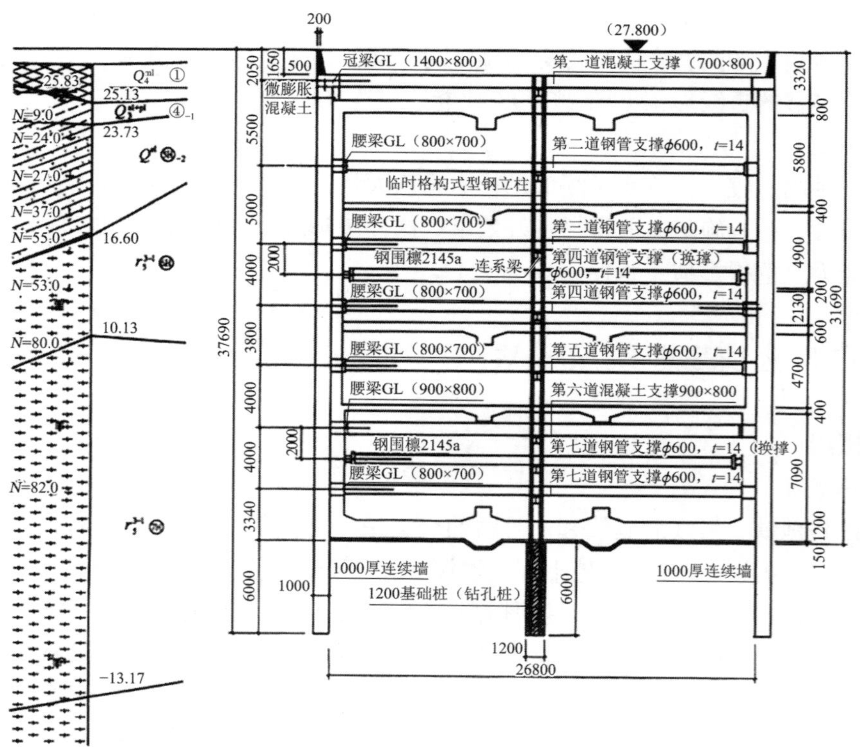

图 29-12　3 号线典型工程地质剖面、标准断面围护结构剖面图

2. 工程地质

场地地层上部覆盖层为第四系全新统冲积相粉质黏土层和淤泥质土层、第四系残积粉土层；下伏基岩为燕山期（$\gamma_5^{3\text{-}1}$）花岗岩。具体情况如下：

（1）素填土。

（2）冲积—洪积—坡积土层（Q_3^{ml}）含④$_1$ 粉质黏土、④$_2$ 淤泥质土。

以上两层可视为相对不透水层。

（3）花岗岩残积层，根据土的特性可分为⑤$_{H-1}$ 和⑤$_{H-2}$ 两个亚层，均为粉土。此层土黏性差，遇水崩解、流土。此层透水性小，$K = 0.05 \sim 0.1$m/d。

（4）基岩，本场地下伏基岩为燕山期（$\gamma_5^{3\text{-}1}$）花岗岩，按岩石风化程度、强度分述如下：

⑥$_H$ 全风化花岗岩：厚度 2.7～7.1m，浅黄、褐黄色，岩石风化剧烈，原岩结构已基本破坏，但尚可辨认，岩芯呈坚硬土柱状。含高岭土和砂成分较多，遇水易软化、崩解。此层透水性较小，可取$K = 0.1$m/d。

⑦$_H$ 强风化花岗岩：厚度 9.9～10.2m，褐黄色，岩石风化强烈，原岩结构已基本破坏，岩芯呈半土半岩状、碎块状，岩质极软。遇水易软化、崩解。岩石裂隙面多见被水浸泡变色，含高岭土成分较多。基岩赋存的裂隙水具有承压水特性。

⑧$_H$ 中风化花岗岩：浅灰、灰色，中细粒花岗结构，块状构造，岩石裂隙发育，裂隙面多被铁锰质渲染，岩芯呈碎块、短柱状，岩质较硬。基岩赋存的裂隙水具有承压水特性。厚度 1.1～26m，尤其以风井与三号线基坑北端深度较大，该地层水量丰富，岩面多见被水浸泡痕迹。

根据现场抽水和压水试验结果，建议⑦$_H$ 和⑧$_H$ 两层的渗透系数取为 1.5～2m/d。

⑨$_H$ 微风化花岗岩：浅灰色，中细粒花岗结构，块状构造，岩芯呈长、短柱状，少量碎块状，裂隙稍发育，主要矿物成分为石英、长石、云母。岩石新鲜，岩质坚硬，锤击声脆，基本不透水。本层顶面埋深为 34.7～41.9m，揭露层厚 2.45～5.4m，平均层厚 3.46m。

3. 水文地质

1）地下水位

地下水位的变化受地形地貌、赋存条件、补给及排泄方式等因素影响，燕塘站地形有起伏，地下水位受地形变化影响明显，勘察期间揭露地下水稳定水位埋深为 1.9～6.5m，标高为 23.68～27.55m。地下水位年变化幅度为 2.5～3.2m。

2）地下水类型

地下水类型按其赋存方式，可分为第四系松散层孔隙潜水和基岩风化裂隙微承压水，其主要特征分述如下。

（1）第四系松散层孔隙水

场地第四系孔隙水主要赋存于第四系冲洪积沉积的③$_1$ 细砂层和③$_2$ 中粗砂层。本场地砂层呈夹层状透镜体状，厚度变化大，含少量黏粒，具中等透水性。冲洪积土层、河湖相淤泥质土透水性较差，多属弱、微透水层。

（2）基岩风化裂隙水

块状基岩裂隙水主要赋存于花岗岩强风化层和中风化层中，由于风化基岩深度及裂隙发育程度的差异，基岩裂隙水赋存不均一、不稳定，其富水程度与渗透性也不尽相同，在裂隙或构造发育地段，有一定的富水性。由于强风化带上部全风化岩和残坡积土以土性为主，透水性差，在一定程度上起到相对隔水作用，因此本层基岩裂隙水具微承压水特征。

3）抽水试验成果分析

根据抽水试验结果，对本场地的水文地质条件及地下水的赋存条件进行如下分析：

（1）本场地基坑底部地下水为承压水，承压水头为30m。在基坑开挖至基底时，会发生涌水，造成基底土体液化、流土。

（2）本场地地下水含水层主要为⑧$_H$花岗岩中风化层和⑦$_H$强风化层。

（3）根据抽水试验结果分析，本场地地下水特别是下层基岩裂隙水很丰富，渗透性较强。由于基岩裂隙发育存在随机性和方向性，相互之间的连通性较差，采用降水方案效果不明显，在施工中不宜采用该方案。

（4）建议在基坑开挖前，采用有效的止水措施或加固措施，对基底地层进行处理，防止基坑浸水泥化。

4. 课题由来

2008年年初，主编了解到燕塘站基坑工程的设计情况，得知基坑深32m，而入岩仅5.5m，且位于透水性很大的强、弱风化花岗岩层中，觉得设计有些问题，建议采用以防渗为主的设计方案。后经现场抽水试验发现，影响了周边环境的稳定性，地铁总公司要求立刻停工，另行考虑处理办法。我们到现场查勘，进一步建议利用水电系统的帷幕灌浆技术，在地下连续墙底下做2～3排灌浆帷幕，以防渗的措施代替降水，可保证周边环境安全和基坑安全施工。此方法得到地铁总公司认可，遂于5—6月进行灌浆试验，7—9月进行施工，9月进行基坑开挖，至今早已完工，效果不错。广州地铁总公司有关领导同志委托我们进行花岗岩残积土基坑渗流研究。经多方面协商，已于2009年12月底完成了课题研究工作。

29.4.2 基坑防护方案

1. 原基坑防渗设计存在的问题

1）入岩深度不够

由前面提到的资料可知，3号线基坑深32m，地下连续墙深37.5m，入岩深度h_d只有5.5m；而墙底则位于透水性很大的强风化和中风化的花岗岩中。这显然是根据《建筑基坑支护技术规程》JGJ 120的相关要求来设计的。但是没有考虑地下连续墙底位于像砂子一样透水的地基中这样一种情况，也就是没有考虑基坑的渗流稳定要求。

如果按照该规程的相关要求的话，入岩深度应为$1.2\times1.1\times30=39.6$（m），相应墙深为$32+39.6=71.6$（m）；相当于进入⑨$_H$微风化层内15～20m，又会造成施工困难。

如果按照相关要求，则墙底插入下卧⑨$_H$不透水层的深度为$0.2\times30-0.5\times1.0=5.5$（m）。此时墙深为45～55m，施工难度仍然很大。

从以上两项计算结果可知，进入微风化花岗岩这么深的地下连续墙，施工起来是相当困难的。这种设计是不合理的。

2）原设计采用的方案不合理

3号线北延线各站基底大部或局部位于花岗岩残积土和全风化层上。残积土遇水软化、崩解，基底土层软化，承载力下降，受力变形增大，对基坑施工、围护结构安全、主体结构承载力均有显著不利影响，原设计认为需要采取预处理措施。

以此为指导，从 2007 年 4 月开始，对这几个车站坑底的⑤$_{H-1}$、⑤$_{H-2}$、⑥$_{H}$ 等地层，分别进行残积土预处理试验，包括：

（1）小基坑预处理泡水（两天）试验，验证残积土降水效果和地基承载力。

（2）基坑底部残积层预处理工艺试验，对比袖阀管劈裂注浆和旋喷桩的可行性和加固效果，确定施工参数，推算残积土的地基承载力。

现场试验证明，采用袖阀管注浆无法形成有效的水平封底。

根据试验结果，采用了如下基底加固设计：

（1）旋喷桩采用格栅式布置，局部双排，均采用直径 600mm 三管旋喷桩进行加固，桩间均为密排相切布置，桩间距 600mm，加固范围为基底面以上 0.3m 至基底面以下 3m，侧墙边为 5m，共约 2050 根桩。

（2）从地面开始施作旋喷桩。

（3）开挖至基坑底，凿出完整桩头。旋喷桩之间采用级配砂石进行换填，深度为基底以下 300mm。

（4）排水盲沟中设置透水盲管，排水沟纵向坡度不少于 1%。

（5）每块底板设置集水井。排水盲沟需向最近的集水井放坡。

（6）主体底板施工时预留对板底的注浆措施，待主体结构完成后，进行适时注浆。

实施效果：

从本节前面介绍的内容来看，原来设计考虑的是对基坑底部进行加固和降水相结合的方案。但是，我们应当注意到，残积土的泥化主要是因为承压水从土的内部涌出而造成的，其次是承压水出露后变为水平流动时对残积土的冲刷。如果我们不把承压水问题解决了，也就是降水未做好，则加固效果也无法达成。在这种粉土地基中，采用大口井降水的效果是极差的。

特别当从地面向下，用高喷桩加固风化岩地基时，由于孔深（22～33m）和孔斜（1%～1.5%）的影响以及下部的坚硬地基造成桩的扩散半径变小，导致高喷桩成为上大下小的胡萝卜状，很难达到设想的加固效果。6 号线基坑挖到底时，看不到很密集的高喷桩的痕迹，坑底的残积土受承压水顶托，泥泞一片，地基土受到很大扰动；即可证明高喷无效。总的实施效果没有达到原来的预想。

2. 基坑的新防渗方案

解决基坑防护问题，存在着两种方案。一个就是像已经在 3 号线北延线几个基坑已经实施了的降水和加固坑底方案，意图是通过降低地下水位，减少泥化，并且通过加固地基，提高地基承载力。

由于本工程地下连续墙做短了，基坑开挖期间有大量（约 1500m^3/d）地下水涌出。有人就想采用强行排水的方法，把基坑挖到底。按此法在 3 月份现场抽水，由于出水量过大（单井最大 500m^3/d），周边沉降过大（9.8mm）而终止。这种地基加固和降水方案不可行。

还有一个方案就是笔者提出的采用基坑防渗（体）方案。在这里，我们提出采用垂直防渗体来隔断承压水的影响。所谓基坑防渗体就是指地下连续墙和它下面的灌浆帷幕组成的防渗结构。此防渗体的底部要深入到不透水的⑨$_{H}$ 微风化层内，这样就可消除承压水上涌或水平流动时对坑底$⑤_H⑥_H$土性风化物的冲蚀破坏影响。

实践已经证明，水平防渗帷幕很难在本基坑底部形成有效的防渗体，所以不在这里进行详细比较。

经过几次讨论和技术经济比较，最后决定沿燕塘站三号线深基坑和通风井周边，采用水电系统常用的垂直帷幕灌浆方法。六号线不作帷幕灌浆，仍采用降水方案。

29.4.3 燕塘站深基坑渗流分析和计算

1. 渗流计算的必要性

由于基坑的开挖，改变了地基中的土体应力、变形和地下水的形态，对于地下水来说，发生了很大变化。

（1）首先，由于基坑的不断开挖，作用在基坑支护结构上的外水压力不断加大。

（2）其次，由于渗流压力的作用，渗流会绕过墙底向上流动，可能在基坑底部产生管涌或流土等渗透变形和破坏。

（3）再者，由于承压水的作用，会穿过坑底地基土体向上突涌，造成坑底隆起和流土等渗透破坏。

上述现象由于地基土体的特性不同以及承压水头的大小不一样，造成的后果也有很大的不同。

由于对工程的承压水认识不足，没有采取恰当的防护措施，导致基坑因渗流而发生问题。

有人认为岩石基坑不会出现问题，这也是一个误区。再加上《建筑基坑支护技术规程》JGJ 120 的某些条文存在问题，使本基坑地下连续墙的入土深度只有 5.5m，不到基坑开挖深度 32m 的 0.2 倍。由此引发了一系列问题。

有鉴于此，很有必要讨论一下本基坑的渗流分析和计算问题。

本基坑的渗流是一个典型的多层地基和承压水条件下的深基坑渗流。由于花岗岩表层的残积土和全风化层的土体渗透系数很小，起到了相对隔水层作用，造成基岩裂隙水具有承压性质。

2. 渗流计算水头

（1）坑外地下水位

根据施工季节、工期以及地下水位变幅等因素，确定本工程承压水埋深在−2m。

（2）坑内水位

一般对于承压水基坑来说，基坑坑底地下水位应低于坑底 1～2m。在本工程中，降水后地下水位应低于残积土和全风化层底面以下，才能避免承压水对坑底土体的泥化影响。

（3）基坑开挖深度按 32m 计，采用墙下防渗帷幕的条件下，暂时取渗流计算水头为 30m。

3. 渗流计算情况

（1）6号线和3号线只有地下连续墙，无防渗帷幕；

（2）3号线周边做防渗帷幕，深 17.5m，6号线原状不变；

（3）3号线周边做防渗帷幕，深 17.5m，6号线北侧做防渗帷幕，南侧未做。

计算简图如图 29-13 所示。

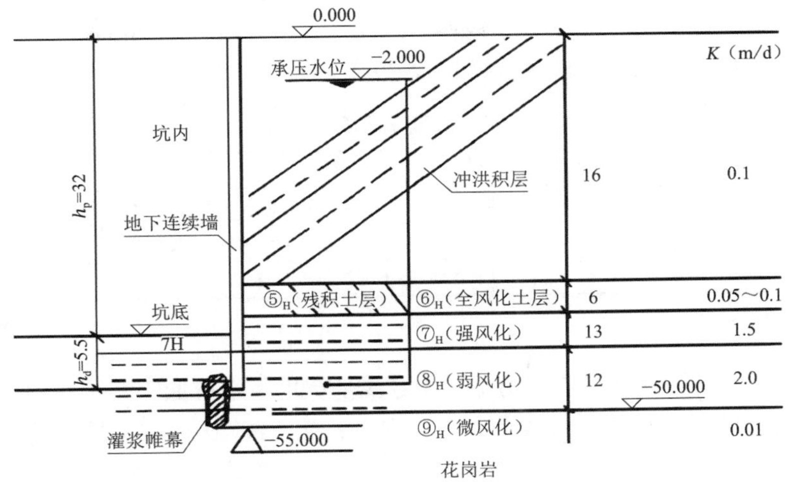

图 29-13　广州地铁某基坑剖面图

4. 计算方法

（1）简易计算法；

（2）平面有限元法；

（3）空间有限元法。

5. 空间有限元法（一）

1）概述

这里介绍的三维空间有限元的特点是：

把渗流场划分为虚、实两种单元和节点以及过渡单元和节点，建立控制方程，来逐渐求解渗流的各项参数。

本软件主要包括输入模块、计算模块和后处理模块，可用于模拟各种地下水渗流问题，以在多个水利水电、城市基坑中应用，效果很好。

2）燕塘站基坑渗流计算（简介）

（1）模型范围及边界

燕塘站三号线深基坑长约 81m，宽 28m，深 32m；6 号线深基坑长 86m，宽 24m，深 16m。两基坑十字交叉。根据基坑降水影响范围、钻孔分布和天然地下水位分布，确定了计算模型范围：以基坑为中心，将计算区域边界范围前后左右各延伸约 300m，形成长 635m、宽 629m 的矩形计算区域。深度取为标高−60m 高程平面。四周边界条件为定水头边界，水头值取为 26.85m。顶部和底部边界为隔水边界。

（2）网格划分

根据上述内容建立的计算模型，利用钻孔资料建立了研究区范围的地层分布（沿三号线基坑中心线），并采用有限元进行了网格划分，共划分单元 50700 个，节点 56364 个。

（3）计算参数

根据各岩土层的特征，室内土工试验成果，结合三号线燕塘站抽水试验成果资料，并充分考虑当地工程经验综合确定。根据钻孔地质分层，本次对人工填土、粉质黏土、残积土、全风化岩、中风化岩和微风化岩进行地层分层，并选用岩土层渗透系数的建议值进行计算。

（4）计算工况

本次共进行了 3 个工况的计算，详见表 29-5。

计算工况表 **表 29-5**

序号	工况说明
1	地下连续墙深 37.5m，$h_d = 5.5$m，$K = 10^{-8}$cm/s，无帷幕
2	地下连续墙和墙底灌浆 17.5m，$K = 10^{-4}$cm/s
3	地下连续墙，6 号线基坑布置 2 口抽水井

（5）小结

①采用工况 1 的防渗墙的防渗方案，3 号线基坑地下水位低于基坑底部，但 3 号线中心 O 区深基坑的两侧（靠近 6 号线）存在溢出点；北（B）区的渗流坡降为 0.6，南（D）区的渗流坡降为 1.8。而 6 号线基坑西（A）区的渗流坡降为 0.3，东（C）区的渗流坡降为 0.6。由此可知，3 号线和 6 号线深基坑的渗流坡降均大于允许值（0.5）。在深基坑开挖过程中，基坑侧壁存在发生渗透破坏的可能性。6 号线基坑由于没有切断与承压含水层的水力联系，使基坑内水位较高，且基坑底部和侧壁渗流坡降较大，存在发生渗透破坏的可能。

②采用工况 2 的防渗方案，即在工况 1 的基础上，增加灌浆帷幕后，3 号线基坑地下水位明显低于基坑底部，防渗和降水效果较好。6 号线深基坑西（A）区地下水位也明显低于基坑底，防渗和降水效果较好；而东（C）区基坑因未设置帷幕，存在 2～6m 的压力水头，不满足降水设计要求。

在此工况下，6 号线基坑中，地下连续墙上的最大渗流坡降为 2，灌浆帷幕上的最大渗流坡降为 5.8，均未超过允许值。

③采用工况 3 的防渗和降水方案，3 号线和 6 号线深基坑内水位高程均低于基坑底部开挖高程 1m 以上，满足设计和施工要求，因此建议施工和设计方采用该方案进行深基坑降水设计。

6. 空间有限元法（二）

1）概述

本节介绍的计算程序是按双重裂隙系统渗流原理而开发的。

本程序基于广义达西定律和渗流连续原理，把地基看成是可压缩的、各向异能的多孔介质，考虑双重裂隙（主干裂隙网络和裂隙岩块）系统，得到三维渗流模型，而后进行渗流分析与计算。

本程序已在多个水利水电工程和基坑工程中得到应用。

2）燕塘站计算结果及分析（表 29-6）

地层参数 **表 29-6**

地层及防渗材料	渗透系数（m/d）
Q_4^{ml}	0.1
Q_3^{al+pl}	0.1
Q^{el}〈5H〉	0.1
γ_5^{3-1}〈6H〉	0.08
γ_5^{3-1}〈7H〉	1.5
γ_5^{3-1}〈8H〉	2
γ_5^{3-1}〈9H〉	0.01

续表

地层及防渗材料	渗透系数（m/d）
地下连续墙	0.0000864
灌浆帷幕	0.0864

（1）基本数据

计算工况：①工况 1：只有地下连续墙（现状），无灌浆帷幕；

②工况 2：地下连续墙（现状）和灌浆帷幕。

（2）墙底无灌浆帷幕情况

此时基坑涌水量达 1292.7m³/d。

（3）墙底有灌浆帷幕

①基坑底部涌水量；②控制断面的渗流压力和坡降。

3）方案对比（表 29-7）

两种工况下基坑底部涌水量　　**表 29-7**

工况	涌水量（m³/d）
1	1292.7
2	824.2

4）渗流稳定性评价及建议

（1）渗流稳定性评价

①广铁 3 号线北延线燕塘站基坑区域地层变化较大，地质情况复杂。弱风化地层 $\gamma_5^{3\text{-}1}$⑧$_H$ 的渗透性比较大，为相对透水层，而工况 1 由于连续墙入岩深度较浅，在地层 $\gamma_5^{3\text{-}1}$⑧$_H$ 中不能起到充分挡水的作用，所以导致基坑底部渗水量比较大，渗流坡降也远远大于地层的允许坡降（基坑底部为强风化 $\gamma_5^{3\text{-}1}$⑦$_H$ 地层，允许坡降为 0.6）。数值分析结果表明，工况 1 存在渗透破坏问题。

②工况 2 中，17.5m 的墙底灌浆有效地阻挡了弱风化地层 $\gamma_5^{3\text{-}1}$⑧$_H$ 的渗水量，减少了基坑底部的渗水量，同时使基坑底部强风化 $\gamma_5^{3\text{-}1}$⑦$_H$ 地层的水力坡降大大降低。但数值分析结果表明，在基坑底部某些部位，渗流坡降仍然略大于地层的允许坡降。

（2）建议

通过工况 1 和工况 2 条件下基坑底部的渗流坡降比较可以看出，工况 2 能够大大降低基坑底部的渗流坡降。

在工况 2 中，采用以下三种方法可以进一步减小基坑底部的渗流坡降：①控制灌浆工艺，进一步降低墙底灌浆的渗透性；②加深灌浆深度；③进行封底。

7. 渗流计算小结

本节采用几种不同的计算方法，从平面有限元到空间有限元以及简化计算方法，结合燕塘站基坑的工程和水文地质条件、基坑开挖深度以及承压水头的大小，对基坑渗流方面的几个参数进行了计算和分析。从计算结果来看，基本接近该基坑的实际情况，特别是在没有设置灌浆帷幕之前的基坑总涌水量 1500m³/d 左右，误差不超过 1%。这些方法均可供今后设计参考。

当基坑地基和承压水情况比较复杂时，宜采用空间有限元的方法进行渗流计算。

29.4.4 灌浆帷幕的试验和设计

1. 灌浆方法比较

常用的帷幕灌浆有循环灌浆和袖阀灌浆等。我们认为在花岗岩残积土和风化层中不宜采用袖阀灌浆方法，这可从前一阶段的试验结果得到证明。我们建议采用分段循环灌浆方法。

2. 灌浆试验

为确定设计和施工参数，在基坑帷幕施工前，在原 2 号抽水井的周边布置 44 个灌浆试验孔，单排孔施工，孔距 2m。试验孔先采用袖阀管施工工艺，56d 施工 6 个孔，但没有一个孔能正常结束。后采用水电行业常用的循环注浆方式施工，从 2008 年 5 月底到 6 月 22 日，完成试验孔 9 个，其中检查孔 1 个，灌浆段长 2～4m，灌浆压力 1～1.5MPa，水灰比 5：1，灌后检查孔透水率最大 14.7Lu，最小 2.9Lu，平均 8.7Lu，能够满足设计要求。

根据灌浆试验结果，建议采用双排帷幕，排距 1m，孔距 2m，两序法施工。

由于施工工期的关系，在取得施工参数后，灌浆试验终止，在确定灌浆施工参数后进行施工。

3. 水泥灌浆帷幕设计

经有关部门批准，决定在 3 号线和风井周边布置两排水泥灌浆帷幕，排距 1m；梅花形布孔，孔距 4m；两序法施工。帷幕底进入微风化层内 1.5m。6 号线的西侧也在灌浆范围之内，但东侧不做灌浆（图 29-14）。

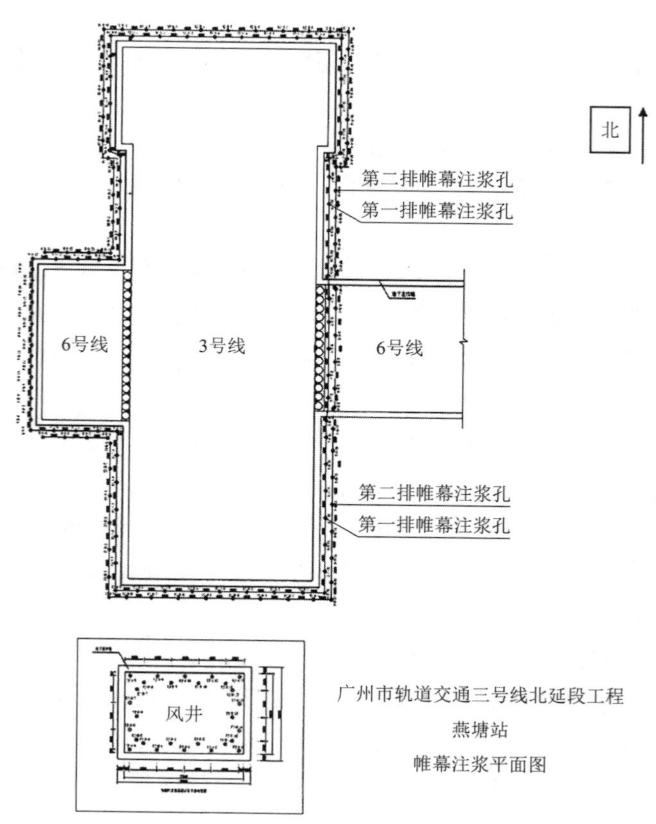

图 29-14 燕塘站帷幕注浆平面图

除风井帷幕位于内侧外，其余各段均位于基坑外侧，可减少对基坑开挖的干扰。

帷幕深度的选定：从地下连续墙底以上 2m 至微风化岩⑨$_H$面以下 1.5m。

29.4.5　帷幕灌浆的施工

1. 灌浆施工参数和技术要求

（1）每单元先施工距围护结构最近的第一排帷幕，第一排施作完毕后，再进行第二排帷幕施工。每一排孔施工中，按先Ⅰ序孔、后Ⅱ序孔次序施工。

灌浆过程中应及时钻检查孔，作压水试验，根据试验结果调整灌浆参数。

（2）采用自上而下、分段循环灌浆法。分段长度控制在 2～4m。

由于上部岩石破碎，不便卡塞，最后采用孔口卡塞的分段循环灌浆法。

（3）灌浆方法和配比。

循环灌注法是用内外两管同时插入钻孔，把浆液压入钻孔后，一部分进入到岩石裂隙，一部分多余浆液经过回浆管路返回，浆液始终处于流动状态，不会产生沉淀，同时可以对回浆浓度状态、回浆量等指标进行测定，根据进浆与回浆的浆液相对密度的差值，对岩层的吸浆情况作出判断，准确分析灌注效果，以调整参数。

灌浆采用强度等级为 42.5R 级的普通硅酸盐水泥，水泥浆液的水灰比取 3∶1、2∶1、1∶1、0.8∶1、0.6∶1、0.5∶1 等六个比级。开灌水灰比可根据压水试验确定；浆液灌注过程中应按照由稀至浓的顺序，调整浆液浓度。

（4）注浆段以上的开孔直径为 110～130mm，下入直径 90mm 的 PVC 管作为外套管；灌浆范围内的终孔直径为 76mm，孔位偏差不大于 100mm，垂直度不大于 1%。

（5）帷幕灌浆后的基岩透水率控制在 10Lu 左右。

2. 施工要点

1）造孔

选取一定数量的工序孔作先导孔，按勘探要求施工，分段作压水试验，段长 2～4m。

先导孔终孔孔深应进入相对不透水岩层（q小于 3Lu）⑨$_H$内不小于 5m，其余灌浆孔进入⑨$_H$层内不小于 1.5m。

施工工艺：采用金刚石钻头、合金钻头钻进，孔口封闭，自上而下分段灌浆。

工艺流程：ϕ110mm 三翼合金钻头开孔至与连续墙搭接 2m 处→自流式注浆→镶嵌 PVC 管并待凝 8～12h→ϕ76mm 钻头扫孔钻孔 2m→洗孔压水灌浆→下一回次钻孔灌浆至终孔→封孔。

造孔采用 HGY-200C 型回转地质钻机及合金钻头或金刚石钻头钻进。

钻孔施工采用低泵量、慢速、低压钻进，防止烧、埋钻等事故的发生，钻进过程中三翼钻头需要用岩芯管导向，防止钻孔倾斜。

钻孔时对孔内情况进行详细记录，如：地质情况、各孔段水流漏失情况、空洞等，以备有针对性地进行集中处理。

2）镶嵌孔口管

采用ϕ110mm 钻头钻进结束后不取钻，即进行自流式水泥灌浆，再下入 PVC 管，适当情况下可在浆液中加入水泥重量 3%的水玻璃以加速浆液的凝固，待凝 8～12h 后方可进行下一施工工序。同时，保证 PVC 孔口管的深度、垂直度及牢固性。

3）孔口段以下部分灌注方法

孔口段以下采用自上而下分段灌浆，各段段长小于 2～4m。各灌浆段灌浆开始前必须作简易压水试验，压水试验压力为该段灌浆压力的80%。

当漏失严重时，先采用水泥水玻璃浆进行自流式灌注，待凝12h后复灌。

采用孔内循环式灌浆，射浆管下至离孔底50cm以内。

灌浆塞塞在已灌段底以上0.5m处，防止漏灌。后期采用孔口封闭、孔内分段循环灌浆方法。

4）制浆工艺

浆液的配制方法：加适量水→加定量水泥高速搅拌30s→储浆槽内低速搅拌→使用。

水泥水玻璃浆的配制方法：加适量水→加定量水泥高速搅拌 30s→储浆槽内低速搅拌30～60s→加水玻璃→使用。

在灌浆过程中，按规范要求变换浆液浓度。

5）灌浆压力

采用1～2MPa。在地表不冒浆等正常情况下，将灌浆压力尽量升高到指定压力。

6）灌浆结束标准

Ⅰ序孔当最浓级浆液每米注入量达200L时，可结束灌浆，待凝8～12h，扫孔后采用开灌水灰比复灌，如吸浆量与灌前相比变化不大，则采用加入速凝剂的浆液灌注 200L 再待凝，重复上述过程直到当吸浆量小于1L/min时，再持续灌浆30min后结束灌浆。

Ⅱ序孔及后序孔，当吸浆量小于1L/min时，再持续灌浆30min后结束灌浆。

7）封孔要求

封孔采用0.5：1浓浆及人工配合将孔内封堵密实。

3. 特殊情况的处理

若遇坍孔、空洞、冲洗液大量漏失等现象时，必须停止钻进，然后进行灌浆工作，待复杂孔段灌浆完并待凝8～12h后，进行后续工作。

在灌浆过程中，当遇漏浆、冒浆、串浆、地表严重抬动等现象时，一般是采取降压、限流、间歇灌浆、待凝或改用水泥水玻璃浆灌浆并待凝、再复灌等方法进行处理。

本次灌浆在110d内，投入钻机13台，灌浆泵6台及附属设施，共完成钻孔178个，钻孔进尺10632.8m，灌浆进尺4475.9m，灌入水泥1089.3t。

29.4.6 质量检查和效果

1. 质量检查方法

灌浆的质量检查由基坑开挖检查、设置抽水孔做基底抽水试验和灌浆帷幕检查孔检查综合评定。

（1）基坑开挖同时也是检查灌浆质量的一个方法，开挖从2008年7月中开始到2009年4月下旬将基底完全封闭，开挖可控，且其周边建筑物沉降稳定。

（2）帷幕灌浆在2008年11月底完成后，在3号线基坑的南端和北端各布置有一个抽水孔，南端抽水孔基本抽不出，北端抽水孔的日抽水量为18m^3，相对较小。

（3）帷幕灌浆的检查孔，在某单元的灌浆孔施工完成后即进行施工，基本布置在漏量较大的部位或灌浆出现不正常过程的孔的周边，在全孔灌浆范围内取芯，并分段做压水试验检查灌浆质量。根据压水试验结果进行评定。

本次施工检查，平均单位透水率为14.6Lu，比原来要求的10Lu略大，基本上可满足开挖要求。单位透水率较大的原因可能和灌浆孔距较大（4m）有关。

2. 灌浆资料分析

在施工每个单元的先导孔时，将芯样整理、素描和拍照，然后进行钻孔和灌浆各工序，直到检查孔施工完毕。结合单孔的透水率和单位吸浆量来分析注浆效果；同时，收集基坑不同开挖深度的坑内排水的数据和周边建筑物的沉降数据进行分析。

1）早期检查孔

2008 年 9 月中旬，对早期 5 个检查孔的压水资料进行分析，可知灌浆后的单位透水率最大 77.5Lu，最小 7.5Lu，平均 16.9Lu。较施工前平均 52.3Lu（最大 279.8Lu）已有较大程度下降。检查孔没取到完整的水泥结石。检查孔灌浆单耗较相同部位灌浆孔减少较多，但仍具较强可灌性，该单元单位注灰量最大 725kg/m，最小 39.7kg/m，平均 142.2kg/m。

从灌浆孔压水情况分析，在当时已施工的所有灌段中，灌浆前各段压水试验透水率大于 100Lu 的约占 10%，50～100Lu 的占 68.6%。所有的灌段基本上都能达到规范和设计要求的结束标准，且灌入量较大，平均单位耗灰量约 300kg/m。其他 8 个单元的情况与风井单元基本上相同。

2）串浆现象

灌浆过程中，部分孔的第一段至第三段约 8m 的灌浆范围，孔口周围地表跑浆严重，与地下连续墙相接部位串浆也较多，甚至部分孔段串出地面跑浆。在该部位灌浆过程中，浆液中掺入适量的速凝剂，并采用间歇灌浆、限压限流等处理方式，地表不再跑浆，能按设计和灌规的要求正常结束灌浆。各单元的第二排孔串跑浆情况基本消失。

由于部分孔段灌浆地表段跑浆严重，部分浆液与泥浆反应后凝固速度慢，后续孔土层钻进时孔壁出现缩径现象，成孔困难。

3）封闭抽水井

基坑 2 号抽水井旁 2m 布置灌浆孔，在基坑开挖到 8m 时即出现涌水，三个孔的涌水量均在 3～7L/min，但灌浆量却较小，平均单耗 220kg/m，灌后孔口不再涌水。后扫开 2 号抽水孔，孔内仍有涌水，涌水量约 1L/min，而且在岩心中并未发现水泥结石。后将该孔做一段灌注，单位耗灰量 38kg/m。

在实际工作中发现大部分的灌浆孔中Ⅰ、Ⅱ序孔的透水率和单位耗灰量逐级减少。

4）基坑内的抽水效果

三号线基坑开挖与帷幕施工基本同步进行。随着帷幕灌浆的逐步完成，基坑内涌水量逐渐减少（表 29-8）。

3 号线基坑开挖与涌水情况 **表 29-8**

开挖日期	基坑深度（m）	涌水量（L/min）	说明
2008-7-28	7	70	施工中
2008-10-23	14	150	施工中
2008-12-23	21	50	已完
2009-2-15	26	80	已完（6 号线漏入）
2009-4-9	32（坑底）	85	已完（6 号线漏入）

风井处在基坑内的施工帷幕，完工后开挖，开挖过程中无水涌出，开挖顺利。

测量数据表明基坑及周边建筑物安全。

六号线东侧基坑仅做基底旋喷加固，未施作帷幕部位，在开挖过程中，涌水量最大，约 500m³/d，给开挖工作带来很大困难；由于大量抽水，周边的马路出现了裂缝，建筑物出现了倾斜及不均匀沉降（最大达 90mm）。为此对路基及建筑物基础进行了加固处理。同时，因六号线基坑先开挖，渗漏水大量涌入后开挖的三号线基坑内，造成大片流泥。

29.4.7　结论

（1）通过检查孔的施工和各序灌浆孔的施工情况综合表明：各序孔及检查孔单位耗灰量和压水试验透水率均呈下降趋势，但检查孔平均单位注灰量达 165kg/m，且检查孔压水试验平均透水率为 14.6Lu。说明灌浆已取得一定的效果，却仍满足不了设计要求的防渗标准 10Lu 的要求，结合基坑开挖的可控程度，在该类灌浆的处理方式下，该类地层能够基本满足开挖要求。但如经过施工参数的进一步调整（如孔距和排距、灌浆压力等），开挖的可控性将更好。

（2）通过对 2 号抽水孔周边 2m 布置灌浆孔，从而完成对 2 号抽水孔的灌浆封堵，从施工过程发现，周边孔灌浆完成后，2 号井孔口涌水已大幅度减少，但对该抽水井扫孔时却没有水泥结石，说明水泥灌浆对该部位地层的扩散半径小于 2m，同样应降低孔距才能在该类地层发挥更好的效果。

（3）此次帷幕灌浆工程效果总体上达到了设计初衷，保证了基坑的连续开挖，没有出现管涌等异常情况。同时，对基坑周边的建筑物及路基起到明显的保护作用。

（4）施工结果证明，在花岗岩残积土和风化层以及承压水基坑中，采用地下连续墙和水泥灌浆帷幕组成的防渗体是成功的。

29.4.8　本节小结

燕塘站是在花岗岩的残积土和风化层的地基中修建的深达 32m 的交汇基坑；应当说这是很有代表性的深大基坑，对于深基坑的防渗体设计可作参考。燕塘站的经验说明，花岗岩的风化层是透水性较强的地基，地下连续墙底必须深入足够的深度（由渗流计算定），才能保证基坑不被渗流破坏。这种风化层基坑不能用《建筑基坑支护技术规程》JGJ 120—1999 的公式进行设计（图 29-15～图 29-18）。

图 29-15　燕塘站 6 号线基坑
（仅做基底旋喷加固，未施作帷幕部位，开挖深度15m）

图 29-16　燕塘站 3 号线基坑南端
已开挖到底（开挖深度 32m）

图 29-17 燕塘站风井基坑底部开挖全貌（施作了帷幕部位，开挖深度 30m）

图 29-18 燕塘站三号线基坑与已开挖到底的 6 号线西端（施作了帷幕部位，开挖深度 24m）

29.5 深圳恒大中心的深基坑

29.5.1 概述

恒大中心项目场地位于深圳市南山区白石洲，白石四路与深湾三路交汇处东南侧，总占地面积 8760m^2。项目规划建设 1 栋超高层建筑（72 层），地上高约 400m，拟设置 6 层地下室。基坑开挖相对深度约 39.05m 和 42.35m，形状呈矩形，基坑支护长约 370m，开挖面积约 8451m^2。基坑北侧紧靠地铁 11 号线和 9 号线，在本项目红线范围内，北侧地下室外墙距地铁十一号线右线隧道结构外边线约 5.5m，东侧、南侧、西侧地下室外墙距红线为 3m。场地可利用空间比较狭窄。

主要工程量如表 29-9 所示。

主要工程量表　　表 29-9

序号	项目名称	计量单位	工程量	技术参数
1	地下连续墙	幅	74	第 28～30、32～59、61～63 段标准宽度 4m，墙厚 1.5m，成槽深度 42.56～51.05m，有效墙深 40.16～48.65m，1-1、2-2、3-3、9-9 剖面分别入中风化花岗岩 0.93、2、3.9、2.5m，1-1、2-2、3-3 剖面分别入微风化花岗岩 0、5.57、8.32m，9-9 剖面入微风化碎裂岩约 5.2m。其余槽段标准宽度 6m/幅，墙厚 1.2m，成槽深度 41.55～44.85m，有效墙深 39.15～42.45m，4-4、5-5、6-6、7-7、8-8 剖面分别入中风化花岗岩 3、2.5、2.5、1.9、2.5m，4-4、5-5、6-6、7-7 剖面分别入微风化花岗岩 2.5、6.7、10.7、11.72m，8-8 剖面入微风化碎裂岩约 5.2m
2	隔离桩	根	100	桩径 1000mm，间距 1200mm，桩长 32.33、40.3m，入中风化花岗岩不少于 1.5m
3	旋喷桩	根	1506	槽壁加固约 1506 根，ϕ600mm@400mm，加固深度到中风化岩层面上，接缝止水约 150 根，深度同地下连续墙

29.5.2 设计概况

1. 总体布置

恒大中心基坑采用地下连续墙加内支撑支护体系，地下连续墙厚度有 1200mm 和 1500mm 两种，每幅槽段长度以 6m 和 4m 为主，地下连续墙深度为 40.16～59.79m，采用 C40P12 水下混凝土，槽段的平面形状有三种，分别为一字形、L 形、V 形，如图 29-19、图 29-20 所示。

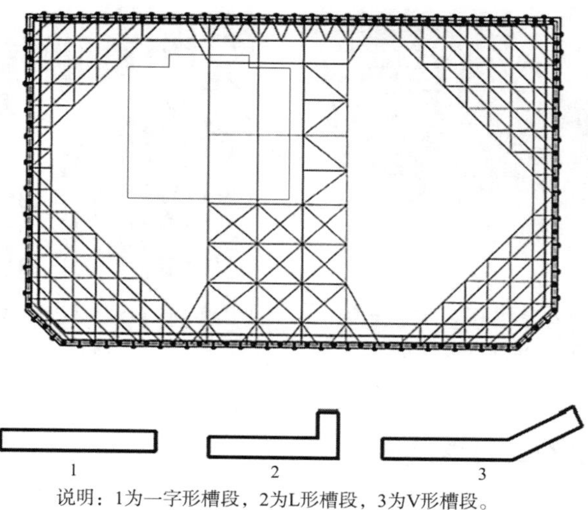

说明：1为一字形槽段，2为L形槽段，3为V形槽段。

图 29-19 地下连续墙平面形状图

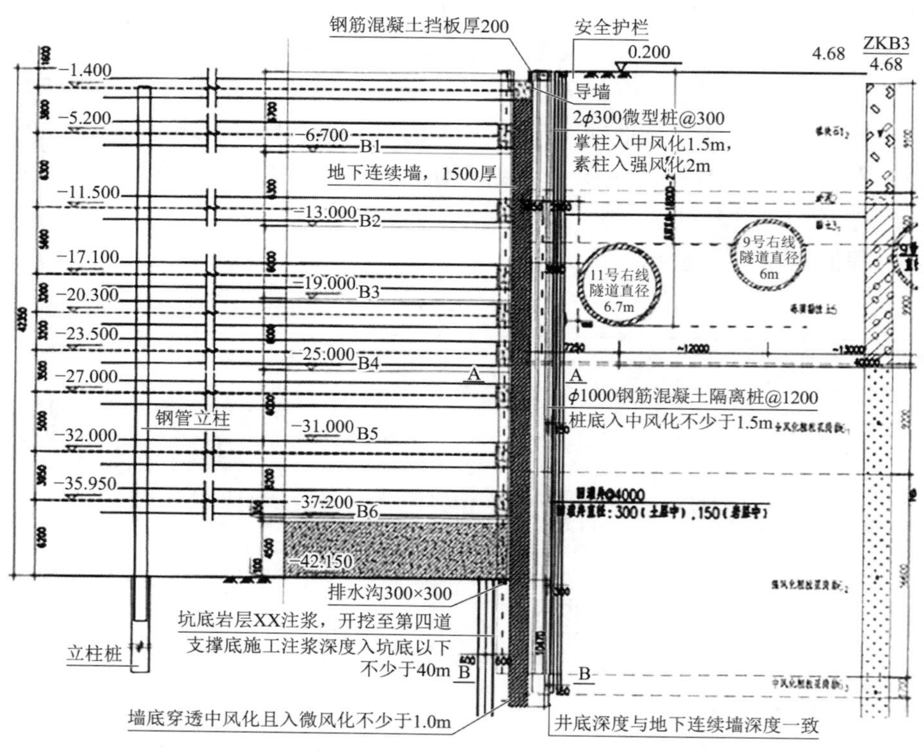

图 29-20 地下连续墙剖面图

2. 设计重点

1）变形控制

基坑开挖深度 2 倍于地铁隧道埋深，支护结构与隧道结构相距仅 3.8m，开挖后地铁 11 号上行线隧道整体处于主动土压力状态时土体的破裂面范围内，支护结构的变形直接影响隧道结构。控制变形是基坑支护设计的重中之重，支护结构需提供足够的被动刚度或结合主动调节措施来控制变形。

2）地下水位下降影响控制

基坑开挖后产生最大近 40m 的水头，且紧邻地铁，坑外地下水位下降将导致地铁隧道沉降，因此控制基坑外侧地下水位是基坑支护设计的重点之一。

3）地下连续墙成槽施工影响控制

地下连续墙距隧道结构仅 3.8m，且需进入微风化岩层一定深度，施工成槽时间较长，施工时对土体的扰动将对隧道结构产生影响，因此控制地下连续墙成槽施工对地铁隧道的影响也是基坑支护设计的重点之一（图 29-21）。

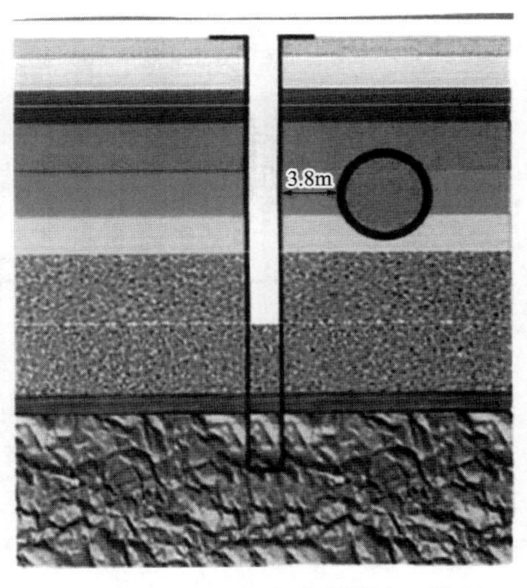

图 29-21 地下连续墙成槽施工控制

3. 围护结构方案比较

1）围护结构

围护结构采用地下连续墙，进入坑底下微风化层一定深度，邻近地铁区段 1.5m 厚，其他区段 1.2m 厚，本基坑围护结构采用上墙下幕的结构形式。基坑底部深入微风化花岗岩内 2.5～12.5m，其下还要进行 40 多米的帷幕灌浆（图 29-22）。

特别是有一条破碎带横穿基坑平面的东西方向，尤其要加强帷幕灌浆。

2）内支撑结构

方案一：传统钢筋混凝土内支撑方案，设 9 道支撑。

方案二：基坑变形主动控制方案，设 8 道支撑，其中第 3～7 道设轴力伺服系统（表 29-10）。

围护结构方案比较表 **表 29-10**

<table>
<tr><th rowspan="2">分析方法</th><th rowspan="2">支撑方案</th><th rowspan="2">项目</th><th rowspan="2">地下连续墙</th><th rowspan="2">隔离桩</th><th colspan="3">隧道</th></tr>
<tr><th>11 号线</th><th>9 号线</th><th>是否满足</th></tr>
<tr><td rowspan="6">有限元分析法</td><td rowspan="3">方案一</td><td>最大水平变形（mm）</td><td>10.88</td><td>9.77</td><td>8.90</td><td>5.00</td><td>满足</td></tr>
<tr><td>最大垂直变形（mm）</td><td>—</td><td>—</td><td>7.46</td><td>3.89</td><td>满足</td></tr>
<tr><td>最大弯矩（kN·m）</td><td>2115kN·m/m</td><td>332.5</td><td>—</td><td>—</td><td>—</td></tr>
<tr><td rowspan="3">方案二</td><td>最大水平变形（mm）</td><td>5.75</td><td>5.10</td><td>4.09</td><td>2.80</td><td>满足</td></tr>
<tr><td>最大垂直变形（mm）</td><td>—</td><td>—</td><td>3.70</td><td>2.47</td><td>满足</td></tr>
<tr><td>最大弯矩（kN·m）</td><td>2201kN·m/m</td><td>320.3</td><td>—</td><td>—</td><td>—</td></tr>
<tr><td rowspan="4">理正软件计算</td><td rowspan="2">方案一</td><td>最大水平变形（mm）</td><td>19.85</td><td rowspan="8" colspan="4">结果显示：与方案一相比，方案二在减少了一道支撑、同时支撑结构的截面减小的情况下，支护结构的内力（弯矩）增加很小，而支护结构及隧道结构的变形显著减小。方案一靠足够的内支撑刚度被动地控制变形，方案二通过增设支撑轴力伺服系统，可根据具体情况主动调节轴力和变形。
由于本基坑超深、距地铁超近而变形控制严格，推荐采用方案二</td></tr>
<tr><td>最大弯矩（kN·m）</td><td>2621kN·m/m</td></tr>
<tr><td rowspan="2">方案二</td><td>最大水平变形（mm）</td><td>17.86</td></tr>
<tr><td>最大弯矩（kN·m）</td><td>2851kN·m/m</td></tr>
<tr><td rowspan="4">启明星软件计算</td><td rowspan="2">方案一</td><td>最大水平变形（mm）</td><td>17.40</td></tr>
<tr><td>最大弯矩（kN·m）</td><td>2637kN·m/m</td></tr>
<tr><td rowspan="2">方案二</td><td>最大水平变形（mm）</td><td>11.40</td></tr>
<tr><td>最大弯矩（kN·m）</td><td>2847kN·m/m</td></tr>
</table>

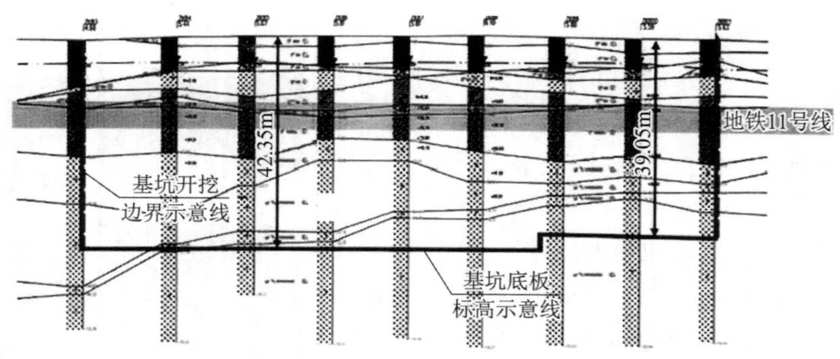

图 29-22　北侧地质纵断面

29.5.3　地质和周边环境

1. 工程地质条件

场地内分布的地层自上而下有人工填土（Q^{ml}）、第四系全新统海陆交互相沉积层（Q_4^{mc}）、第四系上更新统冲洪积沉积层（Q_3^{al+pl}）、第四系残积层（Q^{el}）及燕山期粗粒花岗岩。

2. 水文地质条件

地下水类型主要有第四系松散层中的孔隙潜水、孔隙承压水和基岩裂隙水三种。

（1）孔隙潜水：不连续赋存于表层人工填土层中，大部分区域水量较小，主要靠地表生活用水以及大气降水补给，水位因季节、降雨情况而异，一般雨季水位上升，旱季下降，其水位变化较大，水量随大气降水及地表排水强度波动。

（2）孔隙承压水：主要赋存于第四系上更新统冲洪积含黏性土砾砂层中，其含水量丰富，根据本次勘察水位观测钻孔的观测数据，残积砂质黏性土层中含少量孔隙潜水，为相对隔水层。

（3）基岩裂隙水：基岩裂隙水发育程度、含水性、透水性，受岩体的结构和构造、基岩风化程度、裂隙发育程度、裂隙贯通性等影响。由于岩体的各向异性，加之局部岩体破碎、节理裂隙发育，导致岩体富水程度与渗透性也不尽相同。岩体的节理、裂隙发育地带，地下水相对富集，透水性也相对较好，反之亦然。总体上，基岩裂隙水发育具非均一性。线路基岩为粗粒花岗岩，该类型地下水主要赋存于基岩强—微风化带中，富水性因基岩裂隙发育程度、贯通程度及胶结程度、与地表水源的连通性而变化。

在基坑中部偏北，有一条东西方向的破碎带穿过基坑；其岩石破碎，承载力低；其透水性大，渗漏会加重基坑的变形，这应当是灌浆的重点部位。

3. 项目周边环境情况

拟建工程场地位于深圳市南山区白石洲，白石四路与深湾三路交汇处西南侧，白石四路南侧，深湾三路东侧，深湾支一路西侧，白石支四街北侧，与四条道路相邻。其中，北侧紧邻地铁 9 号线、11 号线，基坑边线距离地铁十一号线车公庙站至红树湾南站区间隧道最近约 6.7m（图 29-23）。基坑周边环境复杂，为确保周边建筑物、各类管线、边坡以及铁路的安全，对基坑侧壁变形控制要求较高。另外，拟建场地周边的地下各类管线分布情况较复杂，为确保周边道路、各类管线的安全，建议本项目施工前先进行综合管线探测。

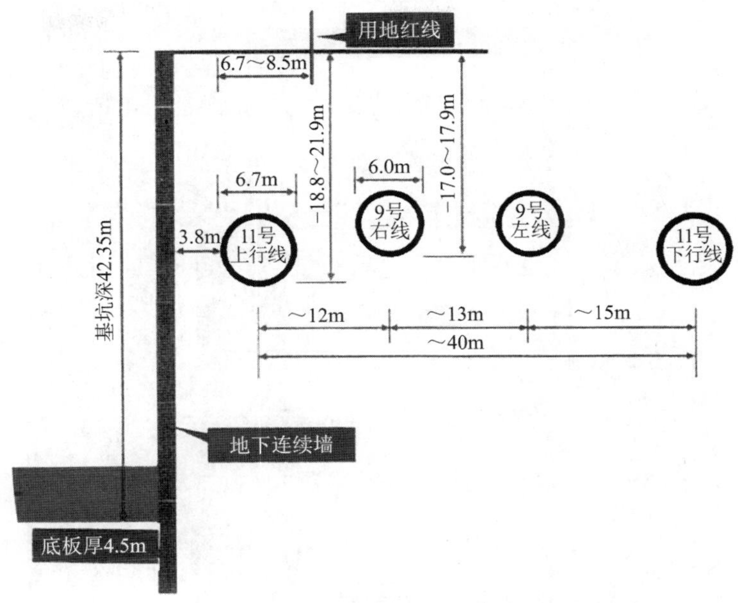

图 29-23 基坑与地铁关系图

最后确定的基坑的上墙下幕结构如图 29-24 所示。

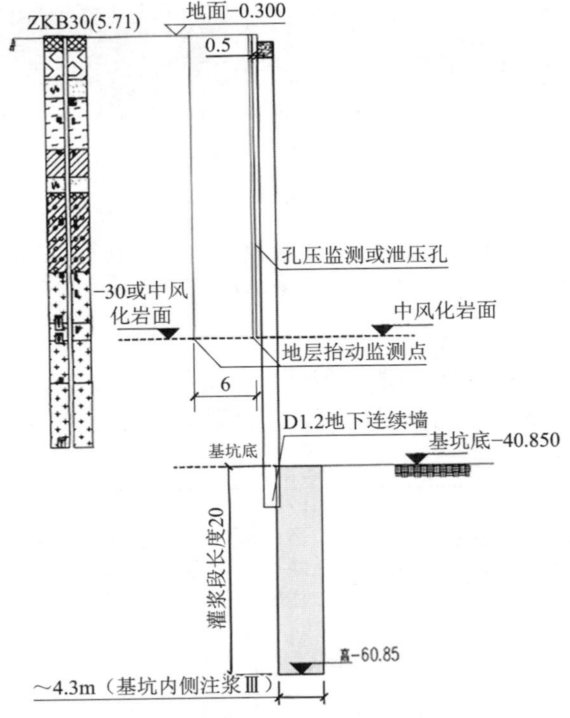

图 29-24 恒大中心基坑剖面图

29.5.4 地下连续墙施工

1. 施工总体计划

施工流程及顺序图见图 29-25。

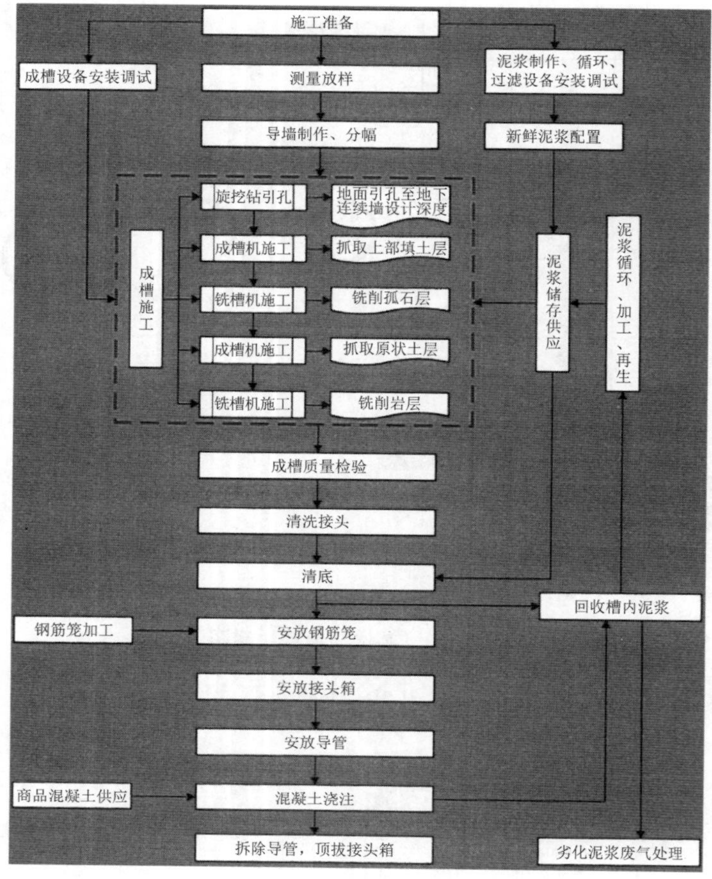

图 29-25 地下连续墙施工流程图

2. 施工工序

连续墙施工工序较为复杂，主要包括导墙施工、泥浆制备与处理、连续墙成槽、钢筋笼制作与吊装、混凝土灌注等，以下就各工序进行施工方法详述。

1）导墙施工

导墙施工是地下连续墙施工的重要准备环节，其主要作用是为连续墙成槽导向，控制标高，控制槽段，钢筋笼定位，防止槽口坍塌及承重。导墙形式为倒L形。示意图如图 29-26 所示。

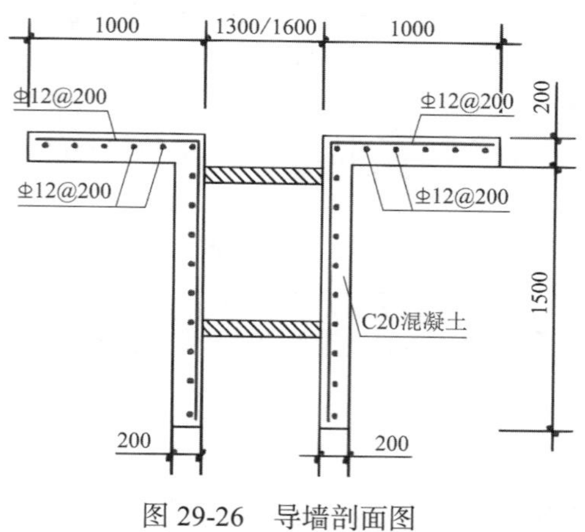

图 29-26 导墙剖面图

导墙施工顺序为：平整场地→测量放样→挖槽→绑扎钢筋→支模板→浇注混凝土→拆模并设置横撑。

2）泥浆配置的要求

（1）地下连续墙施工前，应采用黑旋风泥浆处理器循环制浆，检测泥浆指标。

（2）新制备的泥浆、回收重复利用的泥浆、浇注混凝土之前槽内的泥浆，均需要进行物理性能指标测定，主要测定泥浆黏度、相对密度和含砂率。根据不同的工况，护壁泥浆的控制指标如表 29-11 所示。

泥浆性能表　**表 29-11**

时段	项目	泥浆的性能控制指标	检验方法	备注
成槽时	相对密度	1.2～1.4	泥浆相对密度计	按砂性或黏性土质调整指标
	黏度（s）	25～30	漏斗法	
	含砂率（%）	< 12	含砂量法	
清孔后底部	相对密度	≤ 1.2	泥浆相对密度计	孔底以上 0.5m 以内
	黏度（s）	20～30	漏斗法	
	含砂率（%）	< 5	含砂量法	

（3）严重被水泥浸污及大相对密度泥浆即作废浆处理，废浆处理方法是采用全封闭式的车辆将废浆外运到指定地点，保证城市环境的清洁。

3）接头

地下连续墙槽段间采用“工字钢”接头形式，为保证钢筋笼定位准确及便于二期槽段准确对位，工字钢需作标志标明在导墙顶面上。

工字钢接头现场加工制作，在钢筋笼制作平台内与一期槽段钢筋笼焊接而成。由于工字钢与槽段宽度之间有一定的空隙，为避免浇注混凝土时，混凝土绕过空隙充填二期槽段空位，造成二期槽段施工困难，因此在接头处采用泡沫 + 砂包袋，详见图 29-27。

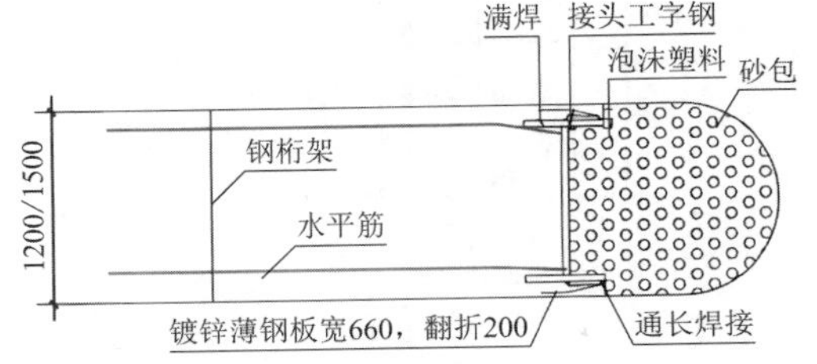

图 29-27　地下连续墙接头处理示意图

4）成槽的顺序

地下连续墙采用跳槽施工，一期混凝土达 70%强度后方能进行相邻二期槽段施工。即先施工 1、3、5 槽段（称为一期槽段），后施工 2、4、6 槽段（称为二期槽段）。

基坑围护结构采用 1200 和 1500mm 厚地下连续墙，设计深度从 44～62m 不等，幅宽以 6 和 4m 为主。局部地下连续墙伸入中风化花岗岩层顶部，大部分深入微风化花岗岩层，所遇微风化深度范围为 2.5～12.5m 不等，岩面起伏深度较大，且上部土层存在较厚孤石层，整个施工区域入岩方量大，单幅地下连续墙超大、超深。

解决措施：

（1）先采用旋喷桩进行地下连续墙两侧土体加固——避免槽壁坍塌；

（2）旋挖钻机引孔，再成槽机抓土，再铣槽——克服硬岩；

（3）遇到孤石层时，使用铣槽机进行铣挖，然后用成槽机施工至入岩石层，再使用铣槽机成槽——克服超大孤石；

（4）超大超长钢筋笼吊装：采用一台 300t、一台 160t 两台超大履带式起重机配合起吊入槽。

5）钢筋笼制安

根据设计图纸制作钢筋笼，为保证钢筋笼制作平直、规整，钢筋笼加工在场内的钢筋制作平台进行，工字形接头型钢在场内加工，与钢筋笼焊接，并严格控制加工尺寸精度。

钢筋笼采用主、副两台起重机整体起吊。主吊采用300t履带式起重机，副吊采用160t履带式起重机。钢筋笼吊点布置和起吊方式要防止起吊时引起钢筋笼不可恢复变形。

（1）钢筋笼制作

钢筋笼根据地下连续墙墙体配筋图来制作，按单元槽段做成一个整体，不分段制作。

根据设计要求，主筋保护层厚度采用钢板制作定位块焊接在竖向桁架上。制作钢筋笼时，要预先确定浇注混凝土的导管位置，使该位置上下贯通。

钢筋笼在制作平台上一次成型。主筋采用机械连接，钢筋笼骨架和四边各交叉点全部采用点焊，其余各纵横交叉点采用50%梅花形点焊。

竖向钢筋桁架的布置应满足间距不大于设计图纸要求，且布置应均匀，使钢筋笼吊装保持平衡。

连续墙钢筋笼上的预埋件，必须严格按设计要求施工。

（2）钢筋笼吊放

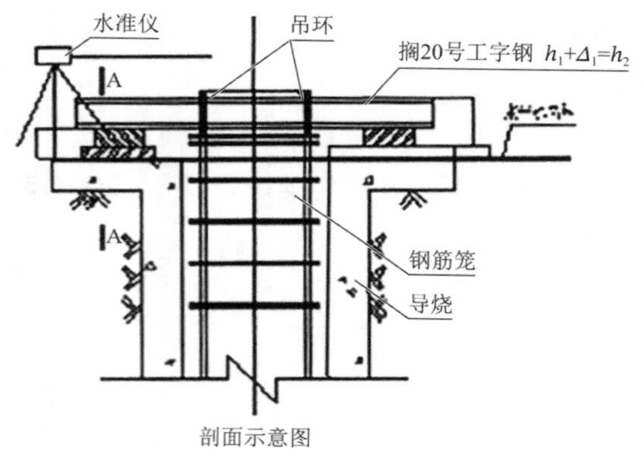

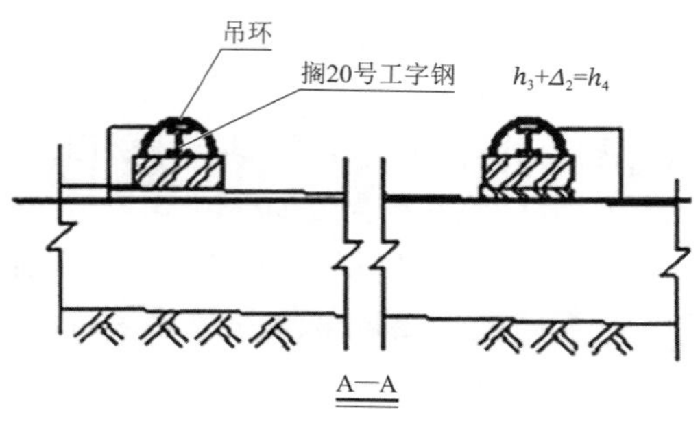

图29-28　防止钢筋笼上浮图

钢筋笼的吊装纵筋使用一级ϕ32mm圆钢焊接在纵向桁架筋上，末端焊接吊环，挂在16号槽钢上。在钢筋笼验收合格及槽段清孔符合要求后应立即吊装钢筋笼，单个钢筋笼质量为40～80t不等，起吊方法采用主、副两台起重机整体起吊方式。主吊采用300t履带式起重机，副吊采用160t履带式起重机。起吊时不能使钢筋笼下端在地面上拖引，以防造成下端钢筋弯曲变形。为防止钢筋笼吊起后在空中摆动，应在钢筋笼下端系上拽引绳以人力操纵。

插入钢筋笼时，最重要的是使钢筋笼对准槽段中心、垂直而又准确地插入槽内。钢筋笼进入槽内时，吊点中心必须对准槽段中心，然后徐徐下降，此时必须注意不要因起重臂摆动或其他影响而使钢筋笼产生横向摆动，造成槽壁坍塌。

钢筋笼入槽后，用槽钢卡住吊筋，控制钢筋笼标高。横担于导墙上，防止钢筋笼下沉，并用四组（8根）ϕ50mm钢管分别插入锚固筋上，与灌注架焊接，防止上浮（图29-28）。

6）水下混凝土浇注

地下连续墙采用C40、P12水下混凝土。浇注混凝土前须清孔，并应将工字钢接缝面的泥土等杂物冲刷干净。

（1）浇注水下混凝土采用导管法施工，钢筋笼入槽后，用起重机依次将接长的导管吊入槽段的规定位置，直至槽底50cm左右的标高。导管必须连接牢固，并安放防渗橡胶圈，在使用前要进行闭水试验。

（2）导管安放位置要准确、垂直，防止在浇注混凝土的过程中导管提升碰到钢筋笼，而发生下放提升困难的不良现象；检查导管的安放长度，并做好记录。

（3）按照混凝土的设计指标及施工工艺要求进行混凝土的配合比试验，确定混凝土的配合比。

（4）钢筋笼验收合格后，会同建设、监理、设计单位和质检部门对该槽段进行隐蔽工程验收，合格后及时灌注水下混凝土。钢筋笼就位后，应控制在 4～6h 内灌注混凝土。

（5）一个槽段内一般同时使用两根导管灌注，其间距不大于 3m，导管距槽段接头端不大于 1.5m。两根导管同时开塞灌注混凝土，并保证两导管处的混凝土表面高差不大于 0.3m。浇注导管埋入混凝土深度宜为 2～6m。

（6）每一槽段灌注混凝土前，混凝土漏斗及集料斗内应准备好足够的预备混凝土，以便确保开塞后能达到 0.5m 的埋管深度，并连续浇灌。

（7）连续墙应跳槽施工，一期墙浇注完成并达到设计强度 70%以上方可进行相邻槽段的施工。

（8）隔水栓用预制混凝土塞，开始灌注时，隔水栓吊放的位置应临近泥浆面，导管底端到孔底的距离应以能顺利排出隔水栓为准，一般为 0.3～0.5m。

（9）墙顶浮浆层按照 50～80cm 高控制，在开挖后凿除。

29.5.5　帷幕灌浆施工

1. 工程概况与地质条件

恒大中心项目位于深圳市南山区深圳湾超级总部基地，白石四道与深湾三路交汇处东南侧。拟建约 400m 的高层建筑，设 6 层地下室，基坑开挖深度 39～42.3m，开挖面积约 8400m^2（73m × 113m），支护总长约 370m。项目北侧周边环境复杂，紧邻地铁 11 号线和 9 号线四条区间盾构隧道，基坑围护结构外边距隧道外边线最小值约 3m，其余三侧为规划市政道路。

场地内分布的地层自上而下有人工填土、第四系全新统海陆交互相沉积层、第四系上更新统冲洪积沉积层、第四系残积层及燕山期粗粒花岗岩。

钻孔压水试验结果表明，中风化花岗岩为中—弱透水性，微风化花岗岩为微透水性到弱透水性，碎裂岩为弱透水性。

本基坑采用上墙下幕的围护结构形式，即上部为地下连续墙，下部为灌浆帷幕，如图 29-29 所示。

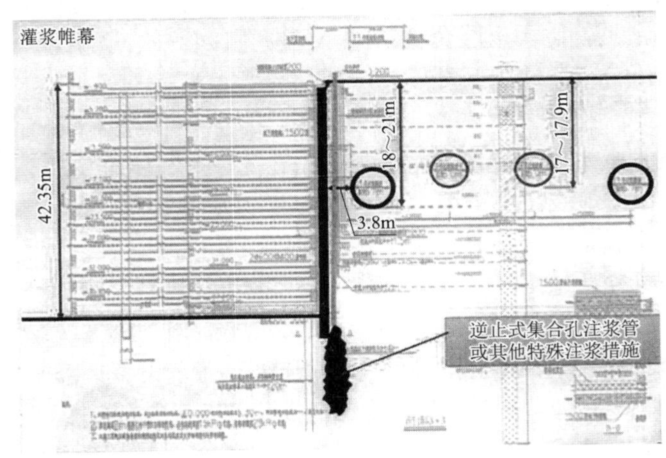

图 29-29　灌浆帷幕示意图

2. 基岩灌浆任务与施工难点

基坑紧邻地铁盾构隧道，经分析计算，基坑开挖后地下水会从地下连续墙底部绕流至基坑内部，造成周边地下水位下降，有较大可能会引起地铁发生较为严重的沉降变形。为控制地下水位及地下水渗流速度，采用基岩灌浆的方式控制地下水绕流量和地下水位下降量，确保基坑开挖过程中地铁线路变形量在地铁保护允许范围内。

根据前期基岩注浆试验资料，本次帷幕灌浆工程施工重难点如下：

（1）基坑北侧紧邻地铁区域，灌浆施工过程中，需要密切关注地铁隧道的监测资料，是否有抬动变形。断裂带注浆封闭后，对地下水位的变化是否有影响，断裂带的水流路径是否改变，水位是否发生变化，产生的变化是否会影响周边区域的地下水位，是否会对地铁隧道产生影响。根据前期基岩注浆试验和补勘报告，构造破碎带区域基坑底−42.35m以下存在2～8m的强风化花岗岩，岩石风化强烈，已呈泥状，渗透性极强且极其不均匀，采用岩石灌浆法无法达到要求。岩石上覆土层复杂：有填石、流砂、海相淤泥、强风化层、风化残留（球状风化）等，主要是抛石层较厚，最厚达10m，覆盖层钻孔难度大，垂直度难以保证，跟管钻进套管、钻头磨损严重，且钻进过程易发生卡钻，残坡积土上涌堵管等现象，泥砂堵管工作极难处理，废孔问题严峻且难以控制。

（2）非灌浆段需埋设孔口管，其属于耗材，投入量大，后期全部预留在土层中，对开挖造成一定的影响。该阶段产生较多的泥浆，需做好场地围蔽、环境保护。该阶段由于覆盖层深度最深达50m，上拔跟管、套管过程易导致预埋孔口管脱落、错位及套管抱死无法拔出等问题，直接导致废孔，废孔问题难以控制。钻孔洗孔用水量大，现场场地狭小，需设置有效的排水措施，对场地内安全文明施工要求高，用水量较大。每个孔作简易压水试验，耗时耗力，资料记录、整理工作量大。

（3）岩石面高程起伏大：参照《深圳市岩土勘察研究设计院岩石面等高线图》，结合前期基岩注浆试验段分析，每个孔岩石高程都不相同，没有规律，易出现判断错误，造成废孔，后期大面积施工，需要有经验的工程师对每个注浆孔作出准确判断，大量专业技术人员的增加，导致人工成本也会随之相应增加。构造破碎带基岩注浆水泥消耗量大且施工困难，施工过程易发生冒浆、泥浆串孔及难以保压现象，劳动力投入多，注浆费用高。

3. 基岩灌浆施工

本次帷幕灌浆工程施工工艺采用前期基岩灌浆试验自下而上分段灌浆法，具体工艺流程为：定位放线→钻机就位→土层套管钻进→预埋孔口管→岩层钻进→扫孔→裂隙冲洗→压水试验→自下而上分段灌浆→封孔。

1）定位放线

利用全自动激光全站仪、棱镜及卷尺等对钻孔孔位进行精准定位，为确保孔位误差控制在±5mm之内，根据地质情况采用“十字交叉法”，直接定点或打入木桩定点，并做好孔位定点保护标识。测量工作面标高，确定钻孔深度，孔位放好后，请监理工程师复核，经复核无误后方可进行钻孔施工。

2）钻机就位

钻机就位前，要事先检查钻机的性能状态是否良好，配套设备是否齐全，保证钻机工作正常。钻机就位后，调整钻杆垂直度，直至钻头中心对准孔位十字中心线。误差控制在±5mm以内。

3）土层套管钻进

钻孔顺序严格按设计文件和行业规程进行划分，每排分三序施工，先一序孔再二序孔最后施工三序孔，采用ϕ146mm 套管 BHD180 顶驱钻机（或相似型号钻机）全套管护壁钻进至灌浆岩面深度成孔。

（1）孔深应符合设计规定，钻进过程中须及时测量孔斜并记录，孔斜偏差应符合设计要求，钻孔孔斜控制标准见表 29-12。

帷幕灌浆孔孔底允许偏差（m）　表 29-12

孔深	20	30	40	50	60	80	100
允许偏差	0.25	0.5	0.8	1.15	1.5	2	2.5

（2）存在风险：根据勘察和补勘报告，本次帷幕灌浆上部土层钻孔穿过地层主要有填石、流砂、海相淤泥、强风化层、风化残留（球状风化）等，主要是孤石层，较硬且松散，最厚达 10m。钻孔过程中无法确保孔位要求，且套管、钻头磨损严重，设备损坏量大，维修费用高。

4）预埋孔口管

上部土层需预埋ϕ89mm 孔口管至地面以下约 41.36m，通过跟管钻机将ϕ89mm 孔口管下放至钻孔孔底，采用 XY-1 地质钻机（或相似型号地质钻机）、全自动浆液搅拌机及注浆管等配置水灰比为 2：1 的水泥浆进行灌浆孔口固管，水泥浆孔口固管长度宜为钻孔深度的 1/3，并待凝 48h 后上拔套管，套管上拔过程需匀速、缓慢，避免损坏已预埋的孔口管。孔口管待凝期间应妥善加以保护，防止流进污水和落入异物。

5）岩层钻进

岩层平均厚度 20.99m，采用 KS-699 型和克莱姆钻机，直径 76mm 金刚石钻头自上而下钻进至设计标高。

为保证岩层钻孔孔斜满足设计及规范要求，防止因钻孔偏斜而影响灌浆质量或对外围、临边结构造成破坏，现场针对孔斜控制采取如下措施：

（1）开钻前钻机下部均应支平，垫稳机身；采用可靠方式固定钻机；采用水平尺、地质罗盘等校核钻具顶角，钻孔时必须保证孔位、孔向精准。

（2）每班开钻前，均应采用吊线锤和水平尺校验钻机的立轴和油缸，保证立轴和油缸垂直、无偏差，钻进过程不摆、不晃。

（3）使用符合规格的钻孔器具，并随时检查，如发现有弯曲的钻具或有磨损较严重的立轴导管时，应及时更换。

（4）基岩段钻进时应轻压慢转，以造孔机具自身重量为主，适当给予钻压，避免钻压过大导致孔内钻杆弯曲而产生偏斜。

（5）深孔钻进时，必须严格控制孔深 20m 以内的偏差，应每 5m 测量一次孔斜，20m 以下应每 10～15m 测斜一次，灌浆孔按 1%垂直度进行控制。

6）扫孔

采用地质钻机进行全孔扫孔，主要清除孔内残留泥土及破碎石块，扫孔过程同时使用大量清水灌注清孔，直至孔内畅通、无残渣，扫孔时间宜为 30min。

7）裂隙冲洗

岩层平均厚度 20.99m，采用地质钻机 XY-1 分 5 段进行岩石裂隙冲洗，第一段 2m，第二段 3m，以下各段均为 5m，冲洗压力首段选用最大灌浆压力的 80%，第二段以下均采用 1MPa 大流量清水，敞开孔口进行冲洗，确保每一段返水澄清为止，时间不大于 20min，共耗时约 2h。同时，应确保全孔冲洗完成后孔底沉积厚度不大于 20cm，对遇水后性能易恶化的地层，可不进行钻孔裂隙冲洗。

8）压水试验

压水试验在施工过程中采用的是简易压水，检查孔是单点法压水。岩层平均厚度 20.99m，分 5 段作压水试验，第一段 2m，第二段 3m，以下各段均为 5m，进行灌浆段压水试验，压水试验开始前，孔口管下放止水塞至灌浆段，每压完一段提一次压水钻杆及止水塞。首段试验压力选用灌浆最大压力的 80%，第二段以下采用 1MPa，在稳定压力下，压水 20min，每 5min 测一次压入流量，记录仪自动记录每段岩石压入流量，取最终流量值作为计算岩体透水率q值的计算值，重复此步骤依次完成所有灌浆段压水试验。每段压水完成约 60min，共耗时约 3h。对遇水后性能易恶化的地层，可不进行压水试验。

9）自下而上分段灌浆

灌浆采用自下而上分段灌注法，以 20m 灌浆长度为例，共分为 5 段，第一段段长 2m，第二段段长 3m，以下各段段长均为 5m，通过孔口管下放灌浆塞至指定位置并加压使灌浆塞膨胀，确保灌浆封孔的密闭性，检查无误后开始灌浆。灌浆使用纯水泥浆液，采用 3：1、2：1、1：1、0.8：1、0.5：1 五个比级，灌注时由稀到浓逐级变化，每隔 15～30min 测记一次浆液相对密度及浆温。浆液变换原则如下：

（1）当灌浆压力保持不变、注入率持续减小，或注入率不变而压力持续升高时，不得改变水灰比。

（2）当某级浆液注入量已达 300L 以上，或灌浆时间已达 30min，而灌浆压力和注入率均无改变或改变不显著时，应采用浓一级的水灰比。

（3）当注入率大于 30L/min 时，可根据具体情况越级变浓。

一般情况下，在灌浆段最大设计压力下，注入率不大于 1L/min 后，继续灌注 30min 即可结束灌浆。特殊情况下根据实际情况调整结束标准。

10）封孔

帷幕灌浆孔采用“全孔灌浆封孔法”进行封孔，采用导管注浆法将孔内稀浆置换成 0.5：1 的浓浆，而后将灌浆塞塞在孔口，继续使用浓浆进行纯压式灌浆封孔，封孔压力采用最大灌浆压力为 3MPa，封孔时间为 90min。

4. 帷幕效果检测

1）四周帷幕灌浆质量检测

以单点法压水试验检测成果为主，结合钻孔岩芯和灌浆记录等进行综合评定。压水检查在灌浆结束 14d 后进行，压水检查孔数为灌浆孔数的 5%。灌后基岩透水率合格标准为：$q \leqslant 0.5\text{Lu}$（6.475×10^{-6}cm/s）。其中，墙体混凝土与基岩接触段及以下一段的透水合格率应为 100%，其余各段合格率应达 90%以上。不合格的孔段透水率不超过设计规定值的 150%，且分布不集中。检查不合格的部位进行补灌，直至达到合格为止。

2）基底基岩破碎带帷幕封底检测

帷幕灌浆效果检测采用大直径钻孔抽水试验为主，压水试验为辅。在基坑底以上段采用直径为 1.4m 孔，基坑底以下灌浆段采用直径为 1.2m 孔，基坑底以上段要求采用全套管工艺跟进至基坑底，基坑底以下灌浆段直接采用旋挖钻机成孔；成孔完成后，采用抽水试验，查看孔内水位恢复速度，并记录水位与时间曲线，确定灌浆基岩综合渗透系数，要求

不大于 10^{-6}cm/s。此外，必要时孔内抽干水后，由专业人员进行孔内踏勘。大直径钻孔抽水试验检测数量和检测点位由五方责任主体共同确定。压水检查孔数为灌浆孔数的 3%。

5. 结语

由于基坑紧邻地铁盾构隧道，基坑开挖后地下水会从地下连续墙底部绕流至基坑内部，造成周边地下水位下降，有较大可能会引起地铁隧道发生严重的沉降变形，通过基岩灌浆，开挖后基坑渗水量非常小，地铁隧道的沉降变形在可控范围内，地铁运行正常。

29.5.6 小结

这个基坑是目前国内建筑行业最深的基坑。它建设在滨海抛填块石的淤泥地基中，其下部为燕山期的粗粒花岗岩，岩矿强度很高。

在这样的地质条件下，建造一个超深、超硬和超厚的地下连续墙，难度是非常大的。

经过参与各方的积极配合，终于完成了基坑建造和开挖过程，质量完全达到了设计要求，而且没有明显的变形，这是最重要的收获，这种上墙下幕的深基坑围护结构值得推广。

29.6 北京嘉利来世贸中心基坑条桩支护工程

29.6.1 概述

本条阐述用条桩作为基坑支护结构的设计施工要点。

从理论上讲，在截面面积一定的条件下，矩形（条形）截面的抗弯能力要比圆形截面大，因此用条形桩代替圆桩作为深基坑支护结构，更有其优越性。

从我们对条桩所作的静载和动载试桩结果来看，条桩承受侧摩阻力更大，对于保持基坑稳定是有利的。

1997 年本书主编首先把条桩用于北京嘉利来世贸中心的深基坑支护，取得了较好的效果，现介绍如下：

本工程坐落在北京市东三环北路与新源南路交叉口的西北角。北临发展大厦，南面隔马路与昆仑饭店相对（图 29-30）。

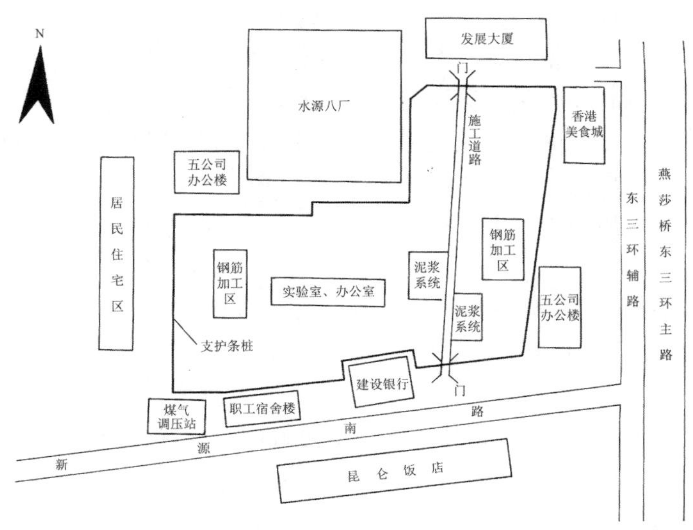

图 29-30 嘉利来基坑施工平面图

本工程是一个包括两座（34层和24层）主楼的综合商业和办公服务设施。地下设有4层商场和汽车停车场。整个建筑群的建筑面积32万m^2，基坑面积约2万m^2，采用不设永久分缝的筏板基础。

本工程的基坑采用条桩和锚索支护体系，桩间采用高喷板墙防渗止水。本工程的基坑周长650.5m，基坑支护面积约1.1万m^2。条桩（支护桩）共196根，断面尺寸为2.5m×0.6m，桩深17.6～21.5m，支护面积9316m^2，混凝土方量5840m^3，钢筋（材）624t。高喷（摆喷）板墙196段，使用水泥590t。条桩内设2～3层锚索，共844根，总长18260m。

29.6.2 地质条件和周边环境

在地表以下30m以内，基本上是粉质黏土、粉质黏土和粉砂、粉土的互层地基。基坑坑底深度13～17.5m，分布有多层粉砂和粉土层。

本工程所在地区的地下水可分为台地潜水、层间潜水和潜水（微具承压）。

本工程地处繁华地带，其地下结构外墙与周围建筑物相距很近，在施工过程中尚不能将其拆除，给本工程基坑支护施工带来不少麻烦。本工程红线以外的地方不能占用。所有的临时设施和施工平台都必须在红线围墙之内。

29.6.3 基坑支护设计

1. 为什么不用三合一地下连续墙？

本工程地下室外墙承受上部荷载，使用三合一地下连续墙是可能的。笔者曾与设计单位多次协商，终因本工程的特殊状况，即水平向受力钢筋太粗、太多而未采用三合一地下连续墙。

2. 为什么采用条桩支护？

本工程的基坑深度13.5～17.5m，这在软土地区也是比较深的基坑，使用常规的基坑支护方法，难以满足要求。如采用地下连续墙作临时支护，则工程造价太高而无法中标。

在此情况下，笔者根据使用条桩作工程承载桩的经验，提出用条形桩作为基坑支护的结构，主要特点是：

（1）采用断面尺寸为2.5m×0.6m的条桩，深度17.6～21.5m，条桩间净距0.8m（个别达到1.7m），采用2～3层预应力锚索作水平支撑。

（2）条桩之间的土体用高压旋喷灌浆方法加以封堵。

（3）由于条桩的抗弯能力强，所以不必为锚杆设置水平腰梁。

（4）与地下连续墙相比，条桩钢筋笼加工、运输和吊放都比较省事，也不需吊放和起拔接头管，要知道，本工程80%以上的周边导墙上都没有放置接头管顶升器的地方。

3. 条桩和锚杆设计要点

根据基坑深度、地质条件和上部荷载的不同，把基坑支护分为四种，进行计算和设计（图29-31）。

计算数据：砂层$\varphi=32°$，$C=0$，$\gamma=2.0t/m^3$；

地面$q=2.0t/m^2$。

计算情况：

（1）基坑深$h_p=16.3m$，计算墙深18m，墙厚0.6m，锚索2层；

（2）基坑深$h_p=14.7m$，计算墙深16m，墙厚0.6m，锚索2层；

（3）基坑深$h_p=18m$，计算墙深20.5m，墙厚0.8m，锚索3层。

计算模式：弹性抗力法和m法。

其中，锚杆分别位于桩顶以下 6.6、11.6 和 15.6m 处。第一层设计拉力 72t/根，第二层 90～115t/根，第三层 100t/根，倾角 20°和 16°。

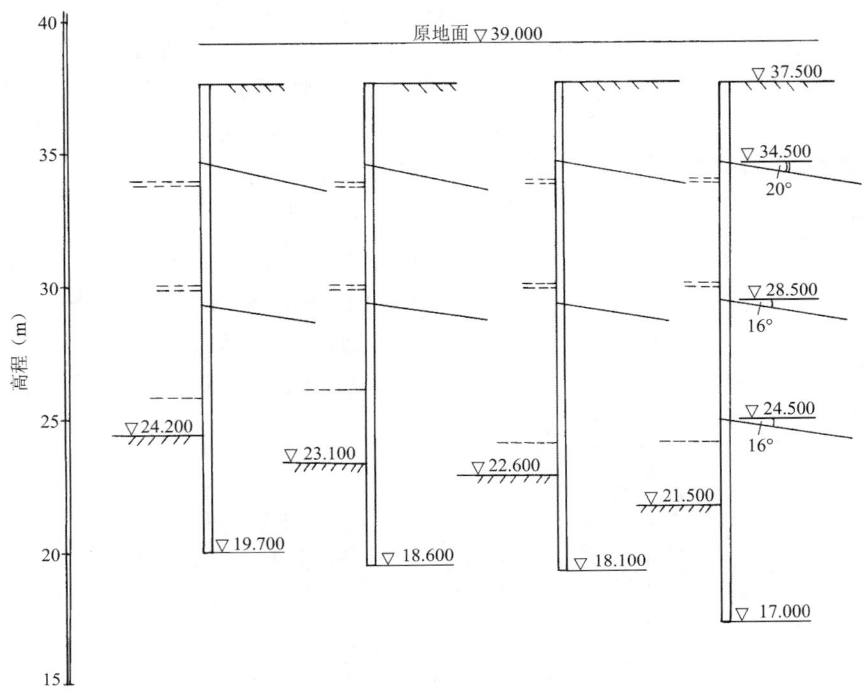

图 29-31　基坑支护设计图（初期）

4. 断面设计

计算弯矩：内侧 40t · m，外侧 30t · m。

由于条桩所承受弯矩不大，所以决定桩的断面尺寸为 2.5m × 0.6m，可满足设计要求。另外，为了便于锚杆施工，每根条桩上预先埋设直径 158mm 钢套管，每桩 2～3 层。

锚索安全系数为 1.4，另外考虑受力不均匀系数为 1.2。由此可以求得锚索设计参数。在施工现场进行了 3 根锚杆的现场试验。

5. 局部支护设计

1）香港美食城段（图 29-32）

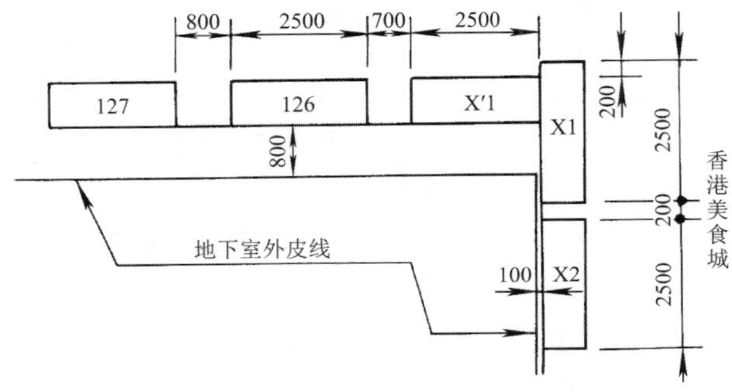

图 29-32　香港美食城段设计图

为了在香港美食城正常营业的情况下，进行基坑支护工程施工，设计把此段地下室外墙向内侧移动了570mm。此段采用了密排条桩方案，各条桩之间净距0～20cm。条桩完工后，在桩间作高喷防渗处理。这样此部分不必考虑降水措施。为控制基坑顶部位移，采用了3层锚索。

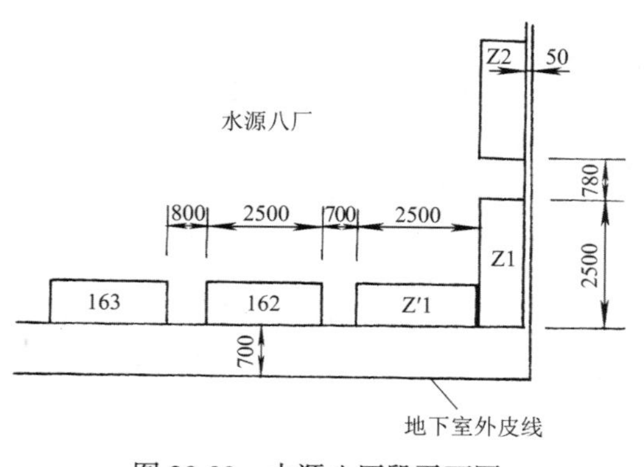

图29-33 水源八厂段平面图

2）水源八厂段

此段位于1号楼的西面。此段地下室外墙皮到水源八厂围墙的墙垛只有58cm。这段基坑支护最后也采用了条桩方案，其外皮净距只有5cm。每两个墙垛之间布置一根条桩，桩间净距0.45～0.8m。为了保证施工安全，将帽梁顶提高1.4m，即在现地面上施工。此外，为了避免围墙在挖槽期间失去稳定性，巧妙地把其拱跨下的土掏出，浇注了钢筋混凝土，效果很好（图29-33、图29-34）。为了减少基坑顶部位移，也设置了3层锚索。

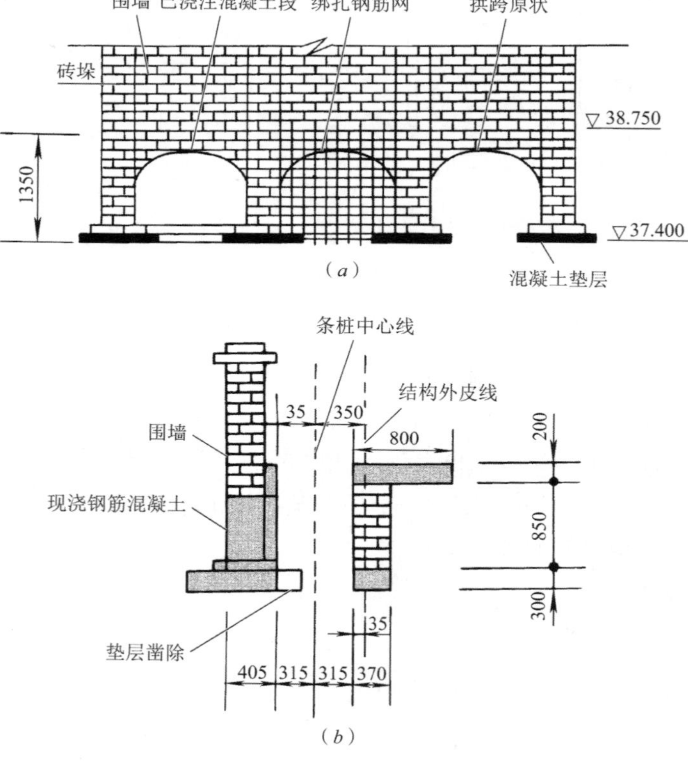

图29-34 水源八厂段导墙构造图

（a）拱跨基础施工图；（b）横剖面图

桩间土体采用旋喷（360°）方法进行处理，以形成较厚防渗体，提高防渗效果。

3）建设银行段

建设银行为一个4层砖混结构，底板下原有深约8m的桩基，但新基坑在此处深达17.5m，使老桩悬空；又因不能拆迁，而突出于基坑之内1.9m，使其两端成为阳角，容易造成坍塌。为此将两个阳角的56、57和65、66号条桩分别连接成角槽形成地下连续墙（图29-35），而在中间部位布置7根条桩，净距1.03m，桩间采用高喷板墙止水。

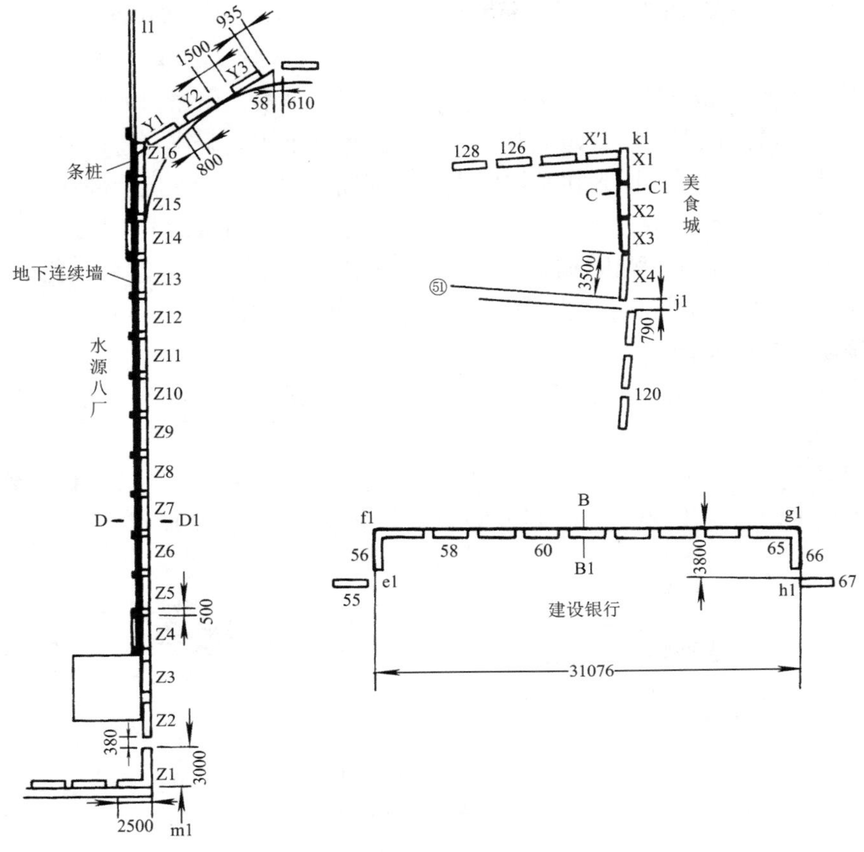

图 29-35　建设银行段支护平面图

抓斗挖槽时，其高压卷轮外缘与楼房外墙相隔仅 10cm，施工难度很大。最后采用的基坑支护设计如图 29-36 所示。

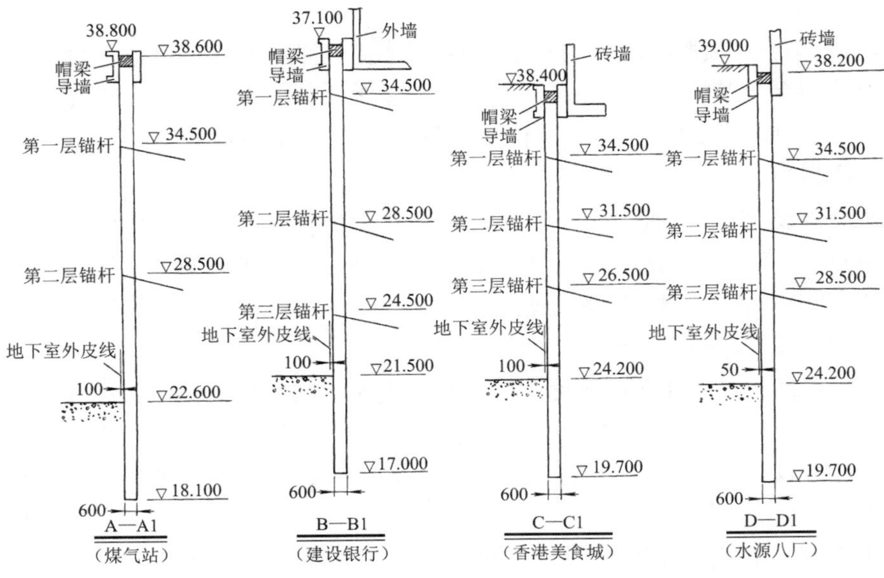

图 29-36　特殊段支护剖面图

29.6.4 桩间防渗与基坑降水

1. 概况

根据第二期地质报告和补充钻探以及抽水试验结果证实，由于1995年官厅水库放水的影响，使北京城区地下水位普遍上升，造成本工程地下水呈承压状态，局部地段已高出基坑底部。此时无法再采用原来在基坑周边和内部抽水的方案。基坑上部存在的台地潜水和层间潜水位于黏性土层中，降水比较困难。综合考虑以上因素，主编提出在条桩间建造高喷（摆喷）防渗板墙和基坑内部打潜井抽水的方案，得到业主、监理和总包单位的认可。

所谓高喷防渗板墙就是利用高压喷射灌浆设备在两条桩之间形成一道水泥土防渗薄墙。

2. 高喷防渗板墙设计

（1）顶部高程35～36m（帽梁底），底部深入不透水层（粉质黏土）内1～1.5m，但不得穿透此不透水层。

（2）摆喷角：一般20°～30°，采用180°喷嘴（两个）；局部地段的盖梁已经施工，钻孔则布置在条桩内侧，利用90°的两个喷嘴进行喷射灌浆（图29-37）。

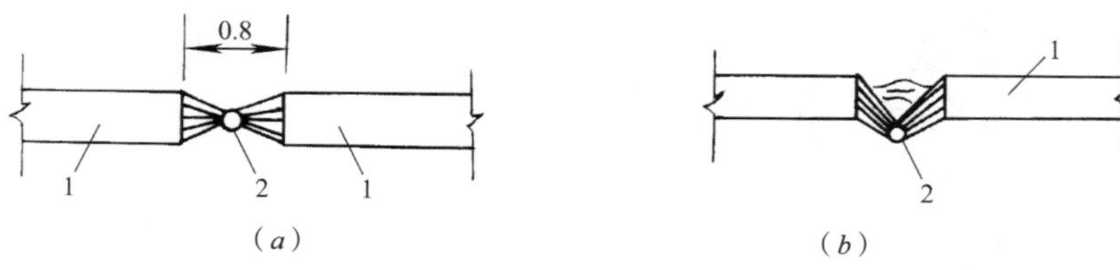

图29-37 摆喷示意图

（a）180°喷嘴；（b）90°喷嘴

1—条桩；2—喷嘴

（3）最小的板墙厚度应大于15cm，渗透系数≤10^{-7}～10^{-6}cm/s。

（4）水泥浆液水灰比1∶1～1∶0.75，密度1.55～1.75t/m^3。

实际建防渗板墙196段。

3. 基坑降水

在基坑内部打一些浅的渗井，把上部两层潜水渗到基坑底部，再把它们抽出基坑外。但是此浅井不得穿透基坑下面的不透水层，以防止承压地下水涌入基坑或顶破隔水层。

施工过程中共打了23眼浅渗井，降水效果不错，达到了预想的要求。

29.6.5 施工要点

本工程条件复杂，施工难度大。主要施工过程如下：（1）三通一平和临时设施准备工作。（2）条桩施工。（3）高喷防渗板墙施工。（4）基坑自渗井施工和运行。（5）基坑开挖和锚索施工。（6）特殊地段施工和处理。

29.6.6 工程质量和效果

本基坑已经经历了4年多的实际考验，未产生大的位移和变形。实测基坑顶部最大位移14mm（北边），一般3～6mm。即使在复工期间，1号楼用柴油机锤打ϕ400mm预制桩时，与圆桩相距仅40cm的东侧条桩支护墙顶也仅位移2～3mm，属弹性变形范围之内。

29.6.7 点评

这是国内第一个采用条桩作基坑支护的工程，开挖深度17.5m。

2004年又在北京市水务局高28层住宅楼深13m的基坑中，同样采用了条桩和锚索作为基坑支护，取得成功。

由于 1995 年官厅水库放水后，抬高了整个北京市城区的地下水位，使好几个深基坑地基管涌，混凝土底板抬动，本工程地下水上升了 2m 多。本基坑增加了条桩间摆喷止水（见图 29-38、图 29-39），顺利完成施工。

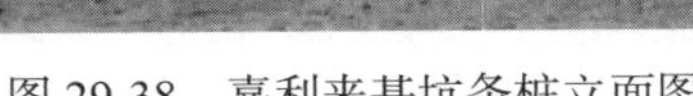

图 29-38　嘉利来基坑条桩立面图

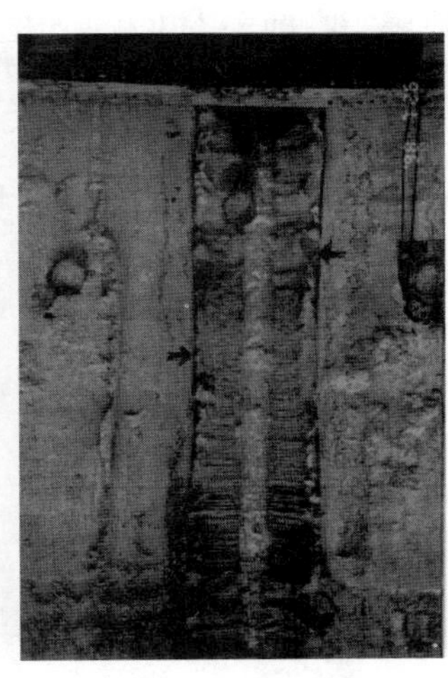

图 29-39　条桩之间摆喷效果图

由于其他原因，基坑建成后拖延 5 年，才重新复工。但基坑支护的绝大部分完好，仍能起到支护防水作用。

29.6.8　小结

本节是主编 1997 年采用条桩代替地下连续墙，作为开挖深度 17.5m 的基坑支护，在复杂的周边环境下，便于进行基坑平面的布置；比地下连续墙施工快捷，效率高；之后又在北京市水务局就住宅楼的基坑使用 3 条桩支护，同样获得快捷、高效、节省资金的效果。

29.7　北京新兴大厦基坑支护工程

29.7.1　概述

新兴大厦位于东单北大街与金鱼胡同交叉口的西南角，王府饭店东侧。由主编丛蔼森设计施工从 1992 年 10 月到 1993 年 4 月，共完成了以下工程量：基坑平面尺寸 63m × 52.4m，周长 230.8m，基坑深 17.5m（4 层地下室），地下连续墙深 23m，墙厚 0.6m。挖槽面积 4368m^2，浇注水下混凝土 3016m^3。锚杆 4 层共 339 根，总长 14228m，最大拉力 1500kN/根。

29.7.2　基坑支护设计变革

原设计采用三层地下室，已在基坑的西、北和东西建造了直径 1.2m 和长约 14m 的人工挖孔桩。后来投资方变动，新业主要求改为四层半地下室，并且不能改变设计外墙位置。新的基坑开挖深度加深到 17.5m，比西边的王府饭店基坑还低 1m，这样原来的支护桩已无法满足要求，必须采用新的支护结构。在此情况下，只有采用三合一地下连续墙才能解决这个难题。新的地下连续墙外墙皮与老桩相距仅 0.2m。由于人工挖孔时产生偏斜，并且桩周围土体会变疏松或坍塌，这样地下连续墙挖槽时极易碰到老桩（实际挖槽时发生多次）。

南边的基督教青年会大楼地下两层已经完工，外墙与地下连续墙墙面相距仅 25cm，只能在地下连续墙外侧做一道 24mm 砖墙的直墙作为导墙。在这个地段挖槽，是很令人担心的。

西边的王府饭店外墙与地下连续墙相距仅 2.7m，其东侧地下连续墙施工后，留下了 4 排土层锚索没有拔除，而伸入本工程基坑内，给地下连续墙施工带来很大麻烦。由于王府饭店施工在前，本工程基坑已无打土层锚索的可能。北、东和南边可打锚索。基坑支护设计图如图 29-40 所示。

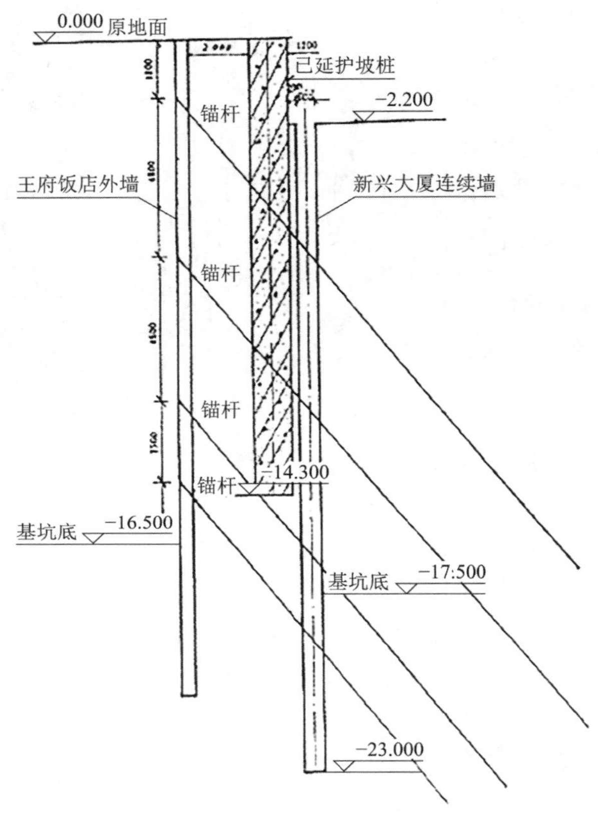

图 29-40 新兴大厦地下连续墙设计图

（注：图中锚索是王府井饭店伸过来的，需拔除）

在此情况下，如何落实基坑的开挖和支护呢？经研究比较，决定采用如下方案：

（1）基坑东半部采用正作法，即从上而下分四层挖土和做锚索，西边王府饭店一侧则保留一部分土体作为临时支护。

（2）浇注东边底板、梁、柱直到地面。

（3）西边剩余土体采用半逆作法施工，也即利用西边地下连续墙和东边已完成的地下室结构作为支撑，逐次向下挖出剩余土体。

（4）浇注西边底板和上部结构的混凝土。

在开挖过程中，利用埋设仪器，及时进行观测，以确定王府饭店的安全。实测水平位移不到 1cm。

（5）由于周边环境的限制，部分外侧导墙只能做一道直立砖墙，无法承受起拔接头管的荷载，因而此部分采用平接接头。

29.7.3 施工要点

1）施工难度大：

（1）地处繁华闹市，场地窄小，没有堆存建筑材料和土渣的地方。

（2）对噪声控制极严，夜间不准施工。

（3）对泥浆和挖土污染路面问题控制极严。

在这种条件下，只有恰当安排好挖槽与浇注混凝土等工序，避开不利因素影响，才能达到最高的施工效率和经济效益。

2）关于施工平台高程的选定：

为了保证地下连续墙施工时，导向槽和孔口地面稳定，决定把现场土体下挖 2.7m，使导墙底坐在老土上，同时又不会对进出场交通造成困难；也可用开挖土料填东南角的大坑；还可把原施工老桩顶部全部暴露出来，以便使土层锚杆避开老桩。实践证明，这种做法很好。

3）本工程是首次使用进口抓斗，建造当时北京最深的基坑和地下连续墙。

4）在本工程中使用了以下接头方式：

（1）哑铃式接头；

（2）PVC 塑料接头管（ϕ160mm）；

（3）平切接头：用液压抓斗 BH7 直接切除一期混凝土 10～15cm。实践证明，在地下水位较低和水量不大的情况下，是可行的。

前面已经谈到，本工程外侧导向槽的导墙只能做成很薄的直墙，施工时承载力很小，无法承受液压拔管机的压力，所以才采用了②和③的接头方式。

5）为了解决西边王府饭店伸过来的 50 多根锚索切断问题，曾想了很多办法。实践证明，用 BH7 抓斗直接切断或将其拔出的办法最好。

29.7.4 小结

（1）这是一个紧邻高层建筑物（距王府井大厦仅 2.5m）的深基坑（17.5m），是在置换原有基坑支护（人挖）桩和邻近高层的预应力锚索后建成的。

（2）这是一个一体化整体基坑支护结构，地下连续墙面预留有“胡子筋”，开挖后凿出，与内衬混凝土浇注在一起。

（3）本基坑采用两期开挖，第一期用锚杆支撑，正作东边结构的 80%，留出西边与王府井紧邻两排柱的土方作支撑；二期也采用正作法，即利用已做好的柱、梁、板和西边地下连续墙作支撑，自上而下挖土至坑底，再做结构。

29.8 双轮铣水泥土搅拌墙技术和实例

29.8.1 引言

双轮铣水泥土搅拌墙工艺（SMC）是上海金泰工程机械有限公司引进、消化、吸收、创新，拥有核心专利技术，适合中国国情的水泥土铣削防渗墙施工机械及施工技术。该设备 2010 年 8 月在兴隆水利枢纽泄水闸基础处理工程中进行了“考核”，并经湖北南水北调建设管理局批准进行现场应用，至今已有六年多时间，分别在云南玉溪兰溪瑞园、江苏江阴新夏港船闸等工程得到应用证明。经机械设备的再完善及施工工艺的修改再调整，建基建设集团有限公司在山东博兴水库防渗墙施工深度为 41.5m，施工总量超过 3 万 m^2；山东阳谷水库施工深度为34.5m，施工总量达8万m^2；山东日照嵌岩防渗墙施工总量接近7万m^2；武汉同济医院止水帷幕施工深度为53.8m。目前，该设备已形成了一整套的施工技术与施工工艺，机械设备性价比、灵活性优于TRD设备。

注意，此节的SMC与CSM一致。

29.8.2 工艺原理及流程

1. 工艺原理

该液压双轮铣槽机和传统深层搅拌的技术特点相结合，在掘进、注浆、供气、铣、削和搅拌的过程中，四个铣轮相对相向旋转，铣削地层；同时，通过矩形方管施加向下的推进力向下掘进切削。在此过程中，通过供气、注浆系统同时向槽内分别注入高压气体、固化剂和添加剂（一般为水泥和膨润土），其注浆量为总注浆量的60%～70%，直至达到设备要求的深度。此后，四个铣轮作相反方向的相向旋转，通过矩形方管慢慢提起铣轮，并通过供气、注浆管路系统再向槽内分别注入气体和固化液，其注浆量为总注浆量的30%～40%，并与槽内的基土相混合，从而形成由地基土、固化剂、水、添加剂等形成的水泥土混合物的固化体，成为等厚水泥土连续墙。

2. 工艺特点

SMC机采用掘进、提升、注浆、供气、铣、削、搅拌一次成墙技术，无须设置施工导墙，基土不出槽并和注入的固化剂（一般为水泥）混合，共同构成水泥土地下连续墙墙体；SMC地下连续墙成墙设备的主要工作部分是位于下部的四个铣轮和与其相连的导杆（架），由液压马达直接驱动，可以同时正反向相向旋转，无级调速。由于SMC地下连续墙机可以装备在多种不同的辅助支撑机上（如起重机、抓斗、旋挖钻机），一次成墙的单幅长度可达到2800mm，当采用履带桩架式地盘时配套的矩形方管式导杆最大深度可达60m；SMC地下连续墙机的铣头部分安装了用于采集各类数据的传感器，操作人员可以在控制室通过触摸屏，很直观地观察到液压铣削深搅机的工作状态（铣头的偏直状况、铣削的深度、铣头受到的阻力），并进行相应的操作。操作员可以针对不同土层设定铣头的下降速度。系统的垂直度由支撑矩形方管的三支点辅机的垂直度来控制，调整铣头的姿态，并调慢铣头下降速度，从而有效地控制了槽孔的垂直度在3‰以内；墙体壁面平整；由SMC设备施工的止水帷幕通过铣、削、搅、气、浆的共同作用，施工成型后的墙体和易性好，土体均匀、密实；幅间连接为完全铣削结合，结合面无冷缝且间距大，接头少，整体性强，防渗性能好；SMC成墙设备在施工过程中，在掘进切割成槽中通常通过注浆系统注入水泥浆（水泥、膨润土，如果地层中黏性土含量高，可不用或少用膨润土），水泥土混合浆主要起到护壁、防止槽壁坍塌的作用；SMC地下连续墙机和铣削搅拌头位于矩形方管的下端，因此该设备整机重心低，稳定性好，安全度高；支撑SMC地下连续墙机的步履式桩架和履带式辅机都可自由行走，不需要轨道，在控制室可方便、安全操作；采用铣削搅三位一体实现一种机型既可穿过复杂地层（如砾石、卵石）施工，也可使墙体入岩，特别是入岩成墙和穿砾、卵石层成墙；做到一机一序（成墙）一步到位。更换不同类型的刀具辅以高压气体的升扬置换作用，减小机具在掘进过程中的摩阻力，便于在淤泥、黏土、砂、砾石、卵石及中硬强度的岩石中开挖。钻进效率高，在松散地层中钻进效率为20～40m^3/h，在中硬岩石中钻进效率为1～2m^3/h；采用SMC工法，可以在地下管线宽度不超过2m的范围内，使地下管线的下部能连续成墙；由于该设备铣头驱动装置在掘进切削过程中全部进入预先开挖的储浆沟内，所以具有低噪声、低振动的特点，还可以贴近建筑物施工。与国内外工法的性能比较如表 29-13 所示。

与国内外同类型工法性能特点比较表　表 29-13

比较项目		工艺	
		普通搅拌桩	铣削深搅墙
深度（m）		30	60
厚度（cm）		50～70	50～120
垂直度（‰）		9	3
强度		一般	一般
承载力		可间隔插芯材提高承载力	可连续插芯材大幅度提高承载力
成墙效果	形状	单桩组合，成柱列状	整幅墙，壁面平整，等厚墙体
	连接方式	相割搭接排成一列或套接，接头多	铣削咬合，少接头
	均匀性	有分层现象	均匀、细腻
	防渗性	有效厚度防渗，有无效厚度存在	有效厚度防渗，无无效厚度
渗透系数（$A\times10^{-6}$cm/s）		$A=0.1$～9	$A=0.1$～9
施工方式		搅拌，辅助高压气体	铣、削、搅三位一体，辅助高压气体搅拌
劳动组合（人/台班）		6	6
工效		防（截）渗面积 12～25m²/h， 支护体积 4～10m³/h	5～30m³/h
造价（元/m³）		190～260	200～500
适应性		软土地层，含砾石小于 5cm 的土层	各种复杂地层
环境影响		一般不受影响	一般不受影响
避让地下管线		不能避让，需作灌浆或其他方式处理	可以穿越地下管线，连续成墙
改良土体体积		等断面挡土结构， 圆柱体所需改良的土体体积太浪费资源	等断面挡土结构，长方体槽段所需改良的土体体积全部为有效面积，节约资源
旋转方向		以单轴或多轴垂直旋转搅拌方式， 形成圆柱体改良土体	水平轴向旋转方式， 形成长方体槽段改良土体
存在的不足		整机轻，价格低廉	整机偏重，功率大，价格昂贵

3. 工艺流程及操作要点

1）工艺流程（图 29-41）

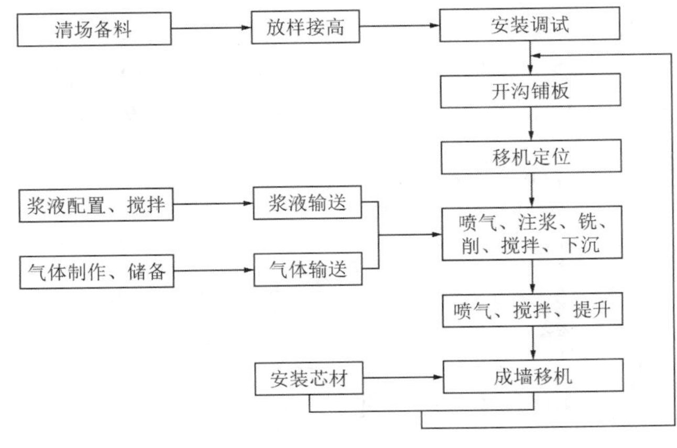

图 29-41　工艺流程

2）施工操作要点

（1）施工准备

①清场备料：平整压实施工场地，清除地面、地下障碍，作业面不小于7m，当地表过软时，应采取防止机械失稳的措施，备足水泥量和外加剂。

②测量放线：按设计要求定好墙体施工轴线，每50m布设一高程控制桩，并作出明显标志。

③安装调试：支撑移动机和主机就位；架设桩架；安装制浆、注浆和制气设备；接通水路、电路和气路；运转试车。

④开沟铺板：开挖横断面深为1～1.5m、宽1.2m的储浆沟以满足钻进过程中的余浆储放和回浆补给需求，长度超前主机作业10m，铺设箱形钢板，以均衡主机对地基的压力和固定芯材。

⑤测量芯材高度和涂减摩剂：根据设置的需要，按设计要求测量芯材的高度并在安装前预先涂上减摩剂（隔离剂）。

⑥确定芯材安装位置：在铺设的导轨上注明标尺，用型钢定位器固定芯材位置。

（2）挖掘规格与造墙方式

①挖掘规格、形状如表29-14所示。

挖掘规格表　　　　**表29-14**

型号	SMC-SC35	SMC-SC50	SMC-SC60
支撑方式	矩形方管	矩形方管	矩形方管
挖掘深度（m）	35	50	60
轴间距离L（mm）	1600	1600	1600
标准壁厚D（mm）	550～1000	550～1000	550～1000
内置型钢	可	可	可

②挖掘顺序如图29-42～图29-44所示。

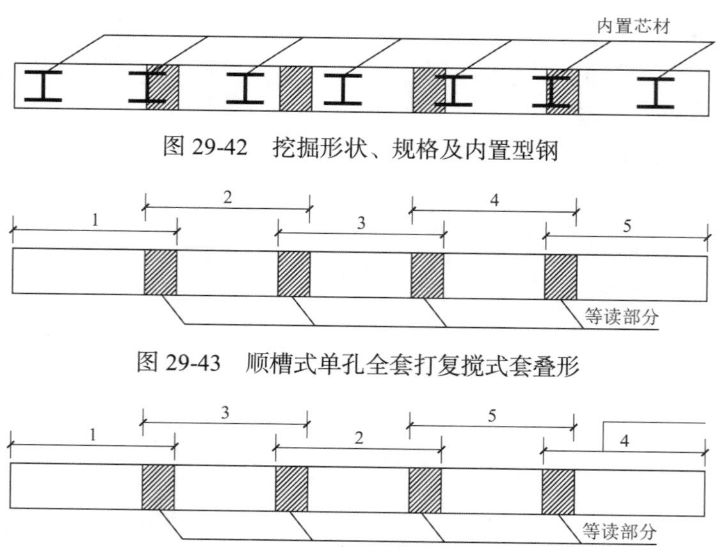

图29-42　挖掘形状、规格及内置型钢

图29-43　顺槽式单孔全套打复搅式套叠形

图29-44　复式双孔全套打复搅式标准形

③芯材安装：根据设计需要插入H型钢、钢筋混凝土预制桩等，如图29-45所示。

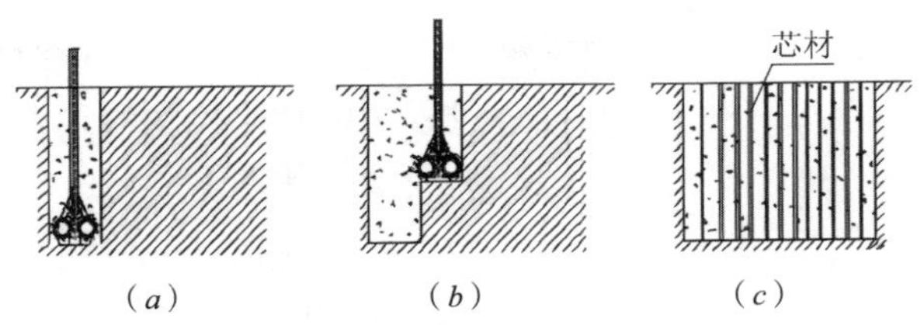

图 29-45　成墙剖面图

(a) 第一幅号挖掘、搅拌；(b) 第二幅号挖掘、搅拌；(c) SMC 施工完成

3）造墙管理

（1）铣头定位：根据不同的地质情况选用适合该地层的铣头，随后将 SMC 机的铣头定位于墙体中心线和每幅标线上。偏差控制在±5cm 以内。

（2）垂直的精度：对于矩形方管的垂直度，采用经纬仪作三支点桩架垂直度的初始零点校准，由支撑矩形方管的三支点辅机的垂直度来控制。从而有效地控制了槽形的垂直度。其墙体垂直度可控制在 3‰以内。

（3）铣削深度：控制铣削深度为设计深度±5mm。为详细掌握地层性状及墙体底线高程，应沿墙体轴线每间隔 50m 布设一个先导孔，局部地段地质条件变化严重的部位，应适当加密钻进导孔，取芯样进行鉴定，并给出地质剖面图指导施工。

（4）铣削速度：开动 SMC 主机掘进搅拌，并徐徐下降铣头与基土接触，按设计要求注浆、供气。控制铣轮的旋转速度为 26r/min 左右，一般铣进控速为 0.5～1m/min。掘进达到设计深度时，延续 10s 左右对墙底深度以上 2～3m 范围，重复提升 1～2 次（根据地质情况可适当调正掘进速度和转速）。此后，根据搅拌均匀程度控制铣轮速度为 22～26r/min，慢速提升动力头，提升速度不应太快，一般为 0.6～1.2m/min；以避免形成真空负压，孔壁坍陷，造成墙体空隙。掘进、提升过程中，根据地质情况可进行多次上、下掘进、提升，满足设计注浆要求。搅拌时间与钻进、提升关系图如图 29-46 所示。

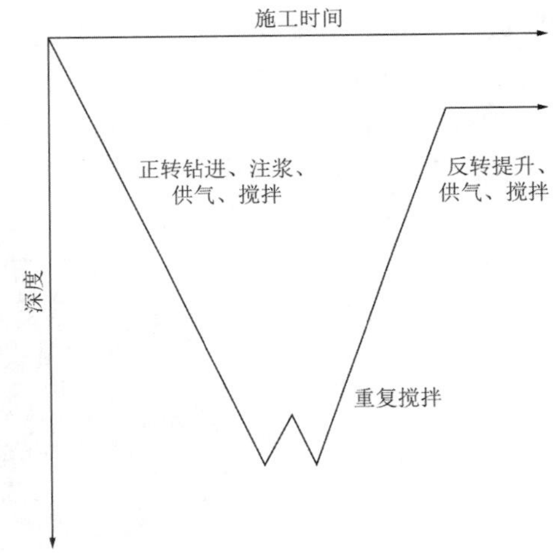

图 29-46　搅拌时间—钻进、提升关系图

（5）注浆：制浆桶制备的浆液放入到储浆桶，经送浆泵和管道送入移动车尾部的储浆桶，再由注浆泵经管路送至挖掘头。注浆量的多少由装在操作台的无级电机调速器和自动瞬时流速计及累计流量计监控，一般根据钻进尺速度与掘削量在 80～450L/min 内调整。在掘进过程中按设计要求进行一、二次注浆，注浆压力一般为 2～3MPa。若中途出现堵管、断浆等现象，应立即停泵，查找原因并进行修理，待故障排除后再掘进、搅拌。当因故停机超过半小时时，应对泵体和输浆管路进行妥善清洗。

（6）供气：由装在移动车尾部的空气压缩机制成的气体经管路压至钻头，其量由手动阀和气压表配给；全程气体不得间断；控制气体压力为 0.3～0.8MPa。

（7）成墙厚度：为保证成墙厚度，应根据铣头刀片磨损情况定期测量刀片外径，当磨损达到 1cm 时必须对刀片进行修复。

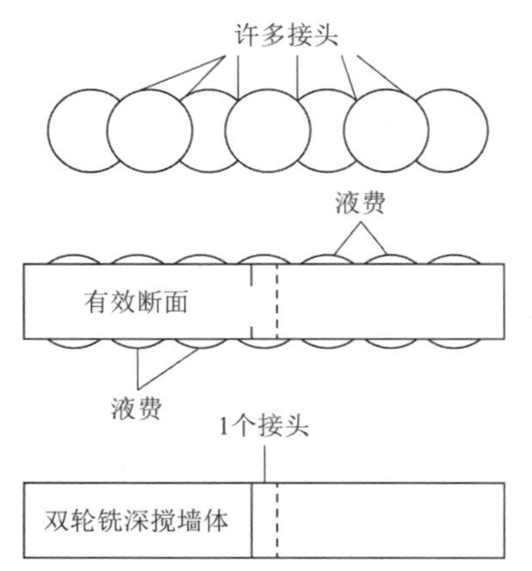

图 29-47　液压铣削与传统柱列式深搅墙体

（8）墙体均匀度：为确保墙体质量，应严格控制掘进过程中的注浆均匀性以及由气体升扬置换墙体混合物的沸腾状态。

（9）墙体连接：每幅间墙体的连接是地下连续墙施工最关键的一道工序，必须保证充分搭接。相对单头或多头钻成墙时，存在接头多，浪费严重，并且在接头处易渗水，防渗效果欠佳。而液压铣削深搅施工工艺形成矩形槽段，一般每幅 2.8m，接头少，浪费小（图 29-47）。在施工时应严格控制墙（桩）位并作出标识，确保搭接在 30～40cm（桩长取高值），以达到墙体整体连续作业；严格与轴线平行移动，以确保墙体平面的平整（顺）度。

（10）水泥掺入比：水泥掺入应视工程地质情况或按设计院设计而定，一般为空搅部分 8%，有效墙体部位 20%～28%或按设计要求。

（11）水灰比：一般控制在（1.1～1.6）：1 左右；或根据地层情况经试验确定分层水灰比。

（本节选自建基建设集团公司供稿）

29.8.3　SMC 工法设备及施工控制参数

1. 施工设备

SMC 双轮铣工法施工设备有悬索式及钻杆式（图 29-48、图 29-49）。

图 29-48　悬索式

图 29-49　钻杆式

常用 SMC 系列液压铣削搅拌机主要型号有：SMC-SC35、SMC-SC50 及 SMC-SC60，具体参数见表 29-15。

设备性能表　　　　　**表 29-15**

型号	SMC-SC35	SMC-SC50	SMC-SC60
支撑方式	矩形方管	矩形方管	矩形方管
挖掘深度（m）	35	50	60
轴距L（mm）	1600	1600	1600
标准壁厚D（mm）	550～1000	750～1200	750～1200
内置型钢	可	可	可

SMC 喷降头喷浆压力可达 2MPa。通过选用不同的铣轮方式，可以在淤泥、黏土、砂土中适用，亦可在砾石、卵石、中硬强度的岩石、混凝土等地层及复合地层中得到很好的应用，在淤泥地层中通过分段切削土体，喷射水泥浆，控制下沉速度和水灰比，下铣 2m，提升 1m，形成一幅 2.8m 宽、1.38m 高的长方体加固土体，并在基槽中分段复搅，提升护壁效果和成墙质量。最大成墙深度可达到 60m，墙体截面为等厚度矩形截面，墙厚范围为 550～1200mm，整体刚度更加均匀，双轮铣设备自动化程度高；设备本身配置有自动调平装置和垂直度调整仪器，电脑屏幕显示，调整钻杆X轴、Y轴，确保钻杆和铣轮的垂直度在设计要求以内，并且在施工时架设全站仪校核钻杆垂直度达到规范设计要求（图 29-50、图 29-51）。

图 29-50　铣削刀盘

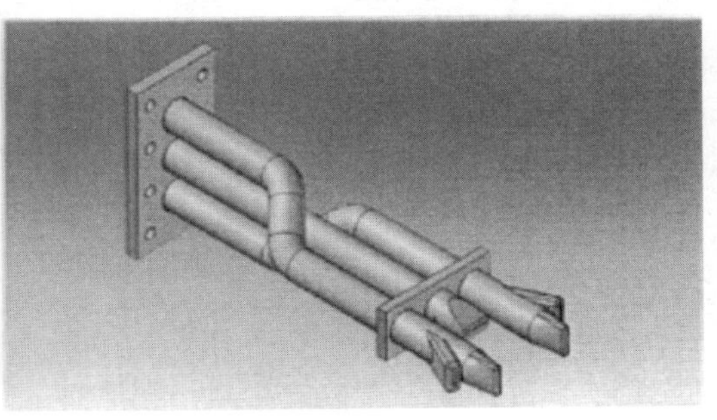

图 29-51　喷浆头

2. 施工控制参数

（1）墙体垂直度：墙体垂直度可控制在 3‰以内。

（2）铣削深度：设计深度±0.2m，在搅拌过程中还应布设先导孔，进行钻芯取样。

（3）铣削速度：

一般情况下，向下铣削过程铣轮的旋转速度为 26 转/min 左右，铣进控速为 0.5～1m/min，到达设计深度后，延续铣削 10s 左右，对墙底深度以上 2～3m 范围，重复提升 1～2 次，提升搅拌铣轮速度在 22～26 转/min，提升速度为 1～1.5m/min。

29. 8. 4　工艺试验内容

为更全面、准确地掌握 SMC 双铣工法的工艺质量，需对 SMC 工法进行试验，试验检测的内容有以下几个方面。

1. 墙体外观检测

外观检测包括：平整度及墙体垂直度等（图 29-52）。

图 29-52　外观检测现场图

2. 强度检测

强度检测包括：浆液试块强度试验、钻取桩芯强度试验及原位试验。

3. 渗透性检测

水泥土渗透性试验建议用柔性壁渗透试验仪器测定。

29.8.5　工程实例罗列（表29-16）

SMC工法既有工程的使用情况收集（一）　　表29-16

项目名称	地质条件	围护结构形式	施工深度（m）	墙体厚度（mm）	施工效果
苏州建屋恒业天著湖韵工程	淤泥质填土、黏土、粉土夹粉砂、粉细砂	SMC水泥土墙+土钉 SMC水泥土墙+钻孔灌注桩	18.7～19.9	850	无侧限抗压强度均值为0.9MPa，最大达1.53MPa，渗透系数平均值为2.95×10^{-6}cm/s
上饶万达商业基坑围护工程	粉质黏土、细砂、卵石、强风化粉砂岩、中风化粉砂岩	SMC水泥土墙内插H型钢+锚索	17	850	在复合地层中施工效率高，墙体质量均匀，止水效果好
三亚解放路地下商业街工程	粉砂、粗砂、粉质黏土	SMC水泥土墙内插H型钢	18～24	750	成墙效率高，施工工期短，止水效果明显
江阴新夏港船闸工程	粉质黏土、中密粉砂、密实粉砂	SMC水泥土墙	30.38	960	无侧限抗压强度平均值2.9MPa，最高达到7.13MPa
扬州东方国际大酒店	粉砂、粉砂夹粉土、粉土夹粉砂、含卵砾石细中砂	SMC水泥土墙止水帷幕+钻孔灌注桩	31.5	850	每幅墙体施工3h左右，施工效率显著提高，墙体未见任何渗漏情况
天津地铁2号线红旗路站联络线工程	杂填土、粉土、粉质黏土、粉土及砂性大粉质黏土	SMC水泥土墙止水帷幕	38.5～45.1	800	水泥掺量8%的水泥土强度为1.95MPa，水泥掺量18%的水泥土强度为4.7MPa
广州市第十六中学地下车库工程	杂填土、粉砂、强风化泥岩、中风化泥岩、微风化泥岩	SMC水泥土墙内插H型钢	12.9	800	最大水平位移仅为14.2mm，止水效果明显，未见渗漏点
天津华润紫阳里停车场项目	杂填土、粉土、粉质黏土、粉土及砂性大粉质黏土	SMC水泥土墙内插H型钢	27.3	800	墙体质量均匀，桩顶最大水平位移为27.5mm，周边道路最大沉降为15.7mm
上海杨浦图书馆改造项目	杂填土、粉质黏土、粉砂黏土	SMC水泥土墙内插H型钢	16.5	850	围护结构可靠，墙体未出现开裂等情况，止水效果好
武汉同济医院扩建项目	杂填土、粉砂、细砂、粗砂、强风化泥岩	SMC水泥土墙止水帷幕+钻孔灌注桩	55	700	设备在复杂地质条件下施工效率高，墙体质量好

项目名称	地质条件	围护结构形式	施工深度（m）	墙体厚度（mm）	水泥掺入比
山东省博兴县博兴水库	黏土、壤土、砂壤土、粉细砂	双轮铣止水水泥土搅拌墙工艺，液压抓斗成槽浇注塑性混凝土工艺	38～41	700	22%
山东省阳谷县陈集水库	黏土、壤土、砂壤土、粉砂	双轮铣搅拌止水水泥土搅拌墙	36	700	20%
山东省日照市二城水库	杂填土、粉砂、粗砂砾石、强风化岩、中风化岩	双轮铣搅拌水泥土搅拌墙	21	800	20%
天津崂山道地铁10号线地铁站	杂填土、淤泥、黏土、粉砂、粉质黏土、黏土	双轮铣搅拌水泥土搅拌墙	32.6	800	20%
天津泰融商贸中心一期基坑围护	杂填土、黏土、粉质黏土、粉砂	双轮铣水泥土搅拌墙+内插型钢及部分内侧钻孔灌注桩支护	34	800	22～30%
山东东营广南水库	黏土、壤土、砂壤土、粉砂、粉质黏土	双轮铣水泥土搅拌墙	21	700	20%

29.8.6　工程实例——苏州天著湖韵花园二期基坑

苏州工业园区中新科技城，西侧边线距展业路边线约 20m，南边线距夷滨路边线约 15m，北侧为空地，东侧为公园，建筑面积为 11.3 万 m^2。止水围护原设计采用 A85 三轴一孔套接法深层搅拌桩，水泥掺量为 20%，膨润土为水泥用量的 5%。水灰比 1.5～2，空搅段掺灰量 7%。该工程经建基建设集团有限公司与业主、设计方、苏州工业园区质量管理部门及监理公司、基坑论证专家商讨，决定采用 SMC 工艺进场施工。根据地质勘察资料，拟建场地土层自上至下分为 9 个工程地质层，分别为填土、淤泥、黏土和粉细砂等，压缩性较大。

该项目 SMC 设备进场调试、试成桩后，在不增加业主的造价的前提下，施工单位严格控制废浆排放量，水泥掺入量从设计的 20%增加到 25%，水灰比从 1.6∶1 减少到 1.3∶1，施工后期膨润土掺入量为零。施工有效桩长 18.7～19.9m，空搅长度 2m，平均每小时成桩一幅（每幅 2.8m，搭接 0.4m），实际工效比三轴 A850 搅拌桩提高一倍，成墙效果、质量得到了业主、设计、监理和建设主管部门的一致好评，为在苏州地区使用该工艺打下了良好的基础（图 29-53）。

图 29-53　基坑开挖后实景照片

29.8.7　结论

双轮铣水泥土搅拌墙机械的研发及其技术的研究及应用，具有如下特点：①设备行走施工便利；②施工过程可控性强；③设备铣削能力强；④成墙效果好。可广泛应用于工业、水利与民用建筑领域。此技术适用于在淤泥、砂、砾石、卵石及中硬强度的岩石、混凝土中开挖。既可用于挡土和支护结构——防止边坡坍塌、坑底隆起，地基加固或改良——防止地层变形，减少构筑物沉降，提高地基承载力；又可用于盾构掘进工作井、城区排水和污水管道、路基填土及填海造陆的基础等多项工程；尤其适用于江、河、湖、海、病险水库等堤坝除险、截留防渗、污水深化处理池和建造地下水库。对多弯道、小直径的堤坝有较好的适应性。

（本节摘编自沈国邢等人的论文）

29.9　埃及塞德港码头

29.9.1　工程概况

1. 设计概况

工程位于埃及苏伊士运河的北端，北临地中海，集装箱码头在塞德港东边的副航道。工地距离开罗市中心约 200km，经过两个轮渡可以到达塞德港。

码头主体工程基础部分采用桩墙式码头结构，桩墙均采用地下连续墙结构形式，其中，前排桩墙长 1200m，宽 0.8m，小 T 构的桩和墙深 57.5m，小 T 构中间的一期墙深 28.5～30.5m；后排桩墙长 1200m，宽 0.8m，小 T 构的桩和墙深 57.5m，小 T 构中间的一期墙深 13m；矩形桩采用 5m × 0.8m 的截面形式，桩长约 57.5m。混凝土强度等级 C45。

2. 工程特点

（1）场内回填土较厚，局部区域内回填深度达 10m 左右。

（2）成槽深度较深，达 57.5m。

（3）地质复杂，砂层较硬，成槽困难。

（4）钢筋笼既长且重，部分为 T 形钢筋笼，安装起吊难度大。

3. 主要工程数量（表 29-17）

埃及塞德港东集装箱码头二期工程地下连续墙主要工程数量表　　表 29-17

序号	项目名称	单位	工程数量
1	导墙开挖土方	m^3	5521
2	导墙混凝土（C20）	m^3	4771
3	导墙钢筋（HRB335 级钢筋，ϕ12mm@200mm × 200mm）	t	214.451
4	连续墙、板桩开挖土方	m^3	181775
5	地下连续墙混凝土（C45）	m^3	181775
6	地下连续墙钢筋（HPB235、HRB335 级钢筋，含钢量按 130kg/m^3 计）	t	23630.8
7	泥浆配备总量	m^3	50000

29. 9. 2　工程地质条件

1. 潮汐水文

苏伊士运河连接地中海和红海，其潮差不大，高潮位+0.75mCD（海图基准面），低潮位−0.05mCD。

2. 气候

一年分为四个季节，春秋季节短。冬天平均最低气温 10℃，夏天平均最高气温 38℃，降雨量少。

3. 现场地质

经钻孔揭露，场区内地层自上而下分别为：①回填土，$②_1$ 淤泥质黏土，$②_2$ 粉细砂与淤泥质粉质黏土互层，$②_3$ 粉细砂，③淤泥质黏土，④黏土，⑤中细砂，$⑤_1$ 黏土。其中，$⑤_1$ 黏土为灰色，夹黄色斑，硬塑状，该层分布稳定。层顶标高−59.93～−50.49m，平均层顶标高−55.62m；层厚 0.5～7.5m，平均层厚 2.63m。平均标贯击数 $N = 36$ 击。

29. 9. 3　周边环境

1. 现场条件

施工场地用水：从指定地点接入即可，场区内部架设引水管路，满足施工需要。

施工场地用电：施工用电从自备发电机接入，采用三相五线制供电系统，发电机输出端设控制箱，通过电缆输电至各用电负荷点。

道路交通：施工场地围蔽区域内根据工程需要需修筑施工便道，施工便道采用钢筋混凝土结构，以保证成槽机、旋挖钻、大型起重机、冲击钻等重型机械作业的安全。

2. 空中、地面、地下建筑物、障碍物情况

在与一期码头连接处，有 80m 护栏和 615m^3 的翼墙需要拆除，在深水潭下面有护坡块石约 2.6 万 m^3 需要清除。在完成块石清理后需要回填这个深水潭，约 22 万 m^3。

对于码头前排板桩墙，其施工需要有一个陆地施工平台，拟在目前块石护坡位置往海回填 8m 宽的场地供施工车辆行走，清理块石护坡约 2400m^3，回填土约 12 万 m^3，然后再进行现有块石或者砂袋护坡。

29.9.4　成槽施工

1. 槽段划分

根据设计图纸将地下连续墙分幅，幅长按设计布置。

2. 槽段放样

根据设计图纸和建设单位提供的控制点及水准点与施工总部署，在导墙上精确定位出地下连续墙标记。

3. 槽段开挖

开挖槽段采用的成槽机均配有垂直度显示仪表和自动纠正偏差装置。

1）成槽机垂直度控制

成槽前，利用车载水平仪调整成槽机的平整度。成槽过程中，利用成槽机上的垂直度仪表及自动纠偏装置来保证成槽垂直度，成槽垂直精度不得低于设计要求，接头处相临两槽段的中心线任一深度的偏差均不得大于 60mm。

2）成槽挖土顺序的确定

（1）矩形桩长度 5m，可以按正常对称挖槽，先两边后中间。矩形桩深度约 57.5m，底部土质较硬，成槽机无法一次性成槽完毕。成槽机开挖完上部软质土层后，用旋挖钻机钻导向孔配合成槽机挖掘较硬土层。

（2）前后板桩墙中小 T 构地下连续墙因深度约为 57.5m，需穿越中细砂层，成槽机在该段土层工效非常低。成槽时，成槽机先将上部土体挖出，然后利用旋挖钻机打引导孔，该引导孔需穿越中细砂层或直接引导到地下连续墙底标高，然后再利用成槽机将引导孔间的余土抓出。

3）成槽

挖槽过程中，抓斗入槽、出槽应慢速、稳当，根据成槽机仪表显示的垂直度及时纠偏。挖槽时，应防止由于次序不当造成槽段失稳或局部坍落，在泥浆可能漏失的土层中成槽时，更应谨慎施工。

4）注意事项

（1）作业前做好施工准备工作，包括场地平通，人员组织，起重机及其他相应运输工具的检查，钢丝绳、吊具均按本工程钢筋笼最大重量设置。

（2）吊装作业现场施工负责人必须到位，起重指挥人员、监护人员，都要做好安全和吊装参数的交底，现场划分设置警戒区域，夜间吊装须有足够灯光照明。

（3）严格执行“十不吊”作业规程。

（4）由于地下连续墙钢筋笼为一庞大体，为确保钢筋笼吊放过程中不变形，钢筋笼起吊桁架，槽幅宽大于 6m 时设置 5 榀，槽幅宽大于等于 5m 小于等于 6m 时设置 4 榀，其余为3榀。另外，吊点设置尽量使钢筋笼受力合理。

（5）主起重机在负荷时不能减小臂杆的角度，且不能360°回转。

4. 混凝土灌注

（1）本工程槽段混凝土强度等级为C45。

（2）混凝土灌注采用导管法施工，导管选用直径250mm的圆形螺旋快速接头类型。用混凝土浇注架将导管吊入槽段规定位置，导管顶部安装方形漏斗。

（3）在混凝土浇注前要测试坍落度，在浇注过程中做好混凝土试块。试块制作数量按设计要求或按埃及现行规范制作。

5. 空槽部分回填

桩墙上部空槽部分约3m，为保证相邻槽段的成槽安全以及大型机械行走安全，空槽部分回填砂至导墙面。

6. 接头管顶拔

接头管要有足够的刚度，在浇注混凝土过程中要防止绕流，接头管顶拔与混凝土浇注相结合，混凝土浇注记录作为顶拔接头管时间的控制依据。根据水下混凝土凝固速度及施工中的试验数据，混凝土浇注开始后4～5h开始拔动。以后每隔30min提升一次，其幅度不大于50～100mm，待混凝土浇注结束7～9h，即混凝土达到终凝后，将接头拔出。

7. 泥浆

1）泥浆性能指标要求（表29-18）。

成槽护壁泥浆性能指标要求　**表29-18**

泥浆性能	新配置泥浆		循环泥浆		废弃泥浆		检测方法
	黏性土	砂性土	黏性土	砂性土	黏性土	砂性土	
密度（g/cm^3）	1.05～1.1	1.06～1.08	＜1.1	＜1.15	＞1.25	＞1.35	密度计
黏度（s）	19～25	25～30	＜25	＜35	＞50	＞60	漏斗计
含砂率（%）	≤4	＜4	＜4	＜7	＞8	＞11	洗砂瓶
pH值	7～9	7～9	＞8	＞8	＞14	＞14	pH试纸

护壁泥浆在使用前，应进行室内性能试验，施工过程中根据监控数据及时调整泥浆指标。如果不能满足槽壁土体稳定性，须对泥浆指标进行调整。

2）泥浆储存

泥浆储存采用半埋式砖砌泥浆池。

盛装泥浆的泥浆池的容量应能满足成槽施工时的泥浆用量。泥浆池的容积计算：

$$Q_{max} = n \times V \times K$$

式中　Q_{max}——泥浆池最大容量（m^3）；

n——同时成槽的单元槽段，数量为1；

V——单元槽段的最大挖土量，最大按$V = 322m^3$（前排小T构）；

K——泥浆富余系数，本工程取$K = 1.5$。

故埃及塞德港东集装箱码头二期工程的泥浆池最大需要容积为483m^3，同时考虑循环泥浆的存贮和废浆存放，本工程地下连续墙施工期间，泥浆池的容量设计为550m^3，另外各设一个容积为5m^3的拌制新泥浆的拌浆池和一个容积为65m^3的废浆池。

3）泥浆循环

泥浆循环采用 3kW 型泥浆泵输送，7.5kW 型泥浆泵回收，由泥浆泵和软管组成泥浆循环管路。

4）泥浆的分离净化

泥浆使用一个循环之后，利用泥浆净化装置对泥浆进行分离净化并补充新制泥浆，以提高泥浆的重复使用率。补充泥浆成分的方法是向净化泥浆中补充膨润土、纯碱、重金属粉、增黏剂或 CMC 等成分，使净化泥浆基本上恢复原有的护壁性能。

29.9.5　设备的选用

（1）选用带有强制纠偏功能的重型抓斗（配有三种型号：金泰 SG40A、金泰 SG45 以及利勃海尔 HS855HD），成槽过程中利用成槽机的显示仪进行垂直度跟踪观测，做到随挖随纠。

①金泰 SG40A 成槽机性能初步描述：

a. 挖掘深度达 80m，能适应的成槽厚度为 0.6～1.2m；

b. 具有强制性纠偏功能，在挖掘过程中能随时显示成槽机抓斗进尺深度和垂直度，司机可根据显示数据做到随挖随纠，能很好地控制槽段的垂直度；

c. 成槽机抓斗重 22t，挖掘能力、切削能力较强，能有效地挖掘标贯值$N=60$ 左右的硬土层、板砂等；

d. 采用双钢丝绳，双保险，成槽机抓斗不容易掉落。

②金泰 SG45 成槽机性能初步描述：

a. 该型成槽机是按我公司的要求，在 SG40A 成槽机的基础上进行了三项性能改进，其他性能同 SG40A 成槽机。

b. 改进性能一：加大回转，提高成槽机整机的稳定性。

c. 改进性能二：加大成槽机抓斗自身重量，由 22t 提升到 26t，挖掘、切削能力更强。

d. 改进性能三：提高钢丝绳卷筒的提升能力，满足成槽机抓斗重量的增加值。

③利勃海尔 HS855HD：

利勃海尔 HS855HD 是目前世界上纠偏性能最好，挖掘能力最强的成槽设备。该设备成槽机抓斗重达 26t，能有效地挖掘标贯值$N=80$ 左右的土层。

实例：上海世纪大道 2～4 地块地下连续墙围护及桩基工程，宽 1.2m、深 52m 槽段，地下连续墙进入板砂层（标贯值N约为 70）15m 左右，利勃海尔 HS855HD 可以直接成槽到底。

（2）成槽施工顺序：

针对本工程的槽段分幅尺寸，为有效避免因成槽顺序不当导致抓斗吃力不均和硬层施工时容易引起的垂直度偏差，我司针对不同的槽段尺寸设计特定的施工顺序，使抓斗两侧的阻力均衡，有效保证槽壁两端垂直度质量。

①中间方桩尺寸为 5m × 0.8m，成槽机抓斗尺寸一般为 2.8～3m，为非对称开挖，为保证端头的垂直度，方桩需要外放一定的尺寸，建议外放尺寸选用 30cm。

a. 反循环钻机打先导孔，然后以成槽机进行成槽。台湾产的 S500 反循环钻机，成孔垂直度 1/500，自重达 25t，自身稳定性好，钻杆刚度好，直径达 300mm，转速均匀，每分钟 7 转。具体如图 29-54 所示。

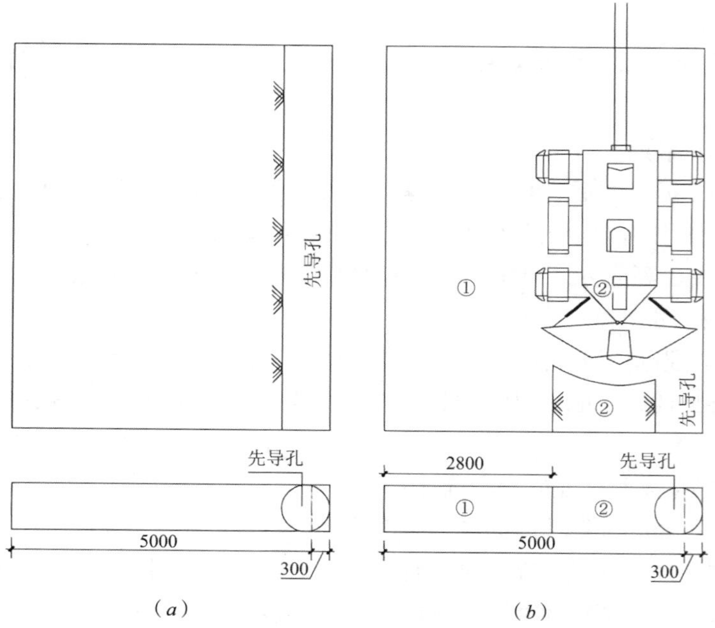

图 29-54 矩形桩开挖步骤图

(a)反循环钻机引孔;(b)第一、二抓开挖

注:考虑端头垂直度,开挖外放为 0.3m。

b. 待第一抓完成后,利用接头箱进行限位以控制第二抓的端头垂直度,具体如图 29-55 所示。

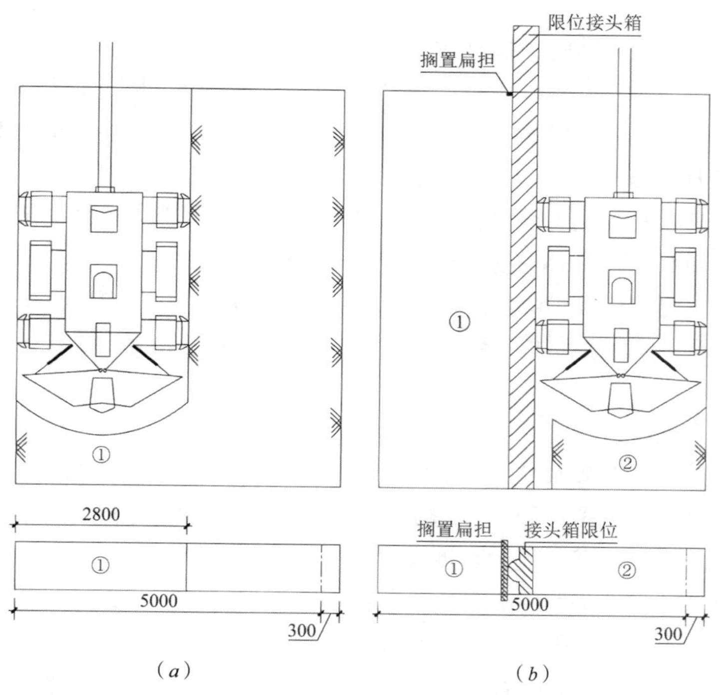

图 29-55 矩形桩开挖步骤图

(a)第一抓开挖;(b)第二抓开挖

②一期墙尺寸主要为4.2m × 0.8m，具体开挖顺序如图 29-56 所示。

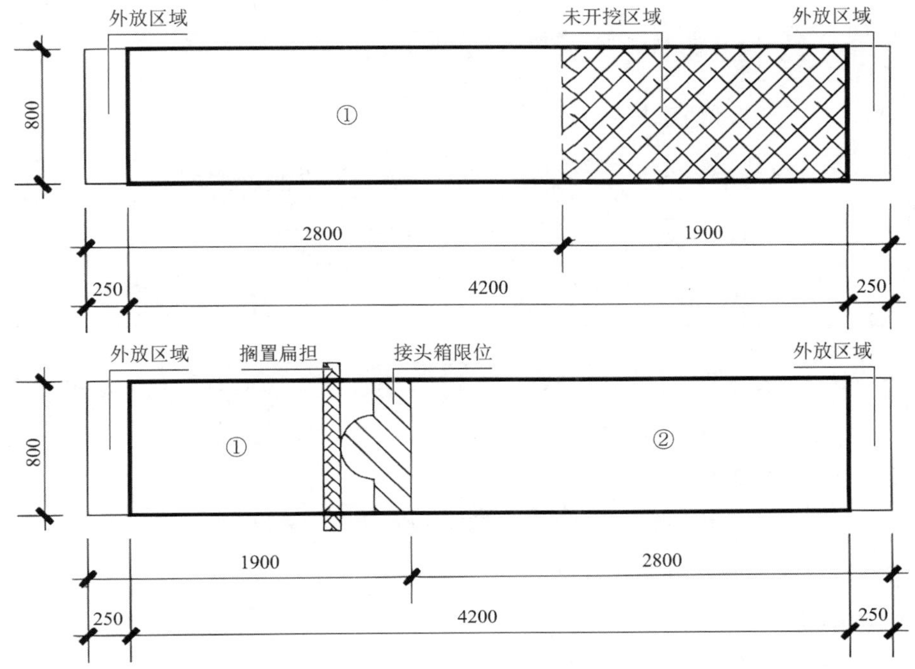

图 29-56　一期槽成槽顺序图

③二期墙尺寸主要为(2.8 + 3.4)m × 0.8m，具体开挖顺序如图 29-57 所示。

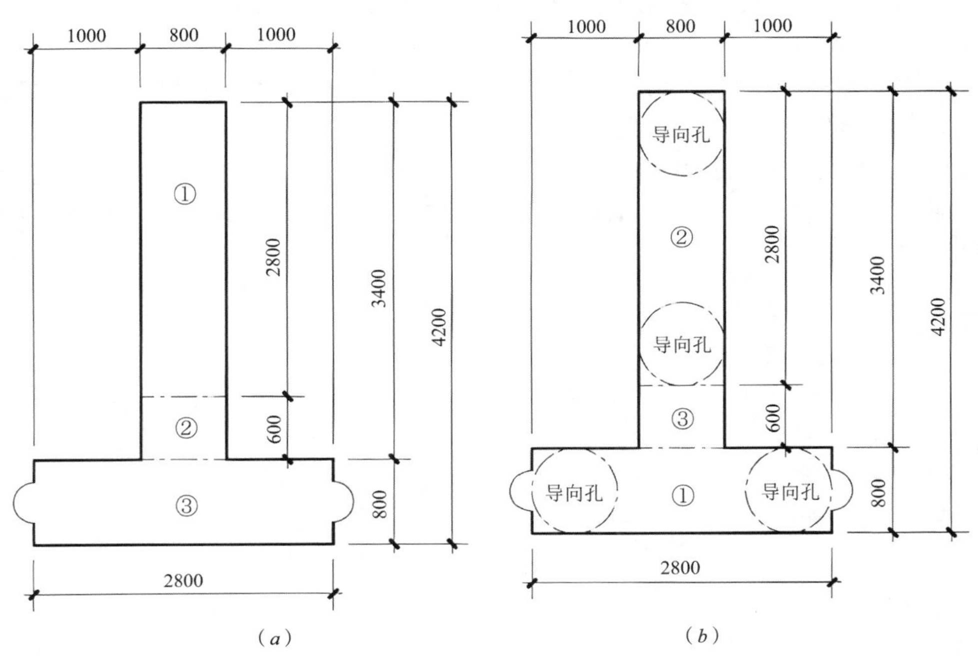

图 29-57　二期槽成槽顺序图

（a）成槽机成槽顺序；（b）旋挖钻引孔钻穿中细砂层或到底标高后成槽机施工顺序

④为确保槽孔稳定，开挖前对阳角区采用搅拌桩进行加固处理（图 29-58）。

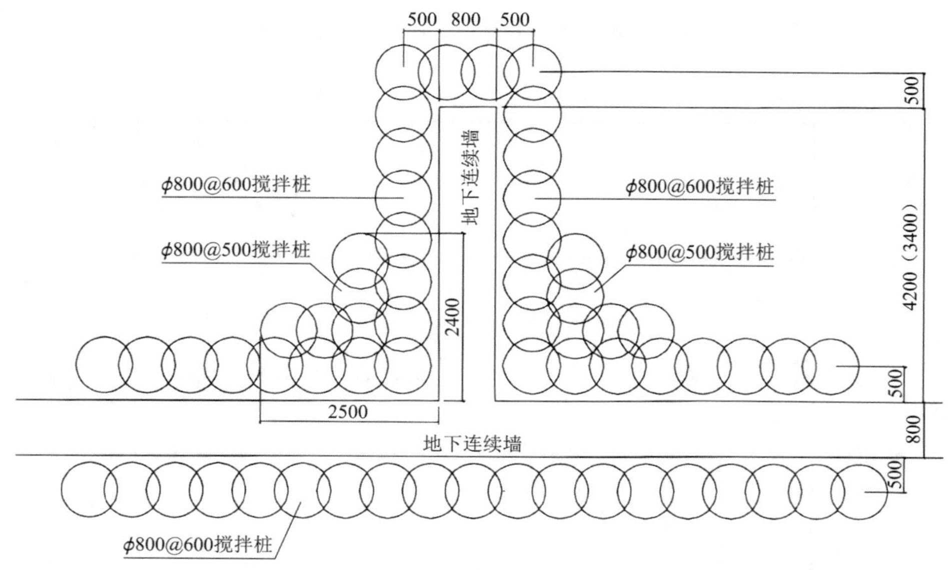

图 29-58 地下连续墙阳角处加固示意图

（本节根据远方集团供稿编写）

29.10 本章小结

（1）本章列举了不同工法修建的地下连续墙工程实例。其中，有使用抓斗、冲击钻或双轮铣槽机开槽施工的地下连续墙，它们要使用泥浆进行槽壁防护。一般超深、超厚、超硬岩基中多使用此工法。

（2）还有一种工法，是采用全回转全套管机、旋挖钻机配合潜孔锤修建的咬合桩地下连续墙，通常不使用泥浆，混凝土质量有保证。

（3）现在很流行的是采用深层搅拌桩工法，直接在地基中修建地下连续墙；它不使用泥浆，对环境污染小，工程成本通常较低，加入整钢，还可承受水平荷载，作为基坑支护结构使用。

第 30 章　深基础工程

30.1　概述

本章叙述非圆桩（条桩、十字桩和丁字桩等）在建筑、市政、桥梁工程中的应用和效果。

条桩与圆桩相比起来，它的承载力高，施工方便，经济效益好，值得推崇。

深基还可以采用封闭式断面（矩形井、圆井），这些已经在前文作了介绍，可参考选用。

30.2　北京地铁车站十字桩

30.2.1　概述

大北窑地铁车站是正在建设的复八（复兴门至八王坟）线地铁的一个大型车站。站场长度 217m，地下结构宽 21.8m，开挖深度 16.88m，本车站采用盖挖法施工，车站两侧地下连续墙已经完工，唯有中间的 56 根十字桩尚未完成。

原设计的十字桩尺寸 $3m \times 3m \times 0.6m \times \phi 1.3m$，是根据原施工公司的抓斗开度 2.85m 而设计的。而我们京水建设集团公司的 BH12 液压抓斗开度为 2.5m，要完成上述尺寸的十字桩，就必须进行某些修改。

十字桩的施工难度大，特别是要把两个分别开挖的条形槽搞得互相垂直，并且下入一个相当大的十字形钢筋笼和十几米长的直径 1.3m 的钢护筒（图 30-1），绝非易事。用我们引进的设备和技术完全可以承担这项工作。

30.2.2　优化设计

开工之前进行了以下三个方面的工作：

（1）改变十字桩的断面形式和尺寸。

（2）寻找合适的挖槽方法。

（3）增大抓斗的外形尺寸。原设计十字桩边长 3m，厚 0.6m，侧面积 $11.46m^2$，底面积 $3.77m^2$（表 30-1），因与 BH12 抓斗开度（2.5m）不合，我们先用 R15 钻机钻出四个角上 $\phi 0.6m$ 的主孔和中间 $\phi 1.3m$ 的主孔，然后用 BH12 分 4 次（每边需 2 次），把剩余的部分（即副孔）抓完。后来设计将十字桩边长缩短到 2.85m，并将中间孔扩大到 $\phi 1.4m$ 左右。此时 $S = 10.26m^2$，$A = 3.41m^2$，根据这一变动，我们又提出用 BH12 标准尺寸（$2.5m \times 0.8m$）的抓斗挖十字桩和一字桩的方案。可以说，用这两种形式的桩代替原设计桩都是可行的，特别是用 $2.5m \times 0.8m$ 的十字桩，更能提高造孔效率，缩短工期和确保工程质量。

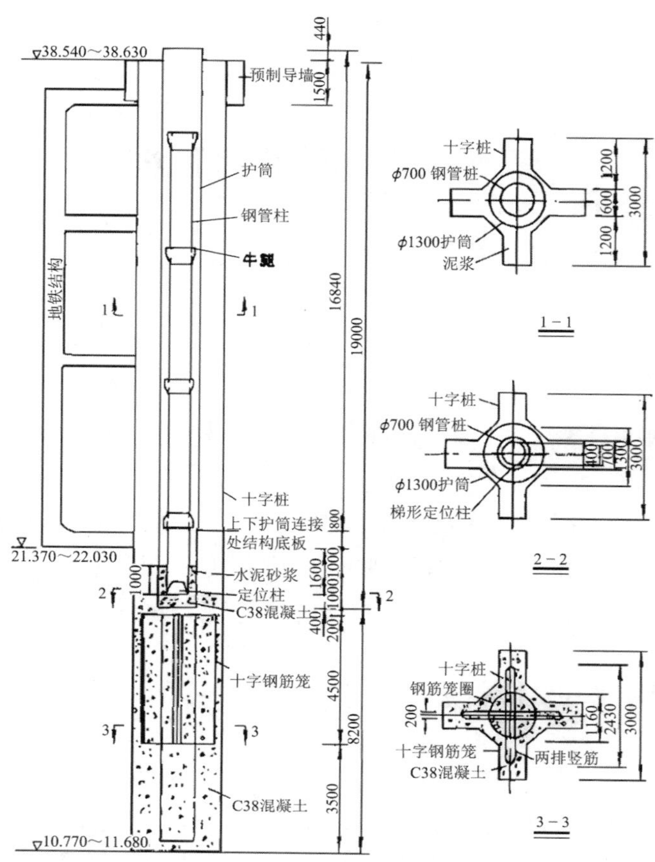

图 30-1 大北窑十字桩结构图

十字桩施工平面图 表 30-1

十字桩断面尺寸 S—侧面积 A—底面积	① a=3.0, t=0.6, ϕ=1.3m, S=11.46m², A=3.77m²	② a=2.85, t=0.6, ϕ=1.4m, S=10.26m², A=3.41m²	③ a=2.8, t=0.8, ϕ=1.4m, S=9.7m², A=3.43m²	④ 5.50 a=3.5, t=0.6, ϕ=1.4m, S=12.74m², A=3.88m²
施工设备	BH、12抓斗 R、15钻机	BH、12抓（加宽至2.85m） CZ、22冲击钻，十字钻头	BH、12抓斗 R、15钻机	BH12抓斗 R15钻机
施工方法	先用R、15钻机钻ϕ1.3m、ϕ1.6m孔，再用抓斗抓出副孔	先用抓斗抓出十字孔,再用CZ、22冲出ϕ1.4m圆孔	先用抓斗抓出十字孔,再用R15钻出丸ϕ1.4m圆孔	先用抓斗抓出槽形孔，再用R15扩孔
主要施工过程图	（1）钻主孔 （2）抓副孔	（1）抓孔 （2）抓孔 （3）扩孔		

实际施工时，是按设计变更后的尺寸（2.85m × 2.85m × 0.6m）要求，在抓斗体外边各加上一个短齿，使展开后的宽度达到 2.85m，在导板外侧加上导板，使其外缘总宽不大于 2.8m。安装时要保证两个短齿安装高度之差不大于 1.5cm（图 30-2）。

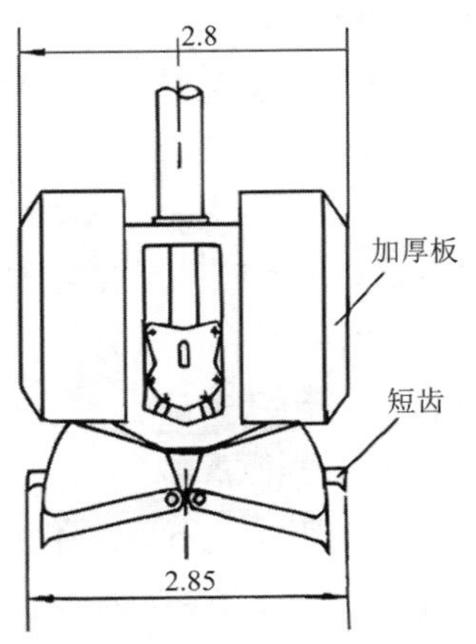

图 30-2　BH12 抓斗附件图

30.2.3　施工

施工中曾比较了以下几种抓土方式：

（1）将某方向的条形孔一抓到底，再改变方向抓另一边。以这个方法抓第二边时，开始的十几米总是抓空，到一定深度才能向外抓土，实践效果不怎么理想。

（2）两个条形孔同时交替往下挖，施工中主要是采用 CZ22 冲击钻机带一个直径 1.37m 的长钻头来扩孔。曾经用特制的十字钻头进行扩孔试验，因存在一些问题现在未继续采用。

在该工程的初期，使用我们自制的液压抓斗（JC1）完成了 6 个十字桩施工，效果不错。后因效率较低，无法满足甲方对工期的要求，换上了 BH12 液压抓斗，在 70d 内共完成了 33 个十字桩。

总共完成的工程量为：十字桩 39 个，桩长 28.2～29.4m；总进尺 2093.2m；总面积 5979.8m^2；总方量 3588.2m^3；总工时 2243.14h。

BH12 抓斗造孔效率分析：工时数，2243.1h；小时长度效率 0.93m/h；小时面积效率 2.67m^2/h。

通过我们的努力，顺利地完成了国内首批十字桩的建造任务（图 30-3）。

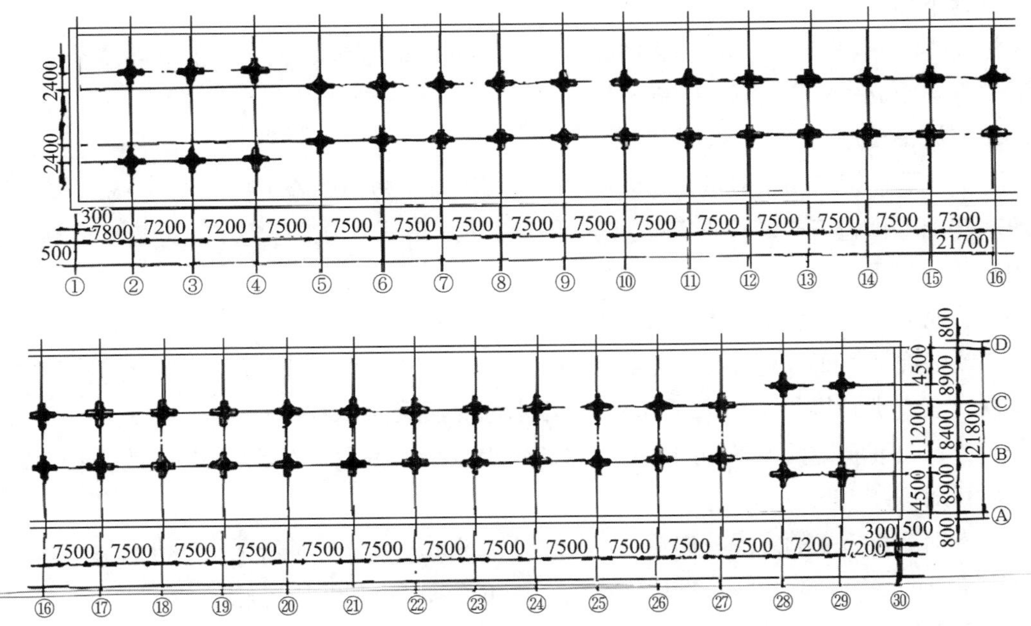

图 30-3　十字桩平面图

30.2.4 小结

这种十字桩在30多年前，尚属首次，经过优化设计，得以顺利完成，效果很好。

这里实际是在进行后来为人们常采用的钢管柱/桩结构。

30.3 来广营立交桥

30.3.1 概述

1. 工程概况

来广营立交桥工程包括新建铁路桥一座、公路桥两座以及桥下挡土墙工程等。为解决地下水位高、管线多且施工干扰很大的困难，决定在新建铁路桥和二号公路桥的承台周边设置地下连续墙，以解决承台基坑开挖和混凝土的问题。

为此市政五公司委托我公司进行地下连续墙的施工技术咨询和设计。

2. 关于设计分工

（1）承台地下墙墙体的施工图由北京京水建设集团公司承担。

（2）开挖期间的支撑、出土方案和设计由市政五公司承担。

3. 设计条件

（1）地平水位位于地面以下3m。

（2）墙体混凝土全期28d时$R_{28}=250kg/cm^2$，钢筋用HRB335级钢筋（个别HPB235级钢筋）。

（3）地面超载$2t/m^2$。

（4）地下连续墙为临时支护结构，基坑开挖深度为7.5m。

4. 地下连续墙主要尺寸

深度14.5～15.5m，平均深度15m，墙厚0.8m。最大槽段长6m，采用哑铃形接头管。总截水面$4000m^2$，混凝土约$3200m^3$。

30.3.2 施工要点

（1）地下连续墙施工应满足《水利水电工程混凝土防渗墙施工技术规范》SL 174、《建筑地基基础工程施工质量验收标准》GB 50202、《混凝土结构工程施工质量验收规范》GB 50204的有关规定。

（2）地下连续墙墙体的垂直偏斜度应不大于1/200。

（3）基坑开挖工作应在地下连续墙的混凝土达到100%设计强度后进行，且应做好临时支撑。其支点距墙顶不得大于5m，每延米设计荷载为20t。

（4）纵向钢筋接长可采用闪光对焊且相邻焊点距离不小于$45d$，或搭接焊缝长$10d$（单面）且列间错开50%。

纵横钢筋相交点的点焊咬肉深度不应大于0.5cm，点焊用焊条直径不得大于3.2mm。

（5）纵向受力钢筋的净保护层厚度为70mm，采用钢板垫块定位。

（6）钢筋加工的其他要求详见《钢筋焊接及验收规程》JGJ 18的有关规定（图30-4、图30-5）。

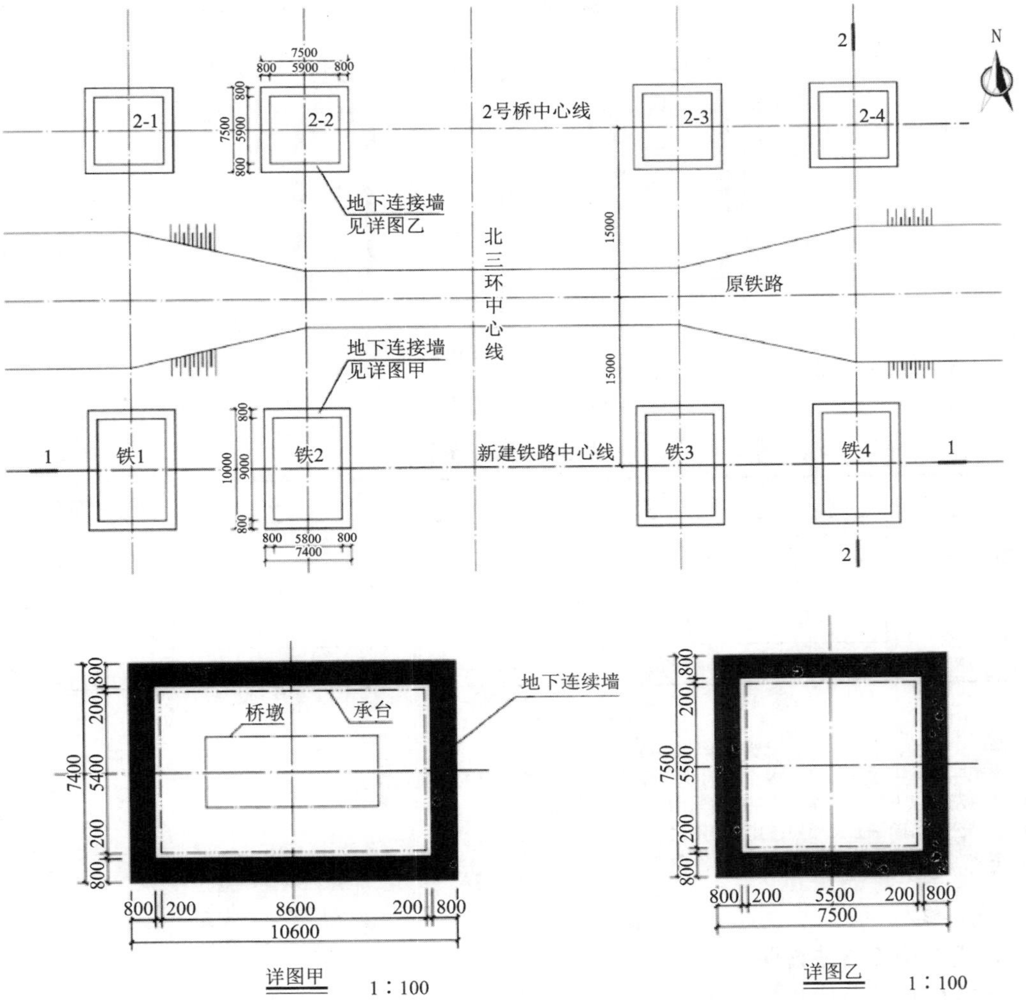

详图甲　1：100

详图乙　1：100

图 30-4　平面图 1：200

说明：

1. 单位：高程为米（m），其他为毫米（mm）。
2. 本图系根据市政五公司提供的条件图绘制。
3. 本图只供承台地下连续墙施工用，余见有关图纸。

桥台纵剖面见图 30-5。主要数据见表 30-2。

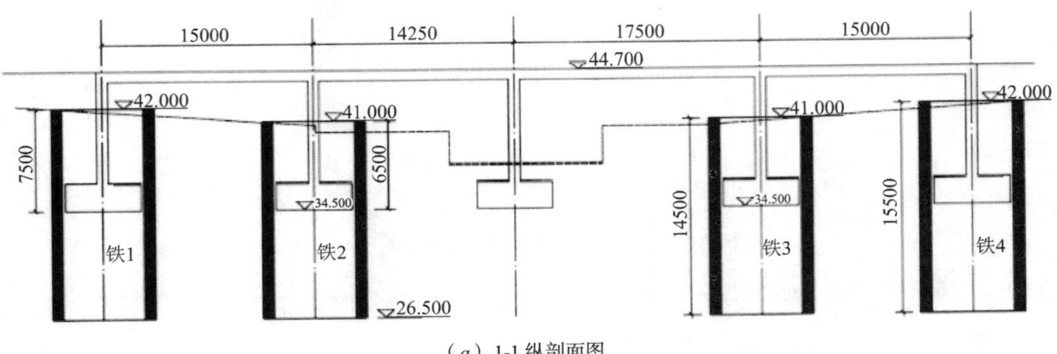

（a）1-1 纵剖面图

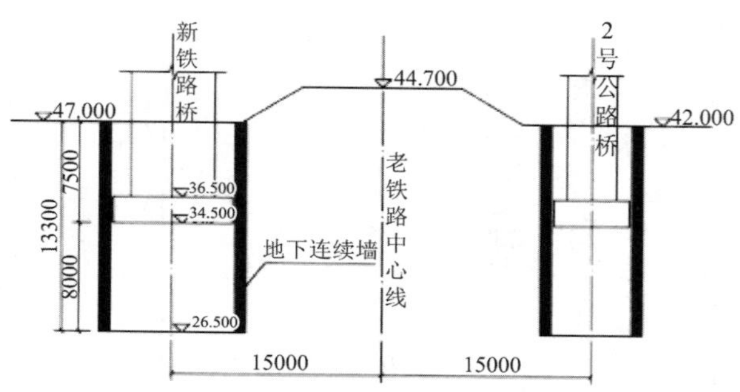

（b）2-2 剖面图

图 30-5　纵剖面图

主要数据表（m）　　　　**表 30-2**

承台编号		孔口高程	孔底高程	槽深	墙厚	顶部覆盖高度
新铁路桥	1、4 号	42.000	26.500	15.5	0.8	内侧 5.5
	2、3 号	41.000	26.500	14.5	0.8	4.5
二号桥	1、4 号	42.000	26.500	15.5	0.8	内侧 5.5
	2、3 号	41.000	26.500	14.5	0.8	4.5

说明：
1. 单位：高程为米（m），尺寸为毫米（mm）。
2. 本图系根据市政五公司 1994 年元月中旬提供的条件图绘制图 30-5 剖面图。
3. 桥墩承台以上的地下连续墙应在适当的时候予以凿除。
4. 二号公路桥除平面尺寸外，其余外形尺寸均与新铁路桥相同。
5. 本图仅供承台地下连续墙施工用。

30.3.3　施工

1. 槽孔施工方法说明

计算槽长（分段长）如图 30-6 所示。

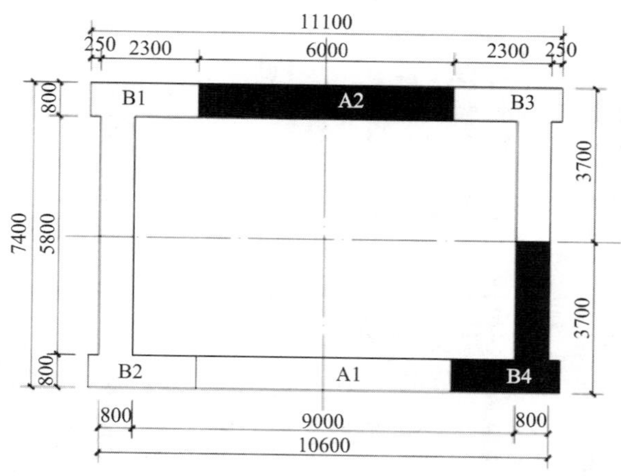

图 30-6　新铁路桥承台槽孔分段图 1：50

施工槽长：槽孔分段长边外侧各加长 1100mm，短边外侧另加 250mm 钢筋笼宽度；均为计算槽长（或分段长）减去 2 × 200mm。

挖槽方法：顺作法，即首开槽用两个接头管，中间槽用一个；跳仓法，闭合槽不用接头管。

每个槽孔均采用三抓成槽法，对于 L 形槽孔，第一抓应先抓短边，而且总是在原地基中抓土。

施工顺序：B1→B4→A1→B2→B3→A2。

2. 二号桥 1～4 号承台槽孔施工方法说明

计算槽长（分段长）：如图 30-7 所示，均为 5200mm × 2300mm。

施工槽长：分段长度标志线外侧加 1100mm，短边外侧另加 250mm。

钢筋笼长度：分段长度减去 2 × 200mm。

挖槽方法：顺作法。

施工顺序：C1→C2→C3→C4。

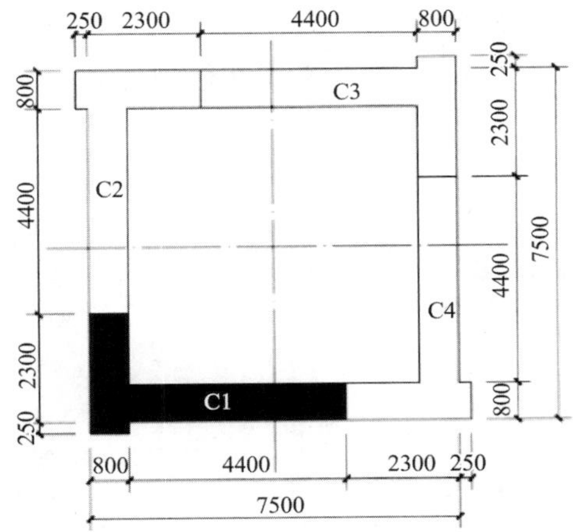

图 30-7　二号桥承台槽孔分段图 1：50

3. 钢筋图（图 30-8 和图 30-9）

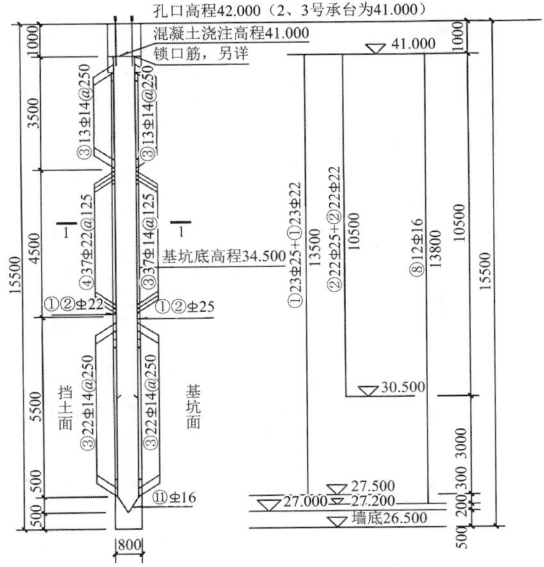

1：50 配筋图

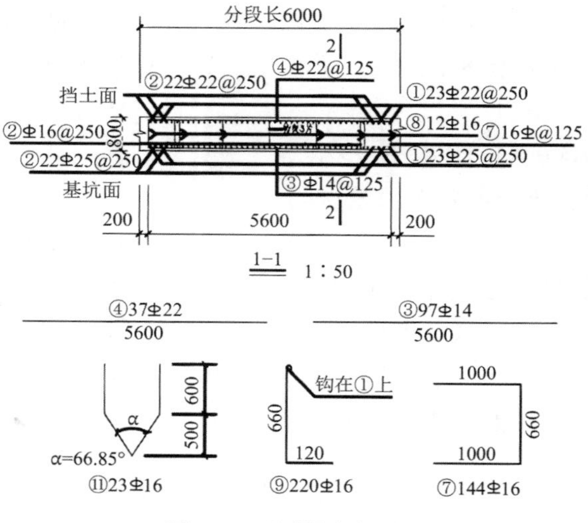

图 30-8 配筋图（一）

说明：

1. 单位：高程为 m，其他为 mm。
2. 材料：混凝土 C25，钢筋。
3. 钢筋净保护层为 70mm 厚。
4. ⑦号钢筋应与③和④筋焊接，焊接点不少于 4 处，焊缝总长度不少于 10*d*，其他焊接应遵守有关规范。
5. 2、3 号承台孔口高程为 41.000m，其竖向筋减短 1000mm，水平筋③和④各减少 4 根。
6. 桁架和拉筋⑨可根据实际情况稍作移动。
7. ⑪与①号钢筋搭接焊接方法同⑦。

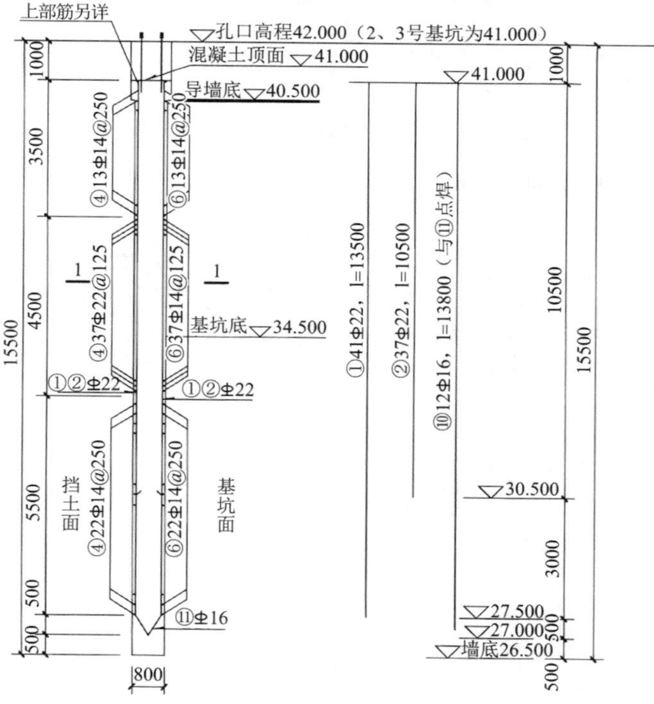

图 30-9 配筋图（二）

说明：

1. 单位：高程为 m，其他为 mm。
2. 材料：混凝土 C25，钢筋。

3. 主钢筋净保护层为 70mm 厚。
4. 当采用分片制作本钢筋笼时，可将③钢筋长边在距拐角 1450 和 2100mm 处分别切断一半；待加工大片时再与剩余段（加长 650mm）焊接。在搭接段 650mm 内的焊缝不得少于四处，焊缝总长不少于 10*d*。
5. ⑦号钢筋应与③、⑥号钢筋焊接方法相同，其他钢筋焊接方法按规范执行。④号钢筋做法同。
6. 孔口钢筋及桁架设计另详。
7. 桁架和拉筋⑨可根据实际情况稍作移动。
8. 导管处⑪号钢筋可去掉一根。
9. 吊放钢筋笼用的斜拉筋另详。

4. 细部图（图 30-10）

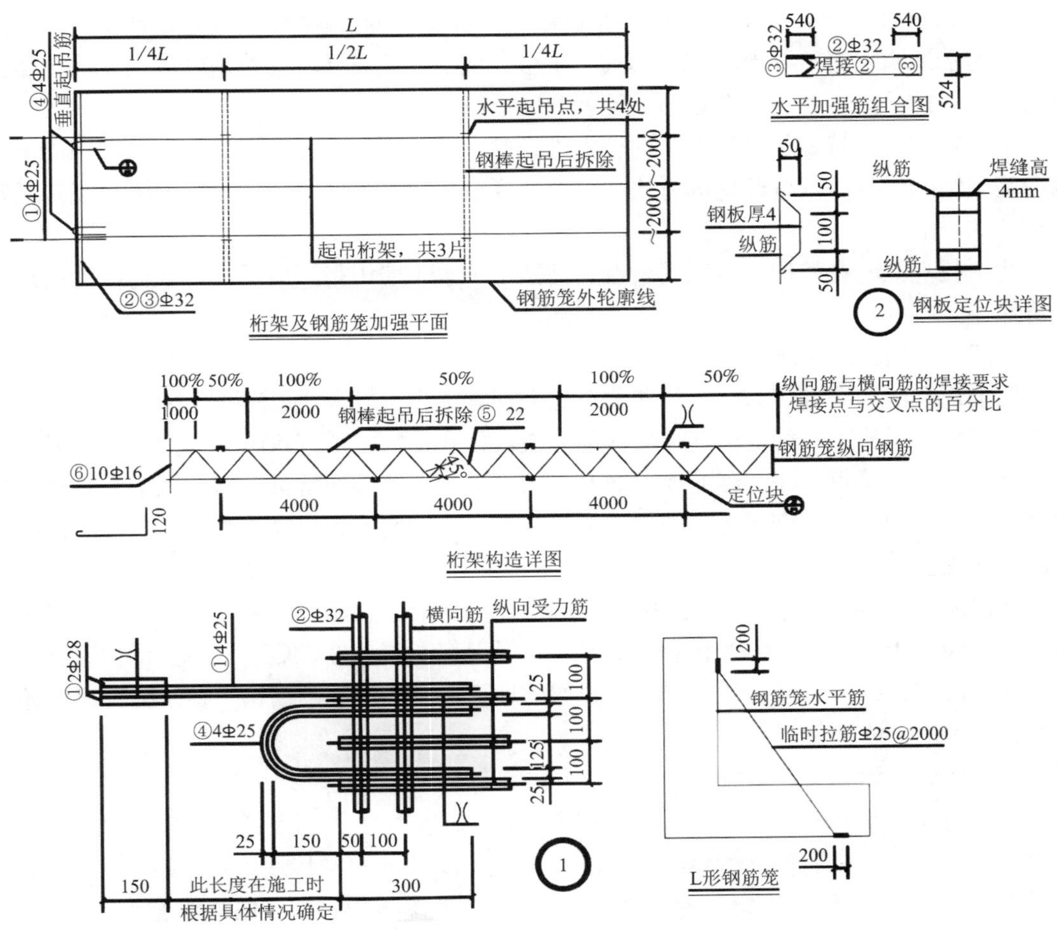

图 30-10　细部图

说明：
1. 单位：毫米（mm）。
2. 本图为钢筋笼起吊桁架及附加筋图。L 形钢筋笼除参照原图外，尚需按图示附加斜向拉结筋，待钢筋笼入槽时依次割断。
3. L 形钢筋笼的桁架位置详见设计图。

30.4　桐子林水电站导流明渠

30.4.1　概述

本节介绍导流明渠结构设计和施工的新技术，即采用框格式地下连续墙和大直径灌注桩的组合深基础，代替深基坑开挖的新技术开发和应用情况。

1. 试验研究的目的和意义

我国能源事业的发展关系我国四个现代化的进程，特别是绿色能源的发展日益迫切。

水电作为绿色清洁能源，是我国大力开发的能源项目。目前，我国的大型水电项目多分布在西南、西北的高山峡谷中，海拔很高，交通不便，建设周期较长。为此要求各个环节、各个工序都要设法加快建设进度。其中的导流和围堰工程，又是控制前期建设速度的重要环节。

在导流围堰工程中，常常要用明渠导流。邻近河道的导流挡墙又常常是位于第四纪的砂卵石透水地基之上。导墙的结构形式、防渗和地基承载力问题是控制导流设计、导墙施工的关键因素。为了解决这个难题，笔者开展了试验研究工作。

本课题的目的就是通过吸取国内外先进经验，结合水电工程特点，研究出采用墙桩组合深基础结构代替深基坑开挖的方法，以期达到缩短建设工期、节省工程投资并能确保安全施工的目的。

此项技术如能在类似的导流明渠或其他挡土（水）墙中得到应用，可取得显著的技术经济效益。

2. 国内外研究水平综述

地下连续墙从20世纪50年代初期在意大利首次应用以来，已有将近60年的历史，最近20多年又形成了一种地下连续墙深基础技术，它是为了适应跨越大江大河和海湾的桥梁、城市高层建筑等对深基础的要求而产生的。这种深基础通常都是做成圆形和矩形等封闭结构，有时为了承重需要还在内部做框格式地下连续墙或大口径灌注桩。这种结构在日本已经应用了很多。

国内从20世纪90年代初期，随着引进先进的地下连续墙技术和设备，在高层建筑的基础中已经采用了地下连续墙和灌注桩或非圆形大直径灌注桩（长条桩）组合的基础形式，在大江大河的桥梁中已经使用了圆形和矩形的地下连续墙深基础结构。在水电工程中还没有此类技术的工程实例。

3. 课题的理论和实践依据

本课题经过方案比较后，采用了墙桩组合深基础和L形钢筋混凝土底板、导墙结构。它的作用机理是：垂直墙承受水压力和土压力，将总的水平荷载传递给很厚的水平底板，由厚板承受弯矩和垂直方向的水、土压力及结构自重。此厚板相当于群桩基础的承台。在厚板下的节点部位设置大口径灌注桩，用以承受总的垂直荷载；各桩之间用地下连续墙连接起来，以增加结构总体刚度，控制结构变形以满足设计要求；在结构周边设置地下连续墙，防止外水渗入，保持基坑渗流稳定；在导流渠出口段防止因水流冲刷淘空而造成结构失稳。

多年实践证明，本课题所采用的地下连续墙和大口径灌注桩的设计和施工都是成熟、可行的。至于厚的混凝土底板和导墙混凝土浇注，在水电工程中都是成熟工艺。

4. 课题研究内容和实施方案

本课题研究对象是桐子林水电站导流明渠出口段的左导墙和底板。导墙最高为24m，第四纪覆盖层深为30m，导流渠的大部分底板和导墙均位于覆盖层中，右边底板与基岩相连接。

左导墙两边都会挡水和挡土。如果做重力式导墙，则相当于软基重力坝，其断面尺寸和工程量都很大，而且在狭窄河道中无法布置，施工难度太大，所以不能采用。

还有一种做法是把覆盖层挖除 30 多米，然后做悬臂式和扶壁式挡墙结构。此方案在基坑开挖和降水、排水方面都很困难，也无法实施。

针对本工程的水文、地质和施工要求，笔者提出了框格式地下连续墙和大口径灌注桩的组合深基础方案。此方案特点是采用周边封闭的地下连续墙和大口径灌注桩以及厚板组成的结构体系，分别挡土、挡水、承受主体荷载（弯矩和垂直力），且具有周边防渗和防止下游回流淘刷的功能，施工难度不是太大。此方案相比上边所述深基坑方案的优点是，不必开挖深部土石方，施工人员、设备不必到深井（坑）内作业，确保了安全，同时可降低工程造价，缩短工期。

这里要特别说明的是，采用大口径灌注桩与地下连续墙相结合的深基础方案，比全部采用地下连续墙的框格式方案要好。大口径桩，可以用来承受垂直荷载，可减少地下连续墙的配筋；在四个方向上，便于框格式地下连续墙的节点连接，而且连接的成功率和接头质量有保证。

本课题实施流程如下：

（1）首先进行详细地质勘察和室内外试验，确切了解施工场地的工程地质和水文地质情况，以及洪水水文情况。

（2）在现场进行必要的试验，如地下连续墙和大口径灌注桩试验，了解施工的可能性，特别是桩、墙接缝施工效果。

（3）按施工设计图进行施工。

（4）通过基坑开挖和现场观测，验证本课题的可行性。

（5）总结。

5. 本课题实施的关键环节

（1）如何保证大口径灌注桩的定位（即垂直度）准确。

（2）如何保证大口径灌注桩中四个对称布置的凹形接口钢板定位准确，即角度偏差不能太大。

（3）对于不对称布置的三个、两个或一个凹口板的准确定位。

（4）如何保证浇注混凝土时，混凝土不会绕流而堵塞凹口板。

（5）如何控制泥浆性能，保证孔壁不坍塌。

（6）十字桩和一字形地下连续墙施工顺序。

本节重点介绍雅砻江桐子林水电站的导流明渠地基处理和左导墙防渗及结构设计情况。

本工程利用地下连续墙和大直径灌注桩组合深基础，来代替最深达 32m 的深基坑开挖和回填工程，取得了显著的技术经济和社会效益。中国水电七局成都水利水电建设有限公司参与本课题，并负责具体实施工作。

30.4.2　工程概况

1. 总体布置

桐子林水电站位于四川省攀枝花市盐边县境内，距上游二滩水电站 18km，距雅砻江与金沙江汇合口 15km，是雅砻江下游最末一个梯级电站，电站装机容量为 60 万 kW。水库正常蓄水位为 1015m，总库容 0.912 亿 m^3，水库具有日调节性能。桐子林水电站以发电任务为主。

桐子林水电站枢纽由重力式挡水坝段、河床式电站厂房坝段、泄洪闸（7孔）坝段等建筑物组成。

桐子林水电站施工期临时建筑物级别为4级，采用右岸明渠导流方式，主体工程分两段三期进行施工。

2. 导流明渠及左导墙设计简介

导流明渠布置在右岸滩地上，结合右岸三孔泄洪闸的布置，导流明渠渠身段底宽63.8m，明渠中心线混凝土底板长609.773m。明渠进口底板高程为982.000m，出口高程为986.000m。

1）明渠左导墙（左导）0－217.883～（左导）0＋000段结构设计

根据地形、地质条件及结构布置，明渠左导墙采用类似于半重力式的挡土墙结构。

导墙墙身及底板采用C20混凝土，导墙迎水面高程982.000～984.000m，底板迎水面设置厚0.5m的HFC35抗冲磨混凝土。

2）明渠左导墙（左导）0＋000～0＋125段结构设计

该段为主体工程泄洪闸结合段，包括3孔泄洪闸及重力坝段（1、2号坝段）。

泄洪闸结合段垂直水流方向长74.6m，重力坝段长50.74m，顺水流方向桩号0＋000～0＋060为闸室段，桩号0＋060～0＋125为护坦段。

泄洪闸室范围内导流明渠由左侧L形导墙、右侧底板、重力坝段构成。底板总宽74.6m，其中L形导墙底板宽40.4m，右侧底板宽34.2m，顺水流方向长60m，底板顶高程为982.000m。L形导墙顶高程为1014.000～1004.800m，厚6.2m，最大高度54m（包括齿槽），导墙内侧需预埋闸墩钢筋。基础最低建基高程为960.00m，底板结构高度为960～974m，厚22～8m，采用C20钢筋混凝土。

桩号0＋060～0＋125为护坦段，导流明渠由左侧L形导墙、护坦底板以及边坡衬护组成，总底宽63.8m，底板顶高程为982.000m，顺水流方向共分为三段，长度分别为21、21、23m。L形导墙垂直水流方向底板宽40.4m，底板结构厚8m，C20钢筋混凝土。底板、边墙表面设置50cm厚HFC35耐磨混凝土，边墙耐磨混凝土高2m。导墙顶高程为1010.000～1004.800m，厚6.2m，最大高度48.8m（含齿槽）。

3）明渠左导墙（左导）0＋125～（左导）0＋326.481段结构设计

根据地形、地质条件及结构布置，明渠左导墙采用L形结构（原设计水平段底板在明渠的外侧），该结构类似于半重力式挡土墙和悬臂式挡土墙，导墙结构尺寸为：导墙顶宽6.2m，内外侧直立，底板宽31.2m，导墙桩号0＋125～0＋177.713段底板厚8m，导墙桩号0＋177.713～0＋215.198段底板由厚8m渐变至6m，导墙桩号0＋215.198～0＋326.481段底板厚6m，在内侧墙与底板交界处设置4m（宽）×8m（高）的倒角。

导墙距底板2m及底板表面设置厚0.5m的HFC35抗冲磨混凝土，其余混凝土采用C20。

导墙桩号0＋220下游段基础由于是深厚覆盖层，不具备开挖建基的条件，同时由于该段基础基岩和覆盖层分界线变化较大，设置沉井施工困难，同时工期也较长，而导墙桩号（左导）0＋220下游段在施工期承受的水平荷载不大，永久运行期导墙两侧水平荷载基本平衡。因此，考虑到这些因素，对该覆盖层处理采用了框格式连续墙结构。

出口段导流明渠的平面图如图30-11所示。

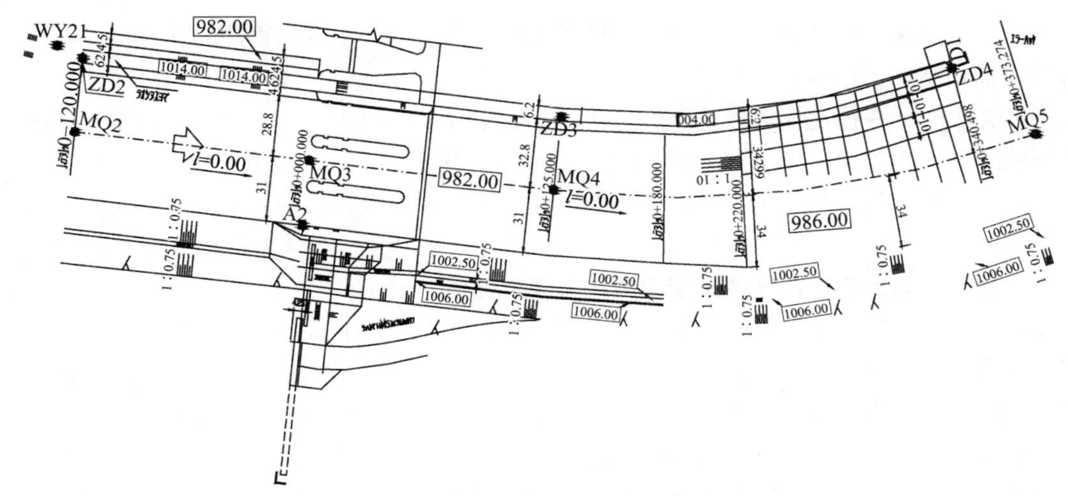

图 30-11　导流明渠平面图（局部）

30.4.3　地质条件

1. 导流明渠出口段地质条件

导流明渠出口及左导墙末端覆盖层一般厚 15～30m，最大约 37m，由上部漂砂卵砾石层（厚 3～8m）、中部青灰色粉砂质黏土层（最大厚约 32m）和下部砂卵砾石层（厚 4～6m）组成。河床覆盖层按其成因和地层结构特征自下而上分为三层：

第一层：砂卵砾石层，为早期河流冲积层，分布于深切河谷底部，厚度一般为 4～6m，局部缺失此层，分布不稳定。卵砾石成分以英云闪长质混合岩、玄武岩、正长岩及砂岩等为主，粒径 2～10cm，磨圆度较好，充填中细砂，结构较密实。

第二层：青灰色粉砂质黏土层（Q_{3t}^{3}），属河流堰塞沉积，成分较单一，一般厚 22～32m。该层天然状态略显层理，具有遇水软化、失水干裂的特点。其成分以粉粒、黏粒为主，其中黏粒含量占 10%～40%，并有零星砾石、碎屑、炭化木等分布，局部夹细砂层透镜体。

第三层：含漂砂卵砾石层，为现代河床冲积层，厚度一般为 3～8m，卵砾石成分为英云闪长质混合岩、玄武岩、正长岩、大理岩及砂岩等，粒径一般为 0.5～8cm，漂石含量约占 3%，靠岸坡有孤石分布。该层卵砾石磨圆度较好，充填中细砂，结构较松散，密度略低。

试验成果表明，砂卵砾石层属连续级配但不均匀，砂粒含量偏少，其中卵砾石含量占 80%左右（砾石含量 50%），砂的含量占 15%～18%。第三层漂石含量约占 3%，湿密度 23.4kN/m³，密实度略低于第一层，但都属于中等压缩性土层，为强透水性。

桐子林组粉砂质黏土层，其中砂粒含量平均 9.9%，粉粒含量平均 57.1%，黏粒含量平均 33%，天然密度 18.72kN/m³，含水量 30.14%。物性指标表明，该层成分均一，属低塑性、中液限、孔隙比大、压缩模量较低、中低压缩性土。室内小三轴固结排水剪力试验表明，其内摩擦角$\varphi = 20.5° \sim 31.50°$，平均为 26.2°，反映有围压排水情况下强度有所提高。现场承载试验成果表明，该层承载力较低，取其载荷曲线的比例极限值$R_c = 0.3$MPa，极限强度值$R_c = 0.5$MPa。预计随着深度的增加，承载力会有适当的提高，但预测此类土的流变特性将十分明显。

关于粉砂质黏土层的抗液化性能，参照二滩电站堰基同类土的试验成果。该层属非液化土，在地震基本烈度Ⅶ度情况下液化的可能性不大，但其土的动剪应力比随固结应力比K_c的增加而增加，随破坏振次N_f的增加而减少。

该类土的抗渗稳定性较强，经室内试验其破坏坡降$i_f = 88 \sim 149$，但该层在扰动情况下破坏坡降仅为 10～30，其破坏形式为流土或水力劈裂。

覆盖层下伏基岩为砂页岩，岩体以弱风化为主，以Ⅳ级岩体为主，页岩挤压破碎带为Ⅴ级岩体。

2. 导流明渠出口及左导墙末端工程地质条件评价

青灰色粉砂质黏土层承载力低，具中等压缩性，抗冲性能很差，不宜直接作为地基。

下伏基岩为砂页岩，岩体弱风化，弱卸荷，较松弛，变形模量$E_0 = 2 \sim 4$GPa，砂岩抗冲性能较好，页岩及煤系夹层抗冲性能差。作为地基需清除松弛岩体，并对页岩及煤系夹层采取相应的处理措施后可满足基础及防冲要求。

明渠出口边坡岩体为砂页岩，自然坡度为 40°左右。以砂岩占多数，页岩薄层状且表现为挤压揉皱，部分为层间挤压破碎带。表部岩体强风化，强卸荷，为层状—碎裂和层状—块裂结构的Ⅴ级岩体，边坡整体是稳定的。

建议开挖坡比为 1 : 0.75～1 : 1。

30. 4. 4　深基坑渗流分析与控制

1. 概述

水电站建设过程中，需要进行三次导流，修建三次围堰，选择一期导流和围堰来分析渗流问题。

2. 堰体结构布置

一期纵向围堰布置于右岸河漫滩外侧，采用土石围堰，堰顶宽度为 12m，堰顶高程为 994.000m，枯期围堰堰顶轴线总长 1056.68m，最大堰高约 16m。堰体分两区堆筑，即砂砾石区和石渣堆筑区。砂砾石区主要考虑便于堰体高喷防渗墙施工，该区顶宽 8m，迎水面、背水面坡比为 1 : 1.75。石渣堆筑区布置在迎水面，增加堰面的抗冲能力，该区顶宽 4m，迎水面坡比为 1 : 2。

根据一期导流水力学模型试验成果，对枯期围堰堰面采用厚 0.6m 的袋装石渣保护。

3. 枯期围堰堰体及堰基防渗设计

堰基覆盖层一般为 3 层，即：与基岩相接的砂卵砾石层（①层）、分布在河床表面的含漂砂卵砾石层（③层）、夹在这两层之间的粉砂质黏土层（②层）。①层一般厚 3～8m，粒径一般为 2～10cm，卵砾石含量占 80%左右，砂的含量占 15%～18%；③层一般厚 3～10m，卵砾石粒径一般为 0.5～8cm，砂卵砾石及砂的含量与①层基本相同，漂石含量约占 3%；②层一般厚 4～26m，成分以粉粒、黏粒为主，其中黏粒含量占 10%～40%，渗透系数（1.7～6.8）$\times 10^{-6}$cm/s，该层特点为遇水软化、失水干裂。

根据一期枯期围堰地质条件分析，堰基防渗采用高喷或混凝土防渗墙均是可行的。经综合分析，枯期围堰堰基采用高喷防渗墙防渗。

由于枯期围堰不高，堰顶高程为 994.000m，堰基防渗施工期间，河床水位一般在高程 990.000m 以下。因此，将堰体、堰基防渗统一考虑，采用相同的防渗形式，即利用围堰堰顶作为堰体、堰基高喷防渗墙的施工平台。枯期围堰高喷防渗墙深度一般在 40m 以内，局部最深为 51m。

由于导流明渠枯期施工，基坑内外水头差不大，单排高喷墙的厚度能满足允许渗透坡降的要求，但高喷墙桩与桩之间一定要紧密连接。围堰设置一排高喷防渗墙，桩径1.2m，桩间距适当加密，为0.8m。另外，由于河床覆盖层第②层不连续，局部存在缺口，该地段采用两排高喷墙，高喷防渗墙平面布置、高喷防渗墙的浆液配比等，通过现场试验后选定。

4. 渗流计算

1）计算方法

采用理正平面渗流程序（5.3版）计算。平面渗流只计算设计工况，即上游水位为992m，下游水位为956m（基坑地面），高喷防渗墙最大深度约51m。

根据不均匀介质中各向异性饱和流动与非饱和流动的二维渗流方程，采用二维问题渗出面的迭代求解法，推导出相应的有限元数值离散格式，并对得到的非线性离散方程采用隐式和二阶精度的时间积分法进行求解，同时采用向量化的共轭梯度法求解大型稀疏线性方程组，进行有限元计算。

2）计算简图

根据围堰防渗深度及基础开挖高度，选取桩号 0＋125 断面作为计算断面，计算简图如图30-12、图30-13所示。

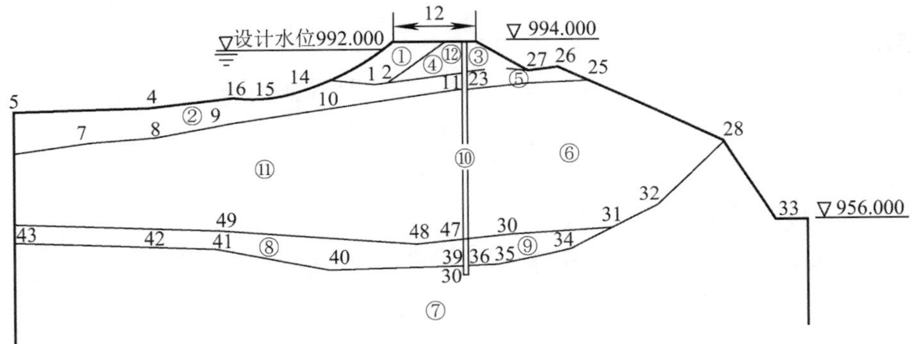

图30-12　围堰计算简图

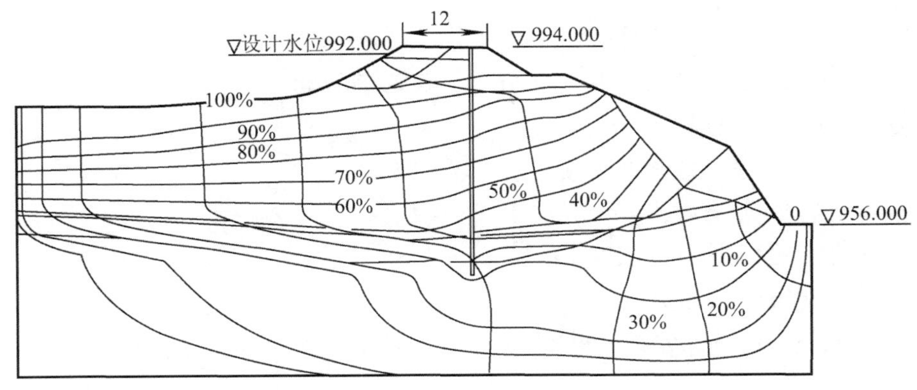

图30-13　流网图

3）基本参数

覆盖层、基岩的渗透系数参考试验资料确定，高喷灌浆的渗透系数根据工程类比确定，渗透系数计算见表 30-3。

渗流计算参数表 表 30-3

材料名称	k_x（cm/s）	k_y（cm/s）
堆石	1.0×10^{-2}	1.0×10^{-2}
砂砾石	5.0×10^{-2}	5.0×10^{-2}
含漂砂卵砾石	5.7×10^{-2}	5.7×10^{-2}
青灰色粉砂质黏土	6.8×10^{-6}	6.8×10^{-6}
砂卵砾石	3.18×10^{-2}	3.18×10^{-2}
基岩	1.0×10^{-4}	1.0×10^{-4}
高喷灌浆	9×10^{-6}	9×10^{-6}

4）计算成果

通过计算可知，最大单宽渗流量为 $0.564\text{m}^3/(\text{m}\cdot\text{h})$。

从围堰及基础各层渗透坡降分析，第③层中计算最大坡降为 0.39，高于该层允许渗透坡降，其余各层均小于允许渗透坡降。因此，应在基坑开挖边坡采取必要的反滤和压重等措施，防止出现渗透破坏。

5. 明渠底板抗浮计算

根据《水闸设计规范》SL 265—2001，抗浮稳定计算按下列公式计算：

$$K_{\mathrm{f}}=\frac{\sum V}{\sum U}$$

式中 K_{f}——底板抗浮稳定安全系数；

$\sum V$——作用在底板上全部向下的铅直力之和（kN）；

$\sum U$——作用在底板基底面上的扬压力（kN）。

根据《溢洪道设计规范》DL/T 5166—2002，锚固地基的有效重按下列公式计算：

$$G_2=(\gamma_{\mathrm{r}}-10)\eta TA$$

式中 G_2——锚固地基有效重标准值（kN）；

γ_{r}——锚固地基岩体的重度（kN/m^3），取 26.5kN/m^3；

A——底板计算面积（m^2）；

η——锚固地基有效深度折减系数，取 0.95；

T——锚固地基有效深度（m），$T=S-L/3$；

S——锚筋锚入地基的深度（m）；

L——锚筋间距（m）。

经计算，明渠底板抗浮安全系数为 1.13，大于规范允许的最小安全系数 1.1，满足抗浮要求。

30.4.5 出口段结构布置方案比较

1. 概述

桐子林水电站位于山区河道中，河床狭窄，山高坡陡。在此情况下布置河床挡水、泄洪和电站厂房，是很困难的。再加上洪水流量大、河床窄小，施工导流的难度也很大，不得不采用三期导流两段设计施工方案。

导流明渠出口段位于深约 37m 的覆盖层上，位于河床中的左导墙的最大高度超过了 50m。遇到洪水时，出口段河床冲刷问题很严重。所以，出口段的混凝土底板和左导墙不仅要使结构物表面能够承受高速水流冲刷，还要防止河道回流冲刷导流明渠出口混凝土底板。为此目的，进行了多个设计和施工方案比较，最后选定了导流明渠底宽 63.8m 和框格式地下连续墙方案。

2. 方案选用过程

本工程从 1994 年提出可行性研究报告至今，经历了多次方案变动和审查变更，到 2009 年 12 月底，基本上完成方案比选工作，最后选定了框格式地下连续墙方案进行施工图设计。

在方案比较和选用进程中，对导流明渠的基坑分别提出了几个基本方案：

（1）全部自然放坡开挖，全部现场浇注混凝土。此方案的一期导流工期为 36 个月。

（2）基坑墙锚方案：采用地下连续墙和锚索作为开挖支护。此方案总工期 72 个月，其中一期导流工期为 24 个月。

（3）沉井方案：左导墙末端（桩号 0 + 170 下游）采用沉井方案。此方案的总工期为 72 个月，其中一期导流工期为 22 个月（开挖 12.5 个月，浇注 9.5 个月）。由于地基组成复杂，软土、砂卵石和风化岩分布不稳定，导致沉井施工困难，工期长，风险大。

（4）地下连续墙和围井基础：此方案左导墙下面为地下连续墙基础，出口段则采用地下连续墙围成的围井，开挖后，再浇注混凝土。此方案可把一期导流工期由 22 个月缩短到 12 个月。

（5）围井方案。此方案（桩号 0 + 000～0 + 150）段闸室和消力地段全部采用地下连续墙围井。此外，左导墙全部采用地下连续墙基础，出口段则采用地下连续墙围井作为开挖支护。上述采用地下连续墙围井的，与沉井不同，其是采用地下连续墙作为开挖基坑的外墙。随着基坑自上而下开挖再设置 6～7 道钢筋混凝土水平支撑，保持基坑稳定。挖至设计高程后，再依次自下而上浇注结构混凝土。

（6）框格式地下连续墙深基础方案。此方案是将导流明渠出口段桩号 0 + 215 以下布设成纵向 4 道、横向 12 排的地下连续墙框格网，地下连续墙底深入弱风化砂页岩内 1～2m，周边地下连续墙兼作基坑的防渗结构。明渠的左导墙和底板做成 L 形结构，支撑在框格式地下连续墙上。底板厚 6～8m，导墙底部厚 4～6m，承受水压力。此方案总工期 66 个月，一期导流工期 14 个月。

2008 年 11 月提出的调整优化专题报告中，根据导流明渠宽度、消能防冲能力、地基处理方式，提出了五个方案，进行技术经济比较（表 30-4），最后选定了底宽 62m 的方案，平面布置如图 30-14 所示。

各方案综合比较表　　　　表 30-4

分类	方案 1	方案 2	方案 3	方案 4	方案 5
工程地质	覆盖层深 34m，主要为粉砂质黏土层，覆盖层下为Ⅳ类基岩	同方案 1	覆盖层深 39m，主要为粉砂质黏土层，覆盖层下为Ⅳ类基岩	同方案 3	同方案 3

续表

分类			方案1	方案2	方案3	方案4	方案5
枢纽泄洪闸			1）枢纽河床5闸孔和明渠2闸孔的布置简洁，结构设计计算方法常规、可靠； 2）建基面为Ⅳ类基岩，建筑物的应力及整体稳定具有可靠的保证； 3）枢纽泄洪能力满足设计要求，消能效果较好	同方案1	1）枢纽河床4闸孔和明渠3闸孔的布置简洁，结构设计计算方法常规、可靠； 2）同方案1第2）点； 3）由于明渠闸孔泄量偏小，该方案明渠闸孔数较方案1、2多，因此泄洪能力较方案1、2低，但经过堰面优化能满足要求，消能效果较好	1）枢纽整体布置较复杂，改建闸孔由于结合导墙布置，夹在河床闸孔和明渠闸孔中间，布置特殊，同时结构设计较复杂； 2）导墙改建闸孔基础基坑采用围井进行逆作法开挖置换，围井设计难度较大，细部构造复杂，受力条件复杂； 3）改建闸孔的堰面抬高使枢纽泄洪能力较方案3更低，但经过堰面优化仍可以满足要求，消能效果也略差于方案3	基本同方案4，但改建闸孔位置更靠近主河床，基础处理基坑地质条件较方案4更复杂，基坑深度加力，进一步加大了围井的设计难度
导流	一期导流		采用全年导流，流量10800m^3/s，堰面流速小于5m/s，河床最大流速4.26m/s，一期围堰及缩窄河床保护难度大，导流风险较大	采用枯期导流，流量2744m^3/s，导流风险小	同方案2	同方案2	同方案2
	二期导流	水力学条件	导流流量12700m^3/s，最大单宽流量约290m^3/(s·m)，最大流速约14m/s，明渠出口下游岸坡保护范围大，保护难度大，导流风险较大	同方案1	导流流量12700m^3/s，最大单宽流量约210m^3/(s·m)，最大流速约10.3m/s，明渠出口下游岸坡保护范围减小，保护难度减小，导流风险较小	同方案3	导流流量12700m^3/s，最大单宽流量约150m^3/(s·m)，最大流速约8m/s，明渠出口下游岸坡保护范围减小，保护难度减小，导流风险较小
		明渠左导墙结构	左导墙基础主要采用开挖建基，末段采用连续墙，连续墙两侧水平荷载基本相同，但二期基坑下游侧采用墙锚结构，该结构在粉砂质黏土层覆盖层中实施锚索，存在较大风险	同方案1	左导墙基础主要采用开挖建基，末段采用连续墙，取消了二期基坑下游侧墙锚结构，连续墙承受二期下游围堰的侧向土压力，对结构不利	左导墙基础全部采用连续墙和围井，连续墙的特点与方案3相同，同时存在围井结构复杂、施工难度大的特点	同方案4
	三期导流		三期导流采用枯期导流，枯期围堰挡水发电	同方案1	同方案1	三期导流采用枯期导流，历时两个枯期，汛期采用过水围堰保发电和度汛，比前三个方案导流难度大	同方案4
施工	基础处理施工难易程度		连续墙最大深度约34m，施工有一定难度	连续墙最大深度约34m，施工难度同方案1	连续墙最大深度约为46m，施工难度比方案1、方案2大	连续墙最大深度约为46m，闸室段采用围井（深度34m），施工难度比方案3大	连续墙最大深度约为47m，闸室段采用围井（深度39m），施工难度比方案4大

续表

分类		方案 1	方案 2	方案 3	方案 4	方案 5
施工	工期	首台机发电工期为51 个月，总工期为 63 个月	首台机发电工期为 53 个月，总工期为 65 个月	首台机发电工期为 53 个月，总工期为 65 个月	首台机发电工期为 53 个月，总工期为 66 个月	首台机发电工期为 63 个月，总工期为 78 个月
工程直接投资	泄洪工程（万元）	30080.81	30080.81	29420.80	44779.53	46074.88
	导流工程（万元）	80259.06	76405.99	77006.96	70325.19	75801.41
	合计（万元）	113474.69	109621.62	109562.58	118239.54	125011.11
	投资差（万元）	0	−3853.07	−3912.11	4764.85	11536.42

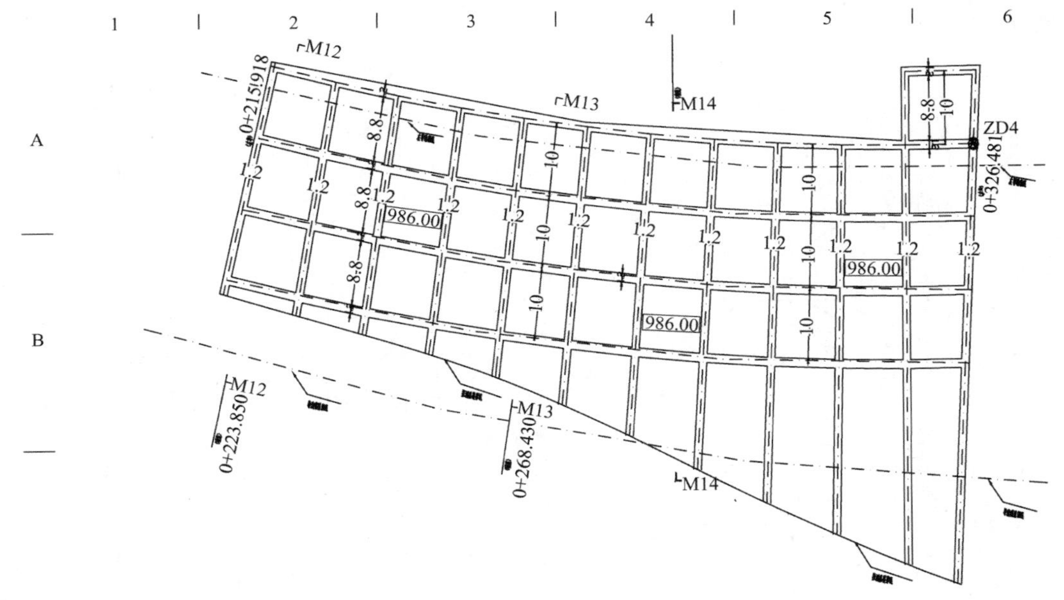

图 30-14　地下连续墙平面布置图 1：200

此时的左导墙为底板在外边的 L 形导墙，仍不理想，遂又进行了以下方案比较。

（7）框格式地下连续墙和大直径灌注桩的组合深基础。此方案是对框格式地下连续墙深基础方案的改进。

原方案的关键点是十字交叉点的地下连续墙的设计和施工方法，特别是如何保证同样是厚度 1.2m 的十字形地下连续墙的四个接头孔准确定位，以及 T 字形、直角形等厚地下连续墙准确定位问题，很不容易解决。

为了改变这种状况，笔者提出了用大直径灌注桩代替交叉点处的等厚地下连续墙方案。经过现场钻孔和成桩试验，证明此法完全可行后，即应用在本工程中。

30. 4. 6　对原设计的优化和改进

1. 概述

笔者将交叉节点结构优化成“大桩”形式，解决了框格式地下连续墙深基础的技术瓶颈，确保了本课题项目的顺利进行和快速施工目标的实现。

招标设计阶段采用的是墙厚均为 1.2m 的框格式地下连续墙（图 30-15）。它的节点也是等厚的地下连续墙（图 30-16），断面有十字、T、L 三种形式，墙底还要入岩 1～2m。这些节点处的地下连续墙的施工是本课题成败的难点，即使采用改善泥浆性能或者采用高喷方法对地基进行加固，都无济于事。因为十字形地下连续墙是一种轴对称结构，它的任何一点的位置都需要两个尺度（坐标）来确定。无论是节点墙先施工还是后施工，都会遇到钢筋笼和接头钢板在两个互相垂直方向（*X*，*Y*）和轴线（180°）方向上精确定位的问题。还有，由于入岩 1～2m 的要求，必须采用冲击钻机挖槽。挖槽过程中，由于冲击钻头的巨大冲击作用，会导致十字交叉处临空的槽壁坍塌。这样不但增加了造孔难度，而且导致浇注混凝土时发生严重的绕流，堵塞接头钢板空间，造成二期槽无法继续施工。

从图 30-16 中可以看出，由于抓斗的尺寸和性能限制，抓斗必须放在四个（至少两个）墙边方向上才能挖出一个十字槽上部的土层，还要再换上冲击钻来凿出下部岩石。这无疑造成了施工布置混乱，工效低下。

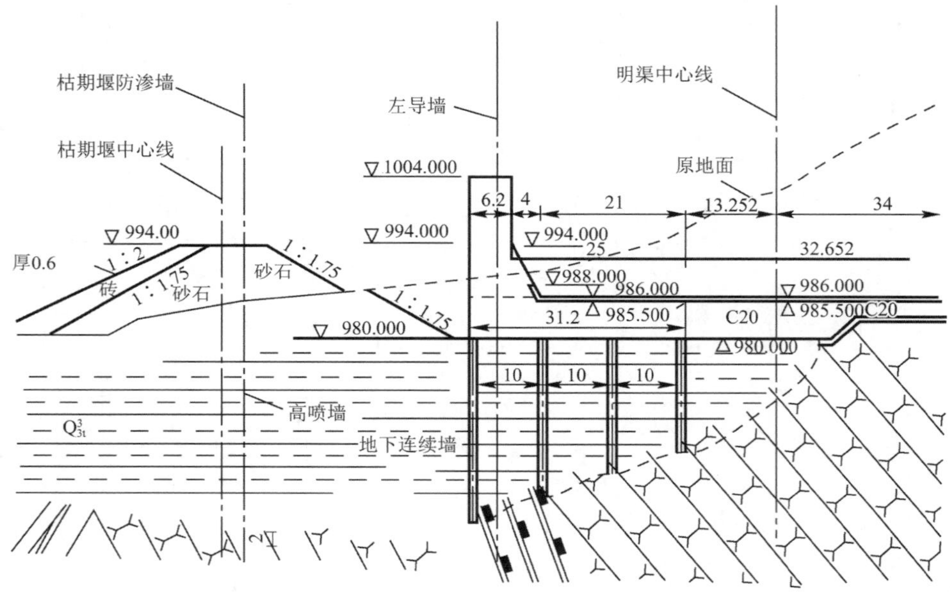

图 30-15　明渠剖面图（M14～M14′）

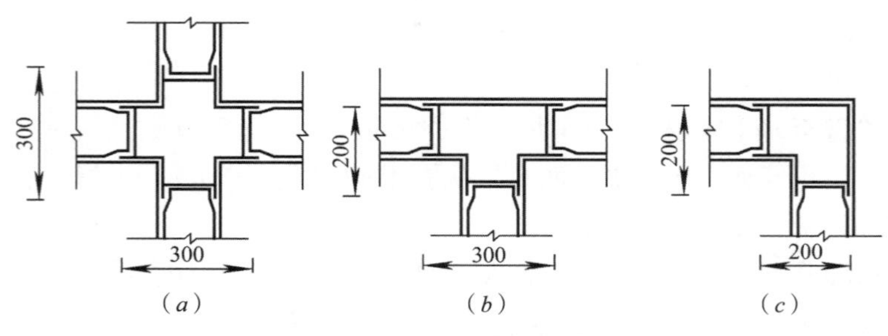

图 30-16　原设计节点图

（*a*）十字形节点大样图；（*b*）T 形节点大样图；（*c*）L 形节点大样图

基于以上原因，对节点设计方案进行了调整。其中之一的做法是在节点处做厚墙（图 30-17）。

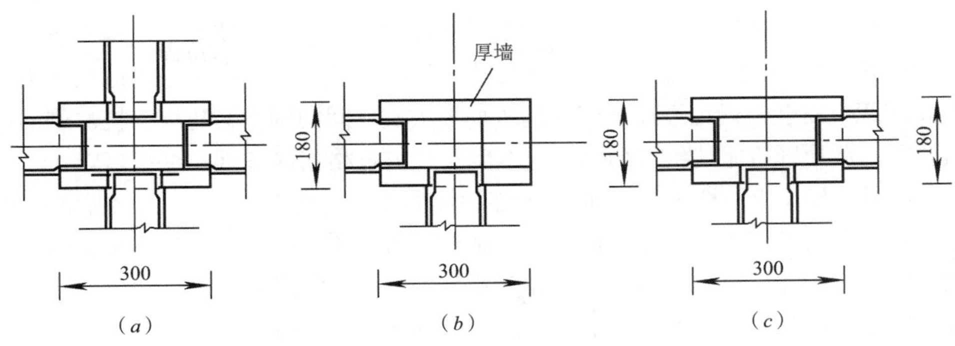

图 30-17　改进的节点设计图

（a）十字形节点大样图；（b）T 形节点大样图；（c）L 形节点大样图

图 30-17 中，把X轴或Y轴方向的墙厚加大到 1.8m 后，对中容易一些，但是仍然没有改变两个轴线方向对准难度大的问题。同时，当一字形地下连续墙先施工，十字形地下连续墙后施工时，则十字地下连续墙要在四个方向上进行对准，难度仍大；槽壁坍塌的风险更大。目前，还没有建造 1.8m 地下连续墙的合适钻机设备。所以，此办法无法实现。

还有一种办法，就是采用下面所说的墙桩组合的深基础方案。

2. 墙桩组合深基础优化方案

1）结构断面的优化

为了解决上述问题，笔者提出了用大直径灌注桩来代替节点处地下连续墙的方案。即在节点处采用大桩，两桩之间仍采用地下连续墙（图 30-18）。这是基于以下原因而采用的代替方案：

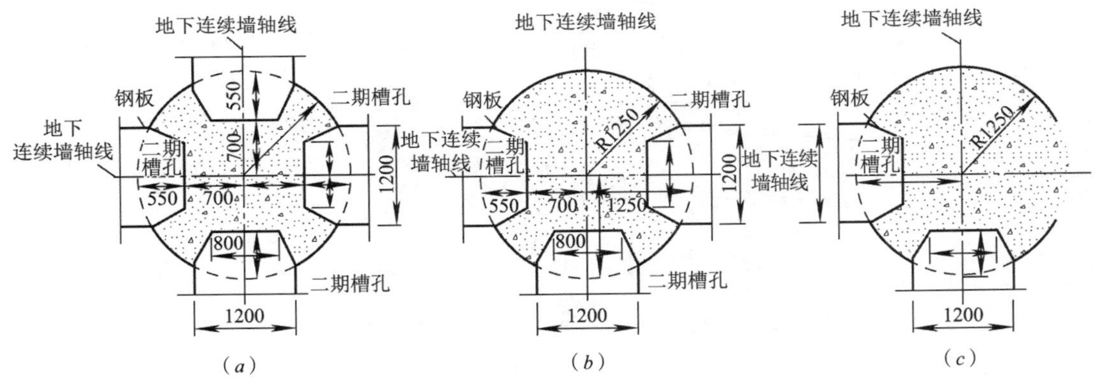

图 30-18　大桩节点图

（a）十字形节点大样图；（b）T 形节点大样图；（c）L 形节点大样图

（1）圆是一种点对称的结构，点的定位可由一个尺度（即圆心角）来确定。

（2）圆桩在挖孔时，由于地层土体拱的作用使土体减少了坍塌可能。另外，由于采用冲击钻机挖孔，钻头会把周围冲击挤压密实，也减少了坍塌可能。总之，圆桩挖孔可减少坍塌，大大减少混凝土绕流的不良影响。

（3）采用大直径灌注桩，加大了接头钢板在圆断面内的空隙，可以使二期地下连续墙的钢筋笼更顺利地吊放，使一、二期混凝土的摩擦接触面更大些。这对提高结构强度和顺利施工都有利。

（4）采用大直径灌注桩以后，大大改变了基础的受力状态，使整个结构变成了上部厚6～8m的底板和厚6m的导墙构成的L形结构，连同下部大直径灌注桩组成的受力体系来承受主要荷载；而框格式地下连续墙则起着加大大桩之间的刚度、防渗、抗冲刷的作用。这种组合深基础形式肯定比纯粹由地下连续墙组成的框格式深基础要好得多。

（5）圆桩先施工（一期），一字形地下连续墙后施工。这样做的好处是，后施工的地下连续墙钢筋只需对准圆桩上一个方向的接头钢板就可以了，施工占地少，不影响场区内的地面交通。这也是保证整个深基础工程能够顺利完成的关键点之一。

（6）经过对桩径2.2、2.5、3m的比较，选定大桩直径为2.5m。

鉴于此，笔者推荐采用了墙桩组合深基础的结构形式。

2）平面布置的优化

根据电算结果分析，把原来的四排纵墙改为两道半，即第三排纵墙只从第七排横墙开始；第一、二排间距维持原来的10m不变，第二、三排的间距增加到17.5m（图30-19），这是为了施工方便。横墙仍为12道，间距仍为10m。

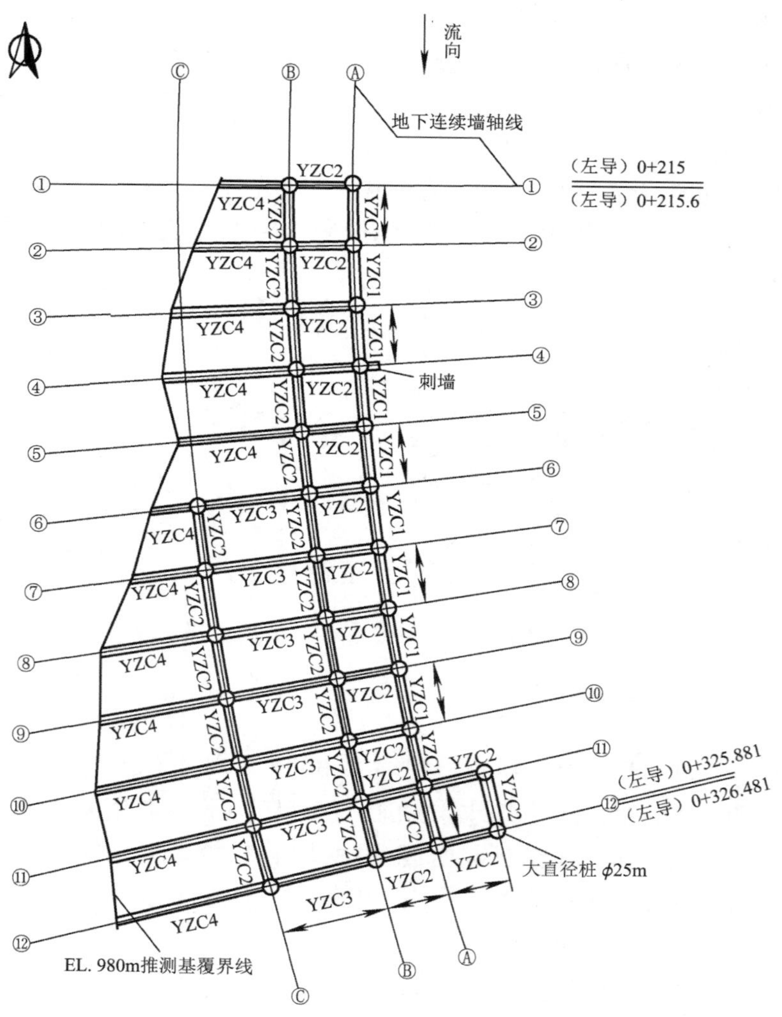

图30-19　优化后的平面布置图

30.4.7　框格式墙桩组合深基础设计要点

本课题应注意以下几方面：

（1）组合深基础的布置。

（2）节点的结构形式与构造。

（3）组合深基础的计算分析。

（4）组合深基础的监测设计。

（5）组合深基础的施工。

1. 前期成果简介

为保证明渠运行期间出口的安全，对明渠出口末端覆盖层需进行封闭处理。明渠左导墙末端墙高约 24m，导墙与基础需联合挡土挡水，同时还需满足抗冲刷要求。

通过对沉井和框格式混凝土地下连续墙方案进行比选，导流明渠出口及左导墙末端采用框格式混凝土地下连续墙大直径灌注桩组合深基础。

组合深基础是由纵横相连的混凝土墙和节点的大直径灌注桩组成。

连续墙顺水流方向间距为 10m，顺水流方向设置 12 道墙；垂直水流方向设置 3 列地下连续墙，均厚 1.2m，最大墙深约 30m。地下连续墙混凝土强度等级为 C30，根据应力计算配筋。

地下连续墙槽段接头采用十字形钢板连接，钢板厚 30mm。地下连续墙墙顶钢筋伸入底板 2m 并与底板钢筋焊接。

已委托武汉大学进行了应力及变形分析计算。成果表明，该结构在各工况下是安全的。

2. 地下连续墙接头

整个地下连续墙分成若干个墙段，分期进行施工。两墙段之间的接头质量是十分重要的，应避免成为渗漏水的通道和强度隐患点。

目前，地下连续墙槽段接头形式可分为钻凿法接头、拔管法接头、双反弧接头、止水片接头等；按受力状态分可分为柔性接头、半刚性接头和刚性接头三种。

经过比较，本工程采用工字钢接头。

3. 平面布置

框格式地下连续墙的纵横墙布置首先应满足结构需要，其次应方便施工。

4. 地下连续墙厚度

通常情况下，混凝土防渗墙厚度选择主要考虑三个因素：一是墙体的允许渗透坡降值，二是施工设备及施工技术条件，三是强度和变形条件。本工程地下连续墙厚度选择主要基于后两个因素考虑。

在满足地下连续墙的渗透稳定性以及强度和变形条件的前提下，针对本工程地下连续墙的技术特点，参照部分国内已建工程的经验，确定防渗墙厚度为 1.2m。

5. 地下连续墙嵌岩深度

混凝土地下连续墙底部须伸入地基内一定深度，以保证有足够的嵌入深度和防渗效果。至于其数值大小，则视地质条件、水头大小和灌浆与否而定。通常将墙底伸入弱风化或坚硬岩石 0.5～1m，软弱或风化岩石应嵌入深些。

在考虑嵌入深度时，须注意孔底淤积的影响。这些淤积物通常由泥浆、岩石碎屑或砂组成，其厚度和性能与造孔泥浆质量优劣以及孔底清渣情况有关。优质泥浆在孔底形成的淤积少，劣质泥浆则易产生很厚的淤积。用液压抓斗挖槽或使用专用清孔器清孔时淤积很少，而用冲击钻的抽筒清孔时有时会留下较多的淤积。

云南某土坝防渗墙采用当地黏土制泥浆，孔底淤积较厚，实地开挖测量为10～30cm。从泥浆孔内检查，平均淤积厚0.391m。设计入岩0.5m，可见个别部位的墙底并未伸入基岩内。最后决定对墙底接触区与基岩表层作灌浆处理。

北京某水库土坝防渗墙，嵌入风化砂岩0.5m，清孔验收时发现孔底淤积厚度达0.2～0.3m。压水试验时，在压力0.03MPa时开始漏水；压力达到0.06MPa时，最大单位吸水率达到15.1L/(min · m)，超过允许值太多，最后决定重建。

以上工程实例说明，地下连续墙入岩深度太少是不利的。但深度过大，会对施工造孔带来很大的困难，而且增加地下连续墙底应力集中现象。

根据电算成果及本工程地质实际，考虑墙底一般嵌入基岩1m，同时考虑到临河侧纵向墙在永久运行期间可能的冲刷以及明渠出口末端横向地下连续墙在二期导流期间及永久运行期间可能的冲刷，该部位墙底入岩加深为2m。

由此，加上嵌岩深度，地下连续墙最大深度为33m。

6. 地下连续墙结构计算

委托武汉大学对明渠左导墙框格式混凝土连续墙进行计算分析，分析了二期下游围堰所在断面导墙在各个工况下的应力变形，计算分析了连续墙嵌岩深度0.8～1.3m、1.5～2m、连续墙接头考虑刚性连接和铰接等情况。这里只选出了其中一次计算结果。

1）计算理论与材料本构模型

本阶段的计算理论均按照理想弹塑性模型，并且均采用增量求解法。

导墙及地框墙混凝土按照线弹性材料考虑，覆盖层、砂卵砾层、裂隙密集破碎带、断层和Ⅲ～Ⅴ类岩层按照非线性材料考虑，采用摩尔-库仑（Mohr-Coulumb）屈服准则。连续墙与岩土材料的交界面用古德曼（Goodman）单元进行接触模拟。

2）计算模型

计算模型见图30-20。

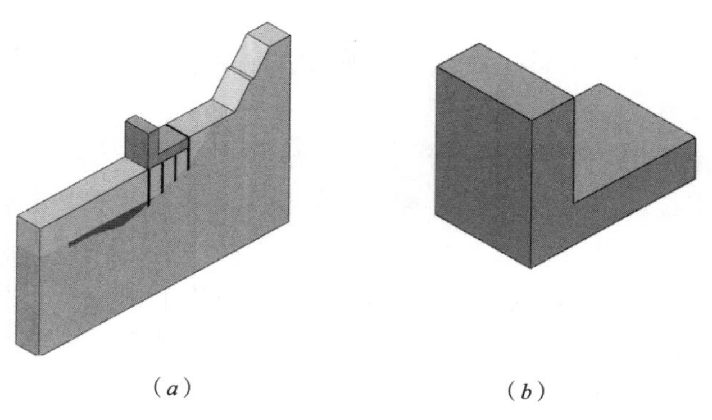

（*a*） （*b*）

图30-20 导墙修改方案的计算模型

（*a*）槽段整体模型及材料分区；（*b*）左导墙模型

3）计算结论

（1）在各种工况下，地框墙的土岩体中应力均比较小，塑性区主要在断层附近及两侧与地框墙交界面附近。

（2）在各种工况下，地框墙的水平位移最大约 8.5mm，最大垂直沉降约 6.2mm，不均匀沉降最大约 2.7mm。

（3）在运行期，1 号地框墙（从河道左至右 4 道连续墙分别为 1～4 号）底端河道方向外侧产生了约 1.299MPa 的垂直拉应力。由于地框墙产生了向明渠方向倾覆的趋势，使得土岩体对其产生了较大的摩擦，故产生了垂直拉应力。别的部位地框墙均受压，最大压应力约 3.7MPa。

（4）在各种工况下，地框墙的横河向水平拉应力均比较小，最大约 0.3MPa，主要产生在导墙的明渠底板上表面。

（5）地框墙上的横河向水平剪应力最大约 3.3MPa，在完建期该应力主要产生在 1 号与 2 号墙之间的接头中部；在运行期，该应力主要产生在 1～2 号，以及 3～4 号之间的接头中部，但是此时最大横河向水平剪应力产生于 4 号地框墙嵌岩端附近。

（6）在完建期，地下连续墙在 1 号墙河道方向外侧的中部，产生了 4.74MPa 的顺河向拉应力，在 4 号墙嵌岩端该应力约为 7.44MPa，但是影响范围比较小；而在运行期，1 号墙河道方向外侧的中部产生了最大约 4.959MPa 的顺河向拉应力，4 号墙嵌岩端产生了约 6.39MPa 的顺河向拉应力。由此应力计算结果可知，在运行期，1 号墙拉应力比较大，4 号墙拉应力相对小一些。

（7）改变地框墙的嵌岩深度（从以前的 1.5～2m 减少为 0.8～1.3m），地框墙的水平位移增大，增幅约 5%，而垂直沉降变化不明显；土岩体、连续墙的主应力、剪应力有一定变化，但都不大，两种嵌岩深度都是可行的。

（8）连续墙接头铰接和固结对计算成果有一定影响，但除个别计算成果（如顺河向拉应力）变化稍大外，其余变化都不大。因此，连续墙接头固结、铰接均是可行的。

（9）采用不同方法对连续墙进行稳定计算，安全系数均在 1.8 以上，连续墙是稳定的。通过对连续墙进行应力配筋计算，单宽连续墙需要钢筋截面面积为 3672mm^2。

以上计算是垂直水流方向的连续墙还未向明渠右侧延伸至基岩的计算成果，通过对该成果的分析，连续墙结构是基本可行的。同时，在二期下游围堰的堆筑过程中，作用在连续墙上的土压力应通过一定的措施减少，如采用加筋土、堆筑钢筋石笼等，这对连续墙结构是有利的。

根据《雅砻江桐子林水电站施工导流方案及枢纽泄洪闸布置调整优化专题报告》咨询意见，对连续墙布置进行了调整，即对明渠底板覆盖层基础均采用连续墙加固，垂直水流方向的连续墙向明渠右侧延伸至基岩，这对改善连续墙的受力条件是有利的，该调整的委外计算正在进行。

30.4.8　接头施工图设计

1. 概述

桐子林水电站厂坝下游纵向导墙承重结构为框格式地下连续墙。地下连续墙顺河向布置 4 道，框格间距为 8.43m，横河向布置 3 道，框格间距为 8.75m；地下连续墙最大设计墙深 25m，设计墙厚 1.2m；地下连续墙通过扩大节点桩连接，节点桩桩径 2.5m，最大设计桩深 28m；搭接接头（包括 L 形搭接、T 形搭接和十字形搭接）采用 12mm 厚 Q235 钢板制成。地下连续墙、节点桩均采用 C35F100W8 钢筋混凝土作为墙体（桩）材料。地下连续墙结构平面布置示意图见图 30-21。

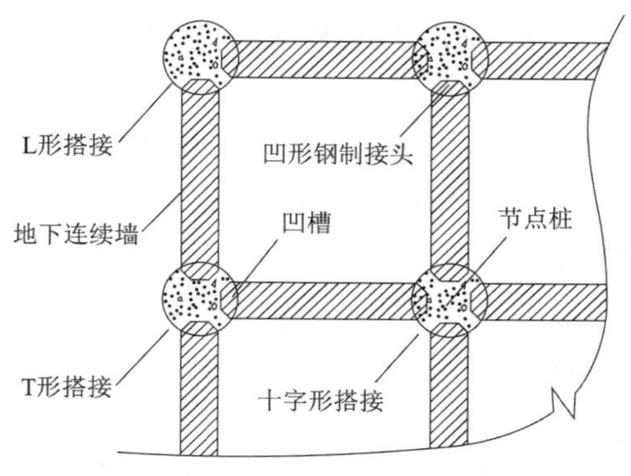

图 30-21 框格式地下连续墙结构平面布置示意图

2. 接头处理难点及解决方案

1）接头处理难点

在进行扩大节点桩混凝土浇注时，混凝土会通过钢板接头与节点桩孔壁之前的缝隙扩散到钢板接头凹形槽内，扩散到接头凹形槽内的混凝土会与钢制接头粘结、凝固在一起，很难清理掉，它直接影响到接头的搭接质量；若缝隙过大，可能充满整个钢板接头，形成一个与钢板接头形状相同的“混凝土柱”，而这个“混凝土柱”一侧与钢板接头壁板紧贴，另一侧与孔壁紧贴，造成一边软一边硬，给二次造孔带来困难，情况严重时会严重影响钢板接头搭接质量。在同一个节点桩接头处理时，因搭接接头较多，施工布置上难以展开。如何解决在一个节点桩施工中，保护好多个钢板接头都不被混凝土包裹是一个极大的技术难题。以十字形搭接节点桩浇注时的混凝土扩散为例，如图 30-22 所示。

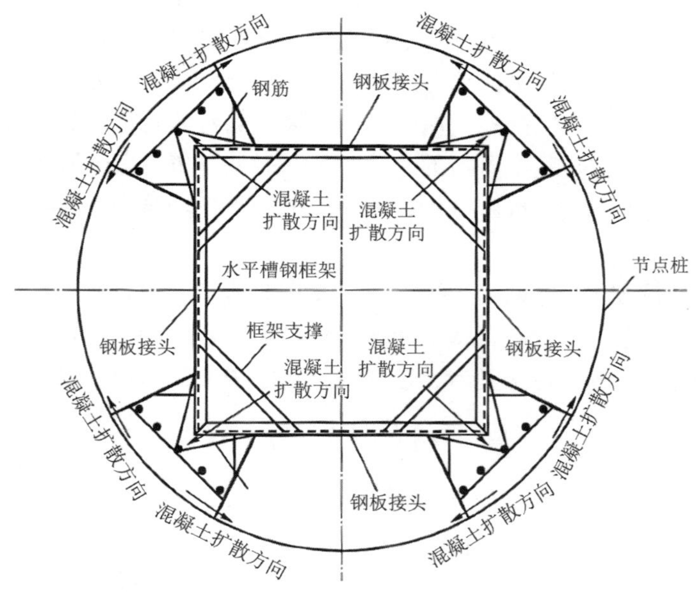

图 30-22 混凝土扩散示意图

2）解决方案

为防止节点桩浇注时混凝土扩散至钢板接头凹槽内，借鉴地下连续墙接头管施工原理，并结合框格式地下连续墙接头搭接样式，研究出框格式地下连续墙接头搭接的保护板技术。

保护板技术原理是在钢板接头凹槽口处，设计一道弧形挡板来防止节点桩浇注时混凝土扩散到凹槽内，起到保护钢板接头不被混凝土填充包裹，保证钢板接头的搭接质量的作用，如图 30-23 所示。

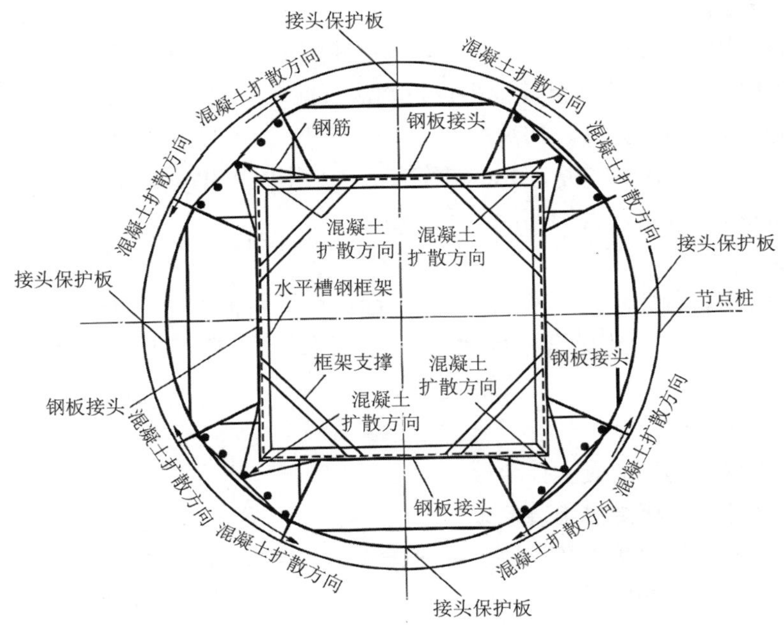

图 30-23　接头保护板平面结构图

30.4.9　组合深基础施工要点

1. 主要施工流程

主要流程包括：施工场地平整—施工平台—导墙—大桩钻孔，吊放钢筋笼和接头钢板，浇注混凝土—地下连续墙挖槽、清孔，吊放钢筋笼，浇注混凝土—上部结构。

2. 施工平面布置

施工平面布置的内容包括：施工平台、场内道路、泥浆系统、混凝土系统、风水电系统以及场内交通、钢筋加工场地等主要设施的平面布置。

3. 施工平台布置

由于一期枯期围堰堰基防渗施工期间，河床水位一般在高程 990.000m 以下，为尽早进行框格式连续墙施工，将框格式连续墙桩施工平台高程定为 990.000m，但框格式连续墙施工顶高程仍然是 985.000m。

4. 施工道路布置

框格式连续墙施工道路从右岸公路接引至施工现场，为满足施工材料、设备进场对道路的要求，须将与右岸公路连接段以坡比小于 10%降至 990.000m 高程。另由右岸公路接引至围堰，以围堰作为膨润土等制浆材料的上料平台。

5. 供浆系统布置

框格式连续墙正式施工与框格式连续墙生产性试验同用一个制浆站。根据连续墙施工特点及现场具体情况在连续墙正式施工区域靠雅砻江侧（桩号：明渠 0＋237）附近位置处修建一座面积 400m^2，浆池储浆量约为 625m^3 的泥浆制浆站进行集中供浆。在制浆站内设置两台 NJ-1500 型制浆机，为框格式连续墙造孔施工提供新制膨润土浆。

制浆站采用一字形布置，在制浆场地布置膨润土库房、制浆平台、储浆池、送浆管路、供水管路等设施。各池长度均为 5m。

6. 排污系统布置

在施工框格式连续墙时，在施工区域附近修建沉渣池作为施工废水、废渣初清用，初清后的浆液用 3PN 泥浆泵排至沉淀池内进行两次沉淀，沉淀后合格的浆液返回槽孔使用，不合格浆液排至废浆池内处理。初清的钻渣采用自卸汽车运至渣场集中堆放。沉渣池采用 C20 现浇混凝土浇注，其中底板为 15cm 厚混凝土，四周为 30cm 厚混凝土，在混凝土底板内布设直径 10mm 线性钢筋，钢筋间距为 30cm。

7. 管路布置

排污管路采用直径 108mm 钢管由沉渣池铺设至沉淀池，使经过初步过滤的浆液在沉淀池内进行二次净化，净化后合格的泥浆重复使用，不合格的泥浆排至废浆池内处理后排放至指定位置。

8. 混凝土系统

可利用本工程已建的混凝土拌合楼。

9. 钢筋笼及接头钢板焊接组装场地

钢筋笼及接头钢板焊接组装场地设置在连续墙工作面下游，大致桩号范围为（明渠）0 + 350～（明渠）0 + 470。在该部位的基岩开挖至 990m 高程，场地平整后浇注 20cm 厚找平混凝土。

10. 临建设施施工

框格式连续墙临建设施主要包括导墙、护筒、倒浆平台等。施工平台高程为 990m。

1）导墙施工

框格式连续墙导墙采用 C20 现浇混凝土，其结构形式为（宽 × 高）60cm × 200cm，导墙内布设直径 20mm 钢筋。导墙修建要求如下：

（1）导墙基础应修筑在坚实的地基上。如地基土较松散或较弱时，修筑导墙前应采取加固措施。

（2）导墙宜用现浇混凝土构筑。

（3）导墙高度一般在 0.5～2m 之间，顶部高出地面不应小于 50mm。

（4）导墙的中心线与框格式连续墙轴线重合，导墙内侧间距宜比连续墙厚度大 40～100mm。

（5）导墙外侧填土应夯实。夯实填土时，导墙应采取措施防止导墙倾覆或位移。

2）护筒施工

护筒是桩施工中对桩口保护的重要组成部分。为满足大桩施工要求，本工程护筒采用 C20 现浇混凝土。护筒设计为深 2m，内径 140cm，外径 160cm，混凝土内设直径 10mm 钢筋，钢筋间距为 20cm。

3）倒浆平台施工

倒浆平台是保证框格式连续墙施工时泥浆顺利排出的重要通道。根据现场施工需要，倒浆平台采用 C20 现浇混凝土，混凝土浇注厚度为 15cm，倒浆平台要平整，中间不得有积水。

11. 大桩和地下连续墙施工

1）槽段划分及施工顺序

根据框格式连续墙沿河向为 2.5 道墙、横河向为 12 道墙的布置形式，本框格式连续墙工程共划分 33 个大桩，一字槽 92 个。

本工程采用先桩后墙的施工方法。施工工序分两步进行，首先在高程 990m 进行桩施工，再进行一字墙施工。施工大体划分成两个区域，即首先集中设备进行周围部分 A 道、1 道、L 道的桩施工，待该部分的桩施工完成后将施工桩的设备转移至剩余部位进行桩施工，同时进行该部位的一字墙导向槽等临建设施施工。临建设施完成后即展开一字墙的施工，如此循环进行。

2）造孔施工

（1）桩造孔施工：采用 JKL10 型和自行改装的 CZ-8E 型冲击钻机进行大直径节点桩造孔。钻孔出渣方式采用泥浆正循环出渣。

（2）地下连续墙施工：槽段造孔施工采用 CZ-6D 冲击钻机配合 BH-12 液压抓斗成槽。上部覆盖层采用“抓取法”施工，下部基岩部分采用 CZ-6D 型冲击钻机进行主副孔法施工。

其施工顺序为先施工顺河向槽段，再施工横河向槽段；先施工一期槽，再施工二期槽；在槽孔内，先施工奇数抓，再施工偶数抓，最后采用冲击钻机破碎基岩成槽。

（3）由于本工程所处地理位置 990m 高程以下基本为粉砂质黏土层，其特性为遇水易液化，承载能力不强，在成槽施工过程中主要采取以下措施：

①为减少施工设备对地层的振动，采取换填法，将施工平台下 2m 范围内的粉砂质黏土层置换为砂卵石层，使其成为缓冲层。

②在成槽施工过程中采用优质的膨润土造浆，并在制浆时加入羧甲基纤维素（增黏剂）以改善泥浆性能，提高泥皮质量。

③桩在造孔过程中，会出现钻孔缩径、坍孔等，需要根据孔内地层的实际情况采用相应的措施进行及时处理，如回填碎石、黏土来密实孔壁，以及采用小进尺、勤出渣等方法。

3）固壁泥浆

本工程根据现场实际情况，钻孔泥浆采用膨润土浆，制浆材料质量应满足规范要求，外加剂采用工业纯碱、羧甲基钠纤维素。制浆设备选用 NJ-1500 型高速膨润土泥浆搅拌机两台。在混凝土浇注施工中置换出来的性能达到标准的泥浆，回收到储浆池后重复使用。

4）清孔

清孔时如果单元槽段内各孔孔深不同，清孔次序为先浅后深。

桩清孔采用正循环法。其主要施工工艺为：桩孔钻进至设计孔深后，采用 4PN 泥浆泵向孔底注入新制泥浆，将孔内沉渣及含砂量较高的泥浆置换出桩孔。清孔完成后，孔内泥浆各项指标应满足设计要求。

槽段清孔采用“气举法”。成槽以后，先用抓斗抓出槽底余土及沉渣，再用“气举法”吸取孔底沉渣，经泥浆净化机净化后的泥浆返回槽内，并用刷壁器清除已浇墙段接头处的淤积物。清槽后泥浆性能及淤积等指标应满足规范、设计要求。

5）钢筋笼制作、运输与下设

钢筋笼分成 2～3 节就近制作，在同一平台上一次成型。上节笼长度一般在 20m 左右，下面的1～2节笼根据槽孔深度调整。

为利于接头板的清理及二期槽钢筋笼下设，接头板须向上延伸至高程990m。

钢筋笼起吊采用200t履带式起重机作为主吊，40t汽车式起重机作为副吊（行车路线离槽边不小于3.5m），直立后由200t起重机吊入槽内。在入槽过程中，缓缓放入，不得高起猛落，强行放入，并在导墙上严格控制下放位置，确保预埋件位置准确。

钢筋笼入槽后，用槽钢卡住吊筋，横担于导墙上，防止钢筋笼下沉，并用四组（8根）直径50mm钢管分别插入锚固筋上，防止上浮。

钢筋笼入槽后的定位最大允许偏差应符合下列规定：①定位标高误差为±50mm；②沿墙轴线方向为±75mm。

钢筋笼接头焊接的形式和允许偏差按《水工混凝土施工规范》DL/T 5144—2001有关规定执行。

6）接头施工

接头施工采用向接头孔内填筑黏土袋，即在钢筋笼下设前预先准备足够的蛇皮袋，每袋装入的黏土为蛇皮袋容积的2/3左右，并对蛇皮袋进行封口。钢筋笼下设完成后，采用人工投袋的方式，同时向几个接头孔内填筑黏土袋，在填筑黏土袋时要及时测量黏土袋的高程，使黏土袋上升速度基本相同，以防止黏土袋将钢筋笼挤偏或移位。黏土袋的填筑高程一般比混凝土顶面高5～7m，直至填筑到孔口，防止混凝土将黏土袋浮起。

7）混凝土浇注

（1）墙体混凝土要求。混凝土设计等级为C30F50W8；混凝土入孔时的坍落度为18～22cm，扩散度为34～40cm；坍落度保持15cm以上的时间应不小于1h。

（2）混凝土配合比。混凝土是框格式连续墙施工的重要材料，混凝土的使用对成墙的质量有着至关重要的影响。框格式连续墙用混凝土由施工单位组织试验配合比，试验完成后上报监理工程师审批。

（3）混凝土浇注方案。由左岸混凝土拌合楼统一拌制，采用9m^{3}混凝土罐车运输到各个槽孔进行浇注。每个槽段造孔、清孔和下设钢筋笼完毕后，采用直升导管法浇注水下混凝土。

30.4.10　主要技术成果和创新点

1. 主要技术成果

1）挖孔设备

选择合适的挖孔设备，快速、高效地完成墙桩深基础的施工。

导流明渠出口段的地基上部为粉砂质黏土，深度在8～37m范围内，下部为砂卵石和砂页岩，设计要求入岩深度为1～2m。

针对本工程地质特点，经过对国内现有施工设备的调研、考察和分析，采用JKL 10型和自行改装的CZ-8E型冲击钻机进行大直径节点桩造孔。此钻机具有钻孔快、成桩稳定、质量保证率高等特点。一字槽部位采用CZ-6D冲击钻机配合GB30液压抓斗进行施工，其中GB 30液压抓斗具有在黏土地质中快速成槽的能力，但无法伸入坚硬基岩。冲击钻机对各种地层均具有较强的适应性，但其施工效率较低。因此，两种设备结合最大地发挥了各种设备的优势，提高了施工效率。

实践证明，优化后在十字交叉部位只要摆放一台钻机，即可解决多个方向的挖孔和挖槽问题，并可保证挖孔过程中钻孔的稳定和施工安全。此种方法切实可行，比等厚的框格式地下连续墙大大提高了施工效率。

这里要特别强调的是，上述冲击钻机都是钢丝绳吊装重型钻头，利用自重冲击凿孔，它的钻孔垂直度最好，是现有常规钻机中孔斜最小的。这就保证了大直径桩的准确定位，施工实践也证明了这一点。

2）先桩后墙的施工次序

选定先桩后墙的施工次序，确保了墙桩接头的准确定位。

针对框格结构，按照先桩后墙、先顺河向后横河向、先深后浅的原则，顺序施工。这里的关键技术点是桩墙的施工次序问题。

如果先施工一字墙再施工节点桩，主要存在以下三个问题：首先，在下设节点桩钢筋笼时将面临同时对接 2～4 个接头，如果一字槽钢筋笼底部出现偏差则节点钢筋笼无法下设至孔底；如果节点钢筋笼不能下至孔底，则将严重影响工程质量，增加了施工难度。其次，相邻槽段不能同时施工，会拖长工期。再次，一字槽施工完成后，将节点桩的施工道路隔断。如果修复成可供施工的道路，则会增加较多的费用。

如果先施工节点桩再施工一字墙，首先，由于接头较多的节点钢筋笼先下设，则以后每个一字槽只需要对应一个接头即可，可保证所有的钢筋笼均能下至孔底，从而保证了工程质量，降低了施工难度。其次，由于节点桩先浇注混凝土，形成了加固地基土的基桩，可保证两个相邻槽段同时施工。再次，由于节点桩本身占地较少，施工现场各框格内仍可通行，免去了施工场地内修建施工道路产生的费用。

框格式地下连续墙于 2010 年 1 月 6 日正式施工，2010 年 4 月 28 日完工，较合同工期提前了 18d，为桐子林水电站导流明渠后续工程提供了良好的条件。

3）防止混凝土绕流的措施

通过“模袋法”和“投袋法”施工试验及应用，并研制混凝土清除装置，成功解决了混凝土的绕流和清除问题。

根据框格式墙桩及接头钢板的结构形式，分别试验了“模袋法”和“投袋法”来防止混凝土绕流。

（1）模袋法。“模袋法”是指在节点桩钢筋笼外侧采用高强工业滤布包裹，形成一个模袋（图 30-24）。当桩内灌入混凝土后，将工业滤布挤压至孔壁，从而阻挡混凝土进入接头内。但在实际混凝土浇注过程中发现，当混凝土浇注到一定高度后，测量结果显示有混凝土进入接头内。分析其原因，是由于混凝土浇注速度过快，当混凝土面上升到 15m 左右时，由于混凝土尚未凝固，侧压力过大，导致模袋被挤破，使混凝土流入接头内部。因此，在试验多次失败后，后期施工中没有再使用。

图 30-24　模袋示意图

（2）投袋法。“投袋法”就是向接头孔内投放黏土袋。钢筋笼下设完成后，采用人工投袋的方式，同时向接头孔内投放黏土袋，黏土袋的填筑高程一般比混凝土顶面高5～7m，直至填筑到设计混凝土面以上2～3m，防止混凝土将黏土袋浮起。大桩的接头就是用此法施工完成的。

（3）刮齿。当浇注过程中，有混凝土绕流进入接头钢板内部空腔时，需要将其清理掉。工程人员加工了一个与接头结构相吻合的接头清理装置——刮齿（图30-25），将其固定在液压抓斗的斗体上，使其沿接头处的钢板向下滑动，利用斗体自重将粘结在钢板上的黏土袋或少量混凝土切削剥离。最后，用抓斗将槽底清理干净，再进行接头刷洗和清孔，进行水下混凝土浇注施工。

图30-25 刮齿

经现场开挖观察发现，只有少量的混凝土绕流到接头钢板内，再经清理后，接头钢板上基本无黏土和混凝土附着物。因此，采用投袋法配合刮齿，成功解决了浇注过程中混凝土绕流到接头钢板内的问题。

2. 主要技术创新点

1）用组合桩墙深基础代替基坑开挖

圆满实现了用不开挖的墙桩组合深基础，代替深基坑开挖回填及浇注的基本设想。这是水利水电基础施工的一大创新。它意味着可以在不开挖（或者少开挖）的情况下就能进行大型建（构）筑物的施工，而不必承担开挖深基坑带来的风险。在条件（如施工平台高度）允许时，可以考虑在汛期进行本课题的深基础施工，缩短水电站的建设工期，降低工程投资。

2）墙桩组合深基础

采用框格式地下连续墙和大直径灌注桩的组合深基础，采用大直径灌注桩作为节点桩，使设计和施工更加完善、顺利，更具可操作性，是覆盖层地基处理技术的又一创新。此外，本课题采用下部墙桩组合深基础与上部导墙和底板组成的L形结构形式，为明渠导流边墙以及其他类似结构提供了一个设计先例，将会产生更大的影响。

3）先墙后桩的施工方法

本课题采用先桩后墙的施工方法，使墙桩的定位更加准确和顺畅，是本项技术成功的关键之一。本课题使用钢丝绳冲击钻机造大桩的圆孔，孔斜小，有利于保持十字接头孔稳定和钢筋笼及接口钢板的吊装。

4）防止混凝土绕流

本课题采用有效的措施，有效防止了混凝土绕流进入接头钢板内空腔，并对少量绕流混凝土进行了清除，使后续的地下连续墙施工更为顺利。

5）采用合适的挖孔设备

本课题选用了合适的钻孔和挖槽设备以及恰当的施工组织设计，为以后与本课题类似的深基础施工提供了良好的先例。

6）课题成果总体评价

本课题系统地分析了国内外框格式地下连续墙的现状和发展趋势，研究的目标和水平具有高起点。

研究方法：从理论上和实践上论证本课题所用技术的合理性和可行性，着重强调各种施工工艺的实用性和降低施工成本。

技术路线：集成国内外框格式地下连续墙的新理论、新方法、新工艺，研究适合我国水电施工深基础的结构形式和施工工艺，采用了墙桩组合深基础。

技术与成果的水平：本研究项目以桐子林水电站导流明渠工程为依托对象，科研成果已经直接应用于该项目的实际工程中，使框格式地下连续墙桩组合深基础比合同工期提前18d 完成，实现了导流明渠工程节点工期按期完成的目标，为导流明渠后续工程提供了较宽松的时间和良好的基础。

本课题成果在国内水利水电基础行业具有领先水平。

30.4.11 本课题的技术、经济、社会效益

1. 技术、经济效益

1）工期提前效益

通过对框格式地下连续墙的结构优化，合理设备配置，采用防止接头混凝土绕流及清理措施等，并将成果应用于依托项目工程，使得项目顺利实施并较合同工期提前 18d 完工，为桐子林导流明渠工程后续施工赢得了时间，创造了良好的施工条件。

2）加强施工管理，充分发挥设备生产效率，节约施工成本

通过选择合适的钻孔设备，合理的项目管理，确保了设备的安全、稳定运行，充分发挥了设备的生产效率，为框格式地下连续墙和大直径桩连续、快速施工奠定了基础。本项目主要投入了 GB30 液压抓斗 1 台、CZ-6D 冲击钻机 12 台、CZ-8E 冲击钻机 2 台、JKL10 钻机 7 台、ZX-200 泥浆净化机 1 台等。其中，GB30 液压抓斗完好率 98%，利用率 85%；JKL10 钻机完好率 100%，利用率 30%；CZ-8E 冲击钻机完好率 93%，利用率 71%；CZ-6D 冲击钻机完好率 91%，利用率 40%；ZX-200 泥浆净化机完好率 89%，利用率 98%。设备完好率及利用率均有较大提高。桐子林水电站导流明渠工程通过精细化管理，以较少的资源投入，高强度、高效率地完成了框格式地下连续墙施工任务，节约了施工成本。

3）防止混凝土绕流施工的经济效益

通过对防止混凝土绕流技术的研究，使其具有对各种接头形状的适应能力，在本项目代替了常规的接头处理方式，加快了施工进度，降低了施工成本。

4）通过严格的质量管理，取得了较好的质量控制效益

本项目通过严格的质量管理，严格控制钻孔和挖槽的偏斜度，使用泥浆净化机清孔，专业技术人员指导钢筋笼焊接及下设，水下直升导管法混凝土浇注，保证了工程的施工质量。

框格式地下连续墙共检查、验收及评定103个单元工程，合格率100%。其中，99个单元工程质量评定为优良，优良率96.1%。

2. 钻孔取芯检查

对钻孔取芯检查的情况如图30-26所示。

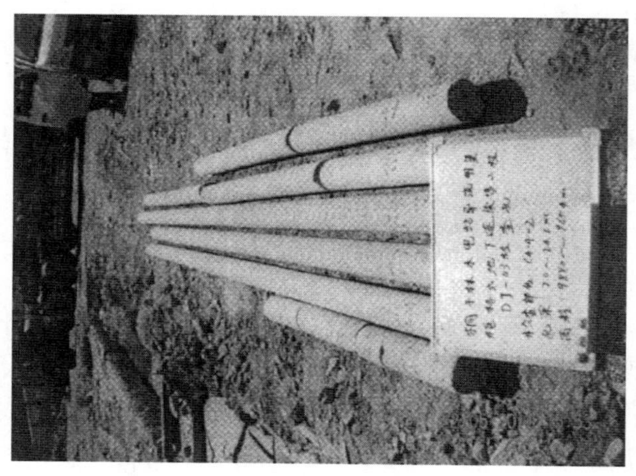

图30-26 岩芯图

3. 社会效益

本课题的技术开发和应用成功，填补了水电施工领域的空白，不仅引起了水利水电行业的重视，而且引起了其他行业的关注，很快便得到推广和应用。

30.4.12 小结

1）本课题项目是我国水电行业首例采用框格式地下连续墙和大直径灌注桩的组合深基础的工程项目。它的成功开发为水电和建筑行业进行覆盖层地基处理提供了更便利的施工技术及实例。它可以在自然地面上采用深基础工程来代替深基坑的开挖和回填，避免了深挖方带来的风险。这种新技术必将受到更多的关注，得到更多的推广和应用。

2）实践证明：雅砻江桐子林水电站导流明渠框格式地下连续墙工程施工技术方案合理，施工组织和管理切合实际、卓有成效，工程质量可靠。

3）本工程采用框格式地下连续墙和大直径的灌注桩的组合深基础，与厚6～8m的底板和导墙（厚4～6m）组成L形结构，对于本工程的设计和施工来说，都是很实用的。工程完工后，取得了显著的技术经济和社会效益。

4）关于一字形地下连续墙的接头问题，从结构电算结果来看，采用铰接或刚性接头均可行。在施工期间，导墙两侧承受的水压力互相平衡，抗渗要求不高。由此看来，一字形地下连续墙接头采用圆管即可，不必采用工字形钢接头。

5）本项技术可用于以下工程：

（1）我国西南地区深厚覆盖层中建坝，常常遇到深基坑开挖问题。目前，国内地下连续墙的设计、施工技术和装备，可以解决这样的难题。

（2）本课题技术可用于大型导流明渠的边墙和底板的深基础结构中。

（3）本课题技术可用于小型挡水（土）坝（墙）中。

（本节由田彬、蒋万江和丛蔼森等撰写）

30.5　香港联合广场基础

30.5.1　概述

香港联合广场（图 30-27）共 108 层、480m 高，坐落于香港九龙半岛的西侧，紧邻香港西部海底隧道的九龙半岛出口，是维多利亚海湾的门户建筑，与坐落于港岛，已经建成的 420m 高的国际金融中心二期大楼（基础部分由建基集团公司设计施工，以下同）遥相呼应。如图 30-28 所示。该建筑物为香港机场快线九龙站第七期发展计划的核心，该区域为人工填海而成，由法基公司振冲密实加固。

图 30-27　联合广场的效果图

30.5.2　基础工程概况

根据该工程的技术特点和施工难点，结合我公司在香港的技术优势前瞻性地提出了采用圆形地下连续墙结合矩形桩的施工方案，最终我公司获得了基础部分的合约。建造一个直径为 76m 的圆形地下连续墙，连续墙的厚度为 1.5m。在圆形地下连续墙的内部分布 240 根横断面为 2.8m × 1.5m 和 2.8m × 1.0m 的矩形桩。外部分布 47 根矩形桩，如图 30-28 所示。

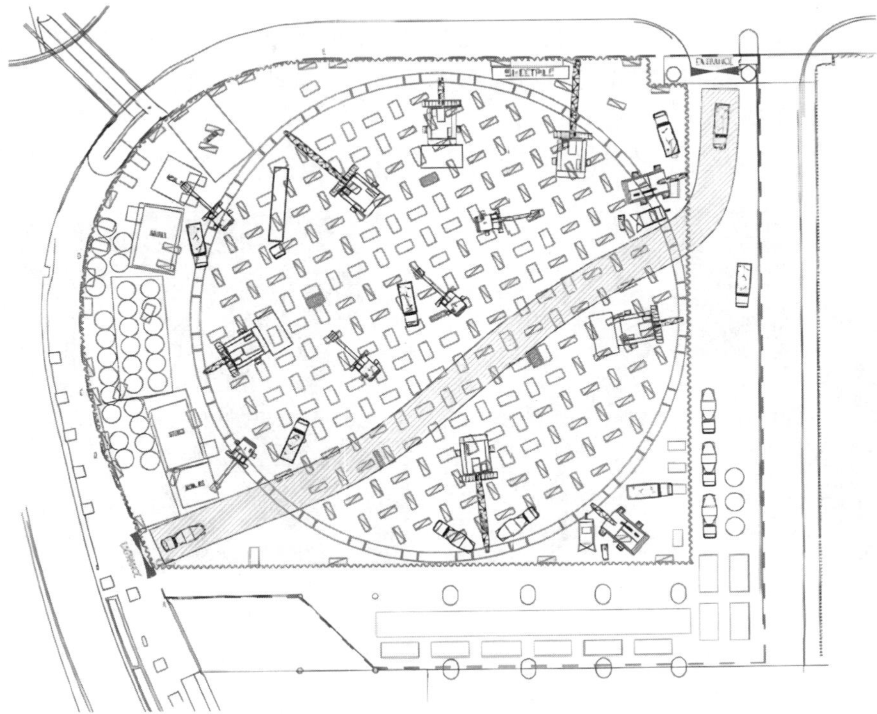

图 30-28　施工现场布置图

圆形地下连续墙的最大深度为 80m，矩形桩的最大深度达到 105m。在连续墙的外侧是自凝灰浆连续墙，厚度为 0.8m。工程前期施工了 5 根矩形桩，并进行了静压承载试验。由于矩形桩的四周采用了法国地基建筑公司的后压浆技术，单桩的承载力达到了 4000t 以上（图 30-29）。

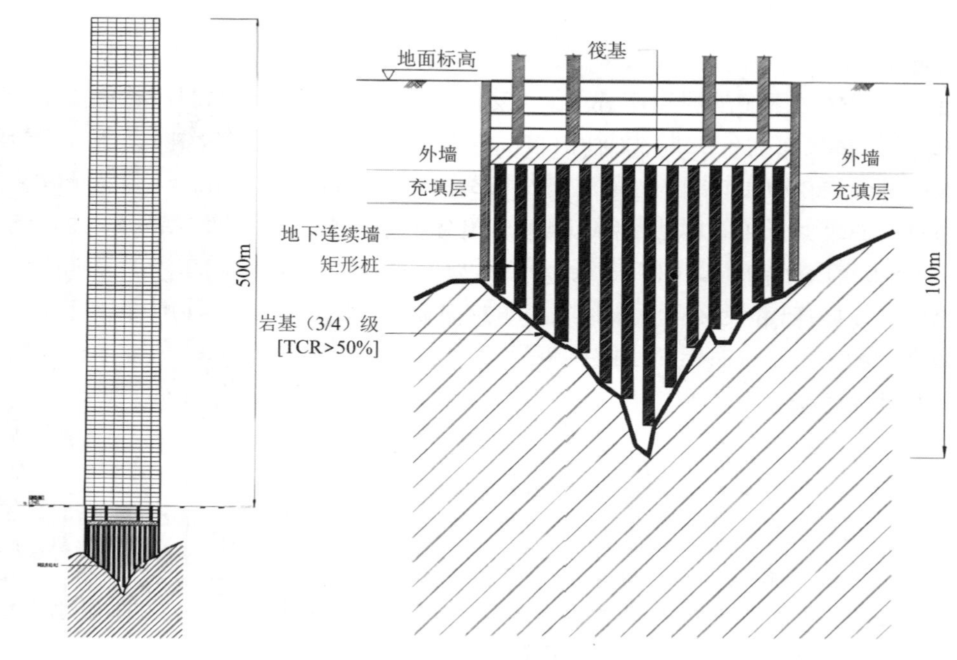

图 30-29　地下连续墙基础图

试桩过程中采用了 Sol DATA 公司的实时自动监测系统，该系统软件还应用于上海的地铁 4 号线南浦大桥站和地铁 8 号线人民广场站的实时自动化监测，取得了良好的效果。

30.5.3　基础施工概况

施工全景和基坑开挖后的鸟瞰图（条桩）如图 30-30、图 30-31 所示。

图 30-30　施工全景

图 30-31　基坑开挖后的鸟瞰图（条桩）

第 31 章　竖井结构的地下连续墙

31.1　概述

这里所说的竖井工程是指那些用地下连续墙建成的圆形、椭圆形、矩形和多边形的（大型）井筒式地下构筑物，简称为竖井工程。请注意：这里所说的竖井工程的深度一般应大于 30m，深宽比应大于 1m。通常情况下的基坑工程不在此文的讨论之内。

世界上最早用地下连续墙建成的竖井工程当属苏联在基辅水电站施工过程中建造的辐射式取水竖井了，外径 6.7m，深 25m，是 1963 年施工的。稍后，则是墨西哥建成的两个排水竖井，内径均为 9m，最深达 50m。1974 年北京水利基础总队在鹤岗煤矿建成了两个内径 6m、深 30m 和 50m 的煤矿通风竖井，是我国第一批竖井工程。后来又把这种地下连续墙竖井作为跨海大桥的基础，或是作为大型地下变电站或城市排水泵站的围护结构（外墙）。

综合以上工程实例，竖井工程可应用于以下工程领域：

（1）大型辐射式排水或取水井。

（2）地下水电站厂房（如意大利电站）。

（3）地下变电站或水泵站的外墙。

（4）大型地下（水下）石油（或其他液体）储罐。

（5）大型盾构的进出口工作井。

（6）军事工程井。

（7）大型桥梁基础或岸边锚碇。

（8）高耸结构的基础。

31.1.1　竖井工程的设计施工要点

竖井通常是把其内部土体挖掉，以便在其中放置设备，也可能是回填混凝土，以作为基础或锚碇之用。

由于计算机技术的发展，我们可以把竖井作为空间结构来进行内力分析和断面设计。

由于有些竖井承受的荷载很大、很复杂，所以混凝土强度常常很高。现在已有使用超过 50～60MPa 的高强混凝土的竖井工程。

31.1.2　地下建筑物的竖井

1. 概要

随着现代技术的发展，用地下连续墙建成的竖井越来越多地被用来作为各种地下建（构）筑物的外围防护墙（表 31-1）。它们已经被用于石油或其他化学液体的储罐、水电站、水泵站和地下污水处理场的外墙、地下变电站和停车场的防护结构等。这里摘要阐述一下这种竖井的特点。

竖井工程实例　　表 31-1

序号	工程名称	工程特征								
		基坑内径（m）	基坑深度（m）	连续墙深度（m）	辅助施工方法	墙厚（m）	内衬厚（m）	开挖方法	接头形式	地层条件
1	上海宝钢镀锌薄钢板坑工程	27.5	31.6	49.9	坑外电渗喷射井点降水	1.2	1.3	逆作 10m 后顺作	V形钢板接头	亚黏土、淤泥质亚黏土、淤泥质黏土
2	上海合流污水泵房工程	60	22	37	基坑内设深井点降水	0.8	0.7	逆作	钢板接头	淤泥质亚黏土、黏土
3	东京袖浦液化天然气地下储库工程	67.6	46	100	表层土用砂桩加固	1.2	1.8	顺作	带分隔钢板的刚性接头	地表以下至−16m 为回填层及冲击层，以下为洪积砂层与黏土互层、洪积砂层和黏性土互层
4	大阪南港发电所竖井工程	16.3	30.6	79.6	用深 31m、宽 1.2m 水泥土墙加固地层	1	1.1	逆作	带接合钢板的抗剪接头	地表以下至−17m 为回填土，以下依次为未压密的冲击黏土层、砂砾层、洪积黏土层和洪积砂砾层互层
5	东京都环状 7 号线下调节池竖井工程	20.2	59.9	98	注浆加固连续墙底部以上 3m 范围土层，形成不透水层	1.2	1.6	逆作	带接合钢板的抗剪接头	地表以下至−8m 为粉质黏土，至−20m 为砂砾层，以下为$N>50$ 的密实地层，交替出现砂砾、砂、粉砂层
6	日本明石海峡大桥 IA 基础工程	80.6	64.5	75.5	降低地下水位水泥土搅拌桩	2.2	2	逆作	切割式接头	自上而下依次为冲积层、洪积层、泥岩，持力层为砂层

这种竖井也是必须先把井内土（岩）体挖除后，才能进行次后工序的施工。通常采用以下两种方法：

（1）排除内部积水、挖土到坑底后，再逐次浇注混凝土底板和内衬。这就是所谓的正作法。也有采用边向下挖土，边进行内部衬砌以及结构物的浇注和安装的，这是所谓的逆作法。

（2）不排除内部地下水，采用钻进方法来清除土石方，并用浇注水下混凝土的方法封堵坑底；然后再将井内部水抽出，浇注底板和内衬混凝土，安装设备等。

2. 地下水电站的竖井（见第 32.4 节）

3. 地下变电站的竖井

由于城市用地紧张，人们开始把大型变电站逐渐地建到地下去，更增加了它的自身安全度。比如日本东京电力部门就在海边修建了一个 50 万 kV · A 的巨形地下变电站，它的竖井内径达 146.5m，是目前世界上用地下连续墙修建的最大竖井，墙深 70m，墙体上部厚 2.4m，下部厚 1.2m（表 31-2，图 31-1）。墙底伸入固结黏土层内 2m 以上（实为 4m）。

地下变电站竖井指标表　　表 31-2

直径	146.5m	—
深度	70m	—
壁厚	2.4m（GL-44m），1.2m（GL-70m）	—

续表

槽段数	78（先行：39，后行：39）	周长约 460m
掘削土量	约 63000m³	—
混凝土量	约 63000m³	（F_e = 32N/mm²）
钢筋量	约 5700t	SD345
补强钢材	约 2050t	SS400

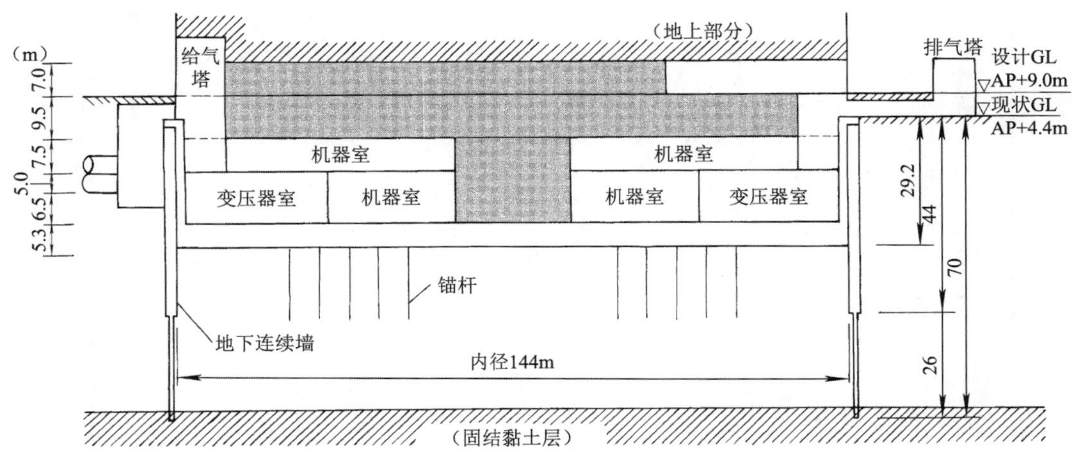

图 31-1　地下变电站剖面图

竖井周长约 460m，分为 78 个槽段，分两期施工。一期槽段长 8.904m，二期槽段长 3.2m，如图 31-2 所示。由于墙体上厚下薄，采用了以下施工方法：

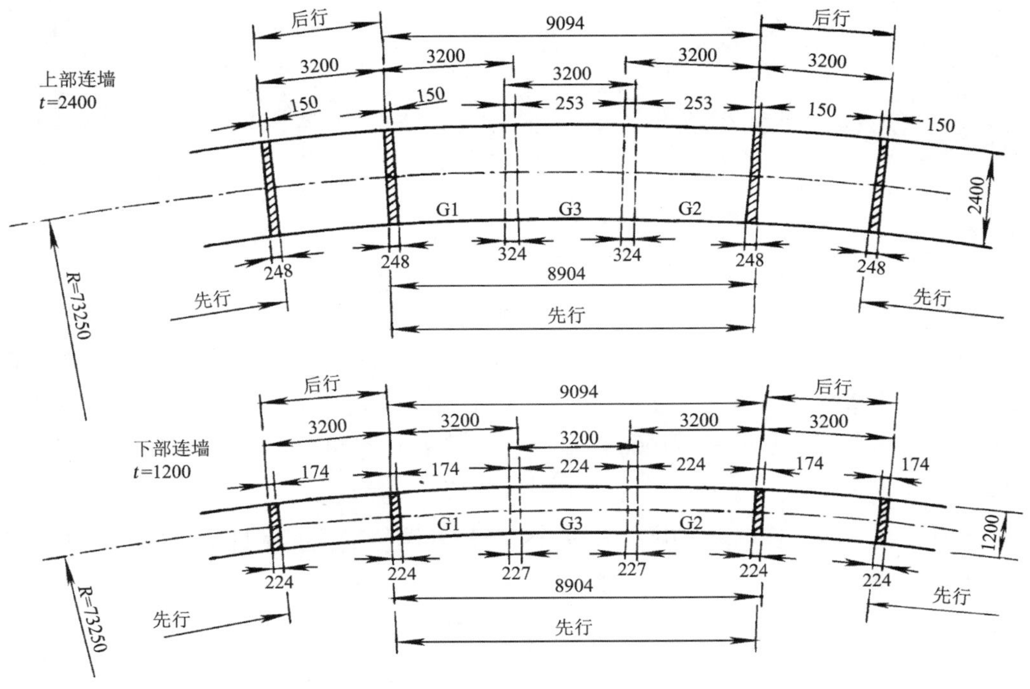

图 31-2　槽段划分图

上部地下连续墙用2台EMX320型铣槽机施工，下部则使用两台改装的EMX150型铣槽机。施工顺序见图31-3。当上部厚2.4m的槽段挖完之后，即将改装的EMX150铣槽机放入槽内，在导向板B及D的支撑下，挖出厚1.2m的开口段，然后将导板D收缩变窄为C，继续向下挖掘1.2m槽孔，当C板全部进入厚1.2m的槽孔内以后，再将导板B收窄为A，则可继续向下挖掘到设计孔底。

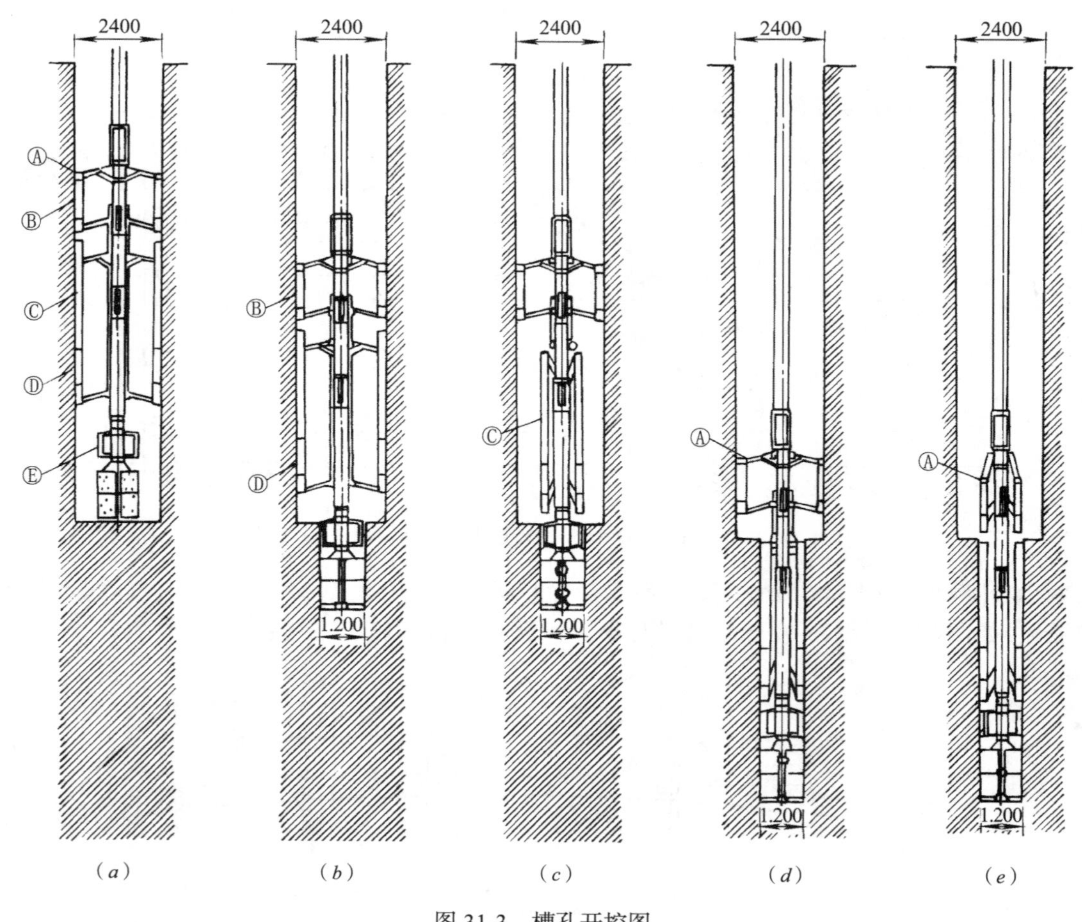

图31-3　槽孔开挖图

该工程施工准备4个月，机械组装和试运行2个月，一期槽（39个）施工用了7个月，二期槽施工用了5个月，总共浇注了5.3万m^3的C30的混凝土，用了约8000t钢材，平均用钢量约为130kg/m^3。

施工中控制挖槽精度小于1/1000。施工过程中随时检测孔斜并进行纠偏，实测孔斜小于上值。

在日本，利用地下连续墙竖井作为地下变电站外墙的工程实例日见增多。我国上海市也用此法于1980年代建造了地下变电站。

31.1.3　通风井

（1）川崎人工岛（见第32.3节）

（2）煤矿主井和通风井（见第32.5节）

31.1.4　其他用途的竖井

1. 辐射式取（排）水竖井（图 31-4）

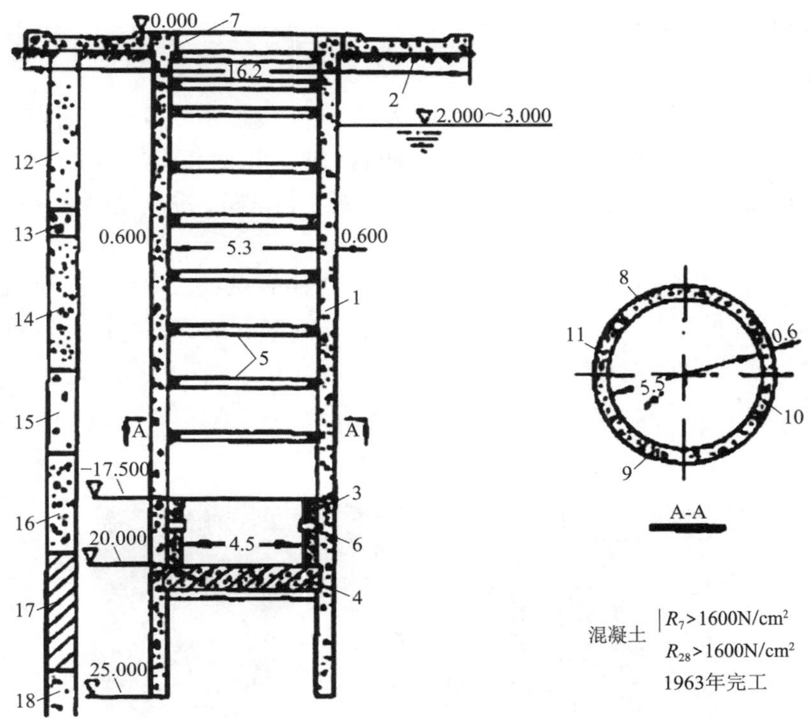

图 31-4　基辅水电站排水井

1—钻孔混凝土井壁；2—混凝土井口圈；3—钢筋混凝土支撑环；4—钢筋混凝土底板；5—刚性加强环；6—顶入辐射管用的套管；7—金属导轨；8～11—相应于钻孔混凝土井壁Ⅰ、Ⅱ、Ⅲ、Ⅳ期的槽孔编号；12—细中粒石英砂；13—底部含有砾卵石的砂；14—细中粒石英砂；15—含有砾卵石的中砂；16—底部含有砾卵石的不等粒砂；17—含有砾卵石的软塑性淤泥；18—海绿石细砂

前面已经提到的基辅水电站的辐射式排水井始建于 1963 年，分布在电站基坑周围，通过抽取地下水，降低地下水位，以确保基坑施工能顺利进行。

目前，这种降水方法已在我国得到较多应用，北京首都国际机场新航站楼的基坑，就是采取这种降水方法施工的。

2. 排水泵站和污水处理场

由于城市不断发展，城市下水道和污水处理工程发展迅速，被迫向地下寻找发展空间。日本大阪市下水道工程的住之江排水泵站修建在一个外径 81m、深 40.9m 的地下连续墙竖井之中。该市的津守污水处理场则采用平面尺寸为 82.2m × 91.2m 的矩形竖井，最大墙深 32m。

3. 石油储罐

日本在 1970 年代世界能源危机之后，深感石油等能源对其生死攸关。他们在近海处修建了很多大型的石油储罐，来储存石油或其他战略物资，这些巨大的油罐内径 70～100m，深 80～100m，储油量最多可达 8 万～10 万 m^3。

31.2 滇中引水倒虹吸竖井

31.2.1 工程概况

1. 工程简介

龙泉倒虹吸为滇中引水工程昆明段输水工程的其中一段，主要位于昆明市盘龙区境内，其中倒虹吸接收井位于龙泉路与沣源路交叉口西侧空地，昆曲高速与沣源路交叉口西侧绿化带内。工程附近分布有昆曲高速和龙泉路、沣源路、北京路、穿金路等多条市政道路等，交通便利。

接收井建基高程为 1886.700m，地面高程为 1964.000m，地下连续墙顶高程为 1961.400m，基坑开挖深度 77m。基坑围护结构为$R=9.25$m 的圆形结构，采用 1.5m 厚地下连续墙，地下连续墙墙深 94m，分Ⅰ期槽和Ⅱ期槽施工，接头形式为铣接头，墙顶设锁口圈梁，连续墙嵌入基岩。结构采用明挖逆作法施工，结构为$R=8.5$m 的圆形结构（图 31-5）。

图 31-5 接收井平面示意图

2. 地下连续墙设计概述

接收井地下连续墙共计 14 幅。Ⅰ、Ⅱ期槽段各 7 个，其中 P1、P2、P3 为Ⅰ期槽段，S 为Ⅱ期槽段。Ⅰ、Ⅱ期槽段交错布置，地下连续墙成槽深度 96.6m，墙深 94m，墙顶至硬化地面高度 2.6m，如表 31-3 所示。

地下连续墙各型号设计尺寸和方量参数表 表 31-3

序号	型号名称	墙幅数	单幅方量（m^3）	长（mm）	宽（mm）	成槽深度（mm）	墙顶至地面（mm）	地下连续墙墙深（mm）
1	Ⅰ期槽	7幅	937	6570	1500	96600	2600	94000
2	Ⅱ期槽	7幅	399	2800	1500	96600	2600	94000

地下连续墙成槽深度达 96.6m，设计墙深为 94m，空槽深度为 2.6m，成槽垂直度要求为 1/650，结合成槽深度，槽段最大允许偏移宽度为 14.8cm，为避免成槽过程中，地下连续墙侵入主体结构，影响基坑结构的净空要求，地下连续墙结构中心线较设计轴线外放

30cm，从而确保地下连续墙不侵限，保证结构尺寸。

地下连续墙Ⅰ期槽采用成槽机＋铣槽机相结合的方式进行，Ⅱ期槽采用铣槽机一铣成槽，为保证成槽机、铣槽机能顺利在槽段内下放及将槽段内抓、铣干净，需对导墙进行加宽处理，内外导墙净间距从 1620mm 调整为 1670mm，从而保证成槽精度。

31.2.2　工程地质条件和水文地质条件

1. 工程地质条件

龙泉倒虹吸拟建场地位于昆明市北侧沣源路与昆曲高速公路交叉位置西北侧，属古滇池冲湖积盆地北缘山麓缓坡地貌区，场地地势相对平坦。

勘察表明，该段接收井基坑开挖深度范围内涉及地层主要为①素填土、②粉质黏土、$②_1$黏土、$②_2$粉土、③粉质黏土、$③_1$黏土、$③_2$粉土、$③_3$泥炭质土，地下连续墙成槽深度范围内除上述地层外，还涉及④强风化白云质灰岩，基坑开挖范围内分布有软土，软土天然含水量较大，渗透性弱，抗剪强度很低，属于灵敏度较高土层，受扰动后强度将大幅降低，应对基底软土、软弱土层进行处理。$②_2$粉土及$③_2$粉土在扰动及基坑水力梯度作用下易产生流土、流砂现象，因此土层开挖后稳定性差，基坑必须采取支护措施（表 31-4）。

接收井基坑开挖涉及土层　　**表 31-4**

工点名称	倒虹吸接收井基坑开挖涉及土层
倒虹吸接收井	①、②、$②_1$、$②_2$、③、$③_1$、$③_2$、$③_3$、④

2. 水文地质概况

1）水文地质

龙泉倒虹吸接收井地下水类型有孔隙水、岩溶水，岩溶水以裂隙水为主。场区地下水对应含水岩组及其富水性如表 31-5 所示。

场区地下水类型及其含水岩组富水性特征表　　**表 31-5**

含水岩组					地下水类型	岩性	富水等级
系	统	组（群）	地层代号	主要岩性特征			
第三系	上新	茨营组	N_2c	为灰、灰白、灰绿色黏土，粉土，砾石，粉细砂，砾质土，以及灰黑、黑色有机质黏土，褐煤互层相间	孔隙水	黏土	弱
						粉土	弱
						有机质黏土	弱
						褐煤	隔水
						砾质土	弱—中等
						中细砂	中等
						砂砾石	强
泥盆系	上新	宰格组	D_3z	浅灰、灰、深灰、紫红色中厚层粉细晶白云岩，角砾状白云岩夹粉晶灰岩，泥岩，钙质页岩	岩溶裂隙水	白云岩	中等

（1）孔隙水

主要赋存于第三系上新统茨营组（N_2c）含水层中。龙泉倒虹吸接收井场地下部所分布的砂砾石层富水性较强，砾石含量高，透水性较好，补给条件较好。其他含水层富水性一般为弱～中等，其中砂砾石和黏土、粉土、砂土呈互层分布，多具层间承压水，补给条件较差。

（2）岩溶水

龙泉倒虹吸接收井分布的宰格组（D_3z）白云岩溶蚀不强烈，赋存地下水以岩溶裂隙水为主。

2）地下水埋深情况及岩、土体透水性

（1）地下水埋深情况

接收井茨营组（N_2c）中的孔隙水随含水层呈多层结构分布，既有表层的潜水，也有深部含水夹层的承压水，潜水水位埋深约 3.8m，承压水水位均低于潜水水位。接收井基坑底部宰格组（D_3z）揭露的岩溶裂隙水具承压性，水位埋深约 28m。

（2）岩体透水性

接收井宰格组（D_3z）白云岩一般为弱透水。

（3）土体透水性

接收井分布土层有：人工填土层（Qs）和第三系茨营组（N_2c）。依据各土层物理力学性质的差异及物质组成不同，自上而下又分为若干个岩性层。

通过大量勘探、试验及相关工程参数综合分析，N_2c 中的黏土$①_7$和有机质黏土$①_6$渗透系数均小于 1.2×10^{-6}cm/s，为极微—微透水层，隔水性能好；N_2c 中的其他土层（除$①_4$外）结构密实，其中粉土$①_5$多为弱透水层，中细砂$①_1$为弱—中等透水层，砂砾石$①_2$为中等透水层。

通过取样分析，龙泉倒虹吸接收井地下水为 Cl-Na（K）型水，对钢筋混凝土结构中钢筋具中等腐蚀性。

31.2.3 周边环境

1. 周边环境及建筑

倒虹吸接收井位于昆曲高速与沣源路交叉口西侧绿化带内，井址周边用地规划为绿化用地、交通用地。现状井址东侧为昆曲高速，西侧为在建房建项目，北侧为沣源路，交通流量较大。

2. 管线情况

本接收井基坑围挡范围为 52m × 132m。经实地勘察，施工场地内无地下管线，场地上空无架空管线。

31.2.4 关键施工技术

1. 槽段划分

接收井圆形地下连续墙轴线外放 30cm 后直径为 9.55m，周长为 60.004m。地下连续墙主要采用液压抓斗和铣槽机相互配合进行成槽施工，划分 14 个槽段，Ⅰ、Ⅱ期槽段各 7 个，交错布置。地下连续墙槽段划分及生产性试验槽。Ⅰ期槽段采用三抓（铣）成槽，边槽长 2.8m，中间槽段长 1.226m，槽段共长 6.8m；Ⅱ期槽段长 2.8m，一铣成槽。槽段连接采用铣接法，即在两个Ⅰ期槽中间进行Ⅱ期槽成槽施工时，铣掉Ⅰ期槽端头的部分混凝土形成锯齿形搭接，Ⅰ、Ⅱ期槽孔在地下连续墙轴线上的搭接长度为 50cm，闭合幅套铣接头呈梯形，最小套铣宽度为 30cm，最大套铣宽度为 66cm。槽段接头如图 31-6 所示。

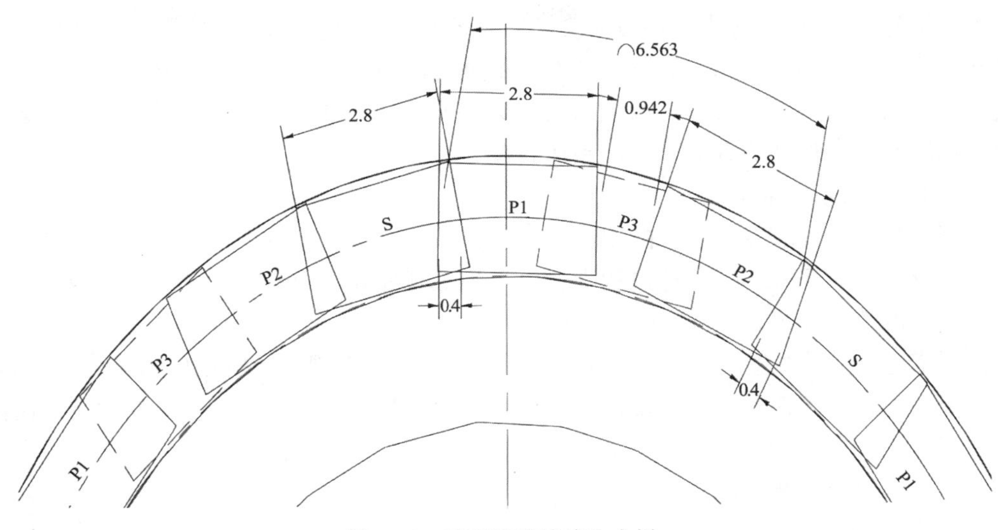

图 31-6　地下连续墙接头大样

2. 成槽施工

Ⅰ期槽液压抓斗挖槽过程中，抓斗入槽、出槽应慢速、稳当，根据成槽机仪表显示的垂直度及时纠偏。挖槽时，应防止由于次序不当造成槽段失稳或局部坍落，成槽时必须储备足够泥浆，防止由于交叉施工泥浆不够造成坍槽的情况出现。Ⅰ期槽段开挖到岩面后，撤出液压抓斗并安装对位双轮铣槽机，施工时液压铣槽机垂直于槽段，将液压铣槽机切割轮对准孔位徐徐入槽切削。双轮铣孔口导向架如图 31-7 所示。

图 31-7　双轮铣孔口导向架

针对Ⅰ、Ⅱ期槽遇到的不同地层情况，采取不同的应对措施，具体控制要点参照表 31-6。

液压抓斗及双轮铣槽机均配有垂直度显示仪表和自动纠偏装置。成槽前，利用车载水平仪调整成槽机的平整度。在成槽过程中，Ⅰ期槽段的第一抓（P1）、第二抓（P2）和Ⅱ期槽段（S）每进尺 20m，采用测壁仪测壁一次，结合成槽机上的垂直度仪表及自动纠偏装置来保证成槽垂直度，发现垂直度超过设计要求以后立即停止下挖，纠偏结束、垂直度满足设计要求后，方可再次进行下挖。成槽垂直精度不得大于 1/650 墙身。

3. 地下连续墙前后开叉和左右开叉的控制措施

1）地下连续墙前后开叉

原因：地下连续墙前后开叉是由于槽壁垂直度偏差过大引起的。

控制措施:①成槽过程中严格按照设计要求控制槽壁垂直度在设计要求范围以内;②每一抓开挖到底后，均采用超声波测壁仪对槽壁进行检测，一旦超出设计要求，立即利用成槽机自带的纠偏板辅助纠偏，待纠偏结果满足要求后，方可报检验收；③测壁过程必须由质检员现场监控，保证测壁的真实性和及时性。

2）地下连续墙左右开叉

原因：地下连续墙左右开叉的原因有两点：①接头绕流严重，未进行清理即进行混凝土浇注，形成左右开叉；②开挖过程中，由于施工管理人员的疏忽，剩下一幅墙未进行开挖，或者是调整幅段时，遗漏一幅墙造成的。

控制措施：①导墙施工结束，对地墙进行分幅时，需在现场对每幅地墙进行连续编号，并制成记录表，杜绝遗漏；②每幅地墙成槽完成后，都应对接头进行超声波检测，保证接头的垂直度；③上述两个过程必须由质检员签字确认。

4. 地下连续墙成槽检测

地下连续墙成槽采用超声波测量，每个槽段根据其宽度测 3 点，同时根据导墙标高控制挖槽的深度，以保证设计深度。

1）质量控制标准（表 31-6）

成槽质量相关要求参数 **表 31-6**

项目	参数
垂直度偏差	≤ 1/650 墙高
相邻两槽段中心线任一深度偏差	≤ 60mm
厚度误差	0～30mm
平面误差	< ±30mm
槽内泥浆液面	高出地下水位 1m 以上
新调配泥浆相对密度	1.05～1.1
清底厚度	< 100mm

2）检测

终孔后，进行槽孔成型质量检测。终孔验收的项目有深度、宽度和孔形，采用超声波测井仪进行测量。超声波测井仪可同时测绘X轴和Y轴两个方向的孔形，快捷方便，精度高。若达不到设计要求精度，则相应处理合格后再进行下一道工序。

5. 固壁泥浆及清孔换浆

泥浆护壁技术是地下连续墙工程的基础技术之一，其质量好坏直接影响到地下连续墙的质量和安全，本工程地下连续墙成槽全部采用优质膨润土泥浆进行护壁。

1）原材料选择

本工程拟选用钠基膨润土制备泥浆（钠基膨润土的膨化性、粘结性、吸附性、催化性、触变性、悬浮性以及阳离子交换性等性能比钙基膨润土有明显的提高），分散剂选用工业碳酸钠，并适当添加增黏剂（CMC）。

所用主要原材料如下：

膨润土："残联"牌中黏度钠基膨润土（湖南澧县残联膨润土厂生产）。

水：自来水。

分散剂：采用工业碳酸钠（Na_2CO_3）等。

增黏剂：采用中黏度羧甲基纤维素（CMC）。

2）浆液配比及性能

拟用泥浆配比及性能指标如表 31-7 所示，各泥浆指标待生产性试验后根据地层的适应性再进行相应的优化调整。泥浆在各个阶段的性能指标如表 31-8 所示。

新制泥浆配合比（1m³ 浆液）　　表 31-7

	材料用量（kg）				
膨润土品名	水	膨润土	CMC（M）	Na_2CO_3	其他外加剂
钠土（Ⅱ级）	1000	75	0～0.6	2.5～4	适量

泥浆性能指标控制标准　　表 31-8

项目	阶段			试验仪器
	新制泥浆	循环再生泥浆	混凝土浇注前槽内泥浆	
密度（g/cm³）	⩾ 1.05	⩽ 1.15	⩽ 1.15	泥浆密度秤
马氏黏度（s）	18～22	20～25	⩽ 35	马氏漏斗
失水量（mL/30min）	⩽ 20	⩽ 40	不要求	1009 型失水量仪
泥皮厚（mm）	1.5	⩽ 3	不要求	
pH 值	7～9	7～9	7～9	试纸
含砂量（%）	⩽ 2	⩽ 4	⩽ 7	1004 型含砂量测定仪
检测频次	1 次/d	2 次/d	1 次/槽	—

6. 泥浆质量控制

在槽段开挖、钻冲孔及混凝土灌注过程中，由于泥皮的形成、地下水或雨水的稀释、黏土混入泥浆、混凝土中的钙离子混入泥浆、土中或地下水中的阳离子混入泥浆等，造成泥浆性质恶化，会造成施工精度降低，严重的还会造成槽壁坍塌、泥浆混入混凝土中等质量事故，因此，保证泥浆在施工中的质量稳定是连续墙施工成功的关键之一。

7. 泥浆施工管理

（1）各类泥浆性能指标均应符合规范要求，并需经采样试验，达到合格标准后方可投入使用。

（2）成槽作业过程中，应将泥浆液面控制在导墙顶面以下 20cm，并高出地下水位 1m，以确保施工时槽壁的稳定性。

（3）施工中应随时控制泥浆的性能（包括相对密度、黏度、砂率、胶化率、失水率、泥皮厚度等），以确保施工质量。

（4）施工中应采用大相对密度泥浆，以防挖槽过程中槽壁坍塌；施工结束后，使槽内泥浆相对密度降至 1.15 以下，并保持槽内泥浆均匀，以利于混凝土的灌注。

8. 清孔合格标准

清孔换浆工作结束后 1h，进行清孔验收，合格标准为：孔底淤积厚度不大于 10cm；从距孔底 0.5m 处取浆试验，应达到“泥浆性能指标控制标准”表中混凝土浇注前槽内泥浆标准。

9. Ⅱ期槽墙段接缝处理

1）Ⅱ期槽总体施工步骤

Ⅰ期槽先期进行施工，为保证Ⅱ期槽施工时复铣两接头混凝土强度能够基本相同，防止两侧复铣接头在施工时出现软硬不均，从而导致复铣接头偏孔的现象，待施工三幅Ⅰ期槽后，再行施工一幅Ⅱ期闭合幅槽。

该地下连续墙槽段接头连接采用“铣接法”，即在两个Ⅰ期槽中间进行Ⅱ期槽成槽施工时，铣掉Ⅰ期槽端头的部分混凝土形成锯齿形搭接，Ⅰ、Ⅱ期槽复铣接头呈梯形，最小复铣宽度 30cm，最大复铣宽度 66cm，Ⅰ、Ⅱ期槽在地下连续墙轴线方向搭接长度 40cm（图 31-8）。

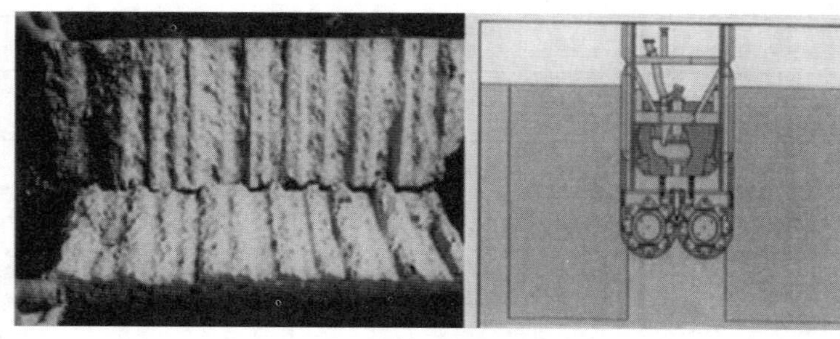

图 31-8　“铣接法”接头施工示意图

因Ⅱ期槽段最小宽度为 1.6m 左右，上部土体无法使用成槽机进行抓取，Ⅱ期槽段采用铣槽机一次铣槽到底。铣槽土体部分时严格控制铣进进尺以及加压大小，防止泥土糊钻和加压过大导致偏孔，必要时在铣进过程中提钻，人工清理钻头。

2）墙段接缝处理

为提高接头处的抗渗及抗剪性能，在Ⅱ期槽清孔换浆结束前，采用钢丝刷子钻头（图 31-9，可自制，两侧加硬质钢丝刷），自上而下分段对铣削后Ⅰ期槽端头的混凝土槽壁进行刷洗；反复刷动直至刷子钻头上基本不带泥屑（主要针对上部 6m 有导向板位置），孔底淤积不再增加。刷完槽壁后，再次采用双轮铣泵吸反循环方法将孔底沉渣排出。

该刷头必须确保其厚度小于墙厚，且刷锤靠墙两侧底部应焊接导向的钢板，尽量让刷锤在槽体中竖直运动，减少对槽体表面的破坏。

图 31-9　钢丝刷钻头

10. 成槽垂直度控制

接收井地下连续墙成槽深度达 96.6m，属超深地下连续墙，如何控制成槽垂直度从而确保钢筋笼特别是异形钢筋笼顺利下放，是本工程的重点及难点。

（1）从成槽设备选型上进行控制：即选用国内最先进的金泰 SG70 型成槽机和德国进口宝峨 BC40 铣槽机，其本身自带的垂直度显示功能以及纠偏功能可以协助操作手很好地控制成槽垂直度。

（2）从检测设备选型上进行控制：即选用超声波测壁仪 UDM100 对每一个槽段的每一抓，分别在 20、40、60、80m 进行槽壁垂直度的动态检测，确保槽壁垂直度控制满足设计要求。

（3）从施工管理上进行控制：选择具有丰富地墙施工经验的管理人员和施工人员（特别是成槽机和铣槽机均调派具有五年以上施工经验的司机）进行现场管理和操作，确保槽壁垂直度满足设计要求。

31.2.5　槽壁长时间稳定性

本工程成槽最大深度达 96.6m，且成槽施工时间较长。如何缩短成槽时间，减小槽壁暴露时间，降低槽壁坍塌风险，是本工程的难点。拟采用以下措施进行控制：

采用槽壁加固，为了提高地下连续墙上部杂填土层、粉土层、中细砂层成槽过程中的槽壁稳定性，达到防止坍孔的目的，对接收井地下连续墙上部 18m 槽壁采用三轴水泥土搅拌桩桩墙进行预加固，水泥土搅拌桩桩径 850mm，桩间距 600mm，桩深 18m。

31.2.6　小结

在圆形小直径超深基坑地下连续墙工程施工中，对成槽垂直度控制尤为关键。采用“抓铣结合”施工工艺，可以有效地控制地下连续墙的成槽垂直度，保证施工质量。

通过工效分析可知，在超深地下连续墙施工过程中，成槽速度不宜过快。从管理角度出发，合理安排机械施工工序可提高机械使用率，进而缩短工序衔接时间，节约工期。

在小直径圆形超深竖井基坑工程中，地下连续接头形式优选“铣接头”，可有效避免型钢接头下放接头箱产生的一系列风险，并提高接头质量。

（本节由远方集团公司供稿）

31.3　南水北调穿黄竖井

31.3.1　工程概况

南水北调中线输水以隧道倒虹吸方式穿过黄河，线路总长 19.3km。穿黄隧洞包括过河隧洞段和邙山隧洞段，过河隧洞段长 3450m，隧洞总长 4250m，双洞平行布置。根据盾构施工要求，隧洞南北两端各设有工作竖井。

北岸竖井为穿黄隧洞盾构机始发井，井口高程 105.6m，井底板顶高程 57.5m，开挖深度 50.1m，内径 16.4m，外径 20.8m。竖井壁外围为钢筋混凝土地下连续墙，厚度 1.5m，外径 18m，底部高程 29m，深 76.6m，混凝土强度等级为 C30W12F200。为保证竖井结构稳定及防渗要求，地下连续墙底部设单排帷幕灌浆深入基岩内，防渗标准$q \leqslant 10$Lu。用高压旋喷灌浆加固竖井底板下 10m 厚砂层，作为竖井底板下的水平防渗帷幕。竖井前部的盾构始发区及背洞口侧土体也进行高喷加固。竖井外围设有自凝灰浆防渗墙，厚 0.8m，深 71.6m，墙底深入黏土层内（图 31-10），距井中心 25.4m。

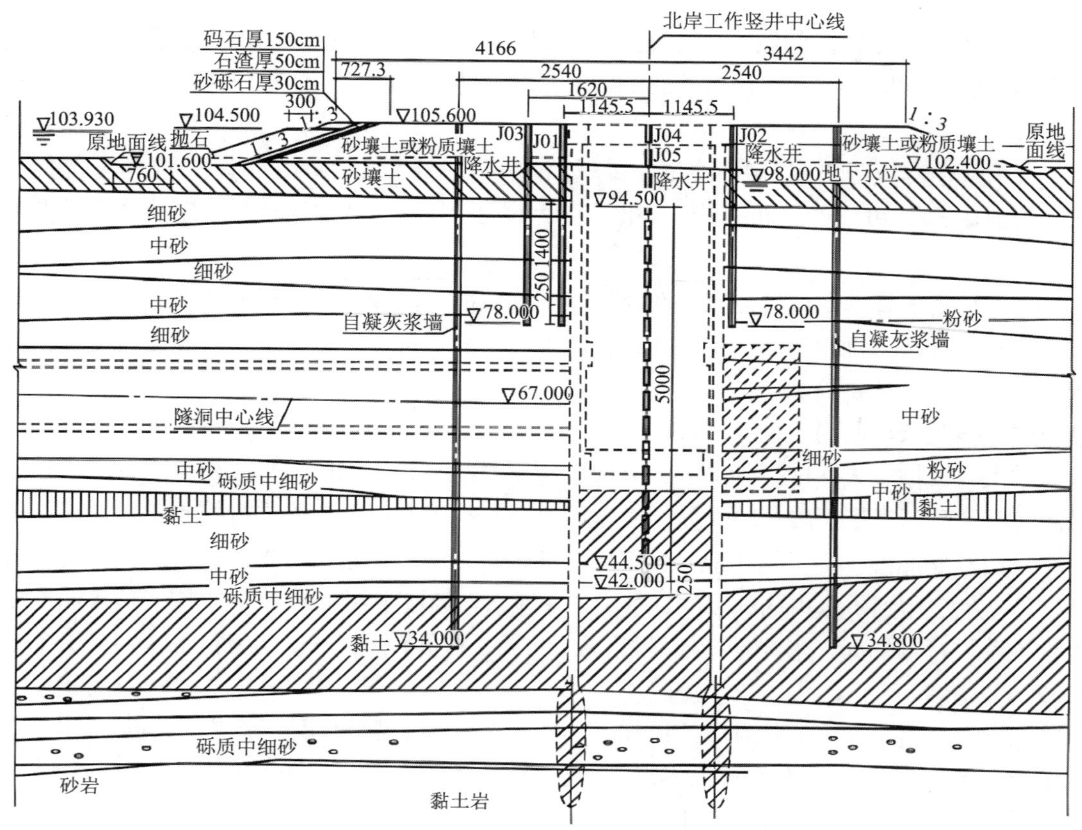

图 31-10 竖井结构布置图

竖井内设置两口降水井，井底高程 42m，井外降水井的井底高程 78m。地下连续墙完成后，竖井内采用逆作法从上至下，每 3m 一层分层开挖，分层浇注钢筋混凝土内衬，内衬厚 0.8m。

北岸竖井地层上部为粉土、粉砂、细砂，松散—稍密状，强度较低，工程地质较差。竖井中部、底部为中砂和细砂、中砂、砂砾中粗砂，中密—密实，强度较高。地下连续墙底部位于粉质黏土层中，基岩为黏土岩。

2007 年 1 月初，竖井地下连续墙完成后，内衬逆作法施工开挖到 65.5m 高程（距设计井底 8m）时，在井内外地下水头差 32.5m 的情况下，井底涌水量较大（1200m^3/d），不能继续开挖。经研究决定在此高程平台上提前进行高喷封底（原定开挖至 63.5m 高程）。但钻孔时发现，穿透第一层黏土层后，地下连续墙 11～14 号墙段区域附近孔内涌水严重。钻 11 个孔后，竖井内涌水量达到 2000m^3/d 以上，旋喷施工无法进行，遂停止施工。

对漏水原因，一时分析不清，遂决定采用水下开挖方法进行施工。

31.3.2 水下开挖施工的要点

水下开挖和混凝土浇注施工的程序主要为：

（1）将竖井充水到 105m 高程。

（2）在井口搭设大型钢结构工作平台，在平台上布置水下开挖设备。

（3）用砂石泵将竖井内 45.5～65.5m 高程之间的土体抽出。

（4）进行井壁清理和井内障碍物处理，完成水下开挖。

（5）水下浇注 C20 封底混凝土，浇注厚度 10m（高程 45.5～55.5m）。

（6）水下浇注塑性混凝土，厚 7.5m（高程 55.5～63m），并在后续逆作法施工时将其挖除，仅起临时支撑地下连续墙和压住承压水的作用。

（7）进行竖井封底以下土层灌浆加固，加固范围 40.5～45.5m 高程。

（8）抽干竖井内的水。

（9）采用分层开挖逆作法，完成高程 66.5m 以下竖井结构施工。

31.3.3　井底封底混凝土下的水泥灌浆

对竖井封底混凝土下部 40.5～45.5m 高程的砂层进行灌浆加固。该砂层饱和、密实、级配不良，主要矿物成分为石英、云母等；局部夹有砾砂透镜体；顶部含有少量卵石，粒径 4～8cm。

竖井水下混凝土浇注过程中预埋了灌浆管，灌浆管底标高 46.5m，环状布置 2 排 15 根，中心部位布置 5 根，共 20 根，管径 89mm，灌浆高程为 40.5～45.5m，灌浆管通过焊接（59m）接长到地面，固定在竖井顶部平台上。井底地基灌浆通过预埋管进行，20 个孔，每孔穿过预埋管后钻孔深 6m，灌浆深度为 5m。

两排灌浆孔，先施工第一排（外圈），后施工第二排（内圈）。在第一排的灌浆孔中，选定一个孔作为先导孔优先施工，之后再施工其他孔。

钻孔直径 66mm，合金钻头钻进，泥浆护壁。每个钻孔分 3 段，第一段段长 1m，第二段 2m，第三段 2m。

灌浆施工采用自上而下纯压灌浆法。灌浆压力 1.5～2.5MPa。

灌浆材料采用 32.5 级普通硅酸盐水泥，浆液水灰比 1∶1。

封底混凝土与砂层的接触段（第一段），先行单独灌浆并待凝 24h。其他各灌浆孔段结束后一般不待凝，即进行下一段灌浆。

灌浆结束条件为在设计压力下注入率小于 3L/min，或注入量不大于 5t/m。但第一段注灰量较大时，需待凝复灌。

灌浆结束后进行了检查孔压水试验，压水压力 3MPa，试验段长 2m，持续时间 20min，注水量小于 5L。检查结果表明灌浆效果很好。

31.3.4　对井底涌水的分析

竖井内水下开挖、混凝土浇注、井底灌浆完成 3d 后，对井内开始试抽水，抽至井内水位低于井外水位 10m 后，观察一天，未发现异常继续抽水。抽干后将暴露出来的地下连续墙墙壁洗刷干净，墙面平整，无较大渗漏。随后采用原来的施工方法，进行逆作法施工，分层挖除塑性混凝土至 55.5m 高程，分层完成竖井混凝土内衬。从逆作法施工开挖出来的竖井井壁看，地下连续墙墙体质量与上部基本一致，墙段间接缝厚度一般小于 2cm。封底混凝土与井壁结合紧密，接缝不渗不漏。

在水下开挖时，井内外能保持足够的水位差；竖井地下连续墙和自硬泥浆防渗墙之间水位保持在约80m高程，两墙间降水井出水量没有增加；自硬泥浆挡水墙之外水位保持在96～98m之间。

31.3.5 小结

根据以上情况，可分析如下：

（1）在竖井井内土层开挖施工后期，发生井底涌水的原因是：在井内外水头32.5m作用下，地下水穿过地下连续墙下部单排灌浆帷幕，再通过第⑩层砾质中细砂层的勘探孔，穿过第⑧、⑨层壤土层，进入竖井内部，发生了承压水的突涌事故（图31-11）。由于在施工过程中不断强行降水，击穿了原本薄弱且可能不连续的墙下灌浆帷幕；同时，勘探孔由于封堵不严密，也使承压水上涌阻力变小，冲刷和扩大了钻孔，最终导致井内大量涌水。

（2）地下连续墙墙体及墙间接缝不存在明显缺陷。

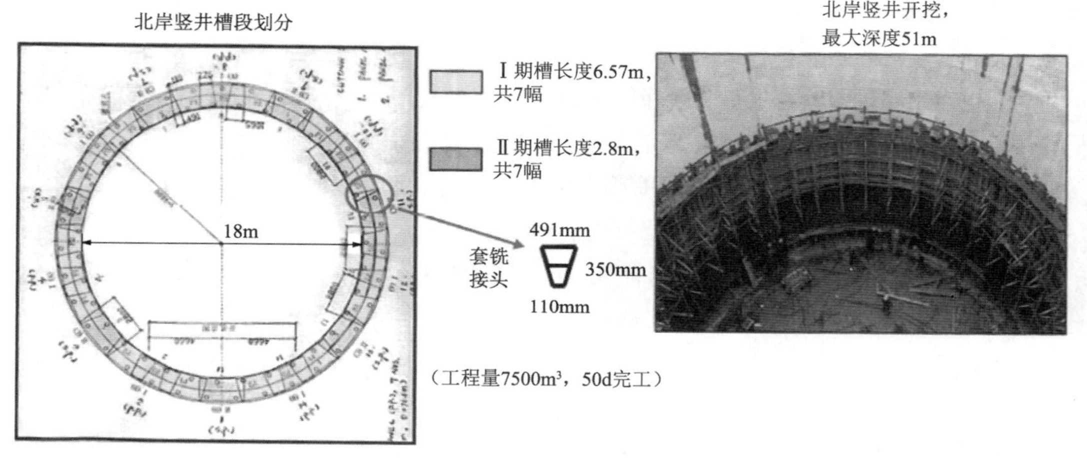

图31-11 竖井平面图

31.4 川崎人工岛竖井

日本东京湾横断道路中有一段长约10km的海底隧道，需要解决换气和掘进出发地问题。为此决定在隧道中部位置建造一个人工岛，岛中心设置换气通风井，同时作为隧道掘进出发地（工作井）。

人工岛是在28m的海水中建造的，直径189m。其周边是用钢管桩和钢结构建造的框架结构，中心部位是一个内径98m、深119m、厚2.8m的地下连续墙竖井，详见图31-12。

人工岛在水深28m以下的海底全是淤泥，−55m以上的$N=0$，−70m附近为砂质土和黏性土互层的洪积土层，−110～−130m之间为$N>50$的砂性土层，也是本工程的持力层。

在此情况下，综合考虑上部荷载、地基承载力、基坑侧向荷载以及涌水管涌的安全问题，在基坑开挖深度为69.7m的条件下，墙底应到达−105m。但是考虑到此高程距不透水层还有一段距离，并为了减少基坑开挖期间的排水量，最后决定墙底加长9m，到达−114m为止。

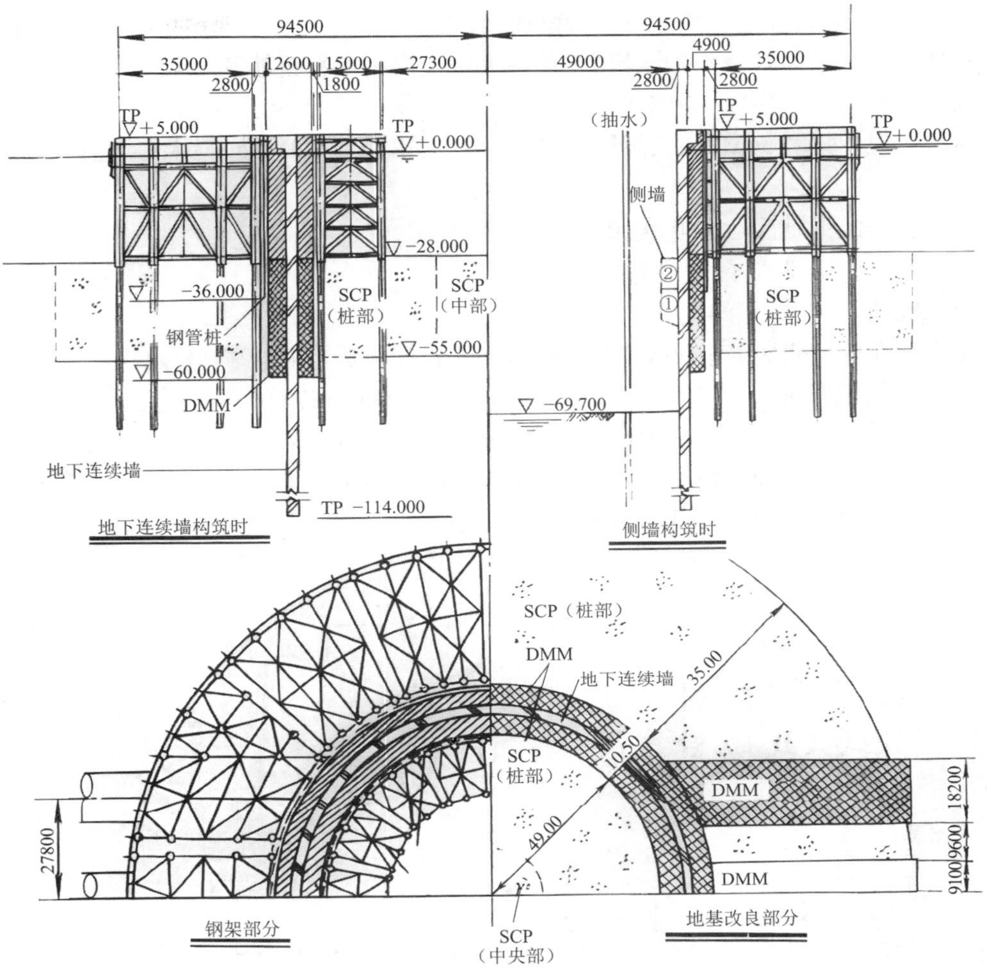

图 31-12　川崎人工岛

地下连续墙共划分槽段 56 个，一期槽段长 3.2m，二期槽段长 8.96m（图 31-13）。

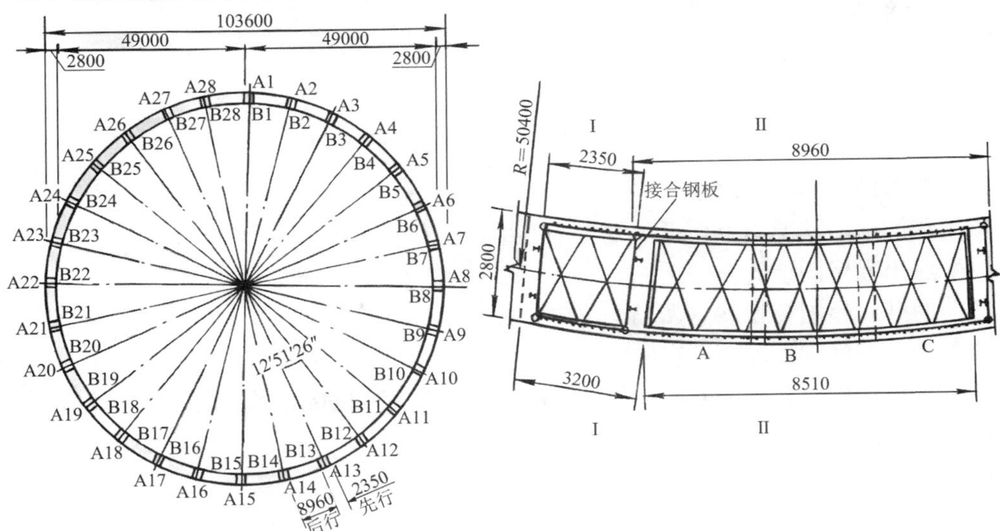

图 31-13　槽段划分图

施工时把119m长的钢筋笼分为六段，分段制作，分段下放。一期槽段钢筋总重166.6t，最长一段22.5m，重35.7t。二期槽段钢筋最大一段重61.8t。钢筋笼用船运到平台上。钢筋直径35～51mm，间距15～17.5cm。二期槽段钢筋笼施工接头约100个。

混凝土设计强度36MPa，实际取芯检测，平均强度大于83MPa（最大平均值84.8MPa）。

31.5　意大利地下水电站的竖井和隧道

31.5.1　概述

意大利在软土地基中建成的普热塞扎若竖井式抽水蓄能水电站，该水电站的4台立轴25万kW的发电机组安装在四个相距40m的内径达23.6～27.5m的地下连续墙竖井中。该竖井孔口高程159m，井底高程96m。竖井有效深度为63m，周边地下连续墙的最大深度为69m，是分成上下两个同轴竖井分别建造的，上井深35m，直径27.5m；下井深37m，直径23.6m（图31-14），总面积2.1万m^2。

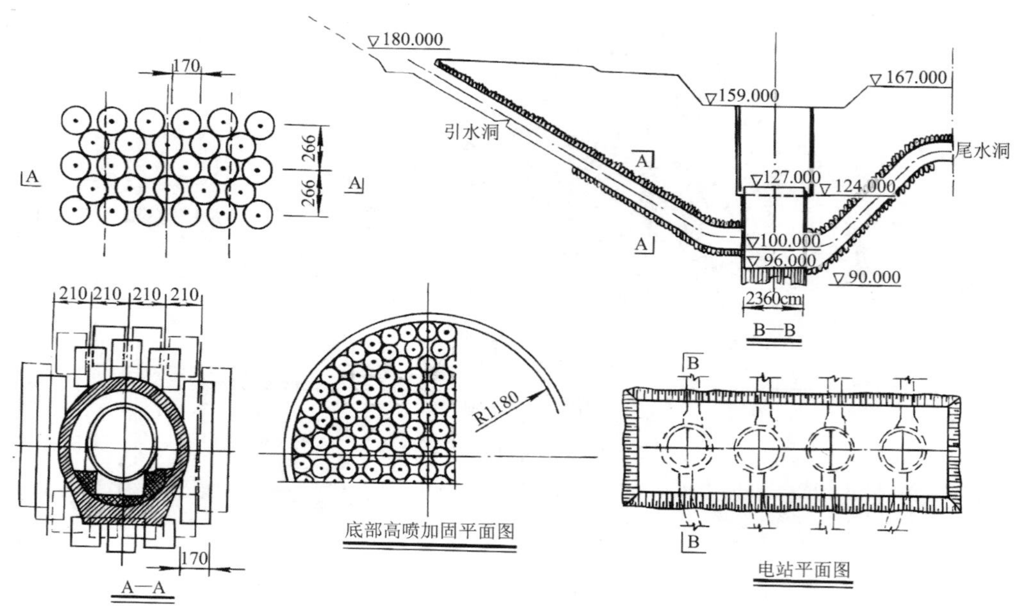

图31-14　普热塞扎若地下水电站设计图

31.5.2　工程地质和水文地质

该工程的地质状况由上而下可划分为三层：

（1）黏土和超固结的粉砂土；

（2）粉砂和超固结粉砂（夹黏土）；

（3）粗、细砂层，深处还有砂卵石。

地下水位于砂层和砂卵石层中，地下水位高程为130.000m。在该水位以下钻孔和注浆时，应先进行降水。降水井直径800mm，深70～80m。

31.5.3　井底加固

为了防止基坑坑底地基隆起和渗水造成管涌破坏，在竖井开挖到最终坑底以上9m时暂停开挖。在此工作面上，采用高压喷射灌浆工法（T2法）进行喷射灌浆，以便在坑底形成一个厚 6m 的止水底塞。

开挖到高程 105m 时，在此平台上，使用 CM-35 钻架和 T2 高喷工法，向下钻孔并进行高压喷射灌浆，在高程 96m 以下，建造一个厚 6m 的防渗帷幕体。它是利用两个动力头，进行双轴灌浆施工的。

通过钻孔取芯验证，加固体的无侧限抗压强度达到了 0.2MPa（黏性土）和 0.9MPa（粗砂），止水效果良好。

31.5.4　引水和尾水隧洞的施工

水电站的引水和尾水隧洞也是用特殊方法建造的。它是使用高压喷射灌浆设备（T2 法）和技术在隧洞周边建成支承围护和防水桩，再将洞内土体挖出，浇注洞身混凝土并安装管道。高压喷射灌浆工作是在地表进行的，最深达 68m，实测孔斜小于 0.8%，桩径达 1.7m。用岩芯钻取芯试验，测得其无侧限抗压强度达 300～500N/cm^2，符合设计要求，足以保持洞内开挖时的稳定又不会使开挖太难。

31.5.5　竖井的施工

由于担心孔斜的影响，导致 63m 深的竖井底部偏斜过大，造成水轮发电机等布置困难，所以采用了上下两个同轴竖井的设计。

竖井按地下连续墙的方法进行施工。上段竖井挖到设计标高以后，再进行下段竖井地下连续墙施工。通过降低地下水位来确保施工安全。

施工监测表明，井筒没有沉降。

31.5.6　主要工程量

主要工程量见表 31-9。

主要工程量　表 31-9

勘探钻孔	1910m	井底加固	3200m
钻孔进尺	111000m	隧道加固	19220m
地下连续墙	21000m^2	降水井	25 眼

31.6　鹤岗煤矿通风副井

1974 年我们首次在鹤岗煤矿的流砂地基中建成了深度达 30m 和 50m 的两通风竖井，比冻结法节省投资 50%，缩短工期 50%。这种施工方法改变了过去常用的冻结法可能造成的安全隐患，在煤矿行业中得到了推广和应用，有的还用地下连续墙建造煤矿的主井。到目前为止，全国各地已经建成了几十座这样的竖井。

31.7　上海深隧 150m 地下连续墙试验

31.7.1　工程简介

本工程为苏州河段深层排水调蓄管道系统工程试验段 SS1.2 标，位于规划真光路以东、光复西路以南规划绿地内，场地内现已基本完成拆迁，较为空旷。本工程基坑分为 4 个区域：1 区（竖井）：1.5m 厚、105m 深地墙围护，开挖深度 59.59m。2 区（综合设施深坑）：开挖深度 33.8m；1.2m 厚、80m 深地墙围护。3 区（进水渠道）：开挖深度 33.3m；采用 1.2m

厚、80m深地墙。4区（综合设施浅坑）：开挖深度8.8～16.65m；1m厚、105m深地墙围护，中隔墙采用1.2m厚、105m深地墙（图31-15）。

31.7.2 工程地质和水文地质条件

1）工程地质条件

根据现有资料，在勘察揭露165.3m深度范围内地基土属第四纪晚更新世及全新世沉积物，主要由黏性土、粉性土和砂土组成，分布较稳定，一般具有成层分布的特点。按其沉积年代、成因类型及其物理力学性质的差异，可划分为12个主要土层，其中②、⑧、⑨层可分为2个亚层，⑨、⑪、⑫层含有夹层，⑩层含有土性不同的2个夹层（图31-16）。

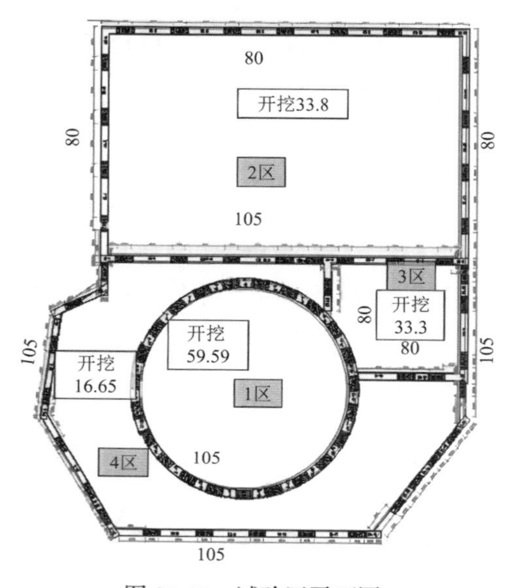

图31-15 试验区平面图

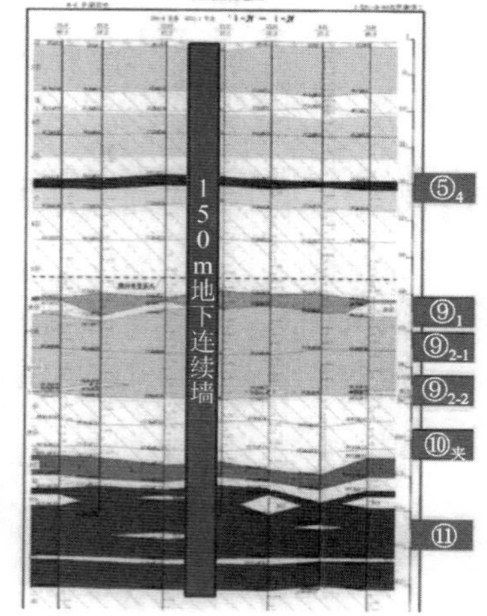

图31-16 地质剖面图

2）水文地质条件

场地地下水类型主要为松散岩类孔隙水，孔隙水按形成时代、成因和水理特征可划分为潜水含水层、承压含水层。云岭综合设施区域勘察期间⑦层承压水水位埋深为4.53m（相应标高−0.7m）。本工程范围内地下水主要为赋存于浅部土层中的潜水、⑦层中的第Ⅰ承压水、第⑨层中的第Ⅱ承压水及第$⑩_A$、⑪层中的第Ⅲ承压水。云岭综合设施区域内第⑦层承压水水位埋深为4.53m（相应标高−0.7m）。

31.7.3 现场环境

项目位于上海市普陀区规划真光路以东、云岭西路以南：场地位于拆迁后待开发地块中，除西侧距在建真光路桥（距离约1.5倍基坑开挖深度）及南侧距吴淞江河道（距离约0.7倍基坑开挖深度）较近外，其余方向均为拆迁空地或待拆迁建筑物，周边环境条件尚可（表31-10）。

周边环境表 **表31-10**

序号	建（构）筑物	距基坑大致距离	备注
1	苏州河防汛墙	南侧约50m	
2	云岭西路雨水泵站	东侧约17m	2017年9月开工，预计2018年9月竣工
3	上河湾	西侧约126m	
4	剑河家苑	南侧约290m	苏州河对岸

续表

序号	建（构）筑物	距基坑大致距离	备注
5	馨越公寓	西侧约 356m	
6	上海市贸易学校	西侧约 556m	
7	上海市延安中学	南侧约 556m	
8	中环路	西侧约 580m	
9	祁连山南路桥	东侧约 656m	
10	地铁 2 号线	南侧约 806m	
11	地铁 13 号线	北侧约 1300m	

31.7.4　围护概况

本次施工范围为苏州河段深层排水调蓄管道系统工程试验段 SS1.2 标。围护结构为地下连续墙，采用铣槽机进行成槽。其中：

（1）云岭竖井地墙厚度为 1500mm，墙深 105m，地墙 46 幅；

（2）综合设施地墙厚度为 1200mm，墙深 105m，地墙 25 幅；

（3）综合设施地墙厚度为 1200mm，墙深 80m，地墙 35 幅：

（4）综合设施地墙厚度为 1000mm，墙深 105m，地墙 33 幅。

地下连续墙本次共计计划施工 139 幅，商品混凝土，强度等级为水下 C40，抗渗等级为 P12。

31.7.5　试验位置

三幅 150m 地下连续墙试验（ZQ2、ZQ3、ZQ2-3），三幅试成墙地墙均位于综合设施中隔墙位置，对后续施工造成的影响较小，且两侧均为开挖面，便于后续开挖过程中对此三幅墙进行质量检测。其中，ZQ2、ZQ3 为一期槽段，宽度 2.8m，钢筋笼宽度 1.7m，ZQ2-3 为二期槽段，宽度 2.8m，钢筋笼宽度 2.6m（图 31-17，图 31-18）。

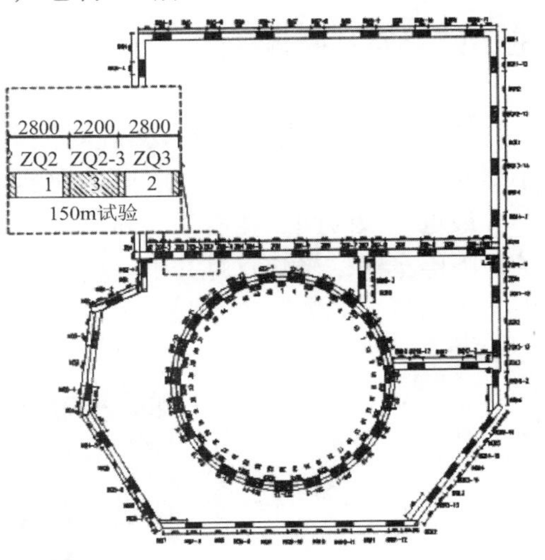

图 31-17　试验段平面图

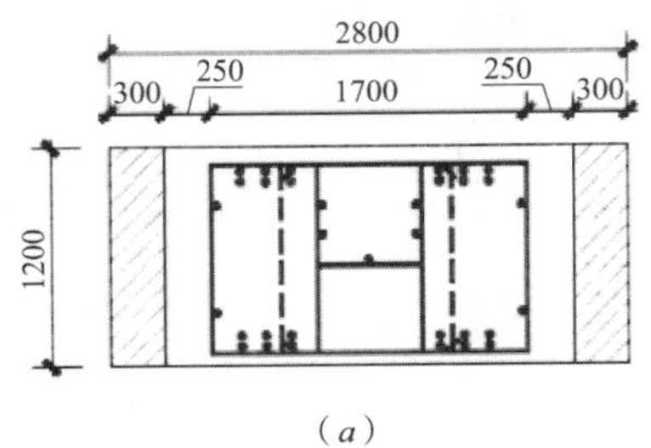

（a）

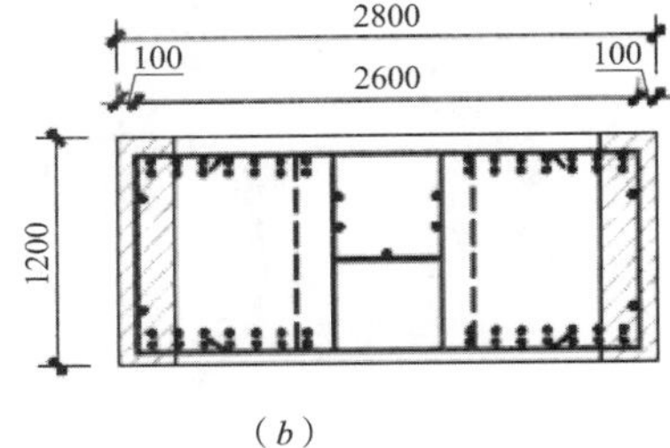

（b）

图 31-18　槽段尺寸图

（a）一期槽段（ZQ2、ZQ3）；（b）二期槽段（ZQ2-3）

31.7.6　试验目的

本次超深地墙深度 150m，墙厚 1.2m，结合深隧 SS1.2 标原位实施，为超深地墙顺利实施提供技术参数。

主要试验目的：

（1）检验 MC128 铣槽机成槽能力，包括成槽深度、垂直度。

（2）采集相关技术参数，以便对各项技术参数进行调整。

（3）优化泥浆指标（包括泥浆相对密度、黏度、含砂率、pH 值等）。

（4）通过记录试验单幅槽段所需要时间及总体时间，以了解现场施工效率，进而控制后续施工进度。

（5）通过使用超声波测壁仪测试槽壁的X向及Y向垂直度、深度及坍塌情况，进而获得超深地墙的垂直度控制经验。

（6）对试验中泥浆制备、成槽、钢筋笼制作及吊装、混凝土浇注等各工序情况进行汇总，对发现的问题逐一分析解决。

（7）对所采集的数据进行汇总、分析、反馈，对各个施工技术措施进行调整并趋于合理。经过一些参数的调整，便于后续地下连续墙的施工。

（8）检验 150m 深度地下墙接头质量。

（9）检验 150m 深度地下墙成槽后的槽壁稳定性。

31.8　地下停车场实例

早在 1990 年代，主编人及相关人员访问意大利土力公司的时候，他们就向我们推荐了小型地下车库技术。由于当时国内尚不具备条件，所以没有引进。

最近一段时间，随着我国施工设备的发展，社会上对小型地下车库也有了需求，福州某地下停车库的修建就是其中一例（图 31-19～图 31-21）。希望通过这个样板工程实例，能引起国内更多的关注。

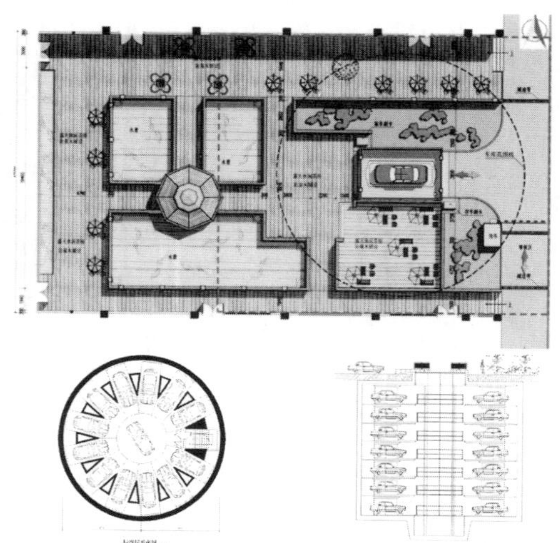

采用建筑图形深井式平面布局，这样的圆面积每层车位数12个，停车利用率最高，且水平传输距离最短，因而车辆存取时间最少，地面出入口的建筑处理应结合环境而定，占地面积最小仅需35m²。

标准停车场层高约 2.5m，地下 3～8 层，每层车位 12 个，允许停放车辆最大长度 5.44m，最大宽度 2.25m，最大高度 1.95m，最大质量 2.5t。筒仓深度约 20m。

图 31-19　停车场设计图

图 31-20　导墙平面图

图 31-21　竖井开挖图

31.9　城市防洪竖井

31.9.1　概述

历代的人都是向水而居的，水和人类密切相关。5000 年前的良渚人就知道，开挖河道，改善航运条件；修筑水库，用来提供城市生活和通航用水，保护城市和农田不被洪水淹没。

2021 年 7 月郑州和 9 月山西汾河流域发生特大洪水，再一次提醒我们，我们的很多城市仍然面临着凶恶的洪水威胁。

31.9.2　城市防洪排涝进入地下

早在 30 年前的 1990 年代，日本就在东京外围排水（排洪）工程采用了深井排洪工程，他们采用先进的施工装备，建造了多个深度达 70m 的排洪竖井（地下连续墙深度 140m），把地区的洪水收集并暂存起来，起到迟滞洪水的作用，而且在几十米的地下，形成一道巨大的暗河（管），可以连通大面积城市洪水管道。

早在 20 世纪 60 年代，墨西哥就采用这种把城市洪水排入地下的竖井的做法。法国的地下管道也可以排泄大量洪水。

现在国内的上海已经在做这件事情。北京也在进行规划和建设。

其实在我看来，我们还可以把竖井做得更大一些，深度可以更深些，并且把它们互相连通起来。现在这种竖井和地下隧道施工起来没有困难。使蓄洪水量更大些，可以减少地面治理洪水的难度。北京地区把以前的挖砂坑、垃圾场改造成蓄洪他，也是不错的办法。

现在的城市管廊也把防洪管道包括了进去，和城市市政的各种供水、电力、电信、燃气、热力管道争夺地面地盘，互相拥挤不堪。我看还是把防洪和排除污水放到地下深处去做，可以采用水泵站调节水量，效果会更好。

31.9.3　日本“首都圈外围排水系统”

1. 概况

（1）日本作为一个岛国，每年台风来袭，全国各地很容易受到自然水灾害的袭击。其中，东京的年平均降水量达到了1466.8mm，几乎是世界平均降水量的一倍。

（2）然而，位置低于海平面的东京首都圈，却很少会出现很严重的涝灾。在这种情况下，东京地区雨水的疏通，主要归功于其建造的“首都圈外围排水系统”。

2. 防洪措施

（1）为防止东京首都圈发生大规模洪灾，东京政府曾斥资约2300亿日元，从1992年开始，到2006年竣工，历时15年建成了世界上最大、最先进的地下排水系统——首都圈外围排水系统。

（2）这条排水系统宛如一个地下神殿，连接着东京市内长达15700km的城市下水道（图31-22）。

图31-22 东京地下排水系统

3. 排洪系统

调压水槽的水通过4台大功率的抽水泵，以每秒200m^{3}的速度排入日本一级大河流江户川，最终流入东京湾，全长6.3km。通过该排水系统，当城市内发生大规模降雨、中小河流的决堤时，能够第一时间通过排水系统的调整和引导，把它们快速排入宽广河道或大海。

4. 排洪系统详图

排水系统包括筒仓、排水隧道、调压水槽等一系列的设施。有5条深约70m、内径约30m的大型混凝土筒仓（竖井），前4个筒仓（竖井）里导入的洪水通过下水道流入最后一个筒仓（竖井），然后一起汇入调压水槽；调压水槽长177m、宽78m，总储水量为67万m^3。

31.9.4 设计概况

1. 设计指标

（1）施工深度：150m；

（2）垂直度要求：1/1000；

（3）混凝土强度等级：水下C40，抗渗等级：P12；

（4）地墙纵筋保护层厚度：迎土面为100mm，开挖面为70mm；

（5）套铣厚度：300mm。

2. 钢筋笼设计概况

上部105m维持原有地下连续墙钢筋笼配筋，主筋Φ32mm、Φ36mm，间距300mm，水平筋Φ22mm，间距 200mm；下部设 40m 钢筋笼，主筋Φ32mm、Φ36mm，间距 300mm，水平筋Φ16mm，间距 300mm，钢筋笼分节吊装，接头采用机械连接（图 31-23）。

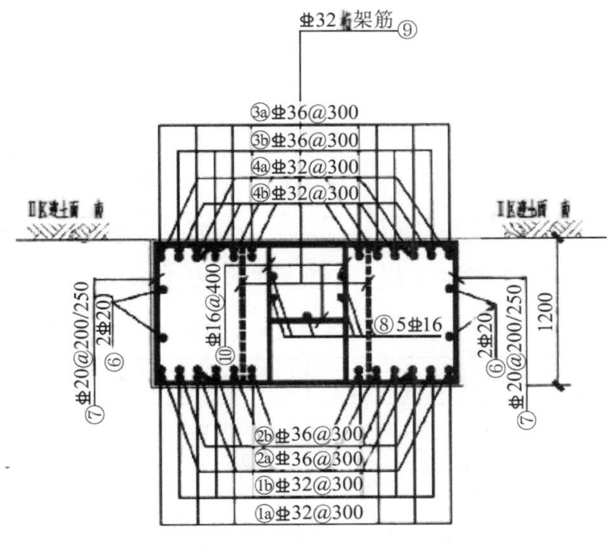

图 31-23　钢筋图

31.9.5　150m 地墙试验施工

1. 场地布置

试验施工阶段，场地内配备 1 台 MC128 铣槽机，1 台 500t 履带式起重机，1 台 400t 履带式起重机。场地内的临时设施主要为：4000m^3 的泥浆工厂 1 座、集土坑 1 座、105m 长的钢筋笼平台 1 个，以及若干的材料堆放和加工区域（图 31-24）。

图 31-24　围护墙施工场地布置图

2. 施工方法及工艺要求

1）施工工艺流程

（1）工艺选择

本工程地下墙均采用套铣接头工艺施工，成槽分为一期、二期槽段进行。

（2）工艺流程（图 31-25）

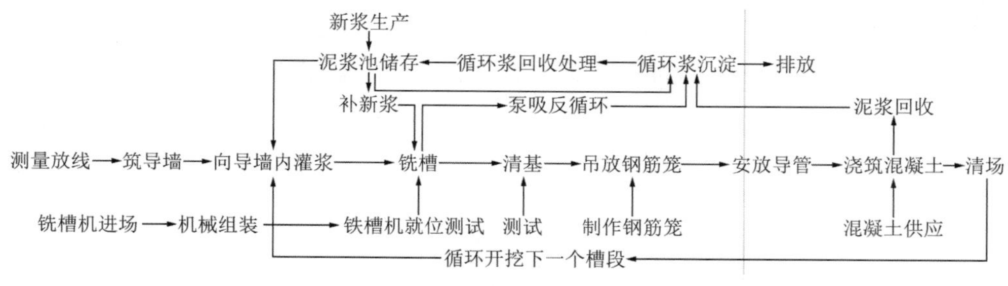

图 31-25　地下连续墙施工工艺流程图

（3）铣槽设备

本次特深地墙施工采用新购的宝峨 BC 铣槽机（表 31-11）。

宝峨 BC 铣槽机性能参数　　表 31-11

起重机	MC128	最大切挖深度	150m
切挖厚度	800～1800mm	操作质量（整机）	170t
切挖宽度	2800mm		

挖掘时两个镶有合金刀齿的铣轮相互反向旋转，连续地切削下面的泥土或混凝土，然后把它们卷上来并破碎成小块，再在槽中与稳定的泥浆混合后将它们吸进泵里面，装在真空盒上面的离心泵将这些含有碎块的泥浆泵送入一个循环设备（除砂设备），在那里通过其振动系统将泥土和混凝土块从泥浆中分离，处理后干净的泥浆重新抽回槽中循环使用。

由于铣槽机自身的反循环泵吸出泥原理，连续墙槽底清基工作则相对较简单，将铣削轮盘直接放至槽底，利用自身配置的泵吸反循环系统即可完成槽底沉渣的清除和泥浆置换。

（4）槽壁加固

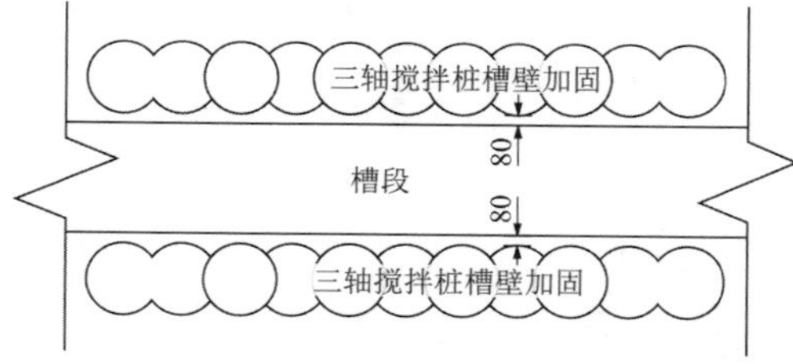

图 31-26　槽壁加固节点示意

试验槽段两侧采用ϕ850mm@600mm 槽壁加固，桩长 30m，水泥掺量 20%，28d 无侧限抗压强度不小于 0.8MPa，垂直度不小于 1/300，使得两侧槽壁形成水泥土搅拌体，从而达到加强槽壁稳定性的目的（图 31-26）。

（5）道路导墙

本工程采用“][”形导墙。导墙外侧上翼缘与场内现有重型道路双层水平筋搭接焊连接形成整体，内侧上翼缘宽度 1.5m，为便于成槽，制作两侧导墙时，分别向外侧扩大 25mm，导墙宽度 1250mm。导墙混凝土对称浇注，拆模在混凝土强度达到设计值的 80%之后进行，拆模后导墙加设木撑及砌块对撑。

2）施工方法和工艺要求

（1）测量放样

①地下连续墙的地面中心线依据线路中线控制点进行放样，放样误差在±5mm 之内。

②内外导墙平行于地下连续墙中线，其放样允许误差为±5mm。

③连续墙槽施工中测量其深度、宽度、铅垂度。

④连续墙竣工后，测定其实际中心位置和与设计中心线的偏差，偏差值小于 30mm。

（2）护壁泥浆

①泥浆参数

根据本工程的地质情况及以往地墙施工经验，本工程采用 200 目钠基膨润土制备泥浆，并适当添加入 CMC。新制泥浆配合比如表 31-12 所示。

新制泥浆配合比　表 31-12

膨润土品名	材料用量（kg）				
	水	膨润土	CMC	$NaHCO_3$	其他外加剂
钙土	1000	100	0.3	3	适量

②泥浆性能控制指标（表 31-13）

泥浆性能控制指标　表 31-13

序号	项目	新拌制泥浆	循环泥浆	清基后泥浆	检验方法
1	相对密度	1.03～1.08	1.1～1.3	≤ 1.15	泥浆比重计
2	黏度	25～35s	22～35s	20～30s	漏斗法
3	pH 值	8～9	8～11	8～10	pH 试纸
4	含砂率	—	＜ 7%	上，＜ 3%；中，＜ 5%；下，＜ 7%	泥浆含砂率测定仪

（3）成槽施工

①成槽设备选型

本工程地下连续墙最大深度为 150m，地墙选用 1 台 MC128 铣槽机进行成槽（图 31-27）。

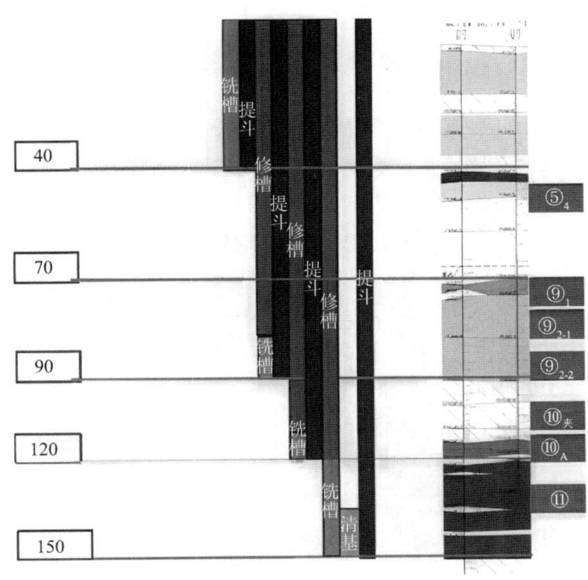

图 31-27　成槽流程示意

②成槽挖土顺序

根据每个槽段的宽度尺寸，决定挖槽的幅数，合理安排挖槽的次序，防止或减小因土体的不对称性而使铣槽机在成槽中产生左右跑位现象，给钢筋笼及接头挡板的正常吊放带来影响。二期相邻槽段具备一定强度后再行铣槽，控制在3～5d以后。

③二期槽铣削成槽

二期槽均采用铣削成槽，以形成铣接头。成槽前利用抓斗将槽顶土取出，再把铣槽机反循环泥浆泵没入泥浆液面以下。成槽时架设导向架，避免铣削混凝土产生的振动影响成槽垂直度。

使用套铣接头施工时，一期槽段混凝土浇注前在接头处放置接头挡板，挡板至少插入挡墙顶面下6m，使两幅一期槽段顶部间留有2800mm宽间距，保证二期槽段成槽时，铣槽机头部埋入泥浆。放置接头挡板前，可根据挡板尺寸在导墙相应位置凿出小缺口，帮助限定挡板吊放位置。

④施工时间选择

二期槽套铣最佳施工的时间是在两侧一期槽混凝土达到一定设计强度的时候开始成槽作业。此外，还需注意：一是两侧一期槽混凝土浇注龄期相差越小越好，便于X向垂直度控制；二是二期槽不宜过早施工，一期槽混凝土龄期过小时，混凝土切削后与泥浆混合产生絮凝，将导致泥浆变稠，影响施工效率，增加废浆量；三是两侧所切削的混凝土强度不宜超过铣齿的设计切削强度。

铣槽机就位时，确保履带平行于导墙；铣轮入槽采用经纬仪将铣架X、Y向垂直度归零。铣轮入槽前，在导墙上安装限位器（双轮铣槽机自带），铣架完全没入槽段前限位器不得拆除。

⑤铣槽流程（图31-28）

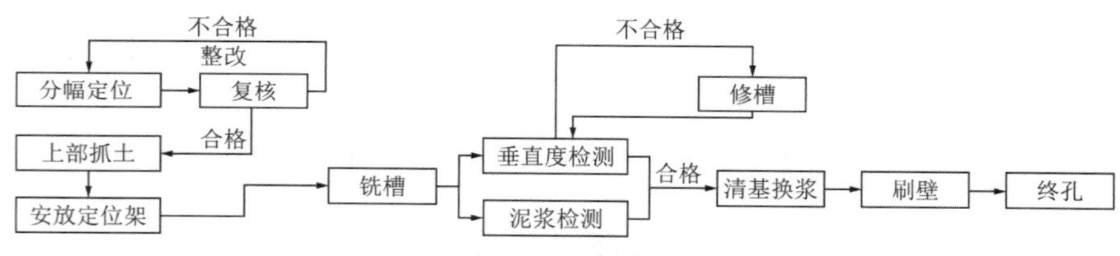

图31-28　铣槽流程

分幅定位及成槽深度同一期槽段。

（4）槽段检测——垂直度检测

垂直度：1/1000；

垂直度检测频率：每次提斗进行1次垂直度检测，包含X、Y向（图31-29）。

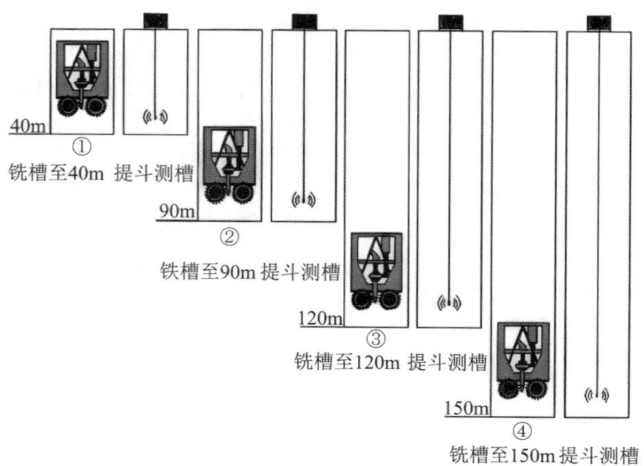

图31-29　垂直度检测

（5）清基及刷壁

①泵吸反循环清基

槽段完成后，即采用双轮铣槽机清底。将铣削头置入孔底并保持铣轮旋转，铣头中的泥浆泵将孔底的泥浆输送至地面上的泥浆净化机，由振动筛除去大颗粒钻渣后，进入旋流器分离泥浆中的粉细砂。经净化后的泥浆流回到槽孔内，如此循环往复，直至回浆达到标准。在清孔过程中，可根据槽内浆面和泥浆性能状况，加入适当数量的新浆以补充和改善孔内泥浆。对于利用铣槽机进行成槽的主体结构地墙，利用铣槽机自带反循环系统进行清基。

②刷壁

二期槽段成槽、清孔、换浆结束前，对相邻段混凝土的断面进行清刷，刷壁用外形与槽段端头相吻合的接头刷，紧贴混凝土面，直至刷头上基本不带泥屑，孔底淤积不再增加。刷壁到底部，次数不少于 2 次，且刷上无泥。

（6）钢筋笼制作

①制作平台

施工现场设置一座钢筋笼加工平台，用于围护墙钢筋笼制作，平台尺寸 150m × 10m，平台兼顾一期槽与二期槽的钢筋笼制作需求。

平台采用工字钢制作，平台搭设在混凝土基础上，并经水平仪校准使平台面处于同一水平，工字钢按上横下纵叠加制作，纵向间距 2000mm，横向间距 1000mm。

②钢筋绑扎焊接及保护层设置

钢筋有质保书，并经试验合格后才能使用。主筋连接方式采用直螺纹接驳器连接，其余采用单面焊接。搭接错位及接头检验满足钢筋混凝土规范要求。为保证保护层厚度，在钢筋笼宽度上水平方向设两列定位钢垫板。钢筋保证平直，表面洁净、无油渍，水平筋与纵筋点焊牢固（图 31-30）。

图 31-30　一期槽段钢筋笼制作

各类埋件要准确安放，仔细核对每层接驳器的规格数量。相对于斜支撑的部位安放预埋钢板。接驳器部位考虑利用泡沫板进行保护，避免接驳器被泥皮或混凝土堵塞。采用套铣接头施工时，钢筋笼横向每隔 3～5m 设置 PVC 管限制钢筋笼横向移动，确保二期槽段成槽时铣轮不会铣削到一期槽段钢筋笼。

（7）钢筋笼吊装

①吊点设置

根据地下连续墙钢筋笼重量、长度及配筋情况，钢筋笼采用如下方式分节吊装：

此次试成墙地下连续墙均为综合设施围护结构 150m 深地墙，第一节 43.25m 长钢筋笼采用 14 个吊点吊装（前 4 后 10），第二节 36.51m 长钢筋笼采用 12 个吊点吊装（前 4 后 8），第三节 27.3m 长钢筋笼采用 8 个吊点吊装（前 4 后 4），第四节 40m 长钢筋笼采用 14

个吊点吊装（前 4 后 10）。围护结构地墙采用先分节吊装，后槽段口机械连接整体吊装放入槽段内，拟配置两台起重机双机抬吊钢筋笼，保证钢筋笼顺利起吊进槽。

②钢筋笼加固

钢筋笼在制作时就根据吊装作业需要预先设置纵向、横向桁架进行加固。

一期槽综合设施地墙纵向设置 2 榀桁架，桁架筋直径为 32mm，其中吊点纵向桁架为 X 形布置，其余非吊点纵向桁架为 W 形布置。

二期槽纵向设置 2 榀桁架，桁架筋直径为 32mm，均为吊点纵向桁架，X 形布置。

每个吊点处设横向桁架，桁架筋直径为 32mm，间距 4m，因本工程钢筋笼分多段对接，因此必须保障吊装时对接段的变形尽可能最小。

（8）接头工艺——套铣接头

每两个一期槽段之间嵌入一个二期槽段，铣槽机斗宽 2800mm。因本工程为圆形地下墙，因此二期槽与一期槽的有效搭接厚度外侧较小而内侧较大。

分幅上确保一期槽段与二期槽段间每个接头外侧搭接不小于 200mm，二期槽段铣槽施工时将一期槽段接头处新鲜混凝土切削掉，形成新鲜、致密接头。

使用套铣接头施工，一期槽段混凝土浇注前在接头处放置接头挡板，挡板至少插入挡墙顶面下 6m，使两幅一期槽段顶部间留有 2800mm 宽间距，保证二期槽段成槽时，铣槽机头部埋入泥浆。

放置接头挡板前，可根据挡板尺寸在导墙相应位置凿出小缺口，在缺口中卡入型钢，帮助限定挡板吊放位置。

（9）混凝土浇注

①本工程混凝土的设计强度等级为水下 C40，实际水下混凝土浇注提高 2 个等级，设计抗渗等级为 P12。

②水下混凝土浇注采用导管法施工，混凝土导管选用直径 300mm 的圆形螺旋接头型。导管拼装中，对密封圈要严加检查，防止浆液漏进导管内部，影响混凝土质量。导管使用前进行气密性试验，压力大于等于 1.8MPa。

③在混凝土浇注前要测试混凝土的坍落度，并做好试块。每 100m^3 做 1 组抗压试块，每组 3 件；5 个槽段制作抗渗压力试件 1 组，每组 6 件。

④钢筋笼沉放就位后，混凝土应及时灌注，不超过 4h。

⑤导管插入到离槽底标高 300～500mm，灌注混凝土前在导管内临近泥浆面位置吊挂隔水栓，再浇注混凝土。浇注时防止导管中气柱产生，导管截面不能全部被混凝土封堵，留有一定的空隙放气。

⑥导管集料斗混凝土储量保证初灌量，每根导管备有 1 车不小于 18m^3 的混凝土量。混凝土初灌后，混凝土中导管埋深大于 1.5m。混凝土浇注均匀、连续，间隔时间不超过 30min。

⑦混凝土浇注过程中，槽内混凝土面上升速度不小于 3m/h，同时不大于 5m/h；导管插入混凝土深度保持在 2～4m，相邻两导管间混凝土高差小于 0.5m。混凝土浇注中认真、及时地做好记录，每车混凝土填写一次记录，混凝土面勤测勤记。

⑧导管间水平布置距离一般为 2.5m，最大不大于 3m，距槽段端部不大于 1.5m。套铣施工二期槽段在槽段中间位置设置一根导管。

⑨在混凝土浇注时，不得将路面撒落的混凝土扫入槽内，以免污染泥浆。

⑩混凝土泛浆净高 300～500mm，以保证墙顶混凝土强度满足设计要求。

31.9.6 150m 地墙试验成果

3 幅试验槽段已全部完成，成槽深度均达到 150m，终孔垂直度达到 1/1000 以上，混凝土浇注充盈系数分别为 1.14、1.06、1.09。

1. 施工效率（表 31-14，图 31-31）

施工效率 表 31-14

序号	槽段编号	开始时间	结束时间	累计时间	天数（d）	垂直度
1	ZQ2	2017-12-30 8:35:00	2018-1-4 8:00:00	119h55min	5	1/3750
2	ZQ3	2018-1-6 8:35:00	2018-1-9 12:00:00	75h40min	3	1/1600
3	ZQ2-3	2018-1-12 22:42:00	2018-1-25 7:15:00	296h33min	12	1/1000

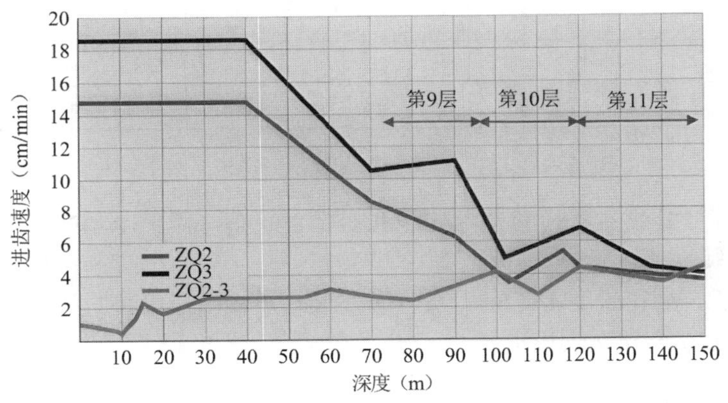

图 31-31 深度—速度关系图

通过对各深度之间的铣槽机进齿速度进行分析，对应地质勘探报告，可以得出，一期槽段在铣槽过程中，进入第 9 层进齿速度有明显减慢，速度在 6～8cm/min，进入第 10 层后，速度下降更为明显，速度在 3～5cm/min，并在进入第 11 层后有略微下降。二期槽段由于两侧切削混凝土，导致其速度明显低于一期槽段，在深度达到 15m 之前，由于纠偏板无法完全发挥作用，速度较慢，在 1cm/min 左右，在深度超过 15m 后，进齿速度逐步趋于稳定，地质情况对其进齿速度影响较小，速度基本保持在 2～4cm/min。

2. 泥浆指标

试验槽段使用泥浆均满足表 31-15 要求。

试验槽段使用泥浆指标 表 31-15

序号	项目	新拌制泥浆	循环泥浆	清基后泥浆
1	相对密度	1.03～1.08	1.1～1.3	≤1.15
2	黏度	25～35s	22～35s	20～30s
3	pH 值	8～9	8～11	8～10
4	含砂率	深度（m）	<7%	上，<3%；中，<5%；下，<7%

试验过程中，针对清基后及钢筋笼下放后，在试验槽段 45、90、150m 以下分别对泥

浆进行取样，以验证清基后泥浆效果，可以看出泥浆性能在清基后经过约 9h，依旧具有较好的护壁性能，见表 31-16。

试验槽段使用泥浆指标　　表 31-16

桩号	取浆部位	清基完成后泥浆指标			钢筋笼下放完成后泥浆指标		
		黏度	相对密度	含砂率（%）	黏度	相对密度	含砂率（%）
ZQ2	上	22	1.04	0.5	22	1.04	0.5
	中	22	1.04	0.5	22	1.21	1
	下	22	1.04	0.5	22	1.22	1
ZQ3	上	20	1.04	0.5	22	1.04	0.5
	中	20	1.04	0.5	22	1.04	0.5
	下	20	1.04	0.5	22	1.12	1
ZQ2-3	上	21	1.06	0.5	22	1.05	0.5
	中	21	1.06	0.5	22	1.1	0.5
	下	21	1.06	0.5	23	1.23	2

3. 垂直度

3 幅试验槽段终孔垂直度均满足 1/1000 的要求，分别达到了 1/3750、1/1600、1/1000。

4. 钢筋笼吊装

3 幅试验槽段钢筋笼长度 144.5m，分 4 节吊装，单幅槽段吊装时间在 9 个小时左右，各节钢筋笼对接成功率在 98%以上。

5. 混凝土浇注

混凝土强度等级水下 C40，抗渗等级 P12，坍落度 220mm ± 20mm。

ZQ2：混凝土浇注时间 18h45min，充盈系数 1.14。

ZQ3：混凝土浇注时间 13h45min，充盈系数 1.06。

ZQ2-3：混凝土浇注时间 11h23min，充盈系数 1.09。

6. 周边环境变化（表 31-17，图 31-32、图 31-33）

各点沉降量　　表 31-17

测点点号	累计沉降量（mm），2017 年 12 月 29 日	累计沉降量（mm），2018 年 1 月 22 日	阶段沉降量（mm）
DB4-1	−6.19	−9.34	−3.15
DB4-2	−6.71	−8.13	−1.42
DB4-3	−5.66	−6.58	−0.92
DB4-4	−5.49	−5.98	−0.49
DB4-5	−4.82	−5.79	−0.97
DB4-6	−4.64	−5.18	−0.54
DB4-7	−5.06	−5.30	−0.24
DB4-8	−1.58	−1.78	−0.20
DB4-9	−1.38	−1.03	0.35
DB4-10	−0.95	−0.82	0.13

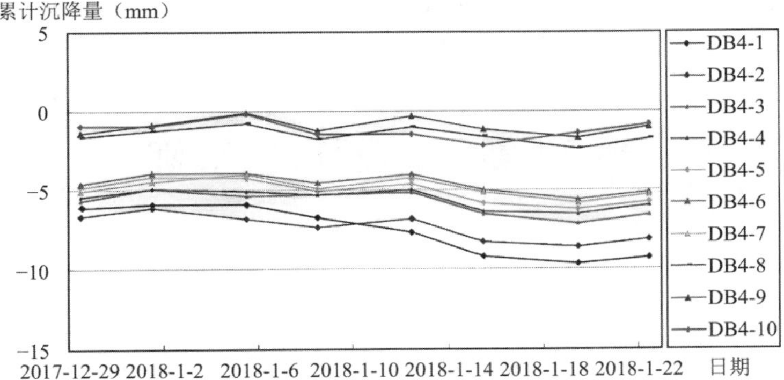

图 31-32　云岭竖井北侧地表剖面 DB4-*i* 沉降历时曲线

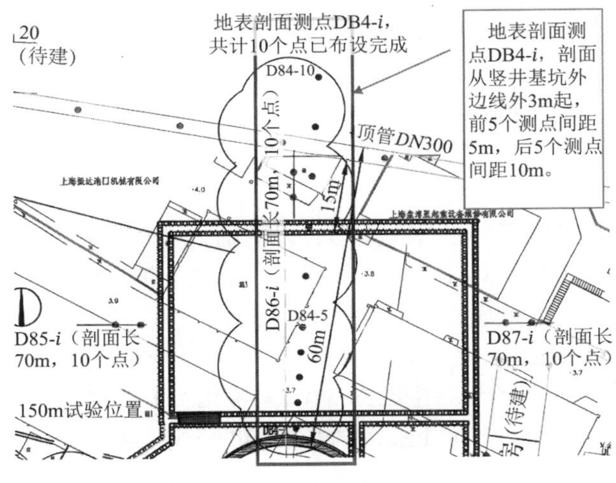

图 31-33　测点布置示意图

7. 总结

通过本次 150m 特深地墙试验，证明根据现有施工设备可以满足 150m 地下连续墙施工的要求，施工技术参数可行。

（1）成槽深度方面，MC128 铣槽机在本次试验中最大成槽深度达 150m，满足要求；

（2）成槽垂直度方面，三幅 150m 地下连续墙分别达到了 1/3750、1/1600、1/1000，垂直度均达到了 1/1000 以上；

（3）泥浆配制方面，通过对新浆的配比指标及循环浆、清孔浆指标的优化调整，保证了在整个成槽过程中的槽壁稳定；

（4）成槽过程中周边环境变化稳定，无突变情况；

（5）钢筋笼制作方面，通过对钢筋笼制作精度的控制，满足钢筋笼入槽要求；

（6）钢筋笼吊装方面，因钢筋笼细长，通过分节吊装、钢筋笼整体加强等措施，满足钢筋笼吊装的刚度要求；

（7）混凝土浇捣方面，整体浇注速度在 40m³/h，基本满足混凝土初凝时间要求，混凝土浇注用导管及机架可以满足 150m 地下连续墙施工的要求。

（本节节选自上海基础公司的总结材料）

第 32 章　悬索桥的锚碇

32.1　概述

悬索桥在我国的发展已经有四十多年，在长江上、珠江上建起了十几座悬索桥。本章中列举了一些有代表性的悬索桥锚碇基础，作为读者在设计施工中的参考。

32.2　润扬大桥北锚碇

32.2.1　概述

经反复讨论，锚碇基础平面设计为矩形，以便调整锚体位置，降低使用阶段基底压力的不均匀系数。根据本工程的具体条件，最终确定基坑支护采用嵌入基岩的地下连续墙加内支撑的围护方案。地下连续墙外包尺寸 69m×50m，厚度 1.2m，共划分为 42 个槽段，槽段间采用“V”形钢板接头。各槽段地下连续墙底高程随基岩分布及风化程度变化而不同。强风化岩中嵌深 6m，弱风化岩中嵌深 3m，微风化岩中嵌深 1m。当强、弱风化厚度超过 3m 时，嵌入微风化层 0.5m。地下连续墙平均深度 53m，最大深度 56m。基坑最大开挖深度 50m。在地下连续墙外侧的墙段间接缝部位进行摆喷灌浆，使整个围护墙体有较好的止水作用。内支撑采用钢筋混凝土支撑，接原设计有 12 层。实际施工时因坑底岩层顶面起伏较大，取消第 12 层支撑，而将第 11 层支撑略为下移并予加强。各层支撑的平面形状和剖面如图 32-1 和图 32-2 所示。其中，围檩宽度为 2～3m。支撑杆件宽度有 2m 和 1m 两种，围檩及支撑杆件截面厚度为 1～1.5m。首层支撑顶面距原始地面 1.5m，底层支撑底面距坑底 1.9m，相邻支撑间距在 4m 左右。在各支撑杆件的交叉处，设置预先逆作的灌注桩和工具柱以承受支撑杆件的重量，并增强其稳定性。

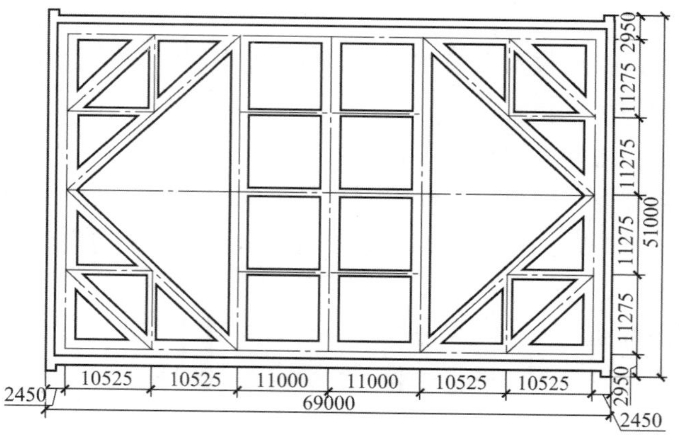

图 32-1　北锚碇基坑支护结构平面图

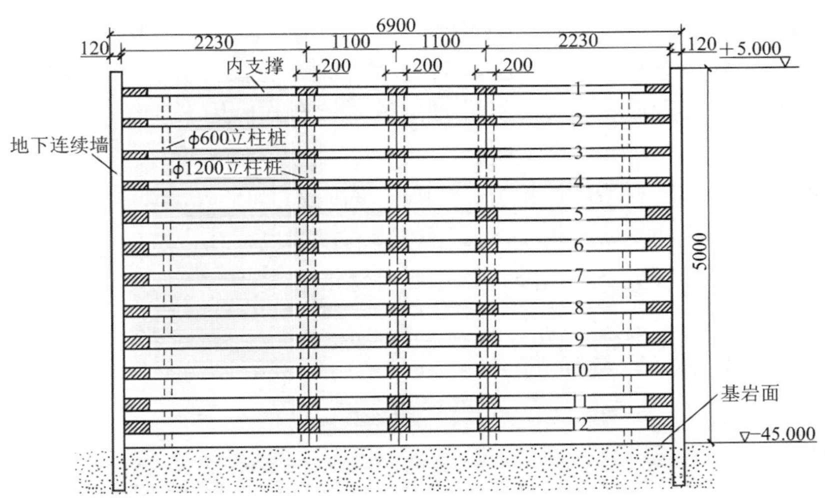

图 32-2　基坑结构剖面图（cm）

此外，为确保安全，在基坑周边距地下连续墙外侧 23m 处，又用旋喷方法施作两排防渗帷幕，并在防渗帷幕和地下连续墙之间建造一些降水井，以便开挖到较大深度时适当降低坑外水位，使坑内外水位差不大于 30m。坑内水位则随开挖的进行逐步予以降低。

32.2.2　高喷桩防渗帷幕设计

本工程通过方案比较与现场试验，决定在基坑四周距地下连续墙外边缘 23m 处设置两排高压旋喷桩，旋喷桩直径 1.5m，孔距 1.25m，排距 0.7m，平均深度约 53m；在基坑外围形成一道封闭的高喷防渗帷幕，帷幕深度进入基岩 2m。具体布置如图 32-3 所示。

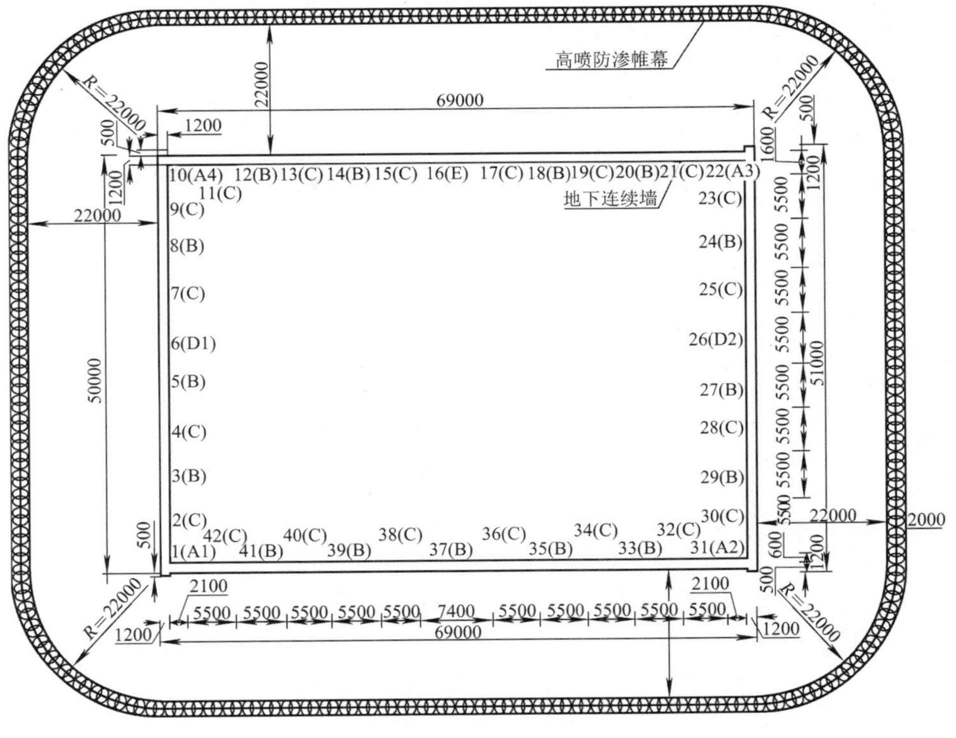

图 32-3　坑外高压旋喷帷幕布置示意图

32.2.3 小结

（1）本基坑采用矩形基坑设计，逆作12道水平混凝土支撑和相应的支撑桩柱，施工难度很大，工期较长，工程成本增加，并非理想的基坑形式。后来逆作的几个同类型锚碇深基坑都改成了圆形。

（2）本基坑工程采用高喷防渗帷幕，其施工深度超过45～50m，由于孔位和孔斜偏差，导致下部无法形成连续的帷幕，再加上地下连续墙接缝也存在一些问题，造成基坑的总体防渗效果较差，漏水量很大。今后应当慎用此种防渗方案。

32.3 广州黄埔珠江大桥锚碇

32.3.1 概况

本工程位于广州市的东部，是珠江三角洲经济区主要的交通干线，广东省规划建设的一条环绕华南中心城市的高速公路。该高速公路由珠江三角洲环形高速公路东环段、西环段、南环段及北环段组成。

珠江黄埔大桥是广州东二环高速公路跨越珠江的重要工程。珠江的江心洲—大濠沙岛将珠江黄埔大桥分为北汊桥及南汊桥，即北汊桥383m独塔双索面钢箱梁斜拉桥与南汊桥1108m单跨悬索桥。

南汊桥采用双塔单跨钢箱梁悬索桥，跨径组成为290m＋1108m＋350m，北塔桩号K10＋026，位于大濠沙岛的大堤外侧浅水区，距离堤脚20m；南塔桩号K11＋134，位于南岸边滩浅水区。北锚碇位于大濠沙岛上，桩号K9＋736；南锚碇位于南岸阶地上，桩号K11＋484。北边跨为290m，边中跨比为0.262；南边跨为350m，边中跨比为0.316。锚碇结构如图32-4所示。

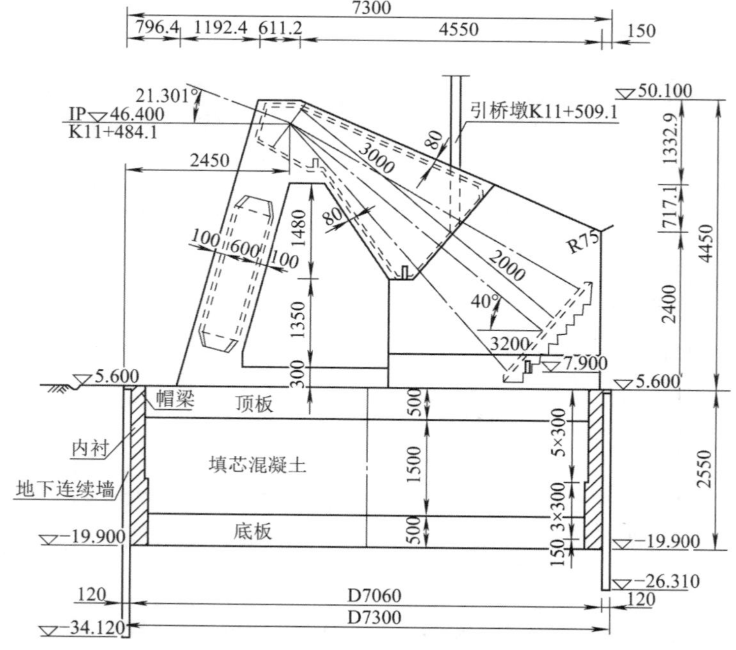

图32-4 锚碇总体构造图

珠江大桥桥位处河道百年一遇洪水的设计水位为 7m，历年最低水位为 3.09m；风暴潮最高潮水位为 6.73m，最低潮水位为 3.29m，高潮平均水位为 5.73m，低潮平均水位为 4.18m，平均潮水位为 5m。涨潮最大潮差为 7.44m，平均潮差为 1.55m，落潮最大潮差为 2.93m，平均潮差为 1.55m。三百年一遇洪水最大流速为 0.94m/s，平均最大流速为 0.76m/s。

桥区水道受潮汐影响，潮汐为不规则半日潮，在一个太阴日内两涨两落，且两次高、低潮位和潮差各不相同，涨落潮历时也不相等。

锚碇施工期间正处珠江大汛期，施工洪水频率取为三十年一遇，其相应潮水位低于现有围堤顶。

32.3.2　对原施工图设计的评审意见

2005 年 1 月 9—11 日，广东省交通厅在广州市主持召开了“国道主干线广州绕城公路东段（珠江黄埔大桥）主桥部分施工图设计审查会”。与会专家认为施工图设计的内容和深度基本上达到了要求，经过修改、完善和补充后可以用于工程施工。此外，应完善以下几方面：

（1）补充完善有关工程地质、水文地质、地震参数等方面的设计基础资料。

（2）建议根据两个锚碇的圆形地下连续墙的结构受力特点，结合水文和地质条件，深化分析计算，进一步优化结构设计和配筋。

（3）建议设计单位会同施工单位，根据水文和地质条件、机具设备和施工环境等，合理确定施工方案和工艺，加强施工全过程监控。

（4）导墙底部粉喷桩长度偏小，至少应深入砂层内。

（5）补充勘探应立即进行，给出各层渗透系数等岩土力学系数。

（6）墙底入岩深度应综合考虑各种因素后确定，不一定非要穿过 18m 厚的强风化层。

（7）墙底帷幕灌浆的可行性应经试验验证。

（8）锚碇基坑应根据勘探资料进行降排水设计，力争做到经济、实用。

会后，建设单位委托主编人进行此桥的补充咨询工作，编制了补充咨询报告。

32.3.3　补充地质勘察

继续查明南北锚碇所在地段的地层岩性、水文地质及不良地质条件等，重点勘察基岩的埋藏深度、岩性、风化程度和节理构造等。通过室内外岩土物理力学试验和水文地质试验，为锚碇的设计提供必要的物理力学参数，为地下连续墙和基坑开挖提供岩石鉴定依据。

32.3.4　场地工程地质条件

经综合分析，北、南两个锚碇的地质条件大体相同（表 32-1）。

北锚碇与南锚碇地质条件比较　　表 32-1

编号	北锚碇	南锚碇	编号	北锚碇	南锚碇
①	人工填土层	√	④	亚黏土	不连续
$②_1$	淤泥、淤泥质土	√	$⑤_1$	全风化岩	√
$②_2$	粉细砂	√	$⑤_2$	强风化岩	√
$②_3$	淤泥质砂	√	$⑤_3$	弱风化岩	√
③	中粗砂	√	$⑤_4$	微风化岩	√

差别在于南锚碇的中粗砂层较厚，渗透系数较大；岩石风化破碎程度比较大，透水性大，基坑渗流量大。

32.3.5　水文地质条件

1. 地下水位

1）北锚碇地下水位

孔隙含水层埋藏较浅，勘察期间揭露地下水埋深 0.85～1.3m，相应地下水位标高为 4.3～4.75m，属微承压水。基岩裂隙水埋深 0.65～1.1m，相应水位为 4.5～4.95m，属承压水。

2）南锚碇地下水位

孔隙含水层地下水埋深 1～1.8m，相应地下水位标高为 3.8～4.6m，属微承压水。基岩裂隙水埋深 0.7～1.3m（以上水位均从地面绝对高程 5.6m 算起），相应水位为 4.3～4.9m，属承压水。

2. 渗透系数

在本场地的初勘和补勘过程中，均进行了群孔抽水试验（初勘只进行了砂层抽水），并提出了有关地层的渗透系数（表 32-2、表 32-3）。

初勘主要地层渗透系数（K）建议值（m/d）　　表 32-2

岩土名		淤泥、淤泥质土	砂层	亚黏土	全风化混合岩	强风化混合岩	弱风化混合岩	微风化岩	备注
北锚碇	K	0.50	8.5	0.03	0.03	0.5	0.7	0.30	
南锚碇	K	0.50	6.5	0.03	0.03	0.5	0.7	0.30	

补勘主要地层渗透系数（K）建议值（m/d）　　表 32-3

岩土名		淤泥、淤泥质土	砂层	亚黏土	全风化混合岩	强风化混合岩	弱风化混合岩	微风化岩	备注
北锚碇	K	0.001	2.5	0.025	0.008	0.50	1.00	0.131	
南锚碇	K	0.0002	7.5	—	0.02	0.20	3.50	0.131	

3. 潮汐对地下水位的影响

孔隙含水层和弱风化岩层的裂隙含水层的地下水位均受潮汐水位的影响。其中，南锚碇地下水位受潮汐影响很明显，水位滞后效应小（约 2h）；北锚碇地下水受潮汐影响略小，水位滞后效应较大（约 3.5h）。

4. 水文地质条件评价及建议

1）北锚碇基坑水文地质条件评价及建议

（1）本区存在两个主要含水层，上部为冲积含泥细砂孔隙含水层，总厚度约为 14m，渗透系数为 1.174m/d；下部为弱风化混合花岗岩裂隙含水层，渗透系数为 0.1595m/d，总厚度约为 15m。前者属于中等透水层，后者属于弱透水层。在两含水层之间的残积砂质黏土为相对隔水层，渗透系数为 0.025m/d，属弱透水层。

（2）冲积含泥细砂孔隙含水层和弱风化混合花岗岩裂隙含水层的地下水位均受潮汐水位的影响，并明显滞后 2.5～5h。

（3）场地地面标高约为 5.6m（广州市城建高程），高于正常潮汐水位，基坑中心与珠江水面的距离约为 261m，故正常珠江潮汐对基坑施工和涌水量的影响不大，但需要做好防潮洪准备。

（4）锚碇基坑支护钢筋混凝土地下连续墙，深度为 36～40m，已全面穿透强风化岩，并进入弱风化裂隙含水带之中。预测经处理后的涌水量仅为 454～638m^3/d，可采用集水坑汇水疏干方法。在开挖过程中，因含水层静储量大量排出，瞬时最大涌水量可达 1704m^3/d，此时可采取适当减缓下挖速度的措施。

（5）基坑开挖深度为 30m，大部分位于强风化岩中。据地下水渗流动力分析，基坑底部在稳定流状态下，入岩深度$h_d = 3$m 处的渗流最大出逸（渗）坡降为 2.151，大于强风化岩的临界水力坡度经验值，可能会出现渗流破坏。应考虑加大地下连续墙深度和墙底帷幕灌浆等措施。

2）南锚碇水文地质条件评价及建议

（1）本区存在两个主要含水层，上部为孔隙含水层，总厚度约为 21m，渗透系数为 3.238m/d；下部为弱风化混合花岗岩裂隙含水层，渗透系数为 1.781m/d，总厚度约为 10m。两者均属于中等透水层。

与北锚碇相比，本工程段含水层渗透系数大，没有相对隔水层，基坑中心与珠江水面的距离仅为 88m，故本工程段的水文地质条件远比北锚碇段复杂，应引起注意。

（2）孔隙含水层和弱风化混合花岗岩裂隙含水层的地下水位均受潮汐水位的影响，并有一定的滞后现象（2～5h）。

（3）场地地面标高约为 5.6m，高于潮汐水位，但基坑中心与珠江水面的距离约为 88m，故珠江潮汐对基坑涌水量有较大的影响。

（4）锚碇基坑支护用钢筋混凝土地下连续墙，深度为 34.5～36m，已全面穿透强风化岩，并进入弱风化裂隙含水带之中。当墙深为 34.5m 时，预测涌水量为 1551m^3/d，需要采取帷幕灌浆等措施。

（5）基坑开挖深度为 25.5m，大部分位于强风化岩中。根据地下水渗流动力分析，基坑底部在稳定流状态下，出现渗流破坏的可能性高于北锚碇，应考虑加大地下连续墙深度和墙底帷幕灌浆等措施。

（6）在开挖过程中，因含水层静储量突然大量排出，瞬时最大涌水量可达 6270m^3/d，对工程施工条件有一定的影响。

32.3.6　基坑渗流计算

1. 概述

根据本工程特点，专门进行了基坑渗流计算，主要计算方法有三维空间有限差分法、平面有限元法和简化计算法。

2. 对墙底入岩深度h_d的探讨

h_d的大小，关系到基坑工程安全和工程造价，应当慎重选择。

h_d不但要满足基坑和墙体的稳定和强度分析要求，还要满足渗透稳定要求，也就是要满足平均渗透比降和最大出逸比降以及抗突涌的要求。

本次计算曾选取$h_d = 4$、8、10、13m 进行比较，发现h_d与墙体内侧弯矩成反比关系，即h_d越小内侧弯矩越大，则墙底渗透比降越大，越容易造成基坑涌水破坏。由此看来，应当综合考虑几方面的影响，进行分析比较计算，再选择合适的h_d。

原设计最小$h_d = 3m$，经渗流计算，出逸比降很大，远远超出允许值，不宜采用。

本次计算采用北锚碇$h_d = 6～9m$，南锚碇$h_d = 9～10m$。此时的h_d并不是指地下连续墙的深度，而是包含防渗帷幕在内的深度。

3. 计算断面

北锚碇选在详勘钻孔 MDZK9 处（即 9、10 墙段），南锚碇选在详勘钻孔 MDZK18 处（即 25、26 墙段）。

这两处是最不利的断面，因其上面没有（或极少有）隔水层，砂层和基岩中水互相连通。

4. 计算成果分析

1）三维空间有限差分法

从计算结果可以看出，$h_d = 3m$ 时北锚碇最大出逸比降$i_{max} = 2.151$，远远大于强风化层的允许比降 0.7；同样，$h_d = 3m$ 的南锚碇基坑，其最大出逸比降达 1.568，均可能发生渗透破坏。因此，原设计的最小入岩深度$h_d = 3m$ 是不安全的。

而当$h_d = 6m$ 或$h_d = 9m$ 并在墙底下进行帷幕灌浆，即无大碍。

2）平面有限元法

从计算结果可以看出，$h_d \leqslant 6m$ 时基坑不安全。如果墙底帷幕灌浆深入到微风化层，则基坑是稳定的。

3）简化计算法

在分层地基中，可以认为总的水头损失等于各分层地基中水头损失之和，且各层土的渗透系数K和渗透比降i成反比。由此首先求得最小的渗透比降i（其渗透系数K最大），再推求其余i值，再分段求出其水头损失值，最后可得到地下连续墙上的全部水压力图形，并且可以判断基坑底部渗流是否稳定。

计算结果如图 32-5 所示。

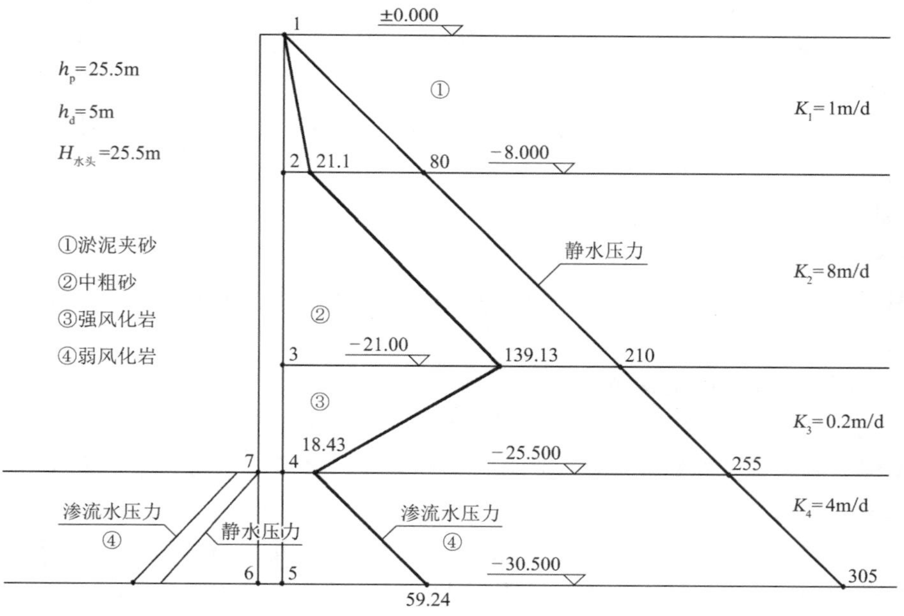

图 32-5 渗流计算图

5. 渗流计算小结

通过基坑渗流计算，可以了解到它的必要性。在本工程条件下，应当把根据渗流计算出来的h_d作为基坑地下连续墙入岩深度的主要依据。

两个锚碇均应考虑把地下连续墙墙底的入岩深度h_d增加到一定的数值，方可保证基坑不会发生事故。并且要求把透水性很大的墙底弱风化层和部分的微风化层用灌浆的方法加以封堵，使基坑能够正常施工。

32. 3. 7　基坑防渗和降水设计

1. 设计要点

本工程的两个锚碇位于珠江岸边或江心岛上，其锚碇基础要穿过较厚的淤泥土层和易液化砂层以及风化的花岗混合岩层，地下水位很高且承压，所以基坑和地下连续墙的运行条件是很不利的。为了保证地下连续墙施工期间和基坑开挖的安全运行，就需要采取综合的技术措施来实现这一目标。

首先，选定全适的施工平台高程和加固措施，使地下连续墙在安全的环境下建造完成；其次，应当对导墙的深部地基予以加固，保证地下连续墙施工期间不会发生坍塌事故和墙壁壁面的平整度过大问题。

为了防止基坑开挖过程中出现漏水事故，应当考虑以下几项措施：

（1）地下连续墙墙底要深入岩层内足够长度，基本保证基坑不会发生严重的渗透破坏事故。

（2）墙底以下要设置防渗灌浆帷幕，其深度应足以保证基坑不发生渗透破坏和便于正常施工。

（3）在地下连续墙与墙接缝外侧进行高压旋喷灌浆，以增加接缝止水的抗渗安全度。

（4）在墙外侧设置简易的防渗墙帷幕，增加基坑开挖期间的安全性。对于南锚碇基坑来说，因其地基下部没有黏土隔水层，全风化层又缺失，砂层中水和岩层中水连通，所以采取外围防渗墙帷幕很有必要。

（5）基坑降水和岩层排水。基坑上部要降水，下部基岩透水性较大，也要降水。

2. 地下连续墙设计要点

关于墙底入岩深度h_d，前面已进行了讨论。这里想指出的是由于北锚碇④残积亚黏土和⑤$_1$全风化岩的隔水作用很强，而且岩石性能较好；南锚碇虽然基坑深度较小，但地层透水性大，岩性又较差，所以南锚碇的h_d应比北锚碇的大些。采用$h_d = 3$m 是不安全的。

从墙底入岩来说，北锚碇大都深入到弱风化层中，个别有进入微风化岩中者；而南锚碇则大都深入到微风化岩中。

本工程两个锚碇的弱风化岩的透水性较大，属中等透水层，不能把墙底放在此层。建议在原墙底下部设置水泥灌浆帷幕，深度 10～15m，进入微风化岩层内。

3. 墙底灌浆

1）概述

由于本工程基岩表层的弱风化层透水性大，属中等透水层，完全靠地下连续墙来解决岩石渗流是不安全的，也是不经济的。因此，在本工程地下连续墙墙底要设置防渗灌浆帷幕。

墙底灌浆有两个目的：一个是清除墙底存在的沉淀淤积物，堵塞挖槽时造成的岩石裂隙，提高墙底岩石的承载力和防管涌能力；另一个是延长墙底的防渗路径，进一步降低渗透比降和出逸比降，降低基坑底部的涌水量。

2）墙底灌浆帷幕设计（图 32-6）

深度取为 10～15m，底部深入微风化层内 1.5m，两排，最小孔距 1.4m。压水试验结果显示单位吸水率$q = 3.2$Lu，一般水泥浆难以灌入岩层，可考虑采用磨细水泥或改性水玻璃浆液灌浆。灌浆压力不宜小于 3MPa。

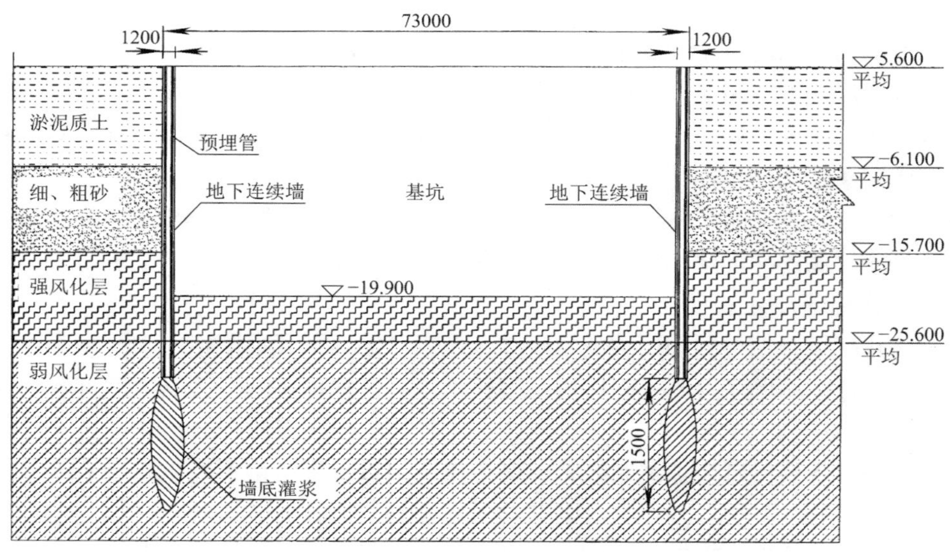

图 32-6　防渗帷幕图

3）南锚碇墙底灌浆设计

南锚碇墙底灌浆帷幕深度取为 10～15m，底部深入微风化层内 1.5m，两排，错开布置，最小孔距 1.4m。由于基岩透水性大，单位吸水率$q = 17.8$Lu，可采用水泥灌浆。

4）灌浆试验

有关灌浆参数应通过试验确定。

4. 基坑降水

上部淤泥层应一次降水到其底面以下，令其早些固结，便于土方机械运作。以下地层开挖时，则每次降水到该坑底以下 1～2m。

基岩内要设置排水孔明沟排水，估计坑底涌水量不大。

32. 3. 8　施工平台和导墙

1. 地基存在的问题

根据上述资料，第四系覆盖层上部（底板高程−8.04m）的植物层和淤泥层呈流塑状态，具有较强的灵敏度，在地下连续墙槽孔施工时很容易发生坍孔或缩孔等问题。

2. 处理措施

为保证槽孔孔壁自开始开挖槽孔直至完成浇注混凝土期间的稳定性，在地下连续墙施工前需对该层进行预先加固处理，具体的加固方法为采用深层搅拌桩技术。深层搅拌桩加固深度，一般根据淤泥质黏土层的实际厚度确定，以穿透该层并进入下层（细、粗砂层）

0.5m 为准，平均深度约为 8.5m。

3. 施工技术参数

桩位偏差：小于 2cm；注浆压力：1.2MPa；浆液密度：1.83g/cm^3；水泥掺量：8%；注浆流量：4 × 20～4 × 60L/min；搅拌深度：8.5m。

4. 主要施工设备

采用 SJZ5-500 五头深层搅拌机施工，其主要技术参数如表 32-4 所示。

SJZ5-500 深层搅拌机主要技术参数　　表 32-4

项目	SJZ5-500 参数	项目	SJZ5-500 参数
电机功率	240kW	搅拌轴间距	400mm
搅拌机转速	86r/min	搅拌头直径	500mm
额定扭矩	3 × 7160N · m	成墙厚度	300mm
搅拌轴数	5	最大搅拌深度	21m

5. 桩间搭接

严格控制桩位准确性，现场测量放线后，对桩位作出明显标志，确保单元间搭接厚度达到 30cm，如图 32-7、图 32-8 所示。

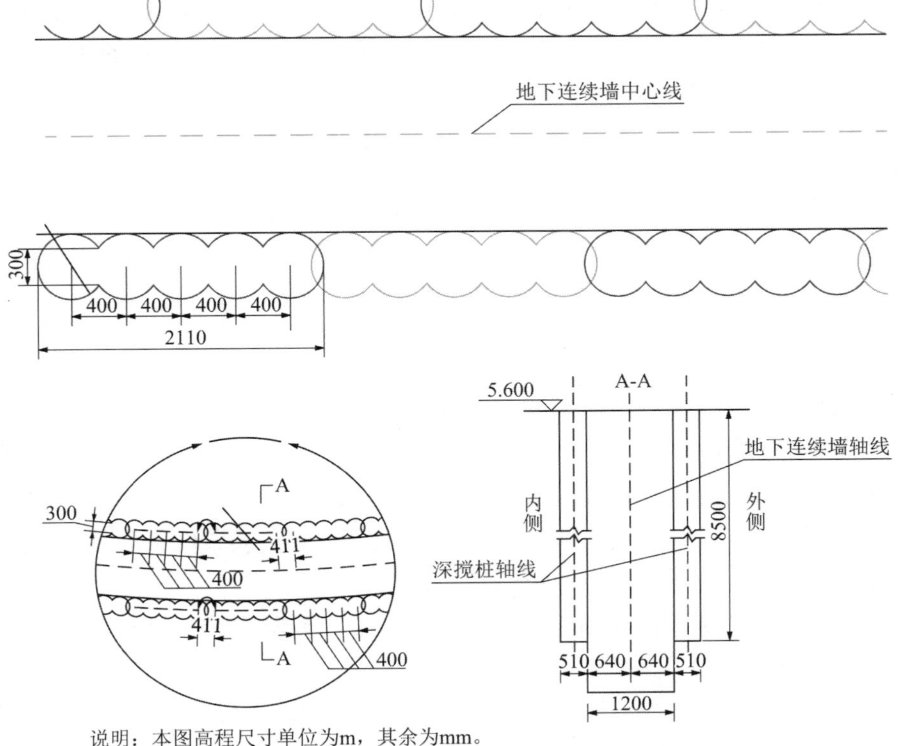

说明：本图高程尺寸单位为m，其余为mm。

图 32-7 施工平台加固图

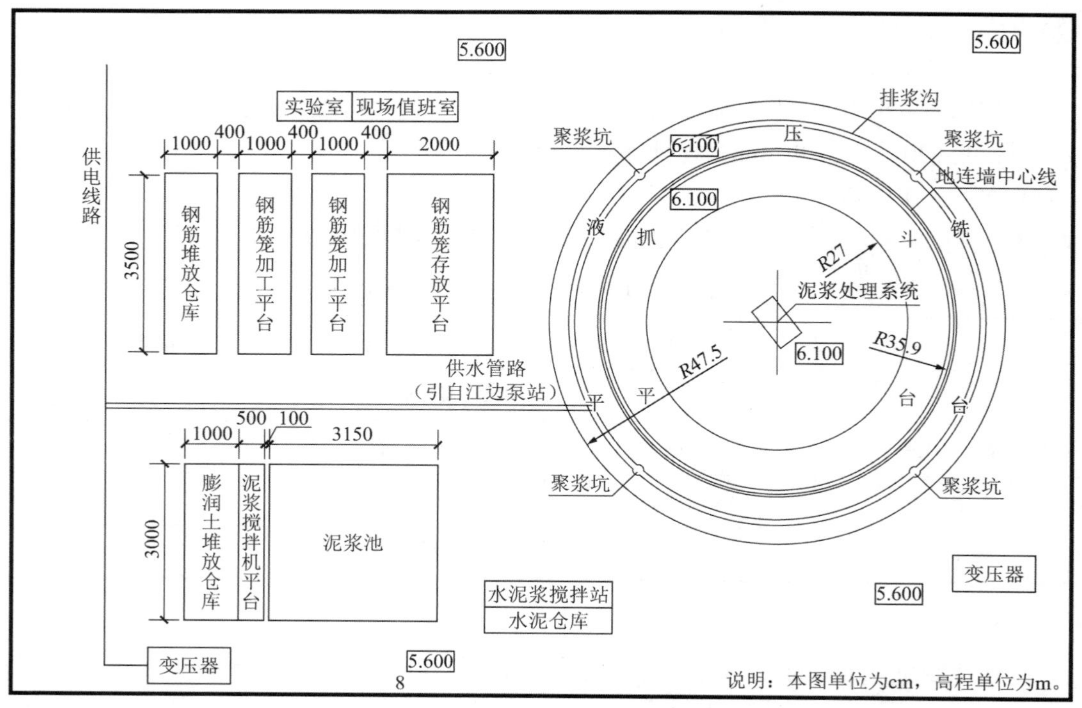

图 32-8 施工平面图

32.3.9 小结

黄埔大桥锚碇基坑是 2005 年广州地区在花岗岩地区施工的深基坑，由于在地下连续墙内预先埋设灌浆管，在地下连续墙完工后进行了墙下基岩的水泥帷幕灌浆，取得了较好的效果。此经验值得借鉴。

（本节选自丛蔼森“广州珠江黄埔大桥悬索桥锚碇地下连续墙施工图设计补充咨询报告”，2005 年 4 月）

32.4 日本明石海峡大桥锚碇

32.4.1 概述

日本明石海峡大桥是世界上跨距最大的悬索桥，桥长为 3910m，其中悬索桥跨距为 1990m。工程开始于 1988 年，于 1998 年建成。两个锚碇施工区域为人工吹填而成。

明石海峡宽约 4km，沿桥长方向覆盖层的最大厚度约 110m，最大潮汐为 4.5m/s。整个海峡是重要的海上通道，每天约有 1400 艘船舶航行于此。地质条件自上而下为：淤积层、上部洪积层、明石地层、神户地层和花岗岩基岩。

明石海峡大桥神户岸边的北锚碇（简称 1A 基础）是整个项目的控制性工程，直接影响到项目的顺利进行。1A 是一个长 85m、宽 62m、总高度达 115m 的大型混凝土块体，总方量 53 万 m^3。其下基础是一个直径 85m、深 75.5m、墙厚 2.4m 的地下连续墙竖井，内部开挖深度 64.5m。地下连续墙穿过软弱的地层，到达坚硬的花岗岩之中。

待地下连续墙建成，将内部土、岩挖出，到达基础底面后，浇注垫层混凝土和钢筋混凝土底板及厚度 2m 侧壁内衬；筒内用碾压混凝土填实。孔口部分再浇注厚度为 6m 的钢筋混凝土盖板。整个竖井共浇注混凝土 38 万 m^3（图 32-9）。其上再继续浇注锚碇结构。

1A 基础用了三年时间才得以完成。施工中最大的问题是如何保持底部地基基础的稳定，也就是确定墙底插入岩石足够的深度，以避免开挖期间的渗透破坏。为此进行了详细的地质勘察和试验工作，以确定地（岩）层渗透系数。对不同插入深度（10、15 和 20m）进行空间模拟计算，最后选定插入深度为 10m，此时安全系数为 2.14。

在施工过程中，通过不同部位埋设的仪器进行监测。原估算渗水量为 200m^3/d，实测值不到估算值的 25%。实测基坑隆起变形也在允许范围之内。

法国地基公司根据工程的技术特点和难点，与日本大林组合作，克服重重困难，设计制造和共同完成了该锚碇的地下连续墙的施工。

由于锚碇区域紧靠海岸线，施工之前先要进行人工回填，形成足够的施工平台。根据锚碇区域地质特点，设计施工的地下连续墙为圆形。

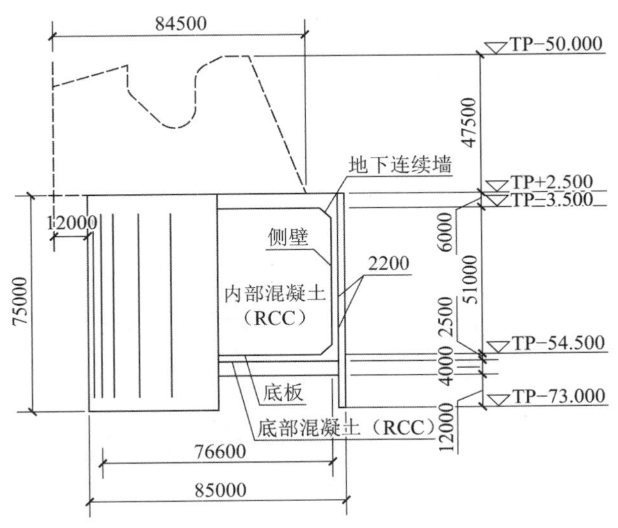

图 32-9 明石海峡大桥的锚碇

32.4.2 施工试验

为验证液压铣槽机的设备性能和施工效率以及设备的配合度，为下一步的施工提供准确的地质资料，法国地基公司与日本的施工单位——大林组共同合作，进行了设备的性能试验。基于该工程的技术特点，法国地基公司应对该工程的需要，专门设计制造了 2 台超级液压铣槽机（Super-Hydrofraise）（图 32-10、图 32-11）。

该设备的技术性能参数如下：

适应的铣槽深度：170m；

铣槽垂直精度：1/1000 以上；

适宜的挖掘厚度：1.5～3.2m，可以调整；

止水性能：采用超级液压铣槽机铣削接头法，接头密水效果好。

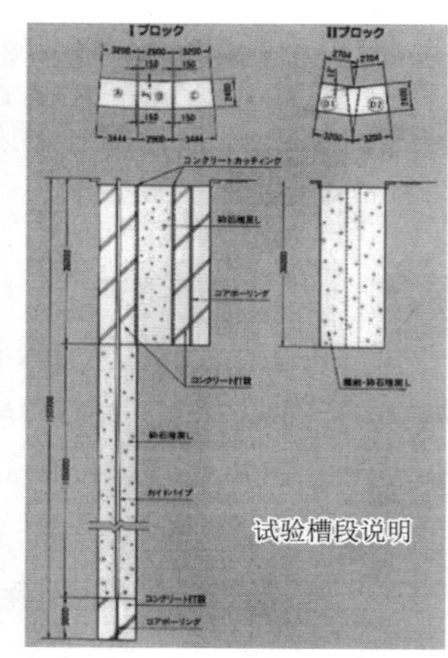

图 32-10 设备和试验段

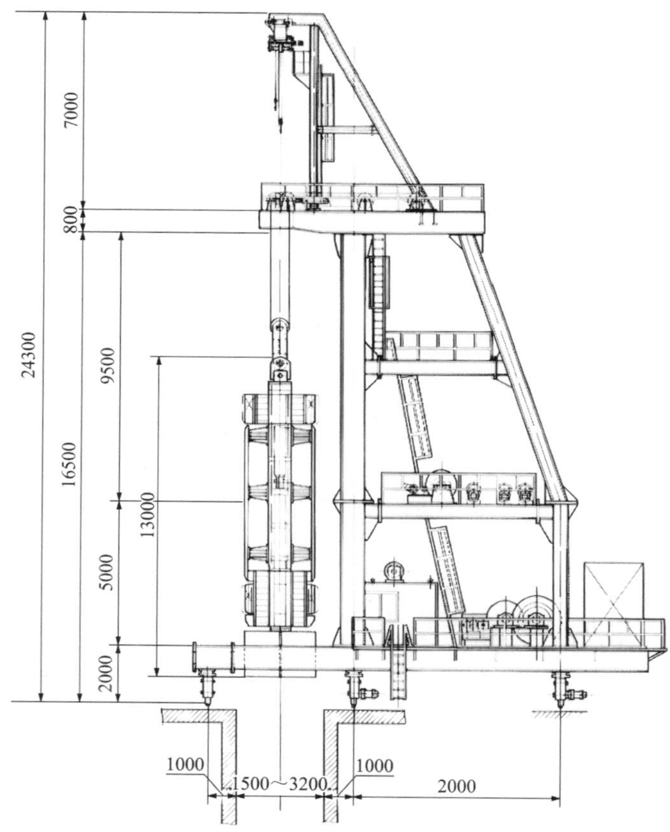

图 32-11 超级液压铣槽机的外形、尺寸图

日本明石海峡大桥（Akashi Haikyo Bridge）是日本28号高速公路的组成部分。其中，两个锚碇的施工区域为人工吹填而成。

32.4.3 自然条件

明石海峡约为4km宽，沿桥梁的路线覆盖层的最大厚度约为110m，最大潮汐为4.5m/sec。整个海峡是重要的海上通道，每天约有1400艘船舶航行于此。地质条件是淤积层、上部洪积层、明石地层、神户地层和花岗岩基岩。

32.4.4　施工

明石海峡大桥的北锚碇是整个项目的一个控制性工程，直接影响到项目的顺利进行。法国地基公司根据工程的技术特点和难点，与日本的大林组合作，克服重重困难，设计制造和共同完成了该锚碇的连续墙工程的施工。

由于锚碇的区域紧靠海岸线，在施工地下连续墙和锚碇之前，先要对施工区域进行人工回填，以形成足够的施工区域。根据锚碇区域的地质特点，设计施工的地下连续墙为圆形，圆形连续墙的最大外径为 85m，连续墙的深度同为 75.5m，其内部开挖 64.5m，连续墙的厚度为 2.2m。完全采用超级液压铣槽机进行地下连续墙的施工。

32.5　金沙江特大桥锚碇

32.5.1　工程概况

1. 项目总体概况

G4216 线屏山新市至金阳段高速公路永善支线，卡哈洛金沙江特大桥，位于四川省凉山州雷波县宝山镇与云南省昭通市永善县黄华镇交界处，桥位起点桩号 K2 + 935，止点桩号 K4 + 752，其跨径组合为 8 × 41mT 梁 + 1030m 单跨钢桁梁悬索桥 + 11 × 41mT 梁，桥梁全长约 1809m，主缆分跨为 240m + 1030m + 309m，成桥状态下中跨矢跨比为$L/9.5$，主缆横向中心距为 28m，纵向吊索间距为 13.8m。索塔为钢管混凝土格构空心塔组成的 2 层门式刚构，云南岸塔高 197m，四川岸塔高 175m；两岸均采用重力式锚碇，云南岸锚碇采用浅埋扩大基础，四川岸锚碇采用框架基础接承台形式。

2. 框架基础概况

1）框架基础构造

四川岸重力式锚碇由框架基础、承台、锚块、散索鞍支墩等四部分构成。

框架基础构造如图 32-12 所示，为前后分离的框架结构。前、后趾长度均为 64.8m，宽度均为 18m，深度均为 25m。前、后趾都均分为 6 个箱，长度均为 9.4m；所有墙体宽度均为 1.2m。

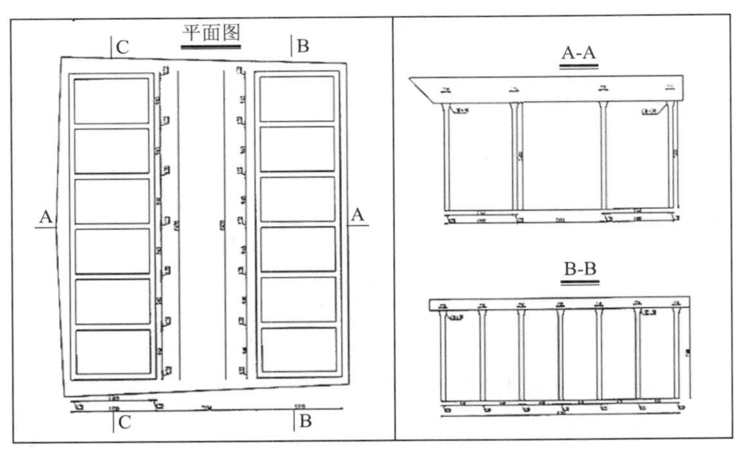

图 32-12　框架基础构造图

2）框架基础施工槽段

框架基础前趾、后趾槽段划分相同，如图 32-13 所示。锚碇框架基础借鉴地下连续墙的施工工艺，分槽段进行施工。采用旋挖机引孔，抓铣成槽。槽段墙体厚 1200mm，深 25m。

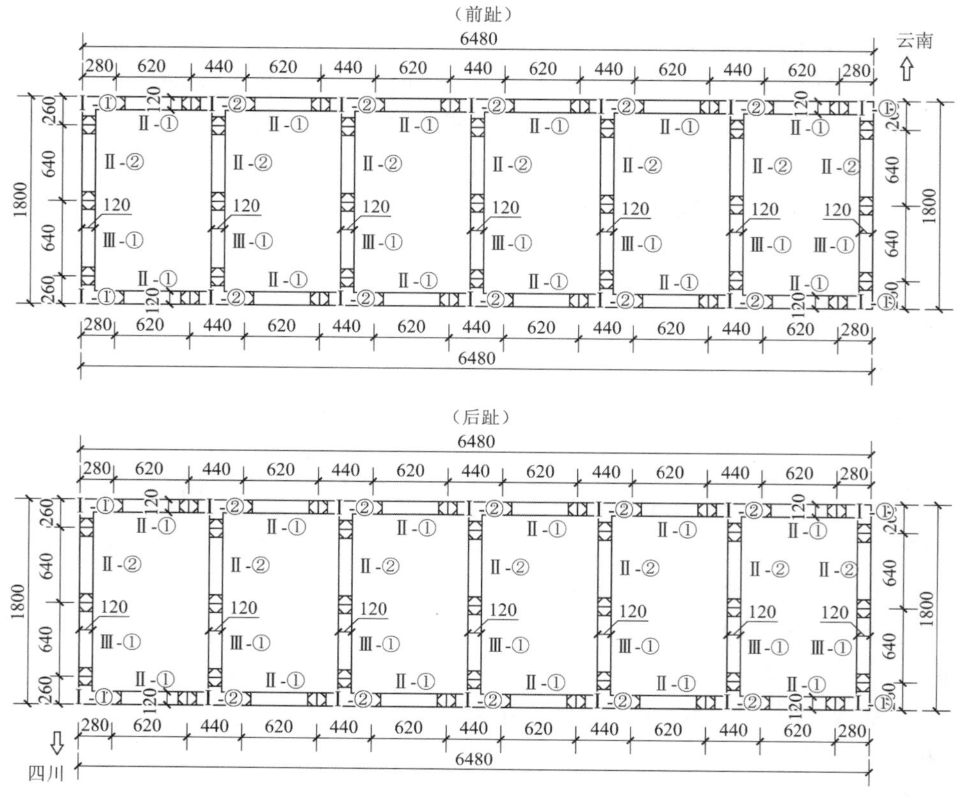

图 32-13　框架基础施工顺序及节段划分平面图

Ⅰ-①表示第一次成槽施工槽段中的第一种类型；Ⅰ-②表示第一次成槽施工槽段中的第二种类型。
Ⅱ-①表示第二次成槽施工槽段中的第一种类型；Ⅱ-②表示第二次成槽施工槽段中的第二种类型。
Ⅲ-①表示第三次成槽施工槽段中的第一种类型。

槽段共划分为 80 幅，分别有一字形槽段 52 幅、T 形槽段 20 幅、L 形槽段 8 幅，槽段数量统计如表 32-5 所示。

槽段分幅统计表　　　　**表 32-5**

槽段类型	槽段编号	数量（幅）	规格（mm）	备注
一字形槽段	Ⅱ-①	24	6200 × 1200	
一字形槽段	Ⅱ-②、Ⅲ-①	28	6400 × 1200	
T 形槽段	Ⅰ-②	20	4400 × 2600 × 1200	
L 形槽段	Ⅰ-①	8	2800 × 2600 × 1200	
合计		80		

锚碇框架基础地下连续墙槽段之间采用刚性接头连接，接头采用干法施工，按照设计和规范要求进行钢筋连接和混凝土浇注，接头施工与槽段施工同期进行（图 32-14，表 32-6）。

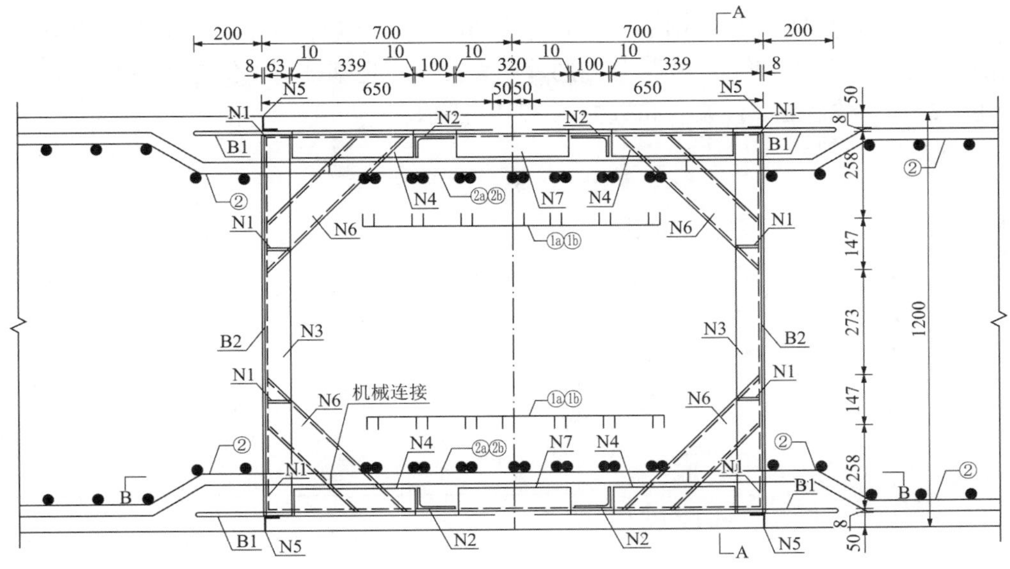

图 32-14　刚性接头钢结构构造图

框架基础工程量　　表 32-6

项目	单位	框架基础	导墙
C40 普通混凝土	m^3	1812.1	—
C40 水下混凝土		9535.4	—
C40 微膨胀		3417.1	—
C30 混凝土		—	458.5
HRB400	kg	3149424.7	56830.6
普通钢板		800699.8	—
型钢		360723.1	—
声测管	m	28288.0	—

3. 框架基础压浆加固措施（图 32-15）

为减少锚碇基础水平变位，增强框架基础侧壁与土体之间的粘结力，对框架基础土体采用分布式后注浆加固。主要技术特点为：注浆管在每间隔 2m 的位置预设出浆口，成墙前将注浆管固定于墙身；先通过水压开塞，再对注浆芯管进行压浆，以达到精细注浆的效果。

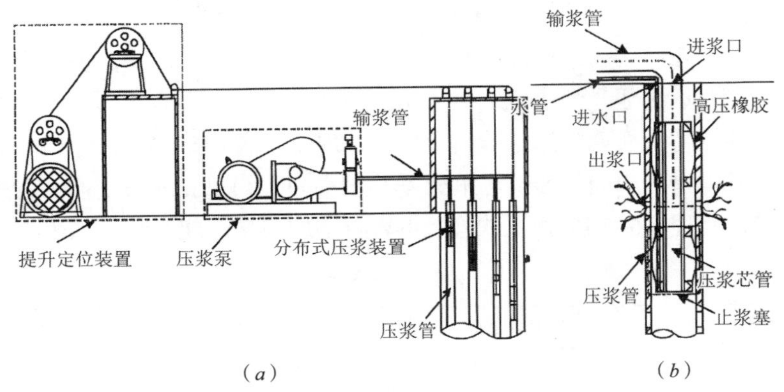

图 32-15　分布式后注浆装置示意图

(a) 分布式后注浆整体图；(b) 分布式注浆装置大样图

在框架基础的前趾与后趾前墙，横向间隔2m布设注浆管，纵向间隔2m设置出浆口，从而使注入的浆液全覆盖锚碇框架基础的外侧表面，实现基础与土体之间的有效粘结与荷载传递，提升承载性能。注浆管布置如图32-16所示。

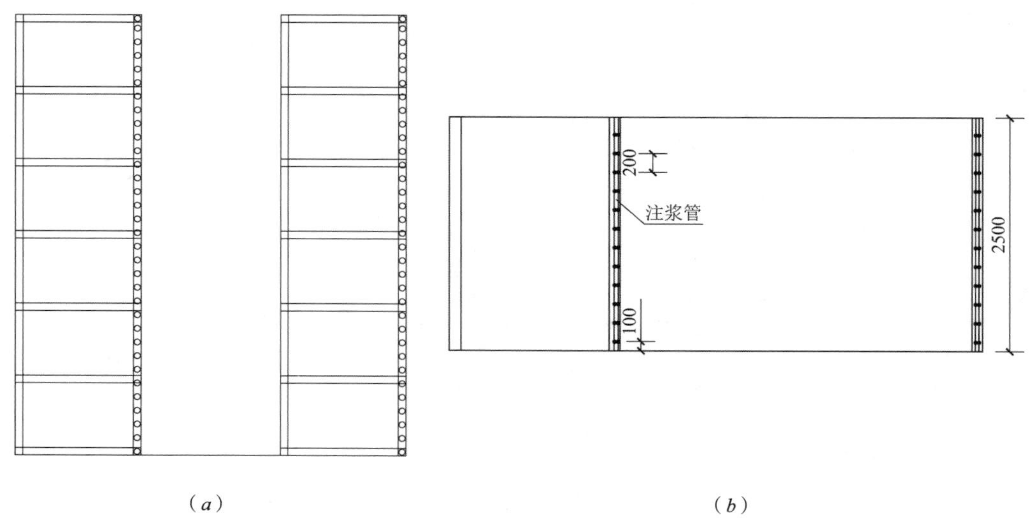

图32-16 加固注浆管布置图

（a）基础平面图；（b）基础立面图

32.5.2 工程地质和水文地质条件

1. 工程地质条件

1）地形地貌

四川岸桥位位于金沙江凸岸左侧斜坡中下部，条状山脊前缘，山脊左右两侧均有次级沟谷切割，山脊顶部较为狭窄，山脊两侧及前缘斜坡坡度下缓上陡，高速公路线位附近坡度多在15°～25°，向上坡度逐渐变陡，局部呈陡坎状。该段斜坡受重力作用以及金沙江江水影响，在斜坡中下部堆积体发育。

2）地层岩性

四川岸锚碇框架基础所处地层主要是第四系上更新统崩坡积层，以块石、碎石及角砾为主，均为志留系泥岩崩塌而成，深部崩塌体受风化及后期地质运动影响较小，多形成块石；而中部—浅部受风化及地质运动影响较大，基岩崩塌体解体形成碎石；角砾多为崩塌体内部层间破碎带产物。该层呈巨厚层状大面积分布于四川岸斜坡，多卧于全新统崩坡积层之下，LK2 + 220后卧于上更新统冲洪积层之下。

在卡哈洛金沙江特大桥四川岸卡哈洛宝山镇，现场平洞（长25m、宽1.8～2m、高1.8m，洞口在四川岸锚碇承台底部向下8m，与框架基础水平间距约20m位置，坐标X：3094970.8118、Y：500486.1158，高程：645.178m）试验所得岩石物理力学性能参数，如表32-7所示。

物理性能参数 **表32-7**

试点编号	距洞口位置（m）	最大应力（MPa）	变形模量（MPa）	弹性模量（MPa）	备注
P1	15.8	1.0	149.76	338.15	
P2	19	1.0	328.16	579.69	湿润
P3	23	1.0	696.39	886.58	

2. 水文地质条件

云南岸桥区覆盖层自下而上逐渐增厚，下卧以奥陶系灰岩为主，由于岩体中存在节理裂隙，在钻探过程中，部分钻孔钻探水漏失严重，未有返水现象，部分钻孔水位均在钻孔孔底附近，说明岩体透水性好。

四川岸桥区覆盖层厚度大，主墩附近坡体上部为上更新统冲洪积层，主要由（含碎石、含角砾）粉质黏土组成，下伏上更新统崩坡积层块石，而连接墩至重力锚附近以上更新统崩坡积层的碎石、块石为主，天然含水量小，天然含水率小于 10%。由于土体密实度较高，在钻探过程中漏失率低，在钻孔深部均未有明显漏水现象，通过对冲洪积层和崩坡积层多个钻孔进行注水试验可知，土体的渗透性较差，渗透系数为 0.01～0.1m/d。

32. 5. 3　周边环境

1. 工程特点

框架基础作为需要承受强大水平荷载的永久结构，是首次应用到工程中。其有如下工程特点：

（1）四川岸地质主要由坡积层碎石、块石、角砾、卵石层构成，呈密实状态，抓槽速度慢，易坍槽，漏浆。

（2）成槽垂直度要求高，异形幅较多，T 幅 20 个，L 幅 8 个，为先期槽首开幅，每个 T 幅三个接头，接头处钢板、钢筋较多，为保证钢筋笼及接头顺利安放到位，需严格控制好成槽的垂直度。

（3）钢筋笼安装难度大，框架基础接头为刚性接头（每个约 10t），先期槽为 T、L 形钢筋笼，接头有 2～3 个，增加钢筋笼重量，吊装安放困难。

（4）场地碎石土较厚，主要由角砾、圆砾、卵石构成，呈密实状态，成槽机抓斗难抓动。

（5）钢筋笼接头位置施工对前后槽段精度要求高，要能顺利连接前后槽段水平钢筋，需要保证前后槽段钢筋笼下放时不变形，且需要保证对应水平钢筋接头处在对齐位置。

2. 关键施工技术

框架基础总体施工示意图如图 32-17 所示。

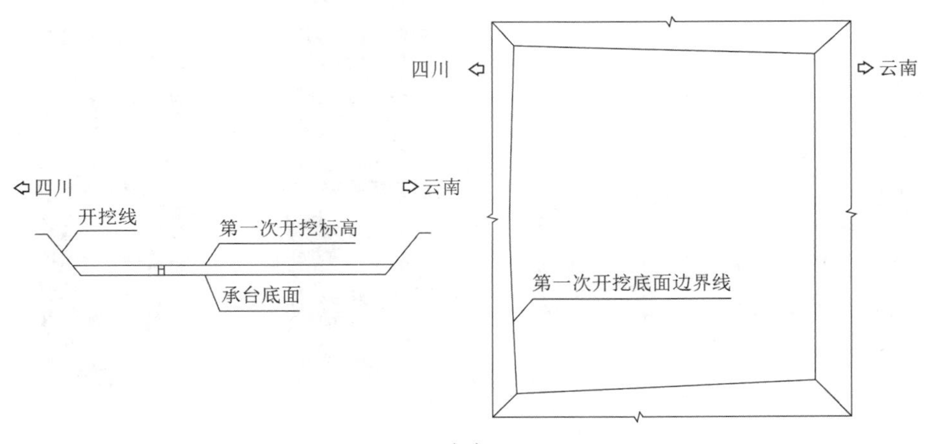

（*a*）

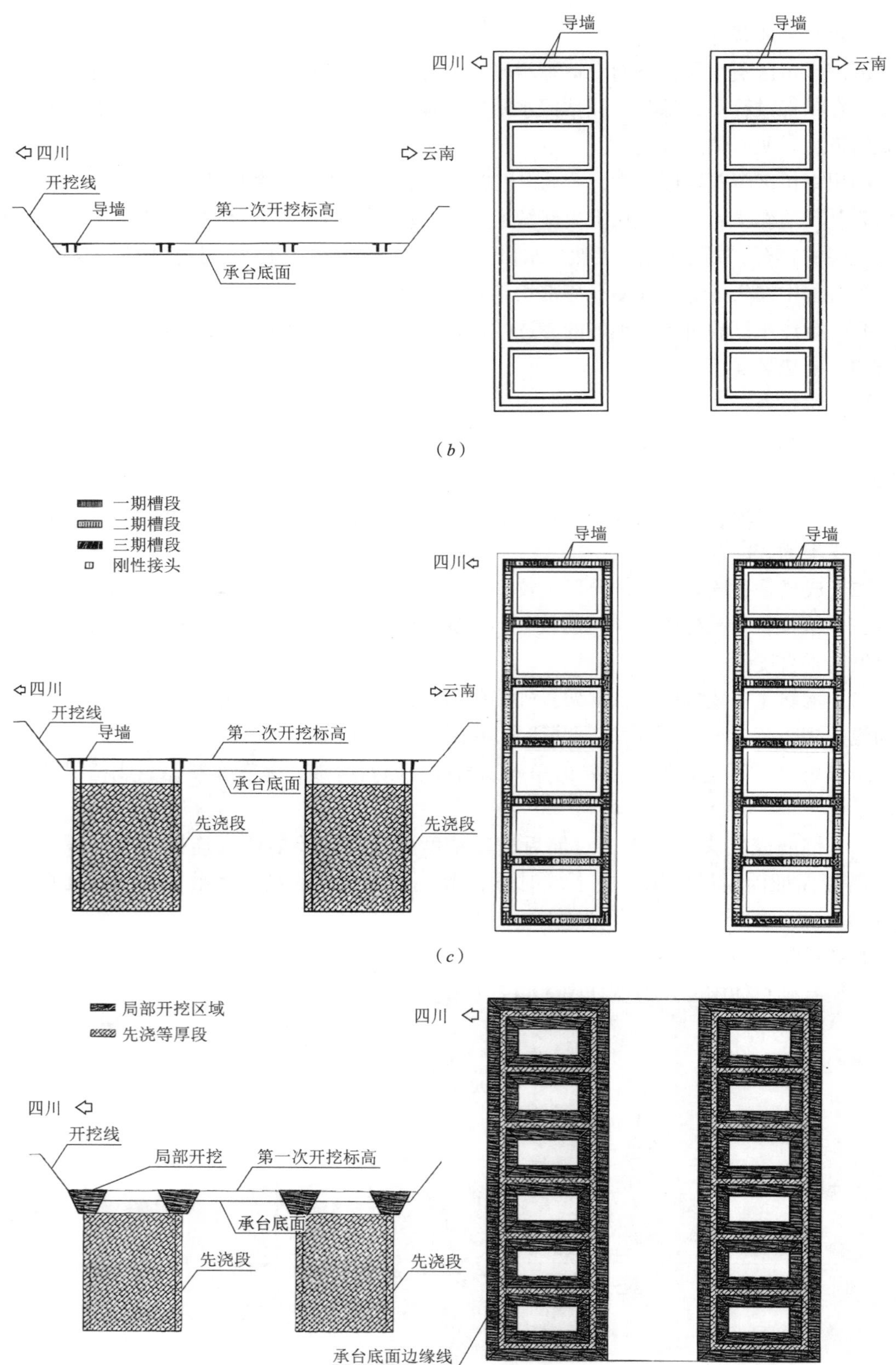
导墙
四川
云南
开挖线
第一次开挖标高
承台底面
一期槽段
二期槽段
三期槽段
刚性接头
先浇段
局部开挖区域
先浇等厚段
局部开挖
承台底面边缘线

(b)

(c)

(d)

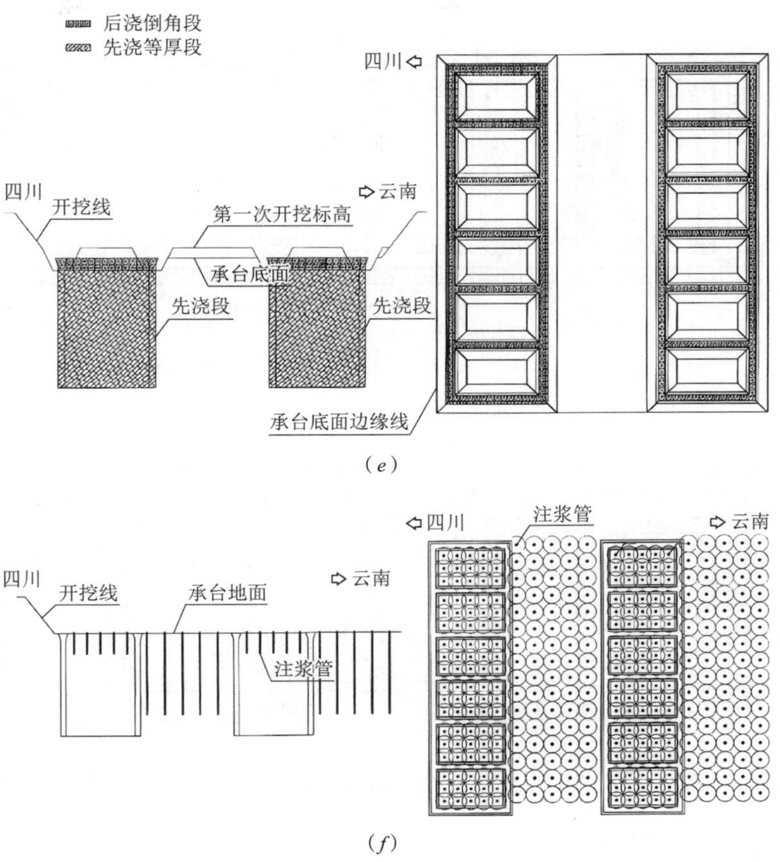

图 32-17 框架基础总体施工示意图

(a) 基坑开挖；(b) 修筑导墙；(c) 浇注框架基础；(d) 局部开挖；(e) 框架顶部倒角施工；(f) 开挖至承台底注浆加固土体

1）导墙结构和施工工艺

导墙为整体式钢筋混凝土结构，厚 20cm，高 150cm，导墙顶口和地面齐平，净宽（130cm）比框架基础墙体厚度大 10cm。选用 HRB400 钢筋按图 32-18 进行绑扎，沿着导墙长度方向间距 20cm，然后浇注 C30 混凝土（图 32-19）。

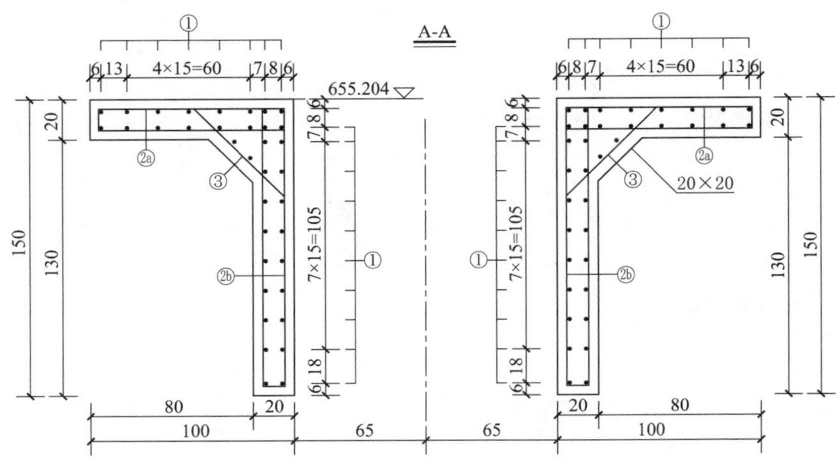

图 32-18 导墙构造及配筋示意图

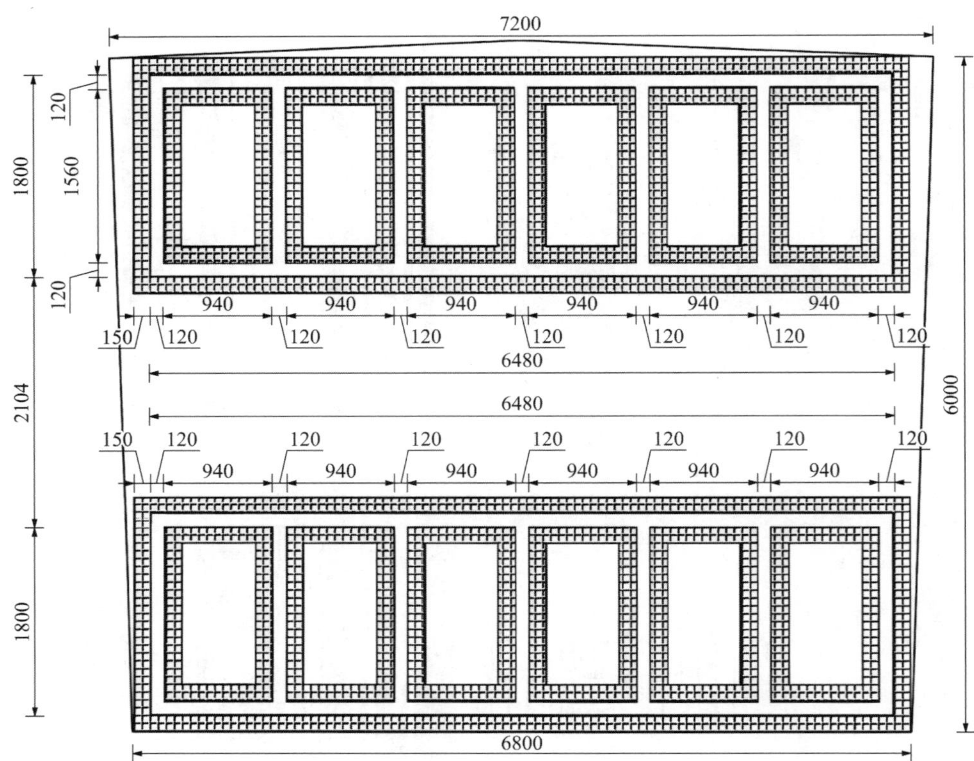

图 32-19　导墙施工平面图

2）泥浆工艺（图 32-20，表 32-8）

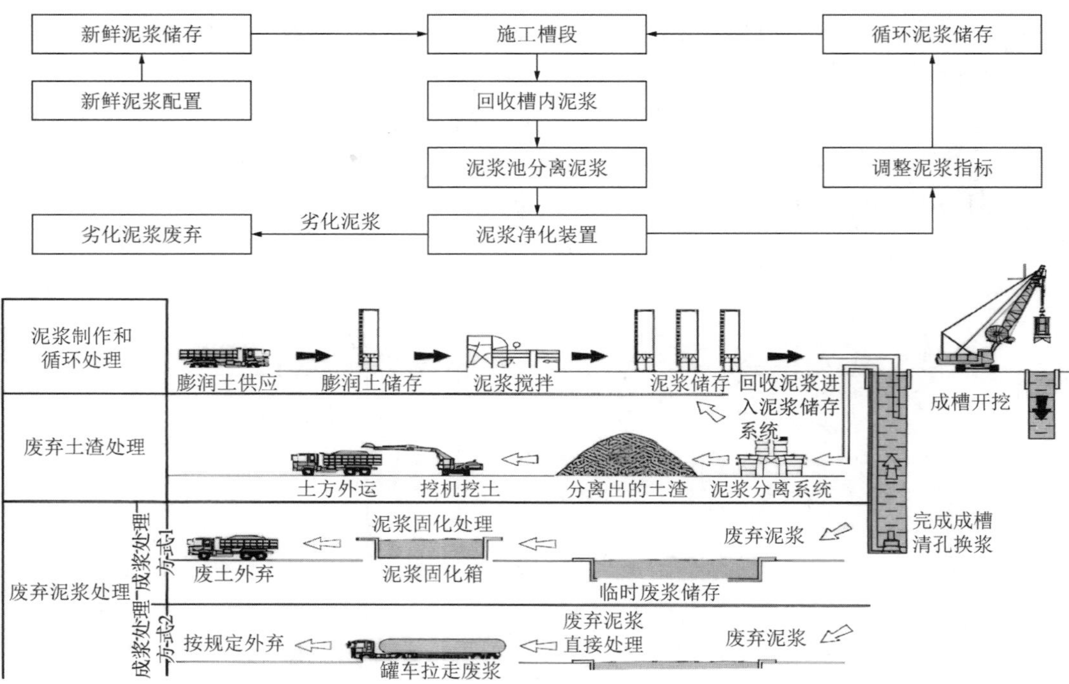

图 32-20　泥浆系统工艺流程

成槽护壁泥浆性能指标要求　　**表 32-8**

泥浆性能	新配置泥浆		循环泥浆		废弃泥浆		检查方法
	黏性土	砂性土	黏性土	砂性土	黏性土	砂性土	
密度（g/cm³）	1.04～1.05	1.06～1.08	< 1.1	< 1.15	> 1.25	> 1.35	泥浆密度计
黏度（s）	20～24	25～30	< 25	< 35	> 50	> 60	500mL/700mL 漏斗法
含砂率（%）	< 3	< 4	< 4	< 7	> 8	> 11	洗砂瓶
pH 值	8～9	8～9	8～9	8～9	> 14	> 14	pH 试纸
胶体率	> 95%		—		—		重杯法
失水量（mL/30min）	30		—		—		失水量仪
泥皮厚度	1～30mL/30min		—		—		失水量仪

注：泥浆性能要求参照《地下连续墙施工技术规程》DB11/T 1526。

3）成槽施工

本项目拟投入 1 台旋挖钻引孔，1 台抓斗抓槽，1 台铣槽机铣槽。

（1）槽段划分

根据设计图纸将地下连续墙分幅，如图 32-13 所示，引孔布置图如图 32-21 所示。

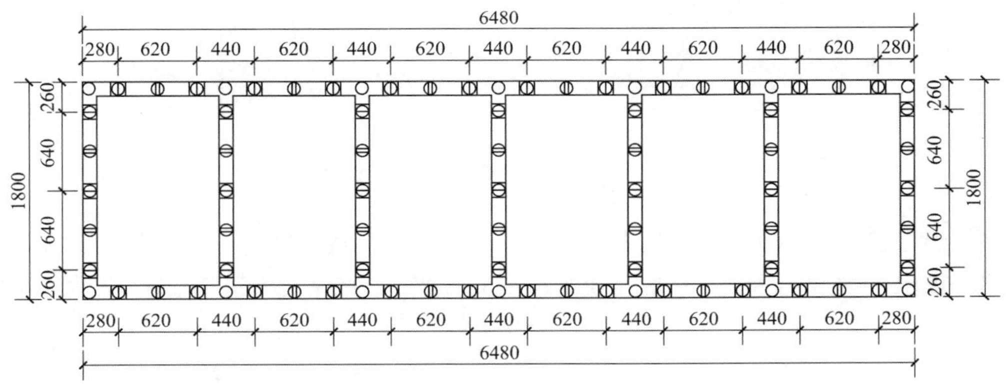

图 32-21　槽段引孔布置图

（2）成槽顺序

框架基础总体施工顺序按Ⅰ-①、Ⅰ-②、Ⅱ-①、Ⅱ-②、Ⅲ-①进行。在Ⅰ-①的 L 段施工过程中，先用旋挖机在 L 段旋挖出 4 个直径 1.2m 的孔，再通过成槽机和铣槽机分三次抓铣成孔，每次抓铣长度 2.8m，第一次 L 段短边，第二次 L 段长边突出部分，第三段长边转角处（图 32-22）。

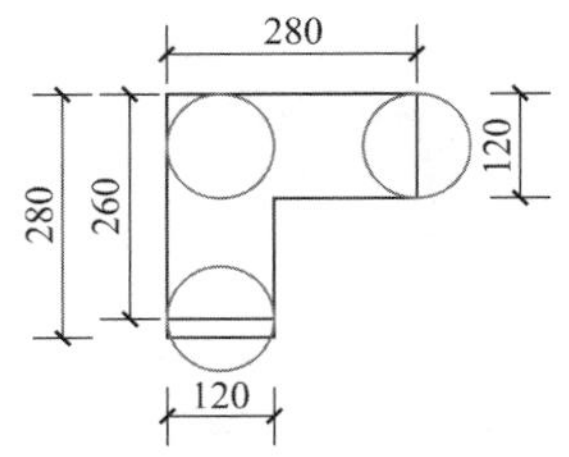

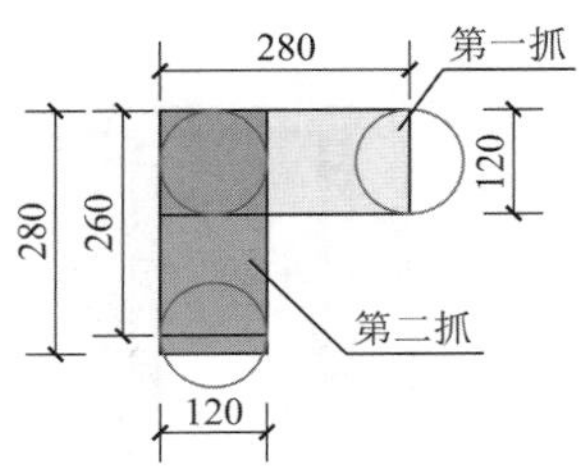

图 32-22　L 段成槽施工

在Ⅰ-②的L段施工过程中，先用旋挖机在T段等间距旋挖出3个直径1.2m的孔，再通过成槽机和铣槽机分三次抓铣成孔，每次抓铣长度2.8m，第一次T段短边，第二次T段长边部分，第三次T段长边部分（图32-23）。

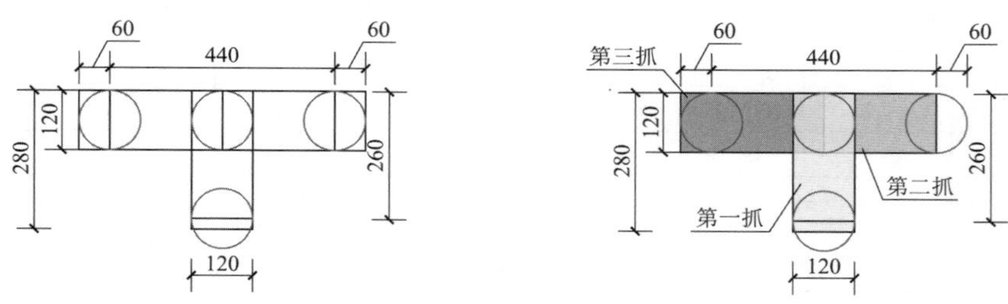

图32-23　T段框架基础施工

对于Ⅱ-②、Ⅲ-①两种“一”字段施工，先根据槽段长度确定合理间距钻孔，再通过抓铣成槽（图32-24）。

图32-24　“一”字段框架基础施工

综合考虑现场承载力试验，最先施工SQ1、SQ2，然后按总体施工顺序完成SQ3、SQ4，总体上先施工框架基础前趾，然后转换场地施工后趾，最终完成框架基础施工（图32-25）。

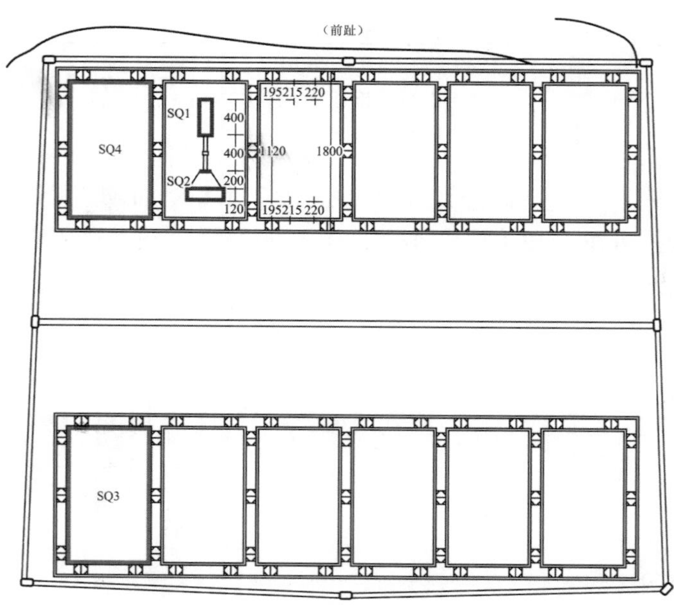

图32-25　现场承载力试验墙

4）刚性接头施工

（1）刚性接头形式

为了满足框架基础地下连续墙刚性连接要求，本项目采用图 32-26 所示接头。

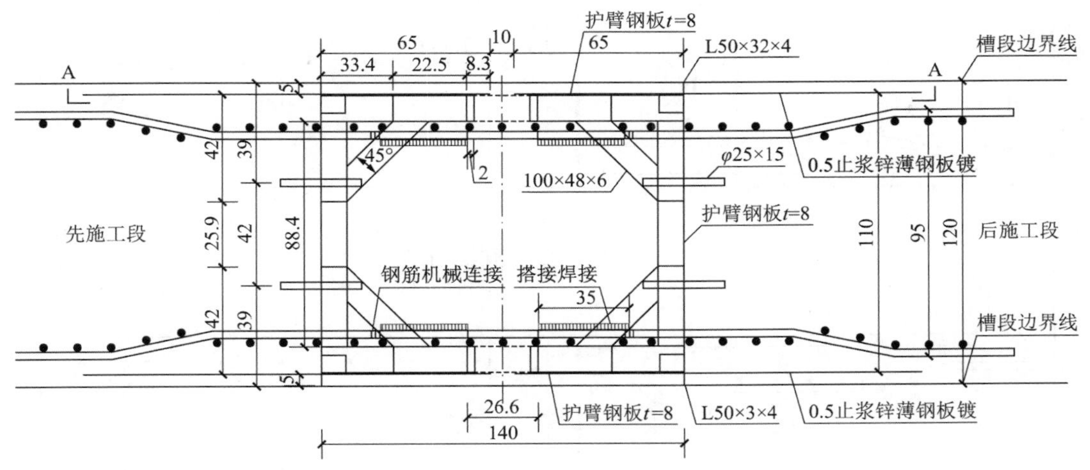

图 32-26　框架基础刚性接头

此接头由钢板与型钢组成的“U 形槽”对接而成，“U 形槽”与钢筋笼一起制作连成整体，随钢筋笼一起下放。

（2）接头施工流程

①成槽前先进行接头放样，确定接头位置，画出槽体边线与超挖边线（图 32-27）。

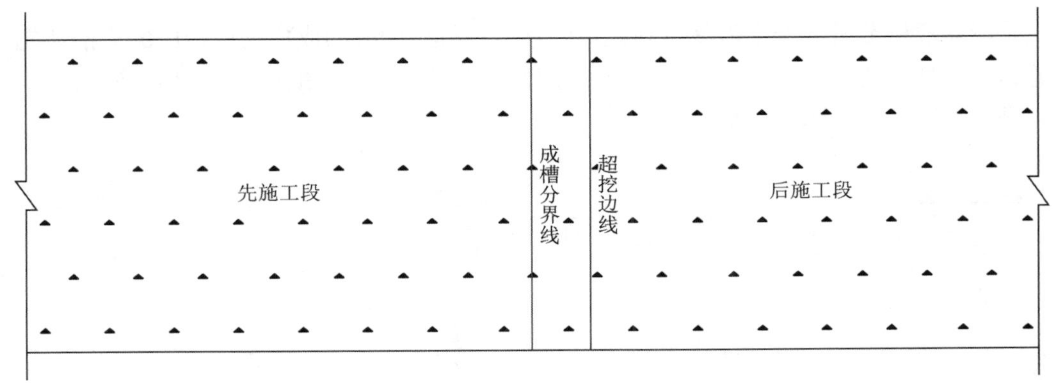

图 32-27　接头放样

②按照放样的槽体超挖边线将刚性接头的先施工段凿铣成槽，成槽过程中采用泥浆护壁，泥浆的浓度调制合适，使不出现坍孔或者掉土现象，成槽过后进行钢筋笼的吊放以及安装，半槽段的刚性接头在工厂进行预制，与钢筋笼制成一体整体安装，减小下放和连接产生的误差，控制精度（图 32-28）。

③先施工段成槽完成后用导管深入槽底进行由下至上的混凝土浇注，浇注的过程中排出槽段内的泥浆，在浇注的同时在半接头的接头中间回填卵石，避免混凝土对接头的挤压，致使接头变形以及混凝土变形（图 32-29）。

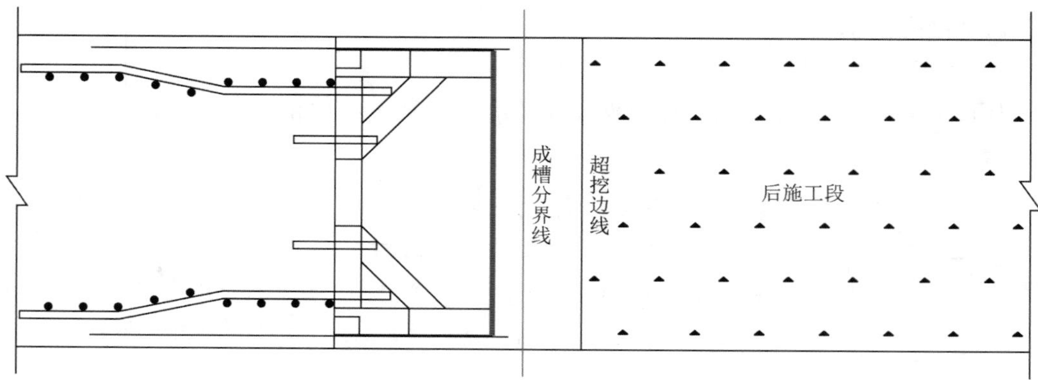

图 32-28　接头槽段施工

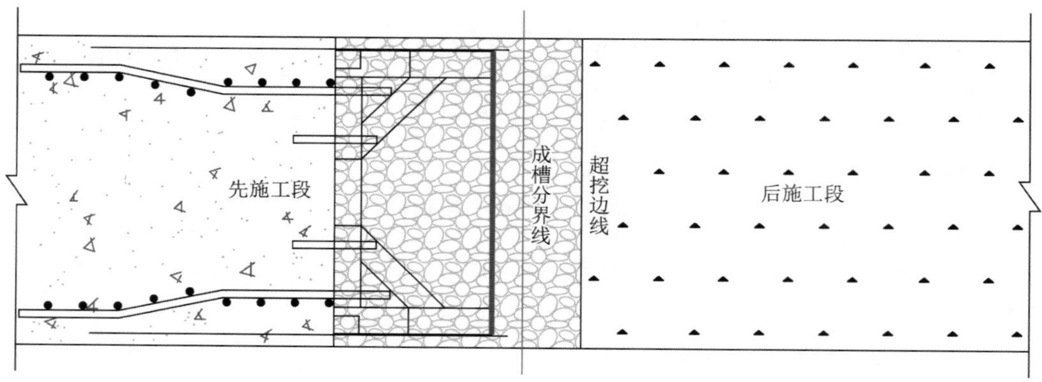

图 32-29　接头段浇注

④待先成槽节段混凝土强度达到设计要求后进行后槽段的成槽，后槽段的成槽从先槽段的超挖线处继续成槽，在后槽段的成槽过程中将先施工段回填的卵石清出，然后成槽的同时进行泥浆护壁（图 32-30）。

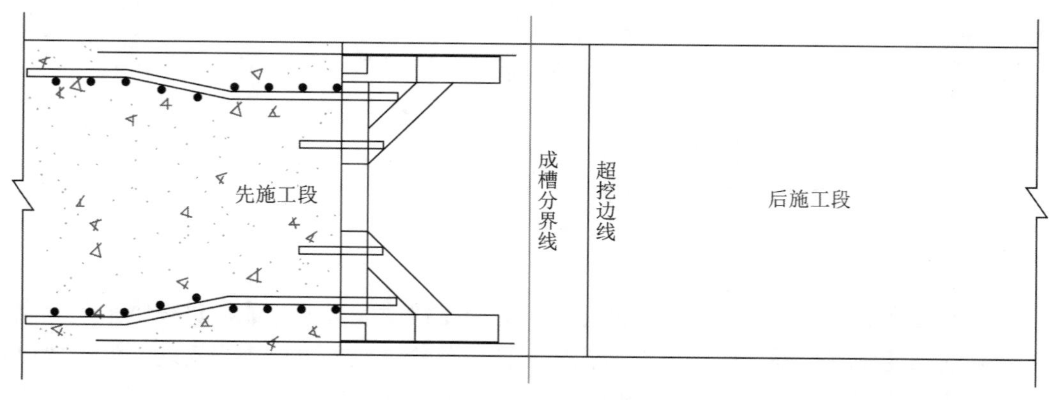

图 32-30　下一槽段开挖

⑤后槽段成槽以后进行钢筋笼的下放，钢筋笼与接头连成整体，参照先施工段的成槽钢筋笼下放步骤控制精度。钢筋笼下放后在两个槽段间的接头部分用砂进行回填（图 32-31）。

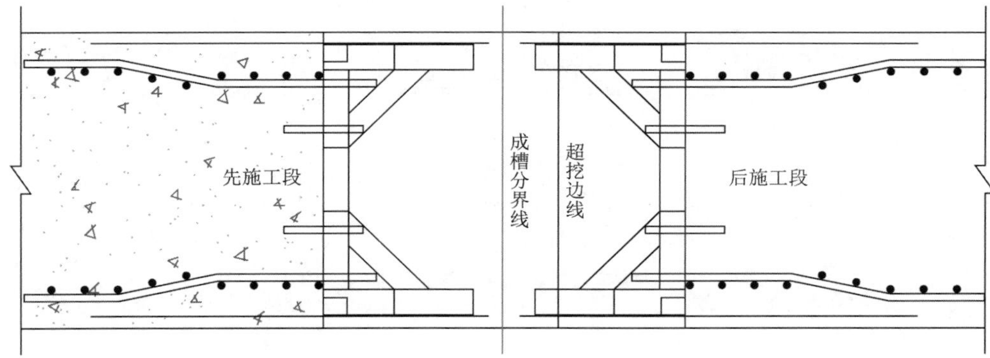

图 32-31　放入刚性接头

⑥刚性接头内砂石的回填过程保持与后槽段混凝土浇注同速，浇注顺序跟先施工段一样由下至上（图 32-32）。

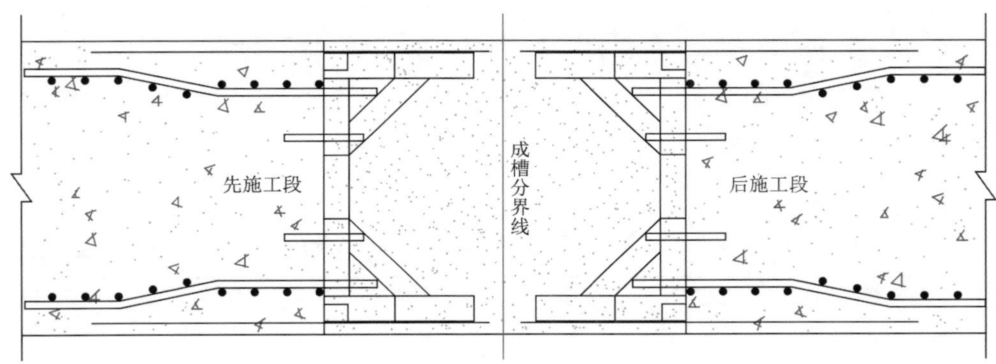

图 32-32　清理接头

⑦待后施工段的墙体混凝土强度达到设计要求，先用真空吸泥设备将箱形刚性接头内的砂石吸出，吸出砂石后对箱形刚性接头内进行冲洗，保证后续混凝土浇注的质量（图 32-33）。

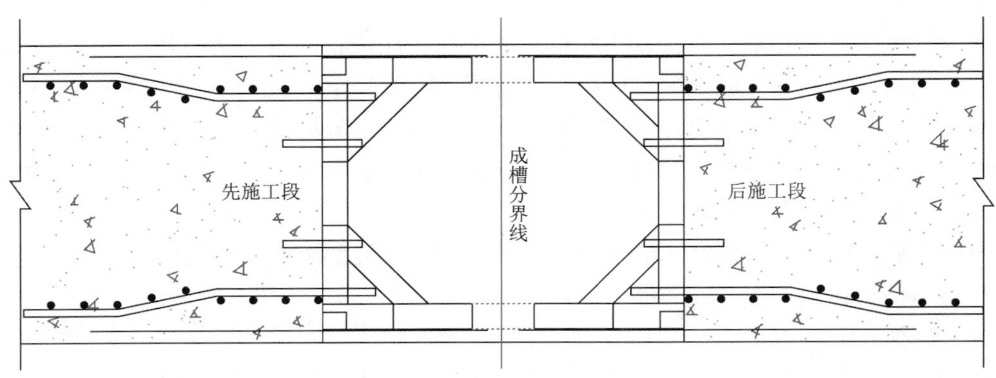

图 32-33　建接刚性接头

⑧箱形刚性接头清洗结束后，进行接头钢筋的施工，将两个半接头连接成一个整体（图 32-34）。

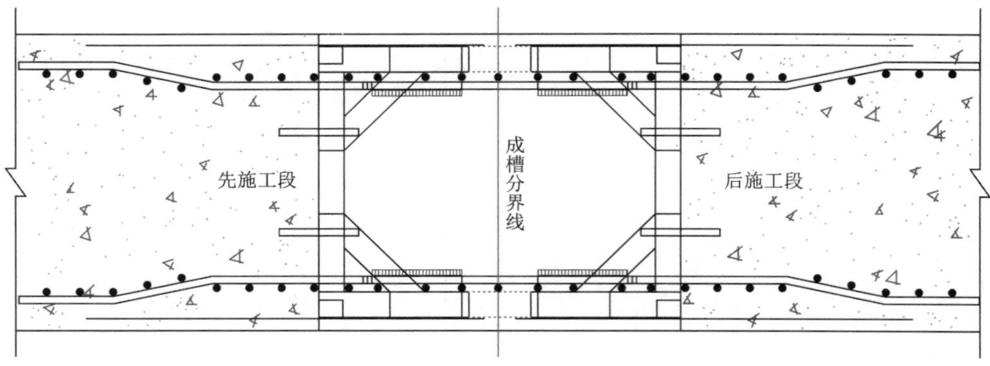

图 32-34　浇注微膨胀混凝土

⑨钢筋施工完成后在箱形接头内浇注微膨胀混凝土，提高接头的连接质量（图 32-35）。

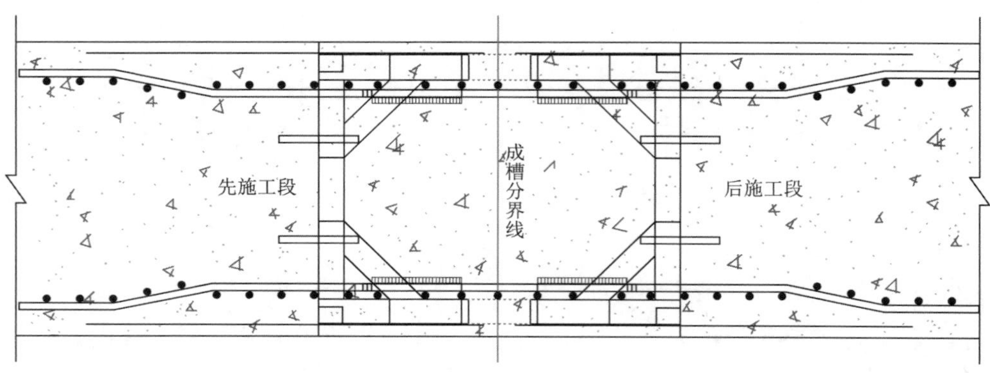

图 32-35　完成整个接头

5）土体注浆加固

（1）框架侧壁注浆

为了加强地下框架基础与土体之间的强度，消除施工过程中产生的薄弱层，采用后注浆工艺提高墙体与土体间的抗压及剪切强度，在钢筋笼上绑扎注浆管并通过注浆泵来实现框架基础注浆加固。

注浆管每间隔 2m 的位置预设出浆口，成墙前将注浆管固定于钢筋笼；注浆时通过提升定位装置将注浆芯管下放至指定的出浆口位置，先通过水压使止浆塞中的高压橡胶膨胀，与注浆管形成密封空间，再对注浆芯管进行压浆，以达到分层注浆的目的；同一截面注浆结束后，通过提升定位装置将注浆芯管移至下一个预设的出浆口位置，直至完成整片墙的注浆，注浆装置如图 32-36 所示。

分布式后注浆装置能使注入的浆液全覆盖框架基础外侧表面，实现墙身与土体之间的有效粘结与荷载传递，提升承载性能，降低水平位移。

（2）框架底部注浆

框架基础底部注浆采用直管压浆，利用声测管作为压浆管，在墙底设置 T 形压浆器，布置同声测管，既要保证不发生渗漏，又要保证能在混凝土浇注终凝后，在 2～5MPa 泵压下顺利冲开单向阀。当压入水的压力突然下降时，表示管套已裂开，此时可停泵封闭阀门。

压浆管单向阀密封处要防止钢筋笼下放过程中被损坏，严禁水泥浆进入注浆管。压浆管头部高出地面 0.2～0.3m。

压浆管分别绑扎于钢筋笼内侧。压浆管随钢筋笼下放，钢管接头采用专用接箍并逐根焊牢，以保证接头牢靠。在下放过程中应注入清水，以检验管路的密封性。

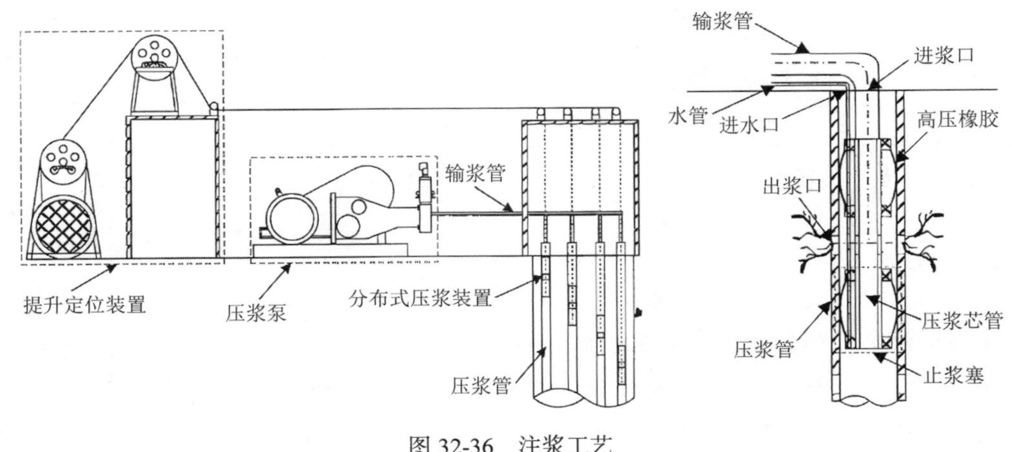

图 32-36　注浆工艺

（3）地基土注浆

紧扣框架基础与土体共同作用机理，围绕地基土体水平抗力在框架基础受力过程中发挥重要贡献作用这一关键问题，充分利用地基土体被动土压力的工作原理，发挥地基土体抗力作用，进而达到提升框架基础承载性能的目的。对前后墙前肢地基土（注浆深度 25m）及框架基础围固区域（注浆深度 5m）采用袖阀管注浆方法进行加固处理。

前趾地基土注浆孔纵横向间距均为 4m，可根据注浆试验确定的扩散半径调整注浆孔间距和布置方式，注浆孔平均孔深为 25m，前墙前肢地基土加固范围初步定为 16m，后墙前肢地基土加固范围初步定为 21m。

框架基础围固区域地基土注浆孔纵横向间距均为 3m，可根据注浆试验确定的扩散半径调整注浆孔间距和布置方式，注浆孔平均孔深为 5m。

6）地下连续墙质量控制标准（表 32-9、表 32-10）

成槽允许偏差　**表 32-9**

序号	项目	允许偏差	检验方法
1	轴线位置	±30mm	用钢尺量
2	槽深	0～100mm	用重锤测
3	槽宽	0～30mm	用钢尺量
4	垂直度	1/300	超声波检测法或孔口偏差测量
5	沉渣厚度	≤ 100mm	用重锤测

钢筋笼制作与吊放允许偏差　**表 32-10**

序号	项目	偏差	检查方法
1	主筋间距	+10mm	用钢尺量
2	水平筋间距	+20mm	用钢尺量

续表

序号	项目	偏差	检查方法
3	钢筋笼长度	+50mm	用钢尺量
4	钢筋笼宽度	−20～0mm	用钢尺量
5	钢筋笼厚度	−10～0mm	用钢尺量
6	钢筋笼弯曲度	1/500	用钢尺量
7	预埋件中心位置	≤5mm	用钢尺量

（本节由远方集团公司供稿）

32.6 本章小结

本章叙述了五个悬索桥锚碇深基坑的设计施工简况。本章想着重表达的是，虽然深基坑位于岩石之中，仍要认真对待深基坑的渗流稳定问题。阳逻大桥和黄埔大桥都对基坑底部的岩石风化层进行了帷幕灌浆。而明石海峡大桥则是进行了详细的地质勘察和试验工作，以确定地（岩）层渗透系数，对不同入土深度（10m、15m 和 20m）进行空间模拟计算，最后选定入土深度为 10m，足见对此问题的重视。这些对于今后的类似深基坑工程都有很高的参考价值。

第 33 章　地下铁道的地下连续墙

33.1　天津市于家堡交通枢纽基坑工程

33.1.1　概述

天津市塘沽区于家堡商务中心位于海河北岸，北至新港路，东、西、南三面环水，面积 3.46km^2，规划总面积 90 万 m^2。

于家堡商务中心共规划有 5 条地铁线路，其中 Z1、B1 及 B2 线等 3 条地铁线与京津城际铁路延伸线的于家堡车站交会于中心区北端，形成综合交通枢纽（图 33-1）。

本枢纽的基坑面积达 20 万 m^2 以上，总周长约 1600m。本工程临近河海岸边缘，地质情况极为复杂，建设难度很大。

本节只介绍其中的市政工程第 1 标段的设计施工的基本情况。

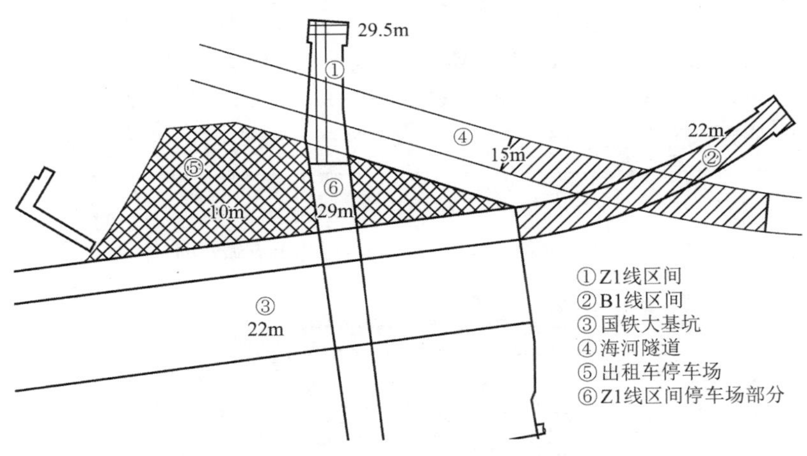

图 33-1　于家堡枢纽节点示意图

海河隧道及于家堡枢纽配套市政公用工程 B1、Z1 线区间概况如下。

1. 中央大道海河隧道工程

中央大道海河隧道工程第二标段主体隧道全长 2.48km。主体结构为单层箱体结构，箱体底板厚度 1.5m，侧墙厚度 1m，顶板厚度 1.4m。围护结构采用 800/1000mm 厚地下连续墙，墙长 28m，B1、Z1 节点部位基坑内设置三道混凝土支撑，竖向采用ϕ402mm × 12mm 工具柱支撑。

2. 于家堡枢纽配套市政公用工程 B1、Z1 线区间

B1 线轨道交通地下结构工程主体为全现浇钢筋混凝土箱形结构，单箱三室净跨 6.85m + 3.5～7m + 7.5m，净高 6.16m。顶板、底板厚均为 1.2m，侧墙厚 1m，中间隔墙厚

0.6m。单层箱体全长 174m，箱体东侧端头为 B1 线盾构井，西侧与国铁基坑接口部位为局部 4 层结构，见图 33-2。围护结构采用 1200mm 厚地下连续墙，墙长 61m，坑内设置 5～6 道水平混凝土支撑，竖向采用ϕ500mm 工具柱支撑。部分 Z1 线轨道交通地下结构工程主体为全现浇钢筋混凝土箱形结构，单箱三室净跨 6.67m + 5.08～8m + 6.9m，净高 6.16m。箱体顶板、底板厚度均为 1.5m，侧墙厚度为 1m，隔墙厚度为 0.6m。单层箱体全长 88m，箱体东侧端头为 Z1 线盾构井，西侧是位于出租车停车场内的 4 层结构，见图 33-3。围护结构采用 1200mm 厚地下连续墙，墙长 61m，坑内设置 7 道混凝土支撑，竖向采用ϕ500mm 工具柱支撑（图 33-4）。

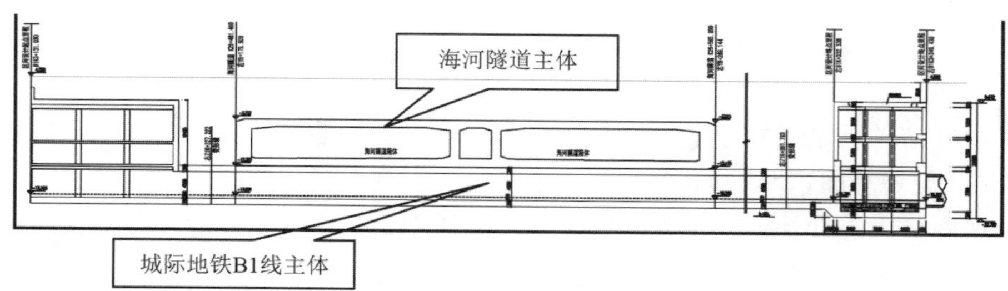

图 33-2　部分 B1 区间与海河隧道节点纵断面

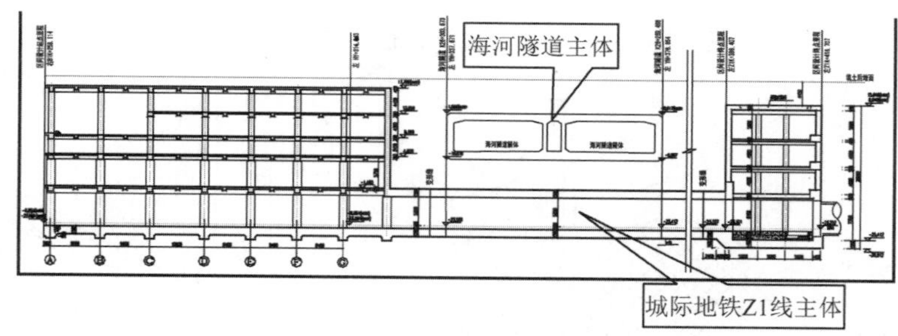

图 33-3　部分 Z1 区间与海河隧道节点纵断面

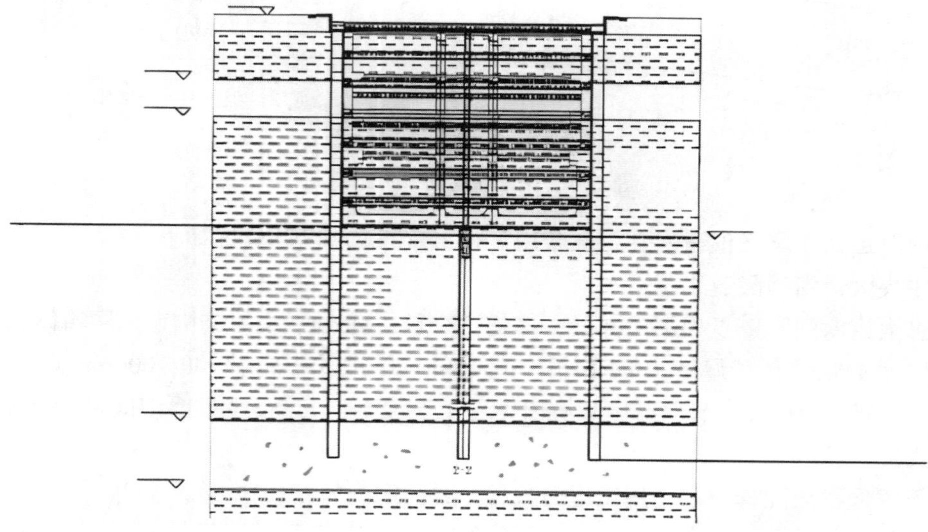

图 33-4　地质剖面图

33.1.2　地质概况和周边环境

1. 周边环境

1）交通状况

场区附近有两条道路：新港路和胜利路。其中，新港路连接天津港口和塘沽中心区，是对外联系的主要交通干线，交通压力比较大，早晚高峰潮汐现象比较明显，为双向 8 车道道路，但对节点整体施工无影响。胜利路贯穿整个施工场地，且穿过部分 B1、Z1 线与海河隧道的节点，目前已经实现断交，是施工现场内车辆、机械行走的主要道路。

2）周边建筑

施工现场场区内建筑物已拆迁完毕，基坑开挖深度的 1.5 倍范围内无人员居住、办公或需重点保护的建筑物，基坑周边的环境较为开阔，开挖对周边建筑物基本无影响。现场距基坑最近的现有高层建筑物仅为 Z1 盾构区间东南角 21 层的鑫茂大厦，距离盾构井基坑约 45m，受开挖影响较小。另据初步了解，该建筑为桩基基础，受地面沉降影响小。

2. 地质概况

1）工程地质条件

根据地质报告及现场实际情况，场区内主要不良土层主要包括两个方面：一是在地面下 1.5～17.5m 范围内，存在着厚度从 1～12.5m 不等的淤泥质粉质黏土层，其灵敏度高、强度低，呈流塑状，极易发生蠕动和扰动，工程性质差；二是地面下 25～58m 范围内主要为粉砂和细砂层，标贯值很大，接近甚至超过 50，对液压成槽机的成槽效率影响较大，给槽壁稳定带来负面影响。

2）水文地质条件

场内表层地下水类型为第四系孔隙潜水。赋存于第Ⅱ陆相层与第Ⅴ陆相层之间的粉土、砂土层中的地下水具承压性，为浅层承压水。第Ⅴ陆相层以下的粉土、砂土层中的地下水与浅层地下水没有直接联系或联系很小，为深层承压水。潜水存在于人工填土层①层、新近沉积层②层、第Ⅰ海相层④层中。该层水以第Ⅱ陆相层$⑤_1$层、$⑥_1$层粉质黏土为隔水底板。潜水地下水位埋藏较浅，水位埋深为 0.5～1.5m（高程−1.74～−0.84m）。以第Ⅱ陆相层$⑤_1$粉质黏土、$⑤_3$黏土、$⑥_1$粉质黏土、$⑥_3$黏土为相对隔水底板。潜水主要依靠大气降水和地表水入渗补给，水位具有明显的丰、枯水期变化，受季节影响明显。高水位期出现在雨季后期的 9 月份，低水位期出现在 4—5 月份。浅层承压水以第Ⅱ陆相层$⑤_1$粉质黏土、$⑤_3$黏土、$⑥_1$粉质黏土为相对隔水顶板，$⑥_2$粉土、$⑥_4$粉砂、$⑦_2$粉土、$⑦_4$粉砂、$⑦_5$细砂、$⑧_2$粉土、$⑧_4$粉砂、$⑧_5$细砂、$⑨_2$粉土、$⑨_4$粉砂、$⑨_5$细砂为主要含水层，厚度较大，分布相对稳定。浅层承压水水位受季节影响不大，水位变化幅度小，主要接受上层潜水的越流补给，同时以渗流方式补给深层地下水，稳定水位埋深 7.4～9.62m。

根据抽水试验分析，本区地层有以下特点：

（1）上部潜水层初始水位为 1.43m，下部含水层初始水位埋深约为 9m，上下含水层水头差比较大，说明两层水力联系不明显。

（2）群井抽水试验过程中，大流量抽水时，上部潜水层水位变化不明显，说明潜水含水层与下部含水层之间水力联系比较弱，两层之间的相对层的隔水性比较明显。

（3）抽水试验过程中单井涌水量非常大，初步估计单井出水量达到 80t/h 以上。

（4）从水位恢复试验曲线规律可以得出，3min 内水位就恢复了 10%，8min 内水位恢复到20%，5个小时左右水位就恢复60%，前期水位恢复非常迅速。

（5）⑥$_2$～⑨$_4$层渗透系数比较大，各层水力联系比较明显，砂性较重。鉴于以上特性，认为现场承压含水层（⑥$_2$～⑨$_4$层）顶板最浅埋深为18.58m，下部埋深达到60m左右。基坑潜水含水层与承压含水层关系如表33-1所示。

基坑潜水含水层与承压含水层关系 表33-1

含水层	层号	底板埋深（m）	水位埋深（m）
潜水含水层	①$_1$～④$_1$	17	1.4
相对隔水层	⑤$_1$～⑥$_1$	18.56	—
第一承压含水层	⑥$_2$、⑥$_4$、⑦$_2$、⑦$_4$、⑦$_9$、⑧$_2$、⑧$_4$、⑧$_5$、⑨$_2$、⑨$_4$、⑨$_5$	58.09	9.0
相对隔水层	⑨$_3$、⑩$_1$、⑩$_3$	65.2	—
第二承压含水层	⑩$_2$、⑩$_4$、⑩$_5$	68.0	—

33.1.3 工程施工难点

1. 开挖深度大，孔斜难控制；支撑体系复杂，提高挖土效率是难点

（1）成槽精度控制是难点。本标段地下连续墙墙深达60m，要求成槽垂直度必须控制在3‰以内，垂直度较难保证。为此，需要在机械设备、施工工法及施工过程中加强控制才能保证垂直度，满足设计及规范要求。地下连续墙垂直度控制是支护结构施工的难点之一。

（2）深基坑支撑施工伴随开挖施工进行，相互影响，如何运用“时空效应”概念，确定基坑开挖的施工顺序和施工流程，保证各工序有序、安全、有效进行，是本工程的难点。

2. 淤泥土等软土降水是难点

本工程所处场区地下水位高，地下水丰富，并且开挖范围内淤泥质软土厚达20多米。故此，确保淤泥质软土降水成功，保证基坑顺利开挖，是本工程的重点，也是难点。

3. 地面下30～60m范围内砂层开挖困难

在地面下30～60m范围内主要为粉砂和细砂层，标贯值很大。根据相关施工经验，在标贯值大于30的土层中，抓斗的成槽效率下降，大于50就挖掘困难。而且，由于该层粉砂和细砂含承压水，地下水丰富，孔壁稳定性差，可能发生流砂；易发生坍孔，对成槽垂直度影响很大。

同时，由于在硬砂土层的成槽效率低，30m以上的杂填土、淤泥质黏土、粉土、粉质黏土层，成槽后长时间空槽，更容易出现坍塌。因此，如何在施工过程中合理地配置泥浆，控制成槽进度，防止坍孔，是地下连续墙施工的难点之一。

4. 槽段混凝土绕流

槽段混凝土绕流是由于槽壁在浇注过程中坍塌，而造成流动的混凝土绕过接头管（板），进入下一个槽段的现象。绕流的原因很多，主要有以下几个方面。

1）地质方面的问题

这是主要原因之一，是指淤泥土等软土或者是粉细砂地基未经有效的处理，而导致的坍槽绕流的现象；可能导致大面积的坍槽破坏。

2）施工方面的问题

（1）槽内泥浆液面高度不够；

（2）泥浆性能指标不合格；

（3）地下连续墙钢筋笼平整度差和成槽垂直度不满足要求，导致钢筋笼刮擦槽壁；

（4）成槽到灌注时间过长，引起的槽壁坍塌。

3）接头方面的问题

（1）地下连续墙工字钢板下端未插入槽底或插入深度不满足要求；

（2）地下连续墙工字钢板两侧与槽壁间未采取防绕流措施；

（3）接头箱未下放到槽底或起拔时间过早；

（4）接头箱背后回填料不密实。

5. 槽段接头质量难控制

地下墙的接头止水性能对基坑开挖的安全至关重要。本工程地下连续墙基坑开挖前在坑内设置降水井实施基坑内降水，降水后坑内水位在地表下 30m 左右，而坑外的承压水水头在地表下 1m 左右，水头差达到近 30m，一旦发生墙体接缝渗漏水的险情，堵漏工作极其困难，将对基坑安全和周边环境带来风险。因此，接头处理是施工的难点之一。

6. 接头箱起拔难度大

根据初步估算，在理想垂直状态下，顶拔接头箱需克服的接头箱自重（约 50t）与侧壁的摩阻力（单位侧阻取 $20kN/m^2$）之和就已达到 400t 以上，这样大的顶拔力对接头箱本身与导墙承载力的考验都是相当大的，因接头箱自身材料焊接加工质量、连接部位螺栓抗剪强度不足或导墙地基强度不够，导致接头箱被拔断或埋管的风险概率将大大增加。

对于上部的接头箱，为顺利起拔，其制作精度（垂直度）应在 1/1000 以内。安装时必须垂直吊放，偏差不大于 50mm。同时，抽拔时掌握时机，一般混凝土达到自立程度（3.5～4h），即开始松动接头装置，每次抬高 5cm，每间隔 5min 顶拔一次。根据混凝土浇灌记录曲线和表格记录的数据，确定拔管高度，严禁早拔、多拔。同时，考虑到混凝土浇注时将产生侧向推力，导致接头箱的摩擦力增加，本工程地下连续墙在先行幅的钢笼两侧均设置止水钢板接头，与钢筋笼水平筋牢固焊接，整体起吊入槽。顺幅则只设置单边止水钢板接头，减少接头起拔的风险。

由于止水钢板与钢筋笼水平筋焊接，混凝土浇注时产生的侧向压力受到水平筋的约束，可大大减小止水钢板的侧向变形，保证止水钢板和接头箱之间的间隙，有利于起拔。在接头箱上涂抹减摩剂也能减小摩阻力。

7. 钢筋笼变形难以下放

本工程钢筋笼总长为 60m，主要分为三部分，分别为中板以上的素混凝土段（8.34m）、标准配筋段（36.4m）、底部素混凝土段（15.26m），首开幅钢筋笼最大质量为 72.2t，为方便吊装施工，钢筋笼按设计配筋情况分三节起吊，中段长度达到近 36.4m，重 51t，在起吊过程中如果钢筋笼加强措施不到位或起吊方法不对，极易导致钢筋笼发生不可恢复的弯曲变形，导致钢筋笼难以入槽。另外，加工过程中钢筋笼尺寸偏差或加工场地平整度达不到要求，钢筋笼本身存在一定的扭曲，也将导致钢筋笼难以入槽。

33.1.4　深基坑渗流稳定和降水

1. 基坑底部抗突涌稳定性分析

（1）基本思路

依据抽水试验报告，本区潜水与场区第一承压水含水层水力联系微弱，因此，在潜水层布置浅层降水管井，对坑内浅层土体进行疏干降水，以达到有效降低被开挖软土含水量的目的。为减少浅层降水对坑外的影响，浅层井井底尽量不超过承压含水层顶板，但为满足降水要求，对于Z1线局部开挖较深部位布置了少量井深为27m的浅层混合降水井。

（2）开挖过程中，当基坑开挖深度在含水层顶板1m以上时，为防止基坑突涌，基坑底面的安全稳定性，可按下式进行验算。

$$h_s \cdot \gamma_s > F \cdot \gamma_w \cdot h_w$$

式中 F——基坑底部抗突涌安全系数，取1.2；

h_s——基坑底面至承压含水层顶板之间的距离（m）。计算时，承压含水层顶板埋深取最小值（m）；

h_w——承压含水层顶板以上的承压水头高度（m）；

γ_s——基坑底面至承压含水层顶板之间的土的层厚加权平均重度，取19N/m³；

γ_w——水的重度，取10kN/m³。

（3）当基坑开挖深度在含水层顶板上1m以内或低于含水层顶板时，为防止基坑管涌，需把地下水水位控制在开挖面下 1m，并且要核算隔水层厚度被减薄后的黏性土的渗流稳定性，取两者最不利的情况作为降水时的依据。

对于本工程开始考虑降承压水临界深度计算：

$$1.2 \times 10 \times (18.58 - 9) = (18.58 - h_w) \times 19$$

临界深度：$h_w = 12.53\text{m}$

即当基坑开挖深度大于12.53m时，承压水安全水位在9m以下。

①出租车停车场深基坑稳定性分析

本基坑最大开挖深度为9.3m，小于12.53m的承压水临界深度，因此承压水安全水位在9m时，本层不需降低承压水。

②出入口基坑稳定性分析

本基坑大部分开挖深度为9.2m，小于12.53m的承压水临界深度，本层不需降低承压水。

③B1线深基坑稳定性分析

本基坑开挖深度为21.045～24.832m，大于18.58m，基坑开挖深度已进入承压含水层中，即开挖面低于承压含水层顶板最浅埋深，因此安全水位须低于开挖面，需把承压水水位下降至−22.045和−25.832m以下。

④Z1线深基坑稳定性分析

本基坑开挖深度为28.544～28.912m，大于18.58m，基坑开挖深度已进入承压含水层中，即开挖面低于承压含水层顶板最浅埋深，因此安全水位须低于开挖面，需把承压水水位下降至−29.544和−29.912m以下。

2. 降水计算

1）深层减压井分析计算

根据前述基坑突涌稳定性安全验算结果，必须对承压含水层采取有效的减压降水措施，才能防止产生基坑突涌破坏。为了有效降低和控制承压含水层水头，确保基坑开挖施工顺利进行，必须进行专门的水文地质渗流计算与分析。根据拟建场地的地质条件、基坑围护结构特点以及开挖深度等因素，本次设计采用了三维渗流数值法进行计算，为减压降水设计与施工提供理论依据。

2）基坑降水渗流计算数值模型的建立

为了克服由于边界的不确定性给计算结果带来随意性，定水头边界应远离水源。通过试算，本次计算以整个基坑的东、西、南、北最远边界点为起点，各向外扩展约 1000m，即实际计算平面尺寸为 3000m × 3000m，四周均按定水头边界处理。

在降水过程中，坑内地下水位大幅度下降，基坑外的地下水将通过基坑周围的支护连续墙墙底绕流进入基坑，地下水流态为三维非稳定流。

根据计算区的几何形状以及实际地层结构条件，对计算区进行三维剖分。根据水文地质特性、基坑中连续墙埋藏深度，水平方向将模型剖分为 242 行、343 列，垂直方向将模型剖分为 10 层。

3）深层降水设计

（1）Z1 线基坑降水设计

根据计算，当开挖深度为 28.544～28.912m 的基坑时，需要在坑内布置 9 口深层降水井。备用井按降水井的 40%布置，则需布置 4 口坑内备用深层降水井。另外，为及时了解坑外水位的变化，布置 4 口坑外观测井兼应急降水井。预测基坑附近地面沉降值为 16～19mm。

（2）B1 线基坑降水设计

根据计算，当开挖深度为 21.045～24.832m 的基坑时，需要在坑内布置 7 口深层降水井。备用井按降水井的 40%布置，则需布置 3 口坑内备用深层降水井。为及时了解坑外水位的变化，布置 3 口坑外观测井兼应急降水井。预测基坑附近地面沉降值为 11～13mm。

3. 浅层疏干降水井分析计算

为确保基坑顺利开挖，需降低基坑开挖深度范围内的土体含水量。坑内疏干井数量按下式确定：

$$n = A/a_{井}$$

式中　n——井数（口）；

A——基坑需疏干面积（m^2）；

$a_{井}$——单井有效疏干面积（m^2）。

按照每 200～250m^2 布设一口疏干井考虑，同时为减少浅层降水对坑外的影响，浅层井井底尽量不超过承压含水层顶板，但为满足降水要求，对于 Z1 线局部开挖较深部位布置了少量超过 27m 的降水井。浅层降水要求备用井按降水井的 20%布置。

Z1 线基坑面积约为 3521m^2，需布设 12 口疏干井，井深 18m（其中 7 口为水泥管井，5 口为钢管井），6 口深 27m 的浅层降水井（井管材质为钢管）。

B1 线基坑面积约为 4691m^2，需布设 24 口深 18m 的浅层降水井（其中 22 口为水泥管井，2 口为钢管井）。

出租车停车场基坑面积约为 12697m^2，需布设 64 口深 17m 的浅层降水井（井管材质为水泥管）。本基坑为放坡开挖，因此需布设护坡井点，井点间距按 15～16m 沿基坑周边布设，护坡井共布置 25 口，井深 10m，井管材质为水泥管。

出入口基坑面积约为 497m^2，需布设 3 口降水井，井深 17m。

4. 成井技术要求

（1）成井必须满足设计井径、井深要求；

（2）成井完成后及时洗井，必须做到水清砂净，保证井底无沉淀淤泥；

（3）回填滤料必须选用 0.2～0.3cm 的干净石硝，滤料规格必须整齐干净，圆度要好，绝不准含砂，确保回填量；

（4）无砂管施工井管全部采用子母口井管，井口 1.5m 以下的滤水管外包一层 60 目的滤网，上部用黏土封填止水，以防漏砂返砂将井淤死，外用 5cm 宽的三排竹片，每节管用三道 8 号镀锌钢丝牢牢绑紧；

（5）钢管孔隙率必须保证不小于 20%，安装必须保证焊接质量；

（6）选用 60～80 目的滤网，用镀锌钢丝缠紧，滤网规格现场做部分滤水试验；

（7）井点定位必须避开支撑梁、柱等结构。

关于基坑降水的其他事项从略。

33.1.5　地下连续墙施工要点

1. 概述

本节重点阐述本工程地下连续墙施工的主要流程和重点技术措施。

2. 施工平台和导墙

1）施工场地和施工平台加固

根据本工程现场情况及施工需要，我们在施工场地内布置了施工作业平台，用带钢筋网片混凝土进行了场地硬化，以满足抓斗施工及土方车辆的行驶要求。弃土临时堆放在施工场地的中部空地上。

液压抓斗和旋挖钻机主机重量较大，且在工作过程中可能会产生振动，要求地面必须具有较大的地基承载力（100kPa 以上），因此，在挖槽机、旋挖钻工作地段（施工平台）上铺设了ϕ16mm@300mm 双层双向钢筋网片，混凝土采用 C30，厚度为 250mm。

2）导墙地基加固的必要性

（1）根据地质报告资料，场地内不均匀分布软弱土层

根据地质报告，在基坑地基大范围内分布着厚度不均的软弱地层（淤泥质粉质黏土），其存在深度范围在地面下 1.5～17m，厚度在 1～12.5m。该层淤泥质粉质黏土层灵敏度高、强度低，呈流塑状，极易发生蠕动和扰动，工程性质很差。其天然平均含水率为 40%，最高达 68%，孔隙比约 1.1。

（2）根据试挖槽情况分析

通过在试挖槽过程中，对槽段内的土质情况进行统计，在地面下 25～60m 范围内存在巨厚砂层，与地质报告情况基本吻合。

从试成槽记录可以看出，硬砂土层对于液压抓斗成槽机的施工效率影响很大，不得不在 28.67m 以下采用旋挖钻进行引孔。

在成槽后 8h，我们重新进行了超声波检测，从该次超声波检测结果反映比较突出的一个问题就是地面以下 6～9m 位置的软弱土层部位在长时间晾槽后，有明显的坍塌现象。

综合以上几点情况，应对导墙下的土体进行加固，提高土体强度，增加土体稳定性，保证地下连续墙施工期间槽壁土的稳定性，为地下连续墙施工提供安全保证。经研究并借鉴其他相同工程的经验，在坚硬砂层成槽阶段可采用旋挖机进行松土，而不进行挖土，这样可以有效地控制基槽的垂直度。

3）水泥搅拌桩的设计和施工

（1）搅拌桩的设计参数

导墙下软弱土层采用ϕ600mm@400mm 的水泥土搅拌桩进行加固，采用湿法施工，桩

中心到开挖槽壁边 750mm。考虑到地下水位埋深较浅，为避免被水长时间浸泡，将搅拌桩桩顶施作到导墙底，将导墙直接施作在具有一定承载力的搅拌桩顶上（图 33-5、图 33-6）。

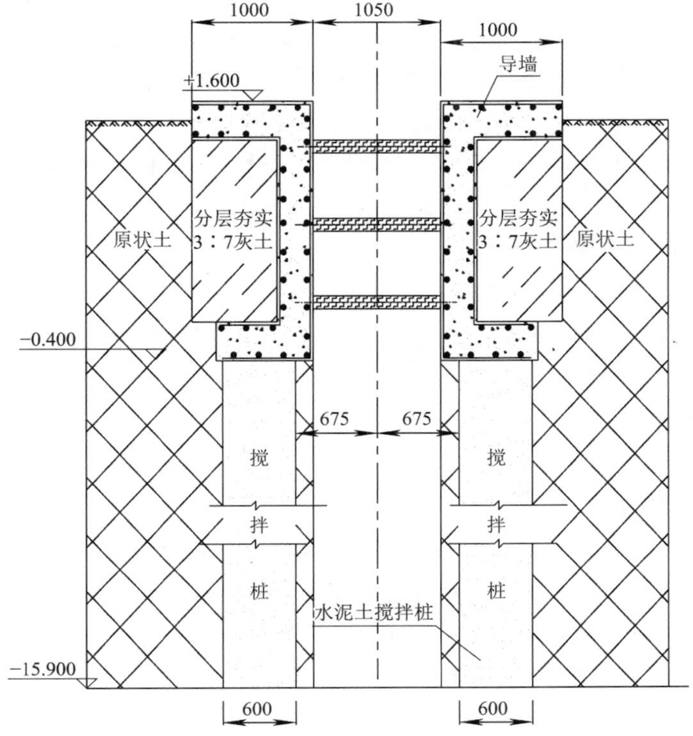

图 33-5　导墙下水泥土搅拌桩加固剖面图

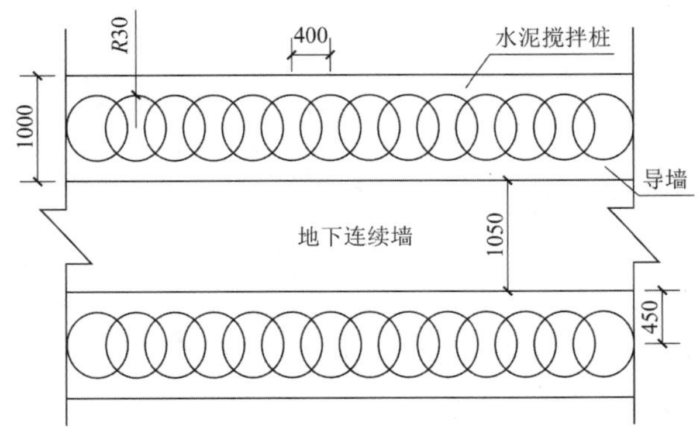

图 33-6　加固局部（平面）详图

为保证槽孔侧壁的稳定性，水泥搅拌桩的桩底必须进入较为稳定的黏土层内。根据地质资料，东侧 B1 线水泥搅拌桩均为导墙下至大沽高程−13.300m，南侧基坑端头水泥搅拌桩均为导墙下至大沽高程−15.900m。而在北侧明挖段和盖挖段之间地下连续墙的分界处，土体加固深度为导墙下至−15.600m；全部搅拌桩底均进入下面黏土层内 1.5m 以上。

（2）施工参数

水泥土搅拌桩施工采用 42.5 级普通硅酸盐水泥，水灰比为 0.45～0.55，水泥浆液相对密度为 1.77～1.87。

在进行水泥搅拌桩施工时，每组两根搅拌桩其每延米水泥用量及总体水泥用量按要求不得少于设计用量。

该水泥搅拌桩的水泥掺量为湿土质量的 17%，经检测现场原状土的干密度为 1.96g/cm^3，天然含水率为 30.5%。现场原状土实际密度为：1.96g/cm^3 × (1 + 30.5%) = 2.558g/cm^3。水泥搅拌桩的水泥掺量为：2.558g/cm^3 × 1000 × 0.3m × 0.3m × 3.1416 × 17% × 1m = 123kg。

为保证水泥浆的用量及搅拌的均匀性，深层搅拌机的上提及下钻速度不得大于 0.5m/min。

4）导墙的设计和施工

（1）导墙作用

①承受施工过程中车辆设备（特别是大型混凝土罐车）的荷载，避免槽口坍塌。

②存储泥浆，稳定液位。

③搁置入槽后的钢筋笼。

④承受顶拔接头管时产生的集中反力。

（2）导墙形式的确定

导墙断面采用“][”形现浇钢筋混凝土，满铺ϕ16mm@200mm 钢筋网片，混凝土强度等级为 C30，导墙顶板宽度为 1m，底板宽度为 0.8m，导墙厚度为 0.2m，导墙高度为 2m，以墙底进入原状土不小于 30cm 为宜。如杂填土较厚，可采用置换土的方法进行加固。导墙的净距大于地下连续墙的设计宽度 60mm。

具体形式如图 33-7 所示。

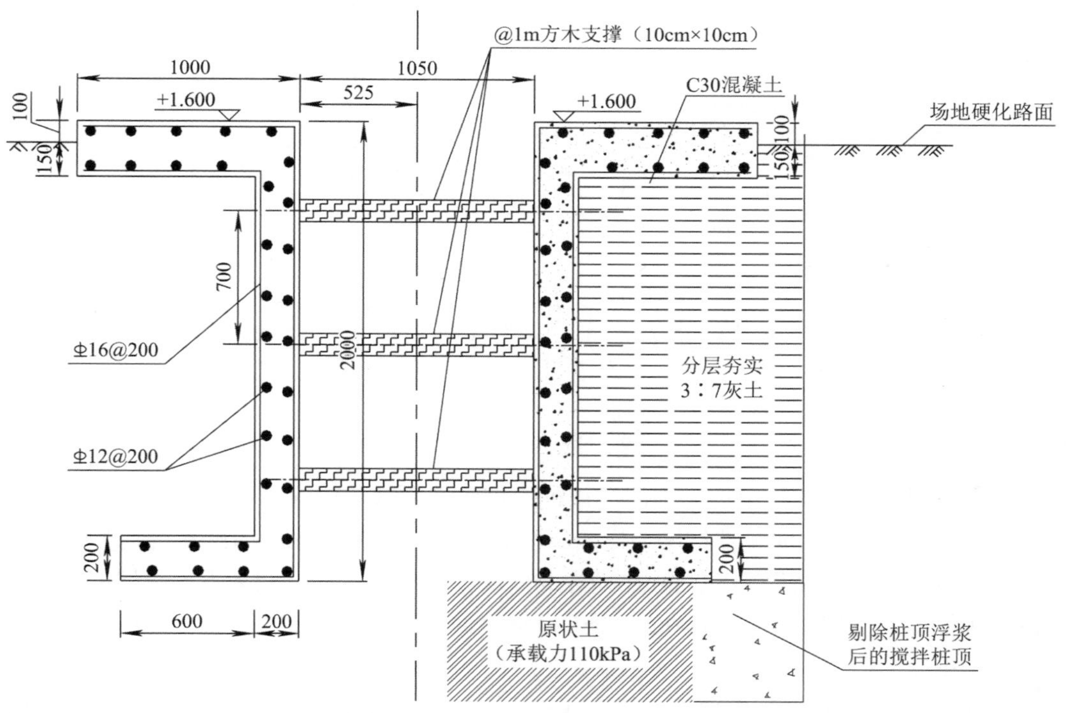

图 33-7　导墙及施工平台结构形式示意图

（3）导墙的施工顺序

平整场地→测量放样→挖槽→浇注垫层混凝土→绑扎钢筋→立内侧竖墙模板→浇注底板→立外侧竖墙模板→养护→设置横向支撑→外侧土方回填→浇注顶板。

3. 挖槽施工要点

1）T 形幅地下连续墙开挖

根据试挖槽的经验，在无导向孔的情况下，液压抓斗第一抓成槽在两侧均为原状土时，其垂直度较好，如果遇较硬砂层，可以采用旋挖机对槽内的砂层进行松动，但不进行开挖，这样可以有效保证地下连续墙的成槽垂直度，并能提高成槽的速度（图 33-8、图 33-9）。

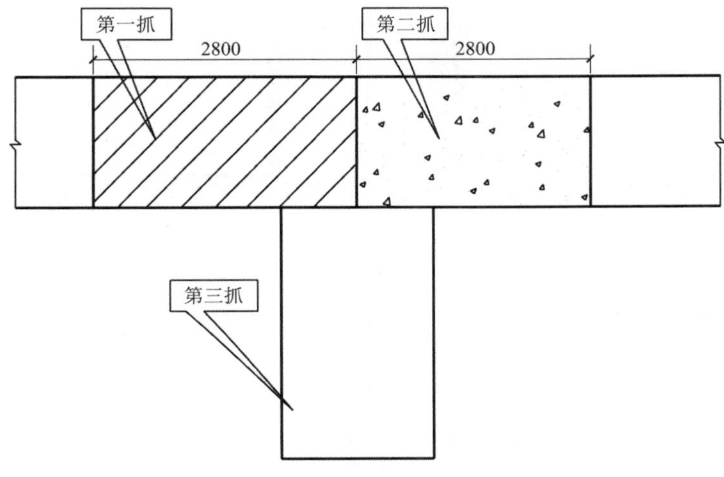

图 33-8　“三抓”成槽示意图（一）

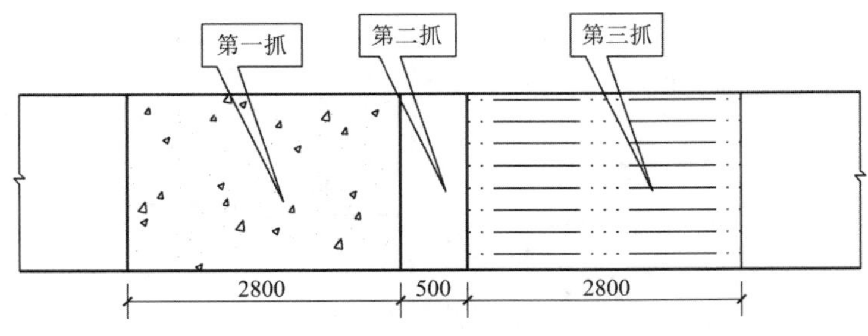

图 33-9　“三抓”成槽示意图（二）

2）平直段地下连续墙成槽

平直段地下连续墙每段均采用三抓成槽，第一、第二抓均直接采用液压抓斗进行挖槽，两抓之间留设 50cm 的自立“鼻梁土”，在两抓完成后，再开挖中间的自立“鼻梁土”。该方法能够有效保证成槽精度。

3）刷壁

刷壁是连续墙施工中一个至关重要的环节，刷壁的好坏将直接影响到连续墙围护防水的效果。由于槽段超深，且接头箱直接放置在止水工字钢板之后，很难完全紧密贴合，从而导致浇灌混凝土的过程中，在接头箱和止水钢板夹缝内不可避免地产生或多或少的混凝土、砂浆和进入的砂性土体等混合形成固结物。在成槽过程中悬浮在泥浆中的砂颗粒迅速沉淀在工字钢板的内侧，沉积后，又形成了非常坚硬的胶结物。如果以上所说的这些固结物、胶结物不能有效清除，地下连续墙接头就形成了夹泥，成为基坑开挖后漏水的渠道，会严重危害基坑开挖的安全。为了妥善处理该部位，避免这些固结物、胶结物在后期强度上升以后难以处理，在前序幅接头箱顶拔完成之后，立即用成槽机或旋挖钻进行相邻幅段与其接头部位的挖槽施工。同时，采用可拆卸液压抓斗铲刀，对工字钢板上的泥皮、土渣、绕流物等进行铲除（图 33-10）。

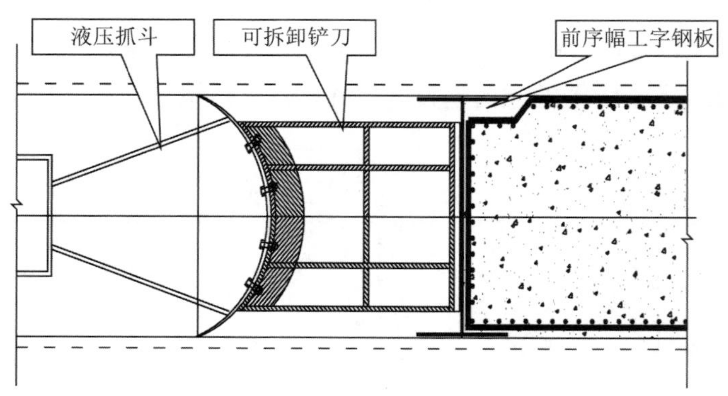

图 33-10　液压抓斗装可拆卸铲刀示意图

对于槽段下较深处的混合物、绕流混凝土等，由于成槽时间较长变得较硬且液压抓斗铲刀冲击力减小而难以铲除，则可在槽段成槽结束后，在接头箱底部加上钢板三角铲刀，并借助锁口管定位冲击（图 33-11）。

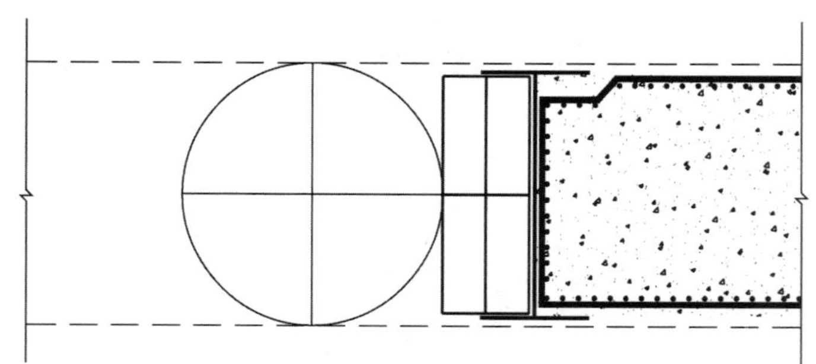

图 33-11　接头箱铲刀示意图

通过以上两种措施，将止水钢板上的硬化附着物在其最终凝固之前进行铲除，保证止水钢板接缝处的止水效果。

在清除绕流附着物后，再采用刷壁器刷壁，以去掉接头钢板上的泥皮。

（1）刷壁器采用偏心吊刷，以保证钢刷面与接头面紧密接触，从而达到清刷效果。

（2）后续槽段挖至设计标高后，用偏心吊刷清刷先行幅接头面上的沉渣或泥皮，上下刷壁的次数应不少于 20 次，直到刷壁器的毛刷面上无泥为止，确保接头面的新老混凝土结合紧密。

4. 泥浆的制备与管理

1）泥浆的作用

在地下连续墙挖槽过程中，要保证液压抓斗成槽的安全与质量，护壁泥浆生产循环系统的质量控制指标是一个关键的环节。泥浆起到护壁、携渣、冷却机具、切土润滑的作用。

性能良好的泥浆能确保成槽时槽壁的稳定，防止塌方，同时在混凝土浇灌时对保证混凝土的浇灌质量起着极其重要的作用。

2）泥浆池结构设计

泥浆池长 30m、宽 10m、深 2.5m，地面以下 2m，地面以上 0.5m，泥浆循环再生处理、废浆池容量为 600m³，为开挖方量的 1.72 倍，满足开挖泥浆供给要求。

泥浆池为混凝土底板，池壁采用 37 砖墙砂浆砌筑，砂浆强度等级为 M7.5；池内壁抹水泥砂浆。

3）泥浆配合比设计

根据地层、地下水状态及施工条件和天津塘沽地区施工经验进行泥浆配合比设计，采用优良的膨润土、纯碱、高纯度的 CMC、重晶石和自来水作原料，通过清浆冲拌和混合搅拌二次拌合而成（表 33-2）。

新制泥浆配合比（1m³ 浆液）　　**表 33-2**

膨润土品名	材料用量（kg）				
	水	膨润土	CMC（M）	Na_2CO_3	其他外加剂
钙土（Ⅱ级）	1000	80～100	0～1	2.5～4	适量

4）泥浆制备方法

将水加至搅拌筒 1/3 后，启动制浆机。在定量水箱不断加水的同时，加入膨润土粉、碱粉等外加剂，搅拌 2min 后，加入 CMC 液继续搅拌 1min 即可停止搅拌，放入新浆池中，待静置水化 24h 后使用。

5）泥浆性能指标

根据现场的实际地质情况，为了保证在 30m 以下的砂层稳定，现场适当提高泥浆相对密度和黏度，增大槽内泥浆的静水压力，提高护壁效果。如果按常规掺入膨润土，还无法达到要求的相对密度，可以采用增加适量重度剂（重晶石）或适量的优质、干燥黄土。在掺入泥浆池前将成块状的黄土捣碎，再掺入泥浆池中充分搅匀，以达到提高泥浆相对密度的目的。也可直接向槽孔内倒入黏土。

6）泥浆的循环使用与回收处理

回收的泥浆分不同部位予以处理。槽段内大部分泥浆可回收利用，对于槽孔下部泥浆必须先经过除砂振动器除砂，使其砂粒充分去除，排入循环池调整后待用。将槽底 5m 以内的泥浆排入废浆池，并及时外运。

本工程地层含砂量较大，对泥浆性能有较大的破坏作用。循环泥浆经过充分除砂后才可回收利用。为了保证正常的泥浆供应，对泥浆池内沉砂应及时清除，以保证泥浆池有足够的容量。

5. 钢筋笼和预埋件

1）钢筋笼制作

（1）钢筋笼加工平台

现场专门搭设四座钢筋笼加工台架，平台尺寸为 60m × 6m，平台采用 10 号槽钢焊接成格栅，平台标高用水准仪校正。加工平台应保证台面水平，以保证钢筋笼加工时钢筋能准确定位和成型。

标准段和端头井的钢筋笼采用整体制作成型。L形、T形、Z形钢筋笼因加固钢筋、斜撑较多，重量大，吊装困难，应减小槽段宽度，以减小钢筋笼重量。Z形钢筋笼由两个L形组合而成。

（2）钢筋笼加工

①先在专用模具上加工制作钢筋笼桁架，以保证每片桁架平直，桁架的高度一致。桁架利用钢筋笼的主筋制作，并采用机械连接成一根通长钢筋桁杆。

②在平台上先安放下层水平分布筋，再放下层的主筋；下层筋安放好后，再安放桁架和上层钢筋，每幅钢筋笼纵向设计5排桁架，横向桁架除吊点处必设置外，其余每隔5m设置一道，且导管处桁架不布设腹杆。

考虑到钢筋笼起吊时的刚度和强度的要求，每隔5m在钢筋笼上、下层设置直径16mm剪力拉条；在钢筋笼顶部将横向钢筋做成双排。横向桁架加设斜筋。

③钢筋主筋采用机械连接；埋设件采用电焊，除主要结构节点须全部焊接外，其余可按50%焊接，焊接搭接长度必须满足单面焊10d，d为较小直径；搭接长度为45d、45d；吊钩与主筋采用双面焊接，搭接长度为5d。

④每幅预留三个混凝土导管通道，导管间相距2～3m，导管距两边1～1.5m，每个导管通道设8根通长的直径12mm导向筋，以利于导管上下。

⑤为保证钢筋的保护层厚度，在钢筋笼内外每侧按竖向间距4m设置两列钢板垫块。

（3）工字钢接头

①工字钢接头与钢筋笼整体焊接，采用双面焊接。为了防止混凝土从工字钢底部绕流，工字钢长度应满足底部深入槽底20cm。

②槽段依据工艺分为首开槽、顺槽、封闭槽三种，首开槽为双工字钢接头；顺槽为单侧工字钢接头；封闭槽没有工字钢接头。为防止绕流，在工字钢两外侧设直径32mm的钢管，在两内侧设直径50mm的灌浆管，均与工字钢接头板同长。直径50mm灌浆管在地下连续墙混凝土浇注后灌浆，可增强止水效果。

工字钢背混凝土侧采用接头箱，接头箱外缘上焊接角钢，起到防止混凝土绕流的作用。剩余空间夯填碎石、土袋。

（4）钢筋接驳器安装与控制

①根据设计图纸，计算出每一幅地下连续墙中预埋接驳器的数量、标高、规格。

②把每一层接驳器固定于一根直径18或20mm的钢筋上，从钢筋笼顶向下确定接驳器的中心标高，确保每层板的接驳器数量、规格、中心标高与设计一致。

③把上述预埋钢筋与地下连续墙外侧水平钢筋点焊固定，焊点不少于2点。

④混凝土导管部位无法安装接驳器，施工时将该部分接驳器移至导管两边，但必须保证每幅墙的钢筋接驳器的数量不变。

⑤钢筋笼加工结束后，应将钢筋接驳器的盖子拧紧，在钢筋笼下放入槽时，应再次检查盖子是否全部盖好。

⑥接驳器的安装标高是根据钢筋笼的笼顶标高来控制的，为确保正确无误，钢筋笼下放时用水准仪跟踪测量钢筋笼的笼顶标高，下放到位后，用垫块加以调整，确保预埋接驳器的标高正确无误。

⑦钢筋接驳器的外侧用泡沫板加以保护。

2）钢筋笼吊装

（1）吊装说明

根据设计图纸可知，地下连续墙钢筋笼多为 T 形，总长 60.6m，可分为三段，分别为上部素混凝土段（8.5m）、中部标准配筋段（36.5m）、下部素混凝土段（15.5m），钢筋笼最大质量为首开幅的 72.2t。钢筋笼分三节吊放。计算吊装参数主要针对标准配筋段。

采用两台大型起重设备，双雌槽段主吊为 300t 履带式起重机，副吊为 150t 履带式起重机，主、副吊同时作业。

根据设计要求，T 形钢筋笼水平布置 3 榀桁架，竖向布置 2 榀桁架。由于本工程 T 形钢筋笼较长，吊装时用 8 号槽钢作斜撑；使得钢筋笼起吊时横向均匀受力，同时使纵向保持足够的抗弯刚度，防止侧向倾斜。

（2）吊点布置

①横向吊点布置：布置 2 道；

②纵向吊点布置：布置 5 道，主吊设 2 道吊点，副吊设 3 道吊点。具体布置参见图 33-12。

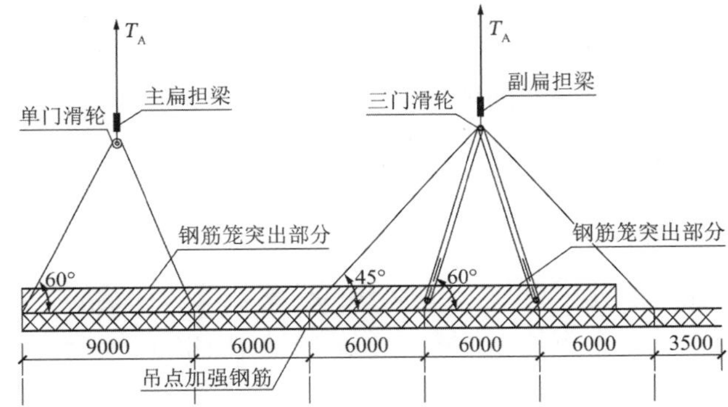

图 33-12　钢筋笼吊点布置示意图

（3）钢筋笼吊装加固

本工程钢筋笼采用分节起吊入槽，根据设计图纸及施工经验，钢筋笼内设置 3 道纵向桁架。考虑到钢筋笼为 T 形，起吊时的横向刚度要求较高，钢筋笼内设置横向桁架，间距为 4m，另外在 T 形伸出部分设置斜撑，斜撑采用 8 号槽钢，每 3m 一根。钢筋吊点处用 40mm 圆钢加固。钢筋笼最上部第一根水平筋改为直径 32mm 筋，平面用直径 25mm 钢筋作剪刀撑，以增加钢筋笼整体刚度。每幅槽段两端每侧各加密一根钢筋（直径同主筋）。

3）灌浆管和声测管预埋

连续墙钢筋笼放入直径 50mm 灌浆管作为墙底灌浆预埋管，在顶部点焊于钢筋笼上，中部用圆环固定于钢筋笼。每幅放置两根。灌浆管放置前须将铁管两端包起，防止杂物和泥浆堵塞管口。该灌浆管上部应高于导墙顶面 0.3m，下部超出地下连续墙底 1m。

声测管每 25m 布置一处，施工中用注浆管代替声测管，不再单独布置。

4）监测元件预埋（表 33-3）。

地下连续墙施工时需要埋设的测量元件及标志　　**表 33-3**

监测项目	测量元件	单位	数量（处）	备注
连续墙内力	钢筋计、电阻应变仪	个	24	钢筋计布置在连续墙的钢筋上，每 25m 布设一处

5）接头箱吊放和顶拔

（1）接头箱在钢筋笼下放之后安放，按设计位置准确就位。下放孔底后，再向上提升 2m 左右，检查是否能够松动，然后利用其自重沉入地层中，并将其上部固定，背后空间用黏土和砂石回填密实。

（2）第一车混凝土和以后每根接头箱接头部位混凝土现场取混凝土试块，放置于施工现场水中，用以判断混凝土的初凝、终凝情况，并根据混凝土的实际情况决定接头箱的松动和拔出时间。

（3）对于上部的接头箱，为防止难于起拔，其制作精度（垂直度）应在 1/1000 以内，安装时必须垂直插入，偏差不大于 50mm。同时，抽拔时掌握时机，一般混凝土达到自立程度（3.5～4h），即开始松动接头装置，每次抬高 5cm，每间隔 5min 顶拔一次。严格按照混凝土浇灌记录曲线表所实际记录的混凝土在某一高度的终凝时接头装置允许顶拔的高度，严禁早拔、多拔。

（4）接头箱拔出前，先计算剩在槽中的接头箱底部位置，并结合混凝土浇灌记录，确定底部混凝土已达到初凝才能拔出。最后一节接头箱拔出前先用钢筋插试地下连续墙体顶部混凝土，有硬感后才能拔出。

（5）接头箱拔出后水平放置在硬地坪上，冲洗干净、晾干后刷上隔离剂备用。

实际施工中，大部分采用砂袋回填代替接头箱。

6）墙底灌浆施工

（1）基本要求

前面已经说到，在钢筋笼中已放入直径 50mm 灌浆管。在钢筋笼吊放槽底以后，再将笼顶焊点割掉，让灌浆管自由下落，插入槽底部的地层中。连续墙混凝土浇注完毕后，每个接头都要按照设计要求进行灌浆，不得遗漏。注浆浆液采用单液水泥浆。

（2）技术参数

加固后残渣层的强度和压缩模量大于原状土的指标，灌浆加固后土体强度 $Ps > 1\text{MPa}$。灌浆压力及灌浆量应由试验确定，一般可采用以下参数：

灌浆压力：$P = 0.5$～2MPa；

灌浆流量：$Q = 15$～20L/min；

注浆量：水泥：120kg/孔，240kg/幅（水灰比 0.55）。

控制方法：可根据注浆压力，也可根据灌浆量控制，如表 33-4 所示。

浆液配比（重量比） **表 33-4**

材料名称	水	水泥	膨润土
规格	自来水	42.5 级普通硅酸盐水泥	200 目
重量比	0.6	1	0.03

（3）施工顺序

采用两序布孔，间隔灌浆。

6. 水下混凝土灌注

（1）混凝土配合比，应按流态混凝土设计，地下连续墙采用的混凝土为 C40 防水防腐钢筋混凝土，抗渗等级 S10，掺加 CFA—2F 阻锈防腐剂，坍落度以 20 ± 2cm 为宜。

（2）采用混凝土浇注机架进行地下连续墙的混凝土浇注。按规定的位置安装混凝土导管。采用法兰盘连接式导管，连接处用橡胶垫圈密封防水。导管在第一次使用前，在地面先作水密承压试验。导管内应放置保证混凝土与泥浆隔离的橡皮球胆。导管底口应距槽底200～300mm 以上。导管上口为方形漏斗。混凝土初灌量应能满足导管首次埋置深度的需要。

（3）应在钢筋入槽后 4h 内开始浇灌混凝土，浇灌前先检查槽深，判断沉渣是否过厚、有无坍孔，并核算所需混凝土方量。如不满足要求，应进行二次清孔。

（4）开始浇注时，先在导管内放置隔水球胆，管内泥浆从管底排出。将混凝土车直接对准漏斗倒入混凝土。初灌时保证每根导管有 6m^3 混凝土的容量。

（5）混凝土浇注中要保持连续、均匀下料，混凝土面上升速度不低于 2m/h，导管埋置深度控制在 2～6m。在浇注过程中随时测量混凝土面标高和导管的埋深，严防将导管口提出混凝土面。同时，通过测量掌握混凝土面上升情况，推算有无坍方现象。因故中断浇注时间不得超过 30min。

（6）三根混凝土导管浇灌时，应注意浇灌的同步进行，保持混凝土面呈水平状态上升，其混凝土面高差不得大于 500mm，以防止因混凝土面高差过大而产生夹层现象。

（7）在浇注过程中，导管不得作横向运动。

（8）混凝土浇注时严防混凝土从漏斗溢出流入槽内或者直接从槽口掉入槽内，以免泥浆受到污染，质量恶化，反过来又会给混凝土的浇注带来不良影响。

（9）混凝土浇注面应高出设计标高 30～50cm。

（10）每幅地下连续墙混凝土到场后先检查混凝土原材质保单、混凝土配比单等资料是否齐备，并作坍落度试验，检查合格后方可进行混凝土的灌注。混凝土浇注时应做三次坍落度试验，并做好试块。每浇注 100m^3 混凝土做一组试块，不到 100m^3 混凝土按 100m^3 做一组。每幅做一组抗渗试块。

33.1.6　连续墙接缝防渗漏施工

在二期槽孔挖槽完成之后，利用超声测试仪检测了一期槽孔接头处有无加泥河漏水通道。检测发现，漏水通道很多。

地下连续墙施工完成后，在接缝外侧，打 3 根ϕ800mm@600mm 的咬合高压旋喷桩，桩长为 60m，防止接头漏水。

33.1.7　深基坑工程质量评价

在基坑降水、土方开挖和支撑、结构本体施工过程中，均未发生重大事故，比较顺利地完成了深基坑和主体结构施工。

33.1.8　评论

（1）本工程的地质条件非常复杂。基坑上部有 20 多米的淤泥质软土；下部有厚达 30 多米的硬砂层（标贯击数大于 50 击）。承压水埋深很浅，承压水头高达 30m。

（2）由于承压水的顶部隔水层在基坑开挖时被全部挖掉，使基坑底部直接位于粉砂或细砂层中；再加上承压水的底部隔水层（60～70m）有漏洞，个别部位地下连续墙底成悬空状态，致使基坑降水非常困难。本基坑的地下连续墙底深入黏性土中。

（3）由于地基上部为淤泥质软土，承载力很低，因此对施工平台和导墙地基进行了加固处理。采用水泥搅拌桩的方法，对 15～17m 以上的淤泥土进行加固，其底部深入下面的持力层内 1.5～2m。实施效果很好。

（4）本工程地下连续墙深度超过 60m，基坑深度很大，地质条件很复杂，如何防止接头漏水是非常关键的问题。本工程从接头结构到施工的各道工序，都采取了行之有效的措施，取得了良好的防渗效果。

（5）本工程最大钢筋笼长度超过 50m，质量超过 72.2t，而且好多幅是 T 形钢筋笼，吊放难度很大。本工程采用了 300 和 150t 的履带式起重机和各项保障措施，完成了 200 多个钢筋笼吊放，效果很好。

33.2 地铁既有线基坑改造

33.2.1 工程概况

1. 基本情况

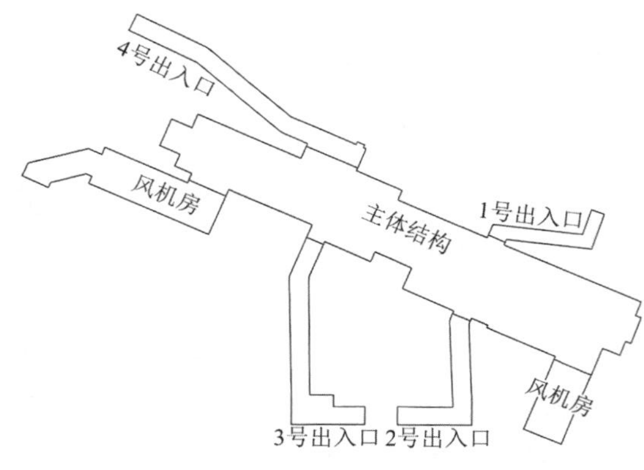

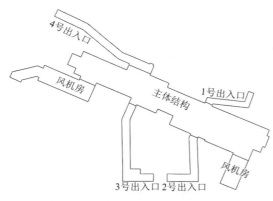

图 33-13 海光寺地铁车站平面图

天津地铁始建于 20 世纪 70 年代，至今已有 50 年的历史，已不能满足要求，于 2002 年下半年开始对 1 号线进行改扩建。其中的海光寺地铁车站地处天津繁华地段，周围建筑物密集，交通拥挤，各种管线错综复杂，是清淤后修筑的。在凿除旧有建（构）筑物及部分区间构筑物后，将重新修建一座全新的地铁车站（图 33-13）。

改建后的海光寺地铁车站为地下单层侧式站台结构，全长 167.532m，设四个地面出入口。车站下面有两条跨线风道和一处跨线人行通道。

主体结构宽 9.5～27.4m，总高度约 6.7m，上面覆土约 1.6m。基坑开挖深度一般 8.2m，风道处挖深 10.6m，人行道处挖深 11.5m。共设置 5 道后浇带，中间 3 条带宽 1.5m，与老箱体相接处带宽 1m（图 33-14）。

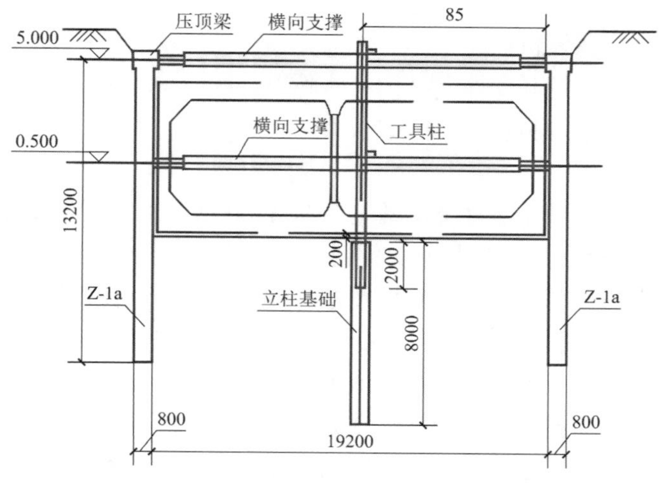

图 33-14 基坑横剖面图

2. 工程地质和水文地质条件

站区位于原青龙河河道中，新建地铁 85%以上的外边墙都坐落在老地铁的回填料中，其中夹杂着大量的砖头、石块、石屑、炉灰渣和木头等杂物，它们的透水性很大，而且钻进很困难。这从水泥搅拌桩机几次扭断方钻杆和钻头可得到证明。

原状土以淤泥质粉质黏土、粉质黏土和粉土为主，渗透系数$K = 0.4\sim2$m/d，稳定性很差。

本段地下水系孔隙潜水，埋藏很浅（0.9m）。经多年运行后，在沿线地铁箱涵和车站的透水性很大的回填土中形成了长达几公里至十几公里的含水槽（带）。

总体来看，本地段土体易坍塌失稳，基坑底易产生管涌、流土和隆起等不利现象。

3. 工程特点与难点

（1）该工程地处繁华闹市区，交通繁忙，是市交通热点路口。

（2）南边的 35kV 高压线塔（距地面 12m）和多个高层建筑物距离基坑较近。

（3）周围环境对防污染（泥浆及噪声、振动等）的要求高。

（4）地下水位高，结构稳定和渗漏问题大。

（5）地下管线多，地下构筑物多且情况不明，探查和拆移难度大。

（6）老地铁回填料成分混杂，影响基坑的防渗止水效果。

（7）工期紧，项目多，工序多，交叉作业多。

33. 2. 2　原基坑防渗设计概况

本工程院设计的基坑周边防渗止水帷幕为ϕ600mm@400mm 的深层水泥搅拌桩（图 33-15、图 33-16）。由于地基中杂填土成分过于复杂，前后两次进场试验均未成功，施工进尺仅 30 多米，就多次出现掉钻头和钻杆扭断现象；由于该钻机基架高度（22m）超过南边高压线塔的高度（12m），两者水平距离仅 4.7m，无法满足 35kV 高压线的最小安全操作距离的要求，造成 179 根桩无法施工，只好放弃此方案，改用高压旋喷灌浆方案。

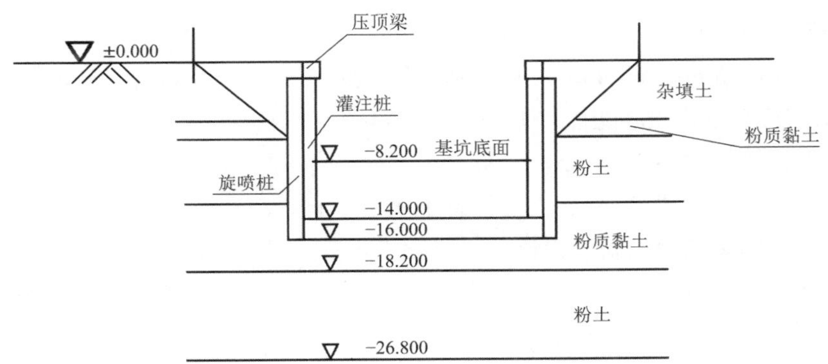

图 33-15　基坑高喷灌浆防渗帷幕剖面图

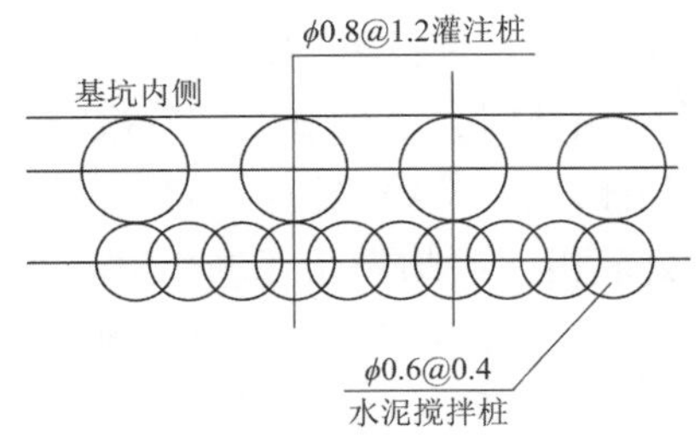

图 33-16　水泥搅拌桩设计图

原设计还有一个缺陷，就是它的基坑底位于粉土层中，而它的防渗帷幕底部并未全部深入下部的粉质黏土层内，特别是车站两端，还悬在粉土层中。

33. 2. 3　基坑防渗设计的优化

1. 基坑防渗方案优化要点

由于原设计的水泥搅拌桩无法实施，决定采用高压旋喷灌浆方案。

考虑到本工程为既有车站改造，老车站回填料中不可预测障碍物很多，旋喷桩的孔斜较大，桩体质量较差，所以将原来的单排旋喷桩改为单排连续旋喷桩和灌注桩之间的嵌缝旋喷桩的组合防渗方案。另外，还将局部旋喷桩加深，以满足防渗要求。

2. 基坑高喷防渗墙设计

新的基坑防渗工程是由灌注桩和高压旋喷桩相结合形成的，如图 33-17 所示。

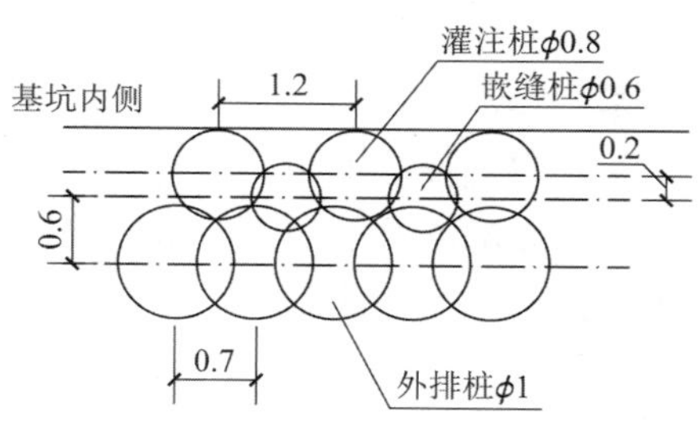

图 33-17　灌注桩与高压旋喷桩支护

高压旋喷桩分为两部分，一为灌注桩间的旋喷桩（嵌缝桩），二为灌注桩后单排连续旋喷（套接）桩，三排桩形成一道综合的防渗体。

主要技术参数：

（1）外排旋喷桩直径 1m，桩长 14.8～16.9m，桩间距 700mm，桩间搭接不小于 0.3m；灌注桩间嵌缝旋喷桩桩径 600mm。桩体渗透系数应小于 1×10^{-7}cm/s，$R_{28} \geqslant 5$MPa。

（2）采用 32.5 级普通硅酸盐水泥，浆液相对密度 1.4～1.5。

（3）喷射搭接长度不小于 1m。

（4）钻孔垂直度不超过 1%，桩位偏差不大于 2cm。

3. 新老地铁箱涵接缝的防渗设计

本工程是既有线改造工程，解决新老地铁箱涵底板和边墙接缝的防渗止水问题是非常关键的一件事。

本段地铁箱涵底板埋深约 8m，地下水埋深约 1m，则内外水位差为 7m。在凿除老箱体底板时，如不做好防渗，势必造成地下水突涌，给新车站基坑施工带来麻烦。

为此，应当把在接口处的箱涵底板和外墙周边都要进行防渗处理，形成一个封闭、连续的防渗止水带。否则在凿除老箱体时，就会造成地下水突涌，给施工带来麻烦。例如，同在 1 号线上与其相邻的另一个车站，按照原设计方案，只在箱体外面施工了几十米长的旋喷桩（桩径 0.6m），但接口处底板下面却未认真进行防渗处理，结果在箱体底板凿除后，基坑内长时间大量涌水，地下水从几公里或更远的地方源源不断地涌来，2 个月内无法堵住，使端头处箱涵有所下沉；还有的车站，虽然在接口底板下只打了 ϕ600mm@400mm 的旋喷桩，但实际上并未形成封闭、连续的防渗帷幕，因而仍然涌水不断。

针对上述情况，我们采取了如下设计方案：在接口处的底板和边墙外分别采用 ϕ1200mm@700mm 和ϕ1200mm@900mm 旋喷桩（图 33-18），确保形成一个封闭、连续的防渗帷幕。经施工验证，效果很好。

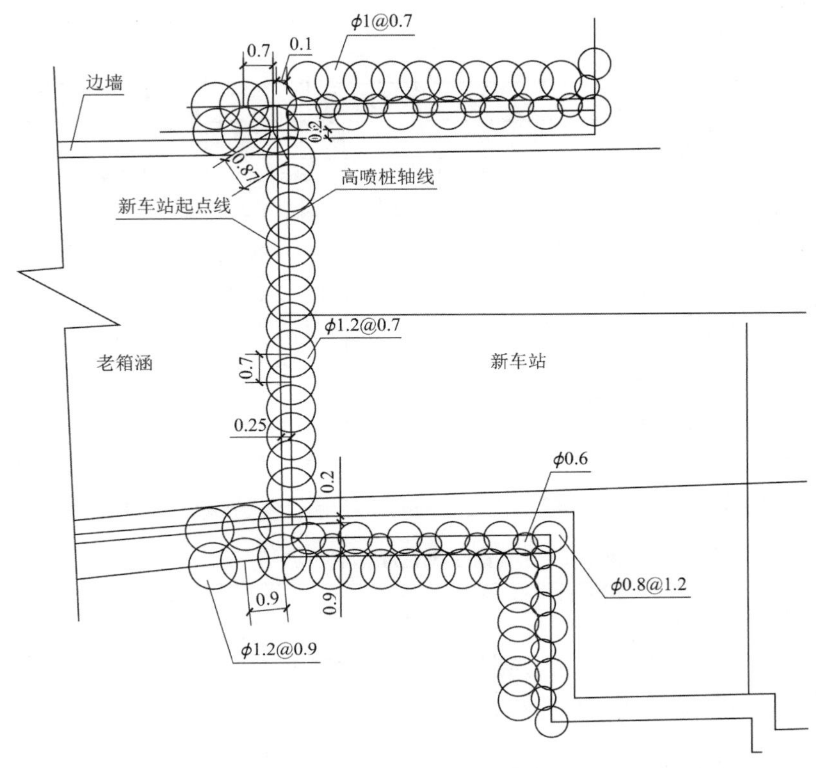

图 33-18　新车站与老箱涵接口

4. 地下通道段的防渗设计

本地段下面有电缆方沟横穿地铁，改建时需将基坑内的方沟凿除。此方沟宽约 5m，边墙厚 0.6m。旋喷桩施工前只凿除了顶板，两侧边墙和底板均未凿除。为了保证边墙两侧防渗效果，将此部位的嵌缝和外排旋喷桩直径均加大到 1.2m（图 33-19）。施工时提升速度也要放慢。

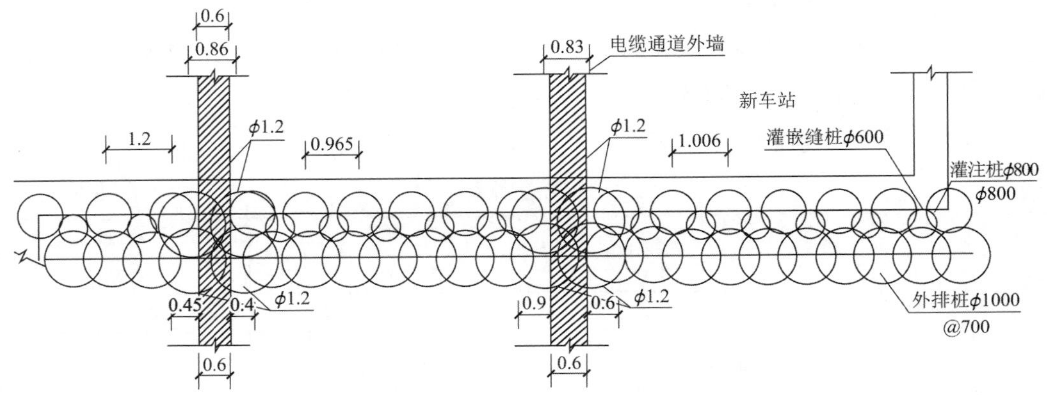

图 33-19　穿墙段高喷

5. 现场高喷灌浆试验

鉴于天津地区当时还没有大规模使用高压旋喷防渗墙的经验，为了检验旋喷桩在基坑防渗方面的技术可行性，验证和提出施工技术参数，经监理和业主同意，我们在现场进行了高压喷射灌浆试验。试验施工参数见表33-5。

旋喷参数表 **表33-5**

项目		施工参数								
		提升速度（cm/min）	旋转速度（r/min）	水		浆		气		进浆相对密度/水灰比
				压力（MPa）	流量（L/min）	压力（MPa）	流量（L/min）	压力（MPa）	流量（m^3/min）	
老二管	1	12	15	—	—	20	50	0.7	1.5	1.45/1.2∶1
	2	10	15	—	—	20	50	0.7	1.5	1.45/1.2∶1
老二管	1	12	15	—	—	38	80	0.7	0.8	1.45/1.2∶1
	2	10	15	—	—	38	80	0.7	0.8	1.45/1.2∶1
三管	1	15	13	38	75	0.4	80	0.7	0.8	1.6/0.8∶1
	2	7	9	38	75	0.4	80	0.7	0.8	1.6/0.8∶1

成桩后进行了开挖检验，钻取岩芯进行室内力学和渗透试验，其结果见表33-6。

高喷试验成果表 **表33-6**

项目		试验数据			
		外观情况	成桩桩径（m）	渗透系数（cm/s）	抗压强度（MPa）
新二管	1	桩体与原状土分界面明显，固结体呈混凝土色，水泥含量较多且分布均匀；内部含气孔较多	0.82	1.3×10^{-7}	5.3
	2		0.85		5.1
新二管	3	桩体与原状土分界面明显，固结体呈混凝土色，水泥含量较多且分布均匀	1.07	9.2×10^{-8}	5.6
	4		1.16		5.7
三管	1	桩体与原状土分界面不明显；固结体呈原状土色，水泥含量少且不均匀；内部含大量气孔	1.67	1.7×10^{-6}	3.1
	2		1.84		3.8

试验结果表明，新工管法的抗压强度和渗透系数均能满足设计要求。

33.2.4 高压喷射灌浆施工要点

本工程共投入高喷设备2台套，施工人员80人，历时76d，完成ϕ1m旋喷桩6000m和ϕ0.6m旋喷桩3050m，总计9050m。

旋喷施工参数见表33-7。

高喷参数表 **表33-7**

桩型		外排桩	嵌缝桩
水泥浆	压力（MPa）	38	30
	流量（L/min）	90	70
	相对密度	1.45～1.5	1.4～1.45
气	压力（MPa）	0.7	0.7
	流量（m^3/min）	0.8	0.8
提速（m/min）		15	20

本工程的高喷施工流程见图 33-20 和图 33-21，与常规施工方法相同。鉴于本工程的回填料成分复杂，大块料很多，所以采用专门的工程钻机先行钻孔，然后再用高喷台车喷浆。

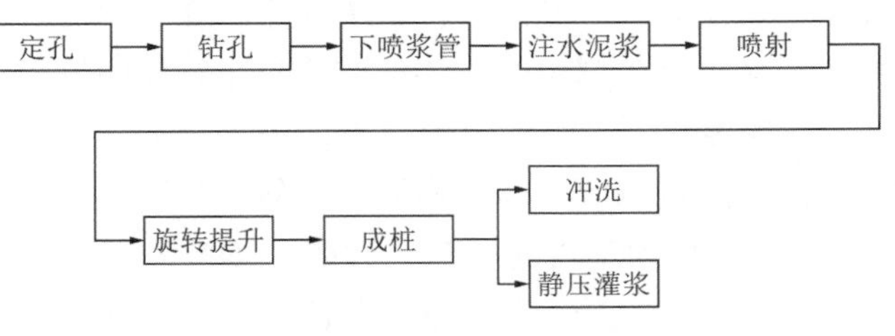

图 33-20　高喷桩施工流程图

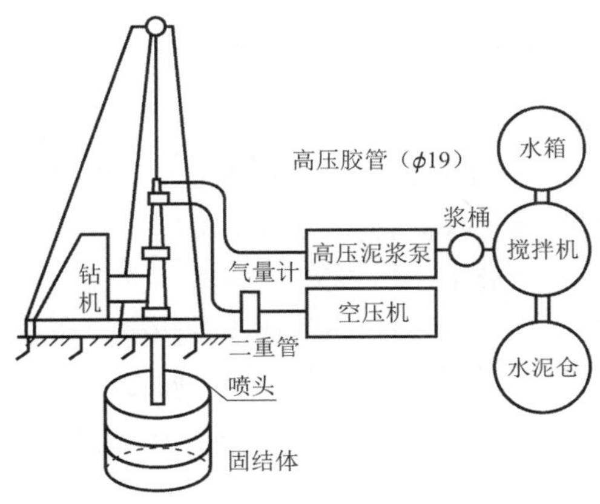

图 33-21　高喷施工图

高喷灌浆主要施工设备见表 33-8。

高喷设备表　　**表 33-8**

序号	设备名称	单位	数量	功率	型号及规格
1	高喷台车	台	2	13kW × 1	GP-5
2	钻机	台	2	22kW × 2	XY-2 液压钻机
3	高压浆泵	台	1	90kW × 1	PP-120
4	空压机	台	1	37kW × 1	YV-6/8
5	搅灌机	台	2	11kW × 2	WJG-80
6	灌浆泵	台	3	4kW × 3	HB-80
7	其他设备：电焊机、潜水泵、排污泵等				

工地用水量为 $6m^3/h$。工地用电功率为 200kW，380V。

开挖两个 20m × 5m × (1.5～3)m 贮浆池，浆池需两天清除一次。

高压喷射灌浆施工初期的 26 根外排桩分两序进行，先进行Ⅰ序孔施工，再进行Ⅱ序孔施工，间隔 48h；剩余的所有外排直径 1m 桩，均为连续施工，不分期。

33.2.5　对地铁基坑支护设计的几点建议

1）既有线改造工程应进行详细的工程地质和水文地质勘察工作，特别要注意查明原建（构）筑物周边回填材料的物理力学和渗流特性以及地下水的特性（地下水位、渗透系数、富水程度及流动和补给等）。

2）既有线改造的基坑防渗设计应注意以下几点：

（1）防渗体底部应进入不透水层内足够深度，不应悬在透水层中。

（2）当坑底存在承压水层时，应专门进行基坑的渗流计算和坑底隆起、突涌计算。

（3）新老构筑物（箱涵）接头部位的防渗体应能防止箱涵两侧长距离（含）水带渗漏的影响。防渗体应采用大直径的高喷桩，并有足够的搭接长度。

（4）所有部位的防渗体质量均应连续、均匀，无漏洞和缺陷。

3）灌注桩和防渗体组合作为基坑支护时，其防渗体常采用深层水泥搅拌桩或高压喷射灌浆帷幕。这里应注意，由于混凝土和防渗体的刚度及变形特性差别很大，在承受同样的水平荷载时，防渗体的变形很大，有可能脱开灌注桩体，而产生漏水缝，个别部位可能出现管涌和流砂、流土。这一点在深基坑中会更明显。

总的看来，水泥搅拌成的水泥土的物理力学和渗透性能，均比高喷灌浆帷幕差。

4）本工程因原有回填料质量太差而放弃了水泥搅拌方法，改用高压喷射灌浆帷幕方法解决了穿透乱石、垃圾、混凝土和建筑碎块等复杂地层难题，采用新二管法形成的高喷防渗墙质量经开挖验证为优良，值得在类似工程中推广。

5）关于高喷防渗体设计、施工。

本工程在基坑防渗体设计中，将高喷防渗体改为两排，即灌注桩之间的嵌缝桩和外排的连续高喷桩。外排高喷桩径应考虑孔位偏差和孔斜偏差（1%）的影响，采用大直径的高喷桩，这样可减少连续防渗墙的接通，增加墙体厚度。

33.3 旋挖潜孔锤咬合桩地下连续墙（广州地铁14号线乐嘉路站）

33.3.1 地下连续墙及成槽基本工艺

地下连续墙施工技术于1958年，由意大利引进到我国。地下连续墙施工具有强度高、刚度大、抗渗能力强、对环境影响小、可兼作地下室外墙等优点，被公认为是深基坑或复杂基坑工程中最佳的挡土结构之一。成槽工艺是地下连续墙施工中最重要的工序，做好挖槽工作是提高地下连续墙施工效率及保证工程质量的关键环节。

不同地层有不同的成槽工艺，目前基本成槽工法主要有三类：抓斗式成槽工法、冲击式钻进成槽工法、回转式钻进成槽工法。其中，回转式旋挖钻进工法是一种比较先进、高效、适用地层广的桩基钻进工法，被广泛应用于桩基施工领域，但其在地下连续遇到硬岩、溶洞、斜岩等特殊地质时，破岩效率相对缓慢。

33.3.2 旋挖潜孔锤钻机破岩基本原理

1. 潜孔锤的入岩机理

气动潜孔锤是以大流量高压空气作为动力，驱动冲击器的活塞高频往复运动，并将该运动所产生的动能源源不断地传递到钻头上，钻头在该冲击功的作用下，连续对孔底岩石实行冲击。岩石在球形压头应力集中作用下，产生弹性变形、裂痕、裂痕扩散、脆性崩裂，最后形成破碎。

2. 旋挖钻机加装潜孔锤入岩基本机理

由加压切削变为气动冲击。

通常情况下，旋挖钻机的施工主要采用“恒定加压与点动加压相结合的方式”，恒定加压主要是产生静载，为磨削岩石提供恒定的加压力，点动加压主要形成对岩石的一定的冲击，实现岩石的局部破碎，这两种方式加压相互结合可实现岩石的快速切削。由于岩石软硬不均，转速会随着负载发生变化，造成钻进的过程中产生快慢交替的现象，亦对岩石造成一定的冲击，从而达到加速岩石切削的作用。

另外，在钻进的过程中要不断产生加注水或者泥浆，主要是起到润滑和对钻斗降温的作用，减少旋挖机钻头因为发热导致的设备损坏。

气动潜孔锤是以压缩空气为动力的一种气动冲击入岩装置。冲击力直接传递给钻头，脉动冲破岩石钻进，声音清脆，铿锵有力，穿透能力强。

33.3.3　旋挖潜孔锤钻机在地下连续墙施工中的应用

1. 工程概况

乐嘉路站为地下 3 层，该站基坑长 246.7m，宽 31.5m，深 20.5～23m，顶板覆土 0.5～6m，采用明挖法施工，两端为盾构接收。

1）车站北侧围护结构距离民航小学 20m，西侧围护结构距离民航幼儿园 15m。

2）车站东侧为机场高速 ZR 线，ZR 线桥桩距离围护结构 21m，过街人行天桥距离围护结构 1m。

北端头进入机场小学操场 6.4m，基坑宽 19.95m，深 21.5m（图 33-22）。

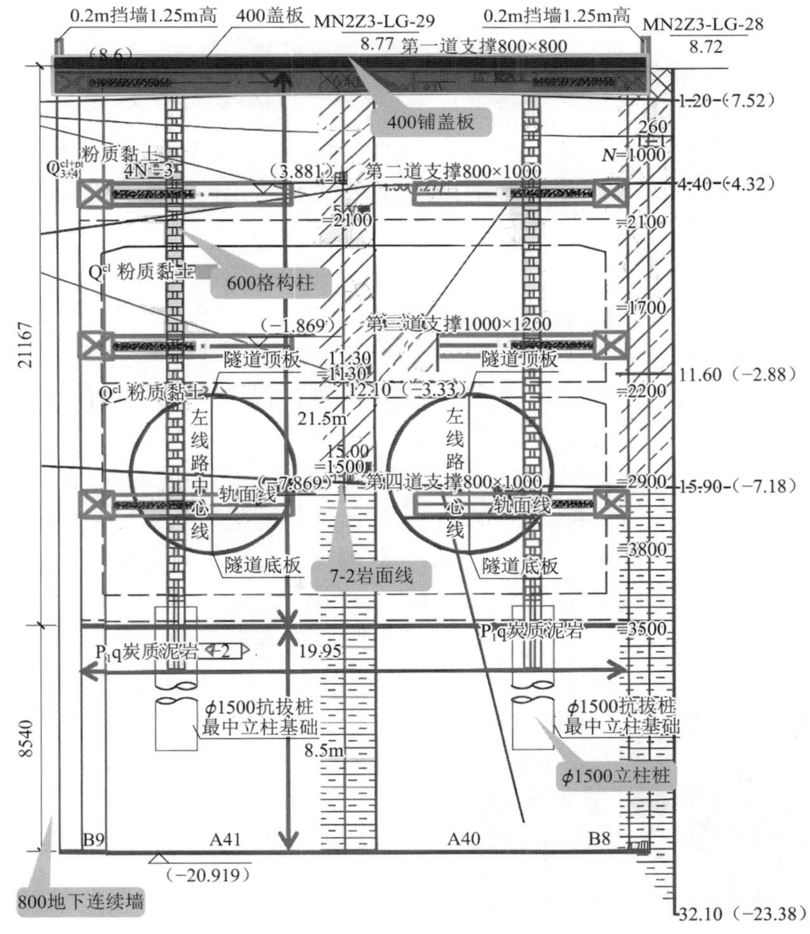

图 33-22　北端头围护结构剖面图

开挖范围地层主要是：填土层，$④_{N-2}$、$⑤_{N-2}$粉质黏土，$⑦_2$强风化炭质泥岩。

炭质泥岩区连续墙嵌固深度8.5m。

基坑设置四道混凝土撑。

炭质泥岩区立柱桩16.5m。

在小学操场地面设置19950mm×10000mm×400mm铺盖板，铺盖梁1000mm×1500mm，立柱采用600mm格构柱，立柱基础采用直径1500mm桩基，桩底位于$⑦_2$强风化粉砂质泥岩，桩长16.5m。

第二、四道混凝土米字撑主撑、斜撑截面800mm×1000mm，肋撑截面600mm×800mm，腰梁为1000mm×1200mm（图33-23）。

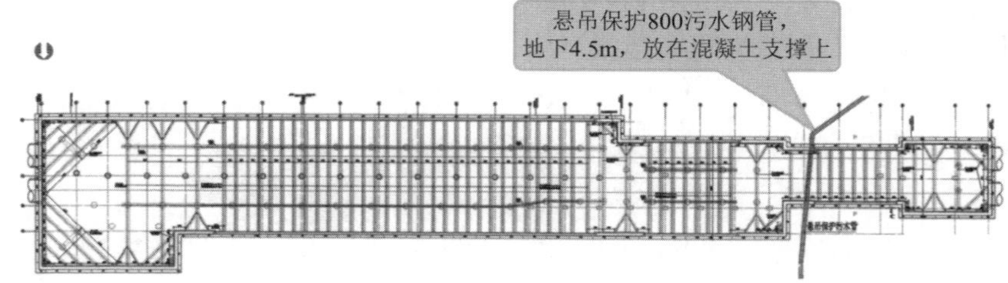

图33-23 第二、四道支撑平面布置图

第二道钢支撑采用直径609mm，$t = 16$钢管撑，钢腰梁采用双拼I45c钢腰梁。

第四道钢支撑采用直径800mm，$t = 16$钢管撑，钢腰梁采用双拼I56b钢腰梁。

工程建设期间开展实时勘探监测，通过MJS加固技术（全方位高压喷射加固）、平面优化及结合竖向避让，尽可能减少桩基托换的数量，减少工程实施风险和难度。

2. 地质条件

根据地质调查和勘察，沿线经过三元里—温泉断裂、新市断裂、江夏断裂和萧岗断裂等四处断裂带，地层岩石较破碎，并有地下水活动通道，工程风险极大；有煤矿采空区，可能存在瓦斯等有毒有害气体；多种地质交互发育，岩性多变，溶土洞、溶蚀空洞的见洞率高达62.7%。施工过程中，将对采空区和岩溶区域进行注浆处理，并在盾构机内配备毒气检测等设备，应对地层内可能存在的有毒有害气体，确保施工人员的安全与健康。

评估区内岩土分层较多，工程性能差异较大，岩土体对工程施工存在较大影响，评估区主要不良工程问题较发育，综合评价评估区岩土体工程地质条件复杂程度为复杂。评估区可能存在的地质问题主要为：软土、岩溶、软弱夹层、球形风化体、流土、流砂等。

3. 原来的地下连续墙施工工艺

潜孔锤孔间距800mm；

连续墙厚度800mm；

墙深度1200mm；

桩深32m，岩层厚度10～20m不等；

岩石硬度90～120MPa。

成槽方法：地下连续墙成槽方法均采用抓斗两钻抓方法，抓取槽段内上部软土；在硬岩层，采用冲击钻和旋挖钻机配合破岩成槽，成墙效率每幅需要22～25d（图33-24）。

图33-24 冲击钻和旋挖钻机配合破岩成槽

4. 优化施工方案——旋挖潜孔锤嵌岩

第一阶段的施工进程相对缓慢，为提高项目进程，经过多轮专家组评审讨论，采用旋挖潜孔锤组合双轮铣施工工艺

1）潜孔锤工艺原理及方法

风动潜孔锤正循环垂直冲击钻进，压缩空气经内管孔道传输给潜孔锤，并驱动潜孔锤做功。排出的废气经钻头排气孔排出，冲洗孔底，冷却钻头，并携带岩渣屑沿孔壁与外管之间的环状间隙上返至地表，完成正循环钻进过程。潜孔锤正循环时，高速气流冲刷孔壁，孔壁受大口径外管保护而不易坍塌掉块，有利于孔壁的干净、稳定。高压气流排出孔口的同时，伴随着地下水与岩屑粉尘搅拌成的泥浆，返至地面。

在潜孔锤冲击破碎岩石或卵砾石层的同时，动力头带动钻杆及潜孔锤进行适度的钻压与回转钻进，既能研磨刻碎岩石，又能使潜孔锤击打位置不停地变化，使潜孔锤底部的合金突出点每次都击打在不同位置，大大加快对岩石的破碎作用，起到多重效果。

风动潜孔锤的空气既能冷却钻头，又能将破碎的岩屑吹离孔底并排出孔口，减少了岩屑重复破碎。因此，风动潜孔锤引孔有更高的钻进效率。

2）旋挖潜孔锤施工工艺特点

扭矩大，成孔大，凿岩效率高。

3）广东华隧建设联合广东中科振宇专家团队优化方案

当抓斗施工进入岩层，施工效率受阻时，则采用冲击钻和旋挖潜孔锤两种辅助成孔工艺。

4）设备配置

广东中科振宇机械有限公司 RS-ZY800 旋挖潜孔锤钻机一台，KS30-23 空压机 3 台（图 33-25、图 33-26）。

图 33-25　RS-ZY800 旋挖潜孔锤钻机

图 33-26　KS30-23 空压机

5）旋挖潜孔锤组合成槽技术应用先后对比（表 33-9）

对比表　　**表 33-9**

嵌岩工艺	每孔平均成孔时间	成孔成本	项目进度	社会效益
旋挖潜孔锤	8～9h	低	快	地铁早日开通，利国利民
冲孔钻机，旋挖钻机	5～6d	高	缓慢	

5. 分析后结论

通过本工程的实践，在特殊地层，特别是硬岩、碎石、熔岩、斜岩多见的地质中采用旋挖潜孔锤先行嵌岩成孔法施工地下连续墙，能够提高效率，降低成本，可为同类地层施工地下连续墙所借鉴。

33.4　沈阳地铁的基坑底部防渗

33.4.1　概况

某车站位于沈阳市主干道南段，西邻展览馆，东面为立交桥。车站主体是南北走向，总长度 149.5m，车站标准段宽度 22.3m，开挖深度 24.71m；端头井宽度 25.9m 和 24.8m，开挖深度 26.51m。

33.4.2　地质概况

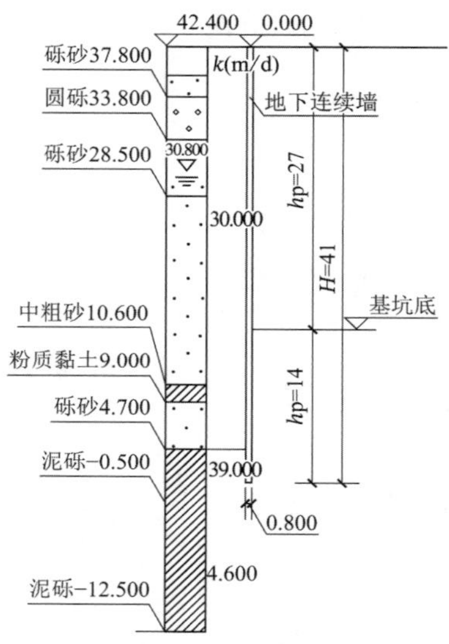

图 33-27　沈阳地铁基坑剖面图

1. 工程地质条件

地基上部全为透水的中粗砂、砾砂和圆砾，局部含有粉质黏土透镜体。地基下部为中更新统的冰积层泥砾，勘察中可见到两层（图 33-27）。

⑦$_1$ 泥砾：黄褐色、浅黄色，中密至密实状态，饱和。颗粒不均，颗分结果以圆砾及砾砂为主，局部为粉质黏土。卵砾石有风化迹象，具弱胶结性，含土量较大。该层分布连续，厚度 3.2～8m，层底埋深 42～49m，层底标高 −7.15～0.35m。

⑦$_2$ 泥砾：黄褐色、浅黄色，密实状态，湿～饱和。颗粒不均，呈泥包砾状，具胶结性，含土量较大，砾石风化严重。颗分结果以砾砂及粗砂为主，含砾石，局部为粉质黏土。该层分布连续，本次勘察未穿透该层，揭露厚度 4～13m。

2. 水文地质条件

本区段地下水类型为第四系松散岩类孔隙潜水，主要赋存在中粗砂、砾砂、圆砾和泥砾层中，主要含水层的厚度为 30.2～30.9m。单井的单位涌水量为 784.16m^3/(d · m)，属水量丰富区。

勘察期间实测水位埋深 10.8～12.1m。

补充勘察得到的渗透系数见表 33-10。

地基土渗透系数　　表 33-10

层位	岩性	平均渗透系数K_{20}		透水性类别
		cm/s	m/d	
③$_4$	砾砂	3.88×10^{-2}	33.52	强透水
⑤$_4$	砾砂	3.6×10^{-2}	31.1	强透水
⑦$_1$	泥砾	4.28×10^{-2}	36.98	强透水
⑦$_2$	泥砾	0.47×10^{-2}	4.06	中等透水

从渗透系数表中可以看出泥砾⑦$_1$为强透水层，与原来对该层的评价“地下水的渗透系数较小，因此该层可起到隔水作用”的结论不符。

现场抽水试验结果见表 33-11、表 33-12。

抽水试验结果 表 33-11

抽水孔编号	含水层厚度（m）	观 1 与观 2 组合		观 1 与观 3 组合		观 2 与观 3 组合		推荐值	
		K（m/d）	R（m）	K（m/d）	R（m）	K（m/d）	R（m）	K（m/d）	R（m）
SA-1002	34.3	71.34	98.24	73.3	103.71	76.56	109.2	80	110

2008 年 12 月抽水试验报告书中提出的渗透系数 表 33-12

降水部位	基坑面积（m^2）	含水层性质	初始水位埋深（m）	渗透系数（m/d）	基坑中心水位降深（m）	排水量（m^3/d）
站体部位	3271.2	潜水	13.5	39	13.2	46750

由表中可以看出现场抽水试验渗透系数比室内试验结果大得多。

⑦$_1$泥砾层渗透系数$K = 39$m/d。该报告还提出抽水中固体颗粒含量达 80mg/L。

33.4.3 基坑防渗和降水方案比较

原设计文件认为，泥砾渗透系数很小，可作为隔水层，以为将地下连续墙底伸入此层内 2～3m 即无问题，但是经过补充勘察和现场抽水试验，发现泥砾层是强透水层，再考虑到相邻车站大量抽水的先例，显然再采用原设计方案是不可行的。为此提出了以下三个方案：全降水方案，垂直灌浆防渗帷幕方案，高喷水平封底方案。

1. 全降水方案

全降水方案根据 2008 年 12 月进行的现场抽水试验结果估算基坑每天的排水量约 50000m^3，鉴于周边建筑物较多，道路繁忙，基坑排水出路很难找到。另外，基坑大量抽水会影响相邻的展览馆和立交桥的位移和沉降；同时，由于泥砾层的不均匀系数高达 160 以上，基坑中的细颗粒会因抽水而排走（已发生 80mg/L）。综合以上情况，不宜采用深层降水方案。

2. 垂直灌浆防渗帷幕方案

此法是把灌浆帷幕深入到泥砾层中去。由于未进行深部地质勘探，无法确定不透水层深度，所以原设计没有考虑此方案。

3. 高喷水平封底方案

原设计高喷水平封底方案的主要参数是基坑底下 27～35m 之间利用互相套接的高压旋喷桩，构成厚 8m 的隔水帷幕，见图 33-28。旋喷桩直径 0.8m，孔中心距 0.6m。最大施工深度 35m。一共约需 8926 根，主要工程量为空桩 24.1 万 m，实桩 7.1 万 m，消耗水泥 3 万 t。

从设计施工角度看，此设计存在以下几点不足：

（1）由于允许钻孔偏斜度为 1.5%，则到达孔底时可能最大偏斜 0.525m；在 30 多米的孔底的各孔之间会出现很多漏洞，根本不会互相搭接。

（2）由于地层阻力随孔深而加大，导致桩体成上大下小的胡萝卜状，由此也导致在孔底的各个桩之间无法搭接成密闭的水平帷幕。

南水北调工程穿越黄河隧道的竖井中曾进行高喷灌浆试验，经过对挖出的桩体进行检验后发现，上部 30m 以内大部分可以达到设计直径 1m；而 30～40m，其直径变为 0.6～1m；40～48m，其桩径只有 0.6～0.8m。

（3）由于孔位放线偏差也可导致孔底搭接的厚度变小。

由于以上三个方面的原因，如果采用桩径 0.8m、孔中心距 0.6m 的话，那么在孔底可能出现很多空洞，形不成连续的帷幕。

（4）由于钻孔中心距只有 0.6m，可能在表层砾砂中出现坍孔。目前，基坑已大部分开挖到 9m 深，第一道支撑已经做完。有些部位钻机受到钢支撑的影响而无法到位或施工难度很大。另外，高喷的全部工作均需要在基坑内进行，施工干扰很大。

（5）初步估算，按一台钻机平均每天完成 5 根旋喷桩，则需要约 1800 个台日，如工期按 100d 计算，则需 18 台高喷灌浆设备。以每台设备功率为 180kW 计算，则每日用电负荷超过 3000kW。

（6）本工程水平封底部位为砾砂，最大的卵石直径达 80mm，且地层坚硬，重型触探击数达 12.4 击，只比泥砾层略小。由此推断，高喷钻孔施工也是相当困难的，对钻孔工效和桩体直径都有很大影响。

从武汉地区 20 世纪 90 年代采用高喷水平封底的实例来看，采用纯水平封底是不可能的。该地区很多工程都是在水平封底出现管涌突水事故之后，又采用降低承压水的方法，才能解决问题，有些则是从一开始就采用半封底半降水方法才能解决问题。

南水北调穿黄隧道竖井的高喷封底（10m）也是不成功的。

总的来看，目前国内罕有纯粹采用高喷水平封底方案取得成功的实例。

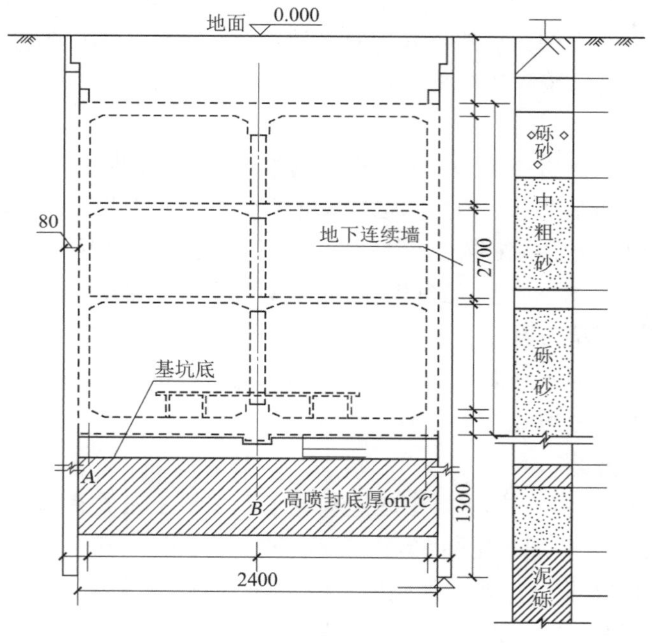

图 33-28 高喷封底图

33.4.4 实施情况

高喷封底方案开工不久，钻了不到 200 个孔就停工了。原因是地层太硬，施工效率太低，资金不够用，而且无法达到渗透系数的要求。在此情况下，由于工期要求太紧，只好改用大口井降水方案。

33.4.5 水平防渗体漏洞的图形和计算

现在来对上节提出的底部漏洞图形进行分析和计算。

1. 基本数据

1）水平防渗帷幕厚度 8m，幕底深度 35m，桩体直径 800mm，相邻桩中心距 600mm。

2）要求：孔偏差不大于 50mm，孔斜不大于 1%。

3）计算单元平面尺寸：只取 $2m \times 1.4m = 2.8m^2$ 和 $2m \times 2.1m = 4.2m^2$ 进行计算。

4）计算情况：

（1）无孔斜，无偏差。

（2）沿坐标轴线（x轴或y轴）方向偏斜。

（3）与坐标轴（x、y）成 45°偏斜，平行偏斜。

（4）与坐标轴（x、y）成 45°偏斜，交叉（90°）偏斜，详见图 33-29。

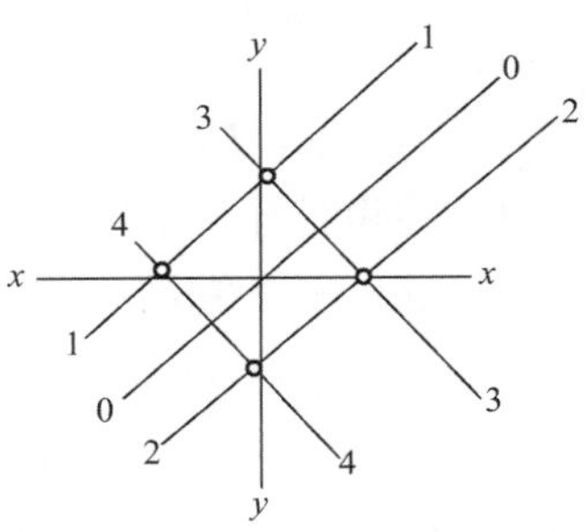
y
1
0
2
3
4
x
x
1
0
2
3
4
y
图 33-29　偏斜方向图

x-x、y-y：坐标轴方向；0-0、1-1、2-2：45°方向；3-3、4-4：交叉 90°方向

5）漏灌比 = 漏洞面积/总面积，可灌比 = 1 − 漏洞面积/总面积，式中总面积 $= 2.8m^2/4.2m^2$。

2. 绘制漏洞图

本节仅以坐标轴（x、y）方向偏差情况绘图，见图 33-30。图中间部位的实线表示的是水平高喷帷幕中出现的漏洞。

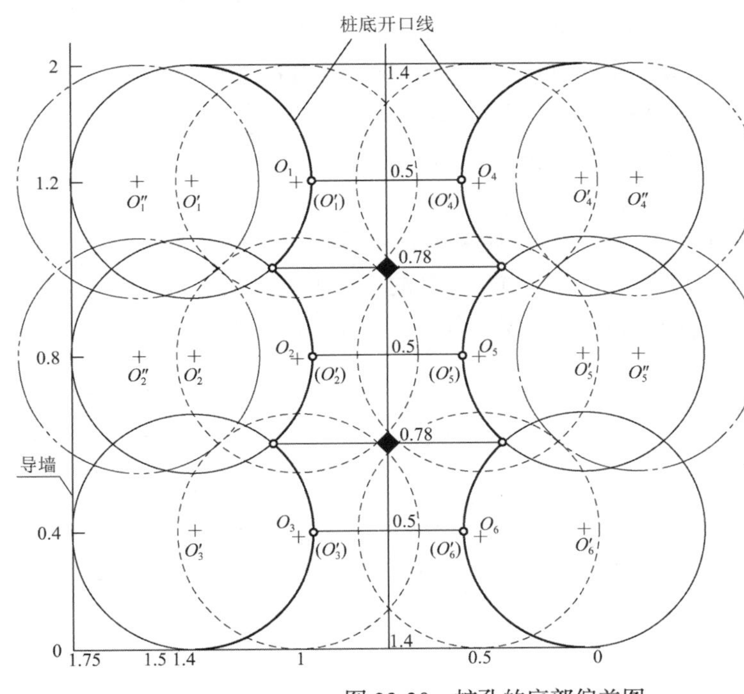
桩底开口线
2
1.2
0.8
0.4
0
1.75
1.5 1.4
1
0.5
0
1.4
0.5
0.78
0.5
0.78
0.5
1.4
导墙
O1
O2
O3
O4
O5
O6
(O′1)
(O′2)
(O′3)
(O′4)
(O′5)
(O′6)
O″1
O′1
O″2
O′2
O′3
O′4
O″4
O′5
O″5
O′6
1.孔深35m，孔径0.8m@0.6m，孔位偏差±50mm，孔斜1%。
2.计算区段2m×1.4m，A=2.8m²。
3.O1～O6地面孔圆心，无孔斜情况。
O′1～O′6只有直线孔斜的底部圆心。
孔斜x=0.35m，y=0；
O″1～O″6相当于孔斜1.5%。
画图结果：
平行布孔，无孔斜时，有2个7cm×6cm漏洞，可灌比为0.915。
平行布孔，孔斜1%时，有1个宽0.5～0.78m漏水带，可灌比为0.47。
计入地下连续墙边缘漏洞，在孔斜为1%时，总的可灌比为0.47。
图 33-30　桩孔的底部偏差图

3. 计算结果统计表（表 33-13）

单元漏洞情况统计表　　表 33-13

计算情况	漏洞情况	最大宽度（cm）	漏灌面积（m²）	单元总面积（m²）	可灌比	说明
1	4 个	7×7～10×8	0.084	2.8（2×1.4）	0.915	
2	漏水带	50～78	1.48	4.2（2×2.1）	0.47	

续表

计算情况	漏洞情况	最大宽度（cm）	漏灌面积（m^2）	单元总面积（m^2）	可灌比	说明
3	漏水带	40～49	1.41	2.8	0.5	
4	漏水带	31～57	1.14	2.8	0.59	

4. 分析和评论

1）在设计孔位不错位（50mm）和无孔斜情况下，每 4 个孔相交处有一个 7cm × 7cm 或 10cm × 8cm 的漏灌区，基坑内共有 2250 个，总面积 11.025m^2，沿地下连续墙墙边有约 600 个 60cm × 13.5cm 漏灌区，总面积 15.12m^2。以上两项总计漏灌面积 26.145m^2，占基坑总面积的 0.8%。再按砾砂和高喷体渗透系数加权平均，取全封闭体渗透系数$K = 0.249$m/d，则相应渗水量达 3000～4000m^3/d。

2）实际上，施工时不可能做到每个孔位放线无偏差，钻孔时也不可能无偏斜。如果按规范要求的孔位偏差（±50mm）、钻孔偏斜（±1.5%）来控制的话，那么基坑漏水量会大大增加，以致高喷体的止水效果大大降低了。孔斜达到 1.5%时，在坑底可能出现边长 0.8～1.1m 的漏灌空洞。这里还没有计入高喷桩直径上大下小的影响。

3）笔者按孔位偏差±50mm、孔斜 1%的情况进行绘制和计算。从表 33-13 中可以看出，渗漏通道宽度可能达到 0.31～1.1m。在钻孔深度 35m 时，可灌浆面积只占基坑总面积的 47%～59%，那是绝对不可能形成连续防渗体的。这说明这种水平防渗体设计是不合理的。

4）还有坑底渗流稳定问题。某些基坑因为打一个直径 6cm 的接地钻孔就造成基坑大量突水流砂事故，何况这种有 50%左右的漏洞基坑。

5）如果要在坑底形成连续的、抗渗透性高的防渗体，则必须：

（1）加大桩径，缩小中心距。

（2）降低施工平台高程，使其与防渗体距离越近越好（如果基坑开挖和降水允许这样做的话）。意大利某个竖井的水平防渗体是在 5m 高的平台上施工的，效果不错。

6）读者有兴趣的话，不妨亲自画图计算一下，不难得出上述结论。

第 34 章　公路桥的基础

34.1　概述

中华人民共和国成立 70 多年以来，我国的交通建设取得了突飞猛进的发展，在大江大河大海上兴建了几十座超长、超高的巨型桥梁。

34.2　非圆形大断面灌注桩在桥梁工程中的设计施工与应用

34.2.1　概述

本文根据笔者多年来从事地下连续墙的设计、施工、试验和咨询的体会以及国内外相关工程的经验，叙述非圆形大断面灌注桩（主要指条桩和墙桩）在城市道路、高速公路桥梁中的设计施工和应用问题。条（墙）桩的刚度方向可以调整，承载力高；可节省工程量，降低造价，缩短工期，值得推广应用。

1. 条桩的开发应用

为了适应目前基本建设工程中对大口径灌注桩的需要，实现桩基工程的快速施工，缩短建设工期，降低工程造价，减少环境污染，笔者根据多年来形成的技术设想，从 1993 年开始，利用从意大利引进的液压导板抓斗的特长，研制、开发和应用了条形桩、T 形桩和十字桩等非圆形大断面灌注桩技术。1993 年在北京市东三环双井桥首次采用条形桩；1993 年在天津市冶金科贸中心大厦工程中，首次采用挡土、承重和防水三合一的地下连续墙，作为地面以上 28 层大厦的周边承重墙并采用 51 根 2.5m × 0.8m 的条桩代替 182 根直径 0.8m 的圆桩作为工程桩；均取得了良好效果。目前，已经建成了几千根条桩，浇注水下混凝土 20 万 m^3 以上；最大条桩断面积已达 8.4m^2，最大深度已达 53.2m。北京新建的几条绕城高速和快速路都使用了很多条桩。最近了解到，法国索列旦斯公司在香港的几个大厦基础的岩石地基中，成功地用双轮铣槽机建成了大断面的条形基础桩，最大深度已达 105m。德国宝峨公司也有不少类似工程实例。

2. 条桩原理

这里所说的条桩在早期是利用地下连续墙挖槽机（抓斗等）来建造的。使用抓斗直接从地层深处把固态土体挖下并提出地面，装车运出现场。它不必进行大量的泥浆生产和净化工作。在后期的条桩工程中，特别是在含有岩石的地基中，则采用液压双轮铣等设备，利用反循环出渣方法挖槽；它需要强大的泥浆生产和净化能力。

通常，我们把采用挖槽机（抓斗、双轮铣）一次挖出来的单元混凝土桩叫条桩；当一根桩由多个单元条桩组成时，则把它叫作墙桩。

由于上述挖槽机配备了先进的液压和电子控制和监测系统、新型履带行走系统和使用低噪声的柴油发动机作动力，可以适应城市建设快速施工的需要。

施工中使用先进的测试仪器，提高了检测精度和成桩质量。

我们知道在面积一定的情况下，圆的周长最小，正方形较大，长方形更大（图 34-1）。在桩基工程中，在使用同样数量混凝土的条件下，长方形的桩能获得更大的侧面积以及侧面摩阻力，从而提高了摩擦桩的承载力。如果用长条形桩（条桩）代替圆桩，而保持承载力不变的话，则条桩可节约 10%～15%的混凝土，提高施工效率 5～10 倍。此外，从材料力学角度来看，混凝土矩形断面的抗弯刚度比圆形断面大；而且，在它的两个互相垂直的方向上，具有不同的抗弯刚度（*EI*）。我们可以利用这一特性，合理布置条桩的位置和方向，比如我们可以把条桩的长边（抗弯刚度最大）布置在主要的地震或风荷载方向上，既可保证工程安全，又可节省混凝土，降低工程造价。

3. 条桩应用

1）作桥梁的桩基础（图 34-2）

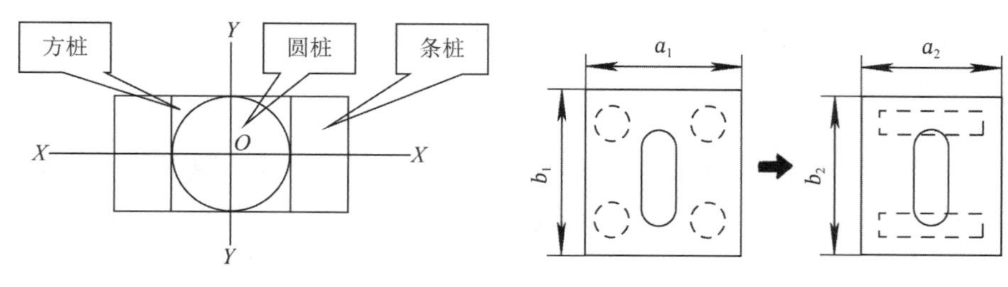

图 34-1 条桩原理图

图 34-2 圆桩和条桩的承台图

2）作建筑物的桩基础

可做成一柱一桩形式，也可用多根条桩（群桩）代替圆桩，就像前面提到的天津冶金科贸中心大厦的条桩那样。

3）作基坑支护挡墙

北京市嘉利来世贸广场（1997 年）和水利局新塔楼（2002 年）的基坑，就是用条桩和预应力锚索作为支护结构的。

本章重点叙述条桩和墙桩在桥梁桩基工程中的设计和应用问题。

34. 2. 2 条桩设计要点

1. 条桩的计算方法

我国目前还没有专门的地下连续墙条桩的设计规范，往往采用现有方法进行设计。

1）对于承受竖向荷载的条桩来说，可以用来计算和设计的方法

（1）静力计算法

根据桩侧阻力和桩端阻力的试验或经验数据，按照静力学原理，采用适当的土的强度参数，分别对桩侧阻力和桩端阻力进行计算，最后求得桩的承载力。

（2）原型试验法

在原型上进行静荷载试验来确定桩的承载力，是目前最常用和最可靠的方法。还有一种自平衡试桩法也可确定桩的竖向承载力。在原型上进行动力法测试也可确定桩的承载力。

2）水平承载桩是桩-土体系的相互作用问题

桩在水平荷载作用下发生变位，促使桩周土体发生相应的变形而产生被动抗力，这一

抗力阻止了桩体变形的进一步发展。随着水平荷载加大，桩体变位加大，使其周围土体失去稳定时，桩—土体系就发生了破坏。

对于承受水平荷载的单桩，其承载力的计算方法有地基反力系数法、弹性理论法、极限平衡法和有限元法以及现场试验法等。地基反力系数法是我国目前最常用的计算方法。

桩的变位（沉降、水平位移和挠曲）可参照有关规范进行计算。

3）日本已有专门计算地下连续墙条桩的规范

采用的方法是有限元电算方法。他们把条桩看作是弹性地基上的无限或有限长梁，把条桩看成是由桩基、钻孔和周围地基三部分组成的组合结构，进行内力计算。

4）国内条桩的现场试验

1993 年笔者曾在北京东三环双井立交桥对条桩进行了大应变试验。同年又在天津市冶金科贸中心大厦工程中对 2 根条桩进行了静载试验。条桩与圆桩性能对比见表 34-1，*Q-S* 曲线见图 34-3。由表 34-1 中可以看出，采用条桩方案，其每立方米混凝土的承载力可提高 1 倍多；求得的桩的侧摩阻力和端阻力均达到设计采用值的 1.5 倍。

条桩和圆桩对比表　**表 34-1**

类别	根数（根）	断面（m）	有效长度（m）	混凝土（m^3）	承载力（t）	实测静压承载力	单位混凝土承载力（t/m^3）	工期
条桩	51	2.5 × 0.6	24	1836	估 750～850	1050～1300	29.2～36.1	1 台抓斗 31d
圆桩	182	ϕ0.8	24	2184	220	—	18.3	6 台钻机 30d（估）

目前，由于桩底加载法即自平衡法（图 34-4）测试设备和技术的发展，使我们可以更便捷地测试桩的静载承载力。

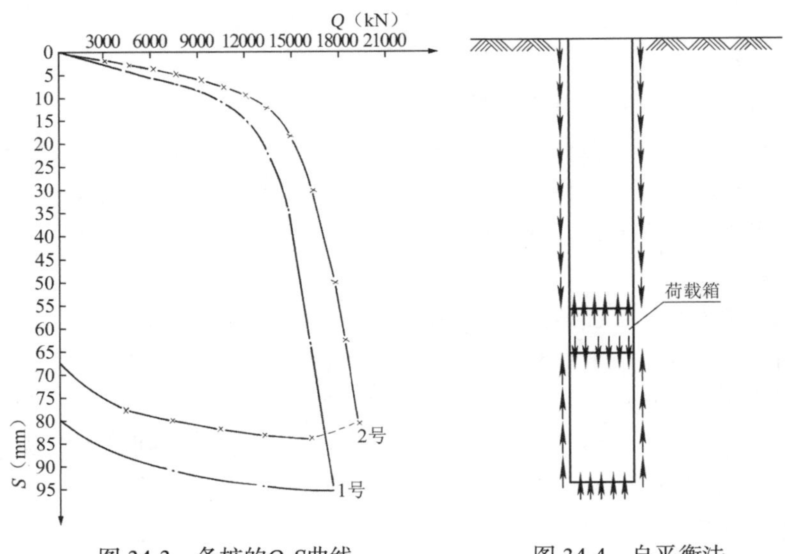

图 34-3　条桩的*Q-S*曲线　　图 34-4　自平衡法

2. 条桩的设计要点

（1）可参照国内现有桩基规范（规程），进行条桩计算和设计。

（2）条桩可作为单桩基础或群桩基础。条桩间距多为 2.5*b*～4*b*（短边尺寸）。

（3）由于条桩的刚度（*EI*）具有方向性，所以我们可以根据桥梁上部结构的受力和变位要求，把条桩布置成不同方向。例如：从后面的图 34-7 中不难看出，此桥的基础采用的是两排或三排平行的墙桩。此时墙桩沿桥的长轴方向的刚度较小，弹性较大，可以适应上部多跨连续梁桥的温度影响。而在垂直于桥轴方向上，墙桩的刚度很大，用来承受该方向地震荷载的影响。这种刚度有方向性的特点，正是地下连续墙所特有的。正是由于这个原因，这个工程没有采用常用的矩形或多边形闭合地下连续墙的井筒式基础。

（4）如果采用一墩（柱）一桩的布置方式，通常可以取消桥台。由于条桩和柱子钢筋保护层不同，宜将条桩的外形尺寸比柱子适当加大 50～100mm，这样可使桩的外层钢筋能与柱子外层钢筋直接相连。

（5）由于单根条桩的断面尺寸可以做得很大，它的抗冲切能力强，因而承台的厚度和混凝土方量就可大大减少。比如后面提到的潮白河大桥的条桩承台混凝土量只有圆桩承台的 55%。所以，应当从条桩本身和承台两个方面，来评价条桩基础节省的混凝土方量和技术经济效益。

34. 2. 3 条（墙）桩在桥梁工程中的应用——建在漂石地基中的潮白河大桥条桩

1. 工程概况

北京市的京承高速路潮白河大桥全长 920m，由东引桥、主桥和西引桥三部分组成。主桥为 72m + 120m + 120m + 72m（长 384m）的三塔矮塔斜拉桥，总体布置见图 34-5。两侧引桥各有 7 个桥墩，长 268m。

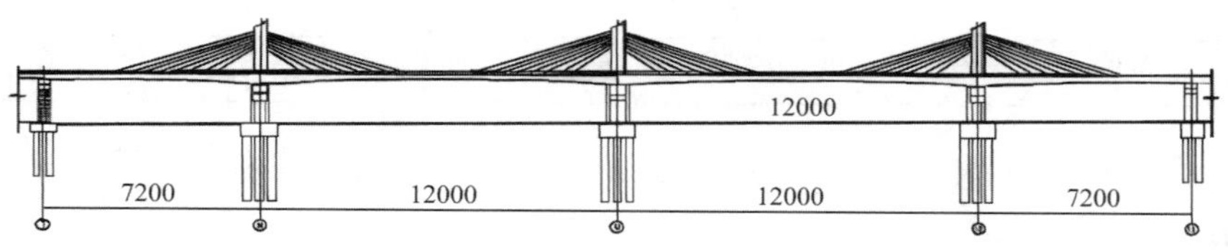

图 34-5 主桥立面布置

2. 地质

潮白河大桥基础位于新近沉积和第四纪的冲洪积地层中，地基中 85%以上都是卵漂石，上部第二和第三层中都含有粒径达 450～600mm 的漂石，且其多为辉绿岩和石英岩等坚硬岩石碎块，钻孔难度很大。大桥所在地段的地下水位于粉质黏土（第四纪）以下并略有承压，冬季地下水水位为 21m，埋深 8～15m，钻孔和浇注过程中易发生坍孔和漏浆事故。

3. 桩基方案变动

设计原拟采用直径 1.2m 和 1.8m 的圆桩，因地基中卵漂石含量太多、太大，准备使用几十台冲击钻机来造孔，施工难度相当大，无法按时完成；遂改为直径 14m 的主沉井进行招标投标。沉井在这种地层中很难施工，不光是卵漂石多且大，很难保证沉井均匀下沉；更重要的是由于地基的透水性很大，万一需要调整沉井偏斜时，则无法把水排干；如用潜水员到水下调整，困难也很大。为此设计院接受笔者建议，选用条桩作为新的桩基础方案，并要求首先通过条桩成孔试验来验证其可行性。

条桩施工技术是由笔者最早于 1993 年开发成功的，已经在北京、天津城市建设的许多工程中得到了应用。这种桩是用液压抓斗在地基中挖出条状沟槽，并在其中放入钢筋和浇注混凝土而形成的。它的挖孔和出渣效率比常规钻机高，可以大大缩短工期，提高成桩质量。

2004 年 2 月，我们只用了 12d 时间就完成了 2 根条桩的挖孔工作，证明采用条桩是完全可行的。

4. 条桩基础设计

1）方案比较

如前所述，设计院曾考虑采用大直径的圆桩和直径 5m 和 14m 的沉井，现在又加上条桩等共三个方案进行了技术经济比较（图 34-6）。

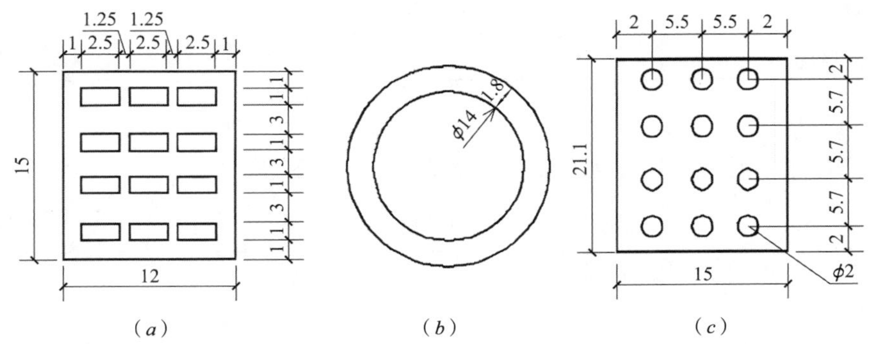

图 34-6　桩基方案比较图

（a）条桩平面图；（b）沉井平面图；（c）圆桩平面图

2）沉井（原方案）、条桩（现采用方案）、圆桩（原方案）和地下连续墙井筒的比较（见图 34-6）。

我们以主桥中墩 9 号墩为例进行比较，其最大垂直荷载为 14000t。各方案的主要指标见表 34-2。

方案比较表（一）　　　　表 34-2

种类	沉井	条桩	圆桩	地下连续墙井筒
规格（m）	$D=14$，$H=15$	$n=12$ 根， $H=26$，2.5×1.0	$n=12$ 根， $H=26$，$d=2$	$12.5\times12.5\times1.2$
混凝土（m^3）	1490	1476	2246	1534
底板混凝土（m^3）	270	—	—	270
钢筋（t）	87.7	144	224.0	191.6
工期（d）	63	22	—	66
说明	入水下 7m	—	承台 21m × 15m × 4m	—

这里要说明的是，沉井方案的工期中安排抽水时间为 6d，实际上，从地质勘察单位在现场进行的抽水试验来看，抽水时根本没有降深，也就是说在施工期间是很难把沉井内的水抽干，去处理事故的。

再从引桥部位来看，由于此段地下水位较浅，故可考虑采用人工挖孔桩和条桩作对比。以一个桥墩为例，其主要比较项目如表 34-3 所示。

方案比较表（二）　　　　表 34-3

桩基种类	条桩	人工挖圆桩
桩长（m）	18	12
规格（m）	(2～2.5) × 0.8	2ϕ2，间距 6
桩底扩大头（m）	—	2ϕ3

续表

桩混凝土体积（m^3）	36	40.2
承台体积（m^3）	43.75	81
混凝土合计（m^3）	79.8	121.2
钢筋（t）	8.3	11.3
说明	—	下卧黏土层仍未全部挖除

3）条桩设计

最后选定的条桩及承台尺寸，主桥部分如表34-4所示。

最后选定的条桩及承台设计尺寸表 表34-4

部位	中塔墩柱	边塔墩柱	边墩（2个）
直径（m）	8	6	4
壁厚（m）	1.5	1.2	1
承台（$L\times b\times h$）(m)	15×12×4	15×12×4	7×8×3
条桩数量	3排×4根，共12根	3排×4根，共12根	2排×2根×2，共8根
长度（m）	26	26	22
条桩截面（m）	2.5×1	2.5×1	2.5×1

引桥部分：

东、西引桥各有7排桥墩（含边墩），即28个墩柱，每柱下2根2.5×0.8m条桩，长18m，承台尺寸为5m×3.5m×2.5m/1.5m。引桥总共有56根条桩。

全桥总共设计有条桩92根，设计混凝土4096m^3。

5. 施工要点

1）导墙的设计与施工

导墙采用砖和混凝土结构，高度为3m，平面净尺寸为280cm×90cm。导墙底放在老地基中，其表面充分洒水湿润，并灌入一定数量的水泥浆，然后再浇注厚30cm的混凝土底板，其上再砌筑加筋砖墙，浇注混凝土顶板。导墙的偏斜度不大于1/500，顶面高差不大于2cm。之所以采用上述导墙结构形式，是因为河道中开挖了很多采砂坑，上部地基已经被扰动；由于地基中卵漂石的存在，造孔时间大大加长，必须保证导墙有足够的稳定性。

2）泥浆的制备和使用

在本工程桩基上部15m内没有地下水，且地层全为透水性很大的卵漂石，因此在钻孔过程中会发生泥浆的大量漏失。为此，本工程选用了优质膨润土粉配制泥浆。

膨润土泥浆的配比应使其相对密度不小于1.04，24h后的黏度大于25～30s，pH值大于8～10。其配比采用水：膨润土：纯碱＝1000：(85～100)：3～4.5。

我们选用了在工厂里就已加入了纯碱的膨润土粉，因此运到现场后，只需泥浆搅拌机将其简单混合均匀即可。

泥浆池的有效容积约90m^3（相当于2倍桩孔容积），保证新制泥浆有24h的水化时间。

在挖槽过程中，实测泥浆相对密度1.04～1.06，漏斗黏度（700/500）30～35s。

3）施工机械和设备

本工地共使用了 3 台 BH12（意大利土力公司产）液压抓斗，并配备了 ZL-50 型装载机运送挖出的土料，配备 25t 起重机运送和吊放钢筋笼。

4）工效和泥浆统计

（1）试桩阶段：桩长 19m 和 21m，平均工效 3.08m/h，泥浆用量 $1.3m^3/m^3$。泥浆漏失率约 30%。

（2）施工阶段：实际开挖桩长 34 和 28m，比试验桩长很多，且孔底漂石很多，挖孔难度很大，所以工效大为降低，平均工效为 1.5～$2m^3/h$。实测槽孔混凝土浇注系数达 1.15～1.2。

5）结论和建议

实践证明，在像潮白河大桥这样含有大量卵漂石的地基中，采用条桩代替圆桩或沉井是完全可行的，并可加快施工进度，缩短工期，保证质量，节省工程量和工程投资，是个值得推广应用的施工技术。

34.2.4 日本某桥梁的墙（条）桩基础

条桩的截面尺寸很大的时候，常把它们叫作墙桩。

该桥的 P12～P18 排桥墩左右（L、R）两个基础都采用了墙桩方案。根据所在部位的地形和地质条件，每个桥墩下面一般采用 2 根墙桩，个别部位采用 3 根墙桩。墙桩宽均为 10m，厚 1～1.2m，深 30～51m。桩底嵌入泥岩中。桥的布置如图 34-7 所示。

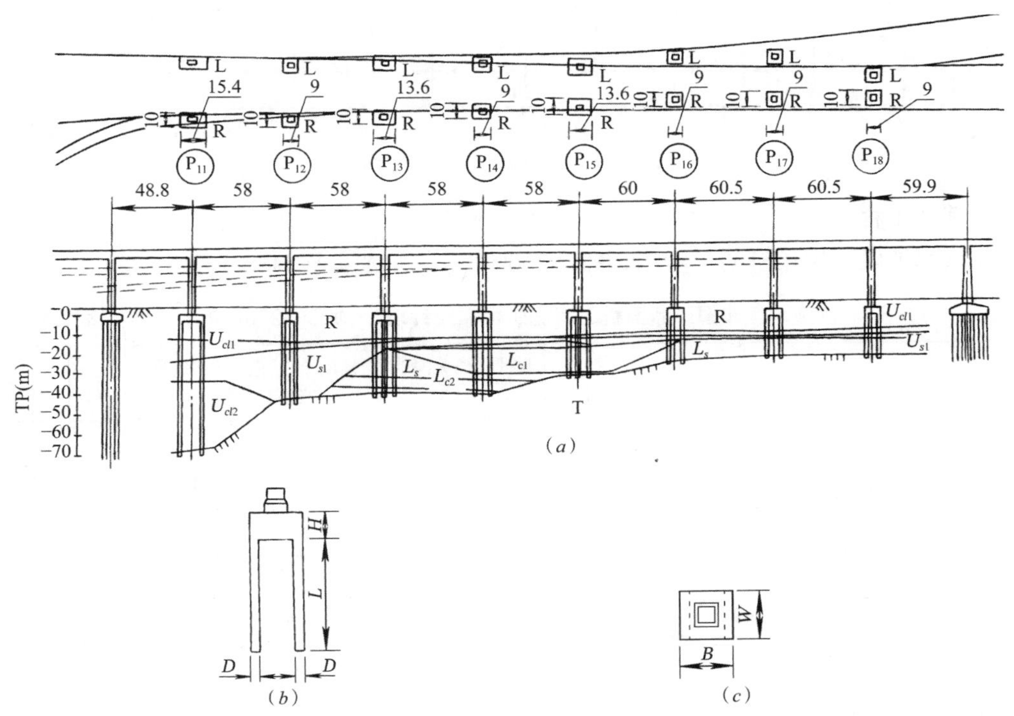

图 34-7　日本某大桥墙桩基础

34.2.5 北京地区的条（墙）桩工程实例

1. 双井立交桥

这是国内第一个在桥梁基础中采用液压抓斗施工的非圆形大断面灌注桩，是 1993 年设计施工的。每个桥墩的垂直荷载为1000～1100t，原设4根直径1.2m圆桩。经估算后，可用两根2.5m×0.8m条桩来代替。经现场试桩（2根）验证，单根条桩极限承载力可达到1500t以上。采用条桩可节约13%的混凝土。另外，本工程的地质条件较差，特别是底部的砂、卵砾石多且厚，同样在现场施工的回转钻或冲击钻施工很困难，平均3～7d才能完成1根直径1.2m圆桩，而条桩每天至少可以完成3～4根，其效率至少高出6～10倍，因而大大缩短了工期，为后续工作提前腾出了工作面。

在双井立交桥下采用了52根条桩（图34-8），桩长26～35m。使用BH7和BH12液压抓斗挖孔，总平均工效为73.5m²/d。在砂、卵石地基中，施工效率最高达5.7m²/d。

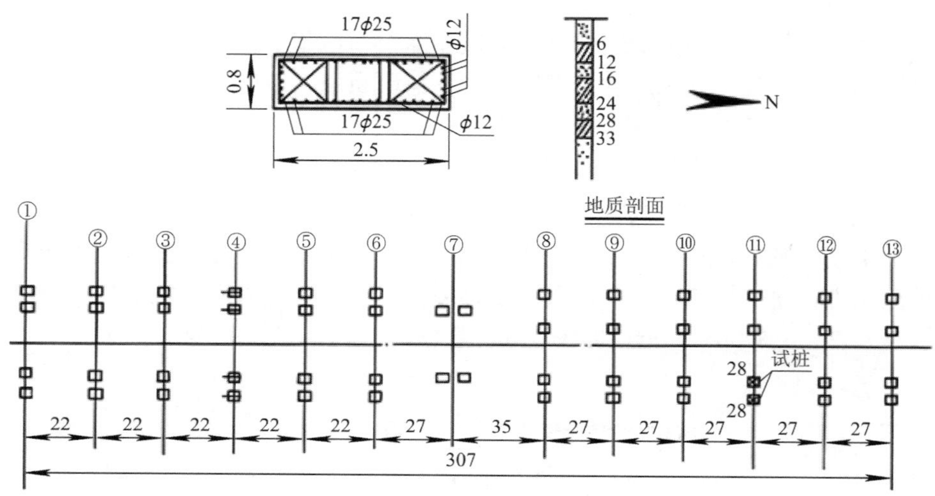

图34-8 双井立交桥条桩平面

2. 其他工程

在京津地区使用条桩的工程（1993—2000年），实例见表34-5

京津地区非圆形断面桩工程施工数据统计表（1993—2000年） 表34-5

序号	工程名称	深度（m）	尺寸（长×厚）（m）	槽段（桩）数（桩数）	进尺（m）	面积（m²）	备注
一	条桩						
1	北京东三环双井桥	35.2	2.5×0.8	54	1558	4375	
2	天津市冶金科贸中心大厦	37～47	2.5×0.6	68	2800	5667	
3	木樨地立交桥	32	2.5×0.8	92	2140	4900	
4	京通路八王坟立交桥	17.8	2.5×0.8/1.2	27/6	1023	2579	
5	首都机场新航站区桥	40	2.5×0.8	26	1133	2946	
6	京通路八里桥立交桥	26	2.5×1.2	27	709	2660	
7	北京嘉利来护坡桩	19.5	2.5×0.6	197	3771	9428	
8	东四环通惠河桥桩	19.7	2.5×0.8	12		523	
9	北京东四环条桩	30	2.5×0.8	59	1770	4425	
10	南四环路过凉水河铁路专线桥方桩	53.2	2.5×0.8	52	1872	4680	

续表

序号	工程名称	深度（m）	尺寸（长×厚）（m）	槽段（桩）数（桩数）	进尺（m）	面积（m^2）	备注
11	西四环路阜石路立交桥方桩	24～26	2.5×1.2	24	285	720	
二	丁字桩						
1	天津滨江大厦	28.8	2.5×2.5×0.8	5	244	631	
三	十字桩						
1	北京大北窑地铁站	29.4	3×3×0.6	39	2093	5980	
四	大断面桩（墙桩）						
1	北京东四环	34	5.4×1.2	2	70	367	
2	首都体育馆桥	16	5.4×1.2	6	50	260	
3	西四环火神营立交桥	30	5.6×1.2	16	160	896	
4	长春桥	16	5.6×1.2	2	—	—	

这里想指出几点：

（1）在木樨地和八王坟立交桥中，均与由日本引进的全套管贝诺托挖桩法进行了对比，结果证明全套管在砂、卵石地层中并不是很适合，迭出毛病，最终退出了施工现场，这可以从另一侧面证明条桩对北京砂、卵石地基有很好的适应性和较高的施工效益。

（2）在木樨地立交桥中，由于交通非常繁忙和拥堵，设计改用了大跨度（60m）钢箱梁主桥结构，每个边墩采用 2.5m×0.8m 的条桩就满足了要求。

（3）东四环跨越通惠河的匝道桥，原设计为一柱两桩承台结构，因无法断水施工，无法在河床底部做承台，笔者建议采用大型条桩直接与墩柱相连，即一柱一桩做法。这样，既可不做承台，又可加快工期，取得了较好的效益。

3. 墙桩

这里所说的墙桩是针对大断面的条桩而言的。这些墙桩通常都是用来跨越河流或其他构筑物（如铁路、公路或桥梁）。比如跨越北京市昆玉河（从颐和园到玉渊潭）的多座桥梁（如火神营桥、长春桥、罗道桥等），都采用了一跨过河的布置方式。常用边长 5～7m、厚 1.2m 和深 20～35m 的墙桩代替 4～6 根直径 1.2～1.5m 的圆桩，以解决河道中打桩的困难。这些墙桩通常一天即可完成，而圆桩则需 8～10d。

34.2.6　结语

可以看出，桥梁基础中使用条（墙）桩，可以提高基础承受垂直和水平荷载的能力，提高结构的整体安全度；可以节省工程量（混凝土和钢筋），缩短工期，从而降低工程造价。条桩施工是一种成熟的技术，不存在大的风险，推广应用条桩基础，会带来显著的技术、经济和社会效益。

（本节由丛蔼森写稿）

34.3　平南三桥的地下连续墙基础

上海金泰 SX40 和 SG60“双机合璧”参建由广西路桥集团承建的平南三桥，挑战复杂地层地下连续墙施工作业。

平南三桥是广西荔浦至玉林高速公路南北互通线上跨浔江的一座特大型桥梁，主跨 575m 的跨度，刷新了重庆朝天门长江大桥主跨 552m 的拱桥单跨纪录，是迄今为止世界上最大跨径的拱桥。平南三桥建成后将成为中国为世界建桥史贡献的又一座丰碑里程。

由于桥位区地处冲积河流阶地地貌，地质复杂，施工技术难度较大，地下连续墙成槽采用抓铣组合工艺，一期槽槽段上部采用金泰 SG60 抓斗抓槽，进入下部则采用金泰 SX40 铣槽，二期槽采用铣接头工艺，全部采用 SX40 铣槽机套铣成槽。

SX40 双轮铣和 SG60 地下连续墙抓斗均为上海金泰工程机械有限公司自主研发的基础施工装备。SX40 采用柴油和动力电组合动力，通过大通径排渣管路完成气举反循环排渣，在大粒径卵石地层、坚硬岩层等复杂地质条件下高效铣削成槽施工，相比目前国际通行的泵吸排渣双轮铣更为经济、适用。在实际施工中，SX 双轮铣与 SG 抓斗“双机合璧”、抓铣结合，已成为当前国内复杂地质条件地下连续墙施工的标志性组合工艺。

工程承建单位广西路桥集团、施工单位广东深大基础公司及设备供商上海金泰的三方领导亲临施工现场视察。广东深大基础公司的李总对金泰 SX40 双轮铣的稳定性和施工效率给予了高度的评价：“金泰的双轮铣为我们的施工进度提供了有力的保障，从 5 月初正式开工至今，设备已运行了近 1600h，没有发生任何故障，至今已顺利完成了 80%的工程，而且维护成本相当低，金泰的双轮铣高效稳定，能力强劲，不负使命！”

第 35 章　环保工程和矿山工程

35.1　概述

35.1.1　环保工程防渗墙发展概况

从 20 世纪 70 年代中期开始，国外有些国家把地下连续墙用于环境保护工程。美国 1976 年在提尔登铁矿尾矿坝中建成了地下防渗墙，以防止尾矿水对地下水的污染。意大利的某石油化工厂，则用深十几米和长十几公里的地下防渗墙把厂区围封起来，以避免对周围地下水的污染。

我国是在 20 世纪 80 年代初期开始采用地下防渗墙技术来治理地下水污染的。1980 年主编人所在的北京市水利设计院接受冶金工业部环保局和某市环保部门的委托，对某铁合金厂的铬渣场造成的地下水污染提出治理方案。该厂采用溶解法生产金属铬，生产废渣中可溶性六价铬在渣场堆存过程中渗入地下水，威胁着位于下游的城市水源地的安全。考虑到当时（现在仍是）没有根治六价铬的方法，建议在铬渣场周边修建一道深入到不透水岩层的地下防渗墙，把污染物封存在由底部不透水岩层和周边防渗墙围成的“地下盆”中，逐步降低周围地下水和土壤中的六价铬浓度，并将封闭圈内含六价铬的废水抽回到生产车间重复利用。由于降低了圈内地下水位，加大了圈内外水头差，使圈内的污水不易向外渗透，待适当的时候再治理封闭圈内的污染物。此工程于 1982 年完成并收到了显著的技术经济和社会效益。这个方法对于那些目前根本无法治理的有机的或无机的污染物，包括一些低放射性的废物，不失为一个切实可行的办法。20 世纪 90 年代中期，国内又有一些用地下连续墙来治理金矿废渣污染的工程出现。

35.1.2　机理

除了一些污染物可能因蒸发或放射作用向空中扩散一部分外，很多污染物都是以水为载体，随着水体的流动而扩散到远处的。所以，其也要遵循水的流动规律：

（1）由高处向低处流动，由压力高处向压力低处流动。

（2）地下水所在地层渗透性大小，影响其流动（渗透）速度，即遵循达西定律$v = ki$（式中v为流速，k为渗透系数，i为渗流坡降）。

（3）在某些地层，地下水会因毛细管作用，向水面以上爬升一段距离，通常很小，常可忽略不计。

35.1.3　应用范围

①有害的工业废物（液）堆放场的防渗体。②尾矿坝或选矿场的防渗体。③城市垃圾场的防渗体。④火电厂粉煤灰堆场的防渗体。⑤露天矿山的周边防渗体。⑥为防止海水内侵地下水建造的隔离墙。⑦石油化工厂的围封墙。⑧低放射性的废渣（液）防护体。

本章只讨论利用工程措施治理工业废物对地下水污染的方法。

35.2 防渗体的形式和选用

35.2.1 主要防渗体形式

（1）地下防渗（连续）墙；
（2）灌浆帷幕；
（3）高压喷射灌浆；
（4）深层水泥搅拌桩墙；
（5）防渗墙与灌浆帷幕；
（6）防渗墙与高压喷射灌浆；
（7）防渗墙与深层水泥搅拌桩；
（8）土工膜防渗墙；
（9）降水与排水。

35.2.2 防渗体的选用

具体采用何种防渗体，应根据防护工程的重要性、工程地质和水文地质条件、场地及周边环境等,经技术经济比较后选定。为了叙述方便,以下均将各种防渗结构统称为防渗体。

35.3 防渗体材料的试验研究

35.3.1 基本要求

从环境保护的角度来看，用于环境保护的地下防渗体都必须能够防止水流的渗漏。对于防治污染来说，还必须能够防止有害的物质从防渗体中渗漏出去。

由于污染物的种类、浓度、活性和作用机理各不相同，防渗体材料的种类和抗腐蚀能力也不相同，污染物（水）对它的腐蚀程度和破坏时间也是不一样的。

35.3.2 污染物对防渗墙渗透性的影响

这里来阐述一下使用黏土和膨润土作为墙体材料时的污染机理。

膨润土泥皮或黏土与膨润土回填料（SB）被污染水渗透后，通常引起渗透性的加大。孔隙内流体的交换可能造成两种影响：①孔隙液体的盐浓度影响黏粒和自由孔隙水之间的电位差，使双层结合水受约束的程度发生变化；②钠离子与蒙脱土（膨润土）结合后，很快与污染物带来的多价离子（如钙）交换，也导致较薄的双层结合水发生变化。

一旦孔隙水被交换而且发生阳离子交换，相应地新的孔隙液体及新的蒙脱土阳离子的渗透系数将保持在一个较高值不变。这些特点如图 35-1 所示。它将膨润土泥皮和黏土与膨润土回填料的渗透性作为碳酸钙渗透时间的函数绘于图中。

倘若在混合物中没有使用细颗粒材料，则孔隙液体的交换可能引起黏土与膨润土回填料的管涌破坏。例如，按重量比将 2%～3%的膨润土加于洁净均匀的砂中，将会产生一种具有渗透系数在 10^{-7}～10^{-6}cm/s 之间的材料。延长富钙水对这种土壤的渗透作用，最初仅仅引起渗透系数细微的增加,但是最终必然发生较突然的管涌破坏。在高渗透坡降(通常为 100～200）下进行的大量的长期试验表明，当黏土与膨润土回填混合物含有一定比例的土壤细粒时，这些现象不会发生。当在取得含有充分细粒的回填材料费用高的情况下，通过添加长链聚合物，有效地把膨润土颗粒放在土壤骨架上，使用这种膨润土可以防止管涌破坏。

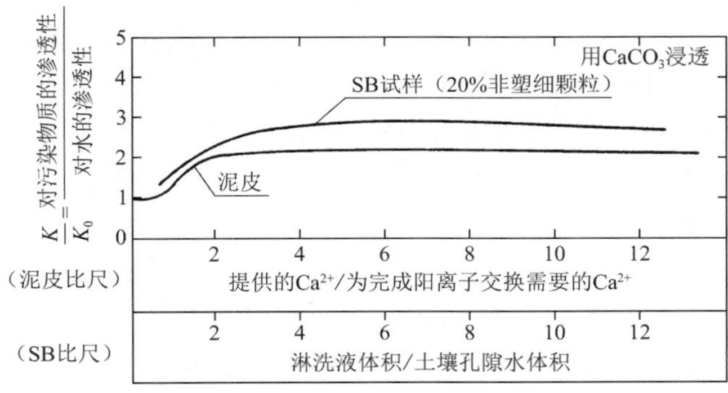

泥皮交换能力
（Ca^{2+}毫克当量/100g膨润土）

浸透前	浸透后
94	12

图 35-1　污染物对泥皮和黏土与膨润土回填料渗透性的影响

在设计防渗墙时，常要进行现场污染物渗入黏土与膨润土回填料的试验。对各种材料，使用一定的代表性污染物进行大量试验，可得出下列的综合意见：

（1）含有塑性细粒超过 30%和膨润土约 1%的级配良好的黏土与膨润土材料，即使有 pH 值为 2～4 的浓盐酸溶液渗入时，渗透系数也只有少许增加。由优良级配天然膨润土形成的泥皮，所受的影响也是同样小。

没有塑性细颗粒的土壤（如洁净的砂）而含有较高的膨润土成分时，可能出现渗透系数的大量增加以及管涌破坏。

（2）很低和很高的 pH 值对渗透系数有较大的影响，强碱溶液比强酸溶液更能使渗透系数有较大增加。

（3）对于设计良好的含有塑性细粒的黏土与膨润土回填料，使用特殊处理的膨润土没有明显的优点。然而，在没有细颗粒的砂中，用经过处理的膨润土有好处。

（4）其他因素相同时，已受污染的回填料比未被污染的回填料更可取，原因是在以后的污染物渗透作用下，在黏土与膨润土材料中引起的变化比较小。

由以上分析可知，在防渗墙围封的液体是某种污染物的情况下，防渗设计要考虑污染物长期渗透作用对墙的渗透性的影响，对含有塑性细粒的黏土与膨润土回填料和已试验过的污染物的大部分，可用调整细粒含量来保持渗透性在容许的范围内。可是，这必须保持足够的渗透作用时间，以便离子交换和孔隙液体的交换得以完成。必须通过检验来判断膨润土或土壤骨架是否易溶于污染物中，通常使用已经受污染的土壤进行检验，因为这些材料的混合物在受到污染物的渗透作用时变化较小。

35.3.3　污染物对混凝土材料的影响

1. 概况

这里将阐述含有水泥材料的混凝土（或砂浆）在污染物作用下的腐蚀（溶蚀）问题。

下面以笔者在 1980 年主持的某铁合金厂铬渣场混凝土防渗墙设计时所作的混凝土溶蚀试验研究为例，来阐明地下连续墙抵抗污染的情形。

某铁合金厂在生产金属铬过程中，产生了含有可溶于水的六价铬离子废渣，在堆放过程中污染了地下水源，其矿化度高达 300～1000mg/L，总硬度达 10～20 德国度，pH 值大于 8.4。防渗墙建成后，封闭圈内的地下水矿化度和 pH 值会有显著提高，这对混凝土的侵蚀作用是否会加大？为此专门进行了防渗墙混凝土的抗溶蚀试验。

2. 试验方法和内容

到目前，还没有统一的试验方法可借鉴，根据本工程特点，采用了以下两种方法：

①用不同浓度的含铬水养护混凝土试块，测试不同龄期试件的抗压强度、渗透性和生成物的化学成分以及铬侵入混凝土内的数量，并同清水中养护的混凝土试件进行对比。②在制铬车间和铬渣堆场采取已工作了 20 多年的混凝土试件进行矿物分析，以作为本防渗墙受铬侵蚀的佐证。

试验采用的是 28d 强度为 7.5MPa、抗渗强度等级为 S6 的黏土混凝土（掺入膨润土粉 47.3kg/m^3）。养护用水为清水，六价铬离子浓度为 150 和 5000mg/L 的含铬水。养护龄期分别为 28、60、90 和 180d。

X 射线衍射试验和化学成分分析试验的试样，是从试件表面的侵染层中取出磨细后，再过 4900 孔筛。

电子探针测试试件则是在试件表层取下小块，表面磨平抛光，并在真空中镀上一层碳膜。

3. 试验结果分析

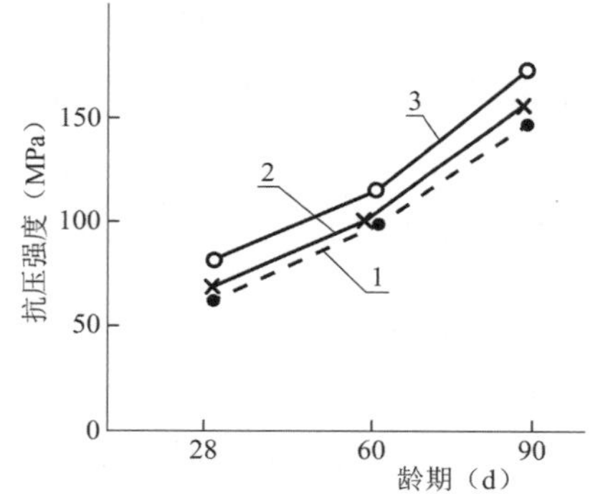

图 35-2 含铬水对抗压强度的影响

1—清水；2—含铬 150mg/L 水；3—含铬 5000mg/L 水

1）污染水对混凝土抗压强度和抗渗性的影响

从图 35-2 可以看出，抗压强度随龄期增加而增加，对六价铬浓度的影响不大，六价铬浓度增加对混凝土强度可能有增强作用。国外也有资料认为，混凝土中加入微量铬之后，能提高混凝土的强度和密度。

从混凝土的渗透试验结果中可以看出，即使在含铬浓度达 5000mg/L（相当于环境水的 30 倍）的情况下，其抗渗性仍随龄期的增加而增加，与常规混凝土的变化规律是一致的。

2）铬侵入现象分析

（1）养护水中铬的去向。经化学分析证实，养护水中的六价铬浓度随时间增加而减少。其中一部分吸附于试件表面和容器孔壁，一部分沉淀于容器底部，还有一部分侵入混凝土试件内部。

（2）铬侵入混凝土内的深度。劈开试件后可以观测到由于铬的侵染使混凝土表层变成黄色，最大侵染深度达 11mm（表 35-1）。

铬侵入混凝土深度层 **表 35-1**

编号	浸泡天数（d）	深度（mm）	六价铬浓度（mg/L）
1	65	8	5000
2	90	10	5000

续表

编号	浸泡天数（d）	深度（mm）	六价铬浓度（mg/L）
3	180	11	5000
4	180	—	180

当六价铬浓度仅为 180mg/L 时，仅见到试件表面呈现黄色，测不出侵染深度来。

（3）铬侵入数量及其对混凝土的影响。为解决这个问题，进行了 X 射线衍射分析、电子探针测试和化学分析试验。

不管是用此次试验的试件，还是现场采取的试件，均未测出可能危及防渗墙安全的临界六价铬含量。特别是在密实度很高的黏土混凝土中，铬的含量几乎为零。

35.3.4　小结

上面两种不同材料的试验结果说明，防渗体的材料组成和密实程度不同，对其抗污染能力的影响是很大的。混凝土和砂浆的防渗墙抗污染能力要高于灌浆帷幕、高压旋喷灌浆和深层水泥搅拌桩法形成的帷幕；而当渗透坡降大于 100 时，SB（黏土和膨润土的混合物）的抵抗污染的能力就会大大下降。

35.4　设计施工要点

35.4.1　概述

在污染地区的地下防渗墙设计和施工过程中，必须解决以下几个问题：

（1）选用合适的墙体材料，以承受污染物（包括地下水）的长期侵蚀和渗透。

（2）污染物和地下水不会对地下防渗墙的正常施工产生不利影响。

（3）施工过程不会加重原来的污染，产生新的污染（二次污染）。

为了解决上述几个问题，除了选用合适的墙体材料和泥浆材料外，还应注意以下几个方面：

（1）所用泥浆应能承受污染物（或地下水）的不利影响，泥浆回收系统也应放在封闭圈以内。

（2）从防渗墙槽孔中挖出的钻渣应堆放到封闭圈内。

（3）在施工顺序上，应先做封闭圈上游方向的地下防渗墙，以便尽早把上游未被污染的地下水与污染区分隔开来。

35.4.2　防渗墙的平面设计

下面简要说明一下污染物堆场的防渗墙和抽水井的平面设计。

（1）不透水岩层埋藏较浅时，可将防渗墙直接伸入到岩石中去，如图 35-3（*a*）所示。

当油罐等破裂漏油渗入地下，可能污染地下水时，可迅速在污染源下游修建防渗墙，并在其上游打井，抽出被污染水，防止污染水体流到下游地区，造成不利影响，如图 35-3（*b*）所示。

（2）当污染物堆场较小且基岩埋深不大时，可修建封闭的防渗体将污染源封闭。对于圈内的污染水体，则可用泵将其抽出，送到处理厂去，如图 35-4 所示。

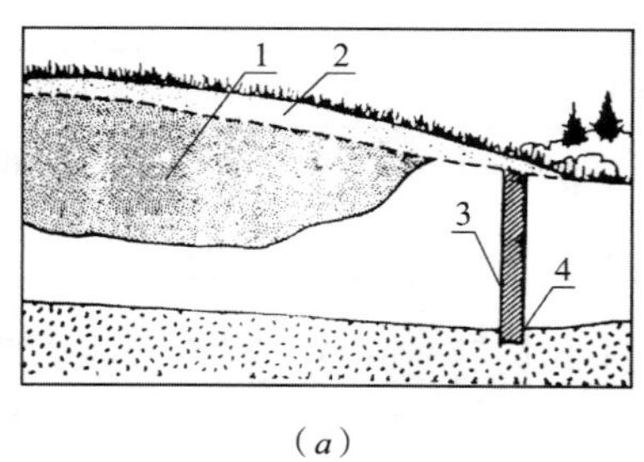

(a)

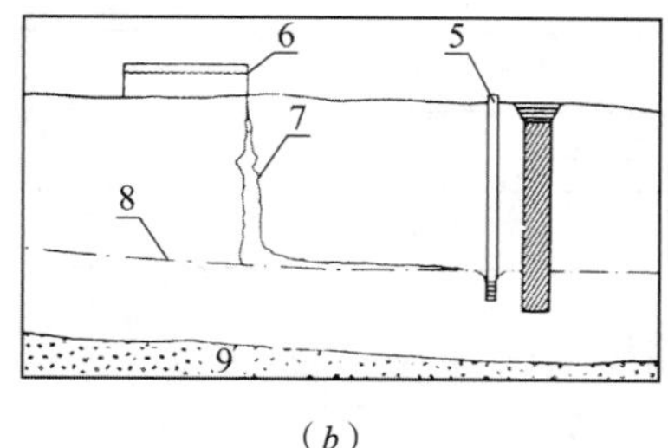

(b)

图 35-3 防渗墙的位置

(a) 墙底入岩；(b) 墙前抽水

1—垃圾场；2—黏土；3—防渗墙；4—基岩；5—抽水井；6—油罐；7—污染范围；8—地下水；9—岩石

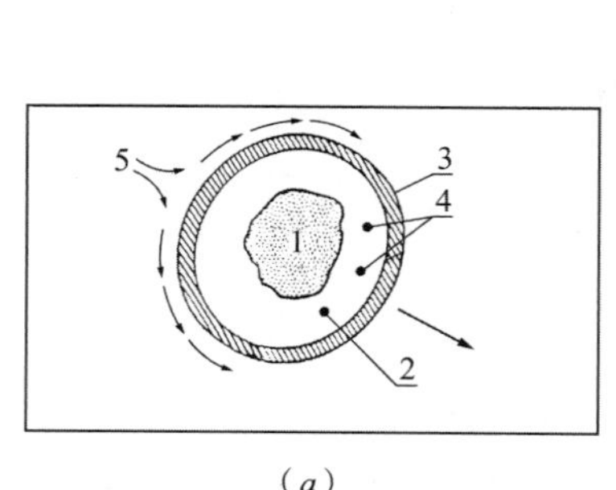

(a)

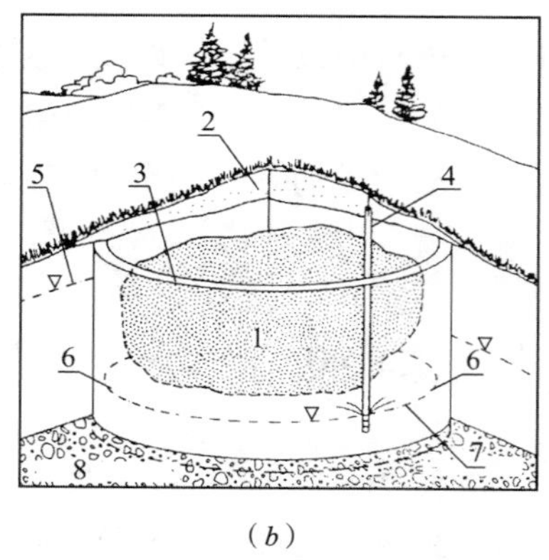

(b)

图 35-4 封闭圈防渗墙

(a) 平面图；(b) 透视图

1—垃圾场；2—黏土；3—防渗墙；4—抽水井；5—地下水；6—污染区；7—抽污水；8—不透水层

（3）有时也可把地下防渗墙修建成半封闭式的，如图 35-5 所示。

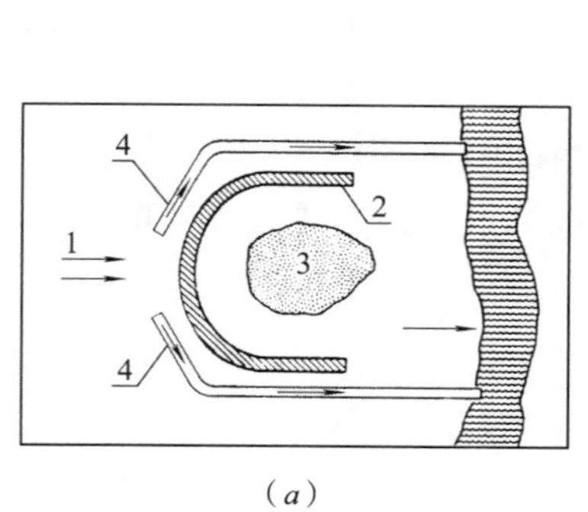

(a)

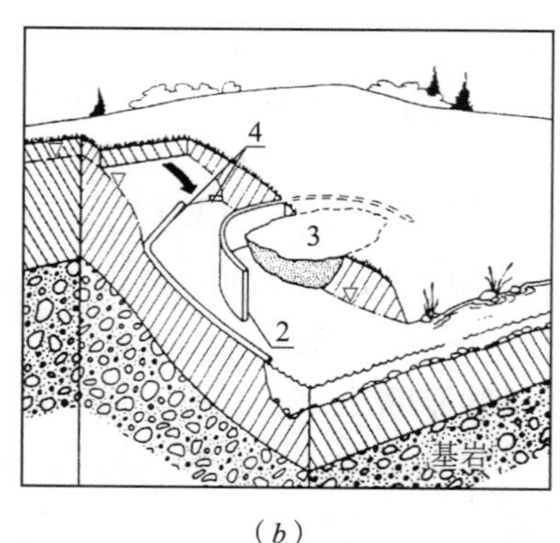

(b)

图 35-5 半封闭防渗墙

(a) 平面图；(b) 透视图

1—地下水流向；2—防渗墙；3—垃圾场；4—排水沟

（4）当污染物堆场位于河流分水岭一侧时，此时只需在其下游方向修建地下防渗墙，如图 35-6 所示。

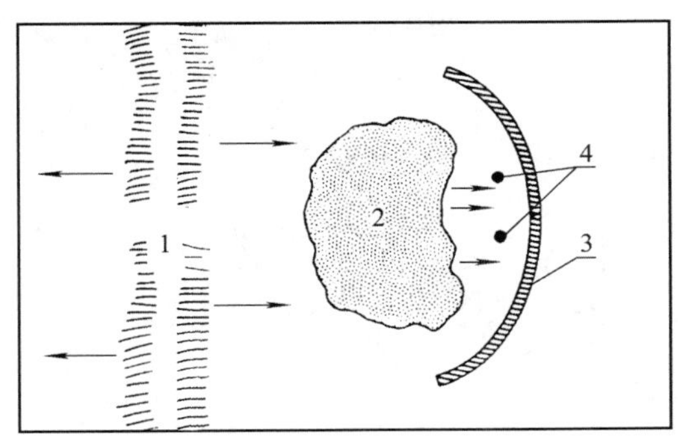

图 35-6　分水岭一侧的防渗墙

1—分水岭；2—垃圾场；3—防渗墙；4—抽水井

（5）当污染物堆场建设在坡地上时，可以采取抽水的方法抽出污染水体，降低地下水位，使其避开污染物，如图 35-7 所示。也可采用防渗墙方法，使地下水位降低，避开污染物。

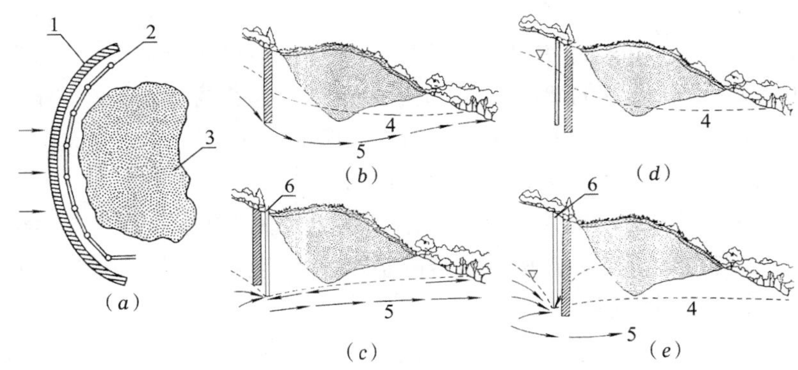

图 35-7　坡地上的防渗墙

（*a*）平面图；（*b*）抽水前（一）；（*c*）抽水后（一）；（*d*）抽水前（二）；（*e*）抽水后（二）

1—防渗墙；2—井点；3—垃圾场；4—原地下水位；5—新地下水位；6—处理厂

35.5　锦州铁合金厂铬渣场防渗墙工程

35.5.1　污染情况和治理方案

1. 铬污染情况

某铁合金厂 20 世纪 50 年代末开始生产金属铬，自投产以来共积存铬渣 25 万 t，现每年约排放 15000t 铬渣，这些铬渣露天堆放在该厂西南角，形成了一个占地 4 万 m^2、高约 15m 的铬渣山。从制铬车间排出的铬渣中，含有 30%～40%的水和 0.8%～1.3%的可溶性六价铬（有剧毒），被渗水带入地下，污染了土壤和地下水，使 15～20km^2 范围内的 1800 多眼水井遭受污染，7 个居民点的生活用水需从外面引水解决，各种农作物也受到不同程度的污染（图 35-8）。地下水污染前峰已接近了某水源厂，威胁当地生活用水的安全。投产十几年来，该厂曾花费了 1000 多万元进行治理，虽使污染有所减轻，但污染问题仍未得到彻底解决。

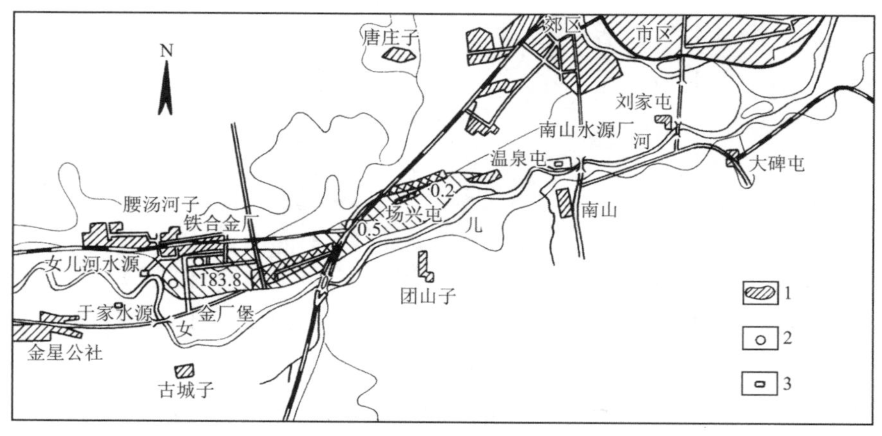

图 35-8　六价铬污染范围图

1—地下水六价铬污染范围；2—地下水污染源含量（mg/L）；3—水源地

铬渣场位于河左岸一级阶地上，表层为厚 4～5m 的黏土，塑性指数 17～21，垂直节理比较发育，故垂直渗透性比水平渗透性强。黏土层下面是厚度 5m 左右的砂卵石和砂砾石含水层，渗透系数 40～160m/d，地下水埋深 5～6m。经取样进行物理、化学试验表明：

（1）在地面以下 2～3m 处的地层内，六价铬含量较大，最大含量在地面以下 0.5～1.5m处。

（2）在地下水位以上的砂砾石层中也含有相当多的六价铬。

（3）基岩表层的土状风化带中尚未发现六价铬。

根据上述分析，可将六价铬的污染过程分为垂直渗透（富集）和水平运移两个环节。由于本工程的水文地质特点，入渗的六价铬除被水流带走一部分外，另一部分仍滞留在地下水位上、下一定深度的地层内。

观测资料还表明，在铬渣场开挖的一些抽水井和观测孔中产生了含铬地面水的集中渗漏，把大量六价铬带进了地下水中，这也是造成地下水污染的原因之一。

2. 治理方案

彻底改革铬的生产工艺，不再生产含六价铬的废渣，乃是消除铬污染的根本方法，但是目前还难以实现。

对于多年积存下来的大量铬渣所造成的污染，可以采用以下两种办法进行治理：一是像日本等国那样，根据目前治理铬污染的标准，设法把铬渣中的六价铬变成不溶性的三价铬，将其作为建筑材料、肥料或其他工业原料加以使用，但是此种方法并不彻底；二是采取工程措施，把铬渣场封闭起来，使其与周围的地下水分隔开来，留待将来再去处理。

该厂曾投资 360 多万元，在铬渣场附近建成了一个以铬渣和硅锰渣为主要原料的制砖车间（几年试生产后已停止制砖），但每年亏损 100 多万元。同时，每年还要支付铬渣污染罚款 15 万～20 万元。因此，经过比较分析，认为目前切实可行的办法是把铬渣山封闭起来，与地下水隔开，先解除当前存在的污染公害，然后研究经济、有效的治理方法。封闭的方法有两种：一种是在现有铬渣山表面做一层不透水的保护层，以隔绝降水或地面垂直渗透（富集）的途径；另一种是在铬渣场地基中建造防渗帷幕（墙），把含铬水封闭起来。第一种方法实行起来有许多困难，也不能根除污染。根据国内施工技术水平，经过技术经济比较后，选用了地下防渗墙方案。本方案的主要内容是：沿铬渣场周边修建墙底深入基岩内的地下防渗墙（图 35-9、图 35-10），把污染源（铬渣和含铬黏土以及地下水）封闭起来。

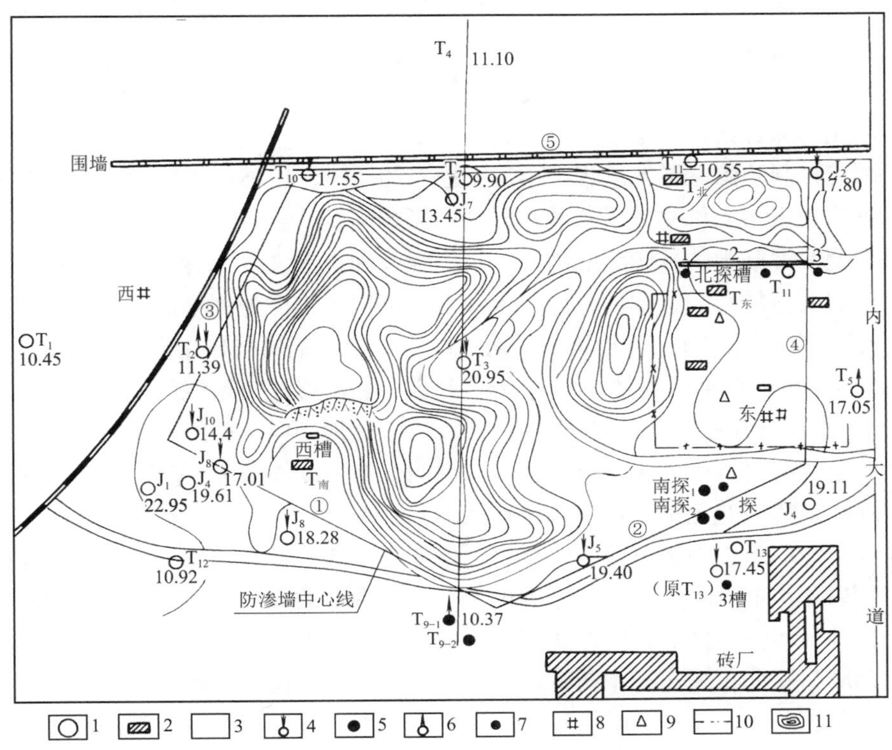

图 35-9　铬渣防渗墙工程平面图

1—施工次序；2—探槽；3—孔号、孔、孔深（m）；4—压水钻孔；5—渗水试验；6—抽水钻孔；7—探槽取样点，下部为取原状土；8—测地下水流速井；9—厂过去打的井；10—渣场范围界线；11—渣场等高线，线距 1m

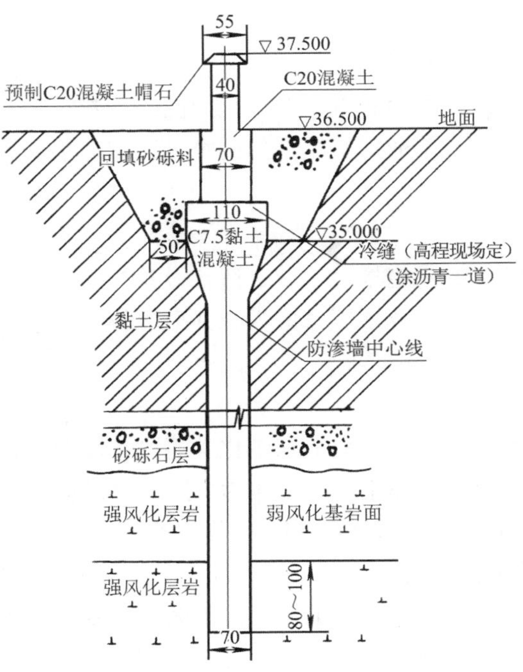

图 35-10　防渗墙标准断面图

35.5.2　铬渣场防渗墙的试验研究

用地下防渗墙治理环境污染，目前还没有成熟经验，有些新问题需要通过试验研究来论证解决。防渗墙能否达到预期效果，必须解决好以下三个问题：

（1）地下防渗墙的墙体材料须经受得住含铬地下水的长期渗透和化学溶蚀。

（2）须能消除含铬地下水对防渗墙施工的不利影响。

（3）须能控制防渗墙施工过程中不加重原有的污染，也不产生新的（二次）污染。

为了解决地下水六价铬离子对墙体材料的影响问题，进行了近一年时间的试验研究。试验结果表明，混凝土的抗污染能力强，抗压强度和抗渗强度随龄期的增加而增加，养护水质对它没有明显的影响，即使在养护水中六价铬离子浓度为现场地下水六价铬离子浓度的30倍，其结果也是如此。六价铬离子对混凝土有一定的增强作用。此外，在受铬侵蚀的环境中工作了10～20年的混凝土结构中取试样，经X射线衍射试验表明，在强酸和强碱条件下的混凝土中检测出了铬的化合物，而在铬浓度很高但pH值较低的环境中工作了十多年的无渗渣场混凝土中尚未检测出铬。这说明在铬浓度较低和pH值为7～8.5的地下水中，铬对地下防渗墙的正常工作不会有什么不利影响。

泥浆是防渗墙施工中必不可少的材料。地下防渗墙的造孔和浇注工作都要在槽孔泥浆中进行，所以含铬地下水对泥浆的影响也是一个很重要的问题。为此，笔者调查了几个土料场，根据开采运输条件、泥浆性能和造价等方面的要求，最后选定了辽宁省黑山县八道壕公社的200目膨润土粉作为本防渗墙的造浆材料。实践证明，所选用的膨润土和泥浆配比完全满足要求。

地下连续墙施工需使用大量的泥浆和水，会将地表的铬渣带到地下水中或其他未被污染的地方去。如果控制不好，还会加重污染或造成新的污染（二次污染）。为此，进行了专题研究，在施工中提出了相应的措施和要求，达到了预期的效果。

35.5.3　防渗墙设计

1. 平面布置

根据工程地质条件、施工场地布置，及受到周围各种建筑物和设施的限制，对4个方案进行了比较，并征得原冶金工业部有关部门的意见，选定了防渗墙方案，将防渗墙的总长度定为800m。

2. 墙厚

根据防渗墙的受力情况、渗透稳定条件、造孔设备、施工水平以及所用墙体材料（黏土混凝土），墙厚宜为70cm。计算了墙体应力，并对墙体的抗渗能力进行了核算。墙体结构见图35-10。

3. 墙体材料

考虑到墙体材料在矿化度较高的地下水中化学溶蚀，以及六价铬离子的渗透作用，采用了密实度和抗侵蚀能力较高的黏土混凝土作为本防渗墙的墙体材料，要求其28d龄期抗压强度达到700～800N/cm^2，抗渗等级达到w，弹性模量控制在1400000N/cm^{2}左右。

4. 墙底深入基岩的深度

根据地质条件和墙体受力情况，要求墙底深入弱风化安山质凝灰岩内0.8～1m。施工中取样鉴定查明，在基岩表面分布着一层厚2～3m的黏性土层，这对增加墙体的防渗效果是很有好处的。

5. 地面建筑物

为了防止雨水和地面水携带着铬渣而到处漫流造成新的污染，在防渗墙顶部设有一道混凝土挡墙，高出地面 1m。在墙的内外两侧设有排水沟，封闭圈内设有抽水泵房作为抽取地下水之用，在铬渣场周围新设了一部分观测孔（井）。

35.5.4　施工简况

本防渗墙是一项环保治理工程，其施工工艺与水利工程防渗墙有很多不同之处。防渗墙通过的地段多被污染，有的则直接位于铬渣上。在造孔过程中地表铬渣被带入地下水，同时污染了槽孔中的泥浆，在抽砂和换浆过程中又将这些污染物带到地面，且泥浆和混凝土生产系统每天都产生大量废水。这些废渣、废浆和废水，如果任其流放，可能加重原有污染或造成新的污染。为此，提出了以下措施：

（1）将钻机布置在防渗墙封闭圈外侧，排浆沟设在内侧，以便将造孔过程中产生的铬渣岩屑直接堆放在封闭圈内。施工中应避免扰动老渣山，不要将含铬很高的部位暴露出来。

（2）将整个防渗墙分成五段，按次序进行施工，以达到逐步降低地下水位和六价铬离子浓度、控制施工污染的目的。

（3）施工过程中产生的三废（渣、浆和水）必须经过检验和处理后，再排放到指定地点。在造孔过程中，发现槽孔内泥浆含铬量过高时，须及时投药加以处理。

（4）加强对地下水的监测工作，增加观测次数和化验项目，发现问题需及时处理。

施工过程满足施工组织设计中提出的要求，各方面进行配合，顺利地解决了施工污染问题。

在施工中，采用装配式钢导墙代替常用的木导墙或钢筋混凝土导墙。实践证明，这种钢导墙的安装、拆卸和运输都很方便，周转次数多，造价便宜，保证了防渗墙的顺利施工。

通过对砂石料场的调查，最后采用了质量较好的绥中石子，要求用造孔泥浆拌合混凝土，并加入高效外加剂，得到了和易性与流动性都很好的混凝土，每立方米混凝土可以节约水泥 100 多千克，节省了工程投资。

35.5.5　质量监控和工程效益

为了评价防渗墙的工程质量，提出了下面四个办法：①在墙体内打检查孔进行压水试验；②在有代表性部位将防渗墙两侧土体挖去 5m 以上，实地观察测量墙体质量；③在防渗墙封闭圈内打一眼抽水井，通过抽水观测封闭圈内地下水位和六价铬浓度的变化情况；④在封闭圈内外补打一批观测孔，以观测分析铬渣场地下水位和水质的变化情况。

防渗墙共有 82 个槽孔，混凝土试块的抗渗合格率达到 100%，平均抗压强度为 841N/cm^2，离差系数$C_v = 0.15$，均方差$\sigma = 12.6$，平均弹性模量为 14.4×10^5N/cm^2。在防渗墙工程中，墙体材料的主要指标能同时达到设计要求是很不容易的。墙体内钻孔压水试验结果表明，墙体的透水性是极小的。墙体钻孔和开挖情况表明，墙体质量均一，外观良好，墙面没有发现混凝土分界缝或夹缝（洞），墙体接缝处夹泥很少。

经过一年多的运行和观测，位于铬渣场下游 40m 的 5 号和 6 号截流井中六价铬含量已比建防渗墙之前下降了 85%～90%；封闭圈内外六价铬含量相差 50～100 倍。内外水头差达 0.5～0.8m，实现了设计上提出的圈外水位高于圈内水位的要求。在下游污染区内，检测井超标率和六价铬含量均有所下降，铬污染前峰正在后退（表 35-2）。所有这些都说明防渗墙的防渗效果显著。

污染前峰地下水六价铬含量变化表（mg/L） 表35-2

项目		最高值	平均值	最高值	平均值	最高值	平均值
1981年		0.141	0.077	0.14	0.106	0.111	0.046
竣工后	1982年	0.09	0.021	0.16	0.061	0.056	0.022
	1983年	0.032	0.01	0.056	0.026	0.04	0.0064
	1984年	0.016	0.0063	0.032	0.015	0.016	0.0037

防渗墙建成后，切断了地下水中六价铬的来源，使水中含铬量迅速下降，加上地下水本身的净化作用，使受污染区地下水质迅速好转，从而降低了这部分受污染水的处理费用，还可将抽出来的水作为工业生产用水（已经这样做了）。而封闭圈内六价铬浓度很高的地下水抽送到制铬车间，可作为铬盐的浸出液。

防渗墙建成后，在短期内解除下游污染公害，并解除铬对某城市主要产菜区的威胁，保护该城市主要水源地的安全和人民的健康。同时，使工厂和环保部门有充足的时间去研究综合治理铬渣的办法。在尚未改变目前生产工艺前，为工厂提供了一个不会产生新污染的铬渣堆场，并为今后铬渣的回收利用创造了条件。

实践说明，本防渗墙已达到了原设计预期的效果。防渗墙工程的总投资（决算）为421万元，相当于过去18年铬污染治理费用（1100万元）的1/3左右，从资金回收年限来看，防渗墙建成后3～4年，就能抵偿全部投资。

35.5.6 结语

（1）采用地下防渗墙把铬渣场封闭起来，阻止污染源继续进入地下，对于其他工业废渣造成的地下水污染也是可行的。在目前条件下，无论从技术上，还是从经济上看，都是一种切实可行的办法。

（2）位于污染环境中的防渗墙，与普通的防渗墙有许多不同之处，在设计和施工方面都必须解决一些特殊问题。

35.6 美国提尔登铁矿尾矿坝

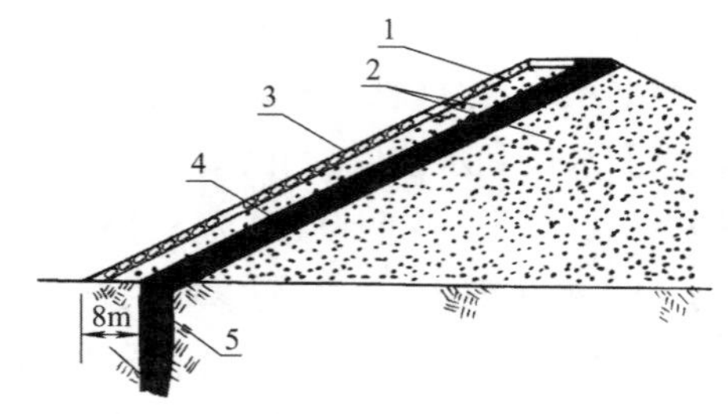

图35-11 提尔登铁矿尾矿坝防渗布置示意图

1—尾矿堆放最高线；2—砂砾料区；3—抛石护坡；4—黏土斜墙，厚0.4m；5—自硬泥浆防渗墙，厚0.6m

美国密歇根州提尔登铁矿的尾矿堆置区位于一邻近的天然洼地内，共需修建六座土坝封堵垭口。土坝为砂砾料黏土斜墙坝，其中最高的一座坝高30.5m，斜墙厚4m，下设防渗墙防止污水外渗（图35-11）。六座防渗墙全部采用自硬泥浆防渗墙，墙顶总长3350m，其中最长的一道墙长1646m，墙厚0.6m，最大墙深24m，总面积49000m^2。

施工时首先用铲运机沿防渗墙中心线开挖一条宽4m、深0.9m的基槽，然后用一台反铲挖土机挖深至12m，再用两台导向抓斗挖至基岩。12m以下的墙体部分分两期槽孔交错开挖，其中一期槽孔长2.2m，二期槽孔长1.6m。自硬泥浆主要成分的配比为水1000kg、水泥165kg及膨润土40kg。成槽两天后，灰浆经过静置而硬凝成果酱状胶体。这时沿墙顶铺一层厚0.3m的干黏土并放置一星期，任其沉陷。

一星期后用羊脚碾压实，使黏土层与防渗墙顶紧密结合，此后即可填筑黏土斜墙和坝体。

自硬泥浆防渗墙于 1976 年兴建。采用上述 4 台设备施工，根据一次五天的施工记录，平均一天建墙 $1225m^2$。每平方米墙体的造价，当墙深在 12m 以内时为 40 美元，在 12～24m 时为 45 美元。

35.7　四川某核废料堆场的防护

35.7.1　概述

过去“三线”建设时期，很多工厂迁往内地山沟里。工厂生产的废物就堆积在山区河道两岸，有时已经进行了治理，有的虽已治理，但效果不好。

本节提出的两个工程实例，或许对类似工程有参考价值。

35.7.2　岸边废物堆场的防渗

1. 概况

图 35-12 所示的是山区河道岸边的废物堆场。该堆场是在河道左岸用当地的砂卵漂石堆积而成，高出河槽 10～15m。

该堆场一直运行正常。遭遇特大事故（如强震和洪水）的情况下，堆场未必安全，故需要采取新的防护措施。

该堆场地层上部为砂卵漂石，深约 10m，下部为页岩。堆场的北边和西边均为出露页岩。堆场地势为西北高，东南低。堆场内污染水可能向河道左岸渗漏。

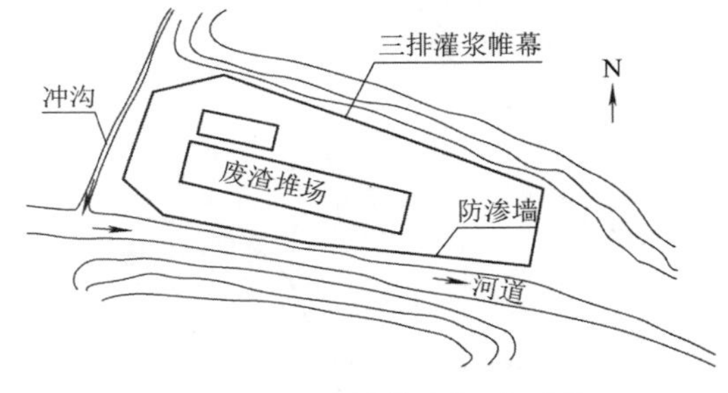

图 35-12　岸坡堆渣场平面图

2. 防护设计原则

笔者根据 1980—1982 年治理锦州铁合金厂铬渣场的设计施工经验，结合本工程情况，提出以下设计方案：

（1）堆场周边建造灌浆防渗帷幕（图 35-13），深入页岩的微风化层内 1.5m 以上，在周边形成防渗帷幕，防止堆场内污染水渗漏进入河道内。

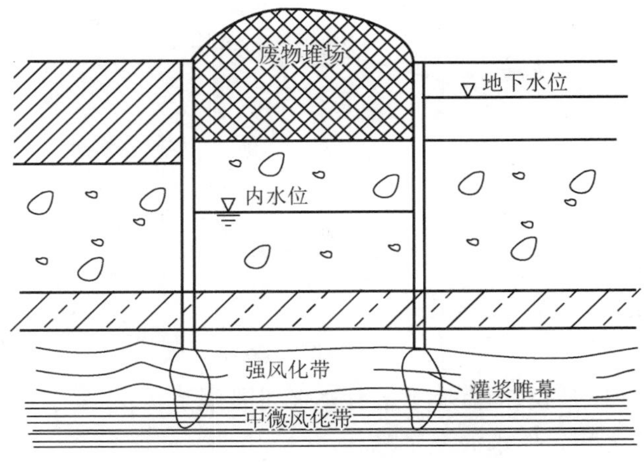

图 35-13　防渗方案示意图

（2）在临河道地段的砂卵漂石层建造地下连续（防渗）墙，其目的是防止特大洪水对左岸护岸和堆场临河侧防渗体的冲刷破坏，同时也是为了增强场内污染水主要渗流方向的防渗能力。

（3）在堆场内外设置观测井，随时监测地下水动向。

（4）在堆场内设置抽水井，在周边防渗体建成后，用水泵抽一些污染水，使坑内地下水位低于外面的地下水位。在运行期间也要保持这种状态。这样做的目的是使外边地下水可以渗入堆场内，但场内污染水不会外渗入河道中。

3. 施工及效果

目前该工程已经完工，效果很好。

35. 7. 3　河道废物堆场的防渗

1. 概况

图 35-14 所示的是一个山区河道堆场的平面图。它是利用原有的河道采取裁弯取直的方式，在保护老堆场的同时，又形成了一个新堆场。

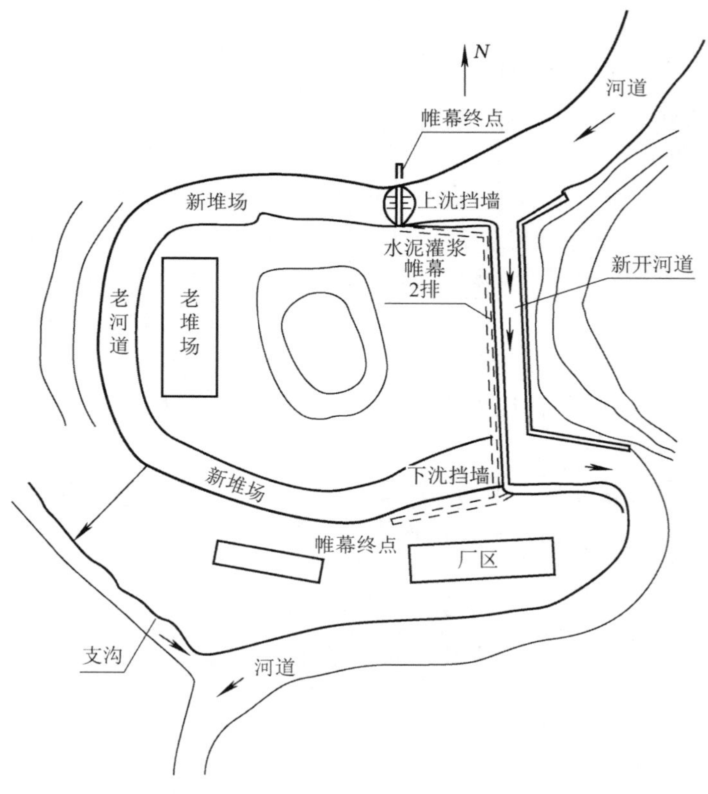

图 35-14　河道堆场平面图

2. 防渗设计要点

笔者采用如下设计思路：

（1）在上下游河道的挡水挡土墙下进行水泥帷幕灌浆。

（2）在两个挡墙之间施作水泥灌浆帷幕。

（3）将灌浆帷幕向北岸和南岸延伸，直到灌浆帷幕顶部高程高出设计挡水位为止。

（4）关于老河道污染水是否向支沟渗漏问题，经调查分析，认为不会发生。

（5）老河道其他部分高山丘陵，不会发生向堆场外渗漏问题。

3. 实施情况

现已全部完工，效果很好。

35.8　元宝山露天煤矿的地下防渗墙工程

35.8.1　概述

这一节将阐述在大型露天矿山地区如何保护地下水资源，避免生态环境恶化的问题。这是主编人在 1992—1993 年的初设成果。

下面以元宝山露天煤矿矿坑周边防护方案的比较和选定为例（1992—1993 年），加以说明。

35.8.2　露天煤矿的地下防护方案

1. 项目概况

某露天煤矿地处内蒙古自治区，矿区为低山丘陵地貌，占地面积 200 万 m^2，煤田赋存于东西元宝山之间的冲积平原内，地面高程一般为 450～485m，采区面积为 $12 \times 10^6 m^2$。英金河横穿煤田中部，将露天煤矿分为西南、东北两个采区。首期开发河右岸部分。矿区平面布置如图 35-15 所示。

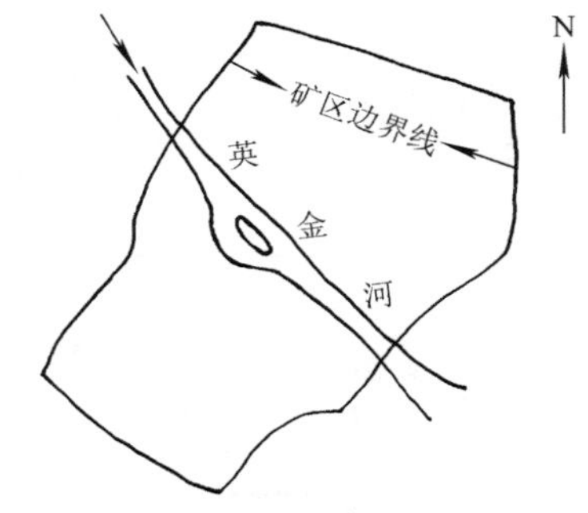

图 35-15　某矿区平面图

煤质为褐煤，主要供给某发电厂，该电厂已建装机 90 万 kW，将扩建成总装机 210 万 kW。

采区地下水主要是潜水，水量较大，现采用降水抽干方式，对解决生产问题是成功的。随着降水漏斗的不断加大，带来了一些社会问题和生态环境问题，而且每年仅排水电费及补偿费就需要约 3000 万元，随着剥离深度加深，降落漏斗有进一步加大的趋势。为此东煤公司提出拟采用防渗措施替代疏干以减少环境影响。

2. 地质概况

沿帷幕线覆盖层最大深度约 75m，其主要地层特性分述如下：

（1）表层为坡积、冲积和洪积的细颗粒为主的透水层，厚 5～10m。

（2）其下为一层厚 10～32m 的强透水层，Ⅱ2 由冲洪积圆砾类砂砾卵石组成，粒径一般 2～4mm，个别 50～370mm，渗透系数为 200～700m/d。

（3）第三层为中等透水层，Ⅱ1 厚 10～35m，由冲积、冰积的泥砂质砾石夹砂砾和砂组成，粒径 5～60mm，个别 50～150mm，渗透系数为 120～150m/d。

第二层和第三层地下水联系密切，具有同一自由水面。

3. 矿坑防渗方案比较与选择

根据该工程具体情况，提出槽孔防渗墙、灌浆帷幕、高喷防渗墙三个方案进行比较选择。

1）方案比较

（1）主要技术参数、工程量及投资估算比较详见表 35-3。

主要技术指标比较表　　表 35-3

序号	项目		单位	槽孔防渗墙	灌浆帷幕	高喷防渗墙
1	防渗体尺寸	长度	（m）	7660	7660	7660
		深度	（m）	65	65	65
		厚度	（m）	0.8	17.5	3 排
2	防渗材料			塑性混凝土	水泥黏土	水泥
3	渗透系数K		（cm/s）	1×10^{-8}	5×10^{-5}	5×10^{-6}
4	主要工程量		（万 m^2）	39.1	56	80.3
5	用电量		（kW）	1627	7000	15000
6	水泥用量		（万 t）	8	30～60	大于 100

（2）主要优缺点比较详见表 35-4。

主要优缺点比较表　　表 35-4

序号	方案比较	优点	缺点
1	槽孔防渗墙	1. 设计施工技术成熟，能够适应大粒径的砂卵石地层条件。 2. 连续成墙，整体性好。 3. 防渗效果最显著，运行费用很少。 4. 成墙工效高，工期短，投资少。 5. 可充分利用当地黏土及粉煤等材料	岩石部分使用冲击钻施工效率比较低
2	灌浆帷幕	1. 设计施工有一定经验。 2. 发现问题易处理。 3. 增加岩石灌浆深度不受限制。 4. 可利用当地黏土、粉煤灰等材料	1. 下段冰碛、冰水砂卵砾石层的可灌性待查。灌浆参数要现场试验确定 2. 用电量大，水泥用量 30 万～60 万 t，投资大。 3. 边疏干边灌浆，在实施中相互影响。 4. 灌浆浆液可能堵塞疏干井。 5. 灌浆效果难以预测，工程投资可能变动很大
3	高喷防渗墙	1. 新技术，设计施工均有一定经验。 2. 成墙工效高	1. 对含大粒径的砂卵砾石适应性较差，墙体整体性不易保证。 2. 国内目前最大墙深 47m。 3. 墙后渗漏量较大。 4. 用电量大，水泥用量大

2）方案选择

从上述施工方案比较中不难看出，槽孔防渗墙防渗概念简单明确，比其他几个方案更易保证工程质量，而且采用一些国外引进设备和国内先进技术相结合可以达到高效、低耗和投资少的目标，特别是可以大大缩短工期，既可加快矿山建设速度，又可大大节省目前的疏干和赔偿费用以及投产后的运行费用。

我国在 1969—1970 年间即已在漂石粒径达 70～80cm 的砂卵石地基中建成了 60m 深的地下防渗墙，随着 50 多年来施工设备和技术水平的提高，应该说在像元宝山这种地基中建造深度 60～70m 的防渗墙，不存在技术上的难题。

由于国内现有高喷设备性能方面的限制，在这种深达 60m 以上的大粒径地层中是难以建成合乎要求的防渗帷幕的。

在这种比较复杂的地层中，采用常规灌浆技术也是困难的，在可灌性、水泥耗量、防渗效果以及工程投资等方面的不确定因素太多，难以估算其技术、经济效益。实际上，自 1970 年中期起，国外已经极少用这种方法处理砂卵石地基了。

锯槽法是利用反循环方法出渣的，在元宝山这种组成和深度的地层中，也不能作为一种基本的技术方案。

实际上，在这个露天煤矿防渗帷幕工程中，只有防渗墙和灌浆这两个方案具备了可比性。但由于灌浆方案投资高，占用电力多，水泥消耗大，灌浆效果难以预测，不宜作为主选方案。

我们建议把防渗墙作为主选方案，在某些部位（如基岩）则采用灌浆方法予以处理。

4. 防渗墙方案的设计施工要点

目前，我国混凝土防渗墙施工技术日趋完善，施工工艺成熟。特别是 1980 年代从国外引进的抓斗和施工技术，已经取得了明显的技术经济效益。

1）方案布置

根据元宝山露天煤矿项目部提供的帷幕线布置防渗墙，墙体总长度为 7660m，墙顶高出疏干前地下水位 1m。墙底嵌入风化岩 2m，最大深度约为 65m，总截水面积约为 39.1 万m^2。墙体防渗材料使用塑性混凝土、固化灰浆或自硬泥浆。设计墙厚为 0.8m。分槽段施工，单元槽段长度为 3.9～10.1m。

2）设计要点

该工程工作水头 50～60m，施工时除严格按防渗墙施工规程执行外，还应满足下列要求：

（1）选用商品膨润土粉造浆，泥浆质量要好。

（2）孔斜率不大于 4‰，接头孔不大于 2‰。

（3）清孔泥浆相对密度小于 1.15，沉渣小于 10cm。

（4）使用新型防渗材料，主要技术指标详见表 35-5。

墙体材料主要技术指标表　　**表 35-5**

名称	抗压R_{90}（N/cm^2）	弹模E_{90}（N/cm^2）	抗渗K_{90}（cm/s）	水泥（kg）
塑性混凝土	100～200	40000～80000	10^{-8}～10^{-7}	140～200
固化灰浆	50～100	6000～10000	10^{-7}～10^{-6}	180～200
自硬灰浆	50～100	2000～10000	10^{-7}～10^{-6}	180～200

（5）单元槽段接头要刷洗干净。

3）施工要点

导向槽采用砖砌或混凝土浇注，深度为 1.5m，一侧设排浆沟，另一侧为施工作业平台。

为满足施工进度要求，要进一步发挥先进设备之优势，采用 R—15 钻机造先导孔，BH7 和 BH12 抓斗抓挖副孔的两孔一抓方案，以及抓斗直接挖孔成槽的施工方案。基岩部分用冲击反循环钻完成。

墙体材料如选用自硬泥浆，则采用一抓一槽的施工方法为好。墙体材料如选用固化灰浆则宜选用一抓一槽或三抓一槽。墙体材料如采用塑性混凝土则以三抓一槽为宜。

主要施工机械、工期及工效分析：

主要施工期为 20～25 个月。主要施工机械、工效分析及用电量详见表 35-6。

主要机械及效率表　　**表 35-6**

机械名称	型号	单位	数量	动力	功率（kW）
抓斗	（意大利）BH7/12	台	2	柴油机	—
全液压钻机	（意大利）R—15	台	1	柴油机	—
冲击反循环钻机	—	台	24	电	1200

续表

机械名称	型号	单位	数量	动力	功率（kW）
泥浆拌合机	（进口，自制）$2m^3$	台	6	电	13×6
泥浆除砂器	—	台	2	电	15×1
泥浆泵	4in	台	6	电	13×6
混凝土运输车	（意大利）$6m^3$	台	6	油	—
混凝土拌站	$50m^3/h$	台	1	电	100
其他设备	—	套	—	电	120
合计	—	—	—	—	1627

35.8.3 说明

以上是主编丛蔼森，1992—1993年期间应煤炭部基建司和元宝山煤矿之约，所作可行性研究报告和设计概要，曾经进行多次评审，后由于多种原因停工。

35.8.4 实施的设计与施工

元宝山矿山的地下防渗墙已经于2021年10月建成，仍然采用可研和初设推荐的地下防渗墙方案，采用HDPE土工膜防渗墙的深度为43m左右。

35.9 扎尼河露天煤矿的土工膜防渗墙

35.9.1 概述

扎尼河露天煤矿于2012年投产，为把矿坑内地下水位降到煤层底板以下，目前已经打了180多疏干井，日排水量16.4万m^3/d，是原设计水量的3.5倍，年疏干费用达6000万元。

大量抽取地下水，造成了很多隐患，需要想办法解决。

35.9.2 疏干水来源

（1）矿坑疏排水量主要由海拉尔河河水通过第四系砾石层沿煤层隐伏露头补给（图35-16）。

（2）矿坑开采之前，地下水处于平衡状态，受地势影响自南向北流。

（3）矿坑开采之后，打破地下水平衡状态，在疏降中心形成降落漏斗，引起地下水流场发生改变，地下水向北流。

（4）海拉尔河与矿坑之间砾石层透水性好，南部为隔水边界（图35-17）。

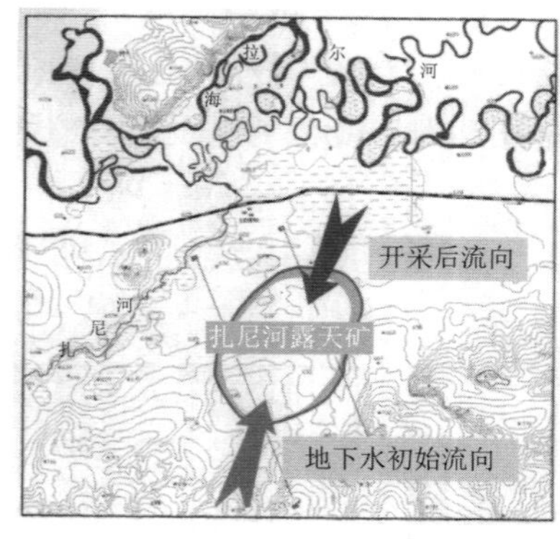

图35-16 疏干水来源图

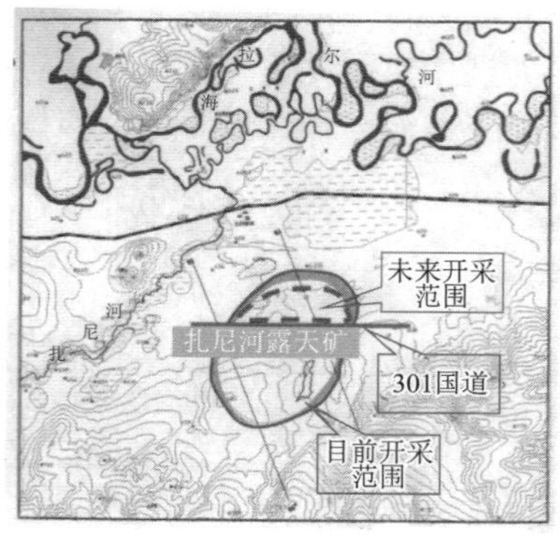

图35-17 矿区位置及开采范围图

35.9.3 疏干水存在的问题

1）露天矿常用的水害控制方法有两种：疏排降水和帷幕截流。

2）若继续采取疏排降水方案，将对矿坑产生以下不利影响。

（1）影响矿坑正常接续，威胁矿坑安全。

①北部特点（表 35-7）：a. 砾石层厚度大，最厚 37.6m；b. 渗透系数大，75.1m/d；c. 靠近补给区，水力梯度大，动态补给量大；d. 矿坑北部海拉尔河渗透补给量为 $40.75\times10^4m^3/d$。

②威胁边坡稳定，影响维护治理；影响疏排水工程。

相关参数 **表 35-7**

渗流量（m^3/d）	渗透系数（m/d）	水头损失（m）	渗流路径（m）	含水层厚度（m）	含水层宽度（m）
144000	75.1	106	3000	10	5426.73
407547	75.1	45	1800	40	5426.73

（2）影响海拉尔湿地的生态环境。

①引起地下水位下降，造成植被枯死，草原沙漠化。

②污染海拉尔河，浪费地下水资源。

③环保意识增强，国家对环境保护与治理力度加大。

（3）增加露天矿因疏排水产生的生产成本。

①排水费用每年约 6000 万元。

②以后每年排水费用会随排水量增加而增大。

③露天矿可开采 30 年，水资源成本费用很大。

35.9.4 防渗方案（防渗体）

（1）鉴于疏排降水方案给扎尼河露天矿带来诸多不利影响，试图通过帷幕截流的方法，达到截渗减排的目标。

（2）防渗体常见的形式有地下连续墙、旋喷桩、深层搅拌桩、长螺旋搅拌桩、钻孔咬合桩等。

可研论证提供的资料显示，防渗体长度 5970m，工程量 15.6 万 m^3，墙体厚度 0.6、0.8m，渗入煤层以下 1m。

35.9.5 防渗体结构

防渗体划分：连续墙：2793m；防渗膜：3021m；旋喷注浆：200m（图 35-18）。

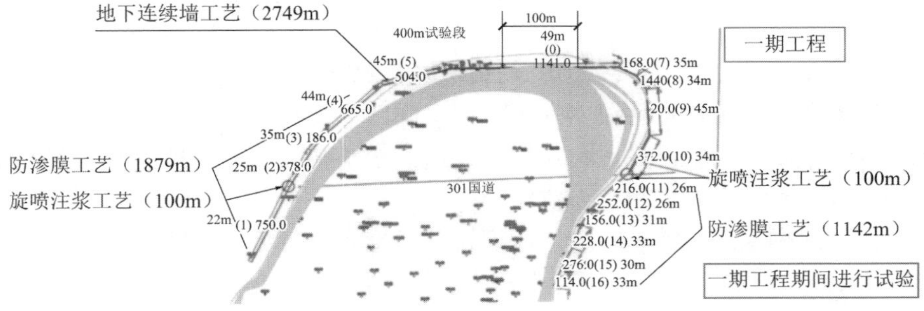

图 35-18 防渗体结构示意图

费用方面：防渗膜工艺与连续墙工艺主要是材料价格差异，墙体开挖工艺一致。

35.9.6　土工膜施工问题

（1）存在的问题：①截渗目标层埋藏深，厚度大，砾石含水层最厚达37.6m，防渗膜铺设深度最深接近50m；②地层结构变化大，从地表至目标层依次为细砂层、砾石层和黏土层，地层抗压强度小于10MPa，且砾石含水层富水性强，砾径大。

（2）结合目前的防渗膜施工案例，在垂向防渗深度方面暂未有超过30m的案例，面对大深度、强含水层、地层结构变化大的区域防渗，防渗膜作为新材料、新工艺，尚无实际应用案例和成功经验，需开展一系列调研和工程试验。

（3）通过远方集团公司现场试验，证明垂直埋设土膜可行。

35.9.7　小结

土工膜防渗墙施工已经于2021年年底结束，土工膜最大埋深达47m，质量可行。

35.10　小结

1）1980年，北京水利规划设计院接受冶金工业部环保司的委托，由主编人主持试验研究和设计了锦州铁合金厂铬渣场的防护工作，首次采用地下防渗墙技术，在渣场周围修建了地下防渗墙并深入安山岩层内，形成了筒状防渗体，取得了很好的防渗效果和经济效益；还参与制定了六价铬治理规范。这以后，垃圾场、工业废物堆场等都采取了地下防渗墙（有时在底部基岩中灌浆）这种防渗措施。

2）1992—1993年，主编人还接受煤炭部门的委托，专门进行了内蒙古的元宝山露天煤矿的防渗墙的可研和初设工作，经过方案比较，建议采用地下防渗墙。最近两三年来，采用防渗墙方案进行了设计和施工。2010—2021年间，主编还参与了内蒙古扎尼河露天煤矿设计施工的评审咨询工作。在这些露天矿采用地下防渗墙作为防渗结构，可以大大减少对当地环境的破坏，保护生态环境，还节省了大量的资金。

3）主编人从1980—1982年进行锦州铁合金厂铬渣场的设计施工以来，一直关注着这方面的进展。现对工业废渣堆场的治理提出以下建议：

（1）在堆场院周边设计防渗墙和防渗帷幕，工程重要性高的，应采用地下连续（防渗）墙下接水泥灌浆帷幕的设计方案。如果要求帷幕透水性很小，可考虑采用一排或多排化学灌浆帷幕。

此外，还可以采用只设地下连续（防渗）墙方案，也可采用只有水泥化学灌浆帷幕或高压喷射灌浆帷幕或水泥土搅拌防渗墙等设计方案。其中，高喷和水泥土防渗体的透水性大些，应慎用。

（2）治理污染的一个重要指导思想是：抽出堆场内的污染水，降低场内地下水位，不使污水外渗。有些时候抽出的污染水还可送回车间，重复利用。

（3）有很多废物堆场位于山区河道岸边，遇大暴雨和洪水时，易被淹没或者冲毁，影响下游环境，故应及早做好堆场的防洪措施。

（4）目前，采用土工膜治理垃圾场污染，已经越来越多了，效果不错。

4）以前露天矿山的开采多采用降水方法。此法浪费很多水资源，破坏了生态环境。采用防渗方法是比较可行的，防渗措施多种多样，宜根据当时当地的地质条件和环境状况，经过技术经济比较之后选用之。

第 36 章　双轮铣槽机工程实例

36.1　概述

双轮铣槽机起源于 20 世纪 70 年代的法国，后又推广到意大利、德国和美国等国家。

有关双轮铣槽机的发展概况，已经在前文说得很多了。本章中是想通过一些工程实例，让大家了解一下双轮铣槽机，在各个领域的应用情况。

36.2　土力公司双轮铣 250m 深槽试验

36.2.1　概述

2012 年土力公司在意大利某地，进行了 250m 深槽地下连续墙试验，使用了 SC135 型（图 36-1）双轮铣槽机，最后完成了深度 250.07m 的挖槽。

图 36-1　土力虎系列 SC135 双轮铣

1. 第一步：确定试验区域

试验场地要求有一定比率的岩石以验证双轮铣的性能。

偏斜控制在最小。

快速铣削岩石的能力。

Gauldo 是最合适的试验场地。

地质调查：

（1）0～6.1m，细砂砾石层。

（2）至 27m，轻泥灰质黏土。

（3）至 52m，泥灰质黏土。

（4）至 105m，泥灰质黏土，平均 U.C.S.达 43MPa。

（5）至129m，海底滑坡，砂岩及石灰岩交替，平均U.C.S.达21MPa。

（6）至251m，密实泥灰质，砂岩，平均U.C.S.达43MPa。

2. 第二步：试验区域现场布置（图36-2、图36-3）

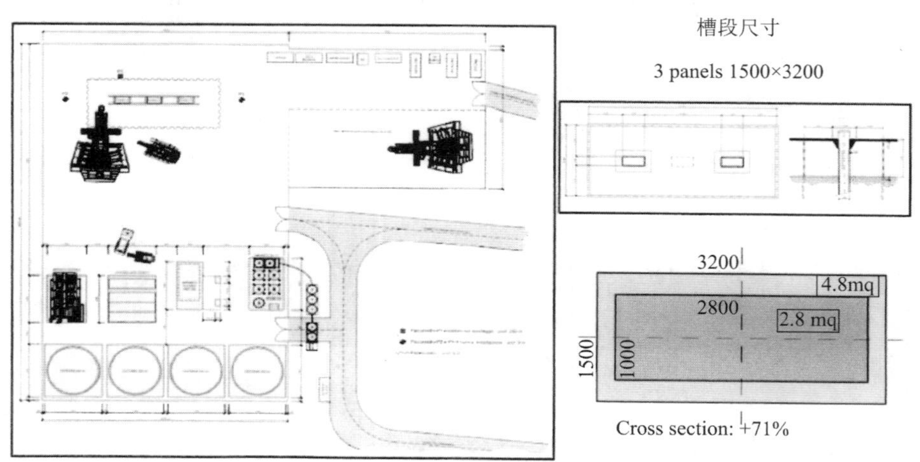

图36-2 试验区域现场布置平面

现场布置项目：

（1）土力虎系列SC135双轮铣（图36-4）；

（2）土力虎系列SC200双轮铣；

（3）辅助起重机；

（4）制浆站；

（5）SMT-500及SDM-35筛分系统；

（6）SMD-90S离心机；

（7）储浆箱。

图36-3 试验区域现场布置实景

图36-4 SC-135双轮铣槽机

3. 第三步：150m 深度开挖（表 36-1、表 36-2）

SC-135 性能表（1）　　**表 36-1**

双轮铣底盘	SC135 级	刀架型号	SH-50
最大铣削深度	150m	铣头型号	HH-12
发动机功率	450kW	工作质量	190t
动力站功率	450kW		

SC-135 性能表（2）　　**表 36-2**

槽段尺寸	3.2m × 1.5m	*X-X*向垂直度	0.2%
最大铣削深度	150m	*Y-Y*垂直度	0.15%
槽段面积	4.8m^2	*X-X*最大偏离	30cm
总方量	720m^3	*Y-Y*最大偏离	22.5cm
铣削速度	15～16m^3/h		

4. 第四步：我们可以下潜多深？

2012 年 10 月 3 日，Trevi-Soilmec，意大利 Gualdo（表 36-3、表 36-4）。

试验槽孔施工要素表　　**表 36-3**

双轮铣底盘	SC200 级	最大铣削深度	150m
最大铣削深度	205.7m	槽段面积	4.8m^2
发动机功率	450kW	总方量	1200m^3
动力站功率	450kW	铣削速度	12～16m^3/h
刀架型号	SH-50	*X-X*向垂直度	0.13%
铣头型号	HH-12	*Y-Y*垂直度	0.10%
工作质量	280t	*X-X*最大偏离	31.8cm
槽段尺寸	3.2m × 1.5m	*Y-Y*最大偏离	24.75cm

试验槽孔偏斜表　　**表 36-4**

纠偏测量	深度（m）	偏离值	比率（%）
*X-X*最大偏量	250	31.8cm	0.13
*Y-Y*最大偏量	90	74cm	0.82
*Z*向最大偏量	155	1.91°	—

36.2.2　小结

试验完全成功，采用三段试验，可以检验槽段间接头质量完好。

从电测资料照片中，可以证实开挖了250.07m。垂直偏斜31.3cm，孔斜只有0.13%。

36.3　用双轮铣处理土石坝的渗漏（法基）

36.3.1　概述

液压双轮铣槽机很适于在岩石中造孔，在岩石抗压强度小于50MPa的砂岩或风化花岗岩中钻进效率是很高的，可以用来解决灌浆方法无法解决的难题。

德国纽伦堡地区的一项跨流域引水工程中，要兴建布龙巴赫（Brombach）和罗斯西（Rothsee）两座土坝。两坝坝基都存在着透水砂岩。如果采用常规灌浆方法来处理这些充满裂隙的砂岩，虽可取得比较满意的效果，但其造价太高，工期过长。在探索新的基岩防渗措施时，最终选用了液压双轮铣建造混凝土防渗墙的方案，并且它的造价比灌浆还要低，改变了人们一向以为防渗墙比灌浆费用高，以及防渗墙不能解决基岩渗漏问题的老想法。

36.3.2　布龙巴赫坝的防渗墙

该工程采用法国索列旦斯公司研制的液压双轮铣挖槽机。关于机子的具体结构和功能已经在前面有关章节中介绍过了。

防渗墙分成长7m的一期槽孔和长2.7m的二期槽孔。先施工一期槽孔，二期槽孔要等到一期槽孔建成1或2周后，再将两个一期槽孔端部混凝土各切削掉至少20cm以上，以形成连续的防渗墙。在一、二期槽孔之间不需要专门的连接，也不需要采取特殊的封堵措施。

槽孔的位置和几何尺寸，是由操作人员通过设在导架上的测孔仪来进行检测并加以调整的。在槽孔深度达到10m后，切削架完全浸没在槽孔内，槽孔内的位置可以利用垂直于防渗墙轴线的液压力进行校正；防渗墙轴线的偏差可以依靠两个切削轮的不同扭矩来校正，从上部一直校正到墙的底部。垂直于防渗墙轴线的切削器的转向机构已获得进一步改进，这一改进使得切削轮可以相对于掘削导架倾斜达10°。在所有的沟槽已经完全到达底部后，可以采用超声探测器（如Kodesol装置）来测量和记录可能产生的偏差。

36.3.3　布龙巴赫大坝的基岩封堵

1. 施工

布龙巴赫大坝为长1.7km，最大坝高39m的土坝（图36-5、图36-6），水库库容1.3亿m^3。在坝基以下很深的范围内出现布格砂岩。这种砂岩的深部透水性很强，渗透系数为1～230Lu。在这种岩基内即使用150L/min的泵进行压水，也不可能形成压力。地下水位沿采水方向的低坡降也说明这种基岩具有高的透水性。位于砂岩中的全部4000m^2的防渗墙是由液压双轮轮铣挖槽机施工的。为限定这一封堵区域，考虑了不同泥岩层的密封效果。所有的沟槽都要在灌注混凝土之前，采用超声探测法来测试其与理论位置的偏差。这些偏差应小于掘削深度的3‰。在某些沟槽中，一旦发现有大的裂隙，膨润土泥浆会很快流失，此时在沟槽中适当的部位填砂可封堵这些裂隙。如若浆液损失较少，可以采用添加水泥的方法来阻止沟槽中的渗漏。若部分地段出现较高的泥浆材料损失，可以断定水压试验结果会有高的渗透系数值。封堵混凝土可选择下列配合比（每立方米中含量）：100kg精细研磨的耐火黏土；100kg极细砂；200kg水泥（高炉水泥）；1300kg砾石（粒径8mm）；360kg水。

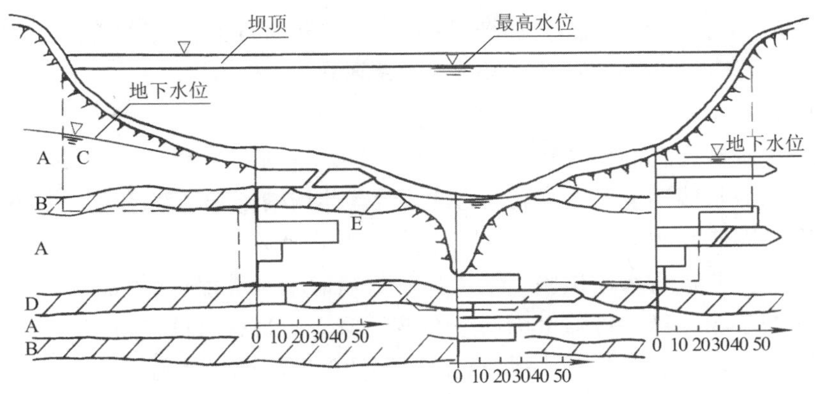

图 36-5　布龙巴赫坝的地质断面

A—砂岩；B—泥岩；C—截水槽；D—泥岩；E—单位吸水率

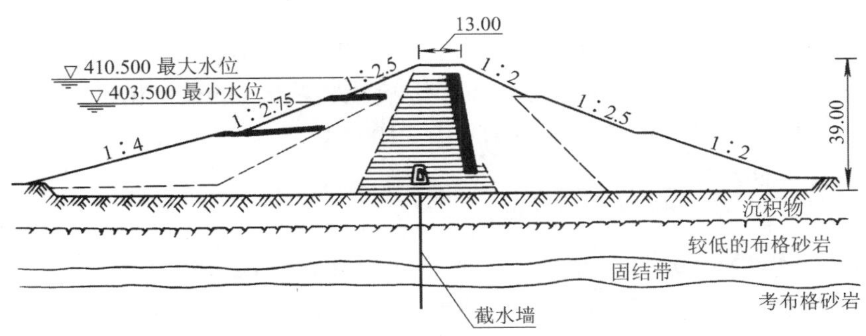

图 36-6　布龙巴赫坝断面图

为对防渗墙进行测试，在墙上钻了几个探测孔。在地下水位以上的不同部位发现现有水平裂缝。而若使用密封混凝土，可能会避免这些裂缝的产生并使水头损失限制到最小。

2. 切削性能的决定

表示基岩被切削的难易程度的一个重要参数是无侧限抗压强度q_u。除裂隙发育情况以外，基岩岩石分层方式，以及基岩的耐磨蚀能力也是十分重要的。挖除破裂的岩石比挖除完整、坚硬的岩石要容易得多。在较大型的施工场地切削基岩的可能性，建议采用现场试验来评定。为了比较全面地评价布龙巴赫坝的 4 万 m^2 封堵区域而进行了掘削试验（0.2 万m^2）。由索列旦斯公司采用了 Enpasol 法，同时进行钻孔。借助于这些钻孔，便可获知掘削不同的基岩的可能性。

在 Enpasol 钻孔中，对扭矩、超载、旋转速度以及钻孔时间每推进 5mm 作一次记录，根据这些参数值可以计算出 CWT 值，该值对确定掘削基岩的可能性是重要的。记录下每小时的切削效能和 CWT 值，就可以估计掘削基岩的可能性。这些结果仅可用于有限的情况下，这是因为，切削效能并不仅仅取决于基岩，从技术角度看，液压铣槽机的效率也取决于导架的重量和切割轮的转矩。只有采用掘削试验才能对这些实际参数作出现实性的评价。如果出现不同的地质条件，Enpasol 钻孔取得的 CWT 值就是非常重要的。

在 1984—1986 年期间，由索列旦斯和宝峨公司所完成的截水墙共计 8 万 m^2。掘削的岩石无侧限抗压强度为 $5MN/m^2$，干重度约 $20kN/m^3$。根据用于布龙巴赫坝和罗斯西坝的设备所获得的经验（切削架重 20t，铣切驱动力约为 300kW），计算出平均切削效能为：切削厚度为 0.65m 时，每小时掘削 15m^2 截水槽。在掘削石英岩质固结砂岩层时（强度约 100MN/m^2，干重度$r_D = 25$kN/m^3），切削效能跌到 0.4m^2/h。

3. 施工验收

由于在完成基岩密封的头几年，一座新建成的水库进行了蓄水，所以必须用其他方法来检查所规定的截水墙功能是否完备。为此，所有的沟槽都必须在挖完后用超声探测方法来检查其精度，即使在 30m 的深处，误差也仅为几个厘米。每隔 100m，在某些接缝处截水墙内钻探测孔，并进行水压试验，结果显示封堵混凝土的渗透系数$K \leqslant 10^{-7}$cm/s。在截水墙中发现三处裂隙，这些裂隙可以通过在该裂隙前铺筑一道桩柱防渗墙的方法来消除，也可采用上游帷幕灌浆法来弥补。检查显示，即使施工再谨慎小心，也会由于不规则的基岩钻进障碍和较长的工作间歇时间而出现问题。因而，建议对基岩封堵进行全面的验收试验。如果以后必须对现行的大坝进行密封，那么封堵成功与否可在试验性蓄水期间立即得到证明。

在布龙巴赫和罗斯西工程修筑 0.65m 厚的截水墙的基岩防渗墙工程费用为 400 马克/m^2。此外，施工现场设备总值为 250 万马克。与 3 排帷幕灌浆方法的造价相比（600 马克/m^2），在同样的花费条件下，截水墙的渗透性降低 10～100 倍。

36.3.4 穆德山坝防渗墙

1. 概述

穆德山坝（Mud Mountain Dam）是一座于 1940 年代修建在怀特（White）河峡谷中的土石坝。坝体的上、下游过渡带对心墙并不能起到反滤保护的作用。此外，在基岩顶面附近发生的渗流循环，使得大坝的心墙遭到破坏并产生漏水。

美国陆军工程师团所设计的修补措施是建造一道深 120m 的防渗墙，并使墙底嵌入其下的安山集块岩内 4.5m。

防渗墙施工采用 HF12000 型液压槽孔开挖机，开挖机的切削头可以通过可倾斜的切削刀盘和导向板进行导向开挖，它可以在开挖过程中不断纠正槽孔的开挖方向。使用液压槽孔开挖机进行作业时的电子仪器记录和利用取样器在二期槽孔中对相邻一期墙板混凝土所取的样品证明，两个相邻墙板在 120m 深度的偏斜率小于 2‰。

在进行防渗墙施工时，坝内心墙在膨润土泥浆压力作用下发生水力劈裂，从而在沿轴线的方向上产生不少的裂缝。

为了确保防渗墙安全施工，采用水灰比很小的稠膨润土水泥浆进行压密灌浆，并将防渗墙单个墙段的尺寸缩小到液压槽孔开挖机切削头的一个宽度。

压密灌浆通过上下游两排灌浆孔进行，灌浆孔间距 1.8m，灌浆作业采用套阀花管法。

钻进灌浆孔时以数字化方式记录了有关的灌浆参数。通过用电子计算机对记录资料进行整理，确定了心墙松弛带的情况。这些松弛带主要分布在心墙的上部和峡谷左岸岩壁的下部。浆液的凝结时间从 2min 到 2h 不等，灌浆压力高达 20kg/cm^2，以便达到水力劈裂和加密坝体的效果，灌浆量达到灌浆处理地层体积的 9.1%。这些情况说明填土坝易于产生纵向裂隙。

2. 工程介绍

穆德山坝位于美国华盛顿州怀特河上，在埃纳姆克洛市东南 8km 处，于 1941 年建成，坝址以上集水面积为 1035km^2。该工程系为防洪服务的单目标工程，由美国陆军工程师团西雅图工区负责建设和运行。大坝为一高 120m 的分区土石坝，坝顶长 213m，坝顶高程 381m。

1）坝基

大坝修建在一上宽下窄的峡谷中，两岸下部陡峭岩壁的高度大于 60m。组成峡谷谷底和下部岩壁的岩石是中硬至坚硬的安山质火山集块岩，岩性为安山岩块，胶结凝灰岩和火山灰的混合体。集块岩的无侧限抗压强度高达 140MPa。

峡谷两岸的上部由穆德山组的地层组成。这是一套经过固结、有一定强度的泥石流沉积物，沉积物中包括卵石、砾石、砂、粉土以及数量不等的黏土、漂砾、木块和浮石等。卵石和漂砾的无侧限抗压强度达 185MPa。

2）坝体

大坝心墙由宽级配砂砾石混合料填筑，其中细粒料的含量占 15%～20%。细粒料为非塑性粉土至中等塑性的黏土。心墙与两侧对称的堆石坝壳之间为上、下游过渡带，按照其填筑材料的级配判断，过渡带不能对心墙起反滤料保护作用。这对于位在高程 320m 以上的粉质砂为主的心墙料尤其是一个问题。

3）心墙老化破坏

据 1980 年代初对一测压管的观测，表明坝内心墙已经老化，渗流的水力梯度在不断增加。在以后进行的岩土勘测表明，心墙内存在有不少缺陷。在靠近大坝的底部，在库水位的正常变动范围内，心墙缺陷表现为一些砾质料层中已没有细颗粒，里面有很多水，估计是砾质心墙料内的细颗粒已被水库水流或管涌破坏冲走。而在以砂质土料为主的心墙的上部，心墙缺陷表现为松散带和裂缝，这显然是由于不均匀沉陷和土料成拱作用的结果。通过对一些测压管进行限制水头（防止产生水力劈裂）的注水试验表明，坝体心墙内的各个测压管之间均存在着相当迅速的水力联系。

在一个自坝顶开挖的直径 1.8m、深 58m 的勘探竖井中，发现有三条含水的斜向裂缝带，每条裂缝带均由几条相距很近的裂隙组成。

4）防渗墙设计

在比较了几个不同的方案之后，决定建一混凝土防渗墙，墙的最小设计厚度为 61cm，两侧和底部嵌入基岩的深度不少于 4.5m。采用这样大的嵌入深度的主要原因是：岩层预部有大量裂隙发育；基岩顶面上存在不少反悬倒坡；在心墙原先施工中这些裂隙和反坡受到处理的程度不得而知；岩石节理多为张性裂隙等。

防渗墙体分为Ⅰ型墙体和Ⅱ型墙体两类。Ⅰ型墙体是指位于峡谷两侧的浅墙段，对于这些墙段可以采用标准的防渗墙施工技术而只作少量的修改。Ⅱ型墙体是指位于峡谷中部和靠峡谷陡峭岩壁的墙段（图 36-7）。因为峡谷的坚硬岩壁很陡峭，而且墙体的深度又很大，这就使得对现有任一施工方法是否能保证各个墙体单元确实保持连续产生了疑问。基于这一原因，防渗墙的施工合同要求Ⅱ型墙体由一期墙体单元和二期墙体单元组成，一期墙体单元内要布置结构钢筋，使一期墙体单元能对二期墙体单元开挖起导向作用。

最初曾考虑采用塑性混凝土防渗墙，以适应水库荷载作用下的预期变形。但是，因为对常规结构混凝土已了解得较多，而且防渗墙墙体内终究可能会产生一些裂缝，最后仍决定采用常规混凝土浇注的防渗墙。墙体开裂被认为不是一个严重问题。而且墙体的变位可以通过仪器观测进行测量。

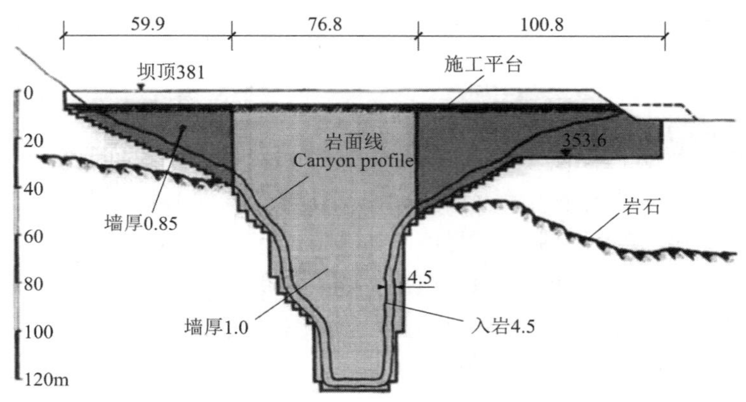

图 36-7　防渗墙槽段划分图

1988 年 7 月，与法国软土防渗公司签订了防渗墙的施工合同。法国软土防渗公司决定使用一种特殊的液压式槽孔开挖机进行防渗墙的施工。

3. 液压式双轮铣槽机

液压式槽孔开挖机是一种切削动力位于孔底的反循环造孔设备，可以开挖槽长为 2.8m 的矩形槽孔，槽孔宽度可由 0.6m 至 1.2m。标准的液压式槽孔开挖机的开挖深度为 60m。

槽孔开挖机备有一个重型钢质切削头，切削头上装有两台由液压马达驱动并作反向转动的刀盘，切削的动力直接位于孔内。在刀盘的紧上方布有一台潜水泵，通过泵的转动使固壁泥浆排至地面。液压式动力设备安装在一台重型超重机上，由起重机支承并操作切削头。电泵排出的泥浆通过管线进入除砂设施，保证再生处理后的新鲜浆液再返回到槽孔内。

第二代液压式槽孔开挖机于 1986 年年末开始设计，这台设备用来切削硬岩和开挖深度为 100～200m 的槽孔。新的槽孔开挖机质量 45t，其切削头的扭矩是第一代槽孔开挖机的三倍。液压式动力设备的功率容量也加大了一倍。

穆德山坝的坚硬安山质基岩需要这样一台大功率的开挖设备。考虑到峡谷的岩壁近于垂直，法国软土防渗公司还为这台槽孔开挖机增加了两个新的特点，一是将切削头的长度增加到 24m，二是在切削头上增设了四台导向千斤顶，开挖时切削头可以支承在峡谷的岩壁上，以纠正槽孔的偏斜。

用于穆德山坝防渗墙的液压式槽孔开挖机在防渗墙合同签字后的九个月内，即设计和制造完毕，并运送到工地。

4. 防渗墙的整体连续墙

有关防渗墙第一期槽孔内设置导向结构钢筋的要求，根据法国软土防渗公司提出的一项保值工程建议书而被取消了。在这份建议书内，混凝土防渗墙的整体连续性由以下三项措施确保。

1）槽孔开挖机具有定向性能

用于穆德山坝防渗墙的槽孔开挖机，其两个切削刀盘安装在一个可以相对于开挖平面作 1.5°倾斜摆动的固定板上。装在切削头内的高灵敏度测斜器不断监测切削头的位置。位置监测数值、刀盘切削扭矩和槽孔开挖深度均记录在 Micromac 微型计算机的磁带和 Enpafraise 记录纸上。这些读数同时还通过屏幕显示给槽孔开挖机的操作员，他可以通过调整刀盘固定板的位置、改变刀盘的转速和通过槽孔孔壁对切削头施加导向压力等手段，及时地纠正槽孔的偏斜。操作员还可以使液压式槽孔开挖机沿一条预定的非垂直路线向下开挖。

2）在第二期槽孔内对相邻的第一期槽孔进行混凝土取样

为了对槽孔开挖机的记录进行校核和证明防渗墙墙体确实连续，法国软土防渗公司建议在二期槽孔开挖结束后，在其底部距离所挖上、下游面 61cm 的地方对相邻的一期墙体混凝土进行取样。

在第二期槽孔的底部通过定位千斤顶使切削头的导向架定位对中。导向架的两侧各装有两个内径为 50mm 的导向管，对准两边的第一期墙体，两个导向管的位置分别距第二期槽孔上、下游面 61cm。导向管与第一期墙体表面成 23°的交角。一个直径 19mm 的岩心管顺序进入四个导向管内，对第一期墙体的混凝土进行取样。

3）将墙体混凝土交替地染成黑色和红色

为了便于判断第二期墙块是否与第一期墙块搭接，可将一期墙块底部段的混凝土交替染成黑色和红色。在开挖第二期槽孔的孔底部分时，染色混凝土的碎屑可以提示两期相邻墙面的搭接情况。

1987 年纳沃霍坝 120m 深的混凝土防渗墙顺利建成。这项工程大大加强了美国陆军工程师团用液压式槽孔开挖机挖建深墙的信心。

5. 漏浆

施工现场的准备工作包括将原坝顶挖去 3m，以组成防渗墙施工平台。当现场准备就绪后，将液压槽孔开挖机组装好，并用 Manitowoc 4100 超重机悬吊。

1989 年 5 月 17 日，在靠近峡谷左侧岩壁的顶部处，开始开挖一个长为 6.7m 的一期槽孔。该槽孔位于一段浅的Ⅱ型墙段中，槽长相当于开挖机切削头宽度的三倍。在槽孔开挖到 9.5m 的深度后，操作工人因午餐而停止作业后槽孔内的泥浆全部漏失。将这个槽孔部分用砂砾。

6. 深墙段的槽孔开挖

经过改变设计后，深墙段的槽孔长度减小为 2.8m，一、二期槽段之间的搭接长度增加到 36cm。

槽孔开挖进行顺利，由于受到水泥浆的污染，槽孔固壁用的膨润土泥浆要进行大量的化学净化处理。沿峡谷左岸的岩壁，槽孔开挖中挖出了由水泥结石包裹的砾石，说明这一地段内的坝体心墙材料受到了强烈的冲刷。

有 15 个墙段的深度超过了 100m。最深墙段的深度为 122.5m。3 块墙段穿过岩壁安山质集块岩的长度超过 30m，另有 2 块墙段穿过岩石的长度超过 50m。

沿峡谷左右岸接近垂直的岩壁所开挖的两个第一期槽孔，其最大偏离均小于 10cm，这是由于液压槽孔开挖机切削头的导向长度大，且切削头上装有两对纵向导向板和切削刀盘具有纠偏性能的缘故。上述两个槽孔开挖中，切削头遇到了坚硬的安山集块岩、回填混凝土、灌浆管和岩石锚栓。在所有这些情况下，液压槽孔开挖机均未全部发挥出其破岩潜力。

图 36-8 所示为位于峡谷中部的防渗墙深墙段的布置情况。

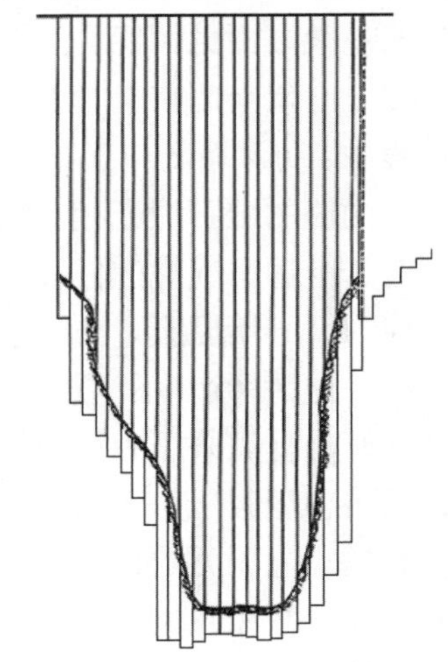

图 36-8　穆德山坝心墙防渗墙位于峡谷中部的深墙段的布置示意图

在开挖二期槽孔时，为使相邻墙段能正确搭接，还采取了补充的谨慎措施。对开挖过程中槽孔开挖机的头数，还利用开挖中的现场测试结果进行了双重复核。

在液压槽孔开挖机的切削刀盘上，布置了一些焊有硬质合金片的软刀。相邻墙段的混凝土对切削刀盘的软刀具产生的磨损程度，可以很好地说明两墙段的实际位置。在开挖岩石时，通过一些装有圆筒形岩石取样器的刀头还进行了岩石取样试验。

在开挖最后一批二期槽孔时，试用切削头软刀具后，取代了对一期墙体混凝土的取样工作。因为这项试验能够确定两块相邻槽段的实际搭接量。在穆德山坝心墙防渗墙的施工中，液压槽孔开挖机在开挖深槽孔时取得了很高的精度，两块相邻墙段的最大偏差量不超过 20cm，即开挖偏斜率小于 0.2%。

7. 心墙的缺陷和裂缝

在施工过程中发现心墙存在有两大缺陷。

1）心墙材料被冲刷

防渗墙施工以前坝体测压管的观测资料和峡谷左岸岩壁下部心墙上游侧三分之二墙体处对水库水位反应快速这些事实，都说明心墙材料已遭受严重冲刷。在压密灌浆孔钻进中，Enpasol 钻进记录系统在这一地区内也记录到一个 9m 长的空洞和松弛带。采用液压槽孔开挖机进行防渗墙施工中，所排出的钻屑中发现有表面被水泥浆结石包裹的砾石颗粒，进一步证实了这一点。细料的冲刷可能发生在水库低水位期，由于水位变幅大，而且岩壁中又有张开的裂隙分布，致使细粒料被渗流冲刷。细料冲刷是可以通过设置正确的反滤层加以避免的。

2）心墙裂缝

在防渗墙施工以前，在开挖坝顶的 3m 坝体时，已发现在心墙内分布有许多近于垂直的裂隙。在勘探竖井中也见到有斜的横向裂隙。这些原先即已存在的裂隙网，可能是造成测压管注水试验中测压管之间存在快速水力联系的原因。由防渗墙施工诱发的裂隙应该是这些原有裂隙加宽和延长的结果。

心墙上部土料松弛如 Enpasol 的记录所示和有大量裂隙发育，这可能是由于上下游堆石坝壳之间的上部心墙材料受成拱效应破坏产生不均匀沉陷所引起的：

（1）峡谷中的心墙材料的成拱作用，可从心墙内有冲蚀带和在进行重力灌浆时局部地段进浆量很高而见端倪。

（2）心墙上部在上、下游堆石坝壳之间的成拱作用又是另外一种情况。在压力灌浆作业过程中，防渗墙的施工导墙下沉了 15cm，这可能是心墙上部的成拱作用被破坏后墙体下塌，而两侧的堆石坝壳相对只产生少量沉陷所致。

对于上述情况中的任一情况，为了抵抗泥浆的压力，墙体心墙应产生屈服以动员土体的压应力。心墙屈服量与泥浆影响带的大小成正比。一个注满泥浆的小钻孔也可能导致水力劈裂，但是所产生的裂缝应该是小的，而且很快会被膨润土泥浆所弥合。但是当进行槽孔开挖时，受泥浆压力影响的范围很大，因此所形成的裂隙也更宽。这种宽裂隙不能被弥合，而将在泥浆压力下扩展延伸。压密灌浆实际上是通过创造由浆液充填的水力劈裂裂隙而达到提高土压力的目的。所能动员的实际土压力大约处于“静止”条件和“被动”条件之间。在压密灌浆过程中，导墙的水平位移量达到了 2～4cm。

8. 结论

本工程所选定的补救措施的正确性在以后防渗墙的施工过程中得到了证实。与此同时，在坝体心墙中存在的密集裂隙网、大的冲刷带和空洞等也得到了证实。修建一道达到基岩的防渗墙是完全必要的，而单靠一道灌浆帷幕恐怕难以阻止心墙进一步老化破坏的进程。

将防渗墙深深地嵌入基岩的决定看来是十分重要的，因为基岩表面的条件本身变化极大，而且心墙沿基岩表面的老化破坏十分严重。

法国软土防渗公司利用先进工艺设计和实施压密灌浆，在恢复坝体心墙的侧向应力条件方面取得了很大的成功，使防渗墙的施工得以继续进行。

法国软土防渗公司的 12000 型液压式槽孔开挖机在极端困难的条件下，以十分精确的开挖精度，使槽孔开挖达到空前未有的深度。槽孔的偏斜度小于 2‰。

在穆德山坝心墙内建造防渗墙的经验突出表明填土坝易于产生纵向裂缝。对这一现象已有不少人在进行研究。

实际完成工程量：

（1）地质勘察。Enpasol 钻孔：3000 延米。

（2）挤密灌浆。

灌浆孔数量：30 个；

灌浆孔总进尺：6000 延米；

灌浆处理率：9.1%；

总灌浆量：3500m^3。

（3）液压铣槽机施工防渗墙。

最大深度：122.5m；

防渗墙厚度：0.85 和 1m；

槽段数量：55 个；

成墙面积：13300m^2。

36.3.5　小结

通过上面的几个工程实例，可以对岩石中的防渗墙的有关问题作一小结。

1. 岩石防渗墙的适用条件

1）复杂的岩石

（1）具有复杂结构的砂岩地基。这主要是指坚硬的和软弱的、颗粒的和泥质的、胶结的和松散的、厚层的和薄层的以及层理交错和岩性互层的各种砂岩，在这类砂岩中是很难钻进的。从世界各地的许多工程实例来看，砂岩地基是很难处理的。属于这类地基的工程有德国的布龙巴赫坝和罗斯西坝以及法国的维约勃莱坝和利比亚的瓦迪冈坝。

（2）花岗岩地基。花岗岩会产生强烈的风化，其深度可达几十米。花岗岩的风化和裂隙给这类地基的防渗带来很大困难；使岩石的粘结强度降低，对坝的稳定不利。单单用灌浆方法很难收到满意的效果。属于这类地基的有法国的蒙特奇克坝和拉甫拉德坝。

（3）下卧软岩。在坝基不太深的位置上有软弱砂岩、泥灰岩或黏土岩时，两岸坝体有可能向深切河槽滑动，就像阿根廷的卡萨德皮德拉坝那样。

2）复杂的地形地质条件

河槽起伏不平，使局部地段防渗墙深入基岩太多。

河槽两岸陡峭甚至出现倒坡，防渗墙要切削很多岩石才能建成。

2. 技术措施

（1）在砂岩坝基中，通常可采用灌浆方法，有时砂岩下面存在着强透水的砾卵石层，灌浆很难见效，可使用塑性混凝土防渗墙来解决。

（2）在花岗岩坝基内，在风化最严重和透水性最强的地段，使用灌浆方法无效，可建造一道混凝土防渗墙；也可考虑在顶部建造一道深 5～15m 的防渗墙，其下灌浆。蒙特奇克电站的莫纳斯坝就曾在坝基透水性最强的花岗岩风化带上部建造了一道混凝土防渗墙，深 16m，墙底再用双排灌浆帷幕加深到 24m。这就是所谓的“上墙下幕”结构。

（3）做好排水工作。总之，随着灌浆技术和防渗墙技术的进步，给不同工程的防渗处理提供了更多的选择余地。在风化花岗岩和砂岩地区，混凝土防渗墙为防止管涌的发生提供了最充分的保证。

36.4 南京四桥和虎门二桥的双轮铣锚碇

南京长江第四大桥南锚碇深基坑支护首次采用了“∞”字形地下连续墙井筒结构。地下连续墙厚 1.5m，最大深度达 51.5m，墙底入岩深度达 3m，而且有 2 个大型 Y 字形槽段，施工难度极大。本节主要介绍了该地下连续墙运用液压铣槽机进行快速成槽施工的方法和解决各种施工难题的配套技术措施，以及所取得的效果。

36.4.1 南京四桥

1. 引言

液压铣槽机是国际上最先进的地下连续墙施工设备，在国外已经得到了广泛的应用，1996 年在三峡二期围堰防渗墙施工中首次引入国内。液压铣槽机具有成槽快速、孔壁规则、质量优良等特点，因此在地铁、桥梁、隧道、房建等行业的地下连续墙施工中得到广泛的应用。本节以南京长江第四大桥南锚碇基坑支护地下连续墙工程为例，对采用液压铣槽机施工大深度、大厚度基坑支护竖井地下连续墙施工技术作详细介绍。

2. 工程概况

1）工程简介

南京长江第四大桥是南京市城市总体规划中五桥一隧过江通道之一，大桥全长 28.996km，其中跨江大桥长约 5.448km，主桥采用双塔三跨悬索桥方案，全长 2476m，主跨长 1418m。大桥南锚碇深基坑支护采用井筒式地下连续墙结构形式，地下连续墙平面形状为“∞”形，长 82m，宽 59m，由两个外径 59m 的圆和一道隔墙组成，墙厚为 1.5m。地下连续墙施工平台高程为 6.5m，墙底高程为−45～−35m，墙底嵌入中风化砂岩 3m。

2）工程地质

南锚碇区地层属扬子地层区，宁镇—江浦地层小区，受沉积间断及构造运动的影响，区内地层发育较全，伴有火成岩侵入。施工区域覆盖层共分为①、②、④三个大层，其中①层又分为 4 个亚层，②层又分为 2 个亚层，④层又分为 3 个亚层。自上而下各地层的工程地质特征如表 36-5 所示。

南锚碇区岩土地层工程地质特征表　表 36-5

土层编号	岩土名称	层厚（m）	主要特征	分布范围
①$_0$	粉质黏土	2.2～4.1	灰黄色，可塑—软塑，含铁锰质浸染，表层约 1m 为素填土	均有分布
①$_1$	淤泥质粉质黏土	3.1～7.6	灰色，流塑，夹粉砂薄层，单层厚一般 0.1～0.5cm	均有分布
①$_2$	粉砂，局部细砂	0.8～3.8	灰色，饱和，松散，分选性较好，含云母碎片，夹粉质黏土，单层厚度一般 0.5～3cm，局部互层状	局部地段缺失
①$_1$夹	淤泥质粉质黏土夹粉砂	4.95～11.3	灰色，流塑，夹粉砂，单层厚一般 0.2～2cm，局部互层状	均有分布
②$_1$	粉砂	0.9～8.5	灰色，饱和，稍密—中密，分选性较好，含云母碎片，局部夹粉质黏土薄层	南侧缺失
②$_3$	粉质黏土	9～21.9	灰色，软塑—流塑，下部粉质含量较高，夹粉土、粉砂薄层，局部夹粗砾砂薄层和少量卵砾石	均有分布
④$_2$	粉砂，局部细砂	4.25～11.1	灰色，饱和，密实，局部中密，局部夹粉质黏土，层底部大多含卵砾石，粒径一般 0.5～5cm，个别达 10cm	北侧有分布
④$_3$	圆砾	0.5～1.2	杂色，饱和，密实，含卵石，石英质，粒径 20～60mm，中粗砂充填	西北侧有分布
④$_4$	粉质黏土	1.3～2.5	灰绿色，可塑，含少量铁锰质浸染，局部含钙质结核，粒径 1～10mm	西北侧有分布
⑦$_2$	强风化砂岩、砂砾岩	0.4～4.1	灰、黄灰色，砂质、砂砾结构，层状构造，风化裂隙发育，岩芯大多呈碎块状，局部风化成砂土状	分布稳定
⑦$_3$	中风化砂岩、砂砾岩	2.7～15.8	灰、黄灰色，砂、砾结构，层状构造，局部夹砂质泥岩、泥质粉砂岩，岩芯以柱状为主，局部裂隙发育	均有分布

3）工程的特点及施工难点

（1）南锚碇基坑地下连续墙的规模和结构形式在国内第一、世界罕见，其受力条件复杂，因此要求作为主要围护结构的地下连续墙具有较高的技术和施工精度要求。

（2）地下连续墙四周紧邻大堤、石油管线、国家粮库等重要构造物；故对地下连续墙的施工质量，尤其是对墙段连接质量的要求较高，需确保不出现漏水情况。

（3）地下连续墙的厚度达 1.5m，最大深度达 51.5m，墙底入岩深度达 3m，施工难度较大，需要采用特殊的施工设备和施工方法。

（4）Y 形槽孔在国内尚属首次采用，其成槽施工及钢筋笼下设为本工程的最大特点和难点。

（5）地下连续墙 65 个槽段的施工需在 3 月 20 日—7 月 20 日的 120d 内全部完成，总体施工进度计划要求在枯水期实现基坑封底，工期短，施工强度高，必须采用液压铣槽机施工。

3. 施工布置

施工总平面布置如图 36-9 所示。

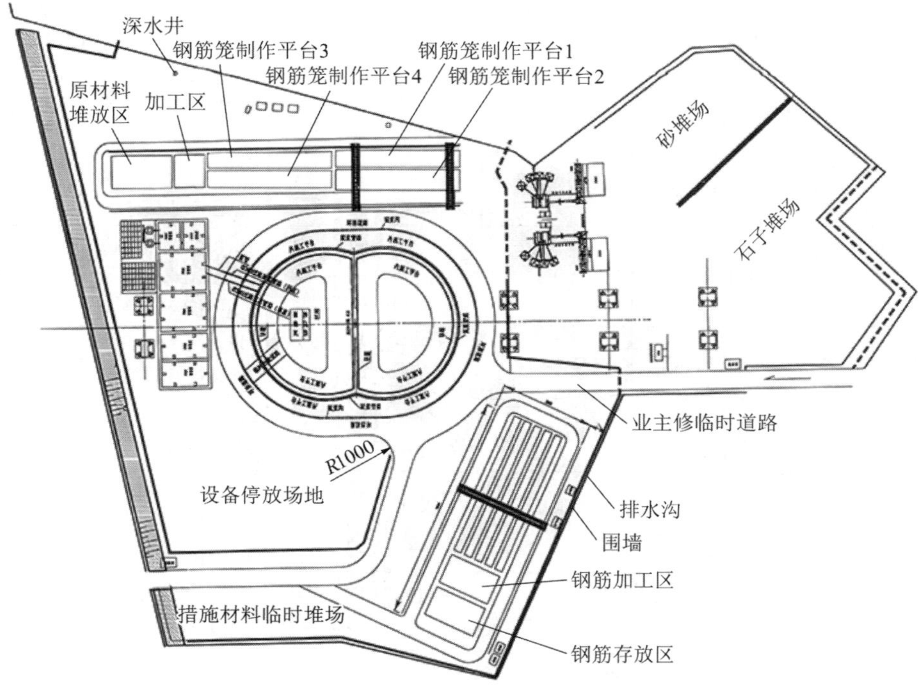

图 36-9 南京长江四桥南锚碇地下连续墙施工总平面布置图

地下连续墙混凝土由施工现场的 2 座 120m³/h 搅拌站进行拌制。现场施工道路主要由环场施工道路及钢筋加工区道路组成，路面为 25～30cm 厚混凝土，以满足混凝土浇注车辆及钢筋运输车辆的行驶要求。

导墙采用 L 形断面 C25 钢筋混凝土结构，导墙高 3m，底宽 2m，厚 50cm。

固壁泥浆制浆站布置在锚区北侧，制浆站内设置 2 台 1500L 型高速制浆机。泥浆池分为膨化池、储浆池、回收池和废浆池，总容积为 1600m³。

泥浆净化系统设置在泥浆池与地下连续墙之间，由泥浆净化器、泥浆泵、泥浆管路和集渣坑组成。泥浆净化装置为宝峨 BE-500 型泥浆净化机。

钢筋笼加工场地布置在锚区的东侧，在压实原地面的基础上铺垫 10cm 厚的碎石。开挖小型基坑（50cm × 50cm × 50cm）浇注钢筋笼制作胎架底脚混凝土基础，胎架上部结构采用型钢按照钢筋笼形状焊接而成，胎架长度为 50m。每个槽段的钢筋笼分成上、下两节，在胎架上整体制作。

4. 地下连续墙施工

1）基础处理

为加强成槽期间槽孔上部淤泥质黏土层的稳定性及减小设备荷载对成槽的影响，在槽孔内外侧采用两圈深层搅拌桩对表层地基进行加固处理。

为确保 P25、P26 两种特殊 Y 形槽孔的稳定，采用塑性混凝土灌注桩对槽段内外侧拐角处的土体进行加固。

2）槽段划分

本地下连续墙工程轴线为两个直径 57.5m 的圆相交，圆心距 23m，相交点的连线为隔墙槽段，地下连续墙外围周长 227.966m，隔墙轴线长 52.7m。本工程采用液压铣槽机进行成槽施工，每次铣削的单孔轴线长度为 2.8m。全部地下连续墙共划分为 65 个槽段，Ⅰ期槽段 32 个（含两个特殊 Y 形槽段），Ⅱ期槽段 33 个。其中，外围Ⅰ期槽长 6.313m，三铣成槽；Ⅱ期槽长 2.8m，一铣成槽。三墙交界处的两个 Y 形Ⅰ期槽段均五铣成槽。隔墙Ⅰ期槽段有两种槽长，其中槽长为 6.9435m 的槽段三铣成槽，槽长为 2.8m 的槽段一铣成槽。本工程采用铣削法进行槽段搭接，外围槽段搭接长度为 27.3cm，隔墙槽段搭接长度为 25cm。槽孔划分情况如图 36-10 所示，Ⅰ期槽孔的铣削顺序如图 36-11 所示。

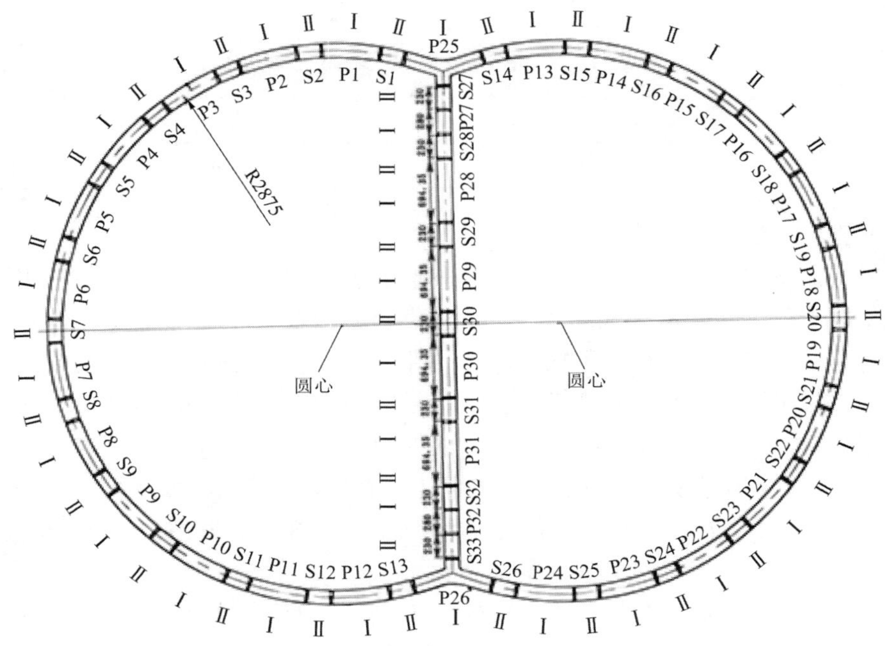

图 36-10　地下连续墙槽段划分布置图

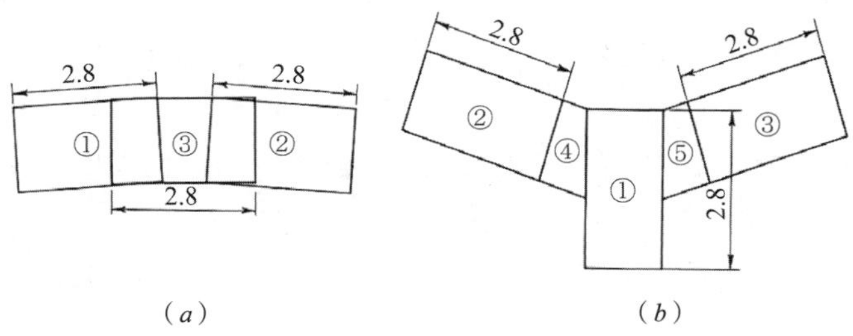

图 36-11　Ⅰ期槽孔铣削顺序图

（a）三铣成槽；（b）五铣成槽

3）施工工艺流程

地下连续墙施工主要工艺流程如下：施工准备→设备安装→泥浆制备→反铲开挖→Ⅰ期槽主孔施工→Ⅰ期槽副孔施工→基岩鉴定→成槽验收→清孔换浆→清孔验收→预埋件组装→钢筋笼加工→Ⅰ期槽钢筋笼下设→导管下设→Ⅰ期槽混凝土浇注→Ⅱ期槽成槽施工→Ⅱ期槽清孔及接头刷洗→Ⅱ期槽钢筋笼下设→Ⅱ期槽混凝土浇注→接缝高喷→墙下基岩灌浆。

4）成槽施工

（1）成槽设备

本工程采用 1 台德国宝峨 BC-32 型液压铣槽机和 6 台 CZ-6 型冲击钻机进行成槽施工，BC-32 型液压铣槽机的性能参数见表 36-6。

BC-32 型铣槽机性能参数表 表 36-6

设备型号	BC-32 型	最大起重能力	120t
主机型号	利勃海尔 HD885 型履带式起重机	泥浆泵排量	450m^3/h
最大开挖深度	60m	泥浆净化设备	处理能力 500m^3/h
开挖尺寸	（0.62～1.5）m × 2.8m	铣槽机及动力站质量	48t
发动机功率	760kW	履带式起重机整机质量	约 110t

（2）覆盖层成槽施工

对于粉质黏土、砂层、粉砂层采用纯铣法进行施工。在单元槽段施工前，用挖掘机将槽段开挖至导墙顶面以下 3.5～4m 的位置，以保证液压铣的吸渣泵进入工作位置。双轮铣槽机配备有孔口导向架，可在开孔时起导向作用。施工时将液压铣槽机的铣轮对准孔位徐徐入槽切削。液压铣槽机铣轮上的切齿将土体或岩体切割成 70～80mm 或更小的碎块，并使之与泥浆混合，然后由液压铣槽机内的离心泵将碎块和泥浆一同抽出槽孔。

为了能切割到在两个铣轮之间留下的脊状土，在铣轮上安装了偏头齿。这个特殊的铣齿可以在每次开挖到槽孔底部时通过机械导向装置向上翻转，切割掉两个铣轮之间的脊状土。

宝峨双轮铣槽机采用两个独立的测斜器沿墙板轴线和垂直墙板的两个方向进行孔斜测量。这些设备提供的数据将由车内的计算机进行处理并显示出来，操作人员可以连续不断地监视孔斜情况，并在需要的时候利用铣头上部的 12 块纠偏板进行纠偏操作。

本地下连续墙成槽施工中，液压铣槽机在覆盖层中的进尺速度一般为 15～18m/h（40～50m^2/h）；孔形和垂直度均一次性合格，孔斜率小于 1/400，满足设计要求。

（3）基岩成槽施工

本工程要求墙底进入中风化基岩 3m。中风化细砂岩的平均强度为 12.75MPa，最高不超过 20MPa。基岩的强度虽然不高，但完整性好，磨削能力极强。

试验槽孔施工时，液压铣进入基岩后进尺缓慢，每小时进尺在 20cm 左右，铣齿消耗严重；分析其原因主要是由于铣头在完整的基岩上只能啃出几条沟槽，各排铣齿之间的盲区部分仍能保持较好的完整性，铣头被基岩托住不能进尺，同时也造成了铣轮轮毂的严重磨损。

针对上述问题，综合考虑经济效益及设备资源等情况，本工程决定配备 6 台 CZ-6 型冲击钻机进行基岩成槽辅助施工，即液压铣铣至基岩面时，交由冲击钻机配 ϕ1.2m 冲击钻头进行冲砸破碎，凿至设计墙底高程后再下液压铣进行修孔作业。6 台冲击钻机与 1 台液压铣配合，流水作业，充分发挥了两种造孔设备各自的优势，既加快了施工进度，又降低了齿耗，节约了成本，确保了工期目标的实现。

（4）固壁泥浆

本工程选用湖南澧县产 200 目优质钙基膨润土制备泥浆，分散剂选用工业碳酸钠，并适当添加增黏剂（CMC）。泥浆配合比见表 36-7。新制泥浆的黏度为 36s（马氏漏斗），密度为 $1.03g/cm^3 \pm 0.01g/cm^3$。

新制泥浆配合比（$1m^3$ 浆液）　表 36-7

膨润土品名	材料用量（kg）				
	水	膨润土	CMC	Na_2CO_3	其他外加剂
钙土（Ⅱ级）	1000	80	0.6	3	—

（5）Ⅱ期槽孔施工及接头处理

墙段连接采用“铣接法”，即在两个Ⅰ期墙段中间进行Ⅱ期槽孔成槽施工时，铣掉Ⅰ期墙段端头的部分混凝土形成锯齿形接触面，施工方法和效果详见图 36-12。

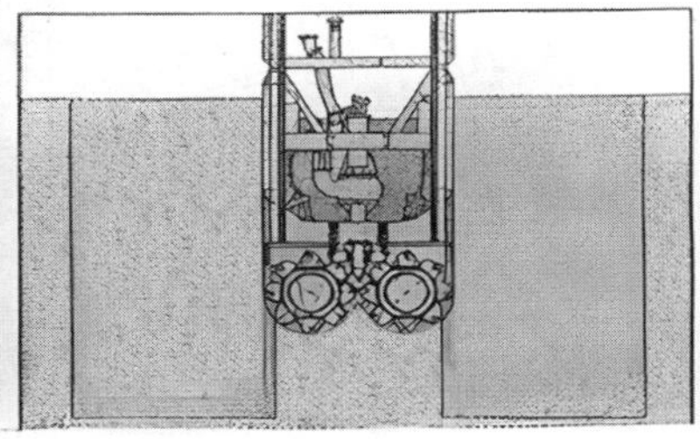

图 36-12　“铣接法”墙段连接施工方法及效果图

Ⅰ期墙段的混凝土强度较高，Ⅱ期槽孔一旦偏斜将很难处理，所以开孔时铣头的导向定位十分重要。Ⅱ期槽孔开孔时铣轮宜采取大扭矩低转速，铣削至一定深度，在孔形稳定后再加快铣削速度，以避免因开孔过快形成偏斜。为了保证Ⅱ期槽开孔位置准确，在Ⅰ期槽浇注混凝土前，在槽孔两端的孔口接头位置下设用钢板焊制的导向板。导向板高 6m，梯形断面，平面尺寸为 1.45m × 0.3m × 0.15m。导向板用型钢吊挂于导墙上，混凝土浇注完毕一段时间（由现场试验的混凝土初凝时间确定）后将导向板拔出，预留出Ⅱ期槽孔的准确位置。此方法起到了良好的孔口导向作用。导向板的布置详见图 36-13。

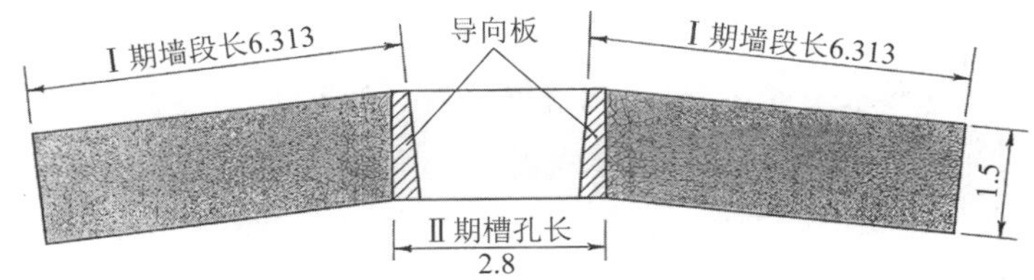

图 36-13　Ⅱ期槽孔孔口导向板布置图

为确保在Ⅱ期槽孔施工过程中不会铣削到Ⅰ期槽段的钢筋笼，一方面Ⅰ期槽段的钢筋笼两端必须预留出足够的空隙，另一方面要严格控制钢筋笼的下设位置。本工程采用的钢筋笼定位措施是在钢筋笼两侧每隔 5m 高度安装一节直径 315mm 的 PVC 管。PVC 管在Ⅱ期槽施工时可轻易被双轮铣切除，不会损伤钢筋，也不会影响Ⅱ期槽孔施工。

5）Y 字形钢筋笼的加工及下设

（1）Y 字形钢筋笼制作

钢筋笼分三段同胎进行制作。Y 字形钢筋笼加工胎架长 45m，宽 7.31m。根据钢筋的形状、规格、数量分别制作，分类堆放。各节钢筋笼技术参数见表36-8，结构见图36-14。

各节Y字形钢筋笼参数表　表36-8

节段编号	节段长度（m）	吊点距笼底高度（m）	对接时吊点离地高度（m）	节段质量（t）
第一节（下节）	15.76	14.23	14.23	36.39
第二节（中节）	15.76	14.23	16.0	32.47
第三节（上节）	14.75	12.88	14.65	30.44
各节对接处钢筋	—	—	—	9.30
合计				108.6

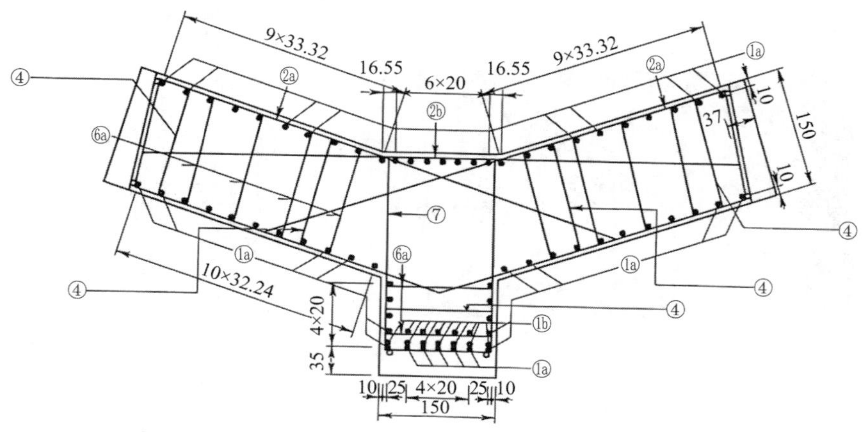

图36-14　Y字形钢筋笼配筋结构图

特殊Y字形槽段钢筋笼制作程序如下：

①首先安设钢筋笼水平“一”字形水平横筋（2b）及中间部位的竖向框架筋（7a），接着安设紧靠2b及7a筋的5根主筋（1d），然后安装底层的斜向交叉筋（2a1）及其上面的主筋（1a）。

②进行架立筋的安装。

③安装上层的主筋。

④安装上层“Λ”形水平筋（2a3）和箍筋（7b、2a2）。

⑤进行其他骨架、预埋件的设置及焊接。

⑥吊点的设置及加固。

（2）起吊设备及工具

Y字形钢筋笼吊装采用150t履带式起重机（主臂长27m）作为主吊，50t履带式起重机作为副吊，相互配合完成。履带式起重机的性能参数选定主要与钢筋笼的总重量和分节后的各节钢筋笼高度有关。

主起重机吊具由扁担梁、滑轮组、钢丝绳、卸扣组成；其中，扁担梁由5cm厚钢板及2根20号工字钢组成，扁担梁上部采用4根长4.6m、直径60mm钢丝绳，配备4个60t卸扣与吊钩相连，钢丝绳总高度2m。扁担梁下部通过4个50t卸扣悬挂4个32t单柄滑轮。滑轮下部采用4根长4.9m、直径40mm钢丝绳，配备8个25t卸扣与钢筋笼相连。主吊具结构见图36-15。

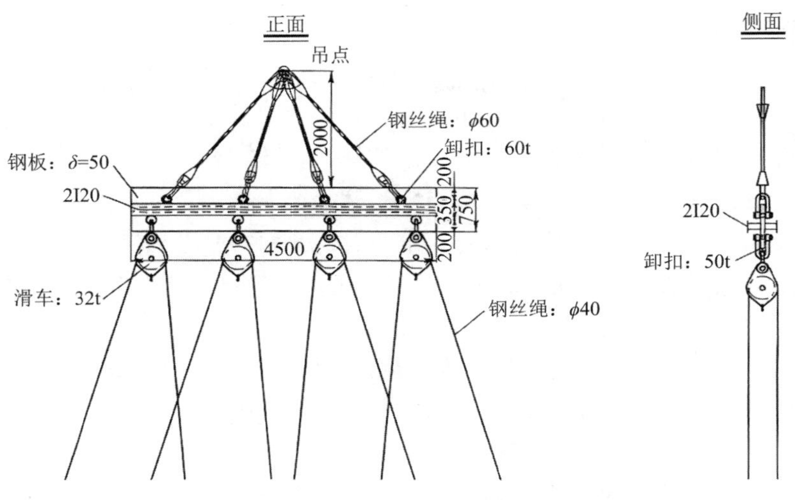

图 36-15　钢筋笼下设主吊具结构图

副起重机吊具与主起重机吊具相似，主要组成部件包括：35t 卸扣 12 个，ϕ39mm 钢丝绳 4 根，ϕ32.5mm 钢丝绳 4 根，20t 滑车组 4 个。

（3）钢筋笼吊点确定

经计算得出钢筋笼重心位置，根据重心位置合理布置吊点，使吊心与钢筋笼重心重合，以保证钢筋笼起吊的垂直度。当吊具吊心与钢筋笼重心重合后，各钢丝绳在钢筋笼截面上的投影相等，此时所有钢丝绳同步受力，根据此原理来寻找吊点，详见图 36-16。

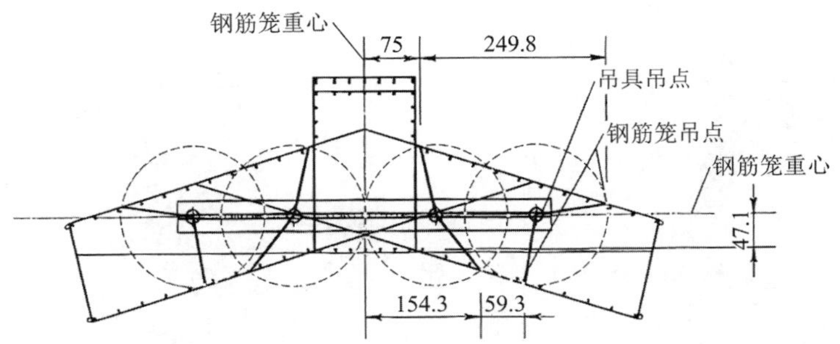

图 36-16　钢筋笼重心及吊点布置图

由于钢筋笼在竖直过程中，内侧 4 个吊点开始不受力，外侧 4 个吊点受力；为防止钢筋笼变形，吊点位置均采用宽 15cm、厚 25mm 的钢板进行加固，吊点所在平面位置加装 ϕ36mm 水平桁架筋，吊点径向位置加装ϕ36mm 加强筋，具体布置见图 36-17。

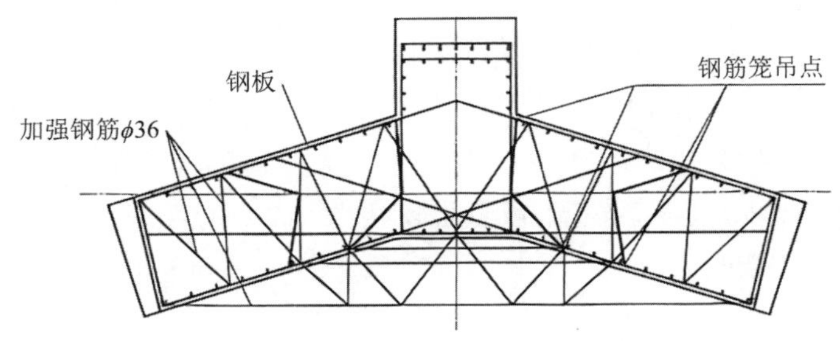

图 36-17　钢筋笼吊点处加强示意图

（4）钢筋笼起吊、下设

特殊Y形钢筋笼吊装采用1台150t履带式起重机作为主吊，1台50t履带式起重机作为副吊，主吊、副吊的吊具均采用滑车组自动平衡钢丝绳长度。起吊时必须使吊钩中心与钢筋笼重心重合，以保证起吊平衡。钢筋笼吊装具体步骤如下：

①两起重机就位后分别安装吊具，并与钢筋笼吊点连接。

②检查两起重机吊具的安装情况及受力重心后，开始同时平吊钢筋笼。

③钢筋笼平起至离地面30cm后，检查钢筋笼是否变形、吊点是否牢固后，主吊起钩，根据钢筋笼尾部距地面距离，随时指挥副起重机配合起钩。

④主起重机向左（或向右）侧旋转，副起重机顺转至合适位置，让钢筋笼垂直于地面。

⑤卸除钢筋笼上副起重机起吊点的卸扣，然后副起重机远离起吊作业范围。

⑥主起重机将下半段钢筋笼入槽、定位。

⑦将横担穿过钢筋笼，搁置在导墙上，卸除钢筋笼上一侧的吊点卸扣，安装于另一吊点上；取出横担，继续下放底节钢筋笼至全部入槽，用横担担起。

⑧重复第一步到第六步操作起吊中节钢筋笼，并在孔口与底节钢筋笼进行对接。

⑨两节钢筋笼对接后，取出横担，主起重机将中、下节钢筋笼入槽、定位。

⑩再重复第一步到第九步的操作，起吊上段钢筋笼，将上段钢筋笼与中段钢筋笼在孔口对接，上、中、下段钢筋笼入槽、定位。然后调整钢筋笼位置与高程达到设计要求。

在钢筋笼竖起后，用经纬仪测量钢筋笼的垂直度时还是发现钢筋笼略有倾斜。为保证钢筋笼顺利下设，下设时在每节钢筋笼顶部增设了一个吊点，通过捯链与吊钩相连，用人工方法完全校直钢筋笼。Y形钢筋笼吊装实况见图36-18。

（*a*）

（*b*）

图36-18 Y形钢筋笼吊装图

（*a*）Y形钢筋笼起吊；（*b*）Y形钢筋笼下放

5. 项目完成情况

本地下连续墙工程施工时间为2009年3月20日—7月16日，比合同工期提前4d完工；共施工墙段65个，成墙12233m^2，浇注混凝土19018m^3，钢筋笼制安2085t。

2009年9月竖井开始开挖，至11月底封底。开挖后的检查结果表明，墙面平整，墙体混凝土密实、均匀；墙段接缝紧密，没有出现漏水、渗水的现象，基坑日抽水量在100m^{3}以下，基本为原状土中的饱和水。

6. 结语

随着国内基础工程建设事业的飞速发展，地下连续墙在地铁、桥梁、隧洞、建筑、矿山等工程中的应用越来越多，地下连续墙的深度、厚度、规模也在不断加大，地下连续墙的结构形式和地质条件也更加复杂；而各种大型高难度的地下连续墙工程往往要求在极短的时间内完成，不采用最先进的地下连续墙施工设备液压铣槽机难以胜任；但这也对液压铣槽机的应用技术提出了更高的要求，在合理选型并采取适当配套措施的情况下才能达到预期的效果。

本工程是国内首个“∞”形超大深度竖井地下连续墙工程，墙厚 1.5m，最大深度达 51.5m，墙底入岩深度达 3m，而且有 2 个大型 Y 形槽段。如此高难度的地下连续墙工程能够在短短 116d 内顺利完成，且施工质量良好，主要原因是液压铣槽机的合理运用。实践证明，该地下连续墙工程在施工质量、技术、进度上均取得了巨大的成功。

36. 4. 2　虎门二桥双轮铣地下连续墙钢筋

1. 工程概况

虎门二桥起点广州市南沙区，终点东莞市沙田镇，全线均为桥梁工程，总长度 12.9km。本工程 S2 标西锚碇采用地下连续墙作为基坑开挖的支护结构，地下连续墙采用外径为 82m，壁厚为 1.5m 的圆形结构，混凝土采用 C35 水下混凝土。分Ⅰ、Ⅱ期两种槽段施工，Ⅰ期槽长 7.07m，Ⅱ期槽长 2.8m，设计最大槽深 47m，采用“铣接法”墙段连接。地下连续墙槽段平面布置如图 36-19 所示。

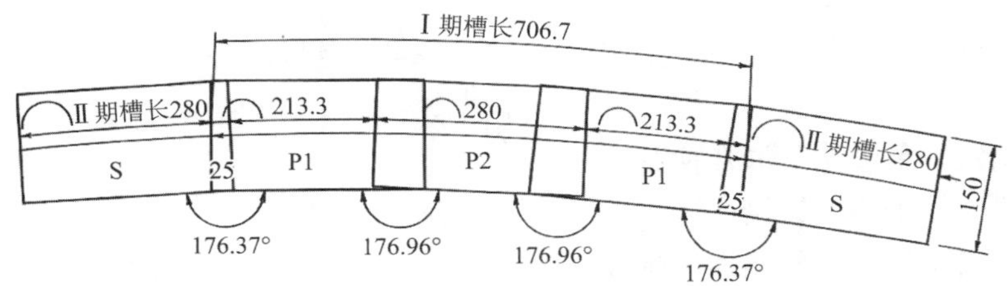

图 36-19　地下连续墙槽段平面布置图（cm）

“铣接法”墙段连接即在两个Ⅰ期槽中间进行Ⅱ期槽成槽施工时，用液压铣槽机直接铣掉Ⅰ期槽墙头的部分素混凝土形成锯齿形搭接。Ⅰ、Ⅱ期槽段在地下连续墙轴线处搭接长度为 25cm。

2. 水文地质条件

西锚碇区域覆盖层主要由第四系全新统海陆交互相淤泥、淤泥质土、砂土和第四系更新统粉质黏土、砂土、圆砾土组成，厚度 24.2～28.5m；基底由白垩系白鹤洞组（K16）泥岩组成，存在风化不均匀、风化夹层现象；稳定连续中—微风化岩理埋深 32.1～52m，起伏大，高差 19.9m。中风化泥岩饱和单轴抗压强度在 3.1～3.8MPa，微风化泥岩饱和单轴抗压强度在 8.7～24.1MPa，属软岩—较软岩。各岩土层参数值见表 36-9。

各岩土层参数值　　表 36-9

土层名称	重度γ（kN/m³）	浮重度（kN/m³）	承载力（kPa）	摩擦力标准值（kPa）	内摩擦角（°）	黏聚力c（kPa）
淤泥	15.4	5.4	50	20	3	5
淤泥质土	16.5	6.5	60	25	5	8
粉砂	19	9	80	20	18	0
中砂	19.5	9.5	300	40	25	0

续表

土层名称	重度γ（kN/m³）	浮重度（kN/m³）	承载力（kPa）	摩擦力标准值（kPa）	内摩擦角（°）	黏聚力c（kPa）
粗砂	18.8	8.8	400	70	28	0
强风化泥岩	19.99	9.99	450	100	20	50
中风化泥岩	20.5	10.5	650	180	30	450

地下水由第四系空隙承压水和基岩裂隙承压水组成，以第四系空隙水为主。淤泥（淤泥质土）、粉质黏土、残积土、全风化岩可视为相对弱透水层及相对隔水层；砂砾层为主要储水层，连通性较好，透水性好；地下水由于水力梯度小，水平排泄缓慢，水位一般埋深较浅。下伏基岩强—中风化岩层风化裂隙发育，裂隙开裂不大，有地下水活动痕迹，其赋存及运动条件较差，透水性较弱，基岩裂隙受岩性、埋深等因素的控制，裂隙发育具有不均匀性，因而其水量发布不均。

3. 地下连续墙主要施工工艺

本工程地下连续墙主要施工工艺如下：

（1）Ⅰ期槽采用液压抓斗配合液压铣槽机“抓铣法”成槽。Ⅱ期槽采用液压铣槽机“纯铣法”成槽。

（2）采用膨润土泥浆护壁。

（3）ZJ1500 型泥浆搅拌机制浆，ZX-500、ZX-200 型泥浆净化系统处理废浆，循环使用。

（4）液压铣“泵吸法”清孔换浆。

（5）墙段连接采用“铣接法”。

（6）Ⅰ期槽钢筋笼分两幅加工制作，单幅分别整体吊装；Ⅱ期槽钢筋笼整体吊装。

（7）采用直升导管法浇注混凝土。

4. 对Ⅰ期槽钢筋笼进行设计优化

本工程Ⅰ期槽钢筋笼设计为两幅笼体，单幅笼体轴线部位长度为 2.925m，两幅笼体下设轴线处间距为 28cm，两幅笼体轴线处距槽孔端 40cm。原设计Ⅰ期槽段钢筋笼平面布量如图 36-20 所示。

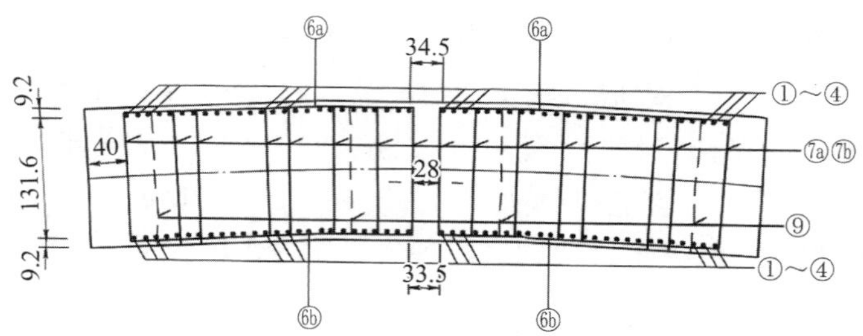

图 36-20　原设计Ⅰ期槽段钢筋笼平面布置图（cm）

针对原设计Ⅰ期槽段钢筋笼结构，考虑两个笼体中间需要预留浇注导管的位置，对钢筋笼结构进行了设计调整，调整原则是中间导管附近竖向钢筋结构进行凹形设计，增加了 7c、7d 钢筋，这样钢筋布置不与导管位置冲突，设计变更后Ⅰ期槽段钢筋笼平面布置如图 36-21 所示。

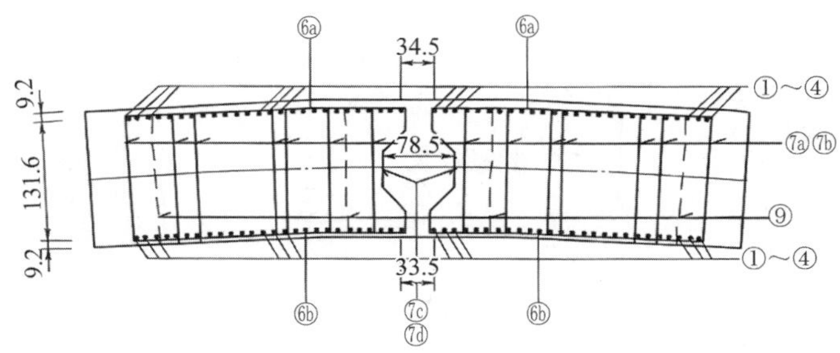

图 36-21　设计变更后Ⅰ期槽段钢筋笼平面布置图（cm）

由图 36-21 可以看出，Ⅰ、Ⅱ期槽孔轴线处设计搭接长度为 25cm，Ⅰ期槽段轴线处素混凝土厚度仅为 15cm。Ⅰ期槽段钢筋笼下设过程中如何准确定位，如何确保两幅笼体在下设过程中不发生交叉剐蹭情况以及保证两幅笼体至端孔的距离，对Ⅱ期槽段铣接成槽至关重要，这也是本工程技术控制的重难点之一。

5. 钢筋笼定位技术措施研究

1）类似工程经验

按照以往类似工程的经验，布设Ⅰ期槽段两幅钢筋笼下设定位装置措施。

（1）钢筋笼保护层厚度：在钢筋笼两侧焊接凸形钢片作为保护层定位块，单片钢筋笼每侧设 2 列，每列纵向间距为 4m。

（2）Ⅰ期槽段钢筋笼两端素混凝土位置设置：在钢筋笼两端设置两列ϕ200mmPVC 管作为导向管（加上固定装置总间距为 38cm），每根 PVC 管长 50cm，沿钢筋笼竖向每隔 4m 设置一排。

（3）下设时孔口的测量定位：在孔口导墙上测量放线布置钢筋笼下设位置控制基准线，在下设过程中指挥起重机按照基准线进行缓慢下设。

（4）钢筋笼加工精度控制：钢筋笼厚度、长度、垂直度等加工偏差严格按照规范标准执行。

为了验证Ⅰ期槽段钢筋笼下设定位情况，先期施工的两个Ⅰ期槽段中间的Ⅱ期槽段满足开槽条件后，就开始Ⅱ期槽段的铣接施工。铣槽过程中根据铣出的钻渣成分可以发现掺有 PVC 管碎片。但是在铣至 30m 深度时，发现钻渣内含有铣断的钢筋，说明液压铣槽机铣轮已铣削到Ⅰ期槽段钢筋笼。通过超声波检测图分析可知，造成这种情况的主要原因是Ⅰ期槽段钢筋笼下设和混凝土浇注过程中钢筋笼下部向Ⅱ期槽段方向出现偏斜，部分定位装置没有达到预期效果。考虑到 PVC 管强度较低，可能存在下设或浇注过程中因剐蹭槽壁、混凝土挤压等发生破损而导致定位失效。

2）定位措施的改进

对原定位装置进行改进，一是 PVC 管直径更改为 40cm，每根 PVC 管长 50cm，管内浇注与地下连续墙同等级混凝土，预留绑扎孔，在Ⅰ期槽段钢筋笼两端设置一列预制混凝土 PVC 管作为导向管；二是为防止Ⅰ期槽段两幅钢筋笼下设时出现交叉剐蹭现象和中间间距缩小的情况，在Ⅰ期槽段单幅钢筋笼中间侧焊接定位导向措施筋，用凸形支架焊接于桁架筋上，支架高度 20cm，采用 20mmHRB400 钢筋加工而成，间距 3m 布设，外侧采用ϕ12mmHPB235 钢筋沿单幅钢筋笼中间两边侧通长布置。钢筋笼定位措施布置平面如图 36-22 所示。

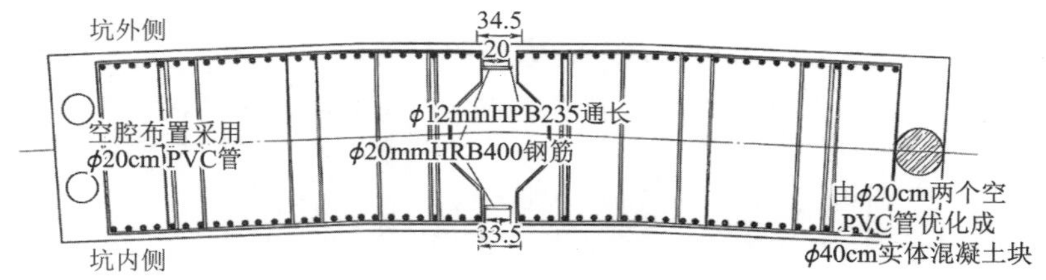

图 36-22　钢筋笼定位措施平面布置图（cm）

通过后续两个槽孔的施工情况分析可知，调整后的定位控制措施可以满足施工质量需求。但是因预制混凝土 PVC 管重量较大，依靠人工安装困难，加固强度要求高，而且随着 PVC 管直径变大，会有部分 PVC 管残留在 I 期槽段混凝土内，可能对墙体完整性造成一定的影响。考虑到以上两点不足，对定位装置尺寸和形式进行进一步优化。

用 PVC 管（直径 40cm）作为模具制作混凝土定位块，厚度为 10cm，浇注完成后将 PVC 模拆除，形成厚度为 10cm 的圆柱状混凝土定位块，预留安装孔。定位装置的重量就大大减小，单人即可完成制作、安装，也不会留下质量隐患。安装时，根据 I 期槽段端孔偏斜情况对安装位置尺寸进行调整设置，安装时采用上下侧间隔布置方式，优化后的定位装置平面布置如图 36-23 所示。

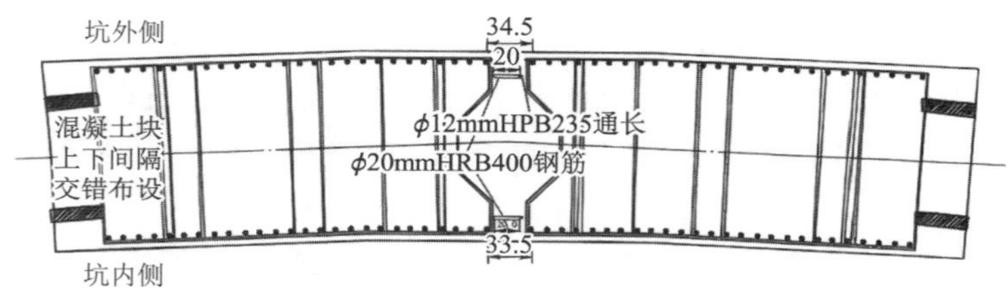

图 36-23　优化后的定位装置平面布置图（cm）

通过实际施工情况分析可知，定位块主要布置在钢筋笼下部 8～10m 范围内，间距 3～4m 布置一块，钢筋笼中上部 8～10m 布置一块即可。Ⅱ期槽孔未再出现铣削到 I 期槽钢筋笼的情况，有效保证了地下连续墙的顺利施工。

6. 结语

采用改进优化后的钢筋笼定位装置，极大地降低了液压铣槽机因铣削钢筋造成的故障率，节约施工成本，保证了进度和质量，经济效益显著，是项目顺利完成的重要保障之一。

近年来，随着地下连续墙成槽技术的不断改进和提高，国内铣槽机数量不断增加，“铣接法”墙段连接凭借其自身优势得到越来越多的应用。本工程对“铣接法”单槽两幅钢筋笼定位技术措施进行了深入研究并成功实施，对今后超深、超厚地下连续墙的施工有一定的借鉴和指导作用。

（本节引自 2019 水电交流会论文集）

36.5　徐工基础的双轮铣实例

有关徐工基础双轮铣槽的介绍，已经在前文说过了。下面再列举两个工程实例，供参考。

36.5.1　济南地铁长途汽车站站

1）工程概况

在建长途汽车站站位于济南市北园大街，车站沿北园大街东西走向敷设，中心里程右CK14＋118.736，起点里程右CK13＋976.416，终点里程右CK14＋322.036，全站全长345.62m，为地下2层岛式站台车站；与M2线换乘，换乘站同期施工，M2线换乘站长约192m，为地下3层岛式站台车站。拟采用明挖法施工。围护结构采用厚度为800mm的钢筋混凝土地下连续墙，槽深大部分在30～33m之间（图36-24）。

图 36-24　济南地铁长途汽车站

2）地质情况（表36-10）

济南地铁长途汽车站地质情况　表 36-10

地层编号	岩性特征	层厚（m）	层底深度（m）
①$_1$	填土：松散，稍湿，以建筑垃圾为主	0.5～6	1.7～6
①$_2$	素填土：黄褐色，以黏性土为主	1.5～3.3	1.5～3.3
⑦	黏土：灰黑、黑色，以可塑状态为主，局部软塑	1.3～4.6	4.0～8.1
⑦$_1$	粉质黏土：灰褐—浅灰色，以可塑状态为主，局部软塑	0.5～5.4	3.5～9
⑩$_1$	粉质黏土：黄褐—棕黄色，以可塑状态为主，局部硬塑	0.7～3.6	5.5～11.3
⑲$_1$	全风化闪长岩：灰黄—灰绿色，原岩结构构造已破坏，手捏易碎	1～10	7.2～21.5
⑲$_2$	强风化闪长岩：灰绿—灰黄色，局部夹有风化硬夹层	2.5～32.8	10.9～44.2
⑲$_3$	中等风化闪长岩：灰绿色，块状构造，节理裂隙稍发育	该层未穿透，揭露层顶埋深14.5～44.2m	
⑳$_3$	中等风化辉长岩：深灰色，块状构造，节理裂隙稍发育	该层未穿透，揭露层顶埋深31～33m	

场区内施工地质条件变化较为复杂，岩石强度、入岩深度变化不一，中风化辉长岩单轴饱和抗压强度局部可达88MPa，大部分槽段在11m左右开始进入风化岩石（图36-25）。根据勘察期间地下水位量测结果，本工程场地地下水稳定水位埋深0.7～3.2m，高程介于20.6～22.92m之间，勘察期间属年较高水位期。

图 36-25　中风化辉长岩

3）接头形式

地下连续墙共划分为80个左右的槽段，单元槽段长6m左右，采用工字钢接头，使用砂袋来填充工字钢腹腔，并且在钢筋笼制作时在钢筋笼一侧包裹上防绕流镀锌薄钢板，来防止混凝土绕流（图36-26、图36-27）。

4）施工工艺

槽段开挖采用钻、抓、铣组合施工工艺。首先采用旋挖钻机施工，每个单元槽段在保证铣轮受力均匀的原则下，施工6个引孔；引孔完成后，再使用抓斗从上至下挖除上部土层、全风化岩层以及部分强风化岩层；对于下部中风化岩层，使用双轮铣成槽（图36-28、图36-29）。

图 36-26　钢筋加工图

图 36-27　挖出的岩块图

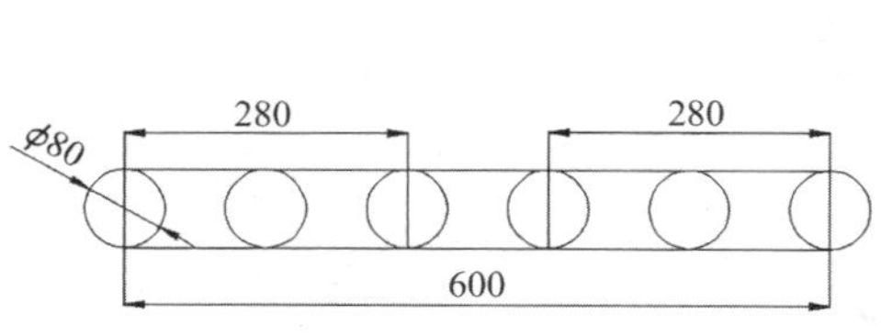

图 36-28　单元槽段布置图

图 36-29　挖槽图

5）工艺流程（图 36-30）

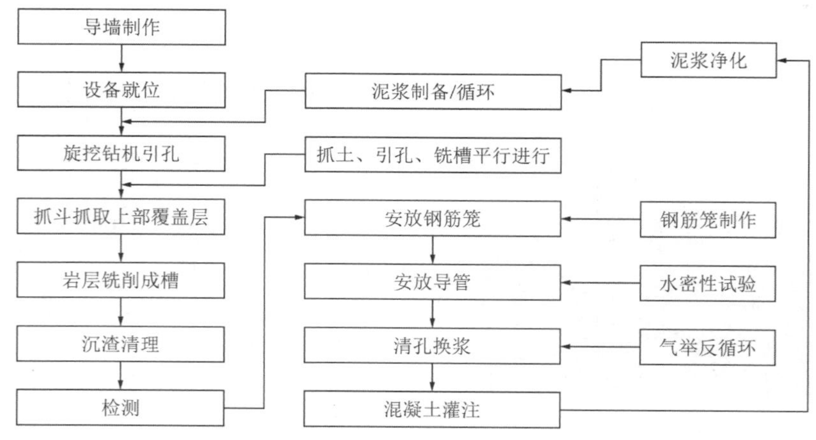

图 36-30　工艺流程

6）关键技术

（1）旋挖引孔技术

旋挖引孔与其他钻孔设备引孔技术（冲击钻引孔）相比，具有成孔质量高，成孔速度快的优势，与铣槽机通过平行作业的方式，更容易对设备进行合理调度，避免设备闲置。并且，通过引孔方式，降低铣槽难度的同时，可以将铣槽工作装置在恶劣工况下的损伤风险，在一定程度上转给旋挖钻机（旋挖钻机与铣槽机相比，其工作装置相对简单），这样就大大降低了设备组合使用的综合成本（图 36-31）。

（2）泥浆净化再生技术

铣槽施工时，泥浆一直在循环利用，将破碎下来的钻渣通过循环的泥浆排出槽外，但是还应该考虑的一点是泥浆的稳定槽壁的作用。因此，在保证泥浆携渣能力的同时，还应该保证泥浆性能参数的优良，由此而生出铣槽工艺中的泥浆净化再生技术，利用除砂机净化泥浆后，再排向槽内，减少新浆使用量，降低后期泥浆处理费用（图 36-32）。

图 36-31　旋挖引孔

图 36-32　泥浆净化

7）施工效率（表 36-11）

济南地铁长途汽车站站施工效率表　　表 36-11

序号	地层	深度范围（m）	成槽设备	耗时（h）
1	第四系土层	0～6.5	抓斗	3
2	全风化岩层	6.5～11.5	抓斗	
3	强风化岩层	11.5～21	铣槽机	10
4	中风化岩层	21～33	铣槽机	16

注：1. 上述耗时均为旋挖引孔完成后的施工作业耗时。
2. 上述耗时为长度 7m 的单元槽段成槽耗时。

8）小结

使用引孔技术的钻铣结合工法中，首要的步骤在于“钻”，即引孔的施工上，引孔的工作量在整个工艺中占有很大的比例，很多情况下，引孔工作即为关键工作，引孔的成孔质量、成孔效率影响整个工法的效果，因此本节花费较大篇幅来介绍引孔的施工。而工法中另一工作——“铣”，更多情况下，其主要作用是成型，即形成设计的矩形槽段，虽然该部分通常情况下工作量相对较少，但毋庸置疑，无论是从套铣接头的设计要求出发，还是从高成槽质量的施工要求出发，“铣”恰恰是不可或缺的工作。“钻”的本意是为了让“铣”更快、更好、更持久地发挥成型的作用，是为了让“铣”高质量成槽的同时，经济效益也更加可观。也就是说，钻铣组合工法，钻是铺垫，铣是目的（图 36-33）。

图 36-33　挖槽图

36.5.2　广州地铁 22 号线风井

1）工程概况

析广区间中间风井位于兴业大道与 G105 国道交叉口西侧约 470m 处，沿兴业大道东西向布置，西接广州南站，东连析福站。风井有效站台中心里程为 YOK46＋074.267，设计起点里程为 YDK46＋009.267，设计终点里程为 YDK46＋139.267。风井为地下 2 层，全长 130m，标准段宽 31.8m，基坑开挖深 19.595～21.9m，区间线路呈东西走向布置，两个区间 4 台盾构机均在中间风井始发。基坑开挖围护结构采用 100mm 地下连续墙，槽段开挖深度 26m 左右。墙体总长约 320m，共划分槽段 50 余幅。

2）地质情况

上覆地层为填土层、淤泥层以及粉质黏土层，下部为风化程度不等的泥质粉砂岩层，从 10～15m 开始进入强风化岩层，从 20～22m 开始进入中风化岩层，局部有硬夹层。中风化泥质粉砂岩呈粉红色，岩体较破碎，岩芯呈碎块柱状，岩质较软（图 36-34、图 36-35）。

图 36-34　挖出的渣土

图 36-35　泥浆净化设备

3）施工工艺

综合考虑地质情况、岩层强度及入岩深度，该工程连续墙成槽采用抓铣结合的施工工艺，上部土层采用抓斗抓取，下部岩层采用双轮铣纯铣法成槽。接头形式以工字钢接头为主，部分槽段采用接头管接头进行连接。

4）关键技术——靠近接头铣削

在施工闭合幅或者连接幅槽段时，由于其中一侧或者两侧存在已施工完的槽段，这样就导致待施工的连接或者闭合幅的槽段会留有接头装置（本节指工字钢），并且由于靠近工字钢一侧通常为空的或者填的砂袋，因此在施工这些槽段时就面临着如何靠近接头铣削槽段，且不会因铣削破坏工字钢装置的问题。

（1）主动控制——调节铣轮负载

当铣轮在进给压力的作用下，岩层受到铣轮扭矩产生的剪切力而发生破碎，在岩层破碎的同时，也会对铣轮产生反作用力，由于两个铣轮的旋转方向相反，因此对岩层的破碎剪切力方向也相反，铣轮最终受到的反作用力也呈反方向，因此通过人为主动控制，使两个铣轮产生的扭矩相同，铣轮产生的剪切力相同，受到的反作用力也相同，最终刀架受到的力相互抵消。如果铣轮受力大小不一样，就会产生以刀架悬挂点为中心点的力矩，从而导致刀架发生偏斜，如果偏向接头一侧，就会铣削到工字钢。对于如何控制铣轮受力均匀，主要是通过调节铣轮转速，观察两个铣轮的压力负载变化（图 36-36），尽量保持铣轮负载压力一致。

（2）被动控制——强制导向

当偏向接头装置的偏斜已经产生，依靠调节铣轮负载来纠偏效果不明显时，可依靠设置强制导向块（图 36-37）的方式来进行方向控制（由于靠近接头部位一侧为空的或者回填砂袋，使用推板进行纠偏没有效果）。为了能够有效地保证铣轮不碰触到工字钢，并且不至于将导向块尺寸设计得很大，通常在刀架下部尽量靠近铣轮的位置安装，一般安装在刀架一侧的切削板上。最终，在控制铣轮负载的同时，通过导向块的强制导向，可有效避免铣轮接触到工字钢，实现被动控制。

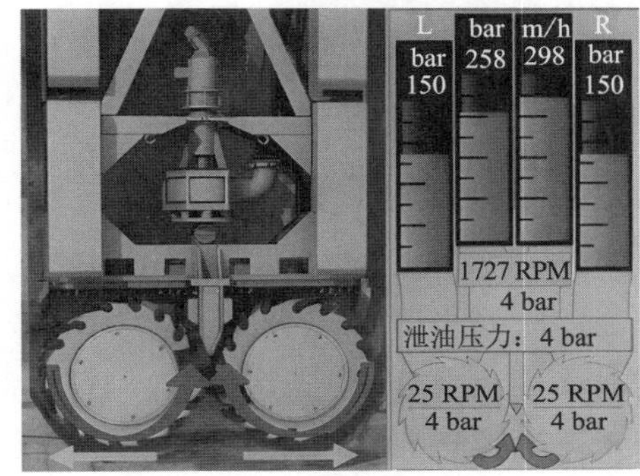

图 36-36　双轮运转图

图 36-37　转向系统

5）现场问题

在施工下部岩层时，由于是泥质粉砂岩，岩石含泥量较大，现场使用的截齿铣轮经常发生糊轮的问题，导致施工速度极大地降低，特别是在强风化地层。关于糊轮问题一般从以下几个方面着手。

（1）更换铣轮类型

针对易糊钻的地层，业界一般经常用的做法是采用板齿铣轮，板齿铣轮的板齿布局，可以很好地与刮泥板配合使用，并且板齿的强度也能满足 30MPa 左右强度的岩石破碎。截齿铣轮在含泥量大的地层容易出现糊钻问题，主要是由于布局问题限制了刮泥板的使用。但是，采用板齿铣轮也有较大的缺陷——地层适应能力差，当下部岩层较硬时，采用板齿铣轮就可能出现铣削盲区，导致托底现象发生，这一点也是限制板齿铣轮使用的客观因素，因为地下岩层很少有一成不变的情况（图 36-38）。

图 36-38　双轮图

（2）更改截齿布局形式

目前，通用截齿铣轮多是针对硬岩设计的，采用的布齿原则是保证铣轮的可靠性——即同一铣削点位置布置有多个截齿，以便其中一个截齿磨损后，在同点截齿的保证下，不至于过早地出现铣削盲区。这样就导致这种形式的截齿布置过密，齿间缝隙很容易塞泥，因此采用螺旋形式的稀松布齿形式，可有效地降低糊钻次数。这种铣轮虽然对硬岩的适应性优于板齿铣轮，但是在硬岩中的工效还是次于常规铣轮（图 36-39）。

图 36-39 截齿铣轮

6）施工效率（表 36-12）

广州地铁 22 号线风井施工效率 表 36-12

序号	地层	深度范围（m）	成槽设备	耗时（h）
1	第四系土层	0～15	抓斗	3
2	强风化岩层	15～18	铣槽机	2
3	中风化岩层	18～23	铣槽机	6
4	微风化岩层	23～26	铣槽机	10

注：1. 上述耗时为长度 6.5m 的单元槽段成槽耗时。
2. 未采用引孔施工，考虑到部分地层糊钻影响。

7）小结

（1）糊钻问题对于各厂家的截齿铣轮均存在，特别是在一些抓斗无法实现有效抓取的、由土层向岩层过渡的临界区域；

（2）鉴于双轮铣的特点，不同规格铣轮的可更换性差，不可能出现在上部施工中使用板齿，在下部施工中使用截齿的情况；

（3）有一种混合齿铣轮，即在每一圈截齿布局中有规律地布置数个铲齿，来弥补截齿破碎后携渣能力不足的缺陷，理论可行，有待验证。

36.6 德国宝峨双轮铣实例

德国宝峨双轮铣槽机 1990 年代引入我国，先后承接了长江三峡二期围堰防渗墙；冶勒水电站大坝防渗墙；南京四桥锚碇和虎门二桥锚碇工程，详见有关章节。

36.7　中铁科工的工程实例选编

已经完成了 60 多个地下连续墙工程，本节只选择了一些有代表性的实例。

1. 北京城市副中心综合枢纽工程（表 36-13）

北京城市副中心综合枢纽工程　表 36-13

项目名称	北京城市副中心综合枢纽工程	甲方单位	中铁建工集团北京分公司
施工时间	2020 年 10 月至 2020 年 12 月	项目地点	北京市
项目概况	北京城市副中心工程是亚洲最大的综合枢纽工程，采用纯抓斗施工，地下连续墙厚 1.2m，槽深 53m，底部 11～14m 素墙，工程量 23600m³。钢筋笼最长 53.5m，最重 71t。该施工项目属于富含砂地层，导墙施工前先做三轴加固，施工中泥浆护壁是重中之重，因此采用特种膨润土。且钢筋笼吊装采用的是一次性整体吊装下放，对人员和机械的协调配合要求很高		
所获荣誉	“百日大干，力保生产”劳动竞赛突出贡献单位		
设备配置	JT70 液压抓斗两台，350t 履带式起重机一台，180t 履带式起重机两台		

2. 广州城市轨道交通十一号线大金钟站（表 36-14）

广州城市轨道交通十一号线大金钟站　表 36-14

项目名称	广州城市轨道交通十一号线大金钟站	甲方单位	中铁一局城轨公司
施工时间	2017 年 12 月至 2018 年 09 月	项目地点	广东广州
项目概况	大金钟站为广州市轨道交通十一号线工程的第十二个车站，东连云台花园站，西接广园新村站。车站采用明挖顺作法施工。主体基坑基底位于〈9C-1〉、〈9C-2〉炭质灰岩地层，围护桩底位于〈9C-2〉炭质灰岩地层。采用抓铣结合，墙厚 1m，最大深度 36.47m，工程量 5940m³。岩层为白云母花岗岩，平均单轴抗压强度为 74MPa，最大单轴抗压强度达到 140MPa		
设备配置	FD60HD 铣槽机 + XG600 液压抓斗 + XR360 旋挖钻		

3. 深圳滨海大道改造工程（表 36-15）

深圳滨海大道改造工程　表 36-15

项目名称	深圳滨海大道改造工程	甲方单位	中铁隧道集团三处有限公司
施工时间	2020 年 9 月至 2021 年 5 月	项目地点	广东深圳
项目概况	本项目采用纯抓斗施工，地下连续墙厚 0.8、1、1.2m，最大成槽深度 43.5m，工程量 24300.2m³。地层主要为粉质黏土、含黏性土砾砂、砾质黏性土等，局部表层为新近堆填，未经处理，下伏基岩为岩浆岩，中上部为填土、填砂、填石、淤泥等岩土体覆盖，厚度较大，上覆地层整体性状较差，受构造因素影响，场地尚存在风化深槽，岩面起伏及岩石差异风化明显		
设备配置	徐工 600D、金泰 70D 液压抓斗		

4. 武汉轨道交通十二号线汉口站（表 36-16）

武汉轨道交通十二号线汉口站　表 36-16

项目名称	武汉轨道交通十二号线汉口站	甲方单位	中铁三局集团第二工程有限公司
施工时间	2020 年 5 月至 2020 年 12 月	项目地点	湖北武汉

续表

项目概况	汉口火车站是武汉轨道交通十二号线环线的起点站，该项目地下连续墙工程墙厚 0.8、1.2m，平均墙深 62m，地下连续墙底部进入强风化地层，该地层为粉质黏土、含砾石中粗砂、粉细砂、强风化泥质砂岩。该项目地下连续墙总计 76 幅，工程量为 21108m^3，钢筋笼最重 84t，采用纯抓工艺，1 台 JT70 型压抓斗与 XG700E 液压抓斗施工
所获荣誉	被评选为“优秀施工单位”
设备配置	XG700E/SG70 两台液压抓斗，350t 履带式起重机 + 180t 履带式起重机

5. 武汉轨道交通 12 号线国博中心站南（表 36-17）

武汉轨道交通 12 号线国博中心站南　　表 36-17

项目名称	武汉轨道交通 12 号线国博中心站南	甲方单位	中铁隧道局股份有限公司
施工时间	2021 年 1 月至今	项目地点	湖北武汉
项目概况	武汉国博中心南站是十二、十六、六号线三线换乘站，本车站地下连续墙宽 1.2、1.5m，深度 49.5～89m，地下连续墙底部地质处于强风化泥质砂岩上。地下连续墙总计 64 幅，工程量 25546m^3，最重钢筋笼为 107t；采用抓旋结合工艺，本工程槽段超深，钢筋笼超重		
设备配置	XG700E\SG70 两台液压抓斗 + XR400E 旋挖钻机		

36.8 小结

双轮铣槽机因具有成槽工效高、硬地层贯穿能力强、适合大深度成槽等优点而被广泛应用于深基坑围护施工项目中。利用双轮铣槽机进行地下连续墙施工已经发展成一种新的趋势，双轮铣槽机可以保证成槽精度控制在 1：1000，其垂直度控制进度是液压抓斗与冲击钻无法比拟的。双轮铣槽机施工对槽段接头并不挑剔，尤其适用于套铣接头的施工方案。套铣接头可以节约工字钢等钢材的消耗，减轻钢筋笼的重量，降低施工成本；灌注时可以全速进行，不存在绕流问题，确保接头质量和施工安全性；铣削二期槽时，双轮铣可以铣削掉两侧已经凝固的混凝土，形成新鲜且粗糙的混凝土面，接头质量及水密性良好等。

随着地下连续墙施工工艺的不断发展，由于其对施工超厚、超深、超硬地层具有先天优势，目前已逐渐被用于城市轨道交通、高铁车站、机场、城市大型建筑物、隧道竖井、大桥锚碇块、大型水库的施工建设中。双轮铣槽机的应用在地下空间施工的项目中会越来越多，发展前景广阔。

第 37 章　基坑事故与预防

37.1　概述

深基坑工程是个涉及多门学科和多个行业的综合性工程。在一些重要的大型工程中，基坑工程能否做得好，关系到整个工程的成败。本章主要讲述深基坑工程发生各种事故的原因、处理方法以及预防措施，相信会对今后深基坑的规划、勘察、设计、施工和管理等方面的工作提出一些建议。

根据本书宗旨，本章只讨论与地下水和渗流有关的问题。根据相关调查和专家的看法，80%以上的深基坑事故（武汉地区是 90%以上）与水有着直接或间接的关系，所以把这些问题解决好了，深基坑的安全度也就大大提高了。

有人曾调查了 243 个深基坑事故工程，发现事故由施工原因引起的排第一位，占 46.6%；排第二位的是设计，占 39.9%。这个调查说明，设计这个环节在基坑工程事故中占了将近四成，必须引起足够的注意。当然，一个基坑发生事故，是由各方面原因造成的，涉及规划、建设、勘察、设计、施工、监理和质量监督等部门，包括周边环境、地质条件等各个方面。

基坑施工开挖过程中，由于受到基坑四周的侧向水、土压力、地面荷载和坑底下承压水顶托力的作用，往往产生一定的位移和变形。而当位移和变形超过基坑支护的承受能力时，基坑就会产生破坏。基坑破坏的常见形式见表 37-1。

基坑的主要破坏形式和特征　　　　表 37-1

破坏形式	主要特征和原因
侧壁和边坡失稳	1）侧墙倾斜、断裂，地面塌陷； 2）管涌、流土、流砂； 3）整体滑坡
坑底隆起	1）对软土地基特性认识不足，计算失误； 2）侧墙深度不够
坑底突水	1）承压水头过大； 2）侧墙深度不够，上覆土重不够； 3）大量突水、涌砂，坑外地面塌陷
支护结构破坏	1）荷载和设计参数选取不当； 2）施工质量存在严重缺陷； 3）补救措施不当

37.2　勘察、规范和设计问题

37.2.1　勘察问题

勘察本是一切工程设计工作的前提，基坑工程中的很多事故都与勘察有关系，主要问题是：

（1）勘察工作不细致，没有达到规范要求的精度和深度。

（2）提供了错误的地质剖面图和错误的岩土技术参数。

（3）施工过程中，未能及时了解新的情况，进行补充勘察。

天津地铁1号线某车站对承压水就有误判的情况。在该车站的初勘报告中，没有提出地基中有承压水。在坑底突涌事故发生并造成周边居民楼被迫搬迁的事故后，才补充勘察，确认了承压地下水的存在，在一定程度上导致了设计失误。

37.2.2 规范的问题

《建筑基坑支护技术规程》JGJ 120—1999，作为全国性的基坑支护规范，在前期指导基坑支护设计方面起了很好的作用。但是随着近年来基坑规模越来越大，周边环境条件越来越复杂，特别是地下水的影响越来越大，该规程已经不能适应新的情况了，从而导致了不少基坑事故，甚至付出了血的代价。

37.2.3 设计问题

直到20世纪90年代，全国也只是在京、沪、津等几个大城市有一些不太深的基坑工程，基坑的设计理论和实践也比较少，到90年代中期，还没有基坑支护设计规范可借鉴，没有适用的设计方法可让更多的设计人员使用。

还有一点，就是大多数基坑工程的设计人员对地质条件和水力学，特别是渗流力学了解较少，应用不精，导致了一些不良的设计发生。

这里还要指出的是，有些工程建设单位或业主单位不按科学办事，为了按既定的工期完工，或为了降低工程费用，胡乱拍板定方案，结果欲速则不达，反而浪费了工程投资，造成了工程事故。

37.2.4 实例

37.2.5 天津地铁3号线某车站

1）工程概况

该车站为岛式站台，结构形式为双柱双层三跨的现浇混凝土框架结构。车站主体结构长178.4m，结构标准段宽为20.5m，端头井段宽度为24.9m。车站主体基坑开挖深度为16.91～18.71m，采用800mm厚的地下连续墙。出入口、风道的开挖深度约为10.25m，采用ϕ850mm@600的SMW桩。水平支撑均采用钢管内支撑体系。

车站设置了4个出入口及2个风道，采用明挖顺作法施工。

2）车站周边环境

车站周边主要为已建和待建的民用建筑，北侧为新闻中心、商用及民用建筑，西侧为居住小区，东侧有立交桥等。

本工程主要受影响的建筑物为车站西侧小区的1、4、5、6号住宅楼，距车站西侧基坑的距离分别为10、11.9、12.1、14.1m。

3）车站工程地质及水文地质概况

（1）工程地质条件

本站地面较为平整。站区地层从上到下依次为人工填土层、新近沉积层、第Ⅰ陆相层、第Ⅰ海相层、第Ⅱ陆相层、第Ⅲ陆相层、第Ⅱ海相层、第Ⅳ陆相层，见图37-1。

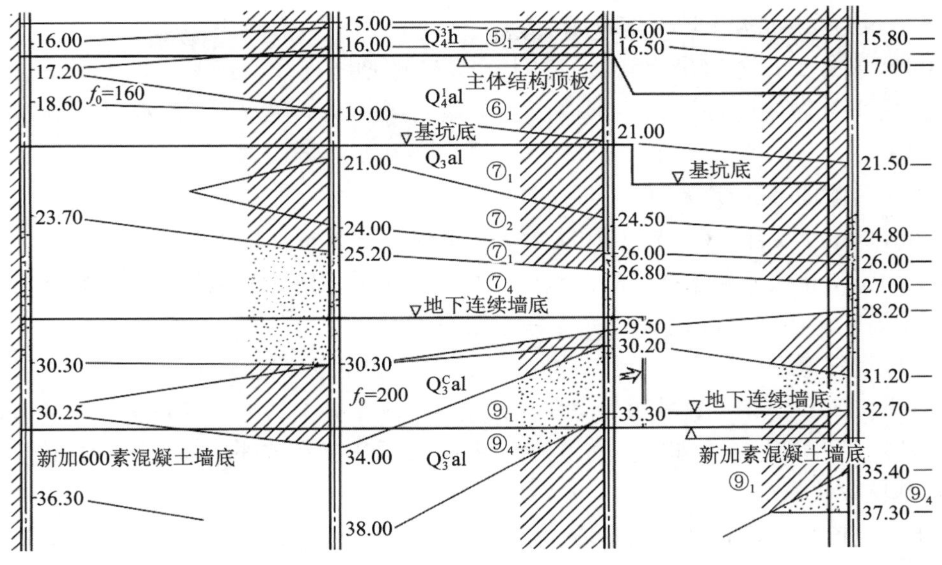

图 37-1　某车站基坑纵剖面图

本站地层上部为粉质黏土和淤泥质粉质黏土层，为不透水层，⑦层以下为黏性土和砂性土互层。

车站主体结构基底位于⑤$_1$和⑥$_1$粉质黏土上。车站主体结构的标准段地下连续墙（28m 深）未将第一层承压水隔断，其底部位于⑦$_4$粉砂中。端头井段地下连续墙（32m 深）虽将第一层承压水隔断，其底部位于⑨$_1$粉质黏土中，但是第二层承压水并未被隔断。此层承压水可从深墙侧面进入基坑中。

（2）水文地质条件

本场地内表层地下水类型为第四系孔隙潜水和赋存于第Ⅱ陆相层及以下粉砂及粉土中的微承压水。

潜水赋存于①人工填土层、③第Ⅰ陆相层及④第Ⅰ海相层中。该层水以第Ⅱ陆相层⑤粉质黏土、⑥粉质黏土为隔水底板。

潜水地下水位埋藏较浅，勘测期间水位埋深为 1.65～2.4m。

微承压水以第Ⅱ陆相层⑤$_1$粉质黏土、⑥$_1$粉质黏土为隔水顶板，以⑥$_2$粉土、⑦$_2$粉土、⑦$_4$粉砂为主要含水地层，含水层厚度较大，分布相对稳定。勘测期间微承压水稳定水位埋深为 2.13～4.53m。潜水、微承压水含水层含水介质颗粒较细，渗透坡降小，地下水径流十分缓慢。经抽水试验，①$_1$～⑤$_1$层渗透系数为 0.12～0.14m/d，⑥$_1$～⑦$_6$层渗透系数为 0.38～1.42m/d。

4）施工概况

（1）地下连续墙施工

①800mm 钢筋混凝土地下连续墙。

本工程车站主体围护结构采用 800mm 厚钢筋混凝土地下连续墙，共计 76 幅，总长 419.4m。

2007 年 12 月 12 日至 2008 年 1 月 28 日完成 54 幅地下连续墙施工，2008 年 6 月 22 日至 2008 年 8 月 1 日完成剩余 22 幅地下连续墙施工。

②800mm厚素混凝土地下连续墙。

2008年8月1日至2008年9月27日完成51幅地下连续墙施工。

这是后来补做的防渗墙，但其墙底仍未封闭第一层承压水⑨$_4$含水层，所以基坑仍突涌。

③车站西侧地下连续墙接缝处理。

采用ϕ600mm咬合ϕ200mm高压旋喷桩，单根桩长24m，共计94根。

这是为了防止接缝漏水，影响西侧居民小区楼房的稳定性。但是由于原地下连续墙仍位于⑦$_4$粉砂中，仍难以避免承压水在基坑底部的突涌。

（2）降水井施工

先后两次施工了39口降水井，其中坑内潜水（疏干井）23口，坑内减压井3口，坑外减压井3口，坑外观测井10口。先在坑内打减压井，后来又在坑外打减压井，地面继续沉降。

5）基坑事故概况

由于地下连续墙墙底未进入不透水层，基坑开挖过程中，承压水坑底突涌不断发生。虽然补打了厚600mm的素混凝土防渗墙，但其墙底位于⑨$_4$层中，并没有封闭住该层的承压水，所以突涌事故不断加大，把已浇注的混凝土垫层都顶托起来了，结果不得不把商品混凝土运来倒入基坑封堵承压水，封堵厚度达到2.5m。

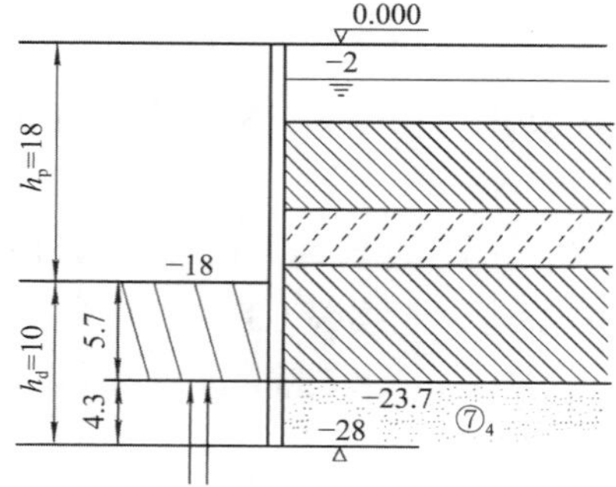

图37-2 某基坑渗流剖面图

6）小结

（1）基坑坑底稳定计算

下面是笔者根据工程地质和水文地质条件，对该基坑底部地基的稳定性进行的核算，计算简图见图37-2，计算结果见表37-2。计算公式为：

$$\gamma_{sat} t \geqslant k \gamma_w h_w$$

式中 γ_{sat}——土的饱和密度（t/m³），取为2t/m³；

t——上覆的不透水层厚度（m）；

γ_w——水的密度（t/m³），取为1t/m³；

h_w——承压水头（m）；

k——安全系数，$k=1.1\sim1.2$。

稳定性计算结果 **表37-2**

计算剖面	ZD-588	JD583	标准段墙底（位于⑦$_4$层中）
桩号	DK15+978.4	DK15+923.7	
t	7.2	7	11.5
h_w	20.7	20.5	26
$\gamma_{sat}t(t)\downarrow$	14.4	14	23
$\gamma_w h_w(t)\uparrow$	20.7	20.5	26
$k=(\gamma_{sat}t)/(\gamma_w h_w)$	0.645	0.65	0.8

由以上计算结果可知，这几个断面的坑底抗浮稳定性均不满足要求。

此外，求得渗透坡降约为 0.35～0.4，也大于允许渗透坡降，可以说该基坑的防渗设计不合理。

（2）评论

①按常规地下水渗流计算的话，地下连续墙的深度均未满足《建筑基坑支护技术规程》JGJ 120—1999 第 4.1.3 和 8.4.2 的相关要求，这道地下连续墙显然短了。

②这个基坑的问题，实际上是一个基坑底部地基抵抗承压地下水的突涌（水）的问题。笔者简单核算了一下，它的安全系数只有 0.65 左右，与允许值 1.1～1.2 相差很远。虽然一再采取各种补救措施，但始终把它的墙底放在⑨$_4$粉砂中，导致一错再错。

这些失误的关键是现行基坑支护规范存在不少问题，没有引起足够重视。还有就是有些设计人员对水和渗流理解不深。

③现在基坑越来越深，周边建（构）筑物对沉降和变位越来越敏感。在此条件下，应多采用垂直防渗方案，即以防渗为主的方案。也就是通过地下连续墙和水泥灌浆、深层搅拌桩或 SMW 相结合的方法，把防渗体做到足够深度，而不要大量抽取承压水，影响周边环境。

④像这个基坑表层存在有淤泥土地区，建（构）筑物对地基沉降和水平变位很敏感，大量抽取承压水会造成很多隐患，弊大于利。

⑤今后在地质敏感地区，要进行多层地基深基坑的渗流分析和设计的研究工作，宜专项审查基坑渗流方面的计算和设计问题，这样可大大减少事故的发生。

2. 广州地铁 3 号线北延线某车站

1）工程概况

这是一个交会车站，3 号线在下面，基坑开挖深度 32m，地下连续墙深 37.5m，墙底入岩深度 5.5m。

2）原设计简介

原设计单位根据《建筑基坑支护技术规程》JGJ 120—1999 编制的理正软件进行基坑工程设计。

由于墙底位于风化花岗岩内，它的水平抗力系数m很大，求出的入岩深度h_d很小。按照该规程第 4.1.2 条的规定，即求出的多支点的嵌固深度（入岩深度）h_d小于 $0.2h$（基坑深度）时，h_d取值为 $0.2h$。此处$h = 32\text{m}$，则$h_d = 0.2 \times 32\text{m} = 6.4\text{m}$，实际采用$h_d = 5.5\text{m}$。

3）施工过程及变更

基坑开挖之前，有人提出入岩深度太少，基坑渗流不稳定。原设计想通过降低地下水位和加固坑底地基的方法来解决渗流问题，结果造成坑底残积土泥化和流泥，周边建筑物沉降过大。实践证明，此法不可行。

最后采用笔者建议，采用水利水电常用循环灌浆方法，在墙底施工做水泥灌浆帷幕，深 17.5m，顺利解决了渗流不稳定的问题。

4）评论

这是一个在花岗岩残积土和风化岩石中的深基坑防渗设计实例。可以看出，由于对风化岩地基特性认识不足，导致设计的入岩深度过小，造成基坑坑底承压水突涌流泥和周边建筑物的过大沉降和水平位移。

实际上，从水文地质条件来看，花岗岩的强弱风化层是富水带。在本工程中，它们的渗透系数$k=1\sim2\text{m/d}$，相当于中细砂的透水性。本工程的地下连续墙底就像悬在砂子透水层中一样，才导致基坑出事故。

由此可以看到，在花岗岩风化层地带，只按强度和滑动稳定条件来计算入岩深度h_d是不对的，还要满足渗流稳定条件的要求。具体地说，就是由渗流计算得到的入岩深度作为最小值，再考虑其他要求，选定最后的设计入岩深度；也可考虑上墙下幕的防渗体形式。

37.3　深基坑施工问题

37.3.1　概述

这里要说明一下，本节所说的深基坑施工问题，并不是专门指参加该项工程施工的施工单位造成的。实际上，基坑在施工过程中发生大大小小的事故，是由工程设计、地质条件、周边环境等各种因素综合造成的。本节只是概要叙述由于渗流问题引起的深基坑事故。

本节着重说明一下深基坑在地下连续墙挖槽、浇注和接头等工序上的一些问题和预防措施。

37.3.2　挖槽施工问题

在挖槽施工过程中，出现过以下一些事故：

（1）在软土地区施工时，对施工平台和导墙没有进行必要的加固，导致平台塌陷、导墙偏斜、甚至悬空及掉入槽孔内，致使后续工作无法正常进行。更有甚者，由于施工平台大面积坍塌，使正在工作的钻机掉入坍坑内。

在这种地基中挖槽时，很容易造成局部坍塌，形成“粗脖子”，给后续的接头施工造成很大难度。

（2）在松散透水地基中挖槽时，由于缺乏造泥浆用的黏土，或者是膨润土运输成本太高而采用劣质泥浆挖槽，造成槽孔大面积坍塌。在含有漂石的地层中，还容易发生掉钻事故。例如，在西藏某水电站围堰防渗墙中，尚未完工就已经掉了 13 个钻头（已经捞上 8 个）。

在粉细砂地基中挖槽时，在挖槽机或钻具的不断重复冲击下，粉细砂会突然液化，即很快把砂中水排出，使砂的密实度加大，从而增加对抓斗或钻具的握裹阻力，使抓斗或钻具无法拔出而掉落其中。例如，在长江大堤除险加固工程中就曾在一段江堤的粉细砂地基掉落 6 台薄抓斗而无法拔出，而在 8 年之后，在同一地段又发生了盾构机（TBM）在到达接收井不到 5m 的地段被埋死的事故，最后只好重新做一个接收井，再用人工把盾构机从粉细砂中挖出来。

（3）挖槽中，如果对泥浆的生产、使用、回收和净化等工作管理和控制不严，对槽孔底部淤积物清理不彻底，则稠泥浆和淤积物就会随浇注的混凝土向上流动，可能夹在墙体接缝或墙体内部，形成“窝泥”。在基坑开挖以后，承受水头加大后，就会形成漏水通道而造成基坑事故。有的基坑工程几个月也处理不完这些漏洞。更有些水库因这些事故，不得不放空水库进行修补。

（4）对挖槽检测、监控不到位，槽孔偏斜、不平整，导致整个钢筋笼下放遇阻，下不去、上不来。

37.3.3　水下混凝土浇注问题

（1）有些工程的导管连接不牢，在浇注过程中被拔断，掉落到混凝土中；有些操作记录不严格，致使导管底部拔出混凝土面还不知道。

（2）混凝土浇注入仓顺序混乱，导管拆拔无序，造成槽孔混凝土面不能均匀上升，出现很大落差，使浮在混凝土面上的淤积物滑向墙体接缝或其他低洼处，形成窝泥。

（3）对于超深（> 70m）地下连续墙的水下混凝土浇注控制不严，造成底部混凝土喷射现象，严重污染泥浆，造成混凝土顶面上有 7～8m 厚的不硬化的砂砾混合物。

37.3.4　接头施工问题

（1）由于挖槽尺寸偏大，特别在淤泥土或流砂层部位，槽孔扩大，使接头不能完全封闭槽孔端部空隙，造成混凝土绕流现象。

（2）在软土地区采用十字或工字钢接头时，往往在外侧预留空间，用回填砂袋的方法抵消流动混凝土的侧压力。如果砂袋不能及时回填到足够高度，会使流动混凝土顶破外围软土，流向砂袋一侧，使后续工作难以进行。

37.4　基坑开挖问题

37.4.1　概述

在基坑开挖过程中，与地下水渗流有关的事故有以下几个方面：①放坡开挖问题；②坑底渗流稳定问题；③墙体渗漏问题。

37.4.2　基坑土方开挖问题

有些工程忽略了淤泥土不能用管井降水的习惯做法，而是从上到下均用管井降水。结果地下水位在一两天之后就可降到要求的深度，可是淤泥层内的上层滞水水位并未显著下降。这样的话，淤泥土无法排出，土体没有固结，抗剪强度（c、ϕ）很小，即使开挖边坡为 1∶3 或 1∶4，但是在开挖深度并不大（2～3m）的情况下，仍然发生整体圆弧滑动，把基坑中间的工具柱和桩都挤倒了。

37.4.3　坑底渗流稳定问题

随着基坑不断向下开挖，很多稳定问题就会暴露出来，如基坑侧墙的整体圆弧滑动、墙体内移和形成踢脚（即墙顶向外倾斜，而墙底向坑内倾斜）、坑底隆起、承压水突涌（水）和管涌流砂等。

需要特别指出的是，有的软土基坑开挖到底部，地下连续墙和支护桩处在最不利条件下，会向基坑内部移动或形成踢脚。墙体越短，上述位移就越大。据了解，在南方某些地铁基坑的内移值可达到 20～60cm，其后果是墙顶的钢管水平支撑，脱离两端墙体支承而向下坍落，砸向其下的水平钢支撑，导致整个基坑失稳。

37.4.4　墙体渗漏问题

墙体渗漏表现在墙体接缝漏水和墙体内部漏水两方面。

1. 墙体接缝漏水

漏水现象是由两种原因造成的：

（1）由于接头形式不好，特别是十字板或工字钢接头局部容易窝泥。

（2）由于槽孔混凝土浇注方法不当，造成槽孔混凝土顶面的淤积物移动到接头处窝在那里。

2. 墙体内部漏水

这是由于槽孔混凝土浇注方法不当，在墙体内部形成窝泥造成的。

上述的窝泥抗渗流冲刷能力非常小，基坑开挖以后，在较大的渗流压力作用下，即被冲走而漏水，酿成事故。

37.4.5　深基坑破坏形式

由于设计上的过失或施工上的不慎，往往会造成基坑的失稳。造成基坑失稳的原因很多，主要可以归纳为两个方面：一是因结构（包括墙体、支撑或锚杆等）的强度或刚度不足而使基坑失稳；二是因地基土的强度不足而造成基坑失稳。

1. 内支撑基坑

（1）由于施工抢进度，超量挖土，支撑架设跟不上，使支护墙缺少大量设计上必须的支撑；或者由于施工单位不按图施工，抱侥幸心理，少加支撑，致使支护墙体应力过大而折断，或支撑轴力过大而破坏，或产生危险的大变形，如图37-3（*a*）所示。

（2）由于支护体系设计刚度太小，周围土体的压缩模量又很低，从而产生很大的支护踢脚变形，如图37-3（*b*）所示。

（3）在饱和含水地层（特别是有砂层、粉砂层或其他的夹层等透水性较好的地层），由于支护墙的止水效果不好或止水结构失效，致使大量的水夹带砂粒涌入基坑，严重的水土流失会造成支护结构失稳和地面塌陷的严重事故，还可能先在墙后形成洞穴而后突然发生地面塌陷，如图37-3（*c*）所示。

（4）由于支撑的设计强度不够或由于支撑架设偏心较大，达不到设计要求而导致基坑失稳，有时也伴随着基坑的整体滑动破坏，如图37-3（*d*）所示。

（5）由于基坑底部土体的抗剪强度较低，致使坑底土体产生塑性流动而产生隆起破坏，如图37-3（*e*）所示。

（6）在隔水层中开挖基坑时，基底以下承压水冲破基坑底部土层，发生坑底突涌破坏，如图37-3（*f*）所示。

（7）在砂层或粉砂地层中开挖基坑时，在不打开井点或井点失效后，产生冒水翻砂（即管涌），严重时会导致基坑失稳，如图37-3（*g*）所示。

（8）在超大基坑，特别是长条形基坑（如地铁车站、明挖法施工隧道等）内分区放坡挖土，由于放坡较陡、降雨或其他原因导致滑坡，冲毁基坑内先期施工的支撑及立柱，导致基坑破坏，如图37-3（*h*）所示。

（9）由于支撑设计强度不够，或由于加支撑不及时、坑内滑坡，支护墙自由面过大，使已加支撑轴力过大而破坏；或由于外力撞击，基坑外注浆，打桩、偏载造成不对称变形等，导致支护墙四周向坑内倾倒破坏，俗称“包饺子”，如图37-3（*i*）所示。

（10）在多层水平支撑条件下，如果支护墙入土深度较小而地基土质又比较软弱时，则可能发生底部支护墙的“踢脚”破坏，如图37-3（*j*）所示。

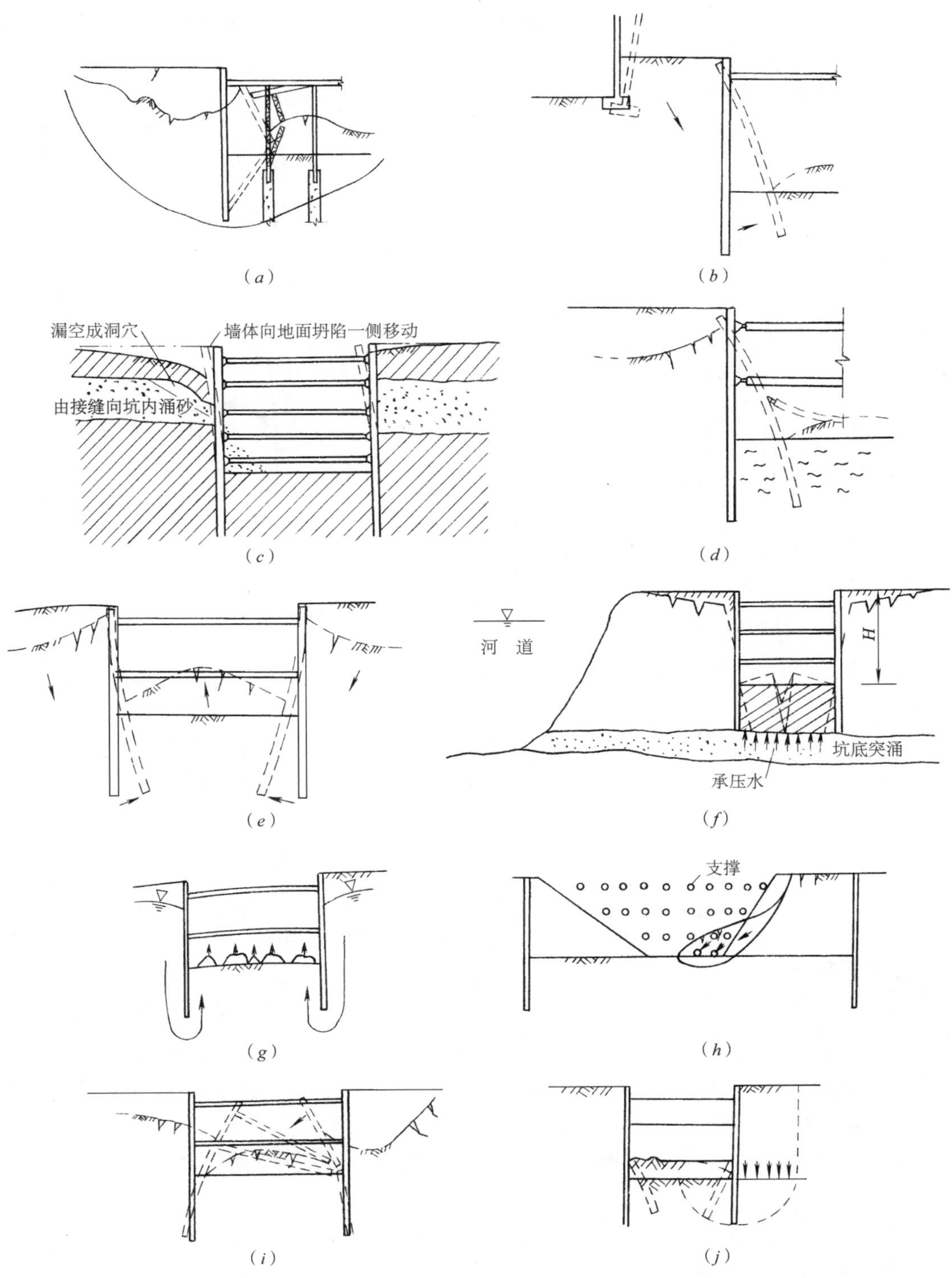

图 37-3　内支撑基坑的破坏形式（一）

（a）缺支撑或超挖；（b）围护墙底的位移非常大；（c）漏砂导致失稳；（d）支撑失稳；（e）底部隆起破坏；（f）突涌破坏；（g）冒水翻砂（管涌）；（h）长条形基坑内部放坡导致破坏；（i）内倾破坏；（j）"踢脚" 造成隆起量过大

图 37-4 所示也是内支撑基坑破坏的几种情形。

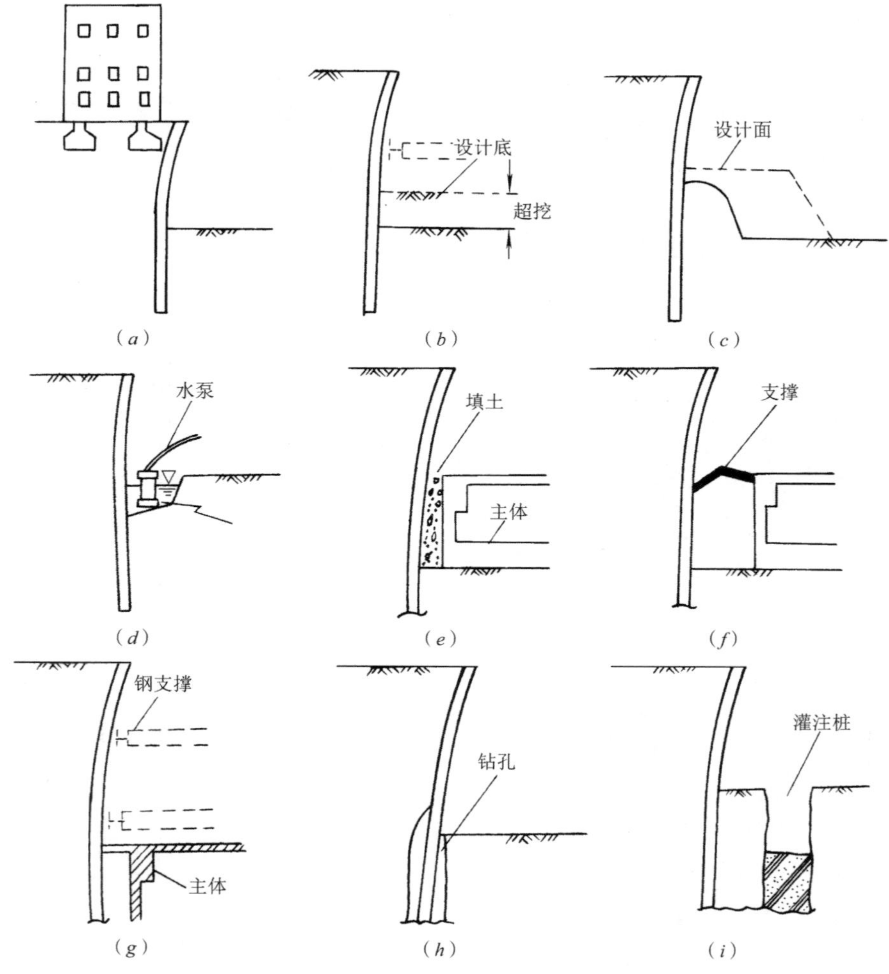

图 37-4 内支撑基坑的破坏形式(二)

(*a*)超载;(*b*)、(*c*)超挖;(*d*)泵坑;(*e*)填土不良;(*f*)支撑挠曲;(*g*)同时撤支撑;(*h*)钻孔回填不实;(*i*)桩头不到顶

2. 拉锚基坑

(1)由于锚杆和围护墙、锚杆和锚碇连接不牢,或者由于锚杆张拉不够紧、太松弛,或者由于设计上或施工上的原因造成锚杆强度不够或抗拔力不够,或者由于锚杆安装后出现未预料的超载,或者锚碇处有软弱夹层存在等原因,导致基坑变形过大或破坏,如图 37-5(*a*)所示。

(2)由于支护墙入土深度不够,或基坑底部超挖,导致基坑形式踢脚破坏,如图 37-5(*b*)所示。

(3)由于选用支护墙截面太小,或对土压力估计不正确,或者墙后出现未预料的超载等原因,导致支护墙折断,如图 37-5(*c*)所示。

(4)由于设计锚杆太短,锚杆整体均位于滑裂面以内,致使基坑整体滑动破坏,如图 37-5(*d*)所示。

(5)由于墙后地面超量沉降,使锚杆变位,或产生附加应力,危及基坑安全,如图 37-5(*e*)所示。

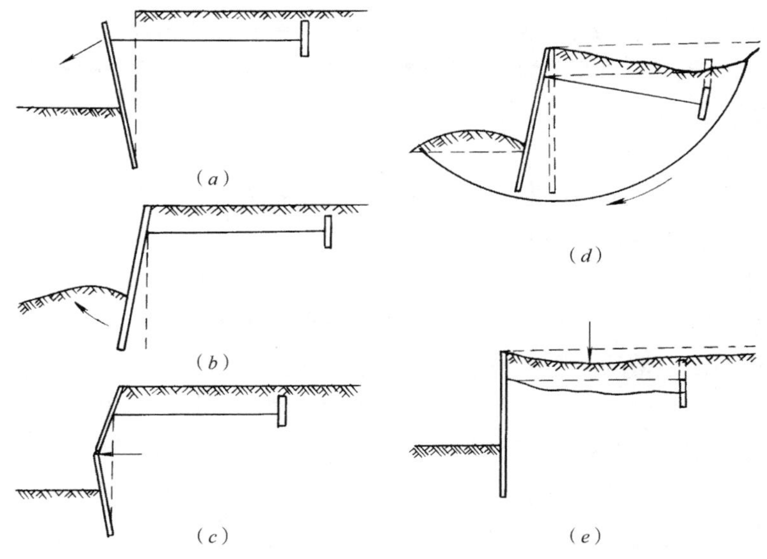

图 37-5　拉锚墙桩基坑的破坏形式

锚杆基坑的破坏形式类似于拉锚基坑。图 37-6 所示的是它的几种破坏形式。

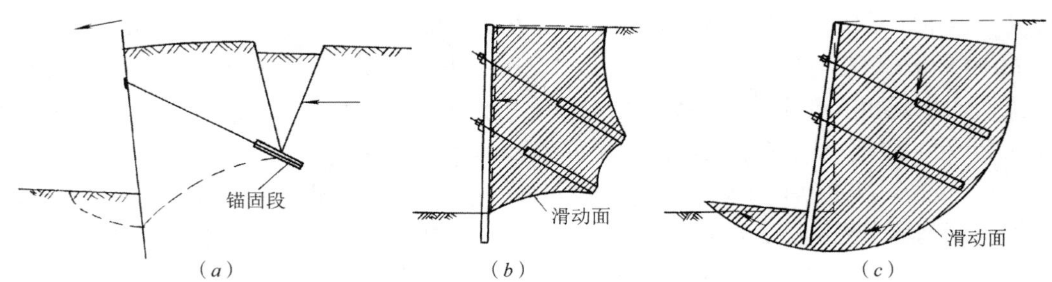

图 37-6　锚杆支护结构的破坏形式

(a) 内部滑动；(b) 内部滑动破坏；(c) 整体滑动

37.5　高压喷射灌浆问题

37.5.1　概述

国内很多基坑采用高压喷浆方法来施作防渗帷幕、支护桩间防渗，还用来进行基坑底部加固或做水平防渗帷幕。实践证明，绝大部分垂直防渗帷幕是成功的，但也有不少是不成功的，而水平防渗帷幕则少有成功实例。

1999 年和 2009 年曾出版了两本有关武汉地区基坑支护的书，分别是《武汉地区深基坑工程理论与实践》和《武汉地区基坑工程应用技术》。书中总结了自 20 世纪 90 年代初至今，武汉地区基坑支护设计、施工、观测和管理的成功经验和一些教训，特别是地下水（承压水）对基坑支护的影响和控制措施方面，以及高压喷射灌浆防渗问题，有很深刻的认识和见解，值得大家借鉴。

1. 工程地质条件

武汉市地处长江两岸，市郊区跨越长江中游的主要地貌单元，包括长江一级阶地、二级阶地和三级阶地。长江一级阶地（近代冲积平原）中，由于全新世（Q_4）地层组合呈典型的二元结构——上部以黏性土为主，下部为粉细砂，底部为卵砾石（与长江水体相通），因而存在三种类型的地下水，即上层滞水、潜水和承压水。

2. 水文地质条件

由于地层组合及地下水的埋藏条件不同，一级阶地的地下水分为三种类型，即上层滞水、潜水及承压水，具体特征如下：

上层滞水埋藏于表层杂填土和淤泥质黏性土中，地下水位埋深 1m 左右。这层水在一级阶地中普遍埋藏，但因含水层不连续，对深基坑危害不大。

潜水埋藏于临江一带的浅层（小于 10m）的粉土或粉砂层中，其下有黏土底板相隔。地下水位深 1m 左右。由于含水层（粉土及粉砂层）渗透系数小，不易排水疏干，往往采用隔渗帷幕进行控制，但当帷幕不严密、有漏洞存在时，会发生管涌；而在不设帷幕又无井点降水的情况下，将发生大范围流砂。管涌或流砂会造成坑壁塌滑和坑外大面积地面下沉，破坏周边管线、道路及房屋。20 世纪 90 年代中期，汉口沿江的红日大厦、君安大厦和时代广场基坑就是因这层潜水含水层发生管涌，导致局部环境被严重破坏。

承压水埋藏于上部黏性土与底部基岩之间的粉土、粉砂、粉细砂、粗砾砂及卵石之中，总厚度在 30～40m 之间，因属层间水且与长江水体相通而具有较大的承压性。由于沉积韵律变化，该承压水层分为三个亚层，即上部交互层（粉土、粉砂与粉质黏土互层），中部粉砂、粉细砂和底部粗砾砂或卵石层。承压水测压水头在长江汛期普遍大于 10m，且随长江水位涨落而出现相应变化。上部交互层的渗透系数为 0.5～3m/d，中部粉砂层的渗透系数为 7～12m/d，底部粗砾层的渗透系数为 12～35m/d。

承压水含水层在长江一级阶地中普遍存在，且含水层厚度很大，承压水头很高，成为武汉地区深基坑工程的一大特点。当基坑开挖接近或挖穿承压含水层顶板时，坑底产生突涌。随着承压水向上渗流，砂土大量涌出。因水土大量流失，基坑外侧产生大面积下沉。前述的太和大厦、世贸大厦、武广大厦和最近的武汉地铁金色雅园车站等基坑事故均属此类。

3. 地下水对深基坑工程的危害

从 1993—2008 年的 15 年中，在长江一级阶地近千座基坑中，地下水控制失败的主要类型有以下几种：

（1）在邻江段的潜水含水层中，因竖向隔渗帷幕质量漏洞产生侧壁“管涌”，导致周边地面下沉和管线、道路及房屋破坏。其中，有因水泥土搅拌桩“开叉”造成的（如红日大厦）；有因采用单管高喷，质量难以保证而引起侧壁“管涌”，导致周边环境破坏的（如君安大厦）；也有因锚杆施工打穿竖向帷幕，沿锚孔发生“管涌”，导致邻近大片民房拆除的（如时代广场大厦曾因此事故两次回填基坑）。

（2）在承压水层中，由于单纯采用水平（封底）帷幕（多为高喷注浆）和竖向帷幕（粉喷桩或刚性咬合桩）而没有管井降水减压相辅助，高水头承压水冲破“封底”漏洞或水平帷幕与竖向帷幕结合部，发生“突涌”，导致周边环境严重破坏。

最典型的事故是 1993 年施工泰和大厦基坑，因挖深大于 10m，会挖穿承压水顶板，故设计采用了 3m 厚的高压旋喷水平封底帷幕和周边竖向咬合桩“帷幕”。施工后，因旋喷桩搭接不上，出现漏洞，而且水平与竖向帷幕结合不紧密，开挖后底坑和侧壁发生“突涌”

和“管涌”，近万平方米的基坑有大量流砂涌出，造成坑外道路下沉 40～50cm，并使在建的高架桥严重歪斜，补救和加固工程注浆耗费了数千吨水泥，损失金额 800 余万元。

又如世贸广场大厦，同样采用 3m 厚的水平封底帷幕，旋工时因表层杂填土中障碍太多而使注浆孔无法等间距咬合，开挖后有 21 处突涌点冒砂，导致邻近建筑物开裂。而后补打了 6 口深井，减压降水才制止了突涌。

（3）基坑开挖深度接近或挖入交互层（粉质黏土、粉土、粉砂互层）中，即使有深入到下部粉细砂层至卵石层中的深井降水，已将下部含水层的承压水头降至坑底以下，但交互层中水仍然带压并仍会“管涌”。其根本原因是前面所说的一级阶地的承压含水层在三个亚层中，这三个亚层虽有统一的水力联系和同一个水头压力，但各自的渗透系数差别很大，尤其是“交互层”还具有垂直渗透系数远远小于水平渗透系数的特性。这样，交互层就像一个相对不透水层一样压在上面。这些因素导致了同一口降水井中，交互层中水位高于下部粉细砂层水位的现象，且两者存在“恒定”水位差。这个水位差的存在是很多基坑发生“管涌”或底板“突涌”的直接原因。

（4）基坑周边较大范围的规律性地面沉降。在本地区一级阶地上，深 12m 以内的基坑降低承压水后，会在周边 30m 内造成地面下沉 0.6‰～2‰，最大沉降 400～500mm，产生裂缝宽度达 0.5～30mm。

（5）在有些工程中，因强力抽排水而造成事故。如在某个工程中，当开挖接近坑底时，潜水从粉细砂层中流出，随即设置集水坑用潜水泵明排，排出的水含砂量很大，很快引起坡脚及周边土体下沉，造成管道折断事故。

4. 深基坑地下水控制的基本经验

由于基坑开挖深度不同，所涉及的地下水类型不同。基坑位于阶地的不同地段，地层相变则使含水类型及含水层组合发生变化，这两方面的因素决定了地下水控制原则和方法的差别。为此将基坑按开挖深度划分为三种类型：一层地下室（深度小于 6m）的浅基坑；二层地下室（深度在 10m 左右）的中深基坑；三层以上地下室及地铁车站（深度大于 15m）的超深基坑。同时，将基坑所处位置按一级阶地的“滨江段”“中间段”和“边缘段”加以区分。以下就是按照这两种划分相组合总结的经验。

1993—2008 年的 15 年中，武汉地区深基坑地下水控制所取得的最主要的经验可概括为以下三条：

（1）武汉地区深基坑事故中，90%以上是因为地下水控制失效造成的。其中，浅部粉土、粉砂构成的潜水含水层发生侧壁“管涌”和下部承压水发生底土“突涌”所造成的地下水土流失，导致基坑周围大范围地面沉陷是最危险的灾害。这类沉陷与一般意义上的地下水位下降引起地层固结沉降有着本质区别，在事故分析时必须将两者区分开。侧壁“管涌”和底土“突涌”实质上是流砂涌出，它造成的沉陷是破坏性的，而且影响范围很大，小则几十米，大则百米以上。应急抢险措施主要是迅速回填反压，然后采取补救措施，如潜水的侧壁管涌采取注浆堵漏或井点降水疏干，承压水底土突涌最有效的处理措施是深井降水减压。

（2）对浅层的上层滞水和潜水（粉土、粉砂含水层）大多数情况下可以采用竖向隔渗帷幕加以控制，而对深部承压水不宜采用水平封底式隔渗帷幕。十几年的经验证明，武汉地区采用水平帷幕甚至竖向加水平的“五面”帷幕封堵没有一处取得成功。其原因是承压水头很高（一般均大于 10m 水头，压力超过 10t/m²），且地下水有一定流速，加之浅部杂填土中障碍很多，很难保证高喷或静压注浆质量，无法形成连续、严密的水平防渗体。在特殊情况下（如超深基坑且周边环境敏感、严峻），采用“落底式竖向帷幕”，即将连续墙嵌入不透水的承压水层底板中，可以有效控制承压水及其上部地下水。由于工程造价昂贵，需作技术、经济比较。

（3）深井降水是防止承压水突涌的最有效措施。为防止承压水突涌的深井降水方案，可分为“减压降水”和“减压加疏干”两种。前者是指基坑底至承压水顶板之间尚保留一定厚度的相对隔水层（黏土或粉质黏土，此类地层的渗透系数小于 5～10m/d），但其厚度不足以抵抗突涌。后者是指基坑已挖穿承压水顶板进入承压含水层。一般的地下水控制方式是竖向隔渗帷幕（主要方法是水泥土深层搅拌桩或高压喷射灌浆帷幕）阻断上层滞水和潜水，防止侧壁管涌；再用深井降水（减压或疏干）防止底板突涌，而不用水平封底帷幕。1995 年至今有几百座基坑降水，没有一处再采用水平封底帷幕，全都采用深井降水成功地控制了承压水突涌。

37.5.2 评论

国内利用高压喷射灌浆方法进行地基处理，提高地基承载力的工程不在少数，效果不错。用在水库、水闸和江堤的防渗墙也是不错的，因为它不必开挖出来，漏一点水影响不大。但是把高喷方法用于基坑的垂直防渗，当设计、施工参数不合理，施工水平不高时，就发生了很多事故。例如，不管基坑深度有多深，一律把旋喷桩之间的搭接长度取为 0.1～0.2m；也不考虑施工孔斜，只管地面上互相搭接，忽略了在基坑底部是否能搭接上，能否起到防渗作用；高压喷射灌浆水平防渗帷幕的设计和施工都是很粗放的，没有考虑在基坑底部是否能形成防渗连续体。

高压喷射灌浆法施作的水平防渗帷幕失败的工程实例，不只出现在武汉地区，还有沈阳地铁某车站和南水北调穿黄竖井等。据了解，上海有一例成功案例。

37.6 竖井问题

37.6.1 概述

我国在煤矿和市政等行业建造了不少竖井。由于地质条件、环境条件和施工水平不同，也发生了一些工程事故。本节选择有代表性的工程实例加以分析。

37.6.2 煤矿竖井突水事故

1. 概况

我国自 1974 年使用防渗墙（帷幕凿井法）在鹤岗煤矿做通风竖井以后，已经建成了几十座煤矿立井和斜井，成为煤矿行业最有效的特殊凿井法之一。但在施工过程中，防渗墙段接头易产生夹泥缝，泥浆下灌注混凝土易形成泥浆絮凝团块。井筒开挖后，常常发生渗水、漏水，甚至发生突涌事故，影响凿井进度、井壁质量和增加工程造价。

2. 工程实例

1）大同四台沟副立井混凝土防渗墙法凿井突水事故

该井表土段防渗墙深度为 16.6m，砂卵石层。掘进到井筒西南方向井深 12.7～16.2m 处接头部位，发现此处有一条近似三角形的夹泥带，高 3.5m，底宽 0.5m，开始涌水量很小，逐渐增大至 40m³/h，连水带砂向井内涌来，直至淹井。井内砂柱高度 1.88～2.33m，涌水量约 90m³/h。

采用旋喷桩法处理，旋喷深度 18m，旋喷高度 7m（即自井深 11～18m），旋喷桩孔数 5 个，间距 0.4m，旋喷桩位置在外护井与帷幕墙之间。施工顺序为 3、1、5、2、4 号孔（图 37-7）。

旋喷注浆后，对井内进行排水检查，注入浆液填满空洞，井内涌水量小于 8m³/h。整个工程消耗水泥 58.5t，其中 42.5 级普通硅酸盐水泥 36.8t，特种水泥 21.75t，旋喷桩总长 35.34m。

2）龙口梁家主井帷幕突水事故处理

该井防渗墙深 50m，开挖过程中出现 3 次透水冒砂事故。开挖至 17.89m 深处，地层为中砂，井壁侧压力为 0.25MPa。在 12 号孔接头缝（缝高 0.3m，宽 0.2m）透水冒砂，涌水量最大 100m³/h，冒砂量为 90m³，地表下沉 100mm（距井壁 4～5m 范围内）。

掘至 23.2～23.7m 处，地层为中细砂、粗砂，井壁侧压力 0.32MPa，在 22、21 号孔之间的工作面透水冒砂，涌水量为 169m³/h，涌砂量约为 70m³，并夹带泥块和井壁碎块。事后发现靠近 21 号孔、距接头缝 1～3m 处有一高 550mm、直边为 650mm、斜边为 750mm 的直角三角形空洞，洞口外小里大。

掘至 36.7～43.9m 的黏土含砾粗砂层处，井壁侧压力为 0.5MPa。根据现场观察，1 号孔接头缝至 2 号孔部位距工作面 7m 处有一竖缝，此处壁厚 250～300mm，先从缝内喷水，几秒钟后从 36.7m 处下滑一块混凝土井壁，伴随着声响涌水冒砂，涌水量为 188m³/h，冒砂量为 77m³/h，共冒出砂 214.9m³，地表下沉 300mm。

为堵住涌水，进行多次壁后注浆，注入浆量 254.7m³，最大注浆压力 2.45～2.95MPa，注浆孔布置如图 37-8 所示。经排水后检查，只发现在 32.9～33.9m 处帷幕壁局部被压裂（缝宽 0.5～1mm），其余未发现异常。

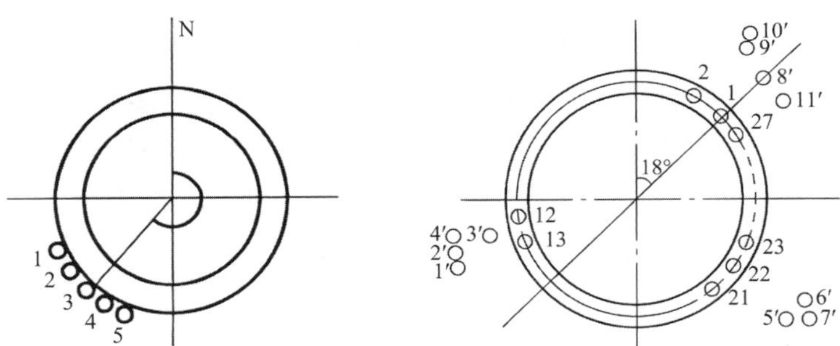

图 37-7　四台沟副立井旋喷桩孔布置　　图 37-8　梁家主井注浆孔布置

以上两例工程处理后的帷幕井筒经受住了考验，在接头部位没有发现错位、变形、开裂现象。

3. 事故原因分析

（1）地层为含水砂层，含卵石、砾石复杂地层，流动性大，渗透性强；墙段间接夹泥过厚，抵抗不住高水位下渗流冲刷；墙体内夹混浆絮凝团，使得混凝土强度降低、壁厚不够等，是造成突水事故的主要原因。

（2）接缝夹泥。混凝土防渗墙由于受单个槽造孔延续时间及混凝土拌合、运输和浇注能力的限制，采用分段浇注施工。墙段之间必然会有一条垂直的、平面呈半圆形的接缝，要求缝宽小于 5mm，且顺半圆弧水平走向应当是不连续的。在我国煤矿采用混凝土帷幕法凿井期间，在暴露出的墙段接缝中，一般夹泥厚度 5～20mm，最厚达 40～60mm。一般规律是顶部缝最宽，随着深度增加缝宽逐渐变小，但也有少数接缝的缝宽自孔口至孔底几乎等宽。可见墙段间接缝质量不达标的情况相当普遍，其中部分接缝夹泥过厚，直接危及凿井施工的安全。

（3）泥浆下浇注混凝土中夹泥。导管法浇注泥浆下混凝土，导管埋入液态混凝土的深度直接影响混凝土的质量。试验表明，导管插入混凝土深度不足 1m 或小于 0.6m 时，混凝土拌合物会以骤然下落方式向四周扩散，导管附近出现局部隆起及溢流现象。这说明液态混凝土不是平稳流动和扩散的，混凝土表面泥浆和沉渣会被卷入混凝土内形成混合层，破坏了混凝土的整体性和均匀性。

（4）泥浆性能达不到规范要求，造孔泥浆失去护壁性能；不重视清孔换浆，尤其是泥浆相对密度、稳定性及抗钙侵性等达不到规范要求，直接影响浇注混凝土形成的帷幕段间接缝、墙体和墙底与基岩接触带质量，埋下质量隐患。

冬期施工，受冰冻影响，泥浆中的自由水结冰，结构被破坏。当温度稍回升时泥浆即刻出现离析，破坏泥浆的稳定性，致使清孔换浆质量差，槽孔中残留沉渣厚度超过施工规范，在泥浆下浇注混凝土过程中，部分沉降物就会积聚到混凝土表面，形成夹泥。

煤矿混凝土帷幕法凿井的泥浆一般用土配制，经羧甲基钠纤维素、碳酸钠预处理，泥浆中的黏土颗粒周围均吸附有钠离子，遇到水泥浆后，水泥浆中的钙离子与钠离子发生交换反应。

泥浆受水泥浆污染后，其性能指标会急剧变差，发生不同程度的絮凝。絮凝团块在浇注槽孔混凝土过程中被推挤到相邻两槽段间的接缝处形成接缝夹泥；或包裹在墙体内的任一部位，形成混浆、包泥。待立井开挖时，在外部水压作用下，薄弱部位就可能成为突水通道。

4. 处理方法

透水事故都是在开挖过程中发现的，可准确确定部位、水压和缝隙特征，所以注浆方式为定点、定向、定位少注，多次间歇。注浆浆液浓度（水：水泥）控制在 1：1～0.8：1，注浆压力控制在 1.7～2MPa，浆液中加入 5%～10%的氯化钙。当遇到接头孔处井壁坍落、透水点较大、注浆时间长、没有控制好压力时，井壁会出现局部裂隙，造成井壁内外联通，可采用水下封底注浆。在注浆过程中，随时掌握注浆情况，分析注浆效果，预测注浆薄弱点，保证注浆质量。

还可采用旋喷注浆。在旋喷注浆前向井内回填土，其高度超过透水部分至少 1.5m。处理时，在帷幕裂缝的一定范围内均复喷 2～3 次，旋喷桩位置在外护井内侧、混凝土帷幕外侧，使用 42.5 级普通硅酸盐水泥浆。造孔或旋喷时，若不返水、返浆则使用黏土浆，采用静压注浆方法充填壁后空洞或松散砂体，然后再旋喷注浆。

（本节选自王承源《混凝土帷幕法凿井突水事故分析和处理》）

37.7 小结

（1）本章介绍了一些基坑工程事故。我国的基坑工程越来越多，发生事故的工程也在增加。这些事故本来是可以避免的，但是由于各种原因的复杂组合，事故最终还是发生了。

（2）基坑事故是由多方面原因造成的，要避免基坑事故的发生，也必须依靠各个方面的密切协调、配合才能实现。

（3）应当继续关注深基坑的设计和科研工作，要精心设计出符合工程实际、安全可靠和经济适用的深基坑工程方案，特别是加强对深基坑渗流的分析和设计。

（4）要精心施工，制订深基坑的应急预案，以便在发生事故时能够正确应对。

（5）要继续加强质量监督和管理工作。

37.8　深基坑风险分析

37.8.1　概述

本节是笔者根据收集整理的国内外多个工程的资料以及参加地下连续墙和深基坑的规划、设计、施工、科研、管理和咨询的体会，简化编写的。

本节力图从分析深基坑工程的各种风险和事故出发，分析基坑风险和事故产生的环境、形态和原因，提出深基坑风险的应对措施和管理办法，供大家参考。

由于设计、施工和管理方面的不确定因素和周围环境的多样性，使基坑工程成为一种风险性很大的特种工程。

37.8.2　深基坑的基本概念

1. 深基坑工程特点

（1）基坑深度越来越深，建筑基坑 42.35m，竖井 78.3m；

（2）占地面积越来越大，很多大于 20 万 m^2；

（3）基坑底部被墙、桩、降水井、勘探孔穿插切割，变得更不均匀；

（4）与地下水关系越来越密切；

（5）承压水影响越来越突出，基坑的破坏 80%以上与地下水有关。

2. 基坑渗流特点

水是无孔不入的；地基（层）是有空隙的；水在地层中流动，就形成了渗流；如果地层的颗粒级配不均匀，或者是渗流速度太大，就会造成渗流（透）破坏，如图 37-9 所示。

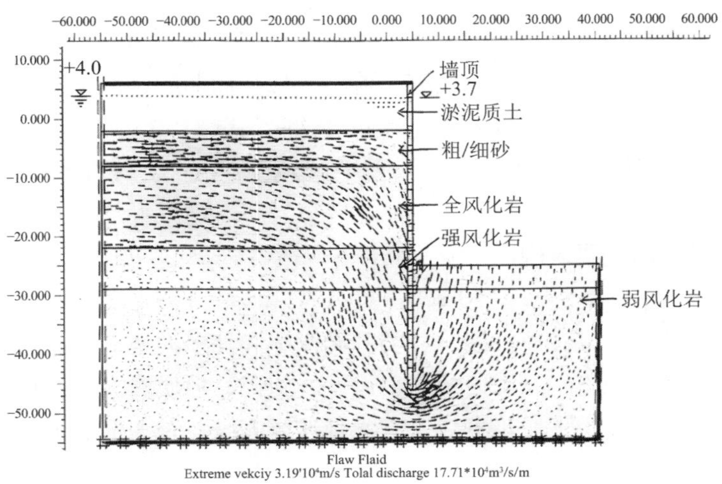

图 37-9　基坑渗流图

3. 基坑事故的主要原因

（1）规范和设计问题，入土（岩）深度不够（墙底悬空）；

（2）与周边环境不协调；

（3）对地下水（特别是承压水）的理解和认识有误；

（4）施工质量太差；

（5）运行管理失误。

4. 哪些水影响深基坑稳定？

（1）地下水——上层滞水，潜水；

（2）地下水——承压水；

（3）地面水；

（4）给水管道渗漏——南宁绿地广场；

（5）下水管道断裂、漏水——北京地铁10号线大北窑站；

（6）江河湖海水位上涨——永定河、长江；

（7）洪水淹没基坑，如郑州“7·20”特大暴雨。

5. 深基坑渗流破坏部位

（1）沿着地基薄弱部位；

（2）黏性土层厚度小，有缺口；

（3）淤泥和流砂厚度大；

（4）墙、桩的边缘；

（5）不同支护结构之间缺口；

（6）结构物本身的缺陷。

6. 深基坑事故的总体分析

从事故的原因来分析，涉及规划、设计、地质勘探、施工工艺、运行管理以及监理等。

笔者认为设计是重要环节。有的设计本身就存在问题，即使再认真施工，仍避免不了发生渗流破坏和基坑事故。

目前，各地、各部门所采用的基坑支护规范也存在一些差别。

总之，在深基坑的设计施工中，还存在着一些似是而非的、认识不完全一致的模糊问题，需要集思广益、取长补短，深入探讨和解决这些问题。

有人调查了243个基坑事故实例，发现施工因素占46.6%，设计占39.9%，应当引起注意。

37.8.3 深基坑风险的主要表现

1. 外在原因

近年来，我国经济建设飞速发展，各类基础设施和许多大型、超深的基坑和深基础工程正在进行规划、设计和施工。由于规划、设计、施工、地质勘察和运行管理方面的缺陷和失误，导致不少基坑发生了质量事故，有的则涉及人身安全，造成了不必要的损失，已经日益引起人们的重视。

造成这些基坑事故的主要原因是各方面的，其中有一些是外部因素造成的：

（1）超出常规的暴雨、洪水导致基坑淹没、滑坡、垮塌；

（2）地震造成的基坑破坏，如 2008 年四川大地震；

（3）相邻的建筑物倒塌、滑动对基坑造成的破坏。

此外，还有一些原因是建设单位或业主压缩了基坑的设计概算，修改后的基坑方案存在不安全因素，也是造成基坑事故的因素之一。

还要说明的一点是，目前基坑行业的从业人员中，还有一些人对于基坑行业必须了解、掌握的基本知识，也就是对工程地质和水文地质以及水力学和渗流学的了解和掌握很不够，导致在决策、设计、施工和观测过程中发生失误，使本来可以避免的事故发生了。

2. 设计问题

根据主编人从事地下连续墙工作 4 年的设计、施工、科研、咨询和管理工作的经验，认为深基坑工程设计存在以下一些风险和隐患：

1）绝大部分的深基坑设计工作都是搞得很好的，但是也有一些基坑设计搞得不太符合实际或者失误。比如，在存在着地下水或者承压水时，只考虑满足基坑支护结构（如地下连续墙和排桩）的强度和稳定要求，由此求得的墙底入土深度往往偏小；而没有进行专门的渗流计算，导致将地下连续墙或防渗体底放在透水层中，成为“悬挂式”结构，因而发生了很多基坑透水、管涌和突涌，造成结构破坏事故。

2）理论缺陷：

（1）早期采用的计算方法有问题，1958 年修建密云水库时，当时采用的是初参数法来计算防渗墙，算到半道就搁在那儿，不了了之了。

（2）1960—1970 年代，我国水电系统最早开展了防渗墙的计算研究。当时的南郑北张算法都认为墙底会产生拉应力。

（3）为此在很多防渗墙工程（至少 7 座）中埋设了观测仪器，从 1960—1980 年代的观测资料来看，都没有发现拉应力；即使在人们普遍认为会产生拉应力的葛洲坝围堰中，也没有发现拉应力。

（4）加拿大马尼克 3 号坝的观测说明，墙体的压应力很大。

3）对规范的看法：

（1）《建筑基坑支护技术规程》JGJ 120—1999 的嵌固深度计算中存在明显的错误，造成引用此条的设计发生事故。

（2）新的基坑支护规范中假定基坑周边的地下水为静止水压力，导致计算得到的弯矩偏大，配筋偏多。

（3）武汉阳逻大桥南锚碇的实测钢筋应力只有 40 多兆帕，很小！而设计的计算拉应力为 228MPa，相差太大了。

在广州黄埔大桥锚碇的基坑渗流计算图中可以看出，作用在基坑上的总体水压力只有静止水压力的 58%，这说明，在基坑存在渗流的情况下，实际作用在基坑上的水压力是比较小的，照此进行墙体设计，墙厚和配筋也是比较小的。

反之，如果按照静止水压力来配筋，那钢筋用量就很大。

4）对地质资料分析不到位，判断失误，导致地下连续墙墙底在透水层中（图 37-10）。

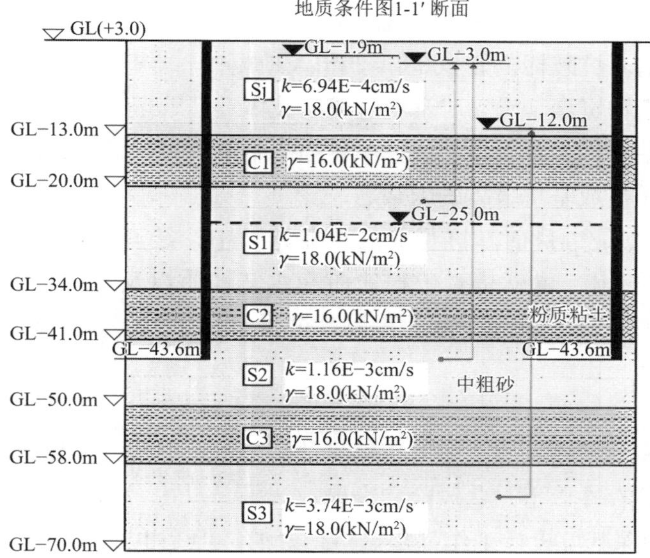

图 37-10　墙底在透水层中

3. 施工问题

（1）施工草率，质量缺陷太多，特别是导致地下连续墙或其他防渗体（水泥搅拌桩、高压喷射灌浆、注浆等）出现孔洞或裂隙。

（2）接头之间没有搭接，成裤衩状。

（3）使基坑外侧地下水直接涌入基坑，几个月处理不完。

（4）还有的施工过程中，运行维护不够，降水（抽水）工作无法正常进行，造成事故。

（5）施工平台加固不牢靠。

（6）使用不合格的泥浆，或对膨润土泥浆认识不清，导致槽孔坍塌。

（7）挖槽过程中，没有随时检测和监控不到位，导致钢筋笼无法正常吊放。

（8）施工平台加固不牢靠，导墙悬空。

（9）水下混凝土浇注过程混乱，造成夹泥、窝泥、漏水。

（10）对接头保护不够，造成接头漏水或混凝土绕流，无法继续后续施工。

（11）粉细砂突然液化，造成抓斗被埋。

地下连续墙通常是采用液压抓斗挖槽，周而复始地，把槽孔内的地基土料挖出孔外。遇到粉细砂的时候，这种粉细砂就会在抓斗周期性的、缓慢的振动和冲击下，内部结构变得松散，突然发生液化，把其中的水分突然放出，剩下的粉细砂密度加大，把抓斗死死包住不放。这样的话，抓斗只有被死死埋在地下，无法拔出。

据我了解，北京有三台抓斗被埋；天津有一台抓斗被埋；1998 年长江大堤防渗工程，在长江南岸的咸宁地区的大堤上有六台薄抓斗被埋，时隔 10 年后，在同一个地点，川气东输的管道出口处，因为马头门防渗长度不够，而把盾构机埋死，建造新的地下连续墙竖井又失败，只好改用冷冻法加固。

大多数抓斗被埋都是粉细砂突然液化造成的。

4. 地质勘察问题

（1）工程地质和水文地质勘察深度不够，数据不准确，判断有失误；

（2）没有认识到基坑工程对地质勘察的特殊要求；

（3）设计、施工人员对地质复杂程度认识不足；

（4）有的工程本来存在承压水，可是勘察单位却误判为潜水，直到基坑出了事故才明白过来。

基坑工程地质勘察与桩基础是有区别的，应当做好基坑补充勘察工作：

（1）地层的物理力学指标（现场测试和室内试验）。

（2）地下水的埋深、补给来源、承压和连通情况。

（3）详细查明底部岩石埋深和全风化、强风化、弱风化和微风化层的厚度，物理力学指标。

（4）必须进行抽水、注水或压水试验，提供各地层的渗透性指标。

（5）必须查明汛期洪水位、潮水位和地下水的关系，提供有关数据。

5. 规范问题

对深基坑渗流问题缺乏明确的条款。

目前，很多深基坑的开挖深度超过了 30～40m，基坑面积超过了 20 万 m^2，位于复杂的多层地基和多层承压水之中。有些规范还不能完全适应这些情况。

有关规范条文已不能适应目前复杂的地质条件和基坑规模，特别是没有岩石地基的有关条款。

对于岩石地基中的基坑或者底部位于岩石地基中的大型深基坑来说，渗流稳定问题仍然是很复杂的。

基坑底部位于风化岩或软岩中时，当坑内外水位差很大而支护结构底部入土（岩）深度不足时，往往会出现坑底大量漏水，风化残积土泥化、流泥。

当承压水头很高时，就会顶破基坑底部的岩土层或混凝土盖板而导致基坑破坏。

有人以为地下连续墙底部放在花岗岩的强风化层和弱（中）风化层内，就可以解决深基坑问题了。他们认为花岗岩强度很高，地下连续墙放在此处没问题！这是错误的。实际上，这不是强度问题，而是防止渗透破坏的问题。

6. 地下水和外来水

（1）地下水

我们知道，对于深基坑工程来说，地下水是个很重要和很麻烦的事。基坑深度越深，坑内外水位差（水头）也就越大；基坑面积越大，则隔水层的平面连续性可能越差，甚至出现“漏洞”，发生事故的可能性也就越大，越需要认真对待。

很多统计资料显示，深基坑的破坏事故 80%～90%与地下水有关，但是很多人还没有把重点放到治理地下水上边来。

（2）外来水

1995 年和 2019 年，北京官厅水库分别向下游永定河补水，造成北京城区地下水位抬高，当时西客站北面正在施工的京门大厦混凝土底板抬升，与其相隔 30 多千米的、由笔者设计施工的嘉利来世贸大厦基坑正在施工，坑底地下水位抬高，不得不采用摆喷桩来封堵条桩之间的渗水。

2019 年开始，每年春天官厅水库都要向永定河补水，2019 年补水后，造成西郊地区地下水位抬高，导致很多基坑施工方案无效，重新提出了施工方案。

有些水库上的防渗墙（如浙江宁波梅溪水库），因为施工平台高程过低，上游河道来水较多；随着防渗墙接近完成，河水被逐渐堵住，上游水位迅速抬高，以致淹没了施工平台，最后几个槽孔勉强完成。

2021 年 7 月 20 日，郑州的特大暴雨洪水淹没了城区 140 多座基坑。

7. 泥浆问题

我们知道，泥浆在地下连续墙施工过程中，起到重要作用。笔者在各地咨询时，发现很多基坑工程事故都和泥浆有很大关系。

早期多采用当地黏土泥浆，质量有好有坏，加上浇注速度很慢，发生了很多墙体质量事故，如崇各庄水库、玉马水库、西斋堂水库等。

近年来，很多基坑都开始使用膨润土泥浆，但是仍然有人不明白其中的道理，仍然发生了不少事故，如杭州地铁 7、8、9 号线基坑泥浆。

8. 设计理论方法问题

对于存在地下水的基坑来说，防渗和降水的设计是非常重要的，既然深基坑的破坏 80% 以上是由地下水和渗流引起的，那么深基坑的设计施工就应当从控制地下水的危害入手，防水、治水，以达到深基坑的安全、稳定。

以前有一些采用原来的规范来搞设计、施工的工程，发生了不少事故，比如广州地铁三号线燕塘站、南方医院站等。

以往的基坑支护设计是按照抗倾覆或者是抗深层圆弧滑动等结构条件来计算基坑地下连续墙的入土深度的，没有考虑或者是没有全面考虑基坑渗流稳定问题，也没有考虑地下连续墙工程的经济性问题。

实践证明，这种设计导致了一些基坑出现问题，发生事故。

我认为应当改变一下这种深基坑设计思路（路线）。

我们的指导思想是：

首先用基坑的渗流稳定条件来确定入土深度，然后再进行其他方面的计算和设计。

有人采用高喷桩防渗墙作为基坑底部的平面防渗体，目前成功者极少。

武汉地区做了很多（至少 6 个）高喷桩水平防渗体工程，但是都没有成功，还是采用降水为主，才能开挖下去；但是因此造成的沉降很大，导致房屋、道路的破坏。高喷水平护底往往造成底部漏洞（图 7-23）。

9. 施工平台问题

施工平台加固，是为了让钻机、起重机、混凝土罐车和混凝土泵车等重型装备站稳脚跟，顺利施工。但是，在杂填土、淤泥、粉细砂地层或是在临近地下水位、河水、海水的地段，由于施工平台的设计和施工加固措施不当，造成了不少地下连续墙事故，这是需要我们认真对待的问题。

（1）有的施工平台被不断上升的洪水、河水或地下水淹没；

（2）有的施工平台加固不牢，钻机掉到槽孔里；

（3）黄河小浪底水库围堰，采用振冲法加固了 8～12m 粉细砂地基，效果很好。

10. 管理运行问题

（1）没有提出适合本工程的施工组织设计，配备合适的设备，采用合理的规范、工法；

（2）没有加强工程各个环节的监督检查和检测，随时分析存在的问题，提出合理的解决办法；

（3）没有加强对工程检测资料的分析和评估，减少工程风险；

（4）好几个基坑因为突然停电，抽水泵无法抽水，导致地下水上浮淹没基坑。

11. 煤矿竖井的渗透破坏

这里所说的帷幕法竖井，是指采用钻机施作煤矿的通风井井壁的做法，它的井壁防渗墙同样存在渗透稳定问题。

1974 年，我们协助鹤岗矿务局建成了两座深度 30～50m 的通风竖井。此后，煤矿部门形成了帷幕凿井法，在各地建造了很多煤矿竖井。

当时大多采用冲击钻凿井，难免因为钻孔偏斜和混凝土浇注不当，造成了一些事故。

煤矿竖井周边大多是粉细砂类地基，竖井比较深，发生事故时，喷水喷砂很多。处理此类事故时，困难比较大。

37.8.4　深基坑工程破坏实例

1. 密云潮白河围堰

1976 年唐山地震以后，为了密云水库安全和第九水厂供水需要，决定在潮白河修建泄洪隧洞。隧洞进口需要修建围堰，以便安装闸门等。围堰的混凝土像一串糖葫芦，可以看出混凝土的浇注边界轮廓；浇注质量比较差。由于围堰挡水时间较短，承受水头较小，所以运行期间没有发生事故。

2. 天津地铁南楼站

这是安装地铁接地线引发的事故。在打接地线 d60mm 钻孔时，突然发生承压水大量喷涌、喷砂，很快淹没了已经开挖的基坑（图 37-11）。

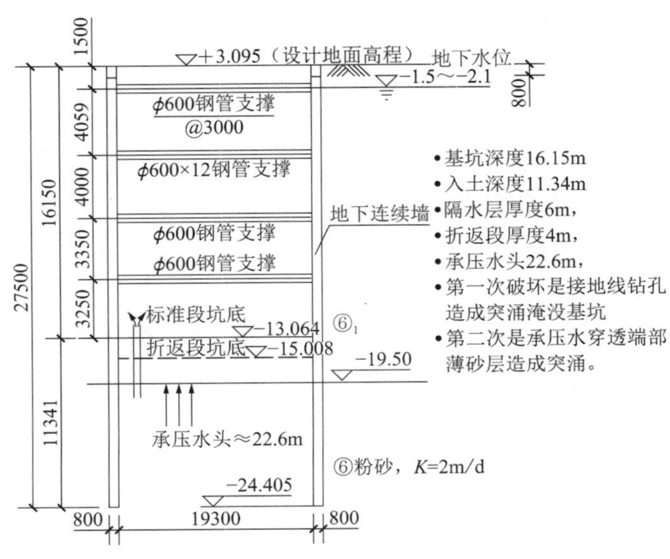

图 37-11　天津地铁 1 号线南楼站

遗憾的是，工地上此时停止了抽水，使突涌继续漫延；事故发生后 24h，距离基坑边上

19m 的六层住宅楼沉降了 120mm，危在旦夕，只好买下房子，撤出现场。

还有，工地专家认为是地下连续墙接缝漏水，所以，拼命灌浆，导致d600mm 的内支撑钢管受压屈服，只好重新更换。

在开挖到两边的隧道连接井的地段时，因为隔水层减薄，又发生了突涌事故。

3. 天津站后广场深基坑事故

1）地下连续墙没有全部进入隔水层

主编人当时常驻现场，花了一个星期时间，检查了基坑范围内的 400 多个钻孔柱状图，发现有几个剖面图画错了，其结果导致南侧地下连续墙有几段没有进入隔水层（粉质黏土层）内（图 37-12），形成地下水的渗水通道，造成基坑涌水，影响了后期工程施工，只好增加降水井，才解决了问题。

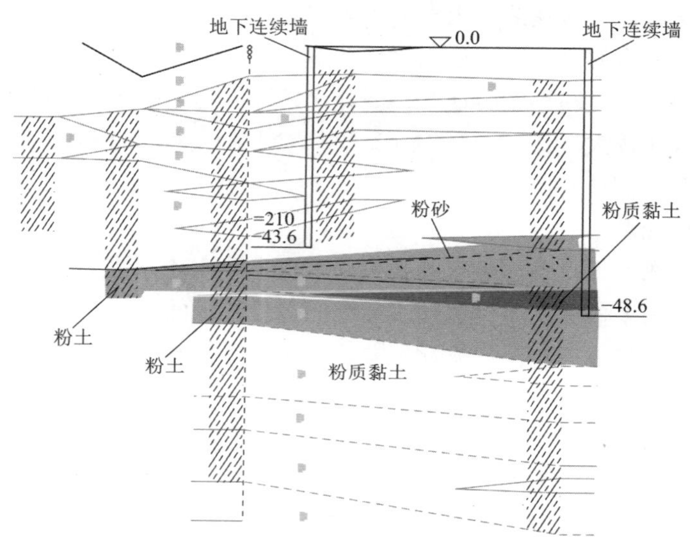

图 37-12 天津站后广场地下连续墙“悬空”剖面图

2）位于 3 标段基坑的北侧地下连续墙中的事故

基坑开挖过程中，突然在地下连续墙墙壁上突然喷水、喷砂，水头达到 18m，喷射很远；使用铲车往里顶木塞，又喷射出来；采用在基坑外边进行灌浆堵漏，两个多月才堵住。

4. 杭州地铁 1 号线湘湖站基坑事故

第一次事故发生在 2008 年 11 月 15 日，死 21 人。当时主编人正在四川广元抗震现场，认为事故主要是设计问题。

第二次事故发生在第一次以后约一个月时，当时正在开挖基坑土料，由于放坡较陡，导致内部支撑格构柱垮塌。

后来，一号线的中医医院也发生了基坑垮塌伤亡事故。

5. 杭州地铁 6 号线

（1）2019 年 1 月 12 日主编人在现场发现泥浆质量极差，坑底淤积多达 3～4m，还在浇注混凝土，浇注系数均小于 1。

（2）现场要求按照施工配比搅拌泥浆，24h 的胶体率只有 44%，远远小于要求的 98%。

（3）要求停工，找到好泥浆再干。

据了解，7、9 号线泥浆都有类似的问题。

2019 年 8 月 28 日，8 号线建国北路站，冷冻工法施工的联络通道坍塌，河水倒灌入基坑。

6. 南京江北新区交通枢纽（图 37-13）

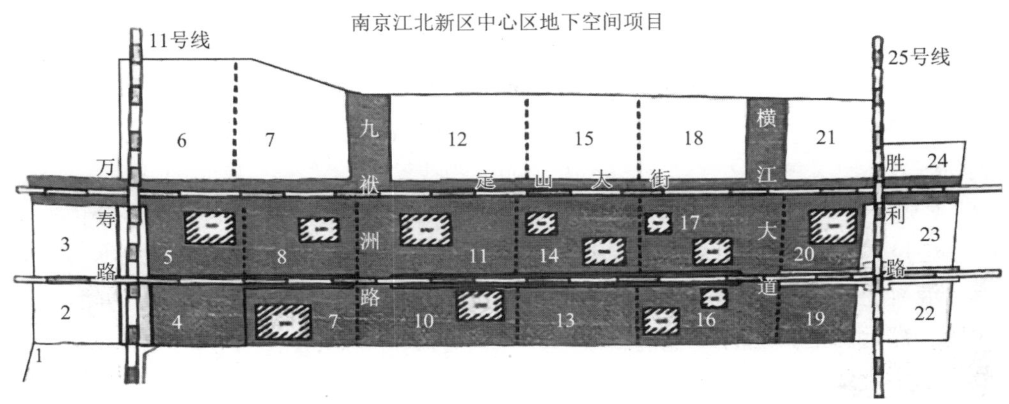

图 37-13 南京江北新区交通枢纽

设计存在的问题：

（1）对于这个有四条地铁交汇的地下枢纽工程来说，设计把内外双层地下连续墙都做成了悬挂式的，并且还把墙底放在粉细砂和中粗砂这种容易管涌的地基之中，无疑是错误的。

（2）这个基坑距离长江水道不过 700m，这个外来水源是巨大的，源源不断的，特别是洪水期间的影响更大。设计没有考虑这一点，也是错的。

（3）地下连续墙底部应当进入基岩，彻底解决大面积深基坑的防渗问题。

7. 广州海珠城广场基坑事故（图 37-14）

图 37-14 广州海珠城广场基坑事故现场

事故原因：

（1）一再超挖，由设计的 16.2m 超挖到 16.9m，再超挖到 20.3m，总共超挖 4.1m，超挖 25%。

（2）东南角（坍塌段）超载 140t。

（3）基坑停留时间长达 33 个月。

（4）底部基岩倾斜面与坍塌滑动面一致。

（5）没有监理，没有监督。

（6）事后处理，光是回填原来楼房的基础混凝土就有 1 万 m^3。

8. 广州地铁河沙站事故

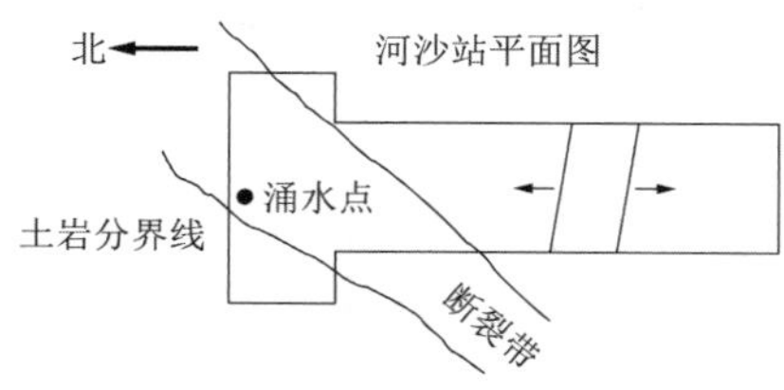

图 37-15　河沙站平面图

挖深 18m，挖到北边坑底时，嘭的一声，大量涌水，3d 抽不净河沙站（图 37-15）；6 座房屋倒塌；补勘孔打到 35m 深，发现空洞，通过补充钻孔，判断是海珠断裂带，见图 37-15。

通过降水，浇注东边 2m 厚混凝土，停止抽水后，把 2m 厚的混凝土板浮起，又淹没了基坑，水深达 15m；浇注南边混凝土板时，又被顶破；最后把基坑灌水到地面以下 3m，才止住了承压水突涌。

河沙站靠近河道，还有外水补给。

最后采用凝浆堵水＋降水，解决了问题。

9. 武汉君安大厦基坑事故

该工程距长江仅 200m，地下水与外水沟通。1990 年代修建。

基坑开挖深度 10m。经过比较，施工单位采用当时武汉常用半封半降方案，就是在基坑底部采用旋喷方法建造厚度 5.5m 的水平防渗体和深井降水的组合方案，实践证明这是错误的基坑方案；仍然造成地基突涌、基础沉降，如图 37-16 所示。

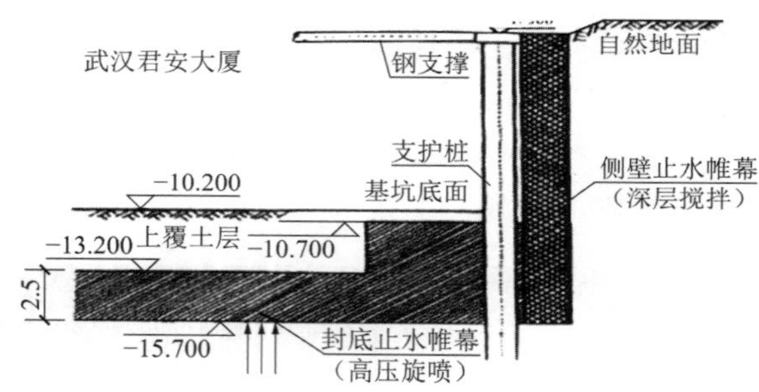

图 37-16　君安大厦剖面图

10. 川气东输出口事故

在 1998 年埋掉六台抓斗的湖北咸宁长江大堤地区，2010 年又发生了盾构机在距离出口接收井仅 5m 的地方，被粉细砂埋死的事故（图 37-17）。

事故发生以后，决定在长江大堤后面，再采用抓斗建造一个新的接收井，但是没有达到要求的效果，仍然无法完全防渗，只好采用冷冻法加固和防渗，最后采用人工开挖，把盾构机挖出来。

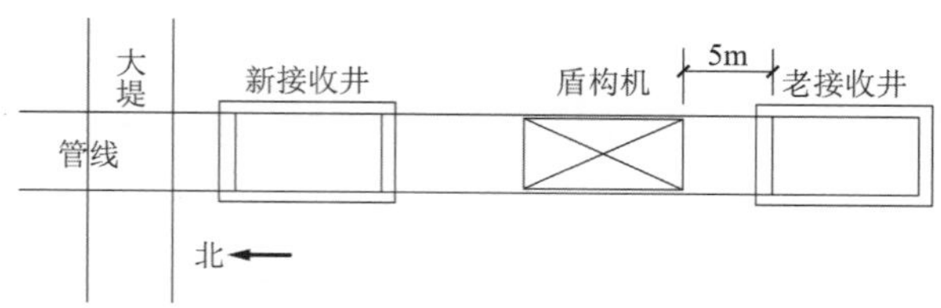

图 37-17　盾构机出口平面图

11. 呼和浩特地铁基坑事故（图 37-18）

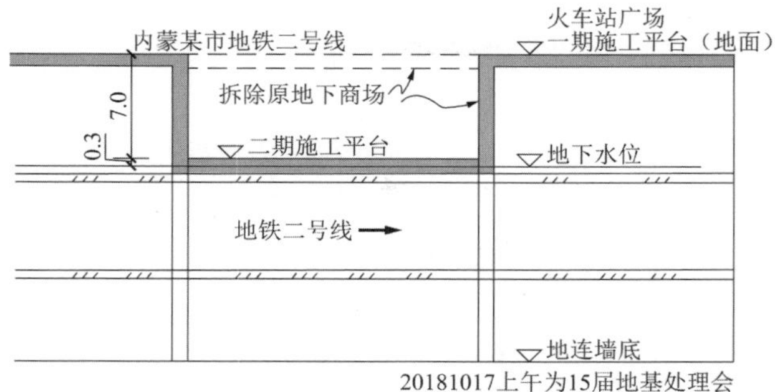

图 37-18　呼和浩特地铁站剖面图

2018 年 10 月 17 日现场查看。

（1）地铁二号线穿过火车站。施工时从火车站广场下挖 7m，到地下室底板上，去做地下连续墙；把起重机、混凝土运输车、抓斗等重型装备都放到地下去；实在是一个错误的施工方案。

（2）最大的问题是，这样做以后，施工平台面距地下水位不到 0.3m，根本没有满足至少大于 1.5m 的要求；而且，本地区的地下水流动性很大。

（3）在这种情况下，地下连续墙根本做不成。泥浆被地下水稀释成浑水；抓斗抓出来宽度约 4m 的大洞，浇注混凝土无法成型。

（4）需要完全改变施工方法，才能建成地下连续墙。

12. 南宁绿地广场基坑事故（图 37-19）

（1）2019 年 6 月 8 日，南宁绿地广场基坑的西侧支护结构连同路面坍塌，坍方区域长 60m，宽约 15m，坍方 4500m^3；基坑设计深度 21m。

（2）据说，事前一个月就发现路面上已经产生裂缝，没有引起重视；锚索进入的泥岩可能有膨胀性。

（3）分析事故原因，是由于基坑支护变形过大，自来水管长期漏水，基坑周边土体被掏空，局部土体被泡软，水管爆裂，基坑锚索失效，最终导致坍塌事故。

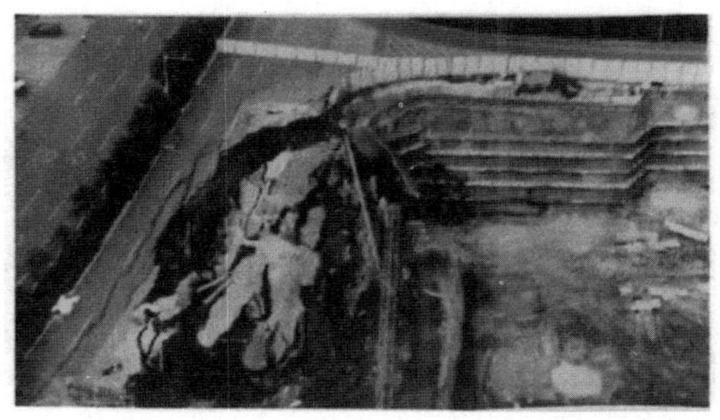

图 37-19　南宁绿地广场

13. 洛马水库渗漏事故（图 37-20）

土坝于 1976 年完工，坝高 50m，一直维持高水位运行。1988 年 4 月发现防渗墙顶部有一个直径 8.5m 的大瘘管，其中的土料被冲刷掉了；其底口正好对着没有回填好的集水井，导致了渗透破坏。

防渗墙浇注质量非常差，存在着很多透水孔洞。

这两者联合，造成了沿着防渗墙墙面的渗透破坏。

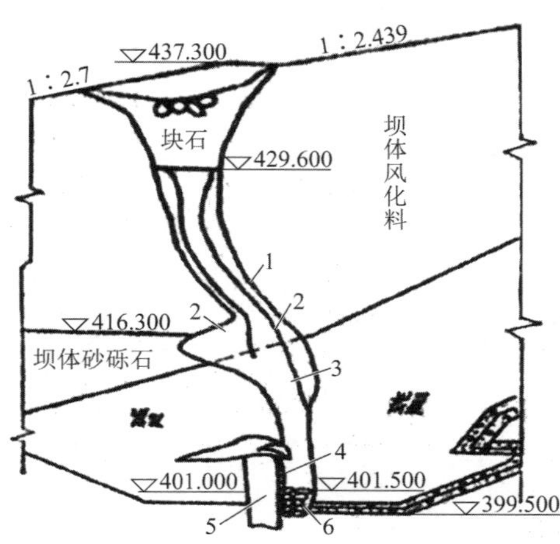

图 37-20 洛马土石坎坍坑及漏管剖面图

1—管壁；2—松软风化料；3—风化料夹砂砾石；4—粘附的心墙；5—混凝土防渗墙；6—集水井卵石

37.9 基坑工程风险与对策

37.9.1 概述

风险是指某一特定危险情况发生的可能性和后果的组合，其基本的核心含义是“未来结果的不确定性或损失”。风险具有普遍性、客观性、损失性、不确定性和社会性。

风险是由风险因素、风险事故和损失三者构成的统一体。风险因素是指引起或增加风险事故发生的机会或扩大损失幅度的条件，是风险事故发生的潜在原因；风险事故是造成生命财产损失的偶发事件，是造成损失的直接的或外在的原因，是损失的媒介；损失是指非故意的、非预期的和非计划的经济价值的减少。

上述三者关系为：风险是由风险因素、风险事故和损失三者构成的统一体，风险因素引起或增加风险事故，风险事故发生可能造成损失。

37.9.2 深基坑的风险对策

风险分析的第一个关键步骤：风险辨识。在风险评估时，一般要回答以下三个问题：

（1）什么事情可能出错（风险辨识）？

（2）出错的可能性有多大？

（3）出错的后果是什么？

风险评估帮助辨识、度量、量化和评价风险和风险后果。

风险分析的第二个关键步骤是风险管理，在这个过程也主要回答以下三个问题：

（1）我们能做什么？

（2）哪些方案是可行的，并且根据费用、效益、风险而进行的权衡结果怎样？

（3）当前的管理决策对将来方案的影响是什么？

分析方法必须适应于它将使用的模型和环境，对所有的目的都适用的风险是绝对没有的。

总体对策：

（1）对于深基坑来说，详细的地质勘察工作是必须的，对于复杂的超深基坑，应当采取多种手段，多方面进行勘察和论证；

（2）深基坑设计所使用的地质参数，应经过比较论证后选用；

（3）如有必要，应对超深基坑工程，进行必要的前期试验；

（4）施工方案应当经过有关部门和专家评审；

（5）加强施工期间的观测和定期评审，做到信息化施工；

（6）对可能的深基坑事故，应有预案。

37.9.3　风险分析

1. 基本要求

在设计、施工、监测各个环节，都应进行认真的风险分析，找出合适的防范对策。

下面对深基坑安全影响最大的地下水（特别是承压水）以及几个相关环节的风险进行分析，供参考。

2. 深基坑工程承压水风险辨识

1）基坑突涌的风险

基坑开挖深度足够大，承压含水层顶板以上土层的重量不足以抵抗承压含水层顶板水头压力时，基坑开挖面以下的土层将发生突涌破坏（图 37-21）。

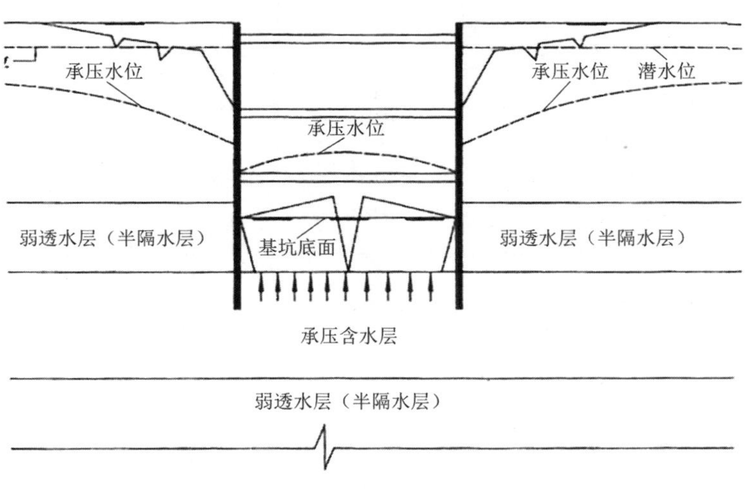

图 37-21　基坑突涌示意图

$$f = \frac{h_s \gamma_s}{h_w \gamma_w}$$

式中　f——基坑底面抗突涌系数；

h_s——基坑底面至承压含水层顶板之间的距离（m），计算时，承压含水层顶板埋深取最小值；

h_w——承压含水层顶板以上的承压水头高度（m）；

γ_s——基坑底面至承压含水层顶板之间的土的层厚加权平均重度（kN/m³）；

γ_w——地下水的重度（kN/m³）。

2）基坑渗流风险

当地下连续墙墙底进入透水层时，可能发生渗透破坏，如图 37-22 所示。

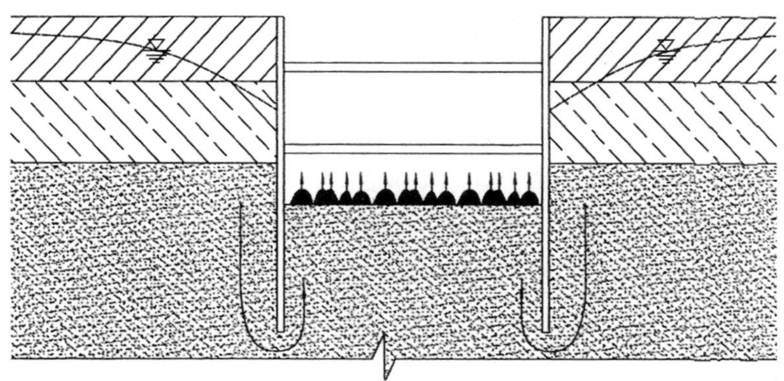

图 37-22　基坑底部砂土管涌示意图

3）勘探孔风险

一般工程勘察阶段，勘察单位必须对勘察孔进行封孔处理，基坑开挖阶段防止承压水从勘察孔涌入基坑内（图 37-23），并带入大量承压含水层中的砂土，造成基坑开挖面以下水土流失，形成空洞，影响大底板浇捣施工（天津地铁 6 号线红旗南路站）。

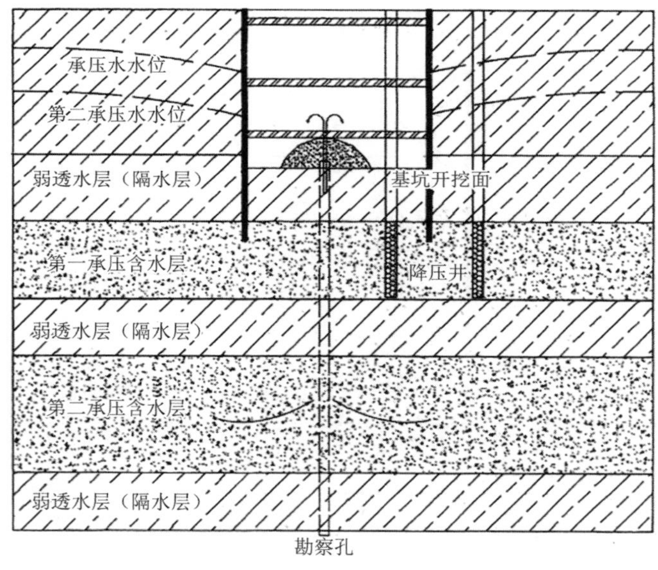

图 37-23　勘察孔突涌示意图

降水设计阶段分析勘察资料（基坑内、外勘察孔布置位置，勘察孔深度，勘察孔所穿越含水层），分析勘察孔突涌风险性，尤其是深层承压含水层中的勘察孔，必须引起注意，一旦下部高承压性的含水层的水沿着勘察孔上来，后果不堪设想，仅仅依赖上部降水无法解决。

勘察孔的风险性是不能依赖降水的，否则降水造价非常高，而且影响周边环境。对勘察孔必须进行封孔处理。

降水设计时，一般以勘察孔均封井处理好，根据水土平衡验算降水井的最大能力，要求承压水水位控制在安全水位左右。大部分基坑安全水位均比基坑开挖面高，一旦勘察孔突涌发生后，现有的降水井没有能力将承压水水位控制在基坑开挖面以下，除非降水设计时考虑大量备用井的数量。

4）监测孔的突涌风险（图 37-24）

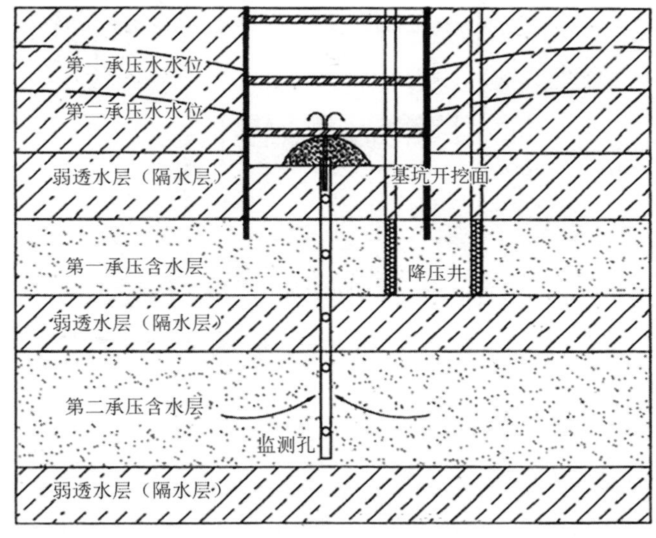

图 37-24　监测孔突涌示意图

在基坑内布置深层监测孔（分层沉降孔和回弹孔），同样要求监测单位做好止水封孔工作。监测孔一般是采用钢管或塑料管，管外为砂料回填，止水工作做不好，一种情况是地下承压水沿着管外回填层向基坑内涌水涌砂，另一种情况是地下承压水夹带砂粒直接从管内涌入基坑。

降水设计阶段分析监测资料（坑内监测孔布置位置，孔深度，孔所穿越的含水层），提示监测孔突涌风险存在性，尤其是深层承压含水层中的监测孔，必须引起注意，一旦下部高承压性的含水层的水沿着监测孔上来后，大量的地下水夹带砂粒涌入基坑，后果不堪设想，仅仅依赖上部降水无法得到解决。

有一点必须注意，地下高压承压水直接沿着监测孔涌入基坑，相当于在基坑内直接施工了一口深层承压含水层井，水位直接代表深层含水层水位，承压性非常大，仅仅靠上层抽水，是解决不了下层承压水水压的。所以，作为降水单位，建议监测单位及有关设计单位不要在基坑内布置深层监测孔。

降水设计时，一般以监测孔均封井处理好，根据水土平衡验算降水井的最大能力，要求承压水水位控制在安全水位左右。大部分基坑安全水位均比基坑开挖面高，一旦监测孔突涌发生后，现有的降水井没有能力将承压水水位控制在基坑开挖面以下，除非降水设计时考虑大量备用井的数量。

5）围护墙渗漏风险（图 37-25）

在砂层、粉砂层、砂质粉土或其他透水性较好的夹层中，随着坑内承压水水位的降低，基坑内外承压水水位差越来越大，止水帷幕或围护墙的缝隙、空洞中的充填物承受不了水压差时，大量的地下水夹带基坑外砂粒涌入基坑内，基坑外产生水土流失，严重的情况下造成坑外建筑物破坏，同时基坑内承压水水位会瞬间上升，超出基坑内原有降水井能力，会造成浇好的垫层和刚浇好的底板的隆起变形或破坏。

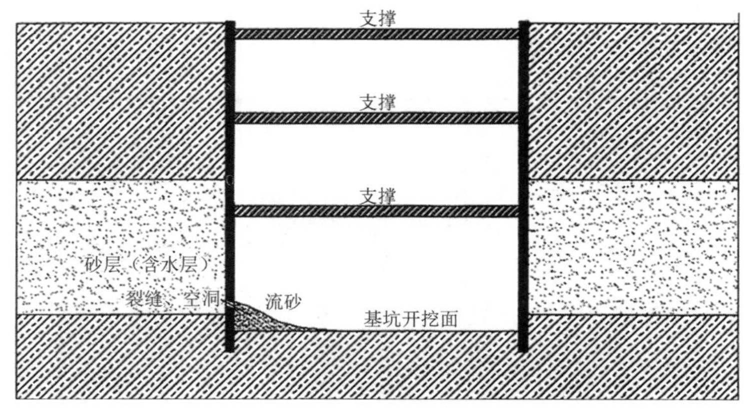

图 37-25 围护墙渗漏示意图

基坑围护体外进行注浆，在降水设计阶段可以考虑在基坑外布置适当的降水井作为应急预案。

6）桩基（注浆孔）风险

基坑内桩基工程也会导致承压水问题，诸多工程桩（钻孔桩）侧出现承压水涌突现，以及桩侧注浆管封孔不严，出现渗水、突水现象。

7）冻结法失效的风险

开挖过程中，全断面直接开挖暴露，临时支护不到位，若冻结失效，可能产生突发涌水情况，且不易处理；冻结帷幕局部有水流出且呈增大趋势，可能冻结帷幕局部未交圈或冻结法失效，在流砂地层中、非常短的时间内极可能引起隧道失稳破坏。

冻结法在黏性土层中失效后，能够维持相对较长时间的低温，给应急处理留有一定的时间。冻结法在砂性土层中失效后，尤其是渗透系数比较大的地层中时，冻结地层在相对较短的时间内将失去效果，承压水具有突发突涌的风险，主要原因是砂性土层的导热性比较大，热交换比较快，冻结地层会在很短的时间内融化失效。

（本节选编自《深基坑工程降水理论与应用》）

37.10 本章小结

（1）本章介绍了一些基坑工程事故，但仍感觉言犹未尽。我国基坑工程越来越多，发生事故的工程也在增加。这些事故本来是可以避免的，但是在各种原因的复杂组合作用下，还是发生了。

（2）基坑事故是由多方面原因造成的，那么要避免基坑事故的发生，也必须依靠各个方面的密切协调配合，才能做得到。

（3）我们应当继续关注深基坑的设计和科研工作，要精心设计，搞出符合工程实际、安全可靠和经济适用的深基坑工程设计，特别是加强对深基坑渗流的分析和设计。

（4）要精心施工，制订深基坑的应急预案，以便在发生事故时，能够正确应对。

（5）要继续加强质量监督和管理工作。

第 38 章　地下连续墙工程技术展望

38.1　概述

地下连续墙技术至今已经有 70 多年的历史，它是二战以后随着现代工业和建设的发展而开发出来的一种综合技术，它不断地用现代工业技术成果改造着自身，同时为人类的现代化进程作出了巨大贡献。在进入 21 世纪的时候，我们预期它会得到更快的发展和更广泛的应用，帮助人们去建设更高的楼房和跨度更大的桥梁以及地下空间等。

38.2　地下连续墙的技术进展

1. 无泥浆和不排土地下连续墙

多年以前，我们谈到地下连续墙的时候，总是把它和泥浆密切地联系在一起。今天我们再给地下连续墙下定义的时候，已经很困难了。因为现在很多地下连续墙可以不用泥浆就能建成，比如高压喷射灌浆、水泥搅拌桩和 TRD、CSM 等工法形成的防渗墙等。今后无泥浆防渗墙会逐渐增多。

近年来开发的不排土挖槽工法，如按 CSM 和 TRD 以及 SMW 工法建成的防渗体，实际上是水泥土搅拌形成的地下连续墙，里边放置型钢（H 型钢等）可作为基坑的支护结构，效果很不错。采用它们搅拌地基土，可以减少渣土外运的麻烦；型钢还可以拔出再用；不使用泥浆，可以减少现场污染和处理废浆的麻烦。因此，可以取得很好的技术经济和环境效果，值得推广应用。

2. 墙体断面

（1）墙体断面不再局限于长条形，由于在大型桥梁（跨海、大江大河）基础工程中的应用，其横断面将更多地采用空心圆环或方环形状，或者是十字桩、丁字桩等，以便承受更大的垂直和水平荷载。在不太长的时间里，地下连续墙单桩承载力达到 20000kN，环形基础的承载达到 30000～40000kN，是完全有可能的。

（2）根据地下连续墙的承受荷载和渗透稳定要求，今后的地下连续墙可以采用不等厚的断面，即上部厚而下部薄的形式。

根据结构受力条件的要求，地下连续墙的厚度已经可以大于 3m，其最小厚度已达到 20cm。

（3）根据结构受力情况，防渗（连续）墙还可做成上下不同强度和刚度的，既可上硬下软，也可上软下硬。

（4）根据墙体受力情况，可沿地下连续墙长度方向，把它分成几段，分别采用不同的断面形式和厚度以及不同的施工工艺，就像马尼克 3 号坝下的防渗墙那样。

（5）双轮铣槽机近几年来应用较多，国内外不少厂家都有开发，成为超深地下连续墙和竖井地下连续墙的主要挖槽设备，此种设备会有更好的发展机遇和更大的发展空间。

38.3　地下连续墙的技术展望

（1）地下连续墙工程技术，是二战结束以后随着现代工业和建筑的发展而开发出来的一种综合技术，已经取得很大成就；在今后的重大基础工程项目中还能发挥突出的作用。这需要科研、设计、施工、机械制造各方面的协作努力。

（2）目前，我们可以把地下防渗墙和地下连续墙做到 200m 或以上，但是目前地下连续墙施工最关键的问题是，我们还没有解决好墙体的接头形式这个关键难题，还存在着这样那样的质量问题。这是需要下大力气解决的关键问题。

（3）为了减少地下连续墙施工对周边环境的影响，改进现有泥浆性能很有必要；另外，应加强对无土泥浆（化学泥浆）的深入研究和推广；另外，应加强对槽孔混凝土成墙规律的研究、试验。

（4）悬索桥的锚碇和大型深基坑墙体（地下变电站等），采用圆形围井的结构设计更好些，可以减少内部大量的水平支撑，便于开挖土方和施作内部结构。

（5）关于坐落在透水地基中的深基坑底部防渗和加固问题，需要对各种可行方案进行技术、经济和环境方面的比较以后，再选定方案。条件允许时，宜首先选择加长垂直防渗和加固方案。对于旋喷桩方案，应当选择合适的桩径和中心距以及施工平台高程。最近有公司采用日本的 MJS 工法，在地铁基坑底部建成了不透水的防渗体，值得借鉴。

（6）建议继续进行大口径空心桩的设计和施工技术研制，在可能的条件下替代圆形实心灌注桩。

（7）今后钢制地下连续墙和钢筋—混凝土（SRC）结构的地下连续墙以及预制地下连续墙（PC）会得到更为广泛的应用。

38.4　新基坑工程的技术展望

1. 制定新的建筑基坑支护技术规程

新的规程应当充分考虑基坑工程技术的最新成果，特别是渗流理论与实践的最新成果，为今后新基坑设计和施工提供良好的指导。

2. 深基坑工程设计和施工技术创新

吸收国外的先进经验，研究、试验出适应我国国情的深基坑工程结构和施工方法，要达到安全可靠、经济适用。

3. 研制大功率、大直径（大厚度）和大深度的钻孔、挖槽和配套新设备

新设备应具有模块化、智能化，节能、环保，高可靠度和低成本等特点。

4. 实施信息化施工

今后的新基坑工程规模会越来越大，越来越深，周边环境会越来越复杂。这需要加强对基坑施工过程的全程监测，及时进行信息反馈，做到信息化施工。

5. 创建更多的优质工程

现在深基坑工程中存在着不少薄弱环节，作业粗放，事故不少。今后应当加强协作，选择合理、可行的设计和施工方案，加强质量监测、检查，确保施工过程的可控性，创建出更多的优质工程。

6. 今后要精准选择施工机械设备和工法，采用新技术，新材料。

7. 加强研究和使用清洁能源，以电代油，以气代油，实现更好的社会环境效益。

参考文献

[1] 丛蔼森. 地连墙深基础的设计施工与应用[C]//第四届深基础工程发展论坛论文集. 广州: 2014.

[2] 丛蔼森. 深基坑的发展概况和支护设计新思路探讨[C]//第三届深基础工程新技术与新设备发展论坛论文集. 西安: 2013.

[3] 丛蔼森. 地下连续墙桩和深基础工程的发展概况与应用[C]//海峡两岸岩土工程/地工技术交流研讨会论文集. 成都: 2016.

[4] 丛蔼森. 多层地基深基坑的渗流稳定问题探讨[J]. 岩石力学与工程学报, 2009(10): 2018-2023.

[5] 丛蔼森. 地下连续墙设计施工与应用[M]. 北京: 中国水利水电出版社, 2001.

[6] 丛蔼森. 深基坑防渗体的设计施工与应用[M]. 北京: 知识产权出版社, 2012.

[7] 丛蔼森. 三合一地连墙和非圆形断面桩的开发与应用[J]. 北京水利, 1997(1): 26-28.

[8] 毛昶旭, 等. 堤防工程手册[M]. 北京: 中国水利水电出版社, 2009.

[9] 龚晓南. 深基坑工程设计施工手册[M]. 2 版. 北京: 中国建筑工业出版社, 2018.

[10] 陆培炎. 陆培炎科技著作及论文选集[M]. 北京: 科学出版社, 2006.

[11]《工程地质手册》编委会. 工程地质手册[M]. 5 版. 北京: 中国建筑工业出版社, 2018.

[12] 杨晓东. 锚固注浆技术手册[M]. 2 版. 北京: 中国电力出版社, 2009.

[13] 丛蔼森. 广州地铁3号线花岗岩残积土基坑渗流分析与防渗体设计方法研究报告[R]. 广州: 2010.

[14] 丛蔼森. 十三陵水库坝基防渗墙的设计施工和运用效果[J]. 大坝与安全, 1992(3): 47-56.

[15] 丛蔼森. 地下连续墙液压抓斗成墙工艺试验研究和开发应用[J]. 探矿工程, 1997(5): 41-44

[16] 姚天强, 石振华. 基坑降水手册[M]. 北京: 中国建筑工业出版社, 2006.

[17] 丛蔼森. 工业废物的工程治理技术和实例[C]//第二届工业废物治理学术研讨会. 敦煌: 2008.

[18] 殷宗泽. 土工原理[M]. 北京: 中国水利水电出版社, 2007.